LEXIKON DER BIOLOGIE

7

HERDER

LEXIKON DER BIOLOGIE

Siebenter Band
praealpin
bis Spindelstrauch

Spektrum Akademischer Verlag
Heidelberg · Berlin · Oxford

Redaktion:
Udo Becker
Sabine Ganter
Christian Just
Rolf Sauermost (Projektleitung)

Fachberater:
Arno Bogenrieder, Professor für Geobotanik an der Universität Freiburg
Klaus-Günter Collatz, Professor für Zoologie an der Universität Freiburg
Hans Kössel, Professor für Molekularbiologie an der Universität Freiburg
Günther Osche, Professor für Zoologie an der Universität Freiburg

Autoren:
Arnheim, Dr. Katharina (K.A.)
Becker-Follmann, Johannes (J.B.-F.)
Bensel, Joachim (J.Be.)
Bergfeld, Dr. Rainer (R.B.)
Bogenrieder, Prof. Dr. Arno (A.B.)
Bohrmann, Dr. Johannes (J.B.)
Breuer, Dr. habil. Reinhard
Bürger, Dr. Renate (R.Bü.)
Collatz, Prof. Dr. Klaus-Günter (K.-G.C.)
Duell-Pfaff, Dr. Nixe (N.D.)
Emschermann, Dr. Peter (P.E.)
Eser, Prof. Dr. Albin
Fäßler, Peter (P.F.)
Fehrenbach, Heinz (H.F.)
Franzen, Dr. Jens Lorenz (J.F.)
Gack, Dr. Claudia (C.G.)
Ganter, Sabine (S.G.)
Gärtner, Dr. Wolfgang (W.G.)
Geinitz, Christian (Ch.G.)
Genaust, Dr. Helmut
Götting, Prof. Dr. Klaus-Jürgen (K.-J.G.)
Gottwald, Prof. Dr. Björn A.
Grasser, Dr. Klaus (K.G.)
Grieß, Eike (E.G.)
Grüttner, Dr. Astrid (A.G.)
Hassenstein, Prof. Dr. Bernhard (B.H.)
Haug-Schnabel, Dr. habil. Gabriele (G.H.-S.)
Hemminger, Dr. habil. Hansjörg (H.H.)
Herbstritt, Lydia (L.H.)
Hobom, Dr. Barbara
Hohl, Dr. Michael (M.H.)
Huber, Christoph (Ch.H.)
Hug, Agnes (A.H.)
Jahn, Prof. Dr. Theo (T.J.)
Jendritzky, Dr. Gerd (G.J.)
Jendrsczok, Dr. Christine (Ch.J.)
Kaspar, Dr. Robert
Kirkilionis, Dr. Evelin (E.K.)
Klein-Hollerbach, Dr. Richard (R.K.)
König, Susanne
Körner, Dr. Helge (H.Kör.)
Kössel, Prof. Dr. Hans (H.K.)
Kühnle, Ralph (R.Kü.)
Kuss, Prof. Dr. Siegfried (S.K.)
Kyrieleis, Armin (A.K.)
Lange, Prof. Dr. Herbert (H.L.)
Lay, Martin (M.L.)
Lechner, Brigitte (B.Le.)
Liedvogel, Dr. habil. Bodo (B.L.)
Littke, Dr. habil. Walter (W.L.)
Lützenkirchen, Dr. Günter (G.L.)
Maier, Dr. Rainer (R.M.)
Maier, Dr. habil. Uwe (U.M.)
Markus, Dr. Mario (M.M.)
Mehler, Ludwig (L.M.)
Meineke, Sigrid (S.M.)
Mohr, Prof. Dr. Hans
Mosbrugger, Prof. Dr. Volker (V.M.)
Mühlhäusler, Andrea (A.M.)
Müller, Wolfgang Harry (W.H.M.)
Murmann-Kristen, Luise (L.Mu.)
Neub, Dr. Martin (M.N.)
Neumann, Prof. Dr. Herbert (H.N.)
Nübler-Jung, Dr. habil. Katharina (K.N.)
Osche, Prof. Dr. Günther (G.O.)
Paulus, Prof. Dr. Hannes (H.P.)
Pfaff, Dr. Winfried (W.P.)
Ramstetter, Dr. Elisabeth (E.F.)
Riedl, Prof. Dr. Rupert
Sachße, Dr. Hanns (H.S.)
Sander, Prof. Dr. Klaus (K.S.)
Sauer, Prof. Dr. Peter (P.S.)
Scherer, Prof. Dr. Georg
Schindler, Dr. Franz (F.S.)
Schindler, Thomas (T.S.)
Schipperges, Prof. Dr. Dr. Heinrich
Schley, Yvonne (Y.S.)
Schmitt, Dr. habil. Michael (M.S.)
Schön, Prof. Dr. Georg (G.S.)
Schwarz, Dr. Elisabeth (E.S.)
Sitte, Prof. Dr. Peter
Spatz, Prof. Dr. Hanns-Christof
Ssymank, Dr. Axel (A.S.)
Starck, Matthias (M.St.)
Steffny, Herbert (H.St.)
Streit, Prof. Dr. Bruno (B.S.)
Strittmatter, Dr. Günter (G.St.)
Theopold, Dr. Ulrich (U.T.)
Uhl, Gabriele (G.U.)
Vollmer, Prof. Dr. Dr. Gerhard
Wagner, Prof. Dr. Edgar (E.W.)
Wagner, Prof. Dr. Hildebert
Wandtner, Dr. Reinhard
Warnke-Grüttner, Dr. Raimund (R.W.)
Wegener, Dr. Dorothee (D.W.)
Welker, Prof. Dr. Dr. Michael
Weygoldt, Prof. Dr. Peter (P.W.)
Wilmanns, Prof. Dr. Otti
Wilps, Dr. Hans (H.W.)
Winkler-Oswatitsch, Dr. Ruthild (R.W.-O.)
Wirth, Dr. Ulrich (U.W.)
Wirth, Dr. habil. Volkmar (V.W.)
Wuketits, Dozent Dr. Franz M.
Wülker, Prof. Dr. Wolfgang (W.W.)
Zeltz, Patric (P.Z.)
Zissler, Dr. Dieter (D.Z.)

Grafik:
Hermann Bausch
Rüdiger Hartmann
Klaus Hemmann
Manfred Himmler
Martin Lay
Richard Schmid
Melanie Waigand-Brauner

Die Deutsche Bibliothek – CIP-Einheitsaufnahme

Herder-Lexikon der Biologie / [Red.: Udo Becker ... Rolf Sauermost (Projektleitung). Autoren: Arnheim, Katharina ... Grafik: Hermann Bausch ...]. – Heidelberg ; Berlin ; Oxford : Spektrum, Akad. Verl.
ISBN 3-86025-156-2
NE: Sauermost, Rolf [Hrsg.]; Lexikon der Biologie
7. Praealpin bis Spindelstrauch. – 1994

Die Originalausgabe erschien in den Jahren 1983–1987 im Verlag Herder GmbH & Co. KG, Freiburg i. Br.
Bildtafeln: © Focus International Book Production, Stockholm, und Spektrum Akademischer Verlag Heidelberg
Satz: Freiburger Graphische Betriebe (Band 1–9), G. Scheydecker (Ergänzungsband 1994), Freiburg i. Br.
Druck und Weiterverarbeitung: Freiburger Graphische Betriebe
ISBN 3-86025-156-2

P

praealpin [v. *prae-, lat. Alpinus = alpin] ↗dealpin.

Praecambridium sigillum *s* [v. *prae-, mlat. Cambria = Wales, lat. sigillum = Siegel], (Glaessner u. Wade 1966), Fossil der jungpräkambr. ↗Ediacara-Fauna v. Australien; systemat. Stellung ungewiß.

Praecoxa *w* [v. *prae-, lat. coxa = Hüfte], basaler Abschnitt am Bein der ↗Krebstiere (□), stellt eine sekundäre Gliederung des urspr. ungegliederten Basipoditen der Extremität der Gliederfüßer dar. ↗Extremitäten (□).

Praehomininae [Mz.; v. *prae-, lat. homines = Menschen], U.-Fam. der ↗*Hominidae,* umfaßt die ↗Australopithecinen als Vormenschen im Ggs. zu den ↗*Euhomininae (Homininae).*

Praelabium *s* [v. *prae-, lat. labium = Lippe], das ↗Praementum.

Praemaxillare *s* [v. *prae-, lat. maxillaris = Backen-], *Intermaxillare, Os intermaxillare, Zwischenkiefer(knochen),* paariger Deckknochen des Ober-↗Kiefers der Wirbeltiere, stammesgesch. als Auflage auf dem ↗Palatoquadratum entstanden. Beide Praemaxillaria liegen am Vorderrand des bogenförm. Oberkiefers, *zwischen* den Maxillaria (Name!). Bei Säugern tragen die Praemaxillaria stets nur die *Schneidezähne.* – Beim erwachsenen Menschen sind beide Praemaxillaria u. beide Maxillaria (↗Maxillare) zu einem einheitl. Element verschmolzen (↗Maxille der Humananatomie). Die Praemaxillaria sind nur embryonal nachzuweisen, was zuerst ↗Goethe gelang. – Das P. ist außerdem am sekundären ↗Munddach beteiligt.

Praementum *s* [v. *prae-, lat. mentum = Kinn], veraltete Bez. *Praelabium,* distaler Abschnitt der Unterlippe der Insekten; ↗Mundwerkzeuge der Insekten.

Praemolaren [Mz.; v. *prae-, lat. molares = Backenzähne], die vorderen ↗Backenzähne.

Praepubis *w* [v. *prae-, lat. pubes = Schamgegend], der ↗Beutelknochen.

Praepupa *w* [v. *prae-, lat. pupa = Puppe], Bez. für das vorletzte Larvenstadium holometaboler Insekten (↗Holometabola), das bereits Flügelanlagen ausbildet, so z.B. bei dem Laufkäfer *Lebia;* nicht gleichbedeutend mit Pro- od. Semipupa.

Praeputialanhangsdrüsen [v. lat. praeputium = Vorhaut], *Glandulae praeputiales,* bei der Penisvorhaut (Praeputium) einiger Säugetiere lokalisierte Hautdrüsen, die meist Sexuallockstoffe produzieren, wie z.B. der Praeputialdrüsenbeutel beim Moschustier (↗Moschushirsche, ↗Moschus). ↗Analdrüsen.

Praeputialsack [v. lat. praeputium = Vorhaut], der ↗Endophallus.

Praeputium *s* [lat., =], die Vorhaut a) des ↗Penis *(P. penis),* b) der ↗Clitoris *(P. clitoridis).*

Praetarsus *m* [v. *prae-, gr. tarsos = Fußsohle], das letzte Glied der Extremität der ↗Gliederfüßer; ↗Extremitäten (□).

Praetiglium *s,* die ↗Biberkaltzeit.

Präferendum *s* [v. lat. praeferendum = vorzuziehend], Vorzugsbereich der Individuen einer Art hinsichtl. eines ↗Faktorengefälles (↗Gradient); kann experimentell ermittelt werden, z.B. durch ↗Temperaturorgeln (Vorzugstemp.), ↗Lichtorgeln (Vorzugshelligkeit) u.a. Das P. ist meist erbl. festgelegt.

Präformationstheorie [v. *prä-, lat. formatio = Gestaltung], hist. Vorstellung, derzufolge der Körper des Embryos schon räuml. im Ei enthalten ist, so daß seine Entwicklung (↗Entwicklungstheorien) nur ein Heranwachsen zur Sichtbarkeit bedeutet („Evolution" der Autoren des 18. Jh.); experimentell widerlegt durch Blastomerentrennung (↗Durchschnürungsversuch). Ggs.: ↗Epigenese.

Prägekern, der ↗Skulptursteinkern.

Präglazial *s* [v. *prä-, lat. glacialis = Eis-], „Voreiszeit", etwa dem Ältest-↗Pleistozän entspr. Zeitabschnitt ohne deutl. Vereisungsspuren.

Prägung, Lernvorgänge mit folgenden Merkmalen: Beschränkung der Lernfähigkeit auf eine begrenzte *sensible Phase,* die im Minimum (Nachfolge-P. beim Gänseküken, s.u.) nur einen Tag dauern kann; relative *Unwiderruflichkeit* des Lernergebnisses; *Verhaltensstörungen* beim ungenutzten Verstreichen der sensiblen Phase (P.en sind obligatorische Lernvorgänge, ↗obligatorisches Lernen). Man unterscheidet die *Objekt-P.,* bei der ein auslösendes Reizmuster erlernt wird u. die damit der ↗bedingten Appetenz ähnelt, von der ↗*motorischen P.,* bei der ein ↗Aktions-Muster erlernt wird u. die der ↗bedingten Aktion ähnelt. Die wichtigsten Beispiele für eine Objekt-P. sind die Nachlauf-P. bei Jungtieren u. die sexuelle P. Anhand der *Nachlauf-P.* von Gänseküken wurde das Phänomen der P. von K. ↗Lorenz entdeckt (↗Graugans): Das frisch geschlüpfte Küken reagiert auf den Kontaktruf der Mutter u. auf ihre Bewegung mit der angeborenen *Nachfolgereaktion;* dabei lernt es die opt. Merkmale der Mutter durch P. kennen. Der Lernvorgang beruht also auf einer Ausrichtung (einer ↗Lerndisposition) durch ↗angeborene auslösende Mechanismen (AAM), die bewirken, daß die P. in aller Regel wirkl. auf die Mutter erfolgt. Die Nachfolgereaktion kann jedoch auch v. anderen bewegten Objekten (bes., wenn sie den Kontaktruf ausstoßen) ausgelöst werden, d.h., der Reizfilter des AAM ist sehr grob. Die *sexuelle P.* wurde an Prachtfinken untersucht: Wenn ♂♂ einer Art v. Eltern einer anderen Art aufgezogen wurden, erwiesen sie sich später auf ♀♀ der Pflegeart geprägt. Sie balzten, wenn sie die Wahl hatten, nur solche ♀♀ an. Allein mit einem ♀ der eigenen Art, konnten die ♂♂

Praemaxillare

Bei Problemen mit der Homologisierung v. Zähnen kann der zahntragende Knochen den entscheidenden Hinweis geben:
Da die *Stoßzähne* v. Elefant u. Narwal im P. liegen, sind sie homolog zu den *Schneidezähnen* anderer Säuger.

prä-, prae- [v. lat. prae, prae- = vor, vorher].

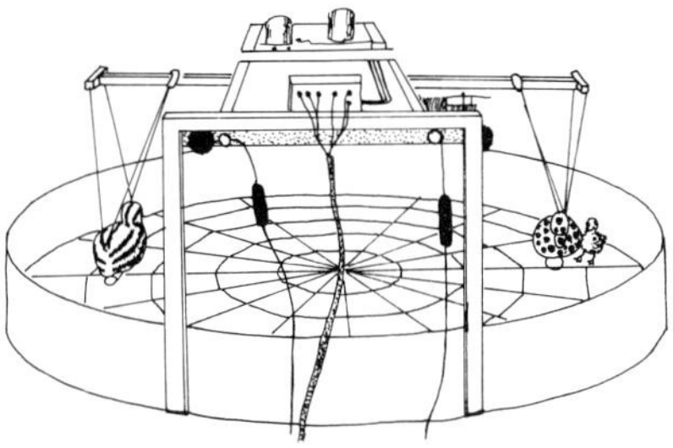

Prägung

Von E. Hess entwickelte Apparatur zur Untersuchung der *Nachlauf-P.*: Eine Attrappe wird im Kreis bewegt; in ihrem Innern ist ein Lautsprecher angebracht, über den Lautreize abgegeben werden können. Für den Lernprozeß selbst wird nur eine Attrappe benutzt, der die Versuchstiere (meist Enten- od. Hühnerküken) folgen können. Vor dem Versuch werden die Küken optisch u. evtl. auch akustisch isoliert gehalten. Nach einer weiteren Phase der Isolierung werden die Küken wieder in den Apparat gesetzt, in dem sie nun zw. zwei Attrappen wählen können. Mit dieser Anordnung können Beginn u. Ende der sensiblen Phase, die nötige Lernzeit usw. untersucht werden, ebenso die Bedeutung der mütterl. Lautäußerungen, die Wirkung v. Verstärkern, v. Drogen u. a. Randbedingungen. Das im Bild gezeigte Entenküken zieht sein P.sobjekt (eine schwarz-weiße Attrappe) der natürlich gefärbten Attrappe im Wahlversuch vor.

auch mit ihm verpaart werden u. Junge aufziehen. Dies zeigt, daß nur die auslösende Reizkonstellation unwiderrufl. gelernt, nicht aber das darauf bezogene Verhalten auf diesen ↗Auslöser fixiert wurde: Man kann *P.s-Engramm* u. *P.s-Handlung* unterscheiden. Im Ggs. zur Nachfolge-P. erfolgt die sexuelle P. also zu einer Zeit, in der die ↗Bereitschaft des betreffenden Verhaltens noch gar nicht aktiv ist u. in der es zu keiner ↗Belohnung kommen kann. Dadurch wird der Unterschied zw. einer P. und normalem ↗Lernen bes. deutlich. Das beste Beispiel für motorische P. ist die ↗*Gesangs-P.* bei Vögeln, durch die ein akust. Sollmuster für den späteren ↗Gesang erworben wird, obwohl die Vögel zur Zeit der P. noch nicht singen. Andere Objekt-P.en sind z. B. die ↗*Orts-P.* und die *Biotop-P.*, durch die eine Bevorzugung für einen bestimmten Lebensraum (vorübergehend od. dauernd) erworben wird (↗Habitatselektion). So kehren Störche durch eine Orts-P. jedes Jahr zum Ort ihrer Geburt zurück, um dort zu brüten. Bei manchen Vögeln vermutet man, daß sie Merkmale eines für sie günstigen Lebensraums (hohe Nadelbäume bei Kreuzschnäbeln) durch eine Biotop-P. erlernen. Weiterhin hat man von *Nahrungs-P.* gesprochen, wenn bestimmte Nahrungspräferenzen sehr schnell erworben werden. Da nicht alle diese Lernvorgänge die Merkmale der P. deutlich zeigen, werden sie auch als *prägungsähnliche Lernprozesse* bezeichnet. Solche Lernprozesse scheint es auch beim Menschen zu geben (↗Jugendentwicklung: Tier-Mensch-Vergleich). Die Grenze zwischen P. und anderen Lernvorgängen ist (im Ggs. zur früheren Auffassung der Ethologie) als fließend zu betrachten. Es wird vermutet, daß P.en meist eine spezif. neuronale Grundlage haben: So geht die Nachlauf-P. bei Hühnerküken mit der Verdickung v. Synapsen in der intermediären Region des medialen Hyperstriatum ventrale einher. Diese Verdickung läßt sich mikroskop. nachweisen, außerdem werden dabei Stoffwechselvorgänge aktiviert, wie sich am Einbau radioaktiv markierter Moleküle zeigen läßt. Küken, bei denen dieser Gehirnteil beidseitig zerstört wird, lassen sich nicht prägen, obwohl sie die Nachlaufreaktion immer noch zeigen. Die gen. Region (IMHV) ist für die ↗Engramm-Bildung notwendig, speichert aber die aufgenommene Information nicht auf Dauer, wie weitere Läsionsversuche belegen. *H. H.*

prä-, prae- [v. lat. prae, prae- = vor, vorher].

Prähominiden [Mz.; v. *prä-, lat. homines = Menschen], die unmittelbaren Vorfahren der Hominiden *(↗Hominidae).*

Präkambrium *s* [v. *prä-, mlat. Cambria = Wales], (C. R. van Hise 1908, „pré-Cambrien"), *Kryptozoikum, Primary, Primitiv,* Zeitabschnitt der ↗Erdgeschichte (B) v. der Entstehung des Planeten bis zum Beginn des ↗Kambriums (ca. 4,6 bis 0,53 Mrd. Jahre); er umfaßt 85% der Erdgeschichte u. ist gekennzeichnet durch fossilleere u. fossilarme *Gesteine* überwiegend kristalliner Struktur. *Untergliederungen* des P.s bringen dies im Namen zum Ausdruck: ↗Azoikum, Archäozoikum (↗Archaikum), ↗Proterozoikum (↗Algonkium) bzw. ↗Eozoikum. Neben Archaikum u. Algonkium werden diese Begriffe z.T. auch heute noch verwendet. Eine allgemeingültige Gliederung des P.s gibt es z.Z. noch nicht. Da wenig Wahrscheinlichkeit besteht, daß alle Gesteine dieses Zeitraums künftig generell biostratigraphisch zu gliedern sein werden, hat man den neutralen Namen „P." eingeführt. – Angesichts der ungleich längeren Dauer des P.s stellt man es als „Kryptozoikum" (= Zeit des verborgenen Lebens) dem Rest der Erdgeschichte, dem „Phanerozoikum" (= Zeit des erschienenen Lebens), gegenüber. – Anstelle biostratigraph. Methoden haben sich absolute Altersbestimmungen (↗Geochronologie, T) bei der Gliederung des P.s als hilfreich erwiesen. Schätzt man aus astronom. Erwägungen das Alter des Kosmos auf 10 bis 20 Mrd. Jahre u. das der Erde auf 4,6 Mrd. Jahre, so steht dem ein gemessenes Gesteinshöchstalter von 3,8 Mrd. Jahre gegenüber. Daraus folgt, daß dem chronolog. dokumentierbaren Teil des P.s ein „vorgeolog.", auch „hadäischer" od. „Pyrarchaikum" gen. Abschnitt vorangegangen sein muß. Das Fehlen von organ. Materie in 3,7 Mrd. Jahre alten Gesteinen in Grönland (↗Isua-Sedimente) wird als Zeichen dafür gedeutet, daß Leben damals noch nicht existiert hat. (Neuerdings sind in 2,8 Mrd. Jahre alten Gesteinen v. Mount Narrayer/Australien 4,2 Mrd. alte Zirkonsilicatkristalle entdeckt worden, die bereits 300000–400000 Jahre nach Entstehung der Erde festem Krustenmaterial angehört haben.) – Eine Modellvorstellung für den Erdzustand jener Zeit bietet die heutige Mondoberfläche mit ihrer Kraterlandschaft. Bei gleichem Alter hat der atmosphärelose Mond aufgrund seiner geringeren Masse u. schnelleren Abkühlung diese Phase „fossil" bewahrt. Die Oberfläche der größeren Erde verhinderte im Zshg. mit langdauernden Umschmelzungsprozessen u. dem vermuteten „Meteoriten-Bombardement" zunächst das Entstehen einer festen Erdkruste. Mit sinkenden Temp. entstanden dann die Litho-, Hydro- u. Atmosphäre als Differentiationsprodukte der tieferen Erdschalen. Die Uratmosphäre war frei von O_2 und reduzierend. – Das P. ist weltweit verbreitet u. bildet den Gesteinssockel („Grundgebirge") der überdeckenden jüngeren Ablagerungen („Deckgebirge"). Wo es heute zutage tritt, gewährt es bei unterschiedl. Abtragung Einblick in Krustenstockwerke, die sonst in der Tiefe verborgen sind (☐ Grand Canyon). Dies ist bes. der Fall in den Zentralzonen der Faltengebirge u. den allen Kontinenten eigenen „Festlandskernen", die auch als „Alte Schilde", „Tafeln", „Plattformen" od. „Ur-Kratone" bezeichnet werden. In ↗Europa liegt das Hauptverbreitungsgebiet des P.s im Bereich Skandinaviens, dem sog. „Baltischen Schild" mit der nach SO anschließenden „Osteuropäischen Plattform". Beide bestehen aus kristallinen Gesteinen (Magmatite, Vulkanite, Migmatite, Metamorphite), aber auch aus verschieden alten Sedimenten. Die höchsten Gesteinsalter dieses Gebietes (bis zu 3,6 Mrd. Jahre) fanden sich auf der Halbinsel Kola. Dort liegt der älteste Kontinentalkern. Nach S zu schließen sich Gürtel immer jüngerer präkambr. Gesteine an. Gegenwärtig scheint es, als wären durch *Gebirgsbildungen* (Tektogenesen) mehrere Faltungsgürtel an den ältesten Kern herangeschweißt worden. Drei solcher Tektogenesen heben sich als bes. markant heraus. Ihre Alter schwanken um 2,60, 1,90 und 0,620 Mrd. Jahre. Diese Zeitmarken werden – wenn auch nicht weltweit – benutzt, um drei Hauptabschnitte des P.s abzugrenzen: Azoikum, Archäozoikum u. Proterozoikum. – Die *Umweltbedingungen* des P.s waren v. denen jüngerer Zeiträume vermutl. nicht grundsätzl. verschieden: Kontinente u. Ozeane bestanden ebenso wie Litho-, Hydro- u. Atmosphäre; das Klima war lange Zeit feucht-kühl, Vereisungsperioden sind erwiesen; eine Vegetationsdecke bestand nicht. – Durch die Bildung ausgedehnter *Lagerstätten* – v.a. v. Eisenerz, Mangan, Uran, Kupfer, Gold u. Aluminium – kommt dem P. hohe wirtschaftl. Bedeutung zu. Das Fehlen v. Gesteinen aus hadäischer Zeit u. die Folgen späterer Gesteinsumwandlungen bieten wenig Aussicht, bis zu den *Anfängen des Lebens* vorzudringen. In der sauerstofffreien, reduzierenden Urhydrosphäre („Ursuppe") dürften sich u.a. unter dem Einfluß energiereicher ↗kosmischer Strahlen die Voraussetzungen für die Synthese organ. Verbindungen (u.a. Proteine, Nucleinsäuren) u. damit zur Entstehung des ↗Lebens eingestellt haben (B chemische und präbiologische Evolution). Die Fähigkeit zur ↗Photosynthese wurde frühestens vor 3,7 Mrd. Jahren erreicht. Organismen od. „Organismen-ähnliche" Gebilde v. kugeliger Gestalt gelten derzeit als älteste Fossilien (3,4 bis 3 Mrd. Jahre; ☐ Mikrofossilien). Kohligen Substanzen in S-Afrika kommt ein Alter von 2,6 Mrd. Jahren zu. In allen Fällen handelt es sich um kernlose Substanzen (Prokaryoten). Erste Eukaryoten traten vor etwa 1,9 Mrd. Jahren auf; reichere Mikrofloren fanden sich in Gesteinen von 1,3 bis 0,9 Mrd. Jahren. Die jüngsten ließen sich an rezente Algen-Fam. anschließen. Stromatolithe u. Mikrophytolithe in carbonatreichen oberpräkambr. Ablagerungen wurden bes. von sowjet. Geologen zur biostratigraph. Gliederung des „Riphäikums" (1,55 bis 0,65 Mrd. Jahre) u. des „Wendiums" (650 bis 550 Mill. Jahre) benutzt. – Tier. Fossilien unzweifelhafter Natur traten erst im Jung-P. auf, hornschalige Brachiopoden *(Linguella montana)* reichen bis 720 Mill. Jahre zurück. Die ↗Ediacara-Fauna des Wendiums scheint die Vermutung Schindewolfs (1956) zu bestätigen, daß der scheinbare Faunenschnitt zw. P. und Kambrium keine Folge zerstörender metamorpher Einflüsse darstellt, sondern eine biol. Erscheinung ist, die auf dem primären Fehlen v. Hartteilen beruht. – Lange Zeit herrschte die Ansicht, daß die in N-Amerika angetroffenen Verhältnisse einer Diskontinuität zw. P. und Kambrium (die sog. *„Lipalische Lücke"* od. „Lipalium") weltweite Geltung habe. Im Mjösenbezirk Norwegens konnte diese Lücke erstmalig durch das ↗„Eokambrium" ausgefüllt werden. Für die überbrückende Fauna des Wendiums (= Vendium) werden zunehmend weitere Beispiele des kontinuierl. Übergangs vom P. ins Kambrium bekannt (↗Petalonamae, ↗Petalo-Organismen).

Lit.: *Ferris, J. P.* (Hg.): Origins of Life. J. Intern. Soc. für Study of Origin of Life, ab 1974. Dordrecht. *Walter, M. R.:* Life in Precambrian. Precambrian Research *5*, 2, 1977. *S. K.*

Präkursor *m* [v. lat. praecursor = Vorläufer], *Precursor,* Vorläufer eines Stoffwechselprodukts oder Vorstufe eines durch ↗Prozessierung entstehenden Kettenmoleküls.

Prämandibelsegment *s* [v. *prä-, lat. mandibula = Kiefer], *Tritocephalon,* das ↗Interkalarsegment; ↗Gliederfüßer, ↗Kopf.

Prämunität *w* [v. lat. praemunire = vorbauen], *Prämunition,* die ↗Infektionsimmunität.

pränatal [v. *prä-, lat. natalis = Geburts-], vor der Geburt.

Präneandertaler, morpholog. und zeitl. Übergangsformen zw. der Gruppe des archaischen *Homo sapiens (↗Homo sapiens fossilis)* u. den klass. ↗Neandertalern des Jungpleistozäns; z.B. Schädel v. ↗Swanscombe, Steinheim *(↗Homo steinheimensis)* u. ↗Weimar-Ehringsdorf.

Präparationstechniken [v. lat. praeparatus = vorbereitet], in der Biol. Maßnahmen zur möglichst lebensgetreuen Erhaltung v. Form, Struktur u. Färbung sowohl mikroskopischer (↗mikroskopische P.) wie auch makroskopischer biol. Objekte, Organe,

Präkambrium

Beispiele der P.-Gliederung:

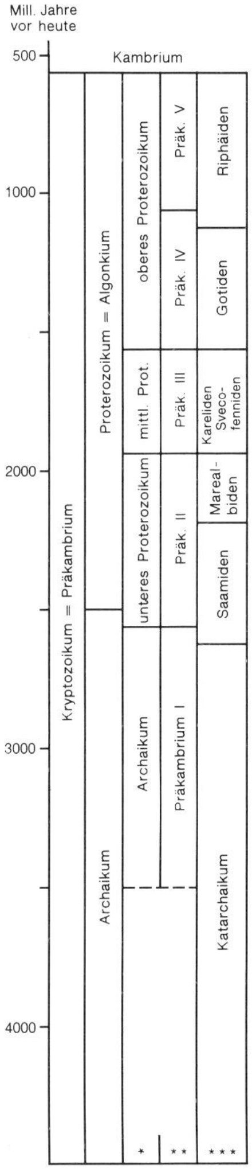

* nach UdSSR-Kommission (1964),
** nach Semenenko (1970),
*** Orogene Zyklen des Baltischen Schildes (nach Polkanow u. Gerling, 1960)

prä-, prae- [v. lat. prae, prae- = vor, vorher].

Organsysteme, ganzer Organismen od. tierischer u. pflanzlicher Produkte, z. B. Eier, Samen, Nester, Kotballen usw. zu Demonstrations- und Forschungszwecken. *Pflanzen* od. *Pflanzenteile* werden gewöhnl. nach schonender (farberhaltender!) Trocknung durch Pressen zw. Filterpapieren auf Papier aufgeklebt (↗Herbarium). Als aufwendigere, aber bes. gut form- u. farberhaltende Trocknungs- u. ↗Konservierungs-Methode hat sich die Gefriertrocknung neuerdings bestens bewährt, im Grunde eine ↗Mumifikation unter bes. schonenden Bedingungen. In zunehmendem Maße wird sie auch zur Präparation v. Tieren, v. a. von Wirbellosen, aber auch v. kleineren Wirbeltieren (Fischen, Amphibien, Reptilien) angewandt u. ersetzt so großenteils die sog. *Flüssigkeitspräparate,* das Aufbewahren der betreffenden Objekte in Konservierungslösungen (Formalin, Alkohol), od. die *Eingießpräparate,* das Einbetten der Objekte in glasklare Gießharzpolymerisate (Polystyrol, Metacrylate, Plexiglas). Wirbellose mit einem Außenpanzer (Insekten, Krebse) sollten möglichst vor der Trocknung in natürl. Haltung u. unter Darbietung ihrer typ. Artmerkmale auf einem Spannbrett aufgespannt werden. Die Gefriertrocknung macht die sonst bei größeren Objekten vor der Trocknung notwendige Entfernung der Eingeweide u. das Ausstopfen der Leibeshöhle unnötig; allerdings sind solche *Trokkenpräparate* überaus zerbrechlich u. zudem feuchtigkeitsempfindlich. Widerstandsfähigere u. ganz bes. lebensechte Präparate v. a. von weichhäutigen Wirbellosen, auch v. Fischen, Amphibien, Reptilien u. gar kleineren Säugetieren, ebenso v. manchen Pflanzen (Pilzen, Moosen, Flechten), für anatom. und embryolog. Demonstrationssammlungen auch v. Organen, Organsystemen, ganzen Körperquerschnitten u. von Wirbeltierembryonen erhält man neuerdings auch durch die sog. *Plastination,* das völlige Durchtränken der Objekte mit farblosen, plast. Kunstharzen (z. B. Siliconen), evtl. nach vorheriger Injektion farbiger Kunstharzpolymerisate in die Gefäße zur Erhaltung der natürl. Färbung durchbluteter Gewebe. Hierzu werden die zuvor gefriergetrockneten Objekte zuerst mit einem organ. Zwischenmedium (Aceton, Xylol) getränkt, das dann in einer Vakuumkammer allmählich gg. unpolymerisiertes Kunstharz ausgetauscht wird, zu dessen Polymerisation die silicondurchtränkten Objekte dann anschließend längere Zeit in einer Polymerisationskammer den Dämpfen eines leichtflüchtigen Polymerisators ausgesetzt werden. Auf diese Weise behalten v. a. weichhäutige Oberflächen u. Gewebsanschnitte ihre natürl. Beschaffenheit u. Plastizität, u. die Präparate werden gg. Außeneinwirkungen nahezu inert. Größere Säuger u. Vögel lassen sich jedoch kaum insgesamt trocknen u. durchtränken u. müssen ausgestopft werden *(Stopfpräparate).* Dazu werden sie nach genauer Vermessung abgebalgt; Fell od. Federkleid werden auf übl. Weise gegerbt u. über einen aus Draht, Gips u. Watte nachmodellierten Körper gezogen. Eine spezielle Darstellung des Binnenskeletts bes. von Wirbeltierembryonen od. -feten bis zur Größe einer Maus läßt sich an *Aufhellungspräparaten* erzielen. Hierzu werden die Objekte nach einer Konservierung in verdünntem Alkohol od. Formol entweder mit einer Flüssigkeit v. gleichem Brechungsindex wie die Gewebe (Methyl- od. Benzylbenzoat) völlig durchtränkt od. durch längeres Einlegen in 2%ige Kalilauge (KOH) transparent gemacht u. später im Aufhellungsmedium od. – bei KOH-Aufhellung – in Glycerin aufbewahrt. Nach vorheriger differentieller Totalfärbung mit Toluidinblau (Knorpelfärbung) u. Alizarinrot (verkalkte Knochen) läßt sich so der Verkalkungsgrad des fetalen Skeletts selektiv darstellen. Von Hohlraumsystemen (Gefäßsystemen, Kapillarnetzen, Hirnventrikeln) kann man *Ausguß-* od. *Korrosionspräparate* herstellen, indem man erhärtende – evtl. für Venen, Lymphbahnen u. Arterien unterschiedl. gefärbte – Kunstharze unter Druck injiziert u. nachträglich die umgebenden Gewebe wegätzt (korrodiert). Hartsubstanzen (Knochen, Chitinpanzer) werden durch Ausfaulen od. enzymat. Abdauen (↗Mazeration) anhaftender Weichgewebe, anschließendes Entfetten in organ. Lösungsmitteln u. abschließendes Bleichen in Wasserstoffperoxid präpariert. Präparate tier. Produkte (Vogel- u. Reptilieneier, Nester, Kotballen) schließl. werden nach Entfernen verwesungsfähiger Anteile (Ausblasen v. Eiern) getrocknet aufgehoben. Alle nicht in Konservierungsmitteln aufbewahrten, in Harze eingegossenen od. plastinierten Objekte müssen durch Injektion v. Konservierungsmitteln od. Bestäuben mit Giften vor nachträgl. Zersetzung od. Schädlingsfraß geschützt werden. *P. E.*

prä-, prae- [v. lat. prae, prae- = vor, vorher].

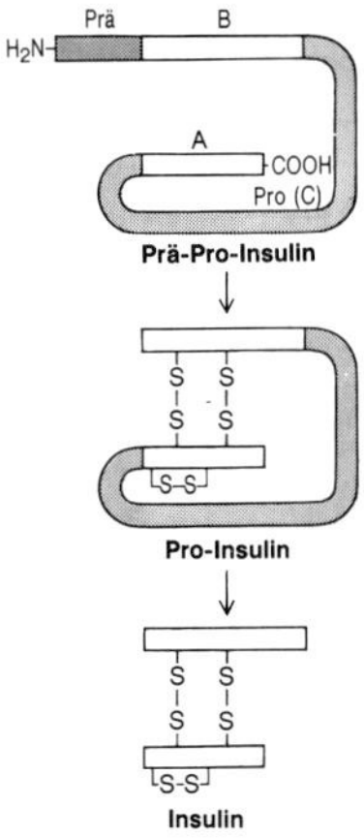

Prä-Pro-Proteine

Als Beispiel ist das *Prä-Pro-Insulin* dargestellt, das aus einer 16 Aminosäuren (AS) langen Prä-Sequenz am Aminoterminus, einem 30 AS langen B-, einem 21 AS langen A-Abschnitt sowie einer zw. diesen liegenden 33 AS langen Pro-Sequenz besteht. Zuerst entsteht durch enzymat. Abspaltung der Prä-Sequenz das *Pro-Insulin*; die für den Zusammenhalt des A- und B-Abschnitts notwendigen Disulfidbrücken bilden sich aus, und schließl. entsteht durch proteolytische Entfernung des Pro-Abschnitts das fertige Produkt *Insulin.*

Präpatenz *w* [v. *prä-, lat. patere = sichtbar sein], *P.periode,* Zeitraum vom Befall eines Organismus mit Parasiten bis zu ihrem „Manifestwerden", d. h. ihrer Nachweisbarkeit in Blut, Kot, Urin od. Sputum des Wirtes.

Prä-Pro-Proteine [Mz.; v. lat. prae = vor, pro = vor], die primären, d. h. nicht durch Prozessierung veränderten längerkettigen Vorstufen v. Exportproteinen, die an den Ribosomen des rauhen ↗endoplasmatischen Reticulums (ER) synthetisiert werden u. die sowohl ein für ↗Prä-Proteine charakterist. hydrophobes Signalpeptid am Aminoterminus als auch die für Pro-Proteine charakterist. zusätzl. terminalen od. internen Sequenzen enthalten. Als Folge des Transports durch die ER-Membran u. die damit einhergehende Abspaltung des Signalpeptids (beide Prozesse erfolgen cotranslational) bilden sich aus P.n die sog. *Pro-Proteine.* Diese sind gegenüber den P.n um die Länge des Signalpeptids verkürzt, stellen aber gegenüber den reifen Proteinen immer noch längerkettige u. daher meist inaktive Vorstufen dar; sie werden erst kurz vor od. während der Exocytose durch limitierte Proteolyse in die reifen bzw. aktiven Formen umgewandelt. P. bzw. Pro-Proteine konnten u. a. bei vielen Peptidhormonen, Verdauungsenzymen u. Plasmaproteinen entweder direkt in zellfreien Translationssystemen nachgewiesen werden (da hier die prozessierenden Peptidasen fehlen bzw. ergänzt werden können) od. aus den Nucleotidsequenzen der entspr. Gene abgeleitet werden. Ein bekanntes Beispiel für die Reaktionsfolge P. → Pro-Protein → Protein ist das ↗Insulin (vgl. Abb.).

Prä-Proteine [Mz.; v. *prä-], längerkettige Vorstufen v. Proteinen, die entweder an den Ribosomen des rauhen ↗endoplasmatischen Reticulums (ER) synthetisiert werden, um i. d. R. aus den Zellen, in denen sie synthetisiert werden, exportiert zu werden, od. die innerhalb derselben Zelle nach ihrer Synthese an cytoplasmatischen Ribosomen in Organelle (Mitochondrien, Plastiden) eingeschleust werden. P. enthalten am Aminoterminus ein *Signalpeptid,* das aufgrund hydrophober Aminosäurereste die Bindung u. anschließende Durchquerung der betreffenden Membranen ermöglicht. Gegenüber den Peptidketten reifer Proteine (bzw. deren Vorstufen, den *Pro-Proteinen*) sind P. um die Anzahl der Aminosäuren des Signalpeptids (15–30 Aminosäuren) am Aminoterminus verlängert. Schon während des Transports durch die betreffende Membran od. kurz nach Erreichen der gegenüberliegenden Membranseite werden Signalpeptide durch eine spezif. *Signalpeptidase* (Signalase) abgespalten. Im Falle der in das ER eingeschleusten P. erfolgt die Abspaltung des Signalpeptids auf der inneren ER-Seite cotranslational, d. h., noch während die Synthese der restl. Peptidkette auf der äußeren Seite der ER-Membran im Gange ist. Aus diesem Grund sind die am ER synthetisierten P. aus Zellen nicht isolierbar, können jedoch in zellfreien Translationssystemen, in denen die Komponenten des Membrantransportsystems u. die Signalpeptidase fehlen, nachgewiesen werden. Häufig kann die Existenz v. Signalpeptiden auch aus den Nucleotidsequenzen der betreffenden Gene abgeleitet werden. Nach Abspaltung des Signalpeptids sowie nach Abschluß v. Synthese u. Transport resultiert i. d. R. ein gegenüber dem reifen Protein immer noch längerkettiges u. meist inaktives Vorläufer-Protein (Pro-Protein; ↗Prä-Pro-Proteine). – Im Falle der in Organelle eingeschleusten P., die im Ggs. zu den Exportproteinen an freien 80S-Ribosomen im Cytoplasma synthetisiert werden, erfolgt die Durchquerung der Organellenmembran posttranslational, d. h. erst nach Fertigstellung der Peptidkette, so daß die betreffenden P. auch aus Zellen isolierbar sind. Auch hier kann jedoch die Abspaltung v. Signalpeptiden („Transit-Peptid") noch vor Beendigung der Membrandurchquerung, näml. sobald der Signalpeptidteil das organelleninnere Plasma (mitochondriale Matrix bzw. plastidäres Stroma) erreicht hat, durch eine matrixständige Proteinase erfolgen.

Präreduktion *w* [v. *prä-, lat. reductio = Rückführung], Bez. für die Reduktion der Chromosomenzahl während der Reduktionsteilung (↗Meiose), wenn die Trennung homologer Chromosomenabschnitte urspr. väterl. und mütterl. Chromosomen schon in Anaphase I der Meiose erfolgt. Dagegen wird eine erst in Anaphase II erfolgende Trennung als *Postreduktion* bezeichnet. Ob ein Chromosomenabschnitt prä- od. postreduziert wird, ist im Einzelfall v. der Lage u. Anzahl eventueller ↗Crossing over-Ereignisse abhängig, die zw. dem Centromer u. dem jeweiligen Chromosomenabschnitt stattfinden. Einer P. unterliegen immer die in Anaphase I noch ungeteilten Centromere sowie die Chromosomenabschnitte zw. Centromer und – vom Centromer aus nach beiden Seiten gesehen – erstem Crossing over. Die Chromosomenabschnitte zw. erstem u. zweitem Crossing over werden dagegen immer postreduziert, die zw. zweitem u. drittem prä- od. postreduziert, je nachdem, welche Chromatiden am Crossing over beteiligt sind.

Prärie *w* [v. frz. prairie = Wiese], von Natur aus baumfreie Steppenvegetation im Innern ↗Nordamerikas (B III); heute größtenteils in Ackerland umgewandelt.

Prärieboden ↗Brunizem.

Präriehühner, früher weit verbreitete, steppenbewohnende ↗Rauhfußhühner im O und Mittel-W der USA; sind durch Kultivierungsmaßnahmen in vielen Gebieten verschwunden; nur wenige Arten konnten sich an das Ackerland anpassen, was sich auch in einer Umstellung der Nahrung v. überwiegend Beeren auf Getreidekörner manifestiert; auffallend wie bei allen Rauhfußhühnern ist die Balz. Das 45 cm große Präriehuhn (*Tympanuchus cupido,* B Nordamerika III) bläst gelbrote Luftsäcke ballonart. an beiden Halsseiten auf u. stößt dumpfe „Trommellaute" aus. Das 70 cm große Beifußhuhn (*Centrocercus urophasianus,* B Nordamerika III) verändert sein Aussehen bei der Balz in grotesker Weise, richtet den Schwanz zu einem mit zackigen Spitzen besetzten Fächer auf, bläst weißgefiederte Luftsäcke an Brust u. Hals stark auf u. entleert sie mit plötzl. Knall.

prä-, prae- [v. lat. prae, prae- = vor, vorher].

Präriehunde, *Cynomys,* Gatt. murmeltierähnl., nordam. Erdhörnchen; Kopfrumpflänge 28–35 cm. P. leben gesellig in ausgedehnten Kolonien mit weitverzweigten Erdbauen; Winterschläfer. Hundeartigem Bellen verdanken die P. ihren Namen. 2 Arten: Mehr im Gebirge siedeln die Weißschwanz-P. *(C. gunnisoni);* die in den Büffelgrassteppen hausenden Schwarzschwanz-P. (*C. ludovicianus,* B Nordamerika III) bauen Regenschutzwälle um die Höhleneingänge. Früher richteten die einst in vielen Mill. vorkommenden P. großen landw. Schaden an; heute sind sie durch Rückgang der Prärie zunehmend bestandsgefährdet.

Präriewolf, der ↗Kojote.

Präsapiens *m* [v. *prä-, lat. sapiens = weise], Vorformen des ↗*Homo sapiens,* z. B. Schädel v. Steinheim *(↗Homo steinheimensis)* u. ↗Swanscombe u. Unterkiefer v. ↗Montmaurin (auch als ↗Präneandertaler angesehen). Die älteren Schädel bzw. Unterkiefer v. Mauer *(↗Homo heidelbergensis),* ↗Petralona u. ↗Tautavel werden heute dagegen entweder als eur. Vertreter des ↗*Homo erectus* od. als „archaischer *Homo sapiens*" betrachtet.

Präsentationszeit [v. lat. praesentare = vorzeigen], die kürzeste Einwirkungsdauer eines Reizes, auf die eine Empfindung bzw. noch eben sichtbare Reaktion eintritt.

Präsentieren *s* [v. lat. praesentare = vorzeigen], Vorzeigen v. Körperteilen od. Körperzeichnungen als ↗Auslöser in der innerartl. oder zwischenartl. Kommunikation v. Tieren, z. B. das Vorweisen der „Waffen" beim ↗Drohverhalten (Horn-P. bei Antilopen). Das bekannteste Beispiel ist die ↗Genitalpräsentation (□) bei Affen.

Präsenz *w* [Bw. *präsent;* v. lat. praesentia = Gegenwart], **1)** allg.: Gegenwart, Anwesenheit. **2)** Ökologie: *Stetigkeit,* Vorkommen einer Organismenart in verschiedenen Beständen des gleichen Biotop-Typs.

Prasinocladaceae [Mz.; v. *prasino-, gr. klados = Zweig], Fam. der ↗*Tetrasporales;* einzellige, unbewegl. auf Gallertstielen festsitzende Grünalgen, die aber noch einen Flagellarapparat besitzen; die vegetative Fortpflanzung erfolgt durch *Platymonas*-ähnliche Zoosporen, weswegen diese Algengruppe mitunter als eigene Kl. der *Prasinophyceae* geführt wird. Die einzige Gatt. *Prasinocladus* umfaßt nur 3 Arten, v. denen *P. marinus* in Felstümpeln der Meere weit verbreitet ist.

Prasinophyceae [Mz.; v. *prasino-, gr. phykos = Tang], Kl. der ↗Algen (T) mit ca. 30 meist marinen Arten grüner Flagellaten, unterscheiden sich v. vergleichbaren Grünalgen durch Schüppchen auf der Zelloberfläche; vielfach den Grünalgen zugeordnet. Dazu die Gatt. *Pyramimonas* mit ca. 70 Arten; die verkehrt eiförm. gestaltete Art *P. tetrarhynchus* kommt im Frühjahr in kleinen kalten Sümpfen vor. Die marine Gatt. *Halosphaera* durchläuft einen biphasischen Lebenszyklus; eine 4geißelige, pyramidenähnl. Form geht durch Geißelverlust in ein kokkales Stadium über. Die ca. 10 Arten der Gatt. *Platymonas* sind eiförmige, 4geißelige grüne Flagellaten mit apikaler Schlundregion; Meer- od. Brackwasserbewohner. Die Gatt. *Pedinomonas* (= *Tetraselmis)* mit runden bis ellipt. Zellen u. einer bogenart. gekrümmten Geißel kommt in kleineren Wassertümpeln vor.

Schwarzschwanz-Präriehund *(Cynomys ludovicianus)*

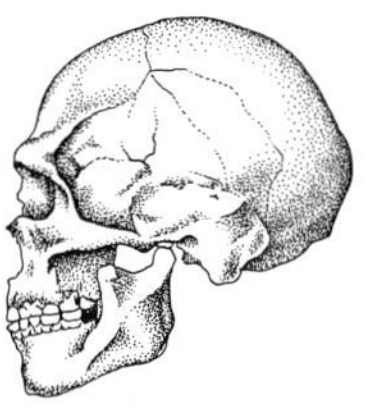

Schädel von *Předmost*

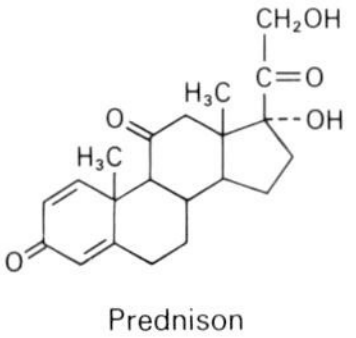

Prednison

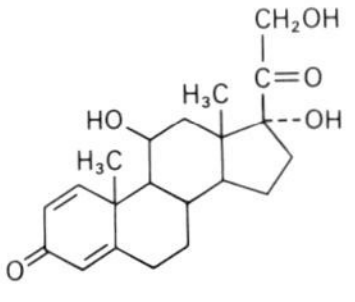

Prednisolon

Prednison

Die synthet. Glucocorticoide *Prednison* (Cortisonderivat) u. *Prednisolon* (Cortisolderivat)

prä-, prae- [v. lat. prae, prae- = vor, vorher].

prasino-, prasio- [v. gr. prasinos, prasios = lauchgrün].

Prasiolaceae [Mz.; v. *prasio-], Grünalgen-Fam. der ↗*Ulotrichales,* Thallus trichal od. flächig, parenchymatisch, Zellen mit sternförm. Chloroplasten. Die ca. 20 Arten der einzigen Gatt. *Prasiola* sind meist Süßwasserbewohner; *P. crispa* ist nitrophil; *P. fluviatilis* in kalten Gebirgsbächen.

präsynaptische Membran [v. *prä-, gr. synaptikos = verbindend], ↗postsynaptische Membran, ↗Synapse.

Pratella *w* [v. lat. pratum = Wiese], Gatt. der ↗Champignonartigen Pilze.

Prävalenz *w* [v. lat. praevalere = stark sein], Epidemiologie: Zahl der mit bestimmten Parasiten befallenen Individuen einer Wirtsart, bezogen auf alle darauf untersuchten Individuen. ↗Inzidenz.

Praxillura *w* [ben. nach der gr. Dichterin Praxilla, v. gr. oura = Schwanz], Ringelwurm-(Polychaeten-)Gatt. der Fam. ↗*Maldanidae;* wichtige Art: *P. ornata.*

Praya *w,* Gatt. der ↗Calycophorae.

Präzellen [v. *prä-, lat. cella = Zelle], organisierte Strukturen (wie z. B. ↗Mikrosphären, organ. ↗Koazervate) ohne die Fähigkeit zur Selbstvermehrung; wahrscheinl. gingen sie der Entstehung erster primitiver lebender Zellen (↗Protobionten) voraus. B chem. und präbiol. Evolution.

Präzipitation *w* [v. lat. praecipitatio = plötzlicher Sturz], die ↗Fällung; ↗Immunpräzipitation.

Präzipitine [Mz.; v. lat. praecipitare = hinabstürzen], Bez. für Antikörper, die bei Zugabe v. Antigen eine Präzipitation dieser Antigenmoleküle hervorrufen; das entspr. Antiserum wird nach seinem sekundären Effekt, der Präzipitation, benannt. ↗Immunpräzipitation.

Předmost [prsched-], *Pschedmost, Mensch von P.,* Schädel u. Skelettreste v. 20 Individuen, seit 1878 bei P. (N-Mähren, heute Předmostí in der ČSSR) geborgen; Alter ca. 20000–30000 Jahre. Variabilität hoch, insgesamt jedoch zur ↗Brünnrasse (↗Aurignacide) des *Homo sapiens sapiens* gerechnet.

Prednisolon *s,* ↗Prednison.

Prednison *s, 1,2-Dehydrocortison,* ein synthet. Cortisonderivat, das wie auch das ähnl. aufgebaute *Prednisolon* (dehydrierte Form des ↗Cortisols) entzündungshemmend u. antiallergisch wirkt. ↗Glucocorticoide.

Pregl, *Fritz,* östr. Chemiker, * 3. 9. 1869 Laibach, † 13. 12. 1930 Graz; Prof. in Innsbruck u. Graz; erhielt für die Entwicklung der quantitativen Mikroanalyse org. Verbindungen 1923 den Nobelpreis für Chemie.

Pregnan *s* [v. lat. praegnans = schwanger], gesättigter C_{21}-Kohlenwasserstoff mit Steroidgerüst ($C_{21}H_{36}$), der am C_{17}-Atom eine Äthylgruppe trägt; Vorstufe in der Biosynthese der Gestagene (↗Gelbkörperhormone). P.-Derivate sind ferner die ↗Gluco- u. ↗Mineralocorticoide.

Pregnenolon *s* [v. lat. praegnans = schwanger], C_{21}-Steroidhormon-Vorstufe der Wirbeltiere u. des Menschen, die in der Nebennierenrinde durch Hydroxylierung aus Cholesterin unter Abspaltung eines Isocapronsäurealdehyds gebildet wird. ↗Progesteron, ↗Steroidhormone.

Preiselbeere ↗Vaccinium.

Preissia, Gatt. der ↗Marchantiaceae.

Prelog, *Vladimir,* jugoslaw.-schweizer. Chemiker, * 23. 7. 1906 Sarajewo; Prof. in Zagreb u. Zürich; bedeutende Arbeiten zur Stereochemie, bes. über den Zshg. zw. dem räuml. Bau von organ. Molekülen u. dem Verlauf chem. Reaktionen zw. diesen, erforschte die geometr. Form u. das Reaktionsverhalten von asymmetr. (chiralen) Molekülen u. carbocycl. Verbindungen mit 8–12 Kohlenstoffatomen im Ring; erhielt 1975 zus. mit J. W. Cornforth den Nobelpreis für Chemie.

Prenanthes *m* [v. gr. prēnēs = vornüber geneigt, anthos = Blüte], der ↗Hasenlattich.

Prepattern [pripät^{er}n; engl., =], *Vormuster,* räuml. ↗Muster v. funktionellen od. strukturellen Unterschieden, das in der Ontogenese die Grundlage für die Entstehung eines (i. d. R. komplexeren) räuml. Musters abgibt; i. e. S. (fälschlich) als Ggs. zur ↗Positionsinformation benutzt.

Prephensäure, Zwischenprodukt bei der Synthese v. Phenylalanin u. Tyrosin (↗Shikimisäure-Weg). [die ↗Languren.

Presbytis *m* [v. gr. presbytēs = der Alte],

Preßhefe, die ↗Backhefe.

Pressorezeptoren [Mz.; v. lat. pressus = gedrückt, receptor = Empfänger], *Blutdruckzügler,* in den Wänden der herznahen Arterien gelegene Rezeptoren, die den arteriellen ↗Blutdruck registrieren u. über Afferenzen dem Kreislaufzentrum (↗Kreislaufzentren) des Hirnstamms übermitteln. ↗Carotissinus, ☐ Atmungsregulation.

Preußenfische, *Dascyllus,* Gatt. der ↗Riffbarsche.

Priacanthidae [Mz.; v. gr. priōn = Säge, akantha = Stachel, Dorn], die ↗Großaugenbarsche.

Priapulida [Mz.; ben. nach Priapos, Gott der Zeugungskraft, auch männl. Glied], *Priapswürmer, Rüsselwürmer,* artenarme Gruppe bodenlebender, 0,05–10 cm langer mariner Würmer von pergamentartig gelbgrauer Färbung. Der Körper ist plump walzenförmig und gewöhnl. in 3 Abschnitte gegliedert: den oberflächlich geringelten u. von einer warzigen Cuticula bedeckten *Rumpf,* eine größtenteils in diesen einstülpbare, mit Dornenreihen besetzte, birnenförmig aufgeblähte *Proboscis* (Introvert) von etwa ⅓ Körperlänge und – bei den größeren Arten – 1–2 traubig verzweigte *Schwanzanhänge* unbekannter Funktion (Atmungsorgane?) neben od. beidseits des endständ. Afters, die Ausstülpungen der Leibeswand darstellen. Bes. in den kälteren Meeren sind die *P.* regelmäßige, wenngleich nie häufige Bewohner sauerstoffarmer Weichböden des Litorals u. Sublitorals bis hinab zu etwa 500 m Tiefe. Unter ständigem Vor- u. Einstülpen der Proboscis u. Nachziehen des Rumpfes wühlen sie sich durch den Schlick u. ernähren sich räuberisch v. kleineren Wirbellosen. *Anatomie:* Die Körperwand, bestehend aus einer derben, zweischicht., in regelmäßigen Intervallen nach einer Häutung neu sezernierten Cuticula, einer zellulären Epidermis aus hochprismat. Zellen u. darunter je einer Lage Ring- u. Längsmuskulatur, umgibt eine einheitl. *Leibeshöhle.* Diese ist v. einer feinen Membran ausgekleidet, bei der umstritten ist, ob sie zellulär aufgebaut ist, also einem Coelomepithel entspricht, od. eine zellfreie Fasermembran nicht epithelialen Charakters ist. Der *Darm,* gegliedert in einen kurzen Mundtrichter an der Proboscisspitze, einen derb muskulösen *Saugpharynx* mit Radiär- u. Ringmuskulatur, einen weiten Mitteldarm mit innerer Ring- u. äußerer Längsmuskulatur u. einen kurzen cuticularisierten Enddarm, durchzieht die Leibeshöhle als gerades Rohr. Das Mundfeld ist mit mehreren gegeneinander versetzten Kreisen aus je 5 hakenförm., einwärts gekrümmten Cuticuladornen (Skaliden) bewehrt, die sich in Reihen bis tief in den cuticularisierten Pharynx fortsetzen. Bei den *Maccabeidae* ist die erste Skalidenreihe zu einem Kranz pinselförmig verzweigter Borsten umgewandelt. Je zwei quergestreifte Muskeln ziehen beidseits vom Introvert durch die Leibeshöhle zur Rumpfwand (Introvertretraktoren). Das *Nervensystem* besteht aus einem circumpharyngealen Schlundring unmittelbar hinter dem Mund, von dem einerseits Nerven zum Mund, zur Introvertwand, zum Rumpfepithel (rosettenartige Sinnesorgane, ↗*Loricifera*) u. zum Darm ausgehen, und der zudem ventromedian einen subepidermalen Nervenstrang mit Ganglien in regelmäßigen Abständen u. von ihnen abzweigenden Quernerven in den Rumpf entsendet. Als *Exkretionsorgane* fungieren Protonephridienbüschel, die der Gonadenwand aufsitzen u. über die Gonadengänge beidseits des Afters nach außen münden. Die *P.* sind getrenntgeschlechtlich. Die *Geschlechtsorgane,* paarige Hoden od. Ovarien, liegen, an Mesenterien aufgehängt, beidseits des Darms in der Leibeshöhle. Die restl. Lei-

F. Pregl

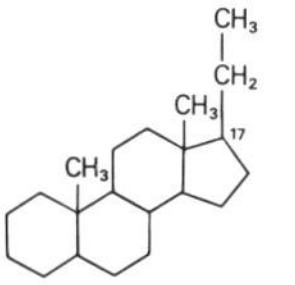

Pregnan

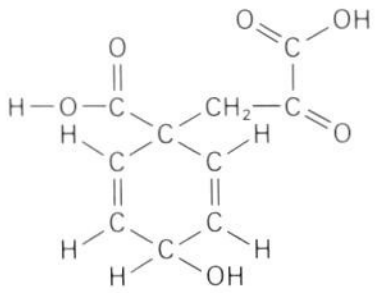

Prephensäure

Priapulida

Familien und Arten:

Priapulidae
(bis 10 cm groß)
Priapulus caudatus
Priapulus tuberculospinulatus
Priapulopsis bicaudatus
Halicryptus spinulosus

Tubiluchidae
(bis 6 mm)
Tubiluchus corallicola
Tubiluchus remanei

Maccabeidae (= Chaetostephanidae)
(bis 3 mm)
Maccabeus tentaculatus
Chaetostephanus praeposteriens

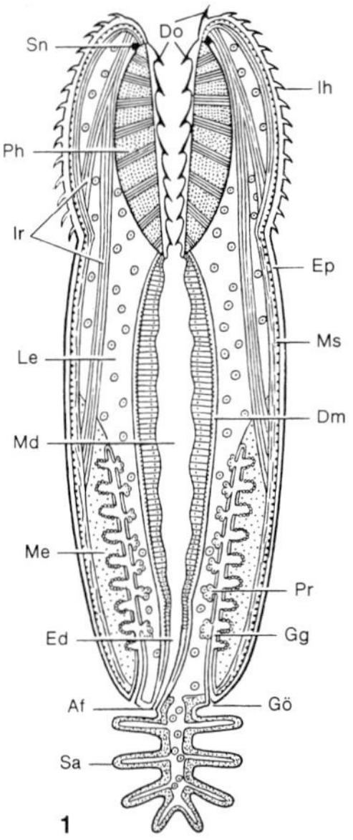

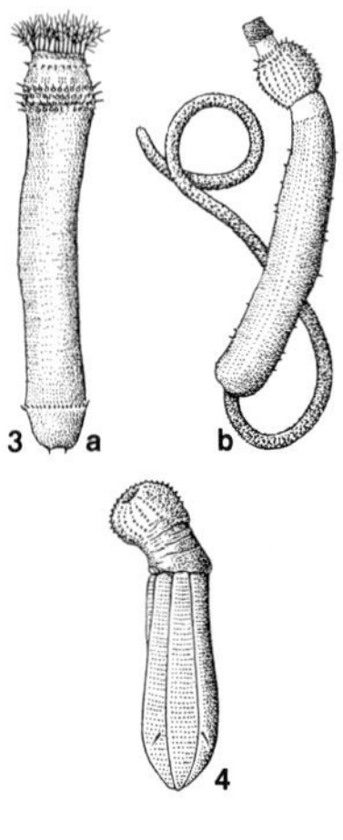

Priapulida

1 Organisationsschema der *Priapulida.* **2** *Priapulus caudatus.* **3a** *Chaetostephanus* (ca. 3 mm), **b** *Tubiluchus* (ca. 3 mm), **4** Larve v. *Priapulus caudatus.* Af After, Dm Darmmuskelschicht, Do Mund- und Pharynx-Dornen, Ed Enddarm, Ep cuticulaüberzogene Epidermis, Gg Gonadengang mit darmwärts ausgestülpten Protonephridien (Pr) und nach außen ausgestülpten Gonadensäckchen, Gö Geschlechtsöffnungen, Ih Introverthaken (Skaliden), Ir Introvertretraktormuskeln, Le Leibeshöhle mit Coelomocyten, Md Mitteldarm, Me Gonadenaufhängeband („Mesenterium"), Ms subepidermaler Ring- und Längsmuskelschlauch, Ph Pharynx mit Radiär- und Ringmuskeln, Pr Protonephridien, Sa Schwanzanhang, Sn Schlundnervenring

beshöhle ist flüssigkeitserfüllt. In ihr zirkulieren zur Phagocytose fähige u. der Exkretion dienende Amoebocyten (Leukocyten) sowie kernhaltige u. ↗Hämerythrin als Atempigment enthaltende Blutzellen. *Fortpflanzung:* Die Besamung der Eier erfolgt im freien Wasser. Sie entwickeln sich über eine totale u. äquale Radiärfurchung, eine Coeloblastula u. Invaginationsgastrula zu wimperlosen wurmförm. Larven, deren Rumpf einen Panzer aus je einer dorsalen, einer ventralen u. mehreren lateralen Cuticulaplatten trägt *(↗Loricifera),* die mehrmals gehäutet werden. Zudem besitzt die Larve bereits ein dornenbewehrtes Introvert. Weitere Details der Entwicklung sind nicht bekannt. – Man kennt bis heute insgesamt 8 Arten, die 3 Fam. zugeordnet werden (T 7): den *Priapulidae,* den winzigen, im Psammal trop. Meere lebenden *Tubiluchidae* u. den in Sekretröhren zw. Tangen an Mittelmeerküsten u. im Ind. Ozean entdeckten *Maccabeidae (= Chaetostephanidae).* – *Stammesgeschichte:* Früher mit den *↗Sipunculida* u. *↗Echiurida* zum heterogenen Stamm der *↗Gephyrea* zusammengefaßt, werden die *P.* heute meist als aberrante Gruppe der *↗Nemathelminthes* od. als diesen nahestehender selbständ. Stamm pseudocoelomater Tiere betrachtet, die gewisse Ähnlichkeiten unbekannten phylogenet. Gewichts zu den *↗Acanthocephala, ↗Kinorhyncha* und v. a. den neuentdeckten *↗Loricifera* aufweisen. Sollte sich die Auskleidung der Leibeshöhle als echtes Coelomepithel erweisen, so spräche dies für eine Einreihung in die *↗Archicoelomata* und eine Ableitung der *↗Pseudocoelomata* v. coelomaten Vorfahren. *P. E.*

Pricke *w* [niederdt., =], ↗Neunaugen.

Priele, natürl. Zu- u. Ablaufrinnen im Wattenmeer (↗Watt).

Priesterfisch, *Atherina presbyter,* ↗Ährenfische.

J. Priestley

Priestley [prißtli], *Joseph,* engl. Aufklärungstheologe, Philosoph u. Chemiker, * 13. 3. 1733 Fieldhead (Yorkshire), † 6. 2. 1804 Northumberland (Pa.); zunächst anglikan. Geistlicher, dann kongregationalist. Pfarrer; seit 1794 in den USA; Anhänger der Phlogistontheorie; entdeckte unabhängig von K. W. Scheele den Sauerstoff (1771), das Ammoniak (1774), die schweflige Säure u. den Chlorwasserstoff (1775), das Lachgas (1776) u. Kohlenmonoxid (1799); erfand 1774 die pneumat. Wanne zum Auffangen u. zur Untersuchung v. Gasen u. bereitete damit den Weg für die Arbeiten ↗Lavoisiers.

Prigogine [-schin], *Ilja,* belg. Physikochemiker, * 25. 1. 1917 Moskau; Prof. in Brüssel, ab 1970 auch an der University of Texas, entwickelte eine nichtlineare Thermodynamik zur Beschreibung v. irreversiblen Prozessen, die weit v. ihrem Gleichgewichtszustand entfernt sind, u. erkannte, daß bei diesen Vorgängen ungeordnete in geordnete, sog. dissipative Strukturen übergehen können; erhielt 1977 den Nobelpreis für Chemie.

Primanen [Mz.; v. lat. primani = Soldaten der 1. Legion], Bez. für die zuerst angelegten, kurzen, aber sehr streckungsfähigen Elemente des Holz- u. des Siebteils des sich ausdifferenzierenden ↗Leitbündels in der Streckungszone v. Wurzel- u. Sproßapex. Ihre Gesamtheit in den Leitbündelteilen wird *Protophloëm* u. *Protoxylem* gen.

Primärblätter, *Jugendblätter, Erstlingsblätter,* die auf die ↗Keimblätter folgenden ersten Laubblätter des jugendl. Kormus, meist einfacher gebaut als die ↗Folgeblätter. ↗Blatt.

Primärdünen ↗Ammophiletea.

primäre Boten, *primäre Botenmoleküle,* Bez. für ↗Hormone u. ↗Neurotransmitter – ↗Botenmoleküle, die v. einem Zelltyp synthetisiert u. sezerniert werden u. in anderen Zelltypen spezif. Effekte hervorrufen. Fast alle p. B. sind Moleküle, die Plasma-↗Membranen nicht passieren können (Ausnahme: Steroidhormone); deshalb müssen die Plasmamembranen der betreffenden Zielzellen über spezif. Rezeptoren verfügen, um die v. den p.n B. übermittelten Signale durch einen Transduktionsmechanismus ins Zellinnere zu überbringen. Dort werden dann die entspr. Folgereaktionen eingeleitet, z. B. die Bildung von cAMP (cyclo-AMP, ↗Adenosinmonophosphat), einem sog. *↗sekundären Boten.* ☐ Hormone.

primäre Differenzierung ↗Determination.

primäre Leibeshöhle ↗Leibeshöhle.

Primärinsekten, Bez. für Insekten, die gesunde, lebende pflanzl. Gewebe befallen (Ggs. *↗Sekundärinsekten*); z. B. Fichtenläuse, Kieferneule.

Primärkonsumenten, heterotrophe Organismen, die auf der zweiten Stufe der ↗Nahrungspyramide (☐) autotrophe Pflanzen *(Primärproduzenten)* konsumieren, z. B. aquatisch Zooplankton, terrestrisch blattfressende Insekten. ↗Konsumenten; ☐ Energieflußdiagramm.

Primärlarve, *Junglarve,* die ↗Eilarve; ↗Larven, ↗Insektenlarven.

Primärloben [Mz.], (Schindewolf 1927), die Loben (↗Lobenlinie) der ↗Primärsutur.

Primärparasit ↗Sekundärparasit.
Primärproduktion, *Urproduktion,* photo- oder chemosynthet. Aufbau organ. Substanz (↗Biomasse) aus anorgan. Substanzen. ↗Produktion; ↗Bruttophotosynthese, ↗Nettoprimärproduktion, ↗Kohlenstoffkreislauf (B), □ Energieflußdiagramm.
Primärproduzenten ↗Primärkonsumenten.
Primärsproß, eine in Analogie zum Wurzelsystem geprägte, aber wenig gebräuchliche Bez. für die aus dem Sproßscheitel des Embryos sich entwickelnde Sproßachse bei den Samenpflanzen.
Primärstruktur, die schriftartige Reihenfolge (Sequenz) der Monomerenbausteine bei Nucleinsäuren (hier ist P. ident. mit ↗Nucleotidsequenz) u. bei Proteinen bzw. Peptiden (hier ident. mit ↗Aminosäuresequenz).
Primärsutur *w* [v. *primär-, lat. sutura = Naht], (Schindewolf 1927), ↗Lobenlinie (□) der auf den ↗Protoconch v. Kopffüßern folgenden 1. Luftkammer mit i. d. R. 3 Protoloben: Intern-, Lateral- u. Externlobus; bei Ammoniten aus Jura u. Kreide können noch 1–3 Umbilicalloben hinzutreten.
Primärtranskript *s* [v. lat. transcriptus = überschrieben, kopiert], die als erstes Produkt bei der ↗Transkription eines Gens entstehende RNA, die noch sog. Leader- u. Trailer-Sequenzen (5′-terminal bzw. 3′-terminal zum eigtl. Strukturgen gelegene Sequenzen), intergenische Bereiche (bei polycistronischen RNAs) sowie intervenierende Sequenzen (bei Mosaikgenen) enthält. Durch Prozessierungsreaktionen entstehen aus den P.en die reifen m-RNAs, r-RNAs und t-RNAs.
Primärwald, vom Menschen nicht od. nur wenig beeinflußter Wald.
Primärwand, die ersten, noch dehnungsfähigen, an Cellulose reichen Lamellen, die die Tochterzellen nach der Zellteilung auf die Mittellamelle auflagern. ↗Zellwand.
Primärwurzel, Bez. für die aus der ↗Keimwurzel sich entwickelnde ↗*Hauptwurzel* bei den Samenpflanzen.
Primaten [Mz.; v. lat. primates = die ersten und vornehmsten], *Primates,* die ↗Herrentiere.
Primatologie *w* [v. ↗Primaten], *Primatenkunde,* Wiss., die sich speziell mit der Biologie u. Paläontologie der Säugetier-Ord. der Primaten (↗Herrentiere) befaßt.
Primel *w* [v. lat. primula = die erste], ↗Schlüsselblume.
Primelartige, *Schlüsselblumenartige, Primulales,* Ord. der *Dicotyledonae* (U.-Kl. *Dilleniidae*) mit den beiden Fam. ↗Primelgewächse u. ↗*Myrsinaceae* u. rund 2000 Arten in etwa 60 Gatt. Bäume u. Sträucher (überwiegend im trop. und subtrop. Bereich) sowie krautige Pflanzen (hpts. in den nördl. gemäßigten Zonen) mit meist strahligen, 5zähl. Blüten, deren Krone mehr od. minder verwachsen ist. Der aus mehreren verwachsenen Fruchtblättern bestehende Fruchtknoten ist 1fächerig u. besitzt eine freie zentrale od. basale Placenta.
Primelgewächse, *Primulaceae,* Fam. der Primelartigen mit etwa 30 Gatt. (vgl. Tab.) u. fast 1000 weltweit verbreiteten, zum großen Teil jedoch in der Arktis u. den Hochgebirgen Europas u. Asiens heim. Arten. Vielfach als Polster- od. Rosettenpflanzen wachsende, häufig drüsig behaarte u. oft recht kälteresistente Kräuter od. Stauden (seltener Halbsträucher) mit einfachen, meist ganzrand. od. gelappten Blättern und i. d. R. radiären, 5zähl., oft heterostylen (↗Heterostylie) Blüten. Diese stehen einzeln od. zu Trauben, Dolden od. Rispen vereint, in den Achseln v. Laub- bzw. schuppenförm. Hochblättern u. besitzen eine kurz- bis langröhrige Krone mit i. d. R. 5lapp., meist rad- od. trichterförm. (manchmal auch zurückgeschlagenem) Saum. Zu den 5 vor den Kronblättern stehenden Staubblättern kommen bisweilen schuppenförm. ausgebildete Staminodien, die als Reste eines zweiten Staubblattkreises gewertet werden. Der meist oberständ., aus 5 verwachsenen Fruchtblättern bestehende Fruchtknoten ist 1fächerig u. wird zu einer klappig aufspringenden Kapsel bzw. Deckelkapsel mit oft zahlr. Samen. Etliche P. sind hochgeschätzte Zierpflanzen; hierzu gehören v. a. Primel (↗Schlüsselblume) u. ↗Alpenveilchen.
primer *m* [praim^er; engl., = Zündvorrichtung], *Starter-DNA,* Oligo- od. Polynucleotide, die bei allen durch ↗DNA-Polymerasen katalysierten enzymat. DNA-Synthesen als Startermoleküle erforderl. sind, da DNA-polymerisierende Reaktionen immer in der schrittweisen Verlängerung der 3′-Hydroxylenden der in der Zelle vorliegenden od. künstl. eingesetzten p. bestehen. DNA-Polymerasen benötigen dazu neben einem p. auch eine zum p. komplementäre template-DNA (bzw. template-RNA bei reverser Transkription). In der Regel sind p. identisch mit kürzeren od. längeren einzelsträngigen DNA-Ketten; bei den Initiationsphasen der DNA-Replikation wirken vielfach auch kurze RNA-Ketten als primer.
Primitivknoten, der ↗Hensensche Knoten.
Primitivorgane, abgegrenzte Teilbereiche innerhalb des einzelnen Keimblatts bei Tieren, z. B. ↗Neuralrohr, ↗Somiten, Darmrohr.
Primitivrassen, die ↗Landrassen.
Primitivrinne, Einsenkung im ↗Primitivstreifen, Ort der ↗Gastrulation bei höheren Wirbeltieren (Amniota). B Embryonalentwicklung I (Abb. 3b).
Primitivstreifen, Verdickung in der Mittellinie der Keimscheibe, in die sich die ↗Primitivrinne einsenkt; erstes Anzeichen für die zukünft. Embryonalachse.
Primofilices [Mz.; v. lat. primus = erster, filices = Farne], ausschl. fossil (oberes Unterdevon – Unterperm) bekannte U.-Kl.

primär- [v. lat. primus = der erste; davon primarius = einer der ersten seiner Gattung, erstklassig, vorzüglich].

Primelgewächse

Wichtige Gattungen:
↗Alpenveilchen *(Cyclamen)*
↗Bunge *(Samolus)*
↗Gauchheil *(Anagallis)*
↗Gelbweiderich *(Lysimachia)*
↗Heilglöckchen *(Cortusa)*
↗Mannsschild *(Androsace)*
↗Milchkraut *(Glaux)*
↗Schlüsselblume *(Primula)*
↗Siebenstern *(Trientalis)*
↗Troddelblume *(Soldanella)*
↗Wasserfeder *(Hottonia)*

der ↗Farne *(Filicatae)* mit den beiden wichtigsten Ord. ↗ *Cladoxylales* u. ↗ *Coenopteridales.* Die *P.* stellen keine natürl. Gruppe dar, sondern eine Organisationsstufe, die durch ihre urspr. Merkmalskombination (dreidimensional verzweigte Raumwedel, überwiegend endständige Sporangien) zw. den ↗Urfarnen (Psilophyten) u. den *Filicatae* vermittelt.

Primordialblatt [v. *primord-], Bez. für die zunächst ungegliederte ↗Blattanlage der Kormophyten.

Primordialcranium *s* [v. *primord-, gr. kranion = Schädel], das ↗Primordialskelett des ↗Schädels.

Primordialfauna *w* [v. *primord-], die älteste v. Barrande (1852, „Système silurien du centre de la Bohême") in Böhmen unter dem Devon angetroffene Fauna, die er für den Anfang organ. Lebens auf der Erde hielt; sie entspr. chronolog. dem Mittelkambrium.

Primordialskelett [v. *primord-], das knorpelig angelegte Skelett aller Wirbeltierembryonen, das im Verlauf der Ontogenie durch Verknöcherung ↗Ersatzknochen bildet, denen sich am Schädel eine große Zahl ↗Deckknochen anfügt. Im Gegensatz zum Knorpelskelett der ↗Knorpelfische (↗Chondrocranium) ist das P. nur während der frühen Entwicklungsphase ausgebildet.

Primordialwand [v. *primord-], Bez. für die aus den miteinander verschmelzenden Phragmosomen entstehende Trennwand aus Protopektin bei der Zellteilung (↗Cytokinese); sie wird später nach Auflage der ↗Primärwand zur ↗ *Mittellamelle.*

Primula *w* [lat., = die erste (veris = des Frühlings)], die ↗Schlüsselblume.

Primulaceae [Mz.], die ↗Primelgewächse.

Primulales [Mz.], die ↗Primelartigen.

Pringlea *w* [ben. nach dem brit. Arzt Sir J. Pringley, 1707–82], *Kerguelenkohl,* auf den antarkt. Kerguelen-Inseln heimische Gatt. der Kreuzblütler mit nur 1 Art. *P. antiscorbutica* ist eine ausdauernde, kräftige Pflanze mit einer grundständ. Rosette aus sich kohlkopfartig zusammenschließenden, großen, rundl.-eiförm. Blättern. Sie diente den Seefahrern früherer Zeiten als Salat u. Frischgemüse u. war ein wichtiges Mittel gg. Skorbut. [B] Polarregion IV.

Pringsheim, *Nathanael,* dt. Botaniker, * 30. 11. 1823 Wziesko bei Landsberg (Ober-Schles.), † 6. 10. 1894 Berlin; seit 1864 Prof. in Jena, gründete dort das erste pflanzenphysiolog. Inst.; seit 1868 wieder in Berlin; entdeckte (1855) u. erklärte die Sexualität u. Befruchtung der Algen u. studierte die Rolle des Chlorophylls in den Pflanzen (1874); ferner Arbeiten zu Entwicklungsgesch. u. den Wachstumsgesetzen der Stämme u. Blätter; regte die Gründung der Dt. Bot. Gesellschaft an.

Prinien [Mz.; v. gr. prinos = Scharlach(-Eiche)], *Prinia,* Gatt. kleiner, schlanker Vögel aus der Fam. ↗Grasmücken; langer Schwanz, der oft gestelzt wird; bewohnen Grasland mit niedrigem Buschwerk u. Halbwüsten in Afrika u. Indien.

Prion *m* und *s,* ↗slow-Viren.

Prionace *w* [v. *prion-, gr. akē = Spitze], Gatt. der ↗Blauhaie.

Prionailurus *m* [v. *prion-, gr. ailouros = Katze], ↗Bengalkatze.

Prionium *s* [v. gr. prionion = kleine Säge], Gatt. der ↗Binsengewächse.

Prionodon *m* [v. *prion-, gr. odōn = Zahn], Gatt. der ↗Linsangs.

Prionopidae [Mz.; v. *prion-, ōps = Auge], die ↗Brillenwürger.

Prionotus *m* [v. *prion-, gr. nōtos = Rükken], Gatt. der ↗Knurrhähne.

Prionus *m* [v. *prion-], Gatt. der ↗Bockkäfer, ↗Sägebock.

Prioritätsregel [v. lat. prior = früher, zuerst], *Prioritätsprinzip,* grundlegendes Element der wiss. ↗Nomenklatur. Die P. läßt normalerweise nur die *zuerst publizierte* Benennung einer Gatt., Art oder U.-Art gelten, sofern die formalen Bedingungen der Nomenklaturregeln erfüllt sind (es muß ein Name u. keine Ziffernfolge sein, es muß eine Publikation u. kein Manuskript sein, der Name muß sich auf ein ↗Typus-Exemplar beziehen u. nicht auf ein hypothet. Taxon wie z.B. *Pithecanthropus* Haeckel 1866, usw.). Alle anderen Namen derselben Taxa in späteren Beschreibungen (auch wenn sie viel besser sind, vgl. Spaltentext) gelten dann nur noch als sog. „jüngere" ↗ *Synonyme.* – In *Sonderfällen* darf aber der zuerst verwendete Name doch nicht beibehalten werden, z.B. bei *Homonymien* (= derselbe Name für verschiedene Taxa, ↗Homonym; vgl. Spaltentext). Es gibt noch zwei weitere Einschränkungen der P.: 1) Als frühest *„verfügbare"* Namen gelten die in int. festgelegten Standardwerken des 18. und 19. Jh. (v.a. die Werke von ↗Linné, für Pflanzen die „Species Plantarum" 1753 u. für Tiere die 10. Aufl. des „Systema Naturae" 1758); deshalb ist der vollständige wiss. Name der Wacholderdrossel *„Turdus pilaris* Linné 1758", obwohl sie bei ↗Gesner schon 1551 so hieß. 2) Falls der früheste wiss. Name jahrzehntelang nicht (od. nur vereinzelt) im Gebrauch war, kann die Nomenklatur-Kommission zum Zweck der Stabilisierung der Nomenklatur gg. die P. die Verwendung des jüngeren Synonyms zwingend vorschreiben.

Pristella *w* [v. *prist-], Gatt. der ↗Salmler.

Pristidae [Mz.], die Fam. ↗Sägerochen.

Pristina *w* [v. gr. pristos = gesägt], Ringelwurm-(Oligochaeten-)Gatt. der Fam. ↗ *Naididae.* Bes. Kennzeichen: Tastorgan in Form von tentakelart. Fortsatz am Prostomium. *P. longiseta,* in stehenden u. fließenden, v.a. moorigen Gewässern an Wasserpflanzen; *P. lutea* auch in schwach brackigem Wasser; *P. amphibiotica* lebt

Prioritätsregel

Die P. zeigt bes. deutlich den überwiegend *formalen* Charakter der ↗Nomenklatur-Regeln: die P. verhindert die Korrektur eines Namens, selbst wenn er völlig falsch ist (z. B. *indicus* für eine nur in Afrika lebende Art). Bekanntes Beispiel ist der wiss. Name der ↗Honigbiene (*Apis mellifera* Linné 1758), der von Linné selbst später korrigiert wurde in *A. mellifica* u. im vorigen Jh. allgemein in Gebrauch war; gemäß der P. gilt heute wieder der erste Name. – Werden dieselben neuen Arten (z. B. nach zwei gleichzeitigen Expeditionen in dasselbe Gebiet) mit unterschiedl. Namen beschrieben, so hängt die nomenklatorische Gültigkeit nur vom *Publikationsdatum* ab – nicht v. der Genauigkeit der Abbildungen und Beschreibungen, nicht v. der Güte der Diskussion zu Biologie u. Stammesgeschichte u. auch nicht vom Datum der Manuskript-Fertigstellung.

Prioritätsregel

Beispiel für *Homonyme*:

Die Fadenwurm-Gatt. *Trilobus* mußte umbenannt werden, weil der Name schon *präokkupiert* war durch den ident. Namen für eine Trilobiten-Gatt.; man wählt als Ersatz ein schon existierendes Synonym, od. man stellt die Buchstaben um (der obengen. Fadenwurm heißt jetzt *Tobrilus*); man verwendet Präfixe wie *Neo-, Pseudo-, Para* od. wählt eine neue Endung wie *-oides.*

amphibisch (Artname!), d. h. aquatisch wie auch in benachbarten Feuchtregionen.

Pristiophoroidei [Mz.; v. *prist-, gr. -phoros = -tragend], die ↗Sägehaie.

Pristis *m* [v. *prist-], die Gatt. ↗Sägerochen.

Pro, Abk. für ↗Prolin.

Proales *m* [v. gr. proalēs = schräg], Gatt. der ↗Rädertiere mit mehreren in Süß- u. Brackwasser häufigen Arten, v. denen einige parasit. in anderen Organismen leben, z. B. *P. volvocicola* in der Kugelalge *Volvox.*

Proamnion *s* [v. *pro-, gr. amnion = Schafhaut, Embryonalhülle], beim Vogelembryo der mesodermfreie Bezirk der frühen Keimscheibe vor der Kopfregion; Funktion unbekannt.

Proangiospermen [Mz.; v. *pro-, gr. aggeion = Gefäß, sperma = Same], hypothet. Gruppe fossiler Pflanzen, die als Ahne der Angiospermen (↗Bedecktsamer) zu fordern ist. Da sichere Angiospermen-Reste bereits aus der Unterkreide vorliegen, sind die Ursprünge der Bedecktsamer im Jura od. früher zu suchen. Diese P. sollten erkennen lassen, wie sich die typ. Angiospermen-Merkmale (insbes. Frucht- u. Staubblätter, Samen mit 2 Integumenten, Perianth, doppelte Netznervatur der Blätter) entwickelt haben. Allerdings ist die wichtigste Besonderheit der Angiospermen, nämlich die doppelte Befruchtung, im Fossilbeleg praktisch nicht nachzuweisen. Trotz intensiver Suche ist aber das P.-Problem noch ungelöst u. sind nach wie vor zahlr. Gymnospermen-Gruppen (↗Nacktsamer) mit angiospermoiden Merkmalen als Ahnen der Bedecktsamer in Diskussion. So sehen einige Autoren in den ↗*Caytoniales* die Angiospermen-Vorfahren, andere in den *Czekanowskiales* (die Samen dieser im Jura u. in der Kreide verbreiteten Gruppe werden von einer 2klappigen Hülle umschlossen) od. in der erst in neuerer Zeit bekannt gewordenen Fam. *Dirhopalostachyaceae* (Oberjura–Unterkreide; Samen ebenfalls von 2klappiger Schale umgeben). Auch die ↗*Glossopteridales* werden als mögliche P. diskutiert (dabei soll das 2. Integument der Bedecktsamer aus einer Cupula, wie sie bei der *Glossopteridales*-Gatt. *Denkania* existiert, u. das Karpell aus dem mit den gestielten Samenanlagen durch Konkauleszenz verwachsenen Tragblatt hervorgegangen sein). Die meisten dieser verschiedenen Konzepte nehmen somit an, daß sich die Angiospermen aus dem Komplex der ↗*Cycadophytina* u. hier am ehesten aus der Gruppe der ↗Farnsamer i. w. S. entwickelt haben. Was die Wuchsform u. die Ökologie der P. betrifft, so geht die klass. Hypothese davon aus, daß sich die Bedecktsamer als Magnolien-ähnliche Bäume im Hochland entwickelten. Eine Alternativ-Hypothese, die auch eine gewisse Unterstützung in neueren Fossilbelegen gefunden hat, vermutet in den ersten Angiospermen eher raschwüchsige, strauchige Pionierpflanzen. In beiden Annahmen wird aber das Fehlen eindeutiger Fossilfunde auf die in dem jeweils angenommenen Habitat ungünstigen Erhaltungsbedingungen zurückgeführt.

Lit.: *Beck, C. B.* (Hg.): Origin and early evolution of angiosperms. New York 1976. *Dilcher, D. L.:* Early angiosperm reproduction: an introductory report. Rev. Palaeobot. Palynol. *27,* 291–328. 1979. *V. M.*

primord- [v. spätlat. primordium = Beginn, Anfang; davon primordialis = ursprünglich].

prion- [v. gr. priōn = Säge].

prist- [v. gr. pristēs, pristis = Säger, Sägefisch].

pro- [v. gr./lat. pro, pro- = vor (zeitl. und räuml.), für, anstatt].

probosci- [v. gr. proboskis = Rüssel].

Proanthesis *w* [v. gr. proanthēsis = Vorblüte], Bez. für die vorzeitige, im Herbst erfolgende Entfaltung der Blütenknospen, meist durch Wärmeeinbrüche, künstlich durch Wärmebehandlung verursacht. ↗Anthese.

Proarthropoda [Mz.; v. *pro-, gr. arthron = Glied, Gelenk, podes = Füße], *Protarthropoda,* Gruppe der ↗Gliederfüßer, die noch nicht alle für die ↗*Euarthropoda* typ. Merkmale besitzen. Hierher werden die ↗Stummelfüßer, ↗Bärtierchen u. meist auch die Zungenwürmer (↗Pentastomiden) gestellt. Diese Gruppierung ist sicher nicht ↗monophyletisch. Oft werden auch nur die Stummelfüßer zu den *P.* gestellt u. die beiden anderen Gruppen als *Arthropoda incertae sedis* behandelt.

Proavis *w* [v. *pro-, lat. avis = Vogel], (Augusta u. Burian 1960), *Vorvogel,* hypothet., nicht durch Fossilfunde gedeckter, v. Scheinechsen abgeleiteter Vogelvorläufer; durch Umbildung der Schuppen zu Federn u. Verlängerung der Vordergliedmaßen u. des Schwanzes soll dann im Laufe der P.-Entwicklung eine Art Fallschirm entstanden sein, der langsames Schweben ermöglichte. Über ein P. ähnl. Zwischenstadium könnte die Stammesgeschichte der Vögel tatsächl. zu ↗*Archaeopteryx* geführt haben.

Probiose *w* [v. gr. probioein = vorher leben], die ↗Karpose.

Proboscidea [Mz.; v. *probosci-], **1)** die ↗Rüsseltiere. **2)** *Proboscifera,* Ord. der Ringelwurm-Kl. ↗*Myzostomida* mit nur 1 Fam. ↗*Myzostomidae* und etwas mehr als 100 Arten; Vorderkörper mit Pharynx u. Oberschlundganglion als Introvert in eine Scheide des Rumpfes eingelassen, wird zum Nahrungserwerb hervorgestülpt; 10 Paar Cirren am Körperrand.

Proboscifera [Mz.; v. *probosci-, lat. -fer = -tragend], die ↗Proboscidea 2).

Proboscis *w* [v. gr. proboskis =], der ↗Rüssel.

Procamelus *m* [v. *pro-, gr. kamēlos = Kamel], (Leidy 1858), *Vorkamel,* jungtertiäre, in N-Amerika beheimatete Gatt. der Kamele *(Camelidae)* mit im Oberkiefer reduzierter Zahnformel (1 · 1 · 4 · 3); Metapodien erstmalig zu Kanonenbeinen verwachsen. *P.* gilt als stammesgeschichtl. Bindeglied zw. dem oligo-miozänen *Protomeryx* u. den heutigen Kamelen.

Procarboxypeptidasen [Mz.], in den Verdauungstrakt ausgeschiedene inaktive Vorstufen v. ↗Carboxypeptidasen; die enzymat. aktiven Carboxypeptidasen bilden sich aus P. durch Abspaltung kurzer Peptide.

Procaviidae [Mz.; v. *pro-, brasil. cavia = Meerschweinchen], die ↗Schliefer i. e. S.

Procellariidae [Mz.; v. lat. procella = Sturm], die ↗Sturmtaucher.

Procellariiformes [Mz.], die ↗Sturmvögel.

Procephalon *s* [v. *pro-, gr. kephalē = Kopf], derjenige Kopfabschnitt der ↗Gliederfüßer (T), der die 3 ersten Segmente mit urspr. 2 Paar Antennen, Oberlippe u. Augen beinhaltet. Dem P. ist insbes. bei den *Mandibulata* das Gnathocephalon angegliedert; beide zus. bilden den typischen 6segmentigen Kopf der Gliederfüßer. ↗Protocephalon.

Proceratophrys *w* [v. *pro-, gr. keras = Horn, ophrys = Braue], Gatt. der Südfrösche, ↗Hornfrösche.

Procercoid *s* [v. *pro-, gr. kerkos = Schwanz], zweites Larvenstadium bei ↗Bandwürmern, im 1. Zwischenwirt, geht aus der ↗Oncosphaera hervor; zigarren- bis spindelförmig; am Hinterende noch die 6 Haken der Oncosphaera erhalten.

Procerodes *m* [v. *pro-, gr. keroeidēs = hornförmig], Strudelwurm-Gatt. der *Tricladida. P. lobata,* bis 6 mm lang; Darmdivertikel wechselweise mit je einem Hoden u. einem Seitennerv angeordnet (↗Pseudometamerie); Mittelmeer, Schwarzes Meer.

processing *s* [pro^{u}ßeßing; engl., = Veredelung, Aufbereitung], die ↗Prozessierung.

Processus *m* [Mz. *Processus*; lat., = das Hervorgehen, Fortschreiten], anatom. Bez. für Fortsatz od. Vorsprung an einem Organ, hpts. Knochen; z. B. ↗P. spinosus.

Processus spinosus *m* [lat., = dornartiger Fortsatz], *Spinalfortsatz,* der *Dornfortsatz* des Wirbelkörpers, genauer: unpaarer dorsaler Fortsatz der ↗Neuralbögen. Die an jedem Wirbelzentrum beidseits entspringenden Neuralbögen verschmelzen dorsal des Rückenmarks miteinander u. laufen in einem gemeinsamen unpaaren P.s. aus. Die Processus spinosi der hinteren Hals- u. vorderen Brustwirbel sind oft bes. lang u. kräftig ausgebildet (z. B. Huftiere, Raubtiere), da an ihnen Teile der Nackenmuskulatur ansetzen, die den Kopf halten. In Anpassung an diese mechan. Beanspruchung stehen die obengen. Processus spinosi schräg u. weisen nach caudad.

Prochlorales [Mz.; v. *pro-, gr. chlōros = gelbgrün], *Prochlorophyta,* Gruppe (Ord.) gramnegativer, phototropher Prokaryoten (Bakterien, Kl. *Oxyphotobacteria*) mit (bisher) nur 1 bekannten Gatt. ↗*Prochloron.*

Prochloron *s* [v. *pro-, gr. chlōros = gelbgrün], Gatt. der ↗*Prochlorales,* einzellige, gramnegative, phototrophe Prokaryoten (Bakterien) mit Murein in der Zellwand; ähnl. den Cyanobakterien mit einer oxygenen Photosynthese (O_2-Entwicklung aus Wasser); im Ggs. zu Cyanobakterien aber mit Chlorophyll a und b, wie grüne Pflanzen, u. ohne Phycobiliproteine (Phycobilisomen), Cyanophycin-Granula u. Poly-β-hydroxybuttersäure. Das Genom umfaßt etwa 6 Mill. Basenpaare. Die einzige bekannte Art, *P. didemnium,* lebt symbiontisch auf od. in verschiedenen Seescheiden (Ascidien) trop. und subtrop. Küstengewässer. Eine künstl. Kultur ist noch nicht gelungen. Es wird diskutiert, ob Vorfahren von *P.* oder anderer, noch unbekannter *Prochlorales* sich als Endosymbionten zu Chloroplasten der grünen Pflanzen entwikkelt haben (↗Endosymbiontenhypothese). Andererseits könnten *Prochlorales* auch relativ spät aus Cyanobakterien entstanden sein – durch Hinzugewinnen der Fähigkeit, Chlorophyll b zu synthetisieren, u. den Verlust der Phycobiliprotein-Synthese.

Prochlorophyta [Mz.; v. *pro-, gr. chlōros = gelbgrün, phyta = Pflanzen], die ↗Prochlorales.

prochoanitisch [v. *pro-, gr. choanon = Trichter], *prosiphonat,* heißen nach vorn gerichtete Siphonalduten v. Kopffüßern.

Procoel *s* [v. spätgr. prokoilos = mit vorstehendem Bauch], das ↗Axocoel.

Procoela [Mz.], U.-Ord. der ↗Froschlurche.

Procolophonidae [Mz.; v. *pro-, gr. kolophōn = Hügel], (Lydekker 1889), † Fam. kleinwüchsiger ↗Cotylosaurier mit mehr od. weniger dreieckigem Schädel, der in der Schnauzenregion spitz zuläuft; im Laufe der Stammesgesch. die Tendenz zur Vergrößerung der Augen (Nachttiere?). Typus-Gatt.: *Procolophon* Owen 1876. Verbreitung: oberes Perm bis obere Trias v. Eurasien, S-Afrika und N-Amerika; z. T. stratigraph. bedeutungsvoll.

Proconsul *m* [ben. nach einem Schimpansen im Londoner Zoo namens Consul], Gatt. fossiler ↗Menschenaffen aus dem Mittelmiozän O-Afrikas; Alter ca. 14–20 Mill. Jahre; zahlr. Schädel-, Gebiß- u. Skelettreste; mehrere Arten v. Gibbon- bis Gorillagröße.

Proconvertin *s* [v. *pro-, lat. convertere = umwenden], der ↗Kappa-Faktor 1).

Procotyla *w* [v. *pro-, gr. kotylē = Höhlung, Napf], Strudelwurm-Gatt. der ↗*Tricladida. P. fluviatilis,* bes. Kennzeichen: transparent u. eine Haftscheibe am hinteren Körperende.

Procris *w* [ben. nach der myth. Prokris], **1)** Gatt. der ↗Brennesselgewächse. **2)** Gatt. der ↗Widderchen.

Proctodaeum *s* [v. *proct-, gr. hodaios = Weg-], die ↗Afterbucht, ↗Darm.

Proctolin *s* [v. *proct-], basisches Pentapeptidhormon (relative Molekülmasse 500–700) der Insekten (↗Insektenhormone), das über das ↗Adenylat-Cyclase-System eine Stimulation der visceralen Muskulatur ausübt. ↗Neuropeptide.

Prochloron

Neuerdings (1986) wurden fädige Prokaryoten beschrieben, die *Chlorophyll a und b* enthalten und somit *P.* sehr ähnl. sind, aber im Ggs. zu diesem nicht symbiontisch, sondern frei – planktonisch – in einem eutrophen See (in den Niederlanden) leben. Eine genaue Untersuchung dieser neuen Organismen könnte die Diskussion über Taxonomie u. Phylogenie von *P.* neu beleben.

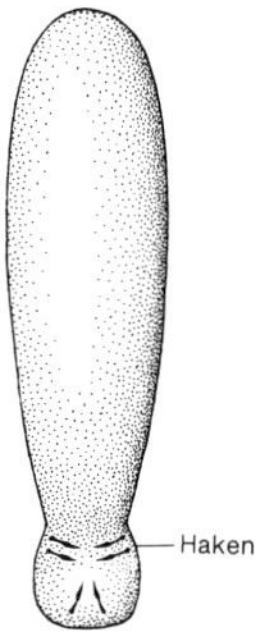

Procercoid

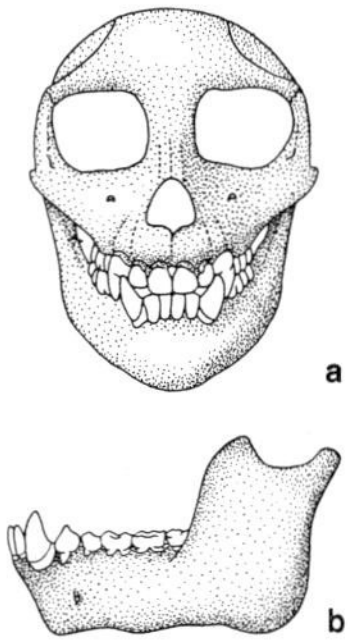

Proconsul

a Schädel und **b** Unterkiefer von *Proconsul*

Processus spinosus

Beim Menschen steht der P. s. des 1.–9. Brustwirbels schräg, der P. s. des 7. (untersten) Halswirbels ist der oberste ertastbare Dornfortsatz, der P. s. des 3.–6. Halswirbels ist an der Spitze zweigeteilt.

Procyonidae [Mz.; v. *pro-, gr. kyōn = Hund], die ↗Kleinbären i. e. S.
Procyte, die ↗Protocyte.
Prodigiosus *m* [lat., = ungeheuerlich], *„Bacterium prodigiosus“,* ↗Serratia.
Prodoxidae [Mz.] ↗Yuccamotten.
Productus *m* [lat., = lang, gestreckt], (Sowerby 1814), † Gatt. articulater ↗Brachiopoden, deren aufgebauchte Stielklappe der Schale sehr voluminöses Aussehen verleiht; Außenfläche z. T. mit großen Stacheln besetzt; eine Leitart des Zechsteins erhielt deshalb den Namen *P. horridus.* Verbreitung: Karbon bis Perm. (Manche Autoren fassen die Gatt. enger u. beschränken sie zeitl. auf das Karbon [Visé bis Westphal].)
Produkthemmung, die Hemmung einer Enzymaktivität (für die Reaktion A→B) durch das unmittelbare Reaktionsprodukt B. Die P. erklärt sich aus der Tatsache, daß Endprodukte die Substrate für die Rückreaktion darstellen (B→A) u. daß durch Anhäufung der Endprodukte die Rückreaktion begünstigt wird; auch bei ungünst. Gleichgewichtslage für die Rückreaktion kann das Produkt B die Anlagerung von A an das ↗aktive Zentrum des Enzyms durch eigene Anlagerung (ohne Reaktion) blokkieren. ↗Enzyme, ↗Allosterie (☐), ↗Endprodukthemmung (☐).
Produktion, Ökologie: Gewinn an ↗Biomasse od. ↗Energie in Individuen, Populationen od. Ökosystemen. Nach allg. Sprachgebrauch kann statisch das Produkt od. dynamisch der Vorgang des Produzierens gemeint sein; beide Auffassungen sind nur sinnvoll in bezug auf einen bestimmten Raum und eine bestimmte Zeit. Auf dem Weg der Nahrung durch Individuen od. Populationen (↗Nahrungskette, ↗Nahrungspyramide, ☐ ökologische Effizienz) ist P. die Stoff- od. Energiemenge (↗Energiepyramide, ☐ Energieflußdiagramm), die nach Abzug v. Nahrungsabfällen, Exkrementen, Exkreten u. Respiration übrigbleibt. Zu unterscheiden ist die ↗*Primär-P. (Ur-P.)* der autotrophen Pflanzen (↗Bruttophotosynthese, ↗Nettoprimär-P.) von der ↗*Sekundär-(Folge-)P.* auf höheren trophischen Ebenen, weiterhin die *Brutto-P.* (vor Verlusten durch Respiration) v. der *Netto-P.* (nach Abzug der Respiration). ↗Produktivität, ↗Kohlenstoffkreislauf (B), ↗Biotechnologie.
Produktionsbiologie, *Produktionsökologie,* Lehre vom Ausmaß u. den Bedingungen der organism. ↗Produktion in limnischen, marinen u. terrestrischen ↗Ökosystemen. Die wichtigste Methode der P. ist die Berechnung ↗ökologischer Effizienzen (☐). Für menschl. Belange ist nur der zur Nahrung brauchbare Ertrag an Nutzpflanzen od. -tieren interessant, also meist nicht deren gesamte ↗Biomasse (z. B. keine unbrauchbaren Pflanzenteile od. Tierabfälle). ↗Bruttophotosynthese, ↗Biotechnologie.
Produktionsperiode, Zeitabschnitt, in dem organism. ↗Produktion erfolgt (z. B. Vegetationsperiode eines Jahres).
produktive Infektion, ↗Virusinfektion v. ↗permissiven Zellen mit Produktion neuer, infektiöser Viruspartikel.
Produktivität, uneinheitl. gebrauchter Begriff der ↗Produktionsbiologie: a) ↗Produktion, als Rate (↗Biomasse/Zeit) ausgedrückt; b) Geschwindigkeit der Produktion (Steigungsgrad der Produktionskurve) od. Fähigkeit eines Ökosystems zur Produktion; c) „allg. Konzept für alle Aspekte der Vermehrungsrate v. Biomasse od. Energie durch Produktionsprozesse“ (Macfadyen). ↗Bruttophotosynthese.

Produktivität

„Mittlere Spannweiten“ der Produktivität wichtiger Ökosysteme der Erde (nach B. Streit)

Ökosystem	Produktivität g C/(m² · Jahr)
limnisch	
Sümpfe und Marschen	400–1750
Flüsse und Seen	1–2500
marin	
offener Ozean	1–200
Kontinentalsockel	100–300
Flußmündungsgebiete	100–1750
Korallenriffe	250–2000
terrestrisch	
Gletscher, Kältewüsten, Trockenwüsten	0–5
Halbwüsten, Buschwüsten	5–125
Tundra	5–200
borealer Nadelwald	100–750
warmgemäßigtes Grasland	100–750
tropisches Grasland	100–1000
sommergrüner Laubmischwald	200–1250
regengrüne Monsunwälder	300–1750
tropische Regenwälder	500–1750
Kulturland	50–3500

Produzenten, i. e. S. autotrophe Pflanzen mit ↗Primärproduktion *(Primär-P.),* Ggs. ↗Konsumenten; i. w. S. auch Organismen, die auf höherer trophischer Ebene ↗Produktion erzielen *(Sekundär-P.),* Ggs. ↗Destruenten. ↗Bruttophotosynthese, ↗Kohlenstoffkreislauf (B), ↗Nahrungspyramide (☐), ☐ Energieflußdiagramm.
Proembryo *m* [v. *pro-, gr. embryon = Leibesfrucht], *Vorkeim,* Bez. für das erste, mehrzellige Entwicklungsstadium der Zygote bei den Samenpflanzen. Von diesem Zellkomplex wachsen nur wenige bis 1 Zelle zum eigtl. Embryo, dem neuen Sporophyten, heran, die anderen Zellen werden zum ↗*Embryoträger (Suspensor),* der den Embryo durch Zellstreckung ins Nährgewebe einsenkt. B Bedecktsamer I.
Proenzyme [Mz.], *Enzymogene,* längerkettige Vorstufen v. aktiven ↗Enzymen; z. B. sind Pepsinogen bzw. Trypsinogen P. v. ↗Pepsin bzw. ↗Trypsin. [↗Goldkatzen.
Profelis *w* [v. *pro-, lat. felis = Katze], die
Proflavin *s,* Derivat des Acridins (↗Acridonalkaloide), das durch ↗Interkalation ↗Rastermutationen auslösen kann.

pro- [v. gr./lat. pro, pro- = vor (zeitl. und räuml.), für, anstatt].

proct- [v. gr. prōktos = After, Steiß, Hintern].

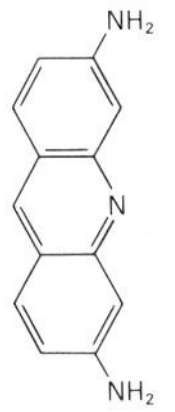

Proflavin

Profundal *s* [v. lat. profundum = Meerestiefe], der sich an das Litoral anschließende, lichtarme bis lichtlose Bodenbereich des Süßwassers (↗Benthal), der frei v. wurzelnden Pflanzen ist. Die Obergrenze bildet die Kompensationsstufe (↗Litoral).

progam [v. gr. progamos = vorher heiratend], vor Kopulation, Besamung od. Befruchtung (praezygotisch) erfolgend, z. B. p.e ↗Isolationsmechanismen, p.e ↗Geschlechtsbestimmung. Ggs.: ↗metagam.

Progaster *w* [v. *pro-, gr. gastēr = Magen], der ↗Urdarm.

Progenese *w* [v. *pro-, gr. genesis = Entstehen], **1)** gelegentl. Bez. für die ↗Neotenie. **2)** *Proontogenese,* die den ersten Teilungsschritten (der ↗Furchung) der Eizelle in der ↗Ontogenie vorausgehenden Prozesse, zu denen gezählt werden: die Vorgänge bei der Reifeteilung (Meiose), bei der Befruchtung sowie die bei manchen Arten (z. B. Seescheiden od. Ascidien) auftretenden Sonderungen des Eiplasmas in Plasmaregionen, die bei den folgenden Furchungen auf bestimmte Zellen (Blastomeren) verteilt werden u. diese dadurch zur Bildung bestimmter Organe determinieren (↗Determination).

Progenetta *w* [v. *pro-, frz. genette = Ginsterkatze], (Depéret 1892), miozäne Gatt. der ↗Hyänen (Fam. *Hyaenidae* Gray 1869), die morpholog. zw. den Schleichkatzen *(Viverridae)* u. Hyänen vermittelt; *P.* gilt als Stammform v. ↗*Ictitherium.*

Progenot *m* [v. gr. progennan = vorher erzeugen], hypothet. Urahn aller zellulären Organismen, der Prokaryoten (Archaebakterien, Eubakterien) u. der eukaryotischen Urzelle. Der P. lebte vor mehr als 3,5 Mrd. Jahren u. soll bereits alle zellulären Bausteine, die für zelluläre Organismen notwendig sind, besessen haben; doch müßten die einzelnen Bausteine noch stark variabel, z. B. Zellwände u. Membranen unterschiedl. zusammengesetzt gewesen sein. Der genet. Apparat u. die genet. Übersetzungsmechanismen waren primitiv u. nicht so hoch spezialisiert wie bei den heutigen Organismen.

Progesteron *s* [v. *pro-, lat. gestatio = Tragen, stear = Fett], *Progestin, Luteosteron, Corpus-luteum-Hormon,* C_{21}-Steroidhormon ($C_{21}H_{30}O_2$) und wichtigster Vertreter der Gestagene (↗Gelbkörperhormone) der Wirbeltiere u. des Menschen, das in physiolog. wirksamer Form als P. und *17-α-Hydroxy-P.* vorkommt. Es wird im ↗Ovar in den Follikelzellen u. dem ↗Gelbkörper, in den ↗Leydig-Zwischenzellen der ↗Hoden, in der Zona fasciculata und Zona reticularis der ↗Nebennieren-Rinde sowie bei Schwangerschaft in den syncytialen Trophoblasten der ↗Placenta gebildet. Die Biosynthese erfolgt in den Mikrosomen von Acetat über Mevalonat, Squalen und Cholesterin zu Pregnenolon und P. Speicherorgane sind die Gelbkörper u. die Nebennieren-Rinde. Im Blut wird es gebunden an Carriermoleküle, wie Plasmalipoproteinalbumine u. Transcortin, transportiert. Die Halbwertszeit beträgt etwa 20 Min. bei einem Blutplasmaspiegel von 0,1–0,3 µg/100 ml für Frauen (0,03 µg/100 ml für Männer) mit einer Tagesproduktion von ca. 20 mg und 10–28 µg/100 ml während der Schwangerschaft (mit bis zu 250 mg pro Tag). P. bewirkt nach dem Eisprung (↗Ovulation) die Umwandlung der Uterusschleimhaut v. der Proliferationsphase zur Sekretionsphase, um eine Einnistung (↗Nidation) des befruchteten Eies zu ermöglichen, u. verhindert weitere Follikelreifung u. Ovulation. Das während der Schwangerschaft in der Placenta gebildete P. stimuliert die weitere Entwicklung der Uterusschleimhaut u. sorgt für die Ausbildung eines sekretionsfähigen Milchgangsystems in der Brustdrüse. P. hat offenbar keinen Einfluß auf die Ausbildung der sekundären Geschlechtsmerkmale. Die Inaktivierung erfolgt vorwiegend in der Leber durch Reduktion zu Pregnandiol, Pregnenolon und Allopregnandiol, die nach einer UDP-Glucurosyltransferase-Reaktion als Diglucuronide im Urin ausgeschieden werden. ↗Menstruationszyklus (B), T Hormone. [Zungenspitze] ↗Bandwürmer.

Proglottiden [Mz.; v. gr. proglōssis =

prognath [v. *pro-, gr. gnathos = Kiefer], 1) vorgestreckte Mund- bzw. Kieferpartie. 2) Bez. für die bes. bei fossilen Menschen ausgeprägte schnauzenartig vorspringende schräge Zahnstellung. 3) Kopfstellung bei ↗Insekten, bei der Mundöffnung u. Mundteile nach vorn gerichtet sind. ↗orthognath, ↗hypognath, ↗hypergnath.

Progoneata [Mz.; v. *pro-, gr. goneia = Zeugung], Gruppe der *Myriapoda* (↗Tausendfüßer), die ihre Geschlechtsöffnung in den vorderen Rumpfbereich verlagert haben. Hierher gehören die ↗*Symphyla* mit unpaarer Öffnung zw. dem 3. und 4. Rumpfsegment u. die ↗*Dignatha* (= Doppelfüßer u. Wenigfüßer) mit paariger Genitalöffnung zw. dem 2. und 3. Rumpfsegment.

Progression *w* [v. lat. progressio = Fortschritt, Steigerung], die Artumwandlung; ↗Artbildung.

Progymnospermen [Mz.; v. *pro-, gr. gymnospermos = nacktsamig], Gruppe fossiler Pflanzen des Mitteldevons bis Unterkarbons, charakterisiert durch Sporen-Reproduktion u. Gymnospermen-ähnliches Sekundärholz. Sie werden meist als Kl. *Progymnospermopsida* zu den ↗Farnpflanzen gestellt, z. T. aber auch als eigene Abt. *Progymnospermophyta* geführt. „Entdeckt" wurden die P. erst 1960, als C. B. Beck zeigen konnte, daß der farnartige Beblätterungstyp *Archaeopteris* und der koniferenähnl. Stammbautyp *Callixylon,* die beide schon seit langem bekannt waren, zu *einer* Pflanze gehören. Seither wurde

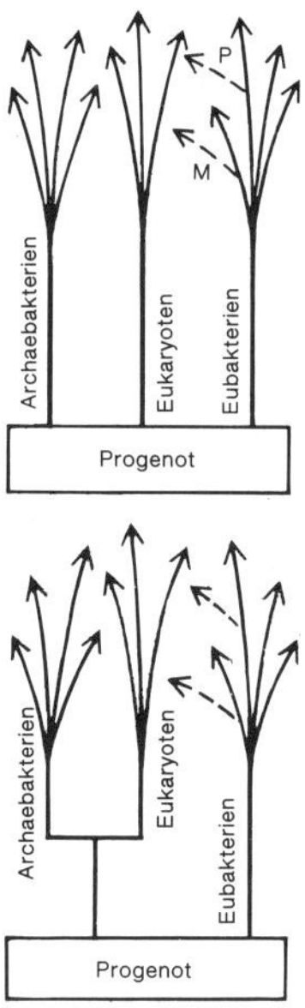

Progenot

2 Modelle über die phylogenet. Beziehung zw. Archaebakterien, Eubakterien u. Eukaryoten. – Neuerdings wird v. einigen Forschern der bisherige Zweig der schwefelabhängigen Archaebakterien (z. B. *Thermofilum, Sulfolobus, Thermoplasma*) einem eigenen Reich zugeordnet u. als „Eocyten" bezeichnet. Diese (noch umstrittene) Abtrennung erfolgt aufgrund übereinstimmender molekularer Merkmale, bes. der Form der Ribosomen, die denen der Eukaryoten sehr ähnlich sind. M Mitochondrien, P Plastiden (↗Endosymbiontenhypothese)

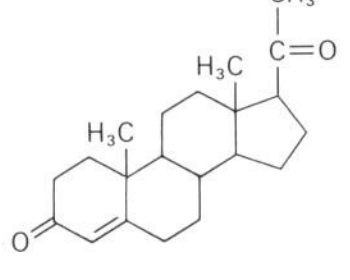

Progesteron

pro- [v. gr./lat. pro, pro- = vor (zeitl. und räuml.), für, anstatt].

für viele Formen die Zugehörigkeit zu den P. nachgewiesen, so daß diese Gruppe heute 3 Ord. umfaßt. Die im Mitteldevon (Eifelium, [T] Devon) auftretenden *Aneurophytales* umfassen die ältesten u. ursprünglichsten Vertreter. Es sind baum- oder strauchartige Formen, deren dreidimensional verzweigte Äste als Endverzweigungen kurze, dichotom gegabelte Telome tragen. Sie besitzen eine 3- bis 4armige Aktinostele mit mesarchem Protoxylem; das Sekundärholz weist z.T. Hoftüpfel u. Markstrahlen auf. *Aneurophyton* besaß wahrscheinl. einen bis 12 m hohen unverzweigten Stamm; die in einem Schopf angeordneten Astsysteme trugen 1- bis 2fach dichotom gegabelte sterile Telome u. einfach gegabelte, leierartige Sporangiophore mit einseitig angeordneten, spindelförm. Sporangien. *Protopteridium* (= *Rellimia;* Mitteldevon [Givetium]) ist durch fiedrig geteilte, einseitswendig eingerollte Sporangiophore gekennzeichnet, besitzt wie *Aneurophyton* eine 3armige Aktinostele u. war vermutl. strauchig. Bei *Tetraxylopteris* (oberes Mitteldevon [Givetium] bis unteres Oberdevon [Frasnium]) ist die Aktinostele 4armig, u. die Äste zeigen eine charakteristisch dekussierte Verzweigung. – Innerhalb der Ord. *Archaeopteridales* stellt *Archaeopteris* die wichtigste Gatt. dar. Diese oberdevonische Form bildete bis 20 m hohe Bäume u. erreichte Stammdurchmesser von mindestens 1,5 m. Hier treten auch, im Ggs. zu den *Aneurophytales,* echte Blätter auf. Diese sind mehr od. weniger keilförmig, gabeladerig und z.T. sehr tief geschlitzt, so daß ihre Herkunft aus einem Telomstand durch Planation u. Verwachsung (↗Telomtheorie) noch deutl. erkennbar ist. Die Blätter sitzen schraubig, tetrastich od. distich an den Zweigen letzter Ord., sind aber oft wie Fiederblättchen in einer Ebene ausgebreitet. Da auch die Zweige letzter Ord. zweizeilig (u. damit in einer Ebene) stehen, wird der Eindruck eines 2fach gefiederten Wedelblattes erweckt, wobei aber tatsächl. ein Zweigsystem vorliegt. Die fertilen „Blätter" sitzen zw. den sterilen u. bestehen aus mehrfach dichotom gegabelten Achsen, die adaxial 1 oder 2 Reihen spindelförm. Sporangien tragen u. in ihrem distalen Bereich steril bleiben. Für mindestens 2 Arten ist Heterosporie nachgewiesen; vielleicht gehören zu bestimmten *Archaeopteris*-Arten aber auch einige der aus dem Devon bekannten Samen *(↗ Archaeosperma).* Die Achsen v. *Archaeopteris* zeigen den *Callixylon*-Bautyp u. gleichen weitgehend dem Koniferen-Holz (□ Holz): Ein zentrales Mark ist von zahlr. Leitbündeln mit mesarchem Protoxylem (bei Koniferen: endarch) umgeben, an die sich ein mächt. Sekundärholzzylinder anschließt. Die Tracheiden besitzen Hoftüpfel, die bereits Ansätze zur Entwicklung eines Torus erkennen lassen. Weitere wichtige Gatt. der *Archaeopteridales* sind *Svalbardia* u. *Actinoxylon* (beide bereits aus dem oberen Mitteldevon [Givetium] bekannt). Allerdings repräsentiert ein Teil der unter diesen Namen beschriebenen Formen vielleicht nur ontogenet. Stadien von *Archaeopteris.* Nur sehr wenig ist über die Ord. *Protopityales* bekannt, die nur die unterkarbonische Gatt. *Protopitys* umfaßt. Es waren vermutl. kleine Bäume mit bis zu 45 cm dicken Stämmen. Diese besitzen ein zentrales Mark, das v. einem unregelmäßigen Metaxylem mit zweiseitig opponierend angeordneten, endarchen Protoxylemsträngen umgeben ist. Das Sekundärholz ist koniferoid, die Tracheiden besitzen runde Hoftüpfel. Die fertilen Organe gleichen denen v. *Protopteridium;* wahrscheinl. war die Gatt. aber heterospor. – Phylogenetisch gelten die P. als „connecting link" zw. den Psilophyten (↗Urfarne) u. den Gymnospermen (↗Nacktsamer). Vermutlich entwickelten sich aus *Trimerophyton*-ähnlichen Psilophyten zunächst die *Aneurophytales* u. aus diesen schließl. die *Archaeopteridales* (über den Anschluß der *Protopityales* besteht noch Unklarheit). Entspr. lassen sich die entscheidenden Neuentwicklungen der *Archaeopteridales* (Blätter, Heterosporie u. Eustele, diese allerdings mit leicht mesarchem Protoxylem) gut auf die Verhältnisse bei den *Aneurophytales* zurückführen. Dabei ist die Entstehung der *Archaeopteris*-Eustele durch Aufgliederung einer *Aneurophytales*-ähnlichen Aktinostele auch durch ontogenet. Studien an *Archaeopteris* belegt. Die Blattmorphologie u. die Stammanatomie der *Archaeopteridales* sprechen dafür, daß sich aus diesen die *↗ Coniferophytina* entwickelten. Allerdings fehlt allen P. die für die heutigen Samenpflanzen charakterist. axilläre Verzweigung. Darüber hinaus deutet einiges darauf hin, daß die *↗ Cycadophytina* unmittelbar aus den *Aneurophytales* hervorgingen. Das typische Cycadeen-Wedelblatt *(↗ Cycadales)* könnte dabei durch zunehmende Planation v. *Aneurophytales*-ähnlichen Zweigsystemen entstanden sein.

Lit.: *Beck, C. B.:* The identity of Archaeopteris and Callixylon. Brittonia *12,* 351–368. 1960. *Beck, C. B.:* Current status of the Progymnospermopsida. Rev. Palaeobot. Palynol. *21,* 5–23. 1976. *Stewart, W. N.:* Palaeobotany and the evolution of plants. Cambridge 1983. *V. M.*

Prohibitine [Mz.; v. lat. prohibitus = verhindert], *Proinhibitine,* Pflanzenstoffe, die die Pflanze vor Krankheitserregern od. Tierfraß (Phytophagen) schützen; z.B. enthalten braunschalige Zwiebeln bestimmte Phenole, die einen Pilzbefall verhindern.

Prohormone [Mz.; v. *pro-, gr. hormōn = antreibend], in bestimmten Bildungsorganen gespeicherte Stoffe, die inaktive Vorstufen v. ↗Hormonen sind u. erst bei Bedarf in die biol. aktive Form umgesetzt werden.

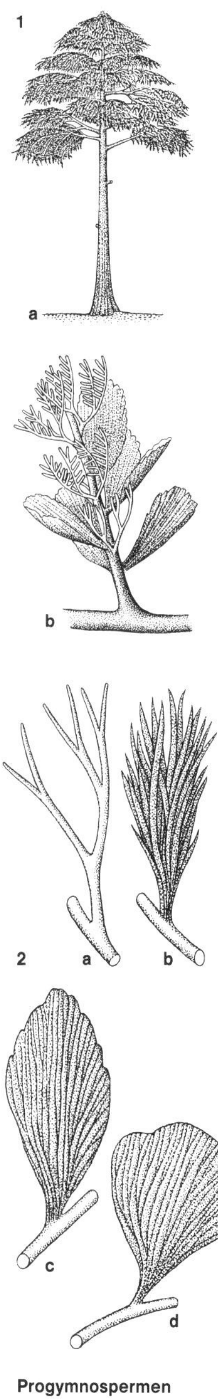

Progymnospermen

1a Wuchsform v. *Archaeopteris spec.,* **b** Zweig v. *Archaeopteris halliana* mit sterilen u. fertilen Blättern. **2** Vergleich verschiedener *Archaeopteris*-Arten, der deutl. macht, daß die Blätter durch Planation u. Verwachsung aus Telomen hervorgegangen sind: **a** *A. fissilis,* **b** *A. macilenta,* **c** *A. halliana,* **d** *A. obtusa*

pro- [v. gr./lat. pro, pro- = vor (zeitl. und räuml.), für, anstatt].

Prokambiumbündel [v. *pro-, lat. cambiare = wechseln], das ↗Initialbündel.

Prokaryoten [Mz.; v. *pro-, gr. karyōtos = nußförmig], *Prokaryonten,* morpholog. wenig differenzierte ↗Einzeller, deren Hauptmerkmal das Fehlen eines echten, v. einer ↗Membran umschlossenen ↗Zellkerns ist (↗Nucleoid). Die ↗ringförmige DNA liegt frei im Cytoplasma. Die ↗Ribosomen sind vom 70S-Typ (↗Eukaryoten: 80S-Typ). Die Zellen (↗Protocyte) sind wenig kompartimentiert (↗Kompartimentierung, ↗Bakterien), distinkte membranumschlossene Organelle nicht vorhanden. Die Geißeln (Flagellen, ↗Bakteriengeißel) sind prinzipiell anders strukturiert als bei Eukaryoten (↗Cilien). Meist enthalten die Zellwände (↗Bakterienzellwand) ↗Murein, das bei Eukaryoten nicht vorkommt. Zu den P. gehören die ↗Archaebakterien u. die ↗Eubakterien (↗Bakterien, ↗Cyanobakterien). ↗Eukaryoten (Spaltentext).

Prolactin *s* [v. *pro-, lat. lac = Milch], *lactogenes Hormon, Lactogen, Lactationshormon, Lactotropin, lactotropes Hormon, luteotropes Hormon, Luteotropin, luteomammotropes Hormon, Luteohormon, Galactin, Mammotropin,* Abk. *PRL, LTH,* nichtglandotropes Proteinhormon des Hypophysenvorderlappens ([T] Adenohypophyse) der Wirbeltiere u. des Menschen, das strukturell dem ↗Somatotropin u. dem menschl. Chorionsomatomammotropin (HCS) verwandt ist. Alle drei Hormone lassen sich wahrscheinl. auf eine gemeinsame Stammform zurückführen. Bei Knochenfischen dient P. zunächst der Osmoregulation u. ist damit wichtige Voraussetzung für die Einwanderung ins Süßwasser. Der erste durch P. stimulierte Brutpflegeeffekt ist v. Buntbarschen bekannt, die unter dem Einfluß des Hormons einen Nährschleim für die Jungtiere produzieren. Bei einigen Amphibien (z. B. Molchen) bewirkt P. eine zweite Metamorphose u. ermöglicht so nach erfolgter Geschlechtsreife den „Gang" vom Wasser aufs Land. Ein weiterer hormoninduzierter ↗Brutpflege-Effekt tritt bei Vögeln auf, wo P. die Abgabe der ↗Kropfmilch zum Füttern der Jungen, die Entwicklung der Brutfleckung u. das Brutpflegeverhalten stimuliert. Bei Säugern fördert es im wesentl. die ↗Milch-Produktion in den Brustdrüsen (↗Lactation). Eine luteotrope Wirkung auf Progesteron bildendes Gewebe (Corpora lutea) ist für Ratte, Maus u. Hamster nachgewiesen, für Primaten ist sie unwahrscheinlich. Der Serum-P.spiegel liegt bei Frauen etwa 1,5mal höher als bei Männern u. nimmt während der Schwangerschaft, Stillzeit u. unter Streß zu. Eine hohe P.-Konzentration ist im allg. von einem erniedrigten Gonadotropinspiegel (↗gonadotrope Hormone) begleitet, so daß die ↗Ovulation ausbleibt. – P.-Releasing-Hormon bzw. P.-Releasing-Inhibiting-Hormon aus dem ↗Hypothalamus ([T]) stimuliert bzw. hemmt die P.-Freisetzung (□ hypothalamisch-hypophysäres System). ↗Menstruationszyklus ([B]), [T] Hormone.

Prolagus *m* [v. *pro-, gr. lagōs = Hase], (Pomel 1853), *Prolagos, Anoema* (König 1825), † Gatt. in Europa bodenständ. Pfeifhasen (Fam. *Ochotonidae*) mit vollhypsodonten oberen u. unteren Praemolaren; letzte Molaren mit 3 „Prismen". *P.* ist Nachkomme des aquitanen *Piezodus.* Verbreitung: oberes Aquitan (Untermiozän) bis Pleistozän. Auf Korsika u. Sardinien überlebte der relativ große *P. sardus* mit grabender Lebensweise bis Ende des 18. Jh.s. Typus-Art ist *P. oeningensis* (König 1825).

Prolamellarkörper *m* [v. *pro-, lat. lamella = dünnes Blättchen], *Heitz-Leyon-Kristall,* tubuläre bis parakristalline Struktur, die typischerweise auf elektronenmikroskop. Bildern v. ↗Etioplasten zu erkennen ist. Die chem. Zusammensetzung der P. ist noch nicht eindeutig geklärt. Bei Belichtung der etiolierten Gewebe verschwinden die P. innerhalb weniger Stunden; aus den Prothylakoiden entstehen ebenso schnell durch massive Protein- u. Lipidsynthese funktionstüchtige Thylakoide. □ Plastiden.

Prolamine [Mz.], zus. mit den ↗Glutelinen im Getreide (↗Brotgetreide) vorkommende einfache Proteine, die reich an ↗Glutaminsäure u. ↗Prolin, aber arm an essentiellen Aminosäuren sind. Zu den P.n zählen das ↗*Gliadin* aus Weizen u. Roggen, das *Zein* aus Mais u. das *Hordein* aus Gerste. Die Backfähigkeit v. Weizen- u. Roggenmehl beruht auf dem gemeinsamen Vorhandensein v. Gliadin u. Glutelin, die zus. das Klebereiweiß (↗Gluten) bilden.

Prolane [Mz.; v. lat. proles = Nachkommenschaft], veraltete Sammelbez. für das ↗follikelstimulierende Hormon *(Prolan A)* u. das ↗luteinisierende Hormon *(Prolan B).*

Prolecanites *m* [v. *pro-, gr. lekanē = Schüssel], (Mojsisovics 1882), Gatt. † paläozoischer ↗*Ammonoidea* (□) mit diskoidalem weitgenabeltem, hochmündigem Gehäuse; ↗Lobenlinie goniatitisch; auf den Flanken außer dem Laterallobus noch mindestens 3 Umbilicalloben. Verbreitung: oberes Unterkarbon von W-Europa und N-Amerika.

Prolecithophora [Mz.; v. *pro-, gr. lekithos = Eidotter, -phoros = -tragend], Strudelwurm-Ord. mit 5 Fam. Kennzeichen: Pharynx plicatus, gerader Darm ohne Divertikel, männl. und weibl. Geschlechtsöffnung münden in gemeinsamem Atrium, Spermium aflagellat. Wichtigste Fam. ↗*Plagiostomidae.*

Prolepsis *w* [v. gr. prolēpsis = Vorwegnahme], Bez. für die vorzeitige Entfaltung eines Organs, z. B. bei den ↗Johannistrieben.

Proles *w* [lat., = Nachkommenschaft], wenig gebräuchl. Bez. in der Systematik für eine ökolog. u. geographisch gesonderte Gruppe v. Varietäten.

Proliferation *w* [v. lat. proles = Nachkommenschaft, -fer = -tragend], **1)** allg.: Vermehrung durch mitot. Teilung. **2)** Bot.: die ↗Durchwachsung. **3)** Medizin: Gewebewucherung durch Zellvermehrung, v.a. bei ↗Entzündung u. ↗Granulationsgewebe, auch Bez. für die Gewebsvermehrung des Endometriums (↗Menstruationszyklus). ↗Krebs.

Prolin *s, 2-Pyrrolidincarbonsäure,* Abk. *Pro* oder *P,* in fast allen Proteinen auftretende Aminosäure, die als einzige der 20 in Proteinen vorkommenden ↗Aminosäuren ([T], [B]) eine sekundäre, zyklische Aminogruppe enthält; diese bewirkt, daß an den P.-Positionen eines ↗Proteins helikale Strukturen unterbrochen werden (P. als sog. Helix-Unterbrecher) bzw. daß helikale Bereiche zu beiden Seiten eines P.-Rests räumlich voneinander unabhängig orientiert werden können. P. kommt u.a. in Kollagen, Casein u. Prolaminen vor; wird im menschl. Organismus aus Ornithin gebildet u. (über Glutaminsäure) zu α-Ketoglutarsäure abgebaut. ↗Hydroxyprolin.

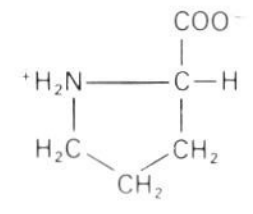

Prolin (zwitterionische Form)

Prolin-Hydroxylase *w,* Enzym, das bestimmte, in Proteinen wie ↗Kollagen enthaltene Prolin-Reste (jedoch nicht freies Prolin) zu Hydroxyprolin-Resten hydroxyliert. P.-H. benötigt bei dieser Reaktion molekularen Sauerstoff als Elektronenakzeptor sowie Fe^{3+} u. Ascorbinsäure als Cofaktoren.

Prolongation *w* [v. lat. prolongare = verlängern], *Anabolie,* Verlängerung der Embryonalentwicklung durch „Addition v. Endstadien" im Verlauf der Phylogenese. ↗Phänogenetik.

Promeristeme [Mz.; v. *pro-, gr. meristos = geteilt] ↗Bildungsgewebe.

Prometabola [Mz.; v. *pro-, gr. metabolē = Veränderung], Teilgruppe der ↗Palaeometabola innerhalb der Gruppe der hemimetabolen Insekten (↗Hemimetabola).

Promicrops *w* [v. *pro-, gr. mikros = klein, ōps = Auge], Gatt. der ↗Zackenbarsche.

Promiskuität *w* [v. lat. promiscuus = vermischt, gemeinschaftlich], Fortpflanzungssystem, bei dem die Geschlechter sich nur zur Begattung treffen u. keine sexuelle Bindung eingehen. Wenn promiskuide ♀♀ mehrere Kopulationen dulden, können diese v. verschiedenen ♂♂ vollzogen werden. Die Grenze zur ↗Polygamie ist fließend, da oft schwer entscheidbar ist, inwieweit individuelle Bindungen bei der Begattung mitspielen od. nicht. Mit dieser Einschränkung sind die großen Menschenaffen promiskuid, auch Vögel mit ↗Arenabalz, praktisch alle Lurche u. Reptilien sowie viele Fischarten. Wie bei Polygamie zeigen auch Arten mit P. meist einen ausgeprägten ↗Sexualdimorphismus.

Promotor *m* [lat., = Vermehrer], **1)** engl. *Promoter,* derjenige DNA-Bereich eines Gens, durch den der Initiationspunkt u. die Initiationshäufigkeit der ↗Transkription (RNA-Synthese) festgelegt werden. P.en müssen allg. im Zusammenspiel mit Proteinen (sog. Transkriptionsfaktoren; bei Prokaryoten spielt z.T. der CAP-cAMP-Komplex eine solche Rolle; ↗cAMP bindendes Protein) eine Wechselwirkung zwischen ↗RNA-Polymerase und der Kontrollregion von Genen zustandebringen. Prokaryot. P.en (□ 18) enthalten als Signalstrukturen eine ↗*Erkennungsstelle* etwa an Position -35 (-35-Region; *Consensus-Sequenz:* TTGACA) u. eine ↗*Bindestelle* etwa an Position -10 (die sog. *Pribnow-Box;* Consensus-Sequenz: TATAATG) vor der eigtl. Startstelle für DNA-abhängige RNA-Polymerase (wird i.d.R. als +1 bezeichnet) [↗Lactose-Operon (□), ↗Galactose-Operon (□)]. Bei Eukaryoten müssen mindestens 3 verschiedene P.-Typen unterschieden werden, die v. den 3 jeweils für die Synthese von m-RNA, r-RNA und t-RNA unterschiedl. RNA-Polymerasen als Signalstrukturen erkannt werden. Am besten charakterisiert ist der P. für die Transkription v. Protein-Genen (Bildung von m-RNA durch RNA-Polymerase II (B)): er besteht aus einer sog. *CAAT-Box* etwa zw. Position -70 und -80 vor der Transkriptionsstartstelle („Cap-Bindungsstelle" = Position, die durch ↗Capping modifiziert wird) sowie der sog. *Goldberg-Hogness-Box* (TATA-Box; Consensus-Sequenz: TATA$^{A}_{T}$A$^{A}_{T}$) etwa an Position -25. Die CAAT-Box steuert die Effizienz der Transkription, während die Goldberg-Hogness-Box den exakten Startpunkt der Transkription festlegt. Als weitere Signale, die die Effizienz der Transkription v. Protein-Genen steigern können, wurden sogenannte *enhancer*-Elemente gefunden. Bei diesen handelt es sich um kurze DNA-Abschnitte, die bis zu etwa 2000 Basenpaare v. der eigtl. Transkriptionsstartstelle entfernt liegen können (5'- od. 3'-terminal); ihre Wirkung hängt nicht v. der Orientierung zur Transkriptionsorientierung der betreffenden Gene ab. Die von RNA-Polymerase III erkannten P.en (Transkription von t-RNA- und 5Sr-RNA-Genen) enthalten neben 5'-terminal zur eigtl. Startstelle liegenden Signalsequenzen auch innerhalb des Strukturgens lokalisierte essentielle DNA-Abschnitte. □ 18, [B] Genregulation. **2)** ↗Tumorpromotoren.

Promycel *s* [v. *pro-, gr. mykēs = Pilz], [↗Brandpilze.

Pronation *w* [v. lat. pronus = vorgeneigt, schräg], Einwärtsdrehung der Extremitäten bzw. überkreuzte Stellung *(P.sstellung)* v. Elle (Ulna) u. Speiche (Radius). Die P. wird erreicht durch eine nur den Säugern u. einigen Reptilien mögl. Drehbewegung des ↗Zeugopodiums (Unterarm) um seine Längsachse. Dabei wird die Hand, die selbst nicht gg. den Unterarm drehbar ist, vom Radius mitgedreht, die Handfläche

pro- [v. gr./lat. pro, pro- = vor (zeitl. und räuml.), für, anstatt].

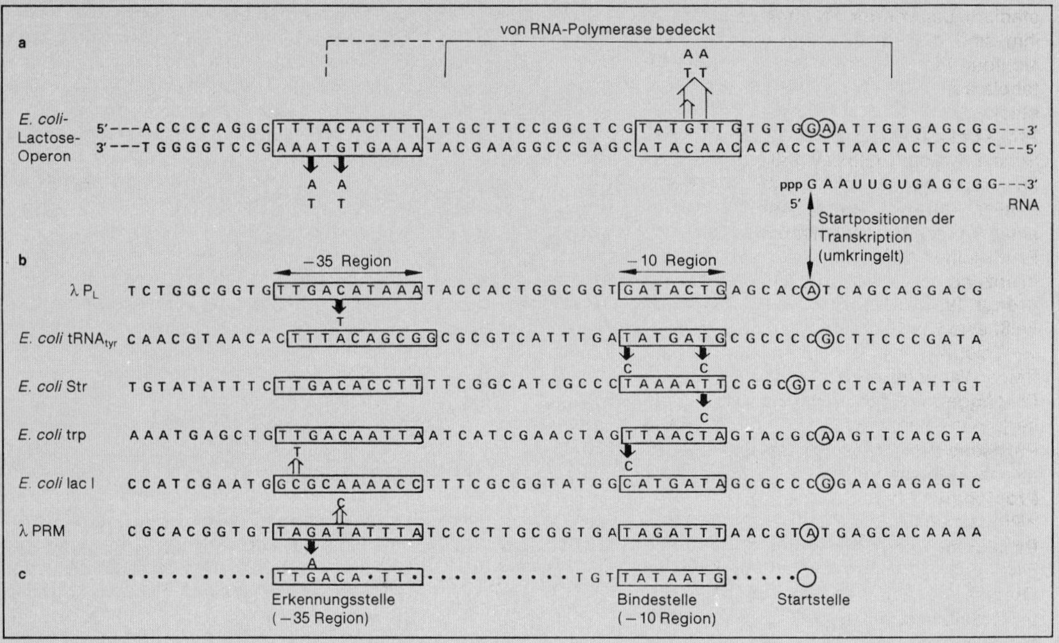

1

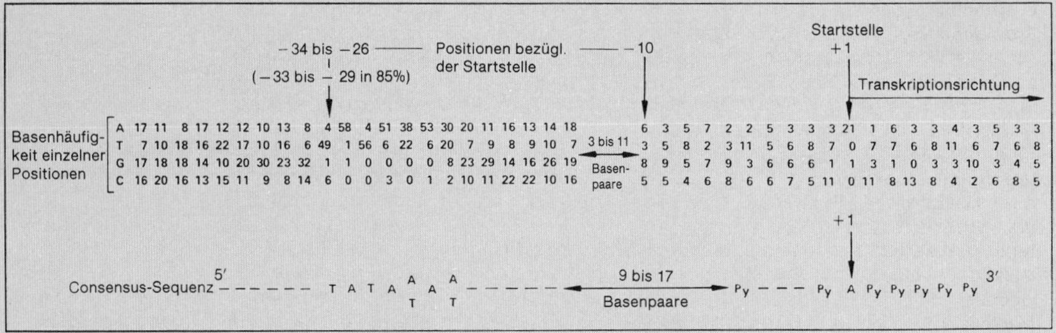

A	17	11	8	17	12	12	10	13	8	4	58	4	51	38	53	30	20	11	16	13	14	18	6	3	5	7	2	2	5	3	3	3	21	1	6	3	3	4	3	5	3	3
T	7	10	18	16	22	17	10	16	6	49	1	56	6	22	6	20	7	9	8	9	10	7	3	5	8	2	3	11	5	6	8	7	0	7	7	6	8	11	6	7	6	8
G	17	18	18	14	10	20	30	23	32	1	1	0	0	0	0	8	23	29	14	16	26	19	8	9	5	7	9	3	6	6	6	1	1	3	1	0	3	3	10	3	4	5
C	16	20	16	13	15	11	9	8	14	6	0	0	3	0	1	2	10	11	22	22	10	16	5	5	4	6	8	6	6	7	5	11	0	11	8	13	8	4	2	6	8	5

2

1 Sequenzen *prokaryot. Promotoren:*

a Promotor des *E. coli*-Lactose-Operons. Beide DNA-Stränge (RNA-ähnlicher Strang oben, codogener Strang unten) sowie der 5'-terminale Teil der entstehenden RNA sind dargestellt.

b Weitere Promotoren aus dem Genom des Lambda-Phagen bzw. von *E. coli.* Nur die RNA-ähnlichen DNA-Stränge sind aufgeführt. Promotor-verstärkende Mutationen sind durch offene, nach oben gerichtete Pfeile markiert, Promotor-schwächende Mutationen durch geschlossene, nach unten weisende Pfeile.
λ P_L = linker Promotor der Transkriptionskontrollregion des Lambda-Phagen; *E. coli* t-RNA_{tyr} = Promotor des t-RNA_{tyr}-Gens aus *E. coli; E. coli* Str = Promotor des Streptomycin-Resistenz-Gens aus *E. coli; E. coli* trp = Promotor des Tryptophan-Operons aus *E. coli; E. coli* lac I = Promotor des Repressors für das Lactose-Operon in *E. coli;* λ PRM = „Maintenance"-Promotor des CI-Gens in der Transkriptionskontrollregion des ↗Lambda-Phagen (□).

c Consensus-Sequenzen v. Erkennungs- u. Bindestellen. Dabei wurden alle bekannten Promotor-Sequenzen (nicht nur die in **a** und **b** aufgeführten) berücksichtigt.

2 Nucleotidhäufigkeiten u. Consensus-Sequenz *eukaryot. Promotoren.* Die Angaben beziehen sich auf den RNA-ähnlichen DNA-Strang; Py steht für Cytosin od. Thymin.

pro- [v. gr./lat. pro, pro- = vor (zeitl. und räuml.), für, anstatt].

propion- [v. gr. pro = vor, piōn = fett].

zeigt dann nach innen, der Daumen nach einwärts. Das ↗Ellbogengelenk gibt dem Radius einen Bewegungsspielraum, so daß eine Drehung um die Ulna möglich ist. Die P. ist wichtig für Handbewegungen bes. bei baumlebenden Arten. Bei bodenlebenden Arten ist diese Beweglichkeit dagegen stark eingeschränkt, mitunter sind Ulna u. Radius sogar proximal verwachsen. Das Ellbogengelenk ist dann ein reines Scharniergelenk. Ggs.: ↗Supination.

Pronephros *m* [v. *pro-, gr. nephros = Niere], die ↗Vorniere; ↗Nierenentwicklung (□).

Pronotum *s* [v. gr. nōton = Rücken], der ↗Halsschild.

Pronucleus *m* [v. *pro-, lat. nucleus = Kern], *Vorkern,* der haploide Kern der reifen Eizelle (♀ P.) bzw. der Spermakern (♂ P.); oft wird von P. erst nach der Besamung (↗Plasmogamie) gesprochen. ↗Synkaryon, ↗Karyogamie; □ Befruchtung.

Pronymphe *w* [v. *pro-, gr. nymphē = Mädchen, Nymphe], bei den ↗Hemimetabola unter den Insekten dasjenige Jugendstadium, das vor der ↗Nymphe auftritt; bei ihm sind die Flügelanlagen schon leicht sichtbar. Eine P. tritt v. a. bei den ↗Neometabola auf (z. B. Fransenflügler, 3. Larvenstadium).

Proostrakum *s* [v. *pro-, gr. ostrakon = Schale, Kruste], (Huxley 1864), zungenartig vorspringender Teil des Innenskeletts v. ↗Belemniten (□); entspr. der Dorsalwand einer Ammoniten-Wohnkammer.

Propagation *w* [v. lat. propagatio = Fortpflanzung], Fortpflanzung u. Vermehrung.

propar [v. *pro-, gr. pareia = Wange], heißt eine Gesichtsnaht (↗Häutungsnähte) v. ↗Trilobiten, die dorsal am Außenrand der freien Wange(n) endet.

Prophage *m* [v. *pro-, gr. phagos = Fresser], ↗Bakteriophagen.

Prophase *w* [v. *pro-], Phase von ↗Mitose (B) u. ↗Meiose (B).

Propionate [Mz.], die Salze u. Ester der ↗Propionsäure.

Propionibacteriaceae [Mz.; v. *propion-], Fam. der ↗„Actinomyceten u. verwandte Organismen" mit den Gatt. ↗*Eubacterium* u. *Propionibacterium* (↗Propionsäurebakterien).

Propionibacterium *s*, die ↗Propionsäurebakterien.

Propionsäure, *Propansäure, Äthancarbonsäure*, CH_3-CH_2-COOH, eine ungeradzahlige ↗Fettsäure (T), die in Form ihrer Salze bzw. Ester *(Propionate)* in manchen Pflanzen u. als Gärungsprodukt (↗P.gärung) der ↗P.bakterien vorkommt.

Propionsäurebakterien, *Propionibacterium*, Gattung der ↗*Propionibacteriaceae*, grampositive, sporenlose, unbewegl. Bakterien, anaerob bis mikro-aerotolerant (Katalase vorhanden). Im Energiestoffwechsel werden Zucker u. Säuren (auch Milchsäure) in der ↗Propionsäuregärung abgebaut; Hauptendprodukte sind Propion-, Essigsäure u. Kohlendioxid. Zum Wachstum benötigen sie Vitamine (z. B. Pantothensäure u. Biotin). Die „klassischen P." wurden anfangs aus Milchprodukten isoliert; zuerst Emmentaler Käse (Freudenreich u. Orla-Jensen, 1906: *P. freudenreichii*); sie finden sich auch in Darm, Pansen (↗Pansensymbiose) u. Silage, aber kaum im Boden. „P. der Haut" oder „die anaeroben Coryneforme" (↗Coryneforme Bakterien) besiedeln Haut (in der Nähe v. Talgdrüsen u. feuchte Stellen), im Mundbereich u. Genitalbereich der Frau. P. sind für Hautrötungen u. Entzündungen verantwortlich. Die Rolle v. *P. acnes (P. akne)* und *P. granulosum* bei ↗Akne ist noch unklar; wahrscheinl. entstehen die typischen Akne-Haarfollikelentzündungen nur in Mischinfektion mit *Staphylococcus*-Arten (z. B. *S. epidermidis*). Bei der Herstellung bestimmter ↗Käse-Sorten (z. B. Emmentaler) werden P. (z. B. *P. freudenreichii*) zur Aromabildung (Propionsäure u. Prolin) u. Lochbildung (CO_2) eingesetzt; in die Käsemilch gelangen sie durch das ↗Labferment od. (heute vorwiegend) durch Beimpfen mit gezüchteten Starterkulturen. In der Biotechnologie werden P. zur Gewinnung v. Vitamin B_{12} verwendet.

Propionsäuregärung, anaerober Energiestoffwechsel v. Bakterien, in dem beim Abbau v. Zuckern, Alkoholen, Säuren u. a. Substraten als Endprodukt Propionat entsteht (↗Gärung). Propionat kann in 2 unterschiedl. Stoffwechselwegen gebildet werden: 1. dem *Methylmalonyl-CoA-Weg (Succinat-Propionat-Weg)* der ↗Propionsäurebakterien (auch bei *Veillonella alcalescens* u. *Selenomonas ruminantium)* mit ↗Methylmalonyl-Coenzym A als Zwischenprodukt und 2. dem ↗*Acrylat-Weg (Acryloyl-Weg).*

Propionyl-Carboxylase *w*, *Propionyl-CoA-Carboxylase*, Enzym, das beim Abbau ungeradzahliger ↗Fettsäuren die ATP-abhängige Reaktion v. ↗Propionyl-CoA und CO_2 zu Methylmalonyl-CoA katalysiert, wobei Biotin als Coenzym wirkt.

Propionyl-CoA, *Propionyl-Coenzym A*, Abbauprodukt ungeradzahliger ↗Fettsäuren (↗Propionyl-Carboxylase) u. der Aminosäuren Methionin u. Isoleucin. P.-CoA ist analog Acetyl-CoA (□ Acetyl-Coenzym A)

Propionsäurebakterien

Einige Arten der P. *(Propionibacterium)*

„Klassische P."
P. freudenreichii
P. jensenii
P. acidi-propionici

„P. der Haut"
P. acnes
P. avidum
P. granulosum

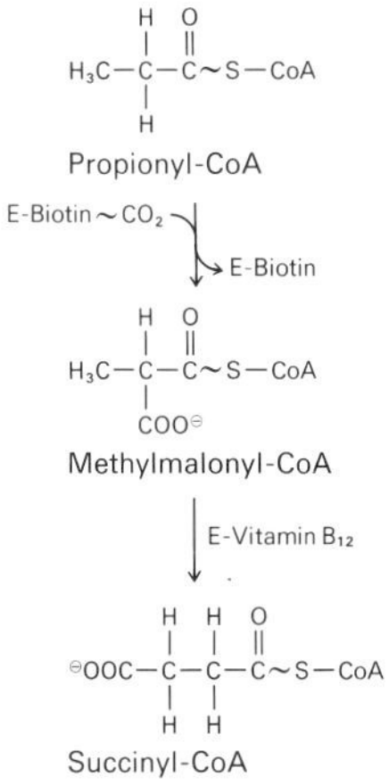

Propionyl-Carboxylase

Carboxylierung von *Propionyl-CoA* zu *Methylmalonyl-CoA* und Isomerisierung zu *Succinyl-CoA*.; letzteres kann über den ↗Citratzyklus weiter abgebaut werden. E symbolisiert die Enzyme der jeweiligen Teilschritte.

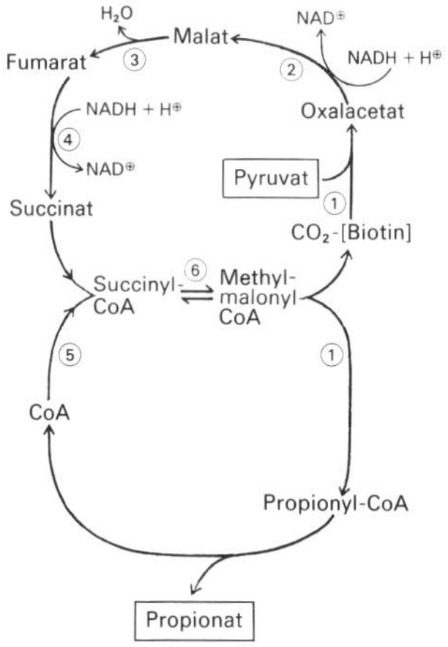

Propionsäuregärung

P. durch Propionsäurebakterien (Bildung v. Propionsäure im Methylmalonyl-CoA-Weg):

Zucker (z. B. Glucose) werden in der Glykolyse bis zum Pyruvat abgebaut (Pyruvat kann auch durch Dehydrogenierung aus Milchsäure entstehen [Lactat-Dehydrogenase]). Ein Teil des Pyruvats wird anschließend unter Decarboxylierung u. ATP-Gewinn zu Acetat umgewandelt, der andere Teil bis zum Propionat (Propionsäure) reduziert: Zuerst wird Pyruvat unter Beteiligung eines Biotin-Kohlendioxid-Komplexes zu Oxalacetat carboxyliert, dann über Malat und Fumarat zu Succinat reduziert; der letzte Schritt ist mit einer ATP-Bildung in einer oxidativen Phosphorylierung verbunden (↗Fumaratatmung). Succinat wird durch eine Transferase (unter Beteiligung eines B_{12}-Coenzyms) in das CoA-Derivat (Succinyl-CoA) überführt, das in Methylmalonyl-CoA umgewandelt wird. Aus diesem Zwischenprodukt entsteht Propionyl-CoA durch Abspaltung von CO_2, das in gebundener Form zu weiteren Carboxylierungen verwendet wird. Aus Propionyl-CoA entsteht das Endprodukt Propionat nach Übertragung von CoA auf Succinat.

Beteiligte Enzyme:
① Methylmalonyl-CoA-Carboxytransferase
② Malat-Dehydrogenase
③ Fumarase
④ Fumarat-Reductase (ATP-Bildung)
⑤ CoA-Transferase
⑥ Methylmalonyl-CoA-Mutase

aufgebaut, enthält jedoch einen Propionsäure-Rest (= Propionyl-Rest) anstelle des Acetyl-Restes.

Proplastiden [Mz.; v. *pro-, gr. plastos = geformt], wenig differenzierte, farblose ↗Plastiden meristemat. Zellen; sie sind sehr klein (ca. 1 µm) u. enthalten wenig interne Strukturen. Auch die Plastiden heterotropher pflanzl. Zellkulturen werden häufig als P. bezeichnet; da diese Zellen jedoch keine meristemat. Zellen darstellen, sind deren oft stärkehalt. Plastiden den ↗Leukoplasten zuzuordnen. ☐ Plastiden.

Propliopithecus *m* [v. *pro-, ↗*Pliopithecus*], fossile Gatt. der ↗*Hominoidea* aus dem Oligozän der Oase Fayum bei Kairo, ca. 30–35 Mill. Jahre alt; basiert auf einem 1908 gefundenen Unterkiefer, dessen hintere Backenzähne bereits ein frühes ↗Dryopithecusmuster (☐) erkennen lassen.

propneustisch [v. *pro-, gr. pneustikos = atmend], Bez. für solche Jugendstadien v. Insekten *(Propneustia)*, bei denen nur das mesothorakale, meist in den Bereich des Prothorax verschobene Stigma zur Atmung offen ist; so bei einigen Dipteren-Puppen, die im Wasser leben. ↗Hemipneustia (T).

Propodeum *s* [v. gr. podes = Füße], [das ↗Mittelsegment.

Propodien [Mz.; v. *pro-, gr. podion = Füßchen], die Vorderbeine am Thorax der ↗Insekten.

Propodosoma *s* [v. *pro-, gr. pous = Fuß, sōma = Körper], Körperteil der ↗Milben.

Propolis *m*, das ↗Kittharz.

Proportion *w* [v. lat. proportio = Ebenmaß], das Verhältnis einzelner Größen zueinander; in der Biol. z.B. das auf die Gesamt-↗Gestalt bezogene, planmäßige Verhältnis der Körperteile zueinander u. zum Ganzen. ↗Allometrie, ↗Allensche Proportionsregel, ↗Körpergröße, ↗Biomechanik; ☐ Kind.

Proportionsregel [v. lat. proportio = Ebenmaß], die ↗Allensche Proportionsregel.

Propriorezeptoren [v. lat. proprius = eigen, receptor = Empfänger], *Interorezeptoren, Interozeptoren,* Bez. für im Organismus bzw. in Organen gelegene Rezeptoren (↗Mechanorezeptoren), die auf Zustandsänderungen innerhalb des Organismus bzw. in den Organen (↗Kinästhesie) reagieren. Ggs.: ↗Exterozeptoren.

Pro-Proteine [Mz.; v. *pro-] ↗Prä-Pro-Proteine (☐).

Propupa *w* [v. *pro-, lat. pupa = Puppe], *Semipupa, Vorpuppe,* Bez. für das vor der ↗Puppe liegende Larvenstadium der holometabolen Insekten (↗Holometabola), das kurz vor der Puppenhäutung steht; hier sind durch die dann oft transparente Cuticula bereits die Puppenmerkmale sichtbar.

Prorhynchidae [Mz.; v. *pro-, gr. rhygchos = Rüssel], Strudelwurm-Fam. der ↗*Lecithoepitheliata. Prorhynchus stagnalis* ist bis 6 mm lang u. fadenförmig; Geschlechtsgang mündet mit einem muskulösen, mit Stilett versehenen Penisbulbus in die Pharyngealtasche; keine Rhabditen, jedoch viele Schleimdrüsen; am Schwanzende Klebzellen zum Festheften. Kosmopolitisch im Schlamm stehender u. fließender Gewässer lebend.

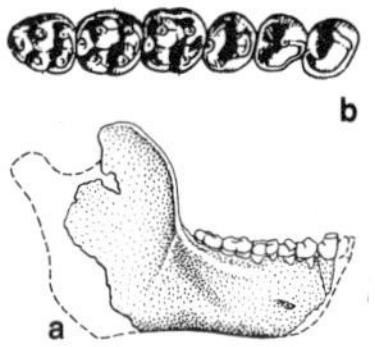

Propliopithecus

a Unterkiefer in Seitenansicht; **b** Backenzahnreihe, v. der Kaufläche her gesehen

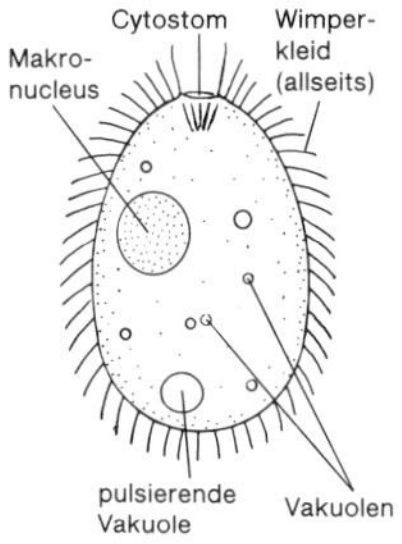

Prorodon

Proseriata

Wichtige Familien:
Bothrioplanidae
↗*Monocelididae*
Otoplanidae
↗*Polystyliphoridae*

pro- [v. gr./lat. pro, pro- = vor (zeitl. und räuml.), für, anstatt].

proso- [v. gr. prosō = nach vorn hin, vorn].

Prorocentrum *s* [v. gr. prōra = Bug, kentron = Stachel], Gatt. der ↗*Desmophyceae; P. micans* kann durch Massenauftreten rote Vegetationsfärbung (↗red tide) verursachen; beteiligt am Meeresleuchten.

Prorodon *m* [v. gr. prōra = Bug, odōn = Zahn], artenreiche Gatt. der ↗*Gymnostomata,* Wimpertierchen mit eiförm. Körper (bis 200 µm groß) u. kompliziert gebauten Reusenapparaten am Zellmund. *P. teres* lebt in Faulschlamm, Brackwasser u. Salinen v. Diatomeen, Bakterien u. Aas.

Prosencephalon *s* [v. *proso-, gr. egkephalon = Hirn], das *Vorderhirn* der Wirbeltiere; ☐ Gehirn.

prosenchymatisch [v. *proso-, gr. egchyma = Eingegossenes], ↗Grundgewebe.

Proseptum *s* [v. *pro-, lat. saeptum = Scheidewand], septenartige Verdikkung(en) vor dem ↗Protoconch mancher ↗*Ammonoidea,* die H. K. Erben et al. (1969) als kontinuierl. Fortsetzung der dorsalen Protoconchwand erkannten.

Proseriata [Mz.; v. *pro-, lat. series = Reihe], Ord. der Strudelwürmer; Kennzeichen: Pharynx plicatus, unverzweigter Darm, paarige Dotterstöcke; rein marin; eine bekannte Gatt. ist *Coelogynopora.*

Prosicula *w* [v. *pro-, lat. sicula = kleiner Dolch], (Kraft 1923), der ontogenet. älteste embryonale Teil einer Graptolithen-↗Sicula; bildet einen transparenten, chitinigen Conus, der sich distal zuspitzt u. in einem der Anheftung dienenden Nema-Faden endet.

Prosimiae [Mz.; v. *pro-, lat. simia = Affe], [die ↗Halbaffen.

Prosipho *m* [v. *pro-, gr. siphōn = Röhre], (Munier-Chalmas 1873), der ↗Sipho des ↗Protoconchs v. ↗*Ammonoidea;* bildet eine häutige Röhre, die v. der Hinterwand des Protoconchs zur Hinterwand des ↗Caecums verläuft. [↗prochoanitisch.

prosiphonat [v. *pro-, gr. siphōn = Röhre]

Prosobranchia [Mz.; v. *proso-, gr. bragchia = Kiemen], die ↗Vorderkiemer.

Prosocephalon *s* [v. *proso-, gr. kephalē = Kopf], *Präantennalsegment,* das 1. Kopfsegment der ↗Gliederfüßer (T) mit der Oberlippe als Extremität u. dem Prosocerebrum als Gehirnteil. ↗Oberschlundganglion.

Prosocerebrum *s* [v. *proso-, lat. cerebrum = Gehirn], ↗Archicerebrum, ↗Oberschlundganglion.

Prosoma *s* [v. *pro-, gr. sōma = Körper], ↗Trimerie.

Prosopis *w* [v. gr. prosōpis = Braune Königskerze], Gatt. der ↗Hülsenfrüchtler.

Prosopis *w* [v. gr. prosōpis = kleine Maske], Gatt. der ↗Seidenbienen.

Prosopistomatidae [Mz.; v. gr. prosōpis = kleine Maske, stomata = Münder], Fam. der ↗Eintagsfliegen.

Prosopora [Mz.; v. *proso-, gr. poros = Pore], Ord. der Ringelwürmer (U.-Kl. *Oligochaeta*) mit den beiden Fam. ↗*Branchiobdellidae* u. ↗*Lumbriculidae;* entspr. den *Lumbriculida* neuerer Systeme. Kennzeichen: 1 bis 4 Paar Hoden, 1 bis 3 Paar Ovarien, männl. Genitalporen im selben Segment wie der Hoden od. im hintersten Hodensegment; Borsten zu je 4 Paaren pro Metamer.

Prosorhochmus *m* [v. *proso-, gr. rhōchmos = Riß, Spalt], Schnurwurm-Gatt. der ↗*Hoplonemertea.* (U.-Ord. ↗*Monostilifera*). *P. claparedi,* hermaphroditisch u. lebendgebärend.

prospektive Bedeutung [v. lat. prospectus = Aussicht], in der Entwicklungsbiol. die normale zukünftige Funktion (das normale Entwicklungsschicksal) eines Keimteils (Furchungszelle, Organanlage o. ä.). Der von H. ↗Driesch geprägte Begriff besagt nichts über den ↗Determinations-Zustand; der betreffende Teil kann zu ↗autonomer Differenzierung befähigt sein od. nicht.

prospektive Potenz [v. lat. prospectus = Aussicht, potentia = Fähigkeit], in der Entwicklungsbiol. nach H. ↗Driesch die Summe der *möglichen* zukünftigen Funktion(en), die ein Keimteil (Furchungszelle, Organanlage o. ä.) in der normalen od. experimentell abgeänderten Ontogenese erfüllen kann (Entwicklungsfähigkeit). Sie ist i. d. R. wesentlich größer als die ↗prospektive Bedeutung. Nur im Mosaikzustand (↗Mosaiktyp) ist die p. P. auf die prospektive Bedeutung eingeengt.

Prostacycline [Mz.; v. gr. prostatēs = Vorsteher, kyklos = Kreis], ↗Prostaglandine.

Prostaglandine [Mz.; v. gr. prostatēs = Vorsteher, lat. glans = Eichel], ↗Gewebshormone" (↗Hormone) verschiedener Struktur u. Funktion, die sich von hochungesättigten C_{20}-↗Fettsäuren herleiten (meist ↗Arachidonsäure-Abkömmlinge), im Tierreich generell u. in nahezu allen Geweben verbreitet u. neuerdings auch in Pflanzen gefunden worden sind. Sie wurden von U. S. v. ↗Euler-Chelpin in den dreißiger Jahren des Jh. erstmalig als Bestandteile der Samenflüssigkeit in den Samenblasen v. Schafen entdeckt, ihre Uterus-kontrahierende Wirkung beschrieben u. ihr Entstehungsort in der Prostata angenommen (Name!). In den Jahren 1957–59 gelang S. K. ↗Bergström die kristalline Darstellung zahlreicher P.; ihre Biosynthese wurde wiederum an Extrakten aus Schafs-Samenblasen 1964 aufgeklärt. – P. werden nur bei „Bedarf" lokal synthetisiert, wobei der erste Schritt in der Aktivierung einer Phospholipase besteht, die aus ubiquitär in die Zellwände eingebauten Phospholipiden Arachidonsäure (bzw. homologe C_{20}-Säuren) abspaltet. Die weitere Biosynthese ist an die *Prostaglandin-Synthetase* gebunden, einen Multienzymkomplex, dessen Bestandteil Cyclooxygenase die Bildung des für die P. typischen Fünfringes (Ringschluß zw. C_8 und C_{12} der Arachidonsäure) katalysiert; ferner werden 2 Moleküle Sauerstoff in das Grundgerüst eingeführt. Die von dem entstandenen Endoperoxid abgeleiteten P. besitzen generell 2 Doppelbindungen (Zweierreihe). Von der der Arachidonsäure homologen Dihomo-γ-Linolensäure (mit 3 statt 4 Doppelbindungen) ausgehend, werden P. mit 1 Doppelbindung synthetisiert (Einerreihe). Ebenso entstehen aus einer C_{20}-Säure mit 5 Doppelbindungen P. mit 3 Doppelbindungen (Dreierreihe). Innerhalb der Reihen unterscheiden sich die P. durch Anzahl u. Lage v. Hydroxyl- od. Ketogruppen sowie den Ort der Doppelbindungen. Schließl. katalysiert eine Lipoxygenase die Bildung v. ↗Leukotriene (□) aus Arachidonsäure. Generell – und dies gilt bes. für die Vorstufen – sind die P. sehr instabil (was für die lokal und zeitl. begrenzte Wirkung essentiell ist); alle Zwischenprodukte der Prostaglandinsynthese besitzen aber eigene pharmakolog. Eigenschaften. Entspr. der Vielfalt der so gebildeten Substanzen müssen verschiedene Wirkungen unterschieden werden (vgl. Tab.). P. wirken zum einen direkt (z. B. im Fall der Kontraktionsauslösung glatter Muskulatur), zum anderen (u. häufiger) als Hormon- u. Neurotransmitter-Modulatoren (↗Neuromodulatoren). Eine bes. Rolle, die die Wirkung der P. auf verschiedenste Zelltypen erklären kann, spielt dabei die Aktivierung (od. auch Hemmung) v. in die Zellwand integrierten

Prostaglandine

Wichtige Schritte der *Prostaglandinsynthese*

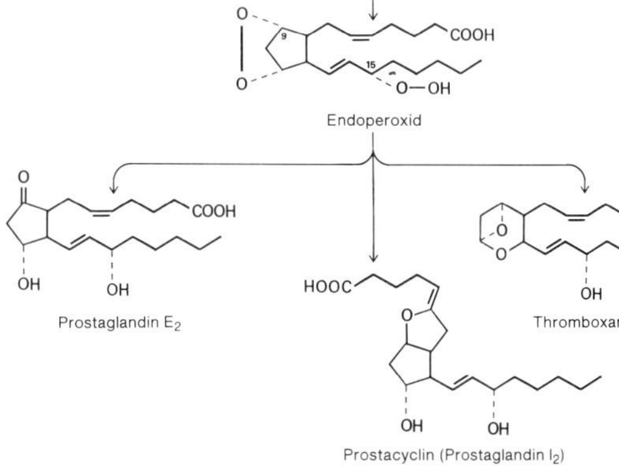

Prostaglandine

Einige Wirkungen der P.:

hemmend

Magensaftsekretion, Gelbkörperfunktion (Progesteronsekretion), allergische Prozesse, Erregungsübertragung an sympathischen Nervenendigungen, Fettmobilisierung im Fettgewebe, Blutplättchenaggregation

fördernd

Natriumausscheidung durch die Niere, Renin-Sekretion, Erregungsübertragung an sympathischen Nervenendigungen (speziell an Blutgefäßen), Blutplättchenaggregation, Hormonsekretion (STH, ACTH, TSH, LH, Thyroxin, Insulin, Glucocorticoide, Progesteron)

Gefäßwirkung

blutdrucksenkend (arteriell), blutdrucksteigernd (eher venös), Erhöhung der Kapillarpermeabilität, Drucksteigerung im Auge

Wirkung auf die Muskulatur

Vasokonstriktion, Kontraktion der Gefäßmuskulatur, Erschlaffung u. Kontraktion der Bronchialmuskulatur, Kontraktion der Darmmuskulatur, Erschlaffung u. Kontraktion des Uterus, Herzkontraktion pro- [v. gr./lat. pro, pro- = vor (zeitl. und räuml.), für, anstatt].

prot- [v. gr. prōtos = erster, vorderster, frühester, wichtigster].

↗Adenylat- od. Guanylat-Cyclasen. Sollte, was wahrscheinl. ist, das cAMP als Aktivator der entspr. Phospholipase wirken u. somit die Prostaglandinsynthese initiieren, so ließe sich die Wirkung der P. auf das Cyclase-System als positive od. negative Rückkoppelung beschreiben. Der Mechanismus der Wirkung auf die Cyclase ist noch nicht genau bekannt; es werden z.Z. die Beeinflussung der Ionenpermeabilität der Zellmembran, allosterische Effekte od. Erleichterung des Transports von Ca^{2+}-Ionen durch die Zellmembran diskutiert. Eine spezielle Gruppe der P., die *Prostacycline* u. *Thromboxane,* sind in den Vorgang der Blutgerinnung integriert. Prostacycline, die u.a. aus Endothelzellen freigesetzt werden, hemmen die Adhäsion u. Aggregation v. Blutplättchen; im Ggs. dazu fördern die Thromboxane die Blutgerinnung, indem sie aggregierend auf die Blutplättchen wirken. – Dank der vielfält. Wirkungen der P. ist häufig ihr therapeut. Einsatz bzw. die Beeinflussung ihrer Synthese erwogen worden. Erfolg hat dies beim Schwangerschaftsabbruch od. der Einleitung einer Geburt gehabt (Wehenauslösung durch P.); in der Behandlung v. Thrombosen könnte die Hemmung der Thromboxansynthese u. die Stimulation der Prostacyclinsynthese wichtig werden. Wahrscheinl. sind P., im Überschuß synthetisiert, an Entzündungsprozessen u. an der Schmerzauslösung beteiligt. Dies erklärt die schmerzlindernde u. fiebersenkende Funktion des Aspirins (Acetylsalicylsäure), eines wirksamen Cyclooxygenase- (u. damit Prostaglandinsynthese-)Hemmers. *K.-G. C.*

Prostata *w* [v. gr. prostatēs = Vorsteher], *Vorsteherdrüse,* eine ↗Geschlechtsdrüse der ♂ Säuger; genau genommen die Zusammenlagerung vieler einzelner *P.drüsen (Glandulae prostaticae).* Die P. liegt an der Einmündung der paarigen Samenleiter in die Harnröhre direkt unterhalb der Harnblase; sie ist paarig (beim Igel sogar 2 Paare) od. sekundär unpaar (bei Primaten). Beim Menschen (erwachsenen Mann) gleicht die P. in Größe u. Form einer Kastanie (☐ Geschlechtsorgane); sie besteht aus 30–50 tubuloalveolären Drüsen, die v. Bindegewebe u. glatter Muskulatur umhüllt sind. Die P. liefert den Hauptanteil der weißl. alkalischen Samenflüssigkeit (↗Sperma). – Ebenfalls als P. werden oft Anhangsdrüsen am Samenleiter (Vas deferens) v. Wirbellosen bezeichnet, v.a. bei Plathelminthen, Anneliden und Mollusken; sie sind jedoch nicht homolog, u. ihre Funktion kann über die Produktion v. Sperma hinausgehen; z.B. bildet die „P." der Kopffüßer die Hülle für die ↗Spermatophoren.

Prosternum *s* [v. *pro-, gr. sternon = Brust], der Sternit des 1. Thoraxsegments der ↗Insekten.

Prostheceraeus *m* [v. gr. prosthēkē = Zusatz, Anhang, keraios = gehörnt], Strudelwurm-Gatt. der ↗*Polycladida* (Fam. *Euryleptidae*); *P. vittatus,* 3 cm lang.

prosthekate Bakterien [v. gr. prosthēkē = Zusatz, Anhang], die ↗gestielten Bakterien.

prosthetische Gruppe [v. gr. prosthetos = hinzugefügt, angehängt], der niedermolekulare, nicht aus Aminosäuren aufgebaute Teil eines zusammengesetzten Proteins, wie z.B. die ↗Häm-Gruppe(n) der ↗Cytochrome u. ↗Hämoglobine. Vielfach sind p. G.n ident. mit ↗Coenzymen, sofern diese sehr fest an die entspr. ↗Apoenzyme gebunden sind.

Prostoma *s* [v. gr. prostomos = zugespitzt], *Stichostemma,* Schnurwurm-Gatt. der Ord. ↗*Hoplonemertea. P. graecense,* 10 mm lang, 3–4 mm breit; gelbrötlich; 6 Augen in 3 Paaren hintereinander; Zwitter; direkte Entwicklung innerhalb von 8–10 Tagen im Kokon; im Schlamm u. unter Steinen im Süßwasser, auch im Moos. *P. obscurum (= Prostomatella obscurum),* bis 3 cm lang; 4 Augen, graugrün mit längsverlaufenden grünen Streifen in der Rückenmittellinie; zwischen Algen u. im Schlamm in Gebieten geringen Salzgehalts, auch im Brackwasser; Ostsee.

Prostomatella *w* [v. gr. prostomos = zugespitzt], ↗Prostoma.

Prostomium *s* [v. gr. prostomion = Mündung], der vor bzw. über dem Mund gelegene *Kopflappen* der Ringel- u. Igelwürmer, geht aus der Episphäre der ↗Trochophora-Larve hervor u. enthält folgl. kein Coelom (Ausnahmen: *Scoloplos* u. *Serpula*), ist also kein echtes Segment (Metamer). Das P. kann sehr unterschiedl. gestaltet, aber auch zu kleinem Wulst od. Schild reduziert sein; trägt Augen und ggf. Nuchalorgane als Chemorezeptoren sowie ebenfalls Sinnesfunktionen erfüllende Paare längerer Antennen u. kürzerer Palpen. Oft ist auch ein unpaarer Occipitalanhang ausgebildet. Der dem P. homologe Körperabschnitt der Gliederfüßer wird als ↗*Akron* bezeichnet. ↗Archicephalon, ↗Archicerebrum, ↗Cephalisation. ☐ Polychaeta.

Prosutur *w* [v. *pro-, lat. sutura = Naht], ↗Lobenlinie (☐).

Protamine [Mz.; v. *prot-], stark basische, aus 30–80 Aminosäuren (hoher Gehalt an Arginin) aufgebaute Proteine, die in Spermien bes. von Fischen, Vögeln u. Weichtieren mit DNA assoziiert vorkommen. P. ersetzen in den Spermien die ↗Histone; ihre Funktion als Polykationen besteht wahrscheinl. darin, die bes. dichte Pakkung von DNA in den Spermien herbeizuführen.

Protandrie *w* [v. *prot-, gr. andres = Männer], die ↗Proterandrie.

Protanomalie *w* [v. *prot-, gr. anōmalia = Ungleichheit], ↗Farbenfehlsichtigkeit (☐); ↗Deuteranomalie.

Protanopie *w* [v. *prot-, gr. an- = nicht, ōpē = Blick], ↗Farbenfehlsichtigkeit (□); ↗Deuteranopie.

Protantheae [Mz.; v. *prot-, gr. anthos = Blume, Blüte], U.-Ord. der ↗Seerosen.

Protaspis *w* [v. *prot-, gr. aspis = Schild], (Beecher 1895), *P.stadium,* frühontogenet. Stadium v. ↗Trilobiten; es reicht vom Schlüpfen aus dem Ei bis zur Teilung eines ursprüngl. runden Schildchens in eine größere Kopfregion u. das kleinere Pygidium.

Proteaceae [Mz.; v. *prote-], *Silberbaumgewächse,* Fam. der *Proteales* mit 62 Gatt. und über 1000 Arten; v. a. Hartlaubgehölze meist trockener Gebiete der Tropen u. Subtropen auf der südl. Hemisphäre, Verbreitungsschwerpunkt in Austr. und S-Afrika. Bestäubung durch Insekten, Vögel u. Beuteltiere. Bindeglied der Floren von Australasien, Afrika und S-Amerika. Die filzige, lichtreflektierende Blattbehaarung gab dem Silberbaum *(Leucadendron argenteum)* den Namen; er wird in S-Afrika häufig kultiviert. Die Gatt. *Grevillea* (v. a. Austr. und Tasmanien) umfaßt immergrüne Holzgewächse mit rosa, roter, gelber, meist röhrenförm. Blütenhülle, die v. dem zuerst hakenförm. Stempel überragt wird; als „Känguruhpfötchen" im Blumenhandel; Zimmerpflanze. *G. robusta,* die Seideneiche, ist die verbreitetste Art; Schattenbaum für Teeplantagen; Holz liefert wertvolles Furnier. Extrem an trockene Standorte angepaßt ist die Gatt. *Hakea* (B Australien I): Fiederblättchen extrem reduziert, im Querschnitt kreisförmig, tief versenkte Spaltöffnungen; Festigkeit verleihen sog. Osteoblasten – Zellen, die über mehrere Schichten des Palisadengewebes reichen; Samen der Gatt. *H.* ertragen hohe Hitze, so daß schnelle Regeneration nach Buschbrand möglich. Arten der sehr genügsamen Gatt. *Macadamia* werden wegen ihres Samens (Queensland-Nuß, Macadamia-Nuß) in Austr. und auf Hawaii angebaut; ist z. B. für die Herstellung v. Konfekt geschätzt. Die Gatt. *Protea* (B Afrika VII) umfaßt 130 Arten v. immergrünen Büschen od. sehr kleinen Bäumen; Blätter oberseits silbrig behaart; die schöne Blume wird aus einer Vielzahl v. dichtgedrängt stehenden Blüten u. sie umgebenden gefärbten Hochblättern gebildet; der Blumenhandel bietet mehrere Arten als Schnittblumen an, auch in Trokkenblumengestecken.

Proteaceae

Blüte v. *Protea cynaroides*

prot- [v. gr. prōtos = erster, vorderster, frühester, wichtigster].

prote- [ben. nach dem gr. Meeresgott Prōteus, der häufig seine Gestalt wechselte].

protein-, proteo- [v. gr. prōtos = erster, wichtigster; prōteios = erstrangig], in Zss.: Protein (einfacher Eiweißkörper).

Proteales [Mz.; v. *prote-], *Silberbaumartige,* Ord. der *Rosidae* mit den beiden Fam. ↗*Proteaceae* (Silberbaumgewächse) u. *Elaeagnaceae* (↗Ölweidengewächse). Typisch sind ein einfaches, 4teiliges, auffällig gefärbtes Perigon u. der einblättr. Fruchtknoten.

Proteasen [Mz.; v. *prot-], *proteolytische Enzyme, Proteinasen, Peptidasen,* zu den Hydrolasen zählende Gruppe v. ↗Enzymen (T), durch welche die in Oligopeptiden, Polypeptiden od. Proteinen enthaltenen Peptidbindungen hydrolyt. gespalten werden *(↗Proteolyse),* wobei je nach Substrat, Intensität der Einwirkung u. Spezifität der betreffenden P. längerkettige Proteinfragmente, kurzkettige Spaltpeptide od. freie Aminosäuren entstehen. Nach dem Abbaumodus werden P. in ↗*Endopeptidasen* (z. B. ↗Chymotrypsin, ↗Elastase, ↗Kathepsine, ↗Pepsin, ↗Plasmin, ↗Trypsin) u. ↗*Exopeptidasen* unterteilt. P. bewirken in der Zelle od. extrazellulär nicht nur den Abbau v. Proteinen; vielmehr katalysieren unspezif., z. T. aber auch hochspezif. P. durch limitierte Proteolyse vielfach die Umwandlung inaktiver Proteinvorstufen zu den aktiven Proteinen.

Protegulum *s* [v. *pro-, lat. tegula = Dachziegel], von beiden Mantelhälften ausgeschiedene Embryonalschale v. ↗Brachiopoden aus organ. Material (Chitin od. Protein).

Proteidae [Mz.; v. *prote-], Fam. der ↗Schwanzlurche mit den ↗Furchenmolchen u. dem ↗Grottenolm.

Proteide [Mz.; v. *prot-], veraltete Bez. für aus Aminosäuren u. nicht proteinartigen, ↗prosthetischen Gruppen zusammengesetzte ↗Proteine, z. B. *Chromo-P., Nucleo-P.;* bei *Phospho-P.n* ist Phosphorsäure direkt an Protein gebunden.

Proteinabbau, die ↗Proteolyse.

Protein-A-Gold-Markierung, für den elektronenmikroskop. Nachweis v. Antigenen an Zelloberflächen od. innerhalb v. Zellen an ultradünnen Schnitten geeignete, immuncytochem. Methode. Die P. stellt gewissermaßen ein elektronenmikroskop. Analogon zur lichtmikroskop. Technik der indirekten ↗Immunfluoreszenz dar. *Protein A* ist ein bakterielles Zellwandprotein, das an den Fc-Teil von IgG-Molekülen (□ Immunglobuline) bindet u. außerdem über positiv geladene Gruppen stabile (nichtkovalente) Komplexe mit kolloidalen, negativ geladenen Goldpartikeln bilden kann. Bei der P. werden die Dünnschnitte zunächst mit dem betreffenden Antikörper inkubiert u. danach die Antigen-Antikörper-Komplexe durch Protein-A-Gold als elektronendichtem Marker spezif. sichtbar gemacht.

Proteinasen, die ↗Proteasen.

Proteine [Mz.], *Eiweiße, Eiweißstoffe, Eiweißkörper,* die vorwiegend aus den 20 proteinogenen ↗*Aminosäuren* (B) durch *Peptidbindungen* (↗Peptide, □) primär linear aufgebauten ↗Polymeren (↗Biopolymere), die jedoch aufgrund v. Helixwindungen, Quervernetzungen über Disulfidbrükken (↗Cystin, □), ionischen Interaktionen u. wechselseit. Aneinanderlagerung in der Lage sind, hochspezif., den jeweiligen Funktionen angepaßte räuml. Strukturen auszubilden. Die Bez. „Eiweiß" ist historisch bedingt u. geht auf die urspr. Isolierung aus dem Hühnereiweiß zurück. Schon

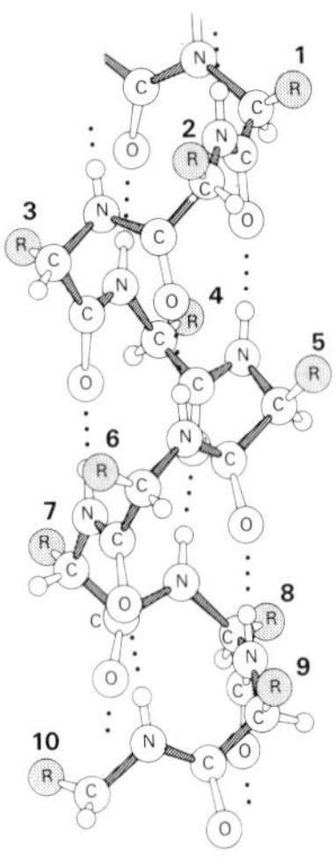

α-Helixstruktur

α-Helix (rechtsgängig) mit ihren Wasserstoffbrücken-Bindungen.
Maße der α-Helix: Anstieg pro Aminosäureeinheit 0,15 nm, Ganghöhe 0,54 nm = 3,6 Aminosäuren, Durchmesser etwa 2 nm, abhängig von der Größe der Seitenketten (R)

relativ früh zeigte sich jedoch, daß Eiweiße Bestandteile praktisch aller lebenden Zellen sind u. daß sie aufgrund ihrer Strukturvielfalt an nahezu allen Lebensprozessen wesentl. Anteil haben (↗Leben). Deshalb wird heute allg. die v. ↗Berzelius 1838 geprägte Bez. „Protein" (von gr. prōteios = erstrangig) der älteren Bez. „Eiweiß" vorgezogen. Der Aufbau der P. aus den 20 verschiedenen Aminosäuren ist schriftartig, d. h. mit einer für jedes Protein charakterist. Reihenfolge der einzelnen Aminosäuren (↗Aminosäuresequenz; s. u.). Auch die Kettenlänge ist für jedes einzelne Protein charakterist. und bewegt sich zw. nur wenigen Aminosäureresten (z. B. 21 in der A-Kette des ↗Insulins, □; B Hormone) u. über 1000 Aminosäureresten, entspr. relativen ↗Molekülmassen v. 2000 bis über 1 Mill. (↗makromolekulare chemische Verbindungen). Alle Peptidbindungen eines Proteins enthalten denselben Richtungssinn, indem sie sich durch „Kopf-an-Schwanz-Verknüpfung" der einzelnen Aminosäuren ableiten; daraus resultiert letztl. auch die durch den ↗Aminoterminus u. den ↗Carboxylterminus definierte Polarität jeder Protein-Kette. Die reinen P., deren einzelne Ketten auch als *Polypeptide* bezeichnet werden, enthalten entspr. ihrem Aufbau aus den 20 proteinogenen Aminosäuren die Elemente C, H, O, N (in jedem Aminosäurerest enthalten) und S (nur in ↗Cystein u. ↗Methionin enthalten). Neben den 20 proteinogenen Aminosäuren enthalten bestimmte P. in meist geringen Anteilen auch modifizierte Aminosäuren (z. B. ↗N-Formyl-Methionin am Aminoterminus bakterieller P., ↗Hydroxyprolin u. ↗Hydroxylysin in ↗Kollagen), Metalle *(↗Metallo-P.),* ↗prosthetische Gruppen, Phosphatreste *(↗Phospho-P.)* sowie in unterschiedl. starken Anteilen Lipide *(↗Lipo-P.),* Nucleinsäuren (*↗Nucleo-P.,* ↗Viren), Zuckerreste *(↗Glyko-P.)* und Polysaccharide *(↗Proteoglykane).* Als meist nur lokker gebundene u. daher austauschbare niedermolekulare Komponenten sind die zur Neutralisation geladener Gruppen erforderl. Ionen sowie bei *Enzym-P.n* die ↗Coenzyme u. ↗Aktivatoren zu nennen.
Als *Primärstruktur* der P. – ident. mit dem Begriff *Aminosäuresequenz* – bezeichnet man die lineare, schriftartige Reihenfolge der einzelnen Aminosäurereste jedes Proteins. Sie ist genet. festgelegt durch die ↗Basensequenz der jeweiligen Proteingene (↗Desoxyribonucleinsäuren, ↗Ribonucleinsäuren, ↗Ein-Gen-ein-Enzym-Hypothese, ↗genet. Code, ↗Translation). Die enorme Vielfalt mögl. Primärstrukturen läßt sich durch folgende Überlegung veranschaulichen: Nach den Gesetzen der Kombinatorik ergeben sich für die aus n Aminosäuren aufgebauten Ketten 20^n theoret. Möglichkeiten. Das bedeutet, daß allein für die relativ geringe Kettenlänge v. 100 Aminosäuren $20^{100} = 10^{130}$ theoret. Möglichkeiten existieren, wovon in den heute lebenden Organismen (aber auch, wenn man alle im Laufe der Erdgeschichte aufgetretenen Spezies einbezieht) nur ein verschwindend kleiner Bruchteil realisiert wurde (in Anbetracht der für das gesamte Universum auf etwa 10^{80} geschätzten Zahl v. Elementarteilchen ist die Zahl 10^{130} „überastronomisch hoch"). Die Ermittlung der Primärstrukturen einzelner P. kann direkt an gereinigten P.n durch die Reaktionen des ↗Edmanschen Abbaus (↗Proteinsequenator) erfolgen, wird heute aber zunehmend auch aus den Basensequenzen der entspr. Proteingene nach den Regeln des genet. Codes abgeleitet, nachdem durch die Entwicklung gentechn. Methoden (↗Gentechnologie) die Sequenzanalyse von DNA techn. einfacher als die von P.n geworden ist. Die Primärstrukturen mehrerer tausend P. sind heute bekannt. Die Ähnlichkeit der Primärstruk-

Wichtige Techniken und Parameter zur Charakterisierung von Proteinen

a) *Nachweisverfahren* u. *quantitative Bestimmung:* Diese beruhen entweder auf Farbreaktionen (z. B. ↗Biuret-Reaktion), die für bestimmte Aminosäurereste wie Tyrosyl- u. Tryptophanylreste spezif. sind, od. auf der Messung der UV-Absorption bei 280 nm Wellenlänge, die durch die aromat. Aminosäurereste bedingt ist (↗Extinktion, □ Absorptionsspektrum). Zur Standardisierung werden bei den Farbreaktionen die Lösungen v. Eichproteinen (meist Rinderserumalbumin) bekannter Konzentration in Parallelansätzen zur Reaktion gebracht u. durch Vergleich der Farbintensitäten die Konzentrationen der zu untersuchenden P. bestimmt (↗Kolorimetrie). Während diese Verfahren für die meisten P. anwendbar sind (Ausnahmen sind P. ohne aromat. Aminosäuren), jedoch keine Unterscheidung zw. einzelnen P.n oder Proteingemischen erlauben, eignet sich die ↗Immunpräzipitation (↗Agardiffusionstest, ↗Immunelektrophorese) als bes. spezif. und empfindl. Nachweismethode einzelner P. in komplexen Gemischen, wie Blutseren u. Zellaufschlüssen. Die hohe Spezifität dieser Nachweismethode beruht auf der Wirkung von P.n als ↗Antigene bzw. ihrer Bindung an ↗Antikörper (↗Immunglobuline).
b) *Reinigung* und *Isolierung:* Lösliche P. können präparativ aus den meist sehr komplexen Gemischen, wie sie z. B. in Zell-↗Homogenaten vorliegen, durch i. d. R. mehrstufige Kombinationen v. ↗differentieller Zentrifugation (□), ↗fraktionierter Zentrifugation (□, meist mit ↗Ammoniumsulfat), Ionenaustauschchromatographie (↗Austauschchromatographie, ↗Chromatographie), Gelfiltration (↗Chromatographie), ↗Gelelektrophorese (↗Elektrophorese, □; ↗Autoradiographie, □), Elektrofokussierung u. a. Methoden bis zur Homogenität gereinigt werden. In zunehmendem Maße wird auch ↗Affinitätschromatographie angewandt. Nichtlösliche P., wie z. B. die meisten ↗Membran-P. oder die in Komplexen (z. B. Nucleo-P.) gebundenen P., müssen vor Beginn eines Reinigungsverfahrens solubilisiert bzw. aus den Komplexen gelöst werden, was u. a. durch erhöhte Salzkonzentration (aussalzen, ↗ausfällen), ionische Detergentien wie SDS (↗Membranproteine, □) und Wasserstoffbrücken lösende Agenzien erreicht wird, wobei aber die Erhaltung des ↗nativen Zustands oft schwierig ist.
c) *Reinheitskriterien:* Der Reinheitsgrad von P.n bzw. die Zusammensetzung v. Proteingemischen wird bes. durch ↗Gelelektrophorese ermittelt, wobei entweder eindimensionale Verfahren, wie ↗Disk-Elektrophorese, Elektrofokussierung (↗isoelektrischer Punkt) und SDS-Gelelektrophorese, angewandt werden od. zur Auflösung sehr komplexer Proteingemische (bis über 1000 verschiedene P.) ein hochauflösendes zweidimensionales Verfahren mit Elektrofokussierung zur Trennung in der ersten Dimension und SDS-Gelelektrophorese in der zweiten Dimen-

turen homologer P. (↗Sequenzhomologie) hat sich als quantitatives Maß für den Verwandtschaftsgrad verschiedener Spezies u. damit als Kriterium zur Aufstellung v. Phylogenien ([T] Cytochrome) bewährt. – Als *Sekundärstrukturen* der P. faßt man alle durch ↗Wasserstoffbrücken-Bindungen bedingten, period. wiederkehrenden Überstrukturen zus., wobei sich durch intramolekulare H-Brücken *Schrauben-* od. ↗*Helixstrukturen* (Helices), durch intermolekulare H-Brücken zw. parallel od. antiparallel liegenden Peptidketten die ↗*Faltblattstrukturen* ausbilden (vgl. Abb.). Letztere können aber auch durch antiparallele Zurückfaltung innerhalb derselben Peptidkette entstehen. Zu den Sekundärstrukturen ist schließl. auch die aus drei parallelen Ketten aufgebaute Schraubenstruktur des ↗Kollagens ([ ]) zu rechnen, da auch hier regelmäßig wiederkehrende Wasserstoffbrücken-Bindungen die Stabilität bewirken. Die am häufigsten vorkommende Schraubenstruktur ist die *α-Helix,* die unabhängig vom Windungssinn, der jedoch in natürl. Polypeptiden rechtsdrehend ist, auch als *α-Struktur* bezeichnet wird. Die unterschiedl. Substituenten der einzelnen Aminosäurereste ragen in den Schraubenstrukturen nach außen u. können daher mit dem umgebenden Medium bzw. mit den Substituenten entfernterer Aminosäuren derselben Kette od. auch Substituenten anderer Ketten in Wechselwirkung treten. Die den schriftart. Charakter bedingenden Substituenten (Seitenreste; [B] 27) sind in den helikalen Proteinstrukturen also v. außen zugänglich – im Ggs. zur DNA-Doppelhelix, in der die Basen, die hier den schriftart. Charakter bedingen, im Innern „vergraben" sind (↗Desoxyribonucleinsäuren, [ ], [B] III). Die Aminosäure ↗Prolin besitzt als einzige der 20 Aminosäuren eine in einen Ring eingebundene u. daher sekundäre ↗Aminogruppe ([B] Aminosäuren) u. kann daher nicht die für helikale H-Brücken erforderl. ↗Konfiguration einnehmen. Aus diesem Grund werden α-Strukturen an allen Prolin-Positionen einer Peptidkette unterbrochen (Funktion v. *Prolin* als sog. *Helix-Unterbrecher*), was für das Abknikken v. Helixstrukturen bei der Ausbildung v. Tertiärstrukturen (s.u.) v. Bedeutung ist. Gegenüber der α-Struktur bezeichnet man als *β-Strukturen* alle durch inter- od. intramolekulare antiparallele Aneinanderlagerung v. Peptidketten entstehenden *Faltblattstrukturen.* Die Substituenten der einzelnen Aminosäurereste ragen bei den β-Strukturen alternierend in entgegengesetzte Richtung bezügl. der Faltblattebene (vgl. Abb.). Sekundärstrukturen bilden sich i.d.R. nicht über die gesamte Länge v. Peptidketten aus. So ist z.B. ↗Myoglobin ([ ]) zu über 75% aus α-Strukturen aufgebaut, was einem relativ hohen Sekundärstrukturgehalt entspricht, während ↗Chymotrypsin ([ ]) einen α-Helixgehalt v. nur 8% aufweist. Als Sonderfall für ein fast zu 100% aus Faltblattstruktur aufgebautes Protein ist das ↗Fibroin zu nennen, wohingegen die meisten P. erhebl. weniger Faltblattstruktur-Anteile aufweisen. Bemerkenswert ist die Möglichkeit der reversiblen Umwandlung zw. α-Helixstruktur u. Faltblattstruktur beim ↗Keratin. Bereiche, die weder α- noch β-↗Konformation aufweisen, werden als *Zufallsknäuel* (auch ungeordnete Gerüstkonformation od. engl. *random coil*) bezeichnet, die nicht eigentlich zu den Sekundärstrukturen gezählt werden, da sie – abweichend v. obengenannter Definition – weder H-Brücken noch repetitive Strukturen enthalten (andere Definitionen ↗Sekundärstrukturen). – Als *Tertiärstruktur* der P. bezeichnet man die Faltung einzelner Peptidketten zu einer dreidimensionalen spezif. Struktur, wobei die Sekundärstrukturen erhalten bleiben. Durch die Ausbildung v. Tertiärstrukturen

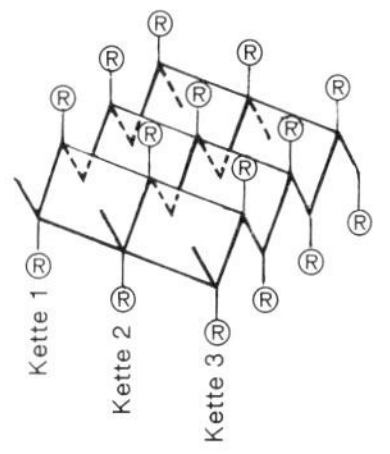

Faltblattstruktur (β-Struktur)

Ansicht des „gefalteten Blatts" in der Perspektive. Die Aminosäureseitengruppen (R) stehen abwechselnd oberhalb und unterhalb der Blattstruktur; allzu große Seitengruppen behindern die Ausbildung der Faltblattstruktur

sion eingesetzt wird. Kriterien für die Reinheit von P.n sind ferner einheitl. Sedimentationsgeschwindigkeit (S-Wert) bei Ultrazentrifugation (↗Sedimentation, ↗Dichtegradienten-Zentrifugation), Ganzzahligkeit der Aminosäurezusammensetzung, Sequenzierbarkeit (↗Sequenzierung) u. Kristallisierbarkeit.

d) *Relative Molekülmassen* („Molekulargewichte") u. *Kettenlängen:* Diese werden unter gleichzeitiger Denaturierung durch Vergleich der Laufgeschwindigkeiten der zu untersuchenden Peptidketten mit den Laufgeschwindigkeiten von Marker-P.n (↗Marker) v. bekannter Molekülmasse in der SDS-Gelelektrophorese bestimmt. Die Molekülmassen nativer P. lassen sich aus den Sedimentationsgeschwindigkeiten bei Ultrazentrifugation ermitteln. Aus den Molekülmassen können die Kettenlängen (= Anzahl v. Aminosäureresten pro Peptidkette) annähernd errechnet werden, indem man sie durch die Zahl 110, die mittlere Molekülmasse der 20 Aminosäurereste, dividiert.

e) Die *Anzahl von Peptidketten* (u. deren Molekülmassen) sind nach Denaturierung durch SDS-Gelelektrophorese direkt bestimmbar, sofern verschieden lange u./od. verschieden zusammengesetzte Ketten am Aufbau eines gereinigten Proteins beteiligt sind. Bei oligomer aus ident. Ketten aufgebauten P.n kann die Kettenzahl durch Vergleich der Molekülmasse des nativen Proteins (bestimmbar aus der Sedimentationsgeschwindigkeit) mit der Molekülmasse des denaturierten Proteins (bestimmbar aus SDS-Gelelektrophorese) ermittelt werden. Bei einem aus 4 gleichen Untereinheiten aufgebauten Protein unterscheiden sich diese Molekülmassen z.B. durch den Faktor 4.

f) Die *Aminosäurezusammensetzung* eines Proteins wird nach Hydrolyse zu den Aminosäuren im ↗Aminosäureanalysator bestimmt.

g) Zur Ermittlung der *Aminosäuresequenz* eines Proteins wird dieses zunächst durch limitierte Einwirkung v. Proteasen od. durch die ↗Bromcyan-Reaktion in definierte Teilpeptide gespalten. Anschließend werden die Aminosäuresequenzen aller Teilpeptide einzeln durch die jeweils am Aminoterminus beginnenden zykl. Reaktionsfolgen des ↗Edmanschen Abbaus ermittelt. Durch eine Serie v. überlappenden Teilpeptiden kann schließl. die Aminosäuresequenz der gesamten Kette abgeleitet werden. Heute werden Aminosäuresequenzen von P.n zunehmend aus den Nucleotidsequenzen der betreffenden Gene abgeleitet (↗Gentechnologie), so daß sich die direkte Aminosäuresequenzierung auf leicht zugängliche od. ausgewählte Teilpeptide beschränkt, was einer stichprobenartigen Kontrolle der v. Nucleotidsequenzen abgeleiteten Aminosäuresequenzen bzw. der Bestimmung v. nicht ableitbaren Aminosäuresequenzen, wie z.B. der Exon-Grenzen (↗Mosaikgene), gleichkommt.

h) Die *Tertiärstrukturen* von P.n – einhergehend damit oft auch die *Sekundär-* u. *Quartärstrukturen* – werden durch ↗Röntgenstrukturanalyse ermittelt.

Proteine

a Schematischer Aufbau *globulärer P.* aus ungeladenem Kern („Öltröpfchen"), geladenen Gruppen in der Peripherie, Hydrathülle u. Wassermantel.
b Durch den Aufbau aus positiv u. negativ geladenen Aminosäuren sind P. *Zwitterionen.* Als ↗ isoelektrischer Punkt (IEP) ist derjenige ↗ pH-Wert definiert, bei dem ein Protein gleichviel positive wie negative Ladungen aufweist; bei diesem pH-Wert zeigt die Löslichkeit ein Minimum. Durch Verschiebung des pH-Werts zur sauren (bzw. alkalischen) Seite des isoelektrischen Punkts werden negative (bzw. positive) Ladungen neutralisiert, wodurch die Gesamtladung zunehmend positiv (bzw. negativ) wird, d. h. das betreffende Protein zum Kation (bzw. Anion) wird.

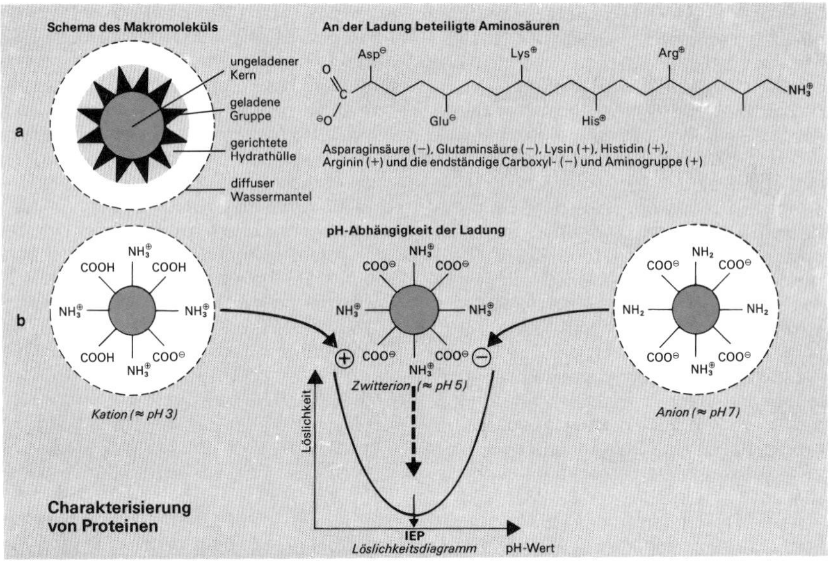

erhalten P. die für ihre jeweiligen Funktionen charakterist. Form, insbes. die spezif. Furchungen der Oberflächen, wie sie z. B. für die Bindung u. Umsetzung v. Substratmolekülen in den aktiven Zentren der Enzym-P. (B Enzyme) erforderl. sind (↗ aktives Zentrum, □). Bei den zur Ausbildung v. Tertiärstrukturen erfolgenden Faltungen gelangen häufig Aminosäurereste, die in den Primär- u. Sekundärstrukturen voneinander weit entfernt sind, in räuml. Nachbarschaft (□ Enzyme, □ Lysozym). Allosterische Umwandlungen (↗ Allosterie, □) von P.n gehen mit Umfaltungen v. Tertiärstrukturen (u. als Folge davon auch der Quartärstrukturen, s. u.) einher (□ Hämoglobin). Die Stabilisierung v. Tertiärstrukturen erfolgt durch intramolekulare Disulfidbrücken (□ Cystin), bes. aber durch die Ausrichtung möglichst vieler ↗ hydrophober u. unpolarer Aminosäurereste im Innern u. ↗ hydrophiler, bes. ionisch aufgebauter Aminosäurereste zur äußeren Oberfläche der Strukturen. Dabei fügen sich die hydrophoben Reste der Innenteile meist lückenlos aneinander zu hydrophoben „Öltröpfchen", in denen kaum Hohlräume vorhanden sind u. die selbst für die relativ kleinen Wassermoleküle des umgebenden Mediums nicht eindringbar sind. Dagegen bilden die polaren Reste der an den Oberflächen gelegenen Aminosäuren Wasserstoffbrücken mit den Wassermolekülen des Mediums aus u. führen so zur sog. *Hydrathülle* der P. Bei ↗ *Membran-P.n* (□) nehmen auch unpolare Aminosäuren einen erhebl. Teil der nach außen gerichteten Positionen ein u. ermöglichen so die Verankerung in den hydrophoben Innenbereichen der Membrandoppelschichten (↗ Membran, □). – Als *Quartärstruktur* der P. bezeichnet man den Aufbau aus zwei od. mehreren gleichen od. ungleichen Peptidketten (Untereinheiten, ↗ Protomere), die sich nach Ausbildung u. unter Erhaltung der Sekundär- u. Tertiärstrukturen zu multimeren P.n, wie z. B. den ↗ Multienzymkomplexen od. dem aus 2 α- und 2 β-Globinketten aufgebauten ↗ Hämoglobin (B), aneinanderlagern. Diese Aneinanderlagerung erfolgt i. d. R. durch nicht-kovalente Bindungen (ionische Bindungen, hydrophobe Wechselwirkungen, Wasserstoffbrücken; ↗ chemische Bindung), wobei die interagierenden Oberflächenstrukturen der einzelnen Untereinheiten nach dem Schlüssel-Schloß-Prinzip ineinander passen, in seltenen Fällen auch durch Ausbildung v. Disulfidbrücken. I. d. R. besitzen allosterisch regulierbare P. eine Quartärstruktur, wobei Hämoglobin ebenfalls ein Beispiel ist. Allerdings gibt es auch eine Reihe von P.n, die aus nur einer Peptidkette aufgebaut sind (z. B. ↗ Lysozym, ↗ Myosin, ↗ Ribonuclease, bakterielle ↗ DNA-Polymerase), denen also eine Quartärstruktur fehlt. Unter den nahezu 1000 bekannten P.n mit Quartärstruktur überwiegen die aus 2 od. 4 gleichen od. ähnl. Untereinheiten aufgebauten, während die mit ungerader Anzahl u./od. unterschiedl. großen Untereinheiten aufgebauten Quartärstrukturen seltener sind. Zu letzteren zählen die aus katalyt. und regulator. wirksamen Untereinheiten aufgebauten Enzyme, z. B. ↗ Aspartat-Transcarbamylase. Durch Einwirkung bestimmter Agenzien (Wasserstoffbrücken-lösende Agenzien wie Harnstoff u. Guanidiniumhydrochlorid, Detergentien wie SDS [□ Membranproteine], durch die hydrophobe Wechselwirkungen gelöst werden), aber auch durch nichtphysiolog. Bedingungen, wie hohe Temp. und pH-Wert-Veränderungen, lösen sich die Überstrukturen (= Summe v. Sekundär-, Tertiär- u. Quartärstrukturen) der

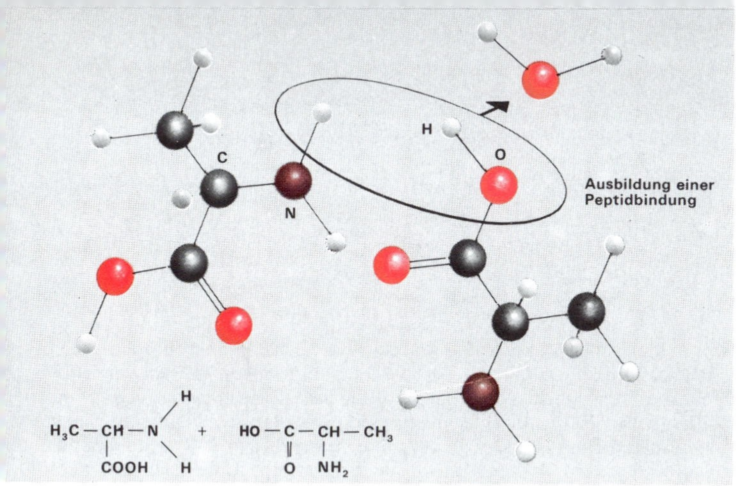

PROTEINE

Die Proteine oder Eiweißstoffe bilden neben den Nucleinsäuren, Kohlenhydraten und Lipiden eine der Hauptgruppen, aus denen lebende Organismen aufgebaut sind. Sie sind Makromoleküle mit relativen Molekülmassen bis zu mehreren Millionen. Proteine bestehen aus Kohlenstoff, Wasserstoff und Sauerstoff, enthalten im Gegensatz zu den Kohlenhydraten und Lipiden aber auch Stickstoff, mit Ausnahme der Phosphoproteine und Nucleoproteine jedoch keinen Phosphor, was sie von den Nucleinsäuren abgrenzt. Wie diese sind Proteine schriftartig durch lineare kovalente Verknüpfung der monomeren Grundeinheiten aufgebaut; letztere sind bei den Proteinen die 20 proteinogenen Aminosäuren, bei den Nucleinsäuren die Mononucleotide mit den 4 unterschiedlichen Basen. Die Verknüpfung der monomeren Grundeinheiten erfolgt bei den Proteinen durch Peptidbindungen. Die grünen Pflanzen vermögen Proteine aus anorganischen Substanzen durch Assimilation aufzubauen. Die Tiere und der Mensch sind dagegen auf die Zufuhr proteinhaltiger Nahrung angewiesen. Die darin enthaltenen Proteine werden durch Verdauungsprozesse zu Aminosäuren gespalten, die nach Resorption zum Aufbau körpereigener Proteine dienen.

Primärstruktur

Primärstruktur B-Kette

Jedes Protein ist durch eine bestimmte Aufeinanderfolge der Aminosäuren *(Aminosäuresequenz, Primärstruktur)* im Molekül charakterisiert. Abb. oben zeigt die Aminosäuresequenz des Rinder-*Insulins*, des ersten Proteins, dessen Primärstruktur (von *F. Sanger*, Nobelpreis 1958) vollständig aufgeklärt werden konnte. Es besteht aus den beiden aus 21 bzw. 30 Aminosäuren aufgebauten Peptidketten A und B, die durch zwei *Disulfidbrücken* (–S–S–) zusammengehalten werden; eine dritte Disulfidbrücke bildet sich intramolekular innerhalb der A-Kette aus. Der Aminoterminus jeder Kette ist am oberen Ende, der Carboxylterminus am unteren Ende.

Sekundärstruktur

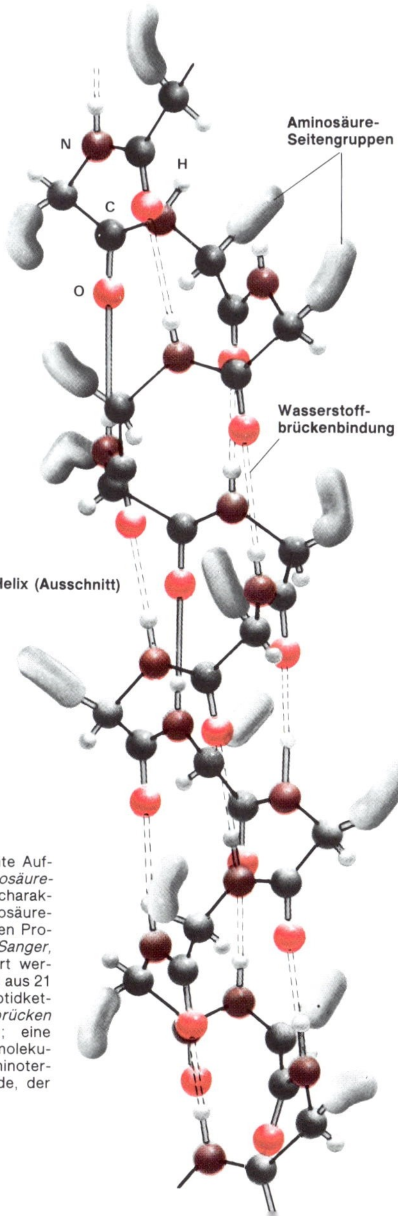

α-Helix (Ausschnitt)

Tertiärstruktur

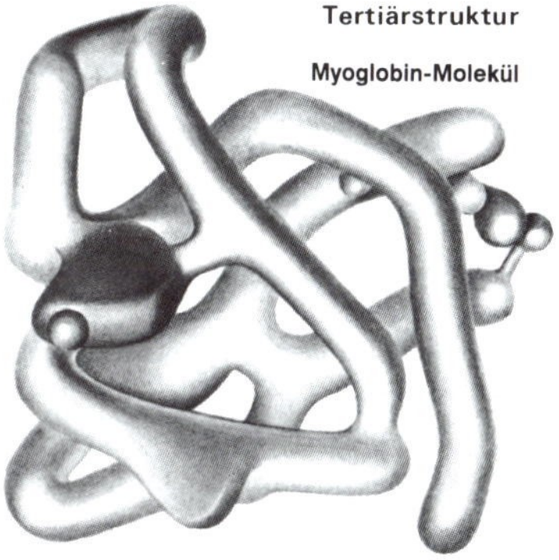

Myoglobin-Molekül

Sekundär- und Tertiärstruktur

Die Polypeptidketten liegen nicht in langgestreckter, gerader Form vor, sondern sind mehr oder weniger stark schraubenförmig aufgewunden oder zu *Faltblattstrukturen* aneinandergelagert *(Sekundärstruktur)*. Die Faltung des Proteinmoleküls zur sog. *α-Helix* (Abb. links) kommt u. a. dadurch zustande, daß sich zwischen den durch die Windungen benachbarten CO- und NH-Gruppen sog. *Wasserstoffbrücken* ausbilden (gestrichelte Linien). Die Anzahl von Aminosäuren pro Windung beträgt 3,6 und ist somit nicht ganzzahlig; die Ganghöhe der α-Helix ist 0,54 nm pro Windung, der Durchmesser 0,5 nm (ohne Berücksichtigung der Seitengruppen). Während das Grundgerüst der abgebildeten α-Helix mit den einzelnen Atomen maßstabsgerecht wiedergegeben ist, sind die Seitengruppen der Aminosäuren nur schematisch dargestellt. In Wirklichkeit sind diese, dem schriftartigen Charakter der Primärstruktur entsprechend, von Position zu Position verschieden und variieren in ihrer Ausdehnung zwischen dem kleinen Wasserstoffatom von Glycin bzw. der Methylgruppe von Alanin und dem bicyclischen Ringgerüst des Tryptophans, das mit 0,8 nm größer als der α-Helix-Durchmesser ist.

Unter der *Tertiärstruktur* eines Proteins versteht man die Verknäuelung der schraubenförmig aufgewundenen Polypeptidkette zu bestimmten räumlichen Strukturen, wie sie Abb. oben für das *Myoglobin*-Molekül zeigt. Dieses aus 153 Aminosäuren aufgebaute Protein bildet 8 größere helikale Bereiche, die 75% der gesamten Kette ausmachen. Die Faltung dieser Helices führt zu der abgebildeten, annähernd globulären Struktur mit den Dimensionen 4,5 nm × 3,5 nm × 2,5 nm. Die Darstellung enthält auch die als prosthetische Gruppe gebundene Hämgruppe (dunkle Scheibe).

Proteine

Denaturierung und *Renaturierung* des Enzym-Proteins Ribonuclease

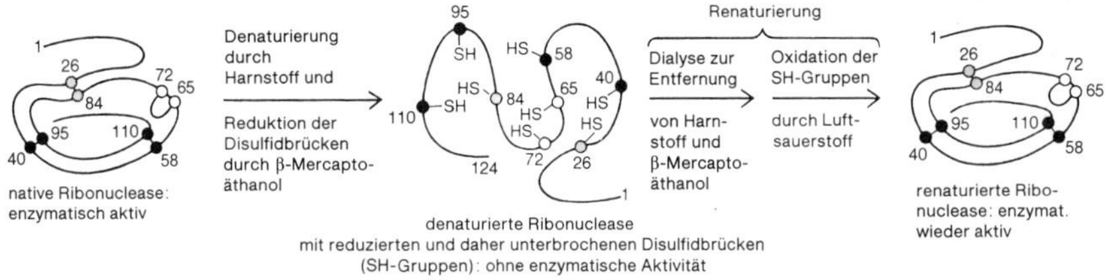

Proteine

Einteilung der P. nach Zusammensetzung u. Form:

1. Einfache P.

a) Eigentliche P. (Sphäro-P.):
Enzymproteine (ohne prosthet. Gruppen oder Coenzyme)
Albumine
Globuline
Histone
Protamine

b) Gerüst-P. (Sklero-P., Faser-P.):
Keratine
Elastine
Glutin
Kollagene

2. Zusammengesetzte P. (veraltete Bez. *Proteide*):
Chromoproteine (darunter viele Enzyme)
Nucleoproteine
Glykoproteine
Phosphoproteine
Lipoproteine
Metalloproteine (darunter viele Enzyme)
Virusproteine (Capside)

meisten P. auf, wobei die Primärstruktur in Form eines Zufallsknäuels erhalten bleibt. Dieser als ↗*Denaturierung* bezeichnete Vorgang kann bei einfachen P.n (z. B. Ribonuclease) ohne Zuhilfenahme anderer Faktoren rückgängig gemacht werden *(Renaturierung)*, was als Beweis gilt, daß die Information zur Bildung v. Sekundär-, Tertiär- u. Quartärstrukturen allein in den Aminosäuresequenzen – d. h. letztl. in den ↗Nucleotidsequenzen der betreffenden Gene – enthalten ist. Die spontane *Faltung* der P. zu den Überstrukturen – sei es während der Synthese od. durch Renaturierung im Reagenzglas – kann jedoch nicht durch Zufallsprozesse unter „Ausprobieren" aller theoret. möglichen Faltungskonformationen erfolgen, da dies zu lange dauern würde: Hätte jeder Aminosäurerest nur 3 mögliche Konformationen, deren „Test" nur 10^{-13} s beanspruchen würde, so wäre die erforderliche Zeit für ein aus 100 Aminosäuren aufgebautes Peptid $3^{100} \cdot 10^{-13}$ s $= 5 \cdot 10^{47} \cdot 10^{-13}$ s $= 5 \cdot 10^{34}$ s $= 1{,}6 \cdot 10^{27}$ Jahre! Da die für die Faltung erforderl. Zeit im Sekunden- (od. höchstens Minuten-)Bereich liegt, enthalten die Primärstrukturen offensichtl. Information (↗Information und Instruktion) für einen möglichst kurzen Faltungsweg, der über wenige definierte Zwischenzustände zur ↗nativen Endkonformation jedes Proteins führt. Man nimmt an, daß die native Faltung der P. häufig auch die thermodynam. stabilste Konformation darstellt (↗Entropie u. ihre Rolle in der Biol.). Es gibt jedoch auch P., die sich nicht renaturieren lassen u. von denen man daher annimmt, daß sich die native Faltung schrittweise schon im Laufe der Proteinsynthese, z. T. also schon vor Fertigstellung der Ketten, einstellt, so daß die Konformation der fertigen Ketten zwar einen stabilen, nicht aber unbedingt den stabilsten Faltungszustand darstellt (der daher auch nach Denaturierung nicht renaturierbar ist). Denaturierte P. zeigen gegenüber den nativen P.n völlig veränderte physikal. und chem. Eigenschaften; meist sind denaturierte P. wasserunlösl. und flocken aus (↗Fällung), außer sie werden durch Detergentien wie SDS (↗Gelelektrophorese) künstl. in Lösung gehalten. Auch die biol. Aktivität, z. B. die katalyt. Aktivität von Enzym-P.n (↗Enzyme), geht durch Denaturierung meist verloren.

Die *Einteilung* der P. kann nach mehreren Kriterien wie Zusammensetzung u. Form (vgl. Tab.), Vorkommen u. Funktion erfolgen. Nach dem *Vorkommen* in den Organismengruppen ist zw. menschl., tier., pflanzl. u. mikrobiellen P.n zu unterscheiden, wobei weitere Unterteilungen nach dem Vorkommen in bestimmten Organen (z. B. ↗Blut-P., ↗Milch-P., ↗Muskel-P., Vorrats-P. pflanzl. Samen) u. in bestimmten Zellfraktionen (Cytoplasma-P., Ribosomen-P., Kern-P., Membran-P., Chloroplasten- u. Mitochondrien-P.) od. Viren (↗Capsid) gemacht werden. Nach der *Funktion* unterteilen sich die P. in die beiden Hauptgruppen der *Enzym-P.* (↗Enzyme) u. der Nichtenzym-P. Letztere enthalten die *Transport-P.* (z. B. Hämoglobin, Myoglobin od. die Translokator-P. des ↗Membrantransports), die *Vorrats-P.* (z. B. Ferritin, Zein), die die koordinierte Beweglichkeit bestimmter Organe (z. B. Muskel, ↗Muskel-P.) od. Organelle (↗Cilien) verursachenden *kontraktilen P.*, die *Gerüst-P.* (↗Sklero-P.), die für zelluläre Abwehrreaktionen verantwortlichen P. (z. B. die ↗Immunglobuline) u. Faktoren der ↗Blutgerinnung, die für die Weiterleitung v. durch ↗Hormone od. ↗Neurotransmitter bedingten Signalen verantwortl. *Rezeptor-P.* sowie die an regulator. Prozessen der ↗Genaktivierung (↗Genregulation) u. des Zellwachstums beteiligten P. (z. B. Aktivator- u. Repressor-P., Wachstumsfaktoren). Diese Vielzahl von hochspezif. Funktionen ist in Anbetracht der Strukturvielfalt der P. verständlich. Aus ihr resultiert auch der mengenmäßig hohe Anteil der organ. Bestandteile an Protein (über 50%), den die Zellen aller Organismen (auch die Viren) aufweisen. – Zur hist. Entwicklung der Proteinforschung: T Enzyme, T Biochemie; zur Synthese von P.n: ↗Translation, ↗endoplasmatisches Reticulum; zum Abbau der P.: ↗Proteasen. B Translation. *H. K.*

Proteinkinase ↗Phosphoproteine.

Proteinoide, künstlich hergestellte Polypeptide, die sich aus einem Aminosäuregemisch durch mehrstündiges Erhitzen (170 °C, thermale Kondensation) bilden. P. ähneln in vielen chem. Eigenschaften den natürl. globulären Proteinen. Häufig sieht man die P. als Modelle für die ersten präbiotischen Informationsmoleküle an.

Proteinoplasten, Speicherprotein enthaltende ↗Leukoplasten.

Protein-Sequenator, Apparatur zur automat. Sequenzanalyse v. Peptiden u. Prote-

Proteinstoffwechsel

Da Proteine nicht mit anderen Nahrungsstoffen – wie Fette u. Kohlenhydrate – austauschbar sind, bedarf der Körper einer ständigen Proteinzufuhr, zumal das Körpereiweiß einem kontinuierl. Zerfall von täglich 0,3–0,4 g/kg (Mensch) unterliegt. Beim erwachsenen Menschen liegt das sog. *Eiweißminimum* bei normaler Ernährung um 0,7 g/kg pro Tag *(Bilanzminimum)*, so daß ein Gleichgewicht zw. Ein- und Ausfuhr gewährleistet ist. Ein im Wachstum begriffener Organismus hat einen bis um das 4fache höheren Eiweißbedarf. In jedem Fall muß die Eiweißzufuhr zu einem Stickstoffgleichgewicht führen u. ist demzufolge nach Art des aufgenommenen Eiweißes unterschiedl. groß. Vegetabilisches (pflanzliches) Eiweiß ist etwa nur $^{2}/_{3}$ bis $^{1}/_{2}$ so „wertvoll" wie tierisches Eiweiß *(Eiweißquotient)*. Die ↗biologische Wertigkeit (T) hängt vom Gehalt an essentiellen Aminosäuren ab, die in pflanzl. Material in geringerer Konzentration vorhanden sind (↗essentielle Nahrungsbestandteile).

inen, in der die Reaktionen des ↗Edmanschen Abbaus eingesetzt werden.

Proteinstoffwechsel, Metabolismus der ↗Proteine im Gewebe, bei dem ein ständiger Abbau (↗Proteolyse) der Proteine zu den ↗Aminosäuren (□) u. Neubildung der Proteine durch ↗Translation erfolgen. Da die für den Aufbau der Proteine notwendigen Aminosäuren stets ausreichend zur Verfügung stehen müssen, ist der P. im wesentl. von diesen abhängig. Im wachsenden Organismus muß ständig Protein neu synthetisiert u. den Organen u. Strukturelementen zugeführt werden, während bei erwachsenen Lebewesen der Proteingehalt während des Lebens nahezu konstant gehalten wird. Trotzdem ist eine adäquate Zufuhr v. Protein erforderl., da ständig Abbau u. Resynthese stattfinden (vgl. Spaltentext). Der Abbau der Proteine erfolgt intrazellulär durch Hydrolyse. So beträgt z.B. die Halbwertszeit von menschl. Serumprotein maximal 10 Tage. Ein Erwachsener baut etwa 400 g Protein pro Tag ab, das nicht allein v. Nahrungs-, sondern auch v. Strukturprotein stammt. Bei Störungen im P. oder bei glomerulären Defekten (↗Glomerulonephritis) kommt es zur Ausscheidung v. Protein im Harn (↗Proteinurie).

Proteinsynthese ↗Translation (B).

Proteinurie *w* [v. gr. ouron = Harn], krankhaft vermehrte Proteinausscheidung im Harn („Eiweißharnen"), meist als Folge entzündl. ↗Nieren-Erkrankung (↗Glomerulonephritis); Folge des Proteinverlustes sind Ödeme. ↗Albuminurie.

Proteles *m*, ↗Erdwolf.

Protenor-Typ [ben. nach der Wanze *Protenor belfragei*] ↗Geschlechtsbestimmung.

Proteoglykane [Mz.; v. *proteo-, gr. glykys = süß], komplexe Makromoleküle der tierischen Interzellularmatrix, die unterschiedlich viele Aminozucker-haltige Glykanketten kovalent an eine Polypeptidkette gebunden tragen. Im Ggs. zu den ↗Glykoproteinen überwiegt in den P.n mengenmäßig der Glykan-Anteil bei weitem. Die Biosynthese der P. beginnt wie bei allen Exportproteinen am rauhen ↗endoplasmat. Reticulum mit der Synthese der Polypeptidkette; die ↗Glykosylierungen erfolgen anschließend im ↗Golgi-Apparat. Nach der Exocytose der P., die wegen der vielen polaren u. sauren Gruppen im Molekül große Mengen an Wasser zu binden vermögen, kommt es im extrazellulären Raum zur Ausbildung von P.-Aggregaten, riesigen Komplexen mit relativen Molekülmassen von nahezu 10^8. Dabei binden bis über 40 – manchmal sogar bis 100 – solcher P.-Einheiten über spezifische, nicht-glykosylierte Bindungsregionen unter Beteiligung sog. Bindeproteine an Hyaluronsäureketten von mehr als 1 μm Länge. Das saure ↗Mucopolysaccharid ↗Hyaluronsäure (□) ist ein unverzweigtes, sulfatfreies Glykan, in dem sich D-Glucuronsäure- und N-Acetyl-D-Glucosaminreste abwechseln.

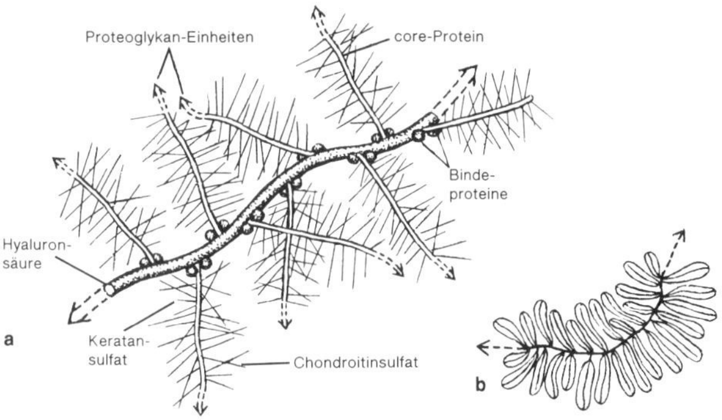

Proteoglykane

Das Schema **a** zeigt den Aufbau der P. in der Knorpelmatrix. Die etwa 300 nm lange Polypeptidkette (core-Protein, relative Molekülmasse $M_r \approx$ 250000) macht weniger als 10% der Gesamtmasse des Moleküls aus, 90% entfallen auf die Polysaccharidseitenketten; unter diesen dominieren Ketten v. ↗Chondroitin- u. ↗Keratansulfat. Chondroitinsulfat (ca. 80 Ketten pro P.-Einheit) ist ein unverzweigtes ↗Heteroglykan ($M_r \approx$ 20000), in dem Glucuronsäure u. sulfatierte N-Acetyl-D-Galactosaminreste abwechselnd hintereinander angeordnet sind. Die Keratansulfatketten sind kürzer; hier wechseln Galactosyl- u. sulfatierte N-Acetyl-D-Glucosaminreste einander ab, u. die Kettenenden tragen Sialinsäurereste. – P. bilden Aggregate **(b)**, die aus einem zentralen Hyaluronsäurestrang u. zahlr. (bis zu 100) seitlich abstehenden P.-Einheiten aufgebaut sind. Diese Aggregate sind elastisch-flexibel u. komprimierbar. Sie binden an bestimmte Banden der ↗Kollagen-Fibrillen.

Proteolyse *w* [v. gr. lysis = Auflösung], *Proteinabbau*, der hydrolyt. Abbau v. ↗Proteinen zu Peptiden u. Aminosäuren unter der Wirkung v. ↗*Proteasen* od. durch Einwirkung chem. Agenzien, wie z.B. starker Säure. Die z.B. im Verdauungstrakt (↗Verdauung) od. mit der ↗Blutgerinnung einhergehende enzymat. P. erfolgt extrazellulär *(extrazelluläre P.)* u. führt zu freien Aminosäuren, die nach Resorption als Bausteine für körpereigene Proteine wiederverwendet werden. Die *intrazelluläre P.* erfolgt durch ↗Kathepsine. Durch *limitierte P.* werden häufig längerkettige inaktive Proteinvorstufen in kürzerkettige, jedoch biol. aktive Proteine (z.B. Verdauungsenzyme wie Chymotrypsin, Pepsin u. Trypsin, Plasmin od. Hormone) umgewandelt.

Proteolyten [Mz.; v. gr. lytos = gelöst], Mikroorganismen, die meisten Pilze (aber

protein-, proteo- [v. gr. prōtos = erster, wichtigster; prōteios = erstrangig], in Zss.: Protein (einfacher Eiweißkörper).

keine Hefen) u. viele Bakterien (z. B. *Bacillus-*, *Clostridium*-Arten), die mittels proteolytischer Exoenzyme (↗Proteasen) Proteine abbauen (↗Proteolyse).

proteolytische Enzyme [v. gr. lytos = gelöst], die ↗Proteasen.

Proterandrie *w* [Bw. *prot(er)andrisch;* v. *protero-, gr. andres = Männer], *Protandrie, Erstmännlichkeit, Vormännlichkeit,* **1)** Bot.: das Reifen der staminaten *vor* den karpellaten Blütenteilen (↗Blüte) als Mechanismus zur Verhinderung der Selbstbestäubung (↗Autogamie, □). **2)** Zool.: der häufige Fall, daß konsekutiv-zwittrige Tiere zuerst männl. sind u. später (meist nach weiterem Wachstum) weibl.; kommt vor bei vielen Plattwürmern, Ringelwürmern, Schnecken (Hinterkiemer u. Lungenschnecken, als Ausnahme auch bei Vorderkiemern, ↗Pantoffelschnecke, □) u. Manteltieren; auch bei einzelnen Nesseltieren (↗Kompaßqualle), Gliederfüßern (*Termitoxenia,* eine in Termitennestern parasitierende Buckelfliege) u. Stachelhäutern. – Ggs.: ↗Proterogynie. P. und Proterogynie verhindern die Selbstbefruchtung.

Protergum *s* [v. *pro-, lat. tergum = Rükken], der ↗Halsschild 1).

Proterogenese *w* [v. *protero-, gr. genesis = Entstehung], (Schindewolf 1925), beschreibt die Erscheinung in fossilen Stammreihen, daß ein Merkmal, das zunächst nur auf frühontogenet. Stadien beschränkt bleibt, im Verlauf der phylogenet. Entwicklung der Stammreihe auch auf spätere Stadien übergreift, bis das Merkmal auch bei adulten Tieren zu beobachten ist (z. B. Stammreihe ordovizischer *Nautiloidea* = Tintenfische).

proteroglyph [v. *protero-, gr. glyphē = Einkerbung], vorderfurchenzähnig; die gefurchten, jedoch zieml. stumpfen u. starren ↗Giftzähne stehen in der Mundhöhle – bei den Giftnattern u. Seeschlangen – weit vorne.

Proterogynie *w* [Bw. *prot(er)ogyn;* v. *protero-, gr. gynē = Frau], *Protogynie, Erstweiblichkeit, Vorweiblichkeit,* **1)** Bot.: das Reifen der karpellaten *vor* den staminaten Blütenteilen als Mechanismus zur Verhinderung der Selbstbestäubung (↗Autogamie, □). **2)** Zool.: sehr seltener Fall, bei dem konsekutiv-zwittrige Tiere zuerst weiblich u. danach männlich sind; bei wohl allen Salpen, bei manchen Knochenfischen (z. B. Meerjunker u. a. Lippfische, Papageifische) u. bei wenigen Bandwürmern, Polychaeten u. Schnecken. – Ggs.: ↗Proterandrie.

Proterosoma *s* [v. *protero-, gr. sōma = Körper], Körperteil der ↗Milben.

Proterosuchidae [Mz.; v. *protero-, gr. souchos = Nilkrokodil], † Fam. primitiver, mittelgroßer Pseudosuchier (Reptilien, Ord. *Thecodontia*) mit akrodonter Kieferbezahnung u. noch vorhandenem Interparietale u. Foramen parietale; verlängerte Halswirbel. Typus-Gatt. *Proterosaurus* Broom 1903 aus der *Procolophon*-Stufe S-Afrikas (untere Trias). Verbreitung: ? oberes Perm bis mittlere Trias v. S-Afrika, Indien, UdSSR.

Proterozoikum *s* [v. *protero-, gr. zōikos = Tiere betreffend], nach Errichtung des ↗Kambriums v. Sedgwick (1838) vorgeschlagener Ausdruck für alle Gesteine älter als Kambrium; später im Sinne v. Emmons (1887) meist für oberpräkambrische Gesteine zw. ↗Archaikum u. Kambrium verwendet. Alter 2620–570 Mill. Jahre vor heute. ↗Algonkium.

Protethys *w* [v. *pro-, ben. nach der Meeresgöttin Tēthys], *Palaeotethys,* das paläozoische Vorstadium der ↗Tethys; □ Kontinentaldrifttheorie.

Proteus *m* [ben. nach dem gr. Meeresgott Prōteus], **1)** Bot.: Gatt. der ↗*Enterobacteriaceae,* gramnegative, fakultativ anaerobe, peritrich begeißelte Stäbchenbakterien (0,4–0,8 × 1–3 μm), die auch kokkenförmige od. unregelmäßige Formen ausbilden. Die meisten Stämme zeigen auf Oberflächen fester Nährböden ein „Schwärmen“, ein sehr schnelles, hauchdünnes, schleierartiges Ausbreiten; daher auch H-Form (=Hauch-Form) genannt; geißellose Varietäten ohne hauchartiges Wachstum werden dementsprechend als O-Form (= ohne Hauch-Form) bezeichnet. *P.*-Arten treten in vielen serolog. Typen auf. Sie besiedeln als normale ↗Darmflora den Darmtrakt in Mensch u. Tier; in der Natur sind sie weit verbreitet, z. B. im Erdboden u. Abwasser, wo sie als aerobe Proteinzersetzer u. Fäulniserreger v. Bedeutung sind. Beim Menschen können sie außerhalb des Darms Entzündungen u. Eiterungen hervorrufen, meist Harnweginfektionen, seltener Sepsis od. Infektion anderer Organe. Wichtiger ↗„Hospitalismus“-Keim, der zu den „Problemkeimen“ gerechnet wird, da Stämme mit Mehrfachresistenz gg. Antibiotika vorkommen *(P. mirabilis).* Glucose wird von *P.*-Arten im chemoorganotrophen Stoffwechsel unter Säurebildung abgebaut, Lactose nicht verwertet u. kein Acetoin gebildet. Harnstoff wird i. d. R. zersetzt, so daß Ammoniak entsteht. Am häufigsten lassen sich *P. mirabilis* und *P. vulgaris* isolieren *(P. morganii = ↗Morganella m.; P. rettgeri = ↗Providencia r.).* **2)** Zool.: Gatt. der *Proteidae,* ↗Grottenolm.

Prothallium *s* [v. *pro-, gr. thallos = Sproß], der haploide, aus der Spore sich entwickelnde Gametophyt der ↗Farnpflanzen, mit thallöser Organisation.

Prothallus *m* [v. *pro-, gr. thallos = Sproß], das ↗Vorlager.

Protheka *w* [v. *pro-, gr. thēkē = Behältnis], (Bulman), proximaler Teil einer ↗Graptolithen-Theka vor Ausbildung der folgenden ↗Theka; morpholog. gleichwer-

Proterandrie

Proterandrie (♂ vor ♀) ist viel häufiger als *Proterogynie* (♀ vor ♂). Dies ist verständlich, denn für die ♂ Phase (Produktion winziger Spermien) genügt eine geringere Körpergröße als für die ♀ Phase (Produktion dotterhaltiger, meist großer Eizellen). Diese Deutung steht auch im Einklang mit den Befunden beim Polychaeten ↗ *Ophryotrocha* (□ Geschlechtsumwandlung).

pro- [v. gr. /lat. pro, pro- = vor (zeitl. und räuml.), für, anstatt].

protero- [v. gr. proteros = vorderer, früher, besser; davon proterō = vorn].

tig der ↗Stolotheka v. ↗*Dendroidea* u. anderen Gruppen.

prothorakotropes Hormon *s* [v. gr. prothōrakion = Vorpanzer, tropē = Wendung], *Prothoraxdrüse-stimulierendes Hormon,* Abk. *PTTH,* Peptidhormon der Insekten (relative Molekülmasse ca. 5000), das in den Perikarya spezifischer cerebraler neurosekretorischer Zellen gebildet, axonal zu den ↗Corpora cardiaca (↗Neurohämalorgane) transportiert u. aus diesen in die Hämolymphe freigesetzt wird. Es steuert indirekt die postembryonale Entwicklung, indem es die Ausschüttung von ↗Ecdyson kontrolliert. ↗Häutung (□), ↗Häutungsdrüsen, ↗Metamorphose; [T] Insektenhormone.

Prothorax *m* [v. *pro-, gr. thōrax = Brust(panzer)], das 1. Brustsegment der ↗Insekten; trägt die Vorderbeine.

Prothoraxdrüse, *Prothorakaldrüse,* Hormondrüse (Häutungsdrüse) des endokrinen Systems der Insekten ([T] Insektenhormone), die wie die ihr homologe ↗Ventraldrüse aus paarigen ektodermalen Einstülpungen im 2. Maxillarsegment hervorgeht u. als paariges Band v. Drüsenzellen den Tracheen anliegt. Sie bildet nach Stimulation durch das ↗*prothorakotrope Hormon* das für ↗Häutung (↗Häutungsdrüsen) u. Entwicklung bedeutsame ↗Ecdyson (↗Metamorphose). Die P. degeneriert bei adulten Insekten unmittelbar nach Eintritt in die Imaginalphase. □ Häutung.

Prothrombin *s* [v. *pro-, gr. thrombos = Blutpfropf], ↗Thrombin; ↗Blutgerinnung.

Prothylakoide [Mz.; v. *pro-, gr. thylakoeidēs = sackförmig], einzelne Membranen, die vom ↗Prolamellarkörper der Etioplasten ausstrahlen u. aus denen nach Belichtung des etiolierten Gewebes sehr rasch funktionstüchtige (grüne) Thylakoide entstehen.

Protisten [Mz.; v. gr. prōtistos = allererster] ↗Mikroorganismen.

Protium *s* [v. *proto-], Gatt. der ↗Burseraceae.

Protoalkaloide ↗biogene Amine.

Protoascomycetidae [Mz.; v. *proto-, gr. askos = Schlauch, mykētes = Pilze], *Proascomycetidae,* die ↗Endomycetes.

Protobionten [Mz.; v. *proto-, gr. bioōn = lebend], *Protozellen,* erste lebende Zellen mit Selbstvermehrungsfähigkeit, v. denen wahrscheinl. die biotische Evolution ausging. ↗Präzellen.

Protobranchia [Mz.; v. *proto-, gr. bragchia = Kiemen], die ↗Fiederkiemer.

Protocatarrhinenhypothese [v. *proto-, zool.-lat. catarrhina = Schmalnasenaffen], leitet die ↗*Hominidae* unter Umgehung aller anderen ↗*Hominoidea* u. *Cercopithecoidea* (↗Hundsaffen) direkt v. frühen Vorfahren der Altweltaffen (↗Schmalnasen) ab. □ Präbrachiatorenhypothese.

Protocephalon *s* [v. *proto-, gr. kephalē = Kopf], bei ↗Gliederfüßern das ↗Kopf-Segment, das als Gehirnabschnitt das ↗Protocerebrum enthält (↗Oberschlundganglion); dementspr. ist das P. das Verschmelzungsprodukt aus Prostomium u. Prosocephalon. Gelegentl. wird der Begriff auch synonym zu ↗Procephalon verwendet.

Protoceratops *w* [v. *proto-, gr. keras = Horn, ōps = Auge], (Granger u. Gregory 1923), † Gatt. kleiner (Länge bis 2,40 m) u. primitiver ↗*Ceratopsia* (□), v. denen Skelette aller Altersstadien u. Gelege v. Eiern gefunden wurden; vordere Gliedmaßen nur halb so lang wie die hinteren. Verbreitung: Oberkreide der Mongolei u. Chinas.

Protocerebralbrücke [v. *proto-, lat. cerebrum = Gehirn], *Pons protocerebralis,* Assoziationszentrum (Glomerulus) im oberen Protocerebrum der Insekten zw. Pars intercerebralis u. Zentralkörper. ↗Gehirn (□), ↗Oberschlundganglion (□).

Protocerebrum *s* [v. *proto-, lat. cerebrum = Gehirn], *Vorderhirn,* vorderster Abschnitt des ↗Oberschlundganglions (□) der ↗Gliederfüßer ([T]), Verschmelzungsprodukt aus Archi- u. Prosocerebrum. ↗Gehirn (□).

Protocetrarsäure [v. *proto-, ben. nach ↗Cetraria] ↗Flechtenstoffe.

Protociliata [Mz.; v. *proto-, lat. cilium = Wimper], Wimpertierchen, die im Ggs. zu allen anderen keinen Kerndualismus haben; mehrkernig, alle Kerne sind gleich, besitzen einen zentralen Nucleolus u. teilen sich mitotisch; sexuelle Fortpflanzung unbekannt, deshalb systemat. Zuordnung noch unsicher. Einzige Gatt. ist *Stephanopogon;* lebt im Mesopsammal der Meere; aufgrund neuer Feinstrukturuntersuchungen des Cortex stellt man die Gatt. jetzt eher zu den Flagellaten.

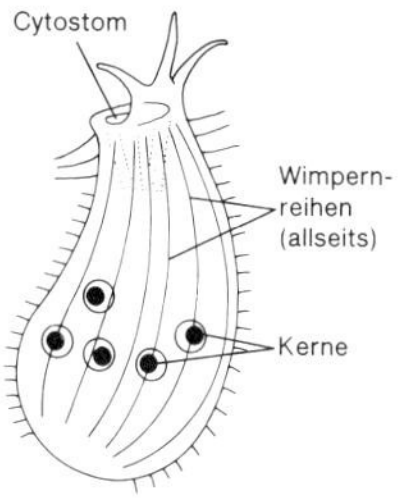

Protociliata
Stephanopogon

Protoclepsis *w* [v. *proto-, gr. kleptein = stehlen], Ringelwurm-(Blutegel-)Gatt. der ↗*Glossiphoniidae. P. maculosa,* 2–5 cm lang, Rücken grau- bis olivschwarz, auch dunkelbraun, mit unregelmäßig verteilten gelbl. Flecken; vermutl. Parasit an Stockenten; sehr selten.

Protococcales [Mz.; v. *proto-, gr. kokkos = Kern, Beere], ursprüngliche Bez. der ↗Chlorococcales.

Protococcidia [Mz.; v. *proto-, gr. kokkos = Kern, Beere], U.-Ord. der ↗Coccidia.

Protocoel *s* [v. *proto-, gr. koilos = hohl], vorderer von drei ↗Coelom-Abschnitten bei den ↗*Archicoelomata;* bei den Stachelhäutern als ↗Axocoel ausgebildet, das eine Verbindung zw. ↗Ambulacralgefäßsystem (↗Hydrocoel = Mesocoel) u. Außenmedium (Meerwasser) herstellt. Wird zunächst paarig angelegt u. entspricht darin nicht ganz der ↗Enterocoeltheorie (□).

Protoconch *m* [v. *proto-, gr. kogchē = Muschel], *Protoconcha, Anfangskammer,* das Larvalgehäuse v. Mollusken. Bei Schnecken meist deutl. von den folgenden Windungen (Teloconch) zu unterscheiden;

pro- [v. gr./lat. pro, pro- = vor (zeitl. und räuml.), für, anstatt].

proto- [v. gr. prōtos = erster, vorderster, frühester, wichtigster].

bei Kopffüßern mit ↗Prosipho, bis zum ↗Proseptum reichend. ↗Anfangskammer.

Protocyte *w* [v. *proto-], *Procyte,* Bez. für den Organisationstyp der prokaryot. Zelle (↗Prokaryoten), der u. a. durch das Fehlen eines echten, von einer Kernmembran umschlossenen Kerns charakterisiert ist. Die die Erbinformation tragende DNA liegt frei im Cytoplasma u. ist nicht in Untereinheiten aufgeteilt (↗Nucleoid); Mitochondrien u. Plastiden fehlen völlig. Nur sehr geringe ↗Kompartimentierung der Zelle durch ↗intracytoplasmat. Membranen. Die Geißeln (↗Cilien, ↗Bakteriengeißel) sind nie nach dem „9+2-Muster" (↗Axonema, □) der ↗Eucyte aufgebaut. Die Zellen sind auch morpholog. wenig differenziert u. sehr klein (durchschnittl. Länge ca. 5 μm, Dicke ca. 1 μm). Die P. ist v. einer festen Zellwand umgeben, die bei den ↗Eubakterien (↗Bakterienzellwand, □) ↗Murein (□) enthält. ↗Zelle (□), □ Bakterien, □ Cyanobakterien, □ Endosymbiontenhypothese.

Protoderm *s* [v. *proto-, gr. derma = Haut], das ↗Dermatogen.

Protodonata [Mz.; v. *proto-, gr. odōn = Zahn], die ↗Urlibellen.

Protodrilidae [Mz.; v. *proto-, gr. drilos = Regenwurm], Ringelwurm-(Polychaeten-) Fam. der ↗*Archiannelida.* Obgleich Körper klein, Anzahl der Segmente bis zu 50; Prostomium mit mehreren Folge-Segmenten verschmolzen u. mit einem Paar tentakelart. Anhänge versehen; Ventralseite mit Wimperstreifen, einer medianen Wimperrinne od. unvollständigen Wimperringen, keine Parapodien, selten einfache Hakenborsten, kein vorstülpbarer Rüssel. Hermaphroditen u. zudem Komplementärmännchen; Trochophora-Larve, viele Arten Sandlückenbewohner. In der Nordsee *Protodrilus purpureus, P. symbioticus, P. oculifer, P. hypoleucus;* in der westl. Ostsee *P. chaetifer.*

Protogäikum *s* [v. *proto-, gr. gaia = Erde], (H. Stille), *Paläogäikum,* ↗Megagäa.

protogen [v. gr. protogenēs = ursprünglich], am Fundort bzw. an dem Ort des heutigen Vorkommens entstanden.

Protohippus *m* [v. *proto-, gr. hippos = Pferd], (Leidy 1858), aus *Parahippus* hervorgegangene Equiden-Gatt., die nach Stirton ledigl. als Subgenus v. ↗*Merychippus* zu betrachten ist. Verbreitung: mittleres bis oberes Miozän von N-Amerika. B Pferde (Evolution).

Protohydra *w* [v. *proto-, gr. hydra = Wasserschlange], ein ↗Süßwasserpolyp.

Protokooperation *w* [v. *proto-, lat. cooperatio = Mitwirkung], nicht obligatorische Wechselbeziehung zw. verschiedenen Arten, die für beide Partner vorteilhaft ist, z. B. Verbreitung v. Samen, die in nahrhaften Beeren enthalten sind, durch Vögel u. Säugetiere.

Protolepidodendrales [Mz.; v. *proto-, gr. lepides = Schuppen, dendron = Baum], in ihrer Umgrenzung uneinheitl. gebrauchte Ord. fossiler ↗Bärlappe des Devons u. Unterkarbons. Diese ältesten Bärlappe umfassen isospore krautige Pflanzen od. kleine Bäume mit überwiegend exarchen Aktinostelen; die Blätter sind bei urspr. Formen gegabelt, bei abgeleiteten einfache Mikrophylle; die Achsen zeigen noch keine typische Ausbildung der Blattpolster, Parichnos-Male fehlen. Die *P.* sind keine homogene Gruppe, sondern repräsentieren mehrere Entwicklungslinien. Von bes. phylogenet. Interesse ist die auf das oberste Unterdevon u. Mitteldevon beschränkte Gattung *Protolepidodendron.* Hierzu gehören krautige, etwa 50 cm hohe Pflanzen mit exarcher Aktinostele u. schraubig angeordneten, mehrfach gegabelten Blättchen. Die zerstreut angeordneten Sporophylle sind den sterilen Blättchen gleichgestaltet u. tragen zieml. weit distal auf der adaxialen Seite 1 oder 2 Sporangien. Wahrscheinl. besaßen die Blätter auch eine Ligula; diese ist zumindest für eine Art (oft als Gatt. *Leclercqia* ausgegliedert) nachgewiesen. Die fertilen u. sterilen Blätter zeigen in dem Formenkreis um *Protolepidodendron* eine Tendenz zur Reduktion. So sind bei der Gatt. *Estinnophyton* die Blätter 4zipflig u. tragen 4 Sporangien, bei *Protolepidodendron wahnbachense* ist die Zahl der Sporangien auf 2 reduziert, u. bei *P. scharianum* tragen die Blätter nur noch 1 Sporangium. Die Verhältnisse entspr. somit ganz denen, wie sie nach der ↗Telomtheorie für die Ableitung der Bärlappe u. des typ. Bärlapp-Mikrophylls u. -Sporophylls aus Psilophyten-Vorfahren zu fordern sind. Die ↗Emergenztheorie nimmt dagegen an, daß die Bärlapp-Mikrophylle über die Reihe *Sawdonia (Zosterophyllales,* ↗Urfarne; Emergenzen ohne jede Leitbündelversorgung), ↗*Asteroxylon* u. ↗*Drepanophycus* durch zunehmende Vaskularisierung v. Emergenzen entstanden sind. Für die Ausbildung der Bärlapp-Sporophylle muß dabei eine zusätzl. Wanderung der Sporangien auf die Blattoberseite angenommen werden, da bei *Sawdonia* die Sporangien noch zw. den Emergenzen stehen. Befürworter dieser Emergenztheorie betrachten entspr. *Asteroxylon* u. *Drepanophycus* (aber auch ↗*Baragwanathia*) als eigene Gruppe der *P.* od. zumindest der Bärlappe. Verfechter einer Ableitung des Bärlapp-Mikrophylls u. -Sporophylls nach der Telomtheorie (über *Protolepidodendron*-ähnliche Vorfahren) sehen dagegen in *Asteroxylon* u. *Drepanophycus* eine eigene Ord. *Drepanophycales,* die als Abkömmling der *Zosterophyllales* (Urfarne), ohne Nachfahren zu hinterlassen, ausgestorben ist. Schließl. wird aber auch eine biphylet. Entstehung der Bärlappe für mögl. gehalten: danach sollen sich die ↗Bärlappartigen, der Emergenztheorie fol-

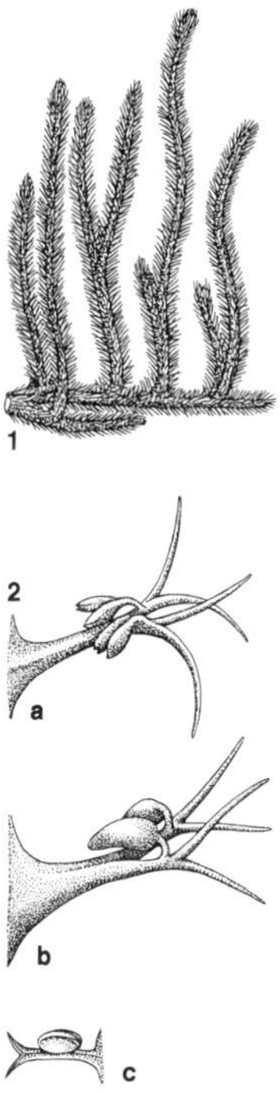

Protolepidodendrales

1 *Protolepidodendron scharianum.* **2** Im Formenkreis um *Protolepidodendron* ist eine zunehmende Reduktion der Sporangienzahl pro Sporophyll erkennbar: **a** *Estinnophyton,* **b** *P. wahnbachense,* **c** *P. scharianum*

proto- [v. gr. prōtos = erster, vorderster, frühester, wichtigster].

gend, aus *Drepanophycus* entwickelt haben, während für die übrigen Bärlappe entspr. der Telomtheorie eine Ableitung von *Protolepidodendron*-ähnlichen Ahnen angenommen wird. Unabhängig v. diesen verschiedenen Vorstellungen bilden die *P.* die wesentl. Basisgruppe der Bärlappe, v. der sich alle anderen Bärlapp-Gruppen ableiten. So führt eine (sicher nicht geradlinige) Entwicklungsreihe v. *Protolepidodendron* (keine Blattpolster) über die Gatt. *Protolepidodendropsis, Lepidodendropsis, Sublepidodendron* (kleine Bäume mit noch unvollständig ausgebildeten Blattpolstern) zu ↗ *Cyclostigma* u. den eigtl. Schuppenbäumen. Aus ↗ *Archaeosigillaria*-ähnlichen Formen haben sich vielleicht die Siegelbäume entwickelt. Meist wird angenommen, daß auch die ↗ Moosfarnartigen unmittelbar auf *P.* zurückgehen. *V. M.*

Protoloben [Mz.; v. *proto-, gr. lobos = Lappen], (Schindewolf 1927), die Loben (↗ Lobenlinie) der ↗ Primärsutur v. ↗ *Ammonoidea.*

Protoloph *m* [v. *proto-, gr. lophos = Nakken, Haarbusch], *Vorderjoch,* der verbindende transversale Kamm zw. den beiden urspr. Vorderhügeln Proto- u. Paraconus eines ↗ lophodonten oberen Säugetierzahns.

Protomedusae [Mz.; v. *proto-, gr. Medousa = schlangenhaarige Gorgone], (Caster 1945), † Kl. vermeintl. primitiver Hohltiere, die auf der Basis von 1–10 cm im ∅ großen „Sternsteinen“ (star cobbles) der Gatt. *Brooksella* Walcott (einschl. *Laotira*) begründet wurde; Deutung sehr zweifelhaft. Verbreitung: Algonkium, mittleres Kambrium bis Ordovizium, ? Oberkarbon; N-Amerika, Schweden, Fkr., Ägypten.

Protomere [Mz.; v. *proto-, gr. meros = Teil, Glied], die kleinsten, nicht kovalent untereinander verbundenen Protein- od. Polypeptideinheiten v. oligomer od. multimer aufgebauten Proteinen. ↗ Monomere.

Protomerit *m* [v. *proto-, gr. meros = Teil, Glied], ↗ Polycystidae; □ Gregarina.

Protomonadina [Mz.; v. *proto-, gr. monades = Einheiten], Ord. der ↗ Geißeltierchen, u. a. mit den U.-Ord. ↗ Kragenflagellaten u. ↗ *Kinetoplastida. P.* sind keine einheitl. Gruppe (kein Monophylum), sondern eine Zusammenfassung aller farblosen Geißeltierchen mit nur 1 oder 2 Geißeln (selten mehr), die sich nicht direkt v. Phytoflagellaten durch Plastidenverlust ableiten lassen. Sie können frei lebend od. parasit. sein. Hierher so bekannte Einzeller wie die *Trypanosoma*-Arten *(↗ Trypanosomidae).*

Protomycetales [Mz.; v. *proto-, gr. mykētes = Pilze], Ord. der ↗ *Endomycetes* (Schlauchpilze), in der etwa 20 Pflanzenparasiten-Arten eingeordnet werden; sie verursachen oft ausgedehnte Blattverfärbungen (z.B. *Taphridium umbelliferum*) od. blasige Hypertrophien (z.B. *Protomyces macrosporus*). Freigesetzte Ascosporen konjugieren sofort wieder paarweise od. bleiben haploid; in beiden Fällen vermehren sich die Zellen durch Sprossung. Nur diploide Zellen bilden auch ein Mycel aus septierten Hyphen, mit dem Wirtsgewebe infiziert werden kann, in dem die Pilze interzellulär wachsen u. Asci bilden. Die Zellwände der *P.* enthalten Glucane (kein Chitin).

Protomyzostomidae [Mz.; v. *proto-, gr. myzan = saugen, stoma = Mund], Ringelwurm-Fam. der ↗ *Myzostomida* mit nur der namengebenden Gatt. *Protomyzostomum* u. 3 Arten, die endoparasit. im Coelom v. Schlangensternen leben. Körper oval, ohne Cirren, Epidermis mit Cuticula, 5 Paar Lateralorgane, kein Rüssel, viele Darmdivertikel, mehrere Paare Metanephridien; simultane Hermaphroditen.

Protonema *s* [v. *proto-, gr. nēma = Faden], *Fadenprothallium,* der aus der Spore sich entwickelnde haploide Vorkeim der ↗ Moose (B II), der zunächst als verzweigter grüner Zellfaden organisiert ist u. später teilweise besondere knospenartige Seitenfäden bildet, die dann zu den eigtl. Moospflänzchen auswachsen. Bei den ↗ Laubmoosen besitzt das junge P. chloroplastenreiche Zellen mit senkrecht stehenden Zellwänden. In diesem Zustand wird es auch *Chloronema* gen. Später bildet sich an seiner Spitze das chloroplastenärmere u. mit schräg stehenden Zellwänden versehene *Caulonema* aus, an dem die „Knospen“ für die eigtl. Moospflänzchen [entstehen.

Protonen ↗ Atom (□).

protonenmotorische Kraft, *protonenverschiebende Kraft, proton motive force* (Abk. *PMF*), *elektrochem. Protonengradient,* Bez. für die an einer biol. ↗ Membran anliegende elektrochem. Potentialdifferenz für Protonen. Der chemiosmot. Hypothese (Mitchell-Hypothese; ↗ Atmungskette, □) zufolge wird die Redoxenergie, die in die Elektronentransportkette der oxidativen ↗ Phosphorylierung, bzw. die Lichtenergie, die in die photosynthet. Elektronentransportkette (↗ Photosynthese) eingespeist werden, in die Energie eines elektrochem. Protonengradienten umgewandelt. Diese Hypothese fordert ja, daß die Elektronen bzw. Wasserstoff übertragenden Komponenten der Elektronentransportketten so in der Membran ange-

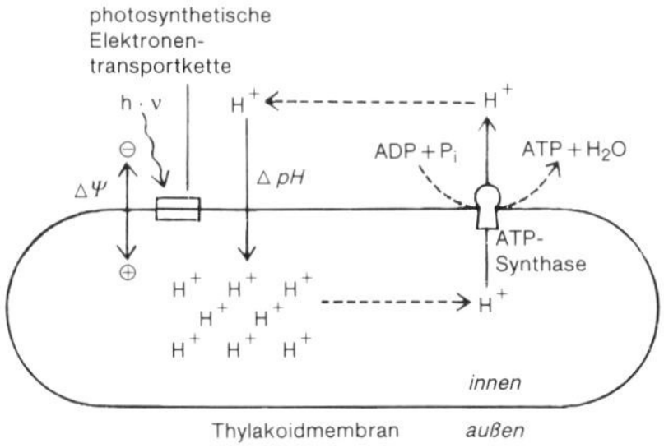

proto- [v. gr. prōtos = erster, vorderster, frühester, wichtigster].

protonenmotorische Kraft

Aufbau eines elektrochem. Protonengradienten am Beispiel der Photophosphorylierung an der Thylakoidmembran. Durch Lichtabsorption (Photosysteme I und II) kommt es zu einem räumlich gerichteten Elektronentransport, aus dem die Translokation v. Protonen in den Thylakoidinnenraum resultiert (Δ *pH*); gleichzeitig entsteht durch die damit verbundene Ladungstrennung ein elektrisches Potential (Δ *Ψ*). Die auf diese Weise aufgebaute p. K. wird beim Rückstrom der Protonen durch eine ebenfalls vektoriell arbeitende ATP-Synthase (in diesem Fall der sog. $CF_0 \cdot CF_1$-Komplex) zur ATP-Synthese ausgenützt. Aus diesem Modell wird evident, daß in jedem Fall die Existenz intakter Membranen Voraussetzung für die Entstehung einer p.n K. ist.

ordnet sind, daß auf der einen Seite der Membran eine Protonenaufnahme u. auf der anderen eine Protonenabgabe erfolgt. Dadurch erzeugt der Elektronentransport einen Protonengradienten (*pH*-Differenz). Dieser Gradient führt außerdem zur Ausbildung eines ↗Membranpotentials, da die Membranseite, auf der Protonen angereichert werden, gegenüber der anderen eine positive Ladung erhält. Protonengradient ($\Delta\ pH$) u. Membranpotential ($\Delta\ \Psi$) zusammen ergeben die p. K., eine Größe, die dann ihrerseits zur Bildung energiereicher Phosphatbindungen in Form von ATP ausgenützt wird. Die physikochem. Beschreibung der p.n K. gibt folgende Gleichung wieder:

$$\Delta \mu_{H^+} = \Delta p = \Delta \Psi - 2{,}3 \cdot \frac{R \cdot T}{F} \cdot \Delta pH$$

($\Delta \mu_{H^+}$ = elektrochem. Protonengradient; Δp = p. K.). Der konstante Term entspricht dabei einem Potential von 59 mV (bei T = 25 °C, R = Gaskonstante, F = Faraday-Konstante). Δp beträgt unter normalen physiolog. Bedingungen etwa 200 mV.

Protonenpumpe, *Protonenkanal,* Bez. für integrale ↗Membranproteine, welche die Translokation v. Protonen *(Protonentransport)* durch Bio-↗Membranen vermitteln. Es handelt sich bei diesen sog. P.n fast ausschl. um primäre aktive Transportsysteme (↗Membrantransport). Man unterscheidet: 1. Protonentransportsysteme, die an Elektronentransportketten gekoppelt sind (↗Atmungskette, ↗Photophosphorylierung). 2. Protonen-getriebene F_0F_1-ATP-Synthase-Komplexe; hierbei fungiert der Membran-integrale F_0-Teil als Protonenkanal (↗mitochondrialer Kopplungsfaktor, ↗Mitochondrien). 3. ATP-abhängiger Protonentransport in der Plasmamembran v. Eukaryoten. Hierzu gehört die H^+-, K^+-ATPase, eine wichtige P. in der luminalen Plasmamembran der ↗Belegzellen im ↗Magen. Diese P. ist für die Ansäuerung des Magensafts verantwortlich u. baut den wahrscheinlich steilsten pH-Gradienten im Säugerorganismus auf (ca. 7 pH-Einheiten). Die H^+-ATPase ist eine reine P., die elektrogen ohne Gegenion arbeitet. Sie wurde in der Plasmamembran v. Hefen u. Pflanzenzellen gefunden. 4. Eine ähnliche P. wird in der Membran v. Lysosomen angenommen, die den intralysosomalen pH-Wert bei 4,5–5,0 konstant hält. 5. Eine lichtgetriebene P. stellt das ↗Bakteriorhodopsin in der Purpurmembran halophiler Bakterien dar. Unter Sauerstoffmangel werden diese funktionellen Membranbereiche ausgedehnt u. die durch die vektoriell arbeitenden P.n aufgebaute ↗protonenmotorische Kraft zur ATP-Synthese verwendet. 6. Schließlich kennt man noch den Protonen-abhängigen Sym- od. Antiport anderer Moleküle durch Membranen (sekundärer ↗aktiver Transport; ☐ Membrantransport), z. B. Adrenalin-Protonen-Antiport in der Membran der chromaffinen Granula der Nebennierenmarkzellen, Transport v. Saccharose u. vielen sekundären Pflanzenstoffen in die pflanzl. Vakuole.

proto- [v. gr. prōtos = erster, vorderster, frühester, wichtigster].

protonenmotorische Kraft

Wichtige Beispiele für Energiegewinnung aufgrund eines elektrochem. Protonengradienten sind die erwähnten Elektronentransportketten bei der mitochondrialen Atmung u. der Photosynthese sowie bei der Atmungskette in der Plasmamembran v. Bakterien. Hierzu gehört auch der Mechanismus zur Lichtenergiewandlung bei Halobakterien durch die Protonenpumpe ↗Bakteriorhodopsin in der Purpurmembran.

Protonephridien [Mz.; v. *proto-, gr. nephridios = Nieren-], ↗Nephridien (☐) der Plathelminthen, Nemertinen, Polychaeten, Kamptozoen u. Rotatorien, in stark abgewandelter Form auch bei Lanzettfischchen u. als ↗H-Zelle bei ↗Fadenwürmern. ↗Exkretionsorgane (B).

Protonephromixien [Mz.; v. *proto-, gr. nephros = Niere, mixis = Vermischung] ↗Nephridien.

Protonymphe *w* [v. *proto-, gr. nymphē = Mädchen], Larvenstadium der ↗Pseudoskorpione u. der ↗Milben.

protopar [v. *proto-, gr. pareia = Wange], heißt eine als primitiv geltende Gesichtsnaht (↗Häutungsnähte) v. Trilobiten, die entlang dem Außenrand des Cephalons verläuft.

Protophyten [Mz.; v. gr. prōtophytos = zuerst entstanden], Bez. für die einfachsten Organisationsstufen pflanzl. Lebens, die z. T. noch wandlosen pflanzl. *Einzeller,* die aus lockeren Verbänden gleichwert. Zellen bestehenden *Coenobien* (z. B. Bakterienketten, Schraubenalge) u. die aus vielkern. nackten Plasmamassen bestehenden *Plasmodien* der Schleimpilze.

Protopinaceae [Mz.; v. *proto-, lat. pinus = Kiefer], künstl. (Bautyp-) Familie zur Erfassung v. fossilen Koniferen-Hölzern des Oberperm (Zechstein) bis Jura mit einem Mosaik aus urspr. und abgeleiteten Merkmalen. Kennzeichnend ist die sog. „protopinoide Tüpfelung" der Tracheidenwände, die zw. der (altertümlichen) ↗araucaroiden u. der (modernen) abietoiden Tüpfelung vermittelt. Wichtige Gatt. sind *Protophyllocladoxylon* und *Protocupressinoxylon.* Durch den Namen wird angedeutet, daß die Gatt., abgesehen von der protopinoiden Tüpfelung, an *Phyllocladus-* bzw. *Cupressus*-Hölzer erinnern (z. B. durch den Bau der Kreuzungsfeldtüpfel).

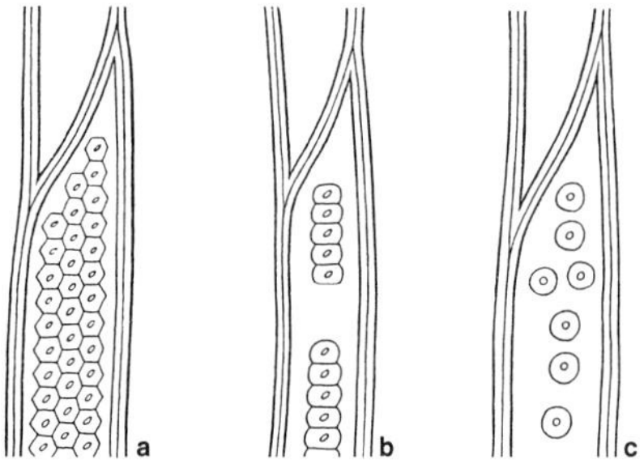

Protopinaceae

Die *P.*-Hölzer vermitteln durch ihre „protopinoide Tüpfelung" **(b)** der Tracheidenwände zw. dem ursprünglichen „araucaroiden Typ" **(a)** und dem modernen „abietoiden Typ" **(c).**

Protoplasma *s* [nlat., = Zelleib], *Plasma,* veraltete und z. T. uneinheitlich gebrauchte Bez. für den gesamten Inhalt einer ↗Zelle, der bei Pflanzen u. Tieren weiter in ↗Zellkern u. ↗Cytoplasma differenziert ist; nicht zum P. wird die Zellsaftvakuole pflanzl. Zellen gerechnet; vgl. Spaltentext.

Protoplast, bei pflanzl. und Bakterien-Zellen Bez. für den eigtl. lebenden Zellkörper, d. h. für den v. der Zellwand eingeschlossenen Teil der Zelle. Hat man mit Hilfe spezieller Enzyme die Zellwand aufgelöst, so können die entstandenen P.en wie tier. Zellen in vitro kultiviert und in spezif. Weise manipuliert werden. – Sind bei Bakterienzellen noch Zellwandreste vorhanden, spricht man v. *Sphaeroplasten.* Experimentell können bei Bakterien freie P.en durch Abbau der ↗Bakterienzellwand z. B. mittels Lysozym erhalten werden. P.en v. Bakterien haben einen aktiven Stoffwechsel u. sind osmotisch sehr empfindl., so daß sie nur in isotonischen od. schwach hypertonischen Medien stabil sind (z. B. 0,1–0,2molare Saccharoselösung). In hypotonischen Medien geplatzte P.en hinterlassen „Ghosts", Reste der Cytoplasmamembran (↗L-Form).

protopod [v. *proto-, gr. podes = Füße], Bez. für die Larvenform holometaboler Insekten (↗Holometabola), die wegen Beibehaltung embryonaler Merkmale höchstens Beinstummel, oft einen Cephalothorax u. ungegliedertes Abdomen aufweist; z. B. bei dem 1. Larvalstadium der entoparasitisch in Gallmückenlarven lebenden Zehrwespen-Fam. *Platygasteridae.*

Protopodit *m* [v. *proto-, gr. pous, Gen. podos = Fuß], *Sympodit,* basaler, primär ungegliederter Abschnitt der ↗Extremität (□) der Gliederfüßer; nach älteren Ansichten war der P. allerdings primär in Subcoxa, Coxa u. Basis gegliedert.

Protoporphyrin *s* [v. *proto-, gr. porphyra = Purpur], ↗Porphyrine.

Protopteridium *s* [v. *proto-, gr. pteridios = gefiedert], ↗Progymnospermen.

Protopterus *m* [v. *proto-, gr. pteron = Flosse], Gatt. der ↗Lungenfische.

Protopygidium *s* [v. *proto-, gr. pygidion = kleiner Steiß], hinterer, zum Pygidium (Telson) werdender Teil eines ↗Protaspis-Schildchens v. ↗Trilobiten.

Protorosauria [Mz.; v. *proto-, gr. oros = Berg, sauros = Eidechse], † Ord. niederer Tetrapoden aus dem systemat. Umkreis v. *Protorosaurus speneri* H. v. Meyer aus dem Mansfelder Kupferschiefer, deren Repräsentanten im Bau der Temporalgegend an *Theromorpha* erinnern, sonst aber grundverschieden sind; v. Huene (1955) unterschied 3 Fam.: *Petrolacosauridae, Araeoscelidae, Protorosauridae.* Andere Autoren bezogen auch die Fam. *Tanystropheidae, Trilophosauridae* u. *Weigeltisauridae* ein u. vereinigten die *P.* mit den Ord. *Sauropterygia* u. *Araeoscelidia* zur U.-Kl. *Synaptosauria;* auch als Ersatzname anstelle v. *Eosuchia* vorgeschlagen. Verbreitung: Oberkarbon bis Trias v. Europa und N-Amerika.

Protorthoptera [Mz.; v. *proto-, gr. orthopteros = geradflügelig], (Handlirsch), † Ord. paläozoischer Insekten (Infra-Kl. *Neoptera*) mit zurücklegbaren Flügeln; deren Aderung deutet Beziehungen zu den rezenten Heuschrecken (Ord. *Saltatoria*) an. Verbreitung: Oberkarbon bis Perm, ? Trias.

Protosepten [Mz.; v. *proto-, lat. saeptum = Scheidewand], (Duerden 1902), die ontogenet. zuerst angelegten Septen im Skelett eines Einzelkelchs vieler Korallen *(↗Anthozoa);* es sind 6 bei den *Rugosa* u. *Scleractinia (↗Hexacorallia),* 4 bei den *↗Heterocorallia.* Die 6 P. heißen in der Reihenfolge ihrer Einschaltung: Hauptseptum (H) und Gegenseptum (G), dann je 1 Paar Seitensepten (S) u. Gegenseitensepten (GS).

Protosiphonaceae [Mz.; v. *proto-, gr. siphōn = Röhre], Fam. der *Chlorococcales;* große runde, vielkern., einzellige Grünalgen; *Protosiphon botryoides* kommt weltweit auf feuchten Böden vor.

Protosoma *s* [v. *proto-, gr. sōma = Körper], *Prosoma,* ↗Trimerie.

Protosporen, die ↗Uredosporen.

Protostele *w* [v. *proto-, gr. stēlē = Säule], ↗Stele.

Protostelidae [Mz.; v. *proto-, gr. stēlē = Säule], *Protosteliomycetidae (Protosteliales), „haploide Schleimpilze",* 1. U.-Kl. (Ord.) der *Myxomycetes;* einfachste Schleimpilze, bei denen die aus den Sporen geschlüpften Myxamöben zu kleinen, vielkern. Plasmodien heranwachsen. Zur Sporenbildung teilen sich die Plasmodien (Vorspor-Zelle, Prosporen), aus denen sich gestielte Sporangien (Sporokarpien) mit 1–4 Sporen bilden. Diese keimen mit wandlosen Zellen (Myxamöben od. Myxoflagellaten). Die Sporen können auch mit mehrkern. Plasmodien auskeimen (z. B. bei *Ceratiomyxella*), die sich zu einer Zoocyste umwandeln, aus der später Myxoflagellaten entlassen werden. Bei *↗Ceratiomyxa* ist auch eine sexuelle Phase nachgewiesen worden, die vermutl. auch bei anderen *P.* auftritt. *P.* mit Myxoflagellaten haben enge Beziehungen zu den ↗Echten Schleimpilzen *(Myxomycetidae),* die Arten ohne Myxoflagellaten zu den ↗Zellulären Schleimpilzen *(Dictyostelidae).* – *Ceratiomyxella tahitiensis* lebt (wahrscheinl. in der Haplophase) auf abgestorbenen, faulenden organ. Substraten (z. B. Früchte, Gras).

Protostomier [Mz.; v. *proto-, gr. stoma = Mund], *Protostomia, Urmünder, Erstmünder, Bauchmarktiere, ↗Gastroneuralia, Zygoneura,* auf K. Grobben (1908) zurückgehender Begriff, der die triploblastischen *Metazoa (↗Bilateria)* in P. und *↗Deuterostomier* gliederte. P. sind alle Triploblasten, bei denen sich der Blastoporus (↗Urmund) zum späteren Mund entwickelt, während der After sekundär aus einer Ektoderm-

Protoplasma

Zur Entstehung des Begriffs „Protoplasma":

J. E. ↗Purkinje benutzte P. erstmalig in einem Vortrag (1839) für die „primitive Substanz in den Bläschen (Zellen) des pflanzl. und tier. Embryonalkörpers", die er zunächst als „Cambium" bezeichnen wollte und für die bei Einzellern (Rhizopoden) von F. Dujardin (1835) die Bez. „Sarkode" gebraucht worden war. Der Ursprung des Wortes stammt aus der kath. Liturgie, die Adam den „Protoplastus" nennt. 1846 wurde der Begriff von H. ↗Mohl übernommen und für die „lebendige Substanz der fertigen Pflanzenzelle" benutzt. 1855 verallgemeinerte ihn R. ↗Remak auch auf fertig ausgebildete tier. Zellen. M. ↗Schultze definierte schließl. (1863): „Eine Zelle ist ein Klümpchen P., in dessen Inneren ein Kern liegt."

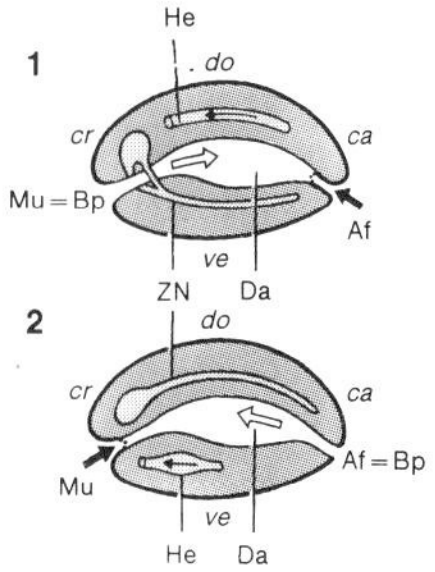

Protostomier

Baupläne (schematisch) der Embryonen von Protostomiern **(1)** und Deuterostomiern **(2)**.
Af After, Bp Urmund (Blastoporus), Da Darm, He Herz, Mu Mund, ZN Zentralnervensystem; *ca* caudal, *cr* cranial (rostral), *do* dorsal, *ve* ventral; helle Pfeile: Invaginationsrichtung des Urdarms, schwarze (dicke) Pfeile: sekundäre Ektodermeinstülpung (1 Proctodaeum, 2 Stomodaeum)

einstülpung hervorgeht, die mit dem hinteren entodermalen Darm verbunden wird. Die unterschiedl. ontogenetische Entstehung von Mund u. After hat eine unterschiedl. Organtopographie zur Folge, so daß bei den P.n das Herz dorsal, das Nervensystem ventral des Darmes (daher Bauchmarktiere = Gastroneuralia) zu liegen kommt. Bei den Deuterostomiern ist es umgekehrt (daher Rückenmarktiere = Notoneuralia) (☐ 35). P. sind die *Plathelminthes, Nemertini, Nemathelminthes, Entoprocta, Mollusca, Sipunculida, Echiurida, Annelida, Onychophora, Tardigrada, Arthropoda, Tentaculata (Phoronida, Bryozoa, Brachiopoda).* Zur Problematik der P. als phylogenet. Einheit ↗Deuterostomier.

Protosycon *s* [v. *proto-, gr. sykon = Feige], fossile Kalkschwamm-Gatt. der *Pharetronida. P. punctatus* aus dem oberen Jura, ähnelt in Größe u. Form den rezenten *Sycon*-Arten.

Prototheria [Mz.; v. *proto-, gr. thēria = Tiere], die Eierlegenden Säugetiere; ↗Kloakentiere.

Prototroch *s* [v. *proto-, gr. trochos = Rad, Scheibe], ↗Trochophora-Larve.

Prototrophie *w* [Bw. *prototroph;* v. *proto-, gr. trophē = Ernährung], *Anauxotrophie,* Ernährungsform bei Mikroorganismen, bei der für ein Wachstum nur einfache Nährstoffe (Kohlenstoff- u. Energiequelle) u. Mineralien, aber keine bes. Wachstumsfaktoren (Suppline, ↗Ergänzungsstoffe wie Aminosäuren, Purine, Pyrimidine od. Vitamine) benötigt werden. Ggs.: ↗Auxotrophie.

Protoxylem *s* [v. *proto-, gr. xylon = Holz], *Xylemprimanen,* die sich aus dem noch meristemat. Initialenbündel (bzw. Initialenbündelrohr; Prokambium) zuerst entwickelnden, noch sehr kleinzelligen Leitelemente des ↗Xylems, v. dem ausgehend sich dann das größerzellige u. weitlumigere ↗Metaxylem ausdifferenziert. Entwikkelt sich das Metaxylem rings um das P. herum, spricht man von *mesarchem P.,* bildet es sich nur nach innen zum Sproßachsenzentrum zu bzw. nur nach außen, liegt ein *exarches* bzw. *endarches P.* vor; d.h., bezogen auf das Metaxylem, kann das P. entweder in der Mitte (mesarches P.; z.B. Protostele, Teilstelen der Polystele) od. zur Sproßachsenperipherie (exarches P.; z.B. Aktinostele) od. aber dem Sproßachsenzentrum zu liegen (endarches P.; Eustele). ↗Stele.

Protozellen, die ↗Protobionten.

protozerk [v. *proto-, gr. kerkos = Schwanz], *diphyzerk,* ↗Flossen (☐).

Protozoa [Mz.; v. *proto-, gr. zōa = Tiere], *Protozoen,* die ↗Einzeller.

Protozoëa *w* [v. *proto-, gr. zoē = Leben], Larvenform der primitiven Decapoden-Fam. *Penaeidae (↗Natantia);* geht aus dem Metanauplius hervor und benutzt wie dieser die 1. und 2. Antennen als Lokomotionsorgane; besitzt außerdem, wie die Zoëa, die Thorakopoden 1 und 2 (später Maxillipeden). Das Pleon ist beim 1. P.-Stadium noch ungegliedert, später wird es gegliedert u. endet mit einer Furca. Das 3. P.-Stadium wandelt sich in das Mysis-Stadium um.

pro- [v. gr./lat. pro, pro- = vor (zeitl. und räuml.), für, anstatt].

proto- [v. gr. prōtos = erster, vorderster, frühester, wichtigster].

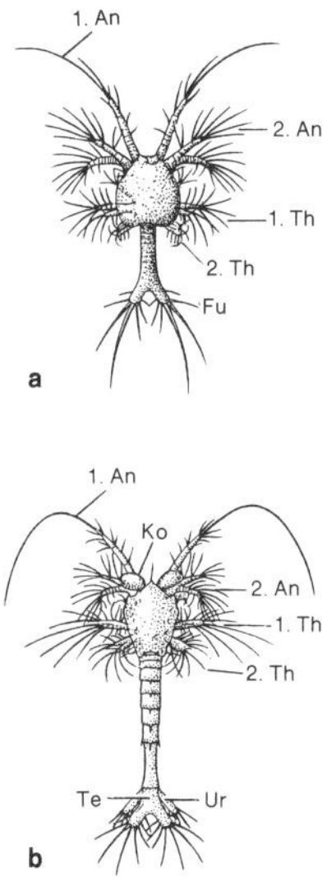

Protozoëa

a frühe und **b** späte Protozoëa v. *Trachypenaeus;*
1. An = 1. Antenne, 2. An = 2. Antenne, Fu = Furca, Ko = Komplexauge, Te = Telson, 1. Th = 1. Thorakopode, 2. Th = 2. Thorakopode, Ur = Uropode

Protunicatae

Ordnungen der Schlauchpilze mit protunicatem Ascus (Auswahl):

Ascosphaerales
(↗Ascosphaera)
↗Coryneliales
Elaphomycetales
(↗Hirschtrüffel)
↗Eurotiales
↗Meliolales
↗Microascales
↗Onygenales
Ophiostomatales
(↗Ophiostomataceae)

Protozoen, die ↗Einzeller.

Protozoologie *w* [v. *proto-, gr. zōon = Tier], Teilgebiet der Zool., das sich mit der Erforschung der ↗Einzeller (Protozoen) befaßt.

Protozoonosen [Mz.; v. *proto-, gr. zōon = Tier, nosos = Krankheit], *Protozoosen,* durch parasitäre Protozoen hervorgerufene Infektionskrankheiten; z.B. Malaria, Leishmaniose.

Protraktoren [Mz.; v. lat. protrahere = (her)vorziehen], *Vorzieher,* dem Vorstrekken od. Vorziehen v. vertieft liegenden bzw. eingezogenen Organen dienende Muskeln, z.B. der Musculus protractor lentis, der ↗Akkommodation dienender Augenmuskel der Fische *(Teleostei),* der die Augenlinse nach vorn (zur Hornhaut hin) zieht (Antagonist: M. retractor lentis). Ggs.: ↗Retraktoren.

Protremata [Mz.; v. *pro-, gr. trēmata = Löcher], v. Beecher (1891/92) begr., heute kaum noch berücksichtigtes Taxon zur Untergliederung der articulaten ↗Brachiopoden; Merkmale: Delthyria (↗Delthyrium) in beiden Klappen, oft mehr od. weniger verschlossen durch ein Pseudodeltidium u. Chilidium; Armstützen rudimentär. Ggs.: *Telotremata.*

Protrochula-Larve [v. *pro-, gr. trochos = Rad, Scheibe], die ↗Müllersche Larve.

Protungulata [Mz.; v. *proto-, lat. ungulatus = mit Hufen versehen], (Weber 1904), paleozäne Stammgruppe der ↗Huftiere *(Ungulata),* die sich nach Simpson (1945) zusammensetzt aus *Condylarthra, Notoungulata, Litopterna, Astrapotheria* u. *Tubulidentata.* Andere Autoren (Weber, Abel) verstanden unter *P.* nur die ↗*Condylarthra.*

Protunicatae [Mz.; v. *pro-, lat. tunicatus = mit der Tunika bekleidet], Gruppe der Schlauchpilze *(Ascomycetes),* deren (protunicater) ↗Ascus im reifen Zustand die Ascosporen durch Zerfall od. Verschleimen u. nicht (wie der Ascus der ↗*Eutunicatae*) durch Ausschleudern freisetzt. *P.* sind wahrscheinl. primitive, phylogenet. ursprüngliche Schlauchpilze (Ord. vgl. Tab.). Diese Einteilung ist noch in einigen taxonom. Systemen üblich, entspr. aber nicht den int. Regeln der bot. Nomenklatur.

Protura [Mz.; v. *proto-, gr. oura = Schwanz], die ↗Beintastler.

Proust [prust], *Joseph Louis,* frz. Chemiker, * 26. 9. 1754 Angers, † 5. 7. 1826 ebd.; Prof. in Segovia u. Madrid; entdeckte die Hydrate u. 1799 den Traubenzucker, ergründete die Gesetze der chem. Verwandtschaft u. Stöchiometrie, fand 1810 das Ges. der konstanten Proportionen u.

förderte die Methoden der quantitativen Analyse.

Prout [praut], *William,* engl. Arzt u. Chemiker, * 15. 1. 1785 Horton (Gloucestershire), † 9. 4. 1850 London; entdeckte 1824 die Salzsäure im Magensaft, unterschied bei den Nahrungsmitteln drei Bestandteile (Kohlenhydrate, Fette, Eiweißstoffe).

Provenienz *w* [v. lat. provenire = hervorkommen], forstwirtschaftl. Bez. für das Herkunftsgebiet einer bestimmten Baumrasse. Um den Anbauerfolg einer Baumart zu sichern, werden i. d. R. Saat- od. Pflanzgut aus P.en verwendet, die dem Anbaugebiet klimat. und geolog. ähnlich sind.

Proventivknospen [v. lat. provenire = hervorkommen], die ↗schlafenden Augen.

Proventivsprosse [v. lat. provenire = hervorkommen], Bez. für Sprosse, die aus Proventivknospen (↗schlafende Augen) hervorgehen, z. B. Wasserreiser älterer Bäume, Notreiser der durch Umweltbelastung geschädigten Bäume.

Proventriculus *m* [v. *pro-, lat. ventriculus = kleiner Magen], *Vormagen,* 1) bei ↗Insekten Abschnitt des Vorder-↗Darms ([B]) zw. Kropf u. Valvula cardiaca; trägt oft eine kräftige Ringmuskulatur u. dient als ↗Kaumagen, wenn er starke Cuticularzähne u./od. haarartige Filtervorrichtungen (z. B. Ventiltrichter der Honigbiene) aufweist. ☐ Insekten. 2) bei Vögeln ↗Drüsenmagen.

Providencia *w* [span., = Vorsehung], Gatt. der *↗Enterobacteriaceae;* die Arten dieser Darmbakterien sind denen der Gatt. *Proteus* sehr ähnlich, zeigen aber kein „Schwärmen" über die Oberfläche fester Nährböden. Die fakultativ anaeroben, stäbchenförm. Zellen (0,6–0,8 × 1,5–2,5 μm) sind peritrich begeißelt; verwertet werden u. a. verschiedene Zucker u. Poly-Alkohole (unter Säurebildung), auch Citrat. Im menschl. Verdauungstrakt (↗Darmflora) normalerweise selten vorhanden; können außerhalb des Darms Eiterungen u. Entzündungen verursachen.

Proviren [v. *pro-] ↗endogene Viren; ↗Retroviren, ↗RNA-Tumorviren.

Provitamine [Mz.; v. *pro-], Stoffe, die im Organismus durch biol. Umwandlung (↗Carotin) od. durch Lichteinwirkung (Ergosterin; ↗Calciferol, ☐) in wirksame ↗Vitamine übergehen u. diese daher ersetzen können.

[↗distal; ☐ Achse.

proximal [v. lat. proximus = am nächsten]

proximate factors [Mz.; prokßimit fäkt^{e}rs; engl., = unmittelbare Faktoren], ↗Habitatselektion.

Prozessierung *w* [v. lat. processus = Fortschreiten], *Reifung,* engl. *processing,* die nach (posttranskriptional), z. T. aber auch bereits während (kotranskriptional) der ↗Transkription ablaufende Umwandlung v. Primärtranskripten in funktionsfähige, reife RNA-Moleküle. Zur P. wird das Entfernen (nucleolytischer Abbau durch ↗Exo- und/oder ↗Endonucleasen) von „Leader"- u. „Trailer"-Sequenzen (proximal zum 5′-Ende bzw. ↗distal zum 3′-Ende der reifen RNA liegende Sequenzen im Primärtranskript) sowie v. intergenischen Bereichen bei polycistronischen Primärtranskripten (Vorläufer von r-RNA in Pro- u. Eukaryoten, Vorläufer einiger t-RNAs in Prokaryoten u. Organellen) gezählt. Die P.

Providencia

Arten:

P. alcalifaciens
P. stuartii
P. rettgeri
(früher *Proteus r.*)

1

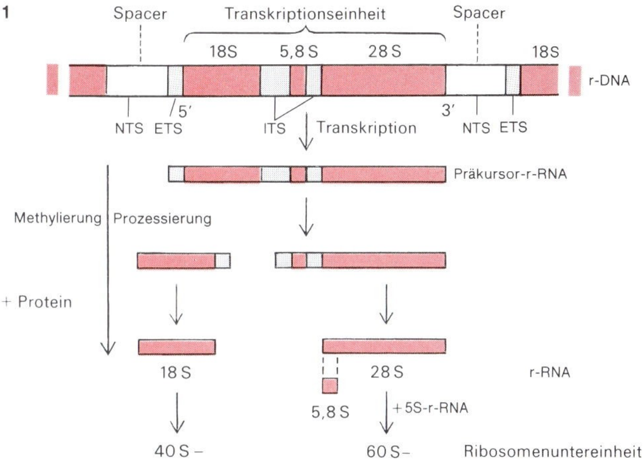

Prozessierung

1 Schema der Prozessierung von r-RNA bei Eukaryoten. Farbig die transkribierten r-DNA-Bereiche u. die ihnen entsprechende r-RNA, grau die DNA der transkribierten Zwischenstücke u. die ihnen entsprechende RNA. Im Zuge der Prozessierung wird nach u. nach alle RNA entfernt, die den Zwischenstücken entspricht. Die zunächst freie 5,8S-r-RNA wird sekundär über Wasserstoffbindungen an die 28S-r-RNA angehängt. Daß zum Prozessieren auch die Methylierung der RNA u. die Bildung von r-RNA/Protein-Komplexen gehört, wurde nur angedeutet. ETS = *e*xterner *t*ranskribierter *S*pacer, ITS = *i*nterner *t*ranskribierter *S*pacer, NTS = *n*icht *t*ranskribierter *S*pacer.

2 Schema eines *Mosaikgens,* des Gens für Eieralbumin (Ovalbumin), mit Prozessierung der an ihm gebildeten Präkursor-m-RNA. Die Intronen u. die ihnen entsprechende RNA sind farbig wiedergegeben; die Intron-RNA wird nach u. nach entfernt.

2

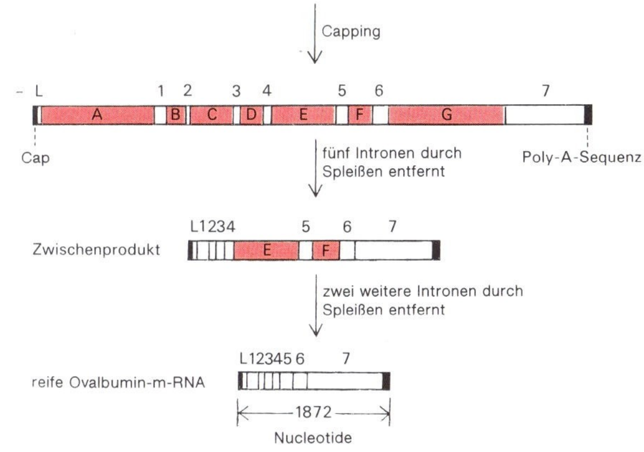

von Primärtranskripten gespaltener Gene (↗Mosaikgene, ↗Genmosaikstruktur, □) umfaßt zudem das Herausschneiden intervenierender Sequenzen *(Intronen)* sowie die kovalente Verknüpfung der *Exonen* (↗Exon); beide Schritte zus. werden als ↗*Spleißen* von RNA bezeichnet. Weiterhin werden neusynthetisierte t-RNAs und r-RNAs im Verlauf der Reifung methyliert (die verschiedenen RNA-Spezies in unterschiedl. starkem Umfang; ↗Basenmethylierung, ↗modifizierte Basen); t-RNAs werden außerdem durch zahlr. andere Reaktionen (z. B. Hydrierung v. Doppelbindungen) in einzelnen Positionen modifiziert. Primärtranskripte eukaryot. Proteingene werden am 5′-Ende durch ↗Capping sowie am 3′-Ende durch ↗Polyadenylierung verändert. I. d. R. werden P.s-Reaktionen, die bei Eukaryoten im Zellkern stattfinden, durch Enzyme katalysiert. In einigen Sonderfällen (z. B. 26S-r-RNA-Vorläufer in Makronuclei v. *Tetrahymena*) wurde in vitro aber auch ein sog. „Auto-Spleißen" beobachtet, d. h. eine Spleißreaktion, die ohne Beteiligung v. Enzymen, ledigl. aufgrund der spezif. Sekundärstruktur der Vorläufer-RNA, abläuft. □ 37.

Prozessionsspinner, *Thaumetopoeidae, Cnethocampidae,* paläarktisch verbreitete, den ↗Zahnspinnern nahe verwandte Schmetterlingsfam. mit etwa 100 Arten in nur wenigen Gatt.; interessante Larvalbiologie, lokal bedeutsame Forstschädlinge. Falter unscheinbar graubraun gefärbt, klein bis mittelgroß, wollig behaart, Rüssel reduziert, sehr kurzlebig (nur 2–3 Tage), artspezifische, stark sklerotisierte Stirnvorsprünge (zum Öffnen des Kokons?), Fühler gekämmt, nachtaktiv. Raupen gesellig u. bis zu einigen Tausend in Gespinstnestern auf den Wirtsbäumen, v. denen sie täglich Wanderungen unternehmen; sie kriechen dabei, eine Raupe hinter der anderen, in geordneten, z. T. meterlangen Reihen („Heerraupen") auf Gespinstbahnen zu den Freßplätzen. Die Prozessionsraupen gaben zu zahlr. Verhaltensexperimenten Anlaß: so verband der frz. Entomologe J.-H. ↗Fabre die Frontraupe mit dem Hinterende derselben Raupenkette, woraufhin diese 7 Tage lang im Kreis marschierte. Die Larven besitzen ab dem 3. Stadium brüchige, sehr kleine u. dünne Brennhaare, die auch in Nestern, Exuvien u. Puppengespinstkokons noch nach Jahren Hautentzündungen hervorrufen können; bei Massenbefall werden die Brennhaare auch durch Windverdriftung gefährlich. Die Raupen verpuppen sich im Boden od. im Nest. – In Mitteleuropa kommen 3 seltener werdende Arten vor: Eichen-P. *(Thaumetopoea processionea),* Spannweite bis 30 mm, fliegen im Sommer in Eichenmischwäldern; Eiablage an Rinde, dort Überwinterung; Raupen wandern im Frühjahr in sich verbreiternden, mehrreihigen Prozessionen, fressen an Eichenlaub; gilt nach der ↗Roten Liste als „stark gefährdet"; ebenso wie der Kiefern-P. *(T. pinivora),* Spannweite um 35 mm, Falter im Mai–Juni in Kiefernwäldern, v. a. im Dünengebiet der Ostsee; Eiablage an Kiefernnadeln; Raupen marschieren meist in Einzelreihen; ebenfalls an Kiefernarten fressen die Larven des Pinien- oder „Fichten"-P.s *(T. pityocampa),* größte einheimische Art, Spannweite um 40 mm; mediterran verbreitet, nördl. nur in warmtrockenen Kiefergebieten (Südschweiz, Oberrheinebene); nach der Roten Liste in Dtl. heute „ausgestorben oder verschollen".

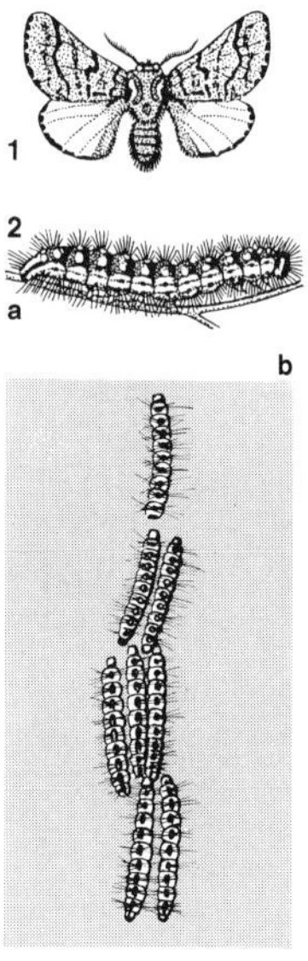

Prozessionsspinner

1 Männchen des Kiefern-P.s *(Thaumetopoea pinivora);*
2 a Raupe des Eichen-P.s *(T. processionea),* **b** Raupen im Prozessionszug

pro- [v. gr./lat. pro, pro- = vor (zeitl. und räuml.), für, anstatt].

pruno- [v. lat. prunus = Pflaumenbaum].

Prozonit *m* [v. *pro-, gr. zōnē = Gürtel], vorderer Abschnitt des Tergits der ↗Doppelsegmente (Diplosegmente) bei ↗Doppelfüßern. [die ↗Brunelle.

Prunella *w* [v. frz. brunelle = Braunelle],

Prunellidae [Mz.; v. frz. brunelle = Braunelle], die ↗Braunellen. [gewächse.

Prunkwinde, *Ipomoea,* Gatt. der ↗Winden-

Pruno-Fraxinetum *s* [v. *pruno-, lat. fraxinus = Esche], *Alno-Fraxinetum,* Traubenkirschen-Eschen-Auewald, Assoz. des ↗*Alno-Padion* (T); auf langsam durchsikkerten Böden v. Schuttkegeln u. Terrassen in Tieflagen. Wichtige Baumarten sind Schwarzerle, Esche u. Flatterulme.

Prunoideae [Mz.; v. *pruno-], U.-Fam. der ↗Rosengewächse.

Pruno-Ligustretum *s* [v. *pruno-, lat. ligustrum = Liguster], ↗Berberidion.

Prunus *w* [lat., = Pflaumenbaum], Gatt. der Rosengewächse mit ca. 200 meist baumförm., sommergrünen Arten in den gemäßigten Zonen, v. a. O-Asiens; Steinfrüchte ein-, selten zweisamig; viele Kultur- u. Nutzpflanzen. Die Aprikose (Aprikosenbaum, Marille), *P. armeniaca* (B Kulturpflanzen VII), stammt aus W-Asien; sie wird seit der Antike angebaut; kleiner Baum mit dunkelgrünen, gesägten, eiförm. Blättern, Blüten weiß od. rosa, erscheinen vor dem Laub; Früchte samtig behaart, gelb-orange; Samen als Mandelersatz; die Aprikose ist wärmeliebend, daher bei uns v. a. in Weinbaugebieten gepflanzt. Die Felsenkirsche od. Steinweichsel *(P. mahaleb)* ist in W-Asien u. Europa verbreitet; sie wird als Veredelungsgrundlage für Süß- u. Sauerkirsche verwendet. Ein immergrüner Strauch mit weißen Blüten, großen, glänzenden Blättern u. schwarzen Steinfrüchten ist der Kirschlorbeer *(P. laurocerasus),* eine aus dem östl. Mittelmeergebiet u. Zentralasien stammende frostempfindl. Zierpflanze. Der Mandelbaum (*P. amygdalus, P. dulcis, Amygdalus communis;* B Kulturpflanzen III) wird heute in allen wintermilden, gemäßigten Gebieten angebaut u. stammt aus dem östl. Mittelmeerraum; Frucht aprikosengroß, grün; Mesokarp fest u. ungenießbar; bei Reife platzen Exo- u. Mesokarp auf, so daß der Steinkern herausfallen kann; der Samen enthält über

50% Fett und 18% Protein; das ↗Blausäure-Glykosid ↗Amygdalin ist bei *P. a.* var. *amara* ein zusätzl. Bestandteil u. dient zur Gewinnung des ↗Bittermandelöls. Süße Mandeln *(P. a.* var. *dulcis)* werden zum Backen, zur Herstellung v. Marzipan u. ↗Mandelöl genutzt. Die Krachmandel *(P. a.* var. *fragilis*) hat eine leicht zu knakkende, poröse Steinkernschale u. wird als Nußobst auf dem Balkan u. in Kleinasien angebaut. Aus China stammt das Mandelröschen *(P. triloba);* aus der Stammform mit einfachen Blüten wurden Gartenformen mit gefüllten rosa Blüten gezüchtet, die an sonnigen, etwas geschützten Plätzen auf nährstoffreicher, tiefgründiger Erde gedeihen. Der Pfirsich od. Pfirsichbaum (*P. persica,* B Kulturpflanzen VII) ist eine sehr alte Kulturpflanze aus China; Strauch od. kleiner Baum mit einzeln stehenden, rosa Blüten; er wird in allen Ländern mit warm-gemäßigtem Klima in vielen Sorten kultiviert; der Edelpfirsich *(P. p.* var. *persica)* ist z.B. samtig behaart, die Nektarine *(P. p.* var. *nectarina)* gelb u. glattschalig; aus den amygdalinhaltigen Samen wird ein Marzipanersatz (Persipan) hergestellt. Die Pflaume (Pflaumenbaum) oder Zwetschge (*P. domestica,* B Kulturpflanzen VII) ist eine alte, mehrfach züchterisch bearbeitete eurasische Kulturpflanze mit Ursprung in Kleinasien; bis 6 m hoher Baum mit breit-ellipt. Blättern, grünl.-weißen, meist zu zweit stehenden Blüten; Früchte je nach Sorte unterschiedlich. Wichtige U.-Arten sind: Zwetschge i.e.S. *(P. d.* ssp. *domestica),* Früchte längl.-eiförmig, meist spätreif, blauviolett; Stein löst sich bei Reife leicht vom Fruchtfleisch; eine der vielen Sorten ist die Bühler Zwetschge. Bei der Pflaume i.e.S. *(P. d.* ssp. *institia)* löst sich hingegen der Stein nicht vom Fruchtfleisch der kleinen, rundl. Frucht; sie gedeiht auch auf lehmigen Sandböden u. ist mäßig frosthart. Kirschgroße, gelbe Früchte hat die Mirabelle *(P. d.* ssp. *syriaca);* sie wurde bei uns im 16. Jh. aus dem Orient eingeführt u. ist wie die Reineclaude *(P. d.* ssp. *italica)* ziemlich frosthart. Die Wildform der Sauerkirsche *(P. cerasus)* ist nicht bekannt; sie soll aus Kleinasien stammen u. wird heute in vielen Sorten, z.B. als Schattenmorelle *(P. c.* ssp. *acida)* u. Glaskirschen *(P. c.* ssp. *cerasus),* angebaut. Die Schlehe, Schwarzdorn (*P. spinosa,* B Europa XIV) ist ein formenreicher, mittelgroßer, mit Sproßdornen bewehrter u. verzweigter Strauch, der bei uns in Hecken, an Wald- u. Wegrändern auf steinigem, flachgründ. Boden wächst; die zahlr. duftenden Blüten erscheinen sehr zeitig im Frühjahr, vor den kleinen Blättern; die Früchte sind schwarz-blau, bereift u. sehr sauer. Die Süßkirsche od. Vogelkirsche (*P. avium,* B Kulturpflanzen VII) wurde bereits v. den Alamannen aus der Wildform Vogelkirsche, die heute von Europa bis W-Asien und N-Amerika in Laub- u. Mischwäldern vorkommt, gezogen; daneben wurde sie in Kleinasien wohl ebenfalls in Kultur genommen; bis 20 m hoher Baum; bei Laubausbruch reichblühend; die weißen, langgestielten Blüten sind doldenartig zusammengefaßt; die Wildform bildet kleine, dunkelrote Steinfrüchte, die z.B. zur Gewinnung v. Schnaps genutzt werden. Die Früchte der zahlr. Kulturformen sind größer u. haben ein dickeres Mesokarp; sie dienen als Kriterium zur groben Einteilung in Herzkirschen *(P. avium* var. *juliana)* mit weichem Fruchtfleisch u. Knorpelkirschen *(P. avium* var. *duracina)* mit festem Fleisch. Neben den Früchten ebenfalls geschätzt ist das sehr harte, sehr schwer spaltbare, schön gemaserte Kirschbaum-*Holz* (B Holzarten), das u.a. zu Möbeln u. Musikinstrumenten verarbeitet wird. Im gemäßigten Eurasien ist die Traubenkirsche, Ahlkirsche (*P. padus,* B Europa IV) heimisch; bis 15 m hoher Baum od. Strauch; Blätter eirundl., zugespitzt, gesägt; stark duftende, weiße Blüten in Trauben; verbreitet in Au- u. Mischwäldern. *Y. S.*

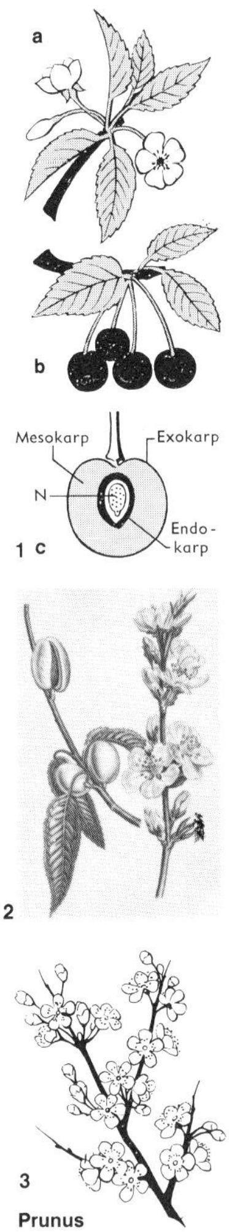

Prunus

1 Süßkirsche *(P. avium),* **a** blühender, **b** fruchtender Zweig, **c** Längsschnitt durch die Frucht. Die Fruchtwand besteht aus der Haut (Exokarp), dem saftigen Fleisch (Mesokarp) u. dem verholzenden Steinkern (Endokarp); N Nährgewebe im Samen. **2** Mandelbaum *(P. amygdalus),* blühender u. fruchtender Zweig; **3** Zweig des Schlehdorns *(P. spinosa)*

psammo- [v. gr. psammos = Sand, Düne, Strand].

Prymnesiaceae [Mz.; v. gr. prymnēsios = Heck-], Fam. der ↗*Prymnesiales,* umfaßt 3 Arten v. Kalkalgen, die ein kontraktiles Haptonema mit 5–8 Mikrotubuli besitzen, das kürzer als die Geißel ist. Dazu gehört die Gatt. *Prymnesium,* ca. 10 µm groß; *P. saltans* sitzt mit Haptonema an Fischkiemen fest; ein Massenauftreten verursacht Fischsterben, da die Alge das hämolyt. wirkende Ichthyotoxin in das Teichwasser abgibt. Weitere Gatt. sind: *Phaeocystis,* kapsale Alge; *P. pouchetii* häufig im Sommerplankton der Nordsee. *Chrysochromulina,* 14 meist marine Arten; Haptonema länger als Geißel.

Prymnesiales [Mz.; v. gr. prymnēsios = Heck-], Ord. der ↗*Haptophyceae* (Kalkalgen), monadale od. amöboide, freischwimmende Einzeller, Plastiden braungrün, Zelle mit Polysaccharidschuppen bedeckt; hierzu die Fam. ↗*Prymnesiaceae.*

psalidont [v. gr. psalis = Schere, odontes = Zähne] ↗Gebiß.

Psalter *m* [v. gr. psaltērion = Saiteninstrument], der ↗Blättermagen.

Psammechinus [v. *psammo-, gr. echinos = Igel], Gatt. der *Echinidae* mit den Arten *P. miliaris* (↗Strandseeigel) u. *P. microtuberculatus* (↗Kletterseeigel).

Psammobia *w* [v. *psammo-, gr. bios = Leben], Gatt. der ↗Sandmuscheln.

Psammocharidae [Mz.; v. *psammo-, gr. charis = Anmut], die ↗Wegwespen.

Psammodrilida [Mz.; v. *psammo-, gr. drilos = Wurm], Ord. der Ringelwürmer (↗*Polychaeta)* mit nur 1 Fam. *(Psammodrilidae)* und nur 2 Gatt. *(Psammodrilus, Psammodriloides).* Wenige mm große, undeutl. segmentierte, jedoch durch segmentale Wimperringe gekennzeichnete

Sandlückenbewohner. Keine Parapodien, keine Borsten; Körper in 2 od. 3 Tagmata unterteilt, Vorderkörper mit Dorsalcirren, Hinterkörper mit 2 ventralen Gruppen v. Haken.

Psammodromus *m* [v. *psammo-, gr. dromos = Lauf], Gatt. der Echten ↗Eidechsen.

Psammon *s* [v. *psammo-], *Psammion,* Lebensgemeinschaft des wasserhalt. Sandes der Ufer u. Küsten sowie des Gewässergrundes *(Psammal);* i. w. S. auch die Biozönose des Sandes der Landbiotope. Das P. kann unterteilt werden in das *Epi-P.* (Biozönose *auf* dem Sand; ↗Epibios), das *Endo-P.* (artenreiche Biozönose *im* Sand; mit Polychaeten, Muscheln, Strudelwürmern u. a.; ↗Endobios) und – eine spezielle Form des Endo-P.s – das *Meso-P.* (sehr artenreiche Biozönose des ↗Sandlückensystems mit Ciliaten, Bärtierchen, Nematoden, Copepoden u. v. a.; ↗hyporheisches Interstitial).

psammophil [v. *psammo-, gr. philos = Freund], sandliebend, Bez. für Lebewesen, die hpts. in Biotopen mit Sandböden leben.

Psammophis *m* [v. *psammo-, gr. ophis = Schlange], Gatt. der ↗Trugnattern.

Psammophyten [Mz.; v. *psammo-, gr. phyton = Gewächs], die ↗Sandpflanzen.

Psaronius *m* [v. gr. psaros = aschgrau], Stamm-Bautyp fossiler, baumförm. ↗*Marattiales* des Permokarbons.

Psathyrella *w* [v. gr. psathyros = zart], die [↗Zärtlinge.

Pselaphidae [Mz.; v. gr. psēlaphia = Berührung], die ↗Palpenkäfer.

Pselaphognatha [Mz.; v. gr. psēlaphan = berühren, gnathos = Kiefer], *Polyxenida,* Gruppe der ↗Pinselfüßer.

Psephenidae [Mz.; v. gr. psephēnos = dunkel], Fam. der polyphagen Käfer aus der Verwandtschaft der Hakenkäfer; überwiegend trop. verbreitete Käfer mit bräunl., weichem Integument; Larven in Fließgewässern, mit oft extrem abgeplattetem rundl. Habitus, daher in Amerika „waterpennys“ genannt. In Europa nur durch *Eubria palustris* vertreten.

Psephurus *m* [v. gr. psephos = Dunkel, oura = Schwanz], Gatt. der ↗Störe.

Psettodoidei [Mz.; v. gr. psētta = Butt, Scholle, -oeidēs = -artig], U.-Ord. der ↗Plattfische.

Pseudacris *w* [v. *pseud-, gr. akris = Heuschrecke], *Chorfrösche,* Gatt. der Laubfrösche; 7 kleine (3 bis 5 cm) Arten im östl. N-Amerika in sumpfigen Grasländern; erinnern oberflächlich (ähnl. wie die ↗Grillenfrösche) nicht an typ. Laubfrösche; rufen zur Fortpflanzungszeit mit lauten, anhaltenden Trillern.

Pseudanodonta *w* [v. *pseud-, gr. anodous = zahnlos], Gatt. der ↗Teichmuscheln.

Pseudanthium *s* [v. *pseud-, gr. anthos = Blüte], *Scheinblüte, Überblume,* Bez. für die bestäubungsbiol.-funktionelle Einheit

psammo- [v. gr. psammos = Sand, Düne, Strand].

pseud-, pseudo- [v. gr. pseudos = Trug, Lüge, Täuschung].

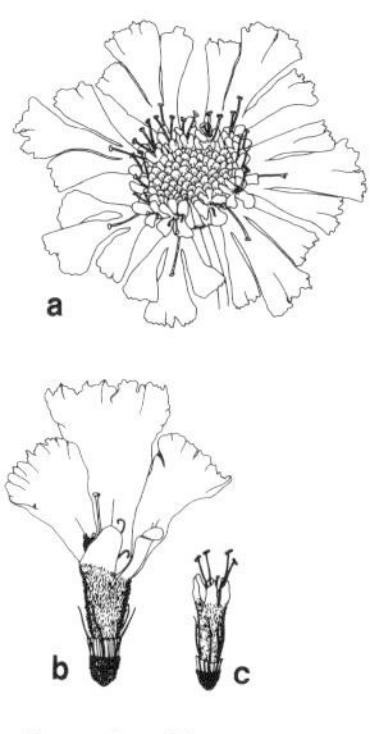

Pseudanthium

P. einer ↗Skabiose *(Scabiosa caucasica)* **(a)** mit großen, eine starke Verlängerung der äußeren Blütenblätter zeigenden *Rand-* **(b)** und kleinen *Zentralblüten* **(c)**

„Blume“ (↗Anthium), bei der mehrere Blüten beteiligt sind, die eine Einzelblüte vortäuschen; z. B. die Samen bildenden Zapfen der Nadelhölzer, die Cyathien (↗Cyathium, ☐) von *Euphorbia*-Arten, die Blütenkörbchen der Korbblütler. ↗Blüte.

Pseudemys *w* [v. *pseud-, gr. emys = Wasserschildkröte], Gatt. der ↗Sumpfschildkröten.

Pseudergaten [Mz.; v. *pseud-, gr. ergatēs = Arbeiter], die Scheinarbeiter bei den ↗Termiten.

Pseudevernia *w* [v. *pseud-, ben. nach ↗Evernia], *Baummoos,* Gatt. der ↗*Parmeliaceae;* graue, abstehend strauchige, nur an einer Stelle festgewachsene Bandflechten mit im Alter schwärzl. Unterseite, meist an Rinde; in Europa *P. furfuracea* mit dicht v. Isidien bedeckter Oberseite; Rohstoff für Parfumherstellung (↗Flechtenparfum). ☐ Flechten.

Pseudhymenochirus *m* [v. *pseud-, hymēn = Haut, cheir = Hand], Gatt. der ↗Krallenfrösche.

Pseudidae [Mz.; v. gr. pseudēs = Lügner], die ↗Harlekinfrösche.

Pseudoallele [Mz.; v. gr. allēlōn = wechselseitig], die ↗Heteroallele.

pseudoangiokarp [v. gr. aggeion = Gefäß, karpos = Frucht] ↗gymnokarp.

pseudoannuelle Pflanzen [v. frz. annuel = jährlich], mehrjährige Pflanzen, deren Sprosse nur eine einjährige Lebensdauer haben, deren Wurzeln aber überdauern.

Pseudoborniales [Mz.], Ord. baumförmiger, bis über 15 m hoher ↗Schachtelhalme des Oberdevons mit der einzigen Art *Pseudobornia ursina.* Die bis 60 cm mächtigen, in Nodien u. Internodien gegliederten Stämme trugen an den Knoten 1–2 ihrerseits weiter verzweigte Äste. Die Blätter waren 2–3fach dichotom gegabelt mit fiedrig eingeschnittenen Teilblättchen u. saßen zu je 4 an den Wirteln der Äste letzter Ord. Die zapfenähnl. Reproduktionsorgane bestanden aus Wirteln aus Brakteen u. Sporangiophoren; letztere trugen 30 umgewendete Sporangien. Unklar bleiben die phylogenet. Beziehungen dieser im Vergleich zu anderen oberdevon. Schachtelhalmen ungewöhnl. hoch entwickelten Pflanze. Manche Autoren sehen Beziehungen zu den *Calamitaceae* u. *Equisetaceae,* andere zu den *Sphenophyllales.* Vielleicht stellen die *P.* aber auch eine eigenständige, später ausgestorbene Linie der Schachtelhalme dar.

Pseudobranchien [Mz.; v. gr. bragchia = Kiemen], 1) die ↗Tracheenkiemen; 2) die ↗Spiracularkiemen.

Pseudobranchus *m* [v. gr. bragchos = Kiemen], Gatt. der ↗Armmolche.

Pseudocellen [Mz.; v. *pseud-, lat. ocellus = Auge], kleine rundl. Öffnungen in der Cuticula mancher ↗Springschwänze, aus denen eine Abwehrflüssigkeit abgegeben werden kann (*Reflexbluten,* ↗Exsudation).

pseud-, pseudo- [v. gr. pseudos = Trug, Lüge, Täuschung].

Pseudocentrophori [Mz.; v. gr. kentrophoros = stacheltragend], nach v. Huene (1956) die einzige Ord. des Tribus *Urodelidia*: „Alle *Urodelidia* sind *P.* Ihre Reichweite geht vom alleruntersten Karbon bis heute." U.-Ord.: *Nectridia, Aistopoda, Urodela* u. *Apoda*.

Pseudocerastes *m* [v. gr. kerastēs = gehörnt], Gatt. der ↗Vipern.

pseudoceratitisch [v. gr. keras = Horn], Bez. für eine urspr. ammonitische ↗Lobenlinie, die bei manchen Kreide-Ammoniten durch sekundäre Vereinfachung ceratitisches Aussehen (↗ceratitische Lobenlinie) angenommen hat.

Pseudocerci ↗Cerci.

Pseudoceros *s* [v. gr. keras = Horn], namengebende Gatt. der Strudelwurm-Fam. *Pseudoceridae* (Ord. *Polycladida*); ca. 110 Arten.

Pseudochomata [Mz.; v. gr. chōma = Damm], Kalkablagerungen in der Nähe der Septen mancher ↗Fusulinen, die im Ggs. zu den ↗Chomata keine geschlossenen Wülste bilden.

Pseudochrysalis *w* [v. gr. chrysalis = goldene Schmetterlingspuppe], ↗Scheinpuppe bei Ölkäfern.

Pseudococcidae [Mz.; v. gr. kokkos = Kern, Beere], die ↗Schmierläuse.

Pseudocoel *s* [v. gr. koilos = hohl], ↗Pseudocoelomata, ↗Nemathelminthes.

Pseudocoelomata [Mz.; v. gr. koilon = Höhlung], coelomlose ↗*Bilateria*, mit einer Leibeshöhle, der die typ. Coelomwand fehlt und die folgl. als *Pseudocoel* bezeichnet wird. Sie umfassen den heterogenen Tierstamm der ↗*Nemathelminthes*. Es ist unklar, ob das Pseudocoel einer primären Leibeshöhle entspricht od. auf ein urspr. vorhandenes ↗Coelom zurückgeht, dessen Wand sekundär reduziert wurde. Die Zugehörigkeit aller *P.* zu den ↗Spiraliern sowie die als Epithel gedeutete Begrenzung des Pseudocoels bei manchen *P.* (↗*Gastrotricha*) sprechen für die zweite Annahme.

Pseudocordylus *m* [v. gr. kordylos = Wassereidechse], Gatt. der ↗Gürtelechsen.

Pseudocostae [Mz.; v. lat. costa = Rippe], (Lindström 1866), Längsrippen an der Außenwand v. ↗*Rugosa* gegenüber den Interseptalräumen.

Pseudoculi [Mz.; Ez. *Pseudoculus;* v. *pseud-, lat. oculi = Augen], bei ↗Beintastlern am Kopf befindl. ovale, flächige Sinnesorgane (auf jeder Kopfseite eines), die homolog den Postantennalorganen der Springschwänze und vermutl. den Tömösvary-Organen der Tausendfüßer (↗Doppelfüßer) sind; ↗Feuchterezeptoren.

Pseudocyphellaria *w* [v. gr. kyphos = Krümmung], Gatt. der ↗Lobariaceae.

Pseudocyphelle *w* [v. gr. kyphos = Krümmung], feine, punktförmige bis längl. Durchbrechung od. Auflockerung der inde v. Flechtenlagern; P.n dienen dem Gasaustausch, z.B. bei *Parmelia, Cetraria, Bryoria, Pseudocyphellaria.*

Pseudoeurycea *w* [v. gr. eurys = breit], Gatt. der ↗Schleuderzungensalamander.

Pseudofaeces [Mz.; v. lat. faex = Bodensatz, dicke Brühe], *Scheinkotpillen,* bei ↗Muscheln die aus dem Wasser abfiltrierten, aber nicht in den Mund aufgenommenen Partikelballen, die – mehr od. weniger ovoid gerollt u. durch Schleim verfestigt – mit dem Atemwasserstrom aus der Mantelhöhle ausgespült werden. Durch die Bildung der P. tragen die Muscheln wesentl. zur Klärung des Wassers u. zur Aufschlikkung des Sediments bei.

Pseudofossilien [Mz.; v. lat. fossilis = ausgegraben], *Scheinfossilien,* anorgan. Bildungen, die Ähnlichkeit mit Organismen gestaltlich vortäuschen; meist handelt es sich um ↗Konkretionen, Infiltrationen od. Verwitterungserscheinungen. ↗Fossilien, ↗Dendriten (□), ↗Löß.

Pseudogamie *w* [v. gr. gamos = Hochzeit], die ↗Merospermie.

Pseudogastrulation *w* [v. gr. gastēr = Magen], gastrulationsähnl. Formveränderungen bei unbefruchteten Amphibieneiern, ohne vorangehende Zellteilungen.

Pseudogene, die durch verschiedenartige Mutationen entstehenden, inaktiven Abkömmlinge aktiver Gene im Genom eines Organismus. Die inaktivierenden Mutationen können z.B. die Startsignale für die Transkription verändern, korrektes Spleißen verhindern od. zu einer vorzeit. Termination der Translation führen; aber auch inaktivierende Punktmutationen im Strukturgenbereich sind beobachtet worden. Die Bildung von P.n kann u.a. dadurch verursacht sein, daß aktive Gene dupliziert werden u. die Kopie (od. das urspr. Gen) durch eine od. mehrere sukzessiv eintretende spontane Mutationen inaktiviert wird, da der Selektionsdruck durch die Existenz der aktiv bleibenden Genkopie abgefangen werden kann. Eine weitere Möglichkeit für die Entstehung von P.n besteht in der reversen Transkription (↗reverse Transkriptase) von m-RNA (aber auch t-RNA oder r-RNA) u. der anschließenden Aufnahme der entstehenden c-DNA in das Genom. Charakteristisch für die so entstandenen P. ist, daß sie keine Introne mehr besitzen (z.B. gefunden bei einem P. des α-Globin-Genclusters in der Maus) u. mit einer polyA-Sequenz enden, sofern sie von m-RNA abstammen.

Pseudogley *m* [v. russ. glei = schwerer Boden], *Staugley, Staunässegley,* Staunässeboden mit verdichtetem Horizont im Unterboden; Bodenprofil A_h-S-C (T Bodenhorizonte, T Bodentypen). Der P. ähnelt in vielen Eigenschaften dem ↗Gley. Jedoch erfolgt Vernässung u. Austrocknung im häufigen Wechsel, so daß reduzierende u. oxidierende Bedingungen in einem großen Horizontbereich einander ablösen; der S-Horizont erscheint daher rostfleckig marmoriert. Beim Gley differenziert sich der Grundwasserbereich in Reduktions- u. Oxidationshorizont. Viele Übergangsformen des P. leiten zu anderen Bodentypen über. [B] Bodenzonen Europas.

pseudogoniatitisch [v. gr. gōnia = Winkel, Ecke], Bez. für eine urspr. ammonitische ↗Lobenlinie, die durch sekundäre Vereinfachung goniatitisch (↗goniatitische Lobenlinie) erscheint.

Pseudohemisus *m* [v. gr. hēmisys = halb], Gatt. der ↗Engmaulfrösche (U.-Fam. *Cophylinae*); 4 Arten auf Madagaskar; grabende Bodenbewohner.

Pseudohermaphroditismus *m* [v. gr. hermaphroditos = Zwitter], ↗Intersexualität ([T]).

Pseudohydnum *s* [v. gr. hydnon = Trüffel], [↗Zitterpilze.

Pseudohyläa *w* [v. gr. hylaios = waldig], Formation der feuchten, warmtemperierten Wälder in SO-Australien, Neuseeland, S-Chile, Japan u. S-China. Diese Wälder, die keiner ausgeprägten Trockenzeit im Jahr ausgesetzt sind, weisen einen üppigen Wuchs auf, obgleich nur wenige Lianen u. Epiphyten auftreten. Bezeichnend ist u.a. die Gatt. ↗*Nothofagus*. ↗Hyläa.

Pseudois *w* [v. *pseud-, gr. oïs = Schaf], ↗Blauschaf.

pseudokone Augen [gr. kōnos = Kegel], Typ eines Insekten-↗Komplexauges, bei dem der Kristallkegel funktionell durch eine starke Chitin-Cornea-Verlängerung nach innen ersetzt ist; so bei den Käfer-Fam. *Dascillidae, Elateridae* (Schnellkäfer) u. den *Cantharoidea* (Weichkäferartige).

Pseudokopulation [v. lat. copulatio = Vereinigung], Bestäubungsprinzip der ↗Sexualtäuschblumen.

Pseudolarix *w* [v. lat. larix = Lärche], *Chrysolarix, Goldlärche,* nur in O-China vorkommende Gatt. der Kieferngewächse (U.-Fam. ↗*Laricoideae*) mit der einzigen Art *P. amabilis* (= *P. kaempferi;* Chin. Goldlärche). Die sommergrünen, bis 40 m hohen Bäume sind v. der Gatt. *Larix* (↗Lärche) durch die bei Reife zerfallenden Samenzapfen unterschieden u. zeigen eine goldgelbe Herbstfärbung (dt. Name). In ihrer Heimat wird *P.* auch als Forstbaum genutzt, ihr Holz ist sehr dauerhaft u. hart; in Mitteleuropa ist sie winterhart u. wird in verschiedenen Sorten als Zierbaum kultiviert. Fossilfunde aus dem Tertiär (z.B. aus der unterpliozänen ↗Frankfurter Klärbekkenflora) zeigen, daß *P.* heute nur noch ein Reliktareal einnimmt.

Pseudolepidophyllum *s* [v. gr. lepis = Schuppe, phyllon = Blatt], Gattung der ↗Hookeriaceae.

Pseudometamerie *w* [v. gr. meta = nach, um, meros = Teil, Glied], *Pseudomerie,* Körpergliederung bei verschiedenen Metazoen (z.B. Venusgürtel, einige Strudelwürmer, zahlr. Schnurwürmer), die, ohne daß ein gegliedertes Coelom vorhanden ist, durch mehrfache Wiederholung gleicher Organe od. Organsysteme zustandekommt u. so eine echte Segmentierung od. ↗Metamerie vortäuscht. Bei den ↗Schnurwürmern wird die P. durch die seriale u. wechselweise Anordnung v. Darmtaschen u. Geschlechtsorganen erreicht.

Pseudomixis *w* [v. gr. mixis = Mischung], ↗Somatogamie.

Pseudomonadaceae [Mz.; v. gr. monas = Einheit], Fam. der gramnegativen aeroben Stäbchen u. Kokken; sehr umfangreiche Bakteriengruppe, deren Arten gerade od. leicht gekrümmte, polar begeißelte, sporenlose Zellen ausbilden. *P.* führen einen aeroben chemoorganotrophen Atmungsstoffwechsel mit Sauerstoff durch; sie können nicht gären. Meist freilebende Saprophyten im Erdboden, Süß- u. Salzwasser u. vielen anderen natürl. Habitaten, auch in Pflanzen, Mensch u. Tier als Krankheitserreger. Früher mehr als 25 Gatt., heute neu geordnet (vgl. Tab.).

Pseudomonaden [Mz.; v. gr. monades = Einheiten], 1) i.w.S. alle polar begeißelten, gramnegativen Stäbchenbakterien unterschiedl. Physiologie und taxonom. Einordnung; 2) i.e.S. die Arten der Gatt. ↗*Pseudomonas*.

Pseudomonas *w* [v. gr. monas = Einheit], Gattung der ↗*Pseudomonadaceae,* gramnegative aerobe Bakterien mit gerader od. auch schwach gekrümmter Zellform (0,5–1,0 × 1,5–5,0 μm), die i.d.R. durch eine od. mehrere polare Geißeln bewegl. sind. Normalerweise gewinnen sie Energie in einem aeroben Atmungsstoffwechsel; einige Formen können bei Fehlen v. Sauerstoff auch eine ↗Nitratatmung durchführen, aber nicht gären. Die meisten wachsen in mineral. Nährlösung mit Ammonium od. Nitrat als Stickstoffquelle u. einer organ. Verbindung als Energie- u. Kohlenstoffquelle; es kann eine Vielzahl von organ. Stoffen als Substrat genutzt werden, z.B. einfache organ. Säuren u. Zucker, Aminosäuren, Gelatine, auch aromat. Verbindungen (Benzoat, Phthalsäure, p-Kresol u.a.). Zucker werden im ↗Entner-Doudoroff-Weg abgebaut. Einige Arten besitzen einen fakultativ chemolithotrophen Energiestoffwechsel mit Wasserstoff u./od. Kohlenmonoxid als Energiequelle (*P. facilis;* ↗wasserstoffoxidierende Bakterien, ↗Carboxidobakterien). I.d.R. ist ein Wachstum bei einem Säurewert (pH) unter 4,5 nicht möglich. Die meisten Arten sind mesophil, doch gibt es auch psychrophile Formen, die kühlgelagerte Lebensmittel verderben können. Oft findet man in den Zellen ↗Poly-β-hydroxybuttersäure gespeichert. Manche Arten bilden auffällige gelbe, grüne, blaue od. rote, teilweise wasserlösl., fluoreszierende Farbstoffe (z.B. Pyocyanin u. Fluorescein von *P. aerugi-*

Pseudomonadaceae

Gattungen:

↗*Pseudomonas*
↗*Xanthomonas*
↗*Zoogloea*
Frateuria
*(Gluconobacter)**

*Dieser Vertreter der ↗Essigsäurebakterien wird neuerdings mit *Acetobacter* in der Fam. *Acetobacteraceae* eingeordnet

Pseudomonas

r-RNA/DNA-Homologiegruppen und Sektionen:

r-RNA-Gruppe I
= Sektion I (*Fluoreszenz*-Gruppe)
r-RNA-Gruppe II
= Sektion II (*Pseudomalleicepacia*-Gruppe)
r-RNA-Gruppe III
= Sektion III (*Acidovorans*-Gruppe)
r-RNA-Gruppe IV
= Teil der Sektion IV (*Diminuta*-Gruppe)
r-RNA-Gruppe V
= Teil der Sektion IV (*Maltophilia*-Gruppe)
Sektion V
(genetisch noch nicht ausreichend charakterisiert)

Wichtige Arten [römische Zahl = Homologiegruppenzugehörigkeit]:

Pseudomonas aeruginosa [I] (= Bakterium des blaugrünen Eiters = *Bacterium pyocyaneum,* = „Pyo", = *P. polycolor;* Eiter- u. Entzündungserreger in Mensch u. Tier; [T] Eitererreger)
P. pseudomallei [II] (Erreger des ↗Pseudorotz)
P. mallei [II] (obligater Säugetierparasit, keine Begeißelung; Erreger des ↗Rotz bei Einhufern, auch auf Menschen übertragbar)
P. putida [I] (Bodenorganismus)
P. fluorescens [I] (Wasserbewohner)
P. phaseolicola [I] (↗Fettfleckenkrankheit an Buschbohnen)

Fortsetzung auf S. 43

nosa). – In der Natur sind *P.*-Arten weit verbreitet (z. B. Boden, Wasser, Blumen, Früchte, Gemüse, Nahrungsmittel) u. leben hpts. als Saprophyten; einige sind Krankheitserreger in Pflanzen, Tieren u. Mensch. Beim Menschen gehören sie zur normalen Bakterienflora der Haut u. des Mundes; Krankheiten, Verletzungen od. Schwächung der Abwehrmechanismen durch Medikamente können jedoch zu Infektionen u. anderen schweren Erkrankungen (bes. bei Kindern) führen; *P. aeruginosa* findet man als ↗Hospitalismus-Keim bei Wundinfektionen, einschl. Brandwunden (Erreger des blaugrünen Eiters), Sepsis, Endokarditis, Infektionen des Urogenitaltrakts, der Gallenwege u. der Augen sowie bei anderen Entzündungen. Bes. Bedeutung haben *P.*-↗Plasmide, auf denen z. B. die Information für Antibiotikaresistenz, Fertilität u. für bes. Abbaumechanismen aromat. Verbindungen lokalisiert sind. In der Biotechnologie werden *P.*-Arten zur Herstellung v. organ. Säuren (auch Aminosäuren) eingesetzt u. zur Biotransformation und zum Abbau geruchsintensiver Stoffe (z. B. Methylketone) verwendet. Gentechnolog. veränderte *P.*-Stämme können zum Abbau halogenierter aromat. Verbindungen eingesetzt werden. – Nach dem Hybridisierungsgrad zwischen r-RNA und DNA werden die *P.* in 5 Hauptgruppen unterteilt, die zum größten Teil der früheren Sektionseinteilung entspricht (vgl. Tab.). Die Artenzahl betrug früher ca. 150, wurde dann auf 30–40 verringert (1974) u. wird heute (1986) wieder mit ca. 90 angegeben. – Die frühere Gatt. *Cellvibrio,* deren Arten physiolog. den Pseudomonaden ähnl. sind u. ihnen angegliedert wurden, wird heute nicht mehr aufrechterhalten u., soweit noch Typenstämme vorliegen, anderen Gatt. zugeordnet (z. B. *Vibrio*). *G. S.*

Pseudomonokotylie *w,* Bez. für die Erscheinung, daß bei einigen zweikeimblättrigen Pflanzenarten der Embryo nur ein Keimblatt deutl. entwickelt hat.

Pseudomycel *s* [v. gr. mykēs = Pilz], durch Sprossung gebildete, langgestreckte Zellen v. ↗Hefen (↗Echte Hefen), die zusammenbleiben u. einem echten ↗Mycel ähnl. sind; die Querwände der Fäden werden (im Ggs. zum Mycel) nicht erst nachträgl. ausgebildet. ↗ *Candida.*

Pseudonocardia *w* [ben. nach dem frz. Veterinärmediziner E. Nocard, 1850–1903], Gatt. der ↗„Actinomyceten u. verwandte Organismen" (Gruppe *Micropolysporas,* ↗*Micropolyspora*), früher Gatt. der Nocardien; aerobe, nicht-säurefeste (keine Mykolsäuren) Actinomyceten, deren Substratmycel (nicht fragmentiert) durch Sprossung wächst; das Luftmycel wandelt sich zu zylindr. Sporen um (vgl. Abb.). *P. thermophila* kann bei 40–50 °C wachsen; aus Boden u. Dung isoliert.

Pseudopaludicola *w* [v. lat. paludicola = Sumpfbewohner], Gatt. der ↗Südfrösche; 6 kleine (bis 2 cm), schlanke Arten v. Kolumbien, Venezuela bis nach Argentinien; leben semiaquatisch in Sümpfen u. an Ufern stagnierender Gewässer; agile u. hervorragende Springer; die Eier werden nicht in Schaumnestern abgelegt, sondern einzeln od. in Grüppchen an submerse Wasserpflanzen angeheftet.

Fortsetzung von S. 42

P. savastanoi (Tumorbildung an Ölbäumen)
P. solanacearum [II] (Welke an Tomaten)
P. syringae [I] (↗Bakterienbrand an Kern- u. Steinobst)
P. lachrymans [I] (Blattflecken an Gurken)

wasserstoffoxidierende P.-Arten [III] (Auswahl)
P. facilis
P. saccharophila
P. flava

↗*„Carboxidobakterien"* (Auswahl)
P. carboxidohydrogena
P. carboxidovorans

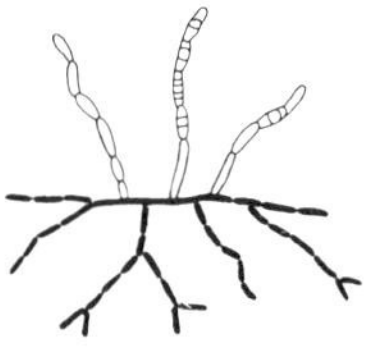

Pseudonocardia

Substratmycel (dunkel) und (hell) Luftmycel (z. T. in Sporen umgewandelt)

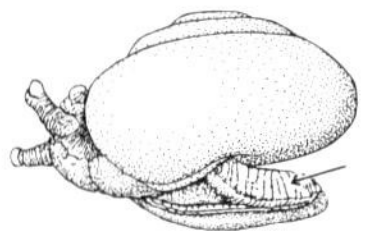

Pseudoperculum

Eine *Rhytidopsis*-Art mit Scheindeckel (Pfeil)

Pseudophyllidea

Wichtige Familien u. Gattungen:

Amphicotylidae
Eubothrium
Bothriocephalidae
Bothriocephalus
Caryophyllaeidae (häufig als eigene Ord. *Caryophyllidea* [↗Bandwürmer] geführt)
Archigetes
Biacetabulum
Caryophyllaeus
Diphyllobothriidae
↗*Diphyllobothrium*
Spirometra
Ligulidae
Diagramma
↗*Ligula*
Schistocephalus
Triaenophoridae
Triaenophorus

Pseudoparenchym *s,* das ↗Plektenchym.

Pseudoperculum *s* [v. lat. operculum = Deckel], *Scheindeckel,* eine Region auf dem hinteren Fußrücken einiger neukaledon. Landlungenschnecken (Fam. *Endodontidae:* Gatt. *Pararhytida* u. *Rhytidopsis*), in der das Gewebe scheibenart. verdickt ist u. beim Rückziehen des Körpers ins Gehäuse die Mündung verschließt, funktionell also dem Deckel anderer Schnecken entspricht.

Pseudoperidie *w,* ↗Aecidium.

Pseudoperonospora *w* [v. gr. peronē = Spitze, spora = Same], Gatt. der ↗Falschen Mehltaupilze *(↗Peronosporales)* mit dem wirtschaftl. wichtigen Erreger des Falschen ↗Hopfenmehltaus, *P. humuli.*

Pseudopeziza *w* [v. lat. pezicae = stiellose Pilze], Gattung der ↗*Helotiales* (Schlauchpilze); *P.*-Arten sind Erreger v. ↗Blattfleckenkrankheiten (z. B. ↗Klappenschorf od. ↗Roter Brenner).

Pseudophryne *w* [v. gr. phrynē = Kröte], Gatt. der ↗Myobatrachidae.

Pseudophyllidea [Mz.; v. gr. phyllon = Blatt], Ord. der ↗Bandwürmer mit 9 Fam. (vgl. Tab.) und insgesamt 44 Gatt. und 259 Arten, davon 163 adult in Meeres- u. Süßwasserfischen, 60 in Säugern, die restl. verteilen sich auf Vögel, Reptilien u. Amphibien; wenige mm bis fast 20 m lang. Skolex mit 2 Bothrien od. Bothridien, je eine ventral u. dorsal; Eier meist mit Dekkel, entlassen ein Coracidium; Procercoid in Copepoden; Zwei- u. Dreiwirte-Zyklus.

Pseudoplankton *s,* im Ggs. zum ↗Plankton od. Euplankton die Gesamtheit der im Wasser schwebenden toten Plankter, anderer Tier- u. Pflanzenleichen u. ↗Detritus aller Art sowie der an treibenden Gegenständen (Treibholz, Tang usw.) festgehefteten Organismen u., bes. in Küsten- u. seichteren Binnengewässern, durch Wellen u./od. Strömung ins freie Wasser entführten benthischen Formen.

Pseudoplasmodien [Mz.], die ↗Aggregationsplasmodien; ☐ *Dictyostelium.*

Pseudoplectania *w* [v. gr. plektanē = Windung], Gatt. der ↗Sarcoscyphaceae.

Pseudopleuronectes *m* [v. gr. pleuron = Seite, nēktēs = Schwimmer], ↗Flunder.

Pseudopodetium *s,* ↗Podetium.

Pseudopodien [Mz.; v. gr. podion = Füßchen], *Scheinfüßchen,* temporäre Plasmaausstülpungen bei ↗Einzellern mit (z. T. stark) veränderl. Gestalt, die zur Fortbewegung u. zum Beutefang dienen. Man unterscheidet: a) ↗*Axopodien* (bei Heliozoen u.

Radiolarien), relativ formbeständig durch eingelagerte Mikrotubulibündel, vor allem für Beutefang. b) *Filopodien* (bei beschalten Amöben), fadenförmig, manchmal verzweigt, aus durchsichtigem Ektoplasma. c) *Lobopodien* (bei Amöben, manchen Flagellaten u. vereinzelt bei Sporozoen), lappenförmig, aus v. Ektoplasma umgebenem Endoplasma (☐ Amoeba). d) *Reticulopodien, Rhizopodien, Wurzelfüßchen* (bei Foraminiferen, selten bei Radiolarien u. Flagellaten), verästelt u. miteinander verbunden. ↗Wurzelfüßer, B Verdauung II.

Pseudopunctata [Mz.; v. lat. punctus = Stich], taxonom. Zusammenfassung v. articulaten Brachiopoden, deren Schalen porenartige Vertiefungen (Pseudoporen) aufweisen, die v. der Anwitterung der Prismenschicht herrühren. ↗Impunctata.

Pseudorabies-Virus *s* [v. lat. rabies = Tollwut], ↗Herpesviren.

Pseudorotz, 1) *Melioidose, Melioidosis,* in den Tropen vorkommende, bakterielle Erkrankung v. Haussäugetieren u. Nagern, hervorgerufen durch *Pseudomonas pseudomallei,* sehr selten auch Übertragung auf Menschen. **2)** *Afrikanischer Rotz, Lymphangitis epizootica, Lymphosporidiosis,* chron., ansteckende Lymphgefäßentzündung der Pferde u. Maultiere, hervorgerufen durch den Pilz *Cryptococcus farciminosus.*

Pseudoscaphirhynchus *m* [v. gr. skaphis = Napf, rhygchos = Rüssel], Gatt. der ↗Störe.

Pseudoscleropodium *s* [v. gr. sklēros = hart, podion = Füßchen], Gatt. der ↗Brachytheciaceae.

Pseudosepten [Mz.; v. lat. saeptum = Scheidewand], Kontaktfläche zw. den hyposeptalen Anlagerungen des einen u. den episeptalen Anlagerungen des vorhergehenden Septums bei Nautiliden.

Pseudoskorpione [v. gr. skorpios = Skorpion], *Afterskorpione, Pseudoscorpiones, Cheloneti, Chelonethi,* Ord. der Spinnentiere mit ca. 1300 Arten. P. sind weltweit verbreitet; die meisten Arten leben in trop. und subtrop. Gebieten, in Mitteleuropa etwa 25 (größte Art *Garypus giganteus,* 7 mm). Ihre Lebensräume sind die Streu, Hohlräume unter Rinde u. Steinen, Nester v. Kleinsäugern u. Vögeln, Bienenstöcke usw. *Körpergliederung* u. *Extremitäten:* einem äußerl. unsegmentierten Prosoma sitzt ohne Taille ein gegliedertes extremitätenloses Opisthosoma (12 Segmente) an, das am Körperende abgerundet ist. Das Prosoma trägt 1 Paar Cheliceren (Mündung v. Spinndrüsen), 1 Paar Pedipalpen (große Scheren, Mündung v. Giftdrüsen) und 4 Paar Laufbeine. *Nahrung* u. *Darmsystem:* P. leben räuberisch (bes. v. Springschwänzen, Staubläusen u. a.). Die Nahrung wird extraintestinal verdaut und mit Hilfe einer muskulösen Vorderdarmpumpe eingesogen. *Exkretion:* Epithel der Darmdivertikel gibt Exkretkristalle in Lumen ab, die mit dem Kot nach außen gelangen; außerdem 1 Paar Coxaldrüsen. *Atmung* u. *Kreislauf:* an den Hinterrändern des 9. und 10. Sternits od. deren Pleuren münden 2 Paar Tracheen. Von der Mündung führt ein kurzer Stamm in den Körper, der sich in eine große Anzahl unverzweigter Tracheenästchen aufspaltet (Büscheltracheen). Der Gasaustausch erfolgt durch Diffusion. Infolge des gut entwickelten Tracheensystems u. der reichen Verzweigung des Darms spielen Blut u. Gefäße fast keine Rolle. P. besitzen ein zartes, schlauchförm. Herz mit 1 Ostienpaar. *Nervensystem* u. *Sinnesorgane:* die gesamte Ganglienmasse ist um den Vorderdarm im Prosoma konzentriert; 1–2 Paar Augen (können reduziert sein), Tasthaare u. Trichobothrien bes. auf den Pedipalpenfingern (Erschütterungssinn), Spaltsinnesorgane; chem. Sinn nicht untersucht, spielt aber eine große Rolle in Revier- u. Paarungsverhalten. Die *Fortpflanzungsorgane*

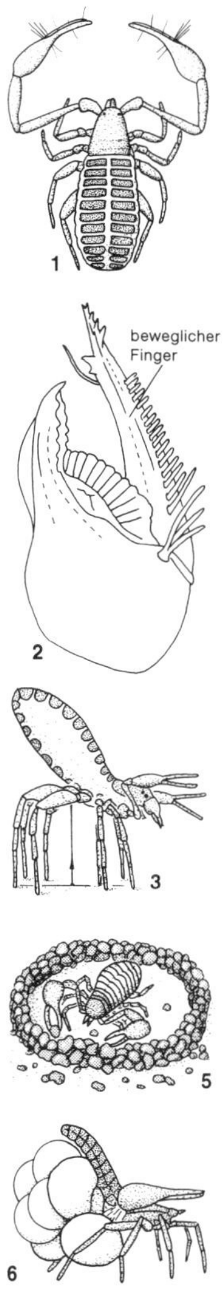

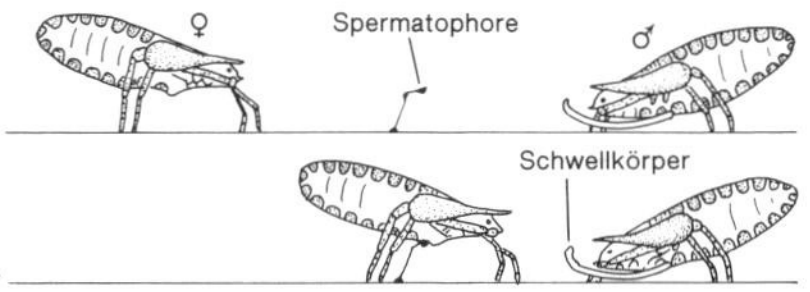

Pseudoskorpione

1 Dorsalansicht eines Pseudoskorpions; **2** Chelicere; **3** Männchen beim Absetzen einer Spermatophore; **4** Männchen des Bücherskorpions *(Chelifer cancroides)* lockt Weibchen, das eine Spermatophore aufnimmt; **5** Weibchen der P. beim Bau eines igluähnlichen Gespinstes; **6** Weibchen mit weit entwickelten Embryonen im Brutbeutel

sind sehr kompliziert gebaut. Männchen: Hoden mit Divertikeln münden über 2 Vasa efferentia in die beiden Samenblasen; von dort gelangen die Spermien über ein Vas deferens in das mit Muskulatur, Drüsen u. Cuticulastrukturen versehene Genitalatrium (Struktur artverschieden), in dem die Spermatophore gebildet wird. Abdeckung des Atriums vom Sternit des 2. und 3. Opisthosomasegments. Bei den Vertretern der *Cheliferidae* (z. B. ↗Bücherskorpion) befinden sich an der Hinterwand des Atriums 2 schlauchförm., ausstülpbare Organe, die bei der Balz eine Rolle spielen. Weibchen: von einem unpaaren Ovar gehen 2 Ovidukte aus, die in das Genitalatrium münden; ebenfalls dort münden ein Receptaculum seminis sowie mehrere Drüsen. Die weibl. Geschlechtsorgane produzieren die Eier u. ernähren nach der Eiablage die Embryonen (Brutpflege, s. u.). *Balz* u. *Paarung:* die Männchen setzen oft kompliziert gebaute Spermatophoren auf den Untergrund ab, die v. den Weibchen in die Receptacula seminis aufgenommen werden. Bei manchen Arten setzt das Männchen Spermatophoren ab, ohne daß ein Weibchen in der Nähe ist. Bei anderen Arten werden Spermatophoren nur in Ggw. von Weibchen abgesetzt. Bei 2 Fam. *(Chernetidae, Cheliferidae)* findet vor der Samenübertragung eine Paarung statt, bei der das Weibchen gepackt u. über die Spermatophore gezogen od. mit Hilfe ausstülpbarer Duftorgane angebalzt u. über die Spermatophore gelockt wird. Die

Männchen der Gatt. *Chelifer* besetzen, während sie balzen, ein Revier, das sie nicht verlassen. *Brutpflege:* meist vor der Eiablage baut das Weibchen ein geschlossenes, igluartiges Nest mit Hilfe v. Spinnseide, Steinchen, Holzsplittern u.ä. Bei den meisten Arten gibt das Weibchen zunächst aus den Drüsen des Genitalatriums Sekret ab, das an der Ausmündung des Atriums hängenbleibt u. dort v. Schwellkörpern zu einem Säckchen geformt wird. In dieses Säckchen werden die befruchteten Eier zus. mit Flüssigkeit abgelegt. Dort findet auch die Embryonalentwicklung statt. *Entwicklung:* Eier u. Embryonen werden im Brutbeutel, der in dieser Zeit stark anschwillt, mit Nährflüssigkeit aus dem Ovar versorgt. Die Embryonen entwickeln ein spezielles Pumporgan, um diese aufnehmen zu können. Nach zwei Embryonalstadien schlüpft die sog. *Protonymphe;* die weitere Entwicklung erfolgt über eine *Deuto-* u. eine *Tritonymphe* zum adulten Tier. Die jungen P. bleiben verschieden lange bei der Mutter im Nest. Nester werden nicht nur zur Brutpflege, sondern auch v. beiden Geschlechtern zum Schutz während jahreszeitl. Ruheperioden od. zur Häutung gebaut. Zur Verbreitung dient bei manchen Arten ↗Phoresie: besonders begattete Weibchen klammern sich an Insekten u. lassen sich in einen neuen Biotop tragen. Dieses Verhalten ist im Bernstein fossilisiert dokumentiert. *C. G.*

Pseudospeziation *w* [v. lat. species = Art], ↗kulturelle Evolution.

Pseudosphaeriales [Mz.; v. gr. sphairion = Kügelchen], Ord. der bitunicaten Schlauchpilze *(↗Bitunicatae),* auch bei den *↗Dothideales* eingeordnet; saprophyt. Pilze mit unregelmäßig gebauten Pseudothecien (z.B. Gatt. *Wettsteinia*); die *P.* enthalten auch einige lichenisierte Vertreter, z.B. in der Gatt. *Arthopyrenia* aus der Fam. *↗Pleosporaceae.*

Pseudosphaerocystis *w* [v. gr. sphaira = Kugel, kystis = Blase], Gatt. der ↗Asterococcaceae.

Pseudosporochnus *m* [v. gr. spora = Same, chnoos = Kruste, Staub], Gatt. der ↗Cladoxylales.

Pseudosuchia [Mz.; v. gr. souchos = Nilkrokodil], die ↗Scheinechsen.

Pseudotachea *w* [v. gr. tacheia = die Schnelle], Gatt. der *Helicidae,* Landlungenschnecken mit festem, gedrückt-kegel. Gehäuse ohne Nabel; die Oberfläche zeigt Zuwachsstreifen u. bis 5 Spiralbänder. Die einzige Art, *P. splendida* (bis 22 mm ∅), ist in Spanien u. S-Fkr. an trockenen Standorten häufig.

pseudotetramer [v. gr. tetramerēs = vierteilig], *cryptotetramer,* Bez. für eine Tarsenformel mit 5 Tarsalgliedern, aber so winzigem 4. Glied, daß nur 4 sichtbar sind; so bei den Käfer-Familienreihen *Chrysomeloidea* u. *Curculionoidea.*

Pseudoskorpione

Wichtige Gattungen:
↗Cheiridium
Chelifer (↗Bücherskorpion)
Chthonius
↗Garypus
↗Neobisium

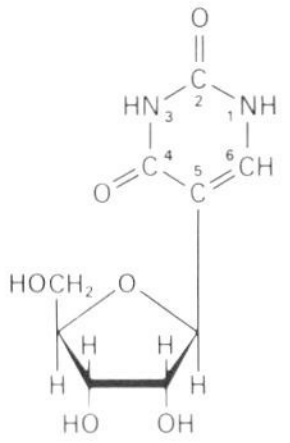

Pseudouridin

pseud-, pseudo- [v. gr. pseudos = Trug, Lüge, Täuschung].

psilo- [v. gr. psilos = nackt, kahl, bloß].

Pseudotracheen [Mz.; v. gr. trachys = rauh], längsgeschlitzte feine Chitinröhrchen auf dem Tupfrüssel (↗Labellen) vieler Zweiflügler-Imagines, auch auf dem Hypopharynx vieler Grillen. ☐ Mundwerkzeuge.

Pseudotriakidae [Mz.; v. gr. triakis = dreimal], die Falschen ↗Marderhaie.

Pseudotriton *m* [ben. nach dem gr. Meeresgott Tritōn], Gatt. der *Plethodontidae,* ↗Schlammsalamander.

Pseudotsuga *w* [v. japan. tsuga = Buchsbaum], die ↗Douglasie.

Pseudotuberaceae [Mz.; v. lat. tuber = Erdschwamm], die ↗Löchertrüffel.

Pseudotuberkulose *w* [v. lat. tuberculum = kleine Geschwulst], Bez. für einige meist tödl. verlaufende, tuberkuloseähnl. Infektionskrankheiten bei Tieren; Befall z.B. von Leber, Lunge, Milz u. Nieren; bei Schafen in Form von chron. Lungen- u. Lymphknotenerkrankung (Erreger: *Corynebacterium pseudotuberculosis*); bei Nagetieren (seuchenartig, auch *Rodentiose* gen.) u. Vögeln ist der Erreger, wie auch bei Schweinen u. Ziegen, bei denen die P. seltener vorkommt, *Shigella pseudotuberculosis.*

Pseudouridin *s* [v. gr. ouron = Harn], Abk. ψU, ψ, in t-RNA vorkommendes Nucleosid, das sich aus Uridin durch enzymat. Isomerisierung innerhalb der fertigen RNA-Kette bildet. Das in P. enthaltene Uracil ist (im Ggs. zur N-glykosidischen Bindung in Uridin) C-glykosidisch an Ribose gebunden und zählt daher zu den ↗modifizierten Basen. ☐ transfer-RNA, ☐ Alanin-t-RNA.

Pseudovermis *m* [v. lat. vermis = Wurm], einzige Gatt. der *Pseudovermidae,* marine Fadenschnecken mit wurmförm. Körper unter 6 mm Länge; die ca. 12 Arten graben sich durch Sandlücken.

Pseudovespula *w* [v. lat. vespula = kleine Wespe], Gatt. der ↗Vespidae.

Pseudovirion *s,* Viruspartikel, das keine Virusnucleinsäure, sondern ausschl. DNA der Wirtszelle enthält. Zur Bildung von P.en kommt es z.B. bei Polyomavirus-Infektionen. P.en können als Überträger fremden genet. Materials dienen, ähnl. den generalisierten transduzierenden Bakteriophagen (↗Transduktion). Es ist jedoch unklar, ob der P.-Bildung eine biol. Bedeutung bei natürl. Infektionen zukommt.

Pseudovitellus *m* [v. lat. vitellus = Eidotter], von T. H. ↗Huxley 1858 (aufgrund der im Mikroskop an Dottermaterial erinnernden kugelförm. Einschlüsse) geprägte Bez. für die v. ihm an Blattläusen entdeckten Organe, die erst 1909/10 U. Pierantoni u. K. Šulc (unabhängig voneinander) als Symbiontenorgane (↗Mycetome) erkannten. [Krankheit.

Pseudowut, *Pseudolyssa,* die ↗Aujeszky-

Psidium *s* [v. gr. psides (?) = Tropfen], Gatt. der ↗Myrtengewächse. [gen.

Psilidae [Mz.; v. *psilo-], die ↗Nacktflie-

Psiloceras psilonotum *s* [v. *psilo-, gr. keras = Horn, nōtos = Rücken], (Quenstedt), (Sowerby), Leitfossil (Ammonit) des Lias α_1 (↗Jura).
Psilocybe *w* [v. *psilo-, gr. kybē = Kopf], die ↗Kahlköpfe; viele Arten werden im südl. Mexiko als heilige Rauschpflanzen (↗Teonanacatl, ↗Rauschpilze) verwendet. Wichtigster Vertreter ist der „Zauberpilz" *(P. mexicana);* er wächst in einer Höhe von 1350–1700 m, an Pfaden, auf feuchten Wiesen u. Feldern sowie in Eichen- u. Kiefernwäldern; enthält ↗*Psilocybin* u. *Psilocin.*
Psilocybin *s* [v. *psilo-, gr. kybē = Kopf], ein halluzinogen wirkendes Indolalkaloid, das zus. mit *Psilocin* Inhaltsstoff des ↗Rauschpilzes ↗*Psilocybe mexicana* ist; neben ↗Lysergsäurediäthylamid (LSD) u. ↗Haschisch eines der bekanntesten Halluzinogene (↗Drogen u. das Drogenproblem) mit LSD-ähnl., aber schwächerer Wirkung; auch zur Behandlung v. Psychoneurosen eingesetzt.
Psilophyten [Mz.; v. *psilophyt-], *Psilophyta, Psilophytatae,* die ↗Urfarne.
Psilophyton *s* [v. *psilophyt-], eine Gattung der ↗Urfarne (Psilophyten) mit mindestens 9 Arten im Unterdevon bis frühen Oberdevon. Achsen nackt od. mit Emergenzen, Verzweigung pseudomonopodial, in der Peripherie auch stärker dichotom; Sporangien gestreckt-oval mit Längsdehiszenz; sie stehen terminal u. paarig an wiederholt dichotom gegabelten Telomen, die zu dichten hängenden Büscheln zusammengefaßt sind; das Leitbündel ist eine typ. (mesarche) Protostele. Aufgrund dieser Merkmalskombination wird *P.* zur Ord. *Trimerophytales* (↗Urfarne) gestellt, die Gatt. zeigt aber auch verschiedene Übergänge zu den *Rhyniales.* So besitzt die nur wenige Zentimeter hohe Art *P. dapsile* noch ein stark an *Rhynia* erinnerndes Verzweigungsmuster. Von hier aus führt eine Reihe mit zunehmender Herausbildung der Hauptachse u. Reduktion der Seitenachsen über *P. princeps, P. dawsonii, P. microspinosum* zu *P. crenulatum* (Achsen mit bis 6 mm langen, z.T. gegabelten Emergenzen) und *P. forbesii.*
Psilophytopsida [Mz.; v. *psilophyt-, gr. opsis = Aussehen], die ↗Urfarne.
Psilopsida [Mz.; v. *psilo-, gr. opsis = Aussehen], 1) die ↗Urfarne; 2) die Kl. *Psilotopsida,* einzige Ord. ↗*Psilotales.*
Psilorhynchus *m* [v. *psilo-, gr. rhygchos = Rüssel], die ↗Spindelschmerlen.
Psilotales [Mz.; v. gr. psilōtos = entblößt], Ord. isosporer ↗Farnpflanzen, heute meist in eine eigene Kl. *Psilotatae (Psilotopsida, Psilopsida)* gestellt. Hierzu nur die beiden artenarmen Gatt. *Psilotum* (Fam. *Psilotaceae;* 2 Arten) u. *Tmesipteris* (Fam. *Tmesipteridaceae;* 8 Arten). *Psilotum* besitzt mehrfach dichotom verzweigte, fast nackte Sproßachsen mit Aktinostele u. Spaltöffnungen vom Gymnospermen-Typ;

psilo- [v. gr. psilos = nackt, kahl, bloß].

psilophyt- [v. gr. psilos = nackt, phyton = Pflanze], in Zss.: blattlose Pflanze.

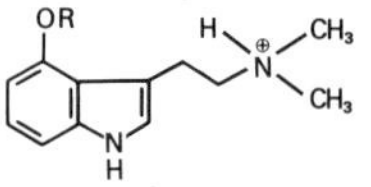

Psilocybin

Psilocybin: R = HPO_3^-
Psilocin: R = H

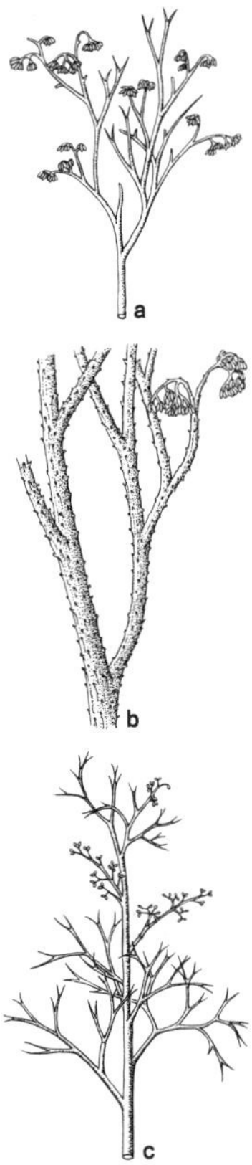

Psilophyton

Innerhalb der Gatt. ist eine Tendenz zur pseudomonopodialen Verzweigung mit zunehmender Herausbildung einer Hauptachse erkennbar; **a** *P. dapsile,* **b** *P. princeps,* **c** *P. forbesii*

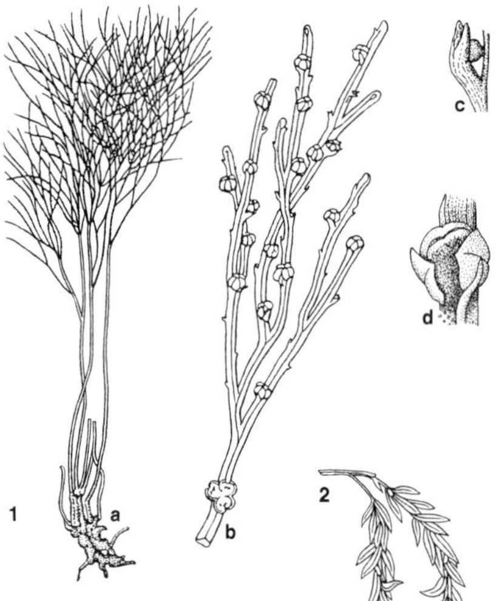

Psilotales

1 *Psilotum nudum:* **a** Wuchsform, **b** Ausschnitt aus dem oberen fertilen Teil, **c** blattachselständiges junges und **d** reifes Synangium. **2** *Tmesipteris tannensis:* **a** beblätterter Zweig, **b** Sporophyll mit 2fächrigem Synangium

die Achsen tragen nur kleine Schuppenblättchen ohne Leitbündel u. Spaltöffnungen. Die dreifächrigen Synangien sitzen in den Achseln v. gabelteiligen Schuppen, die auch eine Leitbündelversorgung aufweisen. Die Sprosse entspringen blatt- u. wurzellosen (!), protostelischen Rhizomen mit Mykorrhizapilzen u. Rhizoiden. Der chlorophyllose, rhizomähnl. Gametophyt lebt unterird. mykotroph u. besitzt z.T. Leitbündel. *P. nudum (= P. triquetrum)* wächst aufrecht buschig (Höhe: 20–100 cm) in den Tropen u. Subtropen (v.a. Florida, Mittelamerika, SO-Asien, Austr.) auf humosem Boden. *P. flaccidum (= P. complanatum)* ist bei einer weitgehend ähnl. Verbreitung erhebl. seltener u. lebt als hängender Epiphyt. Die in Austr., Neuseeland, Polynesien u. den Philippinen beheimatete Gatt. *Tmesipteris* zeigt grundsätzl. Übereinstimmung mit *Psilotum.* Die Sprosse sind aber unverzweigt od. einmal gabelteilig u. tragen große, bis 2 cm lange Blätter mit einem Leitbündel; die gabelteiligen Sporophylle tragen 2fächrige Synangien. Am häufigsten ist die epiphytisch lebende Art *T. tannensis.* – Über die phylogenet. Beziehungen der *P.* besteht nach wie vor Unklarheit, da auch Fossilfunde vollkommen fehlen. Aktinostele u. blattachselständige bzw. blattbürtige Stellung der Sporangien verweisen auf die Bärlappe; andererseits werden aufgrund der wurzel- und blattlosen Rhizome und des einfachen Sproßbaues bei *Psilotum* Zusammenhänge mit *Rhynia*-ähnlichen Formen vermutet u. die *P.* z.T. direkt bei den Psilophyten eingeordnet. Insgesamt erscheinen die *P.* als isolierte Reliktgruppe mit zahlr. ursprünglichen, aber auch einigen abgeleiteten Merkmalen.

Psilotum *s* [v. gr. psilōtos = entblößt], Gatt. der ↗Psilotales.

Psithyrus *m* [v. gr. psithyros = zwitschernd, zischelnd], Gatt. der ↗Apidae.

Psittacidae [Mz.; v. *psitta-], die ↗Papageien.

Psittaciformes [Mz.; v. *psitta-, lat. forma = Gestalt], die ↗Papageivögel.

Psittacus *m* [v. *psitta-], Gatt. der ↗Papageien.

Psittakose *w* [v. *psitta-], die ↗Papageienkrankheit.

Psocidae [Mz.; v. gr. psōchos = Staub], Fam. der ↗Psocoptera.

Psocoptera [Mz.; v. gr. psōchos = Staub, pteron = Flügel], *Copeognatha, Corrodentia, Flechtlinge, Staubläuse,* Ord. der Insekten mit weltweit über 1000 bekannten, meist trop. Arten, mit 29 Fam. in den 2 U.-Ord. *Atropida* u. *Psocida;* in Mitteleuropa ca. 100 Arten. Der 1–7 mm große, je nach Art verschieden gefärbte, weichhäutige Körper der *P.* gliedert sich in einen großen, halbkugeligen Kopf, Brustabschnitt u. einen sackförm. Hinterleib. Der Kopf trägt seitl. liegende, bei vielen Arten nur schwach entwickelte Komplexaugen sowie fadenförm., aus bis zu 50 Gliedern bestehende Fühler. Die kauend-beißenden Mundwerkzeuge sind zur Zerkleinerung der Nahrung eigenartig spezialisiert. Der Brustabschnitt trägt außer den 3 Paar Beinen 4 einfach geäderte, verschieden gefärbte Flügel, die während des Fluges zur funktionellen Zweiflügeligkeit verhakt u. in der Ruhe dachförmig über den Hinterleib gelegt werden können. Häufig (bes. bei Weibchen) sind die Flügel reduziert; auch voll geflügelte Arten bewegen sich hpts. laufend fort. An der Unterseite des 9. (Männchen) bzw. 8. (Weibchen) Hinterleibssegments liegen die Geschlechtsöffnungen. Der Kopulation geht eine Art Balz voraus; die Weibchen kitten die 20–100 Eier auf die Unterlage; das Gelege wird oft noch mit einem Gespinst versehen. Die sich hemimetabol entwickelnden Larven ähneln in Aussehen u. Lebensweise den Imagines. Die *P.* ernähren sich v.a. von Algen, Pilzen u. Flechten (Name); sie bevorzugen daher feuchte Lebensräume z.B. an Holz, hinter Baumrinde od. in Häusern hinter Ritzen u. Fugen. Die *P.* sind an sich keine Vorratsschädlinge; ihr Auftreten weist eher auf Schimmelbefall der Lebensmittel hin; meist genügt ein trockenerer Lagerort, um sie zu entfernen. Zur Fam. *Trogiidae* (Staubläuse i.e.S.) gehört die 1–2 mm große, gelbl.-weiße Gemeine Staublaus *(Trogium pulsatorium);* sie besitzt nur Stummelflügel; wegen ihrer tikkend-klopfenden Lauterzeugung mit einer Verdickung am Hinterleib wird sie auch „Totenuhr" genannt. Der bei uns häufigste Vertreter der ungeflügelten Bücherläuse (Gatt. *Liposcelis, Troctes), Troctes divinatorius* (= *Liposcelis divinatorius,* Fam. *Troctidae*), tritt häufig in Massen in feuchten Wohn- u. Lagerräumen, auch zw. alten Büchern u. Papier auf. Nur parthenogenet. Fortpflanzung ist bei Arten der Fam. *Psyllipsocidae* bekannt. Zur artenreichen Fam. Rindenläuse *(Psocidae)* gehören in Mitteleuropa ca. 20 Arten; hierzu mit 5–7 mm die größte heimische Art, *Psococerastis gibbosus.*

psitta- [v. gr. psittakos = Papagei].

psych- [v. gr. psychē = Leben, Hauch, Seele, Gemüt; im übertragenen Sinn auch: Schmetterling, Motte].

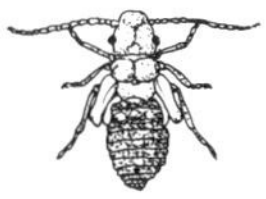

Psocoptera

Ectopsocus spec., 6. Larvenstadium (ca. 1,8 mm)

Psophus *m* [v. gr. psophos = Schall, Geräusch], Gatt. der ↗Feldheuschrecken.

Psora *w* [v. gr. psōra = Krätze, Räude], von der Sammel-Gatt. ↗*Lecidea* abgetrennte Gatt. erd- u. gesteinsbewohnender Flechten mit oft schuppigem Thallus, biatorinen Apothecien u. einzelligen, farblosen Sporen. ↗Bunte Erdflechtengesellschaft.

Psoralea *w* [v. gr. psōraleos = krätzig, räudig], Gatt. der ↗Hülsenfrüchtler.

Psoroma *s* [v. gr. psōros = krätzig, räudig], Gatt. der ↗Pannariaceae.

Psychidae [Mz.; v. *psych-], die ↗Sackträger.

Psychopharmaka

I. *Psychopharmaka i. w. S.*
1. *Hypnotika* („Schlafmittel")
2. *Sedativa* („Beruhigungsmittel")
3. *Antiepileptika* (Mittel zur Epilepsie-Therapie)
4. *Psychostimulantia* („Anregungsmittel")

II. *Psychopharmaka i. e. S.*
1. *Neuroleptika* (hypnotikafreie Beruhigungsmittel mit antipsychotisch-antischizophrener Wirkung)
2. *Tranquil(l)izer* (hypnotikafreie Beruhigungsmittel ohne antipsychotisch-antischizophrene Wirkung)
3. *Antidepressiva* (Mittel mit antidepressiver Wirkung)
a) *Thymoleptika* (vorwiegend stimmungsaufhellende Antidepressiva)
b) *Thymeretika* (vorwiegend hemmungslösende Antidepressiva)

III. *Psychopharmaka mit psychotomimetischer Wirkung*
Psycholytika (Mittel zur Erzeugung experimenteller Psychosen; auch zur Unterstützung psychotherapeut. Behandlungen eingesetzt)

Psychopharmaka

An Radnetzspinnen wurde in den 50er Jahren systemat. die Wirkung verschiedener Drogen (LSD, Coffein, Meskalin u. a.) auf den Radnetzbau untersucht. Häufig wurden die Netze nach Drogengabe unregelmäßig; je nach Wirkstoff traten spezif. Veränderungen (Größe, Winkel, Zahl u. Anordnung der Speichen usw.) im Netzbau auf.

psychisch, seelisch, die Psyche betreffend.

Psychodidae [Mz.; v. *psych-], die ↗Mottenmücken.

Psychopharmaka [Mz.; v. *psych-, gr. pharmakon = Heilmittel], Gruppe chemisch unterschiedl. Substanzen mit psychotroper, d.h. psychische Vorgänge beeinflussender Wirkung (vgl. Tab.). P. werden zur Behandlung von psychischen Störungen u. Psychosen (auch zu deren experimenteller Erforschung) eingesetzt. ↗Drogen und das Drogenproblem.

Psychophilie *w* [v. *psych-, gr. philia = Freundschaft], ↗Schmetterlingsblütigkeit.

Psychrobionten [Mz.; v. *psychro-, gr. bioōn = lebend], Bez. für Organismen, die nur in Biotopen mit niedrigen Temp. (unter ca. 20° C) leben, v.a. Mikroorganismen; ↗Kryobionten, ↗psychrophile Organismen.

psychrophile Organismen [v. *psychro-, gr. philos = Freund], Lebewesen, die Biotope mit niedrigen Temp. bevorzugen. Obligat psychrophile Bakterien leben in einem Temp.-Bereich von ca. −10 °C bis

psychro- [v. gr. psychros = kalt, kühl].

psychro- [v. gr. psychros = kalt, kühl].

pteri- [v. gr. pteris, Mz. pterides = Farn].

pter-, ptero- [v. gr. pteron = Flügel, Feder, Flosse].

Psyllina

Birnblattsauger *(Psylla piricola),* ca. 3 mm

+20° C; das Temp.-Optimum liegt bei etwa 15 °C od. tiefer. Fakultativ psychrophile Bakterien können auch bei 0 °C wachsen; ihr Wachstumsoptimum liegt aber bei 25° C – 30° C, das Maximum bei 35° C od. höher. ↗mikrobielles Wachstum.

Psychrophyten [Mz.; v. *psychro-, gr. phyton = Pflanze], Pflanzen, die an kalten Standorten (z. B. Hochgebirge, Tundra) leben u. hohe ↗Frostresistenz aufweisen.

Psyllina [Mz.; v. gr. psylla = Floh], *Psylloidea, Blattsauger, Blattflöhe, Springläuse,* Ord. der ↗Pflanzensauger *(Homoptera);* nur 1 Fam. *Psyllidae* mit ca. 1000 Arten, davon in Mitteleuropa ca. 100. Die *P.* sind kleine, 2–4 mm große, grün bis braun gefärbte Insekten. Der meist durch eine Längsfurche in 2 Hälften abgesetzte Kopf trägt fadenförm. Antennen; die Mundwerkzeuge sind weit nach hinten versetzt. Verdickte Hinterschenkel verleihen ihnen ein beträchtl. Sprungvermögen. Die meist durchscheinenden 2 Paar Flügel werden in der Ruhe dachförmig über den Hinterleib gelegt. Das Weibchen besitzt einen Legebohrer, mit dem die Eier i. d. R. in das Gewebe der Wirtspflanze versenkt werden; die 5 Larvenstadien der hemimetabolen Entwicklung unterscheiden sich v. a. durch die Ausbildung v. Flügeln u. die sessile Lebensweise. Mit stechend-saugenden Mundwerkzeugen ernähren sich die *P.* von Pflanzensäften, die zuckerhalt. Ausscheidungen (Honigtau) werden häufig durch Wachsröhren am Hinterleib abgeleitet. Zuweilen schädl. an Apfelbäumen wird der ca. 4 mm große Apfelblattsauger (Apfelblattfloh, Apfelfloh, Apfelsauger, *Psylla mali*) die Eier überwintern unter der Rinde, die Larvenstadien können fast alle Pflanzenteile des Apfelbaums befallen, die dann durch Verpilzung u. Saftentzug verkümmern u. vertrocknen können. Weniger wirtsspezif. sind die Birnblattsauger *(Psylla piri, Psylla piricola)* u. der Möhrenblattfloh (*Trioza apicalis,* auch auf Nadelgehölzen).

Psylloidea [Mz.; v. gr. psyllōdēs = flohartig], die ↗Psyllina. [stom.

pt-DNA, Abk. für Plastiden-DNA, ↗Pla-

Ptenoglossa [Mz.; v. gr. ptēnos = gefiedert, glōssa = Zunge], die ↗Federzüngler.

Pteralia [Mz.; v. *pter-], *Axillaria,* Gelenkstücke des ↗Insektenflügels (☐).

Pteranodon *m* [v. *pter-, gr. anodous = zahnlos], (Marsh 1876), zu den *Pterodactyloidea* gehörender † ↗Flugsaurier (☐) mit einer maximalen Flügelspannweite bis 8 m; damit größtes Flugtier aller Zeiten. Der gestreckte, hinten mit einem schmalen Knochenkamm (als Seitenruder?) besetzte Schädel mündet vorn in einen zahnlosen Hornschnabel; Hals kurz und bewegl., seine Wirbel mit zusätzl. Gelenken (bei Wirbeltieren einmalig), Rumpf u. Hinterextremitäten kurz, Schwanz stummelförmig. Da die Flugmuskulatur nach anatom. Befund schwach war, dürfte *P.* ein Segelflieger ähnl. dem Albatros gewesen sein. Die Nahrung, deren Aufnahme v. einem Kehlsack wie beim Pelikan erleichtert wurde, bestand aus Fischen u. Krebsen. Verbreitung: Oberkreide von N-Amerika und UdSSR.

Pteraspidomorphi [Mz.; v. *pter-, gr. aspis = Schild, morphē = Gestalt], † U.-Kl. der *Agnatha* (↗Kieferlose) mit paarigen Nasensäcken, i. d. R. paarigen Nasenöffnungen u. einer vom vorderen Teil des Kopfes gebildeten Rostralregion; kein Nasohypophysengang; Knochenzellen im Skelett (angebl.) nicht vorhanden. Verbreitung: unteres Ordovizium bis oberes Devon; ca. 23 Gatt. [Gatt. der ↗Heterostraci.

Pteraspis *w* [v. *pter-, gr. aspis = Schild],

Pteria *w* [v. *pter-], (Scopoli 1777), früher *Avicula* Klein 1753, Gatt. dysodonter Seeperlmuscheln (Fam. *Pteriidae*) mit meist schiefen, ungleichen Klappen, deren Öhrchen sich etwas nach vorn, stärker nach hinten erweitern u. dadurch dem Umriß das Aussehen eines Vögelchens *(Avicula)* verleihen; Oberfläche berippt od. glatt. *P.* bewohnt warme Meeresbereiche u. heftet sich mit dem Byssus meist an Hornkorallen u. Hydrozoenstöckchen. Verbreitung: Trias bis rezent. *P. contorta* (Portlock) ist wichtiges Leitfossil der oberen Trias (Nor-Rhät), die rezente *P. penguin* erreicht 30 cm Länge u. ist häufig im Flachwasser des Indopazifik.

Pterichthyes [Mz.; v. *pter-, gr. ichthyes = Fische], Synonym v. ↗*Antiarchi* (neuerdings in der Schreibweise *Antiarcha* Cope 1885).

Pteridaceae [Mz.; v. *pteri-], in ihrer Umgrenzung sehr unterschiedl. gefaßte Fam. der leptosporangiaten Farne (↗*Leptosporangiatae,* Ord. ↗*Filicales);* überwiegend Erdfarne mit aufrechtem od. kriechendem Rhizom; Sporangien randständig, in Sori od. in einem kontinuierl. Coenosorus und i. d. R. vom umgebogenen Blattrand als Pseudoindusium geschützt; Indusium meist fehlend. Die Gatt. *Pteris* umfaßt ca. 280 v. a. tropisch, z. T. aber auch subtrop.-gemäßigt verbreitete Arten. Im Mediterrangebiet sind *P. vittata* und *P. cretica* heimisch; letztere Art ist recht resistent gg. Lufttrockenheit u. wird daher oft als Zimmerpflanze kultiviert. Die ca. 130 Arten der Gatt. *Cheilanthes* sind überwiegend trockenadaptiert u. besiedeln entspr. die ariden Gebiete Amerikas, Afrikas und z. T. auch Australiens. Ausgeprägt xeromorph ist auch die Gatt. *Jamesonia* (19 neotrop. Arten), die steif-aufrechte Blätter mit fast geldrollenartig übereinanderstehenden Fiederchen besitzt u. als typ. Art der andinen Paramos bis 5000 m steigt. *Acrostichum* kommt mit der Art *A. aureum* im trop. Brackwasser, bes. in Mangrovensümpfen, vor (Ausnahme unter den Farnen!). Auch der ↗Adlerfarn *(Pteridium aquilinum)* wird meist zu den *P.* gestellt.

Pteridine [Mz.; v. *pter-], Gruppe heterocycl. Verbindungen, die sich strukturell vom gemeinsamen Grundgerüst des *Pteridins* ableiten. Die natürl. vorkommenden P.

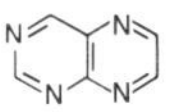
Pteridin-Grundgerüst

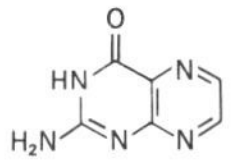
Pterin-Grundgerüst

(mit dem Grundgerüst des *Pterins*) treten bei fast allen lebenden Organismen auf, z. B. bei Bakterien, Algen u. Pilzen, in Melanophorenschichten u. Hautverknöcherungen v. Fischen, Amphibien u. Reptilien, in Flügeln, Integument, Fettkörper, Augen u. Schlupfsekret v. Insekten sowie im menschl. und tier. Harn u. als 6-substituierte P. in Mitochondrien u. Zellkernen. Sie übernehmen Funktionen als Pigmente, als Cofaktoren bei Hydroxylierungsreaktionen od. sind struktureller Bestandteil der ↗Folsäure u. des ↗Riboflavins. Zu den P. zählen z. B. ↗*Biopterin*, ↗*Leukopterin* (□ Exkretion), das gelbe *Xanthopterin* (Flügelpigment des Zitronenfalters, auch in der Wespe; □ Exkretion), die gelben bis roten *Drosopterine* u. *Sepiapterin* (Augenpigmente v. *Drosophila*), das orangerote *Erythropterin* (Flügelpigment v. Schmetterlingen) u. die *Lumazine* (Hutfarben v. Täublingen). Weitere P. sind Neopterin, Ichthyopterin, Lepidopterin, Ekapterin u. Pterorhodin. Einige P.-Derivate besitzen pharmakolog. Bedeutung u. werden bei der Behandlung v. manchen Krebsarten, Psoriasis, Malaria, Nieren- u. Blasenentzündungen usw. angewandt.

Pteridinium simplex *s* [v. *pter-, lat. simplex = einfach], (Gürich), als † Seefeder (Ord. *Pennatularia*) gedeutetes Fossil der ↗Ediacara-Fauna; bekannt aus O-Afrika u. Australien. [↗Adlerfarn.

Pteridium *s* [v. gr. pteridios = gefiedert],

Pteridophyta [Mz.; v. *pteri-, gr. phyta = Pflanzen], die ↗Farnpflanzen.

Pteridospermae [Mz.; v. *pteri-, gr. sperma = Same], die ↗Farnsamer.

Pterioidea [Mz.; v. *pter-], die Überfam. der Seeperlmuscheln (U.-Ord. *Anisomyaria*), die außer den ↗Seeperlmuscheln i. e. S. *(Pteriidae)* die Hammermuscheln *(Malleidae)*, die Steckmuscheln *(Pinnidae)* und 2 kleinere Fam. umfaßt; zu den *P.* gehören ca. 95 Arten. [ceae.

Pteris *w* [gr., = Farn], Gatt. der ↗Pterida-

Pternohyla *w* [v. gr. pterna = Sohle, hyla = Wald], Gatt. der ↗Laubfrösche (T).

Pterobranchia [Mz.; v. *ptero-, gr. bragchia = Kiemen], *Flügelkiemer*, Kl. der ↗*Hemichordata* mit insgesamt nur etwa 20, ausschl. marinen Arten, v. denen einige weltweit verbreitet vorkommen. Die meist nur wenige mm großen Tiere leben größtenteils in selbstgebauten, an Steine od. andere Hartstrukturen angeklebten Wohnröhren aus organ., chitinfreier Substanz, entweder als frei bewegl. Einzeltiere od. auch in zeitlebens miteinander in Verbindung stehenden Tierstöcken, bilden in jedem Fall aber gewöhnlich dichte Wohngesellschaften aus vielen hundert Individuen. Ihr gedrungener Körper ist in 3 Abschnitte gegliedert: einen scheibenförmigen u. drüsenbesetzten „Kopfschild“ (Prosoma), auf dem manche Arten zu kriechen vermögen, einen schräg-zylindr. „Kragen“ od. Mesosoma (↗Enteropneusten), der rückenseitig je nach Art 2–10 Arme mit je zwei Reihen bewimperter Tentakel trägt (Lophophor), und den sackförm. Rumpf (Metasoma), der an seinem Hinterende, der eigtl. Bauchseite der Tiere, in einen langen dünnen u. muskulösen Fortsatz (Stolo) von oft mehrfacher Körperlänge ausläuft. Mit Hilfe der Tentakelcilien wird die Nahrung, größtenteils planktontische Einzeller, herbeigestrudelt u. an Wimperrinnen entlang der Tentakel u. Lophophorarme dem ventralen Mund zugeleitet. Der Stolo dient v. a. freilebenden Arten zus. mit dem Kopfschild als Fortbewegungs- u. Greiforgan; gleichzeitig vermögen sich die Tiere mit einer Haftplatte an seinem Ende in der Wohnröhre festzuhalten. Wenngleich auf den ersten Blick den ihnen nahe verwandten Enteropneusten wenig ähnlich, stimmen beide Gruppen in ihrem Grundbauplan doch weitgehend überein, wobei der auch bei den Enteropneusten bewimperte Kragen bei den *P.* durch dorsale Ausstülpungen zum Lophophor umgewandelt wurde u. der Rumpf u. damit der Darmtrakt entspr. der seßhaften Lebensweise eine U-förmige Krümmung erfahren hat, so daß der After vom Hinterende auf die Rückenseite des Metasomas unmittelbar hinter den Lophophor verlagert worden ist. Der trichterförmige Mund liegt dem After u. Lophophor gegenüber bauchseitig im Mesosoma. *Anatomie:* Der Darm gliedert sich in einen bauchigen kurzen Pharynx, einen ebenso gestalteten Oesophagus, einen weiten sackförm. Magen im Metasoma u., von diesem rückenwärts nach vorn umknickend, einen langen Enddarm. Eine Ausstülpung des Pharynx in den Kopfschild hinein entspr. dem Stomochord der ↗Enteropneusten. Von je einer seitl. Pharynxtasche bricht jederseits eine (bei den *Rhabdopleuridae* allerdings rudimentäre) Kiemenspalte im Mesosoma nach außen. Der äußeren Körpergliederung entspr. ist die Leibeshöhle in ein Pro-, Meso- u. Metacoel unterteilt, deren letztere je über paarige Coelomodukte mit der Außenwelt in Verbindung stehen (↗*Archicoelomata)*. Vom urspr. Kreislaufsystem der *Hemichordata* ist nur das „Herz“ im Kopfschild erhalten, das die Körperflüssigkeit durch je ein System offener Blutlakunen dorsal nach hinten pumpt u. ventral wieder ansaugt. Auch das Exkretionssystem ist rückgebildet (Kleinheit der Tiere). Das Nervensystem ist ein intraepitheliales Nervennetz, das sich

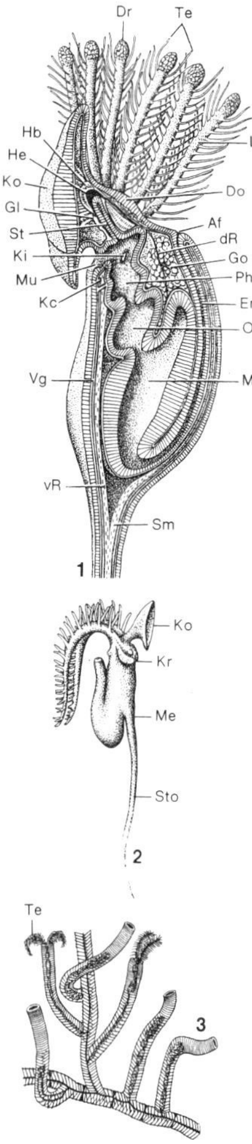

Pterobranchia

1 Bauplan v. *Cephalodiscus;* **2** Einzelindividuum v. *Cephalodiscus* ohne Wohnröhre; **3** Ausschnitt aus einer *Rhabdopleura*-Kolonie, typ. die schuppige Ringelung der verzweigten Wohnröhren.
Af After, Do Dorsalganglion, Dr Drüsenzellen, dR dorsales Rumpfgefäß, En Enddarm, Gl Glomerulus, Go Gonade, Hb Herzblase, He Herz, Kc Kragencoelom, Ki Kiemenöffnung, Ko Kopfschild, Kr Kragen, Lo Lophophor, Ma Magen, Me Metasoma, Mu Mund, Oe Oesophagus, Ph Pharynx, Sm Stielmuskulatur, St Stomochord, Sto Stolo, Te Tentakel, Vg Ventralgefäß, vR ventrale Rumpfmuskulatur

dorsal im Kragen, unterhalb des Lophophors, zu einem Ganglion verdichtet. Die Muskulatur besteht im wesentl. aus Längsmuskelsträngen. Die Gonaden der in der Mehrzahl getrenntgeschlechtl. Tiere liegen in der U-Krümmung des Darms u. münden über paarige, durch Sphinkteren verschlossene Poren rückenseitig im Metasoma nach außen. Über die *Entwicklung* der *P.* ist sehr wenig bekannt. Die meist dotterreichen Eier entwickeln sich i. d. R. zu einer bewimperten, der ↗Tornaria-Larve der Enteropneusten ähnl. Larve, die nach nur kurzem freien Leben zum erwachsenen Tier metamorphosiert, während *Rhabdopleura* eine direkte Entwicklung ohne Larvenstadium durchmacht. Alle *P.* sind zu asexueller Fortpflanzung fähig, und zwar vermögen sie am Stolo unter Beteiligung v. Körperwand, Muskulatur u. Bindegewebe Knospen zu bilden, die sich bei den meisten Arten später als selbständige Tiere ablösen u. in der Nähe des Erzeugertieres festsetzen, so nach u. nach größere, meist eingeschlechtl. Individuengesellschaften bildend, die bei *Rhabdopleura* jedoch über den eigenen Stolo zeitlebens mit dem Muttertier in Verbindung bleiben u. so reichverzweigte Tierstöcke in verästelten Röhrensystemen aufbauen. – Die *P.* leben überwiegend in Meerestiefen zw. 100 und 600 m, seltener *(Rhabdopleura)* auch im küstennahen Flachwasser. Die bisher bekannten Arten verteilen sich auf 3 Fam., die *Cephalodiscidae* (1 Gatt. ↗*Cephalodiscus*, 16 Arten) mit 4–10 Lophophorarmen und z. T. bizarr verzweigten Röhrensystemen, die v. a. auf der Südhemisphäre im antarkt. und subantarkt. Bereich vorkommen, die röhrenlosen, freilebenden ↗*Atubariidae* mit nur einer von japan. Küsten bekannten Art *(Atubaria)* und die am meisten abgeleiteten *Rhabdopleuridae* (1 Gatt. *Rhabdopleura* mit 3 Arten), die weltweit verbreitet in auffällig geringelten, auf dem Substrat klebenden Röhren leben. In Nordsee u. Atlantik, in einem Fund auch im Mittelmeer, vom Gezeitenbereich bis in große Tiefen verbreitet, findet man *Rhabdopleura normanni.* Die *P.* gelten als Reliktgruppe u. nahe Verwandte der fossilen ↗Graptolithen. *P. E.*

Pterocarpus *m* [v. *ptero-, gr. karpos = Frucht], Gatt. der ↗Hülsenfrüchtler mit ca. 70 Arten; Bäume mit Brettwurzeln u. meist dauerhaftem, hartem, im Kern rotem od. braunem Holz; in fast den gesamten Tropen heimisch. Zu der Gatt. gehören bekannte Edelholzlieferanten, z. B. die Art *P. santalinus* (Sri Lanka, Indien, Philippinen), die das Rote Sandelholz liefert. Padouk-Hölzer stammen von *P. indicus* (Manila-Padouk) und *P. macrocarpus* (Burma-Padouk); beide Arten sind in S-Asien beheimatet. *P. angolensis* (Afr. Padouk) wächst in O- und Zentralafrika. Alle gen. Arten werden auch forstl. kultiviert. Andere Vertreter führen in ihrer Rinde einen roten, gerbstoffreichen Saft, aus dem das *Kino* gewonnen wurde, ein fr. in der Medizin gebrauchtes, adstringierendes Mittel; hierzu zählen *P. marsupium* (S-Indien) u. *P. draco* (Mittel- und S-Amerika).

Pterocarya *w* [v. *ptero-, gr. karyon = Nuß], Gatt. der ↗Walnußgewächse.

Pterocera *w* [v. *ptero-, gr. keras = Horn], veralteter Gatt.-Name der ↗Fingerschnekken.

Pteroclidae [Mz.; v. *ptero-, gr. kleis, Gen. kleidos = Schloß], die ↗Flughühner.

Pterocnemia *w* [v. *ptero-, gr. knēmē = Beinschiene], Gatt. der ↗Nandus.

Pterocorallia [Mz.; v. *ptero-, gr. korallion = Koralle], (Frech 1890), ↗Rugosa.

Pterodactyloidea [Mz.; v. *ptero-, gr. daktyloeidēs = fingerförmig], (Plieninger 1901), U.-Ord. der ↗Flugsaurier *(↗Pteranodon).*

Pterodon *m* [v. *pter-, gr. odōn = Zahn], (de Blainville 1839), † Gatt. wolfsgroßer ↗*Creodonta* (Fam. *Hyaenodontidae*) mit starkem Sagittalkamm; die kräftigen Kiefer u. Molaren waren geeignet, Knochen aufzubrechen; *P.* können ähnl. den rezenten Hyänen Aasfresser gewesen sein. Verbreitung: oberes Eozän der Nordhalbkugel einschl. N-Afrika.

Pteroides *m* [v. *ptero-], Gatt. der ↗Seefedern.

Pterois *m* [v. gr. pteroeis = gefiedert, geflügelt], die ↗Rotfeuerfische.

Pteromalidae [Mz.; v. *pter-, gr. homalos = gleich, eben], Fam. der Hautflügler mit insgesamt über 5000 Arten. Die *P.* sind hpts. kleinere Insekten; die Larven leben meist endo- od. ektoparasitisch v. den verschiedensten Insektenlarven, auch Hyperparasitismus kommt vor. Die Weibchen mancher Arten saugen auch Insekteneier aus. Als Parasiten v. vielen Schadinsekten sind die *P.* für die ↗biologische Schädlingsbekämpfung interessant. Die Larve v. *Pteromalus puparum* lebt z. B. in Larven des Kohlweißlings, in Borkenkäferlarven parasitieren u. a. viele Arten der Gatt. *Rhopalicus.*

Pteromyinae [Mz.; v. *ptero-, gr. myinos = Mäuse-], die ↗Gleithörnchen.

Pteronura *w* [v. *ptero-, gr. oura = Schwanz], Gatt. der ↗Otter.

Pterophoridae [Mz.; v. gr. pterophoros = geflügelt], die ↗Federmotten.

Pterophyllum *s* [v. *ptero-, gr. phyllon = Blatt], die ↗Segelflosser.

Pteropidae [Mz.; v. *pter-, gr. ōpē = Blick, Aussehen], Fam. der ↗Flughunde.

Pteropoda [Mz.; v. gr. pteropous = mit gefiederten Füßen], veraltete Sammelbez. für die ↗Ruderschnecken u. die ↗Seeschmetterlinge.

Pteropodenschlamm, Abart des ↗Globigerinenschlamms v. geringer räuml. Verbreitung (ca. 0,3% des Meeresbodens zw. 1000 und 2700 m Tiefe), gekennzeichnet durch die Vorherrschaft v. Pteropoden.

pter-, ptero-, [v. gr. pteron = Flügel, Feder, Flosse].

Pteropodium *s* [v. *ptero-, gr. podion = Füßchen], das ↗Pterygopodium.
Pterosauria [Mz.; v. *ptero-, gr. sauros = Eidechse], die ↗Flugsaurier.
Pterostichus *m* [v. *ptero-, gr. stichos = Zeile, Reihe], Gatt. der ↗Laufkäfer.
Pterostigma *s* [v. *ptero-, gr. stigma = Mal], das ↗Flügelmal; ↗Insektenflügel.
Pterothorax *m* [v. *ptero-, gr. thōrax = Brust(panzer)], Teil des Thorax (Meso- u. Metathorax) v. Fluginsekten, der die Flügel trägt. ↗Insektenflügel.
Pterothrissidae [Mz.; v. *ptero-, gr. thrissa = ein Fisch], die Großflossen-↗Grätenfische.
Pterotrachea *w* [v. *ptero-, gr. tracheia = Luftröhre], Gatt. der *Pterotracheidae,* Kielfüßer, bei denen Mantel u. Gehäuse völlig reduziert sind (□ Kielfüßer); der zylindr., transparente Körper (bis 20 cm lang) hat

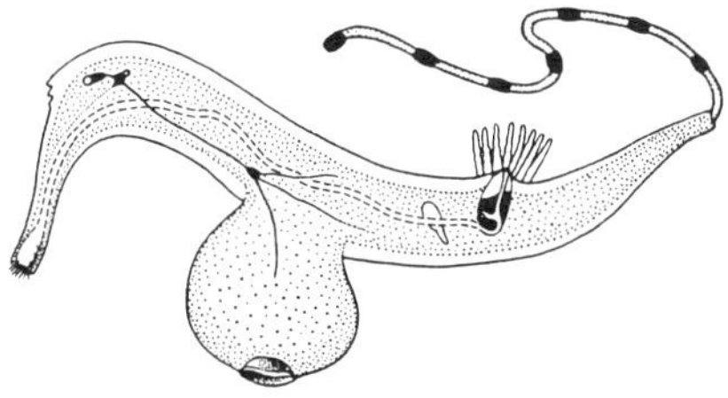

einen langen Rüssel u. eine blattförm. Flosse, an der beim ♂ ein Saugnapf sitzt. *P.* kann leuchten. 4 pelag. Arten in warmen Meeren, davon 2 auch im Mittelmeer.
Pterygia *w* [v. gr. pterygion = Flosse], Gatt. der Täubchenschnecken mit ovalwalzenförm., festem Gehäuse u. niedrigem Gewinde; etwa 20, bis 5 cm große Arten in trop. Meeren.
Pterygium *s* [v. gr. pterygion = Flosse], Bez. für flächig ausgebreitete Gebilde bei Tieren, z. B. die ↗Flughaut, auch (selten) Bez. für den ↗Insektenflügel.
Pterygoid *s* [v. gr. pterygoeidēs = flügelartig], *Endo-P., Ento-P., Flügelbein,* paariger Deckknochen des Wirbeltierschädels, Teil des primären, bei Krokodilen auch des sekundären ↗Munddaches. Das P. liegt zw. Gaumenbein u. Hinterhauptsbein u. begrenzt seitl. die ↗Choanen. Bei einigen Säugern ist das P. stark reduziert, bei manchen auch nicht mehr als selbständ. Knochen vorhanden, sondern mit dem ↗Keilbein verschmolzen. Beim Menschen ist das P. nur noch in Form der Flügelfortsätze (Processus pterygoidei) des Keilbeins nachzuweisen.
Pterygoneurum *s* [v. *pter-, gr. neuron = Nerv], Gatt. der ↗Pottiaceae.
Pterygopodium *s* [v. *pter-, gr. podion = Füßchen], *Pteropodium, Mixopterygium,* ↗Begattungsorgan männl. Knorpelfische; ↗Gonopodium.
Pterygota [Mz.; v. gr. pterygōtos = geflügelt], die ↗Fluginsekten.
Pterylen [Mz.; v. *pter-], *Pterylae,* die ↗Federfluren.
PTH, Abk. für ↗Parathormon.

pter-, ptero- [v. gr. pteron = Flügel, Feder, Flosse].

$\left[CH_2{=}CH{-}\overset{\oplus}{N}(CH_3)_3\right]OH^{\ominus}$

Ptomaïne

Strukturformel v. *Neurin*

Pterotrachea

Beim Schwimmen ist die Flosse mit dem Saugnapf nach oben gewandt

ptil- [v. gr. ptilon = Feder, Flügel].

ptych-, ptycho- [v. gr. ptyx, Gen. ptychos = Falte, Schicht].

Ptilidiaceae [Mz.; v. *ptil-], Fam. der ↗*Jungermanniales;* sehr artenarme Fam. der Lebermoose; in Europa kommen v. der Gatt. *Ptilidium* nur *P. ciliare,* auf Rinde od. altem Holz *P. pulcherrimum* vor.
Ptiliidae [Mz.; v. *ptil-], die ↗Federflügler.
Ptilium *s* [v. *ptil-], Gatt. der ↗Hypnaceae.
Ptilognathidae [Mz.; v. *ptil-, gr. gnathos = Kiefer], die ↗Seidenschnäpper.
Ptilonorhynchidae [Mz.; v. *ptil-, gr. rhygchos = Schnabel], die ↗Laubenvögel.
Ptinidae [Mz.; v. gr. ptēnos = befiedert], die ↗Diebskäfer.
Ptinus *m* [v. gr. ptēnos = befiedert], Gatt. der ↗Diebskäfer.
Ptomaïne [Mz.; v. gr. ptōma = Leichnam], toxische Verbindungen (Leichengifte), die neben anderen ↗biogenen Aminen wie ↗Cadaverin (□) u. Putrescin bei der Fäulnis v. tier. Proteinen entstehen, z. B. *Neurin.*
Ptyalin *s,* ↗Speichel.
Ptyas *w* [gr., = spuckend; Schlangenart], die Asiatischen ↗Rattenschlangen.
Ptychadena *w* [v. *ptych-, gr. adēn = Drüse], Gatt. der ↗*Ranidae* (od., nach anderer Auffassung, U.-Gatt. von *Rana*); ca. 12 Arten in Afrika u. auf Madagaskar; erinnern in Gestalt u. Lebensweise an Grünfrösche.
Ptychocheilus *m* [v. *ptycho-, gr. cheilos = Lippe], Gatt. der ↗Weißfische.
Ptychoderidae [Mz.; v. *ptycho-, gr. derē = Hals], Fam. der ↗Enteropneusten (T).
Ptychohyla *w* [v. *ptycho-, gr. hyla = Wald], Gatt. der ↗Laubfrösche (T).
Ptychopariida [Mz.; v. *ptycho-, gr. pareia = Wange], (Swinnerton 1915), größte u. umfassendste † Ord. der ↗Trilobiten (bisher 798 Gatt.) mit mehr als 3 Thorakalsegmenten u. opisthoparer, seltener proparer Gesichtsnaht (↗Häutungsnähte); ↗Glabella meist vorn verjüngt mit parallelen Seitenfurchen, Pygidium vielfach sehr groß. Typus-Gatt.: *Ptychoparia* Hawle u. Corda 1847.
Ptychopteridae [Mz.; v. *ptycho-, gr. pteron = Flügel], die ↗Faltenmücken.
Ptychozoon *s* [v. *ptycho-, gr. zōon = Tier], Gatt. der ↗Geckos.
Ptyodactylus *m* [v. gr. ptyon = Schaufel, daktylos = Finger], Gatt. der ↗Geckos.
Ptyonoprogne *w* [v. gr. ptyon = Schaufel, ben. nach der in eine Schwalbe verwandelten myth. Proknē], Gatt. der ↗Schwalben.
Ptyophagie *w* [v. gr. ptyon = Schaufel, phagos = Fresser], Bez. für die Aufnahme (Verdauung u. Umbau in körpereigene Stoffe) v. Protoplasmaportionen des Pilzes durch die Rhizodermiszellen des Wirtes bei ektotropher ↗Mykorrhiza. Die Hyphen des Pilzes umgeben in einem dichten Geflecht den Wurzelkörper. Von diesem Geflecht dringen nur vereinzelt Hyphen in die Rhizodermiszellen ein, die die Spitzen dieser Hyphen auflösen, so daß sich Protoplasmaportionen in die Wirtszelle ergießen. Ggs.: ↗Tolypophagie.

Pubertät *w* [v. lat. pubertas =] ↗Geschlechtsreife, ↗Jugendentwicklung (Tier-Mensch-Vergleich), ↗Kind.

Pubis *w* [v. lat. pubes = Schamgegend], *Os pubis,* das ↗Schambein; ↗Beckengürtel (☐).

Puccinellia *w* [ben. nach dem it. Botaniker T. Puccinelli (putschi-)], der ↗Salzschwaden.

Puccinia *w* [ben. nach dem it. Anatomen T. Puccini (putschi-), †1735], Gatt. der ↗Rostpilze.

Pudus [Mz.; span., aus indian. Sprache], *Puduhirsche, Pudu,* Gatt. der Trughirsche (Gatt.-Gruppe: Amerikahirsche) mit 2 Arten; kleinste rezente Hirsche (Körperhöhe 30–35 cm); Körperbau gedrungen, kurzhalsig u. rundrückig. Von dem erst 1896 entdeckten Nordpudu *(P. mephistopheles)* weiß man noch wenig; er lebt in unzugängl. Höhen (3000–4000 m) der nördl. Anden (Ecuador, Kolumbien). Von dem einst weit über die Anden Chiles und W-Argentiniens sowie auf den vorgelagerten Inseln vorkommenden Südpudu *(P. pudu)* existieren nur noch einige Restbestände auf der Insel Chiloe u. im südl. Chile.

Puerperalfieber [v. lat. puerpera = Wöchnerin], das ↗Kindbettfieber.

Puff *m* [paff; engl., = Aufblähung], lokale, lichtmikroskop. sichtbare Dekondensation (Auflockerung) polytäner Chromosomen (↗Polytänie; ↗Riesenchromosomen, B); P.s stellen Orte bes. intensiver primärer Genaktivität (Transkription) dar (B Genaktivierung). Bes. große P.s werden nach ihrem Entdecker ↗*Balbiani-Ringe* genannt.

Puffer [Ztw. *puffern*], die wäßr. Lösung *(Pufferlösung)* od. Suspension eines Salz/Säure- bzw. Salz/Base-Gemisches, deren ↗pH-Wert sich bei Zugabe v. Säure od. Base nur relativ wenig ändert. Die P.wirkung solcher Gemische beruht auf Gleichgewichten der Protonen-↗Dissoziation (↗Acidität); durch diese können zugeführte Protonen (= Säurezugabe) gebunden bzw. gebundene Protonen (=Alkalizugabe) durch Dissoziation ersetzt werden. Die Pufferung des pH-Werts ist für nahezu alle Stoffwechselreaktionen essentiell, da ↗Enzyme i.d.R. nur bei bestimmten pH-Werten stabil sind u. optimale Aktivität entfalten. In den Zellen u. extrazellulären Flüssigkeiten, wie z.B. Blut, wirken die ↗Elektrolyte (☐) u. die sowohl im Plasma gelösten Proteine als auch in bes. Maße das ↗Hämoglobin als P.; im Humus fungieren die ↗Huminstoffe als P.; auch einzelne natürl. vorkommende Minerale (z.B. Phosphate) zeigen P.wirkung. Bei biochem. Reaktionen im Reagenzglas werden künstl. P. eingesetzt: im sauren pH-Bereich Gemische aus Salzen schwacher Säuren mit starken Basen sowie die zugehörigen freien Säuren (z.B. Gemisch aus Natriumacetat u. Essigsäure); im alkal. pH-Bereich Gemische aus Salzen starker Säuren mit schwachen Basen zus. mit den zugehörigen freien Basen (z.B. Tris-Chlorid u. Tris-Base). ↗Blutpuffer, ↗Bodenreaktion.

Puffinus *m,* Gatt. der ↗Sturmtaucher.

Puffottern [v. engl. puff = Bauch, Aufblähung], *Bitis,* Gatt. der Vipern mit ca. 10 Arten, in vielen Teilen Afrikas lebend; 0,3–1,8 m lang; großer, dreikantiger Kopf deutl. v. plumpem Körper u. sehr kurzem Schwanz abgesetzt; Pupillen senkrecht. Giftzähne (bei großen Arten bis 3,8 cm lang) werden meist mehrmals tief in die Beute (v.a. Ratten, Mäuse) geschlagen; Gift stark blut- u. gewebezerstörend, volle Giftmenge – zwar langsam wirkend – für den Menschen oft tödl. P. sind aber sehr beißfaul u. träge, greifen den Menschen nur in Notwehr an; zischen bei Reizung durch die dicht oberhalb des Mauls liegenden Nasenöffnungen u. blähen sich dabei stark auf. Lebendgebärend (Tragzeit 3–4 Monate; 20–30 [maximal 70] Junge pro Wurf). [↗Menschenfloh.

Puffottern

Wichtigste Arten:

Häufigste u. am weitesten verbreitete Art (südwestl. Marokko, Savannengebiete südl. der Sahara bis zum Kapland) ist die Gewöhnl. P. (*Bitis arietans;* 1–1,5 m lang; B Afrika IV); gelb, braun bis olivfarben; oberseits mit schwarzgerandeter hellgelber bis dunkelbrauner Querzeichnung. Größte u. bes. gefährliche Art ist die Gabunviper (*B. gabonica;* bis 1,8 m lang); in den Regenwäldern W-, Zentral- u. O-Afrikas beheimatet; lebhaft bunt mit geometr. Muster gefärbt (purpurbraun, gelb, hellbraun, blau). In den feuchten Wäldern Zentralafrikas lebt die noch lebhafter gefärbte (Flanken mit leuchtend blauen oder grünl. schillernden Dreiecken) Nashornviper (*B. nasicornis;* bis 1,3 m lang); mit 2–3 aufrichtbaren, großen, spitzen Schuppen über jedem Nasenloch. Mehr die trokkenen Gebiete S-Afrikas bewohnen die kleineren Arten, z.B. ihr kleinster Vertreter, die Zwerg-P. (*B. peringueyi;* bis 30 cm lang); farbl. dem sandigen Untergrund angepaßt; ernährt sich v. Eidechsen u. kleinen Nagetieren; kriecht durch sog. Seitenwinden fast schrittartig vorwärts u. führt mit den Rippenenden grabende Bewegungen aus.

Pulex *m* [lat., = Floh], Gatt. der ↗Flöhe;

Pulicaria *w* [spätlat., =], das ↗Flohkraut.

Pulicidae [Mz.; v. lat. pulices = Flöhe], Fam. der ↗Flöhe.

Pullorumseuche *w* [lat., = (Seuche) der Tierjungen], *Hühnertyphus, Geflügeltyphus,* Geflügelseuche, die durch das Bakterium *Salmonella pullorum* hervorgerufen wird; v.a. für Hühnerküken oft tödlich.

Pulmo *m* [lat., =], die ↗Lunge.

Pulmonalklappe ↗Herz (B).

Pulmonaria *w* [spätlat., = Lungenheilwurz], das ↗Lungenkraut.

Pulmonata [Mz.; v. lat. pulmones = Lungen], die ↗Lungenschnecken.

Pulpa *w* [lat., = Fleisch], **1)** Bot.: u.a. bei Citrusfrüchten u. Bananen das fleischige, zw. den Samen ausgebildete Gewebe. **2)** Zool.: a) das Blutgefäße u. Nerven enthaltende weiche Gewebe im Innern der ↗Zähne; b) das sehr blutgefäßreiche Gewebe im Innern der Milz.

Pulpo *m* [Mz. *Pulpen;* v. lat. pulpa = Fleisch, Tintenfisch], volkstüml. Bez. für ↗Kraken. [↗Agave.

Pulque *m* [pulkᵉ; v. aztek. über span.],

Puls *m* [v. lat. pulsus = Schlag], *Pulsus,* i.w.S. die in Abhängigkeit vom Herzrhythmus (↗Herzmechanik) erfolgende Schwankung von Blutstrom, -druck oder -volumen im Blutkreislauf-System, i.e.S. die vom Herzschlag bewirkte, rhythm. auftretende Druckwelle (P.schlag) in den ↗Arterien (arterieller P.); ↗Herzfrequenz (T), ↗Blutdruck, ↗Herzminutenvolumen.

Pulsatilla *w* [v. lat. pulsare = schlagen, läuten], die ↗Küchenschelle.

Pulsatillo-Pinetalia [Mz.; v. ↗Pulsatilla, lat. pinetum = Fichtenwald] ↗Vaccinio-Piceetea.

pulsierende Vakuole *w* [v. lat. pulsare = schlagen, klopfen, vacuus = leer], die ↗kontraktile Vakuole.

Pulverholz ↗Kreuzdorn.

Pulverschorf, *Korkschorf,* Schleimpilzkrankheit der Kartoffel; Erreger ist *Spongospora subterranea (↗Plasmodiophoromycetes);* nach Befall durch Zoosporen vom Boden entstehen auf den Knollen hell gefärbte Schorfpustel, nach deren Aufreißen braune Sporenklumpen freigesetzt werden; Vorkommen bes. in feuchten u. kühlen Gebieten.

Pulvillen [Ez. *Pulvillus;* v. lat. pulvillus = kleines Kissen], *Pulvilli,* die ↗Haftlappen 2), ↗Extremitäten (□).

Pulvinaria *w* [v. *pulvin-], Gatt. der ↗Napfschildläuse.

Pulvini [Mz.; v. *pulvin-] ↗Gelenk 2).

Pulvinomyzostomidae [Mz.; v. *pulvin-, gr. myzan = saugen, stoma = Mund], Ringelwurm-Fam. der Kl. ↗*Myzostomida;* Körper oval u. dick, bei ausgewachsenen Formen Vorder- u. Seitenränder aufgebogen, ohne Cirren; im allg. 10 Paar Lateralorgane, gut entwickelter Rüssel, 3 Paar Darmdivertikel; protandrische Zwitter. *Pulvinomyzostomum pulvinar,* Kommensale an od. in Arten der Haarstern-Gatt. *Leptometra.*

Puma *m* [span., v. Quechua], *Berglöwe, Silberlöwe, Puma concolor,* größte aller ↗Kleinkatzen (Kopfrumpflänge 1,2–1,6 m; Schwanzlänge 60–85 cm); Fellfarbe variiert v. Gelbl.-Braun über Rotbraun bis Silbergrau; Schwärzlinge sind selten; Fleckung nur im Jugendkleid vorhanden. Das Verbreitungsgebiet des P.s erstreckt sich über fast ganz Amerika: von W-Kanada im N bis nach Patagonien im S. Etwa 30 U.-Arten sowie das Vorkommen in Berg- u. Sumpfland, in Steppen- u. Waldgebieten, v. Meereshöhe bis in 4000 m Höhe zeugen v. hoher Anpassungsfähigkeit der Art (↗Variabilität). Vielerorts hat man den P. ausgerottet, weil er bei seiner Beute nicht zw. wildlebenden (v. Mäusen bis zu Hirschen) u. Haustieren unterscheidet. P.s sind standorttreue Einzelgänger. Nur während der etwa 2 Wochen dauernden Brunstzeit leben beide Geschlechter zus. Nach 90–96 Tagen Tragzeit werden in einem Bodenversteck meist 2–4 Junge geboren; nur alle 2–3 Jahre erfolgt ein Wurf. Freilebend beträgt die Lebenserwartung etwa 18 Jahre. B Nordamerika VII.

Pümpwurm, *Sabellaria spinulosa,* ↗Sabellariidae.

Puna *w* [am.-span., v. Quechua], aus xerophyt. Büschelgräsern, (Dorn-)Sträuchern u. Polsterpflanzen zusammengesetzte Gebirgsvegetation der Anden-Hochebene. ↗Südamerika.

Punctaptychus *m* [v. *punct-, gr. a- = nicht, ptyches = Falten], (Trauth 1927), ähnl. ↗Lamellaptychus, jedoch mit feinpunktierten Furchen zw. den Rippen der Außenseite. Verbreitung: Dogger bis Unterkreide. ↗Aptychus.

Punctaria *w* [v. *punct-], Gatt. der ↗Dictyosiphonales (T).

Punctata [Mz.; v. *punct-], (Cooper 1944), taxonom. Zusammenfassung v. ↗Brachiopoden mit dichter, kalkiger, v. Poren (Puncta) durchsetzter Schale; Puncta meist nur auf der gesamten Innenseite der Schale sichtbar. Typ. P.: *Terebratulacea, Terebratellacea.* ↗*Impunctata,* ↗*Pseudopunctata.*

Punctum *s* [lat., = Stich, Punkt], ↗Punktschnecke.

Pungitius *m* [v. lat. pungere = stechen], Gatt. der ↗Stichlinge.

Punica *w* [v. lat. punicus = purpurfarben; punicum malum =], ↗Granatapfel.

Punicaceae [Mz.], die ↗Granatapfelgewächse.

Punktaugen, die ↗Ocellen.

Punktbär, *Utetheisa pulchella,* ↗Bärenspinner.

Punktkäfer, *Clambidae,* Fam. der polyphagen Käfer aus der Verwandtschaft der Kurzflügler; weltweit etwa 60, bei uns 12 kleine od. winzige (0,6–1,9 mm), kugelige, stark glänzende Arten; man findet sie in feuchtem Laub od. unter Rinde; bei Gefahr können sie sich durch Einklappen v. Kopf u. Halsschild auf die Unterseite zu einer winzigen Kugel einrollen. Bei uns die Gatt. *Clambus* (11 Arten) u. *Calyptomerus* (2 Arten); letztere wird gelegentl. auch zu den *Myxophaga* (T Käfer) gestellt.

Punktkarten, Verbreitungskarten v. meist seltenen Arten, in denen die einzelnen Fundorte eingetragen sind. In *Punktrasterkarten* ist ein Untersuchungsgebiet durch ein Gitternetz gegliedert; jedes Feld, in dem eine Art vorkommt, wird gekennzeichnet.

Punktmutationen, die auf dem Austausch (Transitionen od. Transversionen), der Deletion od. der Insertion eines einzigen Basenpaares v. DNA beruhenden ↗Mutationen.

Punktschnecke, *Punctum pygmaeum,* Art der Fam. Schüsselschnecken, Landlungenschnecke mit scheibenförm., offen genabeltem Gehäuse (bis 1,5 mm ∅), die holarktisch v.a. in der Streuschicht v. Laubwäldern vorkommt.

Punktualismus *m* [v. *punct-], nimmt entgegen der herkömml. Vorstellung des ↗Gradualismus an, daß während der ↗Evolution der Artwandel sprunghaft abgelaufen ist. Der Übergang v. einem „punktuellen Gleichgewicht" eines „Merkmalsgrundmusters" zum anderen ist danach quasi „übergangslos" erfolgt. Damit bezieht die punktualist. Evolutionsauffassung einen Extremstandpunkt in der Diskussion um den Evolutionsablauf. ↗Saltation.

Puntius *w,* Gatt. der ↗Barben.

Pupa *w* [lat., =], die ↗Puppe.

Puparium *s* [v. *pup-], ↗Fliegen (□), ↗Tönnchenpuppe.

Pupille *w* [v. lat. pupilla = P.], *Sehloch,* zentrale Öffnung in der Iris des Wirbeltier-↗Auges (↗Linsenauge, B), die rund, oval od. schlitzförmig sein kann. Durch ovale P.n wird eine Vergrößerung des ↗Gesichtsfeldes in entspr. Richtung erzielt; spaltförmige P.n, die sich sehr schnell

pulvin- [v. lat. pulvinus = Kissen].

punct- [v. lat. punctum = Stich, Punkt; davon mlat. punctatus = mit Punkten versehen, punktiert].

pup- [v. lat. pupa = Mädchen, Puppe; davon Diminutiv: pupilla = unmündige Waise].

schlitzartig verengen können, treten bei nachtaktiven Tieren auf. Bei Selachiern, einigen Teleosteern u. Tetrapoden kann die Größe der P. durch das in der ↗Iris eingelagerte Muskelgewebe variiert werden. ↗P.nreaktion. ↗Hell-Dunkel-Adaptation.

Pupillenreaktion, *Lichtreaktion, Pupillen-, Irisreflex,* einer der Mechanismen, der den Lichteinfall auf die Sehzellen der ↗Netzhaut (B) durch Vergrößerung oder Verkleinerung der ↗Pupille reguliert – eine v.a. für kurzfristige Leuchtdichteänderungen wichtige Reaktion. Bei Fischen u. Amphibien geht sie v. der lichtempfindl. Iris aus, bei Säugern, Vögeln u. Reptilien wird die P. reflektorisch durch Reizung der Netzhaut ausgelöst (Pupillenreflex, ein typisches Beispiel für die negative Rückkopplung, vgl. Abb.; ↗Regelung). Bei den Säugern genügt es, *eine* Netzhaut zu beleuchten, um bei beiden Augen (infolge der sich überkreuzenden Sehbahnen; ↗Chiasma opticum, ☐) eine Pupillenverkleinerung gleichen Ausmaßes zu erreichen *(konsensuelle P.).* Die Pupille kann beim Menschen, ausgehend v. der Maximalfläche, auf 1/16 reduziert werden – u. damit auch die Beleuchtungsstärke auf der Netzhaut. Dies setzt eine bes. Anordnung der die Pupille umgebenden Irismuskulatur u. des Bindegewebes voraus (↗Iris). Durch eine Verengung der Pupille werden zudem die Randstrahlen abgeblendet, wodurch ein schärferes Bild entsteht (Verringerung der sphär. ↗Aberration, ☐) u. eine größere Schärfentiefe erreicht wird. Die Einstellung des Auges auf Nahsehen (↗Akkommodation, ☐) ist ebenfalls mit einer Verkleinerung der Pupillenweite verbunden *(Konvergenzreaktion).* ↗Hell-Dunkel-Adaptation.

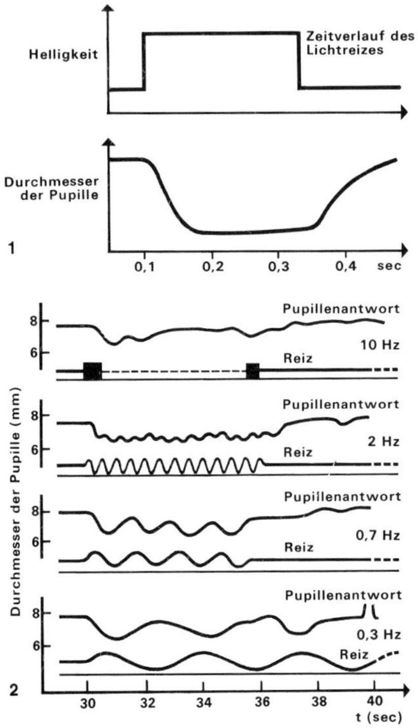

Pupillenreaktion

Die Pupille des menschl. Auges hat bei starkem Lichteinfall einen kleinen, bei schwachem Lichteinfall einen großen Durchmesser. Dadurch trifft bei starker Beleuchtung ein kleinerer Teil des Lichts auf die Netzhaut als bei schwacher (vergleichbar der Blendenregulierung beim Photoapparat).
1 Bei einem plötzl. Anstieg des Lichteinfalls (Sprungfunktion, ☐ Impuls) verengt sich die Pupille allmählich; bei Verminderung des Lichteinfalls wird sie allmählich weiter.
2 Fällt Licht in das Auge, dessen Intensität sinusförmig schwankt, so folgt die P. bei sehr niedriger Reizlichtfrequenz der Intensitätsänderung mit einer gewissen Verzögerung. Je höher die Reizlichtfrequenz ist, desto schwächer wird die P., bis schließl. bei hoher Frequenz keinerlei Reaktion mehr zu erkennen ist.

pup- [v. lat. pupa = Mädchen, Puppe; davon Diminutiv: pupilla = unmündige Waise].

Pupillidae [Mz.; v. *pup-], Fam. der ↗Puppenschnecken.

Pupiparie *w* [v. *pup-, lat. parere = gebären], spezielle Form der ↗Viviparie, bei der jedoch verpuppungsreife Larven geboren werden, so bei Tsetsefliegen *(↗Muscidae)* u. den danach ben. *Pupipara,* den ↗Lausfliegen u. ↗Fledermausfliegen. ↗Holometabola.

Puppe *w* [v. *pup-], *Pupa, Chrysalide, Chrysalis,* das Ruhe- u. Umbaustadium der ↗Holometabola unter den ↗Insekten. Es ist das Stadium zw. der letzten ↗Larve u. der ↗Imago, in dem keine Nahrungsaufnahme mehr stattfindet. Hier treten auch zum ersten Mal imaginale Flügelanlagen auf (☐ Metamorphose), die bei den Larven nur im Körperinnern als ↗Imaginalscheiben vorhanden waren (Endopterygota). Kurz vor einer *Verpuppung* ist die Larve oft puppenähnlich *(Propupa, Semipupa).* Häufig wird v. der Larve ein P.n-↗*Kokon* aus Gespinstfäden od. aus dem Substrat der Umgebung hergestellt. Bei ↗Schmetterlingen befestigt die P. sich mit einem Gespinstfaden als *Gürtel-P., Pupa cingulata, P. succinata* (bei Schwalbenschwänzen, Weißlingen) od. als *Sturz-P., Stürz-P., P. suspensa* (bei Augenfaltern, Eckenfaltern) an einer Unterlage. Oft treten puppeneigene Organe auf, wie der ↗*Cremaster* am Hinterleibsende der Schmetterlings-P.n, die sich in einem Kokon befinden. Man unterscheidet folgende P.ntypen: 1) *P. dectica:* mit stark sklerotisierten bewegl. Mandibeln, die der Öffnung eines Kokons dienen; die gesamte P. ist wegen frei abstehender Extremitäten u. Flügelanlagen sehr bewegl.; bei Köcherfliegen, Netzflüglern, Kamelhalsfliegen, Schlammfliegen, Skorpionsfliegen und urspr. Schmetterlingen *(Zeugloptera).* 2) *P. adectica:* ohne frei bewegl. Mandibeln; hierher alle übrigen P.ntypen, die ihrerseits noch unterteilt werden in A) *P. exarata* (↗exarat): Beine u. Flügel nicht sklerotisiert u. frei hängend, Aa) *P. libera,* ↗*freie P.,* hierher v.a. die P.n der Käfer u. der meisten Hautflügler; Ab) eine Sonderform der P. exarata stellt die *Tönnchen-P.* der cyclorrhaphen Zweiflügler dar, die dadurch entsteht, daß das letzte Larvenstadium in der aufgeblähten Haut des vorletzten verbleibt u. sich dann darin verpuppt. Dabei wird diese vorletzte Larven-

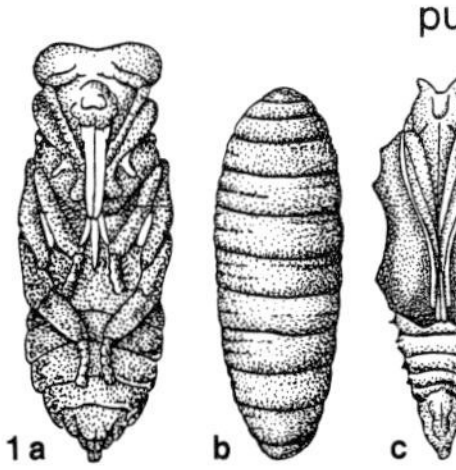
1 a
b
c

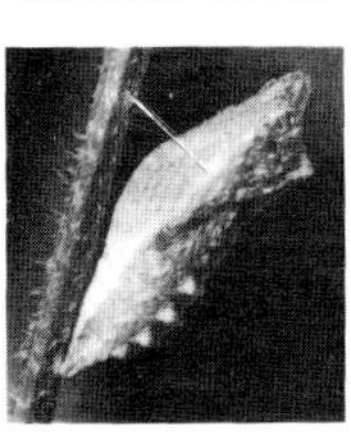
2

Puppe

1 Einige P.n-Typen: **a** freie P., **b** Tönnchen-P., **c** Mumien-P.
2 P. des Schwalbenschwanzes *(Papilio machaon)*

haut zus. mit der letzten puparisiert (nicht bei *Drosophila*), d. h., es werden in ihr Pigment u. Harnsäurekonkremente abgelagert. Die eigentliche P. ist dann v. zwei Häuten (Exuvien) umschlossen. Dieses *Puparium* heißt *P. dipharata coarctata* od. einfach nur *P. coarctata* (↗coarctat, ↗dipharat). *Pharate P.n* (↗pharat) gibt es auch bei ↗Ölkäfern. B) *Mumien-P., bedeckte P., P. obtecta:* hier sind die Extremitäten, Mundteile u. Flügelscheiden fest mit der P.nhaut verwachsen; diese ist i. d. R. stark sklerotisiert u. gefärbt; nur der Hinterleib ist gut bewegl.; v. a. bei Schmetterlingen, den nematoceren u. vielen brachyceren Zweiflüglern sowie einigen Käfern (Kurzflügler). ☐ Fliegen, ☐ Häutung, B Metamorphose.

Puppenräuber, *Kletterlaufkäfer, Calosoma sycophanta,* 2,5–3 cm großer Laufkäfer, mit metallisch grünen, kupfern glänzenden Elytren, Kopf u. Halsschild blauschwarz; jagt als Larve u. Käfer v. a. auf Bäumen u. Büschen nach Schmetterlingsraupen, wobei er auch den haarigen Raupen v. Schwammspinnern nachstellt. Aus diesem Grund wurde er auch zur biol. Schädlingsbekämpfung in die USA eingeführt; bei uns eher selten (nach der ↗Roten Liste „stark gefährdet") u. nur lokal häufiger. Sein kleinerer Verwandter, der „gefährdete" Kleine P. *(C. inquisitor),* ist dunkel bronze- od. kupferfarben; auch er klettert gerne Bäume zur Raupensuche hinauf u. nimmt, da er nur im Frühjahr aktiv ist, v. a. die Raupen der Frostspanner. B Käfer I.

Puppenschnecken, *Pupilloidea,* Überfam. der Landlungenschnecken (U.-Ord. *Orthurethra*) mit meist rechtsgewundenem, sehr verschieden geformtem, kleinem Gehäuse, dessen Mündung oft durch Zähne u. Falten verengt ist. Zu den P. gehören u. a. die ↗*Enidae,* ↗Grasschnecken, die ↗Windelschnecken *(Vertiginidae)* sowie die P. i. e. S. *(Pupillidae).* Diese haben meist ein walzenförm. Gehäuse (unter 1 cm hoch), dessen Mündung verdickt od. umgebogen sein kann; sie sind ovipare od. ovovivipare ☿. Die Fam. umfaßt etwa 500 kosmopolit. Arten, darunter 5, die auch in Dtl. vorkommen: Moos-P. (*Pupilla muscorum,* bis 4 mm hoch) in trockenen, kalkreichen Habitaten; Alpen-P. (*P. alpicola,* bis 3,3 mm) in Mooren u. nassen Wiesen der Alpen; Dreizähnige P. (*P. triplicata,* 2,8 mm) auf trockenen, kalkreichen Standorten der Alpen; Gestreifte P. (*P. sterri,* 3,5 mm) in sehr trockenen Gebieten; Genabelte P. (*Lauria cylindracea,* 4 mm) in küstennahen, feuchten Gebieten, an Mauern unter Efeu. Weitere wichtige Gatt.: *Orcula* (↗Fäßchenschnecken) u. ↗*Sphyradium.*

Purin *s,* heterocycl. Grundgerüst, v. dem sich die *Purine,* d. h. bes. die ↗P.basen der Nucleinsäuren u. ihrer Vorstufen, aber auch andere Naturstoffe ableiten (z. B. Puromycin).

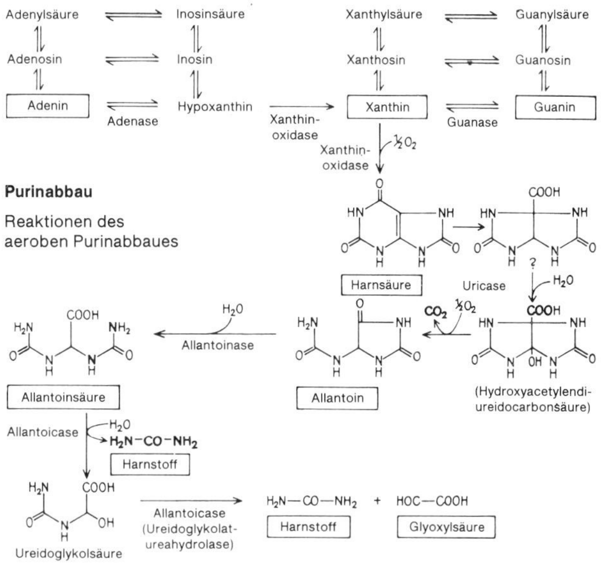

Purinabbau

Reaktionen des aeroben Purinabbaues

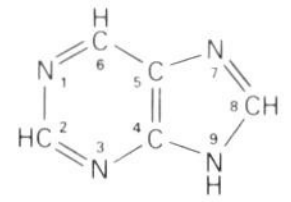

Purin

Strukturformel des Purins. Beispiele für *Purine* sind:
Adenin
Guanin
Theophyllin
Coffein
Xanthin
Harnsäure
Hypoxanthin

Puppenschnecken

Moos-Puppenschnecke *(Pupilla muscorum)*

purin- [v. lat. purus = rein].

Purinabbau, die Folge von hydrolytischen u. oxidativen Stoffwechselreaktionen, die ausgehend v. den Purinnucleotiden, Purinnucleosiden bzw. Purinbasen über Hypoxanthin zu den Ausscheidungsprodukten (↗Exkretion) Harnsäure, Allantoin, Allantoinsäure, Harnstoff u. Ammoniak führt.

Purinbasen, die in den Nucleinsäuren u. deren niedermolekularen Vorstufen, den ↗Purinnucleosiden u. ↗Purinnucleotiden (AMP, GMP, dAMP, dGMP), sowie den entspr. Nucleosidtriphosphaten (ATP, GTP, dATP, dGTP) u. Nucleotid-Coenzymen enthaltenen Basen ↗Adenin u. ↗Guanin sowie die v. diesen durch Modifikation (z. B. 7-Methylguanin, ↗Capping) abgeleiteten seltenen Basen (↗modifizierte Basen).

Purinnucleoside, die in Nucleinsäuren u. ihren Vorstufen enthaltenen Nucleoside ↗Adenosin u. ↗Guanosin (bei RNA) bzw. 2′-Desoxyadenosin u. 2′-Desoxyguanosin (bei DNA) (↗Desoxyribonucleoside) sowie die v. diesen durch Modifikation abgeleiteten Nucleoside, wie ↗Inosin.

Purinnucleotide, die ↗Desoxyribonucleosidmono- u. -triphosphate sowie die ↗Ribonucleosidmono- u. -triphosphate, die als Basenkomponente ein Purin (↗Adenin od. ↗Guanin) enthalten. In seltenen Fällen können auch modifizierte Purine (↗modifizierte Basen, z. B. ↗Hypoxanthin bei ↗Inosin-5′-monophosphat) als Basenkomponenten in P.n enthalten sein.

Purkinje, *Johannes Evangelista* Ritter von, böhm. Physiologe, * 17. 12. 1787 Libochowitz (heute Libochovice) bei Leitmeritz, † 28. 7. 1869 Prag; zunächst Mönch, nach Medizinstudium aufgrund seiner Dissertation „Zur Physiologie des Sehens" durch Goethes Empfehlung 1823 Prof. in Breslau, gründete dort 1839 eines der ersten physiolog. Laboratorien u. wurde so zum Mit-begr. der experimentellen Physiologie als selbständ. Wiss.; seit 1850 Prof. in Prag; gilt auch als Begr. der mikroskop. Anatomie in Dtl.; unter seinen physiolog. Arbeiten dominieren die zur Physiologie des Gesichtssinnes (subjektive Gesichtsempfindungen, Augenleuchten u. Augenspiegeln, ↗P.-Phänomen, farbige Nachbilder u. v.a.); mikroskop.-anatomisch entdeckte u. untersuchte er das Keimbläschen im Hühnerei, ferner Ausführungsgänge der Schweißdrüsen, Bau der Knorpel u. Knochen, Struktur der Nervenfasern u. Ganglienzellen des Gehirns, ↗P.-Fasern im Herzen, ↗P.-Zellen des Kleinhirns; benutzte erstmalig das Mikrotom u. fertigte mikroskop. Präparate in Kanadabalsam an; v. ihm stammt (1837) der Begriff „Protoplasma". B Biologie I–III.

Purkinje-Fasern [ben. nach J. E. ↗Purkinje], *Purkinje-Fäden,* abgeleitete Herzmuskelzellen (↗Herzmuskulatur), die der Erregungsausbreitung dienen (↗Herzautomatismus, ☐). Sie schließen am distalen Ende des Hisschen Bündels an u. zeichnen sich durch bes. Dicke, geringen Fibrillenanteil u. ausgeprägten Sarkoplasmagehalt mit hohen Glykogenkonzentrationen aus.

Purkinje-Phänomen, zum ersten Mal v. ↗Purkinje (1825) beschriebene physiolog. Erscheinung, bei der 2 verschiedenfarbige Flächen, die bei Tageslicht gleich hell erscheinen, bei Dämmerlicht unterschiedl. hell empfunden werden. Dies beruht darauf, daß bei niedrigen Lichtintensitäten mit den Stäbchen (↗Linsenauge, ↗Netzhaut) gesehen wird, die eine andere Spektralempfindlichkeit (↗Farbensehen, B) aufweisen als die für das ↗Dämmerungssehen zuständigen Zapfen (↗Duplizitätstheorie, ↗Netzhaut). Mit dieser Theorie steht in Einklang, daß das P. bei Schildkröten nicht auftritt, da diese eine reine Zapfenretina besitzen. [↗Kleinhirn.

Purkinje-Zellen [ben. nach J. E. ↗Purkinje]

Puromycin *s* [v. lat. purus = rein, mykēs = Pilz], ein v. *Streptomyces alboniger* produziertes Antibiotikum mit Nucleosidstruktur, die dem 3'-Ende v. ↗Aminoacyl-t-RNA (☐) sehr ähnl. ist. P. kann sich daher bei der Proteinsynthese anstelle v. Aminoacyl-t-RNA an die ↗A-Bindungsstelle v. Ribosomen anlagern u. so die Übertragung v. Peptidresten (v. der in der benachbarten ↗P-Bindungsstelle gebundenen Peptidyl-t-RNA) auf seine eigene Aminogruppe herbeiführen. Das Produkt dieser „Fehlübertragung" ist *Peptidyl-P.,* das sich vom Ribosom ablösen kann u. so zum vorzeit. Kettenabbruch der Proteinsynthese führt. Aufgrund seiner Toxizität kann P. therapeut. nicht eingesetzt werden.

Purpur *m,* zunächst farbloses Sekret der Hypobranchialdrüse einiger Schnecken, das sich im Sonnenlicht über Zwischentöne rot bis violett färbt (Indigoblau-Derivate). P. wird v.a. von den ↗Purpurschnecken erzeugt; der Farbstoff wurde im Altertum aus mediterranen Arten wie dem ↗Brandhorn u. Verwandten gewonnen.

Puromycin

Die Bildung v. *Peptidyl-P.* ist hier am Beispiel der Übertragung eines Tripeptidrestes v. Peptidyl-t-RNA gezeigt; die Übertragung kann jedoch am Ribosom mit beliebig langen Peptidketten v. Peptidyl-t-RNA ablaufen; entspr. heterogen sind die Längen der an Peptidyl-P. verbleibenden Peptidketten.

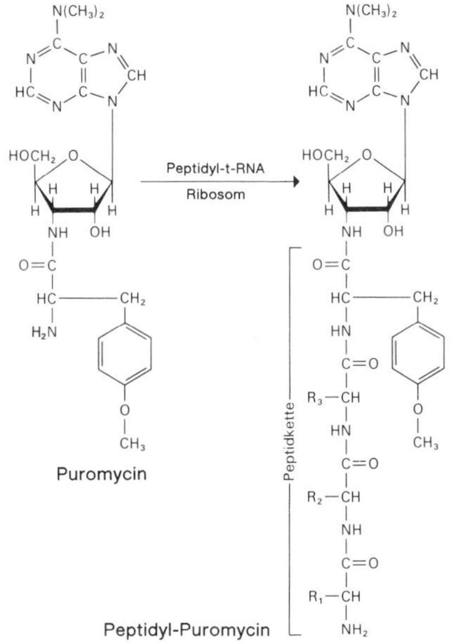

purpur- [v. gr. porphyra = Purpurschnecke, Purpur, über lat. purpura].

Purpura *w* [lat., = Purpurschnecke], Gatt. der *Muricidae* (↗Purpurschnecken) mit einigen Arten in warmen Meeren, die jetzt meist zur Gatt. ↗*Thais* gestellt werden.

Purpurbakterien, *Rhodospirillineae,* Unterordnung der ↗phototrophen Bakterien (*Rhodospirillales,* Unterklasse *Anoxyphotobacteria*) mit 2 Fam. (↗Schwefel-P. und ↗schwefelfreie P.), deren Arten unterschiedl. Zellformen aufweisen, von kokkenförm. bis netzbildend. Durch ↗Carotinoide (= Antennenpigmente) sind die Zellen gelbl., bräunl. oder rötl. (purpur) gefärbt, selten durch ↗Bakteriochlorophyll grünlich. Bewegl. Formen besitzen eine polare od. subpolare Begeißelung. Der gesamte ↗Photosynthese-Apparat der P. ist auf vesikulären, tubulären od. lamellären intracytoplasmat. Membranen lokalisiert, die sich durch Einstülpungen der Cytoplasmamembran entwickeln (Ggs. ↗grüne Schwefelbakterien). Bis auf wenige Ausnahmen ist Bakteriochlorophyll a das

Purpurbakterien

Die drei Entwicklungslinien u. die nicht-phototrophen Verwandten (R. = *Rhodospirillum,* Rps. = *Rhodopseudomonas*)

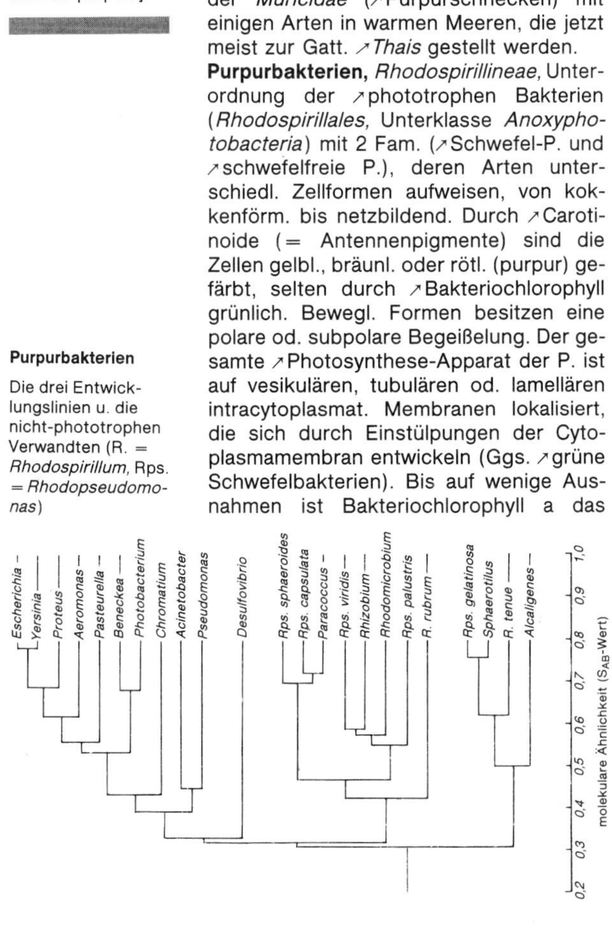

Hauptpigment im Photosyntheseapparat (Ausnahmen: Bakteriochlorophyll b bei *Thiocapsa pfennigii, Rhodopseudomonas viridis;* □ Bakteriochlorophylle). Alle P. können einfache organ. Substrate (z.B. Acetat, Succinat) als Wasserstoffdonor (für Reduktionsäquivalente) u. Kohlenstoffquelle nutzen; unter bestimmten Bedingungen kann auch CO_2 im Calvin-Zyklus fixiert werden. Viele Stämme verwerten auch molekularen Wasserstoff (H_2) als Wasserstoffdonor. Alle P. besitzen einen sehr ähnl. phototrophen Stoffwechsel mit nur einem Photosystem (↗phototrophe Bakterien). Phylogenet. scheinen sie jedoch von unterschiedl. Entwicklungslinien abzustammen. Neuere molekulare Untersuchungen ergaben, daß es wahrscheinlich 3 „phylogenetische Zweige“ der P. gibt. Die phototrophen Vertreter jeder Abstammungslinie weisen höhere molekulare Ähnlichkeit (↗Ähnlichkeitskoeffizient) zu heterotrophen Vertretern des gleichen „Zweiges“ auf als zu den phototrophen Arten der anderen „Zweige“ (□ 56).

Purpurbock, *Blutbock, Purpuricenus kaehleri,* 14–22 mm großer ↗Bockkäfer, blutrote Elytren mit längl. schwarzem Mittelfleck; Mittelmeerart, die bis zu Beginn dieses Jh.s auch in Dtl. vorkam; Larve v.a. in Obstbäumen.

Purpurfarbene Schwefelbakterien, die ↗Schwefelpurpurbakterien.

Purpurhuhn, *Porphyrio porphyrio,* ↗Teichhühner.

Purpuricenus *m,* Gatt. der ↗Bockkäfer.

Purpurin *s* [v. *purpur-], *1,2,4-Trihydroxyanthrachinon,* rotes Anthrachinonderivat, wichtigster ↗Krappfarbstoff.

Purpurmembran ↗Bakteriorhodopsin (□).

Purpurrose, die ↗Pferdeaktinie.

Purpurschnecken, die Fam. *Muricidae* u. *Thaididae* (letztere oft nur als U.-Fam. der ersteren gewertet), Neuschnecken, deren Hypobranchialdrüsensekrete sich im Sonnenlicht rot bis violett färben (↗Purpur); das Gehäuse dieser artenreichen Gruppe (vgl. Tab.) ist sehr verschieden geformt, oft trägt es Knoten od. Stacheln. P. sind Schmalzüngler mit langem Rüssel, die vorwiegend im Flachwasser warmer Meere leben u. Seepocken, Schnecken u. Muscheln anbohren u. ausfressen. Sie sind getrenntgeschlechtlich; die ♀♀ legen die Eier in Kapseln, oft mit Nähreiern; die Entwicklung zur Jungschnecke verläuft in der Kapsel. P. i.e.S. sind die Arten der Gatt. *Murex,* deren Gehäuse einen langen Siphonalkanal haben. Während der Wachstumspausen werden am jeweiligen Mündungsrand ein axialer Wulst u. Höcker od. Stacheln gebildet. Bei ausgewachsenen Exemplaren stehen letztere daher in regelmäßigen Reihen u. zeigen frühere Positionen der Mündung an. *Murex pecten* (früher: *tenuispina;* 15 cm hoch) hat bes. lange, gebogene Stacheln; sie lebt, halb eingegraben, auf Sandböden des Indopazifik. Im Mittelmeer kommen u.a. das ↗Brandhorn u. die Gewöhnlichen P., *Hexaplex (Truncularioposis) trunculus* (bis 10 cm), vor, letztere auf Hartböden. In der Nordsee sind nur die ↗Austernbohrer anzutreffen.

purpur- [v. gr. porphyra = Purpurschnecke, Purpur, über lat. purpura].

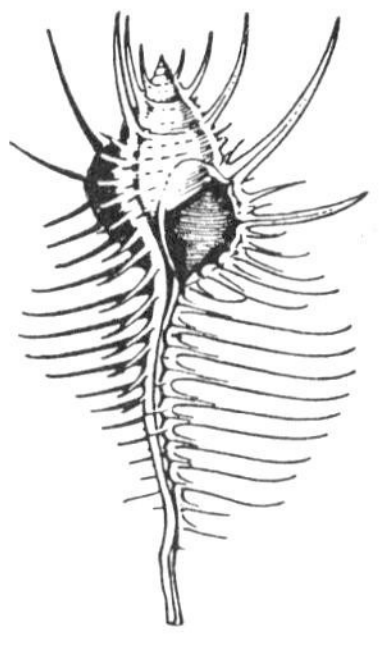

Purpurschnecken
Murex pecten

Purpurschnecken

Wichtige Gattungen:

↗ *Chicoreus*
↗ *Concholepas*
↗ *Drupa*
↗ *Hexaplex*
↗ Maulbeerschnecken *(Morula)*
Murex
↗ *Nucella*
↗ *Ocenebra*
↗ *Purpura*
↗ *Rapana*
↗ *Thais*
↗ *Trophon*
↗ *Urosalpinx*

Purpurseeigel, *Strongylocentrotus purpuratus,* bis 18 cm großer Seeigel, der an der am. Pazifikküste v. Alaska bis zum nördl. Mexiko vorkommt.

Purpursegler, die ↗Segelqualle.

Purpurstern, *Echinaster sepositus,* Seestern mit relativ kleiner Rumpfscheibe und 5 (bisweilen 6 oder 7) schlanken Armen, deren Ambulacralrinne verschließbar ist (dann Armquerschnitt beinahe kreisförmig); Spannweite bis über 20 cm; leuchtend ziegel- od. orangerot; Atlantik-Küsten zw. Bretagne u. Kapverden, auch im Mittelmeer, v.a. auf Felsböden.

Purzelkäfer ↗Stachelkäfer.

Pusa *w,* die ↗Ringelrobben.

Pusia *w,* Gatt. der Bischofsmützen, Meeresschnecken mit oval-spindelförm. Gehäuse; etwa 30 Arten in warmen Meeren.

Pustelflechte, *Lasallia,* Gatt. der ↗*Umbilicariaceae,* Nabelflechten mit pustelart. Aufwölbungen der Lageroberseite, meist graubraun, auf Silicatgestein; 8 Arten, in Europa v.a. die bis Mittelskandinavien verbreitete *L. pustulata.*

Pustelpilze, die ↗Nectriaceae.

Pustelschorf, der ↗Rübenschorf.

Pustularia *w* [v. lat. pustula = Blase, Pustel], neuere Bez. *Tarzetta,* Gatt. der ↗*Pezizaceae,* Schlauchpilze mit becher- bis schüsselförm., alt auch ausgebreitetem, außen filzigem Apothecium (1,5–5,0 cm ∅); bisweilen mit im Boden eingesenktem Stiel; bekannte Art: Tiegelförmiger Kelchbecherling (*P. catinus* Fuck.).

Pute *w,* das weibl. Truthuhn.

Puter *m,* das männl. Truthuhn (Truthahn).

Putorius *m* [v. lat. putor = fauler Geruch], U.-Gatt. der ↗Iltisse.

Putrescin *s* [v. lat. putrescere = vermodern], *1,4-Diaminobutan,* ↗Cadaverin (□).

Putreszenz *w* [v. lat. putrescens = vermodernd], *Putrefaktion,* durch meist anaerobe Bakterien (↗Fäulnisbakterien) bewirkte Zersetzung v. Proteinen, bei der übelriechende Amine, wie ↗Cadaverin u. Putrescin, gebildet werden. ↗Fäulnis.

Putride [Mz.; v. lat. putridus = faulig], seltene Bez. für ↗Fäulnisbakterien (z.B. Clostridien), die Proteine unter Bildung übelriechender Verbindungen abbauen.

Putzapparate, v.a. bei Insekten-Imagines, bei den ↗Hemimetabola auch bei Larven an Extremitäten ausgebildete Strukturen zum Putzen v. Augen, Fühlern od. anderen Körperteilen. Dazu sind die verwendeten Beinteile mit spezif. Behaarung, Kerben od. richtigen Putzkämmen versehen. So haben alle Hautflügler an den Vorderbeinen zw. dem Tibia-Endsporn und der Basis des 1. Tarsalgliedes eine jeweils fein gezähnte Kerbe. Laufkäfer ziehen ihren Fühler entweder zw. den beiden apikal liegenden Tibia-Endspornen hindurch od. bei phylogenetisch fortgeschritteneren Gatt. durch eine tiefe Kerbe in der Mitte der Tibia, die dadurch entstanden ist, daß einer der beiden Tibiendorne sich in die Mitte verlagert hat. Bei einigen Kurzflüglern gibt es solche P. auch an den Mitteltibien. ↗Putzbein.

Putzbein, *Putzpfote,* bei den Tagfalter-Fam. ↗Augenfalter, ↗Fleckenfalter u. ↗Bläulinge die zum Putzen der Augen u. Fühler umgebildeten Vorderbeine, zuweilen auch nur in einem Geschlecht. ↗Putzapparate.

Putzen, Verhalten v. Tieren, das der Körperpflege dient, indem Schmutz u. Fremdkörper aus dem Fell, den Federn od. von der Haut entfernt werden, die Federn geordnet werden usw. (↗Komfortverhalten, □). Auch das Entfernen v. Ektoparasiten wird als P. bezeichnet, z. B. das bei vielen Vogelarten wichtige Durchkämmen der Federn nach federfressenden Insekten. Das P. geschieht häufig mit stereotypen, gut beschreibbaren *Putzbewegungen,* die ritualisiert werden können (Scheinputzen v. Entenerpeln). Solche Putzbewegungen treten häufig als *Übersprungbewegung* im Fall eines Konflikts auf (↗Konfliktverhalten). Das gegenseitige P. von Artgenossen (↗ *soziale Körperpflege)* kommt häufig vor u. spielt z. B. bei vielen Affenarten („Lausen“) eine große Rolle für den Zusammenhalt der Gruppe. Wird das P. von Tieren einer anderen Art durchgeführt, spricht man v. einer ↗*Putzsymbiose* (□ Symbiose). ↗Putzapparate.

Putzerfische, *Putzer,* Sammelbez. für Fische, die v. der Haut anderer, größerer Fische Außenparasiten od. kranke Hautstellen abweiden (↗Ektosymbiose, ↗Putzsymbiose); hierzu v. a. ↗Lippfische der Gatt. *Labroides,* die Neon-↗Grundel u. einige ↗Schiffshalter. B Symbiose.

Putzergarnelen, Bez. für verschiedene Garnelen (U.-Ord. ↗*Natantia* der *Decapoda*), die v. a. große Fische putzen, d. h. ihnen Ektoparasiten u. ä. absuchen (↗Putzsymbiose). Die bekanntesten P. sind einige trop. Vertreter der Gatt. *Lysmata* (Fam. *Hippolytidae*) u. *Stenopus (Stenopodidae).* Alle P. sind auffällig bunte, hübsche Garnelen, die weithin sichtbar an Felsabstürzen od. vor Höhleneingängen sitzen – Plätze, die immer wieder aufgesucht werden u. die v. Fischen, die geputzt werden wollen, leicht gesehen werden. Sie besitzen außerdem sehr lange Antennen, mit denen sie jeden Ankömmling prüfen; wahrscheinl. können sie feststellen, ob ein Fisch in räuberischer Absicht od. um geputzt zu werden kommt. Letztere halten still u. ermöglichen es der Garnele, sie mit ihren Scherenfüßen abzusuchen u. alle Fremdkörper zu entfernen.

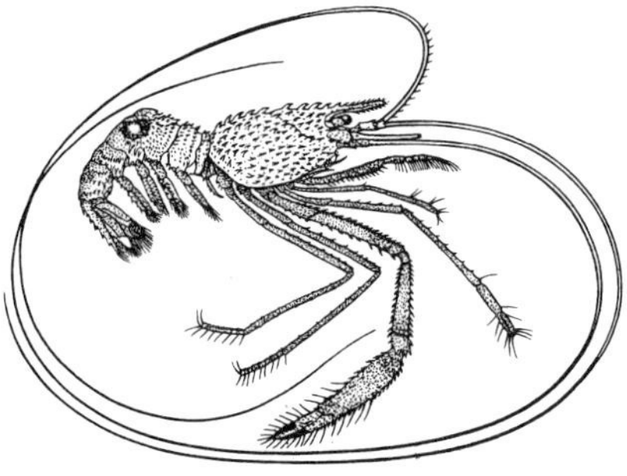

Putzergarnelen

Stenopus scutellatus, 3,5 cm lang

Putzsymbiose

Zusammen mit dem Putzerlippfisch *Labroides dimidiatus* (□ Auslöser) kommt der einem Putzerfisch täuschend ähnl. gefärbte Säbelzahnschleimfisch *(Aspidontus taeniatus)* vor. Durch seine Putzertracht (↗Mimikry) gelingt ihm die Annäherung an wartende Putzer-Kunden, denen er sodann Stücke aus Haut u. Flossen reißt.

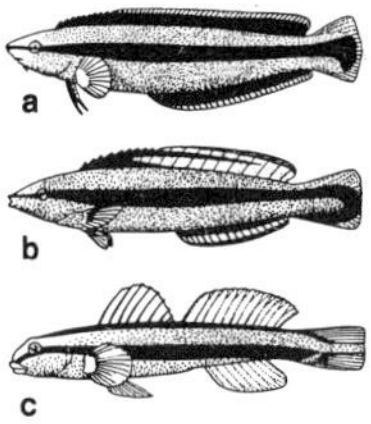

Putzsymbiose

Putzerfische sind ähnlich gefärbt („Putzertracht“). **a** Putzerlippfisch *Labroides dimidiatus;* **b** sein Nachahmer *Aspidontus taeniatus* (beide aus dem Indopazifik). **c** Neongrundel *Elacatinus oceanops* (Karibik). (nach Eibl-Eibesfeldt aus Matthes).

Putzsymbiose [v. gr. symbiōsis = Zusammenleben], Wechselbeziehung unter Tieren (↗Ektosymbiose), bei der eine Art (Putzer) eine andere (Wirt od. Kunde) v. a. von Ektoparasiten befreit u. sich auf diese Weise Nahrung verschafft. In Afrika suchen ↗Madenhackerstare weidende Großsäuger nach Zecken und parasit. Fliegenlarven ab; in Amerika wirken stellenäquivalent ↗Stärlinge der Gatt. *Molothrus.* Nilkrokodile lassen sich v. ↗Krokodilwächtern, sogar im geöffneten Maul, Egel entfernen. Die Alarmrufe der Putzer werden v. den Großsäugern u. Krokodilen als Warnsignal verstanden. – Häufiger als an Land sind P.n bes. in trop. Meeren verbreitet. Bislang kennt man 45 Fischarten, 6 Garnelen (↗Putzergarnelen) u. 1 Krabbe als Putzer. Gesäubert werden Knorpel- u. Knochenfische, Wale u. Meeresschildkröten an der Hautoberfläche, in Mund- u. Kiemenhöhle v. parasit. Kleinkrebsen, verpilzten Hautstücken u. Nahrungsresten. ↗Putzerfische sind i. d. R. viel kleiner als ihre Kunden u. meist auffallend bunt gefärbt. Im Indopazifik putzen hpts. die nur 6–10 cm großen ↗Lippfische der Gatt. *Labroides;* in der Karibik die Neon-↗Grundel *(Elacatinus [= Gobiosoma] oceanops),* die den *Labroides*-Arten erstaunl. ähnlich sieht (sog. Putzertracht). Häufig finden die P.-Partner an sog. „Putzstationen“ zus., wo die Putzer regelmäßig auf Kunden warten. Beide verständigen sich durch angeborene Signale: Die Kunden fordern mit bestimmten Körperhaltungen (z. B. Schrägstellen, Kiemendeckel abspreizen, Maul offenhalten) zum Putzen auf; Putzer signalisieren ihre Putzbereitschaft durch auffälliges Appetenzschwimmen (↗Auslöser, □). Ständigen Kontakt zu ihren Kunden halten hingegen die v. Ektoparasiten lebenden ↗Schiffshalter; sie heften sich an ihre Wirte (Haie, Rochen u. a.) fest (↗Phoresie). – P. kann aus ↗Parökie entstehen: z. B. sind Kuhreiher sowohl Nahrungsfolger als auch z. T. (schon) Putzer, die Hautparasiten abpicken. P. kann auch zum ↗Parasitismus überleiten, wenn z. B. Madenhackerstare beim Aufhacken v. Dasselbeulen auch Blut u. Fleischstücke des Wirts genießen. B Symbiose. *H. Kör.*

Puya *w* [chilen. Volksname], Gatt. der ↗Ananasgewächse.

p_{50}-Wert, Sauerstoff-Partialdruck des Blutes der Wirbeltiere, bei dem 50% Sättigung des ↗Hämoglobins mit Sauerstoff (O_2) eintritt; ein Maß für die Affinität der Hämoglobine für O_2 und bei verschiedenen Tierarten unterschiedlich. Bei Säugern sind p_{50}-Wert und Körpergewicht im Sinne einer negativen ↗Allometrie verknüpft, so daß kleinere u. aktivere Formen einen höheren p_{50}-Wert besitzen als größere u. trägere. Im allg. ist der p_{50}-Wert umgekehrt proportional dem O_2-Reichtum des Habitats der Organismen.

Pycnogonum *s* [v. gr. pyknos = dicht, gony = Knie], Gatt. der ↗Asselspinnen.

Pycnonotidae [Mz.; v. gr. pyknos = dicht, nōtos = Rücken], die ↗Haarvögel.

Pyemotes *m,* Gatt. der ↗Kugelbauchmilben *(Pyemotidae).*

Pygidialdrüsen [v. gr. pygidion = kleiner Steiß], *Analdrüsen,* in Afternähe ausmündende Drüsen bei Insekten, die oft als Wehrdrüsen od. Stinkdrüsen arbeiten. Bei Käfern produzieren sie oft hochgiftige Abwehrsubstanzen; eine Sonderform der P. stellen die *Knalldrüsen* (↗Explosionsmechanismen) der ↗Bombardierkäfer (☐) u. der ↗Fühlerkäfer dar. ↗Käfer; ↗Analdrüsen, ↗Duftorgane; ☐ Insekten.

Pygidium *s* [v. gr. pygidion = kleiner Steiß], 1) terminaler, dem ↗Telson der ↗Gliederfüßer homologer Körperabschnitt der Ringelwürmer. Trägt den After und ggf. Analanhänge (Analcirren), jedoch keine Parapodien; geht aus der Körperregion hinter der Sprossungszone der Trochophora hervor, bleibt folgl. ohne Coelom u. stellt somit wie das Akron kein echtes Segment dar (↗Teloblastie). Somit sind die für das P. nicht selten verwendeten Bez. After- od. Endsegment nicht richtig. 2) *Schwanzschild,* hinterer Teil des Exoskeletts v. ↗Trilobiten, in dem bis zu 30 Segmente verschmolzen sind; das P. ist mit dem Thorax gelenkig verbunden; die relative Größe des P.s im Vergleich zum Cephalon (↗Kopf) hat taxonom. Bedeutung. 3) der ↗*Periprokt* bei Insekten. Bei Käfern wird fälschl. der letzte sichtbare Tergit des Abdomens als P. bezeichnet.

Pygmäen [Mz.; v. gr. pygmaioi = Däumlinge], *Pygmide,* menschl. ↗Zwergwuchs-Rassen, wie die ↗Bambutiden des afr. Regenwaldes u. die ↗Negritos der Philippinen, teilweise mit kindl. Körperproportionen, untereinander nicht näher verwandt. ↗Menschenrassen.

Pygmäensalamander, *Thorius,* Gatt. der ↗Schleuderzungensalamander.

Pygmide [Mz.; v. gr. pygmaioi = Däumlinge], Bez. für zwergwüchsige ↗Menschenrassen (T); ↗Pygmäen.

Pygope *w* [v. *pygo-, gr. ōpē = Auge, Aussehen], (Link 1830), zur Ord. *Terebratulida* gehörende † Gatt. artikulater ↗Brachiopoden, deren Schale aufgrund v. Wachstumshemmungen in der Mittellinie

p_{50}-Wert

p_{50}-Werte (in mbar) verschiedener Organismen:

Ratte	75
Ente	67
Mensch	36
Forelle	24
Frosch	17
Karpfen	7
Regenwurm	7
Posthornschnecke	4
Spulwurm	0,07

Pygmäen

P. sind mit 1,30–1,40 m Körpergröße die kleinwüchsigsten heute lebenden Menschen.

pygo- [v. gr. pygē = Hintern, Steiß].

ein Loch ausbildet; charakterist. für die Tithon-Fazies des Malm (↗Jura). Verbreitung: Jura bis Unterkreide.

Pygopodidae [Mz.; v. *pygo-, gr. podes = Füße], die ↗Flossenfüße.

Pygopodien [Ez. *Pygopodium;* v. *pygo-, gr. podion = Füßchen], die ↗Nachschieber vieler Insektenlarven, bes. der Larven zahlr. ↗Käfer.

Pygoscelis *w* [v. gr. pygoskelis = Steißfüßler (Wasservogel)], Gatt. der ↗Pinguine.

Pygospio *m* [v. *pygo-, gr. speios = Höhle], Gatt. der Ringelwurm-(Polychaeten-)Fam. *Spionidae. P. elegans,* mit 60 Segmenten bis 1,5 cm lang; Körperhinterende mit 4 zapfenförm. Anhängen; vorn gelbl., Mitte bräunl., Hinterende weiß; baut bis zu 8 cm tief im Boden senkrechte, mit Schleim ausgekleidete Gänge. Lebt vom Diatomeenbewuchs auf den Watten der Nordsee, aber auch in der Ostsee; Besiedlungsdichte bis zu 100000 Tiere auf 1 m^2 bei einer Diatomeendichte von 50000 bis 800000 pro 1 cm^2.

Pygostyl *s* [v. *pygo-, gr. stylos = Säule], *Urostyl, Os coccygis,* bei Vögeln vorhandenes rudimentäres Verschmelzungsprodukt aus den letzten Schwanzwirbeln; dient als stabile Unterlage für die Schwanzfedern, die durch Hochklappen des P.s aufgestellt werden.

Pyknidien [Ez. *Pyknidium;* v. gr. pyknos = dicht], 1) in der Form perithecienähnl. ↗Fruchtkörper (↗Conidiomata) v. Pilzen, in denen asexuell Sporen (*Pyknosporen,* ☐ Phoma) zur Verbreitung gebildet werden; Vorkommen bei Schlauchpilzen u. Fungi imperfecti. ↗Konidien. 2) die *Spermogonien;* ↗Rostpilze.

Pyknose *w* [v. gr. pyknōsis = Verdichtung], *Karyo-P.,* Degeneration des Zellkerns, gekennzeichnet durch eine „Verklumpung" der Chromosomen zu einer homogenen, stark färbbaren, unregelmäßig konturierten Masse; kann natürl. auftreten od. (künstl.) durch Gifte verursacht werden.

Pyknosporen [Mz.; v. gr. pyknos = dicht, spora = Same] ↗Rostpilze, ↗Pyknidien.

Pylaiella *w* [v. gr. pylai = Tore], Gatt. der ↗Ectocarpales.

Pylochelidae [Mz.; v. gr. pylōn = Eingangstor, chēlē = Krebsschere], *Pomatochelidae,* Fam. der *Paguroidea,* nahe verwandt mit den ↗Einsiedlerkrebsen, aber mit geradem, symmetr. Pleon, das in hohle Holzstückchen od. Schwämme gesteckt wird.

Pylorus *m* [v. gr. pylōros =], *Pförtner,* a) Ausgang des ↗Magens (☐) der Wirbeltiere u. des Menschen mit ↗Sphinkter-artiger ringförmiger Muskulatur (Musculus sphincter pylori), durch den auf Dehnungsreiz der Mageninhalt portionsweise in den ↗Darm abgegeben wird; b) bei ↗Insekten (☐) vorderer Teil des Enddarms, in den die ↗Malpighi-Gefäße einmünden.

Pyocine [Mz.; v. gr. pyon = Eiter, lat. cinis = Asche], ↗Bakteriocine v. *Pseudomonas aeruginosa.*

Pyocyanin *s* [v. gr. pyon = Eiter, kyanos = blaue Farbe], *1-Hydroxy-5-methylphenaziniumhydroxid,* blaugrüner od. gelbgrüner Phenazinfarbstoff, der v. *Pseudomonas aeruginosa (= P. pyocyanea)* ins Nährmedium ausgeschieden wird.

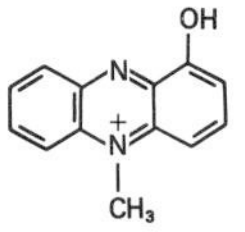

Pyocyanin

Pyracantha *w* [v. gr. pyrakantha = Feuerdorn], ↗Weißdorn. [↗Zünsler.

Pyralidae [Mz.; v. gr. pyr = Feuer], die

Pyramidellidae [Mz.; v. *pyram-], Fam. mariner Schnecken v. umstrittener systemat. Position, zu den Mittel- od. den Kopfschildschnecken gerechnet. Für letzteres spricht v.a., daß die P. ☿ und geradnervig sind. Die über 100 weltweit verbreiteten Arten (wichtige Gatt. vgl. Tab.) leben meist ektoparasit. an anderen Wirbellosen. Das kleine Gehäuse (im allg. unter 1 cm) ist eizylindr. bis getürmt u. hat einen conchinösen Deckel; die Mantelhöhle ist nach vorn gerichtet. Die Reibzunge ist bis auf einen Saugstachel reduziert, in dem ein Stilett liegt; damit wird die Haut des Opfers durchbohrt und dieses mit einem Pumpapparat ausgesaugt. Die *P.* entwickeln sich über pelag. Veliger-Larven.

Pyramidellidae

Wichtige Gattungen:
↗ *Brachystomia*
↗ *Eulimella*
↗ *Odostomia*
Pyramidella

Pyramidenbahn, *Tractus corticospinalis,* entwicklungsgeschichtlich die jüngste der absteigenden motorischen Nervenbahnen, bei den Primaten deutl. stärker ausgebildet als bei den übrigen Säugern; wird dem ↗extrapyramidalen System gegenübergestellt. ↗Nervensystem.

Pyramidenschnecken, *Pyramidulidae,* Fam. der Landlungenschnecken mit 1 Gatt.: *Pyramidula,* einige Arten in Eurasien. *P. rupestris* hat ein kreiselförm., rotbraunes Gehäuse (3 mm ∅) mit unregelmäßig gestreifter Oberfläche; sie ist ovovivipar u. lebt an sonnigen, trockenen Felsen u. Mauern Dtl.s, W- und S-Europas; bei feuchtem Wetter weidet sie Flechten ab.

Pyramidenzellen, nach ihrer Form so ben. Neurone in verschiedenen Schichten des Neocortex (↗Neopallium) des Großhirns (↗Telencephalon). Die Axone der P. stellen die Verbindung zw. den verschiedenen ↗Rindenfeldern od. zu den subcorticalen Kernen her u. bilden somit das efferente Element der Rinde.

Pyramidula *w* [v. *pyram-], die Gatt. ↗Pyramidenschnecken.

Pyramimonas *w* [v. *pyram-, gr. monas = Einheit], Gatt. der ↗Prasinophyceae.

pyram- [v. gr. pyramis, Gen. pyramidos = Pyramide].

Pyranosen [Mz.; v. gr. pyr = Feuer], Kl. von Zuckern, für die eine Sechsringstruktur (Tetrahydro-*Pyran*-Ring) mit 5 gesättigten Kohlenstoffatomen und 1 Sauerstoffatom charakterist. ist, wie z.B. bei ↗Glucose u. deren Phosphaten. Ggs.: ↗Furanosen. [B] Kohlenhydrate I.

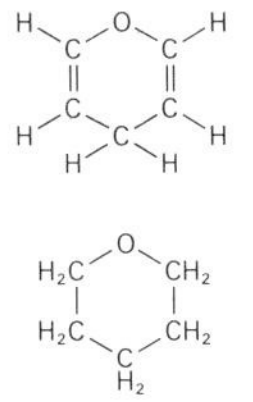

Pyranosen

a Pyran, **b** hydrierte Form (Tetrahydro-Pyran), das Grundgerüst der Pyranosen

Pyrene *w* [v. *pyren-], Gatt. der Täubchenschnecken mit dickwand., eispindelförm. Gehäuse; zahlr. Arten im Flachwasser des Indopazifik, oft in Korallenriffen, wo sie sich v. Algen ernähren.

pyren-, pyreno- [v. gr. pyrēn = Kern].

Pyrenoide [Mz.; v. gr. pyrēnoeidēs = kernartig] ↗Chloroplasten; [B] Algen I–II.

pyrenokarp [v. *pyreno-, gr. karpos = Frucht], mit einem ↗Perithecium als Fruchtkörper; ↗Kernflechten.

Pyrenolichenes [Mz.; v. *pyreno-, gr. leichēnes = Flechten], die ↗Kernflechten.

Pyrenomycetes [Mz.; v. *pyreno-, gr. mykētes = Pilze], *Kernpilze,* Sammelbez. für Schlauchpilze (Ascomyceten) mit flaschenförm. Fruchtkörper (↗Perithecium); diese gemeinsame Einordnung sagt aber nichts über die Verwandtschaft der Schlauchpilze aus.

Pyrenomycetes

Wichtige Ordnungen:
↗ *Clavicipitales*
↗ *Diaporthales*
↗ *Sphaeriales*
↗ *Xylariales*

Pyrenulales [Mz.; v. *pyren-], Ord. überwiegend lichenisierter Ascomyceten, mit 2 Fam., 34 Gatt. und 1125 Arten, Krustenflechten mit Perithecien, meist querseptierten Sporen u. mit Grünalgen (v.a. *Trentepohlia*) als Phycobionten, oft mit in der Rinde v. Bäumen lebenden Thalli od. foliicol, teilweise auch saprophyt. auf Holz u. Rinde; hpts. tropisch. Fam. *Pyrenulaceae* mit echten Paraphysen, bedeutend v.a. die Gatt. *Pyrenula* (190 Arten), z.B. *P. nitida* mit olivbraunem, glänzendem Lager auf glattrind. Laubbäumen. Fam. *Trypetheliaceae* nur mit Paraphysoiden, mit der Gatt. *Trypethelium* (100 Arten), bei der die Perithecien zu mehreren in einem Stroma entstehen.

Pyrethrine [Mz.; v. gr. pyrethron = scharfschmeckende Kamille], in verschiedenen *Chrysanthemum*-Arten (z.B. *Chrysanthemum cinerariifolium,* ↗Wucherblume) natürl. vorkommende, insektizid wirkende Inhaltsstoffe (↗Insektizide), die aus den kurz nach dem Aufblühen geernteten Blütenkörbchen gewonnen werden. Man erhält durch Trocknen u. Mahlen bzw. Extraktion der Blüten Stäube bzw. Extrakte, die als *Pyrethrum* bezeichnet werden. Der Pflanzenextrakt enthält als insektizide Wirkstoffe die P. (11,4% *Pyre-*

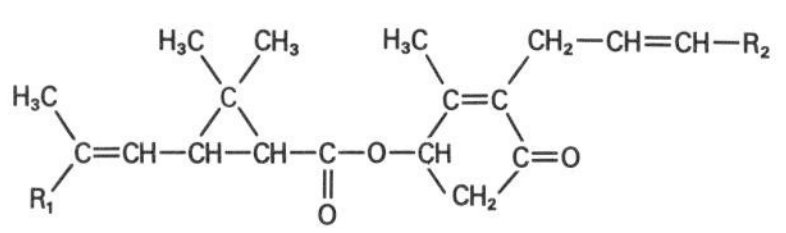

Pyrethrine

$R_1 = CH_3$ Chrysanthemumsäure

R_1 = C(=O)–O–CH_3 Pyrethrinsäure

$R_2 = CH{=}CH_2$ Pyrethrolon

$R_2 = CH_3$ Cinerolon

$R_2 = CH_2{-}CH_3$ Jasmolon

Pyrethrin I: $R_1 = CH_3$ und $R_2 = CH{=}CH_2$
Pyrethrin II: $R_1 = COOCH_3$ und $R_2 = CH{=}CH_2$
Cinerin I: $R_1 = R_2 = CH_3$
Cinerin II: $R_1 = COOCH_3$ und $R_2 = CH_3$
Jasmolin I: $R_1 = CH_3$ und $R_2 = CH_2{-}CH_3$
Jasmolin II: $R_1 = COOCH_3$ und $R_2 = CH_2{-}CH_3$

thrin I und 10,5% *Pyrethrin II*), die *Cinerine* (2,2% *Cinerin I* und 3,5% *Cinerin II*) u. die *Jasmoline* (1,2% *Jasmolin I* und 2% *Jasmolin II*), eine Gruppe opt. aktiver Terpenester aus den Säuren *Chrysanthemumsäure* u. *Pyrethrinsäure* u. den 3-Hydroxyketonen *Pyrethrolon, Cinerolon* u. *Jasmolon.* Alle Pyrethrum-Wirkstoffe wirken als reine Kontaktinsektizide; die größte Aktivität entfalten jedoch die P. Sie gelangen rasch in das Nervensystem der Insekten, verursachen Koordinationsstörungen u. führen schließl. zu Lähmung u. Tod. Die Flugunfähigkeit des Insekts tritt bereits innerhalb weniger Min. ein. P. sind andererseits für Warmblüter prakt. ungiftig. Aufgrund ihrer hohen Licht- u. Luftempfindlichkeit ist ihre Anwendung im Freiland nur begrenzt mögl.; meist werden sie auf dem Gebiet der Hygiene (Fliegen, Moskitos usw.) eingesetzt. Mehr u. mehr an Bedeutung gewinnen daher weniger leicht oxidierbare synthet. Analoga, die *Pyrethroide,* mit gleicher od. verbesserter Wirkung, z. B. *Allethrin, Resmethrin* u. *Tetramethrin.* – Die ersten Pyrethrum-Präparate kamen vor mehr als 100 Jahren aus Dalmatien u. dem Iran u. dienten zur Bekämpfung v. Hausungeziefer.

Pyrethrum *s* [v. gr. pyrethron = scharfschmeckende Kamille], **1)** ↗Wucherblume; **2)** ↗Pyrethrine. [das ↗Fieber.

Pyrexie *w* [v. gr. pyrexis = das Fiebern],

Pyrgus *m* [v. gr. pyrgos = Turm], Gatt. der ↗Dickkopffalter.

Pyridin *s,* in reiner Form eine farblose, schwach basisch reagierende, unangenehm riechende, giftige, mit Wasser mischbare Flüssigkeit; Gewinnung aus dem Steinkohlenteer. Das P.-Gerüst ist Bestandteil zahlr. Naturstoffe, bes. von ↗Alkaloiden (□), Vitaminen (B_2 und B_6) u. der als *P.nucleotide* bezeichneten Coenzyme NAD^+ und $NADP^+$ sowie vieler synthet. Heilmittel.

Pyridinnucleotide ↗Pyridin.

Pyridoxal *s,* neben Pyridoxin u. Pyridoxamin eine Form des Vitamins B_6. ↗Pyridoxalphosphat.

Pyridoxalphosphat *s,* Abk. *PLP,* die bes. bei Decarboxylierungen, Phosphorylierungen u. Transaminierungen v. Aminosäuren, aber auch anderen Aminen wirksame Coenzymform des *Pyridoxals* (T Coenzyme). Aus letzterem (Vitamin B_6) bildet es sich durch eine Kinase-Reaktion (Pyridoxal + ATP → Pyridoxalphosphat + ADP). Zwischenprodukte bei den mit P. als Coenzym katalysierten Reaktionen sind sog. Schiffsche Basen, die sich durch Wasserabspaltung zw. der Aldehydgruppe von P. und Aminogruppen der Substrate ausbilden (↗Transaminierung), wobei die Art der Folgereaktionen (Wirkungsspezifität; ↗Enzyme) durch die jeweiligen Apoenzyme bestimmt wird.

Pyridoxamin *s,* eine Form des Vitamins B_6 (neben Pyridoxal u. Pyridoxin). ↗Vitamine.

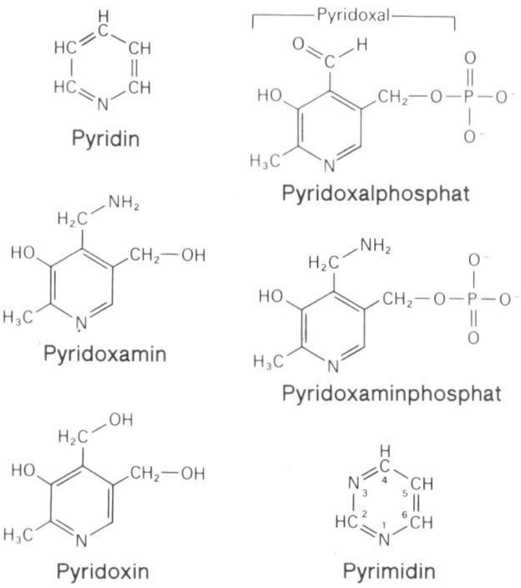

Pyridoxaminphosphat *s,* Abk. *PMP,* phosphorylierte Form des ↗Pyridoxamins, die sich u. a. bei der ↗Transaminierung v. Aminosäuren als Zwischenprodukt aus ↗Pyridoxalphosphat bildet u. in einer Folgereaktion wieder in dieses zurückverwandelt wird.

Pyridoxin *s, Pyridoxol, Adermin,* eine Form des Vitamins B_6 (neben Pyridoxal u. Pyridoxamin). ↗Vitamine.

Pyrimidin *s, 1,3-Diazin,* heterocyclisches Grundgerüst, v. dem sich bes. die ↗P.basen, ↗P.nucleoside u. ↗P.nucleotide der Nucleinsäuren u. ihrer Vorstufen, aber auch andere Naturstoffe (z. B. Thiamin) ableiten. In kondensierter Form ist das P.gerüst auch in den ↗Purinen enthalten.

Pyrimidinbasen, die in den Nucleinsäuren u. deren niedermolekularen Vorstufen, den ↗Pyrimidinnucleosiden u. ↗Pyrimidinnucleotiden (CMP, UMP, dCMP, TMP) sowie den entspr. Nucleosidtriphosphaten (CTP, UTP, dCTP, TTP) u. Nucleotid-Coenzymen enthaltenen Basen ↗Cytosin, ↗Uracil u. ↗Thymin, sowie die v. diesen durch Modifikation (↗5-Methylcytosin, ↗Pseudouridin) abgeleiteten ↗modifizierten Basen.

Pyrimidinnucleoside, die in den Nucleinsäuren u. ihren Vorstufen enthaltenen Nucleoside ↗Cytosin, ↗Uridin (RNA) bzw. ↗2′-Desoxycytidin u. ↗Thymidin (DNA; ↗Desoxyribonucleoside) sowie die v. diesen durch Modifikation abgeleiteten seltenen Nucleoside.

Pyrimidinnucleotide, die ↗Desoxyribonucleosidmono- u. -triphosphate sowie die ↗Ribonucleosidmono- u. -triphosphate, die als Basenkomponente ein Pyrimidin (Cytosin, Uracil od. Thymin, seltener eine durch Modifikation derselben abgeleitete Base, wie z. B. 5-Methylcytosin) enthalten.

Pyrocephalus *m* [v. *pyro-, gr. kephalē = Kopf], Gatt. der ↗Tyrannen.

Pyrochroidae [Mz.; v. gr. pyrochrōs = feuerfarbig], die ↗Feuerkäfer.

Pyrogene [Mz.; v. *pyro-, gr. gennan = erzeugen], *Fieberstoffe, fiebererzeugende*

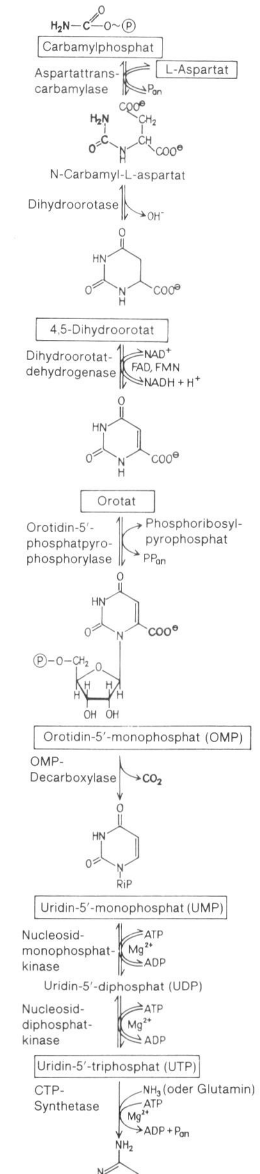

Pyrimidinnucleotide

Die Biosynthese der Pyrimidinnucleotide UMP, UTP und CTP (↗Aspartat-Transcarbamylase, □ Allosterie)

pyro- [v. gr. pyr = Feuer].

Stoffe, hitzestabile, dialysierbare Substanzen aus apathogenen u. pathogenen Bakterien sowie anderen Mikroorganismen; sie bewirken parenteral beim Menschen in sehr kleinen Mengen (< 1 µg/kg Körpergewicht) erhöhte Temp. (↗Fieber) und Schüttelfrost. Die am stärksten wirkenden P. sind Bestandteile der Zellwand gramnegativer Bakterien (↗Lipopolysaccharid). Infektionslösungen müssen daher nicht nur steril, sondern auch frei v. pyrogenen Zellbestandteilen sein. ↗Endotoxine.

Pyrolaceae [Mz.; v. lat. pirum = Birne], die ↗Wintergrüngewächse.

Pyronema *s* [v. *pyro-, gr. nēma = Faden], Gatt. der *Ascobolaceae* (auch eigene Fam. *Pyronemaceae*), Schlauchpilze, die saprophyt. leben u. kleine (0,3–2 mm), orange- bis rotgefärbte Apothecien bilden. *P. omphalodes* wächst auf Brandflächen u. hitzesterilisiertem Boden, *P. domesticum* auch an kalkigen feuchten Wänden.

Pyronemataceae [Mz.; v. *pyro-, gr. nēmata = Fäden], Fam. der Becherpilze (Schlauchpilze), in die fast alle Gatt. der früheren Fam. ↗*Humariaceae* eingeordnet werden.

Pyrophosphat *s,* Abk. *PP,* die anion. Form der *Pyrophosphorsäure* (Diphosphorsäure, $H_4P_2O_7$). P. ist das Produkt der ATP-Spaltung bei der Fettsäure-↗Aktivierung u. Aminosäure-Aktivierung; P. bildet sich auch bei jedem Einzelschritt der DNA- u. RNA-Synthese aus den vier Standard-Desoxyribonucleosid-5′-triphosphaten (DNA) bzw. den Ribonucleosid-5′-triphosphaten (RNA). Die hydrolyt. Spaltung von P. zu 2 Molekülen ↗Phosphat erfolgt unter der Wirkung des Enzyms *Pyrophosphatase;* durch diese Reaktion wird in der Zelle die Regeneration von ATP (↗Adenosintriphosphat, □) u. a. energiereichen Phosphatverbindungen (↗energiereiche Verbindungen) aus P. ermöglicht. I. w. S. werden auch die Ester der Pyrophosphorsäure, wie z. B. ↗5-Phosphoribosyl-1-P., als P.e bezeichnet.

Pyrophyten [Mz.; v. *pyro-, gr. phyton = Pflanze], Pflanzen, die an eine häufige Feuereinwirkung angepaßt sind u. dadurch direkt od. indirekt gefördert werden (↗Feuerklimax). Viele P. können sich nach einem Brand aus unterird. Organen regenerieren od. aus geschützten Knospen austreiben (z. B. ↗*Eucalyptus*), zudem sind baumförmige P. durch eine dicke Borke geschützt. Für einige ↗Kiefer- u. *Eucalyptus*-Arten ist Feuer zur Freisetzung der Samen aus den Zapfen unerläßl., da sich nur so die holzigen Früchte öffnen. Eine weitere Anpassung ist die Induzierung der Blütenbildung, z. B. bei der in den gemäßigten Breiten beheimateten Fieder-↗Zwenke (Fam. der Süßgräser). P. finden sich in verschiedenen Fam., so unter den Liliengewächsen, Süßgräsern, Amaryllisgewächsen, Kieferngewächsen und v. a.

pyro- [v. gr. pyr = Feuer].

pyrrh- [v. gr. pyrrhos = feuerrot].

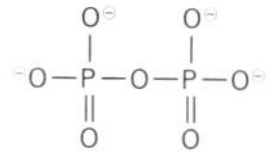

Pyrophosphat

Pyrrhophyceae

Wichtige Ordnungen:
↗ *Dinophysidales*
↗ *Gymnodiniales*
↗ *Peridiniales*

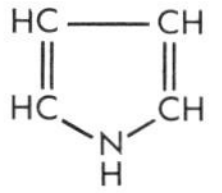

Pyrrol

den Proteaceen (Tropen). Bes. reich an P. ist die Flora ↗Australiens.

Pyrosomida [Mz.; v. *pyro-, gr. sōma = Körper], die ↗Feuerwalzen.

Pyrotheria [Mz.; v. *pyro-, gr. thēria = Tiere], (Ameghino 1895), auf S-Amerika beschränkte † Ord. großwüchsiger Huftiere ungewisser Herkunft; im Bau v. Schädel u. Extremitäten ähneln sie (in Konvergenz) Rüsseltieren.

Pyrrhocorax *m* [v. gr. pyrrhokorax = Rabenart mit rotem Schnabel], die ↗Bergkrähen.

Pyrrhocoridae [Mz.; v. *pyrrh-, gr. koris = Wanze], die ↗Feuerwanzen.

Pyrrhophyceae [Mz.; v. *pyrrh-, gr. phykos = Tang], *Dinophyceae, Dinoflagellaten, Panzerflagellaten, Panzergeißler,* Kl. der ↗Algen (nach zool. Systematik als Ord. *Dinoflagellata* der ↗Geißeltierchen geführt); meist einzellige monadale Phytoplankter, die marin u. im Süßwasser mit vielen Arten vertreten sind und v. a. in wärmeren Meeren als Primärproduzenten organ. Stoffe eine wesentl. Rolle spielen. Viele leben parasitisch u. als Endosymbionten, z. B. die mit gelbbraunen Plastiden versehenen ↗Zooxanthellen. Einige Arten, z. B. ↗*Noctiluca* od. ↗*Prorocentrum (micans),* verursachen das ↗Meeresleuchten bzw. bei Massenentwicklung eine rote Vegetationsfärbung („Wasserblüte", ↗red tide), z. B. *Exuviella baltica.* Zahlr. Arten sind heterotroph u. ernähren sich v. a. phagotroph; ihre meist dorsiventral gebauten Zellen tragen zwei senkrecht zueinander schlagende Geißeln, eine Längsgeißel (Schleppgeißel) u. eine Quergeißel, gürtelförmig um den Zellkörper. Die Fortpflanzung erfolgt durch Zwei- od. Vielfachteilung, bei manchen pelag. Arten findet Kettenbildung statt. Typisch sind im Interphasekern die aufgeschraubten Chromosomen (Dinokaryon). Viele *P.* scheiden eine charakterist., aus mehreren polygonalen Celluloseplatten bestehende Zellwand aus (↗Plakoderm), die sogar als Plattenpanzer od. in Form v. Schalenklappen ausgebildet sein kann u. den meisten *P.* eine starre Körperform verleiht. Nur einige selten vorkommende *P.* sind kokkal *(Phytodinium globosum)* od. trichal *(Dinoclonium conradii)* gebaut. Bei Süßwasserarten können Dauerstadien gebildet werden, die jahrelang entwicklungsfähig bleiben. ↗Mesokaryota. T Algen.

Pyrrhula *w* [v. *pyrrh-], Gatt. der ↗Gimpel.

Pyrrol *s* [v. *pyrrh-, lat. oleum = Öl], das Grundgerüst vieler Naturstoffe, wie z. B. des Häms, Chlorophylls, der Gallenfarbstoffe, Phycobiline u. einiger Alkaloide.

Pyrsonymphida [Mz.; v. gr. pyrsos = Feuerbrand, nymphē = Mädchen], U.-Ord. der ↗*Polymastigina;* Geißeltierchen mit nur 1 Kern u. Axostylen, Parabasalkörper fehlen; leben im Darm v. Termiten u. holzfressenden Schaben.

Pyrus *w* [v. lat. pirus =], der ↗Birnbaum.

Pyruvat *s* [*pyruvat-], die ionische Form der ↗Brenztraubensäure (□).

Pyruvat-Carboxylase *w,* ein zu den ↗Ligasen zählendes Enzym, das die Umsetzung v. Brenztraubensäure (Pyruvat) u. Kohlendioxid zu Oxalessigsäure (Oxalacetat) unter Spaltung von ATP zu ADP u. Phosphat katalysiert, wobei ↗Biotin als Coenzym wirkt. Die Aktivität von P. wird allosterisch reguliert: in Anwesenheit v. ↗Acetyl-Coenzym A (Effektor) ist P. aktiv, während in Abwesenheit v. Acetyl-CoA die Umsatzgeschwindigkeit stark gedrosselt ist. Durch diese Kopplung v. hoher Acetyl-CoA-Konzentration u. Oxalessigsäurebildung wird in der Zelle die Weiterreaktion v. Acetyl-CoA über den ↗Citratzyklus (die durch Reaktion v. Acetyl-CoA mit Oxalessigsäure beginnt) gewährleistet; gleichzeitig dient diese Reaktion der Aufrechterhaltung der für den Citratzyklus erforderl. Oxalacetat-Konzentration (↗Anaplerose). Die P.-Reaktion ist außerdem einer der ersten Teilschritte der ↗Gluconeogenese (Bildung v. Phosphoenolpyruvat). Bei Insulinmangel wird P. verstärkt synthetisiert.

Pyruvat-Decarboxylase *w,* ein zu den ↗Lyasen zählendes Enzym, das bei der ↗alkoholischen Gärung die Spaltung v. Brenztraubensäure (Pyruvat) in Acetaldehyd u. Kohlendioxid katalysiert. Als Coenzym wirkt dabei kovalent gebundenes ↗Thiaminpyrophosphat (ein Vitamin-B_1-Abkömmling). Außer in Hefen kommt P. auch in Pflanzen vor. In tier. Organismen ist P. eine Komponente des ↗Pyruvat-Dehydrogenase-Multienzymkomplexes.

Pyruvat-Dehydrogenase *w,* Multienzymkomplex, durch den die oxidative Decarboxylierung v. Brenztraubensäure (Pyruvat) zu Acetyl-CoA u. Kohlendioxid in 3 koordiniert ablaufenden Teilschritten katalysiert wird. Im 1. Teilschritt, der durch die ↗*Pyruvat-Decarboxylase*-Komponente des Komplexes katalysiert wird, wird Pyruvat decarboxyliert; das Produkt, sog. aktiver ↗Acetaldehyd, bleibt über die als Coenzym wirkende ↗Thiaminpyrophosphat-Gruppe am Multienzymkomplex gebunden, um sofort in einem 2. Teilschritt, katalysiert durch die *Liponsäure-Reductase-Transacetylase*-Komponente, zum Acetylrest oxidiert zu werden, der auf Coenzym A übertragen wird (Bildung v. Acetyl-Coenzym A) u. dabei den Multienzymkomplex verläßt. In einem 3. Teilschritt, katalysiert durch die *Dihydrolipoat-Dehydrogenase*-Komponente, wird Dihydroliponsäure zu ↗Liponsäure regeneriert, worauf der Zyklus erneut durchlaufen werden kann.

Pyruvat-Kinase *w,* ein Enzym der ↗Glykolyse (B).

Pyruvattranslokator *m* [v. *pyruvat-, lat. trans- = hinüber, locare = versetzen], ↗Membrantransport-System für Pyruvat (↗Brenztraubensäure) in der inneren ↗Mitochondrien-Membran, das den Pyruvat-Dehydrogenase-Komplex in der mitochondrialen Matrix mit seinem aus der im Cytoplasma ablaufenden Glykolyse stammenden Substrat versorgt. Der genaue Transportmodus (↗Antiport, ↗Uniport od. ähnl.) des P.s ist noch unbekannt. ↗Adenylattranslokator, ↗Phosphattranslokator.

Pythia *w* [v. *pyth-], Gatt. der Küstenschnecken mit seitl. abgeflachtem Gehäuse (unter 2 cm hoch) u. gezähnter Mündung; einige Arten an den Küsten des Indopazifik. [↗Scheinrüßler.

Pythidae [Mz.; v. gr. pythein = faulen], die

Pythium *s* [v. *pyth-], Gatt. der ↗Peronosporales.

Pythoninae [Mz.; v. *pyth-], die ↗Pythonschlangen.

Pythonschlangen [v. *pyth-], *Pythoninae,* U.-Fam. der Riesenschlangen mit 7 Gatt. (vgl. Tab.), auf die Alte Welt beschränkt v. Afrika und S-Asien bis zur indo-austral. Inselwelt; ungiftig, ersticken Beute durch Umschlingen; besitzen im Ggs. zu den naheverwandten ↗Boaschlangen Augenbrauenknochen (Supraorbitale) am seitl. Schädelrand, einen meist bezahnten Zwischenkiefer, sind eierlegend, wobei die Weibchen ihre Gelege meist bebrüten; Schwanzschilder 2reihig. – Zu den urtümlichsten P. gehören die 2 Vertreter der Gatt. Schwarzkopfpythons *(Aspidites);* in Austr. beheimatet; symmetr. Kopfschilder groß (wie Gatt. *Liasis*); ernähren sich v. Echsen, die größere Art *A. melanocephalus* (bis 2,5 m lang; lebt nur in N-Austr.) auch v. Schlangen. Eine der größten Schlangen überhaupt ist der massige, bodenbewohnende Netzpython od. die Gitterschlange, *Python reticulatus* (bis ca. 10 m lang u. 115 kg schwer); in den Urwäldern u. Reisfeldern SO-Asiens – oft in der Nähe menschl. Siedlungen – verbreitet (B Asien VIII); mit netzförmig gefärbtem u. gemustertem Schuppenkleid; ernährt sich v. Geflügel, Ratten, Hunden, Schweinen u.a. mittelgroßen Wirbeltieren; feuchtigkeitsliebend, guter Schwimmer; neben dem Tigerpython häufig im Zoo u. Zirkus zu sehen; Weibchen legt, wie alle Pythonarten, 3–4 Monate nach der Begattung 10 bis mehr als 100, bis 10 cm große Eier. In Afrika südl. der Sahara lebt in Gras- u. Baumsteppen, im Buschdickicht u. an Flußufern der Felsenpython (*P. sebae;* 7 m lang; B Afrika II); ernährt sich v. kleinen Antilopen, größeren Nagetieren, Vögeln u. Schweinen; kann bei Reizung auch dem Menschen gefährl. Verletzungen beibringen. Der hellbraune, breit dunkelbraun mit gelben Rändern gemusterte Tigerpython, *P. molurus* (bis ca. 10 m lang; B Reptilien III), lebt in Indien u. Sri Lanka, eine größere U.-Art in Burma u. im indoaustral. Raum; ernährt sich v.a. von Säugetieren (z.B. Gazellen), Vögeln u. Reptilien. Seinem Lebensraum hervorragend angepaßt, der Grünen Hundskopfboa sehr ähnlich ist der Grüne Baumpython (*Chondropython viridis;*

pyruvat- [v. gr. pyr = Feuer, lat. uva = Traube].

pyth- [v. gr. Pythios = pythisch (= delphisch), apollinisch; davon auch Pythia = Apollopriesterin in Delphi; Pythōn = von Apollo bei Delphi getötete Schlange].

Pythonschlangen

Gattungen:

Baumpythons *(Chondropython)*
Bothrochilus
Calabaria
Liasis
Pythons i.e.S. *(Python)*
Rautenpythons *(Morelia)*
Schwarzkopfpythons *(Aspidites)*

schlank mit Greifschwanz u. stark verlängerten Vorderzähnen; grün gefärbt mit weißen Rückenflecken) aus Neuguinea; ernährt sich fast ausschl. von Baumfröschen. Mit 5 weiteren *Liasis*-Arten lebt ebenfalls im Geäst der schlanke, über 6 m lange Amethystpython *(L. amethistinus)* v.a. in den Mangrovewäldern der indoaustral. Inselwelt; seine Nahrung sind kleinere Wirbeltiere. Sowohl Boden- als auch Baumbewohner ist der fast 4 m lange Rautenpython (*Morelia argus;* mit rautenförm., leuchtend gelben od. dunkelbraunen Rükkenflecken sowie langem, einrollbarem Schwanz; B Australien I) aus den Feuchtwäldern N-Australiens u. Neuguineas; schwimmt gut. Wenig bekannt, dem Leben im feuchten Erdreich angepaßt und v. kleinen Wirbeltieren lebend, die er nachts auch an der Oberfläche fängt, ist der bis 1 m lange Erdpython *(Calabaria reinhardtii)* Mittel- und W-Afrikas. Zu den kleineren P. gehört der in Neuguinea u. auf den benachbarten Inseln beheimatete, bis 1,25 m lange Zwergpython *(Bothrochilus boa);* ernährt sich v. Ratten u. Mäusen, denen er oft in menschl. Siedlungen u. Hühnerställen nachstellt. B rudimentäre Organe. *H. S.*

Pyxicephalus *m* [v. gr. pyxis = Büchse, kephalē = Kopf], Gatt. der ↗ *Ranidae* (od., nach anderer Auffassung, U.-Gatt. von *Rana*); mehrere mittelgroße bis große (4 bis 24 cm) Arten in Afrika; am bekanntesten ist der ↗ Grabfrosch od. Südafrikan. Ochsenfrosch *(P. adspersus).*

Pyxidium *s* [v. gr. pyxidion = kleine Büchse], die ↗ Deckelkapsel.

Pyxis *w* [gr., = Büchse], Gatt. der ↗ Landschildkröten.

Q

quadr- [steht im Lateinischen in Zusammensetzungen für quattuor = 4; auch v. quadratus = viereckig].

Q, 1) Abk. für Coenzym Q, ↗ Ubichinon; **2)** Abk. für ↗ Glutamin.

Q-Fieber [v. Queensland oder engl. query (= „?")], *Balkangrippe, Queenslandfieber, Siebentagefieber,* durch ↗ *Coxiella burnetii (Rickettsia b.)* hervorgerufene Infektionserkrankung (Rickettsiose), Übertragung durch Inhalation v. erregerhaltigem Staub, infizierte Milch, Kontakt mit Tieren od. Kadavern, Zeckenbiß; Infektionsquelle sind Schafe, Ziegen, Rinder bzw. Milch, Harn, Felle; Inkubationszeit 2–3 Wochen. Neben leichten Verläufen mit kurzem Fieberanstieg gibt es schwere Verläufe mit plötzl. hohem Fieber, Glieder-, Kopf- u. Augenschmerzen; gelegentl. Pneumonien; häufig Delirien mit Bewußtseinstrübungen. Therapie mit Tetracyclinen. Eine Impfung für gefährdete Berufsgruppen ist möglich.

Q-Fieber-Virus, falsche Benennung des Erregers des ↗ Q-Fiebers, der den Bakterien zugeordnet werden muß *(↗ Coxiella).*

QH_2, die reduzierte Form v. Coenzym Q; ↗ Ubichinon.

Quadraspidiotus *m* [v. *quadr-, gr. aspidiōtēs = schildbewehrt], Gatt. der ↗ Dekkelschildläuse.

Quadratum *s* [lat., = Viereck, Quadrat], *Os quadratum, Quadratbein,* paariger Ersatzknochen am Hinterende des Ober-Kiefers der Wirbeltiere, entstand stammesgeschichtl. als Auflage aus dem ↗ Palatoquadratum. Es bildet bei Tetrapoden außer Säugern zus. mit dem ↗ Articulare das primäre ↗ Kiefergelenk. – Bei Säugern hat das Q., wie anhand v. Fossilien sowie der Embryonalentwicklung rezenter Arten gezeigt werden kann, einen Funktionswechsel (↗ Funktionserweiterung) v. einem Kieferelement zu einem ↗ Gehörknöchelchen mitgemacht. Der Amboß (Incus), das mittlere der drei Gehörknöchelchen der Säuger, ist dem Q. der anderen Tetrapoden homolog.

Quadriceps *m* [spätlat., = vierköpfig], *Musculus quadriceps femoris,* vierköpfiger Oberschenkelmuskel; aus vier Anteilen (Einzelmuskeln) bestehender großer Muskel der Reptilien u. Säuger; entspringt am Becken sowie der Rückseite des Oberschenkels u. setzt mit einer Sehne auf der Vorderseite des Schienbeins (Tibia) an. Bewirkt Streckung des Unterschenkels. Wahrscheinl. homolog dem M. ilio-extensorius der Amphibien.

Quadrivalente [Mz.; v. *quadr-, lat. valere = wert sein], die vom Diplotän bis zur frühen Anaphase I in der Meiose polyploider Organismen auftretenden, aus vier homologen Chromosomen bestehenden Paarungsverbände (↗ Chromosomenpaarung); diese werden durch Chiasmata zusammengehalten. ↗ Multivalent.

Quadrupedie *w* [v. lat. quadrupes = vierfüßig], *Vierfüßigkeit,* Fortbewegungsweise (↗ Gangart) v. Landwirbeltieren unter Einsatz der Vorder- u. Hinterextremitäten, welche alle Bodenkontakt haben. Die Hinterextremitäten sind dabei als die Hauptbeschleuniger meist ein wenig kräftiger u. länger ausgebildet als die Vorderextremitäten (Beispiel: Raubtiere). Bei der Q. unterscheidet man ↗ Kreuzgang u. ↗ Paßgang. Ggs. zu Q. ist die ↗ *Bipedie* (↗ aufrechter Gang). Springende Fortbewegung, bei der die Vorderextremitäten nur als Stütze dienen (Frösche), stellt eine Sonderform der ↗ Fortbewegung dar.

Quagga *s* [aus Bantu-Sprache über Afrikaans kwagga], *Equus quagga,* von den Buren ausgerottete Grundform aller Steppen-↗ Zebras; nur Kopf, Hals u. Vorderrükken zebraartig gestreift; sonst braun, Beine weiß. Anfang des 19. Jh.s gab es noch große Q.-Herden in S-Afrika; das letzte freilebende Q. wurde 1878 erlegt, das letzte in einem Zoo (Amsterdam) ge-

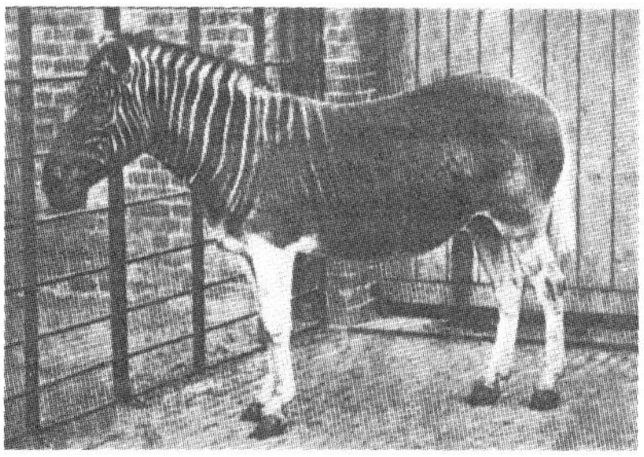

Quagga

Quagga *(Equus quagga),* 1883 ausgestorbene Form des Steppenzebras

Zu der Frage, ob das Q. als eigene Art *(Equus quagga)* od. als U.-Art *(E. q. burchelli)* des Steppenzebras zu gelten hat, erhofft man Näheres durch die 1983 gelungene DNA-Isolierung aus einer 140 Jahre alten (schlecht konservierten) Q.-Haut zu erfahren.

haltene Q. starb 1883. B Rassen- und Artbildung I.

Quallen [Mz.; niederdt., verwandt mit dt. quellen], die ↗Medusen; ugs. besonders die großen Q. der ↗*Scyphozoa.*

Quallenfisch, *Nomeus gronovii,* ↗Erntefische.

Quallenflohkrebs, *Hyperia galba,* ↗Hyperiidea (□).

Quantasom *s* [v. lat. quantus = wie groß, gr. sōma = Körper], als Funktionseinheit der ↗Photosynthese postuliertes Feinstrukturelement der Thylakoidmembran, das alle Pigmente u. Redoxsubstanzen für den Elektronentransport sowie die ATP-Synthese der Lichtreaktion enthält.

Quanten [Mz.; v. lat. quantum = wieviel], Bez. für die kleinsten Energiebeträge (Energie-Q.), die bei mikrophysikal. Vorgängen als Ganzes, z. B. von ↗Atomen, aufgenommen od. abgegeben werden. Die Q. sind als Teilchen zu betrachten, die den Feldern, z. B. elektromagnet. Feld, zuzuordnen sind. Im Falle der ↗Licht-Energie spricht man v. *Licht-Q.* oder *Photonen,* bei ↗Gammastrahlen von *Gamma-Q.* usw. ↗Q.biologie, ↗Photosynthese, ↗Photorezeption.

Quantenausbeute ↗Photosynthese.

Quantenbedarf ↗Photosynthese.

Quantenbiologie, Teilgebiet der ↗Biophysik, befaßt sich mit den durch Einwirkung v. ↗Quanten auftretenden, energet. Vorgängen in Organismen (z. B. ↗Photosynthese). ↗Treffertheorie, ↗Strahlenbiologie.

Quappen, *Lota,* Gatt. der Dorsche i. e. S.; *L. lota* (Aalquappe, Rutte, Trüsche), meist 30–60 cm lang, ist der einzige Süßwasserdorschfisch, der in nordamerikan. und nordeurasischen Flüssen u. Seen vorkommt; große Weibchen legen im Winter bis 5 Mill. Eier ab; v. a. in Sibirien wicht. Speisefisch. B Fische XI.

Quappwurm, die Gatt. ↗Echiurus.

Quappwürmer, die ↗Echiurida.

Quarantäne *w* [karant-; v. it. quaranta (giorni) = 40 Tage, über frz. quarantaine], zwangsweise befristete Isolierung v. Kranken od. krankheitsverdächtigen Personen bzw. Tieren zur Prophylaxe v. bestimmten Infektionskrankheiten. Erstmals im 14. Jh. (hpts. zur Pest-Abwehr) in Venedig eingeführt; urspr. 40 Tage.

Quartär *s* [v. lat. quartarius = 4. Teil], (J. Desnoyers 1829), *„Eiszeitalter";* jüngste Periode der ↗Erdgeschichte (B) mit den beiden Epochen ↗*Pleistozän* (□) u. ↗*Holozän* (□). Trotz ihrer im Verhältnis zu allen anderen Perioden unvergleichl. Kürze (Dauer um 2 Mill. Jahre) kommt ihr bes. Bedeutung zu wegen ihrer zeitl. Nähe zur Jetztzeit, ihrer engen Verknüpfung mit der Menschheitsentwicklung (↗Paläanthropologie, B) u. aufgrund der Tatsache, daß die Ablagerungen des Q.s die weiteste Verbreitung auf der Erde haben. Überdies hat der klimat. Effekt „Eiszeit" (↗Klima) das Antlitz der Erdoberfläche u. die heutige Lebewelt in bes. Weise geprägt (↗Eiszeit, ↗Eiszeitrefugien, ↗Eiszeitrelikte, ↗eustat. Meeresspiegelschwankung, ↗Europa, ↗Pluvial).

Quartärstruktur [v. lat. quartus = der Vierte, structura = Zusammenfügung] ↗Proteine.

Quarz *m* [v. westslaw. kwardy = Q.], glasklar kristallisierte Form des SiO_2 (Siliciumdioxid, wasserfreie ↗Kieselsäure), eines der häufigsten gesteins- u. bodenbildenden Minerale, Hauptbestandteil der Sande, Sandsteine u. Tone, gg. Verwitterung beständig.

Quassia *w* [ben. nach dem Negersklaven Graman Quassi, der im 17. Jh. in Surinam die med. Wirksamkeit des Bitterholzes erkannte], Gatt. der ↗Simaroubaceae.

Quastenflosser

Unterordnungen, Überfamilien u. einige Gattungen:

Rhipidistia
- ↗*Osteolepiformes* (z. B. *Osteolepis*)
- ↗*Porolepiformes* (z. B. *Porolepis*)
- *Struniiformes* (z. B. *Strunius*)

Actinistia
- *Coelacanthiformes* (z. B. ↗*Latimeria*)

Quastenflosser [Mz.], *Crossopterygii,* eine bis auf ↗*Latimeria chalumnae* † Ord. der ↗Knochenfische mit 2 U.-Ord. und 26 Gatt. (vgl. Tab.), aus der höchstwahrscheinl. die Tetrapoden hervorgegangen sind. Brust- u. Bauchflossen von quastenart. Aussehen (Name!) u. monobasalem (= archipterygialem) Bau (↗Urflosse); das gilt z. T. auch für After- u. hintere Rückenflosse; Schwanzflosse bei primitiven Q.n heterozerk, später diphyzerk (↗Flossen, □). Anordnung der Schädelknochen ähnl. wie bei ↗*Stegocephalia; Osteo-* u. *Porolepiformes* mit echten Rachen-Nasen-Gängen (↗Choanen); Zähne ↗labyrinthodont. Im Bereich der nur unvollkommen verknöcherten Wirbelsäule persistiert die ↗Chorda dorsalis. Stammesgeschichtl. wird die Tendenz erkennbar, die urspr. dikken, rhomb. Cosminschuppen unter Abbau der Cosmin- u. Ganoinschicht in Cycloidschuppen umzuwandeln. – Die meisten Q. gelten als Süßwasserbewohner, nur wenige (z. B. *Latimeria*) haben sich dem Leben im Meer angepaßt. Manche Q. erreichten 4 m Länge. Verbreitung: Unterdevon bis rezent; größter Formenreichtum im mittleren bis oberen Devon.

Quastenstachler, *Atherurus,* Gatt. der Altwelt-↗Stachelschweine.

Quebrachin *s* [kebratschin; v. span. quebrar = brechen, hacha = Axt], das ↗Yohimbin.

Quebracho *m* [kebratscho; span., v. quebrar = brechen, hacha = Axt], 1) das dunkelrote Holz des mittel- u. südam. Q.baums (*Schinopsis quebracho-colo-*

rado, Fam. ↗Sumachgewächse); das sehr harte Holz wird für schwere Holzkonstruktionen verwendet; aus dem Kernholz wird Tannin gewonnen. 2) das sehr harte, helle Holz des südam. ↗Hundsgiftgewächses ([T]) *Aspidosperma quebracho-blanco.* – Die Stammrinde *(Q.rinde)* des Q.baums u. des Hundsgiftgewächses liefert Alkaloide, Gerbstoffe u. Asthmamittel.

Quecke *w* [v. ahd. quec = lebendig], *Agropyron,* Gatt. der Süßgräser (U.-Fam. *Pooideae*) mit ca. 100 Arten auf der N-Halbkugel u. im südl. S-Amerika; Ährengräser mit 3–6blütigen Ährchen. Ein lästiges Unkraut u. ein überflutungsfester Wurzelkriechpionier ist die Kriechende Q. (*A. repens,* [B] Europa XVIII) mit bewimperten, umfassenden Öhrchen und unterird. ↗Ausläufern (☐); auch Halmknoten wurzeln ein; ihre Wurzeln waren fr. als „Rhizoma Graminis“ offizinell. An den eur., nordafr. und kleinasiat. Küsten kommt die zur Dünenbefestigung wichtige Strand-Q. *(A. junceum)* vor. Bastarde verschiedener Q.n-Arten sind häufig.

Quecke *(Agropyron repens)*

Quecken-Ödland ↗Agropyretea intermedio-repentis.

Quecksilber *s* [v. ahd. quec = lebendig], chem. Zeichen Hg, chem. Element, Schwermetall, das in der Natur nur in geringen Mengen (in der Erdkruste zu ca. $4 \cdot 10^{-5}$ Gewichtsprozent) z. B. als Zinnober (HgS) od. Kalomel (Hg_2Cl_2), vereinzelt aber auch in Gesteinen als metallisches Q. in Tropfenform vorkommt. Es findet techn. Verwendung bei Elektrolyseverfahren, bei der Herstellung v. Batterien, Katalysatoren, Pigmenten u. Schädlingsbekämpfungsmitteln (Fungiziden) sowie als Dental-Q. für Amalgam-Zahnfüllungen. Q. ist neben ↗Blei u. ↗Cadmium das bekannteste Umweltgift aus der Gruppe der Schwermetalle. Als Hauptursachen der heute vielfach beobachteten höheren Q.-Gehalte in Flüssen, bes. in deren Sedimenten, u. in Organismen sind die unkontrollierte Ableitung v. Industrieabwässern, die Verwendung v. organ. Q.-Fungiziden (z.B. als Saatbeizmittel; heute jedoch weitgehend verboten) sowie die Verbrennung v. Kohle u. Öl zu nennen; z.B. lag Anfang der 70er Jahre die Belastung des Rheins bei etwa 110 t Q. pro Jahr. Die Anreicherung von Q. in der Nahrungskette (↗Akkumulierung) erfolgt bes. durch die fettlösl. organ. Q.-Verbindungen, wie z.B. Dimethyl-Q. (v. Organismen bis zu 60% zurückgehalten), die sich in Mikroorganismen aus den anorgan. Q.-Verbindungen (v. Organismen zu 10–20% zurückgehalten) durch enzymat. Reaktionen bilden. Bes. stark kann Q. in Fischen u. Pilzen angereichert sein; Pilze entziehen mit ihrem ausgedehnten Mycel Q. dem Boden u. lagern es bevorzugt in den Lamellen u. Röhren der Pilzhüte ab. Organ. Q.-Verbindungen sind starke Nervengifte; chron. Vergiftungen äußern sich zunächst in Entzündungen der Mundschleimhaut, Zittern der Hände u. leichter Erregbarkeit. Akute Vergiftungen können durch Einatmen von Q.-Dämpfen auftreten. ↗Methyl-Q., ↗Minamata-Krankheit; [T] Schwermetalle.

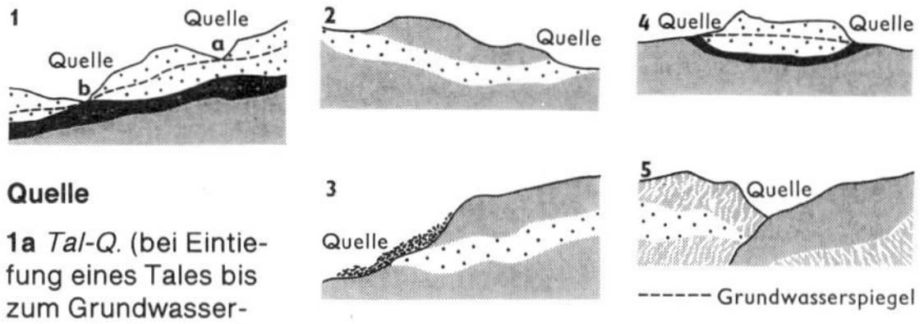

Quelle

1a *Tal-Q.* (bei Eintiefung eines Tales bis zum Grundwasserspiegel); **1b** absteigende (Wasser bewegt sich abwärts zur Austrittsstelle) *Schicht-Q.* (Schicht-Q.: beim Ausstreichen einer wasserführenden Schicht über einer wasserstauenden Schicht); **2** aufsteigende (Wasser tritt unter hydrostat. Druck nach oben aus) *Schicht-Q.*; **3** *Schutt-Q.* (die eigentliche Q. ist durch Schutt verdeckt, so daß das Wasser erst tiefer am Hang austritt); **4** *Überlauf-* od. *Überfall-Q.* (das in einer Mulde gesammelte Grundwasser läuft an den Rändern über); **5** *Verwerfungs-Q.* (wasserstauende Schichten wurden neben wasserdurchlässige Schichten geschoben)

Quelle, Austritt v. ↗Grundwasser (☐) am Schnittpunkt der grundwasserführenden Schicht mit der Erdoberfläche. Bildet das austretende Wasser einen kleinen See, spricht man v. *Limnokrene,* bildet es einen Sumpf, v. *Helokrene,* fließt es direkt ab, v. *Rheokrene.* Q.n mit einer Wasser-Temp. von 20–50 °C bezeichnet man als *warme Q.n, Thermen* od. *Thermal-Q.n,* solche mit über 50 °C als *heiße Q.n. Mineral-Q.n* weisen mineralhalt. Wasser (↗Mineralstoffe) auf. ↗Krenal, ↗Flußregionen (☐).

Quellenabsätze, Abscheidungen aus dem Lösungsinhalt v. Quellwässern in Form v. Sinter, Travertin, Kalktuff, Seekreide, Tropfstein usw.; dabei spielen Änderungen der Wassertemp. sowie chem. und bakterielle Prozesse die Hauptrolle.

Quellenschnecken, die Gatt. ↗Bythinella.

Queller, *Glasschmelz, Salicornia,* Gatt. der Gänsefußgewächse, mit ca. 30 Arten nahezu weltweit verbreitet; mit charakterist. gegliederten Stengeln, scheinbar blattlos (eingesenkte Schuppenblätter), wachsen an Meeresküsten (↗Küstenvegetation) u. an binnenländ. Salzstellen (↗Halophyten). Einheimisch ist *S. europaea,* eine Sammelart mit mehreren Kleinarten; wicht. Erstbesiedler v. Küstenwatt (↗Thero-Salicornietea), dabei Schlickfestlegung; in SW-Dtl., in Essig eingelegt, als Salat gegessen. Im Mittelmeerraum wächst die holzige *S. fruticosa.* – Q. wurden fr. zur Sodagewinnung genutzt (Flußmittel bei der Glasherstellung, daher der Name „Glasschmelz“).

Queller

Gemeiner Queller *(Salicornia europaea)*

Quellerwatten ↗Thero-Salicornietea.

Quellfluren ↗Montio-Cardaminetea.

Quellgras, *Catabrosa,* Gatt. der Süßgräser (U.-Fam. *Pooideae*) mit 6 Arten. Wichtigste Art ist *C. aquatica,* ein Rispengras in N-Amerika u. Eurasien mit langen Ausläufern. Bei den violetten 2blütigen grannenlosen Ährchen sind die Hüllspelzen kürzer als die

Deckspelzen. Das Q. ist ein Nährstoffanzeiger u. ein gutes Futtergras feucht-nasser Standorte.

Quelljungfern, *Cordulegasteridae,* Fam. der ↗ Libellen (Großlibellen) mit nur 2 Arten in Mitteleuropa. Die häufigere Zweigestreifte Quelljungfer *(Cordulegaster annulatus)* hat einen schwarz-gelb gezeichneten Hinterleib u. erreicht eine Flügelspannweite von ca. 11 cm; Lebensräume sind Gebirgsbäche u. Quellen. Die Eier werden im senkrechten Flug abgelegt, die Entwicklung der bis 4 cm langen, im Untergrund eingegrabenen Larven dauert 4–5 Jahre.

Quellkraut, *Montia,* Gatt. der ↗ Portulakgewächse.

Quellmoor, an einem Quellaustritt entstandenes ↗ Moor.

Quellung, ein reversibler physikal.-chem. Vorgang, bei dem Wassermoleküle (auch andere Flüssigkeits- od. Gasmoleküle) in einen quellbaren Körper (z. B. Kolloide; u. a. Cellulose, Pektine, Kautschuk) eindringen. Sie folgen einem ↗ Gradienten im ↗ Wasserpotential (Wasserkonzentration, chem. Potential des Wassers; ↗ Hydratur), umgeben die Bausteine der Substanz mit ↗ Hydratations- od. Solvatationshüllen u. vergrößern dadurch das Volumen des Körpers. Die Volumenzunahme bzw. der Wassereinstrom kann durch äußeren Druck auf den Körper verhindert werden. Dieser Druck ist gleich dem *Q.sdruck.* – Die Q. spielt eine wicht. Rolle bei zahlr. biologischen Vorgängen. So wird zur Aufrechterhaltung der Lebensprozesse in Organismen ein bestimmter Q.sgrad des Plasmas benötigt. Im Verlauf der ↗ Keimung v. Samen können bei der Sprengung der Samenschalen Q.sdrücke v. mehreren 100 bar auftreten. ↗ Osmose, ↗ osmotischer Druck, ↗ Saugspannung.

Quendel, der ↗ Thymian.

Quendelschnecke, *Candidula unifasciata,* ↗ Heideschnecken.

Quercetalia pubescentis [Mz.; v. *querc-, lat. pubescens = Flaum bekommend], *Flaumeichen-Wälder,* Ord. der ↗ *Querco-Fagetea.* Wärmebedürft. Eichenmischwälder mit Verbreitungsschwerpunkt in der submediterranen Zone, in Mitteleuropa in der postglazialen Wärmezeit weiter verbreitet, doch durch Konkurrenz der Schattbaumarten auf Spezialstandorte abgedrängt (trockene, heiße, meist kalkhalt. Felsen). – Die bei uns häufigste Assoz. ist das ↗ *Lithospermo-Quercetum.*

Quercetea robori-petraeae [Mz.; v. *querc-, lat. robur = Kernholz, gr. petraios = Stein-, Felsen-], *Birken-Eichenwälder,* bodensaure Eichenmischwälder, Kl. der Pflanzenges.; zonale Vegetation auf den sehr nährstoffarmen Böden der pleistozänen Sande an der eur. Atlantikküste v. Portugal bis Dänemark, extrazonal auch auf Felsnasen sauer verwitternder Gesteine, mit niedriger Baumschicht u. anspruchslosen Säurezeigern in der Krautschicht. Durch Niederwaldwirtschaft wurden Buchenwälder in den Q. ähnl. Bestände umgewandelt. Wichtige Assoz. sind das *Betulo-Quercetum roboris* (Birken-Stieleichenwald) der altpleistozänen Sande in NW-Dtl., das *Fago-Quercetum petraeae* od. *Violo-Quercetum petraeae* (Birken-, Buchen-Traubeneichenwald) auf etwas nährstoffreicheren Sandböden, daher mit deutl. Buchenanteil, u. das *Luzulo-Quercetum* (Hainsimsen-Traubeneichenwald) auf Felsnasen der kollin-submontanen Stufe der Mittelgebirge, das fr. oft als ↗ *Eichenschälwald* genutzt wurde.

Quercetin *s* [v. *querc-], *Meletin,* zu den Flavonolen zählender gelber Naturfarbstoff (T Flavone). Weit verbreitet sind auch seine Glykoside *Rutin* u. *Hyperosid* (T Flavone) sowie sein 3-O-Rhamnosid, das *Quercitrin.*

Querco-Fagetea [Mz.; v. *querc-, lat. fagus = Buche], *Eurosibirische Fallaubwälder,* Kl. der Pflanzenges. (vgl. Tab.); Wälder aus sommergrünen Baumarten, für die der period. Wechsel zw. Belaubung u. Laubfall charakterist. ist; in der Krautschicht dominieren daher ↗ *Frühlingsgeophyten,* welche die intensive Belichtung vor dem Laubaustrieb nutzen (z. B. *Anemone nemorosa,* B Europa XII). Die Q. sind auf fast allen mitteleur. Waldbodentypen außer extremen Podsolen u. extremen Naßböden vertreten. Sie bilden die potentielle ↗ natürliche Vegetation Mitteleuropas, umfassen etwa das Areal der Rot-↗ Buche (□) u. reichen mit der Hainbuche im O bis an Steppengebiete, mit der Flaumeiche im S bis an die Hartlaubzone heran; im N grenzen sie an den borealen Nadelwald. – Wälder der Gatt. *Fagus, Carpinus, Fraxinus, Tilia, Acer, Ulmus* (montan außerdem *Abies alba*) werden zur Ord. der *Fagetalia sylvaticae* (mesophytische Buchen- u. Laubmischwälder) zusammengefaßt, die submediterranen Flaumeichen-Wälder bilden die Ord. ↗ *Quercetalia pubescentis.*

Querco-Ulmetum minoris *s* [v. *querc-, lat. ulmus = Ulme, minor = kleiner], *Querco-Ulmetum, Fraxino-Ulmetum, Eichenulmenwald, Hartholzaue,* Assoz. des ↗ *Alno-Padion.* Das Q. stockt an mindestens alle 2–3 Jahre überfluteten Auestandorten mit Nährstoffzufuhr durch Flußtrübe. Es schließt an die Weichholzaue an.

Quercus *w* [lat., =], die ↗ Eiche.

Querder *m* [v. ahd. querdar = Köder, Lockspeise], Larve der ↗ Neunaugen.

quergestreifte Muskulatur, v. a. als Skelett- u. ↗ Herzmuskulatur der Wirbeltiere u. des Menschen verbreiteter, aber auch in verschiedenen Wirbellosen-Gruppen entwickelter Typ des ↗ Muskelgewebes. Aufgrund der hohen Ordnung der ↗ kontraktilen Proteine (↗ Muskelproteine) vermag die q. M. sich rascher u. kräftiger zu kontrahie-

Querco-Fagetea

Ordnungen:
↗ *Quercetalia pubescentis* (Flaumeichen-Wälder)
Fagetalia sylvaticae (mesophytische Buchen- u. Laubmischwälder)

Verbände:
Buchen vorherrschend:
↗ *Fagion sylvaticae* (Rotbuchenwälder)
für die Buche zu naß:
↗ *Alno-Padion* (Erlen-Eschen-Auewälder)
für die Buche zu wechselfeucht bzw. zu kontinental:
↗ *Carpinion betuli* (Eichen-Hainbuchenwälder)
für die Buche Böden zu bewegt u. zu skelettreich:
↗ *Lunario-Acerion* (Eschen-Ahornwälder)
↗ *Tilio-Acerion* (Ahorn-Mischwälder)

querc- [v. lat. quercus = Eiche, quercetum = Eichenwald].

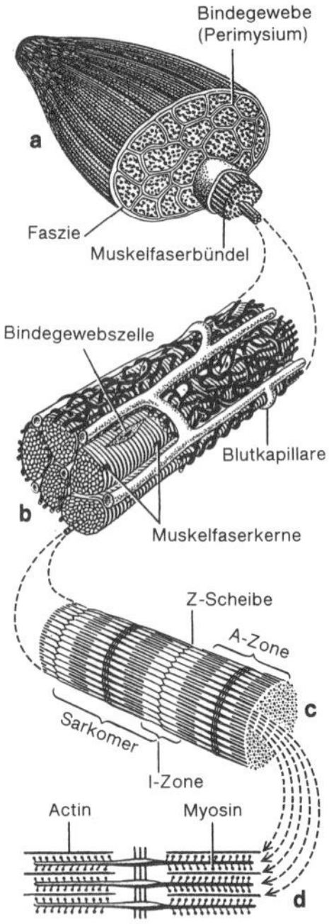

quergestreifte Muskulatur

Aufbau eines quergestreiften Muskels: **a** Querschnitt durch einen *Skelettmuskel;* **b** mehrere *Muskelfasern* (dunkles Flechtwerk = Faserstrumpf aus Bindegewebsfäserchen); **c** Ausschnitt aus einer *Myofibrille* (∅ ca. 1 µm); **d** *Myofilamente.* [B] Muskulatur, [B] Muskelkontraktion

ren als andere Muskeltypen (↗glatte u. helikale bzw. schräggestreifte Muskulatur). Mit Ausnahme der Herzmuskulatur ist die q. M. bei Wirbeltieren nicht zellulär gegliedert, sondern aus vielkernigen, plasmodialen ↗Muskelfasern aufgebaut. ↗Muskulatur ([B]), ↗Muskelkontraktion (□, [B]), □ Muskelzuckung.

Querscheiben, *Bands,* die nach bestimmter Anfärbung lichtmikroskop. sichtbaren Querstrukturen der ↗Riesenchromosomen ([B]). [B] Genaktivierung.

Querzahnmolche, *Ambystomatidae,* Fam. der ↗Schwanzlurche in N-Amerika, mit der größten Formenvielfalt in Mexiko. Unterscheiden sich v. den ebenfalls nordam. ↗*Plethodontidae* durch das Fehlen v. Nasolabialrinnen u. durch das namengebende Merkmal, die Anordnung der Gaumenzähne in Querreihen. Die meisten Arten der 3 U.-Fam. (vgl. Tab.) gehören zu den *Ambystomatinae* (Breitkopfsalamander). Die Hochlandsalamander *(Rhyacosiredon)* bewohnen mit 4 Arten Bäche u. Flüsse am südl. Rand des mexikan. Hochlandes. 26, z.T. polytypische Arten gehören zur Gatt. *Amb(l)ystoma (= Siredon);* es sind kleine bis mittelgroße (10 bis 30 cm), stämmige, plumpe u. breitköpfige Salamander. Gefleckte Arten, wie der Fleckensalamander *(A. maculatum)* u.a., erinnern an Feuersalamander. Sie führen ein verborgenes, z.T. unterird. Leben u. kommen nur zur Fortpflanzung für wenige Tage zum Wasser, wo bis zu 1000 Eier abgegeben werden. Bei nördl. Populationen liegt die Fortpflanzungszeit im zeitigen Frühjahr, bei südl. im Winter. Eine Ausnahme macht *A. opacum:* das ♀ legt die Eier im Herbst auf dem Land u. rollt sich um das Gelege. Im Frühjahr bei Regen schlüpfen die Larven spontan u. finden zum Wasser. Einige Arten, v.a. auf dem mexikan. Hochland, neigen zur ↗Neotenie. Am bekanntesten ist der ↗Axolotl *(A. mexicanum),* der im Freiland nur als geschlechtsreife Larvenform vorkommt, sich im Terrarium aber zuweilen verwandelt. Das gilt aber auch für andere Arten: *A. tigrinum* z.B. bildet in Mexiko die Axolotl-Form, ist jedoch in N-Amerika nur selten neoten. *A. platineum* und *A. tremblayi* sind triploide Bastarde zw. *A. jeffersonianum* und *A. laterale.* Beide kommen nur als ♀♀ vor, die sich zur Fortpflanzungszeit mit den ♂♂ der jeweils sympatrisch vorkommenden männl. Elternart paaren. Die Besamung regt die Eientwicklung an, es findet jedoch keine echte Befruchtung statt (Merospermie). Einige mexikanische Q., z.B. der Axolotl, gelten als delikate Speisen, denen außerdem noch Heilkräfte zugeschrieben werden, z.B. gegen Syphilis. Da sie auch eine große Bedeutung als wiss. Versuchstiere haben, sind sie in ihrem Bestand stark gefährdet. [B] Atmungsorgane I.

Querzahnmolche

Unterfamilien, Gattungen u. einige Arten:

Dicamptodontinae
↗*Dicamptodon* (Riesenquerzahnmolch od. Pazifiksalamander)

Rhyacotritoninae
Rhyacotriton (↗Olympsalamander, Gebirgssalamander)

Ambystomatinae (Breitkopfsalamander)
Rhyacosiredon (Hochlandsalamander)
Amb(l)ystoma, z.B.
A. maculatum (Fleckensalamander)
A. tigrinum (Tigersalamander)
A. mexicanum (↗Axolotl)
A. subsalsum (Brackwassersalamander)
A. opacum (Marmorsalamander)
A. jeffersonianum (Jeffersonsalamander)
A. talpoideum (Maulwurfsalamander)
A. cingulatum (Netzsalamander)

Quesenbandwurm, *Multiceps multiceps,* [↗Multiceps.

Quetschpräparate ↗mikroskopische Präparationstechniken.

Quetzal *m* [v. aztek. quetzalli = Schwanzfeder], *Quesal, Pharomachrus mocino,* ↗Trogons.

Quieszenz *w* [v. spätlat. quiescentia = Ruhe], Überdauerungsstadium ungünst. Umweltbedingungen, meist niedriger Temp., mit verminderter Stoffwechselaktivität bei Wirbellosen, aber auch bei poikilothermen Wirbeltieren (↗Poikilothermie) u. einigen kleinen Säugern. Die Q. tritt als Folge der Umweltveränderung ein u. ist damit eine Form der konsekutiven ↗Dormanz.

Quillaja *w* [v. chilen. quillai = Seifenbaum], Gatt. der ↗Rosengewächse.

Quillajarinde ↗Rosengewächse.

Quina [kina] ↗La Quina.

Quinnat *m, Oncorhynchus tschawytscha,* ↗Lachse.

Quirl *m*, der ↗Wirtel.

Quitte *w* [v. gr. kydōnia = Q.baum, über ahd. kutina, qitina], *Cydonia oblonga,* einzige Art der Gatt. *Cydonia* der Rosengewächse; dichtverzweigter, sommergrüner, bis 8 m hoher Baum; Blätter eiförmig, ganzrandig, unterseits filzig behaart; weiße od. rosa, einzelständ. Blüten mit freiem Griffel; Früchte apfel- od. birnenförmig, flaumig überzogen; Fruchtfleisch reich an Steinzellen u. Pektin; roh kaum genießbar, wird zu Gelee u. Saft verarbeitet. Die bis ca. 22% Schleimstoffe enthaltenden Samen *(Semen Cydoniae)* werden in der Pharmazie als stark quellender *Q.nschleim* genutzt. Die Q. stammt vielleicht aus Nordpersien; sie wächst auf tiefem, feuchtem Lehm in warmen, geschützten Lagen u. wird in S- und Mitteleuropa in den Varietäten *C. o.* var. *piriformis* (Birnen-Q.n) und *C. o.* var. *maliformis* (Apfel-Q.n) kultiviert.

Quittenvogel, *Lasiocampa quercus,* Art der ↗Glucken.

Q_{10}-Wert ↗RGT-Regel.

a
b

Quitte

a Blüte und **b** Frucht der Q. *(Cydonia oblonga),* letztere je nach Sorte apfelförmig *(Apfel-Q.n)* oder birnenförmig *(Birnen-Q.n*

R

R, 1) Abk. für die Einheit ↗Röntgen; **2)** Abk. für einen Rest in chem. Verbindungen ([B] funktionelle Gruppen); **3)** Abk. für Rückkreuzungsgeneration. **4)** Abk. für ↗Arginin.

Rabat, *Mensch von R.,* diverse Bruchstücke eines Urmenschenschädels, darunter ein robuster Unterkiefer mit fliehendem Kinn, welche 1934 bei Straßenbauarbeiten in R. (Marokko) zum Vorschein kamen; Alter unsicher; vermutlich ↗*Homo erectus mauretanicus.*

Raben, Bez. für schwarze ↗Rabenvögel, i. e. S. den ↗Kolkraben.

Rabengeier, *Coragyps atratus,* ↗Neuweltgeier.

Rabenkrähe, *Corvus corone corone,* ↗Aaskrähe (□).

Rabenschnabelbein, *Rabenbein,* das ↗Coracoid.

Rabenschnabelfortsatz ↗Coracoid.

Rabenvögel, *Corvidae,* Fam. großer Singvögel mit etwa 100 weltweit verbreiteten Arten; kräftige Vögel mit starkem Schnabel u. langen Flügeln, Färbung oft schwarzweiß, aber auch bunt, wie bei der span. Blauelster (*Cyanopica cyanus,* [B] Mediterranregion II); Stimme rauh u. krächzend; Allesfresser; bauen überwiegend offene Napfnester. Hierzu ↗Aaskrähe *(Corvus corone),* ↗Bergkrähen *(Pyrrhocorax),* ↗Dohle *(C. monedula),* ↗Elster *(Pica pica),* ↗Häher *(Garrulus, Nucifraga, Perisoreus),* ↗Kolkrabe *(C. corax)* u. ↗Saatkrähe *(C. frugilegus).*

Rabenvögel

1 Elster *(Pica pica),* **2** Rabenkrähe *(Corvus corone corone),* **3** Nebelkrähe *(Corvus corone cornix),* **4** Kolkrabe *(Corvus corax),* **5** Saatkrähe *(Corvus frugilegus),* **6** Dohle *(Corvus monedula)*

Rabies *w* [lat., = Wut, Tollheit], die ↗Tollwut.

Rabiesvirus *s, Tollwutvirus,* ↗Rhabdoviren

Racemate [Mz.; v. lat. racematus = bebeert], DL-*Formen,* die Gemische gleicher Anteile opt. Antipoden einer Verbindung (D-Form und L-Form, ↗Konfiguration; [B] Kohlenstoff), die aus diesem Grund keine Drehung der Ebene v. polarisiertem Licht bewirken (↗optische Aktivität). Als *Racemisierung* bezeichnet man die Überführung einer opt. aktiven Verbindung in ein Racemat; z. B. werden die aus Proteinen isolierbaren L-α-Aminosäuren durch Erhitzen od. extreme pH-Werte in Racemate, d. h. äquimolekulare Mischungen der L- und D-α-Aminosäuren überführt. Als *Racemasen* bezeichnet man Enzyme (Untergruppe der ↗Isomerasen), die Racemisierungen katalysieren.

racemöse Blütenstände [v. lat. racemosus = traubig], *monopodiale Blütenstände,* Bez. für ↗Blütenstände, die eine einheitl., den Seitenachsen übergeordnete Hauptachse (↗Monopodium) besitzen. Ihnen werden die *zymösen (= sympodialen) Blütenstände* gegenübergestellt, bei denen die Hauptachse ihre Entwicklung mit einer Endblüte abschließt, während die Seitenachsen das Verzweigungssystem fortsetzen, so daß dieses Verzweigungssystem sich aus einer Folge jeweils mit einer Blüte abschließender Sproßglieder aufbaut.

Rachen *m* [v. ahd. rahho], a) i. w. S. der ↗*Pharynx;* b) *Fauces,* i. e. S. der bei Säugern erweiterte Anfangsteil des Pharynx hinter der zw. Zungenwurzel u. Gaumensegel gelegenen Schlundenge.

Rachenblüte, die Lippenblüte der ↗Braunwurzgewächse (Rachenblütler).

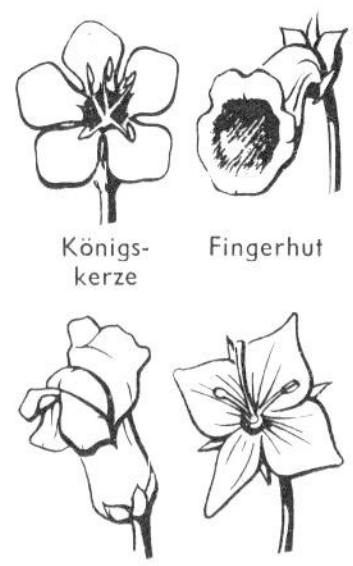

Rachenblüte

Verschiedene Formen der R. von Braunwurzgewächsen

Rachenblütler, frühere Bez. für die Fam. ↗Braunwurzgewächse.

Rachenbremsen, *Rachendasseln, Cephenomyia,* Gatt. der ↗Dasselfliegen.

Rachenmandel, *Rachentonsille, Pharynxtonsille, Tonsilla pharyngea,* unpaares ↗lymphatisches Organ (↗Mandeln) oberhalb des weichen Gaumens (↗Munddach, □ Gaumenmandel) an der Unterseite des ↗Keilbeins (unter dem ↗Türkensattel) gelegen. Eine vergrößerte R. (v. a. bei Kindern) kann die Mündung der Ohrtrompete (↗Eustachische Röhre, [B] Gehörorgane) in den Rachen verschließen, was zu Schwerhörigkeit führt. Ebenso können dadurch die ↗Choanen verengt werden, so daß die Nasenatmung erschwert oder unmögl. wird. Die R. bildet sich in der Pubertät weitgehend zurück. – Die mitunter für die R. gebrauchte Bez. „Rachenpolyp" ist falsch. □ Nase.

Rachenmembran, *Membrana buccopharyngea,* die in der Embryonalentwicklung der Wirbeltiere den entodermalen ↗Kopfdarm v. der ektodermalen (!) ↗Mundbucht trennende dünne Gewebelage. Mit dem Durchbruch der R. bekommt der Darmkanal eine vordere Öffnung. Die Epithelien v. Mundbucht u. Kopfdarm verschmelzen.

Die Grenzlinie zw. beiden verläuft bei jeder Wirbeltiergruppe anders. – Analog zur R. bricht am hinteren Körperende die *Aftermembran* durch.

Rachitis *w* [v. gr. rhachis = Rückgrat], *englische Krankheit,* eine ↗Hypovitaminose, durch Mangel an Vitamin D (↗Calciferol, ☐) hervorgerufene Störung des Calcium- u. Phosphatstoffwechsels, ausgelöst durch zu geringe Bestrahlung mit UV-Licht (photochem. wirksame Wellenlänge 280–310 µm). Das im Körper gebildete u. in der Haut liegende 7-Dehydrocholesterin wird nicht in das Vitamin D_3 und damit nicht in den wirksamen Metaboliten 1α,25-Dihydroxycholecalciferol übergeführt. In den Wintermonaten ist eine Häufung zu beobachten. Im Serum läßt sich ein erniedrigter Calciumspiegel feststellen, der durch eine erhöhte ↗Parathormon-Ausschüttung kompensiert wird (sekundärer Hyperparathyreoidismus). Klinisch manifestiert sich die R. ab dem 2. Lebensmonat u. a. durch Unruhe, Reizbarkeit, Muskelschwäche; später zeigt sich eine Erweichung des Schädels *(Kraniotabes)* sowie Auftreibung der Wachstumszonen in den Röhrenknochen u. am Thorax *(rachitischer Rosenkranz);* die Knochen sind leicht verformbar; dies führt zum sog. *Glockenthorax* (Erweiterung der unteren Brustkorböffnung), seltener zur Ausbildung einer „Hühnerbrust“ u. zu Unterschenkelverkrümmungen. Die Therapie erfolgt mit Vitamin-D-Stoßbehandlung. Durch R.prophylaxe, die nahezu bei jedem Säugling durchgeführt wird, stellt die R. heute bei uns kein Problem mehr dar. ↗Glisson.

Rachycentron *m* [v. gr. rhachis = Rückgrat, kentron = Stachel], Gatt. der Barschfische; ↗Königsbarsch.

Rackelhuhn, unfruchtbarer Bastard zw. ↗Auerhuhn u. Birkhuhn; ↗Rauhfußhühner.

Racken, *Coraciidae,* Fam. der ↗Rackenvögel mit 11 farbenprächt. Arten bes. der trop. Wald- u. Savannengebiete in der Alten Welt; etwa taubengroß, leuchtend blau, grün u. braun gefärbt, fluggewandt. 1 Art, die Blauracke (*Coracias garrulus,* [B] Europa XV), auch in Europa; war bis Anfang des 19. Jh. in Mitteleuropa weiter verbreitet, heute in Dtl. – abgesehen v. Einzelbruten – nach der ↗Roten Liste „ausgestorben“; Zugvogel, überwintert hpts. in O-Afrika; Luft- u. Wartenjäger; 3–6 weiße Eier in Baum- od. Erdhöhlen; Ruf ist ein rauhes, hölzernes „rack“ (Name!).

Rackenvögel, *Coraciiformes,* Ord. meist auffällig gefärbter Vögel mit 9 Fam. (vgl. Tab.); äußerl. sehr verschieden; gemeinsame anatom. Merkmale; z. B. sind v. den 4 Zehen die 3 nach vorn weisenden am Grunde miteinander verwachsen *(Syndaktylie);* vorwiegend tier. Nahrung; Höhlenbrüter in Baumstämmen, Sandwänden od. verlassenen Termitenbauten.

Rackenvögel

Familien:

↗Bienenfresser *(Meropidae)*
↗Eisvögel *(Alcedinidae)*
↗Erdracken *(Brachypteraciidae)*
↗Hopfe *(Upupidae)*
↗Kurols *(Leptosomatidae)*
↗Nashornvögel *(Bucerotidae)*
↗Racken *(Coraciidae)*
↗Sägeracken *(Momotidae)*
↗Todis *(Todidae)*

Racocarpus *m* [v. gr. rhakos = Lappen, karpos = Frucht], ↗Hedwigiaceae.

Racomitrium *s* [v. gr. rhakos = Lappen, mitrion = kleine Mütze], Gatt. der ↗Grimmiales.

Rad, Abk. für engl. *R*adiation *a*bsorbed *d*ose, Einheitenzeichen rd (früher rad), gesetzl. nicht mehr zuläss. Einheit für die Energiedosis (↗Strahlendosis); 1 rd = 10^{-2} J/kg = 10^{-2} ↗Gray.

Rade, die ↗Kornrade.

Radekrankheit, *Gicht,* durch den Fadenwurm *Anguina tritici* (= *Tylenchus scandens,* Weizenälchen) hervorgerufene Erkrankung v. Weizen, Roggen, Emmer u. Dinkel, bei der im Jugendstadium die Blätter verdreht u. gekräuselt u. die Internodien verkürzt sind; später Umwandlung der Blütenanlagen in harte Gallen (*Radekörner;* ähnl. den Samen der Kornrade).

Radensiebe ↗Kornrade.

Räderorgan ↗Rädertiere.

Rädertiere, *Rotatoria, Rotifera,* artenreicher Stamm (bzw. Klasse) wasserlebender ↗*Nemathelminthes,* die weltweit verbreitet in kaum übersehbarer Formenfülle in jegl. Art v. Feuchtbiotopen anzutreffen sind. Die Größe dieser gewöhnlich farblos durchsichtig erscheinenden Tiere überschreitet kaum 0,5 mm. Namengebendes Kennzeichen aller R. ist das *Räderorgan* (Corona) an ihrem Vorderende, ein Kranz langer Wimpern rund um das Mundfeld, der durch seinen metachronen Cilienschlag beim Betrachter den Eindruck eines sich drehenden Speichenrädchens hervorruft. Es dient v. a. dem Herbeistrudeln der Nahrung (Algen u. Kleinplankton), bei freischwimmenden Formen auch der Fortbewegung. Urspr. aus einem den Mund umgebenden Cilienfeld entstanden, hat dieses Organ innerhalb der R. eine sehr vielgestaltige Differenzierung erfahren. Es kann, bes. bei sedentären Formen, wie bei *Floscularia* (↗Flosculariidae) und *Stephanoceros,* zu blütenblätterähnl. Lappen od. einer Krone aus steifen Flimmertentakeln ausgezogen sein od. eine Filterreuse aus starren unbewegl. Cilien bilden, wie bei ↗*Collotheca.* Bei der in sauberen stehenden Gewässern auf Wasserpflanzen häufigen räuber. Art ↗*Cupelopagis* ist es zu einer komplizierten Klappfalle umgewandelt, mit der Wimpertiere u. kleinere R. erbeutet werden. In großer Individuenzahl u. Formenvielfalt leben die R. vor allem in Süßgewässern, teils als freischwimmende Plankter, auch auf Wasserpflanzen festsitzend oder zw. Sand- u. Detrituspartikeln der Gewässerböden spannerartig kriechend, ebenso aber auch in unbeständ. Extrembiotopen, wie im Flüssigkeitsfilm zw. Moosen u. Flechten od. in nur zeitweise wasserführenden Kapillarspalten feuchter Böden. Die Anzahl mariner Arten ist dagegen vergleichsweise gering. Der meist sackförmige od. dorsoventral abgeplattete, bei manchen Arten

Rädertiere

Ordnungen (in der Lit. teilweise als Klassen geführt), Unterordnungen und verbreitetste Gattungen:

- *Seisonidea*
  - *Seisonida*
    - *Seison*
- ↗ *Bdelloidea*
  - *Bdelloida*
    - *Habrotrocha*
    - *Philodina*
    - *Rotaria*
    - *Dissotrocha*
    - *Mniobia*
- *Monogononta*
  - *Ploima*
    - *Brachionus* (↗ *Brachionidae*)
    - ↗ *Keratella*
    - *Notholca*
    - ↗ *Epiphanes*
    - *Lecane*
    - *Proales*
    - *Notommata*
    - ↗ *Cephalodella*
    - *Lindia*
    - ↗ *Asplanchna*
    - *Synchaeta*
    - *Polyarthra*
    - *Ploesoma*
  - *Flosculariacea*
    - *Testudinella*
    - *Pedalia* (*Hexarthra*)
    - ↗ *Limnias*
    - ↗ *Lacinularia*
    - *Floscularia* (↗ *Flosculariidae*)
    - ↗ *Conochilus*
    - *Trochosphaera*
    - *Ptygura*
  - *Collothecacea*
    - ↗ *Collotheca*
    - *Stephanoceros*
    - *Atrochus*
    - ↗ *Cupelopagis*

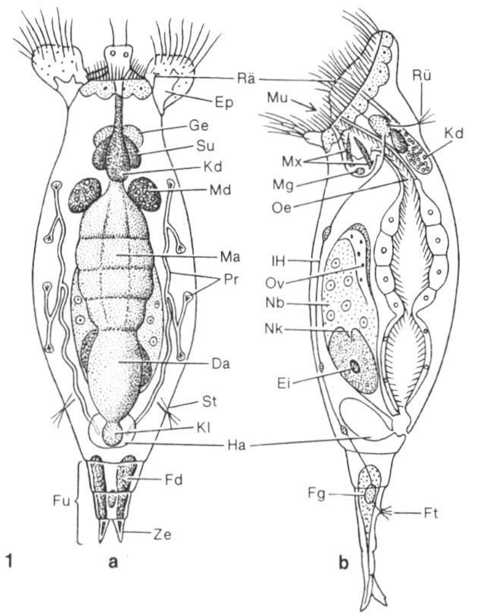

1 a b

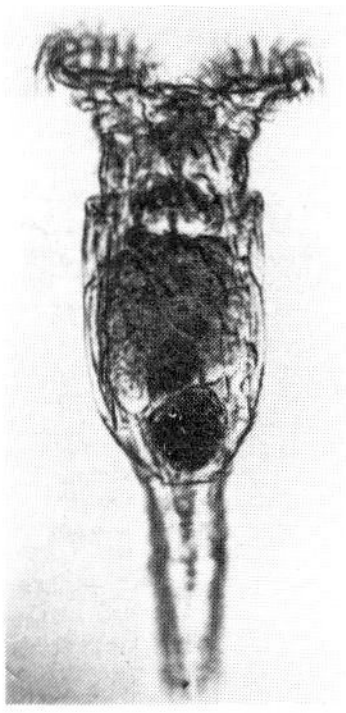
2

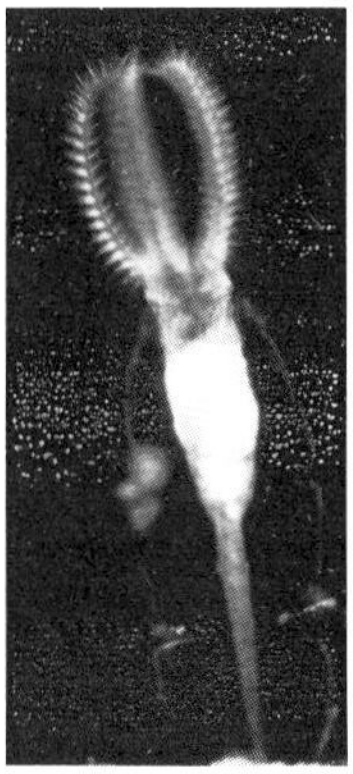
3

Rädertiere

1 Organisationsschema eines Rädertieres, **a** Ventral-, **b** Seitenansicht. Da Darm, Ei Eizelle, Ep Epidermiswulst, Fd Fußdrüse, Fg Fußganglion, Ft Fußtaster, Fu Fuß, Ge Gehirn, Ha Harnblase, Kd Klebdrüse, Kl Kloake, lH linker Hauptnerv, Ma Magen, Md Magendrüse, Mg Mastaxganglion, Mu Mund, Mx Mastax mit Kauer, Nb Nährbezirk, Nk Nährkanal, Oe Oesophagus, Ov Ovar mit Keimlager, Pr Protonephridialsystem, Rä Räderorgan, Rü Rückentaster, St Seitentaster, Su Subcerebraldrüse, Ze Zehe. **2** *Philodina spec.*, voll expandiertes, schwimmendes Tier; **3** *Stephanoceros fimbriatus*, sessil (Dunkelfeldaufnahme)

auch wurmförm. und immer überaus formveränderl. Körper gliedert sich in den rückziehbaren Kopffortsatz mit dem Räderorgan, den bei manchen Arten derb gepanzerten u. mit Dornen u. Stacheln besetzten Rumpf u. einen teleskopartig einziehbaren Fuß, der in 2 Zehen mit Klebdrüsen endet. *Anatomie:* Die einschichtige Epidermis ist in der Kopfregion zellulär gegliedert, bildet in Rumpf u. Fuß aber eine syncytiale ↗Hypodermis (↗Epithel). Der Rumpfpanzer *(Lorica)* mancher Arten entspricht nicht einer verdickten Cuticula, sondern stellt ein intraepitheliales ↗Endoskelett dar, das aus einzelnen Platten zu dichten Lamellen gepackter Faserstrukturen im Plasma des hypodermalen Syncytiums besteht. Diese „Panzerepidermis" umschließt eine einheitl. flüssigkeitserfüllte Leibeshöhle, die jeder eigenen epithelialen od. muskulären Auskleidung entbehrt (Pseudocoel). Es ist umstritten, ob sie ein urspr. Merkmal ist od. von einem reduzierten ↗Coelom hergeleitet werden muß. Die Rumpfmuskulatur ist nicht als Muskelschlauch ausgebildet, sondern durchzieht den Körper in einzelnen syncytialen Ring- u. Längssträngen, zw. denen der *Darmtrakt* als gerades Rohr verläuft. Der fast endständige ventrale Mund führt über ein kurzes Schlundrohr in den muskulösen Pharynx, der – ausgestattet mit einem Kauapparat aus Chitinspangen u. -zahnleisten – zu dem für die R. charakteristischen ↗Kaumagen *(Mastax)* differenziert ist. An diesen schließt sich der geräumige bewimperte Mitteldarm („Magen") an, in dessen Vorderende ein od. mehrere Paare v. Verdauungsdrüsen einmünden. Der ebenfalls cilienbesetzte Enddarm führt über eine dorsal gelegene u. rückenseitig am Fußansatz sich öffnende *Kloake* nach außen. Diese nimmt v. ventral über eine muskulöse Harnblase noch die paarigen Hauptstämme des Exkretionssystems auf, eines Protonephridiensystems mit zahlr. Terminalorganen, u. den Ausführgang der bauchseitig gelegenen Gonaden. Das einfache *Nervensystem* besteht aus einem dorsalen Cerebralganglion und 2 von diesem ausgehenden ventrolateralen Marksträngen; zusätzl. sind je 1 unpaares Mastax- u. Fußganglion ausgebildet. Vom Cerebralganglion bzw. von den Marksträngen aus werden die Sinnesorgane innerviert, am Vorderende ein Paar einfacher Pigmentbecherocellen, zahlr. Sinnescilien im Bereich des Räderorgans, unpaare fingerförm. Tastpapillen an Vorderende u. Fuß u. zuweilen ein Paar öhrchenförm. dorsolateraler Sinnespapillen hinter dem Räderorgan. Entspr. der geringen Größe fehlt ein Blutgefäßsystem. Nach ihren *Fortpflanzungs*-Verhältnissen kann man die R. in 3 Klassen (bzw. Ord.) unterteilen: die rein marinen *Seisonidea* mit nur 2 Arten, die *Bdelloidea* u. die *Monogononta* (vgl. Tab.). Alle R. sind zwar im Prinzip getrenntgeschlechtlich u. besitzen ventrale – entweder paarige *(Seisonidea* u. *Bdelloidea)* od. unpaare *(Monogononta)* – sackförmige Gonaden, bei den ♀♀ unterteilt in einen zellulären Keim- u. einen syncytialen Nähr-(Dotter-)bezirk. Bei den *Bdelloidea* sind aber bis jetzt keine ♂♂ bekannt; sie vermehren sich wahrscheinlich ausschl. parthenogenetisch, während bei den obligatorisch bisexuell sich fortpflanzenden, parasitisch lebenden *Seisonidea* u. den zu fakultativer Parthenogenese fähigen *Monogononta* eine Besamung der Eier nach Kopulation in der Kloake der ♀♀ erfolgt. Auffällig ist der Geschlechtsdimorphismus der *Monogononta*. Ihre i. d. R. darmlosen u. kurzlebigen Zwergmännchen sind um ein Vielfaches kleiner als die ♀♀ ; man trifft unter ihnen die mit nur 0,02 mm Größe kleinsten Metazoen überhaupt an. Kennzeichnend für diese Gruppe ist der stete Wechsel zw. parthenogenetischer u. bisexueller Fortpflanzung (↗Heterogonie): Auf eine Reihe parthenogenet. (amiktischer) Generationen (rasche Besiedlung günst. Biotope!) entstehen bei Verschlechterung der Lebensbedingungen – durch bisher unbekannte Stimuli ausgelöst – Individuen beiderlei Geschlechts (miktische Generation), die sich über befruchtete Eier bisexuell fortpflanzen (genet. Neukombination!). Die *Entwicklung* erfolgt direkt ohne Larvenstadium u. verläuft außerordentl. rasch. Bereits nach etwa 5 Stunden, am Ende der Furchungsperiode (Spiralfurchung), wird mit ca. 1000 Zellen die endgültige Zellzahl der späteren Individuen erreicht (↗Zellkonstanz). Es folgt eine etwa 20stündige Differenzierungsphase, in der die Zellgrenzen verlorengehen u. die syncytialen Organe u. Gewebe angelegt werden. Aufgrund dieser Zellkonstanz (↗Fadenwürmer) entbehren die R. jeglicher Regenerationsfähigkeit. Viele Arten betreiben *Brutpflege:* sie sind entweder vivipar od. tragen die Embryonen in der Eihülle bis zum Schlüpfen mit sich. *Ökologie:* Namentlich unter den *Bdelloidea* findet man zahlr. Bewohner v. austrocknungsgefährdeten Extrembiotopen. Wie die ↗Bärtierchen u. ↗Fadenwürmer vergleichbarer Lebensräume sind solche Arten zur ↗Anabiose (Kryptobiose) fähig u. vermögen durch Wasserabgabe zusammenzuschrumpfen u. in Trockenstarre zu verfallen. *Verwandtschaft:* Aufgrund ihres Körperbaues u. ihrer Zellkonstanz gehören die R. unstrittig zu den Nemathelminthen, stellen innerhalb dieser aber einen sehr eigenständ. Organisationstyp dar. Die Bewimperung zeigt gewisse Anklänge an die ↗*Gastrotricha,* die Ausbildung einer syncytialen Epidermis u. eines intraepidermalen Panzers, die Anordnung u. der Bau der Kopfretraktormuskeln u. eine Reihe anderer anatom. Eigenheiten weisen am ehesten auf eine nähere Verwandtschaft mit den ↗*Acanthocephala* hin. *P. E.*

radial [v. *radi-], auf den Radius bezogen, in Richtung des Radius, strahlenförmig.

Radialader [v. *radi-], *Radius,* Ader im ↗Insektenflügel (□).

Radialia [Mz.; v. *radi-], Skelettelemente bei Stachelhäutern, insbes. bei ↗Seelilien.

Radialkanal [v. *radi-], 1) der ↗Radiärkanal. 2) (Teichert 1934), bei ↗*Actinoceratoidea* (†) in der Mz. auftretende radiale Röhren, die den zentralen ↗Endosiphonalkanal mit den Ringkanälen (↗Perispatium) verbinden.

radiär [v. *radi-], *r.symmetrisch,* radialsymmetrisch, strahlig; bei Blüten: ↗aktinomorph.

Radiärfurchung ↗Furchung.

Radiärkanal [v. *radi-], *Radialkanal,* 1) radiär angeordnete „Darmrohre" (Teile des Gastrovaskularsystems) bei Hydromedusen (□ *Hydrozoa*) u. Scyphomedusen (↗*Scyphozoa*). 2) die in den Radien der ↗Stachelhäuter verlaufenden Kanäle, sowohl vom ↗Ambulacralgefäßsystem (≙ Hydrocoel ≙ Mesocoel) als auch vom Somatocoel (≙ Metacoel). ↗Radialkanal.

Radiata [Mz.; v. lat. radiatus = mit Strahlen, Speichen versehen], die ↗Hohltiere.

Radiation *w* [v. lat. radiatio = das Strahlen], die ↗adaptive Radiation.

Radicantia [Mz.; v. *radic-] ↗Adnata.

Radicicolae [Mz.; v. *radic-, lat. colere = bewohnen], solche Insekten, die in od. an Wurzeln leben; in erster Linie Wurzel-↗Blattläuse (z.B. ↗Reblaus).

Radicula *w* [lat., = kleine Wurzel], die ↗Keimwurzel, □ Kormus.

Radiella *w* [v. *radi-], Gatt. der Schwamm-Fam. ↗*Polymastiidae. R. sol,* halbkugelig, ⌀ bis 5 cm; engl. und norweg. Küste, Arktis, N-Atlantik, Mittelmeer.

Radien [Ez. *Radius;* v. *radi-], 1) Richtachsen bei radiärsymmetrischen Tieren, insbes. bei ↗Stachelhäutern; 2) die *Flossenstrahlen,* ↗Flossen; 3) die *Federstrahlen,* ↗Vogelfeder.

radi- [v. lat. radius = Stab, Speiche des Rades, Halbmesser, Strahl].

radic-, radik- [v. lat. radix, Mz. radices = Wurzel (auch Rettich); radicare = Wurzeln schlagen].

Radioaktivität

Gesetz des *radioaktiven Zerfalls:*

$$\frac{dN}{dt} = -\lambda N$$

↓

$$N(t) = N_0 e^{-\lambda t}$$

$$T_{1/2} = \frac{\ln 2}{\lambda}$$

λ = Zerfallskonstante

N_0 = Ausgangsmenge

$N(t)$ = Menge nach der Zeit t

$T_{1/2}$ = Halbwertszeit (Zeitspanne, in der eine radioaktive Substanz zur Hälfte zerfällt)

radio- [v. lat. radius = Strahl].

Radieschen [v. *radic-] ↗Rettich.

Radikale [Mz.; v. *radik-], ↗freie Radikale, ↗funktionelle Gruppen (B).

Radikanten [Mz.; v. *radik-], *Radicantia,* ↗Adnata.

Radikation *w* [v. *radik-], *Bewurzelung,* Bez. für die Ausgestaltung des pflanzl. ↗Wurzel-Systems. Man unterscheidet die beiden Hauptformen ↗*Allorrhizie* und ↗*Homorrhizie.*

radioaktive Markierung [v. *radio-, lat. activus = tätig] ↗Isotope, ↗Indikator 2).

Radioaktivität *w* [Bw. *radioaktiv;* v. *radio-, lat. activus = tätig], der spontane Zerfall *(Kernzerfall)* v. ↗Atom-Kernen (*Radionukliden,* ↗Isotope) unter Aussendung v. Alphateilchen, Elektronen, Positronen u. elektromagnet. Strahlung *(Kernstrahlung).* Die Kerninstabilität besteht entweder v. Natur aus *(natürliche R.)* oder ist Folge v. Kernreaktionen *(künstliche R.).* Der Zerfall erfolgt im allg. über eine Reihe weiterer instabiler Kerne, der *radioaktiven Familie,* bis zum stabilen End-Isotop der *Zerfallsreihe.* Die Zahl der pro Zeiteinheit zerfallenden Kerne ist der noch vorhandenen Restanzahl proportional *(radioaktives Zerfallsgesetz).* Beim *Alpha-Zerfall* (↗Alphastrahlen) wird ein Heliumkern (□ Atom) ausgestoßen u. dadurch die Ordnungszahl des Restkerns um 2 und seine Massenzahl um 4 Einheiten erniedrigt. Beim *Beta-Zerfall* (↗Betastrahlen) verliert der Kern entweder eine negative ↗elektrische Ladung unter Elektronen-Emission (↗Elektron) od. eine positive Ladung unter Positronen-Emission sowie jeweils ein Neutrino mit Erhöhung (bzw. Erniedrigung) der Ordnungszahl um 1 und nahezu Erhaltung der

Radioaktivität

Die vier *radioaktiven Zerfallsreihen.* Die Neptunium-Reihe gehört zur künstlichen Radioaktivität

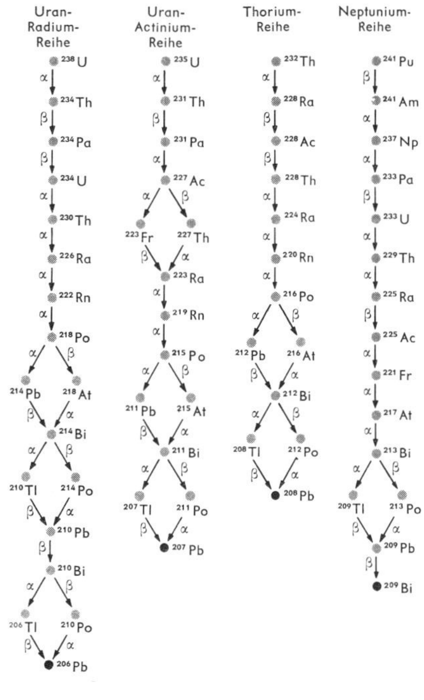

relativen ↗Atommasse *(radioaktiver Verschiebungssatz v. Soddy u. Fajans).* Die meisten Zerfälle sind außerdem mit der Emission v. ↗ *Gammastrahlen* verbunden. Bei manchen künstl. Radionukliden tritt beim sog. *K-Einfang* charakterist. ↗ *Röntgenstrahlen*-Emission auf mit Abnahme der Ordnungszahl um eine Einheit; bei den schwereren Nukliden erfolgt der radioaktive Zerfall auch als spontane *Spaltung* (Kernspaltung) in mittelschwere Nuklide. ↗Geochronologie (T).

Radiobiologie *w* [v. *radio-], die ↗Strahlenbiologie.

Radio-Carbon-Methode [v. *radio-, lat. carbo = Kohle] ↗Geochronologie (□).

Radiococcus *m* [v. *radio-], Gatt. der ↗ *Gloeocystidaceae;* umfaßt 3 Arten einzelliger Grünalgen, die mikroskop. kleine, vielzellige Kolonien bilden, die v. einem Gallertmantel mit strahligen Binnenstrukturen umhüllt sind; *R. nimbatus* kommt im Plankton v. Teichen u. Seen vor.

Radioimmunassay *m* [-äßäi; v. *radio-, lat. immunis = unberührt, engl. assay = Probe], *Radioimmunoassay,* Abk. *RIA,* erfaßt quantitativ im *in vitro*-System die immunolog. Reaktion (↗Antigen-Antikörper-Reaktion) zw. einer zu bestimmenden Substanz (↗Antigen) u. ihrem spezif. ↗Antikörper unter gleichzeit. Verwendung v. radioaktiv markiertem (↗Isotope) Antigen als techn. meßbarer Leitsubstanz. Dieser in Klinik u. Grundlagenforschung weitverbreitete, von R. ↗Yalow entwickelte Test beruht darauf, daß das quantitativ nachzuweisende Antigen (z.B. ein Hormon in einer Körperflüssigkeit) mit dem ebenfalls im Meßansatz vorhandenen, in definierter Menge radioaktiv markierten Antigen um die Bindung am spezif. Antikörper (↗Immunglobuline) konkurriert. Je höher die Kompetition durch unmarkiertes Antigen, d.h. je höher dessen Konzentration im Testansatz, um so geringer wird die Radioaktivität des Antigen-Antikörper-Bindungskomplexes (vgl. Abb.). Mit dieser außerordentlich spezif. und hochempfindl. Meßmethode (↗Mikroanalyse) kann man noch unbekannte Antigenkonzentrationen bis in den Bereich von 10^{-14} Mol pro Ansatz ermitteln.

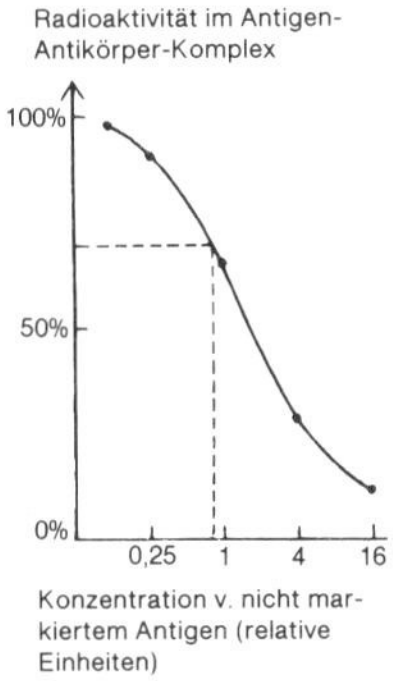

Radioimmunassay

Halblogarithmische Eichkurve eines R. Bei Abwesenheit v. unmarkiertem Antigen erfolgt maximale Bindung des immer in gleichbleibender Konzentration vorhandenen radioaktiven Antigens (100%) durch den spezif. Antikörper. Mit steigender Zugabe unmarkierten Antigens wird immer weniger radioaktiv markiertes Antigen gebunden. In der Eichkurve entspr. die unbekannte Menge an Antigen der gemessenen Radioaktivität des Antigen-Antikörper-Komplexes (gestrichelte Linie).

Radioindikator *m* [v. *radio-, lat. indicare = anzeigen] ↗Indikator 2), ↗Isotope.

Radioisotope [Mz.; v. *radio-, gr. isos = gleich, topos = Ort], *radioaktive Isotope, Radionuklide,* ↗Isotope, ↗Radioaktivität, ↗Geochronologie.

radio- [v. lat. radius = Strahl].

radiol- [v. lat. radiolus = kleiner Strahl].

Radiolaria [Mz. v. *radiol-], *Strahlentierchen,* artenreiche Ord. der ↗Wurzelfüßer, die ein Skelett aus Kieselsäure (selten Strontiumsulfat) ausbilden. Die verschiedenen Skelettypen sind die Basis einer ungeheuren Formenmannigfaltigkeit. *R.* leben planktonisch in warmen Meeren u. können an der Bildung v. Meeressedimenten (↗Radiolarienschlamm) beteiligt sein. Der Plasmakörper ist meist kugelig, die nach allen Seiten ausstrahlenden Pseudopodien sind Axo- od. Filopodien. Innerhalb der Zelle ist durch eine mit Poren versehene Membran ein zentraler Bereich abgegrenzt, der den (die) Kern(e) enthält (Capsulum). Im inneren u. äußeren Plasmabereich (Extracapsulum) liegen verschiedene Einschlüsse (Ölkugeln, Kristalle, Zooxanthellen). Über die Fortpflanzung ist fast nichts bekannt. Manche Arten machen eine Zweiteilung, bei anderen wurde Vielfachteilung beobachtet, aus der 2geißelige Schwärmer mit kristallinen Einschlüssen (Kristallschwärmer) hervorgehen. Die systemat. Einteilung der *R.* erfolgt nach Skelettmerkmalen in die U.-Ord. ↗ *Peripylea,* ↗ *Monopylea,* ↗ *Tripylea* u. ↗ *Acantharia.*

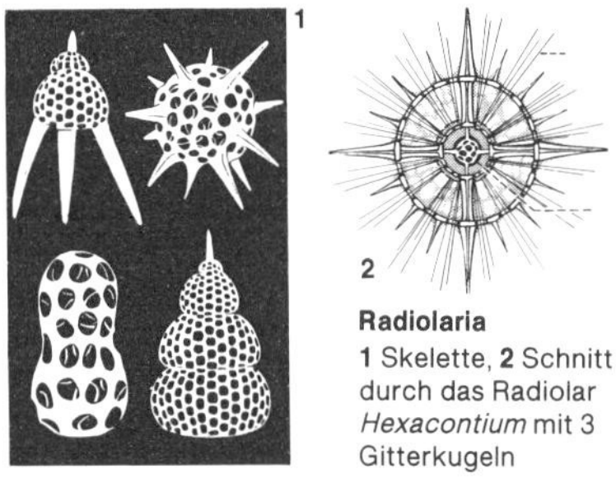

Radiolaria

1 Skelette, **2** Schnitt durch das Radiolar *Hexacontium* mit 3 Gitterkugeln

Radiolarienschlamm, mit abgesunkenen Gehäusen v. Radiolarien *(↗ Radiolaria)* angereichertes Sediment heutiger Tiefseegebiete (zw. 4000 bis 8000 m); bedeckt 2 bis 3% des Meeresbodens – v.a. im Indopazifik – u. gilt als Abart des zu 37% verbreiteten roten Tiefseetons. ↗Radiolarit.

Radiolarit *m* [v. *radiol-], organogenes, vorwiegend rotes, kieseliges Schichtgestein (90 bis 97% SiO_2) v. großer Härte, das an organ. Resten meist ausschl. Radiolariengehäuse *(↗ Radiolaria)* in dichtester Packung erkennen läßt. R. galt in der Geologie lange als Indikator für (Entstehung in der) Tiefsee. Dafür sprachen neben der Verbreitung heutiger ↗Radiolarienschlämme auch die häufige Verknüpfung mit marinen ophiolithischen Ergußgesteinen (G. Steinmann). Inzwischen kennt man R. auch in Verbindung mit terrigenen Sedimenten u. als Einschaltungen in Seichtwasserablagerungen. Erdgeschichtliche Hauptperioden der Ablagerung: Ordovizium, Silurium, Devon, Oberjura u. Oberkreide; in der Tethys haben v.a. die beiden letzteren Bedeutung. Paläozoischer R. (= Kieselschiefer) wird wegen seiner dunklen Farbe (Einschluß kohliger Substanzen) als *Lydit* bezeichnet.

Radioli [Mz.; lat., = kleine Strahlen], 1) ↗Vogelfeder; 2) halbkreisförmig od. spiralig angeordnete Tentakel am Prostomium bestimmter Ringelwürmer *(↗ Sabellidae).*

Radiolites *m* [v. *radiol-], (Lamarck 1901), zu den ↗ *Hippuritacea* gehörende Leitfossilien der Ober-↗Kreide (Turonium bis Campanium).

Radiologie *w* [v. *radio-, gr. logos = Kunde], die Wiss. und prakt. Anwendung von ionisierenden Strahlen (↗Ionisation), urspr. nur der Röntgenstrahlen. *R. i. w. S.:* Einsatz ionisierender Strahlen in der Biol., Landw., Technik u.a. *R. i. e. S.:* diagnost. und therapeut. Anwendung ionisierender Strahlen in der Medizin *(Strahlenheilkunde, medizin. R.);* Grundlagen der medizin. R. sind Strahlenphysik u. Strahlenbiologie; Anwendungsbereiche die Strahlentherapie, Nuclearmedizin u. Röntgendiagnostik.

Radionuklide [Mz.; v. *radio-, lat. nucleus = Kern] ↗Isotope, ↗Radioaktivität, ↗Geochronologie.

Radiotoxizität *w* [v. *radio-, gr. toxikon = Gift], Schädlichkeit v. inkorporierten Radionukliden (↗Radioaktivität, ↗Isotope) infolge ihrer ionisierenden Strahlung (↗Ionisation). Die R. ist abhängig v. der Aufenthaltsdauer des Radionuklids im Körper, der Strahlenart (↗Alpha-, ↗Beta-, ↗Gammastrahlen; ↗relative biologische Wirksamkeit), der Energie, der ↗Halbwertszeit des Nuklids u. seinem chem. Verhalten im Körper. Am gefährlichsten sind Radionuklide mit einer großen Halbwertszeit, die Alpha- od. Betastrahlen aussenden. Neben Gewebeschäden können auch genet. Schäden (↗Mutagene, [T]) auftreten, als Spätschäden u.a. Karzinome u. Sarkome (↗Krebs).

Radius *m* [Mz. *Radien;* lat., = Strahl, Speiche, R.], 1) die ↗Speiche; 2) die ↗Radialader; 3) ↗Radien.

Radix *w* [lat., = Wurzel], **1)** Bot./Pharmazie: die Pflanzen-↗Wurzel. **2)** Zool.: a) Gatt. der Schlammschnecken, ↗Ohrschlammschnecke; b) Ursprungsstelle („Wurzel") eines Körperteils, Nervs od. ähnl., z.B. *R. pili,* die Haarwurzel.

Radmelde *w, Kochia,* Gatt. der ↗Gänsefußgewächse, mit ca. 80 Arten v.a. in Austr., aber auch in Eurasien u. Amerika verbreitet. Die R.-Arten sind meist verholzende Pflanzen bes. in Steppen- u. Halbwüstengebieten, z.B. der Bluebush *(K. glomerifolia)* in Austr. In Dtl. heimisch ist die nach der ↗Roten Liste „vom Aussterben bedrohte" Sand-R. *(K. laniflora)* auf Sandtrockenrasen der nördl. Oberrheinebene, sonst kontinentaler verbreitet.

Radnetzspinnen, *Araneidae, Argiopidae, Epeiridae,* eine der artenreichsten Fam. der ↗Webspinnen mit über 2500 Arten in ca. 200 Gatt. (vgl. Tab.); weltweit in allen Klimazonen verbreitet. Hierher gehören Spinnenarten unterschiedlichster Größe u. verschiedensten Aussehens; alle führen jedoch ein fast seßhaftes Leben, da sie, um Beute zu machen, ein Fangnetz spinnen, an das sie, oft zeitlebens, gebunden bleiben. Nur die adulten Männchen streifen umher, um die Weibchen zu suchen; bei manchen Arten verbreiten sich die juvenilen Stadien durch Ballooning (↗Altweibersommer). Der Spinnapparat ist hoch entwickelt; dazu gehören neben den Spinnwarzen 6 verschiedene Spinndrüsen sowie die Krallen bes. des 3. Beinpaares. Das charakterist. Netz ist ein *Radnetz.* Zunächst wird eine horizontale Fadenbrücke gebildet, indem die Spinne einen Faden austreten läßt u. ihn so lange verlängert, bis er sich in der Vegetation verankert. Von der Mitte aus wird ein Faden nach unten gezogen, so daß ein Y entsteht (3 Radien [= Speichen] des zukünftigen Netzes). In den folgenden Schritten werden Rahmenfäden gespannt, weitere Radien eingezogen u. diese im Zentrum (Nabe) u. am Rahmen fest verankert u. in ihrem Abstand fixiert. Nun wird vom Zentrum aus eine weite Spirale gebaut (Hilfsspirale) u. von der Peripherie in vielen Umgängen eine weitere, mit Leim versehene Spirale (Fangspirale). Die Fäden der Hilfsspirale werden wieder abgebaut. Die Fängigkeit dieses Netzes läßt mit der Zeit nach, da der Fangleim verstaubt. Deshalb werden die Netze oft erneuert (oft jede Nacht). Dabei werden die Rahmenfäden wieder verwendet, der Rest wird gefressen (wahrscheinl. kein vollständ. Abbau der Seide im Darm). Die Art des Netzbaues ist im Prinzip stets die gleiche; die Netze unterscheiden sich aber v. Art zu Art, z.B. in der Anzahl der Speichen, in der Form der Nabe, im ∅, in der Dichte der Fangfäden usw. Manche Gatt. (v.a. ↗*Argiope*) bauen auch Zonen mit dichtem Gewebe ein (Stabilimente). Bei manchen, v.a. tropischen Arten kann das Radnetz stark abgewandelt bzw. reduziert sein (↗Lassospinnen), od. es finden sich Vorläufer (↗*Cyrtophora,* □). R. sind keine Beutespezialisten, aber durch die Dichte der Fangfäden u. die Stabilität des Netzes kann die Beute, die v. Heuschrecken über Falter bis zu Dipteren, Blattläusen u.a. reichen kann, bestimmt werden. Bei manchen Arten sitzt die Spinne im Zentrum des Netzes, bei anderen in einem Schlupfwinkel (Retraite) in der Vegetation. Im zweiten Fall hält sie über einen Signalfaden mit dem Netz Kontakt. Erschütterungen, die durch eine Beute entstehen, werden sofort perzipiert. Geht reichl. Beute ins Netz, kann sie eingesponnen u. als Reserve am Netzrand aufgehängt werden. Kleinste Beutetiere werden oft nicht geholt, sondern beim Abbau des Netzes mitgefressen. Die Paarung findet im Netz statt; bei vielen Arten erfolgt eine Balz, bei der das Männchen in arteigenem Rhythmus an den Netzfäden zupft. Bei den R. findet man häufig Sexualdimor-

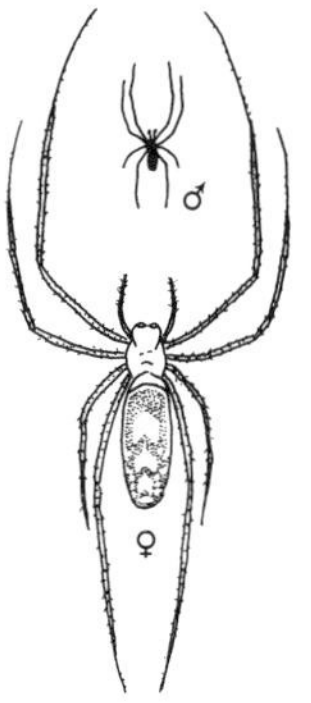

1

2

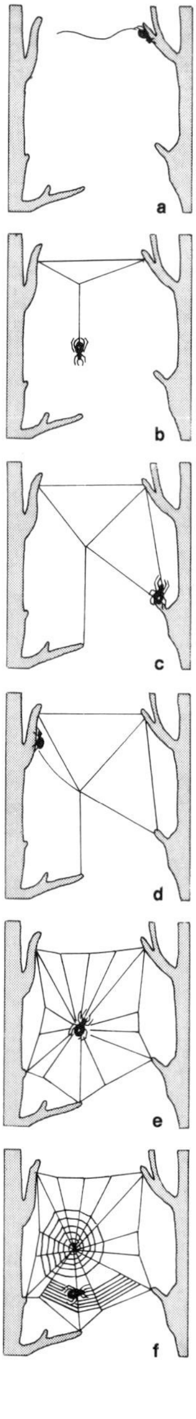

Radnetzspinnen

1 Sexualdimorphismus bei der Gatt. *Nephila* (↗Seidenspinnen). **2** Verschiedene Stadien des *Netzbaues:* **a** Spinne gibt mehrere Flugfäden ab; **b** Flugfäden sind verankert, ein Teil wird nach unten gezogen; **c, d** Radien u. Rahmenfäden werden eingezogen; **e** Rahmen u. Radienfäden sind konstruiert; **f** Hilfsspirale ist eingezogen, Spinne beginnt die Fangfäden zu bauen phismus (große Weibchen, Zwergmännchen). Die Eier werden in Kokons im Netz od. in Netznähe befestigt. *C. G.*

Radula *w* [lat., = Kratzeisen], **1)** Gatt. der ↗Radulaceae. **2)** *Reibzunge, Raspelzunge,* ein für die Weichtiere charakterist. Organ im Schlundbereich des Verdauungstrakts. Die R. besteht aus einer Lamelle *(R.membran),* in der regelmäßig in Quer- u. Längsreihen angeordnete Zähnchen verankert sind. Die R. dient dem Abraspeln, Abschneiden, Zerkleinern u. Einholen der Nahrung in den Schlund, bei vielen Arten auch dem Packen v. Beutetieren. Sie fehlt den Muscheln, die sich filtrierend ernähren; bei den anderen Weichtieren ist sie entspr. der Ernährungsweise sehr vielgestaltig, bes. bei den Schnecken: während die R. der Lungenschnecken zahlr., kleine, einförm. Zähne aufweist, ist die R. der Vorderkiemer stärker differenziert u. kann in Balken-, Band-, Bürsten-, Fächer-, Feder-, Schmal- u. Giftzungen unterteilt werden, die jeweils für Verwandtschaftsgruppen typ. sind. – Die R. wird im *R.sack* gebildet, in den bestimmte Zellen die R.membran (Proteide und chitinähnl. Glykoproteide) abscheiden, während Gruppen v. Odontoblasten jeweils einen Zahn bilden, der aus Basalplatte, Mittel- u. Spitzenteil besteht; letzterer wird durch Mineralsalze bes. verstärkt. Da sich die Zähne abnutzen, wächst die R. von hinten her nach (bei einigen Lungenschnecken ca. 3 Querreihen/Tag). – Die R. liegt verschiebbar einem Stützapparat, dem *Odontophor,* auf u. kann durch Muskelgruppen, auch zus. mit diesem, bewegt werden; im einzelnen sind die Bewegungsweisen sehr unterschiedlich. Für ursprünglich wird der Typ des abschabenden „Weidegängers" gehalten (z.B. Napfschnecken). Als Widerlager für die R. wird an der dorsalen Schlundwand oft ein „Kiefer" ausgebildet (z.B. Weinbergschnecke). [B] Weichtiere.

Radulaceae [Mz.; v. lat. radula = Kratzeisen], Fam. der ↗*Jungermanniales* mit nur 1 Gatt. *Radula* und ca. 250 Arten; meist in trop. Zonen epiphytisch lebende Lebermoose; nur 7 Arten kommen im atlant. Bereich Europas vor; häufigste Art ist *R. complanata.* Charakterist. für die *R.* ist, daß die Sporen schon im Sporogon keimen.

Raffinose *w* [v. frz. raffiner = verfeinern], *Melitose, Melitriose,* ein aus je einem Molekül D-Galactose, D-Glucose und D-Fructose aufgebautes Trisaccharid, das v.a. in höheren Pflanzen vorkommt u. hier anstelle v. Saccharose als Transportkohlenhydrat fungiert. Bes. reich an R. sind Pflanzensamen (z.B. Baumwollsamen), Zuckerrüben u. Melasse. ↗Emulsin, ↗Melibiose.

Rafflesia *w* [ben. nach dem brit. Gouverneur Sir Th. S. Raffles, 1781–1826], Gatt. der ↗Rafflesiaceae.

Rafflesiaceae [Mz.; ↗Rafflesia], Fam. der ↗*Rafflesiales* mit ca. 9 Gatt. und 50 Arten in den Tropen u. Subtropen. Der Vegetationskörper besteht nur aus Zellfäden, die v.a. das Kambium v. Stämmen u. Wurzeln verschiedener Blütenpflanzen durchziehen u. teilweise bestens mit dem Wachstum des Wirts synchronisiert sind. Nachdem sich die Blütenknospen im Wirt entwickelt haben, durchbrechen sie die Rinde; die Blüten sitzen dann dem Stamm od. der Wurzel direkt auf. Sie sind überwiegend diklin u. werden aus 4–10 kronblattartigen, fleischigen Kelchblättern gebildet, die im unteren Teil meist zu einer Röhre verwachsen sind. Alle *R.* sind an Bestäubung durch Aasfliegen angepaßt (↗Aasblumen). Die größte Blüte im Pflanzenreich mit einem ∅ von ca. 1 m bringt die vom Aussterben bedrohte Riesen-Rafflesie od. Riesenblume *(Rafflesia arnoldii)* hervor ([B] Asien VIII). Die Gatt. *Rafflesia* kommt mit ca. 12 Arten im indomalaiischen Raum vor u. parasitiert auf Wurzeln v. Weinrebengewächsen. Die Gatt. *Cytinus* (S-Afrika, Madagaskar, Mittelmeergebiet, Mexiko) bildet im Ggs. zu den anderen Gatt. Blütenstände, die Gatt. *Mitrastemon* (1 Art in SO-Asien, 1 Art in Mittelamerika) zwittrige, einzeln stehende Blüten mit oberständigen Fruchtknoten.

Rafflesiales [Mz.; ↗Rafflesia], Ord. der *Rosaceae,* umfaßt Vollparasiten der Subtropen u. Tropen; Verwandtschaftsverhältnis nicht geklärt. Die 2 Fam. ↗*Rafflesiaceae* u. ↗*Hydnoraceae* sind durch Reduktion der Kronblätter und spezif. Giftstoffe gekennzeichnet.

Rafinesquina *w* [ben. nach dem amerikan. Naturforscher C. S. Rafinesque-Schmaltz, 1784–1840], (Hall u. Clarke 1892), † Gatt. relativ großwüchsiger artikulater ↗Brachiopoden, Stielklappe konvex, Armklappe konkav, Schalenoberfläche radial fein berippt. Verbreitung: mittleres bis oberes Ordovizium der N-Halbkugel.

Ragwurz *w, Ophrys,* Gatt. der ↗Orchideen (☐) mit ca. 40 Arten, deren Verbreitung sich auf Europa, N-Afrika und W-Asien beschränkt, mit Schwerpunkt im östl. Mittelmeerraum. Die Arten werden 10 bis 40 cm hoch, am Stengelgrund stehen meist ovale Blätter einander rosettig genähert. Die Pflanzen sind armblütig. Die Perigonblätter sind abgespreizt; dabei überragen die 3 äußeren die beiden inneren, seitl. zeigenden, weit. Die Lippe ist oberseits mehr od. weniger behaart, zeigt eine rötl.-braune Grundfärbung mit meist deutl. kontrastierender Zeichnung u. ist ungespornt. Die R.-Arten zeichnen sich durch einen bes. interessanten Bestäubungsmechanismus aus: indem sie mit ihrer Lippe die Weibchen bestimmter Hymenopterenarten (Bienen, Grabwespen) imitieren, locken sie Männchen dieser Arten an u. verleiten sie zu Kopulationsversuchen (Pseudokopulation), in deren Verlauf Pollen übertragen werden ([B] Zoogamie). Bei vielen

radio- [v. lat. radius = Strahl].

Radnetzspinnen

Wichtige Gattungen (* Vertreter auch in Mitteleuropa):

↗*Araneus** (Kreuzspinnen)
↗*Argiope** (Zebraspinne, Wespenspinne)
↗*Cyrtophora* (Opuntienspinne)
*Meta** (↗Herbstspinne, ↗Höhlenspinnen)
Cladomela (↗Lassospinnen)
Dicrostichus (↗Lassospinnen)
Mastophora (↗Lassospinnen)
Nephila (↗Seidenspinnen)
Gasteracantha (↗Stachelspinnen)
Micrathena (↗Stachelspinnen)
*Mangora**
*Cercidia**
*Cyclosa**
*Theridiosoma**
*Zygiella**
*Singa**

Radula

Ausschnitt einer R. im Rasterelektronenmikroskop, etwa 290:1

Rafflesiaceae

Blüte einer Rafflesie *(Rafflesia)*

dieser Insektenarten schlüpfen die Männchen Wochen vor den Weibchen, so daß die R.-Blüten in diesem Zeitraum nicht mit den Weibchen „konkurrieren" müssen. Die R.-Arten locken Insekten aus größerer Entfernung durch Duftstoffe an, die den Pheromonen der Weibchen ähneln. Ist das Insekt in die Nähe der Blüte gelangt, werden Größe u. Farbkontrastwirkung der Lippe v. Bedeutung. Auf der Blüte muß der Bestäuber eine ganz spezielle Stellung einnehmen, um die Pollenübertragung zu gewährleisten. Diese Feinorientierung findet anhand der Behaarung statt. – Die R.-Arten stellen Insekten in den Dienst ihrer Bestäubung, ohne daß diese davon profitieren; es handelt sich um ↗*Sexualtäuschblumen.* Die Bienen-R. (s. u.) ist in Umgehung des komplizierten Bestäubungsmechanismus – bei dem sie auf eine ganz bestimmte Insektenart angewiesen ist –, zur Selbstbestäubung übergegangen. – Die verschiedenen Arten der Gatt. zeigen eine große, individuelle und geogr. Variationsbreite, zudem treten häufig Bastardierungen auf. In Mitteleuropa sind 4 Arten heimisch: Hummel-R. *(O. fuciflora),* Bienen-R. *(O. apifera),* Fliegen-R. *(O. insectifera)* u. Spinnen-R. *(O. sphegodes),* die v. a. in Kalkmagerrasen zu finden sind. In der ↗Roten Liste werden die Fliegen-R. als „gefährdet", die 3 anderen Arten als „stark gefährdet" geführt. [B] Orchideen.

Rahmapfelgewächse, die ↗Annonaceae.

Rahmenhülse, *Craspedium,* eine abgeleitete Form der in einsamige Glieder zerfallenden Gliederhülse (↗Bruchfrucht), bei der die Bauch- u. Rückennaht nach dem Herausfallen der Glieder als Rahmen stehenbleiben (nur bei *Mimosoideae;* ↗Hülsenfrüchtler). [T] Fruchtformen.

Rahne *w, Rote R.,* ↗Beta.

Raife [Mz.], die ↗Cerci.

Raillietiella *w* [ben. nach dem frz. Parasitologen A. Railliet, 19. Jh.], artenreichste Gatt. (20–30 Arten) der ↗Pentastomiden (☐); parasitiert in trop. und subtrop. Echsen, Doppelschleichen, Schlangen u. (nach neuesten Berichten) auch in Kröten; Zwischenwirte sind u. a. Insekten; wahrscheinl. auch Entwicklung ohne Zwischenwirt möglich. Vorkommen: Asien, Afrika (bis ins Mittelmeergebiet), Mittel- und S-Amerika.

Raillietina *w* [ben. nach dem frz. Parasitologen A. Railliet, 19. Jh.], Bandwurm-Gatt. der ↗*Cyclophyllidea* (Fam. *Davaineidae*). *R. cesticillus,* 9–13 cm lang, als Cysticercoid in über 60 Käferarten nachgewiesen, adult in Hühnervögeln.

Raine, die ↗Federraine.

Rainfarn, *Chrysanthemum vulgare,* ↗Wucherblume.

Rainkohl, *Lapsana,* Gatt. der ↗Korbblütler mit etwa 9, in Europa, dem gemäßigten Asien u. N-Afrika verbreiteten Arten. In Mitteleuropa heim. ist lediglich *L. communis,* der Gemeine R., eine bis über 100 cm hohe Pflanze mit unten leierförm.-fiederspalt., oben breit lanzettl., gezähnten Blättern und zahlr. kleinen, in lockerer Rispe stehenden Blütenköpfen aus hellgelben Zungenblüten. Er wächst als Pionierpflanze in lückigen Unkrautfluren u. a. in Gärten u. Äckern u. ist seit prähist. Zeit ein Kulturfolger.

Rainweide, *Ligustrum vulgare,* ↗Liguster.

Rajewsky, *Boris,* ukrain.-dt. Biophysiker, * 19. 7. 1893 Tschigirin (Ukraine), † 22. 11. 1974 Frankfurt a. M.; Prof. u. Dir. (1937–66) des Max-Planck-Inst. für Biophysik in Frankfurt a. M.; Arbeiten bes. über biol. Strahlenwirkung, Strahlenschutz u. biophysikal. Elementarprozesse.

Rajiformes [Mz.; v. lat. raia = Rochen, forma = Gestalt], die ↗Rochen.

Rajioidei [Mz.; v. lat. raia = Rochen, gr. -oeides = -artig], U.-Ord. der ↗Rochen.

Ralfsia *w,* Gatt. der *Ralfsiaceae,* einer Fam. der ↗*Ectocarpales.*

Rallen [Mz.; v. frz. râle = Ralle], *Rallidae,* sumpf- u. feuchtgebietsbewohnende Fam. der ↗Kranichvögel mit 138 weltweit verbreiteten Arten; Bodenvögel mit hühnerähnl. Gestalt; mehr od. weniger seitl. zusammengedrückter Körper, lange Vorderzehen; schlüpfen durch dichte Vegetation, während der Vollmauser eine Zeitlang flugunfähig. Hierzu gehören die ↗Bleßhühner, ↗Sumpfhühner u. ↗Teichhühner.

Rallenkraniche, *Aramidae,* Fam. der ↗Kranichvögel mit einer einzigen rezenten Art *(Aramus guarauna)* in Sumpfland der südl. USA bis nach S-Amerika; langbeinig, braun mit hellen Flecken, durchdringender Ruf „klieoo"; ernährt sich hpts. von Kugelschnecken (Gatt. *Pomacea*) des flachen Wassers; nistet am Boden od. auf Sträuchern.

Rallenschlüpfer, die ↗Bürzelstelzer.

Rallidae [Mz.; v. frz. râle = Ralle], die ↗Rallen.

Rallus *m* [v. frz. râle = Ralle], Gatt. der ↗Sumpfhühner.

Ramalinaceae [Mz.; v. lat. ramalis = Ast-], Fam. der ↗*Lecanorales,* blaßgrünl. bis gelbe, aufrecht wachsende bis hängende Strauch-, selten Laubflechten mit abgeflachten Lappen, meist lateral sitzenden Apothecien, zweizell., farblosen Sporen u. *Trebouxia-* od. *Pseudotrebouxia*-Algen. 3 Gatt. und 215 Arten, hpts. in gemäßigten bis warmen Zonen. *Ramalina* mit 200 Arten, in Mitteleuropa mit ca. 15 Arten; weit verbreitet z. B. *R. fraxinea* (mit Apothecien) und *R. farinacea* (mit Soralen).

Ramapithecinen [Mz.; ben. nach dem myth. hinduist. Heldenfürsten Rama, v. gr. pithekos = Affe], Gruppe fossiler ↗*Hominoidea,* die außer ↗*Ramapithecus* auch ↗*Sivapithecus* umfaßt.

Ramapithecus *m, Bramapithecus,* Gatt. fossiler ↗*Hominoidea* aus dem Obermiozän von S-Asien (? Europa, ? Afrika); lange Zeit als ältester Hominide, aufgrund v. Schädelfunden aus S-China (Lufeng) u.

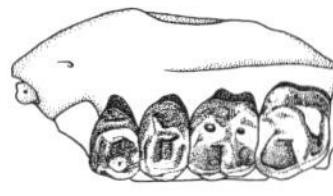

Ramapithecus

Oberkiefer mit Bakkenzähnen v. der Kaufläche

Untersuchungen der Feinstruktur des Zahnschmelzes heute als früher Orang-Utan-Verwandter angesehen.
Ramaria *w* [v. lat. ramus = Ast, Zweig], Gatt. der ↗Korallenpilze; ↗Ziegenbärte.
Råmark, die ↗Frostböden.
Rambla *w* [span., v. arab. ramlah = Trokkental], ↗Auenböden (T).
Rambutan *m* [malaiisch, v. rambut = Haar], *Nephelium lappaceum,* ↗Seifenbaumgewächse.
Ramentation *w* [v. lat. ramentum = Stück, Splitter], (W. Quenstedt 1934), Abfallbildung; die biostratonom. Vorgänge (↗Biostratonomie), die sich insbes. auf den Stoffverlust fossiler Organismen beziehen.
Rami [Mz.; lat., = Äste, Zweige], **1)** ↗Ramus; **2)** ↗Vogelfeder.
Ramie *w* [v. malaiisch rami = Bastfaser, über frz. ramie], aus verschiedenen Arten der Gattung *Boehmeria* (Familie ↗Brennnesselgewächse) gewonnene ↗Bastfaser (↗Pflanzenfasern, T Faserpflanzen). Wichtigster Lieferant der *R.faser* ist die wahrscheinl. aus SW-China stammende R.pflanze oder Chinesische Nessel (Chinagras), *Boehmeria nivea.* Sie besitzt das ganze Jahr über aus dem Wurzelstock austreibende, bis 2,5 m hohe, kaum verzweigte Sprosse mit breit herzförm., unterseits weißfilzigen (var. *chinensis*) od. grünen (var. *indica*) Blättern sowie unscheinbare, in blattachselständ. Rispen vereinte, monözische Blüten. Zur Gewinnung der als „Chinabast" od. „Chinagras" bezeichneten Rohfaser werden die Sprosse geschält. Die reichlich Pektine sowie gummiartige Kohlenhydrate enthaltenden Schälprodukte werden dann durch Kochen in Lauge „degummiert", gebleicht u. zu spinnbaren Fasern weiterverarbeitet. R.fasern (☐ Festigungsgewebe) sind über 50 cm lang (Faserbündel sogar über 2 m) u. bestehen zu ca. 70% aus Cellulose u. Hemicellulose (über 10%). Sie sind hygroskopisch u. zeichnen sich durch hohe mechan. Festigkeit u. gute Beständigkeit gg. Fäulnis aus. Die aus ihnen hergestellten, dem Leinen sehr ähnl. Gewebe wirken durch gute Feuchtigkeitsaufnahme kühlend u. werden daher bes. in den Tropen zu Kleidungsstücken u. Bettwäsche verarbeitet. Weitere Produkte sind u.a. Haushaltstoffe (Tischwäsche, Handtücher usw.), Schlauchgewebe, Nähzwirne u. Tauwerk. In China bereits seit langem kultiviert, wird die R.pflanze erst seit dem 19. Jh. auch in Europa, N-Afrika und N-Amerika angebaut. Heute sind die Hauptproduzenten: China, Brasilien, Japan u. die Philippinen.
Ramifikation *w* [v. lat. ramus = Ast, Zweig, -ficare = machen], die ↗Verzweigung.
Rammelkammer, v. ↗Borkenkäfern (☐) ausgenagte Höhlung im Holz, in der die Paarung stattfindet.
Rammler, das Männchen bei Hasen u. Kaninchen.

Ramie
(Boehmeria nivea)

S. Ramón y Cajal

Rana

Wichtige Arten:

Grünfrösche

Europa:

R. lessonae (Teichfrosch, ↗Grünfrösche)
R. ridibunda (Seefrosch, ↗Grünfrösche)
R. esculenta (Wasserfrosch, ↗Grünfrösche)
R. perezi (südl. oder südfrz. Seefrosch, ↗Grünfrösche)

Nordamerika:

R. catesbeiana (amerikan. Ochsenfrosch)
R. clamitans (Schreifrosch)
R. septentrionalis

Südostasien:

R. tigrina (Tigerfrosch)
R. erythraea (Rotohrfrosch)
R. hexadactyla (Sechszehenfrosch)

(Fortsetzung nächste Seite)

Ramonda *w* [ben. nach dem frz. Botaniker L. F. E. Ramond de Carbonnières, 1755–1827], Gatt. der ↗Gesneriaceae.
Ramón y Cajal [-i kachal], *Santiago,* span. Mediziner u. Histologe, * 1. 5. 1852 Petilla de Aragón, † 17. 10. 1934 Madrid; zuletzt (seit 1892) Prof. in Madrid; erforschte die Nervenbahnen in der grauen Substanz v. Gehirn u. Rückenmark u. die Feinstruktur u. Funktion der Retina; entwickelte eine Theorie der Neuronen; erhielt 1906 zus. mit C. Golgi den Nobelpreis für Medizin.
Ramphastidae [Mz.; v. gr. rhamphastos = mit einem Schnabel versehen], die ↗Tukane.
Ramsar-Konvention [ben. nach dem iran. Badeort Ramsar], 1971 in Kraft getretenes int. Übereinkommen zum Schutz v. Feuchtgebieten (insbes. von Lebensstätten für Wat- u. Wasservögel). Die BR Deutschland ist seit 1976 eines von 37 Mitgliedern (Stand 1985).
Ramschzüchtung, Methode der ↗Kreuzungszüchtung.
Ramus *m* [Mz. *Rami;* lat., = Ast, Zweig], **1)** Zweig eines Blutgefäßes od. Nervs, auch astart. Teil eines Knochens; **2)** ↗Vogelfeder.
Rana *w* [lat., = Frosch], *Echte Frösche* (i.e.S.), umfangreichste Gatt. der ↗*Ranidae,* mit fast weltweiter Verbreitung. Ohne die zuweilen mit *R.* synonymisierten Gatt. *Abrana, Aubria, Conraua* (↗Goliathfrosch), *Dicroglossus,* ↗*Ptychadena,* ↗*Pyxicephalus* (↗Grabfrosch) u. *Tompterna* mehr als 200 Arten, ca. 140 in SO-Asien, 40 in Afrika, 17 in N-Amerika, 13 in S- und Mittelamerika. Die Gatt. *R.* und die *Ranidae* allg. fehlen urspr. in S-Amerika und Austr., doch ist *R. palmipes* v. Mittelamerika nach S-Amerika eingedrungen und *R. papua* v. Neuguinea nach NO-Australien. – Die Gatt. *R.* umfaßt mittelgroße bis große (über 20 cm), stets kräftige, muskulöse Frösche mit z.T. gewaltigem Sprungvermögen. Bes. manche der an Gewässerrändern lebenden Arten, z.B. *R. erythraea* und *R. fasciata,* sind elegante, langgliedrige Frösche, oft mit hübschen Farbmustern, meist in Form v. grünen, gelben u. braunen Längsstreifen. Viele Arten lassen sich in 2 bis 3 Gruppen einteilen, die sich im Habitus u. in der Lebensweise unterscheiden. Die ↗Grünfrösche (vgl. Tab.) mit meist grünl. Farben, Schwimmhäuten an den Zehen u. oben liegenden Augen sind aquatisch od. semiaquatisch. Die ↗Braunfrösche mit seitl., in einem dunklen Schläfenstreifen gelegenen Augen u. wenig od. nicht bespannten Zehen sind terrestrisch; sie kommen nur zu einer meist sehr kurzen Fortpflanzungszeit zum Wasser, leben sonst in Wäldern u. Wiesen. Die 3. Gruppe sind plumpe, rauhhäutige, oft dunkel gefärbte große Frösche, die an u. in Bergbächen u. Flüssen leben, z.B. *R. macrodon* und *R. boulengeri* in Asien, *R. vertebralis* in Afrika. – *R.*-Arten

haben horizontale Pupillen, ein oft großes Trommelfell – bei *R. clamitans* beim ♂ viel größer als beim ♀ –, *R. macrodon* hat, zusätzl. zu den Kiefer- u. Gaumenzähnen, 2 große, fangzahnart. Bildungen im Unterkiefer. Die Finger sind meist frei, die Zehen mehr od. weniger bespannt, bei manchen asiat. Art. mit Haftscheiben. Die ♂♂ sind kleiner als die ♀♀. Schallblasen bei lautstarken Arten wie den Grünfröschen paarig, bei anderen unpaar, bei einigen fehlend. Viele *R.*-Arten sind tagaktiv, die Grünfrösche sogar sonnenliebend. Diese bilden u. verteidigen Reviere u. haben mehrere Ruftypen. Die meisten Arten bilden große Fortpflanzungsgemeinschaften u. legen (mehrere 100 bis 1000) Eier in Gewässern ab. Wenige Arten sind unabhängiger v. Gewässern. *R. adenopleura* in China legt wenige (ca. 100) große Eier auf dem Land ab; die Larven werden später ins Wasser gespült. *R. hascheana* legt terrestrische Eier, aus denen kleine Jungfrösche schlüpfen. – Viele der großen *R.*-Arten gelten wegen ihrer muskulösen Schenkel als Delikatessen, so in Europa *R. ridibunda* und *R. esculenta,* der amerikan. Ochsenfrosch *R. catesbeiana,* der in manchen ostasiat. Ländern in Froschfarmen gezüchtet wird, *R. macrodon* und *R. cancrivora* in Malaysia, der ↗Dolchfrosch *R. holsti* in Japan und *R. tigrina* in Indien u. Bangladesch. Einige dieser Arten sind durch Massenfang u. Massenexporte schon stark gefährdet; zudem hat der Massenfang verheerende ökolog. Folgen, z.B. in Reisfeldern, in denen nach dem Massenfang von *R. tigrina* die Schadinsekten stark zunehmen. Andere Arten, bes. *R. esculenta* und *R. temporaria* in Europa u. *R. pipiens* in N-Amerika, werden in großen Mengen als Labortiere verbraucht. *P. W.*

Ranatra *w* [v. gr. rhantēr (?) = Benetzer], Gatt. der ↗Skorpionswanzen.

Randblasen, (Wedekind 1922), außenrandnahe, blasenförm. Bildungen im Skelett v. ↗ *Rugosa.*

Randblüten, Bez. für die in Blütenständen randl. angeordneten Blüten, die durch Förderung im Wachstum od. Umgestaltung die opt. Attraktivität der aus vielen Einzelblüten bestehenden Blütenstände für Blütenbesucher erhöhen. Beispiele: die vergrößerten ↗Röhrenblüten der ↗Flockenblume, die ↗Zungenblüten bei vielen ↗Korbblütlern (☐) mit röhrenförmigen Scheibenblüten, die auffällig zygomorphen R. beim ↗Bärenklau u. die sterilen, rein zur Schaufunktion (↗Schauapparat) umgestalteten R. beim gewöhnl. ↗Schneeball od. bei der ↗Hortensie (☐). ↗Pseudanthium (☐). [gel.

Randmal, das ↗Flügelmal; ↗Insektenflü-

Randmeristem *s* [v. gr. merizein = teilen], *Marginalmeristem,* Bez. für die subepidermalen, randlich gelegenen embryonalen Zellgruppen, v. denen das Breitenwachstum der Blattspreiten ausgeht (↗Bildungsgewebe). ↗Blatt.

Randschnecken, *Marginellidae,* Fam. der Walzenschnecken mit ei- bis spindelförm., glattem, selten geripptem Gehäuse (meist unter 1, ausnahmsweise bis 4 cm hoch), letzter Umgang groß, Spindel mit einigen Falten; kein Deckel. Der Kopf trägt lange, dünne Fühler; Mantellappen umhüllen das Gehäuse teilweise u. bilden einen langen Sipho. Schmalzüngler, bei denen nur die Reihe der Zentralzähne erhalten ist; sie ernähren sich durch Aussaugen v. Wirbellosen. Zu den R. gehören etwa 30 Gatt. mit 550 Arten; Verbreitungsschwerpunkt sind die trop. Meere vor W-Afrika und Austr., 1 Gatt. kommt im Süßwasser Thailands vor. Bekannt u. verbreitet sind bes. die Gatt. *Marginella* u. ↗ *Persicula.*

Randsoral *s,* ↗Sorale.

randständig, *marginal,* Bez. für die randl. Lage der ↗Placenta bezügl. des Fruchtblatts. Dabei kann die Placenta einen Teil od. den ganzen Fruchtblattrand einnehmen. Ggs.: ↗flächenständig (laminal). ☐

Randsumpf ↗Hochmoor. [Blüte.

Randwanzen, *Lederwanzen, Coreidae,* Fam. der ↗Wanzen (Landwanzen) mit ca. 2000, in Mitteleuropa etwa 35 Arten; ca. 12 mm groß; der lederartig wirkende Körper ist gelb bis dunkelbraun gefärbt u. am Rand charakterist. verbreitert u. aufwärts gebogen, so daß die meist gut ausgebildeten Flügel in einer Mulde liegen. Die R. ernähren sich hpts. von Pflanzensäften; in SO-Asien und Austr. verursacht die Reiswanze *(Leptocorisa acuta)* zuweilen erhebl. Schäden an Reis u. Hirse. Bei uns kommt die zimtbraune Große Randwanze *(Mesocerus marginatus)* vor.

Rangiferinae [Mz.; v. altdän. rendyr über altfrz. rangier = Rentier, lat. -fer = -tragend] ↗Rentier.

Rangordnung, *soziale ↗ Hierarchie,* die Ausbildung v. *sozialen Rollen* innerhalb einer Gruppe (eines individualisierten Verbandes) v. Tieren, die sich durch ↗Dominanz- u. Unterlegenheits-Verhältnisse auszeichnen. Eine R. setzt die Fähigkeit zum individuellen Erkennen des Sozialpartners voraus u. ist daher v.a. bei sozialen Wirbeltieren ausgebildet, vereinzelt auch bei Insekten. Die Struktur der Dominanz-Verhältnisse kann sehr unterschiedl. sein, sehr einfach ist sie bei der linearen R. oder ↗ *Hackordnung* v. Hühnern, in der jedes Tier allen in der R. unter ihm stehenden Tieren gegenüber dominant ist (↗Alphatier). In nichtlinearen R.en kann es dagegen sein, daß Tier A über Tier B dominiert, daß B über Tier C dominiert und C wieder über A. Die R. kann auch mit dem ↗Funktionskreis des Verhaltens wechseln: Beim Futter kann A über B dominieren, bei der Suche nach einem Schlafplatz aber B über A. I. d. R. haben aber ranghohe Tiere bevorzugt Zugang zu lebenswicht. Ressourcen

Rana

(Fortsetzung von Seite 77)

Braunfrösche

Europa:

R. temporaria (Grasfrosch, ↗Braunfrösche)
R. arvalis (Moorfrosch, ↗Braunfrösche)
R. dalmatina (Springfrosch, ↗Braunfrösche)
R. latastei (Italien. Springfrosch)

Nordamerika:

R. pipiens (Leopardfrosch)
R. sylvatica (Waldfrosch)

Asien:

R. chaochiaoensis
R. japonica
R. papua

Weitere Arten

Afrika:

R. angolensis
R. fasciata
R. galamensis
R. vertebralis
R. grayii

Asien:

R. holsti (↗Dolchfrosch)
R. boulengeri
R. cancrivora
R. limnocharis
R. macrodon (malaiischer Ochsenfrosch)

Südamerika:

R. palmipes

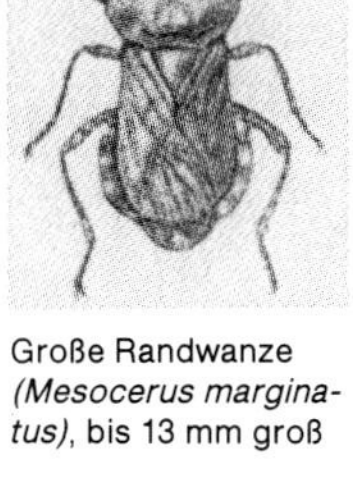

Große Randwanze *(Mesocerus marginatus),* bis 13 mm groß

und ggf. zu paarungsbereiten ♀♀. Häufig spielen sie auch herausgehobene Rollen bei der Feindabwehr, bei der Führung der Gruppe usw. Bei komplexen ↗Tiergesellschaften, v.a. bei Primaten, wird das System der R. von einer Verknüpfung individueller Beziehungen überlagert. Z.B. können zwei einzeln rangniedere ♂♂ durch Kooperation ein ranghohes ♂ bei der Paarung mit einem ♀ ausstechen usw. Bei solchen Tieren eignet sich das Konzept der *Rolle* besser als das der R. zur Beschreibung der Sozialstruktur. Die R.en von ♂♂ und ♀♀ sind bei manchen Arten getrennt, bei manchen besteht eine einheitliche R., in der die ♀♀ i.d.R. unterlegen sind (Ausnahme unter den Säugetieren z.B. die Tüpfelhyäne O-Afrikas). Manchmal sind männl. und weibl. R. in komplizierter Form voneinander abhängig, so daß z.B. ein ♀ den Rang ändert, wenn es sich mit einem ranghohen ♂ verpaart. Die adaptive Funktion der R. wird überwiegend darin gesehen, ständige aggressive Auseinandersetzungen (↗Aggression) in der Gruppe zu vermeiden u. eine die Gruppe stabilisierende Rollenverteilung herbeizuführen. Falls dies gelingt, werden *R.kämpfe* auf Fälle v. sozialen Veränderungen beschränkt, z.B., wenn Jungtiere heranwachsen. Es gibt hinreichend Belege dafür, daß auch der Mensch über ein Repertoire stammesgeschichtl. entstandenen R.s-Verhaltens verfügt, das sich im Schulalter (Gruppen Gleichaltriger) in allen Kulturen in sehr ähnl. Form entwickelt. Ein großer Teil der nonverbalen Signale im menschl. Sozialverhalten läßt sich auf solche Verhaltensweisen zurückführen. Obwohl eine eigentl. R. nur im individualisierten Verband bestehen kann, wird der Begriff gelegentl. auch auf die Dominanzverhältnisse in Paaren angewandt, z.B. bei Vögeln, wo das ♂ meist dominiert, das ♀ aber z.B. während der Brutzeit vorübergehend dominant werden kann. Außerdem wird gelegentl. von einer R. zw. Individuen nichtsozialer Arten gesprochen, die sich z.B. an Reviergrenzen begegnen. *H. H.*

Rangordnung

Viele Gruppen sind hierarchisch organisiert; so das *Wolfsrudel.* Begegnen sich zwei Rudelgenossen, so kann man den ranghöheren daran erkennen, daß er – im Gegensatz zum Unterlegenen – den Schwanz aufstellt.

Raniceps *m* [v. lat. rana = Frosch, -ceps = -köpfig], Gatt. der ↗Dorsche.

Ranidae [Mz.; v. lat. rana = Frosch], *Echte Frösche* (i.w.S.), sehr umfangreiche Fam. der ↗Froschlurche, die mit den ebenfalls diplasiocoelen u. firmisternen ↗Ruderfröschen u. ↗*Hyperoliidae* eine engere Verwandtschaftsgruppe bildet. Der Umfang der *R.* wird v. verschiedenen Autoren sehr unterschiedl. angegeben. So werden die ↗Goldfröschchen manchmal zu einer U.-Fam. der *R.,* manchmal zu einer U.-Fam. der Ruderfrösche gehörend angesehen. Die ↗Seychellenfrösche werden v. einigen als U.-Fam. der *R.,* von anderen als eigene Fam. *(Sooglossidae)* aufgefaßt; das gleiche gilt für die Riedfrösche *(↗Hyperoliidae),* die wahlweise als eigene Fam., als U.-Fam. der *R.* od. als U.-Fam. der Ruderfrösche geführt werden. Auch die ↗Langfingerfrösche u. der ↗Haarfrosch u. seine Verwandten stehen in verschiedenen Systemen an unterschiedl. Stellen. – Die *R.* haben ihre größte Mannigfaltigkeit in Afrika und SO-Asien; in der Holarktis kommt nur die Gatt. ↗*Rana* vor. Neben winzigen (15 mm) enthalten die *R.* auch die größten Froschlurche, z.B. den ↗Goliathfrosch. In Gestalt u. Lebensweise sehr mannigfaltig. Neben den typ. Formen wie unseren ↗Grünfröschen u. den ↗Braunfröschen (z.B. Leopardfrosch, *Rana pipiens;* ↗*Rana*) gibt es Felsbewohner an Flüssen u. Wasserfällen, wie die ↗Kaskadenfrösche, ↗*Petropedetes* u.a., grabende Arten, wie den ↗Grabfrosch u. den ↗Ferkelfrosch, baumlebende Frösche, wie manche ↗*Platymantis-* u. aquatische Frösche, wie manche ↗*Rana*-Arten u. bes. ↗*Ooeidozyga.* Einige Gatt. sind in ihrer Fortpflanzung unabhängig vom Wasser, so ↗*Anhydrophryne,* ↗*Arthroleptella,* ↗*Platymantis, Discodeles.* Sie legen große, terrestrische Eier, die bei *Discodeles* sogar hartschalig sind u. denen fertig entwickelte Jungfrösche entschlüpfen.

Ranidae

Unterfamilien und Gattungen:

Arthroleptinae (Afrika):
- *Arthroleptis* (↗Langfingerfrösche)
- *Coracodichus* (↗Langfingerfrösche)
- *Schoutedenella* (↗Langfingerfrösche)
- *Cardioglossa* (↗Langfingerfrösche)
- ↗*Anhydrophryne*
- *Natalobatrachus* (↗Natalfrosch)
- ↗*Arthroleptella*

Astylosterninae (Afrika):
- *Astylosternus* (↗Haarfrosch)
- *Nyctibates* (↗Haarfrosch)
- *Scotobleps* (↗Haarfrosch)
- *Gampsosteonyx* (↗Haarfrosch)
- *Trichobatrachus* (↗Haarfrosch)
- *Leptodactylodon*

Hemisinae (Afrika):
- *Hemisus* (↗Ferkelfrosch)

Petropedetinae (= Phrynobatrachinae) (Afrika):
- ↗*Petropedetes*
- *Dimorphognathus*
- *Arthroleptides*
- *Phrynobatrachus*
- *Phrynodon*

Platymantinae (Afrika, SO-Asien, Austr.):
- ↗*Platymantis* (Runzelfrösche)
- *Hylarana*
- *Amolops* (↗Kaskadenfrösche)
- *Batrachylodes*
- *Ceratobatrachus*
- *Discodeles*
- *Micrixalus*
- *Palmatorappia*

Nyctibatrachinae (SO-Asien):
- *Nannobatrachus*
- *Nyctibatrachus*

Raninae (fast weltweit):
- ↗*Rana*

Afrika:
- *Abrana*
- *Aubria*
- *Cacosternum* (Kreuzfrosch)
- *Conraua* (↗Goliathfrosch)
- *Dicroglossus*
- ↗*Hildebrandtia*
- ↗*Ptychadena*
- ↗*Pyxicephalus* (↗Grabfrosch)

Ostasien:
- *Altirana*
- ↗*Microbatrachella*
- *Nannophrys*
- ↗*Nanorana*
- ↗*Ooeidozyga*

Ranken

Links Sproßranke des Weinstocks, rechts Blattranke der Platterbse

Ranken, Bez. für in typischer Ausbildung fadenförmige, verzweigte od. unverzweigte pflanzl. Organe, die auf Kontaktreiz fremde Stützen umwickeln u. auf diese Weise den Sproß verankern. R. sind Umbildungen (Metamorphosen) v. Sproßachsen *(Sproß-R.),* Blättern od. Blatteilen (*Blatt-R.;* ☐ Blatt) od. Wurzeln *(Wurzel-R.);* ↗Lianen (☐), ↗Haftorgane (☐).

Rankenbewegungen, autonome Suchbewegungen (*Circumnutationen*; ↗autonome

Bewegungen, ↗Nutationsbewegungen) von fadenförmigen pflanzl. Organen (↗Ranken); Turgor- od. Wachstumsbewegungen v. Umbildungen der Sproßachse, der Seitensprosse od. der Blätter, aber auch v. reizbaren Internodien, Blattstielen und sproßbürt. Nebenwurzeln. Reizung führt über zeitl. und örtl. Druckdifferenzen (bei *Sicyos* z. B. durch die Bewegung eines Wollfadens von $2{,}5 \cdot 10^{-7}$ g Gewicht) zu einem Aktionspotential mit Reaktionszeiten zwischen 30 Sek. *(Sicyos)* und 18 Std. *(Corydalis claviculata).*

Rankenfüßer, *Rankenfußkrebse, Cirripedia,* U.-Kl. der ↗Krebstiere mit den bekannten Seepocken u. Entenmuscheln sowie einer Reihe parasit. Krebse, u. a. den ↗*Rhizocephala.* Die ursprünglichsten R. gehören zur Ord. *Ascothoracica* (vgl. Tab.) und haben z. T. noch einen segmentierten Körper. Sie sind Ekto- u. Endoparasiten bei verschiedenen marinen Wirbellosen. Auch die Ektoparasiten sind meist festsitzend; nur *Synagoga* kann als Adulte ihren Wirt, eine Koralle, verlassen u. herumschwimmen. Andere sitzen fest an od. in Haar-, Schlangen- od. Seesternen. Die bekanntesten R. gehören zur Ord. *Thoracica,* auf die sich die folgende Schilderung bezieht. Die ca. 650 Arten treten in zwei Formen (U.-Ord.) auf, den gestielten *Lepadomorpha* (Entenmuscheln), deren größte *(Lepas anatifera)* einen bis 80 cm langen Stiel haben kann, u. den *Balanomorpha* (Seepokken, Meereicheln), die mit einer Grundplatte festsitzen. *Balanus aquila* kann einen basalen ∅ von 12 cm erreichen; die meisten Arten bleiben aber viel kleiner (wenige mm). Die *Verrucomorpha,* eine 3. U.-Ord., ähneln den *Balanomorpha,* sind aber asymmetr. gebaut. Charakterist. für die *Thoracica,* die äußerl. mehr an Muscheln als an Krebstiere erinnern, ist ein stark verkalkter u. in mehrere Platten untergliederter Carapax, in den sich das Tier vollkommen zurückziehen kann u. aus dem es die vielgliedr. und mit Filterborsten versehenen Thorakopoden *(Rankenfüße)* zum Filtrieren v. Plankton herausstrecken kann. Den Bau dieser Tiere versteht man am besten aus ihrer Entwicklung: Aus den Eiern schlüpft ein *Nauplius,* der sich v. den Nauplien anderer Krebstiere durch den Besitz eines flachen Carapax und seitl. Carapax-Hörnchen unterscheidet, auf denen Drüsen münden. Nach einer Reihe v. *Metanauplius*-Stadien, die seitliche, gestielte Komplexaugen, die unter dem Carapax sitzen, u. 6 Paar Thorakopoden haben, erfolgt eine 1. Metamorphose zum *Cypris*-Stadium. Dieses hat eine zweiklappige Schale, die wie bei einem Muschelkrebs den ganzen Körper einhüllt; auch die Komplexaugen sitzen innerhalb des Carapax. Die Cypris-Larve frißt nicht; ihre 2. Antennen u. die Mundwerkzeuge sind zurückgebildet. Sie schwimmt mit Hilfe v. 6 Paar mit langen

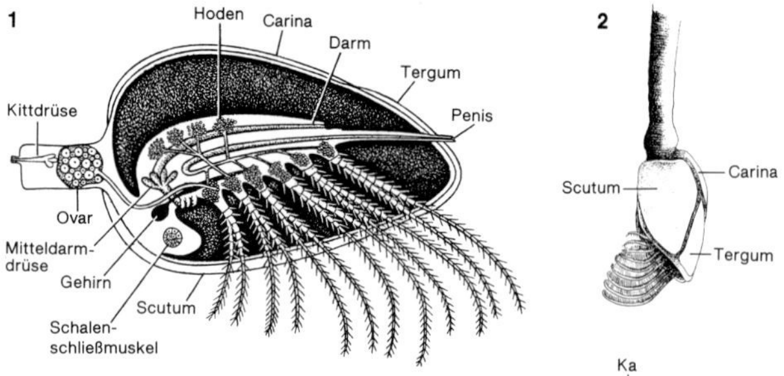

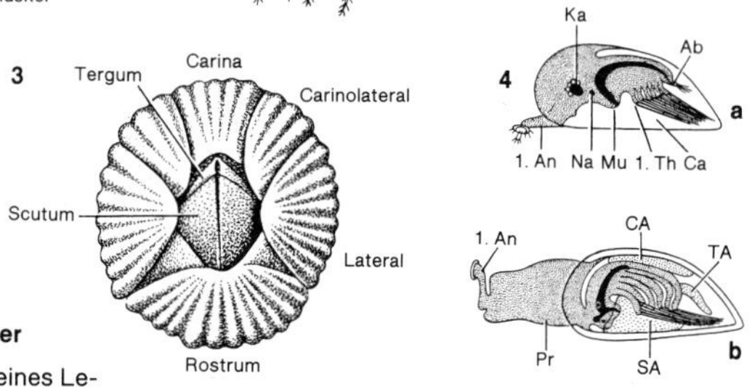

Rankenfüßer

1 Bauplan eines Lepadomorphen (Entenmuscheln); **2** *Lepas anatifera* (Entenmuschel); **3** *Balanus balanoides* (Seepocke); **4** Umwandlung (schematisch) der Cypris-Larve **(a)** zur jungen *Lepas* **(b).** Ab Abdomen, An Antenne, Ca Carapax, CA Carina-Anlage, Ka Komplexauge, Mu Mund, Na Naupliusauge, Pr Präoralregion, SA Scutum-Anlage, TA Tergum-Anlage, Th Thorakopode

Schwimmborsten versehenen Thorakopoden. Die Cypris-Larve sucht ein geeignetes Substrat, an das sie sich mit Hilfe ihrer mit einem Haftorgan versehenen 1. Antennen anheftet. Nun erfolgt die 2. Metamorphose. Während sich das Tier mit einer Zement- od. Kittdrüse festheftet u. die 1. Antennen zu winzigen Stummeln werden, wächst bei den *Lepadomorpha* der Vorderkopf zum Stiel aus. Gleichzeitig werden am Carapax bestimmte Bereiche durch Kalkeinlagerung zu Platten differenziert. Bei *Lepas* gibt es 5 solcher Platten: die paarigen Terga u. Scuta u. die unpaare, dorsale Carina. Am Körper treten jetzt wieder Mundwerkzeuge auf, u. die Thorakopoden werden zu den Rankenfüßen, die zw. den paarigen Terga u. Scuta herausgestreckt werden können. Die Tiere sind Zwitter; der Hinterleib wächst zu einem langen, teleskopartig ausfahrbaren Penis aus. Die Ovarien werden in den Stiel verlagert. Bei der Gatt. *Pollicipes* (ebenfalls U.-Ord. *Lepadomorpha*) entstehen um die Basis der 5 Hauptplatten zahlr. kleinere Lateralia u. ein unpaares Rostrum. Bei den *Balanomorpha* wird der Vorderkopf zu einer Grundplatte, u. die Lateralia bilden zus. mit der Carina u. dem Rostrum eine feste Mauerkrone, in deren Zentrum die paarigen Terga u. Scuta die einzigen bewegl. Teile bleiben. Nach der 2. Metamorphose erfolgen nur noch unvollständige Häutungen; der Körper des Krebses häutet sich normal, der Carapax dagegen wächst durch weitere Einlagerung von organ. Material u. Kalk. Komplex- u. Naupliusaugen gehen bei der 2. Metamorphose verloren. Die Tiere bleiben aber lichtempfindlich u. reagieren auf plötzl. Beschattung, indem sie sich zurückziehen. – Viele R. setzen sich auf beliebigen festen Substraten fest, so die Entenmuscheln u. Seepocken, u. bekommen dadurch wirtschaftl. Bedeutung, daß sie auch Schiffsrümpfe, Schleusen, Meerwasserleitungen u.ä. besiedeln u. dadurch den Wasserwiderstand stark erhöhen. Seepocken der Gatt. *Balanus* siedeln bes. dort, wo schon andere Tiere der gleichen Art sitzen. Die Cypris-Larven reagieren auf einen in der Cuticula v. Artgenossen enthaltenen Stoff, das sog. ↗*Arthropodin.* Dadurch wird gewährleistet, daß die Tiere in dichten Mengen zusammensitzen, was bei sessilen Tieren für eine wechselseitige Begattung notwendig ist. Bei der Begattung wird der Penis in die Carapaxhöhle eines Nachbartieres eingeführt. Von einigen Arten sind Zwerg- od. Ersatzmännchen bekannt, die sich an andere Tiere anheften. Die Eier werden, zu zwei Platten verklebt, beidseitig neben dem Körper in der Carapaxhöhle behalten, bis die Nauplien schlüpfen. Das Schlüpfen erfolgt synchron auf einen chem. Reiz hin, den gut genährte Adulte abgeben; in nahrungsarmen Zeiten schlüpfen die Nauplien nicht. – R. siedeln nicht nur auf leblosen Substraten. Viele Arten setzen sich spezif. nur auf bestimmte lebende Organismen, u. man findet die verschiedensten Übergänge v. reinen Epizoen zu Parasiten. Einige Beispiele: *Conchoderma* (U.-Ord. *Lepadomorpha*) besiedelt schwimmende Objekte, auch Schiffe. *C. auritum* setzt sich meist auf *Coronula* (s.u.) auf der Haut v. Walen. Die Kalkplatten v. *Conchoderma* sind stark reduziert, der Carapax ist weich u. bildet zwei schornsteinähnl. Tunnel, die das Wasser durch die Mantelhöhle leiten. So kann *Conchoderma* filtrieren, ohne die verkürzten Rankenfüße herausstrecken zu müssen. *Anelasma* (U.-Ord. *Lepadomorpha*) mit ganz reduzierten Kalkplatten setzt sich an die Basis des Rückendorns v. Dornhaien; sie ist ganz parasitisch u. sendet wurzelartige Fortsätze in das Wirtsgewebe. Unter den *Balanomorpha* besiedeln *Chelonibia*-Arten den Panzer v. Meeresschildkröten, andere Arten den Carapax bestimmter Krabben. Die Gatt. *Coronula* besetzt die Haut v. Walen, in der sie sich mit ihrem Gewebe fest verankert. – Die 3. Ord. der R., die *Acrothoracica* (ca. 30 Arten), enthält kleine Tiere, die keine Kalkplatten besitzen. Sie bohren sich in kalkige Substrate ein, wie Schnecken- u. Muschelschalen u. die Skelette v. Korallen. Hier erzeugen sie einen Atem- u. Nahrungswasserstrom, indem sie ihren weichen Carapax rhythmisch erweitern u. verengen u. ihren Körper hin u. her schwingen. Sie sind zweigeschlechtlich; männl. Cypris-Larven heften sich an Weibchen u. wachsen dort zu Zwergmännchen heran. – Die 4. Ord., die ↗*Rhizocephala* (Wurzelkrebse), sind reine Parasiten.

P. W.

Rankenfußkrebse, die ↗Rankenfüßer.

Rankenpflanzen ↗Lianen.

Ranker *m,* Boden auf festem Silicat- od. Quarzitgestein mit A_h-C-Profil ([T] Bodenhorizonte), Übergangsform zw. ↗Syrosem (Gesteinsrohboden) und ↗Podsol oder ↗Braunerde. R. sind in kalten u. trockenen Klimagebieten verbreitet, im gemäßigten Klima kommen sie in Hanglagen vor. Der flachgründige Oberboden ist v. Steinen durchsetzt. [ ] Bodenprofil.

Rankenfüßer

Ordnungen, Unterordnungen, Familien u. einige Gattungen:

- *Ascothoracica*
  - *Synagogidae*
    - *Synagoga*
  - *Lauridae*
  - *Dendrogasteridae*
    - *Dendrogaster*
- *Thoracica*
  - *Lepadomorpha* (Entenmuscheln)
    - *Scalpellidae*
      - *Scalpellum*
      - *Pollicipes*
    - *Iblidae*
    - *Lepadidae*
      - *Lepas*
      - *Conchoderma*
      - *Anelasma*
    - *Poecilasmatidae*
  - *Verrucomorpha*
    - *Verruca*
  - *Balanomorpha* (Seepocken)
    - *Chthamalidae*
      - *Chthamalus*
    - *Balanidae*
      - *Balanus*
      - *Chelonibia*
      - *Tetraclita*
      - *Coronula*
- *Acrothoracica*
  - *Apygophora*
    - *Trypetesidae*
      - *Trypetesa*
  - *Pygophora*
    - *Lithoglyptidae*
    - *Cryptophialidae*
- ↗*Rhizocephala* (Wurzelkrebse)
  - *Kentrogonida*
    - *Peltogastridae*
    - *Sacculinidae*
    - *Lernaeodiscidae*
    - *Clitosaccidae*
    - *Sylonidae*
  - *Akentrogonida*

ranunc- [v. lat. ranunculus (v. rana = Frosch) = Fröschlein; Hahnenfuß].

Ranodon *m* [v. lat. rana = Frosch, gr. odōn = Zahn], Gatt. der ↗Winkelzahnmolche.

Ranunculaceae [Mz.; v. *ranunc-], die ↗Hahnenfußgewächse.

Ranunculales [Mz.; v. *ranunc-], die ↗Hahnenfußartigen.

Ranunculion fluitantis *s* [v. *ranunc-, lat. fluitans = schwimmend, fließend], *Fluthahnenfuß-Gesellschaften,* Verb. der ↗*Potamogetonetea.* Die Ges. bilden charakterist. Abfolgen v. der Quelle bis zur Mündung, abhängig v. Fließgeschwindigkeit, Korngröße des Substrats, Kalkgehalt, Wassertemp., Nährstoffen bzw. Abwasserbelastung.

Ranunculus *m* [lat., =], der ↗Hahnenfuß.

Ranviersche Schnürringe [rãnw^{i}e-; ben. nach dem frz. Anatomen L. Ranvier, 1835–1922], *Schnürringe,* Unterbrechungen der ↗Markscheide bei myelinisierten (markhaltigen) Nervenfasern. ↗Axon, ↗Erregungsleitung, ↗Nervenzelle ([B] I–II).

Ranzenkrebse, die ↗Peracarida.

Ranzigkeit ↗Fette.

Raoulia *w* [raul-; ben. nach dem frz. Botaniker E. L. Raoul, 1815–52], Gatt. der ↗Korbblütler.

Rapana *w* [v. lat. rapa = Rübe], Gatt. der *Muricidae* (↗Purpurschnecken) mit niedrigem Gewinde u. weitem letztem Umgang; wenige Arten im Indopazifik, die in Austernkulturen schädl. werden. *R. thomasiana* (bis 19 cm hoch) wurde aus der Japansee ins Schwarze Meer verschleppt (mit Saataustern ?) u. hat sich dort stark ausgebreitet; sie lebt auf sandigen u. steinigen Böden in geringer Tiefe; regelmäßig auf Fischmärkten auch am Bosporus.

Rapateaceae [Mz.; wohl v. indian. Namen], Fam. der ↗Commelinales ([T]).

Rapfen *m, Schied, Aspius aspius,* schmaler, meist um 50 cm, doch bis 1 m langer Weißfisch, der in Flüssen vom Rhein bis zum Kasp. Meer verbreitet ist; im Ggs. zu anderen eur. Karpfenfischen ein echter Raubfisch. [B] Fische X.

Raphanus *m* [v. gr. rhaphanos = Kohl], der ↗Rettich.

Raphe *w* [v. gr. rhaphē = Naht], **1)** Anatomie: *Naht,* nahtförm. Verwachsungszone zw. symmetrischen Körperteilhälften, z.B. am Hodensack (R. scroti). **2)** Bot.: a) *Samennaht,* Verwachsungsnaht des ↗Funiculus mit den Integumenten bei Samen, die aus ↗anatropen Samenanlagen hervorgehen; in ihr liegt entspr. der Leitstrang, der zur Ernährung des heranwachsenden Samens diente. b) in Längsrichtung verlaufende Rinne im Kieselpanzer vieler schiffchen- od. keilförmiger, pennater ↗Kieselalgen ([B] Algen II), in der Plasma strömt; bei

raph- [v. gr. rhaphis, Mz. rhaphides = Nadel; davon rhaphē = Naht].

den einzelnen Gatt. sehr verschieden im Feinbau; im Zentrum durch den Zentralknoten unterbrochen, mündet an den Schalenenden in die Endknoten. Die R. steht vermutl. im Dienst der aktiven Kriechbewegung dieser Algen.

Raphiapalme [v. madegass. rafia, rofia, über frz.], *Bastpalme, Raphia,* trop. Gatt. der Palmen mit ca. 40 Arten; Schopfbäume mit großen, steil aufsteigenden Blättern, die bei *R. taedigera* eine Länge von 20 m erreichen können (größtes Blatt bei Höheren Pflanzen). *R. taedigera* und *R. vinifera* werden zur Herstellung v. *Palmwein* genutzt; hierzu wird der nach Abschneiden der jungen Infloreszenzen austretende zuckerhaltige Saft vergoren. Aus den Blattscheiden von *R. vinifera* werden Fasern *(Raphiafaser)* gewonnen (↗Piassave); der in Gärtnereien verwendete *Raphiabast* (Raffiabast) stammt von *R. farinifera* (Madagaskar); er wird aus den Blattfiedern ganz junger Blätter hergestellt. B Afrika VIII, B Kulturpflanzen XII.

Raphicerini [Mz.; v. *raph-, gr. keras = Horn], die ↗Steinböckchen.

Raphidae [Mz.; v. *raph- (?)], die ↗Dronte-[vögel.

Raphiden [Ez. *Raphid;* v. *raph-], Bez. für die feinen, monoklinen Kristallnadeln des Monohydrats v. Calciumoxalat; liegen in *R.bündeln* im Zellsaft u. sind Stoffwechselschlacken (z.B. beim Springkraut), die in bes. ↗*Idioblasten* abgelagert werden.

Raphidioptera [Mz.; v. *raph-, gr. pteron = Flügel], die ↗Kamelhalsfliegen.

Raphus *m* [v. *raph- (?)], Gatt. der ↗Drontevögel.

Rapistrum *s* [lat., = Wilde Rübe], der [↗Rapsdotter.

Rappenantilope, *Hippotragus niger,* ↗Pferdeantilope.

Raps *m* [v. lat. rapa = Rübe, über mittelniederdt. rapsad = Kohlsaat], ↗Kohl.

Rapsdotter, *Rapistrum,* Gatt. der Kreuzblütler mit etwa 8, überwiegend im Mittelmeerraum heim. Arten. Im wärmeren Mitteleuropa: der Runzelige R. *(R. rugosum),* eine 1–2jähr., bis 60 cm hohe, borstig behaarte Pflanze mit leierförm.-fiederlapp. Blättern, halbkugelig angeordneten, zitronengelben Blüten u. in langgezogenen Fruchtständen stehenden Gliederschoten. Standorte des heute in warm-gemäßigten Gebieten weltweit verbreiteten Runzeligen R.s sind Unkrautfluren auf Äckern u. [Schutt.

Rapsöl ↗Kohl.

Rapunzel *w* [v. mlat. rapuntium], *Rapünzchen,* 1) die ↗Teufelskralle; 2) der Gemeine ↗Feldsalat.

Rasamala *w* [v. malaiisch ra'samala = ein Duft], *Rasomala, Rasmala, Altingia,* Gatt. der ↗Zaubernußgewächse.

Rasborinae [Mz.; v. ind. Namen rasbora], die ↗Bärblinge.

Raschkäfer, *Elaphrus,* Gatt. der ↗Laufkäfer.

Rasenameise, *Tetramorium caespitum,* [↗Knotenameisen.

Raseneisen ↗Podsol, ↗Gley.

Rasengesellschaften, natürl. und anthropogene Vegetation aus vorwiegend Gramineen (Süßgräsern) u. dikotylen Kräutern; nicht zu den R. zählen Röhrichte, Rieder u. Moore. ↗Grasfluren, ↗Magerrasen.

Rasenkoralle, *Cladocora cespitosa,* ↗Cladocora.

Rasiermesserfische, 1) *Hemipteronotus,* Gatt. der ↗Lippfische; 2) *Aeoliscus,* Gatt. der ↗Schnepfenmesserfische.

Raslinge [wohl v. dt. Rasen], *Lyophyllum,* Gatt. der Ritterlinge (*Tricholomataceae,* Blätterpilze); in Mitteleuropa ca. 20 Arten; die Hüte der fleischigen Fruchtkörper sind weiß, grau od. braun gefärbt; Druckstellen an den Lamellen blauend oder schwärzend; wachsen oft büschelig, meist am Boden (Parkanlagen, Gärten, Weiden), seltener an Holz.

Räslinge, *Clitopilus,* Gatt. der *Entolomataceae,* graue od. weiße Blätterpilze mit kleinem (0,5–4 cm) bis großem (3–12 cm) Fruchtkörper, meist mehr od. weniger seitlich od. exzentrisch gestielt, auch ungestielt; das Sporenpulver ist rosa. In Mitteleuropa ca. 10 Arten; bekannter Speisepilz ist der weißl., nach Mehl riechende Mehlräsling (Mehlschwamm, Mehlpilz), *C. prunulus* Kumm., der weit herablaufende, weißl. bis leicht rosafarbene Lamellen besitzt.

Raspailiidae [Mz.], Schwamm-Fam. der ↗*Demospongiae* mit 6 Gatt.; baumförmig, mit langen, dünnen Ästen; Megasklerite mit ungewöhnl. großen (bis 2 mm) Nadeln. Bekannteste Art *Raspailia viminalis,* von 20 m Tiefe abwärts im Mittelmeer.

Raspelzunge, die ↗Radula der Weichtiere.

Rasse *w* [v. frz. race = R.], **1)** *Unterart, Subspezies,* eine taxonomische ↗Kategorie (↗Klassifikation) unterhalb der Art (infraspezifisch, ↗Taxonomie). R.n sind ↗Populationen einer Art, die sich in ihrem Genbestand (Allelenbestand, ↗Genpool) u. damit auch in ihrer Merkmalsausprägung (phänotypisch) v. anderen Populationen der selben ↗Art (Spezies) in einem Ausmaß unterscheiden, das eine taxonom. Abtrennung (u. damit Belegung mit einem eigenen R.-Namen = Trinomen, ↗Nomenklatur) rechtfertigt (Unterschied zu ↗Polymorphismus). Die Definition zeigt, daß die Abgrenzung von R.n nicht streng festgelegt werden kann. Manche Systematiker trennen bereits R.n, wenn mittels statist. Verfahren Unterschiede zw. verschiedenen Populationen ermittelt werden können, andere erkennen eine R. erst an, wenn jedes Individuum diagnostisch zugeordnet werden kann. Als „Kompromiß" hat sich die sog. 75%-Regel bewährt. Danach dürfen Teilpopulationen einer Art dann als R. (Subspezies) mit einem eigenen Namen belegt werden, wenn mindestens 75% der Individuen einer Population v. Individuen anderer Populationen der Art unterscheidbar sind. Arten, deren Individuen sich zweigeschlechtlich fortpflanzen, bilden Populationen (↗Mendel-Populationen), in denen (abgesehen v. eineiigen Zwillingen) kein Individuum dem anderen völlig gleicht; es herrscht eine große genet. ↗Variabilität (↗genet. Flexibilität). Dementsprechend ist auch die genet. Zusammensetzung (der Genpool) verschiedener Lokalpopulationen (↗Deme) einer Art nicht identisch. Bei Arten mit großem geogr. Verbreitungsgebiet (↗Areal) unterliegen die verschiedenen Lokalpopulationen unterschiedl. Selektionsbedingungen. Wenn kontinuierliche Umweltgradienten vorliegen (z. B. kontinuierliche Klimaveränderungen entlang einer gedachten geogr. Linie), kann es zu entsprechend kontinuierl. *Merkmalsgradienten* (Merkmalsprogressionen) in den entspr. Lokalpopulationen kommen, die man als ↗*Clines* bezeichnet. Deren Kontinuität beruht darauf, daß zw. Individuen benachbarter Lokalpopulationen häufig ↗„Bastardierung" stattfindet, also ein reger ↗Genfluß besteht. Ist dieser durch geogr. Barrieren (Gebirge, Flüsse, für die Art ungeeignete Biotope) stark eingeengt (↗Separation), dann tritt eine diskontinuierl. Merkmalsverteilung zw. bestimmten Populationen auf, die die übliche genet. Variabilität überschreitet. Solche auf bestimmte Teilareale des Gesamtareals der Art beschränkte Populationen mit abweichender Merkmalsausprägung bezeichnet man als *geographische R.n.* Sie schließen sich in ihrer geogr. Verbreitung gegenseitig aus, sind also *allopatrisch* verbreitet. Zwischen geographischen R.n finden sich meist nicht nur quantitative, sondern auch qualitative Merkmalsunterschiede. Von ↗*ökologischen R.n* spricht man, wenn Populationen mit unterschiedl. Genbestand im gleichen geogr. Gebiet *(sympatrisch),* aber unter verschiedenen ökolog. Bedingungen vorkommen (vgl. Spaltentext). Bes. häufig finden sich auf Inseln (↗Inselbiogeographie) eigene R.n *(Insel-R.n).* So hat z. B. nahezu jede Insel der dalmatin. Küste eine eigene R. von Eidechsen (z. B. *Lacerta sicula,* ↗Ruineneidechse). Viele *R.nmerkmale* zeigen Anpassungen an die lokalen ökolog. Bedingungen (z. B. ↗*Menschen-R.n*), doch spielt auch ↗Gendrift für die Entstehung von R.nunterschieden eine Rolle, wenn die Lokalpopulation (wie oft auf Inseln) aus einer kleinen Gründerpopulation hervorgegangen ist. Im Ggs. zu verschiedenen Arten, zw. deren Angehörigen kein ↗Genaustausch stattfindet, können Individuen verschiedener R.n der gleichen Art fruchtbare Nachkommen zeugen. Im Grenzbereich benachbarter R.n einer Art kommt es daher zur Ausbildung einer Bastardierungszone (↗Bastardzone). Die verschiedenen R.n einer Art sind daher „offene genetische Systeme" (Mayr), zw. ihnen gibt es keine ↗Isolationsmechanismen. Die Grenze zwischen R. und Art kann fließend sein. Über geographische R.n führt der Weg zur allopatrischen ↗*Artbildung.* Im Falle v. Rabenkrähe u. Nebelkrähe (↗Aaskrähe) existiert zwar noch eine Bastardierungszone, doch ist diese bei einer Gesamtlänge von 5500 km seit Jahrzehnten nur 70 bis 100 km breit (B Aaskrähe). In anderen Fällen, so bei der Gruppe der Silber-Heringsmöwen u. bei der Kohlmeise (B 84), gibt es zw. benachbarten R.n jeweils Bastardierungsgürtel, während bei sich überlappenden „Endgliedern" eines „ringförmig" verbreiteten Kreises von R.n sich bereits mehr od. weniger starke Bastardierungsschranken entwickelt haben. Solche im Grenzbereich von R. und Art stehende Populationen nennt man *Semispezies.* Einen Schritt weiter im Artbildungsprozeß sind die sog. *Allospezies (Paraspezies),* Arten, die in der schmalen Kontaktzone ihrer Verbreitung nicht verbastardieren (also schon Isolationsmechanismen besitzen), aber dennoch in ihren Arealen weitgehend getrennt bleiben *(parapatrische Verbreitung),* wohl weil sie noch eine sehr ähnl. ↗ökologische Nische bilden u. daher dem ↗Konkurrenzausschlußprinzip unterliegen. Mehrere Allospezies kann man als *Superspezies* zusammenfassen, worunter man eine Gruppe nahe verwandter, jedoch allopatrisch od. parapatrisch verbreiteter Arten versteht. Arten, bei denen keine Differenzierung in verschiedene R.n möglich ist, nennt man *monotypische Arten* (↗monotypisch). *Polytypische Arten* sind dagegen solche, bei denen sich zwei od. mehr R.n unterscheiden lassen. Eine polytypische Art mit mehreren R.n bezeichnet man auch als *R.nkreis* (↗Formenkreis). Bei den Vögeln z. B. sind etwa 30% der Arten monotypisch, die übrigen, v. a. solche mit weiter geogr. Verbreitung, sind polytypisch. Man kennt zu den insgesamt etwa 8600 Vogelarten ca. 28500 verschiedene R.n. **2)** ↗*Kulturrassen:* vom Menschen durch künstl. ↗Selektion (B) gezüchtete Haustier- u. Pflanzen-R.n (↗Haustierwerdung, ↗Pflanzenzüchtung). Sie sind auf bestimmte Wildarten als Stammarten zurückzuführen, mit denen sie oft noch fruchtbar kreuzbar sind. Sie werden nicht mit einem eigenen R.nnamen bezeichnet, sondern als „forma domestica" der Stammart benannt. Kultur-R.n bieten für die Evolutionsforschung insofern „Modelle", als sie zeigen, welch weitreichende Veränderungen durch Selektion in relativ kurzer Zeit erreicht werden können. Ein Beispiel sind die 300 bis 400 bekannten Hunderassen (↗Hunde, B Hunderassen I–IV). B 84–85. *G. O.*

Rassenbildung, evolutiver Vorgang, der zur Entstehung von Rassen führt. ↗Rasse, ↗Artbildung.

Rassengenese, *Rassengeschichte,* die Rekonstruktion der Entstehung der heuti-

Rasse

Ökologische R.n finden sich bes. bei Parasitenarten, deren Populationen jeweils auf bestimmte Wirte beschränkt sein können (*Wirts-R.n,* z. B. bei Mistel, Rostpilzen), und monophagen Pflanzenfressern unter den Insekten. Hierher gehören auch die sog. *Substrat-R.n,* worunter man meist kleine Lokalpopulationen *(Mikro-R.n)* einer Art versteht, die der (oft kleinräumig wechselnden) Färbung des Untergrunds genetisch angepaßt sind. So können auf hellen Wüsten- bzw. dunklen Lavaböden jeweils entsprechend gefärbte Substrat-R.n bestimmter Arten v. Lerchen, Mäusen, Schnekken vorkommen. In der Botanik werden solche ökologische R.n einer Art, die jeweils an bestimmte Standortbedingungen angepaßt sind, vielfach als *Ökotypen* bezeichnet (↗Ökotyp). Bei mosaikartiger Verbreitung gleichart. Standortbedingungen zeigen oft auch die entspr. Ökotypen Mosaikverbreitung, wobei vielfach ungeklärt ist, ob sie an solchen Standorten jeweils unabhängig voneinander (konvergent) entstanden sind, od. ob ein einmal (monophyletisch) entstandener Ökotyp die verschiedenen, ihm zusagenden (gleichartigen) Standorte besiedelt hat.

RASSEN- UND ARTBILDUNG I

Artbildung bei der Kohlmeise

Die *Kohlmeise (Parus major)* kommt in einer europäischen Rasse *(major-Gruppe)* in Asien bis zur sibirischen Pazifikküste, in einer südasiatischen Rasse *(bokharensis-Gruppe)* und in einer ostasiatischen Rasse *(minor-Gruppe)* vor. Im Amur-Gebiet überlappen sich der major- und der minor-Bereich; die Rassen vermischen sich aber nicht: sie leben als 2 getrennte Arten nebeneinander *(sympatrische Formen)*, obwohl über die südlichen Überlappungsgebiete in Usbekistan und Indochina, in denen *major-* bzw. *minor-*Gruppen und *bokharensis-*Gruppe sich vermischen, eine „genetische Brücke" besteht. Eine kleine sympatrische Überschneidung zwischen *major-* und *bokharensis-*Gruppe besteht auch in Zentralasien.

a = Parus major major
b = Parus major bokharensis
c = Parus major minor

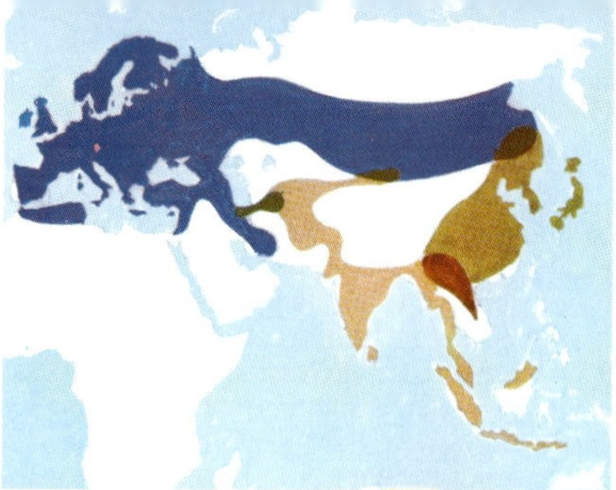

Artbildung kann in der Evolution auf 2 verschiedenen Wegen erfolgen; einmal als Prozeß der *Artumwandlung* im Laufe der Generationenfolge, zum anderen als Prozeß der *Artaufspaltung* mit der Separation als Grundvorgang.

Geographische Rassen beim Steppenzebra

Beim *Steppenzebra, Equus (Hippotigris) quagga* lassen sich mehrere geographische Rassen 2, 3, 4 unterscheiden. Ihre Kennzeichen sind die durch »Zwischenstreifen« aufgelockerte Streifung und der nach Süden hin zunehmende Abbau der Beinstreifung, der beim ausgestorbenen *Quagga* am weitesten fortgeschritten war. Das Grevyzebra 1 gehört zu einer weiteren Zebraart, die in eine andere Untergattung gestellt wird.

1 = Grevyzebra E. (Dolichohippus) grevyi
2 = Böhmzebra E. (H.) quagga böhmi
3 = Chapmanzebra E. (H.) quagga chapmani
4 = Burchellzebra E. (H.) burchelli

Geographische Rassen der Wehrenten

Abb. rechts zeigt einige der geographischen Rassen der *Wehr-* oder *Sporenente (Merganetta armata)*. Besonders bemerkenswert ist, daß vor allem die Männchen (♂) verschieden gefärbt sind, die Weibchen (♀) dagegen relativ einheitlich in ihrer Zeichnung bleiben. Die charakteristische Kopfstreifung und Schnabelfärbung der Männchen dagegen bleibt ebenso wie der weiß eingefaßte grüne »Spiegel« im Flügel nahezu unverändert. Im Verbreitungsgebiet b und e existieren noch zwei weitere Rassen.

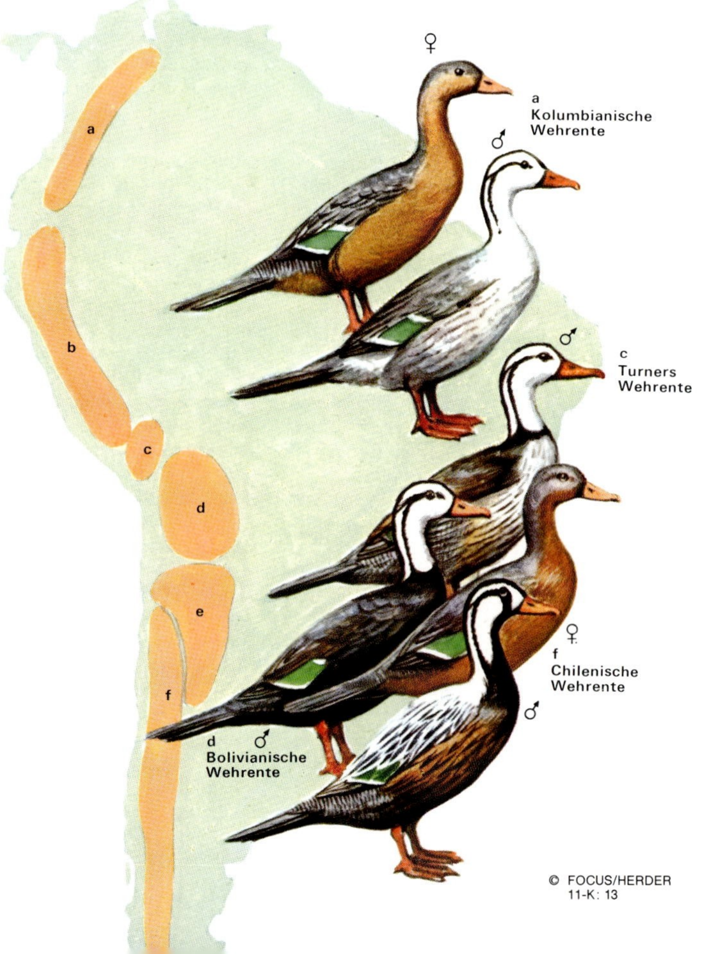

Akustische Artkennzeichen
Nahe verwandte Zwillingsarten deutscher Vögel, die in weiten Teilen ihres Verbreitungsgebietes nebeneinander vorkommen, ohne sich zu vermischen. In Gestalt und Färbung zum Verwechseln ähnlich, unterscheiden sie sich auffallend in ihren Gesängen.

Um Artbastardierungen zu vermeiden, müssen Tierarten ihren Artgenossen und Geschlechtspartner erkennen. Bei den Vögeln geschieht dies oft optisch, an charakteristischen Farbkennzeichen.

Bei den *Enten* sind die brütenden Weibchen (♀) schutzfarben und bei den verschiedenen Arten oft recht ähnlich. Die Erpel (♂) dagegen zeigen in der Fortpflanzungszeit ein artcharakteristisches Prachtkleid.

Bei den 3 einfarbig weißen europäischen Schwanenarten (a = *Zwergschwan, Cygnus bewickii*, b = *Singschwan, Cygnus cygnus*, c = *Höckerschwan, Cygnus olor*) liefern Schnabelfarbe und Form artcharakteristische Kennzeichen. Diese tragen nur die geschlechtsreifen adulten Tiere. Die Jungvögel dagegen haben eine recht einheitliche Schnabelfärbung.

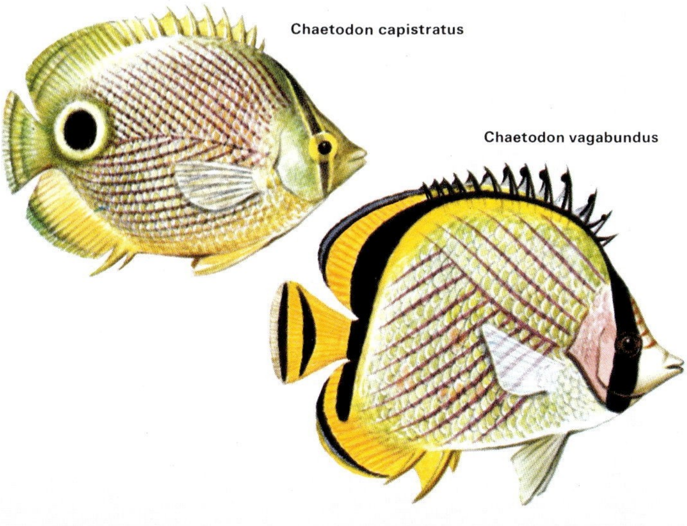

Optische Artkennzeichen bei Fischen
Zwei nahe verwandte *Korallenfische* des tropischen Atlantik unterscheiden sich auffallend in der Körperzeichnung. Daran erkennen sich diese Fische. Nur Artgenossen werden angegriffen und aus dem Revier vertrieben.

rast- [v. lat. raster bzw. rastrum = Hacke, Harke, Rechen].

gen ↗Menschenrassen (T, B) anhand menschl. Fossilien sowie als Anpassungsprozesse an verschiedenartige äußere (vorwiegend klimat.) Bedingungen; z. B. läßt sich die Hellhäutigkeit nördl. ↗Europiden als Anpassung an geringe Sonneneinstrahlung, die Dunkelhäutigkeit u. das Kraushaar („natürlicher Tropenhelm") der ↗Negriden an hohe Sonneneinstrahlung u. die kurzen Gliedmaßen, flachen Nasen u. Schlitzaugen („natürliche Schneebrille") der ↗Mongoliden als Kälteanpassung deuten.

Rassenkreis, Bez. für eine polytypische ↗Art mit mehreren Rassen. Großräumig verbreitete Arten zeigen häufig Artschranken zw. den äußersten Teilpopulationen od. U.-Arten, wenn diese künstl. oder auch natürl. zusammentreffen, obwohl zw. den benachbarten Teilpopulationen Kreuzungen stattfinden. Sind diese dazwischenliegenden Teilpopulationen nicht als U.-Arten voneinander unterscheidbar, so nennt man den R. ungegliedert *(Diachore),* sind sie aber deutl. als U.-Arten ansprechbar, so heißt der R. gegliedert *(Synchore).* ↗Formenkreis, ↗Rasse.

Rassenkreuzung, die ↗Kreuzung v. Individuen, die verschiedenen Rassen angehören. ↗Hybridzüchtung 2). Ggs.: Rassenreinzucht.

Rassenkunde, befaßt sich mit der morphologischen, serologischen und systemat. Gliederung der heutigen U.-Arten (Rassen) des ↗Menschen (↗Menschenrassen) u. ihrer Entstehung (↗Rassengenese).

Rassenreinzucht, *Reinzucht,* Zuchtmethode, bei der Vertreter der gleichen Rasse gekreuzt werden; R. wird z. B. in der Tierzucht zur Erzeugung möglichst einheitl. Linien eingesetzt u. um gewünschte Merkmale konstant zu erhalten.

Rassensystematik, systemat. Gliederung der heutigen Menschheit in die 3 Großrassen der ↗Europiden, ↗Mongoliden u. ↗Negriden u. deren Untereinheiten. ↗Menschenrassen (T, B).

Raster *s* [lat., *rast-], das Ablese-R. von m-RNA bei der ↗Translation; da Gruppen v. jeweils *drei* Nucleotiden (↗Codon) von m-RNA den Einbau *einer* Aminosäure in Protein signalisieren, sind theoret. drei R.

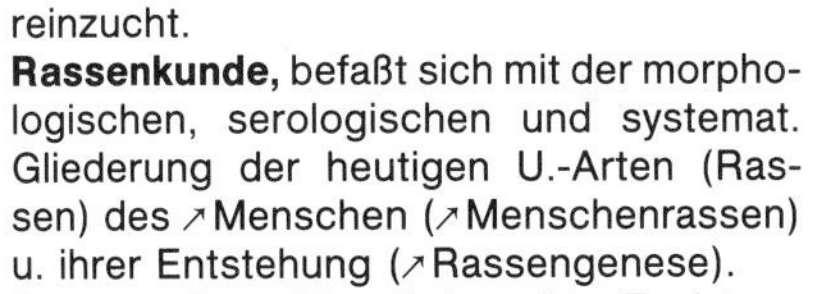

Raster

Die drei möglichen R. einer m-RNA-Sequenz

möglich; v. diesen wird jedoch nur eines (das *codogene R.*) durch den Initiationsprozeß an einem Startercodon ausgewählt u. in Aminosäuresequenzen übersetzt. (Ausnahme: ΦX174-DNA mit überlappenden Genen, die im Überlappungsbereich in zwei verschiedenen R.n translatiert werden.)

Rasterelektronenmikroskop, *Emissionsmikroskop,* Abk. *REM,* mit Elektronenstrahlen arbeitendes ↗Rastermikroskop.

Rastermikroskop, *Scanning-Mikroskop,* ↗Mikroskop-Typ, bei dem die Objektabbildung nicht als unmittelbar betrachtbares Simultanbild durch ein Linsensystem erzeugt wird, sondern in dem das Präparat je nach Darstellungsweise v. einem möglichst feinen Elektronenstrahl, Lichtstrahl, eine wenige nm dicke Elektrodenspitze od. durch auf die Objektoberfläche fokussierte Ultraschallimpulse zeilenweise abgetastet u. so in eine zeitl. Folge v. verschieden starken Einzelsignalen (Sekundärelektronen, Lichtreflexe, Echos) aufgerastert wird. Über einen Energiewandler u. einen elektron. Verstärker werden die Bildsignale dann auf einem Fernsehmonitor wieder zu einem Zeilenbild zusammengesetzt. Der hohe techn. Aufwand für die elektron. Signalverarbeitung bietet generell gegenüber Linsensystemen eine Reihe v. Vorteilen: Sonst unumgängl. linsenbedingte Abbildungsfehler (z. B. ↗Aberration, □) werden vermieden; durch die Zerlegung des Bildes in Einzelsignale lassen sich Bildhelligkeit u. Kontrast ohne zusätzl. Objektbelastung beliebig modulieren sowie Bilder digitalisieren u. speichern, u. die Vergrößerung, die sich aus dem Verhältnis des Bildschirms zum abgerasterten Objektfeld ergibt, läßt sich in vergleichsweise weiten Grenzen frei wählen. In der biol. Forschung hat v. a. das *Rasterelektronenmikroskop* (REM) od. *Scanning-Elektronenmikroskop* (SEM) für die hochauflösende räuml. Abbildung v. Oberflächenstrukturen größte Bedeutung erlangt. Hierbei wird das zuvor schonend getrocknete Präparat im Vakuum mit einem sehr eng gebündelten, zumeist einer Glühkathode (↗Elektronenmikroskop, B) entstammenden Primärelektronenstrahl (∅ 0,5–10 nm) abgetastet. Die durch diesen Elektronenbeschuß aus den getroffenen Präparatstellen herausgeschleuderten, energiearmen u. leicht ablenkbaren Sekundärelektronen werden mit einer elektr. Spannung v. etwa +100 V von einer seitl. angebrachten Netzanode (Detektor, Kollektor) „abgesaugt", die entspr. Impulse über ein Verstärkersystem (Szintillator u. Photomultiplier) auf einen Monitor geleitet, wobei sie, vom gleichen Zeilengenerator wie der Abtaststrahl gesteuert, wieder ein Zeilenbild des urspr. Objekts aufzeichnen. Zur Begrenzung der Eindringtiefe des Primärstrahls in das Objekt bzw. zu Gewinnung ausschl. von Oberflächenelektronen wird die Strahlspannung des Primärstrahls mit ca. 10 kV verhältnismäßig niedrig gehalten, was ein sehr hohes Vakuum im Mikroskoptubus erfordert. Um lokale elektrostatische Aufladungen in den Objekten zu vermeiden, müssen diese nach vorheriger strukturerhaltender Trock-

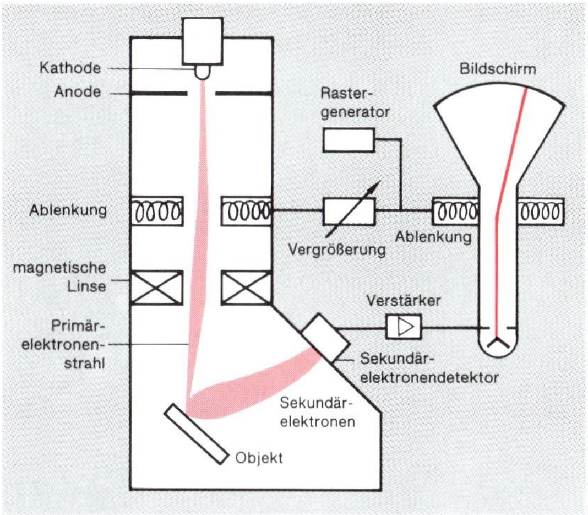

1

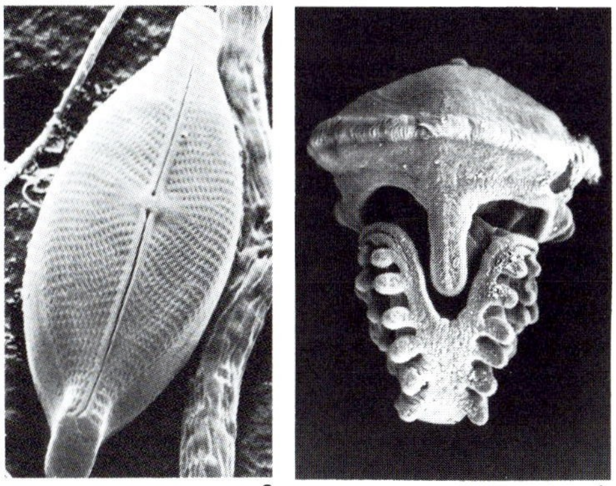

2 a b

Rastermikroskop. 1 Schemat. Aufbau eines *Rasterelektronenmikroskops* (stark vereinfacht dargestellt). **2** Rasterelektronenmikroskop. Aufnahmen **a** einer Kieselalge (Diatomee), **b** der Tornaria-Larve eines Eichelwurms

nung mit einer leitenden Metallschicht bedampft werden. Der Bildkontrast wird durch die Anzahl der v. den einzelnen Objektpunkten in den Detektor gelangenden Sekundärelektronen, also durch die Neigung der Objektpartien zum Detektor, bestimmt (Neigungskontrast). So stellt das Monitorbild das Objekt dar, als sei es vom Detektor her beleuchtet. Das Auflösungsvermögen hängt v. der Dicke des Primärelektronenstrahls u. der Zeilenzahl ab; es liegt im Durchschnitt bei 5–10 nm, im Extremfall bei 0,5 nm. Da die eng gebündelten Elektronen im Primärstrahl nahezu parallel verlaufen, ist die Schärfentiefe sehr hoch; so erhält man im REM überaus plastisch wirkende Oberflächen-(„Auflicht"-)Abbildungen der betreffenden Objekte in einem Vergrößerungsbereich zw. etwa 50facher u. 100 000facher, im Extrem 1 000 000facher Vergrößerung. Bei genügend dünnen Objekten, etwa Ultradünnschnitten (↗mikroskopische Präparationstechniken), können Sekundärelektronen auch v. einem jenseits des Präparats angeordneten Detektor empfangen werden. Diese *Raster-Transmissionselektronenmikroskopie* (STEM) bringt gegenüber der übl. Transmissionselektronenmikroskopie (↗Elektronenmikroskop) neben den zuvor gen. Vorzügen noch den Vorteil einer extrem geringen Strahlenbelastung des Objekts. Schließl. erlaubt die Verwendung speziell auf den Empfang v. Röntgen-↗Quanten geeichter Detektoren zugleich mit der Abbildung des Objekts auch die Durchführung einer hochempfindl. Elementaranalyse in einzelnen Objektpartien, da die verschiedenen chem. Elemente im Elektronenstrahl aufgrund v. Stoß-↗Ionisation Röntgenquanten (↗Röntgenstrahlen) charakterist. Wellenlänge emittieren, die v. einem passenden Detektor selektiv erfaßt werden können *(Elektronen-Mikrosonde)*. – Verschiedene neuere R.-Typen sind bis jetzt für die biol. Forschung noch v. geringerer Bedeutung, so das zuweilen in der Mikrobiologie benutzte, v.a. aber in der techn. Werkstoffprüfung eingesetzte *Laserscan-Mikroskop* mit einem Auflösungsvermögen v. etwa 0,25 μm, das die an der Objektoberfläche reflektierten Anteile eines Laserstrahls, über einen Photomultiplier verstärkt, zur Bildaufzeichnung benutzt, das jüngst entwickelte ↗*Ultraschall-* od. *Akustomikroskop* (SAM, Scanning-Acousto-Microscope), das bei einer Grenzauflösung von 0,7 μm die Möglichkeit bietet, unter der Oberfläche undurchsicht. Objekte verborgene Strukturen bis zu einer Eindringtiefe v. mehreren μm sichtbar zu machen, u. das z. Z. noch in der Entwicklung begriffene *Raster-Tunnelelektronenmikroskop* (RTM), das mit einer maximalen Auflösung v. etwa 0,6 nm Strukturen atomarer Größenordnung sichtbar macht. Es tastet mit einer haarfeinen Wolframnadel die sog. Tunnelelektronenschicht ab, eine Elektronenwolke an den Oberflächen v. Stoffen. Dazu wird die Elektrodenspitze in einer Distanz von etwa 1 nm und in einem Zeilenabstand von 0,6–1 nm (= laterale Auflösung) über die Objektoberfläche hin u. hergeführt. Beim Hinwegstreichen über Erhöhungen u. Vertiefungen in der Objektoberfläche wird die Spannung v. wenigen Volt zw. Wolframspitze u. Oberflächenelektronenschicht u. damit die Abtastentfernung zum Objekt hochkonstant gehalten. Die damit einhergehenden minimalen Auf- u. Abbewegungen in der Nadelführung in Größenordnungen von 0,01 nm (= Hundertmillionstel Millimeter!) werden über piezoelektr. Stellelemente registriert, verstärkt u. auf einem Bildschirm als Kurven zu einem dreidimensionalen Abbild der Objektoberfläche, etwa eines Proteinmoleküls, zusammengefügt. Die hierdurch mögliche, bis zu 100 000 000fache Vergrößerung erlaubt die Identifizierung einzelner Atome in einem Molekülverband. Die Bedeutung, die die-

rast- [v. lat. raster bzw. rastrum = Hacke, Harke, Rechen].

ser R.-Typ einmal für die Molekularbiologie haben wird, ist heute noch nicht abzusehen. *P. E.*

Rastermutation, engl. *frame-shift-Mutation,* Mutationsart, bei der durch Einfügen (Insertion) od. Herausnehmen (Deletion) v. (3n+1) oder (3n+2) Basenpaaren von DNA das ↗Raster der entsprechenden m-RNA verfälscht wird. Als Folge einer R. bildet sich ein mutiertes Protein, dessen Aminosäuresequenz v. der Position der R. an in praktisch allen Positionen (nicht nur in einer Position wie bei ↗Transitionen u. ↗Transversionen) verändert ist. B Mutation.

Rastrelliger *m* [v. *rast-, lat. -ger = -tragend], Gatt. der ↗Makrelen.

Rastrites *m* [v. *rast-], (Barrande 1850), zu den Monograptiden gehörende ↗Graptolithen-Gatt., die durch röhrenförm.-gerade, isoliert stehende Theken gekennzeichnet ist. Leitfossil der Graptolithen-Zone 22 (Untersilur, Llandoverium) u. für die R.-Schiefer in Schonen (S-Schweden).

Ratel *m,* der ↗Honigdachs.

Rathke, *Martin Heinrich,* dt. Anatom u. Embryologe, * 25. 8. 1793 Danzig, † 15. 9. 1860 Königsberg; seit 1829 Prof. in Dorpat, 1835 Königsberg; Schüler v. ↗Blumenbach, zahlr. anatomische u. entwicklungsphysiolog. Arbeiten über einzelne Tiergruppen (u. a. Krebse) u. den Menschen (Kreislauf, Atmungsorgane, Skelett, Geschlechtsorgane).

Rathkeidae [Mz.; ben. nach M. H. ↗Rathke], Fam. der ↗*Athecatae (Anthomedusae),* mit unscheinbaren Polypenkolonien, Medusen z. T. am Stolonennetz knospend. Die Medusen können sowohl Gonaden ausbilden als sich auch durch Knospung neuer Medusen (am Mundrohr) ungeschlechtl. fortpflanzen. Eine in der Nordsee häufige Art ist *Rathkea octopunctata.*

Rathkesche Tasche [ben. nach M. H. ↗Rathke], unpaare taschenartige Ausstülpung aus dem Mundhöhlendach der Wirbeltiere während der frühen Embryonalentwicklung. Die R. T. tritt später in Kontakt zum ↗Infundibulum des Zwischenhirns, schnürt sich vom Munddachepithel ab u. entwickelt sich zur ↗Adenohypophyse (Hypophysenvorderlappen). Stammesgeschichtl. wird die R. T. von der Hatschekschen Grube, einer Mundraumdrüse unbekannter Funktion bei *Branchiostoma* (↗Lanzettfischchen), abgeleitet. □ Hypophyse.

Rathouisia *w,* Gatt. der *Rathouisiidae* (Ord. Hinteratmer), gehäuselose Landschnecken, oft mit einem dorsalen Längskiel u. einer rechts vorn gelegenen Atemöffnung; einige ☿ Arten in China, die sich v. anderen Schnecken ernähren.

Ratten, 1) allg.: Bez. für zahlr. Säugetiere (v. a. Nagetiere) unterschiedl. systemat. Stellung (z. B. ↗Beutel-R., ↗Känguruh-R., ↗Hamster-R., ↗Madagaskar-R., ↗Mähnen-R., ↗Maulwurfs-R., ↗Taschen-R.). – 2) *Eigentl. R., Rattus,* zu den Echten ↗Mäusen (U.-Fam. *Murinae*) rechnende Gatt. mit unbekannter Artenzahl (etwa 570 Formen beschrieben!); Kopfrumpflänge 10–30 cm; Schwanz meist länger, dünn behaart. Herausragendes Merkmal der R. ist ihre enorme Anpassungsfähigkeit (u. a. an die Lebensweise des Menschen: ↗Kulturfolger). Durch hohe Fortpflanzungsrate u. geringen ökolog. Spezialisierungsgrad gelang es den R., sich v. ihrem voreiszeitl. Ursprungsgebiet (O- und SO-Asien) bis heute weltweit auszubreiten u. dabei die unterschiedlichsten Lebensräume zu besiedeln. Wichtigste R.-Arten sind ↗Hausratte u. ↗Wanderratte. (Die sog. „Laborratte" ist eine Zuchtform der Wanderratte.)

Rattenbißkrankheit, *Rattenfieber, Sodoku,* durch das Bakterium *Spirillum minor* hervorgerufene, v. a. in O-Asien auftretende Infektionskrankheit, wird auf Menschen durch Rattenbiß übertragen; mit Fieberanfällen, die über Wochen od. Monate alle 1–3 Tage auftreten, Entzündung u. Geschwür an der Bißstelle, Drüsenschwellung, Hautausschlag, Glieder- u. Kopfschmerzen.

Rattenigel, die ↗Haarigel.

Rattenkänguruhs, kleine u. urtümliche austr. ↗Känguruhs; rattenartig; kaninchengroß; verwandtschaftl. Beziehungen zu den ↗Kletterbeutlern; durch eingeführte Katzen u. Füchse v. der Ausrottung bedroht. 1) *Moschus-R.* (U.-Fam. *Hypsiprymnodontinae*); nur 1 Art *(Hypsiprymnodon moschatus),* mit 5zehigen Hinterfüßen. 2) *Eigentl. R.* (U.-Fam. *Potoroinae*); 1. Hinterfußzehe reduziert; 5 Gatt. (mit zus. 8 Arten): Breitkopf- († *Potoroops*), Kaninchen- *(Potorous),* Nacktbrust- *(Caloprymnus),* Bürstenkänguruhs od. Opossumratten *(Bettongia),* Rote od. Große R. *(Aepyprymnus).*

Rattenkönig, hpts. bei halbwüchsigen Ratten auftretende Erscheinung, daß mehrere Tiere (wahrscheinl. im Nest) ihre Schwänze ineinander verschlingen. Ist das Schwanzknäuel durch Knoten und Verkleben (Schmutz, Wundkrusten) unentwirrbar, kann der „R." nicht überleben.

Rattennattern, *Zaocys,* Gatt. der Nattern, in SO-Asien beheimatet; größter Vertreter (bis 3,7 m lang) ist die Gekielte R. *(Z. carinatus)*; bes. in der Umgebung v. Shanghai häufig ist die flinke *Z. dhumnades,* die sich v. a. an Teichen u. Kanälen v. Fröschen ernährt.

Rattenschlangen, *Asiatische R., Ptyas,* Gatt. der Nattern, ungiftig, schlank, sehr gewandt, ernähren sich v. verschiedenen Wirbeltieren (nicht nur v. Ratten). Bekannteste Vertreter sind der angriffsfreudige Dhaman (*P. mucosus;* Gesamtlänge bis 3,7 m), der in Indien, Afghanistan, S-China, auf Sri Lanka u. Java lebt, wie eine Kobra den Hals S-förmig (allerdings senkrecht) zurücklegt u. diesen durch Abplatten bzw. Aufblasen unter Fauchen u. Zischen verbreitert, sowie die Gelbbäuchige R. *(P. korros)* S-Chinas, die im O-Himalaya bis in 1500 m Höhe anzutreffen ist.

Rattenschwanz, *R.larven,* Larven einiger Schwebfliegen. [Eigentl. ↗Ratten.

Rattus *m* [v. frz. rat, it. ratto = Ratte], die

Ratz *m,* volkstüml. Bez. für den Eur. Iltis u. die Ratte.

Raubameise, *Blutrote R., Formica sanguinea,* ↗Schuppenameisen.

Raubbeine, die ↗Fangbeine.

Raubbeutler, *Dasyuridae,* Fam. der ↗Beuteltiere, deren maus- bis hundegroße Vertreter sich überwiegend von tier. Kost ernähren; 3 U.-Fam. mit 16 Gatt. und insgesamt 46 Arten in der Austr. Tierregion. Unter allen rezenten Beuteltieren haben die R. durch ihr Gebiß (vollständige Schneidezahn-Ausstattung) u. den urspr. gebliebenen Hinterfuß (getrennte Zehen) noch die größte Ähnlichkeit mit den ursprünglichsten Beuteltieren, den am. ↗Beutelratten *(Didelphidae),* erhalten. Innerhalb der R. weist die Gebißausbildung allmähl. Übergänge v. den insektenfressenden ↗Beutelmäusen *(Phascogalinae)* über die allesfressenden ↗Beutelmarder *(Dasyurinae)* bis zum ausschl. fleischfressenden ↗Beutelwolf *(Thylacininae)* auf. Der jeweiligen Ernährungsweise entspr. auch Anpassungen an unterschiedliche Lebensräume (↗adaptive Radiation, B). – Die aus dem Tertiär S-Amerikas bekannten R. *(Borhyaenidae)* sind nach Simpson mit den austr. R.n nicht näher verwandt; beide sind unabhängig voneinander aus Beutelratten-Vorfahren hervorgegangen.

Räuber, *Episiten, Prädatoren,* Tiere, die im Ggs. zu Parasiten (↗Parasitismus) größer sind als ihre Beute, dementspr. zum Leben meist mehrere Beuteorganismen benötigen u. sie sofort töten.

Räuber-Beute-Verhältnis, *Räuber-Beute-Beziehung,* Wechselwirkung in einem Bisystem aus Räuber u. Beute *(Räuber-Beute-System).* Die daraus resultierende, oft zeitl. versetzte Zu- u. Abnahme der Populationen v. Räubern u. Beuteorganismen ist mit Hilfe mathemat. Modelle in gewissem Grade voraussagbar (↗Lotka-Volterra-Gleichungen). ↗Feind-Beute-Beziehung, ↗Parasitismus.

Raubfische, Sammel-Bez. für Fische, die sich räuberisch v. anderen Fischen od. Kleintieren ernähren, z.B. Hecht, Bachforelle, Flußbarsch u.a. (im Süßwasser), Haie, Kabeljaue u.v.a. (im Meer). Ggs.: ↗Friedfische.

Raubfliegen, *Jagdfliegen, Asilidae,* Fam. der ↗Fliegen mit insgesamt ca. 5000 weltweit verbreiteten Arten, ca. 200 in Mitteleuropa. Der bis 35 mm große Körper der Imagines ist je nach Art kräftig bis libellenartig-schlank; die Färbung ist verschieden. Charakterist. am kurzen, gut bewegl. Kopf ist eine tiefe Einsenkung zw. den großen, vorgewölbten, weit auseinanderliegenden Komplexaugen, in der auf einer kegelförm. Erhebung 3 Punktaugen sitzen. Eine dichte Beborstung um den kräftigen, etwa kopflangen Stech-Saugrüssel erinnert im Aussehen an einen Bart. Die Antennen sind wie bei allen Fliegen dreigliedrig. Die Brust ist bei vielen Arten hochgewölbt u. trägt 3 Paar meist stark beborstete Beine sowie 1 Paar Flügel. Auffallend am Hinterleib sind die glänzenden, kaum behaarten Genitalsegmente. Der Kopulation geht eine Flugbalz des Männchens voraus. Die Eier werden mit einer Legeröhre auf od. in den Erdboden od. aber in pflanzl. Material gelegt. Die Larven ernähren sich räuberisch od. von Pflanzen. Die Imagines leben ausschl. räuberisch v. Insekten, die sie v. Plätzen, die die Umgebung überragen, erspähen u. meist im Flug mit den Beinen packen. Der Chitinpanzer der oft größeren Beutetiere wird mit dem Hypopharynx durchstoßen, der injizierte Speichel enthält wahrscheinl. lähmendes Gift sowie Verdauungsenzyme. Die Beute wird im Sitzen, auf dem Rüssel aufgespießt, ausgesaugt. Die Beutespezifität ist vermutl. gering u. nur durch die oft enge Biotopbindung der R. bedingt. Häufig auf Lichtungen, Waldrändern u. Kahlschlägen sind die Arten der stark behaarten, gedrungen gebauten, bis 3 cm großen Mordfliegen (Gatt. *Laphria*). Die langbeinigen Wolfsfliegen (Gatt. *Dasypogon*), besonders *D. teutonus,* erbeuten häufig Honigbienen. Sandige Plätze mit geringem Pflanzenwuchs bevorzugt die Hornissenraubfliege *(Asilus crabroniformis)* mit konisch geformtem Hinterleib u. schwarz-gelber Färbung. An Libellen erinnert die Körperform der auf Wiesen u. im Gebüsch lebenden Arten der Gatt. *Leptogaster.* B Insekten II.

Raubfliegen

Mordfliege *(Laphria spec.)*

Raubkäfer, die ↗Kurzflügler.

Raubmilben, *Cheyletidae,* Familie der ↗*Trombidiformes* mit langen Beinen u. stilettförm. Cheliceren, mit denen die Beute ausgesaugt wird. *Cheyletus eruditus* jagt v.a. andere Milben, die mit den verdickten Palpen gegriffen werden. Vertreter der Gatt. *Syringophilus* leben in den Federspulen v. Vögeln; Beute sind andere im Gefieder vorkommende Milben. Vom Fett der Haarfollikel v. Mäusen, Maulwürfen u.a. ernähren sich die Arten der Gatt. *Myobia;* mit sichelförm. langen Krallen bewegen sie sich geschickt kletternd zw. den Haaren.

Raubmöwen, *Stercorariidae,* Fam. brauner möwenähnl. Seevögel der Arktis u. Antarktis mit 1 Gatt. *(Stercorarius)* und 6 Arten. Aussehen z.T. sehr ähnl., so daß Unterscheidung v.a. von Jungvögeln oft sehr schwierig; kommen in hellen u. dunklen Farbphasen vor, je nach Art mit unterschiedl. stark verlängerten mittleren Schwanzfedern; Hakenschnabel, gewinkelte Flügel, spitze Krallen; jagen als Beuteparasiten oft Möwen, Seeschwalben u.a. Wasservögeln die Nahrung ab; nisten am Boden in Moor- u. Tundragebieten; 1–2 Eier, am Brutplatz recht angriffslustig; wandern auf dem Zuge an Küsten entlang u. erscheinen gelegentl. auch im Binnenland. Am häufigsten die Schmarotzer-R. (*S. parasiticus,* B Polarregion I), die ebenso wie die kleinere Falken-R. (*S. longicaudus,* B Europa II) auch im nördl. Europa brütet. Stumpfe gedrehte mittlere Steuerfedern besitzt die Spatel-R. *(S. pomarinus).* Die kräftigste Art ist die etwa bussardgroße Skua (*S. skua,* B Polarregion IV), die ein bes. auffälliges weißes Flügelfeld trägt; sie jagt selbst Tölpeln die Beute ab; brütet auf nordwesteur. und antarkt. Inseln.

Raubschnecken, volkstüml. Bez. für nichtverwandte Landlungenschnecken wie ↗*Daudebardia,* ↗*Poiretia* u. ↗Rucksackschnecken, die sich v. anderen Schnecken u. Würmern ernähren; sie sind sehr bewegl. und haben ein dünnes, oft reduziertes Gehäuse sowie eine mit dolchförm. Zähnen ausgestattete Reibzunge (Konvergenzen!).

Raubspinnen, *Pisauridae,* Fam. der ↗Webspinnen mit ca. 400 Arten; in Mitteleuropa nur 2 Arten der Gatt. ↗*Pisaura* u. ↗*Dolomedes.* Innerhalb der R. gibt es sowohl Arten, die frei jagen, als auch solche, die ein Netz ähnl. dem Deckennetz der Trichterspinnen zum Beutefang benutzen. Bis 3 cm Körperlänge erreichen die Arten der Gatt. *Thalassius* (Afrika, S-Asien, Austr.), die sogar kleine Wirbeltiere (Frösche) fressen od. an Gewässern Fische fangen. Die meisten R. tragen den Eikokon in den Cheliceren.

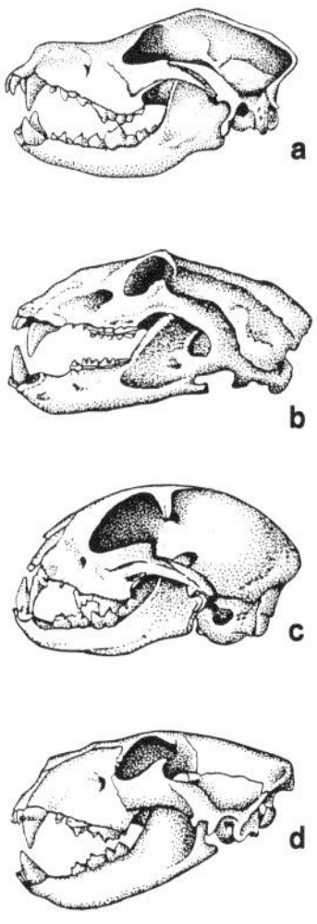

Raubtiere

Schädel von **a** Hund, **b** Braunbär, **c** Hauskatze, **d** Löwe

Raubtiere, *Karnivoren, Carnivora,* Ord. der Säugetiere, deren meiste Vertreter sich überwiegend v. Fleisch anderer Wirbeltiere ernähren. Ihre Beute ergreifen die landlebenden R. im Sprung od. aus dem Laufen heraus mit Hilfe v. scharfen ↗Krallen (☐) u. einem kräftigen Gebiß. Daneben gibt es R., die z.T. von Aas (↗Aasfresser) leben (z.B. Wildhunde, Hyänen), die hpts. Wirbellose verzehren (v.a. die kleineren R.), die zusätzl. Früchte als Nahrung nehmen (z.B. ↗Dachse) od. sogar Pflanzenkost bevorzugen (z.B. ↗Bambusbär). R. verfügen über ausgeprägte Sinnesleistungen, wobei (gruppenspezifisch) der Gesichtssinn, das Hör- od. das Riechvermögen dominiert. Nachtaktive R. (z.B. ↗Katzen) besitzen ein auffallendes Tapetum lucidum (↗Netzhaut, ↗Augenleuchten). Unter den R.n gibt es Einzelgänger u. gesellige Arten. Einige R. halten Winterruhe (z.B. Dachse), aber keinen echten Winterschlaf. Das typ. Raubtiergebiß (B Verdauung II–III) ist der Fleischnahrung angepaßt; urspr. Zahnformel: $\frac{3 \cdot 1 \cdot 4 \cdot 3}{3 \cdot 1 \cdot 4 \cdot 3}$. Dolchförmige ↗Eckzähne dienen als ↗Fangzähne; die sog. ↗Reißzähne bilden eine Art ↗Brechschere. Da R. den Unterkiefer nur auf- u. abwärts (nicht aber seitwärts) bewegen können, ist ein mahlendes Kauen nicht möglich. Der hohen Beweglichkeit des Körpers dient u.a. die Reduktion des Schlüsselbeins (↗Clavicula). Die meisten R. treten nur mit den Zehen auf (↗Digitigrada); Sohlengänger (↗Plantigrada) sind die Marder u. Bären. Die Pfoten der R. haben meist vorne 5 und hinten 4 Zehen, ohne Opponierbarkeit v. Daumen od. Großzehe. – R. spielen eine bedeutende Rolle bei der Bestandsregulierung ihrer Beutetiere; wo der Mensch sie ausgerottet hat, muß er lenkend eingreifen. Mit dem Haushund u. der Hauskatze entstammen den R.n 2 wichtige Haustiere des Menschen. Unter den rezenten R.n unterscheidet man (mehr nach ihrem Lebensraum als nach verwandtschaftl. Gesichtspunkten) 2 U.-Ord.: ↗Land-R. *(Fissipedia)* und Wasser-R. (*Pinnipedia,* ↗Robben). – Stammesgeschichte u. Klassifikation der *fossilen R.* sind bisher nicht befriedigend geklärt. Hauptgrund dafür ist die Tatsache, daß im Ältesttertiär u. weit darüber hinaus Unterschiede zw. den R.n und anderen Säugetiergruppen wesentl. unschärfer ausgeprägt waren als heute. So werden manche Taxa der Ur-R. *(↗Creodonta)* je nach Auffassung der Autoren z.B. den ↗Huftieren, ↗*Condylarthra* od. ↗*Deltatheridia* zugewiesen. Selbst für das Miozän gilt noch, daß sich z.B. in den ↗*Amphicyonidae* hunde-, bären- und katzenart. Merkmale mischen u. die taxonom. Bewertung entspr. beeinflussen. Fossile R. werden v.a. aufgrund des Besitzes einer Brechschere erkannt. Die Land-R. mit insgesamt ca. 274 fossilen Gatt. reichen bis ins mittlere Paleozän zurück. Sie werden im allg. v. den Miaciden (Superfam. *Miacoidea* Simpson 1931) abgeleitet, die man urspr. zur Grundlage der *„Creodonta adaptiva"* erwählt hatte. Aus ihnen sind im Eozän sowohl die *Canoidea* (Hunde-, Bären-, Marder- u. Waschbärenartige) wie auch die *Aeluroidea* (Schleich- u. Zibetkatzen, Hyänen- u. Katzenartige) hervorgegangen, die einzelnen Fam. jedoch zu verschiedenen Zeiten. Haushund u. Hauskatze haben ihre ältesten Gattungsgenossen in *Canis cipio* Crusafont aus dem span. Obermiozän (Turolium) u. einigen *Felis*-Arten aus dem eur. Obermiozän (Vallesium, z.B. *„F. prisca"* Kaup v. Eppelsheim). Der älteste echte Bär *(↗Ursavus)* tauchte im eur. Untermiozän (Burdigalium) auf (↗Tertiär). *H. Kör./S. K.*

Raubvögel, *Raptatores,* veraltete Bez. für ↗Greifvögel.

Raubwanzen, *Schreitwanzen, Reduviidae,* Fam. der ↗Wanzen (Landwanzen) mit ca. 3000 v.a. tropischen Arten, in Mitteleuropa nur 10. R. sind bis 3 cm lange, meist kräftig gebaute, längliche, i.d.R. voll geflügelte Insekten. Der frei bewegl. Kopf trägt stets gekniete Antennen mit 4 bis 40 Gliedern;

der kräftige Saugrüssel liegt in der Ruhe an der Unterseite der Vorderbrust. Die Vorderbeine sind bei manchen Arten als Fangbeine ausgebildet. Die R. ernähren sich v. Gliedertieren, die sie mit einem Stich betäuben u. dann aussaugen. Einige Arten verursachen auch beim Menschen schmerzhafte Stiche; Arten der südam. Gatt. *Triatoma* können dabei auch die die ↗Chagas-Krankheit verursachenden Trypanosomen übertragen. Die einheim., bis 18 mm große Kotwanze (Schnabelwanze, Staubwanze, Große Raubwanze), *Reduvius (= Opisicoetus) personatus,* ist durch Schmutz- u. Staubteilchen, die an der klebr. Körperbehaarung haftengeblieben sind, grau bis dunkelbraun gefärbt; sie jagt auch in Häusern Spinnen u. kleinere Insekten. Zu den großen, schwarz-rot gefärbten Mordwanzen (Gatt. *Rhinocoris = Harpoctor*) gehört die Rote Mordwanze *(R. iracundus),* die kleine Hautflügler u. Zweiflügler beim Blütenbesuch erbeutet. Für R. ungewöhnlich zart gebaut sind die Mückenwanzen (Gatt. *Empicoris*); die Art *E. vagabundus* jagt v.a. im Gebüsch kleine Insekten.

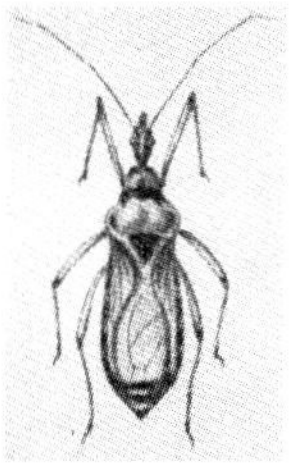

Raubwanzen

Rote Mordwanze *(Rhinocoris iracundus)*

Raubwelse, *Clariidae,* artenreiche Fam. der Welse; räuberische, langgestreckte, aalartige, v. Afrika bis SO-Asien verbreitete Süßwasserfische mit 4 Paar langer Barteln und zusätzl. Atmungsorgan für atmosphär. Luft im oberen Teil der Kiemenhöhle; können kleine Strecken über Land wandern. Viele Arten v.a. der Gatt. *Clarias* (B Fische IX) sind wicht. Speisefische.

Räuchern, Verfahren zur ↗Konservierung v. Fleisch, Wurst u. Fisch, bei dem Rauch v. schwelenden Hölzern (v.a. Buche, Eiche, Erle) den Wassergehalt v. der Oberfläche des Räucherguts absenkt (10–40%) u. gleichzeitig Geschmacksstoffe sowie antimikrobielle Substanzen einbringt (z.B. Phenole, Kresole, Aldehyde, Essigsäure, Ameisensäure). Die Aromatisierung kann durch Zugabe v. harzhaltigem Holz, Wacholderbeeren, Heidekraut u.a. verstärkt werden. Durch abgelagerte Rußteilchen entsteht eine fettig-schwarze Oberfläche. Auf stark geräucherter Räucherware wurden auch ↗cancerogene polycyclische Kohlenwasserstoffe nachgewiesen (z.B. ↗Benzpyren); bei sachgemäßem R. werden diese Substanzen jedoch nicht oder nur in unbedenkl. Mengen gebildet. Nach der Temp. wird zw. *Kalt-R.* (18–25 °C, z.B. bei Rohwürsten u. Pökelfleisch; ↗Pökeln), *Warm-R.* (bis 28 °C, z.B. frische Rohwürste) u. *Heiß-R.* (60–120 °C, z.B. ungesalzene Fische, Brühwürste) unterschieden. Die Räucher-Dauer kann zw. wenigen Stunden (z.B. Fisch) u. mehreren Wochen (z.B. Schinken) betragen. R. ist eines der ältesten Konservierungsverfahren.

Rauchgasschäden, *Rauchschäden,* Spezialfall der *Immissionsschäden* (↗Immissionen), Bez. für die durch *Rauchgase* (↗Abgase, ↗Luftverschmutzung) auftretenden Schäden an Organismen u. Sachgütern. Bei Menschen u. Tieren sind R. äußerlich meist nicht sichtbar, können jedoch innere Erkrankungen (z.B. der Atemwege) zur Folge haben. Pflanzen reagieren i.d.R. empfindlicher auf Rauchgase. Schäden entstehen an Blättern, Nadeln u. Wurzeln durch Zerstörung der Plasmagrenzschichten, Störung der Funktionen der Zellorganelle u. Enzyme, in den Chloroplasten durch Abbau des Chlorophylls zum braunen Phaeophytin u.a. Geschädigte Pflanzen sind äußerl. gekennzeichnet u.a. durch fahlgrüne Verfärbung, Gelbspitzigkeit, Spitzen- u. Randnekrosen, vorzeitiges Vergilben u. verfrühten Blattfall (↗Waldsterben). Da einige Pflanzen bes. empfindlich auf Luftverunreinigungen reagieren (z.B. ↗Flechten; B I), ist das Fehlen solcher Organismen od. ihre verminderte Vitalität ein Hinweis für den Grad der Luftverschmutzung (↗Bioindikatoren, ↗Flechtenwüste). Die bei Sachgütern auftretenden R. sind v.a. auf das ↗Schwefeldioxid zurückzuführen, das Metalle (z.B. ungeschützten Stahl, Zink, Kupfer, Messing) korrodieren läßt u. Baustoffe angreift (z.B. Zersetzung v. Kalk, Sandstein, Beton). ↗saurer Regen.

Räude, Befall u. Zerstörung der Haut v. Tieren, v.a. auch v. Nutz- u. Haustieren wie Rind, Schaf, Pferd, Hund, Katze, Hühnervögeln, durch in der Haut grabende Milben *(R.milben,* z.B. *Sarcoptidae, Psoroptidae, Knemidocoptidae).* Führt zu Juckreiz, Haarausfall, Verhornung u. wird oft durch bakterielle Sekundärinfektionen verschlimmert. ↗Gams-R., ↗Katzen-R., ↗Kalkbeinmilbe, ↗Krätze.

Räudemilben, Vertreter u.a. der Gatt. *Sarcoptes* u. *Notoedres* (↗Sarcoptiformes).

Rauhblattgewächse, *Borretschgewächse, Boraginaceae,* weltweit v.a. in den gemäßigten und subtrop. Zonen verbreitete Fam. der ↗*Polemoniales* mit rund 2000 Arten in etwa 100 Gatt. (vgl. Tab.). Ein- bis mehrjähr. Kräuter (hpts. in gemäßigten Breiten) u. Sträucher od. Bäume (in trop. Gebieten) mit ungeteilten, stechend borstig behaarten Blättern u. in wickeligen Blütenständen angeordneten Blüten. Diese 5zählig, i.d.R. radiär u. meist zwittrig, mit weißer, gelber, rosaroter od. blauer Krone in Stielteller- bis Glockenform. Neben den 5 Staubblättern sind der Blütenkrone häufig farblich abstechende Schlundschuppen eingefügt. Der oberständ., von einem Diskus umgebene Fruchtknoten besteht aus 2 verwachsenen Fruchtblättern; die Frucht zerfällt in reifem Zustand meist in 4 einsamige Teilfrüchte (↗Klause). In chem. Hinsicht interessant ist das verbreitete Auftreten v. Kieselsäure, v. Pyrrolizidin-Alkaloiden sowie v. ↗Allantoin als Stickstoff-Speicher- bzw. Transportform. – Ausgesprochene Xero-

Rauhblattgewächse

Wichtige Gattungen:

↗Alkanna
↗Beinwell *(Symphytum)*
↗Borretsch *(Borago)*
↗Himmelsherold *(Eritrichum)*
↗Hundszunge *(Cynoglossum)*
↗Igelsame *(Lappula)*
↗Krummhals *(Lycopsis)*
↗Lungenkraut *(Pulmonaria)*
Mertensia
↗Mönchskraut *(Nonea)*
↗Nabelnüßchen *(Omphalodes)*
↗Natternkopf *(Echium)*
↗Ochsenzunge *(Anchusa)*
Onosma
↗Scharfkraut *(Asperugo)*
↗Sonnenwende *(Heliotropium)*
↗Steinsame *(Lithospermum)*
↗Vergißmeinnicht *(Myosotis)*
↗Wachsblume *(Cerinthe)*

phyten mit bes. steifer Behaarung u. tiefreichenden Wurzeln sind die etwa 100 Arten der vom Mittelmeerraum bis nach W-China verbreiteten Gatt. *Onosma* (Lotwurz). Eine Reihe von R.n dienen als Zierpflanzen: ↗Sonnenwende, Blauglöckchen *(Mertensia)*, ↗Vergißmeinnicht, ↗Lungenkraut u. ↗Natternkopf, od. als Heilpflanzen: ↗Beinwell, ↗Borretsch, ↗Lungenkraut u. ↗Ochsenzunge. Beinwell wird auch als Grünfutterpflanze verwendet, während Borretsch ein beliebtes Küchengewürz ist. *Alkanna tinctoria* (↗Alkanna) liefert einen vielseitig nutzbaren roten Farbstoff.

Rauhfüße, die ↗Rauhfußröhrlinge.

Rauhfußhühner, *Tetraonidae,* Fam. der ↗Hühnervögel mit 17 Arten in kalten u. gemäßigten Breiten der N-Halbkugel; Standvögel; besitzen in Anpassung an die kalten u. schneereichen Winter des Brutgebietes ein dichtes Federkleid, befiederte Läufe, Füße und z.T. Zehen sowie mit Federn bedeckte Nasenlöcher; die größeren Männchen mit auffallenden Brutkleidern u. lebhaft gefärbten nackten Hautstellen an Kopf u. Hals, bei der Balz vielseitige Lauterzeugung; die tarnfarben braunen Weibchen brüten allein. Ernähren sich v. Beeren, Knospen, Blättern, Insekten und v.a. im Winter v. Nadeln der Nadelholzbäume; kleine Quarzsteinchen, die mit der Nahrung aufgenommen werden, zerreiben in einem kräft. Muskelmagen harte Partikel; die schwer verdaul., cellulosehalt. Bestandteile werden in dem ungewöhnl. langen Blinddarm (bis 52 cm) chem. aufgeschlossen; der Blinddarmkot („Falzpech") unterscheidet sich vom normalen Kot durch seine schwarzbraune Farbe u. zähe Konsistenz. Die größte Art der R. ist das ↗Auerhuhn *(Tetrao urogallus).* Der Bestand des v.a. in borealen und subarkt. Waldgebieten Eurasiens verbreiteten Birkhuhns (*Lyrurus tetrix,* [B] Europa VIII, [B] Vogeleier II) hat in mitteleur. Brutgebieten (Moore, Gebirgswälder) katastrophal abgenommen (nach der ↗Roten Liste „vom Aussterben bedroht"); Ursachen sind Zerstörung der Moore, Waldbewirtschaftung u. Tourismus. Die Männchen vollführen eine imposante Arenabalz mit auffälligen Bewegungen u. Körperhaltungen u. „kullernden" Balzstrophen; hiervon leitet sich der Schuhplattler-Volkstanz ab. Unterholzreiche Wälder an warmen Hängen bewohnt das „stark gefährdete", unscheinbar gefärbte Haselhuhn (*Tetrastes bonasia,* [B] Europa X); meisenart. hohe wispernde Stimme des balzenden Hahns. Bes. an das Leben in schneereichen Regionen sind die ↗Schneehühner *(Lagopus)* angepaßt; amerikan. Steppenbewohner sind die ↗Präriehühner *(Centrocercus, Tympanuchus).*

rauhfüßig, gesagt v. befiederten Vogelbeinen, z.B. beim Rauhfußbussard, Rauhfußhuhn usw.

Rauhfußhühner

1 Birkhuhn *(Lyrurus tetrix),* oben Henne, unten Hahn.
2 Hahn des *Rackelhuhns.* Das Rackelhuhn ist ein unfruchtbarer Bastard zw. Auer- u. Birkhuhn (meist Auerhenne u. Birkhahn), bes. in Skandinavien; der Hahn ist ca. 75 cm lang, schwarz gefärbt mit violettglänzender Brust; das etwa 60 cm lange Weibchen ähnelt der Birkhenne und ist oft hahnenfedrig.

Weg-Rauke *(Sisymbrium officinale)*

Rauhfußröhrlinge, *Rauhfüße, Leccinum,* Gatt. der Röhrlinge, Hutpilze, deren Stiel mit dunklen, rauhen Fasern od. Schuppen besetzt ist. Das weiße bis graue, seltener gelbe röhrige Hymenium ist um den Stiel mehr od. weniger stark eingebuchtet u. quillt bei alten Pilzen am Hutrand vor. Die trockene Huthaut ist matt. In Europa ca. 20 Arten (Laubholzmykorrhizapilze). Weit verbreitet sind die ↗Rotkappen u. der Birkenpilz (Kapuzinerpilz, Graukappe, *L. scabrum* S. F. Gray), der häufig unter Birken zu finden ist; sein Hut (∅ 5–14 cm) ist graubraun bis braun, seltener grau; das Fleisch ist relativ weich, nicht schwärzend u. der weißl. Stiel mit grauen bis graubraunen Schuppen besetzt; er ist eßbar, roh möglicherweise giftig.

Rauhhaie, die ↗Walhaie.

Rauke *w* [v. lat. eruca = R., Wilder Kohl], *R.nsenf, Sisymbrium, Sisymbryum,* Gatt. der Kreuzblütler mit (je nach Auffassung) 80 bis 150 Arten in den gemäßigten Zonen. In Mitteleuropa zu finden ist u.a. die Weg-R. *(S. officinale),* ein 1jähr., borstig behaartes Kraut mit fiederspalt. Blättern u. blaßgelben, in zunächst doldentraubigen, später langgestreckten Blütenständen angeordneten Blüten. Die heute weltweit verbreitete Pflanze wächst in den Unkrautfluren v. Schuttplätzen, Wegrändern u. Ufern u. ist als Stickstoffzeiger ein alter Kulturbegleiter.

Raukenkohl, *Eruca,* mit ca. 5 Arten v.a. im südwestl. Mittelmeerraum heimische Gatt. der Kreuzblütler; 1–2jähr., behaarte Kräuter mit leierförm. bis fiederteil. Blättern u. gelben oder weißl. bis lilafarbenen Blüten. Von bes. Interesse ist *E. sativa,* die Garten- oder Ölrauke (auch Senfkohl), die bereits im Altertum als Heil-, Salat- u. Gewürzpflanze geschätzt wurde. Während *E. sativa* in Mitteleuropa heute nur noch vereinzelt (aus den Kulturen früherer Jhh. verwildert) an Wegen u. in Gärten wächst, wird die Pflanze im Mittelmeergebiet sowie Vorder- u. Zentralasien noch in größerem Umfang, v.a. wegen ihrer Samen, angebaut. Diese werden gemahlen zu Senf verarbeitet od. zur Gewinnung v. Öl ausgepreßt. Die Preßrückstände dienen als Viehfutter.

Raumkonstanz, in der Wahrnehmungspsychologie angewandter Begriff für die Erscheinung, daß trotz Augen- u. Körperbewegung die räuml. Umgebung als ruhend erlebt wird.

räumliches Sehen, *plastisches Sehen,* ↗binokulares Sehen; ↗Auge.

Raumorientierung, ↗Orientierung eines Tieres im Raum (Gleichgewichtssinn), bes. bei freibewegl. Tieren; Grundlage der meisten Verhaltensmöglichkeiten. Zur R. gehört die Bestimmung der Position des eigenen Körpers in Bezug zur Umwelt u. die gezielte Bewegung (↗Fortbewegung, ↗Taxien) in der Umgebung.

Raupe, *Eruca, eruciforme Larve,* dem Eistadium folgender polypoder, walzenförm. Larventypus einiger Insektengruppen; charakterist. für ↗Schmetterlinge, ↗Blattwespen (After-R.n) u. ↗Schnabelfliegen, bei denen auch der Hinterleib mit stummelförm. Gliedmaßen, die mit Hafteinrichtungen versehen sind, ausgestattet ist; sie dienen der Fortbewegung (↗Afterfuß, □). R.n haben kauende Mundwerkzeuge mit kräftig entwickelten Mandibeln; sie sind fast ausschl. phytophag und im Metamorphosezyklus das eigtl. Stadium der Nahrungsaufnahme, bei Schmetterlingen kann es auch zur Ausbreitung beitragen. Die Kopfkapsel trägt seitlich ↗Stemmata (Ocellen), Labialdrüsen sezernieren Spinnfäden für ↗Gespinste, ↗Kokons, ↗R.nnester u. a.; R.n können unscheinbar tarnfarben grün od. braun sein, mitunter aber auch grell bunt ([B] Mimikry II), bedornt (↗Dorn-R.n, ↗Fleckenfalter) od. dicht behaart (↗Bärenspinner) sein. Sie häuten sich i. d. R. 4- bis 5mal bis zur Verpuppung. ↗Larven, ↗Insektenlarven, ↗Puppe; [B] Metamorphose, [B] Schädlinge.

Raupenfliegen, *Larvaevoridae, Tachinidae,* Fam. der ↗Fliegen mit insgesamt ca. 5000, in Mitteleuropa ca. 500 Arten. Der Körper der Imagines ist je nach Art verschieden groß, stark beborstet, meist gedrungen u. hat mit 2 Paar Flügeln, kurzen, 3gliedrigen Antennen u. leckend-saugenden Mundwerkzeugen das typ. Aussehen der Fliegen. Sie ernähren sich v. Nektar u. faulenden organ. Stoffen. Die Larven leben endoparasit. in Larven u. Imagines der verschiedensten Insekten, nicht nur in den Raupen der Schmetterlinge. Um die meist 100 bis 200 Eier in od. in die Nähe des Wirtes zu bringen, wenden die R. verschiedene Methoden an: Manche Weibchen legen ihre Eier mit einem Legebohrer direkt in den Körper (z. B. die Gatt. *Blondelia* u. *Compsilura*), andere kleben sie direkt an die Oberfläche od. unter Flügeldecken (z. B. *Cystogaster globosa)* und ähnl. Falten am Körper des Wirtes. Wieder andere R. legen die Eier in die Umgebung des Wirtes, den die Larven dann aktiv erreichen müssen. Die dadurch verringerte Wahrscheinlichkeit der Wirtsfindung wird durch eine höhere Anzahl abgelegter Eier (bis zu 5000), gut entwickelten Geruchssinn u. besonderes Verhalten der Larven ausgeglichen. Die Larven einiger R., sog. Platzwinker (z. B. *Ernestia rudis*), führen dazu bei geringsten Erschütterungen pendelnde Körperbewegungen aus. Viele R.-Larven schlüpfen sofort nach der Eiablage (Ovoviviparie). Die Anzahl der Larven pro Wirtstier, die Entwicklungsdauer sowie die Wirtsspezifität sind v. Art zu Art verschieden. Der Wirt geht durch den Befall *(Tachinose)* meist zugrunde; die R. sind daher bei der Verhinderung v. Schädlingskalamitäten u. für die ↗biol. Schädlingsbekämpfung außerordentl. bedeutend. So waren z. B. bei einer Massenvermehrung der ↗Forleule *(Panolis flammea)* 96% der Raupen befallen (tachiniert). Die Art *Ernestia rudis* parasitiert bei verschiedenen Schmetterlingsraupen, bes. Eulen; *Ceromasia inclusa* bei den Larven der *Diprionidae.* Die ca. 12 mm große Igelfliege *(Echinomyia fera)* fällt durch eine bes. reiche, abstehende Beborstung am Hinterleib auf.

Raupennester, Nester aus Gespinstfäden, oft unter Einbeziehung v. Pflanzenteilen mit Haaren, Kot u. Häutungsresten, in denen sich Schmetterlings-↗Raupen gemeinschaftl. verstecken, ruhen, überwintern od. verpuppen. Beispiele: ↗Baumweißling, ↗Goldafter, ↗Prozessionsspinner.

Rauschbrand, *Rauschflugkrankheit,* seltene, fiebrige, meist tödl. verlaufende, meldepflicht. Infektionskrankheit v. Rindern, Schafen u. Ziegen; Symptome: u. a. ödematöse Schwellungen, Schüttelfrost, Hinfälligkeit; verursacht durch ↗Gasbrandbakterien („R.bazillus“, ↗Clostridien), die für den Menschen nicht pathogen sind, z. B. *Clostridium chauvoei.*

Rauschgifte, *Rauschgiftdrogen, Rauschmittel,* ↗Drogen und das Drogenproblem.

Rauschpilze, Pilze, die narkotisierende u. halluzinogene Wirkstoffe enthalten. Der Gebrauch halluzinogener Pilze bei Indianern wurde bereits im 16. Jh. von span. Schriftstellern berichtet. Nach mexikan. Geschichtsschreibern (1829 u. 1882) verwendeten Azteken u. Mazateken in Mittel- und S-Amerika bei rituellen Zeremonien v. altersher Pilze, um sich in rauschart. Zustände zu versetzen. Erst 1953 konnte während einer Forschungsexpedition (R. G. Wasson, R. Heim) bestätigt werden, daß die Indianer Pilze als Rauschmittel nutzen. Von größter Bedeutung sind die mexikan. „Zauberpilze“, v. den Eingeborenen ↗*Teonanacatl* genannt; hpts. Kahlköpfe

Raupe

Schmetterlingsraupe, an einem Blatt fressend

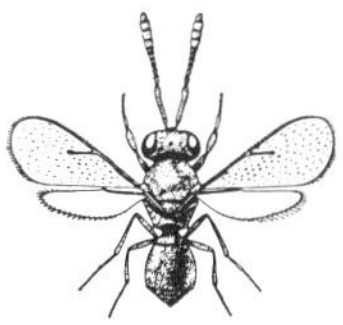

Raupenfliege *(Telenomus mayri)*

Rauschpilze

Wichtige Arten, Vorkommen u. bedeutende nachgewiesene Wirkstoffe:

Amanita muscaria Hook.
(↗Fliegenpilz; Europa, Afrika, Asien, Amerika – Ibotensäure, Muscimol, Muscazon; ↗Fliegenpilzgifte, □)

Boletus manicus Heim.
B. reayi (weltweit)

Claviceps purpurea Tulasne
(↗Mutterkornpilze; gemäßigte Zonen Europas, N-Afrika, Asien, N-Amerika – ↗Mutterkornalkaloide [Lysergsäurederivate])

Heimiella angrieformis Heim.
(Röhrling; Asien, Neuguinea)

Lycoperdon marginatum Vittl.
L. mixtecorum Heim.
(Mexiko)

Copelandia cyanescens Sing.
(warme Zonen beider Hemisphären, Bali – Psilocin, ↗Psilocybin)

Russula agglutina Heim.
(weit verbreitet, Neuguinea – Wirkstoffe ähnl. Fliegenpilz)

Mexikanische R.:

↗„Teonanacatl“ (Psilocybin, Psilocin)

Conocybe siligineoides Heim.
(weltweit)

Panaeolus sphinctrinus Quilét
(weltweit)

Psilocybe-Arten
(weit verbreitet)

Stropharia cubensis Earle
(sehr weit verbreitet)

(↗ *Psilocybe*), auch Samthäubchen (*Conocybe*, Fam. ↗Mistpilzartige Pilze) u. Düngerlinge (*Panaeolus*, Fam. ↗Tintlingsartige Pilze).

Raute *w* [v. lat. ruta = R.], 1) *Ruta*, Gatt. der ↗Rautengewächse mit ca. 60 Arten im mediterranen-ostasiat. Raum; Kronblätter gelbgrün, löffelartig. Die im Mittelmeergebiet heim. Wein-R. (*R. graveolens*, Blätter 2–3fach gefiedert, Fiederblätter abgerundet; riecht aromatisch) wird bei uns selten in Gärten gepflanzt u. ist eine alte Heil- u. Gewürzpflanze. 2) Bez. für einige nicht mit der R. verwandte Pflanzen, z. B. Mauer-R. (↗Streifenfarn).

Rautengewächse, *Rutaceae*, Fam. der Rautenartigen (*Rutales*) mit ca. 150 Gatt. u. über 1600 Arten v. Holzgewächsen in den Tropen, Subtropen u. warmgemäßigten Gebieten. Charakterist. sind für die im Habitus sehr unterschiedl. Vertreter der R. der Besitz v. lysigenen Sekretbehältern mit äther. Ölen u. ein Diskus zw. Staub- u. Fruchtblättern. Arten der in S-Afrika heim. Gatt. *Barosma* werden bei Einheimischen u. auch in der modernen Medizin als Medizinalpflanze genutzt. Eine Art der mittelam. Gatt. *Casimiroa* wird wegen ihrer schmackhaften, birnenähnl. schmeckenden, gelbl. Früchte kultiviert. Das ostindische Seiden- od. Atlasholz (↗Satinholz), das sich leicht polieren läßt u. durch seine grünl.-gelbe Farbe auffällt, stammt v. der monotyp. Gatt. *Chloroxylon* (Trockenwälder Vorderindiens). Von großer wirtschaftl. Bedeutung ist die Gatt. ↗ *Citrus*. Der ↗Diptam steht bei uns unter Naturschutz. Baumförmige Arten umfaßt die Gatt. *Fagara*, deren Holz schwer u. hart ist, z. B. das Holz von *F. pterota* (Jamaika), das zu den Eisenhölzern zählt. Die Art *Phellodendron amurense* ist eine Charakterart v. Auenwäldern SO-Asiens bis zum nördl. China; charakterist. sind die starke Korkrinde u. die eschenähnl. Blattfiederung. Namengebend für die R. ist die Gatt. ↗Raute. Aus der südostasiat. Gatt. *Skimmia* wurde ein Herzgift, das auch in den Blättern des Diptam enthalten ist, isoliert. Die Gatt. *Zanthoxylum*, mit 25 Arten in N-Amerika u. O-Asien, fällt durch eine starke Reduktion der Blüten auf; obwohl in der Anlage vorhanden, bilden sich neben der einfachen Blütenhülle entweder nur Staubblätter od. nur Fruchtblätter aus; der Samen wird in China u. Japan als Gewürz genutzt.

Rautengrube, *Fossa rhomboidea*, hinterer Teil der Medulla oblongata (↗verlängertes Mark, ↗Gehirn) ohne nervöses Gewebe mit epithelialem Dach.

Rautenhirn, *Rhombencephalon*, der hintere Abschnitt des ↗Gehirns (B) der Wirbeltiere, dem die Derivate des Kiemendarms (Schlund, branchiogene Organe), die Eingeweide sowie die Geschmacksorgane u. das stato-akustische System als Peripherie zugeordnet sind. Der Aufbau des R.s gleicht weitgehend dem Rückenmark – mit Zentralkanal, zentraler grauer Substanz u. umgebender weißer Substanz. Der Zentralkanal ist zum IV. Ventrikel erweitert, dessen Dach vom *Plexus chorioideus* gebildet wird (☐ Gehirn). Durch die Ausbildung des IV. Ventrikels sind die im Rückenmark dorsal gelegenen Anteile im R. an die Seite verlagert. Prinzipiell läßt sich aber das gleiche Organisationsschema wiedererkennen. Die funktionellen Säulen des Rückenmarks (somato-sensibel, viscero-sensibel, viscero-motorisch, somato-motorisch) sind jedoch in einzelne Kerngebiete aufgelöst. Hinzu kommen spezielle sensible Kerngebiete des Oktavo-Lateralis-Systems (Seitenlinienorgan, Labyrinthorgan, Gehör) u. der Geschmacksorgane. – Vom R. entspringen die ↗Hirnnerven (☐) III bis XI (XII). Entsprechend ihrem Ursprung in den zentralen Kerngebieten, ihren funktionellen Komponenten u. dem morpholog. Wurzelaustritt können diese aber *nicht* mit den Spinalnerven des Rückenmarks gleichgesetzt werden. – In der Seitenwand des R.s, dem *Tegmentum rhombencephali*, finden sich zahlr. übergeordnete Neurone. Diese bilden, v. a. bei Nicht-Säugern, ein wicht. Zentrum des motor. Systems, das aufgrund seiner netzförm. Verschaltung der Neurone als ↗ *Formatio reticularis* bezeichnet wird. Bei Säugetieren treten mit der Entwicklung des Neuhirns (Neopallium) auch im R. neue Elemente auf. Es handelt sich um Faserbahnen, deren Ursprung im Neuhirn liegt u. die zum Rückenmark absteigen (Pyramidenbahn), od. um sekundäre aufsteigende Fasern. – Als übergeordnete Zentren des R.s sind das ↗Kleinhirn u. das ↗Tectum ausgebildet.

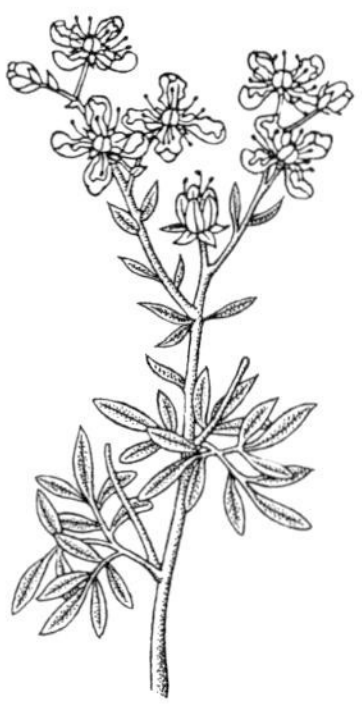

Wein-Raute
(Ruta graveolens)

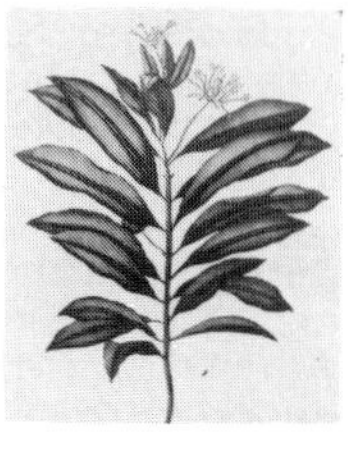

Rauwolfia serpentina

Rautenschmelzschupper, die ↗Knochenhechte.

Rauwolfia *w* [ben. nach dem dt. Botaniker L. Rauwolf, um 1540–96], Gatt. der ↗Hundsgiftgewächse mit ca. 90, im trop. und subtrop. Asien, Afrika u. Amerika heim. Arten. Überwiegend im feuchten Urwald u. der trop. Savanne anzutreffende Sträucher u. Bäume mit einfachen, ganzrand. Blättern u. 5zähl. Blüten. Bekannteste Art ist die v. Vorderindien bis SO-Asien verbreitete, rötl. blühende *R. serpentina* (B Kulturpflanzen XI), deren Wurzel eine Vielzahl pharmazeut. z. T. sehr wertvoller ↗Alkaloide (↗R.alkaloide) enthält (T Heilpflanzen). Auch die Wurzel der im trop. Afrika heim. Art *R. vomitoria* gewinnt ihres hohen Alkaloidgehalts wegen zunehmend an wirtschaftl. Bedeutung.

Rauwolfiaalkaloide, Gruppe v. über 50 Indol-↗Alkaloiden aus *Rauwolfia-* (bes. *R. serpentina*), *Aspidosperma-* u. *Corynanthe*-Arten, die vorwiegend in der Wurzelrinde der Pflanzen lokalisiert sind. Strukturell leiten sich alle R. vom Grundgerüst des β-Carbolins ab. Je nach chem. Konstitution unterscheidet man R. vom Yohimbin-Typ, z. B. *Yohimbin (Quebrachin),* ↗ *Reserpin, Rescinnamin, Deserpidin (Canescin)* u. *Rauwolscin (α-Yohimbin),* Corynanthein- od. Raubasin-Typ, z. B. *Raubasin (Ajmalicin), Serpentin, Serpentinin* u. *Alstonin,* Ajmalin-Typ, z. B. ↗ *Ajmalin (Rauwolfin)* u. *Rauwolfinin,* od. Sarpagin-Typ, z. B. *Sarpagin* u. *Raupin.* Nach ihrer pharmakolog. Wirkung können die R. einer Reserpin- (↗Reserpin), Serpentin- (blutdrucksenkende Eigenschaften) od. Ajmalin-Gruppe zugeordnet werden. Rauwolfia-Gesamtextrakte werden zur Behandlung v. Hypertonie u. als Beruhigungsmittel eingesetzt.

Ravenala *w* [v. madagass. Namen ravenal], Gatt. der ↗Strelitziaceae.

Ray [reⁱ] *(Wray, Raius), John,* engl. Theologe, Altphilologe u. Naturforscher, * 29. 11. 1628 Black Notley (Essex), † 17. 1. 1705 ebd; wichtigster Tier- u. Pflanzensystematiker des 17. Jh. („Vater der engl. Botanik"), dessen Arbeiten die Grundlage für die Linnésche Systematik (↗Linné) abgaben. Reiste 1663–66 durch W-Europa u. beschrieb die bot. Ergebnisse seiner Reise in dem 3bänd. Werk „Historia generalis plantarum" (1686–1704), in dem sich über 18000 Pflanzenbeschreibungen, die etwa 6000 Arten umfassen, finden. In der Art der Namengebung u. Systematisierung nach morpholog. Merkmalen u. abgestuften Ähnlichkeiten tauchen schon Umrisse einer ↗binären Nomenklatur auf. R. führte die Begriffe „Monocotyledones" u. „Dicotyledones" ein u. versuchte (1686) erstmalig eine Art-Definition, die u. a. mit der Beschreibung der Art als ↗Fortpflanzungsgemeinschaft der heutigen Definition nahekam. Innerhalb des Tierreichs beschrieb er die Fische als einheitl. Tiergruppe („de Historia Piscium", 1686) u. grenzte sie v. den übrigen „Wassertieren" ab. [B] Biologie I–III.

Raygras [v. engl. rye = Roggen], 1) Engl. R., *Lolium perenne,* ↗Lolch. 2) Italien. R., *Lolium multiflorum,* ↗Lolch. 3) Französ. R., *Arrhenatherum elatius,* der ↗Glatthafer.

R-body *m* [v. engl. body = Körper], ↗Killer-Gen.

RBW, Abk. für die ↗relative biologische Wirksamkeit.

rd, Kurzzeichen für ↗Rad.

r-DNA, die für ribosomale RNA (od. Teilbereiche derselben) codierende DNA; synonym mit den Genen (od. deren Teilbereichen) für ribosomale RNA.

Reafferenz *w,* ↗Reafferenzprinzip.

Reafferenzprinzip *s* [v. lat. re- = wieder-, afferre = bringen], Bez. für einen Regelvorgang im Nervensystem zur Kontrolle und Rückmeldung eines Reizerfolges. Wird v. einem übergeordneten nervösen Zentrum eine Erregung (↗Efferenz) ausgesandt, die zu einem Bewegungsablauf führt, so wird in einem nachgeschalteten

Rauwolfiaalkaloide

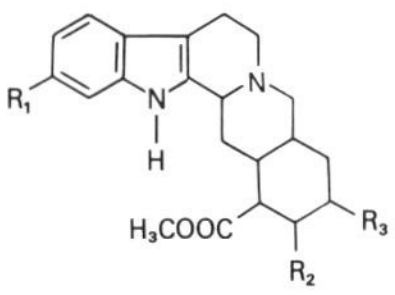

Yohimbin:
$R_1 = R_3 = -H$
$R_2 = -OH$
Reserpin:
$R_1 = R_2 = -OCH_3$
$R_3 = -O$-3,4,5-Trimethoxybenzoyl

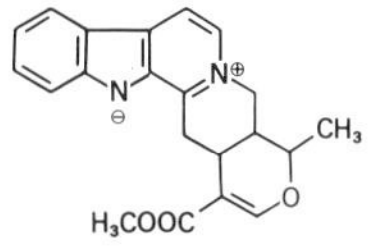

Serpentin

untergeordneten Zentrum v. dieser Efferenz eine *Efferenzkopie* hergestellt. Der infolge der ausgesandten Erregung ablaufende Bewegungsvorgang aktiviert nun seinerseits Rezeptoren im Erfolgsorgan. Diese senden ihrerseits Rückmeldungen *(Reafferenzen)* über den erfolgten Bewegungsvorgang. Stehen Reafferenz u. Efferenzkopie in Übereinstimmung, wird die Efferenzkopie gelöscht, da der geforderte Bewegungsablauf erfolgt ist. Bestehen aber Differenzen zw. Reafferenz u. Efferenzkopie, die v. anderen Nervenzentren od. durch Einflüsse v. außen bewirkt sein können, ist eine Korrektur durch Meldungen an die übergeordneten Zentren nach demselben Prinzip möglich. ↗Holst.

Reagens *s* [Mz. *Reagenzien;* v. lat. re- = wieder-, agens = handelnd], Stoff, der mit anderen Substanzen chem. reagiert; i. e. S. ein Stoff, der zum Nachweis v. Elementen od. chem. Verbindungen benutzt wird, z. B. durch Farbumschlag ([T] Indikator), ↗Fällung usw.

Reaktion *w* [v. lat. re- = entgegen-, wieder-, actio = Tätigkeit], **1)** Chemie: die ↗chemische R. **2)** Biol.: a) ↗Reiz, ↗Reflex; b) in der Ethologie eine Handlung, die überwiegend durch äußere Reize ausgelöst wird, im Ggs. zur ↗Aktion, die stärker durch innere Bedingungen zustande kommt. Die Grenze zw. Aktion und R. ist nicht scharf zu ziehen, da auch fast jede R. gewisse innere Bedingungen voraussetzt (Grenzfall ist der ↗Reflex). Z. B. spricht man eher v. Aktion, wenn ein Vogel gezielt nach Fliegen jagt, u. eher von R., wenn er eine Fliege durch Kopfschütteln v. sich abwehrt. ↗Bereitschaft, ↗bedingte Reaktion.

Reaktionsbereitschaft, die ↗Bereitschaft.

Reaktionsbreite, *ökologische R.,* die ↗ökologische Potenz.

Reaktions-Diffusions-System [v. lat. re- = entgegen-, wieder-, actio = Tätigkeit, diffusio = Auseinanderfließen], in der Entwicklungsbiol. System mit zeitweilig räumlich getrennten molekularen Komponenten, die durch Ineinandergreifen v. ↗Diffusion u. gegenseitiger Hemmung/Förderung nicht-zufällige räuml. Muster ausbilden können; Grundlage v. Modellen zur Erklärung der biol. ↗Musterbildung.

Reaktionsgeschwindigkeit, Geschwindigkeit, mit der eine ↗chem. Reaktion abläuft; die R. ist definiert als Abnahme der Konzentration eines Ausgangsstoffes pro Zeiteinheit; ↗chem. Gleichgewicht, ↗Massenwirkungsgesetz ([ ]), ↗RGT-Regel.

Reaktionsholz, das aktive Richtgewebe des Baumes; es versucht, die aus der urspr. Lage gebrachten Organe wieder in ihre Normalstellung zurückzubringen. Die aus der Normalstellung gebrachten Baumstämme u. Äste weisen ein exzentrisches Dickenwachstum auf. Dabei entsteht eine Zone vermehrten Zuwachses mit verbreiterten Jahresringen ([ ] Holz). Diese befindet sich bei Laubhölzern auf der Oberseite des Stammes od. Astes *(Epixylie)* u. wird als *Zugholz* bezeichnet; bei den Nadelhölzern liegt sie auf der Unterseite *(Hypoxylie)* u. wird *Druckholz* genannt.

Reaktionskinetik *w* [v. gr. kinētikos = bewegend], *chemische Kinetik,* der zeitl. Ablauf einer chem. Reaktion, gemessen durch die zeitl. Abnahme der Konzentration eines Ausgangsprodukts od. zeitl. Zunahme der Konzentration eines Endprodukts (↗Reaktionsgeschwindigkeit), sowie die Abhängigkeit des Reaktionsablaufs v. den äußeren Bedingungen, wie Konzentration der Komponenten, Temp., Druck, Zugabe v. Katalysatoren (= ↗Enzyme bei Stoffwechselreaktionen), Aktivatoren, Inhibitoren usw. Häufig können aus den Daten einer R. Rückschlüsse auf den Mechanismus der betreffenden Reaktion gezogen werden.

Reaktionsnorm, 1) Entwicklungsbiologie: im wesentl. genetisch bedingte Eigenschaft v. Zellen od. Zellverbänden, die ihre Entwicklungsreaktion auf äußere u. innere Einflüsse festlegt; Resultat der ↗Determination in jenen Fällen, wo die ↗Kompetenz mehr als nur eine Entwicklungsleistung einschließt. ↗Modifikation. 2) Ökologie: festgelegte Reaktionsweise eines Organismus od. einer Population auf ↗ökologische Faktoren. Die genet. Grundlage der R. wird *Reaktionsbasis* genannt.

Reaktionsschwelle, der Wert, bei dem 50% der Versuchstiere bzw. Versuchspersonen auf einen ↗Reiz hin eine gerade noch erkennbare Reaktion zeigen.

Reaktionszeit, die zw. Reizeinwirkung u. beginnender Reaktion eines Organismus verstreichende Zeitspanne; kann je nach Reizart und v. Individuum zu Individuum stark variieren; oft mit Latenzzeit (↗Latenz) gleichgesetzt, aber eher für den Gesamtorganismus geltend.

Reaktionszentrum, Bez. für die photochemisch aktiven, mit Proteinen der Thylakoidmembran komplexierten Chlorophyll-Moleküle (↗Chlorophylle), die bei der ↗Photosynthese ([B] II) durch Lichtquanten energetisch angeregt werden.

Realisatorgene, die ↗Geschlechtsrealisatoren.

Réaumur [reomür], *René Antoine Ferchault* de, frz. Physiker u. Zoologe, * 28. 2. 1683 La Rochelle, † 18. 10. 1757 Schloß Bermondière (Mayenne); nach Jurastudium Privatgelehrter; neben seinen physikal. Untersuchungen (u. a. 1730 Einführung der R.-Temperaturskala) zahlr. tier- u. pflanzenphysiolog. Arbeiten, deren Ergebnisse der damals vorherrschenden Präformationstheorie entgegenstanden. Sein umfangreiches Naturalienkabinett bildet einen wesentl. Anteil des Musée national d'Histoire naturelle (Paris). Seit 1708 Mitgl. der Pariser Académie des sciences. WW: „Mémoires pour servir à l'histoire naturelle des insects" (6 Bde., Paris 1734–42). [B] Biologie I.

Rebkrankheiten

Einige R. und Schädlinge:

Echter Rebenmehltau
(Uncinula necator = Oidium)

Falscher Rebenmehltau
(Plasmopara viticola = Peronospora v.)

Roter Brenner
(Pseudopeziza tracheiphila)

Grauschimmel
[= Sauerfäule, Stielfäule, Rohfäule, Gescheinbotrytis, Edelfäule] *(Botrytis cinerea)*

Schwarzfleckenkrankheit
(Phomopsis viticola)

Mauke oder Grind
(Agrobacterium tumefaciens)

Viruserkrankungen

Reblaus
(Viteus vitifolii)

Nematoden
(*Xiphinema-, Longidorus-Arten,* Virus-Vektoren)

Kräuselmilben
(Calepitrimerus vitis)

Rebenstecher
(Byctiscus betulae)

Traubenwickler
(*Eupoecilia ambiguella, Lobesia botrana,* Heuwurm = 1. Gen., Sauerwurm = 2. Gen.)

Springwurmwickler
(Sparganothis pilleriana)

Gemeine Spinnmilbe
(Rote Spinne, *Tetranychus urticae*)

Gefurchter Dickmaulrüßler
(Otiorrhynchus sulcatus)

Erdraupen
(*Agrotis-, Euxoa-*Arten)

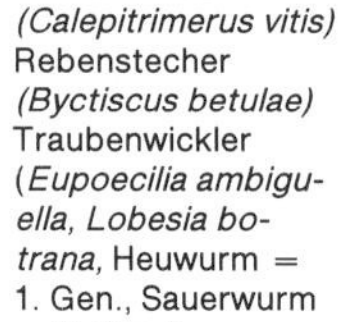

Reblaus

R. *(Viteus vitifolii),* **a** saugend, **b** von unten, **c** geflügelte Sexupara

Reaumuria *w* [ben nach R. A. F. de ↗Réaumur], Gatt. der ↗Tamariskengewächse.

Rebe, die ↗Weinrebe.

Rebenmehltau, 1) *Falscher R., Peronosporakrankheit,* ↗Plasmopara, [B] Pflanzenkrankheiten II. 2) *Echter R., Äscherich,* durch den ↗Echten Mehltaupilz *Uncinula necator (= Oidium tuckeri)* hervorgerufene Krankheit der Weinrebe; auf beiden Blattseiten u. an den Beeren wächst ein weißl. Pilzmycel (ascheähnlich = Äscherich); die Beeren bleiben hart u. platzen auf, so daß die Samen sichtbar werden (= Samenbruch). Die Übertragung erfolgt durch Konidien, die Überwinterung vorwiegend als Mycel in befallenen Knospen. Bekämpfung mit Schwefelpräparaten. Die bedeutende Krankheit wurde um 1845 von Amerika eingeschleppt.

Rebenschildlaus, *Wollige R., Pulvinaria vitis,* ↗Napfschildläuse.

Rebenstecher, *Byctiscus betulae,* ↗Blattroller.

Rebhühner, *Perdix,* Gatt. ausgesprochen bodenlebender Hühnervögel aus der Fam. ↗Fasanenvögel mit 1 Art in Eurasien und 2 Arten im gemäßigten Mittelasien. Das 30 cm große Rebhuhn (*P. perdix,* [B] Europa XVII) ist leicht kenntl. an einem dunklen hufeisenförm. Brustfleck, ruft schnarrend „kirrek"; besiedelt offenes Acker- u. Weideland mit Deckungsmöglichkeit; erhebl. Bestandsabnahme (nach der ↗Roten Liste „stark gefährdet") durch Intensivierung der Landwirtschaft (Beseitigung v. Hecken, Monokultivierung, Pestizide). Monogame Dauerehe; Gelege umfaßt 10 bis über 20 Eier; Junge sind nach 5 Wochen selbständig, bleiben jedoch bis in den Winter im Familienverband („Ketten"). □ Flugbild.

Rebhuhnfäule, *Rehbuntfäule,* Weißfäule an lebenden Eichen, hervorgerufen durch Schichtpilze (z. B. *Stereum gausapatum*); das Holz wird bis zum Kern rotbraun mit eingestreuten weißen Höhlungen.

Rebkrankheiten, *Rebenkrankheiten,* Krankheiten u. Schädigungen der Weinrebe (vgl. Tab.); bes. wichtig sind die Pilzkrankheiten Echter u. Falscher Mehltau, Roter Brenner sowie Sauerfäule.

Reblaus, *Viteus vitifolii (= Dactylosphaera vitifolii = Phylloxera vastatrix),* wichtigste Art der Fam. ↗Zwergläuse aus der U.-Ord. der Blattläuse. Die Rebläuse durchlaufen einen komplizierten Generationswechsel *(↗Heterogonie)* ohne Wirtswechsel (□ 97). In ihrer Heimat Amerika u. in wärmeren Ausbreitungsgebieten Europas verläuft dieser vollständig *(holozyklisch)* wie der typ. Generationswechsel der ↗Blattläuse (□), während sich in Mitteleuropa die R. meist rein parthenogenetisch fortpflanzt *(anholozyklisch).* Beim holozykl. Generationswechsel schlüpft im Frühjahr aus dem Winterei die sog. Maigallenlaus (Stammutter, ↗*Fundatrix*) u. erzeugt an den

Blättern (↗Weinrebe) erbsengroße, umwallte, mit reusenart. Haaren verschlossene Gallen (Maigallen), in denen auch zwei morpholog. verschiedene parthenogenet. entstandene Nachkommen (↗ *Gallicolae,* Blattgallenläuse) der Stammutter leben. Diese Gallicolae pflanzen sich wiederum parthenogenet. zu neuen Gallicolae fort. Die eine Form verändert dabei allerdings weder die Gestalt noch die Galle, während die anderen unter morpholog. Veränderung an die Wurzel des Weinstocks wandern, wo sie als Wurzelläuse *(Radicicolae)* gallertart. Wucherungen *(Nodositäten)* verursachen. Im Herbst geht aus den Radicicolae die Generation der geflügelten *Sexuparae* hervor, die auf oberird. Holzteilen jeweils verschiedene Eier ablegen, aus denen die eigtl. Geschlechtstiere *(Sexuales)* schlüpfen. Das begattete Weibchen legt unter die Rinde ein einziges Ei ab, das Winterei. Der anholozykl. Generationswechsel in Mitteleuropa unterscheidet sich vom holozyklischen durch das Fehlen der Stammütter, Sexuparae u. damit auch der Sexuales. Möglich wird diese ständig parthenogenet. Fortpflanzung der Wurzelläuse durch überwinternde Larven (↗ *Hiemales*). – Die R. wurde um 1860 aus N-Amerika eingeschleppt u. verursachte in Fkr. u. dann in ganz Europa Schäden an Reben, denen bis zu einem Fünftel aller Weinstöcke zum Opfer fielen. Durch Kreuzung u. Pfropfung auf amerikan. Unterlagen sind heutige Sorten weniger anfällig. B Schädlinge.

Reboulia *w* [ben. nach dem frz. Naturforscher H. P. I. Reboul, 1763–1839], Gatt. der ↗Aytoniaceae.

Rebschneider, *Rebenschneider, Lethrus apterus,* ↗Mistkäfer.

Receptaculiten [Mz.; v. lat. receptaculum = Behälter], (Blainville 1830), *Receptaculitidae* (Eichwald 1860), *Receptaculitales* (Suschkin 1962), *Archaeata* (für R. und ↗Archaeocyathiden, Zhuravleva u. Miagkova 1972), kugelige, eiförm., zylindr. bis scheibenart. Körper mit zentralem Hohlraum, deren Wand aus zahlr., gleichförm. gestalteten Elementen (Merome, Ez. Merom) besteht. Sie siedelten zw. Ordovizium bis Devon kosmopolit. in flachen Meeresbereichen, bes. um das ↗Gondwanaland. Bis 1962 galten die R. als eine eigenständige Fam. in der taxonom. Nähe der Schwämme. Derzeit deutet man sie eher als Algen u. ihre Hohlkörper als Thalli. Bekannteste Genera: *Receptaculites, Ischadites.*

Lit.: *Rietschel, S.:* Die Receptaculiten. Senckenbergiana Lethaea, *50:* 429–447, Frankfurt 1969.

Receptaculum *s* [Mz. *Receptacula;* lat., = Behälter], allg.: Behälter. **1)** Bot.: *Rezeptakel,* Bez. für die streckungsfähigen Achsenelemente bei vielen Vertretern der Stinkmorchelartigen Pilze *(Phallaceae),* die durch schnelle Streckung die Gleba aus der gallertigen Hülle herausheben. b) eine andere Bez. für die Blütenachse, was soviel heißt wie „Blütenboden" od. auch „Behälter" u. damit schon ausdrückt, daß die Blütenachse in den meisten Fällen stark verkürzt u. dabei oft köpfchenartig verdickt od. gar scheibenförmig verbreitert ist. ↗Blüte. **2)** Zool.: *R. seminis, Samenbehälter, Samentasche, Spermatheka,* Anschwellung od. blindsackartiger Anhang an Ovidukt, Uterus od. Vagina bei ♀ (bzw. ⚥); dient der Spermien-Speicherung (vgl. Spaltentext) bei verschiedenen Gruppen v. Würmern, Mollusken und v. a. bei Gliederfüßern, aber auch bei einigen Rippenquallen u. Schwanzlurchen; vielfach konvergent entstanden bei Tieren mit innerer Besamung. Bei ↗Insekten (☐) ist das R. meist unpaar (☐ Geschlechtsorgane) (bei Fliegen jedoch 3 R.), bei den Ringelwürmern (☐ Oligochaeta) meist paarig (z. B. Regenwurm *Lumbricus* 2 Paare, Polychaet *Pisione* 30 Paare). – Im Ggs. zum echten R. dient die ↗ *Begattungstasche (Bursa copulatrix)* nur der kurzfrist. Spermien-Speicherung; bei Würmern, Mollusken u. Insekten sind es blindsackart. Anhänge an der Vagina, in die hinein Spermien (bzw. Spermatophoren) deponiert werden; erst sekundär wandern die Spermien von dort ins R. – Falten, Gruben bzw. Taschen am Ovidukt od. Lücken im Ovarialgewebe werden bisweilen auch als R. bezeichnet.

Rechtshändigkeit ↗Händigkeit.

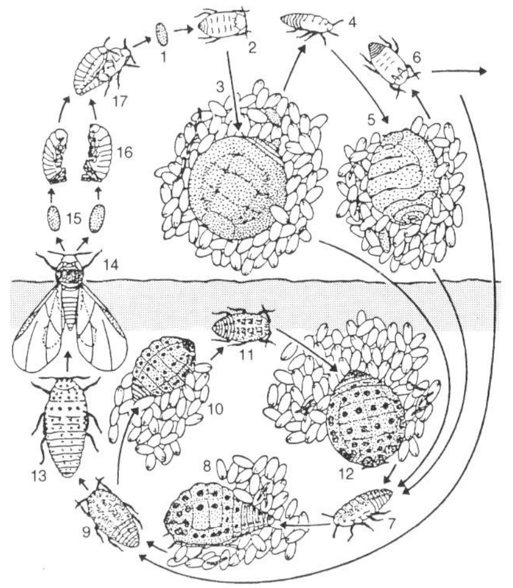

Generationswechsel der Reblaus

1 bis **9** und **13** bis **17:** *holozyklischer Generationswechsel,* **7** bis **12:** *anholozyklischer Generationswechsel*

1 Winterei, **2** junge, **3** erwachsene Maigallenlaus (Fundatrix) mit Gelege, **4** junge, **5** erwachsene Blattgallenlaus (Gallicola) mit Gelege, **6** weitere Generation Blattgallenläuse, **7** junge, **8** erwachsene Wurzellaus (Radicicola) mit Gelege, **9** und **10** weitere Generation Wurzelläuse, **10** mit Gelege, **11** überwinternde und **12** erwachsene Hiemales mit Gelege, **13** Radicicolae, aus denen sich die **14** Sexuparae entwickeln, **15** männliche und weibliche Eier u. **16** Larven der Sexuales, **17** Sexuales während der Kopulation, **1** Winterei

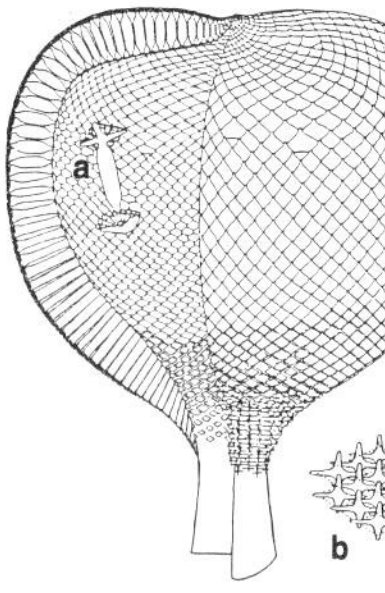

Receptaculiten

Schemat. Rekonstruktion eines R.-Skeletts. **a** Merom in Vergrößerung, **b** Verbund der Skelettelemente

Receptaculum

Das Epithel des R.s kann drüsenreich sein u. mit seinen Sekreten der „Ernährung" der Spermien dienen. Denn bei manchen *Insekten* müssen die beim Hochzeitsflug übertragenen Spermien jahrelang im R. funktionsfähig gehalten werden (bei Ameisen bis über 10 Jahre). Bei manchen *Spinnentieren* wird die Cuticula des R.s mitgehäutet; deshalb ist nach jeder Häutung eine erneute Kopulation notwendig. Bei *Fledermäusen* werden die Spermien über den ganzen Winter, bei manchen *Schildkröten* 1 Jahr u. bei einigen *Schlangen* sogar über 5 Jahre gespeichert, ohne daß ein eigentl. R. vorhanden ist.

Reckhölderle *s* [v. ahd. reckalter = Wacholder], *Daphne cneorum,* ↗Seidelbast.

Rectangulata [Mz.; v. lat. rectiangulus = rechtwinklig], U.-Ord. der *Stenostomata,* ↗Moostierchen.

Recurvirostridae [Mz.; v. lat. recurvus = zurückgebogen, rostrum = Schnabel], die ↗Säbelschnäbler.

Recycling *s* [rißaikling; engl., = Rückführung in den Kreislauf], eine Form der ↗Abfallverwertung.

Redi, *Francesco,* it. Arzt, * 18. 2. 1626 Arezzo, † 1. 3. 1698 Pisa; grundlegende Arbeiten über Insekten u. parasit. Würmer („Rediё" des Großen Leberegels). Widerlegte die Vorstellung v. der Urzeugung der Insekten, prägte in diesem Zshg. (1668) den Satz „omne vivum ex ovo" und schuf 1684 mit dem Werk „Les animaux vivants qui se trouvent dans les animaux vivants" ein umfassendes Kompendium der Parasitologie; arbeitete ferner über Schlangengifte. B Biologie I–III.

Rediё *w* [Mz. *Redien;* ben. nach F. ↗Redi], aus Keimballen v. Sporocysten hervorgehende, 3. Generation einiger ↗*Digenea,* wie z. B. des Großen Leberegels, ↗*Fasciola hepatica* (□ Fasciolasis). Besitzt einen mit Mund, muskulösem Pharynx u. Speicheldrüsen ausgestatteten, stabförm. Darm sowie eine Geburtsöffnung. Ein Nervensystem ist ebenso entwickelt wie 2 in je einem Exkretionsporus mündende Protonephridialsysteme. Das Integument ist eine syncytiale Epidermis, die z. T. auch Mikrovilli trägt. Hin u. wieder sind stummelfußartige Fortsätze am Hinterende u./od. ein Ringwulst am Vorderkörper ausgebildet. Beide dienen offenbar als Widerlager bei der Fortbewegung im Wirt. Im hohlen Körperinnern entsteht aus Keimballen, die schon im Miracidium vorhanden waren, die nächste Generation, u. zwar entweder Tochter-R.n oder geschwänzte Cercarien. Die Tochter-R.n bilden, wiederum aus Keimballen, Cercarien. Bei einigen Arten können 3, 4, 5 und mehr R.ngenerationen aufeinanderfolgen, bevor Cercarien entstehen. Dies erklärt, wie es kommt, daß aus einer nur mit einem einzigen ↗Miracidium infizierten Schnecke bis zu 100 000 Cercarien austreten können. B Plattwürmer.

Redlichiida [Mz.], (R. Richter 1933), nach der Gatt. *Redlichia* benannte Ord. der ↗Trilobiten mit Primitivmerkmalen: großem, halbkreisförm. Cephalon, zahlr. Thorakalsegmenten u. kleinem od. rudimentärem Pygidium, Gesichtsnaht opisthopar, Augen mit Tendenz zur Größenzunahme. Verbreitung: unteres bis mittleres Kambrium. Zu den *R.* gehören ferner so stratigraph. wichtige Gatt. wie *Olenellus, Holmia, Kjerulfia* u. a.

Redoxenzyme [v. *redox-], die ↗Oxidoreductasen.

Redoxine [Mz.; v. *redox-], Sammelbegriff für elektronenübertragende Proteine, wie ↗Ferredoxine, ↗Rubredoxin u. ↗Thioredoxin.

redox- [Kw. aus Reduktion u. Oxidation].

Redoxpotential *s* [v. *redox-, lat. potentia = Fähigkeit], physikochem. definierter Begriff, der in unmittelbarem Zshg. mit den bei ↗*Redoxreaktionen* (auch zellulären) freiwerdenden Energien steht u. daher häufig als Maßeinheit für diese verwendet wird (↗Potential). Je positiver das R. eines Stoffes ist, um so größer ist sein Bestreben, Elektronen (↗Elektron) aufzunehmen u. daher als *Oxidationsmittel* (↗Oxidation) zu wirken. Die R.e von *Reduktionsmitteln* (↗Reduktion) liegen dagegen im negativen Bereich, was bedeutet, daß Reduktionsmittel starke Tendenz zeigen, Elektronen abzugeben. Sauerstoff ist das stärkste Oxidationsmittel, Succinat das stärkste Reduktionsmittel der Tab. □ Atmungskette, □ Photosynthese.

Redoxpotentiale biochemisch bedeutender Reaktionspaare

E'_0 ist das Standard-Redoxpotential, gemessen bei pH 7 und 25° C, *n* gibt die Anzahl der ausgetauschten Elektronen an

Reduktionsstufe	Oxidationsstufe	*n*	E'_0 (Volt)
Succinat + CO_2	α-Ketoglutarat	2	– 0,67
angeregtes Chlorophyll (Photosystem I)	ionisiertes Chlorophyll	1	– 0,60
Acetaldehyd	Acetat	2	– 0,60
Ferredoxin (red.)	Ferredoxin (oxid.)	1	– 0,43
H_2	2 H^+	2	– 0,42
NADH + H^+	NAD^+	2	– 0,32
NADPH + H^+	$NADP^+$	2	– 0,32
Liponsäureamid (red.)	Liponsäureamid (oxid.)	2	– 0,29
Äthanol	Acetaldehyd	2	– 0,20
Lactat	Pyruvat	2	– 0,19
$FMNH_2$ (Atmungskette)	FMN	2	– 0,11
Succinat	Fumarat	2	+ 0,03
Cytochrom b (Fe^{2+})	Cytochrom b (Fe^{3+})	1	+ 0,07
Ubichinon (red.)	Ubichinon (oxid.)	2	+ 0,10
Cytochrom c (Fe^{2+})	Cytochrom c (Fe^{3+})	1	+ 0,22
Chlorophyll (Photosystem II)	ionisiertes Chlorophyll	1	+ 0,80
H_2O	1/2 O_2 + 2 H^+	2	+ 0,82

Redoxreaktionen [v. *redox-], *Reduktions-Oxidations-Reaktionen,* chem. Reaktionen, bei denen die Übertragung eines od. mehrerer Elektronen v. einem Elektronendonor (Reduktionsmittel) auf einen Elektronenakzeptor (Oxidationsmittel) stattfindet (↗Reduktion, ↗Oxidation). Bei vielen R. erfolgt die Elektronenübertragung als Übertragung eines Wasserstoffatoms (= 1 Elektron + 1 Proton) bzw. eines Hydridanions (= 2 Elektronen + 1 Proton), was für das Oxidationsmittel mit ↗*Hydrierung,* für das Reduktionsmittel mit ↗*Dehydrierung* gleichbedeutend ist. Die Bez. *Reduktionsäquivalent* od. *Elektronenäquivalent* sind synonym für ein Mol eines bei einer R. ausgetauschten Elektrons. Im Stoffwechsel der Zelle sind R. weit verbreitet (T Redoxpotential). Beispiele für mehrere hintereinandergeschaltete R. (sog. *Redoxkaskaden*) sind die ↗Atmungskette (□) u. die Lichtreaktion der ↗Photosynthese (□).

Redoxreaktionen

Definitionen:

Oxidation ≙ Elektronenabgabe,
Reduktion ≙ Elektronenaufnahme,
Redoxreaktion ≙ Elektronenverschiebung,
oxidierter Zustand ≙ Elektronenmangel,
reduzierter Zustand ≙ Elektronenüberschuß,
Oxidationsmittel ≙ (leicht) Elektronen aufnehmende Stoffe,
Reduktionsmittel ≙ (leicht) Elektronen abgebende Stoffe,
Redoxpaar (Redoxsystem) ≙ der gleiche Stoff in seinem reduzierten und in seinem oxidierten Zustand

red tide [-taid; engl., = roter Strom], rote Vegetationsfärbung wärmerer Meere; verursacht durch die Massenentwicklung bestimmter Planktonalgen, z. B. einiger *Gymnodinium*-Arten (↗Gymnodiniales) oder ↗*Gonyaulax catenella, Exuviella baltica,* ↗*Prorocentrum micans* u. a.; vielfach Ursache v. ↗Fischsterben.

Reductasen, die ↗Oxidoreductasen.

Reduktion *w* [Ztw. *reduzieren;* v. *reduk-], **1)** bei chem. Elementen od. Verbindungen die Aufnahme eines od. mehrerer Elektronen (↗Elektron); die aufgenommenen Elektronen können aus einer Kathode geliefert werden *(kathodische R.),* stammen aber bei den meisten R.en von elektronenabgebenden Verbindungen *(R.smittel),* die mit der Elektronenabgabe gleichzeitig oxidiert werden. Da jede R. (außer bei der kathodischen R.) mit der ↗Oxidation des beteiligten R.smittels einhergeht, wurde die Bez. ↗*Redoxreaktion* (seltener auch *Oxidoreduktion*) eingeführt. **2)** Verminderung des Chromosomensatzes einer Zelle von 2 n Chromosomen auf n Chromosomen bei der R.steilung (↗Meiose). **3)** Stammesgeschichte: a) die Rückbildung v. Organen zu ↗rudimentären Organen (↗regressive Evolution); b) *Zahlen-R.,* ↗Konzentration 2), ↗Vervollkommnungs-Regeln.

reduc-, reduk- [v. lat. reducere = zurückführen; reductus = zurückgeführt; reductio = Zurückführung].

Reduktionsäquivalente [v. lat. aequus = gleich, valere = wert sein], ↗Redoxreaktionen.

Reduktionshorizont, *G_r-Horizont,* ↗Gley.

Reduktionsteilung, die ↗Meiose.

reduktiver Citratzyklus, *reduktiver Tricarbonsäurezyklus,* autotropher CO_2-Fixierungsweg im phototrophen Stoffwechsel der ↗grünen Schwefelbakterien, in dem 2 CO_2 zu Acetyl-CoA reduziert werden. Acetyl-CoA ist Ausgangsverbindung für weitere Synthesen im Aufbaustoffwechsel. Durch Aufnahme von 2 weiteren CO_2 entsteht Oxalacetat, das wichtiges Zwischenprodukt für viele Synthesen ist. Schlüsselenzyme für die CO_2-Fixierung (↗Kohlendioxidfixierung) sind die α-Oxoglutarat-Synthase (α-Oxoglutarat: Ferredoxin-Oxidoreductase) u. die Isocitrat-Dehydrogenase. Im r. C. entsprechen die meisten Reaktionen denen im ↗Citratzyklus (□), nur daß sie in entgegengesetzter Richtung ablaufen (vgl. Abb.).

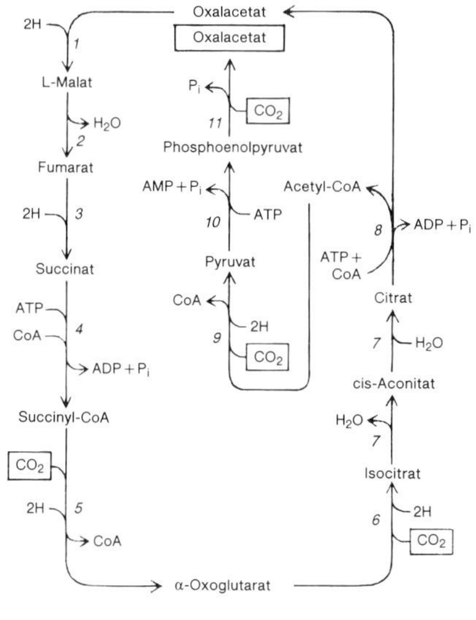

reduktiver Citratzyklus

R. C. der autotrophen CO_2-Fixierung bei grünen Schwefelbakterien *(Chlorobiaceae).* *1* Malat-Dehydrogenase, *2* Fumarase, *3* Fumarat-Reductase, *4* Succinyl-CoA-Synthetase, *5* α-Oxoglutarat-Synthase, *6* Isocitrat-Dehydrogenase, *7* cis-Aconitase, *8* ATP-Citrat-Lyase, *9* Pyruvat-Synthase, *10* Phosphoenolpyruvat-Synthase, *11* Phosphoenolpyruvat-Carboxylase

Reduncinae [Mz.; v. lat. reduncus = zurückgebogen], die ↗Riedböcke.

Redundanz *w* [Bw. *redundant;* v. lat. redundantia = Überfülle], **1)** Informationstheorie: die informative Überbestimmtheit einer Nachricht, der Teil der Nachricht, der *keine* ↗Information trägt; eine hohe R. bietet wirksamen Schutz vor Übertragungsstörungen. **2)** das mehrfache Vorliegen gleicher Gene, Signalstrukturen od. nichtfunktioneller Sequenzen (repetitive DNA) im Genom eines Organismus; liegen redundante Gene in Form unterschiedl. Allele vor, so spricht man von *R.-Heterozygotie.* **3)** *terminale R.* bei ↗Bakteriophagen: die zur Vermehrung des Bakteriophagen-Genoms (z. B. bei dem ↗Lambda-Phagen od. bei T7) notwendige, 10 bis einige hundert Basenpaare umfassende Sequenzhomologie an den Enden linearer Phagen-DNA. ↗Replikation.

Reduplikation *w* [Ztw. *reduplizieren;* v. lat. reduplicatio = Verdoppelung], in der Genetik die ↗*Replikation;* i. w. S. auch die ident. Vervielfältigung v. Strukturen, Organellen, Zellen, Organen od. Organismen aufgrund der Replikation des Erbguts.

Reduviidae [Mz.; v. lat. reduvia = Nietnagel], die ↗Raubwanzen.

Reduzenten [Mz.; v. *reduc-], die ↗Destruenten, ↗Mineralisation.

Redwood *s* [redwud; engl., = Rotholz], die Küstensequoia (↗*Sequoia sempervirens)* bzw. deren Holz.

Reed [rid], *Walter,* am. Bakteriologe, * 13. 9. 1851 Belroi (Va.), † 22. 11. 1902 Washington; seit 1893 Prof. in Washington; entdeckte, daß das ↗Gelbfieber nicht durch direkten Kontakt, sondern durch den Stich einer Mücke *(Aëdes aegypti)* übertragen wird, u. trug durch Einführung v. Moskitonetzen zur Eindämmung der Krankheit bei.

Reembryonalisierung, die ↗Dedifferenzierung.

Reflex *m* [v. lat. reflexus = Zurückbiegen], Bez. für einen *Reizreaktions*-Zusammenhang (Unzer 1771), bei dem ein bestimmter ↗Reiz bei allen Individuen einer Art dieselbe stereotype, nervös ausgelöste Reaktion hervorruft. An jedem R. sind ein Rezeptor u. Effektor beteiligt, die durch nervöse Bahnen (↗Nervensystem) zu einem *R.bogen* miteinander verbunden sind. Die R.e werden unterteilt nach der Lage v. Rezeptor u. Effektor im Organismus wie auch nach der Anzahl der im R.bogen zwischengeschalteten Synapsen. Den einfachsten Fall findet man bei den Tentakeln der Aktinien, wo der R.bogen nur aus 2 Zellen besteht, 1 Sinnes- u. Nervenzelle

Reflex

Da der R. die einfachste Form einer durch Lernen gezielt knüpfbaren Reiz-Reaktions-Beziehung darstellt, wurde mehrfach versucht, jeden Lernvorgang u. die Entwicklung komplexer Verhaltensweisen schlechthin als die Verbindung vieler R.e zu beschreiben. Diese Versuche gelten als überholt; die *Reflexologie* wird auch in der psycholog. Lerntheorie nicht mehr vertreten. Von der Ethologie wurde v. Anfang an ein anderer Ansatz benutzt.

und 1 Muskelzelle. Ebenso einfach organisiert ist der ↗*Axon-R.*, an dem nur 1 Axon mit sensiblen Ausläufern, 1 Kollaterale (↗Nervenzelle, ☐) u. Muskelzelle beteiligt sind. In diesem Fall ist die Bez. „Reflex" jedoch umstritten. In den meisten Fällen wird der R.bogen v. mehreren Neuronen aufgebaut, näml. von einem vom Rezeptor kommenden afferenten (sensiblen) Neuron (↗Afferenz) u. einem zum Rezeptor ziehenden efferenten Neuron. Da in einem derartigen R.bogen nur 1 synapt. Verbindung besteht, spricht man v. einem *monosynaptischen R.* (↗Kniesehnen-R., ☐). Sind zw. Afferenz u. Efferenz ein bis mehrere Interneurone geschaltet, handelt es sich um einen *polysynaptischen R.* Liegen Rezeptor u. Effektor im selben Organ, werden diese als ↗*Eigen-R.* bezeichnet, bei räuml. Trennung, d.h. Lage v. Rezeptor u. Effektor in verschiedenen Organen, als ↗*Fremd-R.* Eine weitere Unterteilung der R.e erfolgt nach funktionellen Kriterien, z.B. *Schutz-R.* (↗Lidschlußreaktion), od. nach den durch den Reiz ausgelösten Reaktionen, z.B. ↗*Schluck-*, ↗*Nies-*, ↗*Husten-*, *Flucht-* od. ↗*Totstell-R.* Diese R.e, die nicht dem Willen unterliegen, sind ↗angeboren u. ermöglichen es Tieren u. Mensch, sich schnell auf bes. Umweltsituationen einzustellen wie auch ein koordiniertes Zusammenspiel aller Körperteile mit dem gleichzeit. Vorteil der Entlastung der bewußten (höheren) Funktionen des Zentralnervensystems (ZNS). Demzufolge ist die *R.zeit* (entspr. der ↗Reaktionszeit der Zeitraum zw. dem Einwirken eines Reizes u. der Reaktion) relativ kurz, jedoch für die einzelnen R.e unterschiedlich lang. Diese ist beim monosynapt. Eigen-R. am kürzesten, bei manchen vegetativen R.en, bei denen relativ träge arbeitende, glatte Muskulatur od. Drüsenzellen die Effektoren sind, am längsten. Die *R.zentren* (Gesamtheit der an den R.bögen beteiligten Synapsen u. Ganglienzellen) der bisher besprochenen R.e befinden sich in den entwicklungsgeschichtl. älteren Teilen des ZNS, näml. dem ↗Hirnstamm u. ↗Rückenmark. In der Sprache der Lerntheorie (↗Lernen) werden diese *unbedingten (angeborenen) R.e* den *bedingten (erlernbaren) R.en* gegenübergestellt (↗bedingter R.). Ein plötzl. Luftstrom auf die Hornhaut des geöffneten Auges löst beim Säuger den unbedingten R. „Lidschlag" aus, ein Summton od. schwacher Lichtblitz zeigen aber keine Wirkung. Wird jedoch einer dieser beiden Reize kurz vor dem Reiz „Luftstrom" gesetzt u. dieser Vorgang genügend oft wiederholt, so kann nach einiger Zeit der R. „Lidschlag" auch durch den Summton od. Lichtblitz ausgelöst werden (↗Konditionierung). Dieser R. wird dann als bedingter R., der auslösende Reiz als *bedingter* (besser „bedingender") *Reiz* bezeichnet ([B] Lernen). Jedoch können nicht alle angeborenen R.e als Grundlage für die Bildung bedingter R.e, die auch wieder vergessen werden können, ausgenutzt werden (z.B. bisher vergebl. beim ↗Kniesehnen-R., ☐). Diese u. andere Beobachtungen führten dazu, daß das ZNS nicht als „Bündel" v. starren R.bögen betrachtet werden kann, wie es in der klass. *R.theorie* gefordert wurde. Zum einen steht die R.erregbarkeit unter dauernder Kontrolle hemmender od. bahnender Einflüsse, zum anderen zielt in vielen Fällen der R. darauf ab, den den R. auslösenden Reiz zu beseitigen od. zu verändern (z.B. Putz-, Wisch-, Pupillen-R.; ↗Pupillenreaktion). Es liegt daher in erster Linie nicht ein R.„bogen" vor, sondern ein in sich zurücklaufender Funktionskreis, in den die Einflüsse der Umwelt miteinbezogen sind. ↗Information und Instruktion. *H. W.*

Reflexbluten, die ↗Exsudation 2).

Reflexbogen ↗Reflex.

Reflexkette, Vorstellung, daß geordnete, komplexe Bewegungsfolgen über eine Kette von ↗Reflexen zustandekommen könnten, in der jede Muskelbewegung (Reaktion) als Reiz für den nächsten Reflex dient. Diese Vorstellung wurde durch die *Verhaltensphysiologie* (v.a. E. von ↗Holst) widerlegt, die zeigte, daß geordnete, komplexe Bewegungsfolgen durch *zentralnervöse Koordination* zustandekommen: d.h., es gibt ein übergeordnetes Steuer- bzw. Regelzentrum (das selbst wieder hierarchisch aufgebaut sein kann). Das Prinzip, daß die Funktionen des zentralen ↗Nervensystems durch hierarchische Informationsverarbeitung hervorgebracht werden, hat sich seither immer wieder bewährt.

Reflexologie ↗Reflex.

Reflexzeit ↗Reflex.

Reflexzentrum ↗Reflex.

Refraktärzeit [v. lat. refractarius = widerspenstig], *Refraktärphase, Erholungsphase,* Zeitraum zw. der Spitze eines ↗Aktionspotentials (☐) u. dem wiederhergestellten ↗Ruhepotential (↗Nervensystem, [B] Nervenzelle I–II). Während der *absoluten R.* ist keinerlei ↗Erregung der Membranen mögl. (↗Membranpotential), wohingegen im Zeitraum der *relativen R.* eine bedingte Erregbarkeit vorhanden ist. ↗Erregungsleitung.

Refugium *s* [Mz. *Refugien;* lat., = Zuflucht], 1) Rückzugsgebiet (↗Erhaltungsgebiet) für bestimmte Arten (Relikte) od. Lebensgemeinschaften; ↗Eiszeitrefugien. 2) Zufluchtsort eines Lebewesens, an dem es relativ geschützt ist.

Regalecidae [Mz.; v. *Regalecus* = nlat. Übers. des norw. sildekonge (= Riemenfisch): v. lat. regale = königl. (für konge = König), mlat. allec (für silde) = Hering], Fam. der ↗Bandfische.

Regelung, *selbsttätige R.,* Regulierung (↗Regulation) durch negative Rückkopp-

Reflex

Beispiele für *angeborene Reflexe:*

↗Klammerreflex (☐) bei Affenjungen, ↗Froschlurchen (☐) u. beim menschl. Säugling

↗Kniesehnenreflex (bei Schlag auf die Kniesehne)

↗Hustenreflex (bei Reizung der oberen Luftröhre)

Pupillenreflex (↗Pupillenreaktion, bei Änderung der Belichtung des Auges)

Lidschlußreflex (↗Lidschlußreaktion, bei plötzl. Annäherung eines Fremdkörpers)

Schreck- u. Ausweichreflexe aller Art

lung (↗Feedback); Wirkungsprinzip in Organismen u. in der Technik, demzufolge etwaige Abweichungen v. einem gegebenen Zustand od. Funktionszustand selbsttätig – über einen gesonderten Funktionsweg – Wirkungen hervorrufen, die den Abweichungen entgegengesetzt sind u. sie im Idealfall kompensieren. Es handelt sich also um einen *Kreisprozeß* (Abweichung → gesonderter Funktionsweg → Wirkung gg. die Abweichung ...). Das zugrundeliegende funktionelle System, der *Regelkreis,* besteht im einfachsten Fall aus 3 Gliedern: 1) einem Registrier- od. Meßglied für die Regelabweichungen *(Fühler),* das zugleich entsprechende Signale erzeugt, also ein „Transducer" ist; 2) einer *Signalübertragung* und 3) einem v. den ankommenden Signalen gesteuerten Wirkungsträger *(Stellglied),* der Gegenwirkungen gg. die auslösenden Abweichungen ausüben kann. Der (Funktions-)Zustand, dessen jeweiliger Meßwert *(„Istwert")* vom Fühler registriert u. dann vom Stellglied beeinflußt wird, verdiente genau genommen den Namen „geregelte Größe", wird aber *Regelgröße* genannt. Außeneinflüsse auf die Regelgröße, die deren Abweichungen bewirken, heißen *Störgröße.* Falls das Stellglied die Regelgröße nicht unmittelbar, sondern über ein od. mehrere funktionelle Zwischenglieder beeinflußt, so bezeichnet man die Verbindung vom Ort der Stellgliedwirkung zum Meßort des Fühlers recht unpräzise als *„Regelstrecke".* Das Steuerkommando für das Stellglied heißt *Stellgröße.* Als *Sollwert* eines Regelkreises bezeichnet man sinngemäß denjenigen (Funktions-)Zustand, bei dem die Stellgliedtätigkeit ihr Ziel, etwaige Abweichungen zu kompensieren, erreicht hat. Das ist der Fall, wenn der Fühler keine Abweichung mehr registriert, formal also die Meldung „null" absendet. Beim Regelkreis ist also im einfachsten Fall der Sollwert ident. mit dem Nullwert der Meßskala des Fühlers. – Das ändert sich, sobald zu den 3 genannten Funktionsgliedern (Fühler, Signalübertragung, Stellglied) ein viertes dazutritt, ein *Sollwertgeber.* Er läßt Signale, *Führungsgröße* genannt, in die Signalübertragung zw. Fühler u. Stellglied einfließen (im einfachsten Fall additiv). Hierdurch wird (anstelle des Nullwerts der Fühler-Meßskala) die Führungsgröße zum Sollwert des Regelkreises. Um dies anschaulich zu erfassen, setze man in ein Regelschema theoretisch Zahlenwerte ein (z.B. Führungsgröße = 2) und ermittle durch Rechnung, wie sich das System daraufhin verhält. Der Funktionswert *„Regelabweichung"* entsteht jetzt durch die Verrechnung der Führungsgröße mit dem Istwert der Regelgröße, im einfachsten Fall durch Subtraktion. Man spricht auch von einem „Vergleichen von Istwert und Sollwert", meint damit aber nichts anderes als die Differenzbildung. – Die bis hierher beschriebene Art der R. trägt den Namen *Proportionalregelung* (P-Regelung), weil zeitlich variierende Regelabweichungen Stellgrößen hervorrufen, die ihnen proportional sind. Bei einer zeitlich gleichbleibenden positiven od. negativen Störgröße erreicht ein P-Regler niemals seinen Sollwert: Der Beginn der Störung verursacht zunächst eine vom Fühler registrierte Regelabweichung; hierauf folgt die entgegengerichtete Tätigkeit des Stellglieds. Würde daraufhin der Sollwert wieder voll erreicht werden, so müßte das zweierlei Folgen haben: Erstens würde die Tätigkeit des Stellglieds daraufhin aufhören (sie wird ja nur durch Abweichungen des Istwerts vom Sollwert veranlaßt); zweitens würde die weiter wirkende Störgröße nun natürl. eine erneute Abweichung hervorrufen. Das System käme also beim Erreichen seines Sollwerts gar nicht zur Ruhe. Ein Ruhezustand stellt sich jedoch bei einer bestimmten bleibenden Abweichung des Istwerts vom Sollwert ein, und zwar wenn die entspr. Stellgliedfunktion dem konstanten Störgrößeneinfluß gerade die Waage hält. Die Abweichung vom Sollwert, bei der dies geschieht, trägt den Namen *„Proportionalabweichung"* (weil sie ein Charakteristikum der „Proportional-R." ist). – Ein zum Proportionalregler hinzutretendes weiteres (in unserer Zählung fünftes) Funktionsglied verleiht der R. die Fähigkeit, auch bei anhaltender Störgröße den Sollwert zu erreichen: Dieses Funktionsglied transformiert das Signal „Regelabweichung" in das Kommando „Verstärken der Stellgliedtätigkeit in der Gegenrichtung zur Regelabweichung". Der Betrag der Regelabweichung bestimmt jetzt nicht mehr, wie beim P-Regler, die Wirkungsstärke des Stellglieds, sondern wie schnell sich diese ändern soll. Daher wächst hier die Stellgliedtätigkeit so lange weiter an, wie überhaupt noch eine Regelabweichung gemeldet wird. Ist dadurch schließlich die Regelabweichung voll kompensiert, also gleich Null, so entspricht das dem Kommando: „Stellgliedtätigkeit nicht mehr ändern", d.h. sie weiterhin so stark weiterlaufen lassen, wie es gerade geschieht. Damit erreicht der Regelprozeß trotz anhaltender Störgröße tatsächl. seinen Sollwert und hält ihn ein. Ein Funktionsglied, das eingehende Signale als Änderungskommandos für ihren Signalausstrom verwendet, leistet – mathematisch gesehen – eine zeitl. Integration; darum heißt die in diesem Absatz beschriebene Form der R. *Integralregelung* (I-Regelung). – Außer reinen *P-* und *I-Reglern* gibt es auch Mischformen, bei denen sich das Stellkommando additiv aus proportionalen u. zeitlich integrierten Anteilen zusammensetzt *(PI-Regler).* Schließlich kann auch der zeitliche Differentialquotient der Regelabweichung separat gewonnen und zusätzl. in das Stellkommando eingespeist werden („Differentialanteil“, z. B. im *PD-Regler*). Dann reagiert der Regelkreis um so stärker, je schneller sich eine Regelabweichung ändert. – Regelkreise haben eine Systemeigenschaft, die man ihnen bei der bloßen Betrachtung ihrer Funktionsstruktur nicht ansieht: Falls die durch Regelabweichungen ausgelösten Gegenreaktionen über ihr Ziel, den Sollwert, zu weit hinausschießen, entstehen *Schwingungen* mit anwachsender Schwingungsweite, bis entweder das ganze System zerstört wird *(„Regelkatastrophe“)* od. bis die Schwingungen durch Energiemangel begrenzt werden. *Instabil* wird ein Regelkreis beim Überschreiten einer Kennzahl, die sich aus seiner *inneren Verstärkung* (Verhältnis zw. Regelabweichung u. Stellgliedwirkung) u. seiner *Totzeit* (Zeitabstand zw. beginnender Regelabweichung u. beginnender Stellgliedfunktion) errechnet: Je größer die Verstärkung u. je länger die Totzeit, desto eher wird ein Regelkreis instabil. – Bei Reglern mit Sollwertgebern ist die Regelabweichung gleich der Differenz zw. Führungsgröße u. Fühlermeldung. Ändert sie sich häufig, so kann dies mehr auf variierende Störgrößen od. aber auch vornehmlich auf Variationen der Führungsgröße zurückgehen. Im ersten Fall korrigiert die R. im wesentl. die Folgen v. Störungen *(„Halteregler“)*, im zweiten läßt sie vorwiegend die Regelgröße den Sollwertänderungen folgen *(„Folgeregler“, „Servomechanismus“)*. In der Struktur stimmen beide Reglerarten überein. Die unterschiedl. Benennung spiegelt nur wider, wozu sie überwiegend gebraucht werden. Folgeregelungen dienen vorwiegend der Einspeisung der notwend. Energie für die Änderung u. Durchführung v. Steuerprozessen *(Servolenkung)*. – Betrachtet man einen Regelkreis als Funktionssystem, so besteht er aus einer geschlossenen Kette v. Einzelfunktionen. Will man die Dynamik eines Regelsystems untersuchen, so öffnet man dazu, falls möglich, die geschlossene Kette *(„Aufschneiden des Regelkreises“)*, v. a. indem man die Wirkung der Stellgröße auf die Regelgröße unterbricht (ein Beispiel s. u.). Man hat dann mathematisch einfachere, besser analysierbare Verhältnisse vor sich. In einem aufgeschnittenen Regelkreis spielt sich keine Regelung mehr ab, sondern nur noch ↗ *Steuerung.*

Die *biologische R.* ist nur eines der im Organismenreich verwirklichten Funktionsprinzipien, um Abweichungen v. einem Sollzustand durch Gegenwirkungen zu verringern od. zu kompensieren (andere Prinzipien der ↗ Homöostase sind mechan. Gleichgewichte, z. B. beim auf dem Wasser schwimmenden Schwan; Überlaufsysteme, z. B. zur Höchstbegrenzung des Blutzuckerspiegels; chem. Pufferung z. B. im Blut; „feed forward“-Systeme, z. B. bei der Pupillenreaktion mancher niederer Wirbeltiere). Augenfällige biologische R.en sind die Pupillenreaktion, die R. des Blutdrucks, der Körper-Temp., des Blutzuckerspiegels, des Blut-Sauerstoffgehalts, des pH-Wertes im Dünndarm u. der Nahrungsaufnahme sowie der Muskel-Eigenreflex. – Die ↗ *Pupillenreaktion* (□) – die Sehzellen wirken als Fühler, die Irismuskeln als Stellglied – kompensiert jeweils nur einen Teil der ein Auge treffenden Lichtflußänderungen (Störgrößen) u. erweist sich dadurch als P-Regler. Reizung des Auges mit sinusförmig variierendem Licht u. gleichzeitige Messung der Pupillenweite offenbaren einen zusätzlichen D-Anteil der R. Das „Aufschneiden des Regelkreises“ gelingt hier bes. einfach dadurch, daß man das Reizlicht eng bündelt u. nur durch das Zentrum der Pupille eintreten läßt; die Pupillenreaktion kann dann den Lichtfluß (= Regelgröße) nicht beeinflussen. – Die R. des ↗ *Blutdrucks* ist dagegen sinnvollerweise ein I-Regler: Auch bei massivem Blutverlust (Störgröße) durch eine Wunde bleibt der Blutdruck so gut wie konstant (zuletzt im Bereich des Herzens u. Gehirns). Die Fühler sind Wandspannungs-Sinnesorgane im ↗ Carotissinus der Halsschlagader, einer Ader-Ausbuchtung; Stellglied ist die Wandmuskulatur aller Blutgefäße. – Im Dienste der R. der ↗ *Körpertemperatur* (↗ Temperaturregulation) sind zwei ganz verschiedene Stellglieder tätig, eines für aktive Erwärmung (isometrische ↗ Muskelkontraktionen, die sich im ↗ Kältezittern äußern), eines für aktive Abkühlung (↗ Schwitzen od. ↗ Hecheln). ↗ *Fieber* ist Ausdruck einer Änderung des Sollwerts. 38 °C Bluttemperatur veranlaßt einen Gesunden zum Kühlen durch Schwitzen, einen für 39 °C disponierten Fiebernden zu Schüttelfrost (= Extremform des Kältezitterns). Fiebersenkende Medikamente ändern den Sollwert des Regelkreises, ein kalter Wadenwickel ist regeltheoretisch eine Störgröße. – Bei der R. des ↗ *Blutzucker-Spiegels* (B Hormone) findet sich eine Vernetzung mehrerer Regelkreise. Die Signalübertragung erfolgt nicht durch Nerven, sondern durch ↗ Hormone, und zwar verschiedene für den Anstieg (u. a. ↗ Glucagon) u. die Abnahme (u. a. ↗ Insulin). – Bei der R. des ↗ *pH-Werts* im ↗ Dünndarm wird die Störgröße, die den Regelprozeß auslöst, im Unterschied zu den meisten anderen Beispielen regelmäßig vom Organismus selbst produziert: Saurer Speisebrei (↗ Magensäure!) tritt durch den Magenpförtner in den Dünndarm ein. Dort befindl. ↗ Chemorezeptoren („Fühler“) registrieren dies als Regelabweichung vom schwach alkalischen Sollwert u. regen auf hormonellem Wege die Produktion alkalischen Darmsafts an; Stellglieder sind die Bauchspeicheldrüse

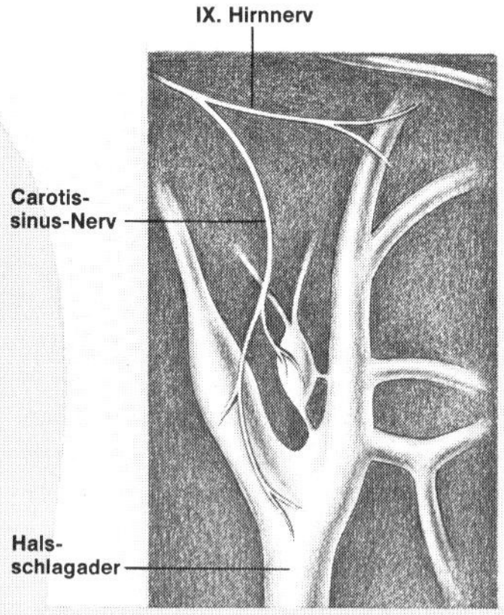

Blutdruckregelung. Der Blutdruck wird laufend durch Spannungsrezeptoren (Fühler), die in die Wand der Halsschlagader (Abb. oben) eingebettet sind, gemessen. Die Meldungen *(Istwert)* werden im Gehirn verrechnet. Dort entstehen Kommandos *(Stellgröße)*, welche die Spannung der Gefäßwandmuskeln *(Stellglied)* im ganzen Körper und damit den Blutdruck *(Regelgröße)* bestimmen.

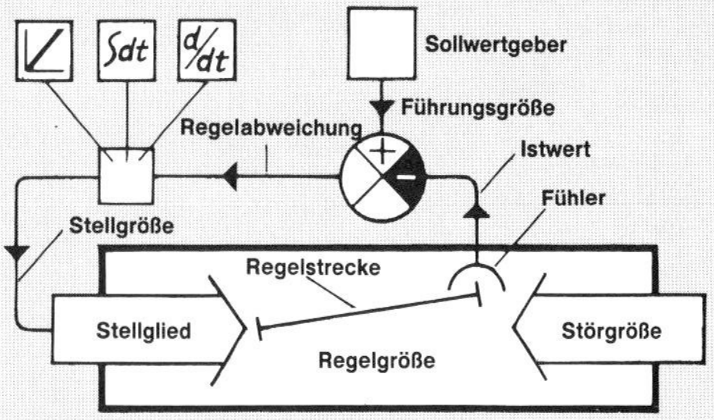

Funktionsschaltbild eines biologischen Regelkreises

Das leer gehaltene Kästchen, das die Transformation von der Regelabweichung in die Stellgröße symbolisiert, kann durch die 3 darübergezeichneten Elemente (einzeln oder 2 bzw. 3 in Parallelschaltung) verwirklicht sein. Daraus resultieren dann *Proportional-*, *Integral-* oder *Differentialregelung* bzw. Kombinationen davon.

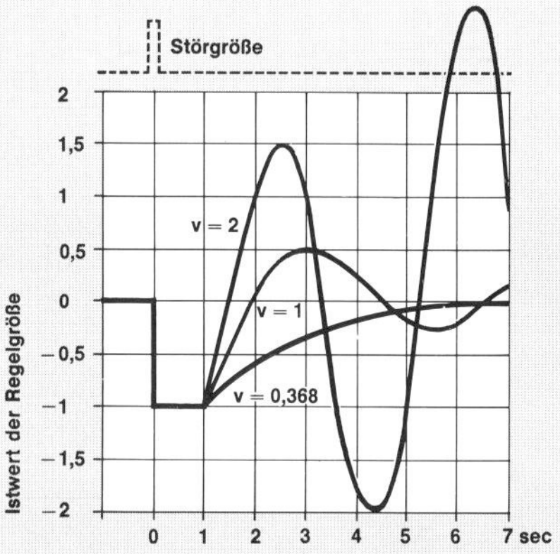

Das Diagramm demonstriert die Bedeutung der *Verstärkung* (v) für die *Stabilität* eines Regelkreises mit der Totzeit von 1 Sekunde. Zum Zeitpunkt 0 hat eine Störgröße die Regelgröße vom Sollwert 0 auf den Istwert −1 verstellt. Die Kurven zeigen für 3 verschiedene Verstärkungen, in welcher Zeit und mit welchem Verlauf die Regelgröße den Sollwert wieder (bzw. bei v = 2 nicht) erreicht.

Abb. unten gibt einen kleinen Ausschnitt aus einem Muskel wieder. Der Oberschenkelmuskel des Menschen enthält ca. 500–1000 Muskelspindeln. Die Länge einer Muskelspindel liegt in der Arbeitsmuskulatur des Menschen zwischen 1 und 3 mm. Die Muskelspindeln sind durch ihre bindegewebige Hülle (in der Abb. grau) fest mit den umgebenden Muskelfasern verbunden, so daß sie sich mit diesen passiv mitverkürzen und mitverlängern.

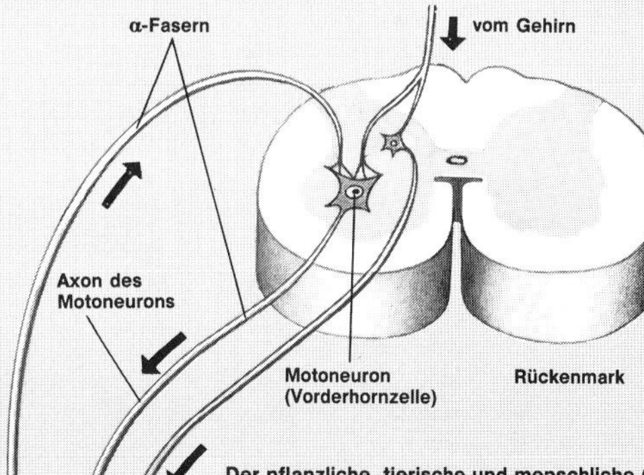

Der pflanzliche, tierische und menschliche Organismus weist eine Vielzahl von Regelsystemen auf, mit denen verschiedene physiologische Größen gemessen und auf bestimmte, für das Leben des Organismus günstige Werte eingestellt werden. Regelkreise bestimmen z. B. den Öffnungsgrad von Spaltöffnungen, den Blutdruck und die Muskelanspannung.

Muskelspindelregelkreis als Servomechanismus

Verkürzungskommandos für die Muskeln gelangen sowohl über α-Fasern zu den Muskelfasern als auch über die dünneren, langsamer leitenden γ-Fasern zu den in die Muskeln eingebetteten Muskelspindeln, wo sie die intrafusalen Muskelfasern zur Kontraktion veranlassen. Das untenstehende Funktionsschaltbild enthält alle signalübertragenden und -verarbeitenden Funktionsglieder der anatomischen Darstellung. Die für jeden Regelkreis erforderliche *Vorzeichenumkehr* im Feed-back-Kreis vollzieht sich hier nicht wie sonst durch Subtraktion des Istwerts von der Führungsgröße (wie im oberen allgemeinen Funktionsschaltbild), sondern dadurch, daß die *Zunahme* der Kontraktion (positive Betragsänderung) zu einer *Verkürzung* des Muskels (negative Längenänderung) führt, daß also zwischen *Stellgröße* und *Regelgröße* eine (im Funktionsschaltbild nicht symbolisierte) Vorzeichenumkehr erfolgt.

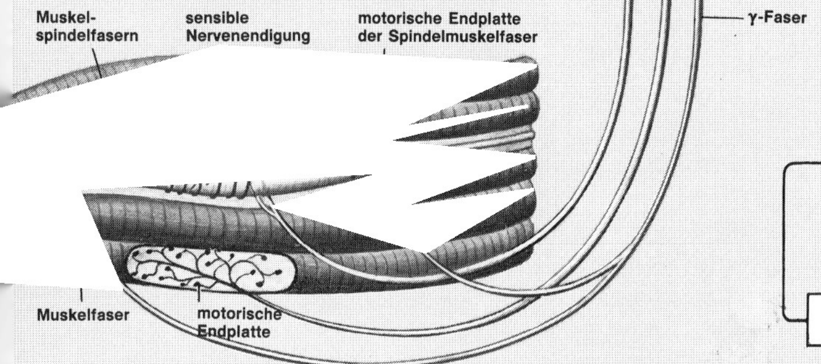

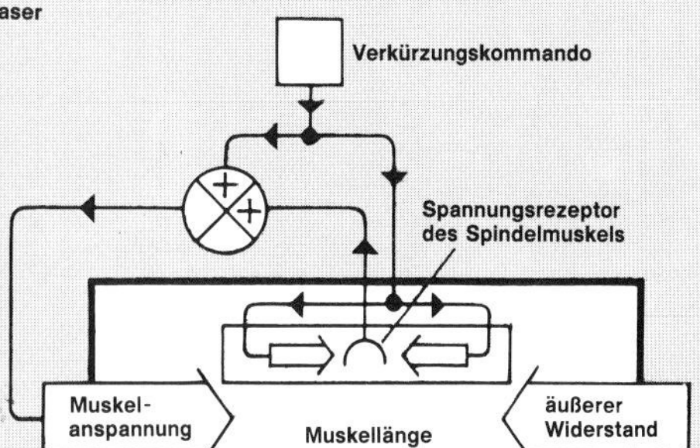

(↗Pankreas) u. Drüsenzellen der Darmwand. – Bei der R. des *Blut-Sauerstoffgehalts* finden sich zwei Besonderheiten: Bei Atemnot (negative Regelabweichung) ist die Stellgliedfunktion ein *Verhalten* (Atmen); und die Regelgröße wird kaum *selbst* registriert, sondern eine im Normalfall funktionell mit ihr reziprok verkoppelte Größe, der CO_2-Gehalt des Blutes (↗Blutgase). Auf experimentell erzeugten O_2-Mangel ohne CO_2-Anstieg reagiert das Atemzentrum so gut wie gar nicht (↗Atmungsregulation, ☐). – Für die R. der ↗*Nahrungsaufnahme* ist die Regelgröße der Versorgungszustand der Gewebe mit Nährstoffen (↗Hunger). Stellgliedfunktion ist wiederum ein Verhalten, die Nahrungsaufnahme. Die Regelstrecke führt v. der Nahrungsaufnahme über die Magenfüllung, die Verdauung, die Resorption der Nährstoffe u. deren Verteilung auf dem Blutweg bis zur Aufnahme der Nährstoffe in die Zellen. All dies zus. dauert bei Pflanzen- u. Fleischfressern i. d. R. so lange, daß die Meldung über die erfolgte Kompensation der Regelabweichung zu spät käme, um – nach bereits hinreichender Nahrungsaufnahme – der Stellgliedtätigkeit das erforderl. Stoppsignal zu geben. Dies besorgt ein zusätzl. Signalweg am Beginn der Regelstrecke, der die ausreichende Nahrungsaufnahme (z. B. Hund) od. die Magenfüllung (z. B. Fliege *Calliphora*) registriert u. sie als „Vorwegmeldung" über die zu erwartende Kompensation des Defizits u. zugleich als Stoppsignal an die zentralnervöse Kommandoinstanz für die Nahrungsaufnahme überträgt. Der Haupt-Regelkreis ist also durch einen *„inneren Regelkreis"* ergänzt. – Der Reflexbogen (↗Reflex) des *Muskel-↗Eigenreflexes* kann als *Folgeregelkreis* wirken: Folgt einer Muskelanspannung nicht die Verkürzung, weil ein mechan. Hindernis entgegensteht, so entspr. die daraufhin erzeugte Muskelspindel-↗Afferenz (↗Muskelspindeln) im Prinzip der Differenz zw. der angestrebten u. der noch bestehenden Muskellänge (= Regelabweichung), damit aber auch (wiederum im Prinzip) der erforderlichen zusätzl. Muskelanspannung, um das mechan. Hindernis zu überwinden. In der Tat übernimmt die Muskelspindel-Afferenz nach ihrer Umschaltung im Rückenmark die entspr. Funktion, indem sie im absteigenden Schenkel des Reflexbogens als ↗Efferenz übertragen wird u. dann als Stellgröße zusätzl. Muskelkraftentfaltung auslöst. B 103. *B. H.*

Regen ↗Niederschlag (T), ↗saurer Regen.

Regenbogenfische, *Melanotaeniidae,* Fam. der ↗Ährenfischähnlichen; v. a. austr. Süßwasserfische mit prächtig schillernden Längsstreifen; hierzu der als Aquarienfisch beliebte, bis 7 cm lange, nordaustr. Zwerg-R. *(Melanotaenia maccullochi).*

Regenbogenhaut, die ↗Iris.

REGENERATION

Regeneration einer fortpflanzungsfähigen *Möhre (Daucus carota)* aus einer isolierten Einzelzelle
Phloemexplantate aus Mohrrüben werden in Kultur genommen. Isolierte, in Suspension gebrachte Einzelzellen aus solchen Kulturen können sich zu fortpflanzungsfähigen Pflanzen entwickeln. Aus dem *Phloem* (Siebteil von Leitbündeln) solcher Pflanzen oder aus Embryonen, die sich in ihren Früchten entwickelt hatten, kann man wieder einzelne Zellen isolieren, die zu kompletten Pflanzen regenerieren. Die isolierten Zellen waren also noch totipotent.

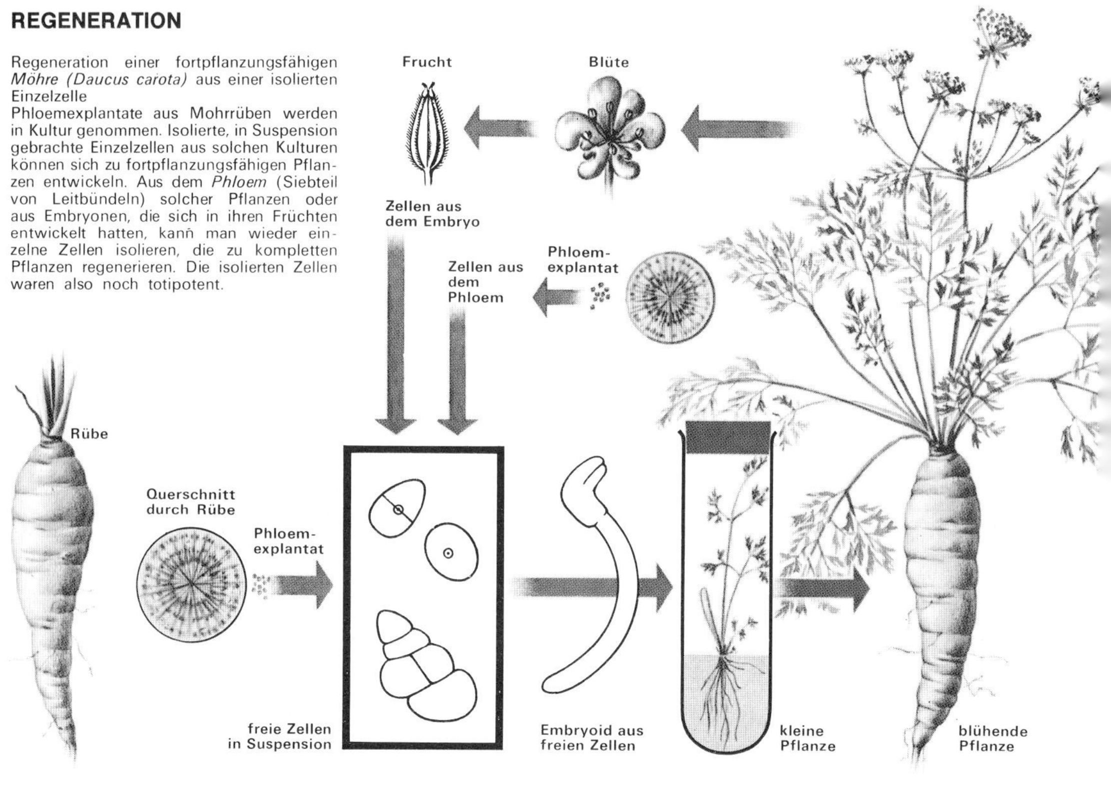

Regenbogenmakrele, *Elagatis bipinnulata,* ↗Stachelmakrelen.

Regenbogennattern, *Abastor,* Gatt. der ↗Wolfszahnnattern.

Regenbogenschlangen, die ↗Erdschlangen.

Regeneration *w* [Ztw. *regenerieren;* v. spätlat. regeneratio = Wiedergeburt], allg.: Erneuerung, Wiederherstellung. In der Biol.: Ersatz v. verletzten, abgestorbenen od. verlorengegangenen Körperteilen, z. B. von Zellteilen bei Einzellern, od. von Zellen, Geweben u. Körperteilen bei Vielzellern. R.serscheinungen treten bei Pflanzen u. Tieren auf. **1)** Bot.: Bei *Pflanzen* ist die Fähigkeit zur R. im allg. sehr stark ausgeprägt. Sie wird in der Pflanzenzucht bei der Vermehrung durch ↗Stecklinge u. bei der ↗Veredelung durch ↗Pfropfung wirtschaftl. genutzt. Bei den pflanzlichen R.en handelt es sich entweder um einen Ersatz durch Auswachsen bereits vorgebildeter, ruhender embryonaler Anlagen od. aber um eine völlig *adventive* Neubildung (↗Adventivbildung, □). Letztere ist für die Entwicklungsphysiologie von bes. Bedeutung, weil hierbei oft auch bereits ausgewachsene u. ausdifferenzierte Zellen noch ihre *Totipotenz* (↗Omnipotenz) verraten. So kommt es an abgetrennten Begonienblättern am Blattspreitenansatz, bes. leicht am unteren Schnittrand durchtrennter Blattadern, zu Neubildungen v. Adventivknospen, aus denen wieder ganze Begonienpflanzen hervorgehen. Diese Adventivsprosse entstehen aus einer einzigen, wieder embryonal gewordenen Epidermiszelle. Auch aus experimentell isolierten Einzelzellen können sich unter geeigneten Bedingungen (Nährstoff- u. Hormongehalt) wieder vollständige Pflanzen entwickeln (B 104). Diese Fähigkeit macht sich die moderne ↗Orchideen-Züchtung zunutze. Sie stellt unter Umgehung der schwierigen Samenvermehrung Klonkulturen aus mechanisch isolierten Blattmesophyllzellen her. Derartige Embryonalisierungen ausdifferenzierter Zellen mit anschließenden Zellteilungen u. korrelativer Differenzierung der Teilungsprodukte spielen auch bei der Bildung des interfaszikulären Kambiums u. des Wurzelkambiums (= Folgemeristeme), aber auch bei der Wundheilung u. beim Verwachsen v. Pfropfpartnern eine Rolle. Doch bleibt nicht bei allen bereits ausdifferenzierten Pflanzenzellen u. auch nicht bei allen Pflanzenarten die Fähigkeit, *Regenerate* zu bilden, erhalten. Bei Verletzungen krautiger Pflanzen gehen die wenig differenzierten Parenchymzellen in Wundnähe wieder zur Teilung über u. bilden eine Gewebswucherung aus zunächst undifferenzierten Zellen, den Wund-↗Kallus; bei Holzpflanzen geht der Kallus aus dem „embryonalen" Kambium hervor. Später setzt dann in einigen Kalluszellen eine Differenzierung ein, die zum Regenerat führt. Bei dieser Kallusbildung u. der anschließenden „sinnvollen" Differenzierung spielen Phytohormone, v. a. deren wechselndes Konzentrationsverhältnis, eine wichtige Rolle. Relativ selten erfolgt bei den Pflanzen der Ersatz durch die erneute Teilungstätigkeit od. durch Wachstum der verletzten Zellen, was man als *Reparation* bezeichnet. Ausnahmen sind verletzte Wurzelvegetationspunkte, Fruchtkörper einiger Pilzarten u. verletzte Einzeller. Reparation tritt dagegen häufiger bei Tieren auf. **2)** Zool.: Bei *Tieren* unterscheidet man verschiedene Formen der R. Unter *physiologischer R.* oder *Restitution* (R. i. w. S.) versteht man den period. (z. B. Feder- oder Schuppenkleid) od. ständigen (z. B. Epidermis der ↗Haut v. Säugetieren) Ersatz v. Strukturen. Als *reparative* od. *restaurative R.* (R. i. e. S.) bezeichnet man den Ersatz v. durch „Unfall" od. ↗Autotomie verlorengegangenen Körperstrukturen. Die Fähigkeit zur reparativen R. ist unterschiedl. ausgebildet. So können z. B. Schwämme, *Hydra* (Süßwasserpolyp) u. Planarien (Strudelwürmer) alle Körperteile regenerieren, Tiere mit Zellkonstanz (z. B. Fadenwürmer, Rädertiere) gar nicht. Selbst relativ nah verwandte Tiere regenerieren unterschiedl. gut (Schwanzlurche bilden ganze Extremitäten neu, die meisten Froschlurche verschließen nur die Wunde). Die *R.sfähigkeit* kann sich auch im Laufe der Individualentwicklung ändern. So regenerieren Kaulquappen Extremitäten, Frösche nicht; Seestern-Arme werden regeneriert, Seesternlarven können verlorengegangene Körperteile nicht ersetzen. – Verlorengegangene Strukturen können formal auf zwei Arten wieder hergestellt werden. Bei *morphallaktischer R.* oder *Morphallaxis* werden fehlende Teile durch Umorganisation der Rest-Struktur ersetzt (z. B. bei *Hydra*). Bei komplexer aufgebauten Tieren (auch Einzellern: Pantoffeltierchen) wird die fehlende Struktur vom Wundrand her wieder aufgebaut *(Epimorphose).* Vielzeller (Planarien u. höherentwickelte Tiere) bilden am Wundrand ein *R.sblastem* aus reembryonalisierten Zellen unterschiedl. geweblicher Herkunft; diese teilen sich u. differenzieren das Regenerat. Wird eine verlorengegangene Struktur v. Zellen eines anderen Gewebes gebildet, spricht man v. ↗*Metaplasie* (z. B. ↗Linsen-R. vom oberen Irisrand). Die ↗Musterbildung im Regenerat ist bisher genauso wenig verstanden wie in der Embryonalentwicklung, dürfte aber teilweise den gleichen Regeln folgen. – Verlorengegangene Strukturen können ident. regeneriert werden (z. B. Extremitäten der Schwanzlurche), weniger kompliziert (z. B. unsegmentierter Knorpel statt Wirbel im regenerierten Eidechsenschwanz) od. unvollständig wiederaufgebaut werden (bei präimaginalen Insekten kleinere Beine mit unvollständ. Gliederzahl). Selten werden sie durch andere (im

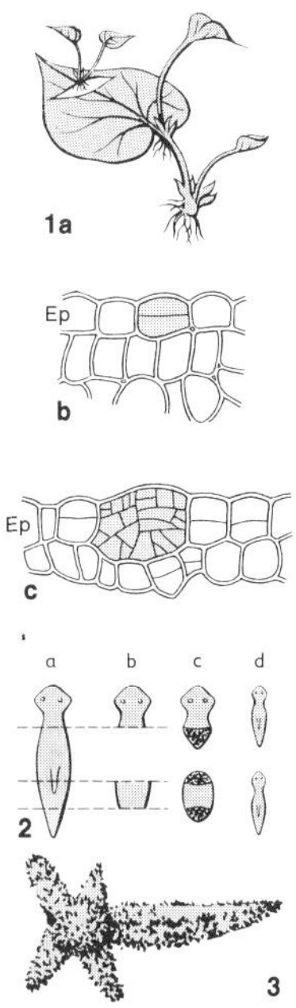

Regeneration

1a Bildung v. Regeneraten am eingeschnittenen Begonienblatt; **b** und **c** Querschnitte durch die Blattspreite, an den Stellen geführt, die zu regenerieren beginnen (**b** Anfangs-, **c** fortgeschrittenes Stadium; Ep = Epidermis).
2 R. bei Planarien; die herausgeschnittenen Stücke bilden jeweils ein vollständiges Tier.
3 R. eines ganzen Seesterns aus einem abgeschnittenen Arm.

Entwicklungsmodus wohl „äquivalente") Strukturen ersetzt (z.B. Bein auf Antennenstumpf der Stabheuschrecke *Carausius:* ↗ *Heteromorphose*). Unter bestimmten Bedingungen entstehen auch mehrere Regenerate, wie bei ↗Bruchdreifachbildungen (↗Zifferblattmodell). – Relativ gut untersuchte Beispiele für R. sind *Hydra,* deren Zellen auch durch ein Sieb gestrichen das ganze Tier wiederaufbauen, Planarien, Polychaeten, Arthropoden- u. Amphibien-Extremitäten. Säuger regenerieren kaum (Spitze der Fingerbeere bei Kindern, Loch im Kaninchenohr). – Für eine R. müssen bestimmte Bedingungen gegeben sein; so verhindert z.B. bei Schwanzlurchen eine unzureichende Innervierung des Stumpfes die R. der Extremität; Beine v. adulten Insekten werden nicht mehr regeneriert, da Zellteilungen an Häutungen gebunden sind. – Nach Lage des Regenerates unterscheidet man *terminale R.,* bei der nur distale Strukturen ersetzt werden (z.B. Extremitäten), und *interkalare R.* (↗Interkalation), bei der in einem Kontinuum fehlende Strukturen nach dem ↗Kontinuitätsprinzip ersetzt werden, z.B. Strukturen innerhalb eines Insektensegments. – Ein Spezialfall der R. ist die *kompensatorische Hypertrophie*: die verbleibenden Strukturen vergrößern sich übernormal, so daß die Funktion des Gesamtorganismus wiederhergestellt wird; z. B. vergrößert sich nach Resektion ein Viertel der menschl. Leber durch Vergrößerung der verbleibenden Leberlappen. *H. L./K. N.*

Regenerationsblastem *s,* ↗Regeneration.

Regenerationsfähigkeit, 1) Bot. und Zool.: ↗Regeneration. 2) Ökologie: Fähigkeit eines ↗Ökosystems, nach zeitl. begrenzten Änderungen seiner Struktur u. Funktion durch extreme ökolog. Situationen (Störung des ↗ökolog. Gleichgewichts) den früheren Zustand wiederherzustellen („Selbstregulation", „Elastizität").

Regenerationsfraß [v. spätlat. regeneratio = Wiedergeburt], bei langlebigen Insekten mit mehreren Fortpflanzungsperioden die Nahrungsaufnahme zw. diesen Perioden für die Gonadenreifung. ↗Reifungsfraß.

Regenfeldbau, Feldbau, bei dem der Wasserbedarf aus den Niederschlägen gedeckt werden kann u. nur unter extremen Bedingungen bewässert werden muß. Man bezeichnet die Grenze des R.s als *Trokkengrenze.*

Regenfrosch, *Breviceps gibbosus,* ↗Engmaulfrösche.

Regengrüner Wald, laubwerfender, trokkenkahler Saisonwald trop. und subtrop. Gebiete. In Abhängigkeit v. der Trockenperiode gibt es alle Übergänge von sog. Halbimmergrünen Wäldern, bei denen ledigl. die obere Baumschicht in der Trockenzeit das Laub abwirft, bis zu den nur wenige Monate des Jahres belaubten Trockengehölzen, die bereits zu den Savannen vermitteln. ↗Afrika (B), ↗Asien (B), ↗Südamerika (B).

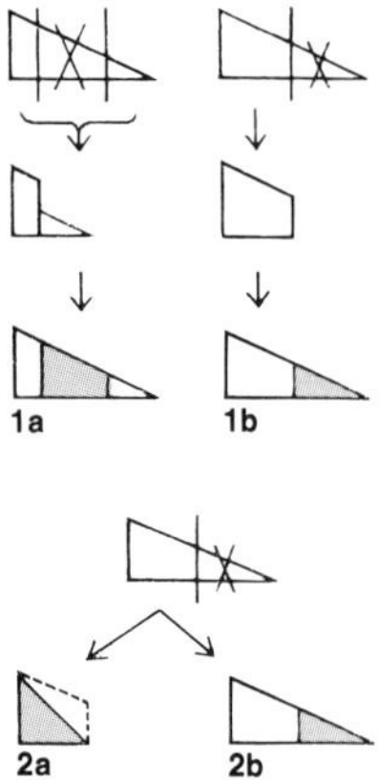

Regeneration

1 Schemat. Darstellung der *interkalaren R.* **(a)** und der *terminalen R.* **(b).**
2 Verlorengegangene Strukturen können durch Umorganisation des Stumpfes **(a,** *Morphallaxis)* od. durch Anbau **(b,** *Epimorphose)* regeneriert werden

Regenpfeifer

Gold-R. *(Pluvialis apricaria)* im Brutkleid

Regenpfeifer, *Charadriidae,* Fam. hochbeiniger, kräftig gebauter Watvögel mit 63 Arten in allen Erdteilen bis in die Arktis; auffällig gezeichnet, relativ kurzer Schnabel zu mehr pickender als stochernder Nahrungsaufnahme. Von der Gruppe der i.d.R. größeren ↗Kiebitze sind die eigentl. R. abgetrennt; leben an Meeresküsten, Ufern v. Flüssen u. Binnenseen sowie in Tundren der Gebirge; gesellig, zur Zugzeit in großen Scharen v.a. an der Küste. In einer bes. Flugleistung zieht der nordam. Kleine Gold-R. *(Pluvialis dominica)* im Nonstop-Flug ca. 4000 km v. Alaska über den Pazifik nach Hawaii; melod. Stimme; Gelege in Bodenmulde mit meist 4 durch Schutzfärbung hervorragend der Umgebung angepaßten Eiern; nach 3–4 Wochen schlüpfen die nestflüchtenden Jungen. Der ca. 19 cm große Sand-R. (*Charadrius hiaticula,* B Europa I) lebt an sand. Meeresküsten, der etwas kleinere Fluß-R. *(C. dubius)* ist dagegen an Süßwasser gebunden. Der schwarzfüßige See-R. *(C. alexandrinus)* kommt lokal an der Nordseeküste in hoher Dichte vor, ist insgesamt jedoch in Dtl. nach der ↗Roten Liste „potentiell gefährdet". Der nasse Heiden, moorige Niederungen u. die Waldtundra besiedelnde Gold-R. (*Pluvialis apricaria;* B Europa III, B Vogeleier II) kommt in Dtl. nur noch in wenigen Paaren vor („vom Aussterben bedroht"); flötende, melanchol. Rufe; besitzt ein vom Brutkleid deutl. verschiedenes Schlichtkleid, ebenso wie der grauer gefärbte arkt. Kiebitz-R. *(P. squatarola).* Nord. Tundra u. Berggipfel mit niedriger Vegetation sind der Biotop des Mornell-R.s (*Eudromias morinellus,* B Europa II, nach der Roten Liste in Dtl. „ausgestorben"), rostrote Unterseite, auffallend geringe Scheu.

Regenwald, *tropischer R.,* immergrüner, außerordentl. reich strukturierter Wald der dauerfeuchten Tropen, mit hohen (über 2000 mm), annähernd gleich über das Jahr verteilten ↗Niederschlägen. Die jahreszeitl. Schwankungen der Durchschnitts-Temp. (24–28 °C) sind ebenfalls gering u. werden vom tageszeitl. bedingten Gang der Temp. übertroffen („Tageszeitenklima", □ Klima). Solche Bedingungen herrschen in großen Teilen von SO-Asien, im Kongo- u. im Amazonas-Becken u. an der O-Küste v. Madagaskar. Allerdings ist der R. in diesen urspr. Verbreitungsgebieten durch Holzeinschlag, Wanderackerbau (shifting cultivation) od. großflächige Rodungen zur Gewinnung v. Weideland stellenweise sehr stark dezimiert worden. Diese bedrohl. Entwicklung gefährdet nicht nur den Bestand eines der artenreichsten u. am höchsten strukturierten Ökosysteme der Erde, sie ist auch verantwortl. für einen erhebl. Teil der steigenden

CO_2-Freisetzung in die Atmosphäre (↗Kohlendioxid, □; ↗Klima). Die hohe Diversität des tropischen R.es ist durch den überaus großen strukturellen Reichtum dieser Wälder entscheidend mitbedingt. Die Gliederung in mehrere Kronenstockwerke, die reiche Entfaltung bes. ↗Lebensformen (Epiphyten, Lianen, Baumwürger usw.) u. das Nebeneinander aller Altersklassen u. Entwicklungsstufen sorgen für eine große Vielfalt verschiedener Lebensräume, die zumindest den Reichtum an tierischen Organismen zu erklären vermag. Dagegen sind die Gründe für die hohe Diversität auch bei den Höheren Pflanzen noch Gegenstand der wiss. Auseinandersetzung: nicht selten findet man auf einem Hektar 100–150 Baumarten u. ein Mehrfaches an anderen Pflanzen, v. denen bisher vermutl. erst der kleinere Teil wiss. beschrieben ist. Wenn das Ausmaß der Vegetationszerstörung in der heutigen Größenordnung weiter anhält, wird diese Vielfalt verschiedener Arten in absehbarer Zukunft verschwunden sein, lange bevor sie auch nur annähernd vollständig bekannt war. Zum Nährstoffgehalt des Bodens ↗Afrika. ↗Asien, ↗Südamerika.

Regenwassermoor, „echtes“, nur vom Regenwasser abhängiges ↗Hochmoor.

Regenwürmer, erdbewohnende ↗*Oligochaeta* aus den Fam. ↗*Glossoscolecidae*, ↗*Lumbricidae* u. ↗*Megascolecidae.* Die 2–60 cm langen, gelb, grün, braun, violett od. meist rot gefärbten eur. Arten gehören v.a. den Gatt. ↗*Lumbricus* u. ↗*Allolobophora* sowie ↗*Eisenia*, ↗*Eiseniella*, ↗*Dendrobaena* u. ↗*Octoclasium* an. Der größte Regenwurm u. damit auch der größte Vertreter der ↗Gürtelwürmer ist der bis 3 m lang werdende austr. *Megascolides australis* (□ Megascolecidae). – Als feuchthäutige Landtiere leben die R. tagsüber eingegraben im Boden (↗Bodenorganismen, □) u. kommen erst nachts an die Oberfläche. An heißen Tagen u. bei Trokkenheit ziehen sie sich in tiefere, ausreichend feuchte Erdschichten zurück. Doch gehen *Lumbricus terrestris* u. *Allolobophora longa* nicht über 2–3 m Tiefe hinaus, während die Gänge der im südl. Ural beheimateten *Allolobophora mariupolensis* 8 m Tiefe erreichen. Längere Hitze- u. Trockenperioden im Sommer u. winterl. Kälteperioden verbringen die R. zusammengerollt in mit Kot u. Schleim ausgekleideten Erweiterungen ihrer Wohnröhre in der Tiefe (Kälte-, Hitze-, Trockenheitsstarre). Ihren Namen verdanken die R. der Tatsache, daß man sie v.a. bei stärkeren Regenfällen an der Bodenoberfläche findet, weil sie infolge des in ihren Gängen entstehenden Sauerstoffmangels (↗Bodenluft) diese verlassen, dabei aber Gefahr laufen, aufgrund ihrer UV-Empfindlichkeit innerhalb kurzer Zeit den Lichttod zu sterben. Natürl. Feinde im Boden sind Maulwurf, Blindschleiche u. Kröten, aber auch Larven v. Laufkäfern sowie einige Hundertfüßer, über dem Boden viele Vogelarten. – Alle R. sind Substratfresser u. ernähren sich v. im Boden verrottenden organ. Stoffen, v. Bakterien, Grünalgen, Pilzsporen u. Protozoen. Vielfach ergreifen sie auch Fallaub u. ziehen es in ihre Wohnröhre, wo es erst weicher, „gar“ werden muß, bevor sie es fressen können. Erdbrocken und organ. Material werden mit dem Pharynx aufgenommen, im Muskelmagen zerrieben u. im Mitteldarm, dessen Oberfläche durch eine Längseinfaltung (↗Typhlosolis) beachtl. vergrößert ist, verdaut u. resorbiert. Das Unverdaute wird durch den After ausgeschieden u. auf der Bodenoberfläche zu den häufig turmart. Kothäufchen geformt. Neben anorgan. Bestandteilen enthält der Kot viele im Regenwurmdarm verdaute, aber nicht resorbierte u. so für andere Verbraucher aufgeschlossene Stoffe. – Die Bedeutung der zahlr. in den oberen Erdschichten lebenden R. (□ Bodenorganismen) für die Bodenumsetzung u. ↗Humus-Bildung und folgl. für den Pflanzenanbau ist beachtlich. Auf der Suche nach Nahrung wird der Boden ständig durchwühlt, das Erdreich dabei gelockert, umgeschichtet u. belüftet (↗Bioturbation). Jeder Wurm braucht in 24 Std. eine Nahrungsmenge, die seinem Körpergewicht entspricht. Beim Durchgang durch den Darm werden die Bodenteilchen zerkleinert, Humusstoffe (↗Humus) u. Tonminerale zu Ton-Humus-Komplexen verbunden (↗Bodenkolloide), die im Boden Krümelstruktur u. Wasserhaushalt begünstigen. Pro Hektar finden sich etwa 1250 kg R., die im Jahr zw. 20 und 50 t Kot an die Oberfläche befördern u. bis zu 25 t Mist u. anderes Pflanzenmaterial in eine Tiefe von 1–1,5 m ziehen. Hinzu kommt, daß sich die Bakterien im Darm stark vermehren, so daß nicht selten der Kot wesentl. bakterienreicher ist als die Nahrung u. dadurch der weitere Abbau des organ. Materials bis in seine mineral. Bestandteile sehr gefördert wird (↗Humifizierung, ↗Mineralisation). ↗Ringelwürmer (□, B), □ Gürtelwürmer, □ Oligochaeta. *D. Z.*

Region [v. lat. regio = Gebiet, Gegend], ↗Florengebiet, ↗tiergeographische Region.

Regenwürmer

Regenwurm im eingerollten Zustand während der Sommer- od. Winterperiode

Nach Heymons (1923) enthält 1 g trockener Kleeackerboden 11 000 000 Bakterien, 1 g trokkener Regenwurmdarminhalt 10 000 000 Bakterien und 1 g trockener Regenwurmkot 52 000 000 Bakterien.

Regenwürmer

Der erste, der die Bedeutung der R. in ihrer gesamten Tragweite für die ↗Bodenfruchtbarkeit erkannt hat, war Ch. Darwin. In seiner Monographie „The formation of vegetable mould through the action of worms with observations of their habits“ („Die Bildung der Ackererde durch die Tätigkeit der Würmer sowie die Beobachtung ihrer Lebensgewohnheiten“) heißt es: „Wenn wir eine weite mit Rasen bedeckte Fläche betrachten, so müssen wir dessen eingedenk sein, daß ihre Glätte, auf welcher ihre Schönheit in einem so hohen Grade beruht, hpts. dem zuzuschreiben ist, daß alle die Ungleichheiten langsam v. den R.n ausgeebnet worden sind. Es ist wohl wunderbar, wenn wir uns überlegen, daß die ganze Masse des oberflächl. Humus durch die Körper der R. hindurchgegangen ist und alle paar Jahre wiederum durch sie hindurchgehen wird. Der Pflug ist eine der allerältesten u. wertvollsten Erfindungen des Menschen; aber schon lange, ehe er existierte, wurde das Land durch R. regelmäßig gepflügt u. wird fortdauernd noch immer gepflügt. Man kann wohl bezweifeln, ob es noch viele andere Tiere gibt, welche eine so bedeutungsvolle Rolle in der Geschichte der Erde gespielt haben, wie diese niedrig organisierten Geschöpfe.“

Regnum *s* [lat., =], das ↗Reich.

Regosol *m* [v. gr. rhēgos = Decke, lat. solum = Boden], Boden auf carbonatfreiem Lockergestein (z.B. R. aus Dünensand) mit A–C-Profil. ↗Ranker.

Regression *w* [v. lat. regressio = Rückkehr], allg.: Zurückgehen, Zurückweichen. **1)** Geologie: *Meeres-R.,* das Zurückweichen des Meeres, wodurch fr. wasserbedeckte Flächen dem Festland angegliedert werden; verursacht durch epirogenet. Hebung des Festlandes od. Absinken des Meeresspiegels (↗eustatische Meeresspiegelschwankung). **2)** Evolution: ↗regressive Evolution. **3)** Ökologie: Rückgang einer ↗Massenvermehrung (□) v. Organismen (z.B. Schädlingen des Menschen) bis zum Normalbestand, meist auch mit Verkleinerung des besiedelten Areals verbunden.

regressiv [v. lat. regressus = Rückkehr], rückbildend; ↗regressive Evolution.

regressive Evolution *w* [v. lat. regressus = Rückkehr, evolutio = Abwicklung], *degenerative Evolution;* im Verlauf der ↗Evolution v. Organismen werden nicht nur „evolutive Neuheiten" entwickelt, wie z.B. die Federn bei der Evolution zu den Vögeln, sondern auch in ↗Anpassung an veränderte Lebensbedingungen bei den Ahnenformen entwickelte Eigenschaften sekundär wieder abgebaut *(Regression).* Im Ggs. zur „aufbauenden", progressiven Evolution spricht man bei einem sekundären Abbau von r.r E. Besonders auffallend tritt r. E. zum Beispiel bei Parasiten auf, die u.a. Fortbewegungsorgane (z.B. Bettwanze u. Läuse die Flügel), Lichtsinnesorgane od. sogar den Darm (Bandwürmer) rückgebildet haben, u. bei Bewohnern des Erdbodens (↗Bodenorganismen) od. von Höhlen (↗Höhlentiere), die oft Augen u. Pigmentierung rückgebildet haben. R. E. ist jedoch auch bei der Evolution neuer Tiergruppen weit verbreitet. So sind z.B. die Schlangen durch Reduktion der Extremitäten charakterisiert, die Landwirbeltiere durch die Reduktion der Kiemen. R. E. tritt auf, wenn eine Eigenschaft ihre Funktion verliert u. sie daher keiner stabilisierenden ↗Selektion mehr unterliegt. Durch Ansammlung v. Negativmutationen kommt es daher zur „degenerativen Entwicklung". Da die Ausbildung funktionslos gewordener Organe in der Keimesentwicklung Energie kostet, wirkt zusätzl. ein Selektionsdruck auf den Abbau (die r.E.) funktionslos gewordener Organe. Oft bleiben bei r.r E. ↗Rudimente (↗rudimentäre Organe, B) erhalten, denen noch „Restfunktionen" zukommen können.

Lit.: Regressive Evolution u. Phylogenese. Fortschritte in der zool. Systematik u. Evolutionsforschung, Heft 3. Hamburg 1984.

Regularia [Mz.; v. *regul-], *Reguläre Seeigel,* eine der beiden U.-Kl. der ↗Seeigel.

Regulation *w* [v. *regul-], Überbegriff für eine Fülle v. Prozessen, die der Aufrechterhaltung od. Wiederherstellung der Integrität des Organismus dienen, somit also unmittelbar mit den Begriffen Fließgleichgewicht (↗dynamisches Gleichgewicht), ↗Homöostase u. ↗inneres Milieu (↗Osmo-R.) verknüpft. R.smechanismen finden sich auf molekularer Ebene (Metabolit-R., Enzym-R., ↗Gen-R.), der Organebene (R. des Zellverbands, hormonelle u. nervöse R. aller vegetativen Funktionen) sowie im Kontakt v. Individuen untereinander (inter- u. intraspezifische Verhaltens-R.en) und mit abiotischen Faktoren (R. der Anpassungen an saisonale Bedingungen). Schließlich sorgen zahlreiche, z.T. noch unverstandene R.sprozesse während der Ei- u. Keimesentwicklung für die Ausprägung der arttypischen Körpergestalt (vgl. Spaltentext). ↗Regelung.

Regulationsei [v. *regul-] ↗Regulationstyp, ↗Entwicklungstheorien.

Regulationstyp [v. *regul-], *Regulationskeim,* Bez. für Eier *(Regulationseier)* bzw. Embryonen, deren einzelne Teile im Ggs. zum ↗Mosaiktyp noch nicht auf ihr endgült. Entwicklungsschicksal festgelegt sind. Der Unterschied ist nur graduell u. beruht auf unterschiedl. Zeitablauf der ↗Determination. Ob Teile v. Regulationskeimen (gemäß einer unkrit. Definition, ↗Regulation) vollständige Embryonen bilden, hängt v. der Anordnung der interagierenden Systemkomponenten u. von der Lage der Trennebene ab. So erbringen zum Beispiel Vorder- od. Ventralhälften v. Amphibieneiern isoliert eine geringere Entwicklungsleistung als im Gesamtsystem, da ihnen der „regulierende" Einfluß des (abgetrennten) Organisationszentrums (↗Organisator) fehlt (↗grauer Halbmond, ↗Induktion). ↗Entwicklungstheorien.

Regulatorgene [v. *regul-], die Gene, die für die bei der Transkription regulatorisch wirksamen Proteine (*Regulatorproteine;* z.B. für den lac-Repressor, ↗Lactose-Operon) codieren. ↗Genregulation (B).

Regulatorproteine [v. *regul-], die ↗Repressoren; ↗Regulatorgene.

Regulon *s* [v. *regul-], Einheit v. Genen, die zwar an verschiedenen Orten eines Genoms lokalisiert sind, deren Expression aber durch die gleichen Regulatorproteine gesteuert wird.

Regulus *m* [lat., = kleiner König], die [↗Goldhähnchen.

Regurgitation *w* [v. lat. re- = zurück-, gurgites = Strömungen], bei manchen Tieren Hochwürgen v. Nahrung (z.B. aus dem Kropf), um die Jungen (od. andere Artgenossen) zu füttern.

Reh, *Capreolus capreolus,* weitverbreitete euras. Hirschart aus der U.-Fam. der ↗Trughirsche; Kopfrumpflänge 100 bis 140 cm, Körperhöhe 60–90 cm; Sommerfell rotbraun, Winterfell graubraun; weiße Signalfärbung („Spiegel") um den nur 1–2 cm kurzen Schwanz; R.-Bock mit klei-

regressive Evolution

Bei dem mexikan. Fisch *Astyanax mexicanus* (↗Salmler) kennt man oberirdisch lebende Populationen mit wohlentwickelten Augen u. dunkler Pigmentierung sowie Höhlenpopulationen, deren Pigmentierung u. Augen unterschiedl. weit rückgebildet sind. Da sich Vertreter beider Populationen miteinander kreuzen lassen, läßt sich hier zeigen, daß Mutationen an relativ wenigen Loci der beteiligten Polygensysteme zur r.n E. der betroffenen Organe der Höhlenpopulation geführt haben.

Regulation

In der *Entwicklungsbiologie* ist die R. ein Begriff mit zwei irrtüml. für deckungsgleich gehaltenen Definitionen:

1) Festlegung des normalen Entwicklungsschicksals durch Regelvorgänge zw. mehreren embryonalen Systemkomponenten (im Ggs. zur Entwicklung nach dem ↗Mosaiktyp).

2) Fähigkeit, aus einem Teilkeim mehr als seinen normalen Anteil an der Embryogenese hervorgehen zu lassen, im Extremfall einen vollständigen Embryo (↗Durchschnürungsversuch). Nach Definition 1 können Teilkeime (bei Abtrennung notwendiger Reaktionspartner) aber auch einen *geringeren* Anteil liefern als im Gesamtsystem, was häufig übersehen wird (↗Regulationstyp).

regul- [v. lat. regulare = regeln; davon regularis = regelmäßig].

nem, maximal sechsendigem Stangengeweih (fälschl. „Gehörn"; □ Geweih), weibl. R. (Geiß) geweihlos. Der Geweihabwurf erfolgt im Nov./Dez., das Fegen des ↗Bastes im Frühjahr. Als Lebensraum bevorzugt das R. unterwuchs- u. lichtungsreiche Laub- u. Mischwälder sowie Feldgehölze. R.e sind Tag- u. Nachttiere; sie äsen v.a. am frühen Morgen u. während der Abenddämmerung. R.e leben ortstreu in kleinen Gruppen („Sprüngen") von 2–10 Tieren, geführt v. einer erfahrenen Geiß; im Winter bilden sie oft größere Rudel. Die Hauptbrunft der R.e ist Ende Juli/Anfang Aug.; im Nov./Dez. kann eine Nach- od. Nebenbrunft stattfinden. Bei im Sommer befruchteten Eizellen stagniert die Embryonalentwicklung für 4½ Monate auf einem frühen Stadium (Keimruhe). Dadurch werden die (meist 2) weißgefleckten R.-Kitze stets im Mai/Juni des Folgejahres geboren („gesetzt"). Die Kitze folgen ihrer Mutter erst nach 3–5 Tagen „Abliegezeit". – Das Verbreitungsgebiet des R.s erstreckte sich urspr. über fast ganz Europa u. das gemäßigte Asien bis nach O-Sibirien. Als U.-Arten werden das Eur. R. *(C. c. capreolus)*, das fast doppelt so groß werdende Sibir. R. *(C. c. pygargus)* u. das Chines. R. *(C. c. bedfordi)* unterschieden. Wo natürl. Raubfeinde des R.s (z.B. Luchs, Wolf) heute fehlen u. das R. bevorzugtes Jagdwild ist, wird seine Bestandsdichte vom Menschen bestimmt. B Europa XIV.

Rehantilope, *Rehböckchen, Pelea capreolus,* der „Rehbock" der Buren, eine den Riedböcken i.w.S. zugeordnete südafr. Antilope, die in Trupps v. 6–10 Tieren in buschbestandenem Berg- u. Felsgelände vorkommt.

Rehpilz, *Sarcodon imbricatus,* ↗Stachelpilze.

Rehschröter, *Platycerus,* Gattung der ↗Hirschkäfer.

Reibzunge, die ↗Radula.

Reich, *Regnum,* höchste Kategorie der biol. ↗Klassifikation. Wie bei allen anderen supraspezif. Kategorien der Klassifikation gibt es keine absoluten Kriterien für die Zuweisung der Kategorie „Reich". Deshalb gibt es sehr unterschiedl. System-Vorschläge, im Extremfall die Zusammenfassung aller Lebewesen in einem einzigen R. *Bionta.* Lange Zeit teilte man die Lebewesen ein in die beiden R.e *Plantae* (Pflanzen) u. *Animalia* (Tiere). Im Bereich der einzelligen Algen u.a. Einzeller gab es aber Probleme mit der Zuordnung, bzw. es gab Überschneidungsbereiche. Ebenfalls nur zwei R.e, jedoch ohne Überschneidungen, gibt es bei Einteilung in *Protista* (Einzeller u. Einzellerkolonien) und *Histonia* (echte Mehrzeller) od. in *Prokaryota* (Bakterien u. Cyanobakterien) u. *Eukaryota.* – V.a. im engl.-sprachigen Bereich hat sich ein System mit 5 R.en („5-kingdom-system") eingebürgert: die *Monera* als einziges R. der Prokaryota (ggf. die *Viren* als 2. R.); u. innerhalb der bisweilen sogar als „Super-R." bezeichneten Eukaryota folgende 4 R.e: *Protista* – neuerdings auch *Protoctista* gen. zur eindeut. Kennzeichnung gegenüber den prokaryot. Einzellern (pflanzl. und tier. Einzeller einschl. der Einzeller-Kolonien u. Tange), *Fungi* (mehrzellige Pilze), *Plantae* (= *Metaphyta* = Moose bis Samenpflanzen) u. *Animalia* (mehrzellige Tiere = *Metazoa*). – Diese Einteilung entspr. nicht den Prinzipien der phylogenet. Systematik, denn höchstens die Plantae (≙ Embryophyta) u. Animalia sind monophyletisch. Trotzdem hält man aus prakt. Gründen an der Einteilung fest.

Reichenow, *Anton,* dt. Zoologe, * 1. 8. 1847 (Berlin-) Charlottenburg, † 6. 7. 1941 Hamburg; 1906–21 Mitarbeiter am Zool. Museum in Berlin; wicht. Arbeiten zur ornitholog. Systematik, regte die Gründung der Vogelwarte Rossitten an.

Reichert-Gauppsche Theorie, die v. dem dt. Anatomen K. B. Reichert (1811–83) 1837 aufgestellte und v. E. Gaupp († 1916) 1913 weiter belegte Theorie, wonach die ↗Gehörknöchelchen der Säuger aus Gelenkknochen des primären Kiefergelenks ihrer reptilienart. Ahnenformen phylogenet. abzuleiten sind. Dementspr. ist: ↗Steigbügel (Stapes) homolog zu ↗Columella, ↗Hammer (Malleus) homolog zu ↗Articulare, ↗Amboß (Incus) homolog zu ↗Quadratum. Der Funktionswechsel (↗Funktionserweiterung) v. Gelenkknochen zu Gehörknöchelchen wurde durch die Ausbildung eines sekundären ↗Kiefergelenks bei den Säugern möglich. Die R. ist heute auch durch paläontolog. Material belegt.

Reichstein, *Tadeusz,* schweizer. Biochemiker poln. Abstammung, * 20. 7. 1897 Włocławek; Prof. in Zürich u. Basel; synthetisierte 1932 das Vitamin C, isolierte das Cortison aus der Nebenniere u. erkannte dessen therapeut. Wirkung; erhielt 1950 zus. mit P. S. Hench und E. C. Kendall den Nobelpreis für Medizin.

Reife, 1) Bot.: bei Kulturpflanzen od. Nutzpflanzen der Entwicklungszustand, in dem die Pflanzen ihrem Nutzungs- u. Verwendungszweck am besten entsprechen u. geerntet od. eingebracht werden *(technische R.).* Hiervon unterscheidet man die *physiologische R.* als den Entwicklungszustand, in dem die Samen u. Früchte vollkommen ausgebildet sind. Physiologische u. technische R. können je nach Nutzungsart zusammenfallen. **2)** Zool.: ↗Jugendentwicklung, ↗Geschlechtsreife.

Reifeteilung, die ↗Meiose.

Reifholzbäume ↗Holz.

Reifpilz, *Rozites caperata,* ↗Rozites.

Reifung, in der Ethologie die Herausbildung einer Verhaltensweise auf angeborener Grundlage, d.h. aufgrund v. Informationen aus dem Erbgut u. ohne die Notwendigkeit v. Erfahrung (↗Lernen). Vorgänge

Reh

Junger Rehbock *(Capreolus capreolus)*

T. Reichstein

Reich

In Linnés „Systema naturae" gab es 3 Reiche: *Regnum lapideum* (Reich der Steine: „Steine wachsen"), *Regnum vegetabile (= R. plantarum)* (Pflanzen-Reich: „Pflanzen wachsen und leben"), *Regnum animale (R. animalium)* (Tier-Reich: „Tiere wachsen, leben und empfinden"). Probleme hatte Linné bei der Zuordnung der Anthozoen („Blumentiere"). – Owen (1860) u. Haeckel (1866) teilten die Lebewesen *(Bionta)* in Einzeller *(Protista)*, Pflanzen *(Plantae)* u. Tiere *(Animalia)* ein.

der R. spielen in der Verhaltens-Ontogenese fast immer eine Rolle. Aber da meist erbl. und durch Erfahrung gewonnene Information eng zusammenwirken, ist es im Einzelfall schwierig, den Anteil der R. experimentell zu ermitteln. Am besten gelingt dies bei Verhaltensweisen, die kaum od. keine Lernschritte zur Ausbildung erfordern, z. B. das koordinierte Fliegen bei Vögeln. Für die Entwicklung der Ethologie war es bedeutsam, als durch einen Deprivationsversuch (Jungvögel wurden am Flügelschlagen gehindert) gezeigt wurde, daß Vögel das Fliegen nicht lernen müssen, sondern daß das Flattern auf dem Nest (das fast alle Jungvögel zeigen) Teil einer R. ist u. wohl vorwiegend der Muskelentwicklung u. der Orientierung dient. Wenn es mögl. ist, das für ein Verhalten verantwortl. neuronale Aktivitätsmuster abzuleiten, kann eine R. direkt bewiesen werden, falls sich dieses Impulsmuster zunehmend vervollkommnet, bevor das reifende Verhalten auftritt. Wichtig für das Verständnis der Verhaltens-Ontogenese ist auch das Phänomen der *Teil-R.:* Ein Verhaltenselement wird ausgebildet, bevor das Gesamtverhalten funktionsfähig ist. Z. B. können viele Säugetierjunge die Paarungshaltung einnehmen, lange bevor sie geschlechtsreif sind.

Reifungsfraß, *Reifefraß,* Nahrungsaufnahme bei Insekten, die unmittelbar nach der Imaginalhäutung zur Anregung der Gonadenreifung erst fressen müssen. ↗Regenerationsfraß.

Reighardia *w,* die einzige neben dem ↗Nasenwurm auch in Mitteleuropa vorkommende Gatt. der ↗Pentastomiden. *R. sternae* parasitiert weltweit in den Luftsäkken verschiedener Meeresvögel (also nicht nur in Seeschwalben, wie der Artname suggeriert). Im Ggs. zu den meisten anderen Pentastomiden erfolgt direkte Übertragung (≙ ohne Zwischenwirt) der ausgewürgten larvenhalt. Schleimballen. Im Darm des nächsten Wirtes lösen sich die Embryonalhüllen auf, die Larve schlüpft, durchbohrt die Darmwand u. gelangt so in die Leibeshöhle; dort werden die ♀♀ von den ♂♂ (6–8 mm, ↗Zwergmännchen) begattet; anschließend dringen die ♀♀ in die Luftsäcke ein, wachsen bis 75 mm Größe heran u. wandern später über Lunge u. Luftröhre bis hin zum Schlund zur Eiablage.

Reihe, 1) in der Bot. kaum noch verwendete Bez. für ↗Ordnung. 2) ↗Serie.

Reihenverdünnungstest, *Verdünnungsreihentest,* Methode zur Bestimmung der geringsten Menge eines Antibiotikums (od. anderen Wirkstoffs), die noch auf bestimmte Krankheitskeime (z. B. Bakterien) wirksam ist *(minimale Hemmstoffkonzentration).* Wichtig zur gezielten Antibiotikatherapie, um die Antibiotikaempfindlichkeit u. mögliche ↗Resistenz-Eigenschaften zu erkennen. Das Ergebnis eines R.s mit einem Spektrum an ↗Antibiotika für einen bestimmten Krankheitserreger wird als ↗*Antibiogramm* bezeichnet.

Gewöhnlicher Reiherschnabel *(Erodium cicutarium)*

Reihenverdünnungstest

Eine sterile Stammlösung eines Antibiotikums wird mehrfach verdünnt. Dazu wird in ein 1. Teströhrchen mit steriler Nährlösung (3 ml) die gleiche Menge Antibiotikalösung einpipettiert u. durchmischt. Aus der 1:1 verdünnten Lösung überträgt man wiederum die Hälfte des Inhalts in das nächste Teströhrchen, so daß die Antibiotikalösung wiederum 1:1 verdünnt wird; die weiteren Verdünnungen (ca. 10) erfolgen in gleicher Weise. Anschließend werden die Teströhrchen von einer Plattenkultur des zu prüfenden Keims (1 Öse) beimpft u. danach 16–24 h bei 32–37 °C oder auch länger bebrütet. In den Teströhrchen, in denen die Antibiotikakonzentration das Wachstum nicht od. nicht vollständig hemmt, trübt sich die Nährlösung; bei vollständ. Hemmung des Wachstums bleibt die Nährlösung klar. Die Verdünnungsstufe (Konzentration), bei der das Wachstum gerade noch vollständig verhindert wird, gibt die minimale Hemmstoffkonzentration (MHK) an.

Reihenzähner, *Taxodonta,* Muscheln mit einem Scharnier aus zahlr., kleinen, gleichförm. Zähnchen; R. sind Fiederkiemer u. ein Teil der Fadenkiemer; in einigen Systemen werden die R. als U.-Ord. der ↗*Filibranchia* geführt u. umfassen dann die Archen- und Samtmuscheln sowie die *Limopsidae (↗ Limopsis).*

Reiher, *Ardeidae,* Fam. der Stelzvögel mit 69 Arten in allen Erdteilen; langer Hals, kräft., spitzer Schnabel, breite Flügel, im Flug durch s-förmige Krümmung des Halses Kopf zw. die Schultern eingezogen (im Ggs. hierzu fliegen Störche u. Kraniche mit ausgestrecktem Hals; □ Flugbild). Viele Arten während der Brutzeit mit Schmuckfedern an Kopf, Hals u. Rücken. Stimme krächzend od. dumpf; gesellig, nisten kolonieweise auf Bäumen od. im Schilf. Nahrungssuche im Seichtwasser u. auf Wiesen, Jagd auf verschiedene Tiere in Lauerstellung, stoßen blitzschnell auf die Beute. Viele Arten stehen unter Schutz. In Mitteleuropa am verbreitetsten ist der Fisch- od. ↗Grau-R. (*Ardea cinerea,* [B] Europa VII). Dunkler, kleiner u. am Hals rotbraun gefärbt ist der Purpur-R. *(A. purpurea),* der in südl. Ländern, in wenigen Paaren aber auch in Dtl. vorkommt (nach der ↗Roten Liste „potentiell gefährdet"). Der schneeweiße Silber-R. (*Casmerodius albus,* [B] Afrika I) bewohnt offene Sümpfe SO-Europas u. aller warmen Gebiete der Erde. Der ebenfalls weiße, jedoch deutl. kleinere u. zierlichere Seiden-R. *(Egretta garzetta)* SO-Europas, Asiens u. Afrikas besitzt bes. auffallende Schmuckfedern, die bei der Balz effektvoll zur Schau gestellt werden; er kommt selten auch in einer schwarzen Farbphase vor. Der Kuh-R. (*Bubulcus ibis,* [B] Afrika III) sucht häufig zw. Weidevieh Nahrung u. fängt die v. diesen aufgescheuchten Insekten; breitet sich aus u. hat v. Afrika aus auch Amerika besiedelt. Der kleinste weiße R., mit bräunl. Federpartien, ist der Rallen-R. *(Ardeola ralloides);* durch menschl. Verfolgung (Schmuckfedern) im Bestand zurückgegangen. Der schwarz-grau-weiße Nacht-R. *(Nycticorax nycticorax)* verläßt in der Dämmerung seine Tagesruheplätze u. geht hpts. nachts auf Nahrungssuche; außer in südl. Ländern brütet er lokal u. unregelmäßig auch in Dtl. („potentiell gefährdet"). Eine verborgene Lebensweise haben die ebenfalls zu den R.n gehörenden Dommeln, die größeren ↗Rohrdommeln u. die ↗Zwergdommeln.

Reiherläufer, *Dromadidae,* Fam. der Watvögel mit einer einzigen Art *(Dromas ardeola)* an Sandstränden u. Küstenlagunen Ägyptens; 35 cm groß, unverkennbar schwarz-weiß, kräft. Schnabel, der zum

Zerkleinern v. Krabben u. anderen Strandtieren eingesetzt wird; v.a. dämmerungs- u. nachtaktiv; für Watvögel ungewöhnl. Brutbiologie: gräbt eine 1–2 m lange Nisthöhle in den Sand u. legt nur 1 weißes Ei; das Junge bleibt noch lange in der Bruthöhle.

Reiherschnabel, *Erodium,* Gattung der Storchschnabelgewächse mit ca. 50, meist mediterranen Arten. Die lang ausgezogene Kapsel zerfällt in 5 Teilfrüchte mit spiralig sich rollenden, hygroskop. Grannen. Der heim. Gewöhnliche R. *(E. cicutarium)* ist ein lila od. hellrot blühendes Kraut in Unkrautges. von Äckern, Weinbergen u. Dünen; wärmeliebend. Der Moschus-R. *(E. moschatum)* blüht violett, Stengel dicht drüsig besetzt; in Unkrautfluren auf nährstoffreichen Sandböden. ☐ 110.

Rein, *Friedrich Hermann,* dt. Humanphysiologe, * 8. 2. 1898 Mitwitz bei Kronach, † 14.5.1953 Göttingen; 1929 Prof. in Freiburg, 1932 in Göttingen, seit 1952 zusätzl. Dir. des MPI für med. Forschung, Heidelberg; Arbeiten zur Sinnes-, Herz- u. Blutphysiologie des Menschen; Begr. (1936) des „klassischen" Lehrbuches „Einführung in die Physiologie des Menschen" (später bearbeitet von M. Schneider u. heute von R. F. Schmidt und G. Thews als „Physiologie des Menschen" fortgeführt).

Reineclaude *w* [rän^{e}klod^e; ben. nach der frz. Reine (= Königin) Claude, 1499–1524], *Prunus domestica* ssp. *italica,* ↗Prunus.

reine Linie ↗Linie.

Reinerbigkeit, die ↗Homozygotie; ↗Allel, ↗Mendelsche Regeln.

Reinhardtius *m* [ben. nach dem dän. Naturforscher J. Th. Reinhardt, 1816–82], ↗Heilbutt.

Reinke, *Johannes,* dt. Biologe u. Naturphilosoph, * 3. 2. 1849 Ziethen bei Ratzeburg, † 25. 2. 1931 Preetz (Holstein); seit 1879 Prof. in Göttingen, 1885 Kiel; Arbeiten zum Wachstum des Wurzelvegetationspunkts v. Angiospermen, zur CO_2-Assimilation und chem. Zusammensetzung des Cytoplasmas; wegen seiner neovitalist. (↗Neovitalismus) und christl. Auffassungen sowie seines starken Engagements im Keplerbund trat er in schärfsten Ggs. zu E. ↗Haeckel u. dessen monist. Weltauffassung.

Reinkultur, 1) Landw.: *Reinanbau,* Anbau einer einzigen Kulturpflanzen-Art auf einer bestimmten Anbaufläche. ↗Monokultur. 2) Forstwirtschaft: der Reinbestand im ↗Wald. 3) *axenische Kultur,* lebende Mikroorganismenkultur (↗mikrobielles Wachstum), die nur aus Zellen derselben (systematischen) Art od. eines Stammes besteht. R.en werden durch Isolierung v. Einzelzellen *(Einzellkultur)* od. Einzelsporen *(Einsporkultur)* u. ihrer Weiterzucht gewonnen. Die Nachkommenschaft aus Einzelzellen (bzw. -sporen) wird auch als ↗Klon bezeichnet. Ggs.: ↗Mischkultur.

Reis

Rispen des Kultur-R.es *(Oryza sativa)*

Gehalt des polierten Reiskorns (in %):

Wasser	12
Protein	7,5
Fett	0,3
Mineralstoffe	0,13
Kohlenhydrate	78%

100 g polierter Reis haben einen Nährwert von ca. 1400 kJ (etwa 350 kcal)

Verlust durch Polieren (in %):

Thiamine	76
Riboflavin	57
Niacin	63

Reis

Erntemenge (Mill. t) und Hektarerträge (in Klammern; in Dezitonnen/ha) der wichtigsten Erzeugerländer für 1983

Welt*	450,1 (31,3)
VR China	172,2 (50,9)
Indien	89,6 (21,9)
Indonesien	35,2 (38,7)
Bangladesch	21,9 (20,7)
Thailand	18,5 (19,7)
Vietnam	14,5 (24,6)
Birma	14,4 (30,8)
Japan	12,9 (57,0)
Philippinen	8,1 (24,7)
Brasilien	7,7 (15,2)
Rep. Korea	7,4 (60,2)
Pakistan	5,2 (25,8)
VR Korea	5,2 (63,4)
USA	4,5 (51,5)
UdSSR	2,5 (38,5)
Ägypten	2,4 (57,7)
Madagaskar	2,1 (18,1)
Kolumbien	1,8 (44,9)
Iran	1,7 (30,6)
Italien	1,0 (56,0)
*1933:	90,9 (15,8)

Reïnvasion *w* [v. lat. re- = wieder, invasio = Angriff, Einfall], *Rekolonisation, Reïnfektion,* erneute Besiedlung eines Areals (bei Parasiten einer Wirtsart) durch eine Organismenart, die in dem betreffenden Areal schon vorher gelebt hat, aber dann ausgelöscht wurde od. ausgewandert war. ↗Invasion.

Reinzucht, die ↗Rassenreinzucht.

Reinzuchthefen, die ↗Kulturhefen.

Reis, 1) *Oryza,* Gatt. der Süßgräser (U.-Fam. *Oryzoideae*) mit ca. 25 Arten in den gemäßigten bis trop. Breiten. Der R. i. e. S. *(O. sativa)* ist ein wicht. ↗Getreide u. für ca. 60% der Menschheit das Hauptnahrungsmittel. 90% der Ernte werden in Asien produziert u. verbraucht; die USA sind der größte Exporteur. Der R. ist ein einjähriges, aufrecht beblättertes Gras mit bis zu 50 cm langen Rispen (☐ Getreide). Er hat ein 2spaltiges, langes (2 cm) Blatthäutchen. Das Ährchen besitzt rudimentäre Hüllspelzen u. meist begrannte, gitterartig punktierte Deckspelzen. Die Blüte hat 6 Staubbeutel. R. kommt wild in Indien, Afrika, Amerika u. im trop. Australien vor, die mögl. Stammform ist der indische *O. fatua.* Er wird in Asien schon seit ältesten Zeiten, in China schon seit ca. 5000 Jahren kultiviert (im Mittelmeerraum erst seit ca. 800 v. Chr.). Die zwei Kulturformen sind der ertragsärmere *Berg-R.* (Anbau bis 2700 m Höhe) u. der *Naß-, Wasser-* od. *Sumpf-R.* Trotz des höheren Ertrags beim Wasser-R. ist die notwendige lange Bewässerung problemat. in Malariagebieten, u. es wird über die Hälfte der Gesamtanbaufläche mit Berg-R. bestellt. R. ist selbstbestäubend, wird bis 1,8 m hoch u. bestockt sich schon 20 Tage nach der Aussaat reichl. Die Kultur ist zw. 45° n. Br. und 40° s. Br. möglich, mittlere Temp. von 25–30 °C für Wasser- und 18 °C für Berg-R. sind erforderl. Der R. ist nachtfrostempfindl. und liebt schwere humusreiche Böden. In Asien wird durch die Auspflanzung v. Saatbeeten ein dreimal. Anbau im Jahr ermöglicht. Beim Wasser-R. werden die Felder nach u. nach 15–30 cm hoch geflutet. Nach der Blüte senkt man den Wasserstand allmählich, u. die Felder liegen zur Ernte beim Gelbwerden der Blätter trocken. Die Ernte erfolgt v. Hand od. mit der Sichel, in den USA u. in Austr. mit dem Mähdrescher. Die Erträge schwanken zw. 5 und 75 dt/ha und Jahr (USA vollmechanisch 51 dt/ha). Die bespelzten Körner, der sog. *„Paddy-R.",* wird meist geschält. Bei ausschl. Ernährung v. geschältem, sog. *poliertem R.* tritt die Thiamin-Mangelerkrankung ↗Beriberi auf. (Die entfernte Silberhaut enthält die nötigen Vitamine B_1, B_2 und B_{12}.) Vom R. sind ca. 5000 (davon 1400 angebaut) Formen (durch intensive Züchtung) bekannt. Man unterscheidet 3 Hauptgruppen: die *indica*-Gruppe mit unbegrannten Ährchen u. kleinen schlanken Körnern, die *japonica*-

Gruppe mit begrannten Ährchen u. großen rundl. Körnern u. die dazwischen liegende Gruppe *indo-japonica. Wunder-R.* ist die Bez. für Hochertragsformen durch Kreuzung hochwüchsiger trop. Formen mit dem ind. Zwerg-R. *O. indica.* – Aus R. wird außer Brei u. Mehl Puder (als Kosmetikum), Schokoladezusatz, Poliermittel (kieselsäurehaltig) u. das alkohol. Getränk „Arrak" hergestellt. Der *Kleb-R.* (var. *glutinosa*) wird für Kuchen, Kleister u. zur R.weinbereitung *(Saké)* benutzt. Aus den Spelzen stellt man heute wasserfeste R.ziegel für leichte Bauten in Überschwemmungsgebieten her. Für Tierfutter sind sie wegen des hohen Silicium-Gehaltes unbrauchbar; man stellt aber auch Verpackungs- u. Isoliermaterial daraus her. Das Stroh wird für Flechtwerk u. Zigarettenpapier benutzt. [B] Kulturpflanzen I. **2)** ↗Pfropfung, ↗Edelreis. *A. S.*

Reisaal, *Fluta alba,* ↗Kiemenschlitzaale.

Reischlinge, *Fistulina,* Gatt. der ↗Nichtblätterpilze (Fam. *Fistulinaceae*); in Europa nur 1 Art, *F. hepatica,* der ↗Leberpilz.

Reisfinken, *Padda,* Gatt. der ↗Prachtfinken ([T]).

Reisigkrankheit, *Gablerkrankheit,* durch Viren hervorgerufene, teilweise v. Nematoden verbreitete Erkrankung der Weinrebe; verdünnte Triebe, stark verkürzte Internodien, tief gelappte Blätter, in Laubsprosse umgewandelte Ranken, Gabelungen der Ranken (Gabler).

Reiskäfer, *Calandra oryzae,* ↗Rüsselkäfer.

Reismehlkäfer, Arten der Gatt. *Tribolium,* ↗Schwarzkäfer.

Reismelde, *Chenopodium quinoa,* ↗Gänsefuß.

Reismotte, *Corcyra cephalonica,* ↗Zünsler.

Reispapier ↗Efeugewächse, ↗Seidelbastgewächse.

Reisquecke, *Leersia oryzoides,* ↗Leersia.

Reisratten, *Oryzomys,* Gatt. neuweltl. Wühler (Fam. *Cricetidae;* Kopfrumpflänge 9–19 cm, Schwanzlänge 10–23 cm), die in etwa 100 Arten von S-Amerika (einschl. Galapagosinseln) bis Mittelamerika, Mexiko u. dem östl. N-Amerika vorkommt; z.B. Sumpf-R. *(O. palustris).*

Reissnersche Membran [ben. nach dem dt. Anatomen R. Reissner, 1824–78], *Membrana vestibularis,* Membran im ↗Gehörorgan ([B]) der Wirbeltiere u. des Menschen.

Reisspinat, *Reismelde, Chenopodium quinoa,* ↗Gänsefuß.

Reißzähne, *Dentes lacerantes, D. sectorii,* die im Gebiß rezenter *Carnivora* (↗Raubtiere) in jeder Kieferhälfte vom 4. oberen Praemolar (Vorbackenzahn) und 1. unteren Molar (Backenzahn) gebildete ↗*Brechschere.* Die durch die Formel P4/M1 bezeichneten R. haben schneidend-quetschende Funktion. Mit ihnen werden beim Fressen Muskelstränge, Sehnen, Knorpel u. Knochen durchtrennt. Die R. sowie der Ober- u. Unterkieferbereich, in dem sie liegen, sind bes. kräftig ausgebildet, da hiermit der stärkste Kaudruck ausgeübt wird. – Die gleich auf die Schneidezähne (Incisivi) folgenden ↗*Eckzähne* (= ↗Fangzähne) werden oft fälschl. als R. bezeichnet.

Reißzähne

Ein Hund, der einen Knochen frißt, nimmt ihn seitl. ins Maul, so daß ein Ende herausragt. Das im Maul gehaltene Ende wird mittels der R. durch mehrmaliges reibend-quetschendes Vor- u. Zurückfahren (ähnl. wie mit einer stumpfen Kneifzange) abgezwackt; danach erst wird das Knochenstückchen mittels der Backenzähne zerkaut (zermahlen). Die R. sind scharf genug, um Muskeln u. Sehnen schneidend-quetschend zu durchtrennen.

Reiswanze, *Leptocorisa acuta,* ↗Randwanzen.

Reiswühler, *Oryzorictes,* Gatt. der ↗Tanreks.

Reiterkrabben, die ↗Rennkrabben.

Reitgras, *Calamagrostis,* Gatt. der Süßgräser (U.-Fam. *Pooideae*) mit ca. 200 Arten auf der N-Halbkugel; hohe Rispengräser mit einblüt. Ährchen mit einem Haarkranz am Grunde. Das Waldschilf *(C. epigeios)* mit rückenständ. Grannen steht an feuchten Standorten der Tieflagen, bes. an Ufern, in lichten Wäldern u. auf Schlägen. Mit endständ. Granne u. Haarbüschel am Blattgrund findet man das Wald-R. *(C. arundinacea)* häufig in Bergmischwäldern, Schlägen u. in subalpinen Hochgrasfluren.

Reiz, *Stimulus,* allg. Bez. für eine innerhalb *(Innen-R.,* z.B. *Organ-R.)* od. außerhalb *(Außen-R.)* eines Organismus erfolgende

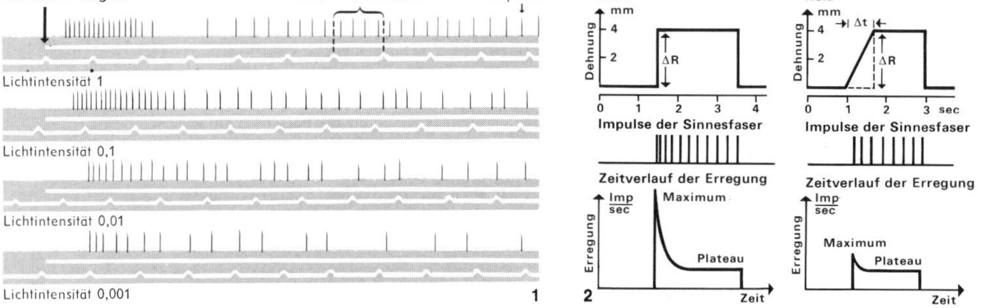

Reiz und Erregung

1 Eine Sehzelle des Molukkenkrebses wird mit verschiedenen Lichtintensitäten gereizt. Die Abb. zeigt die Abhängigkeit der Impulsfrequenz im einzelnen sensiblen Axon in Abhängigkeit von der Reizintensität (☐ Nervensystem).

2 Die Diagramme zeigen am Beispiel der Muskeldehnung den Zeitverlauf der Erregung in der Dehnungssinnesfaser in Abhängigkeit vom Reizverlauf. Die Höhe des Erregungsmaximums ist eine Funktion der Reizanstiegsgeschwindigkeit ΔR/Δt; die Höhe des Plateaus hängt von der Reizstärke ΔR ab.

Zustandsänderung, die zu einer meßbaren Änderung im Organismus führt bzw. von ihm wahrgenommen wird. Man unterscheidet chemische, osmotische, thermische, mechanische, elektrische, akustische u. optische (Licht-)Reize. Ob der R. eine ↗Erregung, ↗Empfindung od. Reaktion (z.B. ↗Reflex) auslöst, hängt davon ab, ob er einen Schwellenwert *(R.schwelle)* überschreitet, also unter- od. überschwellig wirkt. Um überschwellig zu werden, muß jeder R. einem ↗Rezeptor einen Mindestbetrag an Energie zu- bzw. abführen (↗Nervensystem). Dieser Betrag *(Schwellenintensität)* setzt sich zus. aus der *R.intensität* u. der Einwirkungsdauer (*Nutzzeit,* ↗Chronaxie) u. hat die Dimension einer Leistung, die in Watt angegeben wird. Zu diesen quantitativen Bedingungen kommt noch die qualitative hinzu, daß der R. *adäquat* sein muß (↗adäquater R.). Die *R.empfindlichkeit* mancher Rezeptoren liegt an der Grenze des physikalisch Möglichen bzw. Erträglichen: unter optimalen Bedingungen genügt 1 Lichtquant, um im Säugerauge eine Erregung auszulösen (↗Photorezeption). Eine weitere Steigerung der Empfindlichkeit des Säugerohres (↗Gehörorgane, ↗Gehörsinn) z.B. würde dazu führen, daß durch therm. Bewegungen der Luft hervorgerufene Druckschwankungen am Trommelfell gehört werden könnten, was zu einem ständigen störenden Rauschpegel führen würde. – In der Ethologie wird R. gelegentlich synonym mit ↗*Schlüssel-R.* benutzt; dieser Begriff bezeichnet jedoch komplexe R.e, die vom zentralen Nervensystem aufgenommen werden, i.e.S. sogar nur solche R.e, die über einen ↗angeborenen auslösenden Mechanismus (AAM) wirken.

Reizbarkeit, *Erregbarkeit,* die Fähigkeit v. Lebewesen, auf Einwirkungen aus der Umwelt od. Veränderungen im Organismus zu reagieren. ↗Reiz, ↗Erregung, ↗Leben.

Reizbewegungen ↗aitionome Bewegungen, ↗autonome Bewegungen. [Reiz.

Reizempfindlichkeit ↗Reiz, ↗adäquater

Reizfilterung, Auswahl v. für ein Tier od. den Menschen relevanten Reizen aus der Fülle der Umwelteinflüsse bzw. der Änderungen im ↗inneren Milieu. Durch R. wird erreicht, daß nur ein kleiner Teil der wahrgenommenen Reize auf das Verhalten einwirkt; in diesem Sinne stellt R. eine wesentl. Aufgabe des zentralen Nervensystems dar u. deckt sich mit dem Begriff der *Informationsreduktion,* der ebenfalls benutzt wird. Zusätzl. gibt es aber eine erhebliche R. schon auf der Ebene der Rezeptoren, die sehr viel Information nicht weiterleiten. Beschränkt man den Begriff ↗Schlüsselreiz nicht auf Reize, die über einen ↗angeborenen auslösenden Mechanismus (AAM) wirken, sondern bezieht alle verhaltenswirksamen Reize mit ein, so führt die R. zur Auswahl v. *Schlüsselreizen.*

Reiz

Schwellenintensitäten (in Watt) bei einigen Sinnesorganen (unter optimalen Bedingungen)

Menschl. Auge (dunkeladaptiert, blaugrünes Licht, $\lambda = 507$ nm):
$5{,}6 \cdot 10^{-17}$ W

Menschl. Ohr (1200 Hz):
$8–40 \cdot 10^{-18}$ W

Tympanalorgan (Ultraschall):
$5{,}0 \cdot 10^{-17}$ W

Subgenualorgan (1400 Hz):
$6{,}0 \cdot 10^{-17}$ W

Reizker

Einige Gruppen u. Beispiele für Arten der Gatt. *Lactarius* mit roter, an der Luft rot werdender u. scharfer weißer Milch

1. Blut- und Edel-R. (Milchsaft v. Anfang an rot, orange od. weinrot)
   - Blut-R. *(L. sanguifluus* Fr., Milchsaft trüb weinrot)
   - Edel-R. (Echter R., *L. deliciosus* S. F. Gray, Milchsaft anfangs orange, karottenrot)
   - Kiefern-R. (*L. semisanguifluus* Heim. u. Lecl., Milchsaft anfangs orange, später weinrot-orangebraun werdend)
2. Korallen-R. (Milchsaft anfangs weiß, dann karminrosa bis korallenrot)
   - Mohrenkopf (*L. lignyotus* Fr.; T Milchlinge)
3. Veilchen-R. (Violett-Milchlinge; Milchsaft weiß, dann violett verfärbend)
   - Ungezonter Violett-Milchling (-R.) (*L. uvidus* Fr.)
4. R. mit weißer, sehr scharfer Milch
   - Birken-R. (*L. torminosus* S. F. Gray; T Milchlinge)
   - Tannen-R. (Mordschwamm, *L. necator* Karst.; T Milchlinge)

Reizker, primär wahrscheinlich Gatt.-Name für die Milchlingsarten *(Lactarius),* die einen roten Milchsaft enthalten, u. für den im Aussehen ähnl. Birken-R. (vgl. Tab.); heute oft auch für andere große, scharf-schmeckende Arten verwendet. ↗Milchlinge (T). B Pilze III.

Reizleitung, häufig in der klin. Medizin verwendete, falsche Bez. für die ↗Erregungsleitung. Da der ↗Reiz der Auslöser einer ↗Erregung ist, kann nur diese u. nicht der Reiz selbst, der i.d.R. eine physikal. oder chem. Größe bzw. die Veränderung dieser Größe pro Zeiteinheit darstellt, geleitet werden. Mit der R. im klin. Sprachgebrauch ist im allg. die afferente Erregungsleitung (↗Afferenz) v. der Körperperipherie zum Zentralnervensystem gemeint.

Reizmengengesetz, nicht allgemeingültige Regel, daß die Reizwirkung (Erregung) bei einem kurzen, starken ↗Reiz genau so groß sein kann wie bei einem langandauernden, schwachen Reiz.

Reizphysiologie, befaßt sich mit der Aufnahme v. ↗Reizen (Perzeption) u. deren Umwandlung (Transduktion) in ↗Erregung.

Reizreaktion ↗Reflex.

Reiz-Reaktions-Schema ↗Behaviorismus.

Reizschwelle ↗Reiz.

Reizsummenregel, *Reizsummation,* Bez. für die bes. bei ↗angeborenen auslösenden Mechanismen festzustellende Tendenz, daß sich einzelne Elemente des ↗Schlüsselreizes gegenseitig in ihrer auslösenden Wirkung verstärken, z.B. das *Reiz-Summen-Phänomen* bei ↗Attrappenversuchen (B). Die gegenseitige Verstärkung der Elemente führt jedoch quantitativ selten zu einer genauen Summe, so daß der Begriff inhaltl. überholt ist; eher wäre v. einer wechselseit. Verstärkung zu sprechen.

Rekapitulation *w* [v. mlat. recapitulatio = Zusammenfassung der Hauptpunkte, Wiederholung], *R.sentwicklung,* ein von E. ↗Haeckel im Zshg. mit der v. ihm formulierten ↗*Biogenetischen Grundregel* eingeführter Begriff. Danach ist die Ontogenese (hier v.a. die Keimesentwicklung = ↗Embryonalentwicklung) eine kurze R. („Wiederholung") der Phylogenese (Stammesgeschichte). Dabei werden i.d.R. nicht Adultmerkmale einer Ahnenform rekapituliert (↗Gastraea-Theorie), sondern nur deren embryonale Anlagen, die dann in ihrer weiteren Entwicklung modifiziert werden. So rekapitulieren alle durch Lungen atmenden Landwirbeltiere (Tetrapoda) die embryonale Anlage eines ↗Kiemendarms, die der eines Fischembryos weitgehend entspricht, entwickeln daraus jedoch keinen ↗Kiemen-Apparat wie die Fische, sondern u.a. ↗branchiogene Organe u. aus einer Kiementaschenanlage das ↗Mittelohr (B Biogenetische Grundregel). Die R.sentwicklung führt daher dazu, daß die Embryonen v. Arten eines Verwandtschafts-

Rekapitulation

Beispiele für R.:

Manche sekundär zahnlose Wirbeltiere, wie die Bartenwale od. die Ameisenbären, bilden als Embryonen Zahnanlagen (sog. Zahnglöckchen) aus, die später wieder abgebaut werden. Walembryonen bilden eine äußere Knospe für die Hinterextremität, die dem ausgewachsenen Tier fehlt. Haarsterne durchlaufen ein gestieltes sog. Pentacrinoid-Stadium, das an ihre sessilen Ahnenformen erinnert (↗Haarsterne, □); sekundär schwanzlose Vertebraten, wie die Menschenaffen u. der Mensch, rekapitulieren eine äußere Schwanzanlage (B Biogenetische Grundregel).

Nebenfunktionen v. Embryonalanlagen:

1. Materiallieferung für andere Systeme: So ist der ↗Dottersack bei Säugern wie auch bei Reptilien u. Vögeln der Ort der ersten Blutbildung.
2. Platzhalter u. „Matrize" für sich später entwickelnde Strukturen: Eine solche Funktion hat die embryonale ↗Chorda dorsalis der Wirbeltiere für die sie später substituierende Wirbelsäule.
3. ↗Induktor für eine v. ↗Induktion abhängige Entwicklung: So induziert die embryonale Chorda das darüberliegende Ektoderm der Wirbeltiere zur Ausbildung des ↗Neuralrohres.

re- [lat. Vorsilbe (Präfix): zurück, wieder, entgegen].

kreises, z.B. der Wirbeltiere, die auf eine gemeinsame Ahnenform zurückzuführen sind, deren embryonal angelegte ↗Körpergrundgestalt sie „wiederholen", einander gleichen (*Gesetz der Embryonenähnlichkeit* von K. E. v. ↗Baer). Da im Laufe der Evolution der zeitl. Verlauf der embryonalen Entwicklung einzelner Organe verschoben werden kann (↗Heterochronie), empfiehlt es sich, bei einem entspr. Vergleich der Ontogenese zweier Arten nicht den gesamten Embryo, sondern die ontogenet. Entwicklung (↗Morphogenese) jeweils einzelner homologer Organe (↗Homologie) zu betrachten. Hierbei treten dann häufig ancestrale (an Ahnenformen erinnernde) Stadien auf (*Gesetz der konservativen Vorstadien* nach Naef, 1931). Bei Ahnenformen urspr. oberflächlich gelegene Organe, die im Verlauf der weiteren Phylogenese durch ↗Internation in das geschützte Körperinnere verlagert worden sind, werden z.T. auch in der Embryonalentwicklung durch Einstülpung versenkt, wie etwa das ↗Neuralrohr als Anlage des ↗Nervensystems od. das Sinnesepithel bei der Entwicklung des Gruben- u. Blasen-↗Auges bei Mollusken. Bes. eindrucksvoll ist die R. von Organanlagen, deren Endorgan im Verlauf der Evolution völlig abgebaut ist – eine Entwicklung, die an die „Subtraktion von Endstadien" (= Aphanisie, ↗Phänogenetik) erinnert (Beispiele vgl. Spaltentext). Im Laufe der Phylogenese reduzierte Organe können jedoch auch einen Totalausfall (Exkalation) erfahren, so daß auch keine embryonalen Anlagen mehr auftreten: Vogelembryonen rekapitulieren keine Zahnanlagen, obwohl die „Urvögel" bezahnte Kiefer hatten (↗*Archaeopteryx*). Eine bes. Betrachtung verdienen „Eigenanpassungen" des Keims etwa in Form eines ↗Dottersacks, v. ↗Embryonalhüllen (↗Embryonalentwicklung) und dgl. oder Entwicklungen, die zu spezialisierten ↗Larven geführt haben. Diese im Verlauf der Evolution in intermediäre Phasen der Keimesentwicklung gewissermaßen „eingeschobenen" Entwicklungsvorgänge (Interkalation) können natürl. keine „Adultstadien" von Ahnenformen rekapitulieren. Haeckel hat eine solche Eigenanpassung des Embryos als ↗Caenogenese (Störungsentwicklung) bezeichnet u. sie der ↗Palingenese gegenübergestellt. Entgegen der Befürchtung Haeckels können jedoch auch Caenogenesen Ahnenzustände v. Embryonal- od. Larvalmerkmalen rekapitulieren. So legen auch Säugetierembryonen (wie Reptilien) einen embryonalen Dottersack u. eine ↗Allantois an, verwenden diese Anlagen jedoch dann zum Aufbau der ↗Placenta. Die R. embryonaler Anlagen selbst v. Organen, die dem adulten Organismus völlig fehlen, ist heute für viele Fälle auch funktionell begründbar. Embryonalanlagen haben nicht nur die Funktion, Vorstufen eines Endorgans zu sein, sondern zusätzliche vorübergehende (transitorische) Funktionen in der Entwicklung, die auch nach Ausfall des Endorgans erhalten bleiben können (vgl. Spaltentext). – Die R. von Ahnenzuständen in der Ontogenese ist ein im Tierreich (weniger im Pflanzenreich) weit verbreitetes Phänomen, das wichtige Hinweise auf die Richtung u. den Verlauf evolutiver Abwandlungen v. Organen liefert. Zu Fehlschlüssen kann die Anwendung der Biogenet. Grundregel in den seltenen Fällen führen, in denen Larvalmerkmale sekundär auch im Adultstadium beibehalten werden, wie das bei der ↗Fetalisation u. ↗Neotenie der Fall ist. Ein Vergleich mit nahe verwandten Arten erlaubt es jedoch i.d.R., solche Sonderentwicklungen zu erkennen. Kommt es im Verlauf der Keimesentwicklung zu Störungen, so können in sog. ↗*Hemmungsmißbildungen* auch rekapitulierte Entwicklungsstadien beim Adultstadium persistieren, was man als ↗Atavismus bezeichnet.

Lit.: *Gould, S. J.:* Ontogeny and phylogeny. Univ. Press, Harvard 1977. *Osche, G.:* Rekapitulationsentwicklung u. ihre Bedeutung für die Phylogenetik. Verh. naturw. Ver. Hamburg. NF *25*, 5–31 (1982). *Remane, A.:* Die Grundlagen des natürl. Systems, der vergleichenden Anatomie u. der Phylogenetik. Leipzig 1952.

G. O.

Rekapitulationstheorie, die ↗Biogenetische Grundregel.

Rekauleszenz *w* [v. *re-, lat. caulis = Stengel], Bez. für die teilweise Verwachsung des Seitensprosses (Achselsprosses) mit seinem Tragblatt (↗Abstammungsachse), so daß der Seitensproß dem Tragblatt aufsitzt. Diese Verwachsung erfolgt wie bei der ↗*Konkauleszenz* kongenital (↗kongenitale Verwachsung). Beispiel: Linden-Blütenstand.

Rekombination *w* [v. *rekombin-], die Neu- bzw. Umkombination v. Genen (↗Gen) sowohl durch natürl. Vorgänge (↗Meiose, B) als auch an isolierter DNA im Rahmen gentechnolog. Prozesse. Individuen mit – im Vergleich zu Vorfahren – neu kombinierten Erbeigenschaften werden *Rekombinanten* genannt. R. erfolgt bei Eukaryoten während der Meiose einerseits auf der Ebene ganzer ↗Chromosomen (d.h. unter Erhaltung der betreffenden Koppelungsgruppen = Chromosomen) durch die zufallsgemäße Verteilung urspr. mütterlicher u. väterlicher Chromosomen auf die Spindelpole, so daß aus der Meiose hervorgehende Zellen sowohl urspr. mütterliche als auch väterliche Chromosomen besitzen können (3. ↗Mendelsche Regel, B II). Andererseits kann während der Meiose auch eine Umgruppierung v. Chromosomenabschnitten, einzelnen Genen od. Genabschnitten durch ↗Crossing over (□) zw. homologen, in seltenen Fällen auch heterologen Chromosomen erfolgen (R. i.e.S.), so daß auch Rekombinanten mit urspr. nicht gekoppelten Erbeigenschaften auftreten können. Die *R.shäufigkeit,* d.h. die Häufigkeit, mit der R. zw. zwei Erbeigenschaften auftritt, gibt Aufschluß darüber, ob die betreffenden Erbeigenschaften der gleichen Koppelungsgruppe angehören, d.h., ob die zugehörigen Genorte auf dem gleichen Chromosom lokalisiert sind, u. wenn ja, in welchem Abstand. Bei ↗Bakterien führen die parasexuellen Prozesse ↗Transformation, ↗Transduktion u. ↗Konjugation zur R. der erbl. Eigenschaften, bei ↗Bakteriophagen (B II) sog. Phagenkreuzungen. R. entspricht auf molekularer Ebene dem Austausch von DNA bzw. DNA-Abschnitten. Die Erzeugung von in vitro *rekombinierter DNA,* d.h. von aus verschiedenen Ausgangsmolekülen zusammengesetzter DNA, ist eine wicht. Methode der ↗Gentechnologie. ↗Genmanipulation. B Chromosomen I–II.

Rekombinationswert [v. *rekombin-], die prozentuale Häufigkeit, mit der Rekombinanten (↗Rekombination) entstehen; entspr. für gekoppelte Gene der ↗Austauschhäufigkeit u. ist höher, je weiter entfernt zwei Gene auf einem Chromosom lokalisiert sind. B Chromosomen II.

rekombinierte DNA [v. *rekombin-], *rekombinante DNA,* ↗Rekombination.

Rekrete [Mz.; v. *re-, lat. secretus = abgesondert], Bez. für anorgan. Stoffe, die zwar im Überschuß v. der Pflanze aufgenommen werden, aber durch sofortige Ablagerung in Dauergeweben od. in Zellwände aus dem Stoffwechsel ausscheiden. Die Zellwände werden dadurch mehr od. weniger stark mineralisiert (z.B. Kieselsäureeinlagerung bei den Schachtelhalmen). Den Vorgang der Mineralaufnahme u. -ablagerung nennt man *Rekretion.*

Rektalkiemen, die ↗Darmkiemen.

Rektalpapillen [v. *rektal-, lat. papilla = Warze], Teil des ↗Rektums (Enddarms) der Insekten.

Rektum *s* [v. lat. (intestinum) rectum = Mastdarm], *Rectum,* 1) der ↗*Mastdarm* der Wirbeltiere u. des Menschen. 2) vor allem bei ↗Insekten (□) der mehr od. weniger deutl. abgegrenzte hintere Abschnitt des ↗Enddarms. Sein hinterer Abschnitt ist oft blasenartig erweitert *(Rektalblase)* u. dient der Kotbildung, gelegentl. auch als ↗Gärkammer (bei Engerlingen) bei der Erschließung holzreicher Nahrung. Die blasige Erweiterung entsteht durch 3–6 *Rektalpapillen,* die ein doppelwand. oder auch nur einschicht. hochprismatisches Epithel darstellen. Sie sind Orte bes. intensiver Resorption. B Darm.

Rekultivierung *w* [v. *re-, lat. cultus = Anbau], Wiederherstellung land- u. forstwirtschaftl. Nutzflächen in Gebieten, die durch menschl. Eingriffe zerstört wurden, z.B. durch den Kleintagebau (Sand, Kies, Ton) od. den Groß- u. Tieftagebau (Kalk, Erze, Braunkohle). – Bekanntestes Beispiel für R.smaßnahmen in der BR Dtl. ist das Rhein. Braunkohlerevier mit 2500 km². Die Förderung der ↗Braunkohle brachte einschneidende Eingriffe in die Landschaft u. den Naturhaushalt: anfallender Abraum wurde zur Auffüllung ausgekohlter Abschnitte verwendet od. auf bis zu 100 m hohe Außenkippen geschüttet, Ortschaften u. Bauernhöfe wurden umgesiedelt, Straßen, Schienen u. Wasserläufe verlegt, der Wasserhaushalt veränderte sich sehr stark, der Grundwasserspiegel sank ab. Alle Maßnahmen zur R. wurden in landschaftspflegerischen Begleitplänen festgehalten, die v.a. die künftige Oberflächengestaltung wiedergeben u. neben der Ausweisung land- u. forstwirtschaftl. Nutzflächen die Gestaltung v. Restseen u. Kippen sowie die Einrichtung v. Erholungsgebieten festlegen.

Rekuperanten [Mz.; v. lat. recuperare = wiedergewinnen], Tiere, die als ↗Saprophagen od. Detritivoren von organism. Abfällen (↗Detritus) leben u. die darin enthaltene Restenergie nochmals zur Erhaltung eines lebenden Körpers nutzen („wiederaufbereiten"). Die R. sind einerseits ↗Konsumenten, andererseits zus. mit den ↗Destruenten Zersetzer organism. Substanz (↗Mineralisation); daher werden sie auch als „energierückgewinnende Konsumenten" bezeichnet.

relative biologische Wirksamkeit, *relative biologische Effektivität,* Abk. *RBW* od. *RBE* (engl. *r*elative *b*iological *e*ffectiveness), Bezugsgröße, die das Verhältnis der gleiche biol. Wirkung erzielenden Strahlendosen (↗Strahlendosis) zweier ionisierender Strahlenarten (↗Ionisation) angibt. Es wird die biol. Wirkung (z.B. auf ein Organ) einer bestimmten Strahlung mit einer 250 kV-Röntgenstrahlung od. der Gammastrahlung des Kobalt-60 verglichen:

$$\text{RBW} = \frac{\text{Strahlendosis der Vergleichsstrahlung}}{\text{Strahlendosis der fragl. Strahlung}}$$

Z.B. bedeutet ein RBW-Wert von 2, daß zur Erzielung des gleichen biol. Effekts die Dosis der untersuchten Strahlung nur halb so groß wie die der Vergleichsstrahlung ist. ↗Alpha-, ↗Beta-, ↗Gamma-, ↗Röntgenstrahlen, ↗Radiotoxizität.

relative Koordination, Beziehung zw. einem unabhängigen u. einem abhängigen autorhythmisch tätigen Zentrum im zentralen ↗Nervensystem, bei der der unabhängige Rhythmus den abhängigen beeinflußt, aber nicht völlig bestimmt (B 116). ↗absolute Koordination.

relative Molekülmasse ↗Molekülmasse.

Relaxation *w* [v. lat. relaxatio = Abspannung], 1) verzögerte Reaktion (Nachwirkung) eines Körpers nach einer mechan., elektr. oder magnet. Krafteinwirkung. 2) die Entspannung od. Erschlaffung, z.B. von Muskeln; *R.szeit* wird der Zeitraum gen., in dem eine Erregung abklingt.

Relaxin *s* [v. lat. relaxare = entspannen], weibl. Protein-Sexualhormon der Wirbel-

re- [lat. Vorsilbe (Präfix): zurück, wieder, entgegen].

rekombin- [v. lat. re- = wieder-, combinare = vereinigen, bzw. combinatio = Vereinigung].

rektal- [v. lat. (intestinum) rectum = Mastdarm], in Zss.: zum Mastdarm gehörend, den Mastdarm betreffend.

relat- [v. spätlat. relatio = Beziehung, Verhältnis; dazu: relativus = sich auf etwas beziehend, bezüglich].

RELATIVE KOORDINATION

Absolute und relative Koordination im Zentralnervensystem

Bei der Ableitung elektrischer Impulse aus isolierten Stükken des Zentralnervensystems stößt man auf Stellen, die spontan rhythmische Erregungen produzieren können. Solche Automatiezentren bringen z. B. die Flossen eines Fisches zum Schlagen. Oft wirken mehrere von ihnen auf eine einzige Flosse ein.

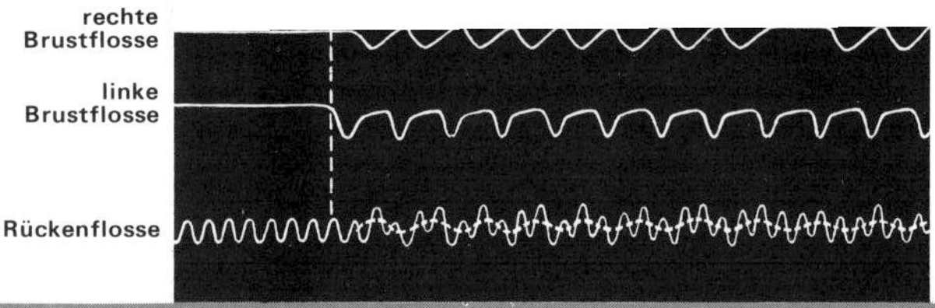

Die Flossenbewegungen eines frei schwimmenden Fisches, der auf Außenreize reagiert, sind häufigen Wechseln unterworfen und daher schwer zu analysieren. Trennt man aber durch einen Schnitt die vorderen Hirnteile von Nachhirn und Rückenmark ab, so bewegt der aus der Narkose erwachende Fisch die Flossen normal, aber viel regelmäßiger. — Die Bewegungen der Flossenstrahlen werden registriert. In dem Kurvenbild fällt auf, daß einzelne Flossen (linke Brustflosse) völlig regelmäßig schlagen (unabhängiger Rhythmus), während andere (Rückenflosse) periodisch von einem Grundrhythmus abweichen (abhängiger Rhythmus); d. h., der Eigenrhythmus der Flosse wird durch einen anderen Rhythmus beeinflußt. Es gibt zwei Arten der Beeinflussung: die Überlagerung und der Magneteffekt.

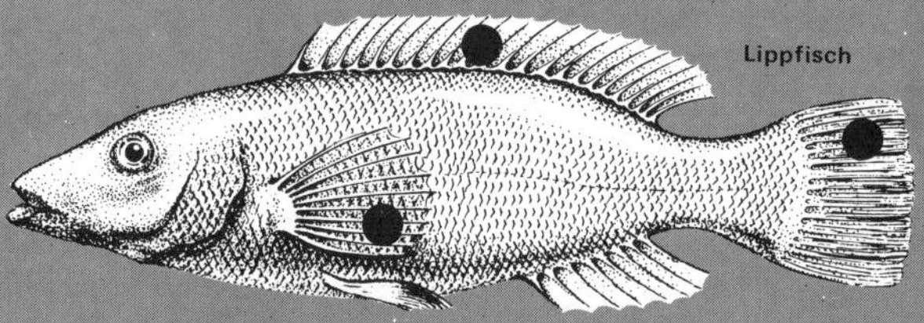

Überlagerung. Ein Rhythmus überlagert sich einem andern additiv, d. h., man erhält die beobachtete Schwingungskurve der Rückenflosse, wenn man zu jedem Zeitpunkt die Ausschläge beider Rhythmen summiert. — Beim Aufwachen des Fisches aus der Narkose bewegte sich hier die Rückenflosse allein und gleichmäßig, dann begannen auch die Brustflossen zu schlagen, und ihre Schwingung überlagerte sich der Eigenschwingung der Rückenflosse (Diagramm oben rechts).
Magneteffekt. Diese Art der Beeinflussung besteht in der Tendenz eines Rhythmus, einem anderen seinen eigenen Takt und eine bestimmte Phasenbeziehung aufzuzwingen. — Ein Strahl der Rückenflosse schwingt zunächst unbeeinflußt mit hoher Frequenz. Mit Einsetzen der Brustflossenschläge tritt der Magneteffekt auf: Der Takt der Rückenflosse wird stark verlangsamt, und sie bewegt sich jetzt mit der gleichen Frequenz wie die Brustflossen. Die Amplitude der beeinflußten Schwingung bleibt hier, im Gegensatz zur Überlagerung, unverändert.
Am häufigsten ist die *relative Koordination*, bei der der Einfluß des abhängigen Rhythmus nicht ganz unterdrückt wird und zu wechselnden Phasenbeziehungen zwischen beiden Flossenschwingungen führt.
In diesem Beispiel bewegt sich der abhängige Rückenflossenstrahl etwas rascher als die unabhängige Brustflosse und eilt daher, bei 1 beginnend, immer weiter voraus, bis die mit 2 bezeichnete Phasenlage erreicht ist. Dann erfolgt ein viel schnellerer »Zwischenschlag«, der bewirkt, daß die Ausgangssituation wieder genau erreicht wird (3), worauf sich dieselbe Periode wiederholt.
Kurze Zeit später hat sich der abhängige Rhythmus dem unabhängigen völlig angeschlossen. Beide haben denselben Takt *(absolute Koordination)*.

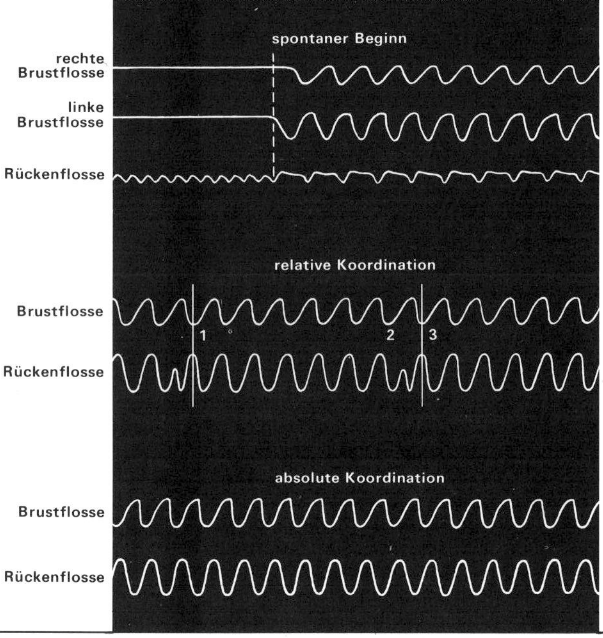

tiere u. des Menschen (relative Molekülmasse 12000), das in Placenta u. Uterus unter der stimulierenden Wirkung v. Progesteron gebildet wird u. während der Eröffnungsperiode der Geburt eine Auflokkerung u. Erweichung der Muskulatur u. des Bindegewebes der Schamfuge bewirkt. [T] Hormone.

Releasing-Hormone [rilising-; engl., = entlassend], *Releasing-Faktoren,* Abk. *RH,* neurosekretorische Polypeptid-↗Hormone (↗Neuropeptide, [T]) aus der Region des Nucleus supraopticus des ↗Hypothalamus ([T]), die axonal zu einem Venenplexus am Boden des Hypothalamus (Eminentia mediana; ↗hypothalamisch-hypophysäres System, [ ]) transportiert werden u. von dort über ein spezielles Venensystem zum Hypophysenvorderlappen (↗Adenohypophyse; ↗Hypophyse, [ ]) gelangen. Über das hypothalamisch-hypophysäre System zur Adenohypophyse transportiert, stimulieren od. hemmen sie (als Releasing-hemmende od. *Inhibiting-Hormone,* Abk. *IH* oder *RH-IH*) dort die sekretorische Aktivität. Neuronale bzw. neurohormonale Impulse des Zentralnervensystems werden so in hormonelle Information umgesetzt u. eine schnelle Anpassung des innersekretorischen Systems an veränderte Umweltbedingungen gewährleistet.

Reliktböden ↗Bodengeschichte.

Relikte [Mz.; v. *relikt-], Bez. für Arten, die einst in einem bestimmten Gebiet ein größeres geschlossenes ↗Areal besaßen, das später durch klimat. Veränderungen, Einwanderung v. Konkurrenten, Feinden o.ä. in einzelne, isolierte Teilareale zerlegt wurde. Die gegenseitige Entfernung dieser Reliktvorkommen u. ihre Entfernung zum Hauptareal ist i.d.R. so groß, daß kein Genaustausch mehr möglich ist. Bes. häufig sind in Mitteleuropa abgesprengte Überbleibsel der letzten Eiszeit (↗Pleistozän). ↗Eiszeitrelikte, ↗Europa.

Reliktendemismus *m* [v. *relikt-, gr. endēmos = einheimisch], ↗Endemiten.

Reliktföhrenwälder [v. *relikt-], *Pinus*-Gesellschaften, die während der nacheiszeitl. Wiederbewaldung auf Spezialstandorte abgedrängt wurden; Erhaltungsstätten lichtbedürft. Steppen- u. Mediterran-Pflanzen. [↗Mysidacea.

Reliktkrebschen [v. *relikt-], *Mysis relicta*,

Rem, Einheitenzeichen rem, Abk. für engl. *r*oentgen-*e*quivalent-*m*an od. *r*oentgen-*e*quivalent-*m*ammal, gesetzl. nicht mehr zulässige Einheit der Äquivalentdosis (↗Strahlendosis) radioaktiver Strahlung; 1 rem = 10^{-2} J/kg = 10^{-2} ↗Sievert.

Remak, *Robert,* dt. Mediziner, * 26. 7. 1815 Posen, † 29. 8. 1865 (Bad) Kissingen; Mit-Begr. der Elektrotherapie zur Behandlung nervöser Störungen; entdeckte 1845 die drei Keimblätter „oberes sensorielles, unteres trophisches u. mittleres Gefäßblatt", die später (1853) von G. J. Allman als Ektoderm, Entoderm u. Mesoderm bezeichnet wurden, sowie 1844 die Nervenzellen im Herz.

Remane, *Adolf,* dt. Zoologe, * 10. 8. 1898 Krotoschin (Prov. Posen), † 22. 12. 1976 Plön (Holstein); seit 1929 Prof. in Kiel, 1934 Halle, 1937 Kiel; begr. 1937 das Inst. für Meereskunde, Dir. des Zool. Museums u. des Museums für Völkerkunde; Arbeiten zur vergleichenden Anatomie, Morphologie u. Systematik insbes. mariner Organismen, aber auch v. Primaten; neben W. Hennig (↗Hennigsche Systematik) grundlegend neue theoret. Ansätze zur phylogenet. Systematik.

Remetabola [Mz.; v. *re-, gr. metabolē = Veränderung], Teilgruppe der ↗Neometabola unter den Insekten.

Remigium *s* [lat., = Ruder], das *Costalfeld,* ↗Insektenflügel (☐).

Remiligia *w* [v. lat. remus = Ruder, ligare = binden], Gatt. der ↗Schiffshalter.

Remipedia [Mz.; v. lat. remipes = mit den Füßen rudernd], U.-Kl. der ↗Krebstiere mit nur einer, erst 1981 entdeckten Art, *Speleonectes lucayensis.* Die *R.* unterscheiden sich v. allen anderen Krebstieren durch die große Zahl (ca. 30) gleichartiger, extremitätentragender Segmente. Der bis 24 mm lange Körper ist in Cephalothorax u. Rumpf gegliedert. Der Cephalothorax besteht aus dem Kopf u. einem Thoraxsegment, dessen Extremitätenpaar zu subchelaten Maxillipeden umgestaltet ist. Alle weiteren Thorakopoden sind Spaltfüße, die denen der *Copepoda* gleichen. Ein beinloses Abdomen fehlt; der Körper endet mit einer Furca. Die systemat. Stellung ist noch unbekannt. Der Bau der Thorakopoden spricht für eine Beziehung zu den *Copepoda.* Das Fehlen eines Abdomens u. die große Zahl thorakaler Segmente sind sicher abgeleitete Merkmale. Weitere Besonderheiten: zweiästige 1. Antennen, davor 1 Paar stabförm. Fortsätze unbekannter Natur, Mandibeln ohne Palpus, Maxillen ohne Exopodite; Exkretionsorgane sind Maxillendrüsen; Augen fehlen. Die durchsichtigen bleichen Tierchen erinnern an schwimmende Tausendfüßer; sie sind nur aus Meereshöhlen bei den Bahamas bekannt.

Remizidae [Mz.], die ↗Beutelmeisen.

Remontanten [Mz.; v. frz. remonter = wieder hinaufsteigen], Zierpflanzen, die im Jahr mehrmals blühen.

Remontantrosen, Kultursorten der ↗Rose.

Remora *w* [lat., = ein Seefisch], Gatt. der ↗Schiffshalter.

REM-Phase [Abk. für *r*apid *e*ye *m*ovement = rasche Augenbewegung], *REM-Schlaf,* ↗Schlaf.

Ren, 1) *s* [v. isländ. hreinn = Rentier], *Rangifer tarandus,* das ↗Rentier. **2)** *m* [v. lat. renes = Nieren], die ↗Niere.

Renalorgan *s* [v. lat. renalis = Nieren-], ↗Exkretionsorgane.

Renaturierung *w* [v. *re-, lat. natura = Natur], die Rückführung v. Makromolekülen, bes. von ↗Proteinen (☐) od. Nucleinsäuren, vom denaturierten Zustand (↗Denaturierung) in die urspr., d.h. natürl. ↗Konfiguration. Durch Erhitzung denaturierte DNA kann z.B. bei langsamer Abkühlung wieder renaturieren. Die Kinetik der R. komplementärer DNA-Einzelstränge zum Doppelstrang gibt Aufschluß über die Organisation dieser DNA (↗Cot-Wert).

Rendzina *w* [poln.], *Fleinserde,* Boden auf hartem Carbonatgestein *(Humuscarbonatboden),* Dolomit *(Dolomit-R.),* Tonmergel od. Gips *(Gips-R.)*; Bodenprofil: A_h–C (T Bodentypen). Infolge der raschen Lösungsverwitterung der Carbonate u. Sulfate (bei Gips) bleiben im Oberboden wenig bodenaufbauende, mineralische Bestandteile zurück. Der A-Horizont ist daher meist flachgründig (bis 30 cm tief) u. von Gesteinstrümmern durchsetzt. Das Kratzen der Pflugschar am Gestein gab dem Bodentyp seinen Namen. Ackerbauliche Nutzung ist nur bei ausreichender Tiefgründigkeit möglich. Allerdings ist der humusreiche u. daher braun bis dunkelgrau gefärbte Boden sehr fruchtbar. Je nach Humusart unterscheidet man *Mull-* od. *Moderrendzina.*

Renhirsche, *Rangiferinae,* U.-Fam. der ↗Hirsche; einzige Art das ↗Rentier.

Renieridae [Mz.], Schwamm-Fam. der ↗*Demospongiae* mit ca. 10 Gatt.; Skelett überwiegend aus Kieselsäure; Vorkommen v.a. in den kalten Meeresgebieten.

re- [lat. Vorsilbe (Präfix): zurück, wieder, entgegen].

relikt- [v. lat. relictus = zurückgelassen].

Bekannte Arten: *Reniera dura (= Petrosia dura, P. ficiformis)* auf Felsen u. in Höhlen im Mittelmeer, häufig v. ↗*Peltodoris atromaculata* besiedelt; *Calyx nicaeensis.*

Renilla *w* [v. lat. renes = Nieren], die ↗Seestiefmütterchen.

Renin *s* [v. lat. renes = Nieren], Enzym (Proteinase, z.T. auch als Hormon angesehen) der Niere der Wirbeltiere u. des Menschen, das durch partielle Proteolyse aus Angiotensinogen Angiotensin I freisetzt. ↗Niere, ↗Angiotensin, ↗Renin-Angiotensin-Aldosteron-System; [T] Hormone.

Renin-Angiotensin-Aldosteron-System, ein aus den Gewebshormonen ↗Renin u. ↗Angiotensin bestehendes Regulationsgefüge im Stoffwechsel der Säuger, das auf Blutdruck sowie Elektrolyt- u. Wasserhaushalt einwirkt. Granulierte Zellen des sog. juxtaglomerulären Apparates der ↗Niere ([B]) produzieren (u. speichern) auf Reize, wie Vasokonstriktion der afferenten Arteriolen bei Druckabfall im Gefäß od. bei Änderung der Ionenkonzentration im distalen Tubulus, ↗*Renin.* Dieses wandelt enzymat. das in der Leber gebildete *Angiotensinogen* (ein α_2-Globulin) in das dekapeptidische *Angiotensin I* um, das durch partielle Proteolyse im Plasma unter der Wirkung eines „converting enzyme" in das Oktapeptid *Angiotensin II* überführt wird. Über diese Wirkkette kommt es zu einer vermehrten Produktion v. ↗*Aldosteron* (↗Mineralocorticoide) aus der Nebennierenrinde u. damit zu einem gesteigerten Ionentransport (v.a. Na^+) aus dem Nierentubulus, der über osmot. Wassernachstrom das extrazelluläre Flüssigkeitsvolumen erhöht. Angiotensin II wirkt ferner direkt auf bestimmte Hirnareale ein u. fördert die Ausschüttung v. ↗Adiuretin. Vermehrte Reninbildung u. -sekretion tritt bei verminderter Nierendurchblutung auf. Prostaglandine, die auf Druckrezeptoren wirken, fördern ebenfalls die Freisetzung v. Renin. Im allg. dient das R. bei erniedrigtem Blutdruck u./od. reduziertem Blutvolumen der Normalisierung des Kreislaufs. Eine weitere Funktion liegt wohl in der Steuerung der ↗Durst-Mechanismen begründet, wobei Steigerung der Reninkonzentrationen das Durstgefühl erhöht; der Wirkungsort des Renins liegt dabei ebenfalls im Gehirn.

Renken, *Felchen, Coregonus,* Gatt. der ↗Lachsähnlichen i.e.S., wirtschaftl. bedeutende, engmäul., schlanke Lachsfische v.a. in Seen u. Flüssen im mittleren u. nördl. Eurasien u. in N-Amerika, aber auch in angrenzenden Küstenbereichen; sehr variabel. Hierzu der ca. 20 cm lange, sibir. Tugun *(C. tugun);* die bis 45 cm lange, in Eurasien und N-Amerika verbreitete Kleine Maräne (*C. albula,* [B] Fische XI) mit schräg nach oben gerichteter Mundspalte; der große Formenkreis der Großen Schweb-R. (*C. lavaretus,* [B] Fische XI) mit der Bodenseeform, dem bis 50 cm langen Blaufelchen; die Kleinen Schweb-R. *(C. oxyrhynchus)* mit verschiedenen Formen, wie dem bis 40 cm langen Nordseeschnäpel aus den Küstengewässern der südl. Nordsee, der Edelmaräne aus Seen im Oder-Warthe-Gebiet od. dem Gangfisch der Seen des Alpenvorlandes, sowie die ebenfalls mannigfalt. Großen Boden-R. *(C. fera)* mit dem Sandfelchen des Bodensees u. der Großen Maräne der norddt. Seen.

O. Renner

Rennattern, *Drymobius,* Gatt. der Nattern; Bodenbewohner; zierl., bis 1,5 m lang; sehr bewegl.; u.a. mit der in den S-Staaten der USA u. in Mittelamerika lebenden Gesprenkelten Bodenschlange *(D. margaritiferus)* u. der Panthernatter *(D. bifossatus)* im nördl. S-Amerika. [↗Schienenechsen.

Rennechsen, *Cnemidophorus,* Gatt. der

Renner, *Otto,* dt. Botaniker, * 25. 4. 1883 Neu-Ulm, † 8. 7. 1960 München; seit 1920 Prof. und Dir. des Bot. Gartens in Jena, 1948 München; vielseitige genet., cytogenet. und taxonom. Untersuchungen, insbes. an der Gatt. *Oenothera* (↗Nachtkerze), die das Verständnis der Mutationen wesentl. förderten. [↗Tanzfliegen.

Rennfliegen, 1) die ↗Buckelfliegen; 2) die

Rennin *s* [v. engl. rennet = Lab], das ↗Labferment.

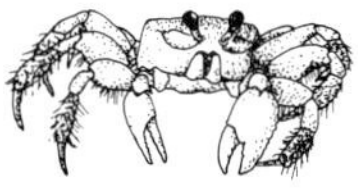

Rennkrabben

Ocypode spec.

Rennkrabben, *Reiterkrabben, Geisterkrabben, Ocypode,* Gatt. der *Ocypodidae (↗Brachyura);* ca. 20 semiterrestr. Arten an Sandstränden u. Dünen warmer Meere. Lebhafte, tag- u. dämmerungsaktive Tiere mit großen Augen, die fast den ganzen Augenstiel umgeben; suchen, sehr schnell rennend, den Strand u. die Dünen u.a. nach Aas u. Insekten ab. Bei Gefahr verschwinden sie blitzschnell in ihren Höhlen. Diese selbstgegrabenen Höhlen reichen bis zum Grundwasser. Die der kleinsten Jungtiere liegen am Strand, nahe der Hochwasserlinie, die der Erwachsenen weiter oben, auch weit vom Strand entfernt in den Dünen. Die Höhlen werden auch als Territorien verteidigt, wobei akust. Kommunikation, Trommeln auf den Untergrund u. Stridulation eingesetzt wird. Paarung u. Eiablage finden ebenfalls in den Höhlen statt. Paarungsbereite ♂♂ von *O. saratan* vom Roten Meer u. wahrscheinl. auch *O. quadrata* an den amerikan. Atlantikküsten errichten als opt. Signale Pyramiden, indem sie den aus den Höhlen geräumten Sand aufhäufen. Solch eine Pyramide mit der dazugehörigen Höhle dient als Paarungsrevier; es lockt paarungsbereite ♀♀ an, aber auch ♂♂, die noch keine Höhle besitzen. Sie trommeln vor dem Eingang der Höhle u. fordern den Besitzer auf diese Weise zum Kampf heraus. Eine Pyramide wird 4 bis 8 Tage besetzt. Während dieser Zeit frißt das ♂ nicht. Danach werden für einige Tage Freßgründe aufgesucht. Nach der Paarungszeit bauen die ♂♂ normale Höhlen ohne Pyramide wie die ♀♀.

Rennmäuse, *Gerbillinae,* U.-Fam. der Wühler *(Cricetidae),* mit mehr als 10 Gatt. u. über 100 Arten über ganz Afrika, Arabien u. Asien bis zur Mongolei verbreitet; Kopfrumpflänge 8–20 cm. Die rattenähnl. wirkenden R. leben, überwiegend nachtaktiv, in offenen wüsten- od. steppenart. Gebieten. Ihr Wasserbedarf ist gering; i. d. R. genügt der Flüssigkeitsgehalt ihrer Nahrung (hpts. Pflanzenteile). R. markieren ihr Territorium mit dem Sekret ihrer bauchständ. Duftdrüsen. Mit Hilfe ihrer verlängerten Hinterfüße fliehen R. durch känguruhartige Sprünge.

Rennvögel, *Wüstenläufer, Cursorius,* Gatt. der Brachschwalben; bis 25 cm lang, kurzflüglig, regenpfeiferähnl., suchen Bodennahrung im schnellen Lauf; der sandfarb. Rennvogel *(C. cursor)* bewohnt trockenes baumloses Gelände in Afrika u. SW-Asien.

Renshaw-Zelle [renschå-; ben. nach dem brit. Neurophysiologen B. Renshaw, 1911 bis 1948], inhibitorisches ↗Interneuron im Vorderhorn des Rückenmarks der Säuger. Die R.n werden v. Kollateralen der Motoaxone erregt u. wirken rückläufig hemmend (rekurrente Hemmung, ☐ Nervensystem) auf die Ausgangszelle od. andere gleichartige Zellen zurück.

Rentier [v. isländ. hreinn = R.], *Ren, Rangifer tarandus,* einzige Art der Renhirsche (U.-Fam. *Rangiferinae*), Kopfrumpflänge 130–220 cm, Körperhöhe 80–150 cm; beide Geschlechter geweihtragend. Die breiten, spreizbaren Hufe u. die den Boden berührenden Afterklauen der R.e mindern das Einsinken auf schneebedecktem od. feuchtem Boden. Beim Laufen erzeugen Fußgelenk-Sehnen ein knackendes Geräusch. Das R. bewohnt in etwa 20 U.-Arten die Tundren u. nördl. Waldgebiete (Taiga) v. Europa, Asien u. Amerika; die Wald-R.e sind meist größer u. dunkler gefärbt als die Tundra-R.e. Die Herden aus weibl. R.en u. Junghirschen werden v. einem älteren weibl. Tier angeführt. Die kurze Vegetationszeit ihres Lebensraums zwingt die R.e zu ausgedehnten jahreszeitl. Wanderungen, um ausreichend Nahrung (Gräser, Sträucher, Flechten) zu finden; in Massenwanderungen ziehen v. a. die kanad. Karibus. – Während der Eiszeiten waren R.e im damals tundraähnl. Mitteleuropa weit verbreitet u. die wichtigste Jagdbeute des Menschen („R.jägerzeit"). Heute führt in N-Asien u. im nördlichsten N-Amerika die R.jagd zur Bedrohung der R.e. Das Nordeur. R. *(R. t. tarandus)* wurde als einzige Hirschart zum Haustier; seine Herden sind auch heute noch Lebensgrundlage im hohen N Eurasiens lebender Nomadenvölker. Wildlebende R.e gibt es in Europa nur noch im norweg. Dovrefjell. B Europa V.

Rentier *(Rangifer tarandus)*

Rennmäuse

Wichtige Gattungen u. Arten:

Eigentl. R. *(Gerbillus)*
Sandmäuse *(Meriones)*
Große Rennmaus *(Rhombomys opimus)*
Dickschwanzmaus *(Pachyuromys duprasi)*
Nacktsohlen-R. *(Tatera)*
Kleine Nacktsohlen-Rennmaus *(Taterillus emini)*

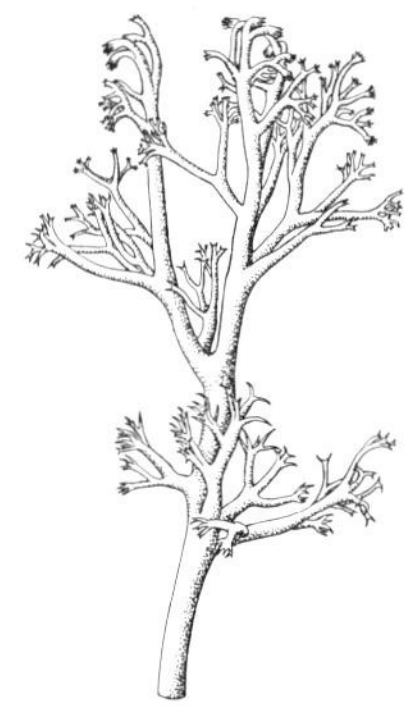

Rentierflechte *(Cladonia rangiferina)*

Rentier

Wichtige U.-Arten des R.s *(Rangifer tarandus)*:

Nordeur. Ren *(R. t. tarandus)*
Spitzbergen-Ren *(R. t. platyrhynchus)*
Euras. Tundraren *(R. t. sibiricus)*
Westkanad. Waldren *(R. t. caribou)*
Barren-Ground-Karibu *(R. t. arcticus)*
Ostkanad. Waldren *(R. t. sylvestris)*

Rentierflechten, strauchförmig verzweigte, aufrecht auf dem Boden wachsende, grauweiße bis gelbl. Flechten der Gatt. *Cladonia,* werden auch als separate Gatt. *Cladina* geführt; gewöhnl. bis 15 cm hoch, reichl. v. a. in lichten borealen Nadelwäldern, in der Tundra u. in alpinen Zwergstrauchheiden, in N-Europa u. Kanada sehr bedeutend als Futter der Rentiere u. Karibus, stellenweise durch Überweidung selten geworden, in Notzeiten auch zu Brotmehl verarbeitet. Bekannte u. verbreitete Arten sind die grauweiße *Cladonia rangiferina,* die Rentierflechte i. e. S., und die gelbliche *C. arbuscula,* in Mitteleuropa v. a. in heidelbeer- u. heidekrautreichen Kiefernwäldern u. Zwergstrauchheiden vorkommend; wirtschaftl. bedeutend ist *C. stellaris (= C. alpestris)* mit dicht verzweigten, kuppelart., blaßgelbl. Büschchen; wird in großen Mengen aus Finnland ausgeführt u. für Friedhofgebinde verarbeitet, auch als Bäumchen für Architektenmodelle u. Modelleisenbahnanlagen verwendet; in Mitteleuropa stark zurückgegangen, gebietsweise vom Aussterben bedroht. B Flechten II.

Reoviren, *Reoviridae,* Fam. von Tier- u. Pflanzenviren, die ein in 10–12 Teile segmentiertes doppelsträngiges RNA-Genom besitzen (Gesamtgröße 20 000–33 000 Basenpaare, relative Molekülmasse 12–20 · 10^6). R. werden in 6 Gatt. unterteilt. R. i. e. S. (Orthoreoviren, Gatt. *Reovirus* mit 3 Serotypen; Genom: 10 RNA-Segmente mit einer Länge von ca. 850–4500 Basenpaaren, insgesamt ca. 23 000–25 000 Basenpaare) infizieren Atmungswege u. Magen-Darm-Trakt des Menschen u. von Wirbeltieren, rufen jedoch normalerweise keine Erkrankungen hervor; sie gaben der gesamten Fam. den Namen (reo abgeleitet von: *r*espiratory *e*nteric *o*rphan). R. der Gatt. *Orbivirus* (Orbiviren, v. lat. orbis = Kreis; 12 serologische Untergruppen; Genom: 10 Segmente mit ca. 500–4500 Basenpaaren, insgesamt ca. 20 000 Basenpaare) vermehren sich in Insekten u. werden durch sie auf Wirbeltiere übertragen (↗Arboviren). Das Colorado-Zeckenfieber-Virus verursacht eine fieberhafte Erkrankung beim Menschen. Wichtige tierpathogene Orbiviren sind u. a. das ↗Bluetongue-Virus der Schafe u. das Virus der afr. Pferdekrankheit. Rotaviren (Gatt. *Rotavirus,* v. lat. rota = Rad) verursachen Durchfallerkrankungen bei vielen Säugetieren; sie sind eine der Hauptursachen der Gastroenteritis bei Säuglingen. Das

REPLIKATION DER DNA I

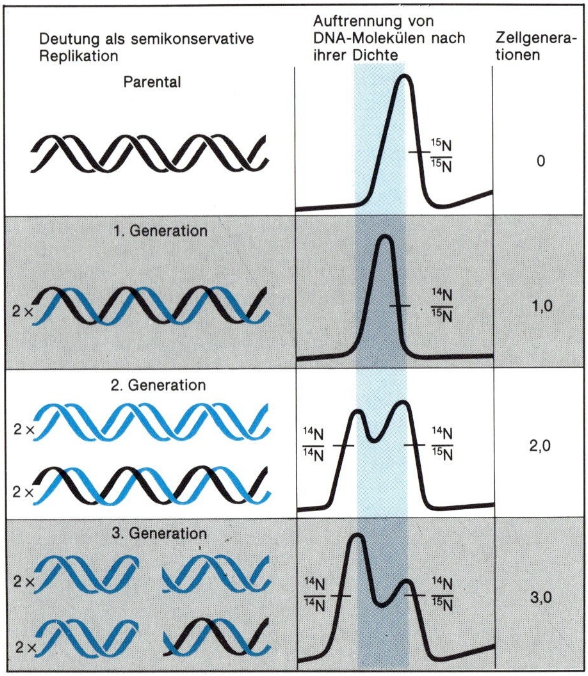

Versuche mit ^{15}N-markierter DNA, die Synthese biologisch aktiver DNA im Reagenzglas und autoradiographische Untersuchungen belegten für Bakterien und Viren den semikonservativen Charakter der DNA-Replikation.

Meselson-Stahl-Experiment zum semikonservativen Ablauf der DNA-Replikation

E. coli-Bakterien werden vor dem Versuch viele Generationen in einem Medium gehalten, dem als Stickstoffquelle $^{15}NH_4Cl$ zugegeben ist, so daß in den Bakterien alle N-haltigen Moleküle einschließlich der DNA-Basen mit dem schweren Isotop ^{15}N „durchmarkiert" sind. Zu Beginn des eigentlichen Experiments werden sie von dort in ein Medium mit $^{14}NH_4Cl$ überführt, so daß jetzt alle neusynthetisierten Moleküle das leichte ^{14}N-Isotop tragen, darunter auch die Basen in den neugebildeten Tochtersträngen der DNA. Am Anfang und zu bestimmten Zeiten des Wachstums, die der eingetragenen Zahl von Zellgenerationen entsprechen, werden Bakterien aus dem ^{14}N-Medium entnommen und die daraus isolierte DNA in der Ultrazentrifuge auf ihre Zusammensetzung nach der Dichte untersucht. Es lassen sich unterscheiden: die aus zwei schweren $^{15}N/^{15}N$-Strängen zusammengesetzte parentale DNA, die hybride $^{15}N/^{14}N$-DNA (ab der ersten Generation) und die aus zwei leichten $^{14}N/^{14}N$-Strängen gebildete DNA, die ab der zweiten Generation auftaucht. Die zweite Generation enthält hybride und rein leichte DNA im Verhältnis 1:1, die dritte im Verhältnis 1:3. Dieser Ablauf läßt sich nur nach dem Modell der *semikonservativen Replikation* deuten. (Aus Raumgründen ist links ab der ersten Generation nur die Hälfte der DNA-Moleküle dargestellt, in der dritten Generation längenmäßig verkürzt.)

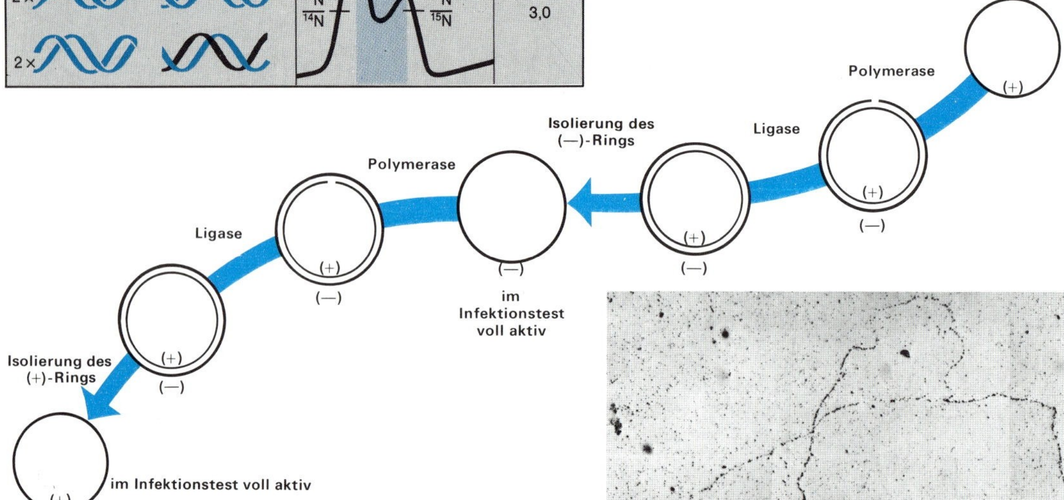

Synthese biologisch aktiver DNA im Reagenzglas. Das nur aus einem einzigen ringförmigen DNA-Strang [(+)-Ring] bestehende Genom des Phagen *ΦX 174* dient dem Enzym *DNA-Polymerase* im zellfreien System als Matrize zur Synthese eines komplementären DNA-Strangs. Ein zweites Enzym, die *Ligase*, schließt den Ring [(−)-Ring]. Entsprechend kann man am isolierten (−)-Ring die Synthese eines neuen (+)-Rings ablaufen lassen. Alle neugebildeten Ringe sind im Infektionstest an Bakterien voll aktiv.

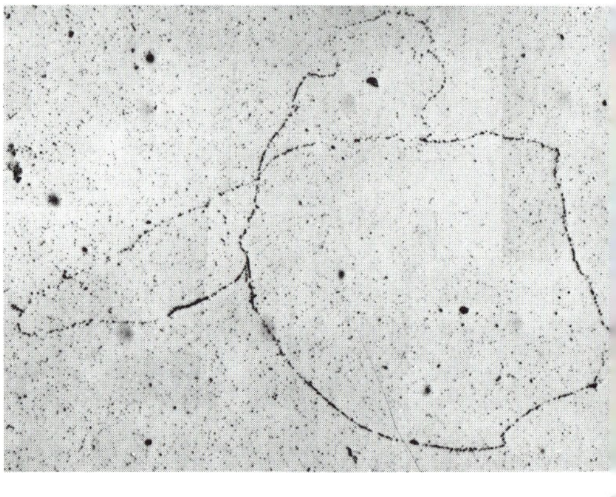

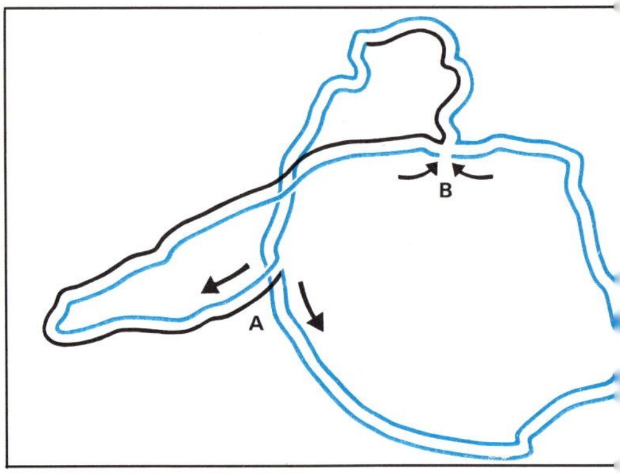

Autoradiographie eines Genoms von *E. coli* während der Replikation (Markierung mit Thymidin-^{3}H). Von Artefakten abgesehen, bestehen stark geschwärzte Genomabschnitte aus zwei markierten Strängen, weniger geschwärzte aus einem markierten und einem nichtmarkierten Strang. Die Zeichnung (Abb. unten) erklärt die Autoradiographie. Markierte Einzelstränge sind farbig, nichtmarkierte schwarz gezeichnet. Vor der Replikation bestand das Genom aus einem vollständig und einem teilweise markierten DNA-Strang. Bei A begann die Replikation und schritt in Richtung der beiden Pfeile bis B voran. Zum Zeitpunkt der Autoradiographie lag das Replikationszentrum gerade bei B. Bei ungestörter weiterer Replikation wäre es nach oben vorgerückt und hätte die bei B unterbrochene Synthese der beiden neuen komplementären Stränge fortgeführt.

Semikonservative DNA-Replikation bei Chromosomen aus dem Wurzelmeristem der *Ackerbohne (Vicia faba)*.
Der Ablauf wird an nur einem Chromosom verfolgt. Vor der Replikation besteht es aus einer Chromatide, d. h. zwei Halbchromatiden. Die erste Replikation findet in Anwesenheit von Thymidin-^{3}H statt. Es bildet sich an jeder alten Halbchromatide eine neue, markierte Halbchromatide (farbig). Bei der *Autoradiographie* überstrahlt die markierte Chromatide ihren nichtmarkierten Partner. Beide Tochterchromosomen erscheinen daher strahlend (a in Abb.).

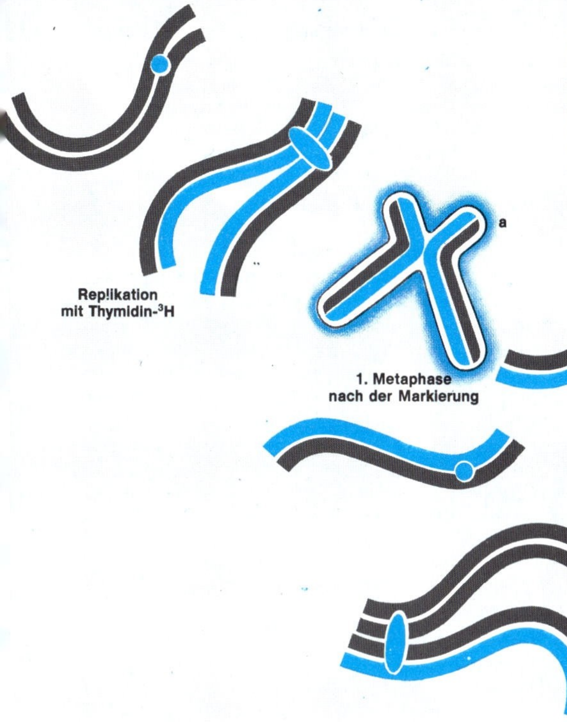

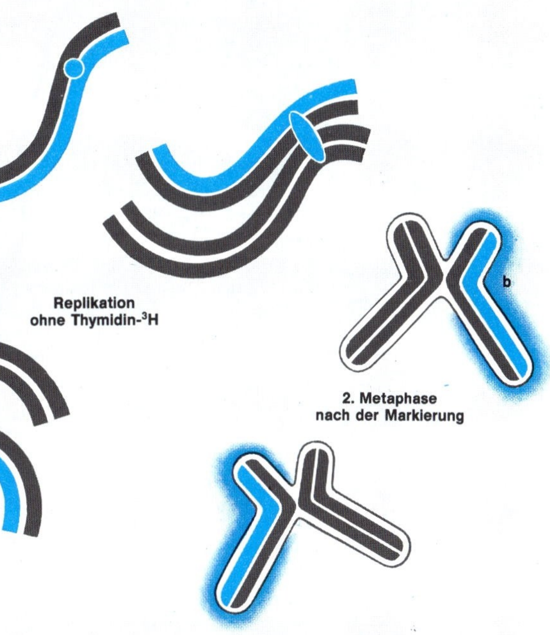

Die zweite Replikation findet in Abwesenheit von Thymidin-^{3}H statt. Von den nun insgesamt acht Halbchromatiden sind zwei markiert, sechs nicht. Die markierten Halbchromatiden überstrahlen wiederum ihre nichtmarkierten Partner. Von den insgesamt vier aus je einer Chromatide bestehenden Chromosomen (= zwei Chromosomenpaaren) ist daher bei der Autoradiographie in jedem Paar ein Chromosom strahlend, eines nicht (b und c).

Autoradiographie von Chromosomen aus dem Wurzelmeristem von *Vicia faba*. Abb. unten zeigt die Situation nach der ersten Replikation im Medium mit Thymidin-^{3}H. Alle Chromosomen sind radioaktiv, wie sich an der Schwärzung der photographischen Emulsion erkennen läßt.

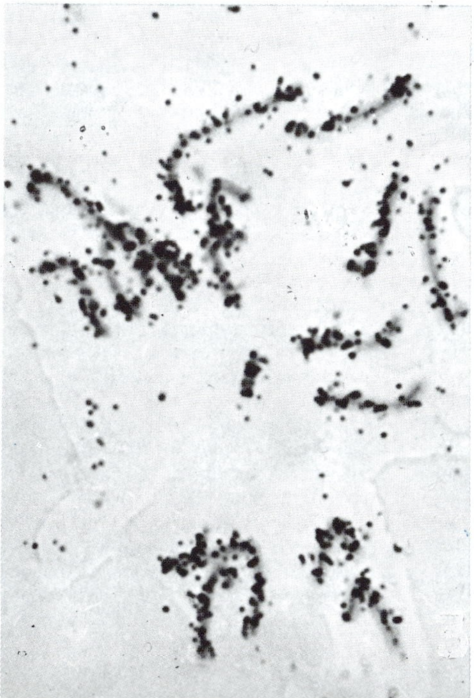

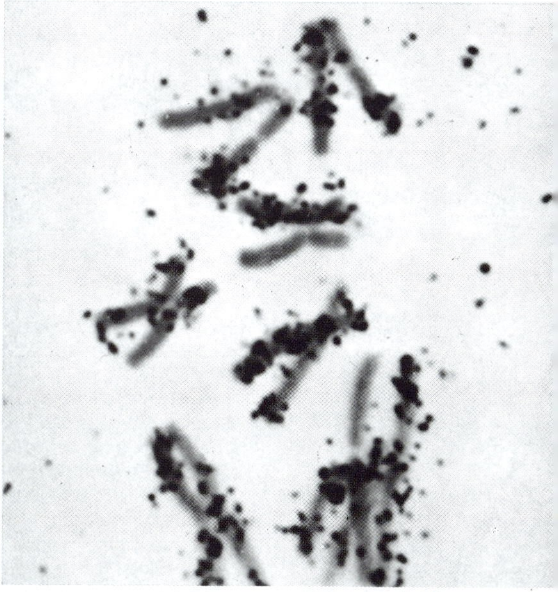

Abb. oben zeigt die Lage nach der zweiten Replikation im Medium ohne Thymidin-^{3}H. In jedem Paar homologer Chromosomen ist ein Chromosom radioaktiv, das andere – von ausgetauschten Segmenten abgesehen – nicht. Besonders deutlich erkennt man dies an dem Paar in der Bildmitte.

replik- [v. lat. replicare = aufrollen, zurückschlagen; replicatio = Wiederholung, Kreisbewegung].

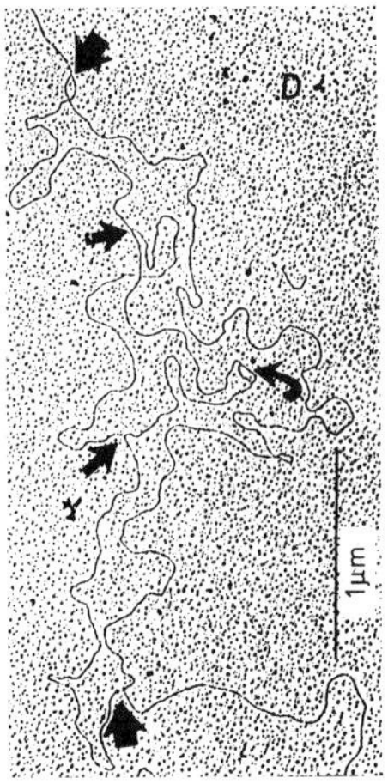

Replikation

Elektronenmikroskopisches Bild einer bidirektionalen DNA-Replikation

Die R. der meisten DNA-Moleküle ist bidirektional, d.h., sie verläuft von einem Startpunkt aus in beide Richtungen. Die DNA der Viren und der Bakterien besitzt nur einen einzigen Anfangspunkt für die R. Dieser wird für eine zweite R.srunde wiederbenutzt, bevor die erste R.srunde ganz durchgelaufen ist. In der Abb. sind drei laufende R.srunden zu erkennen, die alle am selben Startpunkt begonnen haben, aber zeitlich versetzt, so daß sie verschieden weit fortgeschritten sind.

Rotavirus-Genom besteht aus 11 RNA-Segmenten (ca. 350–3700 Basenpaare). Die ausschl. Insekten infizierenden ↗Cytoplasmapolyeder-Viren bilden eine weitere Gatt. der R. Die pflanzenpathogenen R. werden in die zwei Gatt. *Phytoreovirus* (u.a. Wundtumorenvirus; Genom mit 12 Segmenten, ca. 500–5000 Basenpaare, insgesamt ca. 27000 Basenpaare) und *Fijivirus* (Genom mit 10 Segmenten, ca. 1700–4800 Basenpaare, insgesamt ca. 33000 Basenpaare) unterteilt. Die Übertragung dieser Viren erfolgt propagativ durch Zikaden u. Heuschrecken. – Die Viruspartikel der R. (∅ 60–80 nm, Ikosaedersymmetrie) sind aus einem inneren Core (∅ 50–65 nm) u. einer äußeren Capsidhülle aufgebaut; sie besitzen keine Lipoproteinhülle (Envelope). Die Virusvermehrung findet ausschl. im Cytoplasma statt u. geht mit der Bildung v. Einschlußkörpern einher. Von den doppelsträngigen Genom-RNAs wird nur der jeweilige Minusstrang transkribiert. Die gebildeten Plusstrang-RNAs dienen sowohl zur Translation der Virusproteine als auch zur Bildung neuer doppelsträngiger Genom-RNAs. Die Virionen werden durch ↗budding od. nach Lyse der Zelle freigesetzt. *E. S.*

Reparation *w* [v. lat. reparatio = Wiederherstellung], ↗Regeneration.

Reparaturenzyme, die an der ↗DNA-Reparatur beteiligten Enzyme.

Repellents [ripellents; Mz.; engl., = abstoßende (Substanzen)], in der Human- u. Tierhygiene sowie im Materialschutz verwendete, synthet. Substanzen zur Abwehr u.a. von Insekten, die meist verschiedenen Stoffklassen angehören. Natürliche R. sind z.B. Eucalyptusöl u. Campher. ↗Abschreckmittel.

repetitive DNA *w* [v. lat. repetere = wiederholen], *multiple DNA,* hpts. im Genom v. Eukaryoten vorkommende, vielfach wiederholte DNA-Sequenzen, die beim Menschen 30–35%, bei einigen Pflanzen sogar bis zu 90% des Gesamtgenoms ausmachen. Je nach Repetitionsgrad unterscheidet man *hochrepetitive* u. *mittelrepetitive Sequenzen* u. trennt diese ab v. den nichtrepetierten, einmaligen Sequenzen (engl. *unique* od. *single copy sequences*). Strukturell ist zw. gehäuft auftretenden *(geclusterten)* u. einzeln im Genom verstreuten *(dispersen)* Repetitionseinheiten zu unterscheiden. *Geclusterte hochrepetitive Sequenzen* (Repetitionsgrad: $>10^5$) bestehen i.d.R. aus kurzen Sequenzen, die tandemartig wiederholt sind; sie enthalten keine genet. Information u. sind typischer Bestandteil des konstitutiven Hetero-↗Chromatins. Bei der Cäsiumchlorid-↗Dichtegradienten-Zentrifugation bilden hochrepetitive DNAs eigene Banden (sog. *Satelliten-DNA*), sofern ihre Schwebedichten (die wiederum den GC-Gehalt widerspiegeln) deutlich v. derjenigen der übrigen DNA abweichen. Eine Funktion der hochrepetitiven geclusterten DNA-Abschnitte ist nicht bekannt; daher wurde für sie auch der Terminus „egoistische DNA" (selfish DNA) vorgeschlagen (↗Desoxyribonucleinsäuren). Ein Beispiel für *disperse hochrepetitive Sequenzen* stellt die sog. *Alu-Sequenz* (so gen. nach einer in ihr enthaltenen Schnittstelle für die Restriktionsendonuclease Alu I) dar, die im menschl. Genom einen Anteil v. mehr als 5% ausmacht u. in homologer Form weit verbreitet ist (nachweisbar im gesamten Tierreich u. auch bei Schleimpilzen); z.T. werden Alu-Sequenzen durch RNA-Polymerase III transkribiert. Zu den *mittelrepetitiven* DNA-Abschnitten im Genom (Repetitionsgrad: $5–8 \cdot 10^4$) werden die Mitglieder v. ↗Genfamilien gezählt; der Repetitionsgrad der r-DNA (Beispiel für eine geclusterte Genfamilie) kann im Verlauf der Oogenese durch ↗Genamplifikation erhöht werden.

Repichnia [Mz.; v. lat. repere = kriechen, gr. ichnion = Spur], (Seilacher 1953), *Kriechspuren,* ↗Lebensspuren.

Replikasen [Mz.; v. *replik-], die an der ↗Replikation beteiligten DNA- u. RNA-↗Polymerasen; bei *Escherichia coli* entspr. die R. i.e.S. der DNA-Polymerase III (↗DNA-Polymerasen).

Replikation *w* [Ztw. *replizieren,* Bw. *replikativ*; v. *replik-], *Autoreduplikation,* die ident. Verdopplung od. Vervielfachung von DNA (bzw. von RNA bei den RNA-Viren). Die R. ist die molekulare Grundlage für die Weitergabe der ↗genet. Information v. Generation zu Generation. Mit Ausnahme bestimmter Viren, bei denen einzelsträngige DNA (↗einzelsträngige DNA-Phagen) bzw. RNA (↗einzelsträngige RNA-Phagen) repliziert wird, erfolgt die R. an doppelsträngiger DNA nach dem semikonservativen Modus, d.h., die beiden als Endprodukt einer R.srunde entstehenden sog. Tochter-DNA-Moleküle enthalten je einen elterl. und einen neusynthetisierten Einzelstrang (B 120). Der Gesamtprozeß unterteilt sich in die 3 Hauptphasen ↗*Initiation,* ↗*Elongation* u. ↗*Termination,* wovon jedoch nur die beiden ersten Phasen, bes. durch Mutantenanalyse u. in vitro-Systeme, gut untersucht sind. Zahlr. Einzelschritte der R. konnten bes. an ↗Bakteriophagen-DNAs als Modellsystemen u. an bakterieller DNA (↗Bakterienchromosom) untersucht werden. Mit einzelsträngiger Bakteriophagen-DNA, deren R. jedoch in mehreren Aspekten (z.B. Wechsel einzel- u. doppelsträngiger Zwischenstufen) atypisch ist, gelang 1967 sogar die R. biologisch aktiver DNA im Reagenzglas (B 120). In bakteriellen Systemen, bes. in ↗*Escherichia coli,* konnten zahlr. Enzym-Proteine (u.a. ↗DNA-Polymerasen, als Primasen wirkende ↗RNA-Polymerasen, ↗DNA-Ligase, ↗Helicasen, ↗DNA-Topoisomerasen, ↗Exonucleasen) u. die v. diesen katalysierten

Einzelschritte der R. charakterisiert werden. Die Proteine sind teilweise an bzw. in der Nähe der sog. *R.sgabel* zu einem als *Replisom* bezeichneten Komplex vereinigt, in dem u. a. DNA-Polymerasen u. Primasen enthalten sind. Letztere katalysieren die für die R. erforderl. Primer-RNA-Synthese u. sind zus. mit anderen Proteinen in einem sog. *Primosom*-Komplex vereinigt. DNA-Polymerasen können DNA generell nur in 5′→3′-Richtung synthetisieren, weshalb bei der R. nur einer der beiden neusynthetisierten DNA-Stränge unmittelbar durch „Vorwärts-R." als fortlaufende Kette (der in 5′→3′-Richtung wachsende, „führende" [Leading] Strang, engl. leading strand) entstehen kann, während der andere Strang zunächst in Form kürzerer, ca. 1000 Nucleotide enthaltenden Ketten (nach dem Entdecker ↗ *Okazaki-Fragmente* gen.) aufgebaut wird (vgl. Abb.), die erst durch Folgeschritte (Beseitigung von RNA-Primern, Auffüllen der kleinen Einzelstranglücken, Ligierung) zu einem durchgehenden Strang umgewandelt werden. Für den aufgrund dieser „Rückwärts-R." verzögert entstehenden DNA-Strang wurde die engl. Bez. lagging strand (Lagging Strang, „verzögerter" Strang) eingeführt. Die R. startet an definierten Stellen der zu replizierenden DNA, die *R.sursprung* (engl. origin of replication) gen. wird. Die R.sursprünge einfacher Systeme (virale DNAs, Plasmide, bakterielle DNAs) konnten lokalisiert u. in der Nucleotidsequenz aufgeklärt werden. Z. B. umfaßt der *E.coli*-R.sursprung 245 Basenpaare u. weist eine überdurchschnittl. Häufung der Sequenz GATC auf. Die mechanist. Deutung dieser u. a. Sequenzeigentümlichkeiten für den R.sstart steht noch aus. Während die gen. einfacheren Systeme i. d. R. nur einen R.sursprung aufweisen, wird die R. chromosomaler DNA höherer Zellen z. T. gleichzeitig an mehreren Stellen initiiert. Die R. in Zellen höherer Organismen findet in der S-Phase (8–12 h) des Zellzyklus (B Mitose) statt. Bei sehr kurzen S-Phasen (10–15 Min.), wie z. B. während des Furchungsstadiums (↗ Furchung) in der Embryonalentwicklung, kann die R. sowohl durch erhöhte Synchronisation der bereits aktiven R.sursprünge als auch durch Aktivierung zusätzl. R.sursprünge beschleunigt u. damit der Zellzyklus-Geschwindigkeit angepaßt werden. Als selektive R. einzelner Gene ist die ebenfalls bei höheren Organismen beobachtete ↗ *Genamplifikation* zu nennen. – Durch in vitro-Versuche konnte gezeigt werden, daß die Häufigkeiten v. Einbaufehlern durch DNA-Polymerasen zw. 10^{-4} und 10^{-5} liegen. Die durch Einbaufehler (↗ Basenanaloga) entstehenden Fehlpaarungen zw. elterl. und neusynthetisiertem DNA-Strang können jedoch durch Reparaturprozesse (↗ DNA-Reparatur), bes. durch die in ↗ DNA-Polymerasen häufig integrierte 3′–5′-Exonuclease-Aktivität, weitgehend beseitigt werden, wodurch Gesamtfehlerraten von $< 10^{-8}$ pro Polymerisationsschritt resultieren. ↗ Desoxyribonucleinsäuren. B 120–121. *H. K.*

replik- [v. lat. replicare = aufrollen, zurückschlagen; replicatio = Wiederholung, Kreisbewegung].

Replikon

Die Chromosomen eukaryot. Zellen, die zirkulären DNA-Moleküle in Mitochondrien u. Chloroplasten, das Bakterienchromosom u. die Plasmide prokaryot. Zellen sowie die zirkulären od. linearen DNA- bzw. RNA-Moleküle v. Viren stellen jeweils ein R. dar.

Replikationsgabel ↗ Replikation.

Replikationsursprung, engl. *ori*gin of replication, Abk. *ori,* ↗ Replikation.

Replikon *s* [v. *replik-], die aus mindestens *einem* Replikationsursprung (↗ Replikation) sowie den damit kovalent verbundenen u. daher gemeinsam replizierten DNA- beziehungsweise RNA-Abschnitten bestehende Replikationseinheit (vgl. Spaltentext).

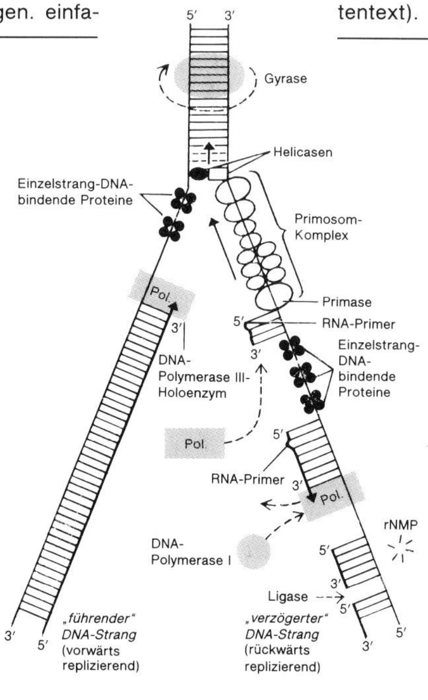

Replikation

Modell einer *R.sgabel* mit der Vorwärts-R. des einen u. der – stückweisen – Rückwärts-R. des anderen Tochterstrangs sowie Übersicht der an der DNA-R. beteiligten Enzymproteine und Reaktionsschritte. DNA-Stränge sind durch gerade, RNA-Stränge durch gewellte Linien dargestellt; die Windung der DNA-Helices ist daher nicht berücksichtigt. Die Pfeilspitzen kennzeichnen die arbeitenden DNA-Polymerase-III-Moleküle u. weisen entspr. der Syntheserichtung von 5′ nach 3′. Die nach der Synthese durch *DNA-Polymerase III* (Pol.) verbleibenden Lücken des verzögert synthetisierten DNA-Strangs werden durch die langsamer arbeitende *DNA-Polymerase I* aufgefüllt, wobei gleichzeitig die *RNA-Primer* durch die 5′–3′-Exonuclease-Aktivität von DNA-Polymerase bzw. durch eine RNA-DNA-*Hybrid*-spezifische RNase (sog. RNase *H*) unter Bildung v. Ribonucleosidmonophosphaten (rNMP) abgebaut werden. Die aufgrund dieser Reaktionen jetzt nahtlos nebeneinander passenden, jedoch noch durch Strangbrüche getrennten DNA-Ketten werden in einem letzten Schritt durch *DNA-Ligase* kovalent zu einem durchgehenden Tochterstrang verbunden. Der aus zahlr. Proteinen zusammengesetzte Komplex des *Primosoms* bewegt sich, der R.sgabel folgend, unter Energieverbrauch (ATP-Hydrolyse) entlang dem Template-Strang der verzögert synthetisierten DNA in 5′–3′-Richtung. In Abständen von ca. 1000 Nucleotidpositionen synthetisiert die im Primosom enthaltene *Primase* die kurzkettigen RNA-Primer. Die Richtung dieser RNA-Synthesen ist 5′–3′ bezügl. der RNA-Produkte, jedoch 3′–5′ bezügl. der Template-DNA. Die Bewegung des Primosoms ist daher während der kurzen Synthesephasen zumindest für die Primase-Komponente rückläufig. Die durch *Helicase* katalysierte Entspiralisierung der beiden DNA-Stränge an der R.sgabel führt zu einer Zunahme der superhelikalen Verdrillung im noch nicht replizierten (oberen) Teil der DNA. Dieser sog. superhelikale Twist würde die weitere Entspiralisierung u. damit die R. blockieren; er wird jedoch durch die Wirkung v. *Gyrase* (↗ DNA-Topoisomerasen) laufend entspannt.

re- [lat. Vorsilbe (Präfix): zurück, wieder, entgegen].

repro- [v. lat. re- = wieder, productio = Hervorbringung].

Replum *s* [lat., =], *Rahmen,* Bez. für das aus den Rändern der beiden Fruchtblätter u. den Placenten gebildete *Rähmchen* bei der Frucht (Schote u. Schötchen) der ↗Kreuzblütler. Zw. diesem R. ist eine falsche Scheidewand ausgespannt. R. und Scheidewand bleiben am Fruchtstiel stehen, wenn die beiden Längshälften der Frucht sich bei der Fruchtreife ablösen.

Repolarisation *w* [v. *re-, gr. polos = Drehpunkt], Wiederherstellung des ↗Ruhepotentials (↗Membranpotential) nach einem ↗Aktionspotential (☐). Ggs.: ↗Depolarisation.

Repression *w* [Ztw. *reprimieren;* v. lat. repressio = Zurückdrängung, Unterdrükkung], der Zustand der durch reversible Bindung v. regulatorisch wirksamen Proteinen (↗Repressoren) an die entspr. Signalstrukturen (↗Operatoren) bewirkten Inaktivierung v. Genen bzw. Gengruppen (↗Operon). ↗Genregulation (B).

Repressoren [Mz.; v. lat. repressor = Unterdrücker], *Repressorproteine, Regulatorproteine,* Proteine, die durch reversible u. hochspezifische Bindung an die ↗Operator-Bereiche v. Genen od. Gengruppen deren Aktivität (↗Transkription) selektiv blockieren. R. sind oligomere ↗Proteine u. existieren daher oft in zwei ↗Konformationen (einer reprimierenden u. einer nicht reprimierenden), die sich durch allosterische Umwandlungen (↗Allosterie, ☐) ineinander überführen lassen. Man unterscheidet nach Art der reprimierbaren Gene (bzw. der v. diesen codierten Enzyme) zw. *katabolischen* u. *anabolischen R.* ↗Genregulation (B).

Reproduktion *w* [v. *repro-], die ↗Fortpflanzung.

Reproduktionsorgane, die ↗Fortpflanzungsorgane; ↗Geschlechtsorgane.

Reproduktionsrate ↗Fruchtbarkeit.

Reproduktionsziffer ↗Fruchtbarkeit.

reproduktive Gewebe, die Gewebe in den Sporangien u. Gametangien der mehrzelli-

REPTILIEN I

Reptilien oder Kriechtiere (Reptilia) sind – wie auch die Amphibien – wechselwarme Wirbeltiere. Sie weisen verschiedene Baupläne auf: schildkrötenförmige (ein Panzer umschließt den Rumpf), schlangenförmige (langer, runder und extremitätenloser Körper; bei den meisten Schlangen und einigen Echsen) und echsenförmige Gestalt (Kopf vom Rumpf durch den Hals getrennt, Körper schlank bis gedrungen, Schwanz lang, Beine gut entwickelt oder rückgebildet; bei den Krokodilen, der Brückenechse und der Mehrzahl der anderen Echsen). Die drüsenarme Haut der vorwiegend landbewohnenden Reptilien ist mit hornigen Schuppen oder Schildern bedeckt bzw. mit Knochenplatten gepanzert. Das Herz hat eine doppelte Vorkammer und eine unvollkommen geteilte Kammer; arterielles und venöses Blut können sich so mischen (Ausnahme: Krokodile, die ein vierkammeriges Herz aufweisen; doch auch hier vermischen sich die beiden Blutzustände durch ein Foramen). Reptilien sind ausschließlich Lungenatmer. Ihre Entwicklung erfolgt ohne Metamorphose.

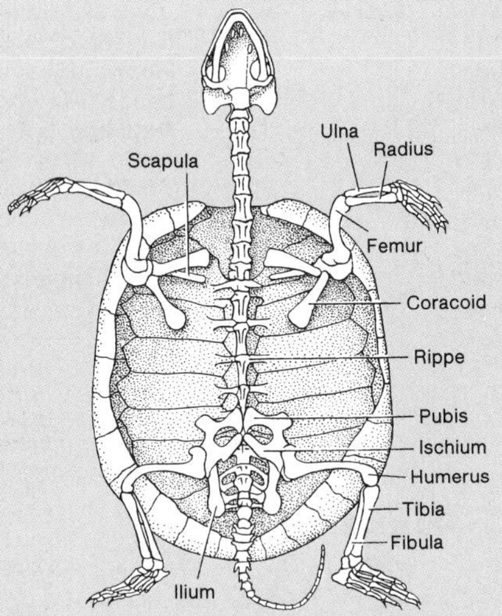

Abb. oben: Skelett der Europäischen Sumpfschildkröte *(Emys orbicularis),* von der Unterseite nach Entfernung des Plastrons

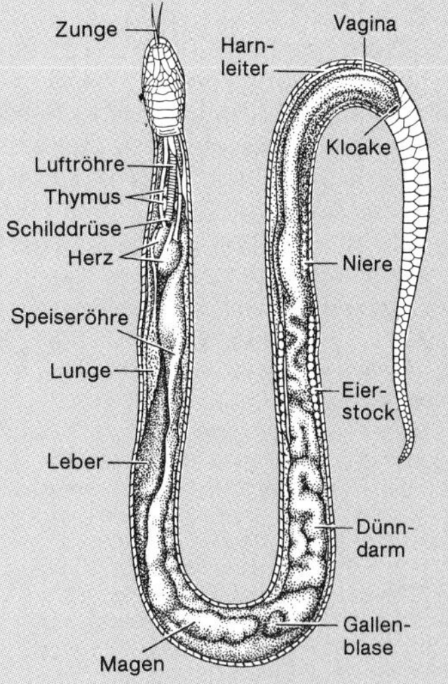

Abb. oben: Bauplan einer Ringelnatter *(Natrix natrix).* Abb. unten: Bauplan eines Krokodils

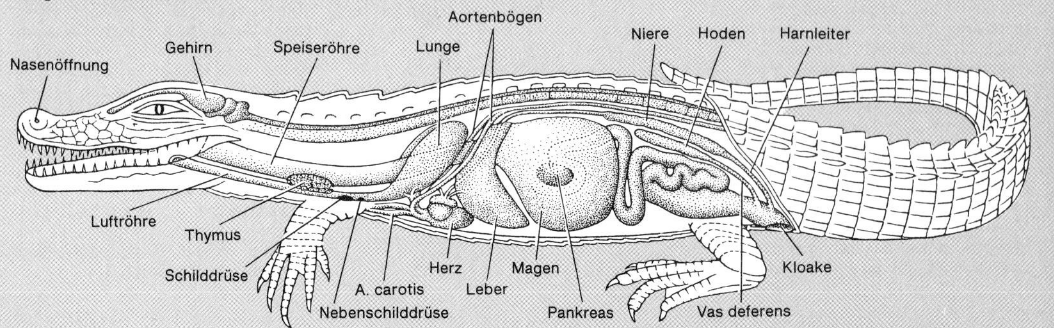

gen Pflanzen, aus denen die Sporen u. Geschlechtszellen (Gameten) hervorgehen.

reproduktive Phase, Bez. für die Periode der Blüten- u. Fruchtbildung bei den höheren Pflanzen u. den Zeitraum der Fortpflanzung u. Fortpflanzungsfähigkeit bei Tieren.

Reproduktivität, die ↗Fruchtbarkeit.

Reptantia [Mz.; v. lat. reptans = kriechend], *Panzerkrebse,* U.-Ord. der ↗*Decapoda* mit den Abt. ↗*Palinura,* ↗*Astacura,* ↗*Anomura* u. ↗*Brachyura.*

Reptilien [Mz.; v. lat. reptilis = kriechend], *Kriechtiere, Reptilia,* Kl. der Wirbeltiere mit über 6000 rezenten Arten und ca. 1000 fossilen Gatt. in 4 Ord.: ↗Schildkröten *(Testudines),* ↗Schnabelköpfe *(Rhynchocephalia),* ↗Krokodile *(Crocodylia)* sowie die Eigentlichen ↗Schuppenkriechtiere *(Squamata)* mit den ↗Echsen *(Sauria)* u. ↗Schlangen *(Serpentes).* Nach der ↗Hennigschen Systematik sind die R. kein Monophylum, sondern eine paraphylet. Gruppe (↗monophyletisch), da die Krokodile mit den (als eigene Kl. geführten) Vögeln näher verwandt sind. R. sind fast weltweit (Ausnahme: Polargebiete), bes. aber in den Subtropen u. Tropen verbreitet. 0,04–10 m lang; Haut trocken, drüsenarm, mit stark verhornten ↗Schuppen (□ Horngebilde) u. Schildern (im Ggs. zu den Amphibien), die oft mit Knochenplatten unterlegt sind; eine zuweilen charakterist. Hautfärbung dient der Tarnung od. als auffälliges Signal (Chamäleons, Agamen, Leguane können Farbe sehr schnell wechseln; ↗Farbwechsel); die Oberhaut (Epidermis) wird v. Zeit zu Zeit als Ganzes („Natternhemd") od. fetzenweise abgestreift, bei Krokodilen u. Schildkröten erfolgt nur eine Abschilferung. Wechselwarme, lungenatmende Landbewohner (Ausnahmen: die zum Wasserleben sekundär übergegangenen Meeresschildkröten u. Seeschlangen); Herzkammern (↗Herz) nur unvollständig getrennt, so daß sich arterielles u. venöses Blut miteinander vermischen können (□ Arterienbogen, □ Blutkreislauf). Skelett fast vollständig verknöchert, Zahl der Wirbel unterschiedl. (knapp über 30 bei Schildkröten, bis über 400 bei Schlangen); Schädel – meist zieml. massig – durch unpaaren Gelenkhöcker mit der Wirbelsäule verbunden. Augen mit bewegl. Lidern (Ausnahmen: Schlangen u. einige Echsen, bei denen ein Fenster aus durchsicht. Haut die Hornhaut bedeckt). Zähne nur bei Schildkröten vollständig fehlend (statt dessen Hornscheiden), ansonsten aber meist in beträchtl. Zahl vorhanden, u. zwar nicht nur auf den Kieferknochen, sondern gelegentl. auch auf den Gaumen- (Palatina), Pflugschar- (Vomeres) u. Flügelbeinen (Pterygoidea). Bes. Schuppenkriechtiere oft mit – im Verhältnis zur Kopfgröße – verhältnismäßig bewegl. Kiefer (↗Kraniokinetik), so daß sie selbst große Beutetiere verschlingen können. Zähne stehen auf den Kieferrändern (↗*akrodonte* Form) od. einwärts v. ihnen (↗*pleurodont),* bei Krokodilen in Gruben (Alveolen) eingesenkt; bei Schlangen können einzelne als ↗Giftzähne ausgebildet sein. Gesichts- u. Geruchssinn (oft mit ↗Jacobsonschem Organ) ausgezeichnet entwickelt (B chemische Sinne). Schildkröten, Brückenechsen (einzige rezente Art der Schnabelköpfe), Krokodile u. die Mehrzahl der Echsen 4füßig, meist mit je 5 seitwärts gerichteten, i. d. R. bekrallten Zehen. R. bewegen sich kriechend od. kletternd fort; fehlen die Gliedmaßen (wie z. B. bei den Schlangen u. der Blindschleiche), so führen die Tiere durch wechselweises Ausbiegen des Körpers mit Unterstützung der gelenkig mit der Wirbelsäule verbundenen Rippen schlangenähnl. Bewegungen durch. Verlorengegangene Körperteile (z. B. der Schwanz v. Eidechsen, ↗Autotomie) können teilweise regeneriert werden. Der Verdauungsgang mündet in eine Kloake (gemeinsame Körperöffnung mit den Geschlechtsprodukten). Männchen – bis auf die ↗Brückenechse – mit Begattungsorgan. Keine Metamorphose (Larvenstadium fehlt); meist eierlegend (telolecithale Eier verhältnismäßig groß, dotterreich, mit pergamentart. oder kalkhalt. Schale), seltener (z. B. Blindschleiche, Waldeidechse, Kreuzotter, Aspisviper, Sandotter) lebendgebärend (□ Embryonalentwicklung). Außer in ihrer Größe (selten in der Färbung) unterscheiden sich Jungtiere nur unwesentl. v. den Erwachsenen, die sich meist v. unterschiedl. tierischer Beute, seltener (z. B. Land- u. bestimmte Meeresschildkröten) v. Pflanzenstoffen ernähren. Kleinere R.-Arten u. fast alle Schlangen werden nach 2–3, Krokodile oft erst nach 6 Jahren geschlechtsreif. Schildkröten u. Krokodile dürften am ältesten (über 100 Jahre) werden, Echsen u. Schlangen – außer in der Gefangenschaft – kaum 10 Jahre. – Erstmaliges Auftreten der R. im Oberkarbon (vor etwa 300 Mill. Jahren), stammesgeschichtl. Blütezeit mit z. T. riesigen Formen (↗Dinosaurier) im Erdmittelalter (Trias bis Kreide); Massen-Aussterben Ende der Kreidezeit. B 124, 126–127. B Embryonalentwicklung I–II, B Wirbeltiere I–II, B Dinosaurier.

Lit.: *Böhme, W.:* Hdb. der Reptilien u. Amphibien Europas, 5 Bde. Wiesbaden ab 1981. Grzimeks Tierleben, Bd. 6. München [2]1980. Salamandra, Ztschr. der Dt. Ges. für Herpetologie u. Terrarienkunde e. V. Frankfurt/M. ab 1965. *H. S.*

Reptiliomorpha [Mz.; v. lat. reptilis = kriechend, gr. morphē = Gestalt], (v. Huene 1955), in der systemat. Gliederung der ↗*Eutetrapoda* durch den Autor eingerichtetes Taxon (II. Ramus), das die ↗*Anthracosauria,* ↗*Seymouriamorpha, Microsauria,* ↗*Diadectomorpha, Procolophonia* (↗Procolophonidae), ↗*Pareiasaurier, Testudinata* u. *Captorhinidia* einschließt.

repro- [v. lat. re- = wieder, productio = Hervorbringung].

Reptilien

In der BR Dtl. sind die Bestände der 12 einheim. R.-Arten nach der ↗Roten Liste nahezu in ihrer Gesamtheit – wie auch in Östr. u. der Schweiz, wo sie ebenfalls einen weitgehenden gesetzl. Schutz genießen – im Rückgang begriffen und 5 v. ihnen (Äskulap- u. Würfelnatter, Aspisviper, Smaragdeidechse, Eur. Sumpfschildkröte) „vom Aussterben bedroht" bzw. wie Mauereidechse u. Kreuzotter „stark gefährdet". Laut einer Untersuchung des Europarates sind heute 45% der eur. R. unmittelbar vom Aussterben bedroht. Trotz vieler positiver Initiativen auf int. Ebene (↗Artenschutzabkommen) fehlen in vielen Ländern entspr. Verordnungen, od. sie werden durch Wilddieberei unterlaufen. Aus der Haut v. Alligatoren, Krokodilen, Eidechsen u. Riesenschlangen wird das wertvolle Reptilleder hergestellt, die Echte Karettschildkröte liefert das Schildpatt, die Suppenschildkröte die Grundsubstanz für eine echte Schildkrötensuppe, u. das Fleisch bzw. die Eier v. Meeresschildkröten gelten als Delikatesse.

REPTILIEN II

1 Zauneidechse *(Lacerta agilis)*, **a** Männchen, **b** Weibchen; **2** Smaragdeidechse *(Lacerta viridis)*; **3** Äskulapnatter *(Elaphe longissima)*; **4** Balkan-Zornnatter *(Coluber gemonensis)*; **5** Schlingnatter, Glattnatter *(Coronella austriaca)*; **6** Ringelnatter *(Natrix natrix)*; **7** Blindschleiche *(Anguis fragilis)*; **8** Bergeidechse, Waldeidechse *(Lacerta vivipara)*; **9** Würfelnatter *(Natrix tessellata)*; **10** Nilkrokodil *(Crocodylus niloticus)*; **11** Europäische Sumpfschildkröte *(Emys orbicularis)*

1 Aspisviper *(Vipera aspis)*; **2** Tigerpython *(Python molurus)*; **3** Königsschlange, Abgottschlange *(Boa constrictor)*; **4** Kreuzotter *(Vipera berus)*; **5** Sandotter *(Vipera ammodytes)*; **6** Spitzkopfotter, Wiesenotter *(Vipera ursinii)*; **7** Brillenschlange *(Naja naja)*; **8** Mokassinschlange, Dreieckskopfotter *(Agkistrodon spec.)*; **9** Klapperschlange *(Crotalus spec.)*

RES, Abk. für ↗reticulo-endotheliales System.

Resedaceae [Mz.; v. *reseda-], die ↗Resedagewächse.

Resedafalter, *Pontia daplidice,* ↗Weißlinge.

Resedagewächse, *Resedaceae,* Fam. der ↗Kapernartigen mit 6 Gatt. und rund 75, überwiegend im Mittelmeergebiet beheimateten Arten. Kräuter od. Halbsträucher mit einfachen od. zerteilten Blättern u. kleinen, drüsigen Nebenblättern. Die in Trauben od. Ähren angeordneten Blüten sind zygomorph u. zwittrig. Sie besitzen 2–8 Kelch- bzw. Kronblätter (letztere bisweilen fehlend) sowie 3 bis zahlr. (40) Staubblätter u. einen aus 2–7 verwachsenen, oben offenen Fruchtblättern bestehenden Fruchtknoten. Staubblätter wie auch Fruchtknoten können durch einen diskusförm. erweiterten ↗Androgynophor emporgehoben sein. Die Frucht ist i. d. R. eine oben offene Kapsel. Bei weitem größte Gatt. der Fam. ist *Reseda* (ca. 60 Arten). In Mitteleuropa zu finden ist die Wilde od. Gelbe Resede, *R. lutea* (in lückigen Unkrautfluren, an Wegen, Schuttplätzen, Dämmen usw.), sowie, aus früheren Kulturen verwildert, die Färber-R. (Färberwau), *R. luteola,* u. die Garten-R., *R. odorata.* Die grünl.-gelb blühende, duftende Garten-R. wurde bes. im 18. und 19. Jh. in vielen Sorten als Zierpflanze kultiviert u. wegen ihres v. der Parfüm-Ind. begehrten äther. Öls auch angebaut. Die Färber-R. war bereits im Altertum als ↗Färberpflanze bekannt u. wurde vielerorts noch bis ins 19. Jh. angepflanzt. Ihr gelber Farbstoff, das ↗*Luteolin* od. Schüttgelb, eignet sich bes. zum licht- u. waschechten Einfärben v. Wolle u. Seide.

Resene [Mz.; v. *resin-] ↗Harze.

Reserpin *s* [v. spätlat. serpentinus = schlangenartig (eigtl. Rauwolfia serpentina)], pharmakolog. wichtigster Vertreter der ↗Rauwolfiaalkaloide; Hauptalkaloid v. ↗*Rauwolfia (serpentina).* R. besitzt sedierende, blutdrucksenkende u. in höheren Dosen neurolept. Eigenschaften u. wird gg. Angst- u. Spannungszustände, Aggressivität u. chron. Schizophrenie angewandt. Ähnl. dem R. wirken die Rauwolfiaalkaloide *Rescinnamin* u. *Deserpidin.*

Reservate [v. lat. reservare = aufbewahren], die ↗Naturreservate.

Reservefett, das ↗Depotfett.

Reservestoffe, *Speicherstoffe,* organ. Substanzen, meist Makromoleküle, die vorübergehend dem Fließgleichgewicht des Stoffwechsels entzogen u. in speziellen Geweben u. Organen gespeichert werden (↗Speichergewebe u. Speicherorgane), um bei späterem Bedarf (z. B. während od. kurz nach Ruheperioden, Winterschlaf od. bei der pflanzl. Samenkeimung und tier. Eientwicklung zur ersten Versorgung neuer Individuen) als Bau- od.

reseda- [v. lat. Reseda (morbos)! = Heile die Krankheiten!; Reseda].

resin- [v. lat. resina = Harz].

resistenz- [v. lat. resistentia = Widerstand].

Resedagewächse

Garten-Reseda *(Reseda odorata)*

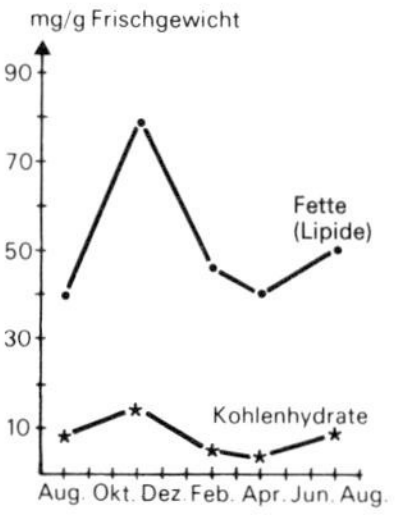

Reservestoffe

Jahreszyklische Veränderungen der R. einer Spinne

Betriebsmittel in den Stoffwechsel zurückgeführt zu werden. Die Mobilisierung der R. erfolgt durch Enzyme (z. B. beim ↗Glykogen-Abbau). Die wichtigsten R. zählen zu den Kohlenhydraten (v. a. Glykogen u. ↗Stärke, auch ↗Saccharose u. ↗Inulin), zu den Fetten u. Ölen (↗Fettspeicherung, ↗Lipide, ↗Poly-β-hydroxybuttersäure) u. zu den Proteinen (↗Aleuron). Als Speicherproteine sind z. B. die ↗Gluteline u. die Prolamine (z. B. Gliadin, Hordein u. Zein) des Getreides sowie ↗Edestin, ↗Leukosin u. ↗Ricin zu nennen. Viele pflanzl. R. haben für den Menschen als wichtige Grundnahrungsmittel Bedeutung, z. B. die *Reservestärke* (Brot, Kartoffeln, Reis, Hirse usw.) od. *Reservefette* (↗Ölpflanzen). – Bakterien können auch anorgan. Phosphat als ↗Polyphosphat speichern (↗Volutin).

Reservoirwirte [-wᵒar-; v. frz. reservoir = Behälter], Organismen, die langfristig u. ohne wesentl. Krankheitserscheinungen mit Parasiten od. Pathogenen infiziert sind u. daher zur Quelle gefährl. Infektionen v. Mensch u. Haustieren werden können, z. B. Antilopen für Schlafkrankheit, Ratten für Pest des Menschen. Der Begriff *Reservewirt* wird demgegenüber uneinheitl., oft im Sinne v. ↗paratenischer Wirt gebraucht. ↗Parasitismus.

Residualgebiet [v. lat. residuum = Rest], das ↗Erhaltungsgebiet.

Residualkörper [v. lat. residuum = Rest], ↗Lysosomen.

Resilin *s* [v. lat. resilire = sich zusammenziehen], hochelast. fibrilläres Protein der Insekten (Flügelgelenksehnen, ↗Flugmuskeln) u. anderer Arthropoden (Panzer), das dem funktionell vergleichbaren ↗Elastin der Wirbeltiere in seiner Aminosäurenzusammensetzung (hoher Anteil apolarer Aminosäuren) u. der Quervernetzung der Peptidketten durch Lysinreste stark ähnelt.

Resinabenzoë *w* [v. *resin-], das ↗Benzoeharz.

Resinate [Mz.; v. lat. resinatus = mit Harz versehen], *Harzseifen, harzsaure Salze,* die Salze der Harzsäuren (↗Resinosäuren); dienen als Zusatzmittel für Seifen, zum Leimen v. Papier, zur Herstellung v. Harzlacken u. Sikkativen.

Resine [Mz.; v. *resin-], *Harz-Ester,* Bestandteil der ↗Harze.

Resinole [Mz.; v. *resin-], Bez. für Harzalkohole u. -phenole, die als Bestandteile der natürl. ↗Harze auftreten. Strukturell zählen die R. hpts. zu den Triterpen- u. Phenylpropanderivaten. Einige Vertreter der R. sind z. B. die Triterpenalkohole *Dammarendiol* (aus Dammar) u. ↗*Amyrin, Maniladiol* u. *Brein* (aus Manila-Elemi-Harz).

Resinosäuren [v. *resin-], *Resinolsäuren, Harzsäuren,* die sauren Bestandteile der natürl. ↗Harze, die meist in freier, seltener in veresterter Form vorkommen. Vorwiegend treten Di- u. Triterpenderivate auf (T 129).

Resistenz *w* [Bw. *resistent*; v. *resistenz-], die angeborene Widerstandsfähigkeit eines Organismus od. einer Organismengruppe gegenüber extremeren Witterungseinflüssen (z. B. Trockenheit, Kälte, Hitze) od. gegenüber Schadorganismen (z. B. Parasiten, Bakterien, Pilzen) u. deren Gifte od. gegenüber Viren. Die Schadorganismen können ihrerseits wiederum resistent gegenüber Bekämpfungsmitteln od. R.-Faktoren ihrer Wirtsorganismen werden. Dieser Vorgang ist aber keine Gewöhnung, sondern beruht auf Mutations- u. Selektionsvorgängen. Die v. einem Organismus innerhalb der Individuallebensphase erworbene Widerstandsfähigkeit wird als ↗ *Immunität* v. der erbl. bedingten R. unterschieden. Obwohl in den Erbanlagen verankert, kann die R. durch Umwelteinflüsse (z. B. Ernährung, jahreszeitl. sich ändernde Faktoren) beeinflußt werden. Verhindern mechanische, chem. oder therm. Sperren das Eindringen od. Wirksamwerden des Schadfaktors, so bezeichnet man sie als *passive* R.faktoren. Bei der *aktiven* R. werden die Abwehrmaßnahmen erst beim angegriffenen Organismus ausgelöst. Von großer volkswirtschaftl. Bedeutung ist die ständig notwendige ↗ *R.züchtung* bei den genutzten Organismenarten u. die Verhinderung einer solchen R.züchtung bei den Organismenarten, die Schaden verursachen. Letzteres verlangt bes. Sorgfalt bei den Bekämpfungsmethoden. ↗ Antibiotika, ↗ Resistenzfaktoren, ↗ Plasmide.

Resistenzfaktoren, 1) ↗ Resistenz. 2) *R-Faktoren,* Bez. für Plasmide, auf denen Antibiotika-Resistenz-Gene lokalisiert sind, die dem Plasmid-Träger die entspr. ↗ Resistenz verleihen. Antibiotika-Resistenz-Gene sind oft auf ↗ Transposonen lokalisiert, so daß sie außer durch den Transfer der Plasmide an sich auch durch Einbau in das Wirtsgenom od. in andere Plasmide übertragen werden können. ↗ Plasmide.

Resistenzzüchtung, Kulturpflanzen- bzw. Haustierzüchtung mit dem Ziel, Sorten bzw. Rassen zu erzeugen, die gg. schädigende Umwelteinflüsse, Krankheitserreger u. Schädlinge widerstandsfähiger als die Ausgangssorten bzw. -rassen sind. R. wird mit Methoden der ↗ Auslese-, ↗ Mutations- u. ↗ Kreuzungszüchtung (hier bes. Verdrängungszüchtung) betrieben. Leider werden häufig die gesteigerten ↗ Resistenzen durch Entstehung neuer Erregerrassen wieder durchbrochen.

Resorcin *s* [v. lat. resina = Harz, frz. orseille = Braunalge], *m-Dihydroxybenzol,* synthet. Antiseptikum in der Dermatologie, gg. Haarkrankheiten u. Ausgangsmaterial in der Farbstoffindustrie; gibt in Ggw. von Säure charakterist. Farbreaktion mit Zukkern.

Resorption *w* [Ztw. *resorbieren;* v. lat. resorbere = wieder aufschlürfen], 1) i. w. S. die Aufnahme v. gelösten od. flüssigen Stoffen in das Zellinnere. 2) i. e. S. die *enterale R.,* bei Tieren u. Mensch die aktive od. passive Aufnahme (↗ Nahrungsaufnahme) der ↗ Nahrungsstoffe aus dem Lumen des Verdauungstrakts in die Körperflüssigkeiten. Der ↗ passive Transport durch das resorbierende Epithel erfolgt durch ↗ Diffusion, der ↗ aktive Transport durch Phagocytose (↗ Endocytose, ☐) u. spezielle Transportmechanismen. ↗ Darm, ↗ Dünndarm, ↗ Verdauung (B I).

Respiration *w* [v. lat. respiratio = das Atemholen], die äußere ↗ Atmung.

Respirationsorgane, die ↗ Atmungsorgane.

respiratorische Proteine [v. lat. respirare = ausatmen], die ↗ Atmungspigmente.

respiratorischer Quotient [v. lat. respirare = ausatmen, quotiens = wievielmal?], *Atmungsquotient,* Abk. *RQ,* Bez. für das Volumen- u. damit Molzahlenverhältnis von in gleichen Zeitintervallen abgegebenem Kohlendioxid (CO_2) und aufgenommenem Sauerstoff (O_2) bei der ↗ Atmung: RQ = mol CO_2/mol O_2. Der experimentell leicht zu ermittelnde RQ kann indirekte Anhaltspunkte über die Natur des veratmeten Substrats od. über die relative Konkurrenz verschiedener Dissimilationswege geben, da der theoret. Wert beim Abbau eines einheitl. Substrats sich leicht berechnen läßt. So gilt für die Veratmung von a) Kohlenhydraten: $C_6H_{12}O_6 + 6\ O_2 \rightarrow 6\ CO_2 + 6\ H_2O$ und damit RQ = 1; b) Fetten (Beispiel Palmitinsäure): $C_{16}H_{32}O_2 + 23\ O_2 \rightarrow 16\ CO_2 + 16\ H_2O$ und damit RQ = 0,7; c) organischen Säuren (Beispiel Citrat): $C_6H_8O_7 + 4{,}5\ O_2 \rightarrow 6\ CO_2 + 4\ H_2O$ und damit RQ = 1,33; d) Proteinen: RQ = 0,8. Werden Kohlenhydrate in Fett umgebaut, so werden Reduktionsäquivalente aus dem Dissimilationsprozeß abgezogen u. daher weniger O_2 verbraucht als CO_2 angeliefert, d. h. RQ > 1; z. B. haben Gänse während der Mästung einen RQ = 1,38. Die Verhältnisse sind umgekehrt, wenn Fett in Kohlenhydrate umgebaut wird, wie z. B. in bestimmten Phasen der Keimung fettreicher Samen; folgl. gilt hierbei: RQ < 1.

Respiratory syncytial virus *s* [rispai^{e}r^{e}t^{e}ri sinsaiti^{e}l wai^{e}r^{e}s; engl.], ↗ Paramyxoviren (T).

Respirometrie *w* [v. lat. respirare = ausatmen, gr. metran = messen], *indirekte Kalorimetrie,* Methode zur Bestimmung der ↗ Stoffwechselintensität (↗ Energieumsatz) u. Art des gerade umgesetzten „Betriebsstoffes" (Kohlenhydrat, Fett, Protein) eines Organismus über das Verhältnis v. abgegebenem Kohlendioxid zu aufgenommenem Sauerstoff (↗ respiratorischer Quotient). Gleichzeitig ergibt die Sauerstoffmessung die Absolutmenge des pro Zeiteinheit umgesetzten Betriebsstoffes. Bei Kenntnis der pro Masseeinheit in den drei Betriebsstoffarten enthaltenen Ener-

Resinosäuren

Einzelne Vertreter der R. (Beispiele für Vorkommen)

Diterpenderivate:

- ↗ Abietinsäure (Kolophonium)
- Lävopimarsäure (Koniferenharz)
- Labdanolsäure (Labdanum)
- Agathendisäure (Agathokopal)
- Illurinsäure (Kopaivabalsam)
- Podocarpinsäure (Podocarpus-Harz)

Triterpenderivate:

- Dammarenolsäure (Dammar)
- Masticadienonsäure (Mastix)
- Oleanolsäure (Mastix)
- Elemolsäure (Manila-Elemi-Harz)
- Boswelliasäure (Olibanum)
- Sumaresinolsäure (Sumatrabenzoe)
- Siaresinolsäure (Siambenzoe)

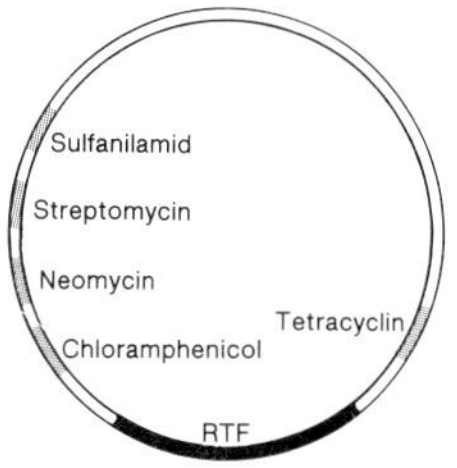

Resistenzfaktoren

R-Faktor mit Resistenzgenen gegen 5 verschiedene Antibiotika. RTF = Faktoren, die für die Reduplikation und den Transfer des R-Faktors von Bakterium zu Bakterium zuständig sind.

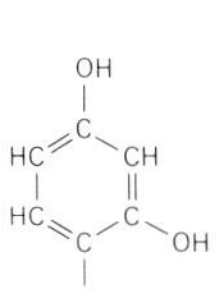

Resorcin

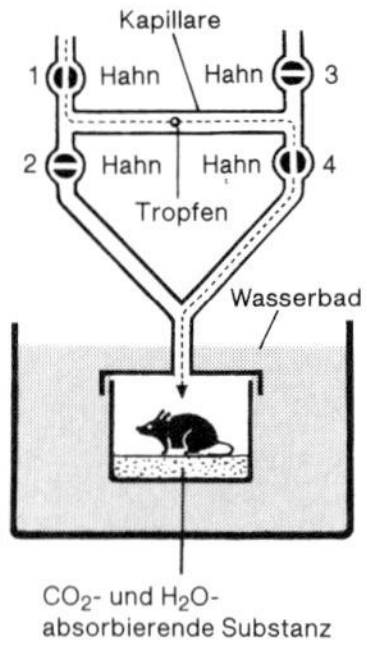

1

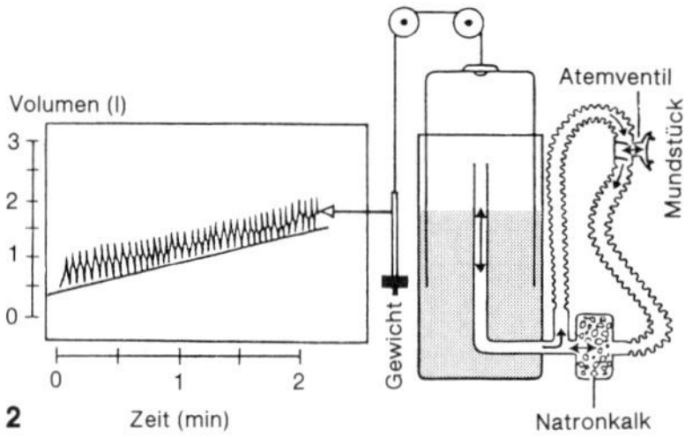

2

Respirometrie

1 *Respirometer:* Meßprinzip des Sauerstoffverbrauchs bei der Maus (nach v. Holst). In der auf der Abb. angegebenen Stellung (Hahn 1 und 4 offen) wandert der Flüssigkeitstropfen entspr. dem O_2-Verbrauch des Versuchstieres nach rechts und nach Umschalten (Hahn 3 und 2 offen, Hahn 1 und 4 zu) wieder zurück. Durch Registrierung der Tropfenwanderung kann der O_2-Verbrauch über längere Zeit kontinuierl. verfolgt werden.

2 *Spirometer* messen veränderte Gasvolumina bei konstantem Druck in einem geschlossenen System. Durch den O_2-Verbrauch aus der Tauchglocke bei gleichzeit. Absorption des CO_2 an Natronkalk (Atemkalk) sinkt die Glocke zum Wasserspiegel hin. Die einzelnen Atemzüge können mit einem Schreiber registriert werden. Ihre Auswertung mittels einer an die Kurven gelegten Tangente ergibt den O_2-Verbrauch pro Zeiteinheit.

gie (↗Brennwert) kann man aus den Respirationsmessungen auf den Gesamtenergieumsatz des Versuchsobjekts schließen. – Das Meßprinzip der R. beruht auf manometr. Bestimmungen, bei denen entweder eine Druckänderung bei konstantem Volumen *(Barcroft-Verzar-Apparatur)* od. eine Volumenänderung bei konstantem Druck *(↗Warburg-Apparatur)* ermittelt wird. Die CO_2-Produktion kann ferner mittels Infrarotabsorptionsspektroskopie bestimmt werden. Beim Menschen erfolgt die R. in einem geschlossenen System mittels *Spirometer,* die nach dem Prinzip eines Tauchglockengasometers arbeiten (vgl. Abb.). ↗Kalorimetrie (□).

Ressourcen [reßurßen; Mz.; v. frz. ressource = Quelle, Vorratslager], **1)** a) für einen Organismus lebenswichtige Stoffe od. Faktoren, z. B. Nahrung u. Nistplatz. b) in der angewandten Ökologie: Hilfsquellen u. -mittel bzw. Reserven, die der Mensch für sein Überleben u. seine wirtschaftl. Tätigkeit benötigt. Man unterscheidet zw. erneuerbaren natürl. R., wie Nahrung, Wasser u. Holz, und nicht erneuerbaren natürl. R., wie Rohstoffe (z. B. Bodenschätze) u. ↗fossile Brennstoffe. Durch Umweltschädigung u. „Raubbau“ (Abholzung der Wälder, Überfischung u. a.) sind manche R. gefährdet. **2)** *genetische R.,* das gesamte genet. Potential aller Tier- u. Pflanzenarten. Mit Hilfe dieser R. wurden u. werden unzählige für die menschl. Ernährung nützl. Rassen gezüchtet, Krankheiten der Kulturpflanzen durch Kreuzungen mit Wildformen verhindert u. immer mehr Stoffe gg. die verschiedensten Krankheiten des Menschen gefunden u. isoliert. Da mit Sicherheit eine beträchtl. Anzahl von Tier- u. Pflanzenarten noch nicht entdeckt ist (möglicherweise ist sie viel größer als die der bisher bekannten), ist man noch sehr weit davon entfernt, das gesamte genet. Potential zum Nutzen des Menschen auszuschöpfen. Es ist auch deshalb alarmierend, daß ständig in großer Zahl Arten (oft durch menschl. Einwirken) aussterben u. damit wichtige genet. R. unwiderruflich verlorengehen. ↗Haustierwerdung.

Restaurierung *w* [v. lat. restaurare = wiederherstellen], ↗kompensierende Mutation, durch die eine Defektmutation funktionell, d. h. phänotypisch, nicht genotypisch, zum Wildtyp zurückverwandelt wird. Im Ggs. zu echten ↗Rückmutationen, durch die exakt die Nucleotidsequenz des Wildtyps wiederhergestellt wird, erfolgen die der R. zugrunde liegenden Mutationen an anderen Positionen des Gens, das durch die Defektmutation verändert wurde, od. sogar in anderen Genen. Es gibt dementspr. verschiedene Mechanismen der R.: 1) *intragene R.:* a) die kompensierende Mutation erfolgt in demselben Codon, das auch v. der Defektmutation betroffen war, u. führt zu einem Codon, dessen Aminosäure die ursprünglich codierte Aminosäure funktionell ersetzen kann; b) nach Aminosäureaustausch durch die Defektmutation führt eine Mutation in einem anderen Codon zum Austausch einer weiteren Aminosäure; die beiden veränderten Aminosäuren können u. U. eine ähnl. Sekundärstruktur des entspr. Proteins bedingen wie die beiden ursprünglich vorhandenen; c) auch die Sekundärstruktur eines RNA-Moleküls kann durch eine kompensierende Mutation in einem anderen Nucleotid wiederhergestellt werden; d) R. ist ebenfalls mögl., wenn eine durch Mutation erzeugte Rasterverschiebung durch eine zweite Mutation wieder aufgehoben wird (z. B. durch Addition eines Nucleotids in der Nähe einer Nucleotid-Deletion). 2) *intergene R.:* z. B. kann eine Defektmutation die Struktur eines Coenzyms so verändern, daß das entspr. Enzym nicht mehr funktionsfähig ist; R. erfolgt dann durch eine kompensierende Mutation, die das Enzym selbst dem veränderten Coenzym anpaßt. Kompensierende Mutationen, die durch Veränderung von t-RNA-Molekülen den Wildtyp funktionell wiederherstellen, werden als ↗Suppression bezeichnet.

Restionales [Mz.; v. lat. restio = Seiler], Ord. der ↗*Commelinidae* mit 3 Fam., trop.-subtrop. Verbreitung; äußerl. sind Ähnlichkeiten mit Süßgräsern vorhanden. Die *Flagellariaceae* (3 Gatt., v. a. *Flagellaria*) sind eine kleine Fam. kletternder Kräuter; Ranken an der Spitze der linealischen Blätter. Die Fam. *Centrolepidaceae* umfaßt kleine, binsenart. Pflanzen (5 Gatt.) der S-Halbkugel; Blüten zu Pseudanthien zusammengefaßt. Ähnl. verbreitet sind die Vertreter der Fam. *Restionaceae* (320 Arten, 30 Gatt.); Pflanzen verschiedenster (feuchter u. trockener) Standorte. Die Blätter bestehen wie bei Gräsern aus Scheide u. Spreite, letztere meist jedoch klein (Photosynthese v. a. im Sproß); die zweihäusig verteilten Blüten sind zu Ährchen zusammengefaßt.

Restitution *w* [v. lat. restitutio = Wiederherstellung], ↗Regeneration.

Restitutionskern [v. lat. restitutio = Wiederherstellung], Zellkern mit diploidem od. polyploidem Chromosomensatz, der durch Ausfall des Spindelmechanismus bei Mitose bzw. Meiose entsteht, so daß die Chromatiden bzw. Chromosomen nicht auf zwei Spindelpole verteilt werden können.

Restmeristem *s* [v. gr. meristos = geteilt], Bez. für die Reste der Urmeristeme (↗Bildungsgewebe) der Vegetationskegel in Form v. Zellgruppen, ganzer Zellschichten od. Zellstränge, welche die embryonale Beschaffenheit u. Teilungsfähigkeit beibehalten, während sich andere Bereiche der Urmeristeme in andersgestaltete, aber noch zunächst teilungsfähige Gewebe umdifferenzieren. Beispiele: die strangförm. faszikulären Kambien, die basalen Abschnitte der Stengelglieder bei vielen Monokotyledonen als interkalare Wachstumszonen, das Perikambium der Wurzel (= Perizykel).

Restriktionsenzyme [v. lat. restrictio = Einschränkung], *Restriktionsendo(desoxyribo)nucleasen,* Klasse von Doppelstrang-DNA spaltenden Enzymen (↗Desoxyribonucleasen, ↗Endonucleasen), die im Ggs. zu anderen DNasen sequenzspezifisch spalten u. daher je nach Häufigkeit u. Lage der betreffenden Schnittsequenzen zu mehr od. weniger großen, exakt definierten DNA-Fragmenten führen. Diese Eigenschaft zus. mit der Vielzahl der bekannten R. (bzw. deren Schnittsequenzen; in der Tab. ist nur ein kleiner Teil der bekannten R. aufgeführt) hat die R. zu unentbehrl. Hilfsmitteln in der molekularen ↗Gentechnologie (bes. bei der ↗Klonierung u. ↗Sequenzierung von ↗Desoxyribonucleinsäuren) gemacht. Neben den sequenzspezifisch spaltenden R.n (sog. Typ II-Enzyme) gibt es zwei weitere Klassen (Typ I und III) von R.n, die DNA ATP-abhängig nach einem anderen Modus spalten, wobei Erkennungssequenz u. Schnittstellen weit (24–26 Basenpaare bei Typ III, > 1000 Basenpaare bei Typ I) voneinander entfernt sein können. Die physiolog. Bedeutung der R., die bisher nur in Mikroorganismen beobachtet wurden, scheint generell im Schutz einer Zelle gegenüber eingedrungener Fremd-DNA zu liegen. Zwar enthält zelleigene DNA i. d. R. ebenfalls Schnittsequenzen für die in der betreffenden Zelle enthaltenen R. Durch Methylierung werden diese Schnittstellen jedoch maskiert (↗Modifikation) u. können so durch die eigenen R. nicht erkannt werden, wodurch zelleigene DNA intakt bleibt. Dagegen fehlt eingedrungener Fremd-DNA, wie z. B. viraler DNA, diese Modifikation, weshalb sie durch R. gespalten wird u. die in ihr enthaltene genet. Information nicht zur Replikation bzw. Ausprägung kommt. Dieser Schutzmechanismus wird allerdings durchbrochen, sofern die jeweilige Fremd-DNA schon vorher in Wirtszellen des gleichen Bakterienstamms repliziert wurde (etwa als virale DNA während eines Infektionszyklus od. als Plasmid bei der bakteriellen Konjugation bzw. im Rahmen gentechnolog. Experimente) u. dabei ebenfalls an den Schnittsequenzen methyliert wurde. Sie wird dadurch wie zelleigene DNA gegenüber den R.n des Wirts resistent u. kann damit zur Replikation u. Expression gelangen. Zu einem sehr kleinen Bruchteil (1:10^4) kann auch zunächst nichtmethylierte Fremd-DNA kurz nach dem Eindringen in „neue" Wirtszellen methyliert werden, wodurch sie gleichsam in einem Wettlauf zw. Methylierung u. Spaltung den betreffenden R.n „entkommen" u. hinfort als zelleigene DNA repliziert werden kann. Der weitgehende Ausschluß (= Restriktion) der Vermehrung v. Fremd-DNA gegenüber DNA, die vorher im gleichen Stamm repliziert wurde, hat schon in den 60er Jahren zur Prägung des Begriffs *Restriktion* geführt. Erst Anfang der 70er Jahre wurden die R. als molekulare Grundlage der Restriktion erkannt. *H. K.*

Reststickstoff, die nach völligem Ausfällen der Blutproteine aus dem Plasma im Filtrat verbleibende Menge an organ. Stickstoffverbindungen (u. a. Harnstoff, Harnsäure, Ammoniak, Kreatin, Kreatinin, Aminosäuren), die mit Ausnahme der Aminosäuren auch im Harn auftreten; der R. beträgt normal etwa 20–45 mg pro 100 cm^3; er ist u. a. bei Versagen der Nierenfunktion erhöht.

Resupination *w* [v. lat. resupinare = sich zurückbeugen], Bez. für die Drehung der ↗Blüte um 180° bei ihrer Entwicklung, meist um den Blütenstiel od. um den unterständ. Fruchtknoten. R. ist bekannt z. B. von einigen Schmetterlingsblütlern und Akanthusgewächsen, v. vielen Springkrautgewächsen und v. a. von den Orchideengewächsen.

Retardation *w* [v. lat. retardatio = Verzögerung], *Retardierung,* allg.: Verzögerung,

Restriktionsenzyme

Abk.	**E** bzw. **S**
Alu I	5′AG▼CT3′
Bam I	G▼GATCC
Bgl II	A▼GATCT
Bsu I	GG▼CC (wie Hae III)
Eco RI	G▼AATTC
Eco RII	▼CCTGG ▼CCAGG
Hae I	A/T GG▼CC T/A
Hae II	PuGCGC▼Py
Hae III	GG▼CC (wie Bsu I)
Hha I	GCG▼C
Hind II	GTPy▼PuAC
Hind III	A▼AGCTT
Hinf I	G▼ANTC
Hpa I	GTT▼AAC
Hpa II	C▼CGG
Hph I	GGTGA→N_{8-9}▼
Mbo I	▼GATC
Mbo II	GAAGA→N_{8-9}▼
Pst I	CTGCA▼G
Sau 3A	▼GATC
Sma I	CCC▼GGG
Taq I	T▼CGA

Die Abk. in der linken Spalte leiten sich im wesentl. von den Bez. der Mikroorganismen ab, aus denen die Enzyme gewonnen werden (z. B. Bam von *B*acillus *am*yloliquifaciens, Eco von *E. co*li).

Es bedeuten:

E bzw. **S** = Erkennungssequenzen bzw. Schnittstellen (▼) auf Doppelstrang-DNA.

N (Nucleotide) = A, C, G oder T; Pu = A oder G, Py = C oder T.

R. spalten ausschl. doppelsträngige DNA. In der rechten Spalte ist jedoch nur jeweils *ein* Strang der Erkennungssequenzen mit zugehöriger Schnittstelle angegeben. Das Restriktionsenzym Alu I schneidet z. B. Doppelstrang-DNA an den Stellen

5′--AG▼CT--3′
3′--TC▲GA--5′

Dieses Enzym produziert also „glatte" Enden. Dagegen schneidet das Enzym Eco RI an den Stellen

5′--G▼AATTC--3′
3′--CTTAA▲G--5′

Es produziert somit versetzte Enden (sog. Stufen), die für die Wiedervereinigung der Fragmente bes. günstig sind. Man beachte, daß die meisten Schnittsequenzen ↗Palindrome darstellen, was erst in der doppelsträngigen Schreibweise zum Ausdruck kommt. Zu den wenigen nichtpalindromischen Schnittsequenzen zählen die von Hph I und Mbo II.

in der Biol. die verlangsamte Entwicklung v. Körperteilen od. ganzer Organismen; Mitursachen für stammesgesch. Veränderungen (↗regressive Evolution); beim Menschen die Verzögerung bzw. Verlangsamung der Intelligenz- u./od. der Körperentwicklung (auch einzelner Organe); Ursachen können Stoffwechsel-, Drüsen- od. Gehirnerkrankungen, mangelnde Ernährung od. schlechte soziale Bedingungen sein. ↗Heterochronie.

Retardpräparate [v. frz. retard = Verzögerung], die ↗Depotpräparate.

Rete *s* [lat., = Netz], 1) Bez. für eine Ansammlung netzartig verzweigter Blutgefäße. 2) das ↗R. mirabile.

Rete mirabile *s* [lat., =], *Wundernetz, Rete,* 1) bes. wirkungsvolle Gegenstrom-Austauschvorrichtung (↗Gegenstromprinzip, T) im Blutkreislauf der Wirbeltiere, bei der arterielles u. venöses Blut parallel u. in engem Kontakt in entgegengesetzter Richtung vorbeiströmen, wobei es zu einer Vervielfältigung v. Einzelkonzentrierungsschritten kommt. Typische R. treten auf als Gasdrüse (↗Schwimmblase) bei Fischen zur Füllung der Gasblase mit gasförmigem O_2 oder N_2 u. bei heterothermen Fischen (z.B. Thunfisch, Makohai, Makrele) zur Konservierung der Körperinnentemperatur im Bereich der Schwimmuskeln u. damit Steigerung ihrer Leistungsfähigkeit. In diesem Fall sind die großen Arterien u. Venen unter der Haut lokalisiert, u. venöses Blut des Körperinnern kann über das R. Wärme an die mit kaltem Blut aus den Kiemen kommenden Arterien abgeben. Die Temp.-Differenz zw. Schwimmuskulatur u. Außenmedium kann auf diese Weise bis zu 12 °C betragen. Bei einigen, warme Biotope bewohnenden Säugetieren ist das Gehirn durch ein Carotidennetzwerk gg. Überhitzung geschützt, indem dieses R. über vom Nasenepithel kommendes kühles venöses Blut dem zum Gehirn fließenden Blut Wärme entzieht. 2) Bei vielen Seewalzen das stark aufgespaltene Kapillarsystem, das zwischen 2 der 3 Darmschenkel gespannt ist.

Retention *w* [v. lat. retentio = Zurückhaltung], a) Medizin: Zurückhaltung auszuscheidender Stoffe (z.B. Harn, Drüsensekrete); b) in der Entwicklungsbiol. z.B. das Ausbleiben der Hodenwanderung (Hodenabstieg) in den Hodensack *(Hoden-R.).*

Reticulariaceae [Mz.; v. *reticul-], Fam. der ↗*Liceales,* Echte Schleimpilze *(Myxomycetes),* die Fruchtkörper mit lappigem od. fein zerfranstem Pseudocapillitium besitzen. Häufig u. weit verbreitet ist *Reticularia lycoperdon,* der Bovistähnliche Stäubling; er wächst hpts. im Frühjahr auf toten Stämmen u. Stubben, auch verbautem Laubholz. Das Plasmodium ist rahmfarben; die Äthalien (10–50/20–30 mm) mehr od. weniger polsterartig sitzend; Sporenmasse u. Pseudocapillitium sind umbrabraun u. von einer silbrig-bleifarbigen Peridie umgeben. Oft wird auch die Gatt. *Lycogala* (u.a. mit dem Blutmilchpilz, *L. epidendrum* Fr.) bei den *R.* eingeordnet *(↗Lycogalaceae,* ☐*).*

Reticulin *s* [v. *reticul-], v.a. in embryonalen u. sonstigen teilungsaktiven Geweben (reticuläre ↗Bindegewebe) vorkommende Form des ↗Kollagens (Kollagen Typ III), die gewöhnl. feinste Fibrillengespinste (*R.fasern,* ↗Gitterfasern) bildet u. sich durch eine Reihe v. Eigenschaften v. den anderen Wirbeltier-Kollagenen unterscheidet, so durch die Quervernetzung der Proteinketten durch zahlr. Disulfidbrücken u. durch ihre Schwerlöslichkeit aufgrund oberflächlich gebundener Kohlenhydrate; daher auf Kohlenhydratnachweise wie Versilberung und PAS (Periodsäure-Schiff-Reaktion) positiv reagierend.

Reticulinfasern [v. *reticul-], die ↗Gitterfasern.

Reticulitermes *m* [v. *reticul-, lat. tarmes, termes = Holzwurm], Gatt. der ↗Termiten.

Reticulocyten [Mz.; v. *reticul-], *Proerythrocyten, polychromatophile Erythrocyten, vitalgranulierte Erythrocyten,* jugendl. rote Blutkörperchen (Erythrocyten), in deren Plasma sich die im Zuge der Reifung degenerierenden u. verklumpenden Ribosomen u. Polysomen bei Vitalfärbung mit Brillantkresylblau als feines Netzwerk lichtmikroskop. darstellen lassen. Im allg. auf das Knochenmark beschränkt u. nur zu ca. 1% im strömenden Blut vorkommend, können sie nach starkem Blutverlust, bei Vitamin B_{12}-Behandlung u. bei perniciöser Anämie stark vermehrt (bis 30%) im peripheren Blut auftreten. ↗Bindegewebe.

reticulo-endotheliales System [v. *reticul-, gr. endon = innen, thēlē = Brustwarze], *reticulohistiocytäres System,* Abk. *RES,* Teil des Infektions- u. Fremdstoffabwehrsystems bei Wirbeltieren u. Mensch. Unter dem von L. ↗Aschoff (1914) geprägten Begriff wird eine Reihe v. Zellen u. Geweben überaus unterschiedl. Gestalt u. Herkunft zusammengefaßt (vgl. Spaltentext), die zur ↗Phagocytose (☐ Endocytose) fähig sind, d.h. zur Aufnahme u. Speicherung v. Fremdstoffen (Farbstoffspeicherung) od. zur Vernichtung z.T. vorher durch andere Zellen des ↗Immunsystems markierter Fremdzellen (Bakterien) bzw. alternder körpereigener Zellen, z.B. Erythrocyten (Blutmauserung).

Reticulopodien [Mz.; v. *reticul-, gr. podion = Füßchen], die ↗Pseudopodien mancher ↗Wurzelfüßer.

Reticulum *s* [lat., = kleines Netz], **1)** der ↗Netzmagen; **2)** das ↗endoplasmatische u. ↗sarkoplasmatische Reticulum.

Reticulumzellen [v. *reticul-], verzweigte Bindegewebszellen der reticulären ↗Bindegewebe, die das Grundgerüst vieler reticulärer Organe (Lymphknoten, Milz, Leber, Knochenmark) bilden u. meist zur ↗Phago-

reticul- [v. lat. reticulum = kleines Netz].

reticulo-endotheliales System

Zum RES gerechnet werden die Kapillarendothelien (↗Endothel, ↗Epithel), speziell die Uferzellen der Leber- u. Milzsinus (↗Kupffersche Sternzellen), sowie die Zellen des reticulären ↗Bindegewebes (↗Reticulumzellen; ↗Milz, ↗lymphatische Organe, ↗Knochenmark) u. von ihnen abstammende freie Zellen (↗Makrophagen, ↗Histiocyten).

cytose fähig sind. ↗reticulo-endotheliales System.

Retina *w* [v. *retin-], *Netzhaut,* die Schicht der Lichtsinneszellen im ↗Linsenauge. Während der Begriff ↗Netzhaut fast ausschl. bei den Linsenaugen der Wirbeltiere u. höheren Tintenfische verwendet wird, gebraucht man den Ausdruck R. auch bei Linsenaugen v. Wirbellosen (↗Auge), wie Polychaeten (z.B. ↗*Alciopidae*) od. Cheliceraten (z.B. Spinnen u. Skorpione). Teilweise wird die Sehzellenschicht bei ↗Komplexaugen im übertragenen Sinn ebenfalls als R. bezeichnet.

Retinaculum *s* [lat., = Halter, Klammer], 1) *Tenaculum,* am 3. Abdominalsegment der ↗Springschwänze befindl., umgewandelte Extremität, die dem Festhalten der nach vorn umgeklappten ↗Sprunggabel (Hamulus) dient. 2) Teil der Koppelungsvorrichtung zw. Vorder- u. Hinterflügel vieler Insekten (↗Insektenflügel). So greift am Vorderrand des Hinterflügels eine Reihe kleiner Häkchen in den nach unten umgebogenen Hinterrand des Vorderflügels (bei Hautflüglern, Blattläusen, manchen Zikaden). Bei ↗Schmetterlingen („Frenatae", ↗frenat) reicht eine am basalen Vorderrand des Hinterflügels inserierende Borste (↗Frenulum) zu einem R. auf der Unterseite des Vorderflügels. ☐ Hautflügler.

Retinal *s* [v. *retin-], *Vitamin-A-Aldehyd,* veraltete Bez. *Retinin,* Farbstoffkomponente des Sehpurpurs ↗Rhodopsin (zus. mit Opsin). Bei der Einwirkung v. Licht auf die ↗Netzhaut des ↗Linsenauges wird in den Sehzellen das *cis-R.* in *trans-R.* umgewandelt, wodurch die zur Lichtempfindung führende Signalkette gestartet wird. Durch Dunkelreaktionen wird anschließend cis-R. regeneriert. Zur Biogenese von R. ↗Carotin (☐). ↗Retinol. ↗Sehfarbstoffe (☐), ☐ Rhodopsin.

Retinella *w* [v. *retin-], Gatt. der Glanzschnecken mit niedrig-kegelförm., glänzendem od. mattem Gehäuse; 3 Arten in NW-Marokko, It. und der Schweiz. Die fr. zu *R.* gerechneten, mitteleur. Arten gehören in die Gatt. *Aegopinella* u. *Nesovitrea.*

Retinin ↗Retinal.

Retinol *s* [v. *retin-, lat. oleum = Öl], *Vitamin A_1, Axerophthol,* der über eine durch eine NAD^+-abhängige Dehydrogenase katalysierte Redoxreaktion mit dem Aldehyd ↗*Retinal* im Gleichgewicht stehende Alkohol. Chem. gehören R. und Retinal zu den Isoprenoidlipiden. Zu der aufgrund des Lipidcharakters fettlösl. *Vitamin-A-Gruppe* gehören außer R. und Retinal auch die Fettsäure- (bes. Palmitinsäure-)Ester des R.s (sog. *Vitamin-A-Ester*), die als Speicherform des R.s in der Leber enthalten sind, u. die durch Oxidation der Aldehydgruppe des Retinals entstehende *Retinsäure* (auch *Vitamin-A-Säure* gen.). Außer in der Leber kommt R. zusammen mit den anderen A-Vitaminen in Milch, Butter,

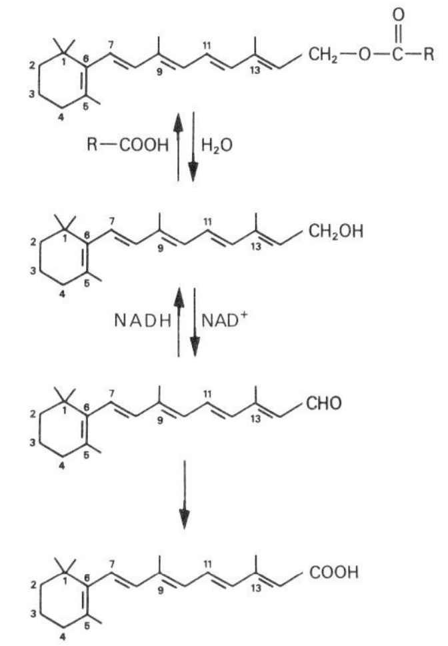

Retinol-Ester (Vitamin-A-Ester) R = $(CH_2)_{14}$-CH_3

Retinol (Vitamin A_1)

Retinal (Vitamin-A-Aldehyd)

Retinsäure (Vitamin-A-Säure)

Käse, Eigelb, fettreichen Fischen und bes. reichlich im Dorsch-↗Lebertran vor. Die in Pflanzen enthaltenen ↗Carotine (☐) können im menschl. und tier. Organismus zu Retinal gespalten werden u. wirken daher als Provitamine A. – R. und die anderen A-Vitamine sind für das Wachstum, die Regeneration der Haut u. für die Netzhautfunktion (↗Sehfarbstoffe) erforderl.; erstes Anzeichen v. Vitamin-A-Mangel ist ↗Nachtblindheit.

Retinomotorik *w* [v. *retin-, lat. motorius = beweglich], Anpassungsmechanismus des ↗Auges an veränderte Lichtintensitäten durch Bewegung der Photorezeptoren selbst (↗Linsenauge, ↗Netzhaut). Niedere Wirbeltiere, wie Fische, Amphibien u. Reptilien, aber auch einige Vögel bedienen sich häufig der R. zur Anpassung an veränderte Lichtverhältnisse (↗Hell-Dunkel-Adaptation). Dabei verkürzen u. verdicken sich bei Belichtung die Zapfen, während sich gleichzeitig die Stäbchen in das Pigmentepithel strecken (zusätzl. findet eine Verlagerung der Pigmentgranula in die die Stäbchenaußenglieder umgebenden Teile der Pigmentzellen statt). Bei einigen ↗Komplexaugen der Arthropoden tritt ebenfalls eine R. auf. Bei den Superpositionsaugen zahlr. Käfer (z.B. *Gyrinus*) u. Schlammfliegen dehnen sich bei Lichteinfall die Zellen des Kristallkegels (Semperzellen, ☐ Komplexauge) bis zw. die Nebenpigmentzellen aus u. verdrängen die Retinulazellen. Dadurch wird der Durchmesser des lichtleitenden Traktes verkleinert. Unterstützt wird dieser Vorgang durch eine Pigmentwanderung in den Pig-

retin- [v. lat. rete = Netz].

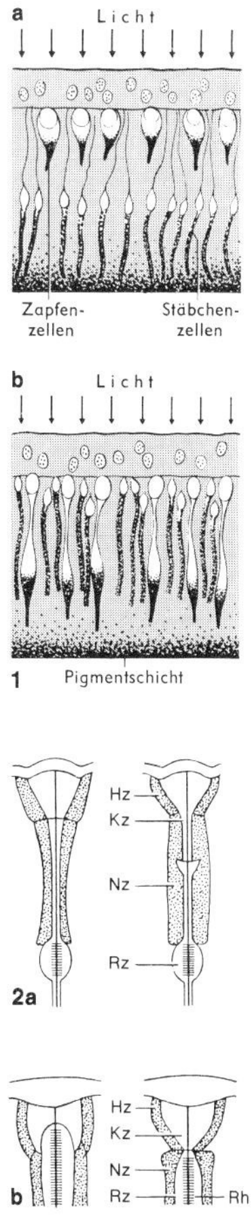

Retinomotorik

1 Schnitt durch die Retina eines Weißfisches, **a** bei Hell-, **b** bei Dunkeladaptation. **2a** R. beim Superpositionsauge vieler Käfer u. Schlammfliegen, **b** beim Appositionsauge einiger Kurzflügler u. Wanzen (links jeweils dunkel-, rechts helladaptiert). Hz Hauptpigmentzelle, Kz Kristallkegelzelle, Nz Nebenpigmentzelle, Rh Rhabdomer, Rz Retinulazelle mentzellen nach proximal. Von den Appositionsaugen verschiedener Kurzflügler u. einiger Wanzen ist bekannt, daß sie bei Dunkeladaptation die distalen Teile der Retinulazellen in den Kristallkegel hineinschieben. So entsteht eine größere Öffnung für das durchtretende Licht.

Retinulazelle [v. *retin-], die einen Mikrovillisaum (Rhabdomer) tragende Lichtsinneszelle im Ommatidium od. Ocellus (↗Ocellen) der Gliederfüßer. Mehrere R.n bilden ein Rhabdom, viele Rhabdome bilden die Retina. ↗Komplexauge (□, [B]).

Retiolitidae [Mz.; v. lat. retiolum = kleines Netz], (Lapworth 1873), polyphylet. † Fam. diplograpter ↗Graptolithen mit zu einem Maschenwerk reduziertem Periderm. Typus-Gatt.: *Retiolites* Barrande 1850. Verbreitung: oberes Ordovizium bis Obersilur.

Retraktoren [Mz.; v. lat. retrahere = zurückziehen], *Rückziehmuskeln, Musculi retractores,* Muskeln, die einen Körperteil näher an od. in den Körper ziehen; z.B. *Pharynxrückziehmuskel* bei Leberegeln, Turbellarien; ↗*Spindelmuskel* der Schnekken, mit dem Kopf u. Fuß ins Gehäuse zurückgezogen werden; *Linsenrückziehmuskel* (M. retractor lentis) der Knochenfische für die Fernakkommodation des Auges (Antagonist ist hier das elast. Linsenaufhängeband; □ Akkommodation). Ggs.: ↗Protraktoren.

retrocerebrales System [v. *retro-, lat. cerebrum = Gehirn] ↗stomatogastrisches Nervensystem.

retrochoanitisch [v. *retro-, gr. choanos = Trichter], *retrosiphonat,* heißen rückwärts gerichtete Siphonalduten in Cephalopoden-Schalen. Ggs.: prochoanitisch (prosiphonat).

Retroinhibition *w* [v. *retro-, lat. inhibitio = Hemmung], die ↗Endprodukthemmung.

retrosiphonat [v. *retro-, gr. siphōn = Röhre] ↗retrochoanitisch.

Retroviren [Mz.; v. *retro-], *Retroviridae,* bei Wirbeltieren u. Mensch weitverbreitete Fam. von RNA-Viren, bei deren Vermehrung eine einzelsträngige Genom-RNA in eine doppelsträngige DNA (Provirus) umgeschrieben wird. Dieser dem gewöhnlichen genet. Informationsfluß DNA→RNA gegenläufige Prozeß, der durch eine virusspezifische RNA-abhängige DNA-Polymerase *(↗reverse Transkriptase)* katalysiert wird, führte zur Namensgebung der R. R. werden in 3 U.-Fam. eingeteilt. 1) U.-Fam. *Oncovirinae:* ↗RNA-Tumorviren (auch als *R. i.e.S., Oncoviren, Oncornaviren* bezeichnet), die verschiedene Tumoren (u.a. Sarkome, Leukämien) in ihren Wirten erzeugen u. deren Vermehrungszyklus, Genomorganisation und Onkogenese-Mechanismen sehr intensiv untersucht worden sind. Alle bislang bekannten RNA-haltigen Tumorviren gehören zur Fam. der R., jedoch sind nicht alle R. onkogen. 2) U.-Fam. *Spumavirinae* (v. lat. spuma = Schaum; da infizierte Zellen charakterist. „schaumige" Degenerationserscheinungen zeigen): *Spumaviren* (engl. *foamy viruses*) wurden in einigen Säugetierarten gefunden (Katzen, Rinder, Affen, Mensch); sie konnten bislang nicht mit bestimmten Erkrankungen in Beziehung gebracht werden. 3) U.-Fam. *Lentivirinae: Lentiviren* (Visna-, Maedi-, progressive Pneumonie-, Zwogerziekte-Virus) erzeugen bei Schafen chron. Infektionen mit patholog. Veränderungen in Gehirn und Lunge; die Inkubationszeiten betragen Monate bis Jahre (↗slow-Viren). Zu den R. gehören außerdem die humanen T-lymphotropen Viren HTLV-I, -II und -III (↗T-lymphotrope Viren), die beim Menschen eine adulte T-Zell-↗Leukämie bzw. AIDS (↗Immundefektsyndrom) verursachen. Eine genaue taxonom. Einordnung dieser Viren steht noch aus. □ RNA-Tumorviren.

Rettich *m* [v. lat. radix, Mz. radices = Wurzel; Rettich], *Raphanus,* mit rund 10 Arten überwiegend im Mittelmeergebiet beheimatete Gatt. der ↗Kreuzblütler. Einjährige bis ausdauernde, borstig behaarte Kräuter mit leierförm.-fiederteiligen unteren Blättern, weißl., gelbl. oder rötl.-violetten Blüten u. bisweilen rübenförmig verdickter Wurzel (Hypokotyl). Einzige über fast ganz Europa verbreitete Art ist *R. raphanistrum,* der bei uns überwiegend weißblütige, in der gemäßigten Zone heute weltweit zu findende Acker-R. oder Hederich, ein „Unkraut" der Äcker u. Getreidefelder. *R. sativus,* der Garten-R., als dessen Stammpflanze *R. maritimus,* eine Strandpflanze der Atlantik-, Mittelmeer- u. Schwarzmeerküsten, vermutet wird, stammt wahrscheinl. aus Vorderasien. Schon im 3. Jt. v.Chr. gelangte er nach Ägypten, wo er seiner ölreichen Samen wegen angebaut wurde. Griechen u. Römer kannten bereits mehrere R.-Sorten als Gemüsepflanzen, u. letztere brachten den R. als Kulturpflanze auch nach Mitteleuropa, wo er schon um Christi Geburt in größerem Umfang kultiviert wurde. Heute wird zur Ölgewinnung der sog. Öl-R. *(R. sativus* var. *oleiformis),* mit dünner Wurzel, aber sehr ölreichen Samen (bis zu 50%), angepflanzt. Sein Öl dient als Speise- u. Brennöl. Der bei der Verbrennung entstehende Ruß wird in China zudem zur Herstellung der echten chines. Tusche verwendet. Anbauländer sind v.a. China (seit etwa 1000 v.Chr.), Japan, Indien, Ägypten, Spanien u. Rumänien. Eine durch sekundäres Dickenwachstum der Hauptwurzel u. des Hypokotyls entstehende Rübe besitzt *R. sativus* var. *niger* ([B] Kulturpflanzen IV). Von ihm gibt es unzählige, in Größe, Form, Farbe u. Geschmack unterschiedl. Spielarten. Bei uns unterscheidet man zw. dem 1jähr., zartfleischig-saftigen, innen weißen u. außen v. einer weißen bis roten Rinde umgebenen Sommer-R. sowie dem überwin-

retin- [v. lat. rete = Netz].

retro- [v. lat. retro = zurück, rückwärts, hinter, umgekehrt].

Rettich

Rettiche u. Radieschen sind reich an Vitaminen u. Mineralstoffen u. gelten in der Volksheilkunde als verdauungsfördernd u. harntreibend (Mittel gg. Gallenkrankheiten). Ihr schleimlösender Saft wird zudem, mit Zukker vermischt, als Hustenmittel verwendet.

ternden, festfleischigeren und außen schwarzen Winter-R. Während die (bei uns bevorzugten), durch ihren relativ hohen Gehalt an ↗Allylsenfölen zieml. scharf schmeckenden Sorten roh gesalzen od. als Salat verzehrt werden, verwendet man die v.a. in O-Asien kultivierten, milderen Sorten auch gekocht als Gemüse od. als Viehfutter. Eine neuere Spielart des R.s ist das erst seit dem 16. Jh. bekannte Radieschen, *R. sativus* var. *sativus* (B Kulturpflanzen IV), das sich durch eine kugelige Verdickung des Hypokotyls auszeichnet. Nach zunächst längl., weißen Formen (ähnl. den sog. „Eiszapfen") entstanden die heute übl. roten, runden Sorten erst Ende des 18. Jh. in It. und Fkr. Eine weitere, v.a. in Indien u. Indonesien kultivierte Variante des R.s ist der Schlangen-R. *(R. sativus* var. *mougri).* Seine Blätter werden als Gemüse verwendet („mougri"), während die fleischigen, 20–100 cm langen, rettichartig schmeckenden Schoten in unreifem Zustand roh verzehrt od. in Essig eingelegt werden. ☐ Rüben.

Rettichfliege, *Anthomyia floralis,* ↗Blumenfliegen.

Retusa *w* [v. lat. retusus = stumpf, abgeflacht], Gatt. der Fam. *Retusidae,* ↗Kopfschildschnecken mit zylindr. bis birnenförm., weißem Gehäuse (meist unter 1 cm Höhe); Kopfschild hinten beidseitig zu ohrart. Fortsätzen ausgezogen; das Nervensystem ist chiastoneur; ☿. Wenige Arten, 2 davon auch an dt. Küsten: *R. obtusa* (bis 15 mm), mit erhobenem Gewinde, gräbt sich auf der Suche nach Wattschnecken durch Sand u. Schlamm; *R. truncatula* (bis 7 mm), mit abgeflachtem od. wenig erhobenem Gewinde, nimmt außerdem auch Foraminiferen auf.

Retzius, *Anders Olof,* schwed. Anatom, * 13. 10. 1796 Lund, † 18. 4. 1860 Stockholm; seit 1824 Prof. in Stockholm; entwikkelte die Schädelanatomie u. führte u.a. den Längen-Breiten-Index zur Kennzeichnung in der Rassenkunde ein.

Reuse, röhren-, tonnen- od. kastenförmige, sich verjüngende (trichterförmige) Fangeinrichtung, z.B. Fisch-R., R. der ↗Gleitfallenblumen (☐).

Reusengeißelzellen, die ↗Cyrtocyten.

Reusenschnecken, die ↗Netzreusenschnecken.

Reutbergwirtschaft ↗Feld-Wald-Wechselwirtschaft.

reverse Transkriptase *w* [v. lat. reversus = umgekehrt, transcribere = übertragen], *RNA-abhängige DNA-Polymerase,* Enzym, das die Synthese v. DNA-Ketten mit RNA als Matrize (= Umkehr der ↗Transkription, daher die Bez. r. T.) katalysiert, wobei Desoxyribonucleosid-Triphosphate als Substrate umgesetzt werden. Das Produkt der Reaktion ist eine zur eingesetzten RNA-Matrize komplementäre Einzelstrang-DNA (= c-DNA, von engl. complementary), die jedoch in Folgereaktionen zu Doppelstrang-DNA ergänzt werden kann. R. T. ist häufiger Bestandteil tierischer RNA-haltiger Viren, bes. der ↗Retroviren. ↗RNA-Tumorviren, ↗c-DNA.

reversible Vorgänge [v. lat. reversus = umgekehrt], umkehrbare Vorgänge, genauer: physikal. Prozesse od. chem. Reaktionen, die je nach den äußeren Bedingungen (Temp., Druck, Konzentrationen der einzelnen Reaktionskomponenten) in der einen (A→B) oder der anderen (B→A) Richtung ablaufen können. Ggs.: ↗irreversible Vorgänge. ↗chemisches Gleichgewicht.

Revier *s* [v. mhd. rivier(e) = Ufer, Gegend], *Territorium,* Eigenbezirk, v. Tieren gg. bestimmte od. alle Artgenossen verteidigtes Wohngebiet. Zum *R.verhalten* gehört das Markieren der Grenzen (↗Markierverhalten), ↗Drohverhalten und evtl. der Kampf (↗Kampfverhalten). R.e gibt es bei allen Wirbeltierklassen u. bei einigen Wirbellosen (Insekten, Spinnen, Krebse). Als R.-Besitzer kann ein Einzeltier fungieren, ein Paar (bei Singvögeln häufig), eine Gruppe (häufig bei Carnivoren) u. ein anonymer Verband od. Staat (z.B. Ameisenstaaten). Welche Artgenossen geduldet bzw. vertrieben werden, hängt v. vielen Umständen ab: Manchmal werden alle Artgenossen außer den eigenen Jungen vertrieben, häufig nur gleichgeschlechtl. Tiere (außer eigenen Jungen), oft alle außer den individuell bekannten Gruppenmitgliedern bzw. außer Tieren mit einem bestimmten Nestgeruch o.ä. In manchen Fällen werden auch Angehörige anderer Arten vertrieben, z.B. bei vielen Schmätzern u. bei ↗Ameisen *(interspezifische R.e).* Das R.verhalten kann stark v. der Jahreszeit u. von anderen Umständen (z.B. Ernährungslage) abhängen, in vielen Fällen wird ein R. nur für die Fortpflanzungszeit besetzt, im Extrem nur ein kurzfristig bestehendes Balz-R. Dies hängt v.a. von der *Funktion* des R.s ab: z.B. Sicherung einer hinreichenden Ernährung, Schutz der Jungtiere, Zugang zu Sexualpartnern, Zugang zu sicheren Unterschlupfen usw. Weiterhin kann die Verteidigung eines R.s zeitabhängig sein; z.B. verteidigen Hauskatzen bestimmte Bereiche ihres Jagdgebiets nur zu festen Tageszeiten, während sich zu anderen Zeiten Nachbartiere dort aufhalten dürfen. Im Extrem läßt sich ein *inneres R.* von einem weiteren *Streifgebiet* unterscheiden, das re-

Revier

Brandseeschwalben besetzen in ihren Kolonien ein winziges ↗Brut-R., das kaum über die eigene Schnabelreichweite hinausgeht. Trotzdem wird dieses R. gegen alle Artgenossen außer dem eigenen Geschlechtspartner verteidigt. Das Streifgebiet, in dem die Seeschwalben während der Brut jagen, ist im Vergleich zum R. riesig groß u. wird nicht verteidigt. Auch der Raum der Kolonie insgesamt wird gg. Artgenossen nicht verteidigt u. bildet somit kein Gruppen-R. Dagegen werden mögl. Raubfeinde gemeinsam angegriffen: Die Kolonie ist nicht territorial, verfügt aber über andere Formen sozialer Zusammenarbeit.

gelmäßig aufgesucht, aber nicht verteidigt wird. Manchmal besetzen die ♂♂ einer Art ein R., das von den ♀♀ weiter aufgeteilt wird. Beim Buntbarsch *Lamprologus congolensis* halten sich meistens mehrere ♀♀ im R. des ♂ auf, wobei dieses alle Weibchen-R.e durchschwimmen darf, die ♀♀ aber nicht ihre R.e untereinander. Grundsätzl. müssen R.e für die auszuschließenden Artgenossen kenntl. sein, dem dient das Markierverhalten. Nachdem die Grenzen des R.s einmal bekannt sind, werden sie v. Nachbartieren meist respektiert, so daß sich der Aufwand für die Verteidigung reduziert. Allerdings gehört das laufende Markieren u. Drohen gg. die Nachbarn zum unerläßl. Aufwand der *Territorialität.* Zu heftigen Kämpfen kommt es meist beim Besetzen der R.e (z.B. nach der Ankunft v. Zugvögeln im Brutgebiet) bzw. beim Eindringen eines revierlosen Tieres (z.B. das Eindringen v. Löwenmännchen in das R. eines v. anderen Männchen beherrschten Rudels). Es ist zu beachten, daß es das einheitl. R. bzw. das einheitl. R.verhalten bei Tieren nicht gibt, sondern daß verschiedene Arten den räuml. Zugang zu Ressourcen jeweils unterschiedl. beanspruchen u. verteidigen. ↗Brutrevier. *H. H.*

Rezedenten [Mz.; Bw. *rezedent;* v. lat. recedens = zurücktretend], Organismenarten mit geringem prozentualem Anteil ($<2\%$) an der Gesamtindividuenzahl einer Organismengemeinschaft. ↗Abundanz, ↗Dominanz.

rezent [v. lat. recens = frisch, neu], *„modern",* in der geolog. Gegenwart lebend; Ggs.: ↗fossil. In der Praxis sind beide Begriffe nicht immer streng abzugrenzen.

Rezeption *w* [v. lat. receptio = Aufnahme], allg. Aufnahme, Annahme; in der Biol. die Reizaufnahme (z. B. ↗Photo-R.); ↗Rezeptoren. ↗Perzeption.

Rezeptionsorgane, die ↗Sinnesorgane.

rezeptives Feld [v. lat. recipere = aufnehmen] ↗Kontrast 4).

Rezeptoren [Mz.; v. lat. receptor = Empfänger], Bez. für Organelle, Zellen od. Moleküle, die ↗Reize aus der Umwelt od. dem Innern eines Organismus aufnehmen. Nach der Herkunft des Reizes unterscheidet man u.a. ↗*Extero-R.* (Umwelt) u. *Intero-R. (↗Proprio-R.).* Bei den Extero-R. handelt es sich i.d.R. um sensible Organelle od. Zellen, die auf mechanische, chemische, osmotische, elektrische, optische und akustische Reize sowie auf Temp.-Änderungen ansprechen (↗*Mechano-R.,* ↗mechanische Sinne, ↗Gleichgewichtsorgane; ↗*Chemo-R.,* ↗chemische Sinne, ↗*Osmo-R.;* ↗elektrische Organe; ↗*Photo-R.,* ↗Photorezeption; ↗Gehörorgane, ↗Gehörsinn). All diesen R. ist gemeinsam, daß sie die perzipierten (↗Perzeption) Reize (Bedingung: ausreichende Reizintensität u. Einwirkzeit) in elektr. ↗Impulse, die ↗*Rezeptorpotentiale,* umsetzen. Während die ionischen Grundlagen für die Entstehung des Rezeptorpotentials selbst, nämlich die Leitfähigkeitsänderungen der *Rezeptormembran* (↗Membranpotential, □) für bestimmte Ionen (Na^+, K^+, Cl^-), gut bekannt sind, liegen für die zw. Reizperzeption u. Leitfähigkeitsänderung ablaufenden Vorgänge nur hypothet. Erklärungen vor. Dabei müssen die an diesen Mechanismen beteiligten Moleküle (Proteine) auch noch über eine Verstärkerfunktion verfügen. Denn die v. diesen auch als *Sensoren* bezeichneten Strukturen aufgenommenen Reizenergien sind häufig geringer als die für die Ausbildung u. Weiterleitung v. ↗Aktionspotentialen erforderl. Energiebeträge (↗Photorezeption). Somit können diese Energiebeträge nicht vom Reiz selber geliefert werden, sondern müssen vom Energiestoffwechsel der Zelle bereitgestellt werden. Diese bisher geschilderten Prozesse der *Reiztransformation* treffen für alle Extero-R. u. einige Intero-R. (z.B. ↗Sehnen- und ↗Muskelspindeln; ↗*Dehnungs-R.*) zu. In all diesen Fällen wird der Begriff R. für bestimmte Organelle (z.B. Muskelspindel, Geschmacksknospen) od. einzelne Zellen (z.B. Haarzellen, Lichtsinneszellen) verwendet. – Als R. werden aber auch in Membranen (↗Membran, □) gelegene Moleküle (↗Membranproteine, ↗Membrantransport) bezeichnet, die mit bestimmten, i.d.R. für diese spezifischen Substanzen interagieren. Die bei derartigen Bindungen ausgelösten Folgereaktionen können direkt zur Entstehung v. Rezeptorpotentialen führen, od. diese können erst infolge weiterer chem. Reaktionen ausgelöst werden, od. die nachgeschalteten Reaktionen sind rein chem. Natur. Die sofortige Ausbildung eines Rezeptorpotentials erfolgt z.B. bei Bindung des ↗Neurotransmitters ↗Acetylcholin an dessen *Rezeptormoleküle* (↗Acetylcholinrezeptor, □) in der postsynaptischen Membran, da durch diese Reaktion eine Leitfähigkeitsänderung der Membran bewirkt wird. Binden hingegen die Neurotransmitter ↗Adrenalin bzw. ↗Noradrenalin an ihren spezifischen Rezeptor, so kommt es zunächst zur Bildung eines ↗„sekundären Boten" (z.B. cyclo-AMP, ↗Adenosinmonophosphat). Dieser interagiert dann mit einem weiteren Membranprotein, wodurch in einem weiteren Schritt die Permeabilitätsänderung der Membran erfolgt. Rein chem. Folgereaktionen zeigen ↗*Hormon-R.* Auch hier werden häufig zunächst „sekundäre Boten" gebildet, die dann regulierend in den Stoffwechsel der Zelle eingreifen (↗Hormone, □, [B]). Viele der Hormon- u. *Neurotransmitter-R.* reagieren auch mit anderen, häufig toxischen Substanzen (z.B. ↗Curare, ↗Muscarin, ↗Nicotin); diese dienen experimentell zur Charakterisierung der R.-Typen („muscarinische", „nicotinische" R.). Weiterhin exi-

rhabd-, rhabdo- [v. gr. rhabdos = Rute, Stab].

Rhabarber

R. *(Rheum)* in voller Blüte

RGT-Regel

Die Faustregel, daß eine Temp.-Erhöhung um 10 °C eine Verdoppelung der Reaktionsgeschwindigkeit bewirkt, stimmt nur bedingt u. näherungsweise für einen engen Temp.-Bereich um 20 °C (markierter Bereich im Reaktionsgeschwindigkeit-Temperatur-Diagramm).

stieren, insbes. im Zentralnervensystem, R., die bes. empfindlich auf Drogen ansprechen (z. B. ↗Opiat-R.). Inwieweit diese R. spezifisch für Drogen sind od. aber auch als Bindungsort für Neurotransmitter dienen, von denen v. a. im Zentralnervensystem mehrere, verschiedenen Stoffklassen zugehörige Verbindungen vorkommen, ist bislang nicht in allen Fällen bekannt (↗Nervensystem). ↗primäre Boten, ☐ Sinneszellen, B Nervenzelle I. *H. W.*

Rezeptormolekül ↗Rezeptor.

Rezeptorpotential *s* [v. lat. receptor = Empfänger, potentia = Fähigkeit], an einem ↗Rezeptor infolge ↗Reiz-Einwirkung entstehende Änderung (↗Depolarisation) des ↗Membran- od. ↗Ruhepotentials. Im Ggs. zum ↗Aktionspotential folgt das R. nicht dem ↗Alles-oder-Nichts-Gesetz, d. h., die Amplitude des R.s ist abhängig v. der Reizintensität u. seine Dauer durch die Einwirkungszeit des Reizes bedingt. Wie die Reizintensität in die Amplitude transformiert wird, hängt v. der Arbeitsweise des Rezeptors ab, die linear (z. B. Thermo- oder Dehnungsrezeptoren) oder logarithmisch (z. B. Lichtsinnesrezeptoren) sein kann. Weiterhin wird das R. nicht mit konstanter Amplitude entlang der Rezeptormembran geleitet, sondern mit ↗Dekrement, d. h. unter Abschwächung. Überschreitet das R. an der sensiblen Region (Generatorregion) einer Sinnes- od. Nervenzelle noch einen bestimmten Schwellenwert, werden hier die dem Alles-oder-Nichts-Gesetz gehorchenden Aktionspotentiale ausgelöst (↗Generatorpotential). Diese Aktionspotentiale stellen die einzige Information dar, die v. den Rezeptoren an die Zentren des ↗Nervensystems weitergeleitet werden.

Rezeptorzellen, 1) ↗Rezeptoren. **2)** ↗Donorzellen, ↗Plasmide, ↗Konjugation (☐).

Rezessivität *w* [v. lat. recessus = Rückzug], ↗Dominanz 3).

Reziprozitätsregel [v. lat. reciprocus = zurückwirkend] ↗Mendelsche Regeln.

R-Faktoren, Abk. für 1) ↗Resistenzfaktoren und 2) Releasingfaktoren (↗Releasinghormone).

R-Form, *rough form, Rauhform,* ↗Lipopolysaccharid (☐).

RGT-Regel, *Reaktionsgeschwindigkeit-Temperatur-Regel, van't Hoffsche Regel,* von J. H. van't ↗Hoff gefundene Regel, welche die positive Korrelation der Geschwindigkeit einer (bio-)chem. Reaktion mit der Temp. beschreibt. Sie gilt im Prinzip für sämtliche chem. Reaktionen in der unbelebten u. belebten Natur u. somit auch für den Gesamtstoffwechsel. Quantitativ wird die Zunahme der Reaktionsgeschwindigkeit mit der Temp. als Quotient (*Q_{10}-Wert*) aus den bei 10 °C Temp.-Differenz gemessenen Umsatzraten bestimmt. Der Q_{10} der Gesamtstoffwechselintensität liegt innerhalb physiologischer Temp.-Bereiche im allg. zwischen 2 und 3. Er ist allerdings nicht immer direkt meßbar, da homoiotherme Tiere (↗Homoiothermie) ohnehin u. poikilotherme Tiere (↗Poikilothermie) partiell über Mechanismen verfügen, die Temp.-Abhängigkeit der Stoffwechselrate zu kompensieren. ☐ 136.

Rh, *Rh* +, Abk. für ↗„Rhesusfaktor positiv".

rh, *Rh*−, Abk. für ↗„Rhesusfaktor negativ".

Rhabarber *m* [v. gr. rha barbaron = fremdländ. Rheum-Wurzel], *Rheum,* Gatt. der Knöterichgewächse (↗Knöterichartige), mit ca. 40 Arten im gemäßigten Asien heimisch. Die Blattstiele von *R. rhabarbarum* werden gekocht als Kompott verwendet, solange im Frühjahr der Oxalatgehalt noch nicht zu hoch ist. *R. officinale* und *R. palmatum* werden z. T. in Gärten als Zierpflanzen gezogen. Neben letzteren Arten findet der Pontische R. *R. rhaponticum* (B Asien II) zur Gewinnung v. Abführmitteln Verwendung (wirksame Inhaltsstoffe: Hydroxy-Anthracenderivate).

rhabdacanthin [v. *rhabd-, gr. akanthinos = dornig], (Hill 1936), heißen Septen v. ↗*Rugosa,* die aus ↗Trabekeln mit mehreren Verkalkungszentren zusammengesetzt sind. ↗holacanthin, ↗monacanthin.

Rhabdias *w* [v. *rhabd-], Gatt. der Fadenwurm-Ord. ↗*Rhabditida.* Bei *R. bufonis* (fr. *Angiostoma nigrovenosa*) ist das ♀ der freilebenden Generation 1 mm lang; nach Kopulation mit ♂ wachsen *innerhalb* des ♀ die Eier zu Larven heran. Nach Aufzehren des ♀ (↗Endotokie) werden ↗filariforme Larven frei, die sich in die Haut v. Fröschen, Kröten od. Unken einbohren, über Lymph- u. Blutbahn die Lungen erreichen u. dort als proterandrische ⚥ geschlechtsreif werden; Selbstbefruchtung, Eiablage, Transport der Eier mit Cilienschlag der Luftröhre hinauf zur Mundhöhle, Verschlucktwerden; im Darm schlüpfen ↗rhabditiforme Larven; mit dem Kot gelangen sie ins Freie u. wachsen zur getrenntgeschlechtl. Generation heran. – Dieser Generationswechsel ist ein Grenzfall der ↗Heterogonie; eine echte Heterogonie liegt beim verwandten ↗Zwergfadenwurm *(Strongyloides)* vor.

Rhabditen [Mz.; v. *rhabd-], bes. geformte Sekretkörper bei ↗Strudelwürmern (Turbellarien).

Rhabditida [Mz.; v. *rhabd-], Ord. der ↗Fadenwürmer, ben. nach der artenreichen Gatt. *Rhabditis.* Die Länge der meisten Arten liegt zw. 0,3 mm und 3 mm. Die Mehrzahl ist freilebend u. dabei saprobiont. Viele *R.* besiedeln ↗ephemere Substrate (z. B. Kuhfladen, Aas, Baumfluß; ↗Baumflußfauna) trotz der dort extremen und z. T. sehr stark schwankenden abiot. Faktoren, z. B. Temp., Acidität (↗Essigälchen, ↗*Panagrellus*). Wichtig sind dabei die Ausbildung v. *Dauerlarven* u. ggf. *Selbstbefruchtung* (vgl. Spaltentext). Die saprobionte Lebensweise ist eine Prädisposition (↗Prä-

---

rhabd-, rhabdo- [v. gr. rhabdos = Rute, Stab].

Fortpflanzung der Rhabditida

Dauerlarven:
Bei beginnender Verschlechterung der Lebensbedingungen, z. B. in der Spätphase der Zersetzung eines Kuhfladens, klettert die L3 (= 3. Larvenstadium, oft geschützt durch die noch anhaftende L2-Cuticula) auf die Substrat-Oberfläche u. macht in der Luft schlängelnde Bewegungen. Dieses *Wink-Verhalten* erhöht die Wahrscheinlichkeit des Kontakts mit Fliegen u. a. Transport-Wirten (☐ Phoresie: winkende *Rhabditis*-Larven auf dem Sporangium des Pilzes *Pilobolus*). Bei wenigen Arten haben die Dauerlarven sogar die Fähigkeit, zu Hunderten umeinandergeschlungen 2–3 mm hohe, als Ganzes winkende Türmchen zu bilden.
Hermaphroditismus:
80% der *Rhabditis*-Arten sind (wie Fadenwürmer ganz allg.) getrenntgeschlechtl., 20% sind *selbstbefruchtende Hermaphroditen* (⚥) (Besamung der Eizellen mit den zuvor selbst produzierten Spermien). Dies bewirkt genauso wie die Parthenogenese bei Blattläusen, Wasserflöhen u. Milben, daß ein einziges auf ein neues Substrat gelangtes Tier innerhalb weniger Tage eine individuenreiche Population gründen kann. Mit einer Häufigkeit von wenigen Promille treten sog. *Residualmännchen* auf (vgl. S. 138) u. ermöglichen einen minimalen Genfluß bei diesen Arten, die Grenzfälle v. ↗Agamospezies sind. Bei wenigen Arten wurde ↗*Merospermie* festgestellt.

rhabd-, rhabdo- [v. gr. rhabdos = Rute, Stab].

adaptation) zum Parasitismus. Einige „Regenwurm- u. Schnecken-Nematoden“ sind fakultative Larval-Parasiten: z. B. können sich Dauerlarven v. *Rhabditis pellio* in den Nephridien v. Regenwürmern aufhalten bis zum Tod des Wirtes; erst dann entwickeln sie sich zur Geschlechtsreife weiter u. bilden innerhalb weniger Tage mehrere Generationen aus. Andere Gatt. sind obligator. Parasiten bei Wirbellosen, z. B. ↗ *Neoaplectana (= Steinernema)* u. *Heterorhabditis* (beide einsetzbar zur Bekämpfung von Schadinsekten) u. ↗ *Drilonema.* Bei wenigen Gatt. wechseln freilebende und parasit. Generation miteinander ab (*Strongyloides* = ↗ Zwergfadenwurm, auch im Menschen, u. ↗ *Rhabdias* in Amphibien). – Die *R.* sind eine paraphylet. Gruppe mit manchen urspr. Merkmalen; deshalb sah man in *Rhabditis* bisweilen ein Modell für den Ur-Nematoden (↗ *Plectus:* vgl. Spaltentext). Als *R.* gelten alle Vertreter der U.-Kl. *Secernentea,* die nicht den eng umgrenzten Ord. *Tylenchida, Strongylida, Spirurida, Oxyurida* u. *Ascaridida* ([T] Fadenwürmer) zuzuordnen sind. Die Ord. enthält ca. 120 freilebende und ca. 50 parasitische Gatt. Wichtige weitere Gatt. (in manchen Klassifikationen sogar namengebend für Überfam. od. sogar eigene Ord.): *Alloionema, Bunonema, Cephalobus, Di-*

Zahl der somatischen Zellen von *Rhabditis elegans* (bzw. Zellkerne, sofern Gewebe syncytial)

	L1 = 1. „Larven“-Stadium (0,2 mm)	Adulte ⚥ (1,5 mm)	♂ (1,0 mm)
insgesamt	558	959	1031
davon			
Nervensystem	228	358	473
Körpermuskulatur	81	111	136
Darm (einschl. Spicularapparat)	110	123	146
Exkretionssystem	4	4	4
Gonaden-Hüllen	2	143	55

Rhabditida

Rhabditis elegans wurde 1900 von E. Maupas beschrieben u. ist heute weltweit als *Caenorhabditis elegans* (= *C. el.*) bekannt. Es ist seit einigen Jahren eines der intensivst untersuchten Lebewesen, da es aufgrund mehrerer Eigenschaften ein günstigeres Untersuchungsobjekt als ↗ *Drosophila melanogaster* ist:

1) Die geringe Größe (ca. 1 mm) u. die Möglichkeit monoxener Züchtung (z. B. mit *Escherichia coli* als einziger Nahrung) erlauben eine leichte u. zudem billige Kultur, im allg. auf Agar in kleinen Petri-Schalen.

2) Schnelle Generationenfolge: ca. 3 Tage, davon 12 Std. Embryogenese (Generationsdauer von *E. coli, C. el., Drosophila* u. Mensch stehen im Verhältnis $1:10^2:10^3:10^6$).

3) Gewöhnlich selbstbefruchtender Hermaphrodit (= ⚥), dadurch reine (homozygote) Linien; aber auch Kreuzungen mit ♂♂ möglich. Relativ viele Nachkommen (300 ± 50).

4) Die Eier, die 4 „Larven“-Stadien u. die Adulten sind durchsichtig; dies u. die Kleinheit der Tiere ermöglichen es, Zellteilungen u. Zellwanderungen in vivo mit ↗ Interferenzmikroskopie zu verfolgen.

5) Der Körper hat nur etwa 1000 Zellen. Diese relativ geringe Zahl ermöglicht die *Identifikation einzelner Zellen,* v. a. die Analyse *aller* Sinnes- u. Nervenzellen (insgesamt ca. 400), was bei *Drosophila* (10^5 Nervenzellen) kaum u. beim Menschen (10^{12}) nicht möglich ist.

6) *C. el.* besitzt nur etwa 20mal so viel DNA wie *Escherichia coli*; nur wenig davon ist repetitiv; chemisch lassen sich leicht Mutanten induzieren, z. B. mit ↗ Äthylmethansulfonat u. a. ↗ Mutagenen.

7) Die Würmer können jahrelang in flüss. Stickstoff aufbewahrt werden (↗ Anabiose); über tausend Mutanten stehen auf diese Weise permanent für Untersuchungen bereit.

Weniger günstig als bei *Drosophila* u. a. biol. Standardobjekten ist hingegen folgendes: Bei den sehr kleinen Nervenzellen waren bisher keine Ableitungen möglich; die feste Cuticula verhindert Ex- u. Transplantationen; bisher sind keine Zellkulturen gelungen. Auch ist zu beachten, daß v. einem Vertreter der Fadenwürmer v. vornherein nicht so viele auch auf Säugetiere übertragbare Ergebnisse zu erwarten sind wie v. Untersuchungen an dem Krallenfrosch *Xenopus* od. Hühnchen; dieser Nachteil gilt aber genauso für *Drosophila!*

Chromosomen, Fortpflanzung: Normalerweise hat *C. el.* 12 Chromosomen (2n = 12 = 5 Paare Autosomen + XX) u. ist dann ein proterandrischer Hermaphrodit (⚥) (↗ Zwitter): in den beiden Gonaden bilden sich zunächst je ca. 150 Spermien, danach je ca. 1300 Oogonien. Bezügl. der Gameten ist ein solches Tier also ein echter Zwitter, ansonsten ist es aber rein weiblich! Vor allem fehlen die ♂ Kopulationsorgane, so daß der ⚥ im Ggs. zu den meisten anderen Zwittern (z. B. Plattwürmer, Schnecken) nicht mit einem anderen ⚥ kopulieren kann. Bei Selbstbefruchtung schlüpfen aus den Eiern wieder nur ⚥⚥ (Eizelle mit X + Spermium mit X = Zygote mit XX). Die maximale Eizahl von ca. 300 ist durch die Zahl der vorher produzierten Spermien (2 × ca. 150) festgelegt. *Männchen* (♂♂) entstehen in der Natur nur selten (*Residualmännchen,* spontane Entstehungshäufigkeit etwa 1:700), wenn ein Gamet *ohne* X-Chromosom (entstanden nach Verlust des X-Chromosoms während der Meiose) zur Befruchtung kommt (≙ X0-Typ der ↗ Geschlechtsbestimmung, ▢; dabei entscheidend das Zahlenverhältnis X zu Autosomen). Läßt man ein ♂ mit einem ⚥ kopulieren, so entstehen zunächst 50% ♂♂ und 50% ⚥⚥, weil bevorzugt die *Allospermien* (= die vom Kopulationspartner gelieferten Spermien) zur Besamung kommen; erst nach deren Aufbrauchen führen die *Autospermien* (= die eigenen Spermien) die Besamung der übrigen Eizellen durch, wobei dann 100% ⚥⚥ entstehen.

Entwicklung, Zell-Zahlen: Die Furchung ist streng determiniert (Mosaikei im Ggs. zum Regulationsei) u. führt zur *Eutelie* (= ↗ Zellkonstanz). Inzwischen ist für jede Zelle bekannt, von welchem Vorläufer sie abstammt u. ob u. wie sie sich noch weiter teilen wird (cell lineages, ↗ Zellgenealogie). Ausschalt-Experimente mit Laserstrahlen (gezielte Vernichtung einzelner Zellen) zeigten, daß in den meisten Zellen feste Entwicklungsprogramme ablaufen, unabhängig vom Vorhandensein od. Fehlen der übl. Nachbarzellen. Bes. während der Embryogenese ist programmierter *Zelltod* eine wichtige Erscheinung (die L1 hat 558 Zellen, nachdem 113 ihrer Zellen abgestorben sind). Das Wachstum zw. den 4 Häutungen beruht überwiegend auf Zellstrekkung u. nur zum geringen Teil auf Zellteilungen (vgl. Tab.): z. B. gibt es im Exkretionssystem gar keine u. bei Darm u. Nervensystem nur wenige postembryonale Zellvermehrungen. Obwohl ein ♂ (wie allg. bei ↗ Fadenwürmern, ▢) kleiner ist als ein ⚥ u. nur eine Gonade hat, besitzt es mehr Zellen, v. a. im Nervensystem u. Kopulationsapparat (Spicularapparat mit komplizierter Muskulatur u. vielen Sinnespapillen); dies entspr. der aktiven Rolle des ♂ bei Partnersuche u. Kopulation.

Genetik: Von den vermutl. 5000 Genen (wohl die Hälfte essentiell) sind bisher über 400 kartiert; sie liegen auf 6 Koppelungsgruppen, die den 6 Chromosomen entsprechen. Die Analyse der Embryogenese-Mutanten zeigt, daß während der Embryonalentwicklung hpts. Genprodukte wirksam sind, die schon während der Oogenese gebildet wurden (↗ maternaler Effekt). Bestimmte Verhaltensanomalien (z. B. Defekte der Schlängelbewegung bei der wichtigen Mutanten-Gruppe „unc“ = „unkoordiniert“) konnten ultrastrukturell auf ganz spezif. Defekte der Muskelzellen bzw. auf eine nicht-normale Anordnung (od. Fehlen) bestimmter Nervenzellfortsätze zurückgeführt werden (für den Wildtyp ist durch Serienschnitt-Analyse im Elektronenmikroskop die dreidimensionale Lage sämtl. Fortsätze aller Sinnes- u. Nervenzellen exakt bekannt). – Weltweit sind mehrere hundert Wissenschaftler dabei, mit herkömmlichen cytolog., aber auch mit modernsten genetisch-biochem. Methoden (z. B. auch mit ↗ Restriktionsenzymen) diesen „entwicklungsbiol. Modell-Organismus“ weiter zu erforschen.

Lit.: *Schierenberg, E., Cassada, R.:* Der Nematode Caenorhabditis elegans. Biol. in uns. Zeit 16 (1): 1–7, und weitere Hefte. 1986. *Sudhaus, W.:* Vergl. Unters. zur Phylogenie, Systematik, Ökologie, Biologie u. Ethologie der Rhabditidae. Zoologica 43 (125): 1–229. 1976. *U. W.*

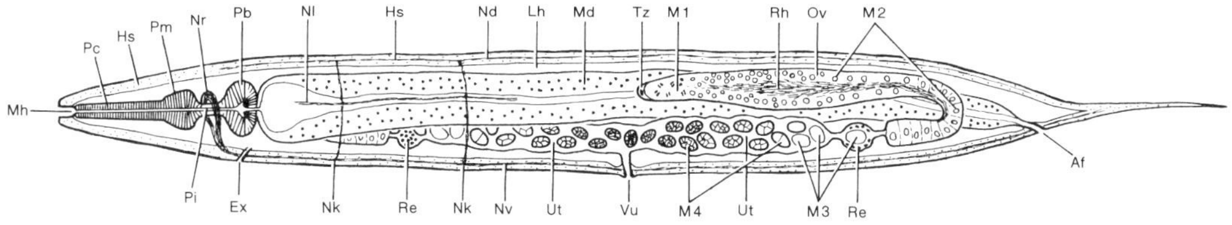

Rhabditida: *Rhabditis (Caenorhabditis) elegans* (⚥), halbschematisch, Ansicht v. links

Af After, Ex Exkretionsporus, Hs Hautmuskelschlauch (Cuticula + Hypodermis + Längsmuskulatur), Lh Leibeshöhle („Pseudocoel“, da ohne Coelomepithel), Md Mitteldarm, Mh Mundhöhle, M1 Mitosen (Zellproliferation), M2 Meiose (Prophase 1), M3 Besamung, Abschluß der Meiose, Befruchtung, M4 Furchung, Nd, Nv dorsaler bzw. ventraler Nerv, Nk, Nl Nervenkommissuren bzw. lateraler Nerv (nur im 2. Körperfünftel gezeichnet), Nr Nervenring („Gehirn“, v. dort Nerven zu den Kopfsinnesorganen), Ov Ovar (regelmäßig das vordere rechts, das hintere links vom Darm), Pb Pharynx-Bulbus mit Klappenapparat, Pc Pharynx-Corpus, Pi Pharynx-Isthmus, Pm Pharynx-Metacorpus, Re Receptaculum, Rh Rhachis, Tz Terminalzelle (distal tip cell, verantwortl. für die mitotische Proliferation), Ut Uterus mit Eiern, Vu Vulva

plogaster, Panagrolaimus. – Eines der in den letzten Jahren intensivst untersuchten Lebewesen ist *Rhabditis elegans* (vgl. Kleindruck).

rhabditiforme Larve, Bez. für Larvenstadien bei zumindest zeitweise parasit. ↗Fadenwürmern, wenn der Pharynx („Oesophagus“) kurz vor dem Beginn des Mitteldarms zu einem Bulbus angeschwollen ist (☐ Fadenwürmer); ben. nach der Gatt. *Rhabditis,* deren Pharynx bei allen 4 Larvenstadien u. auch bei den Adulten in Anpassung an die mikrobivore (bakteriophage) Lebensweise so gebaut ist.

Rhabdocline *w* [v. *rhabdo-, gr. klinē = Lager], Gatt. der ↗Hemiphacidiaceae (T).

Rhabdoclon *m* [v. *rhabdo-, gr. klōn = junger Zweig], wenig verbreiteter Ausdruck für 2 bis 4 mm lange Desmen *(↗ Desmophorida)* mit gestrecktem Stamm u. unregelmäßig od. einseitig ausgebildeten wurzelartigen Ästen; häufigstes Skelettelement der *↗ Megamorina (= Rhabdomorina).*

Rhabdocoela [Mz.; v. *rhabdo-, gr. koilos = hohl], frühere Ord. der ↗Strudelwürmer, *↗ Neorhabdocoela.*

rhabdoide Drüsen [v. gr. rhabdoeidēs = stäbchenförmig], spezielle epidermale Drüsenzellen der *↗ Gnathostomulida,* die den ↗Rhabditen der ↗Strudelwürmer u. Schnurwürmer sowie denen einiger *↗ Gastrotricha* u. *↗ Polychaeta* vergleichbar geformte, spindelförm. Sekretgranula abgeben.

Rhabdom *s* [v. *rhabdo-], der lichtleitende Achsenstab im Ommatidium od. Ocellus (↗Ocellen) der Gliederfüßer; ↗Komplexauge (☐, B).

Rhabdomer *s* [v. *rhabdo-, gr. meros = Teil], ↗Komplexauge (B).

Rhabdomonadales [Mz.; v. *rhabdo-, gr. monades = Einheiten], Ord. der *↗ Euglenophyceae,* Einzeller (Augenflagellaten) mit langer Schwimm- u. sehr kurzer Nebengeißel, Zellkörper starr, farblos; ernähren sich durch Aufnahme gelöster organ. Substanzen; Leitart *Menodium pellucidum.*

Rhabdomorina [Mz.], (Rauff), Synonym v. *↗ Megamorina* Zittel 1878.

Rhabdopleuridae [Mz.; v. *rhabdo-, gr. pleuron = Rippe], Fam. der ↗Pterobranchia.

Rhabdoporella *w* [v. *rhabdo-, gr. poros = Öffnung], Gatt. der ↗Dasycladales.

Rhabdosom *s* [v. *rhabdo-, gr. sōma = Körper], (Törnquist 1890–92), das chitinige Außenskelett einer vollständigen ↗Graptolithen-Kolonie, sofern sie einer einzigen ↗Sicula entspringt. Kolonien, die sich distal mit ihren ↗Nema-Fäden zu einem gemeinsamen Zentrum vereinigen, heißen *Synrhabdosom(e).*

Rhabdosphaera *w* [v. *rhabdo-, gr. sphaira = Kugel], Gatt. der ↗Kalkflagellaten.

Rhabdoviren [Mz.; v. *rhabdo-], *Rhabdoviridae,* umfangreiche Fam. von ↗RNA-Viren mit stäbchenförm. Morphologie; die Viruspartikel (∅ 50–95 nm, Länge 130 bis 380 nm) sehen entweder geschoßartig (ein abgerundetes u. ein flaches Ende) od. bazillenförmig (beide Enden abgerundet) aus. R. infizieren die verschiedenartigsten Wirtsorganismen (Insekten, Fische, Vögel, Säuger, Pflanzen); viele R. vermehren sich in Insekten u. werden durch sie übertragen (↗Arboviren). Die tierischen R. werden in die beiden Gatt. *Vesiculovirus* (Prototyp: Virus der Vesikulären Stomatitis der Rinder, Abk. VSV) u. *Lyssavirus* (Prototyp: Rabiesvirus) eingeteilt. Das *Rabiesvirus* ist der Erreger der ↗Tollwut (Rabies, Lyssa), besitzt einen großen Wirtsbereich u. wird auf den Menschen meist durch den Biß eines infizierten Tieres (Hund, Katze, Fuchs, Wolf, Skunk, Fledermaus u. a.) übertragen (vgl. Spaltentext). Eine Vielzahl weiterer, noch nicht in Gatt. eingeordneter Viren, die aus Wirbeltieren od. Insekten isoliert wurden, gehören ebenfalls zu den R. Die pflanzenpathogenen R. werden stets persistent übertragen (↗Pflanzenviren), als Vektoren dienen Zikaden od. Blattläuse. Die Rhabdoviruspartikel bestehen aus einer äußeren Lipoproteinhülle (Envelope) u. einem inneren Ribonucleoprotein (Abk. RNP). Die Hülle trägt nach außen gerichtete, 5–10 nm lange Spikes, die v. einem viralen Glykoprotein (G-Protein) gebildet werden, u. wird nach innen v. dem Matrix-Protein M ausgekleidet. Das RNP enthält ein helikales Nucleocapsid, in dem die Genom-RNA assoziiert mit dem Hauptstrukturprotein N vorliegt, sowie die virale RNA-abhängige RNA-Polymerase (Transkriptase). Das Genom der R. besteht aus einer einzelsträngigen nicht-infektiösen RNA (Minusstrang-Polarität, relative Molekülmasse beträgt $3{,}5–4{,}6 \times 10^6$, entspr. ca. 11000–15000 Nucleotiden). Das Genom des Vesikulären-Stomatitis-Virus (VSV) wurde vollständig

rhabditiforme Larve

Die r. L. tritt meist nur in den *freilebenden* Stadien auf (z. B. L1 und L2 beim ↗Hakenwurm). Den eigtl. parasit. Stadien (L3 = infektiöse Larve, L4, Adulte) fehlt der Pharynx-Bulbus (z. B. ↗filariforme Larve). Lebensweise u. Pharynx-Struktur der r. L. bei parasit. Arten entspr. einem urspr. Zustand, stellen also eine ↗Rekapitulation dar.

Rhabdoviren

Gene und Genprodukte des *Vesikulären-Stomatitis-Virus*

Bezeichnung	Länge des Gens (Nucleotidzahl)	Protein
N	1333	Hauptstrukturprotein des *N*ucleocapsids
L (v. *l*arge)	6380	im Ribonucleoprotein
NS	822	im Ribonucleoprotein, Phosphoprotein; L+NS bilden die Transkriptase
G	1672	*G*lykoprotein-Spikes der Lipoproteinhülle
M	838	*M*atrixprotein zw. RNP u. Hülle

sequenziert (11 162 Nucleotide) u. enthält 5 Gene (vgl. Tab.) in der Reihenfolge 3′-N-NS-M-G-L-5′. Der Vermehrungszyklus der R. wurde ebenfalls hpts. am Beispiel von VSV untersucht. Die Adsorption der Viren an die Wirtszelle erfolgt über das G-Protein; als Zellrezeptoren dienen möglicherweise Phosphatidylserin (bei VSV) bzw. der ↗Acetylcholinrezeptor (bei Rabiesvirus). Nach Eintritt der Viruspartikel durch Endocytose u. Freisetzung des RNP im Cytoplasma beginnt die Synthese der m-RNAs durch die viruseigene Transkriptase. 98% der Genomsequenzen werden in insgesamt 5 proteincodierende m-RNAs transkribiert, u. 95% der m-RNA-Sequenzen werden in Protein übersetzt; jede m-RNA codiert für ein einziges Protein. Die Transkription erfolgt sequentiell entspr. der Reihenfolge der Gene im Genom; die Menge synthetisierter m-RNA-Moleküle nimmt dabei von N nach L ab. Die Replikation verläuft in 2 Stufen, als „template" dient das Ribonucleocapsid (ähnl. wie bei ↗Paramyxoviren). Zuerst wird eine der Genom-RNA komplementäre Plusstrang-RNA gebildet, die dann, mit N-Protein assoziiert, zur Synthese neuer Minusstrang-Genom-RNAs verwendet wird. Bei der Replikation entstehen ↗Defekte interferierende (DI) Partikel. RNP-Partikel werden während der RNA-Replikation zusammengebaut. Nach Einlagerung des G-Proteins in die zelluläre Plasmamembran u. Ansammlung von M-Protein u. RNP-Partikeln an diesen Stellen kommt es zur Bildung u. Ausschleusung der reifen Virionen. Infektion mit R. führt zu einer effizienten Abschaltung der zellulären DNA-, RNA- u. Proteinsynthese u. zum schnellen Tod der Wirtszelle. Zwischen VSV u. heterologen Viren (z. B. Newcastle-disease-Virus, Herpes-simplex-Virus, RNA-Tumorviren) kann ↗phänotypische Mischung auftreten. *E. S.*

Rhachiglossa [Mz.; v. gr. rhachis = Rückgrat, glossa = Zunge], die ↗Schmalzüngler.

Rhachis *w* [gr., = Rückgrat], *Spindel,* **1)** Anatomie: Bez. für längl., meist spindelförm. Strukturen in Organen od. Körperteilen. **2)** Bot.: a) *Blattspindel,* die mittlere Hauptachse bei gefiederten Blättern (↗Blatt), insbesondere bei Farnwedeln. **3)** Zool.: a) der Schaft der ↗Vogelfeder; b) das bei manchen ↗Kalmaren zu einem freien Stiel verlängerte Vorderende des ↗Gladius; c) bei ↗Trilobiten der durch 2 Längsfurchen gg. den übrigen Körper abgegrenzte Mittelteil des Rückenpanzers; d) kernloser cytoplasmat. Strang, der im ↗Hoden (□) v. Spermatogonien u. im ↗Ovar v. Oogonien ausgeht; bes. ausgeprägt bei ↗Fadenwürmern; dient der „Ernährung" (u. wohl auch dem Festhalten) der Spermatocyten bzw. Oocyten.

Rhachitomi [Mz.; v. gr. rhachis = Rückgrat, tomē = Schnitt], (Cope 1884), *Rachitomi, Schnittwirbler,* U.-Ord. der zu den † *Labyrinthodontia* gehörenden *Temnospondyli,* deren „zerschnittene" (rhachitome) Wirbelkörper aus einer vorderen einteiligen (Hypo- od. Intercentrum) u. einer hinteren ein- od. zweiteiligen Scheibe (Pleurocentrum) bestehen. Diese gelten als urtümlich. Zu den *R.* gehört die Mehrzahl der perm. Großamphibien, die sich überwiegend an das Landleben angepaßt hatten; andere kehrten zum Wasserleben zurück. Beispiele: ↗*Cacops,* ↗*Eryops,* ↗*Trematops.*

Rhacophoridae [Mz.; v. gr. rhakophorein = Lumpen tragen], die ↗Ruderfrösche.

Rhacophyton *s* [v. gr. rhakos = Fetzen, phyton = Pflanze], meist bei den ↗*Coenopteridales* (fossile Farne) eingeordnete oberdevonische Gatt. von ca. 1,5 m hohem Wuchs; Stamm mehr od. weniger aufrecht mit sekundärem Dickenwachstum u. sanduhrförmiger Stele; Wedelblätter noch teilweise dreidimensional („Raumwedel"). Evtl. bestehen auch Beziehungen zu ↗Progymnospermen.

Rhadinaphelenchus *m* [v. gr. rhadinos = schlank, aphelēs = glatt, egchos = Lanze], Gatt. der Fadenwurm-Ord. ↗*Tylenchida* mit dem ↗Kokospalmenälchen.

Rhagionidae [Mz.; v. gr. rhagion = Erdspinne], die ↗Schnepfenfliegen.

Rhagium *s* [v. gr. rhagion = Erdspinne], Gatt. der ↗Bockkäfer (T).

Rhagoletis *w* [v. *rhag-, gr. oletis = Verderberin], Gatt. der ↗Bohrfliegen.

Rhagonycha *w* [v. *rhag-, gr. onyches = Krallen, Klauen], Gatt. der ↗Weichkäfer.

Rhagophthalmidae [Mz.; v. *rhag-, gr. ophthalmos = Auge], Fam. der ↗Leuchtkäfer.

Rhamdia *w,* Gatt. der ↗Antennenwelse.

Rhamnaceae [Mz.; v. *rhamn-], die ↗Kreuzdorngewächse.

Rhamnales [Mz.; v. *rhamn-], die ↗Kreuzdornartigen.

Rhamno-Prunetea [Mz.; v. *rhamn-, lat. prunus = Pflaumenbaum], *Eurosibirische Schlehengebüsche,* Kl. der Pflanzenges. (vgl. Tab.); umfassen Waldmantel-, Hekken- u. Gebüschges. im Bereich mittlerer

Rhabdoviren

Vermehrung von *Rabiesvirus:*

Nachdem die Viren durch eine Bißwunde in den Körper des Menschen od. eines Tieres eingedrungen sind, vermehren sie sich zuerst im Muskelgewebe, dringen dann in die Nervenfasern ein u. verbreiten sich schließl. im gesamten Zentralnervensystem. Vom Gehirn, in dessen Zellen eine Virusvermehrung stattfindet, wandert das Virus entlang den Nervenfasern in alle Körperteile, u. a. in die Speicheldrüsen. Hier vermehrt sich das Virus weiter u. kann von dort auf andere Tiere übertragen werden. In den infizierten Nervenzellen kommt es zur Bildung charakterist. cytoplasmatischer Einschlußkörper, die nach ihrem Entdecker als *Negri-Körperchen* bezeichnet werden. Die Inkubationszeit bei einer Rabiesvirus-Infektion kann mehrere Wochen betragen. ↗Tollwut.

rhag- [v. gr. rhax, Gen. rhagos = (Wein-)Beere, Weintraube].

bis trockener Standorte v. Spanien bis in den kontinentalen Raum. Charakterarten der *R.* sind Schlehe *(Prunus spinosa),* Blutroter Hartriegel *(Cornus sanguinea),* Waldrebe *(Clematis vitalba),* Weißdorn-Arten *(Crataegus spec.)* u.a. Natürl. sind *R.*-Ges. an Stellen, die für Wald zu trocken sind (z.B. das Felsenbirnen-Gebüsch, ↗ *Berberidion*); meist jedoch sind sie Ersatzges. von Waldges. ↗ Mantelgesellschaften.

Rhamnose *w* [v. *rhamn-], *6-Desoxy-L-mannose,* in Bakterienzellwänden vorkommender ↗ Desoxyzucker.

Rhamnus *m* [v. *rhamn-], der ↗ Kreuzdorn.

Rhamphichthyidae [Mz.; v. *rhampho-, gr. ichthys = Fisch], Fam. der ↗ Messeraale.

Rhamphophryne *w* [v. *rhampho-, gr. phrynē = Kröte], Gatt. der Kröten; 5 Arten im nördl. S-Amerika.

Rhamphorhynchoidea [Mz.; v. *rhampho-, gr. rhygchos = Schnauze], U.-Ord. der ↗ Flugsaurier.

Rhamphorhynchus *m* [v. *rhampho-, gr. rhygchos = Schnauze], (H. v. Meyer 1846), † Flugsaurier mit langem Schwanz und rhomb., waagerecht gestelltem Schwanzsegel; Flügel lang u. schmal, Spannweite bis 1,80 m; Körperlänge ca. 40 cm. *R.* war bereits fein behaart und wahrscheinl. warmblütig. Flugversuche mit Modellen zeigten, daß *R.* im Stile v. Seeschwalben flog, Rüttelflug war nur kurzzeitig möglich. *R.* war auch ein guter stat. Segler u. guter Schwimmer; er jagte wahrscheinl. Fische nach Art des rezenten Scherenschnabels *(Rhynchops).* Verbreitung: oberer Malm von S-Dtl. und O-Afrika. ☐ Flugsaurier.

Rhaphidophoridae [Mz.; v. gr. rhaphis = Nadel, -phoros = -tragend], die ↗ Buckelschrecken.

Rhaphiodontinae [Mz.; v. gr. rhaphis = Nadel, odontes = Zähne], U.-Fam. der ↗ Salmler.

Rhazes *(Rasi, Rhases),* eigtl. *Abu Bakr Muhammed Ibn Zakariya,* auch *ar-Razi* gen., pers. Arzt u. Alchimist, * 28. 8. 865 Rai (Persien), † 27. 10. 925 ebd.; bedeutendster islam. Arzt; unterschied als erster klar zw. Pocken u. Masern, behandelte Knochenbrüche mit Gipsverbänden; führte vorbildl. Protokolle über seine chem. Experimente; klassifizierte alle Substanzen in tierische, pflanzliche u. mineralische.

Rhea *w* [= gr. Göttin], Gatt. der ↗ Nandus.

Rheïformes [Mz.; ben. nach der gr. Göttin Rhea, lat. forma = Gestalt], die ↗ Nandus.

Rheinmücken, die ↗ Büschelhafte.

Rheinschnake, *Aëdes vexans,* ↗ Stechmücken.

Rhenanida [Mz.; v. lat. Rhenanus = rheinisch], (Broili 1930), † Ord. rochenart. ↗ *Placodermi* mit weitgehender Reduktion des Hautpanzers, Verbreitung: unteres bis oberes Devon; 4 Gatt., z.B. *Gemuendina* aus dem Bundenbacher Schiefer des Rheinlandes.

rhamn- [v. gr. rhamnos = eine Art Dornstrauch, Kreuzdorn].

Rhamno-Prunetea

Ordnung u. Verbände:

Prunetalia spinosae

↗ *Berberidion* (Berberitzen-Gebüsche)

↗ *Rubion subatlanticum* (subatlant. Brombeer-Hekken)

↗ *Salicion arenariae* (Dünenweiden-Gebüsche)

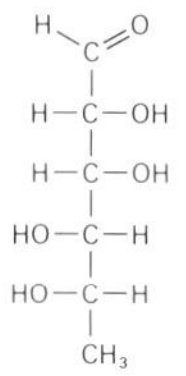

Rhamnose

Rhesusaffen

Rhesusaffe, *Macaca (Rhesus) mulatta,* mit Jungem

rhampho- [v. gr. rhamphos = gekrümmt; (Krumm-) Schnabel].

rheo- [v. gr. rheos = das Fließende, der Fluß].

Rheobase *w* [v. *rheo-, gr. basis = Grundlage], ↗ Chronaxie (☐).

Rheobatrachus *m* [v. *rheo-, gr. batrachos = Frosch], Gatt. der ↗ *Myobatrachidae* mit nur 1 Art, dem Magenbrütenden Frosch, *R. silus.* Die ♀♀ dieses 30 bis 50 mm großen Frosches verwandeln während der Fortpflanzungszeit einen Teil ihres Magens in einen Brutsack, in dem sich die Larven bis zu fertigen kleinen Jungfröschchen entwickeln, die dann durch Hervorwürgen geboren werden. Während dieser Zeit wird der Magen stark gedehnt, u. die Magensäureproduktion wird eingestellt – wahrscheinl. unterdrückt durch Prostaglandin E_2, das v. den Embryonen u. Larven abgegeben wird. *R. silus* ist ein aquatischer Frosch, der äußerl. an Krallenfrösche erinnert. Er ist auf ein kleines Gebiet im SO Queenslands in Austr. beschränkt. Erst 1973 entdeckt, ist er heute extrem selten od. sogar schon ausgestorben. Gründe dafür sind eine Reihe v. trockenen Sommern, die die Flüsse, in denen die Art lebte, zum Austrocknen brachten, sowie Biotopveränderungen. – Inzwischen ist eine zweite, größere Art Magenbrütender Frösche im N Queenslands gefunden worden.

rheobiont [v. *rheo-, gr. bioōn = lebend], Bez. für Organismen, die in schnell fließenden Gewässern leben. ↗ Bergbach.

Rheokrene *w* [v. *rheo-, gr. krēnē = Quelle], Quelle, die, ohne einen See od. Sumpf zu bilden, direkt abfließt. ↗ Quelle.

Rheotaxis *w* [v. *rheo-, gr. taxis = Anordnung], in Fließgewässern das Einstellen von bewegl. Organismen (z.B. Fische, Insektenlarven) zur Strömung; *positive R.:* Bewegung gg. die Strömung; *negative R.* (seltener): Bewegung mit der Strömung. ↗ Taxien.

Rheotropismus *m* [v. *rheo-, gr. tropē = Wendung], ↗ Tropismus.

Rhesusaffen [ben. nach dem myth. Thrakerkönig Rhēsos (?)], *Macaca (Rhesus) mulatta,* in mehreren U.-Arten über weite Teile Indiens und S-Chinas verbreitete ↗ Makaken; Kopfrumpflänge etwa 60 cm. In Indien leben R. sowohl in Wäldern u. baumbestandenem Kulturland als auch – geschützt durch die Religion – in Dörfern u. Städten (Kulturfolger). Die soziale Rangordnung in den Gruppen aus 20–50 Tieren ist bei ♂♂ und ♀♀ getrennt ausgebildet. R. verfügen über eine breite Skala v. Droh- u. Demutsgebärden. Ausgiebige soziale Körperpflege, sog. „Lausen" (Entfernen v. Parasiten u. Hautschuppen), dient auch der Festigung der Rangordnung. Da sich R. in Gefangenschaft leicht halten u. züchten lassen, wurden sie zu den begehrtesten med.-pharmazeut. Versuchstieren u. bestuntersuchten Primaten. An R. entdeckte man zuerst den nach ihnen ben. ↗ Rhesusfaktor. R. gehören zu den häufigsten u. beliebtesten Zootieren. – Mit den eigentl. R. nahe verwandt sind die Berg-

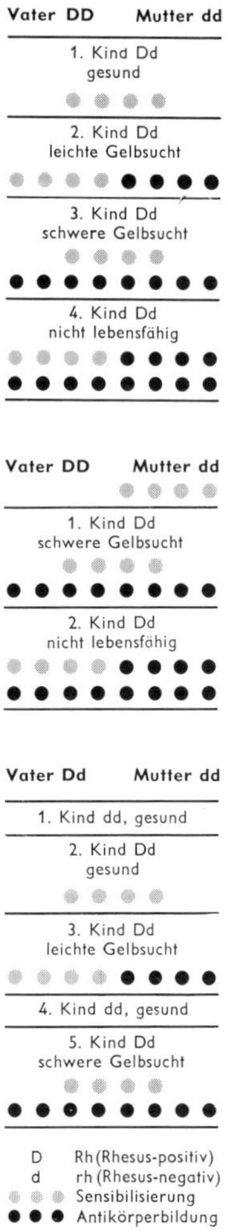

Rhesusfaktor

Darstellung der fortschreitenden Antikörperbildung im Blut einer rh-Mutter. Bei einem Rh-Vater und einer bereits sensibilisierten rh-Mutter (meist erst beim 2. Kind) kann das Neugeborene durch eine sofortige Austauschtransfusion gerettet werden. Die Übertragung von Rh-Blut auf einen bereits sensibilisierten rh-Empfänger hat schwerste Komplikationen zur Folge. – Obwohl unter der mitteleur. Bevölkerung etwa 12% aller Ehen zum „unverträglichen Typus“ gehören, rechnet man nur in ca. 2–5% der Rh-unverträglichen Ehen mit der Entstehung einer Sensibilisierung.

od. Assam-R., *M.(R.) assamensis,* u. die Formosa-Makaken od. Formosa-R., *M.(R.) cyclopis.* B Asien VI.

Rhesusfaktor [ben. nach den ↗Rhesusaffen], Abk. *Rh-Faktor,* ein 1940 von K. ↗Landsteiner und A. Wiener bei Rhesusaffen entdecktes antigenes (↗Antigene) erbl. Merkmal der Erythrocyten (↗Blutgruppen, ↗Blutfaktoren). Das *Rhesussystem* läßt sich in 8 Untergruppen von Antigenen mit 36 Genotypen einteilen (c, De, CDe, cDE, Cde, cdE, CdE, cde). Der R. ist bei etwa 85% aller weißen Menschen vorhanden (*Rhesus-positiv* = Rh oder Rh+), bei ca. 15% fehlt er (*Rhesus-negativ* = rh oder Rh−). Wenn einem Rh-negativen Menschen Blut v. einem Rh-positiven Spender übertragen wird (↗Bluttransfusion), können sich im Blut des Empfängers Antikörper gg. den R. bilden *(Sensibilisierung).* Bei einer späteren Transfusion mit Rh-positivem Blut kann es dann zu einer schweren allergischen Reaktion (↗Allergie) kommen. So kann z. B. eine Frau mit Rh-negativem Blut, deren Mann Rh-positiv ist, in der Schwangerschaft durch das Rh-positive Blut des Ungeborenen sensibilisiert werden, d. h., in ihrem Körper bilden sich Antikörper. Das erste Kind ist meist noch gesund. Bei weiteren Schwangerschaften kommt es zur Zerstörung der kindl. Erythrocyten (↗Hämolyse) durch die mütterl. Antikörper. Dies kann zur Folge haben, daß der Fetus im Uterus abstirbt od. bei der Geburt an schweren ↗Anämien od. Gelbsucht (↗Ikterus) erkrankt (sog. *Neugeborenen-↗Erythroblastose,* Morbus haemolyticus neonatorum; Therapie durch Blutaustausch).

Rheum *s* [v. gr. rhēon (wohl pers. Lehnwort), =], der ↗Rhabarber.

Rheumatismus *m* [v. gr. rheuma = Fluß, Fließen], *Rheuma,* Überbegriff für eine Gruppe v. Erkrankungen des Bindegewebes mit vielfältiger klin. Manifestation u. Symptomatik. a) *Rheumatoide Arthritis, primär-chronische Polyarthritis* (PCP). Mit einem Vorkommen bei 1–3% der Bevölkerung (♀ : ♂ = 2:1–4:1) häufigste Bindegewebserkrankung. Symptome sind Bewegungs- u. Druckschmerz meist mehrerer kleiner Gelenke, oft symmetrisch, mit Schwellung, Gelenksteifigkeit (bes. morgens), Knotenbildung unter der Haut; röntgenolog. lassen sich im Bereich der Gelenke Knochendegenerationen u. Knorpelschwund mit Cysten u. Usuren sowie Verengung des Gelenkspalts nachweisen. Die Erkrankung hat die Tendenz, langsam fortzuschreiten u. führt zu Gelenkdeformationen mit Deviationen der Finger, Gelenkschwellungen u. Muskelatrophien. Durch Ansammlungen v. Fibroblasten, Epitheloidzellen u. a. an Sehnen u. Muskeln kann es zur Entwicklung von *R.knoten* kommen. Sonderformen sind z. B. das *Sjögren-Syndrom,* das mit Arthritis u. Versiegen der Tränenflüssigkeit u. der Speichelproduktion einhergeht, u. die *Stillsche Krankheit,* die meist im Kindesalter auftritt und sich mit Gelenkergüssen, Leber-, Milz- und Lymphknotenschwellungen, Entzündung der Regenbogenhaut, Anämie u. a. manifestiert. Eine schwere Verlaufsform des Erwachsenenalters stellt das *Felty-Syndrom* dar, das mit Arthritis, Milz- u. Lymphknotenschwellung u. Leukopenie einhergeht. Eine rheumat. Erkrankung der Wirbelsäule stellt die *Bechterewsche Krankheit* (Spondylarthritis ankylopoetica) dar, die zur Verkrümmung u. Versteifung der Wirbelsäule führt. Die Ätiologie ist bisher unbekannt; vermutet wird ein exogen erworbener od. genetisch bedingter Defekt der Steuerung der ↗Immunantwort (↗Autoimmunkrankheiten). Durch eine unbekannte Noxe kommt es zu einer Veränderung der Synoviazellen. Hierdurch wird eine Immunantwort von T- und B-Zellen (↗Lymphocyten) u. ↗Makrophagen induziert, die zur Antikörperbildung gg. Synoviazellen führt. Im Verlaufe der Immunantwort entstehen so die im Serum der Patienten nachweisbaren *Rheumafaktoren* (meist IgM; T Immunglobuline). Durch Aktivierung v. Makrophagen, des ↗Komplement-Systems u. von Immunkomplexen entsteht eine Synoviitis mit Freisetzung v. Hydrolasen, Kollagenasen und lysosomalen Enzymen, die zur Zerstörung des Gelenkknorpels führt. Die Therapie erfolgt mit Antiphlogistika, Corticosteroiden, Resochin, Goldverbindungen u. a., außerdem balneolog. und operative Maßnahmen. b) *Rheumatisches Fieber, akuter Gelenk-R., akute Polyarthritis, Polyarthritis rheumatica acuta,* nach Streptokokkeninfektion hervorgerufene allergisch-hyperergische Bindegewebsreaktion, die ca. 1–3 Wochen nach der Infektion auftritt. Symptome sind Fieber, Schwellung u. Schmerzen an den großen Gelenken, Schweißausbrüche, Mattigkeit, Kopfschmerzen, schweres Krankheitsgefühl. Die rheumat. Entzündung kann zu einem Befall des Herzmuskels u. der Herzklappen führen (Endocarditis verrucosa rheumatica). Therapie mit Penicillin. c) *Degenerativer R.,* R. als Folge nicht primär entzündl. Vorgänge, z. B. durch Überbelastung. d) R. außerhalb der Gelenke, z. B. *Muskel-R.,* Entzündung der Gelenkbursae, der Sehnen usw. *H. N.*

rhexigen [v. gr. rhēxis = Reißen, Riß, gennan = erzeugen], Bez. für die Entstehungsweise lufterfüllter ↗Interzellularen durch Zerreißen entspr. Zellen infolge ungleich verteilten Wachstums, z. B. Markhöhlen bei vielen Pflanzen. Ggs.: ↗lysigen, ↗schizogen.

Rh-Faktor, der ↗Rhesusfaktor.

Rhigonema *s* [v. gr. rhigein = schaudern, nēma = Faden], Gatt. der Fadenwurm-Ord. ↗*Oxyurida;* namengebend für die Fam. *Rhigonematidae.* Die artenreiche

Gruppe mit ca. 10 Gatt. von z.T. unterschiedl. Körperbau lebt ausschl. im Enddarm trop. Tausendfüßer.

Rhinanthus *m* [v. *rhin-, gr. anthos = Blume], der ↗Klappertopf.

Rhinatrema *s* [v. *rhin-, gr. a- = nicht-, trēma = Loch], Gatt. der ↗Blindwühlen (T).

Rhincodontidae [Mz.; v. gr. rhinē = Haiart, odontes = Zähne], die ↗Walhaie.

Rhineacanthus *m* [v. gr. rhinē = Haiart, akantha = Stachel], Gatt. der ↗Drückerfische.

Rhinencephalon *s* [v. *rhin-, gr. egkephalon = Gehirn], das ↗Riechhirn.

Rhineura *w* [v. gr. rhinē = Feile, Raspel, oura = Schwanz], Gatt. der ↗Doppelschleichen.

Rhingia *w*, Gatt. der ↗Schwebfliegen.

Rhinobatoidei [Mz.; v. gr. rhinobatos = Stachelrochen], die ↗Geigenrochen.

Rhinocerotidae [Mz.; v. gr. rhinokerōtes =], die ↗Nashörner.

Rhinochimaeridae [Mz.; v. *rhino-, gr. chimaira = Ziege], Fam. der ↗Chimären.

Rhinocryptidae [Mz.; v. *rhino-, gr. kryptos = verborgen], die ↗Bürzelstelzer.

Rhinodermatidae [Mz.; v. *rhino-, gr. derma = Haut], Fam. der ↗Froschlurche mit nur 1 Art, dem ↗Darwinfrosch *(Rhinoderma darwini)*.

Rhinodrilus *m* [v. gr. rhinos = rauhe Haut, drilos = Regenwurm], Ringelwurm-(Oligochaeten-)Gatt. der ↗ *Glossoscolecidae*, mit über 600 Segmenten.

Rhinogradentia [Mz.; v. *rhino-, lat. gradi = schreiten], *Rhinogradentier, Naslinge*, v. dem Zoologen G. Steiner erdachte, mit den Methoden der vergleichenden Biologie u. der phylogenet. Systematik (unter dem Pseudonym H. Stümpke) beschriebene u. durch gelungene Zeichnungen vorgestellte Säugetier-Ord. aus 14 Fam. und 189 Arten, darunter harmlose Früchteesser (Nasobem, *Nasobema lyricum*) u. gefürchtete Räuber *(Tyrannonasus imperator)*.

Lit.: *Stümpke, H.:* Bau und Leben der Rhinogradentia. Neuaufl. Stuttgart 1981.

Rhinolophidae [Mz.; v. *rhino-, gr. lophos = Lappen], die ↗Hufeisennasen.

Rhinophis *m* [v. *rhin-, gr. ophis = Schlange], Gatt. der ↗Schildschwänze.

Rhinophoren [Mz.; v. *rhino-, gr. -phoros = -tragend], fühlerähnl. Fortsätze am Kopf der Hinterkiemerschnecken, oft mit Lamellen besetzt u. kompliziert gestaltet; sie sind Organe zur Wahrnehmung v. Wasserströmungen u. Träger v. Chemorezeptoren (vgl. Abb.). Bei einigen Nacktkiemern sind sie in R.-Scheiden rückziehbar.

Rhinophrynidae [Mz.; v. *rhino-, gr. phrynē = Kröte], die ↗Nasenkröten.

Rhinoplax *w* [v. *rhino-, gr. plax = Platte], Gatt. der ↗Nashornvögel.

Rhinoptera *w* [v. *rhino-, gr. pteron = Flügel], Gatt. der ↗Adlerrochen.

Rhinoviren [v. *rhino-] ↗Picornaviren.

Rhinozerosse [Mz.; v. gr. rhinokerōs = Nashorn], die ↗Nashörner.

Rhipidistia [Mz.; v. *rhipi-, gr. histion = Segel], † U.-Ord. der ↗Quastenflosser mit den Überfam. ↗ *Osteolepiformes* u. ↗ *Porolepiformes*.

Rhipidium *s* [v. *rhipi-], eine andere Bez. für den zymösen, monochasialen Teil-↗Blütenstand des *Fächels*, bei dem sämtl. Seitensproßgenerationen in der Medianebene liegen, die vom zugehörigen Tragblatt u. von der Blütenstandsachse aufgespannt wird.

Rhipidoglossa [Mz.; v. *rhipi-, gr. glōssa = Zunge], die ↗Fächerzüngler.

Rhipidogorgia *w* [v. *rhipi-, gr. gorgos = furchtbar anzusehen], der ↗Venusfächer.

Rhipiphoridae [Mz.; v. *rhipi-, gr. -phoros = -tragend], die ↗Fächerkäfer.

Rhipsalis *w* [v. gr. rhips = Rute, Binse], Gatt. der ↗Kakteengewächse.

Rhithral *s* [v. gr. rheithron = Fluß], die Bachregion; ↗Bergbach, ↗Flußregionen (T), ↗Fließwasserorganismen.

Rhizaxinella *w* [v. *rhiz-, lat. axis = Achse], Gatt. der Schwamm-Fam. *Suberitidae. R. pyrifera*, basal mit langem Stiel, apikal rundl.-gestreckt, gelbl., auf schlammigsandigen Böden bis zu 200 m Tiefe; Mittelmeer.

Rhizidiomyces *m* [v. *rhiz-, gr. mykēs = Pilz], Gatt. der ↗Hyphochytriomycetes.

Rhizinaceae [Mz.; v. *rhiz-], die ↗Wurzellorcheln.

Rhizine *w* [v. *rhiz-], *Haftfaser*, meist fädiges, einfaches bis verzweigtes Organ bei Laub- u. Strauchflechten, aus Hyphensträngen aufgebaut, gewöhnl. der Festheftung am Substrat dienend, aber auch ohne erkennbare Funktion.

Rhizobiaceae [Mz.; v. *rhizo-, gr. bios = Leben], Bakterien-Fam. in der Gruppe der gramnegativen aeroben Stäbchen u. Kokken mit 4 Gatt.; bewegl., sporenlose Stäbchenbakterien; leben saprophytisch; viele können jedoch in Symbiose mit Pflanzen molekularen Stickstoff fixieren *(↗ Knöllchenbakterien)*, andere an Pflanzenwurzeln parasitieren *(↗ Agrobacterium)*.

Rhizobien [Mz.; v. *rhizo-, gr. bios = Leben], Trivialname für Bakterien der Gatt. *Rhizobium* (↗Knöllchenbakterien).

Rhizocarpaceae [Mz.; v. *rhizo-, gr. karpos = Frucht], Fam. der ↗ *Lecanidiales*, 3 Gatt., 205 Arten, Krustenflechten mit Grünalgen, Apothecien mit deutl. ausgebildetem Excipulum, kosmopolitisch. Wichtigste Gatt. ↗ *Rhizocarpon*.

Rhizocarpon *s* [v. *rhizo-, gr. karpos = Frucht], Gatt. der ↗ *Rhizocarpaceae*, fr. zu den ↗ *Lecideaceae* gestellt; 200 Arten; Krustenflechten mit lecideinen Apothecien, zwei- bis mauerartig vielzelligen Sporen, gewöhnl. grauem, braunem od. gelbem Lager; Gesteinsbewohner, hpts. auf Silicat in kühlen u. kalten Klimazonen,

rhin-, rhino- [v. gr. rhis, Gen. rhinos = Nase].

rhipi- [v. gr. rhipis, Gen. rhipidos = Fächer; rhipidion = kleiner Fächer].

rhiz-, rhizo- [v. gr. rhiza = Wurzel].

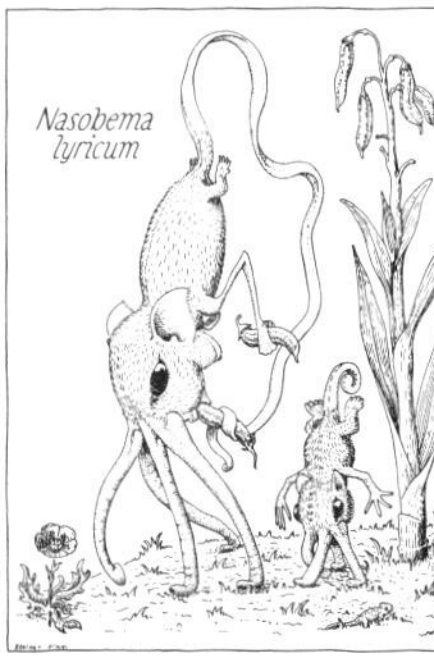

Rhinogradentia

Nasobema lyricum, nach allg. Auffassung der von C. Morgenstern erstmals beschriebene Nasling

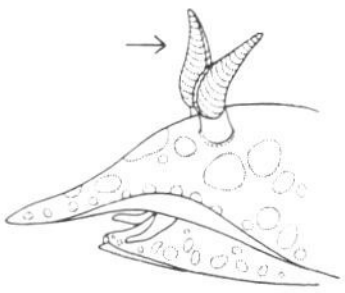

Rhinophoren

R. am Kopfende von *Peltodoris*

Rhizobiaceae

Gattungen:
Rhizobium (↗Knöllchenbakterien)
Bradyrhizobium (↗Knöllchenbakterien)
↗ *Agrobacterium*
Phyllobacter (Knöllchenbakterien an Blättern verschiedener Pflanzenarten der Fam. *Myrsinaceae* u. *Rubiaceae*; Fähigkeit zur N_2-Fixierung noch nicht eindeutig geklärt)

kosmopolitisch; bekannteste Art die ↗Landkartenflechte.

Rhizocarpsäure ↗Flechtenstoffe.

Rhizocephala [Mz.; v. *rhizo-, gr. kephalē = Kopf], *Wurzelkrebse,* Ord. der Rankenfüßer (System: T Rankenfüßer) mit ca. 200 Arten, die alle an decapoden Krebsen u. Asseln parasitieren. Die *Kentrogonida* sind Endoparasiten, welche die Organe ihres Wirtes mit einem wurzelart. Geflecht überziehen. Daß sie zu den Krebstieren u. zu den Rankenfüßern gehören, erkennt man an der Entwicklung, die im folgenden anhand des Sack-Krebses *Sacculina carcini* beschrieben wird. Aus dem Ei schlüpft ein Nauplius, der sich v. seinem Dottervorrat ernährt u. sich über mehrere Metanauplius-Stadien zur Cypris-Larve (↗Rankenfüßer) entwickelt. Diese sucht den Wirt, z. B. die Strandkrabbe *Carcinus maenas,* auf u. heftet sich an der Basis einer Borste fest. Hier wandelt sie sich zum *Kentrogon* um, einem sackförm. Körper, der nur undifferenzierte Zellen enthält. Carapax, Extremitäten u. a. werden bei dieser Häutung abgestoßen. Das Kentrogon entwickelt ein feines Rohr, das *Kentron,* das wie eine Injektionskanüle Cuticula u. Epidermis des Wirtes durchstößt u. durch das der zellige Inhalt des Kentrogons in den Wirt schlüpft. Dort wächst der Parasit zu dem weitverzweigten Wurzelgeflecht, der Sacculina interna, aus. Diese nimmt Nährstoffe aus dem Blut des Wirtes auf. Wenn dieser ein Männchen ist, zerstört sie auch die androgene Drüse u. bewirkt dadurch u. a., daß das Pleon breit wird wie bei einem Weibchen. Nach 7 bis 8 Monaten durchbricht ein Fortsatz der Sacculina interna Epidermis u. Cuticula des Wirtes an der Ventralseite des Pleons u. bildet dort die Sacculina externa, einen weichhäutigen Sack, den die Krabbe wie arteigene Eier unter dem Pleon trägt. Die Sacculina externa ist praktisch ein bis auf die Fortpflanzungsorgane reduzierter Rankenfüßer. Ein Mantel umgibt einen knopfart. Körper mit Ovarien u. paarigen Receptacula (s. u.). Die Sacculina externa bleibt mit der Sacculina interna verbunden. 9 Monate nach der Infektion werden die ersten Nauplien entlassen. Nach ca. 3 Jahren stirbt der Parasit; die Krabbe kann ihn überleben. Früher hielt man die *R.* für Zwitter u. ihre Receptacula für Hoden. Untersuchungen an *Peltogasterella gracilis,* einem Parasiten v. Einsiedlerkrebsen, haben jedoch gezeigt, daß die Tiere getrenntgeschlechtlich sind. Aus kleinen Eiern werden Weibchen, die sich wie oben geschildert entwickeln. Aus großen Eiern werden männl. Cypris-Larven, die eine noch junge Sacculina externa v. *Peltogasterella* aufsuchen. Dort wandelt sich ihr Körper in undifferenzierte Zellen um, die über das Kentron in das Weibchen eindringen, in die Receptacula schlüpfen u. dort zu Spermatozoen werden. Die *Akentrogonida* sind Ektoparasiten an Decapoden, Asseln u. Rankenfüßern. *P. W.*

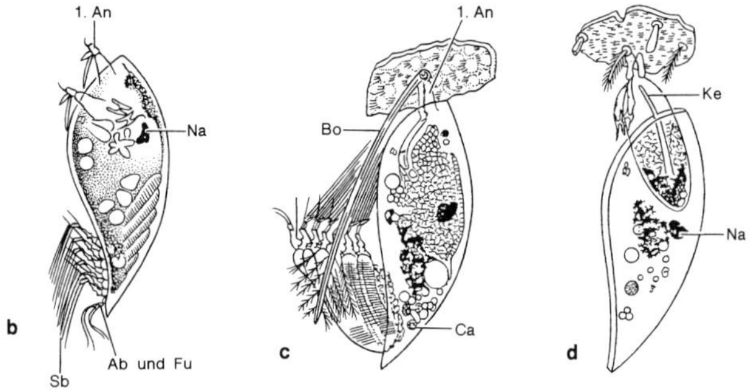

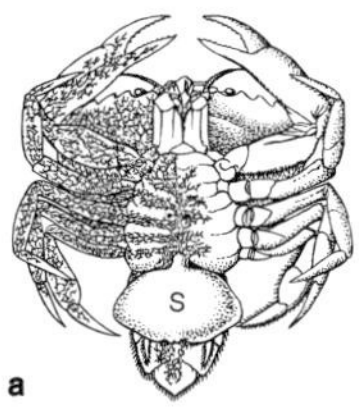

Rhizocephala

a Strandkrabbe *(Carcinus maenas),* infiziert mit dem Sack-Krebs *Sacculina carcini* (von ventral); rechte Seite wie durchsichtig gezeichnet, zeigt die Sacculina interna (S = Sacculina externa).
b freischwimmende *Cypris*-Larve;
c frisch festgesetzte Cypris-Larve, die Thorax u. Extremitäten abwirft;
d Umwandlung zum *Kentrogon*
Ab Abdomen, An Antenne, Bo Borste des Wirtskrebses, Ca Carapax, Fu Furca, Ke Kentron, Na Naupliusauge, Sb Schwimmbeine

Rhizochrysidales

Familien:

↗ *Lagyniaceae*
↗ *Myxochrysidaceae*
↗ *Rhizochrysidaceae*

rhiz-, rhizo- [v. gr. rhiza = Wurzel].

Rhizochloridales [Mz.; v. *rhizo-, gr. chlōros = gelbgrün], Ord. der ↗*Xanthophyceae,* amöboide einzellige Algen, meist mit Plastiden, können sich mixotroph od. mittels Pseudo- u. Rhizopodien phagotroph ernähren; artenarm. *Rhizochloris stigmatica* bildet fadenförm. Rhizopodien; nach Zellteilung bleiben Tochterzellen über Plasmabrücken verbunden; bilden netzart. Verbände. *Myxochloris sphagnicola* kommt in Wasserzellen v. Torfmoosen vor; bildet plasmodiale Verbände durch Zusammenlagerung einzelliger amöboider Zellen.

Rhizochrysidaceae [Mz.; v. *rhizo-, gr. chrysis = goldenes Gefäß], Fam. der ↗*Rhizochrysidales;* nackte, amöbenart. einzellige Goldalgen. *Rhizochrysis,* ca. 9 Arten, v. a. in schleim. Algenüberzügen in Torfmoosen, leben phototroph. *Chrysamoeba,* 5 Arten, kaum v. *Rhizochrysis* zu unterscheiden, tragen eine kurze Geißel. *Leucochrysis,* ähnelt farbl. *Rhizochrysis,* systemat. Stellung aufgrund des Reservestoffes Chrysolaminarin (↗Chrysose) u. der Ausbildung v. Kieselsäurecysten.

Rhizochrysidales [Mz.; v. *rhizo-, gr. chrysis = goldenes Gefäß], *Chrysoamoebidales,* Ord. der ↗*Chrysophyceae* mit 3 Fam. (vgl. Tab.); rhizopodiale einzellige Goldalgen mit fädigen od. breitlappigen, starren Pseudopodien; ernähren sich phototroph, die farblosen Arten phagotroph.

Rhizoclonium *s* [v. *rhizo-, gr. klōnion = kleiner Zweig], Gatt. der ↗Cladophoraceae.

Rhizocorallium *s* [v. *rhizo-, gr. korallion = Koralle], (Zenker 1836), Spurenfossil (↗Lebensspuren), bestehend aus horizontal od. schräg verlaufenden U-förmigen Röhren mit zwischengeschalteten ↗Spreiten; meist als Freßbauten gedeutet. Verbreitung: Kambrium bis Tertiär; kosmopolitisch.

Rhizocrinus *m* [v. *rhizo-, gr. krinon = Lilie], Gatt. der ↗Seelilien, mit 5 *ungegabelten* Armen, einschl. Stiel nur 10 cm groß; im Atlantik in 100–5000 m Tiefe.

Rhizoctonia *w* [v. *rhizo-, gr. ktonos = Mörder], Formgatt. der ↗Fungi imperfecti *(Hyphomycetes, Agonomycetales);* sterile, sklerotienbildende Mycelform v. Basidiomyceten. Wichtige Pflanzenparasiten: *R. cerealis* (perfekte Form = *Ceratobasidium*) ist ein Erreger der ↗Halmbruchkrankheit (= Scharfer od. Spitzer Augenfleck) an Getreide. Weit verbreitet ist *R. solani* (perfekte Form = *Thanatephorus cucumeris [= Pellicularia filamentosa]*), ein Erreger v. ↗Umfallkrankheiten an Sämlingen, der ↗Wurzeltöterkrankheit der Kartoffel u. a. Wurzelerkrankungen.

Rhizodermis *w* [v. *rhizo-, gr. derma = Haut], *Wurzelhaut,* die Epidermis der typ. jungen ↗Wurzel. ↗Absorptionsgewebe. B Wasserhaushalt (der Pflanze).

Rhizodrilus *m* [v. *rhizo-, gr. drilos = Regenwurm], Ringelwurm-(Oligochaeten-) Gattung der *Tubificidae. R. pilosus,* 2,5–4,2 cm lang, rot, an der Küste unterhalb der Flutlinie, im Schlamm, unter Steinen u. im Angespül; Brackwasserform; Nordsee, Ostsee.

Rhizogenese *w* [v. *rhizo-, gr. genesis = Entstehung], die ↗Wurzel-Bildung.

Rhizogoniaceae [Mz.; v. *rhizo-, gr. gonē = Sproß], Laubmoos-Fam. der ↗*Bryales* mit 1 in trop. und subtrop. Regionen verbreiteten Gatt. *Rhizogonium.*

Rhizoide [Mz.; v. gr. rhizōdēs = wurzelartig], 1) Bez. für die haarförmig ausgewachsenen Zellen, die bei den ↗Moosen (B I–II) u. bei den frei lebenden Prothallien der ↗Farnpflanzen (B I) zur Verankerung auf dem Substrat u. zur Nährsalzaufnahme dienen. 2) Bez. für die ein- od. mehrzelligen, bei den Braunalgen z. T. recht komplex gebauten *Haftorgane* an der Basis des Vegetationskörpers festsitzender ↗Algen (B II, III).

Rhizoidhyphen [Mz.; v. gr. rhizōdēs = wurzelartig, hyphē = Gewebe], Bez. für die ↗Hyphen, mit denen der Pilzpartner vieler ↗Flechten den Flechtenthallus an der Unterlage verankert u. die aus der unteren Rindenschicht hervorwachsen. Vereinigen sich solche R. zu pseudoparenchymat. Hyphensträngen, so nennt man sie ↗*Rhizinen* (B Flechten II).

Rhizolithen [Mz.; v. *rhizo-, gr. lithos = Stein], *Felswurzler,* Bez. für Steinpflanzen, die v. der Oberfläche aus mit Rhizoiden od. Würzelchen in den Fels eindringen.

Rhizom *s* [v. gr. rhizōma = Eingewurzeltes], *Erdsproß, Wurzelstock,* Bez. für unterird. oder dicht unter der Bodenoberfläche bald waagerecht, bald senkrecht wachsende Sproßachsen zahlreicher ausdauernder Kräuter (Stauden); dienen zur Nährstoffspeicherung u. Überdauerung schlechter Witterungsperioden in wechselfeuchten Klimaten. Die mehr od. weniger verdickte Sproßachse ist meist sympodial u. nur selten monopodial gebaut, besitzt meist kurze Internodien u. trägt dauernd allwärts od. nur unterwärts sproßbürtige Wurzeln, häutige Niederblätter u. Knospen. Letztere dienen z. T. dem unbegrenzten Weiterwachsen der Sproßachse selbst, z. T. der Ausbildung der meist 1jährigen oberird. Laub- u. Blütentriebe. Die älteren Teile sterben im Laufe der Jahre ab. Insgesamt können R.e sehr alt werden. Dann bedecken sie oft große Bodenflächen (z. B. Bingelkraut). Gleitende Übergänge verbinden Sproßknolle u. Zwiebel mit den R.en. B asexuelle Fortpflanzung I.

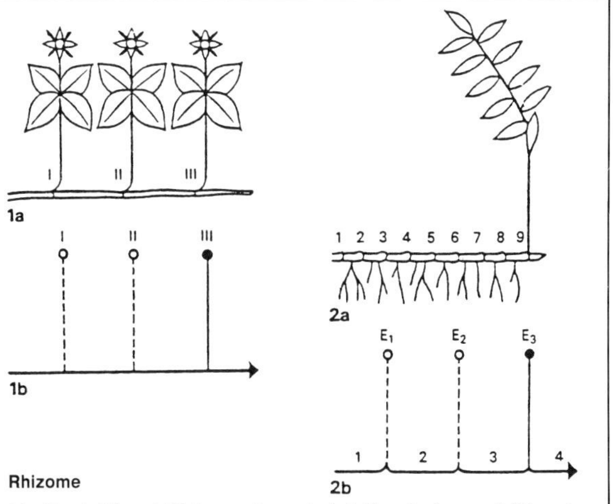

Rhizome

Als *R.* od. *Wurzelstöcke* werden unterird. Sproßachsen mit Wurzelfunktion bezeichnet. Sie sind oft beträchtl. verdickt (Speicherfunktion). Auch hier sind monopodiale und sympodiale Systeme vertreten. Beim *monopodialen* System (**1**) ist das plagiotrop wachsende R. die Hauptachse, z. B. bei der Einbeere *(Paris),* die oberird. Sproßteile mit Laubblättern und Blüten sind Seitenzweige (I, II, III). Beim *sympodialen* System (**2**) sind dagegen die oberird. Sproßteile jeweils die das Wachstum mit der Blüten- und Fruchtbildung abschließenden Hauptachsen (E_1, E_2, E_3), das R. wird durch jeweils eine (Salomonsiegel, *Polygonatum*) oder zwei (Schwertlilie, *Iris*) *Seitenachsen* fortgesetzt (1, 2, 3, 4). Die Narben des Salomonsiegel-R.s, die „Siegel", sind somit die Narben der jährl. Blüten-(Haupt-)sprosse (1–8). R.e allgemein sind – außer anatomisch – durch das Auftreten von farblosen *Niederblättern* von echten Wurzeln zu unterscheiden.

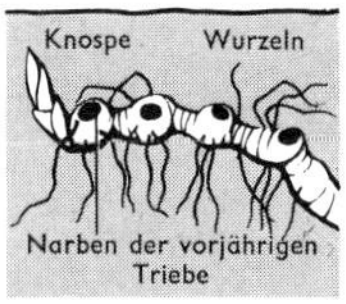

Rhizom

R. beim Salomonsiegel *(Polygonatum)*

Rhizomgeophyten [Mz.; v. gr. rhizōma = Eingewurzeltes, gē = Erde, phyton = Pflanze], Bez. für solche ↗Geophyten (T), die ungünstige Klimaperioden in Form v. ↗Rhizomen überdauern. ↗Lebensformen.

Rhizomorina [Mz.; v. *rhizo-, gr. moron = Maulbeere], (Zittel 1878), U.-Ord. der Steinschwämme (↗*Lithistida),* die ein lockeres Skelett aus rhizoclonen (= rhizocladen) Desmen (↗*Desmophorida)* besitzen; diese sind gekennzeichnet durch 0,2 bis 0,5 mm lange wurzelartige, meist unverbundene Strahlen. Verbreitung: Kambrium bis rezent.

Rhizomorphen [Mz.; Ez. *Rhizomorph*; von *rhizo-, gr. morphē = Gestalt], derbe, stark differenzierte Pilz-Mycelstränge aus parallel- u. dicht zusammengelagerten Hyphen. R. weisen gewebeähnl. Differenzierungen auf (↗Hausschwamm, □), dienen v. a. dem Stofftransport u. können mehrere Meter lang sein (z. B. beim ↗Hallimasch u. Hausschwamm).

Rhizomyidae [Mz.; v. *rhizo-, gr. mys = Maus], die ↗Wurzelratten.

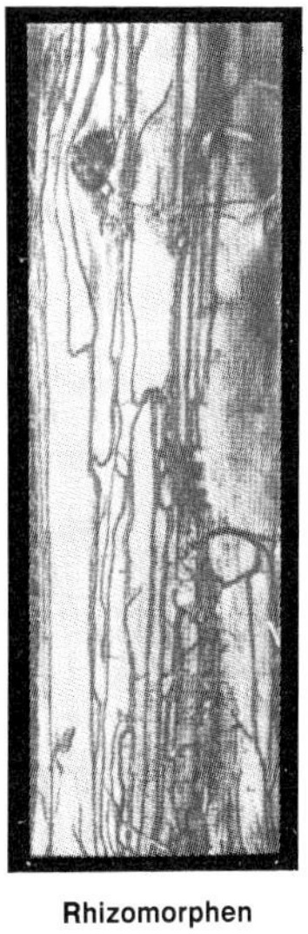

Rhizomorphen

rhiz-, rhizo- [v. gr. rhiza = Wurzel].

rhod-, rhodo- [v. gr. rhodon = Rose].

Rhizophoraceae

Gatt. der Mangrove:
Bruguiera (Asien u. Afrika)
Ceriops (Asien u. Afrika)
Kandelia (Südostasien)
Rhizophora (gesamte Tropen)
Andere Gatt.:
Carallia (Madagaskar bis Polynesien)
Cassipourea (70 Arten, v. a. Afrika)
Poga

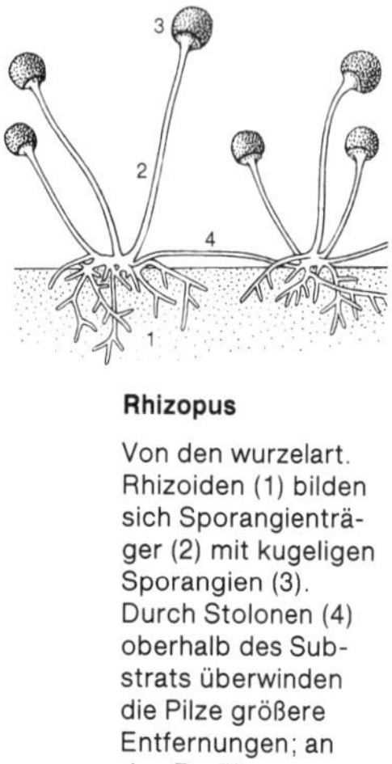

Rhizopus

Von den wurzelart. Rhizoiden (1) bilden sich Sporangienträger (2) mit kugeligen Sporangien (3). Durch Stolonen (4) oberhalb des Substrats überwinden die Pilze größere Entfernungen; an den Berührungspunkten mit dem Substrat werden neue Rhizoide u. Sporangien gebildet (rechts).

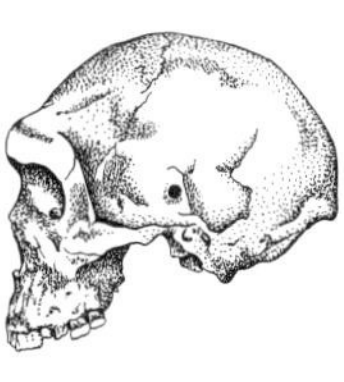

Rhodesiamensch

Rhizophagidae [Mz.; v. *rhizo-, gr. phagos = Fresser], die ↗Rindenglanzkäfer.

Rhizophoraceae [Mz.; v. *rhizo-, gr. -phoros = -tragend], *Mangrovengewächse,* Fam. der ↗Myrtenartigen mit 16 Gatt. und 120 Arten. Immergrüne Sträucher, Lianen u. Bäume des trop. Regenwaldes; i. d. R. ganzrandige Blätter, große, hinfällige Nebenblätter; radiäre Blüten in Blütenständen. 16 Arten aus 4 Gatt. (vgl. Tab.) der *R.* machen die Hälfte der Höheren Pflanzen der ↗Mangrove aus. Als typ. Anpassung an dortige Lebensverhältnisse zeigen sie Viviparie, Atemwurzeln u. sind Halophyten. Die Gatt. *Rhizophora* hat Vertreter in der gesamten Mangrove, *R. mangle* ist bestandsbildend in der (artenarmen) westl. Mangrove; ausgeprägte Stelzwurzelbildung; Vogelbestäubung. Die Gatt. *Bruguiera* u. *Ceriops,* die in der östl. Mangrove Asiens u. Afrikas vorkommen, sind durch kniearartige Atemwurzeln charakterisiert. Für Möbel u. Parkettböden wird das Carallaholz v. *Carallia brachiata* (Indien) verwendet.

Rhizophydium *s* [v. gr. rhizophyein = Wurzeln treiben], Gatt. der ↗*Chytridiales* (Pilze); *R. oratum* parasitiert auf Algen u. dringt mit Rhizoiden in die Wirtszelle ein.

Rhizophyten [Mz.; v. *rhizo-, gr. phyton = Pflanze], *Wurzelpflanzen,* Sammelbez. für die Farn- u. Samenpflanzen, die stets Wurzeln besitzen u. den als ↗*Arrhizophyten* bezeichneten wurzellosen Lagerpflanzen (Thallophyten) gegenübergestellt werden. Der Begriff der R. deckt sich also mit dem heute üblicheren der ↗*Kormophyten.*

Rhizoplast *m* [v. *rhizo-, gr. plastos = geformt], die ↗Cilien-Wurzel.

Rhizopoda [Mz.; v. *rhizo-, gr. podes = Füße], die ↗Wurzelfüßer.

Rhizopodien [Mz.; v. *rhizo-, gr. podion = Füßchen], die ↗Pseudopodien mancher ↗Wurzelfüßer.

Rhizopogon *m* [v. *rhizo-, gr. pōgōn = Bart], die ↗Wurzeltrüffel.

Rhizopus *m* [v. *rhizo-, gr. pous = Fuß], Gatt der ↗*Mucorales* (□), Niedere Pilze, deren Vertreter einen spinnwebart. Pilzrasen mit schnellwüchsigen Laufhyphen (Stolonen) über der Substratoberfläche ausbilden; im Substrat ist das Mycel mit Rhizoidhyphen verankert; an diesen Anheftungspunkten entstehen aufrechte Sporangienträger mit bläulichschwarzen Sporangien. Chlamydosporen werden end- od. zwischenständig gebildet; eine geschlechtl. Fortpflanzung (Zygosporen) ist selten. *R. stolonifer* wächst auf faulenden Pflanzensubstraten (Früchte, Gemüse), im Erdboden, auf Nahrungsmitteln (z. B. Mehl, Brot, Malz); häufiger Luftkeim, daher weit verbreitet. *R. oligoporus* tritt als spontaner Gärer im indones. Tempé (eine Sojakost) auf. Mit *R. arrhizus* wird Fumarsäure hergestellt. *R. oryzae* ist fakultativer Erreger v. Mykosen. *R.* kann auch Allergien auslösen.

Rhizosoleniaceae [Mz.; v. *rhizo-, gr. sōlēn = Röhre], Fam. der ↗*Centrales;* stäbchenartige Kieselalgen mit einer langgestreckten Pleura; Valvarseiten klein u. meist spitz auslaufend. Im Plankton der Nordsee häufig ist *Rhizosolenia alata;* eine weitere marine Gatt. ist *Corethron.* Im Süßwasser kommen *R. eriensis* und *R. longiseta* vor.

Rhizosphäre *w* [v. *rhizo-, gr. sphaira = Kugel], engste Umgebung lebender Pflanzen-↗Wurzeln. In der R. jeder Pflanzenart findet man eine spezielle Biozönose v. Kleinstlebewesen, deren einzelne Organismen (Bakterien einschl. Actinomyceten, Pilze, Algen u. a.) entweder Nährstoffkonkurrenten der Pflanzen sind, v. Wurzelausscheidungen od. zerfallenden Feinwurzeln leben od. mit den Wurzeln eine Symbiose bilden (↗Mykorrhiza). Manche Pflanzen unterdrücken od. hemmen das Wachstum anderer Organismen, indem sie besondere organ. Verbindungen in die R. ausscheiden (↗Allelopathie, ↗Antibiose). Der Hauptteil der R. liegt im Oberboden (A-Horizont).

Rhizostichen [Mz.; v. *rhizo-, gr. stichos = Zeile], Bez. für die Längszeilen, auf denen die Durchtrittsstellen der Seitenwurzeln aus der Hauptwurzel angeordnet sind. Die Anzahl der R. entspricht der Anzahl der Xylemstränge im radialen Wurzelleitbündel, über denen aus den Zellen des Perizykels endogen die Seitenwurzeln gebildet werden. ↗Geradzeilen.

Rhizostomeae [Mz.; v. *rhizo-, gr. stoma = Mund], die ↗Wurzelmundquallen.

Rhizothamnien [Mz.; v. *rhizo-, gr. thamnos = Busch], *Koralloide, Wurzelbüschel,* Bez. für die verdickten, korallenartig od. kurzbüschelig verzweigten Wurzelabschnitte bei Holzpflanzen, eine durch ↗Mykorrhiza-Pilze hervorgerufene Wuchsanomalie, die sich v. den mykorrhizafreien Wurzelabschnitten gestaltl. stark unterscheidet.

Rhizotrogus *m* [v. *rhizo-, gr. trōgein = benagen], Gatt. der Blatthornkäfer; ↗Junikäfer.

Rhodamine [Mz.; v. *rhod-], *Rhodaminfarbstoffe,* Gruppe roter, fluoreszierender synthet. Xanthen-Farbstoffe; wichtigster Vertreter ist das *Rhodamin B;* Verwendung in der Mikroskopie zur Vitalfärbung v. Fettsubstanz u. Cytoplasma, zum Nachweis v. Antimon(V)-Verbindungen u. Wolframaten, als Sprühreagenz in der Dünnschichtchromatographie sowie zum Färben v. Textilien.

Rhodanwasserstoffsäure [v. *rhod-], die ↗Thiocyansäure.

Rhodesiamensch, *Mensch v. Broken Hill, Kobwe,* ↗*Cyphanthropus, Homo rhodesiensis,* 1921 bei Broken Hill (heute Kobwe), ca. 110 km nördlich v. Lusaka in Sambia (fr. Nordrhodesien; Name!) beim Erzbergbau entdeckter massiger Oberschädel eines fossilen Menschen mit mächtigem Augenbrauenwulst (Torus supraorbitalis). Später wurden ein weiterer Oberkiefer sowie verschiedene Extremitäten- u. Beckenreste gefunden, die sich auf 3–4 Individuen beziehen. Alter: oberes Mittelpleistozän, ca. 150 000 Jahre. Heute als früher ↗ *Homo sapiens* angesehen. [B] Paläanthropologie.

Rhodeus *m* [v. gr. rhodeos = rosa], Gatt. der ↗ Bitterlinge.

Rhodine *w* [v. *rhodo-], Ringelwurm-(Polychaeten-)Gatt. der ↗ *Maldanidae* mit 8 Arten. *R. loveni,* bis 11 cm lang und 3 mm breit, graubräunl. mit Rot, nach vorn zu gelbl. bis durchsichtig; im Schlamm tieferen Wassers; Nordsee, westl. Ostsee. *R. gracilior,* bis 7 cm lang und 2 mm breit, braungelb mit Rot u. Weiß; Nordsee, westl. Ostsee.

Rhodobacter *s* [v. *rhodo-, gr. baktērion = Stäbchen], Gatt. der ↗ schwefelfreien Purpurbakterien.

Rhodobryum *s* [v. *rhodo-, gr. bryon = Moos], Gatt. der ↗ Bryaceae.

Rhodococcus *m* [v. *rhodo-, gr. kokkos = Kern, Beere], aerobe, unbewegl., grampositive Actinomyceten (Nocardiaforme), morpholog. sehr unterschiedl. Zellen, im Entwicklungszyklus aber immer kokkoide Formen od. Kurzstäbchen; ca. 12 Arten, fr. verschiedenen anderen Gatt. zugeordnet (z.B. *Corynebacterium, Nocardia*). In der Natur weit verbreitet (Erdboden, Süßwasser); auch aus dem Darmtrakt blutsaugender Arthropoden isoliert, mit denen sie möglicherweise symbiontisch vergesellschaftet sind; *R. bronchalis* wurde im Sputum Lungenkranker festgestellt. Wichtiger Krankheitserreger in Pferden, Rindern u.a. Haustieren ist *R. equi,* der auch für geschwächte Menschen pathogen sein kann.

Rhododendro-Mugetum *s* [v. *rhododendro-, Dialekt-it. mugo = Zwergtanne], Assoz. der ↗ Erico-Pinetea.

Rhododendron *s* [gr., = Lorbeerrose, Oleander], die ↗ Alpenrose.

Rhododendro-Vaccinion *s* [v. *rhododendro-, lat. vaccinium = Hyazinthe], subalpine *Lärchen-Arvenwälder u. Alpenrosen-Gesellschaften,* U.-Verb. des *Vaccinio-Piceion.* ↗ Lärche *(Larix decidua)* u. Arve (*Pinus cembra,* ↗ Kiefer) bauen in den Inneralpen die obere Waldstufe auf; das Klima ist hier kontinental getönt (harte Winter u. warme, wolkenarme Sommer). Die bis in etwa 2400 m Höhe vorkommende Assoziation des *Larici-Cembretum* (Arven-Alpenrosen-Ges.) bildet nur einen lockeren Baumschirm. Die Feldschicht bestimmen Alpenrosen- u. Beerenstrauchherden, die als *Rhododendro(ferruginei)-Vaccinietum* (Alpenrosen-Ges.) auch Rodungsges. des *Larici-Cembretum* sind.

Rhodomelaceae [Mz.; v. gr. rhodomēlon = Rosenapfel], Fam. der ↗ *Ceramiales* (Rotalgen). Die Gatt. *Rhodomela* ist mit 5 Arten in den kälteren Meeren der N-Halbkugel verbreitet; der Thallus ist stark verzweigt u. ändert im Jahresverlauf seine Gestalt. Die artenreichste Gatt. *Polysiphonia* ([B] Algen V) ist mit ca. 150 Arten in allen Meeren anzutreffen; ihre bis 20 cm hohen Thalli weisen eine deutl. quergegliederte, mehrzellige Achse auf, die wiederholt verzweigt ist; an den Küsten der Nordsee häufig ist *P. violacea.* Die Gatt. *Nitophyllum* kommt mit ca. 5 Arten im Mittelmeer u. Atlantik vor; der Thallus von *N. punctatum* ist bräunl. rot u. bildet bis 10 cm große büschelige Thalli. Mit ca. 80 Arten ist die Gatt. *Laurencia* in allen wärmeren Meeren vertreten.

Rhodomicrobium *s* [v. *rhodo-, gr. mikros = klein, bios = Leben], Gatt. der ↗ schwefelfreien Purpurbakterien.

Rhodomonas *w* [v. *rhodo-, gr. monas = Einheit], Gatt. der ↗ Cryptomonadaceae ([T]).

Rhodope *w* [v. gr. rhodōpos = mit rosigem Gesicht], einzige Gatt. der *Rhodopidae,* Hinteratmer-Schnecken ohne Gehäuse, Fühler, Reibzunge u. Herz. *R. veranyi* (4 mm lang) lebt im Sandlückensystem der Mittelmeer- u. Atlantikküsten u. ernährt sich u.a. von *Trichoplax.*

Rhodophyceae [Mz.; v. *rhodo-, gr. phykos = Tang], die ↗ Rotalgen.

Rhodophyllaceae [Mz.; v. *rhodo-, gr. phyllon = Blatt], die ↗ Rötlingsartigen Pilze.

Rhodophyllus *m* [v. *rhodo-, gr. phyllon = Blatt], die ↗ Rötlinge.

Rhodoplasten [Mz.; v. *rhodo-, gr. plastos = geformt], die photosynthetisch aktiven ↗ Plastiden (↗ Chloroplasten) der ↗ Rotalgen, die durch die akzessorischen Photosynthesepigmente Phycocyanine u. Phycoerythrine (↗ Phycobiliproteine) rot gefärbt sind (↗ Chromatophoren); enthalten auch noch Chlorophyll a und Carotinoide.

Rhodopseudomonas *w* [v. *rhodo-, gr. pseudo- = falsch, monas = Einheit], Gatt. der ↗ schwefelfreien Purpurbakterien.

Rhodopsin *s* [v. *rhod-, gr. opsis = Sehen], *Erythropsin, Sehpurpur,* das lichtempfindl., aus dem Chromophor ↗ *Retinal* u. dem Protein *Opsin* zusammengesetzte ↗ Chromoprotein (↗ Sehfarbstoffe, [B]) der ↗ Membran der Sehzellen (Stäbchen) des Linsenauges (↗ Netzhaut) u. der Purpurmembran von Halobakterien (↗ Bakteriorhodopsin). Das R. zerfällt bei Belichtung über Sehorgane in Retinal u. Opsin u. wird nach Belichtungsende mit Hilfe von Vitamin A (↗ Retinol) schnell regeneriert. [B] Membranproteine.

Rhodospirillales [Mz.; v. *rhodo-, gr. speira = Windung], einzige Ord. der ↗ phototrophen Bakterien ([T], U.-Kl. *Anoxyphotobacteria*).

Rhodospirillum *s* [v. *rhodo-, gr. speira = Windung], Gatt. der ↗ schwefelfreien Purpurbakterien.

Rhodosporidium *s* [v. *rhodo-, gr. spora = Same], Gatt. der ↗ basidiosporogenen

rhod-, rhodo-
[v. gr. rhodon = Rose].

rhododendro-
[v. gr. rhodon = Rose, dendron = Baum; rhododendron = Lorbeerrose, Oleander].

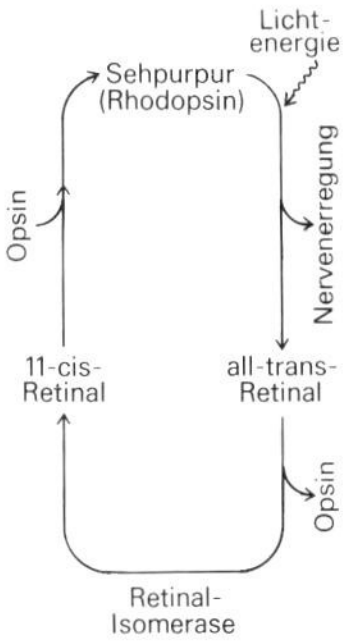

Rhodopsin

Zyklischer Sehvorgang in den Stäbchen-Zellen der Netzhaut (schematisch). [B] Sehfarbstoffe.

rhod-, rhodo- [v. gr. rhodon = Rose].

rhomb- [v. gr. rhombos = Kreisel, Raute, Rhombus].

rhopal-, rhopalo- [v. gr. rhopalon = Keule].

rhyac-, rhyaco- [v. gr. rhyax, Gen. rhyakos = Strom].

rhynch-, rhyncho- [v. gr. rhygchos = Schnauze, Rüssel, Schnabel].

Hefen (Fam. *Rhodosporidiaceae* der *Ustomycetes*); meist in Meerwasser (z. B. *R. sphaerocarpon*), aber auch im Boden saprophytisch lebende hefeartige Ständerpilze, deren haploide Hefeform der Formgatt. ↗ *Rhodotorula* entspricht.

Rhodotorula *w* [v. *rhodo-, lat. torulus = kleiner Wulst], *„Rote Hefen"*, Formgatt. der ↗imperfekten Hefen; typ. Merkmal sind die durch Carotinoide gelb-rot gefärbten schleimigen Kolonien; die Zellform ist rund, oval, seltener länglich (4–10 [–16] × 2–5 µm); meist mehrfach sprossend; es können auch Pseudomycelien gebildet werden. Die ca. 9 Arten leben saprophytisch, z. B. auf Saftflüssen v. Bäumen, auf Pflanzen, im Boden u. Wasser; sie haben keine Gärfähigkeit. Gelegentl. werden sie auch v. Mensch u. Tier isoliert. Sie können auch bei sehr tiefen Temp. leben (unter 0 °C). *R. glutinis* ist die asexuelle Form v. ↗ *Rhodosporidium.*

Rhodoxanthin *s* [v. *rhodo-, gr. xanthos = gelb], ein rotes Carotinoid, das z. B. in Blättern u. Samenschalen v. Bäumen u. im Gefieder v. Vögeln vorkommt.

Rhodymeniales [Mz.; v. *rhod-, gr. hymenion = Häutchen], Ord. der ↗Rotalgen, umfaßt 34 Gatt. mit ca. 185 Arten; der Thallus ist nach dem sog. Springbrunnentyp (☐ Rotalgen) gebaut. Die mit 40 Arten in allen Meeren verbreitete Gatt. *Rhodymenia* bildet bis 40 cm große, flach-gelappte Thalli aus; *R. palmata* kommt häufig im Mittelmeer und N-Atlantik vor. Die 15 Arten der Gatt. *Lomentaria* sind v. a. in wärmeren Meeren verbreitet; ihre röhrenförm. Thalli weisen vielfach Einschnürungen auf u. sind meist schwach verzweigt; an den Küsten des Atlantik u. des Mittelmeeres häufig *L. clavellosa.*

Rhoeo *w* [ben. nach der myth. Rhoiō], Gatt. der ↗Commelinaceae.

Rhombencephalon *s* [v. *rhomb-, gr. egkephalon = Gehirn], das ↗Rautenhirn.

Rhombifera [Mz.; v. *rhomb-, lat. -fer = -tragend], (Zittel 1879), † Ord. der ↗ *Cystoidea* mit rhomb. angeordneten Poren (Dichoporen, Porenrauten). Verbreitung: Ordovizium bis Devon. [zoa.

Rhombogene [Mz.; v. *rhomb-] ↗Meso-

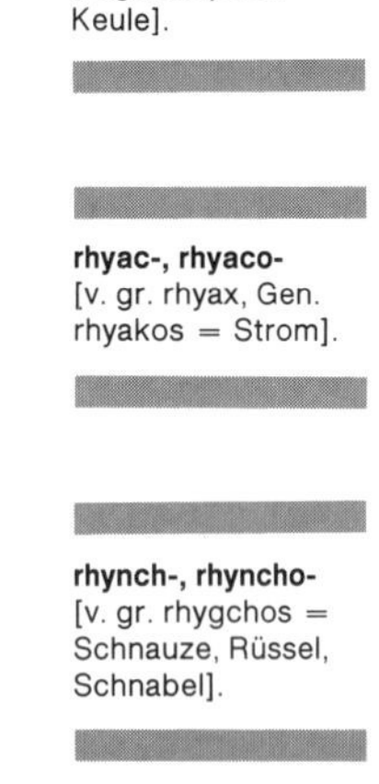

Rhopalium

Aufbau eines Rhopaliums

Rhopalium *s* [v. *rhopal-], *Sinneskolben, Randkörper,* Sinnesorgan der Medusen der *Scyphozoa;* besteht aus einer hohlen Ausstülpung des Körpers, die v. Ektoderm überzogen ist. Entodermzellen in der Spitze sind zu einer kristallinen Masse umgebildet, die einen „Schwerekörper" bildet, dessen Ausschlag registriert wird. Im Ektoderm befindet sich ein gut entwickeltes Nervennetz. Häufig ist gleichzeitig ein Lichtsinnesorgan (Ocellus) entwickelt. Rhopalien finden sich stets zu mehreren am Schirmrand.

Rhopalocera [Mz.; v. *rhopalo-, gr. keras = Horn], die ↗Tagfalter.

rhopaloide Septen [v. gr. rhopaloeidēs = keulenförmig, lat. saeptum = Scheidewand], (Hudson 1936), im Querschnitt zur Mitte hin verdickte ↗Septen v. ↗ *Rugosa.*

Rhopalomenia *w* [v. *rhopalo-, gr. mēnē = Mond], Gatt. der Furchenfüßer mit kalknadelbesetzter Oberfläche; ☿ ohne Kopulationsapparat. Bisher 3 Arten in Mittelmeer, O-Atlantik u. Antarktis bekannt.

Rhopalonema *s* [v. *rhopalo-, gr. nēma = Faden], Gatt. der ↗Trachymedusae.

Rhopalura *w* [v. *rhopal-, gr. oura = Schwanz], Gatt. der ↗Mesozoa (T).

Rhopilema *s* [v. gr. rhōpos = Flitter, lēmē = weiche Masse, Augenbutter], Gatt. der ↗Wurzelmundquallen.

R-Horizont, durch Melioration entstandener Mischhorizont eines Kulturbodens (R von Rigolen; ↗Rigosol).

Rhus *m* [v. gr. rhous =], der ↗Sumach.

Rhyacodrilus *m* [v. *rhyaco-, gr. drilos = Regenwurm], Ringelwurm-(Oligochaeten-) Gattung der ↗ *Tubificidae. R. prostatus,* 6–10 mm lang, bräunl., Blut gelb bis grünl.; Ostsee.

Rhyacophilidae [Mz.; v. *rhyaco-, gr. philos = Freund], Fam. der ↗Köcherfliegen.

Rhyacotriton *m* [v. *rhyaco-, ben. nach dem gr. Meeresgott Tritōn], Gatt. der Querzahnmolche mit 1 Art, dem ↗Olympsalamander.

Rhynchaeites *m* [v. *rhynch-, Dialekt-gr. aeitas = Adler], (Wittich 1898), die einzige fossile u. zugleich eur. Gatt. der ↗Goldschnepfen aus dem Eozän (Lutetium) v. ↗Messel *(R. messeliensis).*

Rhynchaenus *m* [v. gr. rhygchainos = gerüsselt], die ↗Springrüßler.

Rhynchelmis *w* [v. *rhynch-, gr. helmis = Wurm], Ringelwurm-(Oligochaeten-)Gatt. der ↗ *Lumbriculidae. R. limosella,* bis 18 cm lang und 2–3 mm breit, rosarot mit violettem Schimmer, zw. Wasserpflanzen u. im Schlamm stehender u. fließender kalter Gewässer. *R. tetratheca,* 2,5–4,5 cm lang und 1–1,5 mm breit, rot; selten.

Rhynchites *m* [v. *rhynch-], Gatt. der ↗Stecher unter den ↗Rüsselkäfern.

Rhynchobatos *m* [v. *rhyncho-, gr. batos = Stachelrochen], Gatt. der ↗Geigenrochen.

Rhynchobdelliformes [Mz.; v. *rhyncho-, gr. bdella = Blutegel, lat. forma = Gestalt], ältere Bez. *Rhynchobdellodea, Rüsselegel,* Ord. der ↗ *Hirudinea* mit den beiden Fam. ↗ *Glossiphoniidae* u. ↗ *Piscicolidae.* Ihr zylindr. oder abgeplatteter Körper besteht aus dem Prostomium u. 33 Segmenten; der Vorderdarm ist als Stechrüssel ausgebildet, Magen u. Darm tragen Divertikel.

Rhynchocephalia [Mz.; v. *rhyncho-, gr. kephalē = Kopf], die ↗Schnabelköpfe.

Rhynchocoel *s* [v. *rhyncho-, gr. koilos = hohl], muskulöse u. von Flüssigkeit erfüllte Rüsselscheide der ↗Schnurwürmer.

Rhynchocoela [Mz.; v. *rhyncho-, gr. koilos = hohl] ↗Schnurwürmer.

Rhynchodemus *m* [v. *rhyncho-, gr. demas = Körperbau], Strudelwurm-Gatt. der *Tricladida* (Fam. *Rhynchodemidae*). *R. terrestris* bis 14 mm lang, spindelförmig, grau, von nacktschneckenähnl. Habitus; unter Steinen u. in morschem Holz; bekannteste einheim. ↗Landplanarie.

Rhyncholithes *m* [v. *rhyncho-, gr. lithos = Stein], (Blainville 1827), *Rhyncholite(s)* (d'Orbigny 1825), *Rhyncolite* (Biguet 1819), nach dem Vorschlag von Teichert et al. (1964) Bez. für alle Arten v. fossilen Cephalopoden-Kiefern. Wahrscheinl. ist *R.* die verkalkte Spitze des Oberkiefers v. ↗*Germanonautilus („Temnocheilus") bidorsatus* u. ↗Conchorhynchus dessen Unterkiefer. Der erstmals für ein entspr. Objekt vergebene Name „Rhyncolite" ist sprachkundl. falsch u. gilt nach dem Vorschlag v. Teichert als Genus-Name.

Rhynchomyinae [Mz.; v. *rhyncho-, gr. mys = Maus], die ↗Nasenratten.

Rhynchonellida [Mz.; v. *rhyncho-], (Kuhn 1949), Ord. articulater ↗Brachiopoden mit bikonvexer, z.T. kugeliger Schale, meist impunctat (↗Impunctata), klein bis mittelgroß, vorderer Schalenrand kräftig verfaltet. Rezente Vertreter meist mit 2 Paar Metanephridien u. spiralen Lophophoren, die generell von 2 ↗Cruren gestützt werden. Typus-Gatt.: † *Rhynchonella* Fischer 1809; rezent z.B. *Hemithiris („Hemithyris") psittacea* (Gmelin). Verbreitung: mittleres Ordovizium bis rezent.

Rhynchophthirina [Mz.; v. *rhyncho-, gr. phtheir = Laus], die ↗Elefantenläuse.

Rhynchoscolex *m* [v. *rhyncho-, gr. skōlēx = (Spul-)Wurm], Strudelwurm-Gatt. der ↗Stenostomidae.

Rhynchospora *w* [v. *rhyncho-, gr. spora = Same], die ↗Schnabelbinse.

Rhynchota [Mz.; v. *rhyncho-], die ↗Schnabelkerfe.

Rhynchoteuthis *w* [v. *rhyncho-, gr. teuthis = Tintenfisch], Jugendstadium der ↗Pfeilkalmare, das v. der Adultform abweicht u. daher fr. als eigene Gatt. beschrieben wurde.

Rhynia *w*, bisher nur aus dem Unterdevon (Siegenium/Emsium) von Rhynie (Schottland) bekannte Gatt. der ↗Urfarne mit den beiden Arten *R. major* (ca. 50 cm hoch) und *R. gwynne-vaughanii* (ca. 20 cm hoch). *R.* besitzt binsenart. Habitus: waagrecht kriechende „Rhizome" mit Rhizoiden tragen aufrechte photosynthetisch aktive Telome mit endständ. Sporangien; Blätter u. Wurzeln fehlen (Hemikormophyten). Die Telome haben um 2 mm *(R. gwynne-vaughanii)* bis 6 mm ∅ *(R. major)*, sind nackt (bei *R. gwynne-vaughanii* oft warzig) u. dichotom verzweigt; bei *R. gwynne-vaughanii* kommen auch kurze, leicht abfallende Seiten-Telome (vegetative Vermehrung?) u. damit pseudomonopodiale Verzweigung vor. Die Achsen sind differenziert in Epidermis (mit Cuticula u. Spaltöffnungen), 2schichtige Rinde u. protostelisches Leitbündel. Der v. einem kaum spezialisierten Phloem umgebene Xylemteil enthält Ring- u. Schraubentracheiden u. ist bei *R. major* bereits in ein zentrales Protoxylem u. peripheres Metaxylem gegliedert. Die terminalen, bis 12 mm langen, keulenförm. Sporangien besitzen eine mehrschicht. Wand (Eusporangien!) ohne bes. Öffnungsmechanismus. Über den Generationswechsel u. den Gametophyten von *R.* ist nichts Sicheres bekannt. Vielleicht waren die Gametophyten ähnl. den Sporophyten gestaltet. An *R. gwynne-vaughanii* gleichenden Achsen wurden Strukturen, die als Archegonien u. Antheridien gedeutet werden könnten, nachgewiesen. Andererseits wurde aus Rhynie ein als *Lyonophyton* bezeichneter u. möglicherweise zu *R.* gehörender Gametophyt beschrieben, der an einer aufrechten Achse eine becher- oder tellerförm. Erweiterung mit Antheridien u. Archegonien trägt. – Die Schichten, in denen *R.* gefunden wurde, sind ein vermutl. aus der Verlandung eines Sees hervorgegangener, ca. 2,3 m mächtiger verkieselter Torf („Rhynie chert"; Hornstein). Ökologisch war *R.* also offenbar eine feuchtigkeitsliebende Pflanze, die an verlandenden Seen u. in Mooren gedieh. [B] Farnpflanzen III.

rhynch-, rhyncho- [v. gr. rhygchos = Schnauze, Rüssel, Schnabel].

rhytid- [v. gr. rhytis, Mz. rhytides = Runzel, Falte].

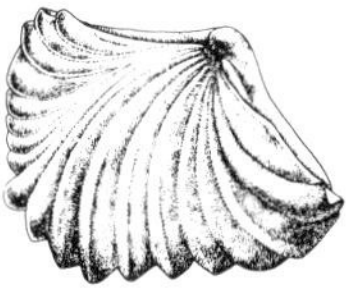

Rhynchonellida

Pleuropugnoides aus dem walisischen Karbon

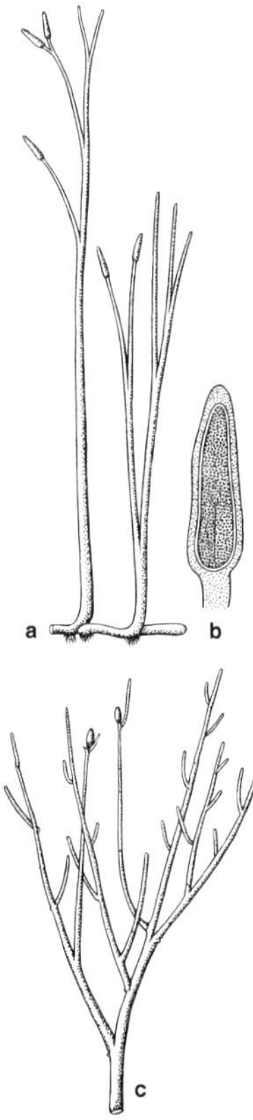

Rhynia

a *R. major*,
b Sporangium von *R. major*,
c *R. gwynne-vaughanii*

Rhyniella *w*, *R. praecursor*, ältester Vertreter der ↗Springschwänze aus dem ↗Devon (Chert v. Rhynie, Schottland) u. damit das älteste bekannte Insekt. Da es sich aber um einen bereits hochentwickelten Springschwanz handelt, wird v. manchen Autoren das angegebene Alter bezweifelt.

Rhynochetidae [Mz.; v. gr. rhis, Gen. rhinos = Nase, ochetos = Rinne, Röhre], die ↗Kagus.

Rhyphidae [Mz.; v. gr. rhyphein = schlürfen], die ↗Fenstermücken.

Rhysodidae [Mz.; v. gr. rhysōdēs = runzelig], Fam. der adephagen ↗Käfer ([T]); diese vorwiegend trop. verbreitete kleine Fam. (weltweit ca. 130 Arten) stellt eine urtüml. Gruppe der Adephaga dar, die v.a. unter der Rinde alter Bäume leben. Bei uns gab es früher 2 Arten (Gatt. *Rhysodes*), die jedoch in Mitteleuropa ausgestorben sind.

Rhyssa *w* [v. gr. rhysos = runzelig], Gatt. der ↗Ichneumonidae.

Rhythmik *w* [v. gr. rhythmos = Zeitmaß, Ebenmaß], mit regelmäßiger Frequenz oszillierende Funktionen (endogen autonom od. exogen aufgeprägt bzw. synchronisiert) von Stoffwechsel-, Wachstums-, Entwicklungs- u. Bewegungsvorgängen (z.B. Glykolyse, Blattbewegungen, Vogelzug), die als biol. Rhythmen sichtbar werden. ↗Chronobiologie ([B] I–II), ↗Biorhythmik, ↗biol. Oszillationen, ↗biochem. Oszillationen.

Rhytidiaceae [Mz.; v. *rhytid-], Fam. der ↗*Hypnobryales*, robuste Laubmoose, die bes. in nördl. Regionen verbreitet sind. Die

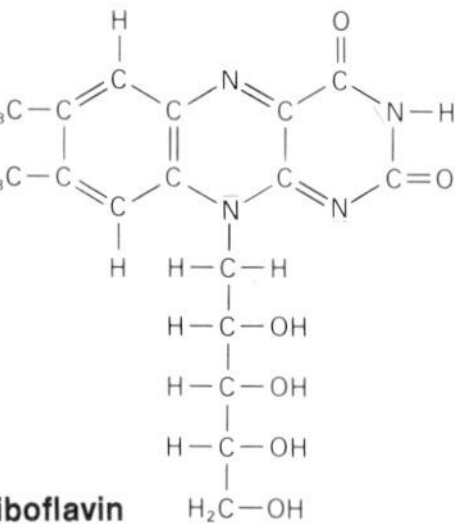

Riboflavin

Gatt. *Rhytidiadelphus* kommt mit 6 Arten z.T. als Massenvegetation in eurasiat.-nordam. Waldgebieten vor; *R. triquetrum* bildet hellgrüne, hohe Rasen auf feuchten Waldböden mit geringer Humusauflagerung; aus diesem Moos können ungesättigte Fettsäuren isoliert werden, darunter die bei Pflanzen seltene Arachidonsäure. *Rhytidium rugosum* ist eine xerophyt., meist sterile Steppenart.

Rhytidom *s* [v. *rhytid-], die ↗Borke.

Rhytisma *s* [v. gr. rhytis = Runzel], Gatt. der *Phacidiales* (Schlauchpilze); ↗Ahornrunzelschorf.

RIA, Abk. für ↗Radioimmunassay.

Rib, Abk. für ↗Ribose.

Ribaga-Organ [ben. nach dem it. Naturforscher C. Ribaga, 19./20. Jh.] ↗Spermalege, ↗Plattwanzen.

Ribes *w* [v. arab. ribās = sauer schmeckende Pflanze], Gatt. der Steinbrechgewächse mit ca. 150 Arten in der nördl. gemäßigten Zone, den Anden u. Gebirgen Mittelamerikas. Bestachelte Sträucher mit gelappten, wechselständ. Blättern; keine Nebenblätter. Die Stachelbeere, *R. uva-crispa* (Europa, NW-Afrika, Asien; B Kulturpflanzen VII), wird seit dem 16. Jh. als Beerenfrucht v.a. in England gezüchtet u. ist vielerorts wieder verwildert; Blätter büschelständig; Blüten stehen meist einzeln, Stacheln an den Zweigen dreiteilig; in Schlucht- u. Auenwäldern; zahlr. Kultursorten, unreife Beeren werden eingemacht u. zu Gelee, reife Beeren zu Marmelade u. Saft verarbeitet od. frisch gegessen. Die wichtigste Stammart der Roten Garten-Johannisbeeren, *R. rubrum* var. *rubrum* (B Kulturpflanzen VII), ist die Rote Wald-Johannisbeere, *R. rubrum* var. *sylvestre,* die in Auwäldern vorkommt. In die Gartenform wurden noch andere Arten, wie die Nordische Johannisbeere *(R. spicatum)* u. die Felsen-Johannisbeere *(R. petraeum),* eingekreuzt. Die unscheinbaren Blüten stehen (bis zu 24) in langen Trauben u. werden über mehrere Jahre an Kurztrieben gebildet. Die säuerl. schmeckenden, meist roten Beeren enthalten 36 mg Vitamin C pro 100 g Trockensubstanz. Die Schwarze Johannisbeere (*R. nigrum,* B Kulturpflanzen VII) enthält hingegen 177 mg Vitamin C; ihre Früchte werden wegen des herben Geschmacks selten roh verzehrt; Verarbeitung hpts. zu Saft; Wildvorkommen in Erlenbrüchen, Auenwäldern; Züchtungen seit dem 16. Jh. Die seltene Felsen-Johannisbeere *(R. petraeum)* kommt in hochmontanen Berg- u. Schluchtwäldern vor; Blütentrauben hängend, Blütenblätter rot punktiert; Blattlappen spitz. Ein stachelloser Strauch, meist diklin, mit Blüten in aufrechten Trauben u. roten Beeren ist die Berg-Johannisbeere (*R. alpinum,* B Europa XII), eine Zierpflanze; sie kommt in Bergmischwäldern u. Schluchtwäldern, in den Alpen bis 2000 m, vor.

Ribit *m, Ribitol,* v. Ribose abzuleitender, fünfwert. C_5-Zuckeralkohol, bedeutender Metabolit bei Grünalgenflechten, wird v. der Flechtenalge unter Einfluß des Flechtenpilzes produziert, v. diesem aufgenommen u. zu ↗Arabit umgebaut. ↗Flechten.

Riboflavin *s, Lactoflavin, Vitamin B_2,* ein vom Ringgerüst des ↗*Flavins* u. von ↗*Ribit* abgeleiteter, in freier Form bes. in Milch u. Fleisch, in gebundener Form auch in Hefen u. Hülsenfrüchten enthaltener Naturstoff, dessen Mangel beim Menschen Wachstumsstörungen, Hautkrankheiten u. Haarausfall verursacht. Als Baustein v. ↗Flavinadenindinucleotid (☐) u. ↗Flavinmononucleotid (☐) bildet R. die Wirkgruppe der ↗Flavinenzyme. R. wird techn. sowohl durch chem. Synthese als auch durch mikrobielle Fermentationsverfahren gewonnen u. findet Verwendung als Futtermittelzusatz und als natürlicher Lebensmittelfarbstoff.

Riboflavinphosphat *s,* das ↗Flavinmononucleotid.

Ribonucleasen [Mz.], *RNasen, RNAsen,* Enzyme, die RNA (↗Ribonucleinsäuren) hydrolytisch an den Phosphorsäurediestergruppen spalten u. damit eine Untergruppe der ↗Nucleasen bzw. ↗Hydrolasen darstellen. Die Spaltung v. RNA durch R. erfolgt meist im Innern der RNA-Ketten (also endonucleolytisch), wobei Oligonucleotide als Zwischen- (oder sogar als End-)Produkte entstehen. Ribonuclease A aus Rinderpankreas spaltet spezifisch die den Pyrimidinnucleotiden zum 3′-Ende hin benachbarten Phosphodiesterbindungen (5′----pPupPyp↓Pu-----3′). Ribonuclease T_1 (aus Mikroorganismen isoliert) spaltet spezifisch die den Guanylsäureresten zum 3′-Ende hin benachbarten Phosphodiesterbindungen (5′----pGp↓ApUpCpGp↓U----3′). Beide Enzyme sind wertvolle Hilfsmittel bei der Sequenzanalyse von RNA.

Ribonucleinsäuren, Abk. *RNS* und *RNA* (engl.), hochpolymere Kettenmoleküle (↗Biopolymere), in denen als monomere Bausteine vorwiegend die 4 Standard-↗Ribonucleosidmonophosphate Adenosin-5′-monophosphat (AMP, ↗Adenosinmonophosphat), Cytidin-5′-monophosphat (CMP, ↗Cytidinmonophosphate), Guanosin-5′-monophosphat (GMP, ↗Guanosinmonophosphate) u. Uridin-5′-monophosphat (UMP, ↗Uridinmonophosphate) in gebundener Form enthalten sind. Durch Veresterung der 5′-Phosphatgruppe jedes Grundbausteins mit der 3′-Hydroxylgruppe des jeweils benachbarten Monomeren bilden sich die unverzweigten RNA-Ketten (vgl. Abb.). Unter physiolog. Bedingungen liegt RNA nicht in der Säureform, sondern als Poly-↗Anion mit je einer negativen Ladung pro Nucleotidrest vor. Die zur Elektroneutralität erforderl. ↗Kationen sind sowohl einfache anorgan. Kationen (Na^+, K^+, NH_4^+) als auch Amine od. basische

rhytid- [v. gr. rhytis, Mz. rhytides = Runzel, Falte].

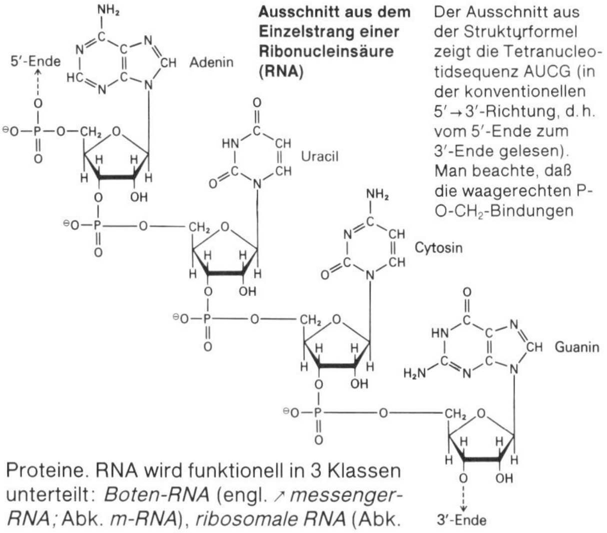

Ausschnitt aus dem Einzelstrang einer Ribonucleinsäure (RNA)

Der Ausschnitt aus der Strukturformel zeigt die Tetranucleotidsequenz AUCG (in der konventionellen 5'→3'-Richtung, d. h. vom 5'-Ende zum 3'-Ende gelesen). Man beachte, daß die waagerechten P-O-CH_2-Bindungen aus Gründen der räuml. Darstellung erhebl. überdehnt sind u. in Wirklichkeit gleich lang wie die senkrechten P-O-Bindungen sind. Die Länge der einzelnen Typen von RNA-Molekülen ist sehr unterschiedlich. Die kleinsten RNA-Moleküle sind die *transfer-RNAs,* die einheitlich eine Länge von etwa 80 Nucleotiden haben. Nicht viel größer sind die kleinen *ribosomalen RNAs* mit einer Länge von 80–130 Nucleotiden. Danach kommen die verschieden großen ribosomalen RNAs mit Längen von 1500 bis 4000 Nucleotiden. Am längsten, aber auch am unterschiedlichsten lang innerhalb ihrer Gruppe sind die *messenger-RNAs* mit Längen von bis zu 10000 Nucleotiden.

Proteine. RNA wird funktionell in 3 Klassen unterteilt: *Boten-RNA* (engl. ↗ *messenger-RNA;* Abk. *m-RNA*), *ribosomale RNA* (Abk. *r-RNA,* ↗ Ribosomen) und ↗ *transfer-RNA* (Abk. *t-RNA*). Alle drei Gruppen sind an der ↗ Translation der ↗ genet. Information wesentl. beteiligt u. kommen daher in allen lebenden Zellen bzw. Organismen vor. Die Synthese aller 3 RNA-Klassen erfolgt durch ↗ Transkription der entspr. Gene u. anschließende Reifung der primären Transkripte durch ↗ Prozessierung. Bei bestimmten ↗ Viren (↗ RNA-Viren) u. ↗ Bakteriophagen (↗ einzelsträngige RNA-Phagen) ist RNA Träger der genet. Information; bei diesen erfolgt die RNA-Synthese durch ↗ Replikation (RNA-Replikation im Ggs. zu DNA-Replikation). Ferner sind die aus kurzkettigen, ringförmigen RNAs aufgebauten ↗ Viroide zu nennen. Zelluläre RNA kommt sowohl im Zellkern, dem Ort der RNA-Synthese (↗ hn-RNA) u. der RNA-Prozessierung, als auch im ↗ Cytoplasma, dem Ort, in dem RNAs ihre Funktion beim Translationsprozeß ausüben, vor. Darüber hinaus enthalten auch die genet. semiautonomen Organelle, die ↗ Mitochondrien u. ↗ Chloroplasten, eigene RNAs (m-RNA, t-RNA und r-RNA), die v. den jeweiligen Organellen-Genomen (↗ Chondrom, ↗ Plastom) codiert werden. Die Stabilität von RNAs ist sehr unterschiedlich. Während m-RNA meist kurzlebig ist und z. B. in Bakterien Halbwertszeiten im Minutenbereich zeigt, sind t-RNA und r-RNA meist über viele Zellgenerationen stabil. Deshalb bezeichnet man t-RNA und r-RNA (im Ggs. zu m-RNA) als stabile RNAs. Der Abbau von RNA erfolgt durch ↗ Ribonucleasen. Aus der kurzen Lebensdauer von m-RNA ergibt sich ein energetisch hoher Preis für die fortlaufende Bildung von m-RNA-Molekülen als Informationsüberträger. Andererseits ist die Kurzlebigkeit die Basis für die Steuerung v. Genaktivitäten (↗ Genaktivierung, B) und begr. die Fähigkeit zur schnellen genregulatorischen Antwort (↗ Genregulation, B) auf Veränderung der Umwelt od. bei der Steuerung v. Entwicklungsprozessen. Neben den 4 Standard-↗ Nucleotiden sind bes. in t-RNAs, aber auch in r-RNAs, Nucleotide mit ↗ modifizierten Basen od. mit 2'-O-methylierten Riboseresten enthalten. Eukaryotische m-RNAs besitzen an den 5'-Enden eine ↗ 7-Methylguanosin-Gruppe als modifizierte Base (↗ Capping). – Mit Ausnahme der RNA einiger Viren sind RNA-Moleküle einzelsträngig. Ohne den fehlenden Gegenstrang können sie keine basengepaarte Doppelhelix (↗ Desoxyribonucleinsäuren) mit proportionierten Basenverhältnissen ausbilden (↗ Basenzusammensetzung). Dennoch gibt es auch in RNA-Ketten Bereiche, in denen durch Zurückfaltung u. intramolekulare ↗ Basenpaarungen (☐) ↗ Doppelstrang-Paarungen entstehen, deren Stabilität jedoch häufig durch Fehlpaarungen u./od. die Kürze der Bereiche reduziert ist. Die gepaarten Bereiche (Stamm-Strukturen) besitzen jeweils an einem Ende kürzere ungepaarte Schleifen. Solche Stamm-Schleifen-Strukturen, die wegen ihrer Entstehung durch Wasserstoffbrückenbindungen zw. gepaarten Basen als ↗ Sekundärstrukturen bezeichnet werden, kommen bes. bei t-RNA (Kleeblattstruktur, ☐ transfer-RNA) und r-RNA (☐ Ribosomen) vor. Im Ggs. zur *durchgehenden* Doppelhelix-Struktur von DNA, die sich zw. *zwei* Einzelsträngen ausbildet, bestehen RNA-Sekundärstrukturen aus mehreren (t-RNA) od. sogar sehr vielen (r-RNA), kürzeren Doppelstrangbereichen, die durch Einzelstrangbereiche voneinander getrennt sind u. die sich durch Zurückfaltung innerhalb *einer* Kette bilden. Bei t-RNA ist die Faltung der Sekundärstruktur zu einer räuml. ↗ Konformation, zur ↗ Tertiärstruktur, bekannt (☐ transfer-RNA). Im Prinzip ähnliche, aber komplexere Tertiärstrukturen werden bei r-RNA vermutet. m-RNA besitzt praktisch keine Sekundärstrukturen. Bei ihrer Funktion als Vermittler der genet. Information beim Translationsprozeß wäre eine Faltung u. die dadurch bedingte Unzugänglichkeit v. Signalstrukturen od. Aminosäure-Codonen hinderlich. Ausnahmen v. dieser Regel sind Stamm-Schleifen-Strukturen v. ↗ Attenuator- bzw. ↗ Terminator-Bereichen. In bestimmten Fällen, z. B. bei der als m-RNA wirkenden RNA des Bakteriophagen Qβ, wurde die Einbettung v. Startstellen der Translation (Startcodon u. ribosomale Bindestelle) in potentielle Sekundärstrukturen beobachtet. Aufgrund der Dynamik solcher Sekundärstrukturen sind Modelle zur Regulation von m-RNA-Aktivität auf Translationsebene vorgeschlagen worden, die experimentell weitgehend bestätigt werden konnten. Demnach können translationale Startstellen durch Ausbildung v. Sekundärstrukturen inaktiviert, durch Aufbrechen der Sekundärstrukturen aktiviert werden.

Wichtige Parameter zur Charakterisierung von RNA

a Die durch die heterocycl. Basen bedingte *Absorption v. UV-Licht* der Wellenlänge 260 nm, die zur opt. Messung v. RNA-Konzentrationen benutzt werden kann.
b ↗ *Basenzusammensetzung,* meßbar nach Hydrolyse der RNA durch Alkali od. RNase zu den Mononucleotiden u. anschließende Auftrennung u. quantitative Bestimmung derselben durch Papierchromatographie od. Elektrophorese.
c Häufigkeit von ↗ *Basennachbarschaften.*
d *Kettenlängen,* bestimmbar durch Elektronenmikroskopie od. Laufverhalten bei Gelelektrophorese. RNA-Kettenlängen werden vorwiegend in Anzahl v. Nucleotiden (Basen, Abk. b; od. Kilobasen, Abk. kb) angegeben, jedoch auch durch relative ↗ Molekülmassen, wobei ein Nucleotidrest im Durchschnitt einer relativen Molekülmasse von 350 entspricht.
e *Sedimentationskonstante* (sog. S-Wert) bei Ultrazentrifugation (↗ Dichtegradienten-Zentrifugation, ↗ Sedimentation); z. B. 16S-r-RNA, die in der kleinen ribosomalen Untereinheit v. Bakterien enthaltene RNA 5S-r-RNA und 23S-r-RNA, die in der großen ribosomalen Untereinheit enthaltenen RNAs (↗ Ribosomen).
f *Oligonucleotid-Fingerprint* (↗ Fingerprint-Analyse): radioaktiv markierte RNA wird mit Hilfe v. Ribonuclease T_1 in Guanylsäure-terminierte Oligonucleotide gespalten; diese werden anschließend durch ein zweidimensionales Verfahren aufgetrennt (1. Dimension: ↗ Elektrophorese bei pH 3,5, 2. Dimension: Dünnschicht-↗ Chromatographie). Durch ↗ Autoradiographie wird schließl. das für jede RNA charakterist. zweidimensionale Muster (Fingerprint) radioaktiver Oligonucleotide sichtbar gemacht.
g *Sequenzanalyse:* Da ↗ Restriktionsenzyme für RNA nicht zur Verfügung stehen, ist RNA-Sequenzanalyse technisch viel schwieriger als DNA-Sequenzanalyse u. beschränkt sich entweder auf kleine RNAs (t-RNAs, kleine r-RNAs) od. auf die terminalen Bereiche größerer RNAs. Für die nicht direkt sequenzierbaren Bereiche längerer RNA-Ketten wird häufig der „Umweg" über die ↗ Sequenzierung der entspr. Gene oder c-DNAs eingeschlagen.

Ob dieses Modell über Bakteriophagen-m-RNA hinaus allgemeinere Gültigkeit hat, ist noch ungeklärt. – In der Zelle kommt RNA praktisch nicht in freier Form vor. Vielmehr ist sie mit unterschiedl. Proteinen zu *Ribonucleoprotein-Partikeln* (Abk. *RNP*) assoziiert. Die stabilsten u. zahlreichsten RNPs sind die ↗ Ribosomen (☐) bzw. ↗ Polyribosomen (☐). In den Zellkernen eukaryot. Zellen wird m-RNA schon während der ↗ Transkription mit Proteinen beladen u. bildet so die zu 80% aus Protein bestehenden *hnRNP-Partikel* (auch nucleäre Informatorkomplexe gen.). Sie enthalten neben den sehr fest gebundenen, sog. core-Proteinen, die etwa 75% des Proteinanteils ausmachen, auch Enzymproteine, wie RNA-Prozessierungsenzyme (Capping-Enzym, RNasen, PolyA-Polymerase) u. Proteinkinasen. Beim Durchtritt reifer m-RNA durch die ↗ Kernporen (☐) werden die Proteine ausgetauscht u. cytoplasmatische m-RNP-Partikel (↗ *Informosomen* gen.) gebildet. Sie enthalten Subpartikel *(sc-RNP)* mit kleinen cytoplasmat. RNAs (small cytoplasmic RNA, Abk. *sc-RNA*), deren mögl. Funktion bei der Kontrolle bzw. Regulation der Translationsprozesse noch ungeklärt ist. Auch im Zellkern existieren kleine RNAs (small nuclear RNAs, Abk. *sn-RNAs*), die mit Proteinen zu *sn-RNP*-Partikeln vereinigt sind. Die zu dieser Klasse gehörende, aus 165 Nucleotiden aufgebaute sog. *U1 RNA* bewirkt das korrekte Zusammenführen v. ↗ Exon-Grenzen beim ↗ Spleißen von RNA (↗ Genmosaikstruktur, ☐). B Translation. *H. K.*

Ribonucleoprotein-Partikel, Abk. *RNP,* ↗ Ribonucleinsäuren, ↗ Ribosomen.

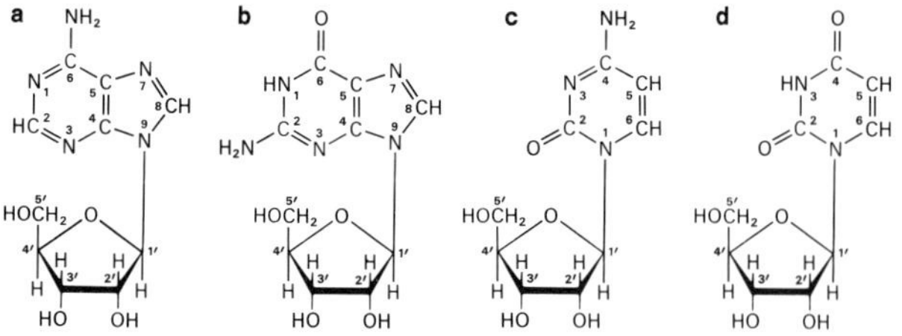

Ribonucleoside

Struktur der vier Standard-Ribonucleoside: **a** *Adenosin,* **b** *Guanosin,* **c** *Cytidin,* **d** *Uridin*

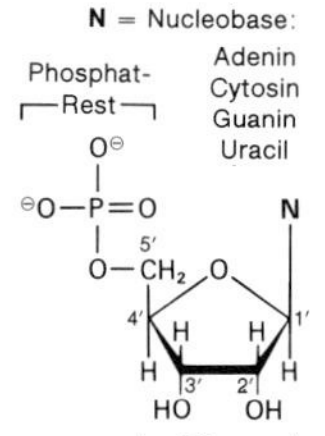

Ribonucleosidmonophosphate (5′-Form)

Bei den 3′- bzw. 2′-Formen ist die Phosphatgruppe mit der 3′- bzw. 2′-Hydroxylgruppe verestert.

Ribonucleoside, Sammelbez. für die aus Ribose u. Nucleinsäurebase zusammengesetzten N-Glykoside; die vier wichtigsten Vertreter sind ↗ *Adenosin,* ↗ *Cytidin,* ↗ *Guanosin* u. ↗ *Uridin.* Durch Veresterung der Hydroxylgruppen mit Phosphorsäure leiten sich v. diesen die ↗ Ribonucleosidmonophosphate ab. Aus den *Ribonucleosid-5′-monophosphaten* bilden sich durch sukzessive Phosphorylierungen die *Ribonucleosid-5′-diphosphate* u. die ↗ *Ribonucleosid-5′-triphosphate.* Ausgehend v. letzteren werden die vier genannten R. in Form ihrer 5′-Monophosphatreste unter der katalyt. Wirkung v. RNA-Polymerasen in ↗ Ribonucleinsäuren eingebaut, weshalb R. Grundbausteine von RNA sind. Darüber hinaus sind R. auch Grundbausteine zahlreicher ↗ Coenzyme (z. B. von ↗ Nicotinamidadenindinucleotid, ↗ Flavinadenindinucleotid u. ↗ Nucleosiddiphosphat-Zukkern). Daher bilden R. sowohl in freier, bes. aber in phosphorylierter u. in RNA eingebauter Form eine für alle Organismen essentielle Gruppe v. Zellinhaltsstoffen. Neben den vier Standard-R.n sind bes. in t-RNA, aber auch in r-RNA, modifizierte R. (↗ modifizierte Basen) enthalten. Ggs.: ↗ Arabinonucleoside, ↗ Desoxyribonucleoside.

Ribonucleosidmonophosphate, *Ribonucleotide,* Abk. *NMP* (auch *rNMP*), Sammelbez. für die bes. von den Nucleobasen ↗ Adenin, ↗ Cytosin, ↗ Guanin u. ↗ Uracil (seltener auch v. ↗ modifizierten Basen) u. Ribose-2′-,3′- od. -5′-phosphaten abgeleiteten Nucleotide (↗ Mononucleotide). Wichtigste Vertreter sind die sowohl in freier Form als auch gebunden in RNA vorkommenden vier Standard-R.: Adenosin-5′- (od. 3′-)monophosphat (AMP, ↗ Adenosinmonophosphat), Cytidin-5′- (od. 3′-) monophosphat (CMP, ↗ Cytidinmonophosphate), Guanosin-5′- (od. 3′-)monophosphat (GMP, ↗ Guanosinmonophosphate) u. Uridin-5′-(od. 3′-)monophosphat (UMP, ↗ Uridinmonophosphate). Zum Einbau in RNA ist die Aktivierung der vier Ribonucleosid-5′-monophosphate zu den entspr. ↗ Ribonucleosid-5′-triphosphaten erforderl. R. in ihren 5′- od. 3′-Formen, seltener in ihren 2′-Formen, sind andererseits Produkte des enzymat. Abbaus von RNA durch RNasen; durch Abbau von RNA mit Alkali entstehen Gemische v. Ribonucleosid-2′- und -3′-monophosphaten. Ggs.: ↗ 2′-Desoxyribonucleosidmonophosphate.

Ribonucleosid-5′-triphosphate, Abk. *NTP* (auch *rNTP*), Sammelbez. für die aus Nucleobasen (Adenin, Cytosin, Guanin od. Uracil), Ribose u. Triphosphat-Rest aufgebaute Gruppe v. ↗energiereichen Verbindungen, deren hohes ↗Gruppenübertragungs-Potential für Phosphat-, Pyrophosphat- od. Nucleotidreste durch die in den Phosphorsäureanhydrid-Bindungen (↗Anhydride) enthaltene Energie bedingt ist. Wichtigste Vertreter der R. sind ↗Adenosintriphosphat (ATP), ↗Cytidintriphosphat (CTP), ↗Guanosin-5′-triphosphat (GTP) u. ↗Uridin-5′-triphosphat (UTP). Bes. ATP bildet sich in der Zelle durch energieliefernde Stoffwechselreaktionen bzw. Reaktionsketten, wie z. B. die ↗Atmungskette u. die ↗Photophosphorylierung. Die anderen R. entstehen vorwiegend aus den entspr. Ribonucleosid-5′-monophosphaten (↗Ribonucleosidmonophosphate) durch zwei aufeinanderfolgende Phosphorylierungsschritte mit ATP als Phosphatgruppen-Donor. Bei zahlr. energieverbrauchenden Stoffwechselreaktionen werden R. (bes. ATP) unter Spaltung einer der Phosphorsäureanhydrid-Bindungen umgesetzt. Bei dem schrittweisen Einbau v. Nucleotidresten in wachsende RNA-Ketten unter der katalyt. Wirkung von RNA-Polymerasen wirken R. als Substrate. Dabei wird bei jedem Einzelschritt die Bindung zw. der α- und β-Phosphatgruppe eines R.-Moleküls gelöst, gleichzeitig der Ribonucleosid-5′-monophosphat-Rest auf das 3′-Ende der wachsenden RNA-Kette übertragen u. die Pyrophosphatgruppe (β- und γ-Phosphat) freigesetzt.

Ribonucleotide, die ↗Ribonucleosidmonophosphate.

Ribose *w* [Anagramm aus Arabinose], Abk. *Rib,* als D-β-Furanose-Form in ↗Ribonucleosiden, ↗Ribonucleosidmonophosphaten, ↗Ribonucleosid-5′-triphosphaten, ↗Nucleotid-Coenzymen u. ↗Ribonucleinsäuren gebunden vorkommender Einfach-Zucker (↗Pentosen). Die R.-Reste dieser Moleküle stammen v. phosphorylierten Formen der R., den sog. R.phosphaten, wie z. B. dem ↗5-Phosphoribosyl-1-pyrophosphat od. dem im ↗Pentosephosphatzyklus (□) u. ↗Calvin-Zyklus (□) entstehenden *Ribose-5-phosphat.* [B] Kohlenhydrate I.

ribosomale Proteine, Abk. *r-Proteine,* die in ↗Ribosomen enthaltenen Proteine.

ribosomale RNA, Abk. *r-RNA,* die in ↗Ribosomen enthaltene ↗Ribonucleinsäure.

Ribosomen [Mz.; Bw. *ribosomal;* v. *ribo-, gr. sōma = Körper], die größten u. am kompliziertesten aufgebauten, gleichzeitig stabilsten u. zahlreichsten *Ribonucleoprotein-Partikel* (Abk. *RNP-Partikel,* ↗Ribonucleinsäuren) der ↗Zelle (□), an denen die ↗Translation der genet. Information stattfindet. Sie sind im Elektronenmikroskop als rundl. bis ellipsoidische Partikel von 15 bis 30 nm ∅ erkennbar. Während des Translationsprozesses sind gleichzeitig mehrere R. an jeder m-RNA-Kette gebunden u. bilden so die ↗*Poly-R.* (□). Erstmals beschrieben wurden R. 1953 von ↗Palade als Komponenten des rauhen ↗endoplasmatischen Reticulums (sog. *Palade-Granula* od. *Palade-Körner*). Schon kurz darauf gelang die Isolierung freier R. aus dem Grundplasma (sog. *Plasma-R.*) eukaryotischer Zellen u. aus Bakterienzellen. Dabei zeigte es sich, daß man prinzipiell 2 Typen von R. unterscheiden kann: den eukaryotischen *80S-Typ* und den prokaryotischen *70S-Typ,* dem auch die Mito-R. und Plasto-R. angehören (S = Svedberg-Konstante, ↗Sedimentations-Koeffizient). Auch die Fähigkeit der R. zur *Proteinsynthese* wurde noch in den 50er Jahren erkannt. In den 60er Jahren wurden die in den ↗Plastiden (↗Chloroplasten) bzw. ↗Mitochondrien (□) enthaltenen R. (↗*Plasto-R.* bzw. ↗*Mito-R.*) entdeckt. Eine typische Bakterienzelle (□ Bakterien, □ Cyanobakterien) enthält einige 10^4 R., die etwa ¼ der Zell-Frischmasse ausmachen. In eukaryotischen Zellen ist ihre Zahl entspr. höher (z. B. in Leberparenchymzellen $4 \cdot 10^6$, in Reticulocyten $3 \cdot 10^4$), der Massenanteil jedoch geringer. Extrem hohe Werte finden sich in Oocyten u. Eizellen (z. B. 10^{12} in Amphibien-Eiern; ↗Amphibienoocyte, ↗Genamplifikation). Andererseits sind Zellen ohne aktive Kerne, wie z. B. reife Erythrocyten, Spermien u. Siebzellen, frei von R. R. dissoziieren während des R.-Zyklus der ↗Translation (□) oder künstl. durch Entzug von Mg^{2+}-Ionen in 2 verschieden zusammengesetzte u. verschieden große *ribosomale Untereinheiten* (vgl. Abb.). Aus bakteriellen (prokaryotischen) *70S-R.* entstehen so die *50S*-Untereinheiten *(große Untereinheiten)* u. die *30S*-Untereinheiten *(kleine Untereinheiten).* Aus eukaryotischen *80S-R.* bilden sich *60S-* und *40S*-Untereinheiten. Wie bes. an R. von ↗*Escherichia coli* gezeigt wurde, können ribosomale Untereinheiten im Reagenzglas durch Behandlung mit bestimmten Salzen, Detergentien, denaturierenden Agentien (Harnstoff, Phenol) in freie *ribosomale RNAs* (Abk. *r-RNAs*) und in die einzelnen Proteine *(ribosomale Proteine,* Abk. *r-Proteine*) zerlegt werden (vgl. Abb.), wobei auch Zwischenstufen isolierbar sind. Umgekehrt konnten intakte, d. h.

ribo- [v. Ribose = Anagramm aus Arabinose (v. mlat. arabis = arab. Pflanze)].

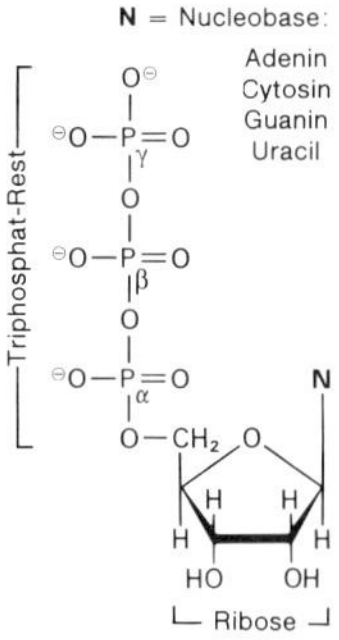

Ribonucleosid-5′-triphosphate

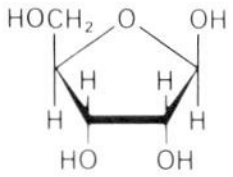

β-D-Ribose

Ribosomen

Dissoziation von R. zu Untereinheiten u. zu RNA- und Proteinkomponenten am Beispiel eines bakteriellen 70S-Ribosoms

In Medien geringer Mg^{2+}-Ionen-Konzentrationen zerfallen 70S-R. in die beiden unterschiedl. großen 50S- und 30S-Untereinheiten. Diese können im Reagenzglas weiter zu RNA- u. Proteinketten zerlegt werden, die, einzeln isoliert, in ihren strukturellen Eigenschaften (Nucleotid- bzw. Aminosäurezusammensetzung, Primär- u. Sekundärstrukturen, wechselseitige Bindungen usw.) charakterisierbar sind. Zur Größe u. Komponentenanzahl anderer R. vgl. Tab. S. 155.

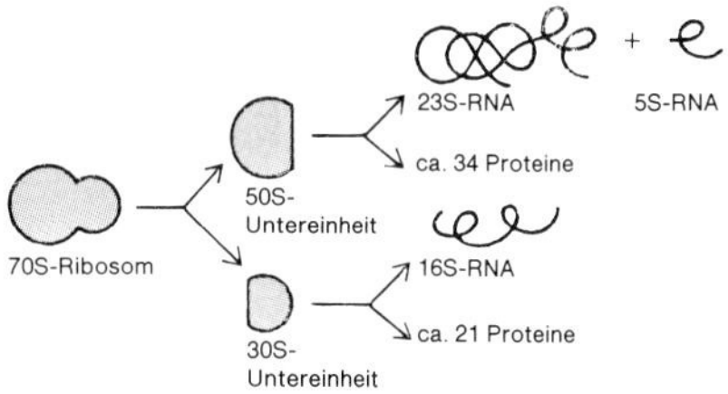

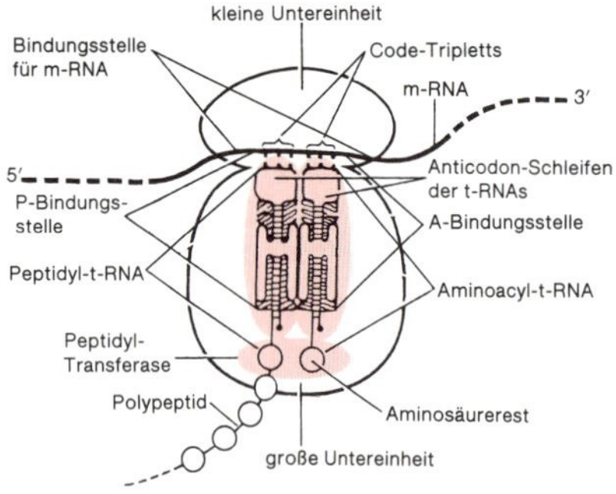

Aufbau und Bindungsstellen eines Ribosoms

Diese stark vereinfachende schemat. Darstellung (vgl. dazu in Abb. rechts die realistischeren Modelle der beiden Untereinheiten) wird auch heute noch vielfach zur Beschreibung des Translationsprozesses verwendet.

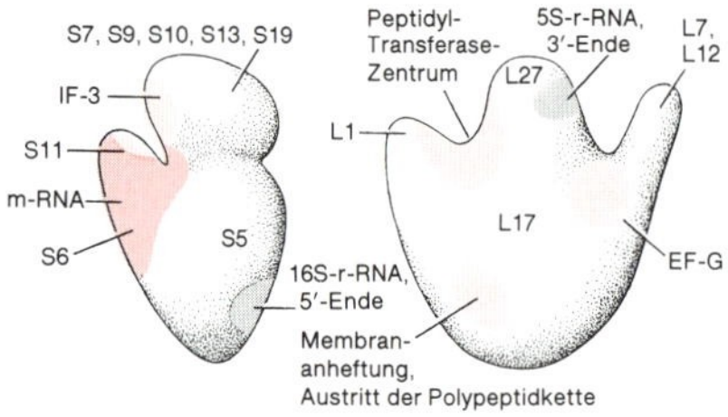

kleine ribosomale Untereinheit („Embryo"-Modell)

große ribosomale Untereinheit („Armstuhl"-Modell)

Ribosomale Untereinheiten

Die aus elektronenmikroskop. Aufnahmen abgeleiteten, räuml. Modelle der großen u. kleinen ribosomalen Untereinheiten von *E. coli.* Gezeigt ist auch die Lokalisation einzelner *ribosomaler Proteine* (S5, S6, S7, S9, S10, S11, S13 und S19 auf der kleinen Untereinheit und L1, L7, L12, L17 und L27 auf der großen Untereinheit), wie man sie durch die im Elektronenmikroskop erkennbare Bindung entspr. Antikörper für fast alle ribosomalen Proteine auf bestimmte Bereiche annähernd eingrenzen konnte. Ferner sind gezeigt die Lokalisation des 5′-Endes von 16S-r-RNA und des 3′-Endes von 5S-r-RNA, die Bindestellen für m-RNA, Initiationsfaktor IF-3 und Elongationsfaktor EF-G, das Peptidyl-Transferase-Zentrum u. die Austrittsstelle der Polypeptidketten. Bei der Bildung von 70S-Ribosomen lagert sich die kleine Untereinheit in (fast) Querlage (d. h. etwa 70° gegen den Uhrzeigersinn gedreht) im zentralen Bereich der großen Untereinheit an.

in in vitro-Translations-Systemen aktive R. durch in vitro-Rekonstitution aus isolierten r-RNAs und r-Proteinen außerhalb der lebenden Zelle gewonnen werden. Die dabei entstehenden Bindungen der einzelnen r-Proteine an definierten Bereichen der jeweiligen r-RNAs bzw. an andere bereits gebundene r-Proteine bilden sich in einer bestimmten Reihenfolge (engl. *assembly pathway*) aus, wie durch Isolierung bestimmter Teilkomplexe gezeigt werden konnte. Man nimmt an, daß diese in vitro beobachtete Reihenfolge auch bei der Entstehung der R. in lebenden Zellen durchlaufen wird. Da die Bildung von R. aus den zahlr. Protein- und RNA-Komponenten spontan u. ohne Einwirkung zusätzl. Faktoren erfolgt, stellt sie ein Schulbeispiel für die ↗Selbstorganisation (assembly) einer komplexen biol. Struktur dar. – *Ribosomale RNAs* machen etwa 80% der zellulären Gesamt-RNA aus u. bilden zus. mit t-RNAs (ca. 15%) – und im Ggs. zu den weniger stabilen m-RNAs (ca. 5%) – die sog. *stabile RNA-Fraktion.* Die Nucleotidsequenzen zahlr. r-RNAs konnten analysiert werden, wobei diejenigen der kleinen r-RNAs (5S, 4,5S, 5,8S) durch direkte RNA-Sequenzanalyse, diejenigen der großen r-RNAs (16S, 18S, 23S, 26S) fast ausschl. über die DNA-Sequenzanalyse der entspr. Gene ermittelt wurden. Aufgrund des Vorkommens von r-RNA in allen Organismen u. der Möglichkeit, Nucleotidsequenzen als quantitative Parameter rechnerisch auszuwerten, eignen sich die Nucleotidsequenzen von r-RNAs (bes. von 16–18S-r-RNA, aber auch von 5S-r-RNA) hervorragend zur Ermittlung phylogenet. Beziehungen. Z. B. zeigen die 16S-r-RNA-Sequenzen aus *E. coli* u. Mais-Chloroplasten in 74% der ca. 1500 Positionen ident. Nucleotide, was den prokaryotischen Charakter der Plasto-R. u. damit die ↗Endosymbiontenhypothese stützt. – Ribosomale RNAs falten sich durch intramolekulare Basenpaarungen zu Sekundärstrukturen (für *E. coli* 5S und 16S, vgl. Abb.), die trotz Abweichungen in Einzelelementen u. trotz teilweise verschiedener Primärstrukturen eine für alle Organismen gemeinsame Grundstruktur aufweisen. Die weitere Faltung zu einer Tertiärstruktur (analog der L-Struktur von ↗transfer-RNA) ist z. Z. noch wenig verstanden, wenngleich die Lokalisation einzelner r-RNA-Domänen aufgrund ihrer Bindung an r-Proteine u. deren Lokalisagrenzen. Die Sekundärstrukturen von RNAs der kleinen ribosomalen Untereinheiten anderer Organismen zeigen eine ähnl. Grundstruktur, wobei aber im Einzelfall ganze Stamm-Schleifen-Elemente „amputiert" bzw. eingefügt sind. So fehlt z. B. bei Chloroplasten-16S-r-RNA aufgrund einer 23bp-Deletion im 16S-r-RNA-Gen die durch Strichelung im oberen Teil der 5′-Domäne hervorgehobene „Haarnadel"-Struktur. Eine noch komplexere, aus 6 Domänen zusammengesetzte Sekundärstruktur wurde auch für 23S-r-RNA postuliert.

Sekundärstrukturen von ribosomaler RNA

1 Sekundärstruktur von *5S-r-RNA.* Die Ziffern geben die ungefähren Positionen der aus 120 Nucleotiden aufgebauten Kette an. **2** Sekundärstruktur von *16S-r-RNA* aus *E. coli.* Die aus 1541 Nucleotiden aufgebaute Kette faltet sich durch intramolekulare Basenpaarungen in 4 kovalent verbundene Domänen (5′-Domäne: Position 1–560, zentrale Domäne: Position 560–920, große 3′-Domäne: Position 920–1400, kleine 3′-Domäne: Position 1400–1541). Die Basenpaarungen erfolgen sowohl zw. näher benachbarten Sequenzen, die dann nur durch eine od. wenige ungepaarte „Schleifen" getrennt sind, als auch zw. zum Teil mehrere hundert Positionen entfernten Sequenzen, wie z. B. in der Nähe v. Domänen-

1

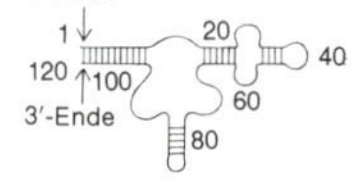

2

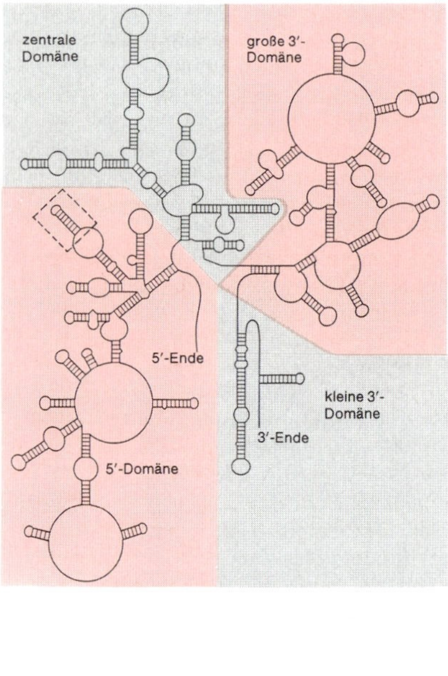

tion im dreidimensionalen Modell (vgl. Abb.) in Ansätzen möglich ist. – Die Synthese v. bakterieller u. plastidärer r-RNA erfolgt durch Transkription der meist in mehreren r-RNA-Operonen zusammengefaßten r-RNA-Gene. Das *E.-coli*-Genom enthält 7 r-RNA-Operonen, das Genom von ↗*Bacillus subtilis* 10; Plastiden-DNA höherer Pflanzen (mit Ausnahme bestimmter Leguminosen) enthält 2 r-RNA-Operonen. In einer als Primärtranskript zunächst entstehenden Vorläufer-r-RNA (r-RNA-Präkursor) sind innerhalb einer Kette (sog. 30S-Prä-r-RNA bei *E. coli*) die kompletten Sequenzen von 16S-, 23S- und 5S- (bei Plastiden auch 4,5S-) r-RNA sowie intergenische Bereiche, wie u.a. der 16S/23 Spacer mit t-RNA-Sequenzen (sog. Spacer-t-RNAs), enthalten. Durch ↗Prozessierung wird die Vorläufer-r-RNA über bestimmte Zwischenstufen (25S-r-RNA → 23S-r-RNA; 17S-r-RNA → 16S-r-RNA) zu den verschiedenen r-RNAs und t-RNAs gespalten, wobei gleichzeitig die Modifikation einzelner Basen (ca. 1%) und die Bindung an r-Proteine erfolgt. Die Synthese u. Prozessierung von eukaryotischer r-RNA vollzieht sich im ↗Nucleolus ebenfalls über eine Vorläufer-r-RNA (45S-r-RNA bei Säugern), welche die kompletten Sequenzen von 18S-, 5,8S- und 28S-r-RNA, nicht jedoch von 5S-r-RNA, enthält; 5S-r-RNA wird v. Genen des Zellkerns außerhalb des Nucleolus (bzw. Nucleolus-Organisators) codiert. Die Vorläufer-r-RNA wird schon während ihrer Synthese mit Proteinen beladen, v. denen r-Proteine zunächst nur einen kleinen Teil ausmachen. Die entstehenden 80S-r-RNP-Partikel sind Ausgangsprodukte für die anschließende Prozessierung der r-RNA-Vorläufer zu 18S-, 5,8S- und 28S-r-RNA und für die Einschleusung von 5S-r-RNA, wobei gleichzeitig auch einzelne Basen modifiziert (bis 1%) bzw. einzelne Ribosereste 2′-O-methyliert (bis 2%) werden u. die zunächst gebundenen, nicht-ribosomalen Proteine zunehmend durch r-Proteine ersetzt werden. Diese müssen nach ihrer Synthese an den bereits vorhandenen cytoplasmatischen R. in den Kern bzw. Nucleolus geschleust werden. Umgekehrt werden die so entstehenden R.-Vorläufer, die sog. *Prä-R.*, nach ihrer Bildung im Nucleolus in das Cytoplasma transportiert, wobei gleichzeitig in abschließenden Reifungsschritten die Ausstattung mit r-Proteinen komplettiert wird u. einige r-Proteine phosphoryliert werden. Anschließend können die reifen Untereinheiten in den R.-Zyklus der Translation eintreten. In ihrer Funktion sind R. ↗Multienzymkomplexe, durch welche die Einzelschritte der Translation fließbandartig katalysiert werden. Dementsprechend existieren an der R.-Oberfläche bzw. in deren Furchen ↗Bindestellen für m-RNA (an der kleinen Untereinheit), ↗Aminoacyl-t-RNA *(↗A-Bindungsstelle)* u. ↗Peptidyl-t-RNA *(↗P-Bindungsstelle)* sowie das ↗Peptidyl-Transferase-Zentrum (an der großen Untereinheit); durch letzteres wird der Peptidtransfer v. Peptidyl-t-RNA auf Aminoacyl-t-RNA katalysiert (☐ Peptidyl-Transferase). Bestimmte ↗Antibiotika, wie u.a. ↗Puromycin, ↗Chloramphenicol, ↗Cycloheximid u. ↗Streptomycin, binden spezif. an R. vom 70S- bzw. 80S-Typ u. blockieren dadurch bestimmte Translationsschritte. Ein Hemmstoff von 80S-R. ist das ↗Ricin. B Translation, B Zelle. *H. K.*

Struktur und Zusammensetzung von Ribosomen

	Prokaryoten	Eukaryoten Cytoribosomen	 Plastoribosomen	 Mitoribosomen
Größe (∅ in nm)	20–24	30	21	15–20
relative Teilchenmasse (in Mega-Dalton = $1{,}66 \cdot 10^{-18}$ g)	2,6–2,8	3,8–4,5	3,1	3
Sedimentationskonstanten: intaktes Ribosom	70S	80S	70S	80S (Ciliaten) 70–75S (Pilze) 70–80S (Pflanzen) 55–60S (Vertebraten)
große und kleine Untereinheiten	50S und 30S	60S und 40S	50S und 30S	—
r-RNAs aus: großer Untereinheit	(21 –) 23S 5S	(24 –) 28S 5,8S 5S	23S 5S 4,5S (keine 4,5S bei Algen)	24–26S, 16S bei Säugern 5S (keine 5S bei Pilzen und Tieren)
kleiner Untereinheit	16S	(16–) 18S	16S	18,5S 12S bei Säugern
Kettenlängen von r-RNAs (Anzahl von Nucleotiden)	E. coli 2904 (23S) 120 (5S) 1541 (16S)	Rattenleber 4700 (28S) 160 (5,8S) 120 (5S) 1900 (18S)	Mais-Chloroplasten 2900 (23S) 121 (5S) 95 (4,5S) 1491 (16S)	menschl. Mitochondrien 1559 (16S) 954 (12S)
Massenverhältnisse RNA/Protein	3/2	1/1	1,13/1	0,43/1 (Tiere)
Anzahl von r-Proteinen* große Untereinheit	34 (E. coli)	ca. 40	26–34	36–40
kleine Untereinheit	21 (E. coli)	ca. 30	20–25	30–33

* Die Proteine der großen (engl. *large*) Untereinheit werden nach der relativen ↗Molekülmasse fortlaufend mit L1 (Protein mit der größten Molekülmasse), L2, L3 usw. bis L34 (Protein mit der kleinsten Molekülmasse bei *E. coli*) beziffert. Analog ist die Bezifferung der Proteine der kleinen (engl. *small*) Untereinheit durch S1, S2, S3 usw. bis S21 (bei *E. coli*).

Ribothymidin *s,* in t-RNA enthaltenes Nucleosid mit ↗modifizierter Base. ☐ 156.

Ribothymidylsäure, von ↗Ribothymidin durch Phosphorylierung abgeleitetes Nucleotid.

Ribulose *w,* eine Ketopentose, die in phosphorylierter Form (↗R.-1,5-diphosphat, ↗R.-5-phosphat) Zwischenprodukt bei der Umwandlung v. Zuckern im Rahmen des ↗Calvin-Zyklus (☐) bzw. des ↗Pentosephosphatzyklus (☐) ist.

Ribulose-1,5-diphosphat *s, Ribulose-1,5-bisphosphat,* Zwischenprodukt beim ↗Calvin-Zyklus (☐). Die ↗Kohlendioxidfixierung beim Calvin-Zyklus erfolgt durch Reaktion von CO_2 mit R. unter Bildung von

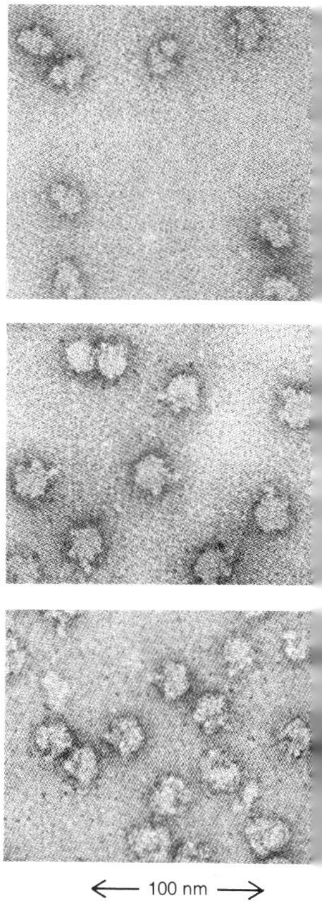

a b c

Ribosomen

Elektronenmikroskopische Aufnahmen von **a** kleinen ribosomalen Untereinheiten, **b** großen ribosomalen Untereinheiten, **c** ganzen 70S-Ribosomen

Ribulose-1,5-diphosphat

CO_2-Fixierung durch Ribulose-1,5-diphosphat

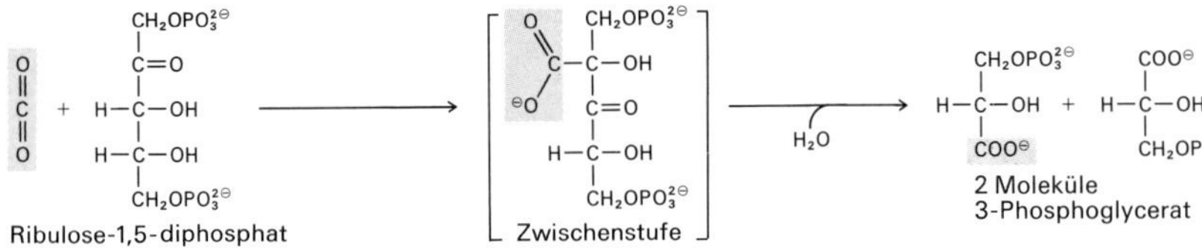

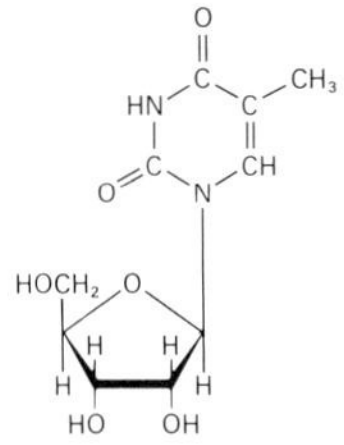

Ribothymidin

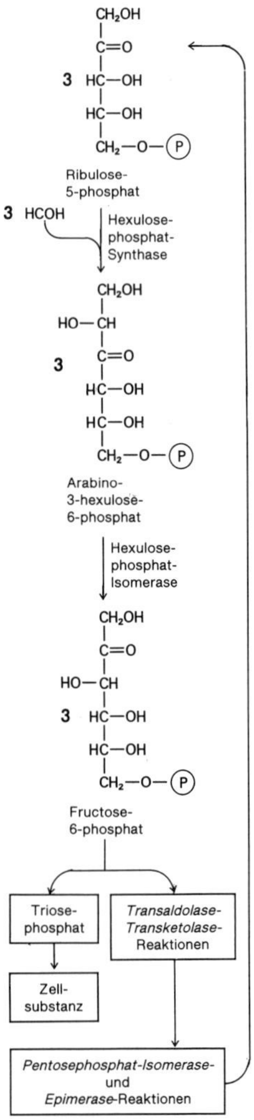

Ribulosemonophosphat-Zyklus

2 Mol 3-Phosphoglycerinsäure (3-Phosphoglycerat). Diese Reaktion wird durch das Enzym ↗R.-Carboxylase (Carboxidismutase) katalysiert.

Ribulose-1,5-diphosphat-Carboxylase *w*, *Carboxidismutase, Diphosphoribulose-Carboxylase,* Abk. *Rubisco,* das Schlüsselenzym des ↗Calvin-Zyklus (☐), durch das die CO_2-Fixierung an ↗Ribulose-1,5-diphosphat katalysiert wird. Das im Stroma v. ↗Chloroplasten lokalisierte, lösl. Enzym ist aus je 8 ident. kleinen und 8 ident. großen Untereinheiten aufgebaut. Die kleinen Untereinheiten sind im Kerngenom codiert u. werden nach Translation an den cytoplasmatischen 80S-Ribosomen in die Chloroplasten importiert. Dagegen sind die großen Untereinheiten im Chloroplasten-Genom (↗Plastom) codiert u. werden an den Chloroplasten-eigenen 70S-Ribosomen translatiert. Aufgrund des Vorkommens in allen grünen Pflanzen einschl. der Grünalgen ist R. weltweit das mengenmäßig am häufigsten vorkommende Protein.

Ribulose-1,5-diphosphat-Weg, der ↗Calvin-Zyklus.

Ribulosemonophosphat-Zyklus, ein Assimilationsweg v. ↗Formaldehyd (Zwischenprodukt der Methanoxidation) in ↗methanoxidierenden Bakterien *(Methylomonas, Methanococcus).* Schlüsselreaktion ist die Aldolkondensation v. Formaldehyd mit Ribulose-5-phosphat zu Arabino-3-hexulose-6-phosphat, das in einer Isomerase-Reaktion zu Fructose-6-phosphat umgewandelt wird (vgl. Abb.). Dieses wird einerseits durch Transaldolase- u. Transketolase-Reaktionen zu Ribulose-5-phosphat regeneriert u. andererseits (nach der Aufnahme von 3 Molekülen Formaldehyd) zu einem Molekül Triosephosphat umgewandelt, das zur Bildung v. Zellsubstanz dient. Der R. wird als mögl. Vorläufer des ↗Calvin-Zyklus diskutiert, dem er sehr ähnlich ist.

Ribulose-5-phosphat, Zwischenprodukt bei der Umwandlung v. Zuckern im Rahmen des ↗Calvin-Zyklus (☐) u. des ↗Pentosephosphatzyklus (☐).

Riccardia *w,* Gatt. der ↗Aneuraceae.

Ricciaceae [Mz.; ben. nach dem it. Adligen P. F. Ricci, 18. Jh.], Fam. der *Marchantiales* (Lebermoose) mit 3 Gatt. und 200 Arten. Während die Arten der Gatt. *Ricciella* vorwiegend amphib. leben, kommen die Arten der Gatt. *Riccia* sowohl in feuchten wie auf trockenen Standorten vor; die Wasser- u. Landformen sind z.T. sehr verschieden gestaltet, u. die taxonom. Unterscheidung ist sehr schwierig; häufigste Art ist *R. fluitans;* die Vermehrung erfolgt vorwiegend durch Thallusbruchstücke. Weltweit verbreitet ist *Ricciocarpos natans,* mit einem herzförm. Thallus als Wasserform verbreitet.

Richet [rischä], *Charles,* frz. Physiologe, * 26. 8. 1850 Paris, † 4. 12. 1935 ebd.; Schüler von C. ↗Bernard; Arbeiten über Nervenphysiologie und tier. Wärme, Begr. der ↗Serumtherapie durch die Beobachtung, daß Blut geimpfter Tiere eine Schutzwirkung gg. entspr. Krankheiten besitzt; führte die erste Seruminjektion beim Menschen durch; Entdecker der v. ihm als „Anaphylaxie" (↗anaphylakt. Schock) bezeichneten immunolog. Reaktion; erhielt hierfür 1913 den Nobelpreis für Medizin.

Richtachsen, *Euthynen,* ↗Achse (☐).

Richthofenia *w* [ben. nach dem dt. Geographen F. v. Richthofen, 1833–1905], (Kayser 1881), † Gatt. sehr ungleichklappiger articulater ↗Brachiopoden; die festgewachsene Stielklappe mit korallinem Wachstum bildet innere Querböden, die Armklappe dient als siebart. Verschluß. Beispiel für Konvergenz im Vergleich zu Korallen u. Rudisten. Verbreitung: Perm der N-Halbkugel.

Richtungshören ↗Gehörorgane, ↗Ohr.

Richtungskörper, *Richtungskörperchen, Polkörper(chen), Polocyten,* die bei den Reifeteilungen der ♀ Keimzellen (Eizellen) abgeschnürten, plasmaarmen Zellen, die i.d.R. degenerieren. ☐ Gametogenese.

Richtungssehen ↗Auge.

Ricin *s* [v. lat. ricinus = Wunderbaum], toxisches pflanzl. Protein (Phytotoxin) aus den Samen v. *Ricinus communis* (↗Rizinus). R. besteht, wie das verwandte ↗Abrin, aus zwei Polypeptidketten, die über eine Disulfidbrücke miteinander verbunden sind. Die A-Kette (relative Molekülmasse M_r = 32000) ist Träger der Toxinwirkung: durch Inaktivierung der 60S-Untereinheit eukaryot. Ribosomen wirkt sie als Inhibitor der Proteinbiosynthese. Die B-Kette (M_r = 34000) ist aufgrund ihrer zuckerbindenden Eigenschaften für die Anheftung des R.s an die Zelloberfläche verantwortlich. R. ist äußerst giftig: bereits 6 Rizinussamen wirken für Kinder, 20 Rizinussamen für Erwachsene tödl.; geringere Mengen verursachen nach einigen Tagen Koliken u. blutige Durchfälle.

Ricinoides *m* [v. lat. ricinus = Holzbock], Gatt. der ↗Kapuzenspinnen.

Ricinulei [Mz.; v. lat. ricinus = Holzbock], die ↗Kapuzenspinnen.

Ricinus ↗Rizinus.

Ricke, weibl. Reh.

Rickettsia *w* [v. *ricketts-], Gattung der ↗Rickettsien *(Rickettsiales);* unbewegliche, stäbchenförm. bis kokkoide Zellformen (0,2–0,3 × 1–2 μm), manchmal fadenförmig; obligate Parasiten, nur in Wirtszellen kultivierbar; Wachstum normalerweise im Cytoplasma (nicht in Vakuolen), manchmal im Kern verschiedener Wirbeltier- u. Arthropoden-Zellen. Die Generationszeit beträgt 8 oder mehr Stunden. Bei 56° C schnell inaktiviert. Wichtige Krankheitserreger: ↗Rickettsien (T).

Rickettsiaceae [Mz.; v. *ricketts-], Fam. der ↗Rickettsien.

Rickettsiales [Mz.], die ↗Rickettsien 2).

Rickettsiella *w*, Gatt. der ↗Wolbachieae.

Rickettsien [v. *ricketts-], 1) *R. i. w. S.*, Gruppe der Bakterien mit 2 Ord., den *Chlamydiales* (↗Chlamydien), die in den Wirtszellen einen charakterist. Entwicklungszyklus durchlaufen, u. den *Rickettsiales* (R. i. e. S., siehe unten), die sich in Wirtszellen durch einfache Zweiteilung vermehren. R. sind als Krankheitserreger v. großer Bedeutung. Wegen ihrer relativ geringen Größe (0,2–0,6 × 0,4–2,0 μm) galten sie lange Zeit als Viren od. Zwischenformen, die weder den Bakterien noch den Viren zugeordnet werden können. Aufgrund ihres Gehalts an RNA und DNA, des eigenen Stoffwechsels, der typ. Strukturelemente einer Prokaryotenzelle (z. B. auch Zellwände mit Murein) u. der Antibiotikaempfindlichkeit gehören sie zweifellos zu den Bakterien. 2) *R. i. e. S.*, Ord. *Rickettsiales,* in der Mehrzahl stäbchenförmige, kokkoide u. oft pleomorphe Mikroorganismen, die typ. Bakterienzellwände besitzen. Die gramnegativen Zellen sind geißellos u. vermehren sich nur innerhalb v. Wirtszellen. Sie können aber auch in lebenden Geweben, wie Hühnerembryonen od. Zellkulturen, gezüchtet werden. R. besitzen einen eigenen (oxidativen) Stoffwechsel. Durch die starke Anpassung an die parasit. Lebensweise, haben sie aber infolge veränderter Permeabilitätseigenschaften der Zellgrenzflächen offenbar die Fähigkeit verloren, die Aufnahme u. Abgabe v. Stoffwechselprodukten zu kontrollieren. Alle vermehren sich durch Zweiteilung; einige Vertreter der R. können sich aber in einigen Eigenschaften v. den allg. Merkmalen der Ord. unterscheiden: so gibt es z. B. ringförmige od. grampositive Formen, auch eine durch eine Geißel bewegl. Art. Alle sind jedoch Parasiten od. zumindest in der Entwicklung auf Wirtszellen angewiesen – bis auf eine Art (↗ *Rochalimaea quintana),* die auch im komplexen Nährmedium kultiviert werden kann. Die parasit. Formen sind mit den reticulo-endothelialen u. vaskulär-endothelialen Zellen od. Erythrocyten v. Wirbeltieren assoziiert, oft auch mit verschiedenen Organen v. Arthropoden, die als Überträger (Vektoren) od. Primärwirte dienen. R. können Infektionskrankheiten bei Menschen, Wirbeltieren und Wirbellosen verursachen (vgl. Tabelle; ↗Rickettsiosen). Man nimmt an, daß die symbiontischen R. in Insekten für Entwicklung u. Vermehrung des Wirts notwendig sind. Die R. werden in 3 Fam. unterteilt (vgl. Tab.). Eine Vermehrung der Erreger findet auch in den jeweiligen Überträgern statt (z. B. Laus, Zecke).

Rickettsien

(Gruppe 18 der ↗Bakterien, T)

Ord. *Rickettsiales*

Fam. *Rickettsiaceae*

Tribus I *Rickettsieae*

Gatt. ↗ *Rickettsia*
↗ *Rochalimaea*
↗ *Coxiella*

Tribus II *Ehrlichieae*

Gatt. ↗ *Ehrlichia*
↗ *Cowdria*
↗ *Neorickettsia*

Tribus III ↗ *Wolbachieae*

Gatt. *Wolbachia*
Symbiotes
Blattabacterium
Rickettsiella

Fam. ↗ *Bartonellaceae*

Gatt. *Bartonella*
↗ *Grahamella*

Fam. ↗ *Anaplasmataceae*

Gatt. *Anaplasma*
↗ *Paranaplasma*
Aegyptianella
↗ *Haemobartonella*
↗ *Eperythrozoon*

Rickettsienähnliche Organismen [v. *ricketts-], Abk. *RÄO, RLO* (*R*ickettsien *l*ike *o*rganisms), Bakterien, die den human- u. tierpathogenen ↗Rickettsien ähnl. sind, aber in Pflanzen auftreten; ihre Größe beträgt 0,2–0,6 × 1–3,2 μm. Man vermutet, daß ca. 25 Krankheiten v. ihnen verursacht werden (vgl. Tab.).

Rickettsiosen [Mz.; v. *ricketts-], durch ↗Rickettsien hervorgerufene Erkrankungen bei Mensch, anderen Säugern, Vögeln u. Insekten. R. der Wirbeltiere werden durch Lufttransport, Läuse, Flöhe, Milben od. Zecken übertragen, R. der Insekten sind in der ↗biol. Schädlingsbekämpfung (Maikäfer) einsetzbar. Einige R.: Anaplasmosen (↗ *Anaplasmataceae),* ↗Fleckfieber, ↗Q-Fieber, ↗Felsengebirgsfieber, ↗Wolhynisches Fieber, ↗Tsutsugamushi-Fieber, ↗Zeckenbißfieber. T Rickettsien.

Riechbahn, *Tractus olfactorius,* ↗Riechhirn.

Riechepithel, *Riechschleimhaut,* ↗chemische Sinne (B I); ↗Nase, ↗Nasenmuscheln.

Riechgrube, 1) allg. Bez. für Einsenkungen an der Körperoberfläche verschiedener Wirbelloser, in denen Riechzellen bzw. Riechorgane lokalisiert sind. 2) bei Wirbeltieren Bez. für die während der Keimesentwicklung angelegten paarigen, grubenförm. Einsenkungen der Epidermis im Kontaktbereich zum Vorderende des Neuralrohrs, welche die ersten Anlagen der Geruchsepithelien darstellen.

Riechhaare, dünnwandige ↗Sensillen der Gliederfüßer, die der Geruchswahrnehmung (↗chemische Sinne) dienen. Der Chitinmantel der R. ist v. kleinen Poren (ca. 10 nm ∅) zur Perzeption v. Duftmolekülen

Rickettsien

R.-Erkrankungen *(Rickettsiosen)* des Menschen (Erreger, Krankheit u. Überträger):

↗Fleckfieber-Gruppe:
Rickettsia prowazeki (epidemisches Fleckfieber; Kleiderlaus)
R. typhi (= R. mooseri) (murines Fleckfieber; Floh)

↗Zeckenbißfieber-Gruppe:
R. rickettsii (↗Felsengebirgsfieber; Zecke)
R. sibirica (Nordasiat. Zekkenbißfieber; Zecke)
R. conorii (Bontonneuse-Fieber, Zeckenbißfieber der Alten Welt; Zecke)
R. australis (Queensland-Zekkenbißfieber; Zecke)
R. akari (Rickettsienpokken; Milbe)

R. tsutsugamushi (↗Tsutsugamushi-Fieber; Milbenlarven)

Rochalimaea quintana (↗Wolhynisches Fieber; Kleiderlaus)

Coxiella burnetii (↗Q-Fieber; Inhalation)

ricketts- [ben. nach dem am. Pathologen H. T. Ricketts, 1871–1910].

Rickettsienähnliche Organismen

Krankheiten u. Wirtspflanze (Auswahl):

↗Hexenbesen (Lärche)
Triebsucht (Apfel)
Piercesche Krankheit (Weinrebe)
Goldgelbe Vergilbung (Weinrebe)
Rosettenkrankheit (Zuckerrübe)
Knöllchenkrankheit (Heidekraut)
Triebverkümmerung (Zuckerrohr)

durchbrochen. Ihr Lumen ist mit Flüssigkeit gefüllt u. wird bis zur Spitze v. einem Bündel terminaler Nervenzellfortsätze einer Gruppe primärer Sinneszellen durchzogen. Die v.a. an den Antennen vorkommenden R. finden sich bei Schlupfwespenweibchen auch am Legebohrer u. dienen hier der Auffindung geeigneter Larven u. Puppen zur Eiablage.

Riechhirn, *Rhinencephalon,* wird bei Wirbeltieren u. Mensch v. dem paarigen Bulbus olfactorius *(Riechkolben),* dem Tractus olfactorius *(Riechbahn)* u. Rindengebieten des Endhirns (*Riechlappen,* Lobus olfactorius) aufgebaut. Von den Sinneszellen des Geruchsorgans treten Nervenfasern in den Bulbus olfactorius ein, wo sie auf sekundäre Neurone umgeschaltet werden u. auf dem Tractus olfactorius zu den primären Riechzentren des Lobus olfactorius geleitet werden. Von dort aus können sie auf sekundäre Zentren (Corpus amygdale) umgeschaltet werden. – Ein „Riechhirn" ist nicht als kompakte strukturelle Einheit abgrenzbar, sondern nur als funktionelles System mit den oben gen. Anteilen beschreibbar.

Riechkegel, a) bei Wirbeltieren u. Mensch die Oberfläche der Riechschleimhaut überragende kolbenförm. Verdickungen am apikalen Fortsatz der Geruchssinneszellen; b) *Sensilla basiconica,* nach außen kegelartig vorragende, umgebildete ↗Riechhaare bei Insekten. ↗Sensillen (□).

Riechkolben, *Bulbus olfactorius,* ↗Riechhirn.

Riechlappen, *Lobus olfactorius,* ↗Riechhirn.

Riechnerv, *Nervus olfactorius,* der I. ↗Hirnnerv, ↗Olfactorius.

Riechorgane, die ↗Geruchsorgane; ↗chemische Sinne.

Riechplatte, *Porenplatte, Sinnesplatte, Sensilla placodea,* Geruchsorgan bei Insekten, das größtenteils der Gelenkmembran eines Sinneshaars entspricht; besteht aus einer flachen od. gewölbten, membranösen od. sklerotisierten Chitinplatte v. runder od. ovaler Form, die auf einer Fläche von ca. 10 µm ∅ rund 4000 Poren (für den Durchtritt der Duftstoffmoleküle) enthält. ↗Sensillen.

Riechschwelle, *Geruchsschwelle,* ↗chemische Sinne ([T]).

Riechsinn, *Geruchssinn,* ↗chemische Sinne.

Riechstoffe, die ↗Geruchsstoffe.

Riechzellen ↗chemische Sinne ([B] I).

Ried *s,* 1) ↗Moor; 2) sumpfiges Gelände mit Sauergräsern *(R.gräser)* od. Schilf; 3) Begriff für die Sumpfvegetation selbst (z.B. Großseggenrieder, ↗Magnocaricion).

Riedböcke, 1) i.w.S. die *Reduncinae,* U.-Fam. der ↗Hornträger *(Bovidae)* mit 2 Gatt.-Gruppen: *Reduncini* (↗Wasserböcke) u. *Peleini* (↗Rehantilope). – 2) i.e.S. die Gatt. *Redunca* mit 3 Arten in Afrika südl. der Sahara. Riedbock (*R. redunca,* im N mit 7 U.-Arten; Kopfrumpflänge 115–145 cm) u. Großer Riedbock (*R. arundium,* im S mit 2 U.-Arten; Kopfrumpflänge 120–160 cm) leben in Wassernähe. Der Bergriedbock (*R. fulvorufula,* inselartig in Kamerun, NO- und SO-Afrika; Kopfrumpflänge 110–125 cm) bevorzugt steiniges Hügelland u. Gebirge.

Riedfrösche, *Hyperolius,* Gatt. der ↗*Hyperoliidae* (od. – nach anderer Auffassung – der Ruderfrösche od. der *Ranidae*); über 140 Arten in Afrika südl. der Sahara u. auf Madagaskar. Kleine bis mittelgroße (wenige cm), laubfroschähnl., häufig auffällig bunt gestreifte od. gepunktete Frösche, die Regenwälder, v.a. aber Buschland, Feuchtsavannen u. Trockensteppen, auch Kulturland bewohnen und sich meist in der Ufervegetation v. Gewässern aufhalten. Die ♂♂ haben laute, schrille u., wenn sie in Massen vorkommen, ohrenbetäubende Rufe, mit denen sie ihre Reviere markieren und ♀♀ anlocken. Der Laich wird bei vielen Arten über dem Wasser an Blättern angeheftet, andere befestigen ihn an Wasserpflanzen. Die meisten Arten sind dämmerungs- od. nachtaktiv; manche können während der Ruhezeit stundenlang in der heißen trop. Sonne sitzen, ohne auszutrocknen – ähnl. wie in S-Amerika manche Makifrösche.

Riedgras, die ↗Segge.

Riedgrasartige, die ↗Sauergrasartigen.

Riedgrasgewächse, die ↗Sauergräser.

Riellaceae [Mz.], Fam. der ↗*Sphaerocarpales* mit 1 Gatt. *(Riella)* und ca. 20 Arten; einjähr. Flachwassermoose, die vorwiegend in niederschlagsärmeren Regionen vorkommen, u.a. im Mittelmeergebiet, in S-Afrika, Austr.; bevorzugen schwach salzhalt. Wasser. Im Mittelmeergebiet u. Rhônetal *R. notarisii* in period. überschwemmten Gebieten.

Riemenblume, *Eichenmistel, Loranthus europaeus,* ↗Mistelgewächse.

Riemenfische, *Regalecidae,* Familie der ↗Bandfische.

Riemennatter, *Imantodes cenchoa,* Art der ↗Trugnattern.

Riemenschnecken, *Helicodonta,* Gatt. der ↗*Helicidae,* Landlungenschnecken mit scheibenförm., braunem Gehäuse. 2 Arten in Mitteleuropa: Die R., *H. obvoluta* (15 mm ∅), mit weißer Mündung, deren Rand außen u. unten einen zahnart. Wulst hat; juvenile Gehäuse sind behaart. Die Südlichen R., *H. angigyra* (10 mm ∅), kommen nur in den S-Alpen, wie erstere in Wäldern u. Gebüsch vor.

Riementang, *Himanthalia elongata,* ↗Fucales.

Riemen-Tellerschnecke, *Bathyomphalus contortus,* ↗Bathyomphalus.

Riemenzunge, *Bocksorchis, Himantoglossum,* Gatt. der ↗Orchideen (□, [B]) mit 6 Arten. Die Vertreter der Gatt. sind sehr kräftig (bis 90 cm hoch) u. besitzen große ellipt. Blätter; die Blüten stehen in vielblüt. Ähre. Die Lippe ist dreilappig, der Mittellappen oft stark verlängert, gedreht u. vorne zweispaltig. *H. hircinum* – die grünl. Blüten zeigen deutl. Bocksgeruch – kommt im ganzen südl. Europa vor. In Dtl. findet man sie an warmen Standorten in Kalkmagerrasen; nach der ↗Roten Liste „stark gefährdet“. – Die anderen Arten haben jeweils ein eng begrenztes Verbreitungsgebiet.

Rieselfelder, Landflächen, die zur ↗Abwasserbehandlung dienen und landw. genutzt werden. Das ↗Abwasser wird auf dränierten (↗Dränung, □), durchlässigen Böden über die Fläche od. in Furchen gerieselt *(Berieselung).* Je nach ↗Bodennutzung (Ackerland, Grünland) schwankt die zulässige Abwasserbelastung. Die Berieselung ist ein bereits seit über 100 Jahren angewandtes Verfahren zur Abwasserreinigung. Die Schmutzstoffe werden in den oberen Schichten gebunden u. durch die ↗Bodenorganismen aerob abgebaut, so daß es weder zu einer Verunreinigung des Oberflächenwassers noch zu einer Gefährdung des ↗Grundwassers kommt (↗Bodenwasser). Da die Pflanzen die anorgan. Phosphor- u. Stickstoffverbindungen aufnehmen, lassen sich auch diese eutrophierenden Stoffe (zumindest während der Vegetationsperiode) aus dem Wasser beseitigen (↗Eutrophierung). Für die Landw. ist der ↗Dünger-Gehalt des Abwassers u. der ↗Bewässerungs-Effekt von Nutzen. Nachteilig u. gefährlich kann der Gehalt des Abwassers an pathogenen Keimen ([T] Abwasser), Wurmeiern u. möglichen toxischen Stoffen (z.B. ↗Schwermetallen) sein. R. sind daher heute bei den stark belasteten Abwässern weniger geeignet. In Zukunft könnten aber R. zur Restreinigung als 4. Reinigungsstufe von biologisch geklärtem Abwasser (↗Kläranlage, □) wichtig werden, da die Gewässer (Vorfluter) v. Phosphat u. Stickstoff entlastet u. gleichzeitig Dünger sowie Grund- u. Oberflächenwasser (zur Bewässerung) gespart würden. – Zur besseren Verteilung kann das Abwasser auch verspritzt *(Verregnung)* oder, ohne landw. Nutzung, nur durch den Boden gefiltert werden *(Bodenfilter).* Eine bes. effektive Methode zur Abwasserreinigung im Boden ist das ↗Wurzelraumverfahren.

Riesenaktinien, die Gatt. ↗Stoichactis.

Riesenalk, *Pinguinus impennis,* † atlant. Vogelart der ↗Alken, bis 78 cm groß und 5 kg schwer, flugunfähig, jedoch wie alle Alken mit gutem Schwimm- u. Tauchvermögen; intensive Verfolgung durch den Menschen u. Vulkanausbrüche an den letzten Brutplätzen brachten die Bestände zum Verschwinden; die letzten R.en wurden 1844 erlegt. [B] Polarregion II.

Riesenassel, *Bathynomus giganteus,* ↗Asseln, ↗Cirolanidae.

Riesenbock, *Titanus giganteus,* Art der ↗Bockkäfer aus dem Quellgebiet des Amazonas in Kolumbien; mit 10–16 cm, in einem Fall sogar bis 21 cm, gilt er als der größte Käfer der Erde; lange Zeit war er nur aus Fischmägen u. zufällig angeschwemmten Exemplaren bekannt; seine Larve (Länge wohl bis 25 cm oder mehr) lebt vermutl. in altem Mulm.

Riesenchromosomen, 1) *Polytänchromosomen,* etwa 100–250 μm lange und 15–25 μm dicke ↗Chromosomen, die in den Zellkernen bestimmter Gewebe v. Dipteren (z.B. Speicheldrüsen v. *Drosophila*) vorliegen. R. wurden 1881 v. Balbiani entdeckt. Es handelt sich um endomitotisch (↗Endomitose) entstandene Bündel aus vielen gestreckten, parallel gelagerten Chromatid-Fäden, wobei die Chromatid-Fäden homologer Chromosomen gemeinsam einen Strang eines R. bilden, d.h. die homologen Chromosomen dauernd gepaart bleiben. Die Chromomere der einzelnen Chromatid-Fäden werden als ↗*Querscheiben* des Bandenmusters der R. sichtbar. Bei m-RNA-Synthese lockern sich aktive R.bereiche, an denen RNA-Synthese stattfindet, in charakterist. Weise auf u. bilden dadurch sog. ↗*Puffs* od. ↗*Balbiani-Ringe.* 2) die ↗Lampenbürstenchromosomen. [B] 160, [B] Genaktivierung.

Riesenegel, *Haementeria ghiliani,* ↗Haementeria.

Rieseneule, die ↗Agrippinaeule.

Riesenfasern, *Riesenaxone,* ↗Nervensystem (□).

Riesengeier, † Geier, welche die größten lebenden Geier („Kondor“, *Vultur* u. *Gymnogyps* mit maximaler Flügelspannweite von 3 m) an Größe beträchtl. übertrafen. *Gyps melitensis* aus dem Pleistozän der Insel Malta; *Teratornis incredibilis* (Pleistozän von N-Amerika) mit 5 m Spannweite.

Riesengleiter, 1) *Flattermakis, Pelzflatterer, Dermoptera,* Ord. der Säugetiere mit 1 Fam., Riesengleitflieger od. Pelzflatterer *(Cynocephalidae),* u. 2 Arten in den trop. Regenwäldern SO-Asiens, dem etwa katzengroßen Temminck-Gleitflieger (*Cynocephalus temminckii,* syn. *variegatus*) u. dem etwas kleineren Philippinen-Gleitflieger (*C. philippinensis,* syn. *volans*); Fellfarbe oberseits braun bis grau, unterseits leuchtend orange bis gelbl. Die Flughaut umgibt bei den R.n fast den ganzen Körper (einschl. Schwanz). Tagsüber hängen R. faultierartig im Geäst; während ihrer nächtl. Nahrungssuche bewegen sie sich hangelnd in die Höhe, um schräg abwärts gleitend (angebl. bis 70 m weit!) einen anderen Baum zu erreichen. R. sind Nahrungsspezialisten u. fressen nur Blätter, Knospen u. junge Samenhülsen bestimmter Baumarten. Das einzige Junge wird, festgesaugt an der Zitze, v. der Mutter mitgetragen. – Zur Schaffung einer eigenen Ord. führten die unklaren Verwandt-

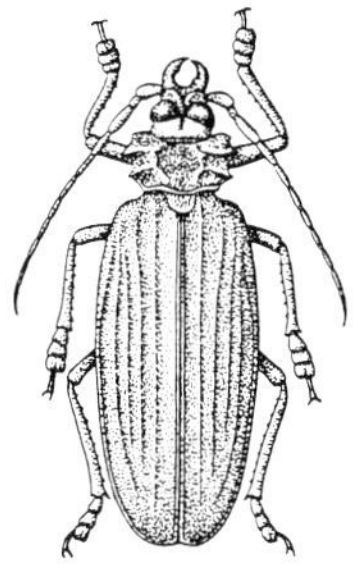

Riesenbock

Als große Seltenheit unter den Käfern gilt der R. *(Titanus giganteus),* der größte Käfer der Erde. Einen Eindruck v. den Ausmaßen des Tieres vermittelt die über den Text gelegte Darstellung, die den R. in natürl. Größe zeigt. – Die Art wurde von Linné 1771 beschrieben; niemand weiß bis heute genau, nach welcher Vorlage. In der Mitte des vorigen Jh. wurden bei Manaos am Ufer des Río Negro hin und wieder tote Exemplare angeschwemmt, manche sogar im Magen großer Fische gefunden. Diese angeschwemmten Stücke waren jahrelang die einzigen, die in den Handel kamen. Im Jahre 1914 wurden für sie 2000 Goldmark gezahlt. Bis 1938 sind etwa 30 solcher Tiere bekannt geworden, alle an der gleichen Stelle v. einem Orchideensammler erbeutet. Dieser Mann hat übrigens niemals einen lebenden R. gesehen. Erst 1958 wurden einige lebende Käfer im NO Südamerikas unter Straßenlaternen gesammelt.

Riesengleiter

Temminck-Gleitflieger *(Cynocephalus temminckii)*

RIESENCHROMOSOMEN

In bestimmten Organen einiger Pflanzen und Tiere, vor allem in den Speicheldrüsen von Dipteren, finden sich Riesenchromosomen. Sie entstehen dadurch, daß sehr viele Chromatiden nach ihrer Replikation nicht auseinanderweichen, sondern mit ihren homologen Strukturen zusammengelagert bleiben. So entstehen leicht seilartig gedrehte Chromatidenbündel.

Die Längsgliederung der einzelnen Chromatiden wird unter dem Mikroskop als Längsgliederung des Riesenchromosoms in *Querscheiben* und Zwischenstücke sichtbar. In den Querscheiben liegen die entsprechenden Abschnitte der DNA-Fäden aller Chromatiden eines Riesenchromosoms aufgeknäuelt vor. Werden die Gene bestimmter Querscheiben aktiv, so entknäueln sich an diesen Stellen die DNA-Fäden und bilden sog. *Puffs*.

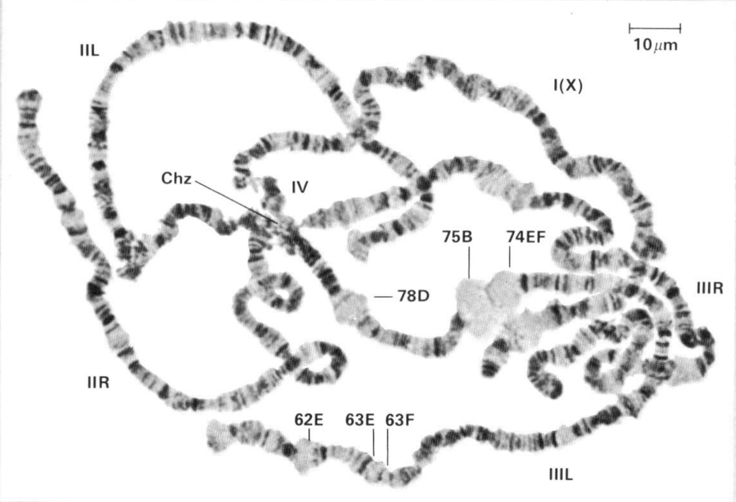

Riesenchromosomen aus einem Speicheldrüsenzellkern des Weibchens von *Drosophila melanogaster* (Abb. oben). Die Chromosomen sind mit ihren heterochromatischen Teilen in einem *Chromozentrum* (Chz) verklebt, so daß alle Chromosomen zu einem vielarmigen Gebilde vereinigt sind. Die Chromosomen sind mit I–IV numeriert (I = X-Chromosom). Von II und III ist je ein rechter (R) und ein linker (L) Schenkel zu sehen. Die übrigen Bezeichnungen beziehen sich auf Querscheiben in *Puffbildung*.

Schematischer Ausschnitt aus einem Riesenchromosom (Abb. links). Die homologen Strukturen vieler längsgepaarter Chromatiden werden mikroskopisch als *Querscheiben* und Zwischenstücke des Riesenchromosoms sichtbar.

schaftsverhältnisse der R., die anatom. Ähnlichkeiten mit Insektenfressern, Halbaffen und Fledertieren aufweisen. – 2) *Schoinobates volans*, der Riesen-↗Gleitbeutler.

Riesenhaie, *Cetorhinidae,* Fam. der Echten ↗Haie; einzige Art der bis 14 m lange, sehr massige, ovovivipare R. (*Cetorhinus maximus,* B Fische III) mit kleinen Zähnen u. Reusenapparat an den Innenseiten der Kiemenspalten; damit seiht er wie der ↗Walhai beim langsamen Schwimmen mit geöffnetem Maul Zooplankton aus dem durchströmenden Wasser aus; in allen Meeren außerhalb der Tropen verbreitet; für den Menschen nicht gefährlich.

Riesenhering, *Elops saurus,* ↗Frauenfische.

Riesenkäfer, unspezif. Bez. für sehr große ↗Käfer. Oft werden die *Dynastinae* als U.-Fam. der ↗Blatthornkäfer so bezeichnet; hierher gehören mit die größten bekannten Käfer, wie der ↗Herkuleskäfer u. der ↗Nashornkäfer. Auch viele Bockkäfer können sehr groß werden (↗Riesenbock, ↗Harlekinsbock; B Käfer II). ↗Goliathkäfer.

Riesenkalmare, fälschl. Bez. *Riesenkraken, Architeuthis,* einzige Gatt. der *Architeuthidae* (U.-Ord. ↗*Oegopsida*), ↗Kalmare mit langgestrecktem, hinten zugespitztem Körper, der 4 m, einschl. Fangarme bis 18 m lang wird u. etwa 1 t wiegen kann; damit sind die R. die größten rezenten Wirbellosen. Die kräftigen Arme sind mit 2, die Endkeulen der Fangarme mit 4 Reihen v. Saugnäpfen bestückt; alle Saugnäpfe sind durch einen gezähnten Conchin-Chitin-Ring verstärkt; die beiden unteren Arme des ♂ sind hectocotylisiert u. übertragen Spermatophoren. Der Schalenrest ist als ↗„Gladius“ im Körperinnern erhalten u. hinten kegelig eingerollt. Die Augen erreichen ∅ über 20 cm (größte Sehorgane im Tierreich!); eine Cornea fehlt ihnen (☐ Oegopsida). Die R. leben wahrscheinl. in 400–1000 m Tiefe, wo sie des öfteren Pottwalen zum Opfer fallen, auf deren Haut Saugnapfnarben hinterbleiben können. Die R. sind so aktiv, daß sie bisher nicht gefangen werden konnten, doch stranden sie bes. häufig an den Küsten v. Neufundland, N-Europa u. Neuseeland – möglicherweise verursacht durch Wechsel der Wasser-Temp. Da die Arten oft nur nach Bruchstücken beschrieben wurden, ist die Spezies-Abgrenzung unsicher; wahrscheinl. gibt es 3 Arten: *A. sanctipauli* (südl. Hemisphäre), *A. japonica* (N-Pazifik) und *A. dux* (N-Atlantik). Sie sind wegen des hohen Ammoniakgehaltes ungenießbar.

Riesenkern, 1) das ↗Megakaryon; 2) seltene Bez. für den ↗Makronucleus.

Riesenkohl ↗Kohl. [↗Seespinnen.

Riesenkrabbe, *Macrocheira kaempferi,*

Riesenkröte, *Kolumbianische R., Bufo blombergi,* größte Art der ↗Kröten, erreicht 23 cm Länge.

Riesenkugler, *Sphaerotheriidae* (nach anderem System auch *Sphaerotheria* bzw. *Sphaerotheriida,* [T] Doppelfüßer), Fam. der ↗Doppelfüßer aus der Gruppe der *Opisthandria;* die Arten werden bis 9,5 cm lang u. 5 cm breit; einige Arten können weit hörbar stridulieren. Die ca. 200 Arten sind alle trop. verbreitet.

Riesenläufer, Gruppe v. Hundert- u. Tausendfüßern, die über 10–15 cm Körperlänge erreichen. Hierher gehören einige Skolopender (bis 27 cm), unter den Erdläufern die Gatt. *Himantarum* (bis 20 cm). Die eigtl. R. stellen unter den Doppelfüßern die ↗Riesenkugler *(Sphaerotheriidae)* und v. a. die *Spirostreptidae* (bis 28 cm). ↗Doppelfüßer. [libellen.

Riesenlibellen, *Meganeura,* Gatt. der ↗Ur-

Riesenmuscheln, *Tridacnidae,* Fam. der U.-Ord. Verschiedenzähner, Blattkiemenmuscheln mit dickschaligen, großen Klappen, die vor dem Wirbel einen Durchlaß für den Byssus aufweisen u. radial gerippt, oft dachziegelartig geschuppt sind. Der vordere Schließmuskel wird beim Heranwachsen völlig rückgebildet. Der Körper der R. hat sich gg. Mantel u. Schale um ca. 180° gedreht; die R. liegen mit der Wirbelseite auf dem Substrat, haben aber auch die Bauchseite des Weichkörpers nach unten gewandt. Im nach oben gerichteten Mantelgewebe, das durch den geöffneten Schalenspalt dem Licht ausgesetzt werden kann, liegen transparente, kegelige Erhebungen, die symbiont. Zooxanthellen enthalten. Der Mantelrand ist daher hier verschiedenfarbig bunt. Die R. leben im Flachwasser des trop. Indopazifik, oft in Korallenriffen. Die Gatt. *Tridacna* umfaßt 5 Arten; die größte ist *T. gigas* (bis 1,4 m lang u. 500 kg schwer), auch Mördermuschel gen., weil sie Taucher einklemmen soll; die riesigen Klappen wurden als Brunnen- u. Weihwasserbecken benutzt; die Muscheln ragen etwa zur Hälfte aus dem Sediment. Die (bis 15 cm lange) *T. crocea* lebt dagegen so tief im Korallenkalk, daß ihr Schalenspalt im Niveau v. dessen Oberfläche liegt. In die Fam. R. gehört auch die ↗Pferdehufmuschel. [B] Muscheln.

Riesennager, *Hydrochoeridae,* Fam. der ↗Meerschweinchenverwandten; einzige Art die ↗Capybara.

Riesenohr, *Strombus gigas,* ↗Fechterschnecken.

Riesenotter, *Pteronura brasiliensis,* größte Art der ↗Otter; Kopfrumpflänge 100 bis 150 cm, Schwanzlänge etwa 70 cm; vollständige Schwimmhäute an allen Füßen. Die südam. R.n leben in kleinen Trupps in langsam fließenden Gewässern, v. Venezuela u. Guayana im N über Brasilien bis Uruguay u. Argentinien im S.

Riesenquallen, Vertreter der Gatt. ↗Cyanea.

Riesensalamander, *Cryptobranchidae,* Fam. der ↗Schwanzlurche; sehr urtüml. Tiere, die heute nur noch in 2 disjunkt verbreiteten Gatt. vertreten sind (im Miozän kam *Andrias* auch in Europa vor, ↗*Andrias scheuchzeri*): *Andrias (= Megalobatrachus)* mit *A. japonicus* ([B] Amphibien I) in Japan u. *A. davidianus* (manchmal auch als U.-Art von *A. japonicus* aufgefaßt) in China einerseits u. dem Schlammteufel od. Hellbender *(Cryptobranchus alleganiensis)* im östl. N-Amerika. Die R. enthalten die größten rezenten Schwanzlurche: *Andrias* erreicht 130 cm, *Cryptobranchus* 68 cm Länge. Alle R. sind zeitlebens aquatisch u. bewohnen saubere, kühle Bäche u. Flüsse, z. T. auch Bergseen. Sie durchlaufen eine unvollkommene Metamorphose. Die äußeren Kiemen werden zwar zurückgebildet, aber die Augen bleiben lidlos, die Zähne larval. *Cryptobranchus* behält noch 1 Paar offener Kiemenlöcher u. 4 Kiemenbögen; bei *Andrias* schließen sich die Kiemenlöcher, u. es bleiben 2 Kiemenbögen. Weitere Merkmale sind ein breiter, flacher, massiger Kopf, Rumpf ebenfalls flach, mit seitl. Falten; relativ kurzer Schwanz mit hohen Flossensäumen. Tagsüber verbergen sich die R. in Uferhöhlen, unter Baumwurzeln o. ä., nachts machen sie Jagd auf Fische, Krebse u. Wasserinsekten. Ganz urtüml. ist die äußere Befruchtung: Das ♂ scharrt ein flaches Nest aus, in das es nur ablagebereite ♀♀ hereinläßt. Das ♀ legt zwei mehrere m lange Eischnüre mit bis zu 500 Eiern, die vom ♂ anschließend besamt u. bewacht werden. Die Larven schlüpfen nach 10 bis 12 Wochen; sie sind dann ca. 30 mm lang; mit 125 mm Länge, im Alter von ca. 18 Monaten, verlieren sie die äußeren Kiemen. – R. sind begehrte Schaustücke für zool. Gärten, die bei geeigneter Haltung jahrzehntelang leben. ☐ Andrias scheuchzeri.

Riesenschildkröten, 2 einander sehr ähnelnde, aber nicht miteinander verwandte u. auf isolierten Inselgruppen weit voneinander getrennt lebende Arten der ↗Landschildkröten; dienten fr. oft als Schiffsproviant bzw. wurden wegen ihres schmackhaften Fleisches v. Siedlern stark verfolgt; Bestände deshalb heute zieml. dezimiert. Ernähren sich v. Kakteensprossen u. Pflanzenlaub; Männchen geben während der Paarung dumpfe grunzende Laute v. sich; R. werden selten wesentl. älter als 100 Jahre. Die Seychellen-R. (*Testudo gigan-*

Riesensalamander

Schlammteufel *(Cryptobranchus alleganiensis)*

tea; U.-Gatt. *Aldabrachelys;* Panzerlänge bis 1,25 m) lebt heute in noch verhältnismäßig großer Zahl auf der Insel Aldabra nördl. v. Madagaskar im Ind. Ozean; im Ggs. zur gleichfalls schwarzen Galapagos-R. (*Testudo elephantopus;* U.-Gatt. *Chelonoidis;* Panzerlänge bis 1,2 m, über 200 kg schwer), die heute trotz intensiver Schutzmaßnahmen nur noch auf wenigen Inseln vor der W-Küste S-Amerikas (z. B. Albemarle) vorkommt (↗Galapagosinseln), mit unpaarem, deutl. ausgebildetem Nakkenschild. B Südamerika VIII.

Riesenschirmlinge, *Macrolepiota,* Gatt. der ↗Champignonartigen Pilze mit ca. 12 Arten (vgl. Tab.), mittelgroße bis sehr große Blätterpilze; die Hutoberseite ist grob od. feinschuppig; die Stiele besitzen eine knollige Basis u. einen verschiebbaren Ring (im Alter); die Sporen haben einen großen Keimporus. Bekannteste Art ist der eßbare Parasol(pilz) (Großer Schirmling, Natternstieliger R., Guggermukken), *M. procera* Sing., dessen Hut einen ∅ von 10–25 cm erreichen kann u. von braunen, groben, dachziegelart. Schuppen bedeckt ist; er wächst in lichten Wäldern, Triften u. Wiesen, seltener in Gärten. ☐ Lamelle.

Riesenschlangen, *Boidae,* urtümliche Fam. der Schlangen mit 4 U.-Fam. (vgl. Tab.) und über 60 Arten; v. a. in den Tropen u. Subtropen beheimatet; leben in großen feuchten Wäldern, z. T. auch in Steppen u. Savannen; vorwiegend nachtaktiv; Boden- od. Baumbewohner, einige im Wasser (↗Anakonda) lebend; neben den größten Schlangen (maximal 9–10 m) auch kleinere Arten; ungiftig; mit muskulösem Körper; umschlingen u. erdrosseln Beutetiere (bis zur Größe eines Hausschweins) vor dem Verschlingen, werden Menschen jedoch nur selten gefährl.; Schädelknochen gelenkig miteinander verbunden (↗Kraniokinetik); Kopf deutl. abgesetzt; Pupillen senkrecht; Lungen paarig; meist rudimentärer Beckengürtel; die beiden Reste der Hinterextremitäten – zumindest beim ♂ – als krallenart. Sporne beiderseits der Kloakenspalte. – Neben den altweltl. ↗Python- *(Pythoninae)* u. den bis auf 4 Gatt. neuweltl. ↗Boaschlangen *(Boinae)* die Spitzkopfpythons *(Loxoceminae)* mit nur 1 Art *(Loxoceminus bicolor)* aus S-Mexiko u. Mittelamerika; bei z. T. grabender Lebensweise ernähren sie sich v. kleinen Wirbeltieren. Den Bolyerschlangen *(Bolyeriinae)* mit je 1 Art in 2 Gatt. fehlen als einzigen unter den R. jegliche Reste des Beckengürtels; sie leben nur noch auf dem Eiland Round Islet bei der Insel Mauritius u. sind vom Aussterben bedroht. – Ausgangs der Kreidezeit (vor etwa 80 Mill. Jahren) sind die R. aus waranart. Echsen hervorgegangen.

Riesenschnecken, volkstüml. Bez. für große Meeresschnecken, z. B. einige ↗Kronenschnecken.

Riesenschirmlinge

Wichtige Arten:

Parasol(pilz) (Natternstieliger R., *Macrolepiota procera* Sing., eßbar)
Rötender R. (Safranschirmling, *M. rhacodes* Sing., eßbar)
Garten-R. (*M. rhacodes* var. *hortensis* Pilat, giftig?)
Acker-R. (*M. excoriata* Mos., eßbar)
Zitzen-R. (*M. gracilenta* Fr., eßbar)

Parasol(pilz), *Macrolepiota procera* Sing., junger Fruchtkörper („Trommelschlegel") u. alter Fruchtkörper mit ausgebreitetem Hut u. verschiebbarem Ring am Stiel

Riesenschlangen

Unterfamilien:

↗Boaschlangen *(Boinae)*
Bolyerschlangen *(Bolyeriinae)*
↗Pythonschlangen *(Pythoninae)*
Spitzkopfpythons *(Loxoceminae)*

Riesenskinkverwandte

Gattungen:

↗Blauzungen *(Tiliqua)*
Corucia
Macroscincus
↗Stachelechsen *(Egernia)*

Riesenwanze *(Belostoma spec.)*

Riesenschnurfüßer, Arten der Fam. *Spirostreptidae* (bis 20 cm lang) aus der Gruppe der ↗Doppelfüßer.

Riesenskinkverwandte, *Tiliquinae,* U.-Fam. der Skinke mit 4 rezenten Gatt. Neben den ↗Blauzungen *(Tiliqua)* u. ↗Stachelechsen *(Egernia)* lebt der baumbewohnende, bis 65 cm lange (größter aller Skinke) Salomonen-Riesenskink *(Corucia zebrata)* jetzt nur noch in den Tropenwäldern der Insel San Cristobal; Kopf breit; Schnauze stumpf; Ohröffnung zieml. groß, ebenso die Körperschuppen (in 36–38 Längsreihen); oberseits grünl.-weiß, gelegentl. unregelmäßig braun quergebändert od. schwarz gefleckt u. mit rotbraunem Kopf; unterseits weiß; mit kräft. Krallen an den Extremitäten u. langem Greifschwanz. Wie der plumpe, in seinem Bestand gefährdete Kapverdische Riesenskink (*Macroscincus cocteaui;* ca. 50 cm lang) Pflanzenfresser; dieser auf den unbewaldeten Felsen der Inseln Raso u. Branco beheimatet; ältere Tiere mit dicken Hängebacken; Körperschuppen klein (in über 100 Längsreihen), gekielt; Färbung grau mit dunkelbraunen u. hellen Flecken, Unterseite weißgrau; nachtaktiv.

Riesenskorpione, die ↗Eurypterida.

Riesentintenfische, *Riesentintenschnekken,* ↗Riesenkalmare u. ↗*Dosidicus gigas.*

Riesenunke, *Bombina maxima,* größte Art der ↗Unken.

Riesenwanzen, *Riesenwasserwanzen, Belostomatidae,* Fam. der ↗Wanzen (Wasserwanzen) mit insgesamt ca. 100, meist trop. und subtrop. Arten. Einige R. gehören mit bis 11 cm Körperlänge zu den größten Insekten überhaupt. Der meist dunkelbraune Körper ist flach u. oval geformt. Mit den als Schwimmbeinen ausgebildeten Mittel- u. Hinterbeinen können sich die R. schnell u. gewandt in stehenden od. langsam fließenden Gewässern bewegen. Mit den klappmesserart. Vorderbeinen (Fangbeinen) erbeuten sie im Wasser Fische, Amphibien u. Insekten, die sie mit Stichen töten u. dann aussaugen. B Insekten I.

Riesenwuchs ↗Gigaswuchs, ↗Akromegalie.

Riesenzellen, allg. Sammelbegriff in Biol. und Medizin für eine Reihe heterogener, ungewöhnl. großer, meist hochpolyploider Zellen. a) bei manchen Weichtieren bis zu 1 mm große Nervenzellen, Ursprungszellen der Riesenfasern (↗Nervensystem). b) ↗Megakaryocyten, Ursprungszellen der Blutplättchen (↗Thrombocyten) im ↗Knochenmark. c) ein- od. mehrkernige polyploide Bindegewebszellen (↗Bindegewebe), ↗Histiocyten od. andere phagocytäre Zellen des ↗reticulo-endothelialen Systems, wie sie durch Hemmung der Zellteilung aufgrund patholog. Bedingungen entstehen, so die *Fremdkörper-R.* an der Oberfläche enzymatisch unangreifbarer Partikel (z. B. Glassplitter) im Gewebe, die vielkernigen Langhansschen R. in tuberkulösen, syphilitischen od. leprösen Infektionsherden od. die Sternbergschen R. mit stark vergrößerten Kernen in lymphoreticulären Geschwülsten, wie der Lymphogranulomatose, od. in den gutart. Riesenzelltumoren.

Riesling *m* [schon im 15. Jh. belegt, Herkunft unklar], ↗Weinrebe.

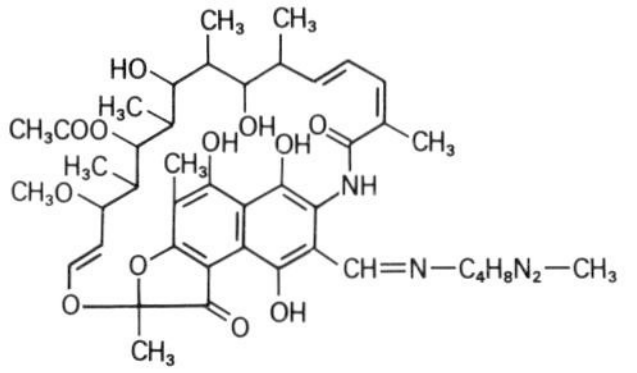

Rifampicin

Rifampicin *s*, wichtigstes Antibiotikum aus der Gruppe der *Rifamycine,* die v. *Streptomyces mediterranei* gebildet u. fermentativ gewonnen werden, mit bakterizider Wirkung gg. Mykobakterien (bes. *Mycobacterium tuberculosis*), grampositive u. einzelne gramnegative Erreger u. einige Viren. Der Wirkungsmechanismus des R.s beruht auf einer spezif. Hemmung der DNA-abhängigen RNA-Polymerase v. Bakterien durch Bindung an die β-Untereinheit, wodurch die Initiation der Transkription verhindert wird. R. wird bei der Behandlung v. Tuberkulose u. als Reservemittel bei Staphylokokkeninfektionen angewandt.

Rifamycine ↗Rifampicin.

Riff *s*, untermeerische Erhebung v. Fels *(Fels-R.)* od. biogenem Gestein (↗biogenes Sediment) nahe dem Meeresspiegel, das ein bestimmtes Ökosystem (Biogeozönose) darstellt. Das Wort „R." (engl. = reef) entstammt der Seemannssprache u. bezeichnete ursprüngl. allg. Untiefen mit Gefahr für die Schiffahrt; später als biol. und geolog. Terminus verwendet. Inzwischen sind zahlr. Begriffe zur deskriptiven, genet. oder stratigraph. Charakterisierung biogener R.e entstanden. Genannt seien die Bez. für flache, lagerartige R.e = *Biostrome* (nach Cumings 1932) u. solche mit kräftigem Höhenwachstum = *Bioherme* (nach Cumings u. Shrock 1928). Nach der vorherrschenden Organismen-Gruppe sind in der Hauptsache zu unterscheiden: *Stromatolith-R.e* (ab Präkambrium), *Schwamm-R.e* (Perm bis Jura, ↗Spongiolith), *Stromatoporen-R.e* (Silur u. Devon), *Korallen-R.e* (ab Ordovizium, vgl. Spaltentext), *Bryozoen-R.e* (v. a. im Zechstein) u. *Muschel-R.e* (↗Rudisten-R.e der Oberkreide, Austern-R.e des Oligozäns). B Hohltiere II.

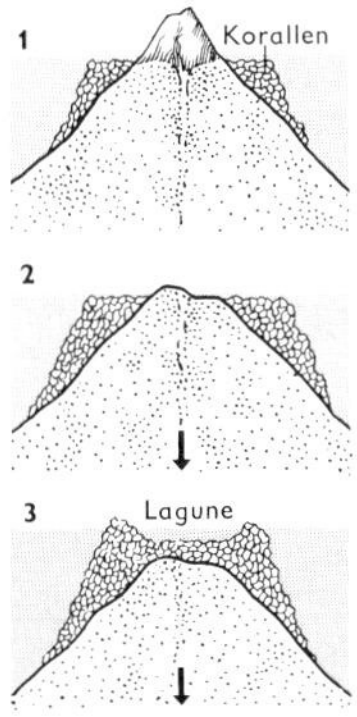

Riff

Entstehung eines *Atolls* um einen absinkenden Vulkankegel im Meer

Riffbarsche, *Korallenbarsche, Pomacentridae,* artenreiche Fam. der ↗Barschfische; meist kleine, farbenprächt., hochgebaute Fische in Riffen und fels. Gelände warmer Meere; haben beiderseits nur je eine Nasenöffnung u. beschuppte Flossenbasen. Hierzu zahlr. Aquarienfische, wie die ↗Anemonenfische (*Amphiprion,* B Fische VIII), die meist schwarz-weiß gefärbten, ca. 10 cm langen Preußenfische *(Dascyllus)* und v. a. die Demoisellefische od. Demoisellen *(Pomacentrus),* v. denen einige Arten auch in das Süßwasser einwandern; sie leben gewöhnl. paarweise od. in Schwärmen. Der westatlant. Blaue Demoisellefisch (*Chromis cyaneus,* B Fische VIII) bildet riesige Schwärme u. hält sich v. a. oberhalb der Riffe auf.

Riffkorallen, die ↗Steinkorallen.

Rift-Valley-Fieber-Virus [-wäl^{i}-; ben. nach dem Rift Valley in Kenia, dem 1. Fundort] ↗Bunyaviren.

Rigor *m* [lat., = Steifheit, Starre], 1) *Rigidität,* anhaltende Erhöhung des Grundtonus (↗Muskeltonus) eines Muskels u. somit ein mehr od. weniger starker Widerstand gg. dessen passive Dehnung (↗Muskelkontraktion), typ. für manche Nervenerkrankungen, z. B. Störungen des extrapyramidalen Systems bei der ↗Parkinsonschen Krankheit. 2) *R. mortis,* die ↗Leichenstarre (↗Muskelkontraktion).

Rigosol *m* [v. lat. rigare = bewässern, solum = Boden], durch tiefgründigen Umbruch (Rigolen) entstandener Kulturboden, z. B. Weinbergboden; der bis zu 1,2 m tiefe Mischhorizont wird als *R-Horizont* bezeichnet. T Bodentypen.

Rilaena *w,* Gatt. der ↗Phalangiidae.

Rillenkrankheit, die ↗Flachästigkeit.

Rimpi, langgestreckte, v. Strängen begrenzte Vertiefung mit minerotropher Vegetation in ↗Aapamooren.

Rind ↗Rinder.

Rinde, *Cortex,* 1) im allg. Sprachgebrauch bei den Sproßpflanzen (↗Kormophyten) Sammelbez. für die verschiedenart., peripher gelegenen Gewebeschichten v. Sproßachse u. Wurzel. Die Pflanzenanato-

---

Riff

Korallenriffe sind die vorherrschenden R.e der Gegenwart. Manche bestehen ununterbrochen seit 50 Mill. Jahren u. erreichen 1000 m Mächtigkeit; Einzelkolonien bringen es dabei auf 100 t Gewicht. Hauptbestandteil u. Erbauer von K.n sind *hermatypische Korallen,* d. h. solche, die in Symbiose mit Zooxanthellen (= assimilierenden Dinophyceen) leben u. deshalb nur in gut durchlichteten Bereichen bis ca. 50 m Tiefe optimal gedeihen, in denen eine Überproduktion organ. Substanzen mögl. ist. Sie sind außerdem stenotherme Warmwasserformen, die zur Bildung ihres Aragonit-Skeletts – Bildung v. Calcit ist nicht möglich – auf Temp. zw. 25 und 29 °C angewiesen sind. Im Extremfall werden Temp. zw. 19 und 30 °C kurzzeitig ertragen. Deshalb liegt die Hauptverbreitung der K. zw. 32° nördl. und südl. Breite im Pazifik (v. a. östl. v. Neuguinea und Austr.), im Indik, dem Roten Meer u. der Karibik. Das Große ↗*Barriereriff* vor der austr. Ostküste mit 2000 km Länge weist gegenüber den Flußmündungen Durchlässe auf, die als Reaktion auf Salinitätsschwankungen und anorgan. Schwebstoffe zu deuten sind. Außer *Madreporaria* u. anderen *Cnidaria* sind am Aufbau der K.e beteiligt: Kalkalgen, die v. a. am Außenrand der Riffe leben u. für Schutz u. Verfestigung sorgen, Foraminiferen, Muscheln, Schnecken, Echinodermen, Würmer u. a., ferner zahlr. Nektonten. Lebensbedrohender Feind indopazifischer K. ist der gegenwärtig massenhaft auftretende giftige Seestern *Acanthaster planci* (↗Dornenkronen-Seestern, Spaltentext). – Auf C. Darwin geht die Unterscheidung v. *Saum-R.* (= Küsten- od. Strand-R.), *Wall-* od. *Barriere-R.* und *Atoll-* od. *Lagunen-R.* zurück. Er sah in ihnen Etappen kontinuierl. Senkung des Untergrundes. Obwohl die damals bekannten Mächtigkeiten von K.n noch mit ↗eustat. Meeresspiegelschwankungen zu erklären gewesen wären, bestätigen die heutigen, auf Bohrungen beruhenden Kenntnisse die geniale Kombination Darwins im Prinzip.

mie unterscheidet dagegen zw. *primärer R.* und *sekundärer R.* Dabei ist die primäre R. die Gesamtheit des zw. der Epidermis u. dem Gefäßbündelring bzw. den peripher gelegenen Gefäßbündeln liegenden ↗Grundgewebes in der Sproßachse u. die Gesamtheit des zw. der Exodermis u. dem Perizykel liegenden Grundgewebes in der Wurzel. Das Gewebe der primären R. *(R.nparenchym)* besteht nur aus parenchymat. Zellen. Unter sekundärer R. versteht die Pflanzenanatomie den gesamten, vom Kambium beim ↗sekundären Dickenwachstum v. Sproßachse u. Wurzel nach außen abgegebenen Komplex an Geweben. Letzterer wird auch ↗Bast genannt. I.w.S. wird der Ausdruck sekundäre R. auch für sämtl. außerhalb des Kambiums befindl. Gewebeschichten gebraucht, so in der pflanzl. Rohstoffkunde u. in der Pharmakognosie (↗Cortex). Gelegentlich wird das Periderm (↗Kork) auch als *tertiäre R.* bezeichnet. B Sproß und Wurzel. 2) in der Anatomie der Lagerpflanzen, der Tiere u. des Menschen Bez. für die äußere, vom ↗*Mark* sich unterscheidende Schicht des Thallus bzw. bestimmter Organe, z.B. des Gehirns, der Niere. ↗Cortex.

Rindenbrand

R. an Stein- u. Kernobst kann durch Bakterien *(Erwinia amylovora, Pseudomonas mors-prunorum)* u. Pilze *(Valsa leucostoma)* verursacht werden. Vor Auftreten der Rindenschädigungen verfärben sich die Blätter oft graubraun bis schwarz (= ↗Blattbrand, ↗Feuerbrand).

Rindenbrand, lokales Absterben der Rinde vieler Holzarten. Als Ursachen kommen in Betracht: a) abiotische Faktoren, wie z.B. übermäßige Erhitzung durch direkte Sonneneinstrahlung nach plötzl. Freistellung des Baumes („Sonnenbrand", v.a. bei dünnrindigen Baumarten, wie Buche u. Fichte, stirbt das Kambium durch Überhitzung ab); b) biotische Faktoren, wie z.B. Bakterien (↗Bakterienbrand, ↗Feuerbrand) od. Pilze (↗Kiefernrindenblasenrost, Kastanienkrebs [↗Kastanie], ↗Valsakrankheit).

Rindenbrüter, Gruppe der ↗Borkenkäfer.

Rindenfelder, *Projektionsfelder, Areae,* Areale des Neocortex (↗Neopallium, ↗Telencephalon), die sich zum einen durch den Aufbau der einzelnen Schichten unterscheiden; man kann eine Art Landkarte der R. erstellen. Die einzelnen Gehirnareale können zum anderen aber auch aufgrund funktioneller Kriterien unterschieden werden, die dann meist als Projektionsfelder bezeichnet werden. Diese mit verschiedenen Leistungen korrelierten Felder sind die Zielorte der aufsteigenden nervösen Bahnen. Im Bereich der vorderen Zentralwindung (Gyrus praecentralis) liegt das primäre motorische R. (B Gehirn), das für die Steuerung der willkürl. Muskelbewegungen verantwortl. ist; daran schließt sich im Gebiet der hinteren Zentralwindung (Gyrus postcentralis) das somatosensorische R. an, in dem alle Informationen zusammenkommen, die v. den Sinnesorganen in der Haut, den Knochen, den Gelenken u. in den Muskeln stammen u. über die Projektionskerne des Thalamus zum Großhirn gelangen. Den *primären Projektionsfeldern,* zu denen außerdem das primäre Hörzentrum (im Schläfenlappen), das primäre optische Zentrum (im Hinterhauptslappen) u. das Riechzentrum (im Stirnlappen) zählen, sind gemeinsam, daß eine direkte Projektion v. peripheren Körperbereichen auf die Hirnareale erfolgt. Jedem Körperteil kann ein bestimmtes Areal der Projektionsfelder zugeordnet werden; so ziehen z.B. die Erregungen v. Temperatur-, Tast- u. Schmerzrezeptoren v. einem ↗Dermatom stets zu denselben corticalen Arealen. Beiderseits der primären Projektionsfelder schließen sich die Gebiete „höherer" Funktionen an, die ↗*Assoziationsfelder* (z.T. auch *sekundäre Projektionsfelder* gen.), die keine direkte Verbindung zu den einzelnen Muskelgruppen od. Hautsegmenten besitzen u. ihre Informationen v. den primären Projektionsfeldern u. den Assoziationskernen des Thalamus erhalten. Der Anteil der Assoziationsfelder ist bei Primaten, insbes. beim Menschen, bedeutend größer als bei anderen Säugetieren. Verletzungen der Assoziationsfelder führen zu schweren Störungen der Sinnesfunktionen. So tritt trotz intakten Sehvermögens bei Zerstörung des Feldes eine Unfähigkeit zum Erkennen v. Gegenständen auf, obwohl Hindernissen ausgewichen od. Gegenstände ergriffen werden können.

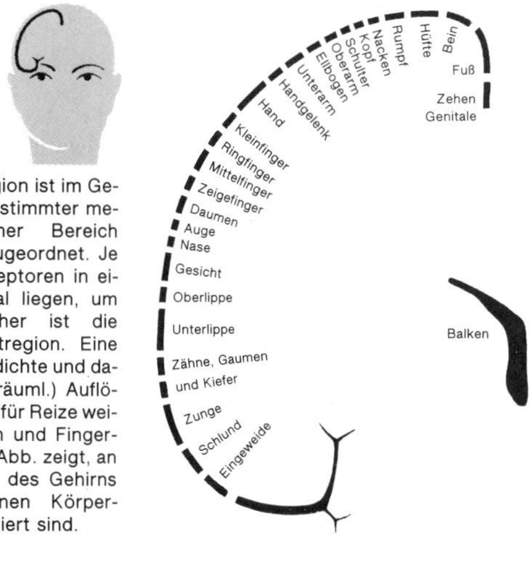

Rindenfelder

Jeder Körperregion ist im Gehirn ein ganz bestimmter mechanosensorischer Bereich der Hirnrinde zugeordnet. Je dichter die Rezeptoren in einem Körperareal liegen, um so umfangreicher ist die entspr. Auswertregion. Eine große Rezeptordichte und damit ein hohes (räuml.) Auflösungsvermögen für Reize weisen z. B. Lippen und Fingerbeeren auf. Die Abb. zeigt, an welchen Stellen des Gehirns die verschiedenen Körperareale repräsentiert sind.

Rindenglanzkäfer, *Rhizophagidae,* Fam. der polyphagen Käfer aus der Gruppe der *Clavicornia;* weltweit ca. 210, bei uns nur 13 Arten; langgestreckte, parallelseitige, meist mittelbraune Käfer, 2,5–5,5 mm groß; bei uns nur die Gatt. *Rhizophagus,* deren Arten unter der Rinde von Borkenkäfern leben.

Rindenkäfer, *Colydiidae,* Fam. der polyphagen Käfer aus der Gruppe der *Clavicornia;* weltweit ca. 1400, bei uns 37 Arten. Kleine bis mittelgroße Käfer (1,3–7 mm), meist gestreckt, von jedoch sehr unterschiedl. Habitus. Viele Arten leben unter der Rinde. Bei uns häufig ist *Ditoma crenata,* bis 3,5 mm, mit rot-schwarzer Kreuzzeichnung auf den Elytren; v.a. unter der Rinde v. Laubhölzern, wo er v. anderen Insekten lebt. Einige Arten leben in der Erde u. sind völlig augenlos: Gatt. *Anommatus* od. *Langelandia.* Der nach der ↗Roten Liste „stark gefährdete" Fadenkäfer (u.a. *Colydium elongatum*) lebt in den Gängen v. Borken- u. Pochkäfern.

Rindenkorallen, die ↗Hornkorallen.

Rindenläuse, 1) *Lachnidae,* die ↗Baumläuse; 2) *Psocidae,* Fam. der ↗Psocoptera.

Rindenparenchym *s,* ↗Rinde.

Rindenpilze, *Corticiaceae, Peniophoraceae,* Fam. der ↗Nichtblätterpilze; artenreiche, heterogene Pilzgruppe, deren Vertreter flach ausgebreitete Fruchtkörper besitzen und z.T. nur spinnwebenartig wachsen, meist häutig bis krustig. R. gehören zu den häufigsten saprophyt. Pilzen an Holz u. Rinde. Überall an Rinde u. Holz v. toten Zweigen u. Ästen, auch gestapeltem od. im Freien verbautem Laubholz (seltener Nadelholz), wächst der Ablösende Rindenpilz, *Corticium evolvens* Fr. (= *Cylindrobasidium e.* Jülich), der anfangs faserige, mehr od. weniger rundl. Flecken bildet, die zu weichen, sahneweißen Krusten zusammenfließen (∅ 2–10 [20] cm, ca. 1 mm dick); später verfärbt sich das Hymenium creme-ockerfarben.

Rindenplasma ↗Cortex 3).

Rindenporen, die Lentizellen; ↗Kork.

Rindenschichtpilze, *Schichtpilze, Stereaceae,* Fam. der ↗Nichtblätterpilze; holzbewohnende Pilze mit Skeletthyphen, daher v. ledriger bis fast holziger Konsistenz, oft auch mit einem mehr od. weniger deutlich geschichteten Aufbau. Die ein- od. mehrjährigen Fruchtkörper mit mehreren Zuwachsschichten sind dem Holz krustenförmig angewachsen; oft bilden sie abstehende, schmale gezonte Hüte od. Hutkanten aus. Die Fruchtschicht (Hymenium) ist glatt bis höckerig, nicht porig u. kann orangegelb, rötlichgelb, bräunl. oder braunviolett gefärbt sein. Zu den R.n gehören einige der häufigsten holzbewohnenden Pilze. Wichtig sind die *Stereum*-Arten als Weißfäuleerreger, meist an Laub-, seltener an Nadelholz (vgl. Tab.).

Rindenschichtpilze

Einige häufige Arten der Gatt. *Stereum:*

Runzeliger Schichtpilz (*S. rugosum* Fr., Saprophyt u. Schwächeparasit an Laubholz)

Blutender Schichtpilz (*S. sanguinolentum* Boid, oft an frisch-toten Nadelhölzern; verursacht an Fichte eine Rotstreifigkeit)

Striegeliger Schichtpilz (*S. hirsutum* S. F. Gray, Erstbesiedler v. gefälltem Laubholz)

Rindenschröter, *Ceruchus chrysomelinus,* ↗Hirschkäfer.

Rindenwanzen, *Aradidae,* Fam. der ↗Wanzen (Landwanzen), ca. 400, in Mitteleuropa etwa 20 Arten; mit 3 bis 10 mm langem, matt düster gefärbtem, oft bizarr gestaltetem (Name) Körper, der in Anpassung an ihren Lebensraum in Spalten u. unter Baumrinde abgeplattet ist. Mit einem in der Ruhe spiralig aufgerollt im Kopf liegenden Stechborstenbündel ernähren sich die meisten R. v. Pilzfäden, die sie anstechen u. aussaugen. Bei uns kommt die 4–5 mm große, braune Kiefernrindenwanze *(Aradus cinnamomeus)* vor; durch Saugen der Imago u. Larven an Kiefernstämmen u. -zweigen schädlich (u.a. Absterben der Spitzentriebe, gallenart. Schwellungen).

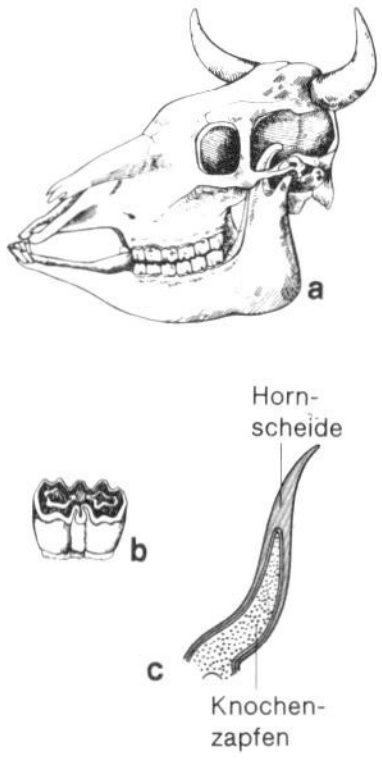

Rinder

Hausrind *(Bos primigenius taurus):*
a Schädel,
b Backenzahn,
c Längsschnitt durch ein Horn

Rindenwurzeln, Bez. für die grünen, horizontal im Bast (sekundäre Rinde) des Wirtes sich ausbreitenden Seitenwurzeln der ↗Mistel. Diese treiben ihrerseits zapfenartige, *Senker* gen. Haustorien senkrecht bis ins Wirtsholz hinein, dem sie Wasser u. Nährsalze entnehmen. Bei trop. Verwandten unserer Mistel verbleiben diese R. außerhalb des Wirtsgewebes, u. erst umfangreiche Haftscheiben entsenden Senker ins Wirtsholz.

Rinder, *Bovinae,* U.-Fam. der ↗Hornträger mit plumpem Körperbau u. breitem Kopf; beide Geschlechter horntragend (□ Horngebilde); unbehaartes u. stets feuchtes „Flotzmaul"; Zahnformel: $\frac{0 \cdot 0 \cdot 3 \cdot 3}{3 \cdot 1 \cdot 3 \cdot 3}$; Fell meist kurzhaarig u. anliegend, Schwanz mit Endquaste. 4 Gatt. (T 166) mit zus. 9 rezenten Arten und 21 U.-Arten. R. sind Herdentiere, die in sehr unterschiedl. Lebensräumen (z.B. Wälder, Grassteppen, Gebirge – sofern Wasser vorhanden ist) existieren können u. ihr Wohngebiet weder verteidigen noch markieren. R. sind reine Pflanzenfresser, die wiederkäuen (↗Wiederkäuer-Magen, ↗Pansen, ↗Pansensymbiose). Sie verfügen über einen leistungsstarken Geruchssinn u. ein gutes Gehör; weniger ausgeprägt ist ihr Sehvermögen. – Die R. sind eine stammesgeschichtl. vergleichsweise junge Tiergruppe mit Hauptentfaltung während der Eiszeiten. Wild-R. leben heute noch in ihrer Urheimat Asien u. in Afrika; in Europa u. in N-Amerika wurden sie in hist. Zeit nahezu ausgerottet. Weltweit verbreitet sind heute ihre v. Menschen in den Hausstand überführten (↗Haustierwerdung) Nachfahren. – Das heute in vielen Rassen gezüchtete Hausrind *(Bos primigenius taurus;* Schulterhöhe 120 bis 135 cm, Körpergewicht 400–700 kg), eines der ältesten ↗Haustiere des Menschen, stammt vom ↗Auerochsen ab. Zunächst dienten eingefangene (später wohl auch in Gattern gehaltene, gezähmte) Wild-R. in Mesopotamien, Ägypten, Persien u. Indien zu Kultzwecken. Mit der vermutl. im 6. Jt. v.Chr. erfolgten Domestikation war die wesentl. Voraussetzung zur Entwicklung der asiat.-eur. ↗Ackerbau-Kultur in der Jungsteinzeit geschaffen. Aus dem urspr. Opfertier wurde zunächst ein Fleischlieferant u. Arbeitstier; erst später kam die Milchnutzung hinzu. Unter den heutigen eur. Hausrind-Rassen unterscheidet man die züchterisch weniger beeinflußten sog. primitiven R.rassen mit geringem wirtschaftl. Wert (z.B. Steppen-, Camargue-, Span. Kampf-, Korsisches Land-, Schottisches Hochland-, Engl. Parkrind) v. den Hochzuchtrassen, die auf hohe Milch- od. Fleischproduktion od. Arbeitskraft sowie auf ihre Eignung für bestimmte Klimaver-

1

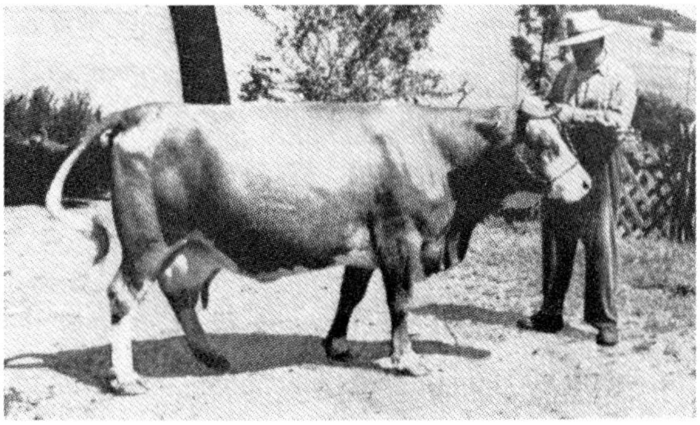

2

3

4

Rinder

1 Braunvieh, **2** Vorderwälder, **3** Höhenfleckvieh (Bulle), **4** Schwarzbuntes Niederungsvieh

Rinder

Gattungen u. Arten:

Asiat. Büffel *(Bubalus)*
- ↗Anoa *(B. depressicornis)*
- ↗Wasserbüffel *(B. arnee)*

Afrikan. Büffel *(Syncerus)*
- ↗Kaffernbüffel *(S. caffer)*

Eigentl. Rinder *(Bos)*
- ↗Gaur *(B. gaurus)*
- ↗Banteng *(B. javanicus)*
- ↗Kouprey *(B. sauveli)*
- ↗† Auerochse *(B. primigenius)*
- ↗Yak *(B. mutus)*

Bisons *(Bison)*
- ↗Bison *(B. bison)*
- ↗Wisent *(B. bonasus)*

hältnisse gezüchtet werden; hierzu gehören die Höhenrassen der Mittel- u. Hochgebirge (z. B. Simmentaler Fleckvieh, Graubraunes Höhenvieh, Pinzgauer Rind) u. die norddt. Niederungs- od. Tieflandschläge (z. B. Schwarz- u. Rotbuntes Niederungsrind, Angler Rind). Die jährl. Milchleistung der Hochzuchtrassen beträgt zw. 3000 und 6000 l (Höchstleistungen bei 11 000 l). Hochzuchtrassen-Bullen werden mit 1½ bis 2 Jahren, Kühe mit 2 bis 2½ Jahren erstmals zur Zucht verwendet; zunehmend findet ↗künstl. Besamung statt. Nach einer mittleren Tragzeit v. 285 Tagen wird meist nur 1 Kalb geboren; bei ungleichgeschlechtl. Zwillingen bleibt das weibl. Tier unfruchtbar (sog. „Zwicke"). Hornlose Haus-R. sind schon mehrmals durch Mutation entstanden u. werden z. Z. weitergezüchtet (z. B. Aberdeen Angus). – Auch das ↗Zebu stammt nach heutiger Auffassung vom Auerochsen ab. Aus den Wild-R.n ↗Banteng u. ↗Gaur wurden das Balirind u. der Gayal als Haus-R. gewonnen. Auch ↗Yak u. ↗Wasserbüffel wurden zu wichtigen Haustieren. *H. Kör.*

Rinderartige, *Bovidae,* die ↗Hornträger.

Rinderbandwurm, *Taenia saginata,* Art der ↗Taeniidae.

Rinderbremse, *Tabanus bovinus,* ↗Bremsen.

Rindergemsen, *Budorcatini,* Gatt.-Gruppe der Ziegenartigen *(Caprinae)* mit nur 1 Art, dem rinderartig aussehenden Takin (*Budorcas taxicolor;* Kopfrumpflänge 170 bis 220 cm, Körperhöhe 100–130 cm; 3 U.-Arten), der in abgelegenen Hochgebirgsgegenden Chinas lebt. Die Fellfärbung mancher Rassen läßt vermuten, daß das „Goldene Vlies" der griech. Sage ein Takin-Fell war.

Rinderkokzidiose, *Rote Ruhr,* weltweit verbreitete, oft tödl. Erkrankung v. Rindern, Zebus u. Wasserbüffeln durch verschiedene Arten der Kokzidien-Gatt. ↗*Eimeria;* bes. gefährlich für Jungvieh bei ↗Massentierhaltung. Wichtigstes Symptom sind wäßrig-blutige, Gewebszellen enthaltende Durchfälle. ↗Kokzidiose.

Rinderleukämievirus ↗RNA-Tumorviren.

Rinderpapillomvirus ↗Papillomviren.

Rinderpest, *orientalische R., Löserdürre,* tödl. verlaufende, anzeigepflicht. Viruserkrankung (↗Paramyxoviren) bei Wiederkäuern, v. a. Rindern; aus Asien eingeschleppt; fr. hohe Verluste in Europa.

Rinderpest-Virus ↗Paramyxoviren.

Rinderpocken, die ↗Kuhpocken.

Rindertuberkulose, meist tödl. verlaufende, anzeigepflicht. Infektionskrankheit des Rindes, verursacht durch ↗Mykobakterien (v. a. *Mycobacterium bovis,* seltener *M. tuberculosis*), mit großer Ansteckungsgefahr für den Menschen (↗Tuberkulose); Symptome: mattes Husten, Abmagerung, knotige Anschwellung des Euters, glanzloses Haar, derbe Haut.

Ringchromosomen, ringförmig geschlossene ↗Chromosomen, die durch Fusion der beiden Enden eines Chromosomenbruchstückes, das ein Centromer enthält, entstehen. R. wurden als ↗Chromosomenaberrationen gelegentlich z. B. bei Mais, *Drosophila* u. beim Menschen gefunden; sie sind somatisch stabil, da Mitosen ohne Trennungsschwierigkeiten der Chromatiden ablaufen können, bedingen aber meist

Infertilität. Ringe aus mehreren Chromosomen können sich als Folge reziproker Translokationen (↗Chromosomenaberrationen) bilden. I.w.S. zählt auch die ringförmig aufgebaute Bakterien-DNA (z.B. das *E.-coli*-Chromosom, ↗Bakterienchromosom) zu den R.

Ringdrüse, *Weismannscher Ring,* bei Larven der cyclorrhaphen ↗Fliegen (☐) ein ringförm., drüsiges Organ, das die Aorta caudal des Oberschlundganglions umfaßt. Dieser Komplex enthält ein unpaares Corpus allatum, seitl. jeweils Zellen der Prothoraxdrüsen u. ventral das meist ebenfalls unpaare Corpus cardiacum. Der Komplex bildet Hormone, welche u. a. die ↗Häutung kontrollieren (↗Häutungsdrüsen). ↗stomatogastrisches Nervensystem.

Ringelblume, *Calendula,* überwiegend im Mittelmeergebiet u. in Vorderasien heimische Gatt. der Korbblütler mit ca. 15 Arten. Meist 1jähr., seltener ausdauernde Kräuter od. Halbsträucher mit ungeteilten Blättern u. einzeln stehenden, z.T. recht großen, gelben Blütenköpfen aus röhrigen Scheiben- u. zungenförm. Strahlenblüten. Die Früchte sind sichelförmig gekrümmt, außen knotig bis dornig strukturiert u. oft geflügelt. In Mitteleuropa anzutreffen sind ledigl. die nach der ↗Roten Liste „stark gefährdete" Acker-R., *C. arvensis* (in den Unkrautfluren v. Weinbergen u. Hackäckern wintermilder Gebiete), u. die Garten-R., *C. officinalis* (selten verwildert). Letztere besitzt bis zu 10 cm breite, gelb- bis rötl.-orangefarbene, z.T. auch gefüllte (nur aus Zungenblüten bestehende) Blütenköpfe u. ist eine alte Zier- u. Kulturpflanze. Ihre reichlich Carotinoide, äther. Öl, Bitterstoff (Calendulin), Schleimstoff u.a. enthaltenden Blüten wurden sowohl zum Färben v. Butter u. Käse als auch zu Heilzwecken verwendet. B Mediterranregion I.

Ringelechsen, die ↗Doppelschleichen.

Ringelhörnler, *Tomoceridae,* Fam. der arthropleonen ↗Springschwänze, mit körperlangen, sekundär geringelten Antennen, bis 4 mm groß, graphitsilbrig beschuppt; die Arten leben v.a. zwischen trockenem Laub; hierher u.a. die Gatt. *Tomocerus.*

Ringelkrankheit, durch Fadenwürmer (Stengel-Älchen) hervorgerufene Erkrankung v. Zwiebelpflanzen; gelbl. Flecken an Sprossen u. Blättern, Zwiebelschuppen im Innern z.T. bräunl. verfärbt (dunkle Ringe im Zwiebelquerschnitt erkennbar) u. faulig.

Ringeln, *Ringelung,* 1) im Obst- u. Weinbau ringförm. Entfernung der Rinde (0,5–1 cm breite Streifen) bis auf den Holzkörper. Man erreicht damit, daß der Abtransport der Assimilate in Richtung Wurzel so lange unterbrochen wird, bis das entfernte Gewebe regeneriert ist. Durch derartige Eingriffe werden die Sproßachsen besser mit Assimilaten versorgt, was eine kräftigere Entwicklung des Fruchtansatzes zur Folge hat. 2) in der Forstwirtschaft Verfahren zur Bekämpfung wurzelbrutbildender „Unhölzer". Durch Abschälen von größeren Rindenpartien (20–30 cm breite Streifen) werden die Austriebe zum Absterben gebracht, da eine Regeneration über diese Distanz nicht mehr mögl. ist.

Ringeln

In der Jungsteinzeit wurden größere Flächen für den Ackerbau durch R. waldfrei gemacht; dieses Verfahren kann man heute noch auf dem Balkan beobachten.

Garten-Ringelblume *(Calendula officinalis)*

Ringelnatter *(Natrix natrix)*

Ringelnatter, *Natrix natrix,* Art der Wassernattern; bis 1,5 m (♀) lang, ♂ kleiner; in fast ganz Europa (nur im N und NO sowie auf einigen Inseln fehlend), NW-Afrika und W-Asien beheimatet; bevorzugt das Wasser od. feuchtes, sumpfiges, dicht bewachsenes Gelände bis 2300 m Höhe. Oberseits dunkel- bis graublau, auch grünl. oder olivbraun gefärbt, oft mit 4–6 Längsreihen kleiner schwarzer Flecken; unterseits weißl. mit undeutl., dunklem Schachbrettmuster; Kopf oval, Pupille rund; Hinterkopf jederseits mit meist deutl. gelbl.-weißem, halbmondförm., schwarz begrenztem Fleck; Rückenschuppen gekielt; zahlr. U.-Arten. Beute (Frösche, Molche, kleine Fische) wird gewöhnl. lebend verschlungen; ♀ legt nach der Paarung im Frühjahr (gelegentl. nochmals im Herbst) im Sommer ca. 10–30 weiße Eier mit anfangs klebriger Oberfläche in feuchtes Moos, Laub od. Komposthaufen; Jungtiere (ca. 16 cm lang) schlüpfen nach ca. 8 Wochen; tagaktiv, lebhaft; schwimmt u. taucht ausgezeichnet (kann bis zu 20 Min. unter Wasser bleiben); züngelt u. zischt bei Gefahr, entleert dabei Stinkdrüsen am After, beißt jedoch selten zu; für den Menschen völlig ungefährl.; Winterruhe Spätherbst bis März/April. Nach der ↗Roten Liste „gefährdet". B Europa VII, B Reptilien II.

Ringelrobben, *Pusa,* weitverbreitete Gatt. der eigtl. Seehunde mit 3 Arten; Gesamtlänge bis 1,4 m; auf dem Rücken meist weißumrandete dunkle Flecken (Name!); in den ersten 2 Lebenswochen rein weißes Fell. Im NO des Kasp. Meeres lebt die Kaspi-R. *(P. caspica).* Völlig an das Leben in einem Binnensee angepaßt hat sich die ↗Baikal-Robbe *(P. sibirica).* Rund um die Eiskante der Nordpolgebiete ist die Eismeer-R. (*P. hispida,* B Polarregion III) verbreitet; 2 ihrer U.-Arten *(P. h. saimensis* und *P. h. ladoga)* leben in nordosteur. Seen; am weitesten nach S vorgedrungen ist die Ostsee-R. *(P. h. botnica).* Die im hohen N lebenden Eismeer-R. halten sich im Winter Atemlöcher in der Eisdecke offen; ihre Jungen verbringen die ersten 4 Wochen in einer Schneehöhle. Eismeer-R. waren fr. die wichtigste Jagdbeute der arkt. Naturvölker.

Ringelschleichen, *Anniellidae,* Fam. der *Anguimorpha* (Schleichenartige); 1 Gatt. mit 2 Arten *(Anniella pulchra, A. geronimensis);* bis 25 cm lang; leben in Kalifornien bis 1800 m Höhe v.a. in lockeren sandig-lehm. Böden nahe der Oberfläche; Schnauze schaufelförmig (grabend); Au-

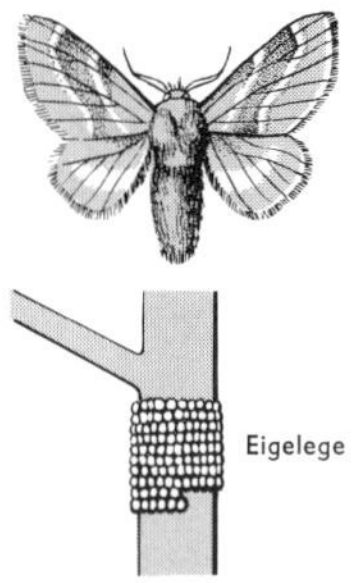

Ringelspinner

R. *(Malacosoma neustria)* u. sein ringförm. Gelege

gen mit bewegl. Lidern, ohr- u. beinlos; Schuppen glatt; Oberseite silbergrau bis gelbl.-weiß, dünn dunkel gestreift; ernähren sich v. Käfern, Spinnen, Insektenlarven; lebendgebärend (bis 4 Junge).

Ringelspinner, *Malacosoma neustria,* häufiger paläarkt. Vertreter der Schmetterlingsfam. ↗Glucken, gelegentl. bedeutender Obst- u. Forstschädling; Spannweite der weibl. Falter bis 40 mm; Männchen kleiner; Flügel ockergelb bis braunrot, mit 2 Querbinden auf den Vorderflügeln; fliegen im Sommer in einer Generation in Laubwäldern, Parks u. Obstanlagen; Eiablage charakterist. spiralig um Zweige v. Eiche, Apfel, Pflaume, Kirsche u. a. (vgl. Abb.); Überwinterung im Eistadium. Die behaarte Raupe lebt anfangs gesellig in Gespinsten, bes. in Zweiggabelungen; Kopf blaugrau mit 2 schwarzen Punkten, Körper gelbbraun mit weißer Rückenlinie, blaugrauem u. rotgelbem Seitenstreifen; Larven befressen ab April Knospen u. Blätter der Wirtspflanzen; Verpuppung in hellem, gelbl. bepudertem Gespinst zw. Blättern.

Ringelwelse, *Leiocassis,* Gatt. der ↗Stachelwelse. [↗Blindwühlen (T)].

Ringelwühlen, *Siphonops,* Gattung der

Ringelwürmer

Klassen und Unterklassen:

↗*Polychaeta*
↗*Myzostomida*
Clitellata (↗Gürtelwürmer)
  ↗*Oligochaeta*
  ↗*Hirudinea*

Ringelwürmer, *Gliederwürmer, Annelida,* Stamm der ↗*Metazoa* mit 3 Kl., 2 U.-Kl. (vgl. Tab.) und ca. 17000 Arten. Im allg. 0,2–10 cm, bei den größten Formen *(Eunice aphroditois, Megascolides australis)* 3 m lange, weichhäutige, abgeflachte *(Polychaeta, Hirudinea)* od. zylindrische *(Oligochaeta),* meist langgestreckte, immer aber bilateralsymmetrische u. gegliederte *Spiralia* mit echtem Coelom, das bei abgeleiteten Formen *(Hirudinea)* bemerkenswert reduziert sein kann. Mit den ebenfalls gegliederten, jedoch gedrungenen und v. a. hartschaligen ↗Gliederfüßern *(Arthropoda)* werden sie als Stammgruppe ↗Gliedertiere *(Articulata)* zusammengefaßt. Gekennzeichnet sind die in einen ↗*Hautmuskelschlauch* aus zellulärer Epidermis, schräggestreifter Ring-, Längs- und ggf. Diagonalmuskulatur gehüllten R. durch eine äußere wie innere Unterteilung ihres Körpers in ein Kopfstück (↗Prostomium), eine Reihe v. wenigen bis über 100 Segmenten (Metameren, ↗Metamerie) u. ein Afterstück (↗Pygidium). Bei einigen Gatt. (z. B. *Arenicola, Hirudo*) findet sich eine zusätzl., doch auf den Hautmuskelschlauch beschränkte, also rein äußerl. Ringelung, so daß mehr Segmente vorgetäuscht werden, als wirkl. vorhanden sind. Jedes Metamer verdankt seine Form 2 paarig angeordneten, flüssigkeitserfüllten u. als ↗Hydroskelett (↗Biomechanik) wirkenden Coelomräumen, in die als Organe der Exkretion u. Osmoregulation je ein Metanephridium u. je eine Gonade eingelassen sind. Ferner enthält jedes Metamer ventral ein Paar Bauchganglien. Wie die Entwicklungsgeschichte der *Articulata* lehrt u. erklärt (↗Teloblastie), sind Prostomium u. Pygidium frei v. Coelom u. somit definitionsgemäß keine Metameren. Bei ursprünglichen R.n sind alle Segmente v. gleichem Bau (*homonome Segmentierung,* ↗Homonomie), in den abgeleiteten u. häufigeren Fällen (z. B. *Arenicola marina*) können im Sinne der Erfüllung spezif. Aufgaben einige Segmente zu ↗Tagmata vereinigt sein *(heteronome Segmentierung).* Da die segmentalen Flüssigkeitskissen der Coelomsäcke als eigenständige Widerlager zum Hautmuskelschlauch wirken, kann die Muskelbewegung der einzelnen Segmente voneinander getrennt werden. Dies bedeutet, daß Kontraktions- u. Relaxationswellen den Körper entlanglaufen können (↗Peristaltik) u. so je nach Anforderung bes. Formen des Kriechens, Schwimmens, Grabens u. Bohrens ermöglichen (↗Fortbewegung, ☐). Ferner gestattet die segmentale Aufteilung der Leibeshöhle die Ausbildung v. metameren Körperanhängen (↗Parapodien), die Borsten tragen u. als ↗Extremitäten entsprechend unterschiedl. Aufgaben unterschiedl. ausgebildet werden u. so zur Heteronomie des Wurmkörpers nicht unwesentl. beitragen können (↗ *Polychaeta).* Die für die R. typischen u. vielfach artspezif. ↗*Borsten* stehen auf den Parapodien od., wo diese fehlen, wie bei allen ↗*Oligochaeta,* direkt in der Körperwand. Als epidermale Bildungen werden sie v. einer Borstenbildungszelle (Chaetoblast) aufgebaut u. in einer Borstentasche verankert. Neben den vielfach in die Tiefe verlagerten Borstentaschenzellen enthält die *Epidermis* zahlr. Drüsenzellen u. wird v. einer ↗*Cuticula* aus Proteinen u. Polysacchariden abgedeckt. Die Aufgabe der Cuticula besteht im wesentl. offenbar darin, bei der Kontraktion eine Überdehnung des Hautmuskelschlauchs zu verhindern. Sie wird nur bei den *Hirudinea* gehäutet. Die Wände der *Coelomräume* sind Epithelien (Coelothel), die dort, wo sie aneinanderstoßen, verwachsen, so an den Segmentgrenzen zu ↗*Dissepimenten* u. an den dorso- u. ventromedianen Berührungsstellen zu *Mesenterien,* die als Aufhängebänder den *Darm* in seiner Lage halten. Dieser besteht aus dem ektodermalen Vorder- (Stomodaeum), dem entodermalen Mittel- u. dem wiederum ektodermalen Enddarm (Proctodaeum), deren einzelne Abschnitte je nach Ernährungsweise unterschiedl. gestaltet sind. Das *Blutgefäßsystem* ist geschlossen. Das Blut fließt in einem Dorsalgefäß v. caudal nach rostral, in einem Ventralgefäß v. rostral nach caudal u. in den die beiden Längsgefäße verbindenden Ringgefäßen v. ventral nach dorsal. Als Antriebsorgan (↗Herz") arbeiten kontraktile Abschnitte des Rückengefäßes u. der lateralen Ringgefäße. Die Lumen der Blutgefäße sind Aussparungen der sich in der

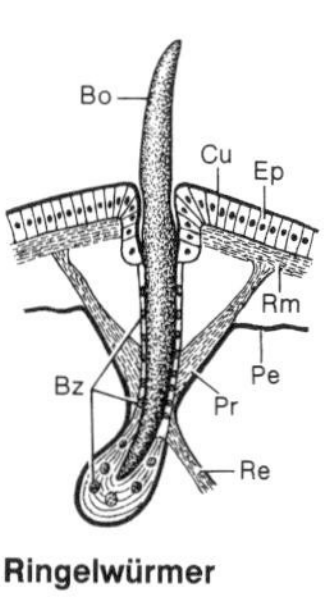

Ringelwürmer

Borste bei *Lumbricus.* Bo Borste, Bz Borstentaschenzellen, Cu Cuticula, Ep Epidermis, Pe Peritoneum, Pr Protraktor, Re Retraktor, Rm Ringmuskulatur

Die Ringelwürmer (Annelida) gehören zusammen mit den Gliederfüßern zur Stammgruppe der Gliedertiere, die stets in mehrere Segmente gegliedert sind und wenigstens beim Embryo pro Segment ein Ganglienpaar und ein Paar Coelomsäcke enthalten. Die Gliederung in eine Kette weitgehend gleichartiger Segmente ist bei den meisten Ringelwürmern gut ausgeprägt.

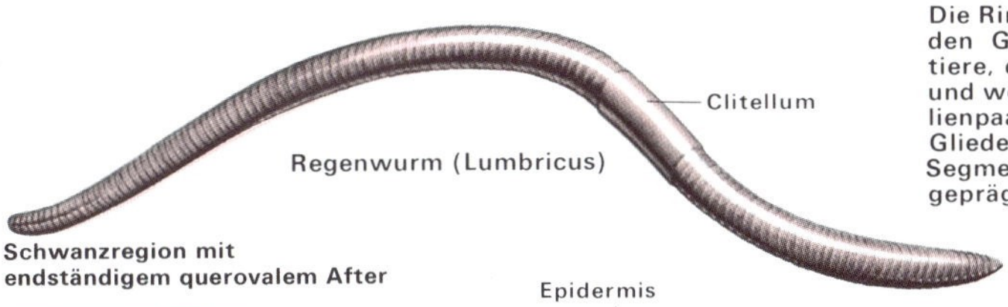

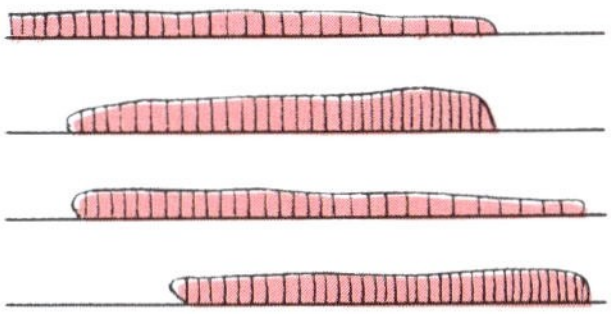

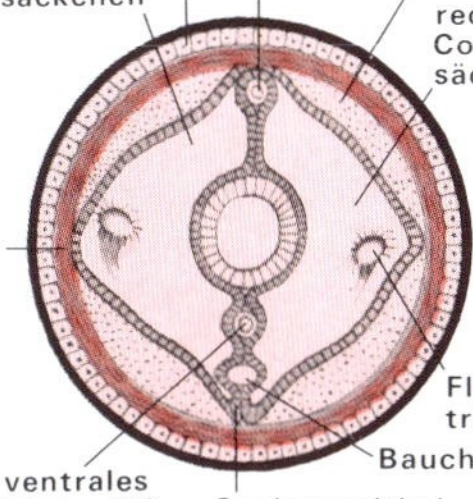

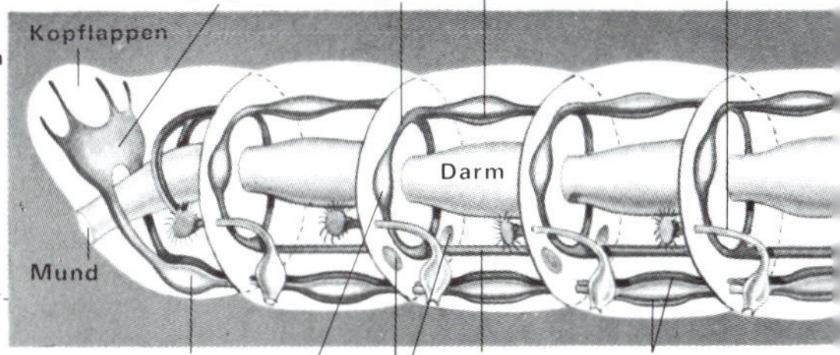

Abb. rechts: Bauplan eines *Ringelwurms*. Die einzelnen Segmente sind durch Querwände der sekundären Leibeshöhle voneinander getrennt. Sie enthalten neben durchziehenden Organen jeweils ein Ganglienpaar, Ringgefäße und ein Paar Exkretionsorgane. Abb. oben: Bewegungsweise des *Regenwurms*. Durch Kontraktion der Längsmuskeln verkürzt sich der Wurm, durch Zusammenziehen der Ringmuskeln streckt er sich.

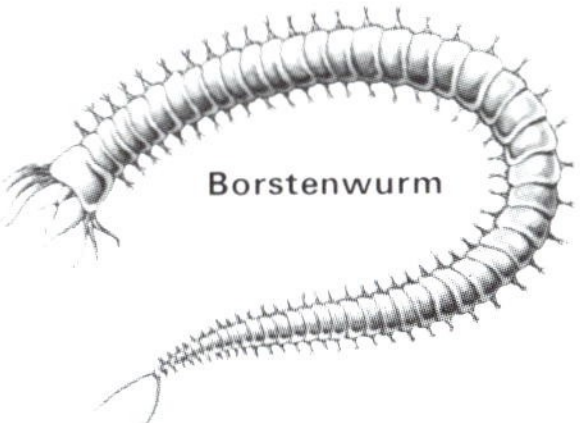

Die im Meer lebenden *Borstenwürmer* sind Ringelwürmer mit segmentalen Körperanhängen, den *Parapodien*. Aus diesen Seitenlappen, die gewöhnlich der Atmung und der Fortbewegung dienen, ragen vor allem bei den frei lebenden Borstenwürmern (Abb. oben) lange Borstenbüschel heraus. Daneben gibt es weitgehend festsitzende Borstenwürmer, die in Gängen oder — wie der links abgebildete *Federwurm (Sabella)* — in selbstgebauten Röhren wohnen. Das Vorderende trägt dann vielfach eine ausladende Tentakelkrone.

Die parasitischen *Blutegel* haben an beiden Körperenden je einen Saugnapf, einen kleineren am Vorder-, einen größeren am Hinterende. Das für alle Ringelwürmer typische Coelom ist bei ihnen durch die mächtige Entwicklung eines mesenchymalen Körperparenchyms meist stark unterdrückt.

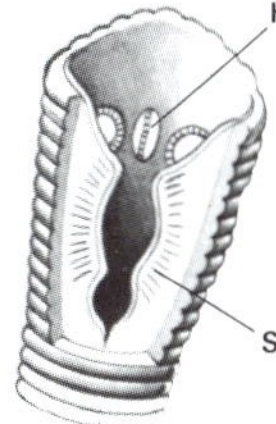

Aufgeschnittenes Vorderende des Blutegels mit den drei harten, sägeblattartigen Kiefern und dem muskulösen Schlund.

Ontogenese zu Dissepimenten u. Mesenterien aneinanderlegenden Coelothelien, sind also verbliebene Teile der primären Leibeshöhle. Bei den *Myzostomida* u. *Hirudinea* ist das Blutgefäßsystem rückgebildet. *Atmungsorgan* der R. sind die gesamte Körperoberfläche, häutige Ausstülpungen der Körperwand od. Kiemen. Die in den Coelomsäcken liegenden *Metanephridien* beginnen mit einem Flimmertrichter (Nephrostom), durchdringen das caudale Dissepiment u. münden nach gewundenem Verlauf im nächstfolgenden Segment nach außen (☐ Nephridien, [B] Exkretionsorgane). Die Nephridialkanäle dienen auch der Ausleitung der in das Coelom entlassenen reifen Geschlechtszellen *(Urogenitalsystem)*. – Das *Nervensystem*, im Grundplan ein Strickleiternervensystem, beginnt mit einem paarigen Oberschlundganglion (Cerebralganglion), von dem 2 Längsstämme (Konnektive) ausgehen, den Vorderdarm umgreifen (Schlundkonnektive) u. auf der Bauchseite, sich in jedem Metamer zu dem durch eine Kommissur verbundenen Ganglienpaar erweiternd, durch den ganzen Körper nach hinten ziehen ([B] Nervensystem I). Nur bei wenigen Formen liegen ↗ Markstränge vor. – Die *Entwicklung* der R. beginnt mit einer geradezu mathemat. geordnet ablaufenden Spiralfurchung u. wird durch eine je nach der im Ei vorhandenen Dottermenge als ↗ Embolie od. ↗ Epibolie sich vollziehen-

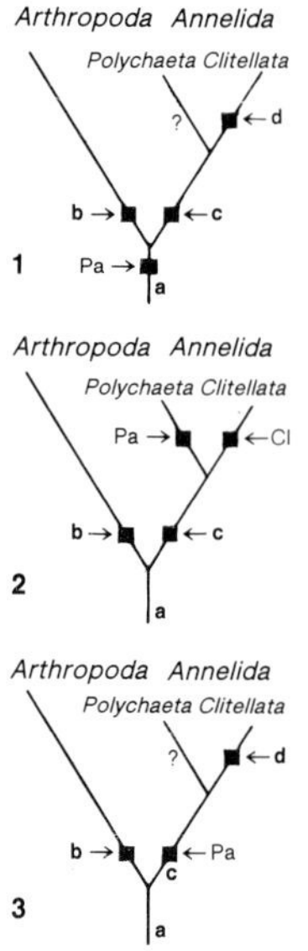

Ringelwürmer

Drei Möglichkeiten der phylogenet. Entwicklung von R.n *(Annelida)* u. Gliederfüßern *(Arthropoda)*: Alle drei Möglichkeiten gehen v. einer Stammart aus, die bereits homonom segmentiert ist, ein Strickleiternervensystem besitzt u. Borsten trägt. Die Quadrate bezeichnen den Entstehungszeitpunkt des bzw. der jeweils neuen wesentl. Merkmale. –
? bedeutet: neue u. für die Stammart der *Polychaeta* als Autapomorphie zu wertende Merkmale sind nicht nachgewiesen. Cl Clitellum, Pa Parapodien; **a** homonome Segmentierung, Strickleiternervensystem, Borsten; **b** Arthropodenextremität; **c** spezifische schräggestreifte Muskulatur, spezifische Cuticula, **d** Cl ausgebildet, Pa reduziert

den Gastrulation fortgesetzt, aus der bei den urspr. Formen eine freischwimmende Trochophora-Larve hervorgeht. Aus ihr entwickelt sich durch teloblastische Sprossung der Wurmkörper. – Die *Stammesgeschichte* der R. ist unbekannt. Diskutiert werden derzeit v.a. 3 Möglichkeiten, die alle v. einer bereits homonom segmentierten Articulaten-Stammart mit Borsten u. Strickleiternervensystem ausgehen, v. denen aber nur 2 die *Polychaeta* u. *Clitellata* als Schwestergruppen deuten. 1. Die Articulaten-Stammart hatte bereits Parapodien, aus denen sich die Extremitäten der Arthropoden entwickelten. Bei der Stammart der *Clitellata* wurden die Parapodien reduziert. 2. Die Articulaten-Stammart besaß noch keine Parapodien. Die Arthropoden- u. Polychaeten-Extremitäten sind konvergente Neubildungen. 3. Parapodien u. Arthropodien sind konvergent entstanden. Die Parapodien sind bereits bei der Stammart der *Annelida* vorhanden u. werden bei den *Clitellata* reduziert. Dann allerdings bleibt ein die *Polychaeta* definierendes, apomorphes Merkmal fragl. und eröffnet die Möglichkeit, daß die *Clitellata* die Schwestergruppe nur eines Teils der *Polychaeta* sind. [B] 169.

Lit.: *Hartmann-Schröder, G.*: Stamm Annelida. In: A. Kaestner: Lehrbuch der Speziellen Zoologie. 3. Teil. Stuttgart [4]1982. *Westheide, W.*: Cladus: Annelida Ringel- od. Gliederwürmer. In: R. Siewing: Lehrbuch der Zoologie. Bd. 2 Systematik. Stuttgart [3]1985. *D. Z.*

Ringer-Lösung [ben. nach dem brit. Arzt S. Ringer, 1835–1910], ↗Blutersatzflüssigkeit ([T]), die NaCl, KCl, $CaCl_2$, $MgCl_2$ und $NaHCO_3$ in unterschiedl., auf die Bedürfnisse des zu untersuchenden Objekts abgestimmten Konzentrationen enthält; z.T. werden der R. zusätzliche Nährstoffe beigefügt (z.B. Glucose), die ein längeres Überleben vom Tier entnommener Organe od. Gewebsschnitte ermöglichen.

Ringfäule, 1) ↗Bakterien-R.; 2) pilzliche ↗Fruchtfäulen, bei denen die Konidienträger kreisförmig angeordnet sind (z.B. Monilia-Fruchtfäulen). ↗Pilzringfäule.

Ringfleckenkrankheit, bei Birn- u. Süßkirschbäumen auftretende Virose; beim Birnbaum Ertragsrückgang u. Wachstumsschäden, beim Kirschbaum nur geringe Schäden; auf Blattspreite gelbl., ringförmige Verfärbungen.

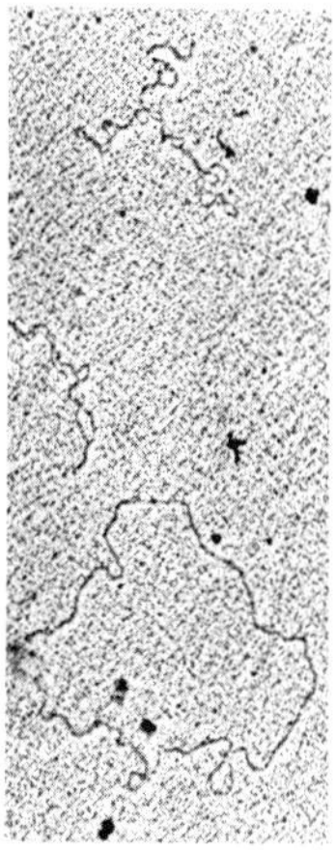

ringförmige DNA

Elektronenmikroskop. Aufnahme von r.r DNA in gespannter, nativer supercoil-Form (oben u. Mitte links) u. in entspannter Form (unten), hervorgerufen durch Hydrolyse einer einzigen Internucleotidbindung in einem der beiden DNA-Stränge (↗Einzelstrangbruch).

ringförmige DNA, DNA mit ringförm. Struktur, wie z.B. die DNA des ↗Bakteriophagen ([B]) Φ X174 (einzelsträngige r. DNA, ↗einzelsträngige DNA-Phagen, □), des ↗Lambda-Phagen (doppelsträngige r. DNA, während des Infektionszyklus), aber auch extrachromosomale DNA (↗Plasmide, [B] Gentechnologie) od. die chromosomale DNA v. Bakterien (↗Bakterienchromosom), wie ↗*Escherichia coli.* ↗Ringchromosomen. [B] Replikation I, [B] Desoxyribonucleinsäuren II.

Ringgefäße, bei Pflanzen Bez. für die nur mit ringförm. Leisten ausgesteiften ↗Tracheen, die durch die großen unverdickten Wandflächen noch ein beträchtl. Streckungswachstum des umgebenden Gewebes mitmachen (bis auf das 120fache). Xylemprimanen werden häufig als R. angelegt, daneben noch als ↗Schraubengefäße mit ähnl. Streckungsfähigkeit.

Ringgeißel, bei den ↗*Pyrrhophyceae* in einer äquatorialen Ringfurche verlaufende zirkuläre Geißel (↗Cilien), durch deren Schlag die v. der längs angeordneten Treibgeißel vorwärts getriebene Dinoflagellatenzelle um ihre Längsachse rotiert.

Ri̲nghalskobra, *Hemachatus haemachatus,* ↗Hemachatus.

Ringi̲cula *w,* einzige Gatt. der *Ringiculidae,* Kopfschildschnecken mit unter 1 cm hohem Gehäuse, in das sich das Tier völlig zurückziehen kann; das Nervensystem ist teilweise chiastoneur; graben sich in gemäßigten u. trop. Meeren durch Schlammgrund.

Ringkanal, 1) bei Hydromedusen *(↗Hydrozoa)* der am Schirmrand verlaufende Kanal, der mit den ebenfalls zum ↗Gastrovaskularsystem gehörenden ↗Radiärkanälen in Verbindung steht; bei Scyphomedusen nicht vorhanden. 2) Ringförm. Kanäle bei ↗Stachelhäutern, v.a. der R. des ↗Ambulacralgefäßsystems. 3) Cytoplasmabrücke zw. ↗Nährzellen (□) oder zw. Nährzelle u. Eizelle im polytrophen Insektenovar (↗Oogenese).

Ringknorpel, *Cartilago cricoidea,* ↗Kehlkopf.

Ringsysteme, die Grundgerüste v. ringförmig aufgebauten chem. Verbindungen. Sie werden eingeteilt in die aus gleichen Atomen (meist C-Atome) aufgebauten ↗*isocyclischen* Verbindungen, wovon ↗Benzol (ein aromat. R.) und Cyclohexan (ein aliphat. R., □ Cycloalkane) Vertreter sind, u. die ↗*heterocyclischen* Verbindungen. R. bilden vielfach die Grundgerüste v. Naturstoffen, wie z.B. der Zucker, in ihren cyclischen Formen, der Purin- u. Pyrimidinbasen v. Nucleotiden, Coenzymen u. Nucleinsäuren, der aromat. Aminosäuren u. der Porphyrine. □ 171.

Ri̲ngtextur *w* [v. lat. textura = Gewebe], ↗Zellwand.

Rinodina *w,* Gatt. der ↗Physciaceae.
Riodinidae [Mz.], die ↗Nemeobiidae.
Riopa *w,* Gatt. der ↗Schlankskinkverwandten.
Riparia *w* [v. lat. riparius = Ufer-], Gattung der ↗Schwalben.
Riparium *s* [v. lat. riparius = Ufer-], (Ager 1963), Sammelbez. für Organismen, die in Flüssen od. Strömen leben.
Riphäikum *s* [v. lat. Riphaeus = Ural], (Shatsky 1945), erdgeschichtl. Abschnitt des ↗Präkambriums, der etwa dem oberen ↗Proterozoikum entspricht (ca. 1600 Mill. Jahre vor heute bis Beginn des Kambriums). In O-Europa bis zu 10000 m mächtige, oft nicht-metamorphe kontinentale bis flachmarine Sedimente, häufig mit ↗Stromatolithen.
ripicol [v. lat. ripa = Ufer, colere = bewohnen], das Ufer bewohnend.
Ripistes *m* [v. lat. ripa = Ufer], Ringelwurm-(Oligochaeten-)Gatt. der ↗*Naididae. R. parasita,* 2–4,5 mm lang, in durchscheinenden Röhren auf Pflanzen in der Uferzone größerer, sauberer Gewässer, Filtrierer (Suspensionsfresser).
Rippen, 1) Bot.: *Blatt-R.*, die leisten- od. wulstart. Erhebungen des Blattgewebes, die man auf der Unterseite vieler Blätter beobachtet u. in denen Leitbündel eingebettet sind. Sie sind nicht mit den Blattadern ident., wie bes. daraus hervorgeht, daß die R. oft mehrere Leitbündel (= Adern) enthalten, so z.B. bei Ahorn-Arten. ↗Blatt. **2)** Zool.: *Costae* (Ez. *Costa*), *Ossa costae,* ↗Ersatzknochen des Brustkorbs (↗Brust) bei Wirbeltieren u. Mensch, ontogenet. gebildet in den Bereichen, in denen die Rumpfmuskulatur durch Bindegewebssepten in Segmente unterteilt wird. Das horizontale Septum (↗Myoseptum) wird dabei v. mehreren serial hintereinanderliegenden transversalen Septen (Myokommata, ↗Myomeren) geschnitten. An den Schnittlinien entstehen die R. Sie wirken stabilisierend an den Stellen größter Belastung u. bieten einen besseren Muskelansatz als Bindegewebssepten. Dadurch kann die Muskulatur verstärkt werden u. erreicht größere Wirksamkeit. Die beschriebenen R. werden als *dorsale R.* von den *ventralen R.* unterschieden. Ventrale R. entstehen dort, wo sich die Myokommata an die darmseitige Coelomwand (↗Splanchnopleura) anlegen. Die ↗Gräten der Fische (B Fische, Bauplan) werden allg. als ventrale R. angesehen. Die einzige Gatt., die dorsale u. ventrale R. gleichzeitig besitzt, ist *Polypterus* (↗Flösselhechte). – Jede R. setzt an der ↗Wirbelsäule an. Die R. der Tetrapoden besaßen dazu urspr. 2 Fortsätze, das ventrale *R.köpfchen* (Capitulum) u. den dorsalen *R.höcker* (Tuberculum). Diese unterlagen in den einzelnen Gruppen verschiedenen Verschiebungen u. Reduktionen. Der Mensch besitzt 12 R., von denen die obersten 10 mit einem Doppelgelenk an der Wirbelsäule ansetzen. Die Gelenkfläche für das Tuberculum liegt jeweils am Querfortsatz des ↗Wirbels. Die Gelenkfläche für das Capitulum wird z.T. vom Oberrand desselben Wirbels, z.T. vom Unterrand des darüberliegenden Wirbels gebildet, da das Capitulum etwa in Höhe der ↗Bandscheibe (□) an die Wirbelsäule herantritt. Die obersten 7 R. des Menschen erreichen mit einem knorpeligen Fortsatz das ↗Brustbein (Sternum). Sie werden als *echte R.* oder *Brustbein-R.* bezeichnet. Die R. 8–10 heißen *Bogen-R.* Ihre Knorpelfortsätze legen sich in einem Bogen an die Knorpel der darüberliegenden R. an. Die beiden untersten R. sind *freie R.,* da ihre Enden frei in der Bauchwand liegen. – Die Zwischenrippenmuskeln können die R. anheben, was zu einer Erweiterung des Brustkorbs führt, wodurch wegen des in den ↗Lungen entstehenden Unterdrucks automat. die Einatmung erfolgt (Saugatmung; ↗Brust, ↗Atmung). – Bei rezenten ↗Amphibien (B I) sind die R. stark rückgebildet u. erreichen niemals das Brustbein. Viele Reptilien besitzen einköpfige R.; ihr Ansatz kann am Wirbelkörper od. am Querfortsatz liegen. In den Rückenpanzer (Carapax) der Schildkröten sind 8 R. eingeschmolzen. Nur bei wenigen Arten treten nichtverschmolzene R. auf (meist sekundär). Krokodile besitzen freie ↗*Hals-R.* an allen Halswirbeln sowie ↗*Bauch-R.* Bei Schlangen tragen alle Wirbel R. Rumpfmuskulatur, R. und Bauchschuppen bilden eine funktionelle Einheit bei der schlängelnden Fortbewegung. An den R. der Vögel ragt jeweils ein kleiner Fortsatz (Processus uncinatus) nach hinten bis zur nächstfolgenden R. Diese Überlappung dient der Stabilisierung des Brustkorbs beim Flügelschlagen. ↗Hämalbögen. □ Organsystem, □ Skelett, B Wirbeltiere II. *H. L./A. K.*
Rippenfarngewächse, *Blechnaceae,* Fam. der ↗*Filicales* mit etwa 6 überwiegend trop.-subtrop., v.a. südhemisphärisch verbreiteten Gatt. und rund 250 Arten. Sori auf einer Aderkommissur, paarweise parallel

Rippen

R. werden nach den Wirbeln benannt, an denen sie ansetzen:
Cervical-R. = Hals-R.
Thorakal-R. = Brust-R.
Lumbal-R. = Lenden-R.
Sacral-R. = Kreuz-R.
Caudal-R. = Schwanz-R.

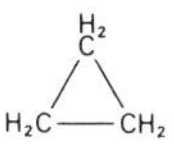
1 Cyclopropan

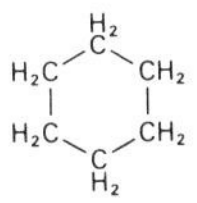
4 Cyclohexan

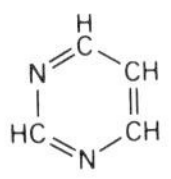
7 Pyrimidin

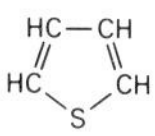
10 Thiophen

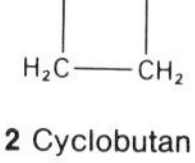
2 Cyclobutan

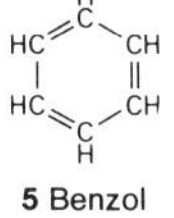
5 Benzol

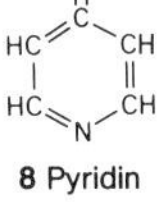
8 Pyridin

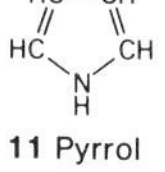
11 Pyrrol

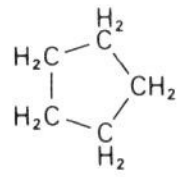
3 Cyclopentan

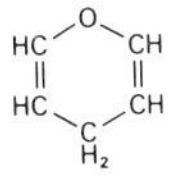
6 Pyran

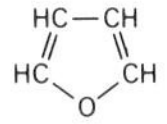
9 Furan

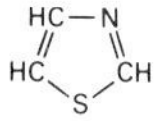
12 Thiazol

Ringsysteme

1–5 sind *isocyclische* Verbindungen (nur Kohlenstoffatome als Ringglieder); **6–12** sind *heterocyclische* Verbindungen (auch z.B. Stickstoff-, Sauerstoff- u. Schwefelatome im Ring).

zum Hauptnerv der Fiederchen, meist zu einem längl. Coenosurus verwachsen; Indusium lang, seitl. angeheftet u. zur Mitte hin öffnend. Mit ca. 200 Arten ist der Rippenfarn *(Blechnum)* die wichtigste u. zugleich die einzige in Mitteleuropa heimische Gatt. Es sind Erdfarne mit aufrechtem, z. T. auch kriechendem od. stammartigem Rhizom mit Dictyostele; einige Formen sind Klimmer. Während auf der S-Hemisphäre viele Arten bis in die gemäßigten Breiten vordringen, kommt in Mitteleuropa als einziger Vertreter nur das disjunkt auch in Japan u. im westl. N-Amerika auftretende *Blechnum spicant* vor. Die in Dtl. geschützte Art besitzt dimorphe Wedel: die wintergrünen, nur der Assimilation dienenden Trophophylle bilden eine trichterförmige od. ausgebreitete Rosette, während die Sporophylle aufrecht stehen, eine stark verschmälerte Fiederchenlamina besitzen u. am Ende der Vegetationsperiode zugrunde gehen. *B. spicant* ist an wintermilde, ozeanisch geprägte Gebiete bzw. im Gebirge an geschützte, schneereiche Lagen gebunden u. entsprechend subatlantisch bis submediterran verbreitet. Es kommt dort v. der planaren bis subalpinen Stufe (in den Alpen bis ca. 1900 m) auf feucht-frischen, sauren u. nährstoffarmen Böden vor, häufig v. a. in Fichten- u. Tannenwäldern der Mittelgebirge (Charakterart des Vaccinion-Piceion), aber auch in küstennahen Eichen-Birkenwäldern. – Von den zahlr. trop.-subtrop. Formen seien das baumförmige *B. discolor* (Austr., Neuseeland; Stamm bis 1 m hoch) u. das lianenartig klimmende *B. reptans* (Neuseeland, Fidschi-Inseln) erwähnt. Die ebenfalls lianenartige *Salpichlaena volubilis* (Mittelamerika bis Brasilien) ist ein Blattklimmer mit unbegrenzt wachsenden Blättern.

Rippenfell, *Pleura costalis,* ↗Brust 1).

Rippenkapselartige, Ord. der ↗Cyanobakterien ([T]), ↗Pleurocapsales.

Rippenkohl ↗Kohl.

Rippenmolche, *Pleurodeles,* Gatt. der ↗*Salamandridae,* mit 2 kräftigen, robusten, 20 bis 30 cm langen Arten mit flachen Köpfen und seitlich zusammengedrückten Schwänzen in S-Europa und N-Afrika: *P. waltl,* der spanische R. auf der Iberischen Halbinsel u. in NW-Marokko, und *P. poireti,* der algerische R. in N-Algerien u. Tunesien. Charakterist. sind eine Reihe warziger Erhebungen an den Flanken, die durch die Rippen hervorgerufen werden. Die Spitzen der Rippen können bei *P. waltl* sogar die Haut durchbrechen, ohne die Tiere zu beeinträchtigen. Beide Arten sind gelblich od. grau-olivfarben mit dunkleren Flekken. Fast ganzjährig aquatisch in pflanzenreichen Gewässern. Im Ggs. zu den ↗Molchen umklammert das ♂ bei der Paarung die Vorderbeine des ♀ von unten, ähnl. wie beim ↗Feuersalamander. Der Laich wird in Klumpen v. bis zu 800 Eiern

Rippenfarngewächse

Wuchsform des Rippenfarns *Blechnum spicant;* die Fiederchenlamina der steil aufgerichteten Sporophylle ist stark verschmälert.

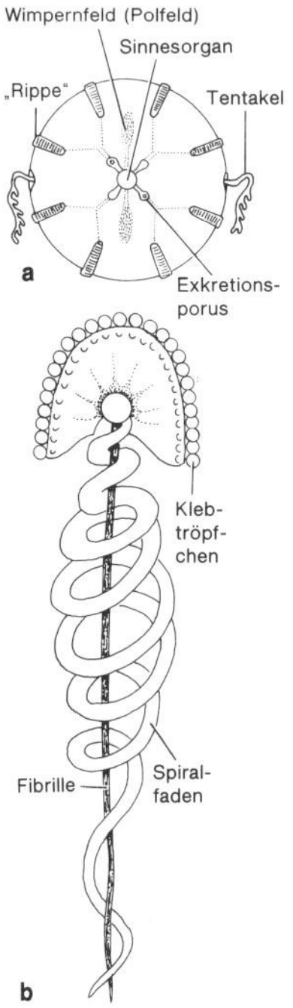

Rippenquallen

a Aufsicht auf den aboralen Pol einer R.; **b** Colloblast

an Pflanzen, Steinen od. ähnlichem abgesetzt. R. sind leicht haltbar und züchtbar u. werden häufig als Laboratoriumstiere eingesetzt.

Rippenmuscheln, *Pholadomyidae,* Familie der ↗*Anomalodesmacea,* Meeresmuscheln mit sehr dünner, hinten klaffender Schale mit radialer Skulptur; der vordere Schließmuskel ist kleiner als der hintere. Die Mantelränder sind weitgehend verwachsen u. bilden lange, am Ende getrennte Siphonen. Die R. sind wahrscheinl. ☿; die ca. 10 Arten werden auf 3 Gatt. (u. a. ↗*Pholadomya*) verteilt, v. denen einige in der Tiefsee leben. Die Fam. ist erdgeschichtl. alt.

Rippenquallen, *Kammquallen, Ctenophora,* einzige Kl. der ↗*Acnidaria* mit den beiden U.-Kl. ↗*Atentaculata* u. ↗*Tentaculifera* und ca. 80 Arten. Größte Art ist der ↗Venusgürtel (bis 1,5 m lang). Der Körper der R. besteht zu 99% aus Wasser. Im Grundbauplan haben R. eine kugelige od. umgekehrt birnenförm. Gestalt. Der Körper ist meist durchsichtig; an der Oberfläche verlaufen 8 Reihen („Rippen"), die mit Wimperplättchen (je eine Querreihe verschmolzener Wimpern) besetzt sind; diese schlagen – aboral beginnend – hoch koordiniert u. treiben so den Körper mit dem Mund voraus durch das Wasser. R. sind wendige Schwimmer. Durch den Schlag der Plättchen entstehen Interferenzfarben, welche die Wimperreihen stets farbig irisieren lassen. Die Steuerung der Bewegung erfolgt über ein diffuses *Nervennetz,* das unter der Epidermis liegt u. sich unter den „Rippen" verdichtet. Neben Sinneszellen, die über die gesamte Oberfläche verteilt sind, besitzen R. eine komplex gebaute *Statocyste* am aboralen Pol (☐ Gleichgewichtsorgane). Sie besteht aus einem Statolithen, der auf 4 Wimperbüscheln ruht, die in je 2 Wimperstraßen übergehen. Das Sinnesorgan ist v. einer durchsicht. Kuppel überdacht. Präpariert man die Statocyste ab, kann sich die R. nicht mehr in die Gleichgewichtslage einstellen. Das *Darmsystem* ist nicht radiär angeordnet. Vom querovalen Mund führt ein vertikaler Schlund in einen seitlich zusammengedrückten Magen, der um 90° gg. die Mundöffnung verdreht ist. Vom Magen aus führen horizontal 2 sich 2mal verzweigende Kanäle (Gastrovaskularsystem) unter jede Wimperstraße (Rippengefäße, Meridionalgefäße) u. zu den beiden Tentakeltaschen. Diese ektodermalen Taschen bergen je einen mit Klebzellen (Colloblasten) besetzten Tentakel. Durch die Anordnung der entodermalen Organe kann man eine R. durch 2 verschiedene Ebenen in spiegelsymmetrische Hälften zerteilen: in Richtung des Schlundes (Schlundebene) u. in Richtung der Tentakeltaschen (Tentakelebene); sie stehen senkrecht aufeinander. Neben den horizontal abgehenden Kanälen entsendet der Magen einen blind endenden Kanal mundwärts an der Breitseite des Schlundes und einen Kanal zum aboralen Pol, der sich aufspaltet u. mit Poren nach außen mündet. Zwischen Darmkanälen u. Epidermis befindet sich eine dicke Mesogloea, in die viele Zellen, Bindegewebszüge sowie Ring- u. Längsmuskelstränge eingelagert sind. Die *Fortpflanzung* der R. erfolgt ausschl. geschlechtlich. Die entodermalen Gonaden liegen an den Rippengefäßen, in welche sie Eier u. Spermien ergießen (Zwitter!) u. durch den Mund abgeben. Die Furchung der Eizelle ist streng determiniert (Mosaikkeim), eine Planula-Larve wird nicht ausgebildet. R. bilden bereits auf einem sehr frühen Entwicklungsstadium kurzfristig Gonaden aus. Nach der Fortpflanzung wachsen sie zur vollen Größe heran u. bringen erneut Eier u. Spermien hervor (↗Dissogonie). Die R. – seien sie auch noch so stark in Anpassung an spezielle Lebensweisen verändert – durchlaufen in ihrer Entwicklung stets ein dem Grundbauplan entspr. Stadium. – Die *Verwandtschaft* der R. ist bis heute noch nicht eindeutig geklärt. Wahrscheinl. stellen sie eine Gruppe der ↗Hohltiere dar, die sich sehr früh abgespalten u. unabhängig v. den ↗Nesseltieren entwickelt hat. *Lebensweise:* R. sind marine Hochseetiere, nur wenige kommen auch (z.T. im Brackwasser) an der Küste vor. Sie sind in hohem Maß v. der Strömung abhängig u. werden oft zu großen Scharen zusammengetrieben. Fast alle Arten leben in warmen Gewässern, 3 Arten kommen bis in die Arktis vor, weitere 3 Arten sind Bewohner der Tiefsee. Die ↗Seestachelbeere u. *Beroe ovata* (↗Melonenquallen) sind Kosmopoliten. Viele Arten können leuchten. R. leben räuberisch. Die tentakeltragenden Arten (U.-Kl. *Tentaculifera*) „fischen" mit den Tentakeln den Wasserraum ab; die Beute bleibt an den Klebzellen hängen; von Zeit zu Zeit werden die Tentakel am Mund vorbeigezogen u. „abgelutscht"; die Klebzellen sind mehrfach verwendbar. Tentakellose R. (U.-Kl. *Atentaculata*) verschlingen die Beute direkt mit dem (oft sehr großen) Mund. – Da sich innerhalb der Kl. der R. – trotz ihrer Artenarmut – verschiedene Typen ausgebildet haben, wird für weitere Angaben zur Lebensweise auf die einzelnen Ord. bzw. Arten verwiesen. B Hohltiere II. *C. G.*

Rippensame, *Rippensamen, Pleurospermum,* Gatt. der Doldenblütler mit ca. 25 Arten; der Östr. R. *(P. austriacum)* ist eine seltene Pflanze der montanen bis subalpinen Stufe der ost- u. mitteleur. Hochgebirge; der dt. Name bezieht sich auf die bis 8 mm lange Frucht mit flügelart. Rippen.

Rippenteilung, die Aufgabelung einfacher, bogenförm. Erhöhungen („Rippen") auf Flanken u. Rücken v. ↗*Ammonoidea* zu Spaltrippen.

Rippenquallen

Unterklassen, Ordnungen u. einige Vertreter:

↗ *Tentaculifera*
- *Cestidea* (↗Venusgürtel)
- ↗ *Cydippea* (↗Seestachelbeere)
- ↗ *Lobata*
- ↗ *Platyctenidea*
- ↗ *Tjalfiellidea*

↗ *Atentaculata* (↗Melonenquallen)

Wiesen-Rispengras *(Poa pratensis)*

Rishitin *s,* ↗Phytoalexine (□).

Rispe ↗Blütenstand.

Rispenfalter, das ↗Braunauge.

Rispenfarn, *Osmunda,* Gatt. der ↗Königsfarngewächse.

Rispengras, 1) im morpholog. Sinne ein Süßgras (↗Süßgräser) mit der Blütenstandsform der Rispe. **2)** *Poa,* Gatt. der Süßgräser (U.-Fam. *Pooideae*) mit ca. 300 Arten hpts. in der nördl. und südl. gemäßigten Zone u. den trop. Gebirgen. Es sind Gräser mit einer Rispe und 3–7blütigen Ährchen; die Blätter sind oft gekennzeichnet durch je eine Rinne beiderseits des Mittelnervs auf der Blattoberseite („Schispur") u. meist kahnförmig zusammengezogene Blattspitze. Das Einjährige R. *(P. annua)* ist mit nur ca. 3–20 cm Höhe ein häufiges kosmopolit. Unkraut u. kommt bes. in Trittrasen, auf Wegen u. Plätzen („Sportplatzgras") vor. In lichten Laubmischwäldern ist das Hain-R. *(P. nemoralis)* mit waagrecht abstehenden oberen Stengelblättern („Wegweisergras") ein Verhagerungszeiger. Gräser der Wiesen u. Unkrautgesellschaften sind das Wiesen-R. *(P. pratensis),* ein gutes Futtergras mit kurzem Blatthäutchen, u. das Gewöhnl. R. *(P. trivialis)* mit 2–5 mm langem Blatthäutchen, das feuchtere Standorte bevorzugt. Beim Alpen-R. (*P. alpina,* B Polarregion II) gibt es eine Varietät, bei der aus den Ährchen neue Jungpflanzen auswachsen (Pseudoviviparie). Pseudoviviparie kommt auch bei *P. bulbosa* an Extremstandorten in sommerdürren Gebieten des Mediterranraums vor. Die größte Art der Gatt. ist das bis 2 m hohe Tussockgras *(P. flabellata),* das große Bestände auf den Kerguelen, Feuerland u. den Falklandinseln bildet.

Rispenhirse, *Panicum miliaceum,* ↗Hirse.

Rissa *w* [ben. nach dem it. Zoologen G. A. Risso (?), 1777–1845], Gatt. der ↗Möwen; ↗Dreizehenmöwe.

Riß-Eiszeit [ben. nach dem rechten Nebenfluß der Donau], (Penck u. Brückner 1901–1909), vorletztes Glazial (↗Eiszeit) des ↗Pleistozäns (T) im Alpenbereich mit der größten Ausdehnung des Inlandeises; in NW-Europa entspricht ihr etwa die Saale-Eiszeit.

Rissoidae [Mz.; ben. nach dem it. Zoologen G. A. Risso, 1777–1845], Fam. der ↗Kleinschnecken mit turm- bis eispindelförm., kleinem Gehäuse u. conchinösem Deckel; der Mundbereich ist zu einer bewegl. „Schnauze" umgeformt; Bandzüngler, die sich v. Detritus u. Algen ernähren. Die R. sind getrenntgeschlechtl., die ♂♂ tragen vorn rechts am Kopf einen Penis. Zu den *R.* gehören einige hundert Arten, die ca. 40 Gatt. zugeordnet werden. Bei Helgoland lebt *Rissoa parva* (Gehäuse bis 4,3 mm hoch), während verwandte Arten auch ins Brackwasser der Ostsee vordringen.

Rißpilze, *Faserköpfe, Wirrköpfe, Inocybe,*

Gattung der ↗Schleierlingsartigen Pilze; kleine bis mittelgroße, fleischige Blätterpilze (3–8[12] cm) mit faserigem bis rissigem od. wirr faserigem, häufig kegeligem, manchmal aber auch konvexem Hut, dessen Farbe meist braun, bei einigen Arten weißl. oder rötl. ist; der Hutrand ist oft eingerissen, die Lamellen sind oft erdfarben; das Sporenpulver ist schmutzig- od. tabakbraun, die Sporen sind glatt od. charakteristisch vieleckig-höckerig; Lamellenscheide od. -fläche u. Stieloberfläche mit dickwandigen Cysten, oft mit Kristallschopf. Während die Gatt. sich durch die Merkmale des Fruchtkörpers leicht abgrenzen läßt, sind die Arten meist nur mikroskop. bestimmbar. In Mitteleuropa ca. 150 Arten, davon mindestens 25 Arten giftig bis sehr giftig. Der ↗Muscarin-Gehalt der giftigen Arten (T Muscarinpilze) kann das 50- bis über 100fache des Gehalts im ↗Fliegenpilz (↗Fliegenpilzgifte) betragen (0,01–0,04% des Frischgewichts). R. wachsen auf dem Erdboden, selten auf Holz; sie sind wahrscheinl. größtenteils Mykorrhizapilze. Oft haben sie einen typ. obstartigen, erdartigen, aromatischen od. spermatischen Geruch.

Rißschnecken, *Schlitzschnecken, Scissurellidae,* Fam. der Schlitzkreiselschnekken, Altschnecken mit dünnem, weißem, kugel- bis linsenförm. Gehäuse (meist unter 5 mm Höhe), das aus 2–5 schnell anwachsenden Umgängen besteht u. innen perlmuttrig ist; auf der Peripherie der Umgänge verläuft ein Schlitzband, das sich am Mündungsrand zum Schlitz öffnet; der Deckel ist conchinös. Fächerzüngler, die sich v. Detritus ernähren u. getrenntgeschlechtl. sind. Die knapp 60 Arten werden auf 3 Gatt. verteilt, v. denen *Scissurella* kosmopolit. verbreitet ist.

Riß-Würm-Interglazial *s* [ben. nach den bayer. Flüssen R. und W., v. lat. inter = zwischen, glacialis = eisig], (Penck u. Brückner 1901–1909), Bez. für das letzte (gen. das „Große I.") ↗Interglazial des ↗Pleistozäns (T), das etwa dem ↗Eem-Interglazial NW-Europas entspricht.

Rist *m* [v. mittelniederdt. wrist = Gelenk], Fußrücken, Handwurzel-Oberseite.

Ristella *w,* 1) i.w.S. Synonym für ↗*Bacteroides;* 2) i.e.S. Unterarten v. *Bacteroides,* die Buttersäure aus Glucose bilden.

Rithron *s* [v. gr. rheithron = Fluß], Biozönose des Rithrals; ↗Bergbach.

Ritterfalter, *Ritter, Edelfalter, Papilionidae,* mit Ausnahme der Arktis weltweit, v.a. tropisch verbreitete Tagfalterfamilie mittelgroßer bis sehr großer Falter (Spannweite 30–250 mm), etwa 600 Arten, in Mitteleuropa 5 Vertreter (vgl. Tabelle), darunter so bekannte Schmetterlinge wie der ↗Schwalbenschwanz, ↗Segelfalter u. ↗Apollofalter. Die R. sind mit den ↗Weißlingen näher verwandt; sie sind im Aussehen u. Körperbau oft sehr verschiedenartig, haben aber folgende Merkmale gemeinsam: Falter mit 3 voll ausgebildeten Beinpaaren mit 1 Klauenpaar am Fuß, Vorderbeine mit blattart. Erweiterung auf der Tibia; Flügelgeäder mit nur einer Analader, Innenrand der Hinterflügel konkav erweitert; Eier rund, werden meist einzeln abgelegt; Larven mit eigenart. Struktur, der ↗Nackengabel; Raupen häufig, insbes. bei trop. Arten, mit Augenzeichnungen (↗Augenfleck) auf dem Thorax; Verpuppung normalerweise als Gürtelpuppe, nur bei den Apollofaltern in leichtem Gespinst am Boden. Die R. gehören zu den auffälligsten u. buntesten Schmetterlingen, die schon seit jeher die bes. Aufmerksamkeit der Sammler u. leider auch der Händler erregten; sie sind kraftvolle Flieger, halten sich aber oft hoch oben in den Baumkronen auf, v.a. tropische Arten; wie z.B. die farbenprächtigen indo-austr. Vogelflügler od. Vogelfalter (*Ornithoptera, Troides;* B Insekten IV), deren oft unscheinbare Weibchen mit Flügelspannweiten bis zu 250 mm die größten Tagfalter sind; die kleineren Männchen tragen prächtig leuchtende grüne, blaue, rötl. und goldgelbe Interferenzfarben auf samtschwarzem Grund. Durch ihr isoliertes Vorkommen auf verschiedenen Inseln haben sich viele Rassen herausgebildet. Die Larven der Vogelfalter fressen an gift. Osterluzei-Arten u. geben durch Aufnahme der Giftstoffe auch dem Falter einen gewissen Schutz vor Freßfeinden, ihre Färbungen können daher in vielen Fällen als Warntracht verstanden werden. Das gilt auch für die Aristolochienfalter der Gatt. *Battus, Parides* u.a., die als mimetische Vorbilder Nachahmern der eigenen u. anderer Schmetterlingsfam. dienen. So ist in N-Amerika z.B. *Battus philenor* Vorbild für die ungeschützten R. *Papilio polyxenus, P. glaucus* und *P. troilus;* sie gehören zur größten Gruppe der R., den Schwalbenschwänzen, zu denen auch unsere einheim. Arten ↗Schwalbenschwanz u. ↗Segelfalter gehören; der Name kommt v. den geschwänzten Hinterflügeln der meisten Vertreter; ihre Larven fressen an verschiedenen Gewächsen, wie Dolden- u. Lippenblütlern, Rauten- u. Lorbeergewächsen u.a. Die trop.-afr. Art *P. dardanus* ist eines der bestuntersuchten Beispiele für ↗Batessche Mimikry (B Mimikry II); die polymorphen Weibchen dieser Art ahmen mit ihrer Färbung in unterschiedl. Regionen entspr. aussehende ungenießbare Modelle nach; so gibt es eine Morphe, die den gift. Chrysippusfalter *Danaus chrysippus* (↗*Danaidae*) imitiert. Den Schwalbenschwänzen ähneln nur wenig die auf die Gebirge der N-Halbkugel, v.a. der Paläarktis, beschränkten ↗Apollofalter od. Augenspiegelfalter; ihre Flügel sind gerundet, ungeschwänzt u. halbtransparent mit Fleckenzeichnungen; sie sind träge Flieger. Eine weitere Gruppe, die nach der Raupenfut-

Rißpilze

Einige giftige Arten:

Ziegelroter R. (*Inocybe patouillardii* Bres., sehr giftig, auch Todesfälle)

Erdblättriger R. (*I. geophylla* Kumm., Geruch spermatisch; giftig)

Bittermandel-R. (*I. hirtella* Bres., Bittermandelölgeruch, giftig)

Rübenstieliger R. (*I. napipes* Lge, giftig)

Acker-Rittersporn (*Consolida regalis*)

Ritterfalter

Europäische R.:

Schwalbenschwänze (*Papilioninae*)
- ↗Schwalbenschwanz (*Papilio machaon*)
- Korsischer S. (*P. hospiton*)
- Südeuropäischer S. (*P. alexanor*)
- ↗Segelfalter (*Iphiclides podalirius*)

↗Apollofalter (*Parnassiinae*)
- Apollo (*Parnassius apollo*)
- Alpenapollo (*P. phoebus*)
- Schwarzer Apollo (*P. mnemosyne*)

Osterluzeifalter (*Zerynthiinae*)
- Südwesteuropäischer O. (*Zerynthia rumina*)
- Südosteuropäischer O. (*Z. polyxena*)
- Balkan-O. (*Z. cerisyi*)
- Falscher Apollo (*Archon apollinus*)

terpflanze Osterluzeifalter heißen, ist mit einigen Arten in Europa vertreten; sie sind eine urspr. U.-Fam. mit Reliktformen: *Zerynthia (Thais) polyxena,* Kleinasien und S-Europa mit Ausnahme der Iberischen Halbinsel, Spannweite etwa 50 mm, Falter bizarr auf gelbl.-weißem Grund schwarz u. rot gezeichnet, fliegt im Frühjahr; sehr ähnl. *Z. rumina,* vertritt vorige Art in SW-Europa und N-Afrika. B Insekten IV. *H. St.*

Ritterlinge, *Tricholoma,* Gatt. der ↗Ritterlingsartigen Pilze, mittelgroße bis große Blätterpilze mit fleischigem, nicht hygrophanem Hut; der Stiel ist nicht berindet, mit od. ohne Velum; die Lamellen sind ausgebuchtet od. abgerundet angewachsen; das Sporenpulver ist weiß; die Sporen sind glatt, nicht amyloid. Über 60 Arten (vgl. Tab.), die auf der Erde wachsen; meist Mykorrhizapilze. – In älterer Lit. wurden die R. als eine Sammelgatt. geführt, deren Arten heute auf ca. 11 Gatt. aufgeteilt werden.

Ritterlinge

Einige bekannte Arten:

Schwefel-R. (*Tricholoma sulphureum* Kumm., mit Leuchtgasgeruch, ungenießbar)
Seifen-R. (*T. saponaceum* Kumm., Geruch seifenlaugenartig, schwach giftig)
Grünling (*T. auratum* Gillet = *T. equestre* Quél. = *T. flavovirens* Lund et Nannf., eßbar)
Erd-R. (Mausgrauer R., *T. terreum* Kumm., eßbar)
Tiger-R. (*T. pardinum* Quél., giftig)

Ritterlingsartige Pilze, *Tricholomataceae,* umfangreichste Fam. der ↗Blätterpilze, ca. 70 Gatt. (vgl. Tab.) mit etwa 600 Arten in Mitteleuropa; der fleischige bis faserfleischige Fruchtkörper ist in Hut u. Stiel gegliedert od. lateral ansitzend; meist mit lamelligem Hymenophor, auch leistenförmig od. glatt; die zieml. dünnen Lamellen sind am Stiel angewachsen, auch ausgebuchtet angewachsen od. herablaufend; ihr Trama ist regulär od. irregulär. R. leben als Saprophyten, Parasiten od. Mykorrhizapilze.

Ritterlingsartige Pilze

Wichtige Gattungen:

↗Adermooslinge (*Leptoglossum*)
↗Bläulinge (*Laccaria*)
↗Haarschwindlinge (*Crinipellis*)
↗Hallimasch (*Armillariella*)
↗Helmlinge (*Mycena*)
↗Holzritterlinge (*Tricholomopsis*)
↗Muschelinge (*Hohenbuehelia*)
↗Nabelinge (*Omphalina*)
↗Ritterlinge (*Tricholoma*)
↗Rötelritterlinge (Röteltrichterlinge, *Lepista*)
↗Rüblinge (*Collybia*)
↗Samtfußrübling (*Flammulina*)
↗Schönkopf-Ritterlinge (*Calocybe*)
↗Schwindlinge (*Marasmius*)
↗Trichterlinge (*Clitocybe*)
↗Weichritterlinge (*Melanoleuca*)
↗Zwitterlinge (*Asterophora*)

Rittersporn, *Delphinium,* Gatt. der ↗Hahnenfußgewächse mit ca. 400 Arten auf der N-Halbkugel. Die Blüten sind zygomorph, das oberste der 5 Perigonblätter bildet einen langen Sporn (Name). Die Gatt. *D.* i. e. S. hat 4 freie Honigblätter (davon 2 gespornt) u. mehrere Fruchtknoten. Hierher gehört der häufig kultivierte ausdauernde Hohe R. *(D. elatum).* Davon wird die Gatt. *Consolida* mit 2 verwachsenen Honigblättern u. nur 1 mehrsamigen Fruchtknoten abgetrennt. Die Arten der Gatt. *C.* sind einjährig, so der Garten-R. *(C. ajacis)* und der Acker-R. (*C. regalis,* Fruchtknoten kahl). Der Acker-R. ist mit seinen dunkelblauen Blüten ein in Dtl. zurückgehendes wärmeliebendes Getreideunkraut der ↗Secalietalia. ☐ 174.

Ritterwanzen, *Spilostethus,* Gattung der [↗Langwanzen.

ritualisierter Kampf, der ↗Kommentkampf.

Ritualisierung *w* [v. lat. ritus = Brauch, Gewohnheit], *Ritualisation,* stammesgeschichtl. Veränderung v. Verhaltensweisen im Sinne eines Funktionswechsels (↗Funktionserweiterung) hin zu einer Wirkung als ↗Auslöser im sozialen Kontakt; der Funktionswechsel ist mit typ. Veränderungen verbunden: ritualisierte Verhaltensweisen werden formstarrer (↗Formkonstanz), häufig wird der Ablauf vereinfacht, und typ. Merkmale werden übertrieben,

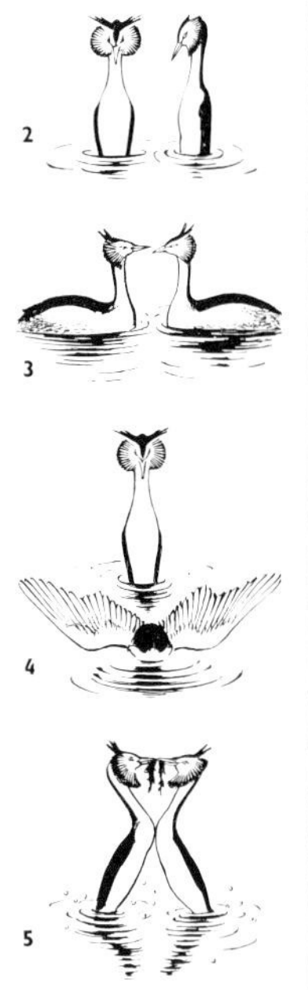

Ritualisierung

Paarungsrituale des Haubentauchers *(Podiceps cristatus),* Ausschnitt aus einer Handlungskette. **1** das Männchen präsentiert die Flügel vor dem Weibchen, **2** taucht anschließend unter u. richtet sich auf; **3** Männchen u. Weibchen schütteln die Köpfe; **4** das Weibchen breitet vor dem aufgerichteten Männchen die Flügel aus; **5** Tanzen der beiden Partner mit Auftauchen, Aufrichten u. Berühren; dazu werden Wasserpflanzen präsentiert

z. T. durch mehrfache od. rhythmische Wiederholungen in der Handlungskette. Im Bereich der innerartl. ↗Aggression u. der ↗Balz sind R.en besonders häufig, aber auch sonstige soziale ↗Schlüsselreize neigen zur R. Oft werden dabei Elemente eines ↗Konfliktverhaltens ritualisiert, daneben auch ↗Komfortverhalten wie ↗Putzen usw. Der Grund ist, daß solche Handlungen im Sozialkontakt als ↗Ausdrucksverhalten sowieso vorkommen u. sich daher für die Entwicklung v. Auslösern eignen. I. w. S. spricht man (nicht ganz glücklich) v. einer *ontogenetischen R.,* wenn ein noch unfertiges Verhaltensmuster beim Jungtier sich später festigt u. formkonstant wird (↗Reifung). Weiterhin wird v. einer ↗*kulturellen R.* gesprochen, wenn Kleidungsstücke, Waffen oder ähnliches ihre urspr. Funktion in einer kulturellen Entwicklung (↗kulturelle Evolution) verlieren und Schmuck- bzw. Symbolbedeutung annehmen. B 177.

Rivale [v. lat. rivalis = Nebenbuhler], Individuum der eigenen Art, das mit einem Tier um eine Ressource konkurriert u. darum eine aggressive Auseinandersetzung (↗Aggression) führt (*R.nkampf,* „contest"; ↗Kampfverhalten, B); bes. gebräuchl. bei der Rivalität um Sexualpartner. ↗Konkurrenz.

Rivea *w* [v. lat. rivus = Bach], Gatt. der [↗Windengewächse.

Rivina *w* [ben. nach dem dt. Botaniker A. Q. Rivinus, 1652–1723], Gatt. der ↗Kermesbeerengewächse.

Rivularia *w* [v. lat. rivulus = Bächlein], *Bachflocke,* Gatt der ↗*Rivulariaceae* (↗Cyanobakterien) mit ca. 20 Arten; bilden Heterocysten, Akineten fehlen. Die stark verkalkten Gallertlager (1–3 cm dick, anfangs halbkugelig-polsterförmig, dann ausgebreitet-rasig) mit eingelagertem Eisenhydroxid von *R. haematites* finden sich bes. in kalkreichen Bächen u. Flüssen. *R. biassolettiana* und *R. atra* besiedeln Großalgen, andere Wasserpflanzen, Steine u. Holz in Süß- u. Brackwasser.

Rivulariaceae [Mz.; v. lat. rivulus = Bächlein], Fam. der ↗*Oscillatoriales* (Cyanobakterien), deren Vertreter (vgl. Tab.) einreihige, unverzweigte od. scheinverzweigte Fäden bilden, die sich meist an einem Ende verjüngen u. in ein vielzelliges Haar auslaufen; an der Basis oft Heterocysten. Die Scheiden sind fest oder verschleimend. Die Trichome lagern sich radiär zu Kugelpolstern an.

Rivulariaceae

Wichtige Gattungen:
↗ *Calothrix*
↗ *Gloeotrichia*
↗ *Rivularia*

Rivulus *m* [lat., = Bächlein], die ↗Bachlinge.

Rizinus *m* [v. lat. ricinus =], *Wunderbaum, Palma Christi, Ricinus communis,* monotyp. Gatt. der Wolfsmilchgewächse; wahrscheinl. in NO- u. Zentralafrika beheimatet; Anbau in Indien, Brasilien, USA. In den Tropen ein Baum, im Mittelmeergebiet hoher Strauch u. in Mitteleuropa eine raschwüchsige, dekorative, einjährige Pflanze. Nutz- u. Zierpflanze mit großen handförm. gelappten Blättern; Blütenstand bildet im unteren Teil staminate, im oberen karpellate Blüten aus; Windbestäubung. Kulturformen haben im Ggs. zu der Wildform nicht aufspringende, stachellose Kapseln; die bräunlich marmorierten, bohnengroßen Samen enthalten bis 55% Öl (↗Rizinusöl) und 20–25% Protein. B Kulturpflanzen XI.

Rizinus

Fruchtstand des R. *(Ricinus communis)*

Rizinusöl [v. lat. ricinus = Wunderbaum], *Kastoröl, Christpalmöl, Oleum ricini,* nicht trocknendes fettes Öl aus den Samen v. *Ricinus communis* (↗Rizinus). R. enthält in Form v. Glyceriden die Fettsäuren *Ricinolsäure* (= 12-Hydroxyölsäure; 80%), Ölsäure, Linolsäure, Palmitinsäure u. Stearinsäure sowie Proteine, darunter das äußerst toxische ↗*Ricin,* u. das schwach giftige Pyridin-Alkaloid *Ricinin.* Die Gewinnung u. gleichzeitige Befreiung des R.s von Ricin erfolgt durch kaltes od. warmes Auspressen der zerkleinerten Samen. R. ist aufgrund der Ricinolsäure, die im Dünndarm durch die Tätigkeit der Lipasen freigesetzt wird, ein sicheres Abführmittel. Außerdem findet R. Verwendung in Kosmetik (Seife, Haarbrillantinen, Haarwässer usw.) u. Technik (z.B. Lacke u. Schmiermittel).

r-loop [-lup; v. engl. loop = Schleife], Abk. für *replacement-loop,* einzelsträngiger, meist schleifenförm. DNA-Abschnitt, der bei der ↗Renaturierung doppelsträngiger DNA entsteht, wenn ein zugegebenes RNA-Molekül mit homologer Sequenz diesen DNA-Abschnitt verdrängt u. mit dem komplementären Strang hybridisiert. Die Bildung von r-loops ist eine in der molekularen Genetik häufig angewendete Technik, um die Komplementarität zw. RNA und DNA zu ermitteln u. dadurch RNA den DNA-Abschnitten, die für sie codieren, zuzuordnen.

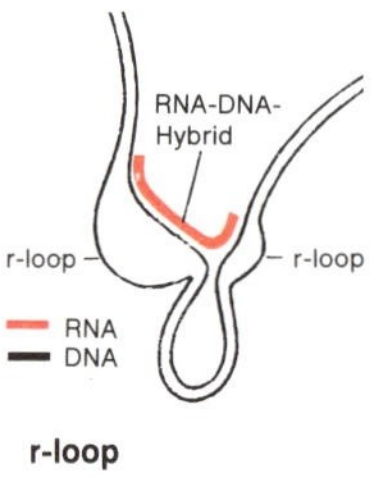

r-loop

Die als r-loops erscheinenden verdrängten DNA-Abschnitte sind die DNA-Abschnitte, die für die eingesetzte RNA codieren.

RNA *w,* aus dem Englischen abgeleitete Abk. für ↗Ribonucleinsäuren (engl. *ribo*n*ucleic* a*cid*), die sich auch im dt. Sprachgebrauch zunehmend anstelle v. RNS einbürgert.

RNA-abhängige DNA-Polymerase, die ↗reverse Transkriptase.

RNA-Phagen ↗einzelsträngige RNA-Phagen.

RNA-Polymerase, *DNA-abhängige RNA-P.,* aus mehreren nicht ident. Untereinheiten aufgebautes Enzymprotein, das die DNA-gesteuerte Synthese v. ↗Ribonucleinsäuren (= Transkription) aus den vier ↗Ribonucleosid-5′-triphosphaten ATP, CTP, GTP und UTP katalysiert. RNA-P. startet diesen Prozeß während der Initiationsphase an den Promotor-Regionen von DNA. Dazu sind bei bakterieller RNA-P. der sog. *Sigma-Faktor,* ein spezielles Initiationsprotein, und ↗cAMP bindende Proteine erforderlich. Die RNA-Synthese erfolgt in n Einzelschritten für eine aus n Mononucleotiden aufgebaute RNA (n = 100 bis mehrere 1000), wobei bei jedem Einzelschritt dasjenige Ribonucleosid-5′-triphosphat als Substrat eingesetzt wird (Übertragung des Nucleotid-Restes auf das 3′-Ende der wachsenden RNA-Kette u. Freisetzung v. Pyrophosphat), das komplementär zum codogenen DNA-Strang ist. Das Wachstum der RNA-Kette erfolgt so vom 5′-Ende zum 3′-Ende. Während des gesamten Prozesses wandern RNA-P.n in der entspr. Richtung entlang der Matrizen-DNA (Elongationsphase) u. verlassen diese erst nach Fertigstellung

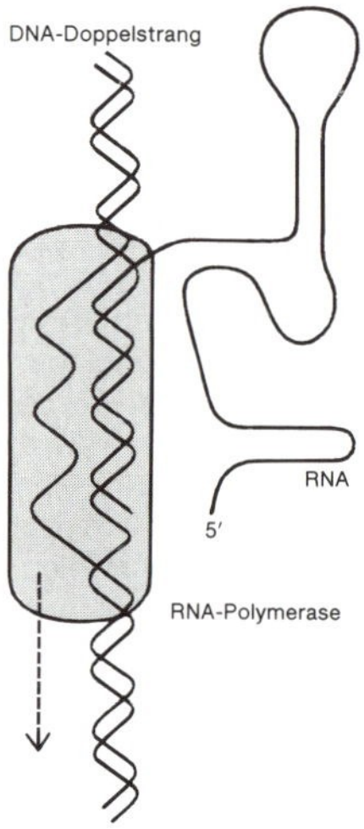

RNA-Polymerase

RNA-Synthese durch DNA-abhängige RNA-Polymerase. In dem Bereich des DNA-Doppelstrangs, der gerade als Matrize zur RNA-Synthese dient, teilen sich die beiden DNA-Einzelstränge vorübergehend. Der bereits fertiggestellte Teil von RNA wird im Falle bakterieller m-RNA sofort mit Ribosomen besetzt u. translatiert (Koppelung v. Transkription u. Translation), bei eukaryotischer m-RNA zu hnRNP-Partikeln (↗Ribonucleinsäuren) verpackt. r-RNA und t-RNA bilden sich ebenfalls nach dem hier dargestellten Transkriptionsmechanismus. Bei diesen falten sich die bereits synthetisierten Teilbereiche noch während der Synthese der restl. Kette zu den im Schema angedeuteten Sekundärstrukturen.

Das Hetzen. Oft bilden Konfliktbewegungen das Rohmaterial für die Entwicklung von Auslösern. Bei der *Brandente* ist das *Hetzen* des Weibchens eine Konfliktbewegung, in der sich Hinwendung zum Partner und Angriff gegen Fremde überlagern. Der drohend gesenkte Hals ist dabei auf einen Gegner (F) gerichtet. Das Hetzen hat beim *Stockentenweibchen* die Bedeutung einer „Liebeserklärung" an den auserwählten Erpel und besteht in einer rhythmisch wiederholten Andeutung einer Drohbewegung über die Schulter hinweg nach außen. Die Gegenwart eines Fremden (F) ist nicht für das Zustandekommen des Verhaltens notwendig.

Das Scheinputzen. Die Formenreihe unten zeigt die Entwicklung einer Balzbewegung (Auslöser) aus dem Übersprungputzen, das z. B. im Konflikt zwischen sexuellen und aggressiven Tendenzen auftritt.

Der *Branderpel* bearbeitet beim Übersprungputzen das gesamte Gefieder.

Der *Stockerpel* streicht nach Heben des dem Weibchen zugewandten Flügels mit dem Schnabel über die Flügelinnenseite (Scheinputzen bereits Balzbewegung). Beim *Knäckerpel* erfolgt Putzbewegung an Flügelaußenseite.

Der *Mandarinerpel* berührt nur noch eine orangefarbene Feder.

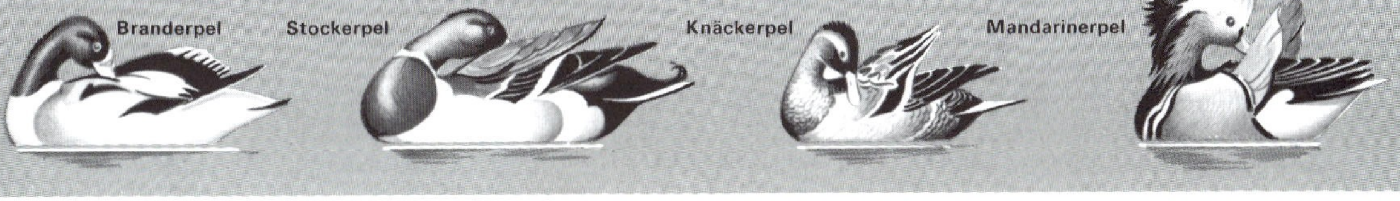

Die Balz des Pfaus im Vergleich mit der Balz verwandter Hühnervögel erscheint als Endglied einer Entwicklungsreihe: Der *Haushahn* lockt eine Henne herbei, indem er mit den Füßen scharrt und dann unter Lockrufen auf den Boden pickt. Beim Scharren freigelegtes Futter überläßt er der Henne. Der *Jagdfasan* lockt in ähnlicher Weise. Das Verhalten des *Glanzfasans* hat schon eindeutig die Funktion der Balz. Er verbeugt sich vor dem Weibchen und hackt auf den Boden. Die Henne kommt näher und sucht vor seinen Füßen nach Futter. Nun spreizt der Hahn Schwanz und Schwingen und bewegt den Schwanzfächer vor und zurück, während der gesenkte Kopf ruhig bleibt. Der balzende *Pfaufasan* kratzt erst auf dem Boden und verbeugt sich dann mit gefächertem Schwanz und angehobenen Flügeln. Die Henne kommt und sucht nach Futter. Gibt man nun dem Hahn etwas Freßbares, so bietet er es der Henne an, was die ursprüngliche Motivation des Verhaltens zeigt. Der *Pfau* fächert bei der Balz den Schwanz, schüttelt ihn und tritt etwas zurück. Dann biegt er den Fächer nach vorn und zeigt bei aufgerichtetem Hals mit dem Schnabel nach unten. Hier ist die Kenntnis der Zwischenformen erforderlich, um in der Bewegung die Elemente des Futterlockens noch zu entdecken.

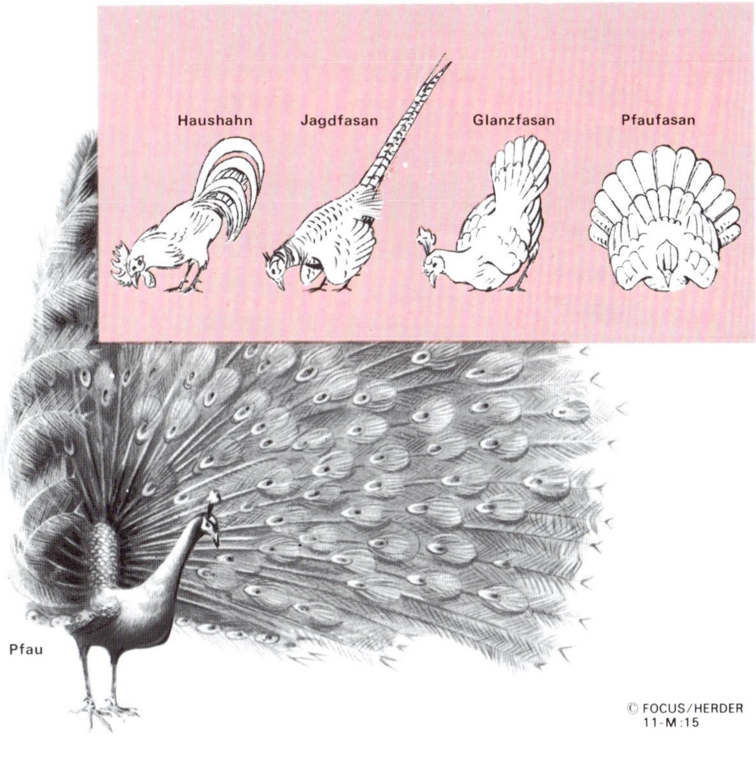

der jeweiligen RNA-Ketten (Terminationsphase). – In Bakterien werden alle 3 RNA-Klassen (m-RNA, r-RNA und t-RNA) durch dieselbe RNA-P. synthetisiert. In Eukaryoten existieren hingegen die 3 nuclearen RNA-P.n I, II und III mit Spezifitäten für die r-RNA-Synthese (RNA-P. I), m-RNA-Synthese (RNA-P. II) und t-RNA- und 5S r-RNA-Synthese (RNA-P. III) sowie Organellen-spezifische RNA-P.n. Hemmstoffe von RNA-P.n (u. damit der Transkription) sind ↗Rifampicin u. ↗Amanitine.

RNA-Replikase, *RNA-abhängige RNA-Polymerase,* das die RNA-↗Replikation ↗einzelsträngiger RNA-Phagen steuernde Enzym. Als Matrize fungiert dabei virale einzelsträngige RNA (sog. *Plus-Strang-RNA*). Als Substrate werden die ↗Ribonucleosid-5′-triphosphate ATP, CTP, GTP und UTP umgesetzt. Dabei bildet sich erst eine der viralen RNA komplementäre RNA (sog. *Minus-Strang-RNA),* die in einer zweiten Phase wiederum als Matrize zur Synthese viraler RNA wirkt. RNA-R. des Phagen Qβ besteht aus 4 nichtident. Proteinuntereinheiten, wovon die die Polymerase enthaltende Untereinheit in Qβ-RNA codiert ist u. daher erst nach Beginn der Infektion in der bakteriellen Wirtszelle synthetisiert wird. Die anderen 3 Untereinheiten sind Wirts-DNA-codiert u. fungieren in nichtinfizierten Bakterienzellen als ↗Elongationsfaktoren (T_s und T_u) der Translation bzw. als ribosomales Protein S1.

RNasen, *RNAsen,* die ↗Ribonucleasen.

RNA-Tumorviren, *Oncoviren, Oncornaviren, Retroviren i. e. S., Oncovirinae,* U.-Fam. der ↗Retroviren, bei Reptilien, Vögeln u. Säugern vorkommende Viren, die wegen ihrer tumorinduzierenden Eigenschaften (onkogene Viren) sehr intensiv untersucht worden sind. Die Viruspartikel (rund, ∅ 80–120 nm) bestehen aus einer äußeren Lipoproteinhülle (Envelope) mit Glykoprotein-Fortsätzen (∅ 8 nm) u. einem inneren ↗Core (Nucleoid), in dem ein Ribonucleoprotein-Komplex v. einem ikosaederförm. ↗Capsid umgeben ist. Das Genom wird von 2 ident. Molekülen einer einzelsträngigen RNA mit Plusstrang-Polarität gebildet, die eine Cap-Struktur (↗Capping) am 5′-Ende u. eine Polyadenylsäuresequenz am 3′-Ende tragen. Bei nicht-defekten RNA-T. (s. u.) beträgt die Größe der monomeren RNA ca. 8000–9000 Nucleotide (relative Molekülmasse ca. 3×10^6); von einigen Viren (u. a. Rous-Sarkomvirus, Moloney-MuLV) wurden die vollständigen Nucleotidsequenzen bestimmt. Anhand der Morphologie u. Morphogenese der Virionen lassen sich 4 Typen A–D unterscheiden; die meisten RNA-T. besitzen eine C-Typ-Morphologie (vgl. Tab.). Wie alle Retroviren enthalten RNA-T. eine ↗*reverse Transkriptase,* die nach Infektion einer Zelle v. der Genom-RNA eine doppelsträngige DNA-Kopie erzeugt, die dann in das Genom der Wirtszelle integriert (Provirus; vgl. Abb.). Die Existenz eines DNA-Zwischenprodukts bei der Vermehrung von RNA-T. wurde bereits vor Identifizierung der reversen Transkriptase angenommen *(Provirus-Theorie).* Die meisten RNA-T. werden als exogene Viren durch Infektion (horizontal) übertragen. Einige RNA-T. sind jedoch als endogene Proviren Bestandteil des Genoms der Keimbahnzellen u. werden an die Nachkommen vererbt (vertikale Übertragung; vgl. Tab.). Die Expression ↗endogener Viren wird durch zelluläre Gene kontrolliert u. ist abhängig vom Alter des Wirts u. dem Differenzierungszustand der Zelle. Induktion endogener Proviren kann zur Bildung infektiöser Viren führen. RNA-T. erzeugen chronische Infektionen; Virusvermehrung und Ausschleusung (↗budding) der Virionen führen nicht zur Zerstörung der infizierten Zelle. ↗Phänotypische Mischung u. Rekombination treten bei Infektion mit verschiedenen exogenen Viren sowie zw. exogenen u. endogenen Viren auf. – Der Tumorbildung durch

RNA-Tumorviren (Auswahl)

Virus	Ursprungswirt	Virionmorphologie	exogene Viren	endogene Viren	v-onc	induzierte Tumoren
Geflügel-Leukoseviren (avian leukosis viruses, ALV)	Huhn	C[1]	+	+	–	Lymphome/Leukämien, Erythroblastose
Geflügel-Sarkomviren (avian sarcoma viruses, ASV) Rous, Fujinami, Y73, URII	Huhn	C	+	–	+	Sarkome
Avian Erythroblastosis Virus (AEV) Avian Myeloblastosis Virus (AMV) MC29 Myelocytomatosis Virus	Huhn	C	+	–	+	Erythroblastose, Leukämie, Sarkom, Karzinom
Reticuloendotheliose-Viren (REV)	Vögel	C	+	–	–	Lymphome
Mäuse-Leukämieviren (murine leukemia viruses, MuLV) AKR, Moloney, Friend	Maus	C	+	+	–	Lymphome/Leukämien, Erythroblastose
Mäuse-Sarkomviren (murine sarcoma viruses, MuSV) Moloney, Harvey, Kirsten, Balb, FBJ, Abelson	Maus	C	+	–	+	Sarkome, Erythroblastose
Katzen-Leukämieviren (feline leukemia viruses, FeLV)	Katze	C	+	+	–	Leukämien
Katzen-Sarkomviren (feline sarcoma viruses, FeSV) Snider-Theilen, Gardner-Arnstein, McDonough, Gardner-Rasheed	Katze	C	+	–	+	Sarkome
Rinder-Leukämievirus (bovine leukemia virus, BLV)	Rind	C	+	–	–	Leukämie
Simian Sarcoma Virus (SSV)	Wollaffe	C	+	–	+	Sarkome
endogenes Virus der Paviane (baboon endogenous virus, BEV)	Pavian	C	–	+	–	–
menschl. T-lymphotrope Viren (human T-lymphotropic viruses, HTLV)	Mensch	C	+	–	–	Lymphome/Leukämien, AIDS
Mäuse-Mammatumorvirus (mouse mammary tumor virus, MMTV)	Maus	B[2]	+	+	–	Mammakarzinome
Mason-Pfizer monkey virus (MPMV)	Rhesusaffe	D[3]	+	–	–	–
Cisternaviren	Maus, Hamster	A[4]	–	+	–	?

[1] C-Typ-Partikel entwickeln sich erst während des Ausstülpungsvorgangs (budding) von der Plasmamembran; die reifen Virionen enthalten ein zentral gelegenes Nucleoid.
[2] Bei B-Typ-Partikeln wird das Core bereits im Cytoplasma zusammengesetzt und liegt im reifen Virion azentrisch vor.
[3] bei einigen Primatenviren; Zusammenbau des Cores ähnl. wie bei B-Typ-Partikeln, reife Virionen jedoch ähnl. den C-Typ-Partikeln.
[4] Vorkommen ausschl. intrazellulär, nicht infektiös, keine äußere Lipoproteinhülle.

Genomstruktur und Replikation von RNA-Tumorviren

Die Genom-RNA eines nicht-defekten, replikationskompetenten RNA-Tumorvirus enthält drei Gene gag, pol und env **(A).** Jedes Gen codiert für ein Polyprotein, aus dem durch proteolyt. Spaltung die reifen Proteine entstehen **(F, G).** Das Gen *gag* (v. *g*ruppenspezifisches *A*nti*g*en) codiert für die Proteine des Viruscapsids; die gag-Hauptproteine der Säuger-RNA-T. besitzen gemeinsame antigene Determinanten (Name!). Das Gen *pol* codiert für die RNA-abhängige DNA-Polymerase (↗reverse Transkriptase), die Bestandteil des Ribonucleoproteins im Virus-Core ist. Das Gen *env* codiert für Glykoproteine der Lipoproteinhülle (*env*elope) des Virions. Die Genom-Enden werden gebildet von einer Sequenz R (*r*epeat, 30–70 Nucleotide), die sowohl am 5'- als auch am 3'-Ende vorkommt, sowie den jeweils nur am 5'- bzw. am 3'-Ende vorhandenen Sequenzabschnitten U5 (80–120 Nucleotide) und U3 (200–1200 Nucleotide) (U von *u*nique sequence). Nach Infektion einer Wirtszelle wird durch die reverse Transkriptase die einzelsträngige Genom-RNA in einer komplexen Folge v. Reaktionsschritten in eine lineare, doppelsträngige DNA umgeschrieben **(B).** Die DNA-Synthese findet im Cytoplasma statt. Als Primer für den Reaktions-

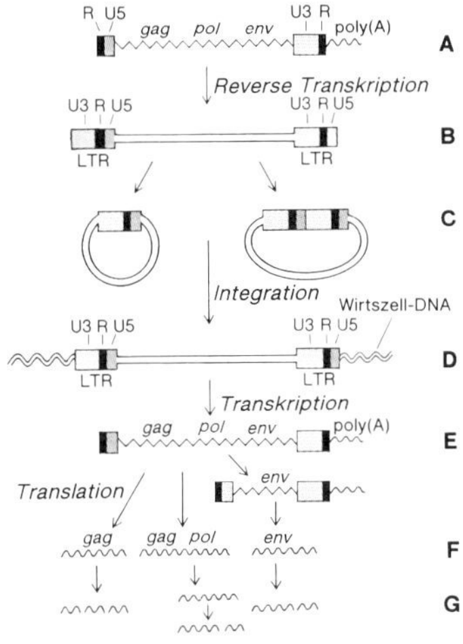

beginn dient eine t-RNA, die an einer spezifischen t-RNA-Bindestelle in der Nähe von U5 über Wasserstoffbrücken mit der Genom-RNA verbunden ist. Bei der *reversen Transkription* entstehen an beiden Enden der DNA die aus U3-R-U5 aufgebauten LTR-Sequenzen (LTR = *l*ong *t*erminal *r*epeat; je nach Virus ca. 300–1400 Basenpaare), die in der Virus-RNA nicht vorhanden sind. Nach Transport in den Zellkern wird die Virus-DNA in das Genom der Wirtszelle integriert (**D;** die integrierte DNA wird als Provirus bezeichnet); es kommt außerdem zur Bildung freier, zirkulärer DNA-Moleküle, die 1 oder 2 LTR-Elemente enthalten **(C).** Die *Integration* der Provirus-DNA kann in beliebige Stellen des Wirtsgenoms erfolgen u. führt am Integrationsort zur Verdopplung von 4–6 Nucleotiden der Wirts-DNA (↗Transposition, ↗transponierbare Elemente). Eine infizierte Zelle enthält meist mehrere integrierte Provirus-DNAs, die als Bestandteile des Zellgenoms vermehrt u. bei der Zellteilung an die Tochterzellen weitergegeben werden. Von der Provirus-DNA werden durch die zelluläre RNA-Polymerase II virale RNAs transkribiert **(E),** die entweder als Genom-RNAs in Viruspartikel verpackt u. ausgeschleust werden od. als m-RNAs zur Synthese der viralen gag-, pol- und env-Proteine dienen **(F, G).** Die LTR-Sequenzen enthalten Signalelemente für die *Transkription* u. deren Regulation (Promotor, Enhancer, Polyadenylierungssignal, Erkennungsstellen für Steroidhormon-Rezeptor bei MMTV bzw. für viruseigene trans-aktivierende Proteine bei den menschlichen ↗T-lymphotropen Viren und BLV).

RNA-T. liegen unterschiedl. Mechanismen zugrunde. Die nicht-defekten, replikationsfähigen RNA-T. (Leukose-/Leukämieviren, MMTV, vgl. Tab.) besitzen keine aktiv transformierenden Gene (v-onc, ↗Onkogene); sie können i. d. R. Gewebekulturzellen nicht transformieren; die Tumorbildung nach Virusinfektion ist ein seltenes Ereignis u. tritt erst nach einer langen Latenzzeit auf. Transduktion zellulärer Gene in das Virusgenom führt zur Entstehung von Onkogen-tragenden (v-onc$^+$), akut transformierenden RNA-T. (v.a. Sarkomviren), die Tumoren mit hoher Effizienz u. nach kurzer Latenzzeit sowie eine Transformation v. Zellen in vitro verursachen (↗Onkogene). Da die Aufnahme der zellulären Sequenzen meist mit einer Deletion essentieller viraler Gene (env, pol) verbunden ist, sind v-onc$^+$ RNA-T. replikationsdefekt u. benötigen zur Vermehrung ein ↗Helfervirus (nicht-defekte Leukose-/Leukämieviren, Rous-assoziierte Viren; Ausnahme: einige nicht-defekte Rous-Sarkomvirus-Stämme). Das v-onc-Gen kann an verschiedenen Stellen im Virusgenom lokalisiert sein, ist jedoch meist mit dem gag-Gen verbunden, so daß ein gag-onc Fusionsprotein gebildet wird. Die meisten akut transformierenden RNA-T. enthalten ein v-onc-Gen (jedoch z. B. bei AEV zwei Onkogene v-erbA und B). Für die Tumorinduktion durch nicht-defekte RNA-T. werden die folgenden Mechanismen diskutiert: 1) Integration der Provirus-DNA in die Nähe bestimmter zellulärer Gene, dadurch Aktivierung der Expression dieser Gene (z. B. ALV-induzierte B-Zell-Lymphome, c-myc Gen; MMTV-induzierte Mammakarzinome, Gene int-1 und int-2); 2) Integration der Provirus-DNA in ein zelluläres Gen, dadurch Synthese eines veränderten Genprodukts (ALV-induzierte Erythroblastose, c-erbB Gen); 3) Aktivierung zellulärer Gene durch trans-aktivierende virale Proteine (HTLV, BLV, ↗T-lymphotrope Viren). ↗Krebs. *E. S.*

RNA-Viren, Viren, die als genet. Material Ribonucleinsäure (RNA) enthalten. Bei einigen Viren liegt die Genom-RNA doppelsträngig u. meist in Segmente gegliedert vor (↗Reoviren, ↗Pilzviren). Bei einzelsträngigen Viren ist das Genom entweder einteilig od. mehrteilig (segmentiert), die Genom-RNA besitzt entweder die gleiche Polarität wie die m-RNA (= Plusstrang-Polarität) od. ist komplementär zur m-RNA (Minusstrang-Polarität). Die tierischen RNA-V. können nach Aufbau u. Polarität der Genom-RNAs in 3 Gruppen eingeteilt werden (vgl. Tab.). Die Mehrzahl der ↗Pflanzenviren (über 90%) besitzt ein einzelsträngiges RNA-Genom. Eine Genom-RNA mit Plusstrang-Polarität erfüllt zwei verschiedene Aufgaben: sie dient direkt als m-RNA zur Translation viraler Proteine (u. a. RNA-abhängige RNA-Polymerase, s. u.), und sie wird als Matrize (template) zur Synthese komplementärer Minusstrang-RNAs verwendet, v. denen dann neue Plusstrang-RNAs synthetisiert werden. Im weiteren Verlauf des Replikationszyklus dienen diese als 1) m-RNAs, 2) Matrizen für weitere Minusstrang-RNAs oder 3) als Genom-RNAs zur Verpackung in neue Viruspartikel. Eine Minusstrang-Genom-RNA dient in zweifacher Weise als Matrize: 1) Transkription subgenomischer m-RNAs zur Translation viraler Proteine

RNA-Viren

Tierische RNA-Viren

Einzelsträngiges RNA-Genom mit Plusstrang-Polarität:
- ↗Coronaviren
- ↗Picornaviren
- ↗Togaviren
- ↗Retroviren

Einzelsträngiges RNA-Genom mit Minusstrang-Polarität:
- ↗Arenaviren (2 RNA-Segmente)
- ↗Bunyaviren (3 RNA-Segmente)
- Orthomyxoviren (↗Influenzaviren) (8 RNA-Segmente)
- ↗Paramyxoviren
- ↗Rhabdoviren

Doppelsträngiges RNA-Genom:
- ↗Reoviren

und 2) Transkription v. komplementären Plusstrang-RNAs gleicher Länge, die dann zur Synthese neuer Minusstrang-Genom-RNAs verwendet werden. Da in eukaryotischen Zellen keine Enzyme vorhanden sind, die RNA-Matrizen zur Synthese komplementärer RNA-Moleküle verwenden können (RNA-abhängige RNA-Polymerasen, Transkriptasen), besitzen alle RNA-Viren eigene Transkriptasen. Bei RNA-Viren mit Minusstrang-Genom werden Transkriptase-Moleküle als Bestandteil der Viruspartikel direkt in die infizierte Zelle eingebracht, während RNA-Viren mit Plusstrang-Genom die Genom-RNA als m-RNA zur Synthese der Transkriptase verwenden. Die Replikation der ↗Retroviren verläuft über ein doppelsträngiges, in das Genom der Wirtszelle integriertes DNA-Zwischenprodukt. ↗RNA-Tumorviren (□).

RNP, Abk. für Ribonucleoprotein-Partikel; ↗Ribonucleinsäuren, ↗Ribosomen.

RNS *w,* dt. Abk. für ↗Ribonucleinsäuren; ↗RNA.

Roan *w* [ro^{u}n; engl., = rötlichgrau], die ↗Pferdeantilope.

Robben, *Pinnipedia,* aufgrund ihrer vorwiegend aquatischen Lebensweise als sog. Wasserraubtiere den ↗Landraubtieren *(Fissipedia)* gegenübergestellte U.-Ord. der Raubtiere mit 2 Hauptgruppen: Ohren-R. (*Otarioidea:* ↗Ohren-R. i. e. S. und ↗Walrosse) und ↗Hunds-R. (*Phocoidea:* Mönchs-, Süd-, Rüssel-R. und Seehunde), die man schon seit dem Miozän unterscheiden kann. Die Vorfahren der R. waren bärenähnl. Landraubtiere (alttertiäre ↗*Amphicyonidae*). Alle R. sind durch den spindelförm. Rumpf u. die flossenähnl. Gliedmaßen gekennzeichnet, deren obere Elemente verkürzt u. in den Rumpf einbezogen sind. Zum Schwimmen dient hpts. die Rumpfmuskulatur der hinteren Körperhälfte. Die äußeren Ohren sind bei den Hunds-R. völlig, bei den Ohren-R. (Name!) teilweise rückgebildet. Das Gebiß ist raubtierartig, mit spitzen Backenzähnen zum Festhalten der Beute. Im Ggs. zu den Walen u. Seekühen suchen R. zur Fortpflanzung u. zum Haarwechsel das Land auf; Ohren-R. bewegen sich außerhalb des Wassers geschickter fort als Hunds-R. Die meisten R.-Arten leben in den kälteren Meeren; nur die ↗Mönchs-R. bevorzugen warme Meere; ausschl. in Binnenseen leben die ↗Baikal-Robbe sowie der Seal-Lake-Seehund *(Phoca vitulina mellonae).* Da R.felle (v. a. von neugeborenen R.) von der Pelz-Ind. sehr gefragt sind, nutzen sog. „Robbenschläger" die Eigenschaft mancher R.-Arten (z. B. ↗Sattelrobbe), sich zur Fortpflanzung zu Tausenden auf Inseln u. an Küsten zusammenzufinden; viele R.-Arten (v. a. ↗Seebären) sind v. der Ausrottung bedroht.

Robinie, Falsche Akazie *(Robinia pseudoacacia)*

Robben

1 Seebär, **2** Seelöwe, **3** Walroß, **4** Klappmütze, **5** Sattelrobbe, **6** Seehund

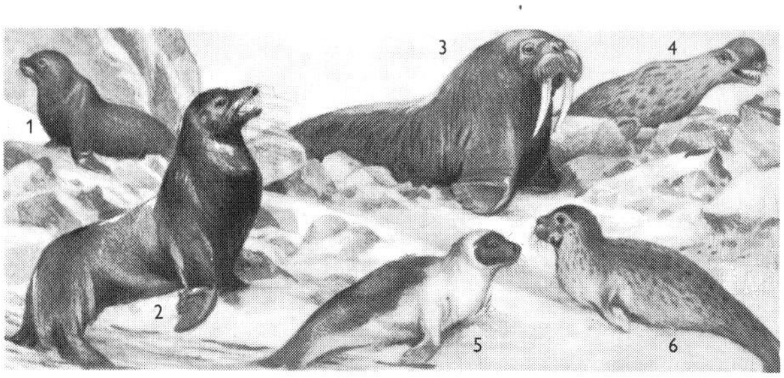

Robbenmilben, *Halarachne,* Gatt. der ↗*Laelaptidae,* deren Vertreter in den Nasenhöhlen u. Lungen v. Robben leben; der Hinterleib ist wurmförmig; Weibchen bohren sich in die Schleimhaut ein u. zerstören mit den Krallen der Vorderbeine u. den stemmeisenart. Cheliceren das Gewebe; als Nahrung dienen losgelöste Zellen u. Lymphe.

Robbins, *Frederick Chapman,* am. Mikrobiologe u. Kinderarzt, * 25. 8. 1916 Auburn (Ala.); seit 1952 Prof. in Cleveland; entdeckte, daß sich Poliomyelitis-Viren in Gewebekulturen züchten lassen, u. ermöglichte damit die Entwicklung eines Impfstoffes gg. Kinderlähmung; erhielt 1954 zus. mit J. F. Enders und T. H. Weller den Nobelpreis für Medizin.

Robertson-Fusion *w* [råb^{ert}ßn-; v. lat. fusio = Guß, Verschmelzung], *Robertson-Translokation, zentrische Fusion,* Fusion v. zwei Chromosomen (↗Chromosomenfusion) mit endständigem Centromer zu einem Chromosom mit mittelständigem Centromer. R.en sind mit einer Reduktion der Chromosomenzahl verbunden u. haben z. B. bei *Drosophila* im Laufe der Evolution zur Entstehung v. Arten mit 6, 5, 4 oder 3 Chromosomen geführt. ↗Chromosomenaberrationen.

Robinie *w* [ben. nach dem frz. Gärtner J. Robin, 1550–1629], *Robinia,* Gatt. der Hülsenfrüchtler mit ca. 20, in N-Amerika und Mexiko heim. Arten. Laubabwerfende Holzgewächse mit wechselständ., unpaar gefiederten Blättern, dorn. Nebenblättern, in Trauben hängenden Blüten; Hülse zweiklappig, flach, bis 10 Samen. Die Falsche Akazie, Scheinakazie oder Robinie, *R. pseud(o)acacia* (B Nordamerika V), wurde 1601 von Robin nach Fkr. eingeführt; bis 26 m hoher Baum mit stark rissiger Rinde, weißen od. (bei var. *decaisneana*) rosa, stark duftenden Blüten; Bienenweide; stickstoffsammelnder Rohbodenpionier; wird häufig forstl. eingebracht; Straßen- u. Parkbaum. Hartes, feuchtigkeitsbeständiges, elast. Holz; Rinde mit gift. Inhaltsstoffen.

Robinson [-ßn], Sir *Robert,* engl. Chemiker, * 13. 9. 1886 Bufford bei Chesterfield, † 8. 2. 1975 Great Missenden bei London; zuletzt Prof. in Oxford; Forschungen über Alkaloide, Blütenfarbstoffe, Penicillin u. die Elektronentheorie v. organ. Reaktionen; erhielt 1947 den Nobelpreis für Chemie.

Roccellaceae [Mz.; v. it. roccella = Lackmusflechte], Fam. der ↗*Arthoniales* mit ca. 18 Gatt. und 75 Arten; Strauch-, seltener Krusten- od. Laubflechten mit runden Apothecien bis langgestreckten Hysterothecien, septierten, farblosen od. braunen Sporen u. *Trentepohlia* als Photobiont; hpts. in wärmeren Regionen in Meeresnähe. *Roccella* (35 Arten): hellgraue bis graubraune Strauchflechten an Küstenfelsen gemäßigter u. warmer Zonen; fr. von großer Bedeutung als ↗Färbeflechten zur Gewinnung v. Orseille u. Lackmus; in Europa z. B. *R. fucoides* und *R. tinctoria. Dirina* (14 Arten): Krustenflechten auf Fels u. Rinde.

Roccus *m* [wohl v. it. rocca = Felsen], Gatt. der ↗Sägebarsche.

Rochalimaea *w*, Gatt. der Rickettsien; die Arten (z. B. *R. quintana* = *Rickettsia quintana*) wachsen extrazellulär in Arthropoden-Wirten.

Rochen [v. mittelniederdt. roche, ruche = Rochen, verwandt mit dt. rauh], *Rajiformes* (fr. *Batoidei* od. *Hypotremata*), Ord. der ↗Knorpelfische mit 5 U.-Ord., ca. 15 Fam. und 350 Arten (vgl. Tab.). Haben meist einen stark dorsoventral abgeplatteten, scheibenförm. Körper mit großen, seitl. auf der ganzen Breite mit dem Körper verbundenen u. ohne Absatz in den Kopf übergehenden, oft flügelart. Brustflossen, kleiner Rücken- u. fehlender Afterflosse, deutl. abgesetztem Schwanz, 2 auf der Kopfoberseite hervorragenden Augen u. dahinter angeordneten, mit einer Klappe verschließbaren Spritzlöchern; auf der Unterseite liegen die Nasenöffnungen, das Maul u. beiderseits 5 Kiemenspalten. Die stets voll entwickelten Wirbelkörper sind wie der nach vorn verlängerte Schädel manchmal verkalkt; die Plakoidschuppen der Haut bilden oft nur kleine Höcker, sind gelegentl. aber zu kräftigen, dornart. Höckern od. Stacheln (↗Adler- u. ↗Stachel-R.) od. zu mächt. Sägezähnen (↗Säge-R.) umgebildet. R. kommen in fast allen Meeren, einige Säge-R. auch im Süßwasser vor. Sie leben vorwiegend am Boden küstennaher Gebiete u. schwimmen hier langsam, v. a. durch wellenförm. Bewegungen der Brustflossen, umher u. fressen Bodentiere. In der Ruhelage am Boden atmen sie Wasser durch die oben liegenden Spritzlöcher ein u. durch die Kiemenspalten aus. Freischwimmende Arten, wie die ↗Teufels-R., atmen v. a. durch das Maul ein u. bewegen sich durch flügelart. Auf- u. Abschlagen der Brustflossen. Bis auf die *Rajidae* sind R. lebendgebärend (ovovivipar); die Embryonen sind langgestreckt u. ihre Brustflossen vorn noch frei. – Von der typ. R.gestalt weicht der haiähnl. Körper der ↗Säge-R. erhebl. ab, auch ↗Geigen-R. (☐) sind langgestreckt. Besondere ↗elektr. Organe (B) haben die ↗Zitter-R. Zur U.-Ord. Echte R. *(Rajioidei)*, v. a. zur Fam. R. i. e. S. *(Rajidae)*, gehören ca. 100 Arten, die zahlr. in flachen kalten u. gemäßigten Meeren vorkommen, zudem in den Tropen in Tiefen bis über 2000 m. Sie haben meist eine flache, nahezu quadrat. Körperscheibe, einen dünnen, oft mit 2 kleinen Rückenflossen besetzten Schwanz, Plakoidhöcker auf der Oberseite, je nach Ernährungsart abgeplattete od. spitze Kieferzähne u. nicht selten schwache elektr. Organe im Schwanz. Sie legen große, durch hornige Kapseln geschützte Eier. Hierzu gehören: der an eur. und nordafr. Küsten häufigste R., der ca. 85 cm lange Nagel-R. (*Raja clavata*, B Fische II), der in Tiefen zw. 2 und 60 m auf schlamm. bis fels. Grund vorkommt, seine ca. 6 cm langen, schwarzen Eihüllen findet man oft im Spülsaum am Strand; der bis 2,4 m lange Glatt-R. *(R. batis)* besiedelt eur. Küsten v. Norwegen bis zum westl. Mittelmeer bevorzugt in Tiefen zw. 30 und 600 m und hat 2 kleine Rückenflossen am Schwanzende, einen weitgehend unbedornten Rücken u. 1–2 Dornenreihen auf dem Schwanz, sein Fleisch kommt als „frz. Steinbutt" od. „Seeforelle" in den Handel; und der in nordatlant. Küstengewässern verbreitete, bis 1 m lange Stern-R. (*R. radiata*, B Fische II) mit großen Dornen auf der Oberseite, deren Basalplatten radiär geriffelt sind. – Eine formenreiche U.-Ord. bilden die Stachelrochenartigen *(Myliobatoidei)*, die durch einen oft mit Giftdrüsen in Verbindung stehenden, beiderseits gesägten Stachel in der Nähe der Schwanzwurzel gekennzeichnet sind. Sie haben eine od. keine Rückenflosse, eine Rinne zw. der vorderen Nasenöffnung u. dem Maul u. einen mittellangen, z. T. peitschenartigen Schwanz. Die ca. 120 Arten werden heute meist 4 Fam. zugeordnet (vgl. Tab.). *T. J.*

Rocky-Mountain-Fleckfieber [roki mauntⁱn-; ben. nach dem nordam. Gebirge], das ↗Felsengebirgsfieber.

Rodentia [Mz.; v. lat. rodens = nagend], die ↗Nagetiere.

Rodentizide [Mz.; v. lat. rodens = nagend, -cidus = tötend], Gruppe v. Schädlingsbekämpfungsmitteln (↗Biozide, ↗Pestizide), die gg. Nagetiere (bes. Ratten u. Mäuse) gerichtet sind. Zur Anwendung kommen hpts. anorgan. oder organ. Fraßgifte, seltener Inhalationsgifte (z. B. Blausäure, Schwefeldioxid u. Phosphorwasserstoff). Zu den anorgan. R.n zählen z. B. Thalliumsulfat u. Zinkphosphid, zu den organ. R.n z. B. α-Naphthylthioharnstoff (Antu; spezif. Gift gg. Wanderratten), Crimidine (hpts. zur Feldmausbekämpfung), ↗Chlorkohlenwasserstoffe (zur Flächenbegiftung), chron. wirkende Antikoagulantien aus der Klasse der Cumarin-Derivate (unterbinden die Blutgerinnung; innere u. äußere Blutungen führen schließl. zum Tod), aber auch pflanzl. Inhaltsstoffe, z. B. Strychnin u. Scillirosid.

Rochen

Glatt-R. *(Raja batis)*, v. der Unterseite gesehen; gut erkennbar die beiden vorderen Nasenöffnungen vor dem breiten Maul u. den 5 Kiemenspaltenpaaren

Rochen

Unterordnungen und wichtige Familien:

- Sägerochen *(Pristioidei)*
  - Sägerochen *(Pristidae)*
- ↗Geigenrochen *(Rhinobatoidei)*
- Elektrische Rochen *(Torpedinoidei)*
  - ↗Zitterrochen *(Torpedinidae)*
- Echte Rochen *(Rajioidei)*
  - Rochen i. e. S. *(Rajidae)*
- Stachelrochenartige *(Myliobatoidei)*
  - ↗Stachelrochen *(Dasyatidae)*
  - ↗Schmetterlingsrochen *(Gymnuridae)*
  - ↗Adlerrochen *(Myliobatidae)*
  - ↗Teufelsrochen *(Mobulidae)*

Rodung, flächige Beseitigung v. Bäumen einschl. der Wurzeln zur Gewinnung von landw. Nutzflächen od. Siedlungsflächen. Bes. problematisch ist die anhaltende R.stätigkeit in den Tropen. In den letzten 20 Jahren sind in Afrika schätzungsweise 165 Mill. ha, in SO-Asien sogar 225 Mill. ha trop. ↗Regenwald vernichtet worden. ↗Brandrodung.

Roeboides, Gatt. der ↗Salmler.

Rogen, Gesamtheit der noch in den Eierstöcken weibl. Fische befindl. Eier.

Rogener, *Rogner,* geschlechtsreifer weibl. Fisch mit ↗Rogen. Ggs.: ↗Milchner.

Roggen, *Secale,* Gatt. der Süßgräser (U.-Fam. *Pooideae*) mit ca. 7 Arten, Hauptverbreitung im östl. Mittelmeergebiet u. Zentralasien. Der R. i.e.S. *(S. cereale)* ist ein wicht. ↗Brotgetreide bes. in N-Europa, wird aber u.a. auch in N-Amerika, Austr., Zentralasien und N-Afrika angebaut. Das bis 2 m hohe ↗Getreide hat 2-, selten 3blütige Ährchen mit 2–8 cm lang begrannten, am Kiel bewimperten Deckspelzen; ein Gipfelährchen fehlt. Die Blätter sind kahl, der Blattgrund trägt kleine Blattröhrchen u. ein kurzes Blatthäutchen (□ Getreide). – R. ist ein hinsichtl. Boden u. Klima anspruchsloseres Getreide als Weizen (Keimungsminimum bei 1–2 °C, Blüte schon bei 12 °C), erträgt aber keine Staunässe. Die Wildpflanze Vorderasiens hat noch eine brüchige Spindel, bei den Kulturformen ist sie zäh. R. ist als sekundäre Kulturpflanze zunächst als Unkraut in Weizenfeldern nach Europa gekommen (Nachweise seit der Bronzezeit). Er ist in für Weizen ungeeigneten Lagen dominierend aufgetreten u. wurde dann als Nutzpflanze in Kultur genommen. Seine Kälteresistenz hat zu Kreuzungen mit Weizen Anlaß gegeben: Gatt.-Bastard *Triticale* (↗Weizen). R. ist meist fremdbefruchtend. Schlechte Bestäubung, Hagel od. Frost führen zu Schartigkeit (taube, körnerlose Ährchen). Eine wichtige Krankheit (neben den durch Rost- u. Brandpilze sowie Halmfliegen verursachten Schädigungen) sind die schwarzen Sklerotien (befallene Körner) des Mutterkornpilzes *Claviceps purpurea* (↗Mutterkornpilze, □). Sie enthalten gift. Alkaloide (↗Mutterkornalkaloide). Durch die heutige ↗Saatgutreinigung gelangen keine Sklerotien mehr ins Mehl. – Außer als dunkles R.mehl (kleberhaltig, ca. 12% Protein) für haltbares Brot wird R. u.a. als Grünfutter, zur Gründüngung, für Flechtarbeiten u. zur Kornbranntwein-Herstellung genutzt. B Kulturpflanzen I.

Roggen

Erntemenge (Mill. t) und Hektarerträge (in Klammern; in Dezitonnen/ha) der wichtigsten Erzeugerländer für 1983

Welt	32,80	(18,2)
UdSSR	14,00	(13,8)
Polen	8,78	(25,5)
DDR	2,09	(29,3)
BR Dtl.	1,60	(36,0)
VR China	1,30	(18,6)
Kanada	0,83	(19,5)
ČSSR	0,75	(36,8)
USA	0,69	(19,0)

Roggen-Ähren

Rohrdommel *(Botaurus stellaris)*

Roggenbraunrost ↗Rostkrankheiten.

Roggenkornschnecke, *Abida secale,* ↗Kornschnecken.

Roggenstengelbrand, ↗Brand(krankheit) des Roggens von wirtschaftl. Bedeutung; Erreger ist *Urocystis occulta (= Tuburcinia o.),* der an Blättern, Blattscheiden u. Halmen, seltener an Blütenanlagen, streifige Brandsporenlager ausbildet u. Wachstum sowie Kornbildung stark stören kann. Die Infektion erfolgt über den Keimling, die Bekämpfung durch Saatgutbeizung.

Rohboden, *Gesteinsboden,* ↗Syrosem, ↗Ranker. □ Bodenprofil.

Rohfaser, Bez. für das gesamte Zellwandmaterial v. ganzen Pflanzen od. Pflanzenteilen, sofern es nicht aus Reservecellulose besteht. Der R.-Gehalt ist wichtig für die Strohanalyse u. Beurteilung des Futterwertes landw. Erzeugnisse. Seine Bestimmung erfolgt nach standardisierten Verfahren durch Hydrolyse der Proteine, mobilisierbaren Kohlenhydrate u. Fette, indem die Probe je ½ h in 1,25%iger Schwefelsäure und 1,25%iger Kalilauge gekocht u. anschließend mit warmem Wasser ausgewaschen wird. Zurück bleiben Cellulose, Pentosane u. Lignin.

Rohhumus ↗Bodenentwicklung, ↗Humus.

Rohr, 1) i.w.S. Bez. für Pflanzen mit auffällig langen, oft hohlen Halmen, i.e.S. Bez. für ↗Schilf-R. 2) gleichbedeutend mit ↗Röhricht, hier bes. in Zusammensetzungen zur Benennung v. im Röhricht lebenden Tieren benutzt; Beispiel: Rohrdommeln u.a.

Rohrdommeln, *Botaurus,* Gatt. der Reiher mit 5 Arten, braun gefärbt, plump; die in Dtl. heimische, nach der ↗Roten Liste „vom Aussterben bedrohte", ca. 80 cm große Rohrdommel (*B. stellaris,* B Europa VII) bewohnt ausgedehnte Röhrichtbestände, tarnt sich bei Gefahr durch ↗Pfahlstellung; Männchen ruft während der Brutzeit dumpf u. weithin hörbar „ü prumb" (volkstüml. Bez. „Moorochse"), ernährt sich v. Amphibien u. Wasserinsekten; Nest auf umgeknickten Schilfstengeln über dem Wasser mit 4–6 olivbraunen Eiern. Der Vertreter in der Neuen Welt ist die mit 66 cm kleinere Nordamerikan. Rohrdommel *(B. lentiginosus).* ↗Zwergdommeln.

Röhrenatmer, die ↗Tracheata.

Röhrenblüten, röhrenförmige, fünflappige Einzelblüten, bilden allein (Disteln, Kletten) od. in Gemeinschaft mit randständigen Zungenblüten (↗Randblüten; bei Astern, Huflattich) den Blütenstand der ↗Korbblütler (□).

Röhrenholothurie *w* [v. gr. holothuria = eine Art Seegurken], *Holothuria tubulosa,* eine der häufigsten ↗Seewalzen des Mittelmeeres, bis 30 cm lang und 6 cm dick; lebt *auf* dem Substrat (Sand, seltener Schlamm), also nicht in Röhren.

Röhrenkiemen, dem Gasaustausch dienende geschlossene Tracheenausstülpungen aus den Prothoraxstigmen. Diese treten als einfache od. büschelförmige Anhänge bei den im Wasser lebenden Puppen der Kriebelmücken auf. Sie sind eine Weiterentwicklung der Prothorakalhörner bei Stechmückenpuppen, die damit jedoch atmosphärische Luft atmen.

Röhrenknochen ↗Knochen.

Röhrenläuse, *Aphididae,* größte Fam. der ↗Blattläuse. Der plumpe, oval geformte Körper ist 1 bis 3 mm groß, grün bis schwarz gefärbt u. trägt am Hinterleibsende Röhren (*Siphones,* Name!), mit deren wachsart. Sekret Angreifern die Mundwerkzeuge verschmiert werden. Der für die Blattläuse typ. Generations- u. Wirtswechsel ist bei den R.n meist vollständig ausgebildet u. bringt einen Wechsel vielfält. Morphen mit sich. Das dadurch mögl. schnelle massenhafte Auftreten richtet durch Saftentzug u. Übertragen v. Krankheiten Schäden an vielen Kulturpflanzen an. Natürl. Feinde sind viele andere Insekten, wie Marienkäfer, Florfliegen, Schwebfliegen u. Blattlauswespen. Aus der Vielfalt der Arten (vgl. Tab.) einige Beispiele: Die Bohnen(blatt)laus (Rübenlaus, *Aphis fabae;* ☐ Blattläuse) ist ca. 2 mm groß; der ovale Körper ist graugrün bis schwarz gefärbt; die Beine sind lang, dünn u. gelbl.-weiß geringelt; sie ist ein wicht. Schädling an Bohnen, Rüben u. Mohn. Die Pfirsichblattlaus (Grüne Pfirsichlaus, *Myzodes persicae*) parasitiert am Pfirsichbaum als Haupt(Winter-)wirt, während sie als Neben(Sommer-)wirt über 400 verschiedenen Pflanzenarten nutzen kann. Die in ganz Eurasien verbreitete Grüne Apfellaus *(Aphis pomi)* durchläuft keinen Wirtswechsel. [↗Seenadelähnlichen.

Röhrenmünder, *Solenostomidae,* Fam. der

Röhrennasen, die ↗Sturmvögel.

Röhrenpilze, die ↗Boletales.

Röhrenschaler, die ↗Kahnfüßer.

Röhrenschildläuse, *Ortheziidae,* Fam. der ↗Schildläuse mit insgesamt ca. 50, in Mitteleuropa nur 5 Arten. Der in allen Stadien gut bewegl., deutl. gegliederte Körper ist ober- und z.T. auch unterseits mit Wachsplatten bedeckt; die Weibchen tragen einen aus Wachsplatten gebildeten Eisack, der drei- bis viermal so lang ist wie der eigtl. Körper. Die Männchen sind geflügelt. Die in ganz Europa häufige, mit Eisack ca. 5 mm große (Brenn-)Nesselröhrenschildlaus *(Orthezia urticae)* parasitiert auf verschiedenen krautigen Pflanzen. Aus warmen Regionen bei uns eingeschleppt wurde die Gewächshaus-Röhrenschildlaus *(O. insignis),* mit 3 grünen, unbewachsten Streifen auf dem Rücken.

Röhrenspinnen, *Eresidae,* Fam. der ↗Webspinnen mit etwa 100 Arten; kommen außer in Amerika und Austr. in allen trop. und subtrop. Zonen vor. Der Körperbau ist gedrungen u. ähnelt dem der Springspinnen. Oft ist ein deutl. Sexualdimorphismus bei den adulten Spinnen ausgebildet (Weibchen groß, dunkel gefärbt, Männchen kleiner, bunt). Die Weibchen leben nahezu sessil in Gespinströhren in der Vegetation od. im Boden, vor deren Eingang oft lange Fangfäden mit Cribellumwolle gespannt sind. Die erwachsenen Männchen leben vagant auf der Suche nach Weibchen. In Mitteleuropa nur 1 Art (Gatt. ↗*Eresus*). Bei der Gatt. *Stegodyphus,* die mit 1 Art auch im Mittelmeergebiet vorkommt, gibt es Arten, die in großen Gemeinschaftsnestern sozial leben (viele hundert Individuen). Auch Fütterung der Jungen durch Regurgitation ist v. einigen Arten bekannt.

Röhrenläuse

Wichtige Arten mit ihren Haupt- u. Nebenwirten:

Bohnen(blatt)laus (Rübenlaus, *Aphis fabae*):
 diverse Sträucher, Ackerbohne u. Rübe
Braune Birnenblattlaus *(Geoktapia pyraria):*
 Birne, diverse Gräser
Fichtenröhrenlaus *(Elatobium abietinum):*
 Fichte, Fichte
Große Rosenlaus *(Macrosiphon rosae):*
 Rosen, Scabiosen u. Karden
Grüne Apfellaus *(Aphis pomi):*
 Apfel, Apfel
Kleine Erdbeerlaus *(Cerosipha forbesi):*
 Erdbeere, Erdbeere
Mehlige Kohllaus *(Brevicoryne brassicae):*
 Kohl, Kreuzblütler
Pfirsichblattlaus (Grüne Pfirsichlaus, *Myzodes persicae*):
 Pfirsich, diverse Pflanzenarten
Rosige Apfellaus *(Sappaphis mali):*
 Apfel, Wegerich
Schwarze Kirschenlaus (Sauerkirschenlaus, *Myzus cerasi*):
 Kirsche, Labkraut

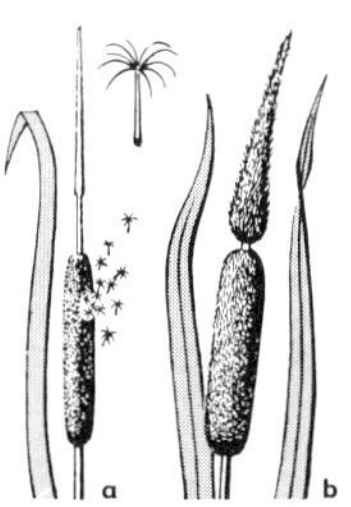

Rohrkolben

a reifer, Schmalblättriger R. *(Typha angustifolia,* mit Abstand zw. Stempel und Staubblütenkolben), **b** Breitblättriger R. *(T. latifolia)*

Röhrenstäublinge, *Tubifera,* Gatt. der ↗*Tubulinaceae* (Ord. ↗*Liceales*), Schleimpilze ohne echtes Capillitium; häufige Art ist *T. ferruginosa,* deren zimtbraune Sporangien in einem kissenförm. Äthalium zusammenstehen (∅ 10–20, selten bis 150 mm, Höhe bis 5 mm); Vorkommen auf moosigen Stubben.

Röhrenzähner, *Röhrchenzähner, Tubulidentata,* Ord. der Säugetiere; einzige rezente Art: das ↗Erdferkel *(Orycteropus afer).* [↗Glanzgras.

Rohrglanzgras, *Phalaris arundinacea,*

Rohrglanzgrasröhricht ↗Sparganio-Glycerion.

Röhricht, 1) *Phragmites,* das ↗Schilfrohr. 2) von schilfart. Pflanzen bestimmte Vegetation im od. am Wasser; Anpassung: ↗Helophyten; Typen: Süßwasser-R. *(↗Phragmitetea),* Brackwasser-R. *(↗Bolboschoenetea maritimi).*

Rohrkäfer, die ↗Schilfkäfer.

Rohrkatze, *Sumpfluchs, Felis chaus,* v. Ägypten u. Vorderasien bis Turkestan, Indien, Burma u. Sri Lanka vorkommende Kleinkatze mit langen Beinen, kurzem Schwanz u. Ohrpinsel; Fellfärbung gelb- bis rotbraun mit engstehender Querstreifung, die bei älteren R.n bis auf dunkle Ringe an Schwanz u. Unterschenkeln verschwindet.

Rohrkolben, *Typha,* einzige Gatt. der Rohrkolbengewächse mit ca. 15 Arten; Schwerpunkt der Verbreitung in gemäßigten bis trop. Bereichen Eurasiens u. Amerikas. Die in der Verlandungszone v. Gewässern vorkommenden Arten zeichnen sich durch unterird. Rhizome mit zweizeilig gestellten Niederblättern aus. Die ebenfalls zweizeilig angeordneten, langen, schmalen Laubblätter sind im unteren Teil röhrig verwachsen. Der Gatt.-Name bezieht sich auf die kolbenförm. Blütenstände, deren unterer Teil von karpellaten und oberer Teil von staminaten Blüten gebildet wird. Die Blüten sind stark reduziert – die zur Verbreitung beitragenden Haare werden manchmal als Reste einer Blütenhülle gedeutet. R.-Arten werden genutzt: die bis zu 40% Stärke enthaltenden Rhizome finden in einigen Gegenden als Nahrungsmittel Verwendung, Blätter werden als Flechtwerk od. zum Hüttendecken (*T. elephantina,* Indien) benutzt. – In Dtl. sind 4 R.-Arten heimisch, deren häufigste der Breitblättrige R. (*T. latifolia,* B Europa VI) ist. Der durch abgesetzten Staubblütenkolben unterschiedene Schmalblättrige R. *(T. angustifolia)* kommt seltener vor. Nach der ↗Roten Liste ist *T. minima* (Zwerg-R.) „vom Aussterben bedroht“, *T. shuttleworthii* „stark gefährdet“.

Rohrkolbenartige, *Typhales,* Ord. der ↗*Commelinidae* (?, s. u.), mit den beiden Fam. ↗Rohrkolbengewächse u. ↗Igelkolbengewächse fast weltweit verbreitet. Sämtl. Arten sind krautig u. besiedeln feuchte bis nasse Standorte. Rhizome ermöglichen eine vegetative Vermehrung u. bedingen die häufige Herdenbildung. Die Blüten sind stark abgeleitet; staminate u. karpellate Blüten sind jeweils zu Teilblütenständen zusammengefaßt, befinden sich jedoch auf derselben Pflanze. Die karpellaten Blüten besitzen nur 1 Fruchtknoten mit 1 sich entwickelnden Samenanlage. Die Pollen werden durch den Wind verbreitet. Die R. stellen eine alte (Fossilfunde schon aus dem Jura) u. abgeleitete Sippe dar, deren nächster systemat. Anschluß nicht geklärt ist. Z. T. werden sie mit den ↗Schraubenbaumgewächsen zu den ↗Schraubenbaumartigen zusammengefaßt.

Rohrkolbengewächse, *Typhaceae,* Fam. der Rohrkolbenartigen mit nur 1 Gatt. ↗Rohrkolben.

Röhrlinge, 1) *Röhrenpilze,* die ↗*Boletales.* 2) *Boletaceae,* Fam. der *Boletales* mit vielen guten Speisepilzen (vgl. Tab.). Die Arten besitzen fleischige – meist mit röhrigem, seltener lamelligem (↗Goldblatt-Röhrling) Hymenophor – od. auch stark reduzierte (secotioide) Fruchtkörper. Die Röhren sind gut vom Hutfleisch ablösbar; sie können anfangs v. einem Velum bedeckt sein, dessen Reste später am Stiel zu erkennen sind. Das Sporenpulver ist gelbl., olivgrün, olivgrau, olivbraun bis purpurbraun, seltener rosa; die Sporen sind stets glatt. Viele Arten verfärben sich beim Anschneiden blau od. grünlich. R. kommen in allen Erdteilen, außer der Antarktis, vor, am häufigsten in subtrop. Gebieten; das größte Artenspektrum findet man in den USA, in China u. Japan. Die meisten Arten sind saprophytisch, in der Mehrzahl obligate Mykorrhizapilze, einige parasitisch (z. B. *Xerocomus parasiticus* auf Fruchtkörpern v. Kartoffelbovisten). In Europa ist nur eine giftige Art bekannt (↗Satanspilz).

Röhrlingsartige Porlinge, *Boletopsis,* Gatt. der *Thelephoraceae* mit 1 Art, *B. subsquammosa* Kotl. u. Ponz., dem Rußporling; der in Hut (∅ 5–14 cm) u. Stengel gegliederte, graue bis schwärzl. Pilz besitzt relativ weite, ungleiche Poren; er wächst auf nacktem Sandboden.

Rohrratten, *Borstenferkel, Thryonomyidae,* Fam. der Nagetiere mit nur 1 Gatt. *(Thryonomys)* und 6 (?) Arten in S- und Mittelafrika; Kopfrumpflänge 30–60 cm; Haare abgeplattet, borstenartig. R. leben i. d. R. einzeln in feuchten Gebieten (Rohrgürtel) der Flußränder. Wegen ihrer Schädigungen in Zuckerrohrfeldern und ihres schmackhaften Fleisches werden R. bejagt.

Drossel-Rohrsänger *(Acrocephalus arundinaceus)*

Röhrlinge

Wichtige Gattungen:
Boletinus (↗Schuppenröhrlinge)
Boletus (Röhrlinge i. e. S., ↗Dickfußröhrlinge)
Gyrodon (↗Erlengrübling)
↗*Gyroporus*
Leccinum (↗Rauhfußröhrlinge)
Phylloporus (Blätterröhrlinge, ↗Goldblatt-Röhrling)
Suillus (↗Schmierröhrlinge)
Xerocomus (↗Filzröhrlinge)

Rohrsänger, *Acrocephalus,* Gatt. der ↗Grasmücken (Singvögel) mit 18 Arten in der Alten Welt, bewohnen Schilf u. feuchte Wiesen; Insektenfresser, Zugvögel; braun mit unterschiedl. Streifung; bauen tiefes Napfnest, das zw. mehreren Schilfhalmen befestigt ist. Mit 19 cm größte einheim. Art ist der Drossel-R. (*A. arundinaceus,* nach der ↗Roten Liste „stark gefährdet“), benötigt großflächige Schilfbestände; kräftige knarrende Stimme („karre kiet“). Sehr ähnlich, mit 13 cm aber kleiner ist der Teich-R. *(A. scirpaceus),* der mit kleineren Schilfflächen, auch als Ufersaum v. Fließgewässern, auskommt. Der ebenfalls sehr ähnl. aussehende Sumpf-R. *(A. palustris)* brütet auch in Getreidefeldern u. Brennesselstauden; häufigster R. in Mitteleuropa, im Gesang Imitation anderer Vogelstimmen. Der „gefährdete“ Schilf-R. *(A. schoenobaenus)* ist durch einen gestreiften Rücken u. einen hellen Überaugenstreif gekennzeichnet.

Rohrzucker, die ↗Saccharose.

Rollaffen, die Gatt. *Cebus* der ↗Kapuzineraffen i. e. S.

Rollasseln, *Armadillidiidae* u. *Armadillidae,* Fam. der ↗Landasseln.

Rollblätter, eine Form der Blattypen der ↗Xerophyten. Bei ihnen ist die schon kleine Blattspreite nicht flach ausgebreitet, sondern die Ränder sind nach unten, viel seltener nach oben, umgerollt, indem bei der Blattentfaltung die Knospenlage mehr od. weniger beibehalten wird. Dadurch werden die Spaltöffnungen in einem windstillen Raum geborgen. Die Abgabe des Wasserdampfes aus diesem Raum wird häufig durch Haare zusätzl. vermindert. Auch die cuticuläre Verdunstung ist auf nur eine Blattseite reduziert.

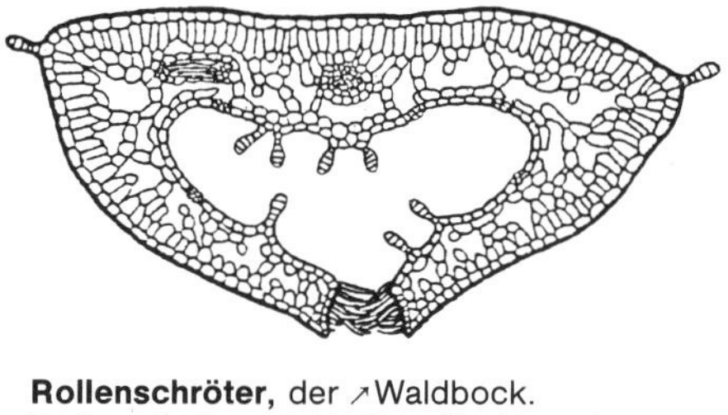

Rollblätter

R. finden sich u. a. bei vielen Heidekrautgewächsen. Die Abb. zeigt ein Rollblatt der Schwarzen Krähenbeere *(Empetrum nigrum)* im Querschnitt; die Blattunterseite ist eingesenkt

Rollenschröter, der ↗Waldbock.

Roller, 1) die ↗Blattroller; 2) ↗Kanarienvogel mit „rollendem“ Schlag *(Harzer R.).*

Rollfarn, *Cryptogramma,* Gatt. der *Rollfarngewächse (Cryptogrammaceae;* Ord. ↗*Filicales)* mit 4 in den nördl. gemäßigten Zonen und z. T. auch in S-Amerika verbreiteten Gatt.; Erdfarne mit kriechendem Rhizom u. dimorphen Blättern: Trophophylle 2–4fach gefiedert; Sporophylle mit submarginalen, indusienlosen Sori, die vom eingerollten Blattrand als Pseudoindusium bedeckt werden, fertile Fiederchen daher mehr od. weniger stielrund. Einzige in Mitteleuropa heim. Art ist der in den holarkt. Gebirgen u. im N in mehreren Varietäten verbreitete Krause R. (*C. crispa* = *Allosorus crispus;* in Dtl. geschützt, nach der ↗Roten Liste „potentiell gefährdet"). Er ist ein seltenes, aber charakterist. Element der Grobschutt-Halden (Blockmeere) der hochmontanen bis alpinen Stufe (↗Cryptogrammetum crispae).

Rollfarnflur ↗Cryptogrammetum crispae.

Rollfliegen, die ↗Tummelfliegen.

Rollmarder, *Paradoxurus,* Gatt. der ↗Palmenroller.

Rollnerv, *Nervus trochlearis,* der IV. ↗Hirnnerv; ↗Trochlearis.

Rollschlangen, *Aniliidae,* Fam. der Schlangen mit 3 Gatt. und 9 Arten; im Boden grabend; Körper drehrund; Augen klein; kräftig, ungift. Fangzähne; Bauch- größer als Rückenschuppen; mit inneren Resten des Beckengürtels u. der Hinterextremitäten (mit kleiner Kralle auf beiden Seiten der Kloakenspalte); lebendgebärend. – Die Korallenschlange (*Anilius scytale;* bis 80 cm lang; im nordöstl. S-Amerika) ist leuchtend rot gefärbt, oberseits mit schwarzen Ringen; ernährt sich v. kleinen Echsen u. Schlangen. Die 7 Arten der Walzenschlangen (Gatt. *Cylindrophis;* 2–10, ca. 20 cm lange Junge) aus S- und SO-Asien – auch Sri Lanka – leben oft metertief im Schlamm in feuchten Reisfeldern; dunkel gefärbt, oft rotes Nackenband, stets leuchtend rote Schwanzunterseite; rollen bei Gefahr Schwanz ein u. strecken die Unterseite als opt. Warnsignal hoch. Ein ähnl. Verhalten zeigt die dunkelbraune, weißgefleckte Sumatra-R. *(Anomalochilus weberi)* aus Sumatra u. Malakka.

Rollwespen, *Tiphiidae,* Fam. der ↗Hautflügler.

Romanichthys *m* [v. gr. ichthys = Fisch], eine groppenartige Gatt. der Barsche.

Romer, *Alfred Sherwood,* am. Zoologe u. Paläontologe, * 28. 12. 1894 White Plains (N. Y.), † 5. 11. 1973 Cambridge (Mass.); seit 1923 Prof. in Chicago, 1934 in Cambridge (Mass.); arbeitete v. a. über vergleichende Anatomie der fossilen u. rezenten Wirbeltiere sowie die Evolution der Fische, Reptilien u. Amphibien. Sein Werk „The vertebrate body" (1949) bzw. die dt. Übersetzung „Vergleichende Anatomie der Wirbeltiere" (1959) ist eines der Standardwerke für den zool. Unterricht.

Romneya *w* [ben. nach dem Entdecker R. Romney, 1792–1822], Gatt. der ↗Mohngewächse.

Röntgen, Kurzzeichen R (früher r), gesetzl. nicht mehr zulässige Einheit der Ionendosis (↗Strahlendosis), z. B. von Röntgenstrahlung; 1 R = $2{,}58 \cdot 10^{-4}$ C/kg Luft.

Röntgen, *Wilhelm Conrad,* dt. Physiker, * 27. 3. 1845 Lennep (Rhld.), † 10. 2. 1923 München; seit 1875 Prof. in Hohenheim, 1876 in Straßburg, 1879 in Gießen, 1888 in Würzburg, 1899 in München; Arbeiten über Kristallphysik, spezif. Wärme, Wärmestrahlung u. Elektrodynamik; entdeckte 1895 in Gasentladungen die nach ihm ben. ↗*R.strahlen* (v. ihm selbst als X-Strahlen bezeichnet; engl. noch heute *X-rays*) u. untersuchte ihre Eigenschaften; erhielt 1901 als erster den Nobelpreis für Physik.

W. C. Röntgen

Röntgenstrahlen, *X-Strahlen,* von W. C. ↗Röntgen 1895 entdeckte energiereiche, sehr kurzwellige, durchdringende elektromagnet. Strahlung (↗elektromagnet. Spektrum, ▢), die beim plötzl. Abbremsen *(Bremsstrahlung)* schneller Elektronen

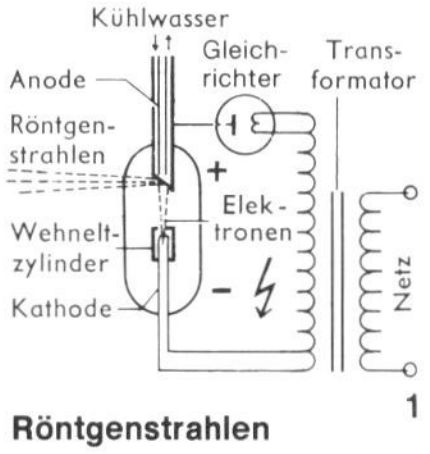

1

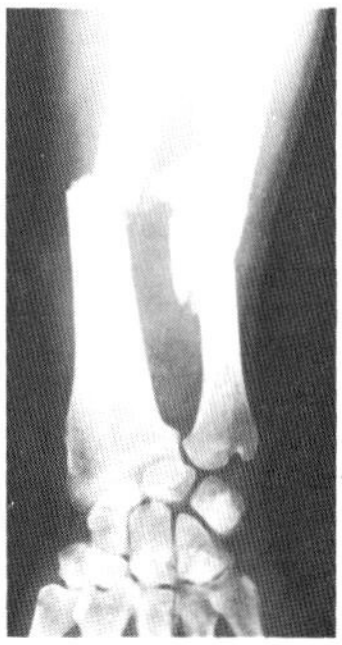

2a

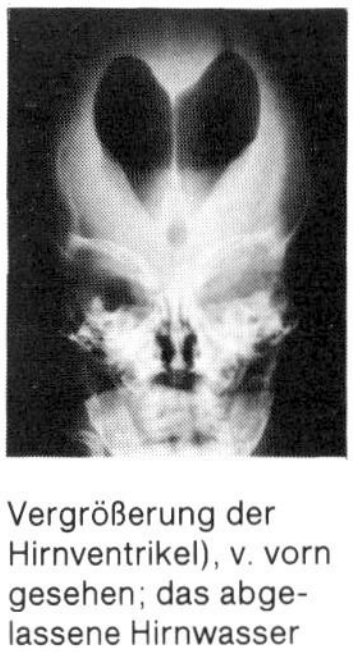

2b

Röntgenstrahlen

1 Elektr. Anordnung einer Röntgenanlage mit *Röntgenröhre.* Die Röntgenröhre ist ein evakuierter Glaskolben, in dem als Kathode (negativ geladene Elektrode) ein Glühdraht mit Metallabschirmung (Wehneltzylinder) u. als Anode (Antikathode, positiv geladen) ein – evtl. gekühltes – Wolframblech dient. An den Elektroden liegt eine hohe Gleichspannung an (bis ca. 250 kV).

2 Beispiele für *Röntgenaufnahmen:* **a** Knochenbruch im Unterarm; **b** Hydrocephalus (Wasserkopf; u. a. abnorme Vergrößerung der Hirnventrikel), v. vorn gesehen; das abgelassene Hirnwasser wurde durch Luft ersetzt (dunkle Flächen).

Röntgenstrahlen

Einige Anwendungsbereiche von Röntgenstrahlen:

Röntgenbestrahlung (Röntgentherapie):

Behandlung v. Krankheiten mit R., die wie alle ionisierenden Strahlen im Endeffekt das ↗Krebs-Gewebe mehr schädigen als die gesunden Körperzellen (↗Strahlentherapie). Der Intensität der R. ist durch die Schädigung des gesunden Gewebes eine Grenze gesetzt.

Röntgenuntersuchung (Röntgendiagnostik):

Erkennung von Krankheiten mit Hilfe von R. Hierbei macht man sich die Tatsache zunutze, daß die ↗Absorption von R. durch Materie mit zunehmender Materiedichte (bzw. Ordnungszahl) ansteigt. (Knochen absorbieren R. aufgrund ihrer höheren Dichte [u. a. Calcium] stärker als das umliegende Gewebe.)

Bei der *Röntgendurchleuchtung* kann man die Bewegung der Organe erkennen, bei der *Röntgenaufnahme* werden die Einzelheiten besser sichtbar. Bei der *Schirmbildphotographie* für Massen-Reihenuntersuchungen wird eine photograph. Aufnahme vom Leuchtschirmbild abgenommen.

Bei der *Röntgenkontrastdarstellung* werden die Hohlorgane des Körpers u. ihre Eigenbewegungen durch Füllung mit *Röntgenkontrastmitteln* (Stoffe hoher Ordnungszahl, z. B. Bariumsulfat, bestimmte Iodverbindungen) od. (im umgekehrten Vorgang, z. B. bei Hirnventrikeln) mit Luft (kaum Absorption von R.) sichtbar gemacht (vgl. Abb. unten).

Röntgenographie (Radiographie):

Materialuntersuchung mit Hilfe von Röntgenstrahlen.

Strahlungs-↗Konservierung (T)

rosa- [v. lat. rosa = Rose].

(Kathodenstrahlung) im Antikathodenmaterial (z. B. einer *Röntgenröhre*) u. als *charakterist. Strahlung* aus Quantenübergängen in den inneren Elektronenschalen angeregter Atome (↗Atom) entsteht; die Wellenlängen reichen v. unter 10^{-5} nm bis über 10 nm (*harte* bzw. *weiche R.*). Beim Auftreffen auf Materie erzeugen die *primären R.* als Folge des Compton- u. lichtelektr. Effektes Elektronenstrahlen (sie ionisieren z. B. die durchstrahlte Luft, ↗Ionisation) u. *sekundäre R.* (↗Fluoreszenz-Strahlung) größerer Wellenlängen. Eine Folge der Wellennatur der R. sind Beugungs- und ↗Interferenz-Erscheinungen (☐ Röntgenstrukturanalyse). Da R. kaum gebrochen werden, ist eine linsenähnl. Abbildung nicht möglich. Das Durchdringungsvermögen (die *Härte*) der R. hängt u. a. direkt v. der angelegten Hochspannung in der Röntgenröhre ab. Nachweis erfolgt mittels Geigerzähler, Ionisationskammern, Szintillationszähler u. photographisch. – Aufgrund ihres hohen Ionisierungsvermögens bewirken R. häufig starke biol. und chem. Veränderungen; sie wirken als physikal. ↗Mutagene. Ihre ↗relative biol. Wirksamkeit entspr. etwa der v. ↗Gammastrahlen. R. erfahren aufgrund ihrer besonderen Eigenschaften vielfältige med. und techn. Anwendung (vgl. Spaltentext S. 185). ↗Radiologie.

Röntgenstrukturanalyse *w, Röntgenometrie,* die Ermittlung v. Kristallstrukturen mit Hilfe der Beugung v. ↗Röntgenstrahlen am Kristallgitter. Die urspr. an einfachen Kristallen entwickelte Methode konnte im Laufe der letzten 30–40 Jahre bes. erfolgreich zur Analyse der hochkomplizierten räuml. Strukturen (↗Konformation) v. Proteinen u. Nucleinsäuren (DNA, t-RNA) eingesetzt werden, so daß heute die Kenntnis der Sekundär- u. Tertiärstrukturen praktisch aller biol. bedeutsamen Makromoleküle weitgehend auf R. beruht. B Desoxyribonucleinsäuren III.

Root-Effekt [rut-], eine nach ihrem Entdekker, R. W. Root, ben. Eigenschaft des ↗Hämoglobins verschiedener Fische (bes. Tiefseefische), die als bes. ausgeprägter ↗Bohr-Effekt (☐) beschrieben werden kann: Eine Erhöhung des CO_2-Partialdrucks führt nicht nur zu einer Abnahme der Sauerstoffaffinität des Hämoglobins, sondern auch zu einer verminderten O_2-Kapazität; auch bei hohen O_2-Partialdrücken ist das Hämoglobin dann nicht vollständig beladen. Bei der Gassekretion zur Füllung der ↗Schwimmblase gg. oft hohe Drücke spielt der R. (ebenso wie der Bohr-Effekt) ebenfalls eine Rolle, indem das O_2-Bindungsvermögen des Hämoglobins herabgesetzt wird.

Rorippa *w* [viell. v. lat. ros, Gen. roris = Tau, ripa = Ufer], die ↗Sumpfkresse.

Rosa *w* [lat., =], die ↗Rose.

Rosablättler, die ↗Rötlingsartigen Pilze.

Rosacea *w* [v. lat. rosaceus = rosenrot], Gatt. der ↗Calycophorae T.

Rosaceae [Mz.; v. *rosa-], die ↗Rosengewächse.

Rosales [Mz.; v. *rosa-], die ↗Rosenarti- [gen.

Rosalia *w* [lat., = Rosenschöne], Gatt. der Bockkäfer; ↗Alpenbock.

Rosanilin *s* [v. *rosa-], das ↗Fuchsin.

Rose *w* [v. lat. rosa = R.], *Rosa,* auf der nördl. Hemisphäre verbreitete Gatt. der ↗Rosengewächse; die Artenzahlangaben schwanken zw. 100 und weit über 200. Sträucher, meist mit Stacheln, unpaar gefiederten Blättern u. großen 5zähligen Blüten. Zur Fruchtzeit umschließt der krugförm., fleischige Blütenboden die Gesamtheit der Nußfrüchte u. bildet die *Hagebutte,* die sich bei Reife orangerot verfärbt u. auch im Winter am Strauch verbleibt. Der Vitamin-C-Gehalt der Hagebutte schwankt je nach Art (250–2900 mg %). Sie kann roh gegessen od. zu Marmelade u. Tee verarbeitet werden. Die R. ist seit alters die beliebteste Zierpflanze. – Einige heim. *Wild-R.n:* Kriechende R. *(R. arvensis);* bestachelter Stengel niederliegend; einzelne, weiße Blüte an langem Stiel; kommt v. a. in krautreichen Eichen- u. Hainbuchenwäldern der Ebene bis in mittlere Gebirgslagen Mittel- u. S-Europas vor. Einen weinart. Geruch haben die Blätter der Wein-R. *(R. rubiginosa);* Blüten rot mit wolligen Griffelköpfchen; ein heute weltweiter Kulturbegleiter, der im Pioniergebüsch v. Kalkmagerweiden und entspr. Saum-Ges.

Röntgenstrukturanalyse

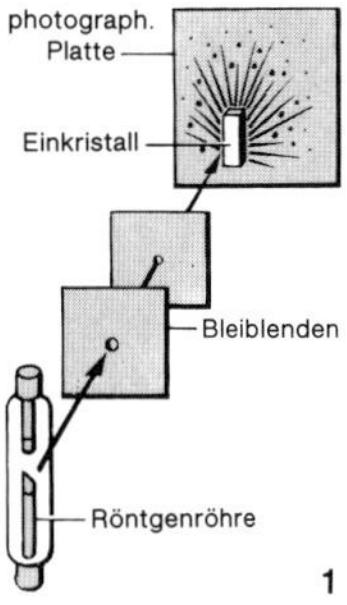

1

1 Versuchsanordnung zur Aufnahme eines *Laue-Diagramms.* Die im Kristallgitter in regelmäßiger Anordnung vorliegenden Atome wirken für Röntgenstrahlen wie ein dreidimensionales Beugungsgitter. Aus den auf einem Film aufgezeichneten Röntgenstrahlinterferenzen (vgl. Abb. 3) können die Atomabstände (Gitterkonstante) u. die räumliche Atomanordnung (Tertiärstruktur) bestimmt werden. **2** *Röntgenbeugungsmuster* eines *DNA-Faserbündels,* in der B-Form, nach *R. Franklin* und *M. Wilkins,* 1952. Die starken Reflexe oben und unten entstehen durch eine dominierende Periode von 0,34 nm, was der Dicke aromatischer Ringsysteme entspricht. Die Kreuzfigur in der Mitte weist auf einen helikalen Aufbau hin. (Für den Durchgang des direkten, ungebeugten Röntgenstrahls wird in der Filmmitte ein Loch gestanzt.) **3** Röntgenbeugungsbild (Laue-Diagramm) eines einzelnen *Hämoglobinkristalls.* – Aus den Röntgenbeugungsdaten erschlossene räumliche Gestalt des *Hämoglobin-* u. *Myoglobinmoleküls:* B Hämoglobin – Myoglobin.

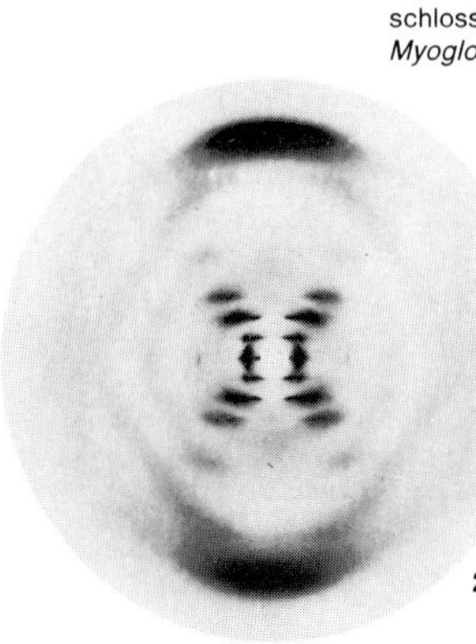

2

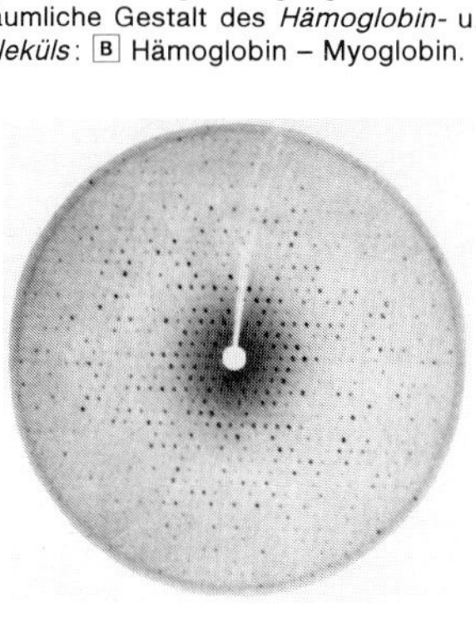

3

vorkommt. Häufig in Hecken, an Wald- u. Wegrändern ist die Hecken-R. oder Hunds-R. (*R. canina,* B Europa XV); Blätter drüsenlos, schwach duftende, rosa Blüten, deren Kelchblätter nach Verblühen zurückgeschlagen sind; der Stengel ist stachelig. Die Alpenhecken-R. *(R. pendulina, R. alpina)* hat rote Blüten und 9–11 blaugrüne, doppeltgezahnte Fiederblättchen; stachellos; schlanke, hängende Früchte; in montanen u. submontanen Gebüschen, v. a. im Bereich der Waldgrenze v. Mittel- und S-Europa. Wie die Hunds-R. ist die Busch-R. *(R. corymbifera, R. dumetorum)* häufig in Mitteleuropa, unterscheidet sich aber v. jener durch unterseits behaarte Blattnervatur u. ist etwas wärmeliebender u. anspruchsvoller als jene. – Von *Kultur-R.n* existieren heute ca. 5000 Sorten; jedes Jahr kommen neue hinzu. Im oriental.-europäischen Raum wurden schon früh aus einheimischen Wild-R.n Kulturformen gezogen, z. B. Weiße R. *(R. alba), R. centifolia* (Pompon-R., Moos-R., Europäische R.) u. Damaszener R. *(R. damascena),* aus deren gefüllten Blüten durch Wasserdampfdestillation *R.nöl* gewonnen wird, ein äther. Öl, das in der Parfüm-Ind. eine große Rolle spielt. In O-Asien, v. a. in China, ist die Bengal-R. *(R. chinensis)* Ausgangsart v. Züchtungen mit langgestielten Blüten. Die Ursprungsart der Tee-R. *(R. odorata),* einer immergrünen Kletter-R. mit hakigen Stacheln, ist nicht bekannt; sie wurde Anfang des 19. Jh. nach England gebracht. *R. multiflora* (Japan, Korea) ist ein kletternder Strauch mit reichblüt., großen weißen Rispen. Folgende Kreuzungen wurden wiederum Ausgangsform unzähliger neuer Züchtungen: Bourbon-R.n *(R. chinensis × R. damascena),* Teehybriden (Bourbon-R. × *R. odorata*), die als Schnitt-R.n von Bedeutung sind. Polyantha-R.n *(R. multiflora × R. odorata)* sind niedrigwüchsig u. blühen in Büschen, geeignet für Gruppen u. Beete. Remontant-R.n (Bourbon-R. × Portland-R. × Bengal-R.) sind die ersten über einen längeren Zeitraum in Blüte stehenden R.n. Ein sehr unterschiedl. Aussehen haben die Kletter-R.n mit u. a. den Ausgangsarten *R. multiflora* und *R. wichureiana.* Die größte Bedeutung haben heute Polyanthahybriden, Rückkreuzungen mit Teehybriden, Wild-R.n und Polyantha-R.n. Sie zeichnen sich durch geringen Schädlingsbefall, lange Blühzeit u. gewisse Frostresistenz aus. ☐ Blütenduft, B Selektion II. *Y. S.*

Rosellahanf, durch Rösten gewonnene Fasern v. *Hibiscus sabdariffa* (Indonesien, trop. Afrika); wie Jute (↗Corchorus) verwendet. ↗Roseneibisch.

Rosellinia *w* [ben. nach dem it. Botaniker F. P. Rosellini, 19. Jh.], Gatt. der *Xylariaceae* (auch Fam. *Roselliniaceae,* Schlauchpilze). *R. necatrix,* der Weiße Wurzelschimmel, befällt Weinrebe, Apfel, Citruspflanzen, Kaffee, Kirsche u. a. Holzgewächse u. bildet weiße Mycelüberzüge auf den sich schwarz verfärbenden Wurzeln. *R. bunodes* verursacht eine schwarze Wurzelfäule an Kakao, Gummibaum u. vielen anderen trop. Holzgewächsen.

Tee-Rose *(Rosa odorata)*

Rösel von Rosenhof, *August Johann,* dt. Zoologe u. Kupferstecher, * 30. 3. 1705 Arnstadt bei Erfurt, † 27. 3. 1759 Nürnberg. 1726/27 Hofmaler in Kopenhagen, dann Miniaturmaler in Nürnberg. Dort gab er, angeregt durch das Insektenwerk der Maria Sibylla ↗*Merian,* ab 1740 seine in monatl. Lieferungen erschienene „Insectenbelustigung" heraus, die zu einem Werk von über 2000 S. in 4 Bd.n heranwuchs, in dem auf 357 von R. selbst gestochenen Tafeln v. a. Insekten (aber auch Krebse) meist in allen Entwicklungsstadien dargestellt sind. Eines der grundlegenden Werke zur Insektenbiologie. Den Großteil der behandelten Insekten (v. a. Schmetterlinge, Käfer, Heuschrecken u. Libellen) hat R. vom Ei an über alle Stadien gezüchtet u. ihre Biol. erstmals ausführl. beschrieben. R. hat das von H. Baker entwickelte „Sonnenmikroskop" nachgebaut u. konnte damit auch Kleinstlebewesen beobachten. In Bd. 3 der „Insectenbelustigung" werden daher die Süßwasserpolypen u. ihre Entwicklung sowie ihr in zahlr. Experimenten demonstriertes Regenerationsvermögen ausführl. beschrieben. Daneben finden sich Darstellungen v. *Volvox,* Wimpertierchen (v. a. *Peritricha* u. *Stentor*), Rädertieren, Oligochaeten, Moostierchen u. die erste Beschreibung einer Amöbe, die er *Proteus* nannte. Das 2. bedeutende Werk von R. behandelt „Die natürl. Historie der Frösche hiesigen Landes" (Nürnberg 1758; 115 S., 48 Tafeln); in ihm werden die Frösche in ihrer Biol. und Entwicklung vom Ei an beschrieben u. in hervorragend kolorierten Kupferstichen aus R.s Hand abgebildet. B Biologie I–III.

Lit.: *Bauer, E.:* „Einleitung" zu einer Faksimile-Ausgabe der „Insectenbelustigung". Stuttgart 1985.

Rösel von Rosenhof

R. hat in der „Insectenbelustigung" mehrere Arten erstmals beschrieben, die später ihm zu Ehren das ↗Epitheton („Artname") *roeseli (= r.)* erhielten, so das Wimpertierchen *Stentor r.,* den Flohkrebs *Carinogammarus r.,* den Schwimmkäfer *Cybister r.* und die Heuschrecke *Metrioptera (Roeseliana) r.*

Rosenapfel, *Syzygium jambos,* ↗Myrtengewächse.

Rosenapfelgewächse, die ↗Dilleniaceae.

Rosenartige, *Rosales,* Ord. der ↗*Rosidae* mit 11 Fam. (vgl. Tab.); Blütenorgane wirtelig angeordnet, meist 5zählige, zwittrige Blüten; Fruchtknoten ober-, mittel- od. unterständig.

Rosenartige

Familien:

Brunelliaceae
Bruniaceae
↗ *Cephalotaceae*
↗ *Chrysobalanaceae*
↗ *Cunoniaceae*
↗ Dickblattgewächse *(Crassulaceae)*
Eucryphiaceae
↗ *Pittosporaceae*
↗ Rosengewächse *(Rosaceae)*
↗ Sonnentaugewächse *(Droseraceae)*
↗ Steinbrechgewächse *(Saxifragaceae)*

Rosenboas, *Lichanura,* artenarme Gatt. der ↗Boaschlangen; in Kalifornien u. Mexiko beheimatet. Die Rosenboa *(L. roseofusca)* u. die Dreistreifen-R. *(L. trivirgata)* werden kaum 1 m lang; leben vorwiegend in den Wäldern am Rande der Küstengebirge; Kopf deutl. vom Rumpf abgesetzt; träge; selten angriffsfreudig; vorwiegend nachtaktiv; ernähren sich v. kleinen Nagetieren u. nestjungen Vögeln; lebendgebärend.

Roseneibisch, *Hibiscus,* Gatt. der ↗Malvengewächse mit weit über 200, meist trop. Arten. An unterschiedlichste Standorte (u. a. Mangroven, Savannen, Wüsten) angepaßte, in ihrer Wuchsform z. T. sehr unterschiedl. Kräuter, Sträucher od. Bäume mit großen trichterförm., einzeln blattachselständ. Blüten. Bekannteste Art ist *H. rosa-sinensis* (B Asien VIII), der Chinesische R., ein wahrscheinl. aus China stammender, heute als Zierpflanze über die gesamten Tropen u. Subtropen verbreiteter Strauch od. kleiner Baum mit eiförm., grob gezähnten Blättern sowie bis 15 cm breiten, scharlachroten Blüten, aus denen Stempel u. die zu einer Röhre verschmolzenen Staubblätter weit herausragen. Der Chinesische R. ist in Mitteleuropa nicht winterhart, wird aber in zahlr. weiß, gelb, orange, rosa od. rot blühenden Zuchtsorten als Kübel- od. Zimmerpflanze gezogen. In Mitteleuropa mehr od. weniger winterhart ist *H. syriacus.* Der aus China u. Indien stammende, sommergrüne Strauch besitzt unregelmäßige 3lappige Blätter sowie violette (Stammform), weiße, rosafarbene od. bläuliche Blüten u. ist eine beliebte Zierde v. Gärten u. Parks. Wichtigste Nutzpflanze der Gatt. ist *H. cannabinus* (Gambohanf od. Kenaf). Wie *H. sabdariffa* (Rosellahanf) besitzt er einen bis 4 m hohen Hauptsproß, gelappte Blätter sowie gelbe Blüten u. wird in weiten Teilen der Tropen u. Subtropen als Faserpflanze angebaut. Die Eigenschaften der Fasern wie auch ihre Gewinnung u. Verwendung sind denen der Jute (↗ *Corchorus)* sehr ähnlich. Hauptproduzenten des Gambohanfs sind Thailand u. Indien. Von *H. sabdariffa* wird außer der Faser auch der zur Reifezeit fleischige, saftig-säuerl. schmeckende Kelch u. Außenkelch genutzt. Er wird sowohl zu Erfrischungsgetränken u. Marmelade als auch für „Malventee" verarbeitet. B Genwirkketten II.

Roseneule, *Thyatira batis,* ↗Eulenspinner.

Rosengewächse, *Rosaceae,* Fam. der ↗Rosenartigen mit 122 Gatt. (vgl. Tab.) und ca. 3400 Arten; Verbreitungsschwerpunkt in gemäßigten Zonen der N-Halbkugel. Durch apomiktische Fortpflanzung viele junge, oft ökolog. spezialisierte Sippen; zu Sammelarten zusammengefaßt. Blütenboden vielgestaltig; i. d. R. Insektenbestäubung, einige Gatt. jedoch mit sekundärer Windbestäubung; Schaublüten; viele aktuelle u. potentielle Zier- u. Nutzpflanzen; vielfältige Fruchttypen, die mit zur Untergliederung in 5 U.-Fam. beitragen. Die U.-Fam. *Maloideae* hebt sich durch ihre Chromosomenzahl 17 von den anderen U.-Fam. mit Chromosomenzahlen 7, 8 oder 9 ab. Die U.-Fam. *Spiraeoideae* umfaßt Sträucher, Stauden, selten Bäume mit meist kleinen, in großen Rispen stehenden Blüten; 2–5 Karpelle, Blütenbecher schüsselförmig; 2 bis zahlr. Samenanlagen. Ein Vertreter ist der Chilen. Seifenbaum *(Quillaja saponaria),* der durch seine saponinhalt. (↗Saponine) Rinde (Quillaja- od. Panamarinde) in Europa bekannt wurde. Die Gatt. Blasenspiere *(Physocarpus)* ist in unseren Gärten mit *P. opulifolius* häufig vertreten u. stammt aus N-Amerika; ihre weißen, runden, haselnußgroßen Früchte zerplatzen auf Druck knackend. Die Gatt. Spierstrauch *(Spiraea)* mit 100 Arten kommt auf der gesamten nördl. Hemisphäre vor; mehrere Arten sind häufige Ziersträucher, v. a. Karpaten-Spierstrauch (*S. media* aus SO- und O-Europa), Thunbergs Spierstrauch (*S. thunbergii* aus O-Asien) u. der Japanische Spierstrauch *(S. japonica)* mit purpurroten Blüten; der Weiden-Spierstrauch *(S. salicifolia)* ist fr. häufig als Zierpflanze eingebracht worden, heute an manchen Stellen verwildert u. völlig eingegliedert. Eine weitere bekannte Gatt. ist der ↗Geißbart *(Aruncus).* Stauden od. Kräuter mit oft großen Blüten bilden die U.-Fam. *Rosoideae* (vgl. Tab.); Karpelle zahlr., Blütenachse konvex od. konisch; oft bilden Nüßchen od. Steinfrüchte eine Sammelfrucht. Die Gatt. *Neurada* bildet die U.-Fam. *Neuradoideae;* 5–10 verwachsene Karpelle. 1 freies Karpell u. eine einsamige Steinfrucht kennzeichnen die U.-Fam. *Prunoideae* mit der Gatt. ↗ *Prunus.* Die U.-Fam. *Maloideae* (vgl. Tab.) hat die Chromosomengrundzahl 17; 2–5 Karpelle, die mit der Innenwand des Blütenbechers verwachsen sind; Apfelfrucht. Hierzu zählt auch die Gatt. Japanische Scheinquitte *(Chaenomeles)* mit 3 Arten, urspr. O-Asien, bei uns als winterharter Zierstrauch; Stammart mit karminroten Blüten, die vor dem Laub erscheinen; viele Sorten; Früchte können zu Marmelade verarbeitet werden. Auch *Stranvaesia* ist eine asiat. Gatt. der *Maloideae.*

Chinesischer Roseneibisch *(Hibiscus rosa-sinensis)*

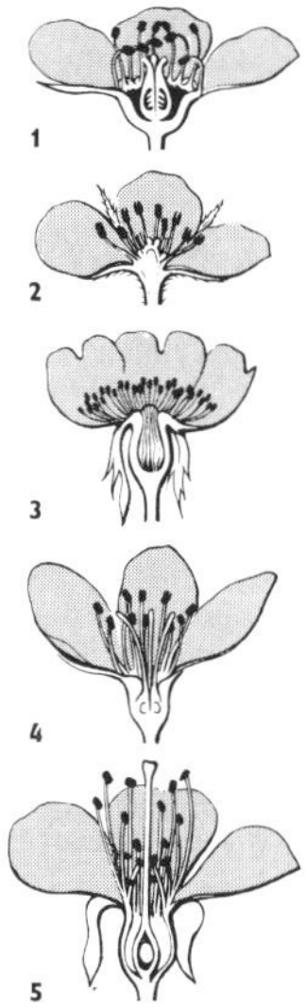

Rosengewächse

Blütenlängsschnitte. Stellung des Fruchtknotens bei **1** Geißbart, **2** Erdbeere, **3** Apfel, **4** Bibernellrose, **5** Mandel

Rosengewächse

Weiden-Spierstrauch *(Spiraea salicifolia)*

Rosengewächse

Unterfamilien u. wichtige Gattungen:

Spiraeoideae
- Blasenspiere *(Physocarpus)*
- Chilenischer Seifenbaum *(Quillaja)*
- ↗Geißbart *(Aruncus)*
- Spierstrauch *(Spiraea)*

Rosoideae
- ↗Blutauge *(Comarum)*
- ↗Erdbeere *(Fragaria)*
- ↗Fingerkraut *(Potentilla)*
- ↗Frauenmantel *(Alchemilla)*
- ↗Kerrie *(Kerria)*
- ↗Nelkenwurz *(Geum)*
- ↗Odermennig *(Agrimonia)*
- ↗Silberwurz *(Dryas)*
- ↗Spierstaude *(Filipendula)*
- ↗Rose *(Rosa)*
- ↗ *Rubus*
- ↗Wiesenknopf *(Sanguisorba)*

Neuradoideae
- *Neurada*

Prunoideae
- ↗ *Prunus*

Maloideae
- ↗Apfelbaum *(Malus)*
- ↗Birnbaum *(Pyrus)*
- *Chaenomeles*
- ↗Felsenbirne *(Amelanchier)*
- ↗Mispel *(Mespilus)*
- ↗Quitte *(Cydonia)*
- ↗ *Sorbus*
- *Stranvaesia*
- ↗Zwergmispel *(Cotoneaster)*

Rosenholz, 1) *Aniba rosaedora,* in Brasilien heim. Art der Lorbeergewächse, liefert ein an äther. Ölen reiches Holz, aus dem das *R.öl* gewonnen wird. 2) Holz v. Arten der Gatt. ↗ *Dalbergia;* B Holzarten.
Rosenholzöl ↗Rosenholz, ↗Windengewächse.
Rosenkäfer, *Cetoniinae,* U.-Fam. der ↗Blatthornkäfer. Artenreiche Gruppe, zu der bei uns einige grünmetall. oder kupferfarbene Vertreter gehören. Ihnen ist u.a. gemeinsam, daß sie beim Fliegen ihre Elytren nicht spreizen, sondern nur leicht anheben u. zusammenhalten. Die meisten Arten sind spezialisierte Pollenfresser, andere gehen gerne an den Saft blutender Bäume od. fressen reifes Obst an. Bei uns nicht selten ist der Grüne R. oder Goldkäfer (*Cetonia aurata,* B Insekten III), metallisch grün mit weißlichen Querflecken, 14–20 mm, gerne auf Blüten. Ähnl. auch der Kupferne R. *(Potosia cuprea),* dessen Larven häufig mit Ameisen vergesellschaftet sind (Myrmekophilie). Ledigl. im südl. Dtl. häufiger ist der nach der ↗Roten Liste „gefährdete“ Schwarze R. *(Tropinota hirta),* 8–11 mm, mattschwarz, Elytren mit weißl. Querflecken, wollig behaart. Unser größter R. ist der „vom Aussterben bedrohte“ *Potosia aeruginosa,* 22–28 mm; er lebt v.a. an alten Eichen. – Die Larven der R. ernähren sich v. Mulm u. verpuppen sich in einer aus Holz- u. Erdteilchen angefertigten Höhle od. stellen sogar einen Kokon daraus her. Zu den R.n gehören auch die ↗Goliathkäfer. In den Tropen gibt es auch zahlr. Arten, die sexualdimorph Kopfhörner (z.B. Gabelnasen-R., *Dicranorhina micans;* B Käfer II) od. Klammerapparate zw. Schiene u. Schenkel der Vorderbeine ausgebildet haben.
Rosenkohl ↗Kohl. [wespe.
Rosenkönig, ↗Galle der Rosen-↗Gall-
Rosenmehltau, 1) *Echter R.,* verursacht durch den ↗Echten Mehltaupilz ↗ *Sphaerotheca pannosa;* allg. verbreitet; die mehlart. Mycelbeläge finden sich hpts. an der Blattoberseite, auch an Knospen, Blattstiel u. Blattunterseite. Die Anfälligkeit ist stark sortenabhängig; v. Bedeutung sind auch örtl. Lagen; der Befall wird durch starke Temp.-Schwankungen (Tag–Nacht) begünstigt. 2) *Falscher R.,* verursacht durch den ↗Falschen Mehltaupilz *Peronospora sparsa;* nur von örtl. Bedeutung; auf der Blattoberseite zeigen sich zuerst rötl., purpurfarbene oder bräunl. Flecken, an der Unterseite im Bereich der Flecken nur ein spärlicher, grauweißer Schimmelrasen. Unter günst. Bedingungen kann der Befall auf junge Triebe übergehen u. Blattfall eintreten. [aceae.
Rosenmoos, *Rhodobryum roseum,* ↗Bry-
Rosenmüller-Organ [ben. nach dem dt. Anatomen J. C. Rosenmüller, 1771–1820], der ↗Nebeneierstock.
Rosenöl ↗Rose.

Rosenrost, Pilzkrankheit an Rosen, verursacht durch den ↗Rostpilz *Phragmidium mucronatum;* im Sommer entstehen auf der Blattoberseite gelbl.-rötl. Flecken, blattunterseits gelbl.-orangefarbige Pusteln mit den Sommersporen (Uredosporen), die den R. im Sommer verbreiten; später schwarzbraune Pusteln mit den Wintersporen (Teleutosporen), die auf abgefallenen Blättern überwintern u. im Frühjahr das Laub neu befallen; das Mycel kann auch in Trieben überdauern.
Rosenzikade, *Typhlocyba rosae,* ↗Zwergzikaden.
Rosette, 1) Bot.: Bez. für eine Gruppe infolge v. Stauchung der Internodien gedrängt angeordneter Laubblätter *(R.nblätter).* Als *R.npflanzen* i.e.S. oder *Ganz-R.npflanzen* bezeichnet man meist kleinere Kräuter, deren Blätter in einer grundständigen R. angeordnet sind, deren Stengel (= Schaft) blattlos ist u. den Blütenstand trägt (z.B. Löwenzahn u. Wegerich). ↗Halbrosettenpflanzen. **2)** Zool.: Gesamtheit der 4 oder 5 Petalodien bei ↗Irregulären Seeigeln (☐). [cus.
Rose von Jericho ↗Anastatica, ↗Asteris-
Rosidae [Mz.; v. lat. rosa = Rose], U.-Kl. der ↗Zweikeimblättrigen Pflanzen mit 17 Ord. (vgl. Tab.); Kronblätter nicht verwachsen, Blüten zyklisch; Blütenboden oft becherförmig vertieft od. scheibenförmig verbreitert; zentralwinkelständ. Placentation; Tendenz, Samenanlagenzahl bis auf 1
Rosinen ↗Weinrebe. [zu reduzieren.
Rosmarin *m* [v. lat. ros marinus = R. (wörtl.: Meertau)], *Rosmarinus,* im Mittelmeergebiet heimische Gatt. der ↗Lippenblütler mit der einzigen Art *R. officinalis,* Echter R. (B Kulturpflanzen VIII). Für die trockene Macchie charakterist., immergrüner, dicht verzweigter Halbstrauch mit ledrigen, längl.-lanzettl., unterseits graufilzig behaarten u. am Rande eingerollten Blättern sowie meist bläul.-violetten Blüten in kurzen, blattachselständ. Scheintrauben. Der stark aromat. duftende, an Gerbstoff und äther. Öl (↗ *R.öl)* reiche R. wurde schon v. den Griechen u. Römern als Heil- u. Gewürzpflanze geschätzt u. diente darüber hinaus kult. Zwecken (u.a. Weihrauchersatz). Nach Mitteleuropa gelangte die frostempfindl. Pflanze erst im späten Mittelalter.
Rosmarinheide, *Lavendelheide, Sumpfrosmarin, Andromeda,* Gatt. der ↗Heidekrautgewächse mit nur 2 Arten. In Mitteleuropa ledigl. die zirkumpolar verbreitete, nach der ↗Roten Liste „gefährdete“ Polei-R. oder Echte R. *(A. polifolia),* ein bis 40 cm hoher, immergrüner Halbstrauch mit bogig aufwärtsstrebenden Zweigen sowie weit kriechender Grundachse. Seine ledrigen, längl.-lanzettl. Blätter sind oberseits dunkelgrün, unterseits weißl.-bläul. bereift u. am Rande eingerollt; die hellrosafarbenen, nickenden Blüten stehen in endständ.

Rosidae

Ordnungen:

↗ *Fabales*
↗ *Haloragales*
↗Hartriegelartige *(Cornales)*
↗Kreuzblumenartige *(Polygalales)*
↗Kreuzdornartige *(Rhamnales)*
↗Myrtenartige *(Myrtales)*
↗ *Podostemales*
↗ *Proteales*
↗ *Rafflesiales*
↗Rosenartige *(Rosales)*
↗Sandelholzartige *(Santalales)*
↗Seifenbaumartige *(Sapindales)*
↗Spindelbaumartige *(Celastrales)*
↗Storchschnabelartige *(Geraniales)*
↗ *Umbellales*
↗Walnußartige *(Juglandales)*
↗Wolfsmilchartige *(Euphorbiales)*

Rosmarin

Blütenstand des Echten R.s *(Rosmarinus officinalis),* rechts Einzelblüte

R. ist ein beliebtes, v.a. zu gebratenem Fleisch u. Fisch, Marinaden u. Eintöpfen verwendetes Küchengewürz (Bestandteil der „Herbes de Provence“). In der Volksheilkunde dient der in größeren Mengen giftige R. in erster Linie zur äußerl., schmerzstillenden Behandlung v. Rheumatismus.

Polei-Rosmarinheide *(Andromeda polifolia)*

Doldentrauben u. besitzen eine mehr od. weniger kugelige Blütenkrone mit 5zipfl. Saum. Standorte der Echten R. sind bei uns die Sphagnummoore N-Dtl.s u. des Alpenvorlands.

Rosmarinöl, *Oleum rosmarini,* äther. Öl aus den Blättern u. beblätterten Stengeln v. *Rosmarinus officinalis* (↗Rosmarin). Hauptinhaltsstoffe sind Terpene, z.B. Cineol (15–30%), Campher u. Camphen (5–10%), Borneol (10–20%), Bornylacetat u. Pinen sowie Rosmarinsäure (Caffeoyl-α-hydroxydihydrokaffeesäure), die entzündungshemmende Eigenschaften besitzt, Carnosolsäure, Triterpensäuren u. Flavone. R. findet Verwendung als Mittel gg. Blähungen, zur Anregung der Gallenabsonderung, zu schmerzstillenden Einreibungen bei Muskel- u. Gelenkrheumatismus, in Form v. Badezusätzen als stimulierendes Nervinum u. in der Likör-Ind. als Gewürz.

Rosmarinus *m* [lat., = Rosmarin, wörtl.: Meertau], der ↗Rosmarin.

Rosoideae [Mz.; v. *rosa-], U.-Fam. der ↗Rosengewächse.

R. Ross

Ross, Sir *Ronald,* brit. Tropenarzt, * 13. 5. 1857 Almora (Indien), † 16. 9. 1932 Putney; seit 1902 Prof. in Liverpool, ab 1926 Dir. des „R. Institute and Hospital for Tropical Deseases“ in London; entdeckte die Übertragungsweise der Malaria durch Nachweis des Erregers in der Anophelesmücke; erhielt hierfür 1902 den Nobelpreis für Medizin.

Roßameisen, *Camponotus,* Gattung der ↗Schuppenameisen.

Roßfenchel, *Silaum silaus,* ↗Wiesensilge.

Rossia *w* [ben. nach dem it. Zoologen P. Rossi, 1738(?)–1804], Gatt. der *Sepiolidae,* Tintenschnecken, deren Mantel oben nicht mit dem Kopf verwachsen ist; wenige, kleine Arten im Mittelmeer, Atlantik u. Indik.

Roßkäfer, *Geotrupinae,* U.-Familie der ↗Mistkäfer.

Roßkastaniengewächse

Samen der Roßkastanie *(Aesculus hippocastanum)*

Roßkastaniengewächse, *Hippocastanaceae,* Fam. der Seifenbaumartigen mit den beiden Gatt. *Aesculus* (3 Arten, nördl.-gemäßigte Zone) und *Billia* (2 Arten, Mexiko, trop. S-Amerika). Typisch sind die großen, harz. Winterknospen, die handförm., gegenständ. Blätter u. auffallende Blütenstände. Die glatten, großen, endospermlosen Samen liegen meist einzeln in einer dreiklappig aufspringenden, grobstachel. Kapsel. Die Roßkastanie (*A. hippocastanum,* B Mediterranregion II) kommt wild in den Gebirgen Griechenlands vor (arktotertiäre Reliktart). Sie wird seit dem 16. Jh. als schnellwüchsiges Ziergehölz gepflanzt; Allee- u. Parkbaum. Aus den bis 5% Saponin enthaltenden Samen werden Medikamente gg. Gefäßerkrankungen hergestellt. Aus der Kreuzung zw. *A. hippocastanum* u. der nordam. Art. *A. pavia* entstand ein rotblühender Bastard *(Aesculus × carnea),* der ebenfalls häufig als Zierbaum gepflanzt wird.

Rost ↗Rostkrankheiten.

Rostbär, *Phragmatobia fuliginosa,* ↗Bärenspinner.

Rostbinde, *Hipparchia semele,* ↗Samtfalter.

Röste, *Rotte,* Aufbereitungsstufe zur Gewinnung v. Spinnfasern (z.B. Lein, Hanf, Jute) aus Pflanzenmaterial. Hierbei werden die sklerenchymat. Faserbündel durch die Tätigkeit v. Bakterien u. Pilzen herausgelöst u. aufgetrennt, die anhaftenden Gewebe werden teilweise zersetzt. Gebräuchlich sind v.a. *Wasser-* u. *Tau-R.;* sie werden heute z.T. durch chem. Verfahren ersetzt.

Rostellum *s* [lat., = Schnäbelchen], *Rostrum,* knopf- bis zapfenartiger, vorstülpbarer Abschnitt am Skolex bestimmter Bandwürmer *(↗Cyclophyllidea);* kann artspezif. mit 1–3 Hakenkränzen bewehrt sein, z.B. bei *Taenia solium, Dipylidium caninum, Hymenolepis nana.*

Rostfleckenkrankheit ↗Nacktfliegen.

Rostkatze, *Prionailurus rubiginosus,* der ↗Bengalkatze nahe verwandte Kleinkatze S-Indiens u. Sri Lankas; Fellfärbung graubraun mit 4 rostbraunen Längsstreifen über Nacken u. Widerrist; Rücken u. Flanken sind rostbraun gefleckt.

Rostkrankheiten, *Rost,* die durch ↗Rostpilze (□) hervorgerufenen ↗Pflanzenkrankheiten (↗Pilzkrankheiten) an zahlr. Kultur- u. Wildpflanzen (T 192). Charakterist. sind die meist rostfarbigen, punkt-, strich- od. ringförmigen Lager der ↗Aecidio- od. ↗Uredosporen, die an Blättern od. Stengeln gebildet werden. Wirtschaftl. wichtig sind bes. die ↗Getreideroste (T), z.B. ↗Schwarzrost u. ↗Gelbrost des Weizens u. anderer Getreidearten. Bei starkem Befall kann es zum Kümmern der befallenen Blätter u. sogar zum Absterben der Pflanzen kommen. Man unterscheidet die R. nach ihren morpholog. Merkmalen (z.B. Sporenformen), den Wirtspflanzen (Haupt- u. Zwischenwirt) u. den an den Pflanzen verursachten Symptomen (z.B. Mißbildungen). Eine Bekämpfung der R. wirtswechselnder Rostpilze durch Ausrotten des Zwischenwirts (z.B. Berberitze beim Schwarzrost) hat nur teilweise zum Erfolg geführt, da bei den meisten Arten auch die Uredosporen überwintern können od. die Sporen bereits im Herbst die junge Saat des Wintergetreides od. verschiedene Kulturgräser infizieren. Uredosporen werden außerdem länderweit durch den Wind verbreitet. Die Züchtung resistenter Pflanzen-Sorten bereitet große Schwierigkeiten, da es bei den Rostpilzen eine große Zahl ↗physiolog. Rassen gibt u. durch Mutation u. Neukombination bei Kreuzungen immer wieder neue Rassen entstehen, welche die Pflanzenresistenz überwinden können. Eine chem. Bekämpfung ist möglich, doch umstritten, u. die Spritzungen müssen i.d.R. mehrfach wiederholt werden. – Epidemien durch R. haben in früheren Zeiten oft zu Hungersnöten geführt. Der Rost ist schon im Altertum u. im Mittelalter als seuchenart. Erkrankung des Getreides erkannt worden. Die Römer opferten aus Furcht vor den Getreide-R. u. zu ihrer Abwendung dem Gott Robigus. Bereits im Mittelalter fiel den Bauern die starke Verbreitung der R. in der Nähe v. Berberitze (↗Sauerdorn) auf, u. Gerichte veranlaßten ihre Entfernung aus dem Umkreis v. Getreidefeldern. Die Ursache der R. blieb lange umstritten, bis die Arbeiten von de ↗Bary über die parasitäre Natur der ↗Brand- u. Rostpilze eindeutig bewiesen, daß R. durch eine Infektion verursacht werden. B Pflanzenkrankheiten I–II.

Rostpilze, *Uredinales,* Ord. der ↗Ständerpilze (U.-Kl. ↗*Phragmobasidiomycetidae*), deren Vertreter quergeteilte ↗Phragmobasidien (□) entwickeln; weltweit verbreitet, in der Natur ausschl. parasitisch auf Samenpflanzen und Farnen, Erreger der ↗*Rostkrankheiten*; bes. wichtig sind die ↗Getreideroste (T). Bei einigen R.n ist die Kultur auf Nährböden gelungen. Der Name R. bezieht sich auf die Farbe bestimmter Sporenlager. Die Ord. umfaßt etwa 126 Gatt. mit ca. 5000 Arten, die meist streng an ihre Wirtspflanze gebunden sind. Die R. zeigen eine ausgeprägte Spezialisierung; so finden sich viele Varietäten (var.), die, morpholog. nicht unterscheidbar, auf unterschiedl. Pflanzenarten spezialisiert sind, und zahlr. ↗physiolog. Rassen (*Biotypen, Pathotypen,* bei *Puccinia graminis* var. *tritici* mehr als 300), die sich morpholog. gleichen, aber nur bestimmte Rassen einer einzelnen Sorte einer Kulturpflanze befallen. R. besitzen mannigfalt. Entwicklungszyklen; es gibt Formen mit obligatem Wirtswechsel (*Heterözie,* haploide u. dikaryotische Phase benötigen eine andere Wirtspflanze; vgl. Abb.); bei anderen Formen verläuft die gesamte Entwicklung auf einem Wirt *(Autözie)*; es gibt Arten mit vollständ. Entwick-

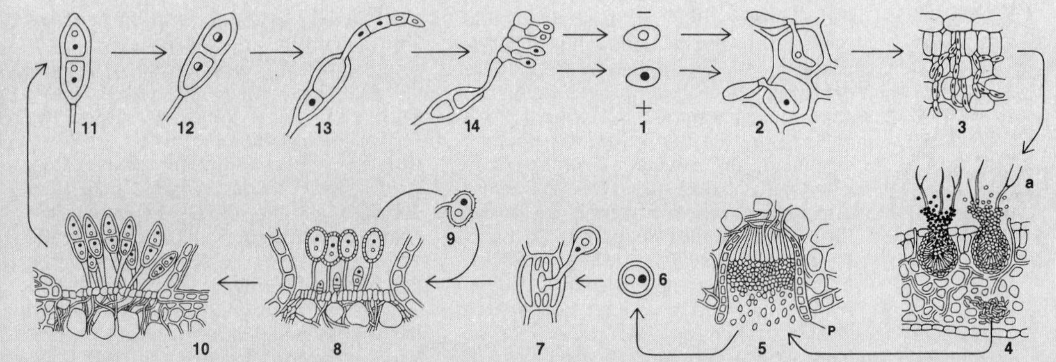

Rostpilze

Entwicklungszyklus des wirtswechselnden Rostpilzes *Puccinia graminis* (Erreger des Getreide-↗Schwarzrostes):

Gelangen (haploide) *Basidiosporen* (**1**) im Frühjahr auf Blätter der Berberitze *(Berberis vulgaris),* so bilden sie unter geeigneten Bedingungen Keimhyphen aus, die die Cuticula durchbrechen (**2**) u. mit dem einkernig-haploiden Mycel das Wirtsgewebe durchwuchern (**3**). Später bilden sich nahe der Blattoberfläche subepidermale, krugartige, nach außen mündende *Spermogonien* (fr. auch *Pyknidien* genannt), in denen kleine farblose Zellen, die Spermatien (= 1. Sporenform = „0"; auch *Pyknosporen* genannt) abgeschnürt werden (**4**). Die Funktion der Spermatien ist das Übertragen von männl. Kernen zur Befruchtung; sie können kein Mycel ausbilden u. sind nicht infektionsfähig. Diese männl. Kerne werden von (weibl.) ↗*Empfängnishyphen* übernommen – querwandlose Auszweigungen des haploiden Mycels, die zw. den Epidermiszellen u. den Spermogonien hindurch über die Blattoberfläche hinausragen (**4**,a). Die Spermatien verschmelzen nur mit konträrgeschlechtl. Empfängnishyphen, was bei einer Mischinfektion ohne Schwierigkeiten mögl. ist; außerdem kann eine Übertragung auf andere Blätter od. Pflanzen durch Insekten erfolgen, die durch Nektar angelockt werden, der v. den Spermogonien ausgeschieden wird. Häufig erfolgt die Befruchtung auch zw. Hyphenzellen verschiedengeschlechtl. Thalli im Blattinnern. – Fast gleichzeitig mit der Spermogonienbildung verknäueln sich an der Blattunterseite die Hyphen zu Aecidienanlagen (↗Aecidium), in die die konträrgeschlechtl. Kerne v. den Empfängnishyphen einwandern, so daß sich in der Anlage dikaryotische Basalzellen bilden; darauf wachsen die dikaryotischen Zellen der Aecidienanlagen zu becherförm., lebhaft orange gefärbten Aecidien aus, die die Blattunterseite durchbrechen (**5**). An der Außenseite besitzen die Aecidien eine sich später öffnende Hüllschicht (= *Pseudoperidie,* P), im Innern werden zahlr. Ketten mit dikaryotischen ↗*Aecidiosporen* gebildet (= 2. Sporenform = „I"), die, sukzessiv abgeschnürt, in den Luftstrom gelangen. Mit dem Kernphasenwechsel (haploid zu dikaryotisch) ändern sich die parasit. Eigenschaften; es erfolgt ein Wirtswechsel. Die Aecidiosporen (**6**) keimen nur auf Getreide u. Wildgräsern (nicht mehr auf Berberitze); ihre Keimschläuche dringen durch die Spaltöffnungen in das Wirtsgewebe (Blätter, Halme) ein (**7**). Abhängig v. der Witterung entwickeln sich aus dem interzellulären, dikaryotischen Mycel mehrere Generationen v. Sporenlagern, die die Epidermis durchbrechen u. gelbliche *Sommersporen,* die ↗*Uredosporen* (= 3. Sporenform = „II"), bilden (**8**). Die Uredosporen vermögen am Getreide neue Infektionen auszulösen, so daß innerhalb weniger Wochen ein ganzes Weizenfeld befallen sein kann (**9**). Auf einer Pflanze können sich viele Uredolager ausbilden, die zus. Millionen an Uredosporen abschnüren. – Gegen Herbst, am reifenden Getreide, entwickelt das gleiche Paarkernmycel in weiteren, fast schwarzen Lagern od. in den Uredolagern die auf Stielen sitzenden *Wintersporen,* die ↗*Teleutosporen* (= 4. Sporenform = „III", **10**); es sind braune, dickwandige, gg. Trockenheit u. Kälte widerstandsfähige, zweizellige Sporen (**11**). In den Zellen verschmelzen die Kernpaare miteinander (Karyogamie, **12**). Die Teleutosporen überwintern auf dem Feld (winterl. Ruheperiode), u. im Frühjahr keimt jede der diploiden Zellen *(= Probasidie)* nach einer Reduktionsteilung (Meiose) zu einer schlauchförm. Basidie aus (**13**). In der Basidie werden zw. den 4 haploiden Kernen Querwände eingezogen, u. jede der 4 Zellen entwickelt sich durch Sprossung zu einer *Basidiospore* (= 5. Sporenform, **14**). B Pilze I, B Pflanzenkrankheiten I.

lungszyklus (5 Sporenformen, oft 0–IV benannt) u. solche, die eine od. mehrere Sporenformen unterdrücken. Diese verkürzte Entwicklung tritt bes. häufig in Klimazonen mit kurzer Vegetationsperiode auf. Die Entwicklung kann auch durch Wiederholung einzelner Generationen, häufig der Uredosporenentwicklung, verlängert werden. Es gibt sogar imperfekte R., von denen nur die ↗Uredosporen bekannt sind. Echte Fruchtkörper werden bei R.n nicht gebildet; Ansätze zu einer Fruchtkörperbildung sind bei einigen Arten in den gallertartigen od. stielförmig erhobenen Teleutosporenlagern zu erkennen. – Die R. werden nach der Bildung der ↗Teleutosporen (gestielt, ungestielt, einzeln, in Ketten) u. der Ausbildung der Aecidien (↗Aecidium) in mehrere Fam. gegliedert (vgl. Tab.). Die Aecidien sind normalerweise v. einer dauerhaften Pseudoperidie umgeben; fehlt diese, wird das Sporenlager *Caeoma* (Mz. *Caeomata*) genannt; wächst die Pseudoperidie weit über die Blattoberfläche empor (z. B. beim ↗Gitterrost), spricht man vom *Roestelia*-Typ, u. ist die Pseudoperidie nicht becher- od. schüsselförmig, sondern ohne bes. Differenzierung, unregelmäßig, rundlich od. sackförmig, wird das Lager auch *Peridermium* genannt. – R. haben (zus. mit den ↗*Septobasidiales* u. einem Teil der heutigen ↗*Auriculariales*) eine bes. Stellung innerhalb der Ständerpilze. Möglicherweise stehen sie an der Basis dieser Entwicklungslinie. So haben sie z. T. Ähnlichkeiten zu den ↗Schlauchpilzen: bipolare Heterothalli, einfache Septoporen in den Querwänden, ausgeprägte Nebenfruchtformen, Spermatien u. Empfängnishyphen als Geschlechtsorgane; die Aecidien der R. könnten den Ascomata (↗Ascoma) der Schlauchpilze homolog sein. – R. sind stammesgeschichtl. eine sehr alte Pilzgruppe (↗Pilze). In Fossilien aus dem Karbon (vor ca. 300 Mill. Jahren) konnten Farnparasiten nachgewiesen werden, die eine überraschende Übereinstimmung mit heutigen, ursprünglichen (primitiven), an Koniferen lebenden Formen aufweisen. Im Mesozoikum gingen die R. auf Gymnospermen, besonders Koniferen, und v. der Oberkreide an auf Angiospermen über; damit entwickelte sich ein Wirtswechsel zw. Gymno- u. Angiospermen. Die mit dicken Wänden versehenen Teleutosporen (Probasidien) sind wahrscheinl. als Anpassung beim Vordringen in kühlere Klimate entstanden. *G. S.*

rostral [v. lat. rostralis = Schnabel-], anatomische Bez. für: zum oberen Körperende hin bzw. am Kopf gelegen. □ Achse.

Rostralplatte, *Epistoma,* ↗Rostrum der Trilobiten.

Rostratulidae [Mz.; v. lat. rostratus = mit einem Schnabel], die ↗Goldschnepfen.

Rostrum *s* [lat., = Schnabel], anatom. Bez. für spitz zulaufende od. schnabelartige Fortsätze an Körperteilen od. Organen. a) bei Bandwürmern: ↗Rostellum. b) bei Schnecken: die ausguß- bzw. rinnenartige Verlängerung des Mundsaums. c) Bei Ammoniten: eine hornart. Bildung am externen Mundsaum, die oft gemeinsam mit Öhrchen auftritt. d) Bei Belemniten: der hintere kegel- oder zylinderförmige Teil der Schale. e) bei Trilobiten: die vordere von 3 auf der Ventralseite des Kopfschildes gelegenen Platten *(Rostralplatte).* f) Bei Cirripediern: die unpaare Kalkplatte zw. den 2 basalen Platten (Scuta). g) Bei Ostracoden: der schnabelartige Vorsprung des vorderen Gehäuserandes. h) Bei Dekapoden: der Stirnstachel am Vorderende des Cephalothorax (□ Decapoda). i) Bei Stechfliegen: der Saugrüssel (↗Haustellum). k) Bei Haien u. Knorpelganoiden: ein schnabelart. Knorpelvorsprung des Schädels (Schnauzenfortsatz). l) Bei Vögeln: der ↗Schnabel.

Rostseggenhalde ↗Caricion ferrugineae.

Rostseggenrasen, das ↗Caricion ferruginеae.

Rostsporer, Blätterpilze *(Ochrosporae)* mit rostgelbem od. rostbraunem Sporenstaub; Vertreter der *Bolbitiaceae* (↗Mistpilzartige Pilze), *Strophariaceae* (Träuschlingsartige Pilze) und *Cortinariaceae* (↗Schleierlingsartige Pilze).

Rotalgen, *Rhodophyceae,* urspr. Bez. ↗*„Florideen“,* Kl. der ↗Algen; umfaßt ca. 500 Gatt. mit 4000 Arten, davon sind die meisten Meeresalgen; etwa 50 Arten aus 12 Gatt. kommen im Süßwasser vor. Es gibt nur wenige einzellige Arten (z. B. *Porphyridium,* ↗Porphyridiales), ansonsten ist der Thallus aus einem verzweigten trichalen Fadensystem aufgebaut. Beim sog. *Zentralfadentyp* (vgl. Abb.) gehen v. einem zentralen Zellfaden Verzweigungen aus *(Perizentralzellen),* die sich artspezif. anordnen. Beim *Springbrunnentyp* fehlt der Zentralstrang; hier verlaufen viele gleichwert. Zellfäden parallel u. weichen an der Spitze „springbrunnenartig“ auseinander. Die Thalli sind grünrot bis tiefrot gefärbt – je nach Verhältnis v. Chlorophyll a zu den roten Phycoerythrinen (↗Phycobiliproteine, [T] Algen). Das Assimilationsprodukt ist die sog. *„Florideenstärke“,* ein dem Glykogen nahestehendes Produkt, das resistent ist gg. Amylase. Die Florideenstärke wird außerhalb der Plastiden (↗Rhodoplasten) abgelagert. Die Zellwände bestehen aus Cellulosegerüst – bei *Porphyra* u. *Bangia* (↗Bangiales) aus Xylan – mit einer eingelagerten, wasserlösl. Substanz aus ↗Galactanen (Polymere v. Galactose mit Sulfatestergruppen; ↗Agar). Die Fortpflanzung ist mit Ausnahme der einzelligen od. einiger einfacher Formen stets mit einem komplizierten Generationswechsel verbunden, an dem 3 Generationen beteiligt sind ([B] Algen V). Die sexuelle Fortpflanzung erfolgt durch Oogamie; hierbei sind

Rostpilze – Rostkrankheiten

Einige Beispiele

Pucciniastraceae
- *Melampsoridium; M. betulinum,* Birkenrost, Aecidien an Lärchennadeln

Cronartiaceae
- ↗*Cronartium; C. ribicola,* Weymouthskiefern-↗Blasenrost, Säulenrost an *Ribes*

Chrysomyxaceae
- ↗*Chrysomyxa; C. ledi* var. *rhododendri (= C. rhododendri),* Fichtenblasenrost, Uredo- u. Teleutosporen auf Rhododendron

Melampsoraceae
- ↗*Melampsora; M. lini,* ↗Flachsrost (autözisch)

Coleosporiaceae
- ↗*Coleosporium*-Arten, Kiefernnadelblasenrost

Pucciniaceae
- *Uromyces; U. appendiculatus,* Bohnenrost (autözisch)
- *U. pisi-sativi,* Erbsenrost (heterözisch, Haplont auf *Euphorbia cyparissias*)
- *U. dianthi,* Nelkenrost (Haplont auf *Euphorbia*-Arten)
- *Tranzschelia; T. pruni-spinosae,* Zwetschgenrost
- *Puccinia;* etwa 3000–4000 wirtsspezif. „Stämme“, bes. auf Gräsern (Getreide); ↗Rostkrankheiten, ↗Getreiderost ([T])
- *P. recondita* f. sp. *triticina,* Weizen-Braunrost (Haplont auf *Thalictrum*- u. *Isopyrum*-Arten)
- *P. recondita* f. sp. *secale,* Roggen-Braunrost (Haplont auf *Anchusa*-Arten)
- *P. ribesii-caricis,* Stachelbeerrost, Becherrost (Dikaryont auf *Carex*-Arten)
- *Phragmidium; P. mucronatum,* ↗Rosenrost (autözisch)
- ↗*Hemileia; H. vastatrix,* Kaffeerost (nur Uredosporen)

die flaschenförm. ♀ Geschlechtsorgane (↗ *Karpogone)* für die R. charakteristisch. Auf dem haploiden Gametophyten wächst aus der befruchteten Eizelle (Zygote) der diploide *Karposporophyt* (Gonimoblast) aus, der vielfach zeitlebens auf dem Gametophyten schmarotzt. Bei vielen Gatt. ist er v. einer urnenförm. Hülle aus sterilen Gametophytenzellen umgeben u. bildet so ein ↗ *Cystokarp.* Bei einigen Arten erfolgt die Entwicklung des Karposporophyten nicht unmittelbar aus der befruchteten Eizelle heraus, sondern der Zygotenkern wird über einen schlauchförm. Auswuchs in eine andere Zelle verlagert – ohne mit deren Kern zu verschmelzen –, und erst von da aus entwickelt sich der Karposporophyt. Diese Zelle hat offenbar eine Nährfunktion u. wird deshalb als ↗ *Auxiliarzelle* bezeichnet. Der Karposporophyt gibt aus Monosporangien diploide Mitosporen (↗ *Karposporen)* ab, die mitotisch zu einer weiteren diploiden Generation heranwachsen. Auf diesen laufen in Sporangien Meiosen ab; pro Sporangium werden 4 haploide Meiosporen gebildet (Tetrasporophyt, Tetrasporangien), die wieder zu Gametophyten auswachsen. Bei vielen R. (z. B. *Batrachospermum, Lemanea;* ↗ Nemalionales) entwickeln sich aus den Karposporen fädig verzweigte aufrechte Thalli, die auch als ↗ *Chantransia*-Form bezeichnet werden. Bei anderen Gatt., z. B. *Porphyra,* wachsen sie auf Muscheln od. Seepocken zu verzweigten Zellfäden aus, die fr. als eigene Art, *Conchocelis rosea,* beschrieben wurde. Heute werden derartige Entwicklungsstadien als ↗ *Conchocelis*-Phase bezeichnet. – Die R. sind eine natürl., einheitliche Entwicklungsgruppe, die sich parallel zu den übrigen Algen entwickelt hat. Sie unterscheiden sich v. diesen durch ihre Pigmentausstattung, das Fehlen jegl. begeißelter Fortpflanzungskörper, den Generationswechsel u. die charakterist. Karpogone. Vermutl. traten Vorläufer schon im Devon auf, sichere Funde sind erst aus der unteren Kreide bekannt (↗ *Corallinaceae).* Einige R. können aufgrund ihrer bes. Pigmentausstattung in größeren Meerestiefen vorkommen. So wurden Krustenalgen in über 250 m Tiefe gefunden. Sie können offenbar mit 0,0005% des auf der Meeresoberfläche auftreffenden Lichtes eine ausreichende Photosynthese durchführen. – Viele R. stellen in O-Asien wichtige Nahrungsmittel dar (↗ Meereswirtschaft). Große Bedeutung haben auch die lösl. Zellwandsubstanzen, z. B. ↗ *Agar* (↗ Agarophyten) od. ↗ *Carrageenan.* – Die systemat. Gliederung ist noch nicht endgültig. Vielfach werden 2 U.-Kl., die ↗ *Bangiophycidae* u. ↗ *Florideophycidae,* unterschieden (vgl. Tab.). [B] Algen III, V; [T] Algen. *R. B.*

Rotalia *w* [v. *rotal-], Gatt. der ↗ Foraminifera ([T]).

Rotaliella *w* [v. *rotal-], Gatt. der ↗ Foraminifera, die heterokaryotisch ist (Makro- u. Mikronucleus) u. sich autogam fortpflanzt.

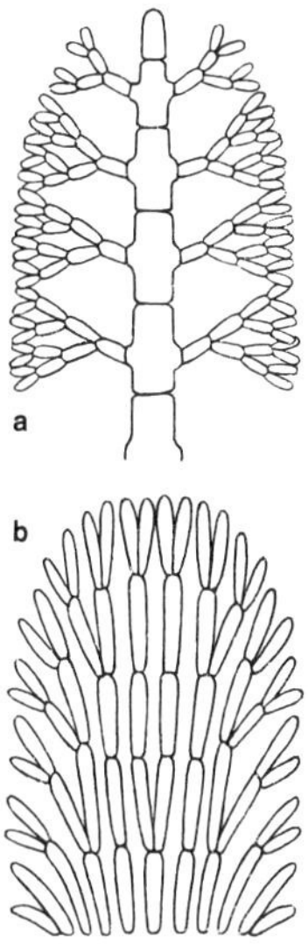

Rotalgen

a *Zentralfadentyp* (uniaxialer Bau), **b** *Springbrunnentyp* (multiaxialer Bau)

Rotalgen

Unterklassen u. Ordnungen:

↗ *Bangiophycidae*
- ↗ *Bangiales*
- ↗ *Porphyridiales*

↗ *Florideophycidae*
- ↗ *Ceramiales*
- ↗ *Cryptonemiales*
- ↗ *Gelidiales*
- ↗ *Gigartinales*
- ↗ *Nemalionales*
- ↗ *Rhodymeniales*

Rotang-Palme *(Calamus)*

rot-, rotal-, rotar- [v. lat. rota = Rad; Kreis, Wechsel; rotalis = gerädert; rotare = sich drehen].

Rotang-Palmen [v. malaiisch rotan = Rotang-Palme], *Calamus,* Gatt. der ↗ Palmen, mit ca. 340 Arten in SO-Asien beheimatet. Die Arten sind Kletterpalmen, die als sog. Spreizklimmer an anderen Gehölzen emporwachsen. Die Mittelrippe der Blätter ist in eine mit Widerborsten versehene Geißel verlängert, die sich, vom Winde bewegt, an anderen Pflanzen festhakt. – R. sind ein typ. Element trop. Regenwälder; die oft dicht mit Stacheln besetzten Arten können große Dickichte bilden. Die einzelnen, biegsamen Sprosse werden bis zu 200 m lang und 5 cm dick. Für den Wassertransport benötigen sie sehr weite Tracheen; diese entleeren sich beim Abschneiden der Sprosse rasch u. können daher als „Wasserquelle" genutzt werden. Die Sproßachsen von *C.*-Arten (v. a. von *C. rotang*) dienen zur Herstellung v. Rohrmöbeln. Die harten, äußeren Teile werden streifenförmig abgeschält u. liefern das Wickelrohr, die weicheren, inneren Teile werden zu Peddigrohr verarbeitet.

Rotaria *w* [v. *rot-], in eur. Süßgewässern sehr häufige Gatt. der ↗ Rädertiere ([T]).

Rotation *w* [v. *rotar-], die ↗ Fruchtfolge.

Rotationssinn [v. *rotar-], der ↗ Drehsinn; ↗ mechanische Sinne.

Rotator *m* [lat., =], *Dreher,* Muskel, der an der Ausführung drehender od. kreisender Bewegungen v. Körperteilen beteiligt ist. Solche Bewegungen sind nur durch koordiniertes Zusammenwirken v. Synergisten (Agonisten) u. Antagonisten möglich. So wirken z. B. beim Armkreisen alle Muskeln mit, die zw. Schultergürtel u. Oberarm verlaufen.

Rotatoria [Mz.; v. *rotar-], die ↗ Rädertiere.

Rotaugen, *Rutilus,* Gatt. der Weißfische, häufige, vollständig beschuppte, eur. Süßwasserfische. Hierzu die bis 30 cm lange, silbr. Plötze od. das Rotauge (*R. rutilus,* [B] Fische XI) mit roten Augen u. rötl. Flossen, die v. a. in bewachsenen Flachlandseen des nördl. und gemäßigten Eurasien oft in Schwärmen vorkommt; sie kann auch im Brackwasser leben u. steigt dann zum Laichen in den Unterlauf der Flüsse auf. Der sehr ähnl., aber kleinschupp. Frauennerfling *(R. pigus virgo)* lebt als Bodenfisch im Gebiet der mittleren u. oberen Donau. Die langgestreckte, fast drehrunde Schwarzmeerplötze *(R. frisii)* steigt zum Laichen ebenfalls in die Flüsse auf; eine U.-Art, der bis ca. 50 cm lange Perlfisch *(R. f. meidingeri),* lebt in großen Seen des Alpengebiets u. deren Zuflüssen.

Rotaugenfrösche, *Agalychnis,* Gatt. der ↗ Makifrösche.

Rotaviren [Mz.; v. *rot-] ↗ Reoviren.

Rotbarsch, *Großer R., Goldbarsch, Sebastes marinus,* meist um 50 cm (doch bis 90 cm) langer, räuber., lebendgebärender (ovoviviparer) Skorpionsfisch, der im nördl. Atlantik meist in Tiefen zw. 100 und 600 m lebt; wirtschaftl. bedeutender Speisefisch. Der meist ca. 25 cm lange Kleine R. *(S. viviparus)* mit blauschwarzer Mundhöhle lebt in atlant. Küstengebieten v. Irland bis Norwegen. [B] Fische III.

Rotbauchmolche, die Gatt. ↗Taricha.

Rotblättler, die ↗Rötlingsartigen Pilze.

Rotbrasse, *Pagellus erythrinus,* ↗Meerbrassen.

Rote Liste

Gesamtartenzahlen und Anteile gefährdeter Arten (absolut und prozentual) verschiedener Taxa der Flora und Fauna der Bundesrepublik Deutschland
(Entnommen – gekürzt – aus der Roten Liste der gefährdeten Tiere und Pflanzen in der Bundesrepublik Deutschland, [4]1984)

TAXON	Artenzahl in der Bundesrepublik Deutschland	0 ausgest. od. verscholl.	1 vom Ausst. bedroht	2 stark gefährdet	3 gefährdet	4 potentiell gefährdet
Farn- und Blütenpflanzen	2476	60 (2%)	101 (4%)	255 (10%)	281 (12%)	165 (7%)
Moose	ca. 1000	15 (2%)	12 (1%)	28 (3%)	44 (4%)	40 (4%)
Flechten	ca. 1850	26	106	140	108	36
Röhren- und Blätterpilze, Sprödblättler und Bauchpilze	2337	23 (1%)	103 (4%)	243 (10%)	343 (15%)	137 (6%)
Armleuchteralgen	34	2 (6%)	2 (6%)	10 (30%)	14 (41%)	—
Klasse Säugetiere	93 + 1*	7 (8 %)	10 (11 %)	16 (18 %)	11 (12 %)	6 (6 %)
Klasse Vögel	255 + 50*	20 (8 %)	30 (12 %)	25 (10 %)	23 (9 %)	35 (14 %)
Klasse Kriechtiere	12	–	5 (42 %)	2 (17 %)	2 (17 %)	–
Klasse Lurche	19	–	1 (5 %)	4 (21 %)	6 (32 %)	–
Klassen Fische und Rundmäuler	70**	4 (6 %)	16 (23 %)	16 (23 %)	13 (19 %)	1 (1 %)
Wirbeltiere gesamt	449 + 51*	31 (7 %)	62 (14 %)	63 (14 %)	55 (12 %)	42 (9 %)
Stamm Stachelhäuter	37	4 (11 %)	–	–	–	15 (41 %)
Klasse Muscheln	31	1 (3 %)	3 (10 %)	5 (16 %)	1 (3 %)	7 (23 %)
Klasse Schnecken	270	2 (<1 %)	22 (8 %)	15 (6 %)	19 (7 %)	70 (26 %)
Ordnung Wanzen***	800	11 (1 %)	2 (<1 %)	–	28 (4 %)	–
Ordnung Fransenflügler	222	–	4 (2 %)	3 (1 %)	2 (1 %)	16 (7 %)
Ausgew. Gruppen der Hautflügler	1686	58 (3 %)	169 (10 %)	203 (12 %)	185 (11 %)	–
Unterordnung Großschmetterlinge	1300	27 (2 %)	60 (5 %)	172 (13 %)	235 (18 %)	40 (3 %)
Ordnung Köcherfliegen	278	19 (7 %)	23 (8 %)	39 (14 %)	41 (15 %)	46 (17 %)
Ausgew. Gruppen der Zweiflügler	ca. 600	48 (8 %)	37 (6 %)	55 (9 %)	36 (6 %)	23 (4 %)
Ordnung Schnabelfliegen	8	1 (13 %)	–	–	–	–
Überordnung Netzflügler	103	–	6 (6 %)	20 (19 %)	19 (18 %)	7 (7 %)
Ausgew. Gruppen der Käfer	ca. 4000	96 (2 %)	256 (6 %)	593 (15 %)	665 (17 %)	76 (2 %)
Überordnung Geradflügler	97	5 (5 %)	13 (13 %)	11 (11 %)	7 (7 %)	–
Ordnung Steinfliegen****	119	12 (10 %)	17 (14 %)	15 (13 %)	–	–
Ordnung Libellen	80	4 (5 %)	10 (13 %)	17 (21 %)	12 (15 %)	–
Ordnung Eintagsfliegen	81	5 (6 %)	14 (17 %)	18 (22 %)	12 (15 %)	8 (10 %)
Ordnung Zehnfüßige Krebse	63	1 (2 %)	1 (2 %)	2 (3 %)	–	28 (44 %)
Ausgew. Gruppen der Blattfußkrebse	10	3 (30 %)	3 (30 %)	–	4 (40 %)	–
Ordnung Webspinnen	803	17 (2 %)	1 (2 %)	22 (3 %)	60 (7 %)	14 (2 %)
Ordnung Weberknechte	39	–	2 (5 %)	–	2 (5 %)	1 (3 %)
Klasse Igelwürmer	1	–	–	–	1 (100 %)	–

* Getrennt wurde die Anzahl der einheimischen Arten mit und ohne Reproduktion in unserem Gebiet angegeben.
** Die etwa 90 einheimischen marinen Fischarten sind hier nicht berücksichtigt.
*** Wegen mangelndem Kenntnisstand konnte nur ein Teil dieser Insektengruppe (die besser erforschten Arten) für die Rote Liste ausgewertet werden, wobei die Kategorien 2, 3 und 4 summarisch angegeben wurden.
**** Betrifft Gefährdungsgruppen 3 und 4: mangels ausreichender Vergleichsuntersuchungen können die Arten, die evtl. noch in diese Kategorie aufgenommen werden müssen, gegenwärtig noch nicht benannt werden.

Rotbuchenwälder ↗Fagion sylvaticae.

Rotdeckenkäfer, *Lycidae,* Fam. der polyphagen Käfer aus der Gruppe der *Cantharoidea* ([T] Käfer); weltweit ca. 3000, bei uns nur 8 Arten. Längl. Käfer mit weichem Integument, oft auffällig rot od. bräunl.-gelb mit schwarzer Zeichnung. Bes. in den Tropen sind viele R. häufig. Vorbild für ↗Mimikry; oft imitieren ganz verschiedene Insekten dasselbe Vorbild. Worin die Schutzwirkung besteht, scheint nicht bekannt zu sein. Im Experiment läßt sich zeigen, daß Vögel R. strikt meiden, sobald sie Erfahrung mit ihnen gemacht haben. Unsere Arten finden sich auf Blüten od. nassem Holz, in dem die Larven ihre Entwicklung durchmachen. Deren Nahrung ist nicht sicher bekannt; sie besitzen Saugmandibeln; daraus wird meist der Schluß auf eine räuberische Lebensweise gezogen; möglicherweise sind sie jedoch auch Pilzhyphensauger. Bei manchen Arten existiert ein extremer Sexualdimorphismus. So ist das Weibchen der südostasiat. Gatt. *Duliticola* bis 7 cm groß, larvenförmig u. flügellos u. erinnert eher an einen Dreilappkrebs – sie wurde daher fr. als „Trilobitenlarve" bezeichnet; das Männchen ist nur 1 mm groß u. geflügelt. Auch bei uns ist bei *Homalisus fontisbellaquai* das Weibchen brachypter (kurzflügelig). [B] Käfer II.

Rotdorn ↗Weißdorn.

Rote Bete ↗Beta.

Rötegewächse, die ↗Krappgewächse.

Rote Hefen, die Gatt. ↗Rhodotorula.

Rote Liste, Arten-Schutzliste (↗Artenschutz, ↗Naturschutz) im Bestand gefährdeter Tiere u. Pflanzen in einzelnen Ländern. Die systemat. Aufstellung dient als Entscheidungshilfe u. Grundlage für entspr. Verordnungen bzw. Gesetze u. zur Einleitung entspr. Schutzmaßnahmen. In der BR Dtl. 1977 erstmals nach dem Vorbild der „Red Data Books" der IUCN (International Union for Conservation of Nature and Natural Resources; ↗Artenschutzabkommen) veröff., 1984 von über 170 Fachleuten aufgrund fortschreitender Entwicklung erweitert u. neubearbeitet. Arten, die in ihrer Existenz bedroht sind, werden nach dem Grad ihrer Gefährdung erfaßt u. finden so im Rahmen des gesamten Natur- u. Umweltschutzes eine gleich hohe Beachtung. Folgende Kategorien werden in der R.n L. der BR Dtl. unterschieden (vgl. Tab.):

0 *(ausgestorben od. verschollen):* Arten, deren Populationen in der BR Dtl. nachweisbar ausgestorben sind bzw. ausgerottet od. mindestens seit 10 Jahren trotz Suche nicht mehr nachgewiesen wurden (↗Aussterben).

1 *(vom Aussterben bedroht):* Arten, für die Schutzmaßnahmen dringend erforderl. sind; ihr Überleben ist unwahrscheinl., wenn die verursachenden Faktoren weiterhin einwirken od. bestanderhaltende

Schutz- u. Hilfsmaßnahmen nicht unternommen werden bzw. wegfallen.
2 *(stark gefährdet):* Gefährdung im nahezu gesamten einheim. Verbreitungsgebiet (Arten mit kleinen Beständen bzw. solche, deren Bestände bedeutsam zurückgehen od. regional bereits verschwunden sind).
3 *(gefährdet):* Gefährdung besteht in großen Teilen des einheim. Verbreitungsgebiets (Arten mit regional kleinen Beständen od. Arten, deren Bestände regional bzw. vielerorts lokal zurückgehen od. verschwunden sind, sowie Pflanzenarten mit wechselnden Wuchssorten).
4 *(potentiell gefährdet):* Arten, die nur wenige kleine Vorkommen besitzen, u. Arten, die in kleinen Populationen am Rande ihres Areals leben, soweit sie wegen ihrer aktuellen Gefährdung nicht bereits zu den Gruppen 1–3 gezählt werden.
Die in diesem Lexikon angegebenen Gefährdungsgrade der Pflanzen- u. Tierarten beziehen sich auf die R. L. der BR Dtl.

Lit.: *Blab, J., Nowak, E., Sukopp, H., Trautmann, W.* (Hg.) u. a.: Rote Liste der gefährdeten Tiere u. Pflanzen in der Bundesrepublik Deutschland. Greven [4]1984. *Gepp, J.* (Gesamtleitung): Rote Listen gefährdeter Tiere Österreichs. Wien [2]1984.

Rötelmäuse, *Clethrionomys,* Gatt. der Eigentl. Wühlmäuse *(Microtini)* mit mehreren Arten und geogr. U.-Arten mit unterschiedl. (überwiegend rötl.) Färbungen u. Körpermaßen. Die Polarrötelmaus *(C. rutilus)* ist arktisch zirkumpolar verbreitet, die Graurötelmaus *(C. rufocanus)* arktisch u. subarktisch im östl. Europa u. Asien. Im W schließt sich das Verbreitungsgebiet der Rötelmaus od. Waldwühlmaus (*C. glareolus;* Kopfrumpflänge 8–12 cm) an; es reicht v. Skandinavien über die Brit. Inseln, Mittel-, S- (teilweise) und O-Europa bis nach Mittelasien. R. bevorzugen Wälder u. Feldgehölze als Lebensraum, vorausgesetzt, der Boden ist laubbedeckt od. bewachsen. Mehr als andere Wühlmäuse sind R. auch tags u. oberirdisch aktiv.

Röteln, *Rubeola, Rubella,* durch das 1938 von Hiro u. Taseka beschriebene R.virus (↗Togaviren) ausgelöste u. durch Tröpfcheninfektion übertragene Infektionserkrankung, meist zw. dem 3. und 10. Lebensjahr; Inkubationszeit 12–21 Tage. Symptome: zunächst schmerzhafte Lymphknotenschwellungen am Nacken hinter den Ohren, dann ein sich schnell vom Gesicht über den Körper ausbreitendes Exanthem mit rosaroten, wenig erhabenen konfluierenden Hautflecken; Allgemeinbefinden nur gering beeinträchtigt, anfangs Fieber bis ca. 39 °C möglich; i. d. R. harmloser Verlauf; Therapie im allg. nicht nötig. – Eine R.-Infektion während der ersten 3 Schwangerschaftsmonate führt zur *R.-Embryopathie* (Embryopathia rubeolaris), die u. a. Taubheit, Katarakt, Minderwuchs u. Mikrocephalie des Kindes, ggf. auch das Absterben der Frucht, zur Folge haben kann. Im Falle einer R.-Infektion in der Schwangerschaft kann das Erkrankungsrisiko des Kindes durch Gabe v. Gammaglobulinen vermindert werden. Grundsätzl. empfiehlt sich bei Frauen, die keine R. durchgemacht haben, eine aktive Impfung vor dem gebärfähigen Alter; einmal durchgemachte R. hinterlassen lebenslängl. Immunität.

Rötelnvirus, Erreger der ↗Röteln; ↗Togaviren.

Rötelritterlinge, *Röteltrichterlinge, Lepista,* Gatt. der Ritterlingsartigen Pilze mit ca. 20 Arten. Der Fruchtkörper ist mehr od. weniger fleischig, der Hut meist violett, grau od. rotbraun gefärbt, die Lamellen sind ausgebuchtet bis herablaufend, das Sporenpulver ist rosa, cremegelb, seltener weißlich; bodenbewohnende Saprophyten inner- u. außerhalb des Waldes. Oft in Hexenringen wachsend, wie der auffällige Violette R. (*L. nuda* Cke.), der im Herbst als Massenpilz auftreten kann; der ganze Pilz ist hell-sattviolett, der Hut hat 6–12 cm ∅. Neuerdings wird auch der Nebelgraue R., das Herbstblattl (*L. nebularis* Harmaja), in dieser Gatt. eingeordnet.

rote Muskeln, an ↗Myoglobin (Färbung) u. ↗Mitochondrien reiche, relativ dünnfaserige (große Oberfläche) u. gut durchblutete Skelettmuskeln der Wirbeltiere, die ihren Energiebedarf hpts. durch Atmung (oxidative Phosphorylierung) und nicht durch Gärung (anaerobe Glykolyse gespeicherten Glykogens), wie die sog. ↗ *weißen Muskeln,* decken. R. M. arbeiten langsamer als weiße Muskeln u. eignen sich weniger für Spitzenbelastungen, dafür aber um so mehr für Dauerbelastung. Das Myoglobin dient als Sauerstoffspeicher. Die Wirbeltier-↗Muskulatur besteht gewöhnl. aus hellen und roten Anteilen für beide Belastungsarten, was in der Flugmuskulatur der Vögel bes. deutlich sichtbar wird. Die relativen Anteile können sich je nach individueller Belastung verschieben. ↗Muskelkontraktion.

Rotenoi̲de [Mz.; v. jap. roten = Derris], Gruppe natürl. vorkommender ↗Insektizide aus den Wurzeln v. ↗*Derris-* (bes. *D. elliptica*), ↗*Lonchocarpus-, Tephrosia-, Milletia-, Mundulea-* u. anderen Arten. Zu den R.n zählen *Rotenon* u. Rotenon-Derivate wie z. B. Deguelin, Tephrosin, Sumatrol, Ellipton, Malaccol, Toxicarol u. Dolineon. Ihre Biogenese verläuft über die Isoflavone (↗Flavonoide, □). R. wirken als Hemmstoffe der Atmungskette, indem sie den Elektronenfluß von NADH auf Ubichinon unterbrechen (↗Atmungskette, □). Für Warmblüter sind R. aufgrund ihres raschen Abbaus im Organismus wenig toxisch. R. werden in Form v. Wurzelpulver od. Lösungen des Wurzelpulvers zur Insektenbekämpfung in der Landw. und im Gartenbau angewandt.

Roter Brenner, Pilzkrankheit an Reben, verursacht durch *Pseudopeziza trachei-*

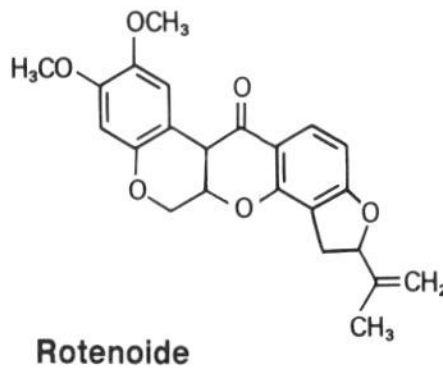

Rotenoide

Strukturformel v. *Rotenon*

Afr. Eingeborene benutzen R. als Fischgift, indem sie zerquetschtes R.-haltiges Pflanzenmaterial in Gewässerabschnitte streuen. Die im Wasser gelösten R. werden v. den Fischen über die Kiemen aufgenommen u. sind damit den entgiftenden Prozessen des Verdauungstrakts entzogen. Die Fische werden gelähmt u. an die Wasseroberfläche getrieben, wo sie sich leicht ergreifen lassen.

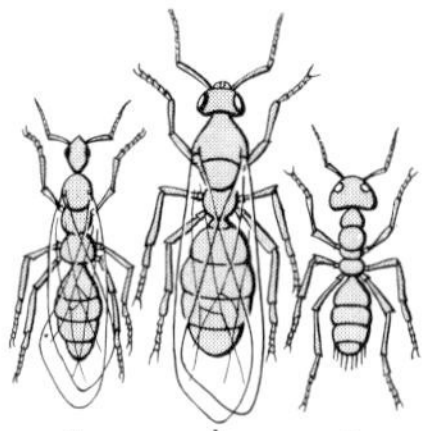

Rote Waldameisen

a Männchen, **b** Königin, **c** Arbeiterin

Röhrender Rothirsch *(Cervus elaphus)*

Rothirsch

Wichtige Unterarten des R.s *(Cervus elaphus)*:

Europa:
- Mitteleur. R. *(C. e. hippelaphus)*
- Schwedischer R. *(C. e. elaphus)*
- Tyrrhenischer R. *(C. e. corsicanus)*

N-Afrika:
- Berberhirsch *(C. e. barbarus)*

Asien:
- Altaimaral *(C. e. sibiricus)*
- Isubra *(C. e. xanthopygus)*
- Bucharahirsch *(C. e. bactrianus)*
- ↗Hangul *(C. e. affinis)*
- Jarkandhirsch *(C. e. yarkandensis)*
- Kaukasushirsch *(C. e. maral)*
- Szetschuanhirsch *(C. e. macneilli)*

N-Amerika:
- Felsengebirgswapiti *(C. e. nelsoni)*
- Ostwapiti *(C. e. canadensis)*

phila (T Helotiales), nur v. lokaler Bedeutung; bei Befall (Ende Mai/Anfang Juni) entstehen an weißen Sorten blaßgrüne, an roten Sorten rötl. Blattflecken (durch die Blattadern begrenzt), die sich mit der Zeit intensiv verfärben; neben Blattschäden Vertrocknen v. Blüten u. jungen Beeren.

Roterden ↗Latosole.

roter Körper ↗Schwimmblase.

Rote Ruhr, ruhrartige Erscheinungen nach Befall des Darms mit der Coccidie ↗*Eimeria* (*E. tenella* bei Hühnerküken, *E. zuerni* bei Rindern); oft tödl. Ausgang. ↗Kokzidiose, ↗Rinderkokzidiose.

Roter von Rio, *Hyphessobrycon flammeus,* ↗Salmler.

Rote Schwefelbakterien, die ↗Schwefelpurpurbakterien.

Rote Spinne, die ↗Spinnmilbe *Metatetranychus ulmi,* auch Bez. für *Epitetranychus althaeae,* Erreger des ↗Kupferbrands.

Rote Waldameisen, mehrere morphologisch ähnl. Arten der ↗Schuppenameisen, v.a. *Formica rufa* und *F. polyctena.* Bei den R.n W. kommen, wie bei allen ↗Ameisen, verschiedene Kasten vor; die Arbeiterinnen sind 4 bis 9 mm groß u. rotbraun gefärbt. *F. rufa* ist an Kopfunterseite u. Brust leicht behaart, während *F. polyctena* an diesen Stellen kahl ist. Die bis zu 2 m hohen, 2 m tiefen u. 5 m im ⌀ großen Hügelnester werden aus verschiedenen Materialien meist über einem Baumstumpf gebaut u. beherbergen ein Volk mit bis zu 2 Mill. Bewohnern u. mit einer od. mehreren Königinnen (mono- bzw. polygyne Völker) mit der typ. Organisation der Ameisenstaaten. Neue Nester entstehen durch „Ableger", indem eine Königin mit mehreren Arbeiterinnen auswandert (nur bei polygynen Völkern), od. durch „Versklavung" v. Völkern anderer Ameisenarten (z.B. *F. fusca*), indem eine Königin der R.n W. die Königin dieser ↗Hilfsameisen tötet u. ihre Brut v. deren Arbeiterinnen versorgen läßt. Die R.n W. ernähren sich v.a. von Insektenlarven u. sind daher als nützl. anzusehen. Feinde sind neben vielen Vögeln, wie Spechten u. Staren, auch Wildschweine u. Kröten. Der Rückgang im Bestand der R.n W., die nach der ↗Roten Liste als „gefährdet" gelten, liegt jedoch an der Monotonie vieler wirtschaftl. genutzter Wälder.

Rotfäule, 1) Einige Pflanzenkrankheiten, bei denen die befallenen Teile sich rötl. verfärben; z.B. R. der Kartoffel: beim Anschneiden der Knolle verfärbt sich die Schnittstelle lachsrosa (Erreger: *Phytophthora*-Arten), od. R. der Rüben: auf befallenen Stellen wachsen rot-dunkelviolette Hyphenstränge (Erreger: *Helicobasidium purpureum*). 2) *R. des Holzes* (forsttechn. Bez.), früher z.T. synonym für ↗Braunfäule gebraucht od. für eine Abart der Weißfäule, die durch den Wurzelschwamm *(Heterobasidion annosum)* u.a. holzzerstörende Pilze hervorgerufen wird, bes. bei Fichtenholz.

Rotfeder, *Rotkarpfen, Scardinius erythrophthalmus,* meist um 25 cm langer, eur. Weißfisch v.a. in flachen, bewachsenen Seen; sehr ähnl. der Plötze (↗Rotaugen), doch mit gelbl. Augen; die Rückenflosse setzt deutl. hinter den Bauchflossen an.

Rotfeuerfische, *Pterois,* Gatt. der Skorpionsfische; auffällig gestaltete u. gefärbte ↗Giftige Fische der trop. Korallenriffe, die mit ihren fächerartig spreizbaren Brustflossen ihre Beutetiere in die Enge treiben. Hierzu der indopazif., bis 38 cm lange Eigtl. R. *(P. volitans)* u. die ebenfalls indopazif., etwas kleinere, dunkler gefärbte Art *P. russelli* (B Fische VII).

Rotfleckigkeit, die ↗Fleischfleckenkrankheit.

Rot-Grün-Blindheit, Sammelbez. für *Protanopie* u. ↗*Deuteranopie,* die zwei häufigsten erblichen ↗*Dichromasien* (□ Geschlechtschromosomen-gebundene Vererbung) beim Menschen. ↗Farbenfehlsichtigkeit (□).

Rothaarigkeit, *Rutilismus,* rote Haarfärbung beim Menschen, die durch einen Defekt bei der Melaninbildung entsteht; rezessiv erbl.; tritt in unterschiedl. Ausmaß bei allen Menschenrassen auf, bei hellhäutigen häufiger als bei dunkelhäutigen. Extreme: bei ca. 11% der irischen u. schottischen Hochlandbevölkerung, aber bei nur 1–2‰ der Japaner.

Rothalstaucher, *Podiceps grisegena,* ↗Lappentaucher.

Rothia *w,* Gatt. der ↗*Actinomycetaceae;* kokkoide bis verzweigt fädige Formen, morpholog. den *Actinomyces*- u. *Nocardia*-Arten sehr ähnl., unterscheiden sich v. diesen Gatt. physiologisch u. in der Zellwandzusammensetzung. *R. dentocariosa* ist normaler Bewohner v. Mund- u. Rachenraum des Menschen. T Mundflora.

Rothirsch, *Edelhirsch i.e.S., Rotwild, Cervus elaphus,* bekannteste Art der ↗Hirsche (Fam. *Cervidae;* Gatt. ↗Edelhirsche), mit 23 U.-Arten (vgl. Tab.) über Europa, N-Afrika, Asien und N-Amerika verbreitet; Kopfrumpflänge 165–265 cm, Körperhöhe 75–150 cm; männl. R.e mit vielendigem Stangen-↗Geweih (□; B Kampfverhalten) u. Halsmähne. – Die Vorfahren der heutigen amerikanischen R.e od. Wapitis (fr. als eine eigene Art betrachtet) kamen aus Eurasien über die ehemalige Landbrücke über die Beringstraße, breiteten sich über ganz N-Amerika aus (B Nordamerika I) u. spalteten sich in mehrere U.-Arten auf. Bejagung u. zunehmende Landnutzung führten inzwischen zu einem starken Rückgang der einst großen amerikan. R.-Bestände u. zur Bedrohung einiger U.-Arten, die nur durch Schutzgebiete u. Winterfütterung noch erhalten werden können. Auch die meisten asiat. U.-Arten des R.s sind heute im Freileben bedroht; einige werden in Farmen gezüchtet. Vom einzigen afrikan. R., dem Berber- od. Atlashirsch *(C. e. barbarus),* leben nur noch wenige Exemplare in einem kleinen Gebiet zw. Algerien u. Tunesien. – Der Mitteleur. R. *(C. e. hippelaphus)* bevorzugt Laub- u. Mischwälder als Lebensraum; er ist hpts. Dämmerungs- u. Nachttier. Außerhalb der Paarungs-(Brunft-)zeit sind die R.-Rudel nach Geschlecht geschieden; zur Brunftzeit (Ende Sept.) scharen starke männl. R.e („Platzhirsche") i. d. R. 6–12 weibl. Tiere um sich; Rudelanführer ist aber stets ein weibl. Tier. Der Platzhirsch hält Nebenbuhler fern u. die weibl. Tiere zus.; nach der Brunft verläßt er das Rudel wieder. Nach 8½ Monaten Tragzeit (Mai/Juni) bringen Hirschkühe abseits vom Rudel ihr Junges zur Welt. Traditionsgemäß genießt der R. als „fürstl. Wild" eine jagdl. Sonderstellung (↗Hochwild, ↗Jagd). Durch jagdl. Hege (Fütterungspflicht) wird in den meisten eur. Ländern ein für den begrenzten Lebensraum zu hoher Bestand gehalten. – Weitere eur. R.e sind der Schwedische R. *(C. e. elaphus)* u. der nahezu ausgerottete Tyrrhenische od. Zwerg-R. *(C. e. corsicanus).* Heute in Argentinien, Austr. und Neuseeland lebende R.e stammen v. eingebürgerten eur. R.en ab. [B] Europa XIV.

Rotholz, 1) Bez. für verschiedene, überwiegend trop. Holzarten, aus deren ↗Kernholz fr. rote Farbstoffe gewonnen wurden (vgl. Tab.). **2)** Druckholz (↗Reaktionsholz) der Nacktsamer.

Rothörnchen, *Tamiasciurini,* Gatt.-Gruppe der ↗Hörnchen mit 2 Gatt.: Chines. R. (*Sciurotamias;* 2 Arten) und Nordamerikan. R. (*Tamiasciurus;* 3 Arten).

Rothuhn, *Alectoris rufa,* ↗Steinhühner.

Rothunde, *Asiat. Wildhunde, Cuon,* Gatt. der ↗Hunde (U.-Fam. *Caninae*) mit 1 Art (*C. alpinus;* Kopfrumpflänge 85–110 cm, Schulterhöhe 40–50 cm) und 11 U.-Arten (z. B. Adjak, Alpenwolf, Kolsun); überwiegend Waldbewohner, jagen ausdauernd im Rudel.

Rotifera [Mz.; lat. rota = Rad, -fer = -tragend], die ↗Rädertiere.

Rotkaninchen, *Wollschwanzhasen, Pronolagus,* im S Afrikas vorkommende Gatt. der ↗Hasenartigen mit vermutl. 3 Arten; Unterwolle u. buschiger Schwanz rotbraun.

Rotkappen, ↗Rauhfußröhrlinge mit gelb-, orange- od. rotbraunem Hut (vgl. Tab.).

Rotkarpfen, die ↗Rotfeder.

Rotkehlchen, *Erithacus rubecula,* 14 cm großer, zu den Drosseln gehörender Singvogel mit rötl. Kehle u. Brust, Oberseite braun; bewohnt Wälder, buschreiche Parks u. Gärten; wohlklingender perlender Gesang; Nest mit 5–7 Eiern in Bodennähe, Teilzieher. [B] Europa XII.

Rotkern ↗Falschkern.

Rotkohl ↗Kohl.

Rotlauf, der ↗Schweinerotlauf.

Rotlaufbakterien, die Gatt. ↗Erysipelothrix.

Rotlehm, roter, plast. Boden (↗Plastosol) der Tropen u. Subtropen mit A-B-C-Profil aus Silicatgestein; die dichtgelagerten Zweischichtminerale (Kaolinit) sind durch Eisenoxide rot u. rotbraun gefärbt. R.e kommen als Reliktböden (↗Bodengeschichte) im Taunus, Fichtelgebirge u. am Vogelsberg vor.

Rotholz

Fam. ↗Hülsenfrüchtler:

Caesalpinia echinata („Pernambukholz"; Westindien)
C. sappan („Sappan"; Indien, Malaysia)
Pterocarpus indicus („Padouk"; trop. Asien)
P. santalinus („Ostind. Sandelholz", Rotes Sandelholz; Indien, Sri Lanka)
Haematoxylum brasiletto (Mittelamerika, Venezuela)

Fam. ↗*Erythroxylaceae:*

Erythroxylum areolatum (↗Eisenholz; Jamaika)

Fam. ↗Sumpfzypressengewächse:

Metasequoia glyptostroboides (China)
Sequoia sempervirens („Redwood"; Kalifornien)

Rotkappen

Einige Arten:

Schwarzschuppige Birkenrotkappe *(Leccinum testaceoscabrum* Sing., unter Birken, eßbar)
Eichenrotkappe (*L. quercinum* Pil., unter Eichen, eßbar)
Rotkappe (*L. aurantiacum* S. F. Gray, unter Zitterpappeln, eßbar)

Rötlinge

Artenreiche Untergattungen:

Entoloma (Rötling)
Leptonia (Zärtling)
Nolanea (Glöckling)
Eccilia [Rhodophyllus] (Nabelrötling)

Rötlingsartige Pilze

Gattungen:

Entoloma (= *Rhodophyllus,* ↗Rötlinge)
Rhodocybe (Tellerlinge, Bitterlinge)
Clitopilus (↗Räslinge)

Rotliegendes, untere geokrate Serie bzw. Epoche des ↗Perm (☐) in german. Fazies; seit altersher heißen im mitteldt. Bergbau die Sandsteine u. Konglomerate unter dem „Kalk" (Kupferschiefer): das rote, tote Liegende. Zeitl. entspricht das R. dem Abschnitt zw. Oberkarbon (mittlere Gzhelian-Stufe) u. dem Beginn des oberen Oberperm (Tatar-Stufe). [B] Erdgeschichte.

Rötlinge, *Entoloma, Rhodophyllus,* Gatt. der ↗Rötlingsartigen Pilze; in Europa ca. 150 Arten, meist boden-, seltener holzbewohnende Saprophyten; die meisten Arten ohne prakt. Bedeutung, wenige eßbar, einige sehr giftig, z. B. der Riesen-R., *E. sinuatum* Kum. *(R. sinuatus),* oder der Frühlings-R., *E. vernum* Lundell *(R. vernus).* Die R. werden in 5–7 U.-Gatt. aufgeteilt (vgl. Tab.). Der Gatt.-Name *Rhodophyllus* ist nach den Nomenklaturregeln nicht korrekt, doch allg. üblich.

Rötlingsartige Pilze, *Rosa-, Rotblättler, Entolomataceae, Rhodophyllaceae,* Fam. der ↗Blätterpilze; das Sporenpulver der häutigen bis fleischigen Fruchtkörper ist hell bis satt rosafarben, trocken auch rosabraun; der Stiel ist zentral, selten exzentrisch od. seitlich; die Lamellen erscheinen anfangs weiß bis grau, später rötlich; die Mehrzahl der R.n P. besitzt typisch eckige Sporen. Etwa 150 Arten, die überwiegend in der Gatt. ↗Rötlinge *(Entoloma)* eingeordnet werden (vgl. Tab.).

Rotpustelpilz, *Nectria cinnabarina* Fr., häufiger Pustelpilz (Fam. ↗*Nectriaceae*) mit zinnoberrotem bis rötl.-bräunl. Stroma (∅ 0,5–2 mm) an abgestorbenen Stämmen u. Zweigen v. Laubhölzern; auch an Stachel- u. Johannisbeere.

Rotrandbär, *Diacrisia sannio,* ↗Bärenspinner.

Rotrückensalamander, *Plethodon cinereus,* ↗Waldsalamander.

Rotrüster ↗Ulme.

Rotsalamander, *Pseudotriton,* Gatt. der *Plethodontidae;* ↗Schlammsalamander.

Rotschenkel, *Tringa totanus,* ↗Wasserläufer.

Rotschiller ↗Schillerfalter.

Rotschwänze, *Phoenicurus,* insektenfressende Singvögel aus der Fam. der Drosseln; rostroter Schwanz mit zitternden Bewegungen; 2 einheimische Arten, 14 cm groß, Zugvögel. Der Hausrotschwanz *(P. ochruros)* bewohnt Felsen u. Gebäude; Männchen rußschwarz mit weißem Flügelfleck, gequetschter kratzender Gesang bereits am frühen Morgen, Halbhöhlenbrüter, 5 weiße Eier ([B] Vogeleier I); Weibchen unscheinbar graubraun, ähnl. wie beim Gartenrotschwanz *(P. phoenicurus),* dessen Männchen auffallend bunt gefärbt ist ([B] Europa IX), besiedelt lichten Wald,

Parks u. Obstwiesen; Höhlenbrüter, 6–7 blaugrüne Eier.

Rotseuchen, bakterielle, durch *Pseudomonas-* u. *Aeromonas*-Arten verursachte Fischseuchen, hpts. bei Karpfen, Forellen u. Aalen; gekennzeichnet u.a. durch starkes Anschwellen der Hautgefäße am Bauch und gelegentl. Geschwüre.

Rotstreifigkeit, eine Sonderform der ↗Braunfäule des Holzes.

Rottanne, *Picea abies,* ↗Fichte.

Rotte, 1) wm. Bez. für die ↗Herde. **2)** Überwiegend aerobe Zersetzung fester organ. Stoffe durch Mikroorganismen (Bakterien, Pilze), z.B. ↗Kompost- u. Mist-Bereitung (↗Stallmist) od. Hanf- u. Flachsgewinnung. Der R.-Vorgang ist meist nach 4–7 Monaten abgeschlossen. Durch Be- u. Entlüftung in bes. Behältern *(R.zelle, Gärzelle)* kann die R.zeit verkürzt werden. – Die Verrottung fester Abfallstoffe in der Kompostierung (↗Kompost) dient der Geruchsbeseitigung, Hygienisierung u. Düngerbildung (bereits im Altertum beschrieben). Eine wesentl. Eigenschaft der Kompostierung ist die mikrobielle ↗Selbsterhitzung in den abgedeckten Haufen od. ↗Mieten, die zu einem beschleunigten Abbau komplexer organ. Stoffe führt. Nach Abbau leicht abbaubarer Substanzen reichern sich die aus hochpolymeren Pflanzenstoffen u. mikrobiellen Stoffwechselprodukten gebildeten Huminsäuren (↗Huminstoffe) an. ↗Röste.

Rotula *w* [v. lat. rotulus = Rädchen], Gatt. der ↗Sanddollars mit einer Schale, die besondere Einkerbungen u. Durchbrechungen („Lunulae") aufweist.

Rotwangensalamander, *Plethodon jordani,* ↗Waldsalamander.

Rotwurm, der ↗Luftröhrenwurm.

Rotz, 1) Krankheit bei Zwiebelgewächsen; Pflanzengewebe zerfällt in breiig-schleimige, übelriechende Masse; *Schwarzer R.* durch den Schlauchpilz *Sclerotinia bulborum, Gelber R.* (speziell bei Hyazinthen) durch das Bakterium *Xanthomonas hyacinthi.* **2)** *Wurm, Malleus farciminosus,* Seuche der Einhufer, z.B. von Pferd, Esel, Maultier, die schon seit dem Altertum bekannt ist. Unter bestimmten Bedingungen, durch Kontakt mit dem erkrankten Tier od. Fleisch, auch auf andere Haustiere u. den Menschen übertragbar. Erreger ist ↗*Pseudomonas mallei,* ein Säugetierparasit, der freilebend nicht vorkommt u. nach der Entdeckung v. Löffler u. Schütz (1882) in verschiedenste Bakterien-Gatt. eingeordnet wurde *(Pfeifferella, Loefflerella, Malleomyces,* ↗*Actinobacillus,* ↗*Acinetobacter).* Nach Eindringen des R.-Bakteriums über die Schleimhaut des oberen Respirationstrakts, über Hautwunden od. den Magen-Darm-Kanal kommt es an den Eintrittsstellen zu Geschwürbildung, lymphogenen Metastasen mit Ausbreitung auf umliegende Gewebe u. schließlich zur Sepsis. R. ist meldepflichtig. Er ist in W- und Mittel-Europa ausgerottet, in Asien, Afrika u. dem Mittleren Osten jedoch noch verbreitet.

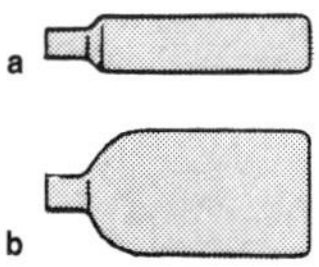

Roux-Flasche

a von der Seite,
b von oben

Rozites

Reifpilz *(R. caperata* Karst.)

Rotzbakterien, *Pseudomonas mallei,* Erreger v. ↗Rotz (Malleus).

Rotzunge, die ↗Limande.

Rourea *w,* Gatt. der ↗Connaraceae.

Rous [rauß], *Francis Peyton,* am. Krebsforscher, * 5. 10. 1879 Baltimore (Md.), † 16. 2. 1970 New York; seit 1909 Prof. in New York; entdeckte (1910) u. züchtete Viren, die bei Hühnern bösartige Geschwülste *(R.-Sarkom)* hervorrufen können (Virustheorie des Krebses); erhielt 1966 zus. mit dem kanad.-am. Chirurgen *Charles Brenton Huggins* (* 1901), der 1941 nachwies, daß Prostatakrebs durch Applikation weibl. Sexualhormone unter Kontrolle gehalten werden kann, den Nobelpreis für Medizin.

Rous-assoziierte Viren [ben. nach F. P. ↗Rous (rauß), v. lat. associare = verbinden], Abk. *RAV,* Gruppe der ↗RNA-Tumorviren.

Rous-Sarkomvirus *s* [v. gr. sarkōma = Fleischgeschwulst], Abk. *RSV,* ↗RNA-Tumorviren.

Roux [ru], **1)** *Pierre Paul Émile,* frz. Bakteriologe, * 17. 12. 1853 Confolens (Charente), † 17. 12. 1933 Paris; seit 1904 Dir. des Pasteur-Inst. in Paris; fand 1888 zus. mit A. ↗Yersin in Kulturen des Diphtheriebakteriums das Diphtherie-Toxin u. schuf damit die Voraussetzung für die v. ↗Behring entwickelte Diphtherie-Schutzimpfung. **2)** *Wilhelm,* dt. Anatom u. Biologe, * 9. 6. 1850 Jena, † 15. 9. 1924 Halle/Saale; Schüler v. Gegenbaur, Haeckel u. Virchow, seit 1886 Prof. und 1888 Dir. des für ihn errichteten Inst. für Entwicklungsgeschichte u. Entwicklungsmechanik in Breslau, seit 1889 Prof. in Innsbruck, 1895 Halle. Begr. der experimentellen Embryologie, die er (1889) in seiner programmat. Rede (zur Eröffnung des Innsbrucker anatom. Instituts): „Die Entwicklungsmechanik der Organismen, eine anatomische Wissenschaft der Zukunft" in den Rang einer eigenen Disziplin erhob. Postulierte die „Selbstdifferenzierung" der Einzelzellen zu Beginn der Embryogenese, gründete 1894 das „Archiv für Entwicklungsmechanik der Organismen". B Biologie I–III.

Roux-Flasche [ru-], *Roux-Kolben,* [ben. nach P. P. É. ↗Roux], Glasgefäß zur Massenanzucht v. Mikroorganismen; fr. im großen Maßstab zur Gewinnung v. Penicillin im Oberflächenverfahren eingesetzt.

Roveacrinida [Mz.; v. gr. krinon = Lilie], (Sieverts-Doreck 1952), † Ord. kleiner, stielloser pelag. lebender *Crinoidea* (U.-Kl. *Articulata*); Seelilien mit stark reduzierter Kelchbasis u. 10 Armen. Eine bekannte Gatt. ist ↗*Saccocoma.* Verbreitung: mittlere Trias bis Oberkreide.

Rozites *m* [ben. nach dem frz. Mykologen E. Roze, 1833–1900], Gatt. der ↗Schleierlingsartigen Pilze, in Mitteleuropa mit 1 Art, dem als Speisepilz geschätzten Reifpilz od. Zigeuner, *R. caperata* Karst. (= *Pholiota c.* Quél.); der Hut (∅ 4–10 cm) ist tonblaß bis tonbraun, durch Bereifung oft mit lilafarbenem Schein; die Lamellen sind blaß, später tonbraun; der schmutzig weißl. Stiel besitzt einen schmalen, häutigen Ring; wächst bes. in Nadelwald, seltener Laubwald, meist zw. Heidelbeeren.

RQ, Abk. für ↗respiratorischer Quotient.

r-RNA, Abk. für ribosomale RNA; ↗Ribosomen.

R-Selektion ↗Selektion.

R-Stämme ↗S-Stämme.

R-Strategen ↗Strategien, ↗Selektion.

Rubefizierung *w* [v. lat. rubefacere = röten], Verwitterungsprozeß, bei dem ein roter Boden entsteht; findet v.a. unter wechselfeuchten warmen Klimabedingungen statt; Kalk u. Silicate werden ausgewaschen, rote u. braunrote Eisenoxide reichern sich im Oberboden an.

Rubellavirus *s* [v. *rub-], *Rötelnvirus*, ↗Togaviren.

Rüben, fleischig verdickte Speicherorgane bei einer Reihe v. Pflanzen *(R.pflanzen)*, die aus wechselnden Anteilen v. Hauptwurzel (↗Pfahlwurzel) u. ↗Hypokotyl bestehen u. durch früh einsetzendes ↗sekundäres Dickenwachstum gebildet werden. Den Hypokotylanteil erkennt man am Fehlen v. Seitenwurzeln. Beispiele für solche R. sind ↗Rettich u. Mohrrübe (↗Möhre). Dabei unterscheiden sich beide Beispiele in der Wachstumsform. Die Rettichwurzel bildet beim sekundären Dickenwachstum vom ↗Kambium aus viel ↗„Holz" nach innen u. nur wenig ↗„Bast" nach außen, weshalb ältere Rettichwurzeln als *„Holzrübe"* trotz geringer Verholzung der Holzelemente holzig werden. Die Möhrenwurzel bildet dagegen beim sekundären Dickenwachstum wenig „Holz", dafür aber überwiegend „Bast". Es entsteht eine dickrindige *„Bastrübe"*. Einen Sonderfall stellt die *„Betarübe"* dar (Beispiele: Zucker-, Futter- u. Rote Rübe, ↗*Beta*). Sie entsteht durch ein anomales sekundäres Dickenwachstum. Hierbei bleibt das urspr. Kambium nur kurze Zeit tätig u. wird durch neue, ebenfalls nur kurzzeitig tätige Kambien in der Peripherie ersetzt – zunächst noch im Bereich des Perizykels, später dann im Bereich des Bastes. Viele Übergangsformen zwischen R. und ↗Knollen erschweren eine eindeutige begriffl. Festlegung dieser Organe.

Rübenälchen, auch *Rübencystenälchen, Heterodera schachtii,* als Verursacher der *Rübenmüdigkeit* einer der bedeutendsten Schädlinge aus der Fadenwurm-Ord. ↗*Tylenchida.* Das 2. Larvenstadium (L2) dringt mit Hilfe seines ↗Stiletts in jungen Wurzeln bis zum Zentralzylinder vor. Die Pflanze bildet daraufhin durch Zellfusion ein Syncytium; dieses dient dem R. als Nahrung. Die weibl. L3 und L4 schwellen stark an u. erreichen als adulte ♀♀ eine birnenförm. Gestalt (0,5–1,0 mm); sie lassen die Wurzelrinde platzen u. werden an ihrem nach außen ragenden Hinterende von den inzwischen nach außen gewanderten ♂♂ (1,5 mm) begattet. Einige Eier werden abgelegt (neuer Zyklus innerhalb 3 Wochen). Die meisten Eier verbleiben im Mutterleib, der sich als ganzes in eine Cyste umwandelt u. von der Wurzel abfällt. Aus diesen Cysten (je ca. 300 Eier) können über 10 Jahre lang infektiöse Larven schlüpfen! Da die meisten jedoch schon in den ersten Jahren schlüpfen, wird ein relativer Schutz durch Fruchtfolge (Rotation) erreicht; auch intensive Düngung ist nützl. (analog: Bandwürmer im Darm des Menschen sind weniger gefährl. bei besserer Ernährung). – Die Gatt. ↗*Heterodera* umfaßt ca. 100

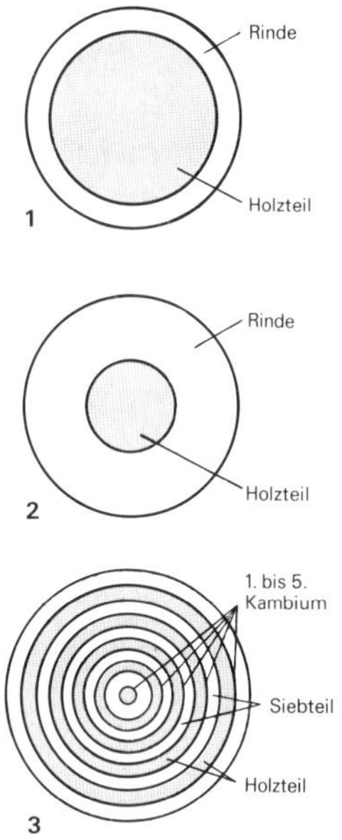

Rüben

Formen der sekundären Differenzierung bei Rüben: **1** Holzrübe, **2** Bastrübe, **3** Betarübe

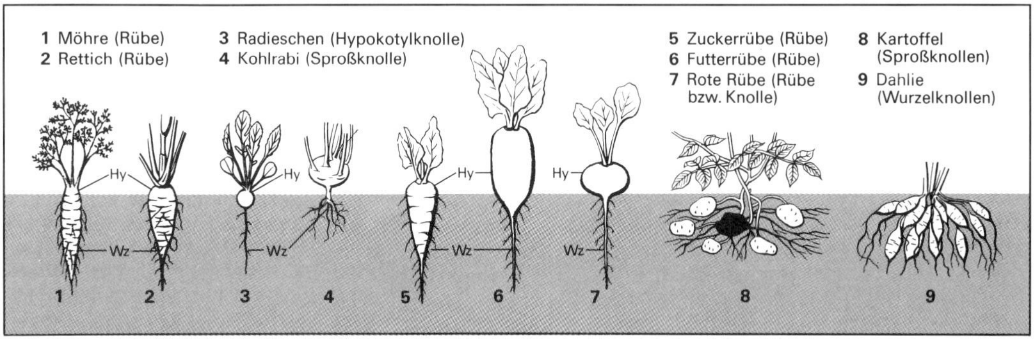

Rüben und Knollen als Speicherorgane

Viele Übergangsformen erschweren eine eindeutige Terminologie. Folgende Übersicht mag zur Klärung beitragen (Hy = Hypokotyl, Wz = [Haupt-]wurzel).

Rübe oder Wurzelrübe
Die *Hauptwurzel,* meist mit einem Teil des Hypokotyls, ist verdickt, z.B. Möhre **(1),** Rettich, Zuckerrübe **(2, 5),** Futterrübe **(6),** Rote Rübe **(7)** (da hier Hypokotylanteil oft fast ausschließlich, besser zur Hypokotylknolle zu rechnen).

Knolle
Die Hauptwurzel ist am Speicherorgan nicht beteiligt.

Wurzelknolle
Sproßbürtige *Wurzeln* sind verdickt, z.B. Dahlie **(9),** Süßkartoffel, Yams, Maniok.

Sproßknolle
Teile der *Sproßachse* sind verdickt, z.B. Kohlrabi **(4)** (aufrechte oder *orthotrope* Sproßknolle) oder Kartoffel **(8)** (Teile von Seitensprossen als Ausläufer sind an der Spitze verdickt: *plagiotrope* Sproßknolle).

Hypokotylknolle
Das *Hypokotyl* ist verdickt, z.B. Radieschen **(3)**. Hier kann auch die Rote Rübe **(7)** eingeordnet werden.

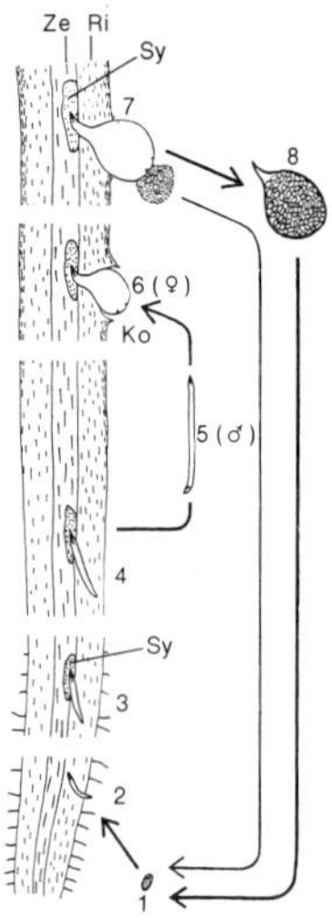

Rübenälchen

Entwicklungszyklus des R.s und anderer Arten der Gatt. *Heterodera*

Ko = Kopulation, Ri = Wurzelrinde, Sy = Syncytium, Ze = Zentralzylinder; 1 = Ei (0,1 mm), darin L1; 2 = L2 (0,5 mm, infektiöse Larve); 3, 4 = L3 und L4 (bleiben am einmal gewählten Ort); 5 = ♂ (1,5 mm); 6 = junges ♀; 7 = besamtes ♀, einige abgelegte Eier in Gallerte; 8 = abgestorbenes, von Wurzel abgefallenes ♀ ≙ Cyste (0,5–1,0 mm), angefüllt mit Eiern.

pflanzenparasit. Arten, auch in Monokotyledonen (z. B. *H. avenae*); das ↗Kartoffelälchen ist neuerdings als zu 2 Arten gehörend erkannt *(rostochiensis, pallida)* u. wird jetzt in die Gatt. *Globodera* gestellt.

Rübenfäule, *Rübenkopffäule,* ↗Stengelälchen. [menfliegen.

Rübenfliege, *Pegomyia hyoscyami,* ↗Blu-

Rübengeophyten, ↗Geophyten, die als ↗Rüben ungünstige Klimaperioden überdauern, z. B. Kermesbeere u. Zaunrübe.

Rübenrost, weltweit verbreitete, in Dtl. nur sporad. auftretende Pilzkrankheit an Zucker-, Futter-, Roten Rüben, auch Spinat u. a. *Beta*-Arten. Erreger ist der Rostpilz *Uromyces betae,* der typische rotbraune Rostpusteln (Uredolager) auf der Blattspreite ausbildet.

Rübenschorf, *Gürtelschorf, Pustelschorf,* Bakterienkrankheit an Rüben, verursacht durch *Streptomyces scabies;* auf der Rübenoberfläche entstehen bei Befall warzenart. Erhebungen, schorfart. Gewebe. R. tritt vornehml. auf leichten alkal. Böden u. in trockenen, warmen Jahren auf; die Verluste sind gering. [wanzen.

Rübenwanze, *Piesma quadrata,* ↗Melden-

Rübenzucker, die ↗Saccharose.

Rubeola *w* [v. *rub-], die ↗Röteln.

Rubia *w* [lat., = Färberröte], der ↗Krapp.

Rubiaceae [Mz.; v. *rub-], die ↗Krappgewächse. [gen.

Rubiales [Mz.; v. *rub-], die ↗Krapparti-

Rubilismus *m* [v. *rub-], der ↗Erythrismus.

Rubion subatlanticum *s* [v. lat. rubus = Brombeerstrauch, sub = unter(halb), Atlanticus = atlantisch], *subatlantische Brombeer-Hecken,* Verb. der ↗*Rhamno-Prunetea;* bestimmt durch zahlr. Kleinarten v. *Rubus fruticosus;* z. B. auf den schleswig-holstein. Knicks (unterschiedl., noch wenig bekannte Assoz.), als Mantel- u. Ersatzges. von Eichen-Hainbuchenwald (Brombeer-Schlehenbusch) u. von Buchen-Tannenwäldern (Brombeer-Haselbusch). [phat-Carboxylase.

Rubisco, Abk. für ↗Ribulose-1,5-diphos-

Rubivirus *s* [v. *rub-], Gatt. der ↗Togaviren.

Rüblinge, *Collybia,* Gatt. der ↗Ritterlingsartigen Pilze; kleine bis mittelgroße Blätterpilze mit häutigem bis dünnfleischigem Hut u. knorpelig-zähem Stiel, der oft wurzelartig verlängert ist. Die Lamellen sind ausgebuchtet od. gerade angewachsen; der Sporenstaub ist weiß bis rötl. ocker. R. wachsen saprophyt. meist auf Laub- u. Nadelstreu des Waldbodens, auch auf faulenden Pilzhüten; viele mit Sklerotien im Substrat. Die meisten Arten sind ungenießbar; eßbar ist der Laubfreund-R. (*C. dryophila* Kumm.), giftig od. giftverdächtig sind der Striegelige R. (*C. hariolarum* Quél.) u. der Spindelige R. (*C. fusipes* Quél.).

Rubner, *Max,* dt. Hygieniker u. Physiologe, * 2. 6. 1854 München, † 27. 4. 1932 Berlin; seit 1885 Prof. in Marburg, 1891 Berlin, gründete das Kaiser-Wilhelm-Inst. für Arbeitsphysiologie in Berlin; grundlegende Arbeiten zum Wärmehaushalt v. Mensch u. Tier, über den Einfluß des Klimas u. Fragen der Desinfektion; wies durch direkte u. indirekte Kalorimetrie die Gültigkeit des Energieerhaltungssatzes auch für den tier. Stoffwechsel nach; zahlr. Arbeiten zur Stoff- u. Wärmebilanz, Energiegehalt der Nahrung u. das Isodynamiegesetz machten ihn zum Begr. der modernen Ernährungslehre. [B] Biologie I.

Rüböl ↗Kohl.

Rubredoxin *s* [v. *rub-], ein aus *Clostridium pasteurianum,* aber auch aus anderen Bakterien isolierbares eisenhalt. ↗Redoxin, das den ↗Ferredoxinen strukturell u. funktionell ähnl. ist. R. bildet sich in *Clostridium p.* bei relativem Eisenmangel des Milieus. Es enthält pro Peptidkette, die beim R. aus *Micrococcus aerogenes* aus 53 Aminosäuren aufgebaut ist, nur 1 Eisenatom (im Ggs. zu Ferredoxin), das koordinativ an 4 Cysteinyl-Reste gebunden ist.

Rübsen *m* [gekürzt aus Rübsamen], ↗Kohl.

Rubus *m* [lat., = Brombeerstrauch], Gatt. der ↗Rosengewächse mit ca. 700 Arten, v. a. in nördl. gemäßigter Zone. Artabgrenzung schwierig; spontan treten durch Apomixis, Hybridisation u. Polyploidisierung neue Arten auf. Die Gatt. umfaßt meist stachelige, oft rankende Sträucher mit weißen, roten od. violetten Einzelblüten; zahlr. Fruchtblätter auf vorgewölbter Blütenachse; Sammelsteinfrucht. Die Aakerbeere od. Arktische Brombeere (*R. arcticus,* [B] Europa V) ist in N-Europa heimisch; Stengel 10–20 cm hoch, langgestielte, 3- bis 5zählig gefiederte Blätter; große, rote Blüten im Juli–Aug.; würzig schmeckende Früchte. Eine sehr umfangreiche Sammelart ist die Brombeere (*R. fruticosus,* [B] Europa XIX); stacheliger

Rübenälchen

Der Parasitismus des R.s (u. auch der anderen Arten der Gatt. ↗*Heterodera*) zeigt bemerkenswerte Anpassungen:
1) Die Induzierung eines sich ständig vergrößernden Syncytiums im Wirtsgewebe ist für den Parasiten bes. nützlich, da er nicht einzelne Zellen aufsuchen u. anbohren muß; er kann am einmal gewählten Ort liegen bleiben.
2) Die ♀ Geschlechtsöffnung liegt beinahe neben dem After. Dies ermöglicht den ♂♂, die noch fast vollständig in der Wurzel steckenden ♀♀ von außen zu begatten. Die Anlage der Geschlechtsorgane liegt bei der L2 wie bei den Adulten der meisten anderen ↗Fadenwürmer ([B]) in der Körpermitte; die terminale Lage wird schrittweise über L3 und L4 erreicht (entspr. Rekapitulation).
3) Die Umwandlung des ♀ in eine feste Cyste liefert für die darin bleibenden Eier eine zusätzl. Schutzhülle u. zugleich ein Transportmittel: die Cysten können durch Wind u. Wasser (auch Bewässerung) weit verbreitet werden.

rub- [v. lat. ruber, rubra, rubrum bzw. rubeus = rot; rubellus = rötlich; davon rubia = Färberröte, Krapp].

1  2

Rubus

1 Brombeere *(R. fruticosus)*; **2** Himbeere *(R. idaeus)*, oben Frucht-, unten Blütenzweig

Strauch mit kriechenden od. aufrechten Stengeln, oft wintergrün; Blätter 3- bis 5zählig gefiedert; Vitamin-C-reiche, schwarze od. schwarzrote Sammelfrucht; Vorkommen in Hecken, Wäldern u. Kahlschlägen in fast ganz Europa; die Früchte werden als Wildobst genutzt; die gerbstoffhalt. Blätter eignen sich zur Teebereitung; seit dem 19. Jh. in Kultur; die Zuchtsorten gehen u. a. auf *R. ulmifolius, R. procerus* und nordam. Arten zurück; heute bestehen unübersehbare Hybridschwärme. Die Himbeere (*R. idaeus,* B Kulturpflanzen VII) hat 3- bis 7teilig gefiederte, hellgrüne, unterseits silbrig behaarte Blätter; Stengel aufrecht bis überhängend, mit vielen kleinen Stacheln besetzt; Frucht hellrot, löst sich vom Fruchtboden; kommt auf Waldlichtungen u. Schlägen, in Auen u. Schluchten in ganz Europa vor; Wildobst u. in Kultur. Zierpflanze ist bei uns die Japan. Weinbeere *(R. phoenicolasius);* gelegentl. verwildert; wurde zum Weinfärben verwendet. Die Kratzbeere *(R. caesius)* hat blau bereifte Stengel u. Früchte u. armblütige Blütenstände aus weißen Blüten; sie ist in fast ganz Europa in Auwäldern, an Waldrändern, Hecken u. Ufern beheimatet. Die Moltbeere od. Moltebeere (*R. chamaemorus,* B Europa VIII) ist zirkumpolar; 5lappige, ungeteilte Blätter; treibt jährl. unbewehrte Sprosse mit endständiger unverzweigter, weißer Blüte; sie hat eine hellorange bis gelbe, wohlschmeckende Sammelfrucht; ihr Areal reicht südl. bis Schleswig-Holstein und NW-Dtl.; man finddet sie dort selten in Mooren u. feuchten Heiden. Die Steinbeere (*R. saxatilis,* B Europa XII) hat ein 3zählig geteiltes, unterseits grünes Blatt; Frucht hellrot mit Johannisbeergeschmack; 2- bis 3jährig; auf lockeren, kalk- u. humusreichen Böden in lichten Nadelmischwäldern od. Linden-Ahornwäldern, in den Alpen bis 2000 m; selten; kommt in ganz Europa vor, im S nur in den Gebirgen. [↗Zackenhirsche.

Rucervus *m* [v. lat. cervus = Hirsch], die

Ruchgras, *Anthoxanthum,* Gatt. der Süßgräser (U.-Fam. *Pooideae*) mit ca. 20 Arten in Eurasien; Gräser mit einer Scheinähre u. 4 Hüllspelzen. Das Gewöhnl. R. *(A. odoratum)* ist ein ausdauerndes, 15–45 cm hohes minderwert. Futtergras v. a. in mageren Bergwiesen; es riecht nach Waldmeister (Cumarin-Geruch) u. ist heute weltweit verschleppt. [gressive Evolution.

Rückbildung ↗rudimentäres Organ, ↗re-

Rücken, *Dorsum,* bei bilateralsymmetrischen Tieren die in natürl. Körperhaltung vom Untergrund abgewandte Körperseite, die dem *Bauch* (↗Abdomen), der dem Untergrund zugewandt ist, gegenüberliegt. – 1) Bei Wirbeltieren u. Mensch ist der R. der Bereich über u. beidseits neben der ↗Wirbelsäule. Es gibt keine markante Grenze zur Körperseite od. ↗Flanke. Der R. wird oben/vorne durch den Halsansatz, unten/hinten durch Kreuz- u. Hüftbein begrenzt. Morpholog. ist der R. dadurch ausgewiesen, daß hier die Wirbelsäule mit dem ↗R.mark liegt (↗Deuterostomier). Im Laufe der Ontogenie kann die morphologische R.seite (↗Dorsalseite) aber zur funktionellen Bauchseite werden, so bei Fischen, deren natürliche Schwimmhaltung „bauchoben" ist. Beispiel: Rückenschwimmerwels *(Synodontis nigriventris),* bei dem die namengebende ↗Gegenschattierung der um 180° gedrehten Körperlage angepaßt ist: der nach unten weisende morphologische R. ist hell pigmentiert, der nach oben weisende Bauch dunkel. – 2) Bei Gliedertieren ist der R. die vom Untergrund abgewandte Körperseite aller Tagmata außer dem Kopf (Ausnahmen: z. B. die ↗Rückenschwimmer). Das Röhrenherz liegt unter dem Integument des R.s, das Strickleiternervensystem od. „Bauchmark" auf der entgegengesetzten Körperseite (↗*Gastroneuralia,* ↗Protostomier). 3) Bei anderen Wirbellosen sind Bauch und R. durch ihre natürl. Orientierung in Bezug zum Substrat u. durch jeweils gruppenspezif. Lage v. Organen gekennzeichnet (etwa der After auf der „R.seite" der Seeigel). □ Achse.

Rücken

Rückenmuskulatur

Der Hauptteil der R.muskulatur wird als *R.strecker* zusammengefaßt (Musculus erector spinae, wörtl.: Aufrichter der Wirbelsäule). Er besteht aus mehreren Anteilen, die insgesamt vom oberen Beckenrand zum Hinterhaupt reichen. Sie bilden einen paar. Längswulst beidseits der Wirbelsäule. Dabei hat ein Muskel, dessen Ursprung weiter cranial vom Becken liegt als der seines Nachbarn, seinen Ansatz ebenfalls weiter cranial. Der *breite R.muskel* (M. latissimus dorsi) verläuft v. den Brust- u. Lendenwirbeln zum Oberarmknochen. Er leistet die Hauptarbeit beim Hangeln (↗Kapuzenmuskel).

Rückenflosse, *Pinna dorsalis,* in der Mittellinie des Rückens angebrachte, v. Skelettelementen gestützte ↗Flosse (□) bei Knorpel- u. Knochenfischen. I. d. R. ist die R. in Einzahl vorhanden, bei manchen Arten jedoch in mehrere serial hintereinanderliegende Anteile aufgespalten: ↗Barschartige Fische besitzen eine zweigeteilte, ↗Flösselhechte eine vielfach geteilte R. Beim Aal (↗Aale) bilden Schwanz-, ↗Bauch- und R. einen einheitl. Flossensaum. – ↗Wale haben konvergent zu den Fischen ebenfalls eine kleine R. gebildet, die aber keine Skelettelemente aufweist. – Die R. dient wie die ↗Afterflosse der Lagestabilisierung, ähnl. wie ein Schiffskiel.

Rückenfüßer, *Dromiacea,* U.-Abt. der ↗*Brachyura* mit 3 Fam. von Krabben, deren 5., manchmal auch 4. Pereiopoden auf den Rücken verlagert sind u. zum Festhalten v. Schwämmen, Muschelschalen u. ä. dienen, mit denen die Tiere sich tarnen. Am bekanntesten sind die ↗Wollkrabben.

Rückengefäß, *Dorsalgefäß,* der dorsal gelegene ↗Herz-Schlauch v. ↗Gliedertieren (u. a. ↗Insekten). ↗Perikardialsinus, ↗Blutkreislauf.

Rückenmark, *Medulla spinalis,* bei allen Wirbeltieren u. beim Menschen vorhandener runder od. ovaler Nervenstrang, der von innen nach außen von 3 Häuten umgeben ist: der *weichen R.shaut* (Pia mater spinalis), der *Spinnwebhaut* (Arachnoidea spinalis) u. der *harten R.shaut* (Dura mater spinalis). Zw. den ersten beiden Häuten befindet sich ein flüssigkeitsgefüllter Hohlraum (↗Cerebrospinalflüssigkeit), dem eine Dämpfungs- u. Schutzfunktion zukommt. Zentral ist das R. von einem Kanal (*Zentralkanal, R.skanal,* Canalis centralis) durchzogen, der sich im Gehirn zu einer Reihe v. Hohlräumen (↗Hirnventrikel) erweitert. Am Hinterhauptsloch geht das zum Zentralnervensystem zählende R. in das ↗*verlängerte Mark* (Medulla oblongata) über. – Das embryonal als Medullarrohr (↗Neuralrohr) angelegte R. läßt sich beim *Menschen* in folgende kontinuierl. ineinander übergehende *R.segmente* gliedern: 8 Hals- (Cervical-), 12 Brust- (Thorakal-), 5 Lenden- (Lumbal-), 5 Kreuzbein- (Sakral-) und 1–2 Steißbeinsegmente (Kokzygealsegmente). Da das R. während der Individualentwicklung geringere Wachstumsraten zeigt als die ↗Wirbelsäule, reicht es nur bis zur Höhe des 2.–3. Lendenwirbels (☐ Wirbelsäule). Daher liegen die einzelnen R.ssegmente jeweils höher als die entspr. *R.snerven* (↗Spinalnerven). Um den Zentralkanal liegt die im Querschnitt H- oder schmetterlingsförmig ausgebildete *graue Substanz;* ihre beiden dorsalen Schenkel bzw. Zipfel bilden die *Hinterhörner,* die beiden ventralen die *Vorderhörner,* dazwischen liegen noch kleine *Seitenhörner.* Die graue Substanz besteht aus einer Vielzahl v. Nervenzellkörpern u. meist marklosen kurzen Axonen. Ventral befinden sich die Motoneurone für die Steuerung der Skelettmuskulatur (somatomotorischer Anteil) u. weiter dorsal gelegen die Steuerneurone für die Eingeweidemuskulatur u. Drüsen (vegetativ-motorischer Anteil). Als gemeinsame *Vorderhornwurzeln* verlassen deren Axone das Zentrum segmentweise, d. h. nach Körperabschnitten geordnet. Die Ganglienzellen – ebenfalls segmentiert – liegen außerhalb des R.s in den v. Bindegewebe umhüllten Spinalganglien. Deren periphere Ausläufer leiten als afferente Fasern die Meldungen der ↗Rezeptoren in der Haut, den Muskeln u. Sehnen sowie den Eingeweiden dem R. zu. ↗Afferenzen u. Efferenzen der Spinalganglien bilden gemeinsam die peripheren Nerven (↗peripheres Nervensystem) zu den einzelnen Sinnesorganen. Weiterhin liegen in der grauen Substanz zahlr. Schaltneurone, die zw. den ein- u. auslaufenden Meldungen zum Gehirn bzw. zu Erfolgsorganen vermitteln. In der die graue Substanz umhüllenden *weißen Substanz* liegen die aus der Peripherie bzw. den Spinalganglien kommenden u. zum Gehirn ziehenden afferenten Bahnen sowie die vom Gehirn absteigenden efferenten Nervenfasern. Zu den wichtigsten aufsteigenden Axonen zählen der *Vorderseitenstrang,* in dem hpts. die Afferenzen der Thermo- u. Schmerzrezeptoren verlaufen, der *Kleinhirnseitenstrang,* dessen afferente Impulse in erster Linie v. den ↗Mechanorezeptoren der Haut, Muskeln u. Gelenke stammen, u. der *Hinterstrang,* in dem die Neurone ohne Unterbrechung bis zum verlängerten Mark verlaufen u. die ihre Impulse ebenfalls v. den Mechanorezeptoren der Haut, Muskeln u. Gelenke erhalten. Während über den Kleinhirnseitenstrang die nicht ins Bewußtsein dringenden Informationen der Muskeltätigkeit geleitet werden, erhält das Gehirn über den Hinterstrang Meldungen über Druck, Berührungen, Vibrationen und Stellung der Gelenke, die bewußt wahrgenommen werden. Neben diesen Nervensträngen verlaufen im R. der Säuger noch die Fasern des pyramidalen (↗Pyramidenbahn) u. ↗extrapyramidalen Systems, über die die Steuerung v. Tonus u. Motorik erfolgt. Entspr. den beiden Hirnhälften (↗Gehirn, B) sind auch die R.sstrukturen paarig angelegt, wobei zw. beiden Hälften zahlr. Querverbindungen bestehen, über die die Nervenaktivität beider Körperseiten eng koordiniert wird (B Nervensystem II). Da viele der afferenten u. efferenten Bahnen im R. kreuzen, d. h. von der linken zur rechten bzw. von der rechten zur linken Seiten ziehen, kommt es dementspr. bei Ausfall v. motorischen Zentren der rechten Hirnhälfte zu Lähmungen auf der linken Körperseite u. umgekehrt. Neben diesen Bahnen enthält das R. die wichtigsten mehr od. weniger fest verschalteten Funktionsbausteine für die Steuerung der Tätigkeit v. Skelettmuskeln und z. T. der Eingeweide. Mit zunehmender Organisationshöhe der Tiere, insbes. bei den Säugern, nimmt die Eigenständigkeit dieser lokalen Mechanismen mehr u. mehr ab; sie werden zunehmend unter die Kontrolle der höheren Zentren gestellt. Bei den im R. gelegenen Steuerzentren handelt es sich im Prinzip um halbautonome Servomechanismen – zu diesen zählen v. a. die ↗Reflexe (z. B. Kniesehnen-, Atem- od. Schluckreflex) –, welche vom Gehirn angesteuert u. in verschiedenen Kombinationen zu verschiedenen Funktionen zusammengeschaltet werden. Auch beim Menschen mit seiner bes. weitgehenden Zentralisation des Nervensystems sind solche halbautonomen Servomechanismen vorhanden. So könnte z. B. ein Mensch weder gehen noch stehen, wenn alle für diese Tä-

RÜCKENMARK

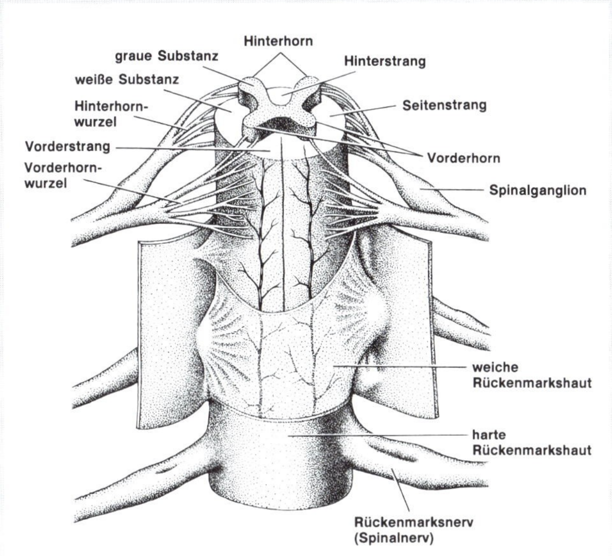

Das *Rückenmark* bildet bei Wirbeltieren und dem Menschen zusammen mit dem *Gehirn* das *Zentralnervensystem.* Es vermittelt als Umschaltorgan die Nervenimpulse zwischen Gehirn und Körperperipherie; in ihm liegen aber auch einige eigenständige Steuerzentren (z. B. Kniesehnenreflex), die z. T. nur wenig oder gar nicht dem Gehirn unterstehen. Das Rückenmark ist beim Menschen ein bis zum 2. oder 3. Lendenwirbel reichender, fingerdicker Strang, der von 3 Häuten *(weiche Rückenmarkshaut, Spinnwebhaut, harte Rückenmarkshaut)* umgeben ist. Es besteht aus den in der *grauen Substanz* gelegenen Nervenzellen und Nervenfasern, die die *weiße Substanz* bilden. Im Gegensatz zum Großhirn liegt die weiße Substanz außen, während die graue Substanz zentral eine schmetterlingsähnliche Form bildet. Vom *Vorderhorn* der grauen Substanz verlassen motorische und vegetative Fasern über die *Vorderhornwurzel* segmentweise das Rückenmark, deren Ganglienzellen in den ebenfalls segmental angeordneten *Spinalganglien* liegen. Vom *Hinterhorn* verlassen über die *Hinterhornwurzeln* sensible und vegetative Fasern das Rückenmark, die sich mit den Fasern der Vorderhornwurzeln zu den *Spinalnerven* (insgesamt 31 Paare) vereinigen. Die weiße Substanz besteht aus Nervenfasern, welche zum Gehirn ziehende afferente Bahnen und vom Gehirn absteigende efferente Bahnen bilden, die säulenartig das Rückenmark durchziehen, wie der *Hinterstrang* oder der *Vorderstrang.*

Abb. links: Ausschnitt aus dem Rückenmark, große Teile freigelegt

Abschnitt des Rückenmarks eines Wirbeltiers, stark schematisiert. Alle, auch die einseitig eingezeichneten Zellen und Verbindungen, sind beidseitig zu denken. DW = Dorsalwurzel (Hinterhornwurzel), EP = extrapyramidales System, G = Gelenke, H = Haut, HS = Hirnstamm, K = Kleinhirn, M = Muskeln, MS = Muskelspindeln, PB = Pyramidenbahn (nur bei Säugern), RM = Rückenmark (andere Abschnitte), SG = Spinalganglion, VW = Ventralwurzel (Vorderhornwurzel), Z = Zentralkanal, α = α-Motoneuron, γ = γ-Motoneuron

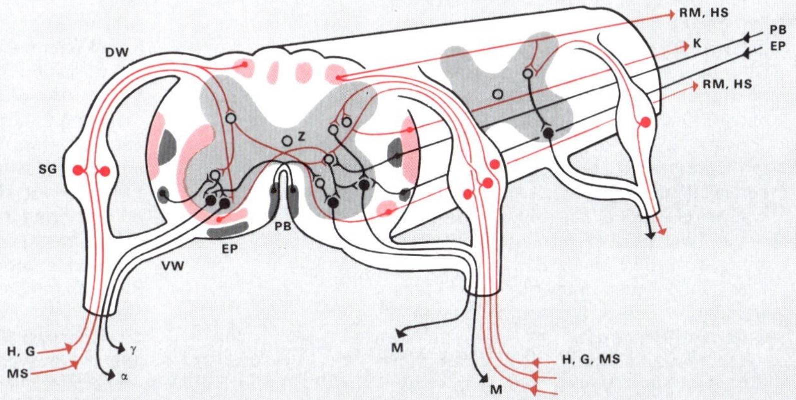

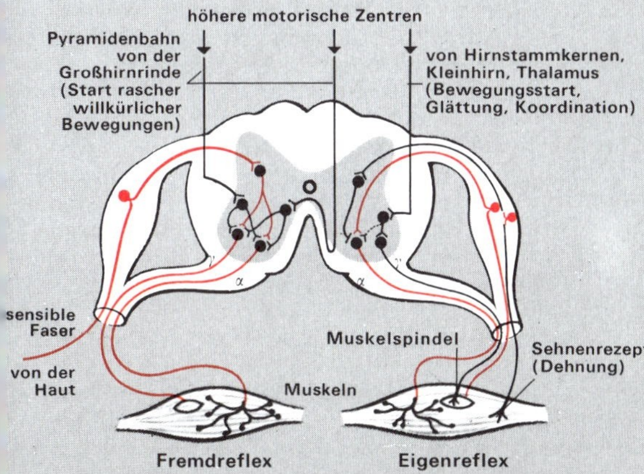

In dem weitgehend unter der Kontrolle höherer Zentren stehenden Rückenmark gibt es »autonome«, fest verschaltete Funktionskreise, in denen Motoneuronen in festgelegter Weise durch Eingangsreize aus dem gleichen Muskel (Muskelspindel, *Eigenreflex*) oder aus anderen Muskeln bzw. von Hautrezeptoren *(Fremdreflex)* zur Erregung gebracht werden.

Abb. unten zeigt in schematischer Darstellung die Vorgänge beim *gekreuzten Streckreflex*. Bei einem Schmerzreiz im linken Fuß (z. B. durch Auftreten auf einen spitzen Stein) wird das linke Bein durch Aktivierung der Beugemuskeln (über die α- und γ-Motoneuronen) und Hemmung der Streckmuskeln reflexartig angehoben. Da das Körpergewicht dabei auf das rechte Bein verlagert wird, müssen gleichzeitig die Streckmuskeln des rechten Beins aktiviert, die Beugemuskeln hingegen gehemmt werden.

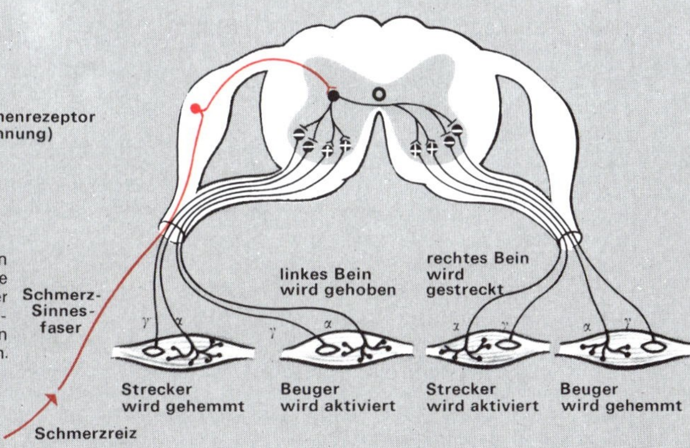

tigkeiten erforderl. Muskelbewegungen ausschl. und direkt über die Großhirnrinde gesteuert werden müßten. ↗Gehirn, ↗Nervensystem. [B] 203. *H. W.*

Rückenmarksfrosch, physiolog. Präparat eines dekapitierten Frosches, an dem die über das Rückenmark laufenden Reflexe studiert u. demonstriert werden können; v. Alexander Stuart (1673–1742) erstmalig systemat. untersucht durch Auslösung des Beinausziehreflexes nach Reizung der Medulla spinalis (Rückenmark).

Rückenmarksnerven, die ↗Spinalnerven; ↗Rückenmark.

Rückennaht, Bez. für die der ↗Bauchnaht gegenüberliegende, v. der Hauptader durchzogene Naht des Fruchtblatts.

Rückensaite, die ↗Chorda dorsalis.

Rückenschaler, die ↗Notostraca.

Rückenschluß, Verschluß der zunächst offenen Rückenseite durch die Flanken des ↗Keimstreifs bei Arthropoden.

Rückenschwimmer, *Wasserbienen, Notonectidae,* Fam. der ↗Wanzen (Wasserwanzen) mit ca. 170, in Mitteleuropa nur 6 Arten. Der längl. Körper dieser mittelgroßen Insekten ist auf der Unterseite dunkel gefärbt; die Halbdecken der Flügel auf der Oberseite sind heller u. werden in der umgekehrten Schwimmlage dachförm. zu einer Art Kiel zusammengelegt. Mit Hilfe der langen, kräft., mit Schwimmhaaren besetzten Hinterbeine bewegen sich die R. schnell u. geschickt meist knapp unter der Wasseroberfläche. Die Atemluft wird ventral in zwei behaarten, eingesenkten Rinnen gespeichert u. von Zeit zu Zeit an der Oberfläche ausgetauscht. Die kurzen, 4gliedrigen Fühler dienen im Wasser als Gleichgewichtsorgan. Im Ggs. zu den ↗Ruderwanzen können die R. nicht unmittelbar aus dem Wasser zum Flug (in normaler Lage) starten, sondern müssen dazu zuvor an Land gehen. Alle R. ernähren sich räuberisch v. Wasserinsekten, Larven u. Fischbrut, weshalb sie bei Massenauftreten in Fischzuchten schädl. werden können. Die Beute wird mit den Vorderbeinen ergriffen, abgestochen u. ausgesaugt. Der Stich ist für Menschen u. Vieh schmerzhaft (Name Wasser„bienen"). Der häufigste R. ist bei uns der ca. 15 mm große Gemeine R. (*Notonecta glauca,* [B] Insekten I). Mit Hilfe einer Legeröhre werden im Frühjahr die Eier in Pflanzengewebe gelegt.

Rückenschwimmerwels, *Synodontis nigriventris,* ↗Fiederbartwelse.

Rückfallfieber, *Febris recurrens,* durch Spirochäten-Bakterien der Gatt. ↗*Borrelia* (u.a. *B. recurrentis*) verursachte meldepflichtige Infektionserkrankung; Übertragung durch Läuse, seltener durch Zecken. Nach einer Inkubationszeit von 5–8 Tagen stellen sich akut einsetzendes hohes Fieber mit Schüttelfrost, Wadenschmerzen, Milz- und Lebervergrößerung und schweres Krankheitsgefühl ein; Dauer ca. 5–7 Tage; nach spontaner Besserung kommt es nach 5–10 Tagen erneut zu einem Auftreten der oben gen. Symptomatik; bis zur Spontanheilung sind 2–10 Rückfälle möglich; eine Letalität von 2–10% ist beschrieben. Therapie mit Penicillin od. Tetracyclin, Entlausung. Meist epidem. Auftreten, bes. während des 2. Weltkriegs in südosteur. Gebieten; Immunität für 2 Jahre.

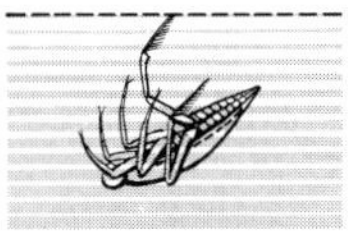

Rückenschwimmer

Gemeiner R. *(Notonecta glauca),* an der Wasseroberfläche hängend

Rucksackschnecken

Rucksackschnecke *(Testacella)* mit dem Schalenrest am Hinterende

Rückgrat, die ↗Wirbelsäule.

Rückkopplung, das ↗Feedback; ↗Regelung.

Rückkreuzung ↗Kreuzung.

rückläufiger Nerv, *Nervus recurrens,* ↗stomatogastrisches Nervensystem.

Rückmutation [v. lat. mutatio = Veränderung], *Reversion,* ↗Mutation, die phänotypisch u. genotypisch durch exakte Wiederherstellung der urspr. Nucleotidsequenz einen mutierten Genotyp zum Wildtyp zurückwandelt. Im Ggs. zur echten R. wird durch ↗kompensierende Mutationen (↗Restaurierung, ↗Suppression) der Wildtyp nur phänotypisch wiederhergestellt. R.en können v. kompensierenden Mutationen durch Kreuzung „Rückmutante × Wildtyp" unterschieden werden: liegt eine R. vor, so entspr. die gesamte Nachkommenschaft dem Wildtyp, während bei Vorliegen einer kompensierenden Mutation die Mutanten in der Nachkommenschaft aufgrund v. Rekombination wieder auftreten. Das Fehlen v. Mutanten in späteren Rückkreuzungsgenerationen als Kriterium für echte R. wird allerdings dadurch eingeschränkt, daß kompensierende Mutationen sehr nahe dem urspr. mutierten Locus liegen können u. dadurch die Rekombinationshäufigkeit sehr stark erniedrigt ist. – Ein Organismus bzw. Stamm, der aufgrund einer R. den urspr. Phänotyp (meist des Wildtyps) zeigt, wird als *Rückmutante* od. *Revertante* bezeichnet.

Rückregulierung, Reduzierung der Anzahl der Chromosomen polyploider Organismen (↗Polyploidie); R. vollzieht sich evtl. durch Ausbildung abnormer multipolarer Teilungsspindeln (↗Spindelapparat), die zur Entstehung v. Gameten mit veränderter Chromosomenzahl führt.

Rückresorption *w* [v. lat. resorbere = wieder einschlürfen], *Reabsorption,* passive od. aktive Wiederaufnahme v. gelösten Stoffen (denen Wasser passiv folgen kann) aus den Tubuli der Niere u. nierenartiger Organe in das Blutsystem. ↗Exkretionsorgane, ↗Niere (□).

Rucksackschnecken, *Testacellidae,* Fam. der ↗Landlungenschnecken mit langgestrecktem Körper (bis 13 cm lang) u. einem bis auf einen ohrförm. Rest am Hinterende reduzierten Gehäuse. Die einzige Gatt. *Testacella* (ca. 5 Arten) ist nachtaktiv u. vergräbt sich tagsüber; mit ihrem kräft. Schlundkopf u. der Reibzunge, auf der die dolchförm. Zähne in V-Reihen stehen, überwältigt sie Regenwürmer u.ä. Beute. Aus W- und Mitteleuropa sowie N-

Afrika wurde sie in Gewächshäuser N-Amerikas verschleppt.

Rückschlag, der ↗Atavismus.

Rückziehmuskeln, *Rückzieher,* die ↗Retraktoren.

Rückzugsgebiet, *Refugialgebiet,* das ↗Erhaltungsgebiet.

Rudapithecus *m* [ben. nach dem Ort Rudabánya, v. gr. pithēkos = Affe], bei Rudabánya in NO-Ungarn entdeckte Gebißreste eines ca. 12 Mill. Jahre alten Dryopithecinen; zunächst zu ↗*Ramapithecus,* heute eher zu ↗*Dryopithecus* gerechnet.

Rudbeck, *Olof* d. Ä., latinisiert *Olaus Rudbeckius,* schwed. Mediziner, Botaniker u. Geschichtsforscher, * 13. 9. 1630 Västerås, † 17. 9. 1702 Uppsala; seit 1660 Prof. in Uppsala; entdeckte 1651 die Bedeutung der lymphat. Gefäße, gründete 1654 den bot. Garten in Uppsala (der später durch ↗Linné berühmt wurde) u. verfaßte ein monumentales Pflanzenwerk mit ca. 11000 Holzschnitten.

Rudbeckia *w* [ben. nach O. ↗Rudbeck], der ↗Sonnenhut.

Rüde *m* [v. ahd. rudio = Hetzhund], Bez. für das männl. Tier bei zahlr. Carnivoren (v. a. Hunden).

Rudel, ugs. Bezeichnung für eine Säugetiergruppe, die kleiner ist als eine ↗Herde, ↗Tiergesellschaft.

Ruderalgesellschaften [v. lat. rudus, Gen. ruderis = Schutt], *Ruderalfluren,* Pflanzenges., die typisch für v. Menschen unregelmäßig gestörte Flächen, wie Schuttplätze, Ruinen, Wegränder, sind. Darüber hinaus umfassen sie Ges. unterschiedl. ökolog. Ansprüche: kurzlebige R. (↗*Sisymbrietalia),* ausdauernde R. sowohl an frischen, stickstoffreichen (↗Artemisietalia) als auch an trockenen Standorten (↗ *Onopordetalia).* ↗Ruderalpflanzen.

Ruderalpflanzen [v. lat. rudus, Gen. ruderis = Schutt], besiedeln Schutt- u. Trümmerplätze, steinige Böschungen, gestörte Wegränder u. ä. Besonders häufig sind R. in den Fam. Knöterichgewächse, Gänsefußgewächse u. Kreuzblütler; zahlr. R. sind eingeschleppte ↗Adventivpflanzen. R. bauen ↗Ruderalgesellschaften auf.

Ruderbeine, bei Krebstieren (Ruderfußkrebsen, ↗ *Copepoda*) u. einigen Insekten zu Ruderschwimmbeinen umgebildete ↗Extremitäten; diese sind stark verkürzt u. verbreitert, um damit einen kräft. Vorschub zu erreichen. ↗Taumelkäfer.

Ruderenten, *Oxyura,* gedrungene, kurzhalsige Entenvögel mit verlängertem, oft gestelztem Schwanz u. braun-weißer Kopfzeichnung; tauchen nach Nahrung. Die Weißkopfruderente *(O. leucocephala)* brütet in Mittelmeerländern und östl. davon bis nach Zentralasien; in Mitteleuropa beobachtete Vögel stammen meist aus der Gefangenschaft.

Ruderfrösche, *Rhacophoridae,* Fam. der ↗Froschlurche, die mit den ↗ *Ranidae* u. ↗ *Hyperoliidae* die Überfam. *Ranoidea* bildet u. von manchen Autoren auch als U.-Fam. *(Rhacophorinae)* der *Ranidae,* v. anderen als U.-Fam. der *Hyperoliidae* aufgefaßt wird. Auch ihr Umfang wird sehr unterschiedl. bewertet; manche zählen die ↗Goldfröschchen zu den R.n, andere die *Hyperoliidae.* Schließl. werden viele der afr. Gatt. der *Hyperoliidae* häufig auch zu den R.n gezählt. Hier werden die R. i. e. S. behandelt; dazu gehören neben der afr. Gatt. ↗ *Chiromantis* die südostasiat. Gatt. *Rhacophorus* u. *Philautus.* Die R. bilden in Afrika u. SO-Asien ähnl. Nischen wie die ↗Laubfrösche in S-Amerika. Wie diese besitzen sie ein zusätzl. Finger- u. Zehenglied – ihr wichtigstes Unterscheidungsmerkmal zu den *Ranidae.* Sie sind Baumbewohner mit verbreiterten Zehen- u. Fingerscheiben. Die ca. 60 Arten der Gatt. *Philautus* (bis 40 cm) und etwa 80 Arten von *Rhacophorus* (bis 10 cm) in SO-Asien sind typ. Baumfrösche u. meist Regenwaldbewohner, nur der braune *R. leucomystax* ist ein Kulturfolger, der auch in Dörfer u. Häuser kommt. Manche Arten sind herrlich bunt gefärbt, so der leuchtend grüne *R. nigropalmatus* mit weißen Flecken u. schwarzen Spannhäuten zw. Fingern u. Zehen od. der Java-Flugfrosch *(R. reinwardtii),* ebenfalls grün mit schwarzen od. blauen Spannhäuten. Bei dieser u. einigen anderen Arten sind Finger u. Zehen vollständig bespannt; die Spannhäute können nach dem Absprung ausgebreitet u. so zum Gleitfliegen eingesetzt werden. Fast alle R. laichen außerhalb des Wassers, indem sie an Zweigen oder zw. Blättern große Schaumnester anfertigen. Bei ↗ *Chiromantis* können sich mehr als ein ♂ an der Herstellung eines Schaumnestes beteiligen. Während die äußere Wand des Schaumnestes erhärtet, schlüpfen die Larven, bis nach heft. Regenfällen od. durch Sekrete der Larven das Schaumnest sich verflüssigt u. die Larven ins Wasser fallen. Bei einigen Arten bleiben die Larven auch bis zur Metamorphose im Nest. Andere Vertreter, so *R. microtympanum* in Sri Lanka, legen wenige dotterreiche Eier an Baumrinde ab. Das ♀ bewacht diese, bis fertig entwickelte Jungfrösche schlüpfen. Der bunte *R. nigropalmatus* wird in einigen Gegenden Malaysias religiös verehrt. – Die fr. zu den R.n gerechnete Gatt. ↗*Afrixalus* (Bananenfrösche) wird neuerdings zu den ↗*Hyperoliidae* (T) gestellt. *P. W.*

Ruderfüße, mit Schwimmhäuten versehene Füße vieler wasserbewohnender Vögel, wie Taucher, Sturmvögel, Ruderfüßer u. Gänsevögel.

Ruderfüßer, *Pelecaniformes,* Vogel-Ord. mittelgroßer bis sehr großer Wasservögel; alle 4 Zehen durch Schwimmhäute miteinander verbunden; ernähren sich überwiegend v. Fischen; 6 Fam. mit insgesamt 56 Arten (vgl. Tab.).

Ruderfußkrebse, die ↗Copepoda.

Ruderalpflanzen

Heimische R.:

Brennessel *(Urtica dioica),* Rainfarn *(Tanacetum vulgare),* Stumpfblättr. Ampfer *(Rumex obtusifolius)* u. a.

Archaeophytische R.:

Natternkopf *(Echium vulgare),* Eisenkraut *(Verbena officinalis),* Winden-Knöterich *(Polygonum convolvulus)* u. a.

Neophytische R.:

Gartenmelde *(Atriplex hortensis),* Nachtkerze *(Oenothera biennis)* u. a.

Ruderfrösche

Java-Flugfrosch *(Rhacophorus reinwardtii)*

Ruderfüße

Ruderfuß des Pelikans

Ruderfüßer

Familien:

↗Fregattvögel *(Fregatidae)*
↗Kormorane *(Phalacrocoracidae)*
↗Pelikane *(Pelecanidae)*
↗Schlangenhalsvögel *(Anhingidae)*
↗Tölpel *(Sulidae)*
↗Tropikvögel *(Phaëthontidae)*

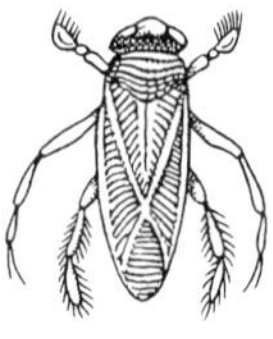

Ruderwanzen

Corixa spec.

Ruderschlangen, *Hydrophis,* Gatt. der ↗Seeschlangen.

Ruderschnecken, *Gymnosomata,* Ord. der Hinterkiemerschnecken ohne Gehäuse, meist klein (unter 4 cm Länge); der Kopf ist deutl. vom Rumpf abgesetzt u. trägt 2 Paar Fühler. Die R. sind in allen Weltmeeren verbreitete, plankt. Schnecken, die meist vereinzelt auftreten; sie sind carnivor u. packen die Beute mit dem hakenbewehrten, ausstülpbaren Schlund u. mit saugnapfbesetzten Anhängen. ☿, die ihre Eier in treibenden Gallertmassen ablegen; sie entwickeln sich über Larven mit Schale, die abgeworfen wird. Knapp 50 Arten in 7 Fam.; am bekanntesten sind ↗*Clione* u. ↗*Pneumoderma.*

Ruderschwanzlarve, Larve der ↗Manteltiere.

Ruderwanzen, *Wasserzikaden, Corixidae,* Fam. der Wanzen (Wasserwanzen) mit insgesamt über 200, in Mitteleuropa ca. 35 Arten. Die R. sind kleine bis mittelgroße, dunkel gefärbte Insekten; mit auffallend großem Kopf; v. den ↗Rückenschwimmern sind sie leicht durch ihre normale Schwimmlage zu unterscheiden. Mit den verbreiterten, mit Haaren dicht besetzten Hinterbeinen bewegen sie sich gewandt u. schnell im Wasser kleinerer Seen od. Teiche. In der Ruhe halten sie sich mit bes. lang ausgebildeten Krallen der Mittelbeine an Wasserpflanzen u. ä. fest. Als einzige Wasserwanzen können die R. unmittelbar aus dem Wasser in den Flug übergehen. Im Ggs. zu den meisten Wasserwanzen leben die R. im allg. nicht räuberisch, sondern saugen unter Wasser Algen aus, die sie mit dem verbreiterten Tarsenglied (Pala) der sehr kurzen Vorderbeine aus dem Gewässergrund aufwühlen. Mit bes. ausgebildeten Dornenreihen und Schrilleisten an Vorderbeinen u. Kopf sind die R. zur Lauterzeugung befähigt. Die Atemluft wird in dem dicht behaarten Hinterleib, unter den Flügeln und v. a. in seitl. Kammern unter dem großen Halsschild mitgeführt, was den R. unter Wasser ein silbrig-glänzendes Aussehen verleiht. Der Luftaustausch findet an der Wasseroberfläche statt. Häufig bei uns ist die bis 14 mm große, oft dunkel gestreifte *Corixa punctata.* Nur ca. 2 mm groß sind die heim. Arten der Zwergwasserwanzen (Gatt. *Micronecta*).

Rudiment *s* [Bw. *rudimentär;* v. lat. rudimentum = erster Anfang], allg.: Überbleibsel, Bruchstück. Biol.: 1) das ↗rudimentäre Organ. 2) in der Ethologie Bez. für angeborene Verhaltensmuster, die in der Stammesgeschichte funktionslos geworden sind, z. B. der ↗*Klammerreflex* (□) des menschl. Säuglings, der nur wenige Wochen nach der Geburt ausgelöst werden kann. Als R.e werden auch Schwanzbewegungen bei stummelschwänzigen Affen (Makaken) gedeutet, die der Erhaltung des Gleichgewichts dienen, mit dem Stummelschwanz aber (im Ggs. zu langschwänzigen Arten) keinen Effekt mehr haben. Echte R.e sind in der Ethologie nur wenige beschrieben worden, viel häufiger ist der Fall eines stammesgeschichtl. Funktionswechsels (↗Funktionserweiterung).

rudimentäres Organ *s* [v. lat. rudimentum = erster Anfang], *Rudiment,* von vornherein verkümmert ausgebildetes od. im Laufe der Ontogenie rückgebildetes Organ; funktionslos od. noch zu Teilfunktion(en) befähigt, mitunter einem Funktionswechsel (↗Funktionserweiterung) unterlegen. – Organe rudimentieren im Laufe der Stammesgeschichte durch ↗regressive Evolution. Der viele Generationen dauernde Prozeß der *Rückbildung* (Rudimentation) bringt funktionslos gewordene Organe i. d. R. nicht vollständig zum Verschwinden, da die genet. Information zu deren Ausbildung nicht völlig verlorengeht. Einen Selektionsvorteil besitzen allerdings diejenigen Individuen, bei denen durch Regulationsvorgänge eine abgeschwächte Merkmalsausprägung zustande kommt. Im Laufe der Individualentwicklung kann ein Organ „planmäßig" rückgebildet werden, wenn seine volle Funktion nur während einer bestimmten Entwicklungsphase benötigt wird. Beispiel: ↗Thymus der Säuger, der im Erwachsenenstadium weitgehend rückgebildet ist, Brustdrüsen (↗Milchdrüse) weibl. Säuger, die nach Beendigung der Stillzeit teilweise rückgebildet werden. ↗regressive Evolution. B 207.

Rudisten [Mz.; v. lat. rudis = urwüchsig], *„les rudistes"* Lamarck 1819, *Rudista* de Blainville 1825, die ↗*Hippuritacea.*

Rudolfsee, *Lake Rudolph, Lake Turkana,* See im N Kenias; östl. davon reiches Fundgebiet fossiler Hominiden aus dem Pliozän – Altpleistozän *(Homo habilis, Homo erectus, Australopithecus boisei).* B Paläanthropologie.

Ruf, in ↗Ethologie u. ↗Bioakustik Bez. für tier. Laute (↗Lautäußerung), die durch einen Luftstrom erzeugt werden (also nicht mechanisch, durch Stridulation u. ä.) u. die im Vergleich zum längeren, komplexen ↗Gesang kurz u. einfach sind. Eine genaue Abgrenzung ist jedoch unmögl. Bei Vögeln unterscheidet man R. und Gesang auch durch die Funktion: Gesang dient der Reviermarkierung u. der Balz, R.e anderen Funktionen (Warnung, Futterlocken usw.). Umgekehrt spricht man bei Fröschen, Insekten u. a. auch dann von R., wenn durch die Laute ♀♀ angelockt werden. Je nach Funktion unterscheidet man Lockrufe, Nestlockrufe, Stimmfühlungslaute, Führungslaute, Warnrufe, Bettelrufe usw.

Ruffinische Körperchen [ben. nach dem it. Anatomen A. Ruffini, 1864–1929] ↗Mechanorezeptoren.

Rufinismus *m* [v. lat. rufus = fuchsrot], der ↗Erythrismus.

Rugosa [Mz.; v. lat. rugosus = runzelig], (Milne-Edwards u. Haime 1850), *Tetracoralla* Haeckel 1870 (partim), *Pterocorallia*

Im Laufe der Evolution kann aufgrund von Veränderungen in der Umwelt, im eigenen Verhalten, Stoffwechsel oder Körperbau die Funktion eines bestimmten Organs an Bedeutung verlieren. Es fehlt nun der Selektionsdruck, der für die Aufrechterhaltung der „vollen" Ausbildung dieses Organs sorgt, denn auch Individuen mit „verminderter" Ausbildung dieses Organs haben die gleichen Überlebensaussichten. Ein Organ, das seine ursprüngliche Funktion weitgehend oder vollständig verloren hat, wird entweder für eine andere Funktion benutzt und dafür umgestaltet, oder es wird immer weiter rückgebildet. Oft sind vom ursprünglichen Organ nur noch winzige Reste (Rudimente) nachzuweisen. Die Existenz dieser scheinbar sinnlosen Strukturen ist nur historisch zu erklären.

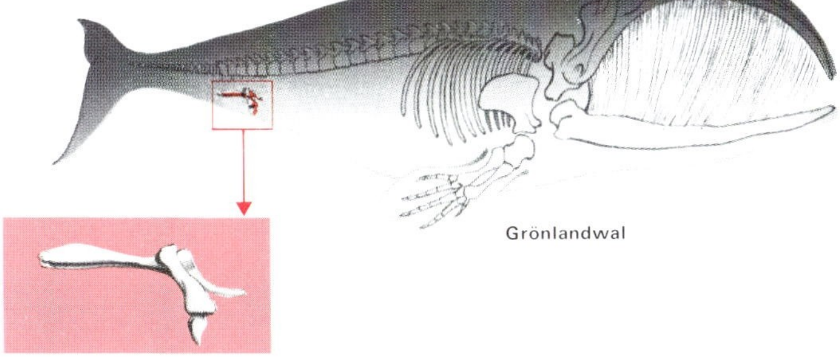

Die *Wale* (rechts) haben die Hinterextremität und das Becken bis auf ein Rudiment zurückgebildet; winzige Knochen liegen verborgen im Körperinnern. Bei den *Pythonschlangen* (rechts unten) haben sich Reste des Beckens und der Hinterextremität ebenfalls im Körper verborgen gehalten. Lediglich eine Klaue *(Afterklaue)* bricht sogar zwischen den Schuppen nach außen hervor. Anderen Schlangen fehlen selbst solche Reste der Extremitäten völlig. Die beiden Röntgenaufnahmen zeigen das rudimentäre Hinterbeinskelett der Pythonschlangen.

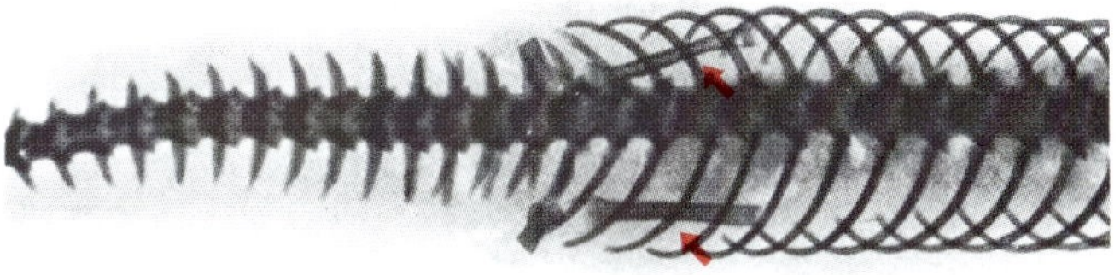

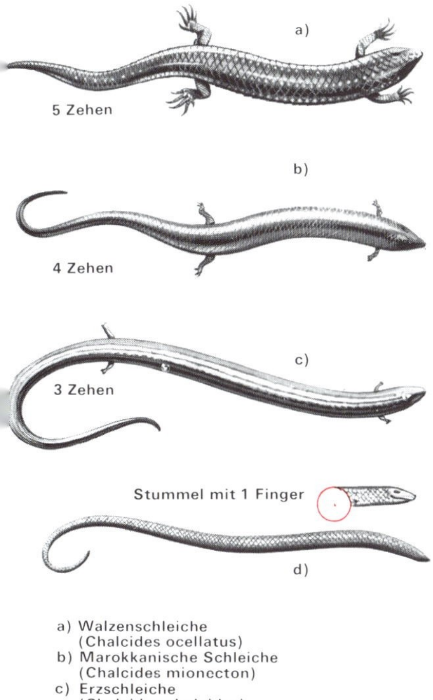

a) Walzenschleiche (Chalcides ocellatus)
b) Marokkanische Schleiche (Chalcides mionecton)
c) Erzschleiche (Chalcides chalcides)
d) Syrische Schleiche (Chalcides guentheri)

Bei den *Walzenechsen (Chalcides)* lassen sich verschiedene Rückbildungsstufen der Extremitäten bei heute lebenden Arten demonstrieren. Bei *Chalcides guentheri* ist der „Blindschleichentypus" erreicht; nur von den Vorderextremitäten sind noch winzige Stummel erhalten.

Die Rückbildung des oberen der 5 Staubblätter bei verschiedenen Gattungen der *Braunwurzgewächse* oder *Rachenblütler (Scrophulariaceae)* läßt sich an den folgenden drei Beispielen demonstrieren: *Königskerze (Verbascum)*: alle 5 Staubblätter voll entwickelt. *Braunwurz (Scrophularia)*: oberstes Staubblatt nur als Schuppe entwickelt (keinen Pollen mehr liefernd). *Löwenmäulchen (Antirrhinum)*: weitere Reduktion des oberen Staubblattes zu einer winzigen Schuppe, die sich als Rudiment des ehemaligen Staubblattes erhalten hat. Obere Reihe: Bild der Blüte; mittlere Reihe: Seitenansicht der Blüte; untere Reihe: Blütengrundriß (Diagramm).

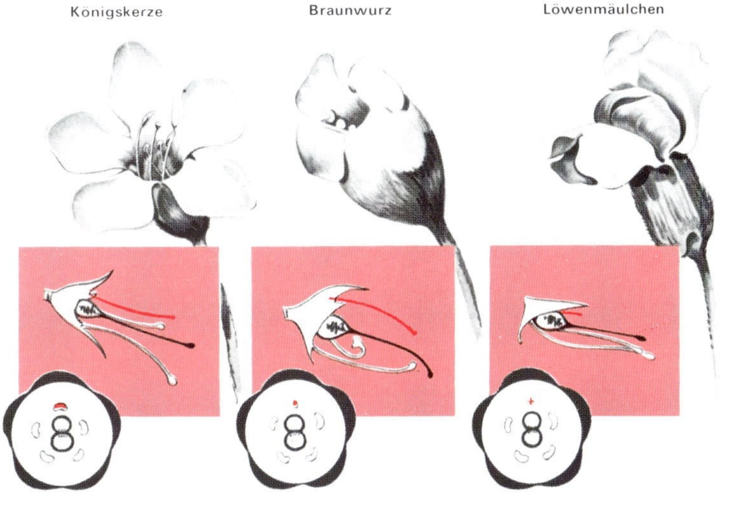

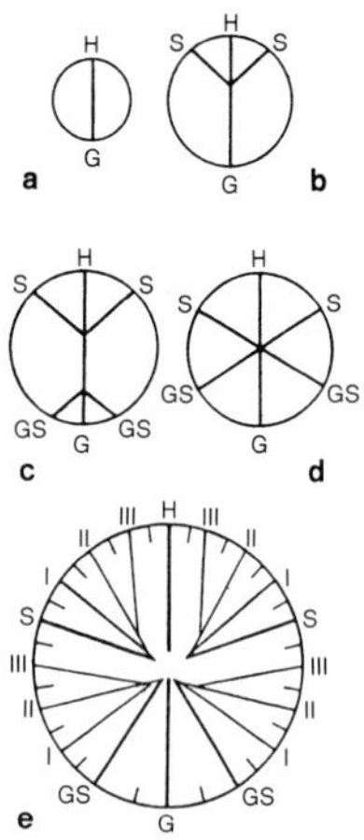

Rugosa

Serienschliffe nahe der Spitze einer hornförmigen rugosen Koralle, aus denen sich die ontogenetische Septenfolge ergibt. (Protosepten: H = Hauptseptum, G = Gegenseptum, S = Seitensepten, GS = Gegenseitensepten. Metasepten = I–III; ringsum Kleinsepten)

Frech 1890, *Tetraseptata* Grabau 1913, *Tetracoelia* Yabe u. Sugiyama 1940, † Ord. kolonialer, meist jedoch solitärer, bilateralsymmetr. Korallen (U.-Kl. *Zoantharia*) mit einschichtiger, aus der Fußscheibe des Polypen hervorgegangener äußerer Wand (Epithek) u. scheinbarer 4-Zähligkeit in der Septenanordnung. Die ersten 6 Septen (Protosepten) entstehen ontogenet. paarweise nacheinander (vgl. Abb.); die folgenden (Meta-)Septen schalten sich infolge Zusammenrückens v. ↗Gegenseptum u. ↗Gegenseitensepten nur noch in die so entstandenen 4 Quadranten ein („Tetrakorallen", ↗Kunthsches Gesetz) u. erscheinen auf der Außenseite in fiedriger Anordnung (*„Pterocorallia")*. Kleinsepten können später ringsum hinzutreten. Außerdem enthält das Exoskelett horizontale Böden (Tabulae), die ein zentrales Tabularium bilden, u. Wandblasen (↗Dissepimente), die sich in Anlehnung an die Epithek zu einem geschlossenen Kranz (↗Dissepimentarium) vereinigen können. *R.* lassen die Tendenz zum Breitenwachstum bei verringertem Längenwachstum erkennen; daraus entstanden häufig kegel- oder hornförm. Skelette. Manche bildeten einen Deckel aus (z.B. ↗*Calceola sandalina*), andere erreichten pyramidal-quadrat. Querschnitt u. einen 4teiligen Deckel (z.B. *Goniophyllum*). – Verbreitung: Ordovizium bis Perm. Bis zum mittleren Silur spielen *R.* zugunsten der *Tabulata* nur eine untergeordnete Rolle; Entwicklungshöhepunkte fallen in das Mitteldevon, Unterkarbon u. Unterperm (Artinsk), das – bis auf wenige *Cyathaxoniicae* – das Ende der *R.* bedeutet. Aus ihnen sind an der Wende Perm/Trias unmittelbar die bis heute vorherrschenden *Scleractinia (≙ ↗Hexa-* od. *↗Cyclocorallia)* hervorgegangen. – Begleitsedimente sprechen dafür, daß *R.* unter ähnl. Bedingungen lebten wie heutige Riffkorallen. Solitäre Formen drangen jedoch weit in die offene See vor. – Auszählung period. Anwachsringe (Zuwachslinien) auf der Epithek führten zu der Vorstellung, daß die Anzahl der Tage pro Jahr in geolog. Zeit höher war als heute (z.B. 396 im Devon). – Manche Autoren leiten ↗*Conulata*, ↗*Tabulata* und *R.* v. gemeinsamen Vorfahren ab.

Ruhedehnungskurve, graph. Darstellung in der Muskelphysiologie, die zeigt, daß die Längenzunahme eines ↗Muskels mit zunehmender Belastung immer kleiner wird, da der elast. Gegenzug des Muskels zunimmt. Wegen der plast. Eigenschaften des Muskels deckt sich die entspr. *Entdehnungskurve* nicht mit der R. (□ Muskelkontraktion). Die Fläche zw. beiden Kurven ist ein Maß für den beim Dehnungsvorgang durch innere Reibung entstandenen Arbeitsverlust.

Ruhekern, der ↗Arbeitskern; Bez. abgeleitet v. „Teilungsruhe".

Ruhekleid, Ggs. zum ↗Prachtkleid bei Tieren, wo dieses nur zeitweise ausgebildet ist.

Ruheknospe, *ruhende Knospe,* ↗schlafende Augen.

Ruhepotential, in der Elektrophysiologie abkürzende Bez. für den Begriff *Membranruhepotential* od. *Ruhemembranpotential.* Das R. beschreibt den Zustand erregbarer Zellen (↗Erregung) im Stadium der Nichterregung, der Ruhe also. Es ist ident. mit dem ↗*Membranpotential* (□) dieser Zellen u. entsteht aufgrund derselben Ursachen (selektive Permeabilitätseigenschaften der ↗Membran, asymmetrische Ionenverteilung zw. Intra- u. Extrazellulärraum). Bei der ↗Erregungsleitung entlang der Membran ändern sich deren Permeabilitätseigenschaften, d.h., die Membran wird im Ggs. zum Ruhezustand durchlässig für Na^+-Ionen, so daß es zu einer Abnahme des R.s (*Depolarisation* der Membran) kommt. Überschreitet diese Abnahme einen bestimmten Schwellenwert, entsteht ein ↗*Aktionspotential* (□), das durch die Umkehrung der Ladungsverhältnisse an der Membran gekennzeichnet ist, d.h., die im Ruhezustand elektr. negative Innenseite wird positiv u. die positive Außenseite negativ (□ Membranpotential, B Nervenzelle I–II). Die absoluten Werte von R., Schwellenwert u. Aktionspotential stellen für eine Zelle konstante Größen dar, können aber bei verschiedenen Zellen u. Organismen stark variieren (T Membranpotential). Nachdem das Membranpotential ein Maximum durchlaufen hat, setzt die Phase der *Repolarisation* ein, d.h., die Membran kehrt wieder zu ihrem Ruhezustand, dem R., zurück. Dies erfolgt dadurch, daß die durch den Na^+-Ionen-Einstrom bewirkte Ladungsverschiebung während des Aktionspotentials durch einen K^+-Ionen-Ausstrom kompensiert u. rückgängig gemacht wird. Bei diesem Repolarisationsprozeß kann für „kurze" Zeit eine ↗*Hyperpolarisation* auftreten, die dadurch gekennzeichnet ist, daß das Membranpotential unter den Wert des R.s absinkt, also negativer wird. Es stellt sich aber sehr schnell wieder auf den Wert des R.s ein. Erst nachdem diese Vorgänge abgelaufen sind, setzt die Tätigkeit der ↗Ionenpumpen (Natrium-Kalium-Pumpen; ↗Natriumpumpe, ↗aktiver Transport) ein, die nun im Ruhezustand der Membran auch wieder die für diesen Zustand charakterist. Ionenverteilung (innen gegenüber außen) herstellen. Dieser ↗Ionentransport ist erforderl., da aufgrund der selektiven Permeabilitätseigenschaften der Membran die Entstehung eines Aktionspotentials i.d.R. von dem Na^+-Ionen-Einstrom in die Zelle abhängig ist.

Ruhestadien, *Ruheperioden,* Zeiten stark verminderter Stoffwechselaktivität bei vielen Lebewesen; Aktivität u. Wachstum bzw. Entwicklung sind eingestellt. R. können ausgelöst werden exogen durch

Änderung der Tageslichtdauer (↗Lichtfaktor), der Temp., durch Trockenheit u. endogen durch Hormone. Bei Pflanzen kennt man u.a. ↗Keimruhe, ↗Knospenruhe, ↗Winterruhe; bei Tieren ↗Kältestarre, ↗Sommerschlaf, ↗Winterschlaf, ↗Diapause. In der Lit. werden R. (nicht Ruheperioden!) manchmal auch mit ↗Dauerstadien gleichgesetzt. ↗Anabiose, ↗Dormanz.

Ruhestoffwechsel ↗Energieumsatz, ↗Leistungszuwachs.

Ruheumsatz ↗Energieumsatz.

Ruhr, *Dysenterie,* 1) *Bakterien-R.,* die ↗Shigellose; 2) ↗*Amöben-R.;* 3) Sammelbez. für einige bei Haustieren auftretende, mit Durchfall verbundene Darmerkrankungen, z. B. ↗*Rote R.* (↗Rinderkokzidiose), *Küken-R.* (↗Kokzidiose), ↗*Bienen-R.*

Ruhrkraut, *Gnaphalium,* weltweit verbreitete, überwiegend jedoch in den gemäßigten Zonen und trop. Gebirgen heimische Gatt. der ↗Korbblütler (T) mit ca. 120 Arten; 1jährige od. ausdauernde, weißgraufilzig od. wollig behaarte Kräuter mit ungeteilten Blättern u. röhrigen Blüten; letztere in kleinen, ährig od. trugdoldig angeordneten, eiförm. Köpfchen, die v. weißen, gelbl. oder rötl. Hüllblättern umgeben sein können. Von den 6 in Mitteleuropa vorkommenden Arten sind am häufigsten: das gelbl.-bräunl. blühende Wald-R., *G. silvaticum* (in lichten Wäldern, Heiden u. Magerrasen), sowie das ebenfalls gelbl. blühende Sumpf-R., *G. uliginosum* (in Zwergbinsen-Ges. an Ufern, feuchten Wegen u. in Ackerrinnen).

Wald-Ruhrkraut *(Gnaphalium silvaticum)*

Rührmichnichtan, *Impatiens noli-tangere,* ↗Springkrautgewächse.

Ruineneidechse, *Lacerta sicula,* Art der Echten ↗Eidechsen, nahe Verwandte der ↗Mauereidechse; Gesamtlänge bis 30 cm, Schwanz ca. ⅔ Körperlänge; lebt auf Mauern, Felstriften u. in Weinbergen in ganz Italien – auch auf Sizilien, Sardinien –, Istrien, entlang der Dalmatin. Küste, Korsika und zahlr. kleinen Inseln der Adria u. Tyrrhenis, SO-Spanien (Almeria-Gebiet), Menorca. Färbung sehr variabel (Oberseite gelbl. bis olivgrün, hellbraun, oft mit Längsreihen schwarzer Punkte u. Flecken od. – bes. in S-Italien – Netzzeichnungen; unterseits rahmfarben bis grünl., fast immer fleckenlos). Deutl. Kehlfalte; Rückenschuppen sehr klein, perlförmig; ernährt sich v. Insekten, gelegentl. auch pflanzl. Kost. Das ♀ legt 3–9 längl., weißl. Eier; Jungtiere schlüpfen nach ca. 10 Wochen; sehr flink; Winterruhe Okt.–März mit Unterbrechungen. – Über 40 ↗Rassen; Inselpopulationen in verschiedenen Färbungsformen (u. a. die blauschwarze *L. s. coerulea* v. Faraglione-Felsen bei Capri od. *L. s. klemmeri* v. der Insel Licosa mit grünem Rücken u. blauer Unterseite).

Ruländer *m* [ben. nach dem Kaufmann Ruland in Speyer, bei dem die Rebsorte 1711 entdeckt wurde], ↗Weinrebe.

Rum *m* [engl.], ↗Zuckerrohr.

Rumen *s* [lat., = Schlund (v. ruminare = wiederkäuen)], der ↗Pansen.

Rumex *m* und *w* [lat., =], der ↗Ampfer.

Rumicion alpini *s* [v. lat. rumex = Ampfer, Alpinus = Alpen-], Verb. der ↗Artemisietalia.

Rumina *w* [ben. nach der röm. Göttin Rumina], Gatt. der Großen ↗Achatschnecken mit zylindr.-kegelförm. Gehäuse. Nur 1 Art: die Stumpfschnecke *(R. decollata),* 4 (bis 6) cm hoch; sie stößt die ersten Umgänge ab u. bildet eine Querplatte als Verschluß; weitverbreitet an trockenen, offenen Habitaten der Mittelmeerländer.

Ruminantia [Mz.; v. lat. ruminans = wiederkäuend], die ↗Wiederkäuer.

ruminiert [v. lat. ruminatus = wiedergekäut], zernagt, faltenförmig, gefurcht; von Samen bzw. deren Endosperm gesagt (z. B. bei der Muskatnuß).

Ruminococcus *m* [v. lat. rumen = Kehle, Schlund], Gatt. der grampositiven Kokken (Fam. ↗*Peptococcaceae*); strikt anaerobe, chemoorganotroph wachsende Bakterien; die Zellen sind rund od. etwas länglich kokkenförmig, als Diplokokken od. in kurzen Ketten zusammenhängend. Normalerweise wird Cellulose verwertet; Cellobiose kann immer genutzt werden, außerdem viele Zucker. Gärungsendprodukte sind Essigsäure, Ameisensäure, Äthanol u./od. Bernsteinsäure u. Wasserstoff (↗Interspezies-Wasserstoff-Transfer); Milchsäure wird gewöhnl. nur in sehr geringen Mengen gebildet. *R.*-Arten leben in sauerstofffreien Biotopen: Pansen v. Wiederkäuern, Blind- u. Dickdarm v. Herbivoren, wo sie große Bedeutung beim Abbau v. Cellulose in diesen Organismen haben (↗Pansensymbiose). *R.* kann auch aus dem Darmtrakt des Menschen isoliert werden.

Rümpchen, die ↗Elritze.

Rumpf, 1) bei Wirbeltieren u. Mensch: *Körperstamm, Truncus,* Hauptteil des ↗Körpers, der die ↗Eingeweide enthält, an dem der ↗Hals mit dem ↗Kopf sowie die ↗Extremitäten und ggf. der ↗Schwanz ansetzen. Im vorderen/oberen Teil des R.s liegt die Brusthöhle (↗Brust), im hinteren/unteren Teil die ↗Bauchhöhle. Entspr. werden auf der Ventralseite Brust(region) u. Bauch(region) unterschieden, die ↗Dorsalseite ist der ↗Rücken (☐ Achse). Der Bauch wird auch als ↗Abdomen (Hinterleib/Unterleib) bezeichnet. Das ↗Skelett (B) des R.s besteht aus der Wirbelsäule, den Rippen sowie Schulter- u. Beckengürtel. 2) Bei Gliedertieren: die Extremitäten tragenden Tagmata ohne den Kopf. 3) Bei anderen Wirbellosen: man spricht üblicherweise nicht von einem R., z. B. wegen der bes. Körpergliederung (Kopf–Fuß–Eingeweidesack bei Mollusken) od. wegen der bes. Symmetrieverhältnisse ohne Körpergliederung (Radiärsymmetrie bei Echinodermen, Coelenteraten).

Rumpfgesellschaft, selten benutzte Bez. für Typen v. Pflanzengesellschaften, die artenärmer sind als ihnen floristisch u. ökologisch nahestehende. Dies kann verschiedenartige Ursachen haben, z.B. noch unvollständige Entwicklung od. Abbau zu Fragmenten; daher sollte man die Bez. als mehrdeutig nicht mehr verwenden.

Rundblatt, Bez. für ein im Querschnitt rundes u. daher meist unifaciales Laub-↗Blatt (Beispiel: Binsengewächse); ist das R. wie beim Schnittlauch hohl, wird es auch *Röhrenblatt* genannt.

Rundblattnasen, *Hipposideridae,* mit den ↗Hufeisennasen näher verwandte Fam. der ↗Fledermäuse (T) mit 9 Gatt. und etwa 60 Arten; kommen in den wärmeren Gebieten Afrikas, S-Asiens u. Australiens vor; ihre bizarren Hautgebilde um die Nasenöffnungen dienen als Richtstrahler bei der ↗Echoorientierung.

rundes Fenster, *Schneckenfenster, Fenestra rotunda,* an der Basis der *Scala tympani* gelegene Öffnung zur Paukenhöhle im ↗Gehörorgan (B) der Säuger, bildet zus. mit dem ↗ovalen Fenster die Begrenzung zw. Mittel- u. Innenohr. Die das r. F. verschließende elast. Membran ermöglicht den Druckausgleich der (durch die Bewegung der ↗Gehörknöchelchen) in der Endolymphe des Innenohrs erzeugten Druckwelle. ↗Ohr (□).

Rundkrabben, *Oxystomata,* U.-Abt. der ↗*Brachyura* mit den beiden Fam. ↗Gepäckträgerkrabben u. ↗Schamkrabben.

Rundmäuler, *Cyclostomata,* Kl. der ↗Kieferlosen mit den beiden U.-Kl. ↗Inger *(Myxini)* u. ↗Neunaugen *(Petromyzones),* zu denen jeweils nur eine gleichnamige Fam. gehört. Langgestreckte, aalart. Wassertiere mit Saugmund, unpaarer Nasenöffnung u. einer Chorda dorsalis als einzigem axialem Stützelement; ohne bes. Kiefer, paar. Flossen, freie Kiemen, Kiemendeckel u. Schuppen.

Rundmundschnecken, die ↗Turbanschnecken.

Rundschmelzschupper, *Amiiformes,* Ord. der ↗Knochenfische.

Rundschuppe ↗Schuppen.

Rundstirnmotten, *Glyphipterygidae,* weltweit verbreitete, v.a. auf der S-Halbkugel vorkommende Schmetterlingsfam. mit etwa 900 Arten, bei uns nur wenige Vertreter; Falter klein, Spannweite um 10 mm, Vorderflügel braunschwarz mit silbr. Zeichnung, manchmal auch bunt gefärbt, Kopf groß mit breiter Stirn; tags fliegend, charakterist. Wippen der Flügel im Sitzen; Larven minieren in Trieben, Blättern, Wurzeln u. Samen v. Gräsern u.a.

Rundtanz ↗Bienensprache.

Rundwürmer, i.w.S. die ↗*Nemathelminthes;* i.e.S. die ↗Fadenwürmer *(Nematoda).*

F. F. Runge

Runge, *Friedlieb Ferdinand,* dt. Chemiker, * 8. 2. 1795 Billwärder bei Hamburg, † 25. 3. 1867 Oranienburg bei Berlin; seit 1828 Prof. in Breslau, ab 1832 Industriechemiker u.a. in Oranienburg; entscheidend an der Entwicklung der organ. Chemie (Isolierung u.a. von Anilin u. Phenol) beteiligt; stellte Coffein aus Kaffee dar, entdeckte das Atropin, Mit-Begr. der Papierchromatographie; erforschte den Steinkohlenteer u. wertete ihn technologisch aus.

Runkelrübe [wohl v. mhd. runke = Runzel] ↗Beta.

Runula *w,* die ↗Säbelzahnschleimfische.

Runzelfrösche, die Gatt. ↗Platymantis.

Runzelschicht, (G. u. F. Sandberger), engl. *wrinkle-layer,* feine Streifen u./od. Knötchen auf der Oberfläche des Hypostracums v. Ammoniten-Schalen (↗*Ammonoidea)* im dorsalen Bereich der Mündung; v.a. bei Goniatiten ausgebildet.

Rupicapra *w* [v. lat. rupes = Felswand, capra = Ziege], ↗Gemse.

Rupicola *w* [v. lat. rupes = Felswand, -cola = -bewohner], Gatt. der ↗Schmuckvögel.

Ruppiaceae [Mz.; ben. nach dem dt. Botaniker H. B. Rupp, 1688–1719], *Saldengewächse,* Fam. der ↗*Najadales* (Nixenkrautartige), mit 1 Gatt. *(Ruppia)* und 7 Arten weltweit an den Meeresküsten, z.T. auch im Süßwasser vorkommend; die Pflanzen wachsen untergetaucht mit teils kriechenden, teils schwimmenden Stengeln mit linealischen Blättern. Die *R.* werden z.T. auch zu den mit ihnen nahe verwandten ↗Laichkrautgewächsen gerechnet.

Ruppietea maritimae [Mz.; ↗Ruppiaceae, v. lat. maritimus = Meeres-], *Salden-Gesellschaften,* Kl. der Pflanzenges.; artenarme Ges. brackiger Küsten- und salzhalt. Binnengewässer (Koch-, Bittersalz, Gips);

Rundmäuler

1 Bauplan eines Neunauges (Fam. *Petromyzonidae*); **2a** Meer-Neunauge *(Petromyzon marinus)* mit **2b** Saugmund; **3** Meer-Neunauge, an krankem Fisch festgesaugt, der bereits eine Wunde eines früheren Angriffs zeigt

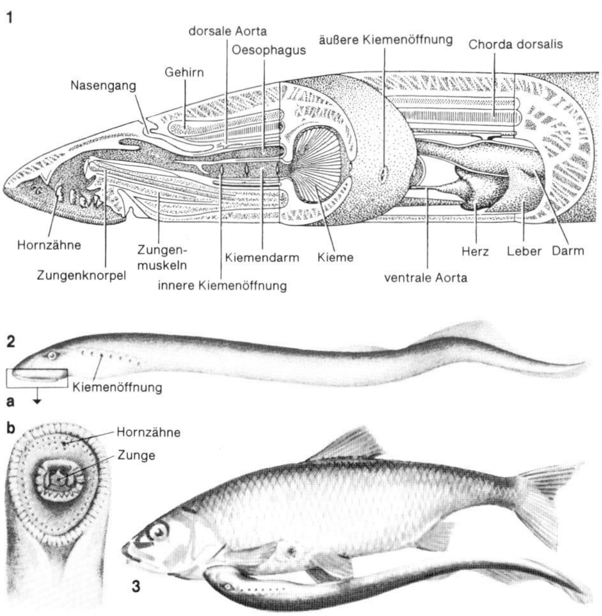

ertragen starke Schwankungen des Salzgehalts.

Ruprechtsfarn, *Gymnocarpium robertianum,* ↗ Gymnocarpium.

Ruprechtskraut, *Geranium robertianum,* ↗ Storchschnabel.

Rusa [v. Hindi rūsā] ↗ Sambarhirsche.

Ruscus *m* [lat., =], der ↗ Mäusedorn.

Rusophycus *m* [v. lat. russus = rot, gr. phykos = Tang], (Hall 1852), bandförm. Spur, bestehend aus kaffeebohnenart. Eindrücken; als Urheber kommen ↗ Trilobiten in Betracht. Verbreitung: Paläozoikum der N-Halbkugel. Manche Autoren halten *R.* für ident. mit *Isopodichnus* Bornemann 1889, der auch im German. Buntsandstein (Trias) vorkommt.

Rüssel, *Proboscis,* a) ausstülpbare, röhrenförm. Verlängerung in der Mundregion u. a. von ↗ Schnur- u. ↗ Strudelwürmern, Egeln *(↗ Hirudinea),* Borstenwürmern *(↗ Polychaeta),* ↗ *Acanthocephala,* einigen ↗ Ringelwürmern, einigen ↗ Schnecken u. manchen ↗ Insekten. Bei letzteren werden unterschieden: ↗ *Stech-R.* (z. B. bei Stechmücken), ↗ *Saug-R.* (bei Schmetterlingen, Bienen; ↗ Mundwerkzeuge), *Leck-* oder *Tupf-R.* (bei Stubenfliegen). b) z. T. stark verlängerte, sehr bewegl. ↗ Nase bei manchen Säugetieren, die als Tast- u./od. Greiforgan benutzt wird (bei ↗ Elefanten, ↗ Tapiren, ↗ Schweineartigen, ↗ Spitzmäusen u. a.). ↗ Rüsselscheibe, ↗ Lippen.

Rüsselbären, *Nasenbären, Nasua,* Gatt. der ↗ Kleinbären.

Rüsselbeutler, *Tarsipedinae,* U.-Fam. der ↗ Kletterbeutler; einzige Art der ↗ Honigbeutler.

Rüsselegel, die ↗ Rhynchobdelliformes.

Rüsselgeißler, die ↗ Bikosoecophyceae.

Rüsselhündchen, *Rhynchocyon,* Gatt. der ↗ Rüsselspringer.

Rüsselkäfer, *Rüßler, Curculionidae,* Fam. der polyphagen ↗ Käfer (T) aus der Gruppe der *Pseudotetramera* (Phytophaga). Mit vermutl. weit über 50 000 Arten die größte Tier-Fam. überhaupt, davon etwa 1200 Arten in Mitteleuropa. Kennzeichnend für die R. ist der schnauzen- bis rüsselförmig verlängerte Kopf, der an der Spitze die Mundwerkzeuge trägt. Ledigl. die Gula (hier als Alveus bezeichnet) reicht bis an den Kopfhinterrand; eine Oberlippe fehlt meist. Die Fühler haben ein stark verlängertes 1. Glied (Scapus), an das sich eine 5–7gliedrige Geißel mit 3–4gliedriger Keule anschließt. Dieses 1. Glied kann oft die Länge der übrigen Fühlerglieder erreichen. Meist ist diese Geißel gegenüber dem Schaft stark geknickt. Die Beine sind kräftig, oft mit starken Klauen od. Klammervorrichtungen; das 4. Treterglied der Tarsen ist winzig, daher scheinbar 4gliedrige Treter. Einige Arten können springen (Springrüßler). Die mitteleur. Vertreter sind zw. 1,3 mm und gut 20 mm groß (ohne Rüssel) u. sehr vielgestaltig – v. kurz gedrungenen Arten mit sehr kurzen Rüsseln bis langgestreckten Vertretern mit langem Rüssel. Die Färbung ist sehr unterschiedl., meist düster braun od. grau, gelegentl. mit Metallglanz, blauen od. roten Farben. Viele Arten tragen auf den Elytren od. großen Teilen des Körpers Schuppen, die auch ausgesprochene (metallisch grüne) Schillerschuppen sein können (z. B. bei Grünrüßlern). Die Larven der R. sind kleine, fußlose, leicht gekrümmte Maden, die überwiegend endophag od. in der Erde an Wurzeln leben. Entspr. der hohen Artenzahl zeigen die R. höchst unterschiedl. Lebensweisen. Allen gemeinsam ist ihre phytophage Lebensweise, v. der es nur wenige Ausnahmen gibt. In Austr. gibt es z. B. die Gatt. *Tentegia,* die Kot v. Beuteltieren sammelt; die südamerikan. Gatt. *Ludovix* lebt v. Eigelegen, die Heuschrecken in Wasserhyazinthen abgelegt haben. Die Eiablage erfolgt entweder in der Erde od. häufig in mit Hilfe ihres Rüssels hergestellte Löcher direkt in das Pflanzensubstrat. Hierbei wird oft ein Loch so tief in das Substrat genagt, wie der Rüssel lang ist. Anschließend wird ein Ei an den Rand des Loches gelegt. Es wird dann mit den Mandibeln gepackt u. entspr. tief in das Loch hineingeschoben. Der Rüssel dient in solchen Fällen als Ersatz für den fehlenden Eilegeapparat. Häufig tritt hierbei auch komplexe Brutfürsorge auf (↗ Blattroller, ↗ Stecher). Wegen ihrer phytophagen Lebensweise gibt es auch viele wirtschaftl. bedeutsame Vertreter. Einige Beispiele aus unserer Fauna: Spitzmäuschen *(Apion),* mit über 140 Arten bei uns eine der artenreichsten Gatt.; kleine R. von 1,2–4,5 mm Länge, Hinterleib mit Elytren bauchig erweitert, vorne spitz zulaufend, Fühler nicht gekniet. Die meisten Arten leben sehr spezif. an bestimmten Pflanzen (76 Arten an Schmetterlingsblütlern, 17 an Korbblütlern, 12 an Knöterichgewächsen, 10 an Lippenblütlern, 9 an Malvengewächsen usw.). Einige Arten können für den Leguminosenanbau od. die Kleesamenzucht *(A. apricans)* schädl. werden. *A. striatum* entwickelt sich im Schiffchen v. Besenginster-Blüten. Die Larve entwickelt dabei die Blütenhülle in kugelige Gallen, die sie nach dem Abfallen durch schnellende Bewegungen nach Art der ↗ „Hupfbohne" an günstige Bodenstellen bringt. Die Lappen- od. Dickmaulrüßler, selten auch Breitmaulrüßler gen. *(Otiorrhynchus),* sind mit über 160 Arten die artenreichste Gatt. in Mitteleuropa. Meist flugunfähig, besitzen viele dieser Arten jedoch eine nur sehr beschränkte Verbreitung. Zahlr. Vertreter vermehren sich zudem parthenogenetisch od. besitzen Teilareale mit parthenogenet. Populationen. Der Name „Lappenrüßler" bezieht sich auf die an der Spitze des recht kurzen Rüssels befindl. lappenartigen Erweiterungen. Die Larvalentwicklung erfolgt meist in der Erde an Wurzeln. Bei den

Rüsselkäfer

1 Kleiner brauner Kiefernrüßler *(Hylobius pinastri),* **2** Kornkäfer *(Sitophilus granarius)* am Weizenkorn

1

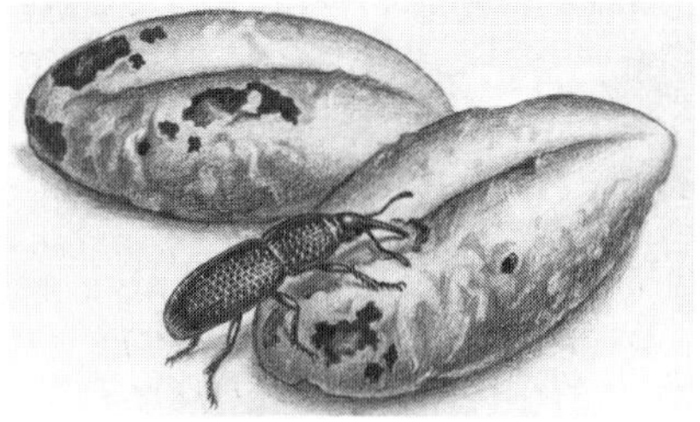

2

Grünrüßlern (Gatt. *Phyllobius* u. *Polydrosus*) erscheint die Oberseite der Schuppen grün od. auch grau bzw. scheckig; Käfer oft sehr häufig auf Sträuchern, Bäumen od. krautigen Pflanzen, an denen sie durch Blattfraß auffallen können; bei uns etwa 40–50 Arten von 3–12 mm Länge. Die Gatt. *Sitona* enthält vorwiegend kleine (3–10 mm), längl. Käfer mit oft metallisch beschuppten Mandibeln; bei uns ca. 25 Arten, die an Schmetterlingsblütlern leben. Ihre Larven fressen meist in Wurzelknöllchen, die Imagines meist nachts an den Blättern der Nährpflanzen. Einige Arten können dabei sehr schädl. werden (z. B. *S. hispidulus* und *S. lineatus*). Ausgesprochene Blütenbewohner finden sich in der Gatt. *Larinus,* die auf Wiesen oft in den Blüten v. Flockenblumen od. Distelgewächsen sitzen, in denen auch die Larvenentwicklung abläuft. Eine Lebensweise im od. am Wasser führen Vertreter der U.-Fam. *Bagoinae* sowie Arten der Gatt. *Eubrychius* u. *Litodactylus,* die an Wasserpflanzen fressen. Die 2–6 mm großen Arten der Gatt. *Bagous* leben z. T. völlig unter Wasser an Wasserhahnenfuß, Wasserschlauch od. Tausendblatt. Der nur 1,4–1,8 mm große *Tanysphytus lemnae* entwickelt sich in den Blättchen v. Wasserlinsen. Extrem lange Rüssel besitzen die Arten der Gatt. *Curculio,* die sich in den Früchten verschiedener Laubhölzer entwickeln. So leben *C. venosus* und *C. glandium* (Eichelbohrer) in Eicheln, *C. nucum* (Nußbohrer) in Nüssen, v. a. Haselnüssen. Einige Arten entwickeln sich in Gallen, so *C. crux* in den Blattgallen v. Blattwespen oder *C. pyrrhoceras* in den Gallen der Eichengallwespe *(Diplolepis folii).* – Die größten mitteleur. R. finden sich in der Gatt. *Liparus,* so der v. a. montan u. subalpin an Pestwurz lebende *L. glabrirostris,* der bis 2 cm (ohne Rüssel) lang wird. Bes. interessant ist die artenreiche Gruppe der U.-Fam. *Ceutorhynchinae* – 1,5–6 mm lange, kurz-ovale Tiere, die viele an krautigen Pflanzen mono- od. oligophage Vertreter aufweist. So lebt *Mononychus punctum-album* im Frühjahr in den Blüten der gelben Sumpfschwertlilie; die Larve des „großen Rapsstengelrüßlers" *(Ceutorhynchus napi)* lebt in Rapsfrüchten, *C. denticulatus* im Wurzelhals des Roten Klatschmohns und *C. geographicus* in den Wurzeln vom Natternkopf. Die Gattung Springrüßler *(Rhynchaenus)* umfaßt 1,3–3,5 mm lange Arten mit verdickten Hinterschenkeln (Sprungbeine); die 30 Arten der Gatt. leben v. a. auf u. in den Blättern verschiedener Laubbäume. Auf Buchen lebt der Buchenspringrüßler *(R. fagi),* der als Larve in den Blättern miniert u. dadurch gelegentlich beachtl. Schäden hervorrufen kann. Als Vorratsschädlinge treten hin u. wieder die Arten der Gatt. *Sitophilus* (fr. *Calandra*) auf; so der Kornkäfer od. Schwarze Kornwurm *(S. granarius, C. granaria),* der v. a. als Larve in Getreide weltweit starke Schäden hervorrufen kann; Entsprechendes gilt für den Reiskäfer *(S. oryzae)* u. den Maiskäfer *(S. zeamais).* Die Käfer (ca. 2,5–4,5 mm groß) sind dunkelbraun, längl., mit langgestrecktem Halsschild u. langem, dünnem Rüssel. B Insekten III, B Käfer I–II. *H. P.*

Rüsselkrebse, *Bosmina,* Gatt. der ↗Wasserflöhe.

Rüsselqualle, *Geryonia proboscidialis, Carmarina hastata,* Gatt. der ↗*Trachymedusae* mit halbkugeligem Schirm (8 cm ∅) und 6 langen Tentakeln; das Manubrium (Magenstiel) ist zu einem langen Rüssel ausgezogen; kommt im Frühjahr u. Sommer im Mittelmeer vor.

Rüsselratten, *Petrodromus,* Gattung der ↗Rüsselspringer.

Rüsselrobben, *Cystophorinae,* U.-Fam. der Hundsrobben; männl. R. mit aufblasbarem Rüssel; hierzu die ↗Klappmütze u. die ↗See-Elefanten.

Rüsselscheibe, *Planum rostrale,* bei Schweineartigen *(Suoidea)* das v. einem Knorpel gestützte, etwa kreisrunde, flache Vorderende des aus ↗Nase u. Ober-↗Lippe bestehenden kurzen ↗Rüssels. Die sehr bewegliche R. dient zum Durchwühlen des Bodens; in ihr liegen die Nasenlöcher.

Rüsselspringer, *Rohrrüßler, Macroscelididae,* auf Afrika beschränkte Fam. springmausartiger Insektenfresser mit rüsselförmig verlängerter Schnauze, langem Schwanz u. Springbeinen (Schienbein u. Mittelfuß der Hinterextremitäten verlängert); Kopfrumpflänge 10–30 cm; 4 Gatt.: *Macroscelides* (Kurzohr-R., 1 Art), *Elephantulus* (↗Elefantenspitzmäuse, 7 Arten), *Petrodromus* (Rüsselratten, 6 Arten) u. *Rhynchocyon* (Rüsselhündchen, 7 Arten).

Rüsseltiere, *Proboscidea,* seit dem Tertiär bekannte Ord. großer, landlebender Säugetiere mit stämmigen Säulenbeinen. Die Evolution der R. erfolgte in Afrika. Vor ca. 25 Mill. Jahren begannen R. nach Europa u. Asien vorzudringen, später auch nach N-Amerika; im Pleistozän gab es R. auch in S-Amerika und SO-Asien. Die Evolution der R. zeigt die Tendenz zur Größenzunahme. Begleitet wird die Größenzunahme vom Längerwerden der Stoßzähne u. des Rüssels (vgl. Abb.). Von den einst artenreichen u. weitverbreiteten R.n haben nur die

↗Elefanten bis heute überdauert; † sind ↗Mammut, ↗Mastodonten, ↗*Dinotherioidea* u. a. [↗Spanische Flagge.

Russischer Bär, *Panaxia quadripunctaria,*

Rußtaupilze, *Rußtau,* 1) die ↗*Capnodiaceae;* 2) i. w. S. Pilze mit ähnl. dunklem Aufwuchs, z. B. ↗*Cladosporium*(-Arten).

Russula *w* [v. *russul-], die ↗Täublinge.

Russulaceae [Mz.; v. *russul-], die ↗Sprödblättler.

Russulales [Mz.; v. *russul-], Ord. der ↗Blätterpilze; ↗Sprödblättler. [↗Ulme.

Rüster *w* [v. mhd. rust = Ulme], die

Ruta *w* [lat., =], die ↗Raute.

Rutaceae [Mz.; v. lat. rutaceus = Rauten-], die ↗Rautengewächse.

Rutenkrankheit, 1) *Himbeer-R., Rutensterben,* bedeutende pilzl. Erkrankung der Himbeere, verursacht durch den Schlauchpilz *Didymella applanata* (Fam. ↗*Mycosphaerellaceae;* T); bei Befall entstehen blauviolette Rindenverfärbungen, es tritt vorzeit. Blattfall ein, die Rinde stirbt ab, u. im Frühjahr erfolgt kein Austrieb. Die Infektion erfolgt durch Rindenrisse, z. B. bei Wassermangel, Verletzungen od. Schädlingsbefall; Überträger ist die Himbeerruten-Gallmücke *(Thomasiniana theobaldi).* 2) *Rindenbrand* an Himbeere mit ähnl. Schadbild wie 1), verursacht durch den Schlauchpilz *Leptosphaeria coniothyrium* (Fam. ↗*Pleosporaceae;* T).

Rutenpilze ↗Stinkmorchelartige Pilze.

Ruthenica *w,* Gatt. der Schließmundschnecken. Das Gehäuse der einzigen, nach der ↗Roten Liste „potentiell gefährdeten" Art, der Zierlichen Schließmundschnecke *(R. filograna),* wird 9 mm hoch; sie lebt in S- und O-Dtl. und O-Europa in der Bodenstreu der Wälder.

Rutherford *s* [raß^{er}f^{er}d; ben. nach dem engl. Physiker E. R., 1871–1937], Kurzzeichen rd, wenig gebräuchl. Einheit für die Aktivität radioaktiver Stoffe; 1 rd = $2{,}7 \cdot 10^{-5}$ Ci (↗Curie). [↗Rothaarigkeit.

Rutilismus *m* [v. lat. rutilus = rötlich], die

Rutilus *m* [lat., = rötlich], die ↗Rotaugen.

Rutin *s* [v. lat. ruta = Raute], *Quercetin-3-O-rutinosid,* ein zu den ↗Flavonoiden zählendes Glykosid, das u. a. in Buchweizen u. Weinraute vorkommt (T Flavone); das Bioflavonoid R. (fr. Vitamin-P-Faktor gen.) beeinflußt die Permeabilität v. Kapillaren u. wird daher in Präparaten gg. Blutgefäßschäden verwendet.

Rutte *w* [v. lat. rubeta = Kröte, über mhd. ruppe, rutte = Quappe], die ↗Quappe.

Rüttelflug ↗Flugmechanik (□), ↗Greifvögel, ↗Kolibris.

Ruvettus *m* [v. lat. rubus = Brombeerstrauch, über it. rovetto = makrelenart. Fisch], Gatt. der ↗Schlangenmakrelen.

Ružička [ruschitschka], *Leopold,* schweizer. Chemiker kroat. Herkunft, * 13. 9. 1887 Vukovar, † 26. 9. 1976 Mammern (Thurgau); Prof. in Utrecht u. Zürich; arbeitete über Polyterpene, synthetisierte Androsteron aus Cholesterin u. stellte vielgliedrige Kohlenwasserstoffringe dar; erhielt 1939 mit A. Butenandt den Nobelpreis für Chemie.

Rynchopidae [Mz.; v. gr. rhygchos = Schnabel, ops = Auge], die ↗Scherenschnäbel.

russul- [v. lat. russulus = rötlich, rotbraun].

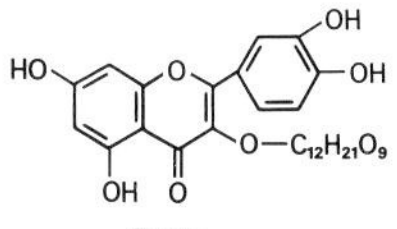

Rutin

L. Ružička

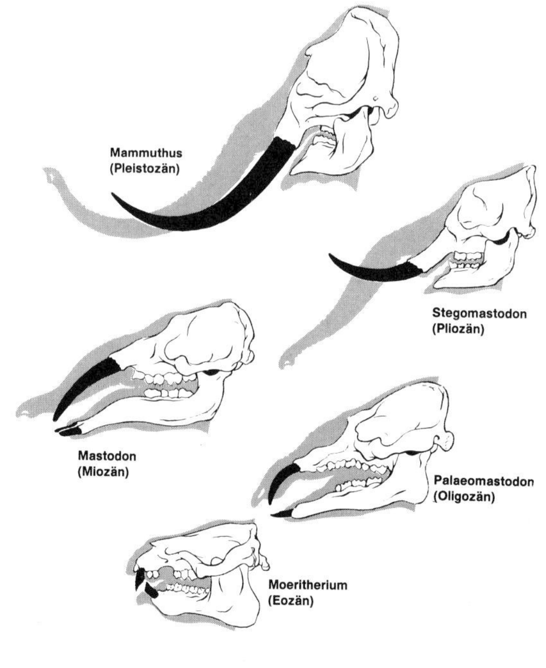

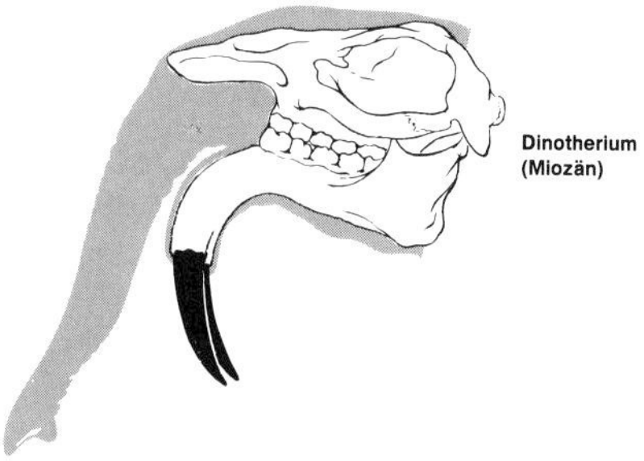

Evolutionsstufen der Rüsseltiere

Ähnlich wie die bekannte Evolutionsreihe der Pferdeartigen ist auch die Evolutionsreihe der *Rüsseltiere (Proboscidier)* durch Fossilfunde recht gut belegt. Die Abbildungen links zeigen – für den Zeitraum zwischen Eozän und Pleistozän – einige wichtige Entwicklungsstufen aus einer Entwicklungsreihe, die zu unseren heutigen „Elefanten" führen. Man erkennt deutlich die Längenzunahme der oberen Schneidezähne, die schließlich zu *Stoßzähnen* werden, und die entsprechende Umgestaltung und Verlängerung von Oberlippe und Nase zu einem *Rüssel.* (↗*Moeritherium* wird neuerdings eher als Verwandter der Seekühe angesehen.) Eine Seitenlinie der Rüsseltiere hat nicht die oberen, sondern die unteren Schneidezähne hauerartig entwickelt. Die Abbildung oben zeigt einen Vertreter der Gattung *Dinotherium* aus dem Miozän.

S

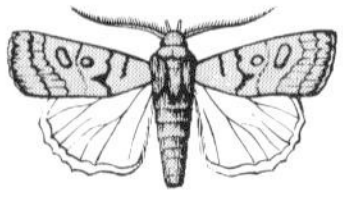

Saateule
(Scotia segetum)

S, 1) chem. Zeichen für ↗Schwefel; **2)** Abk. für ↗Serin; **3)** Abk. für Svedberg-Einheit, ↗Sedimentation.

Saalekaltzeit [ben. nach dem Fluß Saale], (K. Keilhack 1909), *Saaleeiszeit,* der ↗Rißeiszeit im Alpenvorland entsprechende Vereisungsphase in N-Dtl. mit zwei durch eine Wärmephase (Gerdau-Interstadial, Treene-Wärmezeit) getrennten Hauptvorstößen (Drenthe- u. Warthe-Stadium). □ Pleistozän.

Saat, 1) *Aussaat, Einsaat,* das Einbringen von ↗*S.gut* in den in der Regel bes. bearbeiteten Boden (↗S.bett). Mit der Bodenbearbeitung werden die für die jeweil. Kulturpflanzen günstigsten Bedingungen für Keimung, Aufwuchs u. Ertrag geschaffen (S.verfahren vgl. Spaltentext). 2) Bez. für die aus dem ausgesäten Samen aufgehenden Pflänzchen.

Saatbeet, *Aussaatbeet, Samenbeet,* eine für die ↗Saat bes. zubereitete Bodenfläche, die meist nur der Vorzucht junger Kulturpflanzen dient. Schon gg. Ende des Winters wird mit der Anzucht in *Frühbeeten* unter einer Glasabdeckung begonnen. Als Beeteinlage eignen sich Mist *(Mistbeet)* u. andere organ. Materialien, die sowohl düngen als auch beim Verrotten Wärme abgeben *(Warmbeet).* Samen v. weniger empfindl. od. späten Kulturpflanzen werden im *Freibeet* ausgelegt.

Saatbett, der für die ↗Saat vorbereitete Boden. Das S. soll optimale Bedingungen für die Keimung der Nutzpflanze bieten. Zur Vorbereitung gehören die Lockerung – sie ermöglicht eine ausreichende Durchlüftung sowie das rasche Wachstum des jungen Keimlings – u. der Bodenschluß (Andrücken, Walzen od. Eggen), der die kapillaren Wasserbewegungen um das Saatgut fördert. Im Gartenbau bringt man meist humusreiche Erden in das S. ein.

Saateule, *Winter-S., Scotia (Agrotis) segetum,* weit verbreiteter u. häufiger Vertreter der ↗Eulenfalter ([T]); Vorderflügel variabel, graubraun mit dunklen Querlinien u. Makeln, Spannweite um 40 mm, Hinterflügel weißl., fliegt vom Mai bis Nov. in 2 Generationen in Gärten u. Feldern, wo die fettig glänzenden grauen ↗Erdraupen einen bedeutenden Schaden durch nächtl. Wurzel- u. Blattfraß an Getreide, Rüben, Kartoffeln u. a. anrichten können.

Saatgut, umfaßt im Pflanzenbau Samen u. Früchte, die als generative Organe der Vermehrung einer bestimmten Art bzw. Sorte dienen. Gesetzl. dem S. gleichgestellt gehört dazu auch das *Pflanzgut,* bei dem es sich um Stecklinge od. Jungpflanzen handeln kann, die aus S. erzeugt werden (z. B. Stecklinge in der S.erzeugung von *Beta*-Rüben od. Jungpflanzen beim Anbau von *Brassica*-Rüben bzw. Feldgemüsebeständen) od. um vegetative Teile v. Pflanzen, die der Vermehrung einer Art bzw. Sorte dienen, wie z. B. Knollen bei Kartoffeln od. „Holz" (Pfropfreben, Obststecklinge) bei Weinreben od. Obstarten. Hochwertiges S. ist Voraussetzung für die quantitativen u. qualitativen Ertragsleistungen v. Kulturarten. Es sind gesetzl. Bestimmungen für die Erzeugung von S. und den S.handel zu beachten (S.verkehrsgesetz, Gesetz über forstl. Saat- und Pflanzgut, Gesetz über den Schutz v. Pflanzensorten). *Basis-S.* bzw. Basispflanzgut wird v. Züchter od. unter seiner unmittelbaren Aufsicht nach den Grundsätzen systemat. ↗Erhaltungszüchtung erzeugt. Es stellt das Ausgangsmaterial für zertifiziertes S. bzw. Pflanzgut dar. *Zertifiziertes S.* geht grundsätzl. an den Endverbraucher, der es innerhalb seines Betriebes verwendet. ↗S.reinigung.

Saatgutbeizung ↗Beize.

Saatgutimpfung, Zugabe einer Misch- od. Reinkultur v. ↗Knöllchenbakterien zum Saatgut v. ↗Hülsenfrüchtlern. ↗Impfung.

Saatgutreinigung, Trennung des ↗Saatgutes v. Saatunkräutern u. Sortierung des Saatgutes in einheitl. Korngrößen. Die S. erfolgt in S.sanlagen, die hpts. aus einem *Siebwerk* bestehen, das die Körner nach der Größe trennt, einer *Windfege,* welche die Saatkörner, Bruchkörner, Unkrautsamen, Steine, Staubkörner u. a. aufgrund ihrer verschiedenen Schwere voneinander trennt, und einem *Trieur,* in dem die Körner nach ihrer Form getrennt, d. h. Unkrautsamen, Bruchkörner usw. aus dem Saatgut ausgelesen werden. – Die S. hat mit dazu beigetragen, daß eine Reihe v. Saatunkräutern wie Kornrade, Kornblume, Roggen-Trespe u. a. in manchen Gebieten schon zur bot. Seltenheit geworden sind.

Saat

Im Land- u. Gartenbau unterscheidet man u. a. folgende S.verfahren:

Breitsaat
Das S.gut wird „breitwürfig" mit der Hand od. mit Hilfe des Särohrs (für feine Sämereien, z. B. Klee) ausgebracht u. anschließend eingeeggt. Da die Tiefeneinbringung des S.guts ungleichmäßig ist, muß das auf der Oberfläche verbleibende S.gut als Verlust betrachtet werden, da es entweder v. den Vögeln gefressen wird od. es infolge unzureichender Wasserzufuhr nicht zur Entwicklung eines Keimlings kommt.

Reihensaat
Das S.gut wird in parallelen Reihen v. Hand od. mit Hilfe v. Maschinen eingebracht. Die heute übl. S.technik ist die *Drill-S.* mit einer Drillmaschine (z. B. für die meisten Getreidearten), bei der die Reihenabstände durch die Entfernung der einzelnen Drillscharen festgelegt sind. Durch gleichmäßig tiefe Einbringung in den Boden u. durch Andrücken der S. mittels Druckrollen hinter den Drillscharen sind die Keimbedingungen günstiger als bei der Breit-S.; die Bestandsentwicklung verläuft gleichmäßiger. Für Pflanzenbestände mit einer geringen Anzahl Pflanzen pro Fläche (z. B. Mais, Zuckerrüben) wird die *Einzelkorn-S.* oder *Gleichstands-S.* angewendet, d. h., das S.gut wird in gleichmäßigen Abständen in den Reihen eingebracht.

Dibbel- bzw. *Horstsaat*
Hierbei werden mehrere Samen mit der Hand od. mit der Dibbelmaschine in bestimmten Abständen zus. an einer Stelle eingebracht (v. a. im Hackfruchtbau).

Pflanzgut v. Kartoffeln wird über *Legemaschinen* ausgebracht. Diese werfen eine Rinne im Boden auf, legen in dieser die Knollen in gleichmäßigen Entfernungen ab u. streichen anschließend die Rinne wieder zu. Pflanzenmaterial (z. B. im Feldgemüsebau) kann über *Pflanzmaschinen* ausgepflanzt werden.

In der Forstwirtschaft wird am häufigsten die *Streifen-S.* (d. h. Einsaat auf v. Streu u. Vegetation freigemachten u. maschinell bearbeiteten Bodenstreifen) praktiziert. Anwendung findet auch die *Punkt-S.,* bei der der Boden zur Aufnahme größerer Samen (z. B. Eicheln) nur stellenweise (im Abstand von 1 m oder mehr) bearbeitet wird.

Saatkrähe, *Corvus frugilegus,* 46 cm großer schwarzer ↗Rabenvogel (□) mit nacktem hellem Gesicht, Schnabel schlanker als bei der ↗Aaskrähe (□); Stimme heiser, krächzend; gesellig, brütet kolonieweise in hohen Gehölzen; durch menschl. Verfolgung u. Biotopveränderung als Brutvogel selten geworden (nach der ↗Roten Liste „stark gefährdet"); 4–5 Eier (B Vogeleier I); winters in großen Schwärmen durch Zuzug v. Vögeln aus NO-Europa u. Sibirien. B Europa XVIII.

Sabellaria *w* [v. *sabell-], Gatt. der Ringelwurm-(Polychaeten-)Fam. ↗*Sabellariidae. S. spinulosa* (Sandkoralle, Pümpwurm), mit 40 Borstensegmenten bis 3 cm lang. Lebt in einer festen Röhre aus verkitteten Sandkörnern, die einzeln mit den Paleen ergriffen, mit den Tentakeln herangeholt u. an den Oberrand der Wohnröhre angeklebt werden. Die Kittsubstanz stammt aus Zementdrüsen des 2. Segments. Einzeltiere überziehen Steine, Muschelschalen, Schneckengehäuse u. ä. mit einer unregelmäßig gewundenen Röhre. Häufig leben die Würmer jedoch in dichten Siedlungen; dann verkitten sie die senkrecht stehenden Röhren zu den im Sommer rasch bis 30 cm hoch wachsenden Sandkorallenriffen. Vorkommen im tieferen Watt der Nordsee, bes. an den Stromrinnen, fehlt in der Ostsee.

Sabellariida [Mz.; v. *sabell-], Ord. der Ringelwürmer *(Polychaeta)* mit nur 1 Fam. ↗*Sabellariidae.* Körper in 3 Abschnitte gegliedert; Peristomium aus 2 lateralen Anteilen mit je 1 bis 3 konzentrischen Reihen v. ↗Paleen; ventrale Mundöffnung v. Tentakeln od. Papillen umgeben; Parapodien reduziert; kein vorstülpbarer Rüssel.

Sabellariidae [Mz.; v. *sabell-], *Hermellidae,* Ringelwurm-(Polychaeten-)Fam. der ↗*Sabellariida* mit 7 Gatt. (vgl. Tab.); paarige, cirrenförm. Kiemen oberhalb der Borsten bzw. Haken im Vorder- u. Hinterkörper; Borsten gefiedert od. paddelförmig, Haken kammförmig; Röhrenbewohner, die sog. Sandkorallenriffe bauen; Strudler. Bekannteste Gatt. ↗*Sabellaria* mit der Sandkoralle od. Pümpwurm *(S. spinulosa).*

Sabellida [Mz.; v. *sabell-], Ord. der Ringelwürmer *(Polychaeta)* mit 5 Fam. (vgl. Tab.); Körper in 2 Regionen unterteilt: Vorderkörper dorsal mit Borsten, ventral mit Haken, Hinterkörper dorsal mit Haken, ventral mit Borsten; Prostomium durch zweiteilige Tentakelkrone verdeckt; kein vorstülpbarer Rüssel.

Sabellidae [Mz.; v. *sabell-], Ringelwurm-(Polychaeten-)Fam. der ↗*Sabellida* mit 35 Gatt. (vgl. Tab.); Körper lang, Tentakelkrone des Prostomiums aus 2 Stämmen mit zahlr. ↗Radioli, die meist ↗Pinnulae tragen, Peristomium rostral kragenartig erweitert, Rumpf mit längsverlaufender, bewimperter Kotrinne; Röhrenbewohner, Strudler; pelagische Larven. Namengebende Gatt. *Sabella;* bekannte Art *S. penicillus,* mit mehr als 600 Metameren bis 25 cm lang, nahe der Niedrigwasserlinie u. tiefer; baut nur einmal im Leben eine Röhre, die dann nicht mehr verlassen wird; Nordsee, Beltsee.

Sabellides *w* [v. *sabell-], Ringelwurm-(Polychaeten-)Gatt. der ↗*Ampharetidae* mit 8 Arten.

Säbelschnäbler, *Recurvirostridae,* Fam. schlanker Watvögel mit langen Beinen; 2 Gatt. mit 6 Arten in allen Erdteilen. Der 43 cm große, schwarz-weiß gezeichnete S. *(Recurvirostra avosetta)* besitzt einen säbelförmig nach oben gebogenen Schnabel, der bei der Nahrungssuche in flachem Wasser seitl. hin u. her geschwenkt wird. Leuchtend rote Beine kennzeichnen den grazilen, 38 cm großen Stelzenläufer *(Himantopus himantopus),* dessen Schnabel gerade ist; lebt an der Küste u. an brackigen Binnengewässern.

Säbelschrecken, *Barbitistes,* Gatt. der ↗Sichelschrecken.

Säbelwuchs, durch Schneegleiten, Bodenrutschungen, Windschub, Beschädigungen im Jungwuchsstadium (z. B. Beweidung, Steinschlag) u. ä. verursachte einseitige, säbelförm. Stammkrümmung, meist im unteren Stammteil der Bäume.

Säbelzahnfische, *Evermannellidae,* Fam. der ↗Laternenfische mit nur 6 Arten; zart gebaute, bis 17 cm lange, schuppenlose Tiefseefische ohne erkennbare Leuchtorgane, aber mit grünl., glänzenden, reflektierenden Flecken neben den teleskopart. Augen; haben auf den Kiefern große, säbelart. Zähne.

Säbelzahnschleimfische, *Runula,* Gatt. der Unbeschuppten Schleimfische, mit großen hauerart. Eckzähnen im Ober- u. Unterkiefer; die nur 8 cm lange, indopazif. Art *R. rhinorhynchus* reißt Hautstücke aus größeren Fischen. Im Ggs. zu den S.n schabt die 9 cm lange, verwandte Art *Lophalticus kirkii* ledigl. Algen ab u. klettert dabei auch an Felsen im Spritzwasserbereich umher; lebt im Roten Meer u. an ostafr. Küsten.

Sabiaceae [Mz.; wohl v. ind. Namen], Fam. der Seifenbaumartigen mit 4 Gatt. und 80 Arten in den Tropen u. Subtropen v. Asien u. Amerika; Holzgewächse u. Spreizkletterer. Aus den beiden Gatt. *Salia* u. *Meliosoma* stammen Zierpflanzen.

Sabin-Schluckimpfung [ben. nach dem am. Arzt A. B. Sabin, * 1906] ↗Poliomyelitis.

S_{AB}-Wert, *Assoziationskoeffizient,* molekularer ↗*Ähnlichkeitskoeffizient* (nach Woese, Fox u. Mitarbeitern, 1977; ↗Archaebakterien), Maß für die molekulare Ähnlichkeit zwischen (2) Organismen, durch die auf den Verwandtschaftsgrad geschlossen wird; wird berechnet aus der Ähnlichkeit bzw. den Unterschieden in der Nucleotidsequenz der ribosomalen RNA

sabell- [v. lat. sabulum = (grobkörniger) Sand, Kies].

Sabellaria

Sabellariidae

Gattungen:
Gunnarea
Idanthyrsus
Lygdamis
Monorchos
Phalacrostemma
↗*Phragmatopoma*
↗*Sabellaria*

Sabellida

Familien:
Caobangiidae
↗*Sabellidae*
Sabellongidae
↗*Serpulidae*
↗*Spirorbidae*

Sabellidae

Wichtige Gattungen:
Amphiglena
Branchiomma
(↗Dasychone)
↗*Chone*
↗*Fabricia*
Hypsicomus
Jasmineira
↗*Laonome*
↗*Manayunkia*
Myxicola
Oriopsis
Potamethus
Potamilla
Sabella
Sabellastarte
↗*Spirographis*

Säbelschnäbler *(Recurvirostra avosetta)*

S_{AB}-Wert

Methode zur Bestimmung des S_{AB}-Werts zwischen 2 Bakterien (vereinfachte u. verkürzte Darstellung)

Die Bakterien (A und B) werden mit radioaktivem Phosphat (^{32}P) kultiviert. Dadurch werden alle Zellbestandteile, die Phosphat enthalten (auch die RNA der Ribosomen), radioaktiv markiert, so daß sie nach einer Isolierung u. Auftrennung durch ↗Autoradiographie erkannt werden können. Die Ribosomen werden dann mit Phenol aus den Zellen extrahiert u. ihre Untereinheiten auf einem Polyacrylamidgel elektrophoret. voneinander getrennt. Die 16S-RNA-Untereinheit wird vom Gel isoliert, gereinigt u. dann mit einer Nuclease (T_1) in Teilstücke (Oligonucleotide) zerlegt. Die Fragmente (110–120), deren Kettenlänge 6 und mehr Nucleotide beträgt, werden nun durch eine zweidimensionale Elektrophorese (auf Cellulosederivaten) voneinander getrennt. Nach Isolierung der Fragment-Flecken wird ihre genaue Basensequenz mit Hilfe basenspezif. Nucleasen ermittelt. Schließl. kann nach Auszählen der Oligonucleotide, die beide Bakterien gemeinsam besitzen, u. der gesamten untersuchten Oligonucleotide der S_{AB}-Wert berechnet u. verglichen werden:

$$S_{AB} = 2N_{AB}/(N_A + N_B)$$

(16S- bzw. 18S-r-RNA): S_{AB} = Quotient aus der 2fachen Summe der Oligonucleotide gleicher Nucleotidsequenz (2 N_{AB}) beider Organismen A und B und der Gesamtzahl der untersuchten Oligonucleotide in A und B ($N_A + N_B$; vgl. Spaltentext). Die S_{AB}-Werte reichen von 1,0 (= vollständige Übereinstimmung) bis etwa 0,02 (Zufallsverteilung). Anstelle der S_{AB}-Werte werden neuerdings zunehmend die Gesamtsequenzen der 16S-r-DNA bestimmt, die viel genauere Aussagen über die Verwandtschaftsverhältnisse (bes. bei weit entferntem Verwandtschaftsgrad) erlauben.

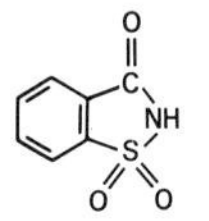

Saccharin

Saccharomyces

Wichtige Kulturarten u. Stämme:

S. cerevisiae (↗Backhefe, obergärige Bierhefe)
S. carlsbergensis* = *S. uvarum* (untergärige ↗Bierhefe)
S. ellipsoides* (Weinhefe)
S. saké* (Reiswein-Hefe)
S. rouxii (osmophile Hefe, zur Herstellung v. Soja-Sauce [Shoyu] u. Soja-Paste [Miso]; in Nahrungsmitteln mit hohem Zuckergehalt)
S. fragilis (zur Gewinnung v. Invertase- und β-Galactosidase-Enzymen)

*S.** wahrscheinlich Stämme von *S. cerevisiae*

sacchar-, saccharo- [v. Sanskrit śarkarā = (aus Bambus gewonnener) Zucker (-saft), über Pali sakkharā, gr. sakchar(on), lat. saccharum], in Zss.: Zucker-.

Saccaden [Mz.; v. frz. saccade = Ruck], ↗Linsenauge (□).

Saccharase *w*, die ↗Invertase.

Saccharide [Mz.; v. *sacchar-], Sammelbez. für die nach ihren verschiedenen Kettenlängen eingeteilten Zuckerarten (↗Kohlenhydrate, B), wie die ↗Mono-S. (Einfachzucker), ↗Oligo-S. und ↗Poly-S. (Vielfachzucker).

Saccharimetrie *w* [v. *sacchar-, gr. metran = messen], Ermittlung der Konzentration v. Zuckerlösungen; man mißt entweder die Dichte (Aräometer), die Lichtbrechung (Refraktometer) od. die opt. Drehung (Polarimeter, *Saccharimeter;* ↗optische Aktivität), die dem Zuckergehalt proportional sind.

Saccharin *s* [v. *sacchar-], *o-Sulfobenzoesäureimid,* synthet. gewonnener, kalorienfreier Süßstoff, der vom Organismus unverändert im Harn ausgeschieden wird; besitzt eine 550mal so hohe Süßkraft wie ↗Saccharose.

Saccharomyces *m* [v. *saccharo-, gr. mykēs = Pilz], Gatt. der ↗Echten Hefen (U.-Fam. *Saccharomycoideae*), Hefen im engsten Sinne mit einer Reihe v. Kulturhefen; besitzen ein ausgeprägtes Gärvermögen, ein Wachstum ist aber nur unter aeroben Bedingungen (bei einem Energiegewinn im Atmungsstoffwechsel) möglich. Die Zellen sind rund, oval od. auch langgestreckt, Pseudomycelbildung kann vorkommen; eine Kahmhaut wird normalerweise nicht ausgebildet. Die vegetative Vermehrung erfolgt durch multipolare Sprossung. In der sexuellen Vermehrung bildet sich der Ascus direkt aus diploiden Zellen, die durch iso- od. heterogame Kopulation entstehen können (Haplo-Diplobionten, □ Echte Hefen). Im Ascus entwickeln sich typischerweise 1–4 (manchmal auch mehr) runde bis ovale Ascosporen. Kulturhefen liegen meist in der diploiden, manchmal auch in polyploider Phase vor. Die meisten *S.*-Arten können eine Reihe v. Zuckern (z.B. Glucose, Saccharose, Maltose, Raffinose, Galactose) bis zum ↗Äthanol als Endprodukt vergären (↗alkoholische Gärung, □); der Gärungsstoffwechsel kann bis ca. 18 Vol.% Äthanol ablaufen. Lösliche Stärke kann nur von 1 Art (*S. diastaticus,* T Bier) verwertet werden, so daß polymere Kohlenhydrate vor einer Vergärung i.d.R. erst zu niedermolekularen Zuckern aufgeschlossen werden müssen. In der Natur kommen *S.*-Arten hpts. an Früchten u. Saftflüssen v. Pflanzen vor. Die ↗Kulturhefen, meist Stämme von *S. cerevisiae,* werden in der Nahrungs- u. Genußmittelherstellung sowie der ↗Biotechnologie eingesetzt, z.B. als Treibmittel in Backwaren (Backhefe, ↗Sauerteig), für alkohol. Getränke (↗Wein, ↗Bier; ↗Bierhefe) u. Alkohol, Enzymherstellung und ↗Biotransformation. Neuerdings wird *S.* auch in der ↗Gentechnologie als Wirt zur Expression v. Fremdgenen für die Produktion bes. Stoffe (Hormone, Enzyme, Oberflächenantigene) genutzt. ↗Backhefe.

Saccharomycetaceae [Mz.; v. *saccharo-, gr. mykētes = Pilze], die ↗Echten Hefen.

Saccharomycodes *m* [v. *saccharo-, gr. mykēs = Pilz], Gatt. der ↗Echten Hefen (U.-Fam. *Nadsonioideae*) mit 1 Art *(S. ludwigii),* die aus Wein, Weintrauben u. Saftflüssen v. Bäumen isoliert wurde. Die Vermehrung der ovalen bis langgestreckten Zellen (5 × 10–20 µm) erfolgt durch bipolare Sprossung. In der sexuellen Vermehrung entsteht der Ascus direkt aus diploiden Zellen, die normalerweise bereits aus der Verschmelzung der keimenden Ascosporen entstehen. Manchmal werden Pseudohyphen gebildet. □ Echte Hefen.

Saccharomycoideae [Mz.; v. *saccharo-, gr. mykēs = Pilz], U.-Fam. der ↗Echten Hefen (T).

Saccharomycopsis *w* [v. *saccharo-, gr. mykēs = Pilz, opsis = Aussehen], Gatt. der ↗Echten Hefen (U.-Fam. *Saccharomycoideae*); die Vermehrung erfolgt durch Sprossung; es kann aber auch echte Hyphenbildung auftreten; die Ascosporen sind oval; das Gärvermögen ist manchmal nur schwach ausgebildet. Einige Arten wurden fr. der Gatt. ↗*Endomycopsis* zugeordnet. *S. guttulata* wurde aus dem Intestinaltrakt v. Kaninchen u.a. Herbivoren isoliert. In der Biotechnologie kann *S. lipolytica* zur Proteinherstellung aus Alkanen eingesetzt werden.

Saccharose *w* [v. *saccharo-], *Rohrzuk-*

ker, Rübenzucker, der als Nahrungs-, Genuß- u. Konservierungsmittel am häufigsten verwendete Zucker, ein aus je 1 Molekül α-D-Glucose und β-D-Fructose auf-

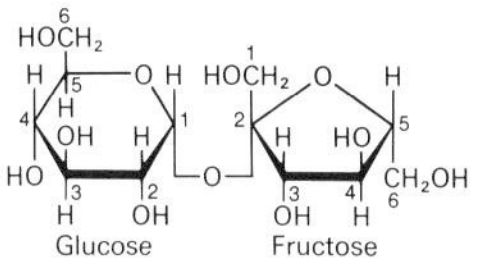

Saccharose ($C_{12}H_{22}O_{11}$)

gebautes Disaccharid. S. ist bes. im Pflanzenreich weit verbreitet u. stellt dort die Transportform lösl. Kohlenhydrate innerhalb der Leitgewebe dar. Sie bildet sich in Pflanzen aus Fructose-6-phosphat und UDP-Glucose, wobei nach Übertragung des Glucose-Restes von UDP-Glucose auf Fructose-6-phosphat (u. Freisetzung von UDP) noch die Phosphatgruppe des Fructose-Restes abgespalten wird. Tiere u. der Mensch können S. nicht synthetisieren. Der Abbau von S. erfolgt durch *Saccharase* (↗Invertase). Außer in fast allen Früchten ist S. bes. im ↗Zuckerrohr u. in der Zuckerrübe *(↗Beta)* angereichert, deren Preßsäfte 14–21% bzw. 12–20% S. enthalten u. zur techn. Herstellung von S. eingesetzt werden. Als schwache Säure bildet S. (u. andere von S. abgeleitete Saccharide) mit den Kationen der Alkali- u. Erdalkalimetalle Salze *(Saccharate).* Derivate der S. (z.B. Ester od. Äther, Hydrierungs- od. Oxidationsprodukte) werden wegen ihrer biol. Abbaubarkeit zu unschädl. Produkten als Detergentien, Emulgatoren, Pharmazeutika u.a. verwendet. Als Mittel zur Herstellung v. Lösungen bestimmter Dichten wird S. in der ↗Dichtegradienten-Zentrifugation (☐ fraktionierte Zentrifugation) eingesetzt. B Kohlenhydrate I.

Saccharum *s* [lat., *sacchar-], das ↗Zukkerrohr.

Saccocirridae [Mz.; v. *sacco-, lat. cirrus = Locke, Franse], Ringelwurm-(Polychaeten-)Fam. der ↗*Archiannelida* mit nur 1 Gatt. *(Saccocirrus)* und etwa 12 Arten; Körper lang mit zahlr. Metameren, Prostomium mit 1 Paar Tentakel, keine ventrale Bewimperung am Körper, Rüssel vorstülpbar, ohne Kiefer; Sandbewohner, wie Egel kriechend.

Saccocoma *w* [v. *sacco-, gr. komē = Haar], (Agassiz 1836), zu den ↗*Roveacrinida* gehörende Gatt. kleiner Seelilien mit frei schwimmender Lebensweise; 5 Paar zarter, distal verzweigter Arme an säckchenart. Kelch; schichtweise massenhaft im Solnhofener Plattenkalk, jedoch meist in schlechter Erhaltung. *S.* diente ↗*Ammonoidea* wahrscheinl. als Nahrung. Verbreitung: Oberjura bis Unterkreide.

Saccoderm *s* [v. *sacco-, gr. derma = Haut], ↗Zellwand.

Saccoglossa [Mz.; v. *sacco-, gr. glōssa = Zunge], *Sacoglossa,* die ↗Schlundsackschnecken.

Saccoglossus *m* [v. *sacco-, gr. glōssa = Zunge], entlang der nordatlant. Küsten auf Schlammgründen geringer Tiefe verbreitete Gatt. der ↗Enteropneusten (T) mit mehreren Arten, die eine direkte Entwicklung ohne Larvenstadium durchmachen u. durch die Ausbildung eines Metasomastiels (Stolo) im Jugendstadium evtl. auf eine nähere Verwandtschaft zu den ↗*Pterobranchia (↗Cephalodiscus)* hinweisen.

Saccopastore, *Mensch von S.,* 2 Schädel v. ↗Präneandertalern, gefunden 1929 u. 1935 in einer Kiesgrube in S., an der Via Nomentana (NO-Rom); Alter: letztes Interglazial: ca. 90 000–110 000 Jahre.

Saccopharyngoidei [Mz.; v. *sacco-, gr. pharygx = Schlund], U.-Ord. der ↗Aalartigen Fische.

Saccosoma *s* [v. *sacco-, gr. sōma = Körper], *Sactosoma,* Gatt. der ↗*Echiurida* (Igelwürmer) mit 1 Art, die aus den Tiefenzonen des N-Atlantik bekannt ist u. sich durch einen plump birnenförm. Körper u. stark vereinfachten Bauplan (Fehlen vorderer Hakenborsten, eines Gefäßsystems u. der Analschläuche) auszeichnet, weshalb sie in eine eigene Ord. *(Sactosomatinea)* eingeordnet wurde. Die Zugehörigkeit zu den *Echiurida* ist jedoch umstritten.

Sacculina *w* [v. lat. sacculus = Säckchen], Gatt. der ↗Rhizocephala.

Sacculus *m* [Mz. *Sacculi;* lat., = Säckchen], anatom. Bez. für säckchenart. Bildungen od. Ausbuchtungen, z.B. Gehörsäckchen (S. labyrinthi, ↗mechanische Sinne), Backentasche (S. buccalis).

Saccus *m* [Mz. *Sacci;* lat. (v. semit. über gr. sakkos), = Sack], anatom. Bez. für ein sackart. Gebilde od. blind endenden Teil eines Hohlorgans, z.B. Tränensack (S. lacrimalis), Dottersack (S. vitellinus).

Sachs, *Julius,* dt. Botaniker u. Pflanzenphysiologe, * 2. 10. 1832 Breslau, † 25. 5. 1897 Würzburg; Schüler u.a. von ↗Purkinje, seit 1861 Prof. in Bonn, 1867 Freiburg, 1868 Würzburg; gründete dort das pflanzenphysiolog. Inst. und gab damit der Pflanzenphysiologie entscheidende Impulse; arbeitete über den Einfluß v. Licht u. Wärme auf Stoffwechsel, Stofftransport, Keimung, Wachstum u. Blütenbildung der Pflanzen; erkannte, daß Stärke mit Hilfe v. Chlorophyll unter Lichteinfluß gebildet wird u. formulierte die Summengleichung der [Photosynthese.

Sack ↗Köcher.

Sackkiemer, *Heteropneustidae,* Fam. der Welse mit nur 1 südostasiat. Art, dem räuber., bis 30 cm langen S. *(Heteropneustes fossilis);* besitzt jederseits einen v. der Kiemenhöhle bis zum Schwanz reichenden, in der Rückenmuskulatur verlaufenden Kanal, mit dem atmosphär. Luft veratmet werden kann, 4 Bartelpaare, keine Fettflosse, einen langgestreckten, braunen Körper u. gelbe Augen; lebt meist in schlamm., sauerstoffarmen, stehenden od. träge fließenden Gewässern.

sacchar-, saccharo- [v. Sanskrit śarkarā = (aus Bambus gewonnener) Zucker (-saft), über Pali sakkharā, gr. sakchar(on), lat. saccharum], in Zss.: Zukker-.

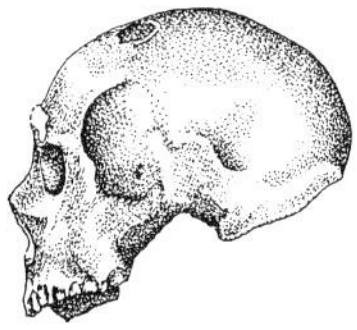

Saccopastore I

sacco- [v. gr. sakkos (lat. saccus) = Sack].

Sack-Krebs, *Sacculina,* Gatt. der ↗Rhizocephala.

Sackmotten, *Futteralmotten, Coleophoridae,* weltweit, v.a. holarktisch verbreitete Schmetterlingsfam. mit über 600 Arten, in Mitteleuropa etwa 150 Vertreter, größtenteils in der Gatt. *Coleophora* vereint; Flügel schmal u. zugespitzt mit langen Fransen, Spannweite zw. 5 und 20 mm, meist um 10 mm, Fühler in Ruhe nach vorne gestreckt; Raupen meist monophag, leben jung minierend u.a. in Stengeln, Blättern u. Samen der Wirtspflanze, später ähnl. den ↗Sackträgern in einem oft artspezif. Gehäuse aus Gespinstfäden u. Pflanzenmaterial, durch dessen Vorderende sie an der Pflanze fressen; die hintere Öffnung dient zur Kotabgabe u. als Schlupföffnung für den Falter; die Raupe dreht sich vor der Verpuppung im Sack um. Ein forstwirtschaftl. bedeutsamer Schädling ist die Lärchenminiermotte *(Coleophora laricella);* Falter glänzend aschgrau, um 10 mm Spannweite; fliegt im Mai–Juni in einer Generation; Eiablage an Lärchennadeln; Raupe miniert an Nadeln u. benutzt sie als Baumaterial für den Sack.

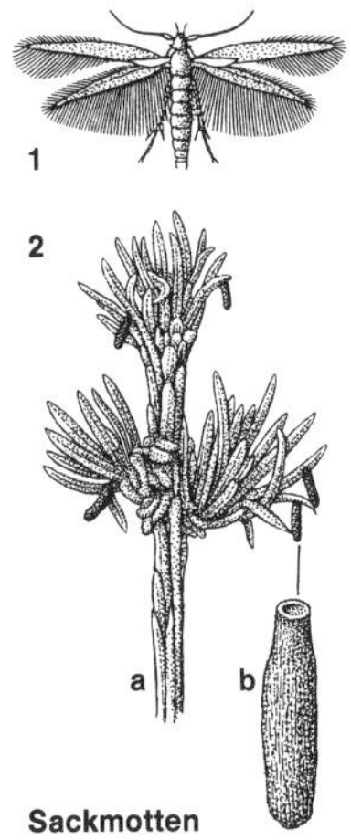

Sackmotten

1 Lärchenminiermotte *(Coleophora laricella),* Falter; **2a** befallener Lärchentrieb mit Larven, **b** Raupensäckchen (vergrößert)

Sackspinnen, *Clubionidae,* Fam. der ↗Webspinnen, mit ca. 1500 Arten weltweit verbreitet. Namengebend sind Gespinstsäcke, in denen die nachtaktiven Jäger den Tag verbringen (unter Steinen, Rinde, in der Vegetation). Auch zur Überwinterung u. Häutung werden solche Gewebe angelegt. Die Begattung findet in diesen Gespinsten statt. Viele Arten bauen darin auch ihren Kokon, der oft vom Weibchen bewacht wird. Im Körperbau ähneln die S. den ↗Plattbauchspinnen; ihre vorderen Spinnwarzen sind jedoch zum Ende hin konisch. Einige S. sind ↗Ameisenspinnen (tagaktiv), z.B. die tropische Gatt. *Myrmecium* od. die mitteleur. *Micaria*-Arten (↗Plattbauchspinnen). In Mitteleuropa kommen ca. 70 Arten vor. Vertreter der Gatt. *Agroeca* (ca. 5–7 mm) leben in der Vegetation u. bauen wahrscheinl. kein Wohngespinst. Auffallend sind die Gelege von *A. brunnea* (↗Feenlämpchen, ▢), die man meist mit einer Tarnung v. Erdklümpchen u. Steinchen, manchmal auch ohne Tarnung an Stengeln aufgehängt findet.

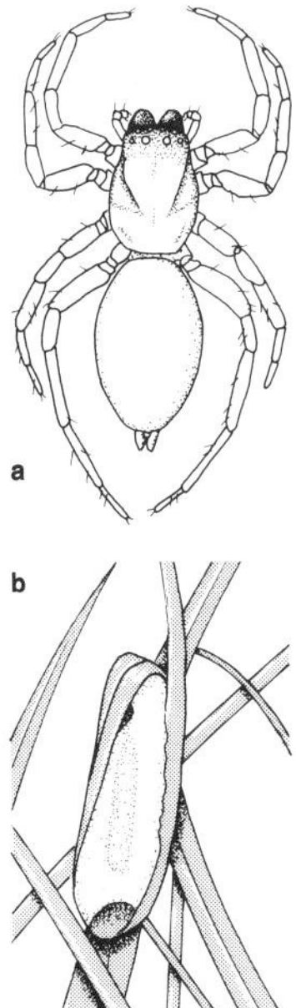

Sackspinnen

a *Clubiona,* **b** Wohngespinst (v. *Clubiona*) in einem gebogenen Grashalm

Einige mitteleur. Gattungen:

Agroeca
Anyphaena
Apostenus
Cheiracanthium (↗Dornfinger)
↗ *Clubiona*
Liocranum
Scotina

Sackträger, *Sackspinner, Psychidae,* Schmetterlingsfam. mit weltweit fast 1000 kleinen bis mittelgroßen Arten, in Mitteleuropa etwa 100 Vertreter. Imagines extrem geschlechtsdimorph: Weibchen nur bei ursprüngl. Arten noch geflügelt, sonst Flügel reduziert, oft auch Augen, Fühler u. Beine verkümmert, madenförmig; die Männchen sind, soweit vorhanden, normale Falter, selten bunt, meist dünn graubraun beschuppt, manchmal mit Gitterzeichnung auf den Flügeln, Körper behaart, Fühler gekämmt, Mundwerkzeuge verkümmert, daher sehr kurzlebig, oft nur einige Stunden; viele Arten fliegen tags auf Suche nach Weibchen; bei manchen S.n treten keine Männchen mehr auf, so daß die Fortpflanzung parthenogenet. erfolgt. Die Raupen leben ähnl. den ↗Sackmotten u. den ↗Köcherfliegen in einem transportablen Sack, der unmittelbar nach dem Schlüpfen aus dem Ei aus Sand, Steinchen, pflanzl. und tier. Material zusammengesponnen u. mit dem Wachstum vergrößert wird; das unterschiedl. geformte gattungs-, art-, manchmal auch geschlechtsspezif. Gehäuse hat 2 Öffnungen; die hintere dient der Kotabgabe, u. aus ihr schlüpft später der Falter, durch die vordere kommt die Raupe mit dem Vorderkörper u. den Brustbeinen zur Nahrungssuche heraus; die Larve ist das Ausbreitungsstadium im Entwicklungszyklus der S. Die Raupen ernähren sich v. Gras, Laub, Flechten, trockenen Pflanzenresten u.ä.; sie können an Baumstämmen, Zäunen, Felsen umherlaufend od. angesponnen angetroffen werden, oft aber auch versteckt im Gras, Moos u.a. lebend. Die Raupe wächst langsam u. überwintert bei uns im Sack, in dem auch die Verpuppung stattfindet; die geschlüpften Weibchen vieler Arten warten am Gehäuse hängend auf die Paarung, die Eiablage erfolgt danach in

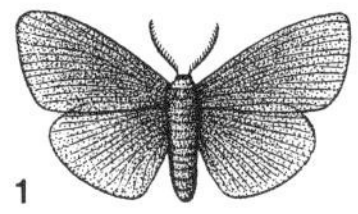

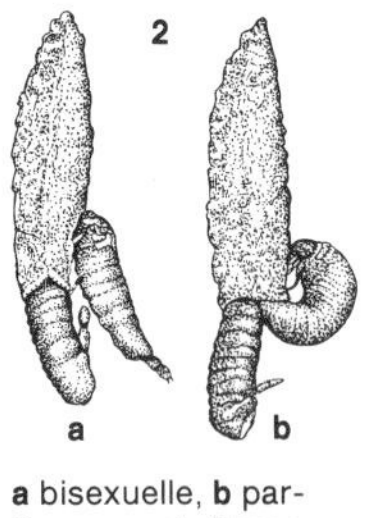

Sackträger

1 Einfarbiger S. *(Canephora unicolor),* Männchen; **2** *Solenobia triquetrella,* Puppenhaut aus dem Sack vorgeschoben; **a** bisexuelle, **b** parthenogenet. Rasse

den Sack. – Beim größten heimischen S. *(Canephora unicolor),* Spannweite um 25 mm, verläßt das madenförm. Weibchen den fast 40 mm langen Sack u. die aufgeplatzte Puppenhülle nicht mehr u. wird in dieser vom Männchen mittels des sehr dehnungsfähigen Hinterleibs begattet. Die Larve des Schneckenhaus-S.s *(Apterona helix)* baut ein schneckenhausförmig gewundenes Gehäuse; die Art ist bei uns parthenogenet., südl. der Alpen ist die Vermehrung zweigeschlechtig, es treten dort Männchen auf. Die in Mitteleuropa weit verbreitete Art *Solenobia triquetrella* tritt in den Alpen sogar in einer diploid bisexuellen u. zwei parthenogenet. diploiden bzw. tetraploiden Populationen auf; die Verbreitung der 3 verschiedenen cytogenet. Populationen steht im Zshg. mit der Eiszeit. B Schmetterlinge. *H. St.*

Sacrum *s* [v. lat. sacer = heilig], *Os sacrum,* das ↗Kreuzbein.

Sactosoma *s* [v. gr. saktos = vollgestopft, sōma = Körper], ↗Saccosoma.

Sactosomatinea [Mz.], umstrittene Ord. der ↗*Echiurida,* deren Zugehörigkeit zu diesem Tierstamm heute bezweifelt wird. ↗*Saccosoma.*

Sadebaum, *Juniperus sabina,* ↗Wacholder.

Saduria *w,* früher *Mesidotea,* Gatt. der Fam. *Idotheidae (↗Valvifera),* mit *S. entomon,* der größten nordeur. Assel (bis 70 mm); lebt räuberisch in der Ostsee in ca. 30 m Tiefe; meist im Schlick vergraben, kann aber auch – mit dem Bauch nach oben – schwimmen.

Saflor *m* [v. arab. aṣfar = gelbe Pflanze, it. fiore = Blume], *Carthamus,* Gatt. der ↗Korbblütler (T) mit über 20, v.a. im Mittelmeerraum (bis nach Zentralasien) verbreiteten Arten. Distelartige Kräuter mit dornig gezähnten bis fiederspalt. Blättern u. meist gelb bis orangerot gefärbten Röhrenblüten in von dorn. Hüllblättern umgebenen Blütenköpfen. Bekannteste Art ist der aus dem Orient stammende Färber-S. (Färberdistel), *C. tinctorius,* eine schon im Altertum geschätzte Öl- u. ↗Färberpflanze. Der aus ihren Blüten gewonnene rote Farbstoff, das wasserunlösl., nicht lichtechte Chalkonderivat ↗*Carthamin (Saflor-Rot),* war bis zur Entdeckung der Anilinfarben v. großer Bedeutung. Mit ihm wurden sowohl Textilien (Leinen, Baumwolle, Seide u.a.) wie auch Lebensmittel u. Kosmetika gefärbt. Das aus den Samen des Färber-S.s gepreßte fette, trocknende Öl besteht zu ca. 75% aus Linolsäureglyceriden u. wird sowohl als Brenn- u. Speiseöl wie auch zur Herstellung v. Lacken u. Firnissen benutzt. Heute wird die fr. auch in Mitteleuropa angebaute Färberdistel noch in Indien, dem Iran, NO-Afrika und N-Amerika (Kalifornien) in großem Umfang kultiviert.

Safran *m* [v. *safr-], ↗Krokus.

Safranbaum [v. *safr-], *Memecylon edule,* ↗Melastomataceae.

Safranine [Mz.; v. *safr-], Gruppe v. roten bis blauen, synthet. gewonnenen Farbstoffen, die sich vom Phenylphenazoniumchlorid ableiten; bekanntester Vertreter ist das rote *Safranin T.* Die S. finden in der Färberei, Mikroskopie u. als Redoxindikator Verwendung.

Safrol *s* [v. *safr-, lat. oleum = Öl], *4-Allyl-1,2-methylendioxybenzol,* bes. im Sassafras- u. Campheröl, aber auch in Sternanis, Lorbeeröl, Fenchel, Muskat, Galgant, Kalmus u. im schwarzen Pfeffer vorkommende Phenylpropan-Verbindung; wird als Riechstoff u. als Ausgangssubstanz für die Gewinnung v. ↗Piperonal (□) verwendet.

Saftkäfer, *Nosodendridae,* kleine Fam. der polyphagen ↗Käfer (T) aus der Verwandtschaft der ↗Speckkäfer mit weltweit ca. 50 Arten, in ganz Europa nur *Nosodendron fasciculare;* der schwarze, etwa 4 mm große Käfer findet sich mit seiner Larve im breiigen Saftfluß alter Laubbäume, wo er vermutl. von Fliegenlarven lebt.

safr- [v. arab. za'farān = Safran (als Farbstoff u. als Gewürz)].

Färbersaflor *(Carthamus tinctorius)*

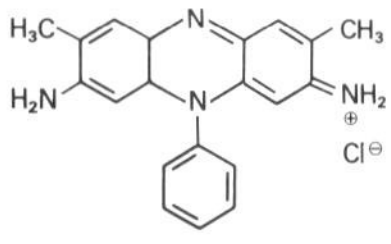

Safranine

Strukturformel von *Safranin T*

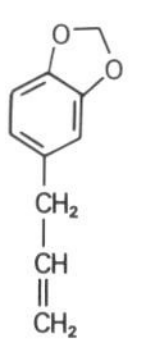

Safrol

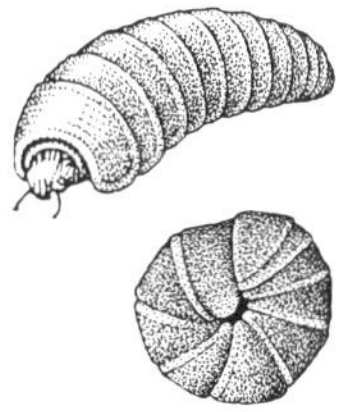

Saftkugler

Gerandeter S. *(Glomeris marginata),* im normalen u. zusammengerollten Zustand

Saftkugler, *Glomeridae, Glomerida,* Teilgruppe der *Opisthandria* der ↗Doppelfüßer (T); kleine bis mittelgroße (2,8–20 mm), rollasselähnl. ↗Tausendfüßer, die sich bei Gefahr völlig zu einer geschlossenen Kugel zusammenrollen können. Sie besitzen einschl. Collum 12 Rückenschilder, die Weibchen 17, die Männchen 19 Beinpaare. Im Ggs. zu den übrigen Doppelfüßern haben sie keine Gonopoden am 7. Ring, sondern das letzte, gelegentl. auch das vorletzte Beinpaar ist zu Klammerbeinen umgebildet. Diese werden bei der Paarung eingesetzt. Dabei packt das Männchen mit diesen Beinen die weibl. Geschlechtsöffnung am 3. Segment. Dann wird v. ihm mit den vorderen Beinen ein Erdkügelchen aufgenommen, mit Spermien beschmiert und schließl. nach hinten zu den Klammerbeinen transportiert. Diese wischen dann die Spermien in die weibl. Geschlechtsöffnung (indirekte Spermienübertragung). – Die Larven haben nur 3 Beinpaare sowie 5 Paar stummelförm. Beinanlagen. Erst ab der 6. Häutung ist das Tier „komplett", nach ca. 3–4 Jahren tritt Geschlechtsreife ein; auch danach finden noch 6–7 Jahre weitere Häutungen statt. Der dt. Name bezieht sich auf Wehrdrüsen, die in unpaaren Querschlitzen auf der Rückenmitte in Intersegmentalhäuten nach außen münden. Sie liegen nur im eingerollten Zustand frei. Bei dem Sekret handelt es sich um das Alkaloid ↗*Glomerin* (□). Die S. fressen v.a. moderndes Laub, Humusteilchen, Pilze, Moose u. Pollen. Bei uns finden sich ca. 14 Arten aus den Gatt. *Glomeris, Geoglomeris* u. *Haploglomeris.*

Saftlinge, *Hygrocybe,* Gatt. der ↗Dickblättler mit ca. 50 Arten in Mitteleuropa; Blätterpilze mit meist dünnfleischigem, glasigwäßrigem Fruchtkörper u. überwiegend mit lebhaften Farben (rot, gelb, grün, seltener grau od. braun); die Lamellen sind angeheftet bis herablaufend, ohne Velum; die Lamellentrama ist regulär. S. sind vorwiegend Saprophyten auf Wiesen, Weiden, Trockenrasen, in Torfmoosen u. *Sphagnum*-Schwingrasen. Fast alle Arten gelten als eßbar, einige als giftverdächtig od. giftig (z.B. der zitronengelbe S. *H. langei* (Kühn).

Saftmale ↗Blütenmale.

Saftmaltheorie ↗Blütenmale.

Saftpflanzen, die ↗Sukkulenten.

Saftschlürfer, die ↗Schwebfliegen.

Saftschlürfermotten, *Phyllocnistidae,* mit nur etwa 50 Arten weltweit verbreitete Schmetterlingsfam.; Falter klein, Spannweite um 10 mm, Flügel hell, schmal u. zugespitzt, am Rand mit Fransen; die schneckenförm., fußlosen Raupen minieren in Blättern u. ernähren sich vom Saft zerbissener Zellen; Lebensweise ähnl. den nahe verwandten Miniermotten (↗*Gracilariidae*) u. ↗Langhornminiermotten. *Phyllocnistis saligna* ist die häufigste eur. Art; Vorderflügel weiß, in der Außenhälfte silbrig glänzend und bräunl. gezeichnet; Raupe miniert in Weiden-Arten.

Saftzeit, die Zeit der Saftbewegung in den Bäumen nach dem Vegetationsbeginn; artspezif. verschieden, beginnt u. dauert unterschiedl. lange in Abhängigkeit v. der Witterung.

Sagartia *w* [wohl v. gr. Sagartioi = ein pers. Volk], Gatt. der ↗*Mesomyaria* (☐); bei der Seerose *S. troglodytes* kriechen die Geschlechtspartner aufeinander zu u. bilden mit den Fußscheiben einen abgegrenzten Raum. In diesen hinein werden die Geschlechtsprodukte aus Poren in den Fußscheiben abgegeben.

Sägebarsche, *Serranidae,* Familie der ↗Barschfische mit mindestens 30 Gatt. und über 500 Arten; meist trop., 3 cm bis 3 m lange Meeresfische der Küstenbereiche, mit großem, stark bezahntem Maul, zweiteil. Rückenflosse, die vorn stets kräft. Stacheln hat, u. kompaktem, beschupptem Körper; viele sind zwittrig od. in der Jugend weibl. u. später männl. Hierzu die stattl. ↗Zackenbarsche (B Fische VII), die ↗Wrackbarsche, der bis 25 cm lange, gelbl. Schriftbarsch *(Serranellus scriba)* mit dunklen Querbändern aus dem Mittelmeer; der im Gebiet der Großen Seen in N-Amerika lebende, wirtschaftl. bedeutende, bis 45 cm lange Weiße S. *(Roccus chrysops);* der an eur. Küsten von S-Norwegen bis zum Mittel- u. Schwarzen Meer vorkommende, bis 80 cm lange, dunkelgraue See- od. Wolfsbarsch *(R. labrax);* der in Flüssen u. den Gezeitenzonen S-Australiens heimische, bis 55 cm lange Australische S. (*Percalates colonorum,* B Fische VII), u. der Schwarze S. *(Centropristis striatus)* v. der nordam. Ostküste, bei dem im Alter von 5 Jahren eine Geschlechtsumwandlung von weibl. nach männl. erfolgt.

Sägeblättlinge, *Lentinus,* Gatt. der *Polyporaceae* (Ord. ↗*Polyporales)* mit ca. 15 Arten, davon 6–7 in Europa; holzbewohnende, saprophyt. lebende Pilze, meist Weißfäule-Erreger; der Fruchtkörper ist zentral od. lateral gestielt (2–10 cm), die Lamellenschneiden der Hüte sind grob gesägt. Wegen ihres zähen Fleisches ungenießbar, mit Ausnahme des ostasiat. ↗Shiitake-Pilzes (*L. edodes* Sing.).

Sägebock, *Gerberbock, Prionus coriarius,* 18–45 mm großer ↗Bockkäfer, braun, kräftig, Männchen mit stark gesägten Fühlern, beim Weibchen sind sie einfach; fliegt in der Dämmerung an Waldrändern im Juli/Aug.; Larvalentwicklung im Wurzelbereich alter Stubben, v.a. von Laubhölzern.

Sägefische, die ↗Sägerochen.

Sägehaie, *Pristiophoroidei,* U.-Ord. der ↗Haie mit 1 Fam. *Pristiophoridae* und 4 indopazif. Arten; haben langgestreckten Körper, schwertförm. Schnauze mit Barteln u. spitzen, ungleichen Zähnen entlang den Kanten, 2 Rückenflossen und 5–6 Kiemenspalten; die Afterflosse fehlt. Hierzu der 1,2 m lange S. *(Pristiophorus cirratus)* aus dem südl. Indopazifik, der mit seiner „Säge“ (↗Sägerochen) im Schlamm Beutetiere aufscheucht; in Austr. geschätzter Speisefisch.

Sägeblättlinge

Wichtige Arten:
Anis-S.*
(*Lentinus suavissimus* Sing., an Stubben u. toten Ästen v. Weiden)
Tiger-S.*
(*L. tigrinus* Fr., an Laubholz)
Schuppiger S.
(*L. lepideus* Fr., an Nadelholz, bes. Kiefer u. Lärche)

*auch bei den ↗Knäuelingen eingeordnet

Sägebock
(Prionus coriarius)

Gänse-Säger
(Mergus merganser)

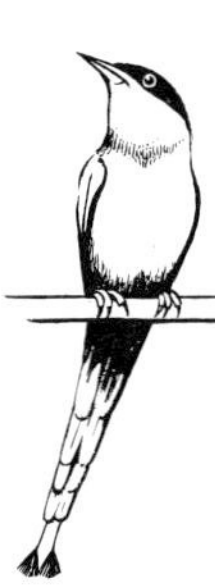

Sägeracken

Motmot *(Momotus momota);* bis 50 cm lange südamerikan. Sägeracke mit dunklem, vorwiegend grünem Gefieder

Sägehornbienen, *Melitta,* Gatt. der ↗Melittidae.

Sagenocrinida [Mz.; v. gr. sagēnē = Schleppnetz, krinon = Lilie], (Springer 1913), † Seelilien-Ord. der Kl. ↗*Flexibilia;* typ. sind die stark einwärts gekrümmten distalen Enden der Arme; Stiel mit der Tendenz, sich distal zu verjüngen. Verbreitung: Untersilur bis Oberperm; zahlreiche Gatt.

Säger, *Mergus,* Gatt. der Enten mit schlankem, an den Kanten gesägtem Schnabel mit hakenart. gebogener Spitze; tauchende Nahrungssuche, auf Fischfang spezialisiert; Kopf meist mit Federhaube. Der 66 cm große Gänse-S. (*M. merganser,* B Europa VII) nistet in Baumhöhlen an See- u. Flußufern (nach der ↗Roten Liste „stark gefährdet“), überwintert hpts. auf Binnengewässern. Der mit 58 cm etwas kleinere, „potentiell gefährdete“ Mittel-S. *(M. serrator)* ist durch ein braunes Brustband gekennzeichnet, besiedelt die Küstenregion u. nistet am Boden. Als Wintergast aus dem nördl. Eurasien erscheint der 42 cm große, schwarz-weiße Zwerg-S. *(M. albellus)* auf Küsten- u. Binnengewässern Mitteleuropas.

Sägeracken, *Momotidae,* Fam. der ↗Rakkenvögel mit 8 lebhaft bunt gefärbten Arten; von S-Mexiko u. Mittelamerika bis ins tropische S-Amerika verbreitet; mittlere Schwanzfedern verlängert; bewohnen baumbestandenes Gelände u. ernähren sich als Ansitzjäger v. Insekten u. kleinen Wirbeltieren; brüten in selbstgegrabenen Erdhöhlen u. legen 3–4 weiße Eier; nach 14 Tagen Bebrütung schlüpfen die Jungen, die die Höhle nach weiteren 4 Wochen verlassen.

Sägerochen, *Sägefische, Pristioidei,* U.-Ord. der ↗Rochen mit 1 Fam. *(Pristidae),* mit haiähnl. Körperform u. langem, schwertförm., stark verkalktem Rostrum, das seitl. mit Zähnen besetzt ist; diese „Säge“, die im Ggs. zu der der ↗Sägehaie keine Barteln und gleichart. Zähne hat, dient zum Aufstöbern der Beutetiere im Boden, zum Beuteerwerb in Fischschwärmen u. zur Verteidigung. S. haben meist kleine, pflasterartig angeordnete Kieferzähne, ventrale Kiemenspalten, eine abgeflachte Bauchseite und 2 Rückenflossen. Sie leben v.a. am Boden trop. Meere, einige Arten dringen auch ins Süßwasser vor. S. sind ovovivipar; pro Wurf werden ca. 20 Junge geboren, die noch weiche, bewegl., v. einer Knorpelmembran überdeckte Sägezähne haben. Größte Art ist der bis ca. 8 m lange Westl. Sägefisch (*Pristis pectinatus,* B Fische VII), der in allen trop. Meeren vorkommt und bes. an den westatlant. Küsten bekannt ist. Der ca. 2,5 m lange Gemeine Sägefisch *(P. pristis)* ist v. a. im O-Atlantik und westl. Mittelmeer heimisch.

Sägeschrecken, *Sagidae,* Fam. der ↗Heuschrecken (T).

Sägeschwanzschrecken, *Barbitistes,* Gattung der ↗Sichelschrecken.

Sägetang, *Fucus serratus,* ↗Fucales (□).

Sägewespen, einige Arten der Gatt. *Hoplocampa* aus der Fam. ↗ *Tenthredinidae.*

Sägezahnmuscheln, *Koffermuscheln, Stumpfmuscheln, Donacidae,* Fam. der Überfam. *Tellinoidea* (U.-Ord. Verschiedenzähner), Muscheln mit gestreckt-dreieckigen Klappen, vorn länger als hinten u. zugespitzt; Oberfläche glatt od. radial gestreift; getrenntgeschlechtl., larvipar u. überwiegend marin. Etwa 50 Arten; die meisten gehören in die weitverbreitete Gatt. *Donax.* Einige Arten werden gegessen (S-Afrika, Uruguay). In Sandböden der Nordsee ist die Gebänderte Sägemuschel *(D. vittatus)* häufig.

Sagidae, Fam. der ↗Heuschrecken (T).

Sagina *w* [lat., = Mast, Futter], das ↗Mastkraut.

Saginetea maritimae [Mz.; v. lat. sagina = Futter, maritimus = Meeres-], *Küsten-Mastkraut-Gesellschaften,* Kl. der Pflanzenges.; aufgebaut v. a. aus winterannuellen Therophyten (z. B. *Plantago coronopus, Sagina maritima, Cochlearia danica*); in kleinen Mulden v. Küstenfelsen u. an Störstellen in Salzwiesen, wo Durchfeuchtung u. Salzgehalt schwanken.

Sagitta *w* [lat., = Pfeil, Lanzette], größte und verbreitetste Gatt. der ↗ *Chaetognatha* (Ord. *Aphragmophora*) mit zahlr., in allen Meeren verbreiteten Arten, die in den oberen Wasserschichten nach den ↗ *Copepoda* den Hauptanteil aller Planktonorganismen ausmachen. Aufgrund dieser Massenentwicklung u. der Spezialisierung mancher Arten auf bestimmte Temp.-Salzgehalts- od. Tiefenzonen dienen diese vielfach als Indikatororganismen zum Nachweis v. Meeresströmungen.

Sagittalschnitt [v. *sagitt-], dorsoventraler Längsschnitt in der *Sagittalebene* (□ Achse) eines Körpers od. Organs.

Sagittaria *w* [v. *sagitt-], das ↗Pfeilkraut.

Sagittariidae [Mz.; v. *sagitt-], die ↗Sekretäre.

Sagittocysten [Mz.; v. *sagitt-, gr. kystis = Blase], bes. geformte Sekretkörper bei ↗Strudelwürmern.

Sagopalme [v. malaiisch = sāgū], *Metroxylon,* in SO-Asien beheimatete Gatt. der ↗Palmen. Die streng tropischen S.n finden sich in Küstensümpfen od. am Rande v. Flußläufen, wo sie oft natürl. Reinbestände bilden. Anbau in Plantagen kommt seltener vor. Neben anderen Arten der Gatt. ist v. a. *M. sagu* (B Kulturpflanzen I) ein wicht. Stärkelieferant. Die S. wird etwa 12 m hoch u. entwickelt einen bis 1 m dicken Stamm; nach etwa 15 Jahren bildet sie einen endständ. Blütenstand. Nach der Blüte stirbt sie ab (hapaxanth), vermehrt sich jedoch vorher vegetativ durch ausläuferart. Schößlinge. Vor der Blütenbildung reichert die S. in ihrem Stamm *Stärke* an. Um einen maximalen Stärkegewinn zu erzielen, werden die Palmen möglichst direkt vor der Blütenbildung gefällt. Das Markparenchym des Stammes wird dann in sehr dünne Späne zerlegt, aus denen die Stärke ausgewaschen wird. Dieser so gewonnene *„Rohsago"* wird in Palmblätter verpackt u. über Feuer getrocknet, enthält jedoch danach noch ca. 50% Wasser. Für den Export schließen sich weitere Reinigungs- u. Trocknungsprozesse an. Oft wird die Stärke am Schluß zu runden Körnern *(Perlsago)* gepreßt. – Die Stärke der S. kommt unter dem Namen *„Ostindischer Palmsago"* in den Handel; *Sago* wird in geringerem Maße auch aus anderen Palmen gewonnen. – Palmsago ist eine wicht., aber einseit. Nahrungsquelle für viele Eingeborene; er wird zur Herstellung v. Brei, Suppen u. „Brot" verwendet.

Saguinus *m* [aus dem Tupi, über frz. sagouin = Schmutzfink], die ↗Tamarins.

sa-Horizont ↗Bodenhorizonte (T).

Saiblinge [Mz.; wie Salbling, Salmling v. lat. salmo = Lachs], *Salvelinus,* Gatt. der Fam. ↗Lachsähnliche (i. e. S.), leben v. a. in kalten, sauerstoffreichen Gewässern nord. Länder; haben kurzes, charakterist. Pflugscharbein, großes Maul, kleine Schuppen, vorn weißgerandete Flossen auf der Bauchseite u. Fettflosse. Alle eur. S. werden trotz großer Formenfülle der circumpolar verbreiteten Art Wander-S. (*S. alpinus,* B Fische XI) zugeordnet. Die bis 95 cm langen hochnord. Formen leben u. a. im Eismeer u. steigen zum Laichen in die Flüsse auf. Als ↗Eiszeitrelikte werden die zahlr., als See-S. bezeichneten Lokalpopulationen in hochgelegenen, klaren, tiefen Seen in südl. Verbreitungsgebieten angesehen, da wandernde S. die warmen Unterläufe mitteleur. Flüsse nicht mehr überwinden können. Bekannte Formen des Wander-S. aus dem Voralpengebiet sind der planktonfressende, bis ca. 30 cm lange Normal-S., der nur 10–20 cm lange Schwarzreuter nahrungsarmer Hochgebirgsseen, der ebenfalls kleine, hellgefärbte, großäugige Tiefen- od. Hunger-S. und der schnellwüchsige, räuberisch lebende, bis 80 cm lange Wildfang-S. Weitere bekannte Arten sind der bis 85 cm lange Bach-S. *(S. fontinalis),* der urspr. im nordöstl. N-Amerika beheimatet ist, doch heute wie die Regenbogenforelle oft anderweitig verbreitet worden ist, u. der ebenfalls nordamerikan., bis 1,2 m lange Amerikanische See-S. (*S. namaycush,* B Fische XII). Alle S. sind sehr geschätzte Speisefische.

Saigaantilopen [tatarisch, über russ.], *Saiga tatarica,* euras. Steppenantilope mit

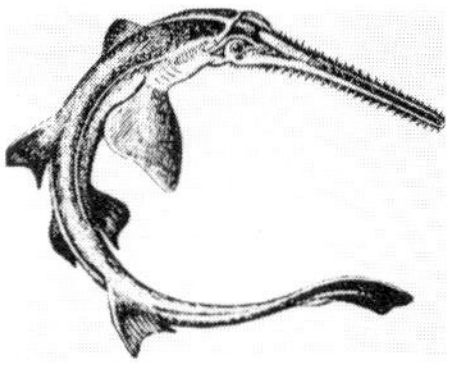

Sägerochen

Westl. Sägefisch *(Pristis pectinatus)*

Sagopalme

Inhaltsstoffe:

Stärke	80–85%
Wasser	13–16%
Protein	0,6%
Fett	0,6%

sagitt- [v. lat. sagitta = Pfeil; sagittarius = Pfeil-].

Saigaantilope
(Saiga tatarica)

2 U.-Arten: Russische S. *(S. t. tatarica)* u. Mongolische S. *(S. t. mongolica);* eiszeitl. auch in W-Europa; eigentüml., fleischige u. aufblähbare Nase. Schutzmaßnahmen führten zur Bestandsvermehrung der zu Anfang des Jh.s nahezu ausgerotteten S. Die S. und der nahe verwandte Tschiru od. Orongo *(Pantholops hodgsoni)* bilden die U.-Fam. Saigaartige *(Saiginae)* innerhalb der Fam. Hornträger. B Europa XIX.

Saimiri *w* [v. Guarani çai miri = kleiner Affe], Gatt der ↗Kapuzineraffen.

Saint-Césaire [ßän-ßesär] ↗St-Césaire.

Saintpaulia *w* [ßänpolia; ben. nach dem dt. Kolonialbeamten W. v. Saint-Paul Hilaire, 1860–1910], Gatt. der ↗Gesneriaceae.

Saisondimorphismus *m* [v. frz. saison = Jahreszeit, gr. dimorphos = zweigestaltig], das Auftreten zweier verschiedener Erscheinungsformen (↗Morphen, ↗Phänotypen; ↗Dimorphismus) bei Individuen einer Art (Population) in Abhängigkeit v. der Jahreszeit (Saison). S. beruht auf der alternativen Steuerung der Merkmalsausprägung (↗Morphogenese) durch Außenfaktoren, die v. der Jahreszeit abhängig sind, also nicht auf erbl. Unterschieden; er müßte daher eigtl. als Diphänismus bezeichnet werden (↗Polyphänismus). Dies wird bes. deutlich, wenn S. bei ein u. demselben Individuum auftritt, z. B. als (weißes) Winterkleid u. (bräunliches) Sommerkleid bei Säugetieren (z. B. ↗Hermelin, ↗Schneehase) u. Vögeln (↗Schneehuhn). In diesen Fällen ist die dimorphe Ausbildung des Fells bzw. des Gefieders mit einem ↗Haarwechsel bzw. einer ↗Mauser verbunden, wobei die Färbung der sich neu entwickelnden Haare bzw. Federn v. den jahreszeitl. unterschiedlichen Umweltbedingungen gesteuert wird. Bei kurzlebigen Tieren, mit mehreren Generationen pro Jahr, können diese jeweils saisondimorph entwickelt sein. So kennt man bei Schmetterlingen (z. B. dem ↗Landkärtchen, ☐) unterschiedl. gefärbte Frühjahrs- u. Sommergenerationen. Bei der Kleinzikade *Euscelis plebejus* sind die Kopulationsorgane saisondimorph entwickelt. Auslöser für die alternative Merkmalsausprägung der beiden Morphen ist in allen gen. Beispielen die mit der Jahreszeit wechselnde Tageslänge. Man kann daher auch im Experiment jeweils unter Kurztag- bzw. Langtagbedingungen die entspr. Morphen erzeugen (↗Lichtfaktor). Während beim S. die beiden Morphen diskontinuierl. auftreten (abgesehen v. „Übergangskleidern" während des Haarwechsels od. der Mauser bei den oben gen. Wirbeltieren), liegt bei der ↗Cyclomorphose (☐) ein kontinuierl. Formwechsel vor. ↗Polymorphismus.

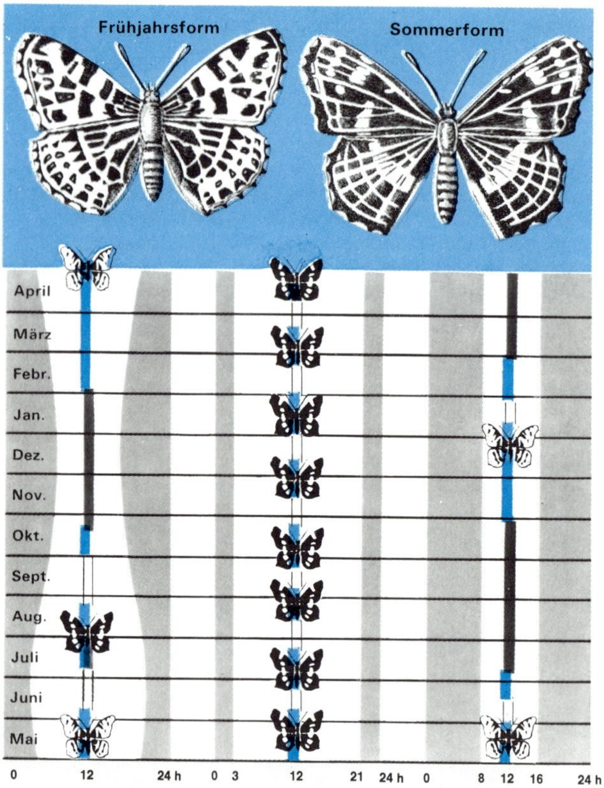

Saisondimorphismus beim Landkärtchen

Beim Landkärtchen *(Araschnia levana)* treten im Jahr 2 unterschiedl. gefärbte Generationen auf, eine hellere Frühjahrsform u. eine dunklere Sommerform. Der Wechsel beider Formen im Jahresverlauf unter natürl. Bedingungen ist im linken Teil der Abb. dargestellt. Er ist v. der Photoperiode (Länge v. Tages- zu Nachtzeit) abhängig, die auf die Raupen wirkt. Wachsen die Raupen im Kurztag (weniger als 16 h Licht) heran, so entsteht eine Subitanpuppe, die nicht in Diapause geht u. aus der die Sommerform schlüpft. Hält man die Raupen im Experiment in konstantem Kurztag (8 h hell, 16 h dunkel; in Abb. rechts), so entstehen ausschl. Frühjahrsformen; hält man sie unter konstanten Langtagbedingungen (18 h hell, 6 h dunkel; mittlerer Teil der Abb.), so entstehen ausschl. Sommerformen.

Saisondiphänismus *m* [v. frz. saison = Jahreszeit, gr. di- = zwei-, phainein = erscheinen], umweltgesteuerte Formbildung in der Generationenfolge bei verschiedenen Tieren. ↗Saisondimorphismus, ↗Polymorphismus.

Saisonfische [Mz.; v. frz. saison = Jahreszeit], in meist jährl. austrocknenden Gewässern des trop. Afrika und S-Amerika lebende Fische, die vor Beginn der Trokkenzeit ablaichen u. dann sterben; die sich langsam entwickelnden Embryonen überdauern in derbschal. Eiern bis zur nächsten Regenzeit. Hierzu die afr. ↗Prachtkärpflinge u. die Gatt. *Nothobranchius* u. *Cynolebias* der ↗Kärpflinge.

Saitenwürmer, *Nematomorpha, Gordiacea,* Kl. der ↗*Nemathelminthes* mit knapp 250 Arten. Die S. sind sehr schlank (Name!, Länge je nach Art 100–1500 mm bei nur 1–3 mm ∅). Während der längsten Zeit ihres Lebens sind sie Endoparasiten in Arthropoden. – *Anatomie:* Die folgende Beschreibung bezieht sich auf die limnische Ord. *Gordiida,* zu der fast alle Arten der S. gehören (Ord. *Nectonematida,* vgl. Tab.). Die Cuticula besteht wie bei Ringelwürmern u. Spritzwürmern aus vielen Schichten schraubig angeordneter Fasern. Die darunterliegende Hypodermis ist ventral zu einer nach innen vorspringenden Leiste vergrößert; darin verläuft der Markstrang des Nervensystems (zum Vergleich: ↗Fadenwürmer (☐) haben 4 Hypodermis-Leisten: ventral *und* dorsal mit Nervenstrang, rechts und links mit Exkretionskanal). Unter der Hypodermis liegen in einschicht. Lage die sehr schlanken Muskelzellen (wie bei Fadenwürmern nur Längsmuskulatur). Die „Leibeshöhle" besteht aus lockerem Bindegewebe (Parenchym), flüssigkeitserfüllten Spalträumen („Lakunen") u. einem Darmrudiment (ein Mund ist nicht vorhanden; die erwachsenen S. nehmen keine Nahrung auf). Links u. rechts erstrecken sich fast über die gesamte Körperlänge die Gonaden; in beiden Geschlechtern führen die Gonodukte in den Enddarm (↗Kloake); der After des ansonsten rudimentären Darmtrakts fungiert also als Gonoporus. Eigtl. Exkretionsorgane fehlen (vielleicht hat das Darmrudiment auch exkretor. Funktion). – *Fortpflanzung und Entwicklung:* Die Kopulation findet im Wasser statt; ♂ und ♀ pressen ihre Hinterenden aufeinander. Machen mehr als 2 Tiere Kopulationsversuche, so können größere, kaum entwirrbare Knäuel entstehen („gordischer Knoten"; davon ist der Gatt.-Name *Gordius* abgeleitet). Die insgesamt mehrere Mill. Eier werden in Form v. Gallertschnüren an Wasserpflanzen abgelegt. Die vordere Körperhälfte der nur 0,15 mm langen *Larven* wird vom Bohrapparat eingenommen; er besteht aus folgenden Teilen: cuticularisierter Rüssel (Proboscis), 3 Hakenkränze (je 6 „Stacheln" = „Haken" = „Dorne"); beide zus. bilden das vorstülp- u. rückziehbare Introvert; im Innern 3 dazugehörige Muskelsysteme u. eine große Speicheldrüse. Mit Hilfe dieses Bohrapparats können die Larven in limnische Arthropoden eindringen; manche Larven werden wohl auch v. Kaulquappen gefressen u. gelangen dadurch indirekt in carnivore Insekten. Da die ausgewachsenen S. v.a. aber in terrestr. Käfern (u. sogar in Heuschrecken u. Tausendfüßern) vorkommen, vermutet man, daß sich Larven von S.n bei Austrocknen des Gewässers an Pflanzen encystieren (↗Encystierung) u. später beiläufig v. Arthropoden gefressen werden. Die Larven dringen bis in die Leibeshöhle des Wirtes vor u. werfen dann den gesamten Bohrapparat ab, also auch den Rüssel; die heranwachsenden S. haben somit keinen Mund mehr u. nehmen ihre Nahrung aus der Hämolymphe des Wirtes über die gesamte Körperwand auf (Analogie zu vielen anderen Endoparasiten, z.B. ↗Bandwürmern, ↗Mermithiden). Die einige bis mehrere Dezimeter langen S. haben nur stark aufgewunden in den nur einen bis wenige Zentimeter großen Wirten Platz! Meist sind die Wirte keine Wasserinsekten, sondern Aaskäfer, Laufkäfer u.a.; trotzdem suchen sie das Wasser auf – durch den Parasiten in einer noch nicht geklärten Weise umgestimmt (analog der Verhaltens-Umstimmung der Ameise durch den „Hirnwurm", ↗*Dicrocoelium*). Die S. verlassen den Wirt – er kann überleben – u. sind dann bei uns v.a. im Spätsommer u. Herbst in Gräben u. Pfützen an Wegrändern zu finden. – *Verwandtschaft:* Die S. gelten als nah verwandt mit den ↗Fadenwürmern; wie diese besitzen sie nur Längsmuskulatur u. schlängeln in der Dorsoventralebene. Die bes. auffälligen Übereinstimmungen mit den ↗Mermithiden (Bohrstachel, Fehlen des Darms) sind aber wohl nur Konvergenzen. Das Introvert der Larve ist vielleicht ein altes Erbe vom letzten gemeinsamen Vorfahren v. ↗*Priapulida,* ↗*Kinorhyncha* (☐: Introvert mit Mund- u. Kopfstacheln), ↗*Loricifera,* ↗Fadenwürmern u. ↗*Gastrotricha* (für die beiden letzten Kl. müßte man nach dieser phylogenet. Hypothese zusätzl. annehmen, daß das Introvert wieder reduziert wurde). *U. W.*

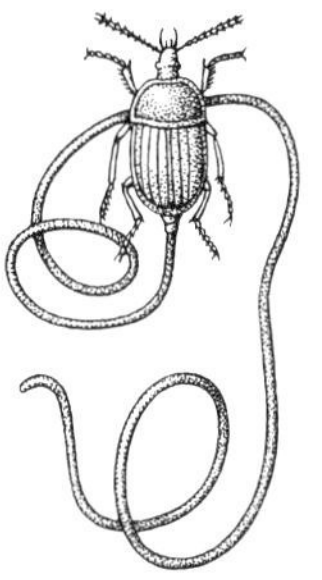

Saitenwürmer

Saitenwurm beim Verlassen seines Wirtes (Aaskäfer)

Saitenwürmer

Klassifikation:

Ord. *Gordiida*
Endoparasiten in terrestr. und limnischen Arthropoden, v.a. in Käfern; Adulte im Süßwasser

Fam. *Gordiidae*
Cuticula glatt

Einzige Gatt.:
Gordius
(*G. aquaticus* im Gelbrandkäfer, bis 50 cm lang)

Fam. *Chordodidae*
Cuticula gerunzelt

ca. 10 Gatt., u.a.:
Chordodes
Parachordodes
Gordionus
Chordodiolus
Paragordius

Ord. *Nectonematida*
Endoparasiten in marinen Dekapoden (Krebse), die Adulten pelagisch in der Küstenregion. Die Cuticula trägt dorsal u. ventral Schwebeborsten. Weitere Gegensätze zu den *Gordiida:* auch dorsal eine ins Körperinnere vorspringende Hypodermis-Leiste; Leibeshöhle ohne Parenchym.

Einzige Gatt.:
Nectonema (bis 20 cm lang)

sakral- [v. nlat. Os sacrum = (wörtl.:) heiliger Knochen; Kreuzbein].

Sakiaffen

Gattungen u. Arten:	
Schweifaffen *(Pithecia)*	Weißnasensaki *(C. albinasa)*
Zottelschweifaffe *(P. monacha)*	Kurzschwanzaffen *(Cacajao)*
Blaßkopfsaki *(P. pithecia)*	Scharlachgesicht *(C. calvus)*
Bartsakis *(Chiropotes)*	Roter Uakari *(C. rubicundus)*
Satansaffe *(C. satanas)*	Schwarzkopfuakari *(C. melanocephalus)*
Rotrückensaki *(C. chiropotes)*	Schwarzer Uakari *(C. roosevelti)*

Sakiaffen [v. Tupí sagui, über frz.], *Pitheciinae,* U.-Fam. der Kapuzinerartigen od. ↗Kapuzineraffen i.w.S. *(Cebidae)* mit 3 Gatt. und 9 Arten (vgl. Tab.); schlanke, feingliedrige u. meist langbehaarte Neuweltaffen des südam. Regenwaldes.

sakral [*sakral-], das ↗Kreuzbein bzw. die Kreuzbeinregion betreffend. ↗Kreuzwirbel.

Sakralfleck [v. *sakral-], der ↗Mongolenfleck.

Sakralwirbel [v. *sakral-], die ↗Kreuzwirbel.

Saksaul *s* [Name aus Turkestan], die Gatt. ↗Haloxylon.

Salamander [v. *salamand-], i.w.S. Bez. für meist terrestr. Arten der ↗Schwanzlurche, vorwiegend aus der Fam. der ↗*Salamandridae,* seltener für aquat. Arten wie die ↗Riesen-S.; i.e.S. Bez. für den ↗Feuersalamander.

Salamanderalkaloide, Gruppe v. Steroidalkaloiden aus dem giftigen Hautdrüsensekret v. Salamandern (z.B. ↗Feuersalamander; tier. ↗Alkaloide!), die sich biogenet.

vom ↗Cholesterin ableiten. Hauptvertreter der S. ist das *Samandarin,* ein auf das Zentralnervensystem wirkendes Krampfgift ($LD_{50\ s.c.}$ = 1,5 mg/kg Maus), das außerdem blutdrucksteigernde und lokalanästhet. Eigenschaften besitzt. Weitere S. sind *Samandaridin, Samanin, Samandenon, Cycloneosamandion* u. *Cycloneosamandaridin.* ↗Krötengifte; T Alkaloide.

Salamandra *w* [gr., *salamand-], Gatt. der ↗*Salamandridae* mit dem ↗Feuersalamander u. dem ↗Alpensalamander.

Salamandridae [Mz.; v. *salamand-], *echte Molche und Salamander,* Fam. der ↗Schwanzlurche; charakterist. Merkmal: Gaumendachbezahnung bildet zwei geschwungene Längsreihen. Die Bez. Molche u. Salamander beziehen sich auf Lebensformtypen: ↗Molche leben zumindest während der Fortpflanzungszeit im Wasser u. haben einen seitl. abgeflachten Schwanz, ↗Salamander sind vorwiegend terrestrisch u. haben einen drehrunden Schwanz. Verbreitung holarktisch; Verbreitungsschwerpunkt in der Paläarktis, in N-Amerika nur 2 Gatt., *Notophthalmus* im östl. und *Taricha* im westl. N-Amerika. Die meisten Arten vertragen nur niedrige Temp., ledigl. bei den Feuerbauchmolchen der Gatt. *Cynops* u. bei ↗*Paramesotriton* sowie bei den Rippenmolchen gibt es Arten, die höhere Temp. tolerieren. Die beiden ersten Gatt. kommen in O-Asien bis in trop. Breiten vor. Die meisten *S.* sind molchartige Formen; viele verbringen den größten Teil ihres Lebens im Wasser. Das Paarungsverhalten ist auffällig verschieden. Ursprünglich ist wohl die Paarung mit Amplexus (↗Klammerreflex), wie beim ↗Feuer- u. ↗Alpensalamander, bei den ↗Rippenmolchen u. a., abgeleitet die Paarung ohne Körperkontakt, wie bei den ↗Molchen der Gatt. *Triturus* u. *Cynops.*

Salamandrina *w* [v. *salamand-], Gatt. der ↗*Salamandridae* mit nur 1 Art, dem ↗Brillensalamander.

Salamandroidea [Mz.; v. *salamand-], U.-Ord. der ↗Schwanzlurche, enthält die ↗Aalmolche *(Amphiumidae),* ↗*Proteidae* u. ↗*Salamandridae,* nach manchen Autoren auch noch die ↗Querzahnmolche *(Ambystomatidae)* u. die ↗*Plethodontidae,* die nach anderen Autoren als eigene U.-Ord. *Ambystomatoidea* abgetrennt werden.

Salanganen [Mz.; v. malaiisch sarang = Nest], *Collocalia,* Gatt. der Segler; die ca. 20 Arten der schwalbenähnl. Vögel leben in SO-Asien und N-Austr.; ca. 12 cm lang, mit kurzem, breitem Schnabel u. schwachen Füßen; viele bauen eßbare Nester aus zähem, an der Luft erhärtendem Speichel, die in Gruppen an Fels- u. Häuserwänden kleben. B Asien VIII.

Salangidae [Mz.; v. gr. salagx = eine Fischart], Fam. der ↗Hechtlinge.

Salatfäule, 1) Grauschimmel-Fäule des Salats, verursacht durch *Botrytis cinerea* (↗Botrytis); sehr wichtige Pilzkrankheit; die Schäden treten meist bald nach dem Auspflanzen u. kurz vor der Ernte auf, v. a. bei feuchter Witterung; vornehml. die äußeren Blätter welken u. faulen, überzogen v. mausgrauem Schimmelbelag; bei Befall des Wurzelhalses können die Pflanzen absterben. Die Infektion erfolgt v. Konidien befallener Pflanzen u. vom Boden. 2) *bakterielle S.,* verursacht durch Bodenbakterien (z. B. *Pseudomonas*-Arten); anfangs werden die Außenblätter schwarzfleckig, später verfault die Pflanze vollständig. 3) ↗Sklerotienfäule.

Salatfliege, *Phorbia gnava,* ↗Blumenfliegen.

Salbaum [v. Hindi sāl], *Shorea robusta,* [↗Dipterocarpaceae.

Salbei *m* [v. lat. salvia = S.], *Salvia,* v. a. in den Tropen u. Subtropen, aber auch im Mittelmeerraum heimische Gatt. der ↗Lippenblütler mit weit über 500 Arten. Ein- oder mehrjähr., oft aromat. duftende Kräuter od. (Halb-)Sträucher mit sehr unterschiedl. gestalteten Blättern sowie z. T. recht großen Blüten mit meist stark gewölbter Ober- u. großer, 3lappiger Unterlippe. Die Blütenstände (Scheinähren od. -trauben) setzen sich aus wenig- bis vielblüt. Scheinquirlen zus. Bekannteste in Mitteleuropa vorkommende Arten sind der meist dunkelviolettblau blühende Wiesen-S. *(S. pratensis)* mit lanzettl., etwas runzeligen Blättern (u. a. in Kalkmagerrasen, Halbtrockenrasen od. Fettwiesen) so-

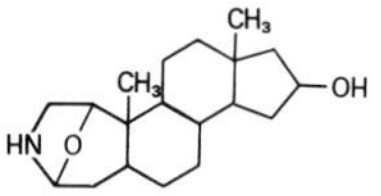

Salamanderalkaloide
Samandarin

Salamandridae

Gattungen (in Klammern Artenzahlen):

Westl. Paläarktis:
Chioglossa (1) (↗Goldstreifensalamander)
Euproctus (3) (↗Gebirgsmolche)
↗*Mertensiella* (2)
↗*Neurergus* (3)
Pleurodeles (2) (↗Rippenmolche)
Salamandra (2) (↗Feuer- u. ↗Alpensalamander)
Salamandrina (1) (↗Brillensalamander)
Triturus (9) (↗Molche)

Östl. Paläarktis:
Cynops (4–5)
Hypselotriton (1)
Pachytriton (1) (↗Kurzfußmolch)
↗*Paramesotriton* (3)
Tylototriton (6) (Krokodilmolche)

Nearktis:
Notophthalmus (4) (↗Molche)
↗*Taricha* (3)

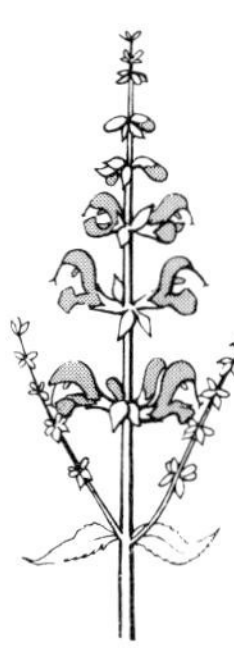

Wiesen-Salbei
(Salvia pratensis)

salamand- [v. gr. salamandra = ungeschuppte Eidechse, Molch, Salamander].

Salbei

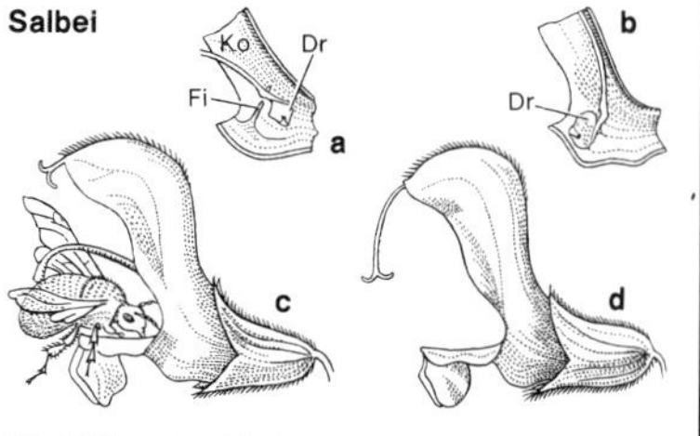

Die Blüten der Gattung S. *(Salvia)* haben sich in hohem Maße an Fremd-↗Bestäubung durch Insekten u. Vögel angepaßt. Ein Beispiel hierfür ist der „Hebelmechanismus" des Wiesen-S. *(S. pratensis)*: Beide Staubblätter besitzen jeweils ein nur kurzes Filament (Fi), das durch ein Gelenk mit dem stark entwickelten Konnektiv (Ko) verbunden ist **(a).** Dieses besteht aus einem langen, einen fertilen Pollensack tragenden Arm sowie einem kurzen Arm mit löffelförm. umgewandeltem, sterilem Pollensack. Beide „Löffel" sind durch Klebfortsätze zu einer den Eingang der Blüte versperrenden „Druckplatte" (Dr) verbunden **(b).** Strebt eine Hummel od. Biene zu dem am Blütengrund befindl. Nektar, schiebt sie die Druckplatte nach hinten **(a),** wobei die fertilen Pollensäcke auf ihren Rücken gedrückt werden **(c).** Nach der Pollenreife verlängert sich der Griffelast u. bringt die Narbe in eine für die Bestäubung durch anfliegende Insekten günstige Position **(d).**

wie der Klebrige S. *(S. glutinosa)* mit großen gelben Blüten u. oben stark klebrigem Stengel (in krautreichen Berg-, Schlucht- u. Auewäldern). Der vielfach in Gärten anzutreffende, hellviolett blühende Garten-S. oder Echte S., *S. officinalis* (B Kulturpflanzen VIII), mit graufilzigen, längl.-eiförm. Blättern stammt aus dem Mittelmeergebiet, wo er schon in der Antike als Gewürz- u. Arzneipflanze kultiviert wurde. Die würzig-bitter schmeckenden, häufig zum Würzen v. Fleisch (Wild) benutzten Blätter enthalten neben Gerb- u. Bitterstoffen reichl. äther. Öl (↗S.öl). Med. genutzt wird v.a. die entzündungshemmende Wirkung des S.s (Spülungen mit S.-Tee gg. Erkrankungen des Mund- u. Rachenraums); zudem gilt S. als schweißhemmend u. krampflösend. Mehrere blau, weiß od. rot blühende S.-Arten sind beliebte Gartenzierpflanzen. Hierzu gehört u.a. der aus Brasilien stammende Feuer-S., *S. splendens* (B Südamerika IV), mit 5–7 cm langen scharlachroten Blüten mit großen, ebenfalls scharlachroten Blütenkelchen. Inhaltsstoffe von *S. divinorum,* einer blau blühenden Staude, werden v. den in S-Mexiko lebenden Mazateca-Indianern als Halluzinogen verwendet. B Blatt II.

Salbeiöl, *Oleum Salviae,* durch Wasserdampfdestillation aus den Blättern des ↗Salbei *(Salvia officinalis)* gewonnenes äther. Öl mit den Hauptinhaltsstoffen Thujon, Cineol, Campher, Borneol u. Bornylacetat. S. wird aufgrund seiner antisept., fungiziden und antiphlogist. Eigenschaften äußerl. in Form v. Spül- u. Gurgelmitteln bei Entzündungen der Mundhöhle u. des Rachens verwendet.

Saldanhamensch, *Mensch v. Hopefield, Homo saldanensis,* fragmentar. Oberschädel u. Unterkiefer eines frühen *Homo sapiens,* entdeckt 1953 bei Grabungen in der Nähe der Saldanhabucht beim Dorf Hopefield, ca. 150 km nördl. von Kapstadt (S-Afrika); sehr ähnl. dem ↗Rhodesiamenschen. Alter: letztes Interglazial od. Beginn der Würmeiszeit, ca. 70000–100000 Jahre.

Salde *w, Ruppia,* Gatt. der ↗Ruppiaceae.

Salden-Gesellschaften ↗Ruppietea maritimae.

Saldengewächse, die ↗Ruppiaceae.

Saldidae [Mz.], die ↗Springwanzen.

Salep *m* [v. arab. sahlab = Fuchshoden], *S.knollen,* die zur Blütezeit gesammelten, in siedendem Wasser gebrühten u. getrockneten Tochterknollen verschiedener Orchideen; gelten im Orient als Aphrodisiakum; bilden, fein gepulvert, mit heißem Wasser (1:100) dicken Schleim *(Mucilago S.)* gg. Darmkatarrh, auch Einhüllungsmittel für Arzneimittel; offizinell als *Tubera S.*

Salicaceae [Mz.; v. *salic-], Fam. der ↗Weidenartigen.

Salicales [Mz.; v. *salic-], die ↗Weidenartigen.

Salicetalia herbaceae [Mz.], Ord. der ↗Salicetea herbaceae.

salic- [v. lat. salix, Mz. salices = Weide (Baum); salictum, salicetum = Weidengebüsch].

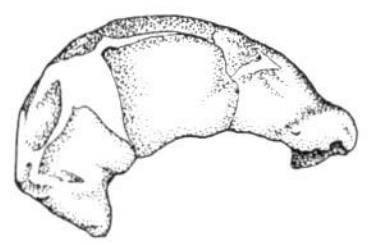

Saldanhamensch

Schädel v. Saldanha

Salicetea herbaceae

Ordnungen:

Salicetalia herbaceae (Silicatschneebodenges.) mit dem Verb. *Salicion herbaceae* (wichtige Arten: *Salix herbacea, Gnaphalium supinum, Soldanella pusilla, Polytrichum sexangulare)*

Arabidetalia coeruleae (Kalkschneebodenges.) mit dem Verb. *Arabidion coeruleae* (wichtige Arten: *Arabis coerulea, Ranunculus alpestris)*

Salicetea purpureae

Ordnung u. Verbände:

Salicetalia purpureae
Salicion elaeagni (Grauweiden-Gebüsche)
Salicion albae (mitteleur. Weiden- u. Pappelges.)

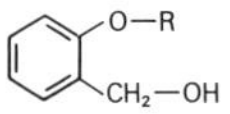

Salicin

R = H: *Salicylalkohol*

R = Glucosyl: *Salicin*

Salicetea herbaceae [Mz.; v. *salic-, lat. herbaceus = krautig], *Schneeboden- u. Schneetälchengesellschaften,* in den alpiden Gebirgen u. der Arktis verbreitete Kl. der Pflanzenges. (vgl. Tab.). Standortprägend ist die lange Schneebedeckung u. damit die Kürze der Vegetationsperiode (Aperzeit u.U. unter 2 Monaten); kleinwüchs. Arten wie die Krautweide u. Moose sind bezeichnend. Das arktisch-alpische Areal vieler *S.*-Arten deutet auf weite Verbreitung zw. den Eisschilden des Würmglazials hin. Je nach Untergrund unterscheidet man Ges. der Silicatschneeböden *(Salicetalia herbaceae)* und Ges. der Kalkschneeböden *(Arabidetalia coeruleae).*

Salicetea purpureae [Mz.; v. *salic-, lat. purpureus = purpurrot], *Ufer-Weidengebüsche u. -wälder,* Kl. der Pflanzenges. (vgl. Tab.). Bestimmender Faktor der Vegetation sind die period. und episod. Überschwemmung u. die damit verbundene mechan. Beanspruchung durch Strömung, Steine u.a., Düngung durch Schwebstoffe sowie die verringerte Sauerstoffversorgung. Besonders schmalblättr. Arten der Gatt. *Salix* (↗Weide) sind als schnelle Lichtkeimer mit Pfahlwurzeln u. guter Regeneration nach Beschädigung an diese Faktoren angepaßt. – Die *S.* gliedern sich in 2 Verb.: Das *Salicion elaeagni* (Grauweiden-Gebüsche) tritt vom Oberlauf der Alpenflüsse bis ins Vorland auf u. umfaßt die niedrigwüchs. Weidengebüsche der kiesig-sand., strömungsstarken Stellen, z.B. die Weiden-Tamariskenflur *(Salici-Myricarietum),* die an die Schwemmbodenges. der ↗*Epilobietalia fleischeri* anschließt. Zum *Salicion albae* (mitteleur. Weiden- u. Pappelges.), das am Unterlauf der Flüsse auf Sand-, Schluff- od. Tonböden stockt, gehören die höherwüchs. Silberweiden-Aue (↗*Salicetum albae)* u. ihre Mantel- und Ersatzges., der Mandelweiden-Busch *(Salicetum triandrae),* der regelmäßig u. bis 1,5 m hoch überschwemmt wird.

Salicetum albae *s* [v. *salic-, lat. albus = weiß], *Silberweiden-Aue,* Assoz. der ↗*Salicetea purpureae;* aufgebaut v.a. aus bis zu 20 m hohen Silberweiden; auf kalkreichen, feinkörnigeren, durch period. Überschwemmung gut mit Nährstoffen versorgten Auenböden. Wegen Flußbegradigungen u. Pappelanbau nur noch selten erhalten u. schutzbedürftig.

Salici-Myricarietum *s* [v. *salic-, gr. myrikē = Tamariske], ↗Salicetea purpureae.

Salicin *s* [v. *salic-], das bes. in Blättern u. Rinde der Weide *(Salix),* aber auch v. Pappeln u. Arten des Schneeballs vorkommende Glucosid des *Salicylalkohols.* Aufgrund des Gehalts an S. wurde Weidenrinde (Cortex Salicis, sog. europäische Fieberrinde) fr. als Antirheumatikum verwendet. Es ist jedoch heute durch synthet. Salicylsäurepräparate, wie Aspirin, verdrängt. ↗Emulsin.

Salinität

Der Einfluß des Salzgehaltes des Wassers auf einen Organismus läßt sich an der Variation der Körperform des *Salinenkrebschens (Artemia salina)* zeigen (Abb. unten). Bei dem euryhalinen, starke Schwankungen des Salzgehaltes (noch bei 230‰ lebensfähig) tolerierenden Salinenkrebschen verändern sich die Körperproportionen (Länge von Vorder- zu Hinterkörper) und die Form und Beborstung des Hinterendes in Abhängigkeit von der Salzkonzentration des Wassers, in dem die Tiere aufwachsen.

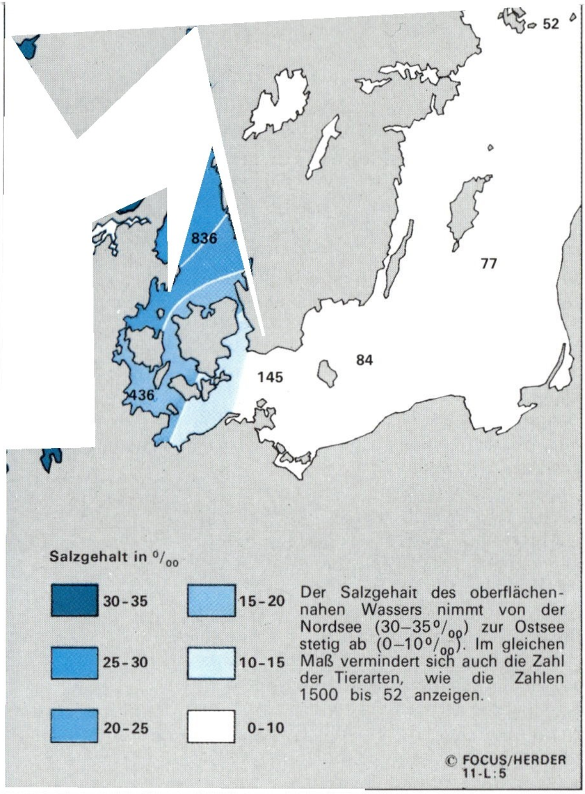

Der Salzgehalt des oberflächennahen Wassers nimmt von der Nordsee (30–35‰) zur Ostsee stetig ab (0–10‰). Im gleichen Maß vermindert sich auch die Zahl der Tierarten, wie die Zahlen 1500 bis 52 anzeigen.

Salicion albae *s* [v. *salic-, lat. albus = weiß], Verb. der ↗Salicetea purpureae.

Salicion arenariae *s* [v. *salic-, lat. arenarius = Sand-], *Dünenweiden-Gebüsche,* Verb. der ↗*Rhamno-Prunetea.* Gebüsche des *S.* entwickeln sich auf ausgesüßten, nicht od. wenig entkalkten Tertiärdünen. In der Krautschicht halten sich Relikte der Dünensukzession; weitere Straucharten sind Sanddorn (bildet zus. mit der Dünenweide den Sanddorn-Dünenweidenbusch, das *Hippophao-Salicetum arenariae*), Schwarzer Holunder, Wein- u. Kartoffelrose.

Salicion cinereae *s* [v. *salic-, lat. cinereus = aschgrau], Verb. der ↗Alnetea glutinosae (T).

Salicion elaeagni *s* [v. *salic-, gr. elaiagnos = Bruchweide], Verb. der ↗Salicetea purpureae.

Salicornia *w* [v. arab. salkoran = Queller, über frz. salicorne], der ↗Queller.

Salicorniazone [v. arab. salkoran = Queller], v. ↗Queller-Arten besiedelter Bereich im Watt, etwa von 40 bis 15 cm unterhalb der Mittelhochwasserlinie. ↗*Thero-Salicornietea.*

Salicornietum strictae *s* [v. arab. salkoran = Queller, lat. strictus = steif], Assoz. der ↗Thero-Salicornietea. [cin (□).

Salicylalkohol [v. *salic-], *Saligenin,* ↗Sali-

Salicylate [Mz.; v. *salic-], Salze u. Ester der ↗Salicylsäure.

Salicylsäure [v. *salic-], *o-Hydroxybenzoesäure,* ein bes. als *S.methylester* u. dessen Glykoside in Eichen, Stiefmütterchen, Veilchen u. im amerikan. Wintergrün (Kanadischer Tee, Labradortee) enthaltener, in hohen Dosen giftiger Naturstoff. Verwendung zu Farbstoff- u. Arzneimittelsynthesen u. zur Lebensmittel-Konservierung. Das aus Wintergrün gewonnene, S.methylester enthaltende Öl wird in niedrigen Dosen u.a. zur Aromatisierung v. Zahnpasten u. Kaugummi benutzt. S. wirkt als pflanzl. ↗Keimungshemmstoff (□).

Salientia [Mz.; v. lat. saliens = springend], die ↗Froschlurche.

Salinenkrebschen [v. frz. saline = Salzbergwerk], *Salinenkrebs, Salzkrebschen, Artemia salina,* ein Vertreter der ↗*Anostraca* (Fam. *Artemiidae*), der in Salinen u. Salzseen lebt (auch in carbonat- u. kaliumhaltigen) u. Salinitäten von 41 bis 230‰ verträgt. Die kleinen (bis 15 mm) Tierchen schwimmen wie andere *Anostraca* mit dem Bauch nach oben u. filtrieren dabei u.a. Bakterien. Neben normalen, diploiden und zweigeschlechtl. Populationen, v.a. in den USA, gibt es in Europa di- bis octoploide, parthenogenet. Populationen. Den Eiern, die austrocknen können, entschlüpft ein Nauplius; die Postembryonalentwicklung dauert 6 bis 8 Wochen. Die Gestalt variiert mit der Salzkonzentration; in hohen Salinitäten sind die Körper gedrungener (□ Salinität). Die Ionenkonzentration des Blutes ist unabhängig v. der des Mediums (↗Osmoregulation); in hohen Salinitäten scheiden die Tiere ständig Salz über das Epithel der Kiemenanhänge (Epipodite) der Thorakopoden aus. Wie bei anderen *Anostraca* enthält die Hämolymphe Hämoglobin, dessen Gehalt in sauerstoffarmem Wasser er-

salic- [v. lat. salix, Mz. salices = Weide (Baum); salictum, salicetum = Weidengebüsch].

salm- [v. lat. salmo, Mz. salmones = Salm, Lachs].

höht wird; die Tiere sehen dann rot aus. In manchen Seen leben die S. in unvorstellbaren Mengen; ihre Eier werden kommerziell geerntet u. getrocknet. 2 Tage nach dem Übergießen mit Salzwasser schlüpfen die Nauplien, die in Instituten, Schauaquarien u. von Aquarianern als Fischfutter benutzt werden. – Neuere Untersuchungen lassen vermuten, daß sich unter dem Namen *A. salina* mehrere ähnl. Arten verbergen; in manchen Seen gibt es mehrere Populationen, die untereinander keinen Genaustausch haben.

Salinität *w* [v. lat. salinus = Salz-], *Salzgehalt,* Maßzahl für die im Wasser gelöste Salzmenge (Summe der verschiedenen ↗Salze). Die S. – ein ↗abiotischer Faktor – wird in Promille od. Prozent (bzw. g/l) angegeben. Meerwasser ([T] Meer) hat einen Salzgehalt von ca. 35‰ (vgl. Abb.), Brackwasser zw. 0,5 und 35‰, Süßwasser unter 0,5‰. Manche Organismen ertragen extrem hohe Salzkonzentrationen im Wasser (↗Halotoleranz, ↗Halophyten, ↗halophil). ↗euryhalin, ↗stenohalin; ↗Osmoregulation, ↗Salzböden, ↗Salzgewässer.

Salivarium *s* [v. lat. saliva = Speichel], ↗Mundvorraum, ↗Mundwerkzeuge.

Salix *w* [lat., =], die ↗Weide.

Salk-Schutzimpfung [ßåk-; ben. nach dem am. Bakteriologen J. E. Salk, *1914] ↗Poliomyelitis.

Salm *m* [v. *salm-], *Salmo salar,* ↗Lachse.

Salmin *s* [v. *salm-], ein ↗Protamin.

Salminus *m* [v. *salm-], Gatt. der ↗Salmler.

Salmler [v. *salm-], *Characoidei,* U.-Ord. der ↗Karpfenfische mit 16 Fam., zahlr. Gatt. (vgl. Tab.) und etwa 1500 Arten. Sie sind nur in Süßgewässern Afrikas (ca. 200 Arten) sowie v.a. Mittel- u. S-Amerikas verbreitet; bes. die südam. Arten sind, wahrscheinl. wegen der fehlenden Konkurrenz durch die nah verwandten ↗Karpfenähnlichen *(Cyprinoidei),* sehr formenreich u. stellen fast die Hälfte aller südam. Süßwasserfische. Die wenigen einheitl. Merkmale sind: zumindest in der Jugend gut entwikkelte Kieferzähne, ein nicht vorstülpbares Maul ohne Barteln, eine einzelne Rückenflosse u. meist eine Fettflosse. Die Mehrzahl der Arten ist klein u. schwarmbildend; viele sind beliebte ↗Aquarienfische. – Die artenreiche Familie S. i.e.S. *(Characidae)* wird allein in 14 U.-Fam. unterteilt. Überwiegend im Amazonas leben die Herings-S. (U.-Fam. *Agoniatinae*) mit der einzigen Gatt. *Agoniates* u. die Band-S. (U.-Fam. *Rhaphiodontinae*); sie sind jeweils heringsähnl. und werden bis 40 cm lang. Die Echten S. (U.-Fam. *Characinae*) umfassen über 20 Gatt.; hierzu gehören die südam., seitl. abgeflachten, meist um 15 cm langen, räuber. Spitzzahn-S. *(Charax),* der mit vielen Kiemendeckel- u. Flossendornen bewehrte Dorn-S. *(Hoplocharax goethei)* u. der hechtähnl., bis 30 cm lange Hecht-S. *(Oligosarcus).* Die lachsähnl., in Mittelamerika u. im NW S-Amerikas verbreiteten Zahn-S. *(Brycon)* u. die südam. Lachs-S. *(Salminus),* wie der bis 80 cm lange Dorado (*S. maxillosus,* [B] Fische VI), werden wirtschaftl. genutzt. – Beliebte Aquarienfische sind der schlanke, bis 5,5 cm lange Rotflossen-S. (*Aphyocharax rubripinnis,* [B] Aquarienfische I) aus dem argentin. Río Paraná und zahlr., zu den Tetras (U.-Fam. *Tetragonopterinae*) zählende Arten, wie der bis 4,5 cm lange Goldtetra *(Hemigrammus armstrongi)* aus W-Guayana, der ca. 4 cm lange Leuchtflekken-S. (*H. ocellifer,* [B] Aquarienfische I), der bis 7 cm lange, silbr. Rotaugen-Moenkhausia *(Moenkhausia sanctaefilomenae)* mit rotem oberem Iristeil aus dem Flußsystem des Río Paraguay, der bis 17 cm lange, in mexikan. Flüssen lebende Silber-S. *(Astyanax fasciatus),* der ihm sehr ähnl. und mit ihm sich fruchtbar kreuzende, im gleichen Gebiet aber in unterird. Höhlen lebende, bis 8 cm lange Blinde Höhlen-S. (*Anoptichthys jordani,* [B] Aquarienfische I; ↗Höhlenfische), der bis 4 cm lange Blut-S. (*Hyphessobrycon callistus,* [B] Aquarienfische I) des mittleren Amazonas, der bis 5 cm lange Rosen-S. (*H. rosaceus,* [B] Aquarienfische I) aus dem westl. Guayana, der bis 4,5 cm lange Rote v. Rio (*H. flammeus,* [B] Aquarienfische I) aus der Umgebung v. Rio de Janeiro, der bis 5,5 cm lange, keulenförm., grünl. Kaisertetra *(Nematobrycon palmeri)* mit breitem, schwarzem Längsband aus dem kolumbian. Río San Juan u. der bis 7,5 cm lange Trauermantel-S. (*Gymnocorymbus ternetzi,* [B] Aquarienfische I) aus dem Río Paraguay u. Río Negro. Weitere bekannte Aquarienfische der S. sind die ↗Neonfische (u.a. Gatt. *Paracheirodon, Cheirodon*), der 5 cm lange Stieglitz-S. (*Pristella riddlei,* [B] Aquarienfische I) aus dem nördl. S-Amerika, der 4,5 cm lange, schwärzl.-graue Phantom-S. *(Megalamphodus megalopterus)* mit schwarzem, hell eingefaßtem Schulterfleck sowie langer Rücken- u. Afterflosse aus dem südam. Mato-Grosso-Gebiet, der bis 13 cm lange, grünl.-gelbe Langflossen-S. *(Alestes longipinnis)* mit breitem, schwarzem Längsband am Schwanzstiel aus dem trop. W-Afrika, der ca. 15 cm lange, prächtig blau gefärbte, langflossige Kongo-S. *(Phenacogrammus interruptus),* der bis 9 cm lange, großschuppige Punktierte Kopfsteher *(Chilodus punctatus)* mit vorwiegend senkrechter Schwimmstellung aus dem nördl. S-Amerika, der bis 13 cm lange, mit dem Kopf schräg abwärts schwimmende, hochrückige Brachsen-S. *(Abramites microcephalus)* mit dunklen Querbändern aus dem Amazonasgebiet, der bis 16 cm lange, schlanke, silbr. Fleckstreifen-S. *(Hemiodus gracilis)* mit blutrotem unterem Randstreifen an der Afterflosse aus dem oberen Amazonasgebiet, der 15 cm lange,

Salmler

Wichtige Familien u. einige Gattungen:

Salmler i. e. S. *(Characidae)*	*Agoniates* *Anoptichthys* *Aphyocharax* *Astyanax* *Brycon* *Charax* *Cheirodon* *Gymnocorymbus* *Hemigrammus* *Hoplocharax* *Hyphessobrycon* *Megalamphodus* *Moenkhausia* *Nematobrycon* *Oligosarcus* *Paracheirodon* *Pristella* *Rhaphiodon* *Salminus*
Scheiben- u. Sägesalmler *(Serrasalmidae)*	*Catoprion* *Colossoma* *Myleus* *Serrasalmus*
↗Beilbauchfische *(Gasteropelecidae)*	*Gasteropelecus*
Schwarmsalmler *(Hydrocinidae)*	*Alestes* *Hydrocinus* *Phenacogrammus*
Afrikanische Hechtsalmler *(Hepsetidae)*	*Hepsetus*
Hechtsalmler *(Ctenoluciidae)*	*Boulengerella* *Ctenolucius*
Forellensalmler *(Erythrinidae)*	*Hoplias* *Erythrinus*
Spritzsalmler-verwandte *(Lebiasinidae)*	*Copella* *Nannostomus* *Poecilobrycon*
Halbzähner *(Hemiodontidae)*	*Hemiodus*
Kopfsteher *(Anostomidae)*	*Abramites* *Anostomus* *Leporinus*
Breitlingssalmler *(Curimatidae)*	*Chilodus* *Curimata*
Geradsalmler *(Citharinidae)*	*Citharinus* *Distichodus* *Phago*
Grundsalmler *(Characidiidae)*	*Characidium*

schlanke, räuber., hechtähnliche Gefleckte Schnabel-S. *(Phago maculatus)* mit tief eingeschnittenem, stark bezahntem Maul aus dem Stromgebiet des Niger, mehrere Arten der ↗Beilbauchfische (Fam. *Gasteropelecidae)*; auch die gefürchteten fleischfressenden Säge-S. od. ↗Pirayas *(Serrasalmus)* werden in Aquarien gehalten. Die mit den Pirayas verwandten, ihnen ähnl. Scheiben-S., wie die bis 70 cm langen, im nordöstl. S-Amerika lebenden Pacus (*Myleus pacu* u. *Colossoma nigripinnis*), sind reine Pflanzenfresser und wicht. Speisefische. Der bis 75 cm lange, schlammfressende Afrikan. Scheiben-S. *(Citharinus citharus)* u. der bis 70 cm lange, im südl. trop. Afrika heimische Karpfen-S. *(Distichodus mossambicus)* sind ebenfalls bedeutende Nutzfische. Große S. sind auch die afr. Tigerfische (U.-Fam. *Hydrocinae*), wie der weit verbreitete, bis 1 m lange Kleine Tigerfisch od. Gestreifte Wasserhund *(Hydrocinus lineatus)* mit großen Fangzähnen u. der bis 1,8 m lange, bis 55 kg schwere Riesentigerfisch *(H. goliath)* aus dem Kongobecken u. dem Tanganjikasee. Räuberisch leben auch die Forellen-S. (Fam. *Erythrinidae*), wie der bis 70 cm lange, sehr schmackhafte, südam. Jagd- oder Tiger-S. *(Hoplias malabaricus)*, der über Blutkapillarnetze an den Kiemendeckeln atmosphär. Luft atmen kann, u. die Afrikan. Hecht-S. (Fam. *Hepsetidae*), wie der bis 35 cm lange, mittelafr. Wasserhund *(Hepsetus odoe)*, der bis 30 cm lange, spindelförm. Wolfs-S. *(Ctenolucius hujeta)* u. der bis 60 cm lange, hechtart. Südhecht *(Boulengerella lucius)*, beide zur Fam. Hecht-S. *(Ctenoluciidae)* aus dem nördl. S-Amerika gehörend. Als Nahrungsspezialisten streifen verschiedene Gatt. der S. Schuppen v. anderen Fischen ab u. fressen diese, z. B. die südam., ca. 15 cm langen Lippenzähner *(Exodon)*, die mittelam., ca. 10 cm langen Glas-S. *(Roeboides)* u. die südam. Schuppenräuber *(Catoprion)*. Vorwiegend Bodennahrung fressen die südam. Kopfsteher (Fam. *Anostomidae*), z. B. zahlr. Arten der Schlamm-S. *(Leporinus)* u. der bis 18 cm lange, braunschwarz längsgestreifte Prachtkopfsteher *(Anostomus anostomus)*, die jeweils schräg mit dem Kopf nach unten gerichtet schwimmen, sowie die südam., karpfenart. Breitlinge (U.-Fam. *Curimatinae*). Schräg nach oben gerichtet schwimmen die ca. 6 cm langen, südam., stäbchenförm. Bleistiftfische *(Nannostomus* u. *Poecilobrycon)*, die mit winzigen Zähnen der kleinen Mäuler Beutetiere v. Pflanzen abpflücken. Wegen seines bes. Laichverhaltens ist der bis 8 cm lange, meist in sauerstoffarmen Gewässern des unteren Amazonasgebiets lebende Spritz-S. *(Copella* od. *Copeina arnoldi)* bekannt: beim Laichakt springen Weibchen u. Männchen eng aneinander geschmiegt aus dem Wasser u. heften die befruchteten Eier auf die Unterseite von 3–5 cm hoch über dem Wasser hängenden Blättern; die sich innerhalb von 2–3 Tagen entwickelnden Eier werden vom Männchen bewacht u. regelmäßig mit Wasser bespritzt. Winzige Fische sind die südam. Grund-S. (Fam. *Characidiidae*), die z. T. am Grunde v. Stromschnellen leben u. kleinen ↗Gründlingen ähneln. *T. J.*

Salmo *m* [lat., = Salm, Lachs], Gatt. der ↗Lachsähnlichen; ↗Lachse, ↗Forelle.

Salmonella *w* [v. *salmonell-], Gatt. der ↗*Enterobacteriaceae;* gramnegative, fakultativ anaerobe Stäbchen-Bakterien (0,7–1,5 × 2,0–5,0 μm) mit Atmungs- u. Gärungsstoffwechsel; die Arten sind meist bewegl. (peritriche Begeißelung) u. ohne Kapsel. Aus Glucose wird i. d. R. Gas gebildet; Citrat kann normalerweise verwertet werden, Lactose wird dagegen nur ausnahmsweise (v. *Arizona*-Gruppe) abgebaut. Die Abgrenzung der Arten wird noch diskutiert und unterschiedl. gehandhabt (vgl. Tab.); ca. 40 „Arten" sind Krankheitserreger od. Nahrungsmittelvergifter. Nach molekularen Untersuchungen (DNA-Vergleich) ist *S.* nahe mit ↗*Escherichia*, ↗*Shigella* u. ↗*Citrobacter* verwandt. Die Identifizierung der Arten u. Typen erfolgt hpts. serolog. (↗Kauffmann-White-Schema); es sind mehr als 2000 unterschiedl. Serovare (Serotypen) bekannt. Nach gewissen Unterschieden in biochem. Eigenschaften u. den bevorzugten Habitaten werden die *S.*-Arten in 4 (neuerdings 5) U.-Gatt. eingeordnet (I–IV[V], vgl. Tab.). *S.*-Arten kommen v. a. im Intestinaltrakt (↗Darmflora, [T]) v. Mensch u. Tier vor. *S.*-Serovare können an bestimmte Wirte (obligat) adaptiert sein, in verschiedenen Habitaten leben od. noch unbekannte Habitate besiedeln. Die wirtsadaptierten Serovare verursachen normalerweise schwere Erkrankungen (Salmonellosen, ↗Salmonellen).

Salmonellen [Mz.; v. *salmonell-], in der Umgangssprache u. Medizin übl. Benennung der Bakterien aus der Gatt. ↗*Salmonella,* hpts. der Erreger v. Krankheiten (*Salmonellosen,* vgl. Tab.) u. der Nahrungsmittelverderber (↗Nahrungsmittelvergiftungen). Entspr. ihrer human- oder veterinärmedizin. Bedeutung wurde den zuerst isolierten Serovaren (serolog. Typen) ein eigener Art-Name gegeben, meist nach der verursachten Krankheit (z. B. *S. typhi*); neuere Isolierungen werden meist nach dem ersten Fundort ben. (z. B. *S. london*). In Warmblütern sind hpts. Arten der U.-Gatt. I, in Kaltblütern u. außerhalb v. Organismen Arten der U.-Gatt. II und III (Arizona-Gruppe) sowie IV (–V) zu finden ([T] Salmonella). Die Pathogenität von S. ist abhängig v. Serovar („Stamm"), Anzahl der aufgenommenen Keime (Dosis) und allg. Zustand des Wirts. S. sind die am weitesten verbreiteten Nahrungsmittelvergifter. Sie verursachen eine akute Gastroenteri-

salmonell- [ben. nach dem am. Bakteriologen D. E. Salmon, 1850–1914].

Salmonella

Eine übliche Unterteilung in 5 Untergattungen (einige Arten bzw. „Serovare") (nach Le Minor, Rohde u. Taylor, 1970):

I *S. typhi*
„S. paratyphi A"
S. enteritidis
(= *Bacillus enteritidis gaertner;* Gärtner-Bacillus)
S. typhimurium
(= *S. enteritidis* Breslau)
II *„S. salamae"*
III *S. arizonae*
(= *Paracolobacterium arizonae* = *Arizona)*
IV *„S. houtenae"*
V *„S. bongor"*

Salmonellen

Krankheiten *(Salmonellosen)* u. einige Erreger:

↗Typhus (abdominalis) *(Salmonella typhi)*
↗Paratyphus (A, B, C = leichtere akute Gastroenteritis) (*S. paratyphi* A–C, *S. p.* B = *S. schottmuelleri, S. p.* C = *S. hirschfeldii*)
Enteritiden beim Menschen (*S. enteritidis, S. typhimurium, S. cholerae-suis, S. arizonae* [= *Arizona*-Gruppe])
Tiersalmonellosen, z. B. Aborte *(S. abortus equi)*, weiße Kükenruhr *(S. gallinarum-pullorum)*, tödl. Infektionen bei Geflügel (*S. arizonae* = *Arizona*-Gruppe)

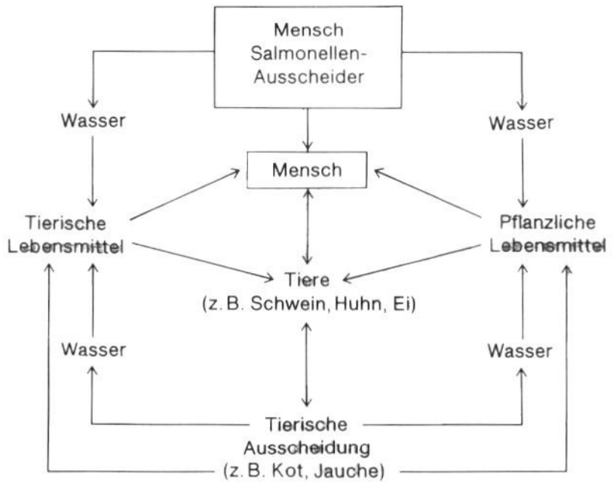

Salmonellen

Einige wichtige Übertragungswege für S.-Enteritiden

tis, ausgelöst durch ein thermolabiles ↗Enterotoxin, das dem der enteropathogenen *Coli*-Bakterien *(↗Escherichia coli)* u. dem der *Cholera*-Vibrionen *(↗Vibrio)* ähnl. ist. Die Übertragung erfolgt meist durch mit Fäkalien verunreinigte Nahrungsmittel. Bevorzugt sind die Erreger an Fleisch u. Fleischprodukten (bes. Schweinefleisch u. Geflügel), Eiern u. Eiprodukten, Milcherzeugnissen u. Speiseeis zu finden. Eine Erkrankung kommt normalerweise nur zustande, wenn relativ große Keimmengen aufgenommen werden. Das kann leicht dann der Fall sein, wenn S.-haltige Speisen bei Zimmertemp. aufbewahrt werden, da sich S. in bestimmten Speisen (z. B. Mayonnaise, Fleisch-, Wurstsalat) schnell vermehren. Im Wasser (vor Belichtung geschützt) sind S. in offenen Gewässern, in ↗Abwasser (T), Jauche, Abortgruben, Brunnenschlamm od. gedüngtem Boden wochenlang lebensfähig. Kühlschrank-Temp., Einfrieren u. Tiefkühlen überstehen sie relativ gut (↗Konservierung); auch gg. Hitze sind sie relativ unempfindl. Zum Abtöten werden bei 55 °C etwa 1 h und bei 60 °C ca. 0,5 h benötigt, so daß bei kurzem Zubereiten v. Speisen (Fleisch, Backwaren) in tieferen Schichten unter Umständen ein Überleben mögl. ist. Bei Säuglingen u. resistenzgeminderten Personen genügt wahrscheinl. nur eine geringe Keimzahl, um einen akuten Durchfall auszulösen. Bei diesen Personen können S. auch in die Blutbahn eindringen u. eine Sepsis verursachen. Gefürchtet ist auch die S.-Meningitis der Säuglinge u. Neugeborenen. S. können ↗Plasmide für Antibiotika-Resistenz enthalten. [monellen.

Salmonellosen [Mz.; v. *salmonell-] ↗Sal-

Salmonidenregion [v. *salm-, lat. regio = Gebiet], Region des ↗Bergbachs (Rithral), umfaßt die ↗Äschen- u. ↗Forellenregion; ↗Flußregionen (T).

Salmoniformes [Mz.; v. *salm-, lat. forma = Gestalt], die ↗Lachsfische.

Salmonoidei [Mz.; v. *salm-, gr. -oeides = -ähnlich], die ↗Lachsähnlichen.

Salomonssiegel [ben. nach dem israelit. König Salomo], die ↗Weißwurz.

Salpa *w* [v. gr. salpē = ein Meeresfisch], Gatt. der ↗Desmomyaria.

salm- [v. lat. salmo, Mz. salmones = Salm, Lachs].

salpet- [v. lat. sal = Salz, gr. petra, petros = Fels, Stein].

Salpen [Mz.; v. gr. salpē = ein Meeresfisch], *Thaliacea,* Kl. der ↗Manteltiere mit den 3 U.-Kl. ↗Feuerwalzen, ↗*Cyclomyaria* u. ↗*Desmomyaria.* S. sind Planktontiere, bes. wärmerer Meere, u. Filtrierer. Der Körper ist meist tonnenförmig mit Ein- u. Ausstromöffnung an den Polen; der ↗Kiemendarm, der den Hauptteil des Körpers einnimmt, öffnet sich mit einer bis vielen Spalte(n) in den ↗Peribranchialraum (Kloake); der Darm ist meist U-förmig gekrümmt u. mit den Eingeweiden in einem Knäuel (Nucleus) zusammengedrängt. Die Muskulatur umgibt den Körper als mehr od. weniger starke ringförmige od. ventral offene Bänder; die Fortbewegung erfolgt durch Rückstoß od. permanenten Ausstrom v. Wasser; Leuchtvermögen ist häufig. Typisch ist ein Generationswechsel

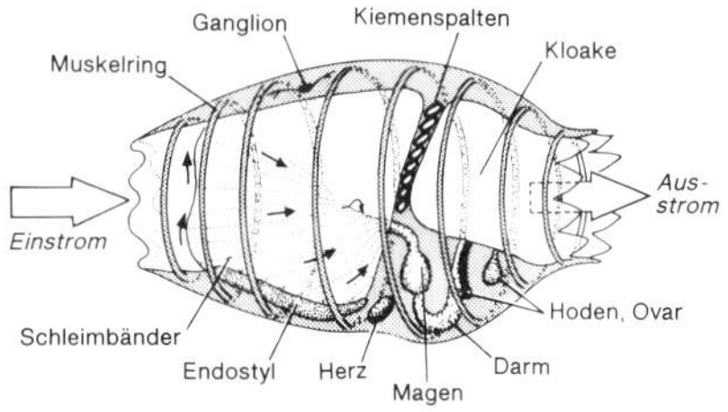

Salpen

Bauplan einer Salpe; kleine Pfeile geben den Weg des Schleims an

(↗Metagenese): eine solitäre, ungeschlechtl. Generation (Oozoide, Ammen; ↗Ammengeneration) bringt durch Knospung (Geschlechtsurknospen → Geschlechtsknospen; Blastogenese) eine geschlechtl., ständig (Kettensalpen) od. teilweise soziale Generation (Blastozoide, Gonozoide; ↗Geschlechtstiere) hervor. Die Metagenese der S. wurde 1819 von A. v. ↗Chamisso entdeckt. – Es ist fraglich, ob die S. eine einheitl. (↗monophyletische) Gruppe sind. B Chordatiere.

Salpeter *m* [v. *salpet-], Trivialname für einige anorgan. ↗Nitrate, z. B. Ammon-S. (↗Ammoniumnitrat), ↗Chile-S. (Natron-S.), Kali-S. (↗Kaliumnitrat), ↗Kalk-S. und ↗Norge-S., die hpts. als Düngemittel *(S.dünger)* Verwendung finden (T Dünger). [Bakterien.

Salpeterbakterien, die ↗nitrifizierenden

Salpeterdünger ↗Salpeter, ↗Dünger (T).

Salpeterpflanzen, die ↗Nitratpflanzen.

Salpetersäure, HNO_3, die wichtigste v. Stickstoff abgeleitete Säure; in reiner bzw. konzentrierter Form eine farblose, stark saure u. oxidierende Flüssigkeit, die auf der Haut dauerhafte Gelbfärbung verursacht; Einatmung von S.dämpfen führt zu Bronchialkatarrh, Lungenentzündung u. Verätzung der Lungenbläschen. Natürlich kommt S. in freier Form nicht vor (↗saurer Regen). Dagegen spielen die Salze der S., die ↗*Nitrate,* eine bedeutende Rolle im ↗Stickstoffkreislauf u. als Stickstoff-↗Dünger (↗Salpeter).

salpetrige Säure, HNO_2, eine mittelstarke, nur in verdünntem Zustand beständige

Säure; natürlich kommt s. S. in freier Form nicht vor. ↗Nitrite.

Salpida [Mz.; v. gr. salpē = ein Meeresfisch], die ↗Desmomyaria.

Salpingoeca *w* [v. gr. salpigx = Trompete, oikia = Haus], ↗Kragenflagellaten.

Salpinx *w* [v. gr. salpigx = Trompete], wenig gebräuchl. Bez. für Eileiter (↗Ovidukt) u. ↗Eustachi-Röhre.

Salsola *w* [v. lat. salsus = gesalzen], das [↗Salzkraut.

Saltation *w* [v. lat. saltare = springen], *Typensprung;* die *S.shypothese* vertritt die Vorstellung, daß die ↗Evolution bei der Entstehung neuer Organisationsformen nicht „kontinuierlich" in kleinen Schritten abläuft, sondern sprunghaft erfolgt, wobei sog. Makromutationen (od. Systemmutationen) aufgetreten sein sollen (Goldschmidt). Vermittelnde Zwischenglieder soll es demnach nicht gegeben haben, so daß ihr Fehlen (↗missing links) nicht überraschend sei. Im Ggs. zur S. nimmt die *synthetische Evolutionstheorie* eine Entstehung neuer Organisationstypen durch kleine, sich summierende Evolutionsschritte an (sog. ↗*additive Typogenese*). Die inzwischen aufgefundenen Zwischenglieder (connecting links) zw. verschiedenen Organisationstypen zeigen daher auch ein Nebeneinander (Mosaik) ursprünglicher (plesiomorpher) u. abgeleiteter (apomorpher) Merkmale (↗Plesiomorphie), weshalb man auch v. ↗*Mosaikevolution* spricht. Das Fehlen einer fossilen Dokumentation v. Zwischengliedern für bestimmte Evolutionsschritte wird als ↗Lükkenhaftigkeit der Fossilüberlieferung aufgefaßt. Die Vorstellung, daß sich Evolution kontinuierl. in kleinen Schritten vollzieht (↗Gradualismus), schließt nicht aus, daß Phasen rascherer evolutiven Wandels *(tachytelische Evolution)* mit solchen geringerer Evolutionsgeschwindigkeit *(↗bradytelische Evolution)* abwechseln od. gar ein gewisser „Stillstand" (*Stasigenese,* Huxley 1957) eintritt. Diese „Phasenhaftigkeit" der Evolution ist u. a. dadurch zu erklären, daß bei Wechsel der Umweltbedingungen eine intensive *transformierende ↗Selektion* wirksam wird, während unter konstanteren Umweltbedingungen eine *stabilisierende Selektion* wirkt. Um die unterschiedl. Geschwindigkeit evolutiver Abwandlungen geht es auch bei der Theorie vom *„punctuated equilibrium"* (Eldredge u. Gould; ↗Evolution), wonach Evolution nicht als stetige Veränderung in kleinen Schritten (Gradualismus) erfolgt, sondern kurze Perioden intensiven Wandels („punktuell"), die v. a. in der Phase der Artaufspaltung ablaufen, mit langen stabilen Phasen, in denen die Artmerkmale sich kaum verändern, abwechseln sollen (↗Punktualismus).

Lit.: *Gould, S. J., Eldredge, N.:* Punctuated equilibria: the tempo and mode of evolution reconsidered. Paläobiol. 3, 115–153, 1977.

Saltatoria [Mz.; v. lat. saltare = springen], die ↗Heuschrecken. [gungsleitung.

saltatorische Erregungsleitung ↗Erre-

Saltbush *m* [ßåltbusch; engl., = Salzbusch], lückige Zwergstrauchvegetation der regenärmsten Teile Inneraustraliens. Die artenarme Vegetation wird beherrscht v. wenigen, salztoleranten Gänsefußgewächsen *(Chenopodiaceae),* zu denen auch der „Saltbush" i. e. S. *(Atriplex vesicaria)* gehört. Große Teile dieser Chenopodiaceen-Halbwüste sind durch Schafbeweidung stark beeinträchtigt. ↗Australien.

Saltersche Einbettung [ben. nach I. W. Salter, der 1862 erstmals eine Erklärung versuchte], (R. Richter 1937), Art der Überlieferung v. ↗Trilobiten, bei der Rumpf u. Schwanz in normaler Lage (gewölbt-oben), das Cephalon jedoch abgetrennt u. um 180° gedreht (gewölbt-unten) vorliegen. Sie wird erklärt als Häutungslage u. sicherer, sonst schwer zu erbringender Nachweis dafür, daß kein ganzer Trilobit, sondern nur eine ↗Exuvie fossil wurde. Voraussetzung sind feinklast. Sedimente u. Stillwasser. S. E. findet sich nur bei devon. ↗*Phacopida.* [die ↗Springspinnen.

Salticidae [Mz.; v. lat. salticus = hüpfend],

Salticus *m* [lat., = hüpfend], Gatt. der ↗Springspinnen; ↗Harlekinspinne.

Saltoposuchus *m* [v. gr. souchos = Nilkrokodil], (v. Huene 1921), langschwänziges, zu den ↗*Archosauria* (Ord. ↗*Thecodontia*) gehörendes Reptil von ca. 90 cm Länge; Rücken gepanzert mit 2 Reihen abgerundeter Platten; vordere Gliedmaßen bes. zart u. kurz, Ober- u. Unterschenkel fast gleich groß. Verbreitung: Stubensandstein u. Knollenmergel (Keuper) v. Württemberg.

Salvadoraceae [Mz.; ben. nach dem span. Botaniker J. Salvador, † 1681], *Senfbaumgewächse,* Fam. der Spindelbaumartigen mit 3 Gatt. und 11 Arten, die in Afrika u. Asien aride, oft saline Gebiete besiedeln; Holzgewächse mit ledrigen Blättern; Blüten in dichten, achselständ. Blütenständen; Beere od. Steinfrucht mit 1 Samen. Die Gatt. *Dobera* (östl. Afrika) hat eßbare Früchte; ebenso *Salvadora persica,* die Charakterpflanze der von NW-Indien bis Afrika reichenden Dorn- od. Buschsteppe.

Salvarsan *s* [Kw. v. lat. salvare = heilen, u. Arsen], Chlorhydrat des Dioxyarsenobenzols, 1910 von P. ↗Ehrlich gefundene Arsenverbindung zur Behandlung v. Spirochätenerkrankungen (Syphilis, Rückfallfieber, Frambösie, Orientbeule), heute durch Antibiotika verdrängt.

Salvelinus *m* [v. dt. Salbling, über frz. salveline], die ↗Saiblinge.

Salvia *w* [lat., =], der ↗Salbei.

Salviniaceae [Mz.; ben. nach dem it. Botaniker A. M. Salvini, 1633–1720], die ↗Schwimmfarngewächse.

Salviniales [Mz.], Ord. der Wasserfarne mit den Fam. Algenfarngewächse (*Azolla-*

ceae; ↗Algenfarn) und ↗Schwimmfarngewächse *(Salviniaceae);* freischwimmende, leptosporangiate heterospore Farne mit charakterist. Sporokarpien, deren Wand einem Indusium entspricht; Sporokarpien enthalten entweder nur Mikro- od. nur Megasporangien.

Salzböden, Böden mit hohem Salzgehalt (↗Salinität). Weltweit verbreitet findet man S. an Meeresküsten (Marschen, Mangroven). Deren Salzgehalt (bis 3,5%, hpts. ↗Natriumchlorid) variiert je nach Meerwassereinfluß. In ariden, semiariden od. semihumiden Klimagebieten können sich Salze unterschiedl. Zusammensetzung (Chloride, Sulfate u. Carbonate des Na, K, Ca und Mg) bis zum Ausblühen der Salzkristalle anreichern: sie gelangen mit aufsteigendem Grundwasser aus dem Untergrund an die Bodenoberfläche, sammeln sich mit dem Oberflächenwasser in abflußlosen Senken *(Salzpfannen)* od. werden als Gischt bzw. in Form feiner Kristalle angeweht. Bewässerung in trockenen Klimazonen birgt stets die Gefahr der künstl. Bodenversalzung (↗Alkaliböden, ↗Bodenentwicklung) in sich, da im Beregnungswasser immer geringe Salzmengen gelöst sind. Mit der Versalzung verlieren die Böden zahlr. günstige Eigenschaften (vgl. Spaltentext). Sie werden für die Kultivierung unbrauchbar. Nur wenige Kulturpflanzen (z.B. Zuckerrohr, Dattel- u. Kokospalme, Baumwolle, Gerste, Reis, Hirse, *Beta*-Rüben) sind schwach salztolerant. [T] Bodentypen, [ ] Bodenzonen.

Salzböden

Gliederung der S.:

Solontschak (Weißalkaliboden, Salz-Alkali-Boden):
Anreicherung von NaCl, Na_2SO_4, Na_2CO_3, $MgSO_4$, $CaSO_4$ und $CaCO_3$ in wechselnden Anteilen bis zum Ausblühen weißer Salzkrusten, oft in Senken mit hoch anstehendem Grundwasser; Vergleyungserscheinungen (↗Gley), Reaktion alkalisch (bis pH 8,5), Na-Sättigung der Kationenaustauscher > 15%, gute Aggregatbildung, nur Halophyten als Vegetation

Solonez (Solonetz, Schwarzalkaliboden, Natriumboden):
geringer Salzgehalt im Oberboden, aber im B-Horizont Na-Sättigung 15 bis 90%, stark alkalisch (bis pH 11); in trockenem Zustand hart-schollig mit tiefen Schrumpfungsrissen u. Säulengefüge im Untergrund, in feuchtem Zustand Dispersion der Aggregate wegen hoher Na-Sättigung, daher verschlämmend, plastisch-sumpfig u. schlecht durchlüftet; Vegetation reichhaltiger als auf Solontschak; Anreicherung von organ. Substanz u. hellgrau bis graubraun gefärbter A-Horizont, teils mit Humusverlagerung

Solod (Steppenbleicherde, degradierter Natriumboden):
durch Absenkung des Grundwassers aus ↗Alkaliböden entstanden, mit Auswaschungserscheinungen, leicht versauert, Na-Sättigung im B-Horizont < 7%, Oberboden nur leicht humos, wegen Humus- u. Tonverlagerung ausgebleicht, nur im tieferen B-Horizont dunkel gefärbt.

Salzdrüsen, 1) Bot.: epidermale Drüsen bei Pflanzen (v.a. salzreicher Standorte, z.B. ↗Mangrove-Pflanzen), die Salze ausscheiden. **2)** Zool.: paarige Nasendrüsen aller Vögel, oberhalb der Augen, v.a. bei marinen Arten gut ausgebildet; dienen der ↗Osmoregulation u. scheiden über Ausfuhrgänge zu den Nasenlöchern Sekret mit hoher Natriumchloridkonzentration aus; funktionsfähige S. sind bei 13 Vogel-Ord. nachgewiesen (Sturmvögel, Ruderfüßer, Stelzvögel, Flamingos, Gänsevögel, Greifvögel, Wat- u. Möwenvögel u.a.). Die ausgeschiedene Salzkonzentration kann den doppelten Gehalt des Meerwassers erreichen. Hochseevögel, wie ↗Albatrosse, die sich v. marinen Wirbellosen ernähren, weisen bes. hohe Konzentrationen im S.sekret auf.

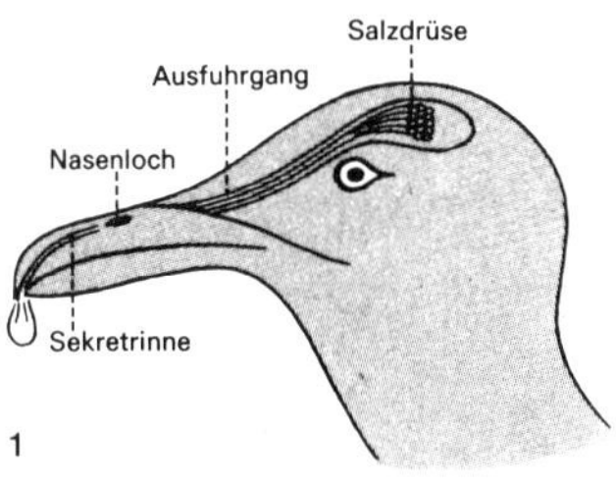

1

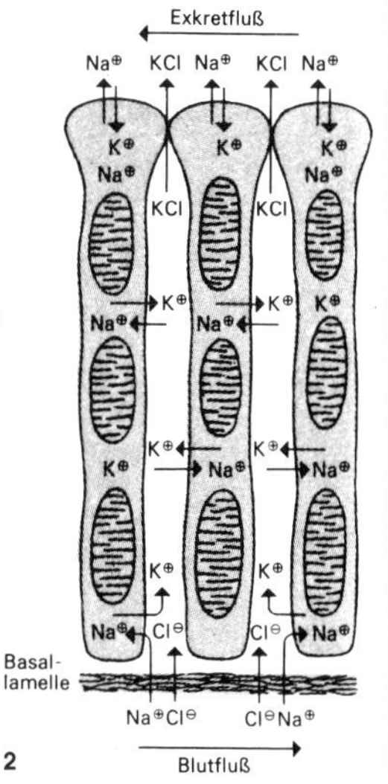

2

Salzdrüse

1 S. einer *Möwe.* Das Sekret, das einen Salzgehalt von 5% gegenüber dem Meerwasser von 3% aufweist, wird über Ausfuhrgänge u. die Nasenlöcher auf den Oberschnabel gebracht u. tropft an der Schnabelspitze ab.
2 Funktionsschema der S. Aufgrund des Konzentrationsgefälles zw. Blut u. Drüsenzellen gelangen die Na^+-Ionen passiv in die Zellen und werden gg. die K^+-Ionen ausgetauscht, die zus. mit den Cl^--Ionen in den Interzellularräumen das Epithel durchlaufen u. in den Ausfuhrgang übertreten. An den Zellmembranen, die dem Ausfuhrgang zugekehrt sind, werden die extrazellulären K^+-Ionen gg. intrazelluläre Na^+-Ionen ausgetauscht. Da dies gg. das Konzentrationsgefälle, also aktiv, erfolgt, wird Energie benötigt. Dies erklärt die hohe Zahl v. Mitochondrien in den Drüsenzellen.

Salze, 1) i.w.S. die Klasse von chem. Verbindungen, die ganz od. teilweise durch Ionenbindungen (↗chemische Bindung, [ ]) zwischen ↗Anionen (aus ↗Säuren durch H^+-↗Dissoziation entstehend) u. ↗Kationen (aus ↗Basen durch OH^--Dissoziation od. durch H^+-Anlagerung entstehend) aufgebaut sind. Man unterscheidet a) *neutrale S.:* alle dissoziierbaren Wasserstoffatome der Säure sind durch Metall-Ionen, ↗Ammonium-Ionen (NH_4^+) od. andere Kationen ersetzt, od. alle Hydroxyl-(OH-)Gruppen der Base sind durch Säurereste ersetzt, z.B. ↗Natriumchlorid, NaCl; ↗Kupfersulfat, $CuSO_4$; Natriumcarbonat, Na_2CO_3. b) *saure S. (Hydrogen-S.):* nicht alle Wasserstoffatome der Säure sind durch Metallatome usw. ersetzt, z.B. Natriumhydrogensulfat, $NaHSO_4$; Natriumhydrogencarbonat, $NaHCO_3$. c) *basische S. (Hydroxid-S.):* nicht alle OH-Ionen der Metallhydroxide sind durch Säurereste ersetzt, z.B. bas. Zinknitrat, $Zn(OH)NO_3$; bas. Aluminiumacetat, $Al(OH)(COO)_2$. d) *Komplex-S.:* ↗Komplexverbindungen. – S. sind meist in Wasser od. anderen polaren Lösungsmitteln (↗Lösung, ↗Löslichkeit) gut lösl. u. dissoziieren in Anionen u. Kationen (↗elektrolytische Dissoziation); dadurch bilden sie in Zell- bzw. ↗Körperflüssigkeiten die ↗Elektrolyte (□) u. ↗Puffer. In ↗apolaren Medien (organ. Lösungsmittel) sind S. unlöslich, weshalb keine S. im Fettgewebe, in Ölen u. im Innern v. Membranstrukturen enthalten sind. ↗Nähr-S., ↗Mineralstoffe. 2) i. e. S. das natürl. vorkommende *Kochsalz* (↗Natriumchlorid), Kali- u. die sie begleitenden Magnesiumsalze, wie sie in fester Form in Salzlagerstätten od. gelöst im Meerwasser vorkommen (T Meer). ↗Salinität.

Salzfliegen, *Salzseefliegen,* die ↗Sumpffliegen.

Salzgehalt, die ↗Salinität.

Salzgewässer, Gewässer mit über 0,5‰ Salzgehalt (z. B. ↗Meer, T); i. e. S. salzhaltige Binnengewässer, z. B. abflußlose Seen in Trockengebieten, aus denen große Wassermengen verdunsten u. in denen dadurch Salz angereichert wird. Bekannte S. sind der Große Salzsee in N-Amerika (150–330‰ Salzgehalt), das Tote Meer (ca. 300‰ Salzgehalt), der Tambukaner See im Kaukasus (ca. 350‰ Salzgehalt) u. a. ↗Salinität, ↗Halophyten, ↗halophil.

Salzkraut, *Salsola,* Gatt. der Gänsefußgewächse, mit über 100 Arten an Küsten, in Salzgebieten u. -wüsten Eurasiens u. Afrikas verbreitet; die kraut. oder strauch. S.-Arten besitzen schmale oder schuppenförm. Blätter. Wie *S. kali,* bei uns v. a. in Küstenspülsäumen, wurde *S. soda,* heimisch in S-Europa, Vorder- und O-Asien, fr. zur Gewinnung v. Pottasche u. Soda genutzt.

Salzkrebschen, das ↗Salinenkrebschen.

salzliebende Bakterien, die ↗halophilen Bakterien.

Salzmelde, *Halimione, Obione,* Gatt. der Gänsefußgewächse mit systemat. schwieriger Abgrenzung, v. a. gegen die ↗Melde. Die S.-Arten sind grauschilfrige, kraut. oder halbstrauch. Pflanzen mit spateligen bis ellipt. Blättern; in manchen Wüsten sind sie wicht. Futterpflanzen. Die einheim. Strand-S. *(H. portulacoides)* kommt in Salzwiesen vor (Halophyt).

Salzmiere, 1) *Spergularia,* ↗Schuppenmiere. 2) *Honkenya, Honckenya,* Gatt. der Nelkengewächse mit der einzigen Art *H. peploides,* einer Pflanze der Dünenküsten (Vordünen u. Spülsäume) der N-Halbkugel mit kreuzgegenständ., am Grund verwachsenen, sukkulenten Blättern; Stengel niedrig, aufsteigend.

Salzpflanzen, die ↗Halophyten.

Salzrasen ↗Asteretea tripolii.

Salzresistenz, *Salztoleranz,* die ↗Halotoleranz; ↗Halophyten, ↗halophil, ↗Salinität.

Salzsäure, *Chlorwasserstoffsäure,* die wäßrige Lösung des Chlorwasserstoffs (HCl, *Hydrogenchlorid*). Die wasserklare Flüssigkeit ist wegen des ↗Dissoziations-Gleichgewichts $HCl \rightleftharpoons H^+ + Cl^-$, das praktisch völlig auf seiten der dissoziierten Ionen liegt, eine der stärksten ↗Säuren. Ihre ↗Salze sind die *Chloride* (↗Chlor). Konzentrierte S. (etwa 36%) bildet in feuchter Luft Nebel von S.tröpfchen *(rauchende S.).* Einatmung führt zu Lungenentzündung; auf der Haut ruft S. Rötung, Blasen u. brennende Schmerzen hervor; bei versehentl. Trinken entstehen Verätzungen in Rachen, Speiseröhre u. Magen. 0,1- bis 0,5%ige S. kommt im Magensaft des Menschen (↗Magen, □) u. der höheren Tiere (Magensäurebildung, vgl. Spaltentext) vor (↗Magensäure, ↗Belegzellen). Techn. Verwendung findet S. u. a. zum Aufschließen tier. und pflanzl. Proteine, zur ↗Holzverzuckerung in der Nahrungsmittel-Ind. u. in der Gerberei.

Salzsäure

Regelung der *S.produktion des Magens* durch die Hormone ↗ *Gastrin* u. ↗ *Sekretin:*

Die verdauungsfördernde Sekretion der S. in den ↗Magen (□) wird sowohl vom höchsten Gehirnzentrum (Hypothalamus) über den Anblick u. den Geruch appetitl. Speisen gesteuert als auch vom Magen selbst und dem anschließenden ↗Zwölffingerdarm geregelt. Im Magen wird durch Dehnung u. Kontakt der Magenschleimhaut mit Nahrungsinhaltsstoffen ein Hormon *(Gastrin)* ausgeschüttet, das die S.produktion nach Art der Adrenalinwirkung stimuliert. Die S. hemmt die Hormonausschüttung. Alkohol ist als Stimulator der Gastrinausschüttung bekannt; auch Coffein fördert die Gastrinsekretion. Der saure Mageninhalt regt, nachdem er in den Zwölffingerdarm gelangt ist, die Freisetzung eines weiteren Hormons *(Sekretin)* an. Sekretin hemmt die Bildung von Gastrin und damit ebenfalls die S.bildung und fördert die Sekretion von ↗Hydrogencarbonat (HCO_3^-) aus der Bauchspeicheldrüse (↗Pankreas). Das Hydrogencarbonat dient der Neutralisation der S. und erzeugt das basische Milieu im Zwölffingerdarm.

Salzschwaden, *Andel, Puccinellia,* Gatt. der Süßgräser (U.-Fam. *Pooideae*) mit ca. 40 Arten auf der N-Halbkugel an Küsten od. in Salzsteppen des Binnenlandes. Der Strand-S. *(P. maritima)* ist eine Charakterart der Andel-Rasen (↗Asteretea tripolii) der Nord- u. Ostseeküsten; es ist ein blaugrünes, 20–60 cm hohes Rispengras mit glatten Rispenästen u. an den Knoten wurzelnden Ausläufern.

Salzseefliegen, die ↗Sumpffliegen.

Salzsteppe, eine besonders in Vorder-↗Asien verbreitete Ausbildung der ↗Steppe, bei welcher der Oberboden durch aufsteigendes Grundwasser stark mit Kalk, Gips od. Kochsalz angereichert ist.

Salztoleranz, die ↗Halotoleranz; ↗Halophyten, ↗halophil, ↗Salinität (□).

Salzwiesen, auf salzhalt. Böden (↗Salzböden) v. a. an den Meeresküsten vorkommende Rasen-Ges. der Kl. ↗*Asteretea tripolii.*

Salzwüste, ↗Wüste mit bes. hohem Salzgehalt (↗Salinität) im Oberboden (10% oder mehr); besiedelt v. einzelnen, stark spezialisierten ↗Halophyten, meist Sukkulenten. ↗Salzböden.

SAM, Abk. für ↗S-Adenosylmethionin.

Samandarin *s,* ↗Salamanderalkaloide.

Sambarhirsche [Mz.; v. Sanskrit śambara], *Pferdehirsche,* als U.-Gatt. *(Rusa)* zusammengefaßte südasiat. ↗Edelhirsche (Gatt. *Cervus*) mit 3 Arten und 18 U.-Arten; Geweih dickstangig, meist nur sechsendig; buschiger Schwanz. Am weitesten verbreitet (Indien, Sri Lanka, Sumatra, Borneo) ist der rothirschgroße Indische Sambar od. Pferdehirsch *(C. unicolor).* Auf Java, Celebes u. den Kleinen Sundainseln lebt der Mähnenhirsch *(C. timorensis).* Nur rehgroß wird der Philippinensambar *(C. mariannus).*

Sambucus *w* [lat., =], der ↗Holunder.

Samen, *Semen,* **1)** Bot.: a) volkstüml. Bez. für alle Fortpflanzungskörper der Pflanzen, so auch für Früchte, wie Korn u. a. – b) im klassischen Fall Bez. für das der Arterhaltung u. Verbreitung dienende komplexe Organ der S.pflanzen, das im reifen Zustand aus dem jungen Sporophyten (Keimling, ↗Embryo), dem ↗Nährgewebe (↗Endosperm), das den Embryo umgibt od. in mehreren Fällen v. diesem resorbiert wurde, u. einer mehr od. weniger festen *S.schale* (Testa) besteht. Diese Definition wird aber der komplexen stammesgesch. Entwicklung des S.s nur bedingt gerecht. Darüber hinaus läßt diese Definition nicht erkennen, daß der S. ein Zwischenstadium im Entwicklungszyklus der S. bildenden Pflanzen darstellt. Die *Evolution* der S.bildung ist eine hochgradige Anpassung des pflanzl. Entwicklungszyklus, dem ein Generationswechsel zugrunde liegt, an das Landleben. Hierbei besteht durchaus eine Analogie zur Säugetierentwicklung, da die empfindl. Gametophytengeneration u. die ersten Entwicklungsphasen des jungen Sporophyten in den Schutz v. Organen des mütterl. Sporophyten verlagert werden. Um die Evolution der S.bildung zu verstehen, muß v. den folgenden wesentl. Problemen beim ↗Generationswechsel isosporer ↗Farnpflanzen (B I) ausgegangen werden (↗Isosporie): Nährstoffarme Meiosporen (↗Gonosporen) sind Fortpflanzungs- u. Verbreitungsstadien (↗Diasporen). Aus ihnen entwickelt sich ein wenig differenziertes, thallöses, aber selbständiges, sehr stenökes, empfindl. System, das ↗*Prothallium.* Zur ↗Befruchtung (□) ist als Zugangsweg der Spermatozoide zur ↗Eizelle zeitweise flüssiges Wasser im Umfeld nötig. Der aus der Zygote erwachsende junge ↗Sporophyt ist während der ersten Entwicklungsschritte bis zur Differenzierung eines eigenen Versorgungssystems vom ↗Gametophyten, dem Prothallium, abhängig u. daher ebenfalls sehr empfindl. Aufgrund vergleichender Untersuchungen belegte ↗Hofmeister 1851, daß der Fortpflanzungszyklus der S.pflanzen homolog zu dem der Farnpflanzen ist. Folgende grundlegenden Änderungen sind nun bei der Evolution von S. erfolgt. Es haben sich zunächst 2 Meiosporensorten entwickelt: eine große, nährstoffreiche Spore, die ↗*Megaspore,* welche die Entwicklung des Eizellen bildenden u. daher weibl. Gametophyten u. die Entwicklung des embryonalen Sporophyten trägt; eine kleinere, nährstoffarme Spore, die ↗*Mikrospore,* die sich zum Spermazellen bildenden u. daher männl. Gametophyten entwickelt. Die Megaspore mit dem innerhalb der Sporenwandung verbleibenden weibl. Gametophyten wird bei den S. bildenden Pflanzengruppen nicht mehr frei, ist also nicht mehr Diaspore. Sie verbleibt im ↗Megasporangium auf dem mütterl. Sporophyten, so daß sich auch der embryonale Sporophyt dort entwickelt. Die Spermazellen gelangen zur Eizelle, indem zunächst die Mikrospore mit dem ↗Mikrogametophyten in ihrer Sporenwandung vom Wind – später treten auch Tiere als Sporenüberträger auf – zum Megasporangium übertragen wird (↗Bestäubung), so daß nun die Befruchtung im Innern des Megasporangiums stattfindet. Wasser im Außenmedium ist nicht mehr nötig. Die Funktion der Diaspore übernimmt ein neues Gebilde: das v. einer neu entstandenen Hülle umgebene Megasporangium mit dem darin befindl. ↗Megagametophyten, der primär auch als Nährgewebe (primäres Endosperm) dient, und in der primitivsten Form zumindest mit dem eingefangenen Mikrogametophyten. Im fortgeschritteneren Grad der S.evolution löst sich die neue Diaspore erst v. der Mutterpflanze, wenn die Befruchtung u. die ↗Embryonalentwicklung (□) des jungen Sporophyten erfolgt ist. Die Diaspore ist nun der klassischen Definition entspr. ein S. Am Aufbau dieses S.s sind demnach 3 Generationen beteiligt: Hülle (S.schale) u. Megasporangium (↗Nucellus) stammen vom Muttersporophyten, der Megagametophyt liefert zunächst das Nährgewebe (Endosperm), u. der Embryo ist der neue

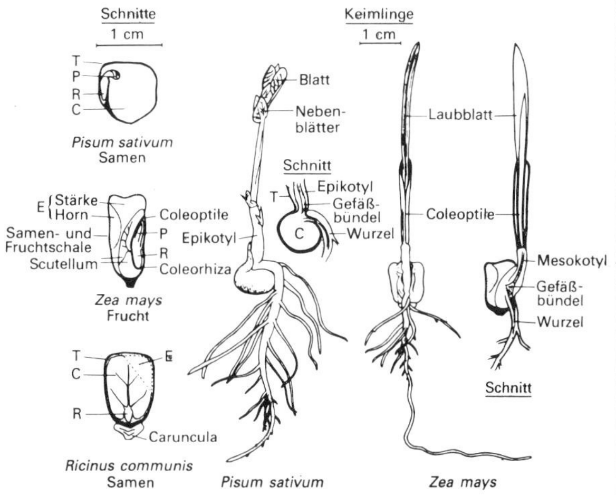

Samen

Einige Beispiele für Samen und Keimlinge (Keimpflanzen)

Erbse *(Pisum sativum),* eine Zweikeimblättrige Pflanze mit Reservestoffen in den Keimblättern; Ricinus *(R. communis),* eine Zweikeimblättrige Pflanze mit Reservestoffen im Endosperm; Mais *(Zea mays),* eine Einkeimblättrige Pflanze mit Reservestoffen im Endosperm.

Wie die Süßgräser generell weist auch der Mais eine bes. Fruchtform (Karyopse) auf, bei der Frucht- und Samenschale miteinander verwachsen sind. Bei dem Schnitt durch den Ricinus-Samen wurde ein Teil eines Keimblattes entfernt, um das Endosperm sichtbar zu machen.
C = Cotyledo (Keimblatt), E = Endosperm, P = Plumula (Sproßknospe), R = Radicula (Keimwurzel), T = Testa (Samenschale)

Samen

Modell für die phylogenet. Herausbildung des Integuments bei den Samenpflanzen entspr. der ↗Telomtheorie. **a** Dreidimensionales Telomsystem (z.B. *Rhynia*); **b** Konzentration zu einem buschigen, dichten System mit zentralem, vergrößertem Sporangium; **c** zentrales Sporangium weiter vergrößert; beginnende Verwachsung der Telome; **d** Samenanlage mit Sporangium (Nucellus) u. gelapptem Integument

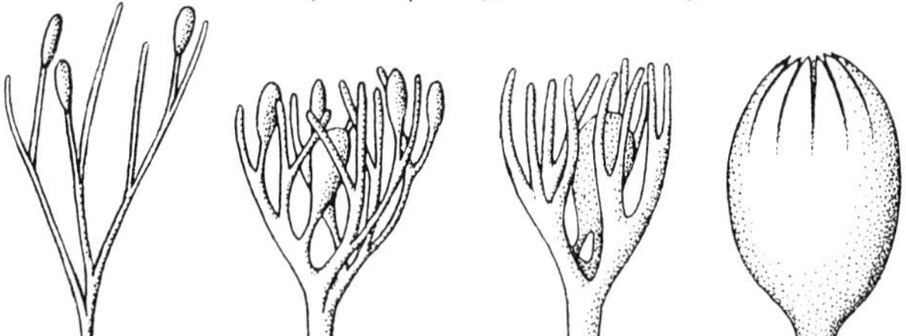

Sporophyt. Nach noch stärkerer Rückbildung der Gametophyten bei den ↗Bedecktsamern wird das Nährgewebe (sekundäres Endosperm) aufgrund eines Befruchtungsvorgangs gebildet. So steckt hinter dem heute in der Botanik verwendeten Begriff „Samen“ ein bedeutender Abschnitt des Evolutionsgeschehens bei den ↗Landpflanzen, der bei den verschiedenen Gruppen unabhängig u. verschieden weit abgelaufen ist, so daß konvergente u. auch analoge Strukturen eingeschlossen sind. Bes. die Hüllenbildung erfolgte bei den ↗S.bärlappen (□) und bei den S.pflanzen völlig verschieden: bei den ersteren ist die Hülle das sporangientragende Mikrophyll, bei letzteren leitet sie sich aus einem miteinander verwachsenden Telomstand ab, heißt ↗Integument und wird während der S.entwicklung zur S.nschale. □ Kotyledonarspeicherung. [B] Bedecktsamer I, [B] Nacktsamer, [B] Früchte; **2)** Zool.: *S.flüssigkeit,* das ↗Sperma. *H. L.*

Samenanlage, *Ovulum,* Bez. für die v. einem od. zwei ↗*Integumenten* umgebenen ↗Megasporangien der Samenpflanzen. Sie sind über einen v. einem Gefäßbündel durchzogenen ↗Funiculus mit der ↗Samenschuppe (↗Nacktsamer) od. dem ↗Fruchtblatt (↗Bedecktsamer) verbunden. Bei den Bedecktsamern sitzen die S.n auf histologisch bes. differenzierten Leisten, den Placenten (↗Placenta). Die basale Region, an der der Funiculus an die S. ansetzt u. von der die Integumente entspringen, heißt ↗*Chalaza* (Nabelfleck). Die Integumente umschließen einen Gewebskern *(↗Nucellus),* der homolog zum Megasporangium der heterosporen ↗Farnpflanzen ist (↗Heterosporie) u. in dem durch Meiose die *Embryosackzelle* (↗Megaspore) entsteht (↗Embryosack). Letztere entwickelt sich bei den Nacktsamern zum vielzelligen ↗Megagametophyten mit reduzierten Archegonien, bei den Bedecktsamern zum bis auf einen 7zelligen *Embryosack* reduzierten Megagametophyten. Die Integumente lassen auf dem der Chalaza gegenüberliegenden Pol eine Öffnung frei, die ↗*Mikropyle.* Sie dient dem Zutritt des dann mehrzelligen ↗Pollens od. Pollenschlauches (↗Mikrogametophyten). Je nach Lage des Nucellus zum Funiculus unterscheidet man die aufrecht-geradläufige *(↗atrope)* S. von der umgewendet-gegenläufigen *(↗anatropen)* S. und der gekrümmten *(↗campylotropen)* S. □ Blüte; [B] Bedecktsamer I, [B] Nacktsamer.

Samenausbreitung, die ↗Samenverbreitung.

Samenbank ↗Insemination.

Samenbärlappe, *Lepidospermae,* auf das Oberkarbon beschränkte, meist als eigene Familie *(Lepidocarpaceae)* betrachtete Gruppe der ↗Schuppenbaumartigen mit Samen-analogen Gebilden; bisher sind nur die Megasporangien-Zapfen bekannt. Wichtigste Gatt. ist *Lepidocarpon.* Die Me-

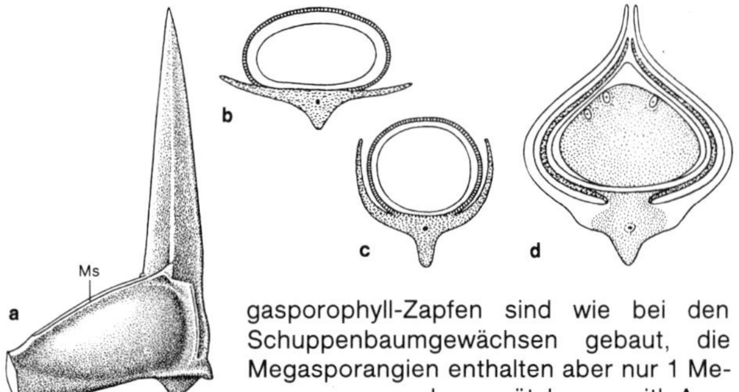

Samenbärlappe

a *Lepidocarpon*-Megasporophyll; laterale Auswüchse des Sporophylls schließen das Megasporangium bis auf einen „Mikropylen“-Schlitz (Ms) ein. **b–d** Intermediäre Stadien belegen die schrittweise phylogenet. Herausbildung der *Lepidocarpon*-„Samen“: **b** *Lepidocarpopsis lanceolatus,* **c** *Lepidocarpopsis semialata,* **d** *Lepidocarpon lomaxii.*

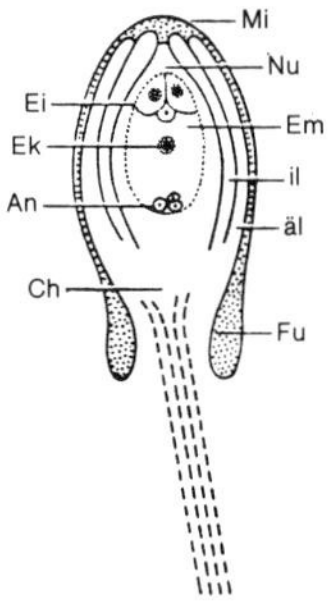

Samenanlage

äl äußeres Integument, An Antipoden, Ch Chalaza, Ei Eiapparat, Ek sekundärer Embryosackkern, Em Embryosack, Fu Funiculus, il inneres Integument, Mi Mikropyle, Nu Nucellus

gasporophyll-Zapfen sind wie bei den Schuppenbaumgewächsen gebaut, die Megasporangien enthalten aber nur 1 Megaspore u. werden zusätzl. von seitl. Auswüchsen des Sporophylls integumentartig eingehüllt, wobei nur die schlitzartige „Mikropyle“ frei bleibt. Die frühe Embryo-Entwicklung findet im „Samen“ statt. Bei *Achlamydocarpon* fehlen die einhüllenden Laminawülste, aber die derben Megasporangien enthalten ebenfalls nur 1 Megaspore.

Samenbehälter, das ↗Receptaculum 2).

Samenblase, *Samenbläschen,* **1)** *Samenleiterblase, Vesicula seminalis,* zur längeren od. kürzeren Aufbewahrung reifer Spermien dienende Erweiterung od. Aussackung des ↗Samenleiters vieler Würmer, Insekten u. anderer wirbelloser Tiere (□ Geschlechtsorgane). Die S. dient also der Spermienspeicherung *vor,* das ↗Receptaculum (Spermatheka) *nach* der Kopulation. *Samensäcke* sind Aussackungen der Dissepimente bei Oligochaeten, die in das benachbarte Segment hineinreichen (viel größer als die Hoden), u. in denen nicht nur Spermienspeicherung, sondern auch die vorangehende Spermiogenese erfolgt. **2)** ↗Bläschendrüsen.

Samenentwicklung, Bez. für den Entwicklungsabschnitt v. der ↗Samenanlage zum reifen ↗Samen bei den Samenpflanzen. Sie umfaßt 3 Vorgänge: a) Aus der befruchteten Eizelle, der Zygote, entwickelt sich der embryonale Sporophyt. b) Bei den ↗Nacktsamern ([B]) wächst der Megagametophyt unter weiterer Einlagerung v. Reservestoffen zum primären ↗Endosperm heran, bei den ↗Bedecktsamern ([B] I) geht aus einer zusätzl. ↗Befruchtung (□) des diploiden Embryosackkerns (↗Embryosack) das triploide sekundäre Endosperm hervor, das bei einer Reihe von Pflanzengruppen auch wieder verschwinden kann, da die Nährstoffe in Teilen des Sporophytenembryos gespeichert werden. c) Die (oder das) ↗Integument(e) bilden sich zur *Samenschale* um und sklerotisieren.

Samenfarne, die ↗Farnsamer.

Samenfüßer, *Chordeumoidea (= Ascospermophora),* Teilgruppe der *Proterandria-Nematophora* innerhalb der ↗Doppelfüßer ([T]), nahezu weltweit verbreitet u. mit 195 Gatt. in 35 Fam. sehr formenreich. Kleine od. mittelgroße Arten von 4 bis 25 mm Länge, mit 26 bis 32 (meist 30) Rumpfringen, ohne Wehrdrüsen. Bei uns nur 2 Fam.: 1) *Chordeumidae:* grau bis braungelb mit schwach hell marmorierten Seiten; bei uns 6 Arten in 4 Gatt. Interessant ist die Spermatophorenübertragung bei *Chordeuma:* das zähflüssige Sperma wird aus den Hüften des 2. Laufbeinpaares gepreßt u. gelangt dann in die Coxalsäcke des hinteren Beinpaares des 8. Ringes; von hier wird es in 2 kappenförm. Spermatophoren übertragen, die v. den Coxaldrüsen der hinteren Beine dieses Ringes abgesondert werden (hierauf bezieht sich der dt. Name der Gruppe). Diese Spermatophoren werden später mit Hilfe der Gonopoden in die weibl. Geschlechtsöffnung übertragen. 2) *Craspedosomidae:* sehr vielgestaltig, bei uns 19 Arten in 8 Gatt.

Samenjahre, in der Forstwirtschaft Bez. für diejenigen Jahre, in denen eine Baumart bes. viele Samen trägt. ↗Mastjahre.

Samenkäfer, *Muffelkäfer, Bruchidae,* fr. *Lariidae,* Fam. der polyphagen ↗Käfer (T) aus der Verwandtschaft der *Pseudotetramera* (Phytophaga); in Mitteleuropa über 40 Arten in 8 Gatt. (vgl. Tab.). Kleine (höchstens 5 mm große), graubraune Tiere, oft mit weißer Fleckenzeichnung auf den Elytren, die das Pygidium nicht bedecken; Kopf vorne schwach rüsselartig verlängert. Die Larven entwickeln sich in Früchten v. Leguminosen. Die Weibchen legen dazu die Eier entweder in die Blüten, an die jungen Hülsen oder an die reifen Samen. Die schlüpfende Primärlarve hat meist gut entwickelte Beine, alle späteren Stadien sind fußlos. Die Käfer schlüpfen erst aus den reifen Samen. Einige, v.a. eingeschleppte Arten, können sich auch in bereits reifen Samen entwickeln; sie können dann gelegentl. als beachtl. Schädlinge auftreten.

Samenkanälchen, *Tubuli seminiferi, T. contorti,* die vielfach gewundenen Keimbereiche im ↗Hoden (□) von Wirbeltieren u. Mensch.

Samenkapsel, 1) Bot.: *Kapselfrucht, Capsula,* ↗Fruchtformen (T), B Früchte. **2)** Zool.: *Samentasche,* das ↗Receptaculum 2).

Samenleiter, *Spermadukt, Spermiodukt, Ductus deferens, Vas deferens* (Mz. *Vasa deferentia*), der ♂ Gonodukt, d.h. der die Spermien ausleitende Kanal (□ Geschlechtsorgane, □ Hoden); der unterste Abschnitt kann zu einem muskulösen *Ductus ejaculatorius* umgestaltet sein (□ Fadenwürmer).

Samenlosigkeit, die ↗Leerfrüchtigkeit.

Samenmantel, der ↗Arillus.

Samennaht, die ↗Raphe.

Samenpaket ↗Spermatophore.

Samenpflanzen, *Spermatophyta,* Sammelbez. für die ↗Bedeckt- und ↗Nacktsamer; ↗Anthophyta, ↗Blütenpflanzen.

Samenruhe, bei pflanzl. ↗Samen nach Ausbildung des Embryos unter Wasserverlust bis zur Keimung andauernder Ruhezustand von unterschiedl. Länge; wird bei

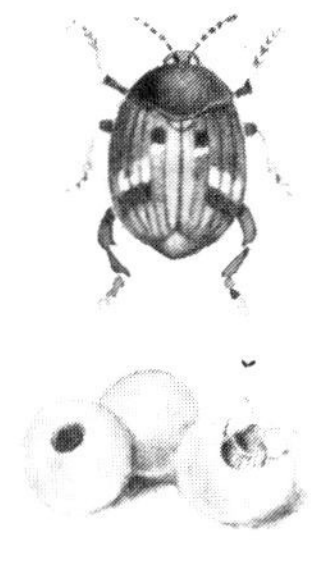

Samenkäfer

Erbsenkäfer *(Bruchus pisorum),* unten Erbsen mit Larven

Samenkäfer

Einige Arten u. ihre Entwicklungspflanzen:

Spermophagus sericeus, 1,2–2,8 mm; an Winden-Arten

Bruchus: in Mitteleuropa ca. 12 Arten
- *B. pisorum* (Erbsenkäfer), 4–5 mm; an verschiedenen Erbsen-Arten
- *B. rufimanus* (Bohnenkäfer), 4–5 mm; v.a. an Wicken, aber auch Saaterbsen od. Saubohnen
- *B. rufipes* (Wickenkäfer), 1,5–2,8 mm; an Wicken
- *B. affinis,* 3–5 mm; an Blatterbsen
- *B. lentis* (Linsenkäfer), 3–3,5 mm; bei uns importiert; an Linsen

Bruchidius: bei uns ca. 13–16 Arten, Männchen oft mit stark gesägten Fühlern
- *B. fasciatus,* 1,7–3,5 mm; an Ginster

Callosobruchus chinensis (Kundekäfer), 2,2–2,8 mm; mit verschiedenen Hülsenfrüchten aus Japan u. China importiert

Acanthoscelides obtectus (Speisebohnenkäfer), 3,2–4 mm; an Hülsenfrüchten Vorratsschädling, bei uns urspr. importiert, entwickelt sich aber auch im Freien bes. an Bohnen

den verschiedenen Pflanzen unter recht verschiedenen Bedingungen mit Eintritt der ↗Keimung aufgehoben. ↗Keimruhe, ↗Keimhemmung, ↗Keimungshemmstoffe.

Samenschachtelhalm ↗Calamocarpon.

Samenschale, *Testa,* ↗Samen, ↗Samenentwicklung.

Samenschuppe, *Fruchtschuppe,* die bei den ↗Nacktsamern (B) die ↗Samenanlage u. später den ↗Samen tragende Schuppe im Zapfen. S.n stehen in den Achseln v. Tragschuppen (↗Deckschuppe; B Nadelhölzer); vergleichende Untersuchungen zeigen, daß sie reduzierten Blüten, d.h. Kurztrieben mit sterilen u. fertilen Schuppen, entsprechen.

Samenstrang, *Funiculus spermaticus,* beim Menschen u. allen anderen Säugern mit ↗Hoden-Abstieg der durch den Leistenkanal gehende Strang (beim Menschen kleinfingerdick u. bis 20 cm lang). Er besteht aus dem Samenleiter (Ductus deferens), der Hoden-Arterie u. dem Geflecht (Plexus pampiniformis) der Hoden-Vene; außerdem enthält er Lymphgefäße, Nerven, Muskulatur (Musculus cremaster) und 2 Bindegewebshüllen. Bisweilen liegen im S. spaltförmige Hohlräume als Überbleibsel der ontogenet. zunächst vorhandenen Verbindung zur Leibeshöhle (Bauchhöhle, □ Hoden).

Samentasche, das ↗Receptaculum 2).

Samenübertragung ↗künstliche Besamung, ↗extrakorporale Insemination, ↗Insemination.

Samenverbreitung, richtigere Bez. eigtl. *Samenausbreitung,* der im Dienst der Ausbreitung u. Vermehrung stehende Transport v. ↗Samen über den Wuchsort der Mutterpflanze hinaus. Hierbei können die Samen selber (die meisten Nacktsamer, Bedecktsamer mit Öffnungsfrüchten) oder zus. mit der ↗Frucht (wenige Nacktsamer mit Beerenzapfen, Bedecktsamer mit Schließfrüchten) verbreitet werden. Für die stammesgeschichtl. Entfaltung der Samenpflanzen waren und sind samen- und fruchtbiol. Differenzierungen im Dienst der S. von größter Bedeutung. Daher steht der Bau v. Samen u. Früchten in enger Beziehung zu ihrer Ausbreitung u. kann nur unter Berücksichtigung funktionell ökolog. Zusammenhänge verstanden werden (↗Fruchtformen, T). – Ähnl. wie bei der ↗Bestäubung treten bei der S. als Transporteure der Wind *(↗Anemochorie),* das Wasser *(↗Hydrochorie),* Tiere *(↗Zoochorie)* und heute in nicht unerhebl. Ausmaß immer mehr der Mensch *(↗Anthropochorie)* in Erscheinung. Neben dieser Fremdausbreitung *(↗Allochorie)* haben einige Pflanzensippen eigene Mechanismen zur aktiven Selbstausbreitung *(↗Autochorie)* entwickelt. Doch ist bei folgender Übersicht der hpts. Verbreitungsart der Samen u. Früchte zu beachten, daß die Spezialisierung in diesem Bereich vielfach weniger weit ausgebildet ist als bei der Bestäubung. So sind die Diasporen vieler Pflanzenarten z. B. *polychor* (↗Polychorie), d. h., sie können auf verschiedene Weise verfrachtet werden. Manche Arten sind sogar *heterosperm* bzw. *heterokarp* (↗Heterokarpie), d. h., sie produzieren verschiedene Samen- bzw. Fruchttypen mit entspr. verschiedenen Ausbreitungsmodi am gleichen Individuum u. erreichen so eine größere ausbreitungsbiol. ↗Plastizität. Bei der *Windverbreitung* (↗Anemochorie) besitzen viele Samen u. Früchte ↗Flugeinrichtungen (↗Flughaare, □), wie Haarschöpfe *(Haarflieger),* Haarschirme *(Schirmflieger),* scheiben- od. lappenartige Auswüchse *(Flügelflieger).* In anderen Fällen schüttelt der Wind die geöffneten Kapseln, schüttet dabei den Samen aus *(Windstreuer)* u. reißt leichten Samen sogar mit sich. So zeigen gerade ↗Orchideen staubfeinen Samen *(Körnchenflieger).* Bei der *Tierverbreitung* (Zoochorie) werden Samen u. Früchte Tieren angeklebt (z. B. ↗Mistel) od. angeheftet (z. B. ↗Klettfrüchte). Samen u. Früchte haben dazu klebrige Drüsenhaare, Hakenhaare u. Kletteinrichtungen entwickelt (*epizoische Zoochorie,* ↗Epizoochorie). Ebenso häufig ist, daß Samen und insbes. Früchte durch Farbe u. Geschmack zum Fressen anlokken, wozu sie fleischige u. saftige Schalen entwickeln. Die durch harte Samenschalen od. innere harte Fruchtwände gg. die Verdauung geschützten Samen werden mit dem Kot der Tiere ausgeschieden (*endozoische Zoochorie,* ↗Endozoochorie). Weiterhin verschleppen Nagetiere, Vögel u. Ameisen Samen, von denen ein mehr od. weniger großer Anteil liegenbleibt. Zur *Ameisenverbreitung* (↗Myrmekochorie) entwickeln die Samen u. Früchte ↗Elaiosomen, d. h. charakterist. Lock- u. Nährstoffe enthaltende Anhängsel. Eine Sonderform der Ausbreitung durch Tiere stellen die *Tierballisten* dar. Ihre steifen u. sparrigen Stengel verhängen sich an vorbeistreichenden Tieren u. katapultieren im Zurückschnellen Samen u. Früchte weg (↗Explosionsmechanismen). – In der jüngsten erdgeschichtl. Vergangenheit ist der Mensch ein sehr bedeutender Ausbreitungsfaktor geworden. Viele Unkräuter wurden bes. mit Saatgut, Wolle u. Viehfutter unabsichtl. verschleppt, Kulturpflanzen absichtl. weltweit verbreitet. Bemerkenswert ist, daß Ackerunkräuter sich in der Größe u. Beschaffenheit ihrer Diasporen durch Selektion so stark den jeweiligen Kulturpflanzen angleichen konnten, daß sie durch mechan. Verfahren kaum aus dem Saatgut entfernt werden können. – Bei der *Ausbreitung durch Wasser* unterscheidet man „Schwimmer", „Regenschwemmlinge" und „Regenballisten" (↗Hydrochorie). – Alle besprochenen samen- und fruchtbiol. Differenzierungen stehen mit dem Lebensraum der Sippen in engster Beziehung. So herrschen in der Krautschicht der heimischen Wälder die Ausbreitung durch Ameisen, bei höheren Stauden Epizoochorie, in der Strauchschicht Endozoochorie u. in der Baumschicht daneben auch Anemochorie vor, entspr. der hpts. Wirksamkeit der Verbreitungsmedien. *H. L.*

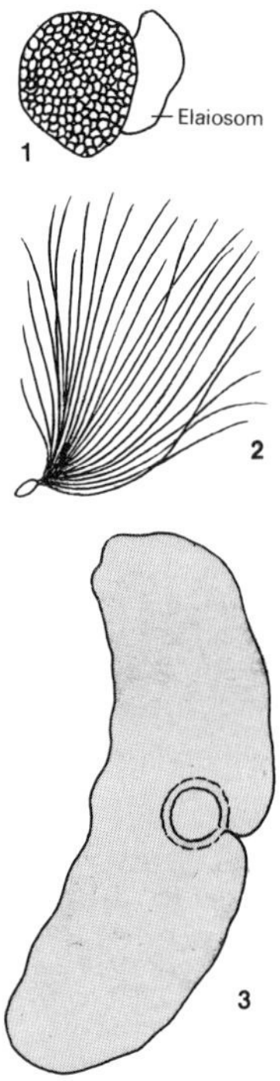

Samenverbreitung

Ausbildung v. Verbreitungsmitteln bei Angiospermen-Samen:

1 Samen des Schöllkrauts *(Chelidonium majus)* mit *Elaiosom;* **2** Samen des Weidenröschens *(Epilobium angustifolium)* mit *Haarschopf;* **3** Samen von *Zanonia javanica* mit *Flügeln*

Samenzellen, die ↗Spermien.

Sämling, 1) in der Pflanzenzüchtung übl. Bez. für eine aus einem ↗Samen gezogene Jungpflanze. **2)** forstwirtschaftl. Bez. für eine bis zu 3 Jahre alte, aus einem Samen hervorgegangene, unverschulte Pflanze.

Sämlingsunterlage ↗Veredelung.

Sammelart, *Großart,* im wesentl. mit gleicher Bedeutung: *Coenospezies, Comparium, Conspezies,* Zusammenfassung nächstverwandter „Arten", wenn ein zumindest schwacher Genfluß durch gelegentliche fertile Bastarde möglich ist. Der Begriff wird bisweilen in der bot. Systematik verwendet, wo bei manchen taxonom. „problematischen" Gatt. (z. B. *Hieracium, Crataegus*) morpholog. oder ökolog. deutlich unterscheidbare Gruppen als „Microspezies" gelten. Bei Anwendung des biol. ↗Art-Begriffes kann S. mit „Art" gleichgesetzt werden u. die Teilgruppen („Arten", „Microspezies" usw.) mit ↗ökolog. Rassen (Ökotypen usw.). – S. kann auch die Bedeutung haben v. *Aggregat* (*Kollektivart,* Abk.: agg., aggr.): eine Zusammenfassung echter biol. Arten, die jedoch sehr schwer unterscheidbar sind (daß es sich um *mehrere* Arten handelt, wurde bisweilen erst in den letzten Jahren erkannt). Aus prakt. Gründen werden die früheren, gemäß den heutigen Anforderungen meist nicht mehr nachbestimmbaren Meldungen unter dem alten Namen mit dem Zusatz „agg." od. „-Artengruppe" geführt. Aber auch in neuesten ökolog. Veröffentlichungen ist „agg." zu lesen, da nicht bei jeder Untersuchung der jeweilige Spezialist verfügbar ist od. – selbst wenn – nicht für jede Probe aufwendige Chromosomen-Zählungen o. ä. für sämtl. „Problem-Arten" durchgeführt werden können! Beim Aggregat ist es unerhebl., ob die Arten nächstverwandt od. nur aufgrund v. Konvergenzen so täuschend ähnl. sind. Beispiele vgl. Spaltentext.

Sammelart

Beispiele landw. bzw. ökolog. (limnolog.) bedeutsamer Arten-Aggregate:

↗Kartoffelälchen: *(„Heterodera") rostochiensis* agg. = (jetzt in Gatt. *Globodera*) *rostochiensis* + *pallida*

↗Schlammschnecken: *Stagnicola palustris* agg. = *Stagnicola corvus* + *turricula* + *palustris*

Sammelchromosomen, Bez. für mehrere aneinanderhängende Chromosomen; S. werden z. B. in der animalen Zelle im Blastomer-Stadium des ↗Spulwurms beobachtet.

Sammelfrüchte ↗Frucht; [T] Fruchtformen.

Sammetmilbe, die ↗Samtmilbe.

Samolus *w* [lat.; = eine (an feuchten Plätzen wachsende) Pfl.], die ↗Bunge.

Samotherium *s* [ben. nach der Insel Samos, v. gr. thērion = Tier], (Forsyth-Major 1888), kurzhalsige Urgiraffe († U.-Fam. ↗*Palaeotraginae*) mit paarigen, hautumkleideten Schädelfortsätzen, etwa v. Rothirsch-Größe. Typusart: *S. boissieri* Forsyth-Major 1888 v. Samos. Verbreitung: Jungtertiär (Vallesium/Turolium) v. Samos, Kreta, S-Rußland, Türkei, China; 6 Arten.

Samtbauchhai, *Etmopterus spinax,* ↗Dornhaie.

Samtblume, *Sammetblume, Studentenblume, Tagetes,* Gatt. der ↗Korbblütler mit über 30 vorwiegend in Mexiko beheimateten Arten. Meist stark aromat. duftende Kräuter mit i. d. R. fiederteiligen Blättern u. gelben, orangefarbenen od. rotbraun gemusterten Blütenköpfen mit zungenförm. Rand- u. röhrigen Scheibenblüten. Bes. von den Arten *T. erecta* (Große S.) und *T. patula* (Kleine S., B Südamerika I) gibt es eine Vielzahl teils gefüllter Zuchtsorten, die als 1jährige, buschig wachsende Garten- od. Balkonpflanzen sehr beliebt sind.

Samtfalter, *Ockerbindiger S., Rostbinde, Hipparchia semele,* eurasiat. verbreiteter ↗Augenfalter, nördl. bis S-Skandinavien; Falter spannt um 50 mm, dunkelbraun mit v. a. beim Weibchen deutl. ausgeprägtem ockergelbem Fleckenband, in dem schwarze, weißgekernte Augenflecken stehen; Männchen mit dunklem Duftschuppenstreifen auf dem Vorderflügel, Hinterflügel-Unterseite hellgrau u. dunkel gesprenkelt, Vorderflügel in Ruhe hinter diesen verborgen, dadurch am Boden, an Baumstämmen, Mauern usw. hervorragend getarnt. Der S. ist nur stellenweise häufig an sand. Meeresküsten, Trockenrasen, lichten Kiefernwäldern u. ä. Biotopen anzutreffen; nach der ↗Roten Liste „gefährdet". Das Paarungsverhalten war Gegenstand umfangreicher Untersuchungen des Nobelpreisträgers N. ↗Tinbergen. Die Falter saugen neben Blüten gerne an Baumsäften u. fliegen in einer Generation im Sommer. Die Raupe ist bräunl. grau mit dunkler Rückenlinie, lebt an verschiedenen Gräsern u. ist nachtaktiv.

Samtfleckenkrankheit, *Braunfleckigkeit,* Pilzkrankheit der Tomatenblätter, verursacht durch *Cladosporium fulvum,* fast ausschl. in feuchtwarmen Gewächshäusern. Blattoberseits entstehen zunächst gelbl., dann sich bräunende Flecken, blattunterseits ein samtiger grünl.-brauner Überzug. Durch die S. wird der Fruchtansatz verringert od. fällt völlig aus.

Samtfußrübling, *Winterpilz, Flammulina velutipes* Sing., einzige Art der Gatt. *Flammulina* (Fam. ↗Ritterlingsartige Pilze); wächst meist büschelig an alten Stubben, toten u. lebenden Stämmen v. Laubholz, bes. Buche u. Weide im Spätherbst u. Winter. Der Hut (∅ 3–8[12] cm) ist honiggelb, feucht schmierig glänzend, dünnfleischig, eßbar; der zähe, hohle, fuchsig-schwarzbraune Stiel ist samtig behaart.

Samtkappenfinken, *Catamblyrhynchidae,* ammernart. Singvogel-Fam. mit 1 Art *(Catamblyrhynchus diadema),* systemat. Stellung unklar; 15 cm groß, rotbraun mit goldfarbener Stirn, Vorkommen im feuchten Gestrüpp der südamerikan. Subtropen v. Kolumbien bis Bolivien; Lebensweise fast unbekannt.

Kleine Samtblume *(Tagetes patula)*

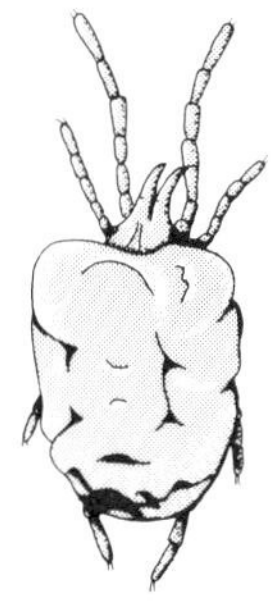

Samtmilbe *(Trombidium holosericeum)*

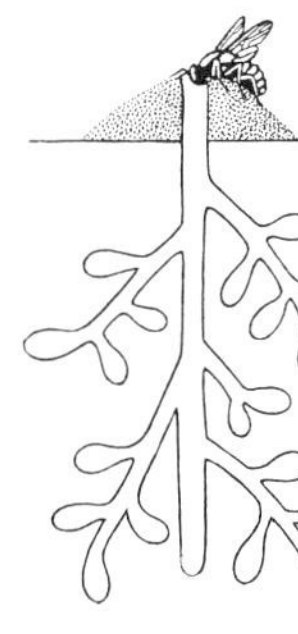

Sandbienen

Nestanlage von *Evylaeus malachurus*

Samtmilbe, *Sammetmilbe, Trombidium holosericeum,* ca. 4 mm lange ↗Laufmilbe, deren gesamter Körper mit dichten, wie Plüsch wirkenden Haaren besetzt ist; lebt in der Streu, bes. von Insekteneiern; die Larven saugen Hämolymphe an verschiedenen Insekten u. Spinnentieren.

Samtmuscheln, *Glycymeridae,* Fam. der U.-Ord. Reihenzähner, Meeresmuscheln mit kräftiger, rundl. Schale, deren Wirbel meist in der Mitte liegt; das breite Scharnier trägt zahlr. Zähne, die in der Mitte kleiner sind als seitl.; die Schalenoberfläche ist glatt od. radial skulptiert. Am äußeren Mantelrand sitzen kleine Lichtsinnesorgane (Ocelli). Die S. leben eingegraben in Schlamm- u. Sandböden; zu ihnen gehören ca. 50 Arten in 4 Gatt., von denen *Glycymeris* kosmopolit. ist. *G. glycymeris,* bis 8 cm lang, mit nahezu kreisförm. Klappen u. konzentr. Streifen, ist im NO-Atlantik u. Mittelmeer verbreitet; fossil seit der Kreidezeit.

Samtschnecke, *Grüne S., Elysia viridis,* ↗Elysia.

Samuelsson, *Bengt,* schwed. Biochemiker, * 21. 5. 1934 Halmstad, seit 1960 am Karolinska-Inst. in Stockholm; Beiträge zur Struktur u. Wirkungsweise der ↗Prostaglandine; Mitentdecker (1979) der ↗Leukotriene; erhielt 1982 zus. mit S. Bergström und J. Vane den Nobelpreis für Medizin.

Sand, Korngrößenfraktion des Bodens; ↗Bodenarten (T, □).

Sandaale, *Tobiasfische, Spierlinge, Ammodytoidei,* U.-Ord. der ↗Barschartigen Fische mit 1 Fam. *Ammodytidae;* aalförm. Schwarmfische an sand. Küsten nördl. Meere u. des Ind. Ozeans mit stark verlängertem Unterkiefer u. weichstrahl., saumart. Rückenflosse, ohne Schwimmblase; graben sich oft im Sand ein. Hierzu der an eur. Küsten häufige, bis 20 cm lange Kleine S. (*Ammodytes tobianus,* B Fische I), der v. a. für Dorschfische wicht. Beutetier ist.

Sandarakbaum [v. gr. sandarakē = Auripigment, Rauschrot], *Tetraclinis articulata,* ↗Tetraclinis.

Sandarakharz, *Sandarak,* wohlriechendes Harz aus Zypressenarten (z. B. ↗*Callitris quadrivalis* u. ↗*Tetraclinis articulata*), das etwa 80% Pimarsäure, 10% Callitrolsäure und 10% Sandaricinsäure enthält u. bei der Herstellung v. Pflastern, Lacken, Kitten, Zahnzement usw. Verwendung findet.

Sandbewohner, Pflanzen (↗Sandpflanzen) u. Tiere, die auf ↗Sandböden (Epipsammon), im Sand (Endopsammon) u. im ↗Sandlückensystem (↗Mesopsammon) leben. ↗Psammon, ↗Epibios, ↗Endobios.

Sandbienen, *Erdbienen, Andrena,* Gatt. der ↗*Andrenidae* (Überfam. ↗*Apoidea*) mit insgesamt über 1000, in Mitteleuropa ca.

125 Arten; 6 bis 20 mm groß. Die S. legen ihre Nester i.d.R. im sandigen, mit Speichel verfestigten Boden (Name) an. Von einem ca. 50 cm langen, schrägen Zugang zweigen mehrere flaschenförm. Brutkammern ab, in denen die Brut v. Pollen u. Nektar ernährt wird, die das Weibchen einträgt. Die einzelnen Kammern werden bis zum Schlüpfen der Imagines im Frühjahr mit einem Erdklumpen verschlossen. Schon sehr früh im Jahr schlüpft die ca. 13 mm große, behaarte, gelbrote S. *A. fulva,* die ihr Nest auch zw. Steinen anlegt. In Mitteleuropa häufig ist die am Kopf u. an der Unterseite weißl. behaarte *A. albicans.* Einige S., wie z.B. *A. florea,* haben sich auf den Besuch nur einer Pflanzenart spezialisiert. Die meisten Arten der S. sind nach der ↗Roten Liste „gefährdet" od. „vom Aussterben bedroht".

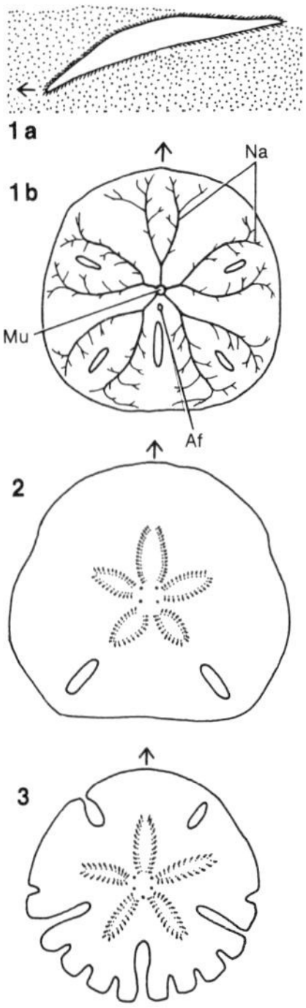

Sanddollars

Beispiele für S.:

1 *Mellita quinqiesperforata* (Schlüsselloch-S.), ∅ 10 cm; **a** von der Seite, **b** von unten (Oralseite). **2** *Echinodiscus* (Seepfannkuchen), ∅ bis 18 cm, von oben (Aboralseite); 2 Lunulae und eine Rosette aus 5 Petalodien. **3** *Rotula,* von oben (Aboralseite).
Af After, Mu Mund, Na Nahrungsrinnen. Der Pfeil gibt jeweils die Vorderkante (≙ Fortbewegungsrichtung) an.

Sandboas [Mz.; v. lat. boa = Wasserschlange], *Eryx,* Gatt. der ↗Boaschlangen mit 9 Arten; bis 1 m lang; wühlen dicht unter der Oberfläche im Sand v. Wüsten u. Steppen in SO-Europa, N-Afrika, SW- und Mittelasien bis Indien. Kleiner, keilförm. zugespitzter Kopf kaum vom Rumpf abgesetzt, mit kleinen Schuppen; Körper fast drehrund; Schwanz stumpf, kann nicht eingerollt werden; vertragen große Hitze u. starke nächtl. Abkühlung; meiden das Wasser; ernähren sich v. kleinen Nagetieren u. Eidechsen, die sie, wie alle Riesenschlangen, durch Umschlingen erdrosseln. Wichtige Arten: Die Sandschlange (*E. jaculus;* Gesamtlänge bis 80 cm; in Albanien, S-Jugoslawien, Griechenland, Bulgarien, SO-Rumänien, auf einigen griech. Inseln, in SW-Asien, N-Afrika) gräbt sich geschickt u. schnell ein; Rücken u. Flanken gelb- od. graubräunl. gefärbt, mit unregelmäßigem, dunklerem Netzmuster od. Flecken; Unterseite hell; ovovivipar (♀ legt im Juli 6–20 Eier, aus denen die ca. 14 cm langen Jungtiere sofort schlüpfen); ferner die Große S. (*E. tataricus;* bis 1 m lang; N-Küste des Kasp. Meeres bis Mittelasien) u. die Indische S. (*E. johnii;* bis 1 m lang; in den Trockengebieten des Iran bis Indien).

Sandböden, Böden mit Einzelkorngefüge (↗Gefügeformen, ☐), hohem Anteil an Grobporen (↗Porenvolumen, T; ↗Porung, T) u. geringer Speicherfähigkeit für Wasser u. Nährstoffe. Die Eigenschaften der S. können mit dem Schluff-, Ton- u. Humusgehalt in weiten Grenzen schwanken. Beispiele: Küstenböden, Dünen, Schwemmlandböden, periglaziale Flugsandböden, Sandsteinböden. S. gelten in der Landw. als leichte Böden. ↗Bodenarten (☐, T), ☐ Bodentemperatur.

Sandbüchsenbaum, *Hura crepitans,* ↗Wolfsmilchgewächse.

Sanddollars, *Schildseeigel, Clypeasteroida,* eine der 4 Ord. der ↗Irregulären Seeigel, rezent 9 Fam. (ca. 130 Arten in 20 Gatt.), fossil (ab Kreide) viele weitere Gatt. (z.B. *Scutella* †) und Fam. Sie sind im Ggs. zu ↗Seeigeln allg. und auch im Ggs. zu anderen Irregulären Seeigeln (z. B. ☐ Herzigel) stark abgeflacht, extrem der 18 cm große *Echinodiscus* (Seepfannkuchen) des Ind. Ozeans. Beinahe einzigartig im Tierreich sind die *Lunulae:* Schlitze, die nicht nur eine Durchbrechung des Skeletts, sondern des gesamten Körpers (Epidermis, Bindegewebe, Leibeshöhle) darstellen. Einige entstehen durch peripheres Zusammenwachsen randl. Einkerbungen, andere durch Skelett-Resorption u. anschließende Umlagerung v. Bindegewebe u. Epidermis. Die Lunulae sind paarig od. unpaar, sie liegen in Radien (Ambulacren) u. meist zusätzl. in Interradien (Interambulacren); beim Schlüsselloch-S. *Mellita* hat die eine Art 5, die andere Art 6 Lunulae. Während die Schale normaler Seeigel allein durch die Kugel- od. Ei-Form mechan. stabil ist (vgl. Festigkeit eines Hühnereies gg. Druck), sind bei S. besondere Strukturen notwendig: im Körperinnern verlaufen zw. dem Skelett v. Oberseite und v. Unterseite zusätzliche Skelett-Elemente („Pfeiler" u. Leisten, im gewissen Sinne vergleichbar den ↗Apodemen bei Gliederfüßern). Auch die Lunulae (als zusätzl. „Hohlpfeiler") u. die randl. Einkerbungen verleihen Festigkeit. – Fast die gesamte Körperoberfläche ist mit Tausenden feinster Stacheln besetzt u. wirkt dadurch pelzig. Die aboralen Füßchen aller 5 Radien (Ambulacren) sind zu Kiemenfüßchen umgestaltet; deshalb sieht man v. oben (aboral) eine ↗Rosette aus 5 Petalodien (vgl. Abb.) (bei Herzseeigeln sind es nur 4: ☐ Irreguläre Seeigel). Da die Fortbewegung wie bei den ↗Herzseeigeln ausschl. mit den Stacheln geschieht, dienen die Füßchen der Oralseite nur der Nahrungsgewinnung (vgl. Spaltentext). Ebenso wie die Stacheln sind auch diese Füßchen verzwergt, ihre Zahl ist aber

Sanddollars

Nahrungsgewinnung:
Bis vor kurzem glaubte man, die S. gewännen ihre Nahrung *aboral* durch *Aussieben* des Sandes mit Hilfe ihres Stachelkleides; vereinfacht: bewegt sich der S. vorwärts, so gleiten die Sandkörner über den dichten aboralen Stachel-„Pelz"; nur die winzigen Detritus-Partikel (viel kleiner als Sandkörner) fallen zw. den Stacheln hindurch bis zur Epidermis, werden dort eingeschleimt u. mit Cilienströmen bis zum Mund befördert, wobei die Lunulae Abkürzungswege bieten. Neueste Untersuchungen zeigten aber, daß eine wesentl. (od. sogar die gesamte) Nahrungsaufnahme auf der *Oralseite* durch *Auftupfen* geschieht: die längeren der beiden Typen v. Füßchen mit Saugnapf-Rudimenten tupfen einzelne Detritus-Partikel auf, die kürzeren reichen sie einzeln v. Füßchen zu Füßchen weiter; erst in der Nahrungsrinne werden sie eingeschleimt.

im Vergleich zu anderen Seeigeln stark vergrößert; von 6 Typen haben nur 2 den Charakter v. Saugfüßchen, wenn auch nur sehr rudimentär. Zum Munde führen 5 × 2, sekundär noch weiter aufgespaltene Ambulacralfurchen als *Nahrungsrinnen.* Innerhalb des Mundes liegt der für Seeigel charakterist. *Kauapparat,* die „Laterne des Aristoteles" (Ggs.: reduziert bei ↗Herzseeigeln). Der After liegt am hinteren Schalenrand od. (meist) nahe dem Mund; bei Jungtieren liegt er noch aboral (Rekapitulation!). – S. leben *im* Sandboden (*Dendraster* u. *Rotula* nur mit ihrer vorderen Hälfte eingegraben), v.a. in trop. und subtrop. Meeren. Bes. bekannt sind die eigtl. S. (ohne Lunulae) *Dendraster* u. *Echinarachnius* der W- und O-Küste der USA. Weitere Gatt. sind *Clypeaster, Encope, Fibularia, Laganum, Astriclypeus.* An eur. Küsten kommen keine S. vor, wenn man vom ↗Zwergseeigel (□) absieht, der zwar in die Ord. *Clypeasteroida* gestellt wird, aber äußerl. gar nicht wie ein S. aussieht. *U. W.*

Sanddorn, *Hippophaë,* Gatt. der Ölweidengewächse mit 2 Arten. Eine formenreiche Art ist der Echte od. Gemeine S. *(H. rhamnoides),* ein Strauch mit dornspitz. Ästen, ganzrand., oberseits grünen, unterseits silberweißen, am Rande gerollten Blättern; dikline, unscheinbare Blüten, Pflanze zweihäusig. Orangene, dekorative Früchte, die Flavone und Vitamin C (100 mg/100 g Frucht) enthalten; Stickstoffixierung in ↗Wurzelknöllchen. Der S. ist selten, aber an seinen Standorten bestandbildend; urspr. Pionierpflanze in Flußauen; weitere Vorkommen: Küstendünen, lichte Kiefernwälder. Bis zum Kaukasus und O-Asien verbreitet; Gebirge Mittel- und S-Europas, Nord- u. Ostseeküste, Rheingebiet. Häufig gepflanzt und gelegentl. verwildert; Übergang v. Nutz- zur Kulturpflanze. B Asien II.

Sanddorn-Busch, *Hippophao-Berberidetum,* ↗Berberidion.

Sandelholz [v. *sandel-], 1) *Sandelbaum, Santalum,* Gatt. der ↗Sandelholzgewächse. 2) Holz einer ↗*Pterocarpus*-Art.

Sandelholzartige, *Santalales,* Ord. der *Rosidae* mit 7 Fam. (vgl. Tab.); Kräuter od. Holzgewächse mit autotropher Lebensweise u. verschieden starken Ausprägungen des Parasitismus.

Sandelholzgewächse, *Santalaceae,* Fam. der ↗Sandelholzartigen mit 35 Gatt. und ca. 400 Arten in den Tropen u. gemäßigten Gebieten; Halbparasiten auf Wurzeln, einige Epiphyten, die durch Haustorien Anschluß an ihre artunspezif. Wirte finden. Eine Art der kraut. Gatt. *Arjona* (südl. S-Amerika) bildet an unterird. Ausläufern süßkirschgroße, eßbare Knollen. Die ostasiat. Gatt. *Exocarpus* od. *Exocarpos* umfaßt einige Arten mit Phyllokladien, eine Anpassung an ihren ariden Lebensraum. Vermutl. Vollparasiten bildet die Gatt. *Phacellaria* (7 Arten in Indien, S-China); Blätter stark reduziert. 25, meist baumförm. Arten hat die Gatt. Sandelholz, Sandelbaum od. Sandelholzbaum *(Santalum). S. album* (B Kulturpflanzen XI) wird in O-Indien seit langem kultiviert; das Holz, das sich zum Schnitzen eignet, enthält, bes. im Kernholz, ätherische Öle *(↗Sandelöl).*

Sandelöl [v. *sandel-], *Sandelholzöl,* durch Wasserdampfdestillation gewonnenes äther. Öl aus dem Holz des ↗Sandelholzgewächses *Santalum album* (ostindisches S.) od. *Amyris balsamifera* (westindisches S.; parfümist. weniger wertvoll); enthält über 90% ↗*Santalol.* S. ist eines der teuersten äther. Öle; es findet in Seifen, Kosmetika u. Parfüms sowie zur Gewinnung v. Santalol Verwendung, fr. auch als Antiseptikum (Oleum Santali).

Sanderling, *Calidris alba,* ↗Strandläufer.

Sandfelchen, *Coregonus fera,* eine Form der Großen Boden-↗Renken.

Sandfische, 1) *Gonorhynchiformes,* Ord. der ↗Knochenfische mit den Fam. ↗Milchfische, ↗Ohrenfische, ↗Schlammfische u. den S.n i.e.S. *(Gonorhynchidae)* mit der einzigen, bis 45 cm langen, indopazif. Art *Gonorhynchus gonorhynchus;* mit dünnem Körper, unterständ. Maul, einzelnem Bartfaden u. kleinen rauhen Schuppen; lebt v.a. auf sand. Grund u. gräbt sich oft ein. 2) *Trichodontidae,* Fam. der ↗Drachenfische.

Sandfliegen, *Sandmücken, Phlebotomus,* Gatt. der ↗Mottenmücken.

Sandfloh, *Tunga penetrans,* ↗Flöhe.

Sandfrosch, *Limnodynastes dorsalis,* ein großer (bis 9 cm) Vertreter der ↗*Myobatrachidae* in O-Australien u. Tasmanien; erinnert in der Gestalt an die Knoblauchkröte; tagsüber im Sand vergraben.

Sandgarnele, *Nordseegarnele, Crangon crangon,* ↗Crangonidae.

Sandgecko [v. malaiisch gēhoq], *Chondrodactylus angulifer,* Art der Geckos; bis 15 cm lang; lebt in den Wüstengebieten SW- (Namibias) und S-Afrikas in selbstgegrabenen Höhlen od. unter Steinen; stumpffingerig mit kleinen Schuppen an der Unterseite; ernährt sich v. Insekten.

Sandglöckchen, die ↗Sandrapunzel.

Sandgräber, *Bathyergidae,* in Körper- u. Schädelbau an unterird. Lebensweise angepaßte Nagetier-Fam. mit noch nicht geklärter systemat. Zuordnung; Kopfrumpflänge 8–33 cm; 5 Gatt. (vgl. Tab.) mit etwa 11 Arten in Afrika südl. der Sahara. Nahezu ausschl. unterirdisch lebt der im Kapland vorkommende Bleßmull *(Georhychus capensis).*

Sandhaie, *Carchariidae, Odontaspidae,* Fam. der Echten ↗Haie mit ca. 5 Arten; langgestreckte, 3–4 m lange Haie in warmen Küstengewässern; mit spitzer Schnauze, langen spitzen Zähnen, 5 Kiemenschlitzen und 2 Rückenflossen. Hierzu gehört der bis 3 m lange, gelbl.-graue Sandtiger od. Tigerhai *(Carcharias taurus)*

sandel- [v. gr. santalon (Sanskrit candana, arab. zandal) = Sandelholz].

Echter Sanddorn *(Hippophaë rhamnoides)*

Sandelholzartige

Familien:

↗*Balanophoraceae*
Cynomoriaceae
Medusandraceae
Misodendraceae
↗Mistelgewächse *(Loranthaceae)*
↗*Olacaceae*
↗Sandelholzgewächse *(Santalaceae)*

Sandgräber

Gattungen:

Bleßmulle *(Georhychus)*
↗Erdbohrer *(Heliophobius)*
Graumulle *(Cryptomys)*
Heterocephalus (↗Nacktmull)
Strandgräber *(Bathyergus)*

des Atlantik, der vorwiegend Bodentiere frißt. Er kann Luft schlucken u. seinen Magen als Hilfsschwimmblase benutzen. Es werden jeweils nur 2 Junge geboren, die sich v. den übrigen Eiern oder v. kleineren Geschwistern im Mutterleib ernährt haben.

Sandhüpfer ↗Strandflöhe.

Sandkatze, *Sicheldünenkatze, Wüstenkatze, Felis margarita,* zu den ↗Kleinkatzen gehörende Wildkatze (Kopfrumpflänge 40–57 cm) der Wüstengebiete v. der Sahara im W bis zur arab. Wüste u. im O des Kasp. Meeres bis nach O-Pakistan.

Sand-Kiefernwälder ↗Dicrano-Pinion.

Sandklaffmuscheln, *Myidae,* Fam. der ↗Klaffmuscheln, mit oft etwas ungleichen Klappen, hinten klaffend; große Mantelbucht, in welche die langen, verwachsenen Siphonen zurückgezogen werden können; der Fuß ist klein, nur beim Jungtier mit Byssus. In nördl. Meeren lebt die Gatt. ↗ *Mya.* B Muscheln.

Sandkoralle, *Sabellaria spinulosa,* ↗Sabellaria.

Sandkraut, *Arenaria,* Gatt. der ↗Nelkengewächse, mit 160 Arten in gemäßigten u. kalten Gebieten der N-Halbkugel u. den Anden verbreitet; kleine krautige od. halbstrauchige Pflanzen mit zymösen Blütenständen. Das einheim. Quendel-S. *(A. serpyllifolia)* kommt in lückigen Trockenrasen u. Pioniergesellschaften vor.

Sandkrebse, *Sandkrabben, Hippoidea,* Überfam. der ↗ *Anomura* mit den Fam. *Hippidae* u. *Albuneidae.* Krebse mit zylindr. Cephalothorax, lose ventral eingeschlagenem Pleon u. sichel- od. schaufelförm. Pereiopoden; das 5. Pereiopodenpaar bildet dünne Putzbeine, die in der Ruhe in der Kiemenhöhle verborgen sind. Alle S. leben auf Sandstränden, vorwiegend in den Tropen u. Subtropen, u. graben sich rückwärts in den Sand ein. *Emerita* (Fam. *Hippidae*), ohne Scheren u. Subchelae u. mit langem, spitzem, schaufelförm. Telson, besiedelt in riesigen Mengen am. Strände, *E. talpoidea* an der O-Küste, *E. analoga* an der W-Küste. Sie leben filtrierend in der Gezeitenzone. Bei Flut schnellen sich die Tiere bei jeder Welle aus dem Sand, lassen sich ein Stückchen aufwärts tragen, graben sich wieder ein, entfalten die mit langen Filterborsten versehenen 2. Antennen u. filtrieren das zurückschwappende Wasser. Bei Ebbe geht es umgekehrt – mit jeder zurückschwappenden Welle schwimmen die Tiere ein Stückchen nach unten u. filtrieren dort. S., die nicht rechtzeitig aus dem Sand herauskommen, graben sich tiefer ein u. warten auf das nächste Hochwasser. Die Tiere sind proterandr. Zwitter: die winzigen (2,5 mm) Männchen wandeln sich, wenn sie größer werden, in Weibchen (bis 38 mm) um. *Albunea* (Fam. *Albuneidae*), mit Subchelae an den 1. Pereiopoden u. kurzem Telson, lebt von South Carolina bis Brasilien unterhalb der Gezeitenzone u. ernährt sich als Räuber u. Aasfresser. Ihre langen Antennen werden zu einem Atemrohr zusammengelegt, wenn die Tiere vergraben sind.

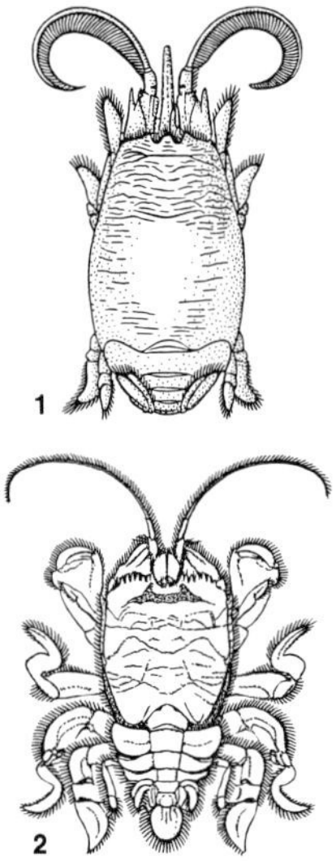

1

2

Sandkrebse

1 *Emerita talpoidea* (3,4 cm), **2** *Albunea carabus* (1,7 cm)

Sandküling, *Pomatoschistus minutus,* ↗Grundeln.

Sandkultur, Pflanzenaufzucht in reinem Quarzsand unter Zusatz v. Nährlösung, ähnl. der reinen ↗Hydrokultur.

Sandläufer, *Psammodromus,* Gatt. der Echten ↗Eidechsen.

Sandlaufkäfer, *Tigerkäfer, Cicindelidae,* Fam. der adephagen ↗Käfer (T) aus der Verwandtschaft der ↗Laufkäfer. Mittelgroße, oft irisierend bronze od. grün gefärbte Käfer mit mächtigen, scharfzähn. Mandibeln u. weit vorgequollenen großen Komplexaugen. S. sind tagaktive, sonnenliebende Insektenjäger, die v. a. auf sonnenbeschienenen Wegen, an Waldrändern od. Flußufern vorkommen u. bei Störung rasch auffliegen, um nach wenigen Metern wieder zu landen. Es sind flinke Läufer, die ihre Beute einfach überrennen, wenn sie ein Insekt visuell geortet haben. Auch die Larven sind tagaktive Jäger. Sie sitzen jedoch in selbstgegrabenen, senkrecht in den Boden gehenden Röhren, in die sie bei Gefahr bis zu 50 cm tief blitzartig verschwinden. Sonst sitzen sie im Eingang der Röhre u. füllen mit ihrem charakteristisch geformten Kopf u. Halsschild den Eingang deckelförmig aus. Die sonst bei Käferlarven vorhandenen 6 Stemmata pro Kopfseite sind hier teilweise zu mächt. Linsenaugen umgebildet, die jeweils über tausend Sinneszellen enthalten. Die Larven reagieren nur auf sich bewegende Objekte, die eine ihrem Beuteschema entspr. Größe nicht überschreiten dürfen. Dabei springen sie aus ihrer Röhre heraus u. pakken die Beute. Um sich in der Röhre schnell auf u. ab bewegen zu können, haben die Larven ihre Cerci (hier Urogomphi) weit in den mittleren Bereich ihres Abdomens vorverlagert u. setzen sie als „Steigeisen“ ein. Bei uns kommen etwa 10 Arten vor. Beispiele: Feld-S. (*Cicindela campestris,* B Insekten III), 10–15 mm, matt grün mit je einem weißen Fleck auf dem hinteren Drittel der Elytren; meist nicht selten auf Feld- u. sonnigen Waldwegen. *C. hybrida,* 11–16 mm, Oberseite matt bronzefarben mit weißl. Binden u. Flecken, nicht selten auf Sandböden u. sandig-kiesigen Flußufern. An der Meeresküste wird diese Art durch die sehr ähnliche, nach der ↗Roten Liste „stark gefährdete“ Art *C. maritima* ökolog. vertreten. *C. silvicola,* 12–16 mm, wie *C. hybrida,* aber ausschl. montan in unseren Mittelgebirgen auf Waldwegen. Sehr selten („stark gefährdet“) ist die kleine schlanke Art *C. germanica,* die auf Brachland nur wenig fliegend umherläuft.

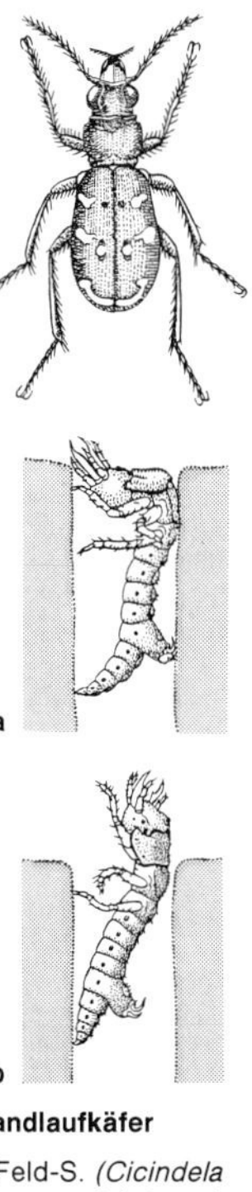

1

2a

2b

Sandlaufkäfer

1 Feld-S. *(Cicindela campestris);* **2** zwei Stadien des Beuteerwerbs der *Cicindela*-Larve: **a** Lauerstellung, **b** Sprung auf Beute

Sandlückensystem, Lebensraum zw. den Sandkörnern des Sandstrandes bzw. -ufers u. des Gewässergrundes (i. e. S.) und terrestr. ↗Sandböden (i. w. S.). ↗hyporheisches Interstitial, ↗Mesopsammon, ↗Psammon.

Sandmischkultur, ↗Hochmoorkultur, bei der geringmächt. Torf mit dem mineral. Untergrund vermengt wird (Tiefpflugkultur).

Sandmücken, *Phlebotomus,* Gatt. der ↗Mottenmücken.

Sandmuscheln, *Psammobiidae,* Fam. der *Tellinoidea* (U.-Ord. Verschiedenzähner), Muscheln mit längl., dünnen Klappen, die an den Enden klaffen (bes. hinten) u. konzentrisch u. radial gestreift sind; oft bunt gefärbt. Getrenntgeschlechtl., meist marine Tiere, eingegraben in Sandböden. 7 Gatt., von denen *Gari* u. *Psammobia* in Atlantik u. Mittelmeer vorkommen, bei Helgoland *G. ferroensis* (bis 5 cm lang).

Sandotter, *Hornotter, Sandviper, Vipera ammodytes,* Art der Vipern; bis 90 cm lang; lebt in SO-Europa – auch in S-Tirol, Steiermark, Kärnten – und W-Asien; giftigste eur. Schlange; bevorzugt trockenes, steiniges Gelände bis über 2000 m Höhe mit Buschwerk. Dreieckiger Kopf deutl. vom Hals abgesetzt; Schnauzenspitze in hornförm., weichen Fortsatz mit 9–20 Schuppen ausgezogen; Pupille senkrechtschlitzförm.; Oberseite meist grau(braun) gefärbt mit 1 dunklen, gesäumten Zickzackband; Flanken mit dunklen, undeutl. Flecken; Bauchseite graugelbl., schwarz getüpfelt; Schwanzspitze unterseits oft gelb bis rot. Ernährt sich v. a. von Mäusen, Maulwürfen, in der Jugend v. Eidechsen; das ♀ bringt im Aug./Sept. 4–18 Junge (ca. 22 cm lang) zur Welt. Zieml. träge, klettert gut, standorttreu, wärmeliebend; zischt laut u. lange; Biß für den Menschen sehr gefährl.; Winterruhe bis zu 6 Monaten. Gift („Ammodytes-Toxin"; getrocknet, 10000fach verdünnt) dient als Grundlage vieler Medikamente gg. Rheuma, Ischias, Neuralgien u. als diagnost. Hilfsmittel bei Phenylketonurie. [B] Reptilien III.

Sandpflanzen, *Psammophyten,* Pflanzen, die auf Sandflächen (Dünen, Wüstengebiete) wachsen. Sie sind an die häufige Überschüttung mit Sand durch weit reichende, sich schnell bewurzelnde u. Seitensprosse treibende Ausläufer u. Rhizome angepaßt. Beispiele: Strandhafer, Sandsegge. ↗Sandbewohner. [dae.

Sandpier, *Arenicola marina,* ↗Arenicoli-

Sandpilz, *Sandröhrling, Suillus variegatus* O. Kuntze, ↗Schmierröhrlinge.

Sandrapunzel *w* [v. mlat. rapuntium (lat. radice puntia) = Art Baldrian], *Sandglöckchen, Jasione,* vom Mittelmeergebiet bis nach Mitteleuropa verbreitete Gatt. der ↗Glockenblumengewächse mit 5–10 Arten; 2jährige od. ausdauernde Kräuter mit ungeteilten Blättern u. kleinen röhrigen Blüten in kugeligen, v. Hüllblättern umgebenen Köpfchen. Einheim. Arten sind: die blaulila blühende, ziemlich seltene, auch als Steingarten-Zierpflanze kultivierte Ausdauernde S., *J. levis* (in Silicat-Magerrasen, an Böschungen u. Wegrainen), u. die meist hellviolettblau blühende Berg-S., *J. montana* (in Sand-Magerrasen auf Dünen u. Felsen, an Dämmen u. Wegen).

Sandrasen ↗Sedo-Scleranthetea.

Sandrasselottern, *Echis,* Gatt. der Vipern mit 2 Arten; neben der Arab. S. (*E. coloratus;* lebt nur in Arabien) die in den Wüstenregionen (mit Buschwerk) N-Afrikas, auf der Arab. Halbinsel, in SW- u. Mittelasien, Pakistan, Indien u. auf Sri Lanka oft sehr zahlr. verbreitete S. *(E. carinatus);* Gesamtlänge bis 60 cm; außerordentl. giftig (hpts. blut- u. gefäßschädigend; Toxizität soll fünfmal wirksamer als die der Kobra sein) u. angriffsfreudig; Augen groß, orangefarben; Giftzähne ca. 5 mm lang; Färbung hell- bis dunkelbraun, helle Rückenbinden, Flanken mit hellen Wellenlinien; auffälliges Schuppenrasseln erzeugt bei Gefahr helles, zischendes Geräusch; Fortbewegung seitenwindend (v. vorn nach hinten fortschreitend); ovovivipar (10–15 Junge nach 3monat. Tragzeit); ernährt sich v. a. von Ratten, Mäusen u. Eidechsen; wärmeliebend. [↗Trugnattern.

Sandrennattern, *Psammophis,* Gatt. der

Sandrohr, der ↗Strandhafer.

Sandröhrling, *Suillus variegatus* O. Kuntze, ↗Schmierröhrlinge.

Sandschnurfüßer, *Schizophyllum sabulosum,* ↗Doppelfüßer ([T]).

Sandskinke [Mz.; v. gr. skigkos = oriental. Eidechse], *Scincus,* Gatt. der Skinke mit ca. 10 Arten; leben in den Wüstengebieten N-Afrikas, Arabiens, W-Asiens bis Pakistan; Gesamtlänge bis 21 cm; Körper walzenförmig; keilförm. Schnauze vorspringend; unteres Augenlid beschuppt, bewegl.; meist bedecken Schuppen Ohröffnung; Schwanz kegelförmig; Färbung gelbl. od. hellbraun mit dunklen Querbinden; dämmerungsaktiv, tagsüber im Sand eingegraben; rasche „schwimmende" Fortbewegung (horizontales Schlängeln) im Sand; ernähren sich v. Heuschrecken, Käfern u. Tausendfüßern; ♀ bringt lebende Junge zur Welt. – Bekanntester S. ist der ↗Apothekerskink *(S. scincus).*

Sandtiger, *Carcharias taurus,* ↗Sandhaie.

Sandwespen, *Ammophila,* Gattung der ↗Grabwespen ([T]).

Sangavella *w* [ben. nach dem brasil. Ort Sangava (in der Bucht v. Santos)], Gatt. der ↗*Kamptozoa* ([T]) mit 1 Art *(S. vineta),* die kompliziert verzweigte, an Algen haftende od. frei treibende Kolonien bildet.

F. Sanger

Sanger [ßängg^{er}], *Frederick,* brit. Chemiker, * 13. 8. 1918 Rendcomb (Gloucestershire); Prof. in Cambridge (England). Ermittelte 1953 die Aminosäuresequenz des Insulins als erste vollständige Primärstruktur eines Proteins, wofür er grundlegende Methoden, wie z. B. die Markierung mit ↗Dinitrofluorbenzol (Sangers Reagenz), einführte. Für diese Arbeiten erhielt er 1958 den Nobelpreis für Chemie. In den

60er Jahren entwickelte S. Methoden zur Sequenzanalyse von Ribonucleinsäuren (Fingerprintmethode), in den 70er Jahren zur Sequenzanalyse v. Desoxyribonucleinsäuren, wofür er 1980 zum zweiten Mal mit dem Nobelpreis für Chemie zus. mit P. Berg und W. Gilbert ausgezeichnet wurde.

Sängerin, *Chimabacche fagella,* ↗Oecophoridae.

Sangiran, Fundgebiet des fossilen Menschen im östl. Mitteljava *(↗ Homo erectus, ↗ Meganthropus);* Alter der Schichtenfolge ca. 2,0–0,5 Mill. Jahre; bekannt durch die Forschungen von G. H. R. v. ↗Koenigswald. B Paläanthropologie.

Sanguisorba *w* [lat., = Blutsauger], der ↗Wiesenknopf.

Sanikel *w* [v. lat. sanus = gesund (vulgärlat. sanicula = Gänsefuß)], *Sanicula,* Gatt. der ↗Doldenblütler mit ca. 40 nahezu weltweit verbreiteten Arten. In fast ganz Europa die bis 40 cm hohe Gewöhnl. oder Europäische S. *(S. europaea),* eine Staude mit handförm. gelappten Blättern und rötl.-weißen Knäueldolden; kugelige Frucht mit Haken, Klettverbreitung; fr. Heilpflanze; häufig in Laub- u. Nadelmischwäldern.

San-José-Schildlaus [ben. nach der kaliforn. Stadt], *Quadraspidiotus perniciosus,* ↗Deckelschildläuse.

Sansevieria *w* [ben. nach dem it. Gelehrten R. di Sangro, Fürst v. Sanseviero, 1710–71], Gatt. der ↗Agavengewächse (Ord. Lilienartige) mit ca. 60, überwiegend afr. Arten; Stauden mit dickem Wurzelstock und schwertförm., flach-konkaven, grundständigen, bis 40 cm langen Blättern; einige ostafr. Arten liefern feste, grobe Fasern für Tauwerk; in Dtl. z. T. Zierpflanzen (Bajonettpflanze, Bogenstranghanf).

Santalaceae [Mz.; v. *santal-], die ↗Sandelholzgewächse. [holzartigen.

Santalales [Mz.; v. *santal-], die ↗Sandel-

Santalol *s* [v. *santal-], Gemisch von 2 isomeren Sesquiterpenalkoholen (α- und β-S.), welche die Hauptbestandteile des ↗Sandelöls darstellen, aber auch in Selleriesamen gefunden wurden; wird in der Parfümerie u. als Harnantiseptikum verwendet. [delholzgewächse.

Santalum *s* [v. *santal-], Gatt. der ↗San-

Santen *s* [v. *santal-], ein cycl. Monoterpen, Inhaltsstoff verschiedener äther. Öle, z. B. Sandelöl, Fichtennadelöl u. Minzöl.

Santolina *w* [v. lat. Santonica (herba) = Art Wermut, über frz. santoline], das ↗Zypressenkraut.

Santonin *m* [v. lat. Santonica (herba) = Art Wermut, über port. santonina = Wermut], ↗Beifuß.

Sapelli [westafr. Name], *S.mahagoni, Sapeli,* ↗Meliaceae; B Holzarten.

Saperda *w* [v. gr. saperdēs = Name eines gesalzenen Fisches], der ↗Pappelbock.

Saphirkrebschen [v. gr. sappheiros = Saphir], *Sapphirina,* Gatt. der *↗Copepoda* (Ord. *Cyclopoidea*); parasit., etwas abgeplattete Hüpferlinge mit hoch entwickeltem Naupliusauge; die seitl. Ocellen des Naupliusauges sind vergrößert u. besitzen je eine große, cuticulare Linse u. einen Glaskörper; häufig im Plankton v. Mittelmeer u. Atlantik. Der Name bezieht sich auf die bunt irisierende Farbe. Begattete Weibchen parasitieren in Salpen u. Feuerwalzen.

Europäische Sanikel *(Sanicula europaea)*

Sansevieria

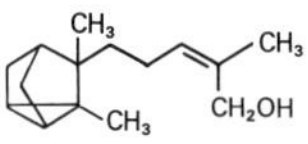

α-Santalol

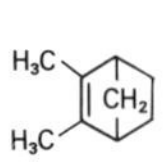

Santen

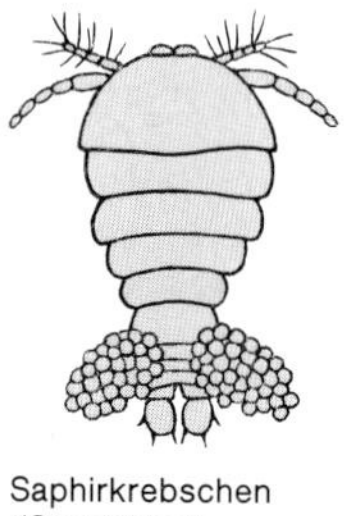

Saphirkrebschen *(Sapphirina)*

Sapindaceae [Mz.; v. lat. sapo = Seife, Indicus = indisch], die ↗Seifenbaumgewächse. [gen.

Sapindales [Mz.], die ↗Seifenbaumarti-

Sapindus *m,* Gatt. der ↗Seifenbaumgewächse.

Sapium *s* [v. lat. sappium = harzige Fichte], Gatt. der ↗Wolfsmilchgewächse.

Sapodillbaum [v. aztek. tzapotl über span. zapote (Diminutiv: zapotillo) = Breiapfelbaum], *Manilkara zapota,* ↗Sapotaceae.

Sapogenine [Mz.; v. lat. sapo = Seife, gr. gennan = erzeugen] ↗Saponine.

Saponaria *w* [v. lat. sapo = Seife], das ↗Seifenkraut.

Saponine [Mz.; v. lat. sapo = Seife], umfangreiche Gruppe ubiquitär vorkommender glykosid. ↗Pflanzenstoffe (selten tier. Produkte), die sich in Wasser seifenähnl. (Name!) verhalten. Durch saure od. enzymat. Hydrolyse werden die S. in ihre ↗Aglykone, die *Sapogenine,* u. Mono- bzw. Oligosaccharide gespalten. Nach der Struktur des zuckerfreien Anteils unterscheidet man Triterpen-Sapogenine, Steroid-Sapogenine u. Steroid-Alkaloide. Die meist pentacycl., seltener tetracycl. *Triterpen-Sapogenine* leiten sich vom Grundgerüst des *Oleanans* (C_{30}-Grundskelett, vgl. Abb.) ab. Sie sind v. a. bei Zweikeimblättrigen Pflanzen verbreitet, bes. bei den Nelkengewächsen (z. B. ↗Gipskraut, ↗Seifenkraut u. ↗Kornrade) u. Primelgewächsen. – *Steroid-Sapogenine* (C_{27}-Grundskelett) können je nach Seitenkette am C_{17}-Atom in *Spirostanole* od. *Furostanole* (vgl. Abb.) eingeteilt werden, wobei Glykoside des Furostanol-Typs meist in den assimilierenden Teilen der Pflanze, Glykoside des Spirostanol-Typs vorwiegend in Samen, Wurzeln u. Knollen vorkommen. Steroid-S. treten

Einige Saponine

Saponin	Sapogenin	Beispiele für Vorkommen
Triterpen-Saponine		
Primulasäure A	Primulagenin A	Primulawurzel
Senegin A	Presenegenin	Senegawurzel
Aescin	Protoaescigenin	Roßkastaniensamen
↗Glycyrrhizinsäure	Glycyrrhetinsäure	Süßholzwurzel
Ginseng-Saponin	Protopanaxadiol	Ginseng-Wurzel
α-Hederin	Hederagenin	Efeublätter
β-Hederin	Oleanolsäure	Efeublätter
Steroid-Saponine		
Digitonin	Digitogenin	Roter Fingerhut (Samen)
Gitonin	Gitogenin	Roter Fingerhut (Samen)
Tigonin	Tigogenin	Wolliger Fingerhut (Blatt)
Convallasaponin	Convallagenin	Maiglöckchenblüten
Dioscin	Diosgenin	Yamswurzel
Ruscin	Ruscogenin	Mäusedornwurzel

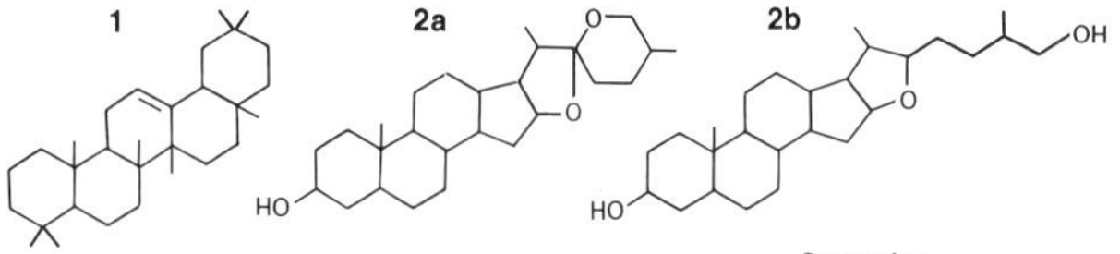

Saponine

1 Grundgerüst der Triterpen-Sapogenine *(Oleanan)*;
2 Grundgerüste der Steroid-Sapogenine (**a** *Spirostanol*, **b** *Furostanol*)

hpts. bei Einkeimblättrigen Pflanzen, v. a. Liliengewächsen (z. B. ↗Maiglöckchen, ↗Mäusedorn u. ↗Stechwinde) u. Yamsgewächsen auf. Unter den Zweikeimblättrigen Pflanzen enthalten nur ↗Fingerhut (↗Digitalisglykoside) u. ↗Bockshornklee Steroid-S. – *Steroid-Alkaloide* mit Saponin-Charakter *(Glykoalkaloide, Alkaloid-S.)* wurden in Nachtschattengewächsen gefunden, z. B. das *Tomatin* (Aglykon: Tomatidin) aus der Wild-↗Tomate u. ↗*Solanin* (Aglykon: Solanidin) aus der Kartoffel (↗Kartoffelpflanze). – S. treten nicht nur bei Pflanzen auf, sie werden auch v. einigen marinen Wirbellosen als Abwehrstoffe gebildet, z. B. v. Holothurien *(↗Holothurine)* u. Seesternen. Als Kohlenhydrat-Anteil enthalten S. eine (Monodesmoside, „Einketter") od. zwei Ketten (Bisdesmoside, „Zweiketter") aus 1 bis 11 Zuckerresten, die α-D-, α-L- oder β-D-glykosidisch miteinander verknüpft sind. Die Kohlenhydratkette kann linear od. verzweigt sein u. wird häufig durch eine Pentose terminiert. Folgende Zucker wurden in S.n gefunden: D-Glucose, D-Galactose, D-Xylose, D-Quinovose, D-Arabinose, D-Rhamnose, L-Fucose, D-Glucuronsäure und D-Galacturonsäure. Einige S. enthalten noch zusätzl. Säuren in Esterbindung, z. B. Essigsäure, Tiglinsäure u. Angelicasäure. – Während die S. als Glykoside biol. meist wenig aktiv sind, zeigen die freigesetzten Aglykone charakterist. Wirkungen. Sie sind stark oberflächenaktiv u. bilden in Wasser seifenähnl. Schaum, sie verursachen Hämolyse (Blutgifte), bilden mit Sterinen (z. B. Cholesterin) schwerlösl. Komplexe, wirken resorptionsfördernd, harntreibend, expektorierend sowie antibiot., antimykot., antiviral, molluskizid u. insektizid (v. a. gg. Termiten). S. sind für Kiemenatmer Giftstoffe; die Toxizität der meisten S. für Warmblüter ist dagegen gering. Die Verwendung von S.n als pflanzl. Fischfanggift ist lange bekannt, ebenso die gute reinigende Wirkung der S. (S.-haltige Pflanzenteile als Waschmittel). S.-Drogen spielten fr. als Arzneimittel eine Rolle. Heute werden S. als ↗Emulgatoren, in Feinwaschmitteln, als Seifenzusatz usw. genutzt. *E. F.*

Sapotaceae [Mz.; v. aztek. tzapotl = Breiapfelbaum], *Sapotegewächse, Breiapfelgewächse,* weltweit v. a. in den Tropen u. Subtropen verbreitete Fam. der ↗Ebenholzartigen mit rund 800 Arten in 35–75 schwer gegeneinander abzugrenzenden Gatt. Überwiegend im trop. Regenwald heim. Bäume, seltener Sträucher, mit einfachen, ganzrand., oft ledrigen Blättern sowie kleinen, weiß- bis cremefarbenen, einzeln od. in Büscheln in den Blattachseln bzw. am Stamm (Cauliflorie) sitzenden Blüten. Diese zwittrig, radiär bis zygomorph, mit freien, in zwei 2–4zähl. Wirteln stehenden Kelch- u. ebensovielen, am Grunde verwachsenen, oft mit großen Anhängseln versehenen Kronblättern. Die bisweilen zahlr. Staubblätter sind mit der Krone verwachsen, wobei die äußeren z. T. in sterile, mitunter kronblattart. Staminodien umgewandelt sein können. Der 4–12fächerige, oberständ. Fruchtknoten besteht aus miteinander verwachsenen, jeweils nur 1 Samenanlage enthaltenden Fruchtblättern. Er entwickelt sich zu einer grünen, gelbl. oder rostfarbenen, mitunter recht großen Beere mit großen Samen. Für die *S.* charakteristisch sind die in Rinde, Mark, Blättern u. Früchten enthaltenen ↗Milchröhren, die große Mengen an ↗Milchsaft führen können. Verschiedene *S.* sind wegen ihres Holzes, ihrer meist eßbaren Früchte od. fettreichen Samen sowie ihres Milchsaftes für den Menschen von wirtschaftl. Interesse. Hierzu gehört der v. den Antillen stammende, heute bes. in Mittel- und S-Amerika kultivierte Sapodill-, Sapote- od. Breiapfelbaum (*Manilkara zapota;* B Kulturpflanzen VI). Seine ovalen bis runden, annähernd apfelgroßen, v. einer braunen Rinde umgebenen Früchte werden wegen ihres süßen, wohlschmeckenden Fleisches als Obst geschätzt, während das saponinhaltige, auch in feucht-heißem Klima sehr beständ. Holz als Baumaterial dient. Zudem enthält der aus der Rinde des Sapodillbaums gezapfte Milchsaft eine gummiartige Substanz *(Chicle),* die bereits v. den Azteken gekaut wurde u. heute (neben synthet. Produkten) als wicht. Rohstoff für die Herstellung v. Kaugummi verwendet wird. Im Latex verschiedener *S.*-Arten ist auch ↗Balata (u. a. ↗Ballotabaum, *Manilkara bidentata*) sowie ↗Guttapercha enthalten. Letzteres liefert v. a. der Guttaperchabaum, *Palaquium gutta* (Indomalesien, B Kulturpflanzen XII), dessen rasch gerinnender Milchsaft verknetet als Rohprodukt in den Handel gebracht wird. Seine Wildbestände wurden im 19. Jh. mit steigendem Bedarf an Guttapercha durch Raubbau stark dezimiert. Die ebenfalls Guttapercha liefernde Art *Madhuca longifolia* (Vorderindien) besitzt sukkulente, süße Blüten, die roh od. gekocht verzehrt od. zu alkohol. Getränken verarbeitet werden; das Fett der Samen wird wie das v. ↗*Argania* u. ↗*Butyrospermum* zu Speisezwecken verwendet. Aus dem trop. Amerika stammende Obstbäume sind der in vielen Ländern der Tropen angebaute Sternapfel *(Chrysophyllum cainito)* mit apfelgroßen, grünen oder dunkelroten, wohlschmeckenden Früchten, deren Samen sternförm. im Fruchtfleisch angeordnet sind, u. die Marmeladenpflaume *(Pouteria sapota)* mit großen, pflaumenförm. Früch-

Sapotaceae

Wichtige Gattungen:

↗*Argania*
Bumelia
↗*Butyrospermum*
Chrysophyllum
Madhuca
Manilkara
Mimusops
Palaquium
Pouteria
Sideroxylon
Synsepalum
Tieghemella

santal- [v. gr. santalon (Sanskrit candana, arab. zandal) = Sandelholz].

ten. Die aus dem trop. W-Afrika stammende Wunderbeere *(Synsepalum dulcificum)* besitzt kleine rote Beeren, nach deren Genuß eine Zeitlang alle danach verzehrten Lebensmittel süß schmecken. Einige *S.* haben als ↗Eisenholz (T) bezeichnetes schweres, hartes u. dauerhaftes Holz (↗*Argania, Sideroxylon* u.a.). Das Holz des aus dem trop. W-Afrika stammenden Afrikan. Birnbaums, ↗Makoré *(Tieghemella heckelii = Mimusops heckelii),* ist leichter (Dichte 0,72 g/cm³), aber schön gemasert u. erfreut sich zunehmender Beliebtheit als Möbelholz. *N.D.*

Sapote *m* [v. aztek. tzapotl = Breiapfelbaum], ↗Sapotaceae.

Sappanholz [v. malaiisch sapang], Holz von *Caesalpinia sappan,* ↗Hülsenfrüchtler.

Sappaphis, Gatt. der ↗Röhrenläuse.

Sapphirina *w* [v. gr. sappheirinos = saphirblau], das ↗Saphirkrebschen.

Saprobien [Mz.; v. *sapro-, gr. bios = Leben] ↗Saprobionten, ↗S.system.

Saprobiensystem *s* [v. *sapro-, gr. bios = Leben], *Gewässergütestandard,* Zusammenstellung v. Mikroorganismen-Arten (und z.T. auch höheren Organismen), die als *Leitorganismen* zur biol. Beurteilung des Verschmutzungsgrades v. Gewässern dienen. Die Bestimmung des Verschmutzungsgrades (z.B. durch ↗Abwässer) erfolgt nach der Massenentwicklung einzelner Leitformen od. der Analyse der gesamten Lebensgemeinschaft des untersuchten Gewässers; die *Verunreinigungsstufen* bzw. *Gewässergüteklassen* werden nach der Stärke der Abwasserbelastung bezeichnet u. farblich gekennzeichnet (vgl. Tab.). In Fließgewässern folgen die Verunreinigungsstufen örtlich, in stehenden Gewässern zeitlich aufeinander, abhängig v. der Stärke der ↗Selbstreinigung. Die Leitorganismen sind nach ihrem ökolog. Verbreitungsschwerpunkt innerhalb einer bestimmten Verschmutzungsstufe des Gewässers ausgewählt. Sie müssen für den bestimmten Verunreinigungsgrad charakterist. sein u. sollten in den anderen Stufen überhaupt nicht od. nur sehr selten vorkommen. Ihre mikroskop. Bestimmung geht schneller u. einfacher vonstatten als eine chem. Analyse des Wassers. Die Indikatorwirkung läßt sich auf die physiolog. Ansprüche der Organismen zurückführen (z.B. Verwertung organ. Stoffe, Sauerstoffbedarf) od. auch auf das Ertragen bestimmter Giftstoffe, die beim Abbau der Verunreinigungen auftreten (z.B. Ammoniak, Schwefelwasserstoff). Die Bestimmung der Wassergüte nach dem S. ist ein vereinfachtes Verfahren und (noch) mit Fehlern behaftet. So beeinflußt auch die Art des Gewässers die Zusammensetzung der Lebensgemeinschaft; z.B. wird die physiolog. O_2-Versorgung in schnellen Fließgewässern durch die Wasserbewegung verbessert u. der Zustand biologisch besser beurteilt als der gleiche Zustand in einem langsam fließenden od. stehenden Gewässer. – Günstiger als das S. zur Wassergütebestimmung scheint der *Saprobienindex* zu sein, in dem Indikatororganismen und chem. Faktoren zus. zu einer Bewertungszahl verknüpft werden. – Erstmals haben Kolkwitz u. Marsson die Beziehungen zw. Gewässerverunreinigung u. Besiedlung in einem Katalog von pflanzl. und tier. Indikatororganismen für verschiedene Verunreinigungsgrade in Fließgewässern zusammengestellt. Dieses System wurde v. Liebmann 1947 auf stehende Gewässer ausgedehnt. Im System v. Sladecek (1969, 1973) u. Sramek-Husek werden alle Verunreinigungsarten u. -grade berücksichtigt.

Saprobionten [Mz.; v. *sapro-, gr. bioōn = lebend], *Saprophile, Fäulnisbewohner,* heterotrophe Organismen, die an Standorten mit faulenden bzw. verwesenden Stoffen vorkommen. Man unterscheidet pflanzliche S. (↗*Saprophyten),* tierische S.

Saprobiensystem (nach Kolkwitz und Marsson)
In Klammern Gewässergüteklassen nach Liebmann

Saprobienstufe (Gewässergüteklasse) und Kennzeichnung	Beispiele für Leitorganismen
polysaprob (Güteklasse IV, rot) Wasser außerordentl. stark verunreinigt; starke O_2-Zehrung; vorwiegendes Auftreten v. Fäulnisprozessen durch Reduktion u. Spaltung; Bildung von H_2S; hoher Gehalt an organ. Stoffen; reiche Sedimentation	Bakterien: weit über 1000000 pro ml Wasser, u.a. Kokken und Schwefelbakterien; Abwasserpilz *Sphaerotilus natans;* Cyanobakterien *(Beggiatoa alba);* Protozoen *(Amoeba limax, Euglena viridis;* u.a. viele Wimpertierchen); Bachröhrenwurm *(Tubifex);* Zuckmückenlarven *(Chironomus thummi);* Schlammfliegenlarve *Eristalis tenax;* kleine Fische
α-mesosaprob (Güteklasse III, gelb) Wasser stark verunreinigt; starke Oxidationsprozesse; Vorherrschen v. bei Abbau entstehenden Aminosäuren; O_2-Gehalt höher (v.a. am Tag), nachts Abnahme; Mehrzahl der Pflanzen u. Tiere noch Mikroorganismen, aber auch Muscheln, Krebse, Insektenlarven u. Fische	Bakterien: weniger als 1000000 pro ml Wasser; Cyanobakterien (*Oscillatoria* spp.), Kieselalgen, Grünalgen, Pilze; Protozoen *(Paramecium caudatum, Aspidisca costata, Spirostoma ambiguum);* Hundeegel *Herpobdella atomaria;* Kugelmuschel *Sphaerium corneum,* Waffenfliegenlarve *Stratiomys chamaeleon;* Schleie, Karpfen, Aal
β-mesosaprob (Güteklasse II, grün) Wasser mäßig verunreinigt; Prozeß der fortschreitenden Oxidation bzw. Mineralisation; O_2-Zehrung gering; große Mannigfaltigkeit der Pflanzen u. Tiere	Bakterien: weit unter 1000000 pro ml Wasser; Cyanobakterien, Kieselalgen, Grünalgen *(Synura uvella);* Protozoen; Muscheln *(Ancylus fluviatilis);* Insektenlarven *(Cloëon dipterum, Hydropsyche lepida);* Fische in große Artenvielfalt
oligosaprob (Güteklasse I, blau) Wasser kaum verunreinigt; vollendete Oxidation, Mineralisation; Wasser klar und O_2-reich; viele Insektenlarven	Bakterien: weniger als 100 pro ml Wasser, Cyanobakterien, Kieselalgen *(Asterionella formosa),* Grünalgen, Rotalgen; Rädertiere; Strudelwürmer *(Crenobia alpina);* Flußperlmuschel *Margaritifera margaritifera;* Wasserfloh *Holopedium gibberum;* Insektenlarven *(Perla bipunctata);* stark O_2-bedürftige Fische, z.B. Forellen

Im S. von Fjerdingstadt (1964, 1965) werden die Saprobienstufen noch weiter unterteilt: in 3 polysaprobe (α, β, γ) u. 3 mesosaprobe Stufen (α, β, γ); zusätzl. wird eine *koprozoide* Zone (stärkste Verunreinigung) u. eine *katharobe* Zone (völlig sauberes Wasser) unterschieden.

sapro- [v. gr. sapros = in Fäulnis übergehend, faul, verfault; ranzig].

(*Saprozoen,* ↗Saprophagen) und die mikrobiellen *Saprobien:* Mikroorganismen, die ihre Nährstoffe aus pflanzl. oder tier. Rückständen u. a. toten organ. Stoffen beziehen, z. B. Holz, Laub, Streu, Textilien. Pilzliche u. bakterielle Saprobien sind wichtig bei der ↗Mineralisation von organ. Substanzen (↗Kohlenstoffkreislauf, B). Nach dem Vorkommen bestimmter saprober Mikroorganismen kann die Gewässergüte beurteilt werden (↗Saprobiensystem).

Saprodinium *s* [v. *sapro-, gr. dinein = drehen], Gatt. der ↗Odontostomata.

Saprolegnia *w* [v. *sapro-, gr. lēgnon = Saum], Gatt. der ↗Wasserschimmelpilze.

Saprolegniales [Mz.; v. *sapro-, gr. lēgnon = Saum], Ord. der ↗*Oomycetes,* Niedere Pilze, deren meiste Arten auf Detritus im Wasser leben, andere in feuchter Erde; einige wachsen parasitisch. Die einzelligen Vertreter der Fam. *Ectrogellaceae* schmarotzen auf Algen; die Arten der Fam. *Thraustochytriaceae* verankern ihre winzigen Thalli mit einem Rhizoidmycel auf Algen. Unter den höheren Formen mit einem gut entwickelten Mycel (Fam. *Saprolegniaceae*) gibt es wirtschaftl. wichtige Parasiten (↗Wasserschimmelpilze).

Sapromyophilie *w* [v. *sapro-, gr. myia = Fliege, philia = Freundschaft], Form der ↗Fliegenblütigkeit.

Sapropel *m* [v. *sapro-, gr. pēlos = Schlamm], *Faulschlamm,* anaerobe Sedimente am Boden nährstoffreicher, meist stehender Gewässer, die durch Eisensulfid u. Huminstoffe schwarz gefärbt sind u. unangenehm riechen. S. entsteht durch die anaerobe Zersetzung von organ. Substanzen, z. B. Pflanzen- u. Tierresten, bei verschiedenen Gärungen u. der Sulfatatmung v. Bakterien (anaerobe ↗Mineralisation). Außer den organ. Gärprodukten (z. B. Methan) entstehen auch CO_2, NH_3 und H_2S, das für die Bodenfauna giftig ist. – Bodenkundl. wird S. als subhydrische Humusform bzw. als subhydrischer Boden (Unterwasserboden) betrachtet. Nach Trockenlegung ist das Material für eine evtl. Nutzung ungeeignet, da sich bei Luftzutritt Schwefelsäure bildet. ↗Dy, ↗Gyttja.

Saprophagen [Mz.; v. *sapro-, gr. phagos = Fresser], *Saprotrophe, Saprozoen,* Tiere, die v. verwesender od. faulender organism. Substanz (Leichen, Exkrementen, Exkreten, Detritus) leben. ↗Aasfresser, ↗Nekrophagen, ↗Koprophagen, ↗Rekuperanten, ↗Saprobionten.

Saprophile [Mz.; v. *sapro-, gr. philos = Freund], die ↗Saprobionten.

Saprophyten [Mz.; v. *sapro-, gr. phyton = Gewächs], *Fäulnispflanzen, Humuspflanzen, Moderpflanzen,* pflanzl. Fäulnisbewohner (↗Saprobionten), die nicht od. nicht ausreichend zur Photosynthese befähigt sind u. daher ihren Nährstoffbedarf ganz od. teilweise aus toter organ. Substanz (v. a. ↗Humus) decken. S. sind Bakterien, Pilze u. einige Blütenpflanzen (v. a. Orchideen, wie z. B. Widerbart, Dingel, Korallenwurz; ferner der Fichtenspargel).

Saprotrophe [Mz.; v. *sapro-, gr. trophē = Ernährung], die ↗Saprophagen.

Saprozoen [Mz.; v. *sapro-, gr. zōa = Tiere], die ↗Saprophagen.

Sapygidae [Mz.; v. gr. saos = heil, pygē = Steiß], Fam. der ↗Hautflügler.

Saraca *w,* Gatt. der ↗Hülsenfrüchtler.

Sarcina *w* [lat., = Bündel, Paket], Gatt. der ↗*Peptococcaceae,* grampositive, große (∅ 1,8–3,0 µm), unbewegl., streng anaerobe Kokken, die in Zellpaketen zu 8 oder mehr Zellen zusammenbleiben (☐ Bakterien). Sie benötigen komplexe Nährböden (Aminosäure u. Vitamine) u. vergären verschiedene Kohlenhydrate; Gär-Endprodukte aus Glucose sind Butter- od. Essigsäure, Kohlensäure u. molekularer Wasserstoff; sie besitzen keine Katalase. Die beiden Arten *S. ventricula* und *S. maxima* kommen u. a. im Boden u. in trübem (verdorbenem) Bier vor. – Als *S.* oder Sarcinen wurden fr. alle (auch aerobe) kokkenförmige Bakterien bezeichnet, die in Tetraden od. regelmäßigen Zellpaketen zu 8 oder mehr Zellen zusammenbleiben. Die aeroben Formen werden heute vorwiegend in die Gatt. *Micrococcus* eingeordnet.

Sarcocaulon *s* [v. *sarco-, gr. kaulos = Stengel], Gatt. der ↗Storchschnabelgewächse.

Sarcocheilichthys *m* [v. *sarco-, gr. cheilos = Lippe, ichthys = Fisch], Gatt. der ↗Gründlinge.

Sarcocystis *w* [v. *sarco-, gr. kystis = Blase], Gatt. der ↗Sarcosporidia.

Sarcocystose *w* [v. *sarco-, gr. kystis = Blase], Befall vieler Säuger u. Vögel (manchmal Reptilien) durch den auf Muskelgewebe spezialisierten Einzeller *Sarcocystis* (Gatt. der ↗*Sarcosporidia*); weltweit verbreitet. In den Zwischenwirten (Beutetiere fleischfressender Räuber), in denen sich oral aufgenommene Sporozoiten zu 50–90 ↗Merozoiten vermehren u. jeder Merozoit in neuen Endothelzellen das gleiche wiederholt, kommt es zu hohem Fieber u. inneren Blutungen, die oft zum Tode führen. Die Merozoiten können sich aber auch als Metrocyten in Gewebecysten durch ↗Endodyogenie weiterteilen, bis viele Tausende in etwa 1 mm großen schlauchart. Gebilden („Miescher-Schläuchen") liegen. In Endwirten (fleischfressende Räuber, *S. suihominis* und *S. ovifelis* im Menschen) vollziehen sich nach Aufnahme cystenhalt. Gewebes die geschlechtl. Vorgänge des Parasiten u. noch im Darmepithel die Sporogonie. Folge sind höchstens leichte Durchfälle (in Selbstversuchen festgestellt). Gelegentl. kann der Mensch offenbar auch als Zwischenwirt Gewebecysten in der Muskulatur haben *(S. lindemanni).*

Saprophyten

Da Bakterien u. Pilze heute nicht mehr dem Pflanzenreich zugeordnet werden, bezeichnet man diese chemoorganotrophen Formen heute eher als Saprobien (↗Saprobionten). Eine Sonderstellung nehmen die *Perthophyten* ein, die zunächst in einer parasitischen Phase lebende Organismen abtöten u. anschließend in einer saprophytischen Phase v. den abgestorbenen Resten leben.

sapro- [v. gr. sapros = in Fäulnis übergehend, faul, verfault; ranzig].

sarc-, sarco-, sarko- [v. gr. sarx, Gen. sarkos = Fleisch; Muskel].

sarc-, sarco-, sarko- [v. gr. sarx, Gen. sarkos = Fleisch; Muskel].

sarcopt- [v. gr. sarx, Gen. sarkos = Fleisch, koptein = verwunden, anbeißen].

Sarcoptiformes

Einige wichtige Familien u. Vertreter:

Acaridae
(↗Vorratsmilben)
- ↗Hausstaubmilbe *(Dermatophagoides pteronyssinus)*
- ↗Käsemilbe *(Tyrophagus casei)*
- ↗Mehlmilbe *(Acarus siro)*
- ↗Polstermilbe *(Glyciphagus domesticus)*

Sarcoptidae
- ↗Kalkbeinmilbe *(Cnemidocoptes mutans)*
- ↗Krätzmilbe *(Sarcoptes scabiei)*
- Räudemilben *(Sarcoptes, Notoedres)*

Psoroptidae
- *Dermatophages* (↗Schuppenmilben)
- *Otodectes*
- *Psoroptes* (Saugmilben)

Pterolichidae

Analgesidae
(↗Gefiedermilben)

Falculiferidae

Dermoglyphidae

Cytoditidae
- ↗Luftsackmilbe *(Cytodites nudus)*

Oribatei
(↗Hornmilben)

Sarcodina [Mz.; v. *sarco-, gr. dinein = drehen], die ↗Wurzelfüßer.

Sarcodon *m* [v. *sarc-, gr. odōn = Zahn], Gatt. der ↗Stachelpilze.

Sarcogyne *w* [v. *sarco-, gr. gynē = Frau], Gatt. der ↗Acarosporaceae.

Sarcophaga *w* [v. *sarco-, gr. phagos = Fresser], Gatt. der ↗Fleischfliegen.

Sarcophyton *s* [v. *sarco-, gr. phyton = Gewächs], Gatt. der ↗Weichkorallen.

Sarcopterygia [Mz.; v. *sarco-, gr. pterygion = Fischflosse], die ↗Fleischflosser.

Sarcoptes *m* [v. *sarcopt-], *Grabmilben,* Gatt. der ↗*Sarcoptiformes;* hierzu auch die ↗Krätzmilbe.

Sarcoptesräude *w* [v. *sarcopt-], die ↗Gamsräude.

Sarcoptidae [Mz.; v. *sarcopt-], Fam. der ↗Sarcoptiformes (T).

Sarcoptiformes [Mz.; v. *sarcopt-], artenreiche U.-Ord. der ↗Milben (vgl. Tab.); meist fehlen Atmungs-, Zirkulations- u. Exkretionsorgane; die Cheliceren sind als Scheren ausgebildet; Darmtrakt u. After vorhanden, nur 1 Paar Mitteldarmdivertikel. Hierher gehören einige wichtige Fam., deren Vertreter als Detritus- u. Abfallfresser, Streuzersetzer, Vorratsfresser u. Parasiten leben, z. B. ↗Vorratsmilben *(Acaridae),* die beim Menschen oft Allergien hervorrufen, u. *Sarcoptidae,* die Hautparasiten sind (↗Hautmilben). Zu den *Psoroptidae* gehören *Psoroptes equi* (↗Räude, bes. bei Pferden) u. die 0,5 mm lange *Otodectes cynotis,* die bei Hunden u. Katzen im äußeren Gehörgang lebt. Als Gefiederbewohner leben die Vertreter der *Pterolichidae, Analgesidae* (↗Gefiedermilben), *Falculiferidae, Dermoglyphidae* u. *Cytoditidae* (↗Luftsackmilbe). Als Nahrung dienen Schuppen u. das fettreiche Bürzeldrüsensekret. Eine sehr wichtige Rolle beim Streuabbau spielen die ↗Hornmilben.

Sarcorhamphus *m* [v. *sarco-, gr. rhamphos = Krummschnabel], Gatt. der ↗Neuweltgeier.

Sarcoscyphaceae [Mz.; v. *sarco-, gr. skyphos = Becher], *Kelchbecherlinge,* Fam. der ↗Becherpilze; auf Holz wachsende Schlauchpilze mit schüssel- bis urnenförm., lebhaft gefärbten od. dunkelbraunen bis schwarzen Apothecien-Fruchtkörpern. Ein auffälliger Vertreter aus der Gatt. *Sarcoscypha* ist der zinnoberrote Kelchbecherling (*S. coccinea* Lamb.), der an feuchten Orten auf Moderholz v. Laubbäumen gleich nach der Schneeschmelze seine deutlich gestielten, auf der Innenseite zinnoberroten, schalenförm. Apothecien (∅ 1–4 cm) entfaltet; außen sind die Fruchtkörper weißl., flockig-haarig.

Sarcosoma *s* [v. *sarco-, gr. sōma = Körper], Gatt. der ↗Becherpilze (Fam. *Sarcosomataceae*) mit 1 Art, dem Gallertbecherling (*S. globosum* Rehm); im Frühjahr u. Herbst an feuchten Stellen, zw. Moos; im Nadelwald findet man seine kugeligen bis eiförm. Fruchtkörper (∅ 3–5[10] cm), deren faltig-runzelige, braune Außenseite mit schwärzl. Haaren besetzt ist.

Sarcosphaera *w* [v. *sarco-, gr. sphaira = Kugel], Gatt. der ↗*Pezizaceae* (Becherlinge) mit dem auffälligen Kronenbecherling (*S. crassa* Ponz.); sein sehr großer Fruchtkörper (∅ 5–15[20] cm) öffnet sich stern- bis schüsselförmig; das reife Hymenium an der Innenseite ist violett, die Außenseite des Apotheciums schmutzigweiß; Vorkommen in Nadel- u. Laubwald, jung im Boden eingesetzt.

Sarcosporidia [Mz.; v. *sarco-, gr. spora = Same], neuerdings den ↗*Coccidia* zugeordnete Gruppe; einzellige Parasiten mit obligatem Wirtswechsel zw. einem Wirbeltier, das eine potentielle Beute ist (Schaf, Rind), u. einem Räuber (Hund). Bekannt sind die schlauchförm. Cysten der Gatt. *Sarcocystis* (Miescher-Schläuche) in der Schlundmuskulatur v. Schlachtvieh (↗Sarcocystose).

Sardellen [Mz.; v. lat. sarda = Sardelle], *Engraulidae,* Fam. der ↗Heringsfische mit 15 Gatt. und ca. 100 Arten v. a. in trop. und gemäßigten Meeren, bilden oft riesige Schwärme in Küstenbereichen; mit vorspringendem Oberkiefer, großem Maul u. rundem Körperquerschnitt; als Planktonfresser wicht. Glied in der Nahrungskette größerer Fische u. wegen ihres Massenauftretens wirtschaftl. bedeutend. An eur. Küsten v. Schottland bis zum Schwarzen Meer ist die um 15 cm lange Europäische S. od. Anchovis (*Engraulis encrasicholus,* B Fische VI) häufig; sie kommt meist gesalzen, in Öl eingelegt od. als Paste verarbeitet in den Handel. Die etwas kleinere, ostpazif. Südamerikanische S. *(E. ringens)* wird v. a. an den Küsten v. Chile u. Peru gefangen; als Hauptnahrung vieler Seevögel ist sie zudem wichtig für die ↗Guano-Industrie. Auch die Japanische S. *(E. japonicus),* die Südafrikanische S. *(E. capensis)* u. die Nordpazifische S. *(E. mordax)* sind wirtschaftl. von Bedeutung.

Sardina *w* [lat., = Sardelle], die ↗Sardinen.

Sardinella *w* [v. lat. sardina = Sardelle], Gatt. der ↗Sardinen.

Sardinen [Mz.; v. lat. sardina = Sardelle], *Sardina,* Gatt. der ↗Heringe mit 1 Art, der bis 30 cm langen Sardine od. Pilchard (*S. pilchardus,* B Fische VI), die an eur. und nordwestafr. Küsten vorkommt; ihre 13–16 cm langen Jugendformen werden v. a. als *Öl-S.* verarbeitet. Die Arten der verwandten Gatt., die Kleinen S. *(Sardinella)* mit 16 Arten v. a. im trop. Ind. und Atlant. Ozean u. die Falschen S. *(Sardinops)* mit 5 trop. und subtrop. marinen Arten, haben ebenfalls erhebliche wirtschaftl. Bedeutung.

Sardinops *w* [v. lat. sardina = Sardelle, gr. ōps = Gesicht], Gatt. der ↗Sardinen.

Sareptasenf [ben. nach der phöniz. Stadt Sarepta (heute Sarafent)], *Brassica juncea,* ↗Kohl.

Sargassofisch [v. port. sargaço = Meeralge], *Histrio histrio,* ↗Fühlerfische.
Sargassosee *w* [v. port. sargaço = Meeralge], Teil des Atlant. Ozeans, zw. Azoren u. Bermudas, reich an dem Beerentang *Sargassum* (↗Fucales); Laichgebiet des Flußaals u. des Amerikan. Aals (↗Aale, ☐).
Sargassum *s* [v. port. sargaço = Meeralge], Gatt. der ↗Fucales.
Sarkokarp *s* [v. *sarko-, gr. karpos = Frucht], Bez. für das fleischig od. saftig ausgebildete Mesokarp mancher Früchte, z. B. bei der Pflaume.
Sarkolemm *s* [v. *sarko-, gr. lemma = Rinde, Schale], strukturelast. „Strumpf" aus feinen ↗kollagenen Fasern, der Skelettmuskelfasern umspinnt u. deren Verankerung in den innermuskulären Bindegewebssepten (Endo- u. Perimysium) u. letztlich der perimuskulären Bindegewebsscheide (↗Faszie) u. Sehne bewirkt. Bes. in neuerer Lit. wird der Begriff S. auch gleichbedeutend mit ↗*Myolemm* als *Plasmalemm* der Muskelzellen u. Muskelfasern verstanden.
Sarkomeren [Ez. *Sarkomer;* v. *sarko-, gr. meros = Teil], ↗Muskulatur (B), ↗Muskelkontraktion (B I).
Sarkomviren [Mz.; v. gr. sarkōma = Fleischgeschwulst], ↗RNA-Tumorviren.
Sarkoplasma *s* [v. *sarko-, gr. plasma = Gebilde], Protoplasma v. Muskelzellen, v. a. der Skelettmuskelfasern (↗Muskulatur); ↗Muskelkontraktion.
sarkoplasmatisches Reticulum *s,* ↗endoplasmatisches Reticulum der Skelettmuskelfasern; ↗Muskulatur (B).
Sarkosepten [Mz.; v. *sarko-, lat. saeptum = Scheidewand], *Sarcosepten,* die ↗Mesenterien.
Sarkosin *s* [v. *sarko-], *Sarcosin, N-Methylglycin, N-Methylaminoessigsäure, Monomethylglykokoll,* eine nichtproteinogene Aminosäure, die als Zwischenprodukt des Aminosäurestoffwechsels auftritt (Methylierungsprodukt des ↗Glycins); Bestandteil der ↗Actinomycine (☐), Abbauprodukt des Kreatins in Muskeln.
Sarkosomen [Mz.; v. *sarko-, gr. sōma = Körper], häufige Bez. für die im Cytoplasma (Sarkoplasma) gelegenen ↗Mitochondrien einer Muskelzelle.
Sarkotesta *w* [v. *sarko-, lat. testa = Schale], Bez. für eine fleischig ausgebildete Samenschale (↗Samen); z. B. bei *Ginkgo.*
Sarothamnion *s* [v. gr. saros = Besen, thamnos = Busch], Verb. der ↗Calluno-Ulicetalia.
Sarothamnus *m* [v. gr. saros = Besen, thamnos = Busch], ↗Besenginster.
Sarraceniales [Mz.; ben. nach dem frz. Arzt M. Sarrazin (latinisiert Sarracenus), 1659–1736], die ↗Schlauchblattartigen.
Sarsia *w* [ben. nach dem norw. Zoologen G. O. Sars, 1837–1927], Gatt. der ↗Corynidae.

sarc-, sarco-, sarko- [v. gr. sarx, Gen. sarkos = Fleisch; Muskel].

Sassafras albidum

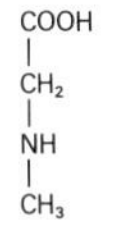

Sarkosin

Satelliten

Einige Pflanzenviren und ihre S. (in Klammern):

Tabaknekrosevirus, TNV (STNV, S.-RNA 1239 Nucleotide)
Tabakringflecken-Virus (S.-RNA 350 Nucleotide)
Tomatenschwarzring-Virus (S.-RNA 1375 Nucleotide)
Gurkenmosaik-Virus (S.-RNA 334–386 Nucleotide)

Sasin, die ↗Hirschziegenantilope.
Sassaby *s* [sas^e^be; v. Bantu tshêsêbê], *Damaliscus lunatus lunatus,* U.-Art der ↗Leierantilopen.
Sassafras *m* [südam., über span. sasafrás = Fieberbaum], *S.baum,* Gatt. der ↗Lorbeergewächse mit 2 Arten in N-Amerika und O-Asien. Bekannt ist der im O von N-Amerika beheimatete, bis 30 m hohe Fenchelholz- od. Nelkenzimtbaum *(S. albidum, S. officinale)* mit gelappten od. ganzrand., dunkelgrünen Blättern, die auf dem gleichen Baum verschieden geformt sind; die Früchte der grünl.-gelben, zweihäusigen Blüten sind erbsengroß u. schwarz. Aus den Blättern wird Gewürzpulver, aus dem Holz der Wurzel *(S.holz, Fenchelholz)* u. aus der Wurzelrinde äther. Öl. (*S.öl,* enthält bis 80% Safrol, außerdem Eugenol u. α-Pinen; Verwendung u. a. zur Parfümierung v. Seifen) gewonnen; S.holz wird in der Volksmedizin u. a. für harntreibende Tees verwendet.
Satanspilz, *Satansröhrling, Boletus satanas* Lenz., gift. ↗Dickfußröhrling; Hut silber-olivgrau, alt auch ockerfarben (∅ 6–25 cm), mit röhrenförm. Hymenium, dessen Poren rötl. (meist karminrot) gefärbt sind. Der knollige, bauchige, gelbe Stiel hat ein rotes Netz; das weißl. Fleisch ist schwach bläuend; der Geruch widerlich, alt aasartig; kommt in Laubwald auf Kalk vor. B Pilze IV.
Satelliten, *S.viren, S.-RNAs,* defekte Viruspartikel, deren Vermehrung vollständig v. der Anwesenheit eines ↗Helfervirus abhängig ist. Das Genom von S. besitzt i. d. R. keine Nucleinsäurehomologie zum Genom des Helfervirus (im Ggs. zu ↗Defekten interferierenden Partikeln) od. der Wirtszelle (im Ggs. zu ↗Pseudovirion). Bei S.viren enthält das Genom die genet. Information für ein eigenes Capsidprotein; S.-RNAs benutzen die Hüllproteine des Helfervirus. S. sind hpts. als Begleiter v. ↗Pflanzenviren bekannt (vgl. Tab.). Beispiel für S. von Tierviren sind die Adeno-assoziierten Viren (↗Parvoviren). S. von Pflanzenviren besitzen meist ein lineares RNA-Genom, das als m-RNA dienen kann. Zirkuläre S.-RNAs ohne in vitro m-RNA-Aktivität sind ebenfalls bekannt; sie werden als *viroidähnliche RNAs* oder *Virusoide* bezeichnet (↗Viroide).
Satellitenchromosomen, *SAT-Chromosomen,* ↗Chromosomen, die eine Sekundäreinschnürung tragen.
Satelliten-DNA, DNA-Fraktion eukaryotischer DNA, die sich durch ↗Dichtegradienten-Zentrifugation (oft in Ggw. bestimmter interkalierender Farbstoffe; ↗Interkalation) als Satelliten-Bande v. der DNA-Hauptmenge abtrennen läßt u. die häufig aus sich vielmals wiederholenden kurzen Nucleotidsequenzen (sog. repetitive Sequenzen, ↗repetitive DNA) aufgebaut ist. ↗Desoxyribonucleinsäuren.

Satinholz *s* [satã-; v. frz. satin (chin. Herkunft) = Satin, glänzender Stoff], *Seidenholz,* Sammelbez. für verschiedene, in gehobeltem Zustand seidenartig glänzende Hölzer: a) *ostindisches S.* (Atlasholz) von *Chloroxylon swietenia* (Fam. ↗Rautengewächse), b) *westindisches S.* von *Fagara flava* (Rautengewächse), c) das *westafrikanische S.* oder ↗*Abachi* von *Triptochiton scleroxylon* (Fam. *Sterculiaceae*). Als Nußbaumersatz dient das *Nuß-S.* des „Satinnußbaums", *Liquidambar styraciflua* (Fam. ↗Zaubernußgewächse).

Satsumas [Mz.; ben. nach der jap. Provinz Satsuma auf der Insel Kyushu], Sorte v. *Citrus reticulata,* ↗Citrus.

Sattel, Element der ↗Lobenlinie (□) v. ↗*Ammonoidea;* ↗Lobenformel.

Sattelkröten, *Brachycephalidae,* Fam. der Froschlurche mit nur 1 Gatt. u. 1 Art, *Brachycephalus ephippium;* S. sind kleine (18–20 mm), leuchtend gelborange gefärbte Fröschchen mit einem verknöcherten Rückenschild („Sattel"); leben auf u. im Fallaub der Bergregenwälder in Brasilien zw. São Paulo u. Rio de Janeiro, Biologie wenig bekannt; die Larven leben in Bergbächen.

Sattellorcheln, *Helvelloideae,* U.-Fam. der ↗Echten Lorcheln; Schlauchpilze mit meist langgestieltem, lappigem oder sattelförm. Hut, auch mit schüsselförm. Oberteil; i.d.R. auf der Erde, ausnahmsweise auf morschem Holz wachsend. Etwa 25 Arten, die heute meist nur in 1 Gatt., *Helvella,* eingeordnet werden. Die Arten der früheren Gatt. *Helvella* zeichnen sich durch mehr od. weniger scharfgratige Längsrippen am Stiel u. eine kräftige Fruchtkörperform aus; zw. den Rippen befinden sich gleichlaufende Furchen u. Gruben. Ein typ. Vertreter ist die eßbare Herbstlorchel (*H. crispa* Scop.). Im Ggs. dazu hat der Hochgerippte Becherling (*Acetabula vulgaris* Fuck. = *H. acetabulum* Quel.) ein kegelförm. Oberteil.

Sattelmücke, *Haplodiplosis equestris,* ↗Gallmücken.

Sattelmuscheln, *Sattelaustern, Anomiidae,* Fam. der ↗*Anisomyaria,* Meeresmuscheln mit rundl., ungleichklappiger Schale, die innen oft perlmuttrig ist; rechte Klappe mit Aussparung für den Durchtritt des Byssus; Scharnier ohne Zähne. Nur der hintere Schließmuskel ist erhalten. Getrenntgeschlechtl., larvipare Muscheln mit ca. 15 Arten in 4 Gatt., von denen *Anomia* u. *Heteranomia* weitverbreitet sind; sie heften sich am Substrat an. *A. ephippium,* bis 7 cm ∅, lebt im Flachwasser der NO-atlant. Küsten u. des Mittelmeers, auch bei Helgoland. Zu den S. gehören auch die ↗Fensterscheibenmuschel u. die Gatt. *Enigmonia,* die in SO-Asien an Mangrove lebt; sie kann längere Zeit außerhalb des Wassers überstehen, hat Mantelaugen u. bewegt sich „schrittweise" mit ihrem Fuß.

Sattelrobbe, *Pagophilus groenlandicus,* ganzjährig im Nordmeer lebende Seehund-Art mit sattelart. Fellzeichnung; Kopfrumpflänge 180 (♀♀) bis 220 cm (♂♂). Zur Geburt ihrer Jungen auf dem Eis wandern die S.n im Frühjahr nach S an die Küsten Kanadas (v.a. Labrador u. Neufundland), ins Grönländ. Meer (nördl. von Jan Mayen) u. im O in das Weiße Meer. Aufgrund des v. der Pelz-Ind. begehrten rein weißen Jugendfelles („White-coat") u. der hohen Individuendichte an den Wurfplätzen hat die S. am meisten unter den alljährlichen Massenabschlachtungen durch „Robbenschläger" zu leiden. □ Robben, B Polarregion III.

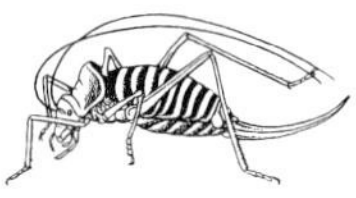

Gemeine Sattelschrecke *(Ephippiger ephippiger)*

Sattelschrecken, *Ephippigeridae,* Fam. der ↗Heuschrecken (Langfühlerschrekken) mit in Mitteleuropa nur 2 Arten: Die ca. 3 cm große Art *Ephippiger ephippiger* besitzt ein sattelartig gewölbtes Halsschild (Name) u. stark verkürzte Flügel; die Vorderflügel beider Geschlechter haben Lautapparate. In süddt. Weinbaugebieten findet sich die sonst nur im warmen Klimagürtel verbreitete Steppen-S. *(E. vitium).*

Sättigungsdefizit ↗Feuchtigkeit.

Satureja *w* [v. lat. satureia =], das ↗Bohnenkraut.

Saturnia *w* [v. lat. Saturnius = Gott Saturn], Gattung der Pfauenspinner, ↗Nachtpfauenauge.

Saturniidae [Mz.; v. lat. Saturnius = Gott Saturn], die ↗Pfauenspinner.

Satyrhühner [Mz.; v. gr. satyros = geschwänzter Waldgott], *Tragopan,* Gatt. der ↗Fasanenvögel.

Satyridae [Mz.; v. gr. satyros = geschwänzter Waldgott], die ↗Augenfalter.

Sau, weibl. geschlechtsreifes (Haus-) Schwein.

Saubohne, *Vicia faba,* ↗Wicke.

Sauerampfer, *Rumex acetosa,* ↗Ampfer.

a

b

Sauerdorn

a Zweig der Berberitze *(Berberis vulgaris)* mit Früchten; **b** Blattdornen der Berberitze

Sauerdorn, *Berberis,* Gatt. der ↗Sauerdorngewächse mit ca. 500 Arten, außer in Austr. weltweit verbreitet; überwiegend Sträucher, deren Langtriebe Blattdornen hervorbringen bei gleichzeit. Auswachsen der normal beblätterten Kurztriebe. In Mitteleuropa kommt nur der S. (Berberitze), *B. vulgaris* (B Europa X), wild in wärmeliebenden Gebüschen (↗*Berberidion)* vor; die Staubbeutel der gelben Blüten zeigen Seismonastie. Der S. ist Zwischenwirt des Getreide-↗Rostpilzes *Puccinia graminis.* Ein weiteres Charakteristikum der Gatt. sind die zahlr. ↗Isochinolin-Alkaloide (□ Alkaloide), z.B. das ↗*Berberin.* In Mitteleuropa werden zahlr. Ziersträucher der Gatt. mit ihren roten, eßbaren Beeren kultiviert.

1

2

Sauerdorngewächse

1 Mahonie *(Mahonia aquifolium),* **2** Sokkenblume *(Epimedium alpinum)*

Sauerdorngewächse, *Berberidaceae,* Fam. der ↗Hahnenfußartigen, mit ca. 14 Gatt. und 600 Arten hpts. in der nördl. gemäßigten Zone u. den südam. Gebirgen verbreitet. Die Sträucher od. Kräuter haben meist wechselständige, einfache od. zusammengesetzte Blätter. Die traubig bis rispig angeordneten Blüten sind radiär mit i.d.R. je 3 freistehenden Kelch- u. Kronblättern und 4–8 Honigblättern. Einige Arten zeigen eine ↗Seismonastie der Staubblätter, die bei Berührung nach innen klappen. Aus dem oberständ. Fruchtknoten entwickelt sich eine Beere od. Kapsel. Wichtige Gatt. sind ↗Sauerdorn *(Berberis)* u. Mahonie *(Mahonia).* Letztere ist mit ca. 100 Arten kosmopolit. verbreitet u. zeichnet sich durch große Fiederblätter aus; die aus N-Amerika stammende *M. aquifolium* mit glänzend dunkelgrünen, stechenden Blättern u. blauen Beeren wird in Mitteleuropa häufig angepflanzt. Aus Ober-It. stammt die Sockenblume *(Epimedium alpinum)* mit 4zähligen Blüten u. Kapselfrüchten; sie ist gelegentl. in unseren Gärten zu finden.

Sauerfäule, *Rohfäule,* Befall noch nicht ausgereifter Weinbeeren durch ↗*Botrytis cinerea* (Grauschimmel), vorwiegend bei feuchter Witterung, bes., wenn die Beeren vorher durch Hagelschlag, Sauerwurmfraß (Traubenwicklerlarve) od. auf andere Weise geschädigt wurden. Die Beeren werden weich u. faul u. ergeben einen sauren, wenig gehaltvollen, zum Braunwerden neigenden Most. Befall vollreifer Beeren ↗Edelfäule.

Sauerfutter ↗Silage.

Sauergrasartige, *Riedgrasartige, Cyperales,* Ord. der ↗*Commelinidae* mit der einzigen Fam. ↗Sauergräser.

Sauergräser, *Sauergrasgewächse, Riedgrasgewächse, Riedgräser, Cyperaceae,* einzige Fam. der Sauergrasartigen *(Cyperales),* mit rund 70 Gatt. (vgl. Tab.) und 4000 Arten weltweit verbreitet; der Schwerpunkt des Vorkommens liegt im gemäßigten bis subarkt. Bereich sowohl der N- als auch der S-Halbkugel. Die Arten wachsen überwiegend auf nassen Böden, einige sind wicht. Torfbildner. Bis auf eine Ausnahme (*Microdracoides,* W-Afrika) sind alle Arten krautig, meist mehrjährig u. von grasart. Habitus. Im Ggs. zu den ↗Süßgräsern *(Poaceae)* sind die Stengel jedoch massiv, nur selten knotig gegliedert u. meist dreikantig. Häufig ist ein unterird. Rhizom vorhanden. Die Blätter sind gewöhnl. am Stengelgrund gehäuft, dreizeilig angeordnet u. an der Basis röhrenförmig verwachsen. Die Blüten der windbestäubten Arten sind unscheinbar. Innerhalb der Fam. ist eine Entwicklung v. monoklinen, mit Perigonborsten versehenen Blüten (↗Teichbinse, ↗Simse, ↗Sumpfbinse) zu diklinen, stark abgewandelten Blüten (↗Seggen) zu verfolgen. Die jeweils in der Achsel einer Spelze (Tragblatt) sitzenden Einzelblüten sind zu mehrblüt. Ährchen zusammengefaßt. Die Staubblattzahl variiert von 1 bis 6; der oberständ. Fruchtknoten wird von 2–3 Fruchtblättern gebildet u. enthält nur 1 Samenanlage. Die Frucht ist eine Nuß. Die fossil schon aus der oberen Kreide bekannten S. sind mit den Süßgräsern nur weitläufig verwandt (verschiedene Über-Ord.); hingegen werden sie mit den ↗Binsengewächsen *(Juncaceae)* zu einer Über-Ord. *(Juncanae)* zusammengefaßt.

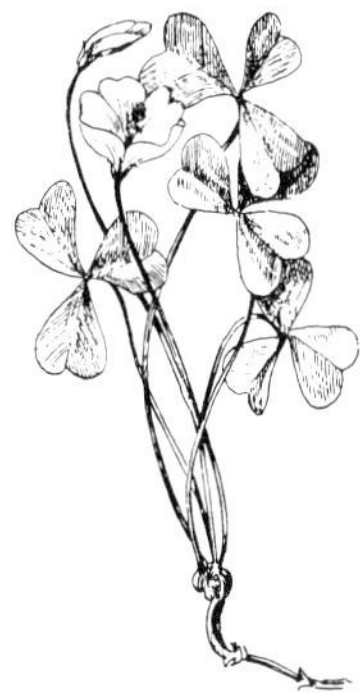

Wald-Sauerklee *(Oxalis acetosella)*

Sauergräser

Wichtige Gattungen:
↗Haarbinse *(Trichophorum)*
↗Kopfried *(Schoenus)*
↗Moorbinse *(Isolepis)*
↗Nacktried *(Elyna)*
↗Schnabelbinse *(Rhynchospora)*
↗Schneide *(Cladium)*
↗Segge *(Carex)*
↗Simse *(Scirpus)*
↗Sumpfbinse *(Eleocharis)*
↗Teichbinse *(Schoenoplectus)*
↗Wollgras *(Eriophorum)*
↗Zypergras *(Cyperus)*

Sauerkirsche, *Prunus cerasus,* ↗Prunus.

Sauerklee, *Oxalis,* artenreichste Gatt. der ↗Sauerkleegewächse mit ca. 850 Arten; Verbreitungsschwerpunkte in S-Afrika, Anden, Brasilien u. Mexiko. Einjähr. oder ausdauernde Kräuter mit handförm. Blättern; hoher Gehalt an ↗Oxalsäure; Schlafbewegungen (☐ Chronobiologie). Der Wald-S. (*O. acetosella,* B Europa V) hat langgestielte, grundständ. 3zählige, kleeblattähnl. Blätter; die 5 weißen Kronblätter sind deutl., aber zart geadert; kommt gesellig in montanen, krautreichen Nadel- u. Laubmischwäldern, in Hochstauden- u. Zwergstrauch-Ges. in ganz Europa vor; aus den Blättern wurde fr. in größeren Mengen Oxalsäure gewonnen. Der gelb blühende Aufrechte S. (*O. fontana,* Heimat vermutl. N-Amerika) ist als Kulturbegleiter ein häufiges Unkraut. Der Hornfrüchtige S. *(O. corniculata)* blüht ebenfalls gelb; niederliegende Stengel, wechselständ. Blätter; urspr. wohl SW-China und N-Indien; heute in warmen Zonen weltweit. Seit alters her ist Oka oder Oca *(O. tuberosa)* in den Anden in Kultur; unter Kurztagbedingungen entstehen stärkehalt. Sproßknollen, die v.a. den Indianern als Nahrung dienen, z.T. aber auch in Europa (Fkr.) gegessen werden.

Sauerkleegewächse, *Oxalidaceae,* Fam. der Storchschnabelartigen mit 5 Gatt. und ca. 900 Arten, deren Verbreitungszentren in den Tropen u. Subtropen liegen, die aber auch in den gemäßigten Zonen häufig vorkommen. Blätter gefiedert od. handförmig, führen oft Reiz- u. Schlafbewegungen aus; Blüten 5zählig, einzeln od. in cymösen Blütenständen; Kapselfrucht. *Connaropis* und *Averrhoa* sind baumförm. Gatt. Zu letzterer gehören die beiden Arten Karambola (*A. carambola,* urspr. Malaysia) mit 8–12 cm langen und 3–6 cm dicken, deutl. gerippten, gelben Früchten in Doppeltrauben, die sauer bis süßsauer schmecken, und Bilimbi, der Gurkenbaum *(A. bilimbi),* dessen stammbürtige, ca. 7 cm lange, gurkenart. Früchte sehr sauer schmecken u. als Reisbeilage verwendet werden. Kraut. Arten umfassen der sehr artenreiche ↗Sauerklee *(Oxalis)* sowie die Gatt. *Eichleria* u. *Biophytum* (70 Arten), deren Blattendfieder als Borste umgebildet ist; bes. *B. sensitivum* (S-Asien, Afrika, Madagaskar), eine ca. 10 cm hohe Pflanze, zeichnet sich durch starke Reizbewegungen aus.

Sauerkraut, feingehobelter Weiß-↗Kohl, der unter Zusatz v. Speisesalz durch natürl. ↗Milchsäuregärung haltbar gemacht wurde. Zur Herstellung werden die geschnittenen Kohlköpfe mit 1,5–2,5% (Gewichts-%) Speisesalz versetzt u. in Gärbot-

Sauerkraut

An der *S.-Fermentation* beteiligte Mikroorganismen:

Zu Beginn entwickeln sich aerobe Mikroorganismen, hpts. gramnegative Bakterien, Hefen u. Schimmelpilze, die den Restsauerstoff in der Lake verbrauchen u. dann absterben. Der hohe Salzgehalt u. die jetzt anaeroben Bedingungen fördern das Wachstum v. ↗Milchsäurebakterien, die anfangs nur in geringer Anzahl vorhanden waren. Die Milchsäuregärung wird v. *Leuconostoc mesenteroides* eingeleitet, das Zucker aus dem Zellsaft zu Milchsäure, Essigsäure, Alkohol und CO_2 abbaut. Bei zunehmendem Säuregehalt (bei ca. 0,7–1,0%) wird *L. mesenteroides* gehemmt, u. andere Milchsäurebakterien führen die Gärung weiter, anfangs *Lactobacillus brevis* und *Pediococcus cerevisiae* und schließl., in der Endphase, *Lactobacillus plantarum* (↗Lactobacillaceae), der bis zu einem Säuregehalt von 2–2,4% wachsen kann. Das fertige, durch den Säuregehalt konservierte S. wird vor der Verpakkung oft noch pasteurisiert, um die Haltbarkeit weiter zu erhöhen.

tichen (bis 100 t Fassungsvermögen) fest eingestampft, häufig unter Zusatz verschiedener Gewürze. Das Salz entzieht den Pflanzenzellen Nährstoffe u. Wasser, das die Luft zw. den Kohlschichten verdrängt, gefördert durch das Einstampfen. Die Gefäße werden nach dem Füllen abgedeckt, um eine Luftzufuhr zu verhindern; die Deckel (od. Abdeckfolien) müssen so beschwert werden, daß der dicht gepackte Kohl vollständig v. Lake bedeckt ist. Die S.-Fermentation ist abgeschlossen, wenn der Milchsäuregehalt ca. 1,5% erreicht hat; der Säure-Wert liegt dann bei 4,1 oder tiefer. Bei herkömml. Verfahren (bei 18–20 °C) dauert der Prozeß etwa 4 und mehr Wochen; dabei entwickeln sich mehrstufig verschiedene Mikroorganismen (vgl. Spaltentext).

Säuerling, *Oxyria,* Gatt. der ↗Knöterichartigen mit 2 ampferähnl. Arten (jedoch mit nur 4 statt 6 Perigonblättern). Die Gatt. hat eine weite Verbreitung in hohen Gebirgen und arkt. Gebieten der N-Halbkugel auf kalkarmen Steinschuttböden (z. B. Moränen). Die nierenförm. Blätter stehen nur am Blattgrund.

Sauermilchprodukte, ↗Milch-Produkte, die durch eine spontane ↗Milchsäuregärung od. unter Zusatz v. kultivierten Milchsäurebakterien *(Säureweckern, Starterkulturen)* hergestellt werden. Durch die Ansäuerung mit dem Gärungsendprodukt ↗Milchsäure fällt (koaguliert) das ↗Milchprotein (Casein) aus, u. die S. werden gleichzeitig vor dem Abbau durch Fäulnisbakterien geschützt. Einige weitere Gärungsendprodukte tragen zur Aromabildung bei (↗Milchsäurebakterien).

Sauersack, *Annona muricata,* ↗Annonaceae.

Sauerstoff, *Oxygenium,* chem. Zeichen O, nichtmetall., zweiwertiges chem. Element (□ Atom, [T] Bioelemente), das als Bestandteil der ↗Atmosphäre als molekularer S. (O_2) bzw. als ↗*Ozon* (O_3), des ↗Wassers (H_2O) u. der meisten am Stoffwechsel der Zellen u. Organismen beteiligten organ. ↗chem. Verbindungen (↗organisch) v. zentraler biol. Bedeutung ist (↗Aerobier). Reiner molekularer S. ist ein farb-, geruch- u. geschmackloses Gas, unter −183 °C eine bläul. Flüssigkeit; unter −219 °C bildet S. hellblaue Kristalle. Er besteht aus den stabilen (d. h. nicht radioaktiven) ↗Isotopen ^{16}O, ^{17}O und ^{18}O mit den relativen natürl. Häufigkeiten 99,76%, 0,04% und 0,20%. S. ist chem. sehr reaktiv u. verbindet sich mit anderen Elementen meist unter Wärmeabgabe zu ↗*Oxiden.* Der Verbindungsvorgang heißt ↗*Oxidation;* er kann bei rascher Freisetzung hoher Energiemengen als Verbrennung ablaufen, bei langsamem Verlauf als Rosten v. Eisen, Anlaufen v. Metallen od. Verwesung v. Biomasse. Die Enzyme, die S. umsetzende Reaktionen katalysieren, sind die ↗Oxidasen bzw. ↗Oxygenasen. Molekularer S. der Luft wird bei der ↗biol. Oxidation (↗Atmung; ↗Atmungskette, □; ↗S.transport) verbraucht u. damit letztl. zu Wasser umgewandelt. Demgegenüber bildet sich molekularer S. bei der ↗Photosynthese (□, [B]) durch ↗Photolyse v. Wasser *(S.kreislauf).* – S. ist das häufigste chem. Element. Außer in Atmosphäre u. Hydrosphäre ist S. zu rund 50% Bestandteil der Erdkruste in Form v. Oxiden u. Salzen. ↗Kohlenstoffkreislauf ([B]).

Sauerstoffanreicherung, Erhöhung des Sauerstoffgehalts in einem Gewässer bzw. im Abwasser durch künstl. Belüftung (z. B. Einblasen v. Luft, mechan. Durchmischung). ↗Kläranlage.

Sauerstoffbedarf ↗biochemischer S., ↗chemischer S.

Sauerstoffkreislauf ↗Kohlenstoffkreislauf (□, [B]).

Sauerstoffmangel, die ↗Anoxie.

Sauerstoffschuld, *Sauerstoffdefizit,* von A. ↗Hill geprägter Begriff für den Bedarf an Sauerstoff nach Beendigung der anaeroben Skelettmuskeltätigkeit (↗Muskulatur, ↗Muskelkontraktion) zur Wiederherstellung einer aeroben Stoffwechsellage. Mit der „Einlösung" der S. werden die Resynthese v. energiereichen Phosphaten (Phosphagene) und v. Glykogen sowie die Oxidation des angehäuften Lactats (↗Milchsäure) bestritten, ferner die Sauerstoffspeicher im Körper (respiratorische Proteine) wieder gefüllt. Ausdruck der S.begleichung nach schwerer Arbeit ist eine Hyperventilation (Atmungssteigerung, ↗Atmungsregulation).

Sauerstofftransport, die Verteilung des ↗Sauerstoffs im Organismus (↗Atmung, ↗Blutkreislauf) mittels reiner ↗Diffusion od. an respiratorische Proteine (↗Atmungspigmente, ↗Hämoglobin) gebunden u. der Transport (↗Atemgastransport) an den Ort seines Verbrauchs im Zellstoffwechsel (↗Atmungskette, ↗Blutgase); bei Tieren (und Mensch) wird der S. häufig durch ↗Atmungsorgane erleichtert.

Sauerteig, mit Mikroorganismen angereicherter *Brotteig,* der in Hausbäckerei u. Backgewerbe die Lockerung des Roggenmehl-Brotteiges einleitet. Die Mikroorganismen sind homo- u. heterofermentative ↗Milchsäurebakterien u. Hefen (↗Backhefe). Die Teigwarenlockerung erfolgt hpts. durch das während der Teigreifung u. des Backprozesses gebildete Gärungs-Kohlendioxid; außerdem entstehen Gärungsnebenprodukte, die wesentlich zum Aroma u. Geschmack des Brotes beitragen (z. B. Äthanol, Essigsäure, Milchsäure, Acetoin, Diacetyl u. höhere Alkohole). Die Säuerung (durch Essig- u. Milchsäure) des Roggenmehls auf einen pH-Wert von 4,3 u. tiefer ist auch notwendig, um die Wasseraufnahme, die Quellfähigkeit, beim Anteigen zu begünstigen u. damit die Backfä-

Einige Sauermilchprodukte

Sauerrahm (od. saure Sahne)
Sauermilch (Dickmilch)
↗Joghurt
Bioghurt
(↗Acidophilus-Milch)
↗Kefir
↗Kumys
Frisch-↗Käse
Schichtkäse
Quark
Sauermilchkäse (z. B. Harzer, Mainzer, Handkäse, Stangenkäse, Kochkäse, Kräuterkäse)

higkeit zu entwickeln. Die Säuerung schützt den Teig auch vor Fremd- u. Fehlgärungen durch Unterdrückung v. Wildhefen u. Mikroorganismen aus dem Mehl. – Die Herstellung v. Brot mit S. ist ein seit vorgeschichtl. Zeit angewandtes Verfahren. Früher wurde v. den zur Brotbereitung angerührten Teigen immer ein Teil für die nächste Teigherstellung *(Spontansauer)* zurückbehalten. Heute werden in den Bäkkereien kommerziell hergestellte Mischkulturen zur S.-Herstellung verwandt *(Reinzuchtsauer, Edelsauer, Kultursauer, Säuerungs-Starterkulturen).*

Säuerung, *Einsäuerung,* chem. durch Säurezugabe (meist Essigsäure) oder biol. mit ↗Milchsäurebakterien durchgeführtes Verfahren zum Konservieren, Aufschließen und geschmackl. Verbessern v. Nahrungs- u. Futtermitteln (vgl. Tab.). Die biol. S. wird hpts. zur Herstellung v. ↗Sauermilchprodukten u. ↗Konservierung zuckerhalt. Nahrungs- u. Futtermittel (↗Silage) angewandt. Durch die S., die Einstellung eines niedrigen Säurewerts (↗pH-Wertes) unter Luftabschluß, sind das ↗mikrobielle Wachstum der meisten Mikroorganismen, i.d.R. aller ↗Fäulnisbakterien, u. das Auskeimen v. ↗Bakteriensporen (↗Botulismus) unterbunden. So genügt eine anschließende einfache ↗Pasteurisierung, um eine langdauernde Konservierung zu erreichen.

Sauerwiesen, auf nährstoff- u. kalkarmen Böden stockende, z.T. von ↗Sauergräsern dominierte Wiesenges. der Verb. *Calthion* u. *Molinion (↗Molinietalia).*

Sauerwurm ↗Traubenwickler.

Säugen ↗Säugetiere.

Sauger, *Catostomidae,* Fam. der ↗Karpfenähnlichen mit 6 Gatt. und ca. 100, v.a. nordamerikan. und wenigen asiat. Arten; haben dicke, mit kurzen Borsten besetzte Lippen, ein unterständ., vorstülpbares, zum Ansaugen z.B. an den Untergrund geeignetes (Saug-)Maul ohne Barteln, eine Rückenflosse und große, mehrteilige Schwimmblase. Bewohner schnellfließender Bäche sind spindelförmig u. leben von tier. Nahrung, während Teichformen hochrückig sind u. Pflanzen fressen. Verschiedene nordamerikan., bis 60 cm lange Arten der Gatt. *Catostomus* sind Speisefische.

Säuger, die ↗Säugetiere.

Säugetiere, *Säuger, Haartiere, Mammalia,* neben den Vögeln die erfolgreichste Kl. der ↗Wirbeltiere, deren Vertreter sich v.a. durch die Fähigkeit zur Einhaltung einer konstanten ↗Körpertemperatur (↗Homoiothermie), hohe zentralnervöse Leistungen (↗Cerebralisation) u. die Ernährung der Jungen mit einem Hautdrüsensekret (↗Milchdrüsen) der Mutter („Säugen", ↗Milch) gegenüber ihren nächsten Verwandten (↗Vögel u. ↗Reptilien) auszeichnen. Als Land-, Wasser- u. Flugsäuger sind die S. heute mit 19 Ord. (vgl. Tab.) und insgesamt mehr als 4500 Arten weltweit verbreitet. Mit Ausnahme der tieferen Schichten des Bodens, Süßwassers u. Meeres bewohnen sie alle Lebensräume der Erde, bis in 5500 m Höhe u. bis in die Polargebiete. Anpassungen an unterschiedlichste Lebensweisen ließen äußerl. so verschiedene Organisationstypen (↗Bauplan) wie z.B. Huf-, Fleder-, Herrentiere, Robben u. Delphine entstehen. Die ↗Körpergröße der S. reicht v. einer nur 3 cm großen Fledermaus *(↗Craseonycteridae)* bis zum 30 m langen ↗Blauwal. – Gegenüber den Reptilien erfordert die Homoiothermie der S. einen erhöhten Energiestoffwechsel (bis 10facher ↗Grundumsatz; ↗Stoffwechselintensität), ermöglicht durch die 5–10fache Nahrungsmenge u. deren intensivere Ausnutzung (heterodontes ↗Gebiß, starke Kaumuskulatur [↗Kauapparat], langer Verdauungstrakt mit Darmzotten zur Oberflächenvergrößerung; ↗Darm, ↗Verdauung) sowie durch ein leistungsfähigeres Atmungs- (sekundäres ↗Mundddach, Zwerchfellatmung, Lungenalveolen; ↗Atmung, ↗Atmungsorgane) u. Kreislaufsystem (vollkommene Trennung v. Lungen- u. Körperkreislauf, nur linker ↗Aortenbogen erhalten, zellkernlose Erythrocyten; ↗Blutkreislauf, ↗Herz). Der Wärmeisolation dient das allen u. nur den S.n eigene Haarkleid (Haartiere, *Trichozoa;* sekundär rückgebildet bei Walen, Nacktmull, Mensch u.a.; ↗Haare, ↗Fell). – Hochentwickelt sind die Sinnes- u. Hirnleistungen der S. Wesentl. Anteil daran hat die Volumen- u. Oberflächenvergrößerung (Faltung der Hirnrinde; ↗Gyrifikation; ↗Gehirn, B) des als ↗Assoziationszentrum wirkenden Großhirns (↗Telencephalon), dessen beide Hemisphären durch eine vordere Kommissur u. bei den Höheren S.n *(↗Eutheria)* auch durch den ↗Balken (Corpus callosum) verbunden sind. Die Sehleistung (↗Auge, ↗Linsenauge, ↗Netzhaut) ist bei vielen Tagtieren durch das Erkennen v. Farben (Farbensehen, B), bei ↗nachtaktiven Tieren durch eine Reflexionsschicht im Auge (Tapetum lucidum) gesteigert (↗Augenpigmente, ↗Augenleuchten). Das ausgezeichnete Hörvermögen (↗Gehörorgane, ↗Gehörsinn, ↗Ohr) der S. wird durch eine wirkungsvolle ↗Schall-Aufnahme u. -Weiterleitung (äußere Ohrmuscheln als Schalltrichter, 3 ↗Gehörknöchelchen im Mittelohr) sowie durch ein ausgedehntes Sinnesepithel (verlängerte, gewundene ↗Cochlea) ermöglicht. Urspr. wichtigster Sinn der S. ist der Geruchssinn (Nahrungsfindung, Erkennen v. Artgenossen; ↗chemische Sinne, ↗Nase); bes. großflächig ist das Riechepithel bei ↗Makrosmaten. Der Fähigkeit zur Wahrnehmung u. Verarbeitung qualitativ unterschiedl. ↗Signale im Dienste der ↗Kommunikation steht eine Vielfalt an Möglichkeiten der Signalbildung gegen-

Sauerteig

Mikroorganismen des S.s (Auswahl):

Milchsäurebakterien:
Lactobacillus brevis var. *lindneri*
L. brevis
L. plantarum
L. fermenti
L. alimentarius
L. acidophilus

Hefen:
Saccharomyces cerevisiae
Torulopsis holmii
Candida krusei
Pichia saitoi

Säuerung

Nahrungs- u. Futtermittel, bei deren Herstellung eine biologische S. abläuft (Auswahl):

↗Sauerkraut
Sauergurken u.a. saure Gemüse (Mixed Pickles)
↗Silage
Rohwurst (Salami, Servelat)
Rohschinken
Roggenbrot (↗Sauerteig)
↗Sauermilchprodukte
eingelegte Oliven

über, wie z.B. Fellmuster, ↗Mimik, Lauterzeugung (↗Lautäußerung), ↗Echoorientierung ([B]), Duftsignale (↗Duftorgane, ↗Duftmarke, ↗Markierverhalten). – Deutl. Veränderungen gegenüber den Reptilien weist das ↗Skelett ([B]) der S. auf. Durch Drehung der Gliedmaßen (↗Extremitäten) unter den ↗Rumpf (↗Ellbogengelenk nach hinten, ↗Kniegelenk nach vorn; ↗Gelenk) wird dieser – zwischen den Schulterblättern „federnd“ eingehängt – vom Boden abgehoben. Die damit in Richtung der Körperlängsachse orientierte Hebelbewegung der Extremitäten ermöglicht eine schnellere ↗Fortbewegung (↗Biomechanik). Ein doppelter Gelenkhöcker (Dicondylia) verbindet den ↗Schädel mit einer stabilen ↗Wirbelsäule (biplane ↗Wirbel, ↗Bandscheiben). Der Unter-↗Kiefer besteht aus nur 1 Knochen (↗Dentale), der mit dem ↗Schuppenbein des Oberkiefers das sog. „sekundäre ↗Kiefergelenk“ bildet. Die ↗Zähne werden höchstens 1 Mal gewechselt (Diphyodontie, ↗diphyodont). – Die ↗Embryonalentwicklung ([B] I–IV) der S. beginnt mit einer Total-↗Furchung ([B]) der dotterarmen Zygote. Mit Ausnahme der eierlegenden ↗Kloakentiere sind alle S. lebendgebärend (vivipar; ↗Viviparie, □ Embryonalentwicklung). Neugeborene S. sind relativ klein u. hilflos, noch unfähig zur eigenen Wärmeregulation u. auf die mütterl. Milchnahrung angewiesen (↗Jugendentwicklung: Tier-Mensch-Vergleich). – Die Entstehung der S. begann bereits in der Trias (vor 180–200 Mill. Jahren) aus synapsiden Reptilien *(† Therapsida).* Die Fossilgeschichte läßt jedoch keine feste Grenze zw. (noch) Reptilien u. (schon) S.n erkennen, da für rezente S. typische Merkmale – nicht in ihrer Gesamtheit, aber einzeln – bei verschiedenen Vertretern der „säugetierähnl. Reptilien“ auftreten (Übergangsformen); auch lassen einige Merkmale auf Warmblütigkeit bei Therapsiden schließen. Man nimmt deshalb an, daß mehrere Linien der † Therapsiden unabhängig voneinander (↗Konvergenz) das Säugerstadium erreicht haben. Die seit der oberen Trias nachweisbaren echten S. bleiben etwa 100 Mill. Jahre lang eine unauffällige Gruppe kleinerer Wirbeltiere. Die ↗adaptive Radiation ([B]) der S. beginnt erst vor etwa 65 Mill. Jahren (Übergang Kreide/Tertiär) mit dem Aussterben der ↗Dinosaurier ([B]), der Entwicklung der Blütenpflanzen u. der Ausbreitung der Insekten. Während noch unterschiedl. Auffassungen über die Herleitung der ↗*Prototheria* bestehen, herrscht Einigkeit über die Abstammung der *Meta-* (↗Beutelsäuger) u. ↗*Eutheria* von den ↗*Pantotheria* (mittlerer Jura bis späte Kreide). Als unmittelbare Vorfahren v. ↗Beuteltieren u. Höheren S.n nimmt man maus- bis rattengroße, insektenfressende (↗Insektenfresser), baumlebende, nachtaktive Formen an. □ Organsystem, [B] Skelett, [B] Chordatiere, [B] Wirbeltiere I–II. [B] 253.

Lit.: Grzimeks Tierleben, Bd. 10–13. Zürich 1975–1977. *Krumbiegel, I.:* Biologie der Säugetiere. Krefeld 1954. *Niethammer, J.:* Säugetiere. Stuttgart 1979. *Nowak, R. M., Paradiso, J. L.:* Walker's Mammals of the World. Baltimore 1983. *H. Kör.*

Säugetiere

Rezente Ordnungen (in Klammern Zahl der Arten)

U.-Kl. *Prototheria:*
↗Kloakentiere (6) *(Monotremata)*

U.-Kl. *Metatheria:*
↗Beuteltiere (ca. 250) *(Marsupialia)*

U.-Kl. ↗*Eutheria:*
↗Insektenfresser (ca. 370) *(Insectivora)*
↗Fledertiere (ca. 900) *(Chiroptera)*
↗Riesengleiter (2) *(Dermoptera)*
↗Herrentiere (ca. 200) *(Primates)*
↗Zahnarme (ca. 30) *(Edentata)*
↗Schuppentiere (7) *(Pholidota)*
↗Nagetiere (ca. 2500) *(Rodentia)*
↗Raubtiere (ca. 250) *(Carnivora)*
↗Robben (ca. 30) *(Pinnipedia)*
↗Wale (ca. 80) *(Cetacea)*
↗Hasenartige (ca. 40) *(Lagomorpha)*
Röhrenzähner (1) (*Tubulidentata,* ↗Erdferkel)
↗Rüsseltiere (2) *(Proboscidea)*
↗Schliefer (7) *(Hyracoidea)*
↗Seekühe (4) *(Sirenia)*
↗Unpaarhufer (ca. 15) *(Perissodactyla)*
↗Paarhufer (ca. 200) *(Artiodactyla)*

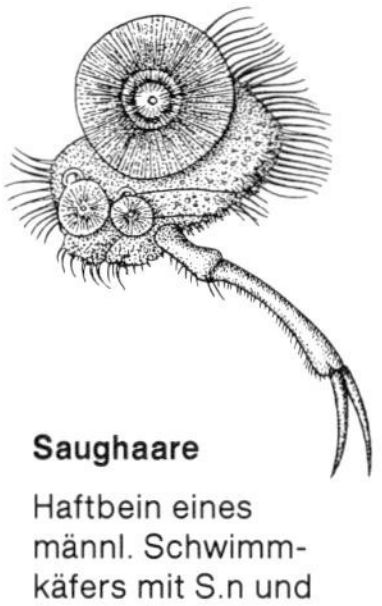

Saughaare

Haftbein eines männl. Schwimmkäfers mit S.n und Saugscheiben

Saugfisch, *Gobiesox meandricus,* Art der ↗Schildbäuche.

Saugfüßchen, Bez. für die Ambulacralfüßchen (↗Ambulacralgefäßsystem) der ↗Stachelhäuter, sofern sie Saugscheiben haben; wahrscheinl. konvergent einerseits bei Seeigeln (jedoch stark modifiziert bei ↗Herzseeigeln u. ↗Sanddollars) u. Seewalzen, andererseits bei Seesternen (nicht bei ↗*Platasterias* u. ↗Kamm-Seestern).

Saugfüßer, *Polyzoniidae,* Fam. der Doppelfüßer (Gruppe *Colobognatha* im alten System) mit ca. 280 v.a. tropisch verbreiteten Arten; bei uns nur *Polyzonium germanicum* (↗Doppelfüßer, [T]).

Saughaare, 1) Bot.: *Absorptionshaare,* ↗Absorptionsgewebe, ↗Haare. **2)** Zool.: *Saugnapfhaare,* zu Hafthaaren umgewandelte Drüsenhaare bei den Saugnäpfen der Vorderbeine von männl. Schwimmkäfern (z.B. beim ↗Gelbrandkäfer).

Sauginfusorien, die ↗Suctoria.

Saugkraft, veraltete Bez. für die ↗Saugspannung.

Säugling, menschl. ↗Kind (□, [T]) im 1. Lebensjahr, von der sonstigen Kindesentwicklung durch eine Reihe v. Besonderheiten abgehoben. ↗Jugendentwicklung: Tier-Mensch-Vergleich.

Saugmagen, a) blindsackartig erweiterter ↗Kropf vieler Schmetterlinge, der dorsal dem Mitteldarm aufliegt u. früher fälschl. als Saugpumpe angesehen wurde; b) bei Spinnen ein im Vorderleib im Anschluß an eine enge Speiseröhre gelegenes Verdauungsorgan, das, mit einem kräftigen Muskel an der Rückendecke verankert, den nach extraintestinaler Vorverdauung vorbereiteten Nahrungsbrei in einen den ganzen Körper durchziehenden Verdauungstrakt pumpt. ↗Magen.

Saugmilben, Vertreter der Gatt. *Psoroptes,* ↗Sarcoptiformes.

Saugnapf, Saugorgan an der Körperoberfläche verschiedener Tiere, das dem Festsaugen an einem Untergrund (Substrat, Lebewesen) dient. Saugnäpfe sind napf-, gruben-, schalen- od. scheibenförmig ausgebildet. Die Saugwirkung entsteht u.a. durch einen Unterdruck im S.-Raum infolge v. Muskelkontraktionen. Sie kann (z.B. bei Kopffüßern) einem Zug v. mehreren Kilogramm standhalten. Saugnäpfe kommen vor bei ↗Saugwürmern (↗*Digenea,* Mund- u. Bauch-S.), ↗Bandwürmern (u.a. in Form von seitl. Spalten; *Sauggruben*), Egeln *(↗Hirudinea),* ↗Kopffüßern, ↗Stachelhäutern *(↗Saugfüßchen),* ↗Insekten (z.B. Saugscheiben beim Gelbrandkäfer; auch ↗Saughaare), ↗Neunaugen

SÄUGETIERE

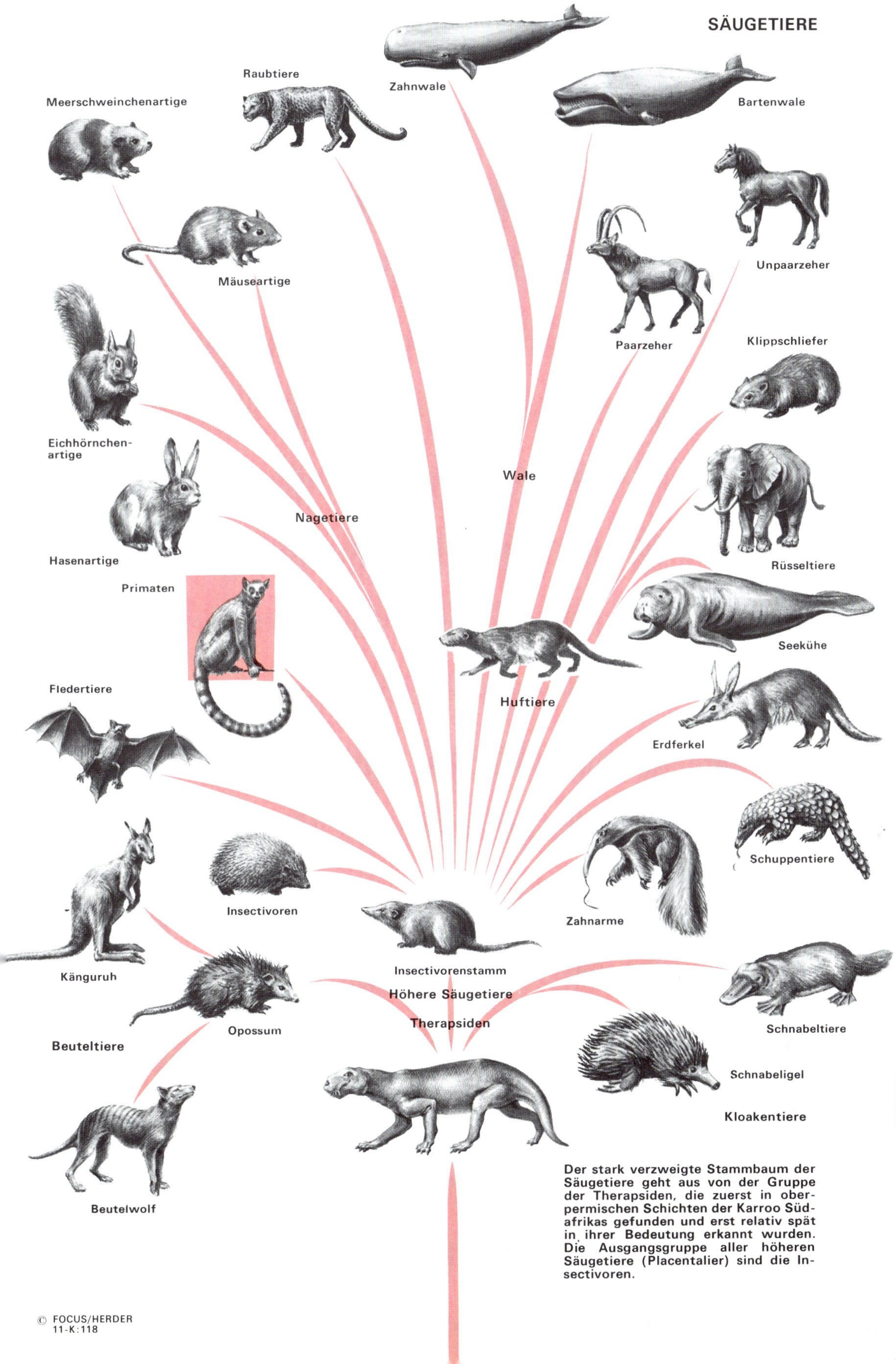

Der stark verzweigte Stammbaum der Säugetiere geht aus von der Gruppe der Therapsiden, die zuerst in oberpermischen Schichten der Karroo Südafrikas gefunden und erst relativ spät in ihrer Bedeutung erkannt wurden. Die Ausgangsgruppe aller höheren Säugetiere (Placentalier) sind die Insectivoren.

(Saugmaul), Fischen (z. B. Saugmaul bei Saugschmerlen, *Saugscheiben* beim Schiffshalter u. a.). ↗Haftorgane (☐), ☐ Bergbach, [B] Kopffüßer, [B] Weichtiere.

Saugorgane, spezielle Organe bei Pflanzen u. Tieren, die dem Festhalten bzw. Festsaugen an einem Untergrund (↗Haftorgane) od. dem Einsaugen v. Nahrung bzw. (bei Pflanzen) v. Nährstoffen u. Wasser dienen (↗Saugwurzeln). S.e bei Pflanzen u. a.: ↗Haustorien, ↗Kotyledonarhaustorium, ↗Scutellum; bei Tieren u. a. ↗Saugnapf, ↗Saugrüssel, ↗Saugmagen, Saugtentakel.

Saugrüssel, allg. Bez. für eine rüsselförm. Verlängerung v. Mundteilen zum Aufnehmen flüssiger Nahrung; bes. bei Insekten findet man sehr verschieden konstruierte S., die jedoch stets aus den homologen Grundelementen der ↗Mundwerkzeuge (☐) der Insekten bestehen. Funktionell unterscheidet man reine S. (z. B. Schmetterlinge: hier besteht der S. nur aus den beiden Galeae; ↗Außenlade), leckende S. (z. B. bei Bienen: Labiomaxillarkomplex) u. stechend-saugende S. (z. B. Flöhe, Stechmücken, Wanzen). ↗Rüssel, ↗Haustellum.

Saugschmerlen, *Gyrinocheilidae,* Fam. der ↗Karpfenähnlichen mit 1 südostasiat. Gatt. und 3 Arten; leben in Fließgewässern, saugen sich mit unterständ. Maul an Steinen fest u. raspeln Algen ab; atmen im Ggs. zu anderen Fischen Atemwasser durch die äußeren Kiemenöffnungen ein u. aus. Die bis 25 cm lange Siamesische S. oder Putzerschmerle *(Gyrinocheilus aymonieri)* ist wegen ihrer Ernährung v. Algen als Aquarienfisch sehr beliebt.

Saugspannung, *Saugkraft,* ein Maß für die Fähigkeit einer pflanzl. Zelle, mit hohem osmot. Wert (↗Osmose) ihrer Vakuolenflüssigkeit über ihre semipermeablen Membranen so lange Wasser aufzunehmen u. sich auszudehnen (↗Quellung), bis der ↗osmotische Druck (osmotisches Potential, π) des Zellsaftes gleich dem Wanddruck *(p)* der elast. Zellwand ist; die Saugspannung *(S)* der Zelle hat dann den Wert Null. Die Differenz zw. dem potentiellen osmot. Druck π^* des Vakuoleninhalts u. dem Wanddruck wird Saugspannung gen. Es gilt die Beziehung: $S = \pi^* - p$. ↗Turgor, ↗Gewebespannung.

Saugtentakel [v. lat. tentaculum = Taster, Fühler], Organelle der ↗*Suctoria* (Wimpertierchen), die dem Nahrungserwerb u. der Nahrungsaufnahme dienen; können als einheitl. Feld od. als Büschel an der Zelle angeordnet sein. Einige Arten besitzen nur 1 Tentakel, bei manchen kann man Fang- u. Saugtentakel unterscheiden.

Saugwelse, *Sisoridae,* eine kleine Fam. asiat. Welse schnellströmender Gebirgsbäche mit bes. Saugvorrichtungen auf der Bauchseite. Hierzu der bis 30 cm lange Dreibinden-S. *(Glyptothorax trilineatus)* des südl. Asien mit saugfähigen Hautfalten im Kinn- u. Brustbereich u. der Siames. Flossen-S. *(Oreoglanis siamensis)* mit einem Saugorgan aus verbreiterten Brust- u. Bauchflossen sowie abgeflachten Lippen.

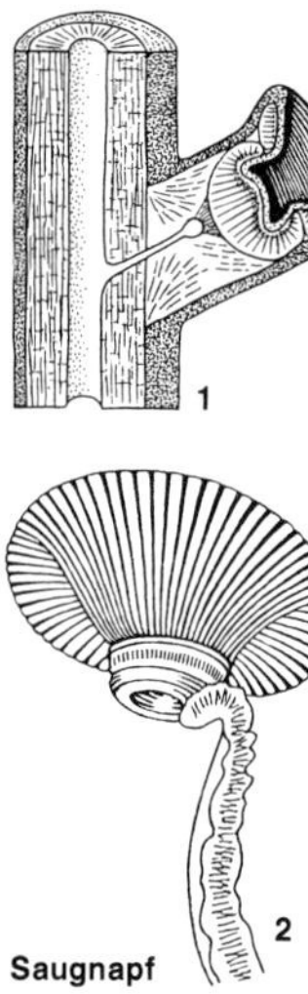

Saugnapf

1 S. am Fangarm eines Kraken im Querschnitt; **2** S. am Ende des Saugfüßchens eines Seeigels

Saugwürmer, *Trematoda,* Kl. der ↗Plattwürmer, der man bisher die als Ord. oder U.-Kl. geführten ↗*Aspidobothrea (Aspidobothria, Aspidobothrii, Aspidogastrea),* ↗*Digenea* und ↗*Monogenea* zuordnete. Aufgrund der jedoch erheblichen morpholog. und entwicklungsbiol. Unterschiede war diese Einteilung schon lange strittig. Ax (1984) und Ehlers (1985) stellen nunmehr ein auf cytomorpholog., v. a. feinstrukturellen Merkmalen beruhendes u. mit Hilfe der Hennigschen Methode (↗Hennigsche Systematik) erarbeitetes System zur Diskussion, in dem nur noch die *Aspidobothrea* u. die *Digenea* als *Trematoda* betrachtet u. die *Monogenea* mit den *Cestoda* (↗Bandwürmer) als *Cercomeromorphae (Cercomeromorpha),* einem v. Bychowsky (1937) eingeführten Taxon, vereinigt werden. Gleich, ob man die S. als *Trematoda* im alten od. im neuen Sinne auffaßt, in jedem Fall gilt folgende Beschreibung: S. leben ausschl. als Parasiten auf der Körperoberfläche od. im Innern (Darm, Leber, Urogenitalsystem) v. Weich- u. Wirbeltieren sowie des Menschen. Bei den *Digenea,* die ja einen Generationswechsel mit einem obligaten Wirtswechsel durchlaufen, ist der Endwirt stets ein Wirbeltier, in dem der Parasit geschlechtsreif wird. Als 1. Zwischenwirt dienen v. a. Schnecken (☐ Fasciolasis, ☐ Leucochloridium). 2. oder gar 3. Zwischenwirt sind neben Schnecken auch Muscheln, Gliederfüßer, Kaulquappen, Fische u. Wasserpflanzen. – Bes. Kennzeichen sind die *Haftorgane,* v. a. muskulöse Saugscheiben u. Saugnäpfe, im typ. Fall ein Mund- u. ein Bauchsaugnapf. – Die äußere Begrenzung des Hautmuskelschlauchs der adulten S. ist ein Tegument, d. h. der epithelial ausgebreitete Anteil der syncytialen Epidermis, deren Perikaryen subepithelial, unter der Muskulatur im Parenchym liegen. Als ↗*Neodermis* stellt diese Epidermis die ent-

Saugwürmer

Entwicklung der *Digenea* v. der freischwimmenden Erstlarve, dem ↗Miracidium (☐), bis zum geschlechtsreifen Adultus im Endwirt

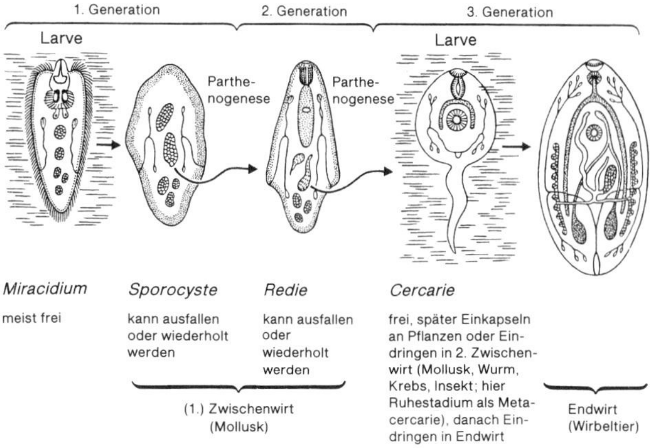

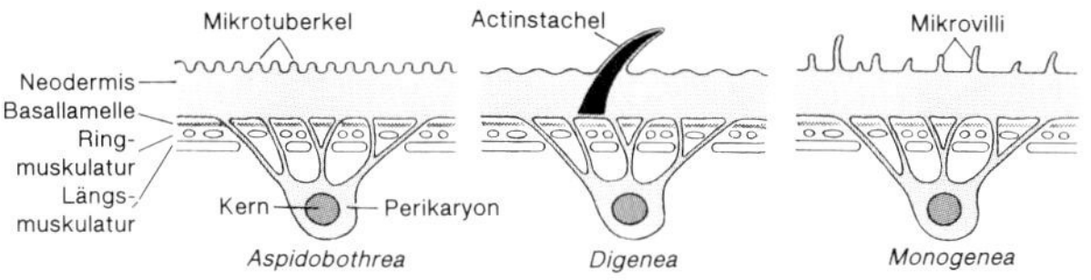

Saugwürmer

Differenzierung der Neodermis bei den 3 Ord. (bzw. U.-Kl.) der Saugwürmer

scheidende Autapomorphie für die daher als Monophylum aufgefaßten u. folglich als ↗*Neodermata* ben. *Trematoda* u. *Cercomeromorphae* dar. Die stets unbewimperte Neodermis trägt bei den *Aspidobothrea* kurze, knopfartige Oberflächenvergrößerungen der Zellmembran, die im Ggs. zu den Mikrovilli der *Monogenea* u. der meisten Bandwürmer als Mikrotuberkel bezeichnet werden (vgl. Abb.). Bei vielen *Digenea* sind im Tegument, also intraepidermal bzw. intraneodermal, Stacheln aus hexagonal angeordneten Actinfilamenten eingelagert, die über das Oberflächenniveau des Teguments hinausragen. Sie werden als Anheftungsstrukturen gedeutet. – Der – wie für Plattwürmer typisch – fast immer ohne After endende *Darm* beginnt rostral mit einer meist ein wenig ventral gelegenen Mundöffnung, die in einen muskulösen Pharynx mit anschließendem kurzen Oesophagus übergeht u. sich dann in zwei einfache Schenkel gabelt. Nur bei großen Formen, wie z. B. ↗*Fasciola hepatica* (Großer Leberegel), ist der Darm reich verzweigt ([B] Verdauung II). Ein *Blutgefäßsystem* fehlt – auch dies ein Kennzeichen aller Plattwürmer. Die *Exkretion* wird v. einem meist weit verzweigten Protonephridialsystem besorgt, das in einem od. zwei, fast immer terminalen Exkretionsporen mündet ([B] Exkretionsorgane). – Das *Nervensystem* besteht aus einem hinter dem Mundsaugnapf liegenden paarigen Cerebralganglion und 6 von ihm ausgehenden Marksträngen, die, durch ringförmige Kommissuren miteinander verbunden, ein Orthogon bilden ([B] Nervensystem I). Sinneszellen sind über die gesamte Körperoberfläche verteilt; gehäuft findet man sie im Bereich der Saugnäpfe. Die frei schwimmenden *Larven* tragen Augen in Form v. Pigmentbecherocellen. – Die meist zwittrigen *Geschlechtsorgane* bestehen aus 1, 2 oder mehreren Hoden, im allg. einem Ovarium u. meist paarigen Vitellarien (□ Geschlechtsorgane). Aus dem Ovar gelangen die Eizellen über einen Ovidukt in den als Ootyp bezeichneten Anfangsteil des Uterus. Hier werden die Eizellen besamt u. jede mit mehreren bis vielen (bei *Fasciola* ca. 30) Dotterzellen versehen u. in eine Schale gehüllt. Das Material für die Eischale wird auch v. den Dotterzellen abgeschieden. Die Samenzellen sind Flagellospermien mit 2 axialen Filamentkomplexen u. einer od. mehreren Reihen v. Mikrotubuli, die unmittelbar unter der Geißelmembran angeordnet sind. Nach der Begattung, die über die Uterusmündung erfolgt,

Saugwürmer

Wichtige Gattungen:

Aspidobothrea
- *Aspidogaster*
- *Cotylaspis*
- *Cotylogasteroides*
- *Lophotaspis*
- *Macraspis*
- *Multicotyle*
- *Stichocotyle*

Digenea
- ↗*Clonorchis*
- ↗*Dicrocoelium*
- ↗*Echinostoma*
- ↗*Fasciola*
- ↗*Fasciolopsis*
- ↗*Gorgodera*
- ↗*Leucochloridium*
- ↗*Opisthorchis*
- ↗*Paragonimus*
- *Paramphistoma*
- *Prosthogonimus*
- *Schistosoma*

wandern die Spermatozoen durch den Uterus in das Receptaculum seminis. Eine Vagina fehlt, ein ↗Laurerscher Kanal ist jedoch oft vorhanden. Die Eier der *Aspidobothrea* gelangen im allg. ins Wasser, wo sie sich innerhalb von 3–4 Wochen zu Schwimmlarven entwickeln, die durch kleinere od. größere Cilienfelder ausgezeichnet sind. (Ausnahme: Die Larven v. *Aspidogaster conchicola* sind unbewimpert; sie bewegen sich kriechend.) Im Wasser können die Larven 2 Tage überstehen, dann aber brauchen sie einen Wirt, in den sie offenbar perkutan eindringen. [B] Plattwürmer.

Lit.: *Ax, P.:* Das Phylogenet. System. Stuttgart 1984. *Ehlers, U.:* Das Phylogenet. System der Plathelminthes. Stuttgart 1985. *Mehlhorn, H.:* Classis: Trematoda, Saugwürmer. In: R. Siewing: Lehrbuch der Zool., Bd. 2, Systematik. Stuttgart [3]1985. *Odening, K.:* 3. Überklasse Trematoda, Saugwürmer. In: A. Kaestner: Lehrbuch der Speziellen Zool. Stuttgart 1984. *D. Z.*

Saugwurzeln, 1) Bez. für die letzten, meist kurzen Verzweigungen der Bodenwurzeln der Kormophyten. Sie sind i. d. R. dicht mit Wurzelhaaren besetzt od. von Mykorrhizapilzhyphen dicht umgeben u. nehmen die Hauptmenge des Bodenwassers mit den darin gelösten Mineralsalzen auf. 2) die ↗Haustorien.

Saugzangen, *Saugmandibeln,* bei Insektenlarven entweder dolchförm. Mandibeln mit einem im Innern befindl. Saugkanal (Larven der ↗Schwimmkäfer) od. zwei Kanälen, die zw. der Mandibel u. der dicht angelegten Galea (↗Außenlade, ↗Mundwerkzeuge) verlaufen (Larven der ↗Netzflügler u. *Cerophytidae*). S. dienen der Aufnahme verflüssigter Nahrung (↗extraintestinale Verdauung).

Säulen-Chromatographie ↗Chromatographie.

Säulenflechten, Arten der Gatt. ↗*Cladonia* mit säulenförm. Podetien.

Säulenrost, ↗Blasenrost-Krankheit der Weymouthskiefer *(Johannisbeerrost),* verursacht durch den wirtswechselnden ↗Rostpilz *Cronartium ribicola* (↗Cronartium); Zwischenwirt ist *Pinus strobus* (Weymouthskiefer) od. *Pinus cembra* (Arve), Wirtspflanze *Ribes*-Arten, bes. *R. niger* (Schwarze Johannisbeere).

Saum, um Gehölze (Wälder, Hecken) wachsender Streifen von kraut., meist mehrjähr. Pflanzen, der sich florist. und damit auch strukturell vom angrenzenden Nutzland (Wiese, Acker, Weide) od. von Wegen absetzt. Je nach Wasser- u. Nährstoffhaushalt sind die Säume sehr verschiedenartig aufgebaut. Sie bilden Pflanzengesellschaften *(Saumgesellschaften),* die für das Tierleben bes. große Bedeutung haben, zumal ihr Entwicklungsrhythmus v. dem der angrenzenden Vegetation abzuweichen pflegt. Säume können sich nur dann entwickeln, wenn ihr Lebensraum nicht regelmäßig durch Pflügen, Mahd od. Verbiß gestört wird. In intensiv genutztem Gelände sind daher Säume u. Saumges. allenfalls fragmentarisch entwikkelt. Für Mitteleuropa sind derzeit rund 30 Saumgesellschaften v. Assoziationsrang beschrieben; sie gehören zu mindestens 2 verschiedenen pflanzensoziolog. Klassen *(Trifolio-Geranietea* u. *Artemisietea),* was ihre Mannigfaltigkeit unterstreicht. In der Naturlandschaft waren u. wären Säume seltener als in der noch bäuerl. Kulturlandschaft; sie kamen dort an den lokalen natürl. Grenzen des Waldes (z.B. auf Felsnasen, an Flußufern) vor. Saumgesellschaften sind biol. wichtig, da sie (als verhältnismäßig wenig gestört) blütenreich sind und zusätzl. Strukturen bieten.

Saumeulen ↗Bandeulen.

Saumfurche, *Marginalfurche,* engl. *border furrow,* Furche parallel dem Außenrand v. Cephalon u. Pygidium bei ↗Trilobiten.

Saumgesellschaften ↗Saum.

Saumschlag, *S.betrieb,* in der Forstwirtschaft eine Form des Holzeinschlags, welches das Ziel hat, die Naturverjüngung v. Mischbeständen aus Schatt-, Halbschatt- u. Lichtbaumarten sicherzustellen. Zu Verjüngungsbeginn wird auf Saumbreite (1–3 Baumlängen) eine regelmäßige dunkle Schirmstellung zur Ansamung der Schattbaumarten (z. B. Tanne) geschaffen. Nach weiterer Auflichtung des äußeren Saumbereichs (1–2 Baumlängen) kommt es zur Ansamung der Halbschattbaumarten (z. B. Fichte, Ahorn). Im später nicht mehr überschirmten u. geräumten Außensaumbereich kommen durch Seitenanflug Lichtbaumarten zur Keimung. ↗Schlagformen.

Saumwanze, *Syromastes marginatus,* ca. 1 bis 1,5 cm große, in Mitteleuropa häufig vorkommende ↗Randwanze; braun mit feinen dunklen Punkten, Abdomenrand mit hell- u. dunkelbraunen Querstreifen, rötl. Beine; kommt bes. an Ampfer vor; Überwinterung als Imago.

Saumzecken, die ↗Lederzecken.

Säure-Amide ↗Amide.

Säureanhydride, die ↗Anhydride.

Säure-Base-Gleichgewicht, nach dem ↗Massenwirkungsgesetz bestimmtes Gleichgewicht v. Wasserstoff- u. Hydroxidionen; zahlenmäßig durch den ↗pH-Wert (☐) angegeben, d.h. auf der Titrationskurve der Bereich, in dem bei Zugabe großer Säure- od. Basenmengen nur kleine pH-Verschiebungen erfolgen. Bei Organismen bedeutsam für pH-↗Puffer-Systeme, wie das Blut (↗Blutpuffer) u. andere Körperflüssigkeiten, die im wesentlichen anorgan. Hydrogencarbonate u. Phosphate enthalten. So schwankt der pH des menschl. ↗Blutes nur in geringen Grenzen zw. 7,35 und 7,45. Eine Regulation des S.s erfolgt bei Wirbeltieren durch die ↗Niere, indem durch erhöhte H^+- oder auch NH_4^+-Ionen-Ausscheidung einer Vermehrung der Säuren im Harn entgegengewirkt wird.

saur-, sauro- [v. gr. sauros, saura = Eidechse].

Säuren

In der belebten Natur sind S. weitverbreitet. Da in den meisten Zell- u. ↗Körperflüssigkeiten ein nur wenig vom Neutralpunkt abweichender ↗pH-Wert (T) herrscht (↗Säure-Base-Gleichgewicht), liegen hier S. in der Regel in Form ihrer ↗Anionen vor. Eine wichtige Ausnahme bildet die ↗Salzsäure des ↗Magens. Vielfach liegen S. auch in veresterter Form (↗Ester) vor.

Wichtige in der belebten Natur vorkommende S. sind:
- ↗Kohlensäure
- ↗Fettsäuren
- ↗Phosphorsäuren u. ihre Ester (Nucleotide, Zuckerphosphate u.a.)
- ↗Aminosäuren
- ↗Fruchtsäuren
- ↗Uronsäuren
- ↗Nucleinsäuren (DNA und RNA)

saure Böden, Böden mit hoher Boden-↗Acidität; ↗Bodenreaktion.

Säure-Ester ↗Ester.

Säurefarbstoffe, *saure Farbstoffe,* Gruppe v. meist synthet. hergestellten wasserlösl. organ. Farbstoffen, z.B. Azo-, Triarylmethan-, Anthrachinon-, Nitro-, Pyrazolon-, Chinolin- u. Azin-Farbstoffe. Für histolog. Zwecke haben die S. Säurefuchsin, Säurealizarinblau u. Säureviolett Bedeutung. ↗basische Farbstoffe.

säurefeste Bakterien ↗Ziehl-Neelsen-Färbung.

Säuren, chem. Verbindungen, die in wäßrigen Lösungen reversibel zu Protonen (H^+) u. einem Säure-↗Anion (A^-) nach der Gleichung $HA \rightleftharpoons H^+ + A^-$ dissoziieren (↗Dissoziation, ↗elektrolyt. Dissoziation). Die Konzentration der entstehenden Protonen (↗pH-Wert, T) ist mit der Säurestärke korreliert (↗Acidität), d.h., starke S. (z.B. ↗Salzsäure) dissoziieren prakt. vollständig, während schwache S. (z.B. ↗Essigsäure) nur teilweise dissoziieren. Durch die Protonen werden ↗Indikator-Farbstoffe (T), z.B. Lackmus, in die entspr. protonierten Formen übergeführt u. erfahren dabei den für bestimmte pH-Werte charakterist. Farbumschlag. Die gegenüber Wasser od. neutralen Lösungen erhöhte Protonenkonzentration führt über die Geschmacksrezeptoren zur Empfindung sauerschmeckend (☐ chemische Sinne). – S. bilden mit ↗Basen unter Wasseraustritt ↗Salze. Nach der Zahl der H^+-Ionen, die eine S. abspalten kann, unterscheidet man *einbasige S.n* (einfache ↗Carbonsäuren, wie z.B. die ↗Fettsäuren), *zweibasige S.n* (↗Oxalsäure, ↗Bernsteinsäure, ↗Schwefelsäure) u. *dreibasige S.n* (↗Phosphorsäure, ↗Citronensäure).

Säurepflanzen, die ↗Acidophyten; die Abhängigkeit der Pflanzen vom Säuregrad des Bodens kann sehr indirekter Natur sein; so reagieren z. B. Ammoniumpflanzen weniger auf den pH-Wert des Substrats als auf die (damit korrelierte) Form der Stickstoffanlieferung (NH_4^+ bzw. NO_3^-). T Bodenzeiger.

saure Reaktion [Ztw. *sauer reagieren*], das Vorliegen eines sauren ↗pH-Werts (T) in Lösungen, Suspensionen, Körperflüssigkeiten, Bodenproben (↗Bodenreaktion) usw. aufgrund der ↗Dissoziation (↗elektrolyt. Dissoziation) v. Protonen v. den in ihnen enthaltenen ↗Säuren od. sauren ↗Salzen.

saurer Regen, *„acid rain"* (Smith 1872), anthropogen überhöhter Protonen(H^+-Ionen-)gehalt in Regen- bzw. Schneeniederschlag. S. R. hat in der Öffentlichkeit fälschlicherweise die Rolle eines Oberbegriffs für sämtl. immissionsbedingten Schäden an Ökosystemen übernommen (↗Abgase, ↗Luftverschmutzung, ↗Immissionen, ↗Rauchgasschäden). – Gleichgewichtsreaktionen zw. entionisiertem Wasser und 0,03 Vol.-% ↗Kohlendioxid führen zu einem ↗pH-Wert von 5,6. Der Säuregehalt der Niederschläge in hochindustrialisierten Regionen zeigt pH-Werte um 4,0–4,6, fernab besiedelter Gebiete (Hintergrunds-pH) von 4,5–5,5, mit jeweils großer Streuung je nach Probenahme- u. Auswerteverfahren. Der pH-Wert hängt stark v. Häufigkeit u. Ergiebigkeit der Niederschläge ab; ein eindeutiger Trend zu einer pH-Wert-Erniedrigung ist in den letzten Jahrzehnten nicht festzustellen. Für eventuelle Auswirkungen ist auch weniger der pH-Wert entscheidend, als vielmehr die Gesamt-*Deposition* (s.u.) an Säuren pro Jahr. – Säurebildende gasförm. Luftverunreinigungen sind ↗Schwefeldioxid (SO_2), ↗Stickoxide (NO_x), Fluor- und Chlorwasserstoffe u.a. Die Oxidation der Stickoxide zur wasserlösl. ↗Salpetersäure erfolgt in der Gasphase. Dabei spielt das Hydroxyl-Radikal OH^- als wichtigstes Oxidationsmittel für Spurengase in der Atmosphäre (↗Photooxidantien) eine wesentl. Rolle. Aus Schwefeldioxid wird in einer heterogenen Reaktion in der Flüssigphase (Wolkentropfen) HSO_3^- und SO_3^{2-} gebildet, die dann zu SO_4^{2-} oxidiert werden. – Aufgrund der relativ großen troposphärischen Verweildauer des SO_2 von etwa 4 Tagen kann bei entspr. Luftströmungen, insbes. bei hohen Quellen (Politik der hohen Schornsteine!), eine Verfrachtung bis zu einigen tausend Kilometern stattfinden. Die ↗Emissionen bzw. deren Umwandlungsprodukte werden schließl. durch trockene u. nasse Deposition aus der Atmosphäre entfernt; dabei nimmt die Vegetation aufgrund ihrer großen Oberfläche eine beträchtl. Filterfunktion wahr. Bei der nassen Deposition wird ein Stoff v. den sich bildenden Wolkentröpfchen eingebunden *(rain out)* od. durch fallende Regentröpfchen ausgewaschen *(wash out)*. In Staulagen der Gebirge wird der Säureeintrag durch das Auskämmen v. Wolken u. Nebel verstärkt. Die trockene Deposition umfaßt Ablagerungen durch turbulente u. molekulare ↗Diffusion, ↗Sedimentation, Impaktion mit ↗Interzeptions-Effekt und ↗Adsorption an Oberflächen (Boden, Wasser, Vegetation usw.). Dort können trocken deponierte gasförm. Luftverunreinigungen in Kontakt mit Wasser Säuren bilden, die durch den Niederschlag abgewaschen werden und schließl. ebenfalls den Boden erreichen. – Ein Säureeintrag in Gewässer führt zu einer Erniedrigung des pH-Wertes u. zu einer Verringerung der ↗Puffer-Kapazität; damit sind Auswirkungen auf die Gewässerflora u. -fauna verknüpft. Die durch Einwirkung v. Säuren im Bodensystem (↗Bodeneigenschaften) ausgelösten Prozesse sind wegen der in den einzelnen Böden stark variierenden Austausch-, Neutralisierungs- u. Komplexierungsgleichgewichte sowie der Auswaschung v. Nährstoffen u. der Freisetzung v. toxischen Metallionen sehr kompliziert. Dabei spielen etwa Pufferkapazitäten, bodenphysikal. Eigenschaften, Humusart, Tätigkeit v. Mikroorganismen (↗Bodenorganismen) u.ä. eine Rolle. Auch für die Einwirkung säurehalt. Niederschläge über die Vegetationsoberflächen (Blätter, Nadeln; Verwitterung der Cuticula, Auswaschung v. Nährstoffen, Erhöhung des Infektionsrisikos usw.) lassen sich aufgrund artenspezif. Empfindlichkeiten u. zahlr. ↗abiotischer Faktoren (u.a. klimatische Bedingungen wie Benetzungsdauer, chem. Zusammensetzung des Feuchtefilms, zeitl. Bezug zur Entwicklungsphase) keine Dosis-Wirkungsbeziehungen herleiten. ↗Waldsterben.

Lit.: *Fabian, P.:* Atmosphäre und Umwelt. Berlin 1984. VDI-Kommission Reinhaltung der Luft: Säurehaltige Niederschläge – Entstehung und Wirkung auf terrestrische Ökosysteme. Düsseldorf 1983.

G. J.

Säurewecker, Rein- od. Mischkulturen v. ↗Milchsäurebakterien, die der ↗Milch bei der Herstellung v. ↗Sauermilchprodukten zugesetzt werden; dienen zur schnellen Bildung v. Milchsäure (Ausfällen des Caseins u. Konservierung) u. von erwünschten Aromastoffen.

Säurezeiger, die ↗Acidophyten, ↗Säurepflanzen; [T] Bodenzeiger.

Sauria [Mz.; v. *saur-], die ↗Echsen.

Saurier [Mz.; v. *saur-], 1) *Sauria,* die ↗Echsen; 2) Sammelname für fossile ↗„Niedere Tetrapoden".

Saurischia [Mz.; v. *saur-, gr. ischion = Hüftgelenk], (Seeley 1888), *Echsenbekken-Dinosaurier,* Ord. der ↗Dinosaurier ([ ]). ↗*Ornithischia.*

Sauriurae [Mz.; v. *saur-, gr. ourai = Schwänze], *Saururae, Urvögel,* v. Haeckel (1866) für die „Archornithen" († U.-Kl. ↗*Archaeornithes* mit der Gatt. ↗*Archaeopteryx*) geschaffener Name, der v.a. die im langen, gegliederten „Eidechsenschwanz" zum Ausdruck kommende Reptilienähnlichkeit hervorheben sollte.

Sauromalus *m,* die ↗Chuckwallas.

Sauromorpha [Mz.; v. *sauro-, gr. morphē = Gestalt], (v. Huene 1955), Ramus der ↗*Eutetrapoda;* Reptilien mit doppelter Schläfenöffnung u. gastrozentralen Wirbeln. Dazu gehören die Ord. ↗*Eosuchia,* ↗*Thecodontia,* ↗*Saurischia,* ↗*Ornithischia, Crocodylia* (↗Krokodile), *Pterosauria* (↗Flugsaurier), *Rhynchocephalia* (↗Schnabelköpfe) u. *Squamata* (↗Schuppenkriechtiere).

Sauropoda [Mz.; v. *sauro-, gr. podes = Füße], (Marsh 1878), *Elefantenfuß-Dinosaurier,* † Zwischenord. der *Sauropodomorpha;* ↗Dinosaurier ([T]).

Sauropsida [Mz.; v. *saur-, gr. opsis = Aussehen], *Sauropsiden,* von T. H. Huxley (1873) vorgeschlagene Zusammenfassung v. Reptilien u. Vögeln in einer Klasse.

Sauropterygia [Mz.; v. *sauro-, gr. pterygion = Flosse], (Owen 1860), *Paddelechsenartige,* † Reptilien-Ord., deren Reprä-

saur-, sauro- [v. gr. sauros, saura = Eidechse].

saur-, sauro- [v. gr. sauros, saura = Eidechse].

saxi- [v. lat. saxum = Fels, Stein].

scal- [v. lat. scala (meist Mz. scalae) = Stiege, Leiter, Treppe; scalaris = Leiter-, Stiegen-].

scaph- [v. gr. skaphē bzw. skaphos bzw. skaphis = (ausgehöhlter Körper:) Wanne, Mulde, Napf, Kahn, Schiff(sbauch); skapheion bzw. skaphion = Grabscheit, Schaufel].

sentanten sich sekundär an das Leben im Wasser angepaßt haben. Stammformen waren etwa 1 m lange ungepanzerte *Synaptosauria* v. eidechsenartiger Gestalt; Endformen der Entwicklungsreihen erreichten mit ↗ *Elasmosaurus* 12,80 m Länge. Verbreitung: Untertrias bis Oberkreide; ca. 66 Gatt. ↗ *Nothosauria* (□).

Saururaceae [Mz.; v. *saur-, gr. oura = Schwanz], Fam. der ↗ Pfefferartigen.

Saussure [ßoßür], **1)** *Horace Bénédict* de, Vater von 2), schweizer. Naturforscher, * 17. 2. 1740 Conches bei Genf, † 22. 1. 1799 Genf; seit 1762 Prof. ebd.; entwikkelte das Haarhygrometer u. untersuchte die pflanzengeogr. und klimat. Verhältnisse der Alpen. **2)** *Nicolas Théodore* de, schweizer. Botaniker, * 4. 10. 1767 Genf, † 18. 4. 1845 ebd.; seit 1802 Prof. ebd.; Mit-Begr. der Pflanzenphysiologie; untersuchte die Atmung u. Ernährung der Pflanzen, führte um 1804 quantitative Messungen der CO_2-Assimilation u. der daraus resultierenden Bildung von anorgan. Stoffen durch und begr. damit die Mineraltheorie der Pflanzenernährung. [B] Biologie I–III.

Saussurea *w* [ben. nach N. T. de ↗ Saussure], die ↗ Alpenscharte.

Sauteria *w* [ben. nach dem östr. Arzt A. E. Sauter, 1800–81], Gatt. der ↗ Cleveaceae.

Savanne *w* [v. Haitian. (Arawak) zabana über span. sábana], trop. Grasland mit eingesprengten, meist niederwüchsigen u. locker stehenden Gehölzen. Es besteht ein gleitender Übergang zum reinen, gehölzfreien trop. Grasland, das bei weiterer Fassung des Begriffs gelegentl. ebenfalls zu den S.n gerechnet wird. In den natürl., klimatisch od. edaphisch (z. B. durch Lateritschichten im Boden) bedingten S.n herrscht ein Wettbewerbsgleichgewicht zw. Gräsern, die mit ihrem flach streichenden Wurzelwerk das Haftwasser der oberen Bodenschichten ausnützen, u. den Gehölzen, die das in größeren zeitl. Abständen einsickernde Senkwasser der tieferen Bodenschichten für sich erschließen. Neben diesen *natürlichen S.n* gibt es große Flächen anthropogen bedingter S. *(sekundäre S.n)* im Bereich der regengrünen Trockengehölze, in denen das regelmäßig zum Ende der Vegetationsperiode gelegte Feuer (↗ Feuerklimax, ↗ Brandrodung) den entscheidenden, standortsprägenden Faktor darstellt. Außerdem verschiebt auch starke Beweidung das Wettbewerbsgleichgewicht innerhalb der Savanne; es entsteht ein Dornbusch bzw. eine (futterarme) Dornstrauchsavanne. Akkerbau, Brennholzgewinnung u. Überweidung bedrohen heute viele der natürl. S.n-Landschaften zunehmend in ihrem Bestand. ↗ Afrika, ↗ Feuchtsavanne; ↗ Desertifikation ([T]).

Savoyerkohl [ben. nach Savoyen, Landschaft in den Westalpen] ↗ Kohl.

Saxaul *m*, die Gatt. ↗ *Haloxylon.*

Saxicava *w* [v. *saxi-, lat. cavus = hohl], jetzt *Hiatella,* Gatt. der ↗ Felsenbohrer.

Saxicola *w* [v. *saxi-, lat. colere = bewohnen], die ↗ Wiesenschmätzer.

Saxifraga *w* [lat., =], der ↗ Steinbrech.

Saxifragaceae [Mz.; v. lat. saxifraga = Steinbrech], die ↗ Steinbrechgewächse.

Saxitoxin *s* [v. *saxi-, gr. toxikon = (Pfeil-) Gift], ein v. dem Dinoflagellaten ↗ *Gonyaulax catenella* produzierter Giftstoff, der v. Muscheln über die Nahrung aufgenommen u. im Hepatopankreas gespeichert wird. Der Verzehr S.-haltiger Muscheln führt zu Lähmungs-Vergiftungen (↗ Muschelgifte), die in 8% der Fälle tödl. (Tod durch Atemlähmung) verlaufen.

Scabies *w* [lat., =], die ↗ Krätze 2).

Scabiosa *w* [v. lat. scabiosus = räudig, krätzig], die ↗ Skabiose.

Scaevola *w* [unter Anlehnung an den Scaevola v. lat. scaevus = links, verkehrt, schief], Gatt. der ↗ Goodeniaceae.

Scala *w* [*scal-], anatom. Bez. für treppenförm. Bildungen, z. B. die Paukentreppe *(S. tympani)* u. die Vorhoftreppe *(S. vestibuli);* ↗ Gehörorgane ([B]).

Scala *w* [lat., *scal-], jetzt ↗ *Epitonium* (Meeresschnecken).

Scalariidae [Mz.; v. *scal-], jetzt *Epitoniidae,* die ↗ Wendeltreppen (Meeresschnekken).

Scalibregmidae [Mz.; v. *scal-, gr. bregma = Oberschädel], Ringelwurm-(Polychaeten-)Fam. der ↗ *Opheliida;* keulen- bis spindelförm. Körper in 2 mehr od. weniger deutl. Abschnitte gegliedert; Peristomium ohne Parapodien; Parapodien zweiästig. Bewohner v. Grabgängen, Substratfresser. 16 Gatt., davon die wichtigsten ↗ *Polyphysia* u. *Scalibregma.* Bekannte Art *S. inflatum,* bis 10 cm lang, gelb-orange gefärbt; ihre epitoken Geschlechtsstadien schwärmen an der Oberfläche; Vorkommen nahe der Niedrigwasserlinie u. tiefer in Schlamm u. Sand; Nordsee, westl. Ostsee.

Scandix *m* [lat., v. gr. skandix = Kerbel], ↗ Venuskamm.

Scanning-Technik [skänning; engl., = abtastend, rasternd], Meß- u. Abbildungstechnik, bei der das Objekt durch einen Meß- od. Abbildungsstrahl nicht simultan u. total erfaßt, sondern in einzelnen Zeilen abgetastet wird. ↗ Rastermikroskop.

Scapaniaceae [Mz.; v. gr. skapanē = Spaten, Hacke], Lebermoos-Fam. der ↗ *Jungermanniales* mit etwa 6 Gatt.; davon ist die Gatt. *Scapania* im eurasischen Bereich verbreitet, die Gatt. *Macrodiplophyllum* in O-Asien u. an der W-Küste N-Amerikas; die Arten der Gatt. *Diplophyllum* sind weltweit, von arkt. bis trop. Regionen, zu finden; in subantarkt. Zonen kommt endemisch die Gatt. *Krunodiplophyllum* vor.

Scapanorhynchidae [Mz.; v. gr. skapanē = Spaten, rhygchos = Schnauze], die ↗ Nasenhaie.

Scaphander *m* [v. *scaph-, gr. anēr, Gen.

andros = Mann], Gatt. der ↗Bootsschnekken.

Scaphidiidae [Mz.; v. gr. skaphidion = kleiner Nachen], die ↗Kahnkäfer.

Scaphiodontophis *m* [v. *scaph-, gr. odontes = Zähne, ophis = Schlange], Gatt. der ↗Nattern.

Scaphiophryne *w* [v. *scaph-, gr. phrynē = Kröte], monotypische Gatt. madagassischer Frösche, die v. manchen Autoren zur U.-Fam. *Cophylinae* der ↗Engmaulfrösche gestellt, v. anderen als Vertreter einer eigenen U.-Fam. der ↗*Hyperoliidae* aufgefaßt wird. Mittelgroße (55 mm), gedrungene, flache Frösche mit kleinen Köpfen u. großen Haftscheiben an den Fingern. Lebensweise wenig bekannt, wohl arboricol.

Scaphiopus *m* [v. *scaph-, gr. pous = Fuß], Gatt. der ↗Krötenfrösche.

Scaphirhynchus *m* [v. *scaph-, gr. rhygchos = Schnauze], Gatt. der ↗Störe.

Scaphites *m* [v. *scaph-], (Parkinson 1811), ↗scaphiticon aufgerollter, heteromorpher Ammonit *(↗Ammonoidea)* mit kragenart. eingeschnürter Mündung, meist mit Gabelrippen. Verbreitung: Kreide der N-Halbkugel, Madagaskar, Queensland. ↗Heteromorphe.

scaphiticon [v. *scaph-, gr. kōnos = Kegel, Zapfen], Aufrollungsmodus heteromorpher Ammoniten (↗Heteromorphe); Innenwindungen planspiral, letzter Umgang auf kurzer Strecke abgelöst-gerade, vor der Mündung hakenförm. umgebogen *(↗Scaphites, Desmoscaphites, Acanthoscaphites).*

Scaphognathit *m* [v. *scaph-, gr. gnathos = Kiefer], flächig ausgebildeter Epipodit der 2. Maxille der ↗*Decapoda;* erzeugt den Atemwasserstrom. ↗Atmungsorgane.

Scapholeberis *w* [v. *scaph-, gr. lebēris = abgestreifte Schlangenhaut], Gatt. der ↗Wasserflöhe mit dem Kahnfahrer *(S. mucronata),* der mit der Ventralseite nach oben unter der Wasseroberfläche hängt u. Mikroorganismen u. a. vom Oberflächenhäutchen abseiht u. filtriert; ist durch seine geraden ventralen Carapaxränder an diese Lebensweise angepaßt, kann aber die Oberfläche auch verlassen u. nach unten schwimmen.

Scaphopoda [Mz.; v. *scaph-, gr. podes = Füße], die ↗Kahnfüßer.

Scapula *w* [lat., =], *Schulterblatt,* paariger Ersatzknochen im ↗Schultergürtel der Wirbeltiere einschl. Mensch. Die S.e liegen lateral bis dorsal dem oberen Bereich des Brustkorbs an. Sie sind stets an der Bildung der Gelenkfläche für das Schultergelenk beteiligt bzw. bilden sie bei placentalen Säugern allein. An der S. setzen u. a. Anteile des Bizeps-, Trizeps- u. Deltamuskels an, die zur Bewegung der Vorderextremität dienen. Mitten auf der S. verläuft in Längsrichtung ein Knochenkamm, die *Crista* od. *Spina scapulae* (Schultergräte). Sie dient der Vergrößerung der Muskelansatzfläche u. der Optimierung des Ansatzwinkels. – Beim Menschen ist die S. eine etwa dreieckige Platte. Ihr zur Körpermitte weisender Rand verläuft ungefähr parallel zur Wirbelsäule, ihr Oberrand annähernd parallel zum Schlüsselbein (↗Clavicula). Der Unterrand steigt v. der Körpermitte zur Seite hin schräg auf. An ihrem armwärt. Ende ist die S. verdickt u. bildet die Gelenkpfanne für den Oberarm. Neben dieser springt der hakenförm. *Rabenschnabelfortsatz* (Processus coracoideus) vor; er ist unter dem Außenende des Schlüsselbeins zu ertasten. Dieser Fortsatz wird als Rudiment des Metacoracoids (↗Coracoid) angesehen. Die Crista scapulae zieht vom medianen Rand der S. in Richtung Schultergelenk. Über diesem läuft sie in einem abgeplatteten Fortsatz, dem *Acromion* (Schulterhöhe), aus. An seinem nach vorn weisenden Rand bildet das Acromion eine kleine Gelenkfläche für das Schlüsselbein. ☐ Organsystem, B Skelett.

scaph- [v. gr. skaphē bzw. skaphos bzw. skaphis = (ausgehöhlter Körper:) Wanne, Mulde, Napf, Kahn, Schiff(sbauch); skapheion bzw. skaphion = Grabscheit, Schaufel].

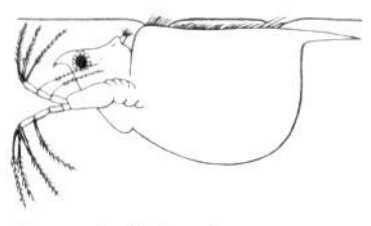

Scapholeberis mucronata,
ca. 1 mm lang

Scatophagidae

Gelbe Dungfliege *(Scatophaga stercoraria)*

Scapus *m* [lat., = Schaft, Stengel, Stiel], **1)** Bot.: *Schaft,* Bez. für den langen, blattlosen od. nur mit wenigen kleinen Hochblättern versehenen Blütenstiel *(Blütenschaft),* aber auch für eine lange, blattlose od. nur mit wenigen kleinen Hochblättern besetzte Sproßachse, die an ihrem oberen Ende einen dicht gedrängten od. scharf abgesetzten Blütenstand trägt (Beispiel: Schlüsselblume). **2)** Zool.: a) der ↗Fühlerschaft; ↗Antenne; b) bei einigen Insekten Stielteil der zu Halteren umgebildeten Flügel; c) der Federkiel; ↗Vogelfeder; d) *S. pili,* der Haarschaft; ↗Haare.

Scarabaeidae [Mz.; v. lat. scarabaeus = Holzkäfer], Fam. der ↗Blatthornkäfer.

Scarabaeus *m* [lat., = Holzkäfer], Gatt. der Blatthornkäfer; ↗Pillendreher.

Scardinius *m,* die ↗Rotfeder.

Scaridae [Mz.; v. gr. skaros = Papageienfisch], die ↗Papageifische.

Scatoconche *w* [v. gr. skatos = Kot, kogchē = Muschel], *Kotkapsel, Kotsack,* ↗Köcher.

Scatophagidae [Mz.; v. gr. skatophagos = Kotfresser], **1)** die ↗Argusfische. **2)** *Cordyluridae, Mistfliegen, Kotfliegen, Dungfliegen,* Fam. der ↗Fliegen mit insgesamt ca. 500, in Mitteleuropa etwa 100 Arten. Hauptverbreitungsgebiet der kleinen bis mittelgroßen *S.* sind feuchte Lebensräume der nördl. gemäßigten Zonen; viele Arten treten in großer Anzahl an den Exkrementen größerer Wirbeltiere (bes. Rinder) auf, in die die meist mit flügelart. Fortsätzen behafteten Eier gelegt werden. Die Larven der meisten Arten entwickeln sich in den Exkrementen; es gibt aber auch blattminierende Arten, wie z. B. die Larven der Gatt. *Hydromyza* u. *Phrosia.* Die Imagines ernähren sich i. d. R. räuberisch v. kleineren Insekten. Häufig ist bei uns die ca. 10 mm große, pelzig behaarte Gelbe Dungfliege, *Scatophaga (= Scopeuma)* *stercoraria;* während der Eiablage auf frischem Rinderdung trägt das kleinere, grüne Weibchen das gelbe Männchen auf dem Rücken. ↗ *Cypselidae.*

Scatopsidae [Mz.; v. gr. skatos = Kot, opsis = Aussehen], die ↗Dungmücken.

Sceliphron *s* [v. gr. skeliphros = trocken, dürr], Gatt. der ↗Grabwespen ([T]).

Sceloporus *m* [v. gr. skelos = Schenkel, poros = Öffnung], die ↗Stachelleguane.

Scenedesmaceae [Mz.; v. gr. skēnē = Zelt, desma = Band], Grünalgen-Fam. der ↗ *Chlorococcales;* unterschiedl. gestaltete Zellen zu artspezif. Kolonien zusammengelagert. Die ca. 100 Arten der Gatt. *Scenedesmus,* mit spindel- od. ellipsenförm. Zellen, bilden vier-, selten mehrzellige Kolonien; häufige Art im Sommerplankton leicht verschmutzter Teiche ist *S. quadricauda,* mit 4 borstenart. Fortsätzen an den Randzellen. Die Gatt. *Coronastrum* bildet vierzellige Kolonien, deren ellipsenförm. Zellen durch schmale Plasmabrücken verbunden bleiben; an einem Zellende tütenförm. Zellwandreste der Mutterzelle. Bei der Gatt. *Crucigenia* liegen meist 4 Zellen kreuzförmig angeordnet in einer flachen Kolonie; die 8 Arten kommen im Süßwasser weltweit vor. *Tetrastrum* bildet vierzellige Kolonien mit borstenart. Auswüchsen an der Außenseite. Weitere Gatt.: *Actinastrum, Coelastrum.*

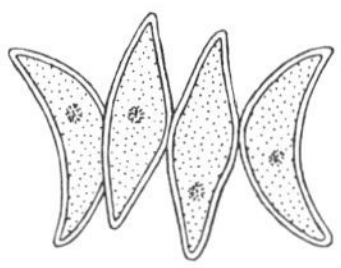

Scenedesmaceae

Vierzelliger Zellverband v. *Scenedesmus acutus*

Scenopinidae [Mz.; v. gr. skēnopoios = Zeltmacher], die ↗Fensterfliegen.

Schaben, *Blattaria, Blattariae, Blattodea,* Ord. der ↗Insekten ([T]) mit ca. 3000 bekannten Arten in 28 Fam. (vgl. Tab.), wovon die meisten in lockeren Bodenschichten trop. Urwälder leben; einige haben sich in menschl. Behausungen weltweit verbreitet. Die S. gehören zu den ältesten Insekten-Ord.; sie haben sich seit dem Karbon morpholog. nicht mehr wesentlich verändert: Ihr 2 mm bis 10 cm großer Körper ist mehr od. weniger abgeflacht, oval gebaut u. meist einheitl. grauschwarz bis braungelb gefärbt. Der freibewegl., abgerundet dreieckige Kopf trägt seitl. große, nierenförm. Komplexaugen u. wird vom großen Halsschild fast völlig überdeckt. Zw. der Basis der meist überkörperlangen Fühler sitzen zwei Punktaugen. Die 3 unterschiedl. gebauten Brustabschnitte sind gegeneinander noch etwas beweglich; Mittel- u. Hinterbrust tragen je 1 Paar Flügel, die bei den Weibchen manchmal zurückgebildet sind. Die dünnhäut. Hinterflügel werden in der Ruhe v. den derberen Vorderflügeln überdeckt; das Flugvermögen ist i.d.R. nur gering. Alle Brustabschnitte tragen je 2 Laufbeine, welche dem Grundtypus des Insektenbeins (↗Extremitäten, □) entsprechen u. mit Haftlappen versehen sind. Abgebrochene Beine u. Fühler können bei jüngeren Larvenstadien wieder regeneriert werden. Der Hinterleib besteht aus 10 Segmenten u. schließt ohne deutl. Einschnürung an der Brust an. Unter der den After überdeckenden Supraanalplatte entspringen die aus 8 bis 15 Segmenten bestehenden Cerci, die Sinnesorgane enthalten. Bei vielen Arten der S. befinden sich am Hinterleib Duft- u. Stinkdrüsen. Am 9. (Männchen) bzw. 7. (Weibchen) Bauchschild (Subgenitalplatte) sitzen die äußeren Geschlechtsorgane, die beim Männchen aus einem vorstülpbaren Begattungsglied u. den hakenartigen, sklerotisierten Parameren u. beim Weibchen aus der Öffnung einer Geschlechtskammer bestehen. Die orthopteroide Legescheide ist nur rudimentär erhalten. Die Geschlechter finden sich geruchlich; der Kopulation, bei der eine Spermatophore übertragen wird, geht oft eine Art Balz voraus. Je 15 bis 40 Eier werden in einem artspezifischen, aus speziellen Kittdrüsen geformten, sehr widerstandsfähigen Eipaket (Oothek) abgelegt, das unterschiedl. lang vom Weibchen umhergetragen wird. Die Larven schlüpfen je nach Umweltbedingungen nach 14 bis 30 Tagen; sie entwickeln sich hemimetabol in 100 bis 200 Tagen zur Imago. – S. sind Allesfresser; die Nahrung wird häufig mit Hilfe von endosymbiont. Protozoen verwertet. In Häusern verkriechen sie sich tagsüber in Ritzen u. Nischen. Sie richten selten Schaden an Nahrungsmitteln an, sondern leben v. auf den Boden gefallenen Resten. Ihre Bedeutung für den Menschen liegt v.a. in der Übertragung gefährl. Krankheiten. Die bei uns häufigen, meist weltweit verbreiteten Arten werden in 3 Fam. (vgl. Tab.) eingeteilt; alle freilebenden Arten gehören zur Familie *Ectobiidae* (↗Waldschaben). *G. L.*

Schaben

Einheimische Familien:

↗ *Blattellidae*
↗Hausschaben (*Blattidae*)
↗Waldschaben (*Ectobiidae*)

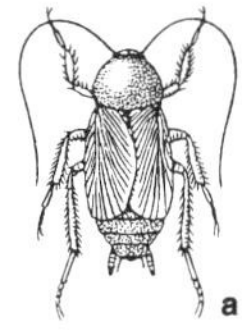

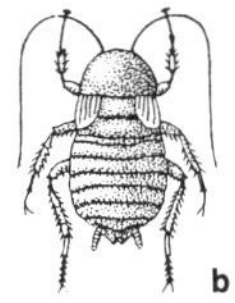

Küchenschabe (*Blatta orientalis*): **a** Männchen, **b** Weibchen

Schachblume, *Schachbrettblume, Fritillaria meleagris,* ein Liliengewächs mit rotbraunen, schachbrettartig gemusterten, hängenden Blüten; besitzt Zwiebeln u. schmal-linealische graugrüne Blätter; giftige Zierpflanze, die wild auf feuchten, period. überschwemmten Auewiesen wächst (*Calthion*-Verbandscharakterart; ↗Molinietalia); nach der ↗Roten Liste „stark gefährdet". Zur Gatt. *Fritillaria* gehört auch die ↗Kaiserkrone.

Schachblume (*Fritillaria meleagris*)

Schachbrettfalter, *Damenbrett, Melanargia (Agapetes) galathea,* bekannter und häufiger, in S- und Mitteleuropa bis zum Kaukasus verbreiteter ↗Augenfalter, Spannweite um 45 mm; markant schwarzweiß gezeichnet, fliegt im Sommer in einer Generation auf blütenreichen, extensiv genutzten Wiesen, Halbtrockenrasen, Waldlichtungen, Dämmen u.ä.; Falter fliegt nur im Sonnenschein u. bevorzugt violette Blüten v. Kardengewächsen u. Korbblütlern zur Nektaraufnahme; die Weibchen lassen die runden weißen Eier einfach in die Vegetation geeigneter Brutbiotope fallen. Die behaarte grüne od. braune Raupe frißt nachts an verschiedenen Grasarten; Ver-

Schachbrettfalter (*Melanargia galathea*)

puppung am Boden. In S-Europa kommen einige ähnl. aussehende verwandte Vertreter vor. B Schmetterlinge.

Schachtelhalm, *Equisetum,* Gatt. der ↗Schachtelhalmgewächse mit etwa 30 trop.-kühl-gemäßigt verbreiteten Arten; Wuchs durchweg krautig mit ausdauerndem, unterirdisch kriechendem Rhizom, das an den Nodien neben Wurzeln z.T. auch Speicherknollen bildet. Achse mit an den Nodien alternierenden Längsrippen u. -furchen, Eustele (an den Nodien Siphonostele), ohne sekundäres Dickenwachstum u. mit 3 lufterfüllten Hohlraum-Systemen: 1. Markhöhle (nur an den Nodien durch Diaphragmen unterbrochen); 2. je ein Carinalkanal unter den Längsrippen (entstanden durch Auflösen des Protoxylems); 3. je ein Vallecularkanal in der Rinde unter den Längsfurchen. Stengelepidermis mit Kieselsäureeinlagerungen, basale Teile der Internodien zu interkalarem Streckungswachstum befähigt, Nodien mit quirlständigen, einnervigen, zu einer geschlossenen Scheide verwachsenen Blättchen, Blüten endständig, brakteenlos u. mit typ. tischchenförm. Sporangiophoren. Vegetative u. fertile Sprosse bei manchen Arten verschiedengestaltig. Isosporen mit Chlorophyll u. den für die ↗Schachtelhalmartigen typ. Hapteren; Gametophyt autotroph, dorsiventral, potentiell haplomonözisch, durch äußere Faktoren (phänotypisch) aber meist haplodiözisch (!). – Systematisch wird die Gatt. i.d.R. in 2 U.-Gatt. oder Sektionen gegliedert. Insgesamt ursprünglicher u. überwiegend trop. verbreitet ist die U.-Gatt. *Hippochaete* (Spaltöffnungen eingesenkt). Das in der Neotropis beheimatete, in dichten Beständen stehende *E. giganteum* ist mit 5 m Höhe wohl der größte rezente S. In Mitteleuropa kommt als häufigster Vertreter dieser U.-Gatt. der meist astlose Winter-S. (*E. hyemale;* Stengel dunkelgrün, Zähnchen der Blattscheiden hinfällig) vor; er tritt in dichten Herden auf feuchten, grundwassernahen Böden und v.a. in Auwäldern auf (Charakterart des ↗Alno-Padion). Erhebl. seltener, nach der ↗Roten Liste „stark gefährdet" ist der arktisch-alpische, z.B. in kalkhalt. Flachmooren siedelnde Bunte S. *(E. variegatum).* Die U.-Gatt. *Equisetum* (Spaltöffnungen nicht eingesenkt) umfaßt die insgesamt moderneren Formen. Der circumpolar verbreitete, hydrophytische Teich-S. (*E. fluviatile;* unverzweigt od. einfach verzweigt; B Farnpflanzen I, B Europa VI) wächst in Sümpfen, Großseggen-Ges., Flachmooren u. als Pionier im Verlandungsbereich v. Gewässern. Bei grundsätzl. ähnlicher Verbreitung wächst der Sumpf-S. (Duwock, *E. palustre*) v.a. in nassen, nährstoffreichen (auch gedüngten!) Wiesen u. in Flachmooren. Aufgrund seines Reichtums an *Palustrin* (Piperidin-Alkaloid) ist er ein bedeutendes Viehgift u. wegen seiner bis 1 m tief reichenden Rhizome auch schwer zu bekämpfen. Beim Wald-S. *(E. sylvaticum)* sind die fertilen Sprosse zunächst bleich u. unverzweigt; sie werden erst bei Sporenreife wie die rein vegetativen Sprosse grün u. entwickeln 2–3fach verzweigte Seitenäste. Als Versauerungs- u. Vernässungszeiger tritt er gesellig in Auenwäldern (Charakterart des Alno-Padion) u. feuchten Fichtenwäldern v.a. der Silicatgebirge auf. Ebenfalls im Alno-Padion, aber auch in Eichen-Hainbuchenwäldern (↗Carpinion betuli), z.T. auch in Naßwiesen vorkommend u. insgesamt in der BR Dtl. erhebl. seltener („potentiell gefährdet") ist der Wiesen-S. *(E. pratense).* Seine fertilen Sprosse sind bei Reife ebenfalls den vegetativen Sprossen ähnl., die meist unverzweigte Seitenäste tragen. Bei den beiden folgenden Arten bleiben die fertilen Sprosse im Ggs. zu den vegetativen stets unverzweigt. Der sehr kräftige, bis 1,5 m hohe Riesen-S. (*E. telmateia*) besiedelt v.a. kalkreiche Quellfluren. Die in Mitteleuropa häufigste Art ist der holarktisch verbreitete Acker-S. (Zinnkraut, *E. arvense,* B Farnpflanzen I–II), der vegetativ v.a. durch kürzere Scheidenzähne u. eine engere Markhöhle vom Wiesen-S. unterschieden ist. Als Ruderalpflanze wächst er gern auf feuchtem Lehm-, aber auch auf Schotter- u. Sandböden vom Tiefland bis über 2000 m Höhe u. ist mit seinen tiefreichenden Rhizomen ein hartnäckiges Unkraut in Äckern u. Gärten. Die oberird. Teile des Acker-S.s und z.T. auch des Riesen-S.s wurden fr. wegen ihres Kieselsäurereichtums (↗Kieselpflanzen) als Zinnputzmittel verwendet, worauf der Name „Zinnkraut" Bezug nimmt. Heilpflanze mit harntreibender Wirkung. – Fossil reicht die Gatt. sicher bis ins Alttertiär zurück, doch sind vielleicht auch einige mesozoische, als *Equisetites* beschriebene Fossilformen zu *Equisetum* zu stellen (↗Schachtelhalmgewächse). B Farnpflanzen IV. *V. M.*

Schachtelhalmartige, *Equisetales,* Ord. der Kl. ↗Schachtelhalme mit den wichtigsten Fam. *Archaeocalamitaceae (↗Archaeocalamites), ↗Calamitaceae, Calamocarpaceae (↗Calamocarpon), ↗Phyllothecaceae, ↗Schizoneuraceae* u. *Equisetaceae* (↗Schachtelhalmgewächse; einzige rezente Fam.). Wichtige gemeinsame Merkmale sind: Sprosse mit Eustele; Blätter einnervig (Ausnahme: *Archaeocalamites*); unterirdisch kriechende Rhizome; Blüten bestehend aus tischchenförm. Sporangiophoren (B Farnpflanzen IV), zw. denen bei *Calamitaceae* sterile Brakteen stehen; Sporen mit aus dem Perispor gebildeten Hapteren, die als bandförm. Anhängsel ↗hygroskop. Bewegungen ausführen können u. die Verbreitung unterstützen. Wegen des Vorkommens v. sekundärem Dickenwachstum u. des etwas abweichenden Blütenbaues werden die

a

b

Schachtelhalm

Ackerschachtelhalm *(Equisetum arvense),* **a** mit den bleichen, unverzweigten fertilen Sprossen (März–April), **b** die später erscheinenden, grünen, verzweigten sterilen Triebe

Calamitaceae teilweise auch als eigene Ord. *Calamitales* betrachtet.

Schachtelhalme, *Gliederpflanzen, Equisetatae, Articulatae, Sphenopsida,* überwiegend fossil vertretene Kl. der ↗Farnpflanzen mit den Ord. ↗*Pseudoborniales,* ↗*Sphenophyllales* (systemat. Zugehörigkeit z.T. umstritten) u. *Equisetales* (↗Schachtelhalmartige); einzige rezente Gatt. ist der ↗Schachtelhalm (*Equisetum;* Fam. Schachtelhalmgewächse). Charakterisiert sind die S. v. a. durch die Gliederung der Sprosse in Nodien u. Internodien mit längs verlaufenden Furchen u. Rinnen u. durch die wirtelig an den Nodien ansitzenden Blätter u. Seitenäste. Die Stele ist (außer bei *Sphenophyllales*) eine Eustele; die Blätter sind typischerweise einnervige Mikrophylle, doch kommen bei einigen altertüml. Gruppen *(Pseudoborniales, Archaeocalamites Sphenophyllales)* auch Blätter mit Gabeladerung, nie aber farnart. Wedelblätter vor: die Blätter entstanden offenbar durch Reduktion dichotomer Zweigsysteme (↗Telomtheorie). Die dickwand. Sporangien stehen meist (Ausnahme: *Sphenophyllales*) an tischchenförm. Sporangiophoren (B Farnpflanzen IV), die zu Blütenzapfen vereinigt sind. Über die phylogenet. Ursprünge der S. ist wenig bekannt; die fr. als Vorläufer betrachteten u. daher als *Protoarticulaten* zusammengefaßten devonischen Gatt. *Protohyenia, Hyenia* u. *Calamophyton* werden heute zu den Farnen *(↗ Cladoxylales)* gestellt. Die S. erscheinen nach heutiger Kenntnis recht unvermittelt u. hoch entwikkelt im Oberdevon, ihre Ursprünge reichen aber vermutl. wie die der übrigen Pteridophyten bis ins Unterdevon zurück. Im Karbon u. Unterperm besitzen die S. ihren Entwicklungshöhepunkt u. sterben dann im Laufe des Mesozoikums u. Tertiärs bis auf die rezente Relikt-Gatt. *Equisetum* aus. B Pflanzen.

Schachtelhalmgewächse, *Equisetaceae,* Fam. der ↗Schachtelhalmartigen *(Equisetales),* mit dem ↗Schachtelhalm *(Equisetum)* als einziger rezenter Art; von den ↗*Calamitaceae* durch das Fehlen v. sekundärem Dickenwachstum, die scheidenartig verwachsenen Blättchen u. die ausschl. aus tischchenförm. Sporangiophoren aufgebauten Blüten unterschieden. Über die phylogenet. Ursprünge der S. liegen keine sicheren Erkenntnisse vor. Als ältester Vertreter gilt die erstmals aus dem Oberkarbon, v. a. aber aus der Trias u. dem jüngeren Mesozoikum bekannte Gatt. *Equisetites,* die v. a. durch die an kurzen Ästen seitenständ. Blüten u. die größeren Dimensionen vom rezenten Schachtelhalm abweicht. Bekanntester Vertreter ist *Equisetites arenaceus* aus dem eur. Buntsandstein u. Keuper (untere bzw. obere Trias). Er erreichte Sproßdurchmesser bis zu 20 cm und Höhen von 6–10 m und besaß vielleicht etwas sekundäres Dickenwachstum; fossil sind häufig auch seine an den Rhizomen gebildeten Speicherknollen zu finden. Jüngere Formen von *Equisetites* zeigen dann alle Übergänge zum rezenten Schachtelhalm. Das erdgeschichtl. frühe Auftreten v. *Equisetites* macht deutl., daß sich die S. vermutlich nicht unmittelbar aus *Calamitaceae* entwickelt haben, sondern daß eher beide Gruppen auf gemeinsame Ahnen zurückzuführen sind.

Schädel, *Cranium,* das ↗Skelett (B) des ↗Kopfes der Wirbeltiere u. des Menschen. Die Bestandteile des S.s werden nach Funktion, Herkunft u. Lage unterschieden. – a) Funktionell bildet der dorsal gelegene ↗*Hirn-S.* (Neurocranium) eine das Gehirn umschließende Kapsel, an deren Außenseite in schützenden Einbuchtungen die Sinnesorgane Nase, Auge u. Ohr liegen. Dies weist auf die Bedeutung des Kopfes als Orientierungspol hin. – Der ventral gelegene ↗*Kiefer-S.* (Viscerocranium, Splanchnocranium, Gesichts-S.; ↗Kiefer) besteht aus Ober- u. Unterkiefer, die im ↗Kiefergelenk miteinander verbunden sind. Die Kiefer bilden das Skelett des ↗Kauapparates u. dienen der Befestigung der ↗Zähne. ↗Mund u. Kiefer mit ihren Hilfsstrukturen weisen den S. als Ernährungspol aus. – b) Herkunftsmäßig sind die Skelettelemente des S.s entweder ↗Knorpel od. ↗Ersatzknochen od. ↗Deckknochen. – Bei allen ↗Knorpelfischen ist das gesamte Skelett zeitlebens knorpelig. Ihr S. wird als ↗*Chondrocranium* (Knorpel-S.) bezeichnet im Ggs. zum ↗*Osteocranium* (Knochen-S.) der erwachsenen anderen Wirbeltiere. Deren S. wird embryonal aber ebenfalls knorpelig angelegt u. in dieser Phase *Primordialcranium* („Erst-S.") gen., um die im Ggs. zu den Knorpelfischen nur vorübergehende knorpelige Ausbildung zu verdeutlichen. (Die Bildung v. ↗Knochen wurde bei den Knorpelfischen wahrscheinl. sekundär wieder aufgegeben.) Chondrocranium wie knorpeliges Primordialcranium entstehen aus 2 Paar Knorpelspangen, den neben dem Vorderende der ↗Chorda dorsalis liegenden ↗*Parachordalia* u. den noch weiter vorn liegenden Praechordalia od. *Trabeculae* sowie becherartig um Nase, Auge, Ohr herum angelegten *Sinnes(organ)knorpeln.* Diese Elemente wachsen aus u. formen bei Knorpelfischen eine geschlossene Kapsel um das Gehirn. Bei knochenbildenden Wirbeltieren wird keine vollständige Kapsel gebildet, sondern nur eine Art „Wanne", die den Boden u. die Seitenwände des Hirn-S.s bildet. Schließl. verknöchern diese Elemente, es entstehen ↗Ersatzknochen. Alle Ersatzknochen am S., einschl. die der Kiefer, werden als ↗*Endocranium* zusammengefaßt, die Ersatzknochen des Hirn-S.s allein als *neurales Endocranium,* um sie v. denen des Kieferbereichs (viscerales Endocra-

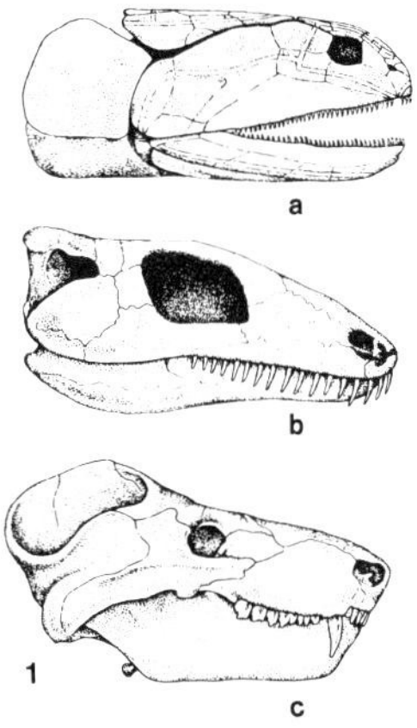

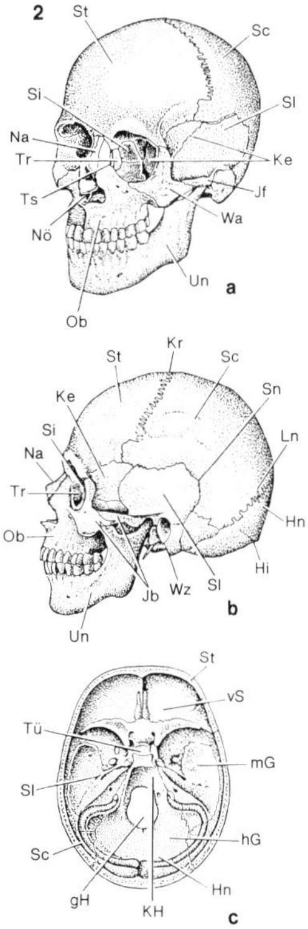

Schädel

1 Entwicklung des S.s der Wirbeltiere: **a** ursprünglicher Fleischflosser *Osteolepis* (Mittel- u. Oberdevon), **b** Anthracosaurier *Seymouria* (Unterperm von N-Amerika), **c** synapsides Reptil *Cynognathus* (mittlere Trias von S-Afrika).

2 S. des *Menschen*: **a** von vorn, **b** von der Seite, **c** S.basis (Innenansicht).

Ge Gehörgang, gH großes Hinterhauptsloch, hG hintere Schädelgrube, Hi Hinterhauptsschuppe des Hinterhauptsbeins, Hn Hinterhauptsbein, Jb Jochbogen, Jf Jochfortsatz, Ke Keilbein, KH Keil- und Hinterhauptsbeinanteil, Kr Kranznaht, Ln Lambdanaht, mG mittlere Schädelgrube, Na Nasenbein, Nö vordere knöcherne Nasenöffnung, Ob Oberkieferknochen, Sc Scheitelbein, Si Siebbein, Sl Schläfenbein, Sn Schuppennaht, St Stirnbein, Tr Tränenbein, Ts Tränensackgrube, Tü Türkensattel, Un Unterkieferknochen, vS vordere Schädelgrube, Wa Wangenbein, Wz Warzenfortsatz

nium) klar zu trennen. – Von den ↗Knochenfischen an weisen die rezenten Wirbeltiere auch *Deckknochen* (Hautknochen) auf. Sie gehen auf den Hautknochenpanzer der ältesten bekannten Wirbeltiere *(Ostracodermi)* zurück u. werden ohne knorpeligen Vorläufer direkt im Corium (Mesoderm) der Haut gebildet. Man faßt sie als ↗Dermalskelett zus., im S.bereich als ↗*Dermatocranium* (Hautknochen-S.). (Die Bez. „Exoskelett" ist irreführend; ↗Deckknochen). Am S. überziehen Deckknochen die gesamte Außenfläche u. kleiden auch die Mundhöhle aus. Sie bilden das *S.dach* (S.decke, Hirnschale, Calvaria, Kalotte) über dem nach oben offenen neuralen Endocranium u. das (primäre) ↗*Munddach* unterhalb v. dessen Boden. Herkunftsmäßig sind am S. von Knochenfischen u. Tetrapoden also zu unterscheiden: das aus Ersatzknochen gebildete neurale Endocranium (Neurocranium i. e. S.; homolog dem Chondrocranium der Knorpelfische) u. das aus Deckknochen gebildete Dermatocranium mit den Anteilen S.dach u. Munddach (homolog dem Hautknochenpanzer der *Ostracodermi*). – Wird vom *Hirn-S.* gesprochen, so ist darauf zu achten, ob nur der endocraniale Anteil gemeint ist od. der gesamte S. (Neurocranium i. w. S.). – Am *Kiefer-S.* sind ebenfalls Deck- u. Ersatzknochen beteiligt. Sie treten an die Stelle der knorpeligen Elemente ↗Palatoquadratum (Oberkiefer) u. ↗Mandibulare (Unterkiefer) bei den Knorpelfischen. Bei Säugern sind nur noch Deckknochen im Kieferbereich erhalten (↗Praemaxillare, ↗Maxillare, ↗Dentale), die Ersatzknochen wurden reduziert od. durchliefen einen Funktionswandel, z. B. zu den im Mittelohr (Paukenhöhle) gelegenen ↗Gehörknöchelchen (↗Reichert-Gauppsche Theorie); weitere Tendenzen: ↗Kiefer, ↗Kiefergelenk. – c) Hinsichtl. der Lage von S.elementen bezieht man sich auf S.regionen, die durch die Sinnesorgane u. den Hinterhauptsbereich abgegrenzt sind. Von vorn nach hinten wird der S. in 4 Regionen unterteilt: Nasenregion (Nasal- od. Ethmoidalregion), Augenregion (Orbital- oder Sphenoidalregion), Ohrregion (Oticalregion), Hinterhauptsregion (Occipitalregion). Die Region, in der die Befestigung des Oberkiefers am Neurocranium erfolgt, od. der Verlauf einer Beugungslinie (↗Kraniokinetik) sind Merkmale, die bei der ↗Klassifikation herangezogen werden. – Der Hinterhauptsbereich ist erst im Laufe der Stammesgesch. durch Anlagerung von Wirbelanlagen an den S. entstanden, wobei bei verschiedenen Gruppen eine unterschiedl. Zahl v. Wirbelanlagen beteiligt ist. Die ↗Rundmäuler, die keine „echten" Wirbel besitzen, weisen auch keine Occipitalregion am S. auf. – Die wichtigsten Tendenzen in der *Evolution des S.s* sind: 1) Vergrößerung des Hirnvolumens u. Einbeziehung des Dermatocraniums in die Bildung des Hirn-S.s; 2) nach Etablierung einer Vielzahl von S.knochen Reduktion od. Verschmelzung od. Funktionswandel einiger Elemente; 3) Bildung v. ↗Choanen; 4) Entstehung eines sekundären ↗Munddaches; 5) Bildung v. ↗Schläfenfenstern; 6) Entwicklung v. ↗Kraniokinetik; 7) Weiterentwicklung v. Kiefer u. Kiefergelenk.

S. des Menschen (D = Deckknochen, E = Ersatzknochen): Das ↗Gehirn ([B]) liegt in einer knöchernen Kapsel, die gebildet wird v. ↗*Stirnbein* (Frontale; unpaar, D), ↗*Scheitelbein* (Parietale; paarig, D), ↗*Hinterhauptsbein* (Occipitale; unpaar, Verschmelzungsprodukt aus 2D + 4E), ↗*Schläfenbein* (Temporale; paarig, Verschmelzungsprodukt aus 1D + 3E), ↗*Keilbein* (Sphenoidale; unpaar, Verschmelzungsprodukt aus E). Die paarigen Deckknochen *Nasenbein* (↗Nasale), *Jochbein* (↗Jugale) u. ↗*Tränenbein* (Lacrimale) gehören zwar stammesgesch. zum S.dach, sind aber nicht an der Hirnkapsel beteiligt. Das unpaare ↗*Siebbein* (Ethmoid; E) liegt zw. Keilbein u. Stirnbein; es läßt die Fortsätze der Riechnerven aus der Riechhöhle ins Gehirn durchtreten. In der Riechhöhle selbst liegen die ↗Turbinalia zur Oberflächenvergrößerung. Das Keilbein weist eine Vertiefung auf, den ↗Türkensattel, in den vom Zwischenhirnboden die ↗Hypophyse ([ ]) hineinragt. Das Hinterhauptsbein umfaßt das *Hinterhauptsloch* (Foramen magnum), durch welches ↗Rückenmark u. Gehirn miteinander in Verbindung treten. Beidseits des Hinterhauptsloches liegt je 1 Gelenkhöcker (↗Condylus) für das *Hinterhauptsgelenk* mit dem obersten Halswirbel (↗Atlas). In anderen Wirbeltiergruppen ist nur 1 unpaarer ↗Hinterhauptshöcker (Condylus occipitalis) ausgebildet, z. B. bei den meisten Reptilien. – Der ↗Oberkiefer ist beim Menschen ein einheitl. Knochen, der aus den paarigen Deckknochen ↗Praemaxillare (Intermaxillare, ↗Goethe) u. ↗Maxillare verschmolzen ist u. als ↗Maxille bezeichnet wird. Der ↗Unterkiefer besteht nur aus dem paarigen Deckknochen ↗Dentale (↗Kiefer). – Hinsichtl. der Schläfenfenster ist der S. des Menschen – wie der aller Säuger – abgeleitet synapsid. Das bei Säugervorfahren ehemals vorhandene untere Schläfenfenster ist sekundär wieder verschlossen. Der ↗*Jochbogen* wird von einem Fortsatz des Jochbeins (Jugale) sowie einem Fortsatz des Schläfenbeins (Temporale) gebildet. Mit einem zweiten Fortsatz schließt das Jochbein an das Stirnbein an u. bildet mit diesem die Begrenzung der Augenhöhle. Der im Tränenbein mündende Tränen-Nasen-Gang ist aus der ehemaligen hinteren äußeren Nasenöffnung (↗Nase, ↗Nasenmuscheln) hervorgegangen (↗Choanen). Das *Munddach* wird gebildet v. der Gaumenplatte des Oberkiefers (Maxille), an deren Hinterrand sich das paarige ↗*Gaumenbein* (Palatinum; D) anschließt, worauf noch als schmales unpaares Element das *Pflugscharbein* (↗Vomer; D) folgt. Diese Elemente gehören herkunftsmäßig zum Dermatocranium, obwohl sie tief in der Mundhöhle liegen. □ Raubtiere, B Fische (Bauplan), B Verdauung II–III. *A. K.*

Schädelbasis

Die S. bildet als unterer Teil des Schädels (ohne Unterkiefer) die „Auflagefläche" für das Gehirn in Form v. vorderer, mittlerer u. hinterer Schädelgrube. Durch das Hinterhauptsloch in der hinteren Schädelgrube sind Gehirn u. Rückenmark miteinander verbunden. An der S. sind alle Knochen des Schädels bzw. deren ventrale Abschnitte beteiligt. Auch die Knochen des Munddaches werden dazu gezählt. –
Ein *S.bruch* ist deshalb besonders gefährlich, weil meist auch Blutgefäße, Nerven u. Hirnsubstanz geschädigt werden.

Schädelindex ↗Längen-Breiten-Index, ↗Längen-Höhen-Index.

Schädelkapazität, Volumen der Hirnkapsel, bei fossilen ↗Schädeln als Maß für das ↗Hirnvolumen angegeben. T Mensch.

Schädelkinetik, die ↗Kraniokinetik.

Schädellehre, 1) *Phrenologie,* von F. J. ↗Gall begr. Lehre, daß sich bestimmte Hirnbezirke des Menschen als Sitz bestimmter geistiger u. seelischer Veranlagungen als Vorwölbungen des Schädels bemerkbar machen. Diese sollen Rückschlüsse auf entspr. Fähigkeiten u. Charaktereigenschaften ermöglichen. Gilt heute als sachl. unbegründet. 2) *Kraniologie,* Meßlehre des menschl. Schädels (↗Anthropometrie).

Schädellose, *Acrania, Cephalochordata,* U.-Stamm der ↗Chordatiere, werden zus. mit den ↗Manteltieren auch als Niedere Chordaten bezeichnet. S. sind eine artenarme Tiergruppe des marinen Litorals, mit lanzettförm. flachem, durchscheinend weißl. Körper, Länge bis 8 cm, Höhe ca. 1 cm. Sie haben keinen Schädel (Name!) u. leben als hemisessile Planktonfiltrierer eingegraben im Untergrund; nur das Vorderende mit der Mundöffnung ragt heraus (□ Lanzettfischchen). Kurzzeitiges schlängelndes Schwimmen in Seitenlage ist möglich. Stellvertretend für alle S.n und wichtig für das Verständnis der Wirbeltierorganisation ist der Körperbau des ↗Lanzettfischchens i. e. S. Als *Stützelemente* fungieren: die ↗Chorda dorsalis, Hauptstütze des gesamten Körpers; sie erstreckt sich in Körperlängsachse über die gesamte Länge u. besteht aus geldrollenartig hintereinanderstehenden, 1–4 μm dicken, scheibenförm. Muskelzellen, deren Perikaryen dorsal u. ventral liegen; sie werden von kollagenhalt. Bindegewebe (Chordafaserscheide) zusammengehalten. Die Muskulatur über dem Bindegewebe ist fest mit der Chorda verbunden, so daß ein elast. Widerlager für die Muskulatur bei der Schlängelbewegung entsteht. Weitere Stützelemente aus knorpelart. Bindegewebe befinden sich im Cirrenkamm der Mundöffnung u. gitterförmig in den seitl. Kiemendarmwänden. In Flossensäumen liegen flüssigkeitsgefüllte Hohlräume (Flossenkämmerchen), vermutl. Bildungen des Coeloms. Das *Körperintegument* besteht aus einer einschicht. Epidermis, die nach außen mit einem Mikrovillisaum versehen ist, der durch eine Schleimschicht geschützt wird. Die *Muskulatur* ist als quergestreifte seitl. Rumpfmuskulatur (Hauptbewegungsapparat) aus gleichartigen 50–85 Muskelpaketen (Myomeren) ausgebildet, die durch bindegewebige, w-förmige Myosepten getrennt sind. Die Myomeren der beiden Körperseiten sind versetzt. Dazu kommen ein ventraler, quergestreifter Transversalmuskel, der das Wasser aus dem ↗Peribranchialraum treibt, verschiedene Sphinkter u. glatte Muskulatur. Das *Coelom* entsteht in einer komplizierten Bildung während der Embryonalentwicklung; es bildet beim erwachsenen Tier eine Vielzahl v. Röhren, Kammern u. Spalträumen. Das *Nervensystem* besteht aus einem Neuralrohr mit Zentralkanal dorsal der Chorda; am Vorderende ist es zu einfach strukturierten Gehirnbläschen erweitert, vom Rückenmark geht an jedem Myomer je ein dorsaler u. ventraler Spinalnerv ab, die sich ohne Ganglienbildung wieder vereinigen. Die *Sinnesorgane* sind sehr einfach; mechano- u. chemorezeptor. Sinneszellen befinden sich auf der gesamten Oberfläche, im Mundbereich zu Sinnesknospen zusammengefaßt. Im Rückenmark liegen um den Zentralkanal angeordnete Pig-

Schädellose

Lanzettfischchen *(Branchiostoma)*: **a** Seitenansicht; **b** innere Organisation (schematisch); **c** schematischer Ausschnitt aus dem Blutgefäßsystem

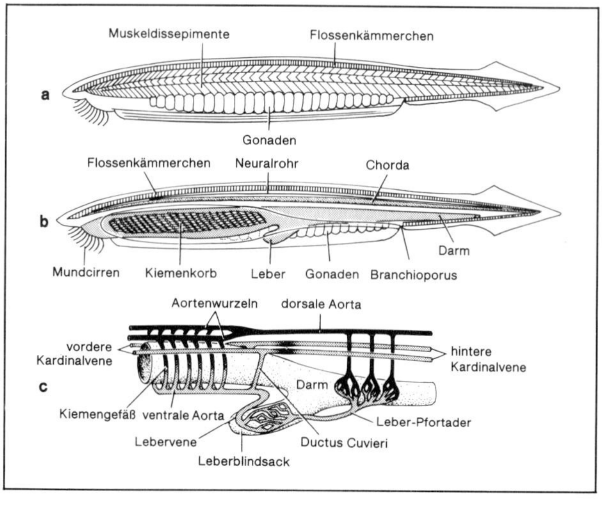

mentbecherocellen; eine bewimperte Vertiefung (↗Köllikersche Grube) an der Stelle des verschlossenen Neuroporus hat vermutl. Riechfunktion. *Darmsystem:* eine frontale Öffnung mit Cirrenapparat führt zunächst in eine Präoralhöhle mit dorsaler Wimpergrube (Hatscheksche Grube, homolog der Adenohypophyse der Wirbeltiere) u. Wimperfeld (Räderorgan). Danach folgen der eigentl. Mund mit sphinkterart. Velum u. der Kiemendarm mit 180–200 nach vorn geneigten Kiemenspalten, die mit Querverstrebungen versehen sind (Synaptikel). Man unterscheidet Haupt- v. Nebenbögen, die sekundär einwachsen. Am Boden des Kiemendarms verläuft die Hypobranchialrinne (Flimmerrinne, ↗Endostyl; homolog der Schilddrüse der Wirbeltiere), deren schleim. Sekret durch den Wimperschlag des begeißelten Kiemendarmepithels an den Wänden nach dorsal gebracht wird u. so die hängengebliebene Nahrung transportiert. Dorsal verläuft die ↗Epibranchialrinne, die Schleim u. Nahrung „fängt" u. in den verdauenden Teil des Darms transportiert. Der verdauende Darmteil besteht aus Oesophagus, Dünndarm mit Leberblindsack u. Enddarm; der After mündet kurz vor dem Körperende nach außen. *Atmungssystem:* Gasaustausch ist über die gesamte Körperoberfläche u. den Kiemendarm möglich. *Kreislaufsystem:* Das Blut besitzt keine Zellen u. respirator. Farbstoffe. Das Gefäßsystem ist anatomisch offen (einige Lakunen), funktionell geschlossen; die Gefäße haben Endothelauskleidung u. kontraktile Abschnitte ohne Klappen. Es besteht aus 3 Hauptgefäßstämmen: je einem unter u. über dem Darm liegenden Arteriensystem u. einem ventrolateral u. ventromedian verlaufenden Venensystem. Sauerstoffarmes Blut fließt aus dem Körper über die ↗Ductus Cuvieri zum Sinus venosus (Bezugspunkt für die Bez. Arterien u. Venen; hier entsteht bei Wirbeltieren das Herz). Von dort wird es durch den kontraktilen medioventralen Aortenstamm in die Kiemenbögen gepumpt. An der Basis der Kiemenarterien befindet sich je eine kontraktile Erweiterung (Bulbilli, ↗Kiemenherzen) zur Überwindung des Kapillarnetzes. Sauerstoffangereichertes Blut wird in den paarigen, dorsalen Aortenstämmen, die sich über dem Dünndarm vereinigen, gesammelt und über die unpaare, bis zum Schwanzende reichende Dorsalaorta dem Körper zugeführt. Die Blutzirkulation erfolgt sehr langsam (1 Umlauf/15 Minuten); der Kontraktionsrhythmus ist unregelmäßig, es gibt keine zentrale Koordination der kontraktilen Elemente. *Exkretionssystem:* ca. 90 Exkretionsorgane liegen segmental zu beiden Seiten des Kiemendarms, jeweils zw. 2 Kiemenhauptbögen; jedes besteht aus 1 Blutlakune, deren Wandung v. den Ausläufern stecknadelförm. Zellen (Cyrtopodocyten) gebildet wird (Glomeruli). Röhrenart. Fortsätze dieser Zellen, die einen Reusenzylinder mit im Zentrum schlagender Geißel darstellen, münden in einen Sammelkanal, der seinerseits in den Peribranchialraum führt. Jeder Glomerulus ist in Coelom eingebettet. Nach Filtration des Blutes durch Interzellularspalten der Glomeruluswand gelangt Primärharn in den Coelomraum, wird v. dort durch den Geißelschlag in das Sammelsystem gebracht u. über den Peribranchialraum abgegeben. Die Geißelzellen wurden fr. zu den Solenocyten gerechnet; heute betrachtet man sie aufgrund ihres anderen Feinbaus als Spezialbildung der S.n. *Geschlechtsorgane:* S. sind getrenntgeschlechtlich. Die Gonaden liegen in Coelomblasen (Gonocoel) segmental in der Seitenwand des Peribranchialraums. Die Geschlechtsprodukte gelangen durch Platzen der Gonadenwand in den Peribranchialraum; von dort erfolgt die Abgabe ins freie Wasser, wo die Befruchtung stattfindet. *Entwicklung:* die 0,1 mm großen telolecithalen Eier machen eine äquale, totale, determinierte Furchung; die Gastrulation erfolgt durch Invagination, die Mesodermbildung durch Abfaltung vom Urdarmdach. Nach 16 Std. schlüpft der bewimperte Embryo u. beginnt sein freischwimmendes Larvenleben. Die Entwicklungsdauer beträgt ca. 3 Monate. Die Larven haben einen asymmetrischen Körperbau; es findet eine komplizierte Metamorphose statt. [B] Chordatiere.

Lit.: *Fechter, H.:* Manteltiere, Schädellose, Rundmäuler. Berlin 1971. *C. G.*

Schädlinge, Organismen, die dem Menschen Schaden zufügen, indem sie 1. als Parasiten od. Räuber v. ihm u. seinen Nutztieren leben, 2. seine Nahrungspflanzen fressen od. zerstören, 3. seine Vorräte od. Gebrauchsgüter zunichte machen. Meist sind Tiere gemeint; schädigende Viren, Bakterien u. Pilze werden eher als Krankheitserreger (Pathogene) bezeichnet. [B] 267.

Schädlingsbekämpfung, Bekämpfung v. ↗Schädlingen mit physikal., chem. und biol. Verfahren. ↗biologische S., ↗biotechnische S., ↗integrierte S.; ↗Pflanzenschutz ([T]), ↗Pestizide ([T]), ↗Biozide ([T]).

Schädlingskunde, Lehre v. den ↗Schädlingen u. ihrer Bekämpfung (↗Schädlingsbekämpfung).

Schadspinner, die ↗Trägspinner.

Schadstoffe, chem. Elemente od. Verbindungen, die bei ihrer Einwirkung auf Organismen od. Ökosysteme *(Umweltgifte)* deren Vitalität mindern od. sie zum Absterben bringen. Natürl. vorkommende S. sind die ↗Gifte. Zu den S.n zählen aber auch die mehr od. weniger weit in Atmosphäre (↗Luftverschmutzung, ↗Smog, ↗Aerosol, ↗MAK-Wert), Hydrosphäre (↗Abwasser, ↗Kläranlage, ↗Fischsterben) und im Boden verbreiteten, verunreinigenden Stoffe

(z. B. ↗Schwermetalle; ↗Schwermetallresistenz), die sowohl natürl. wie anthropogenen Ursprungs sein können. Die anthropogen bedingten S. sind eine Folge der Überbevölkerung, Technisierung u. Industrialisierung der Erde. Es gilt als gesichert, daß sie bei entspr. hoher Konzentration entweder direkt od. angereichert (↗Akkumulierung, ↗Abbau, ↗abbauresistente Stoffe) durch ↗Nahrungsketten das ↗Aussterben von biol. Arten u. die Schädigung v. Ökosystemen (↗Rauchgasschäden, ↗saurer Regen, ↗Waldsterben) bedingen bzw. mitbedingen (↗Naturschutz). Die Wirkung von S.n auf Einzelindividuen kann sehr unterschiedl. sein; z. B. vertragen bestimmte Menschen das Rauchen bis ins hohe Alter, während andere bereits in jungen Jahren an Lungen-↗Krebs erkranken (↗cancerogen, [T] Krebs). Die Wirksamkeit von S.n, als deren Maß meist die DL_{50} (↗Dosis) verwendet wird, kann daher nur durch Beobachtungen an zahlr. Individuen eines Kollektivs unter möglichst standardisierten Bedingungen bestimmt werden. ↗Biotransformation, ↗Entgiftung; ↗Radioaktivität, ↗Radiotoxizität, ↗Strahlendosis.

Schafblattern, 1) die ↗Windpocken; 2) die Schaf-↗Pockenseuche.

Schafbremse, *Oestrus ovis,* ↗Dasselfliegen ([T]).

Schafe, *Ovis,* Gatt. der ↗Böcke; Kopfrumpflänge 110–180 cm, Körperhöhe 65–125 cm; Hörner bogenförmig, bei weibl. S.n schwächer od. ganz fehlend. Den S.n fehlen (im Ggs. zu den ↗Ziegen) ein Kinnbart u. ausgeprägte Duftdrüsen an der Schwanzunterseite. Die wildlebenden S. sind Gebirgs-, z. T. Hochgebirgsbewohner mit daraus resultierender inselart. Verbreitung, v. Korsika über Vorder- u. Innerasien bis ins westl. N-Amerika. Corbet (1978) u. Grzimek (1975) unterscheiden nur 2 (andere Autoren bis zu 8) Arten, das ↗Dickhornschaf *(O. canadensis)* u. das Wildschaf *(O. ammon)* mit 37 U.-Arten. – Haus-S. (vgl. Tab.) werden weltweit als Woll-, Fleisch- u. Milchlieferanten in Herden gehalten. Sie wurden um 6000 v. Chr., wahrscheinl. an verschiedenen Orten u. aus unterschiedl. U.-Arten des Wild-S.s *(O. ammon),* domestiziert (↗Haustiere, ↗Haustierwerdung). Als Stammform des eur. Haus-S.s gilt der ↗Mufflon, als Stammform des Merino-S.s und der asiat. und afr. Haus-S. das ↗Argali.

Schafeuter, *Schafporling, Albatrellus ovinus* Kotl. u. Ponz., meist hellgrau-gelbl., waldbewohnender Vertreter der ↗Fleischporlinge ([T]); tritt oft in eng verwachsenen Gruppen auf; als junger Pilz eßbar.

Schafgarbe, *Achillea,* mit über 100 Arten v. a. über die gemäßigten Bereiche Europas u. Asiens verbreitete Gatt. der ↗Korbblütler ([T]). Überwiegend Stauden mit wechselständ., i. d. R. mehr od. weniger fiederteiligen Blättern u. kleinen, meist in Doldentrauben angeordneten Blütenköpfen. Diese aus zahlr. weißen od. gelben Scheiben- u. nur wenigen weiß, rosa od. gelb gefärbten Strahlenblüten. Die beiden häufigsten der rund 10 in Mitteleuropa zu findenden Arten sind: die Sumpf-S. *(A. ptarmica)* mit weißl. Blütenköpfen (in Naß- u. Moorwiesen sowie in Staudenfluren an Bächen u. Gräben) u. die Wiesen-S. *(A. millefolium),* eine Sammelart mit gelbl.

Schafe

Hausschaf-Rassen:

Fettschwanz-Schaf
vorderasiat., graubraun-weißes Steppen-S. mit grober Wolle u. fettspeicherndem Schwanz.

Heidschnucke
aus der Lüneburger Heide stammende, genügsamste, aber auch leistungsschwächste S.rasse Dtl.s.

Karakul-Schaf
in Westturkestan heim., urspr. wohl aus Arabien stammendes Fettschwanz-S.; die 1–5 Tage alten Lämmer liefern den *Persianerpelz* aus dichten, glänzend-schwarzen Locken; die Wolle wird zu Bucharateppichen geknüpft. Heute bes. in Südwestafrika, Afghanistan u. der UdSSR *K.zucht.*

Marsch-Schaf, Ostfriesisches Milch-S.,
anspruchsvolles, kräftiges Niederungs-S. mit langer, grober Wolle, hohe Milchleistung.

Merino
krauswolliges S. mit kurzem, feinem Wollhaar; gibt 2–3 kg Wolle pro Jahr; Merino-Land-S., eine Einkreuzung mit dem Württemberger, häufigstes S.

Oxfordshire-Schaf
in der Grafschaft Oxford heim. schwarzköpfiges Fleisch-S., kräftig, mit breitem Rücken und tiefem Rumpf.

Rhön-Schaf
anspruchsloses, widerstandsfähiges S. mit schwarzem Kopf u. weißen Beinen; bes. in der Rhön.

Suffolk-Schaf
anspruchsloses, schwarzköpfiges Fleisch-S.; Ursprungsrasse vieler engl. Fleischschafschläge.

1

3

2

4

Schafe

1 Milchschaf mit Lamm, **2** Merinolandschaf, **3** Schwarzköpfiges Fleischschaf, **4** Karakullamm

1 Kleiner Frostspanner *(Operophthera brumata)*: **a** Fraßbild; **b** Männchen; **c** Weibchen; **d** Raupe. **2** Schorf an Apfel und Birne, hervorgerufen durch den Schlauchpilz *Venturia.* **3** Weißer Bär, Webebär *(Hyphantria cunea)*: **a** Raupe; **b** Falter, Weibchen. **4** Apfelwickler (*Cydia pomonella* L.): **a** Raupe an einem Spinnfaden hängend; **b** Falter. **5** Falscher Mehltau *(Peronospora)*: **a** Pilzrasen auf Blattunterseite; **b** „Ölflecke" auf der Blattoberseite; **c** geschädigte Traube (Lederbeere). **6a** Schnellkäfer *(Agriotes)*; **b** seine Larve („Drahtwurm"). **7a** Borkenkäfer *(Ips typographus)*; **b** Larve. **8** Reblaus *(Viteus vitifolii)*: **a** geflügelte Laus; **b** Blattgallenreblaus; **c** Wurzelreblaus; **d** Nymphenstadium; **e** Blattgallen; **f** Mißbildung an der Wurzel („Tuberositäten"). **9** Blutlaus *(Eriosoma lanigerum)*: **a** Blutlauskolonie; **b** männl. Laus, geflügelt; **c** weibl. Laus, ungeflügelt. **10** Von der San-José-Schildlaus *(Quadraspidiotus perniciosus)* befallene Birne. **11** Nonne *(Lymantria monacha)* mit Raupe. **12** Kieferneule *(Panolis flammea)*, mit Raupe.

Scheiben- u. weißen oder rötl. Strahlenblüten (in Fettwiesen u. -weiden, Halbtrocken- od. Sandrasen u. Äckern). Letztere besitzt, bedingt durch das in allen Organen enthaltene äther. Öl, einen starken, charakterist. Geruch u. wurde fr. auch wegen ihres Gehalts an Gerb- u. Bitterstoffen als Heilpflanze gg. eine Vielzahl verschiedener Leiden eingesetzt. Ein im Pflanzensaft enthaltener, wahrscheinl. zu den Furocumarinen gehöriger, photosensibilisierender Stoff (↗Photosensibilisatoren) führt bei Berührung zu S.ndermatitis u. darauffolgender Allergie. Verzehr größerer Mengen an Wiesen-S. hat Vergiftungserscheinungen zur Folge. Mehrere Arten der S., wie etwa die aus dem östl. Mittelmeergebiet stammende Goldgarbe *(A. filipendulina)* mit flachen, bis 10 cm breiten Scheindolden, sind beliebte Zierstauden.

Schafhaut, das ↗Amnion.

Schafochsen, *Ovibovini,* Gatt.-Gruppe der Ziegenartigen *(Caprinae);* einzige Art: der ↗Moschusochse.

Schaft, der ↗Scapus.

Schaftzelle, *trichogene Zelle,* Bildungszelle für echte ↗Haare der Insekten.

Schafzecke, ugs. Bez. für die Schaflausfliege *(Melophagus ovinus);* ↗Lausfliegen.

Schakale [Mz.; v. Sanskrit srgala über pers. schagāl], Wildhunde der Gatt. *Canis* (Wolfs- u. Schakalartige), die einzeln od. in kleinen Rudeln hpts. offene (Savannen-) Landschaften bewohnen und überwiegend nachtaktiv sind; Kopfrumpflänge 60 bis 90 cm, Schulterhöhe 40–50 cm; Pupille rund (bei Füchsen: längl.); Nahrung: Kerbtiere, Wirbeltiere, Aas (Beutereste v. Großkatzen u. Hyänen), Pflanzenteile. Von den 3 Arten ist der Goldschakal (*C. aureus;* rost- bis goldbraune Fellfärbung) in mehreren U.-Arten am weitesten verbreitet, von SO-Europa über Vorder-, Mittel- und S-Asien bis ins nördl. Hinterindien sowie im N und O Afrikas. Von Äthiopien bis zum nördl. S-Afrika kommt der scheue, rein nachtaktive Streifenschakal (*C. adustus;* bräunl. grau, seitl. heller Schrägstreifen) vor. Kontrastreiche Fellzeichnung (unterseits rostrot, Rücken schieferfarben) u. häufige Lautäußerungen (Heulen, Bellen) kennzeichnen den Schabrackenschakal *(C. mesomelas)* der afr. Savannen v. Sudan, Somalia bis zum Kapland. [B] Mediterranregion IV.

Schale, 1) Bot.: *Samen-S.,* ↗Samen. **2)** Zool.: Bez. für kapselförm. Chitin- od. Kalkpanzer, die ein Tier einschließen (↗Gehäuse, ↗Panzer, ↗Carapax), insbes. das *Ostracum,* die vom Mantelepithel gebildete, feste, äußere Hülle der ↗*Weichtiere,* die ihnen Schutz gg. negative Umwelteinflüsse u. Feinde bietet, Ansatzstelle u. Antagonist zahlr. Muskeln ist u. in manchen Fällen der Bewegung (Schwimmen: ↗Kamm- u. ↗Feilenmuscheln) od. als Werkzeug dient (↗Bohrmuscheln). Bei den ↗Käferschnecken besteht die S. aus 8 dor-

Gemeine Schafgarbe
(Achillea millifolium)

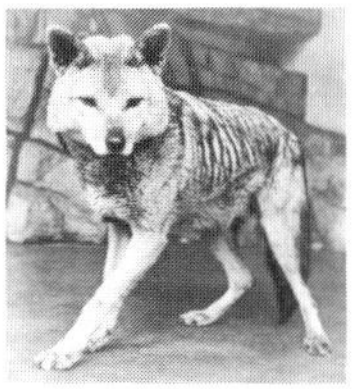

Streifenschakal
(Canis adustus)

salen Platten, die dachziegelartig übereinandergreifen u. begrenzt gegeneinander bewegl. sind; sie ermöglichen seitl. Verbiegen des Körpers beim Kriechen u. eine Einrollbewegung. Die ↗Schalenweichtiere haben nur *eine* S., die den Körper urspr. völlig umschließt u. mit diesem durch die Schalenretraktor- u. Mantelrandmuskeln verwachsen ist; bei den ↗Schnecken wird die Verbindung nur durch den Spindelmuskel hergestellt. – Während der Embryonalentwicklung sezerniert die *S.ndrüse* ein ↗Conchin-Häutchen, das durch Kalkeinlagerung zur Primär-S. *(Protoconcha)* wird. Der weitere Flächenzuwachs erfolgt am Mantelrand, das Dickenwachstum im gesamten Mantelbereich. Die Primär-S., meist anders strukturiert als die Adult-S. *(Teloconcha),* bleibt entweder im Apikalbereich erhalten od. wird abgestoßen. Der Flächenzuwachs erfolgt periodisch u. wird durch Zuwachsstreifen markiert; er hält zeitlebens an, vermindert sich jedoch mit zunehmendem Alter. Bei vielen Schnecken (z. B. ↗Purpurschnecken) wird der jeweilige Mündungsrand wulstig verdickt; diese Längswülste bleiben beim weiteren Wachstum als Varizen erhalten. Die S. wird durch Anlagerung von $CaCO_3$-Schichten gehärtet, in denen verschiedene Kristallformen u. -Texturen auftreten. Zwischen die anorgan. Schichten sind Conchin-Lagen eingeschoben. $CaCO_3$ kristallisiert in der S. meist als Aragonit od. Calcit (↗Kalk), wobei ersteres insbes. die innere Schicht vieler altertüml. Mollusken, die ↗Perlmutter, bildet, während letzteres vorwiegend in mechan. stabilen S.n mit gekreuzt-lamellärer Struktur vorkommt. Zum Grundtypus der Konstruktion gehören die äußere ↗*S.nhaut,* darunter eine *Prismen-* u. innen eine *Perlmutterschicht,* doch gibt es entspr. der großen Anzahl v. Entwicklungslinien bei den Weichtieren zahlr. Abweichungen v. diesem Grundplan. Direkt unter der S.nhaut liegt die Musterkalkschicht, in die das erzeugende Epithel periodisch od. kontinuierlich Pigmente einlagert, die das vielfältige Farb- u. Zeichnungsmuster verursachen. Schnecken mit weiten Mantellappen, wie die ↗Porzellanschnecken, lagern der S.nhaut eine mustertragende Schmelz- od. Porzellanschicht auf. Verlust der S. kann nicht ersetzt werden, doch sind kleinere Beschädigungen reparabel; allerdings haben die ausgebesserten Verletzungen eine abweichende Feinstruktur. Die S. bildet das ↗Gehäuse der ↗Schnekken u. ↗Perlboote, die Klappen der ↗Muscheln ([B]) u. die Röhre der ↗Kahnfüßer, doch wird sie in vielen Fällen stark verkleinert, so daß sie den Weichkörper nicht mehr aufnehmen kann (z. B. ↗Rucksackschnecken), od. auf innere Reste reduziert (↗„Nacktschnecken“, höhere ↗Kopffüßer). In einigen Fällen wird sie durch sekundäre S.n mit Spezialaufgaben ersetzt (z. B. ↗Papierboot), od. es bleibt die Fähigkeit des Mantelepithels, Kalk auszuscheiden, erhalten (Auskleiden des Bohrganges bei ↗Schiffsbohrern). Die vielgestaltigen S.n der Mollusken, die *Conchylien,* sind Gegenstand menschl. Sammelleidenschaft; viele waren u. sind Ausgangsmaterial für Schmuck u. Geräte, andere werden als Kalkdünger genutzt. [B] Weichtiere. *K.-J. G.*

Schalenamöben, die ↗Testacea.

Schalenaugen, aus Komplexen mehrerer ↗Ästheten hervorgegangene Lichtsinnesorgane vieler ↗Käferschnecken; liegen in einer pigmentumhüllten Tasche des Tegmentums u. bestehen aus Linse, einem Becher v. Retinazellen, deren dichtgepackte Mikrovilli das Rhabdom bilden, u. dem ableitenden Nerven. Die S. sind in regelmäßigen Mustern auf den Platten angeordnet u. oft sehr zahlr. (z. B. *Onithochiton neglectus* 1500); sie ermöglichen Hell-Dunkel-Sehen.

Schalendrüse, 1) die als Exkretionsorgan dienende ↗*Maxillardrüse* der Krebse, die v. a. bei den Wasserflöhen in die Hautduplikatur des Carapax (der Schale) hineinragt u. daher S. genannt wird. 2) die bei Knorpelfischen im oberen Drittel des Eileiters gelegene ↗*Nidamentaldrüse,* für die Bildung der Eiweißschicht u. der hornigen Eischale verantwortlich. 3) die bei den ↗Plattwürmern aus zahlr. Drüsenschläuchen zusammengesetzte sog. *Mehlissche Drüse,* mündet in den Uterus u. bildet ein Sekret, das als Gleitsubstanz für die Eier dient u. auch Gamone enthält. Die Bez. „S." für die Mehlissche Drüse ist daher irreführend. Die Eischale wird bei den Plattwürmern entweder v. der Eizelle selbst od. von den diese umgebenden Dotterzellen gebildet. 4) bei Weichtieren: ↗Schale.

Schalenhaut, *Periostrakum,* äußerste, aus mehreren Lagen v. ↗Conchin bestehende Schicht der ↗Schale der ↗Weichtiere; ihre Vorstufen entstehen im Golgi-Apparat u. endoplasmat. Reticulum v. drüsigen Zellen des Mantelrandepithels, die im allg. in einer Mantelrandfurche lokalisiert sind. Nach der sog. Matrix-Hypothese bestimmt die molekulare Struktur der S. die Lage der Kristallisationszentren beim Aufbau der Schale.

Schalenknochen, die Lamellen-↗Knochen.

Schalenpflaster, flächenhafte Anreicherung v. schüsselförm., überwiegend v. Muscheln stammenden Schalen in „gewölbt-oben"-Lage. Dichte Bedeckungen bilden *Vollpflaster,* lockere heißen *Streupflaster;* fossil häufig im german. ↗Muschelkalk.

Schalenweichtiere, *Conchifera,* U.-Stamm der ↗Weichtiere mit einheitl. angelegter ↗Schale, die bei einigen während der Frühentwicklung zu 2 Klappen geknickt (↗Muscheln, wenige ↗Schlundsackschnecken), durch Verwachsung der Mantelränder röhrenförmig (↗Kahnfüßer), ins Körperinnere verlagert u./od. reduziert wird (einige ↗Schnecken, ↗Kopffüßer). Die S. sind weiter gekennzeichnet durch eine Subrektalkommissur u. Statocysten; zu ihnen gehört die Mz. der Weichtiere (die 5 Kl. Urmützenschnecken, Schnecken, Kahnfüßer, Muscheln u. Kopffüßer).

Schalenwild, wm. Bezeichnung für zu den Paarhufern zählende Wild-Arten (Rot-, Dam-, Reh-, Elch-, Muffel-, Gems-, Stein- u. Schwarzwild), deren Hufe bzw. Klauen *Schalen* gen. werden.

Schalenzone, Zone (↗Grabgemeinschaft) der toten Muscheln in Seen, v. a. von *Dreissena polymorpha* (↗Wandermuschel), in einer Tiefe von 5 bis 7 m; in 10 bis 12 m Übergang in die Schlickregion der Tiefenzone. An der Entstehung wirken Strömungen u. temperaturbedingte Wanderungen der Tiere nach der Tiefe mit.

Schall, im Hörbereich (□ Gehörorgane) liegende mechan. ↗Schwingungen von ca. 16 – 2 · 10⁴ Hertz (↗Frequenz), die sich als Longitudinalwellen *(S.wellen)* – in Festkörpern auch als Transversalwellen – in elast. Medien (z. B. Luft) ausbreiten. Frequenzen von etwa 10^{-4}–16 Hz werden als *Infra-S.,* von $2 \cdot 10^4$–$5 \cdot 10^8$ Hz als *Ultra-S.,* von $5 \cdot 10^8$–10^{12} Hz als *Hyper-S.* bezeichnet. S. kann gestreut, reflektiert, gebrochen u. gebeugt (aber nicht polarisiert) werden, wobei ↗Interferenz-Erscheinungen (□) auftreten können. – *S.druck, S.schnelle, S.intensität, S.pegel:* ↗Gehörsinn (Spaltentext). ↗Bioakustik, ↗Gehörorgane ([T]), ↗Echoorientierung (□), ↗Gesang (□), ↗Sonagramm.

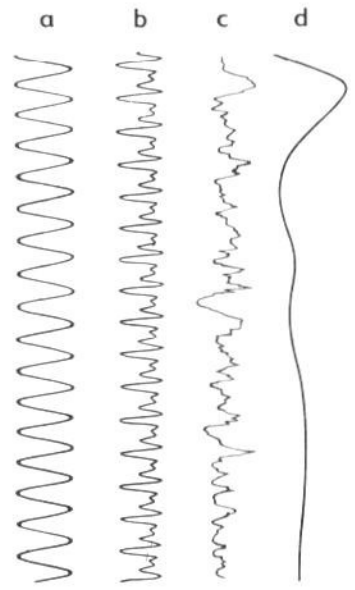

Schall

S. schwingungen (Druckschwankungen der Luft) an einem festen Ort bei: **a** Ton (reine Sinusschwingung), **b** Klang (überlagerte Sinusschwingungen), **c** Geräusch (nichtperiodische Schwingung), **d** Knall

Schallblasen, die ↗Kehlsäcke 2); ↗Froschlurche (□). [↗Gehörsinn.

Schalldruckempfänger ↗Gehörorgane,

Schallmembran, *Tympanum,* ↗Gehörorgane. [zeugung der ↗Zikaden.

Schallplatte, Chitinplatte bei der Lauter-

Schallschnelleempfänger ↗Gehörorgane, ↗Gehörsinn.

Schally [schäl^i], *Andrew Victor,* am. Physiologe, * 30. 11. 1926 Wilno (Polen, heute UdSSR); seit 1962 Prof. in New Orleans; bedeutende Arbeiten zur Isolierung sowie zur Aufklärung der Struktur u. der Synthese v. Peptidhormonen in der Hirnanhangdrüse; isolierte u. synthetisierte 1971 das Hormon LH-RH (luteinizing hormone release hormone), das die Freisetzung des luteinisierenden u. des follikelstimulierenden Hormons veranlaßt; erhielt 1977 zus. mit R. Guillemin und R. Yalow den Nobelpreis für Medizin.

Schalotte *w* [v. lat. ascalonia = Zwiebel aus Askalon, über frz. échalote], *Allium ascalonicum,* ↗Lauch.

Schamadrosseln [v. Hindi śāmā], *Copsychus,* Gatt. der ↗Drosseln mit 8 Arten in Asien, ca. 25 cm groß. Die in Dschungelwäldern Indiens, Hinterindiens u. Indonesiens vorkommende Schamadrossel *(C. malabaricus)* wird wegen ihres prächtig rotbraun u. schwarz schillernden Gefieders u. ihres durch Nachahmungen sehr vielseit. Gesangs oft als ↗Käfigvogel (□)

gehalten; dies trifft in geringerem Maße auch für die überwiegend schwarzweiß gefärbte Dajaldrossel *(C. saularis)* zu – einer der häufigsten Vögel Indiens.

Schamahirse [v. Hindi sāmā = Hirse], *Echinochloa colona,* ↗Hühnerhirse.

Schambein, *Pubis,* paariger Ersatzknochen im ↗Beckengürtel (☐) der Tetrapoda, ventro-cranial gelegen. Beide S.e sind mit ↗Sitzbein (Ischium) u. ↗Darmbein (Ilium) verwachsen, untereinander aber nur mit Fasern verbunden (↗Beckensymphyse). Das S. hat besondere taxonom. Bedeutung innerhalb der Sauropsiden: die ↗Dinosaurier-Gruppe der ↗*Ornithischia* (Vogelbecken-Dinosaurier) weist einen Fortsatz des S.s nach ventro-caudal auf, der sich eng an das Sitzbein anlegt („zweistrahliges S."; ☐ Dinosaurier). Auch bei Vögeln, die wahrscheinl. von *Ornithischia*-Vorfahren abstammen, weist das S. nach hinten. – Bei Krokodilen ist ein knorpel. Fortsatz am Vorderrand des S.s ausgebildet, das *Praepubis.* Es wird interpretiert als Vergrößerung des Muskelansatzes bei den vermutl. zweibeinig laufenden Vorfahren der Krokodile. Seine rezente Ausbildung wäre dann als Rudiment zu deuten. ☐ Geschlechtsorgane.

Schamkrabben, *Calappidae,* Fam. der ↗*Brachyura;* so gen., weil die Krabben der Gatt. *Calappa* ihre großen, breiten Scheren „wie schamhaft" vors Gesicht halten. Sie leben im Litoral u. Sublitoral wärmerer Meere. In der Ruhe graben sie sich in den Sand ein u. ziehen die flachen Scheren so dicht an, daß zw. ihnen u. den Mundwerkzeugen ein sandfreier Raum entsteht, in dem der Atemwasserstrom verläuft. Die merkwürdig verbreiterten Scheren sind zum Aufbrechen v. Schneckenschalen spezialisiert. *C. granulata* lebt im Mittelmeer und O-Atlantik in 30 bis 150 m Tiefe; sie erreicht 8 cm u. wird in It. gegessen. *Matula* aus dem indopazif. Raum hat verbreiterte Endglieder an den Beinen u. kann schwimmen.

Schamlaus, die ↗Filzlaus.

Schan, *Blennius pholis,* ↗Schleimfische.

Scharbe *w* [v. ahd. scarba = Kratzer], die ↗Kliesche.

Scharben [Mz.; v. ahd. scarba = Kratzer, Krächzer], die ↗Kormorane.

Scharbockskraut [v. russ. skrobota = Skorbut, über niederländ. scherbuik], *Feigwurz, Ficaria verna, Ranunculus ficaria,* in feuchten Auewäldern u. geophytenreichen Laubwäldern weit verbreitetes, bis 15 cm hohes Hahnenfußgewächs; gelbe Blüten mit 8 bis 12 Blütenblättern u. ungeteilte Blätter, in deren Achseln zahlr. knöllchenartige Brutknospen (Kapernersatz) gebildet werden; diese Knöllchen dienen der vegetativen Vermehrung durch Verschwemmen. Die Pflanze hat ihren Namen „Skorbutkraut" v. ihrem Vitamin-C-Reichtum u. kann als Salat gegessen werden; Volksheilmittel. B Europa IX.

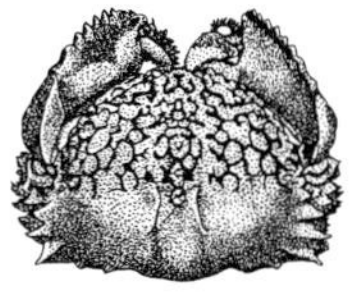

Schamkrabben

Calappa ocellata (9 cm) vom westl. Atlantik

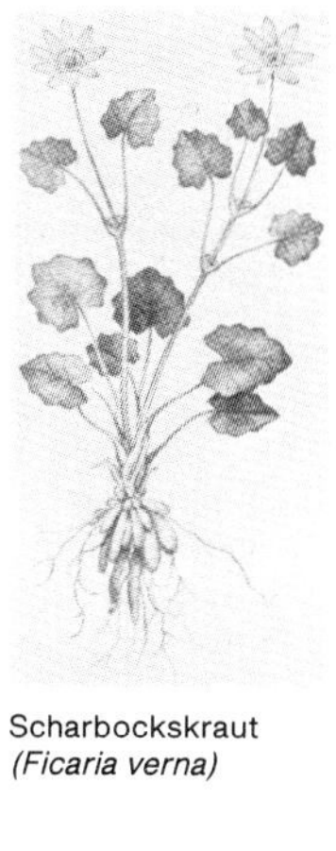

Scharbockskraut *(Ficaria verna)*

Scharfaugenspinnen, die ↗Luchsspinnen.

Scharfes-Erbsenadernmosaik-Virus, *Erbsenationenmosaikvirus,* ↗pea enation mosaic virus group.

Scharfkraut, *Asperugo,* Gatt. der ↗Rauhblattgewächse mit der einzigen, im gemäßigten Eurasien weit verbreiteten Art *A. procumbens;* 1jähriges, ästig verzweigtes Kraut mit niederliegenden Stengeln, borstig behaarten, spatelförm. Blättern und blattachselständ., zunächst violetten, dann blauen Blüten. Standorte der nach der ↗Roten Liste „gefährdeten" Pflanze sind Läger-Ges. an überhängenden Felsen (Balmen), Höhleneingängen, Mauern usw.

Scharkakrankheit, meldepflicht., v. Blattläusen übertragene u. durch Viren hervorgerufene Krankheit bei Steinobst; auf Pflaumen u. Zwetschgen Risse u. Furchen, Fruchtfleisch gummiartig; auf Aprikosen u. Pfirsichen braune Flecken u. Ringe; auch Blätter oft mit verfärbten Flecken u. Ringen; Ertragsverluste bis 90%.

Scharlach *m* [v. pers. saqīrlat = roter Stoff, über mlat. scarlatum], *Scarlatina,* meist durch Tröpfcheninfektion übertragene u. durch hämolysierende ↗Streptokokken verursachte, anzeigepflicht. Infektionserkrankung des Menschen; tritt meist zw. dem 3. und 10. Lebensjahr auf; die Inkubationszeit liegt bei 2–8 Tagen. Die Erkrankung beginnt akut mit Kopfschmerzen, hohem Fieber – oft mit Schüttelfrost – Lymphknotenschwellung u. Schluckbeschwerden (wegen einer Schwellung des Rachens; Angina). Durch das Toxin der S.-Streptokokken entsteht eine allerg. Reaktion, die zu erhöhter Gefäßpermeabilität u. Erweiterung des Gefäßlumens führt. Dies ist die Ursache des ab dem 2. Krankheitstag entstehenden Exanthems mit einer vom Hals ausgehenden u. sich über die Brust u. die Oberschenkel ausdehnenden, feinfleckig sich rötenden Haut (S.ausschlag). Typisch ist, daß die Umgebung des Mundes sich nicht rötet (Facies scarlatinosa). Im weiteren Verlauf entwickelt sich eine typische Rötung der Zunge („Himbeerzunge"). Nach 1–5 Wochen kommt es zu einer groblamellösen Schuppung der Haut. Komplikationen in Form v. Ohr-, Herz- u. Nierenentzündungen sind möglich. In seltenen Fällen kann es durch Eintritt der S.erreger über nekrotische Geschwüre in die Blutbahn zu einem septischen Verlauf kommen; schwere toxische Verlaufsformen (Scarlatina fulminans), die rasch zum Tode führen, sind selten. Die Diagnose erfolgt klinisch durch das typ. Exanthem und bakteriolog. durch den Nachweis v. β-hämolysierenden Streptokokken im Rachenabstrich. Serolog. läßt sich ein Antistreptolysintiter nachweisen. S. hinterläßt in den meisten Fällen lebenslange Immunität.

Scharlachkäfer, *Cucujus cinnaberinus,* ↗Plattkäfer.

Scharnier *s* [v. frz. charnière = S.], gelegentl. Bez. *Schloß,* Gelenkstelle der Schalenklappen der ↗Muscheln, meist so gestaltet, daß Erhebungen (Leisten u. „Zähne") einer Klappe in entspr. Aussparungen der anderen eingefugt sind. Das S. verhindert scherende Bewegungen der Klappen gegeneinander; der eigtl. Zusammenhalt wird durch das *S.band* (Ligament, „Schloßband") bewirkt, das als unverkalkt bleibender Teil der ↗Schale aufzufassen ist. Sein innerer Teil ist oft zu einem elast. *S.knorpel* (Resilium, „Schließknorpel") verdickt, der die schalenöffnende Wirkung des Ligaments unterstützt. Gegenspieler sind die Schließmuskeln. Das S. ist in den Muschelgruppen sehr unterschiedl. gestaltet u. wird daher zur Klassifikation (insbes. durch Paläontologen) herangezogen. Wichtige Typen sind: 1) *taxodont:* zahlr., kleine, kammart. nebeneinanderstehende Zähne (Archen-, Nußmuscheln); 2) ↗*heterodont:* verschieden geformte Zähne in geringer Anzahl (U.-Ord. Verschiedenzähner); 3) *desmodont:* 2 Hauptzähne einer Klappe sind zu einem löffelart. Fortsatz verschmolzen (Sandklaffmuscheln); 4) *dysodont:* ohne Zähne (Auster); 5) ↗*isodont:* wenige Zähne v. nahezu symmetr. Anordnung (Klappermuscheln); 6) *hemidapedont:* schwach entwickeltes S. mit schwachen Haupt- u. oft ohne Seitenzähne (Plattmuscheln); 7) *anomalodesmatisch:* Zähne schwach, oft fehlend, meist mit Resilium (U.-Ord. ↗*Anomalodesmacea*).

Scharnierschildkröten, *Cuora,* Gatt. der Sumpfschildkröten mit nur wenigen Arten; Panzerlänge bis 20 cm; in S-Asien beheimatet; leben in seichten Tümpeln; trocknen diese aus, wandern die S. übers Land. Panzer hochgewölbt, an der Bauchseite mit Quergelenk (erlaubt jedoch keinen totalen Verschluß der beiden Panzeröffnungen); Fleisch- u. Pflanzenfresser. – Die Amboina-S. (*C. amboinensis;* Hinterindien bis Philippinen) mit 2 auffallenden, gelben Längsbändern auf der Kopfoberseite; zieml. scheu; Eier verhältnismäßig groß. Weniger scheu u. mit leuchtend gelber Kopfoberseite (brauner Rückenpanzer mit 3 dunklen Längsstreifen) ist die Dreistreifen-S. *(C. trifasciata),* eine ausgesprochene Landbewohnerin die Hinterindische S. (*C. galbinifrons;* Annam).

Scharrkreise, *Sandräder, Wischfiguren,* kreisförm. ↗Scharrspuren.

Scharrspuren, *Schleifspuren,* Sedimentmarken, die strömungs- od. windbedingt im Wasser od. auf dem Lande v. Pflanzen(teilen) hervorgerufen werden, die um einen Ankerpunkt schwenken; auch fossil überliefert.

Scharrtier, das ↗Erdmännchen.

Scharte *w* [v. lat. serratus = gesägt], *Serratula,* über Eurasien und N-Afrika verbreitete Gatt. der ↗Korbblütler ([T]) mit etwa 70 Arten; ausdauernde, krautige Pflanzen mit ungeteilten bis fiederspalt. Blättern u. aus Röhrenblüten bestehenden Blütenköpfen. Einzige einheim. Art ist die nach der ↗Roten Liste „gefährdete" Färber-S. *(S. tinctoria)* mit kleinen, purpurnen, in Doldentrauben stehenden Blütenköpfen; sie diente fr. als Arzneipflanze u. zum Gelbfärben v. Textilien. Standorte sind Moorwiesen, Staudenfluren, Grabenränder u. lichte Laubwälder.

Schatsky-Index *m* [ben. nach dem sowjet. Geologen N. S. Schatsky (eigtl. Schazki), 1895–1960], Merkmal zur Unterscheidung der oberkretazischen ↗Belemniten (□) *Belemnella* u. *Belemnitella*; bezeichnet den geringsten Abstand zw. Protoconch u. dem Anfang einer radialen Eintiefung (Alveolarschlitz) im Bereich des Rostrum cavum.

Schattenblätter, an schattige Standorte angepaßte Laubblätter (v. a. von Laubbäumen); größer als ↗Lichtblätter u. durch schwächere Entwicklung v. Festigungsgewebe, Cuticula u. Mesophyll dünner als diese. □ Lichtblätter.

Schattenblümchen, *Schattenblume, Maianthemum,* Gatt. der ↗Liliengewächse mit 3 Arten auf der N-Halbkugel; mit großen Laubblättern u. terminalen traubigen Blütenständen. *M. bifolium,* das Zweiblättrige S., mit 4zähligen weißen Blüten, roten Beeren und 1–2 herzförm. Laubblättern wächst in artenarmen Laub- u. Nadelwäldern Eurosibiriens. [B] Europa V.

Schattengare ↗Bodengare.

Schattenkäfer, die ↗Splintholzkäfer.

Schattenmorelle, *Prunus cerasus* ssp. *acida,* ↗Prunus.

Schattenpflanzen, *Schwachlichtpflanzen,* Pflanzen, die auf einen niedrigen ↗Lichtgenuß (↗Lichtfaktor) eingestellt sind. So liegt der ↗Lichtkompensationspunkt bei ihnen sehr niedrig. Man unterscheidet *obligatorische S.,* die nur im Schatten gedeihen, von *fakultativen S.,* die auch im vollen Sonnenlicht wachsen, hier aber eine Sonnenform ausbilden. Die Frühlings-Platterbse gedeiht noch bei 30–20% Lichtgenuß, der Hasenlattich noch bei 10–5%, bei nur 3% bleibt er steril. Die untere Existenzgrenze für Kormophyten dürfte bei 2–1% Lichtgenuß liegen (einige Farnarten). Moose u. Flechten können Minimalwerte von 0,5% erreichen, doch ergibt sich eine positive Stoffbilanz häufig nur in der Wachstumsphase vor Belaubung der Waldbäume. Der Zeigerwert v. Licht- und S. ist nur relativ, da Pflanzen auf ärmeren Böden u. an kühleren Standorten höhere Lichtmengen benötigen, um noch eine positive Stoffbilanz zu erreichen. ↗Heliophyten, ↗Schatthölzer.

Schattenvögel, *Scopidae,* Fam. der Stelzvögel mit 1 Art im trop. Afrika u. auf Madagaskar, dem Hammerkopf *(Scopus umbretta);* systemat. Stellung umstritten; Parasitenfauna ähnelt derjenigen v. Regenpfeifern. Der braungefärbte Vogel be-

Färber-Scharte
(Serratula tinctoria)

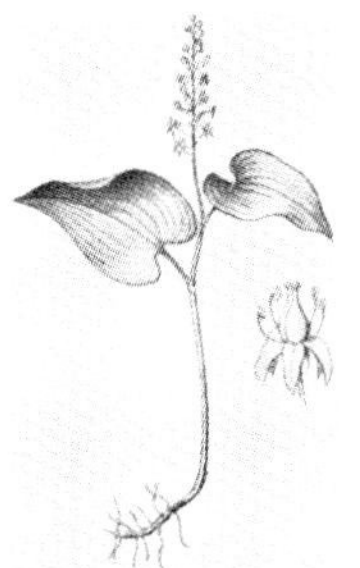

Schattenblümchen

Zweiblättriges S.
(Maianthemum bifolium), rechts Blüte

siedelt Sumpfgebiete u. Gewässerränder, wo er mit dem kräft., seitlich abgeflachten Schnabel Fische, Krebse, Muscheln, Insektenlarven u. a. fängt; baut in Baumkronen riesige Reisignester mit seitl. Eingang u. verschiedenen Kammern; 3–6 weiße Eier; die Jungen verlassen nach 7 Wochen das Nest.

Schatthölzer, *Schattholzarten,* Baumarten, deren Blätter/Nadeln einen relativ niedrigen ↗Lichtkompensationspunkt besitzen u. daher im Ggs. zu den ↗*Lichthölzern* eine dichte u. damit stark schattende Krone haben. S. besitzen eine gute Verjüngungspotenz im lockeren Schirm des Altbestandes. Für die Verjüngung unter Schirm ist die *Schattfestigkeit* v. Bedeutung. Als Kriterium dient die niedrigste relative Beleuchtungsstärke (in % der Freilandshelligkeit). Typische S. sind Buche (1,2–1,6%), Tanne (1,6%), Buchsbaum (0,9%). *Halb-S.* liegen in ihren Lichtansprüchen zw. Licht- und S.n. Typische Halb-S. sind Fichte (3–3,5%), Feld-Ahorn (2,3%), Spitz-Ahorn, Hainbuche, Douglasie (alle 1,8%). In der Jugend u. bei optimalem Wachstum ist allg. die Schattfestigkeit größer als im Alter u. auf geringwüchsigen Standorten. ↗Schattenpflanzen.

Schauapparat, alle Teile einer ↗Blüte od. eines ↗Blütenstandes, die zur opt. Auffälligkeit u. damit zur Anlockung sich opt. orientierender ↗Bestäuber beitragen. Häufig haben die Blütenkronblätter (seltener die Kelchblätter od. Deckblätter) mit bunter Färbung diese Funktion übernommen, aber auch das Andrözeum (seltener das Gynözeum) kann in seiner Gesamtheit od. durch Vergrößerung bzw. Färbung einzelner Teile opt. wirksam sein *(Albizzia, Callistemon, Sparmannia).* Oft tragen auch die Hochblätter die Schaufunktion (Flamingoblume, Weihnachtsstern, *Bougainvillea*). Als *Schaublüten* bezeichnet man sterile Blüten, deren Blütenblätter erhalten, meist sogar vergrößert werden *(Muscari comosum, Viburnum opulus).* ↗Blütenmale; B Farbensehen der Honigbiene.

Schaublüten ↗Schauapparat.

Schaudinn, *Fritz Richard,* dt. Zoologe u. Mikrobiologe, * 19. 9. 1871 Röseningken (Ostpreußen), † 22. 6. 1906 Hamburg; seit 1906 am Tropeninstitut in Hamburg; bedeutende Arbeiten über Einzeller, v. a. Generations- u. Wirtswechsel; entdeckte den Erreger der Syphilis (1905 mit E. Hoffmann) u. der Amöbenruhr; prägte den Begriff „Mikrobiologie". [tenfrösche.

Schaufelfüße, *Scaphiopus,* Gatt. der ↗Krö-

Schaufelkäfer, Vertreter der Gatt. *Cychrus* unter den ↗Laufkäfern.

Schaufelkopfbarsch, *Centropomus undecimalis,* ↗Glasbarsche. [↗Krötenfrösche.

Schaufelkröten, *Pelobates,* Gattung der

Schaufelsalamander, *Schaufelmolch, Leurognathus marmoratus,* Vertreter der ↗Bachsalamander mit schaufelartig abge-

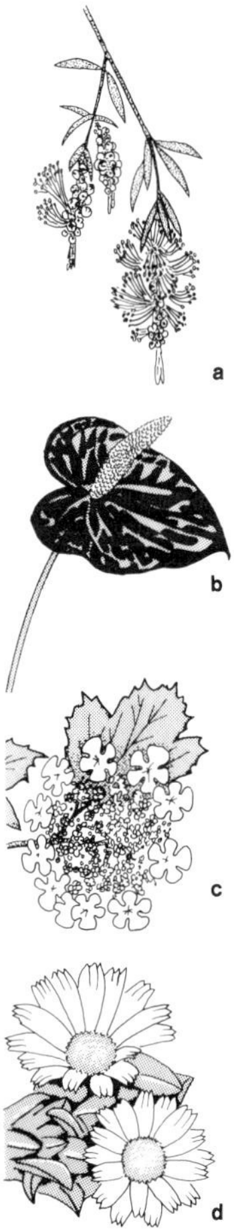

Schauapparat

a *Callistemon speciosus* (↗Myrtengewächse): Schaufunktion wird v. den leuchtend rot gefärbten Staubfäden übernommen; **b** *Anthurium andreanum* (↗Aronstabgewächse): Schauwirkung geht v. einem gefärbten Hochblatt aus, das den Blütenstand umgibt; **c** *Viburnum opulus* (↗Geißblattgewächse): Schaufunktion liegt bei den sterilen Randblüten der Trugdolde; **d** *Asteriscus maritimus* (↗Korbblütler): Schauapparat wird v. den zungenförm., sterilen Randblüten des Blütenstands gebildet

flachter Schnauzenspitze; permanent aquatisch.

Schaumkraut, *Cardamine,* mit ca. 100 Arten in den gemäßigten u. kühleren Zonen verbreitete Gatt. der ↗Kreuzblütler; meist kühle, feuchte Standorte bevorzugende Kräuter od. Stauden mit einfachen bis fiederteiligen Blättern (oft auch in grundständ. Rosette) u. in Trauben angeordneten weißen, rötl. oder violetten Blüten. Häufigste der 9 in Mitteleuropa heim. Arten ist das Wiesen-S. *(C. pratensis);* es wächst verbreitet in Fett-, Moor- u. Naßwiesen sowie Seggenbeständen u. feuchten Wäldern. ☐ 273.

Schaumkresse, *Cardaminopsis,* mit 10 Arten in der nördl. gemäßigten Zone verbreitete Gatt. der ↗Kreuzblütler; 2- bis mehrjähr. Kräuter mit einfachen bis fiederteiligen Blättern (am Grunde zu einer Rosette angeordnet) u. weißen, rosafarbenen od. violetten Blüten. Häufigste der 3 in Mitteleuropa anzutreffenden Arten ist die in Steinschuttfluren u. Felsspalten wachsende Sandkresse *(C. arenosa).*

Schaumnester

S. bei Froschlurchen:

Viele Froscharten, v. a. unter den ↗Süd- u. ↗Ruderfröschen, schützen ihre Eigelege, indem sie diese in großen Schaummassen verbergen. Unter den südam. Südfröschen tun dies die Gatt. der *Leptodactylinae.* Manche Arten der Gatt. *Leptodactylus* (Südfrösche), ↗*Lithodytes,* ↗*Physalaemus* u. a. bilden auf der Wasseroberfläche flottierende S., die S. anderer Arten sind am Ufer unter Fallaub verborgen, wieder andere Arten bilden S. in Höhlen auf dem Lande. In den beiden ersten Fällen schlüpfen freischwimmende Larven, im letzten Fall kann die Larvalentwicklung (z. B. bei ↗*Adenomera*) im S. ablaufen. Zur Herstellung der S. schlägt das das ♀ klammernde ♂ die bei der Eiablage austretende Gallertmasse durch rasche, rhythm. Bewegungen der Hinterbeine zu Schaum. Ähnliche S. produzieren unter den austr. Südfröschen (↗*Myobatrachidae)* die *Limnodynastinae.* Die meisten Ruderfrösche produzieren ihre S. auf Bäumen u. Sträuchern an Zweigen od. zw. Blättern über dem Wasser. Bei ↗*Chiromantis* können sich mehrere ♂♂ am Schaumschlagen beteiligen. Das S. erhärtet zunächst außen. Wenn die Larven schlüpfen, verflüssigt sich der Inhalt, u. später wird, vermutl. enzymatisch, auch die äußere Hülle aufgelöst, u. die Larven fallen ins Wasser.

Schaumnester, aus Schaummassen gefertigte ↗Nester u. a. von ↗Labyrinthfischen (↗Makropoden, ↗Fadenfische), ↗Schaumnestfröschen (vgl. Spaltentext) u. Zikaden (↗Schaumzikaden, ↗Batelli-Drüsen).

Schaumnestfrösche, *Rhacophorus*-Arten u. a. ↗Ruderfrösche, die ihre Eier in Schaumnestern ablegen, die zw. Zweigen u. Blättern über dem Wasser angebracht werden. Viele ↗Südfrösche bilden

Schaumnester am Rande v. Gewässern od. am Waldboden. ↗Schaumnester.

Schaumpilz, *Mucilago spongiosa,* ↗Didymiaceae.

Schaumzikaden [Mz.; v. lat. cicada = Zikade], *Cercopidae,* Fam. der ↗Zikaden (Kleinzikaden) mit ca. 3000, hpts. tropischen Arten. Der bis 1,5 cm lange Körper wird v. den in der Ruhe dachförm. übereinandergelegten Flügeln kaum überragt. Im Ggs. zu den ↗Singzikaden besitzt der breit ansetzende Kopf nur 2 Punktaugen; die Vorderbeine sind weder verdickt noch bedornt. Die Larven der meisten S. leben unter einer Schaumhülle (ugs. *Kuckucksspeichel)* an Pflanzen, v. deren Saft sie sich ernähren. Der Schaum besteht u.a. aus flüssigen Kotausscheidungen (↗Batelli-Drüsen) u. aus der Atemhöhle ausgestoßenen Luftbläschen u. schützt vor Austrocknung u. Feinden. Die Atemhöhle wird von 2 ventral gelegenen Luftkanälen gebildet, in welche die Hinterleibsstigmen einmünden; sie gabelt sich vor der Brust. Der Luftaustausch erfolgt durch „Schöpfen“ mit der aus der Schaumhülle gestreckten Hinterleibsspitze. Die bei uns häufige, 5 bis 6 mm große Wiesen-Schaumzikade (*Philaenus spumarius,* [B] Insekten I) hat 2 helle Querstreifen über den Flügeln u. legt ihre Eier in die Blattscheiden verschiedener kraut. (auch Kultur-)Pflanzen, an denen die grünl. Larven durch Saftentzug u. Übertragung v. Krankheiten manchmal Schaden anrichten können. Bevorzugt in den Gebirgsregionen ganz Europas verbreitet ist die farbenprächtige, schwarz-rote Blutzikade *(Cercopis sanguinea);* ihre Larven leben an Wurzeln kraut. Pflanzen. Die Weiden-Schaumzikade *(Aphrophora salicina)* verursacht bei Massenauftreten durch ihre Ausscheidungen das „Tränen“ der Weiden.

Scheckenfalter, *Melitaeinae,* holarktisch verbreitete U.-Fam. der ↗Fleckenfalter ([T]), heimisch etwa 18 Arten; Falter klein bis mittelgroß, recht einheitl. aussehend, daher z.T. schwer zu bestimmen, meist rotgelb bis braun mit schwarzer Gitterzeichnung u. Fleckung ähnl. den ↗Perlmutterfaltern, aber ohne Duftschuppenstreifen auf den Vorderflügeln u. ohne silbrige Flekken auf der Hinterflügel-Unterseite; diese mit schwarz eingefaßten, gelbl. weißen u. braunen Bändern; nur eine Generation pro Jahr; Dornraupen, jung gesellig lebend, fressen an Wegerich, Flockenblume, Ehrenpreis u.a. Kräutern; Überwinterung als Larve. Die meisten unserer S. sind v.a. durch Verschwinden der Blumenwiesen seltener geworden. Heimische Beispiele: Gemeiner S., *Melitaea cinxia,* Spannweite 40–45 mm, Hinterflügeloberseite mit charakterist. gelbbrauner Saumbinde, in der schwarze Flecken stehen; fliegt im Mai–Juni auf blütenreichen Wiesen, Krautfluren u. an Waldrändern; Raupe schwarz, weiß

Wiesen-Schaumkraut *(Cardamine pratensis)*

Wiesen-Schaumzikade *(Philaenus spumarius)*

K. W. Scheele

punktiert, Kopf u. Bauchfüße rot, lebt an Habichtskraut u. Wegerich; Verpuppung in Gespinsthülle am Boden. Kleiner Maivogel, *Hypodryas (Euphydryas) maturna,* Spannweite bis 40 mm, Oberseite dunkel mit orangebrauner Saum-Binde, im Mai–Juli nur lokal auf feuchten Waldwiesen, Schlägen, an Waldrändern; Raupe schwarz mit gelben Streifen; komplizierte Lebensweise: lebt zunächst gesellig in Gespinsten an Eschenbüschen, dann Futterpflanzenwechsel an Heckenkirsche u. Kräuter; überwintert 1–2mal; nach der ↗Roten Liste „stark gefährdet“. [↗Bockkäfer.

Scheckhornböcke, *Agapanthia,* Gatt. der

Scheckung *w* [v. altfrz. eschec (pers. Wort) = Schach(brett)], Pigmentverlust in mehr od. weniger großen Bezirken des ansonsten einheitl. gefärbten Haar- od. Federkleids, dadurch weiße Flecken; z.B. bei Rindern, Pferden, Meerschweinchen u.a. ↗Albinismus.

Scheefsnut *w* [niederdt., = schiefe Schnauze], *Lepidorhombus whiffiagonis,* ↗Butte.

Scheele, *Karl Wilhelm,* schwed. Chemiker u. Apotheker, * 9. 12. 1742 Stralsund, † 21. 5. 1786 Köping (Västmanland); einer der Begr. der modernen Chemie; entdeckte mit primitiven Hilfsmitteln 1772 (unabhängig v. Priestley) Sauerstoff, 1774 Chlor, 1778 Molybdän, ferner Glycerin, Bariumoxid, Mangan, Blau-, Benzoe-, Oxal-, Milch-, Citronen- u. Apfelsäure.

Scheibchenkieselalge, *„Siebscheibe“, Coscinodiscus,* Gatt. der ↗Coscinodiscaceae ([T]). [*odon,* ↗Sonnenbarsche.

Scheibenbarsch, *Mesogonistes chaet-*

Scheibenbäuche, *Cyclopteridae,* Fam. der ↗Groppen; marine, plumpe, meist hochgebaute, träge Bodenfische mit einem Saugnapf aus umgebildeten Bauchflossen, breiten, bis zur Kehle reichenden Brustflossen u. schuppenloser Haut; eine Schwimmblase fehlt. Hierzu die U.-Fam. ↗Seehasen *(Cyclopterinae)* und die S. i.e.S. *(Liparinae)* mit dem ca. 15 cm langen, kaulquappenähnl. Großen Scheibenbauch *(Liparis liparis)* der Küsten des eur. Nordmeeres sowie der Nord- u. Ostsee; mit schleimartiger, gelbl. oder rötl. gefärbter Haut.

Scheibenblüten, die ↗Röhrenblüten der ↗Korbblütler; ↗Randblüten.

Scheibenböcke, die Gatt. *Callidium* u. *Pyrrhidium* der ↗Bockkäfer ([T]).

Scheibenflechten, *Gymnocarpeae, gymnokarpe Flechten,* fr. verwendete, unnatürl. taxonomische Einheit, die alle Flechten mit scheibenförm. Apothecien umfaßt.

Scheibenlorcheln, *Discinaceae,* Fam. der ↗Lorchelpilze; die mittelgroßen Fruchtkörper sind gestielt, zumindest mit verjüngter Basis, teils mit schüsselförmigem, teils mehr od. weniger hirnartig gewundenem od. lappigem Hut. Die Sporen sind zart genetzt od. feinwarzig, meist mit polaren Anhängseln, innen grundsätzl. mit 3 Öltropfen. Vorkommen in gemäßigten Breiten der N-Halbkugel, bes. Nord-Amerika u. Europa; meist in höheren Lagen, bis über 2000 m; alle S. erscheinen im Frühjahr, in den Alpen oft nach der Schneeschmelze. Bekannt ist die Gatt. *Discina,* der Scheibenbecherling, dessen Arten bes. holzhaltigen Boden bevorzugen.

Scheibenmuschel, die ↗Fensterscheibenmuschel.

Scheibenpilze, die ↗*Discomycetes,* Schlauchpilze mit scheibenförm. Apothecien-Fruchtkörpern.

Scheibenquallen, *Discomedusae,* die Medusen der ↗Scyphozoa.

Scheibenzüngler, 1) *S. i. w. S., Discoglossidae,* Fam. der ↗Froschlurche mit scheibenart., großflächig am Mundboden angewachsener u. daher nicht vorstreckbarer Zunge. Gestaltlich unterschiedlich, kröten- (Unken u. Geburtshelferkröte) od. froschähnlich (Scheibenzüngler i. e. S.). Als Vertreter der *Archaeobatrachia* besitzen sie noch echte Rippen, u. der Amplexus (↗Klammerreflex) findet in der Lendenregion statt. Nur 4 Gatt., 3 in Europa (↗Unken, ↗Geburtshelferkröte und Scheibenzüngler i. e. S., s. u.), 1 davon auch in O-Asien (↗Unken) u. die 4. *(Barbourula)* auf den Philippinen. Die einzige Art dieser Gatt., *B. busangensis,* lebt vollständig aquatisch in Urwaldbächen. Ihre ♂♂ besitzen keine Schallblasen u. keine Brunstschwielen. Die Eier werden an die Unterseite v. Steinen geheftet. 2) *S. i. e. S., Discoglossus,* Gatt. der Scheibenzüngler i. w. S., 2 froschähnl. Arten, im Unterschied zu *Rana* aber mit runder od. herzförmiger Pupille. *D. nigriventer,* der im Bestand gefährdete, vielleicht schon ausgestorbene Schwarzbauch-S. (Israel), und *D. pictus,* der Gemalte S. (Mittelmeerländer), sind mittelgroße (bis 7,5 cm) Frösche mit überwiegend glatter Haut, die sich meist in od. in der Nähe verschiedener Gewässer aufhalten u. weitgehend aquatisch leben. ♂♂ ohne Schallblase; die Paarungsrufe sind kurze, metallische Laute. Die Eier (bis 1000, bis 4mal im Jahr) werden im Wasser abgelegt u. sinken zu Boden.

Scheide, 1) Bot.: *Blatt-S.,* eine Ausbildung des Blattgrundes mancher Blätter, die an ihrer Ansatzstelle ganz od. teilweise stengelumfassend u. röhrenförmig (geschlossen) od. gespalten (offen) ist; z. B. bei Gräsern, Knöterichgewächsen u. a. ↗Blatt. **2)** Zool.: die ↗Vagina.

Scheidenbakterien, *Chlamydobakterien,* Abt. der gramnegativen ↗Bakterien (T), deren Vertreter (vgl. Tab.) stäbchenförmige Einzelzellen od. Fäden ausbilden, die v. dünnen Scheiden (aus Heteropolysacchariden) umschlossen sind. Bei einigen Formen können die Scheiden mit Eisen- u./od. Manganoxid durchsetzt oder noch v. Schleim umgeben sein. Einige Arten zeigen unechte Verzweigungen; im Aussehen oft den Cyanobakterien ähnl., aber farblos. Einige besitzen durch Geißeln bewegl. Einzelzellen, die aus der Scheide herausschwimmen können. Es gibt freischwebende u. festsitzende S., meist in Süß-, aber auch in Meerwasser, oft in eisenhalt. Gewässer. Im Stoffwechsel werden organ. Substrate verwertet (↗Chemoorganotrophie). Die bekannteste Art der S. ist der ↗„*Abwasserpilz*“, *Sphaerotilus natans.* Im Belebungsschlamm v. ↗Kläranlagen sind auch grampositive S. entdeckt worden.

Scheidenbakterien

Wichtige Gattungen:

Clonothrix
↗*Crenothrix*
↗*Leptothrix*
Lieskeella
↗*Sphaerotilus*

Scheidenfaden, die Gatt. ↗Microcoleus.

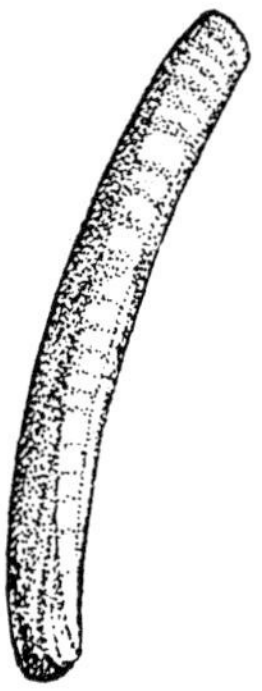

Scheidenmuscheln

Kleine Schwertmuschel *(Ensis ensis)*

Scheidenmuscheln, *Solenoidea,* Überfam. der ↗*Adapedonta,* marine u. ästuarine Muscheln mit meist langgestreckten, vorn u. hinten klaffenden Klappen; der vordere Schließmuskel ist größer als der hintere; die Siphonen sind kurz. Mit dem langen, kräft. Fuß mit verdicktem Ende graben sich die S. so in Sandböden ein, daß sie in einer selbsterzeugten Wohnröhre fast senkrecht stehen u. sich darin auf u. ab bewegen können. Zu den S. gehören ca. 100 Arten, die auf 2 Fam. verteilt werden. Bei den *Solenidae* liegt der Wirbel am od. fast am Hinterende; das Scharnier hat 1 Hauptzahn u. schwache od. keine Nebenzähne; Schalenhaut meist glatt u. glänzend. 2 Gatt., *Solen* (Messermuschel) u. *Solena,* v. denen erstere weltweit verbreitet ist. Die sehr ähnl. *Cultellidae* haben bis zu 3 Hauptzähne u. sind oft breiter, der Wirbel liegt nicht immer am Hinterende. 6 weitverbreitete Gatt., u. a.: 1) Schwertmuschel *(Ensis),* rechte Klappe mit 1, linke mit 2 Hauptzähnen. 3 Arten in der Dt. Bucht: Große od. Schotenförm. Schwertmuschel *(E. siliqua),* 22 cm lang, Ränder fast gerade u. parallel; Kleine Schwertmuschel *(E. ensis),* 13 cm, gebogen, vorn gerundet; Amerikanische Schwertmuschel *(E. directus),* 15 cm, gebogen, bes. am Vorderende, vorn u. hinten gerundet, aus dem NW-Atlantik eingeschleppt. 2) ↗*Cultellus.* 3) ↗*Phaxas.* Die großen S. werden gegessen (Spanien, Amerika; 1981: ca. 400 t). Als Kurze S. werden die *Solecurtidae* bezeichnet, eine Fam. der *Tellinoidea* mit langgestreckten, an den Enden klaffenden Schalen; 4 Gatt., am bekanntesten ↗*Pharus* u. *Solecurtus.*

Scheidenschnäbel, *Chionididae,* Fam. weißer, hühnerähnl. Watvögel antarkt. Inseln mit 2 Arten (Gatt. *Chionis*); Nasenlöcher durch Hornscheide geschützt; Allesfresser, gute Flieger u. Schwimmer, nisten in Felsspalten an der Küste; 2–3 Eier; die Jungen sind Nesthocker. B Polarregion IV.

Scheidenstreiflinge ↗Wulstlingsartige Pilze.

Scheidenzüngler, der ↗Goldstreifensalamander.

Scheidewand, das ↗Diaphragma; ↗Dissepimente, ↗Septen.

Scheidlinge, *Volvariella,* Gatt. der ↗Dachpilzartigen Pilze; die Arten besitzen weiße, gelbl. oder graubraune Hüte, teils schleimig, teils nicht. Die freien Lamellen sind im Alter rosa; Stiel ohne Ring, aber an der Basis mit häutiger, mehr od. weniger abstehender, lappiger Scheide (Volva); das Sporenpulver ist rosa. S. wachsen meist auf Humus, seltener auf Holz od. faulenden Pilzen. Auf Komposthaufen findet man den eßbaren Schwarzstreifigen S. (*V. volvacea* Sing.); auf faulenden Blätterpilzen (z.B. *Tricholoma*-Arten) den Parasitischen S. (*V. surrecta* Sing.). In China wird *V. esculenta* vielerorts auf Reisstroh gezüchtet.

Scheinachse, das ↗Sympodium; ↗Monochasium.

Scheinarbeiter, *Pseudergaten,* Altlarven der ↗Termiten, die das Imaginalstadium nicht erreichen.

Scheinbienen, die ↗Schwebfliegen.

Scheinblüte, das ↗Pseudanthium.

Scheindolde, die ↗Trugdolde.

Scheinechsen, *Pseudosuchia* (v. Zittel 1887–90), † U.-Ord. ausschl. carnivorer Kriechtiere (Ord. ↗*Thecodontia*) von sehr unterschiedl. Größe (ca. 0,60 bis 5 m) u. Gestalt; vorwiegend quadruped mit Eidechsen-, z.T. auch Krokodil-Ähnlichkeit; manche biped mit rückgebildeten Vorderextremitäten (z.B. Gatt. ↗*Saltoposuchus,* ↗*Scleromochlus*). Manche Bearbeiter glauben, Übergangsformen zu ↗*Saurischia* u. ↗Krokodilen zu erkennen sowie eine Fortentwicklung der S. zu den Aetosauriern *(↗Aetosaurus),* ↗*Phytosauria* u. verschiedenen anderen ↗*Archosauria;* andere Autoren vermuten, daß die S. nachkommenlos erloschen sind. Verbreitung: ca. 30 Gatt. in der Trias, meist Obertrias. [↗Fossilien.

a

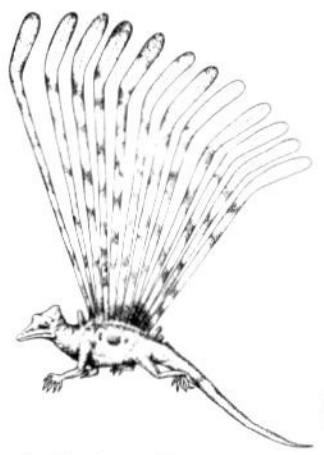
b

Scheinechsen

a *Euparkeria* kommt in der unteren Trias von S-Afrika vor; Länge: ca. 65 cm. **b** *Longisquama* aus der unteren Trias von Turkestan gehört als stark spezialisierte Form vermutlich zu den S. Die Gatt. trägt entlang dem Rücken eine Reihe federartiger Auswüchse mit V-förmigem Querschnitt und ist mit gekielten, sich überlappenden Schuppen bedeckt; Länge: ca. 15 cm

Scheinfossilien, die ↗Pseudofossilien;

Scheinfrucht, *Halbfrucht,* Bez. für eine Frucht, an deren Bildung sich auch andere Organe als der Fruchtknoten beteiligen. So beteiligen sich bei der Erdbeere der fleischig werdende Blütenboden, bei der Hagebutte der Rose ein fleischig werdender Achsenbecher, der die Sammelfrucht einschließt. [T] Fruchtformen, [B] Früchte.

Scheinfüßchen, die ↗Pseudopodien.

Scheingewebe, das ↗Plektenchym.

Scheinhasel, *Corylopsis,* Gatt. der ↗Zaubernußgewächse. [↗Myobatrachidae.

Scheinkröten, *Pseudophryne,* Gatt. der

Scheinnektarien [v. gr. nektar = myth. Göttergetränk], verzweigte Staminodien mit gelben, glänzenden Köpfchen an den Enden der Verzweigungen in der Blüte des Sumpf-↗Herzblatts *(Parnassia palustris).* Fliegen, v.a. Schwebfliegen, betupfen die S. mit dem Rüssel. Am Grund der Staminodien wird Nektar abgesondert. Nach neueren Erkenntnissen handelt es sich eher um eine Vortäuschung v. Pollen (↗Pollentäuschblumen).

Scheinparenchym, das ↗Plektenchym.

Scheinpuppe, *Pseudochrysalis, Larva coarctata,* das unbewegl., vorletzte ↗Larven-Stadium der ↗Ölkäfer. ↗Puppe, ↗Holometabola. [Ritualisierung.

Scheinputzen ↗Komfortverhalten ([ ]); [B]

Scheinquirl ↗Scheinwirtel.

Scheinquitte [v. gr. kydōnia = Quittenbaum, über ahd. kutina, qitina], *Chaenomeles,* Gatt. der ↗Rosengewächse.

Scheinrüßler, *Pythidae,* Fam. der polyphagen ↗Käfer ([T]) aus der Verwandtschaft der ↗*Heteromera.* Bei uns 18 Arten aus 8 Gatt.; Käfer oft mit rüsselart. Verlängerung des Kopfes, am Ende deutl. verbreitert; Adulte u. Larven unter der Rinde v. Bäumen, wo sie andere kleine Holzkäfer (z.B. Borkenkäfer) u. deren Larven jagen. Bei uns nicht selten *Rhinosimus ruficollis,* 3,3–4,5 mm, Kopf u. Halsschild gelbrot, Elytren leuchtend blau; unter der Rinde v. Laubhölzern.

Scheinstamm, Bez. für die Blattstämme, die ausschl. aus umeinander gerollten, saftigen, aber mit Festigungsgewebe versteiften Blattscheiden bestehen. Beispiele: Weißer Germer, Banane.

Scheintod, tiefschlafart. Zustand, in dem bei oberflächl. Betrachtung keine Lebenszeichen, speziell keine Atmung u. Herzaktion, mehr wahrnehmbar sind; z.B. bei Überdosierung v. Schlaf- u. Narkosemitteln, nach Ertrinken u. nach elektr. Unfällen. S. ist auszuschließen durch die Feststellung der sicheren Zeichen des ↗Todes. ↗Latenz.

Scheinträchtigkeit ↗Trächtigkeit.

Scheinwirtel, *Scheinquirl,* Bez. für die etagenartige Anordnung v. Blättern, die aber auf eine zerstreute ↗Blattstellung mit starker Stauchung mehrerer Internodien zurückgeführt werden kann, die einem verlängerten Stengelglied folgen. Man kann sie vom echten ↗*Wirtel* unterscheiden, da die Blattanlagen in der Ontogenese nacheinander u. auf verschiedener Achsenhöhe gebildet werden. Beispiel: Hochblätter der Anemonenarten.

Scheinzwittrigkeit, *Pseudohermaphroditismus,* ↗Intersexualität (Spaltentext).

Scheinzypresse, die ↗Lebensbaumzypresse.

Scheitel, 1) Bot.: *S.region,* Bez. für die äußerste Spitze der Vegetationskörper v. Thallophyten bzw. der Vegetationsorgane bei Kormophyten (Sproßpflanzen). Der S. ist der Sitz der für das Längenwachstum (↗Streckungswachstum), primäre ↗Dickenwachstum u. für Teile des Flächenwachstums verantwortl. Embryonalzellen. Man spricht in diesem Fall von *S.meristemen* (↗Bildungsgewebe). Bei Algen, Moosen sowie bei den Sproß-, Wurzel- u. Blattspitzen der Farnpflanzen (ausgenommen die Bärlappe) besteht das S.meristem aus einer ↗ *Initialzelle,* der ↗ *S.zelle* und deren teilungsfähigen Nachfolgezellen. Dagegen sind bei den Bärlappen u. den Samenpflanzen die S.meristeme als meist mehrschicht. Zellgruppe v. Initialzellen ausgebildet. Bei beiden Pflanzengruppen werden *Sproß-* u. *Wurzel-S.* weiter gefaßt, so daß neben den Meristemen die v. ihnen abgegliederten, aber schon in der Differenzierung u. Streckung befindl. Gewebe einschl. der Wurzelhaube u. beim Sproß die ersten Blattanlagen dazu gezählt werden (↗ Apex). Je nach Teilungs- u. Wachstumsaktivität der zentralen und randl. Bezirke bildet sich bei den Kormophyten der Sproß-S. als *Vegetationskegel, S.-ebene* oder *S.grube* aus. **2)** Zool.: *Vertex,* a) bei Wirbeltieren u. Mensch der höchstgelegene mittlere Teil des Kopfes; beim Menschen fallen vom Wirbel (oberste Stelle des S.s) die Haare in verschiedene Richtungen; b) bei Insekten obere Region des ↗ Kopfes mit *S.naht* (Coronalnaht, Sutura coronalis) und *S.leiste.*

Scheitelaugen, 1) die lateral liegenden ↗ Ocellen (↗ Einzelaugen) der drei Stirnaugen der Insekten; 2) Parietalauge, ↗ Pinealorgan.

Scheitelbein, *Parietale, Os parietale,* paariger ↗ Deckknochen des ↗ Schädels der Wirbeltiere u. des Menschen. Die S.e liegen zw. ↗ Stirnbein (Frontale) u. ↗ Hinterhauptsbein (Occipitale) u. bilden den höchsten Punkt der Wölbung des ↗ Hirnschädels. Bei manchen Arten (Gorilla, fast alle ↗ Raubtiere) ist in der Mittellinie des Schädels ein *Scheitelkamm* (Crista sagittalis) ausgebildet, überwiegend von den S.en, z.T. auch vom Hinterhauptsbein. Er dient der Vergrößerung der Ansatzfläche des Schläfenmuskels, hat daneben aber auch die Funktion, beim Imponierverhalten die Gestalt mächtiger erscheinen zu lassen (Gorilla). Bei niederen Wirbeltieren liegt in der Medianlinie zw. beiden S.en die Öffnung für das ↗ Pinealorgan.

Scheitelmeristem *s,* das ↗ Apikalmeristem.

Scheitelzelle, *Apikalzelle,* Bez. für die am ↗ Scheitel v. Algen, Moosen u. Farnpflanzen (ausgenommen Bärlappe) sich befindende meristemat. Zelle, die durch ihre Teilungsweise den Aufbau des Vegetationskörpers od. einzelner Organsysteme wie Blatt, Sproßachse u. Wurzel dominierend beeinflußt. Man unterscheidet: *einschneidige S.,* die nur in einer Raumrichtung Nachfolgezellen *(Deszendentenzellen)* abgliedert; je nach Teilungsaktivität u. -richtung dieser Folgezellen entstehen Fadenthalli od. dreidimensionale schnur- od. bandförmige Vegetationskörper; *zweischneidige S.,* die in 2 Raumrichtungen alternierend Deszendenten abgibt u. zu flächigen Vegetationskörpern führt; *drei-* u. *mehrschneidige S.n,* die dreidimensionale zylindr. oder abgeflachte Vegetationskörper erzeugen.

1

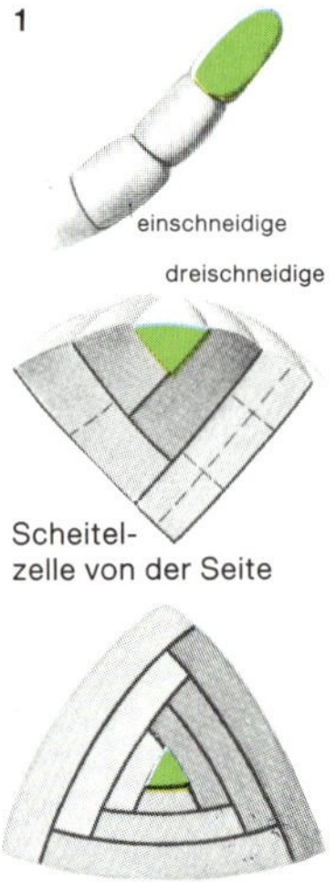

2 *Dictyota dichotoma*

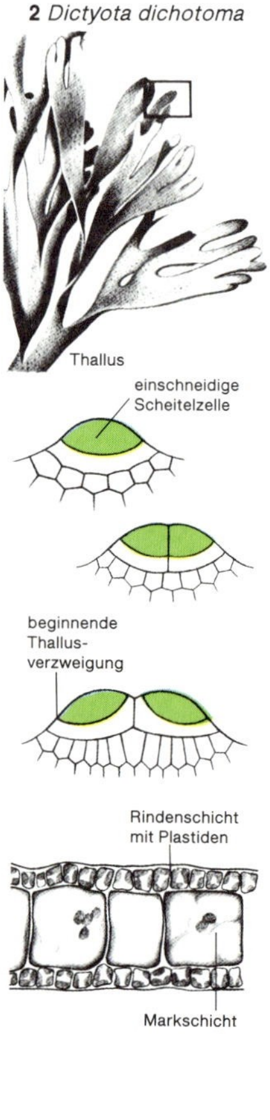

Scheitelzelle

1 Viele Algen und Pilze sowie die Moose und Farne wachsen mit einer teilungsaktiven, apikal gelegenen *Scheitelzelle.* Die *einschneidigen* Scheitelzellen gliedern nur in einer Richtung Tochterzellen ab, so daß je nach Teilungsverhalten der Nachfolgezellen ein Zellfaden oder ein vielzelliger Schnur- oder Bandthallus entsteht. Die *dreischneidigen* Scheitelzellen sind ähnlich wie dreiseitige Pyramiden gebaut. Die Tochterzellen werden abwechselnd an den drei Flanken abgegliedert. Dadurch ist eine mehrschichtige Gewebedifferenzierung möglich.
2 Die Braunalge *Dictyota dichotoma* ist eine der wenigen Algen mit einem echten Gewebethallus. Der Thallus wächst mit einer einschneidigen Scheitelzelle heran. Diese relativ großen Scheitelzellen gliedern schmale Tochterzellen ab, die sich mehrfach weiterteilen können, so daß letztlich ein breiter, dreizellschichtiger Thallus entsteht. Eine obere und untere plastidenreiche Rindenschicht schließt eine Markschicht ein, in der vor allem Reservesubstanzen gespeichert werden. Die Thallusverzweigung erfolgt durch eine äquale Teilung der Scheitelzelle, so daß nebeneinander zwei gleichwertige Scheitelzellen entstehen, die getrennt zu Thalluslappen auswachsen.

Schelf *s* od. *m* [v. engl. shelf = Brett, Sandbank, Riff], *Kontinental-S., Festlandsockel,* der v. Meer *(Schelfmeer)* überdeckte Kontinentalsockel zw. der Küste u. dem Abfall zur Tiefsee (= 0 bis ca. 200 m Tiefe). ↗ Kontinentalhang, ☐ Meeresbiologie.

Schelfmeer, die ↗ Flachsee; ↗ Schelf.

Schellack *m* [v. ndl. schellak (zu schel = Fischschuppe)], *Gummilack,* gelbl. transparentes, sprödes Harz (↗ Harze), das als Ausscheidungsprodukt v. den in S- und SO-Asien beheimateten Lack-↗ Schildläusen gebildet wird. Es bedeckt als 3–10 mm dicke Lackschicht die Zweige, auf denen die Schildläuse sitzen. Bei der Aufarbeitung dieses Roh-S.s fällt das sog. *Schellackwachs* an, das wegen seiner Härte für Bohnermassen u. Lederpflegemittel geeignet ist. S. enthält ca. 80% Harzsäuren. Es ist eines der wichtigsten u. wertvollsten Harze u. findet Verwendung zu Möbelpolituren, Firnissen, Siegellack, Lederappreturen, Tuschen, Porzellan- u. Steinkitten und fr. auch zur Schallplattenherstellung.

Schellfisch *(Melanogrammus aeglefinus)*

Schellfisch, *Melanogrammus aeglefinus,* meist um 50 cm (bis 1 m) langer, bedeutender Nutzfisch aus der Fam. ↗ Dorsche, der v.a. in Schelfgebieten um Island u. im NO-Atlantik verbreitet ist, aber auch vor der W-Küste des nördl. N-Amerika vorkommt; unterscheidet sich v. allen anderen Dorschfischen durch einen schwarzen Fleck oberhalb der Brustflosse; unternimmt regelmäßig große ↗ Laichwanderungen. B Fische II.

Scheltopusik *m* [russ.], *Ophisaurus apodus,* Art der Schleichen; Gesamtlänge bis 1,25 m, Schwanz ca. 1½ Körperlänge; lebt in SO-Europa (Balkanländer v. Istrien bis Donaudelta), im Kaukasus, in Teilen SW- und Mittelasiens; bevorzugt hügeliges, gestrüppbestandenes, vorwiegend trockenes Gelände bis 2100 m Höhe. Kopf kantig, spitz zulaufend; Körper kräftig, einfarbig braun, unterseits gelbl.; Flanken mit deutl. Längsfurche; bis auf die 2 mm langen Hinterbeine beiderseits der Afterspalte gliedmaßenlos; ernährt sich v. Gehäuseschnekken, Regenwürmern, Mäusen u. Insekten; ♀ legt im Sommer 6–10 weißl., weichschal. Eier (3,5 × 2 cm groß) unter dichtem Gebüsch od. Laub ab; geschlüpfte Jungtiere (ca. 10 cm lang; oberseits hellgrau mit dunkelbraunen Binden) nehmen erst im 3. Lebensjahr die Färbung der Erwachsenen an; größte eur. Echsenart; tagaktiv.

Scheltostschek *m* [russ.], ↗Bärblinge.

Schenkel, einer der Hebel einer Gliedertier- od. Wirbeltier-↗Extremität; i. e. S. die Muskulatur v. Ober- od. Unter-S. des Menschen. [↗Melittidae.

Schenkelbienen, *Macropis,* Gattung der

Schenkelfliegen, *Meromyza,* Gattung der ↗Halmfliegen.

Schenkelring, *Trochanter,* ↗Extremitäten.

Schenkelsammler ↗Pollensammelapparate.

Schenkelwespen, *Chalcis,* Gatt. der

Schere, die ↗Chela. [↗Chalcididae.

Scherenasseln, *Tanaidacea, Anisopoda,* Ord. der ↗*Peracarida* mit ca. 400 meist kleinen Arten (unter 10 mm, doch *Herpotanais kirkegaardi* aus der Tiefsee erreicht auch 25 mm), die sich auf 4 U.-Ord. und 29 Fam. aufteilen. Charakterist. Merkmale: Der Körper ist langgestreckt, flach od. rundlich im Querschnitt; der Cephalothorax besteht, wie bei anderen *Peracarida,* aus dem Kopf u. dem 1. Thorakomer; der Carapax überdeckt das 1. Pereiomer u. ist dorsal mit den beiden 1. Thorakomeren verwachsen; seitl. bildet der Carapax Atemhöhlen, in denen jedoch keine Kiemen liegen; respiratorisch tätig sind die Innenwände des Carapax u. die Seitenwände des Körpers. Ein Atemwasserstrom wird durch das Schlagen des Epipoditen der Maxillipeden erzeugt. Namengebendes Merkmal sind Scheren an den 1. Pereiopoden, die bes. bei den ♂♂ mächtig entwickelt sind. Die S. leben im Meer- u. Brackwasser (nur *Tanais stanfordi* in S-Amerika auch in Flüssen und Seen) am Boden, meist in Küstenregionen, einzelne Arten aber auch in der Tiefsee (bis 8200 m). Sie können mit den Pleopoden schwimmen, bleiben aber meist am Substrat, u. *Heterotanais oerstedi* aus der Nord- u. Ostsee u. a. Arten leben in selbstgesponnenen Wohnröhren. Das Spinnsekret entstammt Drüsen, die auf den Spitzen der 3. bis 5. Pereiopoden münden. In die Wände der Wohnröhren werden Detritus- u. Kotpartikel mit eingesponnen. Gefressen werden Mikroorganismen aus dem Detritus, der sich im Mündungsbereich der Röhren ansammelt; *Apseudes* kann auch mit den Maxillen u. Maxillipeden einen Wasserstrom erzeugen u. filtrieren. Die Geschlechtsverhältnisse sind kompliziert. Manche Arten scheinen simultane Zwitter zu sein, andere proterandrische od. protogyne Zwitter. Bei *H. oerstedi* entwickeln sich manche Jungtiere zu ♀♀, die sich nach einer Brut in ♂♂ umwandeln, andere (weniger) werden direkt zu ♂♂. ♀♀, die mit ♂♂ zusammengehalten werden, ändern ihr Geschlecht nicht. Jungtiere, die mit einem ♀ zusammengehalten werden, werden zu ♂♂, solche, die mit einem ♂ zusammenleben, werden zu ♀♀. Die Eier werden im Marsupium getragen; ihnen entschlüpft ein Manca-Stadium.

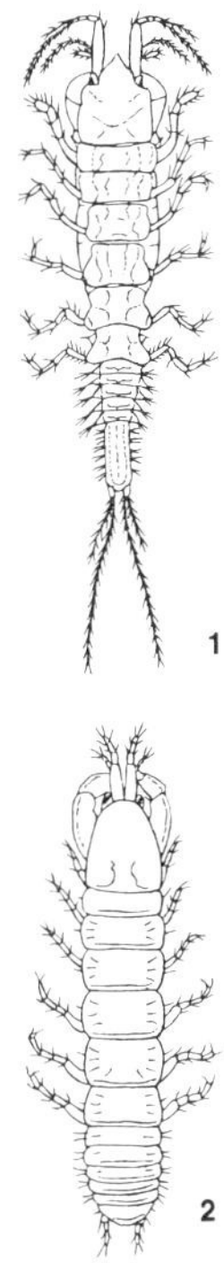

1

2

Scherenasseln

1 *Apseudes spinosus* (13 mm), **2** *Heterotanais oerstedi* (2 mm)

Scherenfuß, *Chelopode,* bei Krebstieren, v. a. den ↗*Malacostraca,* diejenigen Thorakopoden, die an ihrer Spitze eine Greif- od. Kneifschere ausgebildet haben. Man unterscheidet ↗*Chela* (▢) u. *Subchela.*

Scherengebiß, das *Brechscherengebiß,* ↗Brechschere. [↗*Chelicerata.*

Scherenhörnler, veraltete Bez. für die

Scherenschnäbel, *Rhynchopidae,* den Möwen u. Seeschwalben nahestehende Vogel-Fam., bis 45 cm groß; 3 Arten *(Rhynchops)* an Küsten u. Binnengewässern Indiens, Afrikas u. Amerikas mit großem, scherenförm. Schnabel, bei dem der untere Teil den oberen überragt; damit durchpflügen sie die Wasseroberfläche u. fangen auf diese Weise Fische; nisten in lockeren Kolonien auf Sandbänken; i. d. R. 3–4 Eier; Ober- u. Unterschnabel der Jungen sind gleich lang; damit können auf den Boden gefallene Beutestücke aufgepickt werden; die Altvögel sind dazu nicht mehr in der Lage. B Nordamerika VI.

Schermäuse, *Arvicola,* Gatt. der ↗Wühlmäuse. Die tag- u. nachtaktiven S. bauen Gangsysteme z. T. dicht unter der Bodenoberfläche, erkennbar an der aufgewölbten Erde, u. benutzen zusätzl. Maulwurfgänge. S. sind gute Schwimmer (sog. „Wasserratte“). Durch ihre Vorliebe für Pflanzenwurzeln als Nahrung können S. in Gärten schädlich wirken. 2 Arten: Westschermaus (*A. sapidus;* Kopfrumpflänge 17–22 cm; westl. Europa einschl. Iber. Halbinsel u. südl. Großbritannien), Ostschermaus (*A. terrestris;* Kopfrumpflänge 12–20 cm; v. Mitteleuropa einschl. nördl. Großbritannien u. Skandinavien bis O-Europa u. Asien).

Scheuchzer, *Johann Jakob,* schweizer. Biologe, * 2. 8. 1672 Zürich, † 23. 6. 1733 ebd.; Stadtarzt und Prof. in Zürich; sein „Herbarium Diluvianum“ (1709) ist eines der ersten Bücher mit Abb. fossiler Pflanzen; S. gilt daher als Mitbegr. der Paläobotanik; Verfechter der „Sintfluttheorie“. ↗Andrias scheuchzeri.

Scheuchzeriaceae [Mz.; ben. nach J. J. ↗Scheuchzer], die ↗Blasenbinsengewächse.

Scheuchzerio-Caricetea nigrae [Mz.; ben. nach ↗Scheuchzeriaceae, v. lat. carex = Riedgras, niger = schwarz], *Niedermoor- u. Schlenkengesellschaften, Flachmoorge-*

sellschaften, Kl. der Pflanzenges. Ihre Böden sind langfristig v. Grund-, Quell- od. Sickerwasser durchtränkt, so daß sich Torf od. Sumpfhumus bildet. Die nährstoffärmsten Standorte der S., u.a. Hochmoor-Schlenken, besiedelt die Ordnung der *Scheuchzerietalia palustris.* Die Ord. der Niedermoore u. Sümpfe leben in Quellmulden, an durchsickerten Hängen u. an Seen oberhalb des Großseggengürtels, auf sauren Böden die ↗ *Caricetalia nigrae,* auf Kalkuntergrund die ↗ *Tofieldietalia calyculatae.*

Schichtparallelisierung *w, stratigraphische Korrelation,* Vergleich u. Identifizierung räuml. entfernter Glieder v. Schichtgesteinen (↗Sedimente) mit Hilfe v. ↗Geochronologie u. ↗Stratigraphie.

Schichtpilze, die ↗Rindenschichtpilze.

Schichtporlinge, *Fomes,* Gatt. der ↗Nichtblätterpilze, deren Arten ansehnliche mehrjährige, mehr od. weniger hutförmige, sitzende Fruchtkörper (bis 50 cm breit) bilden, die im Alter geschichtete Röhren besitzen; die Hutoberseite ist mit einer harzigen Kruste bedeckt, die im frischen Zustand etwas glänzend u. gefärbt sein kann. Das Hutfleisch ist faserig, korkig od. holzig, weiß-bräunl., die Poren sind klein bis mittelgroß, rundl. oder zieml. unregelmäßig. Hpts. an lebenden Baumstämmen, Baumstubben od. Wurzeln lebend. S. mit hellem Fruchtfleisch werden meist in die Gatt. *Fomitopsis* gestellt (vgl. Tab.).

Schiebbrustfrösche ↗Froschlurche.

Schied, der ↗Rapfen.

Schiefblattgewächse, die ↗Begoniaceae.

Schiefkopfschrecke ↗Schwertschrecken.

Schienbein, die ↗Tibia.

Schiene, die ↗Tibia.

Schienenechsen, *Tejus, Teiidae,* Fam. der ↗Echsen mit ca. 45 Gatt. und 200 Arten; ausschl. neuweltl., von den USA (nicht im N und NO) bis Chile in Wüsten, Steppen u. Regenwäldern verbreitet. Gesamtlänge 7–140 cm; viele äußere Übereinstimmungen mit den altweltl. Eidechsen, aber Kopfschilder nicht mit den Schädelknochen verwachsen u. Zähne am Grunde nicht ausgehöhlt; Bauch mit regelmäßigen Schienen u. Schildern (Name!); meist eierlegend. – In N-Amerika lebt nur die Gatt. Rennechsen (*Cnemidophorus;* mit über 25 Arten; 20–45 cm lang; Verbreitungsgebiet reicht bis N-Argentinien); Kopf spitz zulaufend, mit großen Schildern; kleine Rückenschuppen höckerig; kräftige Extremitäten; braun bis schwärzl. gefärbt mit gelben Streifen u. Flecken, unterseits weiß (♀) od. mit leuchtenden (Warn- u. Droh-)Farben (♂); Schwanz sehr lang; außerordentl. flinke Bodenbewohner. Ihnen sehr ähnl. sind die meist etwas größeren Ameiven (Gatt. *Ameiva;* ca. 20 Arten; vorwiegend in Feuchtgebieten v. Nicaragua bis Peru); grünbraun, Flanken mit senkrechten weißen Fleckenreihen; vorderer Zungenteil kann in eine scheidenart. Bildung zurückgezogen werden; langer, peitschenförm. Schwanz. Bei den verborgen lebenden Brillentejus (Gatt. *Gymnophthalmus;* etwa 7 Arten; bis 15 cm lang; Mexiko bis Argentinien) erfolgte eine Rückbildung der Extremitäten (zudem nur noch 4 Zehen); durchsicht. unteres Augenlid. Bemerkenswert die in Mittelamerika, im nördl. S-Amerika bzw. in Argentinien beheimateten Großtejus (Gatt. *Tupinambis;* 4 Arten; bis 1,4 m lang; leben in unterholzreichen Waldgebieten u. Kulturlandschaften; der schwarzgelb – mit bläul. Flecken auf der Bauchseite – gefärbte *T. nigropunctatus* gilt bei den Farmern als „Hühnerwolf" u. Eierdieb; ♀ legt Nest in die Bauten v. Baumtermiten) u. der Krokodilteju (*Dracaena guianensis;* bis 1,25 m lang; olivbraun; seitl. abgeflachter Schwanz oberseits mit doppeltem Schuppenkamm; macht in Sumpfgebieten od. Küstengewässern Jagd auf Schnecken). 15–30 cm lang werden Wassertejus (Gatt. *Neusticurus;* 7 Arten; teils Land-, teils Wasserbewohner). Im lockeren Boden der Regenwälder im nördl. S-Amerika bis N-Chile graben die Wühltejus (Gatt. *Bachia;* wurm- bzw. schlangenähnl.; ca. 11 Arten; etwa 15 cm lang). Noch etwas kleiner (10–15 cm) sind die dunkelbraunen Vertreter der Gatt. *Echinosaura* (Kopf lang, spitz; schlanker Körper, Rücken mit Querreihen vergrößerter Schuppen) in den Regenwäldern v. Panama bis Kolumbien, die sich bei Gefahr steif wie ein Holzstück stellen. In den trokkenen Küstenlandschaften v. Peru leben die Wüstentejus (Gatt. *Dicrodon;* 3 Arten; ernähren sich jeweils ausschl. teils v. Insekten, teils v. Pflanzen). *H. S.*

Schienenkörbchensammler, die ↗Körbchensammler; ↗Pollensammelapparate.

Schienensammler ↗Pollensammelapparate.

Schienenschildkröten, *Podocnemis,* Gatt. der ↗Pelomedusen-Schildkröten.

Schierling *m* [v. ahd. scerning (verwandt mit mittelniederdt. scharn = Mist)], *Conium,* Gatt. der ↗Doldenblütler mit 2 Arten. Für den 0,8 bis 1,8 m hohen Gefleckten S. (*C. maculatum;* Europa, Asien, N-Afrika) sind der starke Mäusegeruch u. der kahle, unten rotfleckige Stengel typisch; die ganze Pflanze, bes. aber die unreifen Früchte, enthalten das hochgiftige ↗Coniumalkaloid ↗ *Coniin* (T Alkaloide); auf nährstoffreichen Böden in Unkrautfluren, z.B. Schuttplätzen, feuchten Gräben u. an Wegrändern. – Eine andere Gatt. bildet der ↗Wasser-S. T Giftpflanzen.

Schierlingstanne, die Gatt. ↗Tsuga.

Schiffchen, *Carina,* ↗Flügel; □ Hülsenfrüchtler.

Schiffsbohrer, *Schiffsbohr„würmer", Teredinidae,* Fam. der ↗Bohrmuscheln, deren Jungtiere in den Proportionen anderen Muscheln gleichen; durch intensives Längen-

Scheuchzerio-Caricetea nigrae

Ordnungen:
Scheuchzerietalia palustris (Schlenkengesellschaften)
↗ *Caricetalia nigrae* (Braunseggensümpfe u. -flachmoore)
↗ *Tofieldietalia calyculatae* (Kalk-Kleinseggenrieder)

Schichtporlinge

Einige bekannte Arten:
Echter ↗Zunderschwamm *(Fomes fomentarius)*
Wurzelschwamm *(F. [Fomitopsis] annosa = Heterobasidion annosum)*
Lärchen-Porling (*F. [Fomitopsis] officinalis = Laricifomes o.,* jahrhundertelang gg. Lungenkrankheiten u. als Abführmittel in der Heilkunde genutzt)
Fichten-Porling *(F. marginatus = Fomitopsis m.)*

Schienenechsen

Wichtige Gattungen:
Ameiven *(Ameiva)*
Brillentejus *(Gymnophthalmus)*
Dracaena
Echinosaura
Großtejus *(Tupinambis)*
Rennechsen *(Cnemidophorus)*
Wassertejus *(Neusticurus)*
Wühltejus *(Bachia)*
Wüstentejus *(Dicrodon)*

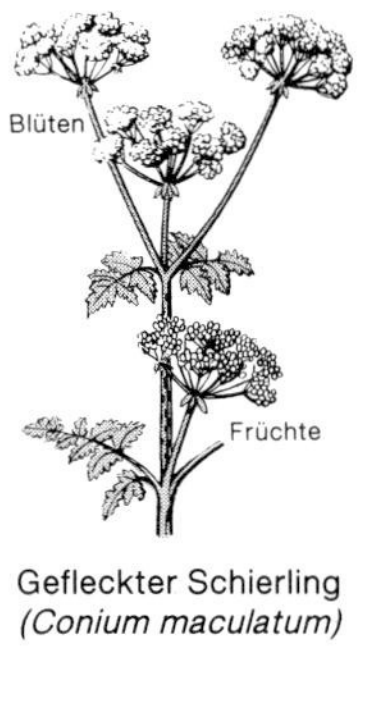

Gefleckter Schierling *(Conium maculatum)*

wachstum entsteht der wurmförm. Körper des Adultus, dessen Mantel zu einem langen Rohr verwächst. Die gleichklappige Schale bleibt sehr klein u. umfaßt nur den vordersten Teil des Körpers. Sie dient zum Bohren in Holz: dorsal u. ventral sind die Klappen gelenkig verbunden, die Oberfläche ist im vorderen u. mittleren Abschnitt mit Zähnchen u. Leisten besetzt. Die S. reiben die Klappen an der Wand des Substrats u. drehen sich, mit dem saugnapfart. Fuß verankert, gleichzeitig um ihre Längsachse, so daß ein runder Bohrgang entsteht, der vom hinteren Mantelteil mit Kalk ausgekleidet wird (↗Fortbewegung, ☐). Die Holzteilchen werden in spezialisierten Mitteldarmdivertikeln verdaut. Ergänzt wird die Nahrung durch Plankter aus dem Atemwasser, das mit Hilfe der aus dem Bohrgang gestreckten Siphonen eingestrudelt wird. Werden die Siphonen zurückgezogen, so verschließen Schutzplättchen (Paletten) den Eingang. Mehrwöchiger Aufenthalt in Süßwasser, eine v. Bootseignern früher häufig praktizierte Methode, kann dadurch überdauert werden. Die S. sind getrenntgeschlechtl. oder ☿, ovovivipar od. larvipar, wobei im Kiemenraum Brutpflege getrieben wird. Die Fruchtbarkeit ist hoch (z. B. *Teredo dilatata* bis 100 Mill. Eier). Die 66 Arten (in 15 Gatt.) leben meist marin, seltener in Brack- od. Süßwasser, u. sind gefürchtete Holzschädlinge. Sie zeigen sehr unterschiedl. Anpassung an ihre ungewöhnl. Lebensweise: *Teredora* ist am wenigsten, *Nausitora* am besten angepaßt. Neben diesen sowie *Bankia* u. *Lyrodus* ist *Teredo* die bestbekannte Gatt. Die Norwegischen S. *(T. norvegica)* werden 1 m lang u. bohren Gänge von 1,5 cm ∅. Die Gemeinen S. oder Pfahlwürmer *(T. navalis)* erreichen zwar nur 45 cm Länge, treten aber oft in Massen auf; ein ♀ erzeugt 3–4mal pro Jahr bis 5 Mill. Eier, die im Kiemenraum bis zur Larve heranwachsen, dann ausgestoßen u. mit knapp 3 Monaten geschlechtsreif werden. Beide Arten kommen auch in Atlantik u. Nordsee vor. Die Mittelländischen S. *(T. utriculus)* befallen auch Taue u. Kabel. Die großen Arten werden gegessen. 🄱 Muscheln.

Schiffsche Base [ben. nach dem dt. Biochemiker H. Schiff, 1834–1915], *Ketimin*, Kondensationsprodukt der ↗Carbonylgruppe eines Aldehyds (oder Ketons) mit einem primären ↗Amin:

$$R_1{-}C{\overset{\displaystyle O}{\underset{\displaystyle H}{\lessgtr}}} + H_2N{-}R_2 \longrightarrow R_1{-}\underset{\displaystyle H}{\overset{}{C}}{=}N{-}R_2 + H_2O$$

Die vorübergehende Bildung S.r B.n erfolgt bei bestimmten enzymat. Reaktionen entweder zw. dem Substrat u. dem Coenzym (z. B. Aminogruppen v. Aminosäuren u. Aldehydgruppen v. Pyridoxalphosphat) oder zw. dem Substrat u. dem Enzym-Protein (z. B. bei der Aldolase-Reaktion zw. der Ketogruppe v. Fructose-1,6-diphosphat u. der ε-Aminogruppe eines Lysinrestes des Enzyms).

Schiffshalter, *Echeneidae,* Fam. der ↗Barschfische mit 9 Arten; schlanke, weltweit in warmen Meeren verbreitete Fische, die auf dem Kopf u. Vorderrücken eine ovale Saugscheibe aus querverlaufenden, aufrichtbaren Lamellen aus umgestalteten Rückenflossenstrahlen u. mit einer häut. Randbegrenzung besitzen (☐ Haftorgane). Sie saugen sich damit an größere Fische, Wale, Schildkröten u. Schiffe an u. lassen sich v. diesen transportieren (↗Phoresie), obgleich sie selbst gut schwimmen können. Von Nutzen für die S. sind wahrscheinl. außer dem Transport ein gewisser Schutz u. Teilhabe an Nahrungsresten. In der westatlant. und indopazif. Region werden seit Jhh. an der Schwanzbasis mit einer Leine versehene S. zum Fang v. Meeresschildkröten verwendet; erste Berichte davon liegen seit der Entdeckung Amerikas durch Kolumbus vor. Bekannte S. sind: der bis 90 cm lange Eigtl. S. (*Echeneis naucrates,* 🄱 Fische V), der außer im O-Pazifik in allen trop. Meeren vorkommt; der ca. 40 cm lange, sehr schlanke Lausfisch *(Phtheirichthys lineatus)* mit nur bis 10 Lamellen in der Saugscheibe, heftet sich v. a. an Barrakudas u. Zackenbarsche an; der bis 50 cm lange, kräftig gebaute Walsauger *(Remiligia australis)* mit 25–27 Sauglamellen, bevorzugt Wale zum Ansaugen; u. der ca. 40 cm lange Küstensauger *(Remora remora),* der in trop. und warmen gemäßigten Meeren häufig ist; läßt sich v. a. von Haien transportieren u. ernährt sich u. a. von Hautparasiten seiner Wirte. ↗Putzsymbiose.

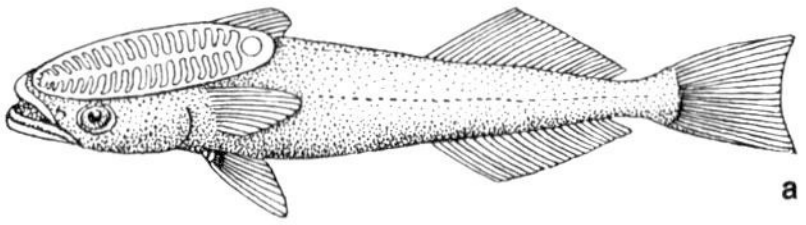

a

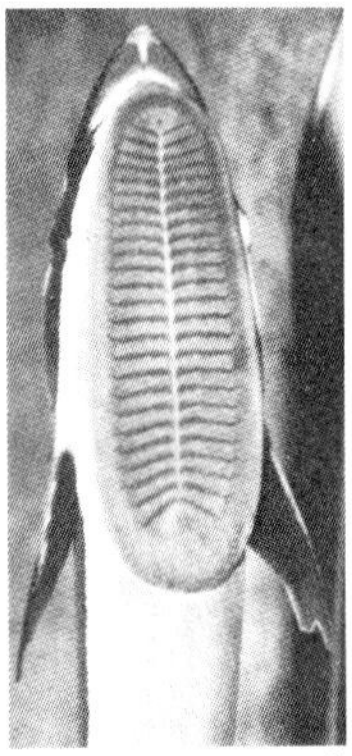

b

Schiffshalter

a Küstensauger *(Remora remora)*; **b** Saugscheibe eines S.s mit deutl. sichtbarer Lamellenstruktur

Schiitake ↗Shiitake.

Schikimisäure, die ↗Shikimisäure.

Schilbeidae [Mz.], Fam. der ↗Welse.

Schild *m,* bei verschiedenen Weichtiergruppen vorkommende, völlig unterschiedl. Strukturen v. flächiger Ausdehnung. 1) *Kopfschild, Kopfscheibe:* Verdikkung der dorsalen Kopfepidermis der ↗Kopfschildschnecken, die sich nach hinten erstreckt u. Teile des Gehäuses bedekken kann; sie ist durch Verwachsung der Fühler entstanden. 2) *Fußschild:* im Mundbereich der ↗Schildfüßer gelegene Grabe- u. Sinnesplatte, die den Rest des rückgebildeten Fußes darstellt. 3) ↗ *Magenschild.*

Schildbäuche, *Schildfische, Gobiesociformes,* Ord. der ↗Knochenfische mit nur 1 Fam. *Gobiesocidae,* 15 Gatt., ca. 50 Arten. Vorwiegend kleine, grundelart., schuppenlose Fische mit einer Rückenflosse u. großer, oft zweiteiliger, bauchseit. Saugscheibe, die aus den Bauchflossen u. im hinteren Teil aus einer Hautfalte gebildet wird. Sie leben v.a. im Küstenbereich trop. und gemäßigter Meere u. saugen sich hier an Steinen u. Algen fest. In der Nordsee ist der oben karminrote, bis 8 cm lange Ansauger *(Lepadogaster bimaculatus)* beheimatet; eine häufige Art der pazif. Felsküsten der USA ist der ca. 15 cm lange Flachkopf-Schildbauch od. Saugfisch *(Gobiesox meandricus)*.

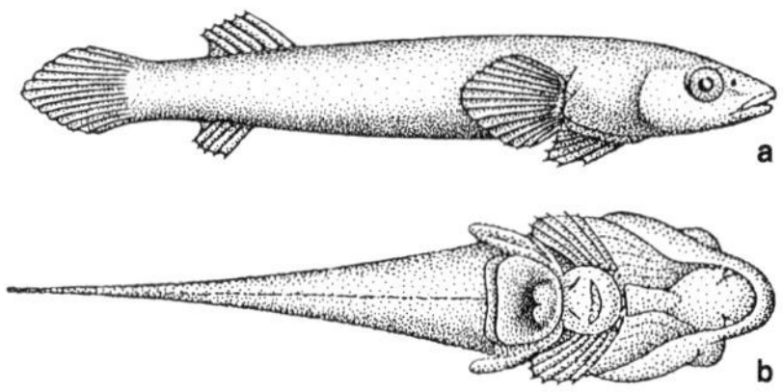

Schildbäuche

a Seiten-, **b** Ventralansicht des Ansaugers *(Lepadogaster bimaculatus)*

Schildblatt, Bez. für ein ↗Blatt, dessen Blattstiel nicht am Rand, sondern auf der Unterseite der Blattspreite eingefügt ist (Beispiel: Kapuzinerkresse). Es entsteht dadurch, daß die Blattstielanlage durch Unterdrückung der Oberseite unifazial wird, somit die Blattspreitenränder an der Basis ebenfalls verwachsen u. der nun quer über die Spreitenbasis verlaufende Spreitenrand ebenfalls ein Flächenwachstum mitmacht.

Schildblume, *Aspidistra,* Gatt. der ↗Liliengewächse.

Schildchen, das ↗Scutellum.

Schilddrüse, *Glandula thyreoidea, Thyreoidea,* bei allen Wirbeltieren ausgebildete endokrine ↗Drüse (▢), die beim Menschen (größte Hormondrüse), etwa in der Form und Größe eines Querbinders, im unteren Halsbereich liegt. Urspr. aus einer exokrinen Drüse hervorgegangen, besteht sie aus zahlr. mit Speichersekret (Kolloid) gefüllten Drüsenfollikeln od. Alveolen (alveoläre Drüse), die keine Ausführgänge besitzen u., in lockeres Bindegewebe eingebettet, v. einem dichten Blutkapillarnetz umsponnen sind. Ihre Sekrete (Enkrete), das Tri- und Tetraiodthyronin *(↗ Thyroxin)*, stimulieren die Zellatmung u. erhöhen so den Grundstoffwechsel (↗Grundumsatz, ↗Energieumsatz). In den *S.n-Follikeln* liegen sie als Speicherform an ein globuläres Protein *(↗ Thyreoglobulin)* gebunden vor u. werden auf hormonale Signale (thyreotropes Hormon der Hypophyse, ↗Thyreotropin) hin freigesetzt u. über das Follikelepithel in die Blutbahn abgegeben. Unterfunktion der S. äußert sich je nach Genese u. Grad des Defekts in ↗Kretinismus, ↗Myxödem od. ↗Kropf-(Struma-)Bildung (Iodmangel-Unterfunktion, ↗Iod), wogegen eine Überfunktion ↗Hyperthyreose (z.B. Basedowsche Krankheit) zur Folge hat. – Stammesgeschichtl. und ontogenet. geht die S. aus dem ventralen Abschnitt des Kiemendarms hervor, einer drüsigen Wimpernrinne (↗Endostyl), die bereits bei den Wirbeltiervorfahren, den ↗Manteltieren, und beim ↗Lanzettfischchen einen iodhaltigen Schleim produziert u. sich bei den ↗Rundmäulern vom Endostyl abfaltet u. den Charakter einer eigenständ. Drüse annimmt. Der S. beidseits u. dorsal angelagert finden sich zahlr. Anteile einer weiteren selbständ. Hormondrüse, der *Bei-* od. *↗ Neben-S.* (Epithelkörperchen), bei manchen Tieren (Haien, Knochenfischen, Amphibien u. Reptilien) auch *↗ Ultimobranchialkörper*, deren Hormon (↗Parathormon) den Calciumhaushalt reguliert. ▢ Hormondrüsen, [T] Hormone.

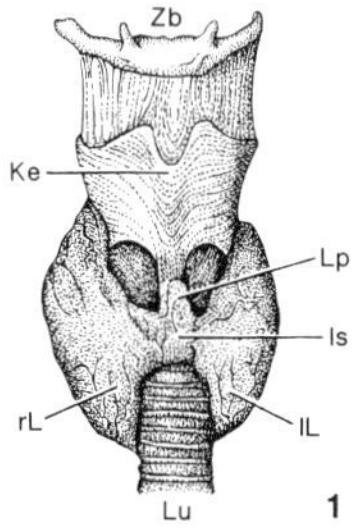

1

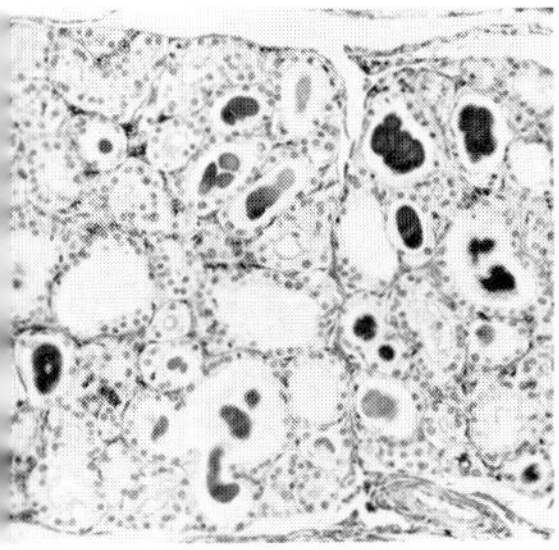
2

Schilddrüse

1 S. des Menschen (Frontalansicht); **2** mikroskop. Aufnahme von S.n-Follikeln, teils mit Kolloid (Thyreoglobulin) gefüllt.
Is Isthmus, Ke Kehlkopf, IL linker Lappen, Lp Lobus pyramidalis, Lu Luftröhre, rL rechter Lappen, Zb Zungenbein

Schildechsen, *Gerrhosaurinae,* U.-Fam. der ↗Gürtelechsen mit etwa 25 Arten; als Bodenbewohner im südl. Afrika u. auf Madagaskar in offenen Landschaften beheimatet; Gesamtlänge 15–70 cm; Rücken meist mit rechteck., flachen Schuppen (in regelmäßigen Längs- u. Querreihen angeordnet), häufig gekielt, verknöchert; weichhäut. Längsfalte zw. Rumpf- u. Bauchseite; zieml. langschwänzig; ernähren sich v.a. von Insekten, gelegentl. wird auch pflanzl. Kost bevorzugt (z.B. von der Felsen-S., *Gerrhosaurus validus,* der größten Art – bis 70 cm – der weitverbreiteten Eigentlichen S.); alle S. tagaktiv; ovipar (2–6 Eier). – Die Sand-S. *(Angolosaurus skoogi;* 28 cm lang; oberseits weiß mit einigen orangefarbenen Flecken, unterseits schwarz) besitzen seitl. Kämme an den Zehen, so daß sie sich auf den Sanddünen an den Küsten im nordwestl. SW-Afrika u. in S-Angola rasch fortbewegen können. Nur 15 cm lang wird die Blauschwarze S. (*Cordylosaurus subtesselatus;* mit durchsicht. Fenster im unteren Augenlid; gekielte Schuppen unter den Fingern), lebt von S-Angola bis zum westl. Kapland. Die 6 Arten der Geißel-S. (Gatt. *Tetradactylus;* 20–32 cm lang) dagegen besitzen kein Lidfenster u. glatte Schuppen unter den Fingern; mehr od. weniger rückgebildete Extremitäten. Auf Madagaskar – oft an Flußufern – leben die kräftigen Ringel-S. (Gatt. *Zonosaurus;* bis 60 cm groß; ohne Lidfenster; Extremitäten gut entwickelt; Bauchschilder dachziegelartig) u. die Kiel-S. (Gatt. *Tracheloptychus;* 18 bis 25 cm lang; Rückenschuppen gekielt; Seitenfalte kurz).

Schildechsen

Gattungen:
Angolosaurus
Cordylosaurus
Eigentliche Schildechsen *(Gerrhosaurus)*
Geißel-Schildechsen *(Tetradactylus)*
Kiel-Schildechsen *(Tracheloptychus)*
Ringel-Schildechsen *(Zonosaurus)*

Schilderwelse, *Plecostomus,* Gatt. der ↗Harnischwelse.

Schildfarn, *Polystichum,* mit über 200 Arten fast weltweit verbreitete Gatt. der ↗Wurmfarngewächse; Sori rund mit auf dem Scheitel des Receptaculums ansitzendem, schildförm. (Name!) u. am Rande freiem Indusium. Der circumpolar, in Europa arktisch-alpisch verbreitete, nur einfach gefiederte Lanzen-S. (Lanzenfarn, *P. lonchitis*) besiedelt in Mitteleuropa Blockschuttstandorte der montanen bis alpinen Zone (in den Alpen bis 2700 m). Der Gelappte S. *(P. lobatum = P. aculeatum)* be-

sitzt 2–3fach gefiederte Wedel u. kommt als eurasiatisch-subozean. Element in Mitteleuropa in schattigen Schluchtwäldern vor. In der BR Dtl. sehr selten u. geschützt sind der nach der ↗Roten Liste „gefährdete“ Borstige S. *(P. setiferum)* u. der „stark gefährdete“ Brauns S. *(P. brau-*
Schildfische, die ↗Schildbäuche. [*nii).*
Schildflechte, die Gatt. ↗Peltigera.
Schildfrösche, *Scutiger (= Aelurophryne)* u. *Oreolax,* Gatt. der ↗Krötenfrösche mit 11 Arten mittelgroßer (6–8 cm), krötenart. Frösche, die an od. in der Nähe v. Bergbächen im Himalaya bis in 4000 m Höhe leben. Der Name deutet auf ein schildart. Brunstschwielen- u. Drüsenfeld an der Brust der Männchen hin. Schlanke aber träge Tiere, die meist unter Steinen verborgen sind; die Eier werden in Bächen unter Steinen abgelegt, wo sich auch die Larven entwickeln. Die beiden Gatt. unterscheiden sich in der Bezahnung: *Oreolax* besitzt Zähne, *Scutiger* ist zahnlos.
Schildfüßer, *Caudofoveata,* Kl. der Wurmmollusken mit langgestrecktem, zylindr. Körper von 3 mm bis 14 cm Länge. Der Mantel umschließt den wenig gegliederten Körper mit Ausnahme des im Mundbereich gelegenen Fuß-↗Schildes (Name!), der wahrscheinl. den Rest des Fußes darstellt; der Mantel sezerniert eine mit Schuppen od. Spicula versehene Cuticula. Hinten liegt endständig der glockenförm. Mantelraum, in dem 1 Paar zweiseit. gefiederter Kiemen sowie Genitalöffnungen u. Anus liegen. Die Mundöffnung führt in eine geräumige Mundhöhle; zahlr. Drüsen sezernieren in den Vorderdarmbereich. Die Reibzunge kann bis auf 1 Zahnquerreihe reduziert sein. In den kurzen, sackförm. Mitteldarm öffnet sich eine große, unpaare Mitteldarmdrüse; der langgestreckte Enddarm mündet zw. den Kiemen. Das Herz ist rund, etwas abgeplattet u. stülpt sich v. oben in den Herzbeutel; es besteht aus Ventrikel u. einem dahinter gelegenen Atrium; das Blut wird nach vorn in das Rükkengefäß gepumpt u. fließt dann in Lakunen; Bewegungen der Kiemen u. des Hautmuskelschlauchs unterstützen das Herz. Über dem Vorderdarm liegt ein Cerebralganglion, aus dessen ventralem Teil die

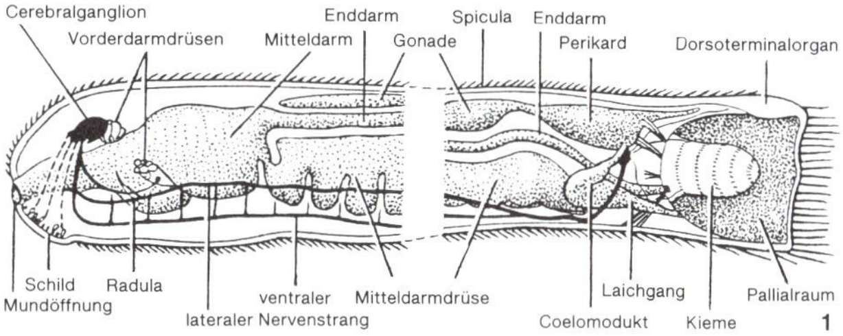

paarigen Buccal-, Lateral- u. Ventralkonnektive entspringen; Sinneszellen wurden in Mund- u. Schildregion u. im Dorsoterminalorgan nachgewiesen. Die S. sind getrenntgeschlechtlich u. haben eine unpaare Gonade, die in das Perikard mündet; von da werden die Keimzellen über Laichgänge ausgeführt; die Entwicklung ist unbekannt. Die S. leben grabend in der obersten Schicht mariner Weichböden des tieferen Wassers u. ernähren sich von Mikroorganismen u. Detritus. Die knapp 70 Arten werden 7 Gatt. (vgl. Tab.) und 3 Fam. zugeordnet. [↗Eintagsfliegen.
Schildhafte, *Prosopistomatidae,* Fam. der
Schildkäfer, *Cassidinae,* U.-Fam. der ↗Blattkäfer; Körper stark verbreitert u. abgeflacht, Epipleuren der Elytren dachförmig verbreitert, Kopf vom Halsschild vollständig überdeckt; mittelgroße (4–11 mm) grüne oder bräunl. Käfer, bei uns 30 Arten in 3 Gatt. Relativ häufig ist *Cassida nebulosa* auf Gänsefußgewächsen oder *C. viridis* auf verschiedenen Lippenblütlern u. Korbblütlern. Die Larven sind etwas schlanker u. an den Seiten lang bestachelt; ältere Stadien haben als Schutzmantel die alten Exuvien über dem Hinterleib liegend.
Schildkiemer, *Aspidobranchia,* früher übl. Bez. für ↗Altschnecken.
Schildknorpel ↗Kehlkopf (☐).
Schildkröten, *Testudines,* Ord. der ↗Reptilien (2 U.-Ord.: ↗Halsberger- u. ↗Halswender-S.) mit ca. 220 Arten; v.a. in trop. und subtrop. Gebieten verbreitet; leben an Land, im Süß- u. Meerwasser. Kopf meist eiförmig, Hals zieml. beweglich; Kiefer zahnlos, aber mit scharfkant. Hornscheiden; Körper verhältnismäßig kurz, jedoch breit; v. einem knöchernen, mehr od. weni-

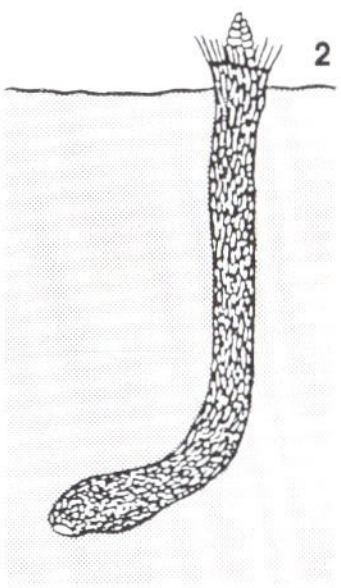

Schildfüßer

1 Schema der inneren Organisation. **2** Schildfüßer (15 mm lang) in Lebendstellung im Sediment

Schildfüßer

Wichtige Gattungen:

↗ *Chaetoderma*
↗ *Limifossor*
↗ *Scutopus*

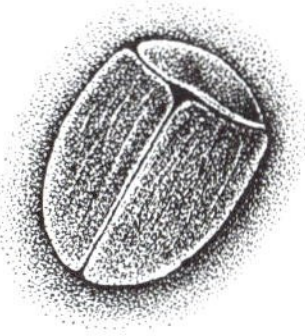

Schildkäfer

Grüner S. *(Cassida viridis)*

Schildkröten

1 Echte Karettschildkröte *(Eretmochelys imbricata),* **2** Griechische Landschildkröte *(Testudo hermanni),* **3** Europäische Sumpfschildkröte *(Emys orbicularis),* **4** Maurische Wasserschildkröte *(Mauremys caspica leprosa)*

ger stark gewölbten Rücken- (↗Carapax, □) u. flachen Bauchpanzer (Plastron) umhüllt; beide mit Hornschildern (↗Schildpatt), seltener v. einer lederart. Haut bedeckt; seitl. Verbindung des Panzers („Brücke") besteht meist aus Knorpelmasse; Haut warzig, mit Schuppentafeln besetzt; 4 Gang- od. Flossenfüße (bei Land-S. sind Füße u. Zehen verkürzt u. verdickt, bei Süßwasser-S. Schwimmhäute zw. den Zehen, bei Meeres-S. zu flossenähnl. Gebilden umgewandelt); Schwanz kurz, an seiner Spitze oft mit einem Nagel; Kopf, Beine u. Schwanz können unter den Panzer eingezogen werden. Nahrung wird hpts. mit dem Gesichts- u. Geruchssinn aufgespürt; Land-S. verzehren v.a. Pflanzenstoffe, Sumpf- u. Meeres-S. bevorzugen tier. Kost. Harte oder pergamentschal. Eier (2 bis etwa 100 Stück) werden stets auf dem Land im Sand od. lockeren Erdreich abgelegt u. durch die Bodenwärme bebrütet; wegen ihres anfangs noch weichen Panzers sind Jungtiere stark gefährdet u. werden leicht zur Beute v. Feinden. Wärmebedürftig, träge, zählebig (können je nach Art ein Alter von 100–150 Jahren erreichen). – Älteste Funde aus der oberen Trias *(Proganochelys)*. Das Schildpatt, ihr schmackhaftes Fleisch od. die Eier als Delikatesse führten zu einer oft rücksichtslosen Verfolgung einiger S.-Arten (↗Meeres-S.). [T] Exkretion. [B] Reptilien I.

Schildkrötenegel, an Schildkröten saugende Blutegel der Gatt. *Ozobranchus* u. ↗*Placobdella.*

Schildkrötenmilben, *Uropodidae,* Familie der ↗Parasitiformes.

Schildkrötenpflanze, der ↗Yams.

Schildkrötenschnecken, *Acmaeidae,* Fam. der ↗Balkenzüngler, Meeresschnecken mit napfförm. Gehäuse bis 3, ausnahmsweise bis 7,5 cm Länge; kein Dauerdeckel; links eine zweiseitig gefiederte Nackenkieme u. ein Osphradium, doch keine Hypobranchialdrüse; rechte Niere größer als linke, sie leitet die Keimzellen aus. ☿ mit meist äußerer Befruchtung, die sich über pelag. Larven entwickeln; einige treiben Brutpflege. Die S. leben meist im Küstenbereich an Felsen u. Seegras u. weiden Algen ab. Etwa 100 Arten in 5 Gatt.; *Acmaea* ist artenreich mit Schwerpunkt im NO-Pazifik, zu *Lottia* gehören die größten Arten, *Scurria* lebt in selbsterzeugten Hohlräumen in Tang-Rhizoiden od. in selbstgeschaffenen Eintiefungen der Schalen v. Käferschnecken u. Schalenweichtieren.

Schildläuse, *Coccina,* U.-Ord. der ↗Pflanzenläuse mit ca. 4000 bekannten, fast weltweit verbreiteten Arten, in Mitteleuropa etwa 140 Arten. Die S. sind 0,5 mm bis 3,5 cm groß; die Geschlechter sind außerordentl. verschieden gestaltet (Sexualdimorphismus): Die kurzlebigen, meist geflügelten Männchen weisen einen insektentyp. Körperbau mit deutl. Segmentierung auf, während die Weibchen mit ihrem i.d.R. plumpen, stark degenerierten, flügel- u. fast beinlosen Körper sessil od. halbsessil an Pflanzenteilen saugen (↗Pflanzensauger). Sie sind geschlechtsreif gewordene Larven (Neotenie) u. häuten sich einmal weniger als die Männchen. Die Weibchen der meisten Arten sind v. einem aus Wachs od. anderen Ausscheidungen gebildeten Schild (Name) vollständig bedeckt, der einen ausgezeichneten Schutz vor Feinden u. Umwelteinflüssen bietet. Die Fortpflanzung erfolgt bei den primitiveren Fam. (z.B. Röhren-S.n und Schmierläusen; vgl. Tab.) zweigeschlechtlich; bei anderen Fam. tritt fast ausschl. Parthenogenese auf, so daß Männchen selten vorkommen. Die Larven schlüpfen meist unmittelbar nach der Eiablage (Ovoviviparie); Viviparie (z.B. bei der San-José-Schildlaus, ↗Deckelschildläuse) ist selten. Die S. ernähren sich vom Saft aller Teile der befallenen Pflanzen, die Wirtsspezifität ist meist gering ausgeprägt. Weniger durch den Saftentzug als vielmehr durch die Wirkung des Speichels u. die Übertragung v. Viren können die S. besonders bei Massenbefall erhebl. Schaden an Nutzpflanzen anrichten. Als Nutztiere haben die S. immer weniger Bedeutung: Die Lackschildlaus, *Laccifer (= Tachardia) lacca,* aus der Fam. *Lacciferidae* liefert den für die Lack- u. Farben-Ind. wichtigen ↗*Schellack;* in Asien werden in eigens angelegten Kulturen jährl. bis zu 50000 t Rohlack aus den getrockneten weibl. S.n gewonnen. Das sirupartige, schon aus der Bibel bekannte ↗Manna wird im Sinai noch heute zu Nahrungszwecken gesammelt; es ist der stark zuckerhaltige Kot (↗Honigtau) der Manna-S. (2 Arten der ↗Schmierläuse). Verschiedene, bes. rote Farbstoffe wurden vor Entdeckung der Anilinfarben aus mehreren Arten der S. gewonnen: Das Carmesinrot lieferten die Färber-S. oder Kermes-S. (*Kermes vermilio* und *K. ilcis* aus der Fam. *Kermidae*), die auf der Färber-↗Eiche *(Quercus coccifera)* leben; die urspr. nur in Mexiko vorkommende Cochenille-Schildlaus (*Dactylopius cacti,* Fam. ↗Deckelschildläuse) wurde wegen der Farbstoffgewinnung (↗Carmin) mit ihrer Wirtspflanze, dem Feigenkaktus *Opuntia coccinellifera* (↗Kakteengewächse), auch in anderen Ländern gezüchtet. Eine weitere Fam. der S. sind die *Margarodidae (Monophlebidae),* deren Weibchen noch etwas bewegl. sind u. zu denen die größte (Weibchen bis 3,5 cm) bekannte S. *(Aspidoproctus maximus)* gehört. Die australische, mit Citrus-Kulturen nach Kalifornien eingeschleppte Wollsackschildlaus *(Icerya purchasi)* wurde als ein erstes Beispiel für die ↗biologische Schädlingsbekämpfung bekannt. Die Pockenläuse *(Asterolecanidae)* sind v.a. in wärmeren Gebieten verbreitet. *G. L.*

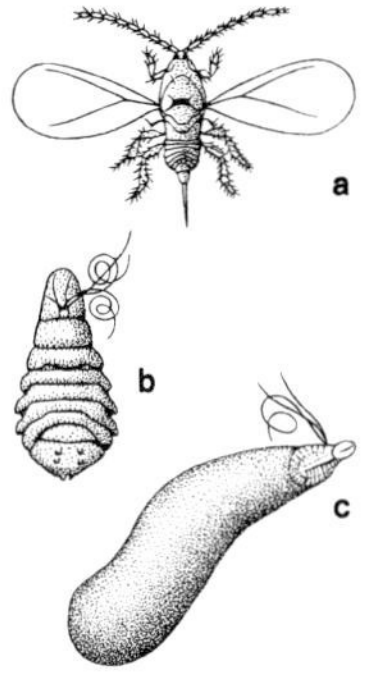

Schildläuse

Komma-Schildlaus *(Lepidosaphes ulmi);* **a** Männchen, **b** Weibchen, **c** Weibchen mit Schild

Schildläuse

Wichtige Familien:

↗Deckelschildläuse (Austernschildläuse, *Diaspididae*)
Lackschildläuse *(Lacciferidae)*
Margarodidae
↗Napfschildläuse *(Lecaniidae, Coccidae)*
Pockenläuse *(Asterolecaniidae)*
↗Röhrenschildläuse *(Ortheziidae)*
↗Schmierläuse (Mehlläuse, *Pseudococcidae*)

Schildmotten, 1) die ↗Aleurodina. 2) *Asselspinner, Schneckenspinner, Limacodidae, Cochlidiidae,* weltweit, v. a. tropisch verbreitete Schmetterlingsfam. mit ca. 1000 Arten, bei uns nur 2 Vertreter; Falter klein bis mittelgroß, breitflügelig, wollig behaart, Mundwerkzeuge reduziert; überwiegend dämmerungs- u. nachtaktiv; Raupen asselförmig od. schneckenartig geformt, mit kleinem, in den Thorax zurückziehbarem Kopf, Beine rudimentär, Fortbewegung auf saugnapfart. Kriechwülsten („Schneckenraupen"); mitunter bunt, meist mit Warzen, Borsten, aber auch glatt od. mit wachsiger Schicht bedeckt; Dornen vieler Arten können allerg. Reaktionen hervorrufen, z. B. bei Larven der amerikan. Gatt. *Phobetron* od. der afr. Art *Latoia vivida;* Verpuppung in glattem eiförm. Kokon mit Deckel. Heimisch ist die Kleine S. *(Heterogenea asella),* unscheinbar dunkelbraun, Spannweite um 16 mm, grünl. Raupe an Buche u. a. Laubhölzern, nach der ↗Roten Liste „gefährdet"; die Große S., *Apoda (Cochlidion) limacodes,* fliegt im Mai–Juli in Laubwäldern, Spannweite bis 30 mm, Flügel braun mit dunklen Querlinien, Raupe an Eiche u. a., Überwinterung u. Verpuppung in Erdkokon.

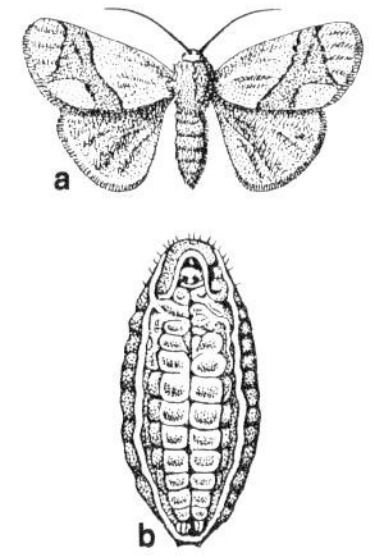

Schildmotten

a Große Schildmotte *(Apoda limacodes),* **b** Raupe, von oben gesehen

Schildpatt *s* [v. ndt. schildpad = Schildkröte (v. padde = Kröte)], *Schildkrot, Krot,* Schilder des Rückenpanzers der Echten Karettschildkröte (*Eretmochelys imbricata;* ↗Meeresschildkröten), die zu Kämmen, Knöpfen od. kunstgewerbl. Gegenständen verarbeitet werden; beim Eintauchen in kochendes Wasser lösen sich die Hornschilder ab; bei jüngeren Schildkröten ist Neubildung möglich.

Schildschwänze, *Uropeltidae,* Fam. der Schlangen mit über 40 Arten; beheimatet in Indien, auf Sri Lanka u. in Burma; wühlen im weichen Erdreich; Gesamtlänge selten über 30 cm; kleine Augen liegen unter Kopfschildern verborgen; Körper drehrund mit auffallend großer u. umgestalteter Schuppe (Bedeutung noch ungeklärt) an der Schwanzspitze; ungiftig; manchmal gelb, orange, rot od. schwarz gefärbt; ernähren sich v. a. von Regenwürmern u. Insektenlarven; bringen jeweils 3–8 lebende Junge zur Welt. – Arten der Gatt. *Uropeltis* (am größten, über 50 cm: Gefleckter S., *U. ocellatus;* in Indien) haben an der Schwanzspitze einen flachen Schild, aus mehreren Schuppen bestehend. Die Vertreter der Gatt. *Rhinophis* (10 Arten; größte Art: *R. oxyrhynchus;* fast 60 cm lang; auf Sri Lanka) besitzen eine einzige stachel. Schuppe.

Schildseeigel, die ↗Sanddollars.

Schildwanzen, *Baumwanzen, Pentatomidae,* Fam. der ↗Wanzen (Landwanzen) mit ca. 6000, in Mitteleuropa etwa 60 Arten. Der meist stark sklerotisierte, gedrungene Körper ist über 5 mm groß, manche Arten (z. B. die australische S. *Oncomeris flavicornis*) werden bis 5 cm groß. Das Schildchen (Scutellum) ist bei den meisten S. besonders groß (Name) ausgebildet u. schließt vorne an den Halsschild an. Die Flügel sind meist gut ausgebildet; die Basis der i. d. R. fünfgliedrigen Fühler ist v. Wülsten am Kopf verdeckt. In der Körperfärbung herrschen braune, grüne u. dunkle Töne vor, viele Arten besitzen jedoch lebhaft bunte Farben, die im Jahresverlauf auch variieren können. Je nach Art saugen die S. mit ihrem Saugrüssel Pflanzensaft od. leben räuberisch, wobei sie häufig das Auftreten v. anderen schädl. Insekten erhebl. reduzieren können. In ganz Europa u. in Teilen Afrikas u. Asiens kommt die ca. 12 mm große Grüne Stinkwanze (Faule Grete, *Palomena prasina*) vor. Ihr Name rührt v. durchdringend riechenden Sekreten ihrer Stinkdrüsen her; sie hält sich bes. an Birken u. anderen Laubgehölzen auf. Die erwachsenen Tiere, die überwintern, ändern temperaturbedingt ihre Farbe v. Braun nach Grün. Auch die ca. 6 mm große Kohlwanze *(Eurydema oleraceum)* tritt je nach Jahreszeit u. Ernährung in verschiedenen Farbvariationen (Gelb bis Rot mit schwarzen Fleckenzeichnungen) auf. Die hpts. im Mittelmeerraum, bei uns im S vorkommende Streifenwanze *(Graphosoma lineatum)* ist ca. 1 cm groß u. lebt an Doldengewächsen. Die ebenfalls etwa 1 cm große, olivbraune Beerenwanze (*Dolycoris baccarum,* B Insekten I) erhielt ihren Namen durch ihre Saugtätigkeit an Beeren, welche dann durch den unangenehmen hinterlassenen Geruch für Menschen ungenießbar werden. Bei Massenauftreten kann auch die im Sommer rotgefleckte Schmuckwanze *(Eurydema ornata)* durch ihren scharfen Wanzengeruch Ölfrüchte u. Getreide entwerten. Die in ganz Mitteleuropa häufige Rotbeinige Baumwanze *(Pentatoma rufipes)* überwintert im Ggs. zu den meisten S. als Larve.

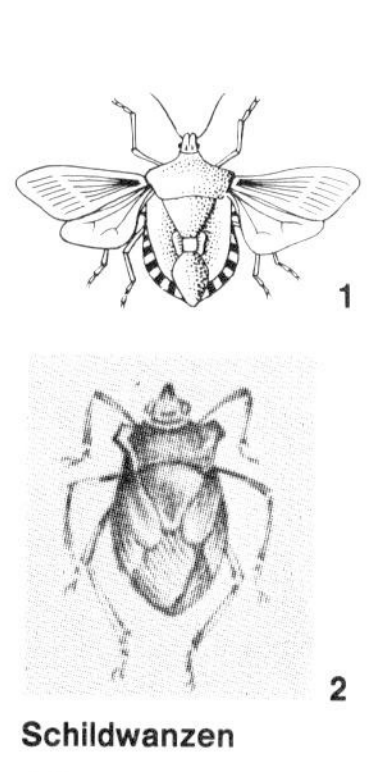

Schildwanzen

1 Beerenwanze *(Dolycoris baccarum);* **2** Rotbeinige Baumwanze *(Pentatoma rufipes)*

Schilf, das ↗Schilfrohr.

Schilfeulen, *Rohreulen, Stengeleulen, Halmeulen,* Vertreter der ↗Eulenfalter, deren Larven im Stengel od. Wurzelstock v. Schilf, Rohrkolben, Seggen, Binsen u. a. leben, v. a. die Vertreter der Gatt. *Nonagria, Archanara* u. *Photedes.* Beispiele: Gemeine S. oder Rohrkolbeneule *(Nonagria typhae),* eurosibirisch; Falter braungrau, bis 50 mm Spannweite, Vorderflügel mit schwarzen Punkten u. dunklen Längsstreifen, Hinterflügel hell, Abdomen lang; fliegt im Sommer–Herbst in Rohrkolbenbeständen; Larve schmutzig fleischfarben, verpuppt sich nach der Überwinterung kopfabwärts in Stengelbasis v. Rohrkolben. Die Art gilt nach der ↗Roten Liste als „gefährdet"; viele S. sind durch Zerstörung u. Veränderung v. Feuchtgebieten in ihrem Bestand bedroht.

Schilfkäfer, *Rohrkäfer, Donaciinae,* U.-Fam. der ↗Blattkäfer; bei uns etwa 30 Arten aus 3 Gatt. Käfer längl., meist metall. grün od. bronzefarben; sitzen auf Pflanzen im od. am Wasser. Ihre Larven sind weißl. madenförmig u. sitzen im Wurzelbereich der Futterpflanzen, der sich meist unter Wasser befindet. Zur Atmung haben sie daher das 8. Stigmenpaar dolchförmig verlängert u. bohren damit die Leitungsbahnen der Wasserpflanzen an. Die Verpuppung findet in einem selbstgesponnenen, sehr dichten Kokon statt. Die Arten der Gatt. *Donacia* leben meist auf Pflanzen, die frei im Wasser stehen od. auf dem Wasser schwimmen, z.B. *D. crassipes* auf Seerosen oder *D. appendiculata* (nach der ↗Roten Liste „ausgestorben od. verschollen") auf Rohrkolben. Die „stark gefährdeten" Arten der Gatt. *Macroplea* leben sogar auch als Käfer unter Wasser in Flüssen u. Seen an Laichkraut u. Tausendblatt. Die Atmung erfolgt dann über ein ↗Plastron. *Plateumaris* lebt dagegen mehr auf Sumpf- u. Moorwiesen, v.a. an Seggen-Arten. [neus (T).

Schilfradspinne, *Araneus cornutus,* ↗Ara-

Schilfrohr, *Schilf, Röhricht, Phragmites,* Gatt. der Süßgräser (U.-Fam. *Pooideae*) mit ca. 3 sehr formenreichen Arten; Rispengräser mit einem Haarbüschel am Blattgrund (im Ggs. zum ↗Glanzgras). Das kosmopolit., 2–4 m hohe Gemeine S. *(P. australis* oder *P. communis)* bildet die Röhrichte stehender od. langsam fließender Gewässer bis ca. 2 m Wassertiefe. Es ist ein Verlander u. Uferfestiger mit langen Rhizomen (↗Polykorm-Bildner), die als Notfutter u. als Mehlersatz dienen können. Bei später Mahd (Okt./Nov.) ist es zur Streunutzung geeignet u. wird für Dächer u. Matten verwendet. In Wiesen u. Äckern kommt es als Zeiger aktuellen od. ehemaligen Grundwassers (Entwicklungsrelikt) vor. Optimales Wachstum im *Phragmitetum communis,* ↗Phragmition). Das *Schilfsterben* bes. der letzten Jahre geht u.a. auf Eutrophierung u. gleichzeitige mechan. Belastung (Windbruch, Motorboote u. Getreibsel) zurück. B Europa VI.

Schilfröhricht, *Phragmitetum communis,* ↗Phragmition, ↗Schilfrohr. [↗Clubiona.

Schilfsackspinne, *Clubiona phragmitis,*

Schill *m,* Ansammlung überwiegend unzerbrochener (Ggs. *Bruchschill*) Gehäusereste od. Einzelklappen v. Muscheln u./od. Brachiopoden; während Bruch-S. immer als allochthon entstanden anzusehen ist, kann S. auch autochthoner Entstehung sein.

Schillerfalter, *Apatura,* eurasiat. Gatt. der ↗Fleckenfalter; Name wegen der prächt. blauvioletten Schillerfarbe, die nur im männl. Geschlecht vorhanden ist; wird wie bei den ↗Morphofaltern durch den Schuppenaufbau (Schiller-↗Schuppen) durch Interferenz (je nach Lichteinfallswinkel) hervorgerufen; Falter groß, gute Flieger, Flügel oberseits schwarzbraun mit weißem Band u. Flecken; Raupen grün, spindelförmig, mit 2 Kopfhörnern u. einer Schwanzgabel, überwintern angesponnen an Ästen der Futterpflanzen; die einheim. Arten sind keine Blütenbesucher, v.a. die Männchen besuchen gerne, insbes. vormittags am Boden u. auf ungeteerten Wegen Pfützen, Aas, Exkremente u.ä., saugen auch an Baumsäften u. Honigtau; sie finden die Nahrungsquellen mit dem Geruchssinn; nachmittags halten die S. sich mehr in den Baumkronen auf. Beispiele: Großer S. *(A. iris),* Spannweite bis 70 mm, weiße Binde des Hinterflügels mit zahnart. Vorsprung, im Sommer in einer Generation in lichten Laubwäldern, Schneisen u. Schlägen um Weidenarten, woran die Raupen fressen; gilt nach der ↗Roten Liste als „gefährdet"; ebenso der Kleine S. *(A. ilia),* fliegt bei uns in einer Generation im Sommer, ähnl. dem Großen S., aber etwas kleiner; Augenflecke auf Vorder- u. Hinterflügel-Oberseite; neben der dunkelbraunen Normalform kommt auch eine gelbbraune Form *clytie* vor, die auch „Rotschiller" gen. wird; Raupen an Espen, Weiden u.a.

Schillergras, *Kammschmiele, Koeleria,* Gatt. der Süßgräser (U.-Fam. *Pooideae*), mit 60 Arten weltweit verbreitet. Die grannenspitzigen od. kurz begrannten Ährchen sind 2–4blütig; sie stehen in einer nur während der Blüte gespreizten Scheinähre. *K. pyramidata* mit Blattrandbewimperung ist ein Gras trockener Kalkmagerrasen; *K. glauca* (Blau-S.) mit blaugrünen, borstl. rauhen Blättern u. zwiebelart. verdicktem Stengelgrund ist eine kontinentale Sandsteppenpflanze Eurasiens.

Schillerlocken [ben. nach dem dt. Dichter F. v. Schiller, 1759–1805], Handelsform des Gemeinen ↗Dornhaies.

Schillerporlinge, *Inonotus,* Gatt. der ↗*Hymenochaetaceae;* Nichtblätterpilze mit seitl. angewachsenem, konsolenart., später faserigem bis mehr od. weniger korkigem, meist einjähr. Fruchtkörper, dessen Röhren nicht geschichtet sind; die Poren sind klein-rundlich. Das Sporenpulver ist rostbraun. S. leben als Saprophyten u. Parasiten an Stämmen u. Stubben v. Laubholz, seltener Nadelholz (vgl. Tab.).

Schillerschuppen ↗Schuppen.

Schimmel ↗Schimmelpilze.

Schimmelhefen, ↗Echte Hefen od. andere hefeähnliche, sprossende Pilze, die bes. auf festen Nährböden auch Hyphen u. Mycel bilden, z.B. Arten der Gatt. ↗*Endomycopsis* od. ↗*Trichosporon.*

Schimmelkäfer, 1) *Cryptophagidae,* Fam. der polyphagen ↗Käfer (T), weltweit etwa 900, bei uns ca. 130 Arten in 16 Gatt.; sehr kleine u. kleine, meist bräunl., längliche Arten mit meist lockerer dreigliedr. Fühlerkeule; Seitenränder des Halsschildes oft auffällig gezähnelt. Larven u. Käfer leben vorzugsweise auf faulenden u. schimmelnden Pflanzenstoffen, seltener in hohlen Bäumen, in Nestern (Gatt. *Antherophagus*

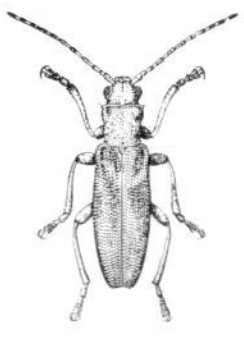

Schilfkäfer
(Donacia spec.)

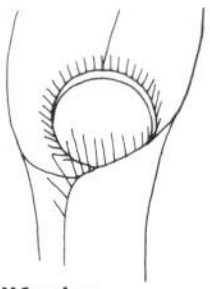

Schilfrohr

Blattgrund des Gemeinen Schilfrohrs *(Phragmites australis)*

Schillerporlinge

Einige bekannte Arten:

Zottiger S. *(Inonotus hispidus* Karst.; Fruchtkörper 10–30 cm breit, 3–5 cm dick; häufiger Parasit an alten Apfelbäumen)

Schiefer-S. *(I. obliquus* Pil.; an Laubbäumen, v.a. Birke, mehrjähr. schwarzer Fruchtkörper)

Tropfender S. *(I. dryadeus* Murr., parasit. am Grunde u. an Wurzeln alter Eichen)

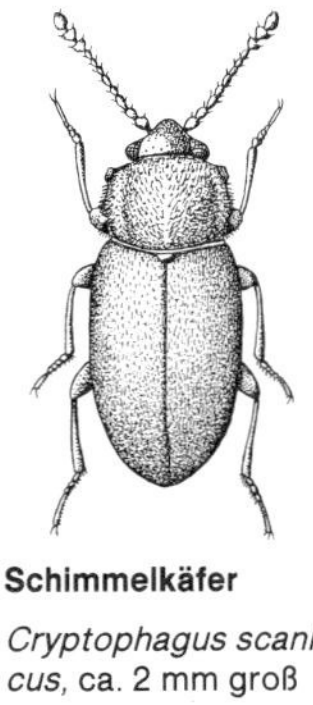

Schimmelkäfer

Cryptophagus scanicus, ca. 2 mm groß

schiller- [buntes Farbenspiel in bestimmten Richtungen; entsteht durch Lichtreflexion].

in Hummelnestern) od. an Pilzen. Eine Reihe v. Arten lebt synanthrop in Kellern, Ställen od. Vorratslagern. Bei uns finden sich v. a. die Gatt. *Cryptophagus* (54 Arten) u. *Atomaria* (56 Arten). 2) die ↗Faulholzkäfer. 3) die ↗Baumschwammkäfer.

Schimmelpilze, *Schimmel,* Bez. für Pilze aus verschiedenen taxonom. Gruppen (vgl. Tab.), die sehr schnell auf den Substraten (z. B. Nahrungsmitteln) ein mit dem Auge sichtbares watteart. Mycel („Schimmel") ausbilden, oft durch Fruktifikationsorgane (Sporangien, Konidien) auffallend gefärbt. S. kommen im Boden, auf Früchten u. a. Nahrungsmitteln vor, sind Nahrungsmittelverderber (↗Nahrungsmittelvergiftungen), können hochgiftige ↗Mykotoxine ausscheiden, sind Erreger von gefährl. ↗Mykosen *(Schimmelpilzmykosen)* u. werden zur ↗Antibiotika-Produktion genutzt. ↗Brotschimmel, ↗Blauschimmel.

Schimpanse *m* [aus einer westafrik. Sprache, über frz. chimpanzé], *Pan troglodytes,* menschenähnlichste Art der ↗Menschenaffen ([B] Paläanthropologie); Scheitelhöhe (aufrecht stehend) 130–170 cm, Körpergewicht 40–50 kg; gedrungene Gestalt, Arme länger als Beine; schwarzes Haarkleid, Gesicht sowie Hand- u. Fußflächen nackt. Der S. kommt in 3 U.-Arten *(P. t. verus, P. t. troglodytes, P. t. schweinfurthi)* im äquatorialafr. Waldgürtel nördl. des Kongoflusses, v. Senegal im W entlang der Küste bis Ghana u. von S-Nigeria landeinwärts bis W-Tansania, vor. Sein Lebensraum sind Regen-, Sumpf- u. Bergwälder (am Ruwenzori bis in 3000 m Höhe), auch Trockenwälder u. Savannen mit Baumbestand. S.n sind baum- u. bodenlebend; sie bewegen sich überwiegend vierfüßig (Finger einwärts gekrümmt) fort, nur manchmal aufrecht (z. B., um Nahrung in den Händen zu tragen). Tagsüber streifen S.n in lockeren Gemeinschaften (mit Rangordnung) v. bis zu 50 Tieren umher u. ernähren sich hpts. v. Pflanzenteilen (v. a. Früchten), Insekten u. Aas; Gruppenjagd auf Wirbeltiere (Affen, junge Antilopen, Vögel) hat man bislang nur in der Savanne beobachtet. Zahlr. Laute, Mimik u. Gesten dienen der innerartl. Verständigung. S.n benutzen (z. T. selbstgefertigte) Werkzeuge, z. B. Blätter als Schwamm od. Ästchen zum Termitenangeln ([B] Einsicht). Die Nacht verbringen S.n in (meist auf Bäumen errichteten) Schlafnestern. S.n können über 40 Jahre alt werden. Ihr wichtigster natürl. Raubfeind ist der Leopard; den Bestand der Art bedroht der Mensch, der S.n in der med.-pharmazeut. Forschung einsetzt. – Als eigene Art gilt der Zwerg-S. oder ↗Bonobo *(Pan paniscus).* [B] Afrika V, [T] Mensch, □ Humanethologie, □ Pongidenhypothese.

Lit.: *Köhler, W.:* Intelligenzprüfungen an Menschenaffen. Berlin 1921. *van Lawick-Goodall, J.:* Wilde Schimpansen. Hamburg 1971.

Schimper, 1) *Andreas Franz Wilhelm,* Sohn v. 3), dt. Botaniker, * 12. 5. 1856 Straßburg, † 9. 9. 1901 Basel; Prof. in Bonn u. Basel; erforschte bes. trop. Pflanzen; führte die physiolog. Betrachtung in die Pflanzengeographie ein. **2)** *Karl Friedrich,* Vetter v. 3), dt. Privatgelehrter, * 15. 2. 1803 Mannheim, † 21. 12. 1867 Schwetzingen; Begr. der Blattstellungslehre (Beschreibung der Symphytum Zeyheri, 1835), der Eiszeitlehre (prägte den Begriff „Eiszeit") u. der Theorie des Faltenbaues der Alpen. **3)** *Wilhelm Philipp,* Vater v. 1), dt. Botaniker, * 12. 1. 1808 Dossenheim, † 20. 3. 1880 Straßburg; Prof. in Straßburg; Arbeiten zur Paläobotanik u. Mooskunde.

Schimmelpilze

Wichtige Gattungen bzw. Formgattungen:

↗*Aspergillus* (Gießkannenschimmel)
↗*Penicillium* (Pinselschimmel)
Mucor (↗Mucorales) (Köpfchenschimmel)

Schimpanse
(Pan troglodytes)

Schindewolf, *Otto Heinrich,* dt. Geologe u. Paläontologe, * 7. 6. 1896 Hannover, † 10. 6. 1971 Tübingen; seit 1927 an der Preuß. Geolog. Landesanstalt Berlin, 1947 Prof. an der Humboldt-Univ., seit 1948 Tübingen; paläomorpholog. und morphogenet. Untersuchungen über fossile Korallen u. Ammoniten; wichtige theoret. Arbeiten über den Zshg. von Paläontologie u. Stammesgeschichte.

Schinkenkäfer ↗Corynetidae.

Schinkenmuschel, *Pinna nobilis,* ↗Steckmuscheln.

Schinopsis *w* [v. gr. schinos = Mastixbaum, opsis = Aussehen], Gatt. der ↗Sumachgewächse.

Schinus *w* [v. gr. schinos = Mastixbaum], Gatt. der ↗Sumachgewächse.

Schirmbäume, 1) *Schirmkronenbäume,* landschaftsprägende Wuchsform der ariden trop. Grasfluren (↗Savanne) mit flachen, in einer Ebene dicht verzweigten Kronen; z. B. Schirm-↗Akazie (□ Baum). 2) in der Forstwirtschaft Bez. für einzeln stehende Bäume, die mit ihren Kronen den Jungwuchs vor Hitze, Austrocknung, Frost u. Unkrautwuchs schützen (auch „Überhälter" gen.). ↗Schirmschlag.

Schirmflieger ↗Samenverbreitung.

Schirmlinge, *Lepiota,* Gatt. der ↗Schirmlingsartigen Pilze (auch bei den ↗Champignonartigen Pilzen eingeordnet), kleine bis mittelgroße, bodenbewohnende Hutpilze; in Europa ca. 50 Arten. Sie besitzen am Stiel einen häutigen bis wolligen, nicht bewegl., teils vergängl. Ring; der Hut ist kahl bis flockig-schuppig, der Hutrand gerieft; die Sporen besitzen keinen Keimporus. Keine wertvollen Speisepilze, viele ungenießbar, einige verdächtig bis tödl. giftig (z. B. der Fleischrosa S., *L. helveola* Bres.).

Schirmlingsartige Pilze, *Lepiotaceae,* Fam. der ↗Blätterpilze; bekannte Gatt. sind die ↗Schirmlinge *(Lepiota)* u. ↗Körnchenschirmlinge *(Cystoderma),* die auch bei den ↗Champignonartigen Pilzen eingeordnet werden.

Schirmquallen, seltene Bez. für die ↗Scyphozoa.

Schirmrispe, der ↗Corymbus, ↗Blütenstand.

Schirmschlag, *S.verfahren, Schirmhieb,* in der Forstwirtschaft eine Form des Holzein-

schisto- [v. gr. schistos = gespalten].

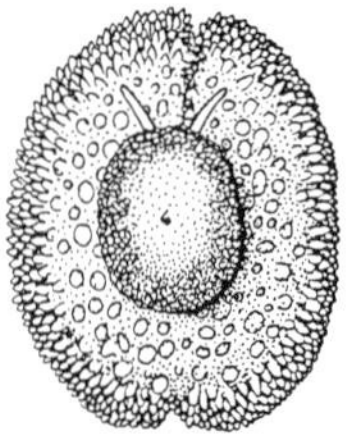

Schirmschnecke

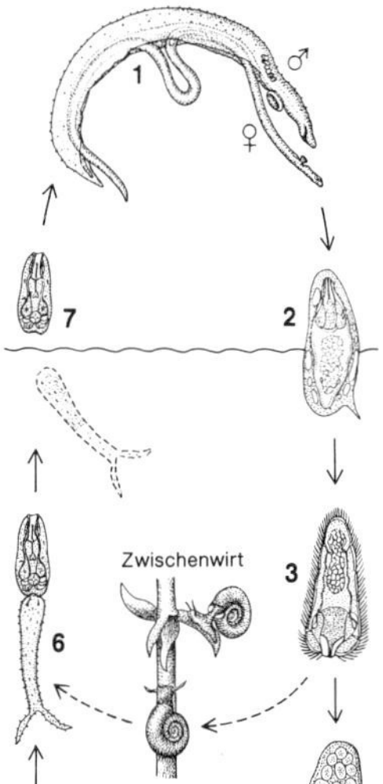

Schistosomiasis

Lebenszyklus v. *Schistosoma mansoni.* **1** Adultform, Pärchen in Dauerkopula im Endwirt: Mensch u. Labortiere (Leber u. Darmvenen); **2** Eikapsel mit schlüpfbereitem Miracidium; **3** freischwimmende Wimperlarve (Larve von 4); **4** Mutter- und **5** Tochtersporocyste im Zwischenwirt; **6** Furcocercarie (Larve von 1) mit Bohrdrüsen, **7** Schistosomulum

schlags, bei der der Altbestand des Waldes allmählich u. gleichmäßig aufgelichtet wird, so daß unter dessen aufgelockertem Schirm die jeweiligen mikroklimat. Bedingungen für die angestrebte Naturverjüngung geschaffen werden. Schattenertragende Baumarten (z. B. Buche) benötigen eine geringere Auflichtung *(Dunkelschlag);* Baumarten mit einem größeren Lichtbedürfnis (z. B. Eiche, Hainbuche, Kiefer) erfordern eine stärkere Auflichtung. Der Aufwuchs der Jungpflanzen erfolgt unter dem Schutzschirm der verbleibenden Bäume (↗Schirmbäume). Nach Sicherung des Jungwuchses wird der Schirmbestand sukzessiv entfernt.

Schirmschnecken, *Umbraculidae,* Fam. der ↗Flankenkiemer mit nur 1 Gatt. *Umbraculum,* marine Hinterkiemerschnecken mit napfförm. Gehäuse mit zentralem Apex. Die einzige Art, *U. sinicum* (bis 13 cm lang), ist in der Laminarienzone warmer Meere verbreitet und ernährt sich von Schwämmen.

Schirmtanne ↗Sciadopitys.

Schirmvogel, *Cephalopterus ornatus,* ↗Schmuckvögel.

Schirrantilope, der ↗Buschbock.

Schisandraceae [Mz.; v. *schiz-, gr. andres = Männer], Fam. der ↗*Illiciales* mit 2 Gatt. und 47 Arten. Im südostasiat. Raum Gatt. *Kadsura* u. *Schisandra* (mit 1 Art auch im SO der USA); kriechende Sträucher od. Lianen mit diklinen Blüten u. Sammelsteinfrüchten; urspr. Merkmale (Tracheiden) neben abgeleiteten (radiäre Blüte). Einige *S.*-Arten sind Gartenzierpflanzen.

Schismatomma *s* [v. gr. schismata = Spaltungen, omma = Auge], Gatt. der ↗Opegraphaceae. [↗Grimmiales.

Schistidium *s* [v. *schisto-], Gatt. der

Schistocephalus *m* [v. *schisto-, gr. kephalē = Kopf], Bandwurm-Gatt. der ↗*Pseudophyllidea* (Fam. *Ligulidae*). *S. solidus,* postlarval in der Leibeshöhle des Dreistacheligen Stichlings, adult in fischfressenden Wasservögeln.

Schistometopum *s* [v. *schisto-, gr. metōpon = Stirn], Gatt. der ↗Blindwühlen (T).

Schistosomatidae [Mz.; v. *schisto-, gr. sōmata = Leiber], Saugwurm-Fam. der ↗*Digenea.* Namengebende Gatt. *Schistosoma (= Bilharzia),* der Pärchenegel, 7–20 mm lang, zylindr. Weibchen v. zu einem Rohr gefalteten Männchen umschlossen. Erreger der Bilharziose od. ↗Schistosomiasis.

Schistosomiasis *w* [v. *schisto-, gr. sōma = Körper], *Bilharziose,* Erkrankung des Menschen durch Befall mit Saugwürmern der Gatt. *Schistosoma* (Fam. ↗*Schistosomatidae*); im Menschen Urogenital-S. durch *S. haematobium,* Darm- oder Leber-S. durch *S. mansoni, S. japonicum, S. intercalatum.* Neben ↗Malaria wichtigste Krankheit warmer Länder; etwa 200 Mill. Befallene. Als Reservoirwirte nur bei *S. japonicum* Katzen, Hunde, Schweine, Affen u. a. bedeutsam. Die Befallswahrscheinlichkeit ist hoch, weil die aus dem Zwischenwirt (Wasserschnecke) freiwerdende Larve (Cercarie) die Haut des Endwirtes an spezif. Substanzen (Fettsäuren) erkennt u. aktiv in sie eindringt. Dementsprechend ist Kontakt mit cercarienhalt. Wasser (z. B. bei rituellen Waschungen der Moslems, im Wasser spielenden Kindern) gefährl., auch künstl. Bewässerungssysteme (Assuan-Stausee) u. Fischteiche haben die Befallsziffern gesteigert. Die eingedrungene *Cercarie* wandelt sich in den jungen Wurm *(Schistosomulum)* um, der seinerseits über Herz- u. Lungenpassage u. Mesenterialarterie zu den Venen des Vorzugsorgans gelangt. Der erwachsene Wurm kann als Fremdkörper od. durch Stoffwechselprodukte zu Blasenbeschwerden bzw. Obstipation führen; am schädlichsten sind aber die meist hakenbewehrten Eier, um die Entzündungsherde (Granulome, Pseudotuberkel) aus Wirtszellen entstehen. Blasentumoren, Leberzirrhose, Milzschwellung u. Bauchwassersucht sind die Folgen; mit dem Blut können die Eier aber auch in viele andere Organe gelangen. Diagnose der Krankheit an Eiern, die aus Mikroabszessen in Harn od. Stuhl abgehen, immunologisch z. B. Umhüllung der Cercarien bei Kontakt mit antikörperhalt. Blut (Cercarienhüllenreaktion). Therapie heutzutage vorwiegend mit Praziquantel, Zwischenwirtbekämpfung mit Kupfermitteln oder biol. Feinden. Vorwiegend in gemäßigten Breiten werden Menschen beim Baden v. Cercarien anderer Schistosomatiden *(Trichobilharzia)* befallen; Folge sind juckende Quaddeln u. Fieber (Schistosomatiden-Dermatitis). Die eingedrungenen Larven (normale Endwirte Vögel) gehen jedoch zugrunde.

Schistostegales [Mz.; v. *schisto-, gr. stegē = Bedeckung], *Leuchtmoose,* Ord. der ↗Laubmoose (U.-Kl. *Bryidae*) mit 1 Fam. *(Schistostegaceae).* Die Charakterart *Schistostega pennata* (Leuchtmoos i. e. S.) wächst in kalkfreien, feuchten Felsklüften u. Überhängen der Mittelgebirge u. alpinen Region. Das 0,5–1 cm große Moos besitzt an der lichtzugewandten Seite des bäumchenart. Protonemas linsenförm. Zellen, in deren Vorwölbung Chloroplasten liegen; die Zellvakuole wirkt als Sammellinse für das einfallende Licht, v. dem ein Teil an der Zellrückwand reflektiert wird, was das Leuchten bewirkt. Die Art kann an lichtschwachen Standorten bei 1/500 der Tageslichtintensität noch gedeihen. Bei hoher Lichtintensität wird ein normales Protonema ohne „Linsenzellen" gebildet. Die *S.* vermehren sich u. a. vegetativ durch mehrzellige Brutkörper.

Schizaeaceae [Mz.; v. *schiz-], *Spalt-*

astfarne, sehr urspr., fast ausschließlich trop.-subtrop. verbreitete leptosporangiate Farn-Fam. (Ord. ↗*Filicales*) mit 4 rezenten Gatt. und 160 Arten; Sporangien einzeln, meist nahe dem Blattrand inseriert mit charakterist. apikalem Anulus-Ring („Krönchen"); Indusium fehlend, z. T. aber mit Pseudoindusium aus dem umgeschlagenen Blattrand. Die Gatt. *Schizaea* (30 fast rein trop., überwiegend xeromorphe Arten) besitzt gabelteilige Blätter (z. B. *S. dichotoma;* Madagaskar, S-Asien bis Austr.), die z. T. auch binsenartig ausgebildet sein können (z. B. *S. bifida* in Austr., Neuseeland; *S. pusilla* im atlant. N-Amerika); sterile u. fertile Blätter sind oft verschiedengestaltig. Der sehr urspr. wirkende Gametophyt besteht bei vielen Arten aus einem fädig-verzweigten, algenähnl. Gebilde. Eine für Farne außergewöhnl. Wuchsform zeigt der Kletterfarn (*Lygodium,* 40 trop.-subtrop. Arten): Die dem kriechenden Rhizom entspringenden Blätter wachsen an der Spitze kontinuierl. weiter u. ranken als Blattlianen an anderen Pflanzen empor. *Anemia* (90 Arten) besiedelt überwiegend neotrop. Trockengebiete; im allg. wird nur das unterste Fiederpaar fertil u. trägt die Sporangien an der steil nach oben gerichteten, stark reduzierten Lamina. Auf Madagaskar, S- und O-Afrika beschränkt ist *Mohria caffrorum,* die einzige Art der Gatt. – Erdgeschichtl. sind die *S.* eine sehr alte Gruppe. Bereits aus dem Oberkarbon kennt man Farne mit weitgehend den rezenten *S.* gleichenden Fruktifikationen (z. B. Gatt. *Senftenbergia* mit großen, mehrfach gefiederten Wedeln vom Typ ↗*Pecopteris*); eine auch stratigraphisch wichtige mesozoische Form ist *Klukia exilis* aus dem Jura. Die Gatt. *Lygodium* tritt erstmals im Tertiär, hier auch in Europa, auf (z. B. Obermiozän v. Öhningen).

Schizambon *m* [v. *schiz-, gr. ambōn = Schildrand], (Walcott 1884), † Gatt. inarticulater, dünnschaliger ↗Brachiopoden mit konzentr. Anwachslinien; Oberfläche v. nicht durchlaufenden Costellae (= feinen Rippen) u. feinen Stacheln bedeckt. Verbreitung: oberes Kambrium bis unteres Ordovizium.

Schizamnion *s* [v. *schiz-, gr. amnion = Embryonalhülle], das ↗Spaltamnion.

Schizasteridae [Mz.; v. *schiz-, gr. astēr = Stern], Fam. der ↗Herzseeigel ([T]) mit 65 Arten in 16 Gatt.; die antarkt. Gatt. *Abatus* treibt Brutpflege.

Schizidium *s* [v. *schiz-], Diaspore v. Flechten, die durch oberflächenparallele Ablösung der oberen Teile des Lagers entsteht, so daß wenigstens der untere Teil des Marks erhalten bleibt, z. B. bei *Fulgensia.*

Schizoblastosporion *s* [v. *schizo-, gr. blastos = Keim, spora = Same], Formgatt. der ↗imperfekten Hefen ([T]).

schizochroal [v. *schizo-, gr. chroa = Haut, Körper], (Clarke 1889), Augentyp (↗Komplexauge) mancher ↗Trilobiten (z. B. ↗*Phacopida*), bei dem die halbkugeligen Linsen voneinander isoliert sind. Ggs.: ↗holochroal.

Schizococcidia [Mz.; v. *schizo-, gr. kokkos = Kern, Beere], U.-Ord. der ↗*Coccidia;* charakterist. für diese Sporentierchen (↗*Sporozoa*) ist die Einschaltung einer ↗Schizogonie in den Entwicklungszyklus; bei einigen Arten findet ein Wirtswechsel statt. *S.* sind überwiegend ↗Gewebeparasiten. Da hierher Erreger gefährlicher Krankheiten gehören, haben sie große volkswirtschaftl. und med. Bedeutung. Zu den *S.* zählen die Fam. ↗*Adeleidae,* ↗*Haemosporidae* (mit den ↗Malaria-Erregern) u. *Eimeriidae* (Gatt. ↗*Eimeria*) sowie die ↗*Toxoplasmen* u. ↗*Sarcosporidia.*

Schizocoel *s* [v. *schizo-, gr. koilos = hohl], Gesamtheit der im Mesenchym der ↗Plattwürmer auftretenden spaltart. und flüssigkeitserfüllten Hohlräume, die entwicklungsgeschichtl. offenbar durch Auseinanderweichen mesodermaler Zellen entstehen und folgl. keine Reste des Blastocoels bzw. der primären Leibeshöhle sind. ↗Schizocoeltheorie.

Schizocoeltheorie [v. *schizo-, gr. koilos = hohl], eine der drei ↗Coelomtheorien, die v. einem kompakten Vorstadium in Form einer mit Mesenchym erfüllten Blastula ausgehen. Nach ihr sollen durch ein Auseinanderweichen v. Mesenchymzellen, durch *Schizocoelie* im Ggs. zur Enterocoelie (↗Enterocoeltheorie), Spalträume entstanden sein, die sich dann zum Coelom vereinigt haben. Rezente Modelle für die S. sind einerseits die ↗Plattwürmer, in deren Mesenchym sich derartige ↗Schizocoel-Räume finden, und andererseits die ↗Ringelwürmer, bei denen das Coelom durch Auseinanderweichen der Zellen solider Mesodermstreifen entsteht. Schizocoelie u. Enterocoelie sind aber nach Siewing (1980) „nur graduell verschiedene Abstufungen desselben Morphogenesemodus". Doch spricht die weit u. zudem v. a. bei aufgrund anderer Überlegungen als urspr. geltenden Gruppen verbreitete Enterocoelie gg. die Schizocoeltheorie.

Schizocoralla [Mz.; v. *schizo-, gr. korallion = Koralle], (Okulitch 1936), Zusammenfassung solcher ↗*Tabulata* (Tetradiinen, Chaetetiden, Heliolitiden), die sich durch Teilung vermehren u. keine echten Septen ausbilden. Die restl., sich durch Knospung vermehrenden *Tabulata* wurden als *Thallocoralla* bezeichnet.

Schizocyten [v. *schizo-], für die ↗Thalassämie typische mißgebildete Erythrocyten.

Schizodonta [Mz.; v. *schiz-, gr. odontes = Zähne], die ↗Spaltzähner.

schizogen [v. *schizo-, gr. gennan = erzeugen], durch Spaltung entstehend; so entstehen s. e ↗Interzellularen nach Auflö-

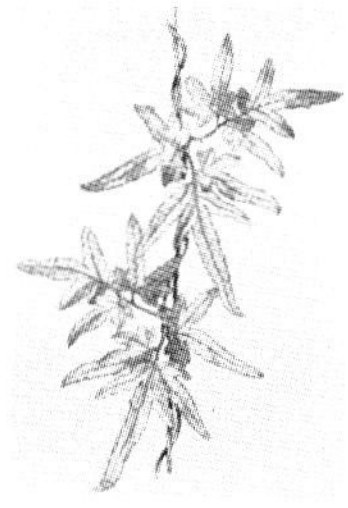

Schizaeaceae

Der Kletterfarn *(Lygodium)* rankt sich mit der kontinuierlich weiterwachsenden Rhachis (Spindel) der Wedelblätter an anderen Pflanzen empor.

schiz-, schizo- [v. gr. schizein = spalten, trennen].

sung der ↗Mittellamelle durch Auseinanderweichen der Zellwandhälften. Ggs.: ↗lysigen, ↗rhexigen.

Schizogonie *w* [v. *schizo-, gr. goneia = Erzeugung], ungeschlechtl. Vielteilung (↗asexuelle Fortpflanzung) bei manchen ↗*Sporozoa* (v.a. Gewebeparasiten), die zusätzlich zur Sporogonie abläuft. Die Sporozoiten entwickeln sich dann nicht zu ↗Gamonten, sondern zu ↗Schizonten. Jeder Schizont erzeugt durch multiple Teilung zahllose ↗Merozoiten, die ihrerseits wieder zu Schizonten heranwachsen od. nach mehrfacher S. Gamonten bilden. S. dient der Überschwemmung des Wirts mit dem Parasiten (↗Malaria, B).

Schizogregarinida [Mz.; v. *schizo-, lat. gregarius = Herden-], U.-Ord. der ↗*Sporozoa,* bilden zus. mit den ↗*Eugregarinida* die Ord. ↗*Gregarinida* u. haben im Ggs. zu diesen in ihrem Entwicklungszyklus eine ↗Schizogonie eingeschaltet. Sie leben im Gewebe od. Darmlumen v. Arthropoden u. können, wenn sie ganze Gewebe überschwemmen, dem Wirt gefährl. werden.

Schizokarpium *s* [v. *schizo-, gr. karpos = Frucht], die ↗Spaltfrucht.

Schizomycetes [Mz.; v. *schizo-, gr. mykētes = Pilze], die ↗Bakterien.

Schizoneuraceae [Mz.; v. *schizo-, gr. neuron = Nerv, Sehne], v.a. in der Trias der Gondwana verbreitete Fam. der ↗Schachtelhalmartigen mit der wichtigsten Gatt. *Schizoneura.* Die Blätter sind wie bei den ↗Schachtelhalmgewächsen zu langen Scheiden verwachsen, die aber später bis zur Basis einreißen; der Bau der kätzchenart. Blüten ist nicht näher bekannt. *Schizoneura paradoxa* ist eine charakterist. Pflanze des eur. Buntsandsteins mit bis 2 m langen (niederliegenden?) Sprossen.

Schizont *m* [v. gr. schizōn = spaltend, teilend], bei ↗*Sporozoa* Zelle, die in die ↗Schizogonie eintritt und ungeschlechtlich ↗Merozoiten hervorbringt. B Malaria.

Schizopeltidia [Mz.; v. *schizo-, gr. peltē = leichter Schild], Teilgruppe der ↗Geißelskorpione.

Schizophoria *w* [v. *schizo-, gr. -phoros = -tragend], (King 1850), † Gatt. großwüchsiger articulater ↗Brachiopoden mit bikonvexer, fein berippter Schale; Stielklappe meist stärker gewölbt, Rippen oft hohl u. dornig. Verbreitung: mittleres Silur bis Perm, weltweit.

Schizophyceae [Mz.; v. *schizo-, gr. phykos = Tang], die ↗Cyanobakterien.

Schizophyllum *s* [v. *schizo-, gr. phyllon = Blatt], **1)** *Spaltblättling,* Gatt. der Fam. *Schizophyllaceae* (Ord. ↗*Polyporales*); in Europa nur mit 1 Art, *S. commune* Fr.; Ständerpilz mit muschelförm., oft gelapptem, zähem, filzig-wolligem, trocken weißgrauem, feucht schmutzig-braunem Hut (∅ 1–3[4] cm) mit rötl.-grauen, gespaltenen Lamellen, die fächerartig-strahlig v. der seitl. Ansatzstelle ausgehen. Oft herdenweise an befallenem lebendem u. totem Laub-, seltener Nadelholz wachsend; ein Weißfäuleerreger. **2)** Gatt. der ↗Doppelfüßer (T).

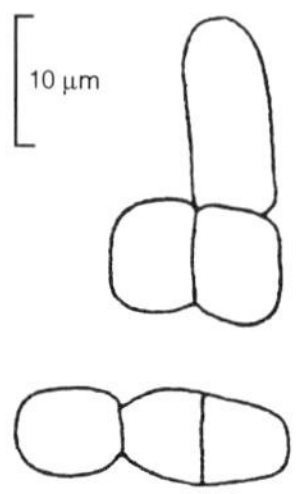

Schizosaccharomyces

Sich teilende Zellen von *S. octosporus;* Entwicklung: □ Echte Hefen

Schizoporella *w* [v. *schizo-, gr. poros = Öffnung, Pore], Gatt. der U.-Ord. *Ascophora* der ↗Moostierchen (T). Im Mittelmeer bildet *S. sanguinea* orange bis rote Kolonien, die schnell zur Größe einiger Dezimeter heranwachsen; sie umhüllen Algenstrünke u. können auch auf Seetonnen, Ketten u. Bootsrümpfen siedeln (dann schon nach wenigen Monaten schädl. durch Erhöhung des Reibungswiderstands). Die Kolonien bilden im Stillwasser Röhren u. Trichter, im bewegten Wasser sind sie krustenförmig.

Schizosaccharomyces *m* [v. *schizo-, gr. sakcharon = Zucker, mykēs = Pilz], *Spalthefen,* Gatt. der ↗Echten Hefen (U.-Fam. *Schizosaccharomycoideae*); ascosporenbildende Hefen, die sich vegetativ durch Teilung (Spaltung) u. nicht durch Sprossung vermehren. Die Zellen sind zylindr., oval od. rund; sie können ein echtes Mycel ausbilden, das in Arthrosporen zerfällt (Entwicklung: □ Echte Hefen). *S.*-Arten können gären. Sie kommen v.a. in den Tropen vor u. werden hpts. von gärenden Fruchtsäften u. Weinen isoliert. *S. octosporus* erträgt sehr hohe Zuckerkonzentrationen u. läßt sich v. Trockenobst isolieren. Mit *S. pombe* wird das afr. Hirsebier (Pombe) hergestellt.

Schizothoracinae [Mz.; v. *schizo-, gr. thōrax = Brustpanzer], die U.-Fam. Schlitz-↗Karpfen.

Schizotomie *w* [v. *schizo-, gr. tomē = Schnitt], Form der ↗asexuellen Fortpflanzung bei Einzellern, bei der in Verbindung mit einer Mitose aus einer Mutterzelle zwei Tochterzellen gebildet werden. Man spricht dann v. einer „potentiellen Unsterblichkeit der Einzeller" (↗Leben), wenn bei dieser Teilung kein Restkörper der Mutterzelle übrigbleibt.

Schlaf, veränderter Aktivitäts- u. Bewußtseinszustand des Gehirns, der sich auch auf eine Reihe v. Körperfunktionen auswirkt. Im allg. Sprachgebrauch wird S. als Entspannungs- u. Erholungszustand des Gesamtorganismus bezeichnet; seine biol. Bedeutung ist jedoch noch nicht eindeutig geklärt. Beim Übergang vom Wach- in den S.zustand findet eine zunehmende Synchronisierung der Neuronenaktivität des Gehirns statt, verbunden mit einer Einschränkung des ↗Bewußtseins, während im Ggs. zur zentralnervösen Verarbeitung die Aufnahmefähigkeit der Sinnesorgane für Außenreize nicht verändert wird. Dennoch hat die neuronale Aktivität des Gehirns im S. eine ähnl. Komplexität wie im Wachzustand. Beim *Einschlafen* sinken sowohl Muskeltonus als auch Reflexerregbarkeit u. die Herzfrequenz. Die Körper-

schiz-, schizo- [v. gr. schizein = spalten, trennen].

Temp. kann nicht mehr reguliert werden, es tritt eine Art wechselwarmer Zustand auf. Der Blutdruck sinkt, die Atmung verläuft langsamer, die Motorik des Magen-Darm-Trakts verringert sich. Während der *S.phase* ist dagegen die Aktivität der Wachstumshormone (↗Somatotropin) größer, aber auch das ↗Prolactin u. das ↗luteinisierende Hormon (v.a. während der Pubertät) werden vermehrt während des S.s ausgeschüttet. Es scheint außerdem auch ein Zshg. zwischen der S.phase u. der Synthese v. Desoxyribonucleinsäure zu bestehen. Der *Wach-S.-Rhythmus* ist eine Erscheinung der endogenen ↗circadianen Rhythmik. Rhythm. Zustandsänderungen der Organe u. Körperfunktionen zeigen fast alle Lebewesen. Meist sind sie an eine 24-Stunden-Periodik gebunden, können aber auch auf Gezeiten, Mondphasen u. Jahresablauf bezogen sein. Tagesperiod. Verläufe sind beim Menschen für mehr als 100 Funktionen bekannt (↗Chronobiologie, T, B). Ebenso wie der Wach-S.-Rhythmus unterliegen sie einer endogenen Rhythmik, deren Periode meist mehr als 24 Stunden beträgt (freilaufende circadiane Periodik, ↗Freilauf), aber durch äußere Zeitgeber (Hell-Dunkel-Wechsel) auf 24 Stunden synchronisiert wird. Wird der äußere Zeitgeber einmal verschoben, benötigt der Körper mehrere Perioden, um in den normalen Rhythmus zurückzugelangen. Untersuchungen an *Schichtarbeitern* zeigten, daß auch bei längerer Nachtarbeit der Rhythmus der verschiedenen Körperfunktionen nur geringfügig verschoben wird. Tageszeit u. Umfeld scheinen wichtiger zu sein als der Arbeitsrhythmus. Neben physiolog. Veränderungen zeigt sich der S.zustand auch im ↗Elektroencephalogramm (EEG). S. kann daher auch als definierte Veränderung der ableitbaren Summenpotentiale im Gehirn beschrieben werden. Delta-Wellen (□ Elektroencephalogramm) sind typisch für das Schlaf-EEG, Alpha- und Beta-Wellen für das Wach-EEG. Mit Hilfe des EEGs kann der S.verlauf in 4–5 Stadien eingeteilt werden (vgl. Abb.), die 3- bis 5mal in einer Nacht durchlaufen werden. Die Wellen im EEG werden mit zunehmender S.tiefe immer langsamer, d. h. synchronisierter. Das Stadium b nimmt eine Sonderstellung ein: Da das Aktivitätsmuster dem Wach- u. Einschlaf-EEG gleicht, die Weckschwelle aber so hoch ist wie im Tiefschlaf, wird es auch *paradoxer, desynchronisierter* od. *„fast wave" (FW-)Schlaf* gen. Besonderheiten dieses Stadiums sind die Instabilität vegetativer Funktionen (Puls u. Blutdruck zeigen kurzfrist. Schwankungen, die Atmung ist unregelmäßig), Absinken des Muskeltonus, Auftreten lebhafter *Träume,* v.a. aber rasche, ruckart. Augenbewegungen – *rapid eye movements* (Abk. *REM*). Danach wird dieses Stadium heute meist als *REM-*

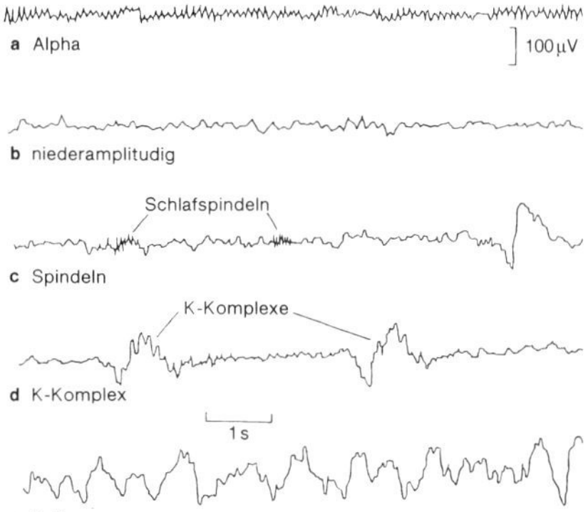

1

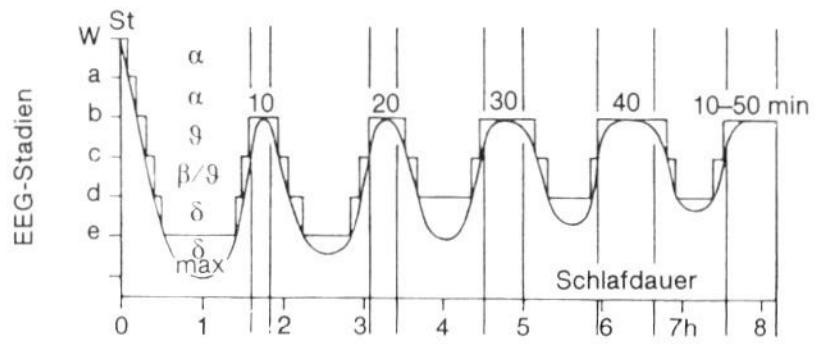

2

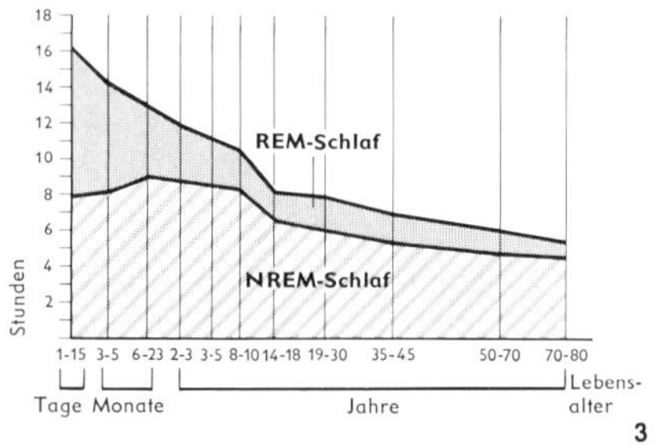

3

Schlaf bezeichnet. In Analogie dazu werden die anderen Stadien insgesamt *Non-REM-(NREM-)Schlaf* gen. Synonyme sind auch *orthodoxer* u. *„slow wave" (SW-) Schlaf.* REM-Stadien treten normalerweise alle 1½ Std. auf, dauern zu Beginn der Nacht 10 Min. und steigern sich bis auf 40–50 Min. Mit zunehmendem Lebensalter nimmt nicht nur allg. die S.dauer ab (Neugeborene 16 Std., Kinder 12–8 Std., Greise 6 Std.), sondern auch der Anteil des REM-Schlafs (vgl. Abb.). Bei Neugeborenen nimmt er etwa 50% in Anspruch, bei 2–3 Jahre alten Kleinkindern ist er auf 25% abgesunken – fast der Wert eines Erwachsenen (20%). Experimenteller REM-Schlafentzug führte in darauffolgenden „Erholungsnächten" zur Zunahme des REM-Anteils – das Defizit mußte wieder wettgemacht werden. Dies könnte darauf hinweisen, daß der REM-Schlaf zur „Programmierung" des Gehirns dient, was zur Entwicklung u. Aufrechterhaltung genet. bedingter Verhaltenselemente nötig ist. REM-Schlaf müßte daher im frühen Entwicklungsalter wichtig sein; der Anteil bei Neugeborenen ist auch sehr hoch u. nimmt nach wenigen Monaten bereits ab. Auch bei anderen Säugern erfolgt dieser

Schlaf

1 EEG der verschiedenen S.stadien: Während des ruhigen entspannten *Wachseins* herrscht ein α-Rhythmus vor (Stadium **a**), der beim *Einschlafen* **(b)** v. flachen ϑ-Wellen verdrängt wird. Es kommen noch langsame Augenbewegungen vor, das Bewußtsein geht allmählich verloren. Beim *Leicht-S.* **(c)** nimmt die Frequenz weiter ab, bis schließl. δ-Wellen vorherrschen, in die Gruppen von sog. *S.spindeln* eingeschoben sind. Es treten keine Augenbewegungen auf, der Muskeltonus ist niedriger als in den Stadien **a** und **b.** Während des *mitteltiefen S.s* **(d)** sind zw. die δ-Wellen sog. *K-Komplexe* eingeschoben, es treten keine Augenbewegungen auf, ebenso nicht im *Tiefschlafstadium* **(e),** das durch große, langsame δ-Wellen charakterisiert ist. Der Muskeltonus erniedrigt sich erneut (Stadien nach Loomis et al., 1936).

2 Darstellung eines S.tiefenverlaufs innerhalb einer Nacht: Die einzelnen Stadien werden mehrfach durchlaufen, während die REM-Phasen (die außer beim Einschlafen mit dem Stadium b übereinstimmen) zum Morgen hin immer länger werden. Die Tiefschlafphasen (Stadium e) werden dagegen immer kürzer u. zum Morgen hin nicht mehr erreicht.

3 Dauer des tägl. S.s und zeitl. Verteilung des REM- und NREM-Schlafs. Im Laufe des Lebens nimmt nicht nur die S.dauer ab, sondern auch der Anteil des REM-Schlafs am Gesamt-S. innerhalb einer Nacht. Charakterist. ist die starke Abnahme des REM-Schlaf-Anteils nach dem Kleinkindalter.

Schlaf

Schlafmittel:

Da *S.störungen* zahlr. verschiedene Ursachen haben können u. überdies die Einschlaf- od. Durchschlafphase betreffen, sind zahlr. Präparate im Handel, die den Symptomen beizukommen versuchen, die Ursachen einer S.störung aber nie beseitigen können. Die Nebenwirkungen von S.mitteln sind je nach Art der verwendeten Substanzen mehr od. weniger stark u. bestehen – abgesehen v. akuten Vergiftungen, wie sie nach Überdosierung in Suizidabsicht auftreten – im wesentl. in sog. Paradoxreaktionen (d. h. erhöhten Erregungszuständen) u. der Gefahr der Sucht. Die meisten S.mittel wirken schon nach kurzer Einnahmedauer nicht mehr in den anfängl. Dosen, so daß letztere erhöht werden müssen od. zusätzlich andere Präparate benutzt werden, was die Gefahr der Nebenwirkungen weiter steigert. Schließl. beeinflussen die meisten S.mittel die REM-Phase des S.s, was der Organismus durch eine Erhöhung bzw. Verlängerung der REM-Phasen nach Absetzen des Medikaments zu kompensieren sucht. – Chemisch gehören die derzeit verbreitetsten S.mittel zu den Urethanen u. Säureamiden; unter letzteren finden sich die bekannten Barbitursäure-Derivate (Barbiturate), deren Wirkung je nach Dosierung sedativ, hypnotisch od. narkotisch ist.

deutl. Rückgang im frühen Lebensalter. Phylogenet. tritt der REM-Schlaf erst spät auf. Bei Fischen u. Reptilien tritt keine REM-Phase auf, bei Vögeln ist sie nur kurz. Bei Säugern nimmt sie einen beträchtl. Teil ein. Markant ist, daß der REM-Schlaf bei jagenden Tieren deutl. größer ist als bei gejagten Tieren. – *Theorien:* Die Annahme, daß ein bes. *S.zentrum* existiert, stützt sich auf den experimentellen Befund, daß Tiere durch elektr. Reizung bestimmter Zwischenhirnregionen in einen schlafähnl. Zustand gebracht werden können. Daß der Hirnstamm auch an dem Wechsel von Wach- u. S.zustand teilnimmt, zeigt die Reizung der ↗Formatio reticularis, die zu einer Weckreaktion (arousal) eines schlafenden Tieres führt *(Reticularistheorie).* Ausschalten des Systems hat eine Aktivitätsdämpfung zur Folge. Da durch aufsteigende aktivierende Impulse ein für den Wachzustand nötiges Erregungsniveau erzeugt wird, spricht man auch v. einem *aufsteigenden reticulären Aktivierungssystem* (Abk. *ARAS*). Neben diesen Mechanismen können grundsätzl. auch verschiedene Stoffe die Neuronenaktivität variieren. Die Theorie, daß *Müdigkeit* und S. durch Stoffwechselsubstanzen („Ermüdungsstoffe") ausgelöst werden, die auch im Blut kreisen, ist aufgrund v. Beobachtungen an Siamesischen Zwillingen widerlegt, bei denen der S.-Wach-Rhythmus nicht aneinander gekoppelt ist *(chemische Theorie).* Neuere Untersuchungen ergaben aber, daß Gebiete der Raphe-Kerne im Hirnstamm durch hohen Serotonin-(5-HT)Gehalt gekennzeichnet sind, der mit dem S.-Wach-Zustand schwankt. Die Loci coerulei in der lateralen Reticulärformation zeigen einen hohen ↗Noradrenalin-Gehalt. Beide Stoffe sind Transmitter (↗Neurotransmitter) des Hirnstamms. Wird die ↗Serotonin-Produktion aufgehoben, entsteht andauernde *S.losigkeit.* Bei Entzug v. Noradrenalin treten keine REM-Phasen mehr auf; Serotonin scheint für die Einleitung der NREM-Phase verantwortl. zu sein. Auch ↗Vasotocin scheint an der S.steuerung teilzunehmen; seine Wirkung wird durch Serotonin verstärkt. Vasotocin konnte man während der REM-Phasen nachweisen, wobei es sich als 6 Billionen Mal wirksamer zeigte als die anderen schlafauslösenden Stoffe. ↗Winterschlaf. *E. K.*

Schlafapfel, Galle (↗Gallen) der Rosen-↗Gallwespe *(Diplolepis rosae).*

Schlafbewegungen, *Nyktinastien,* durch den tägl. (diurnalen) Licht-Dunkel-Wechsel synchronisierte ↗Blattbewegungen, die unter konstanten Bedingungen v. Licht und Temp. mit circadianer (ca. 24 h) ↗Periode freilaufen (↗Freilauf) u. Ausdruck einer endogenen physiolog. Rhythmik (↗circadiane Rhythmik) sind (↗Chronobiologie). Es handelt sich entweder um Turgorbewegungen speziell differenzierter Gelenke (Pulvini), z. B. bei Hülsenfrüchtlern, od. um Wachstumsbewegungen. ↗Nastie (☐, T).

Schläfen, *Tempora,* vom ↗S.bein gebildete Teile der seitl. ↗Schädel-Wand.

Schläfenbein, *Temporale, Os temporale,* Knochen an der seitl. ↗Schädel-Wand der Säuger, stammesgeschichtl. aus der Verschmelzung mehrerer Elemente entstanden: Petrosum (↗Felsenbein) + Tympanicum (↗Paukenbein) + Squamosum (↗Schuppenbein). Das S. grenzt an Hinterhauptsbein, Scheitelbein, Keilbein, Alisphenoid u. Jochbein. Es ist mit seinem Squamosum-Anteil an der Bildung des Jochbogens beteiligt. Im Felsenbein-Anteil liegen Mittel- u. Innen-↗Ohr. Der Paukenbein-Anteil geht stammesgesch. auf das ↗Angulare, einen Ersatzknochen des Unterkiefers, zurück. Der Squamosum-Anteil ist urspr. Teil des ↗Dermatocraniums (Deckknochen).

schlafende Augen, *schlafende Knospen, Ruheknospen, Proventivknospen,* ↗Knospen, die sich über viele Jahre od. sogar nie entwickeln u. als Reserve für ungewöhnl. Ereignisse angesehen werden können.

Schläfenfenster, seitl. Öffnungen im Schädeldach (↗Dermatocranium) v. Tetrapoden, entstanden an den Nahtstellen v. Schädelknochen. – Urspr. Tetrapoden (bis einschl. ↗Cotylosaurier) hatten ein vollständig geschlossenes Schädeldach, nur mit Nasen-, Augen- u. Ohrenöffnungen versehen. Ein solcher Schädel wird als *anapsid* bezeichnet (↗anapsider Schädeltyp, ↗*Anapsida*). Rezente ↗Schildkröten weisen diesen Schädeltyp auf. Alle anderen Sauropsiden, einschl. der rezenten ↗Reptilien, sind *diapsid* (od. abgeleitet diapsid), d. h., ihr Schädeldach hat auf jeder Seite ein oberes u. ein unteres S. Der Knochensteg, der den Unterrand eines S.s bildet, wird als ↗*Jochbogen* bezeichnet. Das obere S. liegt zw. den Knochen Parietale als Oberrand sowie Postorbitale u. Squamosum als Unterrand (= Jochbogen). Das untere S. hat Postorbitale u. Squamosum als Oberrand, den Jochbogen bilden Jugale u. Quadratojugale. Bei den Ichthyo- u. Plesiosauriern tritt nur das obere Fenster auf; dieser Schädeltyp wird *euryapsid* od. *parapsid* gen. In der Vorfahrenlinie der Säuger findet man das untere Fenster; dieser Typ heißt *synapsid.* Man stellt den Säugerast des Stammbaums als „Synapsida" dem Reptilienast als „Sauropsida" gegenüber. Bei urspr. Synapsiden wurde der Jochbogen v. Jugale u. Quadratojugale gebildet. Letzteres Element wurde später reduziert u. seine Funktion vom vergrößerten Squamosum übernommen, das schließl. mit anderen Knochen zum ↗*Schläfenbein* (Os temporale) verschmolz. Der Jochbogen rezenter Säuger einschl. des Menschen wird vom Jugale u. der Pars squamosa des Temporale gebildet; meist spricht man aber einfach vom Jugale-Squamosum-Jochbogen. – *Funktionelle Bedeutung von S.n:* Nach der Bildung von S.n konnte sich die Kiefermuskulatur aus dem Winkel zw. den Knochenschichten des Dermatocraniums (↗Schädel, ↗Endocranium) durch die Öffnung in diesem (= S.) auf dessen Außenseite erstrecken u. hatte nun die ganze Schädeloberfläche als Ansatz zur Verfügung. Damit war eine wesentl. Verstärkung der Kiefermuskulatur möglich, was einen erhebl. Selektionsvorteil bedeutete. Bei Säugern zieht der *Schläfenmuskel* (Musculus temporalis) vom obersten Fortsatz des Unterkiefers zum Schädeldach u. passiert dabei zw. Jochbogen u. Außenwand der Hirnkapsel den Bereich des ehemaligen unteren S.s. Während näml. bei allen anderen Gruppen mit S.n keine geschlossene Hirnkapsel mehr vorliegt, wurde allein in der Synapsidenlinie *sekundär* wieder eine solche hergestellt, indem das S. wieder verschlossen wurde. Obwohl rezente Säuger kein S. mehr haben, zählen sie zu den Synapsida – sie sind abgeleitet synapsid. – Bei den Sauropsiden wurden die Jochbögen oft zu schmalen bewegl. Knochenstäben umgewandelt, die zusätzl. Bewegungen v. Schädelelementen ermöglichen (↗Kraniokinetik). *A. K.*

Schläfenfenster

oberes S. = *eury-* od. *parapsid* (Ichthyo- u. Plesiosaurier)
unteres S. = *synapsid* (*Pelycosauria, Therapsida, Mammalia*)
oberes + unteres S. = *diapsid* (*Sauropsida*)
oberes + unteres + vorderes S. = *triapsid* (*Pterosauria*)
kein S. = *anapsid* (*Cotylosauria, Chelonia*)

Jochbögen

oberer J.: Postorbitale – Squamosum
unterer J.: Jugale – Quadratojugale
vorderer J. (*Pterosauria*): Maxillare – Jugale
J. rezenter Säuger: Jugale – Squamosum (Teil des Os temporale)

Schläfenlappen ↗Hirnlappen, ↗Telencephalon.

Schläfenorgan ↗Feuchterezeptor; ↗Doppelfüßer, ↗Hundertfüßer.

Schläfer, *Schlafmäuse,* die ↗Bilche.

Schlaffsucht, *Flacherie,* schlaffes Aussehen v. Insektenlarven nach Infektion mit ↗*Bacillus thuringiensis.* Gelegentl. wird auch bei Fischen, die mit dem Einzeller *Trypanoplasma* infiziert sind, von S. gesprochen.

Schlafkrankheit, *afrikan. Trypanosomiasis, Nalanane,* durch *Trypanosoma gambiense* (westafr. Form) und *T. rhodesiense* (ostafr. Form) hervorgerufene trop. Infektionserkrankung, die durch den Stich der Tsetsefliege (↗*Muscidae*) übertragen wird. Erregerreservoir sind v. a. Rinder u. Antilopen. Die Inkubationszeit liegt bei 2–4 Wochen. Zunächst entwickelt sich an der Stichstelle ein furunkelart. Primäraffekt; durch die Entwicklung des Parasiten im Blut (↗Antigenvariation) kommt es zu schubartig verlaufendem Fieber, Halslymphknotenschwellung, Kopfschmerzen, Nervenschädigung, Herzmuskelentzündung; nach dem Eindringen des Parasiten in die Spinalflüssigkeit manifestieren sich zentralnervöse Symptome, wie Apathie, Schlafstörungen u. Psychosen. Ohne Behandlung führt die S. in 2–6 Jahren, die ostafr. S. in 4–6 Monaten nach Infektion zum Tode. Der Nachweis des Erregers gelingt direkt aus dem Blut od. Liquor sowie durch Antikörperbestimmung; Therapie mit Suramin (Germanin).

Schlafmoose, die ↗Hypnaceae.

Schlaftrieb, *Schlafantrieb,* ↗Bereitschaft.

Schlafverband, Zusammenschluß v. Tieren an Schlafplätzen, entweder als bloße *Aggregation* (aus äußeren Gründen, z. B. die Ansammlung v. Wasserschildkröten an besonnten Uferstellen) od. durch gezielte *Kontaktsuche* mit Artgenossen (z. B. die Schlafbäume v. Fasanen u. a. Vögeln).

Schlafzentrum ↗Schlaf.

Schlag, 1) Zool.: in der Tierzucht eine Unterform der Rasse, die sich durch typ. Merkmale v. der Rassennorm unterscheidet. **2)** Forstwirtschaft: räuml. begrenzte Waldfläche, auf der die Fällung hiebreifer Bäume erfolgt (↗S.formen); auch für das Fällen selbst gesagt. **3)** Landw.: Feldstück der Wirtschaftsfläche eines landw. Betriebs.

Schlagadern, die ↗Arterien.

Schlagfluren, die ↗Epilobietea angustifolii.

Schlagformen, in der Forstwirtschaft je nach Ziel der Bestandesverjüngung unterschiedl. Formen des Holzeinschlags (vgl. Tab. und Abb.).

Schlagformen

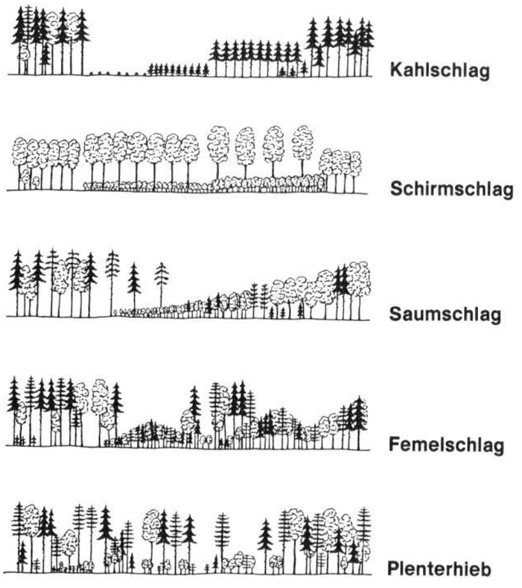

Grundformen der Naturverjüngungsverfahren

Verjüngungsform	Hiebsart	Schutz des Jungwuchses
Kahlschlag	gleichzeit. Hieb aller Bäume	schutzlos
↗*Schirmschlag*	Aushieb v. einzelnen Bäumen bei vorübergehender gleichmäßiger Schirmstellung	vorübergehender Schutz des Jungwuchses auf der ganzen Fläche
↗*Saumschlag*	Hieb aller Bäume auf einem schmalen Streifen	vorübergehender allseit. Schutz der Jungwuchsgruppen
↗*Femelschlag*	ungleichmäßiger Aushieb v. Bäumen trupp-, gruppen- u. horstweise	vorübergehender allseit. Schutz der Jungwuchsgruppen
Plenterhieb (↗Plenterwald)	ungleichmäßiger Einzelbaum- bis gruppenweiser Aushieb in längeren Abständen	dauernder allseit. Schutz

In der Praxis gibt es zw. den Verjüngungsformen mannigfalt. Übergänge u. Kombinationen.

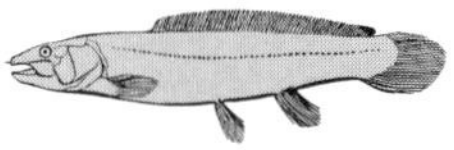

Schlammfisch
(Amia calva)

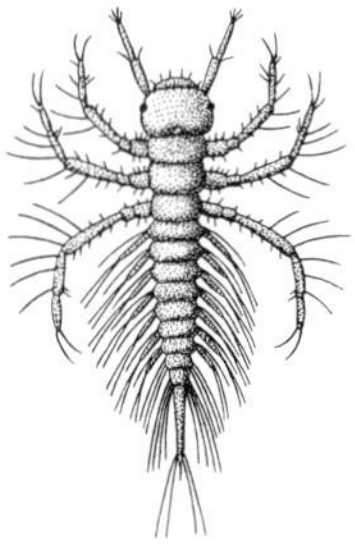

Schlammfliegen

Junglarve v. *Sialis flavilatera,* ca. 1 mm

Schlammschildkröten

Gattungen:

Großkopf-Schlammschildkröten *(Claudius)*
Klappschildkröten *(Kinosternon)*
Kreuzbrustschildkröten *(Staurotypus)*
Moschusschildkröten *(Sternotherus)*

Schlammfauna, Fauna auf dem Schlamm *(Epipelon)* u. im Schlamm *(Endopelon).* ↗Epibios, ↗Endobios, ↗limicol.

Schlammfisch, *Kahlhecht, Amia calva,* einzige rezente Art der Kahlhechte; lebt in ruhigen, oft pflanzenreichen u. sauerstoffarmen Gewässern der mittleren und östl. USA; kann mit seiner gekammerten, lungenähnl. Schwimmblase atmosphär. Luft atmen. Meist ca. 55 cm lang, mit kleinen, dünnen Rundschuppen mit Schmelzüberzug, 2 Knochenplatten unter der Kehle, heterozerker Schwanzflosse u. großer Mundspalte. Das mit einem auffälligen Schwanzfleck gezeichnete Männchen baut zur Laichzeit ein schüsselförm. Bodennest aus einer Matte v. Wurzelfasern; es bewacht die Eier u. die nach 8–10 Tagen geschlüpften Jungfische. [B] Fische XII.

Schlammfische, *Phractolaemidae, Phractolaemiidae,* Fam. der Sandfische mit nur 1 Art, dem bis 20 cm langen Afrikanischen S. *(Phractolaemus ansorgi);* lebt in stark verkrautetem Wasser des Unterlaufs v. Kongo u. Niger u. kann wahrscheinl. mit der Schwimmblase zusätzl. Luft veratmen.

Schlammfliegen, 1) *Eristalis,* Gatt. der ↗Schwebfliegen. 2) *Megaloptera,* Ord. der ↗Insekten mit ca. 120, in Mitteleuropa nur 2 Arten, beide in der Fam. *Sialidae* (Wasserflorfliegen). Der Körper weist die typ. Dreiteilung der Insekten in Kopf, Brust u. Hinterleib auf. Der flache Kopf trägt zwei mittelgroße Komplexaugen, nach vorne gerichtete kauend-beißende Mundwerkzeuge, die bei den Männchen mancher Arten verlängerte, säbelförm. Oberkiefer aufweisen. Die dicht vor den Augen eingelenkten fadenförm. Fühler sind i. d. R. fast körperlang u. bestehen aus maximal 40 Gliedern. Das erste, gut bewegl. Segment der dreigliedrigen Brust ist mehr od. weniger rechteckig; damit lassen sich die S. deutlich v. den nahe verwandten ↗Kamelhalsfliegen unterscheiden. Jedes Brustsegment trägt 2 Paar fünfgliedrige Beine, die zum Laufen auf glattem Untergrund mit Hafthaaren versehen sind. Die beiden hinteren Brustabschnitte tragen je 1 Paar häutiger, ovaler, graubraun gezeichneter Flügel, welche die S. zu einem meist nur trägen Flatterflug befähigen. Die in der Ruhe dachartig zusammengelegten, den Hinterleib überragenden Flügel sind bei der Fam. *Corydalidae* (Großflügler) weniger geädert u. im Ggs. zu der Fam. *Sialidae* (Wasserflorfliegen) mit Flecken u. Querbinden versehen. Die 10 Hinterleibssegmente gleichen sich mit Ausnahme der beiden letzten, welche die Begattungsorgane u. beim Männchen die eingliedrigen Cerci tragen. Die zylindr. Eier werden in Portionen zu mehreren Hundert in Wassernähe an Stämme, Zweige u. ä. geklebt. Die Larven leben räuberisch im Wasser; charakterist. sind je 1 Paar unverzweigte Tracheenkiemen an den ersten 7 *(Sialidae)* bzw. 8 *(Corydalidae)* Hinterleibssegmenten. Die Entwicklung verläuft holometabol; zur Verpuppung verläßt die Larve das Wasser. Die ca. 15 mm große Imago der *Sialis fuliginosa* u. der ähnlichen *S. flavilatera (= S. lutaria)* findet man bei uns in Gewässernähe im April u. Mai. Die erste Art ist nach der ↗Roten Liste „stark gefährdet". Eine Flügelspannweite bis 16 cm erreicht die v. Mexiko bis Kanada heimische *Corydalis cornutus.*

Schlammkraut, *Limosella,* mit über 10 Arten weltweit verbreitete Gatt. der ↗Braunwurzgewächse. In Mitteleuropa zu finden ist ledigl. das Wasser-S. *(L. aquatica),* eine 1jähr., nur 3–5 cm hohe, oft Ausläufer treibende Pflanze mit langgestielten, linealspatelförm. Blättern in grundständ. Rosette. Die einzeln blattachselständ. Blüten sind langgestielt u. besitzen eine weitglockige, blaßviolette bis hellgrünl. Krone mit regelmäßigem, 5teiligem Saum. Die relativ seltene Art wächst in lückigen Zwergbinsen-Ges., an offenen Schlammufern v. Altwassern u. Teichen.

Schlammkugelkäfer ↗Trüffelkäfer.

Schlammläufer, *Limnodromus,* Gatt. der ↗Schnepfenvögel.

Schlammnattern, *Farancia,* Gattung der ↗Wolfszahnnattern.

Schlammnestkrähen, *Drosselstelzen, Grallinidae,* Fam. schwarz u. grau gefärbter austr. Singvögel mit 4 Arten; bauen Schlammnester; v. a. außerhalb der Brutzeit gesellig, teilweise werden „Brutgruppen" gebildet; leben in Gewässernähe u. ernähren sich v. Wirbellosen u. kleinen Wirbeltieren.

Schlammpeitzger, *Misgurnus fossilis,* Art der ↗Schmerlen.

Schlammröhrenwürmer, die ↗Tubificidae.

Schlammsalamander, *Rotsalamander, Pseudotriton,* Gatt. der ↗*Plethodontidae* ([T]); 2 kleine (15 cm), gedrungene, semiaquatische Arten mit kurzem, seitl. abgeflachtem Schwanz; leben an u. in der Nähe v. Bergbächen im östl. N-Amerika. Im Sommer mehr terrestrisch, Eiablage v. Herbst bis Frühling. Jungtiere leuchtend rot, manche mit kreisrunden, schwarzen Flecken; mit zunehmendem Alter werden sie immer dunkelbrauner.

Schlammschildkröten, *Kinosternidae,* Familie der ↗Halsberger-Schildkröten mit 4 Gatt.; leben am Grunde v. Süßgewässern u. sind vom NO der USA südl. bis Uruguay und N-Argentinien beheimatet. Panzerlänge 12–40 cm; Panzer meist flach u. glatt; Haut an Kopf u. Beinen kaum verhornt; Bauchpanzer teilweise verknöchert, teils stark verknöchert u. aus 2 gelenkig verbundenen Teilen bestehend; Zehen durch Spannhäute verbunden; ernähren sich v. Kleintieren u. Aas, gelegentl. auch v. Pflanzenteilen; ♀ legt Eier oft in moderndem Holz oder faulenden Pflanzen ab. – Die nordamerikan. Moschusschildkröten (Gatt. *Sternotherus*) mit starrem, weitgehend rückgebildetem Bauchpanzer; sondern übelriechendes Sekret der Analdrüsen ab (Name!); die Gewöhnliche Moschusschildkröte (*S. odoratus;* bis 12 cm lang) kommt nur zur Eiablage an Land; andere Arten sonnen sich öfters am Rande der Gewässer od. auf treibenden Baumstämmen. Die Klappschildkröten (Gatt. *Kinosternon;* ca. 20 Arten; von N-Amerika, Mexiko, Mittel- bis S-Amerika) können Vorder- u. Hinterteil des Bauchpanzers mittels eines Quergelenks hochklappen u. sich so im Panzer einschließen. Zieml. angriffslustig u. bissig sind die ausschl. mittelamerikan. Kreuzbrustschildkröten (Gatt. *Staurotypus;* Panzer über 30 cm lang; Rückenpanzer mit 3 hohen Längskielen), während die Großkopf-S. (Gatt. *Claudius;* Panzerlänge bis 12 cm; leben selten im Wasser) einen stark zurückgebildeten Bauchpanzer haben; ♀ legt nur wenige Eier.

Schlammschnecken, *Lymnaeidae,* Fam. der ↗Wasserlungenschnecken mit meist rechtsgewundenem, dünnwandigem Gehäuse (bis 6 cm hoch) v. kugeligem bis hochgetürmtem Umriß; Oberfläche meist glatt od. mit unregelmäßigen Zuwachslinien, manchmal gehämmert. Die Fühler sind zieml. kurz, abgeflacht-dreieckig; Augen auf der inneren Fühlerseite. Kiemen fehlen, doch ist ein Sipho ausgebildet. ☿, die ihre Eier in Gallertmassen ablegen. Die S. leben in Süßgewässern aller Größen; viele sind Zwischenwirte v. Saugwürmern. Die Arten variieren sehr stark unter dem Einfluß ökolog. Bedingungen; in manchen Populationen ist Selbstbefruchtung üblich. Die über 1000 beschriebenen Arten lassen sich vermutl. auf ca. 50 reduzieren. In Mitteleuropa leben ↗*Galba,* ↗*Lymnaea,* ↗Mantelschnecke, *Radix* (↗Ohrschlammschnecke) u. ↗Sumpfschlammschnecken.

Schlammschwimmer, 1) die ↗Feuchtkäfer; 2) *Ilybius,* Gatt. der ↗Schwimmkäfer.

Schlammseggenschlenke ↗Caricetum limosae.

Schlammspringer, *Periophthalmus,* artenreiche Gatt. der ↗Grundeln; leben an trop. Meeresküsten der Alten Welt in sand. und schlick. Gezeitengebieten, bes. häufig in brackigen Mangrovesümpfen; verlassen bei Ebbe das Wasser u. springen mit ihren an der Basis fleischigen, armartig verlängerten Bauchflossen auf der Suche nach kleinen Beutetieren umher; atmen dabei, begünstigt durch die hohe Luftfeuchtigkeit, über Kiemen u. über die stark durchblutete Haut der Mundhöhle; haben dicken Kopf mit steiler Stirn u. großen, hochsitzenden, vorstehenden, froschart. Augen. Hierzu: der etwa 12 cm lange Mangrove-S. (*P. koelreuteri,* B Fische IX), der von O-Afrika bis Polynesien verbreitet ist; der bis 15 cm große, auf den Sundainseln häufige Gemeine S. *(P. vulgaris);* der bis ca. 25 cm große, indopazif. Schlosser *(P. schlosseri),* der Schlammnester v. 1 m ⌀ baut; die einzige westafr. Art *P. papilio;* u. der Fluß-S. *(P. weberi),* der v.a. asiat. Flüsse u. Süßwasserteiche besiedelt.

Schlammtaucher, *Pelodytes,* Gatt. mit 2 Arten, die entweder als U.-Fam. *Pelodytinae* zu den ↗Krötenfröschen gestellt od. als eigene Fam. *Pelodytidae* aufgefaßt werden. Mittelgroße (5 cm), schlanke, nachtaktive Tiere mit warziger Haut, die gut springen, klettern u. schwimmen können. Laichen in pflanzenreichen, stehenden Gewässern; Larven ähnl. denen der Knoblauchkröte. *P. caucasicus* im Kaukasus und westl. Transkaukasien, *P. punctatus* in SW-Europa, nördl. bis Belgien, östl. bis NW-Italien.

Schlammteufel, *Cryptobranchus alleganiensis,* ↗Riesensalamander.

Schlangen, *Serpentes, Ophidia,* U.-Ord. der Eigentl. Schuppenkriechtiere mit 12 Fam. (vgl. Tab.) und ca. 2800 (in Europa nur knapp 30) Arten; weltweit (vorwiegend jedoch in den Subtropen u. Tropen) verbreitet. Körper langgestreckt, gliedmaßenlos; von unterschiedlicher Größe: die ↗Schlankblind-S. *Leptotyphlops bilineata* 11 cm, die größten S. (↗Riesen-S.) über 10 m lang. Deutl. beschuppt (B Wirbeltiere II); Bauch mit nur 1 Längsreihe stark verbreiterter, querstehender Schilder (Schienen), Ausnahme: Blind- u. Schlankblind-S.; alle Schädelknochen bewegl. miteinander verbunden (↗Kraniokinetik); Maul dehnbar; ermöglicht das Verschlingen größerer Beutetiere; Augenlider unbewegl., das untere als durchsicht. „Fenster" über das Auge gezogen; Außenohr, Trommelfell u. Paukenhöhle fehlen; S. sind also taub. Gesichts- (v.a. das Bewegungssehen) u. Tastsinn (Sinnesgruben in den Schuppen u. Schildern; lange zweizipfelige, gespaltene Zunge) gut entwickelt; letztere liegt in einer Scheide des Mundbodens u. kann ohne Öffnen des Kiefers durch eine sog. „Rostralbrücke" nach außen gestreckt werden, steht auch im Dienst der Geruchswahrnehmung mit einem paar. Organ am Mundhöhlendach (↗Jacobsonsches Organ, □) in Verbindung (B chemische Sinne I). Gebiß akrodont, besteht aus spitzen, nach hinten gekrümmten Zähnen; ↗Gift-S. mit aufrichtbaren ↗Giftzähnen (□). Anzahl der Wirbel 200–400 (maximal 565, bei der fossilen Riesen-S. *Archaeophis proavus*). ↗Häutung der verhornten Oberschicht mehrmals im Jahr (hormonal gesteuerter Vorgang); Haut (auch die der durchsicht. Augenlider) wird, am Kopf beginnend, in einem Stück („Natternhemd") abgestreift (an Zweigen, Bodenunebenheiten usw.). Kriechende Bewegung („Schlängeln") erfolgt in seitl. Wellenlinien, die durch eine Reihe v. Muskelkontraktionen und -erschlaffungen v. Kopf bis zum Schwanz (auf jeder Seite abwechselnd) verlaufend zustande kommen. Zur Paarungszeit scheidet das ♀ Duftstoffe aus, auf die das ♂ aktiv reagiert; bei

Schlangen

Familien:

↗Blindschlangen *(Typhlopidae)*
↗Erdschlangen *(Xenopeltidae)*
↗Giftnattern *(Elapidae)*
↗Grubenottern *(Crotalidae)*
↗Nattern *(Colubridae)*
↗Riesenschlangen *(Boidae)*
↗Rollschlangen *(Aniliidae)*
↗Schildschwänze *(Uropeltidae)*
↗Schlankblindschlangen *(Leptotyphlopidae)*
↗Seeschlangen *(Hydrophiidae)*
↗Vipern *(Viperidae)*
↗Warzenschlangen *(Acrochordidae)*

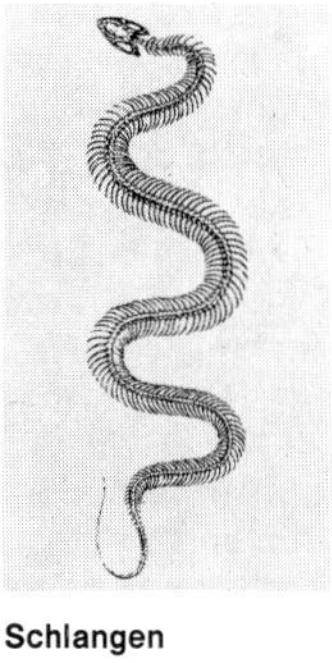

Schlangen

Skelett einer Ringelnatter

der Paarung (Dauer bis zu mehreren Stunden) Umwinden des Partners; das ♂ führt eines seiner beiden Glieder in den weibl. Kloakenspalt ein. Die Mehrzahl der S. legt nach ca. 4 Monaten harthäut. Eier (6–40 Stück) in feuchtwarmen Verstecken ab u. kümmert sich nicht mehr darum (einige wenige Arten treiben Brutpflege); die meisten Vipern sind lebendgebärend (□ Embryonalentwicklung). Fast ausschließl. Fleischverzehrer; Beute muß als Ganzes hinuntergeschlungen werden (⅔ der S. erdrosseln sie durch Umschlingen, ⅓ töten sie mittels ihres Giftes; ↗S.gifte). S. sind oft zieml. standorttreu; Körper-Temp. weitgehend v. den Temp.-Bedingungen der Umwelt abhängig; hormonell gesteuerte Kältestarre; S. zehren dann vom Fettvorrat, der aber durch die stärkere Verminderung der Körper-Temp. und damit des Stoffwechsels nur wenig angegriffen wird. – Die ältesten fossilen S.funde (Argentinien) stammen aus der Zeit vor etwa 140 Mill. Jahren (oberer Jura). [B] Reptilien I–III.

H. S.

Schlangenadler, mittelgroße Greifvögel, zu den ↗Habichtartigen gehörend; jagen neben Kleinsäugern insbes. Schlangen u. Eidechsen; sind gg. Schlangengift nicht immun u. beißen der Schlange vor dem Hinunterschlingen meist den Kopf ab. Der 70 cm große, hellgefärbte S. *(Circaetus gallicus)* war fr. auch in Mitteleuropa weit verbreitet; heute besiedelt er S- und O-Europa, Afrika u. das südl. Asien, nistet auf hohen Bäumen; 1 Ei; der Nestling frißt bis zum Ausfliegen 200–300 Schlangen. Im Dschungel u. Kulturland SO-Asiens leben die Schlangenhabichte *(Spilornis),* während in ganz Afrika der 60 cm große Gaukler *(Terathopius ecaudatus)* vorkommt; der Name bezieht sich auf die artist. Balzflüge mit Luftsprüngen u. Loopings; bei Steppenbränden folgt er der Feuerlinie, um die aufgescheuchten Reptilien zu fangen; 1 Junges im Baumhorst, nach 4 Monaten flügge. [dechsen.

Schlangenauge, *Ophisops elegans,* ↗Eidechsen.

Schlangenechsen, *Feyliniidae* u. *Anelytropsidae,* Fam. der ↗Echsen mit jeweils 1 Gatt.; wurmförmig, unterird. lebend, blind; ohne Trommelfell; Gliedmaßen meist fehlend od. rückgebildet. – Die Afrikan. S. (Gatt. *Feylinia*) sind in den trop. Regenwäldern Zentralafrikas mit 4 Arten beheimatet; Gesamtlänge bis 35 cm; Kopf v. 6eckigen Schildern bedeckt, ernähren sich v. Termiten; ♀ bringt lebende Junge zur Welt. Die Amerikan. S. (Gatt. *Anelytropsis*) mit nur 1 Art (Gesamtlänge bis 25 cm; lebt in Mexiko). [↗Eingeweidefische.

Schlangenfische, *Ophidiidae,* Fam. der ↗Eingeweidefische.

Schlangengifte, *Ophiotoxine,* von ↗Giftschlangen in den ↗Giftdrüsen produzierte toxische Substanzen (↗Gifte), die beim Biß mittels der ↗Giftzähne übertragen werden u. den Giftschlangen zum Beuteerwerb u. zur Abwehr v. Feinden dienen. Die Wirkung eines S.s hängt v. der Zusammensetzung des S.s, der beim Biß injizierten Menge (beim Verteidigungsbiß wird weniger Gift ausgeschüttet als beim Jagdbiß) sowie davon ab, ob Muskeln od. Blutgefäße getroffen wurden. Im Blut werden die S.-Toxine rasch zum Herzen bzw. Gehirn transportiert, u. hämolytische od. die Blutgerinnung beeinflussende Bestandteile können aktiv werden. Die Zusammensetzung der S. ist artspezif., sehr komplex u. ändert sich jahreszeitlich. Hauptkomponenten sind toxische Proteine, darunter spezif. Toxine, die ein rasches Erlegen der Beute (Lähmung u. Tötung) gewährleisten, sowie giftig wirkende Enzyme, deren Funktion in der Einleitung u. Unterstützung der Verdauung des unzerkleinert verschlungenen Beutetieres liegt. Außerdem enthält die Giftdrüsenflüssigkeit u.a. Nucleotide, freie Aminosäuren, Zucker, Lipide u. Metallionen. – Folgende, die Giftigkeit von S.n bewirkende od. unterstützende Bestandteile wurden aus S.n isoliert: ↗Neurotoxine (Nervengifte; verursachen Lähmungserscheinungen), ↗Cardiotoxine (Herzmuskelgifte; verursachen Reizleitungsstörungen), ↗Phospholipasen (bewirken ↗Hämolyse), blutgerinnungshemmende (↗Antikoagulantien) u. blutgerinnungsfördernde Faktoren (Koagulin), Hyaluronidase (↗Hyaluronsäure; beschleunigt die Diffusion des injizierten S.s im Gewebe), hämorrhagische Faktoren (führen zu Blutungen), proteolyt. Enzyme (↗Proteasen; verursachen Nekrosen = örtl. Absterben v. Zellen und Geweben), ↗Acetylcholin-Esterase, Aminosäure-Oxidase, Phosphatasen, Protease-Inhibitoren u. Nucleasen. – Die S. der ↗Giftnattern *(Elapidae)* enthalten als wirksame Bestandteile v.a. Neurotoxine, die Gifte der ↗Kobras Neurotoxine u. Cardiotoxine. Einzelne Beispiele sind das ↗*Cobratoxin* der ↗Brillenschlange *(Naja naja),* die ↗*Bungarotoxine* der ↗Bungars *(Bungarus)* u. das ↗*Taipoxin* des ↗Taipan *(Oxyuranus scutellatus),* das S. mit der höchsten Toxizität. Im Gift der Kap-Kobra *(Naja nivea)* konnten Neurotoxine (α, β, δ), Cardiotoxine ($V^{II}1$, $V^{II}2$, $V^{II}3$) u. ein Protease-Inhibitor, im Gift der Schwarzen ↗Mamba *(Dendroaspis polylepis)* Neurotoxine (α, γ, δ, FS2, V_N2) u. Protease-Inhibitoren (Toxine K und E) nachgewiesen werden. Die v. ↗Grubenottern *(Crotalidae)* gebildeten S. wirken hpts. als Nerven- u. Blutgifte. Zu den Neurotoxinen zählt z.B. das ↗*Crotoxin* der ↗Klapperschlangen *(Crotalus),* während das Gift der ↗Lanzenotter *(Bothrops atrox)* rasch blut- u. gewebezersetzend wirkt (Proteasen) u. die Toxizität des Giftes des ↗Buschmeisters *(Lachesis mutus)* auf Blutgerinnungsstörungen beruht. Unter den verschiedenen Komponenten der S. der ↗Seeschlangen *(Hydrophiidae)* sind v.a. Neurotoxine, hä-

Schlangengifte

Pro Biß injizierte Giftmenge und (in Klammern) für Erwachsene tödl. Dosis einiger Giftschlangen:

Brillenschlange *(Naja naja)*
210 mg *(15 mg)*

Bungar *(Bungarus fasciatus)*
5 mg *(1 mg)*

Schwarze Mamba *(Dendroaspis polylepis)*
1000 mg *(120 mg)*

Schlangengifte

Alle Proteinkomponenten der S. sind antigen wirksam u. können zur Gewinnung von spezif. Antiseren *(Schlangenserum)* eingesetzt werden. Man erhält sie aus dem Blut v. Pferden, die durch Einspritzen geringer Mengen von S. aktiv immunisiert wurden (↗Heilserum). Antiseren sind die wirksamsten Gegenmittel bei Schlangenbissen. – S. dienen auch als Hilfsmittel in der Neurophysiologie u. Biochemie u. finden als einzelne Komponenten od. standardisierte Präparate aufgrund ihrer schmerzstillenden Wirkung u. die Blutgerinnung beeinflussenden Eigenschaften therapeut. Anwendung. Man gewinnt S. durch „Melken“ v. in Schlangenfarmen gehaltenen Schlangen.

molyt. wirkende Bestandteile (Lecithinase), Antikoagulantien u. Hyaluronidase für die toxische Wirkung verantwortl. (je nach Spezies sind 3–10 mg S. für den Menschen tödl.). Neurotoxine aus Seeschlangen-S.n sind z. B. die *Erabutoxine a, b* und *c* (aus *Laticauda semifasciata*), die *Laticotoxine a* und *b* (aus *L. laticaudata)* und die *Toxine 4* und *5* (aus *Enhydrina schistosa*). Hauptursache der Vergiftungen durch S. der ↗Trugnattern *(Boiginae)* sind Gerinnungsstörungen des Blutes. Man findet ausgedehnte Blutungen in allen Organen u. Fibrin-Thromben in den Kapillaren. Im S. der ↗Vipern *(Viperidae)* findet man hämorrhag. Faktoren, Phospholipase u. sowohl blutgerinnungsfördernde als auch -hemmende Faktoren (z. B. im Gift der ↗Aspisviper, *Vipera aspis*). Das S. der ↗Kreuzotter *(Vipera berus)* enthält zusätzl. Hyaluronidase, die S. der Palästinaviper, der ↗Sandrasselotter und der Sandviper zusätzl. Hyaluronidase, Neurotoxine und proteolyt. Enzyme. Folgen einer Vergiftung sind Blutungen, Gerinnungsstörungen, Gewebszerstörung u. cardiovaskulärer Schock. – Die Neurotoxine u. Cardiotoxine der S. sind Proteine mit meist 60 bis 70 Aminosäureresten u. intramolekularen Disulfidbrücken. In vielen Fällen ist die Primärstruktur dieser Toxine bekannt. Sequenzhomologien, die zw. den Cardiotoxinen u. den Neurotoxinen der Giftnattern gefunden wurden, geben Aufschluß über die Evolution der S. *E. F.*

Schlangengift-Phosphodiesterase, eine aus ↗Schlangengift isolierbare ↗Exonuclease; ↗Nucleasen.

Schlangenhalsschildkröten, *Chelidae,* Familie der ↗Halswender-Schildkröten; bewohnen vorwiegend die Süßgewässer in S-Amerika (6 Gatt.), Austr. und auf Neuguinea (4 Gatt.). Panzerlänge 20–40 cm; meist unscheinbar dunkel gefärbt; Hals oft ungewöhnl. lang, wird S-förmig gekrümmt seitl. unter den Panzer eingelegt; die knöchernen Wirbelplatten des Rückenpanzers sind teilweise od. vollständ. zurückgebildet; ernähren sich v. a. von tier. Kost. – Die bizarr aussehende Fransenschildkröte od. Matamata (*Chelus fimbriatus;* Panzerlänge bis 40 cm; in Brasilien beheimatet) besitzt einen spitz auslaufenden Kopf (jederseits mit 1 Hautlappen), seine Unterseite u. Hals sind mit zott. Hautlappen (Name!) besetzt; Augenhintergrund mit lichtreflektierender Kristallschicht (Tapetum lucidum); auf dem Rücken 3 auffallende, unterbrochene Hökkerlängsreihen; nachtaktiv, zieml. träge. Der bekannteste Vertreter der recht langhalsigen Austr. S. (Gatt. *Chelodina;* Panzerlänge bis 25 cm; 8 Arten) ist die Glattrückige S. (*C. longicollis;* Panzerlänge bis 15 cm; unpaares Kehlschild nach hinten verlagert; Rückenpanzer abgeflacht, ringsum über Bauchpanzer reichend; ernährt sich v. Fischen; tagaktiv). Verhältnismäßig kurzhalsig sind die scheuen Spitzkopfschildkröten (Gatt. *Emydura;* Panzerlänge bis 25 cm; v. a. auf Neuguinea beheimatet; 9 Arten; gefräßig, nehmen teilweise auch Pflanzenkost zu sich; einige bes. am Kopf bunt – rot od. gelb – gefärbt). Nachtaktiv sind die v. a. von Wasserinsekten lebenden Südamerikan. S. (Gatt. *Hydromedusa* mit 1 argentin. und 1 brasilian. Art; Panzerlänge bis 25 cm). Die ebenfalls nachtaktiven, angriffsfreudigen u. breitkopfigen Froschkopfschildkröten (Gatt. *Batrachemys;* hintere Wirbelplatte des Rückenpanzers rückgebildet) ähneln den Buckelschildkröten (einzige Art *Mesoclemmys gibba;* Panzerlänge bis 20 cm; Rückenpanzer mit buckel. Längskiel). Etwa gleichgroß sind die Plattschildkröten (Gatt. *Platemys;* 4 Arten; ohne Wirbelplatten; Längsrinne in der Mitte des flachen Rückenpanzers). In den größeren Flüssen NO-Australiens lebt die zieml. kurzhalsige Elseya-Schildkröte (*Elseya dentata;* Panzerlänge bis 28 cm; Gemischtköstler).

Schlangenhalsvögel, *Anhingidae,* Fam. geselliger kormoranart. ↗Ruderfüßer an Binnengewässern warmer Gebiete der ganzen Erde mit langem, wendigem Hals u. dünnem, spitzem Schnabel; 4 Arten, die z. T. auch als geogr. Rassen einer einzigen Art betrachtet werden. Das Gefieder saugt Wasser auf, so daß beim Schwimmen oft der ganze Rumpf untergetaucht ist u. nur noch der Hals „schlangenartig" aus dem Wasser ragt; ähnl. wie die Kormorane trocknen sie das Gefieder nach dem Verlassen des Wassers in Sitzhaltung mit abgespreizten Flügeln; jagen vorwiegend Fische, daneben auch andere Wassertiere; Jagdtechnik anders als bei den übrigen Ruderfüßern: spießen die Beute unter Wasser mit dem Schnabel auf, schleudern sie in die Luft u. fangen sie zum Verschlukken wieder auf. Bilden Brutkolonien mit umfangreichen Reisignestern auf Bäumen in Wassernähe; 3–5 bläul., mit weißer Kalkschicht überzogene Eier; die Jungen können sich bereits im Alter von 2 Wochen bei Gefahr aus dem Nest fallen lassen u. dann mit Hilfe der bekrallten Füße u. Flügelstummel wieder zurückklettern. Die 3 in Afrika *(Anhinga rufa),* im ind. Raum *(A. melanogastra)* u. in Austr. *(A. novaehollandiae)* vorkommenden Arten haben am Hals einen hellen Seitenstreifen, der dem Amerika-S. (*A. anhinga,* B Nordamerika VI) fehlt; die Lebensweisen sind sehr ähnlich.

Schlangenholz, das Holz 1) von ↗*Brosimum aubletii* (Fam. Maulbeergewächse), 2) von *Strychnos colubrina* (↗Brechnußgewächse).

Schlangenkopffische, *Channiformes,* Ord. der ↗Knochenfische mit 1 Fam. *Channidae,* 1 Gatt. und etwa 25 Arten; langgestreckte, vorn drehrunde, räuber. Süßwasserfische im trop. Afrika u. Asien, die wie die ↗Labyrinthfische im oberen Teil der

Schlangenhalsschildkröten

Wichtige Gattungen:
Austr. Schlangenhalsschildkröten *(Chelodina)*
Buckelschildkröten *(Mesoclemmys)*
Elseya-Schildkröten *(Elseya)*
Fransenschildkröten *(Chelus)*
Froschkopfschildkröten *(Batrachemys)*
Plattschildkröten *(Platemys)*
Spitzkopfschildkröten *(Emydura)*
Südamerikan. Schlangenhalsschildkröten *(Hydromedusa)*

Schlangenhalsvogel *(Anhinga rufa)*

Kiemenkammern ein zusätzl. Labyrinthorgan haben, mit dem sie atmosphär. Luft veratmen können. Leben oft in sauerstoffarmen Gewässern; graben sich beim Austrocknen ihres Tümpels im Schlamm ein od. wandern über Land zu anderen Gewässern. Haben weichstrahlige saumart. Rükken- u. Afterflosse, breiten Kopf mit großen Schuppen u. sind 15–100 cm lang. Hierzu: der westafr., bis 35 cm lange Dunkelbauchige S. (*Channa obscura,* [B] Fische IX) u. der südostasiat. Chinesische S. *(C. asiatica),* die beide in Aquarien gehalten werden. Viele S. sind Speisefische.

Schlangenmakrelen, *Gempylidae,* Fam. der ↗Makrelenartigen Fische; in trop. und gemäßigten Meeren meist in Tiefen zw. 180 und 900 m lebende, schnell schwimmende Raubfische mit großen Kiefer- u. Gaumenzähnen, i. d. R. hartstrahliger 1. und weichstrahliger 2. Rückenflosse, großen Augen u. Rückenflösseln bei einigen Arten. Weit verbreitet ist der bis 1,8 m lange Ölfisch *(Ruvettus pretiosus)* mit makrelenart. Körperform und ölhalt., weißem Fleisch; im Pazifik u. südl. Atlantik ist der wirtschaftl. bedeutende, bis 1,3 m lange Atun (*Thyrsites atun,* [B] Fische VI) heimisch, der v. a. im Spätsommer beim Aufsuchen der in flachen Küstengebieten liegenden Laichplätze gefangen wird.

Schlangenminiermotte, *Lyonetia clerkella,* ↗Langhornminiermotten.

Schlangenmoos, *Lycopodium,* Gatt. der ↗Bärlappartigen ([T]).

Schlangennadel, *Entelurus aequoreus,* ↗Seenadeln.

Schlangensalamander, die ↗Wurmsalamander.

Schlangenschleichen, 1) *Dibamidae,* Fam. der ↗*Gekkota* mit 1 Gatt. *(Dibamus)* u. 3 Arten; v. Hinterindien südostwärts bis Neuguinea verbreitet; unterird. und oft unter morschem Holz lebend; Gesamtlänge 15–30 cm; wurmförmig; starrer massiger Schädel; Schnauze von 1 großen Hornschild bedeckt; blind, ohne Trommelfell u. Extremitäten (nur ♂ mit Resten flossenart. Hinterbeine); ernähren sich hpts. v. Termiten. 2) *Ophiodes,* Gatt. der ↗Schleichen.

Schlangenschnecken, *Siliquaria,* Gatt. der *Turritellidae,* marine Nadelschnecken, bei denen das Gehäuse zunächst turmförmig gewunden ist, doch sind die jüngeren Umgänge röhrenförmig u. berühren sich nicht; leben in Schwämmen in warmen Meeren.

Schlangenserum ↗Schlangengifte.

Schlangenskinke, *Ophiomorus,* Gatt. der Skinke mit 6 Arten; v. Griechenland bis Pakistan in sandigen bzw. lockeren Böden unterird. lebend; Gesamtlänge bis 20 cm; schlangenähnl.; gelbl. bis braun gefärbt mit dünner dunkler Längsstreifung od. Fleckung; Schnauze zugespitzt; Extremitäten kurz bzw. fehlend od. mit reduzierter Zehenzahl.

Schlangensterne, *Ophiuroidea, Ophiurida,* eine der 5 rezenten Kl. der ↗Stachelhäuter. Mit bisher ca. 2250 beschriebenen rezenten Arten die artenreichste Kl., trotzdem hinsichtl. Gestalt die einheitlichste. – *Morphologie* (die folgende Beschreibung bezieht sich v. a. auf die Ord. *Ophiurida*): An einer *Rumpfscheibe* sitzen (nahezu immer 5) deutl. abgesetzte, stark bewegl. *Arme;* dies ist der wesentl. Unterschied zu den ↗Seesternen. Der größte Teil des Rumpfes ist vom *Darm* erfüllt, der keinen After hat. Die Skelettplatten des Mundbereichs bilden interradial „Kiefer“ mit Zähnen (völlig anders als der Kauapparat der ↗Seeigel). An der Ansatzstelle der Arme führen 5 Paar schlitzförm. Öffnungen in sog. *Bursen* hinein, deren Epithel zum Atmen benutzt wird (Kiemenfunktion) u. in die hinein die Gonaden (meist getrenntgeschlechtl.) münden. Das Metacoel (= Somatocoel), das bei Seeigeln den größten Teil des Körpers erfüllt (etwas weniger ausgeprägt bei Seesternen), ist bei S.n durch den Darm u. die Bursen fast völlig zurückgedrängt. Auch in den Armen gibt es nur kleine Coelomreste, denn dort liegen verschiedene Skelettelemente, bes. die großen *„Wirbel“* (Vertebrae), die den Ambulacralplatten der Seesterne homolog sind. (Im Zshg. mit deren Verlagerung ins Körperinnere ist auch die Ambulacralfurche, bei Seesternen eine mit Meerwasser gefüllte Furche, als Epineuralkanal nach innen verlagert.) Die Arme sind artspezifisch 3 mm bis 70 cm lang u. können schlangenförmig bewegt werden (dies u. die schuppenförm. Anordnung der Platten waren namengebend). Die bes. Beweglichkeit beruht auf 4 Muskeln zw. den Wirbeln u. auf dem gut entwickelten motorischen „hyponeuralen“ Nervensystem, das wie ein Strickleiternervensystem Ganglien u. Kommissuren hat. Die Arme tragen seitlich Stacheln, bes. lang bei der Gatt. *Ophiothrix.*

Schlangenschnecken

Schlangenschnecke (*Siliquaria anguina,* bis 10 cm Gehäusehöhe) aus dem Mittelmeer

Schlangensterne

System:

1. Ord. *Oegophiurida* mit manchen urspr. Merkmalen, z. B. Arme mit Darmdivertikeln (wie bei Seesternen), rezent nur 1 Art aus der Gatt. *Ophiocanops*

2. Ord. *Ophiurida* = *Ophiurae* knapp 2000 Arten, 200 Gatt., 11 Fam., u. a.:
- *Ophiuridae*
  - *Ophiura* (Gemeiner S.)
- *Ophiocomidae*
  - *Ophiocomina nigra* (Schwarzer S.)
- *Ophiodermatidae*
  - *Ophioderma longicaudum* (Brauner S., bes. kurzstachlig)
- *Ophiacanthidae*
- *Ophiactidae*
  - *Ophiactis* (asexuelle Fortpflanzung durch Fission)
  - *Ophiopholis*
- *Amphiuridae*
  - *Amphiura* (über 200 Arten!)
  - *Amphipholis squamata* (Schuppiger S.)
  - *Nannophiura* (mit 6 mm kleinster S.)
  - bei *Amphilycus* tragen die ♀♀ (Armlänge 20 mm) auf der Oralseite jeweils ein Zwerg-♂ (Armlänge 2 mm) mit sich herum (Artname: *A. androphorus* = Männchen-tragend)
- *Ophiothricidae*
  - *Ophiothrix* (125 Arten), u. a. *O. fragilis* (Zerbrechlicher S.)

3. Ord. *Phrynophiurida* (im wesentl. identisch mit *Euryalae*) 275 Arten, 70 Gatt., 5 Fam., u. a.:
- *Ophiomyxidae*
- *Asteroschematidae*
  - *Asteroschema*
- *Gorgonocephalidae* (↗Gorgonenhäupter), darunter die größten S. (Arme bis 70 cm); die meisten Gatt. mit verzweigten Armen; einzige mediterrane Art ist *Astrospartus mediterraneus* (fr. *Gorgonocephalus arborescens*)

Den Ambulacralfüßchen fehlen Saugscheiben; sie fungieren hpts. sensorisch, können aber auch mit Schleim aufgetupfte Nahrungspartikel zum Mund führen; wie Ambulacralfüßchen ganz allg., so dienen sie zusätzl. dem Gasaustausch. Die *Haut* ist sehr dünn, so daß die Skelettplatten deutlicher als bei allen anderen Stachelhäutern v. außen erkennbar sind; es wird sogar behauptet, daß bei älteren Tieren Epidermis u. Bindegewebe abgeschabt sind, so daß die Skelettplatten direkt dem Meerwasser ausgesetzt sind. Wie bei den übrigen Stachelhäutern fehlen *Exkretionsorgane;* das *Kreislaufsystem* beschränkt sich auf winzige Lakunen („Hämalkanäle"); bestimmte Coelomderivate bilden ↗ *Ring-* u. ↗ *Radiärkanäle.* – *Lebensweise:* die *Fortbewegung* geschieht bei den *Ophiurida* durch schlängelnde Armbewegungen v.a. in der Horizontalen. Die *Euryalae* können bes. gut dreidimensionale Bewegungen ausführen u. sich so zw. Korallenstöcken u. verzweigten Algen greifend-hangelnd fortbewegen. Bei den S.n ist somit der Arm als Ganzes das Bewegungselement. (Seesterne hingegen lassen im allg. die Arme unbewegt ausgebreitet, u. die Fortbewegung ist die Folge der Zusammenarbeit der vielen tausend ↗ Saugfüßchen.) S. können demnach nicht wie Seesterne od. Seeigel an einer senkrechten Glasscheibe hochkriechen (Ausnahme: wenigen Arten gelingt es doch mit ihren Füßchen, die bes. viel Schleim produzieren). – *Ernährung:* viele S. sind mikrophag, indem sie Detritus auftupfen od. ihre Arme der Schwebstoff-reichen Strömung entgegenstellen; extrem beim ↗ Gorgonenhaupt (□), dessen Arme mehrfach aufgespalten sind. Schließl. gibt es Aasfresser u. Räuber; man hat S. gefunden, bei denen drei als ganzes verschlungene Muscheln den gesamten Rumpf ausfüllten. Manche Gatt. sind charakterist. Tiefseebewohner. In eur. Meeren gehören die S. zu den individuenreichsten Vertretern des Makrobenthos; z.B. gehört der größte Teil der Nordsee zur „Echinocardium-filiformis-Coenose"; pro m^2 gibt es ca. 20 ↗ Herzigel, aber bis über 1000 *Amphiura filiformis* (deshalb oft auch „A.-f.-Coenose" gen.). Nach einer Hochrechnung betrug die gesamte Biomasse der S. des Kattegats 300000 t (zum Vergleich: Seesterne 25000 t, Muscheln u. Seeigel 5000000 t – zu beachten: deren Einzelindividuen sind jeweils viel schwerer). Von *Ophiactis* gibt es im Mittelmeer Massenvorkommen mit bis zu 10000 Individuen pro m^2! – *Entwicklung:* Die Besamung findet im freien Meerwasser od. in den Bursen statt; v.a. bei polaren Vertretern sind freie Larvenstadien zugunsten der Entwicklung innerhalb der Bursen (Brutpflege) unterdrückt. In den nichtpolaren Gebieten ist ein freischwimmendes, planktotrophes Larvenstadium der Normalfall. Dieser *Ophiopluteus* (↗ Pluteus) ist wie die Larven der anderen ↗ Stachelhäuter (□) bilateralsymmetrisch u. hat auch, im Ggs. zum erwachsenen S., einen After. Wie bei Seesternen können abgebrochene Arme regeneriert werden (ein einzelner Arm kann jedoch nicht Ausgangspunkt für die Regeneration sein). Manche Arten pflanzen sich auch asexuell durch Fission (Zweiteilung) fort. – *Verwandtschaft:* Die S. sehen äußerl. den Seesternen sehr ähnl.; auch manche Fossilien, an denen Skelettelemente gut erkennbar sind, vermitteln zw. den beiden Kl., die deshalb oft als *Asterozoa* vereinigt werden. Dann müssen gewisse Übereinstimmungen der S. mit Seeigeln (und z.T. auch Seewalzen, z.B.: Ambulacralfurchen als Epineuralkanäle versenkt) als Konvergenzen betrachtet werden. Das Vorhandensein einer Pluteus-Larve wäre dann auch eine Konvergenz, od. man müßte die Bipinnaria-Larve der Seesterne als Weiterentwicklung einer Pluteus-Larve interpretieren. *U. W*

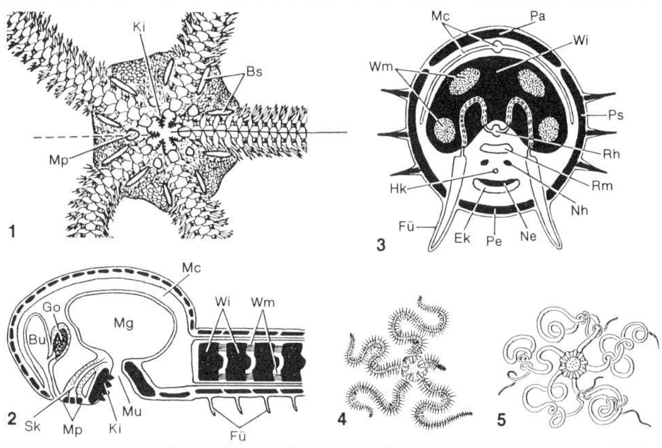

Schlangensterne

Bauplan:
1 Oralseite, durchgezogene Linie = einer der 5 Radien, gestrichelte Linie = einer der 5 Interradien; **2** Schnitt durch Rumpfscheibe, links interradial, rechts radial geführt; **3** Arm-Querschnitt.
4 Zerbrechlicher S. *(Ophiothrix fragilis)*, einer der 5 Arme nahe der Basis abgebrochen u. in Regeneration; **5** *Asteroschema*, Gatt. der *Euryalae*, Arme dreidimensional bewegl.
Bs Bursalspalte, Bu Bursa, Ek Epineuralkanal (versenkte Ambulacralfurche), Fü Ambulacralfüßchen, Go Gonade, Hk Hämalkanal, Ki „Kiefer" mit Zähnen, Mc Metacoel-(Somatocoel-)Reste, Mg Magen, Mp Madreporenplatte, Mu Mund, Ne ektoneurales Nervensystem (sensor.), Nh hyponeurales Nervensystem (paarig, motor.), Pa Aboral- = Apikal- = „Dorsal"-Platte, Pe Epineural- = „Ventral"-Platte, Ps Seitenplatte (mit Stacheln), Rh Radiärkanal des Hydrocoels (Ambulacralgefäßsystem), Rm Radiärkanal des oralen Metacoels („Hyponeuralkanal"), Sk Steinkanal, Wi „Wirbel" (Vertebrae), Wm Wirbel-(Intervertebral-)Muskeln (jeweils 4) bzw. ihre Ansatzstellen

Schlangenwurz, *Drachenwurz, Calla,* Gatt. der Aronstabgewächse mit nur 1 Art *(C. palustris).* Die Pflanze besitzt ein kriechendes Rhizom, v. dem zweizeilig langgestielte Laubblätter mit herzförm. Spreite entspringen. Der eiförm., offen über einem weißl., ausgebreiteten Hüllblatt stehende Kolben ist auf ganzer Länge mit größtenteils zwittr. Blüten besetzt. Die Blüten besitzen kein Perigon; sie verströmen einen unangenehmen Geruch. – Die nordisch kontinental, circumpolar verbreitete S. findet sich in Großseggenbeständen u. Moorschlenken; nach der ↗ Roten Liste „gefährdet". [B] Europa VI.

Schlankaffen, *Colobidae,* neben den ↗ Meerkatzenartigen die 2. Fam. der ↗ Hundsaffen; 6 Gatt. ([T] 298), davon 5 in S-Asien und 1 (Stummelaffen) in Afrika; schlanker Körperbau, Beine meist länger als Arme, langer Schwanz, Daumen verkürzt. Die S. sind Blätterfresser; sie haben Backenzähne mit Querleisten, einen großen, mehrteiligen Magen mit Gärkammern (darin symbiont. Bakterien) u. einen langen Darmtrakt.

Schlankbären, *Bassaricyon,* Gattung der ↗Kleinbären.

Schlankblindschlangen, *Leptotyphlopidae,* Fam. der Schlangen mit ca. 40 urtüml. Arten in 1 Gatt. *(Leptotyphlops);* verborgen v.a. in Afrika südl. der Sahara, in Arabien, aber auch im subtrop. und trop. Amerika lebend; bevorzugen trockene Böden u. wühlen in dessen oberen Schichten, wurden aber auch unter Steinen, in Termiten- u. Ameisennestern gefunden. Schädel klein, kompakt; Oberkiefer zahnlos, Unterkiefer mit kräft. Zähnen; Augen liegen unter großen Kopfschildern verborgen (dienen nur der Helligkeitswahrnehmung); Körper langgestreckt (Gesamtlänge 10–30 cm) mit rundl., sich schindelart. überlappenden Schuppen, meist braun, seltener rosafarben; Schwanz kurz, oft mit Endstachel; ernähren sich v. Insektenlarven, Ameisen u. Termiten; vorwiegend dämmerungsaktiv; legen meist 4 langgestreckte Eier.

Schlankboas, *Epicrates,* ursprünglichste Gatt. der ↗Boaschlangen, in Steinhaufen, Höhlen od. auf Plantagen in Mittel- und S-Amerika sowie auf den Antillen beheimatet. Am bekanntesten die Kuban. S. (*E. angulifer;* maximale Länge 4,5 m) u. die schöngefärbte Regenbogenboa (*E. cenchris;* bis 3 m lang).

Schlankaffen

Gattungen:

↗Languren *(Presbytis)*
Pygathrix (Kleideraffe, *P. nemaeus)*
↗Stummelaffen *(Colobus)*
↗Nasenaffen (3 Gatt.):
Nasalis
Simias
Rhinopithecus

Schlanklibellen

Hufeisenazurjungfer *(Agrion puella),* Männchen

Schlanklibellen, *Coenagrionidae, Agrionidae, Platycnemididae,* Fam. der ↗Libellen (Kleinlibellen) mit in Mitteleuropa ca. 18 Arten. Die S. sind meist schlanke, zart gebaute, im männl. Geschlecht blaugrün od. schwarz-rot gefärbte Libellen; das dunkle Flügelrandmal umfaßt bei den S. nur eine Zelle. Die S. halten sich vorwiegend in Wassernähe auf; die Eier werden mit dem Legeapparat in Wasserpflanzen eingestochen. Zu den verbreiteten, meist blau gezeichneten Azurjungfern (Gatt. *Agrion = Coenagrion*) gehört die häufige Hufeisenazurjungfer *(A. puella)* mit einem hufeisenförm., schwarzen Fleck auf dem 2. Hinterleibsring. Die Federlibelle *(Platycnemis pennipes)* legt ihre Eier häufig in Teichrosen od. Laichkraut. Der Hinterleib der Pechlibelle *(Ischnura elegans)* ist an der Oberseite tiefschwarz gefärbt, nur der 8. Hinterleibsring ist hellblau. Der Hinterleib und z.T. auch die Brust der Adonislibelle *(Pyrrhosoma nymphula)* fallen durch leuchtend rote Färbung auf. Viele Arten der S. sind nach der ↗Roten Liste „(stark) gefährdet" bzw. „vom Aussterben bedroht". B Insekten I.

Schlanksalamander, die Gatt. ↗Mertensiella.

Schlankseggenried, *Caricetum gracilis,* ↗Magnocaricion.

Schlankskinkverwandte, *Lygosominae,* artenreichste U.-Fam. der Skinke mit ca. 33 Gatt.; v.a. in den Tropen der Alten Welt (nur 3 Gatt. in bzw. auf einigen Inseln vor Amerika) beheimatet. Als einzige Echsen besitzen die bräunl. Helmskinke (Gatt. *Tribolonotus* mit 7 Arten in den Urwäldern v. Neuguinea u. den Salomoninseln; am dreieck. Kopf 6 lange Stacheln nach hinten gerichtet; Nacken u. Rumpf mit großen verknöcherten, stachelart. bzw. gekielten Schuppen; bis auf 1 lebendgebärende Art ♀ eierlegend, jeweils 1 Ei) unter den Bauchschuppen, an Hand- u. Fußsohlen Drüsen, deren Ausscheidungen der Reviermarkierung dienen. Ausschl. auf Bäumen leben die 16 Arten der Gatt. *Dasia* (Baumskinke; Gesamtlänge bis 25 cm; von S-Asien, Malaysia, den Philippinen bis zu den Karolinen im Pazifik beheimatet; oft schön gefärbt; meist mit vergrößerten Haftplättchen auf den Fußsohlen; Schwanz lang; legen bis 6 Eier unter Baumrinde). Dagegen sind die unterird. lebenden, afr. Lanzenskinke (Gatt. *Acontias* mit 7 Arten; gliedmaßenlos) alle lebendgebärend. SO-Asien ist das Verbreitungsgebiet der am u. im Wasser lebenden Kielskinke (Gatt. *Tropidophorus;* ca. 20 Arten; etwa 20 cm lang; Ohröffnung groß; Schuppen meist stark gekielt; Schwanz seitl. abgeflacht; ernähren sich v. Krebsen u. Insekten). Ein weites Verbreitungsgebiet (Afrika, Madagaskar, Indonesien, die Karib. Inseln, Mittel- und S-Amerika) haben die eidechsenähnl., flinken, oft intensiv gefärbten, bodenbewohnenden Mabuyen (Gatt. *Mabuya;* tagaktiv; ♀ legen ca. 25 Eier, meist jedoch lebendgebärend, 3–7 Junge; ernähren sich v.a. von Spinnen, Heuschrecken u. Schaben). In den trop. Regenwäldern der südostasiat. Inselwelt leben sie oft zus. mit den Waldskinken (Gatt. *Sphenomorphus* mit ca. 170 Arten; bis 25 cm lang; bräunl. gefärbt mit dunklen Querbändern od. Flekken; Extremitäten gut entwickelt; Schwanz lang, dick; dämmerungs- u. nachtaktiv; ♀ legt 2–3 Eier; ernähren sich v. Käfern, Ameisen, Raupen u. Spinnen). Früher in der Gatt. ↗*Ablepharus* mit eur. und westafr. Arten zusammengefaßt, werden heute die ostafr. „Schlangenaugen" als eigene Gatt. (*Panaspis;* tagaktiv; ♀ legt 4–6 Eier unter Waldstreu; ernähren sich v. Termiten, Spinnen u. Käfern) angesehen. Die kurzbein. Riopa-Skinke (Gatt. *Riopa;* 20 Arten im indo-austr. Raum, 10 in O-Afrika; fast alle Steppenbewohner; Schwanz meist zieml. dick) haben ein beschupptes od. mit einem durchsicht. Fenster versehenes unteres Augenlid. – Die artenreiche u. weitverbreitete Gatt. *Leiolopisma* ↗Skinke.

Schlankskinkverwandte

Wichtige Gattungen:

↗*Ablepharus*
Baumskinke *(Dasia)*
Helmskinke *(Tribolonotus)*
Kielskinke *(Tropidophorus)*
Lanzenskinke *(Acontias)*
Leiolopisma (↗Skinke)
Mabuyen *(Mabuya)*
Panaspis
Riopa-Skinke *(Riopa)*
Waldskinke *(Sphenomorphus)*

Schlauchalge, *Vaucheria,* Gatt. der ↗Botrydiales.

Schlauchalgen, die ↗Bryopsidales.

Schlauchbefruchtung, *Pollen-S.,* die ↗Siphonogamie; ↗Befruchtung (□).

Schlauchblattartige, *Sarraceniales,* Ord. der ↗*Magnoliidae* mit der einzigen Fam. *Schlauchblattgewächse (Sarraceniaceae),* umfaßt in Sümpfen der Atlantik- u. Pazifikküste N-Amerikas u. des nördl. S-Amerika vorkommende Pflanzen. Die Blätter sind in schlauch- od. trichterförmige Fallen mit Deckel umgebaut (ähnl. den ↗Kannenblättern; □ Kannenpflanzengewächse); die mehrjährigen Kräuter der Ord. sind fleischfressend. Die Blüten stehen auf blattlosen Schäften; ↗Blütenformel K3–6 C5 A∞ G3–5. Wichtige Gatt. sind das Schlauchblatt *(Sarracenia)* mit Einzelblüten (breit schildförm. Narbe, nordam. Atlantikküste) u. die monotypische Gatt. *Darlingtonia* (Kalifornien) mit ca. 8 cm großen Blüten. Davon unterscheidet sich die südam. Gatt. *Heliamphora* durch traubige Blütenstände sowie zipfelförmige Deckel der Fangorgane.

Schlauchblätter, Bez. für schlauch-, flaschen-, trichter- oder kannenförmige (↗Kannenblätter) Laubblätter mit nach innen verlagerter Blattoberseite; z. B. bei der Kannenpflanze (□ Kannenpflanzengewächse) und *Sarracenia*-Arten. ↗carnivore Pflanzen (□).

Schlauchpilze, 1) die ↗*Ascomycota;* alle Pilze, die in der geschlechtl. Vermehrung (= Hauptfruchtform) einen ↗Ascus (= „Schlauch") als Sporangium ausbilden (↗Pilze). 2) *Echte S., S. i. e. S.,* die (2.) Kl. *Ascomycetes* der ↗*Ascomycota* mit 3 U.-Kl. (vgl. Tab.). Charakterist. ist – neben dem typischen *Ascus* Sporangium –, daß sich die Hauptfruchtform aus dikaryotischen Hyphen entwickelt: nach der Verschmelzung des Cytoplasmas (Plasmogamie) geschlechtl. unterschiedl. Zellen od. dem Einwandern des Kerns in eine Zelle verschmelzen die Geschlechtskerne nicht sofort miteinander, so daß eine Zelle 2 verschiedengeschlechtl. Kerne enthält (= Dikaryon); bei den folgenden Zellteilungen teilen sich die Kerne gleichzeitig mitotisch; dadurch entstehen dikaryotische Hyphen (*ascogene Hyphen,* ↗Ascogon), die i. d. R. ernährungsphysiolog. unselbständig sind (Ausnahme *Taphrinales*) u. von (haploiden) Nährhyphen abhängig sind. Normalerweise entstehen die Asci aus den ascogenen Hyphenzellen u. werden im Fruchtkörper (↗Ascoma) eingeschlossen (Ausnahme ↗*Taphrinales;* Ascusentwicklung ↗Ascus, ↗Ascosporen). Die Zellwände der S. enthalten Chitin (meist über 10%), Glucane (ausnahmsweise auch Cellulose). Die Hyphenquerwände besitzen einen zentralen Porus, durch den das Cytoplasma der Zellen verbunden bleibt. Oft werden die Poren v. einem od. mehreren Körperchen (= Woronin-Körperchen) begleitet. B Pilze I–II.

Schlauchwürmer, die ↗Nemathelminthes.

Schlauchpilze

Unterklassen u. Artenzahl:
↗*Ascomycetidae* (über 45 000)
Laboulbeniomycetidae (etwa 1500, ↗*Laboulbeniales*)
Taphrinomycetidae (etwa 100, ↗*Taphrinales*)

Schleichen

Wichtige Gattungen:
Baumschleichen (↗*Abronia*)
↗Blindschleichen *(Anguis)*
Gallwespenschleichen i. e. S. *(Diploglossus)*
↗Glasschleichen *(Ophisaurus)*
Krokodilschleichen *(Gerrhonotus)*
Schlangenschleichen *(Ophiodes)*

Schleichkatzen

Unterfamilien:
Bänder- u. Otterzivetten (↗*Hemigalinae*)
Frettkatzen (*Cryptoproctinae,* ↗Fossa)
↗Ichneumons *(Herpestinae)*
↗Madagaskarmungos *(Galidiinae)*
↗Palmenroller *(Paradoxurinae)*
↗Zibetkatzen *(Viverrinae)*

Schlehe, *Schlehdorn, Prunus spinosa,* ↗Prunus.

Schlehenspinner, *Orgyia recens,* ↗Trägspinner.

Schleichen, *Anguidae,* Fam. der ↗*Anguimorpha* mit 8 Gatt. (vgl. Tab.) und etwa 75 Arten; fast weltweit (außer in Afrika südl. der Sahara und Austr.), bes. jedoch in warmen trockenen Gebieten verbreitet. Gesamtlänge 20–125 cm; Schwanz mindestens körperlang; vorwiegend Bodenbewohner. Schläfenregion vollständig ausgebildet; Zähne massiv, breit (Ausnahme: ↗Blindschleiche) u. auf dem Innenrand der Kiefer (↗pleurodont) sitzend; Augenlider bewegl.; mehrere Längsreihen v. Bauchschuppen; Gliedmaßen gelegentl. rückgebildet, Skelett aber stets noch mit Resten des Schulter- u. Beckengürtels; können – wie die ↗Eidechsen – bei Gefahr Schwanzende an vorgebildeten Stellen abwerfen (↗Autotomie) u. später ergänzen (↗Regeneration). Eierlegend oder – v. a. in klimat. ungünstigen Gebieten – lebendgebärend; ernähren sich v. Würmern, Schnecken, größere Arten auch v. Mäusen. Hierzu u. a. die ↗Blind-S. *(Anguis fragilis),* der ↗Scheltopusik *(Ophisaurus apodus)* u. die ↗Glas-S. (3 in den USA lebende *Ophisaurus*-Arten); alle Vertreter der Gatt. *Ophisaurus* besitzen noch 2 etwa 2 cm lange Hinterbeinstummel. Die Gatt. Krokodil- od. Alligator-S. *(Gerrhonotus)* umfaßt 15 Arten; leben im W des amerikan. Kontinents vom südl. Kanada bis S-Amerika; Gesamtlänge 20–50 cm; 4beinig und 5zehig, mit großen, derben, plattenart. Körperschuppen. Zu den ähnl. Gallwespen-S. i. e. S. (Gatt. *Diploglossus*) gehören ca. 20 Arten, von Mexiko bis S-Amerika, als einzige S. auch auf den Antillen lebend; 20–30 cm lang; dämmerungsaktiv; haben zwar kleinere Schuppen, aber ebenfalls 4 Beine; Gliedmaßen sind jedoch durch Streckung des Rumpfes weit voneinander entfernt, u. ihre Bewegungen werden durch ein Schlängeln des Körpers unterstützt. Die südamerikan. Schlangen-S. (Gatt. *Ophiodes*) mit 4 Arten sind nachtaktiv, mit kleinen Hinterbeinstummeln am langgestreckten Rumpf, wirken blindschleichenähnlich. – Stammesgeschichtl. sind die S. seit ca. 110 Mill. Jahren (Unterkreide) bekannt u. mit den ↗Waranen verwandt.

Schleichensalamander, *Phaeognathus,* Gatt. der ↗Bachsalamander.

Schleichkatzen, *Viverridae,* den Hyänen u. Erdwölfen nahestehende (Überfam. *Herpestoidea*), formenreiche Fam. (vgl. Tab.) der ↗Landraubtiere; schlanke, relativ kurzbeinige Bodentiere od. Kletterer v. Mauswiesel- bis Fuchsgröße; Hauptverbreitungsgebiet Afrika u. S-Asien; auf Madagaskar stellen die S. die einzigen Raubtiere.

Schleiden, *Matthias Jacob,* dt. Naturwissenschaftler, * 5. 4. 1804 Hamburg, † 23. 6. 1881 Frankfurt a. M.; nach jurist. Tätigkeit und naturwiss. Studium seit 1839 Prof. (Bot.) in Jena, 1863 Dorpat (Bot. und Anthropologie); reformierte die bis dahin als „scientia amabilis" wenig exakt betriebene Botanik zu einer kausal-analyt. Naturwiss. bes. unter entwicklungsphysiolog. Aspekten, forderte in diesem Zshg. die Herstellung u. Verbesserung von mikroskop. Geräten; wandte sich gegen vitalist. Vorstellungen, ohne ihnen allerdings bei den Interpretationen seiner eigenen Ergebnisse zu entgehen; gelangte nach embryolog. Studien an Angiospermenkeimen zur Zellbildungstheorie, die zugleich mit der Zelltheorie des tier. Organismus von T. ↗Schwann die Zelle als Einheit der Organismen mit dem Zellkern als für die Teilung wesentl. Bestandteil erkannte. Seine Vorstellungen über die Art der Zellbildung als der Kristallisation analog wurden freilich bald widerlegt. WW: „Grundzüge der wiss. Botanik" (2 Bde., Leipzig 1842–43). „Die Pflanze u. ihr Leben" (Leipzig 1848). „Das Meer" (Berlin 1865); ferner Judaica u. Gedichte. [B] Biologie I.

Schleie, *Schuster, Tinca tinca,* bis über 50 cm langer eurasiat. Weißfisch, v.a. in stehenden Gewässern mit schlamm. Grund; hat sehr schleim. Haut mit kleinen Schuppen und 2 Mundbarteln; geschätzter Speisefisch. [B] Fische XI.

Schleier, 1) *Schleierchen,* das ↗Indusium. **2)** *Cortina,* faseriges, spinnfädenartiges Velum partiale ([ ] Blätterpilze), das bei einer Reihe v. Ständerpilzen an jungen Fruchtkörpern (zw. Stiel u. Hutrand) die Lamellen schützt u. beim älteren Fruchtkörper oft als Rest an Stiel u. Hutrand zu erkennen ist (↗Schleierlingsartige Pilze, ↗Schleierlinge).

Schleierdame, *Dictyophora duplicata* E. Fischer, seltener Bauchpilz (Fam. ↗Stinkmorchelartige Pilze), ähnl. einer Stinkmorchel, doch mit feinem netzart. Schleier innerhalb des Hutes; die S. entwickelt sich aus einem eiförm. „Hexenei" fast unter der Erde. Von Juli–Sept. in lichten Laubmischwäldern, Parkanlagen u. Gärten. Wahrscheinl. ist sie mit Gehölzen aus N-Amerika nach Mitteleuropa eingeschleppt worden. Die tropische S., *D. indusiata* Pers. („Brasilian. Pilzblume"), kommt in allen Tropengebieten in verschied. Formen vor.

Schleierdame

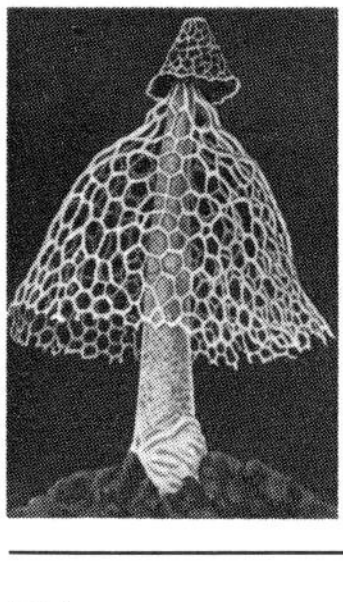

Dictyophora duplicata, eine eßbare asiatische S., wurde fr. nur zu ganz bes. Anlässen, z.B. bei Staatsbanketten, gereicht. In Hongkong kostete 1 kg Trockenpilz 400–1000 Dollar; heute ist diese S. auch kultivierbar.

Schleierdame *(Dictyophora indusiata),* eine trop. „Pilzblume"

M. J. Schleiden

Schleiereule *(Tyto alba)*

Schleierlinge

Untergattungen:

Cortinarius
Leprocybe (Rauhköpfe)
↗ *Phlegmacium* (Schleimköpfe u. Klumpfüße)
Sericeocybe (*Inoloma,* Dickfüße)
Myxacium (↗Schleimfüße)
Telamonia (↗Gürtelfüße, ↗Wasserköpfe *[Hydrocybe]*)

Schleierlinge

Wichtige giftige und sehr giftige Arten:

Cortinarius [Leprocybe] orellanus Fr. (Orangefuchsiger Rauhkopf)
C. [Leprocybe] speciosissimus Kühn u. Romagn. (Spitzbuckliger Orangeschleierling)
C. [Leprocybe] gentilis Fr.

Schleiereulen, *Tytonidae,* Fam. der ↗Eulenvögel mit herzförm. Gesichtsschleier, 12 Arten. Die auch in Dtl. heimische S. (*Tyto alba,* [B] Europa XI) kommt in fast allen Regionen der Erde vor u. besiedelt v.a. tiefgelegene waldarme Siedlungsgebiete; brütete urspr. vermutlich in Höhlen an zerklüfteten Felsen, heute in Mitteleuropa bes. in Kirchtürmen, Ruinen u. Scheunen. 34 cm groß, goldbraunes Gefieder mit hellen u. dunklen Tupfen; Hauptbeutetier ist die Feldmaus, an deren Populationsstärke die Fortpflanzung der S. weitgehend gekoppelt ist; in guten Mäusejahren ist die Gelegegröße hoch (bis zu 15 Eier), außerdem können dann Zweit- u. sogar Schachtelbruten vorkommen; infolge des Brutbeginns bereits nach Ablage des 1. Eies schlüpfen die Jungen zeitl. versetzt („Orgelpfeifen", ↗Eulenvögel); schnarchende Bettellaute der Jungen sind nachts sehr weit zu hören; i.d.R. monogame Dauerehe, Alter bis 21 Jahre durch ↗Beringung nachgewiesen. Weiträum. Bestandsabnahme (nach der ↗Roten Liste „gefährdet"), bedingt durch Verschwinden v. Nistplätzen (moderne Bauweise, Vergittern v. Luken), Rationalisierung der Landw. und zunehmende Verkehrsverluste; künstl. Nisthilfen erfolgreich.

Schleiergesellschaft, anschauliche Bez. für Pflanzengesellschaften, die aus krautigen Arten aufgebaut u. dabei reich an ebensolchen Kletterpflanzen sind. Diese Winde-, Rankenpflanzen u. Spreizklimmer umspinnen u. überdecken locker die Trägerpflanzen, ohne sie zu töten. Das beste Beispiel für eine S. ist das Cuscuto-Convolvuletum (↗Calystegietalia sepium), die Seiden-Winden-S., auf nährstoffreichen Auenböden großer Stromtäler.

Schleierlinge, *Haar-S., Cortinarius,* Gatt. der ↗Schleierlingsartigen Pilze, deren Vertreter meist mittelgroße bis große, z.T. sehr große Fruchtkörper bilden (Hut-∅ bis 25 cm, selten kleiner als 1 cm). Der Hut ist verschiedenfarbig, faserig bis seidig-glatt, z.T. stark schleimig. Die Lamellen sind jung oft lebhaft gefärbt, im Alter meist mehr od. weniger braun. Der Stiel ist schlank bis derb mit knolliger Basis. Der spinnfädige Schleier *(Cortina)* ist mindestens jung stets erkennbar. Das junge Pilze umhüllende Velum universale läßt sich an alten Pilzen als wollig-filziger Stielrest, oft auch verschleimend, nicht mehr erkennen. Die Sporen sind warzig. In Europa sind ca. 450 Arten bekannt, meist schwer bestimmbar, wahrscheinl. alle Mykorrhizabildner. S. werden in U.-Gatt. (vgl. Tab.) aufgeteilt (fr. als selbständ. Gatt. angesehen). Die U.-Gatt. *Cortinarius* umfaßt S. mit trockenem Hut u. dunkelviolettem großem Fruchtkörper.

Schleierlingsartige Pilze, *Haarschleierlingsartige, Cortinariaceae,* sehr artenreiche Fam. (vgl. Tab.) der ↗Blätterpilze (weltweit ca. 1000 Arten). Der Fruchtkörper ist in Hut u. Stiel gegliedert, häufig mit zartem, spinnfädigem Schleier *(Cortina)* und allg. Hülle *(Velum universale)* bzw. mit Velumresten an Hut u. Stiel, seltener mit Ring. Die Lamellen sind mehr od. weniger ausgebuchtet bis angewachsen, jung oft gefärbt (violett, rot, gelb, grün), alt braun getönt. Das Sporenpulver ist rostbraun, auch tabak- bis olivbraun. Die Sporen besitzen eine komplexe Wand, oft Ornamente u. meist keinen Keimporus. S. sind Humus- od. (seltener) Holzbewohner, viele Ektomykorrhiza-Bildner.

Schleierschnecke, *Tethys,* Gatt. der *Tethyidae* (Ord. *Dendronotacea*), marine Hinterkiemer mit abgeflachtem Körper u. sehr großem Kopf; auf jeder Rückenseite 1 Reihe v. Anhängen, an deren Basis charakterist. Kiemen sitzen u. die sich nach Ablösen weiter bewegen können. *T. fimbria,* ca. 20 cm lang, ist ein pelag. Schwimmer, der sich v. Hohl- u. Weichtieren sowie v. kleinen Krebsen u. Fischen ernährt. Die Eier werden in Gallertschläuchen abgelegt.

Schleierschwanz, Zuchtform des ↗Goldfisches, ↗Karauschen.

Schleifenblume, *Iberis,* Gattung der ↗Kreuzblütler mit rund 30, überwiegend auf das Mittelmeergebiet beschränkten Arten. Niedrige Kräuter od. Stauden mit weiß, rot od. violett gefärbten Blüten, deren Krone 2 größere äußere sowie 2 kleinere innere Blütenblätter aufweist. Mehrere Arten der Gatt. werden bei uns als Gartenzierpflanzen kultiviert. Hierzu gehört *I. sempervirens,* eine aus den Gebirgen S-Europas u. Kleinasiens stammende, dichte Rasen bildende Steingartenpflanze mit schmal-lanzettl. Blättern sowie weißen, in bis 5 cm breiten Doldentrauben stehenden Blüten.

Schleim, *Mucus,* Sammelbegriff für eine Reihe durch ihren hohen Gehalt an Polysacchariden stark wasseraufnahme- u. quellungsfähiger, zähflüssig glitschiger od. klebriger Substanzen, die in unterschiedl. chem. Zusammensetzung sowohl v. Bakterien wie v. Pflanzen, Tieren u. Mensch produziert werden u. ein weites Spektrum an Funktionen erfüllen. *Bakterielle* u. *pflanzliche S.e* bestehen überwiegend aus Alginen (↗Agar), ↗Glykoproteinen, ↗Pektinen, ↗Hemicellulosen, bei Bakterien auch aus ↗Teichonsäuren. Sie werden z.T. unmittelbar als Zellsekrete abgesondert od. entstehen durch allmähl. Verquellen v. Zellwänden u. dienen einerseits als mechan. Schutz u. Austrocknungsschutz (Gallerthüllen v. Bakterien, Grünalgen, Braunalgen), auch als osmot. Puffer (Braunalgen), als Gleitschicht wachsender Wurzelspitzen, bei manchen Samen als Haft- u. Kleb-S. (Verbreitung), angereichert mit bakterio- und fungistat. Sekreten und proteolyt. Enzymen auch als Infektionsschutz bei Verletzungen höherer Pflanzen und als

Schleierlingsartige Pilze

Wichtige Gattungen:
↗Rißpilze, Wirrköpfe *(Inocybe)*
↗Fälblinge *(Hebeloma)*
Flämmlinge (↗ *Gymnopilus)*
↗Hautköpfe *(Dermocybe)*
↗Schleierlinge (Haarschleierlinge, *Cortinarius*)
Reifpilz, Zigeuner (↗ *Rozites)*
↗Häublinge *(Galerina)*

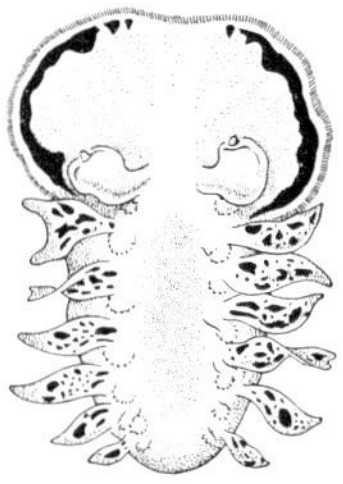

Schleierschnecke *(Tethys)*

Gestreifter Schleimfisch *(Blennius gattorugine)*

Fang-S. bei fleischfressenden Pflanzen. Entspr. weit ist auch das Funktionsspektrum *tierischer S.e,* meist saurer ↗Mucopolysaccharide (Heteropolysaccharide mit COOH- und SO_4-Resten, wie ↗Hyaluronsäure u. ↗Chondroitin-Sulfat), z.T. im Komplex mit Proteinen (Glykoproteine wie Mucin u.a. ↗Mucoproteine). Sie finden in der Tierwelt Verwendung als Gleit-S.e u. Schmiermittel (Kriech-S. von ↗Plattwürmern u. ↗Schnecken; Gleit-S. der Fischepidermis; „Gelenkschmiere" bei Wirbeltieren), halten die Oberflächen der ↗S.häute schlüpfrig u. feucht, wirken als chem. Puffersubstanzen (Dünndarm-S., Sperma-S.), dienen als Vehikelsubstanzen u. Fang-S. (Verkleben u. Entfernen v. Fremdpartikeln aus dem Atemtrakt, Fang u. Transport v. Nahrungspartikeln bei vielen Wirbellosen) u. können wasserlebenden Tieren Schutz vor Austrocknung bieten (Amphibien). Die zelluläre Synthese der S.substanzen erfolgt in allen eukaryot. Zellen im ↗Golgi-Apparat. *P.E.*

Schleimaal, *Myxine glutinosa,* ↗Inger.

Schleimbakterien, volkstüml. Bez. für eine Reihe gleitender, schleimausscheidender Bakterien (z.B. ↗Myxobakterien).

Schleimdrüsen, mucöse ↗Drüsen, sekretor. Zellen od. Zellkomplexe bei Tieren u. Mensch, nur mit Einschränkungen auch bei Pflanzen, die ↗Schleim sezernieren. Im Tierreich treten sie als einzellige (Schleimzellen, ↗Becherzellen) od. mehrzellige, in Epithelien eingestreute Drüsen od. als v. den Epitheloberflächen in die Tiefe verlagerte Drüsenkomplexe v.a. in der Epidermis wasserlebender Tiere (Plattwürmer, Ringelwürmer, Weichtiere, Amphibien, Fische) wie auch im Darm- u. Atemtrakt u. in den Geschlechtsgängen v.a. der Wirbeltiere auf. Funktionelle Einheit ist in jedem Fall die einzelne *Schleimzelle,* die sich cytologisch i.d.R. durch einen stark ausgebildeten ↗Golgi-Apparat auszeichnet, da die Synthese der meist kohlenhydratreichen Schleime in diesem Organell erfolgt. S. gehören gewöhnl. dem ↗apokrinen Sekretions-Typ an.

Schleimfischartige, *Blennioidei,* U.-Ord. der ↗Barschartigen Fische mit 15 Fam. und mehreren 100 Arten; meist langgestreckte, vorwiegend marine Bodenfische mit zahlr. Schleimdrüsen in der schuppenarmen Haut, oft saumart. Rücken- u. Afterflosse, stark reduzierten Bauchflossen u. meist fehlendem Beckengürtel. Wichtige Fam. sind die Unbeschuppten u. Beschuppten ↗Schleimfische *(Blenniidae* u. *Clinidae),* ↗Seewölfe *(Anarrhichadidae)* u. ↗Butterfische *(Pholidae).*

Schleimfische, *Unbeschuppte S., Echte S., Blenniidae,* artenreiche u. vielgestaltige Fam. der ↗Schleimfischartigen; meist kleine, bis 25 cm lange Bodenfische in küstennahen Flachwasserzonen und fels. Gezeitentümpeln gemäßigter und trop.

Meere, mit sehr schleimiger, schuppenloser Haut u. oft Hautbüscheln od. Tentakeln auf dem Kopf, saumart. Rücken- u. Afterflosse; meist ohne Schwimmblase. Zahlr. Arten der Gatt. *Blennius* kommen im Mittelmeer vor, z. B. der um 17 cm lange, rötl.-braune Gestreifte S. *(B. gattorugine);* der ca. 10 cm lange, auch für Seewasseraquarien geeignete, gelbgrüne, blau quergestreifte Pfauen-S. *(B. pavo);* bis zum Ärmelkanal dringen vor: der ca. 15 cm lange, rötl.-gelbe Seeschmetterling *(B. ocellaris)* mit einem auffälligen Augenfleck in der Rückenflosse u. der um 12 cm lange Schan *(B. pholis);* lange Zähne haben die ↗Säbelzahn-S. – Ähnl. Gestalt wie die *Blenniidae* haben die nahverwandten Beschuppten S. *(Clinidae).* Sie leben meist in den Gezeitenzonen trop. Meere; v. a. im Gebiet von S-Afrika und Austr. sind sie sehr artenreich. Hierzu zählt der im Mittelmeer heimische, 10 cm lange Silbrige S. *(Cristiceps argentatus),* dessen Männchen in Algen ein Nest baut u. die Brut pflegt. Zur Fam. Stachelrücken-S. *(Stichaeidae)* gehört der ca. 20 cm lange Eigtl. Stachelrücken-S. *(Chirolophis ascanii),* dessen saumart. Rücken- u. Afterflosse kurze, stachel. Strahlen besitzt; lebt auf tangbewachsenen Felsen an nordeur. Küsten; u. der bis 40 cm lange, schmale Bandfisch *(Lumpenus maculatus),* der urspr. nur in arkt. Gewässern heimisch ist, doch heute bis in die Ostsee vorgedrungen ist.

Schleimfluß, nach Rindenverletzung Austreten eines weiß, braun, rot od. schwärzlich gefärbten schleimigen Saftes; verursacht durch Bakterien, Pilze, Kleintiere od. abiotische Faktoren (Hitze, Frost, Hagel, Blitz, Trockenheit u. a.).

Schleimfüße, *Myxacium,* U.-Gatt. der Gatt. *Cortinarius* (auch als eigene Gatt. geführt) mit ca. 40 Arten in Europa; Blätterpilze mit mittelgroßem, selten kleinem Fruchtkörper, dessen Hut u. Stiel vom verschleimenden Gesamtvelum (Velum universale) mehr od. weniger überzogen ist. Wenn der Stiel nur feucht u. wenig schleimig ist, schmeckt der Hutschleim deutl. bitter. Der Hut kann weißl., gelbl., blau bis violett sein.

Schleimhaut, *Mucosa, Tunica mucosa,* aus mehreren Gewebsschichten aufgebaute Auskleidung nach außen sich öffnender Körperhöhlen, deren Oberflächen durch die Sekrete v. ↗Schleimdrüsen stets feucht u. schlüpfrig gehalten werden, wie man sie ausgeprägt bei Wirbeltieren u. Mensch (Mundhöhle, Darm- u. Atemtrakt, Geschlechtsgänge, Augenlidtaschen), aber auch bei Weichtieren (Atemhöhle der Lungenschnecken) antrifft. Der Befeuchtung des ein- (Darm, Atemtrakt, Genitalgänge) od. mehrschichtigen (Mundhöhle, Oesophagus, Vagina) Deckepithels dienen überwiegend Drüsensekrete, in manchen Fällen begrenzt auch Transsudate v. Gewebsflüssigkeit aus den subepithelialen Schichten (Vaginal-S., ↗Bindehaut). Unter dem Epithel, durch eine Basalmembran v. diesem abgegrenzt, folgt stets eine an Blut- u. Lymphkapillaren reiche, v. zahllosen Lympho- und Leukocyten durchsetzte (Abwehrfunktion in der infektionsexponierten S.) Schicht lockeren Bindegewebes (Tunica propria mucosae, Versorgungsschicht), die bei Hohlorganen in ihrem äußeren Bereich noch v. Lagen ringförmig, längs od. in scherengitterart. Spiralen verlaufender glatter Muskulatur durchflochten sein kann (Muscularis mucosae). Nach außen hin gehen die Schleimhäute kontinuierl. in eine derb bindegewebige Einbauschicht (↗Adventitia) über, die der S. eine gewisse Verschieblichkeit gegenüber den umgebenden Geweben verleiht, od. sie sind bei frei liegenden Hohlorganen (Darm) v. einer stabilisierenden grobfaserigen, gefäßführenden Bindegewebshülle (Submucosa) u. einem derben Muskelmantel aus glatter Muskulatur (Tunica muscularis) umgeben.

Schleimhefen, Hefen, z. B. ↗*Candida-* u. ↗*Torulopsis*-Arten, die Flaschenweine trüben u. schleimig werden lassen.

Schleimigel, die Gatt. ↗Gloeotrichia.

Schleimkopfartige Fische, *Beryciformes,* Ord. der ↗Knochenfische mit 3 U.-Ord. und 13 Fam.; haben Schleimkanäle unter der Kopfhaut u. Bauchflossen mit einem Hart- u. mehreren Weichstrahlen. Zur U.-Ord. Dornfische *(Stephanoberycoidei)* mit der Fam. Dornfische i. e. S. *(Stephanoberycidae)* gehören ca. 15 cm lange Tiefseefische mit kleinen Schuppen, die kräftige, nach hinten gerichtete Dornen besitzen. Die U.-Ord. Barbudos *(Polymixioidei)* umfaßt nur die Fam. *Polymixiidae* mit wahrscheinl. nur 2 hochgebauten, bis 30 cm langen Tiefseearten, die große Augen und 2 lange, fleisch. Kinnbarteln haben. Am artenreichsten ist die U.-Ord. ↗Schleimköpfe *(Berycoidei).*

Schleimköpfe, 1) die Gatt. ↗Phlegmacium. 2) *Berycoidei,* U.-Ord. der ↗Schleimkopfartigen Fische mit 8 Fam., weltweit verbreitete, marine Fische; überwiegend Tiefseeformen. Bekannteste Fam. sind die S. i. e. S. *(Berycidae);* haben meist einen hochgebauten, seitl. abgeflachten Körper, großen Kopf mit riesigem Maul u. großen Augen sowie kräft. Stachelstrahlen in den Flossen. Hierzu gehört der weit verbreitete rosenrote, bis 60 cm lange Alfoncino *(Beryx splendens);* lebt gewöhnl. in Tiefen unter 150 m und wird v. a. vor Portugal als Speisefisch gefangen.

Schleimling, die Gatt. ↗Nostoc.

Schleimpilze, *Myxomycophyta,* Mikroorganismen, die in bestimmten Lebensphasen nackte, amöboide Zellen *(Myxamöben)* ausbilden (□ *Myxomycetidae*), teilweise den tier. Einzellern (↗Kollektive Amöben) u./od. den pilzähnl. Protisten zugeordnet (vgl. Tab.).

Schleimpilze

Abteilungen und Klassen:

Myxomycota
↗Echte S. *(Myxomycetes)*
↗Zelluläre S. *(Acrasiomycetes)*

Plasmodiophoromycota
Parasitische S. (↗*Plasmodiophoromycetes)*

Labyrinthulomycota
↗Netz-S. *(Labyrinthulomycetes)*

Es gibt eine Reihe weiterer unterschiedl. taxonom. Einteilungen (↗Pilze)

Schleimporlinge, *Gloeoporus,* Gatt. der Porlinge (↗*Poriales*), deren Arten einjährige, dünne, häutige Fruchtkörper besitzen, in der Jugend oft resupinat od. mit umgeschlagenen Randteilen, büschelig wachsend. Die Röhren sind einschichtig mit meist sehr kleinen Poren. Das Fruchtfleisch ist unterteilt in eine wollig-schwammige Oberschicht u. eine wachsartig-gelatinöse Unterschicht (Röhrentrama), nach dem Trocknen knorpelig. S. wachsen an Baumstubben, z.B. der Formlose Porling (*G. amorphus*).

Schleimschirmlinge, *Limacella,* Gatt. der ↗Wulstlingsartigen Pilze; Blätterpilze mit schmierigem Hut, oft auch schmierigem Stiel, der oft einen Ring besitzt; eine Volva ist nicht vorhanden (nur im frühesten Stadium angedeutet); die Lamellen sind frei, das Sporenpulver ist weiß. S. wachsen am Boden in Wäldern, selten Gärten u. Warmhäusern. In Europa ca. 8 Arten, meist selten bis auf den eßbaren Großen S. (*L. guttata* Konr. u. Maubl.), der in Nadelwäldern wächst.

Schleimtrüffelartige Pilze, *Melanogastraceae,* Fam. der Ord. ↗*Hymenogastrales* oder eigener Ord. *Melanogastrales;* Bauchpilze mit unterird. (hypogäischem), kugeligem bis knolligem Fruchtkörper (∅ 1–8 cm); die Gleba ist oft dunkel mit hellen, bald verschleimenden Tramaplatten; die Basidien sind in den Glebakammern diffus verteilt. Etwa 10 Arten; jung eßbar sind die Bunte Schleimtrüffel (*Melanogaster variegatus* Tul.) u.a. *Melanogaster*-Arten.

Schleimzellen ↗Schleimdrüsen.

Schlenken ↗Hochmoor.

Schlenkengesellschaften ↗Scheuchzerio-Caricetea nigrae, ↗Caricetum limosae.

Schleppgeißel, bei Geißeltierchen (Flagellaten) am Vorderpol der Zelle entspringende, aber nach hinten gerichtete u. als ↗Schubgeißel (↗Cilien, □) arbeitende Geißel.

Schleuderfrüchte, Früchte, die sich unter explosionsart. Bewegungen (*Schleuderbewegungen,* ↗Explosionsmechanismen) öffnen u. dadurch die Samen in mehr od. weniger weitem Umkreis verbreiten. Diese explosionsart. Bewegungen beruhen auf Spannungen in den Geweben der Fruchtwand, die durch unterschiedl. Turgorwerte, gekoppelt mit unterschiedl. Dehnungsvermögen der Zellen verschiedener Gewebsschichten od. durch ↗Quellungs- u. Entquellungs-Vorgänge in den Zellwänden v. Zellschichten entstehen, die ihrerseits in verschiedene Richtungen dehnbar sind. ↗Bewegung, ↗Spritzbewegungen.

Schleuderzellen ↗Elateren.

Schleuderzunge ↗Zunge.

Schleuderzungensalamander, *Pilzzungensalamander, Bolitoglossini,* Gatt.-Gruppe der lungenlosen Salamander (↗*Plethodontidae*). Dazu gehören neben den ↗Höhlen- u. ↗Wurmsalamandern die eigtl. S., die sich mit über 100 Arten über Mittelamerika nach S-Amerika bis 20° s.Br. ausgebreitet haben u. somit die einzigen wirklich trop. Salamander sind. Charakterist. Merkmal ist die vorn pilzartig verbreiterte Zunge. Sie ist nicht, wie bei anderen Amphibien, vorn festgewachsen u. wird beim Beutefang nicht herausgeklappt. Die Zunge besitzt ein knorpel., gabelförm. Zungenskelett, dessen beide hintere Enden durch je einen kräft., sie umgebenden Muskel vorgezogen u. herausgequetscht werden können. Auf diese Weise kann die Zunge bis fast auf Körperlänge hervorgeschnellt werden. Sie wird durch einen Muskel zurückgezogen, der – ebenfalls einzigartig unter den Wirbeltieren – v. der Zungenspitze bis zum Becken verläuft. Am weitesten verbreitet ist mit 55 Arten die mit den Höhlensalamandern verwandte Gatt. *Bolitoglossa,* die auch als einzige noch südl. des Äquators vorkommt. Nur wenige Arten sind wärmeliebende Bewohner trop. Regenwälder. Die meisten kommen im Gebirge vor. Manche Arten leben am Boden, viele auf Bäumen u. dort z.T. spezialisiert auf Ananasgewächsen. Alle S. legen terrestrische Eier, aus denen junge Salamander schlüpfen. Eine weitere Besonderheit: Zu den S.n gehören die kleinsten Landwirbeltiere. Der Pygmäensalamander *Thorius pennatulatus* ist mit 20 mm Gesamtlänge geschlechtsreif.

Schlichtkleid, das (unauffällige) ↗Ruhekleid einiger Tiere, v.a. von Vögeln. Ggs. ↗Prachtkleid.

Schlick *m,* meist brackiges Sediment an flachen Meeresküsten (Watt, Mangrove, Mündungsbereich v. Flüssen). Unter dem Einfluß v. Ebbe u. Flut lagern sich Ton, Schluff od. Feinsand (Korngrößen-Durchmesser bis 0,2 mm; T Bodenarten) vermischt mit organ. Ausscheidungsprodukten, Pflanzen- u. Tierrückständen sowie zerriebenen Kalkschalen v. Schnecken u. Muscheln ab. Im Sediment bilden sich unter Luftabschluß reduktiv blauschwarze Eisensulfide. S. entwickelt sich nach hinreichender Auflandung u. Aussüßung zu *S.böden* (↗Marschböden).

Schlickgras, *Spartina,* Gatt. der Süßgräser (U.-Fam. *Pooideae*) mit 16 Arten im gemäßigten Amerika u. an den eur. und afr. Küsten. Der fruchtbare (allotetraploide) Bastard *S. townsendii* (synonym *S. anglica* = *alterniflora* × *maritima*) ist in Europa erstmals 1870 im südengl. Watt aufgetreten. Er ist ein ausdauerndes Fingerährengras, das sich schnell ausbreitete, die Andel-Rasen (↗Asteretea tripolii) verdrängte u. zur Landgewinnung u. als Wattenfestiger eingesetzt wurde. [tea.

Schlickgras-Gesellschaften ↗Spartine-

Schliefer [Mz.; v. ahd. sliofan = schlüpfen], *Hyracoidea,* aufgrund verwandtschaftl. Beziehungen gemeinsam mit Elefanten u. Seekühen den einst artenreichen Paenun-

Schleuderzungensalamander

Gattungen (Artenzahlen in Klammern):

Hydromantis, ↗Höhlensalamander (5)

Batrachoseps, ↗Wurmsalamander (3)

Bolitoglossa, Pilzzungensalamander i.e.S. (55)

Oedipina, Tropensalamander (18)

Pseudeurycea, Mexiko-Salamander (22)

Chiropterotriton, Schwielensalamander (16)

Lineatriton, Veracruz-Salamander (1)

Thorius, Pygmäensalamander (9)

Parvimolge, Zwergsalamander (2)

Schlick

Blauschlick
festländ. Zerreibungsprodukt; durch feinverteilten Pyrit u. halbzersetzte organ. Substanzen blaugefärbt; bedeckt 10% des Meeresbodens

Rotschlick
Abart des Blauschlicks; durch Einschwemmung v. Laterit in Küstennähe trop. Gebiete rot gefärbt

Grünschlick
S. mit Beimengung v. Glaukonit

Kalkschlick
weißlich, 40–90% Kalkgehalt; in trop. u. subtrop. Meeren u. in der Nähe v. Koralleninseln

Busch-Schliefer
(Heterohyrax brucei)

Schließmund-schnecken

Wichtige Unterfamilien u. Gattungen:

Alopiinae
↗ *Albinaria*
↗ *Herilla*

Baleinae
↗ *Balea*
↗ *Bulgarica*
↗ *Laciniaria*
↗ *Vestia*

Clausiliinae
↗ *Clausilia*
↗ *Erjavecia*
↗ *Fusulus*
↗ *Macrogastra*
↗ *Neostyriaca*
↗ *Ruthenica*

Cochlodininae
↗ *Cochlodina*

Deliminae
↗ *Charpentieria*
↗ *Delima*

Laminiferinae
Laminifera

Neniinae
↗ *Nenia*

Serrulininae
↗ *Dobatia*

gulaten (Fast-↗Huftiere) zugeordnete afr. Säugetier-Ord. mit zahlr. fossilen Formen aus dem Tertiär (z. B. *Geniohyidae*) u. nur 1 rezenten Fam., den Schliefern i. e. S. *(Procaviidae),* mit 3 Gatt. und je nach Auffassung 7 bis 11 Arten in Afrika u. auf der Sinai-Halbinsel. Die murmeltierähnl. S., die „Kaninchen" der Lutherschen Bibelübersetzung, sind wiederkäuende Pflanzenfresser (Kopfrumpflänge 40–50 cm) mit 2 Darmblindsäcken, v. denen der eine celluloseabbauende Bakterien enthält; ihre oberen Schneidezähne wachsen ständig nach (↗Nagezähne). Die S. sind Sohlengänger, mit einem elast. Hautkissen unter der Fußsohle. Die Milchdrüsen sind leisten- u. achselständig. Auf dem Rücken befindet sich ein v. auffallenden Haaren umstelltes nacktes Drüsenfeld (Rückendrüse). Vorwiegend Baumbewohner sind die Baum- od. Wald-S. (*Dendrohyrax;* 3 Arten). Auf Bäumen u. Felsen leben die Busch- od. Steppen-S. (*Heterohyrax;* 3 Arten). Reine Felsbewohner sind die (wie auch die vorige Art) gesellig lebenden Klipp- od. Wüsten-S. (*Procavia;* 1 bis 5 Arten). – Wahrscheinl. stammen die S. von primitiven ↗ *Condylarthra* ab, die schon in präeozäner Zeit in Afrika beheimatet waren. Sie blieben bis zum Obermiozän auf diesen Kontinent beschränkt, breiteten sich jedoch im Vallesium nach Europa u. Asien bis nach China aus *(↗ Pliohyrax).* [B] Mediterranregion IV.

Schließbewegungen, Bez. für *Krümmungs-↗Bewegungen* an Blüten- u./oder Kelchblättern, an Fruchtblättern u. an Sporenkapseln, die zur Öffnung u. Schließung dieser Zellkomplexe, Organe od. Organsysteme führen.

Schließfrüchte ↗Fruchtformen ([T]), [B] Früchte.

Schließhaut ↗Tüpfel.

Schließmundschnecken, *Clausiliidae,* Fam. der ↗ *Clausilioidea,* Landlungenschnecken mit hochgetürmtem, meist spindelförm. Gehäuse mit 10–12 Umgängen, v. denen die ältesten oft abgestoßen werden; meist linksgewunden. Mündung durch komplizierte Lamellen verengt u. durch das ↗Clausilium abzudichten. Das schlanke Tier hat 2 lange obere und 2 kurze untere Fühler; Atem- u. Genitalöffnung liegen links. ☿ mit etwas vereinfachtem Genitalapparat. Die S. leben vorzugsweise in Wäldern u. an Felsen u. sind nachts u. bei feuchtem Wetter aktiv; sie weiden den Algenbewuchs ab. Die ca. 200 Gatt. werden 11 U.-Fam. (vgl. Tab.) zugeordnet. Verbreitungsschwerpunkte sind Kaukasien u. der Balkan; in Dtl. 25 Arten.

Schließmuskeln, 1) ↗Sphinkter, ↗Darm. 2) *Schalen-S., Adduktoren,* quer zur Körperlängsachse verlaufende Muskeln der ↗Weichtiere ([B]) mit 2 Schalenklappen (↗ *Berthelinia,* Muscheln); Kontraktion der S. führt zum Schalenverschluß. Urspr. haben ↗Muscheln ([ ], [B]) einen vorderen u. einen hinteren S., die antagonist. gegen die Zugspannung des Scharnierbandes u. den Druck des Scharnierknorpels wirken. Die S., aus glatter u. schräggestreifter Muskulatur aufgebaut, bestehen aus physiolog. unterschiedl. Anteilen: einem phasischen, der das schnelle Klappenschließen bewirkt, u. einem tonischen, der die Klappen bei geringem Energieverbrauch lange zuhält (Sperrtonus). Die vorderen S. werden in einigen Fam. bis zum Verschwinden reduziert, die hinteren sind dann entspr. größer u. rücken mehr zur Mitte. Bei den ↗Bohrmuscheln wird der vordere S. nach außen zw. die umgeschlagenen dorsalen Schalenränder verlagert u. arbeitet antagonist. gegen den hinteren. ↗Muskelkontraktion.

Schließplatte, das ↗Clausilium.

Schließzellen ↗Spaltöffnungen.

Schlinger, *Schwarzer S., Chiasmodon niger,* ↗Drachenfische.

Schlinger, Tiere, die unzerkleinerte Beute, die ihre eigene Größe z. T. übertrifft, aufnehmen, wobei der Oesophagus stark erweitert ist u. der Vorverdauung dient, indem die Verdauungssäfte aus rückwärtigen Darmabschnitten nach vorne gepumpt werden. Mundwerkzeuge – falls vorhanden – dienen ledigl. dem Festhalten der Beute. S. findet man im gesamten Tierreich, so bei Polypen, Strudelwürmern, Schnecken, Amphibien, Schlangen, Fischen, fischfressenden Vögeln, Raubtieren.

Schlingnattern, *Coronella,* Gatt. der Nattern; Bodenbewohner in Eurasien; grau bis rotbraun gefärbt; Kopf klein, Augen mit runder Pupille, Zähne nach hinten zu an Größe gleichmäßig zunehmend; Körperschuppen glatt, in Reihen angeordnet; ungiftig; umschlingen Beute vor dem Verzehr (Name!). – Die Glattnatter (*C. austriaca,* [B] Europa XI, [B] Reptilien II) wird bis 75 cm lang; in warmen, trockenen Biotopen bis 2000 m Höhe, meist versteckt lebend; von S-Skandinavien bis S-Europa, von NW-Afrika, N-Spanien bis W-Asien verbreitet, in Dtl. zieml. häufig im Rhein-Main-Gebiet u. Baden; bissig; ernährt sich v. a. von Eidechsen u. kleinen Schlangen; tagaktiv; lebendgebärend – Eihülle bei der Geburt platzend –, 3–15 Junge schlüpfen im Sommer; nach der ↗Roten Liste „gefährdet". Sie wird oft mit der gift. Kreuzotter verwechselt, hat aber einen dunkelbraunen Streifen jederseits der Kopfseiten vom Hals durch das Auge bis zum Mundwinkel. Vorwiegend dämmerungsaktiv u. weniger bissig ist die Gironde-Natter *(C. girondica);* 50–70 cm lang; lebt von NW-Afrika über Spanien, S-Fkr. bis It.; bevorzugt stein., mit Gebüsch bewachsenes Gelände bis 1500 m Höhe.

Schlingpflanzen ↗Lianen.

Schlittschuhläufer, die ↗Wasserläufer.

Schlitzbandschnecken, die ↗Schlitzkreiselschnecken.

Schlitzhörner, die ↗Schlitzturmschnecken.

Schlitzkreiselschnecken, *Schlitzbandschnecken, Pleurotomarioidea,* Überfam. der ↗Altschnecken mit kegel. bis ohrförm., innen perlmuttrigem Gehäuse, das einen Schlitz od. eine Lochreihe aufweist. Die paarigen Kiemen sind beidseitig gefiedert, die rechte ist oft kleiner. 2 Herzvorhöfe; die Herzkammer wird vom Enddarm durchzogen. Bürsten- od. Fächerzüngler; äußere Befruchtung. Etwa 110 Arten in 3 Fam. (vgl. Tab.). Die S. i. e. S. (Fam. *Pleurotomariidae*) haben ein kegelförm., dickes Gehäuse, das gelb bis rot geflammt ist; der Schlitz am Mündungsrand setzt sich als Schlitzband auf die älteren Umgänge fort; conchinöser Dauerdeckel. Getrenntgeschlechtl. Bürstenzüngler in Meerestiefen unter 400 m, die sich hpts. von Schwämmen ernähren. Etwa 15 Arten der Gatt. *Entemnotrochus, Mikadotrochus* (↗Millionärsschnecke, □) u. *Perotrochus,* die in der Karibik, vor den japan., indones. und südafr. Küsten vorkommen. [ken.

Schlitznapfschnecken, die ↗Lochschnek-

Schlitznasen, *Hohlnasen, Nycteridae,* Fam. der ↗Fledermäuse (T) mit nur 1 Gatt. *(Nycteris)* u. 11 Arten. Die Nasenöffnungen der S. münden in eine von seitl. Hautlappen gebildete Grube (Name!), die der Bündelung der v. der Nase ausgestoßenen Ultraschalltöne dient (↗Echoorientierung). Das Hauptverbreitungsgebiet der S. ist Afrika; bis nach S-Europa (Insel Korfu) dringt nur *N. thebaica* vor. In SO-Asien kommt die Java-Hohlnase *(N. javanica)* vor.

Schlitzrüßler, *Solenodontidae,* Fam. relativ großer (Kopfrumpflänge etwa 30 cm) ↗Insektenfresser vom Spitzmaustyp; 1–2 rezente Arten: Haiti-S. (*Solenodon paradoxus;* Haiti) u. Kuba-S. od. Almiqui (*Atopogale cubana;* Kuba; vermutl. seit 1909 †); 3 † Gatt. aus dem mittleren Oligozän N-Amerikas bekannt; rüsselart. Nase mit Stützknochen; Furche im 2. unteren Schneidezahn (*Solenodontidae* = Furchenzähner), in die die Unterkieferdrüse mündet (Speichel giftig?).

Schlitzschnecken, volkstüml. Bez. für ↗Loch-, ↗Riß- u. ↗Schlitzkreiselschnecken.

Schlitzturmschnecken, *Schlitzhörner, Turridae,* Fam. der ↗Giftzüngler, Meeresschnecken mit spindelförm. Gehäuse, dessen Mündung einen vorderen Siphonalkanal u. einen hinteren, oft schlitzförm. Analsinus aufweist; die Spindelwand ist meist glatt; der Dauerdeckel kann fehlen. Die S. sind Schmal- od. Giftzüngler mit Giftdrüse, die im Schlund mündet. Etwa 600 Gatt., die carnivor sind u. weltweit meist in größeren Meerestiefen leben. Die S. sind die umfangreichste Fam. der Meeresschnecken. *Turris,* im Indopazifik mit etwa 10 Arten vertreten, hat ein bis 16 cm hohes Gehäuse mit schmalem, tiefem Analsinus; Oberfläche kräftig spiralgereift. Bei *Thatcheria mirabilis* (10 cm hoch) ist das dünnschalige Gehäuse treppig geschultert, seine Oberfläche fast glatt; sie lebt vor japan. und philippin. Küsten auf Sand- u. Schlammboden in größerer Tiefe (60–400 m) u. ist beliebtes Sammelobjekt.

Schlitzkreiselschnecken

Familien:

↗Meerohren *(Haliotidae)*

↗Rißschnecken *(Scissurellidae)*

Schlitzkreiselschnecken i. e. S. *(Pleurotomariidae)*

Schlitzrüßler *(Solenodon spec.)*

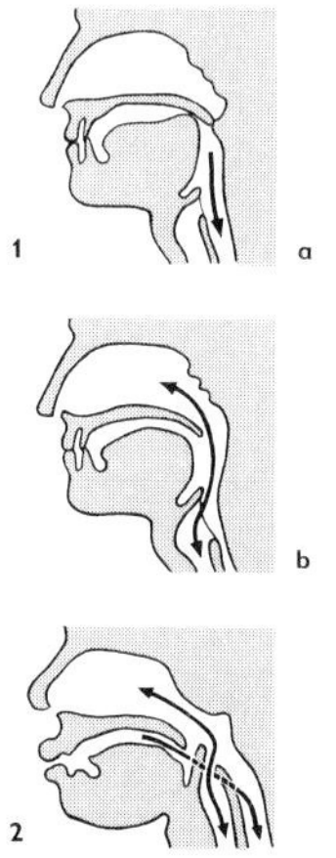

Schluckreflex

Schlucken **1** beim erwachsenen Menschen, **a** Schluckstellung, **b** Atemstellung; **2** beim Säugling

Schloß ↗Scharnier (der Muscheln).

Schlosser, *Periophthalmus schlosseri,* ↗Schlammspringer.

Schloßleisten, die ↗Cruralplatten.

Schloßplatte, auf der Armklappe articulater ↗Brachiopoden befindl., zusammenhängende oder 2teilige Plattform vor dem Schloßrand, in der die Zahngruben für die Schloßzähne liegen (= äußere Teile der S.); zw. den Zahngruben (= innere Teile der S.) entspringen die ↗Cruren.

Schlotheim, *Ernst Friedrich* Frh. von, dt. Botaniker u. Paläontologe, * 2. 4. 1764 Almenhausen (Thür.), † 28. 3. 1832 Gotha; wichtige paläozool. und -bot. Arbeiten; wußte als einer der ersten die Bedeutung der Leitfossilien richtig einzuschätzen.

Schlotheimia *w* [ben. nach E. F. v. ↗Schlotheim], 1) Gatt. der ↗Orthotrichaceae. 2) (Bayle 1878), Ammoniten *(↗Ammonoidea)* mit evolutem Gehäuse u. einfachen Rippen, die auf der gerundeten Externseite in spitzem Winkel aufeinander zulaufen, aber eine Mittelfurche freilassen. Verbreitung: Lias α (Hettangien) v. Europa, Japan, N-Amerika, Peru. *S. angulata* (v. Schloth.) ist Leitfossil für Lias α_2 u. namengebend für den süddt. Angulatensandstein.

Schlotzone ↗Tabularium. [der.

Schluchtensalamander ↗Waldsalaman-

Schluchtwälder ↗Lunario-Acerion.

Schluckauf, *Singultus,* durch kurzfristige, schnelle, reflektorische Kontraktion des Zwerchfells hervorgerufene geräuschvolle Einatmung; kann zahlr. Ursachen haben, die v. Entzündungen des Zwerchfells, Magen- od. Leberdruck u. Störungen des Atemzentrums bis zu psychisch bedingtem S. reichen; ebenfalls gefördert wird der S. durch Alkohol u. einige Pharmaka.

Schluckreflex, Bez. für den angeborenen, reflektorisch (↗Reflex) gesteuerten Schluckvorgang. Dieser dient dem Transport der Nahrung aus der Mundhöhle in die Speiseröhre u. wird durch Berührung der Gaumenbögen, des Zungengrundes od. der hinteren Rachenwand ausgelöst. Die mechan. Reizung der in diesen Bereichen gelegenen Rezeptoren wird über sensible Fasern dem oberhalb des Atemzentrums im Hirnstamm (↗Gehirn) gelegenen *Schluckzentrum* zugeleitet. Dessen Erregung, die gleichzeitig eine Inhibierung des Atemzentrums zur Folge hat (während des *Schluckens* setzt die Atmung aus), aktiviert über motorische Fasern die Schlundkopfmuskulatur. Dadurch wird sowohl die Atemröhre verschlossen als auch die Nahrung in die Speiseröhre transportiert, durch deren peristaltische Kontraktionen der Nahrungsbrei schließl. in den Magen gelangt. Diese ↗Peristaltik ermöglicht auch einen Nahrungstransport, wenn der Kopf tiefer liegt als der Magen (z. B. beim „Kopfstand"). Der Schluckvorgang kann nicht willkürlich ausgelöst werden: Auch ein sog. „Leerschlucken" wird nur bei Reizung der mechan. Rezeptoren des Rachenraums durch Speichel ermöglicht.

Schluff, *S.fraktion,* Korngrößenfraktion des Bodens. ↗Bodenarten (□, T).

Schluffböden, Böden mit überwiegendem Schluff- u. geringem Sand- u. Tonanteil (↗Bodenarten; □, T), bei der ↗Fingerprobe wenig formbar, mehlig, zerbröckelnd, mit rauher Gleitfläche abscherend. S. zeichnen sich im allg. durch eine für das Pflanzen- u. Bodenleben günstige Porenverteilung, Durchlüftung, Nährstoff- u. Wasserspeicherung aus u. gelten als fruchtbare Kulturböden (Beispiele: Löß- u. Auenböden, Marschen).

Schlund, 1) Bot.: Übergangsbereich zw. dem Blütensaum, dem Bereich der noch freien Blütenblattspitzen, u. der Blütenröhre, dem Bereich der miteinander verwachsenen Teile der Blütenblätter (↗Blüte). Analog spricht man auch beim verwachsenblättrigen Kelch mit freien Kelchblattspitzen v. einem S. *S.schuppen* sind lokale Einstülpungen der Blütenblätter bei den radiären Blüten der ↗Rauhblattgewächse unterhalb des Kronensaums, die in die Blütenröhre hineinragen u. den Eingang zu ihr verengen. **2)** Zool.: der ↗Pharynx.

Schlundbögen, die ↗Kiemenbögen.

Schlunddarm, der ↗Kopfdarm.

Schlundegel, die ↗Pharyngobdelliformes.

Schlundganglien, 1) im Kopfbereich v. Gliederfüßern u. Ringelwürmern ausgebildete Nervenknoten (↗Ganglion); ↗Oberschlundganglion (□), ↗Unterschlundganglion, ↗Gehirn (□), ↗Nervensystem (□). 2) *Buccalganglien,* ↗Buccalganglion.

Schlundring, bei Gliederfüßern u. Ringelwürmern ein vom ↗Oberschlundganglion in Form von 2 Konnektiven ausgehender, den Schlund umgreifender Nervenring; stellt die Verbindung zum ↗Unterschlundganglion bzw. ↗Bauchmark dar.

Schlundrinne, 1) Einfaltung der ↗Pansen-Wand des ↗Wiederkäuer-Magens, durch die der Nahrungsbrei vom Oesophagus in den Pansen geleitet wird. Nur bei Jungtieren, die sich vorwiegend v. Milch ernähren, schließt sich die S. reflektorisch (S.nreflex), so daß die Milch ohne Pansenpassage direkt dem Verdauungstrakt zugeführt wird. 2) *Hypobranchialrinne,* das ↗Endostyl.

Schlundsackschnecken, *Sackzüngler, Saccoglossa, Ascoglossa,* Ord. der Hinterkiemer mit 7 Fam. (vgl. Tab.), kleine Meeresschnecken (meist unter 1 cm, ausnahmsweise bis 10 cm lang) mit od. ohne

Schlundsackschnecken

Wichtige Familien u. Gattungen:

Cylindrobullidae
↗ *Cylindrobulla*
Elysiidae
↗ *Bosellia* (auch eigene Fam. *Boselliidae*)
↗ *Elysia*
Juliidae
↗ *Berthelinia*
Oxynoidae
↗ *Oxynoë*
Stiligeridae
↗ *Stiliger*

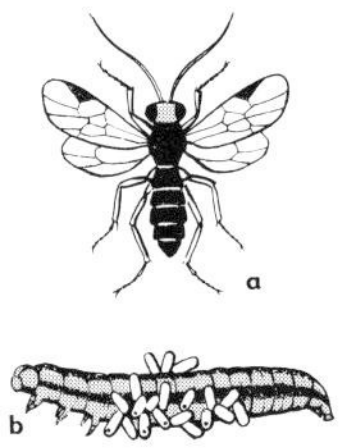

Schlupfwespen

a Kohlweißling-S., **b** die Raupe mit Kokons der schlüpfenden S.

Schlupfwespen

Familien:

↗Blattlauswespen *(Aphidiidae)*
↗Brackwespen *(Braconidae)*
↗ *Chalcididae*
↗ *Ichneumonidae*

Gehäuse; namengebend war ein Blindsack am Vorderende der Reibzunge, in den die abgenutzten Zähne gelangen. Die meisten S. haben 1 Paar gerollter od. stabförm. Rhinophoren; das Nervensystem zeigt Übergänge v. der ↗Chiastoneurie zur Euthyneurie (↗Geradnervige). Ctenidien u. Osphradien treten nur bei beschalten S. auf. Das Gehäuse v. ↗ *Cylindrobulla* u. a. Gatt. ist so groß, daß es den Weichkörper ganz aufnehmen kann; bei anderen, wie ↗ *Oxynoë,* ist das nicht möglich. Ganz ungewöhnl. ist ↗ *Berthelinia* (□): sie hat eine zweiklappige Schale (Konvergenz zu Muscheln); die linke mit den spiraligen Anfangswindungen ist dem übl. Schneckenhaus homolog, die rechte ist sekundär entstanden; der verlagerte Spindelmuskel dient als Schließmuskel. Fast alle S. leben auf u. von Algen, deren Inhalt sie mit der muskulösen Schlundpumpe einsaugen; durch Einlagerung der Pflanzenpigmente passen sie sich der Substratfarbe an. Meist ☿ Tiere, die sich über Veliger entwickeln.

Schlundspalten, die ↗Kiemenspalten.

Schlundtaschen, *Kiementaschen,* ↗Kiemenfurchen, ↗Kiemenspalten.

Schlundzähne, *Rachenzähne,* auf den Kiemenbögen sitzende Zähne, z. B. bei ↗Karpfenähnlichen. Auch bei Wirbellosen können im Pharynx zahnartige Bildungen auftreten, z. B. bei ↗ *Rhabditida,* ↗ *Gnathostomulida* u. a.

Schlupfwespen, *Ichneumonoidea,* Überfam. der ↗Hautflügler. Zu den S. werden einige Fam. der Hautflügler gerechnet, deren Weibchen ihre Eier mit einem meist langen Legebohrer in die Larven anderer Insekten legen (□ Ichneumonidae). Die Larven entwickeln sich dann parasit. in den Wirtslarven; sie entspr. meist dem Typus der Made (ohne Extremitäten). Bei einigen Arten ist das 1. Larvenstadium noch recht bewegl. und weist einen verdickten Vorderkörper auf (*cyclopoide* Larven). Zu den systemat. nicht einheitl. S. werden manchmal außer den in der Tab. genannten Fam. auch noch die Gichtwespen *(Gasteruptiidae)* u. die Hungerwespen *(Evaniidae)* gezählt.

Schlüsselbein, die ↗Clavicula.

Schlüsselblume, *Primula,* Gatt. der ↗Primelgewächse mit über 500, insbes. in Europa u. dem gemäßigten Asien heim. Arten. Meist ausdauernde, häufig an Gebirgsstandorte angepaßte Pflanzen mit grundständ. Blattrosette u. überwiegend doldig bis kopfförmig an einem blattlosen Stengel sitzenden Blüten. Die Staubblätter setzen im Schlund od. der Röhre der stielteller- bis trichterförm. Blütenkrone an. Aus dem kugeligen bis eiförm. Fruchtknoten entsteht eine vielsamige Kapsel. Die wenigen einheim., meist im zeitigen Frühjahr blühenden Arten der S. stehen alle unter Naturschutz. Es sind v. a. die hellgelb blühende Große oder Hohe S. *(P. elatior)* mit längl.-eiförm., runzeligen Blättern (in krautreichen Laubwäldern u. Bergwiesen), die ebenfalls gelb blühende, nach der ↗Roten Liste „gefährdete“ Alpen-Aurikel *(P. auricula)* mit glatten, dickfleischigen Blättern (in Felsspalten, alpinen Steinrasen u. Moorwiesen des Alpenvorlandes), die ebenfalls „gefährdete“, rotlila blühende Mehl-Primel *(P. farinosa),* deren Blattunterseiten einen v. Drüsenhaaren abgesonderten, weißl.-mehligen Überzug aus Flavonoiden aufweisen (in alpinen Steinrasen sowie Quell-, Flach- u. Wiesenmooren des Alpenvorlandes), die „potentiell gefährdete“, auch rot blühende Zwerg-P., *P. minima* (im Magerrasen der alpinen Stufe; B Alpenpflanzen) und die Echte S., *P. veris (= P. officinalis)* (in Kalkmagerrasen, mageren Wiesen, lichten, krautreichen Laubwäldern, an Waldrändern; B Europa IX). Letztere hat dottergelbe, wohlriechende Blüten u. wurde in der Volksmedizin u.a. wegen ihrer abführenden u. harntreibenden Eigenschaften verwendet. Hauptwirkstoffe sind die insbes. in der Wurzel enthaltenen Saponine u. die Phenolglykoside Primula- u. Primverosid sowie deren Aglykone (äther. Öle). Die seltene, „gefährdete“ Stengellose S. oder Kissen-Primel, *P. acaulis (= P. vulgaris)* (in krautreichen Laubwäldern, auf Wiesen u. im Gebüsch), besitzt hellgelbe, relativ große, einzeln stehende Blüten. Sie ist, wie verschiedene andere *P.*-Arten (z.B. *P. auricula, P. veris* und *P. elatior*), allein od. meist gekreuzt mit anderen Primeln Stammform zahlr. weiß, gelb, orange, rosa, rot, purpurn od. blau blühender Topf- u. Gartenzierpflanzen (*P. vulgaris*-Hybriden). Beliebte Zierpflanzen sind auch verschiedene aus China stammende und z.T. in zahlr. Sorten kultivierte S.n, wie z.B. die Chin. Primel *(P. sinensis)* mit weißen bis roten, bisweilen auch gefüllten Blüten u. die rötl. oder purpurn blühende Becher- oder Gift-Primel *(P. obconica).* Das Sekret ihrer Drüsenhaare enthält (wie das Sekret einiger anderer *P.*-Arten auch) das Primelgift *Primin,* eine Benzochinon-Verbindung, die bei allerg. reagierenden Menschen eine durch Rötung u. Bläschenbildung gekennzeichnete Dermatitis hervorruft. B Blatt II.

Schlüsselblumenartige ↗Primelartige.

Schlüsselgruppe, Ökologie: Organismengruppe, die ein so hohes Vermehrungspotential hat, daß die Folgeproduktionen in der Nahrungskette weitgehend v. ihr abhängen; oft ↗Primärkonsumenten (Zooplankter, herbivore Insekten).

Schlüsselreiz, ethologische Bez. für Reize, die bei einem Tier über einen ↗angeborenen auslösenden Mechanismus (AAM) wirken u. dadurch ein Verhalten auslösen od. aufrechterhalten bzw. die Orientierung eines Verhaltens od. die ↗Bereitschaft (B) zu einem Verhalten verändern *(Orientierungsreize, motivierende Reize).* Der Begriff S. leitet sich v. der Vorstellung ab, ein AAM filtere alle eingehenden Reize, bis ein Reiz bzw. Reizmuster die genaue „Paßform“ habe. Die moderne Ethologie sieht das Erkennen eines S.es als Leistung neuronaler Informationsverarbeitung an; im Unterschied zu relevanten Reizen schlechthin ist der S. *angeborenermaßen* einer Handlung od. Bereitschaft zugeordnet, d.h., die Zuordnung muß nicht erworben werden (↗EAM). Stammesgeschichtlich bes. entwickelte soziale S.e, die eine unmißverständl. Kommunikation ermöglichen sollen, werden ↗Auslöser (B) gen.; an ihnen wurde das Phänomen zuerst untersucht (↗Attrappenversuch, B). Aber auch jeder andere angeborenermaßen verhaltenswirksame Reiz muß als S. gelten; z.B. lösen einige Aminosäuren (natürl. Bestandteile tier. Körperflüssigkeit) über einen sehr einfachen Mechanismus das Beutefangverhalten u. Fressen v. Süßwasserpolypen aus. Auch beim Menschen gibt es funktionierende angeborene auslösende Mechanismen u. dazugehörige S.e, deren Wirkung allerdings v. höheren Verhaltensebenen aus kontrollierbar und evtl. veränderbar ist (↗Klammerreflex, ↗Kindchenschema, ↗Brustsuchen; ↗Mimik, □). Häufig wird das Wort *Signalreiz* synonym mit S. benutzt: Dies muß als unglücklich gelten, da das Wort in der Lernpsychologie eine andere Bedeutung hat u. da ↗Signal i.d.R. ein der Kommunikation dienendes Zeichen (bzw. Zeichenfolge) allg. benennt. In diesem Sinne wäre ein Auslöser (ein sozialer S.) ein angeborenermaßen verstehbares Signal. □ Kindchenschema.

Schlüssel-Schloß-Prinzip, *Schlüssel-Schloß-Beziehung, Schloß-Schlüssel-Prinzip,* 1) Biochemie: das Zusammenpassen v. Molekülen aufgrund ihres komplementären Baues (↗Komplementarität), insbes. im Enzym-Substrat-Komplex (↗Enzyme, □ aktives Zentrum) u. bei der ↗Antigen-Antikörper-Reaktion (□). 2) Zool.: ein Sonderfall v. ↗Synorganisation, näml. das Zusammenpassen v. weibl. Vagina usw. (≙ Schloß) u. männl. ↗Begattungsorganen (Penis, Gonopoden usw., ≙ Schlüs-

Schlüssel-Schloß-Prinzip

Bisweilen interpretiert man das S. in der Zool. auch als einen Mechanismus der intrasexuellen Konkurrenz-Vermeidung, denn ein mit seinen Kopulationsorganen bes. fest am ♀ verankertes ♂ wird weniger leicht abgeschüttelt od. von einem Rivalen verdrängt. Dies mag *zusätzlich* von Bedeutung sein; die meist sehr artspezif. Ausprägung v. „Schloß“ u. „Schlüssel“ ist jedoch *primär* als Isolationsmechanismus zu deuten. Diese Interpretation erklärt zugleich, warum gerade Genitalstrukturen bei Insekten, Doppelfüßern u. Spinnen die wesentlichen *Art*-Bestimmungsmerkmale liefern (dazu sind meist mühsame mikroskop. Präparationen notwendig).

Schlüsselreize beim Menschen

Auch beim Menschen wird die Geschlechtszugehörigkeit Erwachsener wahrscheinl. anhand von S.n erkannt, z.B. anhand des Verhältnisses v. Schulter- u. Hüftbreite, der abgerundeten Formen bei der Frau im Vergleich zu den mehr kantigen männl. Konturen (Ursache ist eine verschiedene Verteilung des Unterhaut-Fettes) usw. Es scheint auch akustische (Stimmlage) u. geruchliche S.e zu geben; alle können auch S.e für die Auslösung sexueller Verhaltenstendenzen werden. Welche dieser Reize jedoch als bes. sexuell aufreizend empfunden werden, hängt v. kulturellen Gegebenheiten u. damit v. Lernvorgängen ab; z.B. spielt die weibliche Brust als „Sexualsignal“ in Europa eine größere Rolle als in Schwarzafrika od. Ozeanien.

sel). Das S. ist bes. ausgeprägt bei Insekten, Doppelfüßern u. Spinnen, oft v. Art zu Art sehr unterschiedl.; d. h., bei fremden Arten paßt der „Schlüssel" nicht ins „Schloß". Das S. wirkt dadurch als wichtiger präzygotischer mechan. ↗Isolationsmechanismus, denn es verhindert interspezifische (= im Endergebnis „verlorene") Kopulationen; vgl. Spaltentext.

Schlußgesellschaft, die ↗Klimaxvegetation.

Schlußleisten, *Kittleisten,* Begriff aus der Histologie für lichtmikroskopisch darstellbare, komplex gebaute Interzellularverbindungen in einschichtigen, v.a. prismatischen tier. Epithelien (↗Epithel). Die S. bilden einen Haftring um die Apikalregion der einzelnen Zellen u. zeigen bei elektronenmikroskop. Betrachtung, bes. in den Epithelien des Atem-, Darm-, Genitaltrakts der Wirbeltiere, i.d.R. einen einheitl. Aufbau aus drei Substrukturen unterschiedl. Funktion: Von apikal nach basal folgen aufeinander eine gürtelförmig die Zellen umziehende Abdichtungszone (Zonula occludens, ↗tight-junctions), in der die Membranen benachbarter Zellen unmittelbar aneinanderkleben (Diffusionsbarriere), z.T. mit eingeschlossenen plaqueförmigen ↗gap-junctions (Erregungskupplungen), eine ebenfalls gürtelförmige „Klebzone" (Zonula adhaerens, belt desmosome), die der mechan. Zell-Zell-Verbindung dient, und darunter einzelne plaqueförmige Klebpunkte (Maculae adhaerentes, ↗Desmosomen) mit gleicher Funktion. Im Bereich der beiden letztgenannten mechan. Zellverbindungen bleibt der normale Interzellularspalt von etwa 30 nm Breite erhalten, ist aber v. fädigen Strukturen erfüllt u. reich an sauren ↗Mucopolysacchariden (durch Ca^{2+} vernetzter „Interzellularkitt"), während zellinnenseitig die Zellmembranen durch dichte Büschel membrangebundener Tonofilamente am Cytoskelett verankert (↗Zellskelett) sind.

Schmalbienen, *Halictidae,* Fam. der ↗Hautflügler mit über 1000, in Mitteleuropa ca. 150 Arten. Die S. sind 3 bis 11 mm große, schlanke, unterschiedl. gefärbte solitäre Bienen; die Männchen erkennt man am schnauzenförmig verlängerten, meist hinten etwas gelbl. Kopf. Die schon begatteten Weibchen werden ab April nach der Winterstarre aktiv; sie legen ihre aus bis zu 25 Einzelteilen bestehenden, oft verzweigten Nester fast ausschl. im Boden an; die Wände werden bei vielen Arten mit Speichel verfestigt. Die einzelnen Zellen werden mit einem Klumpen aus eingetragenem Pollen (Beinsammler) u. Nektar befüllt, der mit einem mehr od. weniger langen Rüssel aufgesogen wird. Die verproviantierte Zelle wird mit einem Ei belegt, verschlossen od. vom Weibchen weiter versorgt. Bei den artenreichen, 3 bis 6 mm großen Furchenbienen (Gatt. *Halictus*) gibt

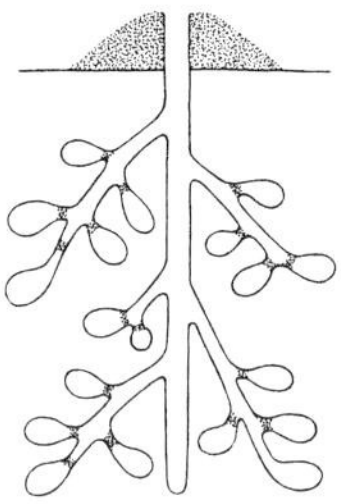

Schmalbienen

Nestanlage v. *Halictus malachurus*

Schmalnasen

Überfamilien und Familien:

↗Hundsaffen *(Cercopithecoidea)*
- ↗Meerkatzenartige *(Cercopithecidae)*
- ↗Schlankaffen *(Colobidae)*

Menschenähnliche *(↗Hominoidea)*
- ↗Gibbons *(Hylobatidae)*
- ↗Menschenaffen *(Pongidae)*
- Menschen(artige) *(↗Hominidae;* ↗Mensch)

Schmalzüngler

Überfamilien:

↗Stachelschnecken
↗Walzenschnecken
↗Wellhornartige

es in der Anlage des Nestes u. Arbeitsteilung alle Übergänge zw. solitär u. sozial lebenden Arten (↗staatenbildende Insekten). Die Weibchen haben auf dem letzten Hinterleibsring eine blanke Furche. Die nach der ↗Roten Liste „vom Aussterben bedrohte" Viergürtelige Schmalbiene *(H. quadricinctus)* trägt 4 weiße Querbinden auf dem Hinterleib. Arbeiterinnen (sterile Weibchen mit verkümmertem Ovar) gibt es bei der „stark gefährdeten" Art *H. scabiosae* und bei der „verschollenen" Art *H. marginatus.* Die 5 einheim. Arten der ca. 6 mm großen Glanzbienen (Gatt. *Dufourea*) haben einen blauschwarzen, wenig behaarten Körper. Sie tragen den Pollen an den stark behaarten Hinterschenkeln ein (Schenkelsammler); die Nester sind im Boden. Unter den S. gibt es einige ↗Kuckucksbienen, z.B. die im Bestand ebenfalls gefährdeten, fast unbehaarten, schwarz-braunen Buckelbienen od. Blutbienen (Gatt. *Sphecodes*), die ihre Eier in die bereits voll verproviantierten Zellen der Nester anderer Arten legen.

Schmalböcke, *Strangalia,* Gatt. der ↗Blütenböcke.

Schmalnasen, *S.affen, Altweltaffen, Catarrhina,* v.a. aufgrund ihrer Verbreitung (Afrika, Asien) u. ihrer schmalen Nasenscheidewand (Name!) den neuweltl. ↗Breitnasen gegenübergestellte Teil-Ord. der ↗Affen; kein Greifschwanz; Gesäßschwielen (v.a. bei Hundsaffen); Opponierbarkeit des Daumens präziser als bei Breitnasen. Die S. gelten als stammesgeschichtl. einheitliche Gruppe, die bereits im Oligozän (Fayum/Ägypten) in die beiden Über-Fam. ↗Hundsaffen *(Cercopithecoidea)* u. Menschenähnliche *(↗Hominoidea)* aufgespalten war (vgl. Tab.); die Entwicklung der letzteren führte u.a. zum ↗Menschen. ☐ Affen.

Schmalwand, *Arabidopsis,* Gatt. der ↗Kreuzblütler mit rund 10 in Eurasien u. N-Amerika heim. Arten. In Mitteleuropa ist nur die Acker-S. *(A. thaliana),* ein 1jähr., bis ca. 30 cm hohes Kraut mit grundständ. Rosette aus längl.-lanzettl., behaarten u. gezähnten Blättern u. kleinen weißen, in dichter Traube stehenden Blüten zu finden. Sie wächst in Pionier-Ges. auf offenen Böden (in Ackerunkrautfluren, auf Schutt u. Brachen) u. ist wegen ihrer Schnellwüchsigkeit ein beliebtes Untersuchungsobjekt der Pflanzengenetik.

Schmalwanzen, die ↗Weichwanzen.

Schmalzüngler, *Rhachiglossa, Stenoglossa,* U.-Ord. der Neuschnecken (vgl. Tab.) mit einer Schmalzunge; in jeder Querreihe der Reibzunge stehen 3 Zähne: der Mittel- u. jederseits ein Seitenzahn.

Schmarotzer, die ↗Parasiten.

Schmarotzerbienen, die ↗Kuckucksbienen.

Schmarotzerhummeln, *Psithyrus,* Gatt. der ↗Apidae.

Schmarotzerpflanzen, Pflanzen, die ihre

Nährstoffe ganz (↗Holoparasiten) od. teilweise (↗Hemiparasiten) aus Wirtsorganismen beziehen. Die meisten S. sind ↗Ektoparasiten, wobei sie i.d.R. mittels ↗Haustorien in die Wirtspflanzen eindringen. Es treten auch einige ↗Endoparasiten auf, z.B. Vertreter der Fam. ↗*Rafflesiaceae.* S. finden sich unter Bakterien, Pilzen (sofern man diese zu den ↗Pflanzen zählt), Flechten u. Bedecktsamern. B Parasitismus I.

Schmarotzerrose, Arten der Gatt. ↗Calliactis.

Schmätzer ↗Steinschmätzer, ↗Wiesenschmätzer.

Schmeckbecher, die ↗Geschmacksknospen.

Schmeckhaare, *Schmeckborsten,* ↗chemische Sinne (B II), ↗Sensillen.

Schmeckzellen, die ↗Geschmackssinneszellen.

Schmeil, *Otto,* dt. Biologe u. Pädagoge, * 3. 2. 1860 Großkugel bei Halle, † 3. 2. 1943 Heidelberg; zunächst Volksschullehrer u. -rektor, 1904 Ernennung zum Prof., danach Privatgelehrter; reformierte den biol. Schulunterricht durch Anleitungen zu eigenen Beobachtungen u. Experimenten, um damit zu einem tieferen Verständnis der biol. Zusammenhänge zu gelangen. Noch heute bekannt sind seine in zahlr. Auflagen erscheinenden zool. und bot. Schulbücher.

Schmeißfliegen, die ↗Fleischfliegen.

Schmelz, der ↗Zahnschmelz.

schmelzen, 1) Überführung eines festen Stoffes in die flüssige Phase. Voraussetzung hierfür sind das Erreichen der vom Druck abhängigen Schmelz-Temperatur *(Schmelzpunkt)* u. die Zuführung der zur Umwandlung – bei der die Temp. konstant bleibt – notwendigen Energie *(Schmelzwärme).* 2) Bei biol. Makromolekülen, wie doppelsträngigen Nucleinsäuren (bes. DNA), der Übergang vom ↗nativen (bei DNA doppelsträngigen) Zustand in den denaturierten (bei DNA einzelsträngigen) Zustand (↗Denaturierung) durch Erhöhung der Temp. u. das dadurch bedingte kooperative Aufbrechen der schwachen Bindungen innerhalb eines engen Temp.-Intervalls (Schmelzbereich).

Schmelzpunkt ↗schmelzen.

Schmelzschupper [Mz.], *Ganoiden* (L. Agassiz), *Ganoidfische, Glanzschupper,* Sammelbez. für urtüml. ↗Knochenfische mit glänzenden, dicken, rhomb. Ganoid-↗Schuppen. Zu ihnen zählen 1. die Flösselfische (Über-Ord. *Polypteri*) mit der Fam. ↗Flösselhechte *(Polypteridae)* u. den beiden einzigen Gatt. *Polypterus* u. *Calamoichthys* (? Oberkreide bis rezent), 2. die Knorpelganoiden (Über-Ord. ↗*Chondrostei,* Störe, vom mittleren Devon bis rezent; ca. 154 Gatt., 7 rezent), 3. Knochenganoiden (Über-Ord. *Holostei,* ↗Knochen- u. Kahlhechte; vom oberen Perm bis rezent, ca. 120 Gatt., 2 rezent). Taxonomie nicht einheitlich.

Schmerlen, *Cobitidae,* Fam. der ↗Karpfenähnlichen mit ca. 200 Arten; kleine bis mittelgroße, schlanke Süßwasserfische in Eurasien u. Afrika (nur in Marokko u. Äthiopien), meist mit unterständ., von Barteln umgebenem Maul, kleinen Augen, in der Bauchmitte stehenden Bauchflossen und schleim. Haut. Die euras., um 10 cm lange Bach-S., Gewöhnliche S. oder Bartgrundel *(Noemacheilus barbatulus)* kommt auch bei uns in schnellfließenden Gewässern u. in der Uferregion klarer Seen vor; sie hat einen drehrunden Körper und 6 Barteln.

Schmerlen

Bachschmerle, Bartgrundel *(Noemacheilus barbatulus)*

Etwa die gleiche Verbreitung hat der um 8 cm lange, nachtaktive Steinbeißer (*Cobitis taenia,* B Fische X). Der mittel- und osteur., um 20 cm lange, dunkelgefärbte Schlammpeitzger od. Wetterfisch *(Misgurnus fossilis)* lebt in flachen, stehenden Gewässern mit schlamm. od. torf. Boden u. kann zusätzl. zur Kiemenatmung mit der gut durchbluteten Enddarmschleimhaut Luft veratmen, die er an der Oberfläche verschluckt u. durch den After wieder ausscheidet. Er hat 6 Barteln u. zudem 4 Kinnlappen, einen walzenförm. Körper u. eine v. Knochen u. Membranen eingekapselte Schwimmblase, die sehr empfindl. für Druckschwankungen ist; da er bei Wetteränderungen sehr unruhig wird, wurde er fr. mancherorts als Wetterfisch gehalten. Weitere, oft prächtig gefärbte S. sind die Dornaugen u. die ↗Prachtschmerlen.

Schmerlenwelse ↗Parasitenwelse.

Schmerling *m* [v. Schmer (v. ahd. smero = Fett)], *Suillus granulatus,* ↗Schmierröhrlinge (T).

Schmerz, *Schmerzsinn, Nozizeption, Dolor,* durch Schädigung v. Geweben verursachte, unangenehme Empfindung durch v. außen (z.B. Hitze) od. innen (z.B. Entzündungen) kommende Reize (*S.reize,* Noxen). Man unterscheidet viscerale u. somatische S.empfindungen. Die *visceralen S.en* betreffen die dumpfen S.empfindungen der Eingeweide (*Eingeweide-S.,* z.B.

---

schmelzen

„Schmelzkurve" von Bakterien-DNA:

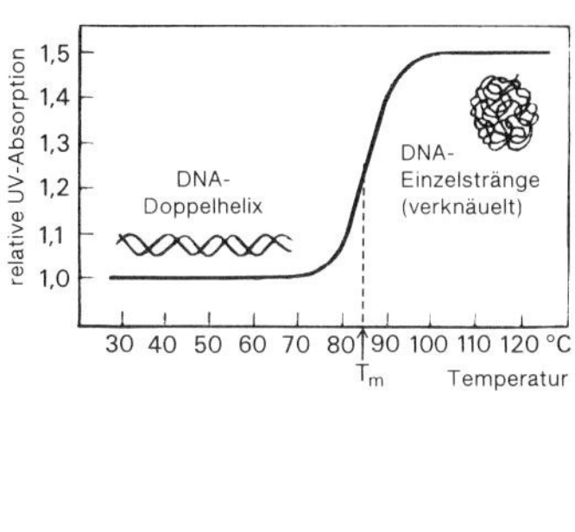

Der Schmelzpunkt (T_m) gibt die Temp. an, bei der die Hälfte der helikalen DNA in den verknäuelten Einzelstrangzustand übergegangen ist. T_m ist um so höher, je höher der Gehalt an C + G (dreifache Wasserstoffbrückenbindung zwischen Cytosin und Guanin; T Basenzusammensetzung, □ Basenpaarung) in der DNA ist. Somit kann der relative Anteil an GC-Basenpaaren an isolierter und gereinigter DNA durch die Messung von T_m bestimmt werden.

Schmerz

Schmerzmittel:

S.mittel greifen zentral od. peripher in das S.geschehen ein u. unterdrücken od. dämpfen den S. Starke S.mittel (↗ *Opiate)* wirken an den ↗ Opiatrezeptoren des Gehirns u. stimulieren das endogene schmerzhemmende System. Ständige Anwendung erfordert wegen einer Erhöhung der Wirkschwelle ständig höhere Dosen u. führt daher oft zur Abhängigkeit. Schwach bis mittelstark wirkende S.mittel hemmen die Prostaglandinsynthese (↗ Prostaglandine) u. damit die Sensibilisierung der peripheren S.rezeptoren, gleichzeitig haben sie meist entzündungshemmende, fiebersenkende und antirheumat. Eigenschaften. Der bekannteste Vertreter dieser S.mittel ist die Acetylsalicylsäure (Aspirin). Von diesen als *Analgetika* bezeichneten S.mitteln sind lokal od. zentral wirkende *Narkotika* zu unterscheiden. Als Oberflächen- od. Infiltrationsanästhetika verhindern sie die Erregungsbildung in den S.rezeptoren, als Leitungsanästhetika blockieren sie die Weiterleitung der Erregung, als Allgemeinanästhetika führen sie über verschiedene Stadien der Reflexausschaltung u. Muskelentspannung zu einer Vollnarkose (↗ Anästhesie, ↗ Narkose).

Gallenkoliken, Blinddarmentzündungen). Beim *somatischen S.* unterscheidet man Tiefen- u. Oberflächen-S. Bei dem *Tiefen-S.* handelt es sich um dumpfe S.empfindungen, die meist schlecht lokalisierbar sind u. in die Umgebung ausstrahlen. Diese betreffen Bindegewebe, Muskeln, Knochen u. Gelenke. Zu ihnen gehört die wohl häufigste S.form des Menschen, der *Kopf-S.* Tiefen-S.en gehen mit motorischer Hemmung, Schonstellung (z.B. bei Knochenbrüchen) u. passivem Zusammensinken einher. Der v. der Haut ausgehende *Oberflächen-S.* ist eine helle, gut lokalisierbare Empfindung, die nach Aufhören des Reizes schnell abklingt *(erster S.)*. Sie löst entspr. gerichtete Reaktionen aus, wie Abwehr od. Flucht. Bei hoher Reizintensität mit einer Dauer v. mehr als 0,5 oder 1 s folgt eine zweite S.phase v. dumpfem, brennendem Charakter, die langsam abklingt u. schwer lokalisierbar ist *(zweiter S.)*. S.en entstehen durch viele Arten v. Reizen, sobald diese eine gewisse Intensität *(S.schwelle)* überschreiten. Für die Wahrnehmung dieser Reize sind spezielle *S.rezeptoren,* die *Nozizeptoren,* verantwortl. Auch wenn die S.empfindung durch Wärme bzw. Hitze od. Druck ausgelöst wird, läuft die S.wahrnehmung über die Nozizeptoren. Auf der Haut liegen wesentl. mehr *S.punkte* als Druck- (Verhältnis 9:1) od. Kälte- bzw. Wärmepunkte (10:1). Auf 1 cm^2 ↗ Haut (T) finden sich bis zu 200 S.punkte. In der Haut wurden bisher rein mechanosensitive, rein thermosensitive sowie mechano- u. thermosensitive S.rezeptoren gefunden. Die Nozizeptoren, die beide Qualitäten erfassen, scheinen häufiger zu sein als die beiden anderen Typen. Die Rezeptoren sprechen erst bei einer Wärmereizung zw. 43 °C und 47 °C an. Schmerzhafte Hitzeempfindungen treten meist ab 45 °C auf. In den Hohlorganen der Eingeweide sind mechanosensitive Nozizeptoren zu finden. Sie reagieren z.T. auf passive Dehnung und z.T. auf aktive Kontraktion der glatten Muskulatur. Auch fehlende Durchblutung (Ischämie) u. bestimmte Gase od. Staubpartikel in der Lunge können zu S.empfindungen führen. In der Skelettmuskulatur kommen chemo- u. mechanosensitive Rezeptoren sowie eine Kombination v. beiden vor. Die Nozizeptoren sind freie Nervenendigungen mit dünnen markhalt. (Leitungsgeschwindigkeit ca. 11 m/s) od. marklosen Nervenfasern (Leitungsgeschwindigkeit ca. 1 m/s), die auch unterschiedl. S.qualitäten weiterleiten. An den hellen S.empfindungen sind die markhalt. Nervenfasern beteiligt, an den schwer erträgl. dumpfen, brennenden S.en die marklosen. Für durch Hitze verursachte S.en ist zunächst die ↗ Denaturierung der Gewebeproteine an den Nervenendigungen verantwortl. Diesem kurz andauernden hellen S. folgt nach einigen Sekunden eine lang andauernde S.welle, die nicht allein auf der langsameren Leitungsgeschwindigkeit der marklosen Nervenfasern beruht, sondern auch auf der verzögerten Bildung von sog. *S.stoffen* (vgl. Abb.). Diese körpereigenen Stoffe werden bei Schädigungen des Gewebes freigesetzt u. lösen den S.reiz an den freien Nervenendigungen aus. So wirken winzige Flüssigkeitsmengen aus Brandblasen der Haut stark schmerzerzeugend. Bekannte S.stoffe sind ↗ Acetylcholin, ↗ Histamin, ↗ Serotonin (entsteht durch Zerfall v. Blutplättchen) u. ↗ Plasmakinine (entstehen aus dem Blutplasma u. sind in Brandblasen u. in durch Entzündungen abgesonderten Flüssigkeiten zu finden). Diese Stoffe sind teilweise auch in ↗ Brennesseln u. in ↗ Bienengift enthalten. Lokale Erhöhungen der Konzentration von H^+- und K^+-Ionen rufen ebenfalls S.empfindungen hervor. Neuere Untersuchungen ergaben auch, daß im Gehirn Stoffe gebildet werden, die spezif. an den Rezeptoren der Gehirnzentren, die für die S.empfindungen wichtig sind, angreifen. Diese Stoffe, die ↗ *Endorphine,* wirken bei S.empfindungen lindernd (↗ Opiatrezeptor, ↗ Opiate). Sie sind Bestandteil eines endogenen schmerzhemmenden Systems, das in die S.weiterleitung (im Stammhirn u. Rückenmark) eingreift. U. a. bestehen Beziehungen zur Formatio reticularis, zum Thalamus opticus u. limbischen System. Das letztere, das seinerseits S.informationen vom Thalamus opticus erhält, spielt eine wichtige Rolle bei der S.empfindung, -bewertung u. -verarbeitung. In Streß-Situationen wird das endogene schmerzhemmende System aktiviert, was die vorübergehende S.freiheit, z. B. nach schweren Unfällen, zu erklären vermag. Eine Gewöhnung an einen S.reiz (↗ Adaptation) u. damit eine Verminderung der S.empfindung bei länger andauerndem Reiz ist nicht möglich. Vielmehr konnte bei Hitzereizung eines Hautareals eine geringe Sensibilisierung des Bereichs festgestellt werden, d. h., daß die S.schwelle bei längerer Reizung bei einer geringfügig niedrigeren Temp. liegt. Die einzelnen Körperteile sind unterschiedl. schmerzempfindl. Knochenhaut, Gelenke, Zähne (Pulpa) u. Nerven sind sehr empfindl., die kompakten Teile des Knochens, der Zahnschmelz od. die Gehirnrinde dagegen überhaupt nicht; die S.empfindung

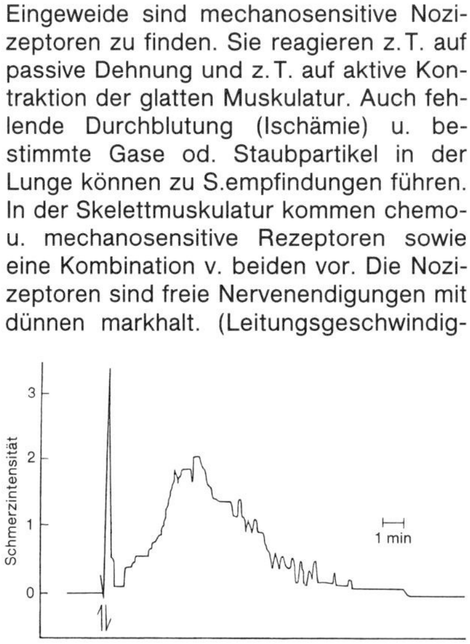

Schmerz

Verlauf der S.intensität nach einer 3 Sek. dauernden Erhitzung einer 1 cm im ∅ großen Stelle der Haut des Unterarms auf 65 °C. Auf den Hitzereiz folgt unmittelbar ein starker S., dem nach einem schmerzfreien Intervall ein langsam ansteigender u. dann wieder abnehmender S. folgt ist unabhängig v. der Gefährlichkeit der Schädigung. Die *S.intensität* ist zudem v. der subjektiven Einstellung zum S. abhängig bzw. von der Bedeutung, die der Schädigung beigemessen wird. Durch Ablenkung u. Gleichgültigkeit kann die S.empfindung gesenkt, durch Erwartung, Spannung u. Angst hingegen gesteigert werden: die Wirkung v. Suggestion (seelische Beeinflussung) u. Tabletten ohne Wirkstoffe (sog. Placebos) findet hier ihre Erklärung. Es können aber auch S.empfindungen auftreten, obwohl die S.rezeptoren nicht mehr vorhanden sind. So empfinden Beinamputierte manchmal S.en in der nicht mehr vorhandenen Extremität (sog. *Phantom-S.*). Das Phantomglied wird dabei fast immer in einer verkrampften u. versteiften Haltung erlebt. Oft kann man nachweisen, daß diese S.en völlig unabhängig v. sensiblen Einflüssen der amputierten Extremität sind. Sie entstehen zentral, d.h., es sind Verarbeitungsprozesse im Gehirn beteiligt. Auch die „übertragenen" S.en, bei denen S.en innerer Organe (z.B. Gallenkoliken) auf Bereichen der Körperoberfläche lokalisiert werden, haben ihre Ursache in den neuronalen Verschaltungen u. Fehlinterpretationen. Nervenfasern, die u.a. die S.erregungen v. den Eingeweiden zum Zentralnervensystem leiten, erhalten ebenfalls Information v. bestimmten Hautarealen, so daß ihnen auch die S.empfindung zugeordnet werden kann (↗Dermatom, ↗Headsche Zone). Die *Juckempfindung* ist wahrscheinl. eine bes. Form der S.empfindung. Einige Juckreize führen bei stärkerer Intensität zur S.empfindung, u. die Unterbrechung v. S.leitungen wird v. dem Ausfall der Juckempfindung begleitet. Diese Empfindung läßt sich aber nur in der äußeren Epidermis hervorrufen; für ihre Auslösung ist wahrscheinl. die Freisetzung v. Histamin verantwortl. Die Information über einen S. kann an verschiedenen Stellen der Weiterleitung vom Nozizeptor über das Rückenmark zum Thalamus und schließl. zum Gehirn unterbrochen werden. Eine lokale ↗*Betäubung (Lokal-↗Anästhesie)* verhindert die Weiterleitung v. den peripheren Bereichen zum Rückenmark. Am Gehirn angreifende *S.mittel* wirken auf den Thalamus. Die ↗*Narkose* wirkt meist über die Hemmung v. Großhirnfunktionen. – Die Beurteilung, bei welchen *Tieren* ein S.sinn entwickelt ist, fällt um so schwerer, je weiter ein Tier verwandtschaftl. vom Menschen entfernt ist. Bei Säugetieren ist schon aus den Verhaltensweisen, mit denen die Tiere auf S.reize reagieren, ein Sinn für S.empfindungen zu erkennen. Aber schon bei niederen Wirbeltieren ist ein S.sinn nicht nachgewiesen. Bei Säugetieren sind bestimmte Teile des Gehirns für die Verarbeitung v. S.reizen verantwortl. Für die schnelle Verarbeitung von entspr. Information ist bes. der Thalamus wichtig.

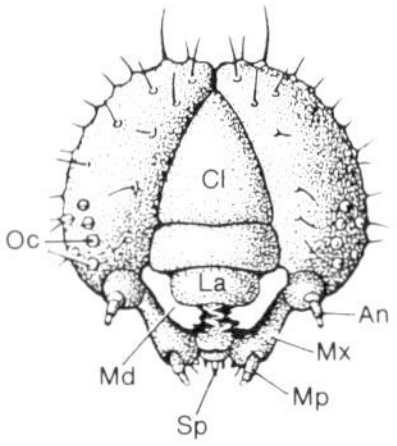

Raupe

Kopf der Larve des Kohlweißlings. An Antenne, Cl Clypeus, La Labrum, Md Mandibeln, Mp Maxillarpalpus, Mx Maxille, Oc Ocellen, Sp Spinnorgan

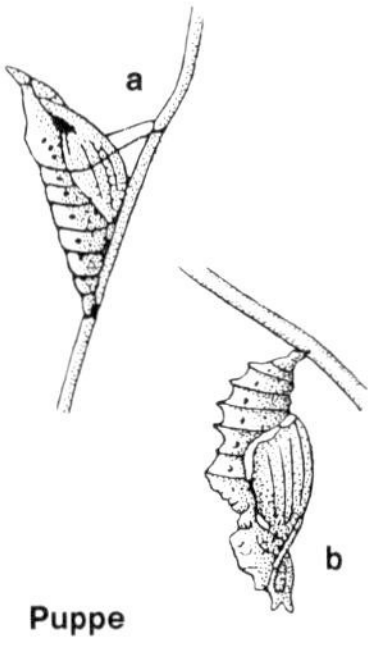

Puppe

Tagfalter-Puppentypen: **a** Gürtelpuppe, **b** Stürzpuppe

Über ihn erhält die Hirnrinde ihre Informationen, u. über schnell leitende Nervenfasern werden unwillkürl. Reaktionen u. Bewegungen ausgelöst. Niedere Wirbeltiere besitzen zwar Nervenendigungen u. Nervenzellen, die durch schädigende Einwirkungen erregt werden, doch sind Thalamus u. andere für die S.verarbeitung wicht. Gehirnareale kaum od. nicht ausgebildet. Daraus kann zumindest geschlossen werden, daß diese Tiere für Verletzungen u. starke Reize weniger empfindl. sind als Säugetiere. Wirbellose scheinen keinen S.sinn zu besitzen. Käfer mit einem zerquetschten Bein benutzen dieses weiterhin genauso wie die gesunden. Heupferde nagen weiter an einem Halm, obwohl ihr Hinterleib bereits abgefressen ist. Zwar reagieren Insekten auf Hitzeeinwirkung, elektr. Schocks oder chem. Substanzen mit Flucht, vermeiden also schädigende Einflüsse, doch kann dadurch nicht unbedingt auf eine S.wahrnehmung geschlossen werden. [B] Rückenmark. *E. K.*

Schmerzpunkte ↗Schmerz.

Schmerzschwelle ↗Schmerz, ↗Gehörorgane (□).

Schmerzsinn ↗Schmerz.

Schmetterlinge [wohl von ostmitteldt. Schmetten (v. tschech. smetana) = Rahm (vgl. engl. butterfly)], *Schuppenflügler, Lepidoptera,* mit über 160000 v.a. trop. Arten in fast 100 Fam. (vgl. Tab.) eine der größten Ord. der ↗Insekten ([T]), den ↗Köcherfliegen nächst verwandt. Festlandsbewohner fast aller Klimazonen, selten im Wasser; holometabol (↗Holometabola), geflügelte Imago (Falter) mit charakterist. Saugrüssel, nur urspr. Formen mit kauenden Mundwerkzeugen, Körper u. Flügel mit Schuppen bedeckt; Larve ↗eruciform, typ. Raupe, mit kauenden Mundwerkzeugen, meist phytophag; stammesgesch. parallel mit den Blütenpflanzen entfaltet (↗Coevolution, ↗Bestäubung, ↗Bestäubungsökologie), sichere fossile Belege aus Bernstein und Sedimentgestein der Unterkreide (ca. 130 Mill. Jahre). – Im Zyklus der ↗*Metamorphose* ([B]) durchlaufen die S. die Stadien Ei, Raupe, Puppe u. Falter. Die *Eiablage* erfolgt einzeln od. in typ. Gelegen, meist an od. um die Raupenfutterpflanze; Eizahl bis zu einigen 1000; Formen u. Oberflächenstrukturen mannigfaltig. Das *Raupen*-Stadium dauert einige Wochen, manchmal auch Jahre; 2–10, meist aber 4–5 ↗Häutungen. ↗Larve mit stark sklerotisierter kugeliger Kopfkapsel; jederseits typischerweise mit 6 Punktaugen u. kurzen 3gliedrigen Fühlern; als Mundwerkzeuge kräftige, gezähnte Mandibeln; eine paarige Labialdrüse (Seidendrüse) produziert Spinnfäden zur Sicherung, Markierung, für ↗Gespinste, ↗Kokons, ↗Köcher (↗Sackträger) u.a.; Brustabschnitt mit 3 Beinpaaren, als Sonderbildung bei den ↗Ritterfaltern mit einer ↗Nackengabel; eine Brustdrüse dient beim ↗Gabelschwanz der Abwehr;

Schmetterlinge

Die wichtigsten Unterordnungen, Überfamilien und Familien.
Es gibt noch kein einheitlich anerkanntes System der Schmetterlinge, das v. a. auf dem Niveau der Überfam. und Familien umstritten ist.

Zeugloptera
Micropterygidae (↗Urmotten)
Dacnonypha
Eriocraniidae (↗Trugmotten)
Exoporia
Hepialidae (↗Wurzelbohrer)
Monotrysia
Nepticuloidea
Nepticulidae (↗Zwergmotten)
Incurvaroidea
Adelidae (↗Langhornmotten)
Heliozelidae (↗Erzglanzmotten)
Incurvariidae (↗Miniersackmotten)
Prodoxidae (↗Yuccamotten)
Tischerioidea
Tischeriidae (↗Schopfstirnmotten)
Ditrysia
Tineoidea
↗*Gracilariidae*
Lyonetiidae (↗Langhornminiermotten)
Phyllocnistidae (↗Saftschlürfermotten)
Ochsenheimeriidae (↗Bohrmotten)
Oenophilidae (↗Weinkellermotten)
Psychidae (↗Sackträger)
↗*Tineidae*
Euplocamidae (↗Holzmotten)
Tortricoidea
Cochylidae (↗Blütenwickler)
Tortricidae (↗Wickler)
Yponomeutoidea
Heliodinidae (↗Sonnenmotten)
↗*Plutellidae*
Yponomeutidae (↗Gespinstmotten)
Gelechioidea
Coleophoridae (↗Sackmotten)

der Hinterleib besteht aus 10 Segmenten u. trägt eine unterschiedl. Zahl v. ↗Afterfüßen, meist je 1 Paar am 3.–6. und am 10. Segment, bei den ↗Urmotten an 8 Segmenten u. bei den Spannern nur am 6. und 10. Hinterleibsring; bei in Pflanzen od. Gehäusen lebenden Larven können die Afterfüße auch reduziert sein; nach der Art der Fußsohlenausbildung als Kranz- od. Klammerfuß (□ Afterfuß) unterschied man fr. Klein- und Groß-S. *(Micro-* u. *Macrolepidoptera);* diese Aufteilung ist heute wiss. nicht mehr haltbar; eine Rückendrüse sezerniert bei den ↗Bläulingen ein zuckerhalt. Sekret, das v. Ameisen aufgenommen wird (↗Myrmekophilie, ↗Ameisengäste). Die Raupen sind meist tarnfarben, oft aber auffallend bunt mit Warnfärbung, meist glatt, mitunter auch mit Kopfhörnern, Dornen (↗Dornraupen), dichter Behaarung (↗Bärenspinner), auch ↗Brennhaaren (↗Prozessionsspinner), Warzen, Höckern u. bizarren Anhängen (↗Gabelschwanz); Form meist walzig, mitunter asselförmig (↗Bläulinge) od. schneckenartig (↗Schildmotten). Das Larvenstadium dient überwiegend der Nahrungsaufnahme, z. T. auch der Ausbreitung; die meisten Arten sind phytophag, oft auf bestimmte Pflanzen od. Pflanzen-Fam. spezialisiert; die Raupen leben einzeln od. zumindest anfangs gesellig (↗Tagpfauenauge, ↗Prozessionsspinner) auf od. in (↗Minierer) den Futterpflanzen; Ausnahmen sind einige ↗Zünsler, deren Larven unter Wasser u. sogar im Fell v. Faultieren leben; manche fressen auch an tier. Materialien, wie Horn *(↗Tineidae)* u. Wachs (↗Wachsmotten); Raupen der ↗*Epipyropidae* leben teilweise parasit. auf Zikaden, die einiger ↗Bläulinge räuberisch v. Blattläusen u. in Ameisennestern v. deren Brut; kannibalistisch sind die ↗Mordraupen. Die *Verpuppung* (↗Puppe) erfolgt oft in einem Kokon, versteckt im Substrat od. als Erdpuppe, aber auch frei angeheftet; normalerweise als starre ↗Mumienpuppe *(Pupa obtecta),* bei den primitiveren ↗Trugmotten u. ↗Urmotten als *Pupa dectica (= incompleta),* bei der einige Körperanhänge in separaten Scheiden bewegl. bleiben; für die ↗Widderchen, ↗Glasflügler, ↗Wurzel- u. ↗Holzbohrer ist ein Zwischentypus *(Pupa semilibera)* charakterist., bei dem nur manche Anhänge in getrennten Scheiden stehen. Einige Tagfalter, wie die ↗Fleckenfalter, befestigen sich zur Verpuppung mit dem Hinterende (↗Cremaster, □) an Ästchen u. dergleichen: Stürzpuppe *(Pupa suspensa).* Bei den ↗Weißlingen, ↗Federmotten u. a. spinnt die Raupe zuvor einen Seidenfaden in Höhe der Brustregion, der die Puppe am Substrat aufrecht stehend hält: Gürtelpuppe *(Pupa cingulata).* Die *Puppenruhe* dauert zw. einigen Tagen in den Tropen bis zu einigen Jahren bei mehrfacher Überwinterung. Das Schlüpfen des *Falters* geschieht durch Sprengung der Puppenhülle am Kopf- u. Brustabschnitt. Durch Hämolymphdruck u. Luftaufnahme werden die Flügel ausgebreitet u. härten nach einigen Stunden aus. Frisch geschlüpfte Tiere scheiden einen oft bunt gefärbten Puppenharn (↗Meconium) aus. Die Lebensdauer der Falter schwankt zw. einigen Stunden (↗Sackträger) u. fast einem Jahr (überwinternde ↗Zitronenfalter). – Der *Kopf* des Falters trägt große ↗Komplexaugen ([B]), die ein gutes ↗Farbensehen (Blütenbesuch, Partnerfindung) auch im UV-Bereich u. bei Tagfaltern sogar im Rot-Bereich ermöglichen. Das ↗Augenleuchten bei den nachtaktiven ↗Eulenfaltern beruht auf einem ↗Tapetum zur Erhöhung der Lichtausbeute. Auf dem Scheitel stehen meist 2 ↗Ocellen, oft ein ↗Chaetosema. Die ↗*Mundwerkzeuge* (□) sind typischerweise als ↗Saugrüssel *(Proboscis, Glossa)* ausgebildet, der aus den stark verlängerten *Galeae* (↗Außenlade) der Maxillen hervorgeht; Sitz des Tast- u. Geschmackssinns, in Ruhe durch Eigenelastizität spiralig aufgerollt ([B] Verdauung II), aktive Streckung durch Muskulatur u. wohl auch Hämolymphdruck; Länge v. a. bei ↗Schwärmern bis zu 300 mm, meist aber 5–20 mm, bei vielen Gruppen sekundär verkümmert, daher kurzlebig (↗Sackträger, ↗Glucken u. a.); Spitze des Rüssels oft mit Zähnchen, taxonom. genutztes Merkmal; zum Bohren in Gewebe; bei den ↗Eulenfaltern kommen Früchtebohrer, in den Tropen sogar Blutsauger vor. Nahrung der Falter normalerweise aber Nektar, auch Pollen (↗*Heliconiidae,* ↗Urmotten), feuchte Erde, Aas, Kot, Honigtau, Baumsäfte, überreife Früchte u. a. (z. B. ↗Schillerfalter). Die normalerweise rückgebildeten Mandibeln sind nur noch bei den urspr. ↗Urmotten („Kaufalter“) funktionstüchtig; diese ohne Rüssel. Labialtaster (Palpen, ↗Labialpalpen) 3gliedrig, meist gut entwikkelt, Maxillartaster (↗Maxillarpalpus) fehlen vielen Fam. Die als Riech- u. Tastorgan fungierenden, meist langen (7–100gliedrig) u. fadenförm. *Fühler* (↗Antenne, [B] chemische Sinne I) können auch unterschiedl., oft geschlechtsdimorphe Oberflächenvergrößerungen aufweisen: einfach od. doppelt gekämmt (↗Pfauenspinner u. a.), bewimpert od. mit Endkolben (↗Tagfalter). – Der Brustabschnitt *(↗Thorax)* trägt je Segment 1 Beinpaar; dient mehr zum Festhalten als zum Laufen. Die Vorderbeine können bei den ↗Augenfaltern, ↗Fleckenfaltern, ↗Bläulingen u. a. in unterschiedl. Grad zu sog. „Putzpfoten“ (↗Putzbein) verkümmert sein. Bei vielen Arten ist tarsaler Geschmackssinn an den Vorder- u. Hinterfüßen zur Nahrungsfindung od. Futterpflanzenerkennung bei der Eiablage nachgewiesen. Die unterschiedl. Bedornung der Beine ist ein taxonomisch wicht. Merkmal. ↗Duftbeine kommen bei den ↗Wurzelbohrern u.a. vor; vollkommene Reduktion der Beine tritt bei Weibchen der ↗Sackträger auf. Die Halsregion des Prothorax wird von schuppenförm. Hautlappen (*Patagia*, ↗Patagium) bedeckt; der kräftige Meso- u. Metathorax tragen je 1 Flügelpaar, die neben der Fortbewegung im Dienst vielfältiger biol. Funktionen stehen. Form der *Flügel* (↗Insektenflügel) sehr variabel; bei sehr guten Fliegern (↗Schwärmer, ↗Wanderfalter) sind die Vorderflügel stärker entwickelt, Hinterflügel mitunter geschwänzt (↗Schwalbenschwanz, ↗Zipfelfalter, ↗Kometenfalter u.a.); die Spannweiten der Vorderflügel im ausgebreiteten Zustand reichen von 2 mm bei den ↗Zwergmotten bis über 300 mm bei der ↗Agrippinaeule; die größten Flügelflächen erreichen einige ↗Pfauenspinner mit 300 cm^2. Bei den urspr. ↗Trugmotten, ↗Urmotten u. ↗Wurzelbohrern ist das Geäder der Vorder- u. Hinterflügel etwa gleich *(Homoneura)*, bei höher entwickelten Formen *(Heteroneura)* ist das Flügelgeäder, das ein wicht. Bestimmungsmerkmal darstellt, mehr od. weniger reduziert; in einigen Gruppen sind die Flügel v.a. der Weibchen teilweise oder gänzl. verkümmert (↗Sackträger, ↗Frostspanner u.a., ↗Flügelreduktionen). Synchrones Schlagen v. Vorder- u. Hinterflügeln wird auf 4 verschiedene Weisen durch *Flügelkopplung* erreicht: bei den Wurzelbohrern umfaßt ein basaler Lappen *(↗Jugum)* des Vorderflügels den Vorderrand des Hinterflügels *(jugater Typus, Jugatae)*; bei den Trugmotten u. Urmotten wird das Jugum mit Borsten auf dem Hinterflügel verankert *(jugo-frenater Typus)*; höher entwickelte S. besitzen einen Haftborstenapparat, bei dem eine Borste od. ein Borstenbündel *(↗Frenulum)* vom Hinterflügelvorderrand unter ein steifes Haarbüschel od. einen chitinigen Haken *(↗Retinaculum)* der Vorderflügelunterseite greift *(frenater Typus, Frenatae)*; bei den Tagfaltern, Pfauenspinnern u.a. erfolgt der Flügelzusammenhalt durch Aneinanderpressen v. Vorderflügel u. des im basalen Vorderrandbereich durch den Humerallappen vergrößerten Hinterflügels *(amplexiformer Typus)*. Die Flügel sind wie der Körper u. die Beine mit abgeplatteten, luftgefüllten, echten Haaren, den *↗Schuppen*, ganz od. teilweise (↗Glasflügler) dachziegelartig bedeckt. Die Beschuppung erfüllt die verschiedenartigsten Funktionen. So fördert sie bei großen Faltern den ↗Auftrieb, ermöglicht oft ein Entkommen aus Spinnennetzen u. von räuberischem Zugriff; es können schmale Sinnesschuppen (Tastsinn) u. ↗Duftschuppen einzeln od. in Streifen angeordnet sein; schließl. ist das Schuppenkleid an der Temp.-Regulation direkt od. indirekt durch seine Färbung, Strahlungsabsorption u. Reflexion beteiligt. Die Flügelmembran ist dicht mit Grundschuppen bedeckt, über denen die Deckschuppen die eigtl. Färbung aufweisen, die auf Pigment- od. Strukturfarben zurückgeht; die Flügelfransen werden von cilienförm. Saumschuppen gebildet. Die Flügel sind Hauptträger der großen, oft

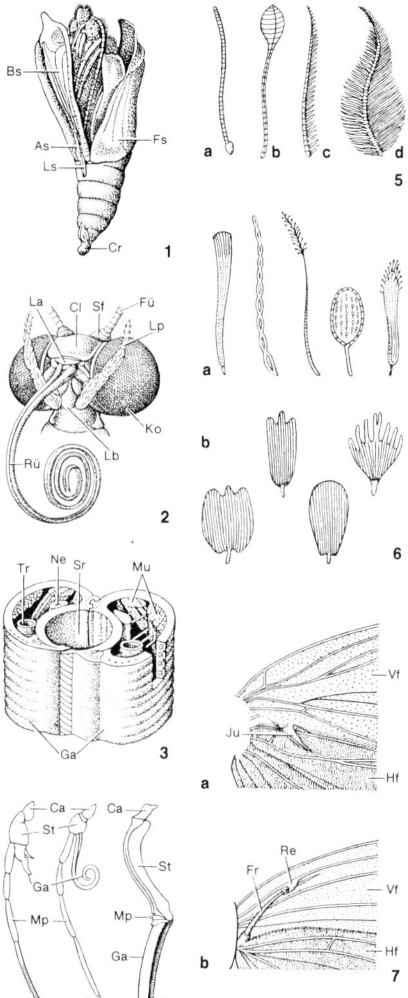

Falter

1 Kohlweißling-Falter beim Schlüpfen aus der Puppenhülle (As Antennenscheide, Bs Beinscheide, Cr Cremaster, Fs Flügelscheide, Ls Labialscheide = Rüsselscheide). **2** Kopf (schematisch) des Kohlweißlings v. unten (Cl Clypeus, Fü Fühler, Ko Komplexauge, La Labrum, Lb Labium, Lp Labialpalpus, Rü Rüssel, Sf Schaft). **3** Saugrüsselquerschnitt, schematisch (Ga linke und rechte Galea, Mu Muskeln, Ne Nerv, Sr Saugrohr, Tr Trachee). **4** Mundwerkzeuge: Entwicklung der Maxillen in verschiedenen Schmetterlingsgruppen: **a** Urmotte, **b** Trugmotte, **c** Schwärmer, Galea verkürzt dargestellt (Ca Cardo, Ga Galea, Mp Maxillarpalpus, St Stipes). **5** Verschiedene Fühlertypen: **a** fadenförmig, **b** knopfförmig, **c** sägezähnig, **d** gefiedert. **6** Schuppentypen: Beispiele **a** für Duftschuppen, **b** für Deckschuppen. **7** Flügelkopplung: **a** jugater Typus (Wurzelbohrer), Flügelansicht v. oben, **b** frenater Typus (Widderchen), Flügelansicht v. unten (Fr Frenulum, Hf Hinterflügel, Ju Jugum, Re Retinaculum, Vf Vorderflügel)

Elachistidae (↗Grasminiermotten)
Gelechiidae (↗Palpenmotten)
Momphidae (↗Fransenmotten)
↗Oecophoridae
Scythrididae (↗Ziermotten)
Copromorphoidea
↗Orneodidae
Glyphipterygidae (↗Rundstirnmotten)
Pyraloidea
Pterophoridae (↗Federmotten)
Pyralidae (↗Zünsler)
Thyrididae (↗Fensterfleckchen)
Sesioidea
Sesiidae (↗Glasflügler)
Zygaenoidea
↗Epipyropidae
Heterogynidae (↗Mottenspinner)
Zygaenidae (↗Widderchen)
Cossoidea
Cossidae (↗Holzbohrer)
Limacodidae (↗Schildmotten)
↗Megalopygidae
Castnioidea
↗Castniidae
Sphingoidea
Sphingidae (↗Schwärmer)
Bombycoidea
Bombycidae (↗Seidenspinner)
↗Brahmaeidae
Endromididae (↗Birkenspinner)
Lasiocampidae (↗Glucken)
Lemoniidae (↗Herbstspinner)
Saturniidae (↗Pfauenspinner)
Geometroidea
Drepanidae (↗Sichelflügler)
Geometridae (↗Spanner)
Thyatiridae (↗Eulenspinner)
↗Uraniidae
Noctuoidea
↗Agaristidae
Arctiidae (↗Bärenspinner)
Ctenuchidae (↗Widderbären)
Lymantriidae (↗Trägspinner)
Noctuidae (↗Eulenfalter)

prächt. Farben- u. Zeichnungsvielfalt der S. Sie erfüllt Funktionen bei der Arterkennung u. Partnerfindung, als bunte Warn-, Schreck- od. Tarntracht (↗Blattfalter, [B] Mimikry II), auffällige ↗Augenflecken dienen der Irritation eines Angreifers (↗Abendpfauenauge, [ ]), oft treten Albinismus u. häufiger Melanismus (↗Birkenspanner, [ ] Industriemelanismus) auf, gelegentlich sog. ↗Halbseitenzwitter ([ ]). Die Ruhehaltung der Flügel ist gruppenspezif. und habitusbildend. Tagfalter klappen die Flügel nach oben über dem Rücken zus., Eulenfalter u. a. tragen sie dachförmig zusammengelegt; sie können wie bei den ↗Federmotten seitl. abstehend gehalten od. um das Abdomen gewickelt werden. – Der Hinterleib *(↗Abdomen)* besteht aus 10 Segmenten, v. denen im männl. Geschlecht 8 und beim Weibchen nur 7 äußerlich sichtbar sind. Er ist spindelförmig bis zylindrisch u. meist etwas abgeplattet; oft stark bewegl., v. a. beim Weibchen zur Eiablage teleskopartig ausziehbar u. in eine Legeröhre verlängert (↗Nelkeneulen). Die chitinisierten Begattungsapparate v. a. der Männchen sind für die Artunterscheidung bedeutsam. Bei den primitiveren Urmotten, Trugmotten, Langhornmotten u. a. dient die Eiablageöffnung der Weibchen auch der Kopulation *(Monotrysia).* Diesen stehen die höher entwickelten *Ditrysia* gegenüber, bei denen es eine zweite, sekundär entstandene, getrennte Begattungsöffnung gibt, in die bei der Paarung eine Spermatophore übertragen wird. Am Abdomenende stehen bei den Weibchen oft Duftdrüsen od. ↗Duftorgane, die artspezif. ↗Sexuallockstoffe (↗Pheromone) sezernieren, die die Männchen z. T. über Kilometer anlocken können (↗Nachtpfauenauge; ↗chemische Sinne, ↗Bombykol). Mitunter geht der Begattung eine Balz voraus (↗Samtfalter). Jungfernzeugung ist sehr selten (↗Sackträger). ↗*Gehörorgane* (Tympanalorgane) sitzen bei den Spannern u. a. am Hinterleib, können aber bei anderen (Eulenfalter, Bärenspinner u. a.) auch am Thorax stehen od. auf der Basis der Vorderflügel, wie bei den ↗Augenfaltern; sie dienen bei Nachtfaltern u. a. zur Perzeption der Ultraschallfrequenzen jagender Fledermäuse (↗Echoorientierung). *Lauterzeugung* zur Feindabwehr, zum Anlocken der Weibchen (↗Stridulation) u. beim Paarungsspiel ist nicht selten (↗Totenkopfschwärmer, ↗Bärenspinner, ↗*Agaristidae,* ↗Klapperfalter). Die Zahl der Generationen beträgt eine bis mehrere (v. a. Tropen) pro Jahr; die Überwinterung kann in allen Stadien erfolgen. – *Wirtschaftl. Bedeutung* erlangen die S. als Konkurrenten des Menschen; viele Arten sind wicht. ↗Schädlinge ([B]) an Materialien, Vorräten u. Kulturpflanzen; andererseits sind sie Blütenbestäuber (↗Schmetterlingsblütigkeit, [ ]), werden zur ↗Seiden-Gewinnung (↗Seidenspinner, ↗Pfauenspinner) gehalten, als Versuchstiere für die Grundlagenforschung (↗Mehlmotte) und zur ↗biologischen Schädlingsbekämpfung eingesetzt (Kaktusmotte, ↗Zünsler) und sogar als Nahrungsmittel genutzt (↗*Megathymidae,* ↗Holzbohrer). Die S. sind weltweit durch Intensivierung der Land- u. Forstwirtschaft bedroht ([T] Rote Liste); Sammler haben nur in Ausnahmefällen (z. B. ↗Apollofalter) zu ihrem Rückgang beigetragen. Zwar stehen heute viele Arten unter Schutz, entscheidend ist aber die Sicherung ihrer Lebensräume. [B] Insekten IV, [B] 315.

Lit.: *Amsel, H. G., Gregor, F., Reisser, H.:* Microlepidoptera palaearctica. Wien 1965 ff. *Bergmann, A.:* Die Großschmetterlinge Mitteldeutschlands. 5 Bde. Jena 1951–55. *Blab, J., Kudrna, O.:* Hilfsprogramm für Schmetterlinge. Greven 1982. *Forster, W., Wohlfarth, T. A.:* Die Schmetterlinge Mitteleuropas. 5 Bde. Stuttgart 1954–1981. *Friedrich, E.:* Hdb. der Schmetterlingszucht. Stuttgart 1975. *Higgins, L. G., Riley, N. D.:* Die Tagfalter Europas und Nordwestafrikas. Hamburg u. Berlin 1978. *Koch, M.:* Wir bestimmen Schmetterlinge. Leipzig 1984. *Sbordoni, V., Forestiero, S.:* Weltenzyklopädie der Schmetterlinge. München 1985. *Seitz, A.:* Großschmetterlinge der Erde. Stuttgart 1909 ff. *H. St.*

Schmetterlingsblumen, die ↗Falterblumen; ↗Schmetterlingsblütigkeit.

Schmetterlingsblüte, die zygomorphe Blüte der Schmetterlingsblütler ([ ] Hülsenfrüchtler), bei der die 5 Kronblätter verschieden gestaltet sind und bes. Namen tragen. Das große obere Kronblatt ist die ↗*Fahne* (Vexillum), die 2 kleineren seitl. Kronblätter sind die ↗*Flügel* (Alae), die 2 unteren sind zu einem hohlen, kahnförm. Gebilde verwachsen od. nur zusammengelegt, dem *Schiffchen* (Carina).

Schmetterlingsblütigkeit, *Schmetterlingsbestäubung,* die Übertragung v. Pollen einer Blüte auf die Narbe einer anderen, artgleichen Blüte durch Schmetterlinge (↗Bestäubung). Als Beköstigung (↗Blütennahrung) dient Nektar, der in einer langen Röhre od. in einem langen Sporn verborgen ist. Der Nektar wird mit einem langen, von der 1. Maxille gebildeten Rüssel ausgebeutet. S. ist weltweit v. den Tropen bis in die gemäßigten Zonen verbreitet. Entspr. den tagaktiven u. den nachtaktiven Schmetterlingen muß man verschiedene Typen der S. unterscheiden. 1) *Tagfalterblütigkeit, Psychophilie:* die Blüten zeichnen sich durch bunte Farben (häufig rosa u. rotviolett) u. mittellange bis lange Röhren od. Sporne aus; sie duften stets angenehm mehr od. weniger stark blumig od. parfümartig u. sind am Tag geöffnet. Beispiele aus der heimischen Flora: Kartäusernelke, Kuckuckslichtnelke, Seidelbast. 2) *Nachtfalterblütigkeit, Phalänophilie:* die Blüten sind stets sehr hell, meist weiß gefärbt u. duften bes. nachts stark parfümartig; sie sind in der Nacht geöffnet u. produzieren häufig erst dann reichl. Nektar. Beispiele aus der heimischen Flora:

Notodontidae
(↗Zahnspinner)
Thaumetopoeidae
(↗Prozessionsspinner)
Hesperioidea
Hesperiidae
(↗Dickkopffalter)
↗*Megathymidae*
Papilionoidea
(= Rhopalocera)
Papilionidae
(↗Ritterfalter)
Pieridae
(↗Weißlinge)
↗*Danaidae*
↗*Ithomiidae*
↗*Brassolidae*
↗*Amathusiidae*
Morphidae
(↗Morphofalter)
Satyridae
(↗Augenfalter)
Nymphalidae
(↗Fleckenfalter)
↗*Acraeidae*
↗*Heliconiidae*
Libytheidae
(↗Schnauzenfalter)
↗*Nemeobiidae*
Lycaenidae
(↗Bläulinge)

1

2

Schmetterlingsblütigkeit

1 Sphingophilie: Oleanderschwärmer *(Daphnis nerii)* an Heckenkirsche *(Lonicera);* **2** Psychophilie: Baumweißling *(Aporia crataegi)* an *Carduus nutans*

1 Eier von Augenfaltern; links: Schornsteinfeger *(Aphantopus hyperantus)*, Mitte: 2 Eier vom Ochsenauge *(Maniola jurtina)*, rechts: Schachbrettfalter *(Melanargia galathea)*, ∅ 1 mm. **2** Raupe des Großen Frostspanners *(Erannis defoliaria)*. **3** Raupe des Beifußmönchs *(Cucullia artemisiae)*. **4** Stürzpuppe des Trauermantels *(Nymphalis antiopa)*. **5** Die Raupe des Aurorafalters *(Anthocharis cardamines)* verankert sich zur Verpuppung mit einem Gürtelfaden an einem Zweig. **6** Gürtelpuppe des Schwalbenschwanzes *(Papilio machaon)*. **7** Madenförmiges, flügelloses Weibchen des Gemeinen Sackträgers *(Fumea casta)* wartet am Raupensack auf die Begattung. **8** Hornissenglasflügler *(Sesia apiformis)*, ahmt verblüffend echt eine Hornisse nach *(Mimikry)*. **9** Ein tagaktiver Spanner *(Siona lineata)* in Ruhestellung. **10** Männchen des Kleinen Nachtpfauenauges *(Eudia pavonia)*, mit deutlich gekämmten Fühlern. **11** Zebrafalter *(Heliconius charitonia)*, ein Vertreter der neotropischen Tagfalterfamilie *Heliconiidae*. **12** Gemeines Widderchen *(Zygaena filipendulae)* beim Blütenbesuch. **13** Ein Vertreter der Bläulinge *(Lycaeides argyrognomon)*. **14** Kopulation des Argusbläulings *(Plebejus argus)*. **15** Gemeinschaftliche Eiablage bei dem karibischen Weißling *Ascia monuste*. *H. St.*

Nachtlichtnelke, Seifenkraut, Nickendes Leinkraut. Ein besonderer Fall der Nachtfalterblütigkeit ist die *Schwärmerblütigkeit (Sphingophilie)*; der Größe u. dem bes. langen Rüssel (Windenschwärmer z. B. ca. 90 mm) der Schwärmer *(Sphingidae)* entspr., sind die Blüten oft bes. groß, u. ihr Nektar liegt in sehr langen Röhren od. Spornen; die Nektarproduktion ist hoch u. der Duft betäubend, schwer u. süß. Die Blüten werden im Schwirrflug ausgebeutet. Oft besitzen sie lang heraushängende Staubgefäße u. Narben. Dieser Typ der S. ist v. a. in den Tropen verbreitet. Beispiel aus der heimischen Flora: Heckenkirsche. B Zoogamie.

Schmetterlingsblütler, *Faboideae, Papilionoideae,* Unterfamilie der ↗Hülsenfrüchtler.

Schmetterlingsfische, 1) die ↗Borstenzähner; 2) *Pantodontidae,* Fam. der ↗Knochenzüngler.

Schmetterlingshafte, *Ascalaphidae,* Fam. der ↗Netzflügler mit ca. 300, in Mitteleuropa ca. 3 Arten in der Gatt. *Ascalaphus.* Die S. ähneln mit ihren 2 Paar großen, oft mit bunter (nicht an Schuppen gebundener) Färbung versehenen Flügeln u. ihrer Flugweise sehr den Schmetterlingen; v. diesen lassen sie sich jedoch durch ihre sehr langen, geknöpften Fühler sowie durch die Gestalt u. Lebensweise der Larven leicht unterscheiden; die Imagines leben räuberisch v. kleinen Insekten, die sie im Flug erbeuten. Bis 25 mm groß mit einer Flügelspannweite bis zu 50 mm wird die heimische, nach der ↗Roten Liste „vom Aussterben bedrohte“, pelzig behaarte, schwarz gefärbte *A. libelluloides (= Libelloides coccajus);* die ungestielten Eier findet man in Doppelreihen an Pflanzenstengeln; die räuberisch lebende Larve ähnelt in der Gestalt dem Ameisenlöwen (☐ Ameisenjungfern).

Schmetterlingsläuse, die ↗Aleurodina.

Schmetterlingsmücken, die ↗Mottenmükken.

Schmetterlingsrochen, *Gymnuridae,* Fam. der Rochen mit 2 Gatt. und 10 Arten. Die mit den ↗Stachelrochen *(Dasyatidae)* verwandten S. haben flügelart. verbreiterte Brustflossen, wodurch der Körper breiter als lang wird, einen kurzen Schwanz, der bei manchen Arten einen kleinen Giftstachel trägt, u. hochstehende Augen.

Schmidsche Regel [ben. nach F. F. Schmid, 1949], das Verhalten (v. Larven) sessiler Benthonten (v. a. Serpuliden, Brachiopoden u. Muscheln), auf gewölbter Unterlage den höchsten Punkt zu erstreben. ↗Inkrustationszentrum.

Schmidtsche Larve [ben. nach dem dt. Zoologen E. O. Schmidt, 1823–86], einer der 4 Larventypen der ↗Schnurwürmer, entwickelt sich aus dem in Gallerthüllen abgelegten Ei, indem sie sich v. abortiven Eiern od. in der Entwicklung zurückbleibenden Geschwister-Embryonen ernährt. ↗Desorsche Larve.

Schmiele

a Rasen-S. *(Deschampsia caespitosa),* **b** Blattquerschnitt

Schmetterlingshaft *(Ascalaphus libelluloides)*

Schmierröhrlinge

Einige bekannte eßbare Arten:

Sandröhrling, Sandpilz (*Suillus variegatus* O. Kuntze; Heiden, Moore, unter Kiefern bis über 2000 m)
Grauer Lärchenröhrling (*S. aeruginascens* Snell; nur bei Lärchen)
Rostroter Lärchenröhrling (*S. tridentinus* Sing.; nur bei Lärchen)
Butterpilz (*S. luteus* S. F. Gray; fast ausschl. bei Kiefern)
Goldröhrling, Goldgelber Lärchenröhrling (*S. grevillei* Sing.; nur bei Lärchen)
Kuhröhrling, Kuhpilz (*S. bovinus* O. Kuntze; sandiger Kieferwald)
Körnchenröhrling, Schmerling (*S. granulatus* O. Kuntze; unter Kiefern)

Schmied, *Hyla faber,* ↗Laubfrösche.

Schmiede, die ↗Schnellkäfer.

Schmiele *w* [wohl v. mhd. smelhe = schmal], *Deschampsia,* Gatt. der Süßgräser (U.-Fam. *Pooideae*) mit ca. 50 Arten auf der N-Halbkugel u. in trop. Gebirgen. Die S.n sind ausdauernde Rispengräser mit 4zähnigen Deckspelzen. Das flachblättrige, bis 1 m hohe Horstgras, die Rasen-S. *(D. caespitosa),* mit begrannten Ährchen ist ein Grundwasserzeiger der Feuchtwiesen u. in feuchten Laubwäldern. Die Draht-S. *(D. flexuosa)* mit borstenförm. Blättern u. geknieter Granne ist ein Säure- u. Magerkeitszeiger der Wälder, Magerwiesen u. auf Schlägen. Die S. sind schlechte Futtergräser.

Schmierdrüsen, Drüsen an den Gelenken mancher Insekten, die eine fettige od. ölige Flüssigkeit zur Verminderung der Reibung absondern.

Schmierebildner, *Brevibacterium linens,* ↗Brevibacterium, ↗Käse.

Schmierläuse, *Mehlläuse, Wolläuse, Pseudococcidae,* Fam. der ↗Schildläuse mit ca. 1000 Arten, in Mitteleuropa ca. 60. Die S. haben einen 3 bis 6 mm großen ovalen Körper, der je nach Art durch Wachsausscheidungen mehlig bepudert od. von gekräuselten Fäden umgeben ist. Zur Abwehr können sie auch eine schmierige Flüssigkeit absondern. Die Weibchen sind größer als die bei manchen Arten geflügelten Männchen. Die S. ernähren sich von zukkerhaltigen Säften verschiedener Pflanzen. Zu den S.n gehören bei uns: die Buchenschildlaus (Buchenwollaus, *Cryptococcus fagi*), mit viel weißer Wachswolle, keine Männchen bekannt; die rote bis dunkelbraune Ulmenschildlaus *(Gossyparia ulmi);* die Gemeine Schmierlaus (Ahornschmierlaus, *Pseudococcus aceris*) saugt an verschiedenen Laubbäumen. Schädl. an vielen trop. Kulturpflanzungen werden die Kaffeelaus (*Pseudococcus adonidum,* B Insekten I) mit langen Wachsfortsätzen am Körperrand sowie die Orangenlaus (Zitronenschmierlaus, Gewächshausschmierlaus, *Pseudococcus citri*). Als Mannaschildlaus ist neben *Naiococcus serpentinus* v. a. *Trabutina mannipara* bekannt, die in N-Afrika u. Vorderasien (gelegentl. massenhaft) an der Mannatamariske saugt; ihre sirupart. Ausscheidungen erhärten an der Luft zu weißem ↗Manna.

Schmierröhrlinge, *Schmierlinge, Suillus, Ixocomus,* Gatt. der ↗Röhrlinge; kleine bis mittelgroße Pilze mit meist schmier. Hut, selten fast filzig trocken. Die Huthaut ist leicht abziehbar; ein Velum kann vorhanden sein od. fehlen. Der Stiel kann einen Schleier (Ring) besitzen u. ist oft mit drüsigen Körnchen besetzt. Das Hymenium ist gelb, orange od. olivfarben. In Europa ca. 20 Arten; fast alle Mykorrhizapilze bei Nadelhölzern (Koniferen). Viele Arten sind gute Speisepilze (vgl. Tab.); giftige Arten sind in Europa nicht bekannt.

Schmuckbaumnattern, *Chrysopelea,* Gatt. der Trugnattern mit der schön gefärbten u. gezeichneten Goldschlange (*C. ornata;* bis 1,5 m lang) SO-Asiens u. der indoaustr. Inselwelt; Bauchschilder beiderseits mit kräft. Längskiel; gleiten in Schrägrichtung über größere Entfernungen v. den Baumkronen zu den niederen Zweigen („Fliegende Schlangen").

Schmuckfliegen, *Ortalididae, Otitidae,* Fam. der ↗Fliegen mit ca. 400, in Mitteleuropa nur 4 Arten. Die 4–6 mm großen, meist lebhaft metallisch gefärbten S. sind mit den ↗Bohrfliegen verwandt; sie ernähren sich räuberisch v. weichhäutigen Insekten; die Eier werden mit einem Legebohrer in faulende Substrate gelegt, in denen sich auch die Larven entwickeln. Zu Tausenden in Pferdedung findet man die Larven der smaragdgrünen u. schwarzbraunen *Physiphora demandata.*

Schmuckkörbchen, die Gatt. ↗Cosmos.

Schmuckschildkröten, *Pseudemys,* Gatt. der ↗Sumpfschildkröten.

Schmucktracht, das ↗Prachtkleid.

Schmuckvögel, *Kotingas, Cotingidae,* Fam. der ↗Schreivögel mit 91 buntgefärbten, in Mittel- u. S-Amerika verbreiteten Arten; sehr vielgestaltig, 8–50 cm groß, teilweise mit Federschöpfen, aufblasbaren Kehlsäcken u. gefärbten Hautlappen, auch die Stimme variiert stark, z.T. metallisch, an Glockengeläut od. den Amboßschlag eines Hammers erinnernd. Scheu, bewohnen die Kronenschicht in geschlossenen Urwaldgebieten, ernähren sich hpts. von Beeren u. Baumfrüchten, gelegentl. Insekten; manche Arten siedeln sich in der Nähe v. Bauten staatenbildender Wespen od. Ameisen an u. schützen sich indirekt durch deren Wehrhaftigkeit vor räuber. Säugetieren. Brüten in Baumhöhlen, Felsritzen od. in freistehenden Pflanzennestern. Leuchtend rot gefärbt sind der Rotkotinga *(Phoenicircus carnifex)* u. der Anden-Felsenhahn (*Rupicola peruviana,* [B] Südamerika VII), der auch Klippenvogel gen. wird, da er sich zur Balzzeit gruppenweise an Felsklippen v. Bergflüssen versammelt; vollführt dort imposante Schautänze. Der überwiegend schwarz gefärbte Schirmvogel (*Cephalopterus ornatus,* [B] Südamerika III) ist die größte Art; trägt eine helmart. Federhaube u. einen befiederten, bis 40 cm langen Kehlsack; Stimme klingt wie dumpfes Brüllen, v. mehreren Vögeln gleichzeitig wie eine Rinderherde.

Schmuckwanze ↗Schildwanzen.

Schmutzbecherlinge, die ↗Bulgariaceae.

Schmutzfracht, die ↗Abwasserlast.

Schmutzgeier, *Neophron percnopterus,* ↗Altweltgeier.

Schnabel, 1) Bot.: Bez. für die schnabelartig aussehende Verlängerung u. Verdikkung des Griffelabschnitts an der Frucht bei einigen Kreuzblütlern u. Doldengewächsen. **2)** Zool.: *Rostrum,* v. Hornleisten überzogene, zahnlose Kiefer verschiedener Wirbeltiere, kennzeichnendes Merkmal bei ↗Vögeln, hier bes. vielgestaltig durch Einsatz zur Nutzung unterschiedlichster Nahrungsquellen, zumal die zu Flügeln umgewandelten Vorderextremitäten hierbei nicht verwendet werden können. Knöcherner Kern mit verhornter S.scheide; Abnutzung des Horns wird durch ständiges Nachwachsen v. der Lederhaut *(Cutis)* aus kompensiert. Papageitaucher werfen nach der Brutzeit bunt gefärbte Hornplatten ab, Rauhfußhühner im Frühjahr die Hornscheide als Ganzes. Im Ober-S. münden die Nasenlöcher beidseitig des S.firstes (Culmen), oft von Borsten oder einer Hautklappe abgeschirmt. Bei vielen Arten (Greifvögeln, Papageien, Tauben, Hühnern) sind die Naseneingänge v. einer weichen, meist gelbl., oft auch sehr bunt gefärbten ↗Wachshaut *(Cera)* umgeben. Das Öffnen des S.s bewirkt nicht nur der Unter-S., sondern auch der Ober-S. durch Bewegung gg. den Hirnschädel, was durch ein kompliziertes Zusammenwirken verschiedener Schädelknochen *(Quadratum, Quadratojugale, Pterygoid)* ermöglicht wird. Papageien besitzen einen bes. beweglichen Ober-S.; Schnepfen können die Spitze des Ober-S.s bewegen, die zudem mit zahlr. tastempfindl. Sinneszellen versehen ist. – Die S.-Morphologie ist vielfach das Ergebnis v. ↗Konvergenzen (Entwicklung gleichart. Schnäbel in verschiedenen Gruppen) u. ↗Divergenzen (verschiedene S.formen innerhalb derselben Gruppe, z.B. ↗Darwinfinken, □; [B] adaptive Radiation). Schlank u. spitz ist der S. bei Insektenfressern, kräftig u. kegelförmig bei Körnerfressern (□ Finken), mit gebogener Spitze zum Zerreißen der Beute bei Greifvögeln, Eulen u. Würgern, als Seihapparat ausgebildet bei Enten u. Flamingos, als Pinzette bei Wiedehopfen u. Baumläufern. Harpunierende Fischjäger wie Reiher u. Schlangenhalsvögel besitzen einen langen, sehr spitzen S.; bei Kormoranen u. Sägern verhindern zahnart. Gebilde an den S.rändern das Entgleiten der Fischbeute; Watvögel stochern mit einem langen, schmalen S. im weichen Boden; blütenbesuchende Vögel, wie Kolibris u. Nektarvögel, haben die S.form u. in Verbindung hiermit die Zunge an die Blütenanatomie angepaßt (□ Ornithogamie, [B] Konvergenz, [B] Zoogamie). Außer für die Nahrungsaufnahme besitzt der S. weitere Funktionen: er dient zum Nestbau, Klettern (Papageien), Füttern der Jungen, zur Verteidigung, Gefiederpflege, Lauterzeugung (Klappern bei Störchen, Trommeln bei Spechten) u. als Signal (Nashornvögel, Tukane). – Außer bei Vögeln findet man S.-Bildungen aus Horn bei Schildkröten, Tin-

Schmuckvögel

Schirmvogel *(Cephalopterus ornatus)*

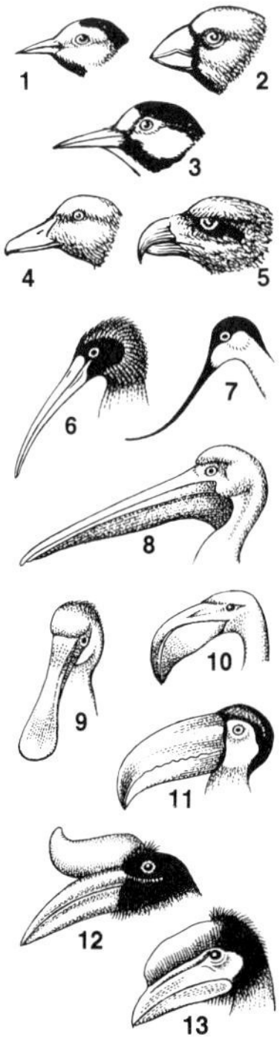

Schnabel-Formen

1 Bachstelze, **2** Kernbeißer, **3** Specht, **4** Ente, **5** Fischadler, **6** Sichler, **7** Säbelschnäbler, **8** Pelikan, **9** Löffler, **10** Flamingo, **11** Tukan, **12** Nashornvogel, **13** Keulenhornvogel

Weiße Schnabelbinse *(Rhynchospora alba)*

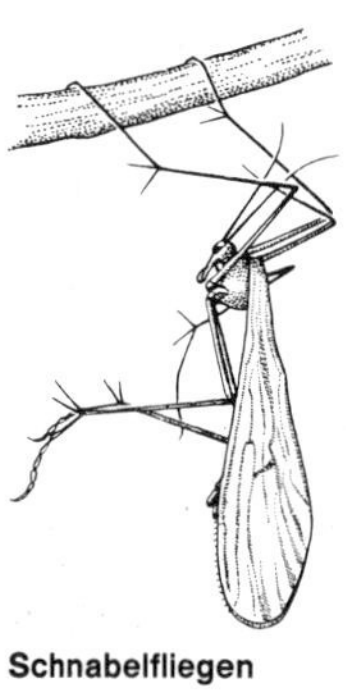

Schnabelfliegen

Bittacus spec. in Fanghaltung

Schnabelfliegen

Einheimische Familien:

↗Mückenhafte *(Bittacidae)*
↗Skorpionsfliegen *(Panorpidae)*
↗Winterhafte *(Boreidae)*

Schnabelkerfe

Ordnungen und Unterordnungen:

↗Pflanzenläuse *(Sternorrhyncha)*
  ↗*Aleurodina*
  ↗Blattläuse *(Aphidina)*
  ↗*Psyllina*
  ↗Schildläuse *(Coccina)*
↗Wanzen *(Heteroptera)*
↗Zikaden *(Auchenorrhyncha, Cicadina)*

tenfischen, Kaulquappen sowie beim Schnabeltier u. beim Ameisenigel. □ Salzdrüse. *M. N.*

Schnabelbinse, *Schnabelried, Rhynchospora,* Gatt. der Sauergräser mit über 200 Arten. In Mitteleuropa kommen die Weiße u. die Braune S. *(R. alba* und *R. fusca)* vor. Beide Arten wachsen lockerrasig; die Stengel sind beblättert (Blätter 1–2 mm breit) u. meist verzweigt, die Ährchen stehen zu mehreren in lockeren Spirren. Jedes Ährchen besteht aus 2–3 zwittr. Blüten, der Blütenhülle entspr. eine variable Zahl v. Perigonborsten. Die beiden Arten sind circumpolar verbreitet; man findet sie v.a. in nassen Hochmoorbereichen. Nach der ↗Roten Liste ist die Weiße S. „gefährdet", die Braune S. „stark gefährdet".

Schnabelbrustschildkröte, *Testudo angulata,* ↗Landschildkröten.

Schnabeldelphin, *Platanista gangetica,* ↗Flußdelphine.

Schnabeleulen, die ↗Palpeneulen.

Schnabelfliegen, *Schnabelhafte, Panorpatae, Mecoptera,* Ord. der ↗Insekten ([T]) mit 3 einheimischen Fam. (vgl. Tab.) und insgesamt ca. 300 Arten. Die S. sind 2–35 mm groß, i.d.R. schlank, 2 Paar gleichförmig gestaltete, meist schmale Flügel. Von verschiedenen Teilen des Kopfes u. den kauenden Mundwerkzeugen wird der Kopffortsatz (Name) gebildet; zw. den oval- bis nierenförm. Komplexaugen sind die langen, faden- od. borstenförm., 15 bis 55 Glieder zählenden Fühler eingelenkt. Bei den ↗Mückenhaften *(Bittacidae)* sind die vorderen 2 der 3 Beinpaare zu Fangvorrichtungen umgestaltet; der Hinterleib besteht aus 10 mehr od. weniger gut zählbaren Gliedern; Teile des 9. und 10. Segments bilden die Kopulationsorgane. Bei den Skorpionsfliegen *(Panorpidae)* ist das 9. Hinterleibssegment zu einer Zange umgestaltet. Die raupenart. Larven besitzen ↗Afterfüße; sie entwickeln sich holometabol im Boden.

Schnabelgrille, *Boreus,* Gatt. der ↗Winterhafte.

Schnabelhafte, die ↗Schnabelfliegen.

Schnabeligel, die ↗Ameisenigel.

Schnabelkerfe, *Halbflügler, Hemipteroidea, Rhynchota,* Bez. für mehrere Ord. (vgl. Tab.) der hemimetabolen Insekten (↗Hemimetabola) mit stechend-saugenden Mundwerkzeugen; hierzu die ↗Pflanzenläuse, ↗Wanzen u. ↗Zikaden.

Schnabelköpfe, *Rhynchocephalia,* (Guenther 1867), Ord. kleiner bis mittelgroßer, maximal 5,5 m Länge erreichender ↗Schuppenkriechtiere, die v. den ↗*Eosuchia* abgeleitet werden; Körper mancher Arten mit Hornschuppen bedeckt; überwiegend Landbewohner, manche sekundär an das Wasserleben angepaßt. Beispiele aus dem dt. Jura: *Homoeosaurus, Kallimodon, Pleurosaurus* u. *Acrosaurus.* Verbreitung: untere Trias bis rezent mit ca. 23 bis 26 Gatt., deren Entwicklungshöhepunkte in die Trias – v.a. Obertrias – u. den Oberjura fallen. Einzige rezente Art ist die ↗Brückenechse.

Schnabelmilben, *Bdellidae,* Familie der ↗*Trombidiformes,* räuberisch v. kleinen Bodentieren lebende Milben mit schmalem, langem Kopf; bekannteste Gatt. ist *Bdella* (ca. 0,8 mm).

Schnäbeln, ritualisiertes ↗Balzfüttern, ohne wirkl. Futterübergabe bei Vögeln (bekannt von Tauben). ↗Ritualisierung. □ Humanethologie.

Schnabelried, die ↗Schnabelbinse.

Schnabelseggenried, *Caricetum rostratae,* ↗Magnocaricion.

Schnabeltiere, *Ornithorhynchidae,* Fam. der eierlegenden ↗Kloakentiere; einzige Art: das Schnabeltier od. Platypus, *Ornithorhynchus anatinus* (Kopfrumpflänge 45 cm, Schwanzlänge 15 cm; 4 U.-Arten); entenart. Hornschnabel (Name!); Füße mit Schwimmhäuten u. Grabkrallen; im Ggs. zum ↗Ameisenigel keine Bruttasche. S. leben in stehenden u. Fließgewässern Australiens u. Tasmaniens; in der Uferregion legen sie weitverzweigte Erdbaue an. Als Nahrung dienen v.a. Kleintiere. Die 1–3 weichschaligen Eier werden in einer Brutkammer abgelegt. Das Weibchen brütet 7–10 Tage; danach schlüpfen die 2,5 cm langen Jungen, die erst nach etwa 4 Monaten, mit einer Körperlänge von 35 cm, den Bau verlassen. Männl. S. haben an der Ferse einen Giftstachel, in den eine Giftdrüse mündet (die bei weibl. S.n zwar auch angelegt, aber später rückgebildet wird). Das bei Hunden u. Menschen stark wirkende Gift dient wahrscheinl. der innerartl. Auseinandersetzung zwischen männl. S.n □ 319. [B] Australien IV, [B] Säugetiere.

Schnabelwale, *Spitzschnauzendelphine, Ziphiidae,* den ↗Pottwalen nahestehende Fam. der ↗Zahnwale mit 5 Gatt. ([T] 319) und etwa 15 Arten; Gesamtlänge 4,5 bis 9 m; Schnauze lang u. schmal (Name!). In Anpassung an die Hauptnahrung (Kopffüßer) ist das Gebiß der S. rückgebildet: i.d.R. nur wenige Zähne im Unterkiefer. Zur Beutejagd tauchen S. (z.B. der bekannte Nördl. Entenwal oder Dögling, *Hyperoodon ampullatus*) in über 500 m Tiefe.

Schnaken, umgangssprachliche Bez. für die ↗*Tipulidae* u. die ↗Stechmücken.

Schnallenmycel ↗Ständerpilze.

Schnäpel, *Coregonus oxyrhynchus,* ↗Renken.

Schnapper, *Lutianidae,* Fam. der ↗Barschfische mit ca. 20 Gatt. und über 250 Arten; an trop. Meeresküsten (außer im O-Pazifik) oft über Korallenriffen lebende, räuber. Schwarmfische, v. denen einige Arten zeitweise ins Süßwasser vordringen; haben beschuppten, barschart. Körper, großes Maul mit scharfen Zähnen, hartstrahl. vorderen und weichstrahl. hinteren Abschnitt in der langgezogenen Rückenflosse. Viele S. sind wertvolle Speisefische, obgleich einige Arten durch Anreicherung natürl. Gifte zu den passiv ↗Giftigen Fischen gehören. Bekannteste Art ist der als Jungfisch oft in Aquarien gehaltene, indopazif., bis 1 m lange Kaiser-S. (*Lutianus sebae,* [B] Fische VII).

Schnäpper, die ↗Fliegenschnäpper.

Schnappschildkröten, *Chelydra,* Gatt. der ↗Alligatorschildkröten.

Schnarrheuschrecke, *Schnarrschrecke, Psophus stridulus,* ↗Feldheuschrecken.

Schnauze, a) die unterhalb der Augen vorspringende Partie des Wirbeltierkopfes. Die S. wird im wesentl. vom ↗Kauapparat gebildet. Sie ist Organ des Nahrungserwerbs u. in diesem Zshg. Sitz v. Sinnesorganen: an der S.spitze liegt die ↗Nase, im Mundraum die ↗Zunge u. das ↗Jacobsonsche Organ; bei Säugern trägt das Integument an der S.spitze auch Tasthaare (Vibrissen, ↗Sinushaare). b) i. e. S. versteht man unter S. die Mundöffnung mit der Mundhöhle (↗Mund) u. bezieht den Begriff vorwiegend auf Fleischfresser. Bei Pflanzenfressern spricht man dagegen meist vom *Maul.* Bei hornüberzogenen Kiefern handelt es sich um einen ↗*Schnabel.* ↗Rüssel.

Schnauzenbienen, *Anthophora,* Gatt. der ↗Apidae.

Schnauzeneulen, die ↗Palpeneulen.

Schnauzenfalter, *Libytheidae,* weltweit mit nur einem Dutzend Arten verbreitete Tagfalter-Fam., in Europa nur 1 Vertreter; verwandt mit den ↗Fleckenfaltern; klein bis mittelgroß, Spannweite 40–65 mm; Falter einheitl. mit auffallend langen, nach vorne gestreckten Labialpalpen; Außenrand der Vorderflügel gezackt, Vorderbeine im männl. Geschlecht verkürzt; Falter wanderlustig, saugen gerne an Pfützen; Larven grün, kurz behaart, fressen an der Gatt. *Celtis* (Zürgelbaum). In S-Europa bis in die Südtäler der Alpen der Zürgelbaum-S. *(Libythea celtis);* Palpen etwa 4mal so lang wie der Kopf; Flügel oberseits dunkelbraun mit orangefarbenen Flecken; Raupe an Zürgelbaum.

Schnauzenmücken, die ↗Tipulidae.

Schnauzenschnecken ↗Wattschnecken.

Schnauzenspinner, *Pterostoma palpina,* ↗Zahnspinner.

Schnecke, die ↗Cochlea 2); ↗Gehörorgane ([B]), ↗Ohr (□); [B] mechanische Sinne II.

Schnecken, *Gastropoda,* Kl. der ↗Schalenweichtiere mit der typ. Körpergliederung in Kopf, Fuß u. Eingeweidesack mit Mantel u. Schale. Letztere ist als einteiliges, spiralig gewundenes Gehäuse (S.haus) ausgebildet (Ausnahme: ↗*Berthelinia*) und asymmetr. wie der ganze Körper, sie kann aber auch reduziert od. völlig rückgebildet sein (Nackt-S.). Die Asymmetrie wird im wesentl. durch die Torsion bewirkt; dadurch wird der Komplex Eingeweidesack + Mantel mit Schale *(Visceropallium)* gg. den Uhrzeigersinn gg. den Kopf-Fuß-Bereich *(Cephalopodium)* verschoben. So gelangt die Mantelhöhle nach vorn u. mit ihr die in ihr gelegenen od. in sie einmündenden Organe (*Pallialorgane:* Kiemen, Hypobranchialdrüsen, Osphradien, Anus, Genital- u. Exkretionsöffnungen; ↗Pallialkomplex). Die Pallialorgane sind zunächst paarig (außer Anus), bei den höherentwickelten S. werden die posttorsional rechten Organe fortschreitend reduziert. Neben der Torsion ist die Spiralisierung des Visceropalliums formbestimmend; Ursache ist wahrscheinl. die Vergrößerung der urspr. linken ↗Mitteldarmdrüse, die Zentrum der Verdauung u. Nahrungsresorption wird. Ihr zunehmendes Volumen führt zu einer dorsalen Vorwölbung des ↗*Eingeweidesacks,* die aus mechan. Gründen spiralig eingerollt wird, u. mit ihr der Mantel. Hauptaufgabe des ↗*Mantels* (Pallium) ist die Bildung der ↗*Schale,* die daher mit entspr. spiraliger Windung angelegt wird. Im Innern stoßen die Gehäusewände aneinander u. bilden die ↗*Spindel* (Columella); an ihr setzt der ↗*Spindelmuskel* an, der in das Cephalopodium einstrahlt u. die einzige feste Verbindung zw. Körper u. Gehäuse herstellt. Kontrahiert er sich, so wird der Weichkörper in das Gehäuse hineingezogen u. ist dort gg. Witterungsunbilden u. Feinde geschützt. Die *Mündung* (Apertura) des Gehäuses kann zusätzl. durch ↗*Dekkel* verschlossen werden. Liegt die Mündung rechts der Spindelachse, so ist das Gehäuse rechtsgewunden. Das ist der Normalfall, doch gibt es Fam., die normal linksgewunden sind (z. B. Schließmund-S.). Auch bei rechtsgewundenen Gruppen können einzelne Individuen linksgewunden sein – Folge einer Umkehr der Furchungsrichtung in der Frühentwicklung. Solche Exemplare sind selten u. werden *S.könig* genannt; ihre inneren Organe sind seitenverkehrt angeordnet (Situs inversus). Die

Schnabeltier *(Ornithorhynchus anatinus)*

Schnabelwale

Gattungen:
Entenwale *(Hyperoodon)*
Schwarzwale *(Berardius)*
Ziphius
Zweizahnwale *(Mesoplodon)*
Tasmacetus

Schnecken

1 Innere Organisation einer Schnecke (♀), Gehäuse weggelassen. **2** Das *Gehäuse* u. seine wichtigsten Teile. Apex = Spitze (= ältester Teil); die Umgänge, mit Ausnahme des letzten, bilden das Gewinde; Sutura = Naht; Umbilicus = Nabel.

1

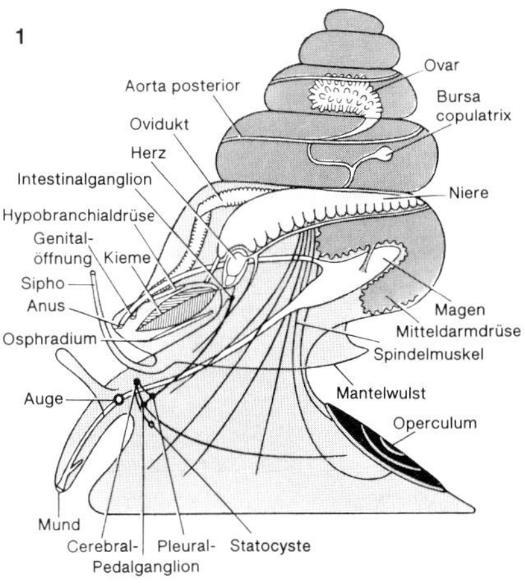

2

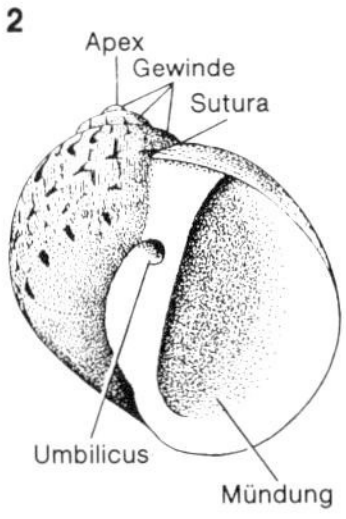

Vielfalt der Gehäuseformen hat Menschen seit Jtt. fasziniert u. ist auch heute noch wichtiges taxonom. Kennzeichen. Das ↗*Gehäuse* ist im allg. kegel- od. turmförmig mit sich berührenden Umgängen (↗*evolut);* in einigen Fam. umgreift der letzte Umgang das Gewinde u. verdeckt dieses völlig (↗*convolut:* Porzellan-S.), od. die Umgänge berühren sich nicht mehr (↗*devolut:* Wurm-S.). Die Oberflächenstruktur wird durch Wachstumsprozesse bestimmt: spiral. Streifen durch kontinuierl. Zuwachs, coaxiale Strukturen (z. B. Wülste) bei period. Wachstum. Der ↗Kopf trägt 1–2 Paar Fühler mit chem. und mechan. Sinneszellen, meist auch Augen v. ganz verschiedenem Differenzierungsgrad, vom einzelligen Photorezeptor über Gruben- bis zu komplexen Linsenaugen (↗Auge, □). Die Mundöffnung, oft an der Spitze der „Schnauze", eines verlängerten, nicht einziehbaren Kopfabschnitts, od. des einstülpbaren Rüssels (Proboscis) gelegen, führt in die Mundhöhle mit der ↗*Radula* ([B] Weichtiere). Die zerkleinerte Nahrung gelangt durch die Speiseröhre in den mit bewimperten Sortierfeldern ausgestatteten Magen u. die Mitteldarmdrüse, das Unverdauliche über Mittel- u. Enddarm zum Anus ([B] Darm). Der Blutkreislauf ist offen. Das Herz liegt über dem Hinterende der Mantelhöhle; außer der Kammer sind nur bei den ↗*Diotocardia* 2 Vorhöfe ausgebildet, bei den übrigen S. gibt es nur 1 Vorkammer. Der Gasaustausch erfolgt bei den Vorder- u. Hinterkiemern über Kiemen, bei Lungenschnecken in der Lungenhöhle, bei allen auch durch die Haut. Respirator. Farbstoff ist das im oxidierten Zustand blaue ↗Hämocyanin, einige S. haben auch ↗Hämoglobin (Teller-S.). Die Exkretion ([B] Exkretionsorgane) erfolgt urspr. über paarige Gänge aus dem Herzbeutel; sie bleiben als Renoperikardialgänge bei vielen S. erhalten, bei denen drüsige Nieren exzernieren. Zentrale Schaltstellen im ↗Nervensystem sind die Cerebralganglien; außer diesen liegen im Kopf die paarigen Buccal- u. Subradularganglien, im Fuß die Pedal- und seitl. die Pleuralganglien, im Eingeweidesack die Intestinalganglien (□ Gehirn). Zahlr. weitere Ganglien übernehmen Spezialfunktionen. Das Nervensystem wird durch die Torsion wesentl. beeinflußt (↗Chiastoneurie, ↗Geradnervige; [B] Nervensystem I). In allen Ganglien können neurosekretor. Zellen vorkommen. Die unpaare Gonade ist in die Mitteldarmdrüse eingebettet. Die Vorderkiemer sind im allg. getrenntgeschlechtlich, die übrigen S. ☿ mit Tendenz zur Protandrie. Ungewöhnl. ist die Ausbildung atyp. Spermatozoen in einigen Gruppen. Der Dottergehalt der Eizellen wirkt sich bestimmend auf den Verlauf der Embryogenese aus; die Spiralfurchung ist total ([B] Furchung); bei marinen S. entsteht eine Schwimmlarve (↗Veliger), die über die Veliconcha (= Pediveliger) zum Kriechstadium wird. Bei limn. und terrestr. Arten findet die abgewandelte Entwicklung zum Kriechstadium in der Eikapsel statt. – Die S. besiedeln vorwiegend das Meer, aber auch Brack- u. Süßgewässer u. das Land. Die meisten sind Bodentiere, manche sessil (Wurm-S.), doch gibt es auch Schwimmer (Floß-S., Kielfüßer). Bewegungsorgan (↗Fortbewegung, □) ist der muskulöse ↗Fuß; in ihm liegen bes. große Drüsen (↗Fußdrüsen); zahlr. weitere Drüsen halten die Körperoberfläche ständig schleimbedeckt. Parasitische S. sind oft stark reduzierte Formen (Eingeweide-S.). S. werden von vielen Tieren, einige auch vom Menschen verzehrt (Meerohren, Fechter-, Strand-, Turban-, Weinberg-, Wellhorn-S.). Einige Arten sind als Pflanzenschädlinge (Achat-S., verschiedene Nackt-S.) und Krankheitsüberträger gefürchtet (z. B. Teller-S.: ↗Schistosomiasis, ↗Leberegel-S.; □ Fasciolasis; □ Leucochloridium; □ Schistosomiasis). Die Schätzungen der Artenzahl gehen weit auseinander, doch dürfte es mindestens 40000 Schnecken geben. Sie werden den 3 U.-Kl. ↗Vorderkiemer, ↗Lungen-S. und ↗Hinterkiemer zugeordnet.

Lit.: Allg.: *Götting, K.-J.:* Malakozoologie. Stuttgart 1974. *Kilias, R.:* Stamm Mollusca; in: Kaestner, A., Lehrbuch der speziellen Zool. I, 3. Stuttgart ^{4}1982. *Salvini-Plawen, L. v.:* Die Weichtiere; in: Grzimeks Tierleben 3. München 1979. Bestimmung: Marin: *Dance, P., Cosel, R. v.:* Das große Buch der Meeresmuscheln. Stuttgart 1977. *Lindner, G.:* Muscheln u. Schnecken der Weltmeere. München 1975. Terrestr.: *Kerney, M. P., Cameron, R. A. D., Jungbluth, J. H.:* Die Landschnecken Nord- u. Mitteleuropas. Hamburg 1983.
K.-J. G.

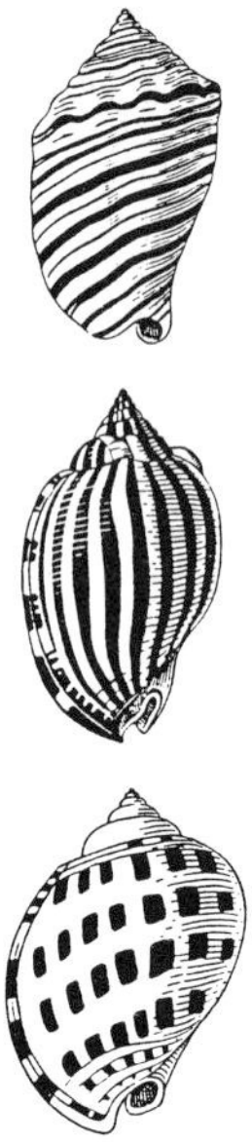

Schnecken

Die wichtigsten Formen der Musterbildung bei Schneckenschalen

Schneckenblütler, *Malakophilen,* Gruppenbez. für Pflanzenarten, deren Blüten durch Schnecken (Land- u. Wasserschnecken) bestäubt werden, indem der schleimige Fuß beim Überkriechen Pollen überträgt. Beispiele: Wasserlinsengewächse, einige Korbblütler.

Schneckenkanker, *Ischyropsalididae,* Weberknechte der U.-Ord. ↗*Palpatores.* Pro- u. Opisthosoma sind durch eine weiche Gelenkhaut verbunden. Auffallendstes Merkmal der einzigen in der Paläarktis vorkommenden Gatt. *Ischyropsalis* (17 Arten) sind die über körpergroßen Cheliceren. S. leben an morschen Stümpfen, zw. der Streu u. unter Steinen in Wäldern der Gebirge. Sie sind wahrscheinl. reine Schneckenfresser (Nackt- u. Gehäuseschnecken; Häuschen werden mit den Cheliceren aufgebrochen). Ihre Verbreitung ist disjunkt holarktisch. Bei *I. hellwigi* ist das Balz- u. Kopulationsverhalten näher untersucht: das Männchen besitzt in den Chelicerengrundgliedern Drüsen, deren Sekrete bei der Balz mit der Mundregion des Weibchens in Kontakt gebracht werden (gustatorische Balz). Erst danach kann die Paarung stattfinden.

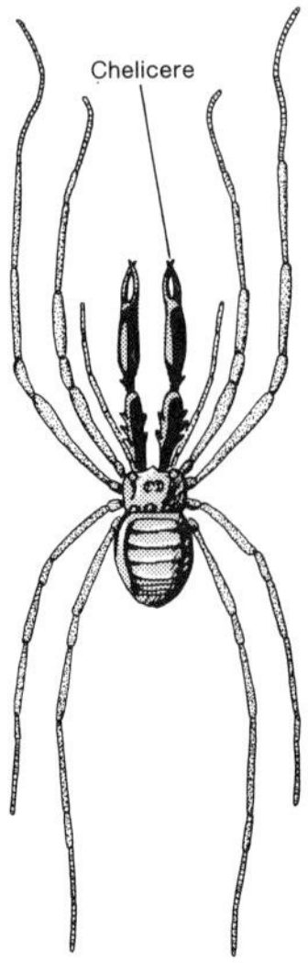

Schneckenkanker *(Ischyropsalis)*

Schneckenklee, *Medicago,* Gatt. der ↗Hülsenfrüchtler mit mehr als 100 Arten; hpts. im Mittelmeergebiet u. in Vorderasien verbreitet. Der Gatt.-Name rührt v. den schneckenförmig gewundenen od. sichelartig gebogenen Hülsen her; sie sind mit Widerhaken besetzt, so daß sie mit Tieren verbreitet werden. Fiederblättchen mit endständ. Spitzen, Blüten gelb od. blau, bis 5 mm lang; Insektenbestäubung mit Mechanismus, der dem Tier Pollen an den Bauch klebt; Stickstoffsammler. Urspr. in Eurasien u. im Mittelmeergebiet ist der Hopfenklee *(M. lupulina);* bis 60 cm hoch; behaarte Fiederblättchen; Blüten klein, gelb, in oval-kugel. Trauben; fast nierenförm., nur einmal gewundene Hülsen; in Kalkmagerwiesen, an Wegen; zur Gründüngung angepflanzt. Die im Vorderen Orient beheimatete Luzerne, Alfalfa (*M. sativa,* [B] Kulturpflanzen II), ist eine wichtige, weltweit angebaute Futterpflanze; bis 80 cm hohe, mehrjähr., aufrechte Staude; blau-violette Blüten an dichten, kopfförm. Trauben; Blätter 3zählig, Fiedern an der Spitze gezähnt u. stachelspitzig; Hülsen mit 2–3 spiralig gedrehten Windungen; bis 5 m wurzelnd; bevorzugt tiefgründ. Kalklehmböden u. mildes, trockenes Klima; liefert mineralstoff- u. proteinreiches Futter; bis zu 3 Schnitte jährl.; verwildert an Sandäckern u. Waldrändern. Ebenfalls als Futterpflanze angebaut wird die Gelbe Luzerne, Sichelklee *(M. sativa* ssp. *falcata),* eine U.-Art der Luzerne; fast kugel. Blütentrauben aus gelben Blüten, Hülsen sichelförmig.

Schneckenkönig ↗Schnecken.

Schneckenmotten, die ↗Saftschlürfermotten.

Schneckennattern, *Pareïnae* u. *Dipsadinae,* U.-Fam. der ↗Nattern mit ca. 50 Arten; 40–80 cm lang. In SO-Asien lebt die nachtaktive, breitköpf. und großäug. Gatt. *Pareas* mit gekielten Schuppen, in Mittel- und S-Amerika die Gatt. Dickkopfnattern *(Dipsas),* ernähren sich v. Gehäuseschnecken, wobei sie den Unterkiefer in die Gehäuseöffnung schieben, ihre langen, spitzen Vorderzähne in die Beute schlagen u. die Weichteile der Schnecke herausdrehen; das Schneckenhaus wird also nicht verzehrt. Die ebenfalls südamerikan. Vertreter der Gatt. *Sibon* ernähren sich v.a. von Nacktschnecken.

Schneckenräuber, *Drilidae,* Fam. der polyphagen ↗Käfer ([T]) aus der Verwandtschaft der Weichkäferartigen *(Cantharoidea);* weltweit etwa 80, bei uns nur 2 Arten in der Gatt. *Drilus:* Männchen voll geflügelt, weichhäutig, mit stark gekämmten Fühlern; Weibchen larvenförmig und erhebl. größer als die Männchen. Larven rostrot, dicht büschelförmig behaart. Sie fressen v.a. Gehäuseschnecken, die sie vermutl. durch einen Giftbiß lähmen od. töten. Die Entwicklung erfolgt als Polymetabolie. *D. flavescens:* Männchen mit gelben Elytren,

Schneckenklee

Luzerne *(Medicago sativa)*

Schnecklinge

Eßbare Arten (Auswahl):

Frost-S. (*Hygrophorus hypothejus* Fr., unter Kiefern)

Goldfleckiger S., Goldzahn-S. (*H. chrysodon* Fr., Nadel- u. Laubwald)

Elfenbein-S. (*H. eburneus* Fr., unter Buchen)

Wohlriechender S. (*H. agathosmus* Fr., bes. unter Fichten)

März-S., Märzellerling, Schneepilz (*H. marzuolus* Bres., in Nadel- u. Laubwald, v. der Schneeschmelze bis Mai)

Schneeball

Zierform des Echten Schneeballs *(Viburnum opulus* var. *roseum)*

schwarzem Vorderkörper, 4–8 mm, in S-Dtl. in Wärmegebieten im Frühjahr in der niederen Vegetation; Weibchen 13 bis 15 mm, am Boden umherlaufend, oft in leeren Schneckenhäusern sitzend. ↗Leuchtkäfer.

Schneckenspinner, die ↗Schildmotten.

Schnecklinge, *Hygrophorus,* Gatt. der ↗Dickblättler *(Hygrophoraceae),* Blätterpilze mit dünn-dickfleischigem Fruchtkörper; Stiel u. Hut sind oft schmierig; meist mit herablaufenden u. mehr od. weniger entfernt stehenden Lamellen. Manche Arten besitzen ein flücht. Velum, das an der Stielspitze eine schleimige od. flockige Ringzone hinterläßt. Die Lamellen-Trama ist (pseudo-)bilateral. In Europa ca. 45 Arten, die durch eine ektotrophe Mykorrhiza baumgebunden sind, oft als Begleiter bestimmter Baum-Gatt.; fast alle sind eßbar (vgl. Tab.).

Schneealgen ↗Kryoflora.

Schneeball, *Viburnum,* Gatt. der ↗Geißblattgewächse mit ca. 120 v.a. in den gemäßigten u. subtrop. Zonen der Erde (insbes. in China) heim. Arten. Sommer- od. immergrüne Holzgewächse mit ungeteilten od. gelappten Blättern und weißl. bis rosafarbenen Blüten. Diese besitzen eine mehr od. weniger radiäre, rad- bis trichterförm. Krone mit 5lappigem Saum u. sind häufig in doldenförm., reich verzweigten Blütenständen angeordnet. Die Frucht ist eine längl. bis kugelige, einsamige Steinfrucht. In Mitteleuropa heim. Arten sind: der an sonnigen Waldrändern, in Hecken u. lichten Wäldern anzutreffende Wollige S. *(V. lantana),* ein bis 5 m hoher, weiß blühender Strauch mit längl.-eiförm., runzeligen, unterseits graufilzigen Blättern u. zunächst roten, dann schwarzen Früchten, sowie der Echte od. Gemeine S., *V. opulus* ([B] Europa XIV). Letzterer ist in Auwäldern u. -gebüschen, feuchten Hecken sowie an Bachrändern anzutreffen u. hat 3- bis 5lappige Blätter sowie flache, weißl. Blütenstände, die v. zu Schauapparaten vergrößerten, sterilen Blüten umgeben werden. Die Früchte sind intensiv rot gefärbt. Verschiedene Formen des Echten S.s werden schon seit Jhh. als Ziergehölze kultiviert. Bekannteste Kultursorte ist wohl *V. opulus* var. *roseum* mit großen, anfangs grünl., später weißen, kugeligen Blütenständen, die ausschl. aus vergrößerten, unfruchtbaren Blüten bestehen. Auch zahlr. amerikan. und asiat. Arten des S.s sowie deren Hybriden werden als Ziersträucher gezüchtet. Eine immergrüne Art des S.s ist der aus dem Mittelmeergebiet stammende, für die Macchie charakterist. Steinlorbeer *(V. tinus)* mit ledrigen, dunkelgrünen Blättern u. rötl.-weißen Blüten.

Schneeballkäfer, *Galerucella viburni,* Art der ↗Blattkäfer.

Schneebeere, *Symphoricarpus,* Gatt. der ↗Geißblattgewächse.

Kleines Schneeglöckchen *(Galanthus nivalis)*

Schneebodengesellschaften ↗Salicetea herbaceae.

Schneebodenpflanzen, niederwüchsige Pflanzen, die langdauernde Schneebedekkung mit Aperzeiten unter 3 Monaten im Jahr ertragen (z. B. *Salix herbacea;* weitere Arten ↗Salicetea herbaceae).

Schneebruch ↗Schneeschäden, ↗Eisbruch.

Schneedruck, durch Kriech- u. Setzbewegungen der Schneedecke hervorgerufene, hangabwärts gerichtete Kraft, die zur Schrägstellung od. vollständigen Entwurzelung v. Gehölzen führen kann. Eine häufig zu beobachtende Folge ist der ↗Säbelwuchs.

Schneefink, *Montifringilla nivalis,* ↗Sperlinge. [mücken.

Schneefliege, *Chionea,* Gatt. der ↗Stelz-

Schneefloh, 1) *Boreus,* Gatt. der ↗Winterhafte; 2) *Isotoma nivalis,* ↗Gleichringler.

Schneeglöckchen, *Galanthus,* Gatt. der ↗Amaryllisgewächse mit ca. 10 Arten; Verbreitungsschwerpunkte in Kleinasien, auf dem Balkan u. in Mitteleuropa. Das Kleine S. *(G. nivalis)* besitzt eine Zwiebel, aus der im zeitigen Frühjahr 2 blaugrüne Blätter sprießen; die Blüte erscheint zw. Febr. und März. Ihre Blütenglocke hat 3 äußere längere u. 3 innere kürzere Kronblätter, die an der Spitze einen grünen Fleck tragen. Auf sickerfeuchten tiefgründ. Böden, auf denen es auch spontan vorkommt, verwildert es oft aus unseren Gärten. Samen werden durch Ameisen verbreitet (Myrmekochorie). – Großes S. ↗Knotenblume *(Leucojum).*

Schneegrenze ↗Höhengliederung, ↗humid; ☐ Klima.

Schneehase, *Lepus timidus,* heute auf die Waldzone der N-Halbkugel u. die eur. Alpen (*Alpen-S.,* von 1300 bis 3400 m Höhe) beschränkte Hasenart, die während der letzten Eiszeit in dem eisfreien Gürtel Europas vorkam; Kopfrumpflänge meist 50–55 cm. Im Winter ist die Fellfarbe der S.n in den meisten Gebieten weiß (mit Ausnahme der schwarzen Ohrenden), manchmal auch nur teilweise (Schottland, Wälder Skandinaviens), od. sie bleibt sommerfarben (rotbraun; z. B. Irland, Färöer); arktische S.n sind ganzjährig weiß. Der Zeitpunkt des Haarwechsels ist temperaturabhängig. [B] Europa V. [Pinetea.

Schneeheide-Kiefernwälder, die ↗Erico-

Schneeheide-Krummholz ↗Erico-Pinetea.

Schneehühner, *Lagopus,* schneereiche Gegenden besiedelnde ↗Rauhfußhühner; legen als einzige Vögel – ähnl. wie verschiedene Säugetiere des N – im Winter ein weißes Federkleid an *(Saisondimorphismus).* Das 35 cm große Alpenschneehuhn (*L. mutus,* [B] Europa III) lebt im äußersten N Eurasiens u. Amerikas sowie in den Alpen u. Pyrenäen; hölzerner Ruf „karr“; nistet in Bodenvertiefung zw. Steinen u. Zwergsträuchern, in Mitteleuropa durch den anhaltenden Massentourismus nach der ↗Roten Liste „potentiell gefährdet“. Die Verbreitung des etwas größeren Moorschneehuhns *(L. lagopus)* reicht bis in die tieferen Lagen der nord. Tundra- u. Moorgebiete; die schott. Rasse besitzt kein Weiß im Gefieder, auch ist der Farbwechsel in das weiße Winterkleid unterdrückt.

Schneeinsekten, Insekten, die winteraktiv sind od. wie im Fall des Gletscherflohs (↗Gleichringler) auch im Sommer im Hochgebirge auf dem Schnee v. Gletschern zu finden sind. Bei uns sind typische S. die ↗Winterhafte der Gatt. *Boreus,* Vertreter der flugunfähigen Schneefliegen-Gatt. *Chionea* (↗Stelzmücken), einige Larven der ↗Weichkäfer, die Schneeflöhe der Gatt. *Isotoma* (↗Gleichringler) u. die Winterschnaken *(Trichocera hiemalis).* Allen ist gemeinsam, daß sie nicht nur eine hohe Toleranz für niedrige Temp. haben, sondern daß ihr Optimum sogar um 0 °C liegt.

Schneeleopard, *Irbis, Uncia uncia,* in den mittelasiat. Hochgebirgen (bis in 4000 m und noch höher) vorkommende gefleckte Großkatze; Kopfrumpflänge 120–150 cm, Schwanzlänge 90 cm. Im Ggs. zu den Großkatzen i. e. S. (Gatt. *Panthera*) zeigt der S. noch typ. Verhaltensweisen der Kleinkatzen (z. B. Nahrungsaufnahme im Sitzen, Schnurren, kein Brüllen) u. wird deshalb auch zu den sog. ↗Mittelkatzen gerechnet.

Schneemaus, *Alpenmaus, Microtus nivalis,* Kopfrumpflänge 11,5–14 cm, Schwanzlänge 5–7,5 cm; Fell hellgrau, dicht u. langhaarig. Die zu den Feldmäusen rechnende S. gilt unter den Kleinsäugern als das Charaktertier der Alpen. Sie bevorzugt sonnige Plätze in Höhen bis 4000 m, kommt aber auch in tiefer gelegenen Gegenden, z. B. im Rhônetal bei Valence, vor.

Schneemensch, *Yeti* (Nepal), *Kangui* (Tibet), Bez. für ein noch nicht näher identifiziertes Lebewesen, v. dem bislang, bes. im Himalaya, nur Spuren (z. B. große Fußabdrücke, Exkremente, Haare) gefunden wurden. Vermutungen: Die Fährten im Schnee stammen v. Tibetbär oder v. Schlankaffen u. sind durch Ausschmelzung vergrößert.

Schneepestwurz-Gesellschaft ↗Thlaspietalia rotundifolii. [diales.

Schneepilz, *Phacidium infestans,* ↗Phaci-

Schneerose, *Helleborus niger,* ↗Nieswurz.

Schneeschäden, Bez. für die durch Schnee verursachten Schädigungen an den Forstkulturen. Man unterscheidet in der Forstpraxis: ↗*Schneedruck* (junge Stämmchen werden umgeknickt od. gespalten), *Schneeschub* (die Stämmchen werden bei nachgebendem Erdreich aus der Senkrechten gedrückt) u. *Schneebruch* (v. a. in Altbeständen; Brechen v. Ästen, Wipfeln u. ganzen Stämmen). Nadelhölzer sind stärker gefährdet als Laubhölzer; in Mitteleuropa v. a. Waldbestände zw. 400 und 900 m Höhe (v. a. bedingt durch naßflockigen Schneefall). S. werden begünstigt durch ungeeignete Holzartenwahl u. mangelhafte Bestandespflege. Neben den mechan. Schadwirkungen können in Hohlräumen der Schneedecke mikroklimat. Bedingungen entstehen (hohe Luftfeuchtigkeit, >90%), die das Gedeihen einiger pilzl. Krankheitserreger fördern (↗Schneeschimmel).

Schneeschimmel, 1) durch *Griphosphaeria [Micronectriella] nivalis* (Konidienform: ↗*Fusarium nivale,* T) hervorgerufene Pilzkrankheit an Getreide, meist Roggen, auch Weizen, Gerste u. Gräsern *(Rasenfäule);* tritt bes. bei länger liegendem, hohem Schnee über ungefrorenem Boden auf; die Blätter sind mit rötl. „Schimmel" überzogen; die Pilz-Perithecien sind rosa-grau-schwarz. Das Getreide weist nach der Schneeschmelze stärkere Verbräunungen, Stengelfäulen od. sogar abgestorbene Jungpflanzen auf (↗Auswinterungs-Schäden); die Keimpflanzen sind korkenzieherartig gekrümmt. Die Übertragung erfolgt durch Saatgut, die Überwinterung im Boden. 2) *Schwarzer S.,* durch den bitunicaten Schlauchpilz *Herpotrichia juniperi (= H. nigra,* Fam. ↗*Pleosporaceae)* hervorgerufene Nadel- u. Triebkrankheit, die nur in höheren Gebirgslagen an Nadelbäumen (Kiefer, Fichte, Tanne, Wacholder) auftritt (vgl. Spaltentext); benadelte Äste, häufig auch ganze Jungpflanzen, sind völlig v. einem braunschwarzen Mycel überzogen; die befallenen Nadeln sterben ab. Durch den Schwarzen S. entstehen erhebl. Ausfälle bei Aufforstungen in den Alpen. Ähnl. Krankheitssymptome wie bei Befall mit *H. juniperi* verursacht auch die seltenere Art *H. coulteri* an der Berg-Kiefer.

Schneeschuhhase, *Lepus americanus,* in den immergrünen Wäldern u. bewaldeten Sumpfgebieten von N-Amerika beheimatete Hasenart mit im Winter weißem Haarkleid (Ohrenden schwarz); kleiner als der ↗Schneehase; große, im Winter stark behaarte Hinterfüße (Name!). Manche Populationen zeigen starke Bestandsschwankungen in 10jähr. Zyklus.

Schneeschutz, wichtige Bedingung für das Überwintern vieler Zwergsträucher u. Hemikryptophyten: eine geschlossene Schneedecke mildert nicht nur den Temperaturgang in Bodennähe, sie vermindert auch entscheidend die Gefahr der ↗Frosttrocknis.

Schneestufe ↗Höhengliederung.

Schneetälchen, Senken in den Hochlagen der Gebirge, in denen sich wegen geringer Einstrahlung u. relativer Windruhe regelmäßig große Schneemassen ansammeln u. die nicht od. nur kurze Zeit im Jahr schneefrei (aper, ↗Aperzeit) werden.

Schneetälchengesellschaften ↗Salicetea herbaceae.

Schneeschimmel

Herpotrichia juniperi, der Erreger des *Schwarzen S.s,* ist ein psychrophiler Pilz, der nur von −5 °C bis etwa +15 °C (20 °C) wächst. Er benötigt außerdem eine sehr hohe Luftfeuchtigkeit, so daß er sich bes. gut in Hohlräumen unter der länger liegenden, winterl. Schneedecke im Gebirge entwickelt u. dort junge Nadelbäume schwer schädigen kann. In den Sommermonaten wächst der Pilz nicht mehr weiter u. überdauert mit seinen widerstandsfähigen Hyphen.

Schneide *(Cladium mariscus)*

Schneewürmer, Larven der ↗Weichkäfer, v. denen einige Arten an warmen Wintertagen auf dem Schnee herumlaufen.

Schnegel [v. mhd. snegel = Schnecke], *Egelschnecken, Limacidae,* Fam. gehäuseloser Landlungenschnecken, deren Schale auf einen asymmetr. Rest im Körperinnern reduziert ist. Der verkleinerte, verdickte Mantel liegt schildart. auf dem Vorderrükken (Mantelschild), hinter seiner Mitte liegt rechts die Atemöffnung. Der hintere Teil des Rückens ist gekielt, die Fußsohle durch Längsfurchen dreigeteilt. Die S. leben v. abgestorbenen Pflanzenteilen u. Pilzen in Wäldern Europas, Klein- u. Mittelasiens (↗Baumschnegel, ↗*Limax,* □); die größten werden bis 30 cm lang.

Schneidbinsenröhricht ↗Cladietum marisci.

Schneide, *Schneidried, Cladium,* Gatt. der Sauergräser mit ca. 50 Arten, die alle Sumpfpflanzen sind. In Europa kommt nur *C. mariscus* vor, das in subatlantisch-submediterran geprägten Gebieten der ganzen Welt zu finden ist. Die Art besitzt 1–2 zwittr. Blüten je Ährchen; der Gesamtblütenstand besteht aus einer endständ. und mehreren seitenständ. Spirren mit knäueligen Teilblütenständen. Die Blätter der bis über 2 m hohen Pflanze sind graugrün, scharf gekielt u. am Rande sägeblattartig gezähnt. Die S. bildet nahezu ein-artige Verlandungsbestände (↗Cladietum marisci) an Seeufern, findet sich jedoch auch an Quellen u. in Gräben. Sie besiedelt meist kalkreiche Schlickböden in wärmebegünstigten Lagen. In Mitteleuropa gilt sie als Relikt aus der postglazialen Wärmezeit. Nach der ↗Roten Liste „gefährdet".

Schneider, 1) volkstüml. Bez. für Vertreter der Weberknecht-Fam. ↗*Phalangiidae.* u. für langbeinige Kohlschnaken *(↗Tipulidae).* 2) *Alandbleke, Alburnoides bipunctatus,* meist um 11 cm langer, mittel- u. osteur. Weißfisch, v. a. in klaren, schnellfließenden Gewässern; Körper silbrig mit tief nach unten gebogener, dunkel eingefaßter Seitenlinie.

Schneiderbock, *Monochamus sartor,* Art der ↗Langhornböcke.

Schneidermuskel, *Sartorius, Musculus sartorius,* beim Menschen am Vorderrand des Darmbeinkamms entspringender, langer schmaler Muskel, der v. außen nach innen schräg über den Oberschenkel abwärts zieht u. direkt unterhalb des Knies v. der Innenseite her am Schienbein (↗Tibia) ansetzt. Der S. wirkt mit bei der Beugung des Kniegelenks u. der Einwärtsdrehung des Unterschenkels bei gebeugtem Knie sowie bei der Beugung des Hüftgelenks u. der Auswärtsdrehung des Oberschenkels. – Der Name S. bezieht sich auf den Schneidersitz. Als schwacher Muskel kann der S. die entspr. Beinhaltung jedoch nur gemeinsam mit anderen Muskeln erreichen.

Schneidervögel, Bez. für ↗Grasmücken der Gatt. *Orthotomus* u. *Phyllergates,* die

Schneidervogel *(Orthotomus spec.)* mit Nest

mit 7, vorwiegend grünl. gefärbten Arten in SO-Asien (Obstplantagen, Gärten, Wälder) verbreitet sind; bis ca. 20 cm lang, mit spitzem Schnabel u. kurzen, runden Flügeln; legen Baumnester aus 1 oder 2 mit Pflanzenfasern tütenförmig vernähten großen Blättern an.

Schneidezähne, *Incisivi, Dentes incisivi,* Zähne der Säuger im Bereich des Prämaxillare u. im gegenüberliegenden Teil des Unterkiefers, primär je 3 pro Kieferhälfte, meist mit einspitziger od. meißelförm. Krone u. einfacher Wurzel, manchmal wurzellos-hypsodont. ↗Gebiß, [ ] Zähne.

Schneidried, die ↗Schneide.

Schnellkäfer, *Schmiede, Elateridae,* Fam. der polyphagen ↗Käfer ([T]), weltweit über 8000, bei uns etwa 160 Arten. Längl., mittelgroße, meist kurzbeinige Käfer mit deutl. Einschnitt zw. dem auffällig langgezogenen Halsschild u. den Elytren. Fühler lang fadenförmig, oft gekämmt od. gesägt. Bemerkenswert ist der Sprungmechanismus, der diese Fam. auszeichnet u. in ähnl. Form auch den *Eucnemidae* u. *Throscidae* zukommt. Auf dem Rücken liegende Tiere vermögen sich damit hochzuschnellen, um so aus der Reichweite eines kleinen Feindes zu gelangen. Hierbei werden Sprünge von 40–50 cm Höhe und 20–30 cm Weite erreicht, je nach Körpergröße. Die Sprungmechanik ist noch immer nicht völlig verstanden. An ihr beteiligt ist ein langer Prosternalfortsatz u. eine entspr. Grube im Mesosternum. Auf dem Rücken liegend, knickt der Käfer den Halsschild gegenüber dem Restkörper nach unten u. rastet eine Kerbe auf der Unterseite des Prosternalfortsatzes gg. den Vorderrand der Mesosternalgrube. Ein kräft. Muskel im längl. Prothorax preßt nun durch Kontraktion den Fortsatz so fest gg. die Mesosternumkante, bis die Kerbe dem Druck nicht mehr standhält. Nun wird der Prosternalfortsatz in die Mesosternalgrube hineingeschleudert. Dadurch erfolgt ein kräftiger Schlag (bis zum 380fachen der Erdbeschleunigung!) des gesamten Halsschild-Hinterrandes mit seinen vielen Sonderbildungen gg. die Basis der Elytren u. des Mesosternums. Dieser Schlag ist oft als „Knipsgeräusch" gut hörbar. Die Schlagenergie wird über den Körper auf den Boden übertragen, so daß der Käfer nun in die Höhe geschleudert wird. Da der Schlag außerhalb des Schwerpunktes des Käfers erfolgt, wird der Käfer in einem Bogen mit gleichzeitiger 16–18maliger Drehung um seine Längsachse weggeschleudert. Auch aus der Bauchlage vermögen viele Arten zu springen. – Während die Käfer in der Vegetation, auf Blüten od. an Holz sitzen u. entweder phytophag od. räuberisch leben, entwickeln sich die langgestreckten, meist harthäutigen Larven *(Drahtwürmer)* entweder im Boden an zerfallenden od. frischen Pflanzenteilen od. räuberisch im Mulm toter Bäume. – Bei uns im späten Frühjahr häufig ist der mausgraue Sand-S. *(Adelocera murina),* 12–17 mm groß, der v.a. auf Wiesen u. an Waldrändern in der Vegetation sitzt; seine Larve entwickelt sich im Boden. Die Humus-S. der Gatt. *Agriotes* leben als Larve im Boden u. fressen z.T. frische Pflanzenwurzeln; hierbei kann der Feldhumus-S. oder Saat-S. *(A. lineatus),* 7,5–10 mm, gelegentl. schädlich werden. Rot od. rotbraun gefärbt sind die Arten der Gatt. *Ampedus* ([B] Insekten III) u. *Elater,* die sich als Larve in totem Holz entwickeln. Zu den S.n gehören auch die südamerikan. ↗„Cucujos" (↗Leuchtkäfer). [B] Käfer II, [B] Schädlinge. *H. P.*

1

2

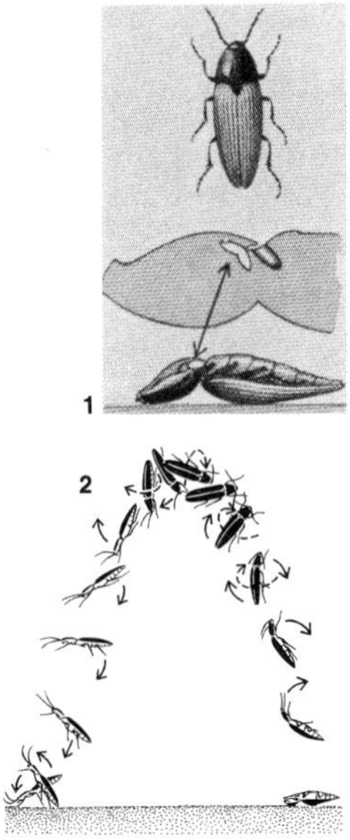

Schnellkäfer

1 Schnellkäfer, oben in Dorsalansicht, unten: auf dem Rücken liegend, in der Mitte der Schnellapparat (stark vereinfacht dargestellt): durch starken Muskeldruck kann der „Dorn" (Prosternalfortsatz) derart heftig in die Mesosternalgrube geschleudert werden, daß der S. durch die rückwirkende Schlagenergie hochschnellt.
2 Sprung eines Schnellkäfers (Höhe ca. 13 cm, Sprungphasen in 25 ms Zeitabstand); der Körper überschlägt sich (dicke Pfeile) u. dreht sich gleichzeit. um die Längsachse (gestrichelte Pfeile)

Schnellschwimmer, Arten der Gatt. *Agabus* der ↗Schwimmkäfer.

Schnepfenfische, *Macrorhamphosidae,* Fam. der ↗Trompetenfische; mit seitl. zusammengedrücktem, hohem Körper, langer Schnauze mit endständ., engem Maul, großen Augen, einem kräft. Stachel in der 1. Rückenflosse u. einer weitgehend auf die Bauchseite beschränkten Panzerung; weltweit in gemäßigten und trop. Meeren verbreitet. Hierzu der hellrötl. gefärbte, etwa 15 cm lange S. *(Macrorhamphosus scolopax)* aus dem N-Atlantik u. Mittelmeer.

Schnepfenfliegen, *Rhagionidae, Leptidae,* Fam. der ↗Fliegen mit ca. 500 bekannten Arten, in Mitteleuropa ca. 35. Die 2 bis 14 mm großen, unbehaarten, meist gelbl. gefärbten Imagines, die oft eine gefleckte Zeichnung auf den Flügeln aufweisen, findet man kopfabwärts sitzend an Baumstämmen u.ä. Dabei werden Kopf- u. Brustabschnitt weit v. der Unterlage abgehoben. Die Imagines ernähren sich mit Rüsseln, die ähnl. wie die der Bremsen gebaut sind, räuberisch od. von Pflanzensäften; die Imagines einiger Arten nehmen keine Nahrung zu sich. Die zylindr. geformten Larven leben räuberisch od. von sich zersetzenden Stoffen. Bemerkenswert ist der Fangtrichter der im Mittelmeerraum vorkommenden Wurmlöwen (Larven der Gatt. *Vermileo*), der dem der Ameisenlöwen (Larven der ↗Ameisenjungfern) ähnelt: Mit dem ösenförmig umgebogenen Vorderende schleudert die bis zu 20 mm lange Larve nachts Sand u. Steinchen nach außen, während sie sich tiefer in den Boden gräbt u. sich mit den verbreiterten, mit Haken versehenen hinteren Körpersegmenten im Boden verankert. Beutetiere, die in den so entstehenden Fangtrichter geraten, werden vom Vorderende umschlungen, mit einem Giftstich gelähmt u. verdaut. Die ausgesaugte Körperhülle der Beute wird nachts aus dem Trichter geschleudert. Die 8 bis 10 mm lange gefleckte, rotbeinige Ibisfliege *(Atherix ibis)* legt ihre Eier in einem merkwürd. Verfahren an Pfählen, Stämmen od. Zweigen über der Wasseroberfläche ab: Die Weibchen bleiben auf den eben abgelegten Eiern sitzen u. sterben ab. Wahrscheinl. geruchl. angelockt, legen weitere Weibchen ihre Eier an diese Stelle u. sterben ebenfalls ab. Es entsteht allmähl. ein kindskopfgroßer Klumpen mit einer klebrigen Masse aus toten Fliegen, Eiern u. bereits geschlüpften Larven. Die sich zersetzenden Weibchen stellen die erste Nahrung der Larven dar; ältere Larven lassen sich ins Wasser fallen, wo die weitere Entwicklung abläuft. Vertreter der artenreichen Gatt. *Rhagio* saugen im Boden Regenwürmer u. Insektenlarven aus.

Schnepfenmesserfische, *Centriscidae,* Fam. der ↗Trompetenfische; haben lange Röhrenschnauze mit kleinem, endständ. Maul und seitl. stark abgeplatteten, gestreckten Körper mit scharfer Bauchkante, Knochenplatten u. einem nach hinten gerichteten, den Schwanz überragenden, kräft. Stachel; leben in flachen Zonen des trop. Indopazifik u. schwimmen oft senkrecht mit dem Kopf nach unten od. oben. Hierzu der im Ind. Ozean häufige, oben gelb u. unten rot gefärbte, bis 19 cm lange S. *(Centriscus scutatus)* mit unbewegl. Rückenstachel u. der indopazif., silbergrau gefärbte, bis 15 cm lange Rasiermesserfisch *(Aeoliscus strigatus)* mit dunklen Längsstreifen u. einem bewegl. Stachel am Körperende, der v. a. an austr. Küsten bekannt ist.

Schnepfenstrauße, die ↗Kiwivögel.

Schnepfenvögel, *Scolopacidae,* formenreiche Fam. (vgl. Tab.) der ↗Watvögel mit 86 fast weltweit verbreiteten Arten, vorwiegend in den arkt. Gebieten der N-Halbkugel; bewohnen die Übergangszonen zw. Land u. Wasser, d. h. Sümpfe, Meeresküsten, Ufer v. Flüssen u. Seen. Nahrung besteht aus Wasserinsekten, Krebsen u. Mollusken, die stochernd im weichen Boden ertastet werden; die Schnabelspitze besitzt hierfür unter einer elast. Hornscheide zahlr. empfindl. Tastkörperchen; sperlings- bis knapp hühnergroß; in unterschiedl. Schnabel- u. Beinlänge drückt sich die differenzierte Einnischung in verschiedene Nahrungsbiotope aus. Hochrasige Wiesen als Brutplatz bevorzugen die langbeinigen, schwarz-weiß u. rotbraun gefärbten Uferschnepfen (*Limosa limosa,* nach der ↗Roten Liste „gefährdet") wie auch die ↗Brachvögel. Da der arkt. Sommer kurz ist, halten sich viele S. nur wenige Monate im Brutgebiet auf u. wandern über große Entfernungen in die Winterquartiere; spitze Flügel ermöglichen ihnen dabei eine hohe Fluggeschwindigkeit. Die meisten S. ziehen nachts; an geeigneten Rastbiotopen, z. B. den Meeresküsten u. überschwemmten Flächen, versammeln sich zur Zugzeit Tausende von S.n; ihr Tagesrhythmus wird an der Meeresküste durch den Gezeitenwechsel u. nicht durch die Helligkeit bestimmt (↗Chronobiologie). In

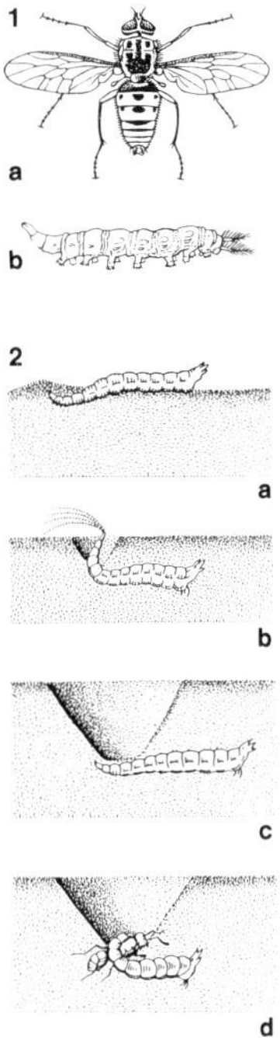

Schnepfenfliegen

1a Ibisfliege *(Atherix ibis),* Männchen; **b** Larve. **2a** Wurmlöwe *(Vermileo comstocki)* im Begriff, sich einzugraben; **b** bei Anlegen des Fangtrichters, **c** in Lauerposition im Trichtergrund, **d** beim Erbeuten einer Ameise, die anschließend in den Sand gezogen, gelähmt u. ausgesogen wird.

Schnepfenvögel

Gattungen:

↗Bekassinen *(Gallinago)*
↗Brachvögel *(Numenius)*
↗Kampfläufer *(Philomachus)*
Schlammläufer *(Limnodromus)*
↗Steinwälzer *(Arenaria)*
↗Strandläufer *(Calidris)*
Uferschnepfen *(Limosa)*
↗Waldschnepfe *(Scolopax)*
↗Wasserläufer *(Tringa)*

der BR Dtl. kommen etwa 40 Arten vor, davon sind od. waren 12 Brutvögel, 15 regelmäßige Gäste u. 14 Ausnahmeerscheinungen, v. a. aus N-Amerika, wie z. B. verschiedene ↗Strandläufer u. Schlammläufer *(Limnodromus).*

Schnirkelschnecken [verwandt mit Schnörkel = gewundene Linie], *Bänderschnecken, Cepaea,* Gatt. der ↗*Helicidae* mit kugeligem bis gedrückt-kugel. Gehäuse (bis 3 cm ∅) v. gelber bis roter Grundfarbe u. mit bis zu 5 braunen od. schwarzen Spiralbändern, die ganz od. teilweise verschmolzen, in Flecke aufgelöst od. nicht ausgebildet sein können. Die größte Farb- u. Mustervariabilität zeigen die Hain-S. *(C. nemoralis),* die im allg. braune Mündungslippen haben, während diese bei den Garten-S. *(C. hortensis)* weiß sind; beide Arten leben in Gebüsch u. lichten Wäldern Mitteleuropas oft nebeneinander. Die nach der ↗Roten Liste „potentiell gefährdeten" Gerippten S. *(C. vindobonensis)* sind deutl. coaxial gestreift; sie sind in SO-Europa, v. a. an gebüschbedeckten Hängen, zu finden. Die „gefährdeten" Wald-S. *(C. silvatica),* westalpin verbreitet, kommen in Wäldern u. auf Wiesen zw. 500 und 2400 m Höhe vor. Alle S. unterscheiden sich u. a. auch in Form u. Größe der ↗Liebespfeile. Gefleckte Schnirkelschnecke ↗*Arianta.*

Schnitt, 1) in der Landw. gleichbedeutend mit Mähen. 2) in Obst-, Garten- u. Weinbau Bez. für das Abschneiden bestimmter Pflanzenteile, um z. B. Neuaustriebe od. Blütenbildung anzuregen, größere Früchte od. Ertragsverbesserungen zu erreichen od. bestimmte ↗Obstbaumformen (= Formerziehung, ↗Erziehungsschnitt) zu erzwingen. □ Obstbaumformen.

Schnittfärbung, in der Histologie Anfärbung v. Schnittpräparaten (↗mikroskopische Präparationstechniken) mit diversen Farbstoffen.

Schnittkontrastierung, Anfärbung v. Ultradünnschnitten für die Elektronenmikroskopie (↗mikroskopische Präparationstechniken, ↗Elektronenmikroskop), meist mit Hilfe v. Schwermetallsalzen.

Schnittlauch, *Allium schoenoprasum,* ↗Lauch.

Schnittmethoden, Methoden der ↗mikroskopischen Präparationstechniken zur Zerlegung v. Geweben od. Zellen sowie anderer organ. und nichtorgan. Strukturen in dünne Scheibchen, um sie der licht- oder elektronenmikroskop. Durchlichtbetrachtung zugängl. zu machen. ↗Mikroskop, ↗Elektronenmikroskop.

Schnittpräparat ↗mikroskopische Präparationstechniken.

Schnitzlinge, *Simocybe,* Gatt. der ↗Krüppelfußartigen Pilze, kleine zentral gestielte Blätterpilze mit braunen Sporen, an Holz od. anderen Pflanzenresten wachsend; in Europa ca. 6 Arten.

Schnuralgen, Algen mit einzellreihigem, unverzweigtem u. „schnurbandförmigem" Thallus; so z.B. die Blaualgen (Cyanobakterien) der Gatt. ↗ *Anabaena.*
Schnurfüßer, *Juloidea,* ↗ Doppelfüßer (T).
Schnurrhaare, die ↗ Sinushaare.
Schnürringe, die ↗ Ranvierschen S.
Schnurrvögel, *Manakins, Pipridae,* Fam. mittel- u. südamerikan. ↗ Schreivögel mit etwa 60 Arten; 8–16 cm groß, Weibchen grünl., Männchen oft auffallend bunt gefärbt; leben in feuchtwarmen, trop. Regenwäldern u. fangen Insekten. Einzigart. Balztänze der polygamen Männchen an hergerichteten Tanzplätzen auf dem Waldboden, artspezif. Zeremoniell; mit den Schwungfedern der Flügel können sehr verschiedenart. Geräusche erzeugt werden, ein Schnurren (Name!), Klatschen, Knarren, Grunzen od. Pfeifen; stimml. Begabung dagegen nur gering entwickelt. Dünnwand. Nest in Astgabel mit 2 Eiern; Nestbau u. Brutpflege erfolgen durch das Weibchen.

Schnurwürmer

Klassen, Ordnungen u. Unterordnungen:

↗ *Anopla*
- *Palaeonemertini (↗ Palaeonemertea)*
- *Heteronemertini (↗ Heteronemertea)*

↗ *Enopla*
- *Hoplonemertini (↗ Hoplonemertea)*
  - ↗ *Polystilifera*
  - ↗ *Monostilifera*
- ↗ *Bdellomorpha (Bdellonemertea, Bdellonemertini)*

Schnurwürmer, *Nemertini, Nemertinea, Nemertea, Rhynchelminthes, Rhynchocoela,* Stamm der ↗ *Metazoa* mit nur etwa 900 Arten, die auf 2 Kl. und 4 Ord. aufgeteilt werden (vgl. Tab.). Die bilateralsymmetr., ungegliederten, ungewöhnlich dünnen, schnur-, faden-, band- od. auch blattförm., im allg. wenige mm bis 20 cm langen (längste Art: *Lineus longissimus* bis 30 cm lang, bei einem ∅ von 9 mm), einfarbig roten, braunen, gelben, grünen od. grauen *Spiralia* bewohnen den Boden v.a. der Küstenregionen der gemäßigt-warmen u. kühlen Meere. Rund 70 Arten leben bathypelagisch in 200–3000 m Tiefe, wenige sind ins Süßwasser eingewandert (z.B. *Prostoma*), einige besiedeln feuchte Landbiotope in den Tropen (z.B. ↗ *Geonemertes*), andere sind Kommensalen in den Wimperfeldern v. Strudlern (z.B. ↗ *Malacobdella* in den Muscheln *Mya* u. *Cardium*) od. Parasiten auf decapoden Krebsen. – Ihr bes. Kennzeichen ist ein dorsal des Darms gelegener *Rüsselapparat* (Name: *Rhynchelminthes!*), der aus einer v. Mundöffnung u. Vorderdarm primär unabhängigen, blind endenden Ektodermeinstülpung im künft. Kopfbereich hervorgeht. Er besteht aus einem durch eine Öffnung (Rhynchoporus) nach außen mündenden, kurzen u. muskelfreien Epithelrohr (Rhynchodaeum) u. dem eigtl. Rüssel aus drüsigem Epithel, Ring- u. Längsmuskulatur. Dieser Rüssel ist in eine v. Mesoderm umhüllte flüssigkeitserfüllte Rüsselscheide eingelassen. Bei den urspr. ↗ *Anopla* mündet der Rüssel über das Rhynchodaeum nach außen; bei den ↗ *Enopla* sind Vorderdarm u. Rhynchodaeum sekundär miteinander verwachsen, die urspr. Mundöffnung ist verschlossen, die Nahrung wird über den Rhynchoporus aufgenommen. Durch die Kontraktion der Rüsselscheidenmuskulatur wird die Flüssigkeit im Rüsselscheidenlumen unter Druck gesetzt u. der Rüssel herausgeschleudert. Dabei stülpt sich die Rüsselwand handschuhfingerartig um, u. das Schleim absondernde Rüsselepithel gelangt nach außen. Wieder eingezogen wird der Rüssel durch Kontraktion eines zw. den caudalen Enden v. Rüssel u. Rüsselscheide ausgespannten Retraktormuskels. Der Rüssel dient dem Beutefang u. der Verteidigung u. wird auch als Hilfsorgan beim Kriechen verwendet. Bei den ↗ *Palaeonemertea* und ↗ *Heteronemertea* umschlingt der ausgeschleuderte Rüssel die Beute u. schleimt sie ein, in einigen Fällen lähmt er sie auch durch Rhabditen. Die ↗ *Hoplonemertea* tragen dagegen in ihrem hinteren Rüsseldrittel eine Giftdrüse, deren Sekret beim Vorschnellen des Rüssels über ein Stilett in die Beute injiziert wird. Abgenutzte Stiletts werden durch Reservestiletts ersetzt. – Ontogenet. geht der Rüsselapparat bei den verschiedenen Ord. auf verschiedene Weise, doch immer direkt aus dem Ektoderm hervor. Bei den *Hoplonemertea* stülpt sich auf dem Gastrulastadium das Ektoderm zu einer einheitl. Anlage ein. Ihr rostraler Anteil bildet das Rhynchodaeum, ihr caudaler das Epithel des Rüssels. Diesem Rüsselepithel lagern sich Mesodermzellen an. Sie bilden eine mehrschicht. Hülle, in der schließl. ein sich mit Flüssigkeit füllender Spaltraum auftritt. Die den Spaltraum begrenzenden Mesodermzellen ordnen sich zu einem Epithel, aus den restl. geht die Ring- u. Längsmuskulatur hervor; die dem Rüssel zugewandte Schicht wird zur Rüsselmuskulatur, die ihm abgewandte zur Rüsselscheidenmuskulatur. – Da ein v. Mesodermepithel umschlossener Hohlraum definitionsgemäß ein Coelom ist, wird der Spaltraum, das Rüsselscheidenlumen, auch als Rhynchocoel (Name: *Rhynchocoela*) bezeichnet. Dennoch bleibt der Coelomcharakter fraglich, da Entstehungsweise u. Lage zum Darm vom übl. Coelom abweichen. Zweifellos ist der Rüsselapparat eine Sonderbildung der S., auch wenn es unter den Strudelwürmern Formen mit ähnl. Scheidenrüsseln gibt *(Haplopharyngidea,* ↗ *Kalyptorhynchia).* – Das *Integument* der S. ist eine einschicht. Epidermis aus polyciliaren Wimper-, Drüsen-, Sinnes- u. interstitiellen Zellen, deren basale Begrenzung je nach Ord. unterschiedlich ist. Bei den *Palaeo-* u. *Hoplonemertea* handelt es sich um eine dünne Basallamelle od. eine umfangreiche Dermis, bei den *Heteronemertea* um eine im allg. noch dickere Cutis. Die Dermis stellt eine bindegewebige Grundsubstanz dar, in der verstreut Zellen, aber auch ein geordnetes Fasergeflecht eingelagert sind; die Cutis ähnelt der Dermis, enthält zudem aber Muskelfasern sowie aus der Epidermis abgesenkte Drüsenzellen. Zus. mit einer ebenfalls ordnungsabhängigen Zahl v. Muskelschichten bildet die Epidermis einen kräft. *Hautmuskelschlauch.* Bei den *Palaeo-* u. *Hoplonemertea* folgt auf die Dermis meist eine äußere Ring- u. eine innere Längsmuskelschicht, zw. denen sich nicht selten 2 dünne Lagen v. Diagonalmuskeln finden. Der Muskelschlauch der *Heteronemertea* ist dreischichtig, die mittlere Schicht besteht aus Ring-, die beiden anderen aus Längsmuskeln. Zw. der äußeren Längs- u. der Ringmuskelschicht können ebenfalls Diagonalmuskeln liegen. Dorsoventral den Körper durchziehende Muskelbündel treten v.a. bei schwimmenden Formen auf. – Der *Darmtrakt,* bei den *Anopla* mit ventraler Mundöffnung, bei den *Enopla* mit endständ. Rhynchoporus beginnend, besteht aus dem in Schlund, Magen u. Pylorus gegliederten Vorderdarm, einem Mitteldarm, der durch Ausbildung v. Seitentaschen zu einer Art Gastrovaskularsystem geworden ist, u. endet terminal in einem After. Der Darmkanal ist bewimpert u. fast immer frei v. Muskulatur. Der Nahrungstransport erfolgt im wesentl. durch Kontraktionen des Hautmuskelschlauchs. Nahezu alle S. sind Räuber od. Aasfresser u. als solche Schlinger (Ausnahme *Malacobdella!*). – Ähnl. wie bei den ↗Plattwürmern ist die *Leibeshöhle* v. mesodermalem *Parenchym* erfüllt, doch im Ggs. zu ihnen ist bei den S.n ein *Blutgefäßsystem* vorhanden. Es entsteht aus Mesodermsträngen, die sich durch Spaltenbildung zu im allg. 2 lateralen und 1 Längsgefäß formieren. Im Kopf- u. Afterbereich sind die Gefäße durch Querschlingen miteinander verbunden; das Blutgefäßsystem ist also geschlossen. Das meist farblose Blut wird hpts. durch Körperkontraktionen durch die Gefäße getrieben. – *Exkretion* u. *Osmoregulation* werden v. Protonephridien besorgt. – Das *Nervensystem* besteht aus 4 Oberschlundganglien, v. denen 2 ober- und 2 unterhalb des Rüssels liegen. Von ihnen ziehen 2 oder 4 durch Kommissuren verbundene Markstränge durch den Körper. Bei den *Anopla* liegen sie im Hautmuskelschlauch, bei den *Enopla* im Parenchym. Sinneszellen u. Tastborsten sind über den ganzen Körper verteilt. Hinzu kommen Pigmentbecherocellen u. bei einigen Sandbodenbewohnern Statocysten. Chem. Sinnesorgane, die auch innersekretor. Aufgaben übernehmen können, sind die paarigen Cerebralorgane. Eine ausstülpbare Wimpergrube am Kopf, das Frontalorgan, wird als chem. Fernsinnesorgan gedeutet. – Die *Geschlechtsorgane* der meist getrenntgeschlechtl. und oviparen Tiere bestehen in beiden Geschlechtern aus je einer seitl. Längsreihe einfacher Säckchen, die zw. den Mitteldarmtaschen im Parenchym derart angeordnet sind, daß sie eine Metamerie vortäuschen (Pseudometamerie). Sie münden dorsal, lateral od. ventral. Im allg. findet äußere Besamung statt, bei einigen Arten auch innere, obgleich Kopulationsorgane fehlen. Die Geschlechter liegen dann eng aneinander, häufig in einer gemeinsamen Schleimröhre, die auch als Kokon die Eier aufnimmt. Einige Arten sind vivipar. *Ungeschlechtliche Fortpflanzung* durch 10–30fache Querteilung ist v. *Lineus*-Arten bekannt. – Die *Entwicklung* beginnt mit einer Spiralfurchung u. verläuft bei den *Palaeo-* u. *Hoplonemertea* sowie den *Bdellomorpha* direkt über Juvenilstadien, bei den *Heteronemertea* indirekt über Larvenstadien (↗Pilidium-, Iwata-, ↗Desorsche, ↗Schmidtsche Larve). Aus den Larven gehen über eine komplizierte Metamorphose mit Imaginalscheibenbildung u. Verlust v. Teilen des Körpers die adulten Tiere hervor. – *Stammesgeschichtlich* stehen die S. den Strudelwürmern unter den Plattwürmern nahe. Hierfür sprechen Epidermis, Parenchym, Exkretions- u. Nervensystem sowie die Sinnesorgane. Hinsichtl. des Parenchyms sind sie durch Ausbildung des Rhynchocoels u. Blutgefäßsystems höher organisiert. Da Strudelwürmer aber viel kompliziertere Geschlechtsorgane haben, dürften die S. sich sehr früh v. deren Ahnen getrennt haben. *D.Z.*

Schock, akute Störung der Kapillardurchblutung mit verminderter Sauerstoffversorgung des Gewebes. Dies führt zu Gewebsschäden (Nekrosen) in Leber, Niere (S.niere), Lunge (S.lunge), Gehirn u. Herz. Ursachen können sein: akute Gefäßdilatation (z.B. durch Vagusreiz), Volumenmangel (z.B. durch Blutverlust), exzessives Erbrechen od. Diarrhöen, Pumpversagen des Herzens (z.B. durch Herzinfarkt), eine Sepsis, ↗*anaphylaktischer S.* bei ↗Allergien. Als Folge des Kreislaufversagens wird, um die Versorgung v. Herz und Gehirn aufrechtzuerhalten, die zirkulierende Blutmenge auf diese Organe umverteilt (Zentralisation). Das minderversorgte Gewebe versucht, den Energiebedarf zunächst durch die ↗Glykolyse zu decken; hierdurch entsteht u.a. vermehrt Lactat

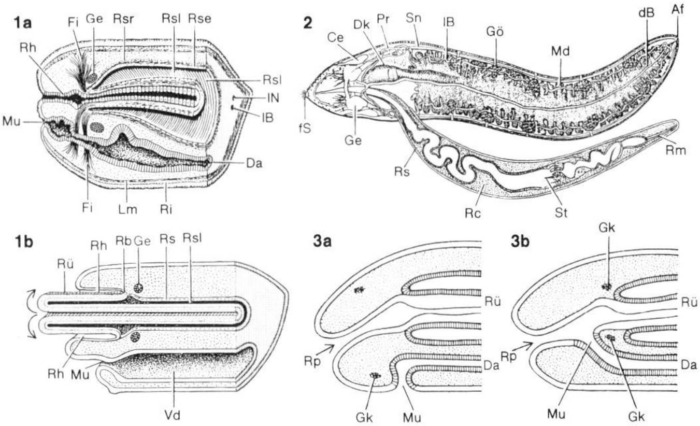

Schnurwürmer

1 Vorderende von S.n (Längsschnitte) mit ein- u. ausgestülptem Rüssel: **a** *Pelagonemertes,* Rüssel in Ruhelage, **b** Beginn der Ausstülpung des Rüssels (Rüsselpapillen nicht dargestellt). **2** Weibchen v. *Amphiporus pulcher* (Dorsalansicht), Rüsselscheide seitl. herausgelegt. **3** Sagittalschnitte durch die Rostralregion (schematisch) von **a** *Anopla,* **b** *Enopla.*
Af After, Ce Cerebralganglion, Da Darm, dB dorsales Blutgefäß, Dk Darmkanal, Fi Fixatoren der Rüsselbasis, fS frontales Sinnesorgan, Ge Gehirn, Gk Gehirnkommissur, Gö Geschlechtsöffnung (daneben Ovar), lB laterales Blutgefäß, Lm Längsmuskulatur des Hautmuskelschlauchs, lN lateraler Nervenstrang, Md Mitteldarmaussakkung, Mu Mund, Pr Protonephridialkanalnetz, Rb Rüsselbasis, Rc Rhynchocoel, Rh Rhynchodaeum, Ri Ringmuskelfasern des Hautmuskelschlauchs, Rm Rückziehmuskel des Rüssels, Rp Rhynchoporus, Rs Rüsselscheide, Rse Rüsselscheiden-Epithel, Rsl Rüsselscheiden-Lumen, Rsr Ringmuskelschicht der Rüsselscheide, Rü Rüssel, Sn Seitennerv, St Stilett, Vd Vorderdarm

(↗Milchsäure) u. somit eine metabolische Gewebs-↗Acidose. Es kommt zum Verlust der intravasalen Flüssigkeitsmenge, damit zur Bluteindickung (Sludge-Phänomen) u. zur Ausbildung v. Mikrothromben. In den betroffenen Organen u. auf der Haut können Gewebsnekrosen entstehen, die mitunter zum Versagen des jeweiligen Organs führen. Klin. Symptome sind: blasse Haut, Kaltschweißigkeit, schwacher Pulsschlag, Brechreiz, Blutdruckabfall; beim anaphylakt. Schock kann Atemnot durch Bronchospasmus hinzukommen. Die Therapie erfolgt durch Volumensubstitution, z.B. Blut, ↗Blutersatzflüssigkeit (außer bei Herzversagen), um das zirkulierende Volumen zu erhöhen, blutdrucksteigernde Mittel, Ausgleich der Acidose durch spezielle ↗Blutpuffer, ↗Heparin zur Auflösung der Mikrothromben, Sauerstoffzufuhr; bei S.lunge Überdruckbeatmung, bei anaphylaktischem S. Cortison, Adrenalin. Die schlechteste Prognose zeigen der septische u. der cardiogene S. (80% Letalität). Die Prognose des Volumenmangel-S.s ist bei konsequenter Behandlung gut.

Schoenheimer, *Rudolf,* dt.-am. Biochemiker, * 10. 5. 1898 Berlin, † 11. 9. 1941 New York; seit 1934 in den USA, zuletzt Prof. in New York; Arbeiten über Cholesterin; entwickelte 1935 die Methode der radioaktiven Isotopenmarkierung (mit Deuterium bzw. Stickstoffisotop) v. Molekülen zum Nachweis der Stoffwechselwege v. organ. Substanzen im Organismus.

Schoenoplectus *m* [v. gr. schoinos = Binse, plektos = geflochten], die ↗Teichbinse.

Schoenus *m* [v. gr. schoinos = Binse], das ↗Kopfried.

Schokoladenhai, *Dalatias licha,* ↗Dornhaie.

Schollen [Mz.; v. dt. Scholle = flacher Erdklumpen], *Pleuronectidae,* Fam. der ↗Plattfische mit zahlr., weltweit verbreiteten, meist rechtsäugigen Arten, die in 5 U.-Fam. zusammengefaßt sind. Die wichtigste U.-Fam., die S. i.e.S. *(Pleuronectinae),* ist auf den N-Atlantik und N-Pazifik beschränkt; zu ihr gehören bedeutende Speisefische, wie ↗Heilbutt, ↗Kliesche, ↗Flunder, ↗Limande u. die Eigtl. S. Die bis 90 cm lange, rechtsäugige Eigtl. S. od. Goldbutt (*Pleuronectes platessa,* [B] Fische I) kommt an eur. Küsten v. der Barentssee bis ins westl. Mittelmeer vor u. ist der wichtigste u. bekannteste Plattfisch. Die entspr. nordwest-pazif. Art, die Pazif. S. *(P. pallasi),* wird ebenfalls wirtschaftl. genutzt. Weitere S. sind die nordatlant., auch in die Ostsee vordringende Doggerscharbe od. Rauhe S. *(Hippoglossoides platessoides)* mit zieml. festsitzenden, gezähnelten Schuppen u. großem Maul u. die an arkt. Küsten vorkommende, bis 30 cm lange Polar-S. *(Liopsetta glacialis),* die bei Temp. nahe dem Gefrierpunkt lebt u. auch ins Süßwasser eindringt. □ Plattfische.

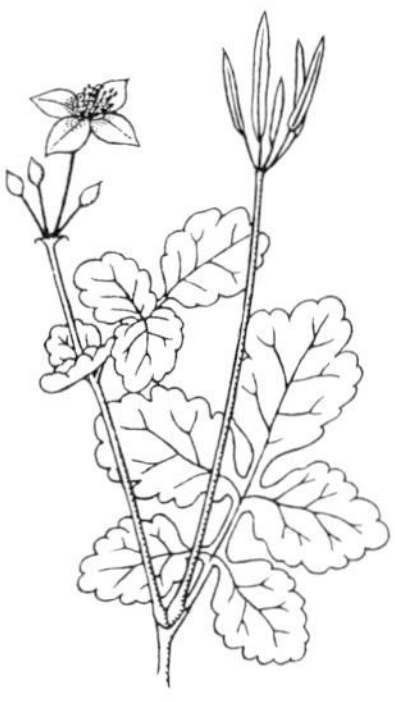

Großes Schöllkraut
(Chelidonium majus)

Schollenartige, *Pleuronectoidei,* U.-Ord. der ↗Plattfische.

Schöllkraut [wohl v. gr. chelidonion = Schwalben-, Schöllkraut, über ahd. scella = -wurz], *Chelidonium,* Gatt. der ↗Mohngewächse. *C. majus,* das Große S., ist ein ca. 70 cm hohes gelbblühendes Kraut mit blaugrünen fiederteilig-buchtigen Blättern; Stickstoffzeiger in feuchten Unkrautfluren. Der giftige, gelbe Milchsaft enthält Alkaloide, hpts. ↗Chelidonin (Narkotikum). Verwendung als „Warzenkraut" u. Heilpflanze.

Schönbär, *Panaxia dominula,* ↗Bärenspinner ([T]).

Schönechsen, *Calotes,* Gatt. der ↗Agamen mit 30 baumbewohnenden Arten; v. Iran bis Neuguinea weitverbreitet; Gesamtlänge 18–57 cm, Schwanz sehr lang; im raschen Farbwechsel viele Chamäleons übertreffend; Körper seitl. zusammengedrückt; mit schwachem Rückenkamm; Schuppen regelmäßig u. rautenförmig; dünne Beine; ernähren sich v.a. von Insekten; eierlegend. Bekanntester Vertreter: Indische S. oder Indischer Blutsauger *(C. versicolor),* im Gesträuch in Parks u. Gärten; Kopf u. Bauch blutrot, bes. beim ♂ während der Paarungszeit.

Schönen ↗Wein.

Schönfaser, die Gatt. ↗Calothrix.

Schönhörnchen, i.w.S.: artenreiche Gatt.-Gruppe *(Callosciurini)* südostasiat. ↗Hörnchen *(Sciuridae);* rot, braun od. gelb mit schwarzer od. weißer Zeichnung; keine Vorratshaltung, kein ↗Trockenschlaf; i.e.S.: nur die Dreifarbenhörnchen (Gatt. *Callosciurus*) mit 25 Arten, aufgespalten in etwa 320 Insel-U.-Arten.

Schönjungfern, die ↗Prachtlibellen.

Schönkopf-Ritterlinge, *Schönköpfe, Calocybe,* Gatt. der ↗Ritterlingsartigen Pilze, Hutpilze mit meist lebhaft gefärbtem Hut (gelb, rötl., violett, violett-braun); bei weißen Hüten in Hexenringen wachsend u. mit Mehlgeruch od. mit beringtem od. wurzelndem Stiel. Etwa 13 Arten; bekannt ist der eßbare, nach Mehl riechende Maipilz od. Mairitterling (*C. gambosa* Donk) mit weißlich-cremefarbenem Fruchtkörper (Stiel 5 bis 8 cm, Hut-∅ 5–10 cm).

Schönschrecke, *Calliptamus italicus,* Art der ↗Catantopidae.

Schonung, junger Waldbestand, der durch Einzäunung (v.a. gegen Wildverbiß) od. Tafeln gekennzeichnet ist und gesetzl. gegen willkürl. Störungen geschützt ist.

Schönungsteiche, Gewässer geringer Tiefe u. relativ kleiner Oberfläche, die zur Nachbehandlung bereits geklärter ↗Abwässer dienen (↗Kläranlage). Durch die pflanzl. und tier. Lebensgemeinschaft werden schwer abbaubare Abwasserstoffe weiter abgebaut, das restl. Ammonium oxidiert (↗Nitrifikation), die Zahl der Krankheitskeime vermindert u. die anorgan. Stickstoff- u. Phosphat-Verbindungen in pflanzl. Biomasse gebunden.

Schonwald, forstwirtschaftliche Bez. für ↗Schutzwald u. ↗Nutzwaldreservat.

Schönwanze, *Calocoris sexguttatus,* Art der ↗Weichwanzen.

Schonzeit, *Hegezeit,* Zeit, in der eine jagdbare Tierart (↗Wild) zur Bestandserhaltung mit der ↗Jagd zu verschonen ist (Ggs.: *Jagdzeit*). In Dtl. wird die S. für jede Art (z.T. getrennt nach Alter, Geschlecht) durch Bundesverordnung u. Länderregelungen festgelegt (vgl. Tab.); keine S. haben z.B. Füchse u. Wildkaninchen.

Schopfantilopen, die ↗Ducker.

Schopffische, *Lophotidae,* artenarme Fam. der ↗Bandfische; lange, bandart., schuppenlose Meeresfische mit saumart. Rükkenflosse, die mit einem kräft., langen Flossenstrahl an der Spitze der eigenartig verlängerten Stirn beginnt; die Bauchflossen fehlen, Brust- u. Afterflosse sind klein; können ähnl. wie Tintenfische eine tintenart. Flüssigkeit ausscheiden. Der seltene, bis 2 m lange, aber nur wenige cm dicke, silbrige S. *(Lophotes cepedianus)* mit roten Flossen ist weltweit verbreitet.

Schopfhirsch, *Elaphodus cephalophus,* ↗Muntjakhirsche.

Schopfhühner, *Hoatzins, Opisthocomidae,* zu den ↗Hühnervögeln gerechnete Fam. mit 1 südamerikan. Art *(Opisthocomus hoatzin,* B Südamerika III); systemat. Stellung wegen verschiedener anatom. Besonderheiten umstritten. Etwa krähengroß, braun, mit Federschopf u. großen Flügeln, mäßige Flugeigenschaften; leben in Bäumen entlang v. Flußläufen u. ernähren sich überwiegend v. Blättern; der Aufschluß dieser Nahrung erfolgt nicht wie bei den übrigen Hühnervögeln in einem Muskelmagen, sondern in einem überdimensionierten, muskelstarken Kropf. Leben in kleinen Trupps; die – gleichgefärbten – Partner eines Paares bauen das Nest auf einen Ast, der über das Wasser ragt; die 2–5 Jungen können sich bei Gefahr ins Wasser fallenlassen, schwimmen u. tauchen u. klettern danach mit Hilfe der Füße, der krallenbesetzten Flügel u. des Schnabels reptiliengleich den Baum hinauf u. ins Nest zurück.

Schopfstirnmotten, *Tischeriidae,* v.a. holarktisch verbreitete, artenarme Schmetterlings-Fam. mit sehr kleinen Vertretern, in Europa etwa ein Dutzend Arten; Flügel stark zugespitzt, Fühler oft lang bewimpert, Stirn mit Schuppenpinsel; Raupen leben als Minierer. Im Spätsommer findet man häufig an Eichenblättern die blasenförm. Minen der Eichenminiermotte, *Tischeria ekebladella (= complanella);* Falter um 10 mm spannend, lehmgelb; fliegt im Mai–Juni; Schäden des Raupenfraßes meist unbedeutend. □ Minen.

Schöpfung, in der mittelalterl. dt. Mystik eingeführte Übersetzung von lat. *creatio* = Erschaffung, bedeutet den Vorgang der Erschaffung der Welt *(S.stat)* u. die so erschaffene Welt selbst *(S.swerk).* – Der Begriff der S. im strengen Sinn ist der christliche der „S. aus dem Nichts“ *(creatio ex nihilo).* Er steht im Ggs. zu dem griech.-philosoph. Grundsatz Melissos': *Ex nihilo nihil fit* (= Aus nichts entsteht nichts), mit dem häufig die Gleichursprünglichkeit des geistig-aktiven (guten) u. des stoffl.-passiven (bösen) Prinzips u. auch die Ewigkeit der Welt begr. wurde. – Die modernen Naturwiss. haben den S.sbegriff, der bis zum Beginn der Neuzeit bes. auf den Menschen u. seine Umwelt gerichtet war, immer mehr auf den Uranfang der Welt konzentriert; die Sachfragen wurden so ein Spezialfall der Kosmologie u. Kosmogonie der Astrophysiker. Das fachl. Interesse der Biol. beginnt eigtl. erst mit der Untersuchung der ↗abiotischen Synthese, der ↗chem. Evolution u. der biol. ↗Evolution, beschäftigt sich also mit etwas grundsätzl. anderem, als mit dem Begriff S. gemeint ist u. der eigtl. nur im theolog.-philosoph. Zshg. gebraucht werden sollte. ↗Kreationismus, ↗Leben, ↗Teleologie u. Teleonomie, ↗Vitalismus–Mechanismus.

Lit.: *Bosshard, S. N.:* Erschafft die Welt sich selbst? Freiburg 1985 (mit umfangreicher Lit.).

Schöps *m* [v. poln. skopec =], der ↗Hammel.

Schorf, 1) Bot.: *S.krankheiten,* durch Bakterien od. Pilze hervorgerufene ↗Pflanzenkrankheiten (B II), bei denen schorfartige, krustenartige Oberflächenzerstörungen an den befallenen Organen, Früchten, Trieben od. unterirdischen Speicherorganen entstehen (Beispiele vgl. Tab.). **2)** Medizin: *Wund-S., Borke,* aus geronnenem, getrocknetem Sekret u. Blut bestehender natürl. Wundverschluß.

Schornsteinfeger, *Brauner Waldvogel, Aphantopus hyperantus,* einer der häufigsten einheim. ↗Augenfalter, eurasiat. verbreitet; dunkelbraun mit gelb umsäumten kleinen, weiß gekernten Augenflecken; Spannweite bis 50 mm; fliegt in 1 Generation von Juni–Aug. bevorzugt auf halbschattigen, feuchten Ödländereien, auch auf Wiesen in Gebüsch- od. Heckennähe, an Waldrändern u. auf Waldlichtungen; langsame Flieger, die auch bei trübem Wetter noch aktiv sind; saugen gerne an Brombeere, Disteln, Dost u. Doldenblütlern; ♀♀ verstreuen die kugeligen Eier im Sitzen in Gehölznähe; die braungraue Raupe lebt an Gräsern und überwintert. B Schmetterlinge.

Schößling, *Schoß,* der ↗Ausläufer; ferner Bez. für Stockausschläge der Laubbäume, für Wasserreiser bes. der Obstbäume u.ä.

Schötchen, Bez. für die Schotenfrucht (T Fruchtformen) der ↗Kreuzblütler, deren Längsachse maximal nur 3mal länger ist als die Breitenachse; dieses Merkmal ist sehr wichtig für die systemat. Gliederung dieser Pflanzengruppe.

Schote ↗Fruchtformen (T); B Früchte.

Schotenmuscheln, *Solemyidae,* Familie

Schonzeit

Einige Beispiele (Verordnung vom 2. 4. 1977 für die BR Dtl.):

Rothirsch:	1.2.–31.7.
Reh (♂):	16.10.–15.5.
Reh (♀)	1.2.–31.8.
Gemse:	16.12.–31.7.
Wildschwein:	1.2.–15.6.
Feldhase:	16.1.–30.9.
Stockente:	16.1.–31.8.
Fasan:	16.1.–30.9.

Schopffisch *(Lophotes cepedianus)*

Schorf

Einige S.krankheiten u. ihre Erreger:

Apfelschorf *(Venturia inaequalis,* Konidienform: *Spilocaea pomi = Fusicladium dendriticum;* ↗Kernobstschorf)

Birnenschorf *(Venturia pirina,* Konidienform: *Fusicladium pirinum;* ↗Kernobstschorf)

Kirschschorf *(Venturia cerasi,* Konidienform: *Fusicladium cerasi)*

Runzelschorf [↗Ahornrunzelschorf] *(Rhytisma acerinum)*

↗Kartoffelschorf, Rübenschorf *(Streptomyces [Actinomyces] scabies)*

↗Pulverschorf, Kartoffelräude *(Spongospora subterranea)*

der ↗Fiederkiemer, Meeresmuscheln mit länglicher, zerbrechl., ungleichklappiger Schale, Scharnier ohne Zähne; die dicke Schalenhaut überragt den verkalkten Teil der Klappen; der Verdauungstrakt ist stark vereinfacht od. ganz rückgebildet. Die ca. 25 Arten der 2 Gatt. *(Solemya* u. *Acharax)* graben sich in Sand u. Schlamm ein u. sind weltweit verbreitet.

Schotentang, *Halydris siliquosa,* ↗Fucales.

Schöterich, *Erysimum,* Gatt. der ↗Kreuzblütler mit rund 120, über Europa, N-Afrika, Asien und N-Amerika verbreiteten Arten. Meist mehr od. weniger behaarte, ein- od. mehrjährige Kräuter od. Halbsträucher mit ungeteilten Blättern und i. d. R. gelben Blüten. Die Frucht ist eine lineale Schote. Von den in Mitteleuropa anzutreffenden Arten ist v. a. der über die gesamte nördl. gemäßigte Zone verbreitete, einjährige Acker-S., *E. cheiranthoides* (in den Unkrautfluren v. Äckern u. Gärten, an Wegen u. Schuttplätzen), zu nennen. Einige Arten des S.s werden wegen ihrer im Frühjahr erscheinenden, goldgelben od. orangefarbenen Blüten als Gartenzierpflanzen kultiviert.

Schoutedenella [ßchaut^{e}d-; ben. nach dem belg. Zoologen H. E. A. H. Schouteden, * 1881], Gatt. der ↗Langfingerfrösche.

Schouw [schau], *Joakim Frederik,* dän. Botaniker, * 7. 2. 1789 Kopenhagen, † 28. 4. 1852 ebd.; seit 1821 Prof. ebd. und ab 1841 Dir. des bot. Gartens; nach verschiedenen Reisen durch Europa schrieb er „Grundzüge einer allg. Pflanzengeographie“ (dt. Ausgabe 1823), das zum grundlegenden Werk dieser Disziplin wurde.

Schrägbedampfung ↗Metallbeschattung, ↗Gefrierätztechnik (□).

schräggestreifte Muskulatur, *helikale Muskulatur,* der ↗quergestreiften Muskulatur ähnl. Organisationstyp v. Muskelzellen bei wirbellosen Tieren, wie er in einer Reihe v. Muskulaturtypen unterschiedl. hohen Ordnungsgrades der kontraktilen Elemente als sog. „glatte Muskulatur der Wirbellosen“ überaus verbreitet ist. Mit wenigen Ausnahmen (z. B. ↗*Acanthocephala,* ↗Rädertiere) ist die s. M. zellulär gegliedert (vgl. dagegen ↗Muskel*fasern* der Wirbeltiermuskulatur). Anstelle der die ganze Zelle od. Faser durchsetzenden Z-*Scheiben* (↗Muskelkontraktion) sind sog. Z-*Stäbe* ausgebildet, die gewöhnl. in spiraliger Anordnung entlang der Zell-Längsachse vom Plasmalemm her in das Zellinnere hineinragen u. in denen die ↗Actinfilamente verankert sind. So können sich Actin- u. ↗Myosinfilamente beliebig weit überlappen, ohne daß die Myosinfilamente sich an einer Z-Scheibe stauen. Auf diese Weise wird eine große, der ↗glatten Muskulatur der Wirbeltiere vergleichbare Kontraktionsamplitude erreicht. ↗Muskulatur.

Schrägröhrchen, ↗Kulturröhrchen (□) mit einem festen Nähragar (od. Gelatine), der eine schräge Oberfläche bildet, auf die Mikroorganismen strichförmig aufgeimpft werden *(Schrägagarkultur);* S. dienen zur Kultivierung u. Aufbewahrung aerober Mikroorganismen.

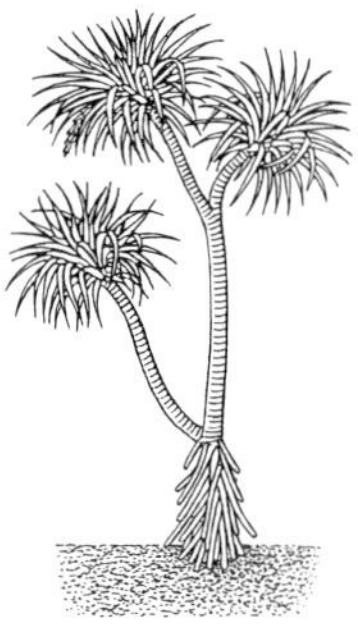

Schraubenbaum
(Pandanus odorifer)

Schraubenbaumgewächse

Gattungen:
Freycinetia (ca. 100 Arten)
↗Schraubenbaum (*Pandanus,* ca. 600 Arten)
Sararanga (2 Arten)

Schramm, *Gerhard Felix,* dt. Biochemiker, * 27. 6. 1910 Yokohama, † 3. 2. 1969 Tübingen; Prof. in Tübingen; untersuchte Aufbau u. Vermehrungsmechanismus v. Viren u. zeigte auf, daß die Viren-DNA für die Infektiosität der Viren verantwortl. ist.

Schrätzer, *Gymnocephalus schraetzer,* ↗Barsche.

Schraubel, *Bostryx,* Bez. für einen monochasischen ↗Blütenstand (□, B), bei dem die aufeinanderfolgenden Glieder des Sympodiums jeweils auf derselben Seite bezügl. des Tragblatts ihrer ↗Abstammungsachsen (□ Achselknospe) ansetzen, so daß sie insgesamt auf einer Schraubenlinie zu liegen kommen. Geschieht Entsprechendes an den beiden Ästen eines anfänglich dichasial verzweigten Teilblütenstands, so entsteht eine *Doppelschraubel.*

Schraubenalgen, *Spirogyra,* Gatt. der ↗*Zygnemataceae,* einzellige Grünalgen mit charakterist. aufgewundenen, bandförm. Chloroplasten. B Algen II, IV.

Schraubenantilope, der ↗Kudu.

Schraubenbaum, *Pandanus,* größte Gatt. der ↗Schraubenbaumgewächse mit über 600 Arten; Bäume u. Sträucher mit zapfenart. Fruchtständen. Viele werden wirtschaftl. genutzt: Sehr stärkehaltig sind die Früchte von *P. utilis* und *P. leram* (bis 18 kg schwer); aus letzteren wird eine Art Mehl gewonnen, das zu Brot verarbeitet werden kann. Die Früchte von *P. pulposa* zeichnen sich durch ein süß-scharfes Aroma aus u. enthalten bes. viel Protein u. Öle. Vielfältig ist die Verwendung als Arzneimittel: so dient ein aus den Wurzeln von *P. utilis* gewonnener Absud zur Behandlung v. Geschlechtskrankheiten, die reifen Früchte einiger Arten gelten in China als Heilmittel gg. Ruhr, die unreifen dagegen als Abführmittel. Aus den Blättern vieler Arten werden Fasern gewonnen; zu diesem Zweck wird der in Madagaskar heim. *P. utilis* in Westindien und Mittelamerika angebaut. Wirtschaftl. am bedeutendsten ist *P. odorifer* (natürl. Vorkommen in S-Asien, Polynesien, Austr.), aus dem das bes. in Indien weit verbreitete *Kewda*-Parfum gewonnen wird. Kewda dient als Parfum für Textilien, Seife, Tabak, Haaröl, aber auch zum Würzen v. Speisen u. Getränken.

Schraubenbaumartige, *Pandanales,* Ord. der ↗*Arecidae* mit 1 Fam. (↗Schraubenbaumgewächse). Häufig werden auch die hier als Ord. ↗Rohrkolbenartige abgetrennten Igelkolben- und Rohrkolbengewächse in die Ord. der S.n einbezogen.

Schraubenbaumgewächse, *Pandanaceae,* Fam. der ↗Schraubenbaumartigen, mit 3 Gatt. (vgl. Tab.) und ca. 700 Arten im trop.-subtrop. Teil der Alten Welt verbreitet;

Bäume, Sträucher od. Kletterpflanzen, die meist Küsten od. Sümpfe besiedeln. Sie besitzen häufig Luftwurzeln mit Stützfunktion. Die langen, meist schopfig gedrängt stehenden Blätter sind 3reihig angeordnet, scheinen durch Drehung der Sproßachse jedoch schraubig zu stehen (Name!). Die staminaten bzw. karpellaten Blüten der diözischen S. sind zu rispigen bis kopfigen Blütenständen vereint, die häufig durch bunte od. stark riechende Hochblätter auffallen. Die Einzelblüten selbst sind unscheinbar, eine Blütenhülle fehlt. Die staminaten Blüten bestehen aus vielen, oft säulig verwachsenen Staubfäden, die karpellaten Blüten aus 1 bis vielen, meist teilweise verwachsenen Fruchtblättern. Die Früchte sind im allg. Beeren, die ananasart. Fruchtstände bilden. Im Samen ist ein kleiner Embryo v. viel Endosperm umgeben.

Schraubenfaser, die Gatt. ↗Spirulina.

Schraubengefäße, *Schraubentracheiden,* Bez. für die tracheidalen ↗Holz-Elemente (↗Tracheiden), hpts. der Xylemprimanen, die eine schraubenförm. Verdickungsleiste besitzen u. somit einem Streckungswachstum des umgebenden Gewebes gut folgen können. ↗Ringgefäße, ↗Leitungsgewebe (☐).

Schraubenschnecken, *Bohrerschnecken, Terebridae,* Fam. der ↗Giftzüngler, Meeresschnecken mit turmförm., schlankem Gehäuse mit zahlr. Umgängen; niedrige Mündung mit kurzem, am Ende ausgeschnittenem Siphonalkanal; Oberfläche mit Reifen u. Rippen, oft mit Knoten. Die Reibzunge ist sehr verschieden gestaltet od. fehlt; wenn vorhanden, sind die Seitenzähne oft harpunenartig u. mit einer Giftdrüse verbunden. Etwa 150 Arten, die überwiegend im Flachwasser trop. Meere v. Ringelwürmern u. Hemichordaten leben. Sammlern bekannte Gatt. sind *Hastula* u. *Terebra.*

Schraubensteine, heißen schraubenähnl. Steinkerne in Abguß-Hohlformen („Hohldrucke") fossiler Crinoiden-Stiele; die „Schrauben" (ohne Gewinde) entstanden als Sedimentausgüsse v. Achsenkanal u. Stielgliedfugen; das Skelett des Stiels wurde später aufgelöst. ↗Fossildiagenese.

Schraubenstendel, *Wendelähre, Spiranthes,* Gatt. der ↗Orchideen mit ca. 50 Arten. Kennzeichnend sind der schraubig gedrehte Blütenstand, die zusammengeneigten Blütenblätter der unauffälligen Blüten sowie die ungeteilte, oft wellige, spornlose Lippe. In Mitteleuropa ist die Gatt. mit 2 Arten vertreten: Der grünl.-weiß blühende, nach der ↗Roten Liste „stark gefährdete" Herbst-S. *(S. spiralis)* ist eine Mesobromion-Art u. findet sich v.a. in Magerweiden auf kalkarmen Böden. Als Charakterart des Schoenetum nigricantis ist der „vom Aussterben bedrohte" Sommer-S. *(S. aestivalis)* eine Art der Kalk-Niedermoore u. -Quellsümpfe.

Schraubentextur *w* [v. lat. textura = Gewebe], ↗Zellwand.

Schraubenziege, *Marchur, Markhor, Capra falconeri,* eine der größten Wildziegen; Kopfrumpflänge 140 (♀♀) bis 168 cm (♂♂); ♂♂ mit Kinnbart, Rückenmähne u. schraubenförm. gewundenen Hörnern; Vorkommen: mittlere u. höhere Lagen der asiat. Hochgebirge.

Schrecken, die ↗Heuschrecken.

Schreckfärbung, *Warnfärbung, Schrecktracht, Warntracht, aposematische Tracht,* auffällige Färbung (↗Farbe) u. Zeichnung (z.B. bei Insekten), die einen Feind abschrecken sollen (↗Abwehr, ↗Schutzanpassungen). Oft Nachahmung eines wehrhaften Tieres; z.B. bei Schwebfliegen (ähnl. Zeichnungen wie Wespen), Hornissenschwärmern u.a. (↗Mimikry, B I–II). Auch plötzl. Vorzeigen einer Zeichnung kann den Feind zunächst erschrecken u. vom Fressen abhalten. ↗Abendpfauenauge (☐), ↗Augenfleck.

Schrecklähmung, durch Schreck hervorgerufene Bewegungsunfähigkeit od. -störung, die manchmal mit völliger Unfähigkeit, koordinierte Handlungen auszuführen, einhergeht; beim Menschen z.B. auch der plötzl. Verlust der Sprache nach einem sehr schreckhaften Erlebnis. Im Tierreich kommt S. (auch *Schreckstarre* gen.) als *„Sichtotstellen"* sowohl bei Wirbellosen (z. B. Käfer) als auch bei Wirbeltieren (z.B. Opossum) als eine Form der Feindabwehr vor. ↗Akinese. ↗Schutzanpassungen.

Schrecklaute, ↗Lautäußerungen v. Tieren bei plötzl. Gefahr od. Schreck. ↗Warnsignal.

Schreckreaktion ↗Phobotaxis.

Schreckstarre ↗Schrecklähmung.

Schreckstellung, Einnahme einer bestimmten Stellung eines Tieres, um einen Feind zu erschrecken u. von sich abzuhalten (↗Schutzanpassungen), z. B. stelzenart. Körperstellung u. Aufblähen einer Kröte beim Anblick einer Schlange. ☐ Aggression, B Mimikry II.

Schreckstoffe, 1) Stoffe (↗Pheromone), die v. manchen Tieren (bei Verletzung) ausgeschieden werden u. andere Individuen der Art zur Flucht veranlassen. Bes. gut untersucht bei schwarmbildenden Fischen (z.B. ↗Elritze), kommen aber u.a. auch bei Blattläusen, Schnecken, Turbellarien u. Hausmäusen vor; bei letzteren findet sich ein „Alarmpheromon" im Harn, der bei Schreck ausgestoßen wird *(Schreckharn).* ↗Alarmstoffe. 2) Abwehrstoffe (oft in Wehrdrüsen produziert; ↗Wehrsekrete, z.B. des ↗Bombardierkäfers), die Feinde abschrecken (v.a. bei Insekten, aber auch bei Kaulquappen der Erdkröte, „Tinte" mancher Kopffüßer u.a.). ↗Schutzanpassungen.

Schrecktracht, die ↗Schreckfärbung.

Schreifrosch, *Rana clamitans,* ↗Rana.

Schreitbeine, die ↗Laufbeine.

Schraubenziege *(Capra falconeri)*

Schreitwanzen, die ↗Raubwanzen.
Schreivögel, *Clamatores,* U.-Ord. der ↗Sperlingsvögel mit 13 Fam. (vgl. Tab.); besitzen im Ggs. zu den ↗Singvögeln nur eine gering ausgebildete Kehlkopfmuskulatur; Vorkommen fast ausschl. in Amerika.

Schreivögel

Familien:
↗Ameisenvögel *(Formicariidae)*
↗Baumsteiger *(Dendrocolaptidae)*
↗Bürzelstelzer *(Rhinocryptidae)*
↗Flammenköpfe *(Oxyruncidae)*
↗Lappenpittas *(Philepittidae)*
↗Mückenfresser *(Conopophagidae)*
↗Neuseeland-Pittas *(Xenicidae)*
↗Pflanzenmäher *(Phytotomidae)*
↗Pittas *(Pittidae)*
↗Schmuckvögel *(Cotingidae)*
↗Schnurrvögel *(Pipridae)*
↗Töpfervögel *(Furnariidae)*
↗Tyrannen *(Tyrannidae)*

Schriftbarsch, *Serranellus scriba,* ↗Sägebarsche.
Schriftfarn, *Ceterach officinarum,* ↗Milzfarn.
Schriftflechte, Arten der Gatt. *Graphis,* v.a. die in Mitteleuropa häufige *G. scripta,* eine Krustenflechte mit an runenartige Schriftzeichen erinnernden Fruchtkörpern; i.w.S. werden alle Vertreter der ↗*Graphidaceae* als S.n bezeichnet.
Schrillader, *Schrilleiste, Schrillkante,* Organ der Lauterzeugung bei Gliederfüßern. ↗Stridulation.
Schrillorgane, die ↗Stridulationsorgane.
Schrittmacher, 1) das ↗Automatiezentrum eines Organs (z.B. ↗Herz); ↗Herzautomatismus, ↗Herzmuskulatur. **2)** *künstl. Herz-S.,* steuert die Herzaktion durch regelmäßige künstl. elektr. Reize; wird bei dem sog. Herzblock infolge Erkrankungen des Erregungsleitungssystems u. bei Herzstillstand in der Herzchirurgie eingesetzt.
Schröter, die ↗Hirschkäfer.
Schrotschußkrankheit, pilzl. Erkrankung v. Steinobst, verursacht durch ↗*Clasterosporium carpophilum (= Stigmina carpophila);* bei Befall entstehen auf den Blättern karminrote Flecken (einige mm ∅), in denen das Gewebe abstirbt u. herausfällt; durch die Schädigung setzt ein frühzeit. Blattfall ein. Bes. empfindlich sind Pfirsiche. Die Übertragung erfolgt durch Konidien, die Überwinterung des Pilzes an Trieben u. befallenen mumifizierten Früchten. Zur Bekämpfung werden Kupfermittel und organ. Spritzmittel eingesetzt.
Schrumpfkorn, *Schmachtkorn,* durch Witterungseinflüsse od. Schädlingsbefall nur kümmerlich ausgebildetes, meist keimungsunfähiges Getreidekorn.
Schubgeißel, *Treibgeißel,* am Hinterpol einer Zelle inserierende u. dem Vorwärtsschwimmen dienende Geißel (↗Cilien, □) bei Spermatozoen u. manchen Geißeltierchen (Flagellaten).
Schuhschnäbel, *Balaenicipitidae,* Fam. der ↗Stelzvögel mit nur 1 Art, dem Schuhschnabel *(Balaeniceps rex),* den die Araber Abu Markub („Vater des Schuhs") nennen. Der 1,2 m hohe graue Vogel kommt in Sumpfgebieten des trop. Afrika vor u. fällt durch seinen mächt. Schnabel mit scharfkant. Rändern auf, der an die Form eines Holzschuhs erinnert; damit fängt der Vogel, v.a. nachts, Fische, Frösche u. Schnecken; Einzelgänger; kann wie die Störche mit dem Schnabel klappern; haufenförm. Pflanzennest in sumpf. Gelände; 2 Eier; die Jungen werden v. beiden Altvögeln mit hervorgewürgter Nahrung gefüttert. B Afrika I.

Schuhschnabel *(Balaeniceps rex)*

Schulhai, *Galeorhinus australis,* ↗Blauhaie.
Schulp *m, Sepia-S.,* Schalenrest der ↗Sepie, der ins Körperinnere verlagert u. zu einem hydrostat. Organ umfunktioniert ist. Er ist aus Aragonitlamellen aufgebaut, die schräg übereinanderliegende, getrennte Kammern bilden; jede Kammer wird durch horizontale Interseptallamellen in 6–8 Etagen unterteilt. Hinten-unten haben die Kammern Kontakt mit der intensiv durchbluteten Siphuncularmembran, welche die Flüssigkeit aus den Kammern resorbieren u. durch Gas (90% N_2) ersetzen kann; dadurch werden Auftrieb u. Neigungswinkel des S.s und damit des Tieres reguliert. Der S. ist als Kalkquelle für Käfigvögel im Handel. B Kopffüßer, B Weichtiere.
Schulter, bei Tetrapoden paariger oberer (vorderer) Bereich des Rumpfes, in dem der ↗S.gürtel liegt. Die S. grenzt zur Körpermitte an den Hals u. geht nach unten (hinten) in den Rücken über. Seitl. setzt jeweils eine Vorderextremität an. – I.e.S. ist die S. der etwa mit einer Hand zu bedeckende äußere Körperbereich direkt über dem S.gelenk.
Schulterblatt, die ↗Scapula.
Schulterfedern, *Scapulares,* ↗Deckfedern am innersten Teil des ↗Vogelflügels.
Schultergelenk, vom Gelenkkopf des Oberarmknochens (Humerus) u. der Gelenkpfanne des ↗Schultergürtels gebildetes Kugel-↗Gelenk bei Tetrapoden.
Schultergürtel, Gesamtheit der Skelettelemente, die bei Wirbeltieren u. Mensch der gelenkigen Verbindung der vorderen Extremitäten mit dem Rumpf dienen. S. und ↗Beckengürtel werden als *Zonenskelett* od. *Extremitätengürtel* bezeichnet. – Der S. enthält urspr. ↗Deckknochen u. ↗Ersatzknochen. Im Ggs. zum Beckengürtel tritt der S. bei keiner Gruppe (außer einigen Flugsauriern) durch Gelenke od. Verschmelzungen mit der Wirbelsäule in Verbindung; er wird nur durch Bänder u. Muskulatur insbes. am Brustkorb (↗Brust) befestigt. – Die im S. auftretenden Deckknochen werden als Derivate des Hautknochenpanzers der urspr. Wirbeltiere *(Ostracodermata)* aufgefaßt. Er wurde stammesgesch. in einzelne Elemente aufgelöst, die in verschiedener Weise abgewandelt wurden. Der den Ansatz der Vorderextremität bedeckende Schulterpanzer löste sich vom Schädelpanzer, u. seine Elemente wurden gegeneinander bewegl. Nur bei Fischen u. einigen Amphibien besteht noch eine Verbindung vom S. zum Schädeldach. – Unter den rezenten Knochenfischen weisen urspr. Vertreter folgende, jeweils paarige Deckknochen im S. auf: median die ↗Clavicula (Schlüsselbein), nach lateral folgend das ↗Cleithrum u. ganz außen das Supracleithrum. Die Verbindung zum Schädeldach erfolgt über das Posttemporale. Unterhalb von Supracleithrum u. Posttemporale liegt noch das Postcleithrum. Die urspr. Ausstattung mit Ersatzknochen

bestand aus den ebenfalls paarigen Elementen ↗Coracoid (Rabenschnabelbein) u. ↗Scapula (Schulterblatt). Bei einigen Gruppen tritt am Rand der Scapula eine knorpelige Suprascapula auf (z.B. bei Froschlurchen). Das Schultergelenk wird stets nur v. der inneren, aus Ersatzknochen bestehenden Lage zus. mit dem ebenfalls aus Ersatzknochen bestehenden Skelett der Vorderextremität gebildet, so daß die Hauptbelastung nur auf die Ersatzknochen wirkt. In der Evolution des S.s trat infolgedessen eine fortschreitende Reduzierung des Deckknochenanteils ein. Während fossile urspr. Tetrapoden alle obengen. Elemente aufweisen, haben Amnioten den Deckknochenanteil bis auf die Clavicula reduziert. Dies gilt auch für die meisten Säuger einschl. des Menschen. Diejenigen Säuger, die hinsichtl. der Fortbewegung als am weitesten entwickelt anzusehen sind – Huftiere u. Raubtiere –, besitzen gar keine Deckknochen mehr im S. Dies steht wahrscheinl. in Zshg. mit der ventralen Anbringung der Extremitäten u. ihrer Bewegung nur in einer körperparallelen Ebene (analog bei Chamäleons). – Die Ersatzknochen des S.s werden außer bei den Säugern in allen Gruppen beibehalten. In der Säugerlinie rudimentiert das Coracoid, was aber durch eine Vergrößerung u. Verstärkung der Scapula kompensiert wird. – Eine bes. Konstruktion in Anpassung an das Fliegen (↗Flugmechanik, ↗Flugmuskeln) ist der S. der Vögel. Beide Claviculae sind zu einem V-förmigen Knochen, dem ↗Gabelbein (Furcula), verwachsen. Der Vorteil dieser Verschmelzung liegt darin, daß eine Versteifung des Körpers u. damit eine stabilere Fluglage erreicht wird. *A. K.*

Schulterhöhe, *Widerristhöhe, Stockmaß* (bei Pferden), Größenmaß bei Landsäugetieren, gemessen vom Boden bis zur höchsten Stelle der Schulter (Widerrist).

Schultze, *Max Johann Sigismund,* dt. Anatom, * 25. 3. 1825 Freiburg i.Br., † 16. 1. 1874 Bonn; seit 1854 Prof. in Halle, 1859 Bonn; einer der bedeutendsten Vertreter der anatom. und mikroskop. Forschung des 19. Jh., Mitbegründer der Zellenlehre, Protoplasmatheorie (um 1863) und Begr. der Keimblattlehre; unterschied Stäbchen u. Zapfen in der Retina, beschrieb als erster die Thrombocyten, ferner Arbeiten über Nervenendigungen in Sinnesorganen, Komplexaugen u. eine Monographie der Turbellarien (1851); arbeitete als erster mit Osmiumsäure in der präparativen Technik u. führte die physiolog. Lösungen (Blutersatzflüssigkeiten) ein; begr. 1865 das Archiv für mikroskopische Anatomie. WW: „Über Muskelkörperchen und das, was man eine Zelle zu nennen habe“ (1861). „Das Protoplasma der Rhizopoden u. der Pflanzenzellen“ (1863). B Biologie I–III.

Schüppchen, *Squama,* zwei lappenförm. Abgliederungen am körpernahen Hinterrand des Flügels (↗Insektenflügel) mancher Zweiflügler *(Calyptrata).*

Schuppen, 1) Bot.: a) Bez. für flächenhaft ausgebildete Haare *(S.haare)* od. Emergenzen; b) Bez. für schuppenartige Niederblattformen, wie Zwiebel-S., Knospen-S.; c) Bez. für die zu flachen, blattart. Gebilden umgewandelten reduzierten Blütenstände (↗Samen-S.) der Samenzapfen bei den Nadelhölzern. **2)** Zool.: *Squamae;* a) bei Vertretern verschiedenster *Insekten*-Gruppen auftretende cuticuläre Gebilde auf der Cuticula. Es handelt sich entweder um einfache abgeflachte Abscheidungen der Exo- u. Epicuticula (die S. sind dann Trichome bzw. Microtrichia), meist aber um stark abgeplattete, modifizierte Borsten od. echte ↗Haare mit charakterist. Innenstruktur. Die Insekten-S. stellt einen lufterfüllten Hohlkörper dar, deren Ober- u. Unterseiten über Verstrebungen (Trabekel) verbunden sind. Auf der Oberseite verlaufen zahlr. Längsrippen, die über feine Querrippen, zw. denen sich viele Durchbrüche befinden, auf Abstand gehalten werden. Diese Chitinwände sind extrem dünn. Die S. selbst ist mit ihrem Stiel in der Cuticula gelenkig verankert u. steht in Verbindung mit dem S.balg, der das Homologon v. Gelenkmembran u. Basalring der Insektenhaare ist. Die Bildung der S. erfolgt in vergleichbarer Weise wie bei einem Haar. Die eigtl. S. wird wie das Haar v. nur einer einzigen Zelle als Abscheidung gebildet. – S. können überall am Körper auftreten; bei ↗Schmetterlingen sind nahezu alle Haare als S. ausgebildet. Sie sind entweder ↗*Duft-S.* (□) oder Träger v. Farben u. Zeichnung. Im letzteren Fall sind sie entweder mit Pigmenten gefüllt od. aber als *Schiller-S.* ausgebildet, die ihre Färbung über ↗Interferenz-Erscheinungen erzeugen: In der S. befinden sich parallel geschichtete Strukturen, an deren Grenzflächen einfallende Lichtstrahlen reflektiert werden u. sich überlagern. Welcher Farbeindruck entsteht, hängt vom Abstand dieser Schichten ab. Die ↗Farbe reicht v. Blau bis metallisch Grün. Einige Arten zeigen einen dritten Typ von S. Hier sind zusätzl. zu parallelen Schichten Pigmentkörner so eingelagert, daß an ihnen eine Streuung des Lichtes stattfindet u. die Farbentstehung nach dem sog. Tyndall-Effekt erfolgt (bei einigen ↗Bläulingen). Die oberste S.lage bei Schmetterlingsflügeln, welche gegenüber den Untergrund- od. *Tiefen-S.* die eigtl. Färbung u. Zeichnung hervorruft, wird v. *Deck-S.* gebildet. □ 334. – b) Bei ↗*Fischen* (B Bauplan der Fische) meist rundl., plättchenförm. Hartgebilde der Lederhaut (Corium od. Dermis), die oben oft v. der dünnen, drüsenreichen Oberhaut (Epidermis) bedeckt sind. Je nach Fischgruppe sind verschiedene S.typen ausgebildet. – Bei den rezenten Fischen werden

1

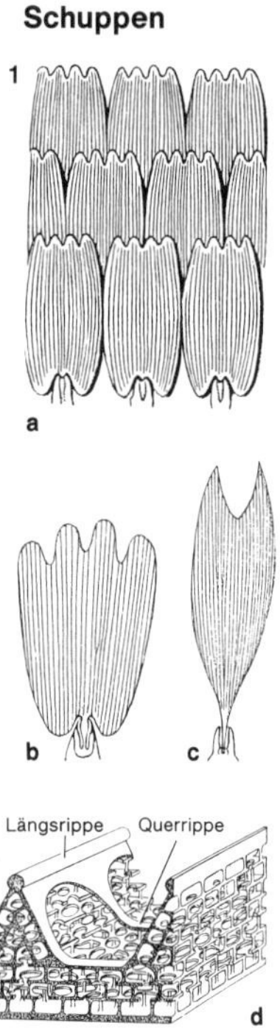

2

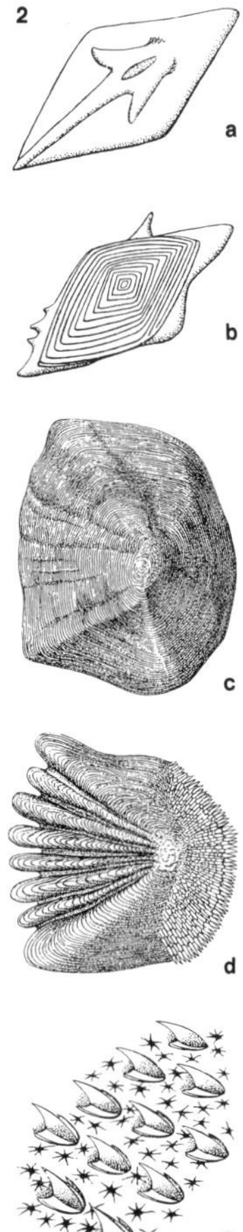

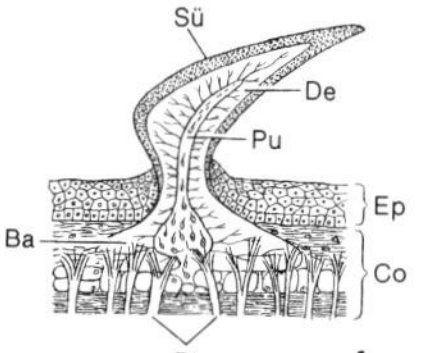

3

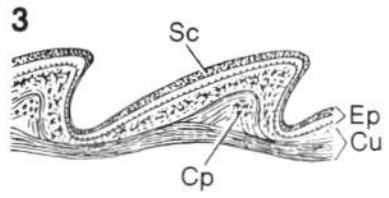

Schuppen

1 Beispiele für *Insekten-S.*: **a** Schema der *Flügel-S.* eines Tagfalters, **b** einzelne Schuppe von *Vanessa spec.*, **c** von *Lasiocampa spec.*, **d** Ausschnitt aus einer *Schiller-S.* eines heimischen Bläuling-Männchens im Bereich der Schuppenspitze; die period. Schichten, an denen die Lichtstrahlen interferieren, befinden sich sowohl im S.körper als auch in den Rippen. **2** Beispiele für *Fisch-S.*; **a–d** die 4 Haupttypen der S. bei rezenten Fischen: **a** *Zahn-* oder *Plakoid-S.*, **b** *Schmelz-* oder *Ganoid-S.*, **c** *Rund-* oder *Cycloid-S.*, **d** *Kamm-* oder *Ctenoid-S.*; **e** Anordnung der Plakoid-S. (dazwischen sternförm. Pigmentzellen); **f** schematischer Längsschnitt durch eine Plakoid-S. **3** Beispiel für *Reptilien-S.*: Schnitt durch die Haut einer Eidechse.
Ba Basalplatte, Bi Bindegewebsverankerung, Co Corium, Cp Cutispapille, Cu Cutis, De Dentin, Ep Epidermis, Pu Pulpahöhle, Sc Schuppe, Sü Schmelzüberzug

4 Haupttypen unterschieden: Zahn-S. oder Plakoid-S., Schmelz-S. oder Ganoid-S., Rund-S. oder Cycloid-S. und Kamm-S. oder Ctenoid-S. *Plakoid-S. (Zahn-S.)* od. *Plakoidorgane* sind kennzeichnend für die meisten ↗Knorpelfische (Haie u. Rochen). Sie bestehen aus einer rhomb. Basalplatte u. einem darauf sitzenden, sich oft konisch verjüngenden, zahnart. Gebilde, das die Epidermis durchstößt u. meist schwanzwärts abgebogen ist (B Wirbeltiere II). Die zahnart. Erhebung hat innen eine v. Blutgefäßen durchzogene Pulpahöhle, ist wie die Basalplatte aus ↗Dentin aufgebaut u. außen v. einer Schmelzschicht aus Vitro- od. Durodentin umgeben. Plakoid-S. können auch in mehrere Spitzen auslaufen, zu einem kurzen Kegel oder rundl. Buckel reduziert sein u. ebenso zu mit Widerhaken versehenen Schwanzstacheln (↗Stachelrochen) od. Zähnen (z.B. an der Säge der ↗Sägehaie u. ↗Sägerochen) umgebildet sein. Da Plakoid-S. und die Zähne der Wirbeltiere nach Bau u. Entwicklung sehr ähnl. sind, werden sie als homologe Organe (↗Homologie) angesehen; umstritten ist jedoch die Bildung des Schmelzüberzugs der Plakoid-S. von der basalen, ektodermalen Epidermisschicht (wie auch bei den Zähnen) od. v. mesodermalen ↗Odontoblasten des Coriums. *Ganoid-S. (Schmelz-S.)* kommen bei den altertüml. Strahlenflossern (↗Knochenfische) vor. Sie leiten sich v. den ↗*Cosmoid-S.* der ausgestorbenen ↗*Placodermi* ab. Wie diese sind die Ganoid-S. im typ. Fall aufgebaut aus einem kleinen, rhomb. Knochenplättchen aus basalem, lamellärem u. darauf gelagertem, spongiösem Knochengewebe sowie einer mehr od. minder stark ausgebildeten Schicht aus Cosmin (= Dentin). Bei der Ganoid-S. ist zusätzl. eine dicke Schicht v. glänzendem, schmelzähnl. Ganoin aufgelagert, wobei die Cosminschicht oft völlig reduziert ist. Wie die Plakoid-S. durchstößt die Ganoid-S. die Epidermis. Bei den dünnen *Cycloid-S. (Rund-S.)* und *Ctenoid-S.* oder *Kamm-S.* (zus. auch *Elasmoid-S.* gen.) der Eigtl. ↗Knochenfische *(Teleostei)* sind die Cosmin- u. Ganoinschicht gänzl. zurückgebildet. Sie bestehen nur aus 2 dünnen Knochenschichten, einer unteren fasrigen, lamellären u. einer oberen spongiösen, werden v. Skleroblasten in S.taschen des Coriums gebildet, liegen meist in regelmäßigen Reihen, überdecken sich nach hinten dachziegelartig, u. ihr freies, hinteres Ende ist v. der dünnen, schleim., oft chromatophorenreichen Epidermis überzogen. Die glattrand. Rund- od. Cycloid-S. kommen v.a. bei phylogenet. älteren Teleosteer-Gruppen mit weichen Flossenstrahlen (wie Herings-, Lachs- u. Karpfenfische) vor, während die am freien, hinteren Rand gezähnten Kamm- od. Ctenoid-S. vorwiegend bei den hochspezialisierten, oft harte Flossenstrahlen besitzenden Teleosteern (z.B. Barsche) zu finden sind. Beide S.-Typen wachsen an den Rändern u. bilden je nach jahreszeitl. schwankendem Nahrungsangebot ringförm. Zuwachsstreifen, so daß sie sich wie die ↗Otolithen zur ↗Altersbestimmung eignen. S. können auch teilweise od. ganz reduziert sein (z.B. Leder- od. Spiegel-↗Karpfen, ↗Aale) od. zu Hautpanzern (↗Panzerwelse, ↗Seepferdchen, ↗Kofferfische) umgebildet sein. Die Fisch-S. haben überwiegend mechan. Schutzfunktion, daneben tragen v.a. die nach hinten gerichteten Zähne der Plakoid-S. u. die gestreiften Enden der Ctenoid-S. wahrscheinlich erhebl. dazu bei, daß die ↗Grenzschicht zw. Körperoberfläche u. umströmendem Wasser laminar bleibt, wodurch der Strömungswiderstand optimal herabgesetzt wird. – c) *Schilder,* bei Sauropsiden *(Reptilien, Vögel, Säugetiere)* flächenförm. Verdickungen des Stratum corneum (abgestorbene verhornte Zellen) mit dazwischenliegenden, der Erhaltung der Beweglichkeit dienenden, weniger verdickten u. somit elast. Abschnitten. Zus. mit Hautverknöcherungen können die Hornplatten einen sehr dauerhaften Schutz darstellen, z.B. bei der ↗Panzer-Bildung der ↗Schildkröten. Hier treten Hornplatten jeweils zu großen Schildern zus. (Schildpatt). Sie sind – wie bei vielen Kriechtier-Fam. – von Hautverknöcherungen unterlagert, die in Anordnung u. Größe nicht den Hornplatten entspr. Größere S. (wie z.B. auf der Kopfoberseite od. dem Bauch) heißen ebenfalls Schilder. Die S. stellen nach hinten gerichtete Auswüchse des Integuments (Oberhaut) dar, deren Bildung jeweils v. einer Coriumpa-

pille ausgeht, die die Epidermis vor sich herschiebt. Die auftretenden Verhornungen können mit verschiedenart. Fortsätzen (Warzen, Stacheln, Höcker) versehen sein. – Vögel haben neben ihrem Federkleid ebenfalls noch S., die bes. an den Läufen gut ausgebildet sind. – Bei den Säugetieren können S.bildungen in Resten an schwach behaarten Körperstellen vorhanden sein (z. B. an Schwanz u. Pfoten v. Schuppen-, Nage-, Beuteltieren u. Insektenfressern). Während der Körper der ↗Schuppentiere von dachziegelartig angeordneten *Horn-S.* bedeckt ist, besitzen ↗Gürteltiere ringförmig angeordnete Hornplatten. Eine ständige Neubildung der sich abnutzenden Hornschicht erfolgt v. der basalen Zellschicht (Matrix) aus (es erfolgt also keine period. Häutung wie bei den Reptilien). ↗Horngebilde (□), [B] Wirbeltiere II. *H. L./H. P./T. J./H. S.*

Schuppenameisen, *Formicidae,* Fam. der ↗Ameisen mit über 2000 fast über die ganze Erde verbreiteten Arten, in Mitteleuropa ca. 30 Arten. Die meisten S. besitzen keinen Stachel; zur Abwehr v. Feinden wird ein Giftsekret verspritzt. Der Hinterleibsstiel ist schuppenartig verbreitert (Name). Sie ernähren sich v. a. von kleinen Insekten u. ↗Honigtau. Die dunkel gefärbten einheim. Arten der Roßameisen (Gatt. *Camponotus*) legen ihre Bauten in Holz u. in der Erde an; häufig sind die 12 bis 14 mm große *C. ligniperda* u. auch *C. herculaneus,* deren Nest sich in Stämmen u. Stubben v. totem u. lebendem Holz befindet u. die durch die Zerstörung v. Holz schädl. werden können. Trop. Arten der Roßameisen nisten in „Hängenden Gärten" (Ameisengärten) in Baumkronen. Die häufigste heim. Ameise ist die ca. 4 mm große Schwarzgraue Wegameise *(Lasius niger);* sie legt unter Steinen, Baumstämmen u. ä. ein gekammertes, verzweigtes Nest an; Ernährung hpts. v. Honigtau v. Blatt- u. Schildläusen; v. Mai bis Juli sind oft zahlr. schwärmende Geschlechtstiere zu beobachten. Meist in altem Holz baut die ähnl. Schwarze Holzameise (*L. fuliginosis,* ca. 5 mm) die mit kartonart. Wänden gekammerten Nester. Kuppelförm. Erdnester legen die Braunen Wiesenameisen *(L. umbratus)* u. die 2–4 mm großen Gelben Wiesenameisen *(L. flavus)* an; ihre Nahrung (Honigtau) erhalten sie v. Blattläusen, zu deren Kolonien Duftstraßen angelegt werden. In dieser Trophobiose ([B] Symbiose) geben die ↗Blattläuse durch taktile Reize („Melken") der Ameisen den zuckerhalt. Honigtau ab; die Kolonien werden gg. Blattlausfeinde beschützt. Viele Arten der S. vollführen keine unabhängige Nestgründung; so dringt z. B. die begattete Königin der Blutroten Raubameise *(Formica sanguinea = Raptiformica sanguinea)* als „Sklavenhalterin" (↗Sklavenhalterei) in die Nester der Grauschwarzen Hilfsameise

1
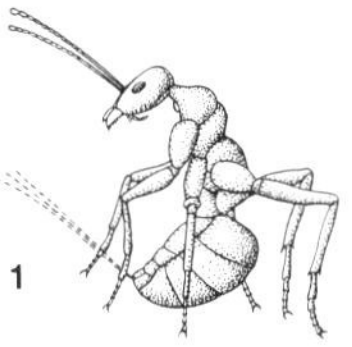

2
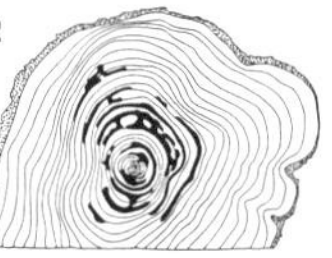

Schuppenameisen

1 Die S. *Formica polyctena* in Alarmierungs- u. Abwehrstellung beim Ausspritzen v. Giftsekret. **2** Querschnitt durch einen Baumstamm mit Nestgängen (schwarz) der Roßameise *Camponotus herculaneus*

(Formica fusca = Serviformica fusca) ein, deren Arbeiterinnen dann die fremde Brut aufziehen. Die mit sichelförm. Mandibeln bewaffnete Amazonenameise *(Polyergus rufescens)* raubt Puppen aus fremden Ameisenbauten, die ihre Brut versorgen. Spezielle, mit Honigtau prall gefüllte „Speichertiere" gibt es bei den in Trockengebieten N-Amerikas lebenden Honigameisen der Gatt. *Myrmecocystus* (↗Ameisen). – Wicht. Arten sind ferner die ↗Roten Waldameisen u. die ↗Weberameisen. *G. L.*

Schuppenbaum, *Lepidodendron,* Gatt. der ↗Schuppenbaumgewächse.

Schuppenbaumartige, *Lepidodendrales, Lepidophytales,* Ord. baumförmiger ↗Bärlappe ([T]) des Oberdevon bis Perm mit den Fam. *Bothrodendraceae (↗Bothrodendron),* ↗Schuppenbaumgewächse *(Lepidodendraceae),* ↗Samenbärlappe *(Lepidocarpaceae)* u. ↗Siegelbaumgewächse *(Sigillariaceae);* meist wird auch die oberdevonische Gatt. ↗*Cyclostigma* hierher gestellt. Es sind große, bis 40 m hohe Bäume mit dichotom od. pseudomonopodial verzweigter Krone u. spiralig an kompliziert gebauten Blattpolstern sitzenden, bis 1 m langen, einnervigen Blättern („Mikrophylle"). Die Blattpolster zus. mit den durch den Blattfall erzeugten Blattnarben wachsen z. T. etwas mit dem Stamm mit u. geben ihm eine charakterist., bei Schuppen- u. Siegelbäumen (Name!) etwas abweichende Oberfläche. Viele S. besitzen eine der Wasseraufnahme dienende Ligula (↗Absorptionsgewebe, ↗Bärlappe), die in einer kleinen Ligulargrube des Blattpolsters sitzt. Die den sterilen Blättern weitgehend ähnl. Sporophylle sind zu dichten Blütenzapfen zusammengefaßt u. tragen an ihrer Basis ein Sporangium. ↗Heterosporie ist vorherrschend, die Samenbärlappe haben sogar samenanaloge Gebilde entwickelt. Die bis 2 m dicken Stämme besitzen etwas Sekundärholz (meist wenige cm mächtig u. ausgehend v. einer Aktinostele!), das aber mit seinen dünnwand., leiterartig durchbrochenen Tracheiden kaum Festigungsfunktion hat. Die Stabilität der Stämme basiert auf einem mächtigen „Periderm" (sekundäre Rinde), das z. T. auf die Aktivität eines Rindenkambiums zurückzuführen ist. Das Ligularsystem u. die eher xeromorph gebauten Blätter (z. B. tief eingesenkte Stomata) zeigen ferner, daß die Wasserversorgung durch das Sekundärholz eher ungenügend war u. zumindest die ligulaten Formen an ein niederschlagsreiches Klima angepaßt waren. Die Verankerung erfolgte über rhizomartige, dichotom gegabelte Stigmarien, die allseitig schlauchähnl. Wurzeln (Appendix, Mz. Appendices) mit einem großen lufterfüllten Hohlraum tragen. – Die S.n bildeten an sumpfigen u. moorigen Standorten ausgedehnte Wälder u. waren v. a. im Oberkarbon wicht. Kohlebildner. Ihre Hauptverbreitung liegt im Karbon und Perm der amerosinischen Florenprovinz (N-Amerika, Europa und südl. Asien); in der Angara und v. a. Gondwana sind sie seltener. Phylogenet. sind die S. aus der Gruppe der ↗ *Protolepidodendrales* abzuleiten. Ausgestorben sind sie vermutl. als Folge des mit Beginn des Perm zunehmend trockener werdenden Klimas. Mit ihrem schlechteren Wasserleit- u. Reproduktionssystem mußten sie offenbar dem Konkurrenzdruck der Gymnospermen (Nacktsamer) weichen. B Pflanzen. *V. M.*

Schuppenbaumgewächse, *Lepidodendraceae,* Fam. der ↗Schuppenbaumartigen; bis 40 m hohe Bäume mit durch zahlr. (isotome od. anisotome) Dichotomien reich verzweigter Krone, am Stamm mit oval-längl., in Schrägzeilen angeordneten Blattpolstern. Die Gatt. *Lepidodendron* (Schuppenbaum i. e. S.) zeigt den für die Fam. typischen Bau der Blattpolster: Die Blattnarbe selbst läßt 3 Närbchen erkennen, die vom Blattleitbündel u. 2 Parichnossträngen (vom Stamminnern ausgehende aërenchymatische Gewebsstränge) herrühren; unter der Blattnarbe münden 2 weitere Parichnosstränge, über der Blattnarbe befindet sich die Ligulargrube mit der Ligula. Bei *Lepidophloios* ist dagegen die obere Hälfte des Blattpolsters im Wuchs gefördert u. überwölbt die untere Hälfte, die daher v. außen nicht sichtbar ist. Die Sporophylle mit den basal ansitzenden Sporangien sind stets zu dichten zapfenart. Blüten (als *Lepidostrobus* bezeichnet) zusammengefaßt. Die meisten Arten (alle?) der S. sind heterospor, die Blüten können monoklin (Megasporangien im Zapfen unten) od. diklin sein. B Farnpflanzen III.

Schuppenbein, *Squamosum, Os squamosum,* paariger Deckknochen des Schädeldaches der Wirbeltiere (↗Schädel); bildet etwa den hinteren Teil der Seitenwand des Hirnschädels, unterhalb des Scheitelbeins (Parietale). Bei Säugern ist das S. nicht mehr als eigener Knochen vorhanden, sondern mit anderen Elementen zum ↗Schläfenbein verschmolzen. Der aus dem S. hervorgegangene Anteil des Schläfenbeins bildet die Gelenkgrube für den Unterkiefer (Squamosum-Dentale-Gelenk, ↗Kiefergelenk). Er ist auch mit einem Fortsatz am Jochbogen beteiligt, der *bei Säugern* aus Jugale und S. gebildet wird u. ein modifizierter *unterer* (!) Jochbogen ist. Bei Sauropsiden dagegen bildet das S. mit dem Postorbitale den *oberen* Jochbogen.

Schuppenblätter, *Spreublätter,* Bez. für die schuppenförm. und trockenhäut. Tragblätter der Einzelblüten in den Blütenköpfchen vieler Kardengewächse u. Korbblütler.

Schuppenflügler, die ↗Schmetterlinge.

Schuppenfüße, die ↗Flossenfüße.

Schuppenhaare ↗Schuppen.

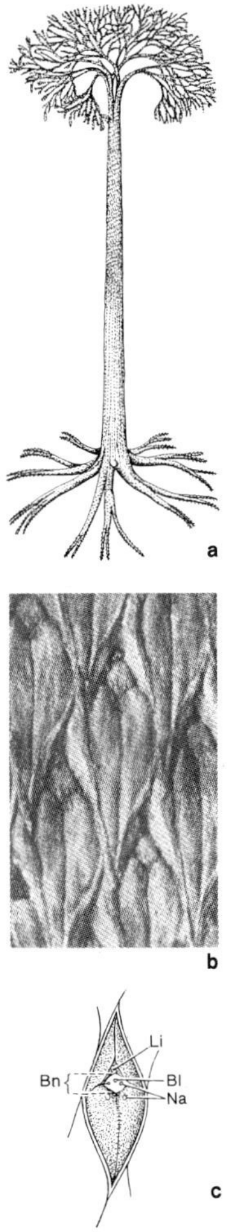

Schuppenbaumgewächse

a Wuchsform eines Schuppenbaums (*Lepidodendron spec.*); Krone u. Wurzelträger (Stigmarien) sind dichotom verzweigt; **b** Stammoberfläche mit den ovalen, schraubig angeordneten Blattpolstern; **c** Bau der Blattpolster.
Bl Blattleitbündel, Bn Blattnarbe, Li Ligulargrube mit Ligula, Na Narben der Parichnosstränge

Schuppenkopf, *Cephalaria,* Gattung der ↗Kardengewächse.

Schuppenkriechtiere, *Lepidosauria,* U.-Kl. der Reptilien, zu denen neben den Urschuppensauriern (↗ *Eosuchia)* die heute noch mit 1 Art vertretenen ↗Schnabelköpfe *(Rhynchocephalia)* u. die Ord. Eigentliche S. *(Squamata)* mit den U.-Ord. ↗Echsen *(Sauria)* u. ↗Schlangen *(Serpentes)* gehören. Noch umstritten ist die systemat. Stellung der ↗Doppelschleichen *(Amphisbaenia),* die bisher den Echsen als Fam. zugeordnet, heute aber auch als eigene U.-Ord. bzw. Zwischen-Ord. aufgeführt wird. – Die Ord. *Squamata* umfaßt 37 Fam. und über 5800 Arten. Schädelknochen sind gegeneinander bewegl. (↗Kraniokinetik), Kiefer bezahnt u. ohne Hornscheiden; Gesichts- u. Geruchssinn gut ausgeprägt; Körper langgestreckt, auf der Oberhaut, die regelmäßig abgestreift wird, Hornschuppen u. Schilder (Häutung erfolgt je nach Alter u. Ernährung in 1- od. mehrmonat. Abständen); ♂ mit paar. Begattungsorgan; ♀ legt pergamentschal. Eier od. ist lebendgebärend.

Schuppenmiere, *Spärkling, Spergularia,* Gatt. der ↗Nelkengewächse, mit ca. 20 Arten fast weltweit bes. an Meeresküsten u. a. Salzstandorten verbreitet. Die Arten sehen ähnl. aus wie Arten der Gatt. *Spergula,* besitzen aber 3 Griffel (*Spergula* 5). Die kraut., niedrigen Pflanzen besitzen linealische Blätter; oft mit sterilen Achselsprossen. Einheimisch u. a. die Salz-S. *(S. salina)* an Salzstandorten u. die Rote S. *(S. rubra),* z. B. auf feuchten Äckern.

Schuppenmilben, *Dermatophages,* Vertreter der ↗ *Sarcoptiformes* (Fam. *Psoroptidae*), die bei Warmblütern auf der Haut v. Schuppen, Lymphe u. Schorf leben. Manche Arten erzeugen räudeähnl. Krankheiten.

Schuppenräuber, *Catoprion,* Gattung der [↗Salmler.

Schuppenröhrlinge, *Boletinus,* Gatt. der Röhrlinge, in Mitteleuropa mit nur 1 Art, dem eßbaren Hohlfußröhrling (*B. cavipes* Kalchbr.); sein Hut ist filzig-faserschuppig, dunkel-zimtbraun bis orange, seltener zitronengelb (∅ 5–10 cm); die kurzen Röhren laufen am Stiel herab; die anfangs blaß-gelben, dann olivgrünen Poren sind sehr groß u. eckig; der beringte Stiel ist hohl; er wächst nur bei Lärchen.

Schuppentiere, *Tannenzapfentiere, Pangoline, Pholidota,* auf Afrika südl. der Sahara und SO-Asien beschränkte Ord. der Säugetiere mit 1 Fam. *(Manidae)* und 1 Gatt. *(Manis)* mit 7 Arten, v. denen 5 baum-

Steppen-Schuppentier *(Manis temmincki)*

und 2 bodenbewohnend (Riesen-S., Steppen-S.) sind; Körperlänge 75 bis 150 cm. Namengebend sind die fast den ganzen Körper (außer Bauchseite u. Schnauze) dachziegelartig bedeckenden Schuppen, Hornbildungen der Epidermis über Coriumerhebungen. S. haben eine verlängerte Schnauze mit kleiner Mundöffnung u. einer bes. langen Zunge (bis 40 cm!) sowie Grabklauen an den Vorderfüßen. Die zahnlosen S. zerreiben ihre Nahrung (Ameisen u. Termiten) in dem muskulösen u. mit Hornzähnen ausgekleideten Magen. Sie sind hpts. Nachttiere, die sich in Ruhestellung u. bei Gefahr kugelförmig einrollen. Früher hat man die S. den ↗Zahnarmen *(Edentata)* zugeordnet; nach heutiger Auffassung beruht ihre äußere Ähnlichkeit mit den neuweltl. ↗Gürteltieren auf ähnl. Lebensweise (↗Lebensformtypus). B Asien VIII, B Säugetiere. [ana.

Schuppenwurm, *Gattyana cirrosa,* ↗Gatty-

Schuppenwurz, *Lathraea,* Gattung der ↗Braunwurzgewächse mit 5 in Europa u. Asien heim. Arten. In Mitteleuropa nur die zerstreut in Auen- u. Schluchtwäldern wachsende Rotbraune S. *(L. squamaria).* Die bis 20 cm hohe, chlorophyllfreie Staude besitzt einen weit verzweigten, dicht mit fleischigen Schuppen besetzten Wurzelstock sowie im Frühjahr erscheinende, rötl.-weiß gefärbte, fleischig-saftige, aufrechte Triebe mit schuppenförm. Blättern. An ihren Enden stehen in dichter, zunächst nickender, einseitswendiger Traube die erst nach knapp 10 Jahren od. später erscheinenden Blüten. Sie sind rosa gefärbt u. besitzen eine 2lippige Krone mit 3lappiger Unterlippe. Die S. ist ein Vollparasit, der die zu seiner Entwicklung nötigen Substanzen, v.a. im Frühjahr, den Wurzeln v. Bäumen od. Sträuchern entzieht u. speichert. Hierzu werden die Wurzeln der Wirtspflanzen (Haselnuß, Erle, Ulme, Eiche, Buche u.a.) v. Saugwurzeln umschlungen u. über ↗Haustorien angezapft. Um die für die Nährstoffaufnahme nötige Saugkraft zu erzeugen, scheidet die S. über zahlr., in ihren Schuppenblättern befindl. ↗Hydathoden aktiv Wasser aus.

Schüpplinge, die Gatt. ↗Pholiota.

Schüsselflechte, die Gatt. ↗Parmelia.

Schüsselpilze, Arten der Schüsselbecherlinge *(↗Pezizaceae)* mit schüsselförm. Apothecium-Fruchtkörper.

Schüsselschnecken, die Fam. ↗*Endodontidae* der Landlungenschnecken, i.e.S. die Gatt. *Discus.* In Mitteleuropa leben die Gefleckten S. (*D. rotundatus,* 7 mm ∅) an feuchten Habitaten in Wäldern u. in der Bodenschicht, nur im SO die nach der ↗Roten Liste „stark gefährdeten“ Gekielten S. *(D. perspectivus).* Zu den S. i.w.S. gehört auch die ↗Punktschnecke.

Schuster, 1) volkstüml. Bez. für Vertreter der Weberknecht-Fam. ↗*Phalangiidae.* 2) die ↗Schleie.

Schuppentiere

Afrikanische Arten:
Weißbauch-S. *(Manis tricuspis)*
Langschwanz-S. *(M. tetradactyla)*
Riesen-S. *(M. gigantea)*
Steppen-S. *(M. temmincki)*

Asiatische Arten:
Vorderindisches S. *(M. crassicaudata)*
Chinesisches Ohren-S. *(M. pentadactyla)*
Javanisches S. *(M. javanica)*

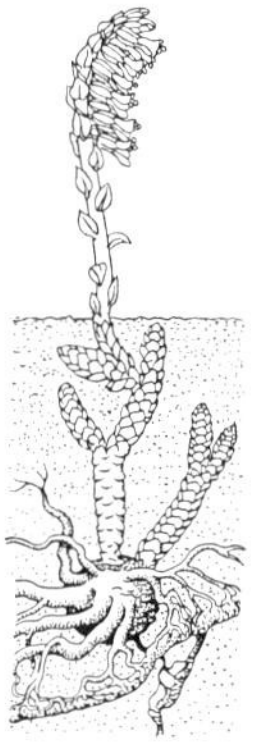

Rotbraune Schuppenwurz *(Lathraea squamaria)*

Schüsselschnecke

Schusterbock, *Monochamus sutor,* Art der ↗Langhornböcke.

Schusterpalme, *Aspidistra,* Gattung der ↗Liliengewächse.

Schüttekrankheit, *Schütte,* massenweises, vorzeit. Abwerfen der Nadeln (auch abgestorbener Jungtriebe) bei Nadelbäumen (vgl. Tab.); Ursache können abiot. Faktoren sein (z.B. Frost, Immissionen), Insekten- od. Pilzbefall *(Pilzschütte).* Die

Schüttekrankheit	
Krankheiten u. Erreger:	Rußige Douglasienschütte *(Phaeocryptopus gaeumanni)*
Kiefernschütte, Föhrenschütte *(Lophodermium pinastri,* Konidienform: *Leptostroma pinastri)*	Strobenschütte *(Hypoderma desmazierii)*
Schneeschütte *(Phacidium infestans)*	Tannenschütte *(Lophodermium nervisequium)*
Rostige Douglasienschütte *(Rhabdocline pseudotsugae)*	Fichtenschütte *(L. piceae, L. macrosporum)*
	Lärchenschütte *(L. laricinum, Mycosphaerella laricina)*

Schüttepilze gehören zu den Schlauchpilzen, meist der Ord. ↗*Phacidiales* (Fam. *Phacidiaceae: Phacidium, Rhabdocline;* Fam. ↗*Hypodermataceae: Hypoderma, Hypodermella,* ↗*Lophodermium*). Bei der *Kiefernschütte* erscheinen bei der Erkrankung erst gelbl. Flecken, die sich vergrößern, röten u. dann nach Braunrot umschlagen. Das Abfallen der Nadeln erfolgt in Schüben: *„Frühjahrsschütte“, „Herbstschütte“* u. *„vorwinterliche Schütte“.* Die *Schneeschütte* wird erst nach der Schneeschmelze sichtbar; anfangs sind die Nadeln fahlgelb verfärbt, dann kräftig braunrot; der Erreger, *Phacidium infestans* („Weißer Schneeschimmel“), entwickelt sich nur unter der Schneedecke; in Lagen mit langdauerndem Schnee gefährdet er v.a. die jungen Bäume u. kann mancherorts die Naturverjüngung verhindern.

Schuttfestiger ↗Schuttpflanzen.

Schuttflur, kraut. Vegetation (↗Schuttpflanzen) v. Steinschutthalden; S.en der nord-, west- und mitteleur. Gebirge werden in der Kl. der ↗*Thlaspietea rotundifolii* zusammengefaßt.

Schuttpflanzen, Besiedler feinerdearmer, noch nicht festgelegter Steinschutthalden mit bes. Anpassungen, wie weitreichendem, zugfestem Wurzelsystem (daher als *Schuttfestiger* geeignet), guter Regenerationsfähigkeit, guter Samenproduktion, Fähigkeit zur Etiolierung, d.h. zur Keimung in tieferen Schuttschichten. ↗*Thlaspietea rotundifolii,* ↗Ruderalpflanzen.

Schutzanpassungen, *Schutzeinrichtungen,* ↗Anpassungen v. Pflanzen u. Tieren, die ausschl. dem Schutz der Art vor Feinden od. auch (hpts. bei Pflanzen) vor Witterungseinflüssen dienen. Sie können morpholog., physiolog. und/oder etholog. Art

1

2

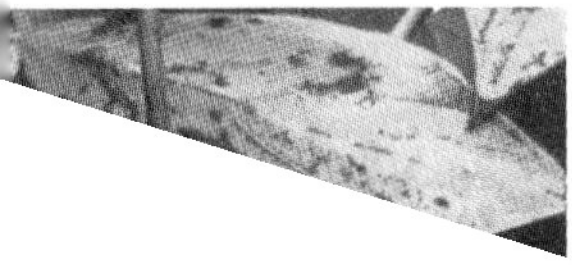

3

4

5

Schutzanpassungen *Schutztracht* v. Tieren:

1 Raupe des Himbeerspanners in Zweigstellung. **2** Der Laubfrosch hat sich dem Blatt angepaßt. **3** Ein Kiefernschwärmerpärchen ist von der Rinde kaum zu unterscheiden. **4** Gut getarnte junge Flußregenpfeifer. **5** Eier des Flußregenpfeifers auf einer Kiesbank. **6** Federmotte auf einer Nelkenblüte. **7** Ein Schmetterling, der ganz dem Blatt angepaßt ist.

---

sein. – *Pflanzliche S.* sind oft primär gg. Witterungseinflüsse ausgerichtet (↗Austrocknungsfähigkeit, ↗Frostresistenz) u. sekundär gg. Feinde, so z. B. ↗Dornen, aber auch eine dicke ↗Cuticula. Andere S. wie ↗Drüsenhaare u. sekundäre ↗Pflanzenstoffe (↗Repellents) sollen vor Pflanzenfressern schützen. Viele Anpassungen der ↗Xerophyten (z. B. dicke Epidermis, dichte Behaarung der Blätter u. a.) sind S. gegen zu große Sonneneinstrahlung bzw. Wärme. Im *Tierreich* werden passive u. aktive Verteidigung (↗Abwehr) als S. unterschieden. Zu ersteren S. zählt man ↗Tarnung, ↗Mimese, ↗Mimikry (B), ↗Akinese (↗Schrecklähmung, Sichtotstellen), ↗Flucht, Schutzhüllen (↗Panzer, ↗Stacheln, ↗Schalen, ↗Gehäuse), ↗Schreckfärbung, Farbtrachten u. Schreck- bzw. Warnlaute. Bei der aktiven Verteidigung (↗Angriff, ↗Aggression) werden einerseits Waffen eingesetzt (↗Zähne, ↗Gehörne, ↗Geweihe, ↗Gifte [↗Gifttiere]), andererseits wird versucht, den Feind durch ↗Schreckstoffe (↗Alarmstoffe, ↗Wehrsekrete), ↗Schreckstellungen od. ↗Drohverhalten zu vertreiben. Tarnung kann auf vielerlei Weise geschehen: z. B. *maskieren* sich manche Krabben (v. a. die ↗Seespinnen) mit Gegenständen ihrer Umgebung. Es gibt Beispiele, bei denen Tarnfarben mit bestimmten Verhaltensweisen kombiniert werden: So ist das Federkleid der Rohrdommel durch Längsstreifung dem Schilfwald angepaßt *(Schutzfärbung)*, wobei durch Pfahlstellung (Kopf u. Schnabel nach oben gestreckt) die Tarnwirkung verstärkt wird. ↗Farben spielen bei S. eine große Rolle (↗Mimese, ↗Mimikry, ↗Schreckfärbung). Auffällige Farbtrachten od. Warntrachten treten bei ungenießbaren od. schlecht schmeckenden Tieren auf (B Mimikry II). Durch ↗Farbwechsel können S. an wechselnden Untergrund erfolgen. Eine besondere Art der S. ist die ↗Autotomie, die z. B. bei Kopffüßern, Seesternen, Insekten, Eidechsen u. Nagetieren od. in Form der *Schreckmauser* mancher Vögel (Abwerfen eines Teils des Großgefieders bei Ergreifen) vorkommt. – Zu den S. im physiolog. Bereich gehören (außer dem Farbwechsel) ↗Immunität u. ↗Resistenz. *Ch. G.*

Schützenfische, *Toxotidae,* Familie der ↗Barschfische mit 4 südostasiat. Arten; leben an der Oberfläche v. Brack- od. küstennahem Süßwasser u. können durch Zusammenpressen der Kiemenräume durch die Kiemendeckel über eine v. der Zunge abgedeckte Rinne im Gaumendach einen bis 1 m langen Strahl aus Wassertropfen auf kleine, über Wasser an Pflanzen sitzende Beutetiere schießen u. diese zum Absturz bringen. Hierzu gehört der indoaustr., bis ca. 20 cm lange S. *(Toxotes jaculatrix);* er hat große Augen u. ein schräg nach oben gerichtetes Maul. ☐ 339.

Schutzfärbung ↗Schutzanpassungen.

Schutzimpfung, *Impfung,* die ↗aktive Immunisierung. ↗Immunisierung, ↗passive Immunisierung.

Schutzkolloide, Stoffe, die um Kolloidteilchen (↗kolloid) dünne Häutchen bilden u. diese vor rascher Ausflockung schützen; die wichtigsten S. sind Gelatine, Leim, Albumin, Stärke, Tannin.

Schutzreflex, allg. Bez. für verschiedenartigste ↗Reflexe, die bestimmte Verhaltensweisen auslösen. Diese dienen dem Schutz eines Organismus od. dessen Gliedmaßen bzw. Organen, z. B. Fluchtreflex, Rückenreflex, Totstellreflex, Niesreflex. ↗mechanische Sinne.

Schutzstoffe, die ↗Abwehrstoffe.

Schutztracht, Einheit aus Färbung, Zeichnung u. Körperform, die Schutz vor dem Zugriff v. Freßfeinden bietet. Man unterscheidet Tarntracht (↗Mimese, ↗Tarnung), Warntracht (↗Mimikry), Schrecktracht (↗Augenflecke). ↗Schutzanpassungen. B Mimikry II.

Schutzverhalten, Feindvermeidung v. Tieren durch ↗Tarnung, ↗Flucht od. defensive ↗Aggression. ↗Schutzanpassungen.

Schutzwald, Waldungen mit eingeschränkter Nutzung, die der Sicherung der Wohlfahrtswirkungen des Waldes dienen. Die Schutzwälder sind unentbehrl. für den Wasserhaushalt, insbes. die Verminderung des Oberflächenabflusses der Niederschläge, die Förderung der Wasserspeicherung, die Erhaltung der Quellen, sowie Schutz gg. Bodenabschwemmungen, Bodenverwehungen, Hangrutschungen, Lawinenabgang, Überflutung, Uferabbruch u. a. m. Als S. werden auch solche Waldungen ausgewiesen, deren Erhaltung u. Pflege im Interesse der Menschen (Erholungsfunktion, Lärmschutz, Immissionsschutz) erforderl. sind. Die Bewirtschaf-

6

7

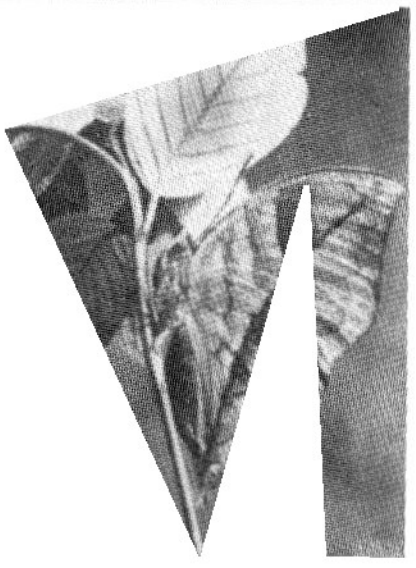

Schützenfische

Schützenfisch *(Toxotes jaculatrix)*, der unter der Wasseroberfläche schwimmend (weiße Kontur) kleine Beutetiere im nahen Luftraum ortet, sich dann nahezu senkrecht stellt u. mittels eines genau gezielten Wasserstrahls seine Beute „abschießt".

tung dieser Wälder ist diesen Aufgaben untergeordnet. Das Bundeswald-Gesetz vom 2. 5. 1975 verpflichtet die Waldbesitzer zu angemessener Bewirtschaftung (Wirtschaftsplanpflicht).

Schwächeparasiten, Parasiten in Wirtsorganismen, die durch vorangegangene Wirkung anderer Faktoren in ihrer Widerstandskraft bereits geschwächt waren.

Schwachlichtpflanzen, die ↗Schattenpflanzen.

Schwaden, der ↗Wasserschwaden.

Schwalbe, *Gustav,* dt. Anthropologe u. Anatom, * 1. 8. 1844 Quedlinburg, † 23. 4. 1916 Straßburg; seit 1871 Prof. in Leipzig, 1874 Jena, 1881 Königsberg, 1884 Straßburg; wichtige Arbeiten zur Abstammung des Menschen (Förderer der Paläanthropologie), erkannte u. erklärte die Bedeutung des Neandertal-Fundes.

Schwalben, *Hirundinidae,* Fam. fluggewandter Singvögel mit 75 Arten, auf der ganzen Erde verbreitet mit Ausnahme der Polargebiete, Neuseelands u. einiger dem Wind stark ausgesetzter Inseln. Körperoberseite dunkel (blau, grün, braun), Unterseite meist weiß; lange spitze Flügel, oft gegabelter Schwanz; kurzer Schnabel, Mundspalte weit, bis unter das Auge reichend; dadurch können die S. fliegend Insekten erbeuten. Die in gemäßigten Gebieten der N-Hemisphäre brütenden Arten sind Zugvögel u. überwintern in südl. Breiten; ziehen tagsüber. Nestbau unterschiedl.; viele bauen ein Nest aus Lehm, Speichel u. Pflanzenteilen, das sie an eine Fels- oder – sekundär als Kulturfolger – eine Hauswand kleben; andere graben Röhren in steile Erdböschungen od. beziehen vorgefundene Höhlen. Gesellig, brüten oft in Kolonien; Gelege besteht aus 2–6 weißen od. gefleckten Eiern (B Vogeleier I), nicht selten werden 2 od. 3 Bruten pro Jahr gezeitigt. Die Wetterregel, daß hochfliegende S. gutes u. tieffliegende schlechtes Wetter ankündigen, hängt mit der luftdruckabhängigen Höhenverteilung der Beutetiere („Luftplankton", ↗Aeroplankton) zus. Schlechtwetterperioden u. damit verbundenen Nahrungsmangel können S. 3–4 Tage lang im Zustand der ↗Hypothermie, mit reduziertem Stoffwechsel, überstehen. Die Rauchschwalbe (*Hirundo rustica*; □ Flugbild; B Europa XVII, B Konvergenz) ist die häufigste mitteleur. Art u. einschl. der stark verlängerten Schwanzaußenfedern 19 cm groß; sie hält sich v. März bis Nov. im Brutgebiet auf u. errichtet im Innern v. Scheunen, Viehställen u. ä. ein napfförm. Nest auf festem Untergrund; ruft „wit"; Gesang ist ein melod. Zwitschern mit eingeschalteten Rollern. Die etwas kleinere, schwarz-weiße u. durch einen weißen Bürzel gekennzeichnete Mehlschwalbe (*Delichon urbica,* B Europa XVII) befestigt ihr Lehmnest an Felsen bzw. an Außenwänden v. Gebäuden; in Mitteleuropa erschwert das Verschwinden unbefestigter Wege mit Wasserpfützen den Nestbau; mit künstl. ↗Nisthilfen kann eine Ansiedlung wirkungsvoll erreicht werden; die Mehlschwalbe bleibt v. April bis Okt. im Brutgebiet. An steilen Flußufern, Sand- u. Kiesgruben gräbt die nach der ↗Roten Liste „gefährdete" Uferschwalbe (*Riparia riparia,* B Europa XVII) etwa ½ m lange Brutröhren (□ Nest); sie ist 12 cm groß, braun gefärbt u. besitzt ein dunkles Kropfband. Die ebenfalls braune Felsenschwalbe *(Ptyonoprogne rupestris)* baut ein napfförm. Nest aus Lehm u. Erde unter einen Felsüberhang; in Dtl. kommt sie in felsigen Gebirgsregionen vor u. ist „vom Aussterben bedroht". *M. N.*

Schwalben

1 Rauchschwalbe *(Hirundo rustica)* füttert ihre Jungen; **2** Mehlschwalbe *(Delichon urbica)*, unten Nest

Schwalbenschwanz, *Papilio machaon,* einer unserer prächtigsten u. bekanntesten Schmetterlinge, holarkt. Vertreter der ↗Ritterfalter; Spannweite um 80 mm, Flügel schwarz-gelb gezeichnet, hinten schwanzförmig ausgezogen, sehr guter Flieger; bei uns in 2 Generationen an Dämmen, Trockenhängen, Wiesen u. Gärten, gerne ähnl. dem ↗Segelfalter um exponierte Bergkuppen zur Partnerfindung („hilltopping"); saugt an Disteln, Klee u. a., in Gärten gerne an Sommerflieder. Raupe jung schwarz u. rot mit weißem Sattelfleck, später grün mit schwarzroten Querstreifen, bei Störung mit leuchtend orangener ↗Nackengabel; frißt an Doldengewächsen, bisweilen auch in Gärten u. a. an Möhren, Petersilie, Kümmel. Gürtelpuppe bräunl. od. grün. Der S. wird durch Grünlandintensivierung immer seltener u. gilt nach der ↗Roten Liste als „gefährdet". □ Puppe, B Insekten IV, B Schmetterlinge.

Schwalbenstare, *Artamidae,* Singvogel-Fam. mit 1 Gatt. *(Artamus)* u. 10 Arten in SO-Asien u. der austr. Region; sperlingsgroß, dunkel gefärbt; sind weder mit den Schwalben noch mit den Staren näher verwandt; äußere Ähnlichkeiten gehen auf teilweise vergleichbare Lebensweise zurück; jagen v. Sitzwarte aus Insekten; sehr gesellig, sitzen oft dichtgedrängt beisammen; bauen schüsselförm. Nester koloniewiese auf Ästen od. in Felswände; die geschlüpften Jungen werden nicht nur v. den eigenen Eltern, sondern gelegentl. auch v. anderen Altvögeln der Kolonie gefüttert.

Schwalbenwurzgewächse, *Seidenpflanzengewächse, Asclepiadaceae,* außerordentl. formenreiche, den Hundsgiftgewächsen nahestehende Fam. der ↗Enzianartigen mit ca. 2000 Arten in rund 250, insbes. in den Tropen u. Subtropen (v. a. S-Afrika u. S-Amerika) verbreiteten Gatt.

Schwalbenwurzgewächse

Wichtige Gattungen:

↗*Asclepias*
Ceropegia
Hoya
Stapelia
Vincetoxicum

Schwalbenwurzgewächse

Bestäubungsmechanismus der Blüten v. Schwalbenwurzgewächsen:

Die Pollen von S.n verkleben entweder zu sog. Pollinien (↗Pollen) od. zu körnigen Pollentetraden. Jedes Pollinium ist mit dem der benachbarten Anthere durch „Arme" verbunden, die aus den erhärteten Ausscheidungen einer am Rande des Narbenkopfes befindl. Drüse bestehen. Diese (später ebenfalls erhärtende) Drüse wird zum sog. „Klemmkörper", der zus. mit den „Armen" als Translator bezeichnet wird. Werden bei einer Art Pollentetraden gebildet, so besteht der Translator aus einer Klebscheibe mit Stiel und löffelförm. Anhang, in dem die Pollentetraden zweier benachbarter Antheren gesammelt werden. Berührt ein nektarsuchendes Insekt einen Translator, so heftet sich dieser an ihm fest (mit der Klebscheibe meist am Kopf des Insekts bzw. mit dem Klemmkörper an den in die Spalten zw. den Antheren eindringenden Beinen od. dem Rüssel). Verläßt das Insekt die Blüte, so werden die Translatoren mitsamt den Pollinien bzw. Pollentetradenbehältern aus dieser herausgezogen u. gelangen, wenn das Insekt die nächste Blüte besucht, zw. deren Antheren hindurch an die auf der Unterseite des Narbenkopfes befindl., empfängnisfähigen Stellen.

1

2

Schwalbenwurzgewächse

1 Stapelie *(Stapelia)*, **2** Schwalbenwurz *(Vincetoxicum)*

Schwalme

Hornschwalm *(Batrachostomus auritus)*

Vorwiegend windende Halbsträucher, seltener Stauden, Sträucher od. Bäume mit einfachen, i. d. R. ganzrand. Blättern sowie einzeln od. in cymösen Blütenständen (oft Trugdolden) angeordneten Blüten. Diese meist klein, zwittrig sowie 5zählig radiär u. in ihrem Bau äußerst mannigfaltig. Die überwiegend weiß, grünl. oder gelbl. (seltener rot oder blau) gefärbte Krone besteht im allg. aus einer kurzen Röhre u. einem tief gespaltenen, sternförm. Saum. Der Fruchtknoten ist oberständig u. besteht aus 2 getrennten Fruchtblättern, deren Griffel an ihren Spitzen miteinander zu einem 5kantigen Narbenkopf verschmelzen. Um diesen sind die 5, mit ihren Seitenrändern stets eng aneinanderliegenden Staubbeutel angeordnet. Sie bilden zus. mit dem Narbenkopf, mit dem sie verkleben od. verschmelzen, das sog. ↗Gynostegium. Die Früchte der S. sind spindel- bis kugelförm. Balgkapseln, deren zahlr., abgeflachte Samen fast immer einen Schopf seidig glänzender Haare tragen. In den Blüten der S. sind oft eine od. mehrere, z. T. sehr kompliziert gebaute Nebenkronen zu finden. Sie entstehen durch Auswüchse der Kron- bzw. Staubblätter u. können ring- od. becherförmig ausgebildet sein od. aus auffällig geformten Zipfeln bestehen. Bei manchen Gatt. verwachsen die Kronblattzipfel an der Spitze miteinander u. bilden so einen kegel- od. kugelförm. Aufsatz auf der Kronröhre. Charakterist. für die S. sind ungegliederte Milchsaftröhren u. markständige Siebgewebe; Alkaloide u. Glykoside sind in der Fam. ebenfalls weit verbreitet. Häufig zu beobachten sind Anpassungen an trocken-warme Klimate. Hierzu gehören Sukkulenz sowie rutenstrauchähnl. Wuchsformen. Die Blätter können dickfleischig od. zu schuppen- od. stachelförm. Organen zurückgebildet sein. Zur Bestäubung der Blüten der S. vgl. Spaltentext. Zahlr. Mitglieder der Fam. sind Zierpflanzen, wie etwa die Seidenpflanze *(↗Asclepias)*, die Porzellan- od. Wachsblume *(Hoya)*, die Stapelie *(Stapelia)* u. die Leuchterblume *(Ceropegia)*. Zur Gatt. *Hoya* (trop. Asien und Austr.) gehören meist windende Sträucher mit fleischigen Blättern sowie in Trugdolden stehenden Blüten. Bekannteste Art ist die gern als Zimmerpflanze kultivierte *H. carnosa* (O-Indien) mit duftenden weißen od. rosafarbigen Blüten (B Asien III). Die hpts. in den Halbwüsten S- und SW-Afrikas heim. Stapelien sind Stammsukkulente mit zahlr. vierkantigen, grob gezähnten Sprossen u. hinfälligen, schuppenförm. Blättchen. Ihre einzeln od. zu mehreren, meist an der Basis der Sprosse stehenden Blüten sind bisweilen sehr groß u. von gelbl.-bräunl. bis trübroter Farbe. Mit intensivem Aasgeruch locken sie Aasfliegen an, die die Bestäubung vornehmen (↗Aasblumen). Die Blüten der in ihrer Erscheinungsform sehr unterschiedl., v. a. in Asien u. Afrika heim. Gatt. *Ceropegia* zeichnen sich durch eine am Grunde kugelförmig erweiterte Kronröhre aus. Sie bildet eine „Kesselfalle" (↗Gleitfallenblumen), in der kleinere Insekten zum Zwecke der Bestäubung mittels nach unten gerichteter Haare gefangen gehalten werden. Nach der Vollblüte verwelken die den Ausgang versperrenden Haare. In Mitteleuropa sind die S. lediglich durch eine Art der weltweit über alle wärmeren u. gemäßigten Gebiete verbreiteten Schwalbenwurz *(Vincetoxicum)* vertreten. Die Weiße Schwalbenwurz, *V. officinale (Cynanchum vincetoxicum)*, eine im Saum sonniger Büsche, in lichten Wäldern u. warmen Schuttfluren (auf Kalk) wachsende Staude, blüht gelbl.-weiß u. enthält, bes. in Rhizom u. Samen, das Glykosid *Vincetoxin*. Sie wurde fr. als Brechmittel verwendet. *N. D.*

Schwalme, *Podargidae,* Fam. krähengroßer, brauner Vögel (↗Schwalmvögel) S-Asiens u. Australiens; 12 Arten mit gestrecktem Körper, breitem, flachem Kopf u. weicher Befiederung; die großen, weit nach vorn gestellten Augen erlauben ein gutes binokulares Sehen; der große, dicke Schnabel ist – im Ggs. zu den sonst ähnl. ↗Ziegenmelkern – an der Spitze gekrümmt; jagen am Boden u. im Geäst der Bäume nach Kerbtieren, Schnecken u. kleinen Wirbeltieren, manche fressen auch Früchte; Nest in Astgabel mit 1–2 weißen Eiern. B Australien II.

Schwalmvögel, *Caprimulgiformes,* Vogel-Ord. mit relativ einheitl. Typus der knapp 100 Arten in 5 Fam. (vgl. Tab.); 20–55 cm groß, dämmerungs- u. nachtaktiv; haben – bis auf die ↗Fettschwalme – ein eulenart. weiches Gefieder, das einen lautlosen Flug ermöglicht; Körper schlank, Kopf groß mit hornigem Schnabel u. weit aufreißbarem Schlund, so daß fliegende Beute leicht gefangen werden kann; Füße kurz u. schwach, manche S. gehen jedoch auch zu Fuß auf Beutejagd; eine rindenart. Gefiederzeichnung mit gedeckten Farben verleiht den S.n tagsüber eine hervorragende Tarnung. 1–3 Eier werden am Boden

Schwalmvögel

Familien:

↗Fettschwalme *(Steatornithidae)*
↗Höhlenschwalme *(Aegothelidae)*
↗Schwalme *(Podargidae)*
↗Tagschläfer *(Nyctibiidae)*
↗Ziegenmelker *(Caprimulgidae)*

od. in einer Astmulde, meist ohne regelrechtes Nest, abgelegt; die Jungen können schon nach wenigen Tagen laufen, sind aber noch längere Zeit v. den Eltern abhängig. B Australien II.

Schwämme, 1) Bot.: volkstümliche Bez. für größere Fruchtkörper v. ↗Ständerpilzen. **2)** Zool.: *Porifera, Spongia, Spongiaria,* bilden einen einfachen u. zugleich spezialisierten Stamm an der Basis der *Metazoa* (s. u.) mit ca. 5000 Arten mit einer Größe v. wenigen mm bis zu 2 m ∅ *(Spheciospongia vesparia)* oder 3 m Länge *(Monoraphis chuni)* u. auffallend gelber, roter od. violetter, durch Pigmente verursachter, nicht selten auch grellweißer Farbe. Ferner kommt Grünfärbung vor, die meist auf Zoochlorellen od. Zooxanthellen zurückzuführen ist. – Als reine Wasserbewohner – die meisten leben marin, nicht wenige in der Tiefsee, nur etwa 120 Arten im Süßwasser – sind S. sessil, allein ihre Larven freibeweglich. Die ohne Symmetrie, jedoch polar organisierte klumpen-, krusten-, trichter- bis schüssel-, aber auch pilz- u. geweihförmige, v. einem Skelett aus Kollagen-(Spongin-)Fasern, Skleren (Spicula) aus Calcit od. Kieselsäure aufrechterhaltene Körpergestalt ist nur in weiten Grenzen art- u. individuenspezifisch festgelegt; im allg. wird sie v. den Ernährungs- u. anderen ökolog. Bedingungen am Ort mitbestimmt. Der Süßwasserschwamm *Spongilla lacustris* bildet in strömendem Wasser Krusten, in stehendem geweihartige Verzweigungssysteme. – S. haben keine Organe, weshalb sie früher als ↗*Parazoa* den ↗*Eumetazoa* gegenübergestellt wurden. Es ist also weder ein Atmungs- noch ein Exkretionssystem, weder ein Muskel- noch ein Nervensystem vorhanden. Obgleich Kontraktilität u. auch Reizleitung an vielen S.n zu beobachten sind u. bei einigen Arten Transmitter (Adrenalin, Noradrenalin, 5-Hydroxytryptamin) u. Neurosekrete gefunden wurden, sind weder Nerven-, Sinnes- noch echte Muskelzellen nachgewiesen. Dagegen wurden bisher 12 und noch mehr Zelltypen unterschieden, die fast alle amöboid bewegl. sind u. im Schwamm mehr od. weniger ständig umherwandern. Da ihre Differenzierung reversibel ist, liegt die Vermutung nahe, es handle sich bei den meisten vielleicht nur um verschiedene funktionelle Zustände einer Zellart. – Hinsichtl. Ernährung, Stoffwechsel, Exkretion, Osmo- u. Ionenregulation ist jede Zelle nahzu autark. Diese für *Metazoen* ungewöhnl. Eigenheit ist in dem ungewöhnl., weil auf Hydrodynamik angelegten Bauplan der S. begründet, der einer jeden Zelle den unmittelbaren Zugang zum Wasserstrom ermöglicht. Erzeugt wird der Wasserstrom v. einer Vielzahl von Kragengeißelzellen *(↗ Choanocyten).* Sie sind das Bauelement der S. schlechthin u. dienen dem Nahrungserwerb, der Atmung u. dem Abtransport v. Exkreten u. Exkrementen. Als Reusengeißelzelle *(↗ Cyrtocyte)* strudeln sie durch den Schlag ihrer Geißel O_2-reiches Wasser herbei u. fangen die in ihm suspendierten winzigen Detritusteilchen, Mikrophytoplankter und v. a. Bakterien mit ihrem Kragen ab. Der Kragen einer Choanocyte besteht aus etwa 35 palisadenartig angeordneten Mikrovilli, die v. einem Mucopolysaccharidfilm als Filter belegt sind. – Die S. sind also Suspensionsfresser, die sich phylogenet. schon sehr früh zu zwar einfachen, aber hochfunktionellen Filtrierspezialisten (↗Filtrierer) entwickelten u. seitdem ihr Wohnwasser optimal auszunutzen vermögen. Möglicherweise liegt hierin die Begründung, daß die S. in der weiteren Metazoen-Entwicklung ohne Konkurrenten blieben u. bis heute als derart einfache Vielzeller überlebten. – Alle S. sind aus 3 Schichten aufgebaut, die anatom. ein zusammenhängendes Kanal-, funktionell ein einheitl. Strömungs- u. Filtersystem bilden. Nach außen begrenzt werden die S. von einem ektodermalen ↗*Pinakoderm* aus polygonalen ↗*Pinakocyten,* die v. blendenartig verschließbaren Ostien, fr. als ↗*Dermalporen* od. schlicht Poren bezeichnet (Name Porifera!), durchbrochen sind. Wesentl. Bestandteil des Kanalsystems im Innern ist ein entodermales *Choanoderm* aus Choanocyten. Zw. Pinakoderm u. Choanoderm liegt eine *Mesohyl* (fr. *Mesogloea*) gen. Zwischenschicht, welche die Hauptmasse des Schwammkörpers ausmacht. Sie besteht aus einer gallertigen Grundsubstanz mit Kollagenfasern u. enthält die übrigen Zelltypen. Da den meisten Schwammzellen hohe Freiheitsgrade an Mobilität zukommen u. die Existenz echter Epithelien bei den S.n lange Zeit in Frage gestellt war, sprach man bisher auch v. einem ↗*Dermal-* u. ↗*Gastrallager.* Als Dermallager bezeichnete man Pinakoderm u. Mesohyl, als Gastrallager die Gesamtheit der Kragengeißelzellen, das Choanoderm. Da aber Pinakoderm u. Choanoderm nach heutiger Kenntnis durchaus der Definition echter Epithelien (↗Epithel) genügen, u. a. Pinakocyten durch ↗Desmosomen, Choanocyten durch basale pseudopodienartige Fortsätze verbunden sind, ist es nunmehr gerechtfertigt, v. ↗Epidermis u. ↗Gastrodermis zu reden. – Mit Ausnahme der ↗*Hexactinellida,* bei denen die Choanocyten in fingerhutförmigen od. auch unregelmäßig gestalteten Kammern um einen großen Zentralraum angeordnet sind, folgen die S. einem Bauplan, bei dem aufgrund v. Zahl u. Anordnung der Choanocyten 3 deutlich voneinander abgegrenzte Typen zu unterscheiden sind. Bei den kleinen, dünnwand. Formen stellt das Kanalsystem einen Schlauch mit distaler Ausströmöffnung *(Osculum)* dar. Sein Inneres,

Schwämme

Zelltypen:

Archaeocyten (= ↗Amoebocyten): formvariabel, amöboid, totipotent, ein- bis vielkernig

↗*Pinakocyten* (Exo- u. Endopinakocyten): abgeflacht, spindelförmig bis polygonal, Verbände (Epithelien) bildend

Porocyten: lang, zylindrisch, mit intrazellulärem Kanal

↗*Choanocyten* (Kragengeißelzellen): birnenförmig, mit einer Geißel u. Mikrovillisaum (Kragen), Verbände (Epithelien) bildend

Kollencyten: sternförmig, mit Filopodien, die kontraktil sind u. mit den Nachbarzellen ein Parenchymgerüst bilden

Lophocyten: eiförmig mit Büschelschweif aus Kollagen, folgl. Kollagenbildner

Spongocyten (Spongoblasten): birnenförmig, Sponginbildner

Sklerocyten (Skleroblasten): anfangs kugelig, später Form entspr. der im Aufbau befindl. Skleren, Kalk- u. Kieselnadelbildner

Myocyten (kontraktile Spindelzellen): spindelförmig mit Cytoplasmafortsätzen, v. a. im Bereich der Oscula

Zentralzellen: liegen in Einzahl im Zentrum v. Geißelkammern u. ragen mit ihren Fortsätzen bis in die Krägen einzelner Geißelzellen, als Regulatoren der Wasserströmung gedeutet

Eizellen: artspezifisch unterschiedl. groß (bis ca. 300 µm), gehen aus Archaeocyten, vereinzelt aus Choanocyten hervor

Samenzellen: Flagellospermien ohne bzw. ohne typ. Akrosom

der Zentralraum *(Spongocoel, Atrium),* ist v. Choanocyten ausgekleidet: *Ascontyp,* Beispiel: *Leucosolenia botryoides* (Fam. ↗ *Leucosoleniidae*). Bei den größeren, krug- und flaschenähnl. Formen, deren Wandstärke aber immer noch unter 1 cm bleibt, sind die Choanocyten stark vermehrt u. in becherförm. Ausbuchtungen des Zentralraums *(Radialtuben)* angeordnet: *Sycontyp,* Beispiel: *Sycon raphanus.* Bei allen großen u. umfangreichen S.n bilden die Choanocyten mehr od. minder kugelige ↗ *Geißelkammern,* die mit zu- u. abführenden Kanälen aus Pinakocyten versehen sind u. als vor- u. hintereinandergeschaltete Pumpen einen dem Volumen des Schwammes angemessenen Wasserstrom erzeugen. – Bau u. Funktionsweise der S. wurden im wesentl. an Spongilliden erarbeitet, Süßwasser-S.n vom *Leucontyp,* bei denen zw. der Epidermis aus Exopinakocyten u. dem Mesohyl ein v. Endopinakocyten u. Porocyten umschlossener Hohlraum als Sammelbecken für das einströmende Wasser, das *Vestibulum* (fr. *Subdermalraum*), ausgebildet ist. Während die distale Wand des Vestibulums dem Exopinakoderm anliegt, ist die proximale aufgefaltet u. bildet so die einführenden Kanäle. In einem solchen Schwamm führt nach Kilian (1985) der Weg des Wassers über die als Grobfilter (durchlässig nur für Teilchen unter 50 μm) wirkenden Ostien des Exopinakoderms ins Vestibulum. Von hier gelangt das Wasser in die einführenden Kanäle u. durch Porocyten ins Mesohyl. Durch vorübergehend auftretende Spalten zw. den Geißelzellen *(Prosopylen)* fließt es in die Geißelkammern. Die Prosopylen stellen Feinfilter dar u. wirken zudem wie eine Wasserstrahlpumpe. Aus den Geißelkammern strömt das Wasser durch je eine größere Öffnung *(Apopyle)* in die ebenfalls v. Endopinakocyten gebildeten ausführenden Kanäle, sammelt sich im Atrium u. verläßt über das zweischichtige (eine Exo- u. eine Endopinakocytenschicht) Osculărrohr u. seine Öffnung *(Osculum)* den Schwamm. Ob dieses für die Spongilliden geltende Schema zugleich ein Modell aller S. ist, bleibt z. Z. noch fraglich. – Im allg. sind die S. protandrische Zwitter. *Halichondria moorei* (Ord. ↗ *Halichondrida*), ein Gezeitenbewohner Neuseelands, ist getrenntgeschlechtl. Ungeschlechtl. Fortpflanzung kommt als Fragmentation, innere u. äußere Knospung sowie im Zshg. mit dem Überdauern ungünst. Perioden in Form der ↗ *Gemmula*-Bildung vor. Die Gametenbildung vollzieht sich nicht lokalisiert; Entwicklungsstadien der Keimzellen finden sich im Mesohyl, aber auch in den Geißelkammern. Ei- und Samenzellen entstehen meist aus totipotenten Zellen, den *Archaeocyten,* bei einigen Arten, z. B. *Aplysilla rosea* (Fam. ↗ *Aplysillidae*), aus Choanocyten. Die Embryonalentwicklung verläuft vivi- od. ovipar. Die Spermatozoen werden mit dem Wasserstrom in den Schwammkörper eingestrudelt u. besamen die Eizellen im Mesohyl. In einigen Fällen dienen bei der Besamung Kragengeißelzellen als Transportzellen für Spermatozoen. Bei *Sycon raphanus* z. B. dringt das eingestrudelte Spermatozoon aktiv in eine Choanocyte ein und wird v. ihr zur Oocyte gebracht. Über einen Befruchtungskanal in der Oocyte dringt das inzwischen zur Spermatocyste gewordene Spermium in die Oocyte ein und macht eine kurze Ruhephase durch. In der Zwischenzeit läuft in der Oocyte die 2. Reifeteilung ab. Dann vollzieht sich die Befruchtung. Während der beiden ersten Furchungsteilungen kommt es zu einer Chromatindiminution. Die Furchung ist total und äqual u. führt über eine Stomo- zu einer Amphiblastula. Diese verläßt mit dem Wasserstrom den Schwamm und schwimmt ca. 2–3 Tage umher. Dann beginnt die Gastrulation, bei der die Geißelzellen ins Innere verlagert werden (B 343) und die Larve sessil wird. Auch bei den ↗ *Demospongiae* ist die Furchung total und äqual, als Larve jedoch bilden sie eine ↗ Parenchymula.

Schwämme

1 Jungschwamm der *Spongillidae* im Blockdiagramm; Pfeile geben die Wasserströmung an (nach Kilian, 1985). **2** Geißelkammer v. *Suberites massa* mit Zentralzelle. **3** Entwicklung v. *Sycon raphanus*; **a** Oocyte, dem Choanoderm anliegend, mit Transportzelle, die eine Spermatocyste enthält; **b** die Spermatocyste ist ausgestoßen u. hat die Reduktionsteilung durchlaufen.
At Atrium, En Endopinakocyten, Ge Geißelzelle, Gk Geißelkammer, Ka ausführender Kanal, Oc Osculum, Os Ostium, Pi Pinakoderm, Pr Prosopyle, Ve Vestibulum, Ze Zentralzelle

1

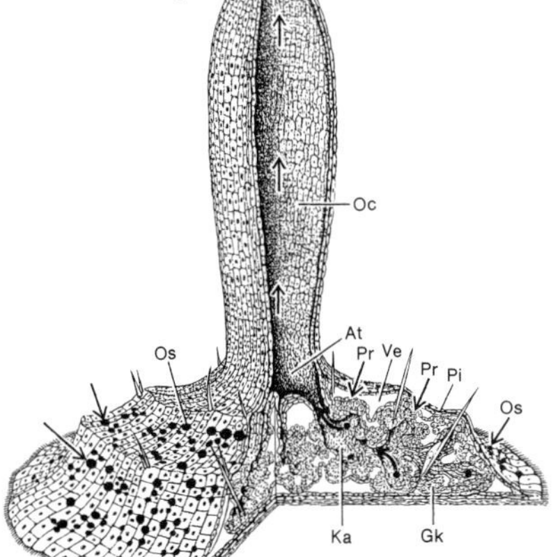

2

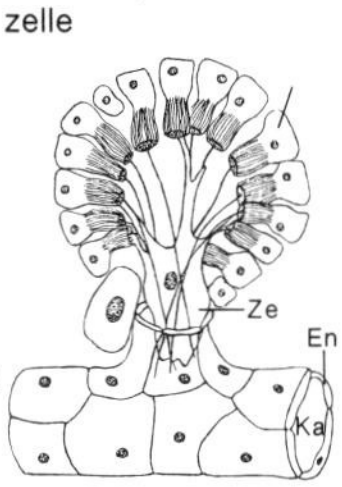

3

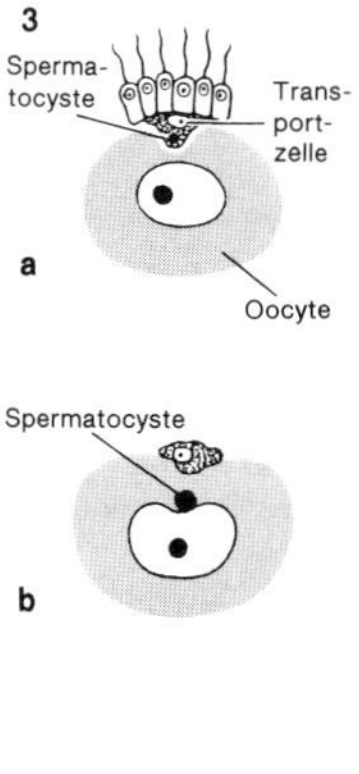

Lit.: *Kilian, E. F.:* Phylum Porifera. In: R. Siewing (Hg.): Lehrbuch der Zoologie, Bd. 2, Systematik. Stuttgart 1985.

D. Z.

Schwammfliegen, *Sisyridae,* Fam. der ↗ Netzflügler mit ca. 40, in Mitteleuropa nur 3 Arten. Die einheim. *Sisyra fusca* ist 2–2,5 mm groß, schwärzl. gefärbt mit braunen Flügeln; fliegt vorwiegend während der Dämmerung in Gewässernähe. Bemerkenswert ist die Lebensweise der ca. 5 mm langen, grünl., mit dünnen Brustbeinen und fadenart. Fühlern versehenen Larve: Sie hält sich auf Kolonien v. Süßwasserschwämmen u. Moostierchen auf u. ernährt sich v. deren Körperinhalt, den sie mittels zweier Saugröhren aufnimmt. Die Larve verpuppt sich außerhalb des Wassers in einem selbstgesponnenen, doppelwand. Kokon.

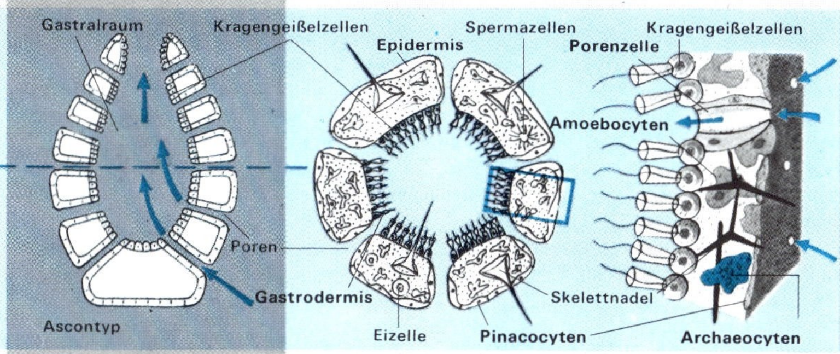

Schema eines einfachen Schwammes im Längs- und Querschnitt (Abb. links). Die dicke Wand des tonnenförmigen Schwammes ist von zahlreichen Wasserkanälen durchzogen. An den Wänden des zentralen Hohlraums, dem Gastralraum, sitzen Kragengeißelzellen (Choanocyten), die durch Geißelschläge einen gerichteten Wasserstrom erzeugen und gleichzeitig auch die herbeigestrudelte Nahrung aufnehmen. Die Hauptmasse des Schwammkörpers besteht aus zahlreichen, in einer gallertartigen Grundsubstanz angeordneten Zellen, die lediglich an der Körperoberfläche und an den Kanalwänden ein Epithelgewebe bilden. Die verschiedenen Zelltypen erfüllen verschiedene Aufgaben.

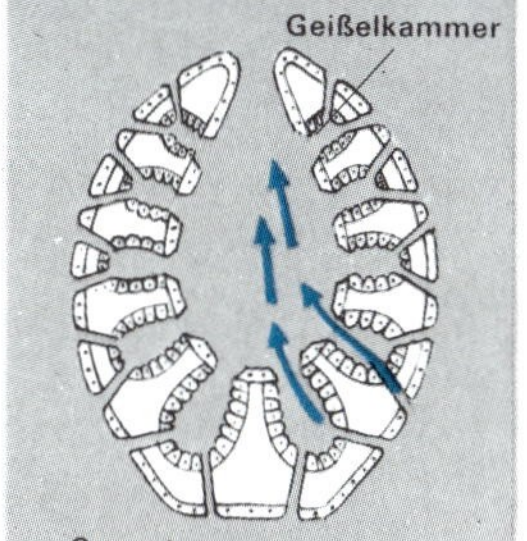

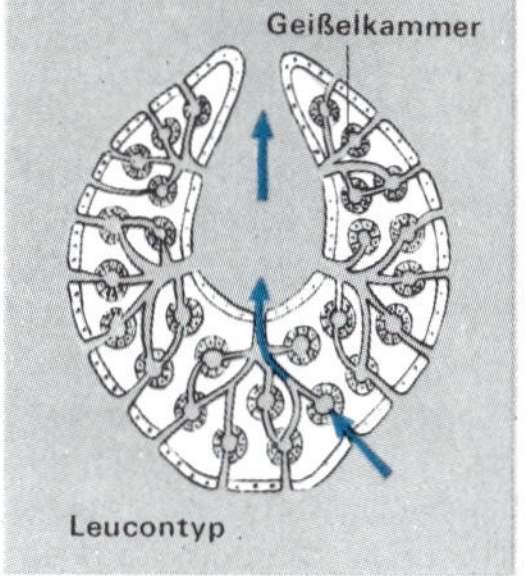

Bei der einfachsten der drei Organisationsformen der Schwämme, dem *Ascontyp*, kleiden die Kragengeißelzellen den gesamten Gastralraum aus. Beim *Sycontyp* sind sie in ihrer Anzahl stark vermehrt, weil die Oberfläche des Gastralraums durch becherförmige Erweiterungen (Radialtuben) wesentlich vergrößert ist. Beim *Leucontyp* sind die Choanocyten zu sog. Geißelkammern vereinigt. Da diese Kammern mit zu- und abführenden Kanälen versehen sind, können sie, die volle Dreidimensionalität des Raums nutzend, in verschiedenen Stockwerken untergebracht werden. Schwämme vom Ascontyp sind nie dicker als etwa 2 mm und höchstens 8 mm lang. Sycontypen erreichen immerhin schon 2–4 cm (in Ausnahmefällen 10 cm), während alle großen umfangreichen Schwämme nach dem Leucon-Prinzip gebaut sind.

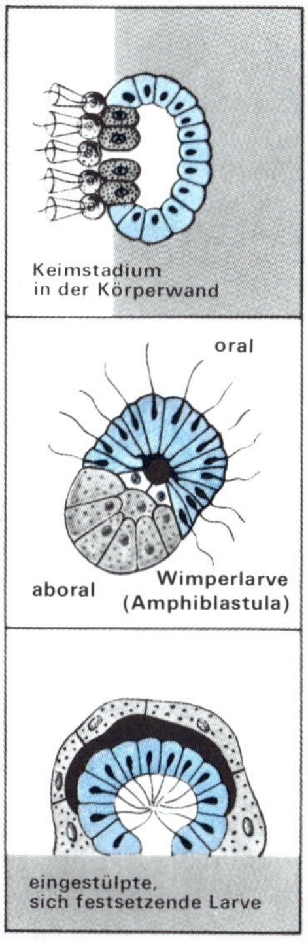

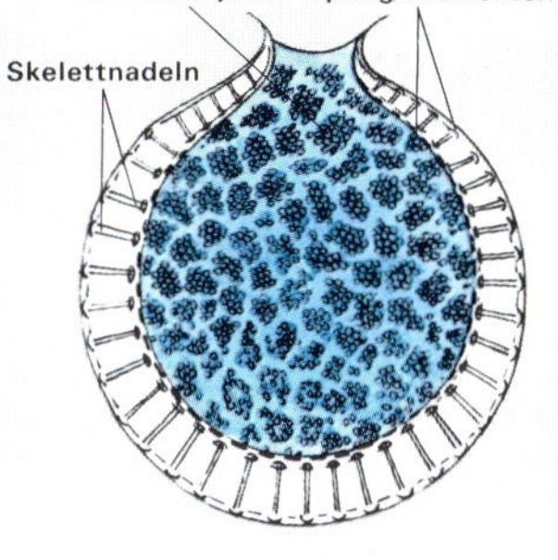

Gemmula des Süßwasserschwammes

Abb. oben: Eine ungeschlechtliche Dauerknospe oder *Gemmula* des Süßwasserschwammes *Ephydatia*, mit totipotenten Archaeocyten, die bei günstigen Lebensbedingungen wieder zum Schwamm auskeimt.
Abb.-Reihe links: Bei der geschlechtlichen Fortpflanzung entwickelt sich in der Körperwand ein blastulaähnlicher Keimling. Dieser stülpt sich um, indem er die Innenseite nach außen kehrt, und verläßt als frei bewegliche Larve das Muttertier. Nach gastrulaähnlicher Einstülpung der Geißelzellen setzt sich die Larve mit dem Mundpol fest und wächst zu einem neuen Schwamm aus.

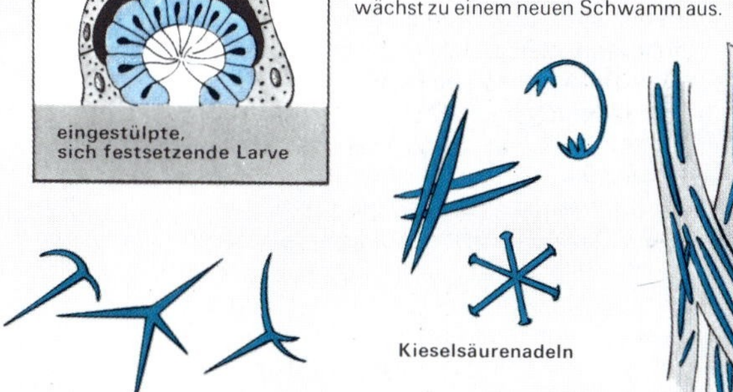

Kieselsäurenadeln

Kalknadeln

Kieselnadeln in Sponginfasern

Die ausschließlich im Wasser lebenden Schwämme (Porifera) sind sehr einfach gestaltete tierische Mehrzeller, die außer einer Epi- und einer Gastrodermis keine weiteren Gewebe und damit auch keinerlei Organe ausbilden. Dagegen sind jedoch eine Reihe unterschiedlich differenzierter Zellformen in eine gelatinöse Mittelschicht (Mesogloea) eingelagert. Aufgrund der festsitzenden Lebensweise und der Aufnahme kleinster herbeigestrudelter Nahrungsteilchen fehlen ihnen die sonst für die Metazoen so typischen Muskelzellen.

Der bei vielen Arten umfangreiche Schwammkörper wird durchweg von Stützelementen getragen. Dabei bilden viele einzelne Kalk- oder Kieselsäurenadeln, die vielfach noch durch Sponginfasern miteinander verbunden sind, häufig kunstvolle, den ganzen Schwamm durchdringende Skelette. Das nebenstehende Photo zeigt ein solches Kieselsäureskelett vom *Gießkannenschwamm Euplectella*. Abb. oben: verschiedene Skelettnadeln oder Sklerite.

Schwammfresser, die ↗Schwammkäfer.
Schwammgewebe, wenig gebräuchliche Bez. für das Schwammparenchym der Blätter.
Schwammgurke, *Luffa cylindrica,* ↗Kürbisgewächse.
Schwammkäfer, *Schwammfresser, Cisidae,* Fam. der polyphagen ↗Käfer ([T]) aus der Gruppe der *Clavicornia;* weltweit über 400, bei uns etwa 40 Arten. Kleine (1,2–4 mm), walzenförmige, hellbraune bis schwarze, Borkenkäfer-ähnl. Arten, die sich oft in größer Zahl v.a. in harten Baumpilzen als Larve u. Käfer finden. Die Wahl der Pilze ist oft spezifisch. So lebt *Cis nitidus* v.a. im echten Zunderschwamm od. *Cis punctulatus* in auf Kiefern spezialisierten *Irpex fuscoviolaceus.*
Schwammparenchym, *Schwammgewebe,* ↗Blatt ([B] I), ↗Lichtblätter (□); [B] Wasserhaushalt (Pflanze).
Schwammspinner, *Lymantria dispar,* häufiger paläarkt. Vertreter der ↗Trägspinner, im letzten Jh. nach Amerika verschleppt („gypsy moth") u. dort wie bei uns ein bedeutender Obstbaum- u. Forstschädling. Falter stark geschlechtsdimorph (□ Halbseitenzwitter): Weibchen schmutzig weiß mit dunklen Querlinien u. Flecken, dickleibig, Spannweite bis 70 mm; Männchen kleiner, braungrau, Fühler stark gekämmt. Fliegen in einer Generation im Sommer in Laubmischwäldern u. Parks. Weibchen legt bis zu 800 Eier an Baumrinde in einem ovalen Gelege („Eispiegel"), das v. gelbgrauer Afterwolle (Schuppen des Hinterleibendes) derartig bedeckt wird, daß es einem Baumschwamm ähnelt. Eistadium überwintert; Raupe grau, behaart, mit roten u. blauen Warzen; fressen an verschiedenen Laub- u. Nadelhölzern; Verpuppung in Rindenspalten in losem Gespinst.
Schwan, *Porthesia similis,* ↗Trägspinner.
Schwäne, *Cygnus,* Gattung großer, kräft. ↗Entenvögel mit langem Hals u. mächt. Schwingen, zu den ↗Gänsen gehörend; mit weißem u. schwarz-weißem Gefieder u. oft arttyp. Aussehen des Schnabels; leben paarweise in Dauerehe u. brüten an größeren Gewässern mit reichem Pflanzenwuchs; umfangreiches Nest mit 5–7 graugrünen Eiern; vereinigen sich nach der Aufzucht der anfangs graubraunen Jungen zu größeren Trupps. Der in Mitteleuropa häufig halbwild in Parks lebende, ca. 150 cm große Höckerschwan (*C. olor,* [B] Europa VII) ist am orangefarbenen Schnabel mit schwarzem Höcker zu erkennen; Hals beim Schwimmen S-förmig gebogen, lautes Fluggeräusch. Der gleich große, im nördl. Eurasien brütende Singschwan (*C. cygnus,* [B] Europa III) überwintert auf mitteleur. Gewässern; ruffreudig, klangvolle gänseart. Stimme; der Schnabel ist gelb-schwarz gefärbt, der Hals wird aufrecht gehalten; ähnelt sehr dem mit 122 cm Länge kleineren Zwergschwan *(C. bewickii),* der noch weiter nördl. brütet und

a

b

Schwammspinner

a Weibchen, **b** männl. Tier mit den deutlich gekämmten Fühlern

Schwäne

Singschwan *(Cygnus cygnus)*

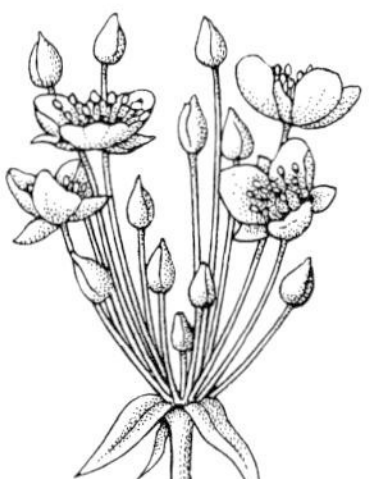

Schwanenblumengewächse

Schwanenblume *(Butomus umbellatus)*

v.a. in Küstengewässern überwintert. S. sind beliebte Park- u. Zoovögel, wie etwa der südamerikan. Schwarzhalsschwan (*C. melanocoryphus,* [B] Südamerika IV), mit einer Länge v. etwa 1 m die kleinste Art, u. der überwiegend schwarz befiederte Trauerschwan (*C. atratus,* [B] Australien II). [B] Rassen- und Artbildung II.
Schwanenblumengewächse, *Blumenlieschgewächse, Butomaceae,* Fam. der ↗Froschlöffelartigen mit der einzigen Art *Butomus umbellatus* (Schwanenblume); im gemäßigten Eurasien als Pionierart offener Röhrichte stehender Gewässer verbreitet. Die mehrjährige Pflanze hat lange (bis über 1 m) linealische Blätter. Der Blütenstand ist eine Scheindolde v. großen weißen bis dunkelroten Blüten auf langem rundem Stengel; ↗Blütenformel P3+3 A3^3 G$\underline{6}$. Teilweise werden die ↗*Limnocharitaceae* zu den S.n gestellt.
Schwanenhalstierchen, *Lacrymaria olor,* ↗Lacrymaria.
Schwangerschaft, *Gravidität,* physiolog. Zustand der Frau nach ↗Befruchtung einer ↗Eizelle (Empfängnis) bis zur ↗Geburt (bei Säugetieren als ↗*Trächtigkeit* bezeichnet). Verschiedentl. wird die S.speriode erst vom Zeitpunkt der Einnistung (↗Nidation) der Eizelle in die ↗Gebärmutter-Schleimhaut (↗Endometrium) an gerechnet u. dann zw. einer *Progestations-* u. einer *Gestationsphase* unterschieden. Zw. Befruchtung u. vollendeter Nidation vergehen etwa 8–10 Tage, nach weiteren 4 Tagen beginnt die Differenzierung einer ↗Placenta (↗Embryonalentwicklung). Die S. dauert etwa 270 Tage und kann schon frühzeitig mittels verschiedener ↗*S.stests* nachgewiesen werden. – Die S. geht mit tiefgreifenden hormonellen Umstellungen des Körpers einher (↗Menstruationszyklus), die zahlr. Veränderungen an den Geschlechts- u. anderen Organen der Frau hervorrufen u. als *S.szeichen* – mehr od. weniger sicher diagnostizierbar – v. der eingetretenen S. künden. So werden unter dem Einfluß v. ↗Progesteron, ↗Östrogen u. ↗Relaxin Gewebebereiche des Muttermundes, der Vagina u. der Gebärmutter aufgelockert, ihre Konsistenzveränderung kann manuell ertastet werden, des weiteren führen Melaninablagerungen (die allerdings auch anderen Ursprungs sein können) zur dunklen Pigmentierung im Bereich der äußeren Genitalien, der Brustwarzen, der Linea alba (Sehnenstreifen zw. den Bauchmuskeln) und z.T. im Gesicht. Verschiedentl. werden sog. *S.sstreifen* (Striae gravidarum) an Bauch u. Brüsten sichtbar, die v. einer Schädigung der Bindegewebsfasern (durch eine Überproduktion v. ↗Glucocorticoiden während der S.) herrühren. Der Leibesumfang der Schwangeren vergrößert sich mit zunehmendem Wachstum der (glatten) Muskelzellen der Gebärmutter (von etwa 50 g auf ca. 1000 g)

bis zum Ende der 36. S.swoche; danach senkt sich der Uterus wieder mit dem Eintritt des kindl. Kopfes ins kleine Becken. Die Kindslage (□ Geburt) u. -größe können um diesen Zeitpunkt erfühlt werden (was vorher jedoch schon mittels Ultraschalluntersuchungen möglich ist). Alle geschilderten Veränderungen unterliegen starken individuellen Schwankungen. Dies gilt in bes. Maße für die unterschiedlichsten psych. Zustände sowie die bekannte morgendl. Übelkeit bzw. *S.serbrechen* (Emesis gravidarum) in den ersten 3 S.smonaten u. für die durch die vermehrte Herzarbeit (Herzminutenvolumen) auftretende Neigung zu Ödemen, Krampfadern u. Hämorrhoiden. Generell ist der Grundumsatz in der S. um etwa 20% erhöht, zus. mit einer Erhöhung der Atemfrequenz und einer – bes. in den letzten S.smonaten – verstärkten Costal-↗Atmung. Ferner müssen vermehrt Calcium u. Eisen aufgenommen werden, um die Bedürfnisse des Fetus (Knochenaufbau, Blutbildung) zu befriedigen. – Naturgemäß ist die S. zahlreichen potentiellen Komplikationen ausgesetzt, die sowohl die Mutter als auch den Fetus betreffen können. Ein befruchtetes Ei kann die Nidation im Uterus verfehlen u. sich außerhalb des Uterus entwickeln. Eine solche *Extrauteringravidität* (↗Leibeshöhlenträchtigkeit) endet i. d. R. mit einem ↗Abortus od. dem Absterben der Frucht (die ggf. operativ entfernt werden muß) innerhalb der ersten 4 Monate. Zahlr. Medikamente u. Gifte sind in der Lage, die ↗Placenta-Schranke zu passieren u. in den fetalen Stoffwechsel einzugreifen – gelegentl. mit fatalen Folgen, wie die Schädigungen durch Contergan (↗Thalidomid) gezeigt haben (↗Embryopathie, ↗Fehlbildung, □ Fehlbildungskalender). Die Warnungen vor dem Konsum v. Alkohol u. Nicotin während der S. beruhen auf diesem Umstand; ↗Nicotin z. B. hemmt einen Teil des fetalen vegetativen Nervensystems (Sympathikus). Von bes. Bedeutung sind Komplikationen bei manifest od. latent diabetischen Schwangeren (↗Diabetes). Schon bei gesunden Schwangeren kommt es häufig zu einem Absinken der Nierenschwelle für Glucose und damit zu einem erhöhten Zuckerverlust (renale Glucosurie, *S.sdiabetes*). Diese durch verminderte Glucoserückresorption begr. ↗Glucosurie verschwindet nach Beendigung der S. Anders dagegen bei einem echten ↗Insulin-Mangel der Mutter: Der erhöhte Glucosespiegel im mütterl. Blut führt zu einem Überangebot v. Kohlenhydraten an den Fetus u. damit zu gesteigerten Geburtsgewichten, die oft einen Kaiserschnitt notwendig machen. Da während der S. die Insulin-Produktion des Fetus zumindest teilweise den Bedarf der Mutter decken kann, muß unmittelbar nach der Geburt auf einen rapiden Insulinabfall bei der Mutter

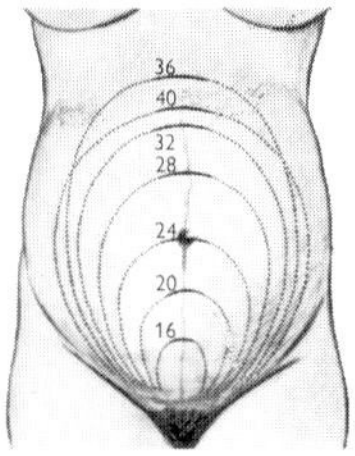

Schwangerschaft

Größe der Gebärmutter in den verschiedenen S.swochen. Am Ende der 16. S.swoche steht die Gebärmutter 2 Querfinger über der Schambeinfuge, am Ende der 20. S.swoche zw. Schambeinfuge u. Nabel, am Ende der 24. S.swoche in Nabelhöhe. Am Ende der 36. S.swoche erreicht die Gebärmutter den unteren Rippenbogen, später senkt sie sich wieder und fällt etwas nach vorn, während der Kopf des Kindes in das kleine Becken eintritt.

T. Schwann

geachtet werden. Verschiedentl. tritt in den letzten 4 S.smonaten eine Gelbsucht (*S.sikterus,* ↗Ikterus) auf, die durch Abbauprodukte v. fetalen Purinderivaten (Gallensäuren), die ungenügend zur Ausscheidung vorbereitet sind (mangelnde Sulfatisierung u. Glucuronidbildung), in den mütterl. Kreislauf übertreten u. dort die Gallensekretion stören, hervorgerufen wird. An den physiolog. Prozessen, die die S. beenden, sind sowohl der Schwangeren- als auch der kindl. Organismus beteiligt. – Die genauen hormonellen Vorgänge, die die ↗Geburt auslösen, sind noch nicht bekannt. Eine Rolle spielen der Progesteronabfall am Ende der S., ferner möglicherweise eine erhöhte ↗Oxytocin-Sekretion, die zu einer rhythm. Kontraktion des Uterus führt, u. Ausschüttung v. Relaxin. Im Ggs. zu Ergebnissen an Tierversuchen ist die Bedeutung des Oxytocins für die menschl. Geburt jedoch fragl., da auch bei Oxytocinmangel eine normale Geburt vonstatten geht. Wichtig scheint dagegen eine erhöhte Sekretion von C-19-Steroiden (Glucocorticoiden) aus der Nebennierenrinde des Fetus zu sein, die zu einer Umorientierung des Steroidstoffwechsels der Mutter führt, indem Östrogen aus Progesteron gebildet wird. Östrogene sind als wirksame Stimulatoren der Prostaglandinsynthese (↗Prostaglandine) u. -ausschüttung bekannt; Prostaglandin E seinerseits fördert die Uteruskontraktionen, weswegen es auch bei einem notwendigen *S.sabbruch* Verwendung findet. ↗Amniocentese, ↗Empfängnisverhütung, ↗Embryonalentwicklung ([T], □, [B] III–IV), ↗Gebärmutter (□), ↗Geburt (□), ↗Menstruationszyklus (□, [B]), ↗Placenta (□). *K.-G. C.*

Schwangerschaftstests, auf dem Nachweis des Hormons ↗*Choriongonadotropin* (HCG), das bald nach Beginn der Schwangerschaft im Harn erscheint, beruhende Verfahren zum Nachweis einer eingetretenen ↗Schwangerschaft *(Schwangerschaftsdiagnose).* Ältere S. nutzen den Umstand, daß das Gonadotropin (↗gonadotrope Hormone) die ↗Ovulation bei Nagetieren u. die Spermienabgabe bei Amphibien auslöst (↗*Galli-Mainini-Reaktion).* Moderne S. benutzen immunolog. Nachweise des Hormons; ihre Sicherheit beträgt über 95%, wenn sie 35–40 Tage nach der letzten Menstruationsblutung durchgeführt werden. Ein Vorläufer dieser S. ist die (allerdings komplizierter durchzuführende) ↗*Abderhaldensche Reaktion.*

Schwann, *Theodor,* dt. Anatom u. Physiologe, * 7. 12. 1810 Neuss, † 14. 1. 1882 Köln; Schüler u. Assistent von J. ↗Müller, seit 1838 Prof. in Löwen, 1848 Lüttich, Studienfreund von M. J. ↗Schleiden; zunächst Untersuchungen zur Ernährungsphysiologie (Entdeckung u. Darstellung des Pepsins [1836], Untersuchung der Gallenwirkung mittels der v. ihm erfundenen

Gallenfistel), Struktur u. Funktion des Muskels und der Nervenleitung (S.sche Scheide); wies nach, daß Fäulnis u. Gärungsprozesse durch „Keime" zustande kommen, u. wandte sich gg. die Urzeugung; gelangte später u. parallel zu Schleiden durch mikroskop.-anatom. Beobachtungen an Froschlarven u. eine krit. Sichtung der zahlr. Beobachtungen an tier. Zellen („Mikroskop. Untersuchungen über die Übereinstimmung in der Struktur u. dem Wachstum der Tiere u. Pflanzen", Berlin 1839) zu einer Theorie der ↗Zelle, die er als das gemeinsame Entwicklungsprinzip des pflanzl. und tier. Organismus erkannte. ↗Purkinje. B Biologie I, II.

Schwanniomyces *m* [ben. nach T. ↗Schwann, v. gr. mykēs = Pilz], Gatt. der ↗Echten Hefen (U.-Fam. *Saccharomycoideae*); die vegetativen Zellen vermehren sich i.d.R. durch Sprossung, manchmal werden einfache Pseudohyphen ausgebildet; es sind ca. 4 Arten (bzw. Stämme) bekannt, die aus dem Erdboden isoliert wurden; sie verwerten viele Kohlenhydrate (einschl. Stärke u. Inulin) im Atmungsstoffwechsel u. können auch gären.

Schwann-Scheide, *S.sche Scheide* [ben. nach T. ↗Schwann], die ↗Markscheide.

Schwann-Zelle [ben. nach T. ↗Schwann], ↗Nervenzelle (□), ↗Markscheide, ↗Oligodendrocyten.

Schwanz, *Cauda,* bei Wirbeltieren der von dem hinter dem Becken gelegenen Teil der ↗Wirbelsäule (↗S.wirbel) gestützte schlanke, mehr od. weniger muskulöse Fortsatz des Rumpfes ohne Leibeshöhle u. Eingeweide. Während der S. bei den meisten Reptilien die seitlich schlängelnde Bewegung der ganzen Wirbelsäule mitmacht, ist er bei den Säugern in seinen Bewegungen wesentl. unabhängiger u. dient v.a. als Gleichgewichts- u. Balanceorgan beim Laufen (Katzenartige, viele Nager) u. Springen (Eichhörnchen, Flughörnchen, Meerkatzen). Viele kletternde Tiere haben den S. als Klammerorgan ausgebildet (*Klammer-S.,* ↗Greif-S.; z.B. Neuweltaffen, Chamäleons, Schlangen). Mitunter wird er auch als Stütze beim Sitzen verwendet (Känguruhs, Springmäuse, Erdferkel). Sekundär wasserbewohnende Tiere haben den S. wiederum zu einem Antriebs- u. Steuerorgan umgewandelt. Bei Krokodilen u. Seeschlangen ist der S. vertikal abgeplattet, bei Walen u. dem Biber horizontal. Außer bei der Fortbewegung wird der S. oft auch als Kommunikationsorgan eingesetzt (□ Rangordnung, B Bereitschaft II): S.wedeln des Hundes u. der Katze, Klappern der Klapperschlange, S.sträuben (↗S.sträubwert) des Streifenhörnchens, Aufrichten des Pfauenrades usw. Bei Vögeln ist der S. stark verkürzt u. besteht nur aus wenigen freien S.wirbeln, auf die das ↗Pygostyl (Verschmelzungsprodukt der hinteren S.wirbel) folgt, das die Stütze für die ↗S.federn bildet. Beim Menschen besteht das ↗Steißbein aus meist 4–5 verschmolzenen S.wirbeln. Bei Fischen wird ugs. oft die S.flosse u. die vor ihr liegende Verjüngungszone des Rumpfes, der S.stiel, als S. bezeichnet. Morpholog. besitzen Fische allerdings keinen S., da bei ihnen noch keine Regionalisierung der Wirbelsäule vorliegt u. der Rumpf sich hinter dem Beckengürtel fortsetzt. Unter den Säugern hat das Langschwanzschuppentier mit 47 S.wirbeln den relativ längsten S. Der Scheltopusik besitzt den relativ längsten S. aller Tetrapoden: 105 von insgesamt 161 Wirbeln gehören bei ihm zum Schwanz!

Schwanzborsten, die ↗Cerci; □ Extremitäten.

Schwänzeltanz ↗Bienensprache (□), B mechanische Sinne I.

Schwanzfächer, 1) die ↗Hypuralia. 2) bei höheren Krebsen (↗*Malacostraca)* fächerförm. Anhang des Hinterleibs zum Höhensteuern u. Rückstoßschwimmen; wird gebildet v. der Schwanzplatte (Telson) u. dem abgeplatteten letzten Beinpaar (Uropoden); fehlt nur bei den ↗*Leptostraca.*

Schwanzfaden, der ↗Endfaden.

Schwanzfedern, den Vogelschwanz darstellendes Gefieder, besteht aus den Steuerfedern *(Rectrices),* den Ober- u. Unterschwanzdecken; insbes. die Steuerfedern treten form- u. farbmäßig in unterschiedlichster Weise auf. Der Schwanz dient in erster Linie zur Steuerung während des ↗Fluges (↗Flugmechanik) u. nimmt außerdem vielfach im Verhaltensrepertoire als Signalträger wichtige Funktionen wahr, z.B. während der ↗Balz bei Hühnervögeln, Paradiesvögeln, Leierschwänzen. Verlängerte S. verleihen eine zusätzl. Flugstabilität, wie u.a. bei Fregattvögeln, Raubmöwen, Seeschwalben, Bienenfressern, Schwalben. S. sind oft starken mechan. Belastungen ausgesetzt; ihre Festigkeit wird deshalb z.B. im Stützschwanz der Spechte durch Einlagerung v. Melaninen erhöht. ↗Vogelfeder.

Schwanzflosse, *Pinna caudalis,* ↗Flossen.

Schwanzfrosch, *Ascaphus truei,* ↗Ascaphidae.

Schwanzlarve, die ↗Cercarie.

Schwanzlurche, *Salamander* u. *Molche, Caudata, Urodela,* Ordnung der ↗Amphibien; behalten, im Ggs. zu den ↗Froschlurchen u. ↗Blindwühlen, zeitlebens einen Schwanz. Der Körper ist langgestreckt, der Kopf flach, die Extremitäten sind vorne u. hinten ähnlich, vorne allerdings nur – wie bei allen rezenten Amphibien – mit 4 Fingern. Bei einigen Arten ist die Körperform aalähnlich. Das Skelett ist teilweise knorpelig, die Wirbel sind meist amphicoel; kurze, doppelköpfige Rippen sitzen oberhalb der Arteria vertebralis. Die Augen sind meist klein, Mittelohr u. Trommelfell sind nicht vorhanden. Der Gehörsinn ist v. un-

Schwanzlurche

Unterordnungen und Familien:

Cryptobranchoidea
- *Cryptobranchidae* (↗Riesensalamander)
- *Hynobiidae* (↗Winkelzahnmolche)

Sirenoidea
- *Sirenidae* (↗Armmolche)

Salamandroidea
- *Amphiumidae* (↗Aalmolche)
- *Proteidae* (↗Olme)
- ↗*Salamandridae*

Ambystomatoidea
- *Ambystomatidae* (↗Querzahnmolche)
- ↗*Plethodontidae* (lungenlose Salamander)

1

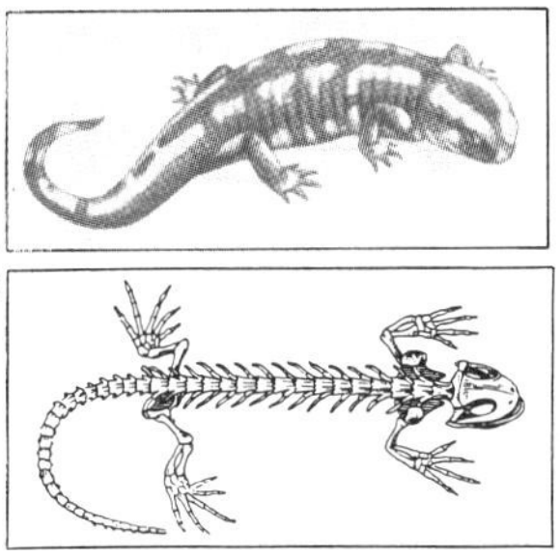

a
b

Schwanzlurche

1a Feuersalamander *(Salamandra salamandra)*, **b** Skelett; **2** Larve eines Schwanzlurchs

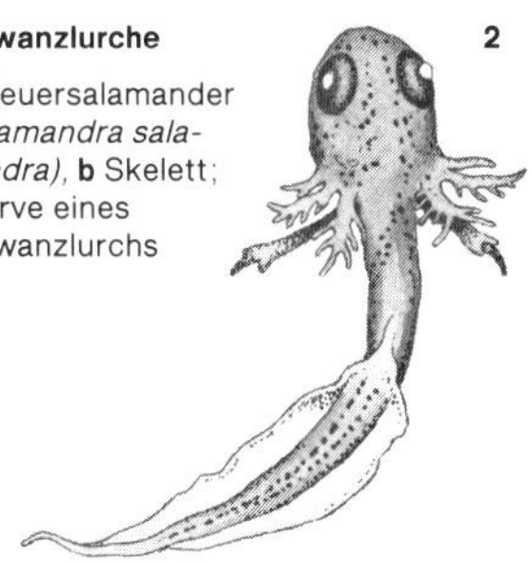

2

tergeordneter Bedeutung; Lauterzeugung ist bei einigen Arten mögl., steht aber nicht im Dienst der innerartl. Kommunikation, sondern der Feindabwehr (Schrecklaute). Wichtig sind der chem. Sinn u., bei wasserlebenden Tieren (auch z.B. bei den Molchen während der aquatischen Phase), das Seitenliniensystem. Im Ggs. zu den meisten Froschlurchen haben die S. mit Ausnahme der ↗Riesensalamander u. ↗Winkelzahnmolche eine innere Besamung: Nach einem oft komplizierten Paarungsvorspiel setzt das ♂ eine Spermatophore ab, der das ♀ das Sperma entnimmt. Die Eier werden Tage bis Monate später u. meist im Wasser abgelegt. Ihnen entschlüpft eine langgestreckte Larve mit Kiemenspalten, 3 Paar äußeren Kiemen, einem paarigen Haftorgan am Kopf u., im Ggs. zu den Larven der Froschlurche, echten Zähnen. Sie ernähren sich räuberisch. Anders als bei den Frosch-Kaulquappen entwickeln sich bei ihnen zuerst die Vorderbeine. Viele Arten, bes. unter den lungenlosen Salamandern *(↗Plethodontidae)*, legen terrestr. Eier mit direkter Entwicklung, einige Arten, wie Feuer- u. Alpensalamander, sind lebendgebärend. Einige Arten behalten zeitlebens larvale Merkmale (Neotenie). Beim ↗Axolotl u. neotenen Bergmolch-Populationen läßt sich die Metamorphose durch Thyroxin auslösen (↗Metamorphose), bei Olmen, Armmolchen u.a. dagegen nicht. – Die S. sind holarktisch verbreitet. Die meisten Arten sind an niedrige Temp. angepaßt, einige vertragen sogar Einfrieren. Auch die z.B. in S-Europa und S-Asien vorkommenden Arten sind empfindlich gg. hohe Temperaturen; sie sind entweder winteraktiv od. leben in Höhlen od. im Gebirge. Die größte Arten- u. Fam.-Mannigfaltigkeit haben die S. in N-Amerika behalten. Von hier ist auch eine Gruppe, die ↗Schleuderzungensalamander, in die Subtropen u. Tropen Mittel- und S-Amerikas eingedrungen, u. die Gatt. *Bolitoglossa* hat sogar den Äquator überschritten. – Man unterscheidet 7 oder 8 Fam. (vgl. Tab.), je nachdem, ob die ↗Armmolche zu den S.n gerechnet od. als eigene Gruppe (*Meantes;* in 4 U.-Ord. zusammengefaßt) abgetrennt werden. B Amphibien I, II. *P. W.*

Schwanzmeisen, *Aegithalidae,* Fam. kleiner, lebhafter Singvögel mit auffallend langem Schwanz; 8 Arten; sehr gesellig, im Ggs. zu den ↗Meisen nicht territorial; Freibrüter, teilweise beteiligen sich auch fremde Altvögel an der Jungenaufzucht. Die einzige in Europa vorkommende Art, die Schwanzmeise *(Aegithalos caudatus),* ist 14 cm groß, wovon 9 cm auf den Schwanz entfallen; sie bewohnt Laub- u. Mischwälder u. baut ein kunstvolles, eiförm. Nest aus Moos, Flechten, Spinnweben u. Fasern; ruft „tserrrp“ u. „si-si-si“; tritt wie auch die anderen S. in großer Rassenvielfalt auf, was auf die weitgehende Standvogelnatur zurückzuführen ist.

Schwanzschild, das ↗Pygidium 2).

Schwanzstiel ↗Schwanz.

Schwanzsträubwert, Abk. *SST-Wert,* nach D. v. Holst Maß für die Erregung des sympathischen Nervensystems bei *Tupaia belangeri* (Baum-↗Spitzhörnchen) im Lauf von 12 Stunden: In entspannter Stimmung sind die Haare am Schwanz eines Tupaias angelegt, aber viele alarmierende Reize (Lärm, Kälte, unbekannte Gerüche, unerwünschte Artgenossen) führen zu einem reflektor. Sträuben der Haare, das direkt auf sympathische Erregung zurückgeht u. daher als Maß für die Wirkungszeit einer adrenergen Streßreaktion dienen kann. Der SST-Wert gibt in % an, wie lange an einem 12 Stunden dauernden Beobachtungstag der Schwanz gesträubt war. Bei Tieren in vertrauter Umgebung, auch bei aneinander gewöhnten Paaren, liegt der SST-Wert unter 5%. Ein Ansteigen über diesen Wert hat erhebliche physiologische u. Verhaltenswirkungen, die genau mit dem SST-Wert korreliert sind: ♀♀ gebären zwar noch Junge, fressen sie aber auf; bei noch höheren Werten zeigen sie männl. Sexualverhalten u. werden unfruchtbar. Auch ♂♂ werden bei zu hohen SST-Werten unfruchtbar; im Extrem wandern die Hoden in die Bauchhöhle zurück. Länger dauernder Streß mit hohen SST-Werten führt zum Tod, i.d.R. über Nierenversagen u. Gewichtsverluste. Da mit dem S. bei *Tupaia* ein Maß vorliegt, das die Streßbelastung ohne techn. Eingriffe quantitativ angibt, wurde ein großer Teil der verhaltensbiol. Streßforschung an *Tupaia* vorgenommen, insbesondere Forschungen zum *sozialen ↗Streß.*

Schwanztrüffelartige Pilze, *Hysterangiaceae* (Ord. *Hymenogastrales* od. eigene Ord. *Hysterangiales*), Bauchpilze mit unterird., kugeligem, weißl., seltener grauem, zähem Fruchtkörper, der einen deutl. Mycelfilz aufweist. Die Columella ist gelatinös (einfach od. verzweigt), die Peridien sind bei der Reife beständig. In Europa etwa 15 Arten, z.B. der ungenießbare Rötl. Schwanztrüffel, *Hysterangium rubricatum* Herse (∅ 1–3 cm), u. der Stinkende S., *H. clathroides* Vitt. (∅ 2–3 cm).

Schwanzwirbel, *Caudalwirbel, Vertebrae coccygeae,* Bezeichnung für Skelettelemente des ↗Schwanzes der Wirbeltiere, bilden die unterste Region der ↗Wirbelsäule (□). S. sind alle ↗Wirbel, die hinter den ↗Kreuzwirbeln u. damit auch hinter der Verbindung Beckengürtel – Wirbelsäule liegen. Die Wirbelkörper der S. werden zur Schwanzspitze hin kleiner, die Wirbelfortsätze sind oft stark reduziert. Verschmelzungen einiger od. aller S. sind z. B. das ↗Urostyl (Frösche), das ↗Pygostyl (Vögel) u. das ↗Steißbein (höhere Affen, Mensch). Rudimente ventraler Rippen treten an S.n als ↗Hämalbögen auf. Viele ↗Eidechsen u. die ↗Brückenechse besitzen in einem od. mehreren S.n präformierte Bruchstellen, die ein Abwerfen (↗Autotomie) des dahinter liegenden Schwanzabschnittes ermöglichen.

Schwarm, umgangssprachl. Bez. für einen großen, meist ↗anonymen Verband v. Vögeln, Fischen, Insekten od. Krebsen: z. B. ein Staren-S., Sardinen-S., Mücken-S. usw. Trotz seiner Anonymität ist ein S. oft hochgradig geordnet, d. h., die Einzeltiere verhalten sich räuml. und zeitl. eng koordiniert (ein solcher S. wird bei Fischen als *Schule* bezeichnet). Bei Säugetieren wird dasselbe Phänomen meist ↗*Herde* gen. Die S.bildung bzw. Herdenbildung kann zeitweise sein oder nur bestimmte Entwicklungsstadien betreffen (Jungfischschwärme, Schwärme adulter Wanderheuschrecken), sie kann auch obligatorisch sein (manche Hochseefische). Die Funktion des S.verhaltens ist v. Art zu Art unterschiedl. und evtl. auch bei einer Art vielfacher Natur: Bei Fischen scheint der Schutz vor Freßfeinden am wichtigsten zu sein (Konfusion von Räubern, die sich schwer auf ein einzelnes Opfer konzentrieren können); daneben gibt es Schwärme, die durch enges Zusammenschließen möglicherweise ein einzelnes, großes Tier simulieren u. Feinde dadurch abschrekken. Auch entdeckt ein S. Freßfeinde leichter als ein Einzeltier, u. es ist gegenseit. Warnen möglich (Warnrufe, Schreckstoffe bei Fischen). Daneben dient das S.verhalten der Fortpflanzung: Im S. steht jedem ♀ mit Sicherheit ein besamendes ♂ zur Verfügung (Fische), od. die ♀♀ werden erst durch einen S. von ♂♂ angelockt (Mücken). Bei Vögeln scheint im S. das Auffinden v. Futter erleichtert zu sein; vermutl. neigen u. a. deshalb viele Vögel in kalten u. gemäßigten Breiten im Winter zur S.bildung. ↗Tiergesellschaft.

Schwärmer, *Sphingidae,* weltweit, v. a. tropisch verbreitete Schmetterlings-Fam. mit über 1000, bei uns 21 kleinen bis sehr großen Arten (vgl. Tab.); Spannweiten bis 200 mm beim Weibchen der amerikan. Art *Cocytius antaeus.* Kopf mit großen Augen, Fühler relativ kurz, kräftig, behaart bis kurz gekämmt, Spitze mit Häkchen; Rüssel lang, erreicht bei der südamerikan. Art *Amphimoea walkeri* mit 280 mm die vierfache Körperlänge, beim einheim. ↗Winden-S. 90 mm; ermöglicht Nektaraufnahme auch aus tiefkronigen Blüten (S.blumen, ↗Schmetterlingsblütigkeit), bei manchen Arten Rüssel auch verkümmert, so u. a. beim ↗Linden-S. und ↗Pappel-S. Flügel schmal u. zugespitzt, Vorderrand verstärkt, Hinterflügel klein, Flügel in Ruhe meistens dachförmig gehalten. Der Hummel-S. hat ähnl. den ↗Glasflüglern unbeschuppte „Glasfenster“ auf den Flügeln. Färbung der Falter oft unscheinbar, seltener bunt od. mit auffallenden Augenflecken wie beim ↗Abendpfauenauge (□); Körperform aerodynamisch spindelförmig, Brust kräftig u. muskulös, Hinterleib lang u. zugespitzt, an der Basis beim Männchen mit in Gruben vertieften, haarbüschelart. ↗Duftorganen. Die S. sind exzellente u. ausdauernde Flieger, die Geschwindigkeiten bis über 50 km/h erreichen; können kolibriartig im Schwirrflug vor Blüten stehen; tagaktive Arten, wie das ↗Taubenschwänzchen u. der Hummel-S., sind dabei leicht zu beobachten; die meisten Vertreter sind aber nacht- od. dämmerungsaktiv; viele gehören zu den ↗Wanderfaltern, wie der ↗Totenkopf-S., ↗Winden-S., Oleander-S. und das ↗Taubenschwänzchen. Raupen walzenförmig, nackt, meist mit charakterist. aufgebogenem „Afterhorn“ auf dem Hinterleibsende (engl. „hawkmoth“), manche Arten mit Augenflecken od. bunt gefärbt; typisch ist die bei Beunruhigung eingenommene „Sphinxhaltung“ (□ Liguster-S.) vieler Arten durch Aufbiegen des Vorderkörpers (wiss. Name!). Larven fressen an Kräutern u. Gehölzen, nur wenige Vertreter gelegentlich schädlich, wie der ↗Kiefern-S. und der amerikan. Tabak-S. *(Manduca sexta)* an Kartoffeln, Tomaten u. Tabak. Verpuppung meist in einer Erdhöhle, darin bei uns die Überwinterung; Rüsselscheiden groß, manchmal frei abstehend. B Zoogamie.

Schwärmerblütigkeit ↗Schmetterlingsblütigkeit.

Schwarmfische, Bez. für Fische, die sich in großen Schwärmen zusammenschließen; sie können solchen Schwärmen lebenslang angehören (Heringe, Makrelen) od. einen ↗Schwarm kurzfristig bei Gefahr bilden (Schwimmgrundeln). Fischschwärme bestehen oft aus gleichgroßen und gleichalten Individuen einer Art; häufig kommt es auch bei Jungfischen u. zur Fortpflanzungszeit zur Schwarmbildung.

Schwarmmücken, die ↗Zuckmücken.

Schwärmsporen, die ↗Planosporen.

Schwarmwasser, das ↗Hydratationswasser.

Schwarzbären, *Euarctos,* U.-Gatt. der Echten ↗Bären (Gatt. *Ursus*); 2 Arten mit überwiegend schwarzer Fellfarbe: der ↗Kragenbär *(U. thibetanus)* u. der Baribal od. Nordam. Schwarzbär (*U. americanus;* Kopfrumpflänge 140–170 cm). Der Baribal,

Schwärmer

Einige einheimische Schwärmer:

↗Totenkopf-S. *(Acherontia atropos)*
↗Winden-S. *(Agrius [Herse] convolvuli)*
↗Liguster-S. *(Sphinx ligustri)*
↗Kiefern-S. *(Hyloicus [Sphinx] pinastri)*
↗Linden-S. *(Mimas tiliae)*
↗Abendpfauenauge *(Smerinthus ocellata)*
↗Pappel-S. *(Laothoe [Amorpha] populi)*
Hummel-S. *(Hemaris fuciformis)*
Oleander-S. *(Daphnis nerii)*
↗Taubenschwänzchen *(Macroglossum stellatarum)*
Wolfsmilch-S. *(Hyles [Celerio] euphorbiae)*
Linien-S. *(Hyles livornica)*
Großer ↗Wein-S. *(Hippotion celerio)*
Mittlerer ↗Wein-S. *(Deilephila [Pergesa] elpenor)*
Kleiner ↗Wein-S. *(Deilephila [Pergesa] porcellus)*

Schwärmer

Tagaktives Taubenschwänzchen *Macroglossum stellatarum* im Schwirrflug beim Blütenbesuch häufigster Großbär der nordam. Nationalparks, kommt in mehreren U.-Arten v. Kanada bis Mexiko vor; wegen seines begehrten Fleisches u. Fells einst stark verfolgt, hat sein Bestand durch Schutzmaßnahmen wieder zugenommen. B Bären, B Nordamerika VII.

Schwarzbauchsalamander, *Desmognathus quadramaculatus,* ↗Bauchsalamander.

Schwarzbeinigkeit, 1) *S. und Knollennaßfäule, Stengelgrundfäule* der Kartoffel, verursacht durch das Bakterium *Erwinia carotovora* var. *atroseptica* (T Erwinia); bei Befall verfärbt sich die Stengelbasis schwärzl. und verfault; die oberen Pflanzenteile vergilben; an den Knollen im Feld u. Lager entsteht eine ↗Naßfäule (gefürchtete Lagerkrankheit; ↗Lagerfäule). Die Übertragung erfolgt im Boden; der Befall wird stark gefördert durch Verletzungen der Knolle während der Ernte u. beim Transport zur Lagerung. Die Bakterien überwintern im Boden u. in Knollen. – 2) *S. der Getreide, Ophiobolose,* Pilzkrankheit des Getreides (bes. Weizen) nach wiederholtem Anbau, verursacht durch ↗*Gaeumannomyces graminis* = *Ophiobolus graminis;* Ord. ↗*Diaporthales*); bei Befall werden Wurzeln, Halmbasis u. Blattscheiden geschwärzt; als Folgesymptom tritt Kümmerwuchs u. Notreife ein *(Weißährigkeit);* die Perithecien-Fruchtkörper des Pilzes entwickeln sich auf Stoppelresten im Spätsommer. Die Übertragung erfolgt durch das Mycel, das v. Pflanzenresten auf die junge Saat übergeht, die Überwinterung mit dem Mycel im Boden od. auf Pflanzenresten; der Pilz kann auch zahlr. Gräser, z. B. Quecke, befallen. – 3) ↗Umfallkrankheiten.

Schwarzdorn, *Prunus spinosa,* ↗Prunus.

Schwärze, Bez. für verschiedene Pflanzenkrankheiten, bei denen die befallenen Stellen geschwärzt sind (z. B. ↗Getreide-S., Raps- u. Kohl-S.).

Schwarze Fliege, *Heliothrips haemorrhoidalis,* ↗Blasenfüße.

Schwarze Hefen, sprossende Entwicklungszustände der Pilz-Gatt. *Aureobasidium,* ↗*Cladosporium, Exophiala* u. a. ↗*Moniliales* (Fungi imperfecti) sowie mancher Schlauchpilze (z. B. Rußtaupilze). Die dunkle Färbung entsteht durch Melanineinlagerung in den Zellwänden.

Schwarze Korallen, die ↗Dörnchenkorallen.

schwarze Mehltaupilze, die ↗Meliolales.

Schwärzepilze, Bez. für verschiedene Pilze, die ↗Schwärze(-Krankheiten) hervorrufen, z. B. *Alternaria brassicae* (Raps- u. Kohlschwärze) u. *Cladosporium herbarum* (↗Getreideschwärze).

schwarze Rasse, die ↗Negriden.

Schwarzer Brenner, Pilzkrankheit der Weinrebe, verursacht durch *Gloeosporium [Elsinoe] ampelophagum;* bei Befall entstehen braune, eckige, dunkel geränderte Flecken auf Blättern, Trieben u. Beeren; an den Trieben können später auch krebsart. Wucherungen auftreten.

Schwarzerde ↗Tschernosem.

Schwarzerlen-Galeriewald ↗Stellario-Alnetum glutinosae.

Schwarzer Senf ↗Kohl.

Schwarzer Wasserspringer, *Podura aquatica,* ↗Poduridae.

Schwarze Schicht, im Bereich der Kopfkappe des rezenten ↗*Nautilus* auf dem Periostrakum abgelagerte organ. Schicht v. schwarzer Farbe; wird während der Wachstumsphase hinter der Kopfkappe v. Perlmutter überlagert; evtl. identisch mit der ↗Runzelschicht an fossilen Cephalopoden.

Schwarze Witwe *(Latrodectus tredecimguttatus)*

Schwarze Witwe, Bez. für mehrere Arten und U.-Arten der Webspinnen-Gatt. *Latrodectus* (↗Kugelspinnen). *L. mactans* („black widow") ist v. Feuerland bis Kanada u. im gesamten karib. Raum verbreitet; die Spinne ist schwarz gefärbt u. trägt eine sehr variable rote Fleckzeichnung (stets zu sehen ist eine hantel-eieruhrförmige rote Zeichnung auf der Bauchseite des Hinterleibs); das Weibchen erreicht eine Körperlänge von 1 cm. Der Biß der S.n W. ist äußerst unangenehm u. kann zum Tod führen (↗Giftspinnen). Ihre Gefährlichkeit wird noch insofern erhöht, als die Spinne sich in bewohnten Gegenden zum Kulturfolger entwickelt hat (normalerweise lebt sie auf Ödland) und bes. häufig Scheunen, Schuppen, Aborte usw. besiedelt. *L. tredecimguttatus* ist die in Europa vorkommende S. W., die v. manchen Autoren als U.-Art od. Form (Weibchen bis 2 cm) von *L. mactans* betrachtet wird. Sie ist über das gesamte Mittelmeergebiet, Teile v. Afrika, die Kanaren bis nach SO-Europa, den Kaukasus u. Zentralasien verbreitet (im Mediterrangebiet heißt sie Malmignatte, in Asien Karakurte). Je nach Gebiet ist die rote Zeichnung auf dem schwarzen Körper verschieden: die typ. Form (z. B. in Italien u. Jugoslawien) trägt 13 rote Flecke. Ihre Giftigkeit ist umstritten. Nach dem Biß sollen sehr starke, den ganzen Körper ergreifende Schmerzen, Gelenkstarre, Schweißausbrüche u. Atembeschwerden auftreten, die jedoch meist nach 3–4 Tagen wieder abklingen. Nach statist. Angaben aus den USA hat der Biß der S.n W. bei etwa 4% der Gebissenen den Tod zur Folge. Der Name S. W. leitet sich davon ab, daß das kleinere Männchen regelmäßig nach der Begattung vom Weibchen gefressen wird.

Schwarzfäule, Bez. für mehrere Pilzkrankheiten an Kulturpflanzen u. Früchten, bei denen an den faulenden Stellen schwärzl. Verfärbungen auftreten; z. B. *Monilia*-Fruchtfäule (Erreger: *Monilia [Sclerotinia] laxa*).

Schwarzfersenantilope, die ↗Impala.

Schwarzfisch, *Centrolophus niger,* ↗Erntefische.

Schwarzfische, *Anoplopomatidae,* Fam. der ↗Grünlinge mit nur 2 Arten. Hierzu gehört der nordpazif., bis 1,2 m lange, fettreiche, wirtschaftl. genutzte Kohlenfisch *(Anoplopoma fimbria).*

Schwarzfleckenkrankheit, Bez. für mehrere, durch schwärzl. Flecken gekennzeichnete ↗Blattfleckenkrankheiten, z.B. die weltweit verbreitete S. der Christrose, bei der schwarze Läsionen an Blättern, Blüten u. Stielen auftreten, in Kulturen stark schädigend; Erreger ist *Coniothyrium hellebori* (Ord. *Sphaeropsidales*). Bei der S. der Rebe, verursacht durch *Phomopsis viticola* (Ord. *Sphaeropsidales*), entstehen dunkle Nekrosen an den Blättern, die absterben können; sind die Beeren infiziert, schrumpfen sie schwarz verfärbt ein. Die S. des Klees *(Kleeschwärze)* wird durch *Cymadothea trifolii* (Fam. *Mycosphaerellaceae*) verursacht. ↗Ahornrunzelschorf.

Schwarzfleckigkeit, 1) fleckige, oberflächl. Dunkelfärbung v. entrindeten, feuchten Fichtenstämmen, verursacht durch verschiedene harmlose Pilze (Bläue-Schimmelpilze). 2) Bez. für einige Pflanzenkrankheiten, bei denen schwarze Flecken auftreten, z.B. Bakterienbrand der Walnuß (Erreger: *Xanthomonas juglandis*), ↗Sternrußtau der Rose, S. an reifen Bananen (Erreger: *Colletotrichum musae*). ↗Schwärze, ↗Schwarzfleckenkrankheit.

Schwarzfrosch, *Melanobatrachus indicus,* in S-Indien vorkommende, mit den afr. Schwarzfröschen *(Hoplophryne)* nah verwandte Art der ↗Engmaulfrösche, [T]); ein kleiner (4 cm), düster gefärbter Gebirgsbewohner; Paarung, Eiablage u. Entwicklung erfolgen auf dem Land.

Schwarzhalstaucher, *Podiceps nigricollis,* ↗Lappentaucher.

Schwarzkäfer, *Dunkelkäfer, Tenebrionidae,* Fam. der polyphagen ↗Käfer ([T]) aus der Gruppe der *Heteromera;* weltweit über 20000, bei uns nur 68 Arten. Die sehr vielgestalt. und v. ihrer Lebensweise sehr vielfält. Vertreter sind v.a. Bewohner trockener Steppen u. Halbwüsten u. haben sogar mit nicht wenigen Arten die echten Wüsten erobert. Sie leben überwiegend v. absterbendem pflanzl. Material. S. sind an den heteromeren Tarsen u. den randförm. Erweiterungen der Wangen, unter denen die Fühler eingelenkt sind, i.d.R. leicht erkennbar. Die Käfer sind meist schwarz od. düster gefärbt; unsere Arten sind 1,5–31 mm groß, meist flugunfähig, u. ihre Elytren sind in der Mitte verwachsen. Viele Arten haben pygidiale Wehrdrüsen (↗Pygidialdrüsen), aus denen sie v.a. ↗Benzochinone abgeben können (ähnl. wie ↗Bombardierkäfer, □). Bei uns in Häusern, Stallungen od. Vorratsräumen finden sich gelegentl. die Totenkäfer *(Blaps mortisaga* oder *B. mucronata),* 20–31 mm, die v. Abfällen und gelegentl. Vorräten leben. An Getreide-, Mehl- u. Kleievorräten ist oft in großer Zahl der 3 mm große, rotbraune, langgestreckte *Palorus depressus* anzutreffen; ebenso leben in solchen Vorräten die heute überwiegend kosmopolit. verbreiteten Reismehlkäfer *(Tribolium confusum, T. constructor)* u. die Vierhornkäfer *(Gnathocerus cornutus),* die bei Massenvermehrungen schädl. werden können. Im Mulm alter Bäume lebte urspr. auch der ↗Mehlkäfer, der sekundär zum Hausbewohner geworden ist. Einige Arten sind auch bei uns ausgesprochen xerothermophil, so der Staubkäfer *Opatrum sabulosum* (7–10 mm), der v.a. auf sand. Böden vorkommt; dies gilt auch für den nur 3–4 mm großen *Melanimon tibiale.* In Pilzen leben der nach der ↗Roten Liste „gefährdete" *Boletophagus reticulatus* (in Baumschwämmen) oder der kleine (2,2–2,5 mm) *Eledona argaricola* (in *Polyporus sulphureus*). Die Bewohner v. trokkenheißen Wüsten haben einen perfekt funktionierenden Verdunstungsschutz u. schützen sich teilweise vor der hohen Boden-Temp. durch extrem lange Beine.

Schwarzkäfer

Totenkäfer *(Blaps spec.)*

Schwarzkümmel

Jungfer im Grünen *(Nigella damascena)*

Schwarznessel *(Ballota nigra)*

Schwarzkehlchen, *Saxicola torquata,* ↗Wiesenschmätzer.

Schwarzkopfkrankheit, *Typhlohepatitis,* bei Truthühnern (seltener auch Fasanen u. Haushühnern) auftretende, oft tödl. verlaufende Krankheit; die durch den hefeähnl. Pilz ↗*Candida albicans* hervorgerufene S. äußert sich in Leber- u. Blinddarmentzündung, Durchfall u. Schwarzfärbung der Kopfpartien.

Schwarzkultur, *Niederungsmoor-S.,* eine Form der ↗Moorkultur bei der der reine Niedermoorboden in Kultur genommen wird. Da die Wiederbenetzung nach starker Austrocknung gestört sein kann, ist die S. für Ackerland weniger geeignet.

Schwarzkümmel, *Nigella,* mediterran-westasiat. Gatt. der Hahnenfußgewächse mit ca. 25 Arten, die sich durch stark verwachsene Fruchtblätter (Sammelbalgfrucht) auszeichnet. Die Blätter der einjährigen Kräuter sind meist fein zerschlitzt. Die Blüte besteht aus 5 Blüten- und 5–8 hoch differenzierten Honigblättern. In Gärten wird häufig *N. damascena,* die „Jungfer im Grünen" od. „Gretel in der Heck", als Zierpflanze mit blauen Blüten u. zerteilter Hülle gesät. Der Acker-S. *(N. arvensis)* ist ein seltenes wärmeliebendes Getreideunkraut (Caucalidion, ↗Secalietalia). Der echte S. *(N. sativa)* ist eine südeur. Gewürzpflanze (Bitterstoff Nigellin und äther. Öle).

Schwarznatter, *Coluber constrictor,* Art der ↗Zornnattern.

Schwarznerfling, *Leuciscus idus,* ↗Weißfische.

Schwarznessel, *Schwarzer Andorn, Ballota,* Gatt. der ↗Lippenblütler mit 25 überwiegend aus dem Mittelmeergebiet u. Kleinasien stammenden Arten. Stauden od. Halbsträucher mit einfachen, am

Rande gekerbten bis gezähnten, oberseits runzeligen Blättern u. 2lippigen, meist rosa od. violett gefärbten Blüten; diese in blattachselständigen, meist vielblütigen, an den Sproßenden zusammengedrängten Scheinquirlen. Einzige in Mitteleuropa anzutreffende Art ist *B. nigra* (u.a. in staudenreichen Unkrautges. an Wegen u. Schuttplätzen), eine unangenehm riechende, rötl.-lila blühende Staude mit rundl., weich behaarten Blättern.

Schwarzpustelkrankheit, die *Phoma*-↗Trockenfäule der Kartoffelknolle.

Schwarzreuter ↗Saiblinge.

Schwarzrost, wichtigster ↗Getreiderost, verursacht durch den wirtswechselnden Rostpilz *Puccinia graminis* (Entwicklung: ☐ Rostpilze). Weltweit verbreitete Getreidekrankheit, die bis zur Mitte dieses Jh.s in verschiedenen Gebieten zu katastrophalen Ernteausfällen (50–90%) geführt hat. In gemäßigten Klimazonen kommt es selten zu schweren Schädigungen. Der Befall ist abhängig v. der Sorte u. der Virulenz des Erregers. *Puccinia graminis*-Varietäten befallen Weizen, Roggen, Gerste, andere Getreidearten u. Wildgräser. Meist werden die Erregertypen als formae speciales (f. sp.) benannt, z.B. *P. graminis* f. sp. *tritici*, bei denen wiederum physiolog. Rassen (Pathotypen, ca. 300) unterschieden werden können. Die Haplophase entwickelt sich auf *Berberis*- u. *Mahonia*-Arten. – Auf Blattscheiden u. Halmen erscheinen streifenförm., rotbraune Uredosporenlager, gg. Vegetationsende an gleichen Stellen Teleutosporenlager. Die Verbreitung im Getreidefeld erfolgt durch Uredosporen, die auch durch den Wind zu weit entfernten Feldern getragen werden können (mehrere 100 km). Bei starkem Befall wird das Wachstum der Pflanzen gehemmt, das Schossen verzögert, u. es kann Stengelbruch eintreten. Bekämpfung: ↗Rostkrankheiten. [B] Pflanzenkrankheiten.

Schwarzspitzenriffhai, *Carcharhinus melanopterus*, ↗Braunhaie.

Schwarzsporer, Pilze mit fast rein schwarzem Sporenstaub (= *Melanosporae*), z.B. die Arten der Gatt. *Psathyrella* (↗Zärtlinge, Faserlinge), *Coprinus* (↗Tintlinge) u. *Panaeolus* (Düngerlinge; ↗Tintlingsartige Pilze).

Schwarzwale, *Berardius*, Gattung der ↗Schnabelwale.

Schwarzwasser, durch Huminstoffe dunkel gefärbtes, deutl. sauer reagierendes Wasser mancher Flüsse (*S.flüsse*) des Amazonas-Beckens, deren Einzugsgebiet häufig überschwemmtes Land mit nährstoffarmen, aber humosen Böden umfaßt.

Schwarzwild, waidmänn. Bez. für das ↗Wildschwein.

Schwarzwurzel, *Scorzonera*, mit rund 100 Arten in Eurasien und N-Afrika heimische Gatt. der ↗Korbblütler ([T]). Krautige, viel Milchsaft enthaltende Pflanzen mit einfachen, eilanzettl. bis linealen Blättern u. gelb, hellrot od. lila gefärbten Zungenblüten in mittelgroßen bis großen, einzeln stehenden Blütenköpfen. In Mitteleuropa zu finden sind u.a. die weißl.-gelb blühende, nach der ↗Roten Liste „gefährdete“ Niedrige S., *S. humilis* (in Moorwiesen od. feuchten Magerrasen u. -wiesen), u. die gelb blühende Spanische S., *S. hispanica* ([B] Kulturpflanzen IV). Die „stark gefährdete“ Wildform der letzteren (*S. hispanica* var. *glastifolia*) wächst in sonnigen Kalkmagerrasen u. im Saum lichter Büsche od. Eichen-Kiefern-Wälder. Ihre als Garten-S. bezeichnete, seit dem 17. Jh. bekannte Kulturform besitzt eine außen schwarzbraune, innen weißl., bis 30 cm lange und 2 cm dicke Pfahlwurzel von zylindr. bis spindelförm. Gestalt u. wird bes. in S-Europa in mehreren Sorten als Wurzelgemüse angebaut.

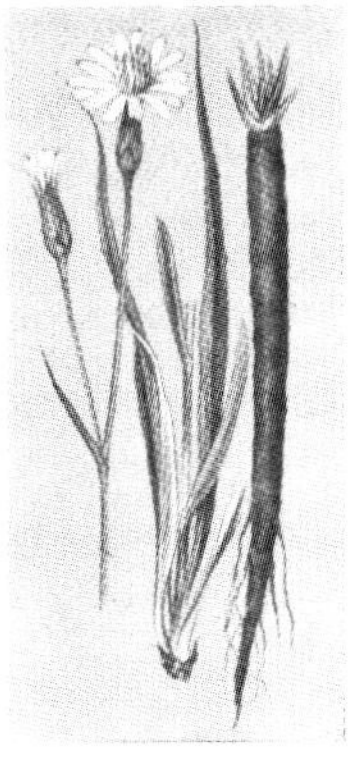

Schwarzwurzel

Garten-S. (*Scorzonera hispanica*), links Blütenzweig, rechts Wurzel

Schwarzzungenkrankheit, *black tongue*, Vitamin-B_2-Mangelkrankheit (↗Pellagra) bei Haushunden; Symptome: schlechtes Allgemeinbefinden, braun bis schwarz verfärbte Zunge.

Schwebefortsätze, lange Ausstülpungen der Zelle u. der Zellwand, aber auch Zellwandvorsprünge bei einzelligen Phytoplanktonarten (↗Kieselalgen, ↗*Pyrrhophyceae*), die ein Absinken im Wasser durch Erhöhen des Reibungswiderstands verhindern. Diese Funktion wird belegt durch die Beobachtung, daß die S. in warmen Gewässern mit geringerer Viskosität größer sind als in kälteren, viskoseren Gewässern. ↗Plankton.

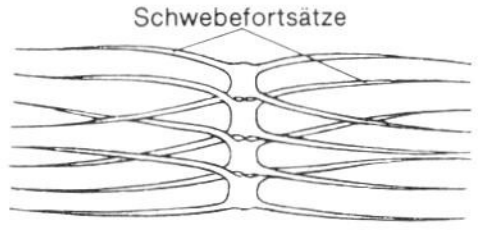

Schwebefortsätze

S. bei der marinen planktischen centralen Kieselalge *Chaetoceras* (Gatt. der ↗*Biddulphiaceae*); die Einzelzellen hängen meist zu langen Ketten zusammen.

Schwebeorganismen ↗Plankton.

Schweber, die ↗Wollschweber.

Schwebfliegen, *Schwirrfliegen, Scheinbienen, Saftschlürfer, Syrphidae*, Fam. der ↗Fliegen mit ca. 5000 über die ganze Erde verbreiteten Arten, in Mitteleuropa ca. 300. Die meisten der bis 20 mm großen S. sind lebhaft schwarz-gelb u. damit bienen- od. wespenähnlich (↗Mimikry) gefärbt, während der Körperbau im wesentl. dem Grundtypus der Fliegen entspr. Der Hinterleib kann sehr verschiedenartig ausgestaltet sein; er ist bei den verschiedenen S. spitz kegelförmig bis breit abgeflacht. Der größte Teil des Kopfes wird v. den halbkugeligen Augen eingenommen, die bei den Männchen größer sind u. am Scheitel zusammenstoßen. Die meisten Imagines nehmen mit einem i.d.R. kurzen Saugrüssel Nektar v. flachgründigen Blüten auf. Namengebend ist der ausdauernde, oft v. blitzschnellem Ortswechsel begleitete Schwebflug der S. Die Larven sind je nach Lebensweise außerordentl. vielgestaltig; man kann Abfallfresser, Pflanzenfresser u. Räuber unterscheiden. Zu den Larven, die sich v. zersetzendem Material ernähren, gehört die ca. 20 mm große, gelbliche „Rattenschwanzlarve“ der ca. 13 mm großen, schwarz u. gelbrot gezeichneten Schlammfliege od. Mistbiene (*Eristalis te-*

a

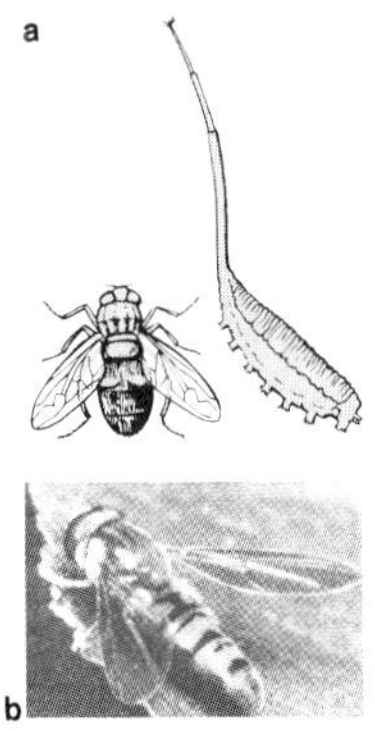

b

Schwebfliegen

a Schlammfliege (*Eristalis tenax*) u. ihre Larve (Rattenschwanzlarve) mit Atemrohr; **b** *Syrphus spec.*

nax), die ihre Atemluft über ein bis 10 cm langes Atemrohr aus der Atmosphäre bezieht; die Ernährung erfolgt durch Filtrieren v. faulenden Stoffen am Grund v. Jauchegruben, schlammigen Tümpeln u. ä. Unter Laub u. Mulm findet man die walzenförm. Larven der S. *Temnostoma vespiforma;* sie haben nur ein kurzes Atemrohr. Terrestrisch lebende Larven dieser Gruppe haben auch die Gatt. *Microdon, Chrysogaster* u. *Chrysotoxum.* Kotfresser sind die Arten der Gatt. *Rhingia.* Durch Übergangsformen ist die Gruppe der abfallfressenden Larven mit der pflanzenfressenden verbunden. Zu den reinen Pflanzenfressern gehören die zuweilen schädl., pelzig behaarte Große Narzissenfliege (*Lampetia equestris,* Imago ca. 14 mm) sowie die Kleinen Narzissenfliegen (*Eumerus strigatus* und *E. tuberculatus,* Imagines ca. 7 mm); diese Larven ernähren sich im Innern v. verschiedenen Blumenzwiebeln. Im Kambium v. Nadelhölzern bohren die Larven der Fichtenharzfliege *(Cheilosia morio).* Übergangsformen zw. abfallfressenden Larven u. Räubern bilden die in Hummel- u. Wespennestern lebenden Larven der Gatt. *Volucella;* sie ernähren sich v. Abfallstoffen, aber auch v. der Brut ihres Wirtes. Die Imagines der ca. 14 mm großen, pelzig behaarten Hummelschwebfliege *(Volucella bombylans)* treten in Farbvarianten auf, die denen ihrer Wirte ähneln. Wenig wirtsspezif. in Nestern verschiedener sozialer Faltenwespen leben die anderen, weniger behaarten Arten der Gatt. *Volucella (V. pelluscens, V. zonaria* und *V. inanis).* Die sich räuberisch ernährenden Larven stellen mit über 100 Arten die größte der 3 Gruppen dar. Neben vielen Arten, die Larven v. Schmetterlingen u. Käfern aussaugen, sind die meisten räuberischen S.-Larven Blattlausvertilger. Ein Individuum der assel- bis pfriemförm., oft bunt gefärbten Larven kann pro Tag bis zu 100 Tiere anstechen u. aussaugen; damit sind sie ein wicht. Faktor zur Dezimierung der Blattläuse. Die wichtigsten Gatt. dieser Blattlausvertilger sind *Syrphus* u. *Epistrophe.* *G. L.*

Schwebgarnelen, die ↗Mysidacea.

Schwebstoffe, feinste anorgan. und organ. Teilchen, die in Gewässern (↗Plankton) od. in der Atmosphäre (↗Aerosol, ↗Aeroplankton) schweben.

Schwefel, chem. Zeichen S, nichtmetallisches chem. Element (□ Atom), in der festen Erdkruste zu etwa 0,048 Gewichts-% enthalten. Kommt in der Natur sowohl in reiner als auch gebunden in Form v. *Sulfiden* (v.a. Pyrit = FeS_2, Kupferkies = $CuFeS_2$, Bleiglanz = PbS, Zinkblende = ZnS) und *Sulfaten* (v.a. Gips = $CaSO_4 \cdot 2H_2O$, Anhydrit = $CaSO_4$, Bittersalz = $MgSO_4 \cdot 7H_2O$, Baryt = $BaSO_4$, Glaubersalz = $Na_2SO_4 \cdot 10H_2O$), in vulkan. Gasen auch in Form von *S.wasserstoff* (H_2S) und ↗*S.dioxid* (SO_2) vor. Ferner findet sich S. auch fossil gebunden als Bestandteil v. ↗Kohle, ↗Erdöl u. ↗Erdgas. – Biologisch ist S. ein für alle Lebewesen unentbehrl. Element (↗Ernährung, ↗Makronährstoffe; [T] Bioelemente). Er ist in einigen Aminosäuren (z. B. ↗Cystein R-SH, ↗Methionin R-S-R, ↗Cystin R-S-S-R) und damit in allen Proteinen enthalten. Die Wirkung vieler Enzyme beruht auf S-H-Gruppen, so z. B. beim Coenzym A. In heterocyclischen Verbindungen tritt S. in einigen Vitaminen (z. B. B_1, Biotin) und Antibiotika (z. B. ↗Penicillin) auf. Ferner ist S. Bestandteil einiger sekundärer Pflanzenstoffe, so z. B. von Lauchölen (R-S-S-R) und Senfölen (R-N=C=S). Verbindungen mit Zucker ergeben ↗Glykoside, speziell mit Glucose ↗Glucoside, z. B. Sinigrin (des Senfs), Raphin (des Raps). ↗S.kreislauf.

Schwefelatmung ↗Schwefelreduzierer.

Schwefelbakterien, Bakterien (vgl. Tab.), die reduzierte Schwefelverbindungen (z. B. H_2S, S^o, H_2SO_3) in ihrem Stoffwechsel verwerten; die Schwefelverbindungen dienen im Energiestoffwechsel als Elektronendonor (↗schwefeloxidierende Bakterien) u./od. als Quelle für Reduktionsäquivalente (↗Schwefelpurpurbakterien).

Schwefelbrücke, *Disulfid-Brücke,* ↗Cystein, ↗Cystin (□), ↗Proteine.

Schwefeldioxid, SO_2, farbloses, stechend riechendes, zum Husten reizendes Gas, entsteht bei der Verbrennung v. ↗Schwefel und insbes. in großen Mengen von schwefelhalt. fossilen Brennstoffen, wie ↗Erdöl u. ↗Kohle; einer der Hauptfaktoren der ↗Luftverschmutzung. ↗Abgase, ↗Schadstoffe, ↗Rauchgasschäden, ↗saurer Regen, ↗Waldsterben; [T] MAK-Wert.

schwefelfreie Purpurbakterien, *Rhodospirillaceae* (fr. *Athiorhodaceae*), Fam. anaerober od. fakultativ anaerober ↗phototropher Bakterien ([T]), die i. d. R. organische Substrate als Wasserstoffdonor zur Bildung v. Reduktionsäquivalenten im phototrophen Stoffwechsel (↗Phototrophie) nutzen. Von H_2S werden die meisten s.n P. gehemmt, einige Arten tolerieren H_2S; manche können als Wasserstoffdonor im phototrophen Stoffwechsel auch H_2S oder $S_2O_3^{2-}$ nutzen, die dabei zu Sulfat oxidiert werden, ohne daß Schwefel als Zwischenprodukt in den Zellen angehäuft wird. Die meisten Arten benötigen einen od. mehrere Wuchsstoffe (z. B. Biotin, Niacin, Thiamin). Viele Arten führen fakultativ unter aeroben (Dunkel-)Bedingungen einen Atmungsstoffwechsel aus, in dem organ. Substrate mit Sauerstoff oxidiert werden; der Photosyntheseapparat wird unter diesen Bedingungen nicht ausgebildet. Einige können auch in sauerstofffreier Umgebung im Dunkeln einige organ. Stoffe vergären. In der Natur kommen s. P. regelmäßig im Süßwasser, Brackwasser u. im Meer vor, auch in feuchten Böden u. Reisfeldern;

Schwefelbakterien

(Auswahl):

1. fädige, farblose S. (↗Schwefelorganismen [↗*Beggiatoa,* ↗*Thiothrix*])
2. farblose, einzellige S. (↗*Achromatium,* ↗schwefeloxidierende Bakterien)
3. ↗grüne S.
4. rote S. (= ↗Schwefelpurpurbakterien)

Schwefeldioxid

50–100 Mill. Tonnen SO_2 gelangen pro Jahr weltweit in die Atmosphäre, wobei der größte Teil aus der Verbrennung v. Kohle u. Erdöl stammt. Die jährl. Emission von SO_2 in der BR Dtl. beträgt ca. 3,5 Mill. Tonnen.

schwefelfreie Purpurbakterien

Einige Gattungen u. Arten:

Rhodospirillum (spirillenförmig)
R. rubrum (I)
R. molischianum (I)
Rhodopseudomonas (stäbchenförmig)
R. palustris (I)
R. viridis (I)
Rhodomicrobium (hyphenbildend u. knospend)
R. vannielii (I)
*Rhodobacter** (stäbchenförmig)
R. capsulatus (I)
R. sphaeroides (I)
*Rhodocyclus** (gekrümmt stäbchenförmig)
R. gelatinosa (II)

* früher der Gatt. *Rhodopseudomonas* zugeordnet

I = Abstammungslinie I (oder α) der ↗Purpurbakterien
II = Abstammungslinie II (oder β) der Purpurbakterien

rötl. oder grünl. Wasserblüten werden im Ggs. zu den ↗Schwefelpurpurbakterien sehr selten gebildet. S. P. können anaerob im Licht bei Mangel an gebundenem Stickstoff molekularen Stickstoff (N_2) fixieren; bei Mangel an gebundenem u. molekularem Stickstoff entwickeln sie über das ↗Nitrogenase-Enzymsystem aus organ. Substraten (z.B. Lactat) große Mengen an molekularem Wasserstoff, der möglicherweise als alternative Energiequelle v. Bedeutung sein könnte. Früher wurden die meisten s.n P. zwei Gatt. zugeordnet, die stäbchenförmigen der Gatt. *Rhodopseudomonas* u. die spirillenartigen der Gatt. *Rhodospirillum.* Neuere molekular-biochem. Untersuchungen ergaben, daß die s.n P. zwei Abstammungslinien angehören (↗Purpurbakterien), u. so erfolgte aufgrund dieser u. weiterer Merkmale eine teilweise Umbenennung der Gatt. (vgl. Tab.); wahrscheinl. werden in Zukunft die s.n P. in 2 oder mehr Fam. aufgeteilt.

Schwefelkäfer, *Ctenioptus sulphureus,* ↗Pflanzenkäfer.

Schwefelköpfe, *Hypholoma, Nematoloma,* Gattung der ↗Träuschlingsartigen Pilze; kleine bis mittelgroße, zentralgestielte Blätterpilze, vorwiegend gelbl., rötl.-braun od. olivbraun gefärbt; junge Pilze besitzen einen faserig-häutigen Schleier zw. Hutrand u. Stiel (ohne Ring). Der feuchte Hut zeigt keine verschiedenfarbigen Zonen beim Austrocknen (nicht hygrophan). Die Farbe des Sporenpulvers ist grau-violett, schwarzviolett, graubraun bis umbra. S. finden sich vorwiegend (oft gesellig) auf Holz, um Strünke, seltener als Bodenbewohner (Wald-Heide-Humus, Moor- u. Torfboden). In Mitteleuropa ca. 15 Arten (vgl. Tab.). B Pilze III.

Schwefelköpfe

Einige häufige Arten:

Rauchblättriger S. (*Hypholoma capnoides* Kumm., eßbar)
Ziegelroter S. (*H. sublateritium* Quél.)
Grünblättriger S. (*H. fasciculare* Kumm., giftig)

Schwefelkreislauf; in Organismen ist ↗Schwefel hpts. an schwefelhalt. Aminosäuren (z.B. ↗Cystein, ↗Methionin, ↗Homocystein) gebunden. Durch die ↗Mineralisation (☐) der organ. Substanzen unter anaeroben Bedingungen wird der Schwefel als Schwefelwasserstoff (H_2S) abgespalten (↗Desulfuration). H_2S wird auch durch vulkan. Tätigkeit abiotisch freigesetzt (z.B. in heißen Schwefelquellen). Unter aeroben Bedingungen kann H_2S wieder durch den Luftsauerstoff zu elementarem Schwefel (S^o) u. Sulfat (SO_4^{2-}) oder im Energiestoffwechsel v. ↗schwefeloxidierenden Bakterien (↗Schwefelbakterien) zu Sulfat mit Schwefel als Zwischenprodukt oxidiert werden; auch freier elementarer Schwefel kann zum Energiegewinn dienen. – Unter sauerstofffreien Bedingungen (anaerob) werden reduzierte Schwefelverbindungen (H_2S, S^o, $S_2O_3^{2-}$) v. vielen ↗phototrophen Bakterien als Wasserstoffdonor zur Bildung von Reduktionsäquivalenten genutzt (↗grüne Schwefelbakterien, ↗Schwefelpurpurbakterien); dabei entsteht meist S^o als Zwischenprodukt, als Endprodukt Sulfat. Sulfat dient wiederum den ↗Sulfatreduzierern als Elektronenakzeptor in der anaeroben Veratmung organ. Substrate (↗Sulfatatmung); dabei wird es zu H_2S reduziert; auch S^o kann v. den ↗Schwefelreduzierern in der Schwefelatmung zu H_2S umgewandelt werden. Dieser anaerobe S. der phototrophen Bakterien u. chemotrophen Sulfat- bzw. Schwefelreduzierer verläuft oft in engem (symbiontischem) Kontakt (↗Consortium). – Sulfat dient Pflanzen u. Mikroorganismen (aerob u. anaerob) als Schwefelquelle zum Aufbau schwefelhalt. Aminosäuren bzw. Proteine (↗assimilatorische Sulfatreduktion, ☐). Tiere sind auf reduzierte organ. Schwefelverbindungen in ihrer Nahrung angewiesen.

Schwefelkreislauf

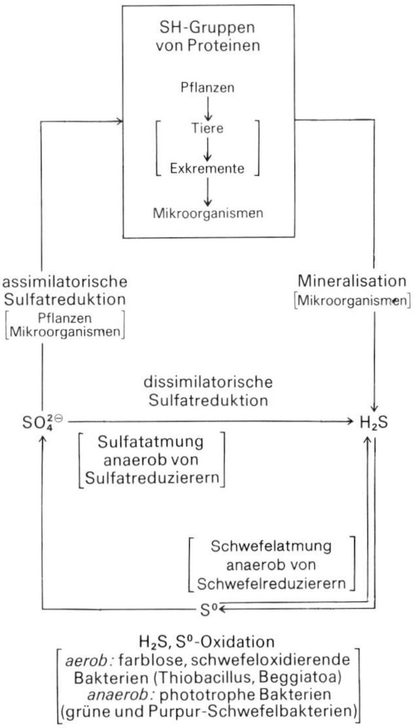

Schwefeln, 1) Bekämpfung v. bestimmten Pilzkrankheiten bei Pflanzen durch Verstäuben v. fein gemahlenem Schwefel, Verspritzen v. mit Netzmitteln versetztem Schwefel *(Netzschwefel)* od. Schwefelkalkbrühe od. Verdampfen v. Schwefel in Gewächshäusern. Bes. wirksam gg. ↗Echte Mehltaupilze, deren Bekämpfung durch S. bereits ab 1840 angewandt wurde, nachdem Robertson (1824) die spezif. Wirkung erkannt hatte. Bei unsachgemäßer Anwendung od. ungünstigen Bedingungen sind auch Schäden an Pflanzen möglich. **2)** *S. des Bodens,* Ausstreuen v. Schwefel, der durch ↗schwefeloxidierende Bakterien zu Schwefelsäure oxidiert wird u. so den Boden-pH-Wert etwas erniedrigt. **3)** ↗Wein.

Schwefelorganismen, farblose ↗Schwefelbakterien, die sich durch Gleiten (↗gleitende Bakterien) bewegen, ↗schwefeloxidierende Bakterien: fädige Formen (z. B. ↗*Beggiatoa,* ↗*Thiothrix*) u. sehr große, einzellige Formen *(↗Achromatium);* bei der Oxidation von Schwefelwasserstoff (H_2S, ↗Schwefelkreislauf) wird (vorübergehend) Schwefel in den Zellen abgelagert.

schwefeloxidierende Bakterien, Bakterien, die durch Oxidation einer od. verschiedener reduzierter od. teilweise reduzierter Schwefelverbindungen (z. B. H_2S, S^o, $S_2O_3^{2-}$, SO_3^{2-}) ihre Stoffwechselenergie gewinnen. Sie gehören verschiedenen taxonom. Gruppen an u. sind morpholog. sehr unterschiedl. Am besten untersucht ist die Gatt. ↗*Thiobacillus,* deren Arten meist mehrere Schwefelverbindungen oxidieren können, wobei als Endprodukt ↗Schwefelsäure (Sulfat) entsteht. Der Energiegewinn bei der Oxidation erfolgt hpts. an einer Atmungskette mit Sauerstoff als Elektronenakzeptor. Wenige s. B. können unter anaeroben Bedingungen Nitrat anstelle von O_2 verwerten (z. B. *Thiobacillus denitrificans,* ↗Nitratatmung). Neuerdings sind auch s. B. gefunden worden, die Eisen-III-Verbindungen *(↗Sulfolobus)* od. Fumarat *(Wolinella)* als Elektronenakzeptor nutzen. Neben dem Energiegewinn über eine Atmungskette ist bei den Thiobacillen auch eine ATP-abhängige Substratstufenphosphorylierung mit Sulfit (SO_3^{2-}) als Substrat u. Adenosin-5′-phosphosulfat als Zwischenprodukt gefunden worden. Einige Formen können auch Eisen-II-Verbindungen als anorgan. Energiedonor nutzen (↗eisenoxidierende Bakterien); wenige scheinen auch andere reduzierte Metallverbindungen verwerten zu können (z. B. Kupfer). Die Fähigkeit, organ. Substrate zu nutzen, ist sehr unterschiedl. verbreitet. Es gibt obligat u. fakultativ chemolithoautotrophe u. chemolithoheterotrophe Arten *(↗Thiobacillus).* Die C-autotrophen (chemolithoautotrophen) Arten fixieren CO_2 im ↗Calvin-Zyklus. Bemerkenswert ist bei Thiobacillen das Vorkommen polyederförm. Einschlüsse (↗Carboxisomen) aus Ribulose-5-phosphat-Carboxylase. Die Reduktionsäquivalente (NADH) zur Reduktion von CO_2 können wahrscheinl. direkt v. den reduzierten Schwefelverbindungen gebildet werden, möglicherweise auch durch einen rückläufigen Elektronentransport (↗nitrifizierende Bakterien). Auffällig ist die sonst bei Bakterien seltene hohe Säuretoleranz vieler s.r B. Einige wachsen noch bei Säurewerten von pH 1,0 und tiefer. *Thiobacillus thiooxidans* toleriert 1 n-Schwefelsäure. – S. B. spielen eine wichtige Rolle im ↗Schwefelkreislauf auf der Erde. Sie leben in allen Habitaten, wo reduzierte Schwefelverbindungen vorliegen: Süß-, Brack- u. Meerwasser, Kanälen, Betonröhren, Bergwerkdrainagerohren, schwefelhalt. Grubenwässern. In Eisenbergwerken können sie große Korrosionsschäden verursachen; wahrscheinl. sind sie in starkem Maße an der Zerstörung v. Baudenkmälern u. Betonbauten beteiligt. ↗*Sulfolobus*-Arten besiedeln heiße, saure Quellen, wo sie vorwiegend vulkan. (magmatischen) Schwefelwasserstoff (H_2S) oxidieren. Ein bes. Ökosystem, das von s.n B. als Primärproduzenten abhängig ist, findet sich in der dunklen Tiefsee (vgl. Spaltentext). S. B. werden zur Gewinnung v. Erzen in einer ↗mikrobiellen Laugung eingesetzt. Möglicherweise läßt sich in Zukunft H_2S-verschmutzte Luft mit diesen Bakterien reinigen u. dabei Biomasse gewinnen, die wiederum zur Methanbildung od. Herstellung von organ. Lösungsmitteln (Butanol, Propanol) genutzt werden könnte. – Die Oxidation von H_2S durch Bakterien ist v. Winogradsky bei ↗*Beggiatoa* (1887/89)

schwefeloxidierende Bakterien – Tiefseeökosystem

Ein lichtloses Ökosystem in der Tiefsee, das im wesentl. unabhängig v. der Biomasseproduktion durch die Photosynthese ist, wurde 1977 am Rande heißer vulkan., schwefelwasserstoffhaltiger (H_2S) Quellen („black smokers") in Tiefen zw. 2000 und 3000 m in der Nähe der Galapagosinseln entdeckt. Heute sind bereits etwa 50 weitere schwefelwasserstoffhaltige Tiefseequellen bekannt, in deren Randzonen, wo sich das Vulkanwasser mit dem kalten, sauerstoffhalt. Meerwasser mischt, eine Reihe tierischer Formen leben. Die organ. Substrate für die Tiernahrung liefern hpts. s. B., die durch Oxidation der reduzierten Schwefelverbindungen (H_2S, S° geothermischer Herkunft) und CO_2-Assimilation Biomasse bilden. In der Tiergemeinschaft leben mit den s.n B. in Exo- u. Endosymbiose in großen Mengen Muscheln (*Calpytogena magnifica,* 25–32 cm lang) u. „Röhrenwürmer" (↗*Pogonophora,* 1–3 m lang, 4–5 cm dick); außerdem werden in geringer Anzahl blaue Muscheln *(Mytilidae),* Eichelwürmer *(Enteropneusta),* sphärische Siphonophoren *(Rhodaliida)* u. verschiedene Arten v. Schnecken, Seeanemonen u. Krebsen gefunden. Die Muscheln enthalten chemolithotrophe Bakterien an der Kiemenoberfläche u. im Kiemengewebe. Das Blut der Tiere transportiert neben O_2 auch H_2S, das durch ein bes. Protein vor spontanen Oxidationen geschützt ist. Die massenhaft auftretenden „Röhrenwürmer" besitzen weder Mund noch Darm, After od. Magen. Die s.n B. leben symbiontisch in einem bes. „Nährgewebe" (Trophosom), das bis 60% des Gesamtkörpergewichts ausmachen kann. Die Versorgung der Bakterien mit O_2 und H_2S erfolgt durch einen primitiven Blutkreislauf, wobei H_2S auch durch ein HS^--bindendes Protein geschützt wird. Dieses symbiontische Ökosystem könnte – solange O_2 zur Verfügung steht – von der Sonnenenergie unabhängig, durch die Nutzung der geothermischen (Erd-)Energie auch durch globale Katastrophen verursachte Verdunklungen der Erdoberfläche für längere Zeit überdauern.

schwefeloxidierende Bakterien

Atmungskette bei Thiobacillen mit Sulfit u. Thiosulfat als Substrat

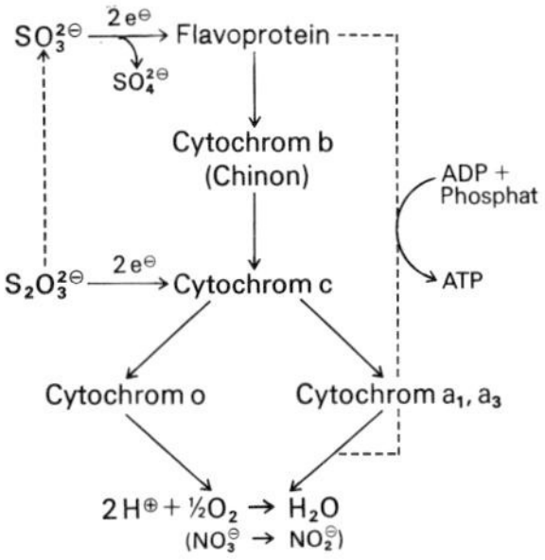

Oxidation v. Schwefelverbindungen zum Energiegewinn an einer Atmungskette

Sulfid:

$S^{2-} + 2O_2 \rightarrow SO_4^{2-}$ + Energie

Schwefel:

$S^\circ + H_2O + 1\frac{1}{2} O_2 \rightarrow SO_4^{2-} + 2H^+$ + Energie

Sulfit:

$SO_3^{2-} + \frac{1}{2} O_2 \rightarrow SO_4^{2-}$ + Energie

Thiosulfat:

$S_2O_3^{2-} + H_2O + 2\,O_2 \rightarrow 2\,SO_4^{2-} + 2H^+$ + Energie

schwefeloxidierende Bakterien

AMP-abhängige Substratstufenphosphorylierung:

$2\,SO_3^{2-} + 2$ AMP $\overset{1}{\rightleftharpoons}$ 2 APS + $4e^-$

2 APS + 2 Phosphat $\overset{2}{\rightleftharpoons}$ 2 ADP + $2\,SO_4^{2-}$

2 ADP $\overset{3}{\rightleftharpoons}$ AMP + ATP

APS = Adenosin-5′-phosphosulfat

1 Adenosinphosphosulfat-Reductase
2 Adenosindiphosphat-Sulfurylase
3 Adenylat-Kinase

entdeckt worden; dies war der Beginn eingehender Untersuchungen des chemolithotrophen Stoffwechsels u. der Entdekkung verschiedener Bakteriengruppen, die unterschiedl. anorganische Substrate zum Energiegewinn nutzen können (↗Chemolithotrophie). *G. S.*

schwefeloxidierende Bakterien

Wichtige Gattungen:
↗Achromatium
↗Beggiatoa
Macromonas
↗Sulfolobus
↗Thiobacillus
↗Thiobacterium
↗Thiomicrospira
Thioploca
↗Thiospira
Thiospirillopsis
↗Thiothrix
↗Thiovolum

Schwefelpurpurbakterien, *rote Schwefelbakterien, Purpurfarbene Schwefelbakterien, Chromatiaceae* (fr. *Thiorhodaceae*), Fam. der ↗Purpurbakterien; anaerobe ↗phototrophe Bakterien (T), die alle reduzierte Schwefelverbindungen (H_2S, S^o, $S_2O_3^{2-}$) als Wasserstoffdonor nutzen (↗Schwefelkreislauf). Typisches Merkmal für die meisten S. ist die vorübergehende Ablagerung v. ↗Schwefel als kugelförm. Einschlüsse in den Zellen, wenn Schwefelwasserstoff (H_2S) oxidiert wird (Ggs. zu den ↗grünen Schwefelbakterien). Die Vertreter der Gatt. *Ectothiorhodospira* häufen den Schwefel außerhalb der Zellen an; sie werden daher u. wegen molekularer Unterschiede neuerdings in eine eigene Fam. *(Ectothiorhodospiraceae)* eingeordnet. Der innerhalb od. außerhalb der Zellen abgelagerte Schwefel wird weiter zu Schwefelsäure (Sulfat) oxidiert. S. bilden oft lachsfarbene bis dunkel-weinrote Beläge auf Faulschlamm u. in Zersetzung befindl. Pflanzenmaterial od. zeigen eine „Wasserblüte“ unterhalb der Grenzschicht in Seen (☐ phototrophe Bakterien). Einige leben in enger Stoffwechselgemeinschaft mit schwefel- od. sulfatreduzierenden Bakterien (↗Consortium). Die Zellformen einzelner Arten sind sehr unterschiedlich; einige gehören zu den größten bekannten Bakterien, z. B. *Chromatium okenii* (5 × 20 µm) und *Thiospirillum jenense* (3,5 × 50 µm). Viele S. enthalten Gasvakuolen in den Zellen.

Schwefelpurpurbakterien

Einige Gattungen u. Arten:
Thiospirillum (spirillenförmig)
T. jenense
Chromatium (kurz, stäbchenförmig)
C. okenii
C. vinosum
Thiocystis (rundlich)
T. violacea
Thiodictyon (netzförmig)
T. elegans
Ectothiorhodospira (stäbchenförmig)
E. mobilis

Schwefelreduzierer, *schwefelreduzierende Bakterien,* mesophile u. thermophile Bakterien, die unter anaeroben Bedingungen elementaren Schwefel (S^o) als Elektronenakzeptor bei der Oxidation von organ. Substraten od. molekularem Wasserstoff (H_2) verwenden (*Schwefelatmung;* vgl. Tab.). Diese Form des Energiestoffwechsels, eine „anaerobe Atmung“, ist erst 1976 entdeckt worden (Pfennig u. Mitarbeiter). Inzwischen wurde eine Reihe weiterer S. entdeckt, die in einer Schwefelatmung ihre Energie chemoorganotroph od. chemolithotroph gewinnen. Viele ↗Archaebakterien, bes. extrem thermophile Arten, besitzen eine Schwefelatmung; auch einige ↗methanbildende Bakterien können H_2S aus H_2 und S^o bilden. Es wird daher angenommen, daß diese Form des Energiegewinns schon früh in der Evolution entstanden ist. Überraschenderweise gibt es sogar ein obligat chemolithotrophes Archaebakterium *(„Acidothermus infernus“),* das anaerob ein schwefelreduzierendes Bakterium ist, unter aeroben Bedingungen mit Sauerstoff dagegen Schwefel oxidiert u. als Energiedonor nutzt (Stetter u. Mitarbeiter, 1985). *Desulfuromonas*-Arten können in syntropher Assoziation mit phototrophen, S^o-bildenden Bakterien leben (↗Consortium).

Schwefelreduzierer

Schwefelatmung

1. chemoorganotroph:
Desulfuromonas acetoxidans

$$CH_3COOH + 2H_2O + 4S^o \rightarrow 2CO_2 + 4H_2S + \text{Energie}$$

2. chemolithotroph:
Pyrodictium occultum (↗Sulfolobales)

$$H_2 + S^o \rightarrow H_2S + \text{Energie}$$

Schwefelreduzierer

Einige Gattungen u. Arten:

Archaebakterien:
(↗Sulfolobales, ↗Thermoproteales)
Pyrodictium occultum
Thermoproteus neutrophilus
Thermoproteus tenax
Thermodiscus maritimus
Desulfurococcus mobilis
Thermofilum pendens

Eubakterien:
Desulfuromonas-, Spirillum-, Campylobacter- Arten

Schwefelregen, a) Bez. für Regen, der Blütenstaub aufgenommen hat, welcher nach Verdunsten od. Versickern der Regentropfen als feines gelbl. Pulver zurückbleibt; b) gelbl. Schicht auf Binnengewässern, die durch große Mengen angewehten Blütenstaubs (meist v. Nadelhölzern) gebildet wird.

Schwefelsäure, H_2SO_4, in reiner Form eine farblose, stark wasseranziehende u. ätzende Flüssigkeit, die sich mit Wasser unter starker Wärmeentwicklung mischt. Aufgrund der wasserentziehenden u. oxidierenden Wirkung werden organ. Stoffe durch konzentrierte S. zerfressen bzw. verkohlt. Als organism. Bestandteil kommt freie S. praktisch nicht vor. In mehr od. weniger verdünnter Form kann sich S. durch Oxidation v. ↗Schwefeldioxid (SO_2) zu Schwefeltrioxid (SO_3) in (od. durch den Sauerstoff) der Luft u. anschließende Vereinigung des letzteren mit Wasser bilden ($SO_3 + H_2O \rightarrow H_2SO_4$) u. dadurch den ↗sauren Regen mitverursachen. Als zweibasige Säure bildet S. zwei Reihen v. Salzen, die *Hydrogensulfate* mit HSO_4^- als Anion u. die eigentl. *Sulfate* mit SO_4^{2-} als ↗Anion; bes. die Sulfat-Anionen als Bestandteil zellulärer ↗Elektrolyte u. als ↗Anhydride (z. B. ↗Adenosinphosphosulfat u. ↗Phosphoadenosinphosphosulfat) u. S.-Ester (z. B. in den ↗Mucopolysacchariden) sind in der belebten Natur weit verbreitet. Techn. wird S. zur Herstellung v. sulfathaltigem künstl. ↗Dünger verwendet.

Schwefelwasserstoff, *Hydrogensulfid,* H_2S, äußerst giftiges (0,5% in der Luft bei längerer Einatmung lebensgefährl.), farbloses, nach faulen Eiern riechendes Gas; entsteht bei der Zersetzung der Aminosäuren aus Proteinen durch ↗Fäulnisbakterien. ↗Schwefelkreislauf.

Schweifaffen, *Pithecia,* Gatt. der ↗Sakiaffen.

Schweinchenamöbe, *Pelomyxa palustris,* ↗Pelomyxa.

Schweine, *Altweltliche S., Suidae,* Fam. der Schweineartigen (Überfam. *Suoidea,* U.-Ord. *Nonruminantia*); gedrungener Körperbau: Kopf massig, Hals u. Beine kurz; Eckzähne nach oben gekrümmt u. zeitle-

Schweine

1 Deutscher weißer Edelschwein-Eber, **2** Angler-Sattel-Schwein, **3** Berkshire-Schwein, **4** Deutsches veredeltes Landschwein

1

2

3

4

Schweine

Gattungen:

↗Buschschweine *(Potamochoerus)*
↗Wildschweine *(Sus)*
↗Warzenschweine *(Phacochoerus)*
↗Waldschweine *(Hylochoerus)*
↗Hirscheber *(Babyrousa)*

bens nachwachsend. Die meisten S. sind Dämmerungs- od. Nachttiere; alle Arten leben gesellig. Als wenig spezialisierte Gruppe konnten sich die S. unterschiedl. Klimaten u. sehr verschiedenen Lebensräumen anpassen; sie besiedeln daher heute weite Teile Europas, Asiens u. Afrikas. 5 Gatt. (vgl. Tab.) mit insgesamt 8 Arten und 76 U.-Arten. Zu wichtigen Haustieren wurden Arten der ↗Wildschweine. □ Paarhufer.

Schweineartige, *Suoidea* (Überfamilie), älteste u. ursprünglichste (nichtwiederkäuende) Paarhufer mit vielseitiger (omnivorer) Ernährungsweise u. hervorragendem Geruchssinn; kurzer ↗Rüssel mit ↗Rüsselscheibe zur Nahrungssuche; Haare steif u. elastisch („Borsten"). 2 Fam.: die neuweltl. Nabelschweine od. ↗Pekaris *(Tayassuidae)* u. die Altweltl. ↗Schweine *(Suidae).*

Schweinebandwurm, *Taenia solium,* ↗Taeniidae; ↗Bandwürmer.

Schweinelähme, *Meningoencephalomyelitis enzootica suum,* durch das Schweinepoliomyelitis-Virus (Teschen-Virus, gehört zu den ↗Picornaviren; „Teschener Krankheit") hervorgerufene, meist tödl. verlaufende, entzündl. (anzeigepflicht.), seuchenhafte Erkrankung des Gehirns u. Rückenmarks bei Hausschweinen; Symptome: Krampfzustände, Lähmungen.

Schweinepest, 1) *Europäische S., Amerikanische S., Schweinecholera, Pestis suum,* ansteckende, meist tödl. verlaufende, anzeigepflicht. Viruserkrankung (↗Togaviren) der Schweine; Symptome: Organblutungen, Darm- u. Lungenentzündung, Durchfall, Fieber; manchmal auch ohne erkennbare Symptome. 2) *Afrikanische S., Montgomery-Krankheit,* sehr ansteckende, anzeigepflicht. Viruserkrankung (↗Iridoviren) mit tödl. Verlauf; Symptome ähnl. wie bei der Europäischen S.

Schweinerotlauf, *Rotlauf, Erysipeloid,* akute, meldepflicht. Infektionskrankheit der Schweine, die durch die 1882 von F. A. J. ↗Löffler entdeckten *Rotlaufbakterien* (Gatt. ↗*Erysipelothrix*) verursacht wird. Nach Beginn mit Mattigkeit, Freßunlust u. hohem Fieber entweder gutartiger Verlauf *(Backsteinblattern)* in Form v. über den ganzen Körper verteilten roten Flekken od. bösart., ohne Schutzimpfung tödl. Verlauf, mit rötl. Hautverfärbung u.a. an Bauch, Ohren u. Rüssel. Einen chron. Verlauf zeigt der durch Wucherungen an den Herzklappen charakterisierte, unheilbare *Herzklappen-Rotlauf.* – Beim Menschen treten Backsteinblattern meist durch Verletzung an den Händen (bes. bei Fleischern u. Köchen) u. Infektion mit Rotlaufbakterien auf; verursachen örtl. Hautentzündung u. nur geringe Allgemeinerscheinungen.

Schweineseuche, durch Bakterien verursachte, seuchenhafte Lungenkrankheit bei Schweinen; Symptome: Husten, Atembeschwerden, Fieber, Rüssel u. Ohren blau gefärbt; tödl. Verlauf.

Schweinsaffe, *Macaca nemestrina,* große, pavianähnl. ↗Makaken-Art mit mehreren U.-Arten in Hinterindien u. Indonesien; wird als „Erntehelfer" beim Abpflücken v. Kokosnüssen eingesetzt.

Schweinshirsch, *Axis porcinus,* dem ↗Axishirsch nahestehende Art der ↗Flekkenhirsche; niedriger Körperbau (Schulterhöhe 60–75 cm, Kopfrumpflänge 105–115 cm); Verbreitung: hpts. Vorder- u. Hinterindien.

Schweinsohr, *Gomphus clavatus* S. F. Gray, einzige Art der Gatt. *Gomphus* (Fam. *Gomphaceae,* ↗Nichtblätterpilze); Leistenpilze, deren vollfleischiger Fruchtkörper abgestutzt keulig bis kreiselförmig (bis 10 cm hoch) ist; Oberteil breit (bis 7 cm), etwas vertieft, auch ohrenförmig ausgezogen (Name!); anfangs violettpurpur, später ockergrau bis lehmfarben; Außenseite fleischfarbig mit gabelig verzweigten, aderigen, mehr od. weniger netzart. Leisten. Das S. wächst auf dem Boden in Nadel- u. Mischwald u. bevorzugt neutrale bis kalkhalt. Standorte.

Schweinswale, *Phocaenidae,* in 3 Gatt. mit insgesamt 7 Arten weltweit verbreitete Fam. kleiner, delphinart. Zahnwale; Gesamtlänge 1,3–1,8 m; 1. und 2. Halswirbel verwachsen; Schnauze nicht schnabelförmig; Fischfresser. Bekannteste Walart der nordeur. Küsten ist der Schweinswal, *Phocaena phocaena* (auch: Schweinsfisch, Braunfisch, Meerschwein, Kleiner Tümmler), der gelegentl. auch in Flüsse eindringt. [B] Europa I.

Schweiß, *Sudor,* Sekret ausschl. bei Säugern ausgebildeter ↗Hautdrüsen, das bei Primaten, bes. beim Menschen (ekkrine ↗S.drüsen), überwiegend der ↗Temp.-Regulation dient (Verdunstungswärme), zusätzl. aber auch der ↗Exkretion v. Mineralien (K^+, Na^+, Cl^-) und stickstoffhalt. Stoffwechselendprodukten (Harnstoff, z.B. schaumiger S. beim Pferd). Spezielle S.drüsen (apokrine S.drüsen) scheiden einen an Duftstoffen (↗Sexuallockstoffe) reichen S. aus (↗schwitzen). Bei starker Muskelarbeit enthält der S. des Menschen wechselnde Mengen an Milchsäure, wie überhaupt die relativen Konzentrationen gelöster Stoffe in dem dünnflüssig wäßrigen S. der ekkrinen S.drüsen je nach physiolog. Zustand des betreffenden Individuums beträchtl. variieren können (z.B. NaCl 0,3–0,5%). Ferner wird mit dem S. das Gewebshormon ↗Bradykinin ausgeschüttet, das gefäßerweiternde Wirkung hat u. damit die Wärmeabgabe fördert.

Schweißdrüsen, *Glandulae sudoriparae, G. sudoriferae,* nur bei Säugern ausgebildete ↗Hautdrüsen, welche sowohl Duftstoffe wie der Temp.-Regulation (Verdunstungswärme) u. ↗Exkretion (Harnstoff, NaCl, KCl) dienende Sekrete produzieren (↗schwitzen). Je nach Funktion u. Form unterscheidet man grundsätzl. zwei Typen von S., die sog. „Stoff- u. Duftdrüsen" mit apokriner Sekretion (↗Drüsen) u. die nur bei Primaten, v.a. beim Menschen, zusätzl. vorkommenden ekkrinen S. Die *apokrinen S.* stehen i.d.R. in enger Verbindung mit Haarbälgen; sie zeichnen sich durch weitlumige alveoläre od. verzweigt tubuläre Drüsenendstücke (□ Drüsen) aus, die korbartig v. einem Geflecht v. ↗Myoepithelzellen umsponnen sind (Speicherdrüsen mit diskontinuierl. Sekretauspressung auf nervösen Reiz). Neben einer Exkretionsfunktion dienen ihre dickflüssigen, protein- u. lipidreichen Sekrete v.a. als ↗Sexuallockstoffe (Duftdrüsen der Achselhöhlen, der Brustwarzen- u. Genitalregion, wie z.B. Moschusdrüsen beim Moschustier), der Brutpflege (↗Milchleiste) sowie der Reviermarkierung u. als Wehrsekrete (Stinkdrüsen beim Skunk). Von diesem Drüsentyp leiten sich stammesgeschichtl. die zwar stärker verzweigten u. voluminöseren, aber im Prinzip gleichgebauten ↗Milchdrüsen der Säuger ab. Die *ekkrinen S.* der Primaten und vornehml. des Menschen bestehen aus aufgeknäuelten, stets unverzweigten, englumigen Drüsentubuli, die ohne Beziehung zu Haaren stets durch *Schweißporen* auf der freien Epidermisoberfläche münden. Ihr dünnflüssig wäßriges Sekret *(↗Schweiß)* dient v.a. der Temp.-Regulation; auf nervösen Reiz hin wird es kontinuierl. produziert u. abgegeben. Die phylogenet. Entstehung dieser S. ist eng verknüpft mit dem Verlust des Fellkleides u. dem Bedürfnis nach effektiver Temp.-Regulation beim Übergang zum tagaktiven Steppenleben. □ Haut, □ Hautleisten, [B] Wirbeltiere II.

1 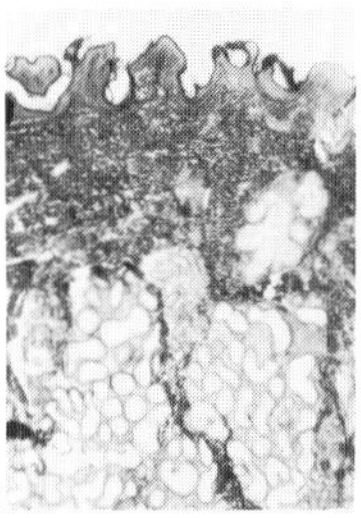

2 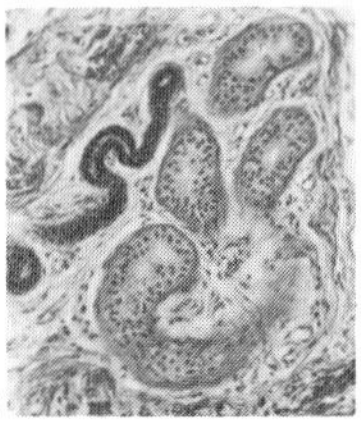

Schweißdrüsen

1 apokrine S. aus der Achselhöhle des Menschen (Duftdrüse); **2** ekkrine S. der Fingerbeere, Ausschnitt aus den Drüsentubuli

Schwellhaie, *Cephaloscyllum,* Gatt. der ↗Katzenhaie.

Schwellkörper, 1) Bot.: die ↗Lodiculae. **2)** Zool.: anschwellbare Bereiche, v.a. an den äußeren Genitalien der Säuger; beim ♂ der *Penis-S.* (paarige Corpora cavernosa penis, ↗Penis) u. der *Harnröhren-S.* (Corpus spongiosum penis = Corpus cavernosum urethrae) (□ Geschlechtsorgane); beim ♀ der *Clitoris-S.* (paarige Corpora cavernosa clitoridis, ↗Clitoris). Der Penis-S. hat eine bes. feste Albuginea (Bindegewebshülle) u. besteht aus einem Schwammwerk glatter Muskulatur mit vielen Bluträumen (Kavernen mit Endothel); sie sind ein Sonderfall v. arterio-venösen ↗Anastomosen. Der Harnröhren-S. liegt wie ein Schlauch um die Harnröhre herum, hat nur eine schwache Albuginea u. besteht aus venösen Bluträumen. ↗Erektion.

Schwellkörper

Der unterschiedl. Bau der S. im Penis ist funktionell erklärbar: der *Penis-S.* wird bei der ↗Erektion sehr steif durch gesteigerten arteriellen Zustrom bei Drosselung des venösen Abflusses, dies ist Voraussetzung für das Eindringen des ♂ Gliedes in die Vagina. Der *Harnröhren-S.* hingegen bleibt komprimierbar; ansonsten könnte das Ejakulat nicht durch die Harnröhre gepreßt werden (↗Ejakulation).

Schwemmboden-Weidenröschenflur, *Epilobietum fleischeri,* Assoz. der ↗Epilobietalia fleischeri.

Schwemmlandböden, die ↗Auenböden.

Schwemmlinge, Pflanzen vorwiegend der alpinen u. subalpinen Schutt-, Hochstauden- u. Quellfluren, die als Samen od. ganze Pflanzen v. Flüssen in die Täler u. in das Vorland herabgespült werden, wo sie auf Kiesbänken u.ä. wachsen. Beispiele: Alpen-↗Leinkraut, Zwerg-↗Glockenblume.

Schwendener, *Simon,* schweizer. Botaniker, * 10. 2. 1829 Buchs (Kanton St. Gallen), † 27. 5. 1919 Berlin; seit 1867 Prof. in Basel, 1877 Tübingen, 1878 Berlin; Untersuchungen über die mechan. Gesetze in Bau u. Entwicklung der höheren Pflanzen, insbes. in der Anordnung des Festigungsgewebes; erkannte den Aufbau der Flechten aus symbiont. Pilzen u. Algen.

schwere Böden, dicht gelagerte, schwer bearbeitbare Böden mit hohem Ton- u. Schluffgehalt (□ Bodenarten).

Schwererezeptoren ↗Gleichgewichtsorgane, ↗Mechanorezeptoren, ↗mechanische Sinne ([B] II).

schwerer Wasserstoff, das ↗Deuterium.
Schweresinn, *Schwerkraftsinn, statischer Sinn,* der ↗Gleichgewichtssinn; ↗mechanische Sinne (B II).
Schweresinnesorgane, *statische Organe,* die ↗Gleichgewichtsorgane; ↗Mechanorezeptoren, ↗mechanische Sinne (B II).
Schwermetallböden, Böden, die in höheren Konzentrationen Schwermetallionen (von Cu, Co, Cr, Ni, Zn, Pb u. a.) enthalten (↗Schwermetalle). Wegen der toxischen Wirkung dieser Ionen wachsen die meisten Pflanzen nicht, einige konkurrenzschwache Arten haben jedoch Varietäten (Ökotypen) ausgebildet, die teilweise schwermetallresistent sind (↗Galmeipflanzen). ↗Violetea calaminariae. ↗Schwermetallresistenz.
Schwermetalle, Metalle, die eine Dichte über 4,5 g/cm^3 besitzen (im Ggs. zu den Leichtmetallen mit einer Dichte unter 4,5 g/cm^3). Außer den in elementarer Form natürl. vorkommenden Edelmetallen Gold, Silber, Platin, die auch zu den S.n zählen, für biol. Systeme aber ohne Bedeutung sind, kommen S. in der Natur nur in oxidierter Form, d. h. als Schwermetall-↗Kationen bzw. als deren ↗Komplexverbindungen vor. In niedrigen Konzentrationen sind bestimmte S. ↗essentielle Nahrungsbestandteile (↗Mikronährstoffe, ↗Bioelemente, T). In erhöhten Konzentrationen wirken meist auch die zu den essentiellen Nahrungsbestandteilen zählenden S. toxisch (↗Schadstoffe, ↗Schwermetallresistenz). Aufgrund industrieller Nutzung u. der dadurch bedingten Verbreitung in Form industrieller Produkte bzw. Abfallstoffe zählen S. heute vielfach zu den umweltbelastenden Stoffen (vgl. Tab.). Manche S., bes. die nicht zu den essentiellen Nahrungsbestandteilen zählenden S. wie ↗Blei, ↗Cadmium u. ↗Quecksilber, können in den ↗Nahrungsketten angereichert werden (↗Abbau), wodurch trotz relativ niedriger Ausgangskonzentrationen toxische Konzentrationen erreicht werden können. Zur biol. Wirkungsweise einzelner S. ↗Blei, ↗Cadmium, ↗Eisen, ↗Eisenstoffwechsel, ↗Kobalt, ↗Kupfer, ↗Mangan, ↗Molybdän, ↗Nickel, ↗Quecksilber, ↗Zink, ↗Zinn; ↗Metalloproteine (T), ↗Äthylendiamintetraacetat (T), ↗MAK-Wert (T).

Schwertlilie *(Iris)*

Schwermetallrasen ↗Violetea calaminariae.
Schwermetallresistenz, genet. fixierte Eigenschaft v. Organismen, hohe Schwermetallkonzentrationen (↗Schwermetalle) in der Umwelt zu ertragen. Taxonomisch betrachtet, stellen Schwermetall-Organismen meist Kleinarten od. Varietäten dar, z. T. haben sie auch Artrang erreicht. Die S. ist art-, populations- u. metallspezifisch. Eine gehemmte Schwermetallaufnahme im Sinne v. ↗avoidance wird nur selten beobachtet. Häufiger sind Speicherung od. Ausscheidung der Schwermetalle. ↗Chalkophyten speichern diese in Wurzeln und oberird. Organen in den Zellwänden od. Vakuolen, z. T. werden die Blätter mehrmals jährl. abgeworfen. Die Strand-↗Grasnelke zeigt eine aktive Ausscheidung über Salzdrüsen. Bei Tieren sind mögl. Speicherorte die ↗Chloragogzellen u. die ↗Mitteldarmdrüse. Einige Tierarten verfügen über spezielle Schwermetall-bindende Organelle, z. B. kupferspeichernde Cuprosomen (Asseln); z. T. ist auch eine verstärkte Synthese v. schwermetallbindenden Proteinen zu beobachten. ↗Schwermetallböden, ↗Galmeipflanzen.
Schwertblatt, Bez. für die in der Medianebene abgeflachten unifazialen Blätter der ↗Schwertlilien-Arten, die eine Schwertform zeigen.
Schwertfische, *Xiphiidae,* Fam. der ↗Makrelenartigen Fische mit nur 1 Art, dem bis 5 m langen S. (*Xiphias gladius,* B Fische V), der als Einzelgänger in allen warmen u. gemäßigten Meeren v. der Oberfläche bis in 600 m Tiefe verbreitet ist; der Oberkiefer ist stark verlängert u. horizontal schwertförm. abgeflacht; das Schwert dient wahrscheinl. zum Verletzen v. Beutetieren in einem Schwarm; Bauchflossen, Zähne u. Schuppen fehlen. B Konvergenz.
Schwertlilie, *Iris,* Gatt. der ↗Schwertliliengewächse mit ca. 200 Arten in Europa, N-Afrika, N-Amerika u. Asien; Stauden mit holzigen Rhizomen (B asexuelle Fortpflanzung I) u. breit schwertförm., zweizeilig angeordneten Blättern. Die Blüten haben 3 zurückgekrümmte äußere und 3 aufrechte innere Blütenblätter. Die 3 Narben sind blütenblattartig erweitert u. bilden jeweils eine Art Lippe (analog den Lippen-

Konzentrationen von Schwermetallen (Angaben in der Lit. stark schwankend)

	Konzentrations-Einheiten	Blei	Cadmium	Kobalt	Kupfer	Nickel	Quecksilber	Zink	Zinn
Luft	ng/m^3	0,6–13200	0,5–620	0,0008–37	0,036–4900	1–120	0,09–38	0,03–16000	1–800
Meerwasser	µg/l	0,03	0,11	0,02	0,05–12	0,58	0,03–0,15	4,9	0,002–0,81
Grundwasser	µg/l	unter 10	1	–	–	–	0,03–0,1	10	–
Boden	mg/kg	2–200	0,06–0,35	8	30	50	0,06	10–300	1–200
Meeresfische	mg/kg	0,001–15	0,1–3	0,006–0,05	0,7–15	0,1–4	0,128	9–80	–
Landpflanzen	mg/kg	1–13	0,1–2,4	0,005–1	5–15	1–3	0,005–0,02	20–400	0,2–2
Gemüse	mg/kg	0,1–0,6	0,019–0,044	0,01–4,6	4–20	0,02–4	–	2	0,2–6,8
Obst	mg/kg	0,1–0,2	0,010–0,018	–	–	–	–	1	–
Milch	mg/kg	0,019	0,01	–	–	–	0,0002	4	–
Fleisch	mg/kg	0,06–0,28	0,009–0,165	–	–	–	0,006	25	–
menschl. Leber	mg/kg	0,4–2,8	–	2–13	30	0,032–4,6	–	–	0,23–2,3
menschl. Knochen	mg/kg	3,6–30	1,8	–	1–26	–	–	50–60	1,4

blütlern). So entstehen 3 getrennte bestäubungsbiol. Einheiten. Der unterständige 3fächrige Fruchtknoten bringt eine Kapselfrucht hervor. In Mitteleuropa kommen ca. 10 Arten vor. Die Gelbe od. Wasser-S., *I. pseudacorus* ([B] Europa VI), mit hellgelben Blüten wächst in Sümpfen, Gräben u. Verlandungsgesellschaften (Phragmitetalia). *I. sibirica,* eine blaublühende Art der Moorwiesen v.a. des Molinion auf Silicatböden, ist nach der ↗Roten Liste „stark gefährdet". *I. germanica,* die Deutsche S., ist eine in unseren Gärten häufig angebaute Zierpflanze hybridogenen Ursprungs (steril); auch zahlr. andere Bastarde u. Sorten werden als Zierpflanzen kultiviert. □ Rhizom, [B] Blütenstände.

Schwertliliengewächse, *Irisgewächse, Iridaceae,* Fam. der ↗Lilienartigen, mit 70 Gatt. und ca. 1500 Arten hpts. in den Tropen u. Subtropen verbreitet, aber auch bis in die gemäßigten Gebiete ausstrahlend. Bes. artenreich sind die S. in Kapland u. im trop. Amerika vertreten. Es sind Stauden mit Rhizomen ([B] asexuelle Fortpflanzung I) od. Knollen, scheidigen Unterblättern u. endständigen, v. einer Spatha umhüllten ↗Blütenständen ([B]). Die Blüten sind radiär od. zygomorph mit 2 3gliedrigen, oft verschieden gestalteten Blütenblattkreisen. Der Fruchtknoten ist 3fächrig, unterständig. Die Bestäubung erfolgt durch Insekten od. bei einigen trop. Arten durch Vögel. Viele der z.T. artenreichen Gatt. sind als Garten- od. Schnittblumen bekannt: ↗Schwertlilie, ↗Krokus, ↗Freesie, ↗Gladiole u. ↗Tigerblume. Das Blauaugengras *(Sisyrinchium)* ist eine aus Mittel- und S-Amerika stammende Gatt. mit ca. 80 Arten, v. denen *S. montanum* bei uns in Moorwiesen verwildert bzw. eingebürgert vorkommt. Es hat ca. 2 cm große blaue sternförm. Blüten und grasähnl. Blätter.

Schwertmuscheln, die ↗Scheidenmuscheln.

Schwertschrecken, *Kegelköpfe, Conocephalidae,* Fam. der ↗Heuschrecken (Langfühlerschrecken); in Mitteleuropa nur 3 Arten, v.a. in Feuchtgebieten. Die S. sind bis 30 mm groß; der Legebohrer der Weibchen ist fast körperlang (Name); die Gesänge sind relativ leise. Die bis 20 mm große Langflügelige S. *(Conocephalus fuscus = C. discolor)* kommt in ganz Dtl. vor, die Kurzflügelige S. *(C. dorsalis)* hpts. in N-Dtl. Nur im Bodenseegebiet findet man die Schiefkopfschrecke *(Homorocoryphus nitidulus).*

Schwertschwänze, die ↗Xiphosura.

Schwertschwanzmolch, *Cynops ensicauda,* ↗Salamandridae.

Schwertträger, *Xiphophorus helleri,* bis 12 cm langer, lebendgebärender Zahn-↗Kärpfling, der in Bächen u. stehenden Gewässern v. Mexiko u. Guatemala heimisch ist; wird wegen seiner Anspruchslosigkeit und prächt. Färbung oft in Aquarien

Schwertliliengewächse

Wichtige Gattungen:

Blauaugengras *(Sisyrinchium)*
↗Freesie *(Freesia)*
↗Gladiole *(Gladiolus)*
↗Krokus *(Crocus)*
↗Schwertlilie *(Iris)*
↗Tigerblume *(Tigridia)*

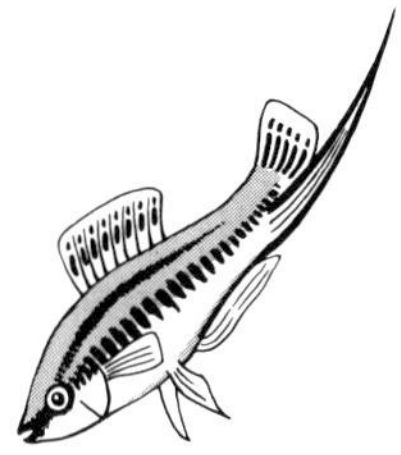

Schwertträger *(Xiphophorus helleri)*

Schwestergruppe

Artenzahlen bei einigen höherrangigen S.n-Paaren:

↗ *Chelicerata* (Stammbaum 2:221)
Xiphosura: 4 rezente Arten
Arachnida (Scorpiones bis *Acari):* über 100000

↗ *Insekten* (Stammbaum 4:361)
Entognatha: ca. 3000
Ectognatha: über 1000000

↗ *Plathelminthomorpha*
Gnathostomulida: 80
Plathelminthes: 16000

↗ *Säugetiere*
Monotremata (Kloakentiere): 6
Theria (Beutel- u. Placentatiere): ca. 4000

gehalten. Beim Männchen ist der untere Schwanzflossenteil zu einem fast körperlangen, weichen Schwert verlängert; neben der urspr. vorwiegend olivgrünen Färbung gibt es durch Züchtung (z.T. sogar mit verwandten Arten) schwarze und bes. rote Farbvarianten. Große Weibchen gebären pro Wurf 100–200 Jungfische. [B] Krebs. [B] Aquarienfische I.

Schwertwale, mit den ↗Grindwalen in einer Gruppe (U.-Fam. *Orcininae*) vereinigte Delphine; Schnauze nicht schnabelförmig; 2 Arten. Weltweit, außer in den Polarmeeren, kommt der Kleine od. Unechte Schwertwal *(Pseudorca crassidens)* vor; ♀♀ bis 4,5 m, ♂♂ bis 6 m lang; Nahrung: Kopffüßer, Fische. Größter aller Delphine ist der Schwertwal od. Orca (*Orcinus orca,* [B] Polarregion III), ♂♂ bis 9 m lang; Rükkenflosse dreieckig u. spitz, bei alten ♂♂ bis 1,8 m hoch (Name!); weltweit verbreitet. Zu den Beutetieren der S. gehören neben Fischen, Meeresvögeln u. Robben auch andere Wale (daher auch „Killer"- od. „Mörderwal" genannt).

Schwesterart ↗Schwestergruppe.

Schwesterchromatiden ↗Chromatiden.

Schwestergruppe, *sister-group, Adelphotaxon,* ein Begriff der ↗Hennigschen Systematik, der das Verwandtschaftsverhältnis der *beiden,* durch dichotome Aufspaltung aus einer Stammart hervorgegangenen Taxa beschreibt. Geschah diese Aufspaltung vor erdgeschichtl. kurzer Zeit, so haben sich die beiden *Schwesterarten* im allg. noch nicht weiter aufgespalten; oft sehen sie noch zum Verwechseln ähnl. aus (sibling species = ↗Zwillingsarten). Hat es in beiden Linien weitere Aufspaltungen gegeben (im allg. im Laufe der Jahrhunderttausende u. Jahrmillionen), dann sind die Schwesterarten zu eigentl. S.n geworden, die als supraspezif. Taxa den Rang von Gatt., Fam., Ord. usw. erhalten. Die beiden S.n können hinsichtl. ihrer Artenzahl sehr ungleichwertig sein (vgl. Tab.). S.n sind immer *Paare,* u. „S." ist keine absolute Bez. u. darf deshalb nur im Zshg. mit der anderen S. verwendet werden, z.B. in folgenden Formulierungen: „die Echiurida sind vermutl. die S. der Sipunculida" (□ Archicoelomatentheorie), „die Gnathostomulida wurden als eigener Stamm den Plathelminthen als S. zur Seite gestellt" u. „Craniota u. Acrania stehen zueinander im S.n-Verhältnis".

Schwesterstrangaustausch, reziproker Segmentaustausch zw. Schwester-Chromatiden, der im Ggs. zum ↗Crossing over nicht zu Rekombination führt, da die Schwester-Chromatiden jeweils gleiche Allele tragen.

Schwielensalamander, *Chiropterotriton,* Gatt. der ↗Schleuderzungensalamander.

Schwielensohler ↗Tylopoda; ↗Kamele.

Schwielenwelse, *Callichthys,* Gattung der ↗Panzerwelse.

Schwimmasseln, die ↗Kugelasseln.

Schwimmbeine, bei Insekten zum Schwimmen umgebildete ↗Extremitäten. Hierzu sind bei solchen Vertretern die Tibia u. Tarsen oft mit einem einseit. Haarsaum zur Vergrößerung der Schubkraft versehen. Dieser Haarsaum ist gelenkig befestigt, so daß er sich beim Vorziehen des Beins dicht an die Beinteile anlegt, um so den Reibungswiderstand im Wasser gering zu halten. Als S. dienen v. a. die Hinterbeine v. ↗Schwimmkäfern u. ↗Wasserwanzen, die diese synchron schlagen. Bei den ↗Wasserkäfern werden diese zus. mit den Vorder- u. Mittelbeinen alternierend bewegt. ↗Taumelkäfer setzen hierzu Mittel- und Hinterbeine synchron ein; dabei arbeitet das Hinterbeinpaar mit ca. 50, das Mittelbeinpaar mit etwa 25 Schlägen pro Sek. Puppen v. ↗Köcherfliegen schwimmen nur mit den Mittelbeinen.

Schwimmbeutler, *Schwimmbeutelratte, Wasseropossum, Yapok, Chironectes minimus,* an das Wasserleben angepaßte süd- u. mittelamerikan. ↗Beutelratte mit Schwimmhäuten an den Hinterfüßen. Im Ggs. zu wasserlebenden placentalen Säugetieren gleicht die Fortbewegung des S.s eher einem „Laufen im Wasser", wobei Muscheln, Krebse u. Laich als Nahrung erbeutet werden. Weibl. S. können die nach hinten geöffnete Bruttasche zum Schutz der Jungen durch einen Schließmuskel verschließen.

Schwimmblase, 1) Bot.: die ↗Aerocyste. **2)** Zool.: *Fischblase, Nectocystis, Vesica natatoria,* großer, derbhäutiger, ein- od. mehrkammeriger, mit Gas prall gefüllter Sack zw. Darm u. Wirbelsäule der meisten Knochenfische, der es v. a. freischwimmenden Fischen ermöglicht, ihr spezif. Gewicht (bzw. Dichte) dem des umgebenden Wassers anzupassen, so daß sie ohne bes. Kraftaufwand frei schweben (↗Schwimmen). Die S. als hydrostat. Organ geht wie die ↗Lunge aus einer embryonalen Ausstülpung des Vorderdarms hervor u. bleibt bei vielen urspr. Knochenfischen (z. B. Welsen, Lachs- u. Karpfenfischen) zeitlebens durch einen Gang *(Ductus pneumaticus)* mit dem ↗Darm verbunden *(↗Physostomen),* während dieser dorsal oder seitl. vom Darm ausgehende Verbindungsgang v. a. bei hoch entwickelten Fischgruppen (z. B. Dorschfischen, Stichlingsartigen, Barschart. Fischen u. Kugelfischverwandten) nach der Larvenzeit reduziert wird *(↗Physoklisten),* doch geschieht auch bei ihnen die erste Luftfüllung meist über den noch durchgängigen Luftgang. Die unterschiedl. Druckverhältnisse in verschiedenen Wassertiefen können durch Veränderung der Gasmenge in der S. kompensiert werden. Überdruck in der S. gleichen Physostomen durch Gasabgabe über den Luftgang (Gasspucken) aus, während sie Unterdruck dagegen wie die Physoklisten

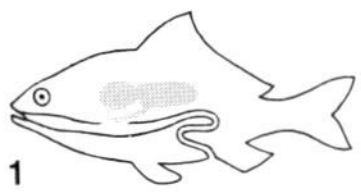

1

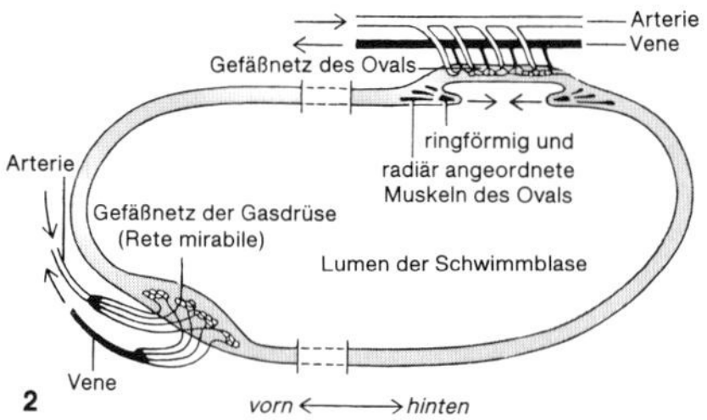

2

Schwimmblase

1 zweikammerige S. mit Ductus pneumaticus bei einem Karpfenfisch. **2** Schemat. Längsschnitt durch die S. eines physoklisten Knochenfisches mit Gasdrüse u. Oval

i. d. R. durch zusätzl. Gasbildung über eine gut durchblutete u. mit einem Rete mirabile ausgestattete, bes. *Gasdrüse,* den *roten Körper,* an der vorderen, unteren Wand der S. kompensieren; die Gasdrüse erlaubt eine Füllung nach dem Prinzip der Gegenstrommultiplikation (↗Gegenstromprinzip). Die Verringerung der Gasmenge erreichen Physoklisten durch Gasresorption an der hinteren, dorsalen Innenwand im Bereich einer bes. Tasche, dem *Oval,* deren Öffnung zur S. je nach Resorptionsbedarf durch Ring- u. Radiärmuskeln verändert werden kann. Beim schnellen Hochziehen gefangener Fische aus größeren Tiefen reicht die Zeit zum Ausspucken od. zur Rückresorption des überschüssigen Gases oft nicht aus, so daß die sich bei vermindertem Außendruck ausdehnende S. den Vorderdarm aus dem Maul herauspreßt (Trommelsucht). Die S. ist v. a. bei Bodenfischen (Seehasen, Plattfischen) gelegentl. reduziert. – Neben der hydrostat. Funktion erfüllt die S. manchmal zusätzl. Funktionen: z. B. im Bereich der ↗Gehörorgane (□) zur Übertragung v. Schallreizen zum Labyrinth über die Weberschen Knöchelchen bei Ostariophysi (Karpfenfischen u. Welsen) od. direkt durch S.nfortsätze bei Heringen; weiter zur Lauterzeugung v. a. durch Vibrationen der S., die durch Trommelmuskeln erzeugt werden (↗Knurrhähne, ↗Froschfische); u. als Atmungsorgane für atmosphär. Luft bei einigen Physostomen (↗Knochenzüngler, ↗Nilhechte). Die Atemfunktion wird als die ursprüngl. Aufgabe der aus den hinteren Kiementaschen gebildeten, paar. Luftsäcke angesehen, die wie bei den ↗Flösselhechten als zusätzl. Atmungsorgane in sauerstoffarmen Gewässern dienten. Alleinige Atmungsorgane sind sie bei den ↗Lungenfischen. Die Entwicklung zur S. war eine bes. Spezialisierung. Zusätzl. Atemfunktion der S. wird i. d. R. durch nachträgliche Umbildungen erreicht. ↗Auftrieb, ↗Root-Effekt; □ Lunge, B Fische (Bauplan), B Wirbeltiere I. *T. J.*

Schwimmblätter, Bez. für Blätter v. Wasserpflanzen, die ihre Spreite auf dem Wasserspiegel ausbreiten. Sie vermitteln in ihrer Ausgestaltung häufig zw. Wasser- u. Luftblättern, doch ähneln sie in ihrer Ausformung mehr den Luftblättern (Beispiel: ↗Pfeilkraut). Sie tragen aber in Anpassung an den Lebensraum ihre Spaltöffnungen an der Blattoberfläche. Es gibt im Wasser lebende Sproßpflanzen, die Wasser-, Schwimm- u. Luftblätter ausbilden (Pfeilkraut), die Wasser- u. Schwimmblätter (Wasserhahnenfuß) u. die nur Schwimmblätter ausbilden (Teich-, Seerose).

Schwimmblattgesellschaften ↗Potamogetonetea.

Schwimmblattpflanzen, Bez. für Pflanzenarten, die nur ↗Schwimmblätter ausbilden; sie besiedeln in stehenden Gewässern bestimmte Wassertiefen u. bilden den *S.gürtel.*

Schwimmen, ↗Fortbewegung im od. auf dem Wasser, wobei sich mindestens das „Antriebsorgan" *im* Wasser befindet. Es lassen sich folgende Schwimmarten unterscheiden: 1) *Schwimmschlängeln* (z.B. wurmförm. Tiere, Schlangen; Schlängelbewegungen der ↗Cilien v. Einzellern), 2) *Ruderschwimmen* (Extremitäten, Antennen mancher Krebse, Brustflossen der Fische), 3) *Wrickschwimmen* (Antrieb über die Schwanzflosse, bei Fischen horizontale Bewegung, bei Walen vertikale Bewegung), 4) *Schwanzschwimmen* (z.B. bei Krokodilen), 5) *Flügelschwimmen* (in Kombination mit Ruderschwimmen der Beine bei Möwen), 6) *Rückstoßschwimmen* (Ausstoß v. Wasser bei den Cephalopoden u. – durch rhythmische Schalenbewegungen – bei Muscheln). Eine Sonderform des S.s haben die Staatsquallen entwickelt: sie werden mit Hilfe ihrer Pneumatophoren (Gasbehälter) vom *Wind* vorangetrieben. – Typ. Schwimmbewegungen der landlebenden Tetrapoden sind Laufbewegungen; die großenteils im Wasser lebenden Biber u. Seeottern benutzen Beine u. Schwanz, Fischotter Rumpf u. Schwanz zum S. – Die Extremitäten der Wassertiere bzw. der sich häufig im Wasser aufhaltenden Tiere sind meist breitflächig (verbreiterte Beinabschnitte, Borsten an den Extremitäten v. Wasserinsekten, Schwimmhäute zw. den Zehen v. Fröschen u. Wasservögeln, Flossen u.a.). – Sehr viele Wasserorganismen nutzen den ↗Auftrieb; manche können sich aber nur aktiv in bestimmten Wassertiefen halten; so müssen z.B. Haie (ohne ↗Schwimmblase!) ständig (auch beim Schlaf) ihre Flossen (v.a. Brustflossen) bewegen, um nicht abzusinken. ↗Biomechanik.

Schwimmenten, *Anas,* Gatt. der ↗Enten, die zur Nahrungssuche v. der Wasseroberfläche aus ↗gründeln, tauchen nur selten, v.a. zur Zeit der Flugunfähigkeit während der ↗Mauser (↗Entenvögel); die Weibchen übernehmen das Brutgeschäft u. tragen ein tarnfarbig braunes Gefieder; die verschiedenen Arten sind bes. am „Flügelspiegel" zu unterscheiden, die Männchen (Erpel) dagegen sind sehr bunt u. leicht zu bestimmen. Die häufigste u. bekannteste Art ist die Stockente (*A. platyrhynchos,* [B] Europa VII), die auf den verschiedensten Gewässern vorkommt, auch mitten in Stadtbereichen; das Nest mit meist 7–11 Eiern ([B] Vogeleier II) befindet sich am Boden in dichter Vegetation od. erhöht z.B. zw. den Ästen v. Kopfweiden; Stammform der Hausente, mit der sie sich auch im Freien verbastardiert. Weitaus seltenere Brutvögel u. nach der ↗Roten Liste „gefährdet" sind die beiden kleinsten heim. S.-Arten, die Krickente (*A. crecca,* [B] Europa VII) u. die Knäkente *(A. querquedula),* deren Erpel durch einen weißen Überaugenstreif gekennzeichnet ist. „Potentiell gefährdete" Arten sind die buntgefärbte Löffelente *(A. clypeata),* die in beiden Geschlechtern einen breiten Löffelschnabel besitzt, die an einem langen Schwanzspieß kenntl. Spießente *(A. acuta)* u. die wenig auffällig graubraun u. schwarz gefärbte Schnatterente *(A. strepera).* Zur Zugzeit u. winters versammeln sich an geeigneten Gewässern große Schwärme von S. mit gemischter Artenzusammensetzung, darunter auch die v.a. in den sumpfigen Tundren des Nordens brütende Pfeifente *(A. penelope).* ☐ Enten, [B] Rassen- und Artbildung II, [B] Ritualisierung.

Schwimmenten

1 Stockente *(Anas platyrhynchos),* **2** Krickente *(A. crecca),* **3** Löffelente *(A. clypeata),* **4** Schnatterente *(A. strepera)*

Schwimmfarngewächse, *Salviniaceae,* Fam. der Ord. ↗*Salviniales* (U.-Kl. ↗Wasserfarne) mit dem Schwimmfarn (*Salvinia;* 12 überwiegend trop. verbreitete Arten) als der einzigen Gatt. Freischwimmende, wurzellose, heterospore Wasserfarne; Blätter in dreizähligen Wirteln an der nur wenig verzweigten Achse: 2 ungeteilte, assimilierende Schwimmblätter ohne Stomata und 1 fädig zerschlitztes, die Wurzelfunktion übernehmendes Wasserblatt, an dessen Basis die Sporokarpien sitzen; diese bestehen aus einem Receptaculum, gestielten Mikro- od. Megasporangien u. einer doppelschicht., einem Indusium entspr. Wand. Die Gametophytenentwicklung erfolgt im Sporangium; die schlauchart., stark reduzierten ♂ Prothallien mit 2 Antheridien durchbohren die Sporangienwand u. entlassen so die Spermatozoide. Megasporangien mit nur 1 Megaspore, in der sich das reservestoffreiche Megaprothallium entwickelt; dieses ragt nur wenig aus dem aufgesprungenen Sporangium hervor. Die S. sind im Tertiär vielfach nachgewiesen (z.B. Obermiozän v. Öhningen, Rhein. Braunkohle) u. traten bereits in der oberen Kreide auf. – Die einzige außertrop. und auch in Mitteleuropa heimische Art ist der wärmeliebende, eurasiatisch-kontinental verbreitete Schwimmfarn *Salvinia na-*

Schwimmfarngewächse

Schwimmfarn *(Salvinia natans),* links Sproßstück mit Blattwirtel

Schwimmkäfer

Furchenschwimmer *(Acilius sulcatus)* ♀, ca. 17 mm

Schwimmkäfer

Über die Habitatansprüche der S. ist man nur mangelhaft unterrichtet. Die meisten Arten bewohnen stehende Gewässer unterschiedl. Typen. So finden sich Gelbrandkäfer, Gaukler (*Cybister lateralimarginalis*, 30–37 mm, schwarz mit olivgrünem Schimmer; ↗Gelbrandkäfer) od. Furchenschwimmer (*Acilius sulcatus*, 15–18 mm) in mehr od. weniger stark eutrophen Teichen. Moorige Gewässer werden v. den Schlammschwimmern *Ilybius guttiger, I. aenescens*, von *Dytiscus lapponicus* sowie v. den Schnellschwimmern *Agabus affinis, A. subtilis* od. *Hydroporus erythrocephalus* bewohnt. Gebirgsseen sind ein bevorzugter Lebensort v. *Potamonectes griseostriatus* od. *Agabus solieri*. Einige Arten leben überwiegend in kaltstenothermen Bächen: *Hydroporus kraatzi, H. nivalis* od. Arten der Gatt. *Oreodytes*.

tans, der meist zus. mit Wasserlinsen in ruhigen, nährstoffreichen Gewässern vorkommt (↗Lemnetea).

Schwimmfüßer, die ↗Kielfüßer.

Schwimmglocken ↗Siphonanthae.

Schwimmhaut, bei vielen sich im Wasser fortbewegenden Tetrapoden (Schwimmvögel, Amphibien, Schnabeltier u.a.) zw. allen od. nur einigen Zehen ausgebildete Haut, die als Ruderfläche dient. Beim Vorziehen der Extremität werden die Zehen aneinandergelegt u. die S. zw. ihnen gefaltet, so daß wenig Strömungswiderstand herrscht. Beim Zurückschlagen der Extremität werden die Zehen gespreizt, u. die aufgespannte S. drückt das Wasser nach hinten. ☐ Ruderfüße.

Schwimmkäfer, *Echte S., Dytiscidae,* Fam. der adephagen ↗Käfer ([T]), weltweit ca. 4000, bei uns über 150 Arten von 2–50 mm Körpergröße. Larven u. Käfer sind permanente Bewohner v. Gewässern, die nur v. den Imagines per Flug zum Aufsuchen neuer Gewässer und v. den Larven zur Verpuppung verlassen werden. Anpassungen an das Wasserleben stellen u.a. die ↗Schwimmbeine, die hydrodynam. Stromlinienform u. der Mechanismus der Luftatmung dar. Die S. schwimmen sehr elegant u. schnell durch synchronen Schlag der Hinterbeine. Der Körper ist abgeflacht, geschlossen im Umriß u. bietet dem Wasser wenig Widerstand; Fühler lang u. fadenförmig. Die Körperform ist im Detail v. der Jagdstrategie – Käfer u. Larven sind überwiegend Räuber – u. dem damit verbundenen Schwimmverhalten abhängig. Ausgesprochene Dauerschwimmer, wie der Furchenschwimmer *(Acilius sulcatus),* sind breiter u. flacher gegenüber häufigen Lauerjägern, wie den ↗Gelbrandkäfern *(Dytiscus).* Zum Atmen müssen die Käfer u. Larven an die Wasseroberfläche. Käfer nehmen mit dem Hinterleibsende einen Luftvorrat unter die Elytren u. in die vorher entlüfteten Tracheenstämme auf (↗Kiemen, ↗Plastron). In diesen Luftraum münden die beiden thorakalen und 8 abdominalen Stigmen. Kleinere Formen können auch an Wasserpflanzen haftende Gasbläschen aufnehmen. Aus dem Luftvorrat wird der Sauerstoff veratmet. Während die kleineren Arten durch die mitgenommene Luft leichter als Wasser werden, haben größere Formen durch diese Luftblase u. ihren ↗Auftrieb annähernd die Dichte (bzw. spezif. Gewicht) des Wassers. Viele Arten besitzen im männl. Geschlecht verbreiterte Vorder-, gelegentl. auch Mitteltarsen, die mit ↗Saughaaren (☐) besetzt sind. Bei den Gelbrandkäfern sind sogar die Vordertarsen-Basalglieder zu einem breiten, verrundeten Saugnapf umgebildet. Die Larven sind langgestreckt u. überwiegend rundl. im Querschnitt, die kräftigen Beine haben wie auch die Seiten der beiden letzten Abdominalsegmente zum Schwimmen lange Haarsäume. Das Schwimmen erfolgt einerseits durch rudernde Beinbewegungen, andererseits durch kräftiges Auf- u. Abschlagen des Hinterleibs (bei schnellerem Schwimmen). Die Mundteile sind der räuberischen Ernährung angepaßt. Während Maxillen u. Labium bis auf die etwas verlängerten Taster stark verkleinert sind, sind die Mandibeln als spitze, lange Dolche ausgebildet, die für eine extraintestinale Verdauung seitl. eine Rinne od. sogar einen geschlossenen Kanal beinhalten. Einer gepackten Beute wird dann durch diesen Kanal Verdauungssaft und vermutl. ein lähmendes Gift injiziert u. später mit der Nahrung wieder eingesaugt. Die Atmung geschieht ebenfalls über das Hinterende, wobei die Luftaufnahme über das letzte offene Stigmenpaar erfolgt (↗metapneustisch). Manche Arten sind wohl auch zur Hautatmung fähig. Die Entwicklung erfolgt über 3 Stadien; Verpuppung an Land, oft in einer selbst gegrabenen Erdhöhle. Viele S. geben bei Störungen zur Abwehr ein milchiges Sekret aus Prothorakaldrüsen ab. Beim Gelbrandkäfer enthält es z.B. das Steroidhormon ↗Cortexon, das sonst bei Wirbeltieren in der Nebennierenrinde gebildet wird. Es wirkt auf Fische lähmend. *Colymbetes* besitzt hingegen als Hauptkomponente das Alkaloid Colymbetin, das zumindest für Kleinsäuger stark giftig ist. Auch die Pygidialdrüsen geben ein Gemisch v. wohl im wesentl. bakteriziden u. fungiziden Substanzen ab (z.B. Hydroxybenzaldehyd u. Benzoesäure). [B] Insekten III, [B] Käfer I. *H. P.*

Schwimmkrabben, *Portunidae,* Fam. der ↗*Brachyura.* Ihre letzten 4 Pereiopoden sind oft etwas abgeflacht, u. das letzte Glied (Dactylus) des 5. Pereiopoden bildet ein breit-ovales, flaches Paddel. Die meisten Arten leben am Boden, *Macropipus holsatus* in der Nordsee bis 50 m Tiefe, u. benutzen ihre Schwimmfähigkeit beim Beutefang u. bei der Flucht; satte Tiere graben sich flach in den Sand ein. S. leben in allen Meeren, meist im Litoral, wenige gehen auch in Brack- u. Süßwasser. Manche Arten sind vorzügl. Schwimmer, so *Polybius henslowi,* die von der Nordsee bis zum Mittelmeer vorkommt u. deren Männchen große Massenwanderungen durchführen. Einige sind sogar fast pelagisch z.B. *Portunus sayi,* die in *Sargassum*-Tangen lebt. Andere Arten sind wirtschaftl. bedeutend als Speisekrabben, so die ↗Blaukrabbe *(Callinectes sapidus)* u. die „lady crab" *Ovalipes ocellatus* in N-Amerika, *Portunus sanguilentus* auf Hawaii, *P. pelagicus* (die nicht pelagisch ist) im Indopazifik u.a. Zu den S. gehört auch die indopazif. Gatt. *Podophthalmus,* die mit ihren langen Augenstielen ein bevorzugtes Objekt zur Untersuchung der Neurophysiologie des Sehens ist. Die ↗Strandkrabbe der eur. Küsten, die nicht schwimmen kann, gehört ebenfalls zu den Schwimmkrabben.

Schwimmpflanzen, Bez. für Wasserpflanzen, die wurzellos sind u. untergetaucht schwimmen, wie z. B. Tausendblatt u. Wasserschlauch, od. deren Wurzeln den Gewässerboden nicht erreichen u. frei auf der Wasseroberfläche schwimmen, wie z. B. Wasserlinsen, Wasserhyazinthe u. Schwimmfarn.

Schwimmratten, *Hydromyinae,* in Austr., Neuguinea u. auf den Philippinen vorkommende U.-Fam. der Eigentl. ↗Mäuse *(Muridae)* mit unterschiedl. starker Anpassung ans Wasserleben; Kopfrumpf- u. Schwanzlänge je 15–29 cm. Verschließbare Nasenöffnungen und z. T. Schwimmhäute an den Hinterfüßen haben die in Ufernähe lebenden austr.-neuguineischen S. der Gatt. *Hydromys* (3 Arten). Moncktons S. *(Crossomys moncktoni)* aus Neuguinea zeichnet sich durch einen fast wasserdichten Pelz, bes. große Schwimmhäute, Rückbildung der Ohrmuscheln u. spezielle Haaranordnung am Schwanz (Ruderorgan) aus.

Schwimmschnecken, die ↗Flußnixenschnecken.

Schwimmwanzen, *Naucoridae,* Fam. der ↗Wanzen (Wasserwanzen); in Mitteleuropa nur die Art *Naucoris cimicoides,* ca. 16 mm groß, schwimmt geschickt mit Hinter- u. Mittelbeinen, dabei ist der Rükken oben; die Ernährung ist räuberisch; die Stiche mit dem Saugrüssel sind für den Menschen schmerzhaft.

Schwimmwühlen, *Typhlonectes,* Gatt. der ↗Blindwühlen (T).

Schwindlinge, *Marasmius,* Gatt. der ↗Ritterlingsartigen Pilze; die kleinen bis sehr kleinen, dünnfleischigen Fruchtkörper schrumpfen bei Trockenheit zus. und quellen bei Feuchtigkeit wieder auf; der Stiel ist zäh bis knorpelig. In Europa ca. 30 Arten, weltweit ca. 200, bes. in trop. Gebieten; sie wachsen auf abgestorbenen Zweigen u. abgefallenen Blättern u. Nadeln (vgl. Tab.).

Schwingel, *Festuca,* kosmopolitische Gatt. der Süßgräser (U.-Fam. *Pooideae*) mit ca. 200 Arten; ausdauernde, 20–50 cm hohe Rispengräser mit nur kurz begrannter Deckspelze. Die Einteilung der Arten ist wegen des großen Formenreichtums oft schwierig. Wichtige Arten mit flachen Blättern sind der Wald-S. *(F. altissima)* mit 1 bis 3 mm langem Blatthäutchen, ein Schattengras ohne Ausläufer der Buchen-Tannenwälder (↗Abieti-Fagetum) der submontanen bis montanen Stufe, u. der Wiesen-S. *(F. pratensis),* ein wicht. Futtergras v. a. in Fettwiesen. Der Rot-S. *(F. rubra)* ist ein niedriges mittelwert. Futtergras (Untergras) der Wiesen auf der ganzen N-Halbkugel. Bes. in Austr. und S-Afrika ist der Schaf-S. *(F. ovina)* mit borstl. Grundblättern ein wicht. angebautes Futtergras.

Schwingen, Federn des ↗Vogelflügels, Unterscheidung zw. ↗Arm- u. ↗Handschwingen; dichterisch auch Bez. für den ganzen Flügel. ↗Schwungfedern; ↗Vogelfeder.

Schwindlinge

Bekannte Arten:

↗Knoblauchpilz (Knoblauch-S., *Marasmius scorodonius* Fr., Würzpilz, auf Nadeln)

Großer Knoblauch-S. (*M. prasiosmus* Fr., auf Blättern, ungenießbar)

Roßhaar-S. (*M. androsaceus* Fr., auf Rinde, Ästchen, Nadeln, häufig)

Wiesen-Schwingel *(Festuca pratensis)*

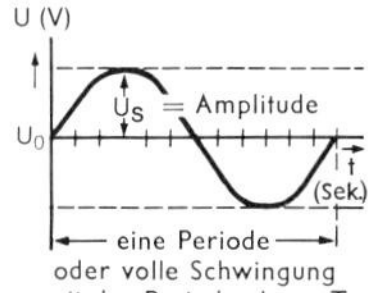

Schwingung

Harmonische S. einer elektr. Spannung (sinusförmige Wechselspannung):

Eine elektrische Spannung $U(t) = U_s \sin \omega t$ schwingt um die *Ruhelage* $U_0 = 0$. Die Maximalausschläge ins Positive bzw. ins Negative markieren die *Amplitude* U_s. Nach der *Schwingungsdauer* T ($T = 2\pi/\omega$; ω = Kreisfrequenz) wiederholt sich die Schwingung.

Schwingfäden, die ↗Oscillatoriaceae.

Schwingfadenartige, die ↗Oscillatoriales.

Schwingfliegen, *Sepsidae,* Fam. der ↗Fliegen mit ca. 200 Arten; kleine, dunkel gefärbte Insekten mit schlankem, ameisenähnl. Körperbau; auffallend sind die beim Laufen auf- u. abwippenden Flügel sowie ein melissenähnl. Duft, der Drüsen am Hinterleib entströmt; die Vorderbeine der Männchen sind als Greifbeine ausgebildet, mit denen sie sich während der Kopulation am Weibchen festklammern.

Schwingkölbchen, die ↗Halteren; ↗Fliegen (□).

Schwingrasen, schwimmende, v. Sphagnen (Torfmoosen) gebildete, mit Phanerogamen durchwobene Torfdecken; leiten die Verlandung saurer Moorgewässer ein. ↗Moor.

Schwingung, *Oszillation,* ein (meist physikal.) Vorgang, bei dem ein Zustand zeitl. periodisch v. einem Ruhezustand abweicht, z. B. die S. eines Pendels. Die Zeit zw. zwei gleichen aufeinanderfolgenden Zuständen *(Phasen)* ist die *S.sdauer* od. ↗*Periode* (Periodendauer), die maximale Abweichung vom Ruhezustand die ↗*Amplitude* u. die Anzahl der S.en in der Zeiteinheit die ↗*Frequenz.* Räuml. und zeitl. sich ausbreitende S.en heißen *Wellen.* ↗Interferenz (□), ↗Schall (□), ↗elektromagnet. Spektrum (□); ↗biochem. Oszillationen, ↗biol. Oszillationen, ↗Chronobiologie, ↗Lotka-Volterra-Gleichungen, ↗Massenwechsel (□).

Schwirle [Mz.; verwandt mit schwirren], *Locustella,* Gatt. der ↗Grasmücken, braun gefärbt, um 13 cm groß, leben versteckt in dichter Vegetation, oft in Sümpfen; fliegen selten, sondern huschen wie eine Maus über den Erdboden; ernähren sich v. Insekten; Zugvögel; langanhaltender, heuschreckenart. schwirrender Gesang, der beim auch auf Waldlichtungen lebenden Feldschwirl *(L. naevia)* wie der Leerlauf eines Fahrrads klingt. Der nach der ↗Roten Liste „potentiell gefährdete" Rohrschwirl *(L. luscinioides)* singt tiefer u. kommt in verlandenden Sümpfen u. größeren Schilfbeständen vor.

Schwirrfliegen, die ↗Schwebfliegen.

schwitzen, Abscheidung v. dünnflüssig wäßrigem ↗Schweiß aus speziellen ↗Schweißdrüsen an der gesamten Körperoberfläche zum Zwecke der ↗Temp.-Regulation durch den Verbrauch v. Verdunstungswärme. Diese Fähigkeit der Temp.-Regulation ist auf Primaten beschränkt und v. a. beim Menschen effektiv ausgebildet. Die Schweißdrüsen werden durch ↗cholinerge sympathische Fasern v. den ↗Grenzstrang-Ganglien her aktiviert u. durch ein „Thermostatenzentrum" im ↗Hypothalamus gesteuert, das auf Überschreiten einer krit. Grenz-Temp. im Körperinnern anspricht (↗Körpertemperatur). Ausgenommen v. dieser Temp.-Steuerung sind die Schweißdrüsen der Handflächen u. Fußsohlen, die über eine anders geartete Innervation v.a. auf psych. Erregung reagieren (Befeuchtung der Greif- u. Laufflächen zur Reibungs- u. Haftungserhöhung, z.B. bei Fluchtreaktionen). Die Schweißsekretion ist dabei häufig mit einer Gefäßverengung in diesem Bereich verbunden, was thermoregulator. sinnlos ist (↗Schweiß) u. als „emotionales S." bezeichnet wird.

Schwungfedern, *Remiges,* Teile des Vogel-↗Gefieders, die das eigtl. Fliegen (↗Flug, ↗Flugmechanik, ☐) ermöglichen, im Ggs. zu den ↗Deckfedern, die mehr den Körper schützen u. eine energiesparende „Verkleidung" bilden. ↗Handschwingen, ↗Vogelflügel.

Sciadopitys *w* [v. gr. skias = Schattendach, pitys = Fichte], heute auf S-Japan beschränkte, in Mitteleuropa auch in Gärten viel kultivierte monotyp. Gatt. der *Taxodiaceae* mit der Schirmtanne *(S. verticillata)* als einziger rezenter Art. Großer, bis 40 m hoher Baum mit zerstreut stehenden, ca. 5 mm langen Schuppenblättchen u. annähernd wirtelig an den Triebenden angeordneten „Doppelnadeln", die entweder als Flachsprosse (Cladodien) od. als durch Verwachsung zweier Nadelblätter entstanden gedeutet werden. Fossilformen, die mit *S.* in Verbindung gebracht werden *(Sciadopitytes, Sciadopitophyllum),* treten ab der Kreide auf. Im Tertiär war die Gatt. sehr weit (auch in Europa) verbreitet, u. ihre „Doppelnadeln" bilden in miozänen Braunkohlen charakterist., als „Graskohlen" bezeichnete Lagen.

Sciaenidae [Mz.; v. gr. skiaina = ein Meerfisch], die ↗Umberfische.

Sciaridae [Mz. v. gr. skiaros = schattig], die ↗Trauermücken.

Scilla *w* [v. gr. skilla = Meerzwiebel], die ↗Sternhyazinthe.

Scillaren *s* [v. gr. skilla = Meerzwiebel], ein herzwirksames Glykosid (↗Herzglykoside) aus der Meerzwiebel (*Urginea maritima,* fr. *Scilla maritima;* Fam. ↗Liliengewächse); Aglykon ist das zu den ↗Bufadienoliden (☐) zählende *Scillarenin.* S. wird als Herzmittel u. Diuretikum verwendet.

Scincidae [Mz.; v. *scinc-], die ↗Skinke.

Scincomorpha [Mz.; v. *scinc-, gr. morphē = Gestalt], *Skinkartige,* Zwischen-Ord. der ↗Echsen mit 7 rezenten (vgl. Tab.) und 1 fossilen Fam. [Gatt. der ↗Skinke.

Scincopus *m* [v. *scinc-, gr. pous = Fuß],

Scincus *m* [v. *scinc-], die ↗Sandskinke.

Sciomyzidae [Mz.; v. gr. skia = Schatten, myia = Fliege], die ↗Hornfliegen.

Sciophilidae [Mz.; v. gr. skia = Schatten, philos = Freund], Fam. der ↗Mücken mit über 100 Arten in Mitteleuropa, verwandt mit den ↗Pilzmücken; schädl. an Kartoffeln

scinc- [v. gr. skigkos = orientalische Eidechse].

scler-, sclero- [v. gr. sklēros = trocken, hart, spröde].

Scincomorpha

Familien:
Afrikan. ↗Schlangenechsen *(Feyliniidae)*
Amerikan. ↗Schlangenechsen *(Anelytropsidae)*
Echte ↗Eidechsen *(Lacertidae)*
↗Gürtelechsen *(Cordylidae)*
↗Nachtechsen *(Xantusiidae)*
↗Schienenechsen, Tejus *(Teiidae)*
↗Skinke, Glattechsen *(Scincidae)*

Sclerospora

Krankheiten u. Erreger:
Falscher Mehltau der Hirse *[Pennisetum, Setaria]* *(S. graminicola)*
Falscher Mehltau an Mais *(S. philippinensis)*
Falscher Mehltau an Zuckerrohr *(S. sacchari)*
Falscher Mehltau an Sorghum-Hirse *(S. sorghi)*

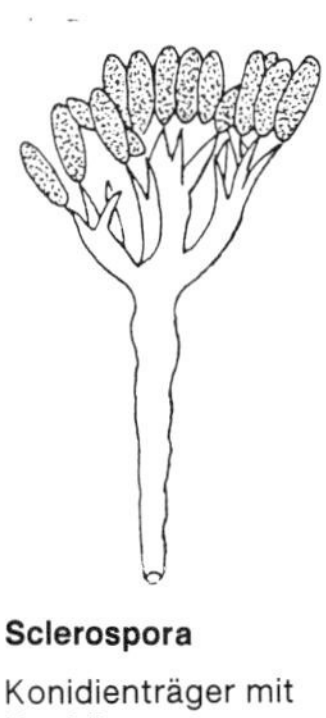

Sclerospora

Konidienträger mit Konidien

wird zuweilen die 4 mm große Larve der Kartoffelschorfmücke (*Pnyxia scabiei,* Imago 1–2 mm groß).

Scirpetum lacustris *s* [v. lat. scirpus = Binse, lacus = See, Teich], Assoz. des ↗Phragmition.

Scirpus *m* [lat., = Binse], die ↗Simse.

Scissurella *w* [v. lat. scissura = Spalt, Riß], Gatt. der ↗Rißschnecken.

Scitamineae [Mz.; v. lat. scitamenta = Leckerbissen], die ↗Blumenrohrartigen.

Sciuridae [Mz.; v. gr. skiouros = Eichhörnchen], die ↗Hörnchen.

Sclera *w* [v. *scler-], die ↗Faserhaut 2); ↗Linsenauge (☐).

Scleractinia [Mz.; v. *scler-, gr. aktines = Strahlen], die ↗Hexacorallia.

Scleranthus *m* [v. *scler-, gr. anthos = Blume], das ↗Knäuelkraut.

Scleraxonia [Mz.; v. *scler-, gr. axōn = Achse], U.-Ord. der ↗Hornkorallen.

Sclerodermataceae [Mz.; v. gr. sklērodermos = harthäutig], die ↗Hartboviste.

Scleroderris *w* [v. *sclero-, gr. derris = Haut, Lederhaut], Gatt. der ↗*Helotiaceae;* die Schlauchpilze wachsen an toten Zweigen v. Laubbäumen u. Sträuchern (z.B. *S. ribis* an Johannisbeerzweigen) od. an Nadelhölzern u. Heidekrautgewächsen, wo sie parasit. leben können (z.B. *S. abietina* an Kieferarten).

Scleromochlus *m* [v. *sclero-, gr. mochlos = Hebel], (Woodward 1907), † Gatt. kleiner, etwa 10 cm langer insektenfressender ↗*Archosauria* (Überfam. *Ornithosuchoidea*), die als Baumkletterer u. -springer od. Gleitflieger evtl. schon eine Flughaut besaßen u. als Ausgangsform der ↗Flugsaurier in Betracht kommen. Verbreitung: untere Obertrias v. Elgin in Schottland.

Scleropages *m* [v. gr. sklēropagēs = fest verbunden], Gatt. der ↗Knochenzüngler.

Sclerospongiae [Mz.; v. *sclero-, gr. spoggiai = Schwämme], U.-Kl. der ↗*Demospongiae,* 1970 für eine Gruppe v. Schwämmen eingerichtet, die durch ein massives Skelett aus Aragonit u. eine dünne Schicht lebenden Gewebes mit Kieselnadeln gekennzeichnet sind. 7 Gatt., deren Verwandtschaft mit den fossilen *Stomatoporida* belegt ist. Bekannte Gatt. ↗*Merlia.*

Sclerospora *w* [v. *sclero-], Gatt. der ↗*Peronosporales* (Falsche Mehltaupilze); die Arten sind Krankheitserreger bei wicht. Kulturpflanzen (vgl. Tab.).

Sclerothamnus *m* [v. *sclero-, gr. thamnos = Busch], Gatt. der Schwamm-Fam. ↗*Euretidae,* bildet bis 50 cm hohe Büsche aus Röhren.

Sclerotiniaceae, *Sklerotienbecherlinge,* Fam. der ↗*Helotiales,* Schlauchpilze, deren Arten typ. Sklerotien od. sklerotisierte Stroma als Ruhestadien bilden, aus denen sich gestielte, kahle Apothecien entwikkeln. Die hyalinen Ascosporen sind einzellig. Viele Arten, bes. aus der Gatt.

Sclerotiniaceae

Gattungen u. einige Krankheiten (Auswahl):

Botryotinia fuckeliana (Konidienform: ↗ *Botrytis cinerea;* Grauschimmelfäulen an Blättern, Stengeln, Blüten, Früchten vieler Kulturpflanzen, z. B. Erdbeere, Weinrebe, Hopfen, Tomate, Salat, Tulpe)

Monilinia fructigena (Konidienform: *Monilia f.*) und *Monilinia laxa* (Konidienform: *Monilia l.*) (Erreger v. Fruchtfäulen [Moniliakrankheit, -fäule] u. Blütendürre bei Stein- u. Kernobstarten)

Sclerotinia
- *S. trifoliorum* (↗ Kleekrebs)
- *S. sclerotiorum* (Wurzel-, Sproß- u. Fruchtfäulen an vielen Kulturpflanzen, z. B. Raps, Tomate, Gurke, Bohne, Zierpflanzen; ↗ Sklerotienfäule)

Ciboria
- *C. betulae* (an mumifiziertem Samen v. Birken)

Sclerotinia (Schmarotzerbecherling), sind wirtschaftl. wichtige Erreger v. Pflanzenkrankheiten (vgl. Tab.).

Sclerotiniafäule *w* [v. gr. sklērotēs = Trockenheit, Härte], die ↗ Sklerotienfäule.

Sclerotium *s* [v. *sclero-], Formgatt. der ↗ *Fungi imperfecti (Hyphomycetes, Agonomycetales);* die Arten bilden keine Konidien; am weißen Pilzgeflecht entwickeln sich aber kleine, dunkle Sklerotien; sie können mehrere Jahre im Boden überdauern; Erreger v. Pflanzenkrankheiten (vgl. Tab.). Von einigen Arten ist ein sexuelles Stadium gefunden worden.

Scolecida [Mz.; v. *scolec-] ↗ Vermes.

Scolecodonten [Mz.; v. *scolec-, gr. odontes = Zähne], (C. Croneis und H. W. Scott 1933), Sammelbez. für 50 µm bis 16 mm große Fossilien, ähnl. ↗ Conodonten (☐), jedoch v. anderer chem. Zusammensetzung (Chitin) u. dunklerer Farbe. Seltene Situsfunde u. ihre Ähnlichkeit mit rezenten Formen legen eine Deutung als Kiefer im Kauapparat v. marinen Ringelwürmern nahe. Man unterscheidet mehrere Elemente (z. B. paarige Mandibeln, Maxillen, Zahnplatten usw.). Aus Gründen der Erhaltungsfähigkeit sind sie überwiegend an dunkle Schiefer u. Kalke gebunden. Verbreitung: kosmopolitisch, Ordovizium bis Oberkreide in der Nachbarschaft v. Korallenriffen.

Scolecolepis *w* [v. *scoleco-, gr. lepis = Schuppe], ↗ Scolelepis.

Scolecomorphus *m* [v. *scoleco-, gr. morphē = Gestalt], Gattung der ↗ Blindwühlen (T).

Scolelepis *w* [v. *scolec-, gr. lepis = Schuppe], fälschl. auch *Scolecolepis,* Ringelwurm-(Polychaeten-)Gatt. der ↗ *Spionida* mit 20 Arten. *S. foliosa* und *S. squamata,* beide bis 20 cm lang, auf sandigem Grund der Gezeitenzone der Nordsee.

Scoliidae [Mz.; v. gr. skolios = krumm], Fam. der ↗ Hautflügler.

scler-, sclero- [v. gr. sklēros = trocken, hart, spröde].

scolec-, scoleco- [v. gr. skōlēx, Mz. skōlēkes = Wurm].

Sclerotium

Einige Krankheiten u. Erreger:

S. cepivorum (Weißfäule, Mehlkrankheit an Zwiebel, Porree, Knoblauch)

S. rolfsii (Fäuleerreger an Wurzeln u. bodennahen Sproßteilen; *Sclerotium*-Welke z. B. an Leguminosen od. Stengelfäule an Tomaten; Basidienstadium: *Corticium rolfsii*)

Scolithos *m* [v. gr. skolex = Wurm, lithos = Stein], (Haldeman 1840), *Scolithus,* in Sandsteinen vertikal stehende Röhren von 0,2 bis 1 cm ∅; meist gerade, nie verzweigt, als Erzeuger werden Würmer od. *Phoronida* vermutet. Verbreitung: Kambrium bis Ordovizium v. Europa, Amerika, Grönland u. Tasmanien.

Scolopacidae [Mz.; v. gr. skolopakes = Schnepfen], die ↗ Schnepfenvögel.

Scolopalorgane, die ↗ Scolopidialorgane.

Scolopax *m,* die ↗ Waldschnepfe.

Scolopendra *w* [v. gr. skolopendra = Tausendfüßer, Assel], Gatt. der ↗ Hundertfüßer, ↗ Skolopender.

Scolopendrium *s* [v. gr. skolopendra = Tausendfüßer], die ↗ Hirschzunge.

Scolopidialorgane [Mz.; v. gr. skolops = Pfahl], *Skolopidialorgane, Scolopalorgane,* mechan. Sinnesorgane bei Insekten, bei denen an der Reizaufnahme Scolopidien (↗ Scolopidium) beteiligt sind. Hierher gehören ↗ Tympanalorgane, ↗ Chordotonalorgane, ↗ Subgenualorgane od. das ↗ Johnstonsche Organ im 2. Fühlerglied der ectognathen Insekten.

Scolopidium *s* [v. gr. skolops = Pfahl], *Skolopidium, stiftführende Sensille,* nur bei Krebstieren u. Insekten auftretendes mechanorezeptives Sinnesorgan, das sich v. einer Haar-↗ Sensille ableitet, bei der die cuticuläre Seta unterdrückt ist. Ein S. setzt sich in charakterist. Weise ähnl. wie ein Haar aus genau festgelegten Zelltypen zus. Die eigtl. Sinneszelle besitzt einen langgestreckten Dendriten, der eine modifizierte Cilie ohne zentrale Filamente darstellt. Diese geht an ihrer Spitze in einen Tubularkörper über, der durch mechan. Verformung der eigtl. Reizaufnahme dient. Es handelt sich hier um eine cytoplasmat. Verdichtung zw. den Mikrotubuli. Distal liegt diesem Tubularkörper eine *Kappenzelle (trichogene Zelle)* auf, die eine elektronenoptisch dichte Substanz abscheidet. Der gesamte Dendrit wird v. einer Stützzelle *(Stiftzelle)* umhüllt, die um den distalen Cilienbereich etwa 6 cuticulare Spangen in Längsrichtung abscheidet. Diese bilden zus. mit der Kappe den nach lichtmikroskop. Beobachtungen ben. „Stift" *(Scolops).* Proximal umgibt den

Scolopidium

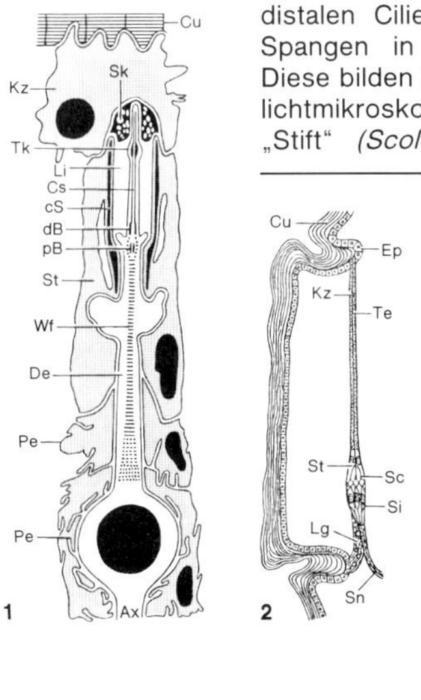

1 Nach elektronenmikroskop. Befunden entwickeltes Schema eines *Scolopidialorgans.* **2** Schema eines *Chordotonalorgans* mit amphinematischen Scolopidien. Ax Axon der Sinneszelle, Cs Ciliarstruktur, cS cuticulare Spange, Cu Cuticula, dB distaler Basalkörper, De Dendrit der Sinneszelle, Ep Epidermis, Kz Kappenzelle, Lg Ligament, Li innerer Liquorraum, pB proximaler Basalkörper, Pe Zelle des Perineuriums, Sc Scolops, Si Sinneszelle, Sk Stiftkopf, Sn Scolopalnerv, St Stiftzelle, Te Terminalstrang, Tk Tubularkörper, Wf „Wurzel"filament.

Dendriten eine weitere Hüllzelle *(Perineuralzelle).* Eine weitere solche Zelle umhüllt den eigtl. Zellkörper der Sinneszelle. Ein S. enthält meist 2–3 solcher Sinneszellen, deren distale Dendritencilien in einem „Stift" münden. Solche Scolopidien bilden auf verschiedene Weise komplexere ↗Mechanorezeptoren *(↗Scolopidialorgane).* Mehrere Scolopidien können zwischen zwei Cuticulabereichen als sog. ↗*Chordotonalorgane* aufgespannt sein und deren gegenseitige Biegung messen. Solche Organe können dann als Vibrationsmesser dienen (↗Subgenualorgane, ↗Johnstonsches Organ, ↗Tympanalorgane; ↗Gehörorgane, □). Je nachdem, ob Scolopidien bei einer solchen Aufhängung einen langen Terminalstrang aufweisen, bezeichnet man sie als *amphinematische,* wenn dieser fehlt, als *mononematische* Scolopidien. [B] mechanische Sinne II.

Scoloplos *m* [v. gr. skōlos = Spitzpfahl, hopla = Waffen], Ringelwurm-(Polychaeten-)Gatt. der Fam. ↗*Orbiniidae. S. armiger,* bis 12 cm lang, rosa od. orange, Kopf mit 2 eingesenkten Augen, doch ohne sichtbare Anhänge, Körper aus ca. 200 borstentragenden Segmenten, Kiemen ab dem 9. borstentragenden Segment. Vorkommen in Sand u. Schlamm sowie zw. Seegras; Atlantik, Ärmelkanal, Nordsee, westl. Ostsee.

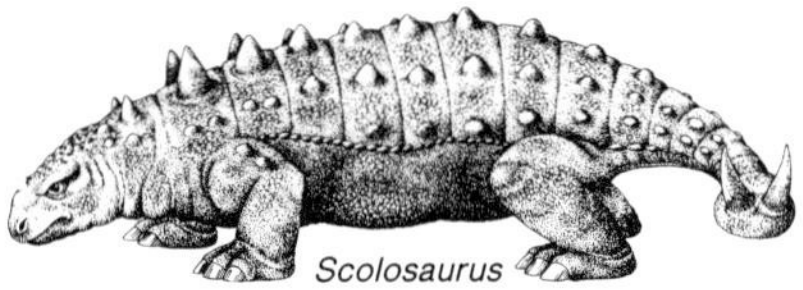

Scolosaurus

Scolosaurus *m* [v. gr. skōlos = Spitzpfahl, sauros = Eidechse], (v. Nopčsa 1928), † Gatt. sekundär vierfüßiger, an Schildkröten erinnernder ↗*Archosauria* mit einem aus 6 Längsreihen bestachelter, polygonaler Platten bestehenden Panzer; Schwanz ebenfalls bestachelt; Länge eines vorzügl. erhaltenen Exemplars: 3,98 m, Breite 1,70 m. Verbreitung: Oberkreide von N-Amerika.

Scolytidae [Mz.; v. gr. skolyptein = verstümmeln], die ↗Borkenkäfer.

Scomber *m* [v. *scomb-], Gatt. der ↗Makrelen.

Scomberesocidae [Mz.; v. *scomb-, lat. esox = Hecht], die ↗Makrelenhechte.

Scomberomorus *m* [v. *scomb-, gr. homoros = angrenzend], Gatt. der ↗Makrelen.

Scombridae [Mz.; v. *scomb-], die ↗Makrelen.

Scombroidei [Mz.; v. *scomb-], die ↗Makrelenartigen Fische.

Scopelarchidae [Mz.; v. gr. skopelos = Klippe, archos = Oberster], Fam. der ↗Laternenfische.

Scopeuma *w,* Gatt. der ↗Scatophagidae.

Scophthalmidae [Mz.; v. gr. skopein = schauen, ophthalmos = Auge] ↗Butte.

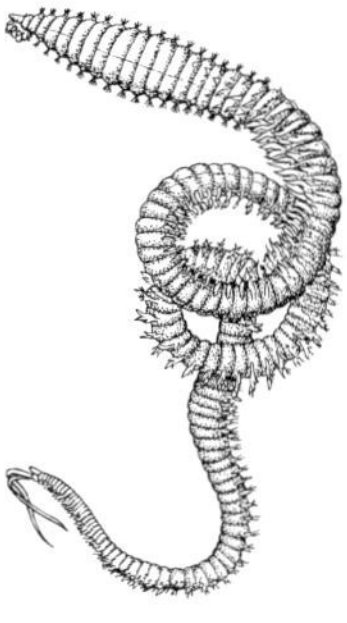

Scoloplos armiger

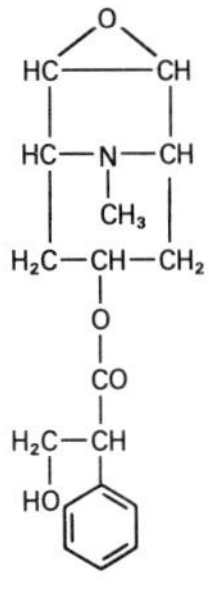

Scopolamin

Strukturell ist S. mit ↗Atropin (□) nahe verwandt u. unterscheidet sich v. diesem nur durch den zusätzl. Epoxidring

scomb- [v. gr. skombros = Makrele].

scopol- [ben. nach dem it. Arzt G. A. Scopoli, 1723–88].

scroph- [v. lat. scrofulae = Halsdrüsen, Halsgeschwülste].

Scophthalmus *m* [v. gr. skopein = schauen, ophthalmos = Auge], der ↗Steinbutt. [die ↗Schattenvögel.

Scopidae [Mz.; v. gr. skōpes = Käuze],

Scopolamin *s* [v. *scopol-], *Atroscin, Hyoscin,* ein in Nachtschattengewächsen zus. mit ↗Atropin u. a. Tropan-↗Alkaloiden (□) vorkommendes Alkaloid; wirkt wie Atropin auf das Zentralnervensystem durch kompetitive Verdrängung v. ↗Acetylcholin an den muscarinischen Rezeptoren. In niedrigen Dosen wird S. als Arzneistoff mit dämpfender Wirkung auf das Zentralnervensystem als Beruhigungsmittel, gg. Luft- u. Seekrankheit u. zur Narkosevorbereitung eingesetzt. In erhöhten Dosen wirkt S. halluzinogen (z. B. als Bestandteil der „Hexensalben" des MA) u. toxisch.

Scopoletin *s* [v. *scopol-], ein Cumarin-Derivat, das z. B. in den Wurzeln v. ↗Tollkraut u. ↗Tollkirsche sowie in Tabakpflanzen, Haferkeimlingen, Oleanderrinde u. *Gelsemium*-Wurzeln vorkommt. □ Keimungshemmstoffe.

Scopolia *w* [v. *scopol-], das ↗Tollkraut.

Scoptanura [Mz.; v. gr. skōptēs = Nachahmer, anouros = schwanzlos], ↗Froschlurche.

Scopulae [Ez. *Scopula;* lat., = kleine Besen], v. den Rändern des Medianseptums ausgehende faserige Verzweigungen bei ↗Graptolithen der Familie *Lasiograptidae* Lapworth 1879. [↗Schattenvögel.

Scopus *m* [v. gr. skōps = Kauz], Gatt. der

Scorpaenidae [Mz.; v. gr. skorpaina = Drachenkopf], die ↗Drachenköpfe.

Scorpaeniformes [Mz.; v. gr. skorpaina = Drachenkopf, lat. forma = Gestalt], die ↗Panzerwangen.

Scorpidium *s* [v. gr. skorpidion = kleine Stachelpflanze], Gatt. der ↗Amblystegiaceae.

Scorpiones [Mz.; lat., =], die ↗Skorpione.

Scorpionidae [Mz.], Fam. der ↗Skorpione.

Scorzonera *w* [it., =], die ↗Schwarzwurzel.

Scotobleps *m* [v. gr. skotos = Dunkelheit, blepsis = Sehen], ↗Haarfrosch.

Scotophobin *s* [v. gr. skotos = Dunkelheit, phobos = Furcht], ↗Gedächtnis.

Scouleria *w,* Gatt. der ↗Grimmiales.

Scrapie [skräⁱpⁱ; engl.], die ↗Traberkrankheit; ↗slow-Viren. [die ↗Seidenkäfer.

Scraptiidae [Mz.; v. lat. scrapta = Dirne],

Scrobicularia *w* [v. lat. scrobiculus = Grübchen], Gatt. der ↗Pfeffermuscheln.

Scrophularia *w* [v. *scroph-], die ↗Braunwurz. [↗Braunwurzgewächse.

Scrophulariaceae [Mz.; v. *scroph-], die

Scrophulariales [Mz.; v. *scroph-], die ↗Braunwurzartigen.

Scutariellidae [Mz.; v. lat. scutarius = Schild-], Strudelwurm-Fam. der ↗*Temnocephalida* mit 7 Gatt., die kommensalisch auf Höhlenkrebsen *(Gammaridae* und *Decapoda)* leben. Bekannte Gatt. *Scutariella* u. ↗*Phreatoicopsis.*

Scutellaria *w* [v. *scut-], das ↗Helmkraut.

Scutellinia *w* [v. *scut-], Gatt. der ↗Humariaceae (T).

Scutellum *s* [v. *scut-], *Schildchen,* **1)** Bot.: Bez. für das schildförm. Keimblatt bei den Gräsern, das dem stärkereichen Nährgewebe in der Grasfrucht (↗Achäne) seitl. anliegt. Bei der Keimung gibt es stärkemobilisierende Enzyme ins Endosperm ab u. entnimmt als Saugorgan die aufgespeicherten Reservestoffe. Es entwickelt sich nicht mehr zu einem vollen Blatt, sondern verbleibt in der Achäne. **2)** Zool.: dorsaler Abschnitt des Mesothorax bei ↗Insekten; ↗Thorax, ↗Insektenflügel (□).

Scutiger *m* [v. *scut-, lat. -ger = -tragend], **1)** die Gatt. *Albatrellus;* ↗Fleischporlinge; **2)** ↗Schildfrösche.

Scutigera *w* [v. *scut-, lat. -ger = -tragend], *Spinnenläufer, Spinnenasseln,* Gatt. der ↗Hundertfüßer (T) aus der Gruppe der *Notostigmophora* bzw. *Anamorpha.* Die v.a. tropisch verbreitete Gruppe kommt bei uns nur mit der bis 2,6 cm großen Art *S. coleoptrata* ausschl. in SW-Dtl. (Kaiserstuhlgebiet) vor, wo sie in Weinbergen, an Mauern u. alten Häusern nachts umherläuft; ansonsten ist die Art in S-Europa weit verbreitet. *S. coleoptrata* ist bei warmem Wetter ungemein schnell (bis 50 cm/s); mit den langen Beinen, die vielgliedrige Tarsen aufweisen, wird eine Beute wie mit einem Lasso gefangen. *S.* ist mit anderen Arten der *Notostigmophora* der einzige Tausendfüßer mit Komplexaugen (Pseudofacettenauge).

Scutigeromorpha [Mz.; v. *scut-, lat. -ger = -tragend, gr. morphē = Gestalt], Ord. der ↗Hundertfüßer (T).

Scutopus *m* [v. *scut-, gr. pous = Fuß], *Schildfuß,* Gatt. der ↗Schildfüßer, bisher 4 Arten bekannt. Im Mittelmeer leben der Echte Schildfuß, *S. ventrolineatus* (ca. 2 cm lang), mit einer ventralen Naht im vorderen Körperdrittel, in Schlamm ab 100 m Tiefe, u. der Gedrungene Schildfuß, *S. robustus,* ca. 1 cm, ohne ventrale Naht, in Schlamm zw. 200 und 3500 m Tiefe.

Scutum *s* [lat., = Schild], der ↗Halsschild; ↗Insekenflügel.

Scutus *m* [v. *scut-], Gatt. der ↗Lochschnecken mit reduziertem, schildförm. Gehäuse (ohne Loch), das im wesentl. die Mantelhöhle bedeckt; das Tier ist schwarz, bis 14 cm lang. Wenige Arten an austr. und neuseeländ. Küsten, im Flachwasser an Meersalat weidend.

Scydmaenidae [Mz.; v. gr. skydmainos = mürrisch], die ↗Ameisenkäfer.

Scyliorhinidae [Mz.; v. gr. skylia = Hundshai, rhis = Nase], die ↗Katzenhaie.

Scyllaridae [Mz.; v. gr. skyllaros = Krebsart], die ↗Bärenkrebse.

Scyphomedusen [Mz.; v. *scypho-, gr. Medousa = schlangenhaarige Gorgone], die Medusen der ↗Scyphozoa.

Scyphopolypen [Mz.; v. *scypho-, gr. polypous = Polyp], die Polypen der ↗Scyphozoa.

scut- [v. lat. scutum = Schild, scutellum = kleiner Schild, scutella = Schüssel].

scypho- [v. gr. skyphos = Becher, Napf].

Scyphozoa

Ordnungen:

↗Fahnenquallen *(Semaestomeae)*
↗*Stauromedusae*
↗Tiefseequallen *(Coronata)*
↗Würfelquallen *(Cubomedusae)*
↗Wurzelmundquallen *(Rhizostomeae)*

Scyphozoa [Mz.; v. *scypho-, gr. zōa = Tiere], *Echte Quallen, Scheibenquallen, Discomedusen,* Kl. der ↗Nesseltiere mit 5 Ord. (vgl. Tab.) und ca. 200 marinen Arten. Die größte Art, ↗*Cyanea capillata,* erreicht 2 m ∅. *S.* treten i.d.R. in 2 Morphen auf (Polyp, Meduse [= Qualle]), die beide einen charakterist. Bau aufweisen u. über eine Metagenese miteinander verbunden sind (B Hohltiere I–II). Bei manchen Arten ist jedoch die Polypengeneration ganz unterdrückt. *Polyp:* der *Scyphopolyp* ist klein (1–7 mm) und im allg. solitär. Er besteht aus Rumpf u. Mundscheibe, die v. einem Kranz solider (Entoderm) Tentakel umgeben ist. Der zentrale Gastralraum ist durch 4 Septen (Radialsepten) in 4 Taschen (↗Gastraltaschen) untergliedert, die mit ↗Mesogloea erfüllt sind. Von der Mundscheibe her stülpt sich in jedes Septum Ektodermmaterial ein (Septaltrichter) u. setzt sich über einen Muskel bis zur Fußscheibe fort. Scyphopolypen leben meist im flachen Wasser auf dem Untergrund festgeheftet. Sie ernähren sich v. Plankton. Die Fortpflanzung der Scyphopolypen erfolgt ungeschlechtl. durch Knospung an der Rumpfwand od. einem Fortsatz (Produkt: neue, solitäre Polypen) u. durch Querteilung (Strobilation) (Produkt: junge Medusen, Ephyra-Stadien; □ Strobilation). Bei der Strobilation schnürt sich der Körper des Polypen unterhalb der Mundscheibe u. fortschreitend zur Basis hin ein (Strobila). Die Tentakel werden eingeschmolzen, u. es wachsen 8 Randlappen aus, die je ein Sinnesorgan (↗Rhopalium) enthalten. Nachdem auch die Gastralsepten mehr od. weniger verschwunden sind, löst sich die erste junge *Meduse* (Ephyra) ab. Sie entwickelt sich zur *Scyphomeduse.* Diese ist durch entodermale Gonaden, zellhaltige Mesogloea, Fehlen eines Velums u. ihre Größe charakterisiert. Der Schirm der Scyphomedusen kann hoch aufgewölbt (Würfel- u. Tiefseequallen) od. flach (Fahnenquallen, Wurzelmundquallen) sein. Er entsteht dadurch, daß zw. den 8 Randlappen der Ephyra 8 Velarlappen auswachsen u. mit diesen mehr od. weniger verschmelzen. Der Mund der Scyphomedusen ist i.d.R. in 4 lange Mundlappen ausgezogen. Er führt in einen zentralen Magen, der bei den urspr. Arten durch 4 Septen, an denen Gastralfilamente sitzen, unterteilt ist (sie stammen noch vom Polypen!). Bei den großen Arten führen stark verzweigte Radiärkanäle zu einem am Schirmrand verlaufenden Ringkanal (↗Gastrovaskularsystem). Die Scyphomedusen sind die geschlechtl. Generation der *S.* Die 4 Gonaden sind entodermal u. hängen entweder in den Magen hinein od. – bei großen Arten – bruchsackartig neben den Mundarmen nach außen. Unter den

Gonaden befindet sich auf der Subumbrella je 1 Höhlung (Subgenitalhöhle), die den Septaltrichtern des Polypen entspr. Die Geschlechtsprodukte der meist getrenntgeschlechtl. Scyphomedusen werden über den Mund ins Wasser abgegeben. Bei vielen Arten tritt Brutpflege auf, indem die Eier sich im Ovar oder zw. den Mundarmen entwickeln u. erst Planula-Larven freigegeben werden. – Mit ihren großen Quallen haben die *S.* den Lebensraum des freien Wassers der Weltmeere erobert. Mit Hilfe rhythmischer Schwimmbewegungen (Antagonisten: Subumbrella-Ringmuskeln, Eigenelastizität der Mesogloea), die v. Ganglienzellhaufen neben den Sinneskörpern am Schirmrand gesteuert werden, können sie sich schnell überall hin bewegen (Ausnahmen u. a. ↗*Stauromedusae*, ↗*Cassiopeia*). Die meisten Arten sind Räuber, die mit Hilfe ihrer cnidenbesetzten Tentakeln u. Mundarme andere Quallen, Fische usw. erbeuten. Die ↗Wurzelmundquallen sind Kleinpartikelfresser. *C. G.*

Scythophrys *w* [v. gr. skythros = finster, ophrys = Braue], Gatt. der ↗Südfrösche.

Scythrididae [Mz.; v. gr. skythros = finster], die ↗Ziermotten.

Scytodes *m* [v. gr. skytōdēs = lederartig], Gatt. der ↗Speispinnen.

Scytonema *s* [v. *scyto-, gr. nēma = Faden], *Lederfaden,* Gatt. der ↗*Scytonemataceae* (od. Sektion IV der ↗Cyanobakterien); fädige Cyanobakterien mit relativ dünnen, oft parallel geschichteten Schleimscheiden u. unechten Verzweigungen der Fäden (B Bakterien u. Cyanobakterien); es werden ↗Hormogonien gebildet; in reifen Trichomen entstehen die ↗Heterocysten hpts. interkalar; meist werden große, bräunl., oft fellartige Lager ausgebildet. Bekannt ist *S. myochrous,* das Mäusefell, das auf feuchter Erde, Steinen, Felsen u. Mauern schwärzl. „Tintenstriche" ausbildet. *S.*-Arten können auch als Flechtenpartner leben (z. B. bei *Thermutis velutina*).

Scytonemataceae [Mz.; v. *scyto-, gr. nēmata = Fäden], Fam. der ↗*Oscillatoriales* (T), fädige ↗Cyanobakterien mit Scheinverzweigungen, ohne Schleimhaare; die Heterocysten liegen in der Mitte des Trichoms od. fehlen.

Scytosiphon *m* [v. *scyto-, gr. siphōn = Röhre], Gatt. der ↗Dictyosiphonales (T).

Searsiidae [Mz.], Familie der ↗Glattkopffische.

Sebastes *m* [wohl v. gr. sebastos = erhaben], Gattung der ↗Drachenköpfe, ↗Rotbarsch.

Secale *s* [lat., =], der ↗Roggen.

Secalealkaloide [Mz.; v. lat. secale = Roggen], die ↗Mutterkornalkaloide.

Secalietalia [Mz.; v. lat. secale = Roggen], *basiphytische Getreideackerfluren,* Ord. der ↗*Stellarietea mediae,* mit dem Verband *Caucalidion* (Haftdoldenfluren, Mohnäcker); den Windhalmäckern auf sauren Böden (↗*Aperetalia spicae-venti*) ökolog. ähnlich; interessant wegen seltener wärmeliebender Arten: *Adonis aestivalis, A. flammea, Scandix pecten-veneris* (Venuskamm) u. a.

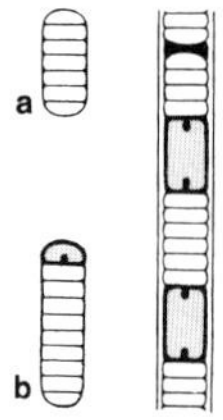

Scytonema

a Hormogonium,
b junges Trichom mit polarer Heterocyste,
c reifes Trichom mit interkalaren Heterocysten (dick umrandete Zellen)

Scytonemataceae

Wichtige Gattungen:
↗*Scytonema*
↗*Tolypothrix*

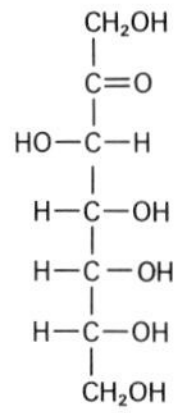

Sedoheptulose

scyto- [v. gr. skytos = Haut, Leder].

Secchi-Scheibe [ßeki-; ben. nach dem it. Astronomen A. Secchi, 1818–78] ↗Sichttiefe.

Secernentea [Mz.; v. lat. secernere = ausscheiden], fr. ↗*Phasmidia,* die relativ abgeleitete der beiden U.-Kl. der ↗Fadenwürmer (T), zu der die meisten zoo- u. phytoparasit. Arten gehören. Der Name ist vom auffälligen „Exkretions"-System abgeleitet, das bei vielen *S.* zusätzlich zur Ventraldrüse (diese ist auch bei der anderen U.-Kl., den *Adenophorea,* vorhanden) zwei laterale Kanäle bildet.

Sechium *s* [viell. entstellt v. gr. sikyos = Gurke], ↗Chayote.

Sechsaugen, die ↗Dunkelspinnen.

Sechskiemer, *Hexanchus griseus,* ↗Grauhaie.

Sechsstrahlige Korallen, die ↗Hexacorallia.

secodont [v. lat. secare = schneiden, gr. odontes = Zähne] ↗kreodont.

second messenger [ßek^{e}nd meßindsch^{er}; engl., =], die ↗sekundären Boten.

Secotiaceae [Mz.; v. gr. sēkōtēr = Waagschalenträger], *Säulenstäublingsartige Pilze,* Fam. der ↗Bauchpilze, deren Vertreter Merkmale der Blätterpilze u. Bauchpilze aufweisen. Der in Hut u. kurzen Stiel gegliederte Fruchtkörper bildet lamellenartige Tramaplatten aus, die aber unregelmäßig (nicht radial) verlaufen. Die Sporen werden nicht aktiv abgestreut, sondern nur passiv verstäubt. Der Säulenstäubling (*Secotium agaricoides* Holl.) wächst oberirdisch u. ähnelt einem gedrungenen Tintling (*Coprinus atramentarius*).

Secundinae *w* [v. lat. secundus = folgender], die ↗Nachgeburt.

sedentär [v. lat. sedentarius = sitzend], **1)** *s.e Sedimente,* durch die Tätigkeit v. Pflanzen u. Tieren entstandene Sedimente, z. B. ↗Riff-Kalke (↗biogenes Sediment). **2)** *s.e Tiere,* ↗sessil.

Sedentaria [Mz.; lat., = sitzend], bis vor kurzem noch als Ord. geführte, jedoch stammesgeschichtl. heterogene u. folglich systemat. nicht mehr vertretbare Gruppe meist sessil od. halbsessil lebender ↗*Polychaeta.* ↗Errantia.

Sedgwick [ßedsch-], *Adam,* brit. Geistlicher u. Geologe, * 22. 3. 1785 Dent (Yorkshire), † 27. 1. 1873 Cambridge; seit 1818 Prof. in Cambridge; zahlr. grundlegende Arbeiten zur Geologie insbes. der paläozoischen Formationen Englands, Belgiens und Dtl.s (↗Kambrium, ↗Devon); bearbeitete, obwohl entschiedener Gegner der Darwinschen Evolutionstheorie, einen Teil der naturhist. Funde der Beagle-Reise (↗Darwin).

Sediment *s* [v. lat. sedimentum = Bodensatz], Anhäufung (Akkumulation, ↗Sedimentation) v. Lockermaterial, das aus der mechan. oder chem. Zerstörung v. Festgesteinen od. über Organismen entstanden ist. ↗Sedimentgesteine.

Sedimentation *w* [Ztw. *sedimentieren;* v. lat. sedimentum = Bodensatz], das Absetzen spezif. schwererer (dichter), fein verteilter Stoffe in einer Flüssigkeit unter der Wirkung der Schwerkraft, z. B. bei der Bildung der Sedimentschichten (↗Sediment) v. Meeresböden od. bei der Zentrifugation zellulärer Partikel. Die Geschwindigkeit der S. ist eine Funktion der Partikelgröße (große Partikel sedimentieren rascher als kleinere), der Partikeldichte (Partikel mit hoher Dichte sedimentieren rascher als solche mit niedriger), der Viskosität der Flüssigkeit (je visköser, desto langsamer die S.) u. der Schwerkraft. In modernen ↗ *Ultrazentrifugen* können Trägheitskräfte bis zum 500000fachen der natürl. Schwerkraft erreicht werden, wodurch die S. zellulärer Komponenten (bes. Nucleinsäuren, Proteine u. Ribonucleoproteine, wie Ribosomen, aber auch v. Membranen u. membranumschlossenen Organellen) erhebl. beschleunigt wird. Die S. durch ↗ *Dichtegradienten-Zentrifugation* bzw. ↗ *differentielle Zentrifugation* (□) ist daher eine der wichtigsten Methoden zur Zellfraktionierung. Als Maß für die Geschwindigkeit der S. wird die für jedes Partikel charakterist. *S.skonstante K,* auch *S.skoeffizient* gen., der Quotient aus S.sgeschwindigkeit *(v)* und Zentrifugalbeschleunigung $(\omega^2 \cdot r;\ \omega$ = Winkelgeschwindigkeit, r = Radius bzw. Entfernung vom Rotationsmittelpunkt), verwendet: $K = v/(\omega^2 \cdot r)$; sie wird in *Svedberg-Einheiten* (Abk. S; 1 S = 10^{-13} s) ausgedrückt. Z. B. zeigen bakterielle ↗Ribosomen u. ihre Untereinheiten S.skonstanten von 70S, 50S und 30S. Die S.skonstanten der meisten Proteine u. Nucleinsäuren liegen zw. 4S und 40S. ↗fraktionierte Zentrifugation (□).

Sedimentationskoeffizient *m, Sedimentationskonstante,* ↗Sedimentation.

Sedimentgesteine, *Absatz-* od. *Schichtgesteine,* durch Verfestigung v. ↗Sedimenten entstandene, meist schichtige Gesteine (z. B. Sandstein, Kalkstein, Schieferton); spielen bei der Überlieferung fossiler Lebewesen die Hauptrolle.

Sedoheptulose *w* [v. bot.-lat. sedum = Fetthenne, gr. hepta = 7], ein in Dickblattgewächsen, wie u. a. ↗Fetthenne *(Sedum),* vorkommendes Monosaccharid, eine Ketoheptose. In Form seiner Phosphate *(S.-7-phosphat* und *S.-1,7-diphosphat)* ist S. Zwischenprodukt im ↗Calvin-Zyklus (□) u. im ↗Pentosephosphatzyklus (□).

Sedo-Scleranthetalia [Mz.; v. bot.-lat. sedum = Fetthenne, gr. sklēros = trocken, hart, anthos = Blume], *Felsband- u. Felsgrusgesellschaften,* Ord. der ↗ *Sedo-Scleranthetea* (vgl. Tab.); primäre Dauerges. auf Fels, auf Sekundärstandorte in Städten vordringend. Ausdauernde *Sedum-* und *Sempervivum*-Arten sind wichtig, Sandpflanzen fehlen der Ord.

Sedo-Scleranthetea [Mz.], *Sand- u. Felsrasen u. Felsgrusgesellschaften,* Kl. der Pflanzenges. (vgl. Tab.). Lückige lichtliebende Pionierges. trocken-warmer Standorte auf flachgründ. Fels- und durchläss. Kies- od. Sandböden. Primäre Dauerbesiedler auf Felsköpfen u. -simsen sowie Flugsanddünen, häufig auch sekundär auf Brachen, in Steinbrüchen, Sand- u. Kiesgruben. Die *S.* sind aufgebaut aus niederwüchs. Kräutern, darunter v. a. Blattsukkulente und winterannuelle Therophyten, schmalblättrige Kleingräser, Moose und Flechten, die alle die sommerl. Erhitzung u. Austrocknung aushalten. Die *S.* treten in den gemäßigten Zonen Europas mit Schwerpunkt in Trockengebieten auf.

Sedum *s* [lat., = Hauswurz], die ↗Fetthenne.

See, *Binnensee,* mit Wasser gefüllte, natürl., geschlossene Hohlform der Landoberfläche *(Seebecken).* Nach der Entstehung des Seebeckens unterteilt man in *Abdämmungsseen, Eintiefungsseen* u. *Reliktseen* (T 370). In ariden Gebieten können sich im See Salze anreichern, es entstehen *Salzseen.* In humiden Gebieten werden die Seen i. d. R. von Flüssen durchströmt u. entwässert. Durch die vom Fluß abgelagerten ↗Sedimente od. die vom Rand vordringende Vegetation besitzt jeder S. eine gewisse Tendenz zur *Verlandung,* die sich bei großen Seen allerdings nur in geolog. Zeiträumen bemerkbar macht. – Das ↗Ökosystem „See" läßt sich unterteilen in die Lebensbereiche ↗ *Benthal* mit ↗ *Litoral* u. ↗ *Profundal,* ↗ *Pelagial* u. *Pleustal* (↗Pleuston). Die vertikale Struktur eines Sees wird v. a. durch die Faktoren Licht und Temp. bestimmt. Die *Kompensationsebene* trennt die durchlichtete *trophogene Zone* (Litoral bzw. Epipelagial), in der u. a. photoautotrophe Organismen leben, v. der *tropholytischen Zone* (Profundal bzw. Bathypelagial; ↗Bathyal), in der dissimilatorische u. chemotrophe Pro-

Sedimente

Gliederung nach Ablagerungsraum und Transportmittel:

fluviatile S.
von Flüssen mitgeführtes und abgelagertes Gesteinsmaterial, immer kantengerundet und sortiert; abgelagert in Form von Schwemmkegeln, Sandbänken, Terrassen usw.

limnische S.
Ablagerungen der Binnenseen oder Lagunen

äolische S.
vom Wind transportiertes und abgelagertes Material, streng ausgelesen, z. B. Dünen, Lößdecken

glaziale S.
von Gletschern transportiertes und in Form von Moränen abgelagertes Gesteinsmaterial, z. T. kantengerundet, häufig gekritzt, unsortiert

marine S.
im Meer gebildete Ablagerungen

a *Flachsee-S.*
bis 800 m Tiefe abgelagert (7,5% des Meeresbodens): Geröll, Sand, Schlick, Kalk, Mudde

b *Tiefsee-S.*
(Pelagische S.), ab 800 m Tiefe abgelagert (92,5% des Meeresbodens): Blauschlick, Grünsand und Grünschlick, Globigerinenschlamm, Diatomeenschlamm, Radiolarienschlamm, Roter Tiefseeton

Gliederung nach Entstehungsart:

chemische S.
durch Ausfällung, Eindampfung oder aus Rückständen chemischer Verwitterungsvorgänge entstanden, z. B. Kalk, Dolomit, Steinsalz

klastische S.
aus Gesteinsmaterial entstanden, das durch mechanische Verwitterung aufbereitet wurde, z. B. Konglomerate, Sandsteine, Tonschiefer

organogene S.
aus Resten abgestorbener Organismen gebildet, z. B. Korallenkalke, Torf, Kohle

Sedo-Scleranthetalia	**Sedo-Scleranthetea**
Verbände:	Ordnungen:
Sedo-Scleranthion (subalpine u. alpine Fetthennen-Ges.)	↗ *Thero-Airetalia* (Kleinschmielen-Rasen)
Sedo albi-Veronicion dillenii (thermophile, kolline Silicatfelsgrus-Ges.)	↗ *Corynephoretalia* (Silbergras-reiche Pionierfluren u. Sandrasen)
Alysso-Sedion (süd- und mitteleur. Kalkfelsgrus-Ges.)	↗ *Sedo-Scleranthetalia* (Felsband- u. Felsgrusges.)
Festucion pallentis (Bleichschwingel-Felsbandfluren)	

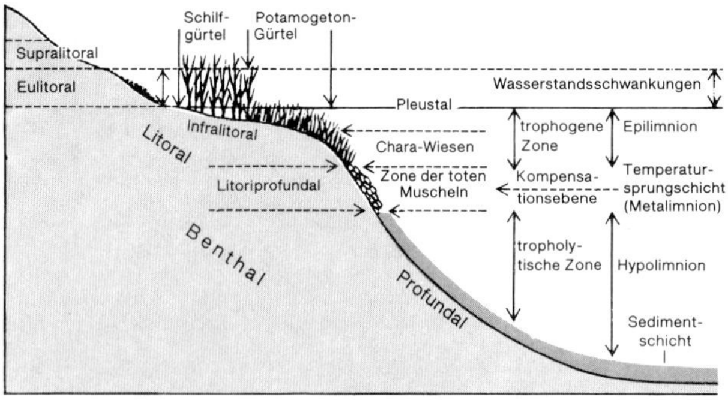

See

Beispiel für die Gliederung eines Sees in Lebensbereiche während einer Stagnationsphase

zesse ablaufen. Die vorherrschenden Ernährungstypen (↗Ernährung) bestimmen auch den Sauerstoffgehalt in den einzelnen Schichten (↗Seetypen). Nach den Temp.-Verhältnissen unterscheidet man ↗*Epi-*, ↗*Meta-* u. ↗*Hypolimnion.* Diese Schichtung gilt nur während der ↗Stagnation, wenn kein Austausch zw. Oberflächen- u. Tiefenwasser stattfindet. Im typ. Fall findet ein- od. mehrmals jährl. eine ↗Zirkulation mit Nähr- u. Sauerstoffaustausch statt (↗dimiktisch, ↗monomiktisch, ↗polymiktisch). Der Lebensraum „See" ist gekennzeichnet durch benthische u. pelagische Nahrungsketten u. interne Stoffkreisläufe.

Seeaal, Handelsform des Gemeinen [↗Dornhaies.

Seeadler, *Haliaeëtus,* Gatt. sehr großer Greifvögel aus der Fam. ↗Habichtartige mit mächtigem, scharf gekrümmtem Schnabel u. breiten Segelflügeln; leben an felsigen Meeresküsten od. den Ufern großer Flüsse u. Seen im Binnenland, wo sie verschiedene Wirbeltiere jagen, v.a. Wasservögel u. Fische. Wie die anderen ↗Adler gute Segelflieger. In Mitteleuropa ist der graubraune, im Alterskleid durch einen weißen Schwanz gekennzeichnete S. (*H. albicilla,* B Europa I) sehr selten geworden (nach der ↗Roten Liste „vom Aussterben bedroht"); durch Horstbewachungen, Nachzuchten u. Wiedereinbürgerungen wird versucht, die Abnahme aufzuhalten; Spannweite bis 2,5 m; die Jungvögel streifen bis zu ihrer Geschlechtsreife nach ca. 5 Jahren umher u. erscheinen auch weitab vom Brutgebiet an Gewässern des Binnenlandes. In N-Amerika war der Weißkopf-S. (*H. leucocephalus,* B Nordamerika II) – Wappenvogel der USA – früher überall recht häufig; durch Bejagung u. die Auswirkung v. Pestiziden in den Beutetieren ist sein Bestand stark zurückgegangen.

Seeanemonen, die ↗Seerosen.

Seebader, *Acanthurinae,* U.-Familie der ↗Doktorfische.

Seebären, *Bärenrobben, Arctocephalini,* Gatt.-Gruppe der ↗Ohrenrobben mit (im Ggs. zu den ↗Seelöwen) dichtem wolligem Haarkleid unter dem zottigen Oberhaar; als sog. „Pelzrobben" *(Sealskin)* lange Zeit rücksichtslos verfolgt. Hauptverbreitungsgebiet der S. ist die S-Halbkugel rund um die Antarktis: Die meisten Südl. S. (Gatt. *Arctocephalus*) mit insgesamt 7 Arten (vgl. Tab.) sind v. der Ausrottung bedroht. Der einst stark gefährdete Nördl. Seebär *(Callorhinus ursinus)* aus dem Beringmeer ist dank strenger Überwachung des Robbenschlags seit 1911 heute die häufigste Art. – S. leben gesellig in Herden aus „Harems". Ihr dichtes Haarkleid erlaubt ihnen, tagelang an Land zu liegen. □ Robben.

See

Abdämmungsseen
durch Aufstauung infolge von Bergstürzen, Moränen, Eisströmen, Dünen entstanden

Eintiefungsseen

a durch Einsturz unterird. Hohlräume (Karst-Seen)

b wassergefüllte vulkan. Krater (Krater-Seen)

c durch vulkan. Explosionen entstanden (Maare)

d durch Grabenbrüche oder Einbiegungen der Erdkruste entstanden

e Ausräumung durch Wind und Eis

Reliktseen
Reste ehemaliger Meeresbedeckung

Fluß- od. *Schaltseen*
von Flüssen gespeiste, durchflossene (eingeschaltete) und entwässerte Seen

Endseen
abflußlose Seen; der Seespiegel kann nicht so weit ansteigen, daß ein natürl. Ausfluß entsteht; oft Salzseen; z.T. zeitweise trocken (period. od. episod. Endseen), z.T. ihre Lage verändernd (wandernde Seen)

Seebären

Arten:

Südl. Seebären *(Arctocephalus)*
- Südam. Seebär *(A. australis)*
- Galapagos-Seebär *(A. galapagoensis)*
- Guadelupe-Seebär *(A. townsendi)*
- Austral. Seebär *(A. forsteri)*
- Juan-Fernandez-Seebär *(A. philippii)*
- Kerguelen-Seebär *(A. gazella)*
- Südafr. Seebär *(A. pussillus)*

Nördl. Seebär *(Callorhinus ursinus)*

Seebarsch, *Roccus labrax,* ↗Sägebarsche.

Seebeerengewächse, die ↗Haloragaceae.

Seebinsenröhricht, *Scirpetum lacustris,* Assoz. des ↗Phragmition.

Seeblase, die ↗Portugiesische Galeere.

Seebull *m, Taurulus bubalis,* ↗Groppen.

Seedahlie, *Tealia felina,* stark nesselnde Art der ↗Seerosen der nördl. Meere; der Körper (7 cm ∅, Höhe 5–15 cm) u. die dikken Tentakel sind meist bunt gefärbt (rot/grün/weiß); lebt unterhalb der Gezeitenzone auf Hartgrund, nachtaktiv; wird in den nord. Ländern gegessen.

Seedrachen, die ↗Chimären.

See-Elefanten, *Elefantenrobben, Mirounga,* Gatt. der ↗Rüsselrobben; größte Robben: Kopfrumpflänge 3,5 m (♀♀) bis 6 m (♂♂); ♂♂ mit rüsselartig verlängerter Nase; 2 Arten: Der Südl. See-Elefant (*M. leonina;* B Polarregion IV) lebt nur noch in kleinen Beständen an Küsten u. Inseln nördl. der Südpolarmeere (S-Georgien, Falkland-Inseln, Kerguelen, Macquarie). Noch stärker v. der Ausrottung bedroht ist der Nördl. See-Elefant *(M. angustirostris),* v. dem noch wenige kleine Herden, u.a. auf Guadelupe u. den Galapagosinseln, vorkommen. S. bilden, ähnl. wie die ↗Ohrenrobben, zur Paarungs- u. Wurfzeit an den Küsten größere Verbände; Rangordnungskämpfe unter den ♂♂ führen zur Bildung v. „Harems". Nahrung: Fische, Kopffüßer.

Seefächer, die Gatt. ↗Eunicella.

Seefedern, *Federkorallen, Pennatularia,* Ord. der ↗*Octocorallia* mit ca. 300 Arten. Die längste Art ist *Umbellula encrinus* (bis 2,30 m). S. sind marine, fleischige, halbsessile Polypenstöcke, die mit einem polypenlosen Stiel im lockeren Untergrund stecken. Der Stiel besteht aus dem riesig angewachsenen Gründungspolyp, der aus einer Planulalarve entsteht u. meist Mund u. Tentakel verliert. Aus ihm wachsen Knospen, die sich entweder gleich zu Sekundärpolypen entwickeln od. sich zuerst verzweigen u. dann Polypen bilden. Die „klassischen" S. sind bilateral gebaut (wie eine Feder). Die „Seitenzweige" bestehen dabei aus den unterschiedlich langen, miteinander verwachsenen Rumpfteilen der Sekundärpolypen. Die Stabilität der Kolonie wird im Stielteil durch einen hornigen Stab (manchmal verkalkt) gewährleistet, den der Primärpolyp abscheidet. Zusätzl. liegen oft noch meist bunte Kalkspiculae in der Mesogloea. Während ihrer nächtl. Aktivitätsphase blähen S. sich auf die dreifache Länge auf, indem sie Wasser aufnehmen (hydrostatisches Skelett). Die Wasseraufnahme erfolgt über Sekundärpolypen, die schlauchförmig differenziert sind (Siphonozoide). In dieser Zeit geschieht die Nahrungsaufnahme (Kleinpartikelfresser). Tagsüber liegen die Kolonien schlaff am Meeresgrund. Indem sie die ganze Kolonie strecken u. zusammenziehen, können sie umherkriechen u. ihren Standort wechseln. Zum Einbohren u. Verankern im Substrat dient das basale Ende des Stiels. Mit ihren oft bunten Farben, dem durchscheinenden Körper u. ihrem Leuchtvermögen (Abgabe v. Schleim mit lumineszierenden Körnchen) gehören die S. zu den schönsten Meeresorganismen. Die einfacheren Formen sind nicht bilateral gebaut. Die Polypen sprossen nach allen Seiten aus dem Primärpolyp (↗ *Veretillum)* od. sind in Reihen angeordnet (↗Seepeitsche). Absonderl. Formen weisen die Gatt. ↗ *Umbellula* u. das ↗Seestiefmütterchen auf. Einer Feder sehr ähnl. ist die kosmopolit. Art *Pennatula phosphorea* (bis 20 cm lang). Sie ist rot gefärbt u. bekannt wegen ihres intensiven, grünblauen Leuchtens, das schon v. minimalen Reizen ausgelöst wird. Ähnl. ist die im indopazif. Raum verbreitete Gatt. *Acanthoptilum.* Ebenfalls federartig ist *Pteroides griseum,* die im Atlantik u. Mittelmeer vorkommt. Sie trägt auf 27 Fiederpaaren 35000 Sekundärpolypen – bei einer Länge von 30 cm; tagsüber ist sie fast ganz im Schlamm vergraben. *Virgularia mirabilis,* auch im Mittelmeer verbreitet, hat eine starre, ca. 50 cm lange Kolonie, bei der die Polypen auf seitl. angeordneten Blättchen sitzen. B Hohltiere III. *C. G.*

Seefledermäuse, *Ogcocephalidae,* Fam. der Fühlerfische mit ca. 30 Arten; leben v.a. am Boden warmer u. gemäßigter Meere vom Küstenbereich bis zur Tiefsee; mit abgeflachtem, v. oben dreieckig od. rundl. aussehendem Körper, kräftigen, gestielten, zum Kriechen geeigneten Brustflossen u. kleinem, v. der reduzierten Rückenflosse gebildetem Angelorgan zum Anlocken v. Beutetieren.

Seefrosch, *Rana ridibunda,* ↗Grünfrösche.

Seefuchs, *Alopias vulpinus,* ↗Drescherhaie.

Seegrasgewächse, *Zosteraceae,* Fam. der ↗ *Najadales* mit 3 Gatt. und 18 Arten untergetauchter mariner Wasserpflanzen der Küsten, bes. der gemäßigten Zone; grasartig mit kriechendem Rhizom. Die diklinen Blüten stehen in 2 Reihen auf der einen Seite der abgeflachten Blütenstandachse. Mit 12 Arten größte Gatt. ist *Zostera* (Seegras), mit den einheim. Vertretern *Z. marina* und *Z. nana;* Vorkommen in den Seegraswiesen (↗Zosteretea).

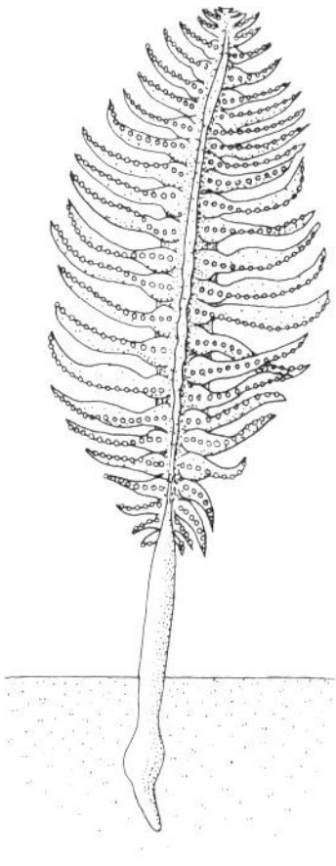

Seefeder
(Pennatula rubra)

Seegrasgewächse

Seegras *(Zostera)*

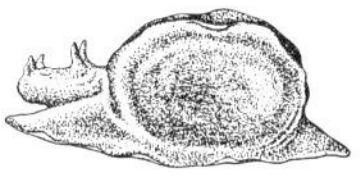

Seehasen

Gemeiner Seehase, *Aplysia depilans* (ca. 15 cm lang), Golf von Neapel

Seehase, Lump
(Cyclopterus lumpus)

Seegraswiesen ↗Zosteretea.

Seegurken, i.w.S. die Kl. *Holothuroidea* (= ↗Seewalzen), i.e.S. deren Fam. *Cucumariidae.*

Seehähne, die ↗Knurrhähne.

Seehasen, 1) *Aplysiidae,* Fam. der ↗*Anaspidea,* Hinterkiemer (Schnecken), deren Gehäuse auf einen inneren, dünnen, gelbl. Rest reduziert ist. Der Fuß bildet breite Parapodien, die auf dem Rücken zu einem Rohr zusammengelegt werden können, aus dem durch fortschreitende Kontraktion das Wasser ausgestoßen u. damit das Tier vorangetrieben wird. Im Nervensystem gibt es Riesenzellen (Objekte neurophysiolog. Experimente!). Bei einigen Arten ist der Fuß hinten saugnapfart. umgestaltet u. erlaubt das Festhalten an Felsen. Bei Belästigung stoßen die S. aus der Mantelhöhle „Tinte" aus. Die S. sind ☿ und sehr fruchtbar (bis 180 Mill. Eier/Jahr). Sie leben im Flachwasser der Küsten u. ernähren sich von Algen. 2 Gatt., von denen *Syphonota* indoaustral., *Aplysia* weltweit in warmen Meeren verbreitet ist. *A. vaccaria* v. der kaliforn. Küste ist mit 75 cm Länge und 16 kg Gewicht die größte rezente Schnecke. Auch die Gestreiften S. *(A. fasciata)* u. die Gemeinen S. *(A. depilans)* des Mittelmeeres u. der frz. Atlantikküste erreichen 25–30 cm Länge. Die Kleinen S. *(A. punctata),* auch an brit. Küsten häufig, schwimmen zur Fortpflanzungszeit in Ketten von ca. 12 Tieren; jedes Tier fungiert zum vorderen Nachbarn als ♂, zum hinteren als ♀; wegen der rechts liegenden Genitalöffnungen schwimmt die Kette rechtsherum. **2)** *Cyclopterinae,* U.-Fam. der ↗Scheibenbäuche. Bekannteste Art ist der ca. 45 cm lange Seehase od. Lump *(Cyclopterus lumpus,* B Fische I) der nördl. Atlantikküsten sowie der Nord- u. Ostsee; er hat einen kräft. Bauchsaugnapf, Knochenhöcker auf der schuppenlosen Haut u. einen Hautkamm um die 1. Rückenflosse; die im Frühjahr in mehreren, großen Ballen abgelegten Eier werden vom Männchen bewacht; der gesalzene Rogen wird als Dt. Kaviar gehandelt.

Seehechte, *Hechtdorsche, Merlucciidae,* Fam. der ↗Dorsche mit 1 Gatt. und 7 Arten. Die langgestreckten, bartellosen S. haben 2 Rückenflossen, kehlständ. Bauchflossen, mittelgroße Schuppen, kräft. Zähne an langen Kiefern, einen vorspringenden Unterkiefer u. getrennte Frontalknochen des Schädels (im Ggs. zu den Dorschen i.e.S.). Sie sind in mittleren bis tiefen Was-

Seehunde

Gattungen:
↗Ringelrobben *(Pusa)*
↗Bartrobbe *(Erignathus)*
↗Sattelrobbe *(Pagophilus)*
↗Bandrobbe *(Histriophoca)*
↗Kegelrobbe *(Halichoerus)*
Seehund *(Phoca)*

Seehund *(Phoca vitulina)*, „Heuler"

serschichten der Kontinentalabhänge der meisten gemäßigten Meere verbreitet u. sind wicht. Nutzfische. Hierzu gehören: der bis 1 m lange Europäische S. (*Merluccius merluccius*, B Fische III), der im NO-Atlantik u. im Mittelmeer vorkommt u. sich vorwiegend nachts v. Schwarmfischen ernährt; der stark befischte, bis 1,2 m lange Kap-S. *(M. capensis)* v. den Küsten S-Afrikas u. der nordwestpazif., bis 90 cm lange Pazifische S. *(M. productus)*.

Seehering, *Coregonus clupeaformis,* bis 1 m lange nordam., von der Beringstraße bis zu den Großen Seen verbreitete, heringsart. ↗Renke mit dicker Oberlippe; guter Speisefisch. B Fische XII.

Seehunde, *Phocinae,* U.-Familie der ↗Hundsrobben mit insgesamt 6 Gatt. (vgl. Tab.). Der Seehund, *Phoca vitulina* (Gesamtlänge 150–200 cm; rundl. Kopfform; Fell grauweiß gefleckt; B Europa I), ist in 5 U.-Arten über die N-Hemisphäre verbreitet. Er lebt in lockeren Rudeln an Flachküsten des Meeres u. Flußmündungen mit Sandbänken od. flachen Felsen u. Watten; nur die U.-Art *P. v. largha* (nordwestl. Pazifik) bringt ihre Jungen auf dem Treibeis zur Welt; *P. v. mellonae* lebt in Binnenseen (Lower Seal Lake, nahe der Hudson Bay). S. bewegen sich im Wasser sehr geschickt, an Land nur unbeholfen fort. Als Nahrung bevorzugen sie v.a. Küstenfische. Die Zahl der S. an der dt. Nordseeküste nimmt ständig ab; Ursachen sind: Bejagung, Nahrungsmangel, Wasserverschmutzung u. Beunruhigung. Als „Heuler" werden – wegen ihrer klagenden Rufe – (durch Tod der Mutter od. als Zwillingsgeburt) verwaiste junge S. bezeichnet, die nach Aufzehrung ihres Fettvorrates verhungern müssen; ihre künstl. Aufzucht („Heuler-Stationen") ist schwierig. S. *(Phoca vitulina)* sind nach der Roten Liste „stark gefährdet". ☐ Robben.

Seeigel, 1) *Echinoidea,* Kl. der ↗Stachelhäuter (B) mit ca. 1000 rezenten u. etwa 5000 fossilen Arten; wie alle anderen Stachelhäuter nur marin, vom Litoral bis zur Tiefsee. – *Körperbau u. Lebensweise:* Die *Gestalt* ist apfel-, herz- od. scheibenförmig. Das *Skelett* besteht, im Ggs. zu allen anderen Stachelhäutern, aus *starr* miteinander verbundenen Platten. Die Gesamtheit aller Platten wird *Corona* gen. Sie ist beim lebenden Tier, wie übrigens auch die Stacheln, v. Epidermis (u. Bindegewebe) überzogen; das die große Körperhöhle umschließende, wie ein Panzer wirkende Skelett ist morpholog. also kein Exo-, sondern ein ↗Endoskelett, u. wird dementsprechend auch nicht gehäutet. Das Skelett umschließt den Körper fast vollkommen; nur um den Mund herum ist eine weichhäutige Zone (*Peristomialmembran,* ↗Peristom 2) vorhanden, die bei den meisten Arten 10 isolierte Kalkplättchen enthält (als Grundlage für die großen Mundfüßchen). Neben dieser weichhäutigen Zone liegen bei vielen Arten die Kiemen. Die Schale besteht bei rezenten Vertretern aus 5 Doppelreihen v. *Ambulacralplatten* (erkennbar an den doppelten Poren für die Ambulacralfüßchen; ↗Ambulacralgefäßsystem) und 5 Doppelreihen von *Interambulacralplatten* (ohne Poren); beide Plattentypen tragen große u. kleine Höcker für primäre u. sekundäre *Stacheln.* Insgesamt sind also 10 Plattenreihen vorhanden, die v. unten (= Mund- = Oralpol) nach oben (= After- = Aboral- = Apikalpol) ziehen u. zw. sich charakterist. Muster entstehen lassen. Um den After herum liegen die winzigen Platten des ↗Periprokts, um sie herum interradial die 5 Genitalplatten (mit je einem Gonoporus); eine davon ist meist etwas größer u. fungiert zugleich als ↗Madreporenplatte. Bei fossilen Ord. ziehen bisweilen über 100 Plattenreihen vom Oral- zum Aboralpol; bei ihnen (u. auch rezent bei ↗Leder-S.n) gibt es dachziegelartig übereinanderstehende, insgesamt ein Schuppenmuster bildende Plattenreihen. Zwischen den Stacheln stehen viele ↗*Pedicellarien* unterschiedlichster Ausprägung, z.T. auch mit Giftdrüsen; alle Typen sind *drei*klappig u. gestielt im Ggs. zu den zweiklappigen Pedicellarien der Seesterne.

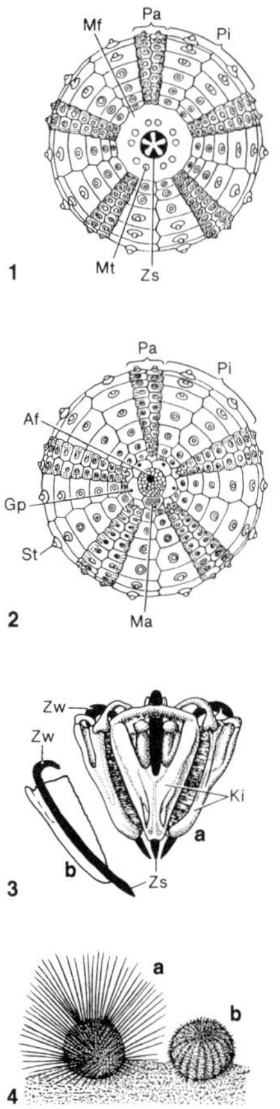

Seeigel

1, 2 Seeigel, Schale (Corona) nach Entfernung von Haut, Stacheln u. Füßchen; **1** v. unten (Oralseite), **2** v. oben (Aboralseite). **3** Kauapparat *(Laterne des Aristoteles)* (Zähne schwarz gezeichnet, Muskulatur schraffiert); **a** Gesamtansicht, **b** einzelner halbierter Kiefer. **4** Beispiele für Seeigel: die Extremformen der Bestachelung; **a** Diadem-Seeigel, **b** Violetter Seeigel. Af After im Afterfeld (Periprokt), Gp Gonoporus auf Genitalplatte, Ki Kiefer, Ma Madreporenplatte, Mf weichhäutiges Mundfeld (Peristom), Mt kleine Kalkplatten als Basis der Mundtentakel (Buccalfüßchen), Pa Doppelreihe der Ambulacralplatten (mit Poren für die Füßchen) ≙ radial, Pi Interambulacralplatten ≙ interradial, St Stachelwarze mit Höcker (Mamelon = Kugelgelenkkopf), Zs Zahnspitze, Zw Wachstumszone des Zahns

Seeigel

Klassifikation u. Beispiele für Familien u. Gattungen:

1.–12. Ord. ≙ ehemalige U.-Kl. *Regularia* (*endozyklisch:* After *innerhalb* des Ringes aus 5 Genitalplatten)

U.-Kl. ↗*Perischoechinoidea* (*Palechinoidea* i. w. S.)
- 1. Ord. ↗*Bothriocidaroida* † (bisweilen zu ↗*Cystoidea,* bisweilen eigene U.-Kl. *Pseudechinoidea*)
- 2. Ord. ↗*Echinocystitoida* †
  - *Aulechinus*
  - *Eothuria*
- 3. Ord. *Palechinoida* † (i. e. S.) = *Melonechinoida*
- 4. Ord. *Cidaroida* = ↗Lanzen-S.
  - *Archaeocidaris* †
  - *Tylocidaris* †
  - *Cidaris*

U.-Kl. *Euechinoidea*

Über-Ord. *Diadematacea*
- 5. Ord. *Echinothuroida* = ↗Leder-S., bisweilen zus. mit *Lepidocentrus* ≙ *Lepidocentroida*

Fortsetzung nächste Seite

Eine Besonderheit der S. ist ihr ↗*Kauapparat,* v. Plinius als ↗*Laterne des Aristoteles* bezeichnet (B Verdauung III). Er ist wie der gesamte Körper der S. ↗pentamer gebaut u. besteht aus 5 Zähnen, die in 5 Kiefern („Pyramiden" = je 2 verwachsene Halbpyramiden) sitzen; dazu kommen 5+5+10 weitere, mehr bügelförmige Skelett-Teile; die „Laterne" hat also einschl. der Zähne 35 kalkige Elemente, dazu kommen 6 Typen v. Muskeln: einige bewegen die Laterne als Ganzes; sie ziehen zu nach innen gekrümmten Auswüchsen der Schale, zu den sog. Aurikeln; diese fungieren wie ↗Apodeme. Andere Muskeln spreizen die Kiefer u. die fest in ihnen sitzenden Zähne u. öffnen dadurch den Mund. Die meisten S. sind *Mikrophagen* u. ernähren sich durch Abraspeln des Untergrundes od. durch Zerkleinern v. Algenstücken; sie gelten als „Straßenkehrer des Meeres". (Man beachte aber die andersartige Nahrungsgewinnung bei ↗Herzigel u. ↗Sanddollars.) Die *Zähne* wachsen bei größeren S.n mit mehr als 1 mm pro Woche nach; die konkave Seite ist weicher als die konvexe; die Abnutzung hält sie automatisch spitz (Konvergenz zu den ↗Nagezähnen bei verschiedenen Säugetiergruppen). Die *wirtschaftl. Bedeutung* der S. ist relativ gering; in manchen Gegenden werden die 5 großen Gonaden (getrenntgeschlechtl.) roh gegessen. Indirekt haben die S. eine Bedeutung für die Touristik: beim Baden in die Fußsohle getretene Stacheln können zu schweren eitrigen Entzündungen führen (dies gilt bes. für die hohlen, mit Widerhaken versehenen Stacheln der ↗Diadem-S.). Nur wenige Arten sind direkt durch ihr Gift gefährlich: die Pedicellarien bei *Toxopneustes* klaffen 10 mm weit auf u. vermögen die menschl. Haut zu durchdringen, u. ↗Leder-S. haben Giftdrüsen an der Spitze bestimmter Stacheln. Innere Organisation u. Entwicklung: ☐ Stachelhäuter. – *Stammesgeschichte u. System:* Aufgrund ihrer festen Schale blieben S. in großer Zahl fossil erhalten. Ab dem Ordovizium sind sie in ca. 5000 Arten nachgewiesen; manche sind wichtige Leitfossilien. Die S. ähneln mit ihrer Kugelform dem Rumpf mancher fossiler ↗*Pelmatozoa* (Gestielte Stachelhäuter, z.B. Seeäpfel = ↗*Cystoidea* u. ↗*Edrioasteroidea*) u. wurden v. diesen Gruppen abgeleitet. Neuerdings wird auch die Herleitung v. Schlangenstern-artigen Vorfahren diskutiert. Die Vielfalt der rezenten Vertreter wurde lange Zeit eingeteilt in die beiden U.-Kl. *Regularia* (pentamer) u. *Irregularia* (↗Irreguläre S., ☐: die pentamere Radiärsymmetrie überlagert v. einer stammesgeschichtl. sekundären Bilateralsymmetrie). Diese Klassifikation wird v. manchen Autoren aus prakt. Gründen weiterhin benutzt. Da die *Regularia* paraphyletisch u. die *Irregularia* höchstwahrscheinl. diphyletisch (↗monophyletisch, ☐) sind,

6. Ord. *Diadematoida* = ↗Diadem-S.
Diadema
Centrostephanus
7. Ord. *Pedinoida* (bisweilen in 5. Ord. gestellt)

Über-Ord. *Echinacea*
8.–10. Ord. ≙ ehemalige Ord. *Stirodonta*
8. Ord. *Salenoida*
9. Ord. *Phymosomatoida*
10. Ord. *Arbacioida*
Arbacia = Schwarzer S.
11. und 12. Ord. ≙ ehemalige Ord. *Camarodonta*
11. Ord. *Temnopleuroida*
Toxopneustes
Sphaerechinus = Violetter S.
Lytechinus
12. Ord. *Echinoida*
Echinus = Eßbarer S.,
Psammechinus = ↗Kletter- u. ↗Strand-S.
Paracentrotus = ↗Stein-S.
Echinometridae = ↗Griffel-S.
Strongylocentrotus = ↗Purpur-S.
13.–16. Ord. ≙ ehemalige U.-Kl. *Irregularia* = ↗Irreguläre S. (*exozyklisch:* After *außerhalb* des Ringes aus Genitalplatten)

Über-Ord. *Gnathostomata*
13. Ord. *Holectypoida*
Pygaster †
Conoclypeus †
Discoidea †
Galerites †
rezent nur *Echinoneus*
14. Ord. *Clypeasteroida* = ↗Sanddollars
Scutella †
Mellita
Encope
Echinodiscus
Rotula
Echinocyamus = ↗Zwerg-S.

Über-Ord. *Atelostomata*
15. Ord. *Cassiduloida*
16. Ord. *Spatangoida* = ↗Herz-S.
Spatangus
Brissopsis = ↗Leierherzigel
Echinocardium = ↗Herzigel
↗*Schizasteridae*

wurde ein neues System vorgeschlagen (vgl. Tab.); aber auch dieses ist keineswegs befriedigend. – **2)** *Eßbarer S., Echinus esculentus,* mit bis 16 cm ∅ der größte einheimische S.; fleischfarben, Stacheln relativ kurz u. nicht sehr dicht stehend; lebt auf algenbewachsenen Hartböden, von Island u. Norwegen bis Portugal, auch in der Nordsee (im Atlantik bis über 1000 m Tiefe). Wird im Mittelmeer durch die gleich große Art *E. melo* vertreten. **3)** *Schwarzer S., Arbacia lixula,* ein etwas abgeplatteter S. mit vielen Stacheln, die so lang sind wie der Schalen-∅; im Mittelmeer u. angrenzenden Atlantik in 0–50 m Tiefe auf Felsböden. **4)** *Violetter S., Dunkelvioletter S., Sphaerechinus granularis,* ein bis über 10 cm großer S. mit bes. dicht stehenden, relativ kurzen Stacheln, die meist eine weiße Spitze haben (aber auch Farbvarianten mit völlig violetten od. völlig weißen Stacheln); vom Flachwasser bis in über 100 m Tiefe (Mittelmeer, Atlantik). – Ebenfalls violett sind der ↗Purpur-S. u. der ↗Stein-S. *U. W.*

Seejungfer, *Calopteryx virgo,* ↗Prachtlibellen.

Seekanne, *Nymphoides,* Gatt. der ↗Fieberkleegewächse.

Seekarpfen, *Pagellus centrodontus,* Art der ↗Meerbrassen.

Seekatzen, *Chimaeridae,* Fam. der ↗Chimären.

Seekreide, carbonatreiche, humusarme Ablagerung am Grunde v. Seen.

Seekuckuck, *Trigla pini,* ↗Knurrhähne.

Seekuhaale, *Apteronotus,* Gattung der ↗Messeraale.

Seekühe, *Meerkühe, Sirenen, Sirenia,* Ordnung wasserlebender, pflanzenfressender ↗Säugetiere v. massigem Körperbau; Körperlänge 2,5–4 m; Haarkleid bis auf einige Borsten u. Tasthaare am Kopf reduziert; Vorderextremitäten als fünffingrige Flossen, Hinterextremitäten fehlen (funktionell v. waagerechten Schwanzruder ersetzt). Systemat. werden die S., gemeinsam mit den ↗Schliefern u. den ↗Rüsseltieren, den Fast-Huftieren (Überord. *Paenungulata,* ↗Huftiere) zugeordnet; 2 Fam. mit insgesamt 4 rezenten Arten. – Zu den Manatis od. Rundschwanz-S.n (*Trichechidae;* rundl. Schwanzruder; nur 6 Halswirbel!; adult nur 5–8 Backenzähne erhalten) zählen 3 Arten: Von den Küstenflüssen des östl. N-Amerika bis zur Karibik u. den Küsten des nordöstl. S-Amerika lebt der Nagel-Manati (*Trichechus manatus;* 2 U.-Arten, hierzu der Lamantin). In Flüssen u. Buchten der westafr. Küste, im Tschadsee u. Schari-Strom kommt der Afr. Manati *(T. senegalensis)* vor. Beide Arten tragen

Gabelschwanz-Seekuh *(Dugong dugong)*

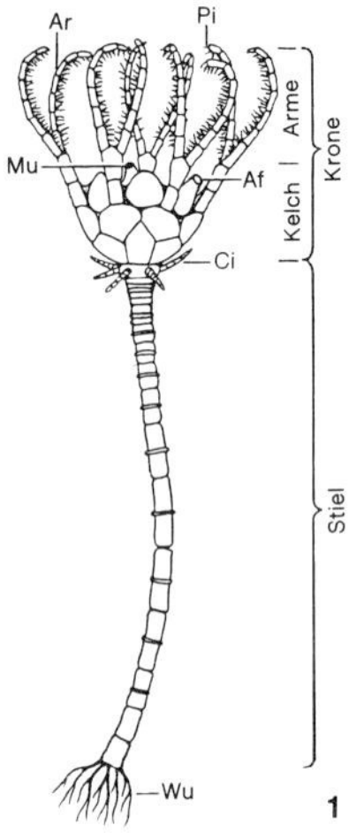

1

2

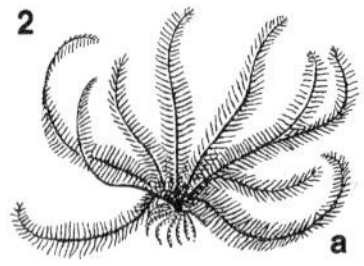

a

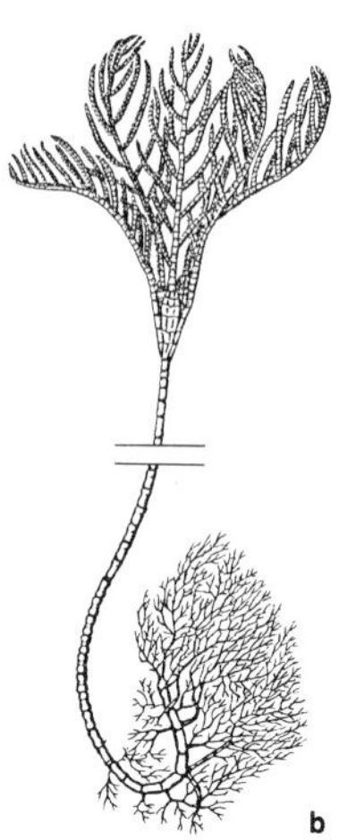

b

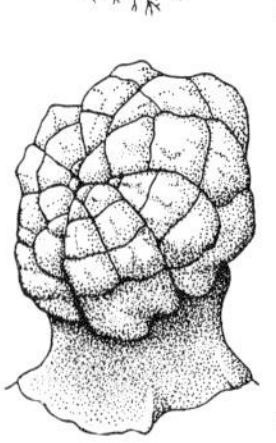

c

Seelilien

1 Körpergliederung einer 10armigen S. Af After, Ar Arm, Ci Cirrus, Mu Mund, Pi Pinnula, Wu Wurzel. **2 a** *Antedon* (Haarstern), **b** *Rhizocrinus*, **c** *Holopus* (kurze, relativ stämmige Arme zusammengeschlagen, schützen Pinnulae u. Mundbereich)

noch Nagel-Reste an den Vorderextremitäten. Ausschl. im Süßwasser (Orinoko, Amazonas, Rio Madeira) lebt nur der Fluß-Manati *(T. inunguis)*. – Von den Dugongs od. Gabelschwanz-S.n (Fam. *Dugongidae;* Schwanzruder seitl. spitz endend; obere Schneidezähne der ♂♂ teilweise stoßzahnartig sichtbar, Backenzähne nur juvenil vorhanden; Verhornungen an Gaumen, Unterkiefer u. Zungenspitze) gibt es heute nur noch 1 Art *(Dugong dugong)*, vom Roten Meer u. Indik bis zur N- und NO-Küste Australiens. ↗Stellersche Seekuh. B Säugetiere.

Seelachs ↗Köhler.

Seelaube, die ↗Mairenke.

Seeleopard, *Hydrurga leptonyx,* zu den ↗Südrobben gehörende, nicht gesellig lebende Robbe der Antarktis; Körperlänge bis 3,5 m (♂♂); ernährt sich v. Fischen u. Pinguinen. B Polarregion IV.

Seelilien, ↗*Crinoidea* (= Seelilien i.e.S. + ↗Haarsterne), Kl. der ↗Stachelhäuter mit 5 U.-Kl. (vgl. Tab.) und ca. 600 rezenten Arten (fossil über 5000). – *Körperbau u. Lebensweise:* Die S. i.e.S. sind sessil; die ebenfalls zu den *Crinoidea* gehörenden ↗Haarsterne können sich frei bewegen, haben aber in der Jugend das sessile Pentacrinoid-Stadium (□ Haarsterne). Der Körper ist gegliedert in *Wurzel* (Radix), *Stiel* (Columna), *Kelch* (Calyx = Theca) u. primär 5 *Arme* (Brachia), die bei den meisten Arten meist dichotom aufgespalten sind; bei rezenten Vertretern im Extrem 200 Arme. Auch die Skelettplatten des Kelches sind ↗pentamer angeordnet. An den Armen befinden sich beiderseits (meist alternierend) ↗*Pinnulae;* auf ihnen stehen 3 Typen v. Ambulacralfüßchen (ohne Saugscheiben), die der Atmung u. der Nahrungsgewinnung dienen. Arme, Pinnulae u. Füßchen sind in ihrer Gesamtheit ein bes. engmaschiges u. deshalb hochwirksames Fangsystem: an den Füßchen bleiben Plankton u. Detritus hängen, sie werden eingeschleimt u. durch Cilien-Schlag (mucociliärer Transport) über die feinen Nahrungsrinnen der Pinnulae zu den größeren Nahrungsrinnen der Arme transportiert. (Die Nahrungsrinnen sind längs verlaufende Furchen an der Ober- = Oralseite der Pinnulae u. Arme.) Unabhängig v. der Arm-Zahl sind es schließl. 5 große Nahrungsrinnen (≙ Ambulacralfurchen der anderen Stachelhäuter), die im Mittelpunkt der Kelch-Oberseite (Kelch-Decke ≙ Mundscheibe) den *Mund* erreichen. Der *After* liegt auf der Oralseite. Ernährungsweise u. zartgliedriger Körperbau entsprechen dem Vorkommen überwiegend in nur schwach bewegtem Wasser: die rezenten sessilen Vertreter leben v.a. in der Tiefsee; Haarsterne kommen auch im unteren Litoral vor. – *Fossilien:* Stiel, Kelch u. Arme der S. bestehen überwiegend aus Skelett-Elementen. Dementsprechend sind S. bes. zahlreich als Fossilien erhalten. Berühmt sind *Seirocrinus* u.ä. Gatt. (↗*Pentacrinus)* aus den Posidonienschiefern von Holzmaden: Stiele bis 20 m lang, Armlänge 0,5 m, über 1000 Arme, insgesamt ca. 5 Mill. Skelettelemente. Wegen der Häufigkeit der S. und auch wegen ihrer Bedeutung als Leitfossilien gibt es eine besondere paläontolog. Terminologie für Verzweigungsformen u. für das Skelett; u.a.: *monocyclisch* sind S., wenn zw. den Radialia (= Skelettplatten in Verlängerung der Arme ≙ Radien = Ambulacren) u. dem Stiel nur 1 Ring von Basalia liegt; *dicyclische* S. haben zusätzlich noch einen Ring aus Infrabasalia. Einzelne fossile Stielglieder (allg. Columnalia, oft differenziert in Nodalia u. Internodalia) werden als *Trochiten* bezeichnet; sie können massenhaft vorkommen (↗Trochitenkalke) u. werden im Volksmund ↗Bonifatiuspfennige gen. (↗Schraubensteine sind Hohlabdrücke v. Stielabschnitten, z.B. von *Ctenocrinus*). Die U.-Kl. *Camerata, Inadunata* u. *Flexibilia* sind durch Funde vom Ordovizium bis Perm nachgewiesen; die U.-Kl. *Articulata* ist auf die darauffolgenden Abschnitte der Erdgeschichte, also ab Trias, beschränkt, hat also die anderen U.-Kl. vollständig „abgelöst". – *Verwandtschaft:* Die S. gelten als die ursprünglichsten rezenten Vertreter der Stachelhäuter. Ihre sessile Lebensweise ist Erklärung für die stammesgeschichtl. (u. jeweils in der Larvalentwicklung rekapitulierte) Abkehr v.

Seelilien

Unterklassen, Ordnungen u. wichtige Gattungen:

↗*Eocrinoidea* †
(Urseelilien)
in vielem mit den ↗*Blastoidea* u. ↗*Cystoidea* übereinstimmend, oft als eigene Kl. angesehen, vielleicht die Stammgruppe aller *Pelmatozoa* (= gestielte Stachelhäuter)
- *Macrocystella*

↗*Camerata* †
- *Diplobathrida*
- *Monobathrida* (z.B. Gatt. *Ctenocrinus*)

Inadunata †
- *Disparida*
- *Hybocrinida*
- *Cladida* (z.B. Gatt. *Petalocrinus*)

↗*Flexibilia* †
- *Taxocrinida*
- ↗*Sagenocrinida*

Articulata

mit Stiel:
- *Millericrinida*
  - einzige rezente Gatt.: ↗*Hyocrinus*
- *Cyrtocrinida (Holopida)*
  - einzige rezente Gatt.: ↗*Holopus*
- *Bourgeticrinida*
  - rezente Gatt.: ↗*Rhizocrinus*, *Bathycrinus*
- *Isocrinida*
  - ↗*Pentacrinus* †
  - *Seirocrinus* †
  - ↗*Metacrinus*
  - *Ctenocrinus*

ohne Stiel:
- *Uintacrinida* †
  - *Marsupites*
  - *Uintacrinus* (Arme bis 1,25 m)
- ↗*Roveacrinida* †
  - ↗*Saccocoma*
- *Comatulida* (= ↗Haarsterne) 550 Arten in ca. 140 Gatt., u.a.:
  - *Antedon*
  - *Isometra*
  - *Heliometra*
  - *Florometra*
  - *Thaumatocrinus*
  - *Tropiometra*
  - ↗*Heterometra*
  - *Comaster*

der Bilateralsymmetrie. Weiteres zur Stammesgeschichte u. inneren Organisation ↗Stachelhäuter. *U. W.*

Seelöwen, *Haarrobben, Otariini,* Gatt.-Gruppe der ↗Ohrenrobben mit (im Ggs. zu den ↗Seebären) glatt anliegendem Haarkleid ohne Unterwolle; an der Schnauze auffallende Schnurrhaare; löwenähnl. Gebrüll. In der austr. Region kommen der Auckland-Seelöwe (*Phocarctos hookeri;* O-Neuseeland u. Inseln südwestl. v. Neuseeland) u. der Austr. Seelöwe (*Neophoca cinerea;* Küsten S- und SW-Australiens) vor. Die größte Ohrenrobbe ist Stellers Seelöwe (*Eumetopias jubata;* ♂♂ bis 3,5 m lang; Küstenbereich vom Bering-Meer bis Kalifornien). Eine Hals- u. Schultermähne kennzeichnet die männl. Südam. S. oder Mähnenrobben (*Otaria byronia;* südam. Küsten). Auf die Galapagosinseln beschränkt ist der Galapagos-Seelöwe (*Zalophus wollebaeki,* [B] Südamerika VIII). Er ist nahe verwandt mit dem für seine Zirkus-Dressurleistungen bekannten Kaliforn. S. *(Z. californianus),* einem beliebten Zootier. – S. leben gesellig, ♂♂ bilden „Harems". Gegen Überhitzung (dünnes Haarkleid!) schützen sich S. durch häufiges Wasseraufsuchen. □ Robben.

Seemandeln, *Philine,* einzige Gatt. der *Philinidae,* Kopfschildschnecken mit eiförm., dünnem, vom Mantel umhüllten Gehäuse, das den Körper nicht ganz aufnehmen kann; ohne Deckel. S. schützen sich durch salz- u. schwefelsäurehalt. Sekrete (pH ≈ 1) vor Feinden. ☿, deren zahlr., kleine Eier sich zu planktischen Veligern entwickeln. Zahlr. Arten, die carnivor sind u. im Sand bzw. in Sandlücken leben. In der Nordsee kommen die Offenen S. *(P. aperta)* vor; sie werden 7 cm lang, ernähren sich v. kleineren Schnecken, Muscheln u. Ringelwürmern u. werden von Schellfischen u. Plattfischen verzehrt.

Seemannshand, die ↗Tote Mannshand *(Alcyonium digitatum),* Bez. manchmal auch für die nächstverwandte Art *A. palmatum* gebraucht.

Seemaßliebchen, *Seemannsliebchen, Cereus pedunculatus,* ↗*Cereus.*

Seemaus, *Aphrodite aculeata,* ↗Aphrodite.

Seemönch, *Meermönch, Monachus monachus,* ↗Mönchsrobben.

Seemoos, *Sertularia cupressina* (↗Zypressenmoos) u. *Hydrallmannia falcata* (↗Korallenmoos), Vertreter der ↗*Sertulariidae;* häufige Polypenkolonien der tieferen Gezeitenzone des Atlantik, die schnellwüchsig sind (pro Jahr 25 cm) u. in großen Mengen vorkommen *(S.bänke).* S. wird bes. von dt. Unternehmen geerntet, getrocknet u. gefärbt als Dekorationsmaterial (Kränze usw.) verarbeitet. An der dt. Küste werden jährl. einige Tonnen S. entnommen; seit 1911 bestehen Schonzeiten.

Seemotten, *Pegasidae,* Fam. der ↗Flügelroßfische.

Seenadelähnliche, *Syngnathoidei,* U.-Ord. der Stichlingsfische mit röhrenförm., zahnloser Schnauze und büschelförm. Kiemen. Hierzu die Fam. Röhrenmünder *(Solenostomidae)* mit wenigen gedrungenen, bis 15 cm langen, großflossigen, indopazif. Arten, die sternförm. Hautverknöcherungen haben; im Ggs. zu den Arten der 2. Fam., ↗Seenadeln u. Seepferdchen *(Syngnathidae),* tragen die Weibchen die Brut in einer offenen Tasche umher.

Seenadeln, 1) die ↗Cerithiidae (Schnekken). **2)** *S. und Seepferdchen, Syngnathidae,* Fam. der ↗Seenadelähnlichen mit ca. 200 Arten; haben langgestreckten, schuppenlosen, v. knöchernen Hautschildern bedeckten Körper, röhrenförm. Schnauze mit engem, endständ., zahnlosem Maul, büschelig angeordnete Kiemen u. stets eine kurze, weichstrahl. Rückenflosse, deren Strahlen unabhängig voneinander einzeln bewegt werden können; Bauchflossen fehlen immer, u. die übrigen Flossen sind z.T. reduziert. Leben v.a. in trop. und gemäßigten Meeren meist in küstennahen Algenfeldern, Seegraswiesen u. im Bereich der Korallenriffe, einige Arten auch im Brack- u. Süßwasser. Schwimmen i.d.R. langsam durch wellenförm. Bewegung der Rückenflosse u. stehen oft senkrecht im Wasser. Bei allen Arten treiben die Männchen Brutpflege; dabei werden – je nach Art – die Eier am Bauch angeheftet, in einer Bauchfalte od. in einer Bruttasche eingelagert. Von den 6 an eur. Küsten heim. Arten ist die bis 50 cm lange Große S. (*Syngnathus acus,* [B] Fische I) zieml. häufig; sie kommt an atlant. Küsten v. Norwegen bis S-Afrika u. im Mittelmeer vor; die Männchen haben Bruttaschen. Die von S-Norwegen um Großbritannien bis Spanien verbreitete, bis 17 cm lange Kleine S. *(S. rostellatus)* hat ebenfalls Brustflossen, Schwanzflosse u. eine Bruttasche, ebenso wie die an fast allen eur. Küsten u. vor N-Afrika lebende, bis 30 cm lange, schlanke Grasnadel *(Siphonostoma typhle).* Keine Schwanz- u. Brustflossen haben die Schlangennadeln, wie die vor westeur. Küsten heim., bis 60 cm lange Große Schlangennadel *(Entelurus aequoreus)* u. die an Küsten der Ostsee u. des Mittelmeeres vorkommende, bis 30 cm lange Kleine Schlangennadel *(Nerophis ophidion),* bei der die zusammengeklebten Eier an der Bauchseite des Männchens angeheftet werden. Einen abgewinkelten Kopf haben die ↗Seepferdchen u. die durch zahlr. blattartige Hautlappen in Tangwiesen bestens getarnten Fetzenfische *(Phyllopteryx)* mit dem vor der austr. Küste lebenden, bizarren, bis 40 cm langen Großen Fetzenfisch *(P. eques).*

Seenäsling, *Vimba elongata,* ↗Zährten.

Seenelke, *Metridium senile,* Vertreter der ↗*Mesomyaria;* 30 cm hohe Seerosen (Korallen), die oben kelchartig verbreitert sind.

Seelilien

Versteinerte Seelilien

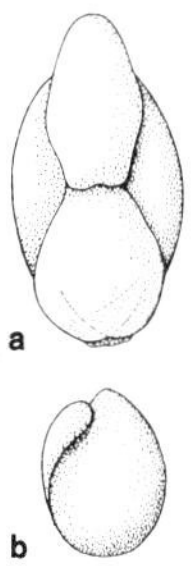

Seemandeln

Philine aperta, **a** lebendes Tier in Aufsicht, **b** Gehäuse

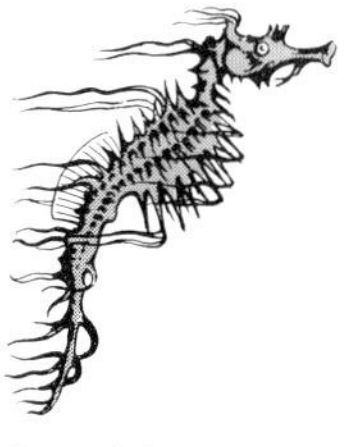

Seenadeln

Großer Fetzenfisch *(Phyllopteryx eques)*

Auf der Mundscheibe bilden bis zu 1000 winzige Tentakel eine Krone von ca. 20 cm ∅, mit der Kleinpartikel gefangen werden. Der Körper kann weiß, gelb, blau, rot od. braun gefärbt sein. S.n leben im Flachwasserbereich auf Steinen, Schneckenschalen usw. u. kommen im Atlantik u. im Mittelmeer vor. B Hohltiere III.

Seenessel, *Dactylometra quinquecirrha,* im Atlantik heim. ↗Fahnenqualle (∅ ca. 30 cm), die stark nesselt. Die Nesselkapseln sitzen in warzenart. Gebilden auf der Oberseite der Qualle sowie in den auf mehrere Meter dehnbaren, goldgelben Tentakeln. Auffällig sind die 4 langen rosaroten Mundlappen.

Seenuß, *Mertensia ovum,* Art der ↗*Cydippea,* die v.a. in arkt. Gewässern u. kalten Meeresströmungen vorkommt. Der 5 cm hohe, eiförmige, seitl. etwas zusammengedrückte Körper ist blaßblau; Gastralsystem u. Tentakel sind blutrot gefärbt. Mit ihren stark muskulösen Tentakeln soll sie sich bei starker Wasserbewegung an Steinen usw. festhalten können.

Seeohren, die ↗Meerohren.

Seeotter, *Enhydra,* Gatt. meereslebender Marder; einzige Art *E. lutris,* ↗Meerotter.

Seepeitsche, *Funiculina (= Funicula) quadrangularis,* Art der ↗Seefedern, die ab 40 m Tiefe auf Schlammböden des Atlantik, Mittelmeers u. Indopazifik lebt. Die Polypenkolonie besteht aus einem bis 1,50 m langen, schlanken (1 cm ∅) Primärpolypen, an dem zweizeilig die ca. 3 mm großen Polypen ansetzen. Da der untere Teil der Kolonie durch die Einlagerung eines Skelettstabs starr, der lange polypentragende Teil sehr biegsam ist, entsteht der Eindruck einer Peitsche. Die Färbung ist weißl. oder rosa.

Seeperlmuscheln, *Flügelmuscheln, Perlaustern, Vogelmuscheln, Pteriidae,* Fam. der *Pterioidea,* marine Fadenkiemenmuscheln mit ungleichklappiger, vorn u. hinten flügelart. ausgezogener Schale; Wirbel dem Vorderende genähert; unter dem vorderen Fortsatz ist die rechte Schale für den Durchtritt des Byssus eingekerbt. Die Oberfläche der bis 30 cm langen Schale ist glatt bis stark lamellös. Jungtiere haben 2 Schließmuskeln, der vordere wird mit zunehmendem Alter reduziert; Scharnier ohne od. mit Zähnen. Die ↗Schale besteht aus der äußeren (calcitischen) Prismenschicht u. einer inneren (aragonitischen) Schicht v. ↗Perlmutter; diese kann ↗Perlen v. hohem Handelswert bilden. Die S. sind getrenntgeschlechtl. und larvipar; sie leben überwiegend im Flachwasser trop. Meere. Die 25–30 Arten werden 5–6 Gatt. zugeordnet. Die gestreifte *Electroma zebra* (2,5 cm lang) lebt an Polypenstöckchen u. paßt sich diesen mit ihrem Streifenmuster an. Perlen liefern v.a. Arten der Gatt. *Pinctada* u. *Pteria. Pteria* (früher: *Avicula*) hat einen sehr langen hinteren Schalenfortsatz, ein Scharnier mit 2 Zähnen, glatte Oberfläche; *P. penguin* (30 cm) lebt auf Hartsubstrat des Indopazifik. *Pinctada* (früher *Meleagrina*), ohne od. mit kleinem Fortsatz, ohne Zähne, hat eine lamellöse Oberfläche. *P. martensi* und *P. vulgaris* werden zur ↗Perlenzucht benutzt; *P. margaritifera,* pazif. verbreitet, liefert v.a. im Gebiet der Gambier-Inseln u. Tuamotus die begehrten schwarzen Perlen. Im Mittelmeer und NO-Atlantik kommt an Hornkorallen *Pteria hirundo* (9 cm lang) vor.

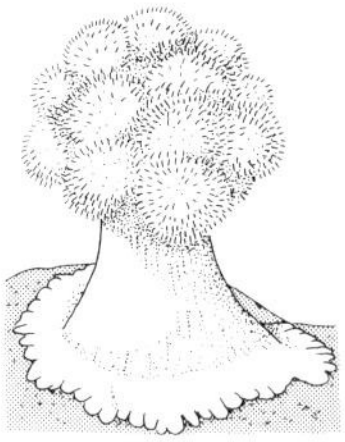

Seenelke
(Metridium senile)

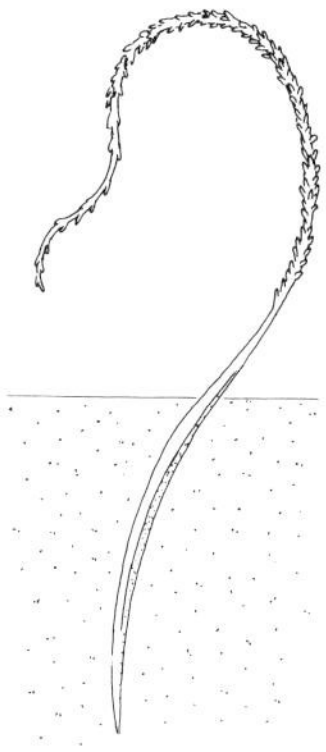

Seepeitsche
(Funiculina quadrangularis)

Seepferdchen

Kurzschnauziges S. *(Hippocampus hippocampus),* Männchen mit gefüllter Bruttasche

Seepfannkuchen, *Echinodiscus,* größter (∅ 18 cm) und bes. flacher ↗Sanddollar.

Seepferdchen, *Hippocampus,* Gatt. der Fam. ↗Seenadeln und S. Marine Fische mit rechtwinklig zum Körper abgebogenem Kopf, Knochenplatten in der Haut u. einem flossenlosen, sehr bewegl. Greifschwanz, mit dem sie sich an Pflanzen festhalten. Die Männchen haben große Brutbeutel, in die sie die befruchteten Eier aufnehmen. S. schwimmen meist senkrecht mit dem Kopf nach oben, angetrieben durch wellenförm. Bewegungen der Rückenflosse. Im flachen Wasser des Mittelmeeres u. vor der iber. Küste kommt das bis 16 cm lange Kurzschnauzige S. *(H. hippocampus)* vor; im Mittelmeer lebt das gleichlange Langschnauzige S. *(H. guttulatus* od. *H. ramulosus),* das gelegentl. bis an brit. und holländ. Küsten vordringt. B Fische VII.

Seepfirsich, *Halocynthia pyriforme,* ↗Monascidien.

Seepocken, *Balanus* u.a. Gatt. der ↗Rankenfüßer.

Seequappen, mehrere Gatt. der Fam. Dorsche. Langgestreckte Bodenfische bes. der nordatlant. Küstenbereiche, die neben der Kinnbartel noch 2–4 Barteln auf der Schnauze haben. Hierzu die Dreibärteligen S. *(Gaidropsarus* u. *Onogadus),* v. denen die bis 60 cm lange *G. mediterraneus* von S-Norwegen bis zu den Mittelmeerküsten vorkommt, sowie die beiden eur. Küstenarten: die bis 40 cm lange Vierbärtelige S. *(Enchelyopus cimbrius)* u. die bis 30 cm lange Fünfbärtelige S. *(Ciliata mustela).*

Seerabe, 1) *Hemitripterus americanus,* ↗Groppen. 2) *Corvina nigra,* ↗Umberfische.

Seeratten, *Chimaeridae,* Fam. der ↗Chimären.

Seeraupen, die ↗Aphroditidae.

Seerinde, *Meerrinde, Membranipora membranacea,* ein ↗Moostierchen, dessen Kolonien als flache weißl. Überzüge v.a. auf Tangen (Braunalgen) u. Muschelschalen im seichten Küstenwasser aller Meere wachsen u. häufig im Spülsaum zu finden sind. Die Zottige S. *(Electra pilosa)* wurde fr. ebenfalls in die Gatt. *Membranipora* gestellt.

Seeringelwurm, *Nereis pelagica,* ↗Nereidae.

Seerose, *Wasserrose, Nymphaea,* Gatt. der ↗Seerosengewächse mit ca. 50 Arten. Die Weiße S. *(N. alba)* ist eine Zierpflanze auf ruhigen od. langsam fließenden Gewässern mit bis zu 14 cm großen weißen, tags-

1a

b

über geöffneten Blüten. Sie zeigt eine ausgeprägte Übergangsreihe v. Blütenblatt zu Staubblatt. Ihre Blüten werden v. Käfern u. Fliegen bestäubt. Die reife Frucht löst sich als ganzes ab, die Samen sind v. einem lufthalt. Arillus umschlossen. Die Ägypt. Lotosblume *(N. lotus)* wächst in den Thermalquellen v. Oradea (Rumänien; fr. das ungar. Großwardein/Nagyvárad) u. blüht im Ggs. zur Weißen S. nachts auf.

Seerosen, *Seeanemonen, Aktinien, Actiniaria,* Ord. der ↗ *Hexacorallia* (Hohltiere) mit über 1000 Arten. Die größte Art ist *Stoichactis spec.* mit ca. 1,50 m ∅. Die meisten S. sind mit einer Fußscheibe (□ Haftorgane) festsitzende (Adhäsion), solitäre Polypen mit zylindr. Körper, der oft bunt gefärbt ist. Die Mundscheibe ist v. einem od. mehreren Tentakelkränzen umgeben. Im Zentrum führt ein Schlundrohr mit einer od. je einer Wimperrinne in den „Mundwinkeln“ in den v. Mesenterien (Sarkosepten) untergliederten Gastralraum. An den Mesenterien sitzen Muskelfahnen, die zus. mit der Ring- u. Längsmuskulatur des Rumpfes dem Körper Festigkeit geben u. ihm erlauben, seine Gestalt zu verändern. Die vom Entoderm gebildeten Geschlechtszellen liegen in der Mesogloea der Mesenterien (neben der Muskelfahne zum Zentrum hin) u. gelangen, wenn sie reif sind, in den Gastralraum. Die männl. Tiere stoßen ihre Geschlechtsprodukte aus. Die Besamung erfolgt entweder im freien Wasser od. im Gastralraum der weibl. Tiere. Bei einigen Arten kommt Brutpflege vor *(Actinia, Tealia).* I.d.R. entsteht eine planktont. Planula-Larve, die sich festsetzt u. zum Polypen auswächst (Larven der Gatt. *Peachia* sind parasit. an Hydromedusen). Dabei entstehen zunächst 8 Mesenterialsepten (↗Edwardsia-Stadium), dann kommen 4 hinzu, so daß das Doppelte von 6 erreicht ist (Hexacorallia = Sechsstrahlige Korallen). In den Fächern ohne Muskulatur (Zwischenfächer) werden nun synchron paarweise neue Mesenterien eingezogen. Dieser Prozeß kann sich mehrfach wiederholen. – S. sind fast alle einem festen Substrat verhaftet, dem sie aufsitzen; wenige graben sich in Sand u. Schlamm *(Halcampa, Edwardsia),* einige leben in der Oberflächenschicht der Meere *(Minyas).* Viele Arten sind nicht zeitlebens an einen Platz gebunden. Sie können aktiv langsam auf der Fußscheibe fortwandern, spannerartig kriechen od. durch rhythmisches Schlagen mit den Tentakeln schwimmen. S. sind marin, haben jedoch oft eine hohe Toleranz gg. Salzgehaltsschwankungen. Die meisten S. leben räuber. von größeren Beutetieren (u.a. Fische, Krebse), einige ernähren sich v. Kleinstpartikeln mit Hilfe der stark bewimperten Oberfläche, bes. der Mundscheibe (*Sagartia,* Seenelke). Zur Feindabwehr werden Cniden eingesetzt, die manchmal an bestimmten Stellen konzentriert sind (↗Akontien, Randsäckchen). Einige S. leben in Symbiose mit Fischen od. Einsiedlerkrebsen (*Stoichactis, Calliactis, Adamsia;* □ Calliactis, □ Mesomyaria). – Systematisch unterscheidet man bei den S. die artenarme U.-Ord. *Protantheae,* deren Vertreter (z.B. *Gonactinia*) als die ursprünglichen gelten, und die U.-Ord. *Nynantheae,* deren Arten stets mehr als 8 vollständige Mesenterien haben (*Protantheae* nur 8!) u. die eine artenreiche Gruppe darstellt. B asexuelle Fortpflanzung I, B Hohltiere III. *C. G.*

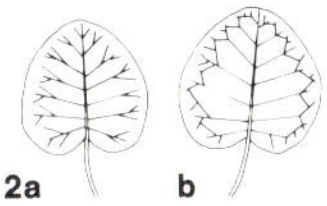

2a b

Seerose

1 Weiße Seerose *(Nymphaea alba),* **a** Wildform, **b** Zuchtform. **2** Blattnervatur von **a** *Nuphar* (↗Teichrose), **b** *Nymphaea* (verbundene Seitennerven)

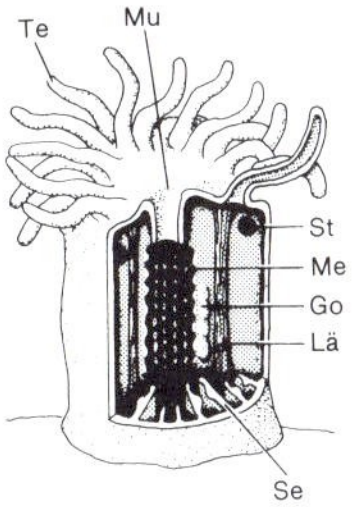

Seerosen

Bauplan einer Seerose.
Go Gonade, Lä Längsmuskel, Me Mesenterialfilamente, Mu Mund, Se Septum, St Septaltrichter, Te Tentakel

Seerosen

Unterordnungen, Gruppen und Gattungen (dt. Namen geben je eine bekannte Art der Gatt. an):

- *Protantheae*
  - *Gonactinia*
- *Nynantheae*
  - ↗ *Boloceroidaria*
    - *Bunodeopsis*
  - ↗ *Abasilaria*
    - *Edwardsia*
    - *Halcampa*
    - *Peachia*
  - ↗ *Endomyaria*
    - *Actinia* (↗Pferdeaktinie)
    - *Anemonia* (↗Wachsrose)
    - ↗ *Bunodactis* (Edelsteinrose)
    - ↗ *Condylactis* (Goldrose)
  - *Corallimorpha*
    - *Minyas*
    - *Stoichactis*
    - *Tealia* (↗Seedahlie)
  - ↗ *Mesomyaria*
    - *Actinothoe* (Schlangenhaarrose)
    - *Adamsia* (Mantelaktinie)
    - ↗ *Aiptasia*
    - *Amphianthus*
    - ↗ *Calliactis* (Schmarotzerrose)
    - ↗ *Cereus*
    - *Diadumene* (Hafenrose)
    - *Metridium* (↗Seenelke)
    - ↗ *Sagartia* (Tangrose)
    - *Stomphia*

Seerosenartige, *Nymphaeales,* Ord. der ↗ *Magnoliidae* mit 2 Fam. und 10 Gatt. Die Ord. hat mit einer Längsfurche versehene (monocolpate) Pollen. Hierher gehört die mit Schwimmblättern ausgestattete Fam. ↗Seerosengewächse *(Nymphaeaceae)* u. die Fam. ↗Hornblattgewächse *(Ceratophyllaceae)* mit völlig submersen Blättern.

Seerosendecken, *Nymphaeion,* Verb. der ↗Potamogetonetea.

Seerosengewächse, *Nymphaeaceae,* Familie der ↗Seerosenartigen mit 9 Gatt. (vgl. Tab.) und ca. 90 Arten; Kosmopoliten in Süßgewässern. Die Sproßachse mit zerstreuten Leitbündeln u. Aerenchym ist am Grund des Gewässers als Rhizom ausge-

Seerosengewächse

Wichtige Gattungen:

- ↗ *Nelumbo*
- ↗Seerose *(Nymphaea)*
- ↗Teichrose *(Nuphar)*
- ↗ *Victoria*

bildet. Die meist v. Käfern bestäubten Blüten haben 3–6 grüne od. farbige Kelchblätter und 3 bis zahlr. Kronblätter. Sie umschließen 5–35 ober- od. unterständige Fruchtblätter. Der Same hat oft einen Arillus.

Seescheiden [Mz.], *Ascidien, Ascidiacea,* mit ca. 2000 ausschl. marinen Arten artenreichste Kl. der ↗Manteltiere. Adulte Tiere sind solitär (↗Monascidien) od. leben als Kolonie (↗Synascidien). Alle Arten sind sessil u. mit Ausläufern des Mantels am Substrat angeheftet. S. treten in verschiedensten Erscheinungsformen auf: knorpelig gallert. Klumpen, Krusten u. Polster, pilzartig, kugelig od. zylindrisch schmal. Die Epidermis scheidet nach außen den Mantel ab, der zu 60% aus Cellulose besteht (Tunicin). Er kann bis 4 cm dick werden u. ist oft mit haarart. Fortsätzen besetzt, die eine Maskierung mit Fremdpartikeln zur Tarnung erlauben. Im Mantel liegen mesenchymat. Zellen, die Farbstoffe enthalten können. Die Muskulatur ist nur schwach ausgeprägt (sessil!). S. sind Nahrungsfiltrierer mit hochentwickeltem Kiemendarm, der oft Tausende v. Kiemenspalten, die ein sehr feines Netz bilden (alle Partikel > 1 µm bleiben hängen), trägt. Der Nahrungserwerb erfolgt mit Hilfe eines Schleimfilters (↗Manteltiere). Ein- u. Ausstromöffnung liegen oft auf Siphonen. Der Darm ist U-förmig, der After mündet in den Kloakalraum. Das Nervensystem ist in Form eines dorsalen Cerebralganglions und zahlr., davon abgehender Nerven ausgebildet; mechanorezeptor. Sinneszellen sind über den ganzen Körper verteilt. Das Gefäßsystem ist offen; die Blutbahnen verlaufen jedoch so, daß ein geschlossener Kreislauf entsteht. Das Herz ist schlauchförmig; die Blutflüssigkeit ist isoton zum Meerwasser mit zahlr., verschieden differenzierten Lymphocyten. Spezielle Exkretionsorgane sind nicht vorhanden; lösl. Stoffwechselendprodukte werden über den Kiemendarm abgegeben, schwerlösl. in Zellen (Nephrocyten) gespeichert, die teilweise zu Speichergeweben zusammentreten. S. sind meist Zwitter, deren Gonaden in das Peribranchialsystem münden. Die Befruchtung findet im freien Wasser statt od., bei brutpflegenden Arten, im Kloakal- od. Peribranchialraum. Nach einer totalen, fast äqualen Furchung schlüpft eine freischwimmende Larve mit Rumpf u. kräft., seitl. zusammengedrücktem, v. einer Chorda durchzogenem Ruderschwanz; sie ist ca. 1 mm lang. Im Ggs. zum Adultus besitzt sie ein Neuralrohr mit Erweiterung am Vorderende, eine Statocyste u. einen Pigmentbecherocellus. Die Larvalphase dauert meist nur wenige Stunden; danach setzt die Larve sich mit dem Haftapparat an der Rumpfspitze fest. Nach komplizierter Metamorphose, in deren Verlauf der Ruderschwanz u. die larvalen Sinnesorgane abgebaut werden, entsteht eine Seescheide. Neben geschlechtl. ist auch ungeschlechtl. Fortpflanzung durch Knospung (Blastogenese) mögl. (Basis für die Koloniebildung). – S. leben in allen Meeren; viele sind weltweit verbreitet, meist in Küstenzonen bis 400 m Tiefe; 2 Arten kommen unter 5000 m Tiefe vor. Kleinste Art ist *Molgula hydemanni* mit 2 mm ∅, größte Art *M. gigantea* mit 33 cm Länge. Die Kolonien sind z. T. sehr groß; die bandförm. Kolonie v. *Distaplia cylindrica* erreicht 43 cm. Die Einteilung in ↗Monascidien u. ↗Synascidien spiegelt nicht die natürl. Verwandtschaft wider, da Koloniebildung mehrfach unabhängig entwickelt wurde. ☐ Manteltiere. *C. G.*

Seescheiden

Halocynthia papillosa (Rote Seescheide), ein Vertreter der Monascidien

Seeschlangen, *Hydrophiidae,* Fam. giftiger, (meer-)wasserbewohnender Schlangen (↗Giftschlangen) mit ca. 16 Gatt. und über 50 Arten; Gesamtlänge bis 2,75 m; leben oft gesellig an den Küsten trop. Meere (Indopazifik, nicht im Atlantik). Kopf klein; im Oberkiefer vorn 1 Paar kurze, nicht umlegbare Giftzähne mit tief eingekerbter, äußerl. als schmale Längsnaht sichtbarer „Rinne“; stark durchblutetes Zahnfleisch besitzt Kiemenfunktion; äußere Nasenöffnungen liegen auf der Schnauzenoberseite, durch eine Klappe verschließbar; Salzdrüsen im Kopfbereich (scheiden überschüss. aufgenommenes Salz aus). Körper im hinteren Teil seitl. abgeplattet u. mit Ruderschwanz; rechter Lungenflügel sehr gut entwickelt, reicht rückwärts meist bis zur Afteröffnung, vordere Hälfte stark gekammert, hinteres Ende ein Luftsack (dient als Luftspeicher und wahrscheinl. auch als Schwimmkörper). – 2 U.-Fam., die sich im Grad der Anpassung an das Leben im Meer unterscheiden: Die Plattschwanz-S. *(Laticaudinae)* mit zahlr. Hinweisen auf die ursprünglicheren landbewohnenden Formen (kleine, schindelartig angeordnete Rumpfschuppen; quergestellte, breite Bauchschilder; öfters noch außerhalb des Wassers anzutreffen; eierlegend) u. die Ruderschwanz-S. (*Hydrophiinae;* Körpermuskulatur schwach ausgebildet; Bauchschilder kleiner, den anderen Körperschuppen sehr ähnl.; ausschl. Meeresbewohner; lebendgebärend; 2–6 Junge, besitzen bereits die halbe Körperlänge der Eltern). Die Plattschwänze (Gatt. *Laticauda,* [B] Asien VIII) bewegen sich auch an Land flink u. gewandt; oft zu Tausenden dicht beieinander; das ♀ legt hier im Sommer 2–8 walzenförm. Eier in selbstgegrabene Höhlungen; bewohnen die küstennahen Gewässer vom Golf v. Bengalen bis zu den Freundschafts-Inseln und v. den Ryukyu-Inseln (östl. v. Taiwan) bis Tasmanien; ihr wirksames Nervengift ist auch für Menschen lebensgefährl.; geschickte Beutejagd auf aalförm. Fische. Ausschl. von Fischlaich leben die nahe verwandten Schildkrötenköpfigen S. (Gatt. *Emydoce-*

Seeschlangen

Wichtige Gattungen:

Plattschwanz-S. *(Laticaudinae)*
- Plattschwänze *(Laticauda)*
- Schildkrötenköpfige S. *(Emydocephalus)*

Ruderschwanz-S. *(Hydrophiinae)*
- *Enhydrina*
- *Pelamis*
- Plump-S. *(Lapemis)*
- Ruderschlangen *(Hydrophis)*
- Zwergkopf-S. *(Microcephalophis)*

phalus) mit 2 Arten; beheimatet an der N-Küste Australiens, Neuguineas u. im westl. Pazifik; Gebiß stark zurückgebildet; Bauchschilder auf ⅓ der Rumpfbreite beschränkt. Die weiteren Fam.-Vertreter gehören zu den höher entwickelten *Hydrophiinae* mit der artenreichsten Gatt., den Ruderschlangen *(Hydrophis),* mit 25 Arten; z.T. bis 2 m lang; vom Pers. Golf bis zum Malaiischen Archipel beheimatet; Kopf, Hals u. Vorderteil schlank, Hinterleib u. Schwanz massiv gebaut; auf den Philippinen die bis 80 cm lange Süßwasserform *H. semperi.* Kleinste S. ist die Plättchenschlange *(Pelamis platurus);* lebt in den trop. und subtrop. Gebieten des Indopazifik; regelmäßig auch in Küstenferne; oberseits schwarzbraun, Bauch gelb, beiderseits scharf gegeneinander abgesetzt, nur im Schwanzbereich unscharf wellenförmig bzw. Flecken bildend; oft in großen Ansammlungen an der Meeresoberfläche mit leicht nach unten hängendem Kopf u. Schwanz treibend; ernährt sich v. kleinen Fischen; kann fast 1 Std. untertauchen. Auffallend der Geschlechtsunterschied bei den beiden Arten der Plump-S. (Gatt. *Lapemis*); bis 1 m lang; das ♂ besitzt Schuppen mit dorn. Fortsätzen, das ♀ ist zieml. glattschuppig. Die Zwergkopf-S. (Gatt. *Microcephalophis*) sind 1,2–2,1 m lang u. leben mit ebenfalls 2 Arten im Indopazifik; Hals u. Vorderkörper lang u. dünn, Rumpf massig; Hauptnahrung sind vermutl. Sandaale. Häufigste S. an den südostasiat. Küsten ist die zieml. angriffslustige *Enhydrina schistosa;* Gesamtlänge bis 1,6 m; vom Pers. Golf bis Austr. verbreitet. *H. S.*

Seeschmetterlinge, 1) *Blennius ocellaris,* ↗Schleimfische. **2)** *Thecosomata,* Ord. der ↗Hinterkiemer, pelag. Meeresschnecken mit kalkigem, linksgewundenem od. symmetr. Gehäuse, das durch eine conchinös-gallertige Pseudoconcha ersetzt sein kann. Der Kopf ist reduziert, der Fuß zu Schwimmflossen ausgezogen, die ein diskontinuierl. Schwimmen ermöglichen, wobei die Gehäusemündung nach oben gerichtet ist; viele Arten steigen abends zur Oberfläche empor. Bewimperte Areale auf den „Flossen" transportieren pflanzl. Plankton zum Mund. Die S. sind protandr. ☿. 53 Arten in 2 U.-Ord.: 1) Echte S. *(Euthecosomata),* mit äußerer Kalkschale, die den hinteren Teil des Körpers aufnimmt. ↗*Limacina (= Spiratella),* mit der nordatlant. Art *L. retroversa;* ↗*Cavolinia,* mit symmetr., ungewundenem, kugeligem Gehäuse; ↗*Clio;* ↗*Creseis* (□). 2) Schein-S. *(Pseudothecosomata),* im allg. als Adulte ohne Gehäuse, manchmal mit Pseudoconcha; Flossen zu einer Schwimmplatte vereinigt. ↗*Cymbulia* mit transparentem, innerem Gehäuse; *Gleba* u. *Corolla* erzeugen Schleimnetze von 2 m ∅, mit denen sie Einzeller *(Tintinnidae)* fangen. *Peraclis* mit spiral. Kalkschale u. Dauerdeckel.

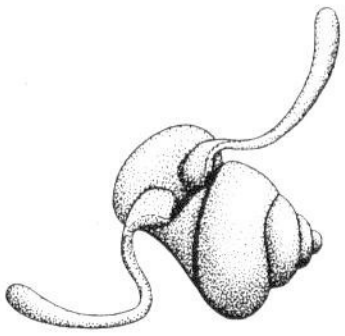

Seeschmetterlinge

Limacina retroversa, Gehäuse ca. 2 mm hoch

Seeschwalben

Fluß-Seeschwalbe *(Sterna hirundo)* im Fluge

Seeschwalben, *Sternidae,* Fam. schlanker Möwenvögel mit spitzem Schnabel, langen, schmalen Flügeln u. mehr od. weniger gegabeltem Schwanz; 43 weltweit vorkommende Arten mit Verbreitungsschwerpunkt in den Tropen. 20–55 cm groß, die meisten unterseits weiß u. oberseits grau mit schwarzer Kopfkappe, oft leuchtend rot od. gelb gefärbtem Schnabel. Bevorzugter Lebensraum ist der Meeresstrand, einige leben auch im Binnenland an Teichen, Flüssen u. Seen. Wendige, ausdauernde Flieger, die ihre Nahrung (Fische, Krebse, Insekten, Würmer u.a.) überwiegend im Flug aufnehmen – von der Wasseroberfläche od. stoßtauchend, oft die Beute im Rüttelflug fixierend. Brüten am Boden in dichten Kolonien, die Tausende v. Individuen umfassen können. 2 Eier ([B] Vogeleier II), die 18–25 Tage lang bebrütet werden. Ein abweichendes Brutverhalten zeigt die gänzl. weiße Feen-S. *(Gygis alba)* trop. Meeresinseln, die ihr einziges Ei auf Felsen od. Baumästen ablegt. In den gemäßigten Breiten Zugvögel, die teilweise sehr weite Strecken bis ins Winterquartier zurücklegen, am extremsten bei der auch an mitteleur. Meeresufern vorkommenden Küsten-S. (*Sterna paradisaea,* □ Flugbild), die bis 17000 km (!) weit v. der Arktis in die Antarktis und wieder zurück wandert; nach der ↗Roten Liste „gefährdet". Die „stark gefährdete" Fluß-S. (*S. hirundo,* [B] Europa I) sieht ähnl. aus; sie ist v. den binnenländ. Brutplätzen fast verschwunden, läßt sich dort allerdings durch Schaffung geeigneter Brutflächen erhalten od. neu ansiedeln. Einen schwarzen Schnabel mit gelber Spitze besitzt die „potentiell gefährdete" Brand-S. *(S. sandvicensis),* die schon v. weitem leicht an dem kratzenden „kirrik"-Ruf zu erkennen ist. Ebenfalls schwarzschnäblig u. insgesamt im Verhalten möwenähnl. ist die „vom Aussterben bedrohte" Lach-S. *(Gelochelidon nilotica).* In Dtl. ausgestorben ist die mit 55 cm Länge größte S.-Art, die Raub-S. *(Hydroprogne caspia),* gekennzeichnet durch einen derben roten Schnabel u. kantigen Kopf. Die S.-Arten der Gatt. *Chlidonias,* wie die Trauer-S. (*C. niger,* „vom Aussterben bedroht"), sind im Sommerkleid überwiegend dunkel gefärbt; zum Winter mausern sie in helleres Gefieder; sie brüten ausschl. an Binnengewässern u. picken während des graziösen Jagdfluges Wasserinsekten u.a. von der Oberfläche. Die an den Küsten Chiles u. Perus lebende, ebenfalls dunkel gefärbte Inka-S. *(Larosterna inca)* brütet in Erdhöhlen; sie zeichnet sich durch einen ungewöhnlichen Nahrungserwerb aus: sie verfolgt tauchende Seelöwen u. zieht diesen Tieren dann Fischstücke zwischen den Zähnen hervor. *M. N.*

Seeskorpione, 1) die ↗Eurypterida; **2)** *Myoxocephalus,* Gatt. der ↗Groppen.

Seesonne, der ↗Sonnenstern.

Seespinnen, *Meerspinnen, Spinnenkrabben, Gespenstkrabben, Dreieckskrabben, Majidae,* Fam. der ↗ *Brachyura* mit ca. 700 marinen Arten, deren Carapax länger als breit u. vorn zugespitzt ist u. daher v. oben oft dreieckig aussieht (Name!). Die Beine u. Scherenfüße sind spinnenartig lang. Körper u. Beine sind mit hakenart. Borsten besetzt, an denen die Tiere Algen u.a. Fremdkörper zur Tarnung befestigen. Bei Adulten, die sich nicht mehr häuten, wachsen zudem oft Schwämme u. Algen auf dem Körper. Bei der letzten Häutung wird ein starker Sexualdimorphismus deutl.: die ♂♂ haben viel größere Scheren als die ♀♀. Die meisten Arten sind langsame Allesfresser, die sich v. Algen, Tieren, Aas und gelegentl. von dem eigenen Tarnungsmaterial ernähren. *Inachus phalangium* (bis 1,8 cm lang), in der Nordsee u. im Mittelmeer, lebt assoziiert mit der Seeanemone

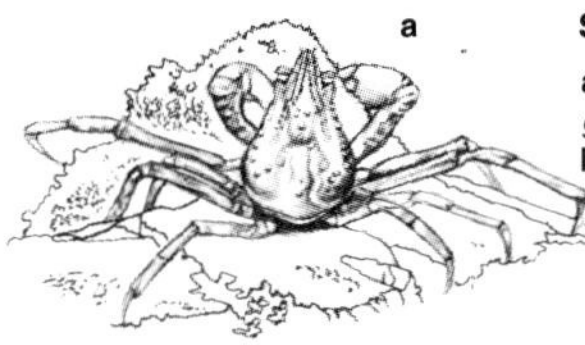

Seespinnen

a *Inachus phalangium,*
b *Hyas araneus*

Anemonia sulcata, manchmal auch mit *Aiptasia mutabilis.* Die Krabben suchen zw. den Tentakeln Schutz vor Freßfeinden (Fischen) u. halten sich tage-, manchmal monatelang an derselben Anemone auf. Sie verlassen diese zur Nahrungs- od. Geschlechtspartnersuche u. zur Häutung. Nach der Häutung wird das Tarnmaterial v. der Exuvie sofort auf die neue Cuticula übertragen, u. das noch weiche Tier begibt sich wieder in seine Anemone. *Hyas araneus* (bis 11 cm) ist eine häufige Art in der Nord- u. Ostsee. Von *Maja squinado* (bis 11 cm, selten bis 18 cm) aus dem Mittelmeer u. Atlantik werden große Paarungsversammlungen berichtet (aus bis zu 80 Tieren), die kompakte Haufen bilden. Sie bestehen aus 1 bis 2 Jahre alten ♂♂ und subadulten ♀♀, die von Juli bis Sept. zusammenbleiben. Die frisch gehäuteten ♀♀ begeben sich ins Zentrum des Haufens, wo sie begattet u. vor Freßfeinden geschützt werden. 6 Monate später werden die Eier gelegt und 9 Monate lang an den Pleopoden getragen. Zu den S. gehört auch die jap. Riesenkrabbe *Macrocheira kaempferi.* Ihr Carapax erreicht 45 cm Breite. Mit ihren 1 m langen Pereiopoden kann sie fast 2 m spannen, das ♂ mit seinen Scherenfüßen sogar bis 3,6 m. *Macrocheira* lebt auf dem Kontinentalschelf vor Japan; sie wird wirtschaftl. genutzt; die langen, dicken Beine werden zuweilen in Delikatessengeschäften angeboten. Weitere Gatt. sind *Macropodia, Loxorhynchus, Libinia* u. die herrlich bunten, dünn- u. langbeinigen *Stenorhynchus*-Arten, die häufig für Seewasseraquarien importiert werden u.

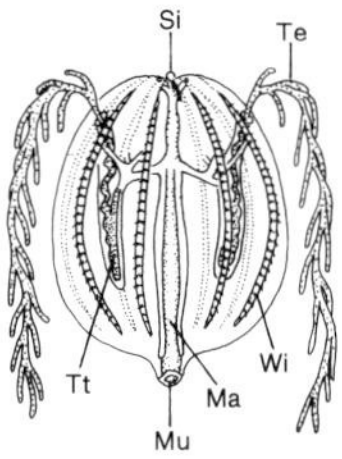

Seestachelbeere

Bauplan der S. *(Pleurobrachia pileus)*
Ma Magen, Mu Mund, Si Sinnesorgan, Te Tentakel, Tt Tentakeltasche, Wi Wimperplättchen

die sich wie *Inachus* gern zw. Seerosen-Tentakeln verbergen. *P. W.*

Seestachelbeere, *Pleurobrachia pileus,* kosmopolit., häufiger Vertreter der Rippenquallen (Ord. *Cydippea*); der Körper ist v. kugeliger Gestalt und entspr. in seinem Aufbau dem Grundbauplan einer ↗ Rippenqualle; ca. 20 mm hoch, trägt 2 lange Fangtentakel (bis 75 cm), mit denen die S. Plankton fängt; zusätzl. kann sie sich mit aufgesperrtem Mund an die Wasseroberfläche hängen u. dort Organismen fangen. Die Meridionalgefäße können leuchten.

Seestern, 1) *Blauer S.,* a) die leuchtend blaue Art *laevigata* der Gatt. ↗ *Linckia;* b) der ↗ Dornenstern *(Coscinasterias,* Fam. *Asteriidae) C. tenuispina* mit 5–10 (meist 7) Armen; Oberseite weißgelb mit bräunl., roten od. türkisblauen Bereichen; Mittelmeer und afr. Atlantik-Küste; ungeschlechtl. Fortpflanzung durch Querteilung der Rumpfscheibe: sog. diskale Schizogonie im Ggs. zur brachialen Schizogonie bei *Linckia* („Kometen-Stadium": ☐ Seesterne). 2) *Gemeiner S., Asterias rubens,* Oberseite rot (wiss. Name!), rotbraun od. violett; mit 5 (selten 4–9) Armen (bis 20 cm lang); verbreitet vom Weißen Meer über die eur. und afr. Küsten (bis Senegal, fehlt aber im Mittelmeer); verträgt auch geringeren Salzgehalt (hinunter bis 15‰) u. kommt deshalb auch in der westl. Ostsee vor. Jungtiere ernähren sich v.a. von Seepocken, größere Tiere überwiegend v. Miesmuscheln. Die Gatt. ist in N-Amerika durch 2 andere Arten vertreten (*A. vulgaris*

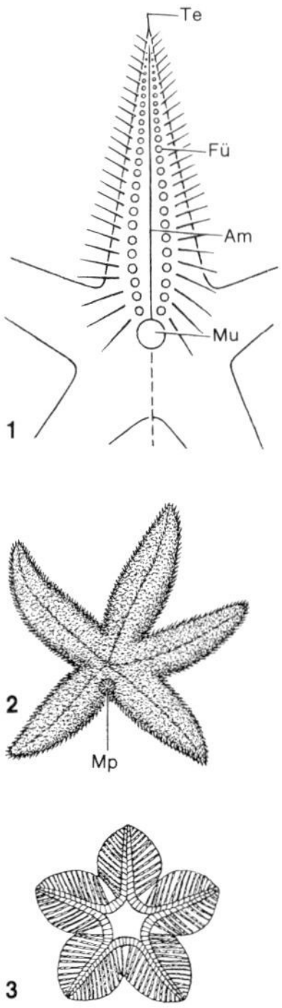

Seesterne

1 Ansicht von unten (Oralseite), allg. Schema (gestrichelt = Interradius); **2** Ansicht von oben (Aboralseite), Gemeiner Seestern *(Asterias rubens);* **3** *Chiniaster* (†, Ordovizium) (Oralseite) als bes. urspr. Vertreter der *Somatasteroidea.*
4 Formenvielfalt bei rezenten S.n (jeweils Oberseite): **a** *Porcellanaster,*
b *Linckia,* **c** Kometen-Stadium v. *Linckia* (Regeneration eines ganzen Tieres aus einem einzigen Arm), **d** *Culcita,* **e** *Crossaster,*
f *Acanthaster,* **g** *Brisinga,* **h** *Heliaster,*
i *Pycnopodia.*
Am Ambulacralfurche (≙ Radius), Fü Ambulacralfüßchen (Saugfüßchen), Mp Madreporenplatte, Mu Mund, Si Siebrinnen, Te Terminaltentakel

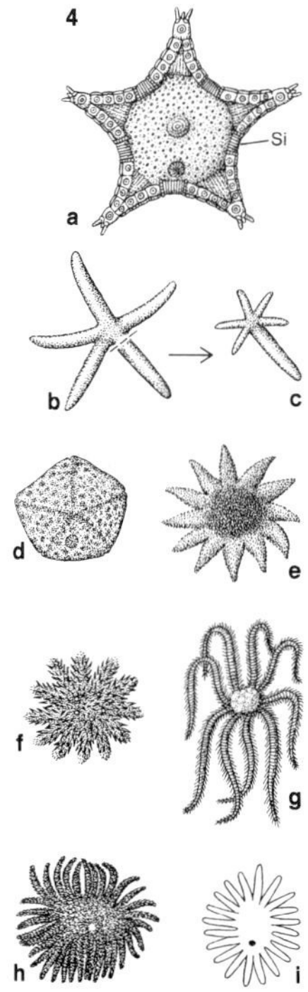

im N, *A. forbesi* weiter südlich). 3) *Siebenarmiger S., Luidia ciliaris,* orangerot, mit 7 Armen (bis 30 cm lang), in 4–400 m Tiefe auf Sandboden (Nordsee, Atlantik u. Mittelmeer); ernährt sich v.a. von anderen Stachelhäutern; ohne After; Ambulacralfüßchen ohne Saugscheiben. Die kleinere *L. sarsi* hat nur 5 Arme. Die Gatt. *Luidia* wird neuerdings zur Ord. *Platyasterida* gestellt (T Seesterne) u. ist deren einzige rezente Gattung.

Seesterne, *Asteroidea,* Kl. der ↗Stachelhäuter mit ca. 1500 rezenten Arten in ca. 300 Gatt. in 31 Fam.; wie alle anderen Stachelhäuter nur marin. – *Körperbau, Lebensweise:* Der Körper ist in *Rumpf* u. primär 5 *Arme* gegliedert. Die S. zeigen damit bes. deutlich die ↗pentamere Symmetrie der Stachelhäuter. Die im allg. dem Substrat zugekehrte Unterseite (Oralseite, „ventral") trägt im Zentrum den Mund; v. ihm ziehen bis zu den Armspitzen die *Ambulacren* (↗Ambulacralgefäßsystem): die beiden Reihen (bisweilen versetzte Doppelreihen) v. Ambulacralfüßchen u. dazwischen die offene Ambulacralfurche. Seitl. davon stehen *Stacheln,* die bei Gefahr über die weichhäutigen Füßchen geklappt werden können. Auf den Stacheln sitzen, v.a. im Mundbereich, ↗ *Pedicellarien.* Die Oberseite (Aboral- = Apikalseite, „dorsal") trägt kürzere warzenförm. Stacheln, oft umgeben v. Kränzen v. Pedicellarien; Sonderbildungen sind die ↗ *Paxillen;* leicht exzentrisch liegt der After, seitl. in einem Interradius die Siebplatte *(↗ Madreporenplatte).* Das *Skelett* besteht an der Unterseite der Arme aus einem geschlossenen *Platten*-System; im Ggs. zur festen Schale der ↗Seeigel sind die einzelnen Platten (Ambulacral-, Adambulacral-, ggf. Marginal-Platten) jedoch gelenkig miteinander verbunden (vergleichbar Ritter-Rüstung). An der Oberseite liegt ein lockeres Gitterwerk aus *Stäben;* es ist indirekt auch v. außen sichtbar, denn nur auf Skelett-Stücken können Stacheln stehen. Die für S. charakterist. ↗ *Papulae* (der Atmung dienende Bläschen) sind auf die Zwischenräume beschränkt, also auf die „Maschen" im Skelett-Gitter. Die *Fortbewegung* erfolgt mit den Saugfüßchen (viele tausend bei großen Tieren); ein Arm zeigt stets in Fortbewegungsrichtung. Gelangt ein S. an ein Hindernis, kann die Fortbewegungsrichtung augenblickl. geändert werden, indem ein anderer zum „führenden" Arm wird. Im *Nervenring* (um den Mund herum) vereinigen sich motorische u. sensorische Anteile der 5 Radiärnerven, die epidermal u. subepidermal in der Ambulacralfurche verlaufen. Der Nervenring wird gewöhnl. nicht als Gehirn bezeichnet, hat aber gewisse koordinierende Funktion. Die Füßchen sind sensorisch u. motorisch gut innerviert; das äußerste, an der Armspitze stehende Füßchen ist zu einem langen Terminaltentakel ohne Saugscheibe modifiziert; an seiner Basis liegen Augen (Gruppen v. Ocellen, selten mit Linsen). Die meisten S. sind Räuber. Manche sind Schlinger, die in ihrem geräumigen Magen ganze Beutetiere unterbringen; einige solcher Arten haben keinen After, sondern entleeren Nahrungsreste durch den Mund. Viele S. sind spezialisierte Muschelfresser; sie setzen sich mit den Saugfüßchen an der Außenseite der Muschelschale fest u. üben einen kräftigen Zug (entspr. bis ca. 5 kp) aus – notfalls über Stunden –, bis der Schließmuskel der Muschel erlahmt. Schon beim geringsten Aufklaffen der Schalenränder stülpen die S. die zarthäut. Teile des Magens, die sog. Cardia-Blasen, nach außen um bis hin zu den Weichteilen der Muschel; die Muschel wird also innerhalb ihrer eigenen Schale verdaut (funktionell, aber nicht morpholog. vergleichbar mit extraintestinaler Verdauung). Der obere Bereich des Magens, der Pylorus, hat 5 Anhänge, die in die Arme ziehen u. sich dort paarig aufspalten; diese „Pylorusdrüsen" haben – wie allg. „Mitteldarmdrüsen" bei Wirbellosen – doppelte Funktion: Bildung v. Verdauungsenzymen u. Resorption u. Speicherung v. Nährstoffen. Ebenfalls in den Armen u. ebenfalls paarweise liegen die *Gonaden* (getrenntgeschlechtl.); die Gonoporen liegen interradial, sozusagen in den „Achseln" der Arme. *Innere Organisation, Entwicklung:* □ Stachelhäuter. Die Fähigkeit zur ↗ *Regeneration* (□) ist bei manchen Arten so weit entwickelt, daß sie nicht nur nach Verletzungen erfolgt, sondern auch spontan zur asexuellen Vermehrung. Die Querteilung des Rumpfes wird als diskale Schizogonie, die Abschnürung eines Armes als brachiale Schizogonie bezeichnet; letztere führt zum „Kometen-Stadium". – *Verwandtschaft:* Die Klasse S. wird im allg. mit der Kl. ↗Schlangensterne zur Über-Kl. oder U.-Stamm *Asterozoa* vereinigt. Manche Autoren geben beiden Gruppen nur den Rang v. U.-Kl., betrachten die *Somatasteroidea* als Stammgruppe (≙ Vorläufer) von beiden u. vereinigen alle drei in der Kl. *Stelleroidea.* – *System:* Die systemat. Großgliederung innerhalb der S. ist wie auch bei den anderen Stachelhäuter-Kl. noch sehr unbefriedigend, trotzdem aber einigermaßen standardisiert (vgl. Tab.). – *Formenvielfalt:* In vielen Fam. gibt es Vertreter mit mehr als 5 Armen, im Extrem bis 50; die Jugendstadien haben jedoch fast stets 5 Arme (↗Rekapitulation). Mehrmals konvergent ist der Typus der „Kissensterne" (Fladen-, Plätzchensterne; z.B. *Culcita,* ↗Kissen-Seestern) entstanden, indem das Gewebe der Interradien fast genauso weit gewachsen ist wie das der Radien (≙ Arme); derartige im Umriß fast kreisförmige S. sehen beinahe wie sehr flache Seeigel (z.B. ↗Sanddollar-Gatt. ohne

Seesterne

U.-Kl. *Somatasteroidea*
- Gatt.: *Chiniaster* †
- *Villebrunaster* †
- rezent nur ↗ *Platasterias*

U.-Kl. *Asteroidea i. e. S.* = *Euasteroidea*

1. Ord. *Platyasterida*
   - Gatt.: *Platanaster* †
   - rezent nur *Luidia* = Siebenarmiger ↗S.
2. Ord. *Hemizonida* †

[3. und 4. Ord. = *Phanerozonia* = Randplatten-S.]

3. Ord. *Paxillosida, Paxillosa*
   - 4–5 Fam., Gatt. u.a.:
   - *Astropecten* = ↗Kamm-S.
   - *Porcellanaster*
4. Ord. *Valvatida* = *Valvata*
   - 9 Fam., Gatt. u.a.:
   - *Ceramaster* = ↗ *Sphaeriodiscus*
   - ↗ *Archaster*
   - ↗ *Linckia*
   - *Culcita* = ↗Kissen-S. (↗ *Oreasteridae)*
5. Ord. *Spinulosida* = *Spinulosa*
   - 12 Fam., Gatt. u.a.:
   - *Solaster* u. *Crossaster* = ↗Sonnenstern
   - *Asterina* = ↗Fünfeckstern
   - *Anseropoda* = ↗Gänsefußstern
   - *Patiria* = ↗Netzstern
   - *Echinaster* = ↗Purpurstern
   - *Henricia* = ↗Blutstern
   - *Acanthaster* = ↗Dornenkronen-S.
6. Ord. *Forcipulata* = Zangen-S.
   - 4 Fam., Gatt. u.a.:
   - *Brisinga*
   - *Heliaster* = ↗Sonnenblumenstern
   - *Coscinasterias* (Blauer ↗S.)
   - *Marthasterias* = ↗Eis-S.
   - *Pycnopodia*
   - *Asterias* = Gemeiner ↗S.
   - *Pisaster* = ↗Ockerstern

Lunulae) aus; im Ggs. zu diesen sind aber die Ambulacren (Füßchen-Reihen) nur auf die Unterseite beschränkt. Andere Abweichungen vom oben beschriebenen „Normaltyp" sind die Körperform v. *Brisinga* (beinahe wie ein Schlangenstern), die Ernährungsweise v. *Porcellanaster* (ernährt sich mikrophag mit Hilfe seiner zum Mund ziehenden Siebrinnen; After fehlt) u. die starke Bestachelung beim ↗Dornenkronen-S. (weitere Besonderheit: mehrere Madreporenplatten). [B] Stachelhäuter. *U. W.*

Seestiefmütterchen, *Renilla reniformis,* Art der ↗Seefedern, die bes. in der Karibik vorkommt. Die Kolonie wird ca. 7 cm hoch u. ist nierenförmig; vom Primärpolypen entspringen 2 Platten, die scheibenartig verwachsen; auf der Plattenfläche sprossen dann die Einzelpolypen in regelmäßiger Anordnung. S. kommen auf Schlammboden oft häufig vor, sind violett od. rosa gefärbt u. besitzen Leuchtvermögen.

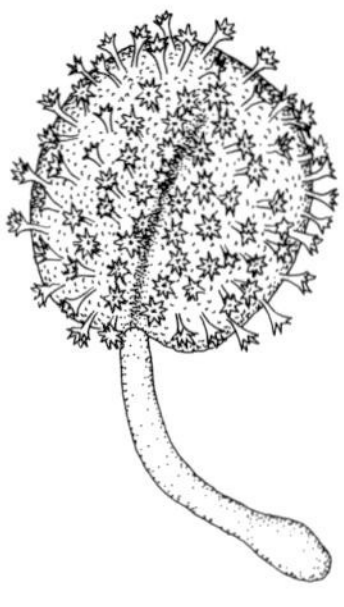

Seestiefmütterchen *(Renilla reniformis)*

Seestör, Handelsbez. für den Heringshai, ↗Makrelenhaie.

Seetaucher, *Gaviiformes,* Ord. gut tauchender Wasservögel mit 1 Fam. *(Gaviidae)* u. 5 Arten (Gatt. *Gavia*) in der arkt. Region; 53–100 cm lang, spitzer Schnabel, schwarz, weiß u. grau geschecktes Gefieder, das im Herbst gg. ein schlichteres Winterkleid gewechselt wird. Im Ggs. zu den ↗Lappentauchern sind die Vorderzehen durch Schwimmhäute vollständig verbunden; die Beine sind weit hinten am Körper eingelenkt, was einen kraftvollen Antrieb im Wasser ermöglicht, jedoch nur eine unbeholfene Fortbewegung an Land, das sie allerdings nur zum Nisten aufsuchen. Das Flugbild wirkt durch gesenkten Hals buckelig. Ernähren sich v. Fischen u. anderen Wassertieren. Leben zur Brutzeit an tiefen Binnengewässern; 2 braune Eier; Junge sind Nestflüchter. Weithin tönende, klagende Rufe; suchen im Winter eisfreie Flüsse, Seen u. die Meeresküste auf. Am weitesten nach S reicht das Verbreitungsgebiet des Prachttauchers (*G. arctica,* [B] Europa VII), der auch schon in Dtl. gebrütet hat; er ist hier regelmäßiger Durchzügler u. Wintergast. Seltener erscheint der Sterntaucher *(G. stellata),* vom Prachttaucher z. B. am aufgeworfenen Schnabel zu unterscheiden. Größer als diese beiden Arten ist der noch seltenere Eistaucher (*G. immer,* [B] Polarregion III), der im nördl. N-Amerika, auf Grönland u. Island brütet.

Seetaucher

Prachttaucher *(Gavia arctica)* im Brutkleid

Seeteufel, 1) *Lophiidae,* Fam. der ↗Armflosser. 2) *Myoxocephalus scorpius,* ↗Groppen.

Seetraube, *Coccoloba uvifera,* ↗Coccoloba.

Seetypen, auf A. Naumann (1917) zurückgehende Gliederung der ↗Seen nach der Intensität der ↗Primärproduktion. In der gemäßigten Zone unterscheidet man 2 Haupttypen, die Endglieder einer quantitat. Reihe darstellen. 1) *eutrophe Seen* (gelegentl. auch als *Chironomus-See* bezeichnet) mit meist flachem Seebecken, nährstoffreichem Wasser, reichem ↗Plankton u. üppiger Ufervegetation. Beim Abbau der absinkenden organ. Masse kann während der ↗Stagnation im ↗Hypolimnion Sauerstoffarmut u. damit insgesamt eine Sauerstoffschichtung im See auftreten *(klinogrades Sauerstoffprofil).* Auf dem Seegrund bildet sich Faulschlamm (↗Sapropel) od. Halbfaulschlamm (↗Gyttja). 2) *oligotrophe Seen (Tanytarsus-See)* mit meist tiefem Seebecken, schmalem Ufer, nährstoffarmem Wasser u. wenig Plankton (↗oligotroph). Infolge der geringen Produktivität tritt beim Abbau der organ. Masse keine Sauerstoffzehrung u. damit keine Sauerstoffschichtung auf *(orthogrades Sauerstoffprofil).* – Sonderformen sind ↗Braunwasserseen, kalkreiche oligotrophe Seen in Kalkgebirgen, eisenhaltige oligotrophe Seen in Vulkangebieten u. tonreiche Seen.

Seewalzen, *Holothuroidea,* Holothurien (i. w. S.), Seegurken (i. w. S.), Kl. der ↗Stachelhäuter mit ca. 1150 rezenten Arten, wie alle anderen Stachelhäuter nur im Meer. – *Körperbau u. Lebensweise:* Die S. sehen aus wie eine Gurke, Wurst od. wie ein plump-walzenförm. Wurm. Von vorn (Mundregion) nach hinten (After) ziehen die 5 Radien als Reihen v. Saugfüßchen (Ambulacralfüßchen mit Saugscheiben). Bei vielen S. sind Ober- u. Unterseite morpholog. verschieden: das *Trivium* als Kriechsohle („Bauch", oft mit bes. vielen Füßchen) u. das *Bivium* („Rücken", meist dunkler gefärbt, Füßchen oft modifiziert zu Papillen ohne Saugscheiben). Die ↗pentamere Radiärsymmetrie ist also v. einer stammesgeschichtl. sekundären Bilateralsymmetrie überlagert. Um den Mund herum stehen 10–30 *Tentakel;* sie sind nicht den Armen der ↗Seelilien od. ↗Seesterne homolog, sondern den großen Mund-(Buccal-)füßchen der ↗Seeigel. Diese Tentakel dienen der *Ernährung:* Alle S. sind mikrophag; Arten mit bäumchenförmig verästelten Tentakeln sind Geschwebefresser (Analogie z. B. zu ↗Gorgonenhäuptern), andere tupfen Material vom Boden auf od. fressen sich durchs Substrat. Die geräumige Leibeshöhle ist v. einem derben *Hautmuskelschlauch* (□ Stachelhäuter) umgeben, der folgende Schichten enthält: 1) Epidermis; 2) dicke „Unterhaut": Mesenchym mit Skleriten (Skelett-Plättchen von bisweilen sehr bizarrer Form); 3) dicke Ringmuskulatur; 4) Radiärkanäle u. radiäre Nerven; 5) ebenfalls nur im Bereich der Radien die schlanken od. breiteren Bänder der Längsmuskulatur; sie ziehen vom *Kalkring,* der um den Schlund herum liegt, bis zum Hinterende; 6) ein sehr dünnes Coelom-Epithel als Abschluß gg. das Somatocoel (= Metacoel). Der *Darmkanal* ist wenig differenziert ([B] Atmungsorgane II): er bildet 3 Schenkel; vom Enddarm (ugs. ↗„Kloake") ziehen

Seewalzen

Ordnungen und Beispiele für Gattungen:

Dactylochirotida
Ypsilothuria (= Sphaerothuria)
Rhopalodina
Dendrochirotida (Dendrochirota)
Cucumaria
↗*Thyone*
Aspidochirotida (Aspidochirota)
Holothuria (*H. tubulosa* = ↗Röhrenholothurie, *H. forskali* = Schwarze Seegurke)
Stichopus = ↗Königsholothurie
Elasipodida (Elasipoda)
Deima
Elpidia
Euphronides
↗*Pelagothuria*
↗*Molpadiida (Molpadonia)*
Molpadia
Caudina
Apodida (Apoda i. e. S., *Paractinopoda)*
Synapta
Leptosynapta = ↗Wurmholothurie
Labidoplax
Rhabdomolgus

bäumchenförmige *Wasserlungen* fast bis zum Vorderende u. ermöglichen einen Gasaustausch zw. Coelom-Flüssigkeit u. Meerwasser. Die meisten S. sind getrenntgeschlechtlich u. haben nur 1 *Gonade* (oft sehr stark aufgespalten u. einen beträchtl. Teil der Leibeshöhle ausfüllend) mit 1 Gonoporus „dorsal“ vom Mund. Beachtlich ist das *Regenerationsvermögen* vieler S.: sie können bei Gefahr durch plötzl. Kontraktion des Hautmuskelschlauchs den Enddarm od. sogar alle Eingeweide ausstoßen u. diese innerhalb v. einer bis mehreren Wochen regenerieren. Manche Arten sind sogar zu Regeneration nach Querteilung fähig. – Weiteres zur inneren Organisation u. Entwicklung: ☐ Stachelhäuter; vgl. auch ↗Cuviersche Schläuche, Wundernetz = ↗Rete mirabile 2), ↗Trepang. – *Formenvielfalt, Größe u. Vorkommen:* Die bisherige Beschreibung gilt v.a. für die beiden Ord. *Dendrochirotida* u. *Aspidochirotida,* zu denen die meisten *auf* dem Substrat lebenden, litoralen Vertreter gehören; dies sind auch die S., die einem bei einem Badeurlaub am Mittelmeer auffallen. Stark abweichende Körperformen findet man bei spezialisierten Substratbewohnern oder auch bei pelagischen Arten. S. kommen in allen Meeren in allen Tiefen vor (sogar bis 10000 m!). Die Länge liegt zw. 5 mm (*Rhabdomolgus* aus dem Sandlückensystem der Nordsee) und 2 m (*Synapta maculata,* 5 cm dick, lebt auf Korallenriffen). – *Verwandtschaft u. System:* Die Coelomverhältnisse (↗Ambulacralgefäßsystem, ↗Trimerie) u. die ↗pentamere Radiärsymmetrie weisen die S. eindeutig als Stachelhäuter aus. Bei wenigen Gatt. sind sogar noch Stacheln vorhanden auf Kalkplatten, die den gesamten Körper umhüllen (bewegl. wie bei ↗Lederseeigeln). Man kann den Bauplan der S. leicht v. dem der Seeigel (U.-Kl. *„Regularia“*) ableiten, indem man deren Mund-After-Achse in die Länge zieht u. das ganze Tier zur Seite kippt. Der Kalkring der S. wird oft mit dem Kauapparat der Seeigel homologisiert; dies könnte eine Synapomorphie für die beiden Kl. sein, also eine Begründung für deren Zusammenfassung als ↗*Echinozoa.* – Die *Klassifikation* (vgl. Tab.) ist ziemlich standardisiert. Bisweilen werden 1. und 2. Ord. zusammengefaßt als U.-Kl. *Dendrochirotacea* (od. auch als Ord. *Dendrochirotida* i.w.S. mit den zwei U.-Ord. *Dactylochirotina* u. *Dendrochirotina*). Auch die 3. und 4. und die 5. und 6. Ord. werden bisweilen zusammengefaßt als U.-Kl. (*Aspidochirotacea* bzw. *Apodacea*) od. als Ord. (dann Herabstufung der Teilgruppen zu U.-Ord.). Früher wurden die 5 ersten Ord. als *Actinopoda* vereinigt. *U. W.*

Seewespe, *Chiropsalmus quadrigatus,* Vertreter der ↗Würfelquallen mit ca. 10 cm Schirmhöhe. Die S. kommt im Pazifik vor; ihr Nesselgift ist so stark, daß es beim

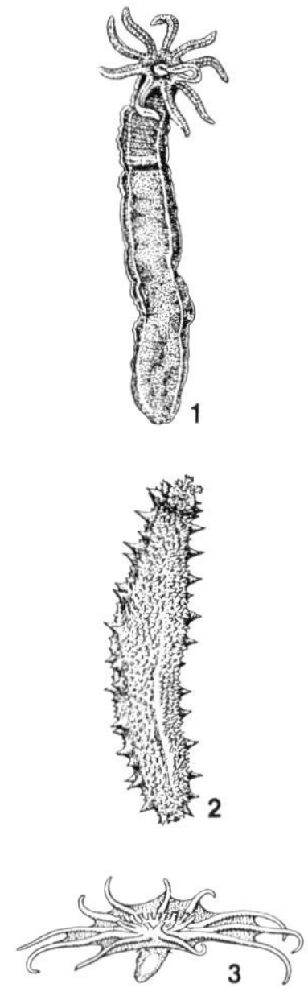

Seewalzen

1 Rhabdomolgus, **2** Holothuria, **3** Pelagothuria

Segelechsen

Soa-Soa *(Hydrosaurus amboinensis)*

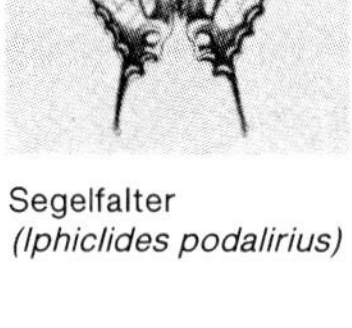

Segelfalter *(Iphiclides podalirius)*

Menschen zu schweren Hautreaktionen, Schwächezuständen u. manchmal zum Tod führt. Ähnl. Symptome ruft die nächst verwandte Art ↗*Chironex fleckeri* hervor, die manchmal auch als S. bezeichnet wird.

Seewölfe, *Anarrhichadidae,* Fam. der Schleimfischartigen mit 9 Arten. Leben in nördl., kalten u. gemäßigten Meeren vorwiegend im tieferen Wasser; haben langgestreckten, schuppenlosen Körper mit dickem Kopf, zahlr. spitze Zähne im vorderen Kieferbereich u. stumpfe Mahlzähne im Gaumenbereich sowie saumart. Rücken- u. Afterflosse; eine Schwimmblase fehlt. Hierzu gehören: der nordatlant., bis 1,2 m lange, als Speisefisch geschätzte Seewolf od. Kattfisch (*Anarrhichas lupus,* [B] Fische II), der v.a. in arkt. Meeren heimische, bis 2 m lange Gefleckte S. *(A. minor),* die ebenfalls hochnord., bis 1 m lange, nicht genießbare Wasserkatze *(A. latifrons)* u. der vor der nordam. Westküste vorkommende, sehr schlanke, bis 2 m lange, schmackhafte Pazifische S. *(Anarrhichthys ocellatus).*

Seezungen, die ↗Zungen.

Segelbader, *Zebrasoma flavescens,* Art der ↗Doktorfische.

Segelechsen, *Hydrosaurus,* Gatt. der ↗Agamen; Wasserbewohner im östl. indomalaiischen Raum. Bei der kräft. Soa-Soa (*H. amboinensis;* Gesamtlänge 1,1 m, damit größte Agamenart; dunkelgrünbraun gefärbt, schwarz gefleckt) besitzt das ♂ einen segelart. Hautkamm – von Knochenfortsätzen der Wirbel gestützt – am Vorderteil des seitl. zusammengedrückten Schwanzes; bevorzugt neben Kleintieren (Insekten, Tausendfüßern) Früchte als Nahrung; Fortbewegung langsam; verhältnismäßig zutraulich; wird wegen ihres Fleisches v. Eingeborenen verfolgt.

Segelfalter, *Iphiclides podalirius,* von N-Afrika bis Eurasien verbreiteter, prachtvoller u. bei uns seltener ↗Ritterfalter, in Mitteleuropa nördl. bis zu den Mittelgebirgen bodenständig; Spannweite um 80 mm, Flügel hellgelb mit schwarzer Bänderung, Hinterflügel lang geschwänzt; Flug schnell, aber auch elegant segelnd; auf sonnig warmen, buschigen Hängen mit Blüten u. Krüppel-Schlehenbeständen; gerne wie der verwandte ↗Schwalbenschwanz zur Partnerfindung um Bergkuppen („hilltopping“); saugen an Disteln, Salbei u.a., aber auch an feuchter Erde u. Kot. Die gebukkelten, grünen Raupen fressen an Einzelbüschen v. Schlehen, Weißdorn, im S auch an Obstbäumen; Gürtelpuppe braun od. grün, überwintert. Durch Verkleinerung u. Verschwinden der Biotope u. Intensivierung im Obstbau nach der ↗Roten Liste „stark gefährdet“.

Segelfisch, 1) *Zebrasoma flavescens,* ↗Doktorfische; 2) *Drachensegler, Tetraroge barbata,* ↗Drachenköpfe.

Segelflosser, *Großer S., Skalar, Pterophyllum scalare,* bis ca. 15 cm langer ↗Buntbarsch mit scheibenförm. Körper u. extrem langer Rücken- u. Afterflosse; lebt im Stromgebiet des Amazonas vorwiegend zw. aufrecht wachsenden Wasserpflanzen, gut getarnt durch sein Zeichnungsmuster; die an Pflanzen angehefteten Eier u. die Jungfische werden v. beiden Eltern bewacht. S. sind sehr beliebte u. oft gezüchtete ↗Aquarienfische (B II).

Segelkalmar, *Histioteuthis bonellii,* Art der Fam. *Histioteuthidae,* Kalmare, die in Atlantik, Mittelmeer u. Indik zw. 130 und 4000 m Tiefe vorkommen; das größte bekannte ♂ war 33 cm lang; typ. ist die große („Segel"-)Haut zw. den Armbasen; wichtige Nahrung der Pottwale *(↗ Histioteuthis).*

Segelklappen ↗Herz.

Segellarve ↗Veliger.

Segellibellen, *Kurzlibellen, Libellulidae,* Fam. der Libellen mit ca. 20 Arten in Mitteleuropa. Die S. sind mittelgroß, oft mit abgeflachtem Hinterleib. Häufig bei uns: Vierfleck *(Libellula quadrimaculata)* mit flachem Hinterleib u. einem dunklen Fleck auf jedem Flügel. Der ähnl. Plattbauch *(Libellula depressa)* fällt oft durch blaue Wachsbereifung auf; die Larven im Grund v. Tümpeln durchlaufen 13 Häutungen. Die Moosjungfern (Gatt. *Leucorrhinia*) mit weißem Gesicht leben in der Nähe v. Mooren. Einen schmaleren Hinterleib haben die Blaupfeile (Gatt. *Orthetrum*) mit blauem Hinterleib. Sehr häufig sind Arten der Heidelibellen (Gatt. *Sympetrum*).

Segelqualle, *Segler vor dem Wind, Purpursegler, Velella spirans,* Art der Staatsquallen (U.-Ord. *↗Disconanthae*), die im Atlantik u. Mittelmeer, oft in Schwärmen, vorkommt. Bei der S. bildet der Primärpolyp eine große zentrale Nährperson, die anstelle der Fußscheibe ein eingestülptes Kanalsystem (Zentralscheibe) besitzt; mit dieser Zentralscheibe, die auch das diagonale Segel bildet, hängt die Kolonie an der Wasseroberfläche. Nach unten um die Mundöffnung befinden sich mehrere Reihen v. Blastozoiden, die sehr viele Medusenknospen u. Tentakel tragen. Mit dem Wind driften die Quallen mit Hilfe ihrer Segel passiv an der Oberfläche.

Segelträger, *Veliferoidei,* U.-Ord. der ↗Glanzfische.

Seg<u>e</u>stria *w* [v. lat. segestre = Decke, Matte], Gatt. der ↗Dunkelspinnen.

Seget<u>a</u>lpflanzen [Mz.; v. lat. segetalis = Saat-], die ↗Ackerunkräuter.

Segge, *Riedgras, Carex,* Gatt. der Sauergräser, mit ca. 1100 Arten weltweit verbreitet; der Schwerpunkt ihres Vorkommens liegt in den gemäßigten bis subarkt. Bereichen der N-Halbkugel. In Dtl. kommen rund 100 Arten vor; viele Arten treten bestandsbildend auf. Die S.n zeichnen sich durch dikline Blüten aus, die ein- od. zweihäusig verteilt sein können. Manche S.n sind einährig, die meisten aber mehrährig. Teils sitzen die karpellaten u. staminaten Blüten in verschiedenen Ähren, teils in derselben Ähre, dann jedoch jeweils auf bestimmte Bereiche der Ähre beschränkt. Die staminate Blüte besteht aus 3 Staubblättern, die in der Achsel eines Tragblatts sitzen. Der Fruchtknoten der karpellaten Blüten wird von einem sog. *Utriculus* schlauchförmig umschlossen. Ein Vergleich mit dem Blütenstand des ↗Nacktrieds zeigt, daß es sich dabei um ein zusammengerolltes u. verwachsenes Tragblatt handelt. An der Spitze läßt der Utriculus eine Öffnung, aus der zur Blütezeit die (je nach Art) 2 od. 3 Narben herausragen. – S.n besiedeln die unterschiedlichsten Standorte. Schwerpunktmäßig kommen sie aber in feuchten bis nassen Bereichen vor. Einige Arten sind Hochmoorbewohner, so die Wenigblütige S. *(C. pauciflora),* andere finden sich in Niedermooren, z. B. die Braune S. *(C. fusca)* u. die Stern-S. *(C. echinata).* In Verlandungsbereichen bilden großwüchsige S.n nahezu ein-artige Bestände (↗Magnocaricion): wichtig sind hier u. a. die lockerrasig wachsende Schnabel-S. *(C. rostrata)* u. die bis 2 m hohe Bulte bildende Steife S. *(C. elata).* In wenig gedüngten, feuchten bis nassen Wiesen können S.n die Oberhand gewinnen, z. B. die Sumpf-S. *(C. acutiformis);* sie liefern jedoch hartes Heu mit geringem Futterwert u. sind daher im allg. unerwünscht. Die früher übl. Verwendung als Einstreu ist heute kaum mehr gebräuchl. In feuchten Wäldern ist die Wald-S. *(C. silvatica)* häufig zu finden, auf verdichteten Böden kann hier auch die Seegras-S. *(C. brizoides)* große Reinbestände bilden. Bei Förstern ist sie als verjüngungshemmendes „Forstunkraut" gefürchtet; eine Nutzung findet sie als Polstermaterial (Seegras). Die stark behaarte Rauhe S. *(C. hirta)* kommt häufig an Weg- u. Straßenrändern vor, wo sie z. T. den Asphalt durchbricht. Sehr austrocknungsresistent ist die Sand-S. *(C. arenaria),* die als Charakterart der ↗Corynephoretalia auf rohen Sandböden anzutreffen ist. Mit ihren langen Ausläufern kann sie

Segelflosser, Skalar *(Pterophyllum scalare)*

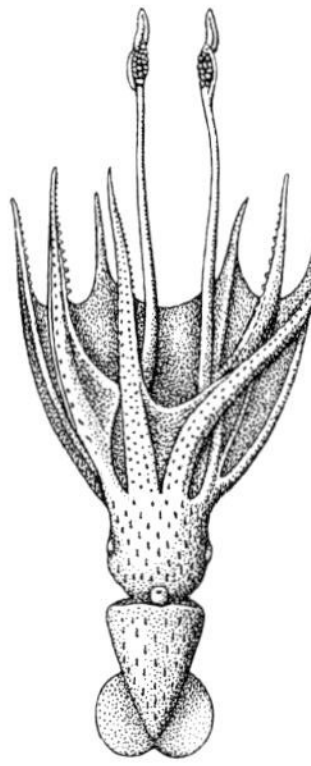

Segelkalmar *(Histioteuthis bonellii)*

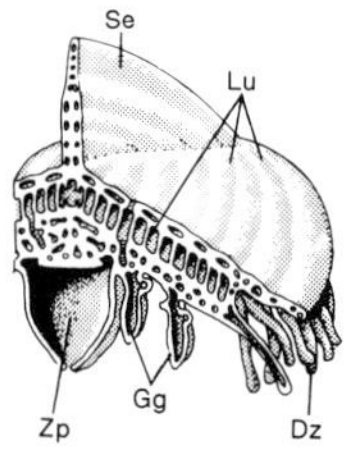

Segelqualle

Bauplan der S. *(Velella spirans)* Dz Dactylozoide, Gg Gastrogonozoid mit Medusenknospen, Lu Luftringe, Se Segel, Zp Zentralpolyp

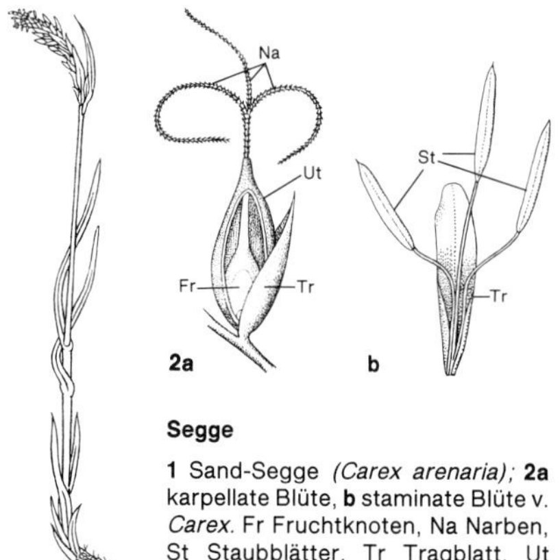

Segge

1 Sand-Segge *(Carex arenaria);* **2a** karpellate Blüte, **b** staminate Blüte v. *Carex.* Fr Fruchtknoten, Na Narben, St Staubblätter, Tr Tragblatt, Ut Utriculus vegetationsfreie Störstellen rasch besiedeln u. ist daher ein wirksamer Dünenfestiger. Rasenbildend treten S.n im alpinen Bereich auf: auf saurem Gestein ist hier die Krumm-S. *(C. curvula),* Charakterart des Caricetum curvulae (↗Caricetea curvulae), zu finden; auf Kalkgestein wird sie durch die Polster-S. *(C. firma),* Charakterart des Caricetum firmae (= Firmetum, ↗Seslerion variae), ersetzt. *A. G.*

Seggen-Buchenwald ↗Carici-Fagetum.

Seggenrieder ↗Magnocaricion.

Segler, *Apodidae,* extrem an das Flugleben angepaßte Vogel-Fam. der ↗Seglerartigen mit 70 fast weltweit verbreiteten Arten. Sichelförm., sehr lange, schlanke Flügel u. kurzer Schwanz; kurze Klammerfüße mit 4 nach vorne gerichteten Zehen; halten sich fast nie am Boden auf, können jedoch v. dort mit eigener Kraft starten. Stark entwickelte Speicheldrüse, deren Sekret zum Nestbau verwendet wird; nisten in Löchern u. Spalten v. Felsen od. Gebäuden od. in Baumhöhlen; die Nester der ↗Salanganen sind sogar eßbar („Schwalbennester" der chines. Küche). Eine spezialisierte Nistweise besitzt z.B. der afr. Palm-S. (*Cypsiurus parvus,* [B] Afrika V), der ein kleines schalenförm. Nest an ein herabhängendes Palmblatt klebt u. darin sogar seine beiden Eier befestigt. Die Mundspalte der S. kann bis hinter die Augen geöffnet werden. Sie fangen tägl. im Flug unter günst. Bedingungen mehrere Zehntausend Insekten von 2–5 mm Größe. 1–4 weiße Eier werden v. beiden Altvögeln 18–21 Tage bebrütet; die Aufzucht der Jungen dauert bes. lang; ältere Nestlinge können Schlechtwetterperioden u. das damit verbundene Ausbleiben v. Futter in einer Art Lethargie durch Herabsetzen der Körpertemp. und verlangsamte Atmung 1–2 Wochen lang überdauern. Wegen der starken Spezialisierung auf Insekten- u. Spinnennahrung sind die S. der gemäßigten Zonen durchweg Zugvögel. Der 17 cm große Mauer-S. (*Apus apus,* [B] Europa XVIII) trifft in den mitteleur. Brutgebieten Ende April ein u. verläßt diese wieder bis Anfang Aug.; die äußere Ähnlichkeit mit ↗Schwalben („Turmschwalbe") ist durch die vergleichbare Lebensweise bedingt ([B] Konvergenz). Der reißende Flug (□ Flugbild, [T] Fortbewegung) wird meist v. hohen „srih"-Rufen begleitet; jagt v.a. gegen Abend in Trupps; Mauer-S. können auch fliegend übernachten u. steigen hierzu abends spiralförmig in wärmere Luftschichten empor; das Brutgebiet reicht bis ins nördl. Skandinavien, wo sie mangels Gebäuden u. Felsen oft in Baumhöhlen brüten; an beringten Vögeln wurden Lebensalter bis 21 Jahre nachgewiesen. Der mit 22 cm Länge größere, braunere u. durch ein dunkles Brustband gekennzeichnete, nach der ↗Roten Liste „potentiell gefährdete" Alpen-S. (*A. melba,* [B] Mediterranregion II) brütet südlicher; sein nördlichster Brutplatz u. damit der einzige in Dtl. liegt in Freiburg i. Br.; sein Flugruf ist ein auf- u. absteigendes Trillern.

Mauer-Segler *(Apus apus)*

Seglerartige

Familien:
↗Baumsegler *(Hemiprocnidae)*
↗Kolibris *(Trochilidae)*
↗Segler *(Apodidae)*

segment- [v. lat. segmentum = Abschnitt].

Seglerartige, *Apodiformes,* Vogel-Ord. mit 3 Fam. (vgl. Tab.), mit höchstentwickeltem Flugvermögen und entspr. spezialisiertem Flügelbau; Handteil des Flügels stark vergrößert, Armteil verkürzt u. Zahl der Armschwingen verringert; verbringen den Großteil des Lebens in der Luft.

Seglerfische, die ↗Fächerfische.

Segler vor dem Wind, die ↗Segelqualle.

Segmentaustausch, der ↗Faktorenaustausch.

Segmente, einzelne Körperabschnitte bei Tieren; ↗Metamerie, ↗Coelom.

Segmentierung, die ↗Metamerie.

Segmentina *w* [v. *segment-], Gatt. der Tellerschnecken mit oben konvexem, unten flachem Gehäuse mit kleinem, eingetieftem Gewinde u. eng schüsselförm. Nabel. Bei der einzigen mitteleur. Art *(S. nitida)* schimmern durch das rotbraune Gehäuse (7 mm ∅) 2–3 weiße Querleisten durch; sie ist häufig in Teichen u. Wiesengräben.

Segmentmutation, die ↗Blockmutation.

Segregation *w* [v. lat. segregatio = Trennung], die Aufspaltung ursprünglich väterl. bzw. mütterl. Erbanlagen durch die zufallsgemäße Verteilung der Chromosomen während der ↗Meiose ([B]).

Sehachse, *Sehlinie,* gedachte Linie, die vom Mittelpunkt der ↗Fovea centralis (↗Netzhaut) durch den Mittelpunkt der ↗Pupille gelegt wird; die S. ist Halbierende der Winkel, die die Größe des ↗Gesichts- bzw. ↗Blickfeldes festlegen. [B] Linsenauge.

Sehbahn, von den Augen zum Gehirn ziehender Nervenstrang; ↗Opticus, □ Hirnnerven.

sehen ↗Lichtsinnesorgane.

Sehfarbstoffe, *Sehpigmente,* in den ↗Membranen der lichtempfindl. Zellen (Sehzellen) der ↗Linsen- u. ↗Komplexaugen (↗Netzhaut, □, [B]) eingelagerte Farbstoffe (↗Naturfarbstoffe, ↗Pigmente), die durch Absorption, häufig schon von 1 Lichtquant, eine Konfigurationsänderung erfahren. Dies führt zur Ausbildung v. ↗Rezeptorpotentialen, die bei hinreichender Intensität fortgeleitete ↗Aktionspotentiale auslösen. Der am weitesten verbreitete Farbstoff ist das ↗*Rhodopsin* (Sehpurpur), ein ↗Chromoprotein, das aus einer Farbstoffkomponente, dem Chromophor (↗chromophore Gruppen) ↗*Retinal* (□ Carotinoide), einer Polypeptidkette und 2 Oligosaccharidketten besteht, die in ihrer Gesamtheit als *Opsin* bezeichnet werden. Während bei den meisten Tieren als chromophore Komponente der S. das Retinal 1, der Aldehyd des Vitamins A_1 (↗Retinol, □), oder das Retinal 2 bzw. 3-Dehydroretinal, der Aldehyd des Vitamins A_2, vorkom-

Sehfarbstoffe

Sehfarbstoffreaktionen nach Lichtabsorption:

Die Reaktion v. *Rhodopsin* – zusammengesetzt aus einer Proteinkomponente *Opsin* (grau) u. einer Farbstoffkomponente *Retinal* (schwarz) – zum Batho-Rhodopsin ist lichtabhängig. Alle folgenden Umwandlungen sind Dunkelreaktionen. Die Zeitskala gibt an, nach welchen Zeitspannen die einzelnen Zwischenprodukte gebildet sind; die Temperaturangaben beziehen sich auf die Mindesttemperaturen, oberhalb derer die Reaktionen möglich sind.

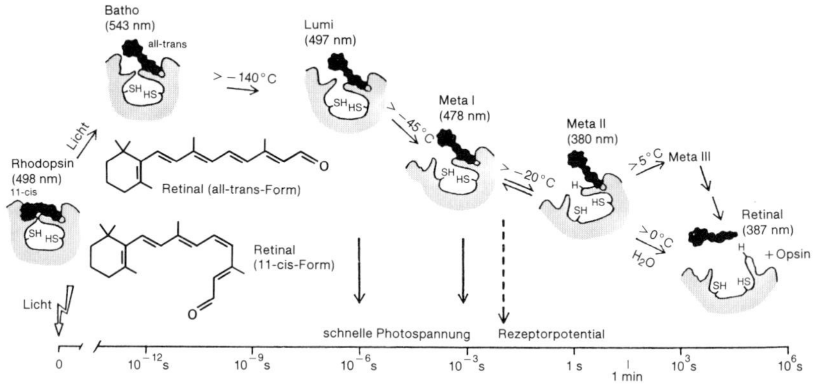

men, existiert eine große Anzahl verschiedenart. Opsine, die sich sowohl in ihren Molekülmassen als auch Absorptionsmaxima unterscheiden. So besitzen die *Stäbchen* des menschl. Auges, die für das ↗Dämmerungssehen verantwortl. sind (Duplizitätstheorie, ↗Netzhaut), ein Rhodopsin mit einem Absorptionsmaximum bei 498 nm Wellenlänge, wohingegen 3 verschiedene *Zapfen*-Typen existieren mit S.n, deren Maxima bei etwa 445 nm, 535 nm bzw. 570 nm *(Iodopsin)* liegen u. in ihrem Zusammenwirken das *↗Farbensehen* (B I) ermöglichen. Einige Süßwasserfische u. Amphibien besitzen S. mit dem Retinal 2 *(Porphyopsin)*, das in Verbindung mit dem Opsin einen blauen, lichtempfindl. Stoff, das *Cyanopsin,* mit einem Absorptionsmaximum bei 620 nm darstellt. Auch v. Mikroorganismen sind S. bekannt (*↗Bakteriorhodopsin,* □). – Das Retinal liegt im dunkel adaptierten Zustand in der 11-cis-Form vor, geht bei Absorption v. Licht in die chem. stabilere all-trans-Form über u. zerfällt dann über mehrere thermische Dunkelreaktionen schließl. in das Metarhodopsin III. Bei diesem letzten Schritt kommt es zur *Ausbleichung* des S.s. Als letzter Schritt in dieser Kette erfolgt bei den meisten Wirbeltieren die Abtrennung des Retinals vom Opsin. Die Regeneration des Retinals, d. h., die Isomerisierung der all-trans- in die 11-cis-Form, kann enzymat. katalysiert werden. Man vermutet aber, daß der größte Teil des all-trans-Retinals mit dem Blut abtransportiert u. durch Umwandlung des in der Leber gespeicherten 11-cis-Vitamins A_1 in das 11-cis-Retinal 1 ersetzt wird. ↗Augenpigmente, ↗Membranproteine (□), ↗Photorezeption, ↗Retinomotorik (□), □ Rhodopsin. *H. W.*

Sehfeld, das ↗Gesichtsfeld.

Sehgrube ↗Fovea, ↗gelber Fleck.

Sehhügel ↗Thalamus.

Sehkeile, *Ommatidien,* ↗Komplexauge.

Sehnen, *Tendines* (Ez. *Tendo*), nur bei Insekten, Wirbeltieren u. Mensch ausgebildete spezielle Gewebe zur Übertragung des Muskelzugs (↗Muskeln, ↗Muskulatur) auf Anteile des Skeletts bzw. zur zugfesten Verbindung v. Skeletteilen miteinander od. als flächige Verbindungen zw. den Abschnitten segmentierter Muskeln *(Aponeurosen).* Die S. der *Insekten* bestehen entweder aus spezialisierten, durch ↗Tonofibrillen u. cuticuläre Überzüge gegenüber Zugbelastungen stabilisierten einzelnen Epidermiszellen od. mehrzelligen epidermalen Einstülpungen *(epidermale* u. *cuticuläre S.)* od. aus zapfenart. Verdikkungen der subepidermalen ↗Basallamina *(hypodermale* od. *subepidermale S.).* Bei *Wirbeltieren* u. *Mensch* stellen die S. dicht gebündelte Stränge straffen ↗Bindegewebes dar. Sie setzen sich aus Bündeln ↗kollagener Fasern zus., die, in einem Schachtelsystem umkleidet v. gefäßführenden „Strümpfen" lockeren Bindegewebes (Peritenonium internum), zu größeren Einheiten unterschiedl. Dicke zusammengefaßt und schließl. von einer äußeren gemeinsamen Bindegewebshülle (Peritenonium externum) umgeben werden (Enkapsisbauweise). Muskelseitig strahlen die Kollagenfasern (↗Kollagen) in die ↗Faszien u. das muskuläre Bindegewebe ein, während sie sich skelettseitig mit den Fasern des ↗Periosts u. der äußeren Knochenlamellen (↗Knochen) vereinen. Die S.zellen liegen in Reihen in den engen Zwischenräumen zw. den kollagenen Primärbündeln u. schmiegen sich eng an diese an. Ihres Querschnitts in Form sphär. Dreiecke wegen werden sie als *Flügelzellen* bezeichnet. Derartige *Zug-S.* sind absolut unelastisch, zeichnen sich aber durch hohe Reiß- u. Dehnungsfestigkeit aus. Einen abgewandelten S.-Typ stellt die zugleich druckbeanspruchte *Gleit-S.* dar, welche die Zugrichtung über einen Knochenvorsprung hinweg umleitet. Die hier erforderl. Druckelastizität wird durch ↗Knorpel-Einlagerungen zw. die Faserbündel erreicht. Der elast. Verbindung v. Skeletteilen (z. B. Nakkenband, Ligamentum nuchae, zw. Hinterhaupt u. Wirbelsäule, welches das Schädelgewicht abfängt u. die Nackenmuskulatur entlastet) dienen *elastische S.,* in deren dichtem Faser*netz* ↗Elastin an die Stelle

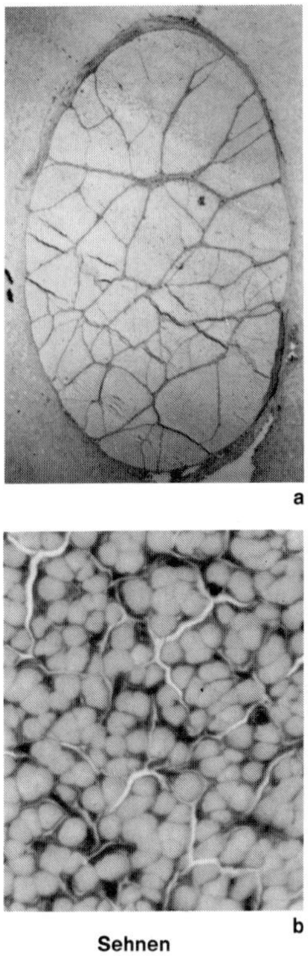

Sehnen

a Querschnitt durch eine kollagene Sehne (Felderung = Enkapsisbauweise).
b Querschnitt durch eine elastische Sehne (Ligamentum nuchae), vernetzte Fasern (keine Enkapsisbauweise)

des Kollagens tritt. Aufgrund der Vernetzung der elast. Fasermassen (↗elastische Fasern) zeigen sie keine Enkapsisbauweise. Elastische S. sind extrem dehnungsfähig bei geringer Zug- u. Reißfestigkeit. ↗S.scheiden, [B] Bindegewebe. *P. E.*

Sehnenreflex ↗Sehnenspindeln.

Sehnenscheiden, *Vaginae synoviales, V. tendineae,* Führungs- u. Gleitröhren mancher ↗Sehnen, wie sie v. a. an vielen Stellen des Säugerkörpers ausgebildet sind, z. B. an Fingern u. Zehen, Hand- u. Fußrücken, Fußsohle u. Ferse, am Schultergelenk u. am Grunde des geraden Bauchmuskels. Die S. sind doppelwandige Rohre aus straffem ↗Bindegewebe, deren Innenblatt über lockere Faserzüge mit der Sehne verbunden ist u. ihren Bewegungen folgt, während die Fasern des Außenblatts in das umgebende Gewebe einstrahlen. An den Röhrenenden gehen Innen- u. Außenblatt ineinander über. Der Binnenraum zw. beiden Wänden ist v. einem zähen Gleitschleim (↗Synovialflüssigkeit) erfüllt, der v. den epithelartig angeordneten Bindegewebszellen an den Innenflächen der äußeren u. inneren Röhrenwandung sezerniert wird. – Ähnl. gebaut wie die S. sind die *Schleimbeutel,* Druckpolster in der bindegewebigen Hülle mancher exponierter ↗Gelenke (Knie, Ellenbogen).

Sehnenspindeln, morpholog. den ↗Muskelspindeln ähnelnde ↗Mechanorezeptoren ([B] mechanische Sinne I), die nur auf bes. hohe Reizintensitäten reflektorisch reagieren *(Sehnenreflex).* Ihre Erregung, ausgelöst nur bei Verletzungsgefahr eines Muskels (z. B. Muskelriß), bewirkt eine sofortige Erschlaffung desselben sowie reflektorisch die Kontraktion der antagonist. Fasern. ↗Sehnen.

Sehnerv, *Nervus opticus,* der II. ↗Hirnnerv; ↗Opticus.

Sehnervenkreuzung, das ↗Chiasma opticum.

Sehorgane, die ↗Lichtsinnesorgane.

Sehpigmente, die ↗Sehfarbstoffe; ↗Augenpigmente.

Sehpurpur, das ↗Rhodopsin, ↗Sehfarbstoffe (□).

Sehrinde, *Sehsphäre,* im Hinterhauptslappen des Großhirns (↗Telencephalon) gelegener Zielort der von der ↗Netzhaut kommenden Sehnerven (↗Opticus). Die Bez. wird z. T. nur für die Area striata, das *primäre Sehzentrum* od. *-feld* (Feld 17) (↗Rindenfelder), verwendet, teilweise aber auch auf die sekundären Sehzentren Area occipitalis (Feld 18) u. praeoccipitalis (Feld 19) ausgedehnt. In diesen Arealen werden die visuellen Signale auf der Basis v. rezeptiven Feldern, einem nervösen Organisationsmuster der Informationsübertragung, verarbeitet (↗Kontrast, □).

Sehschärfe ↗Auflösungsvermögen ([T]), ↗Auge, ↗Netzhaut.

Sehzellen, *Lichtsinneszellen,* ↗Lichtsinnesorgane; ↗Auge, ↗Linsenauge, ↗Komplexauge, ↗Netzhaut, ↗Photorezeption, ↗Sehfarbstoffe.

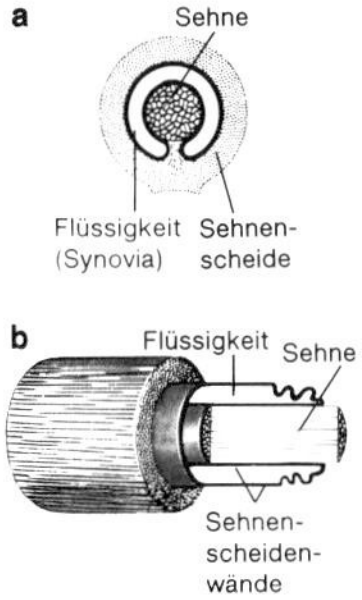

Sehnenscheiden

Die S. (**a** Querschnitt, **b** Längsschnitt) sind doppelwandig und mit einer Flüssigkeit (Synovialflüssigkeit oder Synovia) gefüllt.
Die Sehne sitzt fest in der Sehnenscheidenwand. Entzündungen in der Sehnenscheide können sich leicht über ihre ganze Länge ausbreiten.

Gemeiner Seidelbast *(Daphne mezereum)*

Sehzentrum ↗Sehrinde, ↗Rindenfelder.

Seide, 1) *Klee-S.,* der ↗Teufelszwirn. **2)** *Muschel-S.,* ↗Byssus. **3)** *Natur-S.,* v. der Larve des ↗Seidenspinners *(Bombyx mori)* gebildeter u. zur Verpuppung ausgesponnener Faden, der sich aus den S.nproteinen ↗*Fibroin* (S.nfibroin, 78%) u. ↗*Sericin* (S.nleim, 22%) sowie geringen Mengen v. Farbstoff, Fett, mineral. Bestandteilen u. a. zusammensetzt. Die Synthese der beiden *S.nproteine* erfolgt in den darauf spezialisierten Speicheldrüsenzellen der Seidenspinner-Larve. Während im hinteren Teil der Drüsen Fibroin gebildet wird, produzieren die Drüsenzellen des mittleren Teils Sericin. Zur Herstellung des Puppen-↗Kokons preßt die Raupe aus den paarigen Spinndrüsen den S.nfaden, einen aus Fibroin bestehenden Doppelfaden, der v. Sericin als Kittsubstanz umgeben u. verklebt ist. Die Gesamtfadenlänge des Kokons beträgt bei Wildformen bis 200 m, bei domestizierten Formen bis 3,5 km. – S. hat für den Menschen seit dem Altertum als edelste u. längste Textilfaser große Bedeutung. Die wichtigsten Schritte bei der Gewinnung sind: Abtöten der Puppen in den Kokons mit Wasserdampf od. heißer Luft, Erweichen des Sericins (S.nleims) durch Eintauchen der Kokons in heißes Wasser, Aufwickeln der S.nfäden *(Roh-S.)* u. Befreien der Fäden v. Sericin durch Kochen in Seifenlösung (Entbastung). Die vor der Entbastung durch Sericin steifen, rauhen, harten u. glanzlosen *S.nfasern* sind nun geschmeidiger, glänzender u. elastischer. Weitere Verarbeitungsschritte sind Bleichen, Färben usw. Für die Gewinnung von 1 kg S. benötigt man 7–8 kg Kokons (1 Kokon wiegt 300–500 mg).

Seidelbast, *Daphne,* Gatt. der ↗Seidelbastgewächse mit ca. 50 Arten in Eurasien, N-Afrika und Austr. Die duftenden, rosa Blüten des Gemeinen S.s (Kellerhals, *D. mezereum;* [B] Europa XX) erscheinen vor dem Laub u. stehen zu 2 bis 3 über den Narben vorjähr. Blätter; hellgrüne Blätter, nur an Spitzen der Äste; rote, giftige Steinfrucht; in Laub- u. Mischwäldern, Hochstauden-Ges. von fast ganz Europa; geschützt; vielerorts Zierpflanze. Das nach der ↗Roten Liste „gefährdete", ebenfalls geschützte Heideröschen od. Reckhölderle *(D. cneorum),* ein bis 30 cm hoher, seltener Zwergstrauch, hat außen behaarte, dunkelrosa, am Ende der Zweige stehende Blüten; in Halbtrockenrasen, trockenen Waldsäumen u. in Felsband-Ges.; Mittel- und S-Europa.

Seidelbastgewächse, *Thymelaeaceae,* Familie der ↗Myrtenartigen mit ca. 45 Gatt. und 4500 Arten; hpts. Sträucher in gemäßigten und trop. Gebieten, in Afrika bes. hohe Artenvielfalt. Zur in Indomalesien vorkommenden Gatt. Adlerholz *(Aquilaria)* gehören Arten, deren aus alten Bäumen stammendes Kernholz sehr wohlriechend verbrennt und ähnl. wie Weihrauch verwendet wird. Aus dem Bast v. *Edgeworthia papyrifera* (O-Asien) wird „Reispapier" hergestellt; die Art ist in Kultur. Ebenfalls zur Papierproduktion dienen Arten der Gatt. *Wikstroemia.* Weitere Gatt. der S. sind ↗Seidelbast *(Daphne)* u. ↗Spatzenzunge *(Thymelaea).*

Seidenäffchen, *Pinseläffchen,* Artengruppe der südam. ↗Marmosetten (Gatt. *Callithrix*); meist pinselartige Ohrbehaarung.

Seidenbienen, *Colletidae,* Fam. der ↗*Apoidea* (Ord. ↗Hautflügler) mit ca. 500, in Mitteleuropa etwa 40 Arten. Die 4 bis 15 mm großen, unterschiedl. gefärbten, stets solitär brütenden S. besitzen als urspr. Merkmale der Bienen einen kurzen Saugrüssel zur Aufnahme des Blütennektars sowie meist unvollkommene ↗Pollensammelapparate. Sie tapezieren ihre hintereinander liegenden Brutkammern in hohlen Zweigen od. in der Erde mit einem erhärtenden Speicheldrüsensekret aus. Häufig unter den Arten der Gatt. *Colletes* ist bei uns die schon im Frühjahr fliegende, ca. 14 mm große *C. cunicularis.* Die weniger behaarten, kleineren Urbienen (Maskenbienen, Gatt. *Hylaeus* = *Prosopis*) tragen Nektar u. Pollen in einem Kropf ein; eine häufige Art ist *H. annularius.*

Seidenfibroin, das ↗Fibroin; ↗Seide.

Seidenhai, *Carcharhinus floridanus,* Art der ↗Braunhaie.

Seidenholz, das ↗Satinholz.

Seidenkäfer, *Scraptiidae,* Fam. der polyphagen ↗Käfer (T) aus der Verwandtschaft der *Heteromera;* kleine, weichhäutige Käfer, die den ↗Stachelkäfern ähneln, zu denen sie fr. auch gestellt wurden. Larven entwickeln sich in morschem Holz; die Imagines sitzen in der Vegetation od. auf Blüten. Bei uns nur *Scraptia* mit 2–3 Arten.

Seidenpflanze, die Gatt. ↗Asclepias.

Seidenraupe ↗Seidenspinner.

Seidenschnäpper, *Ptilognathidae,* Singvogel-Fam. mit 4 Arten im südl. N-Amerika u. in Mittelamerika; um 20 cm groß, mit den ↗Seidenschwänzen nahe verwandt, zu denen sie gelegentl. auch gerechnet werden; tragen eine Federhaube, jagen v. Ästen aus fliegende Insekten, brüten in offenem Napfnest in einem Baum od. Strauch.

Seidenschwänze, *Bombycillidae,* Fam. der Singvögel mit seidig weichem Gefieder, ernähren sich außerhalb der Brutzeit v. Beeren u.a. Früchten; der breite, kräft. Schnabel ist hieran angepaßt. Der 18 cm große Seidenschwanz (*Bombycilla garrulus,* B Europa III) bewohnt die Taiga-Wälder im N Europas, Asiens u. Amerikas; bräunl. Gefieder, trägt eine z.B. bei der Balz aufstellbare Haube; grauer Bürzel, gelbe Schwanzendbinde, leuchtend rote Hornplättchen an den Spitzen der Armschwingen u. weiße Flügelflecken, die der sonst ähnl. nordamerikan. Art, dem Zedern-Seidenschwanz *(B. cedrorum),* fehlen. Der Seidenschwanz erscheint in manchen Jahren invasionsartig zw. November u. März in Mittel- und SO-Europa; ausgelöst werden diese Massenwanderungen durch period. „Bevölkerungsexplosionen". Die Vögel sind unverwechselbar, zeigen geringe Scheu u. machen sich durch trillernde Rufe bemerkbar. Eine ähnl. Lebensweise besitzt der in NO-Asien brütende Japan. Seidenschwanz *(B. japonica);* er trägt eine rote Schwanzbinde. Zu den S.n gehört auch der graugefärbte, 22 cm große Nachtschattenfresser oder Arab. Seidenschwanz *(Hypocolinus ampelinus),* der in SW-Asien vorkommt, ebenfalls gesellig ist u. sich v. verschiedenen Früchten u. Beeren, darunter diejenigen v. Nachtschattengewächsen, ernährt.

Seidenschwanz *(Bombycilla garrulus)*

Seidenspinnen, *Nephila,* Gatt. der ↗Radnetzspinnen mit ca. 70 Arten, die fast ausschl. in den Tropen verbreitet sind; zeigen einen starken Sexualdimorphismus (Weibchen bis 6 cm, Männchen 4–10 mm). Erwachsene Weibchen bauen große Netze, die im unteren Teil aus einem halben Radnetz u. oben aus einem unregelmäßigen Gewebe bestehen. Junge Tiere bauen typische, vollständige Radnetze. Die Männchen leben in den Netzen der Weibchen. Die Fäden sind einerseits so fein, daß sie fr. zum Nähen bei Augenoperationen dienten, andererseits so stark, daß sie für Fischnetze verwendet wurden.

Seidenspinner

Maulbeer-S. *(Bombyx mori),* **a** Männchen, **b** Weibchen

Seidenspinner, *Echte Spinner, Bombycidae,* Schmetterlingsfam. der Tropen – Subtropen mit etwa 300 Arten, die v.a. in SO-Asien u. Afrika beheimatet sind. Falter mit reduzierten Mundwerkzeugen, Fühler in beiden Geschlechtern doppelt gekämmt (↗chemische Sinne, B I); Körper plump u. dicht behaart, Flügel oft sichelförmig gebogen; die Larven stellen ähnl. einigen ↗Pfauenspinnern ↗Kokons her, die zur Produktion v. ↗*Seide* genutzt werden. Der bekannteste u. wichtigste Vertreter ist der Maulbeer-S. oder Maulbeerspinner *(Bombyx mori),* der schon vor über 4000 Jahren in China zur Naturseidengewinnung als Haustier gehalten wurde; Domestikationsfolgen sind u.a. die Flugunfähigkeit – es ist nur noch ein „Schwirren" möglich; als Wildform gilt der in China, Japan u. Korea verbreitete olivbraune *B. m. mandarina.* Die Raupen des Maulbeer-S.s *(Seidenraupen)* werden bis 90 mm lang u. tragen ein Rükkenhorn; fressen monophag an Maulbeerbaum-Blättern; spinnen zur Verpuppung aus einem einzigen Seidenfaden, der einige Kilometer lang sein kann, einen etwa 35 mm langen, festen, gelbl.-weißen Kokon. China konnte jahrhundertelang das Seidenherstellungsmonopol durch Geheimhaltung der Zuchtmethoden u. Verbot des Exports v. Zuchtmaterial aufrechterhalten. Die Seide wurde über Seidenstraßen nach Europa exportiert. Erst 552 n. Chr. gelangten Eier über Byzanz nach Europa, wo in Italien, Frankreich u. Spanien, in geringerem Umfange auch bei uns, Seide gewonnen wird. SO-Asien ist aber immer noch wichtigster Produzent. – Der Maulbeer-S. ist auch ein wichtiges Labortier, so z. B. in der ↗Pheromon-Forschung (↗Sexuallockstoffe, ↗Bombykol).

Seiden-Windenschleier, *Cuscuto-Convolvuletum,* Assoz. der ↗Calystegietalia sepium.

Seifen, zu Reinigungszwecken verwendete Gemische aus Natrium- od. Kaliumsalzen höherer ↗Fettsäuren (C_{10} bis C_{18}). S. sind grenzflächenaktiv (↗grenzflächenaktive Stoffe), gehören also zur Gruppe der ↗Tenside. Die S.nmoleküle dissoziieren in wäßr. Lösung zu Fettsäureanionen, die durch Verknüpfung der wasserabweisenden (↗hydrophoben) Kohlenwasserstoffkette mit dem wasseranziehenden (↗hydrophilen) Carboxylion (↗Carboxylgruppe) polaren Charakter haben (↗Polarität). Die Fettsäureanionen reichern sich senkrecht orientiert an ↗Grenzflächen an, erniedrigen dadurch die Grenzflächenspannung des Wassers u. erleichtern so das Benetzen (↗Benetzbarkeit, ↗Kapillarität), Emulgieren (↗Emulgatoren, □) u. Suspendieren. Auch das Schäumen ist auf die orientierte ↗Adsorption zurückzuführen. Reine S. ergeben schwach alkal. Lösungen u. sind biol. gut abbaubar. Mit den Calcium- u. Magnesiumsalzen des harten Wassers scheidet sich *unlösl. Kalkseife* aus, die nicht wäscht u. zu störenden Ablagerungen bei Waschgut u. Waschmaschinen führt. Diese Unbeständigkeit gg. Wasserhärte u. die Abhängigkeit v. teuren Fettrohstoffen waren wesentl. Ursachen dafür, daß die S. in Wasch- u. Reinigungsmitteln heute vollständig durch biol. abbaubare synthet. Tenside verdrängt worden sind, die mit Calcium u. Magnesium keine unlösl. Salze bilden. ↗Detergentien.

Seifenbaum, 1) *Quillaja saponaria,* ↗Rosengewächse; 2) *Sapindus saponaria,* ↗Seifenbaumgewächse.

Seifenbaumartige Wichtige Familien:

↗Ahorngewächse *(Aceraceae)*	↗Rautengewächse *(Rutaceae)*
↗*Burseraceae*	↗Roßkastaniengewächse *(Hippocastanaceae)*
↗*Connaraceae*	↗*Sabiaceae*
↗*Coriariaceae*	↗Seifenbaumgewächse *(Sapindaceae)*
↗Jochblattgewächse *(Zygophyllaceae)*	↗*Simaroubaceae*
↗*Meliaceae*	↗Sumachgewächse *(Anacardiaceae)*
↗*Melianthaceae*	
↗Pimpernußgewächse *(Staphyleaceae)*	

Seifenbaumartige, *Sapindales,* Ord. der ↗*Rosidae* mit 16 Fam. (vgl. Tab.) in den Tropen u. Subtropen; hpts. Holzpflanzen; Blüten mit Diskusbildung; 2 Staubblattkreise.

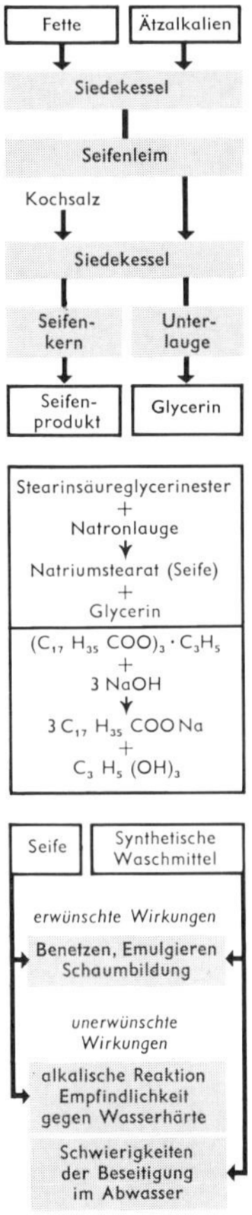

Seifen

Oben S.nherstellung mit chem. Reaktionsmechanismus, unten Funktionen der S. und Waschmittel

a

b

Seifenbaumgewächse

Frucht **a** des Echten Seifenbaums *(Sapindus saponaria),* **b** der Akipflaume *(Blighia sapida)*

Seifenbaumgewächse, *Sapindaceae,* Familie der ↗Seifenbaumartigen mit 150 Gatt. und 2000 Arten; hpts. trop. und subtrop. Holzgewächse, auch Lianen; Blüten 5zählig, in cymösen, wenigblüt. Blütenständen, oft diklin; Diskus; Samen oft mit Arillus. Die Akipflaume (*Blighia sapida,* W-Afrika) wurde Ende des 18. Jh. auf den Westind. Inseln eingebürgert u. ist heute auf Jamaika Nationalfrucht; die farbenprächtige Frucht besitzt eine rote, bei Reife dreiklappig aufspringende Kapsel; in jedem der 3 Fruchtfächer liegt ein bohnenförm., schwarzer Same, der v. einem fleischigen, weißl. Arillus umgeben ist; nur dieser kann roh od. gebraten gegessen werden; die übrigen Teile sind, wie auch der Arillus im unreifen od. überreifen Zustand, giftig. Beim Longanbaum (*Euphoria longana,* S-Asien) ist der Arillus ebenfalls geschätzter Fruchtteil mit weinart. Geschmack; Anbau hpts. im trop. und subtrop. Asien. Die Litchi- od. Litschipflaume *(Litchi chinensis)* ist ein schon seit alters her genutzter Obstbaum (S-China) u. wird heute in den gesamten trockenen Tropen kultiviert; die pflaumengroße, rote Frucht, deren braune, ungenießbaren Samen v. dem Vitamin-C-reichen, saftigen, weißen Arillus umgeben sind, werden roh, eingemacht od. zu Litchiwein vergoren genossen. Ein naher Verwandter ist der Rambutan *(Nephelium lappaceum)* aus Malaysia, dessen Frucht der Litchipflaume in Geschmack u. Aussehen ähnelt. Im Amazonasgebiet kommt die Guaranapflanze *(Paullinia cupana)* als Urwaldliane wild vor; sie wird heute aber auch kultiviert; die Samen der etwa haselnußgroßen, in Rispen stehenden Kapseln werden zerstampft, mit Maniokmehl u. Wasser vermischt u. vergoren; sie enthalten bis 6,5% (!) ↗Coffein. Der Echte Seifenbaum, *Sapindus saponaria* (Florida, Westind. Inseln, S-Amerika; B Kulturpflanzen XI), hat Beeren mit hohem Saponingehalt (↗Saponine); sie werden als Seifenersatz verwendet. Einige Zierpflanzen sind: der kraut. Herzsamen *(Cardiospermum halicacabum)* mit orangener, aufgeblasener Kapsel, der Blasenbaum *(Koelreuteria)* u. *Xanthoceras sorbifolium.*

Seifenkraut, *Saponaria,* Gatt. der ↗Nelkengewächse mit über 25 Arten, eurasiat.-mediterran verbreitet. Die Pflanzen ähneln den Vertretern des verwandten ↗Gipskrauts, die Trennung erfolgt nach Blütenmerkmalen: die rötl., gelben od. weißen Blüten der S.-Arten besitzen Schlundschuppen. Die Pflanzen enthalten schäumende, waschaktive ↗*Saponine,* bes. *S. officinalis,* das 30–70 cm hohe Gemeine od. Echte S.; sie werden med. genutzt; auch bei uns einheimisch u. als Zierpflanze. [gewächse.

Seifenrinde, auch *Quillajarinde,* ↗Rosen-

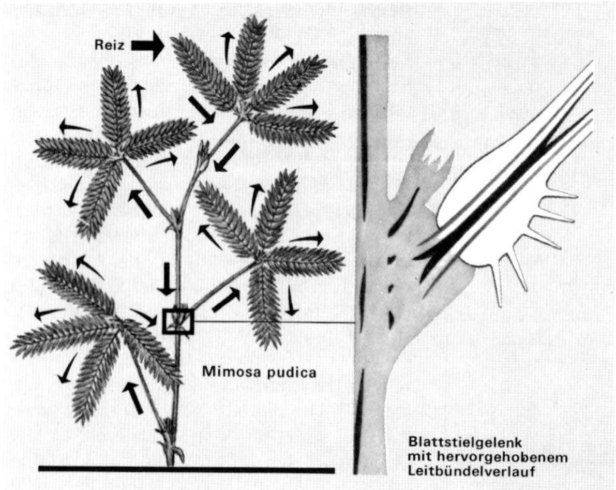

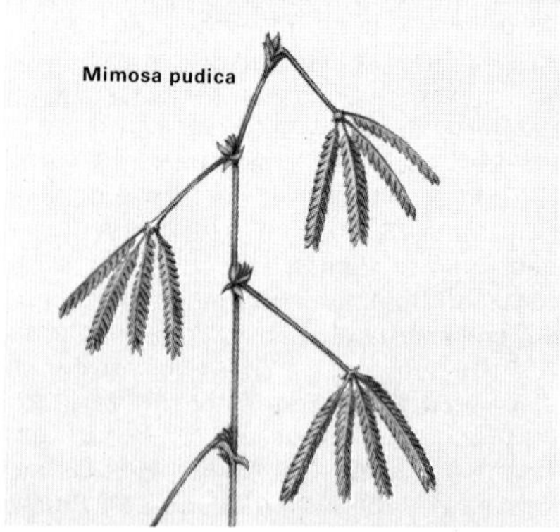

Seismonastie bei der „Sinnpflanze“ (Mimosa pudica)

Eine Erschütterung od. ein lokaler Berührungsreiz führt zu einem fortschreitenden Zusammenklappen der Fiederblättchen *(seismonastische Reaktion);* danach schlagen die Blattstiele nach unten um. Der Reiz kann über eine gewisse Strecke geleitet werden, wobei er sich vom Reizort allseitig ausbreitet. Offensichtl. im Zshg. mit dem Bewegungsmechanismus steht die Ausbildung der Blattgelenke. Die im Blattstiel peripher angeordneten Leitbündel sind im Bereich des Gelenks (Pulvinus) zu einem zentralen Strang zusammengefaßt. Dieser ist v. mehreren konzentr. Schichten v. Zellen umgeben, sog. *moterischen Zellen,* die während des Tages starke Schwankungen im Ionengehalt u. Turgordruck aufweisen. Der Gewebsbereich, dessen Zellen während der Blatthebung anschwellen, wird *Extensor,* der Bereich, dessen Zellen während der Blattsenkung anschwellen, *Flexor* gen. Die Volumenänderungen sind v. Änderungen im K^+- und Cl^--Ionen-Gehalt sowie v. Änderungen in den elektr. Eigenschaften der Membranen begleitet. Die Ionenflüsse werden vermutl. durch eine ↗Protonenpumpe getrieben. Die Blattbewegungen sind somit Folge v. Oszillationen in der Permeabilität u. den Transporteigenschaften der Membranen der moterischen Zellen.

Seismonastie *w* [v. gr. seismos = Erdbeben, nastos = festgedrückt], durch Erschütterungsreize ausgelöste, schnell ablaufende Variationsbewegung bei pflanzl. Organen, die auf reversiblen Turgorveränderungen in bestimmten Gewebezonen beruht. S. findet sich z. B. bei den Staubblättern des ↗Sauerdorns, den Narben der ↗Gauklerblume, den Blättern einiger ↗carnivorer Pflanzen (z. B. ↗Venusfliegenfalle) u. den mit Gelenken versehenen Blättern des ↗Sauerklees u. der „Sinnpflanze“, der ↗Mimose (vgl. Abb.). ↗Nastie, ↗Seismoreaktionen.

Seismoreaktionen [Mz.; v. gr. seismos = Erdbeben], bei Pflanzen durch Erschütterungsreize ausgelöste Bewegungen, deren Richtung durch die spezif. Struktur des Organs (Blatt, Staubblatt, Narbe, *Dionaea*-Klappe) u. nicht durch die Richtung des Reizes bestimmt wird. Die Erregungsleitung kann elektr. oder chem. durch Transport einer Substanz erfolgen; sie spielt sich im Bereich von 2–20 cm/s ab. ↗Seismonastie.

Seitenachse, *Seitensproß, Seitenzweig,* Sproßachsenabschnitt, der durch seitl. Verzweigung entsteht. Wie bei den thallösen Pflanzen kann die Verzweigung auch bei den Sproßpflanzen (Kormophyten) auf zweierlei Weise zustande kommen: a) die Mutterachse gabelt sich durch Teilung des Scheitels in 2 gleichwertige Tochterachsen *(Dichopodien);* dieser Fall ist nur bei den Bärlappen u. ihnen nahestehenden Farnpflanzen-Klassen verwirklicht. b) an der weiterwachsenden Mutterachse werden seitl. Neubildungen für Tochterachsen angelegt, die Verzweigung erfolgt seitl. Diese Form ist bei den eigtl. Farnpflanzen, Schachtelhalmen u. Samenpflanzen verwirklicht. Dabei kann die Mutterachse (= ↗Abstammungsachse) ihr Wachstum einstellen, u. eine S. übernimmt ihre Funktion. Dann entstehen sympodiale Achsensysteme. ☐ Rhizome.

Seitenfaltentheorie, *Segmenttheorie,* Theorie über die stammesgesch. Ableitung der paarigen ↗Extremitäten bei Wirbeltieren. Die S. sieht die paarigen Extremitäten als rudimentäre Organe einer paarigen ventralen Flossenfalte bei den Urahnen der Wirbeltiere an. Als Erklärungsmodell dient das ↗Lanzettfischchen (☐ Schädellose), das wie die Wirbeltiere zu den ↗Chordatieren (B) gehört. Bei ihm zieht eine paarige ventrale Falte (↗Metapleuralfalte) v. der Grenze Mundregion/Kiemendarm nach caudal bis zum Atrioporus. Sie weist keine Lücken u. keine Skelettelemente auf. Die S. nimmt an, daß bei Wirbeltierahnen ebenfalls ein ununterbrochener paariger ventraler Flossensaum vorhanden war, der durch Bildung v. Lükken in isolierte hintereinanderliegende Flossenpaare unterteilt wurde. Indiz dafür sind die ältesten kieferbesitzenden Wirbeltiere, die fossilen ↗*Acanthodii* (z. B. *Euthacanthus macnicoli*), bei denen bis zu 7 weitere Flossenpaare zw. Brust- u. Bauchflossen gefunden wurden. – Die Herkunft des Extremitätenskeletts wird durch Einwandern der zw. den segmentalen Muskelpaketen (↗Myomeren) liegenden Skelettelemente in die Flossen erklärt. Aufgrund dieses Zshg.s mit der segmentalen Anlage des Rumpfes wird die S. auch als Segmenttheorie bezeichnet. – Die paarigen ↗Flossen der Fische – und die dazu homologen Extremitäten der Tetrapoden – sind nach der S. Rudimente eines ehemals geschlossenen paarigen Flossensaums bei Ahnengruppen. Die Homologisierung auf

die Metapleuralfalten beim Lanzettfischchen auszudehnen, erscheint (derzeit) als zu weitgehend.
Seitenkettentheorie, *Rezeptortheorie,* von P. ↗Ehrlich im Jahre 1897 veröff. Theorie, nach der alle Zellen, nicht nur die des lymphoiden Systems, eine Vielzahl v. Seitenketten („Haptophoren") besitzen, die sich aus der Keimbahn herleiten. Der S. zufolge sollen diese Seitenketten normalerweise als Rezeptoren für Metaboliten dienen, können aber auch mit ↗Antigen reagieren. Durch die Reaktion mit dem Antigen sollte dann die Neusynthese v. Seitenketten induziert werden; dadurch entstünde eine so große Zahl v. Seitenketten, daß viele in die Zirkulation freigesetzt u. als ↗Antikörper (↗Immunglobuline) nachgewiesen werden können.
Seitenknospen ↗Knospe.
Seitenlinienorgane, *Seitenorgane, Lateralisorgane,* bei ↗Fischen (B Fische [Bauplan]) u. im Wasser lebenden ↗Amphibien vorhandene Strömungssinnesorgane, die der Wahrnehmung v. Wasserbewegungen dienen (↗Ferntastsinn, ↗Strömungssinn). Diese Bewegungen können durch das Tier selbst, Feinde, Beutetiere, Artgenossen od. Hindernisse hervorgerufen werden, wobei die Tiere i. d. R. aufgrund der unterschiedl. Eigenschaften dieser Wasserbewegungen deren auslösende Faktoren wahrnehmen u. unterscheiden können. Den S.n kommt somit eine funktionelle Bedeutung bei der Beute- u. Feinderkennung, der Orientierung u. sozialen Kommunikation zu. – Die reizperzipierenden Organelle der S., die in Rinnen im Kopfbereich u. längs des Rumpfes angeordnet sind, bestehen aus einer ↗Cupula, die durch die Wasserbewegungen ausgelenkt wird, u. ↗Haarzellen, deren Cilien in die Cupula hineinragen. Die ↗Cilien (Stereocilien u. ein Kinocilium; ↗Mechanorezeptoren) dieser Haarzellen, auch als *Neuromasten* bezeichnet, werden durch die Auslenkung der Cupula abgebogen u. damit gereizt. Die Intensität der hierdurch ausgelösten Erregung ist nicht nur v. der Stärke der Wasserbewegung, sondern auch v. deren Richtung abhängig, so daß die Tiere auch die Richtung v. Wasserbewegungen feststellen können. ↗mechan. Sinne (B).
Seitennerven, *Seitenadern, Seitenrippen,* Bez. für die v. der Hauptblattader abzweigenden kleineren ↗Blatt-Adern.
Seitenorgane, 1) *Amphiden,* ein Paar lateraler Sinnesorgane bei ↗Fadenwürmern (☐); bei der U.-Kl. *Secernentea* meist als kleine Poren in der Cuticula der Lippenregion erkennbar, bei der U.-Kl. *Adenophorea* etwas weiter hinten am Kopf als ringförm. oder spiralige Schlitze. Im Innern liegen Drüsenzellen u. ciliäre Endigungen primärer Sinneszellen; hpts. Chemorezeption, daneben z. T. auch Photorezeption u. Sekretion. **2)** Drüsen- (und vermutl. auch Sinnes-)Zellen seitlich vorn am ↗Miracidium (☐). **3)** die ↗Seitenlinienorgane.

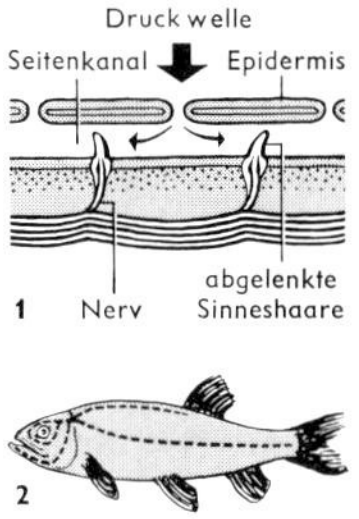

Seitenlinienorgane

1 Schnitt durch die Seitenlinie eines Knochenfisches; **2** Anordnung der S. beim Fisch

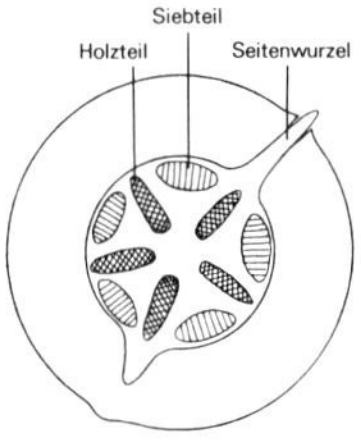

Seitenwurzeln

Endogene Entstehung von S. aus dem Bereich des Zentralzylinders mit Holzteilen und Siebteilen

Sekretär *(Sagittarius serpentarius)*

Seitenplatte, *Splanchnotom,* im frühen Embryo der Chordaten derjenige mesodermale Anteil, der seitlich-ventral an die ↗Somiten anschließt u. mit diesen über die Ursegment-Stiele verbunden ist. Die S.n umschließen als Coelomwände eine ungegliederte Coelomhöhle; der die Darmanlage umgebende innere Anteil wird als *viscerales Blatt* bezeichnet u. bildet die ↗*Splanchnopleura;* der an die Körperwand angrenzende Anteil wird als *parietales Blatt* bezeichnet und bildet die ↗*Somatopleura.* Aus S.nmaterial entstehen außerdem Bindegewebe u. Muskulatur der Eingeweide, Bindegewebe der vorderen und seitl. Körperwand (z. B. Skelett der Extremitäten), Blutgefäße, Blut- und Lymphzellen u. die somatischen Anteile der Gonaden u. deren Ausführgänge (soweit nicht vom Nierensystem gebildet, ↗Nierenentwicklung). B Embryonalentwicklung I.
Seitensproß, die ↗Seitenachse.
Seitenwurzeln, *Nebenwurzeln,* Wurzeln, die in einiger Entfernung vom Vegetationspunkt der Hauptwurzel endogen entstehen. ☐ Allorrhizie.
Seitenzweig, die ↗Seitenachse.
Seitlinge, die Gatt. ↗*Pleurotus;* ↗Austernseitling.
Seiwal, *Balaenoptera borealis,* weltweit verbreitete Art der ↗Furchenwale; Länge 12–18 m; Rückenfinne relativ groß; 30 bis 80 Kehlfurchen; oberseits bläul. schwarz, unterseits weiß; schwimmt schnell.
Sekretäre, *Sagittariidae,* Greifvogel-Fam. mit einer einzigen Art, dem afr. Savannen bewohnenden Sekretär *(Sagittarius serpentarius);* v. allen anderen Greifvögeln durch seine langen Beine unterschieden; schlank, kleiner Kopf mit aufrichtbarem Federschopf; 1,5 m groß, Flügelspannweite 2 m. Als Steppenvogel fliegt er selten; jagt zu Fuß nach kleinen Wirbeltieren, darunter auch Schlangen, gg. deren Gift er nicht immun ist; bei Steppenbränden folgt er oft der Flammenlinie u. fängt die dort aufgescheuchten Tiere. Lebt gewöhnl. paarweise, baut seinen Horst auf einem hohen Busch od. Baum; 2–3 Eier, die vom Weibchen 6–7 Wochen lang bebrütet werden; das Männchen füttert während dieser Zeit das Weibchen u. beteiligt sich auch später an der Jungenaufzucht. B Afrika IV.
Sekretbehälter [v. lat. secretus = abgesondert], mit Sekreten gefüllte Hohlräume im Pflanzenkörper. Man unterscheidet lysigene u. schizogene S. Die *lysigenen S.* (↗lysigen) gehen aus Gruppen sekretreicher Zellen hervor, deren Zellwände u. Protoplasten sich zu einem gemeinsamen sekrethaltigen Raum auflösen. Beispiele sind die S. in den Fruchtschalen der Citrusfrüchte. Die *schizogenen S.* (↗schizogen) entstehen durch Auseinanderweichen v. Drüsenzellen. In die so entstehenden Inter-

zellularräume (↗Interzellularen), die rundl. Form haben od. röhrenförmige, unverzweigte od. verzweigte Kanäle darstellen können u. dann z.T. die ganze Pflanze als kommunizierende Röhren durchziehen, geben die Drüsenzellen ihre Sekrete ab. Je nach ihrem Inhalt unterscheidet man bei den schizogenen S.n Öl-, Harz-, Gummi- u. Schleimkanäle (-gänge od. -lücken). Harzkanäle sind bei den Nadelhölzern, Ölgänge bei den Doldenblütlern, Schleim- u. Gummigänge bei den Cycadeen verbreitet.

Sekrete [Mz.; v. *sekret-], Bez. für bei Lebewesen v. ↗Drüsen abgeschiedene Stoffe, die für die Organismen v. funktioneller Bedeutung sind. Bei den Pflanzen sind es z. B. Gamone, Anlock- u. Verköstigungsstoffe für bestäubende Tiere, Harze, Gummi- u. Schleimstoffe zum Wundverschluß u. zur Abwehr gg. Infektionen, Enzyme u. Fangschleime bei den Insektivoren, Antibiotika bei Pilzen u. Bakterien. Beispiele für tierische Sekrete vgl. Tab. Eine Abgrenzung der S. gegen die ↗Exkrete ist häufig schwierig, da die funktionelle Bedeutung vieler Stoffe noch unbekannt ist. ↗Sekretbehälter, ↗Sekretion, ↗Neurosekrete.

Sekretin *s* [v. *sekret-], Peptidhormon mit 27 Aminosäuren aus der Schleimhaut des ↗Zwölffingerdarms (Duodenum) der Säuger, das in einer Vorstufe abgesondert u. bei Übertritt des sauren Speisebreis in den Darmtrakt durch die ↗Magensäure (↗Salzsäure: Spaltentext) aktiviert wird. Über die Blutbahn transportiert, fördert es die Ausschüttung von viel, aber enzymarmem ↗Pankreas-Sekret. [T] Hormone.

Sekretion *w* [v. *sekret-], 1) aktive u. selektive Abscheidung bestimmter Stoffe (↗Sekrete, ↗Inkrete, ↗Exkrete) aus speziellen Sekret- od. Drüsenzellen; S.stypen: ↗Drüsen. 2) i.w.S. auch passiver Durchtritt eines proteinarmen Ultrafiltrats v. Gewebsflüssigkeit durch Epithelien aufgrund erhöhten Binnendrucks *(Transsudation)* od. – meist unter patholog. Bedingungen – v. proteinreicher Gewebsflüssigkeit u. Blutplasma entlang erweiterter Interzellularspalten (*Exsudation* bei Entzündungen, Wundsekret).

Sekretzellen [v. *sekret-], *Drüsenzellen,* ↗Drüsen, ↗Sekretion.

Sektion *w* [v. lat. sectio = Schnitt, Abschnitt], *Sectio,* Abk. *sect.,* **1)** Anatomie: a) Abschnitt eines Organteils; b) das Aufschneiden des Körpers (= Obduktion). **2)** Systematik: Untergliederung einer systemat. Einheit; fr. ein neutraler Begriff, später nur noch infragenerisch verwendet. Im Bereich der Zool. ist die S. als Kategorie gemäß den Regeln der ↗Nomenklatur nicht mehr zu verwenden (vgl. Spaltentext). Hingegen erlauben die Nomenklaturregeln in der Bot., wo Gatt. im allg. sehr weit gefaßt werden u. demnach sehr artenreich sein können, folgende Kategorien

sekret- [v. lat. secretus = abgesondert; secretio = Absonderung].

sekundär- [v. lat. secundarius = der Zweite, der Folgende].

Sekrete

Beispiele für tierische Sekrete i.e.S.:

Hormone (Inkrete)
Verdauungsenzyme
Duftstoffe
Abwehrstoffe
Nährsubstanzen
(z.B. Muttermilch)

Sektion

In der zool. Systematik war die Einteilung in S.en bei bes. umfangreichen Schnecken-Gatt. üblich, z.B. *Murex (Chicoreus (sect. Siratus)) antillarum.* Heute wird dieselbe Art als *Chicoreus (Siratus) antillarum* bezeichnet u. steht in der Subfam. *Muricinae* (= ehemalige Gatt. *Murex*). Dieses Beispiel zeigt, daß, abgesehen v. der Spezies (Art), alle systemat. Kategorien nicht absolut, sondern nur relativ festlegbar sind.

zw. Gatt. und Art: *Subgenus, Sectio, Subsectio, Series, Subseries.* ↗trinäre Nomenklatur.

sekundäre Boten, *sekundäre Botenmoleküle, sekundäre Messenger, second messenger, zelluläre Boten,* niedermolekulare Verbindungen od. Ionen, die als Folge extrazellulärer Signale (z.B. eines Hormons als ↗*primärem Boten;* [ ] Hormone) in der Zelle gebildet bzw. aus einem inaktiven Pool freigesetzt werden. Durch die v. ihnen ausgelösten Folgereaktionen greifen sie regulierend u. modulierend in das Zellgeschehen ein. Im allg. setzen die s.n B. einen Verstärkungsmechanismus (Kaskadenmechanismus) in Gang, bei dem ↗Protein-Kinasen, die Proteine an bestimmten Aminosäureresten phosphorylieren können, und entspr. ↗Phosphatasen eine wesentl. Rolle spielen. Neben solchen reversiblen Veränderungen im Phosphorylierungsgrad regulatorischer Enzyme beobachtet man auch allosterische Effekte (↗Allosterie). S. B. können zwar durch unterschiedl. extrazelluläre Reize aktiviert werden, regulieren aber häufig die gleichen Enzyme u. Stoffwechselwege; zudem kann ein s. B. die Aktivierung/Inaktivierung eines anderen s.n B. beeinflussen. Die wichtigsten heute bekannten s.n B. sind: cAMP, cGMP, Ca^{2+}-Ionen, Inositoltriphosphat u. Diacylglycerol. – *cAMP* (*cyclo-AMP,* zyklisches ↗Adenosinmonophosphat) wird durch die ↗Adenylat-Cyclase an der Plasma-↗Membran aus ATP (↗Adenosintriphosphat) gebildet u. kann durch die cAMP-Phosphodiesterase (↗Nucleasen) wieder zu AMP abgebaut werden. Durch eine reversible Bindung an die cAMP-abhängige Protein-Kinase wird diese aktiviert u. kann dann zahlr. Proteine phosphorylieren u. so deren Aktivität modulieren ([ ] Glykogen, [B] Hormone). Ähnl. wie cAMP wirkt *cGMP* (*cyclo-GMP,* zyklisches ↗Guanosinmonophosphat). – *Ca^{2+}-Ionen* (↗Calcium) liegen im Cytoplasma (Säugerzelle) in sehr geringer Konzentration ($\leqq$ 0,1 µmol/l), im extrazellulären Raum jedoch in viel höheren Konzentrationen (1 mmol/l) vor ([ ] Elektrolyte). Durch extrazelluläre Signale kann der Ca^{2+}-Spiegel im Cytoplasma stark ansteigen; bei elektr. erregbaren Zellen durch Ca^{2+}-Kanäle in der Plasmamembran v. außen, bei anderen Zellen durch Ca^{2+}-Freisetzung aus dem endoplasmat. Reticulum (ER). Durch entspr. Ca^{2+}-Pumpen (Ca^{2+}-ATPasen; ↗Calcium-Pumpe, ↗Adenosintriphosphatasen) in der Plasmamembran oder im ER wird die niedrige Konzentration im Cytoplasma wieder hergestellt. Ca^{2+}-Ionen wirken meist nicht direkt, sondern in Verbindung mit dem Ca^{2+}-bindenden Protein ↗*Calmodulin* ([ ]) auf das Zellgeschehen. Durch die Bindung von Ca^{2+}-Ionen wird Calmodulin in seiner Konformation so verändert, daß es an verschiedene Proteine

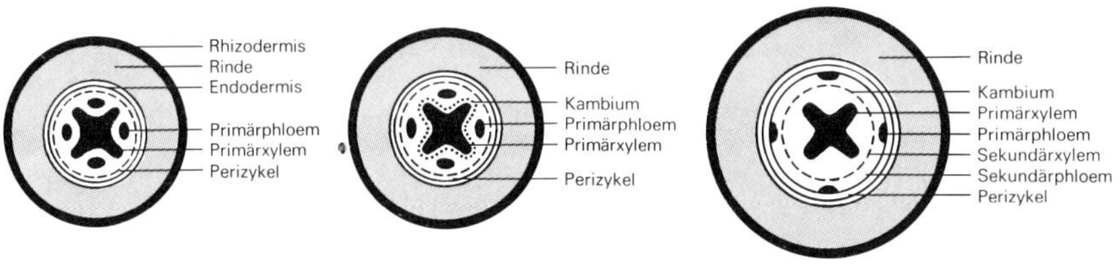

sekundäres Dickenwachstum

Das *sekundäre Dikkenwachstum der Wurzel* beginnt mit der Ausbildung eines die primären Gefäßstränge sternförmig umgebenden Kambiummantels. Holz u. Bast werden dann wie in der Sproßachse gebildet, und die sekundär verstärkte Wurzel unterscheidet sich später nur noch im Primärxylem im Zentrum von der sekundär verstärkten Sproßachse.

(Protein-Kinasen u. -Phosphatasen) binden u. damit deren Aktivität regulieren kann. ↗Muskelkontraktion (B II). – *Inositoltriphosphat* u. *Diacylglycerol* entstehen durch Hydrolyse (↗Phospholipase C) von Phosphatidylinositol-4,5-bisphosphat in der Plasmamembran. Die verantwortl. Phospholipase selbst wird durch verschiedene Hormone stimuliert. Inositoltriphosphat bewirkt die Freisetzung von Ca^{2+}-Ionen aus dem ER; das ebenfalls freigesetzte Diacylglycerol aktiviert die sog. Protein-Kinase C. ↗Genregulation (B).

sekundäre Lobendrängung, Verringerung des Abstands zw. den ↗Lobenlinien bzw. den Kammerscheidewänden in Cephalopoden-Gehäusen; Kennzeichen erwachsener Tiere. ↗Lobendrängung.

sekundäre Pflanzenstoffe ↗Pflanzenstoffe.

sekundäres Dickenwachstum, das ↗Dikkenwachstum, das nach der primären Ausdifferenzierung der ↗Sproßachse u. der ↗Wurzel einsetzt u. das zur Vermehrung u. ständigen Erneuerung der Leit- u. Stützelemente führt (↗Leitungsgewebe, ↗Festigungsgewebe). Es findet sich bei vielen krautigen u. bei allen strauch- u. baumförm. Pflanzen. Die Vorgänge beim s. D. sind recht komplex u. keineswegs bei allen Pflanzengruppen einheitl. Man kann prinzipiell 4 Formen des s. D.s der Sproßachse unterscheiden; dazu kommen die bes. Verhältnisse des s. D.s bei der Wurzel. Beim *Aristolochia-Typ* des s. D.s, der nach der Gatt. *Aristolochia* (↗Osterluzei) mit vielen Lianen bezeichnet wird, baut sich eine sehr flexible Achsenstruktur auf, indem zw. den keilförmigen verholzten Bereichen breite parenchymat. und damit elast. Zonen liegen. Ganz andere Belastungsbedingungen werden an die Sproßachsen aufrecht wachsender kraut. Pflanzen, v. a. aber der Holzpflanzen, gestellt. Hier ist ein mehr od. weniger geschlossener Zylinder aus Leit- u. Festigungselementen die beste Lösung. Er wird im wesentl. auf 2 Arten beim s. D. hergestellt. Zum einen beginnt das s. D. mit getrennt angelegten Einzelbündeln, deren faszikuläre Kambien sich sekundär zu einem ↗Kambium-Zylinder schließen. Doch bildet nun dieser Kambiumzylinder nur ↗Holz u. ↗Bast u. dazwischen nur schmale u. kleine ↗Markstrahlen. Dieser *Ricinus-Typ* des s. D.s wird v. vielen kraut. Zweikeimblättrigen Pflanzen (Dikotylen), v. einer Reihe v. Laubgehölzen und v. den Nadelgehölzen verwirklicht. Beim *Tilia-Typ* des s. D.s (bei den meisten Laubgehölzen verwirklicht) werden schon in der primären Ausgestaltung der Sproßachse die Leitbündel als mehr od. weniger zusammenhängender Gewebezylinder mit geschlossenem Kambiumzylinder angelegt, so daß das gesamte Kambium ein Ur-

Formen des sekundären Dickenwachstums

1 Aristolochia-Typ

Im primären Differenzierungszustand liegen in einem Kreis angeordnete *Einzelleitbündel* (offen, kollateral) vor. Im Parenchym zw. den Leitbündeln bildet sich das *interfaszikuläre* Kambium, das sich mit dem faszikulären Kambium zu einem Ring verbindet. Das interfaszikuläre Kambium differenziert jedoch nur *Parenchym* (Markstrahlen). Nur bei Lianen verwirklicht.

2 Ricinus-Typ

Ähnlich Aristolochia-Typ. Hier differenziert jedoch das gesamte Kambium, also auch das interfaszikuläre, Holz und Bast. Der Holzzylinder ist mehr oder weniger geschlossen.

3 Tilia-Typ

Im primären Differenzierungszustand liegt bereits ein nahezu geschlossener Zylinder aus primären Leitelementen mit nahezu durchgehendem Kambium vor, von dem aus das sekundäre Dickenwachstum einsetzt.

4 Monokotylen-Typ

Die einkeimblättrigen Angiospermen (Monokotylen) besitzen im allg. kollaterale bis konzentrische geschlossene Leitbündel, also ohne Kambium. Daraus folgt das Fehlen von sekundärem Dickenwachstum nach einem dieser drei gen. Typen. Wenige baumförmige Monokotylen aus der Gruppe der Lilienartigen *(Liliales)*, nämlich *Aloe, Yucca, Cordyline* und *Dracaena* (Drachenbaum), differenzieren aus einem peripheren Meristemring, der für das primäre Dickenwachstum (nach außen) verantwortlich ist, in einiger Entfernung vom Scheitel nach innen ein von vollständigen Leitbündeln durchsetztes Parenchym *(anomales sekundäres Dickenwachstum)*.

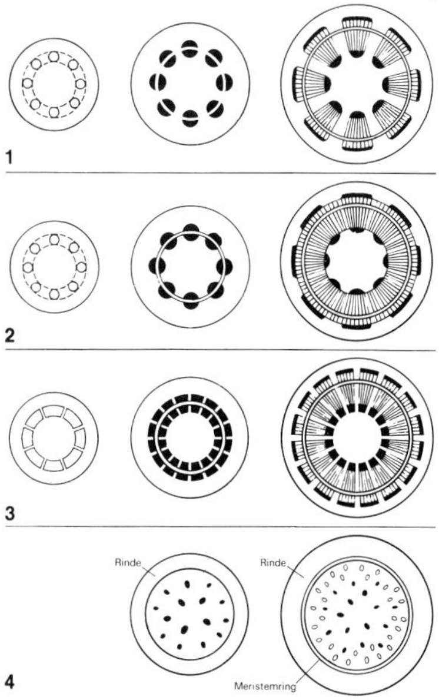

sekundär- [v. lat. secundarius = der Zweite, der Folgende].

meristem (↗Bildungsgewebe) darstellt. Nur wenige Einkeimblättrige Pflanzen (Monokotylen) zeigen ein s. D., das auf eine völlig andere Art erfolgt u. *anomales D.* genannt wird *(Monokotylen-Typ).* Das s. D. der Wurzel der Nacktsamer u. der Zweikeimblättrigen Pflanzen beginnt mit der sekundären Ausbildung v. Kambiumstreifen in den radialen Parenchymstreifen, die die radial angeordneten Gefäß- u. Siebstränge im primären Ausbildungszustand der Wurzel voneinander trennen. Die Ränder dieser Kambiumstreifen treffen zu beiden Seiten jedes Gefäßstranges auf den ↗Perizykel (Perikambium) u. schließen sich dann zus., so daß ein geschlossener Kambiummantel mit sternförm. Querschnitt entsteht. Wie das Sproßkambium erzeugt er anschließend nach innen Holz, nach außen Bast, wobei die Einbuchtungen durch zunächst besonders rege Holzbildung hinter den Siebteilen bald ausgeglichen werden. *H. L.*

sekundäre Sinneszellen ↗Mechanorezeptoren, ↗Sinneszellen.

Sekundärinsekten, forstwirtschaftl. Bez. für Insekten, die kranke pflanzl. Gewebe befallen; z. B. Prachtkäfer u. viele Borkenkäfer. ↗Primärinsekten.

Sekundärkonsumenten, Organismen, die auf der 3. Stufe der ↗Nahrungspyramide (☐) eines Ökosystems heterotroph v. ↗Primärkonsumenten leben, z. B. Zooplankton fressende Fische. ↗Konsumenten, ☐ Energieflußdiagramm.

Sekundärparasit, Parasit, der einen vorher schon v. anderen Parasiten befallenen Wirt zu besiedeln versucht; Ggs.: *Primärparasit.* Fälschl. wird der Begriff mit Hyperparasit (↗Hyperparasitismus) gleichgesetzt.

Sekundärproduktion, ↗Produktion aller heterotrophen Organismen (↗Produzenten). Ggs.: ↗Primärproduktion.

Sekundärstrukturen, im urspr. Sinne diejenigen Strukturen v. linearen Makromolekülen (↗makromolekulare chem. Verbindungen), die ganz od. zu einem erhebl. Teil durch ↗Wasserstoffbrücken-Bindungen bedingt sind, wie z. B. die ↗Helixstrukturen doppelsträngiger ↗Desoxyribonucleinsäuren (☐) u. ↗Ribonucleinsäuren (☐ Ribosomen, ☐ transfer-RNA) u. die Helix- u. ↗Faltblattstrukturen der ↗Proteine (☐). Bei den Nucleinsäuren tragen neben den Wasserstoffbrücken-Bindungen auch die sog. Stapelkräfte wesentl. zur Stabilität der S. bei. Die Definition von S. ist bei Proteinen nicht einheitl. Neben der oben gen. Definition wird zunehmend die räuml. Anordnung der Peptid-Ketten ohne Berücksichtigung der durch die Seitenreste bedingten Interaktionen als S. definiert. Eine weitere Möglichkeit ist, alle Wechselwirkungen zw. den in einer Peptidkette *nahe* benachbarten ↗Aminosäuren als S. zu definieren. Die beiden zuletzt genannten Definitionen erlauben allerdings keine klare Abgrenzung gegenüber den Tertiärstrukturen der Proteine. Ggs.: ↗Primärstrukturen, ↗Tertiärstrukturen. B Desoxyribonucleinsäuren I, III; B Proteine.

Sekundärvegetation, natürl. Vegetation, die sich nach Zerstörung der urspr. Vegetation, im allg. durch den Menschen (z. B. durch ↗Rodung), von selbst einstellt u. meist relativ artenarm ist.

Sekundärwald, sich nach menschl. Eingriffen wie Abholzung od. Rodung od. nach Naturkatastrophen einstellender Wald, der sich meist aus wenigen schnellwüchsigen Arten zusammensetzt. Diese Bez. wird i. d. R. nur für trop. Wälder verwendet. ↗Primärwald.

Sekundärwand ↗Zellwand.

Selachii [Mz.; v. gr. selachoi = Knorpelfische], die ↗Haie.

Selaginellaceae [Mz.; v. lat. selago = eine Art Sadebaum], die Familie ↗Moosfarngewächse.

Selaginellales [Mz.; v. lat. selago = eine Art Sadebaum], die Ordnung ↗Moosfarnartige.

Selbstbefruchter, 1) Bot.: Bez. für niedere u. höhere Pflanzen, die sich zur ↗Fortpflanzung selbst befruchten (einschl. bei den höheren Pflanzen selbst bestäuben). *Selbstbefruchtung* (↗Autogamie, ☐) hat sich bei zahlr. zwittrigen bzw. monözischen Pflanzen wohl erst als gelegentliche (= fakultative), dann aber auch obligate Form der ↗sexuellen Fortpflanzung herausgebildet. Als Voraussetzung dafür läßt sich häufig der Zusammenbruch v. einem ↗Inkompatibilitäts-System nachweisen. Es entsteht ↗ *Selbstkompatibilität (Selbstfertilität).* Die Folgen der Autogamie sind ↗Inzucht, d. h. gesenkte Rekombinationsrate u. damit eingeschränkte Variationsbreite. Doch ergibt sich auch die Möglichkeit zur geschlechtl. Fortpflanzung v. Einzelpflanzen u., damit verbunden, die Besiedlung neuer Flächen durch Einzelpflanzen. So sind gerade unter den Ruderal- u. Pionierpflanzen häufig S., z. B. Hirtentäschel, Klebkraut, Greiskraut. **2)** Zool.: Bei Tieren gibt es hin u. wieder S., so z. B. bei Bandwürmern. Auch wenige Einzeller gehören zu den S.n. ↗Automixis.

Selbstbestäubung, die ↗Autogamie; ↗Bestäubung.

Selbstdifferenzierung, die ↗autonome Differenzierung.

Selbstdomestikation *w* [v. spätlat. domesticatio = Überführung ins Hauseigentum], *S. des Menschen, Autodomestikation,* ein von E. Fischer (1914) eingeführter Begriff. Danach ist der ↗Mensch v. dem Zeitpunkt an, da er durch Feuer- u. Werkzeuggebrauch, durch Sitte u. Bräuche eine Zivilisation entwickelte, unter v. ihm selbst veränderte Umweltbedingungen geraten, die z. T. denen entsprechen, die er seinen ↗Haustieren bei der Domestikation schafft

(↗Haustierwerdung). Dementspr. sollen bestimmte typisch menschl. Eigenschaften od. Rassenmerkmale (↗Menschenrassen) Parallelen zu denen seiner Haustiere aufweisen. Als solche Parallelen werden genannt: Erhöhung der Variabilität, Verkürzung der Kieferregion, blaue u. graue Augen, Pigmentreduktion der Haut, blonde Haare, Lockenbildung, Haarlosigkeit, ↗Fettsteiß-Bildung (Steatopygie, z. B. bei ↗Khoisaniden u. a.), aber auch Verhaltenseigentümlichkeiten, wie etwa Neugierverhalten, verstärkter Sexualtrieb, Abbau v. Instinkten. K. Lorenz sieht die typ. Eigenschaft des Menschen als „unspezialisiertes Neugierwesen" als mittelbare Folge der S. Ein Teil dieser Eigenschaften wird sowohl bei Haustieren als auch beim Menschen als Folge v. Fetalisation gesehen, einem Beibehalten v. Jugendmerkmalen (Fetalcharakteren). Damit ist die Beziehung zu der sog. *Fetalisationshypothese* von Bolk (1926) (↗Fetalisation, Spaltentext) hergestellt. Heute ist gezeigt, daß Fetalisation sowohl bei der Entstehung v. Haustiereigenschaften als auch v. typisch menschl. Eigenschaften nur eine geringe Rolle spielte, und entspr. kritisch wird auch die Vorstellung v. der S. des Menschen gesehen. Von S. im strengen Sinne kann schon deshalb nicht gesprochen werden, weil der Mensch sich nicht selbst zielstrebig züchterisch domestiziert hat u. weil man daher – im Ggs. zu den Verhältnissen bei den Haustieren – bei ihm nicht v. der „Wildform" vor der Domestikation sprechen kann. Richtig ist jedoch, daß der Mensch durch seine ↗kulturelle Evolution (↗Kultur) seine Umwelt seinen Bedürfnissen angeglichen hat u. damit, ähnl. wie seine Haustiere, in einer künstl. veränderten Umwelt lebt. Seine weitere Evolution hat sich daher unter veränderten Selektionsbedingungen vollzogen u. den Menschen v. seiner Zivilisation abhängig gemacht. ↗Mensch und Menschenbild.

Lit.: *Fischer, E.:* Die Rassenmerkmale des Menschen als Domestikationserscheinungen. Z. Morphol. Anthropol., Bd. 18. 1914. *Herre, W. Röhrs, M.:* Haustiere zoologisch gesehen. Kapitel E. 3. „Selbstdomestikation", S. 187–192. Stuttgart 1973.

Selbsterhitzung, *biologische S.,* die Erwärmung verschiedener organ. Naturprodukte (z. B. Heu, Tabak, Getreidekörner, Stallmist) durch die Stoffwechselaktivität (Atmung) verschiedener Mikroorganismen. Die S. erfolgt meist in mehreren Stufen: anfangs sind hpts. mesophile aerobe Mikroorganismen beteiligt; steigt durch einen Wärmestau die Temp. auf über 40 °C, schließt sich die Tätigkeit thermotoleranter u. thermophiler Bakterien (bes. *Bacillus*-Arten, Actinomyceten) u. Pilze an (vgl. Tab.); die Temp. erhöht sich dann normalerweise auf 55–60 °C, kann aber auch ca. 80 °C erreichen. Bei einer plötzl. Sauerstoffzufuhr kann es dann, z. B. bei feuchtem Heu, zu einer *Selbstentzündung* kommen. Wahrscheinl. entstehen durch die Tätigkeit der Mikroorganismen autoxidable Stoffe, die sich spontan entzünden. Heu od. Stroh darf daher nur nach ausreichender Trocknung eingelagert werden.

Selbsterkenntnis, auf dem *Ich-↗Bewußtsein* beruhende Fähigkeit zum Aufbau eines inneren Selbstbildes (innere Repräsentation des Selbst) mit gewissen Zügen u. Eigenschaften, die der Person v. sich selbst bekannt sind. Im vollen Sinn gibt es S. vermutl. nur beim Menschen; die Entwicklung des Selbstbildes setzt beim Kind mit dem 3. bis 4. Lebensjahr ein (↗Jugendentwicklung: Tier-Mensch-Vergleich). Ein Ich-Bewußtsein u. damit die Grundlage für eine gewisse Selbstreflexion wurde jedoch auch für Menschenaffen nachgewiesen (vgl. Spaltentext). ↗Einsicht, ↗Mensch und Menschenbild, ↗Leib-Seele-Problem.

Selbstfertilität *w* [v. lat. fertilitas = Fruchtbarkeit], die ↗Selbstkompatibilität.

Selbstkompatibilität *w* [v. spätlat. compatibilis = vereinbar], *Selbstverträglichkeit, Selbstfertilität,* Nichtbehinderung der Auskeimung des eigenen Pollens auf der eigenen Narbe (↗Kompatibilität); die folgende Selbstbefruchtung führt zu keimfähigen Samen. ↗Selbstbefruchter. ↗Inkompatibilität.

Selbstorganisation, die unter geeigneten Umweltbedingungen spontan u. allein aufgrund der jeweiligen Moleküleigenschaften, d. h. ohne Wirkung von äußeren Faktoren, erfolgende Bildung komplexerer Strukturen bei Makromolekülen (bes. der Proteine u. Nucleinsäuren) u. deren Konjugaten (Nucleoproteine), die Ausrichtung v. ↗Lipiden zu Lipiddoppelschichten (☐ Membran) od. die Umorganisation v. Zellen od. Zellverbänden durch aktive Zellwanderung (↗morphogenetische Bewegungen). Bei linearen Makromolekülen beginnt die S. schon mit der stufenweisen Ausbildung v. ↗*Sekundär-* u. ↗*Tertiärstrukturen.* Diese sind sowohl in ihren Endzuständen als auch in den bis dahin durchlaufenen Faltungswegen durch die jeweiligen ↗*Primärstrukturen* determiniert, was den in den Primärstrukturen enthaltenen Informationsgehalt bezügl. der S. offenbart (↗Entropie und ihre Rolle in der Biologie, ↗Information und Instruktion). S. durch spontane Aneinanderlagerung v. Molekülen wird als *self-assembly* (↗assembly) bezeichnet. Durch sie entstehen *Quartärstrukturen* der ↗Proteine, ↗Multienzymkomplexe u. ↗Nucleoprotein-Partikel (S. von Makromolekülen), aber auch Lipiddoppelschichten (S. von niedermolekularen Lipiden). Bes. gut untersuchte Beispiele v. Strukturen, die durch self-assembly entstehen, sind die ↗Nucleosomen, ↗Ribosomen, einzelne ↗Bakteriophagen (B), wie T4 (B Genwirkketten), u. a. Viren, wie das ↗Tabakmosaikvirus (B). Deren isolierte

Selbsterkenntnis

Schimpansen erkennen sich im Spiegel. Färbt man eine Haarpartie am Kopf eines Tieres unbemerkt weiß, so wird sie bei erneuter Betrachtung im Spiegel als „fremd" erkannt, und der Schimpanse versucht, die Farbe wegzuwischen.

Selbsterhitzung

Beteiligte Mikroorganismen (Auswahl):

1. thermophile Phase

Bacillus stearothermophilus u. thermotolerante Stämme von
- *B. badius*
- *B. brevis*
- *B. coagulans*
- *B. licheniformis*
- *B. subtilis*

2. thermophile Phase

thermophile Actinomyceten:

Micromonospora vulgaris
Pseudonocardia thermophila
Streptomyces thermophilus
Streptomyces thermofuscus
Thermoactinomyces vulgaris
Thermomonospora curvata

thermophile Pilze:

Aspergillus fumigatus
Humicola lanuginosa
Mucor pusillus
Chaetomium thermophile
Thermoascus aurantiacus

Nucleinsäuren u. Proteine können sich außerhalb der lebenden Zelle im Reagenzglas zu biologisch aktiven Partikeln rekonstituieren; durch Auslassen einzelner Komponenten werden diskrete Zwischenstufen der S. faßbar. Diese u.a. Experimente (z.B. mit mutativ veränderten Einzelkomponenten) zeigen, daß die Aneinanderlagerung der einzelnen Bausteine nicht in beliebiger Reihenfolge, sondern nach einem ebenfalls den Molekülen inhärenten Konstruktionsplan (engl. assembly pathway) erfolgt. Der Aufbau zunehmend komplexerer Zellkomponenten bis hin zur Bildung v. Organellen, aber auch v. vielzelligen Geweben durch S. wird als eine der molekularen Grundlagen der ↗Morphogenese angenommen. Die spontane u. allein durch die physikochem. Eigenschaften der Bausteinmoleküle bedingte S. komplexer Strukturen bei der Rekonstitution außerhalb der Zelle widerspricht einer „vis vitalis" (↗Lebenskraft) u. bildet daher ein Hauptargument gg. den Vitalismus (↗Vitalismus – Mechanismus). Außer zur Ontogenese molekularer Strukturen, für die die S. durch die gen. Beispiele experimentell gesichert ist, wird die S. der Materie auch als treibende Kraft der ↗chem. Evolution (B) und, über die Mutationen, die zu einer besseren Anpassung v. self-assembly-Prozessen führten, der ↗Evolution im Allgemeinen angenommen. *H. K.*

Selbstregulation *w* [v. lat. regulare = regeln], Fähigkeit einer ↗Population od. eines ↗Ökosystems, Störungen selbst auszugleichen (↗Regulation, ↗Regelung) u. damit ökolog. sinnvolle Populationsdichte bzw. Artenzusammensetzung beizubehalten (↗ökologisches Gleichgewicht). ↗ökologische Regelung (☐), ↗Stabilität.

Selbstreinigung, 1) i.w.S. die Summe aller chem., physikal. und biol. Vorgänge, die ein verunreinigtes Gewässer in seinen urspr. Zustand zurückführen. 2) i.e.S. die *biologische S., „natürliche" S.* (Pettenkofer); sie erfolgt durch den ↗Abbau v. Verunreinigungen (organ. Substraten) in natürl. Gewässern od. ↗Abwasser durch aerobe Mikroorganismen (↗Mineralisation) sowie die anschließende Verminderung der Bakterien u.a. Mikroorganismen u. den Verbrauch der bei der Mineralisation freigesetzten anorgan. Nährstoffe durch photosynthet. Organismen. Die biologische S. macht den überwiegenden Anteil der S. aus. – In Fließgewässern treten in örtl. Folge od. in stehenden Gewässern in zeitl. Folge bestimmte Lebensgemeinschaften auf: Die Zufuhr organ. Stoffe führt anfangs zu einer starken Aktivität u. Vermehrung chemoorganotropher Bakterien u. bestimmter Pilze (Abwasserpilze), die beim Abbau der leicht verwertbaren Substanzen Sauerstoff verbrauchen und u.a. ↗Ammoniak freisetzen. Nach Abnahme der organ. Stoffe steigt die Zahl der bakterienfressenden Ciliaten, u. Ammoniak wird durch ↗nitrifizierende Bakterien zu ↗Nitrat oxidiert. Mit zunehmender Anreicherung von anorgan. Nährstoffen nimmt die Aktivität u. Menge phototropher Organismen (z.B. Kieselalgen) zu; dadurch werden die anorgan. Nährstoffe gebunden. Bakterien, Pilze u. Algen werden v. Ciliaten, diese v. Rotatorien u.a. Kleinlebewesen gefressen, die wiederum Fischen als Nahrung dienen (↗Nahrungskette). Die zeitl. oder örtl. aufeinanderfolgenden Phasen der S. sind durch verschiedene Mikroorganismen u. Mikroorganismen-Gesellschaften charakterisiert, die als Indikator für den Verschmutzungsgrad des Gewässers dienen können (↗Saprobiensystem, T). Die biologische S. kann bei zu hoher Abwasserbelastung gestört werden, da dann der Sauerstoffgehalt des Gewässers zu stark abfällt. Im Extremfall kann es zum vollständigen Verbrauch des Sauerstoffs, zum *„Umkippen" des Gewässers,* kommen; es treten dann ↗Fäulnis-Prozesse auf; durch Sulfatreduktion entsteht Schwefelwasserstoff (H_2S; ↗Sulfatreduzierer, ↗Sulfatatmung), durch den fast alle höheren Lebewesen u. ein Teil der Mikroorganismen abgetötet werden. Es bildet sich durch Ausfallen v. Eisensulfid schwarzer Faulschlamm. In Seen u. Küstengewässern kann bei Sturm das H_2S-haltige Tiefenwasser in die oberen Wasserschichten gelangen u. ↗Fischsterben verursachen. Auch die direkte Zufuhr v. Giftstoffen z. B. aus der Ind. (u. a. ↗Schwermetalle) kann die S. schwerwiegend stören. ↗Eutrophierung, ↗Kläranlage. *G. S.*

Selbstreinigung

Einige Faktoren, welche die örtl. Zusammensetzung der Mikroorganismen-Gesellschaften bei der biologischen S. beeinflussen:

Konzentration u. Zusammensetzung der organ. Stoffe
Giftstoffe (z.B. Schwermetalle)
Sauerstoffgehalt
Temperatur
Säurewert (pH-Wert)
Licht

Diese exogenen Faktoren bestimmen auch die Geschwindigkeit des Stoffumsatzes durch die Mikroorganismen u. damit die „Reinigungskraft" des Gewässers

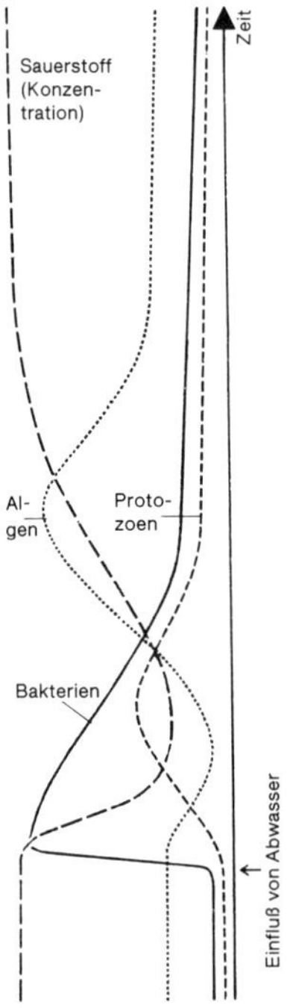

Selbstreinigung

Verteilung v. Bakterien, Algen, Protozoen u. Sauerstoff nach Einleitung v. Abwasser in einen Fluß

Selbststerilität *w,* ↗Autogamie, ↗Inkompatibilität; ↗autosteril.

Selbstung, Bez. für die aus Züchtungsgründen erzwungene Selbstbefruchtung bei Pflanzen mit Fremdbestäubung.

Selbstunverträglichkeit ↗Unverträglichkeit.

Selbstverbreitung, die ↗Autochorie.

Selbstverdauung, die ↗Autolyse.

Selbstverdopplung, die Verdopplung einer Zelle (bei der vegetativen Zellvermehrung), eines Zellkompartiments (z.B. des Kerns, der Organelle) bzw. der replikationsfähigen Makromoleküle DNA oder RNA (↗Replikation) zu zwei ident. Zellen, Zellkompartimenten bzw. DNAs od. RNAs. S. ist charakterist. für biol. Strukturen, die nicht de novo u. daher nur durch S., gleichsam anhand einer bereits bestehenden Kopie, aufgebaut werden können.

Selbstverstümmelung, die ↗Autotomie.

Selbstverteidigung ↗Aggression.

Selbstverträglichkeit, 1) die ↗Selbstkompatibilität; **2)** ↗Verträglichkeit.

Selektion *w* [v. lat. selectio = Auswahl, Auslese], *(natürliche) Auslese,* ein v. der Merkmalsausprägung (↗Phänotyp) der Individuen abhängiger Vorgang. Individuen mit unterschiedl. Phänotypen haben einen unterschiedl. Fortpflanzungserfolg. Diesen abgestuften Erfolg nennt man S. Über Generationen führt dieser Vorgang der S. zur Veränderung der ↗ *Anpassungen.* Veränderung v. Anpassung ist aber nur eine andere Bez. für ↗ *Evolution.* Mit diesem Prinzip der S. hat ↗ Darwin (1859) eine rationale Erklärung für die Entstehung der zweckmäßigen ↗ Organisation (↗ Bauplan) der Organismen gefunden. ↗ Spencer (1862) ersetzt den Begriff der S. unglücklicherweise durch den leicht als Tautologie falsch zu verstehenden Begriff vom *„survival of the fittest".* Bestimmte Individuen werden nicht aufgrund dessen, daß sie in irgendeinem unklaren tautologischen Sinne am besten zum Überleben geeignet sind, zu Eltern einer neuen Generation, sondern ausschl. durch den Besitz v. ↗ *Merkmalen,* der sie gegenüber Individuen mit anderer Merkmalsausprägung adaptiv überlegen macht. Die adaptive Überlegenheit bestimmter Merkmale u. deren genet. Basis sind meßbar *(↗ Adaptationswert, ↗ inclusive fitness).* – Das Prinzip der S. beruht darauf, daß die Individuen einer ↗ Population mit ↗ sexueller Fortpflanzung alle verschieden voneinander sind. Unter diesen Individuen sind immer solche, die aufgrund ihrer genet. Beschaffenheit Phänotypen ausbilden, die unter gegebenen Umweltbedingungen besser an diese adaptiert sind (↗ Adaptation) als die anderer Individuen. Evolution durch S. ist damit ein Prozeß, der in zwei Schritten erfolgt. Durch ↗ *Mutation,* ↗ *Rekombination* u. andere zufällige Vorgänge wird eine unvorstellbar große genet. *Variation* erzeugt (↗ genetische Flexibilität, ↗ Variabilität). Die Entstehung dieser Variation ist zufällig u. steht in keinem kausalen Zshg. zu den Erfordernissen, die dem Organismus v. seiner *Umwelt* abverlangt werden. Durch S. wird die Variation in einem zweiten Schritt den Erfordernissen der Umwelt entspr. geordnet u. gerichtet verändert, wodurch die Planlosigkeit des ersten Schrittes ausgeglichen wird. Der auf dem Prinzip der S. beruhende Evolutionsprozeß ist damit weder probabilistisch noch deterministisch. Im Evolutionsprozeß sind beide Vorgänge „erfolgreich" ineinander verwoben. Die Auffassung, daß Evolution auf Mutation und S. beruhe, übersieht gewissermaßen die Rekombination als Hauptquelle der genet. Variation u. hat dadurch schon vielfach zu falschen Schlüssen geführt. – S. ist ein statist. Vorgang, in dessen Verlauf Träger einer „günstigeren" Merkmalsausprägung mit größerer Wahrscheinlichkeit überleben oder mehr Nachkommen hinterlassen als solche mit „ungünstigerer" Merkmalsausprägung. S. ist damit ein Vorgang, der sich ausschl. zwischen den Individuen einer ↗ Art abspielen kann. – Die Beobachtung, daß bei direkten Auseinandersetzungen um Reviere, Nahrung od. Weibchen die Individuen einer Art „ritterliche" ↗ Kommentkämpfe (□) und keine Verletzungskämpfe (↗ Kampfverhalten, B) austragen, war zunächst nicht durch das Prinzip der *Individual-S.* befriedigend erklärbar. Wynne-Edwards (1962) postulierte daher eine andere Form der S., die *Gruppen-S.* Danach sollen solche Gruppen v. Individuen einer Art, die gefährl. Kämpfe vermeiden, gegenüber anderen solchen Gruppen, in denen gefährl. Verletzungskämpfe die Regel sind, einen selektiven Vorteil haben. Die Gruppen-S. fordert das Beste für die Gruppe, während die Individual-S. auf dem Fitness-Gewinn einzelner Individuen beruht. Über die tatsächl. Bedeutung der Gruppen-S. findet derzeit noch eine wiss. Auseinandersetzung statt. Es zeichnet sich aber bereits ab, daß die meisten Phänomene, deren Evolution auf Gruppen-S. beruhen sollte, sich auch widerspruchsfrei durch das Prinzip der Individual-S. erklären lassen. – Der Evolutionsprozeß, durch den i. d. R. ein aufgrund bes. Eigenschaften (auffällige Strukturen u. Verhaltensweisen) für Weibchen attraktives Männchen größere Fortpflanzungschancen gewinnt, war von Darwin als ↗ *sexuelle S.* (geschlechtliche Zuchtwahl) bezeichnet worden. Der oft auffällige ↗ *Sexualdimorphismus* wird durch die sexuelle S. erklärbar. Das Prinzip der *„Wahl durch Weibchen"* (female choice) ist heute allg. akzeptiert. Es beruht darauf, daß die Investition eines Weibchens vielfach größer als die eines Männchens ist. Daher ist auch der Verlust, den Weibchen durch eine schlechte Entscheidung bei der Wahl des Geschlechtspartners durch die Produktion weniger geeigneter Nachkommen erleiden, größer als der des Männchens. – Auch die Evolution v. ↗ *Altruismus* war zunächst nicht auf der Basis der Individual-S. kausal erklärbar. Durch einen altruistischen Akt gewinnt der Empfänger Fitness, während der Spender scheinbar einen Fitness-Verlust erleidet. Erst durch das Konzept der ↗ inclusive fitness und der *Kin-S.* (↗ Sippen-S., Verwandten-S.; ↗ inclusive fitness) von W. Hamilton (1964) wurde die phylogenet. Entstehung v. Sozialverhalten (↗ Soziobiologie) verständlich. – Da sich die S. durch die unterschiedlich erfolgreiche Auseinandersetzung der Individuen einer Art mit der Umwelt auswirkt, haben sich unter Umweltbedingungen, die durch unterschiedl. Konstanz u. Vorhersagbarkeit gekennzeichnet sind, verschiedene *Überlebens-↗ Strategien* entwickelt. In einer Umwelt, die sich durch langfrist. Konstanz auszeichnet u. vorhersagbare Bedingungen aufweist, haben die Individuen einer Art für die Produktion v. Nachkommen einen langen Zeitraum zur Verfügung. Eine hohe Investition der Eltern in ihre Nachkommen mit sicherer Zukunft ist daher selektionsbegünstigt. Die Erzeugung eines Nachkommen ist sehr energieauf-

SELEKTION I

Selektion durch natürliche Auslese

Stabilisierende Selektion. Die Extreme einer Variationskurve eines Merkmals werden beschnitten; die am häufigsten vorhandenen Varianten sind selektionsbegünstigt. In der Generationenfolge ändert sich an der Merkmalsausbildung nichts.

Dynamische Selektion. Der Selektionsdruck wirkt nur an der einen Seite der Variationskurve; selektionsbevorzugt werden Varianten jenseits des Maximums; es erfolgt eine Verschiebung der Merkmalsausbildung in Richtung auf die selektionsbevorzugte Ausbildung.

Industriemelanismus. Auf hellen, flechtenbewachsenen Bäumen fallen hell gefärbte Exemplare des *Birkenspanners (Biston betularia)* weniger auf als dunkle. In Industriegebieten mit verrußten und flechtenfreien Baumstämmen ist es umgekehrt. Vögel fressen daher häufiger Exemplare, die sich vom Untergrund abheben. Das hat in Industriegebieten zu einer positiven Selektion auf die dunkle Variante geführt.

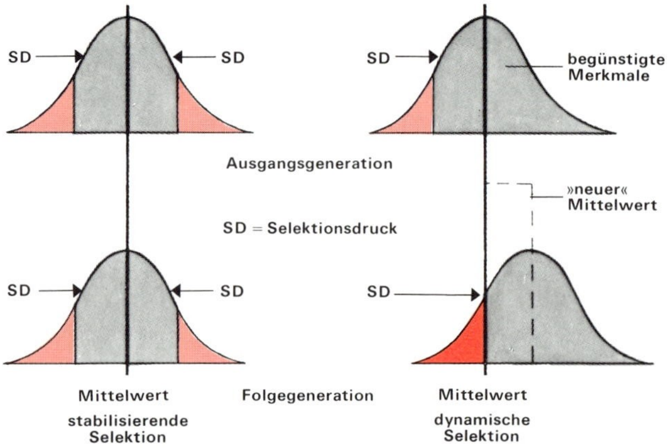

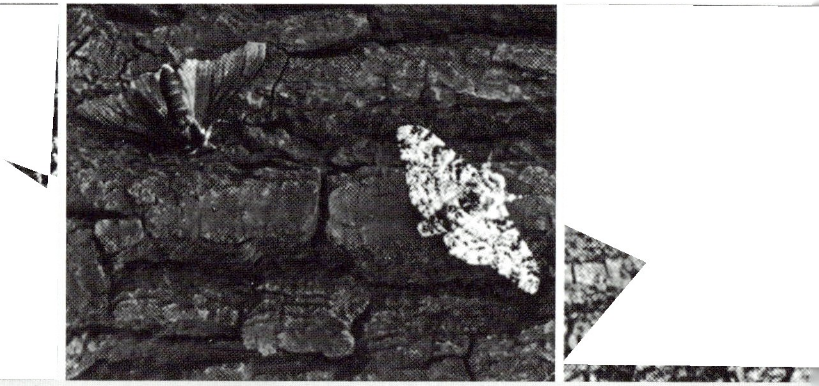

Variabilität und Selektion bei Marienkäfern

Da in einer Population einer Art eine genetische Variabilität vorliegt, wobei bestimmte Allele mit unterschiedlicher Häufigkeit vertreten sind, kann das dazu führen, daß Arten, die mehrere Generationen im Jahr durchlaufen, in den einander sich zeitlich ablösenden Populationen Unterschiede in der Häufigkeit bestimmter Gene oder Genkombinationen aufweisen, die mit bestimmten Eigenschaften (z. B. Widerstandsfähigkeit gegenüber höheren oder niedrigeren Temperaturen) korreliert sind. Da Gene jedoch pleiotrop wirken, können z. B. auch Farbvarianten gewissermaßen als Nebeneffekte solche Veränderungen in der genetischen Zusammensetzung der Population anzeigen. So ist es beim *Marienkäfer Adalia bipunctata*, der drei Generationen im Jahr durchläuft. Von dieser Marienkäferart sind verschiedene erblich-bedingte Varianten der Flügeldeckenfärbung bekannt, wobei die Tiere im wesentlichen entweder schwarze Punktmuster auf rotem Grund oder rote Punktmuster auf schwarzem Grund zeigen. Im Laufe des Sommers ist die schwarze Variante selektionsbegünstigt; der Anteil schwarzer Individuen in der Population nimmt daher von Generation zu Generation zu, so daß im Herbst beim Aufsuchen der Winterquartiere (Spalten und Ritzen in Bäumen und Mauern oder auch Räume in Häusern) die schwarzen Tiere überwiegen. Im Verlauf des Winters ist jedoch die Sterblichkeit der schwarzen Käfer größer als die der roten, so daß beim Verlassen des Winterquartieres im Frühjahr die roten Varianten häufiger als die schwarzen sind. Letztere nehmen dann im Laufe des Sommers von Generation zu Generation wieder zu.

Die Abb. zeigt die jahreszeitlichen Schwankungen in der prozentualen Häufigkeit der beiden Varianten in verschiedenen Jahren und Durchschnittswerte, jeweils getrennt für eine Generation im Frühjahr und im Spätherbst.

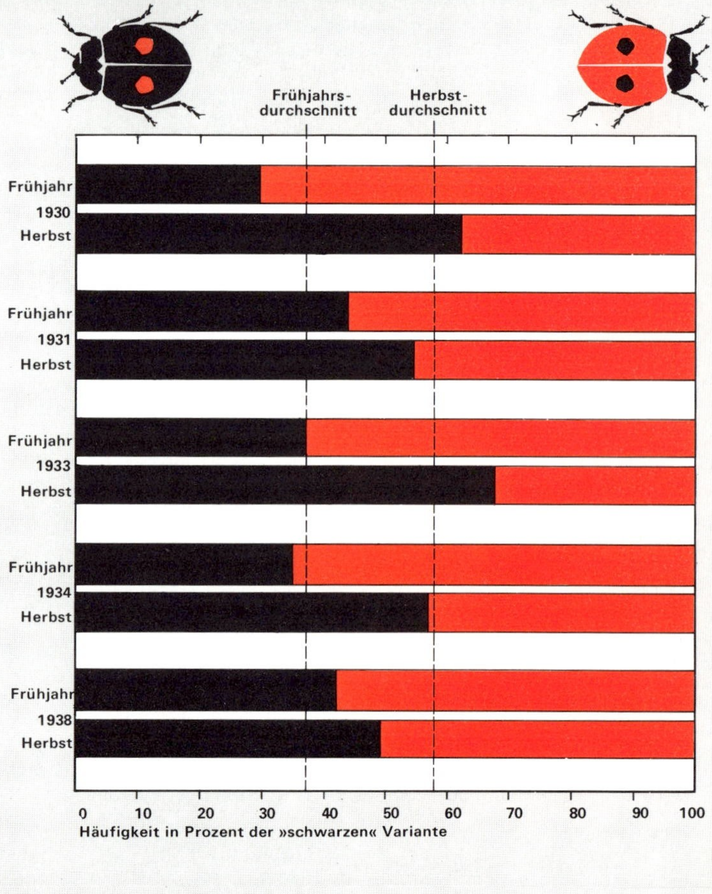

Selektion durch künstliche Auslese

Die Selektion durch künstliche Auslese durch den Menschen soll an 2 Beispielen bei der Zucht von Kulturpflanzen gezeigt werden. Man beachte die Zunahme der Fruchtgröße und die zunehmende Dicke der Fruchtwand und damit auch der Fruchtqualität bei der *Tomate (Lycopersicum)*. Diese Größenzunahme ist typisch für den Übergang von der Wildform zur „modernen" Kulturform. Ein ähnliches Phänomen ist auch bei dem Beispiel der Rosenzüchtung (Abb. unten) zu beobachten.

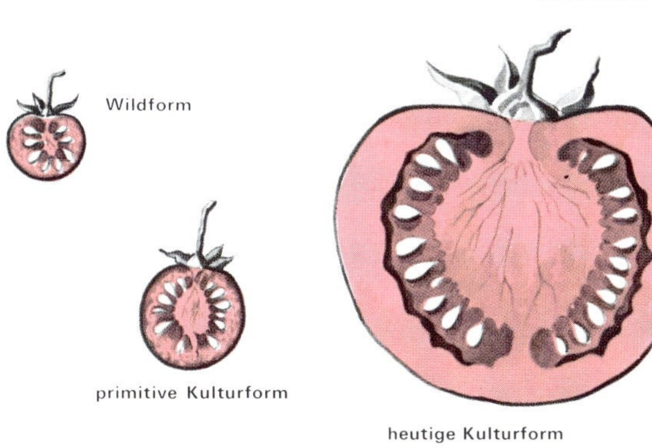

Die Veränderlichkeit einer Art unter dem Einfluß der Züchtung (durch künstliche Auslese) zeigen am Beispiel der *Rosen*-Züchtung die nebenstehenden Bilder. Ganz links eine der vielen wildwachsenden Ausgangsformen, rechts eine moderne Züchtung (eine Floribunda-Rose, die aus den erst 1875 entstandenen Polyantha-Rosen gezüchtet wurde); bei ihr ist ein Teil der Staubgefäße in Blütenblätter umgewandelt.

Die Entwicklungsreihen für einige der zahlreichen vom Menschen durch *künstliche* Auslese herausgezüchteten *Taubenrassen* gehen alle auf die wilde Stammform der Haustaube, die *Felsentaube (Columba livia)*, zurück. Es sind jeweils bekannte „Zwischenstadien" der Zucht, die sich z. T. über Jahrhunderte erstreckt, wiedergegeben. Im Falle der Perückentauben sind Jahreszahlen angegeben, die den zunehmenden Zuchterfolg im Laufe von 300 Jahren charakterisieren. Es läßt sich zeigen, daß diese Variationen durch Genmutationen bedingt sind. – Die hier dargestellte Entwicklungsreihe wurde schon von *Ch. Darwin* untersucht und bestärkte ihn in dem Gedanken, daß auch die *natürliche* Auslese zur Abwandlung von Eigenschaften führen kann.

SELEKTION III

Geschlechtliche Zuchtwahl und Sexualdimorphismus

Geschlechtliche Zuchtwahl, in der Regel durch die Weibchen, führt bei einer Reihe von Tierarten zu exzessiver Gestaltung männlicher Prachtkleider, so z. B. bei den *Hühnervögeln* (Pfau, Fasanen) und bei den *Paradiesvögeln.* Die prächtigen Paradiesvögel gehören zu den Arenavögeln, bei denen mehrere Männchen auf gemeinsamen Balzplätzen ihre Pracht entfalten, dort von den Weibchen aufgesucht werden, die Kopulation mit mehreren Weibchen durchführen, sich aber weder am Nestbau noch an der Jungenaufzucht beteiligen. Je mehr Aufmerksamkeit ein Männchen bei den Weibchen erregt, um so höher sind seine Fortpflanzungschancen. Die Selektion wirkt also sehr direkt auf Intensivierung der Balz und des Prachtkleides.
Interessant ist, daß durchaus unterschiedliche Gefiederpartien bei den verschiedenen Arten der Paradiesvögel Neuguineas und Nordost-Australiens jeweils in besonderer Weise am Aufbau des Prachtkleides („Schauapparat") beteiligt sind.

Paradisea apoda (Göttervogel)

Paradisea rubra (Roter Paradiesvogel)

Lophorina superba (Kragenparadiesvogel)

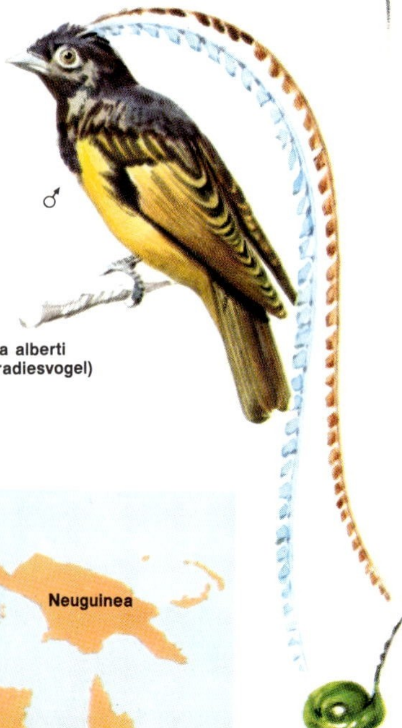

Pteridophora alberti (Flaggenparadiesvogel)

Cicinnurus regius (Königsparadiesvogel)

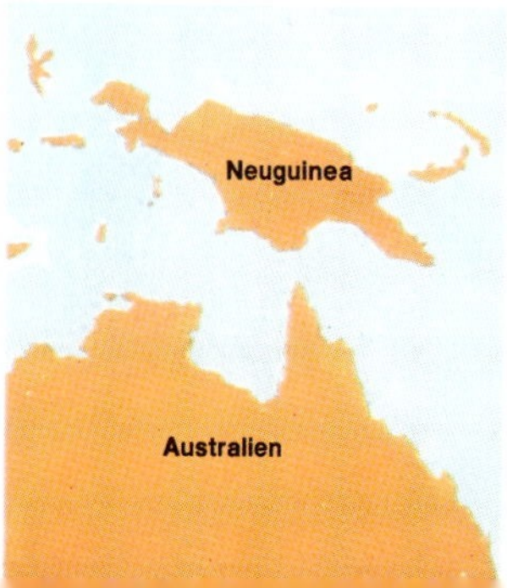

wendig, d.h., es können nur sehr wenige Nachkommen erzeugt werden. Diese sind aber durch eine hohe Überlebensfähigkeit ausgezeichnet. In einer Umwelt, die nur kurzzeitig günstig u. in der das Eintreten günstiger Bedingungen unsicher ist, haben die Individuen einer Art nur wenig Zeit zur Produktion ihrer Nachkommen. In dieser Umweltsituation ist es ungünstig, viel Energie in das Einzelindividuum zu investieren, da dessen Zukunft unsicher ist. Dagegen ist es günstig, die zur Verfügung stehende Ressource möglichst schnell auf möglichst viele Individuen zu verteilen, um das Überleben wenigstens einiger Nachkommen zu ermöglichen. Diese beiden Überlebensstrategien (Fortpflanzungsstrategien) sind als *K*- bzw. *r-Strategie* bezeichnet worden; die aus den beiden Umweltbedingungen resultierenden S.swirkungen werden *K*- bzw. *r-Selektion* gen. Die Präfixe K bzw. r sind der logistischen Wachstumsformel entnommen (↗Populationswachstum, ☐). Die Populationsentwicklung von K-Strategen ist durch eine langfristige konstante Populationsgröße (K = maximal mögliche Populationsgröße = Umweltkapazität) gekennzeichnet; die Populationsentwicklung von r-Strategen ist durch starke Populationsschwankungen ausgezeichnet (r = spezifische Zuwachsrate). – K- bzw. r-Strategien sind keine absoluten, sondern relative Umweltbeziehungen. Jede Art besetzt einen Platz entlang des r-K-Kontinuums. Innerhalb eines konkurrierenden Artenpaares (↗Konkurrenz) ist immer eine Art etwas stärker K-, die andere etwas stärker r-selektiert. Mit beiden Strategien ist ein bestimmtes Merkmalssyndrom korreliert. I.d.R. sind K-selektierte Arten größer und langlebiger als r-selektierte. ↗Abstammung, ↗Darwinismus, ↗Daseinskampf, ↗Evolutionsfaktoren, ↗Evolutionsmechanismus. B 398–400. *P.S.*

Selektionsdruck, *Evolutionsdruck,* Bez. für Umweltbedingungen, die eine Veränderung der Anpassung notwendig machen u. bei Vorliegen einer entspr. Variation auch erzwingen. Nicht näher verwandte Arten, die unter ähnl. Umweltbedingungen geraten, weisen daher eine Anpassungsähnlichkeit auf. ↗Analogie, ↗Lebensformtypus.

Selektionskoeffizient *m* [v. *selekt-, lat. co- = zusammen, efficiens = bewirkend], ↗Adaptationswert.

Selektionstheorie ↗Darwinismus.

Selektionswert [v. *selekt-], der ↗Adaptationswert.

Selektivkultur, selektive Kultur v. bestimmten Mikroorganismen(-Gruppen) in (auf) ↗Selektivnährböden, die durch verschiedene Hemmstoffe das Wachstum der unerwünschten Begleitflora unterdrücken.

Selektivnährböden, Bez. für Kulturmedien (↗Nährboden), in (auf) denen nur bestimmte, nicht allzugroße Mikroorganismengruppen od. sogar nur bestimmte Mikroorganismenarten wachsen können; das Wachstum der übrigen, unerwünschten Mikroorganismen wird durch die Zusammensetzung (z.B. Substrat, pH-Wert) u. den Zusatz verschiedener *Hemmstoffe* (z.B. Azid, Tellurid, Gallensalze, Farbstoffe) u./od. einer Reihe v. Antibiotika unterdrückt. Auf diese Weise können auch Mikroorganismen isoliert werden, die in relativ geringer Anzahl in einer Mikroorganismengesellschaft (z.B. im Darminhalt, ↗Darmflora) vorliegen. In klinischen, lebensmittel- u. milchwirtschaftl. Laboratorien sind S. bes. wichtig, um Krankheitskeime od. potentiell pathogene Mikroorganismen selektiv zu erkennen u. zu isolieren. – Im Ggs. zu den S. wird bei *Elektivnährböden* (Anreicherungsmedien) das Wachstum bestimmter Mikroorganismengruppen durch den Zusatz bes. Stoffe *(Elektivstoffe)* gefördert, so daß sie schneller wachsen als die Begleitflora u. sich damit anreichern (↗Anreicherungskultur).

Selektorgene [v. *selekt-], bei der Taufliege ↗*Drosophila melanogaster* durch Mutation identifizierte Entwicklungsgene, deren Aktivität eine Vielzahl nachgeordneter Gene steuert („auswählt"), die jeweils für die Entwicklung einzelner Organe od. ↗Kompartimente benötigt werden. S.-Mutanten sind daher ↗homöotische Mutanten. Die S. enthalten häufig eine *Homöo-Box* gen. Basensequenz, die vermutl. eine DNA-bindende Peptidsequenz codiert u. mit der regulator. Funktion der S. verknüpft sein dürfte. Diese Basensequenz ist im Tierreich weit verbreitet u. findet sich auch beim Menschen. Man kann mit ihr weitere Gene aus einer ↗Genbank „fischen", die (noch) nicht durch Mutation bekannt waren. ↗homöotische Gene.

Selen *s* [v. *selen-], chem. Zeichen Se, ein zu den ↗Bioelementen zählendes, sehr selten vorkommendes Element (Halbmetall). In niedrigen Dosen ist S. für viele Organismen ein für Wachstum u. Fruchtbarkeit essentielles Spurenelement (bei Schafen werden tägl. 0,1 mg/kg Körpergewicht benötigt). Aufgrund seiner chem. Verwandtschaft mit Schwefel kann dieser in mehreren Biomolekülen durch S. ersetzt werden, wie z.B. in den Aminosäuren *Selenocystein, Selenomethionin, Se-Methylselenocystein* u. *Selenocystathionin* u. in modifizierten Basen bestimmter t-RNAs. Die beiden Selenoaminosäuren Selenocystein bzw. Selenomethionin können in Proteine anstelle v. Cystein bzw. Methionin eingebaut werden u. führen so zu S.-haltigen Proteinen. Als S.-haltige Enzyme *(Selenoenzyme)* sind u.a. Glutathion-Peroxidase in Säuger-Erythrocyten u. Formiat-Dehydrogenase, Glycin-Reductase u. Xanthin-Dehydrogenase in bestimmten

selekt- [v. lat. selectio = Auswahl, Auslese].

selen- [v. gr. selēnē = Mond].

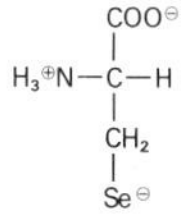

Selenocystein

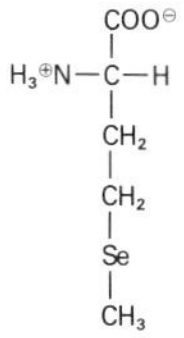

Selenomethionin

Selen

Zwei Beispiele für natürlich vorkommende S.verbindungen *(Selenoaminosäuren)*

Selen

Vorkommen von Selen in der Umwelt:

Atmosphäre: 0,0056–30 ng/m^3
Hydrosphäre (μg/l):
Oberflächengewässer 0,1–400
Meerwasser 0,04–0,13
Rheinwasser 0,1–10
Maximalwert für Trinkwasser 70

Organismen (mg/kg Trockenmasse):
Fisch 0,17
Algen 0,04–0,1
Landpflanzen 0,1–15
(außer Selen-Indikatoren)
Gemüse 0,001–0,5
Mensch: Haar 0,64–2,5
Knochen 1–9
Muskel 0,4–1,9
Urin 4,8–46 μg/l
Blutserum 100–330 μg/l

Bakterien gefunden worden. Das flüchtige Dimethyl-S. wird v. Pilzen u. Mikroorganismen in Böden u. Sedimenten gebildet. Einige nordamerikan. Pflanzen der Gatt. *Astragalus* (Tragant), *Xylorhiza, Oonopsis* u. *Stanleya* können S. bis zu einem Gehalt von 4 mg/g trockenes Gewebematerial anreichern. Diese u.a. Pflanzen wachsen nur auf Böden mit assimilierbarem S., weshalb sie als *S.-Indikatoren* bezeichnet werden. Für die meisten anderen Organismen sind hohe S.-Dosen toxisch. Bei Weidetieren kann es zu Vergiftungserscheinungen (sog. alkali disease u. blind staggers) kommen, die durch den Genuß S.-haltiger Pflanzen bedingt sind. Gegenüber früheren Berichten über eine carcinogene Wirkung von S.-Verbindungen, die auch heute für hohe Dosen nicht auszuschließen ist, stehen neuere Befunde über eine anticancerogene u. antimutagene Wirkung bei niedrigen Dosen. Außer durch den natürl. Kreislauf gelangt S. zunehmend durch Verbrennungsvorgänge, industrielle Verfahren (Zementproduktion, Verwendung u.a. als Halbleiter in Photozellen, als Zusatz v. Legierungen, Gläsern, Pigmenten u. Katalysatoren) in die Umwelt. [T] MAK-Wert.

Sellerie

Echter S. *(Apium graveolens),* links Knolle, rechts Fruchtzweig; bis meterhoch

Selenastrum *s* [v. *selen-, gr. astron = Gestirn], Gatt. der ↗Ankistrodesmaceae.

Selenicereus *m* [v. *selen-, lat. cereus = Kerze], Gatt. der ↗Kakteengewächse.

Selenidium *s* [v. gr. selēnion = kleiner Mond], Gatt. der ↗Eugregarinida.

selenodont [v. *selen-, gr. odontes = Zähne], Bez. für Backenzähne v. Säugetieren, deren Höcker infolge der Abkauung Schmelzfiguren in Halbmond- oder V-Form ausbilden; typ. für Paarhufer.

Selenomonas *w* [v. *selen-, gr. monas = Einheit], Gatt. der gramnegativen, gekrümmten, anaeroben Stäbchen-Bakterien; die Zellen sind gekrümmt bis helikal gewunden, einzeln bis in Ketten zusammenbleibend, bewegl. mit Geißelbüscheln seitl. an der konkaven Zellseite. Sie wachsen strikt anaerob (keine Katalase) u. verwerten im Gärungsstoffwechsel Kohlenhydrate; aus Glucose entstehen als Endprodukte hpts. Essigsäure, Propionsäure, CO_2 und/od. Milchsäure (↗Propionsäuregärung); das Temp.-Optimum liegt bei 35–40 °C. *S.* wird hpts. aus dem Gastrointestinaltrakt v. Säugern (z.B. *S. ruminantium* im Pansen), aus der Mundhöhle (*S. sputigena* im Zahnschleim) u. auch aus Abwasser isoliert (↗Pansensymbiose).

selen- [v. gr. selēnē = Mond].

self-assembly *s* [ßelf eßembli; engl., = Selbstversammlung], ↗Selbstorganisation, ↗assembly, ↗Morphogenese.

selfish DNA [ßelfisch-; engl., = egoistisch], ↗Desoxyribonucleinsäuren, ↗repetitive DNA.

selfish gene [ßelfisch dschin; engl., =], *egoistisches Gen,* ↗Soziobiologie (Spaltentext), ↗Bioethik.

Selinum *s* [v. gr. selinon = Eppich (Doldenblütler)], die ↗Silge.

Sellerie *m* und *w* [v. gr. selinon = Eppich, über frz. céleri], *Apium,* Gatt. der ↗Doldenblütler mit ca. 20 Arten in den gemäßigten Zonen der N-Halbkugel (1 Art auf der S-Halbkugel) u. in trop. Gebirgen. Der Echte S. *(A. graveolens)* ist eine hpts. auf salzbeeinflußten Standorten vorkommende Nutz- u. Heilpflanze, die in allen Organen ein stark aromat. ätherisches Öl enthält. Der Knollen-S. (*A. g.* var. *rapaceum,* [B] Kulturpflanzen IV) wurde bereits in der Antike kultiviert; zweijährig; fiederschnittige Grund- und 3zählige Stengelblätter; weiße Blüten; nicht frosthart; an „Knollen"-Bildung sind Sproß, Hypokotyl u. Wurzel beteiligt. Der Stengel-S. oder Bleich-S. *(A. g.* var. *dulce)* hat lange Stiele, die zus. mit jungen Blättchen als Gemüse gegessen werden; keine Knollen-Bildung. Eine andere Variante ist der mehrjähr. Schnitt-S. *(A. g.* var. *secalinum),* dessen Blätter zum Würzen verwendet werden.

Selleriefliege, *Pilophylla heraclei,* ↗Bohrfliegen.

Sellerieschorf, Erkrankung der Sellerieknolle, verursacht durch den Pilz *Phoma apiicola* (Form-Ord. *Sphaeropsidales*); auf den Knollen erscheinen rotbraune Flekken; die Oberhaut wird rauh-aufgerauht u. aufgerissen. Die Übertragung des S.s erfolgt durch Konidien, die Überwinterung hpts. an Pflanzenrückständen im Boden.

seltene Basen, die ↗modifizierten Basen.

seltene Nucleoside, Nucleoside, die sich v. den in Nucleinsäuren überwiegend vorkommenden vier Standard-Nucleosiden durch ↗modifizierte Basen od. Zuckerreste (z.B. 2′-O-Methylribose statt Ribose) unterscheiden.

Selye [ßälje], *Hans,* östr.-kanad. Mediziner u. Biochemiker, * 26. 1. 1907 Wien, † 16. 10. 1982 Montreal; seit 1934 Prof. in Montreal; hormonphysiolog. Untersuchungen im Zshg. mit Umweltbelastungen („Alarmreaktion"); v. ihm stammt der Begriff „Streß" (1936); Begr. der Streßforschung.

Semaestomeae [Mz.; v. gr. sēmaia = Fahne, stoma = Mund], *Semaestomae,* die ↗Fahnenquallen.

Semecarpus *m* [v. gr. sēmeion = Zeichen, karpos = Frucht], Gatt. der ↗Sumachgewächse.

Semele *w* [ben. nach Semelē, eine Geliebte des Zeus], Gatt. der *Semelidae,*

↗Pfeffermuscheln, die sich in Sand u. Schlick eingraben u. von Detritus leben; in wärmeren Meeren verbreitet.

semelpar [Hw. *Semelparität;* v. lat. semel = einmal, parere = gebären], im Laufe des Lebens sich nur *einmal* fortpflanzend, z. B. viele Insekten u. Spinnen; oft korreliert mit kurzer Lebensdauer (od. kurzdauerndem Imaginal- bzw. Erwachsenen-Stadium); es gibt aber auch einige sehr langlebige s.e Arten, z. B. Aale u. Lachse. Ggs.: *iteropar,* mehrmals im Leben zur Fortpflanzung kommend.

Semen *s* [lat., = Same], 1) Bot.: der ↗Samen; 2) Pharmazie: Bez. für als Arzneimittel verwendete Pflanzensamen, z. B. *S. Sinapis* = Senfsamen; 3) Zool.: das ↗Sperma.

semiarid [v. *semi-, lat. aridus = trocken] ↗arid; ☐ Klima.

Semibrachiatorenhypothese [v. *semi-, gr. brachiōn = Arm], (A. H. Schulz 1950; Le Gros Clark 1964), postuliert für die Evolution zum Menschen eine Phase hangelnder Fortbewegung, um eine Reihe gemeinsamer Merkmale v. ↗Menschenaffen u. ↗Menschen zu erklären. Im Ggs. zur ↗Brachiatorenhypothese wäre es dabei nicht zur Herausbildung eines typ. ↗Brachiators mit kurzen Daumen u. extrem verlängerten Armen gekommen. ↗Paläanthropologie.

Semifusus *m* [v. *semi-, lat. fusus = Spindel], *Pugilina,* Gatt. der ↗Kronenschnekken.

semihumid [v. *semi-, lat. humidus = feucht] ↗humid; ☐ Klima.

Semilimax *m* und *w* [v. *semi-, gr. leimax = Nacktschnecke], Gatt. der ↗Glasschnecken mit ohrförm., grünl. Gehäuse, zu klein, um den Weichkörper aufzunehmen; mit breitem „Hautsaum" an der Mündung; sehr große Mantellappen, die das Gehäuse z. T. bedecken; an kühlen, feuchten Stellen in der Bodenstreu v. Wäldern. In Dtl. 2 nach der ↗Roten Liste „potentiell gefährdete" Arten: die Weitmündige Glasschnecke *(S. semilimax)* u. die Berg-Glasschnecke *(S. kotulae).*

Semilunare *s* [v. *semi-, lat. lunaris = Mond-], das ↗Mondbein.

Seminalplasmin *s* [v. lat. semen = Same, v. gr. plasma = das Gebildete], ein in der Samenflüssigkeit v. Säugern enthaltenes, antibakteriell wirksames Protein; es inhibiert bakterielle RNA-Polymerase u. damit die Transkription bakterieller Gene.

Semionotiformes [Mz.; v. gr. sēmeion = Zeichen, nōtos = Rücken, lat. forma = Gestalt], (Romer), *Semionotoidea,* formenarme † Ord. meist kleiner, maximal 65 cm Länge erreichender Knochenganoiden *(Holostei);* die *S.* enthalten deren älteste Repräsentanten. Körper an ↗*Palaeonisciformes* erinnernd u. mit dicken Ganoidschuppen ohne Cosminschicht bedeckt; Zähne stiftförmig od. halbkugelig, je nach herbivorer od. durophager Ernährungsweise; Schwanzflosse verkürzt heterozerk. Verbreitung: Oberperm bis Oberkreide, ca. 13 Gatt.; Typus-Gatt.: *Semionotus* Agassiz.

semipermeable Membran *w* [v. *semi-, lat. permeabilis = passierbar, membrana = Häutchen], *halbdurchlässige Wand,* ↗Osmose (☐), ↗Membrantransport, ↗Dialyse.

Semipupa *w* [v. *semi-, lat. pupa = Puppe], die ↗Propupa.

Semiscolecidae [Mz.; v. *semi-, gr. skōlēx = Wurm], Fam. der Schlundegel *(↗Pharyngobdelliformes),* amphibisch lebend, Blutsauger; wichtige Gatt. *Semiscolecides* u. *Potamobdella,* beide endemisch in Mittelamerika.

Semispezies *w* [v. *semi-, lat. species = Art], Grenzfall zw. ↗Rasse u. ↗Art: eine im Entstehen begriffene Art, bei der die ↗Isolationsmechanismen noch nicht voll entwickelt sind; z. B. bei den Teilgruppen der mehr od. weniger ringförm. Rassenkreise von Silber-Heringsmöwen u. Kohlmeisen (B Rassen- und Artbildung I) u. bei der Raben- u. Nebelkrähe (B Aaskrähe). – Der Begriff wird aber auch verwendet für *Allospezies,* d. h. für die Teilgruppen der ↗Superspezies.

semiterrestrische Böden [v. *semi-, lat. terrestris = Land-], Grund-, Stauwasser- u. Überflutungsböden. ↗Bodentypen (T).

Semliki-Forest-Virus *s* [ben. nach dem Fluß Semliki (O-Zaire)], ↗Togaviren.

Semling, *Barbus meridionalis petenyi,* ↗Barben.

Semmelstoppelpilz, *Hydnum rufescens* L., ↗Stachelpilze.

Semmelweis, *Ignaz Philipp,* ungar. Gynäkologe, * 1. 7. 1818 Ofen, † 13. 8. 1865 Döbling; seit 1855 Prof. in Pest; entdeckte die infektiöse Ursache des Kindbettfiebers; führte die geburtshilfl. Hände-↗Desinfektion (Spaltentext) ein u. wurde hierdurch zum „Retter der Mütter"; neben J. Lister (1827–1912) Begr. der Antisepsis.

Semnoderes *m* [v. gr. semnos = erhaben, stolz, derē = Hals], im N-Atlantik, S-Pazifik, im Mittel- u. Schwarzen Meer in mehreren Arten verbreitete Gatt. der ↗*Kinorhyncha* (T).

Semnopithecus *m* [v. gr. semnos = erhaben, stolz, pithēkos = Affe], U.-Gatt. der ↗Languren; einzige Art der ↗Hulman.

Semperellidae [Mz.; ben. nach dem dt. Zoologen K. Semper, 1832–93], Fam. der Glasschwämme *(↗Hexactinellida),* namengebende Gatt. *Semperella. S. schultzei* bis 50 cm hoch, in 300–2000 m Tiefe im Pazifik.

Sempervivum *s* [v. lat. semper = immer, vivus = lebendig], die ↗Hauswurz.

Semperzellen [ben. nach dem dt. Zoologen K. Semper, 1832–93] ↗Komplexauge (☐).

Senckenberg, *Johann Christian,* dt. Arzt u. Naturforscher, * 28. 2. 1707 Frankfurt am Main, † 15. 11. 1772 ebd.; gründete 1763 das Senckenbergische Stift, bestehend

semi- [v. lat. semi- = halb].

I. P. Semmelweis

J. C. Senckenberg

aus Bürgerhospital, med. Instituten, großer Bibliothek u. bot. Garten; mit dieser vermögenden Stiftung wurde die 1817 gegr. *Senckenbergische Naturforschende Gesellschaft* vereinigt, die bald darauf (1820/21) ihr erstes naturhist. Museum errichtete (heutiger Bau v. 1904/07) und begann, bis heute fortgeführte Abhandlungen herauszugeben.

Sendai-Virus *s* [ben. nach der jap. Stadt Sendai], ↗Paramyxoviren (T).

Senecio *m* [v. lat. senex = Greis], das ↗Greiskraut.

Seneszenz *w* [v. lat. senescere = alt werden], Pflanzen, Tieren u. Mensch gemeinsamer Alterungsprozeß (↗Altern), der mit der Akkumulation schädl. Substanzen, Gewebsveränderungen sowie dem schrittweisen Verlust zahlr. physiolog. Funktionen einhergeht. Insgesamt manifestieren sich diese Prozesse in einer verminderten Anpassungsfähigkeit gegenüber Umwelteinflüssen, was zu diversen Alterungskrankheiten („Multimorbidität des alten Menschen") und schließl. zum ↗Tod des Individuums führt. Obwohl dies oft geschieht, ist es nicht sinnvoll, „Altern" mit S. gleichzusetzen, da es zahlr. Alterungsprozesse gibt, die derart im Sinne eines genet. Programms ablaufen, daß sie unmittelbar nach erfolgreicher Fortpflanzung den Tod des Individuums bewirken (Lachse, Eintagsfliegen u. a. m.). Im Tierreich ist unter Freilandbedingungen S. zwar vorhanden (verschiedene Insekten), aber selten anzutreffen, da der mit beginnender S. einhergehende Vitalitätsverlust die Chancen erhöht, zufälligen Ereignissen (Unfällen, Feinden) zum Opfer zu fallen. Zum Studium der S.erscheinungen werden daher bevorzugt Haus- bzw. Labortiere (Ratten, Mäuse) od. im Labor gezüchtete Wirbellose (Insekten, Nematoden) herangezogen. ↗senile Altersstufe.

Senf *m* [v. gr. sinapi = S.], *Sinapis,* Gatt. der ↗Kreuzblütler mit ca. 4 im Mittelmeergebiet heim. Arten. Einjährige, meist ästige, steif behaarte Kräuter mit ungeteilten oder leierförm.-fiederspalt. bis fiederteil. Blättern u. traubig angeordneten, gelben od. blaßvioletten Blüten mit abstehenden Kelchblättern. Die Frucht ist eine 2klapp. aufspringende, geschnäbelte Schote mit kugeligen Samen. Am bekanntesten sind die gelbblühenden, als Ackerunkräuter heute weit verbreiteten Arten Acker-S. *(S. arvensis)* u. Weißer S. *(S. alba).* Letzterer wird auch in vielen Ländern wegen seiner gelben, 2–3 mm breiten Samen („S.körner") angebaut. Diese enthalten neben ca. 30% fettem Öl auch Sinalbin, v. dem beim Zermahlen od. Kauen der Körner sehr scharf schmeckendes p-Hydroxybenzylsenföl abgespalten wird. Gemahlen u. mit Essig u. Gewürzen vermischt, werden S.körner wie auch die Samen v. *Brassica juncea* und *B. nigra* (↗Kohl) sowie

Seneszenz

Unterschiedlich starke Verschlechterung physiolog. Funktionen des Menschen als S.merkmale:

generell:

verlangsamte Reaktionsgeschwindigkeit
Gedächtnisverlust (Kurzzeitgedächtnis!)
Verminderung der Nebennierenfunktion
Verminderung der Gonadenfunktion

Gemittelte Werte (%) für einen 75jährigen, wenn die Funktionen im 30. Lebensjahr als 100% angenommen werden:

Gehirngewicht	56
Gehirndurchblutung	80
Pufferfunktion des Blutes	17
maximale O_2-Aufnahme	40
Herzminutenvolumen (Ruhe)	70
maximale Ventilationsrate	53
maximaler Exspirationsstoß	43
Vitalkapazität	56
Grundstoffwechsel	84
Anzahl der Nierenglomeruli	56
glomeruläre Filtration	69
Nieren-Plasmafluß	50
Anzahl der Nervenfasern	63
Nervenleitungsgeschwindigkeit	90
Anzahl der Geschmacksknospen	35
Handmuskelkraft	55
Gesamtkörperwasser	82

Eruca sativa (↗Raukenkohl) zur Herstellung v. Speise-S. (Mostrich) verwendet. Ganze Körner dienen zum Würzen v. Würsten, Marinaden sowie eingelegten Gurken („Senfgurken"). Aus den Samen des – auch als Futterpflanze genutzten – Weißen S.s gepreßtes Öl wird als Speise-, Schmier- u. Brennöl verwendet od. zur Herstellung v. Seife eingesetzt. B Kulturpflanzen VIII.

Senfkohl, der ↗Raukenkohl.

Senföle, in der Pflanze in glykosid. Form *(Senfölglykoside)* vorliegende Alkylisothiocyanate (vgl. Tab.), die als Abwehrstoffe gg. Tierfraß gebildet werden. S. sind charakterist. Inhaltsstoffe der *Capparales* (↗Kapernartige, □ Kaperngewächse). Bei Verletzung des Gewebes werden sie durch das Enzym ↗*Myrosinase,* das in speziellen *Myrosinase-Zellen* kompartimentiert ist, aus den Senfölglykosiden freigesetzt. S. sind entweder stechend riechende, flüchtige Verbindungen (z. B. ↗Allyl-, sekundäre Butyl- u. Benzyl-S.) od. nichtflüchtige geruchlose Substanzen v. scharfem Geschmack (z. B. p-Hydroxybenzyl-S.). S. wirken antibakteriell u. auf der Haut blasenziehend.

Einige Senföle

Senfölglykoside	Senföle	Vorkommen
Sinigrin	↗Allylsenföl	Schwarzer Senf, Meerrettich
Sinalbin	p-Hydroxybenzyl-S.	Weißer Senf
Glucotropaeolin	Benzylsenföl	Kapuzinerkresse, Gartenkresse
Glucolepidiin	Äthylsenföl	Gartenkresse
Gluconasturtiin	Phenyläthyl-S.	Meerrettich, Brunnenkresse
Glucocochlearin	sek. Butyl-Senföl	Löffelkraut
Gluconapin	3-Butenyl-Senföl	Raps, Rübsen
Glucoraphanin	Sulforaphen	Garten-Rettich, Radieschen

senile Altersstufe *w* [v. lat. senilis = greisenhaft], *Senium,* durch Gewebsstrukturveränderungen u. Abnahme der physiolog. Funktionen gekennzeichnete Zeitspanne im Leben höherer Säugetiere u. des Menschen, deren Beginn nicht exakt anzugeben ist (beim Menschen zw. dem 50. und 70. Lebensjahr; ↗Seneszenz). Durch mangelnde Gehirndurchblutung od. atrophische Erscheinungen kann es zu typ. Krankheiten der s.n A., wie seniler Demenz, senilen Psychosen od. in der praesenilen Phase (um das 50. Lebensjahr) der Alzheimerschen Krankheit, kommen, die in ihrer Gesamtheit u. wegen fehlender Eingrenzung als *hirnorgan. Psychosyndrom* bezeichnet werden, aber nicht typ. für einen normalen Alterungsprozeß (↗Altern) sind.

Senker, 1) Bot.: *Senkwurzeln,* Bez. für die bei den Mistelartigen v. den ↗Rindenwurzeln ausgehenden, zapfenartigen, ins

Wirtsholz eindringenden Saugwurzeln (↗Haustorien). □ Mistel. **2)** Zool.: der ↗Depressor.

Sennesblätter [v. arab. senā, sanā = Sennesstrauch] ↗Cassia.

Senniaceae [Mz.; ben. nach E. M. Sennen, 1861–1937], artenarme Fam. der ↗*Cryptomonadales;* bohnenförm. Phytoflagellaten mit gelbbraunen Plastiden und 2 ventral inserierten, divergierenden Geißeln. Bekannteste Gattung ist *Sennia; S. commutata* kommt in Sümpfen vor.

Sensenfische, *Trachipteridae,* Fam. der ↗Bandfische.

Sensibilisierung [v. *sensib-], Herstellung eines Zustands der Überempfindlichkeit durch ein Fremdantigen u. anschließende Bildung v. Antikörpern. ↗Allergie.

Sensibilität *w* [Bw. *sensibel;* v. *sensib-], die Fähigkeit des tier. und menschl. Organismus zur Aufnahme v. ↗Reizen, die an das Vorhandensein v. Sinnesorganen u. Nerven geknüpft ist. Man unterscheidet *exterozeptive S.,* bei der über afferente Bahnen (↗Afferenz) Umweltreize vermittelt werden, u. *propriozeptive S.,* bei der die Reize aus dem Körperinnern stammen. Die Gesamtheit der Sinnessysteme, außer der der speziellen Sinnesorgane wie Auge, Ohr usw., wird als *somatoviscerale S.* bezeichnet (fr. auch „niedere" Sinne gen.). Man untergliedert weiter in *viscerale S.,* welche die Eingeweide betrifft, u. in *somatische S. (Somatosensorik),* welche die Oberflächen-S. der Haut u. die Tiefen-S. der Skelettmuskulatur, Sehnen u. Gelenke umfaßt.

sensible Nerven [v. *sensib-], die ↗Sinnesnerven.

sensible Phase [v. *sensib-, gr. phasis = Erscheinung], in der Ethologie eine Phase, in der das Tier während der Verhaltensentwicklung (↗Jugendentwicklung: Tier-Mensch-Vergleich) für bestimmte Erfahrungen bes. empfänglich ist bzw. bestimmte Erfahrungen machen muß, um einen Lernschritt (↗Lernen) vollziehen zu können. Bes. typisch ist eine s. P. für die ↗Prägung, bei deren Untersuchung sie auch entdeckt wurde. Die Grenze zw. einer s.n P. für einen Lernschritt u. für einen organ. Entwicklungsschritt in der Ontogenese des zentralen Nervensystems ist nicht scharf zu ziehen: z.B. müssen junge Katzen in den Wochen nach dem Öffnen der Augen visuelle Erfahrungen machen, wenn sich die Sehrinde des Neocortex normal differenzieren soll. Evtl. spielen solche neuralen Differenzierungen auch bei manchen Prägungen eine Rolle.

Sensillen [Ez. *Sensille* od. *Sensillum;* v. lat. sensilis = empfindsam], *Sensilla,* kleine Sinnesorgane in od. auf der Cuticula der Gliederfüßer u. anderer Wirbelloser, i.e.S. nur der Gliederfüßer. Hier unterscheidet man ↗*Haar-S.* und versenkte S. *(Loch-S.).* Bei den Haar-S. wirken echte ↗Haare sowie deren Bildungszellen sinnvoll mit den perzipierenden primären Sinneszellen zus. Sie kommen überall am Integument, oft zu Gruppen zusammengestellt, vor. Primär unabhängig v. ihren Funktionen hat man schon früh eine Terminologie entwickelt, die sich vorwiegend an der Form der cuticulären Apparate orientiert. Danach unterscheidet man *Sensillum trichodeum* (lange Haar-S., ↗Riechhaare), *S. basiconicum* (kurze Haar-S., Sinneskegel, ↗Riechkegel), *S. coeloconicum* (Grubenhaare, ↗Grubenkegel), *S. styloconicum, S. chaeticum* (kurze, dickwandige Haar-S., Sinnesborste), *S. placodeum* (Porenplatte, Sinnesplatte, ↗Riechplatte), *S. ampullaceum* (Sinnesflasche) und *S. campaniformium.* Eine Sonderform der S. stellen die bei Schmetterlingen auf den Flügeln vorkommenden *S. squamiformia* (Sinnesschuppen) dar, bei denen es sich ledigl. um spitz zulaufende ↗Schuppen handelt. Heute wählt man jedoch sinnvollerweise eine Einteilung nach der Modalität der perzipierten Reize u. den damit korrelierten Feinstrukturen. Dies gilt auch für den cuticulären Apparat im Bereich des Außensegments der Dendriten u. das Außensegment selbst, die modalitätsspezif. Differenzierungen aufweisen. Grundsätzl. besteht ein Insekten-Haarsensillum (vgl. Abb.) aus Sinneszellen mit jeweils dendritischem Fortsatz, der eine modifizierte ↗Cilie darstellt. Diese werden v. einer scheidenbildenden, *trichogenen* (Haarschaftbildungszelle, Schaftzelle) u. *tormogenen* Zelle (Membranzelle, ↗Balgzelle) umhüllt. Die cuticuläre Scheide umgibt i.d.R. den Dendriten innerhalb eines sog. Rezeptorlymphraums bis zum Eintritt ins Haar. Weitere funktionell wichtige Differenzierungen sind der Tubularkörper, Dendritenaußensegmente im Haar, Wandporen, ein terminaler Porus sowie Sockelstrukturen. Je nachdem, ob es sich um mechano-, thermo- od. hygrosensitive S. handelt, finden sich jeweils modalitätsspezif. Strukturen. Haar-S. als ↗Mechanorezeptoren (↗mechanische Sinne, B I–II) haben eine Gelenkmembran in der Sockelregion. Im Innern v. Dendriten befindet sich der Tubularkörper, der aus parallel verlaufenden, eng gepackten u. durch eine elektronendichte Matrix verbundenen Mikrotubuli besteht. Die Reizperzeption erfolgt durch eine kompressionsbedingte Verformung des Tubularkörpers. Dieser befindet sich auch in den mechanosensitiven campaniformen S. der Insekten u. in den funktionsanalogen Spaltsinnesorganen der Spinnentiere. Bei Insekten u. Krebstieren sind mit solchen Mechanorezeptoren meist ↗*Scolopidial-* od. *Scolopalorgane (↗Scolopidium)* verknüpft. Zur Reizwahrnehmung genügt bereits eine Deformation von 3–100 nm, d.h. ab 0,5% des Ruhedurchmessers. Spezielle Mechanorezeptoren sind die Fadenhaare (*Trichobothrien,* ↗Be-

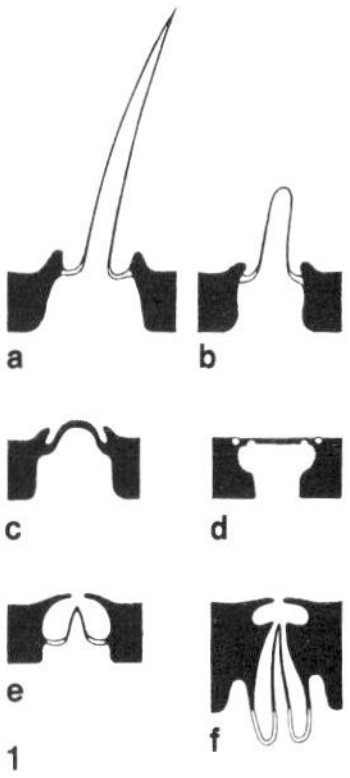

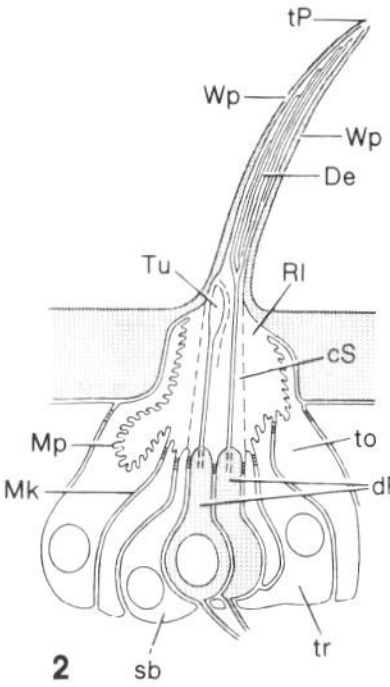

Sensillen

1 Schemata von S.typen: **a** *Sensillum trichodeum* (Haar-S.), **b** *S. basiconicum* (Sinneskegel), **c** *S. campaniformium,* **d** *S. placodeum* (Sinnesplatte), **e** *S. coeloconicum* (Grubenkegel), **f** *S. ampullaceum* (Sinnesflasche).
2 Schema eines Insekten-Sensillums. cS cuticuläre Scheide, De Dendritenaußensegmente im Haar, dF dendritischer Fortsatz der Sinneszelle, Mk Membrankontakte, Mp Membranpartikel im Bereich der tormogenen Zelle, Rl Rezeptorlymphraum, sb scheidenbildende Zelle, to tormogene Zelle, tP terminaler Porus, tr trichogene Zelle, Tu Tubularkörper, Wp Wandporen

sensib- [v. lat. sensibilis = empfindsam].

cherhaar). Weitere mechanorezeptive Organe sind bei Insekten ↗Tympanalorgane, ↗Chordotonalorgane u. ↗Johnstonsches Organ (↗Gehörorgane, ▢). Chemorezeptoren (↗chemische Sinne, B I–II) zeichnen sich i. d. R. durch Poren im cuticularen Apparat aus (↗Riechplatte). Diese können terminal oder seitl. liegen. Ein einzelner terminaler od. subterminaler Porus kennzeichnet Kontakt-Chemorezeptoren. In der Tab. sind wesentl. Merkmale typ. Insekten-S. zusammengestellt. S. mit terminalem Porus sind meist *Schmeckhaare,* solche mit Wandporen ↗*Riechhaare.* Bei letzteren kann man solche mit einfachen v. solchen mit Doppelwandungen u. in cuticularen Speichen verlaufenden Kanälen unterscheiden. Letzteres bedingt 2 getrennte Hohlraumsysteme. Die Kanäle gehen v. dem zentralen um die Dendriten gelegenen Lymphraum aus u. münden in den Furchen der meist gerieften Oberfläche nach außen. Vermutl. reicht bis hierhin das vom Rezeptorlymphraum erzeugte Sekret, das reizleitendes Material darstellt. Chemorezeptoren sind auf den Mundteilen (↗Mundwerkzeuge) weit verbreitet. Ein spezielles Organ stellt das *Hallersche Organ* am Tarsus v. einigen Milben dar (↗Zekken). Thermo- u. hygrosensitive Rezeptorzellen sind nicht an einen bestimmten morpholog. S.typ gebunden. Sensilla coeloconica sind wohl meist solche Funktionstypen. Doch gibt es auch S. mit Wandporen vom Typ der Sensilla basiconica oder S. coeloconica, die thermo- u./od. hygrosensibel sind. Als charakterist. kann für sie gelten: 1) Sockelregion unbewegl., 2) Außensegmente dick u. eng gepackte Mikrotubuli enthaltend, 3) lamellierte Außenglieder v. einem der 3–4 Sinneszellen. Strukturell sind Thermo- u. Hygrorezeptoren meist nicht leicht zu unterscheiden. Als Hygrorezeptoren gelten z. B. die *Tömösvary-Organe* der Tausendfüßer, der *Pseudoculus* der Beintastler od. die *Postantennalorgane* der Springschwänze (↗Feuchterezeptor). *H. P.*

Sensillen

Strukturmerkmale typ. *Insekten-S.* (Sensitivität der in ihnen enthaltenen Zellen und Bez. nach der übl. Nomenklatur; nach Altner)

Strukturmerkmale			Sensitivität	Bezeichnung
ohne Poren	Sockel beweglich, 1 Zelle: Dendrit mit Tubularkörper	Haar	mechanosensitiv	*Sensillum chaeticum*
		Kuppel	mechanosensitiv	*S. campaniformium*
	Sockel starr, 3–4 Zellen: 1 Dendrit gefaltet	Haar	thermosensitiv hygrosensitiv	*S. coeloconicum*
terminaler Porus	Sockel beweglich, bis 10 Zellen: 1 Dendrit mit Tubularkörper	Haar	gustatorisch mechanosensitiv	*S. chaeticum, trichodeum, basiconicum, styloconicum*
	Sockel starr, bis 9 Zellen: kein Dendrit mit Tubularkörper	Haar	gustatorisch	
		Kuppel	gustatorisch	
Wandporen	Wand einfach, Porentubuli, 1 bis ca. 40 Zellen: Dendrit verzweigt oder unverzweigt	Haar	olfaktorisch	*S. basiconicum, coeloconicum, trichodeum*
		Platte	olfaktorisch	*S. placodeum*
	doppelwandig (Speichen), meist 2–4 Zellen: Dendrit unverzweigt	Haar	olfaktorisch thermosensitiv hygrosensitiv	*S. basiconicum, coeloconicum*

Sensomotorik *w* [v. lat. sensus = Sinn, motorius = beweglich], *Sensumotorik,* die Gesamtheit der an Bewegungsabläufen beteiligten sensor. und motor. Funktionen, die für die Ausführung u. Kontrolle v. Körperhaltung u. -bewegung nötig sind u. die auch die motor. Komponente für den Einsatz der Sinnesorgane umfaßt. ↗Reafferenzprinzip.

sensorische Nerven [v. lat. sensus = Sinn] ↗Sinnesnerven.

Sensorium *s* [v. lat. sensus = Sinn], *Sinnesapparat,* nicht mehr gebräuchl. Sammelbez. für das zentrale u. periphere Nervensystem u. die Sinnesorgane v. Tieren u. Mensch.

Sepalen [Ez. *Sepala;* Kw. aus lat. separare = trennen, gr. petalon = Blatt], die Kelchblätter der heterochlamydeischen ↗Blüte.

Sepaloide [Mz.; v. lat. separare = trennen, petalon = Blatt], Bez. für zu Kelchblättern od. kelchähnl. Organen umgebildete Hochblätter od. Blütenkronblätter.

Separation *w* [v. lat. separatio = Trennung], bezeichnet einen zufälligen Vorgang, durch den eine Populationsgemeinschaft einer Art in zwei geogr. getrennte Populationsgemeinschaften aufgeteilt wird *(geographische Trennung).* Die S. verhindert ↗Genaustausch zw. diesen beiden Populationsgemeinschaften (↗Populationsgenetik). S. geht meist einer ↗Artbildung, verbunden mit genet. ↗Isolation, voraus. ↗Isolationsmechanismen.

Separierungszüchtung [v. lat. separare = trennen], bei Fremdbefruchtern die räuml. getrennte Aufzucht v. Einzelpflanzen-Nachkommenschaften; S. führt, da die Befruchtung zw. Nachkommen verschiedener Ausgangspflanzen verhindert wird, durch ↗Inzucht zur Entstehung v. ↗Linien, die für weitere züchter. Maßnahmen (z. B. ↗Kreuzungszüchtung) genutzt werden können.

Sepetir, nußbaumähnl. Holz verschiedener Arten der südostasiat. Gatt. *Sindora* (Fam. Caesalpiniengewächse, ↗Hülsenfrüchtler); u. a. für Furniere u. Fußböden verwendet.

Sephadex *s,* ↗Dextrane, ↗Chromatographie.

Sepharose *w,* Handelsname für ein als Gel (↗Gele) zur Gel-↗Chromatographie vielfach verwendetes ↗Dextran.

Sepia *w* [v. *sepi-], 1) Gatt. der ↗*Sepiidae,* ↗Sepie. 2) bräunl., lichtbeständige Malerfarbe, die aus der melaninhalt. Tinte der Sepien (↗Sepie) gewonnen wird.

Sepie *w* [v. *sepi-], *Gemeine Tintenschnecke, Gemeiner Tintenfisch, Sepia officinalis,* Kopffüßer (Fam. *Sepiidae,* Ord. *Sepioidea;* ↗Tintenschnecken) mit gedrungenem Körper u. seitl. Flossensäumen, bei dem der Schalenrest als ↗Schulp erhalten ist. Die S. wird 65 cm lang; davon entfallen 30 cm auf die Fangarme, die in Taschen zurückgezogen werden können. Mit ihnen u. den daransitzenden 4 Reihen v. Saugnäpfen werden v. a. Krebse u. Fische gefangen u. an den Mund geführt, wo sie mit Hilfe der schnabelart. Kiefer aufgebissen werden. Am Tage graben sich die S.n mit den Flossensäumen in den Sandboden ein. Sie können sich dabei der Färbung des Grundes durch nervöse Steuerung der Ausdehnung ihrer Farbzellen anpassen (↗Chromatophoren, ↗Farbwechsel, □). Bei Erregung (ausgelöst durch Bedrohung, Beute, Partner) läuft ein intensives Farb- u. Musterspiel über ihre Oberseite. Werden sie angegriffen (durch Meeressäuger, Vögel, Fische), stoßen sie den Inhalt ihres großen Tintenbeutels aus u. bringen sich im Schutz der Farbwolke in Sicherheit. Die Augen (↗Auge, ↗Linsenauge; ↗Netzhaut, [B]) sind hochentwickelt u. leistungsfähig (ca. 105000 Stäbchen/mm² Retina); starke Konzentration der Ganglien im ↗Gehirn (□) u. nervöse Verschaltung (u. a. durch Riesenfasern) ermöglichen schnelle Reaktionen; Gedächtnis u. Lernfähigkeit sind bemerkenswert. Bei den ♂♂ ist der 4. rechte Arm zum Geschlechtsarm (↗Hectocotylus) spezialisiert. Er ist breiter als die übrigen Arme u. wird (in der Erregung intensiv gemustert) bei der Werbung dem ♀ u. dem Nebenbuhler präsentiert. Bei der Kopula überträgt er die Spermatophoren in eine Begattungstasche in der Buccalmembran des ♀ zw. Mund u. Armbasen. Das ♀ stößt ca. 550 Eier einzeln aus dem Trichter u. schiebt sie an der Begattungstasche vorbei, wo sie befruchtet werden. Zu Trauben gruppiert, werden die Eier an Pflanzen u. Korallenästen angeheftet. ♂ und ♀ leben oft längere Zeit zus. Die aus den Eiern schlüpfenden Jungtiere ähneln bereits den Erwachsenen. Die S. lebt in O-Atlantik u. Mittelmeer; sie kommt, bes. in Italien, auf die Fischmärkte (1981: 13000 t). Die verwandte *Sepia elegans* ist kleiner u. schlanker; sie hat auf den Endkeulen der Fangarme nicht 5–6, sondern nur 2–3 stark vergrößerte Saugnäpfe. [B] Kopffüßer, [B] Weichtiere.

Sepietta *w* [v. *sepi-], Gatt. der *Sepiidae,* Tintenschnecken mit bis auf einen organ. Rest reduziertem Schulp; bei der Kopula werden die Spermatophoren durch den hectocotylisierten 1. linken Arm in die Mantelhöhle des ♀ übertragen.

Sepiidae [Mz.; v. *sepi-], *Tintenschnecken i. e. S.,* Fam. der Eigentlichen ↗Tintenschnecken mit zieml. kurzem, breitem Körper u. Fangarmen, die völlig in Taschen rückgezogen werden können. Getrenntgeschlechtl. Tiere; bei den ♂♂ ist der linke untere Arm hectocotylisiert, die ♀♀ haben Empfangstaschen für die Spermatophoren an der Buccalmembran. Die S. sind carnivor; sie bevorzugen flaches Wasser, einige kommen bis 1000 m Tiefe vor; meist auf Sandböden, an deren Farbe u. Musterung sie sich anpassen (↗Chromatophoren, ↗Farbwechsel). Etwa 100 Arten in 2 Gatt., *Sepia* (↗Sepie) u. ↗*Sepietta.*

sepi- [v. gr. sēpia = Tintenfisch].

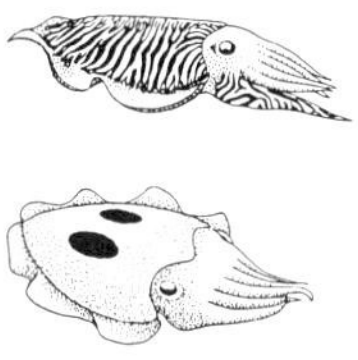

Sepie

Tiere mit unterschiedlich ausgebreiteten ↗Chromatophoren (□ Farbwechsel)

Sepioidea [Mz.; v. gr. sēpiōdēs = tintenfischartig], die ↗Tintenschnecken.

Sepiola *w* [lat., = Tintenfischlein], Gatt. der *Sepiolidae,* Tintenschnecken warmer Meere v. geringer Größe u. mit unverkalktem Schulp. Im Mittelmeer lebt die Zwergsepie *(S. rondeleti),* 4 cm lang, Fangarme mit 8 Reihen v. Saugnäpfen, meist unter 10 m Tiefe.

Sepsidae [Mz.; v. gr. sēpsis = Fäulnis], die ↗Schwingfliegen.

Sepsis *w* [v. gr. sēpsis = Fäulnis], *Blutvergiftung,* schwere, akut verlaufende Infektionserkrankung, die durch Bakterien hervorgerufen wird, welche in den Blutkreislauf gelangt sind. Die Bakterien gehen v. einem lokal entzündl. Herd aus (z. B. Abszesse, Harnwege, Gallenwege, Herzklappen) u. werden über den Blut- oder Lymphweg in Schüben ausgestreut. Klinische Symptome sind Fieberschübe, Schüttelfrost, Verschlechterung des Allgemeinzustands mit schwerem Krankheitsgefühl, Tachykardie, im Extremfall Entwicklung eines sept. ↗Schocks. Erreger sind meist Streptokokken, Staphylokokken, *Escherichia coli, Proteus, Pseudomonas.* Die Keime können sich in prakt. allen Organen ansiedeln und zu sog. septischen Metastasen führen. Die Diagnose erfolgt durch den Nachweis des Erregers im Blut (Blutkulturen), die Therapie mit Antibiotika, Ausschaltung des S.herdes u. supportive Maßnahmen (Intensivstation).

Septalfilamente [v. *septal-, lat. filamentum = Netzwerk], *Septalfasern,* die Suturen der Kammerwände auf der Innenseite der Schalenwand (Spirallamelle) v. ↗Nummuliten; vergleichbar den ↗Lobenlinien v. Kopffüßern.

Septalfurche [v. *septal-], Längsfurche a) auf der Schalenaußenseite (Außenfurche) v. Foraminiferen (Fusulinen, Alveolinen u. a.) infolge Umbiegens der Schalenwand in ein Septum; b) auf der Außenwand (Epithek) v. ↗*Rugosa* gegenüber einem Septum.

Septallamelle [v. *septal-, lat. lamella = Blättchen], (Schindewolf 1942), *Baculum,* longitudinale, radial orientierte Platte in der Achse eines Coralliten (Skelett einer Einzelkoralle) als Verlängerung des Septums, jedoch ohne Verbindung mit ihm.

Septalloch [v. *septal-], *Septalforamen,* die Durchtrittsöffnung im Septum von Kopffüßern für den ↗Sipho.

sept-, septal- [v. lat. saeptum = Scheidewand, Trennwand, Zaun].

Septen [Ez. *Septum;* v. *sept-], *Septa, Scheidewände,* **1)** Bot.: Bez. für die echten Scheidewände coenokarper Fruchtknoten; es sind die miteinander verwachsenen Fruchtblattbereiche der einzelnen Fruchtblätter; ↗Blüte. **2)** Zool.: Bez. in der Anatomie für dünne Scheidewände häutiger, verkalkter, knorpeliger od. knöcherner Konsistenz in Hohlräumen tier. (und menschl.) Körper, z. B. Scheidewand zw. beiden ↗Nasen-Höhlen (Septum nasi) od. des ↗Herzens (S. atriorum u. ventriculorum) od. das S. transversum bei Bildung des Zwerchfells. Bei Korallen wird zw. fleischigen *Sarco-S.* und harten *Sclero-S.* unterschieden; diese sind bei ↗*Rugosa* (□) fiedrig, bei *Cyclocorallia* radiär angeordnet. Bei Kopffüßern trennt ein Septum je 2 ↗Luftkammern. ↗Diaphragma, ↗Dissepimente.

Septibranchia [Mz.; v. *sept-, gr. bragchia = Kiemen] ↗Verwachsenkiemer.

septicarinat [v. *sept-, lat. carinatus = kielförmig], heißen mit einem Hohlkiel versehene ↗*Ammonoidea;* bei ihnen ist der hohle Kiel durch eine Scheidewand vom übrigen Innenraum der Schale abgeschlossen.

septiert [v. *sept-], durch Scheidewände [geteilt.

septifrag [v. *sept-, lat. -fragus = -brechend], *scheidewandbrüchig,* Bez. für coenokarpe Früchte, die im Reifezustand durch Zerbrechen der Septen in Teilfrüchte zerfallen.

septisch [v. gr. sēptikos = fäulniserregend], sepsisartig, in Form einer ↗Sepsis; mit Krankheitskeimen kontaminiert.

septizid [v. *sept-, lat. caedere = fällen], *scheidewandspaltig,* Bez. für coenokarpe Früchte, die im Reifezustand durch Lösen der Fruchtblätter entspr. ihrer Verwachsung in Teilfrüchte zerfallen.

Septobasidiales [Mz.; v. *sept-, gr. basis = Grundlage], Ord. der Ständerpilze mit der einzigen Familie *Septobasidiaceae* (Gallertpilze); Pilze mit Heterobasidien *(↗Heterobasidiomycetidae);* die ca. 200 Arten wachsen hpts. in den Tropen, in kälteren Zonen kommen sie nicht vor. Viele leben als Parasiten od. Symbionten auf Insekten, meist auf Schildläusen, mit denen sie eine komplizierte Lebensgemeinschaft eingehen; die erkrankten Insekten werden nicht abgetötet, bleiben aber in der Entwicklung zurück.

Septoria *w* [v. *sept-], Formgatt. der ↗*Fungi imperfecti* (Form-Ord. ↗*Sphaeropsidales*); die Arten sind Erreger verschiedener wicht. ↗Blattfleckenkrankheiten (vgl. Tab.); das Mycel wächst im Pflanzengewebe; die längl., mehrfach septierten Konidien entstehen in Pyknidien. Von einigen Arten ist die sexuelle Hauptfruchtform bekannt (vgl. Tab.).

a

b

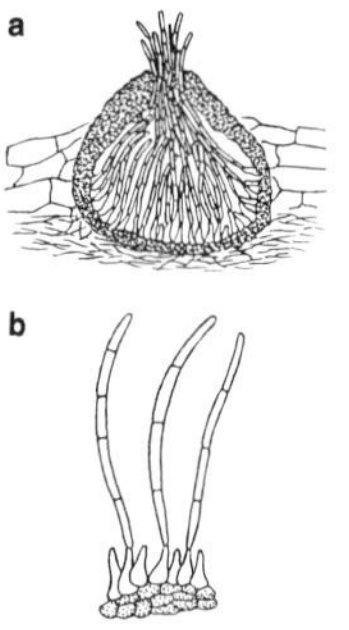

Septoria

a Pyknidium mit Konidien im Pflanzengewebe; **b** Konidienträger mit den septierten Konidien aus dem Pyknidium

Septoria

Arten u. verursachte Pflanzenkrankheiten (Auswahl):

S. nodorum (Perfektstadium = Hauptfruchtform: *Leptosphaeria nodorum* [↗ *Pleosporaceae*])
S. avenae f. sp. *triticea* (Perf.: *Leptosphaeria avenaria* f. sp. *triticea*)
S. tritici
S. avenae f. sp. *avenae* (Perf.: *Leptosphaeria avenaria* f. sp. *avenaria;* Blattfleckenkrankheit u. Spelzenbräune an Getreide)
S. secalis (Blattflecken an Roggen)
S. piricola (Perf.: *Mycosphaerella sentina;* Blattflecken an Birnen)
S. lycopersici (Blattflecken an Tomaten)
S. apiicola (Blattflecken an Selleriepflanzen)

Septum *s* [v. *sept-], ↗Septen.

Sepultaria *w* [v. lat. sepultor = Totengräber], Gatt. der ↗Humariaceae (T).

Sequenator *m* [v. lat. sequi = folgen], der ↗Proteinsequenator.

Sequenz *w* [v. lat. sequentia = Folge], ↗Primärstruktur, ↗Sequenzierung; ↗Aminosäure-S., ↗Basen-S., ↗Nucleotid-S.

Sequenzanalyse *w* [v. *sequenz-, gr. analysis = Auflösung], die ↗Sequenzierung.

Sequenzhomologie *w* [v. *sequenz-, gr. homologia = Übereinstimmung], die Ähnlichkeit (↗Homologie) zw. Nucleinsäuren (*Nucleotid-S.* bei DNA od. RNA) od. Proteinen *(Aminosäure-S.)* aufgrund ident. Bausteinsequenzen in mehr od. weniger ausgedehnten Teilbereichen. Die S. wird in Prozent ident. Positionen beim Vergleich zweier Nucleinsäure- bzw. Peptidketten angegeben, wobei 100% S. völlige Identität der verglichenen Kettenmoleküle bedeutet, bei Nucleinsäuren aber schon 25% (100/4), bei Proteinen 5% (100/20) ident. Positionen der Zufallserwartung entsprechen u. damit zur Ableitung verwandtschaftl. Beziehungen entfallen. Z. B. zeigen die ↗Isoenzyme od. die DNAs homologer Chromosomen eines Organismus fast 100%ige S.n. Aufgrund v. S.n bei ubiquitären Proteinen, wie z. B. den ↗Cytochromen, wurden schon in den 60er Jahren molekulare Phylogenien aufgestellt, durch die die früher v. a. aufgrund morpholog. Kriterien aufgestellten Phylogenien bestätigt und z. T. verfeinert werden konnten. Heute werden zunehmend auch S.n von Nucleinsäuren zur Ermittlung phylogenet. Beziehungen herangezogen, wobei sich bes. die S.n zwischen den in allen Organismen enthaltenen r-RNAs (bzw. r-DNAs) eignen (↗Ribosomen). Die Taxonomie v. ↗Bakterien, bei denen morpholog. Merkmale weitgehend fehlen, basiert größtenteils auf den S.n ribosomaler 16S-r-RNAs bzw. 16S-r-DNAs (↗Archaebakterien). ↗Ähnlichkeitskoeffizient, ↗S_{AB}-Wert.

Sequenzierung *w* [v. *sequenz-], *Sequenzanalyse,* die Ermittlung der Reihenfolge (*Sequenz,* ↗Primärstruktur) der Bausteine bei den schriftartig aufgebauten Makromolekülen DNA, RNA (↗Basensequenz, ↗Nucleotidsequenz) und Proteine (↗Aminosäuresequenz). Histor. begann die Entwicklung v. Methoden zur Sequenzanalyse mit der S. von ↗Insulin (F. ↗Sanger, 1953). Heute wird die S. von Proteinen automat. mit Hilfe v. ↗*Proteinsequenatoren* durchgeführt (↗Proteine). In den 60er Jahren folgte – ebenfalls durch F. Sanger – die Entwicklung v. Methoden zur S. von ↗Ribonucleinsäuren, die bes. auf ↗Fingerprint-Analyse v. Oligonucleotiden basieren; neuerdings (seit 1978) werden jedoch zunehmend basenspezif. Abbaureaktionen terminal markierter RNAs (ähnl. wie bei der S. von DNA) angewandt. Für die S. von ↗Desoxyribonucleinsäuren wurden Mitte der 70er Jahre zwei Methoden v. A. Maxam und W. ↗Gilbert sowie wiederum von F. Sanger entwickelt. Die *Maxam-Gilbert-Methode* verwendet 4 basenspezif. Abbaureaktionen von 5′- od. 3′-terminal radioaktiv markierten DNA-Fragmenten, die man durch Spaltung klonierter DNA mit ↗Restriktionsenzymen u. an-

Sequenzierung

Die vier Reagenzien zum basenspezif. Abbau terminal radioaktiv markierter DNA bei der S. von DNA nach Maxam u. Gilbert:

a) Dimethylsulfat → Methylierung der Guanin-Reste (G-Spezifität);
b) Alkali bei hoher Temp. → Abbau der Adenin- (u. in geringerem Umfang Cytosin-)Reste (A > C-Spezifität);
c) Hydrazin → Abbau der Cytosin- u. Thymin-Reste (C + T-Spezifität);
d) Hydrazin + Kochsalz → Abbau der Cytosin-Reste u. nur wenig Abbau v. Thymin-Resten (C > T-Spezifität).

Die durch die vier Reagenzien modifizierten bzw. abgebauten Basen verursachen eine chem. Labilität an den betreffenden Positionen der DNA-Kette, so daß diese durch anschließende Behandlung mit Aminen an diesen Positionen gespalten werden kann, wodurch G-, A-(C-), C- und T- bzw. C-terminierte Fragmente entstehen.

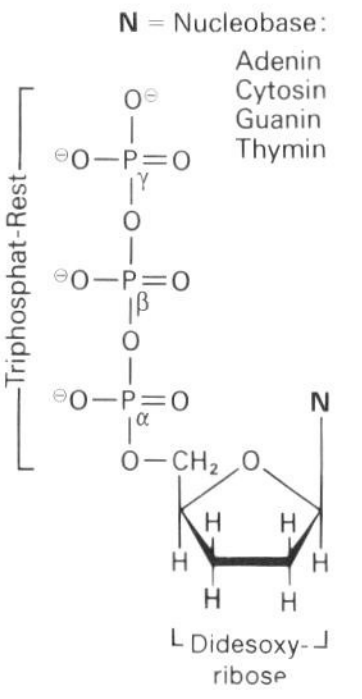

2′,3′-Didesoxyribonucleosid-5′-triphosphate

Strukturformel der bei der S. nach F. Sanger eingesetzten *2′,3′-Didesoxynucleosid-5′-triphosphate*. Um die v. der DNA-Polymerase katalysierte Primer-abhängige Reaktion spezifisch an den *G*-Resten zu unterbrechen, wird 2′,3′-Didesoxy*guanosin*-5′-triphosphat (N = *Guanin*) eingesetzt. Die entsprechenden 2′,3′-Didesoxynucleosid-5′-triphosphate bei den drei anderen Reaktionen enthalten N = Adenin (A-spezifische Terminierung), N = Cytosin (C-spezifische Terminierung) bzw. N = Thymin (T-spezifische Terminierung).

schließende terminale radioaktive Markierung (↗Marker) erhält. Nach limitierter Einwirkung der 4 Abbaureaktionen auf das zu sequenzierende terminal markierte DNA-Fragment werden die entstehenden Gemische v. Abbauprodukten durch ↗Gelelektrophorese aufgetrennt. Das durch anschließende ↗Autoradiographie erkennbare Fragmentmuster erlaubt eine direkte Ableitung der Nucleotidsequenz (☐ Autoradiographie). Die von F. Sanger entwikkelte Methode bedient sich der vier 2′,3′-Didesoxynucleosid-5′-triphosphate (daher die Bez. *Didesoxymethode*), die in 4 getrennten Reaktionen zur Termination v. DNA-Polymerase-katalysierten Reaktionen führen, da wegen der fehlenden 3′-Hydroxylgruppen eine Fortsetzung der DNA-Synthese an einmal eingebauten 2′,3′-Didesoxynucleosid-Resten nicht mögl. ist. Um eine nur partielle Terminierung zu erreichen, werden auch die normalen 2′-Desoxynucleosid-5′-triphosphate (u. eines davon in radioaktiver Form) in allen 4 Reaktionen in sorgfältig abgestimmten Konzentrationen beigemischt. In den 4 (im Ggs. zur Maxam-Gilbert-Methode) *aufbauenden* Reaktionsansätzen resultieren schließl. Gemische von G-, A-, C- bzw. T-terminierten Elongationsprodukten eines an einer definierten Stelle der zu sequenzierenden DNA startenden Primers. Die Elongationsprodukte ergeben nach gelelektrophoret. Auftrennung u. Autoradiographie ein Bandenmuster, das wiederum die direkte Ableitung ihrer Nucleotidsequenz erlaubt. Sie ist zu der als template wirkenden, eigentl. zu sequenzierenden DNA komplementär, weshalb die Nucleotidsequenz der letzteren durch die Basenpaarungsregeln abgeleitet werden kann. Auch bei dieser Methode wird DNA in klonierter Form – meist mit DNA des Bakteriophagen M13 als Vektor, da diese einzelsträngig leicht isolierbar u. mit einem Primer gut hybridisierbar ist *(M13-Methode)* – eingesetzt. Als Primer dienen relativ kurzkettige synthet. Oligonucleotide. *H. K.*

Sequoia *w* [ben. nach dem Cherokee-Häuptling Sequoiah, um 1770–1843], Gatt. der ↗Sumpfzypressengewächse mit *S. sempervirens* (Immergrüner Mammutbaum, Küstensequoia, Redwood) als einziger rezenter Art; bis 110 m hohe u. bis 1500 Jahre alt werdende Bäume mit nadelart. Blättern u. im Vergleich zu ↗*Sequoiadendron* kleineren, 2–2,5 cm langen Zapfen. Die Art kommt nur in den nebelreichen Küstengebirgswäldern bis 1000 m Höhe v. Kalifornien bis SW-Oregon vor; ein im Redwood Creek Grove in Kalifornien stehendes, 112 m hohes Exemplar gilt als der zur Zeit höchste Baum der Erde. Das im Vergleich zu *Sequoiadendron* schnellwüchsigere *Redwood* wird in seiner Heimat auch als wertvolles Bau- u. Möbelholz genutzt (Dichte [lufttrocken] = 0,40 g/cm³). Darüber hinaus wird es vielfach als Zierbaum kultiviert, ist aber in Mitteleuropa frostgefährdet. – Fossil ist die Gatt. bereits aus dem Mesozoikum (Jura, Kreide) bekannt; im Tertiär bildete sie auch in den Braunkohlengebieten Europas (z. B. Rheinische Braunkohle) ausgedehnte Wälder, war aber selbst nicht der wichtigste Braunkohlenbildner (das war ein Angiospermen-Waldmoor).

Sequoiadendron *s* [ben. nach ↗Sequoia, v. gr. dendron = Baum], Gatt. der ↗Sumpfzypressengewächse; einzige rezente Art ist der durch die größeren Zapfen u. die pfriemlichen, schuppenförm. Blätter v. der Gatt. ↗*Sequoia* unterschiedene Riesenmammutbaum *(S. giganteum)*. Er wächst in Kalifornien an den Westhängen der Sierra Nevada in 1500–2500 m Meereshöhe u. erreicht ein Alter von 3000–4000 Jahren, einen Stammdurchmesser von 12 m und Höhen um 100 m. Das größte bisher bekannte Exemplar war 135 m hoch; mit einem Stammdurchmesser von 12 m ist der 89 m hohe „General Grant“ im Sequoia National Park heute der mächtigste Riesenmammutbaum. – Die Gatt. tritt fossil im Tertiär (auch in Europa) auf, ist aber ungleich seltener als *Sequoia*.

sept-, septal- [v. lat. saeptum = Scheidewand, Trennwand, Zaun].

sequenz- [v. lat. sequentia = Folge].

Sequoiadendron giganteum (Riesenmammutbaum)

Ser, Abk. für ↗Serin.

seriale Homologie *w* [v. lat. series = Reihe, gr. homologia = Übereinstimmung], die ↗Homonomie.

Sericin *s* [v. gr. sērikos = chinesisch; Seiden-], ein als Kittsubstanz *(Seidenleim)* in der ↗Seide vorkommendes Protein; enthält 37% Serin, 17% Glycin u. 26% Aspartat; kann als Leimsubstanz od. als Ersatz für ↗Agar zu mikroskop. Zwecken verwendet werden.

Serie *w* [v. lat. series = Reihe], *Series,* Abk. *ser.,* 1) Geologie: Untergliederung eines stratigraphischen Systems (= Ablagerung einer geolog. Periode). 2) Systematik: a) i. w. S. die für die Untersuchung einer bestimmten Art vorliegenden Stücke, i. e. S. die Aufsammlung v. Individuen derselben Art vom selben Fundort am selben Tag. b) Kategorie der bot. ↗Nomenklatur zw. Gatt. u. Art unterhalb der Subsektion (↗Sektion); ↗trinäre Nomenklatur. 3) Morphologie/Phylogenetik: morpholog. bzw. phylogenet. Reihe; ↗Transformations-S.

Seriemas [Mz.; v. Tupí çariama], *Cariamidae,* zu den ↗Kranichvögeln gehörende Fam. südamerikan. Vögel; 2 langhalsige u. hochbeinige, trappenähnl. Arten, die paraguayan., ca. 100 cm große Seriema *(Cariama cristata)* u. die argentin., 78 cm große Tschunja *(C. burmeisteri),* die als Laufvögel offene Baumsteppen bewohnen; Schnabel an der Spitze mit kräft. Haken; ernähren sich v. Insekten u. kleinen Reptilien; 2 Eier; nisten auf Büschen u. Bäumen, wenige Meter über dem Boden.

ser- [v. lat. serum = Molke].

Seriema *(Cariama cristata)*

Serin

Synthese- u. Abbauwege des Serins:

Der im oberen Teil dargestellte, von 3-Phosphoglycerat ausgehende Syntheseweg gilt für tier. Organismen u. Mikroorganismen. In Pflanzen gibt es einen alternativen Weg, der, ebenfalls mit 3-Phosphoglycerat (ein Produkt der Photosynthese; □ Calvin-Zyklus) beginnend, über Glycerinsäure u. Hydroxypyruvat führt. Die Umwandlung v. Glycin zu S. ist durch die Reversibilität gleichzeitig Auf- u. Abbauweg. Die Umwandlung zu Pyruvat ist der dominierende Abbauweg. Enzyme einzelner Schritte sind:

① Serin-Phosphatase,
② Serinhydroxymethyl-Transferase,
③ Serin-Dehydratase

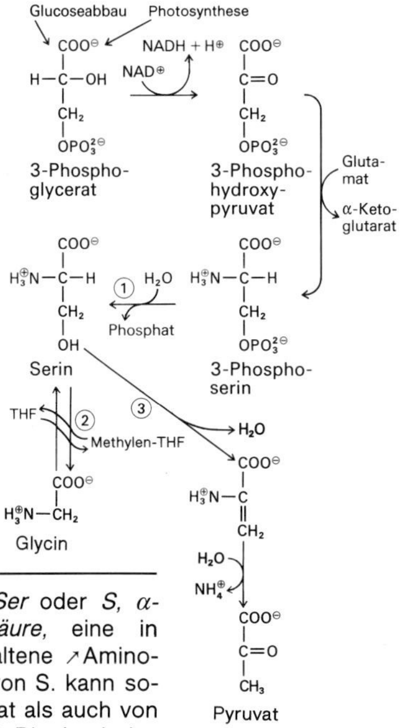

Serin *s* [v. *ser-], Abk. *Ser* oder *S, α-Amino-β-hydroxy-propionsäure,* eine in fast allen Proteinen enthaltene ↗Aminosäure (B). Die Synthese von S. kann sowohl von 3-Phosphoglycerat als auch von Glycin ausgehen (vgl. Abb.). Die durch das Enzym *S.hydroxymethyl-Transferase* katalysierte Umwandlung von Glycin zu S. ist reversibel; aufgrund der mit der Umkehrreaktion gekoppelten Bildung v. Methylen-↗Tetrahydrofolsäure ist S. einer der wichtigsten Einkohlenstoffkörper des Stoffwechsels. Außer zu Glycin kann S. unter der katalyt. Wirkung von *S.-Dehydratase* zu α-Aminoacrylsäure abgebaut werden, die weiter zu Pyruvat reagiert, das entweder über Acetyl-Coenzym A weiter abgebaut od. in die ↗Gluconeogenese eingeschleust wird. Aufgrund der letzteren Möglichkeit zählt S. zu den glucogenen Aminosäuren. Zahlr. Enzyme enthalten S. als Bestandteil des aktiven Zentrums *(S.-Enzyme),* wozu bes. Hydrolasen *(S.-Hydrolasen)* u. deren Untergruppe, die Proteasen *(S.-Proteasen),* gehören. Zu den S.-Proteasen zählen u. a. Trypsin, Chymotrypsin, Elastase, Subtilisin, Plasmin u. Thrombin. Die S.-Reste der S.-Proteasen, wie z. B. der S.-Rest 195 des ↗Chymotrypsins (□), werden bei jeder Substratspaltung vorübergehend verestert (□ Enzyme). Durch Reaktion mit ↗Diisopropyl-Fluorphosphat können die S.-Reste irreversibel blockiert werden. ↗Phosphoproteine.

Serin-Kephaline ↗Phospholipide (□).

Serinus *m* [v. gr. seirēn = Sirene; ein Singvogel, über frz. serin = Zeisig], die ↗Girlitze.

Seriola *w* [Diminutiv v. lat. seria = Tonne], Gatt. der ↗Stachelmakrelen.

Serologie *w* [v. *ser-, gr. logos = Kunde], Lehre v. den Eigenschaften der Blutflüssigkeit (↗Blutserum), insbes. den immunolog. Eigenschaften *(Serodiagnostik);* i. w. S. Lehre v. den chemisch-physikalischen Eigenschaften der Körperflüssigkeiten. ↗Immunologie.

serös [v. *ser-], „serumartig", dünnflüssig, bei s.en ↗Drüsen Bez. für dünnflüssige ↗Sekrete im Ggs. zu mucösen, schleimig dickflüssigen Sekreten, bei Wundsekreten dünnflüssige Ultrafiltrate aus Blutserum.

Serosa *w* [v. *ser-], *Serolemma,* äußere der beiden ↗Embryonalhüllen von ↗*Amniota* (□) und – nicht homolog – v. Wirbellosen (v. a. Insekten). Bei den placentalen Säugetieren (↗*Eutheria)* bildet die S. Zotten u. wird dann als *Zottenhaut* (↗Chorion; □ Placenta) bezeichnet. B Embryonalentwicklung II, III.

Serosjom *m* [russ., = Grauerde], *Sero-* [*sem,* die ↗Grauerde.

Serotonin *s* [v. *ser-, gr. tonos = Spannung], *5-Hydroxytryptamin, Enteramin,* Abk. *5-HT,* im Tier- u. Pflanzenreich ubiquitär verbreitetes ↗Gewebshormon aus der Gruppe der ↗biogenen Amine, das durch Decarboxylierung der Aminosäure 5-OH-↗Tryptophan entsteht. Die Syntheserate wird durch die Tryptophan-Konzentration in Blut u. Gehirn eingestellt. Bei Tieren und Mensch kommt es in enterochromaffinen Zellen der Dünndarmschleimhaut, des Hypothalamus u. Mittelhirns sowie in den Thrombocyten als Granula gespeichert und wahrscheinl. an ATP gebunden vor.

Nach enzymat. Umwandlung wird S. hpts. als 5-Hydroxy-Indolylessigsäure ausgeschieden. Der Abbau erfolgt durch Monoaminooxidase (MAO) u. Aldehyddehydrogenase zu 5-Hydroxyindolylacetat, das über den Harn ausgeschieden wird. Die Wirkungen des S.s sind sehr verschiedenartig, da S. auch ↗Histamin u. ↗Catecholamine freisetzt. Im allg. erfolgt eine Verengung der Blutgefäße u. bei hohen Dosen eine Erhöhung des Blutdrucks. Im Zentralnervensystem besitzt S. ↗Neurotransmitter-Funktion, die jedoch auf wenige Neurone beschränkt ist, deren Zellkörper im Mittelhirn lokalisiert sind. Z. T. sind serotoninerge Neurone an der Regulation des Schlaf-Wach-Rhythmus (↗Schlaf) und der Steuerung einer normalen Stimmungslage beteiligt. Zudem zählt S. zu einer Reihe körpereigener Stoffe, die ↗Schmerz erzeugen, wobei der Mechanismus der Schmerzerzeugung weitgehend ungeklärt ist. Ein Beispiel für S.-Antagonisten, die am Sympathikus angreifen u. vorwiegend zur Migräneprophylaxe u. bei Appetitlosigkeit angewendet werden, ist das Mutterkornalkaloid Methysergid. ↗Melatonin, ↗Chronobiologie (☐). [↗Salmonella.

Serotypen [Mz.; v. *ser-, gr. typos = Typ]

Serpentes [Mz.; lat., =], die ↗Schlangen.

serpenticon [v. lat. serpens = Schlange, gr. kōnos = Kegel], Bez. für sehr ↗evolute, spiral eingerollte Gehäuse v. Kopffüßern.

Serpentinpflanzen; Serpentinit ist ein außerordentlich pflanzenfeindl. Gestein; die Verwitterung seines Hauptminerals *Serpentin,* chem. Formel $Mg_6[(OH)_8Si_4O_{10}]$, ergibt flachgründige, trockene u. stark sauer reagierende Böden *(Serpentinböden)* mit einem bes. geringen Gehalt an Kalium u. Calcium. An diesem schwierigen Standort findet sich eine Reihe spezialisierter Pflanzensippen, die als S. bezeichnet werden. Beispiele: *Asplenium cuneifolium, A. adulterinum* (↗Streifenfarn).

Serpula *w* [lat., = kleine Schlange], **1)** Gatt. der ↗Warzenschwämme; Nichtblätterpilze mit bräunl. gefärbten Hyphen u. Rhizoiden; wichtige Holzzerstörer (vgl. Tab.); fr. wurden die Arten der Gatt. *Merulius* (Fam. *Meruliaceae,* ↗Fältlinge) zugeordnet. ↗Hausschwamm. **2)** Gatt. der ↗Serpulidae.

Serpulidae [Mz.; v. lat. serpula = kleine Schlange], Ringelwurm-(Polychaeten-)-Fam. der ↗*Sabellida* mit ca. 50 Gatt. Körper lang, Prostomium mit Tentakelkrone aus 2 Stämmen mit ↗Radioli, deren ↗Pinnulae in 2 Reihen angeordnet sind; im allg. 1 Radiolus zu einem Operculum differenziert, mit dem die Kalkröhre, in der die Tiere leben, verschlossen werden kann, Peristomium kragenartig erweitert; Strudler. Bekannte Arten ↗*Pomatoceros triqueter, Serpula vermicularis.*

Serpulimorpha [Mz.; v. lat. serpula =

ser- [v. lat. serum = Molke].

serr- [v. lat. serra = Säge; serratus = gesägt].

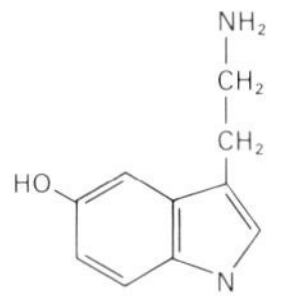

Serotonin

Serpula

Einige holzzerstörende Vertreter:

S. lacrimans (in Gebäuden, Echter ↗Hausschwamm)
S. himantioides (im Freien u. in Gebäuden, Wilder ↗Hausschwamm)
S. pinastri (= *Leucogryophana p.;* Sklerotien-Hausschwamm, Braunfäuleerreger an verbautem Holz in u. außerhalb v. Gebäuden)
S. eurocephala (auf lebendem u. totem Bambus in den Tropen)

Serratia

Arten u. Hauptvorkommen:

S. marcescens [*Bacterium prodigiosum,* Prodigiosus, „Hostienpilz", Wunderbakterium, Bakterium der blutenden Hostie] (Wasser, Pflanzen, Insekten, Menschen)
S. liquefaciens [= S. proteamaculans] (Pflanzen, Insekten, Mensch)
S. plymuthica (Wasser, Pflanzen)
S. marinorubra [= S. rubidaea] (Wasser)
S. odorifera (Pflanzen)
S. ficaria (im Feigen-Feigenwespen-Zyklus)

kleine Schlange, gr. morphē = Gestalt], früher Ringelwurm-(Polychaeten-)U.-Ord. innerhalb der Ord. ↗*Sedentaria.* Beide Einheiten sind nicht mehr gebräuchl.; die *S.* sind heute durch die ↗*Sabellida* ersetzt.

Serradella *w* [v. lat. serratus = gesägt, über port. erradela = Ackerdistel], der ↗Vogelfuß.

Serranellus *m* [v. *serr-], Gatt. der ↗Sägebarsche. [sche.

Serranidae [Mz.; v. *serr-], die ↗Sägebar-

Serrasalmidae [Mz.; v. *serr-, lat. salmo = Salm, Lachs], Fam. der ↗Salmler.

Serrasalmus *m* [v. *serr-, lat. salmo = Salm, Lachs], die ↗Pirayas.

Serratia *w* [v. *serr-], Gatt. der ↗*Enterobacteriaceae;* peritrich begeißelte, gramnegative Stäbchen-Bakterien (0,5–0,8 × 0,9–2,0 μm) mit fakultativ anaerobem, chemoorganotrophem Stoffwechsel. Glucose wird vergärt, Lactose nicht verwertet, die ↗Voges-Proskauer-Reaktion ist (i. d. R.) positiv; extrazelluläre Enzyme hydrolysieren DNA, Lipide u. Proteine (Gelatine); H_2S wird nicht entwickelt, im Minimalmedium kann Citrat als alleinige Energie- u. Kohlenstoffquelle genutzt werden. Viele Stämme von *S. marcescens* u. a. *S.*-Arten *(S. rubidaea* und *S. plymuthica)* bilden in den Zellen einen roten Farbstoff, das *Prodigiosin* (2-Methyl-3-amyl-6-methoxy-prodigiosin). Die blutroten Kolonien von *S.* (möglicherweise auch anderer roter Bakterien) auf Brot, Mehlspeisen, Kartoffeln und bes. auf Hostien („Blutende Hostie") u. Heiligenbildern waren im MA Anlaß zu Wunderglauben u. Wallfahrten, aber auch zu Hexenprozessen u. Teufelsaustreibungen. Früher wurden etwa 23 Arten, dann nur 1 Art, heute wieder 6 Arten unterschieden (vgl. Tab.), die noch in Biovars u. Serovars unterteilt werden. *S.*-Arten können aus Wasser u. Erdboden, v. Pflanzen, Insekten, Nahrungsmitteln u. Krankenhauspatienten isoliert werden. Erst in den letzten Jahren wurde *S.* (hpts. nicht-pigmentierte Formen von *S. marcescens*) als (opportunistischer) Krankheitserreger in Krankenhäusern erkannt; sie können Harnwegs-, Atemwegs- u. Wundinfektionen sowie Sepsis (z. B. durch infizierte Infektionslösungen) hervorrufen. *S.* weist eine hohe natürl. Antibiotikaresistenz auf. In der ↗Biotechnologie dient *S.* zur Herstellung primärer Stoffwechselprodukte (z. B. Ketosäuren, Aminosäuren).

Serratula *w* [v. *serr-], die ↗Scharte.

Serrivomeridae [Mz.; v. *serr-, lat. vomer = Pflugschar], Fam. der ↗Aale 1).

Serropalpidae [Mz.; v. *serr-, lat. palpare = tasten], die ↗Düsterkäfer.

Sertoli-Zellen [ben. nach dem it. Physiologen E. Sertoli, 1842–1910], *Stütz-, Fuß-, Basalzellen,* die Epithelzellen der Samenkanälchen im Hoden v. Säugern. Es sind somatische Zellen mit vielfältigen Funktionen: ihre bes. Zellkontakte bilden die sog.

Blut-Hoden-Schranke; sie produzieren einen Teil der Samenflüssigkeit u. phagocytieren das in der Endphase der Spermiogenese von den fast fertigen Spermien abgestoßene „Restplasma". Die S. werden angeregt vom Testosteron (aus den ↗Leydig-Zwischenzellen) u. vom follikelstimulierenden Hormon aus der Hypophyse; sie selbst produzieren während der Embryonalentwicklung den Müller-Gang-Inhibitor u. wirken so mit bei der Geschlechtsdifferenzierung. ↗Hoden (□).

Sertulariidae [Mz.; v. lat. serta = Girlande], Fam. der ↗*Thekaphorae (Leptomedusae)* mit bilateral angeordneten Polypen, deren Peridermhülle mit dem Stiel der Kolonie mehr od. weniger verwachsen ist; die Hydrotheken haben gut ausgebildete Deckelapparate; Medusen treten nicht auf. Hierher gehören das Zypressenmoos *(Sertularia cupressina)* u. das ↗Korallenmoos *(Hydrallmannia falcata),* die beide als ↗Seemoos bekannt sind. *Sertularella polyzonias* (3,5 cm) ist in Atlantik u. Mittelmeer verbreitet; sie bildet keine Gonophoren mehr aus, sondern erzeugt die Keimdrüsen an mehr od. weniger entwickelten männl. und weibl. Geschlechtspolypen. *Abietinaria abietina* wird bis 30 cm hoch u. lebt an harten Gegenständen in der Laminarienzone u. tiefer. Die häufige Art ist federförmig verzweigt, die Polypen sitzen alternierend in vasenartigen Gehäusen (Atlantik, Nordsee). Die etwa gleich großen Kolonien v. *Thujaria thuja* sehen wie Flaschenputzer aus, da die Zweige horizontal dichotom verzweigt sind u. nach allen Richtungen vom gedrehten Stamm abgehen. Die Hydrotheken sind fast völlig in die Zweige eingewachsen. Die Art kommt in der Nordsee vor. Sehr häufig in Nord- u. Ostsee ist *Dynamena pumila,* die büschelig verzweigt und 5 cm hoch ist; die Gonophoren stellen gallertige Beutel dar, in denen sich die Larven entwickeln. Auch die Gatt. *Nigellastrum* betreibt eine ähnl. Brutpflege, jedoch in komplizierten Brutkammern.

Sertürner, *Friedrich Wilhelm Adam,* dt. Apotheker, * 19. 6. 1783 (Paderborn-)Neuhaus, † 20. 2. 1841 Hameln; entdeckte bei der Untersuchung des Opiums 1806 das ↗Morphin.

Serum *s* [lat., = Molke], 1) ↗Blutserum; 2) ↗Immunserum, ↗Heilserum.

Serumalbumine [Mz.; v. *serum-, lat. albumen = Eiweiß], in Blutserum u. Lymphe enthaltene ↗Albumine; ↗Serumproteine, ↗Blutproteine (□). □ Absorptionsspektrum.

Serumglobuline [Mz.; v. *serum-, lat. globulus = Kügelchen], in Blutserum u. Lymphe enthaltene ↗Globuline (T); ↗Serumproteine, ↗Blutproteine (□), ↗Gammaglobuline.

Serumproteine [Mz.; v. *serum-, gr. prōtos = erster], Proteine des ↗Blutserums (↗Blutproteine, □), lassen sich mit Hilfe biochem., physikal. u.a. Methoden getrennt darstellen. S. sind genet. determiniert; bei einer größeren Zahl v. Proteinen sind genet. gesteuerte Varianten bekannt. Wichtigste dieser Polymorphismen (↗Polymorphismus): ↗*Immunglobuline* (↗Antikörper), ↗*Haptoglobine,* ↗*Transferrine,* ↗*Lipoproteine,* ↗*Coeruloplasmin.* Diese Proteine sind phylogenet. sehr alt; sie finden sich bei allen Säugetieren, bei fast allen Vögeln u. Fischen.

Serumtherapie *w* [v. *serum-, gr. therapeia = Krankenpflege], *Serotherapie,* Behandlung v. Virusinfektionen od. Vergiftungen durch Gabe der spezif. Immunseren (↗Immunserum) in höheren Dosen (z.B. bei Diphtherie, Masern, Tetanus, Schlangenbiß u.a.).

serum- [v. lat. serum = Molke].

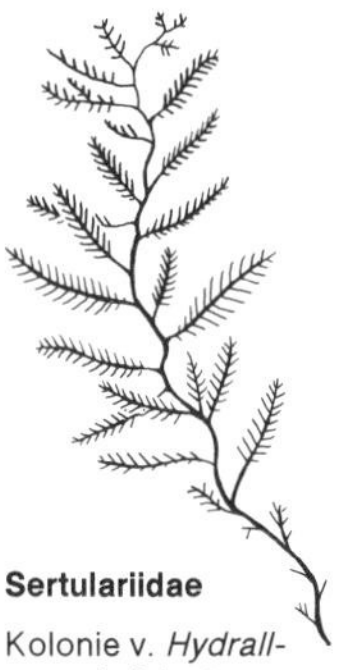

Sertulariidae

Kolonie v. *Hydrallmannia falcata*

F. W. A. Sertürner

Serval
(Leptailurus serval)

Serval *m* [v. port. cerval = Luchs (v. lat. lupus cervarius = Hirschwolf)], *Leptailurus serval,* mittelgroße Kleinkatze der afr. Steppen, (Feucht-)Savannen u. Buschgebiete; Kopfrumpflänge 70–100 cm; langbeinig; Nahrung: Nagetiere, Hasen, Schliefer, Vögel. Fellfarbe (fahlgelb) u. -musterung (dunkle Flecken) variieren stark; kaum noch gefleckt ist die S.katze *(L. s. liposticta),* eine U.-Art des Servals.

Servet *(Servetus), Michael,* eigtl. *Miguel Serveto,* span. Arzt u. Religionsphilosoph, * 29. 9. 1511 Udela (Navarra), † (verbrannt) 27. 10. 1553 Genf; beschrieb in seiner theolog. Streitschrift „Christianismi restitutio" (1553) erstmalig u. unabhängig v. ↗Cesalpinus den kleinen Blutkreislauf (Lungenkreislauf).

Sesam *m* [v. gr. sēsamē = S. (semit. Wort)], *Sesamum,* v.a. in den Trockengebieten O-Afrikas und S-Asiens verbreitete Gatt. der ↗*Pedaliaceae* (S.gewächse) mit 18 Arten. Bei weitem wichtigste Art ist der Indische S., *S. indicum* (B Kulturpflanzen III), eine Jtt. alte Kulturpflanze noch ungewissen Ursprungs. Sie ist 1jährig, ca. 1 m hoch, meist unverzweigt u. besitzt i.d.R. gegenständ., eiförm. Blätter sowie einzeln od. zu mehreren in den Blattachseln stehende Blüten. Diese sind 5zählig, mit weit-

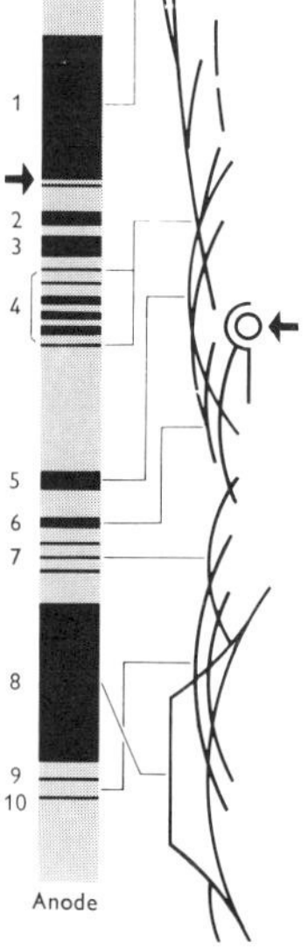

Serumproteine

Gegenüberstellung der Serumproteinmuster (sog. Amidoschwarzfärbung) bei der Immunoelektrophorese u. der Stärkegelelektrophorese.
1 γ-Globulin, **2** hochmolekulares β-Lipoprotein, **3** α_2-Makroglobulin (S-α_2-Globulin), **4** Haptoglobintypus Hp 2-2, **5** Transferrin, **6** Coeruloplasmin (F-α_2-Globulin), **7** 2–3 „Postalbumine" (dabei das α_1-Glykoprotein u. wahrscheinlich auch α_1-Lipoproteine), **8** Albumin, **9** Präalbumin$_2$, **10** Präalbumin$_1$. (Pfeile: Auftragsstellen für Serumproben)

glockiger, weißer bis weinrot gefärbter Krone (ähnl. der des Roten Fingerhuts). Der oberständ., aus 2 Fruchtblättern bestehende Fruchtknoten wird zu einer sich an der Spitze öffnenden, 2–3 cm langen Kapsel mit glatten, gelbl. bis bräunl. gefärbten, ca. 2 mm langen, flachen, eiförm. Samen. Letztere enthalten rund 7% Kohlenhydrate, ca. 25% Protein u. etwa 50% fettes, an Linolsäure reiches Öl. Das durch Pressen u. Extraktion aus den S.-Samen gewonnene *S.öl* ist durch seinen hohen Gehalt an ungesättigten Fettsäuren ernährungsphysiolog. hochwertig u., bedingt durch in ihm enthaltene natürl. Antioxidantien, lange haltbar. Es ist hellgelb, nicht trocknend, geruch- u. fast geschmacklos u. wird sowohl als Speiseöl als auch zur Herstellung v. Margarine verwendet. Der proteinreiche Preßkuchen ist ein wertvolles Viehfutter. Ganze S.-Samen dienen u. a. zum Bestreuen v. Gebäck. *S. indicum* benötigt zum Gedeihen hohe Temp. sowie mäßige Niederschläge. Die Ernte (vgl. Tab.) erfolgt etwa 3 Monate nach der Aussaat. In Afrika werden auch die Arten *S. radiatum* und *S. capense* als Ölpflanzen angebaut.

Sesambein [v. gr. sēsamē = Sesam], *Sesamknochen, Os sesamoides,* allg. Bez. für einen (meist kleinen) Knochen, der in einer Sehne kurz vor deren Ansatz eingefügt ist. Ein S. bewirkt einen steileren Ansatz der Sehne u. verbessert so die Zugwirkung des zugehörigen Muskels. Das größte S. des Menschen ist die Kniescheibe (↗Kniegelenk, ☐). Regelmäßig tritt im Handwurzelbereich das ↗Erbsenbein (☐ Hand) auf; daneben können weitere S.e an der Handwurzel vorhanden sein. Häufig liegt neben den Kapseln der Fingergelenke ebenfalls je ein kleines S. Bis auf Kniescheibe u. Erbsenbein sind Anzahl, Lage u. Größe der S.e bei jedem Individuum verschieden.

Sesamum [v. gr. sēsamon = Schotenfrucht der Sesampflanze], der ↗Sesam.

Sesbania *w* [v. pers. sēsabān = Name dieser Pflanze], Gatt. der ↗Hülsenfrüchtler.

Sesel *w* [v. gr. seselis (ägypt. Wort) = Steinkümmel], *Seseli,* der ↗Bergfenchel.

Sesiidae [Mz.; v. gr. sēs = Motte], *Sesien,* die ↗Glasflügler.

Sesleria *w* [v. *sesler-], das ↗Blaugras.

Seslerietea variae [Mz.; v. *sesler-, lat. varius = verschiedenartig], *Blaugras-Kalksteinrasen,* Kl. der Pflanzenges. (vgl. Tab.) mit Schwerpunkt in den alpiden Gebirgen nördl. des Mittelmeeres; lösen die Trespenrasen nach oben ab; in der alpinen Stufe u. auf Schottern u. Lawinenbahnen tieferer Lage natürl. Vegetation, sekundär anstelle gerodeten Krummholzes.

Seslerio-Caricetum sempervirentis *s* [v. *sesler-, lat. carex = Riedgras, semper = immer, virens = grünend], Assoz. des ↗Seslerion variae.

Indischer Sesam *(Sesamum indicum)*

Sesam

Erntemenge von S.saat (in Mill. t; meist Schätzungen) der wichtigsten Erzeugerländer für 1984

Welt	2,132
Indien	0,550
VR China	0,420
Birma	0,216
Sudan	0,210
Mexiko	0,092

Seslerietea variae

Ordnung und Verbände:

Seslerietalia variae (Alpenkalksteinrasen, alpine Kalkrasen)
- ↗ *Caricion ferrugineae* (Rostseggenrasen)
- ↗ *Seslerion variae* (alpische Blaugrasrasen)

Weitere Hochgebirgsrasen:

↗ *Elynetea,* ↗ *Caricetea curvulae*

sesler- [v. bot.-lat. Sesleria (ben. nach dem dt. Arzt L. Sesler, 18. Jh.) = Blaugras].

Seslerion variae *s* [v. *sesler-, lat. varius = verschiedenartig], *alpine Blaugrasrasen* u. *-halden,* Verb. der ↗*Seslerietea variae;* stockt auf trockenen Rendzinen od. Pararendzinen. Die Assoz. des *Caricetum firmae* (Polsterseggenrasen) ist typ. für sehr flachgründ., skelettreiche, windexponierte Böden, das *Seslerio-Caricetum sempervirentis* (Blaugras-Horstseggen-Halde) benötigt frischere Stellen mit mehr Feinerde.

Sesquiterpene [Mz.; v. lat. sesqui = anderthalbfach, gr. terebinthos = Terpentin(baum)], zu den Isoprenoiden zählende Gruppe v. offenkettigen oder cycl. Kohlenwasserstoffen mit 15 C-Atomen (3 Isopren-Einheiten; Biosynthese: ↗Isoprenoide, ☐). Einzelne Vertreter sind z. B. die acycl. S. ↗*Farnesol* u. *Nerolidol* (↗Neroliöl), das monocycl. S. *Bisabolol* (↗Kamille), die bicycl. S. ↗*Cadinen, Caryophyllen* (↗Nelkenöl) u. ↗*Sirenin* u. die tricycl. S. ↗*Cedrol* u. ↗*Santalol.* S. treten hpts. im Pflanzenreich als Bestandteile v. ↗äther. Ölen auf. Manche S. übernehmen wichtige biol. Funktionen, z. B. die ↗*Abscisinsäure* als Phytohormon, *Rishitin* als ↗Phytoalexin (☐), ↗*Farnesol* als Pheromon, ↗*Sirenin* als pflanzl. Sexuallockstoff u. *Cnicin* (↗Benediktenkraut) als Bitterstoff.

sessil [v. lat. sessilis = sitzend], festsitzend; *s.e* oder *sedentäre Tiere* sind ortsgebunden lebende, zur Lokomotion gar nicht od. nur in geringem Maße fähige Tiere, die in den meisten Fällen Tierstöcke (Kolonien) bilden od. am Substrat festgekittete Gehäuse bewohnen. ↗hemisessil.

Sessilia [Mz.; v. lat. sessilis = sitzend], artenreiche U.-Ord. der *Peritricha;* Wimpertierchen, die, oft mit einem Stiel, auf einem Substrat festsitzen; bilden häufig Rasen od. Kolonien. Aus ihrer sessilen Lebensweise ergeben sich bes. Anpassungen; z. B. ist die Konjugation zu einer einseitigen Befruchtung abgewandelt *(↗ Peritricha).* Bekannteste Art ist das ↗Glockentierchen. Wichtige Gatt.: T Peritricha.

Seston *s* [v. gr. sēstos = gesiebt], Gesamtheit v. ↗Bioseston (↗Nekton, ↗Neuston, ↗Plankton, ↗Pleuston) und ↗Abioseston (↗Detritus); der Anteil des Bio-S.s am S. macht im Süßwasser 75–95%, im Meer nur 10–20% aus.

Seta *w* [v. lat. saeta = Borste], *Kapselstiel,* Bez. für den die Sporenkapsel tragenden Stielteil des Sporophyten bei den ↗Moosen (B I–II).

Setae [Ez. *Seta;* v. lat. saetae =], die ↗Borsten; ↗Haare 2).

Setaria *w* [v. lat. saeta = Borste], die ↗Borstenhirse.

Setzling, 1) Bot.: *Setzpflanze,* Bez. für die ausreichend große Jungpflanze in der Pflanzenanzucht, die aus den Pflanztöpfen od. -beeten mit Wurzelballen an den endgültigen Standort eingepflanzt wird. **2)** Zool.: Jungfisch zum Einsatz in den Teich.

Seuche ↗Epidemie.

sex-, sexual- [v. lat. sexus = Geschlecht; sexualis = geschlechtlich].

Seuchenlehre, die ↗Epidemiologie.
Seveso-Gift [ben. nach dem it. Katastrophenort], *Dioxin,* ↗TCDD.
Sewall-Wright-Effekt [ßiwal-rait-; ben. nach dem am. Genetiker Sewall Wright, * 1889], die ↗Gendrift.
Sewerzow, 1) *Alexei Nikolajewitsch,* russ.-sowjet. Biologe, * 23. 9. 1866 Moskau, † 19. 12. 1936 ebd.; zahlr. vergleichend-anatom. Untersuchungen auf phylogenet. Grundlage u. in konsequenter Anwendung des Biogenetischen Grundgesetzes v. ↗Haeckel; wurde zum Begr. einer Schule der russ. evolutionistischen Morphologie. **2)** *Nikolai Alexejewitsch,* Vater v. 1), russ. Zoologe, * 5. 11. 1827 Woronesch, † 7. 2. 1885 bei Woronesch; bedeutende Arbeiten u.a. zur Ornithologie u. Tiergeographie.
Sex-Chromatin, das ↗Barr-Körperchen.
Sexduktion *w* [v. *sex-, lat. ductio = Führung], die ↗F-Duktion.
Sexpili [Mz.; v. *sex-, lat. pili = Körperhaare], *Geschlechtspili,* die ↗F-Pili; ↗Pili.
Sextanten [Mz.; v. lat. sextans = Sechstel], (Schindewolf 1942), Bez. für die Zwischenräume zw. den 6 Protosepten der *Scleractinia (Cyclocorallia).*
Sexualdimorphismus *m* [v. *sexual-, gr. dimorphos = zweigestaltig], *Geschlechtsdimorphismus,* liegt vor, wenn zw. den Geschlechtern (↗Geschlecht) einer Art deutl. Unterschiede in der Gestalt, Größe, Färbung, Physiologie (z.B. Produktion v. ↗Pheromonen, ↗Milch-Bildung nur bei den ♀♀ der Säugetiere) od. im Verhalten (↗Nest-Bau, ↗brüten, ↗Balz u.a.) bestehen. Derartige Unterschiede werden als *sekundäre* ↗*Geschlechtsmerkmale* bezeichnet. Ein Teil der sexualdimorph entwickelten Eigenschaften steht unmittelbar im Zshg. mit den unterschiedl. Funktionen der Geschlechter bei der ↗Fortpflanzung. So sind v.a. bei vielen Wirbellosen im Zshg. mit der aufwendigen Eiproduktion die ♀♀ größer als die ♂♂. Letztere können bei manchen Arten in der Körpergröße so stark reduziert sein, daß ↗*Zwergmännchen* vorliegen, wie z.B. bei ↗Rädertieren, ↗Wasserflöhen, ↗Anglerfischen. Ein extremer S. in der Größe findet sich beim Igelwurm ↗*Bonellia* (□). Bei manchen Insekten-Arten haben die ♀♀ reduzierte Flügel (↗Flügelreduktion) od. sind gar flügellos, während die ♂♂ voll flugfähig sind (z.B. ↗Frostspanner, ↗Leuchtkäfer). Häufig zeigt sich S. in Strukturen, die im Zshg. mit dem Auffinden (bzw. der Anlockung) eines Geschlechtspartners stehen (vgl. Spaltentext). Bei einigen Arten können die sexualdimorph entwickelten Strukturen auch zur unterschiedl. Einnischung der Geschlechter einer Art führen (↗ökologische Nische, □). Meist steht der S. im Zshg. mit dem Gewinn eines Geschlechtspartners u. ist dann das Ergebnis einer ↗*sexuellen Selektion. Intrasexuelle Selektion* wirkt, wenn zw. Individuen desselben Geschlechts (meist den ♂♂) bezügl. ihrer Chancen, einen Geschlechtspartner zu gewinnen, Rivalität besteht. Das führt zur Ausbildung v. Eigenschaften, die beim Rivalenkampf Vorteile verschaffen, wie z.B. gesteigerte ↗Körpergröße (z.B. bei Robben, Rindern u.a., wo die ♂♂ deutlich größer als die ♀♀ sind) od. zur Entwicklung bes. „Waffen" od. Imponierstrukturen (z.B. Geweih bei Hirschen, Hauer bei Schweinen, Sporn bei den ♂♂ der Hühnervögel, starke Kiefer beim ♂ des ↗Hirschkäfers). *Intersexuelle Selektion* tritt auf, wenn Vertreter des einen Geschlechts (i.d.R. die ♂♂) durch bes. Strukturen u. Verhaltensweisen um das andere (im allg. die ♀♀) werben (↗Balz) u. eine Partnerwahl (meist durch die ♀♀) stattfindet. In solchen Fällen sind (meist bei den ♂♂) spezielle ↗*Prachtkleider* entwickelt, die meist in bes. Balzhandlungen vor dem umworbenen Partner zur Schau gestellt werden (□ Balz, B Ritualisierung). Bes. extrem sind solche Balzkleider bei Arten entwickelt, die ↗Arenabalz zeigen, wie z.B. die ↗Kampfläufer (B Europa VII) u. ↗Paradiesvögel (B Selektion III). S., der im Zshg. mit den Begattungschancen steht, ist v.a. bei Arten mit ↗Polygamie (↗Paarbindung) stärker entwickelt als bei monogam (↗Monogamie) in „Einehe" od. gar „Dauerehe" lebenden Arten (z.B. Gänsen), bei denen ♂♂ und ♀♀ häufig wenig od. nicht differieren (monomorph sind). Allg. bildet jeweils *das* Geschlecht ein in der Balz eingesetztes Prachtkleid aus, das weniger in die Fortpflanzung investiert, d.h. sich weniger od. nicht an der ↗Brutpflege beteiligt. I.d.R. sind das die ♂♂. Die Brutpflege treibenden ♀♀ tragen in

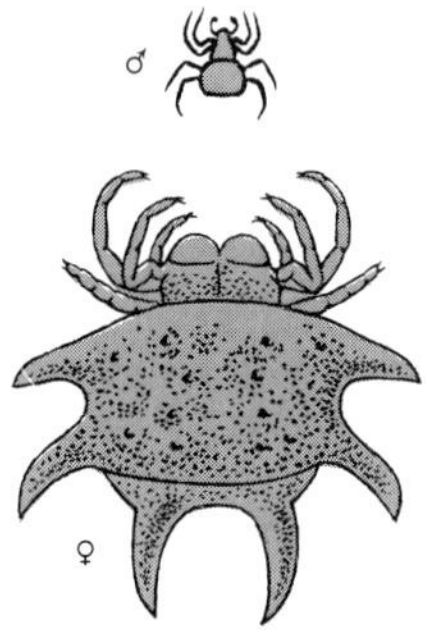

Sexualdimorphismus
S. bei der Stachelspinne *Gasteracantha curvispina*

Sexualdimorphismus und Geschlechterfindung

Zum Auffinden eines Geschlechtspartners werden bei manchen Arten v. einem Geschlecht Locksignale (z.B. ↗Sexuallockstoffe, ↗Pheromone) eingesetzt, und die entspr. Strukturen (z.B. Duftdrüsen, ↗Duftorgane) sind dann nur bei diesem Geschlecht (oft beim ♀) ausgebildet. Das andere Geschlecht hat dann vielfach stark entwickelte Sinnesorgane, die auf diese Signale ansprechen, so z.B. vergrößerte u. stärker entwickelte Fühler (bei den ♂♂ mancher Schmetterlinge) oder, falls das ♀ optisch erkannt wird, vergrößerte Augen, wie die ♂♂ bei den ↗Eintagsfliegen u. den ↗Leuchtkäfern.

Hormonale Steuerung des Sexualdimorphismus

Bei höheren Krebsen (z.B. Krabben) steuert das Hormon einer *androgenen Drüse* die Ausbildung der männl. sekundären Geschlechtsmerkmale. Entfernt man sie experimentell, so entwickelt, z.B. bei Krabben, der Hinterleib die weibl. Merkmale. Verbreitet ist die hormonale Steuerung des S. bei Wirbeltieren. Kastrierte Hirsche bilden kein Geweih aus, kastrierte Hennen werden „hahnenfedrig" (↗Hahnenfedrigkeit), kastrierte Enten entwickeln in der nächsten Mauser das Prachtkleid des Erpels. Diese Abhängigkeit vom Hormonspiegel führt bei manchen Arten dazu, daß das Prachtkleid nur zur Fortpflanzungs- bzw. Balzzeit angelegt wird, weshalb man in diesen Fällen v. *Hochzeitskleidern* spricht. Solche kennt man bei Fischen z.B. vom Stichling, bei Molchen u. unter den Vögeln z.B. bei den Entenvögeln. Hier mausert der Erpel nach der Fortpflanzungszeit in ein Schlichtkleid u. ist dann vom ♀ kaum zu unterscheiden. Bei Arten mit modifikatorischer (phänotypischer) ↗Geschlechtsbestimmung kann der Sexualdimorphismus durch Umweltfaktoren ausgelöst werden, so z.B. beim „Igelwurm" die Ausbildung der Zwergmännchen (↗*Bonellia,* □). Streng genommen liegt hier ein Diphänismus vor (↗Polyphänismus).

solchen Fällen ein tarnfarbenes *Schlichtkleid,* so z. B. bei den Paradiesvögeln od. bei den Enten (B Rassen- und Artbildung II). In den seltenen Fällen, in denen die ♂♂ allein die Brutpflege übernehmen, kann es zu einer Werbung durch die ♀♀ kommen, die dann das Prachtkleid tragen, so z. B. unter den Vögeln bei den ↗Goldschnepfen u. ↗Wassertretern, unter den Fischen bei manchen ↗Seenadeln. Wenn zur Balz ↗Gesang eingesetzt wird, finden sich die Laute produzierenden (↗Lautäußerung) od. verstärkenden Strukturen (z. B. besondere ↗Kehlkopf-Bildungen, ↗Kehlsäcke, ↗Stridulationsorgane) häufig nur bei dem balzenden Geschlecht (meist den ♂♂). – Die individuelle Entwicklung sexualdimorpher Eigenschaften erfolgt bei Wirbeltieren u. höheren Krebsen unter dem Einfluß der männl. bzw. weibl. Geschlechtshormone (vgl. Spaltentext; ↗Sexualhormone). Jeweils nur einem Geschlecht zukommende sekundäre Geschlechtsmerkmale können beim anderen Geschlecht in Form v. Rudimenten (↗rudimentäres Organ) entwickelt sein, so z. B. verkleinerte Brustwarzen bei den ♂♂ der Säuger. In manchen Tiergruppen können bei einigen Arten urspr. sexualdimorph entwickelte Strukturen sekundär zur Eigenschaft beider Geschlechter werden. So ist das ↗Rentier die einzige Art unter den ↗Hirschen, bei denen auch das ♀ ein Geweih ausbildet, u. unter den ↗Fasanen gibt es Arten, in denen beide Geschlechter ein Prachtgefieder tragen (z. B. beim Ohrfasan = *Crossoptilon*). ↗Selektion. *G. O.*

Sexualdrüsen, die ↗Geschlechtsdrüsen.

Sexualduftstoffe, die ↗Sexuallockstoffe.

Sexuales [Mz.; v. *sexual-], Geschlechtsformen im Generationswechsel der ↗Blattläuse; ↗Reblaus (□).

Sexualfaktoren ↗Plasmide.

Sexualhormone [Mz.; v. *sexual-, gr. hormōn = antreibend], *Geschlechtshormone,* bei Wirbeltieren u. Mensch die sich vom ↗Cholesterin ableitenden Steroide (↗Steroidhormone) der ↗*Östrogene,* ↗*Androgene* u. das ↗*Progesteron.* Sie werden in beiden Geschlechtern in den Gonaden (↗Hoden, ↗Ovar) wie auch in der ↗Nebennieren-Rinde (↗Corticosteroide) gebildet, wobei Progesteron beim Mann offenbar nur als sekundäres Stoffwechselprodukt auftritt. Androgene u. Östrogene sind während des Wachstums für die normale körperl. Entwicklung wie für Ausbildung u. Regulation der Gonadenzyklen u. der sexuellen Verhaltensweisen wichtig. Produktion u. Sekretion der S. stehen unter der Kontrolle der in beiden Geschlechtern vorkommenden ↗gonadotropen Hormone FSH (↗follikelstimulierendes Hormon) und LH (↗luteinisierendes Hormon), wobei im männl. Geschlecht die Androgene, im weibl. die Östrogene überwiegen. Die S. bewirken die Differenzierung u. Entwicklung der ↗Geschlechtsorgane (□) u. die Bildung der sekundären ↗Geschlechtsmerkmale. Zu den extragenitalen Wirkungen zählt im wesentl. die Beeinflussung des Sexualverhaltens und v. a. im männl. Geschlecht die Proteinsynthese, insbes. die der Myofibrillen, so daß gegenüber dem weibl. Geschlecht ein relativ hoher Muskelanteil resultiert (↗anabole Wirkung). Unter dem Einfluß der Androgene (↗Testosteron) entwickelt sich das männl. Geschlecht, wobei der ↗Wolffsche Gang erhalten bleibt u. der ↗Müllersche Gang reduziert wird (□ Nierenentwicklung); ohne sie erfolgt die gegenteilige Entwicklung zum weibl. Geschlecht. ↗Hormone (T), ↗Menstruationszyklus (B), ↗Schwangerschaft, ↗Sexualdimorphismus (Spaltentext).

Sexualindex *m* [v. *sexual-, lat. index = Anzeiger], das ↗Geschlechtsverhältnis.

Sexualität *w* [v. *sexual-], *Geschlechtlichkeit,* die Unterscheidung von weibl. und männl. Individuen (↗Geschlecht) aufgrund ihrer ↗Geschlechtsmerkmale, deren Anlage genetisch od. modifikatorisch (↗Geschlechtsbestimmung) bestimmt werden kann. Bei einigen niederen Organismen (u. a. einigen Algen) ohne erkennbare Geschlechtsverschiedenheiten unterscheidet man, aufgrund des physiolog. (Paarungs-) Verhaltens der ↗Gameten, zwischen (+)- und (–)-Organismen oder (z. B. bei Pilzen) zwischen den (männl.) Kerndonatoren und den (weibl.) Kernakzeptoren. Die S. ist die Grundlage der ↗sexuellen Fortpflanzung (↗Fortpflanzung). I. w. S. wird als S. auch das Geschlechtsleben bezeichnet. ↗Sexualität als anthropolog. Phänomen; ↗Befruchtung, ↗Besamung, ↗Sexualvorgänge (B).

Sexualdimorphismus

Im Pflanzenreich ist S. sehr selten u. weniger auffällig, so z. B. beim Ginkgobaum (↗Ginkgoartige), bei dem Unterschiede in der Wuchsform bestehen.

Sexualhormone

Bei Wirbellosen sind S. wenig untersucht; ledigl. bei Arthropoden, insbes. Insekten, wurden ein „EDNH" (egg development neurosecretory hormone, T Insektenhormone) des Gehirns, das auf die Ovarien wirkt, identifiziert sowie die u. a. die Eibildung beeinflussenden Hormone ↗Ecdyson u. ↗Juvenilhormon.

Sexualität als anthropologisches Phänomen

Die biologische Ebene

Wenn wir von Sexualität reden, denken wir in erster Linie an die biologischen Gegebenheiten: die Vereinigung einer männlichen Samenzelle mit der weiblichen Eizelle zum Zwecke der Fortpflanzung. Aber Sexualität hat auch schon im biologischen Bereich eine soziale Funktion, wenngleich sie zu ihrer Sinngestalt erst in ihrer personalen Dimension kommt. Wir haben daher zunächst einmal die biologische Konstitution zu berücksichtigen, ehe wir uns der historischen Konstellation und den soziokulturellen Konstruktionen zuwenden, die den Geschlechtern jeweils einen eigenen Lebenssinn – ihr wesenhaftes Verhältnis zueinander – vermitteln.

Sexualität und Evolutionsaspekte

Im Verlauf der Evolution kam es bereits frühzeitig zu einer gesetzmäßigen Geschlechterdifferenzierung, zum „großen Unterschied und seinen Folgen" (Wickler

u. Seibt, 1983). Zentral im Evolutionsgeschehen steht daher die Differenzierung der Geschlechter mit ihrem naturhaften Trieb, Leben nicht nur zu optimieren, sondern zunächst einmal weiterzutragen. Der Biologe kann das Wesen der Geschlechter kaum anders als vom Diktat der Fortpflanzung her verstehen (Wickler, 1983); er muß aber auch konstatieren, daß sich biologische, psychologische und soziale Faktoren auf einem Gebiete kaum trennen lassen, wo sich Natur außerhalb der Kultur nicht zu manifestieren vermag. Mann und Frau sind „auf Kooperation angelegte, aber verschieden spezialisierte Lebewesen" (Wickler, 1985).

Am Phänomen der Partnerschaft zeigt sich, in welcher Weise die Sexualität im Verlaufe der Evolution zunehmend jene Differenzierung erfuhr, die dann in den menschlichen Reifungsstadien noch einmal entscheidend geprägt wurde, wie sich bei der Partnerwahl zeigt, beim Partnerwechsel und auch bei den modernen Emanzipationsbestrebungen der Partner. Hier haben wir eindeutig zwischen den evolutionär geprägten Geschlechtsfunktionen und den eher sozial normierten Geschlechterrollen zu differenzieren. Hier zeigt sich, daß Partner nicht nur *ent*stehen, sondern in ihrem Zusammenleben *be*stehen (Wickler, 1983). An die Stelle des Körpers, den ich *habe,* ist der Leib getreten, der ich *bin* (Marcel, 1968).

Sexualität beim Menschen

So finden sich bei Kindern beiderlei Geschlechts schon beträchtliche Sexualhormonspiegel im Blut, die für das spätere libidinöse Verhalten der Partner bedeutsam werden. Sexualität beim Menschen ist letztlich „die Auswirkung von neurophysiologischen und biochemischen Aktivitäten eines Gehirns, das geschlechtsspezifisch geprägt und durch Lernprozesse, d.h. Erziehung und erzwungenes oder reflektiertes Rollenverständnis, modifiziert ist" (v. Eiff, 1985). Daraus erweist sich einerseits eine tiefgreifende biologische Verankerung, andererseits aber auch die Formbarkeit durch Erziehung und Umwelteinflüsse. Die Sexualität dient daher in gleicher Weise – ohne einen *finis primarius* – der Fortpflanzung wie der Verwirklichung der Liebe.

Sexualität – ein anthropologisches Phänomen

Gleichwohl wird es kaum möglich sein, beim Geschlechtsverhalten zu entscheiden, was „biologisch vorgegeben" und was „kulturell aufgesetzt" wurde. Die Sexualität ist bei aller Eingebundenheit in die biologischen Gegebenheiten ein anthropologisches Phänomen. Mann und Frau stehen in einem vielfältig verwobenen sozialen Netz, was vor allem in kulturhistorischer Beleuchtung deutlich wird.

Der historische Hintergrund

Materialien liefern uns neben der Ur- und Frühgeschichte, der Ethnologie und Kulturanthropologie vor allem die Religionswissenschaften, die Rechtsgeschichte, die Tiefenpsychologie, neuerdings auch die Familienforschung und die Alltagsforschung.

Über den Sexus in archaischen Hochkulturen wissen wir wenig. Im Alten Testament gilt der Bund zwischen Gott und der Kreatur als „der innere Grund" der Schöpfung, wobei die Schöpfung als „der äußere Grund" des Bundes erscheint (Barth, 1957). Das Verhältnis zwischen Mann und Frau wird dabei zur Epiphanie dieses Bundes. Über die Kirchenväter gelangt demgegenüber die platonisch-manichäische Verurteilung von Sinnlichkeit und Sexualität ins hohe Mittelalter; im 12. Jahrhundert bilden sich asketisch-spiritualistische Sekten, wie die Katharer. Allgemein gilt den Scholastikern das Weib als *homo imperfectus* (Albertus) oder *mas occasionatus* (Thomas).

Auf der anderen Seite hat die Kirche mit der Heiligung der Ehe durch das Sakrament der sozialen Bedeutung der Geschlechtsgemeinschaft eine prinzipielle und dauerhafte Grundlage gegeben. Nach der Sexualtheorie der heiligen Hildegard von Bingen (1098–1179) gehört die Geschlechtsgemeinschaft zum Urstand, der *constitutio prima* in einer *genitura mystica;* Mann und Frau sind *in honestate* konstituiert und zum Liebesbund geschaffen *(in uno amore).* Ausdruck dafür ist die leibhaftige *conjunctio;* Sinn der Kopulation ist neben der Fruchtbarkeit immer auch die Lebensentfaltung der Partner *(opus alterum per alterum).* Das Geschlechtsleben wird darüber hinaus als Abbild der innertrinitarischen Begegnung der Gottheit gedeutet.

War bei Hildegard die Sinnlichkeit eher eine Erinnerung an die *genitura mystica* des Paradieses, so wird sie bei Albertus Magnus bereits zum Mahnbild des Sündenfalls. Die Lust beim Geschlechtsverkehr muß durch höhere Güter erst sekundär motiviert werden. Nach Wilhelm von Auvergne und auch bei Bonaventura wird eine solche gewaltsame Hinordnung des Willens auf die Ehegüter während der ganzen Dauer des Geschlechtsverkehrs als unerläßlich angesehen. In breiter Ausführlichkeit erscheint das Sexualverhalten in den *„Opera Medica"* (Cod. lat. 1877 (s. XIII) f. 263^{r}–285^{v}) des Petrus Hispanus, Physikus zu Siena und später Papst Johannes XXI. († 1277). Die geschlechtliche Vereinigung wird als *unio convenientis cum conveniento* deklariert, wobei das Phänomen der Partnerschaft dominiert. Der Akt selber gewährt, im Gegensatz zur partiellen Befriedigung beim Essen, eine generelle Lust; er ist ein *„opus nobilissimum"* (f. 263vb).

Die spätmittelalterliche Scholastik differenziert stärker zwischen dem auf Zeugung gerichteten Akt *(actus naturae)* und

einem personalen Hingabeakt *(actus hominis)*, wodurch das gezeugte Kind zum *„bonum naturae"* werde. Es gab dabei Auseinandersetzungen zwischen den Positionen: das Gelöbnis bereits mache die Ehe *(consensus, non copula, facit nuptias)*, und: die Ehe werde rechtswirksam erst durch den Akt *(non est inter eos matrimonium, quos non copulat commixtio corporum)*.
In ganzheitlicher Sicht wird die Sexualität erst wieder bei Theophrastus von Hohenheim (1493–1541) erfaßt, der sich später Paracelsus nannte. Hier erscheint die Frau als „die kleineste Welt". Die Geschlechtsvereinigung vollzieht sich nach dem partnerschaftlichen Gesetz des „eins vom andern". Eva ist aus Adam erschaffen worden, „auf daß eine Konkordanz da sei". Die Frau heißt demnach: das Ackerland, der Lebensbaum, der Mutterschoß, „die Welt des Mannes" (IX, 194).
Die positivistische Anthropologie der Neuzeit fand ihren Höhepunkt im Biologismus und Darwinismus des 19. Jahrhunderts. In der menschlichen Geschlechtlichkeit wird nichts anderes gesehen als eine von der Evolution getragene Weiterentwicklung der animalischen Sexualität. Als Pioniere der modernen Sexualforschung gelten Albert Moll (1862–1939), der im Jahre 1913 eine „Internationale Gesellschaft für Sexualforschung" ins Leben rief, Iwan Bloch (1872–1922), der 1906 den Begriff „Sexualwissenschaft" prägte, sowie Magnus Hirschfeld (1868–1935), der nach dem Ersten Weltkrieg in Baden ein „Institut für Sexualwissenschaft" gründete und 1928 jene „Weltliga für Sexualreform" konstituierte, die Wilhelm Reich (1897–1957) zu einer „sexuellen Revolution" (1945) ausgebaut hat. Im Sinne der Hegelschen Thesis und Antithesis zur Synthesis sieht Iwan Bloch die mannweibliche Differenziertheit zu immer stärkerer Individualisierung und Vergeistigung gelangen, ohne daß die biologische Grundstruktur als Basis aufgegeben wurde. Sexualwissenschaft wird damit erstmalig als anthropologische Disziplin aufgefaßt, die eingereiht wird in „die Wissenschaft vom Menschen überhaupt, in der und zu der sich alle Wissenschaften vereinen".

Beginn der modernen Sexualforschung

Psychopathologie des Sexuallebens

Die Psychopathologie des Sexuallebens hat zu allen Epochen der Kulturgeschichte monströse Formen gezeitigt (vgl. Leibbrand, 1972; Wettley, 1959), besonders im Zeitalter der Aufklärung. Jede Äußerung des Geschlechtstriebes, die nicht den Zwecken der Fortpflanzung entspricht, wird in der „Psychopathia sexualis" (1886) von Krafft-Ebing als pervers bezeichnet. P. J. Moebius konnte sich in seiner Abhandlung „Über den physiologischen Schwachsinn des Weibes" (Halle 1907) zu der Behauptung versteigen, die Frau habe ein paar Hirnwindungen weniger, wie sie überhaupt kein „männliches Gehirn" haben dürfe, weil dann ihre „weiblichen Organe" Schaden nähmen und sie bald nichts weiter sei als ein „abstoßender und nutzloser Zwitter"!
In seiner „Psychopathia sexualis" hatte Krafft-Ebing erstmals eine Systematik der Anomalien des Geschlechtslebens aufzustellen versucht. Demgegenüber betonen moderne empirische Analysen, wie die Kinsey-Reporte (1948; 1953), daß die als Anomalien geltenden Formen der sexuellen Betätigung keineswegs pathologisch seien, vielmehr als natürliche Varianten des Sexualverhaltens zu gelten hätten.
Das Grundphänomen der sexuellen Abnormität wird von modernen Soziologen (Schelsky) wie Psychiatern (Bürger-Prinz) als Verfehlen des Partners im Aufbau der primären Sozialbeziehung gesehen. So verschließt der Solipsismus, das Verharren beim eigenen Leibe, den ursprünglichen Zugang zur Soziabilität. Angesichts der durchgehenden Unsozialität der sexuell Abnormen läge demnach die Perversion prinzipiell im Autistischen der sich isolierenden Persönlichkeit. Unter diesen Kriterien wird auch die Homosexualität als Ausrichtung des sexuellen Verhaltens auf den Partner des eigenen Geschlechts aufgefaßt. Bei tierischen Männchen ist sie nur unter abnormen Bedingungen, beim Weibchen nicht sicher bekannt, insofern unter die anthropologischen Konstituenten zu rechnen.
Es ist kein Zufall, daß sich beim Menschen „Paarbindung" nicht nur in Brunstzeiten findet, sondern auch in einer Phase noch, wo die Sexualität keine Fortpflanzungsfunktion mehr hat, so daß die Phänomene der Partnerschaft wiederum in den Vordergrund treten.

Die soziale Dimension

Sexualität erschöpft sich nicht im biologischen Ablauf; sie hat eine vorwiegend soziale Funktion. Seit Aristoteles betrachten Philosophen wie Mediziner den Menschen als ein genuines Gemeinschaftswesen, das *zoon politikon*, ein *animal politicum*, wobei Albertus Magnus noch einmal zu differenzieren wußte, wenn er – mit Aristoteles – sagt: Der Mensch ist ein *animal politicum*, aber er ist noch etwas mehr, nämlich ein *animal magis conjugale quam politicum* (Ethic. Nic. VIII, 14); er ist angewiesen auf die kleinste konkrete Gemeinschaft, auf die Partnerschaft von Mann und Frau *(Ergo conjugium magis est naturale quam politicum)*.
Hier kommt bereits zum Ausdruck, daß es die Familienhaftigkeit ist, welche die Struktur der Partnerschaft bestimmt. Die Ehe galt dem mittelalterlichen Menschen eher als eine soziale Fürsorgegemeinschaft. Mit der Begründung der Philosophischen Anthropologie (Max Scheler; Helmuth Pless-

ner; Arnold Gehlen) hat sich allgemein die Einsicht durchgesetzt, daß das menschliche Triebleben auf kulturelle Führung angewiesen sei. Die „kulturelle Überformung der sexuellen Antriebe" gehört – analog zu Werkzeug und Sprache – zu den elementaren Kulturleistungen des Menschen. In der Regulierung des Geschlechtsverhaltens haben wir nicht weniger als die „primäre Sozialform alles menschlichen Verhaltens" zu sehen (Schelsky, 1955). Mit der zunehmenden Integrierung des Geschlechtslebens ins Gesamtgefüge der eigenen Person erweist sich die Sexualität als Vehikel personaler Beziehungen (Frankl, 1975).

Psychologische und tiefenpsychologische Aspekte

Begriffe wie Trieb, Instinkt oder auch Libido sind unscharfe Hypothesen und bedürfen – wie etwa „Geschlechtstrieb" – stets einer philosophischen Interpretation oder psychologischen Ausleuchtung. Nur so ist es zu verstehen, daß Bisexualität im tierischen Bereich bereits als biologischer Vorentwurf der menschlichen Liebe gesehen wird (Portmann, 1969).
Einen erweiterten Zug erhielt die Psychologie des Sexuallebens durch Sigmund Freud (1856–1939), der das „Lustprinzip" als omnivalenten Ausdruck des Seelenlebens sah, als die tragenden „Elemente" im „seelischen Apparat". Demnach wäre „Liebe" weder primitive Lustbefriedigung noch existentielle Angstbefreiung, sondern ein höchst komplexer Lebensvollzug zur Selbstdarstellung und Gemeinschaftsbildung. In seinen „Abhandlungen zur Sexualtheorie" (1905) hat Freud erstmals die Problematik der Kräftefelder des Triebes, der Gesellschaft und der Moral freigelegt. Einen Schritt weiter ging C. G. Jung, der in der Differenzierung von *animus* und *anima* eine psychische Ganzheitsstruktur des Menschen fand, in der das gegengeschlechtliche Unbewußte eingebunden ist. Eine radikalere Position nehmen moderne Psychologen und Soziologen ein, wenn sie die Sexualität als ausschließliches Produkt soziokultureller Einflüsse auffassen. „Man kommt nicht als Frau zur Welt, man wird es" (Beauvoir, 1952), eine Auffassung, die bis zum Tage als beständiger Appell zur Emanzipation Verwendung fand.

Die Rolle des Schamgefühls

In phänomenologischer Sicht ist es vor allem das Schamgefühl, das allein schon eine absolute Distanz zwischen dem Anthropologischen und dem Biologischen vermuten läßt. Hierbei gilt es nochmals zu unterscheiden zwischen dem männlichen und dem weiblichen Schamgefühl, welch letzteres eher Bestandteil sexueller Anziehungskraft ist. Als Einzelobjekte der Scham kennen wir – je nach Kulturkreis – den Mund (so im arabischen Raum), die Füße (so im alten China) oder auch spezifische Schamteile *(pudenda)*. Max Scheler (1933) sieht die Funktion der Scham in der Ablösung des Lustempfindens vom eigenen Leib und in der Aufschließung der Partnerkommunikation. Die Wirkung des Schamgefühls läge demnach in der „Erlösung vom Autoerotismus" und der „Freisetzung geschlechtlicher Sympathie". Scheler nennt daher den Geschlechtstrieb „ein Bauwerk der drei voneinander unabhängig bestehenden Kräfte: Libido, Scham, Sympathiegefühl", die insgesamt erst die Sexualität zu einem personalen Auftrag machen.

Sexualität erscheint letztlich als Medium der Selbsthingabe wie der Fortpflanzung und zugleich Selbstüberschreitung; sie äußert sich als Vehikel einer doppelten Transzendenz: zum anderen Geschlecht *hin* und auf die nächste Generation *zu.* Über das Biologische und Anthropologische hinaus wird hier das Geschlecht ins Metaphysische erhoben: daß eins *in* das andere eingebunden und somit erst *aus* dem anderen zu verstehen ist.

Lit.: *Acton, W.:* The Functions and Disorders of the Re-productive Organs. London 1857. *Barth, K.:* Die kirchliche Dogmatik III/1. Zürich [3]1957. *Beauvoir, Simone de:* Das andere Geschlecht. Sitte und Sexus der Frau. Hamburg 1952. *Beck, H., Rieber, A.:* Anthropologie und Ethik der Sexualität. München, Salzburg 1982. *Bloch, I.:* Das Sexualleben unserer Zeit in seinen Beziehungen zur modernen Kultur. Berlin 1906. *Eiff, A. W. von:* Anthropologisch-biologische Grundlagen einer interdisziplinären Diskussion über menschliche Sexualität. In: Wesen und Sinn der Geschlechtlichkeit. Hg. N. A. Luyten (1985), 251–260. *Evola, J.:* Metaphysik des Sexus (1962). Stuttgart 1983. *Frankl, V. E.:* Anthropologische Grundfragen der Psychotherapie. Bern, Stuttgart, Wien 1975. *Haeberle, E. J.:* Die Sexualität des Menschen. Handbuch und Atlas. Berlin, New York 1983. *Hirschfeld, M.:* Sexualpathologie in drei Bänden. Bonn 1914–18. *Leibbrand, A.* und *W.:* Formen des Eros. Kultur- und Geistesgeschichte der Liebe. 2 Bde. Freiburg, München 1972. *Löwith, K.:* Das Individuum in der Rolle des Mitmenschen. Darmstadt 1969. *Luyten, N. A.* (Hg.): Wesen und Sinn der Geschlechtlichkeit. Freiburg, München 1985. *Marcel, G.:* Sein und Haben. Paderborn [2]1968. *Moll, A.* (Hg.): Handbuch der Sexualwissenschaft. Leipzig 1912. *Mühlmann, W. E.:* Die Metamorphose der Frau. Berlin [2]1985. *Portmann, A.:* Biologische Fragmente zu einer Lehre vom Menschen. Basel, Stuttgart [3]1969. *Schelsky, H.:* Soziologie der Sexualität. Hamburg 1955. *Schipperges, H.:* Zur Bedeutung der Geschlechtlichkeit in medizinhistorischer Sicht. In: Wesen und Sinn der Geschlechtlichkeit. Hg. N. A. Luyten. S. 171–211. Freiburg, München 1985. *Sigusch, V.* (Hg.): Sexualität und Medizin. Köln 1979. *Wettley, A.:* Von der „Psychopathia sexualis" zur Sexualwissenschaft. Stuttgart 1959. *Wickler, W.:* Sind wir Sünder? Naturgesetze der Ehe. München 1969. *Wickler, W. Seibt, U.:* Männlich – weiblich. Der große Unterschied und seine Folgen. München, Zürich 1983. *Wickler, W.:* Die Natur der Geschlechterrollen – Ursachen und Folgen der Sexualität. In: Wesen und Sinn der Geschlechtlichkeit. Hg. N. A. Luyten. S. 67–102. Freiburg, München 1985.

Heinrich Schipperges

Sexuallockstoffe, *Sexualduftstoffe, Sexualpheromone,* zu den ↗Pheromonen zählende Gruppe leicht flüchtiger chem. Botenstoffe (↗Duftstoffe), die, über den Geruchssinn wahrgenommen, der innerartl. ↗Kommunikation dienen u. von einem Geschlecht zur Anlockung u. sexuellen Erregung des Partners eingesetzt werden. Bei Arthropoden werden sie aus drüsenartig umgewandelten epidermalen Zellen freigesetzt, die je nach Art an verschiedenen Stellen des Körpers lokalisiert sind. Die Synthese erfolgt hier z.T. de novo aus Acetat u. Nahrungsbestandteilen od. aber aus aufgenommenen sekundären Pflanzenstoffen, insbes. Monoterpenen. Bekanntester S. der Insekten ist das ↗*Bombykol* (☐). Bei Säugern werden S. während der Brunftzeit gebildet. Nachdem es gelungen ist, S. synthetisch herzustellen, kann man mit ihrer Hilfe Schädlinge (z.B. ↗Borkenkäfer) an bestimmten Stellen konzentrieren u. dort lokal, u.U. auch unter gezieltem Einsatz v. Insektiziden, vernichten (↗biotechnische Schädlingsbekämpfung). – Als Folge einer kulturellen Entwicklung kann beim Menschen das Parfüm als S. gelten. ↗chemische Sinne, ↗Duftorgane.

Sexualorgane, die ↗Geschlechtsorgane.

Sexualtäuschblumen, Blüten, die mit Duft (↗Blütenduft), Form u. Farbe Insektenweibchen nachahmen (Mimikry) u. dadurch die Männchen anlocken. Diese versuchen sich mit den Blüten zu paaren (Pseudokopulation) u. übertragen dabei den Pollen. S. sind nur v. ↗Orchideen bekannt. Sie wurden in verschiedenen Kontinenten unabhängig voneinander entwikkelt. Am besten untersucht ist die Beziehung zw. der mediterran verbreiteten Gatt. *Ophrys* (↗Ragwurz) u. ihren Bestäubern. Jede *Ophrys*-Art lockt durch spezif. Duft Männchen nur einer Art (manchmal mehrerer verwandter Arten) an. Sie imitiert mit Duft u. Aussehen sowie taktilen Signalen die paarungsauslösenden Schlüsselreize für das Männchen. Dadurch bildet die Bestäuberart einen effektiven prägamen Isolationsmechanismus für die *Ophrys*-Art, der Bastardierung verhindert. Innerhalb der Gatt. *Ophrys* kann man 2 Pollinientransportareale unterscheiden: die Vertreter der *O. fusca*-Gruppe befestigen die Pollinien an der Abdomenspitze, alle anderen am Kopf des Insekts. Dies ist durch den unterschiedl. „Haarstrich“ auf der Lippe der Blüte bedingt. [B] Zoogamie.

Sexualverhalten, bei Tieren unübl. Zusammenfassung v. ↗Balz u. ↗Begattung (Kopulation). S. beim Menschen: ↗Sexualität als anthropolog. Phänomen.

Sexualvorgänge, alle Vorgänge, die direkt od. indirekt der Neu- bzw. Umkombination v. Erbanlagen als dem biologisch entscheidenden Sexualvorgang dienen. Dieser erfolgt bei der echten ↗Sexualität durch ↗Meiose u. ↗Karyogamie, bei der ↗Parasexualität auf andere Weise. Innerhalb einer Art gibt es i.d.R. nur zwei an Sexualvorgängen beteiligte Funktionstypen (sexuelle Bipolarität, bipolare Zweigeschlechtlichkeit; ↗Geschlecht). S. sind im Prinzip unabhängig v. ↗Fortpflanzung u. ↗Vermehrung, aber meist mit diesen verknüpft. ↗sexuelle Fortpflanzung. [B] 420.

sexuelle Fortpflanzung, *geschlechtliche Fortpflanzung, generative Fortpflanzung,* Typ der ↗Fortpflanzung, der durch ↗Meiose ([B]) und ↗Karyogamie (Kernverschmelzung; ↗Befruchtung i.e.S.) als Mechanismen der ↗Rekombination u. Neukombination v. Genen (↗Mendelsche Regeln, [B] I) gekennzeichnet ist. Diese beiden Schritte zur Erhöhung der genet. Vielfalt können in verschiedenen Zeitabständen aufeinander folgen. So erfolgt bei ↗Diplonten (z.B. Mensch, Metazoen) die Meiose unmittelbar vor der Bildung der ↗Gameten (die ggf. ↗Syngamie u. Karyogamie vollziehen), bei ↗Haplonten (z.B. einigen niederen Algen u. Pilzen) unmittelbar nach der Karyogamie, bei ↗Diplo-Haplonten sind Meiose u. Karyogamie auf zwei ↗Generationen verteilt (↗Generationswechsel; [B] Algen V). Bei bestimmten Typen der *unisexuellen Fortpflanzung* (↗Parthenogenese) unterbleibt die Karyogamie, bei anderen sogar die Meiose. Im letzteren Fall ist der (stark abgeleitete) Fortpflanzungsmodus nur noch als sexuell zu definieren, wenn die Fortpflanzungszellen in einer ↗Gonade entstehen. Andererseits sind ↗Sexualvorgänge (genetische Neu- bzw. Rekombination) nicht zwingend an Fortpflanzung u. ↗Vermehrung gekoppelt ([B] Sexualvorgänge). Bei getrenntgeschlechtlichen Tierarten (↗Getrenntgeschlechtlichkeit) entstehen die männlich bzw. weiblich differenzierten Gameten in

Sexuallockstoffe

Die Empfindlichkeit der Rezeptoren für S. ist bei Insekten erstaunl. groß. So genügt bei ↗Seidenspinner-Männchen 1 Molekül des weiblichen S.s (↗Bombykol) für eine Erregung der Rezeptorzelle. Bei insgesamt etwa 25000 Rezeptorzellen auf der Antenne reichen bereits ca. 40 Molekültreffer aus, um das Männchen entlang der entspr. Windrichtung zum Weibchen zu leiten.

Schematische Abfolge der Perzeption der S.:

– Adsorption an den cuticulären Rezeptor
– Diffusion an Bindungsstellen
– Bindung an den Rezeptor
– Aktivierung des Rezeptors
– Änderung des Membranpotentials
– Inaktivierung

sex-, sexual- [v. lat. sexus = Geschlecht; sexualis = geschlechtlich].

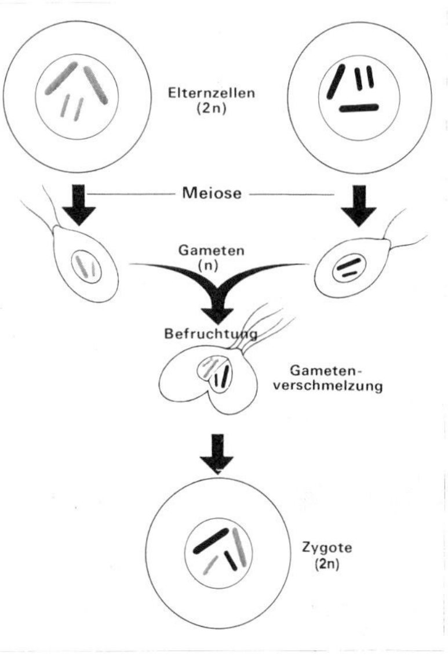

Schema der sexuellen Fortpflanzung

Die sexuelle Fortpflanzung ist von den Einzellern bis zu den höchst entwickelten Lebewesen durch zwei Schritte gekennzeichnet: durch die *Befruchtung,* wobei zwei Geschlechtszellen (Gameten) verschmelzen *(Plasmogamie, Syngamie)* und ihre Kerne sich vereinigen *(Karyogamie),* und die *Meiose.* Die Meiose erfolgt jeweils in einer bestimmten Phase der Entwicklung eines Lebewesens. Sie ist die Voraussetzung für die Bildung haploider Zellen, aus denen Geschlechtszellen entstehen können.

SEXUALVORGÄNGE

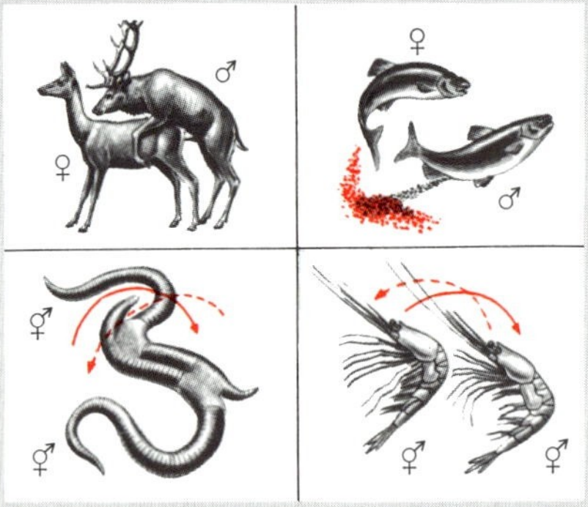

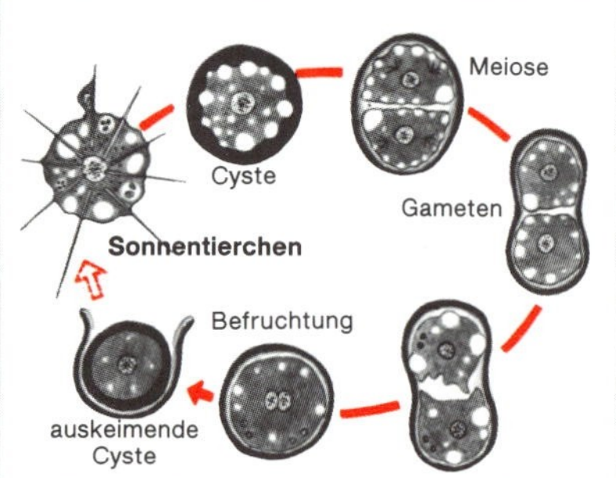

Sexuelle Fortpflanzung ohne Vermehrung

Sexualität ohne Fortpflanzung

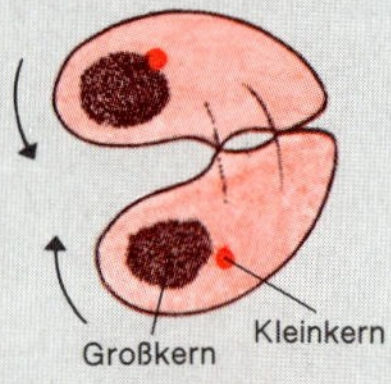

Geschlechtliche oder *sexuelle Fortpflanzung* verläuft immer über einzellige, haploide Fortpflanzungsgebilde, die bei Tieren – mit Ausnahme parthenogenetischer Formen – stets unmittelbar miteinander zur Zygote verschmelzen und gewöhnlich durch Zellteilung zum neuen Individuum heranwachsen. Die biologische Bedeutung der *Sexualität* besteht im Hervorbringen erbverschiedener Individuen. Viele Tiere, wie z. B. Insekten und Wirbeltiere, sind daher *getrenntgeschlechtlich,* sie erzeugen entweder Ei- oder Spermazellen. Die Vereinigung der Gameten bzw. der Zellkerne kann sich im Körper des weiblichen Tieres vollziehen (*innere Befruchtung,* z. B. Säugetiere) oder außerhalb des Körpers (*äußere Befruchtung,* z. B. Lachsfische). Auch bei *Zwittern* (Symbol ⚥) mit männlichen und weiblichen Geschlechtsorganen, wie z.B. beim Regenwurm, der Weinbergschnecke oder bei manchen Krebsen, liegt gewöhnlich Fremdbefruchtung vor.

Sexualität ist in der Regel mit *Fortpflanzung* (Bildung von neuen Individuen) und *Vermehrung* (Erhöhung der Individuenzahl) verbunden. Bei den *Einzellern* ist die Sexualität jedoch gelegentlich davon abgekoppelt. So werden beim *Sonnentierchen* (*Actinophrys sol,* Abb. oben) in einer Cyste nur zwei Gameten erzeugt, die dann wieder miteinander verschmelzen. Durch die eingeschaltete Meiose kommt es zu einer Neukombination der Gene, so daß sich das neue, aus der Verschmelzung zweier Geschwistergameten entstandene Individuum genetisch von der Elternzelle unterscheidet. *Wimpertierchen* erzeugen neue Genotypen, indem sich zwei Tiere aneinanderlagern (Abb. unten) und nach meiotischer Teilung des Kleinkerns und Auflösen des Großkerns haploide Kerne austauschen, die miteinander verschmelzen *(Konjugation).* Anschließend trennen sich die beiden Individuen wieder.

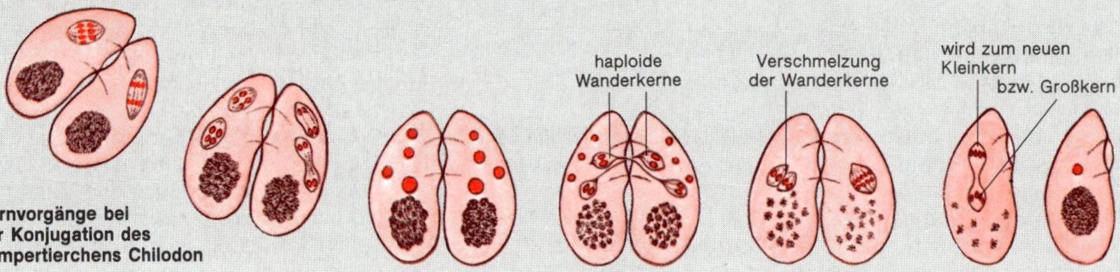

Kernvorgänge bei der Konjugation des Wimpertierchens Chilodon

verschiedenen Individuen, bei ↗Zwittern im gleichen (↗Zwittrigkeit). Allerdings wird auch bei Zwittern eine Selbstbefruchtung i. d. R. erschwert od. verhindert (z. B. durch ↗Proterandrie). ↗Sexualität, ↗Befruchtung, ↗Besamung.

sexuelle Prägung ↗Prägung.

sexuelle Selektion *w* [v. lat. selectio = Auslese], *geschlechtl. Zuchtwahl,* eine Form der ↗Selektion, auf die bereits Darwin (1859) hingewiesen hat. Die s. S. wird zur Erklärung der evolutiven Entstehung v. sexualdimorphen Signalstrukturen (↗Sexualdimorphismus), wie Prachtkleidern (Paradiesvögel), Geweihbildungen u. anderen sekundären ↗Geschlechtsmerkmalen herangezogen. Die Ausbildung einer solchen Signalstruktur beeinflußt den Fortpflanzungserfolg. S. S. kann entweder intrasexuell (Signalstruktur „imponiert“ gleichgeschlechtl. Artgenossen) od. intersexuell (Signalstruktur „imponiert“ dem Geschlechtspartner) wirksam werden. B Selektion III.

Sexuparae [Mz.; v. *sex-, lat. parere = gebären], parthenogenet. entstandene Morphen im Generationswechsel der ↗Blattläuse; ↗Reblaus (□).

Sexus *m* [lat., =], das ↗Geschlecht.

Seychellenfrösche [ßesch-], *Sooglossidae,* Fam der ↗Froschlurche, oft auch als U.-Fam. der *Ranidae* aufgefaßt. Nur 2 Gatt. auf den Seychellen, *Sooglossus* mit 2 kleinen (1,2–2,5 cm) Arten u. *Nesomantis* mit 1 (4,5 cm) Art. Ähneln äußerl. kleinen *Ranidae,* haben aber einen Lenden-Amplexus (↗Froschlurche) wie die Archaeobatrachia. S. leben in den immerfeuchten Wäldern an den Gebirgshängen auf den Seychellen (Inselgruppe im Ind. Ozean). Die Eier werden auf dem Land abgelegt u. vom ♂ bewacht; die Larven werden bis zur Metamorphose auf dem Rücken des ♂ getragen. S. sind auf winzige Areale beschränkt, im Bestand hochgradig gefährdet u. streng geschützt.

Seychellenpalme [ßesch-], *Seychellennußpalme, Maledivennußpalme, Lodoicea callypige, L. sechellarum,* auf den Seychellen (Inselgruppe im Ind. Ozean) beheimatete Art der Palmen. Die über 30 m hohe S. trägt einen Schopf v. bis 10 m langen Fie-

sex-, sexual- [v. lat. sexus = Geschlecht; sexualis = geschlechtlich].

derwedeln u. bringt die größten Baumfrüchte der Welt hervor (*Seychellennuß, Maledivennuß;* ca. dreifache Größe einer Kokosnuß, bis 20 kg schwer). Schon lange vor der Entdeckung der Palme gaben die angeschwemmten hohlen Früchte Anlaß zu großer Verwunderung.

Seymouriamorpha [ßim^{er}-; Mz.; ben. nach dem Fundort bei Seymour (Tex.), v. gr. morphē = Gestalt], (Watson 1917), Ord. primitiver Tetrapoden, die teils an ↗ *Labyrinthodontia,* teils an die ältesten Reptilien erinnern u. deshalb v. den einen Autoren als Amphibien – so auch heute –, v. den anderen als Reptilien eingestuft wurden. Lurchhaft sind: der Bau des geschlossenen Schädeldachs (☐ Schädel) mit Supratemporale u. Intertemporale, die labyrinthodonte Struktur der spitzen Zähne und der meist einfache Hinterhauptshöcker; kriechtierhaft: die Reduktion der Wirbel-Pleurocentra, Verbreiterung der Neuralbögen, Foramen entepicondyloideum am Humerus u. a.; Phalangenformel: 2, 3, 4, 5, 3 (4). Einige Gatt. sind nur neotenisch bekannt, manche gingen erst im Erwachsenenstadium voll zum Landleben über, andere paßten sich wieder sekundär dem Wasserleben an. Typus-Gatt. ist *Seymouria* Broili 1904 aus dem Unterperm von N-Amerika; Schädellänge ca. 11 cm. Verbreitung: Perm v. Europa und N-Amerika; ca. 12 Gattungen.

Seymouriamorpha

Rekonstruktion v. *Seymouria,* Länge ca. 60 cm

sezernieren [v. lat. secernere = absondern], ein Sekret absondern.

S-Form, *smooth form, Glattform,* ↗ Lipopolysaccharid (☐).

Shannon-Weaver-Formel [schän^{e}n-wiv^{er}-; ben. nach dem am. Informatiker C. Shannon, * 1916, u. dem am. Kommunikationsforscher W. Weaver, * 1894] ↗ Diversität.

Sheabutterbaum [schi-], *Butyrospermum parkii,* ↗ Butyrospermum.

Sheldon [schäld^{e}n], *William Herbert,* am. Mediziner u. Psychologe, * 19. 11. 1899 Warwick (N. Y.); Prof. in New York; unterschied in seiner Theorie der ↗ Konstitutionstypen (☐) die Komponenten der Endo-, Ekto- u. Mesomorphie.

Shepherdia *w* [schep-; ben. nach dem engl. Gärtner J. Shepherd, 1764–1836], Gatt. der ↗ Ölweidengewächse.

Shepherdwal [schäp^{e}d-; v. engl. shepherd = Schäfer], *Tasmacetus shepherdi,* erst 1937 entdeckter ↗ Schnabelwal; bis 9 m lang; ca. 40 Zähne pro Kiefer; weit hinten sitzende, sichelförm. Rückenfinne.

Sherardia *w* [scher-, ben. nach dem engl. Botaniker W. Sherard, 1659–1728], ↗ Akkerröte.

Sherrington [schäringt^{e}n], Sir *Charles Scott,* brit. Physiologe, * 27. 11. 1857 London, † 4. 3. 1952 Eastboure (Sussex); seit 1895 Prof. in Liverpool, 1913 Oxford; zahlr. Arbeiten zur Physiologie des Nervensystems, der Reflexe u. Synapsen sowie der Erregung u. Hemmung im Nervensystem; erhielt 1932 zus. mit E. D. Adrian den Nobelpreis für Medizin.

SH-Gruppe, *Sulfhydrylgruppe,* Seitengruppe v. ↗ Cystein, Coenzym A, Dihydro-↗ Liponsäure u. (durch das in Protein eingebaute Cystein) vieler Proteine. Durch Dehydrierung zweier SH-G.n bilden sich die *Disulfid-Brücken* (↗ Cystin, ☐). B funktionelle Gruppen.

Shiga [schi-], *Kiyoshi,* jap. Bakteriologe, * 18. 12. 1870 Sendai, † 25. 1. 1957 Tokio; Schüler v. S. ↗ Kitasato u. P. ↗ Ehrlich, Prof. in Tokio u. Seoul; entdeckte 1898 mit W. Kruse den Ruhr-Erreger *(S.-Kruse-Bacillus;* T Shigella); stellte 1900 ein Dysenterieserum dar.

Shigella *w* [schi-; ben. nach dem jap. Bakteriologen K. ↗ Shiga], *Shigellen,* Gattung der ↗ *Enterobacteriaceae,* gramnegative, sporenlose, unbewegl., fakultativ anaerobe Stäbchen-Bakterien. Sie bilden Säure, aber kein Gas aus Glucose, i. d. R. keine Säure aus Lactose u. können Citrat u. Malonat nicht als einzige Energie- u. Kohlenstoffquelle nutzen; H_2S wird nicht gebildet. Darmbewohner v. Mensch u. a. Primaten, verursachen Bakterien-Ruhr (↗ Shigellose). Jede Art kann durch Agglutinationsreaktionen in mehrere Serovars (Serotypen) unterteilt werden (vgl. Tab.). Neben dem übl. Endotoxin bilden *S. dysenteriae* u. a. Shigellen verschiedene Exotoxine (z. B. ein Neurotoxin).

Shigella

Arten u. Vorkommen v. Ruhr-Erregern:

S. dysenteriae
[= Untergruppe A, Shiga-Kruse-Bakterium, 10 Serovars]
(1898 durch ↗ Shiga als Ruhrerreger erkannt; v. a. in trop. und subtrop. Gebieten)

S. flexneri
[= Untergruppe B, Flexner-Bakterium, 8 Serovars u. 9 Unterserovars]
(weltweit)

S. boydii
[= *S. paradysenteriae,* Untergruppe C, 15 Serovars]
(hpts. Vorderasien und N-Afrika)

S. sonnei
[= Untergruppe D, Sonne-Bacillus, 1 Serovar mit 2 Phasen, I und II]
(weltweit, in Mitteleuropa häufigster Erreger der harmlosen „Sommer-Diarrhoe")

Shigellose *w* [ben. nach K. ↗ Shiga], *Ruhr, Bakterienruhr,* durch Shigellen *(↗ Shigella)* hervorgerufene Infektionserkrankung des Magen-Darm-Trakts, oft epidemisch; Übertragung durch orale Aufnahme mit kontaminierten Lebensmitteln. Nach einer Inkubationszeit von 2–3 Tagen kommt es zu Abgeschlagenheit, Übelkeit, Erbrechen, Bauchschmerzen, Austrocknung u. wäßrig-schleimigen, teils blutigen Durchfällen; am Dickdarm entstehen Schleimhautgeschwüre. Bei schweren Verläufen Letalität von 1–3%. Therapie: Flüssigkeits- u. Elektrolytersatz parenteral.

Shiitake *m* [schii-; jap.], *S.pilz, Schiitake, Pasaniapilz, Lentinus edodes,* ein saprophyt. ↗ Sägeblättling (Fam. *Polyporaceae*), der seit etwa 2000 Jahren in O-Asien als Speisepilz kultiviert wird; heute in mehreren Ländern angebaut; etwa 14% der Gesamtproduktion an Kulturpilzen (Produktion ca. 190 000 t = 27 000 t Trockenpilz). Der Hauptverbrauch dieses angenehm würzig, mousseronartig schmeckenden Pilzes liegt in Japan, Hongkong u. China. S. hat etwa den doppelten Proteingehalt eines normalen Speisepilzes u. enthält alle essentiellen Aminosäuren im ähnl. Verhältnis wie Milch od. Fleisch. Früher wurden zur Züchtung Stämme des Shii-Baumes *(Pasania cuspidata)* mit einer Sporensuspension beimpft; heute werden kleine Holzkeile, -zylinder od. auch Sägemehl mit Zuchtstämmen beimpft u. nach Durchwachsen mit Pilzmycel in vorbereitete Bohrlöcher frisch geschnittener Äste (1,0–1,3 m lang, ∅ 8–12 cm) des Shii-Baumes od. anderer Laubbäume eingebracht; das Bohrloch wird mit Rinde wieder verschlossen. Nach bes. Lagerung u. Wässerung der beimpften Hölzer kommt es im Herbst u. Frühjahr zur Fruchtkörperbildung für 5–6 Jahre, bis das Holz vollständig verrottet ist.

Shikimisäure [schi-; ben. nach dem jap. Namen der Jap. Sternanis], *Schikimisäure,* anion. Form *Shikimat,* weit verbreitet in Pflanzen (u.a. in Ginkgoblättern, Fichten- u. Kiefernadeln sowie in Früchten des Jap. Sternanis) vorkommende Carbonsäure; Vorstufe bei der Biosynthese der aromat. Aminosäuren Phenylalanin, Tyrosin u. Tryptophan. Diese bilden sich, ausgehend v. Erythrose-4-phosphat u. Phosphoenolpyruvat, über mehrere Zwischenstufen, wovon S. und ↗ *Chorisminsäure* (□ Allosterie) die wichtigsten sind. Diese Stoffwechselkette wird daher als *S.-Weg* bzw. *S.-Chorismat-Weg* bezeichnet.

Shiners [schain^{es}; Mz.; v. engl. shiner = Goldstück], engl. Bez. für ↗Orfen.

Shinisaurus *m* [schin-; v. gr. sauros = Eidechse], Gatt. der ↗Höckerechsen.

Shope Papillomvirus [schåp-; ben. nach dem am. Mikrobiologen E. S. Shope, * 1912], ↗Papillomviren.

Shorea *w* [schor-; ben. nach J. Shore, Lord Teignmouth, Generalgouverneur in Indien, † 1843], Gatt. der ↗Dipterocarpaceae.

S-Horizont ↗Bodenhorizonte (T).

shuttle-Transfer *m* [schatl-; v. engl. to shuttle = pendeln], die Übertragung von DNA zw. zwei nichtverwandten Organismen durch Kopplung an eine Vektor-DNA *(shuttle-Vektor),* die in beiden Organismen durch Transformation einschleusbar ist u. die sich in beiden Organismen replizieren kann. In der ↗Gentechnologie gewinnen der s.-T. und die Konstruktion der dazu erforderl. shuttle-Vektoren zunehmend an Bedeutung. Z.B. erlauben shuttle-Vektoren für den DNA-Transfer zw. mikrobiellen (*E. coli,* Hefen) u. höheren Organismen, die gezielte Abwandlung genet. Information innerhalb der leicht in großer Anzahl handhabbaren u. auf bestimmte Eigenschaften selektionierbaren Mikroorganismen vorzunehmen, um erst in einem letzten Schritt die „maßgeschneiderte" DNA durch s.-T. aus den Mikroorganismen in den Zielorganismus zu übertragen. Die Replizierbarkeit v. shuttle-Vektoren in mehr als einem Wirtssystem beruht i.d.R. auf der künstl., durch gentechnolog. Methoden herbeigeführten Kopplung der entspr. replikativen Signalstrukturen; z.B. sind in Plasmiden für den s.-T. zwischen *E. coli* u. Hefen innerhalb derselben DNA-Kette je ein *E. coli*-Replikationsursprung u. ein Hefe-Replikationsursprung vereinigt.

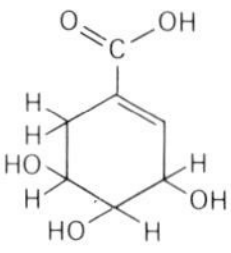

Shikimisäure

siamesische Zwillinge

Die Bez. „siamesische Zwillinge" geht auf die 1811 als Kinder eines chin. Vaters u. einer siames. (thailänd.) Mutter geborenen, durch einen armstarken Bindegewebsstrang oberhalb des Nabels miteinander verwachsenen Zwillinge *Chang* u. *Eng Bunkes* († 1874) zurück.

Sialidae [Mz.; v. gr. sialon = Speichel], Fam. der ↗Schlammfliegen.

Sialinsäuren [v. gr. sialon = Speichel], die N-Acylderivate der ↗Neuraminsäure (□). S. sind tier. Produkte u. treten z.B. als Bestandteil v. ↗Gangliosiden (□) auf. Als *Sialinsäure* i.e.S. wird oft die ↗N-Acetylneuraminsäure (Abk. NANA) bezeichnet.

Siamangs [Mz.; malaiisch], *Symphalangus,* Gatt. der ↗Gibbons (T).

siamesische Zwillinge, Bez. für miteinander verwachsene eineiige Zwillinge (vgl. Spaltentext); s. Z. entstehen durch unvollständige Spaltung sehr früher Entwicklungsstadien. Ort u. Ausmaß der Verwachsung können verschieden sein; in günstigen Fällen sind sie erfolgreich operativ trennbar. ↗Doppelbildungen.

Sibbaldia *w* [ben. nach dem schott. Botaniker R. Sibbald, um 1643 bis um 1712], der ↗Gelbling.

Sibiride [Mz.; ben. nach Sibirien], Übergangsform zw. den ↗Menschenrassen (T) der ↗Mongoliden u. ↗Europiden aus den Tundrengebieten Sibiriens; z.B. Ostjaken, Wogulen.

Siboglinum *s* [ben. nach dem niederländ. Forschungsschiff „Siboga" (T Meeresbiologie)], entlang der nordeur. Küsten verbreitete Gatt. der ↗ *Pogonophora* (T).

Sibon *m* [v. gr. sibynon = Wurfspieß], Gatt. der ↗Schneckennattern.

Sibynophinae [Mz.; v. gr. sibynon = Wurfspieß, ophis = Schlange], U.-Fam. der ↗Nattern. [↗Speispinnen.

Sicariidae [Mz.; v. lat. sica = Dolch], die

Sichel ↗Blütenstand (□, B).

Sichelbein, *Os falciforme,* bei ↗Maulwürfen auf der Radiusseite („Daumenseite") der Vorderpfote gelegener, leicht gebogener (Name!), kleiner Knochenstab, der die zu einer Grabschaufel gestaltete Pfote zusätzl. verbreitert. Das S. ist kein Fingerstrahl.

Sicheldünenkatze, die ↗Sandkatze.

Sichelflügler, *Drepanidae,* Schmetterlingsfam., die v.a. in den Tropen der Alten Welt verbreitet ist, fehlt in S-Amerika; etwa 800 Arten, bei uns 7 Vertreter; Falter mittelgroß bis klein, Habitus ähnelt den verwandten ↗Spannern; Vorderflügel breit, meist an der Spitze sichelförmig gebogen; Fühler doppelt gekämmt, Rüssel schwach entwikkelt od. fehlend; die S. fliegen überwiegend nachts. Raupen schwach behaart, Kopf mit eingekerbtem Scheitel, Vorderkörper mit warzigen Höckern, Hinterende zugespitzt u. aufgerichtet; leben an Laubbäumen; Verpuppung in losem Gespinst zw. zusammengesponnenen Blättern am Boden. [↗Schneckenklee.

Sichelklee, *Medicago sativa* ssp. *falcata,*

Sichelmöhre, *Falcaria,* Gatt. der ↗Doldenblütler mit nur wenigen Arten; die Gemeine S. *(F. vulgaris)* ist eine reich verzweigte Pflanze; Blattfiedern schmallänglich, sichelförmig; dornig gesägt; weiß blühend.

Vorkommen in warmen Gebieten auf Kalkböden; Mittel- und S-Europa.

Sichelschrecken, *Phaneropteridae,* Fam. der ↗Heuschrecken (Langfühlerschrekken) mit in Mitteleuropa nur 7 Arten. Der Legebohrer der meisten S. ist kurz und i.d.R. hinten hochgebogen (Name); die Flügel sind häufig reduziert, bei den Weibchen sind meist nur noch Schüppchen vorhanden. Die Trommelfelle an den Vorderschienen sind freiliegend. Die nach der ↗Roten Liste „stark gefährdete" Gemeine S. *(Phaneroptera falcata)* hat sich dagegen als einzige einheimische S. ein sehr gutes Flugvermögen erhalten. Die beiden Arten der Zartschrecken (Gatt. *Leptophyes*) fallen durch Fühler auf, die fast das Vierfache des ca. 16 mm langen Körpers erreichen. Die bis 44 mm große „gefährdete" Wanstschrecke *(Polysarcus denticauda)* sowie die beiden ebenfalls „gefährdeten" Arten der Säbelschrecken od. Sägeschwanzschrecken (Gatt. *Barbitistes*) kommen nur in S-Dtl. vor.

Sichelwanzen, *Nabidae,* Fam. der ↗Wanzen (Landwanzen) mit ca. 300, in Mitteleuropa etwa 15 Arten. Die meist zierl., dunkel gefärbten S. sind mit den ↗Raubwanzen verwandt; sie ernähren sich räuberisch v. kleinen Insekten, die sie mit dem sichelart. gebogenen Rüssel (Name) aussaugen. Häufig ist bei uns die ca. 7 mm große, graubraune S. *Nabis ferus.* Eine ameisenähnl. Gestalt besitzt in den ersten 3 Larvenstadien *N. myrmecoides;* die Ameisentaille wird durch weiße Flecken am vorderen Teil des Hinterleibs vorgetäuscht.

Sichelzellen, *Drepanocyten,* rote Blutkörperchen (↗Erythrocyten), die bei ↗*S.anämie* nachweisbar sind; im normalen Blutbild normal geformt; unter Sauerstoffmangel fällt das ↗*S.hämoglobin* aus, u. es kommt zur sichelförm. Deformierung der Erythrocyten.

Sichelzellenanämie *w, Sichelzellanämie, Drepanocytose, Drepanocytenanämie, Herrick-Anämie,* durch das atypische ↗*Sichelzellenhämoglobin* verursachte, rezessiv erbliche, hämolytische ↗Anämie (↗Hämoglobinopathien). Bei körperl. Anstrengungen od. Sauerstoffmangel bilden sich die sonst normal geformten ↗Erythrocyten (□) in sichelförmige Zellen (↗*Sichelzellen)* um. In der Folge kommt es zu Blutzerfall (↗Hämolyse); klinische Manifestation u.a. durch schmerzhafte Anschwellung v. Hand- u. Fußgelenken, wahrscheinl. durch Verstopfung der Kapillaren im Bereich der Gelenke durch Sichelzellen. Eine kausale Therapie ist nicht möglich. Im Anfall Therapie der Gelenkschmerzen mit Acetylsalicylsäure (Aspirin) und Sauerstoffzufuhr. – Im Verbreitungsgebiet der ↗Malaria tropica haben Träger der S. einen Selektionsvorteil, da diese gg. *Plasmodium falciparum* besser geschützt sind. ↗Heterosis.

Sichelzellenhämoglobin, Abk. *Hbs,* patholog. Variante des ↗Hämoglobins (↗Hämoglobinopathien, ↗Sichelzellenanämie, ↗Sichelzellen); besteht aus 2 α- und 2 β-Ketten; die β-Ketten unterscheiden sich v. denen des normalen Hämoglobins durch Austausch des Glutaminsäurerestes in Position 6 der Polypeptidkette durch Valin. Häufig bei Schwarzafrikanern, aber auch in Mittelmeerländern.

Sichler, *Plegadis falcinellus,* ↗Ibisse.

Sichling, die ↗Ziege (Fisch).

Sichlinge, *Erythroculter,* Gatt. räuberischer, südostasiat. Weißfische; hierzu der wirtschaftl. bedeutende, bis 1 m lange Chines. Raubsichling *(E. illishaeformis)* mit oberständ. Maul.

Sichttiefe, Limnologie: diejenige Tiefe, in der eine weiße Scheibe von 30 cm ∅ *(Secchi-Scheibe)* im Wasser nicht mehr erkannt werden kann; dient zur Abschätzung der Ausdehnung der trophogenen Zone eines Gewässers.

Sickerwasser ↗Bodenwasser.

Sicula *w* [lat., = kleiner Dolch], (Lapworth 1875), das Skelett der Anfangskammer einer ↗Graptolithen-Kolonie; es besteht proximal aus einer konischen Pro-S. und distal aus einer röhrenförm. Meta-S., die sich deutl. unterscheiden; die Länge der S. schwankt meist zw. 1,5 und 2,5 mm, in Ausnahmen kann sie 6 bis über 10 mm lang werden. Das *Siculozooid* ist das einzige geschlechtl. entstandene Individuum einer Kolonie.

Siderastrea *w* [v. *sidero-, gr. astra = Gestirne], Gatt. der ↗Steinkorallen mit halbkugeligen Blöcken.

Siderocapsaceae [Mz.; v. *sidero-, gr. kapsa = Kapsel], Fam. der gramnegativen, chemolithotrophen Bakterien (Gatt. vgl. Tab.); die kapselbildenden, einzelligen Bakterien oxidieren Eisen u./od. Mangan (↗eisenoxidierende Bakterien, ↗manganoxidierende Bakterien) u. lagern die Metalloxide an od. in ihre Kapseln od. an extrazelluläres Schleimmaterial ab – oft in solchen Mengen, daß die Ablagerungen mit dem Auge sichtbar sind (↗Eisenbakte-

Siderocapsaceae

Einige Gattungen und Arten:

Siderocapsa
S. treubii (typischer Epiphyt an Unterwasserpflanzen)
S. botryoides (in Brunnen u. Wasserwerken)
S. conglomerata (Schlammoberfläche v. Süßwassersümpfen)

Siderocystis
S. confervarum (bildet große Eisenaggregate an Algen)

Siderobacter
S. gracilis (Brunnen, Sandfilter)

Siderococcus
S. limoniticus (in Sümpfen u. Seen, auf der Schlammoberfläche)

Naumanniella
N. polymorpha (manganhalt. Erdboden; braune Waldböden; mixotroph durch Manganoxidation (?); ↗manganoxidierende Bakterien)

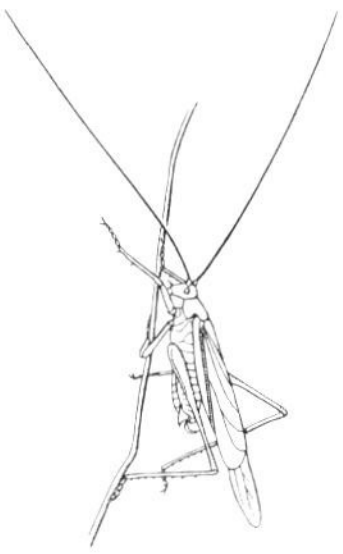

Sichelschrecken

Gemeine Sichelschrecke *(Phaneroptera falcata),* Männchen

Sichelzellen

Normale rote Blutkörperchen und rote Blutkörperchen mit *Sichelzellenhämoglobin* bei Sauerstoffmangel

sidero- [v. gr. sidēros = Eisen].

rien). *S.* haben große ökolog. Bedeutung u. sind in der Natur weit verbreitet, überall in eisen- u. manganenthaltenden Habitaten: als Epiphyten an Unterwasserpflanzen, freilebend in Seen, in Eisenoxidfilmen auf Wasseroberflächen, in Brunnen u. Quellen, in Wasserrohren, Wasserwerken; eine Massenentwicklung findet man oft im Hypolimnion v. Seen u. auf Schlammoberflächen; seltener sind *S.* in (braunem) Erd- bzw. Waldboden u. an Felsoberflächen zu finden; auch marine Formen sind bekannt. *S.* leben aerob; viele Arten tolerieren aber sehr geringe O_2-Konzentrationen. Im Stoffwechsel werden, bis auf Ausnahmen, organ. Substrate verwertet (↗Chemoorganotrophie); die Einordnung bei den chemolithotrophen Bakterien ist daher umstritten.

Siderococcus *m* [v. *sidero-], Gatt. der ↗Siderocapsaceae ([T]).

Siderocystis *w* [v. *sidero-, gr. kystis = Blase], Gatt. der ↗Siderocapsaceae ([T]).

Sideromycine [Mz.; v. *sidero-, gr. mykēs = Pilz], Gruppe v. eisenhaltigen ↗Antibiotika, die durch *Sideramine* (z.B. Ferrioxamine) in ihrer Wirkung kompetitiv hemmbar sind. Zu den S.n zählen z.B. ↗*Albomycin,* ↗*Grisein* u. *Ferrimycin.*

Siderophilin *s* [v. *sidero-, gr. philos = Freund], das ↗Transferrin.

Siebbein, *Ethmoid, Ethmoidale, Os ethmoidale, Riechbein,* unpaarer Ersatzknochen des ↗Endocraniums v. Wirbeltieren u. Mensch, hinter dem Nasenbein (Nasale) und zw. den Augenhöhlen gelegen, trennt Nasen- u. Hirnhöhle. Bei Säugern wird der flächig ausgebildete Mittelteil als *Siebplatte* (Lamina cribrosa) bezeichnet, da er v. vielen Löchern durchsetzt ist, durch die Fasern des Riechnerven aus der Nasenhöhle zum Gehirn ziehen. Beidseits der Siebplatte ragen große Knochenfortsätze in die Nasenhöhle, wo sie aufgerollte Lamellen, die oberen ↗*Nasenmuscheln,* bilden. Die Fortsätze enthalten Hohlräume (Cellulae ethmoidales, *S.zellen, S.höhlen*), die zu den ↗*Nebenhöhlen* gehören. Von der Siebplatte ragt ein kleiner Knochenkamm (*Hahnenkamm,* Crista galli) nach hinten oben in die Hirnhöhle. An ihm ist die sichelförmige Falte *(Sichelfalte)* der harten Hirnhaut (Dura mater) befestigt, die v. der Mitte des Schädeldaches zw. die Großhirnhemisphären zieht. Bei den meisten niederen Tetrapoden ist die S.region rückgebildet.

Siebenkiemer, *Heptranchias perlo,* ↗Grauhaie.

Siebenpunkt, *Coccinella septempunctata,* ↗Marienkäfer.

Siebenrockiella *w,* Gattung der ↗Sumpfschildkröten.

Siebenschläfer, *Glis glis,* größte u. häufigste, in fast ganz Europa u. Kleinasien vorkommende Art der ↗Bilche; Kopfrumpflänge 13–19 cm, 11–15 cm langer buschiger Schwanz; Felloberseite grau, -unterseite weiß. S. sind Dämmerungs- u. Nachttiere der Laubwälder, Parks u. Obstgärten; bes. im Herbst auch in Gebäuden. Als Unterschlupf u. zur Jungenaufzucht dienen Baumhöhlen u. Nistkästen. Nahrung: v.a. Eicheln u. Buchecker, z.T. auch Obst. S. halten ca. 7 Monate (Okt.–Mai) Winterschlaf in Baumhöhlen, Erdlöchern od. Gebäuden. Die Römer schätzten S. als Delikatesse u. mästeten sie in sog. Glirarien. [B] Europa XV.

Europäischer Siebenstern *(Trientalis europaea)*

Siebenstern, *Trientalis,* in der nördl. gemäßigten u. kalten Zone heim. Gatt. der ↗Primelgewächse mit nur 3 Arten. Stauden mit kleinen wechselständ. sowie großen, am Stengelende rosettig vereinten Blättern, aus deren Achseln lange Blütenstiele entspringen. Die Blüten sind 7(5–9)zählig u. besitzen eine radförm. Krone. Die Frucht ist eine kugelige Kapsel. Einzige mitteleur. Art ist der Europäische S., *T. europaea* (in moosigen Fichten- od. Eichen-Kiefernwäldern sowie in Birkenmooren u. moorigen Naßwiesen) mit eiförm. bis lanzettl. Blättern u. weißen Blüten. [B] Europa XII.

Siebentagefieber, das ↗Denguefieber.

Sieberdsterne, die ↗Siebsterne.

Siebhaut, die ↗Decidua.

Siebmuscheln, die Fam. ↗Gießkannenmuscheln.

Siebold, *Karl Theodor Ernst* von, dt. Arzt u. Zoologe, * 16. 2. 1804 Würzburg, † 7. 4. 1885 München; Angehöriger einer traditionellen Mediziner- u. Naturwissenschaftler-Fam., seit 1840 Prof. in Erlangen, 1845 Freiburg i.Br., 1850 Breslau, 1853 München; zahlr. Arbeiten zur vergleichenden Anatomie der Wirbellosen, v.a. der Protozoen, die er als eigenen Stamm erkannte, der Coelenteraten, bei denen er die Entwicklung der Medusen beschrieb, u. der Insekten, bei denen er die Jungfernzeugung (Parthenogenese) entdeckte; gründete 1849 zus. mit R. A. ↗Kölliker die „Zeitschrift für wiss. Zoologie".

Siebplatte, die ↗Madreporenplatte.

Siebröhren, Bez. für die langen Zellfäden aus langgestreckten Siebzellen mit siebartig durchbrochenen Querwänden im Siebteil (Phloëm) der Bedecktsamer. Da der Assimilattransport unter Druck erfolgt (↗Druckstromtheorie), können die Zellwände dünn sein. ↗Leitungsgewebe (□), ↗Leitbündel (□).

Siebsterne, *Sieberdsterne, Myriostoma,* Gatt. der ↗Erdsterne, in Europa mit nur 1 Art, *M. coliforme* Corda; der junge Fruchtkörper dieses Bauchpilzes ist mehr od. weniger kugelig; später reißt die äußere Peridie sternförmig in 4–14 (meist 8) Lappen auf u. krümmt sich nach unten (∅ 5–12[25] cm); die innere Peridie (∅ 1,5–7,5 cm) ist rundl. abgeflacht, die Scheitelpartie durch mehrere Peristome (3–50 Öffnungen) siebartig durchlöchert (Name!). Die Art wächst bevorzugt auf Sandboden, in Parkanlagen, Laubwald, Obstgärten u. offenen sonnigen Wäldern, unter Büschen.

sidero- [v. gr. sidēros = Eisen].

Siebteil, das ↗Phloëm.
Siebzehnjahreszikade, *Tibicen septendecim,* ↗Singzikaden.
Siebzellen ↗Leitungsgewebe (▢).
Siedlungsdichte, die ↗Populationsdichte.
Siegelbaumgewächse, *Sigillariaceae,* im Karbon u. Perm verbreitete Fam. der ↗Schuppenbaumartigen mit dem Siegelbaum *(Sigillaria)* als der wichtigsten Gatt. Die Stämme der 20–30 m hohen Bäume verzweigten sich nur 2–3mal od. blieben unverzweigt (Schopfbaum-Wuchsform) u. trugen die langen bandförm. Blätter (1 Leitbündel mit 2 Xylemsträngen) schopfig am Ende. Die schraubig angeordneten Blattpolster gleichen grundsätzl. denen der ↗Schuppenbaumgewächse; sie sind aber mehr rundl. bis sechseckig, u. es dominieren die Längszeilen; darüber hinaus fehlen die unteren beiden Parichnosstränge. Nach Form u. Ausbildung der Blattpolster werden verschiedene U.-Gatt. unterschieden (z. B. *Favularia, Rhytidolepis, Subsigillaria*). Die Stammanatomie entspr. ebenfalls weitgehend der der Schuppenbaumgewächse, doch wird etwas mehr Sekundärholz und entspr. weniger Rinde produziert; auch bildet die Aktinostele oft wenig endarches Metaxylem, so daß sekundär eine Art Eustele entsteht. Die Blütenzapfen *(Sigillariostrobus)* sind heterospor u. diklin. Die S. waren wie die Schuppenbäume wicht. Bestandteile der Karbonwälder u. damit Kohlebildner. Sie konnten sich aber (offenbar durch stärkere Sekundärholzbildung) besser an das im Perm zunehmend trockenere Klima anpassen u. starben daher erst nach den Schuppenbäumen aus. [B] Farnpflanzen III, [B] Pflanzen.
Siegelringnatter, *Natrix sipedon,* ↗Wassernattern.
Sieglingia *w* [ben. nach dem dt. Botaniker Siegling, Anfang 19. Jh.], der ↗Dreizahn.
Siegwurz, die ↗Gladiole.
Sievert [ben. nach dem schwed. Physiker R. M. Sievert, 1896–1966], Kurzzeichen Sv, Einheit der Äquivalentdosis (↗Strahlendosis) radioaktiver Strahlen (↗Radioaktivität); 1 Sv = 1 J/kg = 100 rem; ↗rem.
Sifakas [Mz.; madagass. Name] ↗Indris.
Sigalionidae [Mz.; ben. nach dem ägypt. Gott Sigaliōn], Ringelwurm-(Polychaeten-)Fam. mit 17 Gatt. (vgl. Tab.). Körper langgestreckt, mit Elytren, doch ohne Borstenfilz; Prostomium mit 1 bis 3 Antennen und 2 langen Palpen; 4 Kiefer; carnivor. Bekannte Art *Sigalion arenicola,* auf Sandböden nahe der Niedrigwasserlinie; atlant. Küste der USA.
Siganidae [Mz.; v. gr. sigan = schweigen], Fam. der ↗Doktorfische.
Sigillariaceae [Mz.; v. lat. sigillum = Siegel], die ↗Siegelbaumgewächse.
Sigma-Faktor ↗Transkription, ↗RNA-Polymerase.
Sigma-Kieselalge, *Sigmaalge, Gyrosigma,* Gatt. der ↗Naviculaceae.

Sigmasoziologie, *Synsoziologie,* ein neuer Zweig der Pflanzensoziologie; befaßt sich in systemat. Weise mit der Untersuchung v. Gesellschaftskomplexen in der Landschaft. Wie in der freien Natur nur jeweils bestimmte Arten zu Ges. zusammentreten, so grenzen auch nur bestimmte Ges. aneinander. Dies können Mosaik-artige Komplexe sein (z. B. Felsspalten-, Felskuppen- u. Felsband-Ges. oder Wald-, Verlichtungs- u. Schlag-Ges.) oder typ. Streifen quer zu einem Standortsgradienten (z. B. Ufervegetation an Seen od. Flüssen). Diese Beispiele zeigen, daß die Ursachen in Bewirtschaftung oder in natürl. Standortsunterschieden liegen können. Die einzelnen Komplexe lassen sich qualitativ u. halbquantitativ beschreiben u. zu wiederum gesetzmäßig auftretenden großräumigeren zusammenfassen (z. B. Hochmoore, Moorwälder u. entwässertes Moorgelände mit landw. Nutzung zu einem natürl. Landschaftsausschnitt). Typen v. Komplexen verschiedenen Ranges u. verschiedener Größe können als *Geosyntaxa* bezeichnet werden (bekannteste Einheit: *Sigmetum*). Die S. bietet eine Basis für die kleinmaßstäbige Vegetationskartierung, Landesplanung, Untersuchung v. Tier-Lebensräumen u. a.
Sigmurethra [Mz.; v. *sigm-, ourēthra = Harnleiter], U.-Ord. der höchstentwickelten ↗Landlungenschnecken mit 30 bis 39 Fam. (vgl. Tab.); mit S-förmigem Ureter aus 2 Abschnitten, einem blutbahnreichen proximalen u. einem darmparallelen distalen, der als Rohr od. Rinne gestaltet sein kann.

Sigmurethra

Wichtige Familien u. Gattungen:

↗*Acavidae* (auch ↗*Helicophanta*)	*Helicarionidae* (↗*Helixarion*)
↗Achatschnecken	↗*Helicidae*
Bradybaenidae (↗*Bradybaena,* ↗*Cochlostyla,* ↗*Helicostyla*)	*Oleacinidae* (↗*Oleacina*)
↗*Bulimulidae*	*Orthalicidae* (↗*Orthalicus*)
↗*Camaenidae* (↗*Amphidromus,* ↗*Papuina,* ↗*Pleurodonte*)	*Philomycidae* (↗*Philomycus*)
Chlamydephoridae (↗*Chlamydephorus*)	*Polygyridae* (↗*Polygyroidea*)
↗*Endodontidae*	↗Schnegel
↗*Ferussaciidae*	↗*Streptaxidae*
↗Glanzschnecken	*Subulinidae* (↗*Subulina*)
↗Heideschnecken	↗*Systrophiidae*
	Thyrophorellidae (↗*Thyrophorella*)
	↗*Urocoptidae*
	↗Wegschnecken

Signal *s* [v. spätlat. signalis = zeichenhaft], in der Informationstheorie jeder physikal.-chem. Einfluß eines Senders auf einen Empfänger, mit dem eine Information übertragen wird (↗Information und Instruktion). In der Ethologie sinngemäß jedes Merkmal bzw. jede Verhaltensäußerung eines Tieres, mit der ein Partner beeinflußt

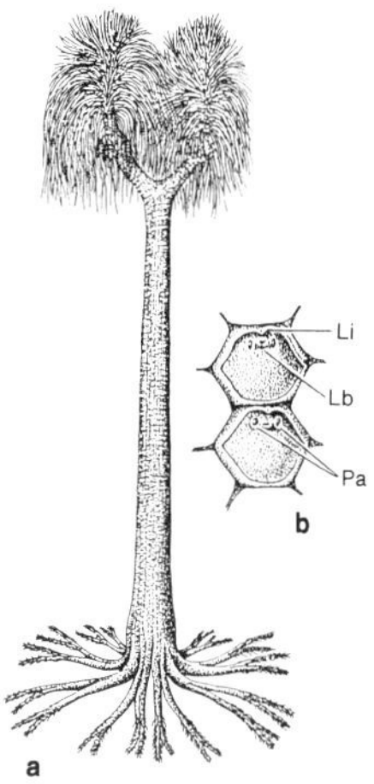

Siegelbaumgewächse

a Wuchsform eines Siegelbaums *(Sigillaria spec.)*; der Stamm ist wenig verzweigt u. trägt terminal lange, bandförmige Blätter, die Blütenzapfen sind stammbürtig (Cauliflorie). **b** Bau der Blattpolster.
Lb Blattleitbündel, Li Ligulargrube mit Ligula, Pa Narben der Parichnosstränge

Sigalionidae

Wichtige Gattungen:
Euthalenessa
Leanira
Neoleanira
Pholoe
Psammolyce
Sigalion
Sthenelais
Sthenolepis
Thalenessa

sigm-, sigma- [v. gr. sigma (σ, Σ) = S, als gr. Zahlzeichen σ' = 200].

werden soll, u. zwar sowohl solche der eigenen als auch solche einer anderen Art. Als S. werden folgl. sowohl angeborene als auch erworbene Zeichen bzw. Äußerungen verstanden, während als ↗Auslöser nur angeborene Kommunikationsmittel bezeichnet werden, die auf einem speziell für die ↗Kommunikation entwickelten ↗Merkmal od. ↗Ausdrucksverhalten beruhen. Manche Autoren benutzen den Begriff S. anders, nämlich für jeden Außenreiz, der für ein Tier relevant ist, auch wenn er nicht gezielt der Kommunikation dient bzw. gar nicht v. Tieren stammt, z. B. eine Temp.-Änderung. Diese Verwendung ist jedoch nicht hilfreich, da damit der Begriff S. praktisch mit dem Begriff ↗Reiz bedeutungsgleich würde. [B] 427. [Proteine.

Signalpeptid ↗Prä-Proteine, ↗Prä-Pro-

Signalpeptidase ↗Prä-Proteine.

Signalstrukturen, die als ↗Signale ([B]) bei der Speicherung od. Weitergabe v. Information (↗Information u. Instruktion) wirkenden Strukturen. Biologische S. sind bes. auf molekularer Ebene bekannt, z. B. der Replikationsursprung zur Signalisierung des Starts von DNA-Replikation, Promotoren, Operatoren, Attenuatoren u. Terminatoren zur Signalisierung v. Start, Regulation u. Abbruch der Transkription, Capping-Struktur bzw. Bindestellen für Ribosomen auf m-RNA zum Translationsstart. Hormone u. ihre Rezeptoren sind S. zur interzellularen Informationsübertragung. Auf organism. Ebene können Merkmale od. Verhaltensweisen eines Tieres als S. wirken. [zeichnen] ↗Heilpflanzen.

Signaturenlehre [v. lat. signare = be-

Sikahirsche [v. jap. shika], *Sikawild, Sika,* syn. *Pseudaxis,* ostasiat. U.-Gatt. der ↗Edelhirsche *(Cervus)* mit nur 1 Art, dem Sikahirsch, *C. (Sika) nippon;* Kopfrumpflänge 100–150 cm, Schulterhöhe 75 bis 110 cm; rotbraun, meist weiß gefleckt; ♂ mit Stangengeweih mit 3–4 Enden je Stange. Alle 9 U.-Arten sind im Bestand bedroht und z. T. nur noch in Zoos od. Farmen erhalten (↗Dybowskihirsch). Urspr. Lebensraum der S. sind dichte Laub- u. Mischwälder mit Lichtungen. Japan-S. werden seit Jhh. als „Tempelhirsche" gehalten. Eingeführt wurden S. (als Jagdwild u. in Parks) z. B. in Neuseeland, Austr., Madagaskar u. in vielen eur. Ländern, auch in Deutschland. [B] Asien IV.

Silage *w* [ßila~~sch~~e; v. frz. silotage = Einlagerung in Silos], durch natürl. ↗Milchsäuregärung haltbar gemachte pflanzl. Futtermittel *(Gärfutter)* für die winterl. Stallfütterung. Zur S.-Herstellung *(Silierung)* werden die Futterpflanzen unter Luftabschluß einer Gärung unterzogen; die dabei gebildete ↗Milchsäure führt zu einer ↗Konservierung der Futtermittel; außerdem treten geringere Nährstoffverluste auf als bei einer ↗Heu-Bereitung. Zur Silierung eignen sich viele Grünfutter-Arten, z. B. frisches Gras, Luzerne, Grünmais, Erbsen, Wicken, Serradella; doch ist die Gärfähigkeit unterschiedl.; ein hoher Kohlenhydratgehalt ist günstig, ein hoher Proteingehalt erschwert die Herstellung. *Frisch-S.* wird sofort nach dem Schnitt, *Welk-* u. *Halbheu-S.* nach Anwelken *(Anwelk-S.)* bzw. Antrocknen des Pflanzenmaterials durchgeführt. In einfachen Verfahren, z. B. mit zerkleinertem Grünmais od. Zuckerrübenblättern, wird das Pflanzenmaterial in ↗Mieten unter schwarzen Plastikfolien eingelagert; Gras füllt man dagegen meist in große zylindr. Silotürme *(Futtersilo).* Die Lagerung bzw. Füllung muß gleichmäßig sein, u. das Pflanzenmaterial muß einen bestimmten Feuchtigkeitsgehalt aufweisen, um eine schnelle Milchsäuregärung zu gewährleisten u. Fehlgärungen zu vermeiden. – Milch von mit S. gefütterten Kühen eignet sich nicht zur Herstellung v. Rohmilchkäsen (z. B. Emmentaler), da in der S. auch immer ↗Clostridien vorhanden sind, die im ↗Käse „Spätblähungen" auslösen können. Ein Zusatz v. ↗Nitrit bzw. Nitrat zur Käsemilch (wenn gesetzl. zulässig) hemmt das Wachstum der Clostridien.

Silage

Mikrobiologie der Silierung:

Nach Einlagerung des Grünfutters wird zu Beginn durch die noch lebenden Pflanzenzellen, Hefen, Schimmelpilze u. aerobe sowie fakultativ anaerobe Bakterien (z. B. ↗Coliforme) der noch vorhandene Sauerstoff verbraucht. Nach Erreichen der anaeroben Bedingungen u. der zunehmenden Säuerung durch ↗Milchsäurebakterien wird die Vermehrung der aeroben Mikroorganismen gehemmt, die der Milchsäurebakterien gefördert. Es wachsen hpts. *Lactobacillus*-Arten *(↗Lactobacillaceae; L. plantarum, L. brevis, L. fermentum)* neben Streptokokken u. *Leuconostoc*-Arten. Durch die Milchsäuregärung entstehen (auf die Futtermasse bezogen) ca. 0,5% Essigsäure, 0,1–0,2% Bernsteinsäure und 1,5–2,0% Milchsäure; der Säurewert (pH) sinkt auf einen Wert von ca. 4 ab. Die S. ist unter Luftabschluß für viele Monate haltbar. – Bei unsachgemäßer Silierung u. damit ungenügender Milchsäurebildung können sich Buttersäurebakterien (↗Clostridien) vermehren (z. B. *Clostridium butyricum, C. tyrobutyricum*); durch ihre Stoffwechselaktivität steigt der pH-Wert an, so daß Fäulniserreger zur Entwicklung kommen u. die S. verderben können. Eine günst. Beeinflussung des Gärverlaufs der Milchsäuregärung u. eine Vermeidung v. Fehlgärungen können durch Silierzusätze erreicht werden. Kommerzielle Produkte enthalten Keimhemmstoffe für die unerwünschten Mikroorganismen, Salze organ. und anorgan. Säuren sowie Zucker.

Silaum *s* [v. lat. silaus = Wassereppich], die ↗Wiesensilge.

Silberäffchen, *Callithrix pygmaea,* ↗Marmosetten. [↗Großmünder.

Silberbeil, *Argyropelecus,* Gattung der

Silberbisam ↗Desmane.

Silberblatt

Schötchen des Einjährigen S.s *(Lunaria annua)*

Silberblatt, *Lunaria,* in Europa heim., nur 2 Arten umfassende Gatt. der ↗Kreuzblütler. 1–2jährige od. ausdauernde Kräuter mit herz(ei)förm. Blättern u. in Trauben stehenden weißl. bis violetten Blüten. Die Frucht ist ein flaches Schötchen, dessen zur Reifezeit pergamentartige, silbrig schimmernde Scheidewand nach Ausstreuen der Samen an der Pflanze verbleibt. In Mitteleuropa heim. ist das Wilde S., *L. rediviva* (zieml. selten in schattigen Berg- u. Schluchtwäldern) mit bis 9 cm langen, breitlanzettl. Schötchen. Das aus SO-Europa stammende Einjährige S. (Mond-

Optische Verständigung. Wirbt das Männchen eines nordamerikanischen *Stachelleguans (Sceloporus)* um ein Weibchen, so hebt und senkt es den Kopf in einem ganz bestimmten Rhythmus. Zeichnet man die Ausschläge der Schnauzenspitze über einer Zeitachse auf, so erhält man Wellenlinien von charakteristischer Form. Diese *Nickmelodien* sind bei allen Arten der Stachelleguane verschieden, und die Weibchen reagieren nur auf das Bewegungsmuster artgleicher Männchen. Die Nickmelodien melden also dreierlei: das Geschlecht, die sexuelle Stimmung und die Artzugehörigkeit des Senders.

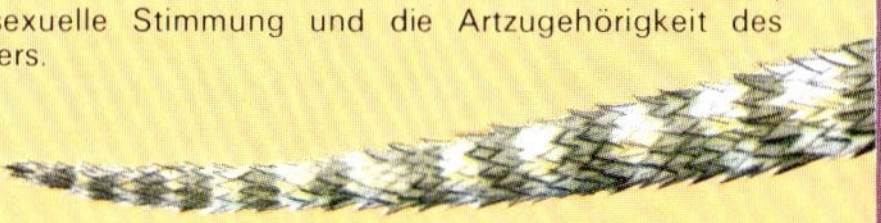

Tiere verständigen sich durch Signale, die von einem Individuum in einer bestimmten Situation oder bei einem bestimmten inneren Zustand geäußert und von anderen in einer bestimmten Weise verstanden, d. h. beantwortet, werden.

Bei einigen Fischen, z. B. dem afrikanischen *Buntbarsch (Hemichromis fasciatus)*, treten *Färbungen als Stimmungsbarometer* auf. Die Farbzellen in der Körperoberfläche ändern sich entsprechend dem inneren Zustand des Tieres und bilden zusammen verschiedene Muster, an denen sich die Stimmungslage des Tieres ablesen läßt.

Chemische Signale. Gerüche dienen oft dem individuellen Erkennen des Partners. Sie können aber auch überindividuelle Informationen übermitteln. Zur *Reviermarkierung* streicht das Männchen des afrikanischen *Bleichbocks (Ourebia)* das duftende Sekret seiner Voraugendrüse an Grashalme in seinem Revier. Der Duft meldet anderen Männchen, daß das Gebiet bereits besetzt ist.

Artgenossen erkennen sich meist an ganz bestimmten Merkmalen. Auf diese Weise wird die Bastardierung mit anderen Arten verhindert. Bei manchen Möwen dient die *Färbung der Augenregion als Artkennzeichen.* Verändert man bei einer Möwe künstlich die Iris oder den Augenring, so kann sie plötzlich von Angehörigen einer fremden Art umworben werden.

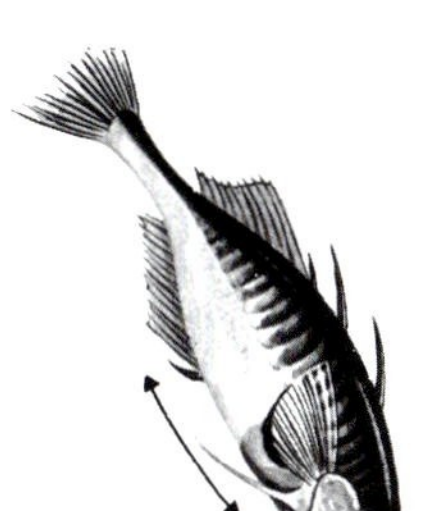

Berührungssignale sind seltener, da die Informationsübertragung die unmittelbare Nähe von Sender und Empfänger erfordert. — Das *Schnauzentremolo* des *Stichling*-Männchens, ein rhythmisches Stoßen mit der Schnauze gegen die Schwanzwurzel des Weibchens, löst bei diesem das Ablaichen aus. Ohne diesen Reiz kann das Weibchen die Eier nicht ablegen.

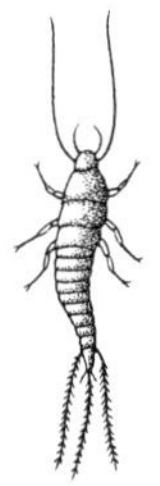

Silberfischchen

Silberfischchen, Zuckergast *(Lepisma saccharina)*

viole), *L. annua,* wird seit dem MA im Garten kultiviert. Seine Fruchtstände mit großen, annähernd runden Fruchtscheidewänden („Silberpfennigen“) sind ein beliebter Bestandteil v. Trockensträußen.

Silberdistel, *Carlina acaulis,* ↗Eberwurz.

Silberfischchen, *Fischchen, Zygentoma,* Ord. der ectognathen (↗Ectognatha) ↗Insekten (☐, [T]), fr. Teilgruppe der ↗Borstenschwänze *(Thysanura),* zu denen auch die ↗Felsenspringer gehörten. Längl., deutlich abgeflachte, meist dicht beschuppte, flügellose Urinsekten mit zwei langen Cerci u. einem Terminalfilum. Gemeinsam mit den pterygoten Insekten (↗Fluginsekten) haben sie bereits eine dikondyle Mandibel. Komplexaugen klein (bis ca. 12 Ommatidien), Stirnaugen äußerl. reduziert, im Kopfinnern als ↗„Frontalorgan“ noch vorhanden. Nur die urtüml. Gatt. *Tricholepidion* besitzt ein großes Komplexauge und 3 sichtbare Stirnocellen. Abdomen mit Styli an den hinteren Segmenten. Dort befindet sich auch eine Vorstufe des orthopteroiden ↗Eilegeapparats beim ♀. Auch das ♂ besitzt diesen; bei ihm ist aber zusätzl. noch ein äußerer Penis ausgebildet. Thorax mit breiten Paranota (↗Paranotum), deren spezif. Tracheenversorgung u. Form Grundlage einer Hypothese der Entstehung der Flügel der Pterygota darstellen (Paranotum-Theorie, ↗Insektenflügel). – Von den etwa 280 weltweit bekannten Arten leben bei uns 4–5 aus den Fam. *Lepismatidae* u. *Ateluridae:* S. oder Zuckergast *(Lepisma saccharina),* bis 11 mm, matt silbrig beschuppt; weltweit verbreitet, wärmeliebend; bei uns daher vorwiegend in Häusern, wo es sich v. allerlei organ. Abfällen ernährt; indirekte Spermaübertragung erfolgt nach einem komplexen Paarungsspiel, bei dem in Winkeln Spinnfäden aus Anhangsdrüsen des Geschlechtsapparates angelegt werden. Ofenfischchen *(Thermobia domestica),* bis 10 mm, mit schwarz-gelbem Schuppenkleid u. gefiederten langen Borsten; Lebensweise ähnl. dem S., aber noch wärmeliebender; die Art findet sich daher bei uns v. a. in Bäckereien u. ä. Ähnlich synanthrop, aber gelegentl. auch im Freien in alten Bäumen lebt *Ctenolepisma lineata* (10–12 mm). Ameisenfischchen *(Atelura formicaria),* bis 6 mm, metallisch-gelbl. glänzend, blind; kommt in Ameisennestern vor, ernährt sich dort wohl von Abfällen.

Silberflossenblatt, *Monodactylus argenteus,* bis 23 cm langer, indopazif. Barschfisch mit seitl. abgeflachtem, scheibenförm., silbrigem Körper u. 2 dunklen Querbändern am Vorderteil; beliebter Aquarienfisch.

Silbergrasfluren, *Corynephorion,* Verb. der ↗Corynephoretalia ([T]).

Silberkarpfen ↗Tolstoloben.

Silberkraut, *Meerstrand-Steinkraut, Duft-Steinrich, Lobularia maritima, Alyssum maritimum,* 10–40 cm hohe, weißl.-grau behaarte Pflanze aus der Fam. ↗Kreuzblütler mit lineal-lanzettl. Blättern u. in dichten, endständ. Trauben angeordneten, nach Honig duftenden, kleinen weißen Blüten; Heimat: Mittelmeergebiet, Kanarische Inseln, Madeira u. Azoren. Das S. wird bei uns als reichblühende, dichte Kissen bildende Steingartenpflanze (u. a. als Bodendecker, für Beeteinfassungen) geschätzt.

Silberliniensystem, komplizierte Netzstrukturen im corticalen Plasma bei ↗Einzellern (v. a. bei Wimpertieren), welche die Basalkörper der Cilien verbinden. Das S. wird nach Silberimprägnation sichtbar u. wurde lange Zeit als neurofibrilläres System gedeutet, das den Wimpernschlag koordiniert. Neuere Versuche widerlegen diese Ansicht.

Silberlöwe, der ↗Puma.

Silbermantel, *Alchemilla conjuncta,* ↗Frauenmantel.

Silbermundwespen, *Crabro,* Gatt. der ↗Grabwespen ([T]).

Silbersalamander ↗Waldsalamander.

Silberschwert, die Gatt. ↗Argyroxiphium.

Silberstrich, *Argynnis paphia,* ↗Perlmutterfalter.

Silberweiden-Aue ↗Salicetum albae.

Silberwurz, *Dryas,* Gatt. der ↗Rosengewächse; Zwergsträucher mit unterseits silberweiß behaarten Blättern; arktisch-alpin, circumpolar. Die Kleinblättrige S. (*D. octopetala,* [B] Europa II, [B] Alpenpflanzen) hat einzeln stehende, große weiße Blüten; Verbreitung der Früchte durch fedrig umgebildete Griffel. ↗Dryaszeit. [↗Leimkraut.

Silene *w* [ben. nach myth. Silēnos], das

Silge *w* [v. gr. selinon = S.], *Selinum,* Gatt. der ↗Doldenblütler mit *S. carvifolia;* weiß blühende Pflanze bis 80 cm hoch; Fiederblättchen mit nadelspitzen Zipfeln; auf nährstoffarmen, kalkarmen, wechselfeuchten Böden; kommt in Mitteleuropa auf Moorwiesen, im Saum v. Auwäldern u. in lichten Laubwäldern vor.

Silicagel *s* [v. *silic-, frz. geler = erstarren], das ↗Kieselgel.

Silicatböden [v. *silic-], kalkarme Böden auf silicatreichem geolog. Material (z. B. Granit, Gneis, Basalt, Sandstein, Quarzsand). In unseren Breiten verwittern Silicate langsamer als ↗Carbonate. Sie lösen sich erst bei relativ saurem Milieu, nachdem die Carbonate bereits ausgewaschen wurden. Aus Silicat entstehen durch Umbildungen zwei- u. dreischichtige Tonminerale (Kaolinit, Montmorillonit). ↗Bodenentwicklung, ↗Bodenprofil (☐).

Silicate [Mz.; v. *silic-] ↗Kieselsäuren; ↗Silicium.

Silicatfelsspaltengesellschaften [v. *silic-], *Androsacetalia vandellii,* Ord. der ↗Asplenietea rupestria. [Montion.

Silicatquellfluren [v. *silic-] ↗Cardamino-

Silicatschneebodengesellschaften [v. *silic-] ↗Salicetea herbaceae.

silic- [v. lat. silex, Gen. silicis = hartes Gestein, Kiesel; siliceus = Kiesel-].

Silicatschuttfluren [v. *silic-], die ↗Androsacetalia alpinae.

Silicea [Mz.; v. *silic-], *Kieselschwämme,* heute nicht mehr gebräuchliche Bez. für die mit einem Kieselskelett versehenen ↗*Ceractinomorpha,* die man den fr. als *Keratosa,* heute als *Dictyoceratida* bezeichneten ↗Hornschwämmen gegenüberstellte.

Silicium *s* [v. *silic-], chem. Zeichen Si, chem. Element, mit 25,8% Gewichtsanteil nach Sauerstoff das zweithäufigste Element der Erde (T Bioelemente). In reiner Form ist S. ein dunkelgrauer, harter, fast metall. glänzender Feststoff. Obwohl es keine starke chem. Reaktionsfähigkeit aufweist, kommt es in der Natur nicht frei, sondern nur in oxidierter u. gebundener Form, als *Silicate,* den Salzen der ↗Kieselsäuren (□), vor. In dieser Form ist S. u. a. in ↗Diatomeenerde sowie in den ↗Kieselalgen, ↗Kieselflagellaten u. ↗Kieselpflanzen enthalten.

Silicoflagellaten [v. *silic-, lat. flagellare = geißeln], die ↗Kieselflagellaten.

Silierung [v. frz. ensiler = im Silo einlagern] ↗Silage

Siliquaria *w* [v. lat. siliqua = Schote], ↗Schlangenschnecken.

Sillaginidae, die ↗Weißlinge (Fische).

Silofutter [v. gr. siros = Getreidemiete, über span. silo] ↗Silage.

Silphidae [Mz.; v. gr. silphē = Schabe], die ↗Aaskäfer.

Siluriformes [Mz.; v. gr. silouros = ein Flußfisch (wohl Wels)], die ↗Welse.

Silurium *s* [ben. nach dem antiken Volksstamm der Silurer in Britannien u. Wales], (Murchison 1835), *Silur, silurisches System, Gotlandium,* System bzw. Periode zw. ↗Ordovizium u. ↗Karbon (B Erdgeschichte), Dauer ca. 18 Mill. Jahre (nach Time Scale USA 1983 = 30 Mill. Jahre). Mit „Silurian" hatte Murchison das Ordovizium (= Untersilur) u. das Silurium (= Obersilur) im heutigen Sinne gemeint. Daraus entwickelten sich im Laufe der Zeit schwerwiegende Mißverständnisse; die Einführung des Begriffs ↗„Gotlandium" vermochte keine Abhilfe zu schaffen. Ferner ergaben Untersuchungen in Böhmen (ČSSR), daß im brit. Typus-Gebiet (Wales) infolge Fazieswechsels zw. S. und Devon eine Zeitlücke klafft, die 1969 durch Erweiterung des S.s um das Pridolium geschlossen wurde. Klass. Verbreitungsgebiete des S.s in Europa sind die Brit. Inseln, die Ostseeländer, Thüringen u. Böhmen. – *Grenzen:* Untergrenze bildet die Graptolithen-Zone 16 *(Glyptograptus persculptus)* nach Elles u. Wood (1901 bis 1918); die Obergrenze ist gekennzeichnet durch das Verschwinden des *Monograptus transgrediens.* – *Leitfossilien:* Vorwiegend Graptolithen, Conodonten u. Ostracoden, auch Trilobiten, Brachiopoden, Crinoiden, Cephalopoden, Eurypteriden, Kieferlose, Fische u. a. – *Gesteine:* Graptolithenschiefer („Schwarzschiefer"), Trilobiten-, Alaun-, Kiesel- u. Lederschiefer, Mergel, Kalke (Riff-, Ostracoden-, Orthoceren- od. Okkerkalke), Dolomite, Grauwacken u. Sandsteine; wenige Vulkanite u. Lagerstätten (Roteisenerze u. Salze). – *Paläogeographie:* Die Verteilung v. Land u. Meer dürfte derjenigen im Ordovizium sehr ähnl. gewesen sein. Der Südpol verlagerte sich vom NW in den SW Afrikas, der Nordpol blieb in pazif. Position. – *Krustenbewegungen:* Das S. begann transgressiv u. endete regressiv. Die im Ordovizium einsetzenden Faltungsbewegungen erreichten gg. Ende S. ihren Höhepunkt u. im Devon den Abschluß. Der Kaledon. Trog wurde aufgefaltet zum Kaledon. Gebirge, das v. den Brit. Inseln nordostwärts nach Skandinavien hinüberzieht. Dadurch verschmolzen Teilschollen der N-Halbkugel zum Nordatlant. Kontinent, der die Besiedelung des Festlands durch Pflanzen u. Tiere begünstigte. – *Klima:* Der ordovizische Temp.-Anstieg setzte sich fort; carbonat. Gesteine nahmen deutl. zu; die ersten Korallenriffe der Erdgeschichte entstanden. Rotsandsteine u. Steinsalzlager sind Zeugnisse zunehmender Trockenheit im ausgehenden S. Grobklast. Gesteine in S-Amerika sind vermutl. Vereisungsspuren („Tillite"). *S. K.*

Silvaea *w* [v. lat. silva = Wald], Bez. für das nordhemisphärische Gebiet der sommergrünen Laubwälder (↗Laubwaldzone). ↗Asien, ↗Europa, ↗Nordamerika.

Silvaner *m* [ben. nach dem röm. Feld- u. Waldgott Silvanus], ↗Weinrebe.

silvicol [v. lat. silvicola = Waldbewohner], Bez. für im Wald lebende Tiere.

Silvide [Mz.; v. lat. silva = Wald], hochwüchsige Rasse der ↗Indianiden mit gro-

Die Lebewelt des Siluriums

Pflanzen

Überliefert sind v. a. Algen, deren Formenvielfalt zunimmt (erste sichere Dinoflagellaten u. Armleuchteralgen). Die ersten blattlosen Gefäßpflanzen *(Cooksonia, Eohostimella = Psilophyta)* leiten den revolutionierenden Entwicklungsfortschritt vom Thallus zum Kormus ein. Die Kontinente sind fortan nicht mehr „nackt".

Tiere

Wichtige Veränderungen betreffen v. a. Mollusken, Arthropoden, Echinodermen, Graptolithen u. Kieferlose. Während Schnecken u. Muscheln keine grundsätzl. Fortschritte aufweisen, treten bei den ↗*Nautiloidea* neben verringerter Formenfülle die stammesgeschichtl. wichtigen ↗Bactriten jetzt deutl. ins Bild. Die Vielfalt der Trilobiten nimmt weiterhin ab u. verengt sich auf wenige Stammlinien (v. a. *Phacopida, Lichida* u. *Odontopleurida*). Ostracoden bringen Riesenformen hervor *(Leperditia, Beyrichia);* ihr Formenreichtum konnte neuerdings für weiträumige stratigraph. Korrelationen genutzt werden. Zu den Cheliceraten gehörende „Riesenkrebse" *(Eurypterus, Pterygotus),* die im Ordovizium noch gänzl. auf das Meer beschränkt waren, werden im S. bereits in brackischen Bereichen angetroffen. Skorpione u. Tausendfüßer zeugen für die Besiedelung des Festlands. Seelilien u. Haarsterne treten erstmalig gesteinsbildend auf; die ↗*Blastoidea* erscheinen neu. ↗Graptolithen kommen noch immer in großer Zahl vor, jedoch läuft ihre Entwicklung hinaus auf stark vereinfachte Formen (Monograpten, *Rastrites*). Neben dem Fortbestand an Kieferlosen seit dem Ordovizium (im S. die *Heterostraci* mit *Cyathaspis* u. *Traquairaspis,* die *Osteostraci* mit *Tremataspis,* die *Anaspida* mit *Jamoytius, Lasania, Birkenia* u. die *Thelodonti* mit *Thelodus*) erscheinen auch die ältesten gnathostomen Fische: *Acanthodii, Actinopterygii* und evtl. auch schon *Placodermi.* Ab Wenlockium erobern die urspr. rein marinen Kieferlosen u. Fische brakkische, vielleicht sogar limnische Bereiche.

Silurium

Das silurische System

400 Mill. Jahre vor heute

oberes S.	Pridolium
	Ludlowium
mittl. S.	Wenlockium
unteres S.	Llandoverium

418 Mill. Jahre vor heute

silic- [v. lat. silex, Gen. silicis = hartes Gestein, Kiesel; siliceus = Kiesel-].

Simaroubaceae

Blühender Zweig des Götterbaums *(Ailanthus altissima)*

ßer, hoher Hakennase aus den Waldgebieten Kanadas u. der Hochprärie; z. B. Algonkin- u. Sioux-Indianer. ↗Menschenrassen ([T], [B]).

Silybum *s* [v. gr. silybos =], die ↗Mariendistel.

Simaroubaceae [Mz.; v. einer Sprache Guayanas, über frz. simarouba = Bitteresche], *Bittereschengewächse, Bitterholzgewächse,* Fam. der ↗Seifenbaumartigen mit 20 Gatt. und 120 Arten; Holzgewächse in den Tropen u. Subtropen; gefiederte, wechselständ. Blätter; Blüten in Scheinähren od. dichten Rispen; Spalt- od. Steinfrüchte. Zierpflanzen stammen aus der Gatt. *Ailanthus* (10 Arten in SO-Asien und N-Australien). Der Götterbaum *(A. altissima)* bildet Ausläufer u. wird wegen seiner hübschen eschenähnl. Blätter als Straßenbaum gepflanzt; männl. Bäume haben bei der Blüte einen unangenehmen Geruch. Die Gatt. Bitterholz *(Quassia)* umfaßt 35 Arten in den Tropen; sie enthalten im Holz Bitterstoffe (u. a. *Quassiin*); einige Arten sind offizinell; nach längerem Kochen entwickelt sich ein insektizider Wirkstoff. Dornensträucher finden sich in der Gatt. *Castela* (N- und S-Amerika); aus dem Holz von *C. salubris* wird ein wirksames Mittel gg. Malaria gewonnen. Bis zu 60% Fett enthalten die hühnereigroßen Früchte einer afr. baumförm. Art der Gatt. *Irvingia;* die aus ihnen gewonnene Cay-Cay-Butter wird regional vielseitig verwendet.

Simenchelyidae [Mz.; v. gr. simos = stumpfnasig, egchelys = Aal], Fam. der ↗Aale 1).

Simiae [Mz.; lat., =], die ↗Affen.

Simian Sarkomvirus *s* [ßimjen-; engl., = Affen, v. gr. sarkōma = Fleischgeschwulst], *Simian Sarcoma Virus,* ↗RNA-Tumorviren.

Simnia *w,* die ↗Spelzenschnecke.

Simocybe *w* [v. gr. simos = stumpfnasig, kybē = Kopf], die ↗Schnitzlinge.

Simonsiella *w,* Gatt. der Fam. *Simonsiellaceae* (Ord. ↗*Leucotrichales*), trichombildende, schwefelfreie gleitende Bakterien, morphologisch der Cyanobakterien-Gatt. ↗*Oscillatoria* ähnlich. Die flachen (nicht zylindr.) Trichome bilden Hormogonien-ähnliche Teilstücke; sie wachsen streng aerob mit chemoorganotrophem Gärungsstoffwechsel in der Mundhöhle (= *Mundoscillatorien;* [T] Mundflora) v. Mensch u. Tieren, sekundär im Abwasser.

Simplicia [Mz.; v. lat. simplex = einfach], ältere Bez. für die ↗Hydrariae.

Simse *w* [v. ahd. semida = Binse], *Scirpus,* weltweit verbreitete Gatt. der Sauergräser mit unklarer Abgrenzung (bis zu 250 Arten werden angegeben). Die Gatt. i. e. S. ist durch Ähren mit mehr als 3 zwittr. Blüten, die eine endständ. Spirre bilden, sowie die reiche Stengelbeblätterung charakterisiert. In diesem Sinne kommen bei uns vor: die Wald-S. *(S. sylvaticus),* eine häufige Art nasser Wiesen; die Wurzelnde S. *(S. radicans)* findet sich als Pionierart auf Schlammböden (nach der ↗Roten Liste „gefährdet"); die Meerbinse, auch Strand-S. *(S. maritimus = Bolboschoenus m.),* gekennzeichnet durch knollig verdickte Wurzelsprosse, bildet Brackwasserröhrichte. I. w. S. werden auch die ↗Teichbinse, ↗Moorbinse, ↗Haarbinse u. die ↗Sumpfbinse unter die Gatt. *S.* gefaßt. Zu den S.n gehören eine Reihe trop. Nutzpflanzen.

Simsenlilie, *Tofieldia,* Gatt. der ↗Liliengewächse mit 18 Arten auf der N-Halbkugel; mit Rhizomen, grasart. Blättern (Name!) u. kleinen, weißl.-gelbl. Blüten. Die nach der ↗Roten Liste „gefährdete" Kelch-S. *(T. calyculata)* kommt selten in Flachmooren u. Moorwiesen, aber auch als Lückenzeiger auf steinigen alpinen Rasen vor.

Simuliidae [Mz.; v. lat. simulus = stumpfnasig], die ↗Kriebelmücken.

Simultanteilung [v. lat. simul = zugleich], Vielfachteilung bei Protisten u. Thallophyten, bei der durch aufeinanderfolgende Mitosen polyenergide Zellen entstehen, die sich dann gleichzeitig in so viele Zellen aufteilen, wie Kerne vorhanden waren.

Sinanthropus *m* [v. spätlat. Sinae = Chinesen, gr. anthrōpos = Mensch], *Chinamensch,* nicht mehr gebräuchl. Gatt.-Bez. für ↗*Homo erectus pekinensis.*

Sinapis *w* [lat., =], der ↗Senf.

Sindbis-Virus ↗Togaviren.

single cell protein *s* [ßingl ßell-; engl., =], das ↗Einzellerprotein.

Singschrecken, die ↗Heupferde.

Singvögel, *Oscines,* U.-Ord. der ↗Sperlingsvögel, die mit rund 4000 Arten fast die Hälfte aller Vögel umfaßt; besitzen mindestens 3 Paar Singmuskeln, weshalb die Gesangsfähigkeit meist gut entwickelt ist; manche Gruppen, wie z. B. die ↗Rabenvögel, bringen dagegen nur im wesentl. krächzende Laute hervor. Die Jungen sind Nesthocker, haben einen gewöhnl. grell gefärbten Rachen u. sperren bei der Fütterung die Schnäbel; kennzeichnend sind weiterhin morpholog. Merkmale bei der Hornbedeckung der Beine. Zu den S.n gehören verschiedenartigste Formen, wobei die meisten die Baum- u. Buschregion bewohnen. 55 Fam. (↗Vögel, [T]), je nach systemat. Betrachtungsweise auch weniger. Die Klassifizierung unterliegt immer wieder Änderungen. Als die ursprünglichsten S. werden die ↗Lerchen u. ↗Schwalben an den Anfang gestellt, die ↗Rabenvögel ans Ende wegen deren hochentwickelten Gehirns u. der damit verbundenen Leistungs- u. Lernfähigkeit.

Singzikaden, *Großzikaden, Cicadidae,* Fam. der ↗Zikaden mit ca. 1600 meist in den Tropen u. Subtropen verbreiteten Arten, in Mitteleuropa ca. 45. Die S. sind 1–7 cm groß, grünl. bis bräunl. gefärbt u. von kräft., gedrungener Gestalt. An den Seiten des breiten Kopfes treten die gro-

Singzikaden

Eschenzikade *(Cicada orni)*

ßen Komplexaugen hervor; zw. Augen u. einem blasenart. Kopfschild entspringen die kurzen, 7gliedrigen Fühler. Die 2 Paar großen, den Hinterleib überragenden, membranösen Flügel sind im Brustabschnitt eingelenkt. Die Männchen unterscheiden sich v. den Weibchen durch den fehlenden Legebohrer an der Hinterleibsspitze, v. a. aber durch das lauterzeugende Trommelorgan an der Hinterleibsbasis: Auf beiden Seiten des 1. Hinterleibssegments liegt je eine ovale Schallmembran, an der seitl. je eine Sehne ansetzt. Diese Sehne ist mit je einem Muskel (Schallplattenmuskel) verbunden, der ventral zu der Bauchplatte des Hinterleibs reicht. Durch die Kontraktion dieser Muskeln werden die Schallmembranen nach innen eingebeult; es entsteht ein durch als Resonanzkörper fungierende Tracheenblasen verstärktes Knackgeräusch, das in Frequenzen von 200 bis 10 000 Hertz die Zikaden „gesänge" erzeugt: Die südeur. Eschenzikade (*Cicada orni, Tettigia orni,* B Insekten I) erzeugt ein schabendes Quäken; die bis in die Weinbaugebiete von S-Dtl. verbreitete, ca. 30 mm große Blutrote S. (Weinbergzikade, Lauer; *Tibicen haematodes*) klingt eher wie eine Schleifmaschine. Die Geräuschvielfalt tropischer S. reicht v. dampfpfeifen- bis eselsgebrüllähnl. Tönen. Die singenden Männchen sitzen, oft zu mehreren, meist in Baumwipfeln. Männchen u. Weibchen besitzen paarige Gehörorgane (Trommelfellorgane, Tympanalorgane), die unter den Trommelfelldeckeln (Operculi) unterhalb der Schallorgane angeordnet sind. Gehör- u. Schallorgane spielen für das Zusammentreffen der Geschlechter eine wicht. Rolle. Einige Zeit nach der Kopulation sticht das Weibchen mit dem Legebohrer die Eier in Pflanzengewebe. Die hemimetabole Entwicklung der Larve zur Imago dauert meist mehrere Jahre, die Entwicklungsdauer der bis 4 cm großen amerikan. Siebzehnjahreszikade *(Tibicen septendecim = Magicicada septendecim)* gehört zu den längsten bei Insekten überhaupt (bis zu 17 Jahre). In S-Europa häufig ist die Gemeine Zikade *(Cicada plebeja).* In ganz Dtl. findet man auf Nadel- u. Laubgehölzen die ca. 25 mm große Bergzikade *(Cicadetta montana).* Mit einer Körperlänge von ca. 7 cm gehört die Kaiserzikade *(Pomponia imperatoria)* zu den größten Singzikaden. *G. L.*

Sinide [Mz.; v. spätlat. Sinae = Chinesen], Rasse der ↗Mongoliden aus dem Gebiet des heutigen China; Flachgesicht, Schlitzaugen u. Mongolenfalte weniger ausgeprägt; unterteilt in N-, Mittel- und S-Sinide; Körpergröße nimmt von N nach S ab, die Hautpigmentierung zu. ↗Menschenrassen.

Sinigrin *s* [Kw. v. lat. sinapis nigra = schwarzer Senf], ein Senfölglykosid (↗Senföle), das zu 1,0 – 1,2% im Schwarzen Senf (↗Kohl) enthalten ist u. auch in ↗Meerrettich vorkommt. Bei der Hydrolyse durch Säuren od. durch das Enzym ↗Myrosinase entstehen ↗Allylsenföl (bedingt den stechenden Geruch v. Meerrettich), Glucose u. Kaliumhydrogensulfat. Die freie Säure wird als *Myronsäure* bezeichnet.

Sinne, die Fähigkeit eines Organismus, ganz bestimmte Reiz-↗Modalitäten festzustellen, zu bewerten und ggf. darauf zu reagieren. Die ↗Reize werden mittels ↗Rezeptoren erfaßt, die teilweise zu komplizierten ↗*Sinnesorganen* zusammengefaßt sein können. Die klass. Einteilung der S. richtete sich nach den Sinnesorganen u. umfaßte ledigl. den opt. und akust. Sinn, den Tast-, Geruchs- u. Geschmackssinn. Entspr. der Art der ↗adäquaten Reize, auf die die Rezeptoren ansprechen können, unterscheidet man heute meist u. a. ↗*mechanische S.* (Tast-, Vibrationssinn, statischer u. akustischer Sinn), ↗*chemische S.* (Geruchs- u. Geschmackssinn), ↗*Temperatursinn, optischen Sinn* (↗Lichtsinn) u. *elektrischen Sinn* (↗elektrische Organe). Unberücksichtigt bleiben aber auch bei dieser Einteilung die Schmerzempfindung (↗Schmerz), die durch viele Reizqualitäten hervorgerufen werden kann, od. Modalitäten, die nur indirekt bewußt werden, wie der osmot. Druck od. der pH-Wert des Blutes.

Sinnesborsten, *Sensilla chaetica,* ↗Sensillen.

Sinnesepithel *s* [v. gr. epi- = auf, thēlē = Brustwarze], epithelial angeordnete ↗Sinneszellen (↗Netzhaut des Auges) od. spezialisiertes ↗Epithel mit zahlr. eingestreuten Sinneszellen (Riechepithel), die der Perzeption meist einer bestimmten Reizqualität dienen. ↗Neuroepithel.

Sinnesflasche, *Sensillum ampullaceum,* flaschenförmige ↗Sensille.

Sinneshaare, 1) die Sinneshärchen der ↗Gleichgewichtsorgane (☐); ↗mechanische Sinne (B II). 2) die ↗Sinushaare. 3) *Haarsensillen, Sensilla trichodea,* Sinnesorgane der Gliederfüßer; ↗Sensillen, ↗Riechhaare, ↗chemische Sinne (B I).

Sinneskegel, 1) *Sensilla basiconica,* ↗Riechkegel; 2) *Sensilla coeloconica,* ↗Grubenkegel, ↗Sensillen.

Sinnesknospen, Chemorezeptoren (↗chemische Sinne), die aus Gruppen v. sekundären Sinneszellen bestehen, die in einschicht. Anordnung die Epidermis niederer, im Wasser lebender Wirbeltiere durchsetzen. Zwischen die Sinneszellen u. als Mantel können Stützzellen eingelagert sein. Die Sinneszellen tragen meist feine haarähnl. Stifte. Nach diesem Typus sind auch die ↗Geschmacksknospen (☐) der höheren Wirbeltiere u. des Menschen gebaut.

Sinneskolben, das ↗Rhopalium.

Sinnesnerven, *sensible Nerven(bahnen), sensorische Nerven,* nur noch wenig gebräuchliche Bez. für ↗afferente Nervenbahnen od. ↗Afferenzen.

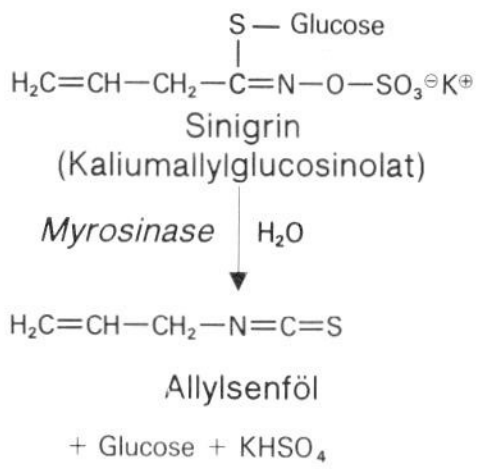

Sinigrin

Hydrolyse von S. durch Myrosinase

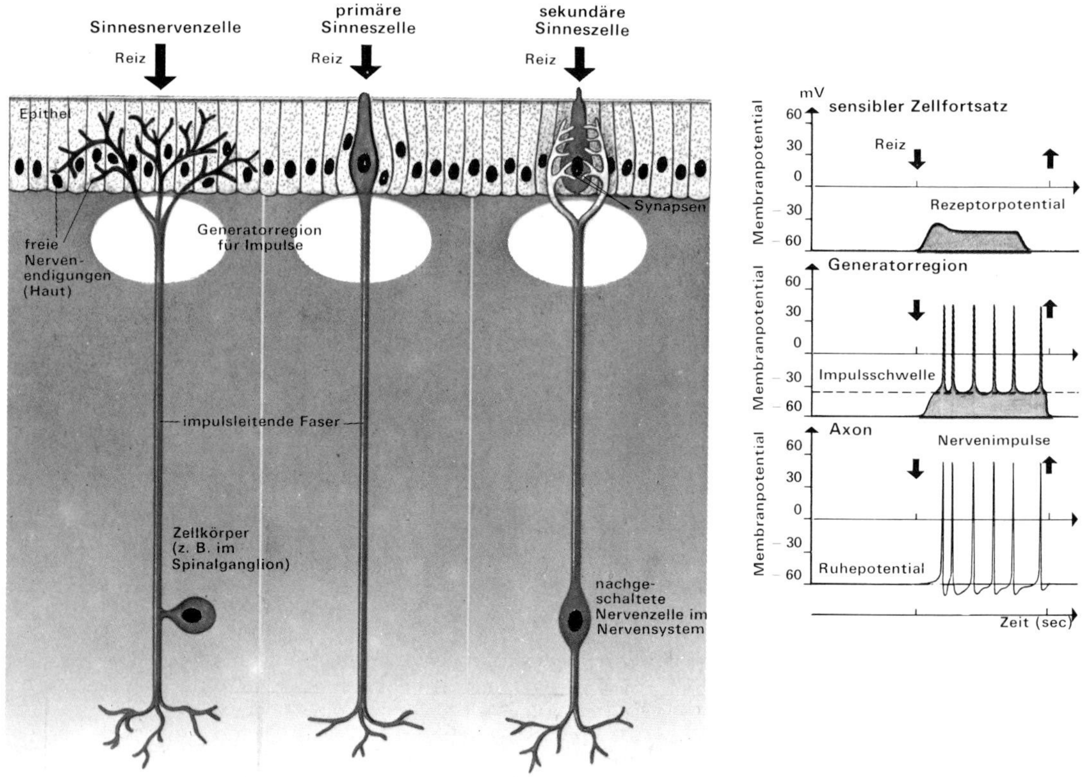

Sinneszellen sind die reizempfangenden Strukturen der *Sinnesorgane*. Sie setzen die Sinnesreize (z. B. Licht, Schall) in Serien von Nervenimpulsen um, welche die Informationen über die Stärke und den Zeitverlauf des Reizes beinhalten.
Nach ihrem Bau und ihrer Verschaltung unterscheidet man drei Typen von Sinneszellen (Abb. oben). Bei *primären Sinneszellen* wird der Reiz von sensiblen Zellfortsätzen aufgenommen; die Nervenimpulse laufen über das Axon der gleichen Zelle zum Zentralnervensystem. Der Zellkörper von *Sinnesnervenzellen* sitzt nicht im Sinnesepithel, sondern am oder im Zentralnervensystem. Die reizempfangenden Endfasern sind oft stark verzweigt (als *freie Nervenendigungen*) oder mit Hilfsstrukturen versehen. *Sekundäre Sinneszellen* liegen im Sinnesepithel, haben kein eigenes Axon und übernehmen lediglich die Aufgabe der Reizaufnahme. Sie geben ihre Erregung (wahrscheinlich über Synapsen) an die verzweigten und die Sinneszelle umgebenden Endfasern einer nachgeschalteten Nervenzelle weiter.

Die Diagramme (oben) sind den verschiedenen Teilen der Sinneszellen (links) zugeordnet. Sie zeigen den Verlauf des im sensiblen Fortsatz gebildeten *Rezeptorpotentials*, dessen Amplitude proportional der Reizstärke ist. Dieses breitet sich über die Zelle aus und kann bei Überschreiten der Impulsschwelle in der Generatorregion Aktionspotentiale auslösen, deren Zahl pro Zeiteinheit der Reizstärke entspricht.

Sinnesnervenzellen ↗Sinneszellen.
Sinnesorgane, *Rezeptionsorgane, Organa sensuum,* zur Aufnahme v. ↗Informationen aus der Umwelt dienende Strukturen bei Organismen, die sich aus ↗Rezeptor bzw. ↗Sinneszelle u. Hilfszellen od. -organellen zusammensetzen können. Im einfachsten Fall bestehen die S. aus nur einer Sinneszelle; im allg. sind die Sinneszellen aber mit z.T. sehr komplexen Hilfseinrichtungen zu komplizierten S.n vereinigt. S. im eigtl. Sinn, wie ↗Auge (↗Linsenauge, ↗Komplexauge), ↗Gehörorgan (↗Ohr) usw., sind durch Spezialisierung auf ↗adäquate Reize charakterisiert, d.h., aus der Flut der Umwelteinflüsse werden ganz bestimmte Reize ausgewählt u. der Sinneszelle zugeführt. Durch den speziellen Aufbau des Sinnesorgans wird der ↗Reiz oft physikal. umgeformt u. in einen für die Sinneszelle „verständlichen" Reiz übersetzt. So werden z. B. im Ohr die Schallwellen in Schwingungen elast. Membranen übertragen; erst diese können v. den Sinneszellen verarbeitet werden. Ledigl. überstarke inadäquate Fremdreize können ebenfalls zu einer Sinneswahrnehmung führen, aber nur mit einer dem Sinnesorgan entspr. Empfindung. So bewirkt ein Schlag auf das Auge – abgesehen v. einer Schmerzempfindung – immer nur eine Lichtwahrnehmung („Sterne sehen"). ↗Sinne.
Sinnesphysiologie, Teilgebiet der ↗Physiologie, das sich mit den Wahrnehmungsleistungen u. Funktionen der ↗Sinnesorgane, deren Nerven u. den zentralnervösen Verarbeitungsprozessen bei Tieren u. dem Menschen beschäftigt. Sie umfaßt sowohl die objektiven organ. Grundmechanismen als auch die subjektive Komponente der Sinneserfahrungen *(Psychophysik).* ↗Reizphysiologie, ↗Hirnforschung.
Sinnesplatte ↗Riechplatte; ↗Sensillen.
Sinnesqualitäten, Gruppe ähnl. Sinnesein-

drücke, die durch einen spezif. ↗Reiz ausgelöst werden u. einer ↗Modalität angehören. Man kann den ↗Gesichtssinn z. B. in die S. Helligkeit u. die einzelnen Farben unterteilen, die S. des Geschmackssinns sind süß, sauer, salzig u. bitter (↗chemische Sinne).
Sinnesschuppen, *Sensilla squamiformia,* ↗Sensillen bei Schmetterlingen.
Sinnesstift ↗Scolopidium.
Sinnestäuschungen, Sinneswahrnehmungen, die aufgrund fehlerhafter Reizwahrnehmung, Reizverarbeitung, Interpretation od. bei Halluzinationen auch ohne einen Reiz auftreten können. Die meisten S. entstehen in Grenzsituationen der neuronalen Regelung, die unter normalen Bedingungen die Sinnesleistungen fördern, bei Überforderung des Systems u./od. starker emotionaler Beteiligung aber zu Täuschungen führen können. Am bekanntesten sind ↗ *opt. Täuschungen,* die durch die Hirnbeteiligung bzw. Erfahrungswerte verursacht werden, wie beispielsweise perspektivische Täuschungen.
Sinneszellen, spezialisierte Zellen meist epithelialer Herkunft, die mit Hilfe bestimmter Rezeptorstrukturen (↗Rezeptoren), häufig rudimentärer ↗Cilien (Stäbchen u. Zapfen der Lichtsinneszellen, Riechhaare der Riechzellen) od. Mikrovilli (↗Mikrovillisaum, ↗Geschmackssinneszellen), v. außen kommende chem., elektr. oder mechan. Reize in nervöse Erregung umzuwandeln u. diese auf nervöse Leitungselemente zu übertragen vermögen. Die ursprünglicheren *primären S.* (Sinnesnervenzellen, Neuroepithelzellen) übernehmen zusätzl. zur Reizperzeption auch selbst die Erregungsableitung zum Zentralnervensystem über einen eigenen Leitungsfortsatz (↗Axon, ↗Nervenzelle), wie z. B. die Stäbchen- u. Zapfenzellen des Auges (↗Netzhaut, B) u. die Riechzellen (↗chemische Sinne, B I), während die abgeleiteten *sekundären S.* reine Rezeptorzellen epithelialer Herkunft darstellen, v. denen die Erregung über basale ↗Synapsen zur Weiterleitung auf nachgeschaltete Nervenzellen übertragen wird, wie die Geschmacksrezeptorzellen v. Wirbeltieren u. Mensch. ↗Neuroepithel. B 432.
Sinningia *w* [ben. nach dem dt. Gärtner W. Sinning, 1792–1874], Gatt. der ↗Gesneriaceae.
Sinodendron *s* [v. gr. sinos = Beschädigung, dendron = Baum], Gatt. der ↗Hirschkäfer.
Sinopa *w* [ben. nach der antiken Stadt Sinōpē am Schwarzen Meer], (Leidy 1871), zur † U.-Fam. *Proviverrinae* Matthew 1909 gehörende u. an Zibetkatzen erinnernde Gatt. kleiner Raubtiere mit 5strahligen Autopodien *(↗ Creodonta).* Verbreitung: unteres bis mittleres Eozän v. Europa.
Sintfluttheorie ↗Katastrophentheorie.
Sinum *s* [lat., = weitbauchiger Krug], Gatt. der ↗Bohrschnecken mit dünnschaligem, ohrförm. Gehäuse u. conchinösem Dauerdeckel, der kleiner ist als die Mündung; der Weichkörper kann nicht ins Gehäuse zurückgezogen werden. Wenige Arten in trop. Meeren, die sich v. Schnecken u. Muscheln ernähren, deren Schalen sie durchbohren.
Sinus *m* [lat., = Bucht], allg. Bez. für Vertiefungen, Erweiterungen u. Hohlräume in od. an Organen, Gefäßen u. a.; z. B. Kieferhöhlen, Blutgefäßerweiterungen (↗Carotissinus), der Busen zw. den Brüsten (S. mammarum) u. a.
Sinusdrüse [v. lat. sinus = Bucht], im ↗Augenstiel am Eingang eines großen Blutsinus gelegenes ↗Neurohämalorgan höherer Krebse, welches das v. dem Medulla-terminalis-↗X-Organ gebildete häutungshemmende ↗Neurosekret (ein Peptidhormon, ↗Augenstielhormone) speichert u. während der Zwischenhäutungsperioden in die Hämolymphe entläßt. ↗Häutungsdrüsen, ↗Y-Organ.
Sinushaare, *Vibrissen, Schnurrhaare, Sinneshaare,* bes. lange ↗Tasthaare in verschiedenen Körperregionen, hpts. in der Augen- u. Schnauzengegend der meisten, v. a. nachtaktiven Säugetiere, die als ↗Mechanorezeptoren auf Berührungs- u. Erschütterungsreize ansprechen. Ihre Wurzelkolben (Haarzwiebel, ↗Haare) sind v. freien Nervenendigungen umsponnen u. ragen frei bewegl. in einen sie umgebenden Blutsinus. Geringe Abbiegung der äußeren Haarspitzen od. deren Vibrationen werden als Scherkräfte an den basalen Nervenendigungen wahrnehmbar. Funktionell vergleichbare u. den S.n im Mechanismus der Reizperzeption u. -übertragung auf freie Nervenendigungen ganz ähnl. Analogstrukturen findet man bei vielen, wieder v. a. nachtaktiven Vögeln, bes. Insektenfressern (Kiwi, Nachtschwalben, Eulen, Bartvögel) in Form langer Tastborsten am Schnabelgrund. Bei ihnen handelt es sich allerdings nicht um Haare, sondern um reduzierte Federn („Sinusfedern").
Sinusknoten ↗Herzautomatismus (□).
Siphlonuridae [Mz.; v. gr. siphloun = verderben, oura = Schwanz], die ↗Stachelhafte.
Sipho *m* [Mz. *Siphonen;* v. gr. siphōn = Röhre], **1)** röhrenförm. Strukturen verschiedenen Ursprungs bei *Weichtieren.* a) auf außenschalige Kopffüßer u. *Spirula* beschränkte röhrenförm. Fortsetzung des Eingeweidesacks (bei ↗Perlbooten auch *Siphunculus* gen.), die v. Blut durchströmt wird u. in ihrem Aufbau etwa dem der Schale entspr.; sie durchzieht den gekammerten Teil des ↗Gehäuses bis zur ↗Anfangskammer. Da v. der ↗Perlmutter-Schicht nur der organ. ↗Conchin-Anteil ausgebildet ist u. die Kristalle der Prismenschicht weiträumig verteilt liegen, ist der S. porös u. geeignet, Flüssigkeit aus

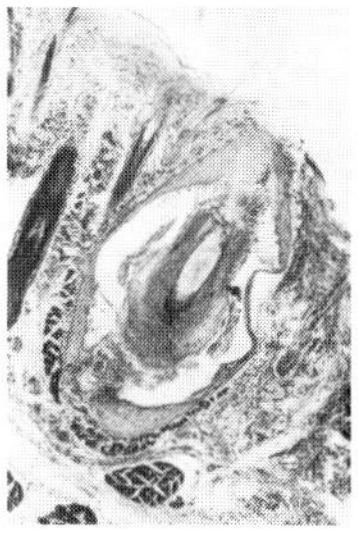

Sinushaare

Basalkolben eines Sinushaares, umgeben von Blutsinus

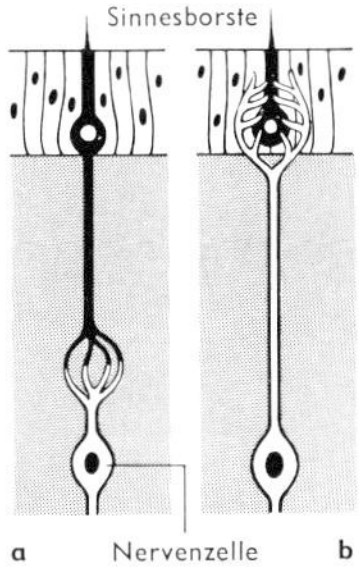

Sinneszellen

Aufbau einer **a** *primären* und **b** *sekundären Sinneszelle*

siphon-, siphono- [v. gr. siphōn = Röhre].

den Kammern abzusaugen bzw. ein Gasgemisch abzugeben. So kann das spezif. Gewicht (bzw. die Dichte) der Tiere an das des umgebenden Wassers angeglichen werden (↗Auftrieb). Die äußere Wand des S.s heißt *Siphonalhülle (= ↗Ektosipho),* das Innere ↗*Endosipho* u. die buchsenart. Ausstülpungen der Septen *Siphonalduten.* Die Lage des S.s in der Medianebene u. die Gestalt v. Siphonalhüllen u. -duten sind v. hohem taxonom. Wert. b) Verlängerung des Mantelrandes der Vorderkiemer (Schnecken), vorn links gelegen und urspr. ventral offen; der S. entnimmt der Umgebung Wasserproben u. leitet sie in die Mantelhöhle, wo sie chem. überprüft werden. Amphibisch lebende Apfelschnecken atmen mit Hilfe des S.s, den sie über die Wasseroberfläche strecken *(Inhalations-S.).* c) Fortsetzung des hinteren Mantelrandes der Muscheln um die Ein- u. Ausströmöffnungen (*Ingestions-* bzw. *Egestions-S.*); die urspr. 2 Siphonen können zu einem Doppelrohr verwachsen. **2)** S. bei *Arthropoden:* bei den ↗Skorpionswanzen wird das zu einem Atemrohr zusammengelegte, stark verlängerte 8. Abdominalsegment gelegentl. als S. bezeichnet. Ähnliches gilt für die Atemröhre der sog. Rattenschwanzlarve der Schlamm-Schwebfliegen. Bei den Blattläusen der Gruppe der Siphonen *(Siphunculi)* befinden sich zwei mehr od. weniger lange, Sipho-ähnliche Röhren auf dem 5. oder 6. Abdominalsegment, die durch Sekretabgabe der Feindabwehr dienen. [dae.

Siphona *w* [v. *siphon-], Gatt. der ↗Musci-

Siphonaldute *w* [v. *siphon-], *Siphonaldüte,* (Appellöf 1893), ↗Sipho.

Siphonales [Mz.; v. *siphon-], die ↗Bryopsidales.

Siphonalhülle [v. *siphon-], (Appellöf 1893), ↗Sipho.

Siphonalia *w* [v. *siphon-], Gatt. der Wellhornschnecken mit dickschaligem, ovalspindelförm. Gehäuse mit großer Endwindung u. oft stark zurückgebogenem Siphonalkanal; Oberfläche glatt od. spiralgerippt; mehrere Arten auf Sand- u. Weichböden des nördl. Pazifik, insbes. um Japan.

Siphonalpfeiler [v. *siphon-], *Pfeiler,* v. der rechten (unteren) Klappe der ↗*Hippuritacea* gg. den Wohnraum gerichtete pfeilerart. Vorsprünge, denen auf der Oberklappe meist 2 Öffnungen gegenüberstehen. Man hat die S. deshalb – vielleicht zu Unrecht – als Siphonalhüllen (↗Sipho) gedeutet.

Siphonanthae [Mz.; v. *siphon-, gr. anthos = Blüte], U.-Ord. der ↗Staatsquallen mit ca. 145 Arten, die alle marin sind u. planktontisch leben. Die Größe der Kolonien ist sehr verschieden u. reicht v. wenigen cm bis ca. 3 m. Die *S.* gehören mit ihrem durchsichtigen schimmernden Körper, dessen Organsysteme u. Personen verschieden gefärbt sein können, zu den schönsten Tieren des Meeresplanktons. Die Entwicklung einer einfachen Kolonie läuft in mehreren Schritten ab: An der Planula knospen eine sterile Meduse ohne Tentakel u. Mundrohr (Schwimmapparat) u. ein erster Fangfaden; dann entwickelt sich aus dem Rest ein Polyp mit Gastralraum u. Polypenmund (Stadium der sog. *Siphonula*-Larve). Dieser Primärpolyp wächst in die Länge u. bildet eine schlauchförm. Achse mit Mund u. Tentakel des Polypen am Ende. An der Basis des Polypen entsteht eine Knospungszone, die eine weitere sterile Meduse ohne Mund u. Tentakel ausbildet; diese übernimmt die Fortbewegung des Stocks (die Larvalglocke wird abgestoßen). Während der Primärpolyp in die Länge wächst, produziert die Knospungszone weitere Knospen, die, je länger der Polyp wird, immer mehr v. der Meduse (Schwimmglocke) wegrücken. Diese Knospen entwickeln sich zu ↗Personen *(Cormidien),* die jeweils aus einem Nährpolypen (Trophozoid), einem Fangfaden u. einem Deckblatt (nicht immer entwickelt) bestehen. An der Basis des Nährpolypen können Geschlechtstiere entstehen, die entweder am Stock sitzenbleiben od. sich mit dem Cormidium ablösen u. selbständig davonschwimmen *(Eudoxia).* Alle komplizierter gebauten *S.* sind Variationen dieses Bauplans. Die *S.* sind in 2 Abt. gegliedert. Die ↗*Calycophorae,* bei denen eine od. mehrere Schwimmglocken *(Nektophoren),* u. die ↗*Physophorae,* bei denen ein Gasbehälter *(Pneumatophor)* u. manchmal zusätzl. Schwimmglocken die Kolonie schweben lassen. Diese Organe u. die Deckstücke der einzelnen Personen haben eine geringere Dichte als Wasser. Aktive Bewegung erfolgt durch den Schlag der Schwimmglocken. Um Beute zu fangen, „fallen" aus der Kolonie ständig die zusammenziehbaren Fangfäden der Cormidien nach unten u. fischen den durchschwommenen Wasserbereich ab. Sie sind sehr stark mit ↗Cniden besetzt, deren Gift auch dem Menschen gefährl. werden kann (↗Portugiesische Galeere). Sobald eine Beute festhängt, spiralisiert sich der Fangfaden auf u. bringt sie zu den Nährpolypen.

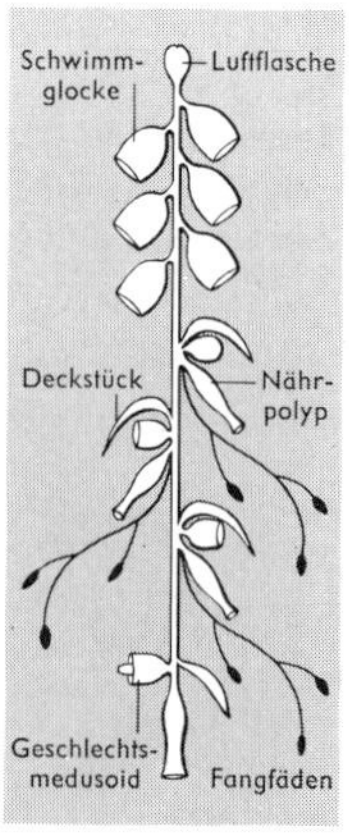

Siphonanthae

Schemat. Bauplan eines Vertreters der *Physophorae*

Siphonaptera [Mz.; v. *siphon-, gr. apteros = flügellos], die ↗Flöhe.

Siphonaria *w* [v. lat. siphonarius = Spritzenmann], Gatt. der *Siphonariidae,* Wasserlungenschnecken mit napfförm. Gehäuse von ellipt. Umriß, mit zentralem od. leicht nach hinten verschobenem Apex; Oberfläche radial gestreift bis gerippt, innen glänzend u. oft bunt; der breite Kopf ist ohne Fühler. Die Lungenhöhle enthält ein Osphradium u. im hinteren Teil eine Kieme. ☿, manche protandrisch mit innerer Befruchtung; einige Arten entwickeln sich über Veliger. Etwa 70 Arten im Indopazifik u. der Karibik, als reviertreue Weidegänger in der Gezeitenzone an Felsen lebend (Konvergenzen zu den Napfschnecken).

Siphonecta [Mz.; v. *siphon-, gr. nēktos = schwimmend], ältere systematische Bez. für eine Teilgruppe der ↗Staatsquallen, die Gasbehälter u. Schwimmglocken besitzen u. deren Stamm langgestreckt ist (z.B. Gatt. *Forskalia, Agalma*).

Siphones [Mz.; v. *siphon-], *Siphunculi*, Wachsröhren am Hinterleibsende der ↗Röhrenläuse.

Siphonochalina *w* [v. *siphono-, gr. chalinos = Zaum], Gatt. der Schwamm-Fam. ↗*Haliclonidae*. *S. crassa*, lange, ca. 2 cm starke Röhren, v.a. auf sekundären Hartböden in 20–30 m Tiefe; Adria.

Siphonocladales [Mz.; v. *siphono-, gr. klados = Zweig], die ↗Cladophorales.

Siphonodentalium *s* [v. *siphono-, lat. dentalia = Pflugschar], Gatt. der *Siphonodentaliidae* (Ord. *Gadilida*), Kahnfüßer mit gebogener, glänzend-glatter Röhre, deren Apex 2–10 Schlitze trägt. Einige Arten in allen Weltmeeren bis ins Abyssal.

Siphonogamie *w* [v. *siphono-, gr. gamos = Hochzeit], *Pollenschlauchbefruchtung, Schlauchbefruchtung*, Bez. für die Übertragung der Spermazellen zur Eizelle durch den Pollenschlauch bei den Nadelhölzern u. Bedecktsamern. Die S. kommt durch einen Funktionswechsel beim Pollenschlauch (↗Pollen) zustande u. stellt einen weiteren Schritt dar, die mit einem ↗Generationswechsel gekoppelte pflanzl. ↗Fortpflanzung an die Bedingungen des Landlebens anzupassen (↗Landpflanzen). Die schlauchförmig auswachsende vegetative Zelle dient bei den urspr. Samenpflanzen nur der rhizoidartigen Verankerung u. Ernährung des ↗Mikrogametophyten. Mit der S. kommt dem Pollenschlauch nun die neue Aufgabe zu, unter teilweise sehr starker Verlängerung die mehr od. weniger passiven Spermazellen bis an den ↗Megagametophyten heranzuführen. Die Anwesenheit flüss. Wassers zur Befruchtung ist damit überflüssig. Die Ernährungsgrundlage für diese Funktionsausführung erhält der auswachsende Pollenschlauch durch das mütterl. Sporophytengewebe vom ↗Nucellus (= ↗Megasporangium) u. ↗Griffel (Teil des Mega-↗Sporophylls), teilweise unter dessen Auflösung. ↗Befruchtung (□), ↗Bedecktsamer (B I), ↗Nacktsamer (B).

Siphonoglyphe *w* [v. *siphono-, gr. glyphein = einschneiden], Wimperrinne, die in einem od. beiden „Mundwinkeln" des ektodermalen Schlundrohrs der ↗*Anthozoa* ausgebildet ist; erzeugt einen Wasserstrom in das Innere des Polypen.

Siphononemataceae [Mz.; v. *siphono-, gr. nēmata = Fäden], Fam. der ↗*Pleurocapsales* (früher ↗*Dermocarpales*) od. Gruppe II der ↗Cyanobakterien (T) mit der Gatt. *Siphononema* (Scheidenfädchen); anfangs einzellig, bilden sie später Pseudofilamente, die als mehrzellige Lager dicke, orange bis rotbraune Krusten auf Steinen in kalten Gebirgsgewässern entwickeln; an den Fäden entstehen ↗Baeocyten (Endosporen) zur Vermehrung.

Siphonophora [Mz.; v. *siphono-, gr. -phoros = -tragend], die ↗Staatsquallen.

Siphonops *w* [v. *siphon-, gr. ōps = Gesicht], Gatt der ↗Blindwühlen (T).

Siphonostoma *s* [v. *siphono-, gr. stoma = Mund], Gatt. der ↗Seenadeln.

Siphonozoide [Mz.; v. *siphono-, gr. zōon = Lebewesen], *Schlauchpolypen*, Polypen ohne Tentakel u. ohne Verdauungsorgane; die Wimperrinne ist stark ausgebildet; kommen bei Kolonien der ↗*Octocorallia* vor (z.B. ↗Seefedern) u. sorgen für die Durchspülung sowie für das An- u. Abschwellen des Stocks.

Siphonula *w* [v. *siphon- (Diminutiv)], Larve der ↗Siphonanthae.

Siphulaceae [Mz.; v. *siphon-], Fam. der ↗*Lecanorales* (U.-Ord. *Cladoniineae*), grauweiß gefärbte Flechten mit niederliegenden bis aufrechten, zylindr. bis meist verflachten u. verzweigten soliden Thalli (*Siphula*, ca. 25 Arten, hpts. in kühlen Lagen der S-Halbkugel) od. mit wurmförm., hohlen Lagern (*Thamnolia*, Würmchenflechte, ca. 2 Arten, kosmopolit., Hochgebirge). Mit paraplektenchymat. Rinde, Grünalgen. Nur steril bekannt, daher auch zu ↗*Lichenes imperfecti* gestellt.

Siphunculata [Mz.; v. *siphunc-], die ↗Anoplura.

Siphunculus *m* [lat., *siphunc-], ↗Sipho.

Sipo *s* [einheim. Name (Kamerun)], *Assié, Utile*, rötl., mittelschweres Holz v. *Entandophragma utile* (↗*Meliaceae*) aus W-Afrika; für Parkettböden u. Bootsbau.

Sippe, natürliche, durch gemeinsame verwandtschaftl. Beziehungen abgegrenzte Gruppe v. Organismen beliebiger Ranghöhe. Den Kategorien (↗Klassifikation) der Systematik zugeordnete S.n werden als *Taxa* (Ez. *Taxon*) bezeichnet.

Sippenselektion *w* [v. lat. selectio = Auswahl], *Verwandtenselektion, Kin-Selektion*, berücksichtigt die verwandtschaftsabhängige gegenseitige Hilfe v. Artgenossen. Mit zunehmender genet. Verwandtschaft (= Anzahl gemeinsamer Gene) kann die Tendenz zum egoist. Konkurrieren (↗Konkurrenz) abnehmen. ↗inclusive fitness, ↗Selektion.

Sipunculida [Mz.; v. *sipunc-], *Sipuncula, Spritzwürmer*, früher auch *Sternwürmer*, ausschl. marine, bodenlebende Würmer mittlerer Größe (wenige mm bis 60 cm Länge) mit wurstförmig drehrundem, prallem, warzigem Rumpf u. einem die Rumpflänge oft überschreitenden Vorderkörper (Rüssel, *Introvert*), der handschuhfingerartig in den Rumpf eingestülpt werden kann. An der Rumpf-Introvert-Grenze ist bei manchen Arten (Gatt. *Aspidosiphon*) eine

siphon-, siphono- [v. gr. siphōn = Röhre].

siphunc-, sipunc- [v. lat. siphunculus, sipunculus = kleine (Springbrunnen-) Röhre].

Sipunculida

Familien und wichtige Gattungen (in Klammern Zahl der Arten):

Golfingiidae
- ↗*Golfingia* (96)
- ↗*Phascolion* (32)
- *Onchnesoma* (2)
- *Themiste* (25)

Aspidosiphonidae
- ↗*Aspidosiphon* (24)
- *Lithacrosiphon* (8)

Phascolosomatidae
- ↗*Phascolosoma* (60)
- *Fisherana* (4)

Sipunculidae
- ↗*Sipunculus* (18)
- *Siphonosoma* (20)
- *Siphonomecus* (1)
- *Phascolopsis* (1)
- *Xenosiphon* (3)

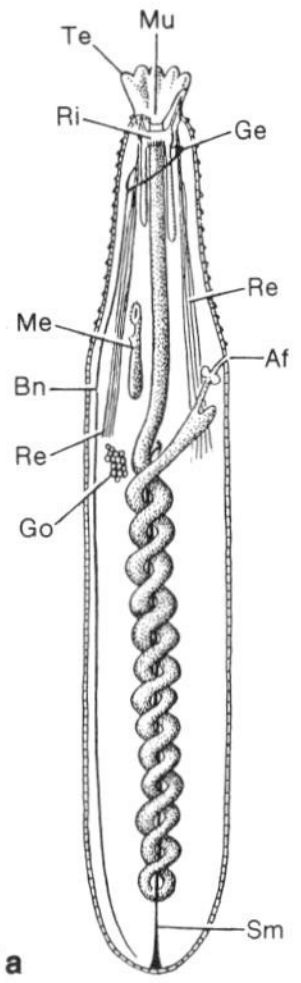

1a

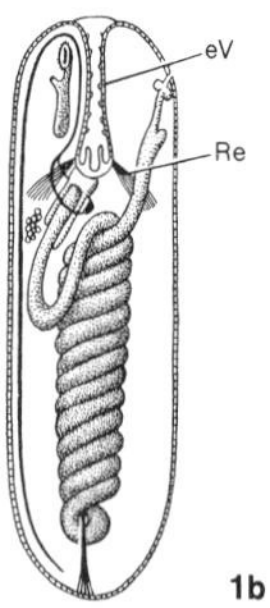

1b

2

Sipunculida

1 Bauplan der *S.*, **a** mit ausgestülptem, **b** mit eingezogenem Vorderkörper. Af After, Bn Bauchnerv, eV eingestülpter Vorderkörper, Ge Gehirn, Go Gonade, Me Metanephridium, Mu Mund, Re Retraktormuskel, Ri Ringkanal, Sm Spindelmuskel, Te Tentakeln.
2 *Phascolosoma elongatum*

dorsale Cuticulaplatte ausgebildet (Schalenrest?), die beim kontrahierten Tier die Introvertöffnung abdeckt. Die Färbung ist gewöhnl. olivbraun, seltener irisierend grauweiß od. braunrosa. Mit etwa 200 Arten sind die *S.* auf den Böden aller Meere vom Litoral bis in große Tiefen (5000 m) verbreitet. Sie leben entweder als Höhlenbewohner zw. Steinen u. in Korallenriffen, oft in leeren Schneckenhäusern, od. bohrend in Mudd-, Schill- od. Sandböden zw. Seegraswurzeln. Ihre Nahrung besteht aus Algen od. Detritus u. der bodenbewohnenden Kleinstfauna, die sie durch die v. bewimperten fransenart. Tentakeln umstandene Mundöffnung an der Introvertspitze in sich hineinschlingen. Die Fortbewegung erfolgt, indem sie sich mit dem ausgestreckten Introvert in den Boden od. in Gesteinslücken hineinbohren, durch Aufblähen der Introvertspitze (↗Hydroskelett) verankern u. den Rumpf nachziehen; einige Arten vermögen auch, wie Zuckmückenlarven sich abwechselnd zu den Seiten einkrümmend, über mehrere Meter zu schwimmen. Die an den Mangrove-Küsten Indonesiens heim. Brackwasserart *Phascolosoma lurco* besitzt ein überaus großes Osmoregulationsvermögen u. vermag ebenso in rein marinen Böden wie in süßwasserdurchfeuchteter Erde oberhalb der Küstenlinie wie ein Regenwurm grabend in mehr als metertiefen Wohnröhren zu leben. – *Anatomie:* Die warzige u. an Sinnespapillen reiche Körperwand besteht aus einer flexiblen, v.a. am Introvert mit Häkchen besetzten Glykoprotein*cuticula,* einer drüsenreichen zellulären Epidermis, einer derben, kollagenfaserigen subepidermalen Bindegewebslage *(Dermis)* mit zahlr. Pigmentzellen, einer Schicht schräggestreifter *Ring-* und *Längsmuskulatur* (Hautmuskelschlauch) u. einem dünnen Coelomepithel (Peritoneum) u. umschließt eine geräumige, einheitl. und unsegmentierte Leibeshöhle *(Coelom).* Ein mit Peritoneum ausgekleidetes Kanal- u. Lakunensystem in der Dermis (Ersatz für ein Gefäßnetz) steht mit dem Coelom in Verbindung. Ein eigenes Hohlraumsystem ist am Vorderende ausgebildet. Es besteht aus einem dermalen Ringkanal rund um den Oesophagus, v. dem aus jeweils kurze Kanälchen in die Tentakel eindringen u. zwei längere Schläuche (kontraktile Schläuche, „Polische Blasen") abzweigen, die sich beidseits dem Oesophagus anschmiegen. Es steht mit der übrigen Leibeshöhle in offener Verbindung u. wird als *Mesocoel* angesehen. Die endständ. Mundöffnung führt in einen langen muskulösen (Ring- u. Längsmuskulatur) Oesophagus, der im Rumpf in den gerade absteigenden Schenkel des U-förmigen Mitteldarms übergeht. Dessen aufsteigender Schenkel schlingt sich in vielen Spiralwindungen um den absteigenden Mitteldarmabschnitt u. mündet über einen wiederum muskulösen Enddarm (Rektum) dorsal an der Rumpf-Introvert-Grenze nach außen. Der Mitteldarm entbehrt in seiner ganzen Länge einer eigenen Muskulatur, besitzt aber durchgehend ein Flimmerepithel u. eine ventrale Wimpernrinne. Vom Darmlumen her senken sich zahlr. tubuläre Verdauungsdrüsen in das subepitheliale Bindegewebe der Darmwand ein. Der Oesophagus ist beidseits an Mesenterien aufgehängt, während Mittel- u. Enddarm frei in die Leibeshöhle hängen – fixiert ledigl. durch einen in der Achse der Darmwindungen verlaufenden *Spindelmuskel* (Darmretraktor), der am Hinterpol der Leibeshöhle in der Körperwand verankert ist. Ein od. zwei Paare v. Introvert-Retraktormuskeln durchziehen die Leibeshöhle vom Vorderende des Oesophagus bis zur Rumpfmitte, wo sie an der Körperwand ansetzen. Durch Kontraktion dieser Retraktoren wird das Introvert eingestülpt, während dessen Auspressen durch Kontraktion der Rumpfmuskulatur erfolgt (↗Hydroskelett). An der Basis der dorsalen u. ventralen Introvert-Retraktoren liegen die einfachen, subperitonealen *Gonaden,* entweder Ovarien od. Hoden. Die Geschlechtsprodukte werden in die Leibeshöhle entleert u. gelangen über ein od. zwei sackförm. *Metanephridien* mit großen Wimperntrichtern, die nahe dem After münden, nach außen. In der *Coelomflüssigkeit* flottieren zahlr. freie Zellen, sowohl kernhaltige, dem O_2-Transport dienende Blutzellen mit ↗Hämerythrin als Atempigment, wie auch verschiedene Typen phagocytotisch aktiver Abwehr- u. Exkretzellen („Lymphocyten", „Granulocyten"). Eine charakterist. Bildung der *S.* sind die *Wimpernurnen,* die entweder als bes. geformte bewimperte Protuberanzen lokale Differenzierungen des Coelomepithels darstellen od. sich ablösen u. frei in der Coelomflüssigkeit umherschwimmen. Sie stellen Komplexe einer od. mehrerer bewimperter Peritonealzellen u. einer anhängenden urnenförm. „Blasenzelle" dar, die eine v. ihnen sezernierte Schleimfahne hinter sich herziehen, in der sich selektiv vollgefressene Exkretzellen u. Chloragogenzellen fangen. Diese werden vermutl. den Nephridientrichtern zugetragen. Das *Gehirn,* ein zweilappiges Cerebralganglion (Oberschlundganglion) an der Introvertspitze, entsendet neben einigen Nerven zu den Sinnesorganen der Mundregion zwei Schlundkommissuren, die den Oesophagus umgreifen u. sich ventral zu einem subepidermalen, *unsegmentierten* Markstrang vereinigen, der bis zum Rumpfende zieht. Er gibt alternierend Seitennerven zur Körperwand ab. Außerdem sind in Dermis u. Darmwand Nervenplexus ausgebildet. Das Sinnessystem besteht aus zwei Pigmentbecherocellen im Gehirn, einer chemorezeptor. Wimperngrube am Vorderende und zahlr. Sinnespapillen an der gesamten Körperoberfläche, gehäuft in der Mundregion. *Entwicklung:* Die *S.* sind mit einer Ausnahme getrenntgeschlechtlich, zeigen aber keinerlei Sexualdimorphismus. Nach der Befruchtung im freien Wasser entwickeln sich die Eier über eine echte Spiralfurchung (Mesodermsprossung aus Telomesoblasten) zu trochophoraartigen Wimpernlarven, die allerdings keine Protonephridien haben. Ein abgeleiteter Larventyp einiger Arten mit verlängerter pelagischer Lebensphase (Verbreitung) ist die ursprünglich als eigene, planktische *S.*-Gattung mißdeutete *Pelagosphaera* (↗Pelagosphaera-Larve). Bei manchen Arten der Gezeitenzonen ist das Larvenstadium zugunsten einer direkten Entwicklung reduziert. Das *Regenerationsvermögen* der *S.* ist recht hoch; vegetative Fortpflanzung durch Durchschnürung u. Regeneration der fehlenden Körperteile sollen vorkommen. *Verwandtschaft:* Anfänglich mit den ↗*Echiurida* u. ↗*Priapulida* zum heterogenen Stamm der ↗*Gephyrea* zusammengefaßt u. aufgrund oberflächl. Strukturähnlichkeiten als Bindeglied zw. den ↗Stachelhäutern u. den ↗Ringelwürmern angesehen, wird die in sich sehr homogene Gruppe der *S.* heute als urspr. Organisationstyp der ↗*Coelomata* („Urcoelomat") betrachtet u. in den Rang eines eigenen Tierstamms erhoben. Spiralfurchung, teloblast. Mesodermsprossung, Coelombildung durch Schizocoelie u. Trochophoralarve weisen auf die nahe Verwandtschaft zu den Ringelwürmern hin. Die Trochophora weist große Ähnlichkeit zur Larve der ↗*Kamptozoa* auf. So betrachtet man die *S.* heute als einen frühen Seitenzweig der zu den Ringelwürmern führenden Entwicklungslinie. *P. E.*

Sipunculus *m* [lat., *sipunc-], Gatt. der ↗*Sipunculida* mit insgesamt 18 Arten, darunter der an allen eur. Küsten in Sand- u. Muddböden häufige, bis 25 cm lange *S. nudus.*

Siredon *w* [v. gr. Seirēdōn = Sirene], Gatt. der ↗Querzahnmolche.

Siren *w* [v. *siren-], Gatt der ↗Armmolche.

Sirenen [Mz.; v. *siren-], *Sirenia,* die ↗Seekühe.

Sirenidae [Mz.], die ↗Armmolche.

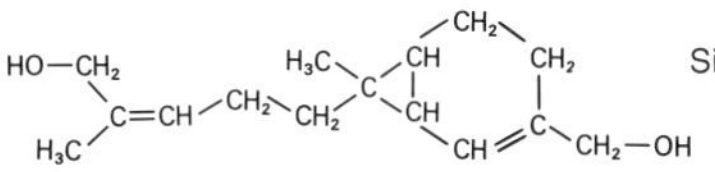

Sirenin

Sirenin *s* [v. *siren-], ein von ♀ Gameten des Pilzes *Allomyces* (↗Blastocladiales) gebildetes Sesquiterpen, das seiner Funktion nach ein Sexuallockstoff (Gamon, ↗Befruchtungsstoffe) ist. S. bewirkt noch in geringen Konzentrationen (10^{-10} molar) die chemotakt. Anlockung (↗Chemotaxis) der ♂ Gameten.

Sirex *m* [lat., = wilde Wespenart], Gatt. der ↗Holzwespen.

Siricidae [Mz.; v. lat. sirex, Mz. siricides = wilde Wespenart], die ↗Holzwespen.

Siro *w* [ma. Bez. für Milbe], Gatt. der Weberknechtgruppe ↗*Cyphophthalmi,* die mit 11 Arten in Europa, Kleinasien und N-Amerika vorkommt.

Sisal *m* [ben. nach der mexik. Stadt S.], ↗Agave.

Sison *m,* Gatt. der ↗Doldenblütler.

Sisoridae [Mz.], die ↗Saugwelse.

Sistrurus *m* [v. gr. seistron = Klapper, oura = Schwanz], die ↗Zwergklapperschlangen.

Sisymbrietalia [Mz.], *annuelle Ruderalgesellschaften,* (vermutl.) Ord. der ↗*Stellarietea mediae.* Die Ges. aus einjähr. Arten, wie *Malva neglecta* u. *Conyza canadensis,* besiedeln nährstoffreiche, warmtrockene Ruderalstandorte. An schwach betretenen Stellen wächst die Mäusegersten-Flur, das *Bromo-Hordeetum.*

Sisymbrium *s* [v. gr. sisymbrion = wohlriechende Pfl.], die ↗Rauke.

Sisyphus *m* [ben. nach dem myth. König Sisyphos], Gatt. der Blatthornkäfer, ↗Pillendreher.

Sisyridae [Mz.; v. gr. sisyra = Zottelpelz], die ↗Schwammfliegen.

Sisyrinchium *s* [v. gr. sisyrigchion = Pfl. mit süßer Knolle], Gatt. der ↗Schwertliliengewächse.

Sitatunga *m* [aus einer Bantu-Sprache], *Sumpfbock, Wasserkudu, Tragelaphus spekei,* systemat. den Waldböcken zugeordnete, an Sumpf- u. Wassergebiete angepaßte große Antilope (Schulterhöhe 115 cm); Fellfarbe braun mit senkrechten hellen Streifen, variabel; Hörner der ♂♂ im Mittel 60 (bis 90) cm lang; Verbreitung: Afrika südl. der Sahara, mehrere U.-Arten. S.s schwimmen u. tauchen gut. Ihre relativ langen spreizbaren Hufe u. das Aufsetzen der Zehen bis zum Fesselgelenk mindern das Einsinken in weichem Boden. Nahrung: Blätter u. Früchte v. Sumpf- u. Wasserpflanzen.

Sitosterin *s* [v. gr. sitos = Weizen, Speise, stear = Fett], das am häufigsten vorkommende pflanzl. ↗Sterin, z.B. in Bakterien, Cyanobakterien, Moosen, Farnen, Schachtelhalmen, Weizenkeimen, Baumwollsamen, Kartoffeln, Sojaöl, Löwenzahnwurzel, Tabak, Kiefernrinde u. Ginsengwurzel.

Sitta *w* [v. *sitt-], Gatt. der ↗Kleiber.

Sitter, die ↗Stendelwurz.

Sittiche [v. *sitt-], Sammel-Bez. für verschiedene ↗Papageien mit langem, keilförm. Schwanz u. buntem Gefieder; viele Arten als ↗Käfigvögel (☐) beliebt, wie z.B. der ↗Wellensittich *(Melopsittacus undulatus),* der austr. Königssittich *(Alisterus scapularis)* u. die mittel- u. südamerikan. Keilschwanz-S. *(Aratinga).*

Sittidae [Mz.; v. *sitt-], die ↗Kleiber.

Situspräparat [v. lat. situs = Lage], anatom. Präparat, bei dem alle Organe des aufpräparierten Organismus in ihrer natürl. Lage belassen wurden. ↗Präparationstechniken.

siren- [v. gr. Seirēn = Sirene; Seirēnios = sirenenhaft].

sitt- [v. gr. sittakē = Papagei, Sittich].

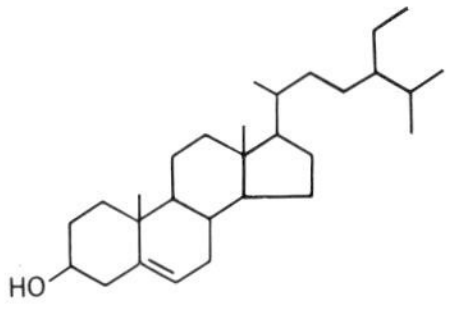

β-Sitosterin

Sitzbein, *Ischium, Os ischii,* paariger Ersatzknochen des Beckens der Tetrapoden, unterhalb des ↗Darmbeins (Ilium) u. hinter dem ↗Schambein (Pubis) gelegen, mit beiden verschmolzen u. wie diese an der Gelenkpfanne beteiligt. Bei ↗Krokodilen u. manchen ↗Dinosauriern (☐) ist das S. nach ventral verlängert, was biomechan. von Vorteil ist (Muskelansatz u. -zugrichtung). ↗Beckengürtel.

sitzende Blüten, *ungestielte Blüten,* Bez. für Blüten, die ohne sichtbare Ausbildung eines Blütenstiels der ↗Abstammungsachse direkt aufsitzen.

Sium *s* [v. gr. sion = eine Wiesen- u. Sumpfpfl.], der ↗Merk.

Sivapithecus *m* [ben. nach dem Hindu-Gott Śiva, v. gr. pithēkos = Affe], südeur.-ostasiat. (afr. ?) Gatt. der ↗Dryopithecinen bzw. ↗Ramapithecinen; aufgrund von 8 Mill. Jahre alten Schädelfunden aus den ↗Siwaliks u. ↗Lufeng heute als fossiler Verwandter des ↗Orang-Utan angesehen; Alter: Mittel- bis Obermiozän, ca. 15–8 Mill. Jahre.

Sivatherium *s* [ben. nach dem Hindu-Gott Śiva, v. gr. thērion = Tier], (Falconer u. Cautley 1835), *Indratherium,* † brachycephale Kurzhalsgiraffen mit rinderähnl. gebautem Körper u. kurzen Extremitäten; am Schädel 2 Paar unterschiedl. großer Knochenfortsätze. *S. giganteum* erreichte 2,80 m Länge; Gesamtspannweite der Knochenprotuberanzen 1,25 m. Verbreitung: Pleistozän v. Indien und O-Afrika. ↗*Libytherium.*

Siwaliks, südl. Vorgebirge des Himalaya mit einer v. Obermiozän bis ins Altpleistozän reichenden, mehrere 1000 m mächtigen Folge fluviatiler Sedimente, die zahlr. fossile Säugetiere *(Siwalik-Fauna),* u.a. *Hominoidea,* enthält.

Skabies *w* [v. lat. scabies = Krätze], *Scabies,* die ↗Krätze 2).

Skabiose *w* [v. lat. scabiosus = räudig, krätzig], *Scabiosa,* Gatt. der ↗Kardengewächse mit ca. 80, bes. über den Mittelmeerraum verbreiteten Arten. 1- und 2jähr. Kräuter, Stauden u. Halbsträucher mit in langgestielten Köpfen stehenden, zwittrigen Blüten. Die Blütenkrone besitzt eine kurze Röhre u. einen ungleichmäßig ausgebildeten, 5zipfl. Saum, der bei den Randblüten für Schauzwecke stark vergrößert sein kann. Bekannte einheim. Arten sind: die Tauben-S. *(S. columbaria)* mit mehrfach fiederspalt., behaarten Blättern und bläul.-lila gefärbten Blütenköpfen (häufig in sonnigen Kalkmagerrasen od. mageren, warmen Fett- u. Moorwiesen) u. die rotlila blühende Glänzende S., *S. lucida* (in [sub-]alpinen Steinrasen u. sonnigen Halden). Als Zierpflanzen kultiviert werden u.a. die aus dem Kaukasus stammende Kaukasische S. *(S. caucasica),* eine Staude mit bis 7 cm breiten, blaßblauen (weißen od. dunkelblauen) Blütenköpfen mit sehr großen Randblüten, u. die 1jährige, im westl. Mittelmeergebiet heimische Samt-S. *(S. atropurpurea)* mit samtigschwarzvioletten Blüten. ☐ Pseudanthium.

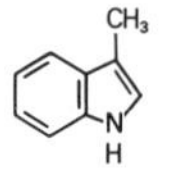

Skatol

Sivatherium

Skabiose *(Scabiosa spec.)*

skelet- [v. gr. skeletos = ausgetrocknet, hart; skeleton = Mumie].

Skalar *m* [v. lat. scalaris = leiter-], ↗Segelflosser.

Skammonium-Harz *s* [v. gr. skammōnia = Windenart], ↗Windengewächse.

Skatol *s* [v. gr. skatos = Kot, lat. oleum = Öl], *3-Methylindol,* bei der ↗Fäulnis v. Proteinen entstehendes, äußerst unangenehm (in sehr starker Verdünnung aber blumig) riechendes Abbauprodukt v. Tryptophan; kommt z.B. im Mist, in Steinkohlenteer, Runkelrüben, Fäkalien u. im Sekret der Zibetkatze vor. ↗chemische Sinne.

Skeletin *s* [v. *skelet-], am Aufbau von Cytoskeletten (↗Zellskelett) beteiligte Gruppe v. Proteinen mit einer relativen Molekülmasse von 55000; Bestandteil der 10 nm-Intermediärfilamente. S. wird v.a. in glatten Muskelzellen der Säuger, in den an ↗Desmosomen ansetzenden Tonofilamenten u. in den Z-Scheiben der ↗Herzmuskulatur v. Säugern gefunden u. ist evtl. identisch mit dem ↗Desmin.

Skelett *s* [v. *skelet-], körperstützendes Gerüst v.a. tierischer Organismen u. des Menschen, weniger gebräuchl. Bez. für Stützgewebe bei Pflanzen (↗Festigungsgewebe). S.e trifft man bei Einzellern u. Mehrzellern an, entweder als Binnen-S.e (↗*Endo-S.:* Achsenstäbe u. Zentralkapseln bei Flagellaten, Radiolarien u. Heliozoen; Nadel-S.e und subepidermale Plattenpanzer bei Schwämmen, manchen Tintenfischen u. Stachelhäutern; parenchymatöse S.e bei Strudelwürmern u.a. Wirbellosen; Knorpel- u. Knochen-S.e der Wirbeltiere u. des Menschen) od. als ↗*Exo-S.* in Form organ. oder mineral. Schalen (Foraminiferen, beschalte Amöben) bzw. als cuticuläres Korsett (Gliederfüßer). ↗S.-System, ↗Hydro-S., ↗Bewegungsapparat, ↗Biomechanik; ☐ Organsystem. B 439.

Skelettböden, Stein-, Kies- od. Schuttböden, in denen der Skelettanteil (Korngrößen-∅ > 2 mm) über 75 Vol.% liegt.

Skelettierfraß, *Skelettfraß,* spezif. Fraßbild, das durch blattfressende Insekten, Tausendfüßer od. Asseln durch Fressen an lebenden od. toten Blättern entsteht, wenn nur zw. den Blattadern das Blattmaterial weggefressen wird. ☐ Bodenorganismen.

Skelettmuskulatur, die ↗quergestreifte Muskulatur (Ausnahme ↗Herzmuskulatur) der Wirbeltiere u. des Menschen. ↗Muskulatur; ↗Muskelkontraktion.

Skelett-Opal *m* [v. *skelet-, gr. opallios = Opal], amorphe Kieselsäure, aus der sich die Skelette v. Diatomeen, Radiolarien u. Schwämmen aufbauen.

Skelettsystem, funktionelle Gesamtheit der ↗Skelett-Elemente eines Organismus u. der funktionell ihnen zugehörigen Gewebe, wie Sehnen u. Bänder bei Wirbeltieren u. Mensch (↗Endoskelett) od. der

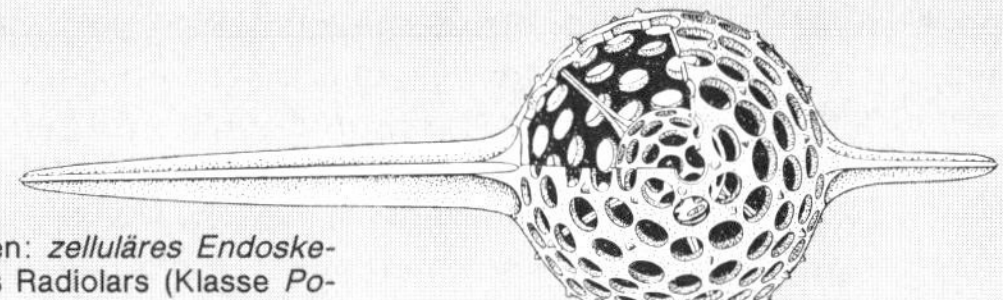

Abb. oben: *zelluläres Endoskelett* eines Radiolars (Klasse *Polycystina*), bestehend aus einer inneren Kapsel aus organischem Material und einer äußeren, intraplasmatischen, stachelbesetzten Filigrankapsel aus Silicat

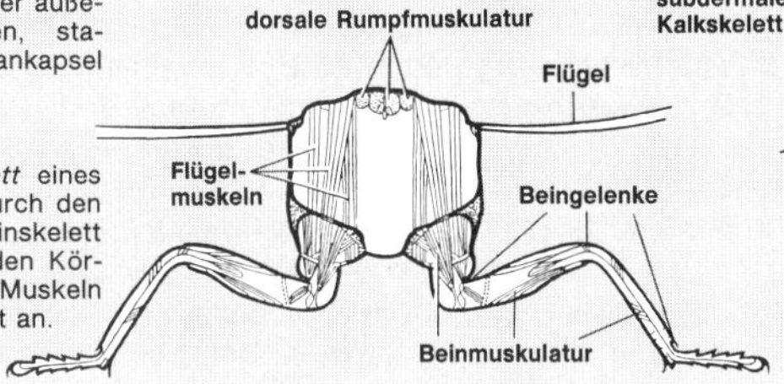

Abb. rechts: *Exoskelett* eines Insekts (Querschnitt durch den Thorax). Das Chitinskelett (schwarz) umschließt den Körper schalenförmig. Alle Muskeln setzen innen am Skelett an.

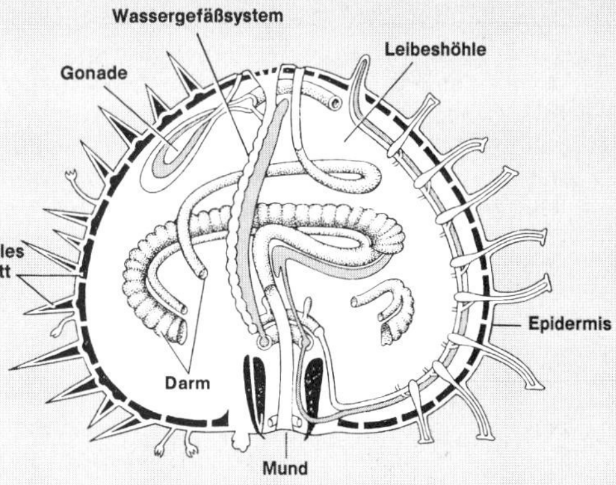

Abb. oben: *subdermales Endoskelett* (schwarz) eines Seeigels

Knochenfisch

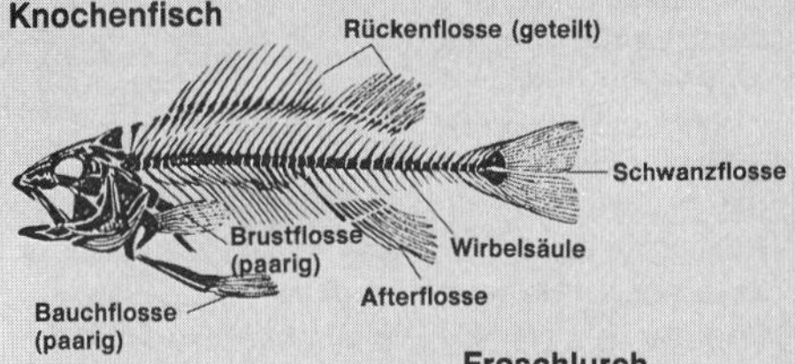

Froschlurch

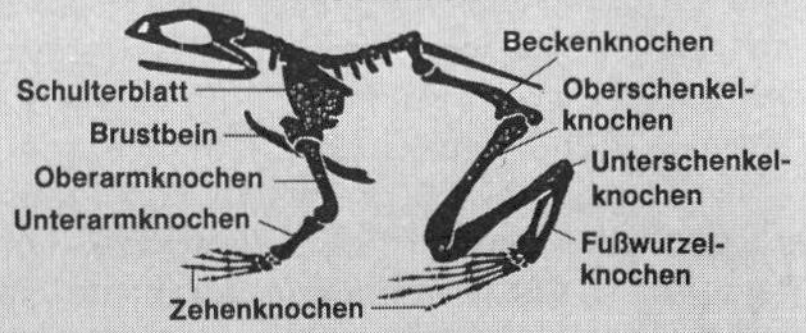

Vogel

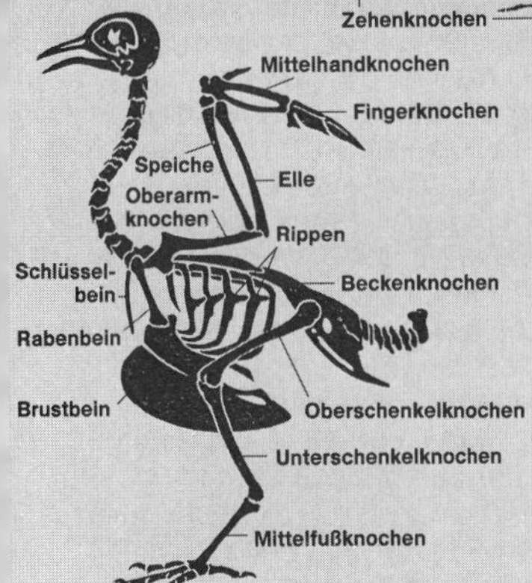

Säugetier

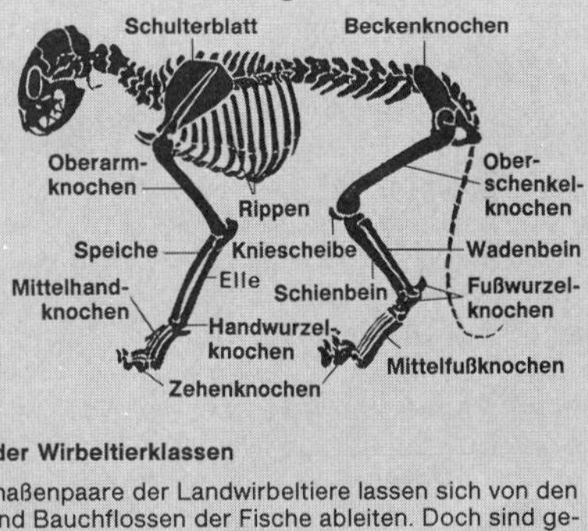

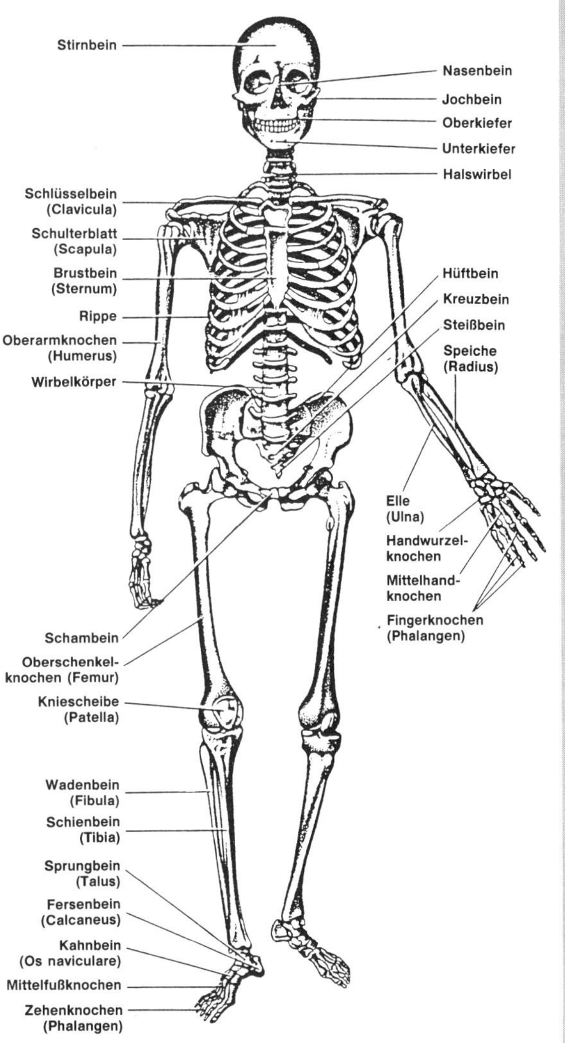

Skelettbaupläne der Wirbeltierklassen

Die beiden Gliedmaßenpaare der Landwirbeltiere lassen sich von den paarigen Brust- und Bauchflossen der Fische ableiten. Doch sind gewöhnlich nur die Brustflossen mit der Wirbelsäule verbunden, während die Bauchflossen ihre Stütze im Bindegewebe finden und daher wie beim Flußbarsch (Abb. oben) weit nach vorn wandern können.

Skelett des Menschen

Das Skelett besteht aus etwa 200 Einzelknochen, von denen etwa 60 den Extremitäten zugehören. Die meisten Knochen sind Einzelstücke, die untereinander durch Gelenke verbunden sind. Das Skelett macht etwa 18% des Körpergewichts aus, doch kann der Gewichtsanteil bei einer grobknochigen Konstitution wesentlich höher sein.

cuticulären Verbindungen (Gelenkhäute) zw. den einzelnen Skelettanteilen (↗Exoskelett). I. w. S. wird auch der dem Skelett zugehörige ↗Bewegungsapparat dem S. zugerechnet. ☐ Organsystem.

Skimmia *w* [jap.], Gatt. der ↗Rautengewächse.

Skinke [Mz.; v. gr. skigkos = oriental. Apothekereidechse], *Glattechsen, Scincidae,* größte Fam. der ↗Echsen mit etwa 50 Gatt. und ca. 800 Arten, v. denen aber nur 5 in Europa vorkommen; v. a. in den Subtropen u. Tropen bes. der Alten Welt u. in Austr. beheimatet; Landbewohner (in Höhlen, Gängen, am Boden, im Sand, auf Bäumen u. Sträuchern); 5–65 cm lang. Kleiner Kopf, keilförmig zugespitzt, oberseits mit großen, symmetr. angeordneten Schildern; Körper walzenförmig; Schuppen glatt anliegend, oft glänzend; meist unauffällig gefärbt (Braun- u. Grautöne vorherrschend); Gliedmaßen kurz u. wohlentwikkelt, teilweise aber auch mehr od. weniger rückgebildet; Kopf u. Schwanz an ihrer Basis oft fast ebenso dick wie Rumpf; Schwanz kann an bestimmten Stellen abgeworfen (↗Autotomie) u. regeneriert werden. S. sind überwiegend Insektenfresser; nur einige größere Arten nehmen auch pflanzl. Nahrung zu sich; ⅔ aller S. legen Eier (2–320 pro Gelege), manche Arten treiben Brutpflege, einige sind lebendgebärend (ovovivipar); scheu u. flink. – 3 U.-Fam.: ↗Riesenskinkverwandte *(Tiliquinae),* ↗Schlankskinkverwandte *(Lygosominae)* u. Skinkverwandte *(Scincinae).* Zu den Schlankskinkverwandten gehört u. a. die sehr artenreiche Gatt. *Leiolopisma,* vom SO der USA bis Panama sowie in S-Asien u. dem austr.-polynes. Raum verbreitet; bis 37 cm lang; unteres Augenlid mit durchsicht. „Fenster"; Gliedmaßen wohlentwickelt; langschwänzig; meist eierlegend; ind. Arten z. T. in Höhen bis zu 4800 m vorkommend. Zu den Skinkverwandten gehören neben den ↗Sand-S.n *(Scincus),* ↗Schlangen-S.n *(Ophiomorus)* u. ↗Walzenechsen *(Chalcides)* als weitere wichtige Gatt. *Eumeces* u. *Scincopus.* Die Gatt. *Eumeces* ist mit rund 60 Arten in N-Afrika, SW- und SO-Asien, Amerika u. auf den Bermudainseln verbreitet; Gesamtlänge 10–42 cm, Schwanz etwa doppelte Körperlänge; (oliv)braun oder grünl. mit auffallend gefärbten Längsstreifen; unteres Augenlid beschuppt; kräft. Extremitäten mit langen Zehen; meist eierlegend; tagaktiv; bekanntester Vertreter: Berber-S. *(E. algeriensis),* bis 44 cm lang; v. Marokko bis Tunesien verbreitet; oberseits orangerote, in Querreihen angeordnete Flecken; Flanken gelbl., unterseits weiß; ernährt sich v. a. von Schnecken. Einziger Vertreter der nordafr. Nacht-S. ist *Scincopus fasciatus;* bis 22 cm lang; gelb gefärbt mit 7 schwarzen Querbinden; Augen groß; Schwanz kurz; dämmerungs- u. nachtaktiv.

Skinke

Der nordafr. ↗Apothekerskink (*Scincus scincus*; ca. 20 cm lang; oberseits gelbl.-braun gefärbt mit dunklen Querbändern) ist ein bekannter Vertreter der Sandskinke

Skinner-Box, von dem am. Psychologen u. Verhaltensforscher B. F. Skinner (* 1904) entwickelte Versuchsanordnung zur operanten ↗Konditionierung. ↗Lernen [B].

Sklavenhalterei, *Dulosis,* bei ↗Ameisen solche Arten, die in artfremde Nester anderer Ameisenvölker eindringen u. deren Puppen rauben. Die schlüpfenden Arbeiterinnen arbeiten dann als „Sklaven" im Räubernest.

Sklera *w* [v. *skler-], *Sclera,* die Lederhaut des ↗Linsenauges ([B]).

Sklereiden [Mz.; v. *skler-], *Steinzellen,* ↗Festigungsgewebe.

Sklerenchym *s* [v. *skler-, gr. egchyma = Eingegossenes] ↗Festigungsgewebe (☐), ☐ Leitbündel.

Sklerenchymfasern ↗Festigungsgewebe.

Sklerite [Mz.; v. *skler-], 1) bei ↗Gliederfüßern die sklerotisierten, harten Chitinplatten der Segmente des Außenskeletts. Die einzelnen S. stehen durch Membranen od. gehärtete Nähte miteinander in Verbindung. Man unterscheidet *Tergite* (S. der Dorsalseite), *Sternite* (S. der Ventralseite) u. *Pleurite* (S. der Lateralseite). 2) *Skleren,* Skelettelemente bei ↗Schwämmen. 3) Skelettelemente der ↗*Octocorallia.*

Skleroblasten [Mz.; v. *sklero-, gr. blastos = Keim], Bildungszellen harter Skelettsubstanzen, speziell des Nadelskeletts der ↗Schwämme; auch selten gebrauchte Bez. für Osteoblasten (↗Bindegewebe, ↗Knochen) und ↗Odontoblasten. In diesem Bedeutungsbereich sollte der Begriff vermieden werden.

Sklerokaulen [Mz.; v. *sklero-, gr. kaulos = Stengel], *Rutengewächse,* Bez. für dauernd od. zeitweise blattlose Pflanzen trokkener Standorte, deren rutenförmige Sproßachsen chloroplastenreiche Rinde besitzen u. die Assimilationsaufgabe übernehmen; z. B. Besenginster.

Sklerophyllen [Mz.; v. *sklero-, gr. phylla = Blätter], *Hartlaubgewächse,* Bez. für immergrüne Holzgewächse, deren dicke, lederartige u. wachsüberzogene Blätter mit Festigungsgewebe reichl. ausgestattet sind u. die auch bei anhaltender Trockenheit überdauern. Beispiele sind Ölbaum, Myrte, Eucalyptus. ↗Hartlaubvegetation.

Skleroproteine [Mz.; v. *sklero-], *Faserproteine, Gerüstproteine, fibrilläre Proteine, Strukturproteine,* Gruppe v. wasserunlösl., faserförmig aufgebauten, tier. ↗Proteinen mit reiner Gerüst- u. Stützfunktion. Gut untersuchte S. sind ↗Elastin, ↗Fibroin, ↗Keratin, ↗Kollagen u. ↗Resilin.

skler-, sklero- [v. gr. sklēros = trocken, hart, rauh].

Bedingt durch ungewöhnl. Aminosäurezusammensetzungen, weisen S. meist einheitl. bzw. stark dominierende Typen v. Sekundärstrukturen auf. Z. B. enthalten α-Keratine vorwiegend Aminosäuren mit sperrigen Seitenketten sowie Cysteinreste, weshalb helikale α-Strukturen u. Disulfidbrücken dominieren. In S.n, die zu über 90% aus den einfachen Aminosäuren Glycin, Alanin u. Serin aufgebaut sind, wie z. B. β-Keratin u. Fibroin, dominieren dagegen die β-Strukturen (Faltblattstrukturen). Als dritter Typ sind die S. mit Tripelhelixstruktur (Kollagen-Typ) zu nennen. Wegen ihrer Schwerlöslichkeit sind S. von Proteasen kaum abbaubar u. daher schwer verdaulich. Aus diesem Grunde u. wegen des Fehlens essentieller Aminosäuren sind S. nicht als Nahrungsproteine geeignet. Ggs.: ↗Sphäroproteine.

Sklerosepten [Mz.; v. *sklero-, lat. saeptum = Scheidewand], *Kalksepten,* Teil des Kalkskeletts der ↗Steinkorallen.

Sklerotesta *w* [v. *sklero-, lat. testa = Schale], Bez. für die innere, verholzte Schicht der Samenschale (= Testa) bei vielen Samenpflanzen.

Sklerotheka *w* [v. *sklero-, gr. thēkē = Behältnis], (Grabau 1922), aus ↗Dissepimenten gebildete Innenwand bei ↗*Rugosa* (bei ↗*Hexacorallia:* Paratheka).

Sklerotien [Ez. *Sklerotium;* v. *sklero-], *Dauermycel,* sterile, oft harte Überdauerungs- od. Speicherorgane v. Pilzen, die aus fest verflochtenen, oft dickwand. Hyphen bestehen; die Außenschicht ist oft dunkel gefärbt (Melanine); sie können auch der Verbreitung dienen (z. B. bei Mutterkornpilzen, Sklerotienbecherlingen). ☐ Mutterkornpilze, [B] Pilze I, [B] Pflanzenkrankheiten I.

Sklerotienbecherlinge, die ↗Sclerotiniaceae.

Sklerotienfäule [v. *sklero-], *Sclerotiniafäule,* eine ↗Salatfäule, verursacht durch den Schlauchpilz *Sclerotinia sclerotiorum* und *S. minor;* an den Jungpflanzen werden vom Pilzmycel bis zu erbsengroße Sklerotien gebildet; der Befall des Wurzelhalses älterer Pflanzen mit weißem Mycel wird auch als *Halsfäule* bezeichnet.

Sklerotom *s* [v. *sklero-, gr. tomē = Schnitt], Zellpopulation in den ↗Somiten, liefert die Zellen für Anlagen der nicht-dermalen Skelettelemente.

Skolex *m* [v. gr. skōlēx = Wurm], *Scolex,* Kopf der *Eucestoda* (↗Bandwürmer).

Skolopender [v. gr. skolopendra = Tausendfüßer], Gatt. *Scolopendra* u. Verwandte der Hundertfüßer aus der Gruppe der *Scolopendromorpha.* Sie gehören zus. mit den Erdläufern zu den *Epimorpha* (↗Hundertfüßer) u. haben entweder 25 Segmente mit 21 od. (selten) 27 Segmente mit 23 Beinpaaren. In S-Europa leben v. a. der bis 17 cm (!) lange, dunkelbraun bis leicht grünl. gefärbte *S. cingulata* u. der gelbbraun, oliv, dunkelgrün od. gelb mit grünen Streifen gefärbte, bis 12 cm lange *S. morsitans.* Der S. kann empfindl. mit seinen Giftklauen zubeißen u. dabei Substanzen injizieren, die heftige Wirkungen haben können. Im einfachen Fall rufen diese Reaktionen wie nach einem Bienenstich, in anderen Fällen aber auch Nekrosen, selten sogar Todesfälle hervor. Bei *S. morsitans* klingen die Schmerzen oft erst nach 2–3 Tagen ab. Über die Zusammensetzung des Giftes ist nicht viel bekannt. Offensichtl. handelt es sich zum Teil um verschiedene ↗Benzochinone. Mäuse sterben nach einem Biß oft an Lähmungserscheinungen. Manche Arten beißen auch mit dem Hinterende, dort allerdings nur mit ungefährl. Klauen der letzten Extremitäten. Bei trop. Arten kann dieses Hinterende ähnl. wie der Kopf auffällig gefärbt sein (Automimikry). In Brasilien gibt es auch ausgesprochene Riesen-S., wie den 27 cm großen *S. gigantea.*

Skolopidialorgane ↗Scolopidialorgane.

Skorbut *m* [v. mlat. scorbutus = Mundfäule], *Scharbock,* durch Vitamin-C-Mangel verursachte ↗Hypovitaminose; Symptome sind Abgeschlagenheit, Blutungen, Muskelschwäche, Zahnfleischgeschwüre mit Zahnausfall, Gelenkschmerzen u. -schwellungen, Anämie, gesteigerte Infektanfälligkeit; Todesursache ist meist Herzmuskelschwäche. Therapie: Vitamin-C-Substitution. ↗Ascorbinsäure, ↗Kollagen.

Skorpione [Mz.; v. gr. skorpiōnes = S.], *Scorpiones,* Ordnung der landlebenden ↗Spinnentiere mit ca. 700 Arten (wichtige Fam. vgl. Tab.); größte Art *Pandinus imperator,* 18 cm lang, in W-Afrika vorkommend. S. sind weltweit v. a. in den Trockengebieten der Tropen u. Subtropen verbreitet, einige Arten auch in gemäßigten Breiten. Den Tag verbringen sie unter Steinen, in Felsspalten (abgeflachter Körper!), Erdhöhlen od. selbstgegrabenen Bauten (Verdunstungsschutz). In der Nacht sind sie aktiv u. gehen auf Beutefang. *Körpergliederung* u. *Extremitäten:* einem dorsal äußerl. unsegmentierten Prosoma sitzt ohne Taille ein gegliedertes Opisthosoma an (↗*Chelicerata),* das seinerseits in ein Mesosoma mit 7 und ein Metasoma mit 5 Segmenten gegliedert ist. Im Metasoma sind Pleuren, Sternite u. Tergite ringförmig verschmolzen. Terminal befindet sich ein ↗Giftstachel, der dank des schlanken Metasomas leicht nach allen Seiten bewegbar ist. Das Prosoma trägt 1 Paar Cheliceren, 1 Paar Pedipalpen u. 4 Laufbeinpaare. Am Opisthosoma sind nur aus Beinanlagen hervorgegangene Beinhomologa vorhanden: außer den Fächerlungen das plattenförm. unpaare Metasternum (1. Opisthosomasegment), das Genitaloperculum u. die Kämme (Pectines). Die beiden letzteren entstehen durch Spaltung der Beinanlagen des 2. Opisthosomasegments. *Nahrung* u. *Darmsystem:* S. leben räuberisch, meist v.

skler-, sklero- [v. gr. sklēros = trocken, hart, rauh].

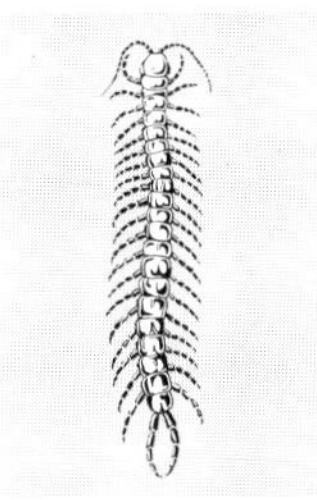

Skolopender *(Scolopendra cingulata)*

Skorpione

Wichtige Familien u. Gattungen:

↗*Buthidae*
Androctonus
Buthus
Centuroides
Leiurus

Chactidae
↗*Euscorpius*

Scorpionidae
Heterometrus
Pandinus
Scorpio

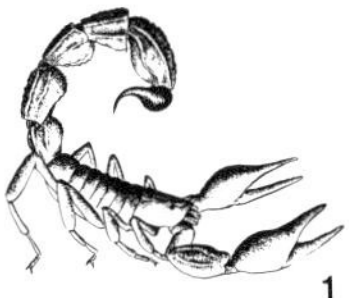

1

2

Skorpione

1 Skorpion in Abwehrstellung; **2** Weibchen des südamerikan. Skorpions *Tityus serrulatus* mit Jungen auf dem Rükken

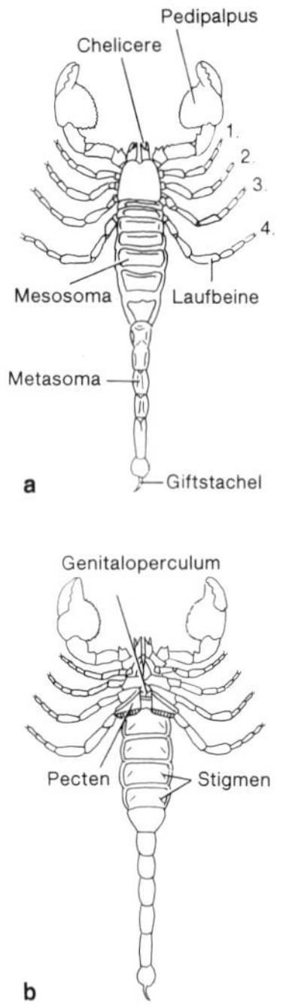

Skorpione

Bauplan der S., **a** Oberseite, **b** Unterseite

Skorpionsfliegen

Gemeine Skorpionsfliege *(Panorpa communis)* bei der Eiablage

anderen Arthropoden. Die Beute wird mit den Palpenscheren gepackt, mit den Cheliceren zerrissen u. im Mundvorraum (gebildet v. den Coxen der Pedipalpen u. der ersten beiden Beinpaare) mit Hilfe v. Verdauungssekret aufgelöst. Nur große wehrhafte Beute wird mit dem Giftstachel gestochen u. gelähmt. Der Nahrungssaft wird mit Hilfe einer Vorderdarmsaugpumpe aufgesogen u. in den verästelten Teilen der Mitteldarmdrüse verdaut. Der After liegt kurz vor dem Giftstachel. *Exkretion:* Neben 1 Paar Coxaldrüsen (Mündung am 3. Laufbeinpaar) sind Nephrocyten u. Malpighische Gefäße entwickelt. *Atmung* u. *Kreislauf:* in den Segmenten 1–6 des Mesosomas befinden sich je 1 Paar ↗Fächerlungen, die mit paarigen Stigmen ventral ausmünden. Das Herz liegt ebenfalls im Mesosoma als langer Schlauch mit 7 Ostienpaaren u. 9 Seitenarterienpaaren. *Nervensystem:* Ober- u. Unterschlundganglion sowie Strickleiternervensystem (7 freie Ganglienpaare). *Sinnesorgane:* 1 Paar Medianaugen und 2–5 Paar Seitenaugen; Hauptsinnesorgane sind mechanorezeptor. Organe in Form v. Trichobothrien, Tasthaaren u. Spaltsinnesorganen; bes. viele Rezeptoren liegen auf den Pectines. *Fortpflanzungsorgane:* Hoden u. Ovarien sind netzförmig, die Hoden tragen akzessor. Drüsen sowie Paraxialorgane, in denen die Spermatophore gebildet wird. *Balz* u. *Paarung:* Das Männchen setzt eine Spermatophore ab, nachdem es das Weibchen oft stundenlang in einem Balztanz, an den Palpen gefaßt, herumgeführt hat. Häufig sticht das Männchen seine Partnerin auch mit dem Giftstachel in die Intersegmentalhäute. Danach zieht es das Weibchen über die Spermatophore. Das Weibchen prüft sie mit den Pectines u. nimmt mit der Genitalöffnung die beiden Samenpakete ab. Darauf läßt das Männchen die Umklammerung der Palpen los. Bei vielen Arten frißt das Weibchen den Stiel der Spermatophore. *Brutpflege:* Mit Ausnahme der Fam. *Scorpionidae* dotterreiche Eier, die in den Ovidukt fallen. Die Embryonen entwickeln sich dort so weit, daß sie gleich nach der Eiablage die Eihülle sprengen (Ovoviviparie) u. den Rücken der Mutter ersteigen. Bei den *Scorpionidae* bleiben die dotterarmen Eier in den Follikeln. Diese werden schlauchförmig u. nehmen Kontakt mit Zellen der Mitteldarmdrüse auf. Durch dieses Organ werden die Embryonen bis zur Geburt ernährt. Auch die Jungen der *Scorpionidae* werden vom Muttertier bis nach der 1. oder 2. Häutung getragen. *Verteidigung* u. *Giftigkeit:* S. sind nicht angriffslustig. Sie drohen mit hocherhobenen Palpen u. vorgeneigtem Giftstachel. Manche Arten stridulieren in dieser Situation (z.B. Cheliceren gg. Prosomadach, Stachel über Tergit). Der Giftstachel wird zum Beutefang, aber auch zur Abwehr eingesetzt (↗Skorpiongifte). Bei starker Reizung schlagen S. mit dem Stachel wild um sich u. treffen sich dabei auch in den eigenen Körper. – S. sind die ursprünglichsten landlebenden Spinnentiere u. haben viele Merkmale ihrer Vorfahren, die bereits seit dem Silur *(Palaeophonus)* bekannt sind, bis heute beibehalten. ☐ Chelicerata. *C. G.*

Skorpiongifte, v. ↗Skorpionen gebildete giftige Sekrete, die in einzelnen Fällen auch für Menschen gefährl. sein können. Als Bestandteile der S. wurden neben neurotoxisch wirkenden Proteinen (*Scorpamine,* bestehend aus etwa 60 meist bas. und aromat. Aminosäuren) auch Enzyme (z.B. hämolyt. und proteolyt. Enzyme, Phospholipase A, Hyaluronidase, Acetylcholin-Esterase u. Ribonuclease) u. biogene Amine (Serotonin, Tryptamin u. Histamin) gefunden. Als Gegenmittel dienen spezif. Antiseren.

Skorpionschnecken, wenig gebräuchl. Bez. für die ↗Fechterschnecken.

Skorpionsfische, die ↗Drachenköpfe.

Skorpionsfliegen, *Panorpidae,* Fam. der ↗Schnabelfliegen mit über 100, in Mitteleuropa nur 5 Arten. Häufig ist bei uns die Gemeine Skorpionsfliege *(Panorpa communis);* Imago ca. 18 mm groß, mit 2 Paar gleichgestalteten, dunkel gefleckten, reich geäderten Flügeln. Auffallend sind ein stark verlängerter Kopffortsatz u. das birnenförmig verdickte Hinterleibsende der Männchen; das 9. Hinterleibssegment trägt 1 Paar Zangen (Name), mit denen das Weibchen während der Kopulation gepackt wird. Der Kopulation geht eine Art Balz voraus, bei der das Männchen dem Weibchen einen v. den stark entwickelten Speicheldrüsen gebildeten Sekrettropfen anbietet. Die Larven schlüpfen 6–7 Tage nach der Eiablage in Lücken u. Ritzen des Bodens. Sie haben eine raupenart. Körpergestalt u. können sich nach Art der Afterraupen mit ↗Afterfüßen fortbewegen.

Skorpionswanzen, *Nepidae,* Fam. der ↗Wanzen (Wasserwanzen) mit ca. 150 Arten, in Mitteleuropa nur 2. Die meist am Grund stehender od. langsam fließender Gewässer räuberisch lebenden S. sind bis 40 mm groß. Charakterist. sind das Atemrohr an der Hinterleibsspitze sowie die zu klappmesserart. Fangorganen umgebildeten Vorderbeine. Beim opt. ausgelösten Beutefang werden Gliedertiere, aber auch kleinere Fische ergriffen u. mit dem Stechrüssel ausgesaugt. Die 2 bei uns vorkommenden Arten gehören verschiedenen Bautypen an: Der ca. 2 cm lange, gelbl.-bräunl., am Rücken rot gezeichnete Körper des Wasserskorpions (*Nepa rubra,* B Insekten I) ist oval-abgeplattet. Die ca. 35 mm lange, sehr schlank gebaute, graubraune Stabwanze (Schweifwanze, Wassernadel, *Ranatra linearis*) erinnert in der Körpergestalt mehr an eine Stabheuschrecke; sie ist im Ggs. zum Wasserskorpion flugfähig. Beide Arten legen ihre Eier in weiches Pflanzenmaterial; die Larven entwickeln sich hemimetabol im Wasser.

Skotasmus *m* [v. gr. skotasmos = Verfinsterung], Schwarzfärbung des gesamten Körpers (od. der Flügel) – ein stark ausgeprägter ↗Melanismus; bes. bei Insekten. ↗Abundismus, ↗Nigrismus.

skotopisches Sehen [v. gr. skotos = Dunkelheit, ōpē = Sehen], das ↗Dämmerungssehen; ↗photopisches System.

Skrotum *s* [v. lat. scrotum = Hodensack], *Scrotum,* der Hodensack, ↗Hoden.

Skua *w* [v. färingisch skūgvur], *Stercorarius skua,* ↗Raubmöwen.

Skuhl-Mensch [arab. Mugharet es-Skūhl = Ziegenhöhle], Skelettreste v. mindestens 10 Individuen, darunter mehrere Schädel; 1931–32 am Berg ↗Karmel, südöstl. von Haifa/Israel, ausgegraben. Früher zus. mit den Funden v. ↗Tabun als Ergebnis einer Vermischung ortsansässiger Neandertaler mit dem vordringenden *Homo sapiens sapiens,* heute als frühe Vertreter des anatom. modernen Menschen angesehen. Alter: Ende des letzten Interglazials bis Mitte Würm-Eiszeit.

Skulptursteinkern *m* [v. lat. sculptura = Schnitzwerk], *Prägekern* (W. Quenstedt), ↗Steinkern, dem nach Auflösung des Fossils durch ↗Stempelwirkung die Skulptur v. dessen Außenseite aufgeprägt wurde.

Skunks [Mz.; engl., aus Algonkin-Sprache], *Skunke, Stinktiere, Mephitinae,* neuweltl. U.-Fam. der ↗Marder; Kopfrumpflänge 25–45 cm; bis 40 cm langer, buschiger Schwanz; langhaariges Fell, meist schwarz mit weißen Streifen od. Flecken; 3 Gatt. (vgl. Tab.) mit insgesamt 9 Arten. Als Lebensraum bevorzugen S. Buschwald u. Grasland; ihre Ernährung ist vielseitig (omnivor). S. bespritzen Gegner aus dem „Handstand" gezielt mit einem Abwehrsekret ihrer ↗Analdrüsen („Stinkdrüsen"), dessen intensiver Geruch hpts. von ↗Mercaptanen (schwefelhaltigen Alkohol-Analoga) hervorgerufen wird. Zur Pelzverarbeitung gelangen v.a. Felle kanad. und nordam. Skunks. B Nordamerika I.

Slavina *w,* Ringelwurm-(Oligochaeten-)Gatt. der ↗*Naididae. S. appendiculata,* Epidermis bildet in jedem Segment 2 Ringe v. Sinnespapillen, zw. denen ein detritushalt. Schleimfilm das Tier mit Ausnahme v. Kopf u. Hinterende überzieht; Kettenbildung; in moorigen Gewässern.

slickensides [slik^ensaids; engl., = Schliffflächen], *Stresscutanen, Stiekensides, Harnische,* glänzende Scherflächen in tonhalt. Böden mit vorübergehend auftretendem starkem Quellungsdruck. ↗Vertisol, ↗Pelosol.

sliding-filament-Mechanismus [ßlaiding-; engl., = Gleiten, v. lat. filamentum = Netzwerk], *Gleitfasermechanismus,* molekularer Grundmechanismus jeglicher ↗Bewegungs-Erzeugung (Ausnahme: ↗Myoneme und ↗Spasmoneme bei Wimpertierchen) bei Eucyten in Form einer Gleitbewegung zw. Filamenten bestimmter Proteine (↗Actin-↗Myosin, ↗Tubulin-↗Dynein), die durch abwechselndes Schließen u. Lösen v. Bindungsbrücken zw. den beteiligten Reaktanden zustande kommt (↗Muskelkontraktion, ↗Cilien). Bereits 1957 als Ursache der Kontraktion ↗quergestreifter Muskulatur von H. E. Huxley entdeckt und 1968 von P. Satir als ebenso für das Zustandekommen der Cilien- u. Geißelbewegung gültig erkannt, erwies sich der s.-f.-M. in der Folge auch als Grundlage der Bewegungsentstehung in motilen Systemen niederer Ordnung, etwa der ↗Plasmaströmung in Zellen, der ↗amöboiden Bewegung, od. des Partikeltransports etwa in Nervenzellaxonen (↗axonaler Transport). An all diesen Prozessen sind die ubiquitär in allen Eucyten entweder frei vorkommenden od. an Organellmembranen, das Plasmalemma wie auch das Filamentennetzwerk des Cytoskeletts (↗Zellskelett) gebundenen ↗Actin- u. ↗Myosinfilamente bzw. ↗Mikrotubuli beteiligt. Noch nicht aufgeklärt ist der molekulare Ablauf der Chromosomenbewegung in der mitotischen Anaphase, wenngleich auch diese v. Mikrotubuli erzeugt wird u. somit aller Wahrscheinlichkeit nach ebenfalls auf einen s.-f.-M. zurückzuführen ist. B Muskelkontraktion II.

slow-Viren [ßlou-; engl., =], *langsame Viren,* rufen meist progressive, degenerative Erkrankungen des Zentralnervensystems nach sehr langen Inkubationszeiten (Monate bis Jahre) hervor. Während bei einigen *slow-Virus-Infektionen* die Erreger bekannt sind, ist bei einer Gruppe von spongiformen Encephalopathien, die ähnl. pathologisch-anatom. Veränderungen aufweisen (Tier: Scrapie; Mensch: Kuru, Creutzfeld-Jakob-Erkrankung, Abk. CJD), eine eindeutige Identifizierung des infektiösen Agens bislang nicht gelungen (unkonventionelle Viren; vgl. Tab.). Diese unkonventionellen s.-V. zeichnen sich durch bes. physikochem. und biol. Eigenschaften gegenüber anderen (konventionellen) Viren aus: hohe Resistenz gegenüber Inaktivierung durch Formaldehyd, Nucleasen, Hitze, UV- und ionisierende Strahlen; nicht als Virion im Elektronenmikroskop erkennbar; keine Immunantwort oder entzündl. Reaktionen im Wirt; keine Induktion v. ↗Interferon; insensitiv gegenüber Interferon; keine ↗Interferenz mit anderen Viren. Die Erreger von Scrapie, Kuru und CJD lassen sich experimentell auf Nagetiere, Ziegen, Schafe u. Affen übertragen. Bei CJD sind Fälle einer Mensch-zu-Mensch-Übertragung durch Kontakt mit infiziertem Hirnmaterial bekannt. Während die ↗Kuru-Krankheit nur in einer bestimmten Region Neuguineas vorkommt u. durch

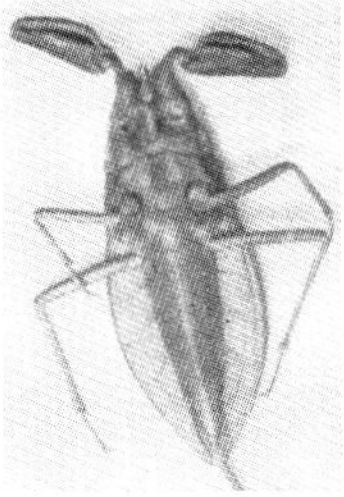

Skorpionswanzen

Wasserskorpion *(Nepa rubra),* Unterseite

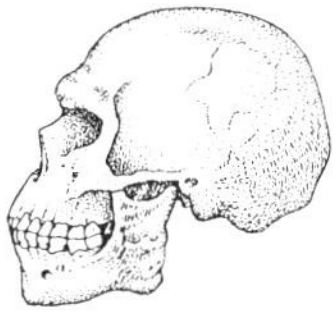

Skuhl-Mensch

Schädel Skuhl V

Skunks

Gattungen (in Klammern Anzahl der Arten):

Streifenskunks (*Mephitis;* 2)
Fleckenskunks (*Spilogale;* 1)
Schweinsnasenskunks (*Conepatus;* 6)

Skunk
(Mephitis spec.)

Kannibalismus übertragen wird, ist CJD eine weltweit auftretende, allerdings seltene Krankheit; beide Erkrankungen verlaufen stets tödlich. Aus den Gehirnen von Scrapie-, Kuru- und CJD-infizierten Tieren od. Menschen lassen sich charakterist. fibrilläre Proteinstrukturen (engl. scrapie associated fibrils, Abk. SAF) isolieren, die mit der Infektiosität assoziiert sind, bei Scrapie hpts. aus einem Protein, dem sog. Prion-Protein PrP27–30 (relative Molekülmasse 27000–30000), bestehen u. als Aggregate des Scrapie-Agens angesehen werden. In infizierten Gehirnen lassen sich aus Protein bestehende Amyloid-Plaques nachweisen. Die Struktur des Scrapie-Virus u. ähnlicher s.-V. konnte noch nicht aufgeklärt werden. Da bislang keine virale Nucleinsäure nachgewiesen werden konnte, wurde die Existenz eines neuartigen infektiösen Partikels, des nur aus Protein bestehenden *Prions* (v. proteinaceous infectious particle), postuliert *(Prion-Hypothese)*. Die Vermehrung des Prions soll über Protein-abhängige Proteinsynthese od. über Rückübersetzung in Nucleinsäure erfolgen (derartige Mechanismen zur Übertragung genet. Information sind bislang nicht bekannt). Gemäß der *Virino-Hypothese* besteht der Scrapie-Erreger aus Wirtszellproteinen u. einer kleinen Nucleinsäure, die nicht in Protein translatiert wird (ähnl. wie bei den ↗Viroiden) u. deren Replikation durch Enzyme der Wirtszelle erfolgt. Es konnte kürzl. gezeigt werden, daß das Prion-Protein PrP27–30 das Produkt eines zellulären Gens ist. Bei anderen chronisch-degenerativen Erkrankungen (u.a. Alzheimer-Krankheit, ↗Parkinsonsche Krankheit, Pick-Krankheit, ↗multiple Sklerose) wird die Beteiligung Scrapie-ähnlicher s.-V. diskutiert. *E. S.*

small nuclear RNA *w* [ßmål njuklie; engl., = kleine Kern-Ribonucleinsäure], ↗Ribonucleinsäuren.

Smaragdeidechse, *Lacerta viridis,* größte mitteleur. Art der Fam. Echte ↗Eidechsen; Gesamtlänge bis 40 cm (Schwanz ca. 2/3 Körperlänge); in W-, Mittel- (nur sehr sporadisch; im Ober- u. Mittelrhein-, Nahe- u. Moseltal, bei Passau, in der Mark Brandenburg, Niederlausitz u. Pommern; in Östr. u. der Schweiz häufiger), S- und SW-Europa verbreitet; bevorzugt sonn., pflanzenbedecktes, stein. Gelände; in den S-Alpen bis 1500 m Höhe. Körperoberseite gelbl.- bis grasgrün, beim ♂ oft schwarz gepunktet, ♀ und Jungtiere mit 2 oder 4 hellen, teilweise unterbrochenen Längsstreifen sowie schwarzen Flecken; unterseits gelbl.; ♂ im Frühjahr mit blauer Kehle; zw. Augendeck- u. Augenbrauenschildern oft 1 Reihe mit wenigen kleinen Körnerschuppen; hinter der Nasenöffnung 2 übereinanderliegende Schilder; Schläfen mit unregelmäßigen größeren Schildern; Halsband gezähnelt; kleine, gekielte Rückenschuppen; überlappende Bauchschilder in 6–8 Längsreihen. Ernährt sich v. Insekten(larven), Spinnen, Würmern, Schnecken. 1–2mal jährl. werden 5–21 rahmfarbene Eier (1,5 × 1 cm groß) vom ♀ verhältnismäßig tief verscharrt u. mit Erde bedeckt; Junge (8 cm groß, bräunl.) schlüpfen nach ca. 2 bis 3½ Monaten. Wärmeliebend; sehr flink u. scheu; tagaktiv; beißt kräftig zu. Nach der ↗Roten Liste „vom Aussterben bedroht". [B] Mediterranregion III, [B] Reptilien II.

Smaragdlibellen, die Gatt. *Cordulia* u. *Somatochlora* der ↗Falkenlibellen.

Smerinthus *m* [v. gr. smērinthos = Faden], Gatt. der ↗Schwärmer, ↗Abendpfauenauge.

Smilax *m* [gr., = ein Schotengewächs, über lat. milax =], die ↗Stechwinde.

Smilisca *w,* Gatt. der ↗Laubfrösche [T].

Smilodon *m* [v. gr. smilē = Schnitzmesser, odōn = Zahn], (Lund 1842), † Säbelzahnkatzen (Fam. ↗*Machairodontidae*) mit stark verlängerten, dolchart. Oberkiefereckzähnen u. plumpen Extremitäten. Massenfunde in dem berühmten Asphaltsumpf La Brea/Kalifornien nährten die Vorstellung, *S.* sei ein blutdürstiger Räuber gewesen, der nach Besiedlung S-Amerikas von N-Amerika aus viele endemische Säugetierarten des südl. Subkontinents ausgerottet habe. Heute sieht man in ihm eher einen Aasfresser. Verbreitung: Oberpliozän von S-Amerika, Pleistozän von N- und S-Amerika. [ ] atelische Bildungen.

Sminthillus *m* [v. gr. sminthos = Maus], Gatt. der ↗Südfrösche.

Sminthuridae [Mz.; v. gr. sminthos = Maus, oura = Schwanz], Fam. der ↗Kugelspringer.

Smith [ßmiß], **1)** *Hamilton Othanel,* am. Biochemiker, * 23. 8. 1931 New York; Prof. in Baltimore, zeitweise in Zürich; erhielt für seine Forschungen über Restriktionsenzyme, mit denen er die Arbeiten v. Arber bestätigte, 1978 zus. mit W. Arber und D. Nathans den Nobelpreis für Medizin. **2)** *William,* engl. Geologe u. Ingenieur, * 23. 3. 1769 Churchill (Oxfordshire), † 28. 8. 1839 Northampton; erkannte die Leitfossilien als Merkmale der Altersbestimmungen verschiedener Erdschichten und begr. damit die Stratigraphie.

Smog *m* [engl. Kw. aus smoke = Rauch, fog = Nebel], urspr. zur Charakterisierung des berüchtigten Londoner Stadtnebels mit hohen Rauch-, Ruß- u. Schwefeldioxidanteilen verwendeter Begriff. Mit S. wird heute allg. eine Akkumulation v. artfremden Luftbeimengungen mit der meteorolog. Voraussetzung einer austauscharmen Wetterlage bezeichnet, die durch eine stabile vertikale Temp.-Schichtung (Boden- u./od. Absinkinversion) u. geringe Windgeschwindigkeiten bei gradientschwachem Hochdruckwetter charakterisiert ist. Der Rauch-Gas-S. vom *London-*

slow-Viren

Einige durch slow-Viren hervorgerufene Erkrankungen:

unkonventionelle Viren:

↗Kuru-Krankheit (Mensch)
Creutzfeld-Jakob-Erkrankung (Mensch)
Gerstmann-Sträußler-Syndrom (Mensch)
Scrapie (Schaf, Ziege)
übertragbare Encephalopathie der Nerze

konventionelle Viren:

SSPE (Mensch)
Masernvirus (↗Paramyxoviren)
PML (Mensch)
JC-Virus (↗Polyomaviren)
Lymphocytäre Choriomeningitis (Maus)
LCM-Virus (↗Arenaviren)
Visna (Schaf)
Visnavirus (↗Retroviren)
Aleutenerkrankung (Nerz)
↗Parvoviren

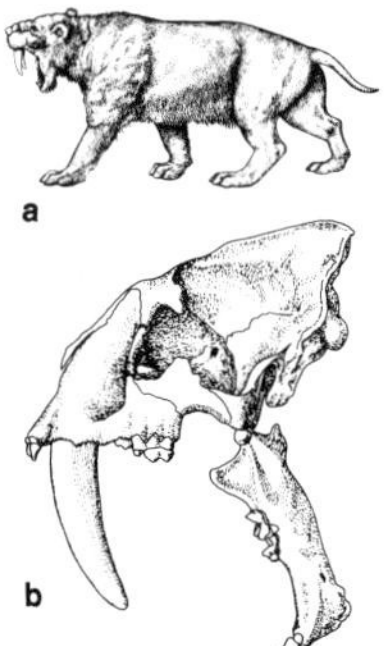

Smilodon

a Säbelzahnkatze *Smilodon,* Schulterhöhe ca. 1 m;
b Schädel (Länge ca. 35 cm) mit stark verlängertem Oberkiefereckzahn (Säbelzahn)

H. O. Smith

Typ wird hpts. durch gas- u. partikelförmig emittierte Schadstoffe aus der Kohleverbrennung mit ↗Schwefeldioxid als Leitgas hervorgerufen. Beim S. vom *Los-Angeles-Typ* sind aufgrund der Verbrennung v. Erdöl u. seinen Derivaten z.B. durch Kraftfahrzeuge neben Kohlenwasserstoffen u. anderen oxidierenden Stoffen im wesentl. Stickoxide beteiligt. Unter dem Einfluß der UV-Strahlung der Sonne werden durch photochem. Prozesse ↗Photooxidantien gebildet mit ↗Ozon als Leitkomponente *(Photo-Smog).* Zum Schutz vor schädl. Umwelteinwirkungen durch Luftverunreinigungen (↗Abgase, ↗Luftverschmutzung, ↗Schadstoffe, ↗saurer Regen) in den industriellen Ballungsgebieten wurden in der BR Dtl. S.-Alarmpläne eingerichtet, nach denen auf der Basis von Messungen von SO_2, CO, NO_2 und Schwebstaub unter Berücksichtigung der meteorolog. Bedingungen abgestufte Maßnahmen ergriffen werden, wie Beschränkung des Kfz-Verkehrs, Auflagen bezügl. des Schwefelgehaltes v. Brennstoffen bis zu Betriebsbeschränkungen.

Smonitza *w,* ↗Vertisole.

Snell, *George Davis,* am. Genetiker u. Immunologe, * 19. 12. 1903 Haverhill (Mass.); 1935–1969 am Jackson Laboratorium (Bar Harbor, Maine); für seine Arbeiten zur Genetik u. Immunologie bei Gewebetransplantationen, die u.a. zur Prägung des Begriffs der Histokompatibilitäts-Antigene führten, erhielt er 1980 zus. mit B. Benacerraf und J. Dausset den Nobelpreis für Medizin.

Snook *m* [snuk; engl., v. niederländ. snoek = Hecht], *Centropomus undecimalis,* ↗Glasbarsche.

sn-RNA, engl. Abk. für small nuclear RNA, ↗Ribonucleinsäuren.

Sobemovirus-Gruppe ↗Südliches-Bohnenmosaik-Virusgruppe.

Sockenblume, *Epimedium alpinum,* Art der ↗Sauerdorngewächse.

Sode *w* [v. arab. suwwād über it./span. soda], *Suaeda,* Gatt. der ↗Gänsefußgewächse mit ca. 100, z.T. schwer unterscheidbaren Arten; weltweit an Meeresküsten u. binnenländ. Salzstellen verbreitet. Die krautig-halbstrauch. Pflanzen besitzen fleischige u. stiel- od. halbstielrunde Blätter. Manche S.-Arten dienten fr. zur Pottaschegewinnung. *S. maritima,* die einheimische S., wächst v.a. in Quellerfluren u. Andelrasen der Küsten. Wie bei anderen S.-Arten auch, besitzen die Samen 2 Ausbildungen: aus späten Herbstblüten entstehen Samen mit häutiger (statt krustiger) Schale mit grünem (statt weißem) Embryo.

Soergelia *w* [ben. nach dem dt. Paläontologen W. Soergel, 1887–1946], (Schaub 1951), † Gatt. dürftig belegter Steppenziegen aus altpleistozänen Schottern Thüringens; *S.* war größer als heutige Ziegen u. starb vermutl. schon während der Elsterkaltzeit aus.

Sohlenfliegen, die ↗Tummelfliegen.

Sohlengänger, die ↗Plantigrada.

Sojabohne *w* [v. chin. shi-yu = Soja, über jap. shō-yu], *Glycine,* Gatt. der ↗Hülsenfrüchtler mit 60 kraut. Arten (trop. Afrika, Asien, Austr.). Wichtigste Art ist *Glycine max* (B Kulturpflanzen III), die seit 2800 v.Chr. in China bekannt ist und Ende des 19. Jh. in Europa u. Amerika eingeführt wurde. Einjähr., behaarte, selbstbefruchtende Pflanze mit lila bis weißen Blüten; behaarte Hülsen mit 2–3 kugel., schwarzbraunen od. hellen Samen mit hohem Fett- u. Proteingehalt (vgl. Tab.). (Das Sojaprotein ist durch seinen hohen Gehalt an essentiellen Aminosäuren bes. hochwertig u. mit tier. Proteinquellen durchaus vergleichbar; es wird u.a. für die Herstellung v. „Kunstfleisch" genutzt.) Kurztagpflanze; Stickstoffsammler mit artspezif. ↗Knöllchenbakterien. Anbaubedingungen: lockere, neutrale Böden, im Sommer u. Herbst hohe Temp., während der Samenbildung ausreichende Niederschläge; konkurriert mit Weizen, Mais u. Wein, die ähnl. Anbaubedingungen fordern. Ernte mit Mähdreschern, in Asien mit Sicheln vor Platzen der Hülsen. Aus den Bohnen wird durch Pressen od. chem. Extraktion das gelbe bis braungelbe *Sojaöl* gewonnen, aus dem v.a. Margarine, aber auch Seife, Firnisse, Schmier- u. Sprengmittel hergestellt werden. Rückstand (Sojaschrot, Sojakuchen) reich an Proteinen u. Kohlenhydraten; Verarbeitung zu Sojamehl (für Speisen u. Brot; Diabetikernahrung), Sojamilch u. Viehfutter. Mit Hilfe v. Bakterien u. Pilzen Vergärung zu Sojaquark, Sojajoghurt u. Käse. Gekochte Sojabohnen u. Sojabohnenkeimlinge (erhöhte Vitaminkonzentration) dienen als Gemüse. T Hülsenfrüchtler.

Sol *s* [v. lat. solutus = aufgelöst], *kolloidale Lösung,* die Lösung eines kolloidal (↗kolloid) verteilten Feststoffes in einer Flüssigkeit. Liegt die Partikelgröße des kolloidalen Stoffes unter 100 nm, so sind die Teilchen auch unter dem Mikroskop nicht als solche erkennbar. Im Ggs. zu echten ↗Lösungen zeigt jedoch ein S. aufgrund der Lichtstreuung der kolloiden Partikel den sog. *Tyndall-Effekt,* d.h., ein durch ein S. verlaufender Lichtstrahl ist als leuchtende Trübung v. der Seite erkennbar. S.e sind in belebten Systemen als Zell- od. Körperflüssigkeiten weitverbreitet, wie u.a. das ↗Cytosol od. die im Zellkern, Mitochondrien u. den Lysosomen enthaltenen S.e (Kern-Sol, Mitochondrien-Sol, Lysosomen-Sol).

Solanaceae [Mz.; v. *solan-], die ↗Nachtschattengewächse.

Solanaceenalkaloide [Mz.; v. *solan-], *Solanum-Alkaloide,* in ↗Nachtschattengewächsen vorkommende ↗Alkaloide (T), die aufgrund ihrer chem. Konstitution zu 3 verschiedenen Gruppen zählen. Man unterscheidet die Tropanalkaloide ↗*Atropin,*

smaragd- [v. gr. smaragdos (v. Sanskrit marakatas) = Smaragd (ein hellgrüner durchsichtiger Flußspat, nicht unser heutiger S.)].

solan- [v. lat. solanum = Nachtschatten].

Sojabohne

Erntemenge (in Mill. t) der wichtigsten Erzeugerländer 1984

Welt	90,591
USA	51,753
Brasilien	15,250
VR China	10,000
Argentinien	6,300
Kanada	0,934
Indien	0,800
Mexiko	0,789

Sojabohne *(Glycine)*

Sojasamen enthalten (in Prozent):

Fette[1]	18–20
Proteine	34–40
Kohlenhydrate	20–27
Lecithin	1,9–3
mineral. Bestandteile[2]	5
Rohfaser	5

ferner u.a.: Saponine, Flavonglykoside (Genistin, Daidzin), Cholin, Betain, Trigonellin, Guanidin, Aminosäuren, Vitamine (bes. Vitamin B_2)

[1] davon bis 55% die essentielle Linolsäure

[2] z.B. knochenbildendes Phosphorsalz

solan- [v. lat. solanum = Nachtschatten].

sole- [v. gr. sōlēn = Röhre, Rinne, Messerscheidenmuschel].

somat-, somato- [v. gr. sōma, Mz. sōmata = Körper, Leib; sōmatikos = körperlich, leiblich].

↗*Hyoscyamin* u. ↗*Scopolamin,* die ↗Nicotianaalkaloide mit dem Hauptvertreter ↗*Nicotin* sowie die in glykosid. Form auftretenden Steroidalkaloide (Glykoalkaloide, ↗Saponine) ↗Solanin, ↗Solasonin u. ↗Tomatin.

Solanin *s* [v. *solan-], gift. Glykoalkaloid (oberflächenaktiv u. hämolyt. wirksam, ↗Saponine) aus verschiedenen ↗Nachtschattengewächsen; Aglykon ist das Steroidalkaloid *Solanidin.* S. ist das Hauptalkaloid der ↗Kartoffelpflanze u. kommt überall in der Pflanze vor. Die S.konzentration in den Kartoffelknollen (0,002–0,01%) ist für den Menschen unschädl.; die anderen Pflanzenteile sind aufgrund des S.gehalts giftig. ↗Alkaloide (T).

Solanin

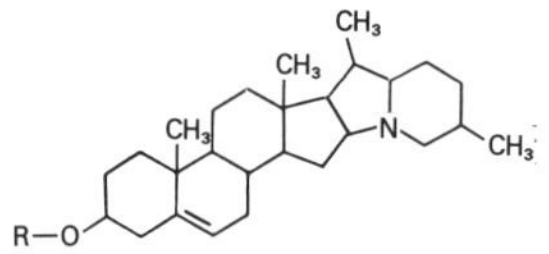

R = –H: *Solanidin*
R = –Galactose–Glucose–Rhamnose: *Solanin*

Solanum *s* [lat., =], der ↗Nachtschatten.

Solariidae [Mz.; v. lat. solarium = Sonnenuhr], veralteter wiss. Name der ↗Perspektivschnecken.

Solaropsis *w* [v. lat. solarium = Sonnenuhr, gr. opsis = Aussehen], Gatt. der ↗*Camaenidae,* Landlungenschnecken mit stark gedrücktem Gehäuse (bis 8,5 cm ∅) u. erweitertem Mundrand; wenige Arten in S- und Mittelamerika.

Solasonin *s* [v. *solan-], ein zu den Steroid-↗Alkaloiden zählendes Glykoalkaloid aus ↗Nachtschattengewächsen; Aglykon ist das *Solasodin.* S. kommt in allen Teilen der Pflanzen vor u. besitzt die Eigenschaften der ↗Saponine.

Solasonin

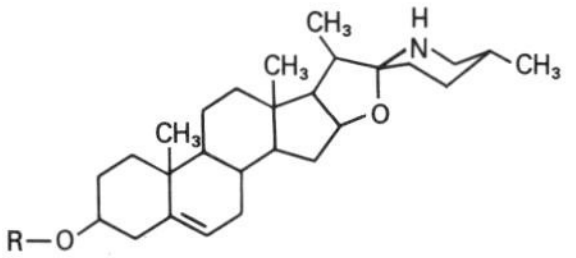

R = –H: *Solasodin*
R = –Galactose–Glucose–Rhamnose: *Solasonin*

Solaster *m* [v. lat. sol = Sonne, gr. astēr = Stern], der ↗Sonnenstern.

Soldanella *w* [v. (dialekt-)frz. soldanelle = Alpenglöckchen], die ↗Troddelblume.

Soldaten, bei ↗staatenbildenden Insekten diejenige ↗Kaste v. nicht fortpflanzungsfähigen Individuen, die der Verteidigung des Staates u. seiner Mitgl. dienen. Sie können dazu spezielle Umbildungen des Kopfes aufweisen, wie kräftige Mandibeln in Verbindung mit einer starken Vergrößerung des Kopfes. Es können aber auch völlig eigene Formen von S. auftreten, wie die Nasuti (Nasenträger) der ↗Termiten. ↗Ameisen.

Soldatenfische, *Holocentridae,* Fam. der Schleimköpfe mit ca. 70, meist rötl. gefärbten Arten; besitzen kräft. Stachelstrahlen an Rücken- u. Afterflosse, rauhkantige Schuppen, Stacheln an den Kiemendeckeln u. große Augen; leben weltweit in trop. und warmen gemäßigten Meeren v. a. in fels. Gebieten u. Korallenriffen; sind meist nachtaktiv. Hierzu gehört der in Riffgebieten des trop. Atlantik häufige, ca. 30 cm lange Langdorn-S. (*Holocentrus rufus,* B Fische VIII).

Soldatenkäfer ↗Weichkäfer.

Soldatenwels, *Osteogeneiosus militaris,* ↗Maulbrüterwelse.

Solecurtus *m* [v. *sole-, lat. curtus = kurz], Gatt. der ↗Scheidenmuscheln.

Soleidae [Mz.; v. lat. solea = Seezunge], die ↗Zungen.

Solemya *w* [v. *sole-, gr. mya = Miesmuschel], Gatt. der ↗Schotenmuscheln.

Solen *m* [v. *sole-], Gatt. der ↗Scheidenmuscheln.

Solenocyten [Mz.; v. *sole-], *Röhrenzellen,* Zellen der ↗Exkretionsorgane vieler Polychaeten u. in abgewandelter Form des Lanzettfischchens, die den Terminalorganen der ↗Protonephridien vergleichbar sind. ↗Nephridien.

Solenodontidae [Mz.; v. *sole-, gr. odontes = Zähne], die ↗Schlitzrüßler.

Solenogastres [Mz.; v. *sole-, gr. gastēr = Magen, Bauch], die ↗Furchenfüßer.

solenoglyph [v. *sole-, gr. glyphein = einkerben], *röhrenzähnig,* zur Giftinjektion dienender Zahntyp (bei Grubenottern u. Vipern); Zähne als geschlossene Röhren („Injektionskanüle") ausgebildet. Ggs.: opisthoglyph; ↗Giftzähne.

Solenopsis *w* [v. *sole-, gr. opsis = Aussehen], Gatt. der ↗Knotenameisen.

Solenostomidae [Mz.; v. *sole-, gr. stoma = Mund], Fam. der ↗Seenadelähnlichen.

Soleoidei [Mz.; v. lat. solea = Seezunge], U.-Ord. der ↗Plattfische.

Soleolifera [Mz.; v. lat. solea = Sohle, Sandale, -fer = -tragend], die ↗Hinteratmer.

Solidago *w* [lat., = Beinwell], die ↗Goldrute.

Solifluktion *w* [v. lat. solum = Boden, fluctio = Fließen], das ↗Bodenfließen.

Solifugae [Mz.; lat., = Sonnenflüchter], die ↗Walzenspinnen.

solitär [v. lat. solitarius = alleinstehend], Bez. für einzeln lebende (nicht staaten- od. kolonienbildende) Tiere, seltener auch für einzelstehende Pflanzen.

Solmaris *m* [v. lat. sol = Sonne, mare = Meer], Gatt. der ↗Narcomedusae T).

Solmissus *m* [v. lat. sol = Sonne, missus = gesandt], Gatt. der ↗Narcomedusae.

Solmundella *w* [v. lat. sol = Sonne, mundus = fein, zierlich], Gatt. der ↗Narcomedusae (T).

Solnhofen (westl. v. Eichstätt), Fundort des ↗*Archaeopteryx* (□) in den *S.er Plattenkalken* des oberen Jura („Lithographenschiefer").

Solod *m* [v. russ. sol = Salz], ↗Salzböden.
Solomensch, der ↗Homo soloensis.
Solonez *m* [v. russ. sol = Salz], *Solonetz,* ↗Salzböden. [↗Salzböden.
Solontschak *m* [v. russ. sol = Salz],
Solorina *w,* Gatt. der ↗Peltigeraceae.
Soluta [Mz.; lat., = gelöst], (Petrunkevitch 1949), U.-Kl. der ↗Spinnentiere; Verbreitung: überwiegend Devon bis Karbon.
Solutréen *s* [ßolütreã; frz., ben. nach dem Fundort Solutré, Dept. Saône et Loire, Fkr.], Steinwerkzeug-Ind. (Kulturstufe) des eur. Jungpaläolithikums; charakterisiert durch sehr sorgfältige flächenhafte Bearbeitung; bes. typisch die bis über 30 cm langen u. kaum 1 cm dicken Blattspitzen. Alter: ausgehende Würmeiszeit, ca. 15000–20000 Jahre. [einer ↗Lösung.
Solvens *s* [lat., = lösend], Lösungsmittel
Solvolyse *w* [v. lat. solvere = lösen, gr. lysis = Lösung], *Lyolyse,* Umsetzung einer chem. Verbindung mit ihrem Lösungsmittel (mit Wasser = *Hydrolyse,* mit Alkohol = *Alkoholyse* u. mit Ammoniak = *Ammonolyse*).
Soma *s* [Bw. *somatisch;* v. gr. sōma, Gen. somatos = Körper], allg.: der Körper; in der Biol. vor allem Bez. für die Gesamtheit der (meist diploiden) Körperzellen (↗*S.zellen)* eines Organismus im Ggs. zu den Keimbahnzellen (↗Keimbahn, ☐).
Somateria *w* [v. *somat-, gr. erion = Wolle], die ↗Eiderente.
somatisch [v. *somat-], 1) körperlich, den Körper betreffend; 2) Bez. für Teile des Organismus bzw. Prozesse, die an der sexuellen Fortpflanzung nicht unmittelbar beteiligt sind. ↗Soma.
somatische Inkonstanz *w* [v. *somat-, lat. inconstantia = Veränderlichkeit], Bez. für das Auftreten v. Variationen der Chromosomenzahl verschiedener Zellen eines Organismus; tritt z.B. bei ↗Krebs-Zellen auf.
somatische Mutationen [Mz.; v. *somat-, lat. mutationes = Veränderungen], ↗Mutationen, v. denen Somazellen, nicht Zellen der Keimbahn, betroffen sind; s.M. während der Embryonalentwicklung führen zum ↗Mosaikbastard.
somatisches Crossing over *s* [v. *somat-, engl. crossing over = Überkreuzen], in somatischen (mitotischen) Zellen auftretendes ↗Crossing over; im Ggs. zum meiotischen Crossing over seltenes Ereignis, dessen Wahrscheinlichkeit durch Röntgenbestrahlung erhöht werden kann (↗Chromosomenbrüche); wichtig für die Entwicklungsbiologie (↗Klonanalyse), da s. C. o. einzelne Zellen so markiert, daß man ihre Nachkommen bzw. diejenigen von einer der beiden Tochterzellen identifizieren kann. Bei der Teilung einer Zelle mit s. C. o. werden einige zuvor heterozygote Genloci in beiden Tochterzellen homozygotisiert, aber jeweils für verschiedene Allele. Je nach Genotyp kann man die Nachkommen beider Tochterzellen erkennen (als „twin spots") oder nur die der homozygot rezessiven Tochterzelle (z.B. anhand der Borstenfarbe bei *Drosophila*).

Lorbeerblattspitze des Solutréen

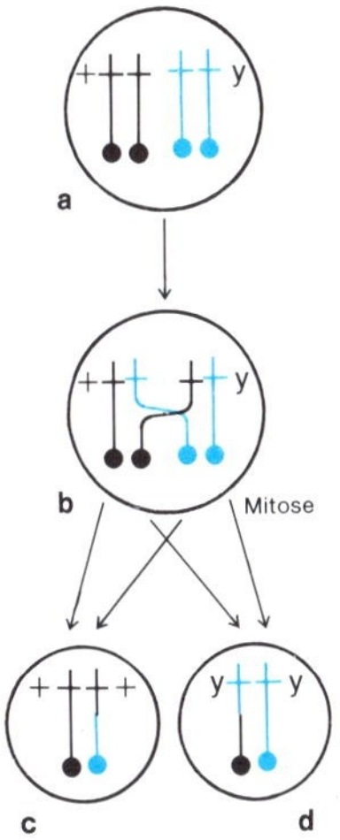

somatisches Crossing over

Bei somatischem Crossing over und nachfolgender Teilung einer heterozygoten Zelle können Tochterzellen mit unterschiedl. Genotyp entstehen; bei *Drosophila* z.B. eine Zelle, deren Nachkommen gelbe statt braune Borsten bilden.
a heterozygote Zelle mit 2 Chromosomen (jeweils 2 Chromatiden), Phänotyp: braune Borsten;
b Crossing over;
c Zelle homozygot für +; Phänotyp: braune Borsten;
d Zelle homozygot für y; Phänotyp: gelbe Borsten.
(+ = Wildtyp-Gen: braune Borsten, y = yellow-Gen: gelbe Borsten, rezessiv; dicke Punkte = Centromer)

Somatoblast *m* [v. *somato-, gr. blastos = Keim], in der Frühentwicklung der Ringelwürmer die 2d-↗Blastomeren (*erster S.;* ↗Spiralfurchung), deren Abkömmlinge teloblastisch (↗Teloblasten) den größten Teil des Wurmkörpers bilden (↗Trochophora-Larve); bzw. die 4d-Blastomeren *(zweiter S. = Urmesodermzelle),* welche nach ihrer Teilung den rechten u. linken hinteren Mesoblasten bilden, aus denen die beiden Mesodermstreifen hervorgehen. Diese gliedern sich in die Coelomsäckchen u. bilden fast das gesamte Mesoderm des Adulttieres.
Somatochlora *w* [v. *somato-, gr. chlōros = gelbgrün], Gatt. der ↗Falkenlibellen.
Somatocoel *s* [v. *somato-, gr. koilos = hohl], das ↗Metacoel; ↗Enterocoeltheorie.
Somatogamie *w* [v. *somato-, gr. gamos = Hochzeit], *Pseudomixis,* ↗Befruchtungs-Modus bei Basidiomyceten (↗Ständerpilzen) und einigen Ascomyceten (↗Schlauchpilzen); hierbei verhalten sich 2 morpholog. nicht differenzierte vegetative Zellen wie Geschlechtszellen; sie verschmelzen zu einer ↗dikaryotischen Zelle. Die Zellen können vom gleichen Organismus od. von verschiedenen Organismen der gleichen Art stammen; im letzteren Falle bestehen genet. bedingte Verschiedenheiten. Charakterist. für diesen Befruchtungsvorgang ist, daß die beiden Teilschritte der Geschlechtszellenverschmelzung – die ↗Plasmogamie u. ↗Karyogamie – zeitl. und räuml. getrennt voneinander erfolgen (Karyogamie in den Basidien u. Asci). Während der dazwischenliegenden ↗Dikaryophase erfolgt bei Zellteilungen stets eine konjugierte Kernteilung. ↗Gametogamie, ↗Gamogonie, ↗Gamontogamie; ↗Pilze (B II).
somatogen [v. *somato-, gr. gennan = erzeugen], 1) körperl. bedingt, Ggs.: psychogen; 2) Bez. für individuelle, nicht vererbbare Veränderungen am Körper, Ggs.: *blastogen:* im Keimplasma entstanden u. vererbbar.
Somatologie *w,* ↗Anthropologie.
Somatolyse *w* [v. *somato-, gr. lysis = Lösung], *Gestaltauflösung,* gestaltl. Form der Tarnung, v.a. bei Wirbeltieren u. Insekten, durch opt. Auflösung der Körperkonturen. S. wird hpts. erreicht durch die Fortsetzung linearer od. flächenhafter Muster des Tierkörpers über dessen Umriß hinaus in die natürl. Umgebung (z.B. Puffottern, Ziegenmelker, gefleckte u. getigerte Katzen). Auch opt. Kontrastbetonung, sog. Grenzflächenkontraste (bei vielen Schmetterlingsarten), od. Körperanhänge (z.B. Drachenköpfe) wirken in entspr. Umgebung gestaltauflösend. Eine bes. Form der S. ist die Aufhebung der plast. Wirkung des Tierkörpers: ↗Gegenschattierung.

Somatomedine [Mz.; v. *somato-, lat. medium = Mittel], Gruppe v. insulinartig wirkenden Peptiden (relative Molekülmasse 4000), die in Leber, Fettgewebe u. Muskel gebildet werden. Über die Regulation des ↗Somatotropin-Spiegels beeinflussen S. Wachstumsprozesse.

Somatometrie *w* [v. *somato-, gr. metran = messen], ↗Anthropometrie.

Somatoplasma *s* [v. *somato-, gr. plasma = Gebilde], Bez. für das ↗Cytoplasma der ↗Somazellen; Ggs.: ↗Keimplasma der generativen Zellen.

Somatopleura *w* [v. *somato-, gr. pleura = Rippen, Seiten], 1) bei Wirbeltieren äußere Schicht der ↗Seitenplatten, u. U. zusammen mit dem aufliegenden Ektoderm (Definition in der Lit. uneinheitlich). 2) ↗Bauchhöhle.

Somatoskopie *w* [v. *somato-, gr. skopein = betrachten], morpholog. Beschreibung vom menschl. und tier. Körper.

Somatostatin *s* [v. *somato-, gr. statos = stehend, eingestellt], *Somatotropin-Freigabe-Hemmungs-Hormon, Wachstum-hemmendes Hormon,* Polypeptidhormon des ↗Hypothalamus, der Magen- u. Dünndarmschleimhaut u. a. Organe mit sehr geringer Halbwertzeit, das die Sekretion des ↗Somatotropins aus dem Hypophysenvorderlappen (↗Adenohypophyse) hemmt u. die Sekretion v. ↗Sekretin u. ↗Gastrin sowie die Darmmotilität u. Eingeweidedurchblutung unterdrückt. In letzterer Funktion wird es therapeut. zur Stillung v. Ulcusblutungen eingesetzt. ↗Neuropeptide ([T]).

Somatotropin *s* [v. *somato-, gr. tropē = Wendung], *somatotropes Hormon, STH, growth hormone, GH, Wachstumshormon,* dem ↗Prolactin strukturell verwandtes, glandotropes (↗glandotrope Hormone), effektor. ↗Peptidhormon des Hypophysenvorderlappens (↗Adenohypophyse, [T]) der Wirbeltiere u. des Menschen mit 190 Aminosäuren u. einer relativen Molekülmasse von 21 500. Die Regulation des S.s erfolgt durch die Oligopeptide SFH (S.-Freigabe-Hormon) und ↗Somatostatin aus dem Hypothalamus, wobei die Freisetzung von SFH sowohl durch den metabolischen Zustand des Organismus (Nahrungs- u. Arbeitssituation) mit erhöhtem Insulin- u. Aminosäuretiter als auch durch neuronale Reize, wie den Schlaf-Wach-Rhythmus (↗Schlaf), gefördert wird. Die Sekretion wird im direkten Regelkreis gehemmt u. weist in Abhängigkeit vom Stoffwechselzustand eine ↗diurnale Rhythmik auf. Die Wirksamkeit des S.s ist bei einem breiten Wirkungsspektrum streng artspezifisch. Hauptfunktion ist aber die Steuerung des Längenwachstums, die über von S. freigesetzte Wachstumsfaktoren (↗*Somatomedine)* ausgeübt wird. Langfristig wirksam ist die Hemmung der Glucoseoxidation in der Zelle (insulinantagonist. Wirkung), so daß bei Überproduktion von S. bei kompensator. Insulinproduktion bald eine Erschöpfung der Langerhansschen Inselzellen erfolgt, die zum „hypophysären" ↗Diabetes mellitus führt. Kurzfristige Stoffwechselwirkungen sind die Förderung der Glucose-Aufnahme u. -Verwertung sowie die Hemmung der Lipolyse im Fettgewebe. Im Muskel wird durch Steigerung der Aminosäureaufnahme die Proteinsynthese erhöht. [T] Hormone.

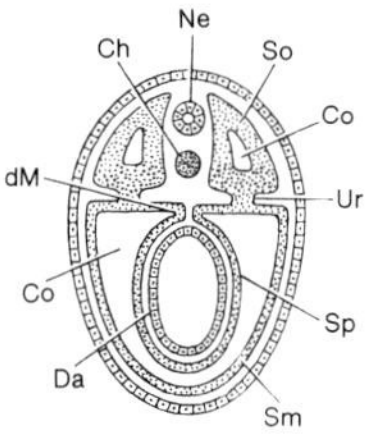

Somiten

Schematischer Querschnitt durch einen Wirbeltierembryo. Aus den Somiten wandern zeitl. nacheinander Zellpopulationen aus (Sklerotom, Dermatom, Myotom), welche Wirbelsäule, Unterhaut (Dermis) u. Muskulatur differenzieren.
Ch Chorda dorsalis, Co Coelom, Da Darm, dM dorsales Mesenterium, Ne Neuralrohr, Sm Somatopleura, So Somit, Sp Splanchnopleura, Ur Ursegmentstiel

Somatoxenie *w* [v. *somato-, gr. xenia = Gastfreundschaft], Vergesellschaftung zweier Organismenarten mit körperl. Kontakt, z. B. ↗Parasitismus, ↗Phoresie.

Somazellen [v. gr. sōma = Körper], *somatische Zellen,* die *Körperzellen* (↗Soma), sind im Ggs. zu den Keimbahnzellen (□ Keimbahn) nicht potentiell unsterblich, bei Säugern nur noch begrenzt teilungsfähig.

Somiten [Mz.; v. gr. sōma = Körper], *Ursegmente,* fr. fälschliche Bez. *Urwirbel,* im frühen Chordaten-Embryo der seitl. an die Chorda-Anlage angrenzende segmental gegliederte Anteil des ↗Mesoderms. Die S.-Bildung beginnt im vorderen Rumpfgebiet u. schreitet allmählich nach hinten fort. Jeder Somit enthält zunächst einen kleinen Hohlraum (Coelom) u. ist über einen Ursegmentstiel bzw. den nephrogenen Strang (□ Nierenentwicklung) mit der unsegmentierten ↗Seitenplatte verbunden. Die S. zerfallen durch schrittweises Auswandern von 3 Zellpopulationen, die im zugehörigen Körpersegment verschiedene Gewebe ausbilden. Zellen aus dem mittleren u. unteren Anteil des S. wandern als ↗*Sklerotom* in die Umgebung v. ↗Chorda dorsalis u. ↗Neuralrohr u. bilden dort die Anlage der Wirbelsäule. Anschließend wandern vorwiegend dorsale S.zellen *(↗Dermatom)* zum darüberliegenden ↗Ektoderm u. bilden dort den mesodermalen Anteil der Haut (↗Corium). Die restl. Zellen bilden als ↗*Myotom* die Muskulatur der entspr. Körperregion, auch der Extremitäten. [B] Embryonalentwicklung I–II.

Sommerannuelle [v. frz. annuel = jährlich], einjährige Pflanzen (↗Annuelle), die im Frühjahr auskeimen u. ihren Lebenszyklus im Laufe der Vegetationsperiode mit der Bildung v. Samen abschließen.

Sommeraster, die ↗Gartenaster.

Sommereier, die ↗Subitaneier.

Sommerflunder, *Paralichthys dentatus,* ↗Butte.

Sommergetreide, *Sommerfrucht, Sommerung,* landw. Kultur im Entwicklungsrhythmus sommerannueller Pflanzen (↗Sommerannuelle) mit Frühjahrsaussaat u. relativ kurzer Entwicklungszeit; im Ertrag dem *Wintergetreide* meist unterlegen, aber oft v. besserer Qualität.

Sommerkleid, 1) bei Säugetieren das während der Sommermonate getragene ↗Fell *(Sommerfell),* das sich vom *Winterkleid (Winterfell)* v. a. durch geringere Haarlänge u. -dichte unterscheidet, aber oft auch

somat-, somato- [v. gr. sōma, Mz. sōmata = Körper, Leib; sōmatikos = körperlich, leiblich].

Sommerwurzgewächse

Entwicklung einer Orobanche:

Die Keimung der vom Regen in den Boden geschwemmten O.-Samen erfolgt nur in der Nähe der Wurzeln einer potentiellen Wirtspflanze. Nach der Keimung wächst die Keimwurzel zur Wurzel des künftigen Wirts, dringt in sie ein u. verschmilzt mit ihr. Aus dem Hypokotyl des Keimlings entwickelt sich daraufhin ein Knöllchen, aus dessen unterem Teil kurze, dicke, sproßähnl. Adventivwurzeln mit zapfenart. ↗Haustorien hervorgehen, die weitere Wurzeln des Wirts befallen. Aus dem oberen Teil des Knöllchens treiben die Blütensprosse. – O. sind Vollparasiten, die ihrer Wirtspflanze sowohl anorgan. wie auch organ. Nährstoffe entziehen. Die hierbei aufgenommenen Kohlenhydrate werden in Form v. Stärke gespeichert.

farbl. Unterschiede aufweist (z.B. Hermelin, Hirsche, Rehe, Schneehase). ↗Haarwechsel. 2) Bei Vögeln: *Brutkleid, Hochzeitskleid,* farb- od. kontrastbetontes Gefieder v. Vögeln während des Sommers. Das *Winterkleid (Schlichtkleid)* ist unauffälliger gefärbt. Betrifft häufig nur die Männchen, z.B. bei vielen Singvögeln u. Enten, in anderen Fällen jedoch auch beide Geschlechter, z.B. bei den Seetauchern, Lappentauchern, einigen Hühnervögeln sowie vielen Wat- u. Möwenvögeln. Die Färbung des S.s stellt teilweise einen Schutzfaktor dar (z.B. Alpenschneehuhn), meist spielt sie jedoch eine Rolle beim Balz- u. Territorialverhalten. ↗Saisondimorphismus.

Sommerschlaf, *Sommerruhe,* Form konsekutiver ↗Dormanz, d.h. Absenken der Stoffwechselvorgänge als Folge des Eintritts der für eine Art ungünst. Lebensbedingungen (u. damit der ↗Quieszenz zuzuordnen), wie hohe Umgebungs-Temp. und/oder die Gefahr, auszutrocknen. S. ist vergleichbar dem ↗Winterschlaf u. tritt vorwiegend in den Tropen u. in anderen sehr warmen Klimaten sowohl bei Wirbeltieren wie bei Wirbellosen während der trockenen Sommerzeit auf. ↗Ästivation.

Sommersporen, bei Pilzen mit mehreren Sporengenerationen od. Sporenarten die im Sommer gebildeten Formen (z.B. die *Uredosporen* der ↗Rostpilze).

Sommervögel ↗Schmetterlinge.

Sommerwurzgewächse, *Orobanchaceae,* den ↗Braunwurzgewächsen sehr nahe stehende, im wärmeren gemäßigten Eurasien heimische Fam. der ↗Braunwurzartigen mit rund 180 Arten in 14 Gatt. 1jährige, seltener ausdauernde, als Vollparasiten auf den Wurzeln anderer Pflanzen lebende Kräuter mit meist unverzweigten, weißl., gelbl.-bräunl. oder rötl., chlorophyllfreien Sprossen, schuppenförm. Blättern sowie in einer beblätterten, endständ. Ähre od. Traube stehenden Blüten. Diese zwittrig mit einer zygomorphen, aus einer oft leicht gekrümmten Röhre u. einem 2lippigen Saum bestehenden Krone (Blüte der S. gleicht der der Braunwurzgewächse). Der oberständ. Fruchtknoten besteht aus 2(3) verwachsenen Fruchtblättern u. wird zu einer 1fächerigen Kapsel. Die in großer Zahl vorhandenen, oft winzigen, sehr leichten Samen werden häufig durch Wind verbreitet. Umfangreichste Gatt. ist mit weit über 100, schwer voneinander zu trennenden Arten die Sommerwurz *(Orobanche),* mit mehr od. weniger farblosen oder rötl.-violett bzw. bläul. gefärbten Blüten. In Mitteleuropa werden ca. 30 Arten unterschieden, v. denen viele nach der ↗Roten Liste als „potentiell gefährdet" bis „vom Aussterben bedroht" eingestuft werden. Hierzu gehören u.a. die auf Lippenblütlern parasitierende Weiße oder Quendel-S., *O. alba* (in Kalkmagerrasen, auf Dünen), die auch als „Kleewürger" bezeichnete, auf *Trifolium pratense* wachsende Kleine S., *O. minor* (in Fettwiesen u. Kleefeldern), die auf verschiedenen Ginster-Arten schmarotzende Ginster-S., *O. rapum-genistae* (in Besenginster-Heiden, Magerweiden od. im Eichen-Birkenwald), u. die u.a. auf Labkraut wachsende, in Kalkmagerrasen zu findende Nelken-S., *O. caryophyllacea.* Die Beziehung des Parasiten zur Wirtspflanze kann sehr spezifisch (Wirt ist nur eine Art), weniger spezifisch (Wirt gehört zu einer bestimmten Gatt. oder Fam.) oder recht unspezifisch sein (weites Spektrum v. Wirtspflanzen). Einige Orobanchen sind Kulturschädlinge, z.B. *O. ramosa* auf Hanf u. Tabak, *O. minor* auf Rotklee oder *O. crenata* auf Bohnen u. Erbsen. Eine zur Fam. der S. gehörige Zierpflanze ist die auf Bambus oder verschiedenen Ingwergewächsen kultivierte Art *Aeginetia indica.* Sie besitzt einzeln an langen Trieben stehende, ca. 5 cm lange, außen cremefarbene, innen blauviolette Blüten mit gelber Narbe.

Sommerwurzgewächse

Sommerwurz *(Orobanche spec.)*

Somniosus *m* [lat., = schläfrig], Gatt. der Unechten ↗Dornhaie.

Sonagramm *s* [v. lat. sonare = tönen, gr. gramma = Zeichen], *Lautspektrogramm, Klangspektrogramm,* graphische Aufzeichnung v. Lautfolgen, wobei die Abszisse die Zeitachse bildet, während die Ordinate die Frequenz angibt (je höher der Ton, desto höher seine Frequenz). Die Dicke der Schwärzung steht dabei in grobem Zshg. mit der Lautstärke. Das S. macht es in der ↗Bioakustik möglich, tierische Laute, Rufe u. Gesänge genau zu dokumentieren u. zu beschreiben, während frühere Versuche in Notenschrift od. ähnl. sehr unzureichend waren. Heutige Sonagraphen setzen die Laute elektron. in die Schreiberbewegungen um; meist wird der Laut direkt v. einem Tonband eingegeben. □ Duettgesang, □ Gesang; [B] Kaspar-Hauser-Versuch.

Sonagramm

Sonagramme (Klangspektrogramme) der Gesänge v. Waldbaumläufer *(Certhia familiaris)* u. Gartenbaumläufer *(C. brachydactyla)* zeigen, daß sich die beiden im Aussehen sehr ähnl., sympatrischen Arten im Gesang deutl. unterscheiden.

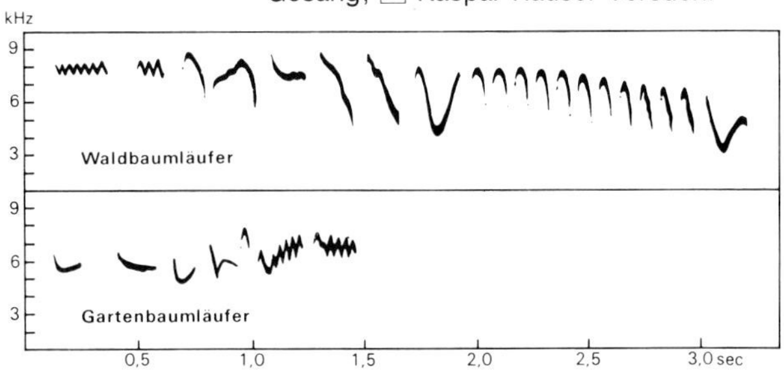

Sonar *s,* Abk. für engl. *so*und *na*vigation and *r*anging (= Schallortung). Unter *S.system* bzw. *S.orientierung* versteht man in der Biol. die Erzeugung u. Wahrnehmung v. ↗Ultraschall-Lauten, d.h. Tönen, die jenseits der oberen menschl. Hörbarkeitsgrenze (20 Kilohertz) liegen (↗Gehörorgane, □; ↗Schall), zur akust. Ortung v. Hindernissen u. Beuteobjekten nach dem Prinzip des Echolots. ↗Echoorientierung (B), ↗Delphine; ↗Fledermäuse.

Sonchus *m* [v. gr. sogchos =], die ↗Gänsedistel.

Sonderkulturen, landw. Kulturen, deren Anbau auf bestimmte Regionen begrenzt ist u. die sich in ihrer Produktionstechnik v. den übrigen Kulturarten unterscheiden. Beispiele: Wein, Hopfen, Tabak.

Sonnenbär, der ↗Malaienbär.

Sonnenbarsche, *Centrarchidae,* Fam. der Barschfische mit 12 Gatt. und ca. 30 Arten; nordamerikan. Süßwasserfische mit meist seitl. abgeplattetem, hohem, voll beschupptem, oft prächt. gefärbtem Körper, endständ. Maul, kleinen, spitzen Zähnen u. einer ungeteilten, vorn hart- u. hinten weichstrahl. Rückenflosse; leben räuberisch in Flüssen u. Seen, einige Arten dringen auch in Brackwasser vor; pflegen ihre Brut. Hierzu gehören u.a. zwei als Sportfische geschätzte, in N-Amerika weit verbreitete, bis über 50 cm lange Arten: der Forellenbarsch (*Micropterus salmoides,* B Fische XII) u. der dunkelgrüne, schwarz quergestreifte Schwarzbarsch *(M. dolomieui),* die beide in einigen eur. und afr. Gewässern eingebürgert worden sind. Beliebter Speisefisch ist der urspr. nur in klaren Gewässern der östl. USA heimische, bis 30 cm lange Schwarze Crappie (*Pomoxis nigromaculatus,* B Fische XII). Zahlr. S. werden als Aquarienfische gehalten, z.B. der bis 8 cm lange Diamantbarsch (*Enneacanthus obesus,* B Fische XII), der in klaren ostamerikan., dichtbewachsenen Gewässern vorkommt, die bis über 20 cm lange Blauwange (*Lepomis macrochirus,* B Fische XII), deren Männchen Bodennester baut u. die zu der artenreichsten Gatt. Sonnenfische *(Lepomis)* gehört, u. der bis 9 cm lange, scheibenförm., dunkelbraun quergebänderte Scheibenbarsch *(Mesogonistes chaetodon)* aus den südöstl. USA. – Nahe verwandt mit den S.n ist die Fam. Kardinalbarsche *(Apogonidae);* die kleinen, oft rot gefärbten Arten leben v.a. in Korallenriffen u. brüten ihre Eier meist im Maul aus.

Sonnenblätter, die ↗Lichtblätter.

Sonnenblume, *Helianthus,* in Amerika (insbes. N-Amerika) heimische Gatt. der ↗Korbblütler mit über 100 Arten. Einjährige od. ausdauernde Kräuter mit einfachen od. an der Spitze ebensträußig verzweigten, z.T. recht hohen Stengeln, ungeteilten schmallanzettl. bis herzförm. Blättern u. endständigen, mittel- bis sehr großen Blütenköpfen. Diese mit flachem bis kegelförm., mit Spreublättern besetztem Blütenboden sowie zwittrigen, gelb bis braunviolett gefärbten Scheibenblüten, die v. sterilen, oft sehr großen, gelben Zungenblüten u. mehreren Reihen v. Hüllblättern umgeben werden. Verschiedene Arten von S.n, wie etwa *H. decapetalus, H. atrorubens, H. salicifolius* u.a., werden wegen ihrer schönen Blütenköpfe u. ihrer bis in den Spätherbst hineinreichenden Blütezeit als Gartenzierpflanzen geschätzt. Bekannteste Art der Gatt. ist die am Ende des 16. Jh. aus ihrer Heimat, dem SW N-Amerikas (Mexiko), als Gartenzierde nach Europa gebrachte Gemeine S., *H. annuus* (B Kulturpflanzen III). Die einjährige, rauhhaarige Pflanze wird bis über 3 m hoch u. besitzt große, langgestielte, herzförm. Blätter sowie bis 50 cm breite, nickende Blütenköpfe. Ihre eiförm., etwas abgeflachten, als *S.nkerne* bezeichneten Früchte (Achänen) werden 7–17 mm lang u. besitzen eine schwarze, weißl. oder gelbl. bzw. schwarzweiß gestreifte Schale u. einen an Protein (20–40%) sowie fettem, trocknendem Öl (40–60%) sehr reichen Embryo. Obwohl nordamerikan. Indianer *H. annuus* wegen der ölhalt. Samen bereits vor Jtt. sammelten od. anbauten, wurde die Gemeine S. erst zu Beginn des 19. Jh. in S-Rußland als Öllieferant wiederentdeckt. Heute ist sie eine der weltwirtschaftl. wichtigsten ↗Ölpflanzen. Sie gedeiht bes. gut auf nährstoffreichen Böden in trockenwarmen Klimaten (Steppenklima) u. wird in zahlr. verschiedenen Sorten angebaut. Die reifen S.n werden maschinell geerntet u. gedroschen. Das hellgelbe, mild schmeckende *S.nöl* gewinnt man durch Pressung od. Extraktion maschinell geschälter Früchte. Es besteht hpts. aus Glyceriden der Linol- (50–64%) u. Ölsäure (30–40%) u. wird v.a. als Speiseöl sowie als Rohstoff zur Herstellung v. Margarine verwendet. Der bei der Ölgewinnung anfallende, sehr proteinhaltige Preßkuchen ist ein hochwertiges Viehfutter. Ganze S.nkerne dienen als Vogelfutter od. werden (in manchen Ländern) roh od. geröstet bzw. gesalzen verzehrt. – Eine weitere, wirtschaftl. interessante Art der S. ist der aus dem östl. N-Amerika stammende Topinambur (Erdbirne, Jerusalem-Artischocke), *H. tuberosus* (B Kulturpflanzen IV). Er ist ausdauernd, besitzt eiförmige, grob gesägte Blätter sowie 4–8 cm breite, gelbe Blütenköpfe u. bildet an Stolonen 10–20 cm lange und 4–5 cm dicke, mehrgliedrige Speicherknollen. Diese sind innen weiß u. außen, je nach Sorte, weißl. oder rötl. gefärbt u. enthalten anstelle v. Stärke ↗Inulin. Wegen ihres Kohlenhydratreichtums werden sie feldmäßig als Viehfutter angebaut od. zur Herstellung v. Schnaps verwendet. In manchen Ländern (besonders in S-Europa) werden die leicht süßlich, artischockenähnlich

1

2

Sonnenblume

1 Gemeine S. *(Helianthus annuus);* die Blütenköpfe der S. weisen einen ausgeprägten Heliotropismus auf, d.h., sie wenden sich stets der Sonne zu.
2 Knollen des Topinambur *(H. tuberosus).*

Sonnenblume

Erntemenge an S.nsaat (in Mill. t) der wichtigsten Erzeugerländer (1984)

Welt	16,451
UdSSR (S)	5,000
Argentinien	2,440
USA	1,664
VR China (S)	1,400
Spanien	0,943
Frankreich	0,900
Rumänien (S)	0,800

(S = Schätzung)

schmeckenden Knollen auch, gekocht od. gebraten, als Gemüse verzehrt. ☐ Korbblütler. *N. D.*

Sonnenblumenöl, halbtrocknendes Öl aus den Samen der ↗Sonnenblume *(Helianthus annuus);* enthält als Hauptfettsäuren Linolsäure (35%) u. Linolensäure (10%) u. wird hpts. als Speiseöl, aber auch für Lacke, Farben u. Seifen verwendet.

Sonnenblumenstern, *Heliaster helianthus,* ein bis 30 cm großer, bunter ↗Seestern mit bis zu über 40 sehr kurzen Armen; die Gatt. ist namengebend für die Fam. *Heliasteridae,* die mit wenigen Arten auf den O-Pazifik v. Mexiko bis Chile beschränkt ist.

Sonnenbraut, die Gatt. ↗Helenium.

Sonnenfisch, *Masturus lanceolatus,* Art der ↗Mondfische.

Sonnenfische, *Lepomis,* Gatt. der ↗Sonnenbarsche.

Sonnenhut, *Rudbeckie, Rudbeckia,* in N-Amerika heim. Gatt. der ↗Korbblütler ([T]) mit 30–40 Arten. 1jährige oder ausdauernde, oft rauh behaarte Kräuter mit oftmals hohen, ästigen Stengeln, ungeteilten bis fiederspalt. Blättern u. großen Blütenköpfen. Letztere mit mehr od. minder stark nach außen gewölbtem, mit starren Spreuschuppen besetztem Blütenboden, braun od. purpurn gefärbten, röhrenförm. Scheiben- u. langen, gelb, orange od. rot gefärbten Zungenblüten. In Mitteleuropa kommen 2 Arten des S.s aus Gärten verwildert od. stellenweise eingebürgert vor: der Schlitzblättrige S. (*R. laciniata,* [B] Nordamerika III), mit grünl.-braunen Scheiben- u. gelben, leicht zurückgeschlagenen Zungenblüten (in Stauden-Ges. an Flußufern), u. der Rauhe S. *(R. hirta)* mit ungeteilten, rauh behaarten Blättern, schwarzbraunen Scheiben- u. ebenfalls gelben Randblüten (in Unkraut-Ges. an Wegrändern, Schuttplätzen u. Ufern). Neben den gen. Arten ist auch der Rote S. *(R. purpurea),* mit purpur- bis karmesinroten Strahlenblüten, eine beliebte u. weit verbreitete Gartenzierpflanze.

Sonnenkälbchen, die ↗Marienkäfer.

Sonnenmotten, *Heliodinidae,* weit verbreitete Schmetterlingsfam. mit ca. 400 kleinen Arten, bei uns nur 2 Vertreter; Spannweite bis 20 mm, Flügel lanzettl., oft sehr bunt mit metallfarbener Zeichnung, Hinterbeine in Ruhe aufgerichtet; Raupen fressen an Blättern od. minieren darin, einige leben auch räuberisch v. Schildläusen.

Sonnenorientierung ↗Astrotaxis, ↗Bienensprache (☐), ↗Kompaßorientierung, ↗Chronobiologie ([B]).

Sonnenpflanzen, die ↗Heliophyten.

Sonnenrallen, *Eurypygidae,* Fam. der ↗Kranichvögel mit 1 Art *(Eurypyga helias)* in Mittel- u. dem nördl. S-Amerika; 40 cm groß, langer, dünner Hals, Gefieder weiß; Lebensweise relativ unbekannt, verhält sich wie ein kleiner Reiher, lebt an schattigen Ufern langsam fließender Gewässer u. jagt am Boden Schnecken, Insekten u.a. [B] Südamerika III.

Sonnenhut *(Rudbeckia)*

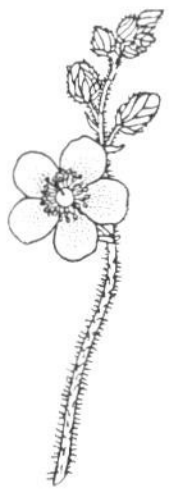

Gemeines Sonnenröschen *(Helianthemum nummularium)*

Sonnentau *(Drosera)*

Sonnenröschen, *Helianthemum,* überwiegend im Mittelmeergebiet heim. Gatt. der ↗Cistrosengewächse mit etwa 80 Arten. Fast kahle bis stark behaarte, 1jährige Kräuter, Stauden od. Halbsträucher mit kleinen Blättern u. in traubigen Wickeln stehenden, weißen od. gelb bis rot gefärbten, 5zähl. Blüten mit zahlr. Staubblättern. Eine bis nach Mitteleuropa reichende Art ist das meist goldgelb blühende, als niederliegender Halbstrauch wachsende Gemeine S., *H. nummularium* (u.a. in sonnigen Kalkmagerrasen u. -weiden, lichten Gebüschen u. Wäldern). Insbes. gekreuzt mit anderen Arten der Gatt., ist es eine beliebte, in vielen Farben blühende Steingartenzierpflanze. In sonnigen Steinrasen der Alpen ist das Alpen-S., *H. alpestre,* zu finden. [B] Europa XIX.

Sonnenstern, *Solaster,* Gatt. der Seesterne mit meist 8–14 relativ kurzen Armen. *S. endeca* (∅ bis 30 cm) ist in 0–500 m Tiefe circumboreal verbreitet, d.h. im N-Atlantik *und* N-Pazifik; von N her erreicht er auch die brit. Küste. Der Stachel-S. (auch „Seesonne") *Crossaster papposus* (fr. *Solaster p.*) ist ebenfalls circumboreal verbreitet u. erreicht sogar die Kieler Bucht; er ist etwas kleiner (∅ bis 25 cm) (☐ Seesterne) u. meist leuchtend rot gefärbt. S.e ernähren sich v.a. von anderen Stachelhäutern. Die Gatt. *Solaster* ist namengebend für die Fam. *Solasteridae;* allen 8 Gatt. fehlen die Pedicellarien. Verbreitung: Polargebiete u. gemäßigte Breiten, v.a. Nordhalbkugel.

Sonnenstich ↗Hitzschlag.

Sonnenstrahlfisch, *Telmatherina ladigesi,* ↗Ährenfische.

Sonnentau, *Drosera,* Gatt. der ↗Sonnentaugewächse mit ca. 80 Arten; kosmopolitisch mit Verbreitungszentren in Austr., S-Amerika und S-Afrika. Rosettenpflanzen in Mooren. Blätter als Klebfallen ausgebildet, mit deren Hilfe kleine Tiere gefangen werden können. Auf der Blattoberseite stehen v. Tracheiden durchzogene, bewegl. Tentakel mit endständ., einen klebrigen Schleim sezernierenden, durch Anthocyan roten Drüsenköpfen. In der Blattrandzone sind sie lang gestielt u. nur zu einer Bewegung zum Zentrum hin fähig; die Tentakel der Blattfläche sind kürzer u. können sich gezielt auf die Beute hin bewegen. Gerät ein Tier, meist ein Insekt, in die Falle, wird es v. den Rand- u. Flächententakeln umschlossen u. durch Sekretion von protein- u. nucleinsäurespaltenden Enzymen bis auf die Chitinhülle verdaut. Die Nahrung wird über die Tentakel aufgenommen. Wichtig für den vollständigen Ablauf des Fang- u. Verdauungsmechanismus ist das Vorhandensein v. Protein in der Beute. In N- und Mitteleuropa heimisch sind in Mooren u. auf Torfböden der nach der ↗Roten Liste „gefährdete" Rundblättrige S. *(D. rotundifolia)* u. in Schlenken der „stark gefährdete" Langblättrige S. *(D. anglica);* beide Arten geschützt. Das Areal des Rundblättrigen S.s reicht bis ins Mittelmeergebiet; der Extrakt aus dieser Pflanze wurde fr. als Hustenheilmittel verwendet. ☐ carnivore Pflanzen, [B] Blatt II.

Sonnentaugewächse

Gattungen:
↗ *Drosophyllum*
↗ Sonnentau *(Drosera)*
↗ Venusfliegenfalle *(Dionaea)*
↗ Wasserfalle *(Aldrovanda)*

Sonnentaugewächse, *Droseraceae,* Fam. der ↗ Rosenartigen mit 4 Gatt. (vgl. Tab.) und 83 Arten; kosmopolitisch mit Verbreitungszentren in Austr. und Neuseeland. Einjährige od. ausdauernde Kräuter, auch Sträucher *(Drosophyllum);* alle insectivor (↗ carnivore Pflanzen, ☐). Die Beute wird mittels Klebfallen (*Drosophyllum* u. Sonnentau) oder Klappfallen (Venusfliegenfalle u. Wasserfalle) gefangen. Die Fangvorrichtungen werden aus hochspezialisierten Blättern gebildet, auf deren Oberseite charakterist. Fang- u. Verdauungsdrüsen sitzen. Blätter gegenständig od. wirtelig, bodenständ. Rosetten bildend; bei Klappfallen entlang der Mittelrippe ein Scharnier. ↗ Blütenformel: * K 5–4 oder (5–4) + C 5–4 + A 4–20 + G (2,3 oder 5); Blüten klein, selten einzeln, meist in wickelförm. Blütenständen; Kapselfrucht mit meist zahlr. Samen. Früher wurden die S. zus. mit anderen Insektivoren zu der Ord. *Sarraceniales* (↗ Schlauchblattartige) zusammengefaßt.

Sonnentierchen, *Heliozoa,* Ord. der ↗ Wurzelfüßer mit kugeligem Plasmakörper; die Pseudopodien sind als Axopodien ausgebildet, die sowohl Schwebefortsätze als auch Organelle des Beutefangs darstellen. Sie stehen strahlig nach allen Seiten v. der Zelle ab. Oft ist das Plasma in ein dichteres Mark u. eine vakuolenreiche Rindenschicht (↗ Cortex) unterteilt. Die meisten S. haben kein Skelett, es können aber um die Zelle Skelettnadeln (↗ *Acanthocystis,* ☐) od. ein gitterart. Gehäuse (↗ *Clathrulina,* ☐) liegen. Fortpflanzung erfolgt durch Zweiteilung, Geschlechtsvorgänge nur v. ↗ *Actinophrys* u. ↗ *Actinosphaerium* (☐) bekannt (↗ Pädogamie). S. leben hpts. als Planktonorganismen im Süßwasser. ☐ Einzeller. [B] Sexualvorgänge.

Sonnenuhrschnecken, die ↗ Perspektivschnecken.

Sonnenvögel, *Leiothrix,* ↗ Timalien.

Sonnenwende *(Heliotropium peruvianum)*

Sonnenwende, *Heliotrop, Heliotropium,* Gatt. der ↗ Rauhblattgewächse mit weit über 200, über die Tropen, die Subtropen u. die wärmere gemäßigte Zone verbreiteten Arten. Kräuter od. (Halb-)Sträucher mit kleinen, meist weiß od. violett gefärbten Blüten in einfachen, gegabelten od. doldentraubig zusammengesetzten Wickeln. Die Blütenkrone besteht aus einer kurzen Röhre mit radiärem, 5zipfligem Saum. Einzige in Mitteleuropa anzutreffende Art ist *H. europaeum,* eine 1jähr., aus dem Mittelmeergebiet stammende, nach der ↗ Roten Liste „stark gefährdete" Pflanze mit weißl.-bläul. Blüten. Standort: Unkrautges. auf sommerwarmen, meist kalkhalt. Böden, Weinberge (v. a. im Oberrheingebiet). Viele *H.-Arten* sind charakterist. für die Auengehölz- u. Oasenvegetation der (Halb-)Wüsten Vorder- bis Mittelasiens. Verschiedene mehrjährige *H.*-Arten sind beliebte Topf- u. Gartenpflanzen. Hierzu gehört z. B. der seit etwa 300 Jahren v. a. wegen seines starken Vanilledufts kultivierte Garten-H., *H. arborescens* (S-Amerika).

Sonnenwendkäfer, *Rhizotrogus solstitialis,* ↗ Junikäfer.

Sonneratiaceae [Mz.; ben. nach dem frz. Botaniker P. Sonnerat, 1749–1814], Fam. der ↗ Myrtenartigen mit 2 Gatt. und 8 Arten (trop. O-Afrika, Asien, Austr.). Die 5 Arten der Gatt. *Sonneratia* sind Pflanzen der ↗ Mangrove; die Schlickoberfläche wird stark durchwurzelt, senkrecht nach oben stehende, spindelförm. Luftwurzeln bilden ein Durchlüftungsgewebe; Blätter auffallend ledrig. Bewohner der trop. Tiefland- u. Bergwälder sind die 3 Arten der Gatt. *Duabanga* mit bis 30 m hohen Vertretern.

Sooglossidae [Mz.; v. gr. soos = heil, glōssa = Zunge], die ↗ Seychellenfrösche.

Soor *m* [ndt.], *S.mykose, Candidiasis, Candidose, Schwämmchen,* durch den S.-Pilz ↗ *Candida albicans* verursachte Pilzerkrankung (↗ Mykose) beim Menschen u. bei Tieren, die sich häufig als Mund-S. durch weiße, nicht abstreifbare schmerzhafte Beläge in der Mundschleimhaut manifestiert u. auf die Speiseröhre übergreifen kann; auch als Infektion der Scheide (Vulvovaginitis); oft bei Säuglingen u. bei Patienten mit geschwächtem Immunsystem. Therapie mit Antimykotika u. Amphotericin.

Sophienkraut *s* [v. gr. sophia = Weisheit, über mlat. sophia chirurgorum = Weisheit der Wundärzte], *Besenrauke, Descurainia sophia, Sisymbrium sophia,* in Eurasien und N-Afrika heim., heute in der gemäßigten Zone weltweit verbreitete Art der ↗ Kreuzblütler; 1jährige, feinflaumig behaarte Pflanze mit meist graugrünen, 2–3fach fiederschnitt. Blättern, unscheinbaren, blaßgelben Blüten in traubigen Blütenständen u. leicht sichelförm. gebogenen Schoten; Standorte sind relativ trokkene, lückige Unkrautfluren u. a. an Wegen, Schuttplätzen, Dämmen.

Sophora *w* [v. arab. sofera = ein Schmuckbaum], Gatt. der ↗ Hülsenfrüchtler.

Sorale [Mz.; v. gr. sōros = Haufen], abgegrenzte Bereiche der Lageroberfläche v. ↗ Flechten, aus einer Ansammlung v. ↗ Soredien bestehend u. somit der vegetativen Fortpflanzung dienend, offene Lageraufbrüche v. mehliger Beschaffenheit. *Kugel-S.* haben annähernd kugelige Gestalt, *Fleck-S.* sind fleckenartige Aufbrüche, Borten-S. oder *Rand-S.* säumen die Ränder v. Lagerlappen, *Spalten-S.* brechen aus spaltenart. Rissen der Lager hervor, *Kopf-S.* sind kugelige S. an Enden der Lagerlappen, *Manschetten-S.* umgeben manschettenartig ein zentrales Loch, *Lip-*

pen-S. sitzen an der Unterseite v. lippenförmig aufgebogenen Enden v. Lagerlappen, bei *Gewölbe-S.n* sind die Enden kuppelartig aufgewölbt.

Sorangiaceae [Mz.; v. gr. sōros = Haufen, aggeion = Gefäß], Fam. der ↗Myxobakterien (U.-Ord. *Sorangineae*); entspr. etwa der früheren Fam. ↗*Polyangiaceae* mit etwas anderer Gatt.-Einordnung. Nach dem Bau der Fruchtkörper werden 5 Gatt. (vgl. Tab.) unterschieden; bei *Sorangium* u. *Polyangium* entwickeln sich in Paketen zusammenstehende Sporangiolen direkt auf dem Substrat, bei *Chondromyces* an Schleimstielen; *Haploangium* u. ↗*Nannocystis* bilden einzeln stehende Sporangiolen. – Die Vertreter der Gatt. *Sorangium* (fr. bei *Polyangium* eingeordnet) können Cellulose abbauen u. sind im Boden weit verbreitet.

Sorangineae [Mz.; v. gr. sōros = Haufen, aggeion = Gefäß], U.-Ord. der ↗Myxobakterien.

Sorbinsäure *w* [v. *sorb-], *2,4-Hexadiensäure,* ein bes. in der Vogelbeere *(Sorbus)* in zykl. Form (↗Para-S.) enthaltener Pflanzeninhaltsstoff, der zur ↗Konservierung v. Lebensmitteln eingesetzt wird.

Sorbit *s* [v. *sorb-], *Sorbitol,* ein sechswertiger Zuckeralkohol (↗Hexite), der im Pflanzenreich, bes. in der Vogelbeere *(Sorbus),* aber auch in Blättern u. Früchten vieler Rosengewächse (Pflaumen, Birnen, Äpfel, Kirschen u. a.) vorkommt. S. ist Ausgangsprodukt zur techn. Gewinnung v. ↗Ascorbinsäure (☐); in der Nahrungsmittel-Ind. als Frischhaltemittel verwendet.

Sorbose *w* [v. *sorb-], ein zu den Ketohexosen zählender Einfachzucker, der in bestimmten Pflanzensäften vorkommt; Zwischenprodukt bei der techn. Gewinnung v. ↗Ascorbinsäure (☐).

Sorbus *w* [lat., = Sperberbaum], *Eberesche, Vogelbeere,* Gatt. der ↗Rosengewächse mit ca. 100 Arten, die leicht untereinander bastardieren; sommergrüne Holzgewächse auf der N-Hemisphäre. Blätter entweder fiederblättrig zusammengesetzt od. einfach; 5zählige, weißl. Blüten in dichten, scheibenförm. Doldentrauben; Fruchtknoten mittelständig. Die Früchte enthalten in ihrem Fleisch verteilt kleine Samen; Sammelbalgfrüchte. Hpts. in Nadelwäldern mitteleur. Gebirge wächst die formenreiche Eberesche (*S. aucuparia,* B Europa IV), die aber auch in der Ebene u. bis zur Baumgrenze anzutreffen ist; Borke glatt, Fiederblättchen mit gezacktem Rand, reichblütige Doppeldolden, leuchtend orange-rote Beeren; die Früchte der var. *edulis* sind bitterstoffarm und daher eßbar; Vogelnahrung u. -verbreitung; Zierpflanze. Das Holz der Eberesche ist mittelschwer (Dichte ca. 0,7 g/cm^3), mit hell- bis rotbraunem Kern und rötl.-weißem Splint u. wird u. a. für Schnitz- u. Drechslerarbeiten verwendet. Ein wärmeliebender Busch od. Baum ist die Elsbeere *(S. torminalis)* (Europa, Kleinasien, N-Afrika); Blätter mit zugespitzten Blattlappen; Früchte kugelig, braun mit dunkleren Punkten; eßbar, mit hohem Vitamin-C-Gehalt. Die Mehlbeere *(S. aria)* ist seit altersher in Kultur; der Strauch od. Baum hat sein natürl. Vorkommen auf Kalk- u. Sandböden in ganz Europa; die eiförm., eßbaren Früchte sind anfangs rot-orange, später rotbraun. Nur noch selten kultiviert, meist verwildert od. natürlich vorkommend ist der Speierling *(S. domestica),* ein bis 18 m hoher Baum, der in Mittelmeerländern u. wärmeliebenden Laubwäldern im südl. Mitteleuropa heimisch ist; die kirschgroße, birnenförm. oder runde Frucht ist bräunl.-rot u. eßbar; sie wird regional Apfelmost zugesetzt. B Europa XIV.

Sorangiaceae

Gattungen:
Sorangium
Chondromyces
Polyangium
(↗Polyangiaceae)
Haploangium
↗*Nannocystis*

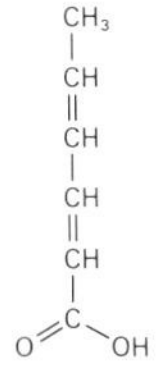

Sorbinsäure

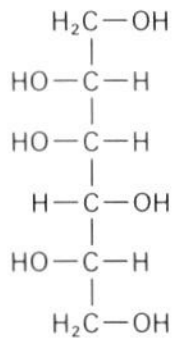

Sorbit

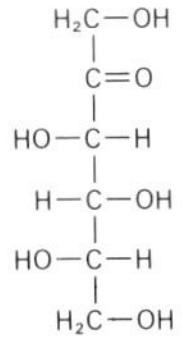

Sorbose

Sorbus

Eberesche *(Sorbus aucuparia),* Wuchs- u. Blattform; F Frucht

sorb- [v. lat. sorbus = Sperberbaum; bot.-lat. = Eberesche, Vogelbeere].

Soredien [Ez. *Soredium;* v. gr. sōrēdōn = haufenweise], feine (meist unter 100 µm ∅), annähernd kugelige Diasporen v. ↗Flechten (B I), der vegetativen Fortpflanzung dienend, aus v. Pilzhyphen umsponnenen Algengruppen bestehend; werden v. Wind, Wasser u. Tieren ausgebreitet. Gegenüber der sexuellen Fortpflanzung der Flechten(pilze) mittels Sporen von erhebl. Vorteil, da in den S. bereits die passenden Symbiosepartner ausgebreitet werden. S. werden v. den Flechten jeweils artspezif. in undifferenzierten Bereichen od. in spezif. gestalteten ↗Soralen gebildet.

sorediös [v. gr. sōrēdōn = haufenweise], mit ↗Soredien ausgestattet.

Sorex *m* [lat., = Spitzmaus], Gatt. der ↗Spitzmäuse.

Sorgho *m* [v. it. sorgo = Mohrenhirse], *Sorghum,* die ↗Mohrenhirse.

Sori [Ez. *Sorus;* v. gr. sōros = Haufen], Bez. für die bei den ↗Farnen (☐) in Gruppen zusammenstehenden Sporangien auf der Blattunterseite. Ihre Anordnung steht meist in regelhafter Beziehung zur Blattnervatur. Sie können frei od. von Hüllen (eingekrümmter Blattrand od. hautartige Auswüchse der Blattepidermis = Indusien od. Schleier) bedeckt sein (↗Indusium). Dieses Merkmal u. die Verschiedenartigkeit v. Gestalt u. Anordnung sind u. a. wichtige Merkmale für die Farn-Systematik.

Soricidae [Mz.; v. lat. sorices = Spitzmäuse], die ↗Spitzmäuse.

Sorokarp *s* [v. gr. sōros = Haufen, karpos = Frucht], der Fruchtkörper von (Zellulären) Schleimpilzen, z. B. von ↗*Dictyostelium.*

Sorption *w* [v. lat. sorbere = schlürfen, verschlingen], Bindung lösl. Ionen od. polarer Substanzen an elektr. entgegengesetzt geladene Träger durch elektrostat. Wechselwirkungen (↗Ionenaustauscher, ↗Austauschkapazität). ↗Adsorption.

Sorte, *Kulturvarietät,* Population v. ↗Kulturpflanzen, die sich durch morpholog. oder physiolog. Eigenschaften v. anderen

Formen innerhalb der Art unterscheidet u. diese S.nmerkmale auch bei geschlechtl. oder ungeschlechtl. Vermehrung beibehält. Der Begriff ist gleichbedeutend mit dem Ausdruck ↗ *Cultivar* (abgekürzt cv.). Gültig veröff. neue S.n werden in ein *S.nregister* eingetragen u. erhalten eine zusätzl. S.nbezeichnung, z. B. *Solanum tuberosum* „Ackersegen". Nach dem „Gesetz über den Schutz von Pflanzen-S.n" (S.nschutzgesetz) vom 1. 7. 1968 steht ausschl. dem Züchter einer neuen S. das Recht auf wirtschaftl. Verwertung dieser S. zu.

Sorubium *s*, Gatt. der ↗Antennenwelse.

Souchong *m* [chin. über frz. sou-chong], ↗Teestrauchgewächse.

Soziabilität *w* [v. mlat. sociabilitas = Verträglichkeit], *Geselligkeit, Häufungsweise,* bei Vegetationsaufnahmen eine neben der ↗Artmächtigkeit (T) übl. Angabe über das Verteilungsmuster der einzelnen Arten auf der Probefläche. Beim Standardverfahren nach ↗ *Braun-Blanquet* in einer 5stufigen Skala. 1 = einzeln wachsend, 2 = gruppen- od. horstweise wachsend, 3 = truppweise wachsend (kleine Flecken od. Polster), 4 = in kleinen Kolonien wachsend od. ausgedehnte Flecken neuer Teppiche bildend, 5 = in großen Herden.

sozial [*sozial-], in der ↗Ethologie wertfreier Begriff (anders als in der Umgangssprache, wo s. auch „selbstlos" od. ähnl. bedeuten kann), der sich auf der Interaktion, die Verständigung od. den Zusammenhalt v. mehreren Individuen einer Art bezieht. Die ↗Bereitschaft zu s.er Interaktion wird manchmal als *Sozialtrieb,* die zugeordnete ↗Appetenz als *s.e Attraktion* bezeichnet. Diese Begriffe bilden jedoch Zusammenfassungen vieler verschiedener ↗Motivationen, die alle zu s.en Phänomenen bei Tieren führen können.

Sozialanthropologie, *Bevölkerungsbiologie, Ethnobiologie, Gesellschaftsbiologie,* befaßt sich mit der Untersuchung biol. Phänomene, v. a. von genetischen Veränderungen u. Fortpflanzungserfolgen, bei menschl. sozialen Gruppen im Sinne einer *Sozialbiologie.* Die S. prüft die Möglichkeit erbl. Unterschiede zw. Bevölkerungsklassen, Ständen od. Völkern u. vermutet z. T., daß die bes. Form sozialer Institutionen mit erbl. Eigenschaften der Rassen zusammenhängen könnte. In Dtl. wurde die S. durch die Rassenlehre des Nationalsozialismus u. ihre Nähe zur ↗Eugenik diskreditiert u. wird heute kaum vertreten. Im französisch- u. englischsprachigen Raum ist ein Wiederaufleben v. Gedanken der S. v. a. im Gefolge der ↗Soziobiologie zu beobachten.

Sozialdarwinismus ↗Darwinismus.

soziale Ascidien [Mz.; v. gr. askidion = kleiner Schlauch], die ↗Synascidien.

soziale Insekten, solche Insektenarten, die als ↗staatenbildende Insekten nur ein (monogyn, ↗Haplometrose) od. seltener mehrere (polygyn, ↗Pleometrose) eierlegende Weibchen (Königinnen) haben, während die übrigen Volksmitglieder reduzierte od. funktionsuntüchtige Gonaden haben. Solche staatenbildenden Formen sind innerhalb der Hautflügler mehrfach unabhängig bei den ↗ *Vespidae* (soziale Faltenwespen), ↗Ameisen *(Formicoidea),* innerhalb der ↗ *Apoidea* (Bienen) bei den Furchenbienen (*Halictus,* ↗Schmalbienen) u. den ↗Apidae (↗Honigbienen, ↗Hummeln u. ↗ *Meliponinae*) entstanden. Daneben stellen die ↗Termiten typische s. I. dar. Bei ihnen existiert neben einer Königin auch ein geschlechtsreifes Männchen (König). Das Gegenstück zu sozialen Insekten sind *solitäre Insekten.* ↗Arbeitsteilung.

soziale Körperpflege, Körperpflege (↗Komfortverhalten) an einem Artgenossen, vorzugsweise an Körperstellen, die dieser selbst nicht pflegen kann: Z. B. lekken Rinder den Partner am ehesten im Nacken, im Gesicht u. im unteren Halsbereich, seltener auf dem Rücken u. noch weniger an den Flanken. Viele Vogelarten reinigen den Sozialpartnern das Gefieder, u. dies ebenfalls bevorzugt im Kopfbereich. Bei Säugern gibt es neben dem Lekken die s. K. durch die Zähne (Beknabbern, Kämmen) u. v. Hand (sehr wichtig für Primaten). Die s. K. ist bei Vögeln u. Säugern häufig, aber nicht allg. verbreitet. So spielt sie bei manchen Entenvögeln eine große Rolle, bei anderen fehlt sie ganz. Neben der urspr. Funktion (Reinigung, Entfernen v. Parasiten) hat die s. K. häufig Funktionen wie Paarbindung, Gruppenbindung, Beschwichtigung u. a. Signalfunktionen angenommen.

sozialer Verband ↗Tiergesellschaft.

soziale Spinnen, Webspinnen aus verschiedenen Fam., die mit anderen, artgleichen Tieren in Gemeinschaft leben. Oft werden große Gemeinschaftsnetze als Wohnraum u. Beutefangapparate gebaut. Die bei Webspinnen sonst auch gg. Artgenossen u. Nachkommen gerichtete Aggressivität ist nicht entwickelt, dafür kooperieren sie z. B. beim Beutefang u. im Netzbau.

soziale Stimulation [v. lat. stimulatio = Reizung], *soziale Anregung,* ↗Stimmungs-Übertragung.

soziale Zeitgeber; die physiolog. Uhren (↗biologische Uhr, ↗circadiane Rhythmik, ↗Chronobiologie) v. Organismen können durch *natürl. Zeitgeber,* d. h. Umweltperiodizitäten wie die Photo- u. Thermoperiode, synchronisiert werden. Bei zentralnervös gesteuerten Organismen kommt dem Zentralnervensystem (ZNS) eine Schlüsselrolle bei der zeitl. Koordination der Körperfunktionen zu. Die Steuerung über das ZNS ist vermutl. die Grundlage für die Wirkung s.r Z., wie des Familienlebens od. des Arbeitsalltags, die das Verhalten v. Individuen u. Populationen synchronisieren.

Sozialverhalten

Zum S. gehört:
- Balz (Sexualverhalten)
- Brutpflege
- Zusammenschluß zu Tiergesellschaften (Herden, Gruppen)
- aversives Verhalten (Vermeidung, Aggression)
- Revierverhalten

Alle Tiere haben ein S. in dem Sinn, daß Artgenossen besondere Verhaltensweisen auslösen können. Wenn man v. „sozialen Arten" spricht, meint man Tiere, die feste soziale Strukturen ausbilden u. in solchen Strukturen leben.

soziale Spinnen

Bisher bekannte permanent sozial lebende Spinnen (Artenzahlen in Klammern):

Cribellatae
- *Amaurobiidae* (1)
- *Eresidae* (4)
- *Dictynidae* (1)
- *Uloboridae* (2)

Ecribellatae
- *Dipluridae* (1)
- *Agelenidae* (2)
- *Theridiidae* (1)
- *Araneidae* (1)

sozial- [v. lat. socius = gemeinsam, verbunden, gemeinschaftlich; socialis = gesellig, kameradschaftlich].

Soziale Isolation kann zur Störung der inneren Zeitstruktur von Organismen und damit zu schweren Krankheitssymptomen führen.

Sozialisation, *Sozialisierung,* ontogenet. Entwicklung des sozialen Verhaltensrepertoires eines Tieres, urspr. in der menschl. Entwicklungspsychologie verwendet: Beim Menschen steht die Übernahme kultureller Fähigkeiten bzw. das Erlernen kulturell geformter sozialer Rollen im Mittelpunkt der S.sforschung, so daß die Übertragung des Begriffs auf das Tier mißverständl. ist. Die S. beim Tier verläuft (neben der Reifung sozialer Verhaltensweisen) über einfachere Lernprozesse, die zur Ausformung v. Bindungen, zu Rangordnungsverhalten usw. führen. Bei Primaten kann man allerdings bereits v. sozialen Rollen in der Gruppe sprechen, deren Form jedoch großenteils nicht auf Tradition beruht, sondern stammesgeschichtl. prädisponiert ist u. individuelle Eigenarten widerspiegelt.

Sozialmagen, *sozialer Magen,* bes. Teil des Verdauungsapparates der sozialen Insekten, in dem Nahrung in das Nest eingetragen wird. S. gibt es bei den Ameisen, der Honigbiene u. den Hummeln *(↗Honigblase)* sowie bei den *Vespidae* u. den Hornissen.

Sozialparasitismus [v. gr. parasitos = Schmarotzer], Teilhaben an sozialen Leistungen anderer Organismen, z. B. Ausnutzen fremder Kolonien zur Aufzucht der eigenen Nachkommen od. von anderen Arbeitsleistungen bei ↗Ameisen. ↗Brutparasitismus, ↗Kleptoparasitismus, ↗Ethoparasit; ↗Parasitismus.

Sozialverhalten, auf Interaktion mit dem Artgenossen gerichtetes bzw. darauf beruhendes Verhalten; ↗sozial. T 454.

Soziation *w* [v. lat. sociatio = Vereinigung], der ↗Assoziation entspr. Grundeinheit einer wenig gebräuchl. Methode der Vegetationsgliederung, bei der die Einheiten nach dominierenden od. sehr häufigen Arten voneinander abgegrenzt werden u. nicht nach Differential- u. Kennarten. Diese Methode ist v. a. für floristisch arme Gebiete od. artenarme Bestände verwendbar, versagt jedoch in Gebieten mit reicher Flora.

Sozietät *w* [v. lat. societas = Gemeinschaft], ↗Tiergesellschaft.

Soziobiologie, neuer Zweig der biol. Verhaltensforschung, unter diesem Namen bekannt geworden durch das Buch „Sociobiology – the new synthesis" von E. O. Wilson, in den theoret. Grundlagen aber teilweise älter (W. D. Hamilton, J. Maynard Smith u. a.). Die Besonderheit der S. ist der Versuch, Verhaltensmerkmale wie andere ↗Merkmale konsequent als in der *natürl. Selektion* entstandene Anpassungen zu deuten. Als kritische Phänomene erwiesen sich dabei v. a. solche ↗soziale Verhaltensweisen, die auf den ersten Blick die Fortpflanzungschancen eines Individuums zu schmälern scheinen u. anderen Individuen zugute kommen, z. B. ↗Brutpflege, gegenseitige Hilfe gegenüber Freßfeinden, Teilen v. Nahrung usw. Die S. geht paradigmatisch (↗Paradigma) davon aus, daß auch solche Verhaltensweisen einen Selektionsvorteil für das *individuelle* Erbgut haben müssen, wenn sie überhaupt auftreten. Zu ihrer Erklärung wurden unterschiedl. Ansätze entwickelt, v. a. der der *„Kin-↗Selektion"* (Verwandtenselektion, ↗Sippenselektion): Ein seltenes Allel, das Helferverhalten veranlaßt, kommt mit einer vom Verwandtschaftsgrad abhängigen Wahrscheinlichkeit auch bei Verwandten vor, z. B. bei Kindern (unter normalen Fortpflanzungsverhältnissen) mit der Wahrscheinlichkeit 1/2, bei Geschwistern ebenso, bei Enkeln u. Neffen 1/4 usw. Ein Selektionsvorteil für diese Verwandten bildet, gewichtet mit dem Verwandtschaftsgrad, auch einen Selektionsvorteil für das „Helfer-Allel", das sich in der Population verbreiten kann, falls das Helfen tatsächl. den Verwandten zugute kommt u. der Selektionsnachteil des Helfers v. dem Vorteil der Hilfsempfänger aufgewogen wird; d. h., der Selektionsvorteil bzw. -nachteil eines Allels darf nicht nur am Fortpflanzungserfolg des Trägers selbst gemessen werden, sondern auch an dem seiner Verwandten, gewichtet mit dem Verwandtschaftsgrad (↗inclusive fitness). Neben diesem Konzept der Sippenselektion wird v. der S. das Konzept des *reziproken ↗Altruismus* benutzt, um fremdnütziges Verhalten zu erklären: Ein „Helfer-Allel" kann sich durchsetzen, wenn es einen Mechanismus gibt, durch den der Helfer ebenfalls Hilfsempfänger wird u. durch den einseitiges Helfen verhindert wird. Das fr. stärker benutzte Konzept der *Gruppenselektion* wird dagegen an enge Vorbedingungen gebunden bzw. ganz abgelehnt (R. Dawkins). – Der Ansatz der S. faßt die *Evolutionsbiologie* des Verhaltens, die *Tiersoziologie* (Sozio-Ökologie) u. die *Populationsbiologie* in einem einheitl. Theorienrahmen zus. und hat damit große Erklärungserfolge erzielt (↗Bruthelfer). V. a. in populären Publikationen wurde der Erklärungsanspruch der S. jedoch auch stark überzogen, z. B. durch einen biologistischen Reduktionismus (E. O. Wilson) in der Diskussion mit den Geisteswissenschaften u. durch eine reduktionistische Anthropologie (R. Dawkins). Es wurde nicht beachtet, daß die S. sich in strenger Form nur auf ganz od. weitgehend angeborene Verhaltensmerkmale (↗angeboren) anwenden läßt u. daß für die Entwicklung ontogenetisch erworbenen od. gar kulturell vermittelten Verhaltens eigene Gesetze einer komplexeren Systemebene gelten. ↗Bioethik, ↗Ethik in der Biologie. ↗kulturelle Evolution.

sozial- [v. lat. socius = gemeinsam, verbunden, gemeinschaftlich; socialis = gesellig, kameradschaftlich].

Soziobiologie

Das *selfish gene:*

„Selfish gene" ist eine von R. Dawkins geprägte, schlagwortartige Formulierung der evolutionstheoret. Aussage, daß letztlich das ↗Gen (genauer: das ↗Allel) die Informationseinheit bildet, die der ↗Selektion unterliegt. Das im Kontext des Genoms u. der jeweiligen Umwelt *adaptivste* Allel verbreitet sich auf Kosten anderer Allele u. kann in diesem Sinne (aber nur i. d. S.) als „selfish" od. „egoistisch" bezeichnet werden, d. h., es gibt im Genom bzw. in der natürl. Selektion keinen inhärenten *teleologischen* Mechanismus. Von dieser Voraussetzung her erklärt die Soziobiologie auch Verhaltens- u. Sozialmerkmale v. Tieren u. Menschen. Die Beschreibung eines Allels als „egoistisch" hat dabei in der Ethologie u. Anthropologie zu Verwirrung geführt, da die mechanist. Begrifflichkeit der Selektionstheorie mit der auf *Motive* zielenden Begrifflichkeit menschl. Handelns vermengt wurde. Die Eigengesetzlichkeit v. Verhaltensweisen, die auf individueller Erfahrung bzw. auf kulturellen Informationen beruhen, ging in der Sicht v. Dawkins verloren.

Lit.: *Dawkins, R.:* Das egoistische Gen. Berlin 1978. *Lumsden, C. J., Wilson, E. O.:* Das Feuer des Prometheus. München 1984. *Wickler, W., Seibt, U.:* Das Prinzip Eigennutz. Hamburg 1977. *Wilson, E. O.:* Sociobiology: the new synthesis. Cambridge 1975.

H. H.

Soziologie, *Gesellschaftslehre,* 1) die Wiss. von den Formen, Regeln u. Beweggründen menschl. Vergesellschaftungen u. deren Abhängigkeit v. kulturellen, polit. oder religiösen Umständen. Die S. bildete sich im 19. Jh. heraus u. wurde von A. Comte zum ersten Mal gen.; bedeutendster Vertreter ist M. Weber („verstehende S."). Die Strukturen u. Gesetzmäßigkeiten tierischer Sozietäten werden v. der *Tier-S.* oder *Sozialbiologie* im Rahmen der ↗Ethologie untersucht (↗Tiergesellschaft). ↗Soziobiologie. 2) *Pflanzen-S.,* ↗Botanik.

soziologische Progression, häufig verwendetes Ordnungsprinzip bei Pflanzengesellschaften: die Anordnung der Syntaxa nach zunehmender struktureller u. floristischer Komplexität, d. h. von den sehr einfach strukturierten u. artenarmen Wasserpflanzengesellschaften bis zu den vielfältigen Laub- u. Mischwaldgesellschaften.

Sozioökologie, Untersuchung der Anpassung sozialer Strukturen v. Tiergesellschaften u. des Sozialverhaltens insgesamt an die ökolog. Bedingungen, unter denen die Tiere leben; heute ungebräuchl., v. der ↗Soziobiologie verdrängter Begriff.

Soziotomie *w* [v. lat. socius = Gefährte, gr. tomē = Schnitt], ↗staatenbildende Insekten.

sp. [Mz.: *spp.*], Abk. für Spezies (↗Art).

spacer *m* [speißer; engl., v. space = Zwischenraum], der zw. zwei benachbarten Genen liegende DNA-Bereich (↗intercistronische Bereiche). ↗Prozessierung.

spacer-t-RNA *m* [speißer-] ↗Ribosomen.

Spadella *w* [v. it. spada = Schwert, Spatel], einzige bodenlebende Gatt. der sonst nur planktonischen ↗*Chaetognatha* (Ord. *Phragmophora*), gekennzeichnet durch die Ausbildung auffälliger Haftorgane am Schwanz; in 8 Arten weltweit in Küstengewässern verbreitet.

Spadiciflorae [Mz.; v. lat. spadices = Kolben, flores = Blüten], die ↗Arecidae.

Spadix *m* [gr., = Blütenkolben], **1)** Bot.: der *Kolben,* ↗Blütenstand (□, B). **2)** Zool.: Kopulationsorgan der ♂ ↗Perlboote, durch Verwachsung von 4 Armen des inneren Kranzes entstanden.

Spalacidae [Mz.; v. gr. spalakes = Maulwürfe], die ↗Blindmäuse.

Spalacotheriidae [Mz.; v. gr. spalax = Maulwurf, thērion = Tier], (Marsh 1887), Fam. mesozoischer Säugetiere († Ord. ↗*Symmetrodonta*); Typus-Gatt.: *Spalacotherium* Owen 1854. Verbreitung: oberer Jura v. Europa und N-Amerika.

Spalierstrauch, niedriger, an den Boden od. das Gestein angedrückt wachsender Strauch od. Zwergstrauch, dessen Triebe oft zu dichten, teppichartigen Überzügen verflochten sind. Sträucher mit derartigem *Spalierwuchs* genießen den Schutz der unmittelbaren Bodennähe u. sind gleichzeitig in der Lage, Flächen mit sehr geringem od. fehlendem Wurzelraum zu überziehen. Deshalb ist diese Wuchsform häufig in windgefegten u. steindurchsetzten arktischen od. alpinen Zwergstrauch- u. Rasen-Ges. anzutreffen (Teppich-Weide, Silberwurz, Zwerg-Kreuzdorn). Die häufig in aufrechter Spalierform gezogenen Obstgehölze *(Spalierobst)* erhalten diese Form durch einen entspr. ↗Erziehungsschnitt.

L. Spallanzani

Spalierwuchs ↗Spalierstrauch.

Spallanzani, *Lazzaro,* it. Naturforscher, * 12. 1. 1729 Scandiano (Prov. Modena), † 11. 2. 1799 Pavia; ab 1756 Prof. in Reggio, dann Modena u. Pavia; setzte die Beobachtungen ↗Réaumurs über die Verdauung (an Raubvögeln) fort u. stellte zahlr. Selbstversuche an, indem er Leinenbeutel od. durchlöcherte Holzstückchen mit Nahrungsmitteln verschluckte u. wieder erbrach; prüfte die Wirkung des Magensaftes in vitro, untersuchte die ↗Urzeugung u. gelangte vor ↗Pasteur zu dem Schluß, daß in erhitzten u. verschlossenen Gefäßen keine „Infusorien" entstehen; weitere Untersuchungen zum Gaswechsel, Regeneration des Nervensystems, Blutkreislauf; bewies 1785 experimentell die Befruchtung der Eier durch Samen. B Biologie I, II.

Spaltalgen, hist. Bez. für ↗Cyanobakterien.

Spaltamnion *s* [v. gr. amnion = Embryonalhülle], *Schizamnion,* ↗Amnion, das durch Spaltbildung vom ↗Epiblast getrennt wurde (Ggs.: *Faltamnion*). ↗Embryonalhüllen, B Embryonalentwicklung II.

Spaltastfarne, die ↗Schizaeaceae.

Spaltbein, der ↗Spaltfuß 2).

Spaltblättlinge, *Schizophyllaceae,* Fam. der ↗*Polyporales* (Ständerpilze); in Europa mit nur 1 Art ↗*Schizophyllum.*

Spaltenfüllungen, wieder aufgefüllte Gesteinsfugen, z. B. mit Bruchstücken des Nebengesteins, chem. Abscheidungen (Gänge) usw. Von biol. Interesse sind solche Spalten, die vorwiegend in ↗Karst-Gebieten entstanden, oft in ↗Höhlen übergehen u. in ihrem sedimentären Füllmaterial organ. Reste enthalten. S. gelten deshalb stets als höffige, oft erweisl. als ergiebige Fossilfundstellen. Sie haben die Kenntnis der Tertiär-Säuger beträchtl. erweitert.

Spaltenschildkröten, *Malacochersus,* Gattung der ↗Landschildkröten.

Spaltensorale ↗Sorale.

Spaltfrucht, *Schizokarp(ium),* Bez. für eine ↗Mehrblattfrucht, die entlang der Verwachsungsstellen der Fruchtblätter zuletzt in Teilfrüchte (↗Merikarpien) zerfällt. ↗Fruchtformen (T).

Spaltfuß, 1) ↗Extremitäten, ↗Krebstiere; **2)** *Spaltbein, Peropus,* dominant vererbl. ↗Hemmungsmißbildung der Mittelfußknochen in Form einer klauenart. Gabel, meist kombiniert mit anderen ↗Fehlbildungen.

Spaltfüßer, *Schizopoda,* frühere Sammel-Bez. für die Ord. ↗*Euphausiacea* u. ↗*Mysidacea;* ihre gemeinsamen Merkmale (Spaltfüße u. a.) sind Symplesiomorphien; sie gehören verschiedenen Überord. an (↗*Eucarida* u. ↗*Peracarida).*

Spaltfußgänse, *Anseranas,* Gatt. der ↗Entenvögel.

Spalthefen, die Gatt. ↗*Schizosaccharomyces.*

Spalthufer, die ↗Paarhufer.

Spaltöffnungen, *Stomata,* Bez. für die Paare meist bohnenförmig gestalteter Zellen *(Schließzellen)* mitsamt der zw. ihnen freigelassenen Lücke *(Spalt* od. *Porus)* in den Epidermen der oberird., v. Luft umgebenen grünen Teile der Kormophyten u. einer Reihe v. Moosen. S. dienen der Wasserdampfabgabe (↗Transpiration) u. dem Gaswechsel (O_2-Abgabe, CO_2-Aufnahme). Häufig sind die Schließzellen noch v. besonders gestalteten Epidermiszellen umgeben, die ihrerseits an der Funktion der S. beteiligt sind. Letztere heißen ↗*Nebenzellen.* Spalt, Schließzellenpaar u. Nebenzellen bilden den *Spaltöffnungsapparat.* Der Spalt unterbricht die sonst lückenlose Schicht der Epidermiszellen u. verbindet die Außenluft mit der wasserdampfgesättigten Luft des Interzellularsystems. Das gesamte Porenareal eines Blattes nimmt bei den meisten Pflanzen rund 0,5–1,5% der einfachen Blattfläche ein, wenn die Poren geöffnet sind. Der i. d. R. besonders große Interzellularraum direkt unter dem Spalt wurde fr. *„Atemhöhle"* gen., hat aber mit der Atmung wenig zu tun u. heißt nun *substomatärer Hohlraum.* Die Schließzellen enthalten fast immer Chloroplasten mit reichl. Stärkevorräten. Ihre Zellwände sind fast immer ungleich verdickt, wie die Querschnitte zeigen. Der bes. Bau der Zellwände v. Schließ- und ggf. Nebenzellen führt bei Turgoränderungen dieser Zellen zu deren Gestaltänderung, so daß der Spalt bei erhöhtem Turgor geöffnet u. bei erniedrigtem Turgor geschlossen wird. Durch diese *Spaltöffnungsbewegung* wird insbesondere die Transpiration entspr. den Außen- u. Innenbedingungen reguliert. Der Bau der Schließzellen bis hinab in die Micellarstruktur der Zellwände u. die davon abhängige Bewegungsrichtung der Wände sind sehr mannigfaltig bei den verschiedenen Pflanzengruppen. Neben dem abweichenden *Nadelholztyp* lassen sich 3 Haupttypen unterscheiden. Beim *Mniumtyp,* der einfachsten Form, sind die dem Spalt zugekehrten Zellwände (Bauchwände) der bohnenförm. Schließzellen dünn, die Außen-, Innen- u. Rückenwand verdickt od. ebenfalls dünn. Erhöhter Turgor entfernt Innen- u. Außenwand voneinander, so daß die Bauchwand senkrecht zur Epidermisoberfläche gestreckt wird u. ihre Wölbung verliert. Der Spalt öffnet sich. Dieser Typ ist

1 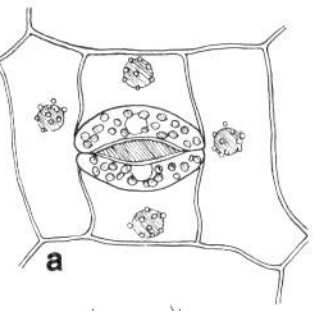

b 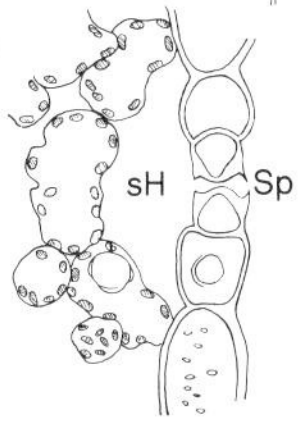

2 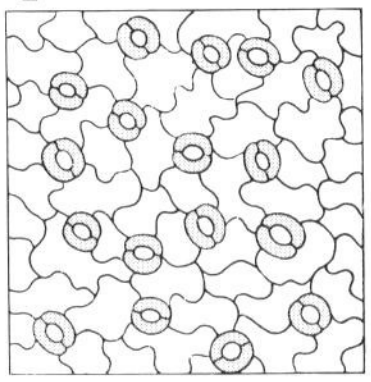

Spaltöffnungen

1a Flächenansicht und **b** Querschnitt der Epidermis der Blattunterseite v. *Tradescantia;* sH substomatärer Hohlraum (fr. „Atemhöhle" gen.), Sp Spalt der S. **2** Regelmäßiges *S.-Muster* in der unteren Epidermis des Blattes der Christrose *(Helleborus niger).* **3** *Entwicklung von S.:* Im einfachsten Fall, z. B. bei vielen Einkeimblättrigen (Monokotylen), entstehen S. nach inäqualer Teilung einer Epidermiszelle aus der kleineren Zelle (Spaltöffnungsmutterzelle) nach Längsteilung **(a, b)**. Bei den meisten Zweikeimblättrigen (Dikotylen) weisen die S. jedoch mehrere *Nebenzellen* auf, die sich durch eine Folge inäqualer Teilungen in verschiedenen Richtungen bilden **(c)**. In der Abb. sind die Nebenzellen in der Reihenfolge ihrer Entstehung (1–6) beziffert. Die 7. Teilung ist eine äquale Teilung, bei der die *Schließzellen* entstehen.

3 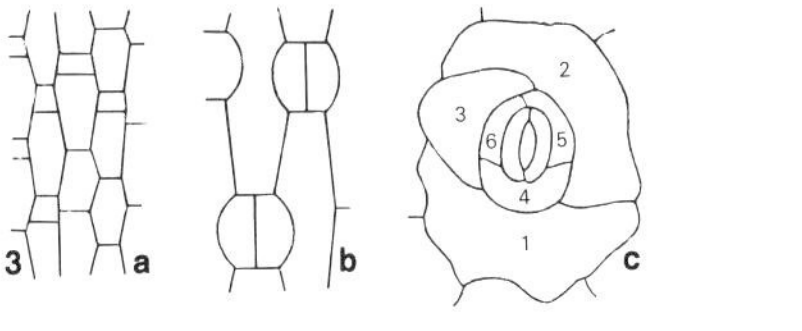

v. a. bei den Moosen u. Farnen verbreitet. Der *Gramineentyp,* der bei den Süß- u. Sauergräsern, aber auch bei anderen Pflanzengruppen vorkommt, besitzt hantelförm. Schließzellen. Die erweiterten Enden sind dünnwandig, die mittleren Verbindungsstücke weisen stark verdickte Innen- u. Außenwände auf. Erhöhter Turgor dehnt die dünnwandigen Enden, u. die starren Mittelstücke weichen auseinander. Der *Helleborustyp* ist der meist verbreitete Typ u. kommt bei zahlr. Mono- u. Dikotylen vor. Er besitzt wiederum bohnenförm. Schließzellen. Doch ist die Bauchwand durch 2 kräftige Verdickungsleisten verstärkt, während die Rückenwand dünn u. elastisch ist. Bei Zunahme des Turgors weicht diese nachgiebige Rückenwand in Richtung der Nebenzellen aus u. zieht die weniger dehnungsfähige Bauchwand nach. Bewegungen der Nebenzellen drücken die Schließzellen gleichzeitig etwas nach oben od. unten aus der Epidermisebene hinaus. Neben den als Luftspalten dienenden S. finden sich bei einigen krautigen Pflanzen als Sonderformen der S. *Wasserspalten (↗Hydathoden)* zur aktiven Wasserabscheidung. ↗Blatt (☐, T, B I–II), ☐ Hygrophyten, ☐ Lichtblätter, B Pilze I, B Wasserhaushalt (der Pflanze). *H. L.*

Spaltpilze, hist. Bez. für ↗Bakterien.

Spaltschlüpfer, *Orthorrhapha,* Gruppe v. ↗Zweiflüglern, deren Imagines beim Schlüpfen aus der oft gut bewegl. Mumien-↗Puppe die Puppenhülle durch einen meist T-förmigen Längsspalt sprengen. Zu den S.n werden die niedrigeren Fam. der ↗Fliegen, oft auch alle ↗Mücken gezählt. Ggs.: ↗Deckelschlüpfer *(Cyclorrhapha).*

Spaltsinnesorgane, in der Cuticula als 1–2 µm breite und 8–200 µm lange Spalte sichtbare Sinnesorgane der landlebenden Spinnentiere, die bei einigen Gruppen (z. B. Webspinnen) zu mehreren zusammengelagert sein können (lyraförmige Organe). Sie reagieren auf Zug- u. Druckänderungen in der Cuticula u. orientieren das Tier z. B. über die Lage im Raum, Erschütterungen des Untergrunds (z. B. Substratschall) u. Eigenbewegungen. S. befinden sich am ganzen Körper, in bes. großer Zahl aber an den Beinen.

Spaltungsgeneration, die ↗Filialgeneration 2, in der nach der 2. ↗Mendelschen Regel *(Spaltungsregel)* Genotypen u. Phänotypen der uniformen Filialgeneration 1 wieder aufspalten.

Spaltungsregel ↗Mendelsche Regeln.

Spaltzähner, *Schizodonta, Palaeoheterodonta,* U.-Ord. der ↗Blattkiemer, Muscheln, deren rechte Klappe einen Mittelzahn am Scharnier hat, der in eine Grube der linken Klappe eingepaßt ist, die v. je einem Zahn eingefaßt wird; weitere Zähne können vorhanden sein; die Schale innen mit Perlmutterschicht; Fuß ohne Byssusdrüse. Etwa 1400 Arten in Süßgewässern. Zu den S.n gehören v.a. die ↗ *Unionoidea* mit ca. 1200 Arten, aber auch die jeweils nur wenige Arten umfassenden ↗Flußaustern, die ↗ *Mutelidae* u. die ↗ *Trigonioidea.*

Spaltzahnmoose, *Fissidentaceae,* Fam. der ↗Fissidentales.

Spanferkel [v. mhd. spen = Zitze], das noch Muttermilch saugende Ferkel.

Spanfisch, *Trachipterus arcticus,* ↗Bandfische.

Spanische Flagge, *Russischer Bär, Panaxia (Callimorpha) quadripunctaria,* tag- u. nachtaktiver Vertreter der Schmetterlingsfamilie ↗Bärenspinner; Spannweite um 50 mm, Vorderflügel schwarz mit gelbl.-weißen Streifen, Hinterflügel rot mit schwarzen Flecken; fliegt in einer Generation im Sommer, saugt auffällig an Blüten v. Dost u. Wasserdost; Wanderfalter, der durch sein Massenauftreten auf der Insel Rhodos eine Touristenattraktion darstellt („Tal der Schmetterlinge"). Die gelbschwarzen Raupen leben zunächst an Kräutern, nach der Überwinterung an Gehölzen u. Sträuchern.

Spanische Fliege, *Lytta vesicatoria,* ↗Ölkäfer.

Spanisches Rohr ↗Arundo.

Spanner, *Geometridae,* weltweit v. den Polargebieten bis in die Hochgebirge verbreitete u. nach den ↗Eulenfaltern mit etwa 15000 bekannten Arten die zweitgrößte Schmetterlingsfam., bei uns ca. 540 Vertreter. Falter klein bis groß, überwiegend nachtaktive Waldbewohner; fliegen gerne ans Licht; Flug meist langsam u. flatternd; Flügel zart u. gerundet, relativ großflächig im Verhältnis zum schmalen, schmächt. Körper; überwiegend tarnfarben graubraun mit Querbinden u. Sprenkelungen (B Mimikry II); Hinterflügel beim gelbl. Nachtschwalbenschwanz od. Holunder-S. *(Ourapteryx sambucaria)* geschwänzt; bunter gefärbt sind das ↗Jungfernkind (Gatt. *Archiearis*), der ↗Stachelbeer-S. *(Abraxas grossulariata)* od. der hübsche, tagaktive, auffällig schwarz auf gelbem Grund gemusterte Flecken- od. Leoparden-S. *(Pseudopanthera macularia).* Flügelreduktionen treten bei den Weibchen einiger Arten, wie den ↗Frost-S.n, auf. Ruhehaltung der Flügel: normalerweise seitl. abgespreizt u. der Unterlage angelegt. Fühler einfach od. gekämmt; ↗Chaetosema immer vorhanden, Rüssel meist gut entwickelt. Die S. besuchen Blüten od. saugen an Säften, einige auch an Schweiß, wie die indomalaiischen Vertreter der Gatt. *Zythos* u. *Antitrygodes.* Hinterleibsbasis mit Tympanalorganen. Ein bekanntes Beispiel für ↗Industriemelanismus ist der

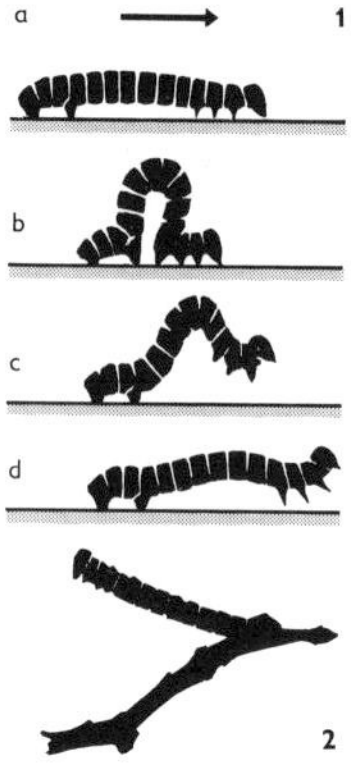

Spanner

1 Fortbewegungsweise (in 4 Phasen), **2** Ruhestellung der S.raupe

spargan- [v. gr. sparganion = eine Sumpfpflanze (Galgant? Igelkolben?)], in Zss.: Igelkolben-.

↗Birkenspanner *(Biston betularia).* Bei der markanten Raupe ist die Zahl der ↗Afterfüße (☐) reduziert, was die charakterist. „spannende" (Name!) Fortbewegungsweise ermöglicht (engl.: „Inchworm"). Larven meist lang u. schlank mit Warzen u. kleinen Höckern, oft tarnfarben braun od. grün gefärbt; in Ruhehaltung starr v. der Unterlage abstehend, wodurch sie kleinen Ästchen ähneln; daher bekanntes Beispiel für ↗Mimese. Raupen meist phytophag; einige Vertreter, wie die ↗Blüten-S. *(Eupithecia spec.),* an Blüten od. in Samenkapseln. Ausgefallen ist die Ernährung einiger Arten der Gatt. auf Hawaii, wie z.B. *E. staurophragma,* deren Raupen Fliegen fangen. Einige S. sind bekannte Schädlinge, wie der ↗Kiefern-S. *(Bupalus piniaria)* u. die ↗Frost-S. Überwinterung bei uns in allen Stadien mögl., seltener als Falter, wie beim ↗Höhlen-S. B Schmetterlinge.

Spannweite, *Klafterung,* bei Vögeln, Insekten, Fledertieren u. Flugechsen die Entfernung zw. den äußersten, gespannten Flügelspitzen. Die größten S.n bei Vögeln besitzen der ↗Wanderalbatros mit 3,2 m und der ↗Kondor mit 3,0 m, bei Insekten die ↗Agrippinaeule mit über 30 cm.

Sparassis *w* [v. gr. sparassein = zerreißen], *Glucke,* Gatt. der ↗Korallenpilze (Nichtblätterpilze, Fam. *Sparassidaceae*); in Europa ca. 4 Arten. Bekannteste Art ist die Krause Glucke (*S. crispa* Wulf.), die am Grunde alter Nadelholzstämme wächst (fast immer Kiefer); der rundl. Fruchtkörper (∅ 5–30 cm) ist anfangs weißlich, später bräunlich; vom Stammteil verzweigt sich der Fruchtkörper stark, gekröseartig gewunden („Blumenkohlpilz"). *S. crispa* ist eßbar; nach dem Verzehr v. alten, bitteren Exemplaren können allerdings Verdauungsstörungen auftreten. B Pilze IV.

Sparganiaceae [Mz.; v. *spargan-], die ↗Igelkolbengewächse.

Sparganio-Glycerion *s* [v. *spargan-, gr. glykeros = süß], *Glycerio-Sparganion, Fließwasserröhrichte,* Verb. der ↗ *Phragmitetea;* durch Begradigung u. Ausbau v. Bächen zurückgegangen. Das Flutschwaden-Röhricht *(Sparganio-Glycerietum fluitantis)* wächst in u. an klaren Gewässern mit mäßiger Fließgeschwindigkeit; durch beschattende Erlen wird es zurückgedrängt. Das Rohrglanzgras-Röhricht *(Phalaridetum arundinaceae),* das den oberen Litoralbereich der Bäche besiedelt, hat Uferschutzfunktion.

Sparganium *s* [v. *spargan-], der ↗Igelkolben.

Sparganosis *w* [v. gr. sparganōsis = Einwickelung], *Sparganose,* durch die Finne des ↗Bandwurms *Bothriocephalus* (T *Pseudophyllidea*) hervorgerufene Hautschwellung, oft mit Pustelbildung u. Granulomen (↗Finnenkrankheiten).

Sparganum *s* [v. gr. sparganon = Band, Windel], der ↗Plerocercoid.

Spargel *m* [v. gr. asparagos = junger

Trieb, S.], *Asparagus,* Gatt. der ↗Liliengewächse mit ca. 300 Arten in der Alten Welt. Aus horizontal wachsenden, sympodialen Rhizomen bilden sich die S.sprosse, mit Schuppenblättern. Aus deren Achselknospen entstehen grüne Seitentriebe, die sich weiter verzweigen. Die Achselknospen der Seitentriebe 2. Ordnung entwickeln Büschel nadelförm., assimilierender Kurztriebe (Phyllokladien). Aus unscheinbaren Blüten gehen rote Beeren hervor. Wichtigste Art ist *A. officinalis* (B Kulturpflanzen IV), der Gemüse-S., der schon bei den Ägyptern in Kultur bekannt war. Durch Erdanhäufelung (S.beete) entstehen bleiche Sprosse, die als Feingemüse „gestochen" werden, sobald die Sproßspitze die Erdoberfläche erreicht hat. 2–3 Jahre nach der Pflanzung kann der S. jedes Frühjahr (bis Mitte Juni) über 15–20 Jahre lang gestochen werden; dabei liefert ein Rhizom bis zu 6 Stangen (= neue Haupttriebe). Der Geschmack des S.s beruht auf seinem Asparaginsäure-Gehalt. Der Protein-Gehalt ist mit 2% relativ hoch, die anthocyanrot bis grün gefärbten S.spitzen haben den höchsten Vitamin-C-Gehalt (ca. 45 mg%). In der Medizin wird S. als leichtes harntreibendes Mittel verwendet. – Im Mittelmeerraum werden auch andere S.-Arten *(A. maritimus, A. tenuifolius, A. acutifolius)* in gleicher Weise genutzt. Der „Grün-S.", der oberird. geerntet wird (kostengünstiger Anbau), hat sich bisher kaum durchsetzen können. Gärtnereien kultivieren den südafr. *A. plumosus* als Bindegrün.

Spargelbohne, *Vigna sinensis* ssp. *sesquipedalis,* ↗Hülsenfrüchtler. [↗Bohrfliegen.

Spargelfliege, *Platyparea poeciloptera,*

Spargelhähnchen, *Spargelkäfer, Crioceris,* Gatt. der ↗Hähnchen.

Spargelkohl ↗Kohl.

Spargelrost, Rostkrankheit des Spargels, verursacht durch den Pilz *Puccinia asparagi;* auf dem Spargel läuft ein vollständ. Entwicklungszyklus ab (Auteuform); bei starkem Auftreten kann bedeutender Schaden eintreten.

Spargelschote, *Tetragonolobus,* Gatt. der ↗Hülsenfrüchtler. Weltweit in ozean.-gemäßigten Zonen kommt *T. maritimus* vor, eine kraut., niederliegende Pflanze mit langgestielten, blaßgelben Blüten, die zu 1–2 in den Blattachseln entspringen; in Kalkmagerrasen, lichten Kiefernwäldern, Moorwiesen; salztolerant. Ein weiterer Vertreter ist die Engl. Erbse *(T. purpureus),* ein in W-Europa der Hülsen wegen gelegentl. gezogenes Gemüse.

Sparidae [Mz.; v. gr. sparos = ein Seefisch], die ↗Meerbrassen. [↗Spörgel.

Spark *m* [v. mlat. spergula = S.], der

Spärkling *m* [v. mlat. spergula = Spark], die ↗Schuppenmiere.

Sparmannia *w* [ben. nach dem schwed. Naturforscher A. Sparmann, um 1747–87], Gatt. der ↗Lindengewächse.

Spartein *s* [v. *spart-], *Lupinidin,* ein in Lupinen (↗Lupinenalkaloide) u. Besenginster vorkommendes, herzwirksames ↗Chinolizidinalkaloid; es hemmt die Erregungsleitung und -bildung im Herzen, bewirkt eine Erweiterung der Herzkranzgefäße u. wirkt außerdem erregend auf die glatte Muskulatur v. Darm u. Uterus. S. wird bei beschleunigter Herztätigkeit (Herzjagen), Herzarrhythmien, zur Wehenauslösung u. Wehenverstärkung angewendet.

Spartina *w* [v. *spart-], das ↗Schlickgras.

Spartinetea [Mz.; v. *spart-], *Schlickgras-Gesellschaften,* Kl. der Pflanzengesellschaften. Die meist ein-artigen Ges., aufgebaut jeweils aus Vertretern der Gatt. *Spartina* (an der dt. Nordseeküste: *S. townsendii*), besiedeln das Eulitoral amerikan., westeur. und austr. Schlammküsten.

Spartium *s* [v. *spart-], monotypische Gatt. der ↗Hülsenfrüchtler.

Sparus *m* [v. gr. sparos = ein Seefisch (wohl Goldbrassen)], Gatt. der ↗Meerbrassen.

Spasmin *s* [v. gr. spasmos = Krampf], globuläres Protein mit der relativen Molekülmasse 20000, das – reich an Serin u. sauren Aminosäureresten, arm dagegen an aromat. Aminosäuren – in seiner Aminosäurezusammensetzung sehr dem ↗Troponin C des Muskels ähnelt u. wie dieses eine hohe Bindungsaffinität zu ↗Calcium-Ionen hat. Es findet sich als wesentl. Bestandteil in den ↗*Spasmonemen* vieler ↗Wimpertierchen. Zwei geringfügig unterschiedl. Komponenten, das Spasmin A und Spasmin B, lagern sich linear zu 2–4 nm dicken Filamenten unbekannter räuml. Struktur u. diese wieder zu dickeren Filamentbündeln, den Spasmonemen, zus. Die letzteren zeichnen sich durch eine gummiartige Elastizität aus (passive elast. Dehnung bis zum 4fachen der urspr. Länge) u. vermögen sich einerseits unter Bindung von Ca^{2+}-Ionen (1,7 g Ca^{2+}/kg Spasmin bei 10^{-8} – 10^{-6} Mol/l Ca^{2+}) ohne ATP-Verbrauch aktiv zu verkürzen, bei Ca^{2+}-Entzug ($10^{-6} \rightarrow 10^{-8}$ Mol/l Ca^{2+}) aber auch aktiv zu strecken – vermutl. aufgrund innerer Konformationsänderungen. Im gestreckten Zustand zeigen sie deutliche opt. Doppelbrechung, die im kontrahierten Zustand nach Ca^{2+}-Aufnahme verschwindet. Volle Kontraktion erfolgt in etwa 4–10 ms, also etwa 10mal so schnell wie die Kontraktion quergestreifter Muskelfibrillen (↗Muskelkontraktion, B), während die aktive Verlängerung unter Ca^{2+}-Abgabe sehr langsam verläuft u. etwa 1 s in Anspruch nimmt. Die molekularen Grundlagen des Kontraktionsvorgangs sind noch unbekannt. Die Längenänderungen gehen zwar ohne ATP-Verbrauch vor sich, verlaufen aber im Organismus wegen der Beteiligung verkürzungs- bzw. verlängerungssteuernder Calcium-Pumpen doch ATP-abhängig. ↗Myoneme.

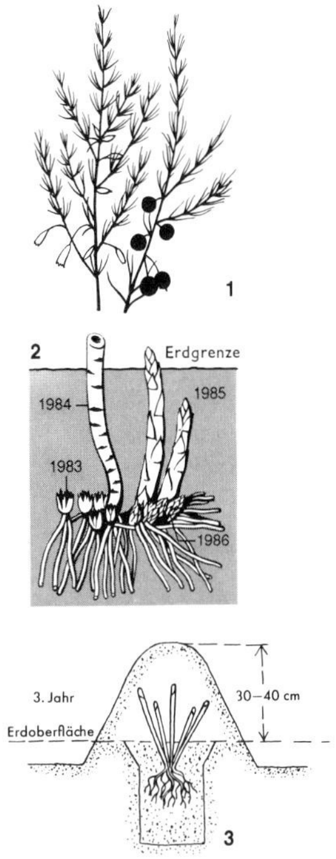

Spargel

1 Zweig mit Blüten und rechts einsamige Beeren; **2** älteres Rhizom mit den abgestorbenen Jahrgängen (1983/84), den gerade austreibenden Laubsprossen (1985) u. den Erneuerungsknospen (1986); **3** S.pflanzung im 3. Jahr

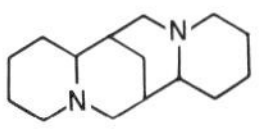

Spartein

spart- [v. gr. spartos = Pfriemengras (aus dem man Taue herstellt); davon sparton = Tau, spartion = kleiner Strick].

Spasmoneme [Mz.; v. gr. spasmos = Krampf, nema = Faden], hochkontraktile Proteinfibrillen in den stark verkürzungsfähigen Stielen sessiler ↗Wimpertierchen (z.B. der Glockentierchen *Vorticella, Carchesium* u. *Zoothamnium),* ebenso im Plasma so formveränderl. Arten wie der Trompetentierchen *(Stentor).* Die S. bestehen aus gebündelten 2–4-nm-Filamenten des Proteins ↗*Spasmin.* Auf Erregung der Tiere hin können sie sich überaus rasch kontrahieren, wobei sie sich in enge Schraubenwindungen legen. Die Kontraktion erfolgt unter ↗Calcium-Einfluß, unterscheidet sich aber in ihrem molekularen Mechanismus grundsätzl. vom ↗sliding-filament-Mechanismus des ↗Actomyosin-Systems (↗Muskelkontraktion, [B]) u. beruht wahrscheinl. auf einer Ca^{2+}-Ionen-abhängigen Konformationsänderung der einzelnen Spasmin-Moleküle oder einer Umordnung des Vernetzungsmusters zw. den Spasmin-Filamenten.

Spasmus *m* [Mz. *Spasmen;* v. gr. spasmos = Zucken, Krampf], Muskelkrampf, Verkrampfung.

Spatangus *m* [v. gr. spataggos = Seeigel], *S. purpureus,* der Violette ↗Herzseeigel ([T]); *S.* ist die Nominat-Gatt. für die Fam. *Spatangidae* u. auch für die Ord. *Spatangoida.*

Spatelinge [v. *spath-], die Pilz-Gattung ↗*Spathularia.*

Spatelwels [v. *spath-], *Sorubium lima,* ↗Antennenwelse.

Spatenfische, *Ephippidae,* kleine Fam. der Barschfische mit ca. 10 Arten; hochrükkige, trop. Meeresfische v.a. des flachen Wassers. Hierzu die ↗Fledermausfische u. die S. i.e.S. mit dem bis 45 cm langen, grausilbrigen S. *(Chaetodipterus faber)* mit schwarzen Querbändern, der an trop., westatlant. Küsten heimisch ist.

Spätglazial *s* [v. lat. glacialis = voller Eis], Spätphase der pleistozänen ↗Würm-Eiszeit *(= Spätwürm),* etwa 14000 bis 8000 v. Chr.

Spatha *w* [v. *spath-], die ↗Blütenscheide.

Spathiflorae [Mz.; v. spath-, lat. flores = Blüten], die ↗Aronstabartigen.

Spathodea *w* [v. *spath-], Gatt. der ↗Bignoniaceae.

Spätholz, *Engholz, englumiges Holz, Herbstholz,* das gg. Ende der Vegetationszeit gebildete ↗Holz (□). Es ist der meist dichtere, englumige, dickwandige, der Festigung dienende Teil des ↗Jahresrings, bei den Nadelhölzern der dunklere Teil des Jahresrings, bei den ringporigen Laubhölzern sind es die kleineren S.gefäße mit den dazwischenliegenden Holzfasern und evtl. auftretenden Parenchymzellen. Der dichtere Aufbau des S.es bei den zerstreutporigen Laubhölzern ist makroskopisch sehr schwer erkennbar. Die unterschiedl. Strukturen v. Spät- u. ↗Frühholz sind technolog. von Bedeutung: S. ist fester, hat eine höhere Rohdichte u. quillt u. schwindet stärker als Frühholz (außer Längsschwindung).

spath- [v. gr. spathē (lat. spatha) = breites Schwert, Spatel; Rührlöffel; Schulterblatt; lat. Diminutivformen: spathula, spatula].

Spathularia *w* [v. *spath-], *Spatelpilz, Spateling,* Gatt. der ↗Erdzungen, Schlauchpilze mit in Stiel u. Kopfteil gegliedertem Fruchtkörper. Der fertile Kopfteil ist flachgedrückt u. umschließt den oberen Stielteil fächerförmig. In Nadelwäldern auf mit Nadeln bedecktem Boden wächst (selten) *S. flavida* Pers., der Gelbe Spateling (3–5 cm hoch, 1,5–2 cm breit).

Spätreife, später, erbl. bedingter Abschluß der Körperentwicklung bei Haustieren (Ggs.: ↗Frühreife); große individuelle Unterschiede; in der Tierzucht ist S. teilweise erwünscht, da spätreife Tiere meist widerstandsfähiger sowie fruchtbarer sind u. älter werden (z.B. beim Milchvieh).

Spatula *w* [lat.; v. *spath-], die ↗Brustgräte.

Spatzen, volkstümliche Bez. für ↗Sperlinge.

Spatzenzunge, *Thymelaea,* Gatt. der Seidelbastgewächse. *T. passerina* ist ein bis 30 cm hohes Kraut mit unscheinbaren, blattachselständ. Blütchen und lineal-lanzettl. hellgrünen Blättchen; in S-Europa in Therophyt-Trockenrasen, in Mitteleuropa auf Brachen, Spargel-, Weizen- u. Haferfeldern; Bestand überall stark zurückgehend.

spec., Abk. für Spezies (↗Art).

Spechtartige

Familien:

↗Bartvögel *(Capitonidae)*
↗Faulvögel *(Bucconidae)*
↗Glanzvögel *(Galbulidae)*
↗Honiganzeiger *(Indicatoridae)*
↗Spechte *(Picidae)*
↗Tukane *(Ramphastidae)*

Spechtartige, *Piciformes,* Vogel-Ord. mit 6 Fam. (vgl. Tab.); ans Baumleben angepaßte Klettervögel, 2. und 3. Zehe nach vorn, 1. und 4. nach hinten gerichtet (*Kletterfuß,* vgl. Abb.); brüten in Höhlen u. legen weiße Eier; die Jungen schlüpfen blind u. meist nackt.

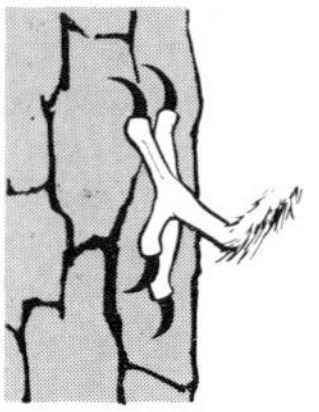

Spechtartige

Kletterfuß der S.n, bei dem die 4. Zehe wie die 1. Zehe rückwärts weist u. einen guten Klammergriff ermöglicht

Spechte, *Picidae,* Fam. baumkletternder Vögel der ↗Spechtartigen mit 204 weltweit verbreiteten Arten; kräftiger meißelart. ↗Schnabel (□), mit dem Baumrinde aufgehackt u. abgehebelt wird, um darunter nach Insektennahrung zu suchen; in feine Spalten dringt die lange, klebrige, z.T. mit Widerhaken versehene Zunge, mit deren Hilfe die Beutetiere aufgenommen werden. Stützschwanz mit bes. Federn, deren Festigkeit häufig durch die Einlagerung v. schwarzen Melaninfarbstoffen erhöht ist; ledigl. bei den trop. Zwerg-S.n *(Picumninae),* die mit einer Länge bis hinunter zu 8 cm gleichzeitig die kleinsten S. sind, ist der Schwanz weich. Die größte Art mit 50 cm Länge ist der amerikan. Elfenbeinspecht (*Campephilus principalis,* [B] Nordamerika V). Der harte Schnabel der S. wird neben der Nahrungssuche zum Aushakken der Bruthöhle u. zum „Trommeln" (instrumentelle Laute im Dienste der Reviergrenzung u. Partnersuche) verwendet; die Wucht der Schläge wird v. stoßdämpferartig wirkenden Knochen- u. Muskelkonstruktionen im Kopf-/Halsbereich aufgefangen. Die Bruthöhle wird in Baumstämmen, Kakteen u. Uferböschungen gezimmert; wo derartiges fehlt, dienen auch Schädelskelette größerer Säugetiere als Höhle. 2–12 glänzende, weiße Eier; die Brutzeit ist auffallend kurz u. beträgt selbst beim Schwarzspecht (*Dryocopus martius,* B Europa XI) nur 13 Tage; er ist mit 46 cm Länge der größte eur. Specht u. bewohnt größere Nadel- u. Mischwälder. Nah verwandt mit dem in Mitteleuropa häufigen ↗Buntspecht (*Dendrocopos major,* B Europa XI) ist der durch eine rote Kopfplatte gekennzeichnete Mittelspecht *(D. medius),* der bes. Eichenwälder mit Altholzbeständen bewohnt, u. der Kleinspecht *(D. minor),* die mit 15 cm Länge kleinste eur. Art, welche auch in Obstpflanzungen mit morschem Holz vorkommt. Während diese Arten sich zur Nahrungssuche überwiegend auf Bäumen aufhalten, suchen die „Boden-S.", zu denen der 32 cm große Grünspecht (*Picus viridis;* B Europa XI, B Vogeleier I) u. der 25 cm große Grauspecht *(P. canus)* gehören, ihre Nahrung am Boden; insbes. der Grünspecht ist auf Ameisennahrung spezialisiert. Dies trifft auch für den im Habitus sonst völlig verschiedenen ↗Wendehals *(Jynx torquilla)* zu.

Spechtfinken, *Cactospiza,* ↗Darwinfinken.

Spechtmeisen, die ↗Kleiber.

Speckkäfer, *Dermestidae,* Fam. der polyphagen ↗Käfer (T), weltweit etwa 1000, bei uns ca. 45 Arten. Kleine bis mittelgroße Käfer, länglich-oval od. kugelig, mit meist keulig verdickten Fühlerenden; Oberseite meist dicht behaart od. beschuppt; mit einem Stirnocellus. Larven lang behaart, mit kurzen, gekrümmten Urogomphi. Vielfach sind die Haare verschiedenartig modifiziert, z.T. mit Häkchen od. am Ende mit pfeilspitzenart. Gebilden (Pfeilhaare). Sie brechen leicht ab u. scheinen bei einigen Arten eine Giftwirkung zu haben. Während sich die Larven vorwiegend von tier. Stoffen (u.a. Knochen, Haut, Federn, Chitin) ernähren u. dabei gelegentl. in Warenlagern u. Häusern beträchtl. Schäden anrichten können, fressen die Imagines sehr oft Pollen. *Dermestes*-Arten leben ähnl. wie ihre Larven. – Eigentliche S., Arten der Gatt. *Dermestes:* länglich, oberseits einfarbig dunkel od. bunt scheckig behaart, Unterseite oft schneeweiß, 6–11 mm; bei uns 19 Arten, die alle als Käfer u. Larven v. tier. Stoffen leben. Gemeiner S. *(D. lardarius),* weltweit verbreitet, oft als Schädling in Häusern, im Freien meist in Nestern größerer Vögel od. in Taubenschlägen, wo sie v. Federn od. toten Jungen leben. Dorn-S., *D. maculatus (D. vulpinus),* weltweit meist in Häusern, lebt vorzugsweise an Tierhäuten u. Knochen, im Freien oft an Aas. *D. erichsoni* entwickelt sich als Larve in den Nestern der Eichenprozessionsspinner, wo er die Exuvien u. Haare der Raupen frißt. Pelzkäfer *(Attagenus pellio),* 4–5 mm, schwarz, auf jeder Elytre ein weißer Fleck; Käfer auf Blüten, Larven in Häusern, wo sie an Pelzen od. Teppichen Schaden anrichten können; geschlüpfte Käfer sitzen dann oft an Fenstern. Ähnliches gilt für den nah verwandten schwarzen Teppichkäfer *(A. unicolor),* der auch im Freien in Nestern u. Baumhöhlen gefunden wird. Khapra-Käfer *(Trogoderma granarium),* 1,7–3 mm, hell zweifarbig; durch den Handel weltweit verbreitet, zu uns mit Getreide u. Drogen regelmäßig eingeschleppt, wird bes. in den Malzsilos der Brauereien schädlich. Kabinett- od. Museumskäfer (Gatt. *Anthrenus*): kleine (1,4–4,5 mm), bunt gefleckte, leicht kugelige Käfer, die im Sommer häufig auf Blüten zu finden sind; ihre Larven sind Chitin- u. Keratinfresser, die im Freien unter der Rinde, in hohlen Bäumen u. in Vogelnestern leben; in Häusern können sie beachtl. Schädlinge an wollhalt. Textilien u. in Naturaliensammlungen sein. Gefürchtete Zerstörer v. Insektensammlungen sind *A. museorum* (Museumskäfer i.e.S.), *A. scophulariae* (Teppichkäfer) und *A. verbasci* (Wollkrautblütenkäfer). *H. P.*

Speckmaus, der ↗Abendsegler.

Speerfische, 1) *Anotopteridae,* Fam. der ↗Laternenfische. 2) *Tetrapturus,* Gatt. ca. 2 m langer ↗Fächerfische mit kurzer 1. Rückenflosse u. langen Bauchflossen; der Kurzschnäuzige S. *(T. angustirostris)* lebt im westl. und mittleren Atlantik, der Langschnäuzige S. *(T. belone)* mit langem Oberkieferfortsatz im Atlantik.

Speiche, *Radius,* Ersatzknochen auf der Daumenseite der Tetrapoden. Das proximale (obere) Ende ist dünner u. endet in einem flachen *S.nköpfchen,* das mit dem kugeligen Oberarmköpfchen ein Drehgelenk bildet. Das distale (untere) Ende ist breiter u. setzt an der proximalen Reihe der Handwurzelknochen an, mit denen es das *Hand(wurzel)gelenk* bildet (↗Hand, ☐). Dieses erlaubt nur eine Art Scharnierbewegung, während die Drehung der Hand erst durch eine im ↗Ellenbogengelenk erfolgende Drehung der S. um die ↗Elle *(Ulna)* erreicht wird. Dabei wird die über das Handgelenk straff an der S. befestigte Hand mitgedreht (↗Pronation). Beim Aufstützen erfolgt die Druckübertragung Oberarm-Unterarm-Hand im Bereich des Unterarms über die zw. Elle und S. liegende Zwischenknochenmembran. Bei Froschlurchen (*Anura,* B Amphibien I) u. Kamelartigen *(Tylopoda)* ist die S. mit der Elle verschmolzen. ☐ Gelenk, ☐ Organsystem, B Skelett.

Speichel, *Saliva,* Sekret der ↗*S.drüsen* der meisten Metazoen (Weichtiere, Stummelfüßer, Bärtierchen, Insekten, Spinnentiere, Wirbeltiere mit Ausnahme der Fische), das in die Mundhöhle entlassen wird, die Nahrung für den Weitertransport gleitfähig macht u. Reinigungs- sowie z.T. Verdauungsfunktion besitzt. Wichtigste S.substanzen sind Mucine, ein Gemisch aus Mucoproteiden u. Mucopolysacchariden, aber auch Verdauungsenzyme, wie die kohlenhydratspaltende α-Amylase (S.amy-

Spechte

1 Schwarzspecht *(Dryocopus martius),* **2** Kleinspecht *(Dendrocopos minor),* **3** Grünspecht *(Picus viridis),* **4** Buntspecht *(Dendrocopos major)*

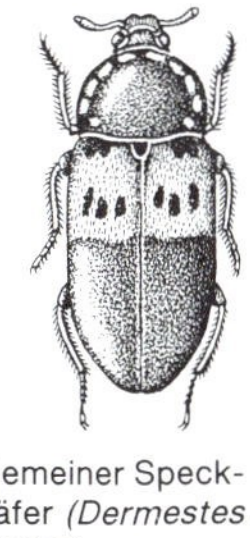

Gemeiner Speckkäfer *(Dermestes lardarius)*

lase, Ptyalin), u. Hydrogencarbonat. Lipasen fehlen bei Säugetieren grundsätzl., Proteasen sind selten (Giftschlangen). Oft sind zusätzl. Toxine u. Antikoagulantien (bei Blutsaugern) enthalten, bei fleischfressenden Schnecken sogar Schwefelsäure zur Auflösung der Kalkschale v. Beutetieren od. Klebesubstanzen zum Beutefang bei Tieren mit Schleuderzunge od. für den Nestbau. Die tägliche S.produktion beim Menschen beträgt mindestens 1 l; der pH-Wert liegt bei etwa 6,5. – Eine bes. hohe S.produktion besitzen Wiederkäuer (bis zu 100 l pro Tag bei der Kuh); der S. ist bei ihnen reich an Harnstoff aus dem Exkretionsstoffwechsel u. dient den im Wiederkäuermagen (eigtl. Oesophagus) zahlreich vorhandenen Symbionten als Stickstoffquelle.

Speicheldrüsen, bei vielen Tieren in den Mundraum (*Mund-S.,* Glandulae salivales) od. Vorderdarm, bei Wirbeltieren (u. Mensch) auch in den Mitteldarm (*Bauch-S.,* ↗Pankreas) einmündende ↗Drüsen unterschiedl. Funktion u. Herkunft. I.d.R. sezernieren S. Verdauungsenzyme (z.B. ↗*Ohr-S.,* ↗*Unterkieferdrüse* u. Bauch-S. der Wirbeltiere), auch Gleitschleime (↗Unterzungendrüse der Wirbeltiere), in manchen Fällen auch Gifte im Dienst des Beutefangs (z.B. Schnurwürmer, Spinnen, Tintenfische, Schlangen). ↗Speichel, ↗Labialdrüse. [B] Verdauung I.

Speicheldrüsenchromosomen ↗Riesenchromosomen; [ ] Phasenkontrastmikroskop.

Speichelrohr, bei stechend-saugenden, beißend-saugenden od. leckend-saugenden ↗Mundwerkzeugen ([ ]) v. Insekten der Kanal *(Speichelgang),* in dem aus den Speicheldrüsen oft über das Salivarium Speichel in od. an das Nahrungssubstrat abgegeben wird.

Speicherblätter, zu ↗Speicherorganen für Wasser od. ↗Reservestoffe umgewandelte u. dazu verdickte Blätter, z.B. die Keimblätter vieler Samen, wie Erbse, Bohnen, Walnuß u.a.; Zwiebelschuppen; Blätter v. Kohl-Arten.

Speicherembryo, Bez. für den pflanzl. ↗Embryo im Samen, der unter Abbau des ↗Endosperms die ↗Reservestoffe im Hypokotyl (*Speicherhypokotyl,* bei der Paranuß) od. in den Keimblättern (*Speicherkotyledonen,* ↗Speicherblätter) speichert.

Speicherfett, das ↗Depotfett; ↗Fette.

Speichergewebe, Bez. für das als *Speicherparenchym* ausgebildete ↗*Grundgewebe,* dessen Zellen mit ↗Reservestoffen angefüllt sind. Die Reservestoffe können als Zucker im Zellsaftraum, als Öltröpfchen u. Proteinkörner im Cytoplasma od. als Stärke in den Leukoplasten gespeichert sein. Typische S. finden sich im Mark u. in der Rinde v. Sprossen u. Wurzeln sowie in den Samen.

Speicherkrankheiten, *Speicherungskrankheiten, Thesaurismosen,* Überbegriff für angeborene Stoffwechselkrankheiten (↗Enzymopathien, [T]), die zur Ablagerung v. Substanzen im Gewebe u. nachfolgender Organschädigung führen. Unterschieden werden u.a. Störungen des Kohlenhydratstoffwechsel (Glykogen-S., ↗Glykogenose), des Fettstoffwechsels (Cholesterin; Sphingomyelinose, Cerebrosidose, 8 Subtypen; u.a. ↗Gauchersche Krankheit), des Aminosäurestoffwechsels (u.a. ↗Cystin-S.), des Eisenstoffwechsels (Hämosiderose, ↗Hämochromatose), des Kupferstoffwechsels (Morbus Wilson).

Speichernieren, die ↗Nephrocyten.

Speicherorgane, Bez. für pflanzl. Organe, die der Speicherung v. ↗Reservestoffen od. Wasser dienen u. dazu in ihrem Bau abgewandelt sind. Als S. können Blätter, Sproß u. Wurzel umgewandelt werden.

Speicherstoffe, die ↗Reservestoffe.

Speicherwurzeln, Bez. für Wurzeln mehrjähr. Pflanzen, die ↗Reservestoffe speichern u. dazu verdickt sind. Man unterscheidet ↗*Rüben* ([ ]), wenn die Verdikkung die gesamte Hauptwurzel betrifft, od. ↗*Wurzelknollen,* wenn die Reservestoffablagerung in den dazu verdickten ↗Seitenwurzeln erfolgt.

Speierling *m* [v. gr. speirai = Spierstrauch], *Sorbus domestica,* ↗Sorbus.

Speik *m* [v. lat. spica (nadi) = (Narden-) Ähre], *Großer S., Lavandula latifolia,* ↗Lavendel.

Speisepilze, Sammelbez. für die eßbaren Fruchtkörper wildwachsender od. kultivierter höherer ↗Pilze; fast alle sind Ständerpilze *(Basidiomycetes),* nur wenige Schlauchpilze *(Ascomycetes).* Die Zahl der eßbaren Pilze wird auf ca. 2000 Arten geschätzt; v. den etwa 600 bekannten werden weltweit ca. 250 zum Verkauf angeboten. In Mitteleuropa sind etwa 70 Arten zum Verkauf zugelassen, aber nur etwa 25 haben wirtschaftl. Bedeutung. Pilze bestehen zu ca. 90% aus Wasser und 3–5% aus Rohprotein (entspr. ca. 20–50% Protein im Trockengewicht). Die Pilzproteine enthalten alle essentiellen Aminosäuren, bes. viel Lysin u. Leucin; viele Pilzproteine sind jedoch nicht od. nur schwer verdaulich (z.B. das Zellwand-Chitin), wenn sie nicht bes. vorbehandelt werden (z.B. gemahlen). Zusätzl. liegen eine Reihe v. Vitaminen (z.B. B_1, B_2, B_{12}, Niacin u. Pantothensäure) vor, u. der Gehalt an ungesättigten Fettsäuren u. Mineralsalzen (Kali, Phosphorsäure) ist recht hoch; einige Pilze besitzen auch med. Bedeutung, z.B. durch Bildung v. antimikrobiellen Substanzen. Der Nährwert der S. ist dagegen aufgrund des geringen Gehalts an verdaulichen Proteinen u. Kohlenhydraten i.d.R. gering; er entspricht etwa dem von Gemüse. Wegen der relativ schweren Verträglichkeit sind Pilze nicht als Schonkost geeignet u. können, bes. in großen Mengen gegessen, den Magen

Speisepilze

Wichtige kultivierte Arten:

Champignons *(Agaricus bisporus, A. bitorquis)*
Seitlinge *(Pleurotus ostreatus* = Austernseitling; *P. eryngii, P. „Florida")*
Riesenträuschling (braunhütige Formen = Braunkappe, *Stropharia rugoso-annulata)*
Shiitake(-Pilz) *(Lentinus edodes)*
Samtfußrübling (Winterpilz, *Flammulina velutipes)*
Scheidlinge (Schwarzstreifiger Scheidling, Reisstrohpilz, *Volvarilla volvacea, V. esculenta)*
Stockschwämmchen *(Kuehneromyces mutabilis)* (*K. [Pholiota] nameko* = Nameko)
Silberohr *(Tremella fuciformis)*
Tintlinge *(Coprinus comatus)*
Schwefelköpfe *(Hypholoma [Nematoloma] capnoides)*
Judasohr u.a. *Auricularia*-Arten

stark belasten. Der bes. Wert der S. liegt in ihrem Geschmack u. den Aromastoffen; es gibt milde, pikante, scharf schmeckende Arten, solche mit zartem Geschmack, andere mit würzigem Aroma. Zu den kostbarsten Delikatessen gehören die Trüffel-Arten (↗Speisetrüffel) u. in O-Asien die ↗Matsutake *(Armillaria matsutake).* Die Rezepte für Pilzgerichte sind unübersehbar. – Die Gefahr v. Pilzvergiftungen (↗Nahrungsmittelvergiftungen) ist bei ungenügenden Kenntnissen der Pilzarten sehr groß, da viele ↗Giftpilze, auch tödlich giftige, einigen S.n sehr ähnl. sind. Pilze sind auch nicht als Rohkost geeignet, da viele bekannte S. im rohen Zustand Hämolysine u. andere blutschädigende Stoffe enthalten, die aber durch Hitze zerstört werden. Pilze können auch durch die Aufnahme u. ↗Akkumulierung v. ↗Schadstoffen, z.B. ↗Schwermetallen (v.a. ↗Cadmium u. ↗Quecksilber) u. möglicherweise auch radioaktiven Stoffen aus Kernwaffenversuchen und Kernreaktor-Störfällen, schädl. wirken. – Die Kultur von S.n war bereits den Griechen u. Römern bekannt. In O-Asien wird der ↗Shiitake-Pilz wahrscheinl. seit ca. 2000 Jahren gezüchtet. Die Artenzahl der kultivierten Pilze blieb bis in unsere Zeit relativ gering (vgl. Tab.). Im großen Maßstab werden nur die Zuchtchampignons (↗Champignonartige Pilze, Jahresproduktion weltweit ca. 1 Mill. t, ca. 89% der Gesamtproduktion) u. in O-Asien der Shiitake-Pilz (Jahresproduktion über 200000 t, ca. 14% der Gesamtproduktion) kultiviert. In Zukunft könnte die Pilzzucht, bes. in Entwicklungsländern, große Bedeutung als Proteinquelle erlangen, wenn sich die Verdaulichkeit des Rohproteins durch eine einfache Behandlungsmethode erhöhen ließe. Der bes. Vorteil der Pilzzucht liegt darin, daß viele S. auf organ. Abfall- u. Reststoffen gezüchtet werden können, v.a. aus landw. Produktion (z.B. Stroh, Holzabfälle, Exkremente aus der Tierhaltung). Durch den Aufschluß der polymeren Stoffe (Cellulose, Lignin) im Substrat durch die Pilze kann das mit Pilzmycel durchwachsene (mit Protein angereicherte) Substrat nach Beendigung der Fruchtkörperbildung noch als Kompost in der Landw. genutzt werden. – Auch einige Tiere kultivieren S. (z. B. ↗Blattschneiderameisen, ↗Termiten, ↗Ambrosiakäfer; ↗Pilzgärten). In Indonesien werden Hutpilze, die aus Pilzgärten v. Termiten herauswachsen, gesammelt u. auf Märkten verkauft *(Termitomyces).* B Pilze III–IV.

G. S.

Speiseröhre, der ↗Oesophagus.

Speisetrüffel, 1) *Edeltrüffel, Tuberaceae,* Fam. der ↗Echten Trüffel *(Tuberales),* Schlauchpilze mit unterird., knolligem, massivem Fruchtkörper, der hühnerei- bis faustgroß sein kann; die Fruchtkörper der S. und anderer Trüffel lassen sich v. dem der ↗Becherpilze *(Pezizales)* ableiten u. sind durch viele Übergangsformen mit ihnen verbunden. Weltweit etwa 50, in Europa ca. 20 Arten, in warmen Lagen; in Dtl. in Auwäldern, lichten Laubwäldern, bes. bei Eichen u. Buchen in kalk- u. lehmhalt. Böden, an Rhein, Elbe u. Oder. Die S. mit schwarzbrauner, warzig-zerklüfteter Rinde (Peridie) der Fruchtkörper werden auch als „Schwarztrüffel" bezeichnet. Der Fruchtkörper ist v. einem komplizierten Adersystem durchzogen, in dem die längl. bis fast kugelförm. Asci stehen; die Ascosporenzahl kann bis auf 1 reduziert sein; die Sporen tragen oft eine charakterist. Oberflächenstruktur, z.B. spitze Stacheln bei der Wintertrüffel od. netzartige Leisten bei der Sommertrüffel. S. gehören zu den besten, meistgesuchten u. würzigsten Delikatessen. Da sie in ↗Mykorrhiza mit Wurzeln bestimmter Laubbäume leben, ist eine Kultur auf künstl. Substraten nicht mögl. In Wäldern wurden Kulturversuche bereits von 1810–1850 in S-Fkr. versucht. Es werden Trüffelwälder angepflanzt (Jungeichen aus Trüffelgebieten) u. zerkleinerte Trüffelfruchtkörper in den Wurzelbereich eingebracht. Heute werden auch wäßrige Sporensuspensionen in keimfrei gemachter Erde an od. in die Wurzeln v. Eichen- od. Buchensetzlingen eingeimpft; durch diese künstl. Beimpfung können nach der Umpflanzung die ersten Trüffel bereits in 3–5 Jahren geerntet werden, 3–7 Jahre früher als bei natürl. Mykorrhizaausbildung. Die Trüffelsuche erfolgt meist mit abgerichteten Hunden od. auch mit Schweinen, die durch die S.-Geruchsstoffe, die ihren Sexuallockstoffen ähnl. sind, angelockt werden. 2) *Weiße S., Weißtrüffel,* ↗Mittelmeertrüffel.

Speispinnen, *Sicariidae,* Fam. der ↗Webspinnen mit ca. 180 Arten in trop. und subtrop. Gebieten (eine Ausnahme: *Scytodes thoracica,* kosmopolitisch). S. haben nur 3 Augenpaare. Ihre Giftdrüse ist in einen großen leimproduzierenden u. einen kleinen giftproduzierenden Teil untergliedert; sobald die Beute geortet ist, wird sie mit 2 aus den Cheliceren geschleuderten Leimfäden an die Unterlage gefesselt. Die Vertreter der Gatt. *Sicarius* (S-Afrika, S-Amerika) erreichen 3 cm Körperlänge; sie leben unter Steinen od. in selbstgegrabenen Höhlen u. können bei Bedrohung laut stridulieren (Pedipalpen/Cheliceren). Die Arten der Gatt. *Loxosceles* leben in allen warmen Ländern (Ausnahme Austr.) unter Rinde u. Steinen, wo sie große Gespinstdecken anlegen; *L. reclusa* („Brown Spider") in Amerika muß zu den auch für den Menschen gefährl. Spinnen gerechnet werden. Einzige in Mitteleuropa vorkommende Art ist *Scytodes thoracica,* die dort jedoch fast ausschl. in Gebäuden lebt. Die 4–5 mm große, nachtaktive, hellgelb/braun gemusterte Spinne macht ohne Netz Jagd

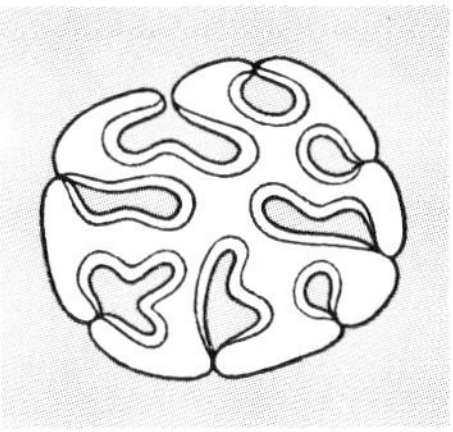

Speisetrüffel

Bei der Speisetrüffel *(Tuber),* die unterirdische (hypogäische) Fruchtkörper bildet, ist das Hymenium ins Innere versenkt. Die urspr. Außenlage (Ableitung vom Apothecium) wird insbes. dadurch deutl., daß die vom Hymenium ausgekleideten Gänge zumindest noch im Jugendstadium nach außen münden. Zudem sind verschiedene Übergangsformen bekannt.

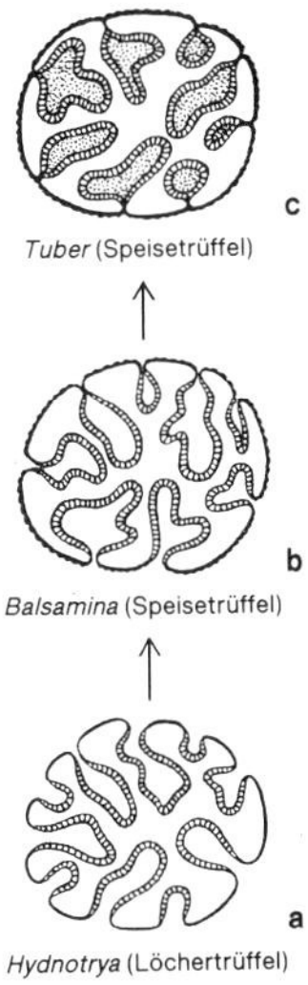

Speisetrüffel

Beispiel einer Entwicklungslinie vom „offenen" Trüffel-Fruchtkörper **(a)** zu der „geschlossenen" Knolle **(c)** der *Tuber*-Arten auf Beute: aus 1–2 cm Entfernung spritzt sie das Leimsekret über das Opfer (in 1/600 s), tötet es mit Giftbiß u. saugt es aus. Die Spinndrüsen sind nur schwach entwikkelt. Ihr Sekret dient dazu, lockere Wohngespinste u. eine dünne Gewebsschicht über den mit Cheliceren u. Pedipalpen getragenen Eiballen zu spinnen.

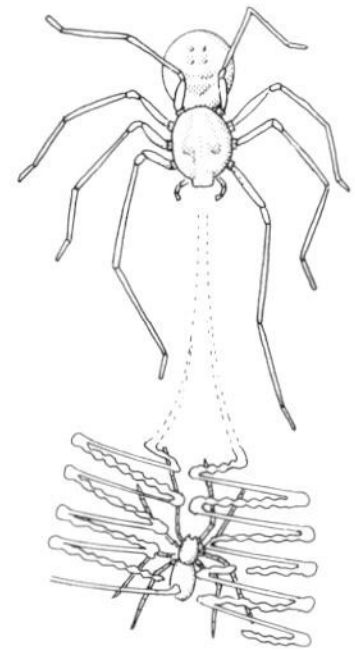

Speispinne

S. *(Scytodes thoracica)* beim Ausschleudern des Leimsekrets

Spektrin *s* [v. lat. spectrum = Erscheinung], Polypeptid des ↗Membranskeletts (☐) der Erythrocyten, besteht aus 2 unterschiedl. Polypeptiden (relative Molekülmassen 220000, 240000); je 2 solcher Heterodimere lagern sich zu 200 nm langen Filamenten aneinander, die an den distalen Enden über kurze ↗Actin-Ketten u. ein weiteres Polypeptid miteinander verbunden werden. Es entsteht so ein zweidimensionales Netzwerk, das über ↗Ankyrin-Bindungsstellen an integrale ↗Membranproteine (Anionentranslokator) angekoppelt wird. ☐ Membranproteine.

Spektrum *s* [Mz. *Spektren,* Bw. *spektral;* v. lat. spectrum = Erscheinung], 1) ↗elektromagnetisches Spektrum (☐); B Farbensehen. 2) ↗biologisches Spektrum.

Spelaeogriphacea [Mz.; v. *spel-, gr. griphos = Netz, Geflecht], Ord. der ↗*Peracarida* mit nur 1 (bis 7,5 mm langen) Art, *Spelaeogriphus lepidops,* die 1957 in einem Fluß in der Fledermaus-Höhle am Tafelberg nahe bei Kapstadt (S-Afrika) gefunden wurde. Schlanke Krebse mit

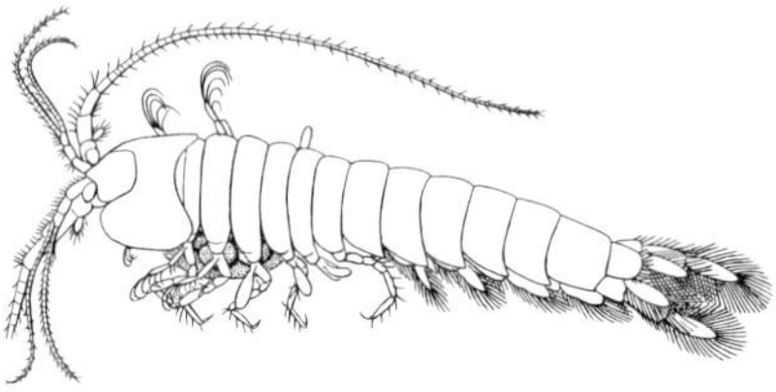

Spelaeogriphacea

Spelaeogriphus lepidops (♀)

segmentalen Epimeren u. einem kleinen Carapax, der seitl. neben dem 1. Pereiomer je eine kleine Atemhöhle bildet, in die sich ein Epipodit des Maxillipeden erstreckt. Die Exopodite der ersten 3 Pereiopoden sind gegliedert u. beborstet u. schlagen ständig; sie erzeugen einen Atemwasserstrom, der über die als Kiemen fungierenden Exopodite der folgenden Pereiopoden strömt. Die ♀♀ haben Oostegite an den ersten 5 Pereiopoden. Das Pleon trägt typische Pleopoden u. lange Uropoden. Die innere Anatomie ist ungenügend bekannt. Die Tiere kriechen mit Hilfe der Pereiopoden am Grund od. schwimmen durch Undulationen des Körpers; sie scheinen sich v. Detritus zu ernähren.

Speläologie *w* [v. *spel-, gr. logos = Kunde], die Höhlenkunde.

Speläozoologie *w* [v. *spel-, gr. zōon = Tier, logos = Kunde], Bereich der Zool., der sich mit dem Leben der Tiere in ↗Höhlen (↗Höhlentiere) befaßt (Lebensbedingungen, Anpassungen usw.).

H. Spemann

spel- [v. gr. spēlaion = Höhle].

Spelz *m* [v. ahd. spelza = Dinkel, Spelt], *Triticum spelta,* ↗Weizen.

Spelzen, Bez. für die trockenhäutigen Trag-, Vor- u. Perigonblätter der ↗Grasblüte (☐). ☐ Ährchen, B Blüte.

Spelzenbräune, *Braunspelzigkeit,* Pilzkrankheit an Getreide, haupts. Weizen, verursacht durch *Leptosphaeria nodorum* (Konidienform = *Septoria n.*), die von infizierten Pflanzenresten am Boden die Blätter u. Ähren befällt. Die S. ist weltweit verbreitet u. tritt vornehmlich in kühleren, feuchten Gebieten in regenreichen Sommern auf. Die Ertragsausfälle können über 30% betragen, haupts. durch Verminderung des Korngewichts. S. wird auch durch *L. avenaria* f. sp. *triticea* (Konidienform = *Septoria avenae* f. sp. *triticea*) verursacht, die etwa die gleiche Verbreitung aufweist u. Weizen, Gerste sowie Roggen befällt.

Spelzenschnecke, *Simnia,* Gatt. der Eierschnecken mit convolutem Gehäuse, das großenteils v. Mantellappen bedeckt ist; lebt an u. von Korallen, deren Pigmente sie in ihren Mantel einlagert u. sich so farbl. anpaßt. *S. spelta* (Gehäuse bis 22 mm lang) kommt an Hornkorallen im Mittelmeer ab 6 m Tiefe vor.

Spelzgetreide, ↗Getreide-Arten mit festem Spelzenschluß um die Körner, so daß sich diese nicht durch einfaches Dreschen entfernen lassen, sondern in bes. Schälmühlen entspelzt werden müssen. (Einkorn, Emmer, Dinkel, Reis). ↗Nacktgetreide.

Spemann, *Hans,* dt. Zoologe, * 27. 6. 1869 Stuttgart, † 12. 9. 1941 Freiburg i. Br.; Schüler v. ↗Gegenbaur, ↗Bütschli u. ↗Boveri; seit 1904 Prof. in Würzburg, 1908 Rostock u. Dir. des Zool. Inst., 1913 Leiter der Abt. für Entwicklungsmechanik u. kausale Morphologie des in Berlin-Dahlem neu gegr. Kaiser-Wilhelm-Inst. für Biol. und neben ↗Correns dessen 2. Dir., ab 1919 Prof. und Dir. des Zool. Inst. in Freiburg, Nachfolger ↗Weismanns; studierte mittels Schnürungs- und Transplantationsversuchen an Amphibien-(Molch-)Keimen die Embryogenese, erkannte an Wirbeltieraugen die Induktion verschiedener embryonaler Organanlagen, entdeckte Bereiche des Keims (Urmundlippe), die auf die Entwicklung benachbarter Keimbereiche Einfluß nehmen u. bezeichnete sie als Organisator bzw. Organisationszentrum. Seine Arbeiten führten zu einer „Schule der Entwicklungsphysiologie“ (mit Namen wie Holtfreter u. ↗Mangold), in der erstmals die kausale Analyse v. Entwicklungsvorgängen vorgenommen wurde; erhielt 1935 als erster Zoologe den Nobelpreis für Medizin. B Biologie I.

Spencer [ßpenßer], *Herbert,* bedeutendster engl. Philosoph des 19. Jh., * 27. 4. 1820 Derby, † 8. 12. 1903 Brighton; zunächst Eisenbahningenieur, später Privatlehrer in London; schuf ein philosoph.

System, das er als Evolutions- u. Entwicklungsphilosophie bezeichnete u. in dem – neben der erstmaligen Verwendung des Begriffs „Evolution" – zunächst lamarckistisches (↗Lamarck), später darwinistisches (↗Darwin, Selektionsvorstellungen) Gedankengut vorweggenommen wird; von ihm stammt auch der Begriff „survival of the fittest". ↗Selektion, [B] Biologie I, II.

Spengelidae [Mz.; ben. nach dem dt. Zoologen W. Spengel, 1852–1921], Fam. der ↗Enteropneusten ([T]) mit 4 Gatt. und insgesamt 14, v. a. im S-Atlantik u. Indopazifik verbreiteten Arten, darunter Vertreter der Gatt. ↗*Glandiceps* sowie *Spengelia,* die für den Indopazifik charakterist. ist.

Spengelsche Organe [ben. nach dem dt. Zoologen W. Spengel, 1852–1921], die ↗Osphradien.

Speothonini [Mz.; v. gr. speos = Höhle, thōs = Schakal], die ↗Waldfüchse.

Speotyto *w* [v. gr. speos = Höhle, tytō = Nachteule], Gatt. der ↗Eulenvögel.

Sperber, *Accipiter nisus,* ↗Habichte.

Sperbergeier, *Gyps rueppellii,* ↗Altweltgeier.

Spergula *w* [mlat., = Spark], der ↗Spörgel.

Spergularia *w* [v. mlat. spergula = Spark], die ↗Schuppenmiere.

Sperk *m* [v. mlat. spergula = Spark], der ↗Spörgel.

Sperlinge, *Spatzen,* vorwiegend graubraune, kleine (bis 15 cm), sehr verbreitete ↗Webervögel verschiedener Gatt.; Körner- oder allesfressende Kulturfolger in Feldern u. Gärten, gesellig. Urspr. Höhlenbrüter warmer östl. Steppen, heute i. d. R. Standvögel, die in Löchern u. Nischen an Häusern u. Bäumen nisten. Meist werden 3–4 Bruten mit 5–6 Jungen jährl. aufgezogen. In Dtl.: der bis 15 cm große Haus-S. (*Passer domesticus,* [B] Europa XVIII) mit dunkelgrauem Scheitel, kastanienbraunem Nacken u. schwarzer Kehle, als „Anpassungskünstler" auf der ganzen Erde verbreitet; Feld-S. (*P. montanus,* [B] Europa XVIII), 14 cm groß, durch braunen Scheitel u. schwarzen Fleck auf den weißen Ohrdecken vom Haus-S. unterschieden. In S-Europa der Italien-S. *(P. domesticus italiae),* der Weiden-S. *(P. hispaniolensis)* u. der in Ruinen u. an fels. Berghängen nistende Stein-S. *(Petronia petronia).* Auch der buchfinkenähnl. Schneefink *(Montifringilla nivalis)* gehört hierzu; er besitzt ein weißes Flügelfeld u. bewohnt die Matten- u. Geröllregion der eur. Hochgebirge; nach der ↗Roten Liste „potentiell gefährdet".

Sperlingsvögel, *Passeriformes,* artenreichste, 71 Fam. und etwa 60 Prozent aller Vogelarten der Erde umfassende Ord. (ca. 5100 Arten) v. meist nestbauenden u. oft baumlebenden Vögeln; 7,5–110 cm groß; alle S. sind Nesthocker; die mit geschlossenen Augen schlüpfenden Jungen sperren (Sper[r]ling) den fütternden Eltern die geöffneten Rachen entgegen, die immer

sperma-, spermato- [v. gr. sperma, Gen. spermatos = Same].

Sperlinge

1 Haussperling *(Passer domesticus),* **2** Feldsperling *(P. montanus)*

Sperma

Das *Spermiogramm* ist die Gesamtheit der bei einer S.-Untersuchung festgestellten Befunde, v. a. S.-Volumen, Zahl u. Motilität der Spermien u. Prozentsatz der mißgestalteten Spermien. Als normal gelten für den Menschen folgende Werte *(Normo(zoo)spermie):* über 20–50 Mill. Spermien pro ml, mindestens 80% sich vorwärts bewegende u. weniger als 20% mißgestaltete Spermien. *Oligo(zoo)spermie:* weniger als 10–20 Mill. Spermien pro ml (kaum zur Besamung ausreichend). *Kryptozoospermie:* weniger als 1 Mill. *Azoospermie:* keine Spermien, sondern nur deren Vorstufen im S. (bei *Aspermie* fehlen sogar diese Vorstufen, bei *Aspermatismus* gibt es gar kein S.).

auffällig gefärbt sind; dadurch kann das Futter im Halbdunkel der Nisthöhle od. des Gesträuchs zielsicher verabreicht werden. Insekten-, Körner- u. Allesfresser. Hierzu gehören die ↗Breitrachen *(Eurylaimidae),* die 13 Fam. der ↗Schreivögel *(Clamatores),* die ↗Leierschwänze *(Menuridae),* die ↗Dickichtvögel *(Atrichornithidae)* u. die große Gruppe der ↗Singvögel *(Oscines)* mit 55 Fam.

Sperlingsweber, *Philetairus,* Gattung der ↗Webervögel.

Sperma *s* [gr., = Same], *Samen, Samenflüssigkeit, Semen,* das ↗*Ejakulat,* bestehend aus dem *S.-Plasma* (= Sekrete der akzessor. Geschlechtsdrüsen) u. den ↗*Spermien.* Tiere mit ↗äußerer Besamung geben das S. ins umgebende Wasser ab, z. B. die männl. Fische als „Milch" ([ ] Besamung). Tiere mit innerer ↗Besamung übertragen das S. mit dem ↗Penis od. anderen ↗Kopulationsorganen in die ♀ Geschlechtsöffnung hinein, od. sie setzen es als *S.tropfen* (z. B. ↗Pinselfüßer) od. als ↗*Spermatophore* ab. Für die ↗künstl. Besamung (artifizielle ↗Insemination bei Nutztieren u. Mensch) kann das S. tiefgefroren für viele Jahre aufbewahrt werden. – Beim *Menschen* ist das S. eine weißl. zähklebrige Flüssigkeit, die ihren charakterist. Geruch durch ↗Spermin u. ↗Spermidin erhält. Es ist leicht alkalisch; dadurch schützt es die Spermien vor dem sauren Milieu der ↗Vagina. Es enthält Fructose (1–5 g/l) für den Energie-Stoffwechsel der Spermien. Etwa 10% des S.s entstammen dem ↗Hoden u. bestehen aus den Spermien u. der v. den ↗Sertoli-Zellen produzierten Flüssigkeit; bis 80% werden von den ↗Bläschendrüsen, bis 30% von der ↗Prostata gebildet. Das S.-Volumen eines Ejakulats beträgt $3{,}4 \pm 1{,}6$ ml; pro ml sind (im Normalfall) bis über 100 Mill. Spermien vorhanden. Folgen mehrere ↗Ejakulationen rasch aufeinander, so wird der als Spermien-Speicher fungierende Neben-↗Hoden entleert, u. schon das 3. Ejakulat enthält kaum noch Spermien. Etwa 10% der Spermien sind mißgestaltet: doppelköpfig als Folge unvollständ. Zellteilung, rundköpfig wegen fehlerhafter Zellstrekkung, doppelschwänzig usw. Dieser relativ hohe Prozentsatz ist aber „physiologisch", d. h. findet sich auch im normalen („gesunden") Ejakulat; dies ist eine Besonderheit, die nur für Mensch u. Gorilla, nicht aber für Schimpanse u. alle anderen Primaten gilt! Bei manchen Krankheiten (und allg. auch im hohen Alter) ist die Zahl der mißgestalteten Spermien noch viel höher; ab 40% wird v. *Teratospermie* gesprochen. Das normale S. enthält auch einige weitere Zellsorten: ↗Spermatogonien u. ↗Spermatocyten, Sertoli-Zellen, abgestoßene Epithelzellen u. Leukocyten. *U. W.*

Spermakern, der ♂ Vorkern (↗Pronucleus).

Spermalege [v. *sperma-], *Ribaga-Organ, Berlese-Organ,* bei ♀ Bettwanzen (u. auch Blüten- u. Sichelwanzen) asymmetrisch an der Ventralseite des Abdomens liegende Tasche, in die hinein das ♂ die Spermien überträgt (dermale ↗Kopulation); die Spermien wandern dann durch die Leibeshöhle (Mixo- = Hämocoel, deshalb „Hämocoel-Insemination") zu den Ovidukten. ↗Plattwanzen.

Spermarium *s* [v. *sperma-], Produktionsstätte männlicher Geschlechtszellen; ↗Hoden.

Spermatangien [Mz.; v. *sperma-, gr. aggeion = Gefäß], Bez. für die männl. Gametangien bei den Rotalgen u. einigen Ord. der Pilze, die unbegeißelte männl. Geschlechtszellen (↗Spermatium) ausbilden. Ggs.: ↗Spermatogonien.

Spermateleosis *w* [v. *sperma-, gr. teleiōsis = Ausführung], die *Spermiogenese* (↗Spermatogenese).

Spermatheka *w* [v. *sperma-, gr. thēkē = Behältnis], das ↗Receptaculum 2).

Spermatiden [Mz.; v. *sperma-], die Zellen, aus denen ohne weitere Teilung die Spermien bzw. Spermatozoide hervorgehen. **1)** Bot.: die Vorstufen der Spermatozoide; im Ggs. zu den S. der Tiere entstehen sie mitotisch (aus den spermatogenen Zellen). **2)** Zool.: *Präspermien,* die haploiden Spermien-Vorstufen während der Spermiogenese, d.h. vom Ende der 2. Reifeteilung bis zum Abschluß der Differenzierung zu fertigen Spermien. ☐ Gametogenese.

Spermatium *s* [Mz. *Spermatien;* v. gr. spermation = kleiner Same], Bez. für die geißellose, nur passiv bewegte männl. Geschlechtszelle (Gamet) bei den Rotalgen u. einigen Ord. der Pilze. [B] Algen V.

Spermatocysten [Mz.; v. *spermato-, gr. kystis = Blase] ↗Spermatogenese.

Spermatocyten [Mz.; v. *spermato-], *Spermiocyten, Spermienmutterzellen, Samenmutterzellen,* die aus ↗Spermatogonien durch Heranwachsen entstandenen Zellen, in denen die beiden Reifeteilungen stattfinden; zunächst als große *S. I. Ordnung,* nach der 1. Reifeteilung dann als kleinere *S. II. Ordnung (= Präspermatiden).* ☐ Gametogenese.

Spermatodesmen [Mz.; v. *spermato-, gr. desma = Band] ↗Spermatophore.

Spermatogenese *w* [v. *spermato-, gr. genesis = Entstehung], *Spermiogenese i.w.S.,* **1)** Bot.: die Bildung der Spermatozoide durch mitotische Zellteilungen u. anschließende Differenzierung. **2)** Zool.: der gesamte Vorgang der ↗Spermien-Bildung v. den Urkeimzellen (Urgeschlechtszellen) bis zu den fertigen, d.h. ausdifferenzierten Spermien. Die S. kann in folgende 5 Abschnitte unterteilt werden: 1) Die Umhüllung der *Urkeimzellen* durch somatische Zellen (Bildung v. Spermatocysten) od. die Wanderung der Urkeimzellen ins zukünftige ↗Hoden-Gewebe hinein, bei manchen Wirbeltieren über die Blutbahn. 2) *Vermehrung: mitotische Proliferation* der Spermatogonien; bei ↗semelparen Arten werden gemäß dem Schema (☐ Gametogenese) alle Spermatogonien aufgebraucht; bei iteroparen Arten (mit mehrmaliger Fortpflanzung) wandeln sich nicht alle Spermatogonien in Spermatocyten um, sondern einige bleiben als „Stammspermatogonien" für spätere Fortpflanzungsperioden erhalten. 3) *Wachstum:* nach der letzten mitotischen Teilung wachsen die Spermatogonien zu Spermatocyten I. Ord. heran. Spätestens mit Auftreten der sog. synaptischen Komplexe ist der nächste Abschnitt erreicht. 4) *Reifung (Reduktion):* die oft langdauernde 1. Meiose mit anschließender Zellteilung (Bildung von 2 Spermatocyten II. Ord.), danach die meist schnell ablaufende 2. Meiose u. Zellteilung zu insgesamt 4 gleichgroßen Spermatiden, die im allg. ¼ des Volumens der Spermatocyte I. Ord. haben. 5) *Spermiogenese (i.e.S., Spermioteleosis, Spermiohistogenese, Spermiocytogenese,* vgl. Spaltentext): die Umwandlung zu fertigen Spermien, d.h. eine Differenzierung ohne weitere Zellteilung; dabei laufen folgende, z.T. miteinander verknüpfte Vorgänge ab: a) Ausbildung eines proakrosomalen Vesikels aus einem spezialisierten Golgi-Apparat, später Umbildung zur *Akrosom*-Vakuole. b) *Chromatin-Kondensation* (oft vorher Ersatz der Histone), Verkleinerung des Kern-Volumens, Kernstreckung u. schließlich Abstoßung der Kernporen enthaltenden Bereiche der Kernhülle. c) *Längsstreckung* der Spermatide, meist mit bes. Mikrotubuli-Systemen („Manschette"). d) Umgestaltung der *Mitochondrien:* Fusion zu wenigen großen kugelförm. Gebilden od. längl. ↗Nebenkernen. e) Auswachsen des *Flagellums* vom distalen Centriol aus; bisweilen bilden sich in der *Centriol*-Region Chromatoid-Körper od. Centriol-Satelliten. f) *Cytoplasma-Abstoßung* als Restkörper, cytoplasmatischer Tropfen o.ä., bei höheren Wirbeltieren zeitgleich mit dem Freiwerden *(Spermiation)* der Spermien ins Lumen der Hodenkanälchen. Mit dieser Cytoplasma-Reduzierung steht die S. im großen Ggs. zur ↗Oogenese, die durch extreme Cytoplasma-Vermehrung charakterisiert ist (☐ Gametogenese). Nur bei einigen flagellenlosen Spermien (↗Spermien: Typ 3), z.B. bei manchen Zecken u. Fadenwürmern, gibt es ebenfalls ein zusätzl. Wachstum. g) Veränderung der Spermien-Oberfläche, insbes. beim Aufenthalt im Neben-↗Hoden. h) Die ↗*Kapazitation* der Spermien im ♀ bildet den Abschluß, wird aber meist nicht mehr zur S. gerechnet. – Die *Dauer* der S. liegt bei vielen Tieren in der Größenordnung von Wochen, z.B. Schwämme (2), Maus (5), Hund (9) u. Mensch (11). Bei manchen ho-

Spermatogenese

Für die verschiedenen Phasen der S. sind verschiedene, sich z.T. widersprechende Termini in Gebrauch. Dies gilt v.a. für die letzte u. zugleich cytologisch wichtigste Phase, die *Spermiogenese:* diese Bez. wird bisweilen für die gesamte S. verwendet. Der eindeutige Begriff *Spermioteleosis* (wörtl. „Endphase") hat sich leider bisher nicht durchgesetzt. Die Bez. *Spermio„histogenese"* ist ungünstig, weil die Spermien als isolierte Zellen kein Gewebe darstellen, u. *Spermio„cytogenese"* kann sich genauso auf die Bildung der Spermatocyten beziehen.

Spermatogenese

Bei den meisten Tiergruppen sind die Spermatiden über Zellbrücken zu Gruppen von 2^n verbunden (bei einigen Ringelwürmern n = 10) u. machen ihre Entwicklung synchron durch. Im Zentrum solcher Spermatiden-Gruppen kann als kernlose Region ein *Cytophor* liegen, der anfangs Festhalte- u. wohl auch Nährfunktion hat u. später quasi als Abfallhaufen fungiert. Der haploide Spermatiden-Kern ist inaktiv; die Spermiogenese muß demnach allein mit den Genprodukten der diploiden Spermatogonien, Spermatocyten u. somatischen Zellen auskommen. Eine *haploide Genexpression* im Hoden ist sehr umstritten u., falls vorhanden, nur unwesentlich – ganz im Ggs. zur deutl. sichtbaren haploiden Genwirkung bei der Bildung der ↗Ascosporen.

lometabolen Insekten findet der größte Teil der S. schon in den letzten Larven- u. im Puppenstadium statt. – Zumindest die meiotischen u. postmeiotischen S.-Stadien sind oft streng gegen die Körperflüssigkeit (Blut u. Lymphe bzw. Hämolymphe) abgeschlossen durch Bildung v. Spermatocysten (S.-Stadien, umhüllt v. Cysten-Zellen) od. durch andere Permeabilitätsbarrieren (engl. junctions, Blut-↗Hoden-Schranke). *U. W.*

Spermatogonien [Ez. *Spermatogonium*; v. *spermato-, gr. gonē = Nachkommenschaft], **1)** Bot.: Bez. für Gametangien der Algen, die begeißelte Spermatozoide bilden u. im Unterschied zu den Antheridien der Moose u. Farnpflanzen keine Wandung aus sterilen Zellen besitzen; ↗Spermatangien. **2)** Zool.: *Ursamenzellen,* alle Vorläufer der Spermien *vor* der Prophase der 1. Reifeteilung; die S. teilen sich mitotisch (☐ Gametogenese). ↗Spermatogenese.

Spermatophore *w* [v. *spermato-, gr. -phoros = -tragend], *„Samenträger", Samenpaket, Spermienpaket,* eine mit Spermien gefüllte Kapsel, deren Wand aus erhärtetem Sekret der ♂ akzessorischen Geschlechtsdrüsen besteht. S.n kommen nur bei Tieren mit innerer ↗Besamung vor u. sind dort vielfach konvergent entstanden. Ihre Größe liegt zw. Bruchteilen von Millimetern (0,15 × 0,04 mm bei *Diarthrodes,* einem marinen Copepoden) und 1 m Länge (bei 1 cm Dicke, beim pazif. ↗*Octopus dofleini*). Je nach Tiergruppe ist die *Übertragung* unterschiedlich: a) das ♂ schiebt die S. mit ↗Penis od. anderen ↗Kopulationsorganen (↗Begattungsorgane) direkt in die ♀ Geschlechtsöffnung hinein (z. B. Weinbergschnecke, Kopffüßer, manche Insekten). b) Die S. wird dem Kopulationspartner auf die Haut gesetzt (dermale ↗Kopulation); die Spermien dringen durch die Haut u. wandern durch Leibeshöhle od. Bindegewebe bis zur Besamungsstelle (z. B. bei Blutegeln u. Stummelfüßern). c) Das ♂ setzt die S. auf dem Untergrund ab u. geleitet das ♀ dorthin, ggf. mit komplizierter Balz (z. B. Molche, Skorpione; ☐ Pseudoskorpione). d) Die abgesetzte S. wird später vom ♀ ohne Beteiligung des ♂ aufgenommen (z. B. manche Springschwänze). – Die *Entleerung* der S. im ♀ Genitaltrakt erfolgt durch Auflösung durch Sekrete des ♀ oder einfach durch Platzen aufgrund v. Quellung, od. aber mit einem komplizierten Entleerungsmechanismus (z. B. bei Kopffüßern). Bei einigen Krebsen enthält eine S. nur 1–2 Spermien, beim oben erwähnten *Octopus* sind es 10 Mrd. – Funktionell einer S. entsprechen die *Sperma-Tropfen,* sofern ihre äußere Schicht an der Luft zu einer festen Hülle erstarrt, z. B. bei einigen Milben; sie werden deshalb oft auch als S. bezeichnet. – Die Übertragung v. Spermien als Gruppen kann aber auch ohne Hülle in Form v. Spermien-Bündeln erfolgen: als *Spermatozeugmen (Spermiozeugmen)* od. *Spermatodesmen* (*Spermiodesmen:* Spermien stecken mit ihrer Kopfspitze in einer amorphen Masse), die bei einigen Insekten vorkommen u. bisweilen fälschlich ebenfalls als S.n bezeichnet werden. – Die S.n haben die Aufgabe, die Spermien während der Übertragung vor dem Außenmedium zu schützen; dies ist bei Landtieren bes. wichtig. Neuerdings sieht man in der Evolution von S.n auch eine Strategie zur Vermeidung der *Spermien-Konkurrenz* (↗Spermien): eine große, in der Vagina steckende S. kann weitere Kopulationen des ♀ mit anderen ♂♂ verhindern u. wirkt zugleich äußerlich als Begattungszeichen. Bei einigen Heuschrecken entspr. die S. einem Viertel des Körpergewichts u. dient dem ♀ als zusätzl. Nahrung: gleich nach der Kopulation frißt das ♀ den proteinreichen äußeren Abschnitt der S. (*Spermatophylax* = „Spermienwächter", hält das ♀ vom Fressen der Spermien ab); später zieht es auch noch die übrige S.-Hülle aus der Vagina heraus u. frißt sie; die Spermien sind dann aber schon „sicher" im ↗Receptaculum, wohin sie aktiv gewandert sind. ↗Spermien. *U. W.*

Spermatophyta [Mz.; v. *spermato-, gr. phyta = Gewächse], die ↗Samenpflanzen.

Spermatozeugmen [Mz.; v. *spermato-, gr. zeugma = Verbindung] ↗Spermatophore.

Spermatozoen [Mz.; v. *spermato-, gr. zōa = Tiere], die ↗Spermien.

Spermatozoid *m* [v. *spermato-, gr. zōoeidēs = tierähnlich], ↗Gameten.

Spermazelle, i. e. S. die unbewegliche männl. Geschlechtszelle der Samenpflanzen; i. w. S. auch – in Verbindung mit Oogamie – die begeißelte männl. Geschlechtszelle (Spermatozoid).

Spermidin *s* [v. *sperma-], chem. Formel $H_2N\text{-}(CH_2)_3\text{-}NH\text{-}(CH_2)_4\text{-}NH_2$, ein zu den ↗biogenen Aminen gehörendes aliphatisches Triamin, das u. a. im ↗Sperma vorkommt und (zus. mit dem ↗Spermin) dessen Geruch prägt.

Spermien [Ez. *Spermium;* v. gr. spermeion = Same], *Spermatozoen, Spermatosomen, Samenzellen, Samenfäden,* die männl. ↗Gameten der Metazoen (selten auch in der Bot. verwendet für Spermatozoide). Die S. sind meist kleine, durch eine

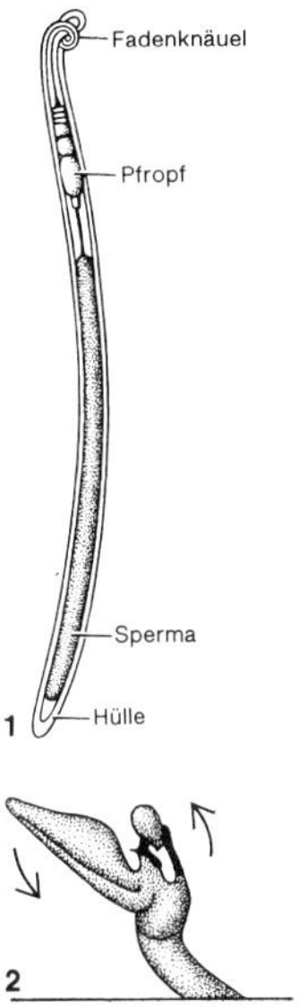

Spermatophore

Beispiele für S.n

1 S. mit kompliziertem Entleerungsmechanismus: Kopffüßer (bei *Loligo* 1 cm, bei *Sepia* 2 cm, bei *Octopus* bis 1 m lang); **2** S. mit Hebelmechanismus (Pfeile!): Skorpione; eine auf dem Boden abgesetzte S.

sperma-, spermato- [v. gr. sperma, Gen. spermatos = Same].

Spermien-Typen

S. mit Flagellum
(bzw. inkorporiertem Axonema) (Geißel-S., = ↗Flagello-S., flagellate S., Nemato-S., Faden-S.)

Typ 1 = Mittelstück mit wenigen kugelförm. Mitochondrien ≙ äußere Besamung

Typ 2 = Mittelstück langgestreckt ≙ innere Besamung

S. ohne Flagellum
(Anemato-S., aflagellate S.)

Typ 3 ≙ innere Besamung ausgebildet als Explosions-S., amöboide S. usw.

Die flagellenlosen S. werden bisweilen als *atypisch* bezeichnet. Dieser Begriff ist vieldeutig, da andere Autoren damit nur die abweichenden S. bei ↗Spermiendimorphismus meinen. Dafür sollte man die neue eindeutige Bez. ↗Para-S. wählen.

Schub-Geißel bewegl. Zellen mit relativ wenig Cytoplasma. Sie sind gegliedert in *Kopf* (5–10 µm lang) u. *Schwanz* (ca. 50 µm), oft weiter zu untergliedern in Hals, Mittelstück u. eigentl. Schwanz. Sie werden meist in sehr großer Zahl gebildet. (Mit allen diesen Eigenschaften stehen die S. in großem Ggs. zu den ↗Eizellen.) Die S. erlangen ihre komplexe, streng polare Gestalt in einer bes. postmeiotischen Differenzierungsphase, der *Spermiogenese* (↗Spermatogenese). – *Funktionsmorphologie:* Das einzige S.-spezifische Organell ist der *Akrosom*-Komplex (fr. *Perforatorium*). Er liegt an der Spitze des Kopfes u. besteht aus dem eigentl. ↗Akrosom (Akrosom-Vakuole, Derivat des Golgi-Apparates der Spermatide) u. dem subakrosomalen Material (Perforatorium i. e. S.: Actin-Mikrofilamente od. Profilactin). Bei Annäherung an das Ei (bzw. Oocyte) erfolgt die *Akrosom-Reaktion:* Die Akrosom-Vakuole öffnet sich u. entläßt lytische Enzyme zur Durchdringung der Eihüllen, u. das subakrosomale Material schiebt die innere Akrosom-Membran auf das Oolemma zu u. leitet die ↗Plasmogamie ein. Der übrige Teil des Kopfes wird vom *Kern* eingenommen. Er stellt die kompakte, inaktive Transportform des haploiden Genoms dar: sein Chromatin ist im allg. chemisch verändert (meist sind die ↗Histone durch ↗Protamine ersetzt) u. extrem dicht gepackt; die Kernhülle hat keine Poren. Nach der Plasmogamie wird die Kernhülle abgebaut u. ggf. durch eine vom endoplasmat. Reticulum der Eizelle gebildete neue Kernhülle ersetzt; erst danach kommt es zur ↗Karyogamie. Im S.-Mittelstück liegen 4–5 kugelförmige *Mitochondrien,* die während der Spermiogenese durch Verschmelzung aus vielen kleinen entstanden sind. Sie dienen der Energielieferung für die Flagellen-Bewegung. Die *Centriole* sind paarig (Diplosom) u. stehen senkrecht (orthogonal) zueinander. Die Centriol-Region der S. fungiert in der Zygote als Mikrotubuli-organisierendes Zentrum (MTOC, ↗Mikrotubuli): sie induziert die Furchungs-Spindeln (den Eizellen fehlen Centriole!). Das distale Centriol fungiert als Geißelbasis (↗Basalkörper). Die Schub-Geißel (opisthokontes Flagellum) hat das übliche 9+2-Muster des ↗Axonema (☐), umhüllt v. der Cytoplasmamembran (bisweilen noch Glykogen-Reserven).

Spermien-Vielfalt (S.-Typen, vgl. Seite 467): Die bei den einzelnen Metazoen-Gruppen tatsächl. vorhandenen S. können v. der oben gegebenen allg. Charakteristik z. T. stark abweichen! Die *Größe* der S. mit Flagellum liegt artspezif. zwischen 5 µm und 15 mm (!); derartig lange S. gibt es beim Rückenschwimmer u. wenigen anderen Insekten (sie haben nur aufgerollt in der Samenblase Platz). Der S.-*Kopf* ist bei vielen Tiergruppen relativ od. auch absolut länger u. meist schlanker; er kann auch schraubig wie ein Korkenzieher sein. Beim Menschen ist der S.-Kopf spatelförmig flach, bei Nagetieren hat er oft eine gekrümmte Spitze („Haken"). Das *Akrosom* fehlt bei vielen Tiergruppen (z.B. Schwämme, Hohltiere, Fadenwürmer, die meisten Plattwürmer), bisweilen korreliert mit dem Vorhandensein einer ↗Mikropyle in der Eihülle, z.B. bei Knochenfischen. Das *Kern*-Chromatin kann locker sein; die S.-Kernhülle fehlt bei manchen Tiergruppen, z.B. bei Fadenwürmern. Bes. unterschiedlich sind die S. hinsichtlich des *Mittelstücks:* bei Tieren mit äußerer Besamung (v. den Schwämmen bis hin zu den niederen Wirbeltieren) gibt es nur 4–5 kugelförmige Mitochondrien (vgl. oben „Grundtyp", = *Typ 1,* der für Metazoen urspr. Zustand). Bei Tiergruppen mit innerer Besamung ist das Mittelstück langgestreckt (*Typ 2,* ca. 25mal konvergent) u. enthält entweder viele einzelne, z.T. schraubig gewickelte Mitochondrien oder 2–3 langgestreckte Mitochondrien-Derivate, die ↗Nebenkerne, oft mit kristalliner Innenstruktur. Bei wenigen Tiergruppen, z.B. Bandwürmern, fehlen die S.-Mitochondrien völlig. Das *Flagellum* kann seitl. od. vorn am Kopf ansitzen; es kann mehr od. weniger ins Cytoplasma inkorporiert sein od. eine undulierende Membran bilden. S. können biflagellat sein, eine Termiten-Gatt. hat sogar ca. 100 Flagellen (multiflagellat: bei Metazoen einzigartig, bei pflanzl. Spermatozoiden häufig). In manchen S.-Flagellen gibt es konstant abweichende Axonema-Muster, u.a. 9+0 (z.B. bei Aalen u. allen anderen Aalartigen u. Tarpunähnlichen Fischen) u. 9+3 (z.B. bei allen Webspinnen). Schließlich fehlen nicht selten die Flagellen völlig: S.-*Typ 3* (flagellenlos = aflagellat = ohne Axonema, ca. 25mal konvergent), z.B. bei allen Fadenwürmern (z.T. „amöboide" S.) u. verschiedenen Gliederfüßern. Manche dieser S. sind sehr bizarr, z.B. bei Krebsen die Heliozoen-artigen S. mancher Wasserflöhe, die „Wimpel-S." der *Peracarida* u. die „Explosions-S." der *Decapoda.* Die Größe dieser flagellenlosen S. liegt zw. 0,5 µm ∅ (Volumen: 0,1 μm^3, manche Fadenwürmer)

1d, 1c, 1b, 1a

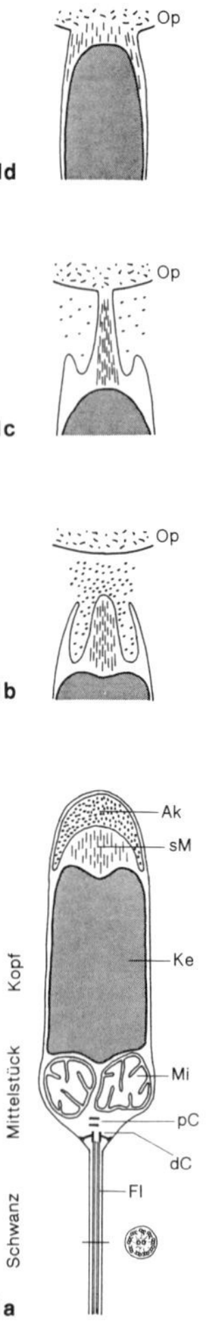

2 a b c d
e f g h i

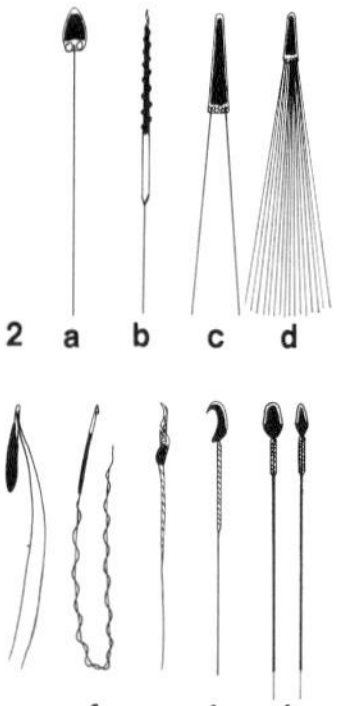

3 a b c d

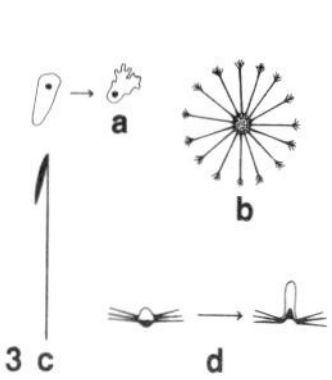

Spermien

1 *Spermien-Grundtyp:* **a** Feinstruktur (schematisch), **b–d** Akrosom-Reaktion u. Plasmogamie. Ak Akrosom, dC distales Centriol, Fl Flagellum, Ke Kern, Mi Mitochondrien, Op Ooplasma, pC proximales Centriol, sM subakrosomales Material. **2** *S. mit Flagellum:* **a** Seeigel (= *Typ 1*); **b** Egel (= *Typ 2,* beachte das längl. Mittelstück); **c** *Tomopteris* (Polychaet); **d** *Mastotermes* (Termite); **e** Flösselhecht *(Polypterus);* **f** Schwanzlurche *(Urodela);* **g** Finken; **h** Maus; **i** Mensch (Flächen- u. Seitenansicht). **3** *S. ohne Flagellum (= Typ 3):* **a** Spulwurm *(Ascaris):* Umwandlung in die amöboide Form; **b** Wasserfloh *Moina;* **c** Asseln u. a. *Peracarida;* **d** *Reptantia* (U.-Ord. der *Decapoda, Crustacea*): Explosions-Spermien

und 60 μm ∅ (Vol. über 100000 μm^3, viel mehr als das Vol. mancher Eizellen; manche Wasserflöhe). – Insgesamt sind die S. die mannigfaltigste Zellsorte der Metazoen. S.-Merkmale werden zunehmend auch für die phylogenet. Argumentation herangezogen.
Spermien-Zahlen: Viele Tierarten produzieren S. in „ungeheurem“ Überschuß im Vergleich zur Zahl der schließl. besamten Eizellen. Bei Tieren mit äußerer Besamung, wie z. B. Stachelhäutern, ist dies erforderl., damit eine Besamung als Folge eines zufälligen Zusammentreffens v. Eizellen und S. überhaupt wahrscheinl. gemacht wird (vergleichbar der hohen Pollenproduktion bei ↗Anemogamie). Bei mehreren Gruppen v. Gliederfüßern u. Würmern mit innerer Besamung gibt es keinen S.-Überschuß; vielmehr kommen fast alle übertragenen S. auch zur Besamung! Bei den höheren Wirbeltieren, die ebenfalls innere Besamung haben, gibt es aber den überhaupt größten S.-Überschuß im Tierreich. Ein ↗Ejakulat, das nur zu einer (od. bei Schweinen u. Hühnern zu etwa einem Dutzend) Besamung führt, enthält folgende S.-Zahlen (in Mrd.): Mensch (0,3), Schaf (2–3), Rind (5–15), Pferd (7–15), Schwein (30–60); Hahn (3). Dieser gewaltige S.-Überschuß wurde fr. für selbstverständlich gehalten, zumal S. auch als „klein u. deshalb leicht produzierbar“ galten. Später stellte man fest, daß nur ein winziger Prozentsatz der S. durch den Ovidukt bis zur Besamungsstelle vordringt (B Embryonalentwicklung III), u. glaubte, daß nur die schnellsten u. „besten“ S. ans Ziel kommen u. auf diese Weise S. mit genet. Fehlern (z. B. aufgrund v. fehlerhaftem Crossing over während der Meiose) v. der Fortpflanzung ausgeschlossen würden. Die S. sind aber nicht v. ihrem eigenen haploiden Genom geprägt, sondern vom diploiden des Vaters (↗Spermatogenese); außerdem ist die Geschwindigkeit der S. keineswegs ein Maß für die Güte der im S.-Kern liegenden genet. Information. Deshalb ist die Hypothese abzulehnen. Neuerdings sieht man in der *S.-Konkurrenz* die wesentl. Ursache für derartig hohe S.-Zahlen: Kopuliert ein ♀ mit mehreren ♂♂, so hat dasjenige ♂ den höchsten Fortpflanzungserfolg, das die meisten S. übertragen hat (intrasexuelle Konkurrenz). ↗Sperma; ☐ Befruchtung, ☐ Besamung, ☐ Eizelle, ☐ Embryonalentwicklung.

Lit.: *Mann, T.:* Spermatophores. Berlin 1984. *Metz, C. B., Monroy, A.* (Hg.): Biology of Fertilization. 3 Bd.e. Orlando/London 1985. *Wirth, U.:* Die Struktur der Metazoen-Spermien u. ihre Bedeutung für die Phylogenetik. Verh. naturwiss. Ver. Hamburg (NF) 27, 295–362. 1984.
U. W.

Spermiendimorphismus *m* [v. gr. spermeion = Same, dimorphos = zweigestaltig], *Heterospermie,* das regelmäßige Vorkommen v. ↗Paraspermien (Gestalt u. Chromatin abweichend v. den normalen ↗Euspermien). Bes. ausgeprägt bei den ↗Vorderkiemern, deren Paraspermien bei manchen Arten sehr groß u. bisweilen multiflagellat sind. Bei der Gatt. ↗*Epitonium* (fr. *Scala,* Wendeltreppe) findet sich das Extrem des S.: die 1 mm langen Paraspermien haben eine „Treibplatte“ u. dienen als Transportmittel, indem sie an ihrem „Schwanz“ die 0,13 mm langen Euspermien tragen. Das ganze Gebilde kann als *Spermatozeugma* bezeichnet werden (↗Spermatophore).

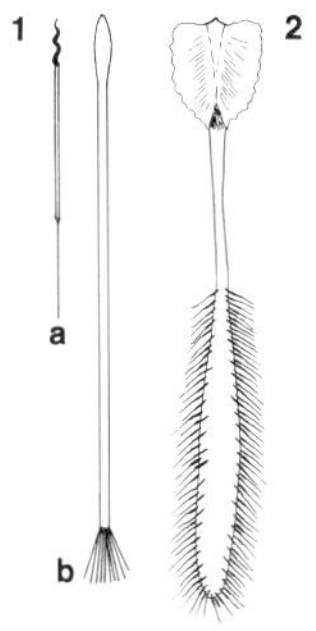

Spermiendimorphismus

S. bei Schnecken:
1 Sumpfdeckelschnecke *(Viviparus);* **a** Euspermium (0,03 mm), **b** Paraspermium (0,1 mm). **2** Wendeltreppe *(Epitonium);* 1 mm langes Paraspermium, an seinem Schwanz viele Euspermien

Spermienmutterzellen, die ↗Spermatocyten.

Spermin *s* [Kw. v. *sperma- u. Amin], natürl. vorkommendes, weit verbreitetes ↗biogenes Amin (T), das durch Alkylierung aus Putrescin (↗Cadaverin, ☐) gebildet wird; S., das z. B. in der Samenflüssigkeit, in Ribosomen u. einigen Viren gefunden wurde, interagiert mit doppelsträngigen Nucleinsäuren. ↗Spermidin.

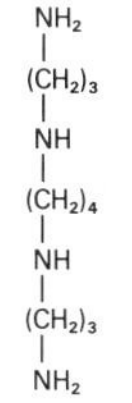

Spermin

Spermiocyten [Mz.] ↗Spermatocyten.

Spermiocytogenese *w* [v. *spermio-, gr. genesis = Entstehung], ↗Spermatogenese.

Spermiodukt *m* [v. *spermio-, lat. ductus = Leitung], der ↗Samenleiter.

Spermiogenese *w,* ↗Spermatogenese.

Spermiohistogenese *w* [v. *spermio-, gr. histion = Gewebe], ↗Spermatogenese.

Spermium *s,* Ez. von ↗Spermien.

Spermodea *w* [v. *sperma-], Gatt. der *Valloniidae,* winzige Landlungenschnecken mit kuppelförm., bis 2 mm hohem Gehäuse; wenige Arten unter Laubstreu u. moderndem Holz. Das Bienenkörbchen *(S. lamellata),* sehr eng genabelt, Oberfläche gleichmäßig coaxial gerippt, kommt in W- und Mitteleuropa vor (nach der ↗Roten Liste „potentiell gefährdet“).

Spermogonien [Mz.; v. *sperma-, gr. gonē = Nachkommenschaft], eine Sporenform der ↗Rostpilze.

Spermophthoraceae [Mz.; v. *sperma-, gr. phthora = Zerstörung], Familie der ↗*Endomycetales* (auch in eigener Ord. *Spermophthorales* eingeordnet) mit 5 Gatt. (vgl. Tab.); auf Pflanzen parasitierende Pilze mit Generationswechsel. In der Diplophase wird ein kurzes, verzweigtes, septiertes Mycel entwickelt, an dessen Hyphenenden runde Asci mit 8 oder 12 spindelförm. Ascosporen ausgebildet werden. In der Haplophase entstehen an den querwandlosen (coenocytischen) Hyphen interkalar Sporangien mit sichelförm. Endosporen (bis 40 Sporangiosporen). Die Sporen können zu neuen Hyphen keimen od. als (unbewegl.) Gameten fungieren u. nach der Kopulation zum diploiden Mycel auswachsen: Die haploiden Hyphen können auch seitlich *Sproßzellen* abgliedern. Einige Arten sind Erreger lokaler Pilzkrankheiten an Früchten u. Samen, z. B. Vertreter der Gatt. ↗*Ashbya* u. ↗*Nematospora.*

Spermophthoraceae

Gattungen:
↗*Ashbya*
Eremothecium
↗*Metschnikowia*
↗*Nematospora*
Spermophthora

Spermovidukt *m* [v. *sperma-, lat. ovum = Ei, ductus = Leitung], bei Hinterkiemern u.

sperma-, spermato- [v. gr. sperma, Gen. spermatos = Same].

spermio- [v. gr. spermios = Samen-].

sperren

Dorngrasmücke *(Sylvia communis)* mit sperrenden Jungen

Sphaeriales

Wichtige Familien (heute z. T. in eigener Ord. eingeordnet):

↗ *Nectriaceae*
Diaporthaceae
(↗ *Diaporthales)*
Verrucariaceae
(↗ *Verrucariales)*
Sordariaceae
(↗ *Neurospora)*
Hypocreaceae
(↗ *Gibberella)*
Xylariaceae
(↗ *Xylariales)*

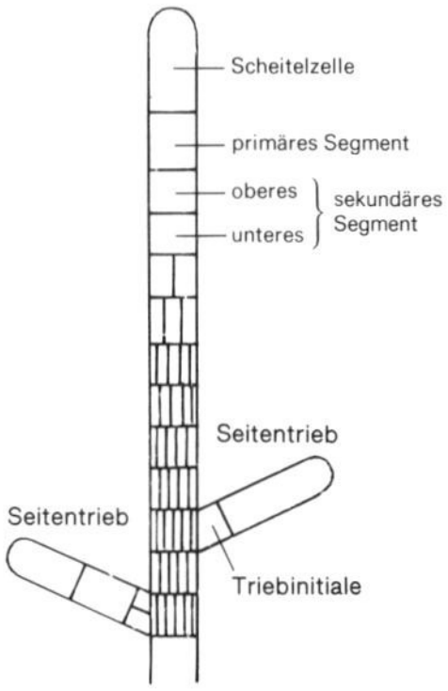

Sphacelariales

Scheitelzelle v. *Sphacelaria:* Die Spitzenzelle des *Sphacelaria*-Thallus ist eine einschneidige Scheitelzelle. Die von ihr abgegliederten Segmente können sich in die beiden anderen Raumebenen weiter teilen. Es kommt so zur Ausbildung eines mehrschichtigen echten Gewebethallus.

Lungenschnecken der gemeinsame Abschnitt v. Ovidukt u. Spermiodukt (= Vas deferens, □ Geschlechtsorgane). Die Lumina beider Gonodukte stehen miteinander in Verbindung; die verschiedenen Längsfalten erfüllen drei Aufgaben: 1) die Sperma-Rinne leitet die Spermien hinab in Richtung Penis; sie ist v. der Samenleiterdrüse („Prostata") umgeben; 2) im vaginalen Lumen wandern die bei der Kopulation empfangenen Spermien hinauf zur Besamungskammer; 3) im oviparen Lumen (umgeben v. Eileiter- = Nidamentaldrüse) werden die besamten Eier hinabtransportiert.

Sperrblüten, sterile, haarförmig verlängerte Blüten, die bei ↗Gleitfallenblumen das Entkommen der bestäubenden Insekten verhindern. ↗Aronstab, ↗Osterluzei.

sperren, angeborene Bettelbewegung (↗Bettelverhalten) junger Singvögel (↗Sperlingsvögel), die durch ↗Schlüsselreize ausgelöst wird (dunkler Körper am Nestrand, leichte Erschütterung des Nests, Töne, die Vogelgezwitscher ähneln). Auch die Fütterungsreaktion der Altvögel ist angeboren; sie wird bei vielen Arten durch bes. Farbmarkierungen am Schnabel der Jungen verstärkt, die als ↗Auslöser wirken (gelbe Schnabelränder, bunter Rachen usw.). B Mimikry I.

Sperrkrautgewächse, die ↗Polemoniaceae.

Sperry, *Roger Wolcott,* amerikan. Biologe, * 20. 8. 1913 Hartford (Conn.); seit 1954 Prof. in Pasadena; wies nach, daß die beiden Gehirnhemisphären in bezug auf Lern- u. Erinnerungsfähigkeit voneinander weitgehend unabhängig sind; die von S. erbrachten Befunde führten zur Methode der chirurg. Trennung der Gehirnhälften bei schwerkranken Epileptikern, um ein Übergreifen des Leidens v. einer Hemisphäre zur anderen zu verhindern; erhielt 1981 zus. mit D. Hubel und T. Wiesel den Nobelpreis für Medizin.

Spezialisation, beschreibt die Evolution einer spezialisierten Umweltnutzung. Nach ↗Cope (1896) sollte jede S. eine Sackgasse der Evolution sein. Diese falsche Annahme hat zu dem „Gesetz der Unspezialisierten" (Cope) geführt. Dieses „Gesetz" hat keine allg. Gültigkeit, denn gerade einige höchstspezialisierte Arten haben neue adaptive Zonen (↗Adaptationszone) erschlossen.

Spezialisationskreuzung, (Dollo 1895, Abel 1929), ↗Mosaikevolution.

Speziation *w* [v. lat. species = Art], die ↗Artbildung.

Spezies *w* [v. lat. species =], die ↗Art.

spezifischer Transport, ↗Membrantransport (□), der im Ggs. zur nicht-katalysierten ↗Permeation (↗Diffusion) stets über Translokatoren (□ Membran, □ Membranproteine) verläuft. Man unterscheidet *katalysierte Diffusion* (nur Konzentrationsausgleich) u. ↗*aktiven Transport* (unter Energieverbrauch gegen Konzentrations-↗Gradienten).

Sphacelariales [Mz.; v. gr. sphakelos = kalter Brand], Ord. der ↗Braunalgen; die Thalli dieser wenige cm großen Algen wachsen mit einer einschneidigen Scheitelzelle, deren Abkömmlinge sich noch längs und quer teilen können; die Scheitelzelle erscheint durch zahlr. dunkelbraune Plastiden fast schwarz gefärbt (Brandalge). Die Gatt. *Sphacelaria* umfaßt ca. 25 Arten, deren Generationswechsel heterophasisch u. fast isomorph ist. Die vegetative Fortpflanzung erfolgt durch typische mehrzellige, quirlartige Brutkörper. Eine weitere Gatt., *Cladostephus,* wächst wie *S.,* ist nur unregelmäßiger verzweigt u. trägt bogig gekrümmte Kurztriebe.

Sphacelotheca *w* [v. gr. sphakelos = kalter Brand, thēkē = Behältnis], Gatt. der ↗Brandpilze (Fam. *Ustilaginaceae*); die Arten sind Erreger wicht. Getreidekrankheiten (vgl. Tab.); die Brandlager werden in verschiedenen Teilen der Wirtspflanze, meist in den Blütenorganen, angelegt.

Sphacelotheca

Arten u. Krankheiten (Auswahl):	*S. sorghi* (Gedeckter Hirsebrand auf *Sorghum*-Arten)
S. reiliana (Kopfbrand an Mais u. Mohrenhirse)	*S. cruenta* (Staubbrand der Mohrenhirse, *Sorghum*-Arten)
S. destruens (Hirsebrand auf *Panicum*-Arten)	

Sphaenorhynchus *m* [v. gr. sphēn = Keil, rhygchos = Schnauze], Gatt. der ↗Laubfrösche (T).

Sphaeractinia *w* [v. *sphaer-, gr. aktines = Strahlen], (Steinmann 1878), unvollkommen bekannte Gatt. v. ↗*Stromatoporoidea;* evtl. Synonym v. *Actinostromaria.* Verbreitung: Jura bis Kreide v. Europa.

Sphaeractinoidea [Mz.; v. *sphaer-, gr. aktinoeidēs = strahlenförmig], von O. Kühn (1927, 1939) gebildete Ord. von Stromatoporen *(„Stromatoporinidae"),* die sich taxonom. nicht durchgesetzt hat.

Sphaerechinus *m* [v. *sphaer-, gr. echinos = Igel], der Violette ↗Seeigel.

Sphaeriales [Mz.; v. *sphaeri-], heterogene Ord. der ↗Schlauchpilze *(Ascomycetes),* wegen der Ausbildung v. *Perithecium*-Fruchtkörpern in die (histor.) Gruppe der ↗*Pyrenomycetes* eingeordnet. Die dunkelbraunen bis schwarzbraunen, flaschenförm. Perithecien stehen einzeln od. im Stroma zus.; die unitunicat-inoperculaten Asci sind in einem Hymenium angeordnet. Als Nebenfruchtform werden ein- od. zweizellige Konidien gebildet, die sich in Mycelpolstern (Acervuli) od. Perithecium-ähnlichen Pyknidien (Conidiomata) entwikkeln. Es werden bis zu 13 Fam. unterschieden (vgl. Tab.) Die Arten leben als Saprobien, Pflanzenparasiten, Tierparasiten od. auch in Symbiose mit Grünalgen.

Sphaeridae [Mz.; v. *sphaeri-], fr. *Sphaeridae,* die ↗Kugelkäfer 1).

Sphaeridium *s* [v. *sphaeri-], Gatt. der ↗Wasserkäfer.

Sphaeriodiscus *m* [v. *sphaer-, gr. diskos = Scheibe], *S.* (fr. *Ceramaster*) *placenta,* gelber od. rotbrauner ↗Seestern (Ord. *Valvatida*), bei dem die Interradien beinahe so lang sind wie die Radien (≙ Arme) (gewisse Ähnlichkeit mit ↗Kissen-Seestern). Bisweilen als Fladen-(Plätzchen-)stern bezeichnet; Atlantik u. Mittelmeer, erreicht 15 cm ∅.

Sphaerium *s* [v. *sphaeri-], Gatt. der ↗Kugelmuscheln.

Sphaerobolaceae [Mz.; v. *sphaero-, gr. -bolos = -werfer], *Kugelschnellerartige Pilze,* Fam. der ↗Bauchpilze (Ord. *Nidulariales*); in Europa mit nur 1 Art, dem Kugelschneller od. Kugelwerfer (*Sphaerobolus stellatus* Tode). Sein kugeliger Fruchtkörper (∅ 2–3 mm) öffnet sich mit 6–9 sternförm. Lappen; der kugelige Innenkörper (Gleba u. innere Peridie) wird emporgehoben u. die Gleba (Peridiole) dann explosionsartig bis 1 m weit weggeschleudert; auf Stubben, Moderholz, Sägespänen u. Holzstücken im Boden, auch in Gewächshäusern u. Gärten, seltener auf Mist.

Sphaerocarpaceae [Mz.; v. *sphaero-, gr. karpos = Frucht], Fam. der ↗*Sphaerocarpales* mit 2 Gatt., einjährige Erdmoose mit kleinem, rosettenart., gelapptem Thallus. In Europa kommen v. der Gatt. *Sphaerocarpus* 2 Arten, bevorzugt auf neutralem, ungedüngtem Lößboden, vor. Bei *S. donellii* wurden 1917 erstmals Geschlechtschromosomen bei Pflanzen entdeckt. In Kalifornien kommt selten die diözische, xerophytische Art *Geothallus tuberosus* vor, die extreme Trockenheit mittels reservestoffreicher Knöllchen überdauert.

Sphaerocarpales [Mz.; v. *sphaero-, gr. karpos = Frucht], Ord. der ↗Lebermoose mit den beiden Fam. ↗*Sphaerocarpaceae* u. ↗*Riellaceae;* charakterist. die birnenförm., oben offenen Thallusauswüchse der Oberseite, die die Archegonien umhüllen.

Sphaeroceridae [Mz.; v. *sphaero-, gr. kēra = Verderben], die ↗Cypselidae.

Sphaerodactylus *m* [v. *sphaero-, gr. daktylos = Finger], Gatt. der ↗Geckos.

Sphaerodoridae [Mz.; v. *sphaero-, ben. nach der Meernymphe Dōris], Ringelwurm-(Polychaeten-)Fam. der ↗*Phyllodocida;* wichtige Gatt. ↗*Ephesia, Ephesiella, Sphaerodoropsis, Sphaerodorum.*

Sphaeromidae [Mz.; v. *sphaero-], *Sphaeromatidae,* die ↗Kugelasseln.

Sphaeronassa *w* [v. *sphaero-, gr. nassein = feststopfen], Gatt. der ↗Netzreusenschnecken, meist zu *Nassarius* gestellt, mit rundl.-aufgeblasenem Gehäuse, deutl. erhobenem Gewinde u. spitzem Apex. *S. mutabilis* (Gehäuse 3 cm hoch) ist im Mittelmeer auf Sandböden des Flachwassers

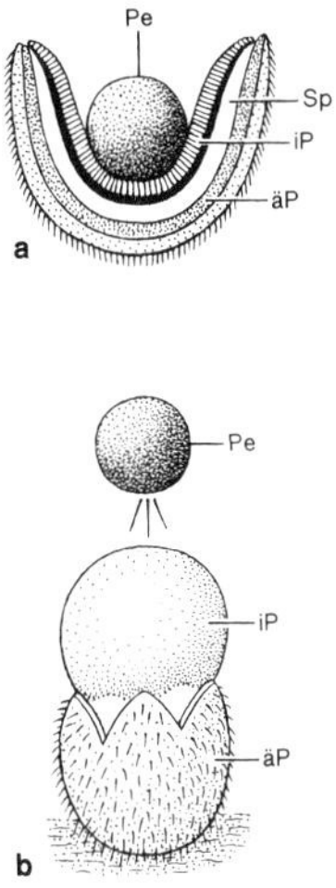

Sphaerobolaceae

Sphaerobolus stellatus: **a** Querschnitt durch einen abschußbereiten Fruchtkörper (Größe 1–3 mm); **b** Abschuß der Peridiole. äP äußere Peridie (Exoperidie), iP innere Peridie (Endoperidie), Pe Peridiole (Gleba), Sp Spalt

Sphaeropsidales

Wichtige Gattungen:
Aschersonia
↗*Ascochyta*
↗*Phoma*
↗*Septoria*
Phomopsis
(↗Schwarzfleckenkrankheit)
Coniothyrium
(↗Schwarzfleckenkrankheit)
Sphaeropsis
(Schwarzfäule-Erreger)
↗*Phyllosticta*

sphaer-, sphaeri-, sphaero- [v. gr. sphaira = Kugel, sphairidion = Kügelchen].

häufig, wo sie sich so tief eingräbt, daß nur der Sipho über die Sandoberfläche ragt.

Sphaeronectes *m* [v. *sphaero-, gr. nēktēs = Schwimmer], Gatt. der ↗Calycophorae (T).

Sphaerophoraceae [Mz.; v *sphaero-, gr. -phoros = -tragend], Fam. der ↗*Caliciales* mit 1 Gatt. (*Sphaerophorus,* ca. 25 Arten); Flechten mit blättrigen bis hpts. strauchigen, niederliegenden bis aufsteigenden, meist grauweißen bis gebräunten Lagern mit festem od. hohlem Mark; Apothecien groß (bis 9 mm ∅), terminal od. subterminal, mit schwarzem ↗Macaedium. Auf Borke, seltener auf Fels, in kühlen bis subtrop. Gebieten, v.a. auf der S-Halbkugel.

Sphaeropleaceae [Mz.; v. *sphaero-, gr. pleios = voll], Grünalgen-Fam. der ↗*Cladophorales;* nur 1 Gatt. *Sphaeroplea,* mit einreihigem, unverzweigtem Fadenthallus aus mehrkern. Zellen; kommt auf period. überfluteten Reisfeldern od. in gelegentl. austrocknenden Brunnen vor; systemat. Zuordnung unklar.

Sphaeropsidales [Mz.; v. *sphaer-, gr. opsis = Aussehen], sehr artenreiche Form-Ord. der ↗*Fungi imperfecti* (neuerdings auch den Coelomyceten zugeordnet); die Konidien (zylindrisch, 2zellig, hyalin) entwickeln sich in dunkel gefärbten, mehr od. weniger ins Blattgewebe eingesenkten, kugeligen, krug- od. flaschenförm. Sporenbehältern (Pyknidien). Sie wachsen meist parasit. auf lebenden, seltener abgestorbenen Blättern, auch auf Früchten. Die auf Insekten (Schildläusen) parasitierenden *Aschersonia*-Arten können zur ↗biologischen Schädlingsbekämpfung eingesetzt werden. Die Gatt. (vgl. Tab.) werden nach Form, Farbe u. Anordnung der Pyknidien sowie nach Größe, Form u. Farbe der Konidien (= Pyknosporen) unterschieden.

Sphaerotheca *w* [v. *sphaero-, gr. thēkē = Behältnis], Gatt. der ↗Echten Mehltaupilze *(Erysiphales),* Schlauchpilze, die eine Reihe wicht. Pflanzenkrankheiten (Echten Mehltau) verursachen (T 472). Das farblose bis braune Mycel auf befallenen Blättern u. Früchten ist spinnwebenartig bis filzig. Die Kleistothecien-Fruchtkörper enthalten nur einen Ascus (8 Ascosporen); die Anhänge oder Appendices, oft nur schwach ausgebildet, sind mycelartig ohne regelmäßige Verzweigungen. Die Konidien entstehen in Ketten. □ 472.

Sphaerotheriidae [Mz.; v. *sphaero-, gr. thērion = Tier], die ↗Riesenkugler.

Sphaerotilus *m* [v. *sphaero-, gr. tilos = dünner Kot], Gatt. der Scheidenbakterien, die Stäbchenbakterien (0,7–2,4 × 3–10 µm) bilden lange, farblose od. mäßig gebogene Fäden aus, v. Scheiden umhüllt, in die nur ausnahmsweise Eisenverbindungen abgelagert werden. Normalerweise sitzen die Fäden auf untergetauchten Gegenständen fest, sind meist mehr od. weniger dichotom verzweigt u. bilden schleimige Büschel. Die Einzelzellen sind durch ein Büschel v. subpolaren Geißeln bewegl. Im strikt aeroben Stoffwechsel werden organ. Substrate abgebaut. – Wichtigste Vertreter sind *S. natans,* der ↗„Abwasserpilz“, u. die U.-Art *S. natans* forma *dichotomus,* die eine festere Scheide besitzt (auch als eigene Art *S. dichotomus* angesehen). Es werden noch eine Reihe weiterer Formen beschrieben, deren Abgrenzung von *S. natans* zum größten Teil umstritten ist. *S.* ist der Gatt. ↗*Leptothrix* sehr ähnl., deren Arten aber in die Scheiden Eisen- u. Manganverbindungen ablagern.

Sphaerozoum *s* [v. *sphaero-, gr. zōon = Tier], Gatt. der ↗Peripylea.

Sphaerularia *w* [v. lat. sphaerula = kleine Kugel], Gatt. der ↗Tylenchida.

Sphagnidae [Mz.; v. gr. sphagnos = Baummoos], die ↗Torfmoose.

Sphagnum *s,* Gatt. der ↗Torfmoose.

Sphäridien [Ez. *Sphaeridium;* v. *sphaeri-], bei Seeigeln vermutl. als Schweresinnesorgane wirkende winzige (0,3 mm lang) kugelige (Name!) od. eiförmige, modifizierte Stacheln auf den Ambulacralplatten. Die S. finden sich v.a. auf der Oralseite; ihre Wirkungsweise ist vielleicht ähnlich der gewisser Statocysten bei Medusen (☐ Rhopalium).

sphäroidale Einrollung [v. *sphaero-], häufigste Art der ↗Einrollung v. Trilobiten; gilt für iso- u. makropyge Formen (z.B. *Phacops*): alle Thorakalsegmente sind an der Einrollung gleichermaßen beteiligt. Ggs.: ↗doppelte Einrollung, ↗diskoidale Einrollung.

Sphäroplasten [Mz.; v. *sphaero-, gr. plastos = geformt], *Sphaeroplasten,* abgerundete ↗Protoplasten (von Bakterien), an denen noch Zellwandreste vorhanden sind. S. können aus Bakterienzellen durch Einwirkung v. Antibiotika (z.B. Penicillin) od. zellwandwirksamen Enzymen (z.B. Lysozym) erhalten werden. In iso- od. hypotonischen Medien sind S. beständig u. können noch wachsen; oft wandeln sie sich wieder zu normalen, zellwandumschlossenen Zellen um (↗L-Form).

Sphäroproteine [Mz.; v. *sphaero-], *globuläre Proteine,* die im Ggs. zu den ↗Skleroproteinen nicht fadenförmig, sondern sphärisch aufgebauten ↗Proteine, wie z.B. die Histone, Albumine, Globuline und zahlr. Enzyme. Sie sind in Wasser u. Salzlösungen meist löslich.

Sphärosomen [Mz.; v. *sphaero-, gr. sōma = Körper], die ↗Oleosomen.

S-Phase ↗Zellzyklus, [B] Mitose.

Sphecidae [Mz.; v. gr. sphēkes = Wespen], die ↗Grabwespen.

Speciospongia *w* [v. gr. sphēkia = Wespennest, spoggia = Schwamm], Gatt. der Schwamm-Fam. *Spirastrellidae. S. vesparia* scheibenförmig, ∅ 2 m, schwarz, Pazifik; *S. othella* (Bohrschwamm), Bermudas.

Sphaerotheca

Einige Arten u. Krankheiten:
S. pannosa (Echter ↗Rosenmehltau)
S. humuli (Echter ↗Hopfenmehltau)
S. mors-uvae (amerikanischer Stachelbeermehltau)

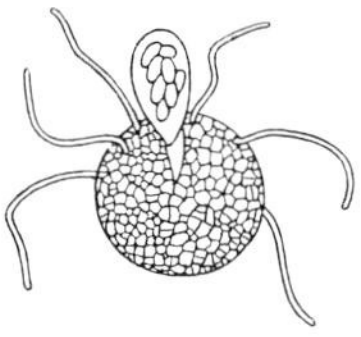

Kleistothecium-Fruchtkörper v. *Sphaerotheca* mit austretendem Ascus

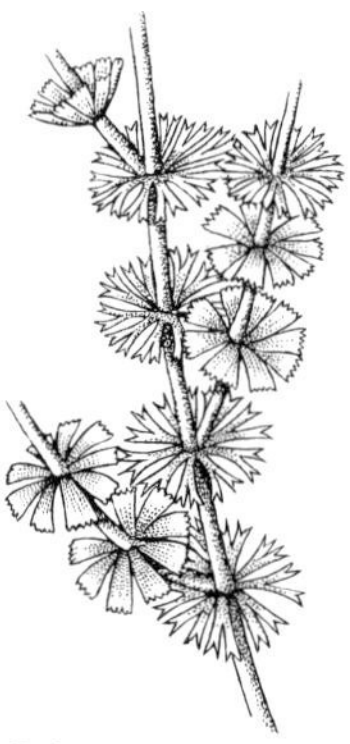

Sphenophyllales

Sproßteil v. *Sphenophyllum cuneifolium* mit gabelteiligen u. ungeteilten Blättern

sphaer-, sphaeri-, sphaero- [v. gr. sphaira = Kugel, sphairidion = Kügelchen].

Sphecodes *m* [v. gr. sphēkōdēs = wespenähnlich], Gatt. der ↗Schmalbienen.

Sphegidae [Mz.; v. gr. sphēx = Wespe], die ↗Grabwespen. [↗Pinguine.

Spheniscidae [Mz.; v. *sphenisc-], die

Sphenisciformes [Mz.; v. *sphenisc-], die ↗Pinguinvögel. [↗Pinguine.

Spheniscus *m* [v. *sphenisc-], Gatt. der

Sphenodon *m* [v. *sphen-, gr. odōn = Zahn], Gatt. der Schnabelköpfe; ↗Brückenechse.

Sphenoidale *s* [v. *spheno-, gr. -eidēs = -artig], das ↗Keilbein 1).

Sphenomorphus *m* [v. *spheno-], Gatt. der ↗Schlankskinkverwandten.

Sphenophryne *w* [v. *spheno-, gr. phrynē = Kröte], Gatt. der ↗Engmaulfrösche ([T]).

Sphenophyllales [Mz.; v. *spheno-, gr. phyllon = Blatt], ausschl. fossil (Oberdevon bis Unterperm) bekannte Ord. der ↗Schachtelhalme mit der einzigen Fam. Keilblattgewächse *(Sphenophyllaceae).* Zur Gatt. *Sphenophyllum* (Keilblatt) gehören krautige, vermutl. als Spreizklimmer lebende Pflanzen mit in Nodien u. Internodien gegliederten, dreieckigen Stengeln u. triarcher Aktinostele mit Sekundärholz. Die keilförm., gabelnervigen Blättchen stehen meist zu 6 an den Knoten u. sind, wie nach der ↗Telomtheorie zu erwarten, bei älteren Arten stärker zerschlitzt. Die Blütenzapfen sind sehr variabel. Beim Typ *Bowmanites* bestehen sie aus Brakteenquirlen, die mehrere gegabelte Sporangiophoren mit anatropen Sporangien tragen. Die *S.* weichen durch ihren Stelentyp u. den Blütenbau von typ. Schachtelhalmen ab u. werden daher verschiedentl. auch mit den ↗Bärlappen in Verbindung gebracht.

Sphenopsida [Mz.; v. *spheno-, gr. ōps = Aussehen], die ↗Schachtelhalme.

Sphenopteris *w* [v. *spheno-, gr. pteris = Farn], Gatt.-Name für bestimmte Beblätterungsformen fossiler Farne u. Farnsamer *(↗ Lyginopteridales).*

Sphex *m* [v. gr. sphēx = Wespe], Gatt. der ↗Grabwespen.

Sphincterochila *w* [v. gr. sphigktēr = Schließmuskel, cheilos = Lippe], Gatt. der ↗*Helicidae,* Landlungenschnecken mit gedrungen-rundl., kalkweißem Gehäuse mit fast glatter Oberfläche, das bei manchen Arten gekielt ist. Einige Arten in den Mittelmeerländern, häufig v.a. *S. candidissima* (Gehäuse 22 mm ∅), deren Jungtiere ein gekieltes Gehäuse mit offenem Nabel haben u. die an exponierten Felsen u. Mauern in Küstennähe lebt.

Sphinctozoa [Mz.; v. *sphincto-, gr. zōa = Tiere], v. Steinmann (1882) geschaffene † Ord. der Kalkschwämme; neuerdings aus nomenklator. und taxonom. Gründen einbezogen in die Ord. *Thalamida* de Laubenfels 1955.

Sphingidae [v. *sphing-], die ↗Schwärmer.

Sphingolipide [Mz.; v. *sphingo-, gr. lipos = Fett], ↗Lipide, die anstelle von 1-Acylglycerin das ↗Sphingosin-Gerüst enthalten; v. den S.n leiten sich die ↗Cerebroside (□), ↗Ganglioside (□) u. Sphingosinphosphatide (↗Phospholipide, □) ab. Bes. reichl. sind S. im Gehirn enthalten. Bei bestimmten Speicherkrankheiten sind S. stark angereichert.

Sphingomyeline [Mz.; v. *sphingo-, gr. myelos = Mark] ↗Phospholipide.

Sphingophilie *w* [v. *sphing-, gr. philia = Freundschaft], ↗Schmetterlingsblütigkeit.

Sphingosin *s* [v. *sphingo-], *4-trans-Sphingenin,* ein aus 18 unverzweigten C-Atomen aufgebauter zweiwertiger Aminoalkohol, der das Grundgerüst zum Aufbau v. ↗Cerebrosiden, ↗Gangliosiden u. Sphingosinphosphatiden (↗Phospholipide, □) bildet. □ Cerebroside.

Sphinkter *m* [v. gr. sphigktēr = Schließmuskel], *S.muskel, Sphincter, Musculus sphincter,* ringförm. Muskel *(Ringmuskel)* zum Verkleinern od. Schließen *(Schließmuskel)* v. Körper- od. Organöffnungen, z. B. der Schließmuskel des ↗Magens (vgl. auch Spaltentext); Antagonist: ↗Dilatator. Ähnl. Funktion wie ein ringförmiger S. kann ein „bandförmiger" ↗Konstriktor haben.

Sphinx *w* [v. *sphing-], Gatt. der ↗Schwärmer mit ↗Ligusterschwärmer u. ↗Kiefernschwärmer.

Sphragis *w* [gr., = Siegel], Begattungszeichen beim Weibchen v. ↗Apollofaltern.

Sphyradium *s* [v. gr. sphyra = Hammer], Gatt. der Puppenschnecken, Landlungenschnecken mit nahezu zylindr. Gehäuse. Die Kleine ↗Fäßchenschnecke, *S. doliolum* (Gehäuse 6 mm hoch), lebt an feuchten Standorten in Wäldern u. an Felsen in Mittel- und S-Europa; nach der ↗Roten Liste „stark gefährdet".

Sphyraenoidei [Mz.; v. gr. sphyraina = Hammerfisch], die ↗Pfeilhechte.

Sphyrnidae [Mz.], die ↗Hammerhaie.

Spica *w* [lat., =], die ↗Ähre.

Spicula [Mz.; v. lat. spiculum = Spitze; auch *w* (Mz. *Spiculae*)], Sammelbez. für meist winzige ein- od. mehrstrahlige spitze Hart-Strukturen (Sklerite), die aus Kalk (selten aus Kieselsäure od. Strontiumsulfat) bestehen; sie können zusätzlich organ. „Cuticular"-Bestandteile enthalten (selten bestehen sie nur daraus). S. ragen über die Körperoberfläche hervor, z. B. als Kalkschuppen bei Wurmmollusken od. als Mantelstacheln bei Käferschnecken. Bei gewissen Einzellern (Radiolarien, einige Heliozoen) liegen die S. im Cytoplasma. Bei Schwämmen u. Anthozoen liegen sie im Körperinnern u. können durch Vernetzung ein *Spicular-Skelett* bilden. Bei Stachelhäutern wachsen die großen Kalkplatten aus S. („Primärstäbe") heran; bei Seewalzen liegen S. in der Unterhaut. Auch bei einigen Turbellarien u. Brachiopoden kommen S. vor. Relativ groß können die S. der ♂ Fadenwürmer sein, die zus. mit dem ↗Gubernaculum den *Spicular-Apparat* bilden. Bisweilen werden auch die ↗Liebespfeile v. Landlungenschnecken u. die Stacheln der Stachelhäuter als S. bezeichnet.

Spiegelkärpfling, der ↗Platy.

Spielart, die ↗Abart.

Spielen, bildet mit dem spontanen Erkunden u. dem Neugierverhalten (↗Erkundungsverhalten) eine eigene Gruppe verwandter Verhaltensweisen, die gemeinsam haben, daß der unmittelbare „Ernstbezug" (die Funktion im ↗Funktionskreis) des Verhaltens fehlt. Sie dienen der vorsorgl. Gewinnung v. Information bzw. dem Einüben v. Fertigkeiten, die später gebraucht werden. Bei vielen höheren Säugern u. beim Menschen ist eine normale Verhaltensentwicklung ohne Erkunden, Neugierde u. S. nicht möglich; sie füllen eine Phase der Jugendentwicklung weitgehend aus (↗Jugendentwicklung: Tier-Mensch-Vergleich). Beim Menschen, in Ansätzen auch bei anderen Säugern (Menschenaffen, Delphine, Robben), bleibt dieser Verhaltensbereich lebenslang wichtig, wenn auch nicht in dem Maße wie in der Kindheit. Ansonsten verliert sich das S. sowie der größte Teil des Neugier- u. Erkundungsverhaltens beim adulten Tier. In der Praxis gehen Erkunden, Neugier u. S. fließend ineinander über: Ein Jungfuchs in „Spielstimmung" streift z. B. ungezielt umher (spontanes Erkunden), bis er ein bisher unbekanntes Objekt (z. B. eine große Feder) sieht. Die Feder wird gezielt u. aktiv erkundet, z. B. mit der Pfote gestoßen, es wird hineingebissen usw. (Neugierverhalten). Ergeben sich irgendwelche Reaktionen, kommt es zum eigentlichen S.: Die Feder fliegt ein Stück, wenn man sie mit der Pfote stößt, u. der Fuchs wiederholt dies, „fängt" die Feder, stößt sie wieder fort usw. Das Wechselspiel zw. eigener ↗Aktion u. irgendeiner Reaktion der Umwelt bzw. des Partners sowie die Wiederholungstendenz gehören wesentl. zum S. Nur durch die Wiederholung der eigenen Aktionen ist es mögl., zufällige v. gesetzmäßigen Umwelteffekten zu unterscheiden und nützl. Information zu gewinnen. Nur die Wiederholung sichert auch die richtige Einübung eigener Bewegungskoordinationen. Die Art der im Spiel ausgeführten Aktionen ist dabei ungemein vielfältig u. kann im Prinzip das gesamte Verhaltensrepertoire des Tieres einschl. erlerntem Verhalten umfassen. Sämtl. Aktionen sind im Spiel jedoch einer speziellen Verhaltenssteuerung unterworfen, die zu erhebl. Unterschieden zum Ernstverhalten führt *(Spielsteuerung).* So gibt es eine eigene *Spiel-↗Appetenz* sowie erlernte od. angeborene ↗Signale als Spielaufforderung an Partner. Es scheint auch eine eigene *Spiel-↗Bereitschaft* zu geben, da die Bereitschaften, denen die im Spiel gezeigten Aktionen normalerweise zugeordnet sind, oft mit Sicherheit nicht aktiv sind. Z. B. werden aggressive Aktionen (↗Ag-

sphenisc- [v. gr. sphēniskos = kleiner Keil].

sphen-, spheno- [v. gr. sphēn = Keil].

sphincto-, sphingo- [v. gr. sphiggein = schnüren, zusammenziehen; dazu sphinktos = (zu-)geschnürt].

sphing- [v. gr. Sphigx, Gen. Sphiggos = myth. Ungeheuer; ägypt. Sphinx].

Sphinkter

Musculus sphincter pupillae: der ektodermale (!) Pupillenverenger bei Säugern (↗Iris-Muskulatur)

M. sphincter ani: der entodermale Afterschließmuskel bei Säugern

Spielen

Lernen im Spiel

gression) bei *Kampf-S.* junger Katzen mit Sicherheit nicht v. Kampf- oder Abwehrbereitschaft motiviert. Diese Spielbereitschaft ist anderen, vitalen Bereitschaften nachgeordnet, d.h., das S. tritt dann auf, wenn weder Hunger noch Durst noch Flucht- bzw. Verteidigungsbereitschaften aktiv sind. Es füllt so in sehr sinnvoller Weise die nicht unmittelbar benötigten Aktivitätsperioden der Tiere aus, wird aber von chron. Mangelzuständen, Ängsten usw. auch gehemmt. Eine Reihe von tier. und menschl. Störungen der Verhaltensentwicklung scheinen mit Störungen des Spielverhaltens durch chronisch aktivierte vitale Bereitschaften zusammenzuhängen. – Die Spielsteuerung verändert die benutzten Aktionen in charakterist. Weise: Aggressive Aktionen sind „entschärft"; z.B. lassen alle Katzen beim Kampfspiel die Krallen eingezogen. Hunde zeigen im Spiel selbst bei Nackenbiß (der im Ernstfall der Tötung des Gegners dient) eine Beißhemmung. Ohne diese Änderungen könnten Spielpartner nicht die Rolle v. Beutetieren u. Konkurrenten übernehmen u. als Objekt spielerischen Jagens, Rivalenkampfes usw. dienen, die offenkundig ebenfalls eingeübt werden sollen. Auch die inneren Bedingungen des Verhaltens ändern sich im Spiel. So wird ein Verfolger im Ernstfall natürlich möglichst gemieden, im S. wird der Verfolger, wenn er aufgibt, evtl. wieder aufgesucht u. zur erneuten Verfolgung aufgefordert. Auch können die Rollen v. Jäger u. Gejagtem sehr schnell gewechselt werden. Beide Beispiele zeigen, daß die angestrebte ↗Endhandlung im S. selbst besteht u. nicht, wie im Ernstfall, im Entkommen, Beute-Machen o.ä. Auch der Ablauf der Aktionen im einzelnen wird im Spiel häufig variiert, während eine erfolgreiche u. eingeübte Aktion im Ernstfall immer gleich abläuft. Bes. bei *Bewegungs-S.* wird häufig alles versucht, was dem Tier motorisch mögl. ist. Auch dieser Zug des S.s dient offenkundig der Entwicklung des adulten Verhaltensrepertoires. – Hochgradig komplex wird das S. bei Tieren, die mit erlernten Aktionen spielen u. sogar Aktionen speziell entwickeln, um die Spielbereitschaft zu befriedigen, z.B. höhere Affen, aber auch Großraubtiere, in Einzelfällen Huftiere usw. Einige Tiere (Gemsen, Fischotter, Dachse) schlittern Schneehänge hinunter od. rutschen mit Anlauf über eine Eisbahn, was bereits an menschl. S. erinnert. Nur beim Menschen gibt es jedoch eine *Spielkultur* traditionellen S.s für Kinder u. für Erwachsene. Für den Menschen stellt die durch S. gewonnene Erfahrung ein unverzichtbares Stück seines gesamten nichtsozialen u. sozialen Erfahrungserwerbs dar. ↗Lernen.

Lit.: *Hassenstein, B.:* Instinkt, Lernen, Spielen, Einsicht. München 1980. *Meyer-Holzapfel, M.:* Handbuch der Zoologie, Bd. 8. Berlin 1956. *H. H.*

Spierlinge, die ↗Sandaale.

Spierstaude [v. gr. speiraia = S.], *Mädesüß, Filipendula,* Gatt. der ↗Rosengewächse mit ca. 10 Arten in den gemäßigten und subarkt. Bereichen der N-Halbkugel. Das Echte Mädesüß *(F. ulmaria)* ist eine bis 150 cm große Staude; Blätter einfach gefiedert, Teilblättchen mindestens 3 cm lang; Blüten in lang gestielten Trugdolden, gelbl.-weiß; häufige Pflanze in Naßwiesen, an Gräben, Mooren, Auwäldern; auf sand. oder lehm. Böden; die Blüten werden als Heiltee verwendet. Das Knollige Mädesüß (Knollige S., *F. vulgaris,* B Europa XIX) hat Blätter mit 20–50 fiederspaltigen bis gesägten Fiederblättchen; Blüten in Trugdolden, außen rötl., selten, in Kalkmagerrasen, Säumen, lichten Wäldern; bes. auf wechseltrockenen Böden; alte Heilpflanze. Beide Arten kommen in Mitteleuropa vor; das Areal des Knolligen Mädesüß reicht weiter in den Süden.

Spierstrauch, *Spiraea,* Gatt. der ↗Rosengewächse.

Spießbock, der ↗Eichenbock.

Spießböcke, die ↗Oryxantilopen.

Spießhirsche, *Mazamas, Mazama,* Gatt. kleinwüchsiger Trughirsche S- und Mittelamerikas (↗Amerikahirsche) mit kurzem spießförm. (unverzweigtem) Geweih der ♂♂; Kopfrumpflänge 70 (Zwergmazama) bis 135 cm (Großmazama); 4 Arten (vgl. Tab.) mit 29 U.-Arten. Runder Rücken u. tiefe Kopfhaltung kennzeichnen die S. als typ. Buschschlüpfer (vgl. die afr. ↗Ducker-Antilopen). S. sind sehr standorttreu und hpts. nachtaktiv.

Spießtanne, die Gatt. ↗Cunninghamia.

Spikes [Mz.; spaiks; engl., = Stacheln], **1)** Virologie: aus virusspezif. Glykoproteinen aufgebaute Oberflächenfortsätze bei Viren, die v. einer äußeren Lipoproteinhülle (Envelope) umgeben sind; ↗Virushülle. **2)** Neurophysiologie: a) Bez. für Spitzenpotentiale; b) Bez. für spitze Kurvenausschläge, z. B. im EEG.

Spiköl [v. lat. spica (nardi) = (Narden-) Ähre], *Nardenöl, Oleum Spicae,* aus verschiedenen ↗Lavendel-Arten (v. a. *Lavandula latifolia,* Großer Speik) gewonnenes äther. Öl mit lavendelart. Geruch, das u.a. Linalool, Eucalyptol, Campher u. Borneol enthält; dient in der Parfüm-Ind. als Ersatz für ↗Lavendelöl.

Spilogale *w* [v. *spilo-, gr. galeē = Wiesel], Gatt. der ↗Skunks.

Spilornis *m* [v. *spilo-, gr. ornis = Vogel], Gatt. der ↗Schlangenadler.

Spilostethus *m* [v. *spilo-, gr. stēthos = Brust], Gatt. der ↗Langwanzen.

Spilotes *m* [v. *spilo-], Gatt. der Nattern; ↗Hühnerfresser.

Spina *w* [lat., = Dorn; Rückgrat], dorn-, stachel-, höcker- od. kammartiger Vorsprung (meist) eines Knochens, z.B. ↗Darmbein-Stachel (S. iliaca).

Spina bifida *w* [v. *spina-, lat. bifidus = zweigeteilt], *Spaltwirbel,* häufige ↗Fehlbil-

Spielen

Der Unterschied zwischen tier. und menschl. S. liegt weniger in der elementaren Spielsteuerung, der Spielbereitschaft usw. als im Verhaltensrepertoire selbst, das der Spielsteuerung zur Verfügung steht. So sind z. B. *Sprachspiele* bei Kindern sehr beliebt, aber nur beim Menschen mögl. Auch ↗Nachahmung anderer ist im menschl. Spiel von großer Bedeutung, es konnte sonst nur bei Menschenaffen sicher nachgewiesen werden. Soziale *Rollenspiele* u. ä., die beim Kind im 4. Lebensjahr gehäuft auftreten, sind Tieren nicht mögl. Generell kann das S. v. Tier u. Mensch als Verhaltensprogramm zur Gewinnung v. Erfahrung charakterisiert werden. Dieses Programm ist darauf zugeschnitten, den Jungtieren ohne große Gefährdung ein Höchstmaß an Erfahrung zu ermöglichen u. dabei die allg. Geschicklichkeit zu vervollkommnen (nach B. Hassenstein).

Spießhirsche

Arten:

Großmazama *(Mazama americana)*
Graumazama *(M. gouazoubira)*
Kleinmazama *(M. nana)*
Zwergmazama *(M. bricenii)*

dung bei Wirbeltieren u. Mensch, die auf verzögertem od. unvollständigem Verschluß des ↗Neuralrohrs beruht (↗Hemmungsmißbildung). Bei schwacher Ausprägung versagt nur der dorsale Zusammenschluß der Wirbelhälften zum ↗Neuralbogen, bei starker bleibt das Rückenmark dorsal offen u. geht als Teil der Körperoberfläche beiderseits in die Haut über (wie seine Vorstufe, die Neuralplatte). – Ebenfalls als S. b. bezeichnet wird die *Rachischisis,* die jedoch auf räumlich getrennter Anlage der beiden Wirbelhälften beruht, i. d. R. infolge v. Gastrulationsstörungen.

Spinachia *w* [v. *spina-], Gatt. der ↗Stichlinge.

Spinacia *w* [v. pers. aspanāḫ =], ↗Spinat.

spinal [v. *spina-], das Rückenmark bzw. die Wirbelsäule betreffend.

Spinalganglien [Mz.; v. *spinal-], ↗Rückenmark (B), ↗Nervensystem (B II).

Spinalnerven [v. *spinal-], *Rückenmarksnerven, Nervi spinales,* segmental vom ↗Rückenmark (B) abgehende Nerven, die mit ihm jeweils über eine Vorderhornwurzel u. eine Hinterhornwurzel in Verbindung stehen. Vom Vorderhorn des Rückenmarks ziehen über die Vorderhornwurzeln motorische (efferente) u. vegetative Fasern zu den S., vom Hinterhorn über die Hinterhornwurzeln sensible (afferente) u. auch vegetative Fasern. Die vegetativen Fasern ziehen im Ramus communicans albus zum ↗Grenzstrang; einige kehren über den Ramus communicans griseus zum S. zurück. Die S. verzweigen sich schließl. in einen vorderen Ast, den Ramus ventralis, der die vordere Rumpfmuskulatur u. die Extremitäten versorgt, u. in den Ramus dorsalis, der zur tieferen Rückenmuskulatur zieht. ↗Nervensystem.

Spina mentalis *w* [v. *spina-, lat. mentum = Kinn], hochgelegener Vorsprung an der Innenseite der Unterkiefersymphyse beim Menschen; Ansatz für den Musculus geniohyoideus als Heber u. Senker v. Unterkiefer, Mundboden u. Zungenbein u. vom Musculus genioglossus; kommt in dieser Lage bei Menschenaffen nicht vor u. steht vielleicht in Zshg. mit der anatom. Sprachbefähigung des Menschen.

Spinasterin *s* [Kw. aus Spinat u. -sterin], ein z. B. in Spinat, Senegawurzeln u. Luzerne vorkommendes Phytosterin.

Spinat *m* [v. pers. aspanāḫ = S.], 1) *Spinacia,* Gatt. der Gänsefußgewächse mit 2 asiat. Wildarten u. dem Kultur-S., der wohl eher von *S. turkestanica* abstammt. Die Arten sind einjährige, diözische Kräuter; die staminaten Blüten stehen blattachselständig in einzelnen Knäueln, die karpellaten Blüten in einer endständ. Scheinähre. Der Kultur-S. (*S. oleracea,* B Kulturpflanzen V) wird als Gemüsepflanze bis in arkt. Gebiete angebaut u. enthält bes. in der Wurzel Saponine; wichtig auch der Oxalgehalt; zum angebl. hohen Eisengehalt: ↗Eisenstoffwechsel. 2) *Neuseeländischer S., Tetragonia expansa, T. tetragonioides,* austr. Art der Mittagsblumengewächse mit fleischigem Stengel, kriechend-rankend; die rautenförm. fleischigen Blätter u. jungen Triebe werden als S. gegessen; *T.* ist eine Spülsaumpflanze.

Spindel, 1) die ↗Rhachis. **2)** *Kern-S.,* ↗Spindelapparat. **3)** *Columella,* zentral gelegene Achse des Gehäuses der Schnekken; sie wird v. den Innenwänden der Umgänge gebildet, die miteinander verschmelzen. Bleibt dabei ein Hohlraum in der Achse frei, so öffnet sich dieser an der Gehäusebasis als „Nabel" (Umbilicus).

Spindelapparat, *Spindel, Kernspindel, Teilungsspindel,* spindelförm. Zellstruktur, die bei der ↗Mitose (B) u. ↗Meiose (B) für die Verteilung der ↗Chromatiden durch deren Bewegung zu den *Spindelpolen (Kinetozentren)* sowie das Auseinanderweichen der Spindelpole verantwortl. ist. Strukturelemente des S.s sind die *Spindelfasern* (Kernspindelfasern), die jeweils aus Bündeln v. ↗Mikrotubuli aufgebaut sind. – Bei höheren Pflanzen u. Tieren enthält der S. zwei verschiedene Spindelfaser-Typen: die *Zentral-* od. *Polfasern,* die jeweils vom *Spindelpol* bis zum *Spindeläquator* reichen, wo sich die Polfasern der beiden Halbspindeln überlappen, u. die *Zug-* od. *Chromosomenfasern,* die sich v. den Centromeren der ↗Chromosomen in Richtung Spindelpol erstrecken (□ Centromer). Der Aufbau der Spindelfasern aus dem zellulären Tubulin-Pool beginnt in der Prophase; Bildungszentren sind dabei zunächst nebeneinanderliegende schalenförm. Bereiche *(Polkappen),* in denen sich bei tier. Zellen auch die ↗Centriolen (□) befinden. Bei tier. Zellen bilden sich vom Centriol-Bereich als Zentrum strahlenförmig Mikrotubuli aus (= ↗*Asteren,* weshalb dieser S.-Typ als *Astral-Typ* bezeichnet wird); durch Verlängerung der Fasern zw. den Asteren weichen diese auseinander, bis sie die Pole einer Spindel bilden. Bei pflanzl. Zellen werden nur die Mikrotubuli zw. den Bildungszentren aufgebaut *(Anastral-Typ).* In der Metaphase entstehen beiderseits der Centromere die Kinetochore, mit denen die inzwischen gebildeten Chromosomenfasern in Verbindung treten; sie üben sofort einen jeweils polwärts gerichteten Zug aus, der – da die Centromere noch ungeteilt sind – zur Ausrichtung der Chromosomen in der ↗Äquatorialebene führt. Nach Teilung der Centromere in der Anaphase bewegen sich die Chromatiden in Richtung Spindelpol, wobei sich die Chromosomenfasern verkürzen. Das dann einsetzende Auseinandergleiten der überlappenden Polfasern der beiden Halbspindeln führt zu einer Streckung der Spindel. In der Telophase werden zunächst die Chromosomenfasern, später

spilo- [v. gr. spilos = (Schmutz-)Fleck; dazu spilōtos = gefleckt].

spina-, spinal- [v. lat. spina = Dorn, Stachel, Gräte, Rückgrat; davon spinalis = Rückgrat-].

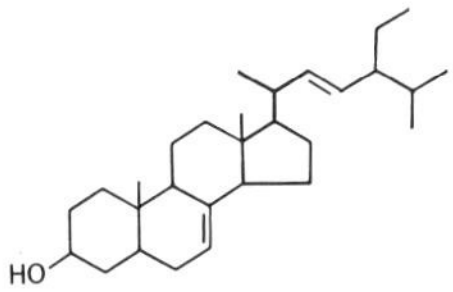

Spinasterin

Kultur-Spinat *(Spinacia oleracea)*

auch die Polfasern wieder abgebaut. Die Funktionsweise der Mikrotubuli als Konstituenten des S.s ist noch ungeklärt. Sie steht aber sehr wahrscheinl. in einem Zshg. mit dem Verhältnis zw. Polymerisations- bzw. Depolymerisationsrate an den Plus- bzw. Minus-Enden der Mikrotubuli. Die Polfasern sind mit ihrem Plus-Ende zum Äquator hin orientiert, das Plus-Ende der Chromosomenfasern befindet sich an den Kinetochoren, das Minus-Ende v. Pol- u. Chromosomenfasern ist jeweils das polwärts gerichtete Ende. Die Chromosomenfasern verkürzen sich mit Annäherung der Chromosomen an die Pole durch Depolymerisation an ihren Minus-Enden, während sich die Polfasern durch Addition v. Tubulin an ihre Plus-Enden verlängern. Da die Chromosomenbewegung durch Verhinderung der Depolymerisation unterbunden werden kann, scheint dieser Mechanismus hier die Hauptrolle zu spielen; beim Auseinanderweichen der Pole u. Auseinandergleiten der Polfasern wirkt wahrscheinl. eine ↗Dynein-ähnliche ATPase mit, denn diese Bewegungen werden durch Dynein-Inhibitoren unterdrückt. Solche Inhibitoren gehören damit (wie z. B. auch ↗Colchicin) zu den sog. *Spindelgiften* (↗Mitosegifte), Substanzen, die Aufbau u. Funktion des S.s und damit die Mitose verhindern. – Neben den oben beschriebenen existieren noch andere S.-Typen. Z. B. verfügen Protisten u. Pilze über eine Spindel, die innerhalb der Kernmembran ausgebildet wird u. deren Mikrotubuli v. Pol zu Pol reichen; durch Längenwachstum der Mikrotubuli wird der Kern auseinandergedrückt, u. die an die innere Kernmembran assoziierten Chromosomen wandern Richtung Pol durch Vergrößerung der Kernmembranfläche. *D. W.*

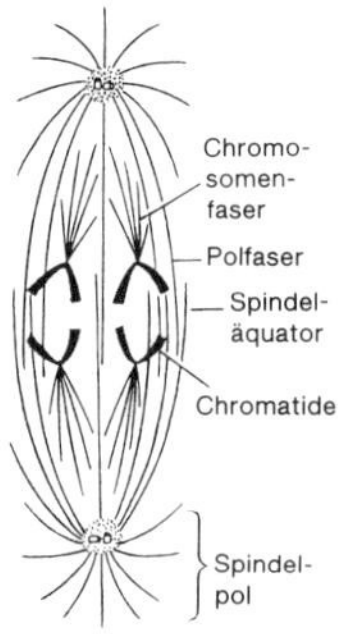

Spindelapparat

S. *(Astral-Typ)* während der ↗Anaphase

Spindelbaumartige, *Celastrales,* Ord. der ↗*Rosidae* (Fam. vgl. Tab.); episepaler Staubblattkreis, Kronblätter meist am Grunde od. bis zur Hälfte verwachsen; Diskusbildung.

Spindelbaumartige

Familien:

↗Buchsbaumgewächse *(Buxaceae)*
Corynocarpaceae
↗*Dichapetalaceae*
Geissolomataceae
↗*Icacinaceae*
↗*Salvadoraceae* (Senfbaumgewächse)
↗Spindelbaumgewächse *(Celastraceae)*
Stackhousiaceae
↗Stechpalmengewächse *(Aquifoliaceae)*

Spindelbaumgewächse, *Celastraceae,* Fam. der ↗Spindelbaumartigen mit 55 Gatt. und 850 Arten. Holzgewächse, hpts. in den Tropen und Subtropen, mit gegen- od. wechselständ. Blättern u. kleinen Nebenblättern; die Frucht ist eine Kapsel od. Beere, Samen oft mit Samenmantel. Die Gatt. ↗Baumwürger *(Celastrus)* mit 35 trop. und subtrop. Arten umfaßt verholzende, darunter auch winterharte Schlingpflanzen, die Bäume überwuchern und z. T. zum Absterben bringen sollen; *C. scandens* (N-Amerika) und *C. orbiculatus* (O-Asien) sind Zierpflanzen zum Begrünen v. Mauern und Lauben. Eine Art der Gatt. *Elaeodendron* (16 subtrop. und trop. Arten) wird als Heilpflanze verwendet; *E. orientale* ist eine Zierpflanze mit attraktiven, bis 30 cm langen, sehr schmalen Blättern. Der Kathstrauch (*Catha edulis;* Jemen bis Äthiopien, afr. O-Küste) wird in seiner Heimat und zusätzl. bis S-Afrika angebaut; seine ledrigen, lanzettl. Blätter werden v. a. frisch gekaut (und dazu aus den Anbaugebieten eingeflogen) od. getrocknet als Tee aufgegossen. Ihre anregende, bei hoher Dosis benommen machende Wirkung wird auf die Alkaloide Cathin, Norisoephedrin, Cathinin und Cathidin zurückgeführt. Der Genuß von „Kath" ist zwar auf eine kleine Region beschränkt, dort aber v. großer Bedeutung u. sozialer Tragweite. Eine weitere Gatt. der S. ist der ↗Spindelstrauch.

Spindelfasern ↗Spindelapparat.

Spindelhecht ↗Hornhechte.

Spindelmuskel, 1) *Columellarmuskel,* ein Muskel, der die Verbindung zw. dem Gehäuse u. dem Weichkörper der ↗Schnekken (□) herstellt; besteht aus mehreren Portionen, die v. a. im Kopf- u. Schlundbereich, im hinteren Fußrücken u. im Fußhinterende entspringen. An der Ansatzstelle an der ↗Spindel enden die Muskelfasern im subepithelialen Bindegewebe, an das sich nach außen ein modifiziertes Mantelepithel u. eine organ. Matrix anschließen, die an der Spindel haftet. Mit dem Wachstum wird die Ansatzstelle an der Spindel immer weiter nach unten verlagert. Kontraktion des S.s führt zum Rückziehen des Körpers in das Gehäuse. **2)** Darm-Retraktormuskel der ↗*Sipunculida.*

Spindelpol ↗Spindelapparat.

Spindelschmerlen, *Psilorhynchus,* einzige Gatt. der Fam. *Psilorhynchidae* (U.-Ord. Karpfenähnliche); ca. 5 cm lange, spindelförm., schmerlenart. Fische der Gebirgsbäche NW-Indiens mit unterständ. Maul.

Spindelschnecken, die ↗Tulpenschnekken, insbes. die Gatt. ↗*Fusinus.*

Spindelsporen, spindelförmige, dickwandige Konidien (Ektosporen); besitzen manchmal Haare u. können durch Querwände (Septen) unterteilt sein; typische Konidienform v. Dermatophyten der Gatt. ↗*Microsporum* u. ↗*Trichophyton.*

Spindelstrauch

Pfaffenhütchen *(Euonymus europaeus)*

Spindelstrauch, *Euonymus, Evonymus,* Gatt. der ↗Spindelbaumgewächse mit 220 Arten. Verbreitungsschwerpunkt in SO-Asien; 3 mitteleur. Arten, u. a. das Pfaffenhütchen od. Pfaffenkäppchen *(E. europaeus);* seine jungen Zweige sind vierkantig, später mit Korkleisten, Blätter verkehrt-eiförmig, schwarze Samen mit auffälligem hellrotem u. orangenem Arillus, enthalten giftige Bitterstoffe; Vogelverbreitung; Zierpflanze; Drechselholz. Das Breitblättrige Pfaffenhütchen *(E. latifolius),* ein seltener, bis 5 m hoher Strauch, kommt v. a. in Linden-Bergwäldern vor; wird auch als Zierpflanze gesetzt. In N-Amerika heimisch ist *E. atropurpureus,* aus dem das Glykosid Evonymin gewonnen wird (Heilmittel gg. Verdauungsschwäche). Buntblättrige, wintergrüne Formen werden v. der aus S-Japan stammenden Art *E. japonicus* gezogen.